G.Gfeller

A ma femme

et

à mes enfants

dictionnaire
technique général
anglais-français

Parrainé par l'Institut canadien des Ingénieurs

« Nous avons la conviction que ce
Dictionnaire Technique Général Anglais-Français
s'avérera un outil indispensable à tous ceux qui,
de près ou de loin, s'intéressent aux différents
domaines de la science, de la technique
et de leurs applications. »

LE SECRÉTAIRE GÉNÉRAL
Byron T. Kerr, m.i.c.i.

Montréal, janvier 1977.

Parrainé par la Société des Ingénieurs Civils de France
Section canadienne

« Le Dictionnaire Technique Général
Anglais-Français de M. Gérald Belle-Isle est un
ouvrage remarquable, indispensable à tous ceux qui sont
confrontés avec les problèmes de clarté et de précision
propres au langage scientifique et technique.

Il est l'outil de travail idéal pour les
usagers qui sont soucieux de correction et de perfection
dans l'expression parlée ou écrite de leur pensée. »

LE PRÉSIDENT
Frédéric Dréville, ing.

Montréal, janvier 1977.

J.-Gérald BELLE-ISLE b.sc.a., i.c.

Ingénieur
Directeur de la Société canadienne de technologie
Lauréat des concours littéraires et scientifiques du Québec

dictionnaire technique général

anglais-français

Préface de
Pierre AGRON
Ancien élève de l'École polytechnique de Paris
Secrétaire général du Comité d'étude des termes techniques français

DEUXIÈME ÉDITION
ENTIÈREMENT REFONDUE

Beauchemin   dunod

L'auteur exprime sa vive reconnaissance à son conseiller littéraire, Maurice Lebel, docteur ès lettres, doyen honoraire de la Faculté des Lettres de l'Université Laval.

Direction du projet: Hervé JOLIN

Droits réservés pour tous pays, Ottawa 272605, registre 172, par J.-G. Gérald Belle-Isle, Ste-Foy, Qué., le 25 novembre 1976.

ISBN 0-7750-0448-0 Beauchemin
ISBN 2-04-010092-X Bordas

Ottawa, 1977

Dépôt légal, 2e trimestre 1977, Bibliothèque nationale du Québec.

Imprimé au Canada

La parution de ce livre a été encouragée par une subvention accordée au titre de la coopération franco-québécoise.

Préface

Que demande-t-on à un dictionnaire? De ne donner que des renseignements sûrs d'abord, des renseignements aussi complets que possible ensuite. Combien méritent actuellement ces adjectifs parmi les livres présentés cependant avec aplomb comme dictionnaires? Je me souviens d'un tel « dictionnaire de mathématique », paru voilà quelques années. Je le consultais pour voir comment les mathématiciens nouveaux définissaient le mot « algèbre ». Ce n'était pas là une curiosité déraisonnable! Certes, le mot y était, mais avec la définition: étude des structures algébriques. Ce qui n'expliquait rien. Il suffisait sans doute de chercher le mot « structure », puis le mot « algébrique ». Ni l'un, ni l'autre ne figurait dans ce prétendu dictionnaire, dont l'auteur affichait ainsi une désinvolture confinant à la malhonnêteté.

Le présent ouvrage de Gérald Belle-Isle est à l'opposé de tels dictionnaires; c'est le travail d'un scientifique. « The difference between the right word and the almost right word, disait Mark Twain, is the difference between lightning and the lightning bug ». Pour un scientifique la plaisanterie n'est pas recevable. Il y a le mot propre, en dehors de quoi il n'y a rien. L'à-peu-près, l'approximatif, n'ont aucune valeur.

G. Belle-Isle n'est ni un lexicographe improvisé, ni un lexicographe ordinaire. Élève à l'École Polytechnique de Montréal, il s'occupait déjà anormalement du vocabulaire des sciences et des techniques, dont il avait vite compris l'importance primordiale pour la formulation précise de la pensée. Anormalement, car la plupart des ingénieurs ont le tort de ne prêter guère d'attention à leur langage. G. Belle-Isle est un cas rare d'ingénieur-linguiste. Depuis de nombreuses années, une bonne part des loisirs que lui laisse le poste important qu'il occupe à la Société Bell Canada, il la consacre, dans le sous-sol de sa maison québécoise de Sainte-Foy, à dépouiller les revues techniques de langue française et de langue anglaise pour compléter un impressionnant fichier minutieusement tenu à jour, et dont l'ampleur fait penser au travail d'une fourmi ou, à plus juste titre, à celui d'un bénédictin. Il est, d'ailleurs, le président général de la Société des Écrivains canadiens.

Le dictionnaire de G. Belle-Isle est anglais-français. Les notions qu'une langue bloque sous la même dénomination, une autre les disperse sous de multiples mots. G. Belle-Isle part du mot anglais et donne en regard les mots français équivalents.

Ce dictionnaire est général et technique. Pour bien voir ce que cela veut dire, et quel champ est couvert, imaginons une série de cercles concentriques comme ceux d'une cible, puis prolongeons cette cible en la hérissant de pointes triangulaires, tels les rayons qui couronnent la statue de la Liberté de Bartholdi, à New York. Plaçons au centre de ce soleil rayonnant le millier de mots du français fondamental, puis éloignons-nous du centre et répartissons dans les anneaux successifs les mots du langage courant, les mots les plus fréquents étant les plus près du centre. À la périphérie, dans le dernier anneau mettons une catégorie de mots fort importante, ceux que les sciences et les techniques prennent au langage courant et spécialisent pour leurs besoins propres. Ces mots forment ce que l'on appelle le « vocabulaire d'orientation générale et technique »[1]. Ils sont souvent omis dans les dictionnaires; ils semblent déjà trop spécialisés pour figurer dans les dictionnaires qui ne recensent que le vocabulaire courant; et trop peu spécialisés pour les dictionnaires qui ne retiennent que le vocabulaire propre à une seule discipline.

Les pointes triangulaires, les rayons du soleil, réservons-les à ces mots très spécialisés, les mots de la physique dans une des pointes, les mots de la biologie dans une autre, les mots de la chimie dans une troisième, etc., les mots étant de plus en plus spécialisés à mesure que l'on monte vers l'extrémité de la pointe.

Le dictionnaire de G. Belle-Isle s'occupe des mots placés à la base des pointes et dans le dernier anneau de la cible, des mots propres aux techniques et des mots du langage courant que les sciences, mais surtout les techniques, s'approprient. C'est pour cela qu'il est un dictionnaire technique et général. Vous n'y trouverez ni « trichloréthylène », ni « angiographie »; il vous faudra consulter un dictionnaire de chimie pour le premier, un dictionnaire de biologie pour le second. Mais vous trouverez ce qui est extrêmement précieux, ce vocabulaire général d'orientation scientifique et technique, dont l'emploi opportun est, dans toutes les langues, une source de difficultés pour les étrangers.

Prenez, par exemple, le verbe anglais « to clean », d'aspect innocent. Si l'on doit le traduire en français on se tirera d'affaire tant bien que mal avec le verbe « nettoyer ». Et un anglophone, s'exerçant à parler français, sera à peu près compris s'il parle à un mécanicien de nettoyer un carburateur, un gicleur; ou à

[1] *L'image du soleil rayonnant est due à M. Michéa qui, avec MM. G. Gougenheim, P. Rivene et A. Sauvageot, a élaboré le « français fondamental ». C'est également M. Michéa, qui a attiré l'attention sur le vocabulaire général intermédiaire entre le vocabulaire de la communication usuelle et les vocabulaires très spécialisés.*

un électricien de nettoyer un fil électrique. Mais, que ne gagnerait-il en précision s'il décrassait le carburateur, débouchait le gicleur, et décapait le fil? Et qui devinerait que « nettoyer un champ » n'est qu'une maladresse d'expression à la place du terme propre: défricher?

C'est le nombre des équivalents français proposés pour chaque mot anglais qui fait la richesse du dictionnaire de G. Belle-Isle. La présente édition offre ainsi sous un volume maniable, en regard de 49 200 mots anglais, relevant d'une trentaine de techniques industrielles et commerciales, plus de 126 400 équivalents français.

Mais à quoi serviraient ces équivalents si le lecteur n'était guidé dans son choix? Le genre des noms, ce fardeau de la langue française, est indiqué. Et de pertinents exemples d'usage mettent de l'ordre dans la masse des équivalents. Je dis « pertinents », car trop de dictionnaires contiennent des exemples qui ne servent à rien. J'amusais mes élèves de l'Université de Montréal en extrayant d'un dictionnaire célèbre, à l'article « esclandre », l'exemple: « Il est arrivé un grand esclandre dans cette maison ». Il pouvait arriver tant de choses et tant de gens dans cette maison!

Un dictionnaire est toujours un conseiller, et la conscience du lexicographe est souvent à l'épreuve. Doit-il se borner à fournir les renseignements, même s'il estime que tel mot ne devrait pas être employé? Il donne ce mot, cependant, parce qu'on le rencontre dans les revues techniques. Faut-il, au contraire, ajouter au renseignement un avis? Ainsi, les électriciens récusent « voltage » et « ampérage » au bénéfice de « tension et d'« intensité »: une grandeur ne doit pas être désignée par un mot de la même famille que l'unité (volt, ampère) qui sert à la mesurer. J'estime qu'un dictionnaire doit prendre parti, et je suis heureux que G. Belle-Isle le fasse en plaçant entre crochets les expressions qu'il déconseille.

La première édition de cet ouvrage paraissait en 1965 quelque temps avant la réunion des spécialistes de la langue française à Québec à l'occasion de la deuxième Biennale de la langue française. Après avoir rendu tant de services à tant de gens, cette édition laisse place à la présente seconde édition l'année même où une nouvelle Biennale de la langue française se tient au Canada, à Moncton. Parallélisme de bon augure que je salue tout en souhaitant la brillante carrière que mérite, à l'échelle de la francophonie, ce nouveau « Belle-Isle ».

Pierre Agron
Ancien élève de l'École Polytechnique de Paris
Secrétaire général du Comité d'étude
des termes techniques français

Versailles, janvier 1977.

Foreword

Bilingual lexicography is of great antiquity since it can be traced back to the multilingual empires which covered the Near East long before our era. But it was the invention of printing which was most instrumental in propagating bilingual lexicons, especially in Western Europe. In England, the work of John Palsgrave, prepared for the use of the sister of Henry VIII and published in 1530, was the beginning of a long line of grammars, dictionaries and glossaries printed to satisfy the enduring demand created by the relationships between France and England, one which goes back to a period pre-dating the Norman Conquest.

The ever-increasing demand for bigger and better bilingual dictionaries has given rise to a science of bilingual lexicography which has grown in scope and rigour, especially during the past two decades. It has also become one of the most demanding of the language sciences, since its end-product is tested daily through the critical practice of an increasing population of sophisticated users, including a large number of professional translators.

This is particularly true of the lexicography of English and French, two leading languages of a large number of international organizations and the official languages of two sovereign states. In Canada, the growing requirements of language legislation, both at federal and provincial levels, have obliged government agencies, business firms, professional organizations and private citizens to translate into the other language thousands of documents dealing with a multiplicity of subjects. Most of these documents are likely to contain some technical terms which are not to be found in the largest bilingual dictionaries. A general technical dictionary, therefore, such as the one contained in the following pages, becomes something of a necessity.

Such a dictionary constitutes a valuable supplement to the largest general bilingual dictionaries which cannot be updated frequently enough to meet the rapid input of new technical terms into both languages. More than a quarter of a century, for example, has elapsed between the two last editions of the *authoritative Mansion (Harrap's) as compared to the few years that have separated the two latest editions of the present work.*

Most bilingual technical glossaries which are not the work of skilled lexicographers are based on the assumption that a technical word in one language has an equivalent technical word in the other language. As a skilled lexicographer, Belle-Isle knows better than to allow himself to slip into this one-to-one fallacy. He understands... and superbly demonstrates... the realities of linguistic equivalences. Where one language can handle a new technical reality by the juxtaposition of two simple everyday words, another language may have to create a new word according to an established convention of derivation, sometimes necessitating the use of roots and morphemes of other languages like Latin and Classical Greek. Any translator who does not understand this difference in the compounding and derivational conventions of the two languages in which he works is bound to make mistakes in his translations, especially if they should involve the use of technical terms.

The compounding system of English is essentially Germanic favouring as it does the juxtaposition of simple, basic words, even though some of these were originally French... words like page, table *and* chair. *Of the many meanings of these French words, some are not shared by both languages; for example, the use of these three words in such English collocations as* page someone, table a motion *and* chair a meeting *calls for French equivalents in which not one of these French-English homographs may be used. But English also uses a derivational system which is essentially based on endings like* -ion, -able *and* -age, *many of which are also taken from the French but which the French language does not use in the same way. In the creation of a new technical word, it is difficult to know which system will be used; quite often the two are in competition.*

Because of this difference in the lexical systems of the two languages, one cannot assume that a simple, everyday word in one language will be equivalent to a simple word in the other language. Quite often, the simple word in English calls for a learned word in French... or for several; for example, although horse *is rendered as* cheval *and* horse-power *as* cheval-vapeur, *the collocation* horse show *leads us not to* cheval, *but to the French collocation* concours hippique *whereas a* horseman *is either an* écuyer *or a* cavalier, *and* horsemanship *becomes* équitation. *The present work provides thousands of such examples. Simple words in English may have extended technical meanings when used in combination with other simple words to create new collocations or semantic units.*

Is is this understanding of lexical devices and the discovery of their use in many fields of technology that constitutes, not only the great usefulness of the present work, but also the considerable contribution which it makes to the methods and techniques of bilingual lexicography. This work has set a standard which future compilers of both general dictionaries and technical glossaries will have to take into account. Students and translators will long be grateful to Gérald Belle-Isle for having made it possible for them to do their work with greater ease and assurance.

William Francis Mackey
docteur ès lettres
Centre international de recherche sur le bilinguisme
Université Laval

Québec, January, 1977.

Introduction

Personne ne méconnaît aujourd'hui les services que peut rendre un dictionnaire technique, surtout un dictionnaire technique anglais-français. C'est que l'anglais et le français occupent de nos jours un haut rang parmi les langues les plus répandues dans le monde. De toute évidence, nous vivons dans un siècle où les inventions et les techniques se multiplient et se développent à une vitesse vertigineuse. Aussi le *Dictionnaire Technique Général Anglais-Français* que nous avons publié en 1965 a-t-il été reconnu d'emblée comme un instrument pratique, utile, voire indispensable par un grand nombre de spécialistes et de travailleurs intellectuels.

La deuxième édition, revue, corrigée et augmentée, que nous présentons aujourd'hui de notre *Dictionnaire*, sera encore, croyons-nous, plus utile à tous ceux qui voudront bien le consulter. En effet, les langues et les techniques ont évolué rapidement au cours de la dernière décennie. Les vocables scientifiques et techniques se sont énormément élargis et enrichis. Les lexiques et les dictionnaires spécialisés foisonnent à l'envi. Les traductions de volumes scientifiques et de rapports techniques ne se comptent plus. Tout le monde est à la recherche du terme propre, exact et précis. D'autant plus que les techniques jouent un très grand rôle dans notre monde. Conscient de cet esprit nouveau et des changements en cours, désireux aussi de rendre service au grand public, nous avons ajouté des milliers de mots anglais et français; nous avons même, entre autres nouveautés, indiqué l'équivalence entre les unités de mesure des systèmes anglais, canadien, américain et international.

Les lecteurs devront toutefois se souvenir qu'un très grand nombre de termes sont communs à plusieurs disciplines, connexes et autres, et que, par conséquent, l'apposition d'un sigle à un équivalent français quelconque ne restreint pas nécessairement l'emploi de cet équivalent à la discipline représentée. Ainsi, quand nous écrivons « **alternation** = alternance *f.* (E.) », nous désirons surtout signaler que l'équivalent français « alternance » s'emploie principalement dans le domaine de l'électricité, sans toutefois y être exclusif, comme pourrait en témoigner la traduction de « *alternation of seasons* » qui se lirait « alternance des saisons ».

De même, les exemples d'usage, insérés entre parenthèses à la suite de certains équivalents français, sont plutôt destinés à guider les lecteurs dans l'exacte interprétation de l'anglais qu'à limiter le sens ou l'usage de ces équivalents. Ainsi donc, l'équivalent français « avance *f.* (d'un outil) », que nous retrouvons au mot anglais **« advance »**, pourrait également servir dans l'expression « avance de fonds », tout comme les mots « cabine *f.* (d'un camion, d'une locomotive) » et « guérite *f.* (d'une grue) », qui traduisent le mot anglais **« cabin »**, pourraient servir respectivement dans les expressions « cabine de paquebot » et « guérite d'une sentinelle ».

Les lecteurs devront noter également que la plus grande partie des déterminatifs ont été inscrits individuellement, au même titre que les mots-clés, eu égard à l'importance que leur confère la langue anglaise; tels sont « all-metal », « all-steel », « outstanding », « primary », « relative », « suitable » et autres. Quant aux déterminatifs groupés à la suite des mots-clés, ils pourront aussi servir de guide pour déterminer d'autres équivalents français; par exemple, « *four-ply belting* » se traduira, en consultant **« belting, three-ply, »** par « courroies *f.p.* à quatre plis, courroies *f.p.* à quatre épaisseurs ».

Les lecteurs remarqueront enfin que dans nombre de cas le trait d'union reliant certains déterminatifs et mots-clés anglais a été omis en raison de l'inversion indiquée par la virgule, là où le sens de l'expression anglaise n'en semblait pas affecté, comme par exemple:

> **« point, freezing** = point *m.* de congélation.
> **rafter, arris** = arêtier *m.* (B.) ».

Cependant, nous avons jugé bon de le retenir dans les expressions de la nature suivante:

> **« pole, single-** = unipolaire (adj.) (E.)
> **proof, rain-** = inaltérable par la pluie, imperméable (adj)
> **propelled, self-** = à autopropulsion, autopropulsé (adj.)
> **position, off-** = position *f.* de rupture de circuit (E.), mise *f.* hors circuit (E.).
> **punch, counter-** = contre-poinçon *m.*
> **range, double-** = (appareil *m.*) à deux lectures.
> – – –, **multi-** = toutes ondes (R.), (appareil *m.*) à plusieurs sensibilités (R.) ».

L'ordre alphabétique a été établi suivant le mot-clé et non suivant le déterminatif, quelle que soit la composition de ce dernier. Tous les déterminatifs sont placés à la suite du mot-clé et sont précédés ou d'un trait et d'une virgule ou d'un trait seul:

« width, band
– – –, band, frequency
– – – of cut
mix, to
– – –, to– – –in place »

Étant donné que le trait tient lieu du mot-clé et que la virgule indique l'inversion, le lecteur aura vite rétabli:

« band width
frequency band width
width of cut
to mix
to mix in place »

À l'égard des quelques mots-clés que l'usage a fusionnés avec certains déterminatifs, comme « railroad », « crossarm », « testboard », etc., le lecteur devra se reporter au mot usité; des renvois ont été prévus à cette fin.

Les genres masculin et féminin ont été indiqués partout et la catégorie à laquelle appartient plus particulièrement le terme énoncé est aussi indiquée entre parenthèses.

Nous prions respectueusement nos lecteurs de nous proposer des additions et de nous suggérer des corrections, au besoin, pour que ce *Dictionnaire* devienne tout ensemble le plus complet et le plus moderne qui soit.

Nous tenons, en terminant, à exprimer notre profonde et sincère gratitude à tous ceux qui ne nous ont point ménagé leurs conseils et leurs encouragements. Sans leur précieuse collaboration nous n'aurions pu mener à bien cette refonte et mise à jour. Nous formons le vœu ardent qu'elle soit qualifiée de pratique par tous ceux qui voudront bien s'en servir.

J.-Gérald Belle-Isle

Sainte-Foy, janvier 1977.

TABLEAU DES ABRÉVIATIONS
UTILISÉES DANS CE DICTIONNAIRE

adj.	Adjectif
Agr.	Agronomie, agriculture, appareil agricole, instrument aratoire, élevage, harnais
Auto.	Automobilisme, automobile
Av.	Aviation, aéronautique, avionnerie
B.	Bâtiment, architecture, charpenterie
C.	Construction civile, génie civil
c.-à-d.	c'est-à-dire
Ch.d.f.	Chemin de fer
Chim.	Chimie
E.	Électricité, électrotechnique, électronique
For.	Foresterie
H.	Hydraulique générale et appliquée
I.	Instrument, outil, accessoire
Imp.	Imprimerie, typographie, lithographie, reliure
Inf.	Informatique, calcul automatique
M.	Machine
Mar.	Marine, construction navale
Méc.	Mécanique, machines, ajustage
Men.	Menuiserie, ébénisterie
Mét.	Métallurgie, soudage
Mi.	Mines
O.	Ouvrier, individu, personne
Pap.	Papeterie
Phot.	Photographie, cinématographie
Phys.	Physique nucléaire
R.	Radio, radiotechnique, radiotéléphonie
S.	Santé, génie sanitaire, plomberie
Tg.	Télégraphie, télégraphe
Tp.	Téléphonie, téléphone
Tv.	Télévision
Ust.	Ustensile de cuisine, arts domestiques, appareil ménager
V.	Voir
(Canada)	expression en usage au Canada
(France)	expression en usage en France
(Angleterre)	sens courant en Angleterre
[– – –]	expression déconseillée
m.	masculin
m.p.	masculin pluriel

f.   féminin
f.p.   féminin pluriel

a

A = V « atomic » et « ampere ».
Å = V. « Angström ».
a = V. « ampere ».
A-1 = de première classe, de première qualité.
abacus = abaque *m.* (B.), tailloir *m.* (Men.).
abandon, to = renoncer (à un projet, à ses droits), délaisser (ses enfants), abandonner (ses biens).
aberration = aberration *f.*, écart *m.*, déviation *f.*, différence *f.*
– – –, **chromatic** = aberration *f.* chromatique (Phot.), franges *f. p.* d'interférence (Phot.).
– – –, **colour (or color)** = aberration *f.* chromatique (Phot.), franges *f.p.* d'interférence (Phot.).
– – –, **spherical** = aberration *f.* de sphéricité.
ability, climbing = tenue *f.* en côte (Auto.).
abolishment = abrogation *f.* (d'une loi), suppression *f.* (des abus), abolition *f.* (d'une créance).
abradant = poudre *f.* à roder, abrasif *m.*
abrade, to = roder, user par frottement, meuler.
abrasion = abrasion *f.*, usure *f.*, grippure *f.* (d'un palier), frottement *m.*
abrasive = abrasif *m.*, matière *f.* abrasive, abrasif (adj.).
abreast = (monté) en parallèle (E.).
abridgment = précis *m.* (d'histoire), résumé *m.* (d'un discours), abrégé *m.* (de physique), restriction *f.* (d'un droit).
abscissa = axe *m.* des abscisses, abscisse *f.*
absence = absence *f.* (d'un employé), manque *m.* (de courant) (E.).
– – – **of mind** = distraction *f.*
absenteism = absentéisme *m.*
absolute = absolu (adj.).
absolve, to = affranchir ou dégager (d'une obligation), relever (d'une promesse), remettre (une faute, un péché), absoudre (un pénitent), renvoyer de l'accusation (un coupable).
absorb, to = encaisser (des coups), absorber (des chocs, une poussée, la chaleur), amortir (des oscillations, un coup).
absorber = amortisseur *m.* (Méc.), absorbeur *m.* (Chim.).

– – –, **oscillation** = amortisseur *m.* d'oscillations.
– – –, **shock** = amortisseur *m.* de chocs (Auto.), amortisseur *m.* (Auto.).
– – –, **shock, air-cushion** = amortisseur *m.* à coussin d'air.
– – –, **shock, built-in** = amortisseur *m.* intégré.
– – –, **shock, dashpot type** = amortisseur *m.* hydraulique.
– – –, **shock, double-action** = amortisseur *m.* à double effet (Auto.).
– – –, **shock, friction** = amortisseur *m.* à frottement.
– – –, **shock, hydraulic** = amortisseur *m.* hydraulique.
– – –, **shock, knee-action** = amortisseur *m.* articulé.
– – –, **shock, lever-type** = amortisseur *m.* à bras.
– – –, **shock, oil-and-air** = amortisseur *m.* oléopneumatique.
– – –, **shock, piston-type** = amortisseur à piston.
– – –, **shock, pneumatic** = amortisseur *m.* à air comprimé.
– – –, **shock, superlift** = amortisseur *m.* à compensateur de charge.
– – –, **shock, telescopic** = amortisseur *m.* télescopique (Auto.).
– – –, **shock, telescopic, direct-acting** = amortisseur *m.* télescopique à action directe.
– – –, **shock, telescopic, electrically adjustable** = amortisseur *m.* télescopique à réglage électrique.
– – –, **surge** = amortisseur *m.* de surtension (E.).
absorbing = absorbant (adj.).
– – –, **sound** = amortisseur (adj.).
absorptance = absorptance *f.*, coefficient m. d'absorption.
absorption = absorption *f.* (d'un liquide, d'un gaz, de l'énergie d'une onde), amortissement *m.* (des sons, des chocs).
– – –, **atmospheric** = absorption *f.* atmosphérique.
– – –, **ground** = absorption *f.* du sol, absorption *f.* par le sol.
– – – **of energy** = absorption *f.* de force (Méc.).
– – – **of heat** = absorption *f.* de chaleur.
– – – **of shocks** = amortissement *m.* des chocs.
– – – **of water** = absorption *f.* d'eau.

(**absorption**)

- - -, **sound** = amortissement *m*. acoustique.
absorptivity, acoustic = absorptivité *f*. acoustique (c.-à-d. le rapport énergie absorbée: énergie incidente).
abstract = (nombre *m*.) abstrait (adj.), résumé *m*., sommaire *m*., extrait *m*. (d'un texte scientifique).
- - -, **to** = extraire (par distillation), dérober ou soustraire (des documents) à quelqu'un.
abut, to = placer bout à bout, abouter, appuyer contre, s'embrancher.
abutment = arc-boutant *m*. (d'une muraille), pied-droit *m*. (de tunnel), contrefort *m*. (d'un mur), culée *f*. (ce pont), butée *f*. (d'une voûte), point *m*. de poussée (d'une arcade), aboutement *m*. (B.), culée *f*. d'arc-boutant (de voûte d'un édifice) (B.).
- - -, **bridge** = culée *f*. de pont, ancrage *m*. (d'un barrage).
- - -, **U-** = culée *f*. avec mur en retour.
abuttal = aboutissant *m*. (c.-à-d. bornage d'un terrain par un autre terrain).
abutter = propriétaire *m*. limitrophe, propriétaire *m*. riverain.
A.C. = V « current, alternating ».
accede, to = accueillir (une demande), accéder à (un désir), se joindre (à un parti).
accelerate, to = accélérer, hâter, activer (la combustion).
accelerating = accélérateur (adj.), d'accélération.
acceleration = accélération *f*. (Méc.).
- - -, **angular** = accélération *f*. angulaire.
- - -, **centrifugal** = accélération *f*. centrifuge.
- - -, **circular** = accélération *f*. circulaire.
- - -, **constant** = accélération *f*. uniforme.
- - -, **gravitational** = accélération *f*. due à la pesanteur.
- - -, **negative** = retardation *f*., accélération *f*. négative.
- - -, **no** = accélération *f*. nulle.
- - -, **normal** = accélération *f*. normale.
- - - **of gravity** = accélération *f*. due à la pesanteur.
- - -, **tangential** = accélération *f*. tangentielle.
- - -, **uniform** = accélération *f*. uniforme.
accelerator = accélérateur *m*. (Auto.), électrode *f*. accélératrice (R.).
- - -, **foot** = accélérateur *m*. au pied (Auto.).
- - -, **hand** = accélérateur *m*. à main (Auto.).
accelerometer = accéléromètre *m*.
accent, acute = accent *m*. aigu.
- - -, **circumflex** = accent *m*. circonflexe (Imp.).
- - -, **grave** = accent *m*. grave.
accentuation = amplification *f*. sélective (R.).
accentuator = amplificateur *m*. **sélectif** (R.).
accept, to = assumer (les frais d'un appel) (Tp.), accepter (une offre, un appel).
acceptance = acceptation *f*. (d'une lettre de change), approbation *f*. (du supérieur), réception *f*. (B., C.).
- - -, **final** = réception *f*. définitive (des travaux).
- - -, **grid** = tension *f*. admissible sur la grille (R.).
- - - **of material** = réception *f*. du matériel, réception *f*. des matériaux.
- - - **of work** = réception *f*. des travaux.
acceptor = accepteur *m*. (opposé de réjecteur) (R.).
access = accès *m*. (d'une maison), admission *f*. (dans une société), entrée *f*. (d'un édifice).

(**access**)

- - - **to shaft** = entrée *f*. au puits (Mi.).
accessibility = accessibilité *f*.
- - -, **easy** = accessibilité *f*. facile.
- - - **of all parts** = accessibilité *f*. de tous les organes (Méc.).
accessible = accessible (adj.).
- - -, **readily** = d'accès facile.
accessories = accessoires *m.p.*, auxiliaires *m.p.*, appareillage *m*. (électrique).
- - -, **automobile** = accessoires *m.p.* d'automobile.
- - -, **boiler** = accessoires *m.p.* de chaudière (Méc.).
- - -, **electric** = accessoires *m.p.* électriques, garnitures *f.p.* électriques.
accessory = accessoire *m*., V. « accessories ».
- - -, **automobile** = accessoire *m*. d'automobile.
accident = accident *m*. (d'automobile, du travail, du terrain), avarie *f*. (de machines).
- - -, **fatal** = accident *m*. mortel.
- - -, **serious** = accident *m*. grave.
acclivity = rampe *f*., escarpement *m*., pente *f*., montée *f*.
accommodation = logement *m*., contenance *f*. (d'un wagon), avance *f*. (de fonds), capacité *f*. d'hébergement.
accomplishment = réalisation (d'un plan), accomplissement *m*. (d'un devoir), exécution *f*. (d'un travail).
accordion = accordéon *m*. (B.).
account = compte *m*. rendu, rapport *m*., facture *f*., compte *m*.
- - -, **bank** = compte *m*. en banque.
- - -, **charge** = compte *m*. courant.
- - -, **current** = compte *m*. courant.
- - -, **final** = compte *m*. définitif.
- - -, **joint** = compte *m*. commun, compte *m*. conjoint.
- - -, **running** = compte *m*. courant.
- - -, **savings** = compte *m*. d'épargne.
- - -, **subscriber's** = compte *m*. de l'abonné (Tp.).
accountable = (agent *m*.) comptable (adj.).
accountant = comptable *m*. (O.), teneur de livres (O.).
- - -, **chartered** = expert *m*. comptable (O.), comptable *m*. agréé (O.) (Canada).
accounting = comptabilité *f*., (taux *m*. de rendement) comptable (adj.).
- - -, **message, automatic** = comptabilité *f*. automatique des appels (Tp.).
accumulate, to = accumuler (de l'énergie), entasser (du gravier), amonceler (des pierres), amasser (une fortune).
accumulation = accumulation *f*. (de denrées, de preuves), emmagasinage *m*. ou emmagasinement *m*. (de marchandises dans un entrepôt), amoncellement *m*. (de gravier), entassement *m*. (de papiers sur une table), amas *m*. (de paille).
- - - **of electricity** = accumulation *f*. de l'électricité, emmagasinage *m*. de l'électricité.
- - - **of energy** = accumulation *f*. d'énergie.
- - - **of heat** = accumulation *f*. de la chaleur.
accumulator = accumulateur *m*. (E.), accu *m*. (E.) (France).
- - -, **alkaline** = accumulateur *m*. alcalin.
- - -, **dry** = accumulateur *m*. sec.
- - -, **electric** = accumulateur *m*. électrique.

(accumulator)

– – –, **ferro-nickel** = accumulateur *m.* au fer-nickel.

– – –, **fluid** = accumulateur *m.* à acide.

– – – **forming buffer** = accumulateur *m.* en tampon.

– – –, **grid** = accumulateur *m.* à grille.

– – –, **heat, electric** = accumulateur *m.* électrique de chaleur.

– – –, **hydraulic** = accumulateur *m.* hydraulique, château *m.* d'eau de pression (H.).

– – –, **lead** = accumulateur *m.* au plomb.

– – –, **nickel-cadmium** = accumulateur *m.* au cadmium-nickel.

– – –, **pocket** = accumulateur *m.* de poche.

– – –, **portable** = accumulateur *m.* transportable.

– – –, **steam** = accumulateur *m.* de vapeur (Méc.).

– – –, **tray** = accumulateur *m.* à cuvette.

– – –, **trough** = accumulateur *m.* à augets.

– – –, **unspillable** = accumulateur *m.* à liquide immobilisé.

accuracy = précision *f.*, exactitude *f.*

– – – **of calculation** = précision *f.* de calcul.

– – – **of construction** = exactitude *f.* d'exécution.

accurate = exact (adj.), précis (adj.), juste (adj.).

– – –, **absolutely** = rigoureusement exact (adj.).

accurately = avec précision.

ACD = V. « distributor, call, automatic ».

acetate = acétate *m.*

– – –, **cellulose** = acétate *m.* de cellulose.

acetone = acétone *f.*, éther *m.* pyroacétique.

acetimeter = acétimètre *m.*, acétomètre *m.*

acetylene = acétylène *m.*

– – –, **oxy-** = oxyacétylène *m.*

acid = acide *m.*

– – –, **accumulator** = liquide *m.* excitateur (E.), électrolyte *m.* (E.), acide *m.* de remplissage (E.), acide *m.* pour accumulateurs (E.).

– – –, **carbolic** = acide *m.* carbolique.

– – –, **carbonic** = acide *m.* carbonique.

– – –, **chlorhydric** = acide *m.* chlorhydrique.

– – –, **concentrated** = acide *m.* concentré.

– – –, **concentrated, highly** = acide *m.* fortement concentré.

– – –, **diluted** = acide *m.* dilué.

– – –, **etching** = acide *m.* à graver.

– – –, **hydrocyanic** = acide *m.* cyanhydrique.

– – –, **muriatic** = acide *m.* chlorhydrique, esprit *m.* de sel, acide *m.* muriatique.

– – –, **nitric** = acide *m.* nitrique.

– – –, **pickling** = décapant *m.*

– – –, **sewage** = acide *m.* égoutier.

– – –, **soldering** = décapant *m.*, acide *m.* à souder.

– – –, **sulphuric** = acide *m.* sulfurique.

acidify, to = aciduler, acidifier.

acidimeter = acidimètre *m.*, pèse-acide *m.*

acidity = acidité *f.*

acierate, to = aciérer (le fer).

acorn = gland *m.* (du chêne).

acoustic = acoustique (adj.), sonore (adj.).

acoustical = acoustique (adj.), sonore (adj.), (mur *m.*, plafond *m.*) insonore (adj.).

acoustics = acoustique *f.*

acre = *f.* (=43 560 pieds carrés; 40,5 acres; 10 chaînes Gunter carrées; 4 840 verges carrées; 4 046,

(acre)

856 mètres carrés).

across = en travers, en croix.

– – – **-the-board** = général (adj.).

act of God = (cas *m.* de) force *f.* majeure.

act, to = agir, prendre des mesures.

– – –, **to** – – – **as a relay between** = faire relais entre (postes) (R.).

acting, direct- = à commande directe (Méc.), à action directe (Méc.), à effet direct (Méc.).

– – –, **double-** = à double effet (Méc.).

– – –, **positive-** = à commande directe (Méc.), à action directe (Méc.), à effet direct (Méc.).

– – –, **quick-** = à action rapide.

– – –, **self-** = automatique (adj.), manoeuvre *f.* automatique.

– – –, **single-** = à simple effet.

– – –, **slow-** = à action lente.

actinic = actinique (adj.).

actinometer = actinomètre *m.* (Phot.), photomètre *m.* de pose (Phot.).

– – –, **recording** = actinographe *m.*

action = action *f.* (du vent, d'un individu), marche *f.* ou allure *f.* (d'une machine), mécanisme *m.* (d'une horloge), jeu *m.* (d'un ressort), travail *m.* (des eaux), (prendre des) mesures *f.p.*, initiative *f.* (de quelqu'un).

– – –, **backward & forward** = mouvement *m.* de va-et-vient (Méc.).

– – –, **brake** = freinage *m.* (Auto.).

– – –, **caster (or castor)** = chasse *f.* (de l'essieu avant) (Auto.).

– – –, **centrifugal** = action *f.* centrifuge.

– – –, **cooling** = effet *m.* de refroidissement.

– – –, **cutting** = cisaillement *m.*

– – –, **daylight** = effect *m.* diurne (E., R.).

– – –, **deflecting** – – – **of a current** = action *f.* déviatrice d'un courant (E.).

– – –, **delayed** = action *f.* retardée.

– – –, **differential** = action *f.* différentielle.

– – –, **direct** = attaque *f.* directe, commande *f.* directe, effet *m.* direct.

– – –, **double-** = à double effet.

– – –, **electro-magnetic** = action *f.* électromagnétique (d'une ligne électrique sur une ligne de télécommunication).

– – –, **external** = action *f.* externe.

– – –, **homeland** = retour *m.* automatique d'un sélecteur à sa position de repos (Tp.).

– – – **of points** = pouvoir *m.* des pointes (E.).

– – –, **quick-** = à action rapide.

– – –, **reverse** = marche *f.* arrière.

– – –, **self-** = action *f.* automatique.

– – –, **servo-** = servo-action *f.*

– – –, **shearing** = effet *m.* de cisaillement.

– – –, **single-** = à simple effet.

– – –, **spring** = élasticité *f.*, effet *m.* élastique.

– – –, **steady** = marche *f.* régulière.

– – –, **step by step** = action *f.* échelonnée.

– – –, **surface** = action *f.* de surface (E.).

– – –, **trigger** = déclenchement *m.*

– – –, **wedge** = coincement *m.*

– – –, **wiping** = mouvement *m.* glissant (d'un mécanisme).

(action)

– – –, **wobbler** = mouvement *m.* excentrique à secousses.

activated = (corps *m.* chimique) activé (adj.).

activities = initiatives *f.p.* (d'une société), agissements *m.p.*, oeuvres *f.p.*, travail *m.*, activité *f.* ou activités *f.p.*

actual = réel (adj.), véritable (adj.), actuel (adj.), effectif (adj.).

actuate, to = actionner, commander, animer, mettre en marche.

actuated, gravity = actionné par la pesanteur.

– – –, **steam** = fonctionnant à la vapeur.

actuating = (mécanisme *m.*) de commande, ce manoeuvre.

actuation = commande *f.*, mise *f.* en action, manoeuvre *f.*

actuator = régulateur *m.* de vitesse (d'une machine hydroélectrique), actuateur *m.* (Canada).

acuteness = finesse *f.* (d'ouïe), état *m.* aigu, acuité *f.* (d'une pointe).

acyclic = apériodique (adj.), acyclique (adj.).

A.D. (**Anno Domini**) = an *m.* de grâce, après J.-C

ad = annonce *f.* (dans un journal), affiche *f.*, V. « ads ».

adapt, to = adapter, ajuster.

adaptability = faculté *f.* d'adaptation.

– – – **to the smelting process** = exploitabilité *f.* par la fusion.

adaptation = adaptation *f.*

– – – **of impedance** = adaptation *f.* d'impédance (E.).

adapter = adapteur *m.*, guide *m.*, cale *f.*, prise *f.* de courant (E.), embout *m.*, manchon *m.* de fixation, raccord *m.*, guide *m.* de montage, allonge *f.*, arbre *m.* de montage, adaptateur *m.* (E.).

– – –, **bumper** = montage *m.* pour pare-chocs (Auto.).

– – –, **chuck** = arbre *m.* de montage pour mandrir.

– – –, **conduit** = cône *m.* de raccordement (Tp.).

– – –, **connecting** = raccord *m.* intermédiaire.

– – –, **cutter** = arbre *m.* de montage pour fraises (Méc.).

– – –, **head-phone** = prise *f.* pour casque (téléphonique) (Tp.).

– – –, **hose** = raccord *m.* de boyau.

– – –, **lamp** = raccord *m.* de lampe (E.), douille *f.* voleuse (E.).

– – –, **lens** = bague *f.* porte-objectif (Phot.).

– – –, **nut, lock-** = adapteur *m.* de contre-écrou, adapteur *m.* d'écrou de blocage.

– – –, **phono** = prise *f.* pour pick-up.

– – –, **plate, ammeter** = monture *f.* d'ampèremètre (E.).

– – –, **plug** = prise *f.* de courant à fiches (E.), raccord *m.* intermédiaire (E.).

– – –, **plug, fixed** = prise *f.* de courant fixe à fiches (E.).

– – –, **plug, spark-** = culot *m.* pour bougie.

– – –, **ratio** = commutateur *m.* de réglage à vide (d'un transformateur) (E.).

– – –, **reducing** = douille *f.* intermédiaire.

– – –, **shaft, flexible** = raccord *m.* de transmission flexible (Méc.).

– – –, **short-wave** = adapteur *m.* pour ondes courtes (R.).

– – –, **socket, lamp** = adaptateur *m.* (c.-à-d. bouchon de prise de courant s'adaptant à la douille d'une

(adapter)

ampoule électrique).

– – –, **studded** = cale *f.* axée.

– – –, **universal** = raccord *m.* universel.

– – –, **valve** = raccord *m.* de valve (Méc.), culot *m.* d'adaptation (E.).

add = ajouté *m.* (fait par l'auteur à l'épreuve) (Imp.).

– – –, **to** = rapporter (une pièce à une autre), joindre, ajouter, additionner.

addendum = saillie *f.* (d'une dent), hauteur *f.* de la tête ou tête *f.* (d'un engrenage), addition *f.* ou supplément *m.* (à un livre), addenda *m.* (à un ouvrage).

adder = additionneuse *f.* (M.), machine *f.* à additionner, additionneur *m.* (I.).

addition = addition *f.* (des nombres, d'un élément accessoire), adjonction *f.* (à un texte), agrandissement *m.* (B.), annexe *f.* (B.), rajout *m.* (B.).

– – – **of new forces** = adjonction *f.* de forces nouvelles.

additive = additif (adj.).

addressograph = machine *f.* à adresser.

adhere, to = adhérer, se coller, respecter (le cahier des charges) (C.).

adherence = adhérence *f.* (à la voie) (Méc.).

adhesion = adhérence *f.*, pouvoir *m.* adhérent.

– – – **between brick and mortar** = adhérence *f.* de la brique au mortier.

– – – **between concrete and reinforcement** = adhérence *f.* du béton à l'armature.

– – –, **electrostatic** = adhérence *f.* électrostatique (E.).

adhesive = adhésif *m.* (*ou* adj.), collant (adj.), adhérent (adj.), agglutinant (adj.).

adhesiveness = adhésivité *f.*, adhésion *f.*

adiabatic = adiabatique (adj.).

adit = galerie *f.* à flanc de coteau (Mi.).

adjacent = adjacent (adj.), contigu (adj.), voisin (adj.), attenant (adj.).

adjudge, to = adjuger (des dommages-intérêts, au plus offrant).

adjust, to = ajuster (les freins, une balance), régler (une horloge, l'allumage, un compas), caler (une roue, les balais), ajuster ou agencer (les parties d'une machine), étalonner (un instrument), rectifier (un étau-limeur), tarer (une soupape), mettre (un moteur) au point, égaliser (la pression).

adjustable = réglable (adj.), orientable (adj.), ajustable (adj.).

– – – **at will** = réglable (adj.) à volonté.

– – –, **continuously** = à variation continue.

– – – **in all directions** = orientable (adj.) en tous sens.

– – – **for take-up** = à rattrapage de jeu.

– – – **for wear** = à rattrapage d'usure.

– – –, **self-** = autoréglable (adj.), réglage *m.* automatique.

adjusted, improperly = mal réglé (adj.).

adjuster = régleur *m.* (O.), appareil *m.* de réglage (Méc.), expert *m.* (O.), arbitre *m.* (O.).

– – –, **bearing** = dispositif *m.* de réglage de palier, dispositif *m.* de rattrapage de jeu (Méc.).

– – –, **bearing, ball-** = bague *f.* d'ajustage du roulement à billes.

– – –, **brake** = appareil *m.* à régler les freins.

– – –, **chain** = tendeur *m.* de chaîne.

– – –, **claim** = agent *m.* de réclamation (O.).

– – –, **cord** = contrepoids *m.* (Tp.).

(**adjuster**)

– – –, **si..ck** = tendeur *m*. (I.).

– – –, **window, casement-** = entrebâillement *m*. de fenêtre.

adjusting, electrical = réglage *m*. électrique.

– – –, **self-** = à réglage automatique, autoréglable (adj.), à autoréglage.

adjustment = réglage *m*. ⌐des phares, d'un carburateur, d'un mécanisme, d'une montre), ajustage *m*. (d'un frein), calage *m*. (des balais, d'un volant), mise *f*. au point (d'un moteur), ajustement *m*. (d'une balance), rectification *f*. (d'une courbe, d'un compte, d'un cylindre), tarage *m*. (d'une soupape), règlement *m*. (d'un compte), délimitation *f*. (des frontières), augmentation *f*. (des tarifs), correction *f*. (des compas) (Mar.).

– – –, **accurate** = mise *f*. au point précise, réglage *m*. précis.

– – –, **automatic** = autoréglage *m*., réglage *m*. automatique.

– – –, **brake** = réglage *m* des freins (Auto.).

– – –, **brake, major** = révision *f*. des freins.

– – –, **brush** = calage *m*. des balais (E.).

– – –, **clearance** = réglage *m*. de jeu (Méc.).

– – –, **coarse** = réglage *m*. approximatif (Méc.).

– – –, **correct** = réglage *m*. correct, réglage *m*. parfait.

– – –, **final** = mise *f*. au point.

– – –, **financial** = redressement *m*. financier.

– – –, **fine** = réglage *m*. précis, réglage *m*. de précision, mise *f*. au point précise.

– – –, **flow** = réglage *m*. du débit (H.).

– – – **in elevation** = déplacement *m*. en hauteur.

– – –, **initial** = mise *f*. au point zéro (d'un instrument de mesure).

– – –, **major** = révision *f*. (Méc.).

– – –, **load on** = réglage *m*. en charge (E., R.).

– – –, **mechanical** = réglage *m*. mécanique.

– – –, **no further** = sans p us de réglage.

– – –, **no-load** = réglage *m*. à vide.

– – – **of ignition** = réglage *m*. de l'allumage (Auto.).

– – – **of slide** = réglage *m*. du coulisseau (Méc.).

– – –, **parallax** = correction *f*. de la parallaxe (Phot.).

– – –, **phase** = mise *f*. en phase (E.).

– – –, **pin** = réglage *m*. à clavette.

– – –, **proper** = bon réglage.

– – –, **remote-control** = téléréglage *m*.

– – –, **rough** = réglage *m*. approximatif.

– – –, **screw** = réglage *m*. micrométrique, réglage *m*. à vis.

– – –, **screw, wedge** = rattrapage *m*. de jeu par vis conique.

– – –, **self-** = réglage *m*. automatique.

– – –, **spring** = réglage *m*. par ressort.

– – –, **temperature** = réglage *m*. de la température (dans une maison).

– – –, **temporary** = réglage *m*. provisoire.

– – –, **valve** = réglage *m*. de soupape (Méc.).

– – –, **wage** = révision *f*. du salaire.

– – –, **wear** = rattrapage *m*. du jeu produit par l'usure.

– – –, **wedge** = réglage *m*. par coin.

administer, to = gérer (les affaires), appliquer (les règlements), administrer (la justice, des biens), assermenter (quelqu'un), diriger (des travaux).

administration = administration *f*. (de la justice, des

(**administration**)

affaires, d'une Société), gestion *f*. (des affaires d'un autre, d'une fortune), Gouvernement *m*. (d'un pays), fonction *f*. publique.

admission = admission *f*. (du carburant), aspiration *f*. (des gaz), entrée *f*. (de la vapeur), injection *f*. (d'essence), aveu *m*. (de culpabilité).

– – –, **air** = admission *f*. d'air.

– – –, **axial** = admission *f*. axiale.

– – –, **full** = pleine injection (d'une turbine).

– – –, **late** = retard *m*. à l'admission.

– – – **of claim** = reconnaissance *f*. des prétentions.

– – – **of fresh air** = admission *f*. d'air frais extérieur (Auto.).

– – –, **retarded** = retard *m*. à l'admission.

– – –, **steam** = admission *f*. de la vapeur.

– – –, **tangential** = amenée *f*. tangentielle (H.).

admittance = admission *f*. ou entrée *f*. (dans une société), permission *f*. d'entrer (dans un lieu), admittance *f*. (E.).

– – –, **grid** = admittance *f*. de grille (R.).

– – –, **input** = admittance *f*. d'entrée (E.).

– – –, **no** = entrée *f*. interdite.

– – –, **output** = admittance *f*. de sortie (E.).

– – –, **transfer** = admittance *f*. de transfert (E.)

admixture = mélange *m*. ou dosage *m*. (des ingrédients d'un médicament), matière *f*. ajoutée au ciment après la cuisson, adjuvant *m*. du béton.

– – – **for air-entrainment** = aérateur *m*. (c.-à-d. produit utilisé pour obtenir du béton aéré) (B., C.).

adobe = adobe *m*., brique *f*. crue, argile *f*. compacte (utilisée pour faire du pisé).

adopt, to = adopter (une opinion, un enfant), instaurer (une méthode), choisir (une profession).

adds, classified = petites annonces (d'un quotidien), annonces *f*.*p*. classées.

adsorb, to = adsorber.

adsorption = adsorption *f*.

adulteration = falsification *f*. (des monnaies, des vins, d'un texte), frelatement *m*. ou frelatage *m*. (de l'eau-de-vie, des denrées alimentaires), altération *f*. (d'une signature, d'un texte, des monnaies).

advance = avancement *m*., (d'un employé, des sciences), avance *f*. (d'un outil, de fonds), perfectionnement *m*. ou progrès *m*. (de la science), mouvement *m*. en avant.

– – –, **angular** = avancement *m*. angulaire.

– – –, **automatic** = dispositif *m*. automatique d'avance, avance *f*. automatique.

– – – **of the ignition** = avance *f*. à l'allumage (Auto.).

– – – **of the spark** = avance *f*. à l'allumage.

– – –, **spark** = avance *f*. de l'étincelle (Auto.).

– – –, **to** – – – **the spark** = mettre de l'avance à l'allumage (Auto.).

– – –, **to** – – – **the spark fully** = mettre toute l'avance (à l'allumage).

advancement = progrès *m*. ou avancement *m*. (des sciences), avancement *m*. (d'un employé), acheminement *m*. (d'un appel) (Tp.).

advertisement = V. « ad ».

advertising = publicité *f*., annonce(s) *f*.(*p*.), réclame *f*..

– – –, **directory** = publicité *f*. (ou annonce *f*.) dans l'annuaire (Tp.).

adviser, legal = légiste *m*. (O.), conseiller *m*. juridi-

(adviser)

que (O.).
- - -, **spiritual** = directeur de conscience (O.).
- - -, **technical** = conseiller *m.* technique (O.), conseil *m.* technique (O.).
adze = herminette *f.*, doloire *f.*
- - -, **cooper's** = herminette *f.* de tonnelier, tille *f.*
- - -, **flat** = herminette *f.* droite.
- - -, **hollow** = doloire *f.*
- - -, **notching** = herminette *f.* droite à marteau.
- - -, **ship carpenter's** = herminette *f.* de charpentier de navire.
- - -, **to** = doler, dresser à l'herminette, entailler à l'herminette, saboter (des traverses) (Ch.d.f.).
aeolight = lampe *f.* à lueurs.
aerate, to = aérer (une salle).
aerial = aérien (adj.).
aerial = antenne *f.* (R.), aérien *m.* (R.), V. « antenna ».
- - -, **active** = partie *f.* de l'antenne à rayonnement dirigé reliée à l'émetteur (ou au récepteur), élément *m.* actif (R.).
- - -, **anti-static** = antenne *f.* antiparasite.
- - -, **aperiodic** = antenne *f.* apériodique.
- - -, **artificial** = antenne *f.* fictive.
- - -, **balanced** = antenne *f.* équilibrée.
- - -, **balancing** = antenne *f.* d'équilibrage, antenne *f.* de compensation.
- - -, **bat-wing** = antenne *f.* en papillon.
- - -, **beam** = antenne *f.* dirigée (R.), antenne *f.* à faisceaux.
- - -, **beam, rotary** = antenne *f.* à faisceaux tournants.
- - -, **broad-band** = antenne *f.* à large bande (R.).
- - -, **bruce-type** = rideau *m.* à rayonnement transversal (R.).
- - -, **buried** = antenne *f.* enterrée.
- - -, **cage** = antenne *f.* prismatique, antenne *f.* en cage.
- - -, **cheese** = antenne *f.* en D.
- - -, **clover-leaf** = antenne *f.* en trèfle.
- - -, **coil, closed-** = cadre-antenne *m.*
- - -, **coil, crossed-** = antenne *f.* à cadre double.
- - -, **curtain** = antenne *f.* à rideau.
- - -, **cylinder, slotted** = cylindre *m.* à fente(s) (R.).
- - -, **diamond-shaped** = antenne *f.* en losange.
- - -, **dipole** = antenne *f.* doublet.
- - -, **direction-finder** = antenne *f.* directrice de réception, radiogoniomètre *m.*, cadre *m.* radiogoniométrique.
- - -, **directional** = antenne *f.* dirigée, antenne *f.* à rayonnement dirigé, antenne *f.* directionnelle.
- - -, **dummy** = antenne *f.* fictive, antenne *f.* artificielle.
- - -, **emergency** = antenne *f.* de secours.
- - -, **fading-reducing** = antenne *f.* antifading.
- - -, **fan** = antenne *f.* en éventail.
- - -, **fan-shaped** = antenne *f.* en rideau, antenne *f.* en éventail.
- - -, **fish-bone** = antenne *f.* en arête de poisson.
- - -, **fish-pole** = antenne *f.* en canne à pêche.
- - -, **flat-top** = antenne *f.* en nappe.
- - -, **frame** = cadre-antenne *m.*, cadre *m.* (R.).
- - -, **funnel** = antenne *f.* en pyramide renversée.
- - -, **H** = antennes *f.p.* en H (R.).
- - -, **half-wave** = antenne *f.* en demi-onde, antenne *f.*

(aerial)

demi-onde.
- - -, **half-wave, double** = antenne *f.* en doublet demi-onde.
- - -, **harmonic** = antenne *f.* résonant sur fréquence harmonique.
- - -, **helical** = antenne *f.* en hélice.
- - -, **horizontal** = antenne *f.* horizontale.
- - -, **house-wiring** = antenne *f.* sur le secteur.
- - -, **indoor** = antenne *f.* intérieure.
- - -, **inside** = antenne *f.* intérieure.
- - -, **L** = antenne *f.* en L.
- - -, **loop** = cadre-antenne *m.*, cadre *m.* (R.).
- - -, **loop, screened** = cadre *m.* blindé.
- - -, **loop, shielded** = cadre *m.* blindé.
- - -, **main** = antenne *f.* principale.
- - -, **mains** = antenne *f.* secteur.
- - -, **many-wire** = antenne *f.* multifilaire.
- - -, **monopole** = antenne *f.* unipolaire (R.).
- - -, **multi-band** = antenne *f.* toutes ondes.
- - -, **multiple-tuned** = antenne *f.* à accords multiples.
- - -, **multiple-wire** = antenne *f.* multifilaire.
- - -, **non-directional** = antenne *f.* sans effet directif.
- - -, **outdoor** = antenne *f.* extérieure.
- - -, **omnidirectional** = antenne *f.* omnidirectionnelle (R.).
- - -, **parabolic** = antenne *f.* (à cylindre) parabolique.
- - -, **passive** = élément *m.* secondaire (R.), élément *m.* passif (R.).
- - -, **phantom** = antenne *f.* fantôme, antenne *f.* artificielle.
- - -, **plain** = antenne *f.* simple.
- - -, **plane** = antenne *f.* en nappe.
- - -, **passive** = élément *m.* secondaire (R.), élément *m.* passif (R.).
- - -, **prism** = antenne *f.* prismatique.
- - -, **quadrant** = antenne *f.* quadrant (R.).
- - -, **quarter-wave** = antenne *f.* quart d'onde.
- - -, **radiating** = antenne *f.* d'émission.
- - -, **receiving** = antenne *f.* de réception.
- - -, **reflector, corner** = antenne *f.* en dièdre (R.).
- - -, **resonant** = antenne *f.* accordée.
- - -, **resonant, non-** = antenne *f.* apériodique (R.).
- - -, **rhombic** = antenne *f.* rhombique, antenne *f.* en losange (R.).
- - -, **rod, magnetic** = antenne *f.* à noyau magnétique.
- - -, **rotary** = antenne *f.* tournante.
- - -, **screened** = antenne *f.* compensée, cadre *m.* blindé.
- - -, **sending** = antenne *f.* d'émission.
- - -, **short-wave** = antenne *f.* ondes courtes.
- - -, **single-wire** = antenne *f.* unifilaire.
- - -, **standing-wave** = antenne *f.* à ondes stationnaires.
- - -, **star** = antenne *f.* en étoile.
- - -, **suppressed** = antenne *f.* encastrée (Av., Auto.).
- - -, **T** = antenne *f.* en T.
- - -, **T-shaped** = antenne *f.* en T.
- - -, **T-shaped, extended** = antenne *f.* en T à branches prolongées.
- - -, **trailing** = antenne *f.* suspendue (Av.).
- - -, **transmitting** = antenne *f.* d'émission.
- - -, **travelling-wave** = antenne *f.* ondes progressives.
- - -, **tuned** = antenne *f.* accordée.
- - -, **turnstile** = antenne *f.* en tourniquet.

(aerial)

‒ ‒ ‒, **two-wire** = antenne *f*. bifilaire.
‒ ‒ ‒, **umbrella** = antenne *f*. en parapluie.
‒ ‒ ‒, **underground** = antenne *f*. souterraine.
‒ ‒ ‒, **unidirectional** = antenne *f*. unidirectionnelle.
‒ ‒ ‒, **unipole** = antenne *f*. unipolaire (R.).
‒ ‒ ‒, **unipole, folded** = antenne *f*. unipolaire repliée (R.).
‒ ‒ ‒, **untuned** = antenne *f*. non accordée, antenne *f*. apériodique.
‒ ‒ ‒, **V** = antenne *f*. en V.
‒ ‒ ‒, **V, inverted** = antenne *f*. en V renversé.
‒ ‒ ‒, **V-shaped** = antenne *f*. en V.
‒ ‒ ‒, **vertical wire** = antenne *f*. verticale.
‒ ‒ ‒, **whip** = antenne-fouet *f*.
‒ ‒ ‒, **zigzag** = antenne *f*. en zigzag.
aerodrome = aérodrome *m*.
aerograph = aérographe *m*.
aeronautics = aéronautique *f*.
aeroplane = avion *m*.
aeruginous = érugineux (adj.).
aether = éther *m*.
AF = V. « frequency, audio ».
A.F.C. = V. « control, frequency, automatic ».
affinity = affinité *f*. (des goûts, des corps), attraction *f*. (moléculaire, des corps).
afforest, to = reboiser.
afforestation = reboisement *m*.
aflame = embrasé, en flammes.
afloat = à flot, sur l'eau.
afresh = à nouveau.
afterglow = traînage *m*. lumineux, phosphorescence *f*., tison *m*., traînage *m*.
afterimage = image *f*. cifférée, image *f*. retardée, image *f*. persistante.
agalite = agalite *f*. (Imp.).
agate = agate *f*. (Mi., Imp.), dent-de-loup *f*. (Imp.) (Canada).
agave = agave *m*. (Pap.).
A.G.C. = V. « control, gain, automatic ».
age, middle = âge *m*. mûr.
‒ ‒ ‒, **to** = vieillir, mûrir.
ageing = vieillissement *m*. (d'un métal).
agency = agent *m*., (O.), agence *f*., succursale *f*..
‒ ‒ ‒, **employment** = bureau *m*. de placement.
‒ ‒ ‒, **travel** = agence *f*. de voyages.
agenda = ordre *m*. du jour (d'une réunion), agenda *m*. (de poche, de bureau).
agent = agent *m*. (O.), représentant *m*. (O.), mandataire *m*. (O.), agent *m*. (chimique).
‒ ‒ ‒, **accelerating** = accélérateur *m*. de prise (pour le béton).
‒ ‒ ‒, **anti-skinning** = antioxydant *m*. (de la peinture).
‒ ‒ ‒, **bargaining** = agent *m*. négociateur (O.).
‒ ‒ ‒, **blasting** = explosif *m*.
‒ ‒ ‒, **bodying** = mordant *m*. (de l'encre) (Imp.).
‒ ‒ ‒, **catalytic** = cataliseur *m*.
‒ ‒ ‒, **chemical** = agent *m*. chimique.
‒ ‒ ‒, **combustion** = comburant *m*. (Chim.).
‒ ‒ ‒, **commission** = représentant *m*. à la commission (O.).
‒ ‒ ‒, **cooling** = agent *m*. refrigérateur.
‒ ‒ ‒, **deoxidizing** = désoxydant *m*.
‒ ‒ ‒, **driving** = moyen *m*. moteur.

(agent)

‒ ‒ ‒, **drying** = déshydratant *m*., produit *m*. dessicant, siccatif *m*.
‒ ‒ ‒, **emulsifying** = émulsif *m*. (c.-à-d. additif *m*.) ou émulsificateur *m*. ou émulsifiant *m*. ou émulsifieur *m*. ou émulsionnant *m*.
‒ ‒ ‒, **entraining, air** = aérateur *m*. (du béton).
‒ ‒ ‒, **fluxing** = fondant *m*.
‒ ‒ ‒ **for fusion** = fondant *m*.
‒ ‒ ‒, **insurance** = agent *m*. d'assurances (O.), courtier *m*. d'assurances (O.).
‒ ‒ ‒, **motive** = agent *m*. moteur.
‒ ‒ ‒, **news** = marchand *m*. de journaux, agent *m*. d'information.
‒ ‒ ‒, **oxidizing** = oxydant *m*. (Chim.).
‒ ‒ ‒, **real estate** = agent *m*. immobilier(O.).
‒ ‒ ‒, **reducing** = réducteur *m*.
‒ ‒ ‒, **station** = chef *m*. de gare (O.) (Ch. d. f.).
‒ ‒ ‒, **sub-** = sous-agent *m*. (O.).
‒ ‒ ‒, **thermic** = agent *m*. thermique.
agglomerate = aggloméré *m*. (de houille), agglomérat *m*. (de roches minérales).
‒ ‒ ‒, **to** = agglomérer.
agglutinate, to = agglutiner.
aggregate = agrégat *m*., global (adj.).
‒ ‒ ‒, **coarse** = gros agrégat, agrégat *m*. grossier.
‒ ‒ ‒, **fine** = petit agrégat.
‒ ‒ ‒, **mineral** = agrégat *m*. minéral (c.-à-d. pierre, scorie, gravier, sable, criblures et poussière minérale).
aggregates = agrégats *m.p.*, granulat *m*..
‒ ‒ ‒, **well-graded** = agrégat *m*. de granulométrie convenable.
aging = V. « ageing ».
agitator = agitateur *m*. (I).
aglet = ferret *m*. (de lacet).
agreement = traité *m*., contrat *m*., convention *f*., accord *m*., entente *f*.
‒ ‒ ‒, **as per** = comme il a été convenu.
‒ ‒ ‒, **by mutual** = de gré à gré, d'un commun accord.
‒ ‒ ‒, **by private** = de gré à gré.
‒ ‒ ‒, **collective** = convention *f*. collective (de travail).
‒ ‒ ‒, **gentlemen's** = entente *f*. tacite, entente *f*. verbale, engagement *m*. d'honneur.
‒ ‒ ‒ **in writing** = convention *f*. par écrit.
‒ ‒ ‒, **joint-use** = contrat *m*. concernant l'usage conjoint (des poteaux).
‒ ‒ ‒, **service** = contrat *m*. de service.
‒ ‒ ‒, **working** = modus vivendi *m*., convention *f*., accord *m*.
‒ ‒ ‒, **written** = convention *f*. par écrit.
agricultural = (peuple *m*.) agriculteur (adj.), (produit *m*.) agricole (adj.), (machine *f*.) aratoire (adj.).
agriculture = culture *f*. ou agriculture *f*.
agronomist = agronome *m*. (O.).
a.h. = V. « ampere-hour ».
aid, audio-visual = auxiliaire *m*. audio-visuel.
‒ ‒ ‒, **first-** = premiers soins *m.p.*, premiers secours *m.p*
‒ ‒ ‒, **hearing** = amplificateur *m*. (pour les sourds).
‒ ‒ ‒, **legal** = assistance *f*. judiciaire, assistance *f*. juridique.
aids, educational = auxiliaires *m.p.* didactiques.
‒ ‒ ‒, **radio ‒ ‒ ‒ to navigation** = radioguidage *m*.

(aids)

– – –, **teaching** = matériel *m.* pédagogique, auxiliaires *m.p.* didactiques
aileron = aileron *m.* (Av.).
– – –, **elevator** = élevon *m.* (Av.).
air = air *m.*, (mû) à l'air comprimé (Méc.).
– – –, **carburetted** = air *m.* carburé, mélange *m.* gazeux (Auto.).
– – –, **compressed** = air *m.* comprimé.
– – –, **compressed, devaporized** = air *m.* comprimé déshydraté.
– – –, **exhausted** = air *m.* raréfié.
– – – **for combustion** = air *m.* comburant.
– – –, **foul** = air *m.* vicié.
– – –, **inlet** = air *m.* aspiré.
– – –, **in open** = à l'air libre, en plein air.
– – –, **intake** = air *m.* aspiré.
– – –, **liquid** = air *m.* liquide.
– – –, **on** = en ondes (R., Tv.).
– – –, **pocketed** = air *m.* emprisonné.
– – –, **polluted** = air *m.* pollué.
– – –, **surrounding** = air *m.* ambiant.
– – –, **to** = aérer (une salle, le blé, le linge).
aircraft = avions *m.p.*, aéronefs *m.p.*
aircrew = équipage *m.* (Av.).
airfield = champ *m.* d'aviation, aérodrome *m.*
airing = ventilation *f.* (d'une chambre), aération *f.* (d'une substance), aérage *m.* (d'un vase clos).
airlines = entreprises *f.p.* de transport aérien (Av.), lignes *f.p.* aériennes (Av.).
airplane = avion *m.*
– – –, **jet propelled** = avion *m.* à propulsion, réacté *m.* (Canada).
– – –, **pilotless** = avion *m.* robot.
airport = aéroport *m.*
airporter = navette *f.* (Auto.).
airshipping = transport *m.* aérien (Av.), (compagnie *f.* de) navigation *f.* aérienne (Av.).
airspace = espace *m.* aérien (Av.), V. « space, air ».
– – –, **controlled** = espace *m.* aérien contrôlé (Av.).
airstrip = piste *m.* d'atterrissage (Av.).
airway = voie *f.* (ou route *f.*) aérienne (Av.).
airworthiness = navigabilité *f.* (Av.), aptitude *f.* au vol (Av.).
aisle = aile *f.* (d'un bâtiment) (B.), couloir *m.* central (d'un tramway, d'un autobus).
alarm = avertisseur *m.* (d'incendie), alarme *f.*, alerte *f.* (aérienne).
– – –, **automatic** = avertisseur *m.* automatique.
– – –, **burglar** = dispositif *m.* d'alarme contre le vol, antivol *m.* (Auto).
– – –, **electric** = avertisseur *m.* électrique, contact *m.* de sûreté (E.).
– – –, **exhaust** = sifflet *m.* sur l'échappement.
– – –, **false** = fausse alerte.
– – –, **fire-** = avertisseur *m.* d'incendie.
– – –, **fire-, automatic** = contrôleur *m.* d'incendie, avertisseur *m.* automatique d'incendie.
– – –, **ignition key** = avertisseur *m.* de la clé de contact (Auto).
– – –, **low-oil** = avertisseur *m.* de manque d'huile (Auto.).
– – –, **low-water** = sifflet *m.* avertisseur de bas niveau, sifflet *m.* d'alarme (d'une chaudière) (Méc.).

(alarm)

– – –, **maximum** = avertisseur *m.* à maximum (Tp.).
– – –, **vent** = sifflet *m.* de contrôle de remplissage (d'un réservoir).
– – –, **water-level** = avertisseur *m.* de niveau d'eau.
– – – **with drop indicator disc** = sonnerie *f.* d'alarme à volet.
albata = maillechort *m.* (Mét.)
album = album *m.* (Imp.).
– – –, **loose-leaf** = album *m.* à feuilles mobiles
albumen = blanc *m.* d'oeuf, albumine *f.*
alcohol = alcool *m.* (Chim.).
– – –, **denaturated** = alcool *m.* dénaturé.
– – –, **ethyl** = alcool *m.* éthylique, éthanol *m.*
– – –, **methyl** = alcool *m.* méthylique, esprit-de-bois *m.*, méthanol *m.*
– – –, **pure** = alcool *m.* absolu.
– – –, **rubbing** = alcool *m.* isopropylique, alcool *m.* à friction (Canada).
alcove = alcôve *f.*, enfoncement *m.* (dans un mur).
alder = aulne *m.*
– – –, **Mountain** = aune *m.* à feuilles minces.
– – –, **red** = aune *m.* de l'Oregon.
– – –, **Sitka** = aune *m.* de Sitka.
– – –, **speckled** = aune *m.* commun.
– – –, **white** = aune *m.* blanc.
alderman = échevin *m.* (O.), conseiller *m.* municipal (O.).
algorithm = algorithme *m.*
alidade = alidade *f.*
– – –, **levelling** = alidade *f.* de nivellement.
– – –, **open-sight** = alidade *f.* à pinnules.
– – –, **telescopic** = alidade *f.* à lunette.
alight, to = amerrir (Av.).
align, to = aligner (des piquets), dresser (une poutre), redresser (une tige), dégauchir, paragonner (Imp.).
aligning, self- = à alignement automatique, à auto-alignement.
alignment = centrage *m.* (d'une roue, d'un axe) (Méc.), redressage *m.* ou redressement *m.* (d'une pièce déformée) (Méc.), alignement *m.* (de piquets, d'un appareil radio), rectification *f.* (d'une surface usinée) (Mét.), tracé *m.* (d'une route), paragonnage *m.* (Imp.), parallélisme *m.* (des roues avant) (Auto), réglage *m.* (R.), linéarité *f.* (des circuits) (R.).
– – –, **black-level** = alignement *m.* du niveau du noir (Tv.).
– – –, **head** = alignement *m.* des têtes (d'un magnétophone).
– – – **of parts** = centrage *m.* des pièces (Méc.).
– – – **of telephone poles** = alignement *m.* des poteaux téléphoniques.
– – –, **shaft** = centrage *m.* des arbres de transmission (Méc.).
alimony = pension *f.* alimentaire.
alive = sous tension (E.), matière *f.* debout (Imp.).
alkali = alcali *m.*, sel *m.*
alkaline = (métal *m.*) alcalin (adj.).
alkalinity = alcalinité *f.*
alley = allée *f.* (d'un jardin), passage *m.* (pour voitures), ruelle *f.*
alligatoring = fendillement *m.* (du vernis).
all-in = copie *f.* complète (Imp.).
all-metal = entièrement métallique.

(alphabet)

all-weather = (route *f.* praticable) tous temps.
allocate, to = assigner ou allouer ou affecter (une somme à).
allocation = distribution *f.* (des fréquences) (R.), attribution *f.* (des frais), répartition *f.* (des dépenses), affectation *f.* (des fonds).
– – – of contract = adjudcation *f.*
allot, to = répartir (les fréquences) (R.), distribuer (les rôles, les fonctions).
allotment = partage *m.* (d'une succession), distribution *f.* ou répartition *f.* (des rôles, des fonctions), part *f.* (de chacun), portion *f.* (d'un tout divisé), affectation *f.* (des fonds), lot *m.*, lopin *m.* de terre, attribution *f.* (des dividendes).
allotter = distributeur *m.* ces appels (Tp.), distributeur *m.* de chercheurs (Tp.).
allowable = tolérable (adj.), admissible (adj.).
allowance = tolérance *f* (Méc.), jeu *m.* (Méc.), surépaisseur *f.* (Méc., Mét.).
– – –, daily = salaire *m.* journalier, journée *f.*
– – –, food = ration *f.*
– – – for grinding = surépaisseur *f.* de meulage, surépaisseur *f.* pour la rectification.
– – – for heat expansion = jeu *m.* à ménager pour la dilatation.
– – – for machining = surépaisseur *f.* pour usinage.
– – – in width = gras *m.* sur la largeur.
– – –, machining = tolérance *f.* d'usinage.
– – –, manufacturing = tolérance *f.* de fabrication.
– – –, reaming = cote *f.* de réalésage.
– – –, shrinkage = serrage *m.*
– – –, space = espaces *m.p.* prévus (d'un plancher).
– – –, travelling = indemnité *f.* de déplacement, frais *m.p.* de voyage.
– – –, wear = tolérance *f.* c'usure.
– – –, zero = tolérance *f.* nulle.
alloy = alliage *m.* (Mét.).
– – –, aluminium = alliage *m.* d'aluminium.
– – –, copper = alliage *m.* de cuivre.
– – –, fusible = alliage *m.* fusible.
– – –, heat-conducting = alliage *m.* transcalorique.
– – –, Heussler's = alliage *m.* Heussler (cuivre-aluminium-manganèse).
– – –, light = alliage *m.* léger.
– – – of metals = alliage *m.*
– – –, nickel = alliage *m.* de nickel.
– – –, steel = acier *m.* allié, acier *m.* compound.
– – –, to = allier (des métaux).
all-purpose = (appareil *m.*) universel (adj.).
all-solid state = transistorisé, tout transistors.
all-up = tout composé (Imp.).
alluvion = alluvion *f.*
alluvium = terres *f.p.* d'alluvion, alluvion *f.*
all-waves = (récepteur *m.*) toutes ondes.
almanac = almanach *m.*, annuaire *m.*
alni = alni *m.*, alliage *m.* aluminium-nickel.
alnico = alnico *m.*, alliage *m.* aluminium-nickel-cobalt (Mét.).
aloe = aloès *m.*
aloft = en haut, (avion *m.*) en vol.
aloof = loin, au large.
aloud = haut, à haute voix.
alphabet = alphabet *m.*

– – –, finger = alphabet *m.* dactylologique (ou des sourds-muets).
– – –, telegraph = alphabet *m.* télégraphique (Tg.)
alphanumeric(al) = (système *m.*) alphanumérique (adj.).
alphatron = jauge *f.* d'ionisation (R.).
alteration = changement *m.* (de longueur), variation *f.* (de charge), transformations *f.p.* (à une maison), modifications *f.p.* (à un plan), retouches *f.p.* (à un vêtement), rénovation *f.* (d'un édifice).
alternate = alternant (adj.), alternatif (adj.), de rechange.
alternating = alternatif (adj.), de va-et-vient.
alternation = alternation *f.*, demi-cycle *m.* (E.), alternance *f.* (E.).
alternative = alternatif (adj.), (chemin *m.*) d'emprunt, (solution *f.*) de rechange, option *f.*
alternator = alternateur *m.* (c.-à-d. génératrice à courant alternatif) (E.).
– – –, asynchronous = alternateur *m.* asynchrone.
– – –, disc-type = alternateur *m.* à rotor en disque.
– – –, heteropolar = alternateur *m.* à pôles alternés.
– – –, high-frequency = alternateur *m.* haute fréquence.
– – –, homopolar = alternateur *m.* homopolaire.
– – –, inductor = alternateur *m.* à fer tournant.
– – –, inductor-type = alternateur *m.* (homopolaire) à fer tournant.
– – –, monophase = alternateur *m.* monophasé.
– – –, multiphase = alternateur *m.* polyphasé.
– – –, polyphase = alternateur *m.* polyphasé.
– – –, radio-frequency = alternateur *m.* haute fréquence.
– – –, reaction = alternateur *m.* à réaction.
– – –, single-phase = alternateur *m.* monophasé.
– – –, synchronous = alternateur *m.* synchrone.
– – –, three-phase = alternateur *m.* triphasé.
– – –, turbine = turbo-alternateur *m.*
– – –, turbo- = turbo-alternateur *m.*
– – –, two-phase = alternateur *m.* biphasé.
altimeter = altimètre *m.*
– – –, capacitance = altimètre *m.* capacitif.
– – –, echo = altimètre *m.* à écho.
– – –, radio = radioaltimètre *m.* (Av.).
– – –, sonic = altimètre *m.* acoustique, altimètre *m.* sonore.
altitude = hauteur *f.* ou altitude *f.* (d'un lieu au-dessus du niveau de la mer), élévation *f.* (d'un point au-dessus du repère), altitude *f.* (d'une étoile).
– – – of a place = altitude *f.* d'un lieu, hauteur *f.* d'un lieu.
alum = alun *m.*
– – –, to = aluner (une étoffe).
alumina = alumine *f.*
aluminium (or aluminum) = aluminium *m.*
– – –, ribbed = aluminium *m.* strié.
– – –, rolled = aluminium *m.* laminé.
aluminized = aluminié.
aluminothermy = aluminothermie *f.* (Mét.).
aluminotype = aluminotypie *f.* (Imp.).
aluminous = alumineux (adj.).
alundum = alundon *m.*
A.M. (or a.m.) (ante meridiem) = du matin, avant

(A.M.)

midi.
AM = V. « modulation, amplitude ».
a.-m. = V. « ampere-minute ».
AMA = V. « accounting, message, automatic ».
amalgam = amalgame *m.*, fusion *f.* (de deux compagnies).
amalgamate, to = amalgamer, fusionner (deux sociétés).
amalgamation = amalgamation *f.* (c.-à.-d. alliage de mercure et d'un autre métal), fusion *f.* (de deux partis).
amalgamator = amalgameur *m.* (O.).
amateur = amateur *m.*
- - -, **radio** = sans-filiste *m.*, radioamateur *m.*
amber = ambre *m.*, (feu *m.*) jaune (adj.) (Auto.).
- - -, **yellow** = succin *m.*, ambre *m.* jaune.
ambit = contour *m.*, tour *m.*, bornes *f.p.* (d'une propriété).
ammeter = ampèremètre *m.* (E.).
- - -, **aerial** = ampèremètre *m.* d'antenne.
- - -, **alternating-current** = ampèremètre *m.* pour courant alternatif.
- - -, **aperiodic** = ampèremètre *m.* apériodique.
- - -, **clip-on** = pince *f.* ampèremétrique.
- - -, **dash-board** = ampèremètre *m.* de planche de bord (Auto.).
- - -, **dead-beat** = ampèremètre *m.* apériodique.
- - -, **direct-current** = ampèremètre *m.* pour courant continu.
- - -, **electrostatic** = ampèremètre *m.* électrostatique.
- - -, **high-tension** = ampèremètre *m.* à haute tension.
- - -, **hot-wire** = ampèremètre *m.* thermique.
- - -, **movable-iron** = ampèremètre *m.* à aimant mobile.
- - -, **moving-coil** = ampèremètre *m.* à cadre mobile.
- - -, **recording** = ampèremètre *m.* enregistreur.
- - -, **spring** = ampèremètre *m.* à ressort antagoniste.
- - -, **thermal** = ampèremètre *m.* thermique.
- - -, **volt-** = wattmètre *m.*, voltampèremètre *m.*
- - -, **wire** = ampèremètre *m.* thermique.
ammonia = ammoniaque *f.*, gaz *m.* ammoniac.
ammunition = munitions *f.p.* (de guerre), matériel *m.* de guerre, armements *m.p.*
amortization = amortissement *m.* (d'une créance).
amount = quantité *f.* (d'électricité, d'argent), teneur *f.* (en plomb de la galène), somme *f.* (d'argent, de travail fourni par une machine), total *m.* ou montant *m.* (d'un compte).
- - - **of charge** = montant *m.* de la taxe (Tp.), montant *m.* du compte.
- - - **of deflection** = flèche *f.* (C.).
- - - **of displacement** = amplitude *f.* du déplacement (Méc.).
- - - **of line** = étendue *f.* du réseau (Ch.d.f.).
- - - **of modulation** = taux *m.* de modulation (R.).
- - - **of setting** = tassement *m.* (C.).
- - - **of work** = somme *f.* de travail (fourni par une machine).
amp = V. « ampere ».
amperage = intensité *f.* en ampères (E.), [ampérage *m.*] (E.).
ampere = ampère *m.* (E.).
- - - -**hour** = ampère-heure *m.*, Ah *m.*

(ampere)

- - -, **kilovolt** = kilovoltampère *m.*, kVA *m.*
- - - -**minute** = ampère-minute *m.*
- - - -**second** = ampère-seconde *m.*, coulomb *m.*
- - - -**turn** = ampèretour *m.*, At *m.*
- - - -**volt** = ampère-volt *m.*
amperemeter = V. « meter, ampere ».
amplification = amplification *f.* (Tp.), gain *m.* (Tp., R.).
- - -, **cascade** = amplification *f.* à plusieurs étages, amplification *f.* en cascade.
- - -, **dual** = amplification *f.* réflexe.
- - -, **energy** = amplification *f.* de puissance (E.).
- - -, **gas** = amplification *f.* produite par ionisation (R.).
- - -, **high-frequency** = amplification *f.* haute fréquence.
- - -, **linear-decrement** = amplification *f.* linéaire (R.).
- - -, **overall** = gain *m.* total (R.).
- - -, **power** = amplification *f.* de puissance (E.).
- - -, **radio-frequency** = amplification *f.* haute fréquence.
- - -, **regenerative** = amplification *f.* à réaction.
- - -, **voltage** = amplification *f.* en tension (E.).
amplifier = amplificateur *m.* (Tp., R.).
- - -, **A** = amplificateur *m.* classe A.
- - -, **audio** = amplificateur *m.* basse fréquence.
- - -, **audio-frequency** = amplificateur *m.* basse fréquence.
- - -, **balanced** = amplificateur *m.* compensé.
- - -, **booster** = amplificateur *m.* de puissance.
- - -, **bootstrap** = montage *m.* auto-élévateur cathodique (E.).
- - -, **buffer** = étage *m.* préamplificateur (émission haute fréquence), amplificateur *m.* intermédiaire.
- - -, **cascade** = amplificateur *m.* à plusieurs étages (R.), amplificateur *m.* cascade (R.).
- - -, **cathode-loaded** = amplificateur *m.* à charge cathodique.
- - -, **choke-coupled** = amplificateur *m.* à impédance.
- - -, **diode, tunnel** = amplificateur *m.* (haute fréquence) à diode Esaki, amplificateur *m.* (haute fréquence) à diode dite « tunnel », amplificateur *m.* à diode tunnel.
- - -, **direct-current** = amplificateur *m.* à courant continu.
- - -, **distribution** = amplificateur *m.* de distribution.
- - -, **distribution, equalizing, video** = amplificateur-correcteur *m.* de distribution vidéo (Tv.).
- - -, **distribution, video** = amplificateur *m.* de distribution vidéo (Tv.).
- - -, **double-stream** = amplificateur *m.* à deux faisceaux.
- - -, **equalizing** = amplificateur *m.* de correction (Tp.).
- - -, **feed-back** = amplificateur *m.* à réaction.
- - -, **final** = amplificateur *m.* de sortie.
- - -, **first-stage** = préamplificateur *m.*
- - -, **gain** = préamplificateur *m.* (R.).
- - -, **grounded-grid** = amplificateur *m.* à grille à la masse (R.).
- - -, **head** = préamplificateur *m.*
- - -, **high-frequency** = amplificateur *m.* haute fréquence.

(amplifier)

– – –, **input, speech** = préamplificateur *m*.
– – –, **intermediate-frequency** = amplificateur *m*. de moyenne fréquence.
– – –, **intermediate, two-valve** = amplificateur *m*. intermédiaire à deux ampes.
– – –, **line** = amplificateur *m*. de ligne.
– – –, **low-frequency** = amplificateur *m*. basse fréquence.
– – –, **magnetic** = amplificateur *m*. magnétique.
– – –, **microphone** = amplificateur *m*. microphonique.
– – –, **modulation** = amplificateur *m*. de modulation.
– – –, **multi-channel** = amplificateur *m*. à plusieurs voies.
– – –, **multi-stage** = amplificateur *m*. à plusieurs étages.
– – –, **multi-valve** = amplificateur *m*. à plusieurs lampes.
– – –, **noise, direct** = brouilleur *m*. de radar.
– – –, **one-stage** = amplificateur *m*. à un étage.
– – –, **paraphase** = amplificateur *m*. déphaseur.
– – –, **poly-stage** = amplificateur *m*. à plusieurs étages.
– – –, **power** = amplificateur *m*. de puissance.
– – –, **power, intermediate** = amplificateur *m*. intermédiaire.
– – –, **pre-** = préamplificateur *m*.
– – –, **primary** = amplificateur *m*. d'entrée.
– – –, **radio-frequency** = amplificateur *m*. de radiofréquence, amplificateur *m*. haute fréquence.
– – –, **radio-frequency, tuned** = amplificateur *m*. haute fréquence à résonance.
– – –, **reaction** = amplificateur *m*. à réaction.
– – –, **rectifying** = amplificateur-redresseur *m*.
– – –, **reflex** = amplificateur *m*. réflexe (R.).
– – –, **resistance** = amplificateur *m*. à résistances.
– – –, **resistance-coupled, direct** = amplificateur *m*. à courant continu.
– – –, **resonance** = amplificateur *m*. à résonance.
– – –, **selenium** = amplificateur *m*. au sélénium (Tg.).
– – –, **speech** = amplificateur *m*. microphonique, préamplificateur *m*.
– – –, **straight** = amplificateur *m*. à couplage direct.
– – –, **superheterodyne** = amplificateur *m*. à fréquence intermédiaire.
– – –, **telephone** = amplificateur *m*. téléphonique.
– – –, **terminal** = amplificateur *m*. de sortie, amplificateur *m*. final.
– – –, **thermionic** = amplificateur *m*. électronique, amplificateur *m*. à tubes électroniques.
– – –, **three-way** = amplificateur *m*. à trois voies.
– – –, **transformer-coupled** = amplificateur *m*. à transformateurs.
– – –, **tuned** = amplificateur *m*. à résonance.
– – –, **two-stage** = amplificateur *m*. à deux étages.
– – –, **two-valve** = amplificateur *m*. à deux lampes.
– – –, **two-way** = amplificateur *m*. à deux voies.
– – –, **vacuum-tube** = amplificateur *m*. à lampes.
– – –, **valve** = amplificateur *m*. à lampes.
– – –, **video** = amplificateur *m*. à vidéofréquence.
– – –, **video-frequency** = amplificateur *m*. de télévision, amplificateur *m*. à vidéofréquence.
– – –, **voice** = amplificateur *m*. de signaux vocaux (Tp.).
– – –, **voltage** = amplificateur *m*. de tension.

amplify, to = amplifier (le courant électrique, une nouvelle).
amplifying = amplificateur (adj.).
amplitude = amplitude *f*., valeur *f*. de crête (Tp.).
– – – **of oscillation** = amplitude *f*. d'oscillation (E.).
analog = (transmission *f*.) analogique (adj.).
analyse, to = faire l'analyse (d'une phrase), analyser (l'eau d'une source).
analyser = analyseur *m*. (O., I.), explorateur *m*. (I) (Tv.).
– – –, **differential, digital** = intégratrice *f*. numérique (M.).
– – –, **gas** = analyseur *m*. de gaz (I.).
– – –, **harmonic** = analyseur *m*. d'harmoniques (I.).
– – –, **sound** = sonomètre *m*. (I.).
analysis = analyse *f*.
– – –, **blow-pipe** = essai *m*. au chalumeau.
– – – **by boiling** = analyse *f*. par distillation fractionnée.
– – –, **chemical** = analyse *f*. chimique.
– – –, **crystal** = analyse *f*. cristallographique.
– – –, **dimensional** = analyse *f*. dimensionnelle.
– – –, **dry** = analyse *f*. par voie sèche.
– – –, **electric** = analyse *f*. électrique.
– – –, **frequency** = analyse *f*. harmonique (Tp.).
– – –, **harmonic** = analyse *f*. harmonique d'une forme d'onde (R.).
– – –, **qualitative** = analyse *f*. qualitative.
– – –, **quantitative** = analyse *f*. quantitative, dosage *m*..
– – –, **spectral** = analyse *f*. spectrale.
– – –, **volumetric** = analyse *f*. volumétrique.
– – –, **wave-shape** = analyse *f*. harmonique d'une forme d'onde (Tp.).
analyst = analyste *m*. (O.).
anastigmatic = anastigmate (adj.), anastigmatique (adj.).
anatomy = anatomie *f*., squelette *m*.
ANC = V. « calling, all number ».
anchor = attache *f*., ancre *f*., fixation *f*.
– – –, **dead-man** = ancre *f*. avec semelle d'arrachement (Tp.), semelle *f*. d'ancrage (Tp.).
– – –, **expanding** = (ancrage *m*. dit) patte *f*. à scellement.
– – –, **expansion** = patte *f*. à scellement (Tp.), tampon *m*. expansible (B.).
– – –, **fish-tail** = patte *f*. de scellement.
– – –, **galvanized** = ancre *f*. galvanisée.
– – –, **guy** = ancrage *m*. de hauban (E.).
– – –, **log** = ancrage *m*. à bille d'arrachement (Tp.).
– – –, **masonry** = clou *m*. à maçonnerie (B.), ancre *f*. (B.).
– – –, **mooring** = ancre *f*. d'affourche (B.).
– – –, **patent** = ancrage *m*. à semelle d'arrachement (Tp.).
– – –, **plank** = ancrage *m*. à madrier d'arrachement (Tp.).
– – –, **plate** = ancrage *m*. à plaque d'arrachement (Tp.).
– – –, **rock** = ancrage *m*. à tampon de scellement (Tp.), tampon *m*. expansible (Tp.), ancrage *m*. à boulon de scellement (Tp.).
– – –, **screw** = tampon *m*., cheville *f*., ancrage *m*. à vis

(anchor)

– – –, **screw, fibre** = tampon *m.* de fibre.
– – –, **screw, lead** = tampon *m.* de plomb.
– – –, **screw type** = ancrage *m.* à vis (Tp.).
– – –, **screw, wood** = cheville *f.* de bois.
– – –, **sidewalk** = ancrage-portique *m.* (Tp.).
– – –, **stay** = ancre *f.*
– – –, **to** = ancrer, haubaner, fixer, affermir (un ouvrage) par des ancres.
– – –, **wall, S-shaped** = fer *m.* en S.
anchorage = ancrage *m.*, haubanage *m.*, point *m.* d'attache (d'un tirant).
anchoring = ancrage *m.*, haubanage *m.*, mouillage *m.* (Mar.).
ancillary = auxiliaire (adj.).
ancon = ancon *m.* (B.), console *f.* (B.).
andiron = chenet *m.*
anemometer = anémomètre *m.*
– – –, **cup** = anémomètre *m.* à coquilles.
– – –, **hot-wire** = anémomètre *m.* à fil chaud.
– – –, **rotary-vane** = anémomètre *m.* à moulinet.
aneroid = anéroïde *m.*
angel = écho *m.* parasite (Radar), réflecteur *m.* antiradar.
angle = angle *m.* (de rue), équerre *f.* (I.), tournant *m.* (d'une route, d'une rue), coude *m.* (d'un tuyau, d'un cours d'eau), déviation *f.* (d'un projectile), cornière *f.* (B., C.), coin *m.* (d'un mur) (B.).
– – –, **abrupt** = angle *m.* vif.
– – –, **acute** = angle *m.* aigu.
– – –, **at an** = en biais.
– – –, **beam** = angle *m.* de radiation (R.).
– – – **between cranks** = angle *m.* de calage des manivelles (Méc.).
– – –, **blade** = angle *m.* d'aube (de turbine).
– – –, **brass** = équerre *f.* en laiton.
– – –, **clearance** = angle *m.* d'incidence (d'une machine-outil).
– – –, **contact** = angle *m.* d'enroulement (d'une courroie).
– – –, **contiguous** = angle *m.* adjacent.
– – –, **crossing** = angle *m.* de croisement.
– – –, **cut-off** = pan *m.* coupé (B.).
– – –, **cutting** = angle *m.* de coupe, angle *m.* de taille.
– – –, **dead** = angle *m.* de mort.
– – –, **displacement, brush** = angle *m.* de calage des balais (E.).
– – –, **drifting** = angle *m.* de dérive (d'un trou de sonde).
– – –, **electrical** = déphasage *m.* (E.).
– – –, **equal-leg** = cornière *f.* à ailes égales (C.), cornière *f.* égale (C.).
– – –, **exit** = angle *m.* de sortie (d'une turbine).
– – –, **exterior** = angle *m.* externe.
– – –, **external** = angle *m.* saillant (B.).
– – –, **interior** = angle *m.* interne.
– – –, **lifting** = angle *m.* de levée (C.).
– – –, **loss** = angle *m.* de pertes (E.).
– – –, **milling** = angle *m.* de fraisage (Méc.).
– – –, **obtuse** = angle *m.* obtus.
– – – **of advance** = angle *m.* de calage.
– – – **of attack** = angle *m.* d'attaque (Méc.), angle *m.* d'incidence (Méc.).
– – – **of bank** = angle *m.* de roulis.

(angle)

– – – **of bend** = angle *m.* de pliage.
– – – **of bending** = angle *m.* de cintrage, angle *m.* de pliage.
– – – **of brush displacement** = angle *m.* de calage des balais (E.).
– – – **of brush lag** = angle *m.* de décalage des balais (E.).
– – – **of crossing** = angle *m.* de croisement.
– – – **of cutting** = angle *m.* d'attaque (Méc.).
– – – **of deflection** = angle *m.* de déviation, angle *m.* d'écartement (des boules du régulateur).
– – – **of departure** = angle *m.* de projection, angle *m.* de départ.
– – – **of dip** = inclinaison *f.*
– – – **of displacement** = angle *m.* d'amplitude.
– – – **of elevation** = angle *m.* de site, angle *m.* d'élévation.
– – – **of flare** = angle *m.* d'évasement (H.).
– – – **of gradient** =, angle *m.* de déclivité (d'un terrain).
– – – **of incidence** = angle *m.* d'incidence, angle *m.* d'attaque (Méc.).
– – – **of inclination** = angle *m.* d'inclinaison.
– – – **of jib** = inclinaison *f.* de la flèche (d'une grue).
– – – **of lag** = angle *m.* de décalage (E.), angle *m.* de retard (E.).
– – – **of lead** = angle *m.* d'avance (à l'admission), angle de calage (E.).
– – – **of phase** = angle *m.* de phase (E.).
– – – **of phase difference** = angle *m.* de déphasage (E.), déphasage *m.* (E.).
– – – **of pitch** = angle *m.* de tangage (Av.).
– – – **of polarization** = angle *m.* de polarisation.
– – – **of radiation** = angle *m.* de rayonnement.
– – – **of rake** = angle *m.* de dégagement (d'une machine-outil), angle *m.* d'attaque (Méc.).
– – – **of reflection** = angle *m.* de réflexion.
– – – **of refraction** = angle *m.* de réfraction.
– – – **of relief** = angle *m.* de dépouille (d'un ciseau).
– – – **of repose** = angle *m.* naturel du talus, talus *m.* naturel des terres, angle *m.* naturel de repos.
– – – **of sight** = angle *m.* de visée, angle *m.* de site ou site *m.* (Mar.).
– – – **of slope** = angle *m.* de déclivité, angle *m.* de talus.
– – – **of spiral** = angle *m.* de l'hélice.
– – – **of taper** = conicité *f.*
– – – **of the frog** = angle *m.* de croisement (Ch.d.f.).
– – – **of view** = angle *m.* de champ (Phot.).
– – –, **phase** = angle *m.* de calage (E.).
– – –, **pitch** = angle *m.* primitif (Méc.).
– – –, **re-entering** = encoignure *f.* (B.).
– – –, **re-entrant** = angle *m.* rentrant.
– – –, **refracting** = angle *m.* réfringent.
– – –, **right** = angle *m.* droit.
– – –, **salient** = angle *m.* saillant.
– – –, **sharp** = angle *m.* vif.
– – –, **slip** = angle *m.* de dérive (d'un pneu) (Auto.).
– – –, **solid** = angle *m.* solide, angle *m.* polyédrique.
– – –, **squint** = angle *m.* de strabisme (d'une antenne), erreur *f.* de directivité (d'une antenne) (R.).
– – –, **stalling** = angle *m.* critique (Av.).
– – –, **timing** = angle *m.* de réglage de la distribution (Méc.).
– – –, **tool** = angle *m.* de taillant.

(angle)

– – –, **unequal-flange** = cornière *f.* à ailes inégales (C.).
– – –, **wave** = angle *m.* de radiation.
– – –, **working** = angle *m.* d'attaque (Méc.), angle *m.* de travail (Méc.).
– – –, **wrapping** = angle *m.* d'enroulement.
angled, many- = polygonal (adj.).
angledozer = boutoir *m.* oblique (M.).
angler = pêcheur *m.* à la ligne (O.).
angles, at right = à angle droit.
– – –, **exterior alternate** = angles *m.p.* alternes externes.
– – –, **interior alternate** = angles *m.p.* alternes internes.
Angström = unité *f.* d'Angström (c.-à-d. unité *f.* de longueur), angström *m.* (= un dix millionième de millimètre), Å *m.*
angular = angulaire (adj.).
angularity of flow = angularité *f.* de l'écoulement (H.).
anhybride = anhybride *m.* (Chim.).
ANI = V. « identification, number, automatic ».
anion = anion *m.* (E.).
anisotropic = anisotropique (adj.).
anneal, to = recuire (un métal), détremper.
annealing = recuite *f.* ou recuit *m.* (du fer), détrempe *f.* (de l'acier).
– – –, **bright** = recuit *m.* brillant.
– – –, **full** = recuit *m.* complet.
– – –, **white** = recuit *m.* blanc.
annex = annexe *f.* (d'un hôtel), bâtiment *m.* secondaire, dépendance *f.* (d'un château).
– – –, **to** = annexer, joindre.
annotate, to = annoter (un texte), commenter (un livre).
annotation = annotation *f.* (sur un livre, sur un texte).
announcement = avis *m.*, annonce *f.*
– – – **of a call** = avis *m.* d'appel (Tp.).
– – – **of marriage** = faire-part *m.*
– – –, **recorded** = message *m.* enregistré (Tp.).
announcer = annonceur *m.* (O.), speaker *m.* (O.).
– – –, **call** = indicateur *m.* acoustique d'appel (Tp.).
annual = annuel (adj.).
annuity = rente *f.* annuelle, annuité *f.*
– – –, **life** = rente *f.* viagère.
annul, to = infirmer (une sentence, un jugement), dissoudre (un mariage), annihiler (un testament), résilier (un contrat, une rente), abroger (une loi), casser (un bail).
annular = annulaire (adj.).
annulation = formation *f.* annulaire, formation *f.* d'anneaux.
annulet = annelet *m.* (B.), filet *m.* (B.), listel *m.* (B.).
annulus = couronne *f.*, anneau *m.*
annunciator = annonciateur *m.* (Tp.), annonciateur *m.* d'appel (d'abonné) (Tp.), avertisseur *m.*, bouton *m.* de sonnerie, indicateur *m.*
– – –, **ring-off** = annonciateur *m.* de fin (de conversation) (Tp.).
anodal = anodique (adj.) (E.).
anode = anode *f.* (c.-à-d. électrode positive) (E.), plaque *f.* (E.).
– – –, **exciting** = anode *f.* d'amorçage.
– – –, **reactive** = anode *f.* réactive (Tp.).
– – –, **rotating** = anode *f.* tournante.
– – –, **split** = anode *f.* fendue.

anodic = anodique (adj.) (E.).
anodizing = traitement *m.* anodique.
anolyte = anolyte *f.* (E.).
answer, to = répondre.
– – –, **to** – – – **a call** = répondre à un appel (Tp.).
ant = fourmi *f.*
anta = ante *f.* (B.).
antacid = résistant aux acides.
antechamber = antichambre *f.*.
antenna = antenne *f.* (R.), aérien *m.* (R.), V. « aerial ».
– – –, **Adcock** = antenne *f.* *f.* Adcock.
– – –, **artificial** = antenne *f.* fictive.
– – –, **beam** = antenne *f.* directive, antenne *f.* dirigée, antenne *f.* à faisceaux.
– – –, **bent** = antenne *f.* repliée.
– – –, **capacity-loaded** = antenne *f.* à charge capacitive.
– – –, **close-spaced** = antenne *f.* compacte.
– – –, **coaxial** = antenne *f.* à jupe.
– – –, **coil** = cadre *m.* (R.).
– – –, **community** = antenne *f.* (réceptrice) commune (Tv.), antenne *f.* (réceptrice) collective (Tv.).
– – –, **condenser** = antenne *f.* capacitive.
– – –, **cone** = antenne *f.* conique.
– – –, **cowl** = antenne *f.* de côté (Auto.).
– – –, **diamond** = antenne *f.* rhombique.
– – –, **directional** = antenne *f.* dirigeable, cadre *m.* radiogoniométrique, antenne *f.* directive.
– – –, **doublet** = antenne *f.* dipole.
– – –, **drag** = antenne *f.* traînante (Av.).
– – –, **dummy** = antenne *f.* fictive, antenne *f.* artificielle.
– – –, **earth** = antenne *f.* enterrée.
– – –, **fan-shaped** = antenne *f.* en éventail, antenne *f.* éventail.
– – –, **flat-top** = antenne *f.* en nappe.
– – –, **grid** = antenne *f.* à grille.
– – –, **harp** = antenne *f.* en harpe.
– – –, **loop** = cadre-antenne *m.*, cadre *m.*
– – –, **low-drag** = antenne *f.* à faible influence aérodynamique (Av.).
– – –, **master** = antenne *f.* (réceptrice) commune (Tv.), antenne *f.* (réceptrice) collective (Tv.).
– – –, **microwave** = antenne *f.* (parabolique) de relais hertzien, antenne *f.* (parabolique de relais) à micro-ondes.
– – –, **mobile** = antenne *f.* orientable.
– – –, **mute** = antenne *f.* artificielle.
– – –, **noise** = antenne *f.* antiparasite.
– – –, **non-directional** = antenne *f.* sans effet directif.
– – –, **omni-directional** = antenne *f.* non dirigée, antenne *f.* omnidirectionnelle.
– – –, **outside** = antenne *f.* extérieure.
– – –, **parabolic** = antenne *f.* (ou aérien *m.*) parabolique.
– – –, **radar** = aérien *m.* d'un radar.
– – –, **receiving** = antenne *f.* de réception.
– – –, **roof** = antenne *f.* extérieure, antenne *f.* de toit.
– – –, **rotary** = antenne *f.* tournante.
– – –, **scatter-wave** = antenne *f.* de relais troposphérique.
– – –, **spaced** = à antennes séparées.
– – –, **spider-web** = antenne *f.* en éventail.
– – –, **T-shaped, extended** = antenne *f.* en T à branches

(antenna)

horizontales prolongées.
- - -, **T-type** = antenne *f.* en T.
- - -, **top** = antenne *f.* de toit (Auto.).
- - -, **tower** = antenne-pylône *f.*.
- - -, **trailing** = antenne *f.* suspendue (Av.).
- - -, **tropospheric** = antenne *f.* de relais tropophérique.
- - -, **underwater** = antenne *f.* immergée.
- - -, **wheel** = antenne *f.* circulaire plate.
- - -, **whip** = antenne *f.* fouet.
- - -, **wide-band** = antenne *f.* toutes ondes.
- - -, **Yagi** = antenne *f.* Yagi.
- - -, **Zeppelin** = antenne *f.* Zeppelin.
- - -, **zigzag** = antenne *f.* en dents de scie, antenne *f.* en zigzag.
antennas, collinear = antennes *f.p.* avec courants en phase.
anteroom = antichambre *f.*, salle *f.* d'attente.
anthracene = anthracène *m.* (Mi., Chim.).
anthracite = anthracite *m.* (Mi.).
anti-attrition = antifriction *m.* (Méc.).
anticathode = anticathode *f.* (E.).
antichalking = (peinture *f.*) non farinante, (produit *m.*) antifarinant (adj.).
antichatter = éliminateur *m.* de vibrations, silencieux *m.*.
antichlor(e) = antichlore *m.* (c.-à-d. thiosulfate de soude) (Pap.).
anti-clockwise = sens *m.* inverse du mouvement des aiguilles d'une montre, se tournant à gauche, sénestrorsum (adj.).
anti-clutter = dispositif *m.* éliminateur de signaux parasites (Radar).
anti-dazzle = anti-éblouissant (adj.).
anti-fog(ging) = antibuée *m.*
antifouling = préservatif (adj.).
antifreeze = antigel *m.* (Auto.), solution *f.* incongelable.
antifreezing = anticongélateur (adj.), (solution *f.*) incongelable (adj.).
antifriction = (métal *m.*) antifriction (Méc.).
anti-jam = dispositif *m.* d'antibrouillage (Av.), antibrouilleur *m.* (Av.).
antiknock = (mélange *m.*) antidétonant (adj.) (Mec.).
antileak = (garniture *f.*) étanche (adj.) (Méc.).
antilogarithm = cologarithme *m.*
antimagnetic = antimagnétique (adj.) (E.).
anti-mist = antibuée *m.* (Auto.).
antimoisture = antibuée *m.*
antimony = antimoine *m.*
antinode = ventre *m.* (d'onde, d'oscillation, de courbe).
- - -, **current** = ventre *m.* de courant (E.).
- - - **of potential** = ventre *m.* de tension (R.), ventre *m.* de potentiel (R.).
anti-noise = antiparasite (adj.) (R.).
antioxydant = antioxydant *m.* (ou adj.).
anti-rust = (enduit *m.*) antirouille (adj.).
anti-scale = désincrustant *m.*
anti-singing, voice-operated = dispositif *m.* de stabilisation commandé par les courants téléphoniques.
anti-skid = antidérapant *m.* (ou adj.).
anti-slip = antidérapant (adj.).
anvil = enclume *f.*, bigorne *f.*, bigorneau *m.*, tas *m.*

(anvil)

- - -, **bench** = enclume *f.* d'établi.
- - -, **blacksmith's** = enclume *f.* de forgeron, enclume *f.* de forge.
- - -, **bottom** = enclume *f.* à former le fond.
- - -, **chasing** = enclume *f.* à emboutir.
- - -, **file-cutting** = enclume *f.* à limes, tas *m.* pour tailler les limes.
- - -, **hand** = tasseau *m.*, enclumette *f.*
- - -, **micrometer** = butée *f.* du micromètre.
- - -, **small** = tasseau *m.*, enclumette *f.*
- - -, **stake** = tas *m.*, enclumette *f.*
- - -, **swage** = enclume *f.* à estamper.
- - -, **two-beaked** = bigorne *f.*
- - -, **two-horned** = bigorne *f.*
apartment = appartement *m.* (c.-à-d. ensemble *m.* de pièces), pièce *f.* (B.).
- - -, **bachelor's** = garçonnière *f.*
- - -, **six-room, a** = appartement *m.* de six pièces.
APE = V. « équipment, program, automatic ».
aperiodic = apériodique (adj.) (E.).
aperture = ouverture *f.* relative (d'un objectif) (Phot.), lumière *f.* (d'un instrument à pinnule, d'un corps de pompe), fenêtre (d'un bâtiment, de graissage d'un mécanisme), orifice *m.* (d'un puits, d'admission et d'échappement d'un cylindre), fente *f.* (dans un tuyau d'orgue), ouverture *f.* (d'un réflecteur, dans un mur), baie *f.* ou embrasure *f.* (dans un mur pour porte ou fenêtre) (B.), diaphragme *m.* (d'un appareil) (Phot.).
- - -, **angular** = ouverture *f.* angulaire (d'un réflecteur).
- - -, **control, tone** = diaphragme *m.* de teintes (Tg.).
- - -, **cylinder** = orifice *m.* du cylindre, lumière *f.* du cylindre.
- - - **of an aerial** = ouverture *f.* (R.).
- - - **of a wall** = jour *m.* d'un mur, ouverture *f.* d'un mur.
- - -, **sighting** = voyant *m.* (d'un microscope).
apertures = jours *m.p.* (d'un édifice), V. « aperture ».
apex = sommet *m.* (d'un édifice, d'un triangle), pointe *f.*
- - -, **bridge** = sommet *m.* du pont (E.).
apiary = rucher *m.*
APL = V. « level, picture, average ».
apparatus = dispositif *m.*, mécanisme *m.*, appareillage *m.*, appareil *m.*, machine *f.*, instrument *m.*
- - -, **absolute** = appareil *m.* gradué en valeurs absolues.
- - -, **accessory** = appareil *m.* auxiliaire.
- - -, **adjusting** = dispositif *m.* de mise au point.
- - -, **air-cooling** = appareil *m.* à refroidissement par l'air.
- - -, **alarm** = avertisseur *m.*, appareil *m.* d'alarme.
- - -, **arc-welding** = appareil *m.* à souder à l'arc électrique.
- - -, **breathing** = appareil *m.* respiratoire.
- - -, **candling** = mire-oeufs *m.*
- - -, **catching** = dispositif *m.* d'arrêt.
- - -, **closing** = appareil *m.* de fermeture, fermeture *f.*
- - -, **condensing** = appareil *m.* condenseur.
- - -, **control** = appareil *m.* de commande, de manoeuvre, de réglage, de contrôle.
- - -, **cooling** = réfrigérant *m.*

(apparatus)

– – –, **direction-finding** = appareil *m*. radiogoniomètre.
– – –, **distilling** = appareil *m*. de distillation.
– – –, **double-shell** = appareil *m*. à double paroi.
– – –, **driving** = conduite *f*. (Auto.), appareil *m*. moteur.
– – –, **drying** = séchoir *m*.
– – –, **duplex** = appareil *m*. duplex (Tg.).
– – –, **electric** = appareil *m*. électrique.
– – –, **emergency** = appareil *m*. de secours (R.).
– – –, **extinguishing, fire** = extincteur *m*.
– – –, **feed** = mécanisme *m*. d'alimentation (Méc.), appareil *m*. d'avance (Méc.).
– – –, **feed, self-acting** = appareil *m*. d'alimentation automatique.
– – –, **feeding, automatic** = appareil *m*. d'alimentation automatique.
– – –, **filtering** = appareil *m*. à filtrer, filtre *m*.
– – –, **fire motor** = motopompe *f*. d'incendie.
– – –, **freezing** = congélateur *m*., appareil *m*. frigorifique, sorbetière.
– – –, **heating** = calorifère *m*. (B.), chaudière *f*. (B.).
– – –, **heating, arc** = appareil *m*. de chauffage à arc.
– – –, **heating, induction** = appareil *m*. de chauffage à induction.
– – –, **heating, resistance** = appareil *m*. de chauffage par résistance.
– – –, **heating, steam** = calorifère *m*. à vapeur.
– – –, **hoisting** = appareil *m*. de montage, appareil *m*. de levage.
– – –, **illuminating** = appareil *m*. d'éclairage.
– – –, **indicating** = appareil *m*. indicateur.
– – –, **indoor** = appareil *m*. d'intérieur.
– – –, **integrating** = appareil *m*. intégrateur, compteur *m*.
– – –, **lifting** = appareil *m*. de levage.
– – –, **locking** = appareil *m*. de fermeture.
– – –, **measuring** = appareil *m*. de mesure.
– – –, **metering** = appareil *m*. de mesure indicateur, appareil *m*. de mesure enregistreur, compteur *m*., appareil *m*. de mesure.
– – –, **micro-measuring** = appareil *m*. pour mesures de précision.
– – –, **outdoor** = appareil *m*. extérieur.
– – –, **ozone** = ozoniseur *m*.
– – –, **printing-receiving** = récepteur-imprimeur *m*. (Tg.).
– – –, **purifying, air** = épurateur *m*. d'air.
– – –, **purifying, water** = épurateur *m*. d'eau d'alimentation.
– – –, **radio** = poste *m*. récepteur.
– – –, **receiving** = appareil *m*. de réception.
– – –, **recording** = appareil *m*. enregistreur.
– – –, **self-acting** = appareil *m*. automatique.
– – –, **servant** = appareil *m*. commandé.
– – –, **sighting** = appareil *m*. de pointage, appareil *m*. de visée.
– – –, **signalling** = appareil *m*. de signalisation.
– – –, **smoking** = enfumoir *m*.
– – –, **start-stop** = appareil *m*. arythmique (Tg.).
– – –, **suction** = appareil *m*. aspirateur.
– – –, **switching** = appareil *m*. de commutation (E.).
– – –, **telegraph, picture** = bélinographe *m*.
– – –, **timing** = garde-temps *m*., chronomètre *m*.

(apparatus)

– – –, **tipping** = culbuteur *m*.
– – –, **transmitting** = appareil *m*. d'émission (R.).
– – –, **warm-air** = producteur *m*. d'air chaud, réchauffeur *m*. d'air.
– – –, **X-ray** = appareil *m*. de rayons X.
appeal = appel *m*. (d'un jugement), recours *m*. (aux armes), supplication *f*.
– – –, **to** = appeler (d'un jugement).
appearance, bridge = point *m*. d'accès de pont (E.).
– – –, **bridged** = points *m.p.* d'accès multiples (Tp.).
– – –, **line** = point *m*. d'accès d'une ligne (Tp.).
– – –, **multiple** = multiplage *m*. mixte (c.-à-d. urbain et interurbain sur un même tableau) (Tp.).
appendage = accessoire *m*., dépendance *f*.
appendix = appendice *m*. (d'un livre), annexe *f*. (d'un rapport).
apple, crab = pomme *f*. sauvage, pommier *m*. sauvage.
– – –, **crab, Pacific** = pommier *m*. du Pacifique.
– – –, **crab, sweet** = pommier *m*. coronaria.
appliance = appareil *m*. (électro-ménager), instrument *m*. (de cuisine), dispositif *m*. (de sûreté).
– – –, **built-in** = appareil *m*. encastré (Ust.).
– – –, **control, automatic** = appareil *m*. automatique de contrôle.
– – –, **lifting** = dispositif *m*. de levage.
– – –, **lubricating** = graisseur *m*., appareil *m*. de graissage.
appliances = accessoires *m.p.*, attirail *m*., appareils *m.p.*, outillage *m*.
– – –, **electric** = appareils *m.p.* électriques, articles *m.p.* électriques.
– – –, **electric, household** = appareils *m.p.* électro-ménagers (Ust.).
– – – **for boilers** = accessoires *m.p.* de chaudières.
– – –, **switching** = appareils *m.p.* de manoeuvre.
applicant = postulant *m*., candidat *m*., solliciteur *m*., demandeur *m*., pétitionnaire *m*., aspirant *m*., requérant *m*.
– – – **for a job** = candidat *m*. à un emploi.
– – – **for patent** = demandeur *m*. d'un brevet.
– – – **for shares** = souscripteur *m*. à des actions.
– – –, **waiting** = demande *f*. d'abonnement en instance (Tp.).
application = application *f*. (d'une couche de peinture, d'une loi), demande *f*. (d'emploi), apposition *f*. (des scellés), souscription *f*. (à des actions), imputation *f*. (d'une somme d'argent), mise *f*. en usage.
– – – **of the brake** = freinage *m*. (Auto.), serrage *m*. du frein.
– – – **of the turning tool** = approche *f*. de l'outil de tour (Méc.).
– – –, **service** = souscription *f*. d'abonnement (Tp.).
applicator = épandeur *m*. (de bitume) (M.).
appointed = monté, installé, nommé, désigné.
appointments = aménagements *m.p.* (d'une automobile).
apportion, to = ventiler (une somme, des frais), répartir ou partager (les richesses, une somme).
apportionment = ventilation *f*. (des dépenses entre divers comptes), distribution *f*. (des biens)
appraisal = estimation *f*. ou évaluation *f*. (d'une propriété), expertise *f*.
appraise, to = faire l'appréciation (d'une machine),

(appraise)

faire l'expertise (des dommages), évaluer (une maison), estimer (la valeur d'une propriété).
apprentice = apprenti *m*. (O.).
apprenticeship = apprentissage *m*., temps *m*. d'apprentissage.
approach = voie *f*. d'accès, accès *m*. ou rampe *f*. d'accès (d'un port), abord *m*. (d'une personne), approche *f*. (Av.), approches *f.p*. (C.).
- - -, **elevated** = rampe *f*. d'accès, rampe *f*.
- - -, **raised** = rampe *f*. d'accès.
- - -, **to** = aborder (un vaisseau, quelqu'un, une cause), approcher (quelqu'un, d'une ville).
appropriation = affectation *f*. (de fonds), distraction *f*. (d'une somme), crédit *m*. (budgétaire), répartition *f*. (de budgets), prélèvement *m*. (d'une bande de fréquences), appropriation *f*., prise *f*. de possession (de biens).
approval = approbation *f*., agrément *m*. (du ministre), ratification *f*. (d'un document).
appurtenances = accessoires *m.p*., installations *f.p*. accessoires, ouvrages *m.p*. accessoires, ouvrages *m.p*. annexes, appartenances *f.p*. et dépendances *f.p*. (d'un immeuble).
apron = allège *f*. (de fenêtre), radier *m*. (d'un bassin), moulure *f*. d'allège, tablier *m*. (Auto.), revêtement *m*., aire *f*. d'évolution (devant les hangars d'aérodrome), arrière-radier *m*. (d'un barrage), plaque-écrou *f*.
- - -, **carpenter's** = tablier *m*. de menuisier.
- - -, **ice** = brise-glace *m*. (des piles d'un pont).
- - -, **lathe** = tablier *m*. de tour.
- - -, **leather** = tablier *m*. en cuir.
- - -, **service** = aire *f*. d'entretien (Av.).
- - -, **splash** = garde-boue *m*. (Auto.), écran *m*. d'éclaboussage (Méc.).
aqua fortis = eau-forte *f*.
aquafortist = aquafortiste *m*. (O.).
aquaplaning = aquaplanage *m*. (Auto., Av.).
aquastat = thermostat *m*. de réglage de température de l'eau, aquastat *m*. (I.).
aquatint = aquatinte *f*.
aqueduct = aqueduc *m*. (C.).
aquiferous = aquifère (adj.).
arabesque = arabesque *f*. (B.).
arbor = arbre *m*. (Méc.), axe *m*. (Méc.), mandrin *m*. (Méc.).
- - -, **cutter** = mandrin *m*. de fraisage, mandrin *m*. porte-fraise.
- - -, **engaging** = arbre *m*. à embrayage.
- - -, **expanding** = mandrin *m*. extensible.
- - -, **grinding-wheel** = axe *m*. de meule.
- - -, **lathe** = mandrin *m*. de montage de tour.
- - -, **milling** = mandrin *m*. de fraisage.
- - -, **pilot** = mandrin *m*., faux arbre.
- - -, **screw** = arbre *m*. à vis.
arbutus = arbousier *m*. de Menzies.
arc = arc *m*. (de radier d'une pile de pont) (C.), angle *m*. (de frottement) (C.), contacts *m.p*. auxiliaires d'abonnés à plusieurs lignes (Tp.).
- - -, **back-** = allumage *m*. en retour (E.).
- - -, **break** = arc *m*. de rupture (E.).
- - -, **carbon** = arc *m*. au charbon.
- - -, **constricted, nozzle** = arc *m*. contracté (par buse)

(arc)

(Mét.).
- - -, **constricted, vortex** = arc *m*. (contracté) à tourbillons (Mét.).
- - -, **electric** = arc *m*. électrique.
- - -, **flame** = arc *m*. à flamme.
- - -, **hissing** = arc *m*. bruissant (E.), arc *m*. sifflant (E.).
- - -, **interruption** = arc *m*. de rupture (E.).
- - -, **mercury** = arc *m*. au mercure.
- - -, **of circle** = arc *m*. de cercle.
- - -, **of contact** = angle *m*. d'enroulement (d'une courroie).
- - -, **of oscillation** = arc *m*. d'oscillation.
- - -, **on closing circuit** = arc *m*. de fermeture (E.).
- - -, **-over** = fuite *f*. (E.), décharge *f*. extérieure (E.).
- - -, **pitch** = arc *m*. d'engrènement (Méc.).
- - -, **singing** = arc *m*. musical.
- - -, **to- - -over** = cracher des étincelles (E.), projeter des étincelles (E.).
- - -, **toothed** = secteur *m*. denté (Méc.).
- - -, **transferred** = arc *m*. transféré (Mét.).
- - -, **transferred, non** = arc *m*. non transféré (Mét.), arc *m*. interne (Mét.).
- - -, **voltaic** = lumière *f*. à arc, arc *m*. voltaïque.
arcade = arcade *f*. (B.).
- - -, **blind** = arcade *f*. aveugle.
arch = voûte *f*. (d'une cathédrale), cintre *m*. (c.-à-d. courbure intérieure d'un arc ou d'une voûte) (B., C.), arche *f*. (du tablier d'un pont) (C.), arc *m*. (d'un viaduc) (C.).
- - -, **back-** = arrière-voussure *f*.
- - -, **basket-handle** = voûte *f*. en anse de panier.
- - -, **blind** = cintre *m*. borgne.
- - -, **brick** = voûte *f*. en brique, voûte *f*. (de foyer).
- - -, **camber** = arc *m*. cambré.
- - -, **centre** = voûte *f*. maîtresse.
- - -, **concentric** = arc *m*. concentrique.
- - -, **counter-** = voûtin *m*.
- - -, **cradle** = voûte *f*. en berceau.
- - -, **depressed** = arc *m*. surbaissé.
- - -, **discharging** = voûte *f*. en décharge (B.), voûte *f*. de décharge (B.).
- - -, **drop** = arc *m*. surbaissé, ogive *f*. surbaissée.
- - -, **elliptical** = voûte *f*. elliptique.
- - -, **equilateral** = arc *m*. équilatéral.
- - -, **extradosed** = voûte *f*. extradossée.
- - -, **feathered** = voûte *f*. à nervures.
- - -, **flat** = voûte *f*. plate, arc *m*. déprimé.
- - -, **flood** = avant-pont *m*.
- - -, **French** = arc *m*. français.
- - -, **full-centre** = arc *m*. plein cintre.
- - -, **gauged** = arc *m*. en brique taillée.
- - -, **Gothic** = arc *m*. en ogive.
- - -, **groined** = voûte *f*. à arêtes (B.).
- - -, **hinged** = arc *m*. à articulations.
- - -, **horseshoe** = voûte *f*. en fer à cheval.
- - -, **inverted** = arc *m*. renversé.
- - -, **jack** = voûtelette *f*., arc *m*. déprimé.
- - -, **lancet** = arc *m*. à lancette (B.), arc *m*. en ogive (B.).
- - -, **Moorish** = arc *m*. en fer à cheval.
- - -, **obtuse** = arc *m*. surbaissé.
- - -, **of a bridge** = arche *f*. d'un pont.

(arch)

– – – of a furnace = arche *f.* d'un fourneau.
– – – of a vault = arceau *m.* d'une voûte.
– – –, ogee = arc *m.* en accolade (B.).
– – –, perfect = arc *m.* en plein cintre.
– – –, pointed = ogive *f.,* arc *m.* ogival.
– – –, raised = arc *m.* surhaussé.
– – –, relieving = arche *f.* de soutènement, arc *m.* de décharge.
– – –, round = arc *m.* de plein cintre, plein cintre.
– – –, safety = arc *m.* de décharge.
– – –, segmental = ogive *f.,* voûte *f.* surbaissée.
– – –, semicircular = arc *m.* en plein cintre.
– – –, shallow = arc *m.* en orbevoie.
– – –, skew = voûte *f.* oblique, voûte *f.* biaise, arc *m.* biais.
– – –, small = voûtin *m.*
– – –, splayed = arc *m.* ébrasé.
– – –, spandrel = voûte *f.* à tympan.
– – –, steel = cintre *m.* en acier.
– – –, stilted = arc *m.* exhaussé.
– – –, straight = arc *m.* droit, linteau *m.* (B.).
– – –, surbased = arc *m.* surbaissé.
– – –, three-centered = anse *f.* de panier (B.).
– – –, tie = arc *m.* à tirant.
– – –, to = cintrer, voûter, arquer.
– – –, triangular = arc *m.* triangulaire.
– – –, trimmer = arc *m.* d'enchevêtrure.
– – –, trussed = arc *m.* en treillis.
– – –, Tudor = arc *m.* en carène.
archbishopric = archevêché *m.*
arched = arqué, cintré, voûté.
architect = architecte *m.*
– – –, landscape = architecte *m.* paysagiste, paysagiste *m.*
– – –, naval = ingénieur *m.* des constructions navales.
architecture = architecture *f.*
– – –, naval = architecture *f.* navale.
architrave = architrave *f.* (B.), encadrement *m.* (d'une fenêtre).
archivolt = archivolte *f.* (B.).
archway = passage *m.* voûté, voûte *f.* d'entrée.
arcing = jaillissement *m.* d'étincelles (E.), crachement *m.* d'étincelles (E.), formant un arc (E.).
arcuated = courbé en arc en forme d'arc.
are = arc *m.* (= un décamètre carré; 100 mètres carrés; 1076,391 pieds carrés; un centième d'hectare), a *m.*
area = aire *f.,* surface *f.,* région *f.,* étendue *f.,* zone *f.,* section *f.,* superficie *f.,* champ *m.* d'action.
– – –, anodic = zone *f.* de sortie (E.).
– – –, automatic = réseau *m.* automatique (Tp.).
– – –, base rate = secteur *m.* à tarif de base (Tp.).
– – –, bearing = surface *f.* de palier (Méc.), surface *f.* portante (Méc.), surface *f.* d'appui (C.).
– – –, built-up = agglomération *f.,* zone *f.* bâtie.
– – –, calling, local = secteur *m.* d'appel local (Tp.), secteur *m.* de service local (Tp.).
– – –, carrying = surface *f.* portante.
– – –, clearance = surface *f.* de l'interstice (de turbine).
– – –, contact = surface *f.* de contact.
– – –, coverage = zone *f.* de couverture horizontale (R.).
– – –, critical = surface *f.* critique.
– – –, dial = secteur *m.* de composition (Tp.).

(area)

– – –, downtown = centre-ville *m.*
– – –, drainage = surface *f.* de drainage (H.), bassin *m.* hydrographique (H.), bassin *m.* de drainage (H.).
– – –, eastern = région *f.* de l'est, zone *f.* (de l') est, secteur *m.* est.
– – –, effective = surface *f.* effective (d'une antenne de réception) (R.).
– – –, exchange = secteur *m.* (Tp.), circonscription *f.* (Tp.), circonscription *f.* téléphonique (Tp.).
– – –, exchange, common-battery = réseau *m.* à batterie centrale (Tp.).
– – –, exchange, dial = réseau *m.* automatique (Tp.).
– – –, exchange, magneto = réseau *m.* à batterie locale (Tp.).
– – –, exchange, multi-office = réseau *m.* urbain desservi par plusieurs bureaux (Tp.).
– – –, floor = surface *f.* de plancher, aire *f.* de parquet.
– – –, grate = surface *f.* de grille.
– – –, gross = aire *f.* brute, surface *f.* brute.
– – –, industrial = quartier *m.* industriel.
– – –, interference = zone *f.* de brouillage (R.).
– – –, lawn = aire *f.* gazonnée (B.).
– – –, local = zone *f.* locale (Tp.), secteur *m.* local (Tp.).
– – –, mush = zone *f.* de brouillage (R.).
– – –, net = aire *f.* nette (d'une pièce, d'une charpente) (B.).
– – –, nuisance = zone *f.* de brouillage (R.).
– – – of adhesion = surface *f.* d'adhérence.
– – – of bearing surface = surface *f.* de portée (C., Méc.).
– – – of contact = zone *f.* de contact, surface *f.* de contact.
– – – of fire-bars = surface *f.* de grille.
– – – of service = zone *f.* d'action.
– – –, parking = zone *f.* de stationnement (Auto.), parc *m.* de stationnement (Auto.).
– – –, printing = surface *f.* d'impression (Imp.).
– – –, problem = sphère *f.* épineuse.
– – –, rate, locality = arrondissement *m.* à service urbain (Tp.).
– – –, residential = quartier *m.* résidentiel.
– – –, restricted, passenger = zone *f.* réservée aux voyageurs (dans une aérogare).
– – –, roof = aire *f.* de la surface du toit (B.).
– – –, sensation, auditory = zone *f.* d'audibilité (R.).
– – – served by the crane = champ *m.* de travail de la grue (C.).
– – –, service = zone *f.* desservie (par une station de radiodiffusion), zone *f.* de service (d'un émetteur) (R.).
– – –, service, local = zone *f.* de service urbain (Tp.), zone *f.* d'appel local (Tp.), zone *f.* de tarif urbain (Tp.).
– – –, service, primary = zone *f.* (de service) primaire (d'un émetteur) (R.).
– – –, silent = zone *f.* de silence (R.).
– – –, slewing = champ *m.* de rotation (d'une grue).
– – –, slum = bas quartier (d'une ville), les taudis.
– – –, suburban = zone *f.* suburbaine (Tp.).
– – –, tributary = surface *f.* tributaire (H.), zone *f.* desservie (par un réseau) (E., Tp.).
– – –, wall = surface *f.* de paroi.

(area)

– – –, **western** = région *f.* de l'ouest, zone *f.* (de l') ouest, secteur *m.* ouest.

– – –, **wing** = surface *f.* portante (Av.), surface *f.* d'aile (Av.).

areaway = caisse *f.* de soupirail (B.).

areometer = aréomètre *m.* (I.), pèse-acide *m.* (I.).

argentiferous = argentifère (adj.).

argil = argile *f.* (de potier).

argilliferous = argilifère (adj.).

argon = argon *m.* (c.-à-d. gaz utilisé dans les ampoules électriques à atmosphère gazeuse).

arm = bras *m.*, levier *m.*, branche *f.* (de tenailles, d'arbres), potence *f.* (B., C., Mar.), traverse *f.* (Tp.).

– – –, **actuating** = tige *f.* d'attaque (Méc.).

– – –, **adjustable** = bras *m.* réglable.

– – –, **articulated** = bras *m.* articulé.

– – –, **axle** = fusée *f.* (d'essieu).

– – –, **ball-pointed** = bras *m.* à joints sphériques.

– – –, **brace** = lien *m.*, jambe *f.* de force.

– – –, **bracket** = console *f.* à scellement.

– – –, **brake** = levier *m.* de frein.

– – –, **bridge** = bras *m.* du pont (E.).

– – –, **cantilever** = bras *m.* de grue (C.), bras *m.* de console (C.).

– – –, **compensating** = bras *m.* de rappel (Méc.).

– – –, **control** = levier *m.* de commande.

– – –, **crank-** = bras *m.* de manivelle.

– – –, **crank-shaft** = bras *m.* de vilebrequin.

– – –, **cross-** = V. « crossarm ».

– – –, **dipper** = bras *m.* de godet (d'une pelle mécanique).

– – –, **drop** = V. « arm, steering ».

– – –, **extension** = potence *f.*, console *f.*, traverse *f.* en porte-à-faux (Tp.).

– – –, **governor** = levier *m.* de régulateur (Méc.).

– – –, **guard** = croisillon *m.* protecteur (Tp.).

– – –, **hinged** = bras *m.* oscillant.

– – –, **leading** = bras *m.* avant (Auto.).

– – –, **leading, swinging** = bras *m.* avant oscillant.

– – –, **lever** = bras *m.* de levier.

– – – **of a balance** = fléau *m.*

– – – **of the transept** = croisillon *m.* (B.).

– – –, **overhanging** = bras *m.* en porte-à-faux, support *m.* en porte-à-faux.

– – –, **pick-up** = bras *m.* de lecture (d'un tourne-disque), bras *m.* de pick-up, lecteur *m.* (I.).

– – –, **pivot** = bras *m.* de pivot.

– – –, **pivoted** = bras *m.* oscillant (Méc.), bras *m.* articulé (Méc.).

– – –, **radial** = bras *m.* radial (Méc.).

– – –, **radius** = bielle *f.*, tendeur *m.*, jambe *f.* de force, tringle *f.* de poussée.

– – –, **radius, lower, trailing** = bras *m.* inférieur arrière.

– – –, **ratio** = bras *m.* de proportion.

– – –, **reversing** = levier *m.* de renversement de marche.

– – –, **rocker** = basculeur *m.* (Méc.), culbuteur *m.* (de soupape), renvoi *m.* (de distribution).

– – –, **rocking** = brimbale *f.* (de pompe), bringuebale *f.*

– – –, **shifting, gear-** = bras *m.* de commande (du pignon baladeur) (Auto.).

– – –, **side** = support *m.* latéral, traverse *f.* en porte-à-faux (Tp.).

– – –, **spreader** = bras *m.* d'extension.

(arm)

– – –, **spring-carrier** = main *f.* de ressort (Auto.).

– – –, **steering** = levier *m.* de direction (Auto.), levier *m.* pendant (Auto.), bielle *f.* de direction (Auto.).

– – –, **steering, upper** = levier *m.* de commande du pivot.

– – –, **swinging** = potence *f.* (C.).

– – –, **swivel** = fusée *f.* à pivot (Auto.).

– – –, **tail** = contre-fiche *f.*

– – –, **telephone** = zigzag *m.*, accordéon *m.*

– – –, **to** = armer, renforcer, garnir.

– – –, **tone** = bras *m.* de lecture (d'un électrophone).

– – –, **torque** = jambe *f.* de force (Auto.).

– – –, **torque, hollow** = jambe *f.* de force creuse (Auto.).

– – –, **torque, solid** = jambe *f.* de force pleine (Auto.).

– – –, **torque, tubular** = jambe *f.* de force tubulaire (Auto.).

– – –, **track-rod** = levier *m.* d'attaque de fusée (Auto.).

– – –, **trailing** = bras *m.* arrière (Auto.).

– – –, **trailing, lower** = bras *m.* arrière inférieur.

– – –, **trolley** = perche *f.* de prise de courant (E.).

– – –, **writing** = bras *m.* scripteur (d'un téléscripteur), bras *m.* d'impression (Tg.).

armature = armature *f.* (E.), induit *m.* (E.), ferrure *f.* (Méc., C.), garniture *f.* (Méc., C.).

– – –, **alternator** = induit *m.* d'alternateur.

– – –, **balanced** = induit *m.* équilibré.

– – –, **bar-wound** = induit *m.* à barres.

– – –, **boiler** = garniture *f.* de chaudière.

– – –, **cable** = armature *f.* d'un câble (Tp.).

– – –, **closed-slot** = induit *m.* à trous.

– – –, **condenser** = armature *f.* du condensateur.

– – –, **cylindrical** = armature *f.* en tambour.

– – –, **disc** = armature *f.* en disque.

– – –, **drum** = induit *m.* en tambour.

– – –, **drum-wound** = induit *m.* en tambour, induit *m.* en cylindre.

– – –, **electro-magnet** = armature *f.* d'un électro-aimant.

– – –, **external-pole** = induit *m.* à pôles extérieurs.

– – –, **generator** = induit *m.* de générateur, induit *m.* dynamo.

– – –, **Gramme** = induit *m.* Gramme.

– – –, **grounded** = induit *m.* à la masse (Auto.), induit *m.* à la terre.

– – –, **H** = induit *m.* en double T.

– – –, **intensity** = induit *m.* enroulé en haute tension.

– – –, **internal-pole** = induit *m.* à pôles intérieurs.

– – –, **magnet** = armature *f.* d'aimant.

– – –, **magneto** = induit *m.* de magnéto.

– – –, **milled** = induit *m.* fraisé.

– – – **of a dynamo** = induit *m.* de dynamo.

– – – **of a relay** = armature *f.* d'un relais (à aimant).

– – –, **open-coil** = induit *m.* ouvert.

– – –, **open-slot** = induit *m.* à rainures ouvertes.

– – –, **overtype** = armature *f.* du type supérieur.

– – –, **radial-coil** = induit *m.* à pôles intérieurs.

– – –, **revolving** = induit *m.* tournant.

– – –, **ring** = induit *m.* en anneau, armature *f.* en anneau, anneau *m.* de Gramme.

– – –, **ring-wound** = induit *m.* en anneau

– – –, **rotating** = induit *m.* tournant.

– – –, **shorted** = induit *m.* court-circuité.

(armature)

– – –, **shuttle-type** = induit *m*. en double T, induit *m*. Siemens.

– – –, **shuttle-wound** = induit *m*. en double T.

– – –, **slotted** = induit *m*. à rainures, induit *m*. denté.

– – –, **smooth-core** = induit *m*. lisse.

– – –, **spider** = induit *m*. à croisillons.

– – –, **squirrel-cage** = induit *m*. à cage d'écureuil.

– – –, **stationary** = induit *m*. fixe.

– – –, **three-phase** = induit *m*. triphasé.

– – –, **toothed** = induit *m*. denté, induit *m*. à rainures.

– – –, **tunnel-type** = incuit *m*. à trous.

– – –, **two-phase** = induit *m*. diphasé.

– – – **with winding** = induit *m*. bobiné.

arming = armement *m* (Tp.), appuis *m.p.* des isolateurs dans un poteau téléphonique.

armour (or armor) = armure *f*. ou armature *f*. (d'un câble téléphonique), blindage *m*. (d'un camion), cuirasse *f*. (d'un navire).

– – – **of a cable** = enveloppe *f*. protectrice d'un câble (Tp.), armature *f*. d'un câble (Tp.).

– – – **of a transformer** = cuirasse *f*. d'un transformateur (E.).

armoured (or armored) = (câble *m*.) armé, (train *m*.) blindé, (navire *m*.) cuirassé, (mécanisme *m*.) protégé.

armouring = armure *f*. ou armature *f*. (d'un câble), blindage *m*. (d'un camion).

– – –, **iron** = armature *f*. en feuillard, blindage *m*. en fer.

– – – **of a cable** = armature *f*. d'un câble (Tp.).

– – –, **steel** = blindage *m*. en acier.

– – –, **tape** = armature *f*. en feuillard (Tp.), armature *f*. en ruban d'acier.

– – –, **wire** = armature *f*. en fils (Tp.).

arpent = arpent *m*. (= 191,835 pieds anglais; 180 pieds français; 58,4713 m).

– – –, **square** = arpent *m*. carré (= 36 800,7 pieds carrés anglais).

arrange, to = arranger (un mécanisme), agencer (un atelier), aménager (un appartement), ajuster (une machine, une balance), ranger (des livres).

– – –, **to** – – – **for** = prendre des dispositions (ou mesures) pour que.

arrangement = convention *f*., montage *m*., arrangement *m*., groupement *m*., système *m*., agencement *m*., disposition *f*., aménagement *m*., dispositif *m*.

– – –, **anti-inductive** = disposition *f*. anti-inductive (E.).

– – –, **bell and hopper** = fermeture *f*. cône de trémie.

– – –, **bus** = disposition *f*. des barres collectrices (E.).

– – –, **cell** = disposition *f*. des éléments (E.).

– – –, **fifty-fifty** = partage *m*. égal.

– – –, **heating** = dispositif *m*. de chauffage.

– – –, **lighting** = dispositif *m*. d'éclairage.

– – – **of rivets** = disposition *f*. des rivets.

– – –, **push-pull** = montage *m*. push-pull (E.), montage *m*. symétrique (E.).

– – –, **reverse-gear** = dispositif *m*. de marche arrière (Méc.).

– – –, **symmetrical** = montage *m*. symétrique (E.).

– – –, **tandem** = montage *m*. en tandem (E.).

– – –, **valve** = disposition *f*. des soupapes.

– – –, **vernier** = démultiplicateur *m*.

arrangements, brake-lever = timonerie *f*. du frein

(arrangements)

(Méc.).

array = système *m*. d'antennes (R.), arrangement *m*., étalage *m*.

– – –, **aerial** = V. « array, antenna ».

– – –, **antenna** = système *m*. d'antennes (R.), dispositif *m*. d'antenne (R.), réseau *m*. d'antennes (R.).

– – –, **anti-fading** = antenne *f*. à rayonnement zénithal réduit (R.).

– – –, **broadside** = rideau *m*. à rayonnement transversal (R.), réseau *m*. d'antennes à grande ouverture (R.).

– – –, **end-fire** = antenne *f*. à rayonnement longitudinal (R.).

– – –, **rotary** = antenne *f*. tournante (R.).

– – –, **steerable, multiple unit** = réseau *m*. d'antennes à faisceau inclinable.

– – –, **tier** = antenne *f*. à éléments superposés (R.).

arrester = éclateur *m*. (E.), parafoudre *m*., paratonnerre *m*.

– – –, **aluminium-cell** = parafoudre *m*. électrolytique.

– – –, **arc** = coupe-arc *m*. (E.).

– – –, **autovalve** = parafoudre *m*. autovalve, clapet *m*. électrique (E.).

– – –, **disc-type** = parafoudre *m*. à disques.

– – –, **earth** = court-circuiteur *m*. de mise à la terre.

– – –, **expulsion-type** = parafoudre *m*. à expulsion.

– – –, **flame** = pare-feu *m*., pare-flamme *m*.

– – –, **Franklin** = antenne *f*. Franklin.

– – –, **gap** = parafoudre *m*. à cornes.

– – –, **gas-type** = parafoudre *m*. à gaz raréfié.

– – –, **horn-gap** = parafoudre *m*. à cornes.

– – –, **lightning-** = parafoudre *m*., paratonnerre *m*. (d'un bâtiment).

– – –, **lightning, air-gap** = parafoudre *m*. à air.

– – –, **lightning, horn-type** = parafoudre *m*. à cornes.

– – –, **lightning, laminated** = parafoudre *m*. à lames isolantes.

– – –, **lightning, lead-oxide** = parafoudre *m*. à oxyde de plomb.

– – –, **lightning, notched** = parafoudre *m*. à pointes.

– – –, **lightning, vacuum** = parafoudre *m*. à air raréfié.

– – –, **plate-type** = parafoudre *m*. à lames.

– – –, **point-type** = parafoudre *m*. à pointes.

– – –, **spark** = parafoudre *m*., éclateur *m*. (E.), pare-étincelles *m*. (E.).

arris = arête *f*. vive (B.), angle *m*. saillant (B.), arête *f*. (d'un toit).

arrow = flèche *f*., fiche *f*. d'arpenteur, zéro *m*. (d'un vernier).

art = art *m*., technique *f*.

– – –, **applied** = arts *m.p.* industriels.

– – –, **communication** = technique *f*. des communications.

– – –, **communication, electrical** = technique *f*. des communications électriques.

– – – **of building** = architecture *f*., art *m*. de bâtir.

artery = artère *f*.

– – –, **main** = grande voie de communication.

articulation = articulation *f*. (Méc.), netteté *f*. (Tp.).

– – –, **jack-knife** = articulation *f*. en dos de couteau.

A.S.A.P. (as soon as possible) = le plus tôt possible, aussitôt que possible.

asbestos = amiante *m*.

(asbestos)

– – –, **braided** = amiante *m*. tressé.
– – –, **flaked** = amiante *m*. floconneux.
ascender = (lettre *f*.) ascendante *f*. (Imp.).
ascension = ascension *f*.
– – –, **right** = ascension *f*. droite (d'un astre).
ascent = montée *f*., rampe *f*., pente *f*.
ascertain, to = vérifier, se rendre compte, constater.
ash = cendre *f*., frêne *m*., V. « ashes ».
– – –, **black** = cendre *f*. noire (Imp.), frêne *m*. noir.
– – –, **blue** = frêne *m*. anguleux.
– – –, **coal** = cendre *f*. de charbon.
– – –, **fly** = cendres *f.p.* volantes.
– – –, **green** = frêne *m*. vert.
– – –, **Mountain, American** = sorbier *m*. d'Amérique.
– – –, **Mountain, Snowy** = sorbier *m*. des montagnes.
– – –, **red** = frêne *m*. de Pennsylvanie.
– – –, **red, Northern** = frêne *m*. de Pennsylvanie.
– – –, **soda** = cendre *f*. de sodium calciné, carbonate *m*. de soude (anhydre).
– – –, **white** = frêne *m*. d'Amérique.
– – –, **wood** = cendre *f*. de bois.
ashes = cendres *f.p.*, escarbilles *f.p.*, V. « ash ».
– – –, **loose** = cendres *f.p.* folles.
ashlar = pierre *f*. de taille (B.), moellon *m*. d'appareil (B.).
– – –, **broken** = pierre *f*. de taille brute.
– – –, **coursed** = pierre *f*. de taille formant assise (autour d'un bâtiment).
– – –, **dressed** = pierre *f*. de taille, pierre *f*. taillée.
– – –, **dressed, hammer** = pierre *f*. de taille équarrie.
– – –, **rough** = libage *m*.
– – –, **rugged** = libage *m*.
ashlaring = parement *m*. en pierre de taille.
ashtray, disappearing = cendrier *m*. escamotable (Auto.).
askew = de biais, à fausse équerre.
aslant = obliquement, de travers.
aslope = en talus, en pente.
A.S.M.I. = V. « indicator, movement, surface, aerodrome ».
aspen = bois *m*. de tremble, tremble *m*., dispositif *m*. de bombardement par radioguidage.
– – –, **largetooth** = peuplier *m*. à grandes dents.
– – –, **trembling** = peuplier *m*. faux-tremble.
asphalt = asphalte *m*., bitume *m*., brai *m*. de pétrole.
– – –, **clinker** = béton *m*. bitumineux de scories (ou de mâchefer).
– – –, **coating** = bitume *m*. oxydé ou bitume *m*. soufflé.
– – –, **compressed** = asphalte *m*. comprimé.
– – –, **concrete** = béton *m*. asphaltique.
– – –, **crude** = asphalte *m*. brut.
– – –, **cut back** = bitume *m*. fluidifié.
– – –, **emulsified** = bitume *m*. (routier) émulsifié.
– – –, **emulsified, premix** = bitume *m*. émulsifié en usine.
– – –, **emulsion** = émulsion *f*. routière, émulsion *f*. de bitume.
– – –, **native** = asphalte *m*. naturel.
– – –, **mastic** = asphalte *m*. au mastic (pour toitures, etc.) (B.).
– – –, **paving** = bitume *m*. pour revêtement de chaussée, bitume *m*. routier.
– – –, **refined** = asphalte *m*. épuré, asphalte *m*. raffiné.

(asphalt)

– – –, **road** = bitume *m*. routier, bitume-goudron *m*.
– – –, **rock** = asphalte *m*. en roche, roche *f*. bitumineuse.
– – –, **sand** = mortier *m*. bitumineux pauvre.
– – –, **seal** = bitume *m*. d'étanchéité.
– – –, **sheet** = mortier *m*. bitumineux riche.
– – –, **to** = asphalter, bitumer.
asphaltic = asphaltique (adj.).
asphalting = asphaltage *m*. (des routes).
asphaltum = bitume *m*. de Judée (Imp.).
asphyxia = asphyxie *f*.
assay = essai *m*., analyse *f*.
– – –, **to** = essayer, coupeller, analyser.
assemblage = assemblage *m*. (de pièces).
assemble, to = assembler, monter.
assembler = assembleur *m*. (O., M.) (Imp.), monteur *m*. (O.).
assembling = assemblage, *m*., montage *m*. (d'une machine), emboîtement *m*.
assembly = ensemble *m*., assemblage *m*., montage *m*.
– – –, **coil** = jeu *m*. de bobines (E.).
– – –, **dowel** = goujonnage *m*. (Men.).
– – –, **engine** = montage *m*. du moteur (Auto.).
– – –, **lens** = ensemble *m*. de lentilles, objectif *m*. (Phot.).
– – –, **site** = montage *m*. sur le chantier.
– – –, **spring** = bloc *m*. de ressorts (Auto.).
assess, to = évaluer (une propriété, des dégâts), estimer (une marchandise).
assessment = évaluation *f*. (d'une propriété, des dégâts), assiette *f*. (d'un impôt), cotisation *f*. spéciale (des membres d'une association).
assign = ayant *m*. cause, ayant *m*. droit.
– – –, **to** = céder (un bien) à, attribuer (un droit) à, fixer (un rendez-vous), affecter (un employé) à (une tâche).
assignment = affectation *f*. (d'un employé à un poste, des recettes), tâche *f*. assignée (à quelqu'un), affectation *f*. ou utilisation (d'un circuit) (Tp.), attribution *f*. (d'un véhicule à un service), assignation *f*. (de fréquences (R., Tv.).
– – – **of a circuit** = affectation *f*. d'un circuit (Tp.), utilisation *f*. d'un circuit (Tp.).
assignor = préposé *m*. à l'utilisation des circuits (O.) (Tp.).
assistant, engineer = aide-ingénieur *m*.
– – –, **sub-** = sous-aide *m*.
– – –, **technical** = adjoint-technique *m*. (O.).
association, first-aid = société *f*. de secours (aux accidentés).
assortment = jeu *m*., assortiment *m*. (de marchandises).
– – –, **wrench** = jeu *m*. de clés (Méc.).
assume, to = assumer (une fonction, les risques), remplir ou exercer (une charge depuis quelque temps), prendre en main (la conduite d'une affaire), prendre (le pouvoir), supposer (quelque chose), s'attribuer (un droit), (le capot peut) épouser la forme (du moteur), adopter ou emprunter (un nom de plume), présumer (l'existence d'une chose).
assumption = hypothèse *f*., supposition *f*.
astatic = astatique (adj.) (E.).
astigmatism = astigmatisme *m*. (Phot.).
astragal = chapelet *m*. ou astragale *m*. (d'une colonne)

(astragal)

(B.), baguette *f.* (B.).
astronomy = astronomie *f.*
‑ ‑ ‑, **radio** = radioastronomie *f.*
astronaut = astronaute *m.* (O.).
asymmetric = asymétrique (adj.).
asymmetrical = asymétrique (adj.).
asymmetry = dissymétrie *f.*, asymétrie *f.*
asymptote = asymptote *f.*
asynchronous = asynchrone (adj.).
athwart = en travers.
atmosphere = atmosphère *f.*
‑ ‑ ‑, **radio** = atmosphère *f.* radioélectrique (R.).
‑ ‑ ‑, **radio, standard** = atmosphère *f.* radioélectrique normale (R.).
‑ ‑ ‑, **reference, basic** = atmosphère *f.* fondamentale de référence (R.).
atmospheric = atmosphérique (adj.), perturbation *f.* atmosphérique (R.).
atmospherics = parasites *m.p.* (R.), perturbations *f.p.* atmosphériques (R.).
atom = atome *m.*
atomic = atomique (adj.).
atomization = vaporisation *f.*, pulvérisation *f.*
atomize, to = pulvériser, vaporiser.
atomizer = gicleur-pu vérisateur *m.*, gicleur *m.* (Auto.), vaporisateur *m.*, pulvérisateur *m.* (d'un moteur Diesel).
‑ ‑ ‑, **compressed-air** = appareil *m.* aéropulvérisateur.
‑ ‑ ‑, **heated** = pulvérisateur *m.* à réchauffage.
‑ ‑ ‑, **slot** = pulvérisateur *m.* à fente.
‑ ‑ ‑, **tubular** = pulvérisateur *m.* à tubes concentriques.
atop = en haut de, au sommet de.
attach, to = attacher, fixer, relier, caler, lier, joindre.
attachment = fixation *f.*, attache *f.*, armement *m.* (c.-à-d. matériel servant à la fixation) (Tp.), accessoire *m.*, équipement *m.*, organe *m.* auxiliaire.
‑ ‑ ‑, **centering** = dispositif *m.* de centrage.
‑ ‑ ‑, **diamond-dressing** = montage *m.* à diamant.
‑ ‑ ‑, **drilling** = accessoire *m.* pour percer, accessoire *m.* pour forer.
‑ ‑ ‑, **milling** = accessoire *m.* de fraiseuse.
‑ ‑ ‑, **portrait** = bonnette *f.* (Phot.).
‑ ‑ ‑, **radar, airborne** = radar *m.* d'avion.
‑ ‑ ‑, **stuffing** = boudinière *f.* (Ust.).
‑ ‑ ‑, **tapping** = dispositif *m.* à tarauder.
‑ ‑ ‑, **zero-setting** = dispositif *m.* de rappel à zéro.
attend, to = assister (à une réunion), suivre (un cours), fréquenter (l'école), soigner (un malade).
‑ ‑ ‑ **to** ‑ ‑ ‑ **to** = surveiller (les opérations de fabrication), prendre en charge (la marche d'une usine), entretenir (une machine), servir (un client), s'occuper de (quelqu'un, ses affaires), vaquer à (ses occupations), veiller (sur un enfant).
attendance = service *m.*, réglage *m.*
‑ ‑ ‑, **no** = sans service.
attendant = surveillant *m.* (O.), gardien *m.* (O.), préposé *m.* (ou *f.*) (O.).
‑ ‑ ‑, **cloak-room** = préposé *m.* au vestiaire (O.).
‑ ‑ ‑, **gas-pump** = pompiste *m.* (O.).
‑ ‑ ‑, **greasing** = graisseur *m.* (O.), préposé *m.* au graissage (O.).
‑ ‑ ‑, **hospital** = infirmier *m.*

(attendant)

‑ ‑ ‑, **machine** = machiniste *m.*
‑ ‑ ‑, **park, car** = gardien *m.* d'autos.
‑ ‑ ‑, **P.B.X.** = standardiste *f.* (Tp.).
‑ ‑ ‑, **pump** = pompiste *m.*
‑ ‑ ‑, **switchboard** = surveillant *m.* du tableau de distribution (O.), standardiste *m.* (ou *f.*) privé (O.), téléphoniste *f.* (ou *m.*) (O.) (Tp.).
attention = soin *m.*, entretien *m.*, examen *m.*
attenuate, to = atténuer, affaiblir.
attenuation = affaiblissement *m.* (Tp., R.), atténuation *f.*
‑ ‑ ‑, **blocking** = affaiblissement *m.* de blocage (Tp.).
‑ ‑ ‑, **crosstalk** = affaiblissement *m.* diaphonique (Tp.).
‑ ‑ ‑, **crosstalk, far-end** = affaiblissement *m.* télédiaphonique (Tp.).
‑ ‑ ‑, **crosstalk, near-end** = affaiblissement *m.* paradiaphonique (Tp.).
‑ ‑ ‑, **echo** = affaiblissement *m.* d'un courant d'écho (R.).
‑ ‑ ‑, **effective** = affaiblissement *m.* effectif (R.).
‑ ‑ ‑, **free-space** = affaiblissement *m.* idéal en espace libre (R.).
‑ ‑ ‑, **path** = affaiblissement *m.* de propagation (R.).
‑ ‑ ‑, **path, basic** = affaiblissement *m.* idéal de propagation (R.).
‑ ‑ ‑ **per unit length** = affaiblissement *m.* linéique (Tp.).
‑ ‑ ‑, **total** = affaiblissement *m.* total (Tp.), équivalent *m.* de transmission (Tp.).
attenuator = affaiblisseur *m.* (Tp.), ligne *f.* d'affaiblissement (Tp.).
‑ ‑ ‑, **resistance** = atténuateur *m.* à résistances.
attic = grenier *m.* (B.), mansarde *f.* (B.), chambre *f.* mansardée (B.), attique *m.* (B.), entre-toit *m.* (Canada), comble *m.* (B.).
attorney = fondé *m.* de pouvoir (O.), mandataire *m.* (O.).
‑ ‑ ‑ ‑**at law** = avoué *m.* (O.).
‑ ‑ ‑ ‑**general** = procureur *m.* général (Canada).
attract, to = attirer.
attraction = attraction *f.*
‑ ‑ ‑, **electrical** = attraction *f.* électrique.
‑ ‑ ‑, **local** = déviation *f.* locale (du compas).
‑ ‑ ‑, **molecular** = attraction *f.* moléculaire.
attrition = usure *f.* par frottement.
audibility = audibilité *f.* (Tp.), perceptibilité *f.* (d'un son).
‑ ‑ ‑, **minimum** = audibilité *f.* minimale
audible = sonore (adj.), audible (adj.).
‑ ‑ ‑, **super-** = (fréquence *f.*) ultra-sonore (adj.).
audio = acoustique (adj.), à basse fréquence.
‑ ‑ ‑, **sub-** = infra-acoustique (adj.).
audiometer = sonomètre *m.* électrique.
audion = audion *m.* (R.), tube *m.* à vide (R.), lampe *f.* amplificatrice (R.).
auditor = auditeur *m.* (d'un conférencier) (O.), vérificateur *m.* (des comptes) (O.).
auditorium = auditorium *m.*, salle *f.* de conférence (O.).
auditory = auditif (adj.).
auger = foret *m.*, mèche *f.* à bois, rouanne *f.*, tarière *f.*, pelle-curette *f.*, sonde *f.*
‑ ‑ ‑, **bolt** = foret *m.* à chevilles.

(auger)

– – –, **carpenter's** = rouanne *f.* de charpentier.
– – –, **closet** = dégorgeoir *m.* d'égout (S.), dégorgeoir *m.* (S.).
– – –, **double-lipped** = tarière *f.* double.
– – –, **earth** = tarière *f.*
– – –, **eye** = tarière *f.* de charpentier.
– – –, **hand** = tarière *f.* à main.
– – –, **pipe, waste** = dégorgeoir *m.* d'égout (S.), dégorgeoir *m.* à vrille (S.).
– – –, **post-hole** = tarière *f.* à poteaux (Tp.), tarière *f.* à piquets, bêche-tarière *f.*
– – –, **rivet** = tarière *f.* à rivets.
– – –, **screw** = tarière *f.* à vis, tarière *f.* rubanée.
– – –, **screw, spiral** = tarière *f.* américaine.
– – –, **shell** = tarière *f.* à cuiller.
– – –, **ship** = mèche *f.* à bateaux.
– – –, **spoon** = tarière *f.* à cuiller.
– – –, **tap** = foret *m.*
– – –, **taper** = tarière *f.* conique.
– – –, **twisted** = tarière *f.* torse.
– – –, **worm-** = tarière *f.* rubanée, mèche *f.* en hélice.
aural = auditif (adj.), acoustique (adj.), sonore (adj.).
auto = auto *f.*, automobile *f.*
autobus = autobus *m.*
autoclave = autoclave *m.*
autodrome = autodrome *m.*
autodyne = autodyne *m.* (R.).
autogenous = autogène (adj.).
automated = automatisé (adj.).
automatic = automatique (adj.).
– – –, **fully** = complètement automatique.
– – –, **semi-** = semi-automatique (adj.).
automaticity = automaticité *f.*
automation = automatisme *m.*, automation *f.*
– – –, **exposure** = automatisme *m.* de l'exposition (Phot.).
automatization = automatisation *f.*
automobile = auto *f.*, automobile *f.*
automobilist = automobiliste *m.* (O.).
– – –, **lady** = chauffeuse *f.*
automotive = (engin *m.*, équipement *m.*) automoteur (adj.), automoteur *m.* (Mar.).
autoroute = autoroute *f.*
autostrada = autoroute *f.*, autostrade *f.*
autotransformer = autotransformateur *m.* (E.).
– – –, **starting** = autotransformateur *m.* de démarrage (E.).
autotype = autotypie (Imp.) (Canada).
auxiliary = auxiliaire *m.*, accessoire *m.*, supplémentaire (adj.), secondaire (adj.).
available = disponible (adj.), accessible (adj.), utilisable (adj.), libre (adj.).
A.V.C. = V. « control, volume, automatic ».
Ave. = V. « avenue ».
avenue = avenue *f.*, rue *f.* (plantée d'arbres), débouché *m.* (à l'agriculture), voie *f.* d'accès.
average = moyenne *f.*, moyen (adj.).
– – –, **daily** = moyenne *f.* journalière.
– – –, **hourly** = moyenne *f.* horaire.
– – –, **monthly** = moyenne *f.* mensuelle.
– – –, **weighed** = moyenne *f.* pondérée.
award, to = accorder ou adjuger (un contrat, un marché), décerner (un diplôme).

A.W.G. = V. « gauge, wire, American ».
awl = alène *f.*, perçoir *m.*
– – –, **belt** = perce-courroie *m.*
– – –, **brad** = alène *f.* plate, poinçon *m.*
– – –, **closing** = alène *f.* à rentraire.
– – –, **marking** = pointe *f.* à tracer.
– – –, **scratch** = pointe *f.* à tracer.
– – –, **scribe** = pointe *f.* à tracer, traceret *m.* ou traçoir *m.* ou tracelet *m.* (Men.).
– – –, **stabbing** = tire-point *m.*, traceret *m.* ou traçoir *m.* ou tracelet *m.* (Men.).
awning = marquise *f.* (d'hôtel), bâche *f.* (d'un camion), banne *f.* (de boutique), tendelet *m.* (d'une voiture, d'un bateau), portique *m.* (d'un quai de gare) (Ch. d. f.), auvent *m.* (de porte, de fenêtre) (B.).
axe = hache *f.*, cognée *f.*
– – –, **bench** = hachette *f.*, hache *f.* de charpentier.
– – –, **boy's** = hachette *f.*
– – –, **broad** = doloire *f.*
– – –, **bushman's** = cognée *f.* de bûcheron, merlin *m.*
– – –, **camping** = hachette *f.* de campeur.
– – –, **chip** = doloire *f.*
– – –, **chopping** = cognée *f.* de bûcheron, merlin *m.*
– – –, **cleaving** = hache *f.* de fendage, merlin *m.*
– – –, **double-bit** = hache *f.* bipenne (c.-à-d. à deux taillants).
– – –, **felling** = hache *f.* à abattre, hache *f.* de bûcheron.
– – –, **fire-** = hache *f.* à incendie.
– – –, **fireman's** = hache *f.* à incendie, hache *f.* de pompier.
– – –, **hammer** = hache *f.* à marteau, malebête *f.*
– – –, **hammer-poll** = hache *f.* à marteau, malebête *f.*
– – –, **holing** = besaiguë *f.*, herminette *f.*
– – –, **hunter's** = hachette *f.* de chasseur.
– – –, **ice** = piolet *m.*, hache *f.* à glace.
– – –, **joiner's** = hache *f.* de menuisier.
– – –, **mortising** = besaiguë *f.*
– – –, **paring** = cognée *f.* à blanchir.
– – –, **pick** = pic *m.* à tranche.
– – –, **pole** = assommoir *m.*, merlin *m.* (de boucher).
– – –, **pulpwood** = hache *f.* à bois de pulpe.
– – –, **scout** = hachette *f.* de scout.
– – –, **single-bit** = hache *f.* à simple taillant.
– – –, **small** = hachereau *m.*
– – –, **splitting** = hache *f.* à fendre.
– – –, **sportman's** = hachette *f.* de sportsman.
– – –, **stone** = marteau *m.* à dresser (la pierre).
– – –, **trimming** = émondoir *m.*
– – –, **woodman's** = cognée *f.* de bûcheron, merlin *m.*
axial = axial (adj.), longitudinal (adj.).
axis = axe *m.*
– – –, **focal** = axe *m.* focal.
– – –, **main** = grand axe (d'une ellipse).
– – –, **neutral** = axe *m.* neutre.
– – – **of a hinge** = pivot *m.*
– – – **of rotation** = axe *m.* de rotation.
– – –, **optical** = axe *m.* optique.
– – –, **pivot** = axe *m.* d'oscillation.
– – –, **symmetry** = axe *m.* de symétrie.
– – –, **X** = axe *m.* des abscisses, axe *m.* des X.
– – –, **Y** = axe *m.* des ordonnées, axe *m.* des Y.
axle = essieu *m.*, axe *m.*, arbre *m.* (Méc.).
– – –, **adjustable** = essieu *m.* orientable.

(axle)

– – –, **back** = essieu *m.* arrière, pont *m.* arrière (Auto.).

– – –, **back, geared** = pont *m.* arrière commandé par engrenages (Auto.).

– – –, **bearing** = essieu *m.* porteur.

– – –, **bent** = essieu *m.* faussé.

– – –, **brake** = arbre *m.* du frein (Méc.).

– – –, **cam, exhaust** = pignon *m.* de commande de l'échappement (Auto.).

– – –, **cam, inlet** = pignon *m.* de commande de l'admission (Auto.).

– – –, **cambered** = essieu *m.* arqué.

– – –, **cardan** = essieu *m.* à cardan.

– – –, **carrying** = essieu *m.* porteur.

– – –, **chain** = arbre *m.* à chaîne.

– – –, **crank** = essieu *m.* coudé, vilebrequin *m.* (Auto.).

– – –, **cranked** = essieu *m.* coudé, arbre *m.* en vilebrequin.

– – –, **dead** = essieu *m.* fixe, essieu *m.* rigide.

– – –, **differential** = essieu *m.* différentiel.

– – –, **driven** = essieu *m.* commandé.

– – –, **driving** = essieu *m.* moteur, axe *m.* moteur.

– – –, **driving, non-** = essieu *m.* porteur, essieu *m.* auxiliaire.

– – –, **dropped** = essieu *m.* surbaissé.

– – –, **dual** = essieu *m.* jumelé.

– – –, **fixed** = essieu *m.* fixe, essieu *m.* rigide.

– – –, **flexible** = essieu *m.* flexible.

– – –, **floating** = essieu *m.* flottant.

– – –, **floating, full** = essieu *m.* flottant, essieu *m.* tout flottant.

– – –, **floating, semi-** = essieu *m.* demi-flottant.

– – –, **fore** = essieu *m.* avant.

– – –, **forked** = essieu *m.* chapé.

– – –, **front** = essieu *m.* avant.

– – –, **journal** = tourillon *m.* d'essieu, fusée *f.* d'essieu.

– – –, **hollow** = essieu *m.* creux.

(axle)

– – –, **knockout** = essieu *m.* démontable.

– – –, **leading** = essieu *m.* avant.

– – –, **live** = essieu *m.* tournant.

– – –, **loose** = arbre *m.* fou.

– – –, **low-hung** = essieu *m.* surbaissé (Auto.).

– – –, **oscillating** = essieu *m.* oscillant.

– – –, **overhanging** = essieu *m.* en porte-à-faux.

– – –, **passing** = arbre *m.* traversant.

– – –, **pivoted** = essieu *m.* oscillant.

– – –, **projecting** = essieu *m.* en porte-à-faux.

– – –, **radial** = essieu *m.* pivotant.

– – –, **rear** = essieu *m.* arrière (Auto.), pont *m.* arrière (Auto.).

– – –, **rear, hypoid** = pont *m.* arrière hypoïde (Auto.).

– – –, **rigid** = pont *m.* arrière rigide.

– – –, **rigid, deDion** = pont *m.* arrière deDion.

– – –, **single speed** = pont *m.* arrière à démultiplication invariable.

– – –, **rotating** = essieu *m.* tournant.

– – –, **shaft, crossed, jointed** = essieu *m.* à cardans transversaux.

– – –, **sliding** = essieu *m.* à glissement.

– – –, **solid** = essieu *m.* massif.

– – –, **steering** = essieu *m.* directeur, essieu *m.* de direction.

– – –, **steel** = essieu *m.* en acier.

– – –, **stub** = fusée *f.* (Auto.).

– – –, **supporting** = essieu *m.* porteur.

– – –, **swing** = arbres *m.p.* moteurs oscillants (Auto.).

– – –, **trailing** = essieu *m.* arrière, essieu *m.* porteur (Auto.).

– – –, **trussed** = essieu *m.* renforcé.

– – –, **tubular** = essieu *m.* tubulaire.

– – –, **turning** = essieu *m.* mobile.

– – –, **uncoupled** = essieu *m.* libre.

– – –, **worm-driven** = pont *m.* à vis.

azimuth = azimut *m.* (Mar.)

babbit = régule *m.* (Méc.), métal *m.* antifriction (Méc.), antifriction *m.* (Méc.).
– – –, **bearing** = régule *m.* de palier.
– – –, **to** = réguler (un coussinet), garnir (un coussinet) d'antifriction.
babbited = régulé.
babbiting = garniture *f.* en régule, garniture *f.* en antifriction.
babble = bruit *m.* de babillage (Tp.), murmure *m.* (Tp.).
back = dos *m.* (de la lame d'un couteau, d'un outil, d'une scie), verso *m.* (d'une feuille), fond *m.*, contrecoeur *m.*, heurt *m.* (d'un pont), arrière *m.* (d'une bâtisse), marge *f.* intérieure (d'un livre) (Imp.), dos-chargeur *m.* (d'un appareil) (Phot.), dossier *m.* (d'un siège), arrière *m.* (d'une voiture, d'une maison).
– – –, **adjustable** = dossier *m.* inclinable (Auto.).
– – –, **chimney** = fond *m.* de cheminée (B.), contrecoeur *m.* de cheminée (B.).
– – –, **chuck** = contre-plateau *m.*, faux plateau (d'un tour).
– – –, **coil** = joue *f.* de bobine (E.).
– – –, **fabric** = endos-toile *m.*
– – –, **fast** = toit *m.* fuyant (Auto.).
– – –, **fire** = plaque *f.* de cheminée (B.).
– – –, **hearth** = plaque *f.* de contre-feu (de forge).
– – –, **loose** = dos *m.* brisé (d'un livre).
– – –, **magazine, interchangeable** = dos-chargeur *m.* interchangeable (Phot.).
– – – **of arch** = remenée *f.* (B.).
– – – **of type** = dos *m.* du caractère (Imp.).
– – –, **reclining** = dossier *m.* réglable (Auto.).
– – –, **saddle** = bâtière *f.* (B.), toit *m.* en dos d'âne.
– – –, **skew** = cul *m.* de sommier (B.), sommier *m.* (B.).
– – –, **tight** = dos *m.* fixe (de livre) (Imp.).
– – –, **to** = reculer, aller à reculons, faire marche arrière.
– – –, **to – – – off** = dépouiller (Méc.), dégager (Méc.), détalonner (Méc.), débloquer (à l'explosif) (Mi.).
backbone = épine *f.* dorsale ou colonne *f.* vertébrale (d'une personne), dos *m.* (d'un livre).
back to back = dos à dos, adossé.

backed up = épaulé.
backer = pièce *f.* d'appui (C.), machine *f.* (ou rouleaux *m.p.*) à endosser (Imp.).
– – –, **roller** = machine *f.* (ou rouleaux *m.p.*) à endosser (Imp.).
backfall = déconfiture *f.*, montagne *f.* ou saut *m.* de pile (Pap.).
back-fill (or backfill) = comblement *m.* (d'un fossé), remblai *m.*, terres *f.p.* rapportées, remblayage *m.*
– – –, **to** = remplir (un fossé), remblayer (après excavation), combler (un creux, une fosse).
backfiller = remblayeuse *f.* (M.).
backfilling = remblayage *m.* (d'une excavation).
background = arrière-plan *m.*, fond *m.*, bruit *m.* de fond (Tp.), (bulletin *m.*) de documentation, luminance *f.* de fond (de l'écran) (Tv.), bagage *m.* (scientifique d'un homme).
back-hoe = V. « hoe, back ».
backing = terre-plein *m.* (d'un mur de soutènement), blocage *m.* ou remplage (d'un mur), remplissage *m.* (à l'arrière d'une voûte), maçonnerie *f.* de remplissage, marche *f.* arrière, renforcement *m.*, dossière *f.* (d'une scie), appui *m.* (d'un mur, d'un candidat), renfort *m.* (de la proue), endossure *f.* ou dos *m.* (d'un livre), enduit *m.* (de la plaque) (Phot.), entoilage *m.* (d'une carte de géographie), tain *m.* (d'un miroir), commandite *f.* ou appui *m.* financier.
– – –, **brick** = massif *m.* en brique.
– – – **higher than the wall** = terre-plein *m.* surchargé (C.).
– – – **off** = dépouillement *m.* (Méc.), dégagement *m.* (d'un outil) (Méc.), détalonnage *m.* (Méc.).
– – – **up** = retenue *f.* (C.), parement *m.* intérieur (d'un mur de maçonnerie) (B.), impression *f.* en seconde ou impression *f.* au verso (Imp.).
– – –, **wall** = remplissage *m.*, remplage *m.*
– – –, **wooden** = parquet *m.* (d'une glace, d'une toile).
backlash = jeu *m.* (dans un dispositif mécanique), battement *m.* (des dents d'engrenage), contrecoup *m.*
– – – **of valve** = courant *m.* de grille inverse (R.).
backlog = arriéré *m.*, (travail *m.*) en retard.
backsetting = bossage *m.* à bordure unie (B.).

(balance)

backtender = aide-conducteur *m.* (d'une machine à papier) (Pap.).
backward = en arrière (Méc.).
backwash = remous *m.* (H.), reflux *m.* (H.).
backwashing = décolmatage *m.* (des filtres) par contre-courant.
backwater = V. « water, back ».
badge = insigne *m.*
– – –, **maker's** = plaque *f.* signalétique.
badigeon = mortier-stuc *m.* (B.), badigeon *m.* (B.), mastic *m.* (B.).
baffle, = chicane *f.* ou déflecteur *m.* (dans un cylindre, un tuyau), écran *m.* (de haut-parleur), contre-bras *m.p.* (d'une bétonnière), écran *m.* photolimiteur (d'une cellule) (Phot.), baffle *m.* (d'un haut-parleur) (France).
bag = sac *m.*, poche *f.*
– – –, **cement** = sac *m.* à ciment.
– – –, **filtering** = chausse *f.*
– – –, **game** = carnier *m.*
– – –, **hand** = sac *m.* à main.
– – –, **horse nose** = musette *f.* à avoine, musette *f.*
– – –, **kit** = sac *m.* de voyage, sac *m.* d'ordonnance.
– – –, **laundry** = sac *m.* à blanchissage.
– – –, **mail** = sac *m.* de poste.
– – **of cement** = sac *m.* de ciment.
– – –, **paper** = sac *m.* de papier, sac *m.* en papier.
– – –, **plumber's** = sac *m.* de plombier.
– – –, **punching** = ballon *m.* de boxe, ballon *m.* pour plate-forme de boxe, punching-ball *m.*
– – –, **sleeping** = sac *m.* de couchage, duvet *m.*
– – –, **tea** = sachet *m.* de thé.
– – –, **to** = ensacher, mettre en sac.
– – –, **tool** = sac *m.* à outils, sacoche *f.* (d'une motocyclette), trousse *f.* à outils, sac *m.* de monteur (Tp.).
– – –, **tool, lineman's** = sac *m.* de monteur (Tp.).
– – –, **tool, plumber's** = trousse *f.* de plombier, sac *m.* de plombier.
– – –, **travelling** = sac *m.* voyage.
– – –, **wash** = sac *m.* à blanchissage.
– – –, **wind** = manche *m.* à air (Ar.), biroute *f.* (Av.).
bagful = sachée *f.*
bagasse = bagasse *f.* (B.).
bagger = ensacheur *m.* (O.), ensacheuse *f.* (M).
bagging = ensachage *m.* ou ensachement *m.*, toile *f.* à sac.
baguette = baguette *f.* (B.), moulure *f.* ronde (B.), astragale *m.* (B.).
bail = étrier *m.* de suspension (Méc.), cautionnement *m.*
– – –, **to** = vider ou écoper (l'eau).
bait = appât *m.*
– – –, **artificial** = appât *m.* factice, leurre *m.*, devon *m.*
– – –, **to** = appâter, amorcer, mettre l'appât (à la ligne).
bake, to = cuire, faire cuire.
bakelite = bakélite *f.*
baker = boulanger *m.* (O.).
baking = étuvage *m.*, cuite *f.* (de briques), cuisson *f.* (du pain).
balance = équilibre *m.* (des forces), surplus *m.* (de matériaux), solde *m.* (de compte), balance *f.* (I.), peson *m.* (I.), dynamomètre *m.* (I.), équilibreur *m.*

(Tp.).
– – –, **actinic** = bolomètre *m.*
– – –, **bridge** = équilibre *m.* du pont (E.)
– – – **by counterweights** = équilibrage *m.* par contrepoids.
– – –, **compromise** = équilibreur *m.* moyen (R.).
– – –, **electric** = pont *m.* de Wheatstone (E.).
– – –, **hydraulic, axial** = équilibre *m.* hydraulique axial.
– – –, **load** = équilibre *m.* des phases (E.).
– – – **of stock** = fin *f.* de série.
– – –, **perfect** = équilibre *m.* parfait.
– – –, **phase** = équilibre *m.* des phases (E.).
– – –, **precision** = balance *f.* de précision, trébuchet *m.*
– – –, **sash** = contrepoids *m.* (de châssis de fenêtre) (B.).
– – –, **sash, spiral** = équilibreur *m.* à spirale pour châssis (B.).
– – –, **sash, spring** = poulie *f.* à ressort pour châssis (B.).
– – –, **spiral** = peson *m.* à ressort.
– – –, **spring** = peson *m.*, balance *f.* à ressort.
– – –, **static** = équilibrage *m.* statique.
– – –, **to** = équilibrer, compenser, régler.
– – –, **to** – – – **out** = neutraliser, équilibrer.
– – –, **weight, sliding-** = balance *f.* à poids curseur.
balanced = équilibré, compensé (adj.).
balancer = compensateur *m.*, compensatrice *f.*
– – –, **crank-shaft** = balancier *m.* de vilebrequin (Méc.).
– – –, **direct-current** = égalisatrice *f.* à courant continu (E.).
– – –, **static** = diviseur *m.* de tension (E.), répartiteur *m.* statique.
balancing = compensation *f.*, stabilisation *f.*, équilibrage *m.* (d'un câble téléphonique), neutralisation *f.* (E.), neutrodynage *m.* (R.).
– – – **by condensers** = équilibrage *m.* condensateur (E.).
– – – **of circuits** = équilibrage *m.* des circuits (E.).
– – – **-out** = neutralisation *f.* (E.), réglage *m.* d'équilibre (Méc.).
– – –, **phase** = équilibrage *m.* des phases (E.).
– – –, **two-way repeaters** = équilibrage *m.* des amplificateurs à deux fils (Tp.).
– – –, **wheel** = équilibrage *m.* des roues (Auto.).
balcony = balcon *m.* (B.).
baldachin = baldaquin *m.* (B.).
bale = balle *f.* ou ballot *m.* (de coton, de foin).
– – – **of waste** = balle *f.* de chiffons.
– – –, **pulp** = balle *f.* de pulpe (Pap.), balle *f.* de pâte de bois (Pap.).
– – –, **to** = emballotter.
– – –, **to** – – – **out** = sauter en parachute.
baler = V. « press, baling ».
– – –, **pick-up** = ramasseuse-presse *f.* (Agr.).
balk = grosse poutre *f.*, solive *f.*
– – –, **to** = rester en panne (Méc.).
balky = défaillant (adj.), mou (adj.).
ball = bille *f.* (de roulement), rotule *f.* (de joint articulé), boulet *m.* (de soupape), tête *f.* (de marteau à dresser).
– – –, **bearing** = bille *f.* pour roulements (Méc.).

(ball)

– – –, **drop** = boule *f.* (d'abattage) (Mi.)

– – –, **fly** = boule *f.* (du régulateur) (Méc.).

– – –, **governor** = boule *f.* du régulateur (Méc.).

– – –, **hollow** = boule *f.* creuse.

– – –, **moth** = boule *f.* de naphtaline.

– – –, **rubber, flush-valve** = poire *f.* de soupape de chasse (S.).

– – –, **steel** = bille *f.* d'acier.

ballast = blocaille *f.* (pour béton), cailloutage *m.*, ballast *m.* ou empierrement *m.* (Ch.d.f.), lest *m.*

– – –, **crushed stone** = ballast *m.* en pierre cassée.

– – –, **gravel** = ballast *m.* en gravier.

– – –, **lamp, fluorescent** = régulateur *m.* de puissance (E.), [régulateur *m.* de wattage] (E.).

– – –, **railroad** = ballast *m.* pour voies ferrées.

– – –, **sand** = lest *m.* en sable.

– – –, **soft** = ballast *m.* mou.

– – –, **to** = empierrer, ballaster (Ch.d.f.), lester, ensabler (Ch.d.f.), caillouter.

– – –, **water** = lest *m.* liquide, lest *m.* d'eau.

ballasting = couche *f.* de gravier, ballastage *m.*

– – – **of a road** = empierrement *m.* d'une route.

ballistics = balistique *f.*

baluster = balustre *m.* (B.).

– – –, **bracket** = balustrade *f.* à console (d'un escalier) (B.).

– – –, **stair** = rampe *f.* d'escalier.

balustrade = balustrade *f.*, allège *f.* ou appui *m.* (de fenêtre).

– – –, **open-work** = balustrade *f.* ajourée (B.).

bamboo = bambou *m.*

band = bande *f.* (de fréquences, de terre), courroie *f* (de transmission), bride *f.* (de ressort), collier *m.* (de serrage), frette *f.* (d'un pieu), ruban *m.* (de montre), bandage *m.* (d'une roue), nervure *f.* (d'un livre), cercle *m.* (d'un baril), plage *f.* (d'un disque de phonographe), V. « bands ».

– – –, **abrasive** = courroie *f.* abrasive, ruban *m.* de toile abrasive.

– – –, **anchor** = bande *f.* de fixation (C.).

– – –, **anti-skidding** = bande *f.* antidérapante (Auto.).

– – –, **armature** = frette *f.* d'induit (E.).

– – –, **attenuation, filter** = bande *f.* d'atténuation d'un filtre (R.).

– – –, **back** = feuillure *f.* (extérieure d'un cadre) (B.).

– – –, **base** = bande *f.* de base (R.).

– – –, **brake** = ruban *m.* de frein, garniture *f.* de frein (Auto.).

– – –, **breast** = tablier *m.*

– – –, **broadcast** = bande *f.* de radiodiffusion (R.).

– – –, **broadcast, standard** = bande *f.* autorisée de radiodiffusion (R.).

– – –, **cartridge** = cartouchière *f.*

– – –, **clamping** = collier *m.* de serrage (Méc.).

– – –, **communication** = voie *f.* de télécommunication (Tp.), bande *f.* de télécommunication (Tp.).

– – –, **connecting** = bande *f.* de jointure, collier *m.* (Méc.).

– – –, **connection** = bande *f.* de jointure, collier *m.* (Méc.).

– – –, **copper** = bande *f.* de cuivre.

– – –, **cover** = bride *f.* de fermeture.

– – –, **diagonal** = armature *f.* diagonale (dans une

(band)

dalle) (B.).

– – –, **direct** = armature *f.* directe (dans une dalle) (B.).

– – –, **driving** = courroie *f.* de transmission.

– – –, **endless** = tapis *m.* roulant (Méc.), transporteur *m.* continu (Méc.).

– – –, **felt** = bande *f.* de feutre.

– – –, **frequency** = bande *f.* de fréquences (Tp.), gamme *f.* (de fréquences d'un appareil).

– – –, **frequency, audio** = (bande *f.* de) audiofréquences *f.p.* (R., Tp.), bande *f.* des fréquences acoustiques (Tp.).

– – –, **frequency, basic** = bande *f.* des fréquences de base (R., Tp.).

– – –, **frequency, radio** = (bande *f.* de) radiofréquences *f.p.* (R.).

– – –, **frequency, video** = (bande *f.* de) vidéofréquences *f.p.* (Tv.).

– – –, **guard** = espace *m.* libre entre deux canaux (R., Tp.), bande *f.* de garde (R.).

– – –, **head** = ressort *m.* du récepteur serre-tête (Tp.), V. « headband ».

– – –, **interference** = bande *f.* d'interférence (R.).

– – –, **iron, angular** = ferrure *f.* angulaire (C.), équerre *f.* (C.).

– – –, **leather** = bande *f.* en cuir.

– – –, **leg, poultry** = bague *f.* pour volailles.

– – –, **metal** = ruban *m.* métallique.

– – –, **nave** = frette *f.* de moyeu.

– – –, **nose** = cache-nez *m.*

– – – **of a tractor** = chenille *f.* d'un tracteur.

– – – **of frequencies** = bande *f.* de fréquences (Tp., R.).

– – –, **paper** = bande *f.* de papier, bague *f.* (d'un cigare).

– – –, **pass** = bande *f.* passante (R.).

– – –, **pole** = collier *m.* de serrage (de poteaux).

– – –, **radio** = gamme *f.* de radiofréquences.

– – –, **raised** = nervures *f.p.* (d'un livre).

– – –, **rubber** = élastique *m.*

– – –, **runner** = ceinture *f.* (de la roue).

– – –, **service** = bande *f.* réservée à un service déterminé, bande *f.* (de fréquences) attribuée (R.).

– – –, **side** = bande *f.* latérale (Tp.).

– – –, **side, lower** = bande *f.* latérale inférieure (R.).

– – –, **side, spurious** = bande *f.* latérale parasite (R.).

– – –, **side, transmitting** = bande *f.* principale (R.).

– – –, **side, upper** = bande *f.* latérale supérieure (R.).

– – –, **side, vestigial** = bande *f.* latérale résiduelle (R.).

– – –, **single** = bande *f.* unique (R.).

– – –, **small** = bandelette *f.* (B.), filet *m.*

– – –, **spring** = ressort *m.* de casque téléphonique, bride *f.* de ressort (à lames superposées).

– – –, **steel** = ruban *m.* d'acier.

– – –, **steel, flat** = feuillard *m.*

– – –, **stop, filter** = bande *f.* d'atténuation d'un filtre (R.).

– – –, **television** = bande *f.* de télévision (Tv.), (bande *f.* de) vidéofréquences *f.p.* (Tv.).

– – –, **tension** = collier *m.* de serrage (Méc.).

– – –, **tightening** = collier *m.* de serrage.

– – –, **to** = fretter (un pieu, le béton), bander (une roue), rayer.

– – –, **transmission** = bande *f.* passante (d'un filtre) (R.).

(band)

– – –, **vestigial** = bande *f.* résiduelle (R.).
– – –, **voice** = bande *f.* de fréquences vocales (Tp., R.).
– – –, **wave** = gamme *f.* d'ondes (R.).
– – –, **wide** = (à) large bande (R., Tp.).
bandelet = bandelette *f.* (Men., B.).
bands = nerfs *m.p.* ou cordes *f.p.* ou nervure *f.* (du dos d'un livre) (Imp.), V. « band ».
– – –, **iron** = fers *m.p.* plats.
bandwidth = largeur *f.* de bande (de fréquences) (R.).
– – –, **frequency** = largeur *f.* de la bande de fréquences (R.).
– – – **of a filter** = intervalle *m.* de fréquences transmises d'un filtre (R.).
– – –, **phase** = largeur *m.* de bande (de phase) (d'un amplificateur) (R.).
banister = rampe *f.* (d'escalier), balustres *m.p.* (B.).
banisters = balustres *m.p.*
bank = banc *m.* (de gravier), berge *f.* ou rive *f.* (d'un cours d'eau), talus *m.* (d'un fossé, d'un chemin), groupe *m.* (de sélecteurs), remblai *m.* (C.), levée *f.* (de terre) (C.), banc *m.* (de broches) (Tp.), banque *f.* ou établissement *m.* bancaire.
– – –, **branch** = succursale *f.* (d'une banque).
– – –, **contact** = arc *m.* de broches (Tp.), arc *m.* de contacts (Tp.).
– – –, **fixed** = plaques *f.p.* fixes d'un condensateur (E.).
– – –, **line** = banc *m.* de contacts de lignes (Tp.).
– – – **of burners** = rampe *f.* de brûleurs (Méc.).
– – – **of capacitors** = groupe *m.* de condensateurs (E.), batterie *f.* de condensateurs (E.).
– – – **of condensers** = groupe *m.* de condensateurs (E.), batterie *f.* de condensateurs (E.).
– – – **of lamps** = groupe *m.* de lampes, panneau *m.* de lampes.
– – – **of transformers** = groupe *m.* de transformateurs (E.), batterie *f.* de transformateurs (E.).
– – –, **snow** = amas *m.* de neige, congère *f.*, banc *m.* de neige (Canada).
– – –, **spoil** = amas *m.* de déblais, cavalier *m.* de déblais.
– – –, **to** = surhausser ou relever (une route), rechausser (un arbre).
– – –, **to** – – – **up** = couvrir les feux.
– – –, **transformer** = groupe *m.* de transformateurs, groupe *m.* transformateur.
banker = machine *f.* de renfort (Méc.), plate-forme *f.* de travail (B.).
banking = montage *m.* de transformateurs en parallèle (E.), surhaussement *m.* ou devers *m.* (d'une voie ferrée, d'une courbe), opérations *f.p.* bancaires.
– – – **-up of a river** = haussement m. du niveau d'une rivière.
bankruptcy = faillite *f.* (d'une entreprise).
– – –, **fraudulent** = banqueroute *f.*
banks = onglets *m.p.* ou encoches *f.p.* (d'un volume).
bar = tige *f.* (de foret), barre *f.* (d'une porte), perche *f.*, barreau *m.* (d'une chaise, d'une fenêtre), tablette *f.* (de chocolat). lame *f.* (d'un collecteur de moteur), V. « bars ».
– – –, **angle** = cornière *f.* (C.).
– – –, **anti-roll** = barre *f.* antiroulis (Auto.), stabilisateur *m.* (Auto.).
– – –, **anti-sway** = barre *f.* antiroulis (Auto.),

(bar)

stabilisateur *m.* (Auto.).
– – –, **armature** = barre *f.* d'induit (E.).
– – –, **bearing** = sommier *m.* (d'une chaudière) (Méc.).
– – –, **bent-up** = barre *f.* relevée (dans une poutre en béton armé).
– – –, **boring** = tige *f.* de foret, broche *f.*, barre *f.* d'alésage, barre *f.* porte-lames, barre *f.* à mine.
– – –, **brass** = laiton *m.* en barre.
– – –, **buffer** = pare-chocs *m.* (Auto.), tampon *m.* (Méc.), amortisseur *m.* (Méc.).
– – –, **bumping** = barre *f.* de choc (Méc.).
– – –, **bus** = barres *f.p.* (E.), barres *f.p.* omnibus (E.), barres *f.p.* collectrices (E.).
– – –, **capstan** = levier *m.* de cabestan (C.).
– – –, **carpenter's (pinch)** = pince-monseigneur *f.* (I.).
– – –, **channel** = barre *f.* en U (C.), profilé *m.* en U (C.).
– – –, **chimney** = linteau *m.* de foyer (B.).
– – –, **chocolate** = tablette *f.* de chocolat.
– – –, **claw** = barre *f.* à talon.
– – –, **clinker** = ringard *m.*
– – –, **collecting** = barres *f.p.* omnibus (E.), barres *f.p.* collectrices (E.).
– – –, **commutator** = lame *f.* de collecteur (E.), touche *f.* de collecteur (E.).
– – –, **connecting** = barrette *f.* de connexion (E.), barre *f.* de connexion (Méc.), bielle *f.* (Méc.).
– – –, **control** = tige *f.* de commande (Méc.), tige *f.* de commande d'allumage (Auto.).
– – –, **copper** = barre *f.* de cuivre, lame *f.* de cuivre.
– – –, **core** = âme *f.* ou mandrin *m.* (de fonderie), arbre *m.* en fer du noyau (E.)
– – –, **coupling** = allonge *f.*, barre *f.* d'accouplement (des leviers de direction) (Auto.).
– – –, **cross** = traverse *f.*, barre *f.* transversale, entretoise *f.*, croisillon *m.* (d'une fenêtre), tirant *m.*, étrier *m.* (de trou d'homme), traversine *f.* (d'une écluse), épar *m.* (d'une porte), barre *f.* d'accouplement (des roues avant d'une automobile).
– – –, **crow** = pied-de-biche *m.*, pince-monseigneur *f.*, V. « crowbar ».
– – –, **crown** = ferme *f.* de ciel de foyer.
– – –, **cutter** = barre *f.* d'alésage (Méc.), tige *f.* de foret (Méc.), barre *f.* porte-lames (Méc.).
– – –, **deformed** = barre *f.* annelée ou barre *f.* à saillies (d'armature).
– – –, **door** = fléau *m.* de porte (cochère) (B.), bâcle *f.* (B.), barre *f.* de porte (B.).
– – –, **drag** = barre *f.* d'attelage.
– – –, **draw** = barre *f.* d'attelage (Ch.d.f.)
– – –, **extension** = rallonge *f.*
– – –, **fence** = fer *m.* à grilles.
– – –, **fire** = barreau *m.* de grille, barre *f.* de foyer, bande *f.* de trémie (B.).
– – –, **flat** = (fer *m.*) méplat *m.*, fer *m.* plat.
– – –, **gas** = débit *m.* d'essence (Auto.), poste *m.* d'essence (Auto.).
– – –, **grate** = barreau *m.* de grille, fer *m.* à barreau de grille, bande *f.* de trémie (B.).
– – –, **guard** = barre *f.* de garde.
– – –, **guide** = glissière *f.* (Méc.).
– – –, **H** = fer *m.* en double T (C.).
– – –, **handle** = guidon *m.*, poignée *f.* de direction.

(bar)

– – –, **handle, dropped** = guidon *m.* renversé.
– – –, **holding** = patte *f.* de fixation (C.).
– – –, **I** = fer *m.* en I (C.).
– – –, **index** = alidade *f.*
– – –, **jimmy** = pince-monseigneur *f.*, barre-levier *f.*
– – –, **joint** = éclisse *f.* (Ch.d.f.).
– – –, **lacing** = barre *f.* de triangulation (de poutre composée) (B.).
– – –, **latch** = barre *f.* de porte (à deux vantaux) (B.), levier *m.* de verrouillage.
– – –, **lattice** = fer *m.* plat d'une triangulation (C.).
– – –, **levelling** = barre *f.* de repalage (Chim.).
– – –, **main** = barre *f.* principale.
– – –, **mill** = fer *m.* en barre.
– – –, **miner's** = barre *f.* de mine.
– – –, **motion** = guide *m.* (de piston).
– – –, **muck** = barre *f.* de fer brut, fer *m.* ébauché.
– – –, **of a fire grate** = barreau *m.* de grille.
– – –, **omnibus** = barre *f.* omnibus (E.).
– – –, **panic** = crémone *f.* de sûreté (des issues d'une salle), V. « bolt, panic ».
– – –, **parallel** = tige *f.* du parallélogramme (Méc.).
– – –, **pilot** = barre-guide *f.* (Méc.).
– – –, **pinch** = pince-monseigneur, *f.*, pince *f.* de manoeuvre, pied-de-biche *m.*
– – –, **pinch, carpenter's** = pince-monseigneur *f.*
– – –, **pointed, steel** = barre *f.* de garde pointue en acier.
– – –, **prick** = ringard *m.*
– – –, **pry** = barre-levier *f.*, levier *m.*
– – –, **radius** = bielle *f.* du tiroir (Méc.), tige *f.* du parallélogramme (Méc.).
– – –, **reamer** = barre *f.* d'alésage (Méc.).
– – –, **refreshment** = buffet *m.* (d'une gare).
– – –, **reinforcing** = barre *f.* d'armature, rond *m.* à béton.
– – –, **ridge** = longeron *m.* de faîtage (B.), longrine *f.* de faîtage (B.).
– – –, **rocker** = bielle *f.* (de pont métallique).
– – –, **roll** = arceau *m.* de sécurité (Auto.).
– – –, **round** = barre *f.* ronde, barreau *m.* rond, fer *m.* rond, rond *m.* (d'armature).
– – –, **rudder** = palonnier *m.* du gouvernail de direction (Av.), barre *f.* du gouvernail.
– – –, **sand** = banc *m.* de sable, ensablement *m.*
– – –, **sash** = petit bois (d'une fenêtre), fer *m.* à vitrage, petit fer (d'une fenêtre), barre *f.* de châssis (B.).
– – –, **sash, moulded** = barre *f.* moulurée à châssis (B.).
– – –, **screed** = cueillie *f.* ou cueillée *f.* (B.).
– – –, **screw** = taranche *f.* (d'un pressoir).
– – –, **shackle** = bielle *f.* d'attelage (Ch.d.f.).
– – –, **shaft** = empanon *m.* (d'une voiture) (Agr.).
– – –, **shift** = barre *f.* auxiliaire (E.), touche *f.* de manoeuvre (d'une machine à écrire).
– – –, **shift, gear** = tige *f.* de commande des fourchettes (Auto.).
– – –, **shutter** = crochet *m.* de persienne (B.).
– – –, **side** = barre *f.* latérale, longeron *m.* (Auto.).
– – –, **sight** = alidade *f.*
– – –, **ski** = téléski *m.*
– – –, **slice** = ringard *m.*, lance *f.* à feu.
– – –, **slide** = coulisse *f.*, coulisseau *m.*, glissière *f.*, guide *m.*

(bar)

– – –, **slider** = coulisseau *m.*
– – –, **smooth** = barre *f.* lisse (d'armature).
– – –, **snack** = V. « snack-bar ».
– – –, **sole** = longeron *m.* (B.).
– – –, **spike** = pied-de-biche *m.* (I.)
– – –, **splice** = éclisse *f.* (Ch.d.f.).
– – –, **splinter** = volée *f.* (Agr.).
– – –, **square** = barre *f.* carrée.
– – –, **stabilizer** = barre *f.* stabilisatrice (Auto.).
– – –, **stabilizer, torsion** = stabilisateur *m.* à barre de torsion (Auto.).
– – –, **stay** = tirant *m.* de fixation, contre-fiche *f.*, entretoise *f.*
– – –, **steering** = barre *f.* de direction, bielle *f.* de direction.
– – –, **steering, transverse** = barre *f.* d'accouplement des leviers de direction.
– – –, **stretcher** = barre *f.* d'écartement.
– – –, **supporting** = barre-support *f.*
– – –, **suspension** = barre *f.* de suspension.
– – –, **swingle** = palonnier *m.*, bacul *m.* (Canada).
– – –, **T** = fer *m.* en T (C.), profilé *m.* en T (C.), téléski *m.*, monte-pente *m.*
– – –, **tamping** = dame *f.* (I.), bourroir *m.* (I.).
– – –, **tapping** = ringard *m.* (I.).
– – –, **tension** = tendeur *m.* du châssis (Auto.).
– – –, **test** = éprouvette *f.*
– – –, **test, tensile** = éprouvette *f.* pour l'essai à la traction.
– – –, **through** = entretoise *f.* (C.), barre *f.* d'assemblage (C.).
– – –, **tie** = entrait *m.* (de comble en fer), entretoise *f.* (C.), barre *f.* d'entretoisement (C.), tirant *m.* (B.), moufle *f.* (B.).
– – –, **tie, rail** = entretoise *f.* de rail (Ch.d.f.).
– – –, **to** = barrer (une route), bloquer, griller (une ouverture), rayer (de lignes), défendre ou interdire (une action).
– – –, **tommy** = broche *f.* à visser, pince *f.*
– – –, **top** = barre *f.* de sommet (d'une fenêtre).
– – –, **torsion** = barre *f.* de torsion antiroulis (Auto.), barre *f.* de torsion (Auto.).
– – –, **towel** = porte-serviettes *m.* (B.), séchoir à serviettes (B.).
– – –, **twisted** = barre *f.* tordue.
– – –, **type** = ligne-bloc *f.* (Imp.).
– – –, **water** = cassis *m.* (d'une route, d'une fenêtre), jet *m.* d'eau (d'une fenêtre).
– – –, **weigh** = barre *f.* de relevage (Ch.d.f.).
– – –, **welding** = baguette *f.* à souder.
– – –, **window** = barreau *m.*, barre *f.* d'appui, barreau *m.* pour croisées, petit bois, bâcle *f.* (B.).
– – –, **wrecking** = pince *f.* à démolir, loup *m.*
– – –, **wrecking, carpenter's** = pince *f.* à démolir, loup *m.*
– – –, **Z** = fer *m.* en Z (C.), profilé *m.* en Z (C.).
barb = picot *m.* (de fil de fer barbelé), dardillon *m.* (d'un hameçon), ardillon *m.* (d'un crochet), bavure *f.* (d'un métal).
barbecue = rôtissoire *f.* portative ou gril *m.* (de campeur), rôtisserie *f.* (B.).
barbed = barbelé (adj.).
Bar-B-Q = rôtisserie *f.* (B.), rôtissoire *f.* portative ou

(Bar-B-Q)

gril *m.* (de campeur).
bare = nu (adj.), dénudé (adj.), découvert (adj.).
– – –, **to** = dénuder (un fil métallique), mettre (un fil) à nu.
bargain = marché *m.*, affaire *f.*
– – –, **to** = négocier (avec un représentant), marchander (un objet), traiter.
bargaining = marchandage *m.*, négociation(s) *f.(p.)* (d'une entente, d'un divorce).
– – –, **collective** = négociations *f.p.* collectives (de travail).
barge = chaland *m.*, péniche *f.*, barge *f.*
– – –, **coal** = chaland *m.* à charbon.
– – –, **landing** = péniche *f.* de débarquement.
– – –, **self-propelled** = automoteur *m.* (Mar.).
barium = baryum *m.*
bark = écorce *f.* (d'un arbre).
– – –, **to** = écorcer (un poteau, un arbre).
barker = écorceuse *f.* (M.) (Pap.).
– – –, **disc** = écorceuse *f.* à lames (M.) (Pap.).
– – –, **drum** = écorceuse *f.* à tambour (M.) (Pap.).
– – –, **knife** = écorceuse *f.* à lames (M.) (Pap.).
barking = bruit *m.* d'explosion au silencieux (Méc.), écorçage *m.*
barn = grange *f.*, dépôt *m.* de tramways.
barograph = baromètre *m.* enregistreur, barographe *m.*
barometer = baromètre *m.*
– – –, **aneroid** = baromètre *m.* anéroïde.
– – –, **bulb** = baromètre *m.* à cuvette.
– – –, **differential** = baromètre *m.* différentiel.
– – –, **mercury** = baromètre *m.* à mercure.
– – –, **recording** = barometre *m.* enregistreur.
– – –, **water** = baromètre *m.* à eau.
barrage = barrage *m.* (H.), brouillage *m.* simultané sur plusieurs gammes (R.).
barrel = cloche *f.* (d'un cabestan), tambour *m.* (d'un treuil), tonneau *m.* ou fût *m.* (de vin), baril *m.* (de harengs) (= 36 gallons; 0,16365 m³; 5,7795 pi. cubes), cylindre *m.* (de serrure), barillet *m.* (d'un micromètre), bombement *m.* (d'une chaussée), corps *m.* ou enveloppe *f.* (d'une chaudière), canon *m.* (d'un fusil).
– – –, **core** = tube *m.* carottier.
– – –, **cylinder** = corps *m.* du cylindre, cylindre *m.*
– – –, **lock** = cylindre *m.* de serrure, barillet *m.* de serrure.
– – –, **micrometer** = barillet *m.* du micromètre.
– – – **of a key** = canon *m.* d'une clé (B.).
– – –, **piston** = corps *m.* du piston, carcasse *f.* du piston.
– – –, **pump** = cylindre *m.* de pompe, corps *m.* de pompe.
– – –, **spring** = barillet *m.* (d'une horloge).
– – –, **tail-stock** = barillet *m.* de poupée mobile (de tour).
– – –, **turn-buckle** = douille *f.* de tendeur.
– – –, **winding** = arbre *m.* de treuil.
barretter (or barreter) = lampe *f.* régulatrice (R.), lampe *f.* ballast (R.).
barricade = barricade *f.* (B , C.), clôture *f.* (de protection) (B., C.).
– – –, **to** = barricader (une rue), clôturer (un chantier).

barrier = barrière *f.*, cloison *f.*, écran *m.*
– – –, **fire** = (porte *f.*, mur *m.*) coupe-feu *m.* (B.).
– – –, **insulating** = écran *m.* anti-arc (E.), écran *m.* pare-étincelles (E.).
– – –, **moisture** = membrane *f.* d'étanchéité (B.).
– – –, **vapour** = (papier *m.*) isolant *m.* (B.), papier *m.* coupe-vapeur (Canada), pare-vapeur *m.*
barrow = brouette *f.*
– – –, **drum** = dévidoir *m.* (E.).
– – –, **tipping, end-** = brouette *f.* basculant en avant.
– – –, **to** = brouetter.
– – –, **wheel-** = V. « wheelbarrow ».
barrowful = brouettée *f.*
bars = V. « bar ».
– – –, **beater** = lames *f.p.* de pile (Pap.).
– – –, **bus** = barres *f.p.* omnibus (E.), barres *f.p.* collectrices (E.).
– – –, **bus, auxiliary** = barres *f.p.* omnibus auxiliaires (E.).
– – –, **drop** = grille *f.* à bascule (de foyer).
– – –, **fire, lateral** = barres *f.p.* de foyer latérales.
– – –, **giggle** = barres *f.p.* à secousse (au bord d'une chaussée) (Auto.).
– – –, **hum** = ronflement *m.* (Tr.).
– – –, **ladder** = échelons *m.p.*
– – –, **security** = barreaux *m.p.* (de fenêtre).
– – –, **shorting** = barre *f.* de court-circuitage (E.).
barter = échange *m.* (d'un bien contre un autre), troc *m.*
– – –, **to** = troquer (du sel contre de l'or), échanger (un bien contre un autre).
barytes = baryte *f.* (Mi.).
base = semelle *f.* (d'un étai), socle *m.* (d'une fondation), base *f.* (d'une colonne, d'un traité), embase *f.* (du percuteur, de la cheminée), assise *f.* (d'une construction), culot *m.* (d'une ampoule), encaissement *m.* (d'une route), fondements *m.p.* (d'une maison), embasement *m.* ou fondations *f.p.* (d'un bâtiment), port *m.* d'attache d'un navire).
– – –, **adjustable** = base *f.* réglable.
– – –, **air** = base *f.* aérienne, aérodrome *m.*
– – –, **armoured, steel-** = socle *m.* armé d'acier (Méc.).
– – –, **axle** = écartement *m.* des essieux (Méc.), empattement *m.* (Auto.).
– – –, **bayonet** = culot *m.* (de lampe) à baïonnette (E.).
– – –, **blade** = bloc *m.* d'aube (H.).
– – –, **chimney** = base *f.* de cheminée (B.).
– – –, **circular** = base *f.* circulaire.
– – –, **coil** = joue *f.* de bobine (E.).
– – –, **concrete** = charge *f.* (requise pour le carrelage d'un plancher) (B.).
– – –, **Edison** = culot *m.* à vis (E.).
– – –, **engine** = bâti *m.* du moteur (Auto.), socle *m.* de machine (Méc.).
– – –, **five-prong** = culot *m.* à cinq broches (R.).
– – –, **graduated** = base *f.* graduée.
– – –, **insulating** = socle *m.* isolant (E.).
– – –, **lamp** = culot *m.* de lampe (E.).
– – –, **mast** = base *f.* de mât.
– – –, **motor** = socle *m.* du moteur (Méc.).
– – –, **naval** = port *m.* d'attache de la flotte (Mar.), port *m.* militaire (Mar.).
– – – **of a column** = base *f.* d'une colonne (B.), pied *m.*

(base)

d'une colonne (B.).
- - - **of a pole** = socle *m.* d'un poteau (Tp.).
- - - **of a set** = socle *m.* d'un appareil (Tp.).
- - - **of a transistor** = base *f.* (c.-à-d. élément de contrôle) d'un transistor (E.).
- - - **of logarithm** = base *f.* de logarithmes.
- - - **of wall** = pied *m.* de mur (C.).
- - -, **pin** = culot *m.* à broches (E.).
- - -, **radiator** = socle *m.* de radiateur (Auto.).
- - -, **rail** = patin *m.* de rail (Ch.d.f.).
- - -, **road** = fondation *f.* de chaussée.
- - -, **screw** = culot *m.* à vis (E.).
- - -, **seaplane** = hydrobase *f.* (Av.).
- - -, **ship** = port *m.* d'attache d'un navire.
- - -, **side-contact type** = culot *m.* à contacts latéraux (E.).
- - -, **sliding** = cadre *m.* à glissières (Méc.).
- - -, **stack** = embase *f.* de la cheminée (d'une locomotive).
- - -, **stationary** = châssis *m.* fixe (de pelle mécanique).
- - -, **sub-** = sous-couche *f.* ou couche *f.* inférieure (d'une fondation de route).
- - -, **supporting** = base *f.* de sustentation.
- - -, **swivel** = plateau *m.* pivotant, assise *f.* tournante.
- - -, **swivel, vise** = semelle *f.* tournante de l'étau.
- - -, **tax** = assiette *f.* de l'impôt.
- - -, **time** = période *f.* de balayage (Tv.), base *f.* de temps.
- - -, **trolley** = base *f.* de trolley.
- - -, **tube** = porte-lampe *m.* (R.), culot *m.* de lampe (R.).
- - -, **valve** = culot *m.* de lampe (R.).
- - -, **well** = gorge *f.* d'une roue (Auto.).
- - -, **wheel** = empattement *m.* (Auto.).
- - -, **wood** = socle *m.* en bois, assise *f.* en bois.
- - -, **wooden** = assise *f.* en bois, socle *m.* en bois.
baseband = V. « band, base ».
base-board = V. « board, base ».
basement = fondation *f.*, sous-sol *m.*, soubassement *m.*, allège *f.* (d'une fenêtre), cave *f.*
- - -, **English** = sous-sol *m.* habitable (d'une maison à rez-de-chaussée surélevé).
- - -, **sub-** = sous-sol *m.* inférieur.
B & S.G. = V. « gauge, Brown & Sharpe ».
basic = fondamental (adj.), de base.
basin = bol *m.*, cuvette *f.* (de baromètre), bassin *m.*, réservoir *m.* (d'eau).
- - -, **catch** = bassin *m.* collecteur, bassin *m.* de captation, puisard *m.* (S.), bouche *f.* d'égout (avec collecteur de sable).
- - -, **catch, lane** = puisard *m.* de ruelle (S.).
- - -, **catch, street** = puisard *m.* de rue (S.).
- - -, **drainage** = bassin *m.* hydrographique (H.), bassin *m.* de drainage (H.), bassin *m.* d'alimentation (H.).
- - -, **hand** = cuvette *f.*
- - -, **mooring** = bassin *m.* d'amarrage (Mar.).
- - -, **settling** = bassin *m.* de décantation.
- - -, **storage** = réservoir *m.* (H.).
- - -, **wash** = cuvette *f.* de lavabo, cuvette *f.*, lavabo *m.*
basis = base *f.*, fondement *m.*
basket = panier *m.*, corbeille *f.*, manne *f.* (à charbon),

(basket)

bas *m.* métallique (pour tirer les câbles dans les conduites) (Tp.), bourriche *f.*
- - -, **aerial** = nacelle *f.* élévatrice.
- - -, **bread** = corbeille *f.* à pain (Ust.).
- - -, **clothes** = panier *m.* à linge (sale) (Ust.).
- - -, **coal** = rasse *f.* ou resse *f.*
- - -, **cutlery** = ramasse-couverts *m.* (Ust.).
- - -, **fish** = panier *m.* de pêche, bourriche *f.* à poissons.
- - -, **frying** = panier *m.* à friture (Ust.).
- - - **of game** = bourriche *f.* de gibier.
- - -, **shopping** = panier *m.* à provisions.
- - -, **sink** = égouttoir *m.* de cuisine (Ust.).
- - -, **transport** = cage *f.* d'extraction (Mi.).
- - -, **washing** = manne *f.* à lessive (Ust.).
- - -, **waste-paper** = corbeille *f.* à papier, panier *m.* à papier.
basswood = V. « wood, bass ».
baster = puisoir *m.* (Ust.), seringue *f.* (Ust.).
bat = battoir *m.* (Ust.), batte *f.* (Ust.), palette *f.* (de ping-pong).
- - -, **insulation** = isolant *m.* en matelas (B.).
- - -, **three-quarter** = briqueton *m.* trois quarts (B.).
batch = contenu *m.* (d'une benne), lot *m.* (d'objets), fournée *f.* (de poteries, de pain), cuite *f.* (de briques), charge *f.* (d'un haut fourneau, d'une bétonnière), gâchée *f.* (de mortier).
- - -, **to** = doser (les agrégats) (C.).
batcher = benne *f.* de chargement (d'une bétonnière), chargeur *m.* (C.), appareil *m.* de dosage (C.).
bath = bain *m.*, V. « tub, bath ».
- - -, **colour** = bain *m.* de teinture (Pap.).
- - -, **copper** = bain *m.* de cuivre.
- - -, **developing** = révélateur *m.* (Phot.), bain *m.* de développement (Phot.).
- - -, **electrolytic** = bain *m.* électrolytique.
- - -, **fixing** = bain *m.* de fixage.
- - -, **galvanic** = bain *m.* galvanique.
- - -, **hardening** = bain *m.* de trempe (Mét.).
- - -, **oil** = bain *m.* d'huile.
- - -, **pickling** = bain *m.* de décapage.
- - -, **public** = piscine *f.* municipale.
- - -, **quenching** = bain *m.* de trempe (Mét.).
- - -, **steel** = bain *m.* d'aciérage (Mét.).
- - -, **tempering** = bain *m.* de revenu (Mét.), bain *m.* de trempe (Mét.).
- - -, **tin** = tain *m.*
- - -, **water** = bain-marie *m.*
bathe, to = baigner (un enfant), se baigner (dans un cours d'eau), laver (une plaie).
batt = laize *f.* de laine de verre matelassée (B.).
batten = nervure *f.* (B.), latte *f.* (B.), couvre-joint *m.* (C.), baguette *f.* (B.), planche *f.* de parquet (B.), tasseau *m.* (de tablette), listeau *m.* ou listel *m.* (Men.), pièce *f.* de bois de 2″ × 4″ de section ou colombage *m.* (Canada).
- - -, **roof** = volige *f.*
- - -, **slating** = latte *f.* volige, latte *f.* carrée, latte *f.* à ardoise.
- - -, **to** = planchéier, latter, construire en volige.
battening = voligeage *m.* (B.).
batter = inclinaison *f.*, fruit *m.* (d'un mur), mur *m.* qui a du fruit (B.), pâte *f.* à frire (Ust.), caractère *m.*

(batter)

endommagé (Imp.).
- - -, **inner** = contre-fruit *m.* (d'un mur).
- - - **of an embankment** = talus *m.* d'un remblai, angle *m.* de glissement d'un remblai.
- - - **of a wall** = fruit *m.* d'un mur.
- - - **of two-in-one** = pente *f.* de deux pouces pour un pied.
batteries = V. « battery ».
- - - **in multiple** = accumulateurs *m.p.* en parallèle (E.).
battery = accumulateur *m.* (E.), pile *f.* (E.), batterie *f.* d'accumulateurs (E.), batterie *f.* (E.).
- - -, **A** = batterie *f.* de chauffage.
- - -, **accumulator** = batterie *f.* d'accumulateurs.
- - -, **anode** = batterie *f.* de plaque, batterie *f.* plaque.
- - -, **B** = batterie *f.* d'anode, batterie *f.* de la plaque.
- - -, **bias, grid** = pile *f.* de polarisation.
- - -, **booster** = batterie *f.* survoltrice, batterie *f.* auxiliaire, batterie *f.* de renfort (Auto.), batterie *f.* de secours (Auto.).
- - -, **bottle** = pile *f.* bouteille.
- - -, **buffer** = batterie *f.* tampon.
- - -, **C** = batterie *f.* de polarisation (de grille).
- - -, **calling** = batterie *f* d'appel (Tp.).
- - -, **car** = accumulateur *m.* (Auto.).
- - -, **cell** = accumulateur *m.*, batterie *f.* d'accumulateurs.
- - -, **cell, air** = batterie *f.* de pile à dépolarisation par air, batterie *f.* à dépolarisant par l'air.
- - -, **cell, dry** = batterie *f.* de piles sèches, pile *f.* sèche.
- - -, **charged** = batterie *f.* chargée, accumulateur *m.* chargé.
- - -, **charged, fully** = batterie *f.* chargée à fond, accumulateur *m.* chargé à fond.
- - -, **common** = batterie *f.* centrale (Tp.).
- - -, **common-signalling** = batterie *f.* centrale limitée à la signalisation (Tp.).
- - -, **connected** = accumulateur *m.* branché.
- - -, **constant** = batterie *f.* à courant constant.
- - -, **control** = batterie *f.* d'excitation.
- - -, **dead** = accumulateur *m.* épuisé.
- - -, **discharged** = accumulateur *m.* déchargé.
- - -, **dry** = batterie *f.* sèche, pile *f.* sèche.
- - -, **dry-charged** = batterie *f.* sèche.
- - -, **electric** = accumulateur *m.* électrique.
- - -, **emergency** = batterie *f.* de secours.
- - -, **exciting** = batterie *f.* d'excitation.
- - -, **feeding** = pile *f.* d'alimentation.
- - -, **filament** = batterie *f.* de chauffage.
- - -, **flash-light** = pile *f.* de lampe de poche.
- - -, **floating** = batterie-tampon *f.*, batterie *f.* équilibrée.
- - -, **galvanic** = pile *f.* galvanique.
- - -, **grid** = pile *f.* de polarisation.
- - -, **grid bias** = batterie *f.* de polarisation.
- - -, **heater** = batterie *f.* de chauffage.
- - -, **heating** = batterie *f.* de chauffage (R.).
- - -, **ignition** = batterie *f.* d'allumage (Auto.).
- - -, **lead** = accumulateur *m.* au plomb, batterie *f.* au plomb.
- - -, **lighting** = batterie *f.* d'éclairage.
- - -, **local** = batterie *f.* locale (Tp.).
- - - **of condensers** = batterie *f.* de condensateurs.

(battery)

- - -, **plate** = batterie *f.* de plaque, batterie *f.* anodique.
- - -, **plug-in** = batterie *f.* à prise (pour fiches).
- - -, **portable** = batterie *f.* transportable.
- - -, **primary** = pile *f.* primaire, batterie *f.* de piles.
- - -, **ringing** = batterie *f.* de sonnerie (Tp.), batterie *f.* d'appel (Tp.).
- - -, **secondary** = pile *f.* secondaire, accumulateur *m.* secondaire.
- - -, **stand-by** = pile *f.* de secours.
- - -, **stationary** = batterie *f.* fixe, batterie *f.* stationnaire.
- - -, **storage** = accumulateur *m.*, batterie *f.* d'accumulateurs.
- - -, **storage, acid** = accumulateur *m.* au plomb.
- - -, **storage, dry** = accumulateur *m.* sec.
- - -, **storage, ignition** = batterie *f.* d'allumage.
- - -, **storage, lead** = accumulateur *m.* au plomb.
- - -, **subsidiary** = pile *f.* auxiliaire.
- - -, **thermoelectric** = pile *f.* thermoélectrique.
- - -, **three-cell** = batterie *f.* à trois éléments.
- - -, **traction** = batterie *f.* de traction.
- - -, **transmitter** = pile *f.* microphonique (Tp.).
- - -, **trough** = batterie *f.* à auge, pile *f.* à auge.
battlements = créneaux *m.p.* (B.), parapet *m.* (B.).
baud = baud *m.* (équivaut, en téléinformatique, à l'inverse de la durée du plus court signal élémentaire transmis sur la ligne).
baulk = V. « balk ».
bay = baie *f.*, travée *f.* (d'un pont), espace *m.* libre, tête *f.* d'écluse (H.), bief *m.* (H.).
- - -, **aerial** = baie *f.* d'antenne (R.).
- - -, **case** = entrevous *m.* (B.).
- - -, **erecting** = hall *m.* de montage.
- - -, **finder** = baie *f.* de chercheurs (Tp.).
- - -, **fore-** = bief *m.* d'amont (H.).
- - -, **head** = bief *m.* d'amont (H.).
- - -, **input** = baie *f.* (d'appareillage) d'entrée (Tv., Tp.).
- - - **of a door** = baie *f.* de porte (B.).
- - - **of a lock** = tête *f.* d'écluse (H.).
- - - **of a sluice** = tête *f.* d'écluse (H.).
- - - **of joists** = claire-voie *f.* (B.).
- - - **of selectors** = baie *f.* de sélecteurs (Tp.).
- - -, **relay** = baie *f.* de relais (Tp.).
- - -, **synchronization** = baie *f.* de synchronisation (R., Tv.).
- - -, **tail** = travée *f.* contiguë au mur (B.), bief *m.* d'aval (H.), bief *m.* de fuite (d'une écluse) (H.).
B.C. (beginning of curve) = commencement *m.* de la courbe (V.).
beacon = balise *f.* (d'un port), signal *m.*, radiophare *m* (Av.).
- - -, **airport** = phare *m.* d'aéroport.
- - -, **airway** = radiophare *m.* de ligne aérienne (Av.).
- - -, **beam, landing** = radiophare *m.* d'atterrissage (Av.).
- - -, **code** = balise *f.* à occultations codées.
- - -, **course-indicating** = radiophare *m.* de direction (Av.).
- - -, **flashing** = balise *f.* à occultations, phare *m.* à éclats.
- - -, **glide-path** = radioalignement *m.* de descen-

(beacon)

te (Av.).
- - -, **landing** = radiophare *m.* d'atterrissage (Av.).
- - -, **landing, instrument** = radiophare *m.* d'atterrissage (Av.).
- - -, **localizer** = radioalignement *m.* de piste (Av.).
- - -, **low-power** = radiobalise *f.*
- - -, **marine** = phare *m.* marin.
- - -, **marker** = radiophare *m.* de balisage, (Av., Mar.), radioborne *f.* (c.-à-d. rayonnant un faisceau vertical en vue de fournir une indication de position) (Av.).
- - -, **marker, middle** = radioborne *f.* intermédiaire (Av.).
- - -, **marker, outer** = radioborne *f.* extérieure (Av.).
- - -, **pulsed** = radiobalise *f.* à impulsions.
- - -, **radar** = radar *m.* de radionavigation.
- - -, **radio** = radiophare *m.* (Av., Mar.), émetteur *m.* radiogoniométrique (Av., Mar.).
- - -, **radio, directional** = radiophare *m.* (à indication) d'azimut.
- - -, **radio, omnidirectional** = radiophare *m.* omnidirectionnel.
- - -, **radio, rotating** = radiophare *m.* tournant.
- - -, **range, double-modulation** = radiophare *m.* à double modulation.
- - -, **range, radio** = radiophare *m.* de direction (Av., Mar.).
- - -, **rotary** = radiophare *m.* (Av.), radiophare *m.* tournant, phare *m.* à éclats.
- - -, **rotating** = phare *m.* à éclats.
- - -, **ship** = phare *m.* flottant.
- - -, **track** = radiophare *m.* d'alignement.
- - -, **wireless** = radiophare *m.*
bead = bourrelet *m.* (de moulure), astragale *m.* (d'une colonne), baguette *f.* (d'une corniche), passe *f.* ou cordon *m.* (de soudure), perle *f.* (de rosée), guidon *m.* ou mire *f.* (d'un fusil), talon *m.* ou bourlet *m.* ou bourrelet *m.* (d'une roue), grain *m.* (de chapelet), goutte *f.* (d'un métal en fusion).
- - -, **angle** = moulure *f.* cornière, moulure *f.* d'angle.
- - -, **corner** = V. « bead, angle ».
- - -, **glazing** = baguette *f.* de vitrerie (B.).
- - -, **non-skid** = chevron *m.* antidérapant.
- - -, **rim** = talon *m.* d'accrochage (du pneu) (Auto.), rebord *m.* de jante (Auto.).
- - -, **stringer** = passe *f.* ou cordon (de soudure).
- - -, **tire** = talon *m.* de pneu (Auto.), nervure *f.* d'un pneu (Auto.).
- - -, **to** = emboutir ou border (des tubes).
- - -, **weld** = cordon *m.* de soudure.
beader = mandrin *m.*, outil *m.* pour l'emboutissage d'un tube.
- - -, **tube** = mandrin *m.*, outil *m.* pour l'emboutissage des tubes.
beagle = brouilleur *m.* automatique (R.).
beak, anvil = bec *m.* d'enclume, bigorne *f.* d'enclume.
beaker = bécher *m.*, vase *m.*
beam = poutre *f.*, solive *f.*, madrier *m.*, poutrelle *f.*, bascule *f.* (de puits), mouton *m.* (de cloche), fléau *m.* (d'une balance), timon *m.* (d'une voiture), volée *f.* ou flèche *f.* (d'une grue), rayon *m.*, faisceau *m.* (d'ondes dirigées) (R.), balancier *m.*, bras *m.*, bau *m.* (Mar.), largeur *f.* (d'un navire).

(beam)

- - -, **arched** = poutre *f.* cintrée (B.).
- - -, **balance** = fléau *m.* de balance.
- - -, **bed plate** = poutre *f.* de fondation (B.), poutre *f.* d'assise (B.).
- - -, **bind** = raineau *m.* (de tête de pilotis) (C.).
- - -, **binding** = sommier *m.* de solivure, entrait *m.* (d'une ferme de comble en bois).
- - -, **box** = poutre-caisson *f.*, poutre *f.* tubulaire.
- - -, **braced** = poutre *f.* renforcée.
- - -, **brake** = triangle *m.* de frein (Ch.d.f.).
- - -, **breast** = fronteau *m.*
- - -, **bridging** = poutre *f.* traversière, traversière *f.*
- - -, **buffer** = traverse *f.* frontale (d'une machine).
- - -, **built-in** = poutre *f.* encastrée.
- - -, **built-up** = poutre *f.* composée.
- - -, **butcher's** = romaine *f.* (I.).
- - -, **camber** = poutre *f.* cambrée.
- - -, **cantilever** = poutre *f.* en console, poutre *f.* en porte-à-faux.
- - -, **cathode** = faisceau *m.* cathodique (E.).
- - -, **cathodic** = faisceau *m.* cathodique (E.).
- - -, **ceiling** = doubleau *m.*, poutre *f.* de plafond.
- - -, **chief** = poutre *f.* maîtresse.
- - -, **collar** = faux entrait (B.), entrait *m.* retroussé (B.).
- - -, **collar (between rafters)** = traversière *f.*
- - -, **combination** = poutre *f.* composée.
- - -, **compound** = poutre *f.* composée.
- - -, **concrete, reinforced** = poutre *f.* en béton armé.
- - -, **cosecant-squared** = faisceau *m.* à cosécante carrée (R.).
- - -, **course, angle** = console *f.* sur poutrelle.
- - -, **crane** = volée *f.* d'une grue (C.), flèche *f.* d'une grue (C.).
- - -, **cross-** = sommier *m.* (C.), traverse *f.* (C.), poutre *f.* transversale (B.).
- - -, **cross-head** = traverse *f.* de tige de piston (Méc.).
- - -, **deck** = dalle *f.* nervurée (B.).
- - -, **deep** = poutre *f.* « de plancher » ou poitrail *m.* (c.-à-d. poutre faisant l'office d'un mur) (B.).
- - -, **electron** = faisceau *m.* cathodique (R.), rayon *m.* cathodique (R.), faisceau *m.* électronique.
- - -, **electron, scanning** = faisceau *m.* cathodique explorateur (R.).
- - -, **engine** = balancier *m.* d'une machine.
- - -, **equalizing** = balancier *m.* (Méc.).
- - -, **false** = fausse poutre *f.* (B.).
- - -, **fan** = faisceau *m.* (électromagnétique) en éventail (R.).
- - -, **fished** = poutre *f.* assemblée à jumelles.
- - -, **fixed** = poutre *f.* encastrée.
- - -, **fixed-end** = poutre *f.* encastrée.
- - -, **flitch** = poutre *f.* à plaques (B.), poutre *f.* composée (B.).
- - -, **floor** = poutrelle *f.* (de tablier de pont), poutre *f.* de plancher (B.), lambourde *f.* (B.), doubleau *m.*
- - -, **grooved** = poutre *f.* rainurée (B.).
- - -, **H** = poutre *f.* en H, fer *m.* en H.
- - -, **hammer** = blochet *m.* à mi-bois (B.).
- - -, **head** = sommier *m.* (B., C.).
- - -, **high** = phare *m.* de route (Auto.), phare-route *m.* (Auto.), éclairage *m.* en phare (Auto.).
- - -, **hollow** = poutre-caisson *f.*, poutre *f.* tubulaire,

(beam)

poutre *f.* creuse.
- – –, **I** = poutre *f.* en I, fer *m.* en I, profilé *m.* en I.
- – –, **indented** = poutre *f.* en crémaillère.
- – –, **iron, rolled** = poutre *f.* en fer laminé.
- – –, **laminated** = poutre *f.* lamellée (B.).
- – –, **landing** = rayon *m.* d'atterrissage (Av.).
- – –, **laser** = rayon *m.* laser.
- – –, **lattice** = poutre *f.* en treillis.
- – –, **light** = faisceau *m.* lumineux (E.).
- – –, **little** = poutrelle *f.*, solive *f.*
- – –, **longitudinal** = longeron *m.*, longrine *f.*
- – –, **low** = phare *m.* de croisement (Auto.), phare-code *m.* (Auto.), éclairage *m.* en code (Auto.).
- – –, **lower** = poutre *f.* cambrée.
- – –, **luminous** = faisceau *m.* lumineux (E.).
- – –, **main** = poutre *f.* maîtresse (B.), drome *f.* (Mét.), maîtresse poutre (B.), faisceau *m.* (du lobe) principal (R.).
- – – **of light** = rayon *m.* de lumière, faisceau *m.* lumineux.
- – – **of rays** = faisceau *m.* de rayons, faisceau *m.* lumineux.
- – –, **pencil** = faisceau *m.* étroit (E.).
- – –, **pump** = balancier *m.* de pompe (Méc.).
- – –, **radio** = faisceau *m.* dirigé (R.)., faisceau *m.* hertzien (R.).
- – –, **reinforced** = poutre *f.* armée (B.), poutre *f.* renforcée (B.).
- – –, **ridge** = faîtière *f.*, longrine *f.* de faîte.
- – –, **roller** = porte-cylindre *m.* (dans une filature).
- – –, **Roman** = balance *f.* romaine (I.), romaine *f.* (I.).
- – –, **rotary** = faisceau *m.* tournant (R.), antenne *f.* tournante (R.).
- – –, **scanning** = faisceau *m.* explorateur (R.).
- – –, **sealed** = phare *m.* scellé (Auto.).
- – –, **simple** = poutre *f.* simple.
- – –, **sloping** = arbalétrier *m.* (B., C.).
- – –, **small** = poutrelle *f.*, solive *f.*
- – –, **spandrel** = poutre *f.* de rive (B.).
- – –, **spandrel, lintel** = linteau *m.* de chaînage (B.).
- – –, **split** = poutre *f.* en deux pièces, poutres *f.p.* jumelles espacées (B.)
- – –, **steel** = poutre *f.* en acier.
- – –, **straining** = poutre *f.* traversière (d'un comble), faux entrait, entrait *m.* retroussé (B.).
- – –, **strengthened** = poutre *f.* armée, poutre *f.* renforcée.
- – –, **structural** = poutre *f.* (charpentée) en profilés.
- – –, **strutting** = étrésillon *m.* (C.), entretoise *f.* (C.).
- – –, **summer** = poutre *f.* de plancher, lambourde *f.*
- – –, **supported** = poutre *f.* appuyée.
- – –, **supporting** = soupente *f.* (d'un treuil).
- – –, **T** = poutre *f.* en T, dalle *f.* nervurée.
- – –, **tie** = entrait *m.* (de ferme) (B.), tirant *m.* (C.), longrine *f.* (B.), raineau *m.* (de pilotis) (C.).
- – –, **top** = faux entrait (B.).
- – –, **torque** = poutre *f.* de torsion.
- – –, **transverse** = traverse *f.*
- – –, **trimmer** = chevêtre *m.*
- – –, **truss** = poutre-ferme *f.*
- – –, **trussed** = poutre *f.* renforcée, poutre *f.* armée.
- – –, **trussed, underbraced** = poutre *f.* sous-bandée.
- – –, **U** = poutre *f.* en U.

(beam)

- – –, **unsupported** = poutre *f.* en porte-à-faux.
- – –, **weigh** = balancier *m.* (Méc.), fléau *m.* (Méc.).
- – –, **wireless** = V. « beam, radio ».
- – –, **wood, built-up** = poutre *f.* lamellaire en bois (B.).
- – –, **wooden** = poutre *f.* en bois.
- – –, **X-ray** = faisceau *m.* de rayons X (E.).
beaming = concentration *f.* (R.).
beams and joists = solivure *f.* (B.).
bear = loup *m.* (I.), poinçon *m.* à main (I.).
- – –, **boiler** = poinçonneuse *f.* à main (pour tôles de chaudière).
- – –, **punching** = poinçonneuse *f.* portative.
- – –, **to** = prendre des relèvements (R.), supporter (un poids).
- – –, **to** – – – **against** = reposer sur.
beard = barbe *f.* ou bavure *f.* (d'une pièce de fonte).
- – –, **to** – – – **off** = délarder (une planche), ébarber (une pièce de fonte).
bearer = support *m.*, appui *m.*, sommier *m.* (de grille de chaudière), chevalet *m.* (de chaudière), solive *f.* transversale, membrure *f.* d'appui (B.).
- – –, **bar, fire** = sommier *m.* (de la grille).
- – –, **bar, grate** = sommier *m.* (de la grille).
- – –, **cross** = traverse *f.* intermédiaire (Méc., C.).
- – –, **lathe** = toc *m.* de tour (Méc.).
bearers, boiler = berceau *m.* de chaudière.
- – –, **engine** = carlingue *f.* d'une machine.
bearing = relèvement *m.* ou gisement *m.* (R.)., coussinet *m.* (Méc.), palier *m.* (Méc.), support *m.* (Méc., C.), appui *m.* (Méc., C.), portée *f.* (de poutre), V. « bearings ».
- – –, **adjustable** = palier *m.* réglable.
- – –, **antifriction** = palier *m.* antifriction.
- – –, **axle** = palier *m.* d'essieu, chape *f.*, coussinet *m.*, boîte *f.* d'essieu.
- – –, **babbited** = coussinet *m.* régulé.
- – –, **ball** = palier *m.* à billes, roulement *m.* à billes, coussinet *m.* à billes.
- – –, **ball and socket** = roulement *m.* à billes articulé.
- – –, **ball, assembled** = roulement *m.* à billes monté.
- – –, **ball, conical** = palier *m.* conique à billes.
- – –, **ball, double race** = roulement *m.* à deux rangées de billes.
- – –, **ball, double row** = roulement *m.* à double rangée de billes.
- – –, **ball, double thrust** – – – **with spherical seating rings** = butée *f.* double à billes avec sièges sphériques et contreplaques.
- – –, **ball, radial and thrust** = roulement-butée *m.* à billes.
- – –, **ball, self-aligning** = roulement *m.* à rotule (sur billes).
- – –, **ball, thrust** = butée *f.* à billes.
- – –, **ball, thrust, crank-shaft** = butée *f.* à billes de vilebrequin (Auto.).
- – –, **beam** = lambourde *f.* (B.).
- – –, **blade** = support *m.* à couteau.
- – –, **brass** = coussinet *m.* en laiton.
- – –, **bushed** = coussinet *m.* régulé.
- – –, **by compass** = relèvement *m.* au compas.
- – –, **cap** = palier *m.* (à chapeau).
- – –, **clutch** = palier *m.* d'embrayage.
- – –, **clutch, radial** = roulement *m.* annulaire

(bearing)

d'embrayage.

– – –, **collar** = palier *m.* à cannelures, palier *m.* à collets.

– – –, **collar-slip** = crapaudine *f.* annulaire (Méc.).

– – –, **compass** = relèvement *m.* au compas, relevé *m.* à la boussole.

– – –, **cone** = cône *m.* de roulement, portée *f.* à cônes.

– – –, **conical** = palier *m.* conique.

– – –, **corrected** = relèvement *m.* (radiogoniométrique) corrigé.

– – –, **crank-shaft** = palier *m.* du vilebrequin (Auto.).

– – –, **die-cast** = coussinet *m.* coulé sous pression.

– – –, **direct** = relèvement *m.* direct (c.-à-d. dans la direction du plus court arc de grand cercle) (R.), gisement *m.* (d'un objet) (R.).

– – –, **end** = palier *m.* frontal.

– – –, **expansion** = appareil *m.* d'appui mobile (d'un pont), roulement *m.* de dilatation.

– – –, **false** = faux appui (B.).

– – –, **flexible** = palier *m.* à monture élastique.

– – –, **floating** = coussinet *m.* mobile.

– – –, **floor, vertical** = boîtard *m.*

– – –, **footstep** = palier *m.* de butée, crapaudine *f.*

– – –, **frozen** = palier *m.* grippé, coussinet *m.* grippé.

– – –, **fulcrum** = support *m.* à couteau.

– – –, **grooved** = coussinet *m.* à pattes d'araignée.

– – –, **guide** = palier *m.* guide.

– – –, **hanger, drop** = chaise *f.*

– – –, **hanger, post** = chaise *f.* à colonne.

– – –, **hanger, wall** = palier *m.* console fermée

– – –, **heated** = palier *m.* échauffé, palier *m.* grippé.

– – –, **hub** = coussinet *m.* de moyeu, palier *m.* de moyeu.

– – –, **jewel** = (rouage *m.* sur) rubis *m.*, coussinet *m.* à rubis.

– – –, **journal** = palier *m.*, coussinet *m.* de palier.

– – –, **journal, solid** = palier *m.* ferme.

– – –, **long-path** = azimut *m.* du grand arc (R.).

– – –, **loose** = palier *m.* ayant pris du jeu.

– – –, **lubricating** = palier *m.* graisseur.

– – –, **magnetic** = relèvement *m.* magnétique (Mar.), azimut *m.* magnétique (Mar.).

– – –, **main** = palier *m.* de l'arbre de couche, palier *m.* principal.

– – –, **Mercator** = relèvement *m.* de Mercator.

– – –, **middle** = palier *m.* central.

– – –, **needle** = roulement *m.* à aiguilles.

– – –, **observed** = relèvement *m.* radiogoniométrique (R.).

– – – **of a spindle** = crapaudine *f.*

– – – **of bed-plate** = support *m.* de la plaque de fondation.

– – –, **oil-grooved** = coussinet *m.* à pattes d'araignée.

– – –, **oilless** = coussinet *m.* sans graissage, coussinet *m.* autolubrifiant, palier *m.* graphité.

– – –, **oil-ring** = palier *m.* graisseur à bague, palier *m.* à anneau graisseur.

– – –, **outboard** = palier *m.* extérieur, palier *m.* en porte-à-faux.

– – –, **overhung** = palier *m.* en porte-à-faux.

– – –, **pad, tilting** = palier *m.* à segments pivotants.

– – –, **pedestal** = palier *m.* ordinaire.

– – –, **pedestal, angle** = palier *m.* oblique.

(bearing)

– – –, **pendant** = chaise *f.* pendante (Méc.).

– – –, **pin** = roulement *m.* à aiguilles.

– – –, **pivoted-shoe** = palier *m.* à blochets articulés.

– – –, **plain** = portée *f.* lisse, palier *m.* lisse.

– – –, **plummer-block** = palier *m.*

– – –, **post** = palier *m.* console à colonnes.

– – –, **radio** = relèvement *m.* radiogoniométrique (R.).

– – –, **radio, corrected** = relèvement *m.* corrigé (R.), azimut *m.* exact (R.).

– – –, **radio, observed** = relèvement *m.* observé (R.), azimut *m.* observé (R.).

– – –, **reciprocal** = azimut *m.* inverse (Mar.).

– – –, **relative** = gisement *m.* (d'un objet) (Mar.).

– – –, **removable** = coussinet *m.* amovible.

– – –, **ring-oiling** = palier *m.* à graissage par bagues.

– – –, **rod, connecting** = coussinet *m.* de bielle.

– – –, **roller** = palier *m.* à rouleaux, coussinet *m.* à rouleaux, roulement *m.* à rouleaux.

– – –, **roller, conical** = roulement *m.* à rouleaux coniques, palier *m.* à rouleaux coniques, palier *m.* conique à rouleaux.

– – –, **roller, cylindrical** = palier *m.* à rouleaux cylindriques, roulement *m.* à rouleaux cylindriques.

– – –, **roller, straight** = roulement *m.* à rouleaux cylindriques, palier *m.* à rouleaux cylindriques.

– – –, **roller, tapered** = roulement *m.* à rouleaux coniques, palier *m.* à rouleaux coniques.

– – –, **roller, thrust** = butée *f.* à rouleaux.

– – –, **rutty** = palier *m.* strié de grippures.

– – –, **seized** = palier *m.* grippé, coussinet *m.* grippé.

– – –, **self-aligning** = palier *m.* à alignement automatique.

– – –, **self-lubricating** = palier *m.* autograisseur, palier *m.* autolubrifiant.

– – –, **Seller's** = palier *m.* de Seller.

– – –, **shaft** = palier *m.*, coussinet *m.*

– – –, **shaft, cam** = coussinet *m.* de l'arbre à cames.

– – –, **sleeve** = palier *m.* à douille.

– – –, **sleeve, ring-lubricated** = palier *m.* à douille avec bague de graissage.

– – –, **spherical** = palier *m.* rotule.

– – –, **spigot** = coussinet *m.* de centrage.

– – –, **splash-feed lubricated** = coussinet *m.* pour graissage par barbotage.

– – –, **split** = palier *m.* en deux pièces.

– – –, **spring** = support *m.* du ressort, bride *f.* de ressort formant palier (Auto.).

– – –, **steady** = palier *m.* guide.

– – –, **step** = crapaudine *f.*

– – –, **step, collar** = crapaudine *f.* annulaire.

– – –, **stuffing-box** = coussinet *m.* étanche, palier *m.* étanche.

– – –, **suspension** = palier *m.* de suspension.

– – –, **swing** = appui *m.* à pendule.

– – –, **swivel** = palier *m.* à rotule.

– – –, **tail** = palier *m.* extérieur, palier *m.* secondaire.

– – –, **take-up** = coussinet *m.* de rattrapage (du jeu).

– – –, **taper** = palier *m.* conique.

– – –, **three-point** = montage *m.* sur trois points (Méc.).

– – –, **thrust** = palier *m.* à butée, palier *m.* d'appui, butée *f.*

– – –, **thrust, ball** = butée *f.* à billes, palier *m.* de butée

(bearing)

à billes.
- – –, **thrust, collar** = palier *m.* à cannelures, butée *f.* à collets.
- – –, **thrust, double-race** = butée *f.* à double rangée de billes.
- – –, **tilting** = appui *m.* à rotule.
- – –, **tilting-pad** = palier *m.* à segments pivotants.
- – –, **tooth** = portée *f.* de la dent.
- – –, **true** = azimut *m.* (Mar.).
- – –, **wall** = palier *m.* console.
- – –, **wall-bracket** = chaise *f.* murale (Méc.).
- – –, **water** = V. « water-bearing ».
- – –, **wheel** = coussinet *m.* de roue.
- – –, **wheel, fly** = palier *m.* de volant.
bearings = V. « bearing ».
- – –, **babbited** = palier *m.* garni d'antifriction.
- – –, **connecting-rod** = embiellage *m.*
- – –, **plain** = palier *m.* lisse.
- – –, **rigid** = palier *m.* à coussinets rigides.
- – –, **ring-oiled** = palier *m.* à graissage automatique par bagues, palier *m.* à anneau graisseur.
- – –, **roller** = palier *m.* à rouleaux.
- – –, **shaft** = logement *m.* des arbres dans leurs paliers.
- – –, **swivel** = palier *m.* à rotule.
- – –, **thrust** = palier *m.* de butée.
- – –, **to find one's** = s'orienter.
- – –, **to take** = prendre des relèvements (R.).
beat = tic-tac *m.* (d'une montre), battement *m.*, oscillation *f.*, ronde *f.* (d'un garde), quart *m* d'une sentinelle).
- – –, **dead** = oscillation *f.* amortie (E.).
- – –, **to** = battre.
- – –, **to – – out** = battre (le fer), emboutir (un tube).
- – –, **zero** = battement *m.* zéro (E.), synchronisme *m.* (E.).
beaten, cold = écroui, martelé à froid.
beater = battoir *m.*, pilon *m.* (d'un mortier), batteur *m.* (I.), taquoir *m.* (I.) (Imp.).
- – –, **breaker** = pile *f.* défileuse (Pap.).
- – –, **carpet** = tapette *f.*
- – –, **egg** = moussoir *m.* (Ust.), fouet *m.* à oeufs (Ust.).
beaterman = gouverneur *m.* (O.) (Pap.), opérateur *m.* en charge des piles raffineuses (O.) (Pap.).
beating = battement *m.*, phénomène *m.* de battement (E.), raffinage *m.* (de la pâte à papier) (Pap.).
bed = couche *f.* (de béton, de gravier), assise *f.* (de pierres), sommier *m.* (d'une machine, d'un coffrage à béton), table *f.* ou plateau *m.* (d'une raboteuse), infrastructure *f.* (d'une voie ferrée), berceau *m.* d'assise, radier *m.*, bâti *m.*, banc *m.* (d'un tour) (Mét.), lit *m.* (d'un cours d'eau, de pose d'une canalisation), gisement *m.* (d'argile), encastrement *m.* (d'une poutre), marbre *m.* (Imp.), plate-bande *f.* (de fleurs).
- – –, **air** = matelas *m.* d'air.
- – –, **anvil** = semelle *f.* d'enclume, billot *m.* d'enclume, chabotte *f.* (d'un marteau-pilon).
- – –, **camp** = lit *m.* de campement, lit *m.* de camp.
- – –, **casting** = lit *m.* de coulée (Méc.).
- – –, **coal** = banc *m.* de houille, couche *f.* de houille.
- – –, **cylinder** = lit *m.* de pose du cylindre.

(bed)

- – –, **disposal** = lit *m.* d'épandage (des eaux-vannes) (S.), épurateur *m.* tellurique (d'un puisard) (S.).
- – –, **double** = lit *m.* à deux places (Ust.), [lit *m.* double] (Canada).
- – –, **drying, sludge** = lit *m.* de séchage des boues (S.).
- – –, **engine** = berceau *m.* de moteur (Méc.).
- – –, **flower** = plate-bande *f.*
- – –, **foundation** = fondement *m.* (B., C.).
- – –, **ground** = déversoir *m.* (c.-à-d. masse *f.* conductrice) (Tp.).
- – –, **key** = rainure *f.* de clavette (Méc.).
- – –, **lathe** = bâti *m.* de tour (Mét.), banc *m.* de tour (Mét.).
- – –, **natural** = assise *f.* naturelle (d'une pierre) (B.).
- – – **of concrete** = assise *f.* de béton, lit *m.* de béton.
- – – **of mortar** = lit *m.* de mortier, bain *m.* de mortier.
- – – **of rock** = assise *f.* rocheuse.
- – –, **press** = banc *m.* de presse (Imp.), marbre *m.* de la presse (Imp.).
- – –, **road** = assiette *f.* d'une chaussée, fondation *f.* d'une route, plate-forme *f.*, couchis *m.* (d'une route), assiette *f.* ou infrastructure *f.* (d'une voie ferrée).
- – –, **roasting** = lit *m.* de grillage (du minerai).
- – –, **rock** = fond *m.* de roche.
- – –, **sand** = couchis *m.* (C.).
- – –, **single** = lit *m.* à une place (Ust.), [lit *m.* simple] (Canada).
- – –, **stony** = empierrement *m.* (C.), lit *m.* de pierres (C.).
- – –, **to** = fixer ou sceller (une poutre), loger (des fils), roder (des soupapes, des balais), enrocher (un ouvrage submergé) (C.), asseoir (une pierre, des fondations) (B., C.).
- – – **with gap** = banc *m.* rompu (d'un tour).
bedder = meule *f.* gisante.
bedding = enrochement *m.* (d'un ouvrage submergé), scellement *m.* (d'une poutre dans un mur), rodage *m.* (du tourillon, des balais), logement *m.* (des fils dans les encoches, lit *m.* (de sable, de pierres) (C.), litière *f.* (Agr.), assiette *f.* (d'une pierre) (B.), couche *f.* (de calcaire, d'argile), stratification *f.*, mise *f.* en lit (pour l'opération d'étalement) (Mét.), minerai *m.* homogénéisé (Mét.).
bedrock = roche *f.* de fond, roche *f.* de base.
bedroom = chambre *f.* à coucher (B.), chambre *f.* (Ch.d.f.).
- – –, **spare** = chambre *f.* d'ami (B.).
bedstead = bois *m.* de lit (Ust.).
beech = hêtre *m.*
- – –, **blue-** = charme *m.* de Caroline.
beechnut = liaison *f.* (radioélectrique) sol avion.
beehive = ruche *f.*
beeswax = cire *f.* d'abeilles.
beetle = mailloche *f.*, masse *f.*, maillet *m.*, dame *f.* (I.), demoiselle *f.* de paveur, hie *f.*
- – –, **clod** = émottoir *m.*
- – –, **paving** = dame *f.* (I.), demoiselle *f.* (I.).
- – –, **turf** = batte *f.* de terrassier.
behaviour = comportement *m.* (d'un matériau), conduite *f.* (d'un élève), tenue *f.* (d'une auto), fonctionnement *m.* (d'une machine), allure *f.* (d'une chaudière) (Méc.).
- – –, **corrosion** = comportement *m.* à la corrosion

(behaviour)

(Mét.).

bel = bel *m*. (= 10 décibels) (Tp.).

bell = cloche *f.*, sonnette *f.*, sonnerie *f.*, avertisseur *m.*, timbre *m.*, bout *m.* femelle ou tulipe *f.* (d'un tuyau).

– – –, **alarm** = sonnerie *f.* d'alarme, cloche *f.* d'alarme.

– – –, **bicycle** = timbre *m.* de bicyclette.

– – –, **call** = sonnerie *f.* d'appel, sonnette *f.* d'appel, avertisseur *m.*, cloche *f.* d'appel.

– – –, **control** = sonnerie *f.* de commande.

– – –, **cow** = clarine *f.*, cloche *f.* pour vaches.

– – –, **current, alternating** = sonnerie *f.* à courant alternatif.

– – –, **diving** = cloche *f.* à plongeur.

– – –, **door** = timbre *m.* de porte, sonnette *f.* d'appartement.

– – –, **door, alarm** = timbre *m.* d'alarme (d'appartement).

– – –, **door, shop** = timbre *m.* « pied-de-biche » pour atelier.

– – –, **door, store** = timbre *m.* « pied-de-biche » pour magasin.

– – –, **electric** = sonnerie *f.* électrique, sonnette *f.* électrique.

– – –, **eye** = cloche *f.* à anse, clochette *f.* à anse.

– – –, **fire** = sonnette *f.* d'alarme.

– – –, **gate** = sonnerie *f.* d'entrée.

– – –, **hand** = sonnette *f.* à main.

– – –, **magneto** = sonnerie *f.* électromagnétique.

– – –, **signal** = timbre *m.* avertisseur.

– – –, **sleigh** = grelot *m.*

– – –, **small** = sonnette *f.*

– – –, **table** = timbre *m.* de table, sonnette *f.* de table.

– – –, **telephone** = sonnerie *f.* de téléphone.

– – –, **trembling** = sonnerie *f.* trembleuse.

– – –, **tricycle** = timbre *m.* de tricycle.

Bellboy = téléavertisseur *m.* « Bellboy » (Tp.).

bellows = soufflet *m.* (de forge, d'un appareil photo), ventilateur *m.* (d'une machine à vapeur).

– – –, **circular** = soufflet *m.* cylindrique.

– – –, **extension** = soufflet *m.* de mise au point (Phot.), soufflet *m.* de reproduction (Phot.).

– – –, **focusing** = soufflet *m.* de reproduction (Phot.), soufflet *m.* de mise au point (Phot.).

– – –, **forge** = soufflet *m.* de forge.

– – –, **hand** = ventilateur *m.* à main, soufflet *m.* à main.

– – –, **moulder's** = soufflet *m.* de mouleur.

belly = ventre *m.*, surface *f.* convexe.

belt = courroie *f.* (Méc.), ceinture *f.*, cordon *m.*

– – –, **abrasive** = courroie *f.* pour polissage, courroie *f.* abrasive.

– – –, **bucket** = courroie *f.* à godets.

– – –, **camel's hair** = courroie *f.* en poil de chameau.

– – –, **canvas and rubber** = courroie *f.* caoutchoutée.

– – –, **canvas, rubberized** = courroie *f.* en toile caoutchoutée.

– – –, **cartridge** = cartouchière *f.*

– – –, **cemented** = courroie *f.* collée.

– – –, **chain** = courroie *f.* articulée.

– – –, **cog** = courroie *f.* crantée.

– – –, **conical** = courroie *f.* en V.

– – –, **conveyor** = courroie *f.* de transport, courroie *f.* transporteuse, courroie *f.* de transporteur, bande *f.* transporteuse.

– – –, **conveying** = bande *f.* transporteuse, chaîne *f.* à godets, courroie *f.* transporteuse.

– – –, **crossed** = courroie *f.* croisée.

– – –, **crossed, half-** = courroie *f.* demi-croisée.

– – –, **double-ply** = courroie *f.* double.

– – –, **driving** = courroie *f.* d'entraînement, courroie *f.* de transmission, courroie *f.* de commande.

– – –, **edged** = courroie *f.* à talon.

– – –, **endless** = courroie *f.* sans fin.

– – –, **fan** = courroie *f.* de ventilateur.

– – –, **flat** = courroie *f.* plate.

– – –, **green** = zone *f.* de verdure (C.).

– – –, **laced** = courroie *f.* cousue.

– – –, **leather** = courroie *f.* en cuir.

– – –, **life** = ceinture *f.* de sauvetage.

– – –, **link** = courroie *f.* articulée.

– – –, **non-stretching** = courroie *f.* inextensible.

– – –, **notched** = courroie *f.* crantée (Auto.).

– – –, **open** = courroie *f.* ouverte.

– – –, **polishing** = bande *f.* à polir.

– – –, **quarter-turn** = courroie *f.* semi-croisée.

– – –, **rocket** = ceinture-fusée *f.* (de pilote) (Av.).

– – –, **round** = courroie *f.* ronde.

– – –, **rubber** = courroie *f.* en caoutchouc.

– – –, **safety** = ceinture *f.* de sûreté (Tp., E.), ceinture *f.* de sécurité (Auto.).

– – –, **sand** = courroie *f.* à poncer, courroie *f.* à sabler.

– – –, **seat** = ceinture *f.* de sécurité (Auto.).

– – –, **sewn** = courroie *f.* cousue.

– – –, **shoulder** = bandoulière *f.*, baudrier *m.*

– – –, **tight** = courroie *f.* tendue.

– – –, **tire, radial** = ceinture *f.* rigide d'un pneu radial (Auto.).

– – –, **triangular** = courroie *f.* en V, courroie *f.* trapézoïdale.

– – –, **two-ply** = courroie *f.* double.

– – –, **V** = courroie *f.* en V, courroie *f.* trapézoïdale.

– – –, **V, industrial** = courroie *f.* industrielle en V.

belting = transmission *f.* (Méc.), système *m.* de courroies (Méc.), courroies *f.p.* (Méc.).

– – –, **canvas** = courroies *f.p.* en toile.

– – –, **duck** = courroies *f.p.* en toile.

– – –, **rubber** = courroies *f.p.* en caoutchouc.

– – –, **three-ply** = courroies *f.p.* à trois plis, courroies *f.p.* à trois épaisseurs.

– – –, **transmission** = courroies *f.p.* de transmission.

bench = banc *m.*, établi *m.* (d'artisan), bidet *m.* (de menuisier), gradin *m.* (Mi.).

– – –, **boring** = banc *m.* d'alésage (Méc.), banc *m.* à forer (Méc.).

– – –, **carpenter's** = établi *m.* de menuisier, table *f.* à raboter.

– – –, **drawing** = banc *m.* à étirer (Mét.).

– – –, **drawing, wire** = banc *m.* de tréfilerie.

– – –, **dressing** = banc *m.* de dressage.

– – –, **file** = banc *m.* à limer.

– – –, **joiner's** = établi *m.* de menuisier, bidet *m.*

– – –, **planing** = établi *m.* de menuisier.

– – –, **quarry** = gradin *m.* (d'une carrière).

– – –, **saw** = scie *f.* circulaire à table, chevalet *f.* de sciage.

– – –, **test** = banc *m.* d'essai (C., Méc.).

– – –, **testing** = banc *m.* d'essai, banc *m.* d'épreuve.

(bench)

– – –, **urn, watchmaker's** = tour *m*. à archet.
– – –, **vise** = établi *m*., établi *m*. pour étaux.
– – –, **wall** = établi *m*. mural.
– – –, **work** = établi *m*.
benchboard = pupitre *m*. de commande (E.).
bend = courbe *f*., coude *m*. (d'un tuyau), flexion *f*.
(d'une poutre), ployage *m*. (d'une branche d'arbre),
sinuosité *f*. (d'un ruisseau), voussure *f*. (d'une voûte),
tournant *m*. (d'un cours d'eau, d'un chemin), raccord *m*. d'angle, courbure *f*. (d'une ligne, d'une surface), pli *m*. (de l'encolure d'un cheval) (Agr.).
– – –, **cast-iron** = coude *m*. en fonte.
– – –, **cold** = pliage *m*. à froid.
– – –, **cross-over** = coude *m*. de croisement (S.), siphon
m. (S.).
– – –, **duck-foot** = coude *m*. à patin (H., S.).
– – –, **eighth** = demi-coude *m*. (S.), coude *m*. à 45°
(S.).
– – –, **expansion** = coude *m*. compensateur (S., C.), arc
m. compensateur (S., C.).
– – –, **full** = pliage *m*. complet (Mét.).
– – –, **maximum** = flexion *f*. maximale.
– – –, **90°** = coude *m*. d'équerre, coude *m*. en équerre.
– – –, **pipe** = coude *m*. d'un tuyau.
– – –, **quarter** = coude *m*. en équerre, coude *m*. d'é-
querre.
– – –, **return** = coude *m*. en U, coude *m*. double.
– – –, **return, close** = coude *m*. en U fermé.
– – –, **return, open** = coude *m*. en U ouvert.
– – –, **road** = tournant *m*., virage *m*. (Auto.).
– – –, **S** = coudes *m.p.* de renvoi (S.), siphon *m*. (S.).
– – –, **swan-neck** = coudes *m.p.* de renvoi (S.), siphon
m. (S.).
– – –, **to** = courber (un bâton), cambrer ou arquer (une
planche), cintrer (une barre d'armature), plier,
couder, fléchir (une branche, le genou), fausser (une
serrure, un axe), voiler (une roue).
bender = cintreuse *f*. (M.), machine *f*. à cintrer.
– – –, **bar** = machine *f*. à cintrer les armatures, cintreuse *f*. à armature.
– – –, **pipe** = cintreuse *f*. à tuyaux.
– – –, **rail** = cintreuse *f*. pour rails.
– – –, **tube** = cintreuse *f*. à tubes.
bending = cintrage *m*. (d'une barre d'armature, d'une
plaque), flambage *m*. (d'un étai), inflexion *f*. (d'un
rayon lumineux), moment *m*. de flexion (d'une
poutre), pliage *m*. (d'une tige), gauchissement *m*.
(d'un panneau), voilure *f*. (d'une roue).
– – –, **machine** = cintrage *m*. à la machine.
– – –, **reverse** = flexions *f.p.* alternées.
– – –, **side** = déjettement *m*. (d'une pièce de bois) (B.).
– – –, **spring** = flexion *f*. de ressort.
benefit, medical = secours *m*. médical.
– – – **of the doubt** = bénéfice *m*. du doute.
– – –, **public, the** = le bien public.
– – –, **unemployment** = prestation *f*., allocation *f*. de
chômage.
benefits, fringe = avantages *m.p.* sociaux.
bent = courbé, cintré, coudé, fléchi, dévié, faussé, voilé,
portique *m*. (c.-à-d. ensemble *m*. d'une ferme sur
poteaux).
– – – **at right angles** = coudé.
– – –, **steam** = cintré à la vapeur.

benzedrine = benzédrine *f*.
benzol = benzol *m*.
berm = berme *f*. (C.), banquette *f*. (C.), accotement *m*.
(C.), risberme *f*. (d'un quai, d'un barrage).
berth = poste *m*. de mouillage (Mar.), couchette *f*. (de
voyageur) (Ch.d.f., Mar.).
besom = balai *m*. de jonc, balai *m*. d'écurie.
brushwood = balai *m*. de bruyère.
bevel = biseau *m*. (d'un miroir), en biseau, biais *m*.,
fausse équerre *f*. (I.), sauterelle *f*. (I.).
– – –, **crown, differential** = couronne *f*. d'angle du
différentiel (Auto.).
– – –, **differential** = engrenage *m*. commandé du
différentiel (Auto.).
– – –, **hypoid** = engrenage *m*. hypoïde du différentiel
(Auto.).
– – –, **mitre** = équerre *f*. à onglet, onglet *m*.
– – –, **T** = sauterelle *f*. en T.
– – –, **to** = biseauter (une glace), chanfreiner (un
engrenage), tailler en biseau, émousser (les arêtes).
beveled (or bevelled) = biseauté, chanfreiné, taillé en
biseau, taillé en biais.
bevelling (or beveling) = biseautage *m*.
beverage = boisson *f*.
B/F = V. « bring forward ».
bHp = V. « horse-power, brake ».
bias = polarisation *f*. (R.), tension *f*. de polarisation
(R.).
– – –, **C** = polarisation *f*. de grille (R.).
– – –, **cathode** = polarisation *f*. cathodique (R.),
polarisation *f*. de cathode (R.).
– – –, **cut-off** = polarisation *f*. de coupure (R.).
– – –, **grid** = polarisation *f*. de la grille (R.), tension *f*.
de polarisation (R.).
– – –, **grid, automatic** = polarisation *f*. automatique de
grille (R.).
– – –, **grid, negative** = polarisation *f*. négative de grille
(R.).
– – –, **positive** = polarisation *f*. positive.
– – –, **self-** = autopolarisation *f*. (R.).
– – –, **to** = polariser (la grille) (R.).
bib = robinet *m*. (à vis), clé *f*. de manoeuvre (Méc.),
bavette *f*. ou bavoir *m*. (d'enfant).
bickern = bigorne *f*.
– – –, **little** = bigorneau *m*.
biconcave = biconcave (adj.).
biconvex = biconvexe (adj.)
bicycle = bicyclette *f*.
– – –, **water** = pédalo *m*.
bid = soumission *f*. ou offres *f.p.* (de l'entrepreneur), V.
« bids ».
– – –, **lowest** = offre *f*. la plus basse.
bidder = soumissionnaire *m*.
– – –, **highest** = le plus offrant.
– – –, **successful** = adjudicataire *m*.
bidet = bidet *m*. (de toilette) (S.).
bids = soumission *f*. ou offres *f.p.* (de l'entrepreneur),
V. « bid ».
– – –, **sealed** = soumission *f*. cachetée.
bifilar = bifilaire (adj.) (E.).
bigness = grosseur *f*., grandeur *f*., calibre *m*.
bifocals = verres *m.p.* à double foyer.
bigrid = bigrille *f*. R.), V. « tube ».

bilge = V. « water, bilge ».
bill = note *f.*, facture *f.*, addition *f.* (de restaurant), compte *m.* (E., Tp.), bec *m.* tranchant, pointe *f.*, projet *m.* de loi (c.-à-d. mesure d'initiative ministérielle), proposition *f.* de loi (c.-à-d. mesure qui émane d'un député), billet *m.* de banque, bec *m.* (d'une ancre, d'un oiseau).
– – –, **bogus** = billet *m.* (de banque) contrefait, faux billet.
– – –, **hawk** = pince *f.* à souder, tenaille *f.* à souder, serpette *f.*
– – –, **hedge** = serpe *f.*
– – – **of lading** = connaissement *m.* (Mar.), lettre *f.* de voiture (Ch.d.f.).
– – – **of quantities** = devis *m.* (B., C.).
– – – **of sale** = contrat *m.* de vente, acte *m.* de vente.
– – –, **private** = projet *m.* de loi d'intérêt privé.
– – –, **pruning** = serpette *f.*
– – –, **public** = projet *m.* de loi d'intérêt public.
– – –, **to** = facturer (des marchandises).
– – –, **way** = feuille *f.* de route.
billet = bûche *f.*, rondin *m.*, bille *f.* de bois, billette *f.* (d'acier), lopin *m.*, larget *m.* (Mét.).
– – –, **steel** = billette *f.*, masset *m.* d'acier.
billing = facturation *f.*
bin = trémie *f.*, silo *m.*, case *f.*, coffre *m.*, compartiment *m.*, caisse *f.*, boîte *f.*
– – –, **ash** = cendrier *m.*
– – –, **cement** = trémie *f.* à ciment.
– – –, **chip** = silo *m.* à copeaux (Pap.).
– – –, **coke** = caisse *f.* à coke.
– – –, **orderly** = poubelle *f.*
– – –, **rubbish** = boîte *f.* aux ordures.
– – –, **storage** = coffre *m.*, casier *m.*
binary = binaire (adj.).
binaural = (magnétophone *m.*) binauriculaire (adj.).
bind = serrage *m.* (d'une pièce sur l'établi), grippage *m.* (des coussinets), blocage *m.* (d'un écrou), coincement *m.* (des pièces d'une machine), gommage *m* (d'un cylindre).
– – –, **to** = bloquer, serrer, gripper (un moteur), attacher (un prisonnier, par intérêt), fixer (la poussière d'un chemin), lier (par contrat, les pierres avec du ciment), relier (un livre) (Imp.), fretter (une roue), panser (une blessure).
– – –, **to – – – together firmly** = serrer à bloc.
– – –, **to – – – with iron** = fretter, cercler.
binder = attache *f.*, bride *f.*, parpaing *m.* (B.), liant *m.* ou agglomérant *m.* (d'une route), collier *m.*, arrêt *m.* des fils (Tp.), moissonneuse-lieuse *f.* (M.), ligature *f.* (Tp.), fil *m.* de ligature (autour de l'âme d'un câble) (Tp.), couche *f.* de liaison (c.-à-d. entre la fondation et la couche de roulement d'une route) (C.).
– – –, **adhesive** = matière *f.* adhésive.
– – –, **asphalt** = liant *m.* bitumineux.
– – –, **bituminous** = liant *m.* bitumineux.
– – –, **cotton** = filin *m.* de couleur (Tp.).
– – –, **door, bar** = crampon *m.* pour barre de porte (B.).
– – –, **door, sliding** = guide *m.* à pattes pour porte à coulisse (B.).
– – –, **load** = tendeur *m.* d'attache de charge.
– – –, **loose-leaf** = grébiche *f.*

(binder)
– – –, **natural** = liant *m.* naturel.
– – – **of floor** = sommier *m.*
– – –, **pitch** = substance *f.* agglomérante du brai.
– – –, **plastic** = liant *m.* plastique.
– – –, **ring** = grébiche *f.*
– – –, **spring-back** = biblorhapte *m.*
bindery = atelier *m.* de reliure.
binding = ligature *f.*, (E., Tp.), joint *m.* (B., C., Tp.), fixation *f.* (C., E.), grippage *m.* (Méc.), frettage *m.* (d'un moyeu, d'un pilotis), cerclage *m.* (d'une roue), agrégation *f.* (C.), (agent *m.*) agglomératif (adj.), reliure *f.* (d'un livre), bandage *m.* (d'une solive), liaison *f.* (B.), liant *m.* (d'une route).
– – –, **armature** = frette *f.* d'induit (E.).
– – –, **box** = feuillard *m.* d'emballage.
– – –, **cheque** = reliure *f.* carnet (Imp.).
– – –, **cloth** = reliure *f.* toile (Imp.).
– – –, **fast** = ligature *f.* serrée.
– – –, **full** = reliure *f.* pleine (Imp.).
– – –, **half** = demi-reliure *f.* (Imp.).
– – –, **loose** = ligature *f.* lâche.
– – –, **loose-leaf** = reliure *f.* à feuillets mobiles.
– – –, **mechanical** = reliure *f.* mécanique.
– – –, **overcast** = reliure *f.* en surjet (Imp.).
– – –, **reinforced** = reliure *f.* renforcée (Imp.).
– – –, **spiral** = reliure *f.* spirale (Imp.).
binnacle = habitacle *m.* (Mar.).
binoculars = jumelles *f.p.*
– – –, **prismatic** = jumelles *f.p.* à prismes.
bipolar = bipolaire (adj.) (E.).
birch = bouleau *m.*
– – –, **blueleaf** = bouleau *m.* bleu.
– – –, **Kenai** = bouleau *m.* Kenai.
– – –, **paper** = bouleau *m.* à papier.
– – –, **sweet** = bouleau *m.* flexible.
– – –, **water** = bouleau *m.* fontinal.
– – –, **white** = bouleau *m.* à papier.
– – –, **white, Alaska** = bouleau *m.* d'Alaska.
– – –, **white, Gaspé** = bouleau *m.* à papier (ou à fruits non lobés).
– – –, **white, large-fruited** = bouleau *m.* à papier (ou à gros épis).
– – –, **white, Mountain** = bouleau *m.* à papier (ou à feuilles cordées).
– – –, **white, Northwestern** = bouleau *m.* à papier (ou à feuilles subcordées).
– – –, **white, weeping** = bouleau *m.* à papier (ou à épis retombants).
– – –, **white, Western** = bouleau *m.* occidental.
– – –, **wire** = bouleau *m.* à feuilles de peuplier.
– – –, **yellow** = bouleau *m.* jaune, merisier *m.* jaune (Canada).
birdies = accrochages *m.p.* (c.-à-d. des gazouillements d'oiseaux) (R.).
B.I.S. = V. « system, information, business »
bisect, to = diviser en deux.
bisector = bissectrice *f.*
bisectrix = bissectrice *f.*
bishopric = évêché *m.*
bisulphite = bisulfite *m.*
– – –, **calcium** = bisulfite *m.* de calcium.
– – –, **magnesium** = bisulfite *m.* de magnésium.
– – –, **sodium** = sulfite *m.* acide de sodium, bisulfite *m.*

(bisulphite)

de sodium.
bit = foret *m.*, mèche *f.* (pour percer), tarière *f.*, trépan *m.*, mors *m.* (Agr.), bit *m.* (c.-à-d. une unité d'information).
- - -, **auger** = mèche *f.* de tarière, mèche *f.* à bois, mèche *f.* à bois hélicoïdale, queue-de-cochon *f.*
- - -, **bore** = mèche *f.* de foret, amorçoir *m.*, trépan *m.*
- - -, **boring** = alésoir *m.*, broche *f.*, trépan *m.* de perforatrice.
- - -, **boring, mortise** = dégorgeoir *m.* (à mortaises).
- - -, **brace** = foret *m.* pour vilebrequin, mèche *f.* de vilebrequin.
- - -, **brace, wood-boring** = mèche *f.* (à bois) de vilebrequin, mèche *f.* à queue pyramidale.
- - -, **bridle** = mors *m.* de bride (Agr.).
- - -, **car** = mèche *f.* à wagons.
- - -, **centre** = mèche *f.* à centrer, mèche *f.* à trois pointes, mèche *f.* anglaise.
- - -, **centre, expanding** = mèche *f.* à trois pointes universelles.
- - -, **chair** = vrille *f.*
- - -, **chamfering** = fraisoir *m.*
- - -, **common** = foret *m.* à langue d'aspic.
- - -, **cone** = fraise *f.* circulaire.
- - -, **copper** = fer *m.* à souder.
- - -, **core** = mèche *f.* cylindrique creuse.
- - -, **countersink** = fraisoir *m.*, fraise *f.*
- - -, **countersink, rose** = fraise *f.* conique, fraise *f.* champignon.
- - -, **dowel** = mèche *f.* à goujon.
- - -, **drill** = foret *m.*
- - -, **duck-nose** = mèche *f.* en gouge.
- - -, **electrician's** = mèche *f.* d'électricien.
- - -, **expanding** = mèche *f.* à trois pointes universelles.
- - -, **expansion** = mèche *f.* extensible.
- - -, **extension** = rallonge *f.* de vilebrequin.
- - -, **finishing** = alésoir *m.*
- - -, **first** = amorçoir *m.*
- - -, **gimlet** = foret *m.* hélicoïdal fraiseur, vrille *f.* pour vilebrequin.
- - -, **gouge** = mèche-cuiller *f.*
- - -, **jet** = trépan *m.* à jet (Mi.).
- - -, **jobber-sized** = mèche *f.* série-courte.
- - -, **nose** = mèche *f.* à cuiller.
- - -, **opening** = alésoir *m.*
- - -, **pin** = foret *m.* à pointe cylindrique.
- - -, **plane** = fer *m.* de rabot, lame *f.* de rabot.
- - -, **plough** = bec *m.* d'âne (de rabot).
- - -, **polishing** = polissoir *m.*
- - -, **reamer** = alésoir *m.*, équarrissoir *m.*
- - -, **rock** = trépan *m.*
- - -, **roller** = trépan *m.* à molettes (Mi.).
- - -, **rose** = fraise *f.* conique.
- - -, **saw** = dent *f.* de scie.
- - -, **screwdriver** = lame *f.* de tournevis (pour vilebrequin), tournevis *m.* pour vilebrequin.
- - -, **shell** = mèche *f.* à cuiller.
- - -, **snaffle** = bridon *m.* (Agr.).
- - -, **soldering** = fer *m.* à souder, soudoir *m.*
- - -, **spoon** = mèche *f.* à cuiller, mèche *f.* à louche.
- - -, **square** = perçoir *m.* à couronne.
- - -, **star** = trépan *m.* à tranchant en croix.

(bit)

- - -, **sugar** = mèche *f.* à entailler (Canada), mèche *f.* à gemmer.
- - -, **taper** = dégorgeoir *m.*
- - -, **tapping** = mèche *f.* à entailler (Canada), mèche *f.* à gemmer.
- - -, **tool** = outil *m.* (d'une machine-outil).
- - -, **twist** = mèche *f.* hélicoïdale, mèche *f.* torse.
- - -, **twist, half-** = mèche *f.* hélicoïdale.
- - -, **wall** = tamponnoir *m.*
- - -, **wood** = mèche *f.* à bois.
- - -, **worm** = mèche *f.* à vis.
bite = morsure *f.* (d'un chien, du froid), mordançage *m.* (d'un tissu), moine *m.* (Imp.), larron *m.* (Imp.), mordant *m.* (de lime, pour un tissu), bouchée *f.* (de pain).
- - -, **to** = s'engager, mordre, attaquer à l'acide.
bitt = bitte *f.* (de remorquage, d'amarrage) (Mar.).
bitumen = bitume *m.*
- - -, **asphaltic** = bitume *m.* asphaltique.
- - -, **compact** = spalt *m.*
- - -, **elastic** = élatérite *f.*, caoutchouc *m.* minéral.
- - -, **native** = bitume *m.* naturel.
bituminous = bitumineux (adj.).
B/L = V. « bill of lading ».
black, carbon = noir *m.* de fumée, noir *m.* de carbone
- - -, **cement** = noir *m.* pour la cémentation.
- - -, **chimney** = noir *m.* de fumée, suie *f.*
- - -, **jet** = noir (adj.) jais, noir (adj.) comme du jais.
- - -, **lamp** = noir *m.* de fumée.
blackboard = tableau *m.* noir, tableau *m.* (d'une école).
blacken, to = noircir, enfumer.
blackening = noircissement *m.* (Imp.).
black-out = fermeture *f.* en fondu (Phot.), suppression *f.* de l'éclairage public, obscurcissement *m.*
blacksmith = forgeron *m.* (O.).
blade = lame *f.* (d'une niveleuse, d'un couteau), fer *m* (de rabot), tige *f.* (d'équerre), aile *f.* ou ailette *f.* (d'un ventilateur), aube *f.* (d'une turbine), pale *f.* (d'une hélice), lame *f.* ou lamelle *f.* (d'un diaphragme) (Phot.).
- - -, **buzzer** = lame *f.* de trembleur (E.).
- - -, **centrifugal** = roue *f.* à aubes (d'une pompe centrifuge).
- - -, **chaser** = peigne *m.* pour filière, peigne *m.* (Méc.).
- - -, **chipped** = lame *f.* ébréchée.
- - -, **clipping** = lame *f.* de tondeuse.
- - -, **cutter** = lame *f.* d'outil.
- - -, **doctor** = râcle *f.* ou raclette *f.* (Imp.).
- - -, **dovetailed-overlapping** = aube *f.* emmanchée à queue d'aronde.
- - -, **fan** = ailette *f.* de ventilateur, pale *f.* de ventilateur.
- - -, **fixed** = aube *f.* fixe (H.), pale *f.* fixe.
- - -, **guide** = aube *f.* directrice (H.).
- - -, **impeller** = aube *f.* de turbine (H.).
- - -, **inserted** = lame *f.* rapportée.
- - -, **knife** = lame *f.* de couteau.
- - -, **loose** = lame *f.* desserrée ou lame *f.* lâche (d'une scie), lame *f.* démontable (d'un alésoir).
- - -, **mixer** = palette *f.* de malaxeur.
- - -, **movable** = pale *f.* orientable (H.).

(blade)

– – –, **moving** = aube *f.* motrice.
– – – **of a screw** = aile *f.* d'hélice.
– – –, **offset** = lame *f.* en saillie.
– – – **of the shutter** = pale *f.* de l'obturateur (Phot.).
– – –, **propeller** = pale *f.* d'hélice.
– – –, **razor** = lame *f.* de rasoir.
– – –, **runner** = aube *f.* de la roue mobile.
– – –, **saw** = lame *f.* de scie.
– – –, **saw, band** = lame *f.* de scie à rúban.
– – –, **saw, coping** = lame *f.* de scie à découper.
– – –, **screw** = aile *f.* d'hélice, pale *f.* d'hélice.
– – –, **screwdriver** = lame *f.* de tournevis.
– – –, **shaving** = couteau *m.* à profiler.
– – –, **shear** = lame *f.* de cisaille.
– – –, **spring** = lame *f.* de ressort (Auto.), feuille *f.* de ressort (Auto.).
– – –, **stop** = aube *f.* d'ajustage (d'une turbine).
– – –, **switch** = lame *f.* d'interrupteur (E.), aiguille *f.* (Ch.d.f.), couteau *m.* d'interrupteur (E.).
– – –, **tool** = lame *f.* d'outil.
– – –, **windshield-wiper** = raclette *f.* (Auto.), balai *m.* (Méc., Auto.).
bladed = à lames, à ailes, à ailettes, à pales.
– – –, **three-** = à trois ailes, à trois lames.
blading = aubage *m.* (H.).
blanch, to = blanchir (la tôle, le métal).
blank = brut (adj.), non taillé (adj.), (papier *m.*) blanc, flan *m.*, galette *f.*, galet *m.*, bloc *m.*, disque *m.*, formule *f.* en blanc, blanc *m.* (d'une cible, d'une pièce de matériau), blocage *m.* (Imp.), (ruban *m.*) magnétique) vierge (adj.), trou *m.* (de mémoire).
– – –, **cam** = came *f.* brute, came *f.* non taillée.
– – –, **coated** = carton *m.* couché (pour affiches) (Pap.).
– – –, **cutter, milling** = flan *m.* de fraise.
– – –, **gear** = engrenage *m.* non taillé.
– – –, **nut** = écrou *m.* brut.
– – –, **screw** = blanc *m.* de vis.
– – –, **wheel** = galette *f.* de roue.
blanket = couverture *f.*, blanchet *m.* (Imp.).
– – –, **bed** = couverture *f.* de lit.
– – –, **bed, electric** = couverture *f.* électrique, chauffe-lit *m.*
– – –, **horse** = couverture *f.* de cheval.
– – –, **press** = blanchet *m.* (Imp.).
– – –, **rubber** = blanchet *m.* de caoutchouc (Imp.).
– – –, **wool** = blanchet *m.* de laine (Imp.).
blanking = découpage *m.* (à la presse), effet *m.* de soufflage (sur un récepteur) par émission voisine (R.), effacement *m.* (E.), suppression *f.* du faisceau (Tv.).
– – –, **flyback** = suppression *f.* (d'un spot) (Tv.).
blanks = cartons *m.p.* pour affiches, cartons-pancartes *m.p.*
– – –, **mill** = cartons *m.p.* pour affiches, pancartes *f.p.*
blast = jet *m.*, soufflage *m.*, explosion *f.*, coup *m.* de mine, coup *m.* de sirène, bouffée *f.* de vent, air *m.* forcé.
– – –, **air** = jet *m.* d'air, soufflerie *f.*, air *m.* d'insufflation (pour moteur Diesel).
– – –, **sand-** = jet *m.* de sable.
– – –, **sand-, to** = décaper, passer au jet de sable.
– – –, **to** = dynamiter, faire sauter à la dynamite, miner (un rocher), hurler (R., Tp.).

(blast)

– – –, **under-grate** = soufflage *m.* sous grille (Méc.).
– – –, **water** = trompe *f.* (Mi.).
blasted, sand = sablé, décapé au sable.
blasting = travail *m.* aux explosifs, tirage *m.*, dynamitage *m.*, sautage *m.*, surcharge *f.* (sonore).
– – – **of microphone** = surcharge *f.* du micro (R.).
– – –, **rock** = minage *m.* du rocher.
– – –, **sand** = décapage au (jet de) sable, affûtage *m.* (de limes) par projection de sable.
– – –, **stump** = essouchement *m.* à la dynamite.
blaze, to – – – **off** = recuire (l'acier) par flambage (au bain d'huile).
bleach, to = blanchir.
bleacher = pile *f.* blanchisseuse (Pap.), cuve *f.* de blanchiment (Pap.), blanchisseur *m.* (O.), buandier *m.* (O.).
bleachers = places *f.p.* découvertes ou tribunes *f.p.* (pour spectateurs).
bleaching = blanchiment *m.*
bleed, to = saigner, rogner à vif (Imp.), purger (une canalisation), vidanger (un réservoir), déteindre.
bleeder = trop-plein *m.*, dispositif *m.* de drainage, diviseur *m.* de tension (E.).
– – –, **flare** = torche *f.*
bleeding = fuite *f.* (d'air), ressuage *m.*, laitance *f.* (sur le béton), exsudation *f.* (B.), écoulement *m.* (de sang).
blend = mélange *m.* (de tabacs, de couleurs, de thés), marque *f.* (de cigarettes).
– – –, **to** = mélanger (des whiskys, des cafés), fusionner (des partis).
blender = mélangeur-broyeur *m.* (Ust.).
– – –, **pastry** = mélangeur *m.* de pâte (Ust.).
blending = mélange *m.* (de cafés, de couleurs, de tabacs), alliage *m.* (de métaux).
blimp = cabine *f.* (d'un projecteur cinématographique).
blind = aveugle (adj.), store *m.* (pour fenêtre), oeillère *f.* (pour cheval) (Agr.).
– – –, **awning** = store *m.* à l'italienne.
– – –, **colour** = daltonien (adj.).
– – –, **roller** = store *m.* (à rouleau).
– – –, **roller, spring** = store *m.*
– – –, **shutter** = jalousie *f.* à lames mobiles.
– – –, **snow** = atteint (adj.) de la cécité des neiges.
– – –, **Venetian** = jalousie *f.*, store *m.* vénitien.
blinding = ensablement *m.* ou couche *f.* de sable (sur une route), éblouissement *m.* (par les phares) (Auto.).
blindness, colour = daltonisme *m.*
– – –, **snow** = cécité *f.* des neiges.
blinker = phare *m.* à éclats (Av.), phare *m.* à éclipses (Av.), V. « blinkers ».
blinkers = oeillères *f.p.* (Agr.), V. « blinker ».
blinking = clignotement *m.* (d'un phare).
blips = tops *m.p.* d'écho (Radar).
blister = paille *f.* (Mét.), soufflure *f.* (Mét.), moine *m.* (Mét.), ampoule *f.* (dans la main), cloque *f.* ou boursouflure *f.* (de la peinture).
blistering = boursouflure *f.* ou cloquage *m.* (de la peinture).
blizzard = rafale *f.* de neige.
block = massif *m.* (de fondation, d'ancrage), plaque *f.* à bornes (Tp.), tablette *f.*, moufle *f.* de palan, bloc *m.*, cale *f.*, poulie *f.*, échantignole *f.* (de charpente), chabotte *f.*, pâté *m.* ou îlot *m.* (de maisons),

(block)

pavé *m.*, bille *f.* (de bois), canton *m.* (Ch.d.f.), coin *m.*, taquet *m.*, agglomeré *m.* (de charbon), aile *f.* (d'un édifice), pavillon *m.* (d'un hôpital).

– – – **and tackle** = moufle *f.*, palan *m.*

– – –, **angle** = coin *m.*, taquet *m.*

– – –, **anvil** = billot *m.* (d'enclume), chabotte *f.*, tronchet *m.* d'enclume.

– – –, **asphalt** = pavé *m.* d'asphalte.

– – –, **bearing** = support *m.* (C.), palier *m.* (Méc.).

– – –, **boring** = porte-lame *m.* (d'une machine à aléser).

– – –, **bottom** = moufle *f.* inférieure.

– – –, **brake** = sabot *m.* de frein (Auto.), patin *m.* de frein (Auto.).

– – –, **breeze** = parpaing *m.* (B.).

– – –, **buffer** = tampon *m.* de choc.

– – –, **building** = parpaing *m.* (B.), bloc *m.* (B.), bloc *m.* de construction (B.).

– – –, **butcher's** = hachoir *m.*

– – –, **carbon** = plaquette *f.* de carbone (Tp.), parafoudre *m.* (Tp.).

– – –, **cartridge** = planche *f.* à charger.

– – –, **ceiling** = rosace *f.* de plafond, socle *m.* de plafond.

– – –, **cellular** = bloc *m.* cellulaire (B.), parpaing *m.* cellulaire (B.).

– – –, **cement** = pierre *f.* de ciment, bloc *m.* de béton, parpaing *m.* de ciment.

– – –, **centre-cross, universal joint** = dé *m.* du joint universel.

– – –, **chain** = palan *m.* à chaîne, moufle *f.* à chaîne.

– – –, **charcoal** = agglomeré *m.* de charbon de bois.

– – –, **cinder** = bloc *m.* de cendre (B.), parpaing *m.* de cendre (B.).

– – –, **coal** = briquette *f.* de charbon.

– – –, **concrete** = bloc *m.* de béton, pierre *f.* de ciment, parpaing *m.* de béton.

– – –, **concrete, shadow** = bloc *m.* de ciment étuvé.

– – –, **connecting** = réglette *f.* de raccordement (dans les postes d'abonnés) (Tp.), plaque *f.* à bornes (Tp.), réglette *f.* d'attaches (Tp.).

– – –, **cooper's** = billot *m.*

– – –, **corbel** = chapeau *m.* (de montant), semelle *f.* (d'encastrement d'une solive).

– – –, **cross-head** = coulisseau *m.* des glissoires (Méc.), glisseur *m.* (Méc.).

– – –, **cutter** = porte-outil *m.*, porte-lame *m.*

– – –, **cylinder** = bloc-cylindres *m.*, groupe *m.* de cylindres, monobloc *m.*

– – –, **derailing** = dérailleur *m.* (Ch.d.f.).

– – –, **die** = coulisseau *m.*

– – –, **differential** = palan *m.* différentiel.

– – –, **distance** = entretoise *f.* (B.), pièce *f.* d'écartement (B.).

– – –, **double** = poulie *f.* double.

– – –, **double-strapped** = moufle *f.* à estrope double.

– – –, **engine** = bloc *m.* moteur, bloc-cylindres *m.*

– – –, **fall** = mouton *m.* (de sonnette) (C.).

– – –, **fiddle** = poulie *f.* à violon (C.), violon *m.* (C.).

– – –, **filler** = fourrure *f.* (B.), bois *m.* de remplissage (B.).

– – –, **fin** = corps *m.* de chauffe (Méc.).

– – –, **fixing** = bloc *m.* de clouage (dans un mur en brique) (B.).

– – –, **flue** = boisseau *m.* (B.).

– – –, **foot** = semelle *f.* de boisage (B.).

– – –, **footing** = couche *f.* (B.).

– – –, **foundation** = massif *m.* de base (B.).

– – –, **funnel** = poulie *f.* à chape simple.

– – –, **fuse** = tablette *f.* à bornes pour fusibles (E.), coupe-circuit *m.* (E.).

– – –, **fuse and protector** = coupe-circuit *m.* paratonnerre combiné (Tp.).

– – –, **gin** = poulie *f.* à chape croisée, poulie *f.* à chape et crochet.

– – –, **glass** = bloc *m.* de verre (B.).

– – –, **guide** = bloc *m.* de guidage, patin *m.*

– – –, **guide, cross-head** = patin *m.* de la traverse (d'une machine à balancier).

– – –, **hoisting** = moufle *f.*

– – –, **hollow** = parpaing *m.* creux (B.).

– – –, **hook** = poulie *f.* à croc.

– – –, **horse** = montoir *m.*

– – –, **hub** = ébauche *f.* de moyeu.

– – – **in the traffic** = embouteillage *m.* (Auto.).

– – –, **invert** = bloc *m.* radier (S.), bloc *m.* pour radier (S.).

– – –, **joint, universal** = dé *m.* du joint universel.

– – –, **lapping** = bloc *m.* de rectification, bloc *m.* à roder.

– – –, **line** = cliché *m.* au trait (Imp.).

– – –, **link** = coulisseau *m.* (Méc.).

– – –, **loading** = poulie *f.* de chargement.

– – –, **lower** = moufle *f.* du bas.

– – –, **meat** = billot *m.* à viande, planche *f.* à dépecer.

– – –, **mitre** = boîte *f.* à onglets (Men.).

– – –, **monkey** = retour *m.* de palan.

– – – **of brake** = sabot *m.* de frein (Auto.).

– – – **of buildings** = ensemble *m.* de bâtiments, pâté *m.* ou îlot *m.* (de bâtiments).

– – – **of wood** = bloc *m.* de bois.

– – –, **packing** = presse-garnitures *m.* (Méc.).

– – –, **patent** = bloc *m.* mobile (Imp.).

– – –, **paving** = pavé *m.*, pierre *f.* à paver.

– – –, **pillow** = palier *m.* support (d'arbre), palier *m.* (Méc.).

– – –, **plummer** = palier *m.*, empoise *f.*

– – –, **polishing** = tas *m.* à planer.

– – –, **process** = cliché *m.* en similigravure (Imp.), cliché-gamme *m.* (Imp.).

– – –, **protector** = paratonnerre *m.* (Tp.).

– – –, **pulley** = moufle *f.*, poulie *f.* moufflée, palan *m.*

– – –, **pulley, differential** = palan *m.* différentiel.

– – –, **pulley, double** = moufle *f.* double.

– – –, **pulley, single** = moufle *f.* simple.

– – –, **pulley, six-strand** = palan *m.* à six brins.

– – –, **pulley, spur-geared** = poulie *f.* à engrenage droit.

– – –, **pulley, steel, single** = moufle *f.* simple en acier.

– – –, **pulley, wood, double** = moufle *f.* double en bois.

– – –, **pulley, worm-geared** = poulie *f.* à engrenage à vis sans fin.

– – –, **purchase** = moufle *f.* à estrope double.

– – –, **quarter** = poulie *f.* de retour.

– – –, **raising** = cale *f.* d'épaisseur.

– – –, **return** = poulie *f.* coupée.

– – –, **roller** = sabot *m.*

– – –, **rope** = moufle *f.* à corde.

– – –, **run-around** = cliché *m.* intercalé dans le tex-

(block)

te (Imp.).
- - -, **running** = moufle *f.* mobile.
- - -, **sandpaper** = cale *f.* (Men.).
- - -, **screw** = support *m.* à vis.
- - -, **screw** = support *m.* à vis.
- - -, **scribing** = trusquin *m.*
- - -, **shooting** = planche *f.* à dresser (Men.).
- - -, **shoulder** = poulie *f.* à talon.
- - -, **side** = console *f.* (Tp.).
- - -, **single** = poulie *f.* simple.
- - -, **slide** = coulisseau *m.* (Méc.), tasseau *m.* (de crosse de piston).
- - -, **slipper** = coulisseau *m.*, glissoir *m.*
- - -, **snap** = galoche *f.*, poulie *f.* à dents.
- - -, **snatch** = galoche *f.*, poulie *f.* coupée, poulie *f.* à chape ouvrante.
- - -, **snatch, steel** = galoche *f.* en acier, poulie *f.* coupée en acier.
- - -, **snatch, wood** = galoche *f.* en bois, poulie *f.* coupée en bois.
- - -, **splash** = bloc-parapluie *m.* (B.).
- - -, **stamp** = pilon *m.*, broyeuse *f.*
- - -, **standing** = poulie *f.* fixe (de palan).
- - -, **stay** = semelle *f.* d'ancrage (C.).
- - -, **steel** = cale *f.* en acier, bloc *m.* en acier.
- - -, **step** = cale *f.* à gradins, bloc *m.* à gradins.
- - -, **stop** = tampon *m.*, taquet *m.* d'arrêt, bloc *m.* d'arrêt, blochet *m.* d'arrêt (d'un frein).
- - -, **straightening** = tas *m.* à dresser, tas *m.* à planer.
- - -, **street** = îlot *m.*, quadrilatère *m.*, îlot *m.* de maisons.
- - -, **stropped** = poulie *f.* à estrope.
- - -, **stumbling** = pierre *f.* d'achoppement.
- - -, **swage** = tas-étampe *m.*, étampe *f.*, emboutissoir *m.*, tas *m.* (pour forgeron).
- - -, **swing** = tourillon *m.*
- - -, **swivel** = poulie *f.* à émerillon.
- - -, **tackle** = moufle *f.*
- - -, **tackle, chain** = palan *m.* à chaîne.
- - -, **tackle, iron** = moufle *f.* en fer.
- - -, **tackle, locking** = moufle *f.* à dispositif de blocage.
- - -, **tackle, steel** = moufle *f.* en acier.
- - -, **tackle, wood** = moufle *f.* en bois.
- - -, **tackle, wood, single** = moufle *f.* simple en bois.
- - -, **tail** = contre-poupée *f.* (de tour), poupée *f.* mobile (de tour).
- - -, **tension** = renvoi *m.* tendeur (Méc.).
- - -, **terminal** = réglette *f.* (Tp.), plaque *f.* à bornes, planchette *f.* à bornes, planchette *f.* de connexions.
- - -, **test** = banc *m.* d'essai, témoin *m.* (Mét.).
- - -, **testing** = banc *m.* d'essai.
- - -, **three-hold** = poulie *f.* triple.
- - -, **three-sheave** = poulie *f.* triple, poulie *f.* à trois réas.
- - -, **thrust** = butée *f.*
- - -, **tint** = aplat *m.* (Imp.).
- - -, **to** = bloquer ou enrayer (une roue), entraver ou gêner (la circulation publique), embouteiller (Auto.).
- - -, **to blind** = gaufrer à froid (Imp.).
- - -, **to - - - hard** = serrer (une vis) à fond.
- - -, **to - - - up** = boucher (un trou), obstruer (un tuyau), condamner (une fenêtre), caler.
- - -, **tool** = porte-outil *m.*

(block)

- - -, **trace** = volée *f.* (de devant) (Agr.).
- - -, **treble** = poulie *f.* à trois réas.
- - -, **trunnion** = dé *m.* de cardan (Auto.).
- - -, **upper** = moufle *f.* du haut.
- - -, **V =V.** *m.* de mécanicien, Vé *m.*, bloc *m.* en V, cale *f.* en V.
- - -, **V, precision** = cale *f.* de précision en V.
- - -, **V - - - with clamp** = V *m.* à bride.
- - -, **wall** = applique *f.* murale (E.), rosace *f.* isolante (E.), support *m.* mural.
- - -, **wedge** = cale *f.*
- - -, **wheel** = cale *f.*
- - -, **wood** = pavé *m.* en bois (C.), cale *f.* en bois (Men.), bloc *m.* de bois (C.).
- - -, **worm** = palan *m.* à vis.
blockade = blocage *m.* (d'un train) (Ch.d.f.), embouteillage *m.* (Auto.), blocus *m.* (naval).
blocking = blocage *m.* (du courant, de circuits) (E.), calage *m.* (d'une hélice, d'une pièce), entretoise *f.* (B.), entremise *f.* (B.), graufrage *m.* (Imp.).
- - -, **blind** = dorure *f.* à froid (Imp.).
- - -, **flush** = rognage *m.* à fleur (Imp.).
blocking out = découpage *m.* en massifs d'abattage (Mi.).
blood = sang *m.*, race *f.*
- - -, **dragon's** = résine *f.* (Imp.).
- - -, **Latin** = race *f.* latine.
bloodstone = agate *f.* (Imp.) (Canada), dent-de-loup *f.* (Imp.).
bloom = efflorescence *f.* (sur un mur de brique) (B.), floraison *f.*, épanouissement *m.* (d'une fleur).
- - -, **to** = cingler (une pièce de fer), fleurir (Agr.).
bloomery = affinerie *f.*
blooming = flou *m.* d'image (Tv.).
blot, advertising = buvard *m.* de publicité.
- - -, **hand** = tampon *m.* buvard.
- - -, **to - - - out** = biffer ou effacer (Imp.).
blow = coup *m.*, choc *m.*, soufflage *m.*, fusion *f.* (des fusibles), heurt *m.*
- - -, **after-** = sursoufflage *m.*
- - -, **to** = souffler, éclater, frapper, fondre (un fusible), insuffler.
- - -, **to - - - down** = purger ou vider (une chaudière), mettre hors feu.
- - -, **to - - - out** = éteindre, étouffer, crever, claquer, nettoyer, vider, sauter (E.).
- - -, **to - - - up** = faire sauter, faire explosion, sauter, crever, gonfler, agrandir (une photographie).
blower = ventilateur *m.*, soufflet *m.*, soufflante *f.*, soufflerie *f.*, machine *f.* soufflante, souffleur *m.*, souffleuse *f.*
- - -, **air** = soufflet *m.*, ventilateur *m.*
- - -, **air, damp** = humidificateur *m.*
- - -, **air, hot** = souffleur *m.* d'air chaud.
- - -, **electric motor** = soufflerie *f.* à moteur électrique.
- - -, **exhaust** = ventilateur *m.* aspirant.
- - -, **glass** = souffleur *m.* de verre (O.).
- - -, **hand** = soufflet *m.*, soufflet *m.* de forge.
- - -, **power-driven** = ventilateur *m.* mécanique.
- - -, **rotary** = ventilateur *m.* centrifuge.
- - -, **snow** = chasse-neige *m.*, souffleuse *f.* (M.) (Canada).
- - -, **turbo** = turbosoufflante *f.*

(board)

blowhole = V. « hole, blow ».
blowing = soufflage *m.*
– – –, **arc, magnetic** = soufflage *m.* magnétique d'arc (E.).
– – –, **glass** = soufflage *m.* du verre.
blowing-off = évacuation *f.* (d'une chaudière) (Méc.).
blowing-up = explosion *f.*, gonflement *m.* (d'un pneu).
blow-off = évacuation *f.* (Méc.), vidange *f.* (Méc.), soufflage *m.* (d'une flamme).
blow-out = éclatement *m.* (d'un pneu), crevaison *f.* (d'un isolant), soufflage *m.* d'étincelles (E.), éruption *f.* non contrôlée (d'un puits de gaz).
– – –, **magnetic** = soufflage *m.* magnétique (E.).
– – –, **spark** = souffleur *m.* d'étincelles (E.).
blowpipe = V. « pipe, blow ».
blub = boursouflure *f.* (d'un nouvel enduit) (B.).
blue, navy = bleu marine (adj.).
– – –, **washing** = bleu d'empois, bleu d'outre-mer.
blueing = bleuissage *m.* ou bronzage *m.* (d'un métal).
blunge, to = mélanger ou malaxer (de l'argile à l'eau).
blunger = malaxeur *m.*, râteau *m.* pour mélanger, pelle *f.* pour mélanger, patouillet *m.* (Mi.).
blunt = mousse (adj.), émoussé (adj.), (à angle) obtus (adj.).
– – –, **to** = émousser (une lame), épointer (un couteau).
blur = tache *f.* (d'encre), buée *f.* (sur une glace), papillotage *m.* (Imp.).
blurred = flou (adj.).
Blvd. = V. « boulevard ».
B.M. (or BM) = V. « measure, board » et « mark, bench ».
Board = Commission *f.*, Régie *f.*, Conseil *m.* d'administration, Conseil *m.*, Direction *f.*
– – – **of directors** = Conseil *m.* d'administration.
– – – **of management** = Conseil *m.* d'administration.
board = planche *f.*, tableau *m.* (composé de panneaux) (E.), panneau *m.*, carton *m.*, madrier *m.*, ais *m.*, tableau *m.* noir (d'école).
– – – **and lodging** = chambre et pension, gîte et couvert, logement et nourriture.
– – –, **annunciator** = tableau *m.* indicateur (Tp.), tableau *m.* de signalisation (Tp.).
– – –, **answering** = tableau *m.* de réponse (Tp.).
– – –, **answering, call** = tableau *m.* de réponse (Tp.).
– – –, **asbestos** = planche *f.* d'amiante, carton *m.* d'amiante.
– – –, **back** = planche *f.* de fixation.
– – –, **backing** = carton *m.* doublure (Imp.).
– – –, **baffle** = V. « baffle ».
– – –, **barge** = bordure *f.* de pignon (C.).
– – –, **base** = plinthe *f.* (B.) plaque *f.* de montage (E.).
– – –, **batter** = planche *f.* de repère (d'une chaise) (B.), chaise *f.* (B.).
– – –, **beaver** = (plaque *f.* d') isorel *m.* mou.
– – –, **bill** = panneau-réclame *m.*, panneau *m.* (d'affichage).
– – –, **binders'** = carton *m.* pour reliure.
– – –, **box** = carton *m.* pour boîtes.
– – –, **bread** = planche *f.* à (couper le) pain (Ust.).
– – –, **Bristol** = carton *m.* Bristol, bristol *m.*
– – –, **building** = panneau *m.* mural (B.).
– – –, **bulletin** = tableau *m.* d'affichage, babillard *m.* (Canada).

– – –, **cant** = rejet *m.* d'eau ou réverseau *m.* (d'un châssis de fenêtre) (B.), solin *m.* (de toit) (B.), pièce *f.* de solin (de toit) (B.), chantignole *f.* (de charpente) (B.).
– – –, **charging** = chargeur *m.* (R.).
– – –, **chip** = V. « chipboard ».
– – –, **chopping** = hachoir *m.* (Ust.), planche *f.* à hacher (Ust.).
– – –, **cloth** = couverture *f.* toile (Imp.).
– – –, **combination** = carton *m.* combiné (Pap.).
– – –, **compo** = panneau *m.* composé (B.), panneau *m.* d'agglomérés (B.).
– – –, **container** = carton *m.* pour boîte d'emballage (Pap.).
– – –, **control** = tableau *m.* de commande, tableau *m.* de réglage, tableau *m.* de contrôle.
– – –, **corrugated** = carton *m.* ondulé (Pap.).
– – –, **corrugated, single-face** = carton *m.* ondulé simple (Pap.).
– – –, **counter** = carton *m.* à renforts (de souliers)
– – –, **dash** = tableau *m.* de bord (Auto.), tableau *m.*, garde-boue *m.* (Auto.), planche *f.* de bord (Auto.), tablier *m.* (Auto.).
– – –, **distributing** = tableau *m.* de distribution (E.).
– – –, **distribution** = tableau *m.* de distribution, tableau *m.* de répartition.
– – –, **diving** = plongeoir *m.*
– – –, **document** = carton *m.* à dossier (Pap.).
– – –, **drain** = égouttoir *m.*
– – –, **drawing** = planche *f.* à dessin, carton *m.* à dessin (Pap.).
– – –, **eaves** = chanlate *f.* ou chanlatte *f.* (B.).
– – –, **electric** = carton *m.* diélectrique.
– – –, **facing** = bois *m.* de garnissage.
– – –, **fascia** = V. « board, dash ».
– – –, **feather-edged** = planche *f.* taillée en biseau.
– – –, **fibre** = panneau *m.* en fibre de bois, carton-fibre *m.*
– – –, **finger** = clavier *m.*, touche *f.* (d'un violon).
– – –, **finish** = planche *f.* de boiserie.
– – –, **flannel** = tableau *m.* de feutre.
– – –, **flash** = bâtardeau *m.* mobile (H.), hausse *f.* (H.).
– – –, **flashing** = rejéteau *m.* (B.), noue *f.* (B.), noquet *m.* (B.).
– – –, **float** = aube *f.* (d'une roue hydraulique).
– – –, **floor** = bois *m.* de plancher, planche *f.* (de plancher) (B.), plancher *m.* (Auto.).
– – –, **flooring** = planche *f.* de parquet.
– – –, **flush** = haussoir *m.*, hausse *f.*
– – –, **foot** = pied-planche *m.* (c.-à-d. 1 pi × 1 pi × 1 po = 144 po cu) (Canada), V. « footboard ».
– – –, **front** = hayon *m.* avant (d'un camion).
– – –, **gauging** = planche *f.* (ou plate-forme *f.*) de gâchage (B.).
– – –, **glass** = table *f.* de vitrier, table *f.* à (tailler les) vitres.
– – –, **glazier's** = table *f.* de vitrier.
– – –, **grooved** = planche *f.* bouvetée.
– – –, **gypsum** = planche *f.* (murale) au plâtre, placoplâtre *m.* (France).
– – –, **indicator** = tableau *m.* indicateur (E.).
– – –, **indicator, drop** = tableau *m.* indicateur *m.* à volets (Tp.).

(board)

- - -, **instrument** = tableau *m*. de bord (Auto.), planche *f*. porte-appareils, tablier *m*. des instruments.
- - -, **insulating** = panneau *m*. isolant thermique (B.), carton *m*. diélectrique (E.).
- - -, **interlock, electrical** = table *f*. d'enclenchements électriques (Ch.d.f.), tableau *m*. de manoeuvre.
- - -, **ironing** = planche *f*. à repasser (Ust.).
- - -, **jute** = carton *m*. jute.
- - -, **key** = keyboard *m*., tablette *f*. de clés (d'un standard) (Tp.), manipulateur *m*., platine *f*. des clés, V. « keyboard ».
- - -, **knife** = planche *f*. aux couteaux (Ust.).
- - -, **landing** = marche *f*. palière (B.).
- - -, **ledger** = lisse *f*., lambourde *f*.
- - -, **lined, cloth** = carton *m*. toile.
- - -, **louver** = auvent *m*., persienne *f*.
- - -, **manilla** = carton *m*. manille.
- - -, **mantel** = tablette *f*. de cheminée.
- - -, **matched** = planche *f*. bouvetée, planche *f*. embrevée.
- - -, **matrix** = flan *m*. (Imp.).
- - -, **mill** = carton *m*. très épais pour joints (B.), carton *m*. gris à reliure (Imp.).
- - -, **modelling** = table *f*. de modeleur, échantillon *m*. (fonderie).
- - -, **mortar** = taloche *f*., règle *f*.
- - -, **news** = carton *m*. gris (Pap.).
- - -, **news, manilla-lined, double** = carton *m*. gris doublé manille deux faces (Pap.).
- - -, **notch** = limon *m*. d'escalier (B.).
- - -, **notice** = tableau *m*. d'affichage, écriteau *m*., babillard *m*. (Canada).
- - -, **panel** = panneau *m*. (E.), tableau *m*. de distribution (E.), carton *m*. pour panneaux (Pap.), tableau *m*. de bord (Auto.).
- - -, **panel, distribution** = panneau *m*. (E.), tableau *m*. de distribution (E.).
- - -, **panel, enclosed** = panneau *m*. emboîté (E.).
- - -, **panel, lighting** = panneau *m*. d'éclairage (E.).
- - -, **panel, safety** = panneau *m*. sous armoire, tableau *m*. blindé.
- - -, **paper** = carton *m*. (Pap.).
- - -, **particle** = panneau *m*. d'agglomérés (B.), panneau *m*. en bois reconstitué (B.), panneau *m*. de particules (B.).
- - -, **paste** = planche *f*. à pâte (Ust.).
- - -, **pastry** = planche *f*. à pâtisserie (Ust.).
- - -, **photo mount** = carton *m*. pour montage de photographies.
- - -, **plaster** = panneau *m*. en enduit (B.), planche *f*. murale au plâtre (B.).
- - -, **poling** = planche *f*. de coffrage, planche *f*. de boisage.
- - -, **press** = carton *m*. diélectrique (E.), carton *m*. isolant (E.).
- - -, **pulp** = carton *m*. bois.
- - -, **railroad** = carton *m*. pour billets de chemin de fer (Pap.).
- - -, **rear** = hayon *m*. arrière (d'un camion).
- - -, **ridge** = longrine *f*. de faîtage, longeron *m*. de faîtage.
- - -, **ridge, under** = sous-faîte *m*.
- - -, **roofing, asphalt** = carton *m*. bitumé pour

(board)

toitures.
- - -, **running** = marchepied *m*. (Auto.).
- - -, **scrubbing** = planche *f*. à laver (Ust.).
- - -, **shooting** = planche *f*. à dresser (Men.).
- - -, **side** = marchepied *m*., V. « sideboard ».
- - -, **sighting** = voyant *m*. (arpentage).
- - -, **sign** = écriteau *m*., enseigne *f*., carton *m*. pour pancarte (Pap.).
- - -, **signal** = tableau *m*. des sonneries.
- - -, **skirting** = plinthe *f*. (B.), socle *m*. (de marche, d'un escalier) (B.).
- - -, **skirting, stepped** = socle *m*. rampant ou socle *m*. à crémaillère (d'un escalier).
- - -, **sleeve** = passe-carreau *m*., jeannette *f*.
- - -, **sleeve, tailor's** = passe-carreau *m*.
- - -, **sounding** = abat-voix *m*.
- - -, **splash** = parapluie *m*. (Mét.).
- - -, **spring** = tremplin *m*.
- - -, **straw** = carton *m*. paille.
- - -, **striding** = règle *f*. (de cimentier, de plâtrier).
- - -, **striding, straight edge** = règle *f*. (de cimentier, de plâtrier).
- - -, **strike-off** = règle *f*. (de cimentier, de plâtrier).
- - -, **strike-off, checked** = règle *f*. entaillée.
- - -, **string** = limon *m*. d'escalier (B.).
- - -, **switch** = V. « switchboard ».
- - -, **tail** = planche *f*. marchepied (d'une voiture).
- - -, **tar** = carton *m*. goudronné.
- - -, **terminal** = planchette *f*. de raccordement (E.), tablette *f*. à bornes (Tp.).
- - -, **test** = table *f*. d'essais (Tp.), table *f*. d'essais et de mesure (Tp.), tableau *m*. de contrôle (Tp.).
- - -, **thick** = madrier *m*.
- - -, **thin** = planche *f*., feuillet *m*.
- - -, **to** = planchéier (B.), monter en voiture (Auto.), monter à bord (d'un bateau), être en pension.
- - -, **toe** = plancher *m*. oblique (Auto.).
- - -, **toll** = meuble *m*. interurbain (Tp.).
- - -, **tread** = giron *m*. (d'une marche d'escalier).
- - -, **verge** = soffite *m*. de l'avant-toit (B.).
- - -, **wall** = planche *f*. murale, carton *m*. à lambris, panneau *m*. de revêtement.
- - -, **wash** = V. « washboard ».
- - -, **weather** = V. « weatherboard ».
- - -, **wetting** = ais *m*. à tremper (Imp.).
- - -, **window** = allège *f*., tablette *f*. de fenêtre.
- - -, **wood-pulp** = carton *m*. bois, carton *m*. de pâte mécanique.

boarder = pensionnaire *m*. (dans une pension), interne *m*. (d'un collège).

boarding = planchéiage (B.), pension *f*., bardage *m*. ou galandage *m*. (d'une pile de pont), voligeage *m*. (d'un toit).
- - - **in** = pose *f*. du revêtement (à la charpente d'une maison) (B.).
- - -, **open** = planchéiage *m*. à claire-voie (B.), planchéiage *m*. ajouré (B.).

boards, in = (livre *m*.) cartonné (Imp.).

board-walk (or boardwalk) = V. « walk, board ».

boat = embarcation *f*., canot *m*., bateau *m*., barque *f*., navire *m*.
- - -, **canal** = péniche *f*.
- - -, **dredge** = bateau-drague *m*.

(boat)

– – –, **ferry** = bac *m.*, bateau *m.* passeur, barque *f.* traversière, traversier *m.* (Canada), bateau de passage.

– – –, **fishing** = barque *f.* de pêcheur.

– – –, **life** = canot *m.* de sauvetage, chaloupe *f.* de sauvetage (Canada).

– – –, **motor** = canot *m.* automobile, motocanot *m.*

– – –, **motor, outboard** = hors-bord *m.*

– – –, **motor torpedo** = vedette *f.* lance-torpilles, torpilleur *m.*

– – –, **P.T.** = vedette *f.* lance-torpilles, torpilleur *m.*

– – –, **river** = bateau-maison *m.*

– – –, **row** = chaloupe *f.*

– – –, **steam** = bateau *m.* à vapeur.

– – –, **stone** = traîneau *m.*

– – –, **tow** = bateau *m.* toueur, remorqueur *m.*

– – –, **tug** = remorqueur *m.*

boating, motor = bruit *m.* de moteur de bateau (R.).

bob = plomb *m.* (d'un fil à plomb), patin *m.* (de traîneau).

– – –, **balance** = contrepoids *m.*

– – –, **pendulum** = lentille *f.* d'une pendule, masse *f.* d'une pendule.

– – –, **plumb** = plomb *m.* (de fil à plomb), plomb *m.* de maçon.

bobbin = bobine *f.* (de corderie), corps *m.* de bobine (Tp.).

bodkin = poinçon *m.*, passe-lacet *m.*, grosse aiguille.

body = bâti *m.* (d'un moteur), corps *m.* (de pompe, de bâtiment), caisse *f.* ou benne *f.* (d'un camion), collectivité *f.*, caisse *f.* (Auto.), carrosserie *f.* (Auto.), coude *m.* (de crochet), boisseau *m.* (de robinet), tronc *m.* (d'arbre), socle *m.* (de tour, de palier), noyau *m.* (de vis), châssis *m.* (de scie), fuselage *m.* (d'un avion), fût *m.* (de vérin), culot *m.* (de bougie d'allumage), écharpe *f.* (d'une poulie mouflée), masse *f.* (d'eau), couche *f.* ou gisement *m.* (de minerai), massif *m.* (d'une culée), consistance *f.* (de la peinture).

– – –, **all-metal** = carrosserie *f.* entièrement métallique, carrosserie *f.* toute en tôle.

– – –, **anvil** = bâti *m.* de l'enclume, corps *m.* de l'enclume.

– – –, **armature** = corps *m.* d'induit.

– – –, **automobile** = carrosserie *f.* (Auto.).

– – –, **axle** = corps *m.* de l'essieu, corps *m.* d'essieu.

– – –, **camera** = chambre *f.* noire (d'un appareil) (Phot.).

– – –, **car** = carrosserie *f.* (Auto.), caisse *f.* (d'un wagon).

– – –, **carriage** = carrosserie *f.*

– – –, **connecting-rod** = corps *m.* de bielle.

– – –, **custom** = carrosserie *f.* spéciale (Auto.).

– – –, **fiberglass** = carrosserie *f.* en fibre de verre (Auto.).

– – –, **floating** = corps *m.* flottant.

– – –, **foreign** = corps *m.* étranger.

– – –, **heating** = corps *m.* de chauffe (Méc.).

– – –, **hub** = corps *m.* de moyeu.

– – –, **monopiece** = carrosserie *f.* monocoque (Auto.).

– – –, **monoshell** = carrosserie *f.* monocoque (Auto.).

– – – **of a blast furnance** = ventre *m.* d'un haut fourneau.

(body)

– – – **of a document** = corps *m.* d'un document.

– – – **of carburetor** = corps *m.* principal du carburateur (Auto.).

– – – **of connecting rod** = corps *m.* de bielle.

– – – **of water** = masse *f.* d'eau (H.).

– – –, **open** = carrosserie *f.* ouverte (Auto.).

– – –, **piston** = carcasse *f.* du piston, corps *m.* du piston.

– – –, **public** = corporation *f.*

– – –, **rod, connecting** = corps *m.* de bielle.

– – –, **steel, all-welded** = carrosserie *f.* monocoque tout acier (Auto.), structure *f.* monocoque tout acier(Auto.), coque *f.* autoporteuse (Auto.).

– – –, **torpedo** = torpédo *f.* (Auto.).

– – –, **truck** = caisse *f.* de camion, benne *f.* de camion.

– – –, **turn-buckle** = corps *m.* de tendeur.

– – –, **unit construction** = carrosserie *f.* monocoque (Auto.), coque *f.* autoporteuse (Auto.).

– – –, **valve** = corps *m.* de robinet, corps *m.* de soupape.

– – – **with stakes** = caisse *f.* (de camion) avec ridelles.

bog = marécage *m.*, fondrière *f.*

– – –, **peat** = tourbière *f.*

– – –, **to** = embourber, enliser, noyer dans la boue.

boggy = marécageux (adj.).

bogie = bogie *m.* (Ch.d.f.), traverse *f.* mobile, train *m.* (Auto.).

– – –, **pivoted** = train *m.* de roues pivotantes (Ch.d.f.).

boil, to = bouillir, bouillonner, faire bouillir.

– – –, **to** – – – **down** = réduire (un liquide) par ébullition.

boiler = chaudière *f.* (Méc.), chaudière *f.* à vapeur (Méc.), bouilleur *m.* (Méc.), poule *f.* à bouillir (Ust.), chaudron *m.* de fonte (Ust.).

– – –, **barrel** = chaudière *f.* cylindrique.

– – –, **battery** = chaudière *f.* multibouilleur.

– – –, **caravan** = chaudière *f.* à tombereau.

– – –, **cast-iron, sectional** = chaudière *f.* sectionnelle en fonte.

– – –, **combination** = chaudière *f.* semi-tubulaire.

– – –, **concurrent** = chaudière *f.* dans laquelle l'eau et les gaz circulent dans le même sens.

– – –, **Cornish** = chaudière *f.* Cornouailles.

– – –, **counter-current** = chaudière *f.* dans laquelle l'eau et les gaz circulent en sens inverse, chaudière *f.* système contre-courant.

– – –, **cylindrical** = chaudière *f.* cylindrique.

– – –, **direct-tube** = chaudière *f.* à flamme directe.

– – –, **donkey** = chaudière *f.* auxiliaire.

– – –, **double** = bain-marie *m.* (Ust.).

– – –, **double-ended** = chaudière *f.* chauffée des deux bouts.

– – –, **double-flued** = chaudière *f.* cylindrique avec deux fourneaux intérieurs.

– – –, **double-shell** = chaudière *f.* à double paroi.

– – –, **double-story** = chaudière *f.* à fourneaux étagés.

– – –, **drop-flue** = chaudière *f.* à bouilleurs à retour de flamme.

– – –, **egg** = coquetière *f.* (Ust.).

– – –, **express** = chaudière *f.* aquatubulaire à petits tubes.

– – –, **fire-tube** = chaudière *f.* ignitubulaire, chaudière *f.* à tubes de fumée.

(boiler)

– – –, **fixed** = chaudière *f.* stationnaire.

– – –, **flash** = chaudière *f.* à vaporisation instantanée.

– – –, **flue** = chaudière *f.* à carneaux intérieurs.

– – –, **French** = chaudière *f.* à bouilleurs.

– – –, **heating, hot-water** = chaudière *f.* à eau chaude, chaudière de chauffage à eau chaude.

– – –, **heating, steam** = chaudière *f.* à vapeur, chaudière *f.* de chauffage à vapeur.

– – –, **high-pressure** = chaudière *f.* à haute pression.

– – –, **horizontal** = chaudière *f.* horizontale.

– – –, **locomotive** = chaudière *f.* à flamme directe.

– – –, **low-pressure** = chaudière *f.* à basse pression.

– – –, **main** = chaudière *f.* principale.

– – –, **marine** = chaudière *f.* marine.

– – –, **milk** = bain-marie *m.* (Ust.).

– – –, **multiple-deck** = chaudière *f.* multibouilleur.

– – –, **multiple-stage** = chaudière *f.* à étages.

– – –, **multitubular** = chaudière *f.* multitubulaire.

– – –, **portable** = chaudière *f.* roulante (C.).

– – –, **range** = réservoir *m.* à eau chaude (Ust.), chaudière *f.* de cuisine (Ust.).

– – –, **return-flame** = chaudière *f.* à retour de flamme.

– – –, **return-flue** = chaudière *f.* à retour de flamme.

– – –, **return-tube** = chaudière *f.* à retour de flamme.

– – –, **riveted** = chaudière *f.* rivée.

– – –, **round** = chaudière *f.* cylindrique.

– – –, **safety** = chaudière *f.* de sûreté.

– – –, **sectional** = chaudière *f.* sectionnelle, chaudière *f.* à petits éléments.

– – –, **sheet-flue** = chaudière *f.* à lames.

– – –, **single-ended** = chaudière *f.* ordinaire (c.-à-d. chauffée d'un seul bout).

– – –, **stationary** = chaudière *f.* fixe.

– – –, **steam** = chaudière *f.* à vapeur.

– – –, **steam, electric** = chaudière *f.* à vapeur électrique.

– – –, **steam, high-pressure** = chaudière *f.* à vapeur à haute pression.

– – –, **steam, horizontal** = chaudière *f.* horizontale.

– – –, **steam, low-pressure** = chaudière *f.* à vapeur à basse pression.

– – –, **steam, vertical** = chaudière *f.* à vapeur verticale.

– – –, **tube, inclined** = chaudière *f.* à tubes inclinés.

– – –, **tube-plate** = chaudière *f.* cloisonnée.

– – –, **tubular** = chaudière *f.* tubulaire.

– – –, **tubular, return** = chaudière *f.* tubulaire à retour de fumée.

– – –, **upper** = chaudière *f.* supérieure.

– – –, **upright** = chaudière *f.* verticale.

– – –, **wash** = cuve *f.* à lessive (Ust.).

– – –, **water, hot** = chaudière *f.* à eau chaude.

– – –, **water-tube** = chaudière *f.* à tubes d'eau, chaudière *f.* sectionnelle aquatubulaire.

boilers, twin = chaudières *f.p.* séparées ayant un coffre à vapeur commun.

boiling = ébullition *f.* **en** ébullition.

bole = bol *m.*, tronc *m.* (ou tige *f.*) (d'arbre).

bollard = poupée *f.* d'amarrage (Mar.), bitte *f.* de tournage (Mar.).

bolometer = bolomètre *m.*

bolster = traversin *m.*, coussinet *m.* (Méc.), matrice *f.* (Méc.), sous-longeron *m.* (B.), chapeau *m.* (de poteau), patin *m.*, sabot *m.* **embase *f.*** (d'un ciseau,

(bolster)

d'un couteau), contre-poinçon *m.*, perçoir *m.* (de forgeron).

– – –, **axle-tree** = sellette *f.* (de voiture) (Ch.d.f.).

– – –, **die** = porte-filière *m.*, filière *f.*, porte-matrice *m.*

bolt = foudre *f.*, éclair *m.*, boulon *m.*, cheville *f.*, pêne *m.* (de serrure), verrou *m.*, targette *f.*

– – –, **adapter** = boulon *m.* de montage.

– – –, **adjusting** = boulon *m.* de réglage.

– – –, **anchor(ing)** = boulon *m.* d'ancrage, boulon *m.* d'ancre, boulon *m.* de scellement (à picots).

– – – **and nut** = boulon *m.* et écrou *m.*

– – –, **assembling** = boulon *m.* d'assemblage.

– – –, **auger** = tarière *f.*, boulonnière *f.*

– – –, **balancing** = boulon *m.* d'équilibrage.

– – –, **barrel** = verrou *m.* à pêne rond.

– – –, **belt** = boulon *m.* pour courroies.

– – –, **bent** = verrou *m.* à queue.

– – –, **bevelled** = béquille *f.* (de serrure).

– – –, **blank** = boulon *m.* brut.

– – –, **brace** = boulon *m.* d'entretoise, boulon *m.* de lien.

– – –, **breech** = verrou *m.* (d'une arme à feu).

– – –, **button-head** = boulon *m.* à tête en goutte-de-suif.

– – –, **cane** = verrou *m.* à bec-de-cane (B.).

– – –, **cap** = boulon *m.* à chapeau.

– – –, **capstan** = boulon *m.* à trous.

– – –, **carriage** = boulon *m.* ordinaire, boulon *m.* de carrosserie.

– – –, **casement** = crémone *f.*

– – –, **catch** = loquet *m.*, vis *f.* de blocage du toc, verrou *m.* d'entraînement.

– – –, **chain** = targette *f.* loqueteau, pêne *m.* à ressort (B.), boulon *m.* de chaîne.

– – –, **check** = boulon *m.* d'arrêt, boulon *m.* de retenue.

– – –, **cinch** = boulon *m.* d'ancrage, boulon *m.* de serrage, goupille *f.* conique à queue filetée, boulon *m.* de scellement à picots.

– – –, **clamp** = boulon *m.* de serrage, boulon *m.* d'assemblage.

– – –, **clinch** = cheville *f.* clavetée sur virole.

– – –, **clutch** = cheville *f.* d'embrayage (Auto.).

– – –, **common** = boulon *m.* ordinaire.

– – –, **connecting** = boulon *m.* de raccordement, boulon *m.* d'assemblage.

– – –, **corner** = boulon *m.* de coin.

– – –, **cotter** = boulon *m.* à clavette.

– – –, **countersunk** = boulon *m.* à tête perdue, prisonnier *m.*, boulon *m.* à tête fraisée.

– – –, **countersunk-head** = boulon *m.* à tête fraisée, prisonnier *m.*, boulon *m.* à tête perdue.

– – –, **contersunk-head, round** = boulon *m.* à tête goutte-de-suif.

– – –, **coupling** = boulon *m.* d'attelage, goujon *m.* de tendeur.

– – –, **crab** = boulon *m.* d'ancrage passant.

– – –, **cremone** = crémone *f.*

– – –, **cubicle** = verrou *m.* d'alcôve.

– – –, **dead** = pêne *m.* dormant.

– – –, **distance** = boulon *m.* d'écartement.

– – –, **distance-sink** = boulon *m.* d'entretoisement.

– – –, **door** = verrou *m.* de porte.

(bolt)

- - -, **door, flat** = verrou *m*. pêne plat pour porte.
- - -, **door, square** = verrou *m*. pêne carré pour porte.
- - -, **dormant** = pêne *m*. dormant.
- - -, **drag** = boulon *m*. d'attelage.
- - -, **draw** = boulon *m*. d'attelage.
- - -, **drift** = chasse-boulon *m*.
- - -, **drive** = chasse-boulon *m*.
- - -, **driving** = boulon *m*. d'entraînement, repoussoir *m*.
- - -, **drop** = prisonnier *m*.
- - -, **eccentric** = boulon *m*. d'excentrique.
- - -, **espagnolette** = espagnolette *f*.
- - -, **expansion** = boulon *m*. de scellement.
- - -, **eye** = boulon *m*. à oeil, piton *m*. à écrou.
- - -, **eye, nut** = boulon *m*. à tige taraudée.
- - -, **eye, screw** = piton *m*. à vis, piton *m*.
- - -, **fang** = boulon *m*. avec écrou à ergots, boulon *m*. de scellement.
- - -, **fastening** = crémone *f*. (de fenêtre), boulon *m*. de fixation.
- - -, **feather-head** = boulon *m*. à ergot.
- - -, **fish** = boulon *m*. d'éclisse (Ch.d.f.).
- - -, **fitted** = boulon *m*. ajusté.
- - -, **fixing** = boulon *m*. de fixation.
- - -, **flat** = targette *f*.
- - -, **flat-head** = boulon *m*. à tête plate.
- - -, **flush** = boulon *m*. à tête noyée.
- - -, **foot** = targette *f*. à pied, verrou *m*. à pied.
- - -, **forelock** = boulon *m*. à goupille.
- - -, **forged** = boulon *m*. forgé.
- - -, **foundation** = tire-fond *m*.
- - -, **frame** = goujon *m*.
- - -, **garnish** = boulon *m*. à tête chanfreinée.
- - -, **gland** = boulon *m*. de presse-étoupe.
- - -, **guide** = tige *f*. de guidage.
- - -, **head** = boulon *m*. à tête.
- - -, **headless** = vis *f*. sans tête.
- - -, **hexagonal** = boulon *m*. à six pans.
- - -, **hexagonal-head** = boulon *m*. à six pans.
- - -, **hinge** = pivot *m*. de charnière, tourillon *m*., axe *m*. de charnière.
- - -, **hold-down** = boulon *m*. de fixation.
- - -, **holding** = boulon *m*. d'assemblage, boulon *m*. de fixation.
- - -, **holding-up** = boulon *m*. d'assemblage.
- - -, **hook** = crampon *m*. fileté, boulon *m*. à croc, boulon-crochet *m*.
- - -, **hub** = fusée *f*., boulon *m*. de moyeu.
- - -, **in and out** = boulon *m*. passant, boulon *m*. traversant de part en part.
- - -, **iron** = cheville *f*. en fer.
- - -, **jag** = boulon *m*. de scellement, boulon *m*. à entailles.
- - -, **jagged** = boulon *m*. à entailles, boulon *m*. de scellement.
- - -, **joint** = boulon *m*. d'articulation, boulon *m*. de jonction.
- - -, **keep** = boulon *m*. de chapeau (de palier).
- - -, **key** = boulon *m*. à clavette.
- - -, **king** = cheville *f*. ouvrière, pivot *m*. central, axe *m*. de pivotement (Auto.).
- - -, **lag** = tire-fond *m*.
- - -, **latch** = verrou *m*. de serrure, pêne *m*. ½ tour.

(bolt)

- - -, **lavatory** = verrou *m*. pour W.C. (comprenant disque indicateur automatique « Libre » et « Occupé »).
- - -, **lock** = boulon *m*. de retenue, pêne *m*. (de serrure).
- - -, **locking** =boulon *m*. de blocage, boulon *m*. de serrage.
- - -, **loose-head** = boulon *m*. à tête mobile.
- - -, **lug** = boulon *m*. à collet, boulon *m*. en V.
- - -, **machine** = boulon *m*. mécanique, boulon *m*. décolleté.
- - -, **machine, countersunk-head** = boulon *m*. mécanique à tête fraisée.
- - -, **main** = cheville *f*. ouvrière.
- - -, **mortise** = verrou *m*. à entailler.
- - -, **mushroom-head** = boulon *m*. à tête en goutte-de-suif.
- - -, **neck** = verrou *m*. coudé.
- - -, **nut** = boulon *m*. à écrou.
- - -, **nut, ring** = anneau *m*. d'amarrage à écrou.
- - - **of a lock** = pêne *m*. d'une serrure.
- - -, **packing** = boulon *m*. de serrage (d'un presse-étoupe).
- - -, **panic** = verrou *m*. « coup de poing » (des issues d'une salle), V. « bar, panic ».
- - -, **passing** = boulon *m*. passant, boulon *m*. traversant.
- - -, **pivot** = cheville *f*. ouvrière.
- - -, **plate, fish-** = boulon *m*. d'éclisse.
- - -, **plough** = boulon *m*. de charrue.
- - -, **pointed** = cheville *f*. à bout pointu.
- - -, **queen** = faux poinçon *m*. (d'une ferme) (B.).
- - -, **rag** = boulon *m*. de scellement, cheville *f*. barbelée, cheville *f*. dentelée.
- - -, **reamed** = boulon *m*. ajusté.
- - -, **rib** = boulon *m*. à blocage automatique.
- - -, **ring** = anneau *m*. à fiche, boulon *m*. à oeil.
- - -, **rod, connecting-** = boulon *m*. de bielle.
- - -, **round-head** = boulon *m*. à tête ronde.
- - -, **round-head, slotted** = boulon *m*. à tête ronde fendue.
- - -, **safety** = targette *f*. de sûreté (B.).
- - -, **sash** = loqueteau *m*. (de fenêtre).
- - -, **screw** = boulon *m*. fileté, boulon *m*. à vis.
- - -, **security** = boulon *m*. de sécurité.
- - -, **self-locking** = boulon *m*. à autoserrage.
- - -, **set** = prisonnier *m*, goujon *m*.
- - -, **shackle** = cheville *f*. d'assemblage, axe *m*. de ressort (Auto.), boulon *m*. à chape.
- - -, **shake-proof** = boulon *m*. indesserrable.
- - -, **shingle** = bille *f*. (ou billette *f*.) à bardeau.
- - -, **sleigh-shoe** = boulon *m*. pour patins de traîneau.
- - -, **sliding** = pêne *m*. à coulisse (d'une serrure), targette *f*.
- - -, **slip** = verrou *m*. à platine.
- - -, **small** = targette *f*.
- - -, **snap** = verrou *m*. à ressort.
- - -, **snubbing** = boulon *m*. élastique stabilisateur.
- - -, **spare** = boulon *m*. de rechange.
- - -, **spring** = verrou *m*. à ressort, boulon *m*. d'assemblage de ressort (Auto.), pêne *m*. à ressort.
- - -, **spring, window** = verrou-tirette *m*. à ressort pour châssis.

(bolt)

– – –, **square-head** = boulon *m*. à tête carrée.
– – –, **standing** = boulon *m*. prisonnier.
– – –, **starting** = repoussoir *m*.
– – –, **stay** = boulon *m*. d'entretoise, boulon *m*. d'ancrage, tirant *m*. entretoise *f*. (pour les chaudières).
– – –, **steel** = boulon *m*. en acier.
– – –, **stirrup** = étrier *m*. à vis.
– – –, **stone** = boulon *m*. de scellement.
– – –, **stop** = boulon *m*. d'arrêt, cheville *f*. d'arrêt.
– – –, **stove** = vis *f*. à métaux, boulon *m*. à métal.
– – –, **strap** = étrier *m*., armature *f*. de charpente.
– – –, **stripped** = boulon *m*. foiré.
– – –, **stud** = goujon *m*. prisonnier, boulon *m*. d'ancrage, goujon *m*. prisonnier *m*.
– – –, **stud, blind** = prisonnier *m*. borgne.
– – –, **stud, cotter** = prisonnier *m*. à clavette.
– – –, **surface** = verrou *m*. sur platine.
– – –, **swing** = boulon *m*. articulé, rotule *f*.
– – –, **swivel** = boulon *m*. à émerillon.
– – –, **T** = boulon *m*. à T.
– – –, **T-head** = boulon *m*. à tête de gendarme.
– – –, **tap** = boulon *m*. taraudé.
– – –, **taper** = boulon *m*. conique.
– – –, **threaded** = boulon *m*. fileté.
– – –, **threading** = boulon *m*. de décolletage.
– – –, **through** = boulon *m*. traversant, boulon *m*. passant, boulon *m*. à vis, boulon *m*. d'assemblage.
– – –, **thumb** = boulon *m*. à oreilles.
– – –, **thunder** = coup *m*. de foudre.
– – –, **tie** = tirant *m*., traverse *f*., boulon *m*. d'entretoise.
– – –, **tire** = boulon *m*. de roue.
– – –, **to** = boulonner, cheviller, goujonner, verrouiller, bluter ou tamiser (la farine).
– – –, **toggle** = boulon *m*. de scellement, crampon *m*. métallique, crampon *m*. avec segment basculant.
– – –, **tommy** = boulon *m*. à clavette.
– – –, **top** = vis *f*. à tête.
– – –, **track** = boulon *m*. d'éclisse (Ch.d.f.).
– – –, **turned** = boulon *m*. tourné, boulon *m*. fini au tour.
– – –, **U** = agrafe *f*. filetée, bride *f*. à écrous, étrier *m*.
– – –, **wedge** = clavette *f*. de serrage.
– – –, **window** = verrou *m*. de fenêtre.
– – –, **wing** = boulon *m*. à oreilles.
– – – **with nut** = boulon *m*. avec écrou *m*.
bolted-on = boulonné.
bolter = blutoir *m*., tamis *m*., bluteau *m*., sas *m*.
bolting = tamisage *m*., sassage *m*., boulonnage *m*., goujonnage *m*., verrouillage *m*.
bomb = bombe *f*.
– – –, **A** = bombe *f*. atomique.
– – –, **atom** = bombe *f*. atomique.
– – –, **H** = bombe *f*. à hydrogène, bombe *f*. H.
– – –, **incendiary** = bombe *f*. incendiaire.
– – –, **tear-gas** = bombe *f*. lacrymogène.
– – –, **time** = bombe *f*. à retardement.
bombard, to = bombarder.
bombardment = bombardement *m*.
bona fide = (vendeur *m*.) de bonne foi, (offre *f*.) sérieuse (adj.).
bond = éclisse *f*. (Ch.d.f.), connexion *f*. (E.), adhérence *f*. (des barres d'armature dans le béton), liant *m*.

(bond)

(B.), agglomérant *m*. (B.), lien *m*. (B.), raccord *m*. (E.), assemblage *m*., joint *m*., appareil *m*. (c.à-d. façon de superposer les briques), liaison *f*. (de pierres), obligation *f*. (du Trésor), attache *f*. (E.).
– – –, **American** = appareil *m*. à l'américaine (panneresses avec une assise de boutisses toutes les cinq ou six assises).
– – –, **bank** = caution *f*. bancaire.
– – –, **chain** = lien *m*. à chaîne (dans un mur) (B.).
– – –, **chimney** = appareil *m*. de cheminée.
– – –, **clip** = appareil *m*. de dent de chien.
– – –, **common** = appareil *m*. ordinaire (c.-à-d. maçonnerie où toutes les briques sont en panneresse).
– – –, **continuity** = liaison *f*. de continuité (dans les canalisations).
– – –, **cross-** = éclisse *f*. transversale (reliant les rails de tramway).
– – –, **decorative** = appareil *m*. décoratif.
– – –, **diagonal** = appareil *m*. en épi.
– – –, **drainage** = connexion *f*. de drainage (Tp. E.).
– – –, **Dutch** = appareil *m*. à l'hollandaise.
– – –, **English** = appareil *m*. à l'anglaise (c.-à-d. maçonnerie formée d'assises alternées de panneresses et de boutisses).
– – –, **English cross** = appareil *m*. anglais croisé, appareil *m*. à l'anglaise croisé.
– – –, **facing** = appareil *m*. de parement (consistant principalement en panneresses).
– – –, **Flemish** = appareil *m*. à la flamande (maçonnerie dont toutes les assises sont constituées de panneresses et boutisses alternées), appareil *m*. flamand.
– – –, **garden-wall** = appareil *m*. de mur de jardin.
– – –, **header** = appareil *m*. par boutisses.
– – –, **heading** = appareil *m*. de boutisses.
– – –, **herring-bone** = appareil *m*. en épi.
– – –, **mechanical** = cohésion *f*. due à la seule compression.
– – –, **monk** = appareil *m*. à la flamande modifié.
– – –, **polygonal** = appareil *m*. polygonal.
– – –, **quarry-stone** = appareil *m*. de moellons bruts.
– – –, **quarter** = appareil *m*. au quart (c.-à-d. fait avec un closoir de 2¼ pouces).
– – –, **rail** = éclisse *f*. (Ch.d.f.), connexion *f*. électrique des rails (de tramway), câble *m*. de liaison de rails (Ch.d.f.)
– – –, **raking** = appareil *m*. rampant.
– – –, **random** = appareil *m*. tout-venant.
– – –, **rat-trap** = appareil *m*. à ratière (c.-à-d. chaque assise est alternativement composée de boutisses ou de panneresses).
– – –, **security** = cautionnement *m*., bon *m*. de garantie.
– – –, **split** = appareil *m*. en panneresses fendues en long.
– – –, **stretching** = appareil *m*. en panneresses.
– – –, **surety** = cautionnement *m*.
– – –, **to** = lier ou enlier (des briques, des pierres), liaisonner (un mur en maçonnerie), éclisser (des rails) (Ch.d.f.).
– – –, **wrought-iron** = frette *f*. en fer forgé.
bonded = en entrepôt, en douane, entreposé, (dette *f*.) garantie par obligations, (maçonnerie *f*.) en liaison.
bonder = parpaing *m*., boutisse *f*., pierre *f*. en boutisse.
bonding = pose *f*. des connexions, connexion *f*., rac-

(bonding)

cord m., lien m., liaison f. (de pierres, électrique), mise f. à la masse (Auto.), assemblage m. des poutres, appareillage m. (B.).

– – –, **quoin** = appareil m. d'angle.

bonnet = capot. m. du moteur (Auto.), chapeau m., pare-étincelles m. (de locomotive), couvercle m. ou tête f. (de soupape), boîte f., capot m. (d'un évent) (B.).

– – –, **tapered** = capot m. en coupe-vent (Auto.).

bonus = prime f. (de vie chère), gratification f. (au personnel d'une entreprise), boni m.

book = livre m. (de lecture, d'étude), registre m. (de comptabilité, d'un hôtel), recueil m. (de chansons), (valeur f., coût m.) comptable (adj.).

– – –, **bound** = livre m. relié.

– – –, **bound, case** = livre m. cartonné.

– – –, **cheque** = carnet m. de chèques, chéquier m.

– – –, **cook (ery)** = livre m. de recettes (Ust.), livre m. de cuisine (Ust.).

– – –, **copy** = cahier m. d'écriture.

– – –, **data** = recueil m. de données.

– – –, **dog-eared** = livre m. écorné.

– – –, **hand** = V. « handbook ».

– – –, **instruction** = manuel m. d'entretien (Auto.), livret m. d'instructions (Auto.).

– – –, **instruction, erecting** = livre m. d'instructions de montage.

– – –, **log** = carnet m. d'écoute (Tp.), carnet m. de route (Auto.), livre m. de vol (Av.).

– – –, **needle** = sachet m. à aiguilles (Ust.).

– – –, **note** = calepin m., carnet m.

– – –, **pass** = livret m. de banque.

– – –, **process** = manuel m. de fabrication.

– – –, **road** = carnet m. de route (Auto.).

– – –, **sales** = livre m. de vente, livre m. de commande.

– – –, **telephone** = annuaire m. du téléphone, annuaire m. téléphonique.

– – –, **text** = manuel m.

– – –, **thumb-indexed** = livre m. à onglets.

– – –, **time** = registre m. de présence.

– – –, **year** = annuaire m.

bookbinder = relieur m. (O.).

bookbindery = atelier m. de reliure.

bookbinding = reliure f.

bookcase = bibliothèque f.

booking = enregistrement m., inscription f., réservation f. (des places), location f. (des billets), demande f. (de communication) (Tp.), inscription f. d'une demande (de communication) (Tp.).

booklet = livret m., brochure f.

bookseller = libraire m.

bookshop = librairie f.

boom = estacade f. flottante, barrage m. (d'un estuaire), flèche f. ou volée f. (d'une pelle, d'une grue), mât m. de charge, perche f. (pour consolider), membrure f. (d'une poutre), antenne f. (R.).

– – –, **goose-neck** = flèche f. en col de cygne.

– – –, **mike** = girafe f. (Tv.).

– – – **of logs** = train m. de bois.

– – –, **trolley** = perche f. de trolley.

boomer = haut-parleur m. pour fréquences basses (R.).

boost, to = élever ou augmenter (les prix), survolter (E.), remonter (le courage), mettre les gaz (Av.),

(boost)

gaver (un moteur) (Av.), surpresser (une canalisation d'eau), pousser (un moteur, une voiture) (Auto.).

booster = survolteur m. (E.), dynamo f. auxiliaire (E.), relais m. (E.), servomécanisme m. (Méc., Auto.), batterie f. de secours (Auto.), batterie f. d'appoint (Auto.), surpresseur m. (dans un oléoduc) (Mi., H.), accélérateur m. (c.-à-d. moteur auxiliaire) (Av.), renforçateur m. (dans un détergent) (Ust.).

– – –, **antenna** = amplificateur m. d'antenne.

– – –, **differential** = survolteur m. différentiel.

– – –, **feeder** = survolteur m. d'artère.

– – –, **negative** = dévolteur m.

– – –, **negative, positive-** = dévolteur-survolteur m.

– – –, **positive** = survolteur m.

– – –, **positive and negative** = survolteur-dévolteur m. (E.).

– – –, **positive-displacement** = surpresseur m. volumogène.

– – –, **reversible** = survolteur-dévolteur m.

– – –, **rotary** = surpresseur m. à pistons rotatifs.

– – –, **rotary, blade-type** = surpresseur m. à palettes.

– – –, **starter** = aide-démarrage m.

– – –, **sucking** = dévolteur m.

– – –, **turbo-** = turbocompresseur m.

boot = gaîne f., protecteur m., botte f., enveloppe f., guêtre f., coffre m. à bagages (Auto.) (Angleterre).

– – –, **hook-on** = manchon-guêtre m.

– – –, **lace-on** = guêtre f., manchon-corset m.

booth = cabine f.

– – –, **phone** = cabine f. téléphonique.

– – –, **telephone** = cabine f. téléphonique.

– – –, **telephone, public** = cabine f. téléphonique publique.

– – –, **telephone, public, outdoor** = cabine f. téléphonique extérieure.

– – –, **toll** = kiosque m. de péage, péage m.

borax = borax m.

border = bord m., collet m., encadrement m. (d'un tableau), frontière f. (d'un pays), bordure f.

– – –, **grass** = plate-bande f.

– – –, **lawn** = grille f. légère pour bordure de pelouse.

– – –, **to** = border.

bore = calibre m. (d'un tuyau), alésage m. (d'un cylindre), âme f. (du canon d'une arme à feu), trou m. de sonde, alésage m.

– – –, **armature** = entrefer m. (E.).

– – –, **axle** = alésage m. de l'essieu (Méc.).

– – –, **bearing** = trou m. de palier, alésage m. de palier.

– – –, **choke** = étranglement m. (du canon d'un fusil), choke-bore m.

– – –, **counter-** = alésoir m., mèche f. d'alésage.

– – –, **cylinder** = alésage m. du cylindre.

– – –, **hub** = alésage m. du moyeu.

– – –, **rifled** = âme f. rayée (d'un canon).

– – –, **smooth** = âme f. lisse (d'un canon).

– – –, **straight** = alésage m. cylindrique.

– – –, **taper** = alésage m. conique.

– – –, **to** = trouer, forer, creuser, foncer (un puits), percer au foret, aléser.

– – –, **to counter-** = réaléser, agrandir (un trou).

– – –, **to rough-** = ébaucher l'alésage, faire un alésage d'ébauche.

– – –, **wind** = crépine f. d'aspiration (d'une pompe).

(bottom)

borer = appareil *m.* de perforation, instrument *m.* à percer, perforatrice *f.*, tarière *f.*, foret *m.*, barre *f.* à mine, sonde *f.*, foreur (de puits) (O.), perceur *m.* (O.).
– – –, **breast** = vilebrequin *m.*, foret *m.* à arçon.
– – –, **bung** = bondonnière *f.*, foret *m.*
– – –, **core** = mèche *f.* annulaire.
– – –, **earth** = tarière *f.*
– – –, **expanding** = foret *m.* à mèche expansible.
– – –, **finishing** = adoucisseur *m.*
– – –, **long** = esseret *m.*, alésoir *m.*
– – –, **percussion** = barre *f.* de mine.
– – –, **slot** = esseret *m.*
– – –, **tap** = foret *m.*, tarière *f.*, bondonnière *f.*
boring = alésage *m.*, perçage *m.*, forage *m.*, trou *m.*, sondage *m.*, alésures *f.p.*
– – – **by means of rods** = sondage *m.* à tige rigide.
– – –, **contract** = forage *m.* à l'entreprise.
– – –, **core** = carottage *m.*
– – –, **counter-** = contre-alésage *m.*
– – –, **earth** = sondage *m.*
– – –, **exploratory** = sondage *m.* d'exploration.
– – –, **funicular** = sondage *m.* à la corde.
– – –, **percussion** = forage *m.* par percussion.
– – –, **rope** = sondage *m.* à la corde.
– – –, **rotary** = sondage *m.* par rotation.
– – –, **rough** = alésage *m.* d'ébauche.
– – –, **test** = sondage *m.*
– – –, **trial** = sondage *m.*
– – –, **wash** = forage *m.* à la lance.
– – –, **well** = forage *m.* de puits.
boron = bore *m.*
borrow = emprunt *m.* (de terre).
– – –, **to** = faire un emprunt.
B. of S. = V. « bill of sale ».
boshes = étalages *m.p.* (d'un haut fourneau).
boss = bossage *m.*, épaulement *m.*, bosse *f.*, moyeu *m.*, mamelon *m.*, contremaître *m.* (O.), le patron (O.), chef *m.* de chantier (O.).
– – –, **centre** = moyeu *m.*
– – –, **continuous** = moyeu *m.* traversant.
– – –, **crank** = moyeu *m.* de manivelle, tourteau *m.*
– – –, **crank-case** = bossage *m.* du carter.
– – –, **drilled** = bossage *m.* percé.
– – –, **end** = moyeu *m.* d'extrémité.
– – –, **screw** = moyeu *m.* d'hélice.
– – –, **wheel** = moyeu *m.* de roue.
botch, to = rafistoler.
botcher = gâcheur *m.*, bousilleur *m.*, gâte-pâte *m.*
bottle = bouteille *f.*, flacon *m.*
– – –, **acid** = bouteille *f.* pour acides.
– – –, **baby** = biberon *m.* (Ust.).
– – –, **carbon** = capsule *f.* de microphone (Tp.).
– – –, **gas, acetylene** = bouteille *f.* à gaz acétylène.
– – –, **hot-water** = bouillotte *f.* (Ust.).
– – –, **screw-cap** = flacon *m.* à couvercle vissé.
– – –, **steel** = bouteille *f.* en acier.
– – –, **thermos** = thermos *f.* (Ust.), bouteille *f.* isolante (Ust.).
– – –, **water** = carafe *f.*
– – –, **water, rubber** = bouillotte *f.* souple en caoutchouc (Ust.).
bottom = fond *m.* (d'un puits, d'un tonneau, d'une rivière), bas *m.* (d'une page, d'un escalier), dessous

m. (d'un objet), base *f.* (d'une montagne), semelle *f.* (d'un empattement), assiette *f.* (d'une chaussée), sommier *m.* (d'un coffrage à béton), partie *f.* inférieure, sol *m.* (d'un coffre à bagages) (Auto.), sole *f.* (d'un four).
– – –, **blind** = plancher *m.* amovible.
– – –, **cylinder** = fond *m.* du cylindre.
– – –, **dished** = fond *m.* bombé (d'un réservoir).
– – –, **double** = double fond.
– – –, **gravel** = fond *m.* de gravier (Mar.).
– – –, **muddy** = fond *m.* de vase (Mar.).
– – – **of a ship** = carène *f.* d'un navire.
– – – **of thread** = racine *f.* de filet, fond *m.* de filet.
– – – **of trench** = fond *m.* de la tranchée.
– – –, **rock** = fond *m.* rocheux.
– – –, **sandy** = fond *m.* de sable (Mar.).
bottomed, flat- = à fond plat.
bottoming = empierrement *m.* (d'un chemin), assise *f.* empierrée, fonçage *m.* (d'un tonneau), butée *f.* (du piston) (Méc.), limitation *f.* absolue (E.).
bottomless = sans fond.
boucherization = injection *f.*, imprégnation *f.* des poteaux par le procédé Boucher.
boudoir = boudoir *m.*
boulder = galet *m.*, caillou *m.*, gros galet.
boulevard = boulevard *m.*
bound = (bateau) en partance pour, fretté, lié, retenu, (livre *m.*) relié, V. « bind, to ».
– – –, **cloth** = (livre *m.*) relié pleine toile (Imp.).
– – –, **full** – – **in morocco** = relié en plein maroquin.
– – –, **half** – – – **in morocco** = relié en demi-maroquin à coins.
– – – **in boards** = cartonné (Imp.).
– – – **in cloth** = relié toile (Imp.).
– – –, **paper** = broché (Imp.).
– – –, **quarter** = demi-reliure *f.*
– – –, **quarter** – – – **in morocco** = relié en demi-maroquin.
– – –, **whole** = reliure *f.* pleine (Imp.).
boundary = limite *f.*, bornes *f.p.* ou bornage *m.* (d'un terrain), frontière *f.*
– – –, **base rate** = limite *f.* du secteur à tarif de base (Tp.).
bow = arçon *m.* (I.), bras *m.*, branche *f.* (de cadenas), anneau *m.* (de clé), saillie *f.* (d'une fenêtre), cadre *m.* (de scie), archet *m.* (de prise de courant), arc *m.*, étrave *f.* ou avant *m.* ou proue *f.* (d'un navire) (Mar.).
– – –, **drill** = archet *m.* de foret, archet *m.*
– – – **of a brace** = manivelle *f.* d'un vilebrequin.
– – –, **sliding** = archet *m.* de prise de courant (E.).
– – –, **to** = courber, se gauchir, se courber, se gondoler, se voiler.
bowing = cambrure *f.* (d'une solive) (B.).
bowl = bassin *m.*, godet *m.*, bol *m.*
– – –, **carburetor** = cuve *f.* du carburateur.
– – –, **closet, water-** = cuvette *f.* (d'aisances) (S.).
– – –, **glass** = bol *m.* en verre.
– – –, **hand** = V. « bowl, wash ».
– – –, **mixing** = mélangeoir *m.* (Ust.), bol *m.* à mélanger (Ust.), bassine *f.* (de pâtissier).
– – –, **pump** = cuvette *f.* de pompe.
– – –, **sediment** = cloche *f.* de décantage (Auto.).

box 51 box

(bowl)

– – –, **soup** = bol *m*. à soupe (Ust.).

– – –, **sugar** = sucrier *m*. (Ust.).

– – –, **toilet** = cuvette *f*. (d'aisances) (S.).

– – –, **wash** = cuvette *f*. (Ust.), bassine *f*., (Ust.), cuvette *f*. de lavabo, lavabo *m*.

box = boîte *f*., coffre *m*., cuve *f*., bac *m*., moyeu *m*., bobine *f*. (de foret), coffret *m*., étui *m*., boîtier *m*., corps (de pompe), palastre *m*., boisseau *m*. (de robinet), châssis (de fonderie), stalle *f*. (Agr.), carton *m*. (à chapeau, de bureau), cassetin *m*. (Imp.).

– – –, **accessory** = coffret *m*. à accessoires.

– – –, **accumulator** = bac *m*. d'accumulateur (E.).

– – –, **adapter** = boîte *f*. de jonction (E.).

– – –, **admission** = chapelle *f*. de soupape d'admission (Méc.).

– – –, **air** = boîte *f*. à vent.

– – –, **alarm** = avertisseur *m*. d'incendie.

– – –, **alarm, fire-** = avertisseur *m*. d'incendie.

– – –, **ash** = cendrier *m*.

– – –, **ash, boiler** = cendrier *m*. de chaudière.

– – –, **axle** = boîte *f*. d'essieu, boîte *f*. à graisse (d'essieu).

– – –, **bearing** = palier *m*. (Méc.).

– – –, **bifurcating** = raccord *m*. à dérivation (E.), coffret *m*. de dérivation (E.).

– – –, **brass** = boîte *f*. en laiton.

– – –, **brush** = douille *f*. de balai (E.).

– – –, **cable** = boîte *f*. de jonction de câble (E.), boîte *f*. de jonction (E.).

– – –, **call** = cabine *f*. téléphonique, poste *m*. (téléphonique) d'appel.

– – –, **cam** = boîte *f*. à cames.

– – –, **cardboard** = carton *m*.

– – –, **cascade** = boîte *f* à relais.

– – –, **case-hardening** = pot *m*. de cémentation.

– – –, **cash** = caisse *f*., cassette *f*.

– – –, **casting** = châssis *m*. de moulage.

– – –, **cell** = bac *m*. de piles (E.).

– – –, **centre** = douille *f*. au milieu du té (d'une machine à vapeur).

– – –, **clack** = chapelle *f*. de soupape, boîte *f*. à clapets.

– – –, **clapper** = clapet *m*. de porte-outil (d'un étau-limeur), battant *m*. de porte-outil.

– – –, **clutch** = manchon *m*. d'embrayage.

– – –, **coin** = boîte *f*. aux sous (Tp.).

– – –, **coin, prepayment** = appareil *m*. à paiement préalable (Tp.), appareil *m*. à prépaiement (Tp.).

– – –, **conduit** = boîte *f*. de dérivation (E.).

– – –, **conduit, angle** = boîte *f*. de dérivation d'angle (E.).

– – –, **connecting** = boîte *f*. de raccordement (Tp.).

– – –, **connection** = boîte *f*. de jonction (Tp.).

– – –, **connection, house** = boîte *f*. de jonction domestique (Tp., E.).

– – –, **contact** = boîte *f*. de contact (E.).

– – –, **control** = boîte *f*. de manoeuvre, boîte *f*. de réglage.

– – –, **core** = boîte *f*. à noyau.

– – –, **coupling** = boîte *f* d'accouplement, boîte *f*. de jonction, manchon *m*. d'accouplement.

– – –, **coupling, clutch** = manchon *m*. d'accouplement (Méc.).

– – –, **coupling, friction** = manchon *m*. à friction.

(box)

– – –, **coupling, screw** = manchon *m*. à vis, manchon *m*. d'accouplement fileté.

– – –, **crossing** = boîte *f*. de croisement (Tp.).

– – –, **cut-out** = boîte *f*. de coupe-circuit (E.), coffret *m*. de coupe-circuit (E.).

– – –, **disconnecting** = boîte *f*. de coupure (E.).

– – –, **distributing** = boîte *f*. (ou coffret *m*.) de distribution (E.), boîte *f*. (ou coffret *m*.) de dérivation (E.), boîte *f*. (ou coffret *m*.) de branchement (E.), boîte *f*. à vapeur (Méc.).

– – –, **distribution** = boîte *f*. de distribution (E.), boîte *f*. de dispersion (E.), coffret *m*. de connexion (des câbles).

– – –, **dividing** = boîte *f*. de dérivation (E.).

– – –, **draw-in** = aspirail *m*. regard *m*.

– – –, **drawing** = boîte *f*. de tirage (Tp.).

– – –, **echo** = cavité *f*. résonante.

– – –, **egg** = boîte *f*. d'expédition (pour les oeufs).

– – –, **exhaust** = silencieux *m*. (Auto.), pot *m*. d'échappement (Méc.).

– – –, **feed** = boîte *f*. d'alimentation.

– – –, **feeder** = boîte *f*. d'artère (E.).

– – –, **fire** = chambre *f*. de combustion (d'une locomotive), foyer *m*., boîte *f*. à feu.

– – –, **fire, boiler** = foyer *m*. de chaudière.

– – –, **first-aid** = trousse *f*. de pansement, boîte *f*. de secours de première urgence.

– – –, **floor** = boîte *f*. de parquet (E.).

– – –, **folding** = carton *m*. pliant.

– – –, **flower** = caisse *f*. (ou bac *m*.) à fleurs (B.).

– – –, **fuse** = boîte *f*. des fusibles (E.).

– – –, **gauge** = puits *m*. de mesure (H.).

– – –, **gear** = carter *m*. (Méc.), boîte *f*. de changement de vitesse (Auto.), boîte *f*. d'engrenages (Auto.).

– – –, **gear, change-speed** = boîte *f*. de vitesses (Auto.), boîte *f*. de changement de vitesse (Auto.).

– – –, **gear, differential** = boîte *f*. de différentiel (Auto.).

– – –, **gear, reduction** = carter *m*. de démultiplicateur (Auto.).

– – –, **gear, silent-mesh** = boîte *f*. de vitesses à engrènements silencieux (Auto.).

– – –, **gear, speed** = boîte *f*. de changement de vitesse (Méc.), boîte *f*. de vitesses (Auto.).

– – –, **gear, steering** = boîte *f*. (ou boîtier *m*.) de la direction (Auto.).

– – –, **gear, synchromesh** = boîte *f*. de vitesses synchronisées (Auto.).

– – –, **gear, synchromesh, fully, silent** = boîte *f*. de vitesses toutes synchronisées et silencieuses (Auto.).

– – –, **graining** = tournette *f*. (Imp.).

– – –, **grease** = boîte *f*. à graisse (Ch.d.f.).

– – –, **head** = bac *m*. de tête (Pap.).

– – –, **hell** = boîte *f*. à défets (Imp.).

– – –, **ice** = glacière *f*., sorbetière *f*. (Ust.).

– – –, **inspection** = boîte *f*. de visite (de canalisation de câbles) (Tp.).

– – –, **jewel** = écrin *m*., coffret *m*. à bijoux.

– – –, **journal** = palier *m*. (Méc.), boîte *f*. des coussinets (Méc.).

– – –, **junction** = boîte *f*. de jonction (Tp.), boîte *f*. de dérivation (E.), boîte *f*. de raccordement (Tp.).

– – –, **junction, Y** = boîte *f*. de jonction à bifurcation (E., Tp.).

box 52 brace

(box)

– – –, **jury** = banc *m*. des jurés.
– – –, **leading-in** = boîte *f*. de raccordement.
– – –, **letter** = boîte *f*. aux lettres.
– – –, **lock** = boîte *f*. fermant à clé.
– – –, **lower** – – – **of a pump** = chopine *f*. d'une pompe.
– – –, **mail** = boîte *f*. aux lettres.
– – –, **metal** = boîte *f*. métallique.
– – –, **metering** = bassin *m*. jaugeur (Pap.).
– – –, **mitre** = boîte *f*. à onglets.
– – –, **money** = cassette *f*., tirelire *f*.
– – –, **mortar** = auge *f*. à mortier.
– – –, **moulding** = châssis *m*. à mouler.
– – –, **nave** = boîte *f*. de roue.
– – – **of a wheel** = moyeu *m*. d'une roue, boîte *f*. de l'essieu.
– – – **of gear** = carter *m*. (Méc.).
– – –, **oil** = godet *m*. à huile, boîte *f*. à graisse, godet *m*. graisseur.
– – –, **outlet** = boîte *f*. de sortie (E.).
– – –, **outlet, gang** = boîte *f*. de groupe de sorties (E.).
– – –, **packing** = presse-étoupe *m*. (Méc.).
– – –, **pedestal** = boîte *f*. des coussinets (Méc.).
– – –, **pencil** = plumier *m*.
– – –, **phone** = V. « box, telephone ».
– – –, **pivot** = crapaudine *f*.
– – –, **plummer** = palier *m*. (Méc.), empoise *f*.
– – –, **Post Office** = case *f*. postale.
– – –, **printing** = tireuse *f*. (Phot.).
– – –, **pull** = boîte *f*. de tirage (E.).
– – –, **pull-in** = boîte *f*. de tirage (E.).
– – –, **purifier** = cuve *f*. d'épuration (Chim.).
– – –, **receiving** = boîte *f*. de réception.
– – –, **regulating** = caisse *f*. régulatrice (Pap.).
– – –, **repair** = nécessaire *m*. de réparation.
– – –, **resistance** = boîte *f*. de résistances (E.), rhéostat *m*. (E.).
– – –, **resonance** = boîte *f*. de résonance, caisse *f*. de résonance.
– – –, **sand** = sablier *m*. (de locomotive).
– – –, **screening** = enveloppe *f*., blindage *m*.
– – –, **service** = boîte *f*. de branchement (Tp.), coffret *m*. de branchement (Tp.), boîte *f*. de raccord (Tp.).
– – –, **shooting** = boîte *f*. à dresser (Men.), boîte *f*. à recaler (Men.).
– – –, **shunt** = boîte *f*. de dérivation (E.).
– – –, **slide** = boîte *f*. des tiroirs (Méc.), chambre *f*. du tiroir (Méc.).
– – –, **sluice** = auge *f*., augette *f*.
– – –, **smoke** = boîte *f*. à fumée.
– – –, **sound** = caisse *f*. de résonance (d'un violon), pavillon *m*. (d'un cornet avertisseur) (Auto.).
– – –, **spark** = isolateur *m*. d'étincelles (de locomotive).
– – –, **speed** = boîte *f*. de vitesses (Auto.).
– – –, **splice** = boîte *f*. de jonction (de câbles) (Tp.), boîte *f*. de dérivation (de câbles) (Tp.), boîte *f*. de raccordement (de lignes souterraines) (Tp.).
– – –, **splice, cable** = boîte *f*. de jonction (de câbles) (Tp.), boîte *f*. de dérivation (de câbles) (Tp.), boîte *f*. de raccordement (de lignes souterraines) (Tp.).
– – –, **spring** = douille *f*. de ressort.
– – –, **steam** = boîte *f*. de distribution de vapeur (Méc.), coffre *m*. à vapeur (Méc.).

(box)

– – –, **steering** = boîtier *m*. de la direction (Auto.), boîte *f*. de direction (Auto.).
– – –, **striking** = gâche *f*. (de pêne coulant).
– – –, **stuffing** = presse-étoupe *m*. (Méc.), boîte *f*. à étoupe (Méc.).
– – –, **stuffing** – – – **and gland** = presse-étoupe *m*. (Méc.).
– – –, **stuffing, expansion** = presse-étoupe *m*. compensateur (Méc.).
– – –, **suction** = chambre *f*. d'aspiration (Méc.).
– – –, **switch** = boîte *f*. (ou coffret *m*.) d'interrupteurs, boîte *f*. (ou coffret *m*.) de distribution (E.).
– – –, **telephone** = cabine *f*. téléphonique.
– – –, **terminal** = boîte *f*. d'extrémité (Tp.), boîte *f*. de jonction (Tp.), boîte *f*. de bornes (Tp.).
– – –, **terminal, cable** = boîte *f*. de jonction (Tp.), boîte *f*. de bornes.
– – –, **test** = boîte *f*. de coupure (Tp.).
– – –, **testing** = boîte *f*. d'épreuve de câble (Tp.), boîte *f*. de coupure (Tp.).
– – –, **to** = emboîter (un tenon dans une mortaise), ensabler (une traverse) (Ch.d.f.), encoffrer (un poteau).
– – –, **tool** = coffre *m*. à outils, boîte *f*. à outils.
– – –, **top** = contre-châssis *m*. (de moulage), châssis *m*. de dessus.
– – –, **transfer** = boîte *f*. de dérivation (Tp.).
– – –, **trifurcating** = coffret *m*. (ou boîte *f*.) de dérivation à trois sorties (Tp., E.).
– – –, **vacuum** = tambour *m*. de baromètre (anéroïde).
– – –, **valve** = boîte *f*. à clapet (Méc.), boîte *f*. à vapeur (Méc.), boîte *f*. à soupape (Méc.), chapelle *f*. (Méc.), boisseau *m*. de robinet, prise *f*. d'eau (dans la rue).
– – –, **valve, admission** = chapelle *f*. de soupape d'admission (Méc.).
– – –, **valve, exhaust** = chapelle *f*. de soupape d'échappement (Méc.).
– – –, **water-, (overflow)** = réservoir *m*. de trop plein.
– – –, **wheel** = boîte *f*. d'engrenages (Méc.), boîte *f*. de changement de vitesse (Méc.), boîte *f*. de roue.
– – –, **window** = jardinière *f*. (B.).
– – –, **witness** = barre *f*. des témoins.
– – –, **wooden, large** = caisse *f*.
boxing = ensablement *m*. (des traverses de Ch.d.f.), emboîtement *m*. (d'un tenon dans une mortaise), chambranle *m*. d'une porte (B.).
– – – **up** = pose *f*. d'un revêtement (à la charpente d'une maison) (B.).
boxwood = (bois *m*. de) buis *m*.
boy, bell- = chasseur *m*., V. « Bellboy ».
– – –, **elevator** = liftier *m*., garçon *m*. d'ascenseur (Canada).
– – –, **telegraph** = facteur *m*. télégraphiste, messager *m*.
– – –, **water** = porteur *m*. d'eau.
brace = contre-fiche *f*.,contreventement *m*.,jambe *f*. de force (pour poutres jumelés), lien *m*.,contrevent *m*., tirant *m*.,entretoise *f*.,attache *f*.,croisillon *m*.,écharpe *f*. (d'un pan de mur), vilebrequin *m*. à main (I.), accolade *f*. (Imp.), étançon *m*. (de coffrage), moise *f*. ou contre-fiche de chevron) (B.).
– – –, **anchor** = ancre *f*. (C.).
– – – **and bit** = vilebrequin *m*. et sa mèche.
– – –, **angle** = contre-fiche *f*. (C.), foret *m*. à angle (I.),

(brace)

décharge *f.* d'angle (B.).

– – –, **angular** = vilebrequin *m.* angulaire.

– – –, **arch** = arc-boutant *m.* (B.).

– – –, **arch, angle** = arc-boutant *m.* (C.).

– – –, **bit** = vilebrequin *m.*

– – –, **bit, concealed ratchet** = vilebrequin *m.* à cliquet invisible.

– – –, **bit, open ratchet** = vilebrequin *m.* à cliquet visible.

– – –, **bit, plain** = vilebrequin *m.* ordinaire.

– – –, **bow** = vilebrequin *m* pour forerie (I.).

– – –, **breast** = vilebrequin *m.* (I.).

– – –, **corner** = vilebrequin *m.* d'angle (I.), contre-fiche *f.* (B.).

– – –, **counter-** = entretoise *f.* (B.), raidisseur *m.* (C.).

– – –, **crank** = chignole *f.* (I.).

– – –, **cross-** = écharpe *f.*, diagonale *f.*, entretoise *f.*, croisillon *m.*

– – –, **cross, diagonal** = entretoise *f.* en X.

– – –, **crossarm** = jambe *f.* de force pour consolidation de traverse en porte-à-faux (Tp.), jambe *f.* de force (Tp.), écharpe *f.* (Tp.).

– – –, **crossarm, back** = contre-écharpe *f.* (Tp.).

– – –, **diagonal** = diagonale *f.*, écharpe *f.*, moise *f.* en écharpe, décharge *f.* (d'un châssis).

– – –, **drill** = vilebrequin *m.* pour forerie (I.), cliquet *m.* (I.).

– – –, **ground** = pièce *f.* de retenue à la base (Tp.).

– – –, **hand** = chignole *f.*, perceuse *f.* à conscience, vilebrequin *m.* (à percer).

– – – **(in compression)** = contre-fiche *f.*, moise *f.*, nervure *f.* (de renfort), armoise *f.*, jambe *f.* de force.

– – – **(in tension)** = attache *f.*, lien *m.*, tirant *m.*, entretoise *f.*, croisillon *m.*, étrésillon *m.*

– – –, **iron** = entretoise *f.* en fer.

– – –, **landing** = jambe *f.* de force.

– – –, **lever** = perçoir *m.* à levier.

– – –, **pole** = jambe *f.* de force (Tp.), contre-fiche *f.* (Tp., E.), entretoise *f.* (Tp.).

– – –, **pole, straight** = entretoise *f.* droite.

– – –, **pulley** = porte-poulie *m.*

– – –, **push** = jambe *f.* de force (C., Tp.), contre-fiche *f.* (C., Tp.).

– – –, **push-and-pull** = tirette *f.* (Méc.), va-et-vient *m.* (Méc.).

– – –, **ratchet** = vilebrequin *m.* à rochet, vilebrequin *m.* à cliquet.

– – –, **ratchet-drill** = cliquet *m.*, perçoir *m.* à rochet, perçoir *m.* à cliquet.

– – –, **side-arm** = lien *m.* de support latéral, entretoise *f.* de traverse en porte-à-faux (Tp.).

– – –, **steady** = bras *m.* de retenue.

– – –, **stiffening** = entretoise *f.* de renforcement (B.).

– – –, **suspension** = bélière *f.* (C.).

– – –, **sway** = entretoise *f.* ce contreventement, cornière *f.* de renforcement.

– – –, **tie** = blochet *m.*

– – –, **to** = haubaner ou ancrer (un poteau), étrésillonner (une tranchée), armer (une poutre), consolider ou étayer (un mur), étançonner ou arc-bouter (une voûte), enchevaler (une construction qu'on veut réparer), contreventer (une charpente), entretoiser (un châssis d'automobile).

(brace)

– – –, **to sway-** = contreventer.

– – –, **vertical** = ferrure *f.* d'entretoisement (pour traverses) (Tp.).

– – –, **wheel** = vilebrequin *m.* à roues.

– – –, **wind** = contrevent *m.* (B.), entretoise *f.* de contreventement (B., C.).

braces = bretelles *f.p.*

bracing = ancrage *m.* (C.), entretoisement *m.* (C.), lien *m.* (C.), liaison *f.* (C.), contreventement *m.* (B.), chevalement *m.* (d'un mur) (B., C.), arc-boutement *m.* (d'une voûte) (B.), pose *f.* de contre-fiches (B., C.), étrésillonnement *m.* (d'une tranchée), boisage *m.* (d'un puits).

– – –, **corner** = renfort *m.* d'angle.

– – –, **diagonal** = entretoisement *m.* à treillis en U.

– – –, **lattice** = charpente *f.* à croisillons (C.).

– – –, **push** = accouplement *m.* (Tp.), jambe *f.* de force (Tp.).

– – –, **strut** = jambe *f.* de force (C.), poutre *f.* en U (C.).

– – –, **sway** = contreventement *m.* (B., C.).

– – –, **under** = support *m.*, étaiement *m.*, étayage *m.*, appui *m.*, renforcement *m.*

– – –, **wind** = contreventement *m.* (B., C.).

– – –, **wire** = hauban *m.* (Tp., E.).

bracket = console *f.*, tasseau *m.*, ferrure *f.* (de poteau), chantignole *f.*, support *m.*, palier *m.*, fourchette *f.*, taquet *m.*

– – –, **adjusting** = support *m.* de réglage (Méc.).

– – –, **angle** = équerre *f.* de fixation (Tp.), équerre *f.* de renforcement (C.), console *f.* à équerre (B. C.), équerre *f.* (C., B.).

– – –, **angle, right-** = V. « bracket, angle ».

– – –, **axle** = support *m.* d'essieu (Méc.).

– – –, **beam** = crochet *m.* de service (pour poutres) (B.).

– – –, **bearing** = chaise *f.* (Méc.), support *m.* de palier (Méc.).

– – –, **brace** = support *m.* d'entretoise.

– – –, **bridge** = console *f.* (C.), console *f.* à scellement (C. B.).

– – –, **cable** = console-support *f.* de câble (Tp.), équerre *f.* support de câble (Tp.).

– – –, **centralizer** = support *m.* de centrage (Méc.).

– – –, **chime** = échantignole *f.* (C.).

– – –, **corner** = gousset *m.* de coin (C., B.), équerre *f.* plate de renforcement (C. B.), harpon *m.* (B., C.).

– – –, **crank-shaft** = palier *m.* de l'arbre à manivelle (Méc.), palier *m.* de vilebrequin (Auto.).

– – –, **cross** = séparateur *m.* (sur un coffrage).

– – –, **electric** = applique *f.* (électrique).

– – –, **end** = flasque *m.* (d'un moteur), collier *m.* d'extrémité (Méc.).

– – –, **engine** = patte *f.* de suspension du moteur (Auto.), patte *f.* d'attache du moteur (Auto.).

– – –, **extension** = support *m.* extensible (pour tringle de rideaux) (B.).

– – –, **gutter** = crochet *m.* de gouttière (B.), crochet *m.* de chéneaux (B.).

– – –, **hand-rail** = console *f.* de rampe d'escalier.

– – –, **head-lamp** = porte-phare *m.* (Auto.).

– – –, **high** = grande fourchette *f.* (Méc.).

– – –, **hook** = ferrure *f.* courbe à vis (C.).

(bracket)

– – –, **insulator** = console *f.* d'isolateur (E.), support *m.* d'isolateur (E.).

– – –, **iron** = équerre *f.* en fer.

– – –, **knee** = console-équerre *f.* (B. C.).

– – –, **lamp** = porte-lanterne *m.* (Auto), applique *f.* (B.).

– – –, **low** = petite fourchette *f.* (Méc.).

– – –, **motor** = patte *f.* de suspension du moteur (Auto.), patte *f.* d'attache du moteur (Auto.).

– – –, **number-plate** = porte-plaque *m.* (Auto.).

– – –, **over-arm** = support *m.* en porte-à-faux.

– – –, **pendant** = chaise *f.* pendante (pour coussinet) (Méc.).

– – –, **pole** = console *f.* (Tp.).

– – –, **pulley** = porte-poulie *m.*

– – –, **pump** = support *m.* de pompe.

– – –, **radiator, cast-iron** = support *m.* de radiateur (Auto.), support *m.* en fonte pour radiateur (Méc.).

– – –, **round** = parenthèse *f.* (Imp.).

– – –, **saw-horse** = ferrure *f.* de chevalet.

– – –, **shelf** = console *f.* de tablette (B.), console-support *f.* (B.).

– – –, **shoulder** = gousset *m.* de coin (C.).

– – –, **spring** = support *m.* de ressort (Méc.), potence *f.* de ressort (Méc.).

– – –, **spring, front** = support *m.* de ressort avant (Auto.).

– – –, **spring, rear** = support *m.* de ressort arrière (Auto.).

– – –, **square** = crochet *m.* (Imp.).

– – –, **supporting** = tasseau *m.* (C.).

– – –, **swinging** = console *f.* (C.), bras *m.* oscillant (C.), bras *m.* pivotant (C.).

– – –, **swiveling, goose-necked** = applique *f.* en col de cygne à rotule (B.).

– – –, **terminal** = console *f.* d'arrêt (Tp.).

– – –, **transposition** = console *f.* de rotation (Tp.).

– – –, **triangular** = gousset *m.* de coin (B.).

– – –, **trunnion** = porte-tourillon *m.* (Méc.).

– – –, **wall** = console *f.* murale (B.), applique *f.* murale (B.).

– – –, **wall, end** = console *f.* à équerre (B.).

– – –, **wood** = console *f.* en bois (B.).

brad = clou *m.*, pointe *f.*, clou *m.* étêté, pointe *f.* à clouer.

– – –, **common** = pointe *f.*, clou *m.* étêté.

– – –, **flooring** = clou *m.* à parquet.

bradawl = alêne *f.* plate.

braid = tresse *f.*, ruban *m.*, guipage *m.*

– – –, **asbestos** = tresse *f.* d'amiante.

– – –, **flat** = tresse *f.* plate.

– – –, **to** = tresser, guiper.

– – –, **wire, glazed** = tresse *f.* en fil émaillé (E.).

braiding = tressage *m.*, guipage *m.*

brain, electronic = calculateur *m.* électronique, ordinateur *m.* électronique.

brainstorming = prospection *f.* d'idées, déballage *m.* d'idées.

brake = frein *m.* (Méc.), levier *m.* (de pompe), V. « brakes ».

– – –, **air** = frein *m.* à air (comprimé) (Auto.).

– – –, **automatic** = frein *m.* automatique.

– – –, **band** = frein *m.* à ruban, frein *m.* à collier.

(brake)

– – –, **belt** = frein *m.* à courroie.

– – –, **block** = frein *m.* à sabot.

– – –, **booster** = servofrein *m.* (Auto.).

– – –, **burning** = frein *m.* brûlant.

– – –, **cam** = frein *m.* commandé par cames.

– – –, **chattering** = frein *m.* qui broute.

– – –, **cheek** = frein *m.* à collier, frein *m.* à mâchoires intérieures extensibles (Méc.).

– – –, **clutch** = frein *m.* sur l'embrayage (Méc.), frein *m.* d'embrayage (Méc.).

– – –, **clutch, anti-spin** = frein *m.* antiglissant d'embrayage.

– – –, **coaster** = frein *m.* à contre-pédalage (Méc.).

– – –, **coil** = frein *m.* à enroulement (Méc.).

– – –, **collar** = frein *m.* à collier (Méc.).

– – –, **compensating** = frein *m.* compensateur (Méc.).

– – –, **cone** = frein *m.* à cône (de friction).

– – –, **defective** = frein *m.* défectueux.

– – –, **differential** = frein *m.* sur différentiel (Auto.), frein *m.* différentiel (Méc.).

– – –, **disc** = frein *m.* à disque (Auto.).

– – –, **disc, assisted** = frein *m.* à disque assisté (Auto.).

– – –, **disc, hydraulic** = frein *m.* hydraulique à disque (Auto.).

– – –, **double-acting** = frein *m.* à double effet (Méc.).

– – –, **drag** = frein *m.* d'entraînement (Méc.).

– – –, **drum** = frein *m.* à tambour (Auto.).

– – –, **eddy-current** = dynamo-frein *f.* (E.).

– – –, **electric** = frein *m.* électrique.

– – –, **electromagnetic** = frein *m.* électromagnétique (E.), frein *m.* à patin électromagnétique (E.).

– – –, **emergency** = frein *m.* de secours, frein *m.* d'urgence, frein *m.* de sûreté, frein *m.* à main (Auto.).

– – –, **expanding** = frein *m.* à extension.

– – –, **expanding, internal** = frein *m.* intérieur extensible.

– – –, **foot** = frein *m.* au pied (Auto.), frein *m.* à pédale (Auto.).

– – –, **friction** = frein *m.* à friction.

– – –, **friction, side-** = frein *m.* à frottement latéral.

– – –, **front** = frein *m.* avant (Auto.).

– – –, **grip** = frein *m.* au guidon.

– – –, **hand** = frein *m.* à la main, frein *m.* de stationnement (Auto.).

– – –, **hydraulic** = frein *m.* hydraulique (Auto.).

– – –, **inner** = frein *m.* intérieur, frein *m.* en dedans.

– – –, **inside** = frein *m.* intérieur.

– – –, **jaw** = frein *m.* à mâchoires.

– – –, **lever** = frein *m.* à levier.

– – –, **magnetic** = frein *m.* magnétique.

– – –, **mechanical** = frein *m.* mécanique.

– – –, **metal-to-metal** = frein *m.* à mâchoires métalliques, frein *m.* métal-sur-métal.

– – –, **noisy** = frein *m.* bruyant.

– – –, **oleo-pneumatic** = frein *m.* oléopneumatique (Auto.).

– – –, **outer** = frein *m.* en dehors, frein *m.* extérieur.

– – –, **overheated** = frein *m.* qui chauffe.

– – –, **parking** = frein *m.* de stationnement (Auto.).

– – –, **pedal** = frein *m.* à pédale (Auto.).

– – –, **pneumatic** = frein *m.* pneumatique (Auto.), frein *m.* à air (comprimé) (Auto.).

(brake)

– –, **power** = servofrein *m*. (Auto.).
– –, **power-assisted** = servofrein *m*. (Auto.), frein *m*. assisté (Auto.).
– –, **Prony's** = frein *m*. de Prony (Méc.).
– –, **ribbon** = frein·*m*. à ruban.
– –, **rim** = frein *m*. sur jante.
– –, **rim, back** = frein *m*. sur la jante de roue arrière.
– –, **safety** = frein *m*. de sécurité (Auto.).
– –, **screw** = frein *m*. à vis.
– –, **self-adjusting** = frein *m*. autoréglable (Auto.).
– –, **self-energized** = servofrein *m*. (Auto.), frein *m*. auto-serreur (Méc.).
– –, **servo** = servofrein *m*. (Auto.).
– –, **shoe** = frein *m*. à segments (Auto.), sabots *m.p.* articulés (Auto.), frein *m*. à segments articulés (Auto.).
– –, **short-circuit** = frein *m*. à court-circuit (E.).
– –, **snatch** = frein *m*. à cliquet.
– –, **spring** = frein *m*. à ressort.
– –, **steam** = frein *m*. à vapeur (Ch.d.f.).
– –, **strap** = frein *m*. à bande, frein *m*. à ruban.
– –, **swing** = frein *m*. de rotation.
– –, **tire** = frein *m*. sur pneu.
– –, **to** = freiner, appliquer le frein.
– –, **toggle** = frein *m*. à segments extensibles (Auto.).
– –, **trailer** = frein *m*. de remorque.
– –, **transmission** = frein *m*. sur transmission.
– –, **V-shaped** = frein *m*. à gorge.
– –, **vacuum** = frein *m*. à vide.
– –, **water** = frein *m*. à eau, frein *m*. hydraulique.
– –, **wheel** = frein *m*. de roue.
– –, **wheel, back** = frein *m*. de roue arrière.
– –, **wheel, four-** = frein *m*. sur les quatre roues (Auto.).
– –, **wheel, front** = frein *m*. de roue avant.
– –, **wheel, rear-** = frein *m*. sur roue arrière,frein *m*. de roue arrière.
– – **with shoe** = frein *m*. à sabot (Méc., Auto.).
braked = freiné.
brakeman = serre-frein(s) *m*. (O.) (Ch.d.f.).
brakes, coupled = freinage *m*. conjugué.
– –, **interacting** = freins *m.p.* conjugués.
braking = freinage *m*.
– –, **air** = amortissement *m*. à air (Méc.).
– –, **electric** = freinage *m*. électrique.
– –, **electric regenerative** = freinage *m*. par récupération (tramway).
– –, **electromagnetic** = freinage *m*. électromagnétique.
– –, **emergency** = freinage *m*. de secours.
– –, **energy-storage** = freinage *m*. par accumulation (E.).
– –, **engine** = freinage *m*. par le moteur (Auto.).
– –, **instantaneous** = freinage *m*. instantané.
– –, **integral four-wheel** = freinage *m*. total sur les quatre roues (Auto.).
– –, **magnetic** = freinage *m*. magnétique.
– –, **progressive** = freinage *m*. progressif (Auto.).
– –, **regenerating** = freinage *m*. par récupération (tramway).
– –, **resistance** = freinage *m*. par résistance.
– –, **rheostatic** = freinage *m*. rhéostatique (E.), freinage *m*. par résistance (E.).

(braking)

– –, **slipper, electromagnetic** = frein *m*. électromagnétique à patins (E.).
– –, **sudden** = freinage *m*. brusque.
– –, **two-way** = freinage *m*. dans les deux sens.
– – **with the motor** = freinage *m*. par le moteur (Auto.).
branch = succursale *f.*, agence *f.*, filiale *f.*, branchement *m*. (S.), embranchement *m*. (S., Ch.d.f.), dérivation *f*. (Tp., E.), jonction *f*. (S.), branche *f*. (d'un arbre, d'un compas), bras *m*. (d'un cours d'eau), lance *f*. (d'un tuyau d'arrosage).
– –, **connecting** = tubulure *f*. de raccordement (S.).
– –, **fixture** = embranchement *m*. pour appareil sanitaire (S.).
– –, **listening** = rameau *m*. d'écoute (Tp.).
– –, **railway** = embranchement *m*. (Ch.d.f.).
– –, **simple** = embranchement *m*. simple.
– –, **T** = tuyau *m*. en T, tube *m*. en T, jonction *f*. droite simple (S.).
– –, **T, double** = T *m*. (S.), jonction *f*. droite double (S.), double T (S.).
– –, **to** = brancher, se brancher, bifurquer, dériver le courant (E.).
– –, **to** – – **off** = bifurquer, ramifier, raccorder, dériver (E.), prendre en dérivation (E.).
– –, **V** = jonction *f*. en V (S.), V *m*. (S.).
– –, **Y** = tuyau *m*. fourchu, culotte *f*. (c.-à-d. si les tubulures latérales ont le même diamètre que le corps principal), jonction *f*. oblique simple (S.).
– –, **Y, double** = jonction *f*. oblique double (S.), branchement *m*. double (S.).
branching off = branchement *m*. (de tuyauterie), dérivation *f*. (E.), bifurcation *f*. (d'une route).
brand = tison *m.*, brandon *m.*, marque *f*. (de fabrique)
– –, **mill** = marque *f*. de fabrique (d'un papier) (Pap.).
branded = marqué au fer chaud.
branding = impression *f*. au fer chaud.
– –, **electric** = impression *f*. au moyen d'un fer chauffé électriquement.
brass = laiton *m.*, cuivre *m*. jaune, coussinet *m*. (Méc.).
– –, **adjustable** = coussinet *m*. réglable, coussinet *m*. à rattrapage de jeu.
– –, **bearing** = coussinet *m*.
– –, **block** = saumon *m*. de laiton.
– –, **cast** = cuivre *m*. fondu.
– –, **hard** = laiton *m*. dur, bronze *m*.
– –, **heated** = coussinet *m*. échauffé (Méc.).
– –, **pressed** = laiton *m*. étiré.
– –, **red** = laiton *m*.
– –, **rolled** = laiton *m*. laminé.
– –, **sheet** = cuivre *m*. en feuille.
– –, **soft** = laiton *m*. tendre.
– –, **solid** = laiton *m*. massif.
– –, **top** = contre-coussinet *m*. (d'un palier).
– –, **wrought** = laiton *m*. embouti.
– –, **yellow** = laiton *m*.
brattice = cloison *f*. d'aérage, ventilateur *m*.
brayer = rouleau *m*. à main (Imp.), brayon *m*. (Imp.) (Canada).
braze, to = braser, souder (au laiton).
brazier = chaudronnier *m*. (en cuivre) (O.).
brazing = brasage *m.*, brasure *f*.

(brazing)

– – –, **arc** = brasure *f.*, soudo-brasage *m.* à l'arc.
– – –, **light** = brasure *f.* douce.
breach of contract = rupture *f.* de contrat.
breadth = largeur *f.*
break = rupture *f.* (d'un câble), interruption *f.* (de courant) (E.), cassure *f.* (d'une feuille de papier) (Pap.), trouée *f.* (dans une haie), fêlure *f.* (dans une tasse), fracture *f.* ou bris *m.* (du verre), faille *f.* (d'une couche géologique), brisis *m.* (d'un comble), angle *m.* (d'un mur), répit *m.* (dans le travail), alinéa *m.* (Imp.), coupure *f.* ou panne *f.* (R., Tv.), révocation *f.* (d'un contrat), moment *m.* de repos ou pause *f.* (des employés).
– – –, **automatic** = interruption *f.* automatique.
– – –, **circuit** = ouverture *f.* dans le circuit (E.), isolateur *m.* rompu (E.).
– – –, **coffee** = pause-café *f.*
– – –, **day** = aube *f.*, point *m.* du jour.
– – –, **double** = (sectionneur *m.*) à coupure double (E.).
– – –, **fire** = pare-feu *m.* (B.), coupe-feu *m.* (B.).
– – –, **hammer** = interrupteur *m.* à marteau (E.).
– – – **in a journey** = arrêt *m.*
– – – **of a wire** = rupture *f.* d'un fil (Tp.).
– – – **of day** = point *m.* du jour, aube *f.*
– – –, **to** = interrompre (le courant), couper, rompre, ouvrir (le circuit), alterner (les joints), ouvrir (des tranchées), perdre la liaison (dans une maçonnerie).
– – –, **to** – – – **down** = rester en panne (Auto.), broyer (un minerai), enfoncer (un mur), ventiler (un compte).
– – –, **to** – – – **ground** = entamer le travail (pour un nouveau bâtiment au moment de l'excavation) (B.).
– – –, **to** – – – **in** = roder (un moteur), s'effondrer, enfoncer (une porte), couper (au cours d'une transmission) (R.), insérer ou intercaler (un mot dans un texte) (Imp.).
– – –, **to** – – – **step** = décrocher (E.).
– – –, **to** – – – **through** = interférer (R.), franchir (le mur du son) (Av.), enfoncer (une porte), faire une brèche (dans un mur), percer (la maçonnerie).
– – –, **to** – – – **up** = défoncer (un chemin), couper (le courant électrique), ameublir (un sol).
breakage = cassure *f.* (dans le roc), rupture *f.* (d'un câble) (Tp.), bris *m.* ou fracture *f.* (du verre).
– – –, **axle** = rupture *f.* d'essieu (Méc.).
– – –, **glass** = bris *m.* de glace.
break-away = corrosion *f.* accélérée (Mét.), accélération *f.* de la corrosion (Mét.), corrosion *f.* galopante (Mét.), débandade *f.* (d'un troupeau), dérive *f.* (de voitures) (Ch.d.f.).
breakdown = perturbation *f.* dans le service (E.), panne *f.* (E., Auto.), avarie *f.* (de machine), arrêt *m.* subit (d'un moteur), rupture *f.* (d'un interrupteur, des négociations), liste *f.* détaillée, ventilation *f.* (des dépenses).
– – –, **dielectric** = rupture *f.* diélectrique (E.).
– – –, **fatigue** = rupture *f.* due à la fatigue (Méc.).
– – –, **nervous** = dépression *f.* nerveuse.
– – – **of insulation** = claquage *m.* (E.).
– – –, **quick** = à rupture brusque.
breaker = rupteur *m.* (E.), interrupteur *m.* (E.), concasseur *m.* (M.), disjoncteur *m.* (E.), pilon *m.* (Pap.).
– – –, **arc** = souffleur *m.* d'arc (E.).

(breaker)

– – –, **automatic** = interrupteur *m.* automatique (E.).
– – –, **circuit** = interrupteur *m.*, rupteur *m.*, coupe-circuit *m.*, disjoncteur *m.*
– – –, **circuit, air** = disjoncteur *m.* dans l'air (pour l'automatique), interrupteur *m.* aérien.
– – –, **circuit, air-blast** = disjoncteur *m.* à air comprimé.
– – –, **circuit, automatic** = disjoncteur *m.*, coupe-circuit *m.* automatique.
– – –, **circuit, carbon** = interrupteur *m.* à contacts de charbon.
– – –, **circuit, convector-type** = disjoncteur *m.*, interrupteur *m.* convecteur.
– – –, **circuit, delay-action** = disjoncteur *m.* retardé.
– – –, **circuit, flush-type** = interrupteur *m.* encastré.
– – –, **circuit, four-pole** = interrupteur *m.* tétrapolaire, disjoncteur *m.* tétrapolaire.
– – –, **circuit, free-trip** = disjoncteur *m.* à déclenchement libre, interrupteur *m.* à déclenchement libre.
– – –, **circuit, front-connected** = disjoncteur *m.* à montage avant, interrupteur *m.* à montage avant.
– – –, **circuit, high-speed** = disjoncteur *m.* à action rapide.
– – –, **circuit, impulse** = interrupteur *m.* à impulsion.
– – –, **circuit, indoor(-type)** = interrupteur *m.* pour l'intérieur.
– – –, **circuit, magnetic blow-out** = disjoncteur *m.* à soufflage magnétique.
– – –, **circuit, maximum** = disjoncteur *m.* à maximum.
– – –, **circuit, minimum** = disjoncteur *m.* à minimum.
– – –, **circuit, no-load** = interrupteur *m.* à zéro.
– – –, **circuit, oil** = disjoncteur *m.* dans l'huile, disjoncteur *m.* à huile.
– – –, **circuit, one-pole** = interrupteur *m.* unipolaire.
– – –, **circuit, open-type** = interrupteur *m.* non protégé.
– – –, **circuit, outdoor(-type)** = interrupteur *m.* pour l'extérieur.
– – – **circuit, overload** = disjoncteur *m.* à maximum.
– – –, **circuit, quick-break** = interrupteur *m.* à rupture brusque.
– – –, **circuit, rear-connected** = interrupteur *m.* à montage arrière, disjoncteur *m.* à montage arrière.
– – –, **circuit, reclosing, automatic** = disjoncteur *m.* à réenclenchement automatique.
– – –, **circuit, section** = interrupteur *m.* de section.
– – –, **circuit, self-closing** = conjoncteur-disjoncteur *m.*
– – –, **circuit, square-D** = interrupteur *m.* sous coffret, interrupteur *m.* sous capot.
– – –, **circuit, surface-type** = interrupteur *m.* en saillie.
– – –, **circuit, three-pole** = interrupteur *m.* tripolaire, disjoncteur *m.* tripolaire.
– – –, **circuit, toggle** = interrupteur *m.* à bascule.
– – –, **circuit, tumbler** = interrupteur *m.* à bascule.
– – –, **circuit, two-pole** = interrupteur *m.* bipolaire, disjoncteur *m.* bipolaire.
– – –, **circuit, water** = disjoncteur *m.* dans l'eau.
– – –, **circuit, zero** = commutateur *m.* à zéro.
– – –, **coke** = concasseur *m.* de coke (M.).
– – –, **concrete** = brise-béton *m.* (I.).
– – –, **convector-type** = interrupteur *m.* convecteur.
– – –, **contact** = rupteur *m.*, dispositif *m.* de rupture coupe-circuit *m.*
– – –, **contact, buzzer** = rupteur *m.* de trembleur.

(breaker)

- – –, **horn** = interrupteur *m*. à cornes.
- – –, **line** = rupteur *m*. de ligne.
- – –, **mechanical** = rupteur *m*. mécanique.
- – –, **pavement** = brise-béton *m*. (I.).
- – –, **rigid, radial tire** = ceinture *f*. rigide d'un pneu radial (Auto.).
- – –, **rule-** = contrevenant *m*. (O.).
- – –, **stone** = casse-pierre *m*. (M.).
- – –, **trip-free** = interrupteur *m*. à déclenchement libre.
breaking = rupture *f*. (E.), cassure *f*. (d'un plat), bris *m*. (des agrégats), broyage *m*. (d'une vitre), concassage *m*. (d'un minerai), premier labour (d'une terre neuve).
- – – **of a wire** = rupture *f*. d'un fil (E.).
- – –, **sparkless** = interruption *f*. sans étincelles (E.).
break-off = décrochage *m*. (E.).
break-through = interférence *f*. (R.).
break-up = coupure *f*. (E.), dégel *m*., débâcle *f*. (des glaces).
- – – **for colours** = sélection *f*. des couleurs (Imp.).
breakwater = brise-lames *m*. (C.), jetée *f*. (C., H.), éperon *m*. (d'un pont) (C.).
breast = ventre *m*. (d'un haut fourneau).
- – –, **chimney** = revêtement *m*. de conduit de fumée (B.).
breastsummer = linteau *m*. (B.), sommier *m*. (B.), poitrail *m*. (B.).
breastwork = parapet *m*. (C.), garde-corps *m*. (C.), travaux *m.p*. de soutènement (C.).
breathalyser = ivressomètre *m*.
breather = aspirateur *m*. (Méc.), reniflard *m*. (Méc.), prise *f*. d'air (Méc.).
- – –, **clogged** = reniflard *m*. bouché.
- – –, **suction** = reniflard *m*. à dépression.
breech = culasse *f*. (d'une arme à feu).
breeze = fraisil *m*. ou braise *f*. ou coke *m*. menu, brise *f*. ou vent *m*. modéré.
brick = brique *f*. (B., C.).
- – –, **air** = brique *f*. perforée.
- – –, **air-dried** = brique *f*. crue.
- – –, **arch** = voussoir *m*., claveau *m*.
- – –, **arch, key** = clé *f*. de voûte.
- – –, **burnt** = brique *f*. cuite.
- – –, **burnover** = brique *f*. demi-cuite.
- – –, **cant** = brique *f*. biseautée.
- – –, **cant, double-** = brique *f*. à voûte, brique-claveau *f*.
- – –, **capping** = brique *f*. de couronnement.
- – –, **carborundum** = brique *f*. de (ou au) carborundum.
- – –, **checker** = brique *f*. d'empilage.
- – –, **coal-dust** = briquette *f*.
- – –, **cogging** = brique *f*. dentelée.
- – –, **common** = brique *f*. ordinaire.
- – –, **compass** = brique *f*. circulaire, claveau *m*. (B.).
- – –, **concave** = brique *f*. concave.
- – –, **coping** = brique *f*. à chaperon.
- – –, **dried** = brique *f*. crue.
- – –, **enamelled** = brique *f*. émaillée.
- – –, **facing** = brique *f*. de parement, chantignole *f*.
- – –, **feather-edged** = brique *f*. en biseau, clé *f*. (B.).
- – –, **fire** = brique *f*. réfractaire.

(brick)

- – – –, **fire-clay** = brique *f*. réfractaire, brique *f*. silico-alumineuse.
- – – –, **fixing, breeze** = brique *f*. de clouage.
- – – –, **glass** = brique *f*. en verre.
- – – –, **glazed** = brique *f*. vernissée, brique *f*. émaillée.
- – – –, **green** = brique *f*. crue.
- – – –, **hard-burnt** = brique *f*. la plus dure.
- – – –, **hollow** = brique *f*. tubulaire, brique *f*. creuse.
- – – –, **insulating** = brique *f*. isolante.
- – – –, **key** = brique *f*. de voûte.
- – – –, **modular** = brique *f*. modulaire.
- – – –, **paving** = dalle *f*.
- – – –, **perforated** = brique *f*. perforée.
- – – –, **pressed** = brique *f*. moulée (sous pression).
- – – –, **radial** = brique *f*. radiale.
- – – –, **raw** = brique *f*. crue.
- – – –, **refractory** = brique *f*. réfractaire.
- – – –, **Rhenish** = brique *f*. rhénane, brique *f*. flottante.
- – – –, **Roman** = brique *f*. romane, chantignole *f*.
- – – –, **rough-face** = brique *f*. à parement rugueux.
- – – –, **rubbing** = brique *f*. à polir.
- – – –, **sand-lime** = brique *f*. silico-calcaire.
- – – –, **scouring** = brique *f*. anglaise.
- – – –, **shaped** = brique *f*. profilée.
- – – –, **silica** = brique *f*. de silice.
- – – –, **slag** = brique *f*. de laitier.
- – – –, **soft-burnt** = brique *f*. molle.
- – – –, **solid** = brique *f*. pleine.
- – – –, **splay** = brique-sifflet *f*., brique *f*. biseautée sur un côté.
- – – –, **standard** = brique *f*. normale.
- – – –, **texture** = brique *f*. rustique.
- – – –, **thin** = chantignole *f*.
- – – –, **to** = briqueter.
- – – –, **wire-cut** = brique *f*. taillée.
- – – –, **wood** = bloc *m*. de clouage.
bricklayer = maçon *m*., briqueteur *m*., ouvrier *m*. briqueteur.
bricklaying = maçonnerie *f*.
brickmaker = briquetier *m*.
brickwork = briquetage *m*., maçonnerie *f*. en brique.
- – –, **gauged** = briquetage *m*. jointoyé.
- – –, **spiral** = maçonnerie *f*. en hélice (C., B.).
bridge = pont *m*. (C., E.), entretoise *f*. (C.), cale *f*. (C.), chevalet *m*. (d'une machine à percer), montage *m*. en dérivation (E.), passerelle *f*. (de navire), barrette *f*. (E.), autel *m*. (d'une chaudière), chevalet *m*. (d'un violon), arcade *f*. (d'une paire de lunettes), impédancemètre *m*. (E.).
- – –, **arched-beam** = pont *m*. en arc.
- – –, **auxiliary** = pont *m*. de service.
- – –, **Bailey** = pont *m*. provisoire, pont *m*. Bailey.
- – –, **balance** = pont *m*. à bascule.
- – –, **bascule** = pont-levis *m*., pont *m*. à bascule.
- – –, **bascule, rolling** = pont *m*. mobile du type Scherzer.
- – –, **bascule, trunnion** = pont-levis *m*., pont *m*. Strauss, pont *m*. basculant par rotation autour d'un axe horizontal.
- – –, **beam** = pont *m*. à poutres pleines.
- – –, **bow-string** = pont *m*. bow-string.
- – –, **box** = pont *m*. tubulaire, (C.), boîte *f*. de résistance en forme de pont de Wheatstone (E.).

(bridge)

– – –, **cable** = pont *m*. suspendu (à câbles).
– – –, **cantilever** = pont *m*. à consoles.
– – –, **capacitance** = pont *m*. de capacités (E.).
– – –, **catenary** = pont *m*. suspendu caténaire.
– – –, **chain** = pont *m*. suspendu à chaînes.
– – –, **concrete** = pont *m*. en béton.
– – –, **concrete, prestressed** = pont *m*. en béton précontraint.
– – –, **conducting** = pièce *f*. de connexion (E.).
– – –, **counterpoise** = pont *m*. à bascule.
– – –, **crutch** = pont *m*. à béquilles.
– – –, **deck** = pont *m*. à tablier supérieur, pont *m*. à évidement.
– – –, **draw** = pont *m*. tournant.
– – –, **electrical** = pont *m*. de Wheatstone (E.).
– – –, **emergency** = pont *m*. provisoire.
– – –, **fire** = autel *m*. (de foyer, de chaudière).
– – –, **fixed** = pont *m*. dormant.
– – –, **flame** = autel *m*. (d'une chaudière).
– – –, **float** = pont *m*. de radeaux.
– – –, **floating** = pont *m*. flottant.
– – –, **flying** = pont *m*. volant.
– – –, **folding** = pont *m*. pliant.
– – –, **foot** = passerelle *f*.
– – –, **girder** = pont *m*. à longerons, pont *m*. à poutres.
– – –, **hanging** = pont *m*. suspendu.
– – –, **highway** = pont-route *m*.
– – –, **impedance** = pont *m*. d'impédance (E.).
– – –, **induction** = balance *f*. d'induction (E.), pont *m*. d'induction (E.).
– – –, **ladder** = passerelle *f*. à taquets.
– – –, **lathe-carriage** = bride *f*. de chariot de tour (Méc.).
– – –, **lattice** = pont *m*. en treillis.
– – –, **lift** = pont-levis *m*.
– – –, **lifting** = pont-levis *m*.
– – –, **loading** = pont *m*. de chargement.
– – –, **locating** = pont *m*. de localisation (E.).
– – –, **loop-wire** = pont *m*. à fil circulaire (E.).
– – –, **magnetic** = pont *m*. magnétique (E.).
– – –, **masonry** = pont *m*. en maçonnerie.
– – –, **measuring** = pont *m*. de mesure (E.).
– – –, **measuring, slide-wire** = pont *m*. de mesure à fil (E.).
– – –, **meter** = pont *m*. à curseur (E.).
– – –, **military** = pont *m*. militaire.
– – –, **music(al)** = enchaînement *m*. musical (R., Tv.), transition *f*. musicale (R., Tv.).
– – –, **overhead** = pont *m*. supérieur.
– – –, **pile** = pont *m*. sur pilotis.
– – –, **pivot** = pont *m*. tournant.
– – –, **pontoon** = pont *m*. à bateaux.
– – –, **pony** = pont *m*. à poutres parapets.
– – –, **port** = barrette *f*. de tiroir (d'une machine à vapeur) (Méc.).
– – –, **radiating** = pont *m*. en éventail.
– – –, **railway** = pont *m*. de chemin de fer.
– – –, **resistance** = pont *m*. de résistance (E.).
– – –, **revolving** = pont *m*. tournant.
– – –, **road** = pont-route *m*.
– – –, **roller** = pont *m*. roulant.
– – –, **signal** = portique *m*. à signaux (Ch.d.f.).
– – –, **skew** = pont *m*. biais.

(bridge)

– – –, **slide** = pont *m*. de Wheatstone (E.), pont *m*. à curseur (E.).
– – –, **slide-wire** = pont *m*. à contact glissant (E.).
– – –, **sliding** = pont *m*. à coulisse.
– – –, **slot** = pont *m*. d'encoche (E.).
– – –, **small** = pontet *m*., ponceau *m*.
– – –, **split** = autel *m*. à entrée d'air (d'une chaudière) (Méc.).
– – –, **steel** = pont *m*. métallique.
– – –, **steel-span** = pont *m*. à travée en acier.
– – –, **stone** = pont *m*. en pierre.
– – –, **suspension** = pont *m*. suspendu.
– – –, **swing** = pont *m*. tournant.
– – –, **swivel** = pont *m*. tournant.
– – –, **temporary** = jonction *f*. nodale pour transfert (Tp.), pont *m*. provisoire (C.).
– – –, **through** = pont *m*. à tablier inférieur (sans contreventement supérieur).
– – –, **through, half** = pont *m*. à tablier inférieur (sans contreventement supérieur).
– – –, **timber** = pont *m*. en bois.
– – –, **to** – – – **across** = établir un pont sur (les fils de ligne téléphonique), shunter (E.), dériver (E.).
– – –, **toll** = pont *m*. à péage.
– – –, **trail** = traille *f*.
– – –, **transfer** = pont *m*. transbordeur.
– – –, **travelling** = pont *m*. roulant.
– – –, **trestle** = pont *m*. sur chevalets, pont *m*. sur tréteaux.
– – –, **truss** = pont *m*. métallique sur poutres en treillis, pont *m*. à poutres armées.
– – –, **truss, hanging** = pont *m*. suspendu à armatures.
– – –, **truss, invert** = pont *m*. à poutre triangulée à tablier supérieur.
– – –, **truss, through** = pont *m*. à poutre triangulée à tablier inférieur.
– – –, **tubular** = pont *m*. tubulaire.
– – –, **turning** = pont *m*. tournant.
– – –, **weigh** = pont-bascule *m*.
– – –, **Wheatstone** = pont *m*. de Wheatstone (E.).
– – –, **wooden** = pont *m*. en bois.
bridging = entretoise *f*. (B.), pontage *m*. (C.), mise *f*. en parallèle (E.), mise *f*. en dérivation (E.), de liaison (Phot.), raccordement *m*. en pont (E.).
– – –, **cross-** = = croix *f*. de St-André (B.).
– – –, **joist** = entretoise *f*. (B.).
bridgings = planches *f.p*. de boisage (B.), bois *m*. de couchis (B.).
bridle = bride *f*. (d'un cheval), guide *m*. (de tiroir), cadre *m*. (C.), jarretière *f*. (Tp.), fil *m*. d'arrêt (Tp.).
– – – **of the slide** = guide *m*. du tiroir.
– – –, **spring** = bride *f*. de ressort (Méc.).
– – –, **to** = brider (un cheval).
brief = mémoire *m*. (soumis à une commission d'enquête), abrégé *m*.
– – –, **to** = breffer (quelqu'un) (Av.).
briefing = breffage *m*. (d'un équipage) (Av.).
brigade, fire = équipe *f*. d'incendie.
bright = brillant (adj.), clair (adj.), poli (adj.).
brighten, to = aviver (une couleur), polir (un métal).
brightener = produit *m*. à polir.
brightness = éclat *m*. (d'une lampe), brillance *f*. ou luminosité *f*. (d'une surface), brillant *m*. (d'un

(brightness)

bijou).
- - - **of a surface** = brillance *f.* d'une surface.
brilliance (or brilliancy) = brillance *f.* (Tv.), luminosité *f.* (d'une surface).
- - - **of lamps** = lueur *f.* des lampes, éclat *m.*, brillant *m.*
- - - **of the picture** = éclat *m.* de l'image.
brimstone = soufre *m.* brut.
brine = saumure *f.*, liquide *m.* frigorigène.
- - -, **pickling** = saumure *f.*
bring forward = à reporter, report *m.*
- - -, **to - - - into step** = synchroniser, (E.), mettre en phase (E.).
- - -, **to - - - up against** = buter contre.
briquette = briquette *f.* de houille, aggloméré *m.* de houille.
bristle = soie *f.* de porc.
bristol = bristol *m.* (Pap.).
- - -, **cylinder** = bristol *m.* fabriqué sur forme ronde (Pap.).
- - -, **engraver's** = carte *f.* pour gravure (Imp.).
- - -, **folding** = bristol *m.* pliant (Imp.).
- - -, **mill** = carte *f.* bristol (Pap.).
brittle = cassant (adj.), fragile (adj.), friable (adj.), (fer *m.*) aigre (adj.).
brittleness = fragilité *f.*
- - -, **temper** = fragilité *f.* de trempe (Mét.).
broach = broche *f.* (à mandriner), équarrissoir *m.* (I.), alésoir *m.* (I.).
- - -, **burnishing** = broche *f.* à brunir.
- - -, **keyway** = broche *f.* pour clavetage.
- - -, **roughing** = broche *f.* dégrossisseuse.
- - -, **six-square** = broche *f.* à six pans.
- - -, **spline** = broche *f.* à rainures.
- - -, **taper** = équarrissoir *m.* conique.
- - -, **to** = brocher, mandriner à la broche, équarrir, aléser (un trou).
- - -, **to push** = mandriner par poussée.
broaching = mandrinage *m.*, alésage *m.* (d'un trou), brochage *m.*
broadcast = radiodiffusion *f.*, radioreportage *m.*
- - -, **field** = radioreportage *m.*
- - -, **live** = transmission *f.* directe (R.), émission *f.* en direct (R.).
- - -, **outside** = reportage *m.* (R.).
- - -, **prerecorded** = émission *f.* en différé (R.).
- - -, **recorded** = transmission *f.* différée (R.).
- - -, **simultaneous** = émission *f.* simultanée (R.).
- - -, **to** = radiodiffuser, diffuser (un discours), répandre (une nouvelle).
broadcaster = émetteur *m.* (I.), diffuseur *m.* (I.), microphoniste *m.* (O.).
broadcasting = radiodiffusion *f.*, émission *f.* radiophonique.
- - -, **chain** = radiodiffusion *f.* en série.
- - -, **common frequency** = radiodiffusion *f.* sur fréquence commune.
- - -, **radio** = radiodiffusion *f.*
- - -, **shared channel** = radiodiffusion *f.* sur onde commune.
- - -, **sound** = radiodiffusion *f.*
- - -, **TV** = télévision *f.*
- - -, **wire** = radiodistribution *f.* par fil ou télédiffu-

(broadcasting)

sion *f.*
broadsheet = placard *m.* (Imp.).
broadside = in-piano *m.* (Imp.).
brochure = brochure *f.* (Imp.).
broiler = gril *m.*, grilloir *m.*, poulet *m.* à rôtir (Ust.).
- - -, **charcoal** = gril *m.* à charbon de bois.
broke = cassés *m.p.* ou rejets *m.p.* (d'une machine à papier) (Pap.).
broken down = défectueux (adj.), avarié (adj.), resté en panne (Auto.), (mécanisme *m.*) détraqué (adj.).
broker = courtier *m.* (O.), agent *m.* de change (O.).
- - -, **insurance** = courtier *m.* d'assurances.
- - -, **ship** = courtier *m.* maritime.
- - -, **stock** = agent *m.* de change.
- - -, **real estate** = courtier *m.* en immeubles.
brokerage = (frais *m.p.* de) courtage *m.*
bronze = bronze *m.* (Mét.).
- - -, **aluminium** = bronze *m.* d'aluminium.
- - -, **bearing** = bronze *m.* pour coussinets (Méc.).
- - -, **imitation** = similibronze *m.*.
- - -, **manganese** = bronze *m.* manganésé.
- - -, **nickel** = bronze *m.* au nickel.
- - -, **non-corrosive** = bronze *m.* inoxydable.
- - -, **phosphor** = bronze *m.* phosphoreux.
- - -, **pressed** = bronze *m.* étiré.
- - -, **silicon** = bronze *m.* siliceux.
- - -, **steel** = bronze *m.* d'acier.
- - -, **to** = bronzer.
- - -, **wrought** = bronze *m.* embouti.
bronzing = bronzage *m.*
brooder = couveuse *f.* (artificielle) (Agr.).
brook = ruisseau *m.*
broom = balai *m.* (Ust.).
- - -, **carpet** = balai *m.* de jonc.
- - -, **corn** = balai *m.* de paille de riz.
- - -, **fibre** = balai *m.* en fibre.
- - -, **whisk** = balayette *f.* (Ust.).
broomstick = manche *m.* à balai.
broth = bouillon *m.* (Ust.).
- - -, **meat** = bouillon *m.* gras.
- - -, **scotch** = soupe *f.* avec orge et légumes.
brought forward = report *m.* (d'une somme).
Brownian = (mouvement *m.*) Brownien (Méc.).
bruise, to = écraser (une pomme), bosseler (le métal), broyer (des drogues), mater (une pâte), meurtrir (les chairs).
brush = balai *m.* (E.), arbrisseau *m.*, brosse *f.* (I.), pinceau *m.* (I.), broussailles *f.p.*, abatis *m.* (Canada).
- - -, **adjustable** = balai *m.* réglable (E.).
- - -, **air** = pinceau *m.* vaporisateur, aérographe *m.*
- - -, **appropriating** = balai *m.* collecteur (E.).
- - -, **back** = lave-dos *m.* (Ust.).
- - -, **banister** = balayette *f.* (Ust.).
- - -, **blacking** = brosse *f.* à cirer.
- - -, **block** = balai *m.* à bloc de charbon (E.).
- - -, **bottle** = goupillon *m.* (Ust.).
- - -, **burnishing** = boësse *f.*
- - -, **carbon** = balai *m.* en charbon (E.).
- - -, **cleaning** = brosse *f.*, écouvillon *m.* (pour armes à feu).
- - -, **closet** = brosse *f.* à cabinet d'aisances.
- - -, **clothes** = brosse *f.* à habit.
- - -, **collecting, current** = balai *m.* de prise de cou-

(brush)

rant (E.).
- - -, **collector** = balai *m.* collecteur (E.).
- - -, **commutator** = balai *m.* de collecteur (E.).
- - -, **contact-breaking** = balai *m.* pare-étincelles (E.).
- - -, **copper** = balai *m.* en cuivre.
- - -, **copper-leaf** = balai *m.* en cuivre feuilleté.
- - -, **copper, sheet** = balai *m.* en cuivre laminé.
- - -, **distempering** = badigeon *m.*
- - -, **dynamo** = balai *m.* de dynamo (E.).
- - -, **feather** = plumeau *m.* (Ust.).
- - -, **file** = brosse *f.* à limes, carde *f.* à limes.
- - -, **flat** = queue-de-morue *f.*
- - -, **floor** = balai *m.* dit « d'appartement ».
- - -, **flue** = torche-tube *m.*, écouvillon *m.*, hérisson *m.*
- - -, **graining** = spalter *m.*, veinette *f.*
- - -, **ground** = balai *m.* de masse (Auto.).
- - -, **grounded** = balai *m.* mis à la masse (Auto.).
- - -, **hair** = V. « hairbrush ».
- - -, **hearth** = balayette *f.*
- - -, **kalsomine** = badigeon *m.*, blanchissoir *m.*
- - -, **leaf** = balai *m.* feuilleté (E.).
- - -, **mason's** = goupillon *m.*
- - -, **oil** = balai *m.* graisseur (Méc.).
- - -, **paint** = pinceau *m.*
- - -, **paste** = pinceau *m.* à colle.
- - -, **pipe** = hérisson *m.* (S., H.).
- - -, **polishing** = polissoire *f.*
- - -, **roller** = brosse *f.* à galets dentés.
- - -, **saucepan** = brosse *f.* à récurer les casseroles (Ust.).
- - -, **scaling** = brosse *f.* à tubes.
- - -, **scratch** = gratte-boësse *f.*, gratte-brosse *f.*
- - -, **scratch, wire** = brosse *f.* métallique, gratte-boësse *f.*
- - -, **scrubbing** = brosse *f.* de cuisine, brosse *f.* à parquets.
- - -, **scrubbing, stiff-bristle** = brosse *f.* à poils durs.
- - -, **shaving** = blaireau *m.*
- - -, **shoe** = brosse *f.* à chaussures.
- - -, **sliding** = balai *m.* flottant (E.).
- - -, **slip-ring** = balai *m.* de la bague collectrice (E.).
- - -, **spare** = balai *m.* de rechange.
- - -, **stable** = balai *m.* d'écurie.
- - -, **steel** = balai *m.* d'acier.
- - -, **sweeping** = balai *m.*, balai *m.* de ménage, balai *m.* (de) paille de riz.
- - -, **tar** = brosse *f.* à goudronner.
- - -, **third** = balai *m.* auxiliaire (E.), balai *m.* de réglage (E.).
- - -, **tooth** = brosse *f.* à dents (Ust.).
- - -, **tube** = écouvillon *m.*, brosse *f.* à tubes.
- - -, **wall-paper** = brosse *f.* de tapissier.
- - -, **wheel, wire** = meule *f.* en fils métalliques.
- - -, **whitewash** = badigeon *m.*, blanchissoir *m.*
- - -, **window** = nettoie-glaces *m.*
- - -, **wire** = brosse *f.* en fil de fer, carde *f.*, brosse *f.* métallique.
- - -, **wire, butcher's** = brosse *f.* métallique de boucher.
brushability = brossabilité *f.* (d'une peinture) (B.).
brushing = serpage *m.* de broussailles, affleurage *m.* (Pap.).
B.S.G. = V. « gauge, standard, British ».

B.S.W.G. = V. « gauge, wire, Brown & Sharpe ».
BTU (or Btu) = V. « Unit, British Thermal ».
bubble = soufflure *f.* (de fonte), bulle *f.*, poche *f.* d'air.
- - -, **air** = bulle *f.* d'air, soufflure *f.*
- - -, **to** = bouillonner.
- - -, **water** = bulle *f.* d'eau.
bubbler, drinking-fountain = jet *m.* de fontaine.
bubbling = bouillonnement *m.*
buck, saw = chevalet *m.* de sciage.
- - -, **to** = dévolter (E.), opposer (un mouvement), s'entrechoquer, entraver (le courant électrique).
bucket = seau *m.*, aube *f.* ou auget *m.* (d'une roue), godet *m.* (d'une drague), cuiller *f.* ou benne *f.* (d'une grue, d'une drague), piston *m.* à clapets (d'une pompe).
- - -, **ash** = seau *m.* à escarbilles.
- - -, **automatic, clamshell** = benne *f.* preneuse.
- - -, **canvas** = seau *m.* en toile.
- - -, **circular** = ripe *f.* (d'une meule).
- - -, **clam-shell** = benne *f.* preneuse (C.).
- - -, **conveyor** = godet *m.* de transporteur.
- - -, **cylindrical** = benne *f.* cylindrique.
- - -, **digging** = benne *f.* piocheuse.
- - -, **dragline** = benne *f.* traînante.
- - -, **dredge** = godet *m.* de drague, baluchon *m.*
- - -, **drop-bottom** = benne *f.* à fond ouvrant.
- - -, **dump** = benne *f.* à bascule, benne *f.* basculante.
- - -, **dumping** = benne *f.* à bascule, benne *f.* basculante.
- - -, **elevator** = godet *m.* d'élévateur.
- - -, **excavating** = godet *m.* de terrassement.
- - -, **fire** = seau *m.* d'incendie.
- - -, **grab** = benne *f.* preneuse, excavateur *m.*
- - -, **grappling** = benne *f.* à grappins.
- - -, **hoisting** = benne *f.* d'extraction.
- - -, **minnow** = seau *m.* à vairons.
- - -, **pull** = godet-bascule *m.* (Tp.).
- - -, **rehandling** = benne *f.* pour la reprise au tas.
- - -, **scaffold** = seau *m.* à peinture.
- - -, **sledge** = benne *f.* à patins.
- - -, **tar** = benne *f.* à goudron.
- - -, **tripping** = benne *f.* à bascule.
- - -, **whip** = porte-fouet *m.*
bucking = dévolter *m.* en opposition (E.), dévolteur *m.* en récupération (E.).
buckle = boucle *f.* (de ceinture), agrafe *f.* (d'une courroie), flambage *m.* (d'une poutre), voile *m.* (d'une roue), gauchissement *m.* (d'une planche), devers *m.* (d'une plaque).
- - -, **shoe** = boucle *f.* de soulier.
- - -, **spring** = bride *f.* du ressort (à lames superposées) (Auto.).
- - -, **strap** = boucle *f.* à courroie.
- - -, **to** = se gondoler, se déjeter, voiler (une roue), plier, se plier, ployer, déformer, gondoler, gauchir, faire flamber (une poutre), attacher (une ceinture), agrafer (une courroie), boucler (une malle).
- - -, **turn-** = lanterne *f.* de serrage, tendeur *m.* à vis, tourniquet *m.*, tendeur *m.*
buckling = agrafage *m.* (d'une courroie), flambage *m.* ou flambement *m.* (d'une colonne), gauchissement *m.* (d'un madrier), voilure *f.* (d'une roue), gondolage *m.* (d'une feuille de tôle), voilement *m.* ou déjette-

ment *m.* (de la voie) (Ch. d. f.), flexion *f.* (d'une poutre).

buckram = bougran *m.* (Imp.).

bud = bourgeon *m.* (d'arbre), bouton *m.* (de fleur).

buddle = auge *f.* à laver les minerais (Mi.).

– – –, **running** = cuve *f.* à rincer à l'eau courante (Mi.).

– – –, **to** = laver (le minerai) à l'auge.

budget = budget *m.*

– – –, **to** = – – – **for** = budgétiser, inscrire (certaines dépenses) au budget.

budgeting = budgétisation *f.*

buff, to = polir, émeuler (au buffle).

buffer = tampon *m.* (de choc), coussin *m.*, amortisseur *m.* (Méc.), meule *f.* à polir, circuit *m.* intermédiaire (E.), mémoire *f.* tampon(E.).

– – –, **air** = tampon *m.* pneumatique (Méc.).

– – –, **battery** = batterie-tampon *f.* (E.).

– – –, **coupling** = tampon *m.* d'attelage (Ch.d.f.).

– – –, **hydraulic** = tampon *m.* hydraulique.

– – –, **pneumatic** = tampon *m.* pneumatique (Méc.).

– – –, **rubber** = tampon *m.* à rondelles de caoutchouc.

– – –, **spring** = tampon *m.* à ressort, ressort *m.* amortisseur.

– – –, **stop** = butoir *m.*, tampon *m.* d'arrêt.

buffering = pressurisation *f.* d'appoint (Tp.).

buffing = polissage *m.*, émeulage *m.*

bug = indicateur *m.* de position (Radar), punaise *f.*, insecte *m.*, chauffard *m.* (O.), pépin *m.* (E.), branchement *m.* clandestin (Tp.), table *f.* d'écoute (Tp.).

bugging, telephone = branchement *m.* clandestin, captage *m.* clandestin des conversations, espionnage *m.* téléphonique.

buggy = boghei *m.*

– – –, **bucket, powered** = chariot *m.* automoteur à benne (M.).

– – –, **filling** = chariot *m.* de chargement (d'un four).

build = construction *f.*, style *m.* (d'une bâtisse).

– – –, **to** = construire (une théorie, une route, un pont, une machine), bâtir (une maison, une église), faire construire (une église), faire bâtir (une maison), établir (une canalisation souterraine).

– – –, **to** = – – – **up** = établir (E.), s'amorcer (E.), s'établir (E.), reconstituer (un isolant).

builder = constructeur *m.*, entrepreneur *m.* (de bâtiments), adjuvant *m.* (d'un détergent de synthèse).

– – –, **carriage** = carrossier *m.* (O.).

– – –, **engine** = constructeur *m.* de machines (O.), mécanicien *m.* (O.).

– – –, **master** = constructeur *m.* (de maisons), entrepreneur *m.* (de bâtiments).

– – –, **road** = constructeur *m.* de routes (O.), bulldozer *m.* (M.), boutoir *m.* à lame (M.).

building = bâtiment *m.* (de logements), édifice *m.*, construction *f.*, bâtisse *f.*, établissement *m.*

– – – **above ground** = construction *f.* au-dessus du sol, construction *f.* en élévation, superstructure *f.*

– – –, **additional** = annexe *f.*, bâtiment *m.* secondaire.

– – –, **annexed** = annexe *f.*

– – –, **apartment** = maison *f.* de rapport.

– – –, **canal** = établissement *m.* d'un canal, creusement *m.* d'un canal.

– – –, **C.O. (Central Office)** = central *m.* (Tp.).

– – –, **concrete** = construction *f.* en béton.

– – –, **engine** = construction *f.* de machines.

– – –, **frame** = bâtisse *f.* de bois.

– – –, **home** = V. « building, house ».

– – –, **house** = entreprise *f.* de bâtiments, entreprise *f.* de constructions, construction *f.* d'habitations.

– – –, **industrial** = bâtiment *m.* industriel.

– – – **in wood** = construction *f.* en bois.

– – –, **office** = édifice *m.* à bureaux, immeuble *m.* commercial.

– – –, **Parliament** = le Parlement (d'Ottawa), l'Hôtel du Gouvernement (du Québec).

– – –, **public** = monument *m.*, édifice *m.* public.

– – –, **residential** = immeuble *m.* d'habitation.

– – –, **ribbon** = alignement *m.* (de construction) en bordure de route (B.).

– – –, **road** = construction *f.* de routes.

– – –, **ship** = architecture *f.* navale, construction *f.* navale.

– – –, **storage** = entrepôt *m.*

– – –, **ten-story** = édifice *m.* à dix étages.

– – –, **utility** = bâtiment *m.* des services.

buildings, farm = bâtiments *m.p.* de la ferme, dépendances *f.p.* de la ferme.

building-up = amorçage *m.* (E.), établissement *m.* (de la tension) (E.).

built, custom = fait sur demande.

– – – **-in** = inamovible (adj.), intérieur (adj.), encastré (adj.), faisant corps, enchâssé (adj.), monté intérieurement, incorporé (Tp., E.), intégré (Tp., E.).

– – –, **low** = bas (adj.), peu élevé.

– – –, **sturdy** = robuste (adj.), fort (adj.).

– – – **-up** = composé, rapporté, amorcé (E.), en plusieurs pièces.

bulb = ampoule *f.* (E.), lampe *f.* (E.), poire *f.*

– – –, **dimmer** = lampe *f.* satellite (Auto.), ampoule *f.* veilleuse (B.).

– – –, **electric** = ampoule *f.* électrique.

– – –, **flash** = ampoule *f.* magnésique (Phot.), lampe-éclair *f.* (Phot.).

– – –, **glass** = ampoule *f.* de verre, ampoule *f.*

– – –, **horn** = poire *f.* de trompe (Auto.).

– – –, **lamp** = ampoule *f.* électrique.

– – –, **lamp, electric** = ampoule *f.* électrique, ampoule *f.* de lampe électrique.

– – –, **light** = ampoule *f.* électrique d'éclairage.

– – –, **rectifier** = ampoule *f.* de redresseur (R.), lampe *f.* de redresseur (R.).

– – –, **rubber** = poire *f.* en caoutchouc.

– – –, **screw-type** = ampoule *f.* à douille filetée (E.).

bulge = soulèvement *m.* (de terrain), bombement *m.* (d'un mur), surélévation *f.*, bosse *f.* (d'une courbe), saillie *f.*, hernie *f.* (d'un pneu) (Auto.).

bulging = bombement *m.* (d'un mur) (B.), voilement *m.* (de l'âme) d'une poutre (B.).

bulk = encombrement *m.*, dimension *f.*, volume *m.*, chargement *m.* arrimé, bouffant *m.* (du papier) (Pap.).

– – –, **in** = en vrac.

– – – **of steam** = volume *m.* de vapeur (d'une chaudière).

bulkhead = cloison *f.* (Mar.), rideau *m.* (de palplanches), bâtardeau *m.* (Mar., C.), cloison *f.* provisoire

(bulkhead)

(utilisée pour les joints de chantier) (B., C.), construction *f.* hors toit (B.), belvédère *m.* (B.), trappon *m.* (B.).

- – –, **break** = fronteau *m.* (C.).
- – –, **collision** = cloison *f.* de choc.
- – –, **cross** = cloison *f.* transversale.
- – –, **fire-proof** = cloison *f.* coupe-feu.
- – –, **watertight** = cloison *f.* étanche.

bulky = encombrant (adj.), volumineux (adj.).

bulldozer = bulldozer *m.*, tracteur-niveleur *m.*, niveleuse *f.*, presse *f.* à forger (à plusieurs poinçons) (Méc.), boutoir *m.* à lame (M.).

bullet = balle *f.* (de pistolet), boulet *m.*
- – –, **jacketed** = balle *f.* blindée.
- – –, **tracer** = traçante *f.*

bulletin, routing = tableau *m.* d'acheminement (des communications) (Tp.).

bulwark = digue *f.* (C.), bâtardeau *m.* (C.), brise-lames *m.* (C.).

bump = choc *m.*, secousse *f.*, coup *m.*, bosse *f.*, cahot *m.*
- – –, **to** = supplanter (un autre employé) (Ch.d.f.), entrer en collision (avec quelque chose), heurter (un objet).
- – –, **to** – – – **off** = tamponner (Ch.d.f.).

bumper = pare-chocs *m.* (Auto.), butée *f.*, tampon *m.*, butoir *m.*
- – –, **double-bar** = pare-chocs *m.* jumelé.
- – –, **front** = pare-chocs *m.* avant.
- – –, **rear** = pare-chocs *m.* arrière.
- – –, **rust-proof** = pare-chocs *m.* inoxydable.
- – –, **screw, rubber** = butoir *m.* caoutchouc à vis (B.).
- – –, **tack, rubber** = butoir *m.* caoutchouc à pointe (B.).
- – –, **truck** = pare-chocs *m.* de camion.
- – –, **tubular-steel** = pare-chocs *m.* tubulaire.

bunch = faisceau *m.* (de fils), groupe *m.* (de personnes), bouquet *m.* (de fleurs), touffe *f.* (d'herbes), régime *m.* (de bananes).
- – – **of wires** = faisceau *m.* de fils.

bundle = faisceau *m.* (de fils), paquet *m.* (de livres).
- – – **of conductors** = faisceau *m.* de conducteurs, tas *m.* de fils.
- – – **of wires** = tas *m.* de fils.

bung = bondon *m.* (d'un tonneau), tampon *m.* de liège, bonde *f.* (de fût).

bunker = soute *f.*, trémie *f.*
- – –, **ash** = trémie *f.* à cendres.
- – –, **coal** = soute *f.* à charbon, trémie *f.* à charbon.

buoy = bouée *f.* (Mar.), balise *f.* flottante (Mar.).
- – –, **anchor** = coffre *m.* d'amarrage (Mar.).
- – –, **bell** = bouée *f.* à cloche (Mar.).
- – –, **mooring** = coffre *m.* d'amarrage (Mar.).
- – –, **sono, radio** = bouée *f.* radio et sonore, bouée *f.* émettrice de signaux radio et sonores.
- – –, **spar** = balise *f.*, bouée *f.* à fuseau.

buoyage = balisage *m.* (d'un chenal) (Mar.).

buoyancy = flottabilité *f.* (d'un objet), poussée *f.* (de l'eau), force *f.* portante (d'un flotteur).

buoyant = flottable (adj.), léger (adj.), flottant (adj.).

burden = mort-terrain *m.* (Mi.), terres *f.p.* de couverture (Mi.), charge *f.* totale (d'un transformateur) (E.), fardeau *m.* (de la guerre), consommation *f.*

(burden)

(d'un appareil de mesure) (E.).
- – – –, **rated** = charge *f.* nominale (E.), charge *f.* spécifiée (E.).

bureau = bureau *m.*, service *m.*, commode *f.* (Ust.).
- – –, **information** = bureau *m.* de renseignements, centre *m.* d'information, renseignements *m.p.*
- – –, **service** = service *m.* des réclamations.

burette = burette *f.* (Chim.).

burin = burin *m.*, échoppe *f.*

burlap = gros canevas, toile *f.* de jute, canevas *m.* à lambris, bougran *m.*

burn = brûlis *m.* (Agr.), brûlure *f.* (de la peau).
- – –, **ion** = tache *f.* ionique (Tv.).
- – –, **to** = brûler (du papier, des mauvaises herbes, du gaz), cuire (des briques), surchauffer (le fer), (moteur *m.* de fusée qui peut) fonctionner ou marcher, cautériser (une plaie), (mélange *m.* qui va) exploser, employer ou consommer (une sorte de combustible, une sorte de carburant).
- – – **up** = combustion *f.* nucléaire (Phys.).

burner = brûleur *m.* (Méc.), bec *m.* (de gaz), élément *m.* (E.), plaque *f.* de chauffe (E.), feu *m.*, plaque *f.* (chauffante) (de cuisinière) (Ust.), rond *m.* (de cuisinière) (Canada).
- – –, **brick** = cuiseur *m.*
- – –, **butterfly** = brûleur *m.* papillon, bec *m.* papillon.
- – –, **charcoal** = charbonnier *m.*
- – –, **coal-dust** = brûleur *m.* à charbon pulvérisé.
- – –, **gas** = bec *m.* de gaz.
- – –, **incandescent** = bec *m.* à incandescence.
- – –, **inverted** = bec *m.* (de gaz) renversé.
- – –, **jet** = brûleur-jet *m.*
- – –, **lamp** = bec *m.* de lampe.
- – –, **lime** = chauffournier *m.* (O.).
- – –, **oil** = brûleur *m.* à huile (lourde), brûleur *m.* à mazout.
- – –, **pilot** = veilleuse *f.* (d'un appareil à gaz).
- – –, **pipe** = brûleur *m.* rectiligne.
- – –, **pyrite** = four *m.* à pyrite.
- – –, **rat-tail** = bec *m.* à un trou.
- – –, **ring** = brûleur *m.* à anneau, couronne *f.* de gaz.
- – –, **slotted** = brûleur *m.* à fentes.
- – –, **throat** = brûleur *m.* simple.
- – –, **throat, double** = brûleur *m.* double.
- – –, **torch** = bec *m.* de chalumeau.
- – –, **upright** = bec *m.* droit (d'éclairage).

burning = cuite *f.* (de tuiles), grillage *m.* (du minerai), cuisson *f.* (de briques), brûlure *f.* (de l'acier).
- – –, **charcoal** = carbonisation *f.* du bois.
- – – **out** = coupure *f.* (du filament) (E.), claquage *m.* (d'une ampoule électrique) (E.).
- – –, **slow** = à combustion lente, peu combustible.

burnish = brunissure *f.*, bruni *m.*
- – –, **to** = brunir, polir, lustrer (un métal).

burnisher = brunissoir *m.*
- – –, **agate** = brunissoir *m.*, pierre *f.* à brunir.

burnishing = brunissage *m.*, polissage *m.*
- – –, **hand** = polissage *m.* à la main.

burnt out = grillé (E.), court-circuité (E.), brûlé (Méc.).

burr = bavure *f.* (Mét.), ébarbure *f.* (Mét.), contre-rivure *f.* (Mét.), burin *m.* triangulaire (I.).
- – –, **riveting** = contre-rivure *f.*
- – –, **riveting, copper** = contre-rivure *f.* en cuivre

(burr)

rouge.
- – –, **riveting, iron, black** = contre-rivure *f.* en fer noir.
- – – –, **to** = ébarber (Mét.).
burred = (boulon *m.*) maté, (clou *m.*) rabattu.
burring = ébarbage *m.*
burst = éclatement *m.* (d'un pneu, d'une bombe, Phys.), explosion *f.* (d'une mine, d'une bombe atomique), choc *m.* d'ionisation (Phys.), emballement *m.* ou bouffée *f.* (de neutrons) (Phys.), jaillissement *m.* (d'étincelles), coup *m.* (de tonnerre), élan *m.* (d'enthousiasme), salve *f.* (d'applaudissements), rafale *f.* (d'une mitrailleuse), éclat *m.* (de rire).
- – –, **to** = éclater, faire explosion, sauter (chaudière).
bursting = crevaison *f.* (d'un pneu), explosion *f.* (d'une chaudière), éclatement *m.* (d'une bombe).
bury, to = enterrer (des oignons de tulipe), enfouir (un câble, un trésor), inhumer (un mort).
burying of a cable = pose *f.* d'un câble directement en tranchée (Tp.), enfouissement *m.* d'un câble (Tp.).
bus = omnibus *m.*, autobus *m.*, V. « bar, bus ».
- – –, **auxiliary** = barres *f.p.* auxiliaires (E.).
- – –, **city** = autobus *m.*
- – –, **control** = barres *f.p.* omnibus principales (E.).
- – –, **electric** = électrobus *m.*
- – –, **isolated phase** = barre *f.* à phases isolées (E.).
- – –, **long-distance** = autobus *m.* à grand rayon d'action, autocar *m.* (pour les touristes), car *m.*
- – –, **main** = barres *f.p.* principales (E.).
- – –, **motor** = autobus *m.*, omnibus *m.* automobile.
- – –, **school** = autobus *m.* scolaire (Canada).
- – –, **tie, reactor** = barres *f.p.* de réactance (E.).
- – –, **trolley** = électrobus *m.*, trolleybus *m.*
- – –, **tubular** = barres *f.p.* en tubes (E.).
bush = ferrure *f.* métallique (C.), dé *m.* (Méc.), coussinet *m.* (Méc.), bague *f.* (Méc.), manchon *m.* (Méc.), douille *f.* (Méc.), coquille *f.* d'accouplement (Méc.), terre *f.* boisée, buisson *m.*, brousse *f.*
- – –, **bearing** = coussinet *m.* (Méc.).
- – –, **brass** = coussinet *m.* de bronze (Méc.).
- – –, **cam** = manchon *m.* à cames (Méc.).
- – –, **centering** = douille *f.* de centrage (Méc.).
- – –, **crank-case** = bague *f.* de carter (Auto.).
- – –, **guide** = manchon *m.* guide (Méc.).
- – –, **maple** = érablière *f.* (Canada).
- – –, **pillow** = coussinet *m.*
- – –, **spindle** = douille *f.* de la broche (d'une machine-outil) (Méc.).
- – –, **split** = coussinet *m.* fendu (Méc.).
- – –, **sugar** = érablière *f.* (Canada).
- – –, **to** = garnir (Méc.), mettre un coussinet (Méc.).
bushel = minot *m.* (Canada), boisseau *m.* (= 8 gallons; 36,36 litres).
bushing = coussinet *m.* (de poulie), douille *f.* (d'outils), dé *m.* (de machine), manchon *m.* (de palier, de l'arbre de transmission), bague *f.* (de presse-étoupe), borne *f.* ou sortie *f.* (c'un transformateur), raccord *m.* (de plomberie), traversée *f.* isolée (E.).
- – –, **adapter** = cône-réduction *m.* (Méc.).
- – –, **antifriction** = fourrure *f.* d'antifriction (Méc.).
- – –, **attachment** = douille *f.* de fixation.
- – –, **babbited** = coussinet *m.* garni d'antifriction (Méc.).
- – –, **bearing** = coussinet *m.* de palier (Méc.).

(bushing)

- – –, **bronze** = coussinet *m.* en bronze (Méc.).
- – –, **condenser-type** = borne *f.* du type condensateur (E.), sortie *f.* du type condensateur (E.).
- – –, **conduit** = manchon *m.* du tube (Tp.).
- – –, **conical** = coquille *f.* de coussinet (Méc.), raccord *m.* conique (S.).
- – –, **drill-guiding** = guide-foret *m.* (Méc.), bague *f.* de perçage (Méc.).
- – –, **eccentric** = douille *f.* excentrique (Méc.).
- – –, **entrance** = borne *f.* d'entrée (E.).
- – –, **floating** = bague *f.* flottante (Méc.).
- – –, **guide** = douille-guide *f.* (Méc.).
- – –, **reducing** = manchon *m.* de réduction (Méc., S.).
- – –, **rod, connecting** = coussinet *m.* de bielle (Méc.).
- – –, **roof** = traversée *f.* de toit (B.).
- – –, **shoulder** = bague *f.* à épaulement (Méc.).
- – –, **slip** = douille *f.* mobile (Méc.), douille *f.* amovible (Méc.).
- – –, **wall** = traversée *f.* murale (E., Tp.).
busy = (ligne *f.*) occupée (adj.) (Tp.), (homme *m.*) affairé (adj.) ou occupé (adj.), (rue *f.*) passante (adj.), (voie *f.* ferrée) à grand trafic (Ch.d.f.), (heures *f.p.*) de pointe (Auto.), (heures *f.p.*) d'affluence (dans les magasins), (esprit *m.*) actif (adj.), (jour *m.*) chargé (adj.), (moment *m.*) de grande activité, (abeille *f.*) diligente (adj.), (période *f.*) de grand trafic (Tp.).
- – –, **to – – – out** = mettre (une ligne) en occupation (Tp.).
butane = butane *m.* (Chim.).
butene = butène *m.* ou butylène *m.* (Chim.).
butt = about *m.* (B.), bout *m.* (C.), pied *m.* (d'un poteau), charnière *f.* (B.), crosse *f.* (d'une carabine), mégot *m.* (de cigarette).
- – – **and butt** = bout à bout.
- – –, **ball-tip** = charnière *f.* à bille (B., C.).
- – –, **cross-** = bielle *f.* latérale du grand Té (d'une machine à balancier).
- – –, **fast-pin** = charnière *f.* à broche rivée (B.).
- – –, **knuckle, olive, ball-bearing** = paumelle *f.* à olive (B.), paumelle *f.* double (B.).
- – –, **loose-pin** = charnière *f.* à broche mobile (B.).
- – –, **pole** = pied *m.* de poteau (E., Tp.), gros bout (d'un poteau).
- – –, **parliament** = charnière *f.* à ressaut (B.).
- – –, **to** = abouter (des tuyaux), étayer (une solive), buter (contre).
butted = (bois *m.*) embrevé en bout.
butter = beurre *m.*
- – –, **dairy** = beurre *m.* laitier.
- – –, **farm** = beurre *m.* fermier.
- – –, **fresh** = beurre *m.* frais.
- – –, **salt** = beurre *m.* salé.
butterfat = (la teneur du lait en) matière *f.* grasse.
butterfly = papillon *m.* (Méc.), soupape *f.* à papillon (Méc.), détecteur *m.* de véhicules (Radar).
buttermilk = babeurre *m.*
butternut = noyer *m.* cendré.
button = bouton *m.* (d'un vêtement, d'un appareil, de sonnerie), bouton-poussoir *m.* (Tp.), poussoir *m.* (d'un appareil, d'une sonnette).
- – –, **attendance** = bouton *m.* de réglage (R.).
- – –, **bell** = bouton *m.* d'appel.
- – –, **call** = bouton *m.* d'appel, clé *f.* d'appel.

(button)

- – –, **carbon** = capsule *f*. (Tp.).
- – –, **catch** = bouton *m*. de déclic (Méc.).
- – –, **choke** = tirette *f*. de l'étrangleur (Auto.).
- – –, **clear** = bouton *m*. de dégagement (Tp.).
- – –, **contact** = goutte-de-suif (E.), bouton *m*. de contact (E.).
- – –, **exclusion** = bouton *m*. d'exclusion (Tp.).
- – –, **floor** = interrupteur *m*. d'étage (dans un ascenseur).
- – –, **hold(ing)** = bouton *m*. de (mise en) garde (d'un poste téléphonique à double appel).
- – –, **hold, line** = bouton *m*. de (mise en) garde (d'un poste) (Tp.).
- – –, **horn** = klaxon *m*. (Auto.), commande *f*. du klaxon (Auto.), bouton *m*. d'avertisseur (Auto.).
- – –, **intercom.** = bouton *m*. d'intercommunication (Tp.).
- – –, **key** = touche *f*. (Tp.).
- – –, **press** = bouton-poussoir *m*. (Méc.), touche *f*. (Tp.).
- – –, **pull** = tirette *f*., bouton-tirette *m*.
- – –, **push** = bouton-poussoir *m*., bouton *m*. de contact (E.), contact *m*. de porte (B.), poussoir *m*.
- – –, **push-and-pull** = bouton-tirette *m*., tirette *f*.
- – –, **recall** = bouton *m*. de rappel (Tp.).
- – –, **release** = bouton *m*. de déclenchement.
- – –, **search** = bouton *m*. de repérage.
- – –, **signal** = bouton *m*. de signalisation (Tp.).
- – –, **spring** = bouton *m*. à pression.
- – –, **starter** = bouton *m*. de démarreur (Auto.).
- – –, **stop** = bouton *m*. d'arrêt.
- – –, **test** = témoin *m*. (Méc.).
- – –, **timing** = bouton *m*. de distribution (Auto.).
- – –, **turn** = bouton *m*. rotatif (Méc., Tp.).

buttress = renfort *m*. (C.), contrefort *m*. (C.), éperon *m*. (d'une muraille).

(buttress)

- – –, **anchoring** = culée *f*. d'ancrage (d'un pont).
- – –, **arch** = arc-boutant *m*. (B.).
- – –, **flying** = arc-boutant *m*. (B.).
- – –, **to** = arc-bouter (C.), étayer (C.).

buttressing = étayage *m*.

butylene = butylène *m*. ou butène *m*. (Chim.).

buzz, to = bourdonner.

buzzer = ronfleur *m*. (E.), vibreur *m*. (E.), avertisseur *m*. (E.), vibrateur *m*. (E.), trembleur *m*. (E.).

- – –, **shunted** = vibrateur *m*. à dérivation.
- – –, **test** = vibrateur *m*. d'essai.
- – –, **tuned** = vibrateur *m*. syntonisé.

buzzing = bourdonnement *m*.

B.W.G. = V. « gauge, wire, Birmingham ».

BX = câble *m*. armé flexible.

by-condenser = condensateur *m*. shunté (E.).

by-election = élection *f*. complémentaire.

by-issue = question *f*. d'intérêt secondaire.

by-law (or bylaw) = règlement *m*. administratif (d'une société, d'une municipalité).

- – –, **municipal** = règlement *m*. municipal.

by-pass = filtre *m*. (E.), conduit *m*. de dérivation (H., S.), dérivation *f*. (E., S.), tube *m*. de dégagement (S.), contournement *m*. (C.), by-pass *m*. (E.), conduite *f*. dérivée, route *f*. d'évitement *m*., rocade *f*., voie *f*. d'évitement (Ch.d.f.).

- – –, **silencer** = échappement *m*. facultatif à air libre (Méc.).

by-passed = en dérivation (E., S.).

by-product = sous-produit *m*. (de la houille), dérivé *m*., résidu *m*., détritus *m*., extrait *m*.

by-road = chemin *m*. détourné, faux-fuyant *m*.

by-street = ruelle *f*., rue *f*. détournée.

by-way = embranchement *m*., faux-fuyant *m*.

by-work = travail *m*. supplémentaire.

C

C = V. « capacitance », « capacitor », « centigrade », « Celsius » et « cycle ».

C.A. = V. « accountant, chartered ».

C/A = V. « account, charge ».

cab = guérite f. (d'une grue), cabine f. (d'un camion, d'une locomotive), fiacre m., taxi m.

– – –, crawling = taxi m. en maraude.

– – –, cruising = taxi m. en maraude.

– – –, taxi = taxi m.

cabin = cabine f. (d'un camion, d'une locomotive), guérite f. (d'une grue), carlingue f. (Av.).

– – –, driver's = cabine f. de conduite.

– – –, log = hutte f. de troncs d'arbre, cabane f. en rondins, cabane f. de bois rond.

– – –, private = cabine f. particulière (Mar.).

– – –, pressurized = carlingue f. pressurisée (Av.), carlingue f. sous pression (Av.).

cabinet = cabinet m., armoire f., étui m., coffre m., meuble m., boîte f. de poste (R., Tp.), ébénisterie f. (R.).

– – –, cable = armoire f. à câbles (Tp.).

– – –, console = meuble m. console (R.).

– – –, cutlery = ménagère f. (Ust.).

– – –, cut-out = boîte f. de coupe-circuit (E.).

– – –, equipment = coffret m. pour appareils (Tp.).

– – –, filing = fichier m., classeur m., casier m.

– – –, gun = armoire f. de chasse.

– – –, index, card = fichier m.

– – –, medicine = pharmacie f. (B.), armoire f. à pharmacie (B.).

– – –, receiver = boîte f. d'un récepteur (R.), ébénisterie f. (R.), coffret m. (de poste de radio).

– – –, splicing = boîte f. de jonction, boîte f. de dérivation (E., Tp.), coffret m. de jonction, coffret m. de dérivation (E., Tp.).

– – –, stationery = armoire f. à papeterie.

– – –, steel = armoire f. en acier.

– – –, wireless = coffret m. de T.S.F.

cable = câble m. (E., Tp., C.).

– – –, A.C.S.R. (aluminium-core-steel-reinforced) = câble m. mixte aluminium-acier (E.), câble m. d'aluminium à âme métallique (E.).

(cable)

– – –, aerial = câble m. aérien.

– – –, air space = câble m. à circulation d'air.

– – –, aluminium = câble m. en aluminium.

– – –, annunciator = câble m. de signalisation (Tp.).

– – –, armoured = câble m. armé (Tp., E.).

– – –, armoured, metal = câble m. armé.

– – –, armoured, steel = câble à armure d'acier.

– – –, armoured, tape = câble m. armé.

– – –, asphalt-coated = câble m. à revêtement d'asphalte.

– – –, balanced-pair = câble m. à paires symétriques (Tp.).

– – –, bare = câble m. nu.

– – –, block = câble m. extérieur sur bâtisses (Tp.).

– – –, booster = câble m. volant (Auto.).

– – –, brace = câble m. de traille.

– – –, braid-covered = câble m. sous tresse.

– – –, braided = câble m. sous tresse, câble m. tressé.

– – –, brake = câble m. de frein (Auto.), câble m. de commande de frein (Auto.).

– – –, brake, adjustable = câble m. de frein de longueur réglable.

– – –, branch = câble m. dérivé (Tp.), branchement m. (Tp.), dérivation f. (sur un branchement) (Tp.).

– – –, bridle = câble m. raccord (E.).

– – –, building = câble m. d'immeuble (Tp.), câble m. de bâtiment (Tp.).

– – –, building-out = câble m. modifiant l'impédance d'une ligne (Tp.), complément m. de ligne (Tp.).

– – –, bunched = câble m. à conducteurs multiples (Tp.).

– – –, buried = câble m. souterrain (Tp., E.), câble m. enterré (Tp.), câble m. enfoui (Tp.).

– – –, buried type = câble m. enrobé de jute (Tp.).

– – –, BX = câble m. armé flexible (E.).

– – –, carrier = câble m. à courants porteurs (Tp.).

– – –, carrier, longitudinal = câble m. porteur longitudinal (d'une ligne caténaire).

– – –, chain = câble-chaîne f.

– – –, chain, stud-link = câble-chaîne m. à étais.

– – –, coaxial = câble m. coaxial (Tp., Tv.), câble m. concentrique (Tp., Tv.).

(cable)

– – –, **coil-loaded** = câble *m.* pupinisé (Tp.), câble *m.* chargé (Tp.).
– – –, **communication** = câble *m.* de télécommunication (Tp.).
– – –, **composite** = câble *m.* mixte (c.-à-d. câble à paires de nature différente) (Tp.).
– – –, **concentric** = câble *m.* concentrique (Tp.).
– – –, **connecting** = câble *m.* de raccordement (Tp., E., C.).
– – –, **continuously-loaded** = câble *m.* krarupisé (Tp.), câble *m.* à charge continue (Tp.).
– – –, **control** = câble *m.* de commande (Méc.).
– – –, **copper** = câble *m.* en cuivre.
– – –, **copperweld** = câble *m.* bimétallique (c.-à-d. à âme d'acier entourée d'une gaine de cuivre).
– – –, **counterpoise** = câble *m.* d'équilibre (E.).
– – –, **counterweight** = câble *m.* de contrepoids (Méc.).
– – –, **deep-sea** = câble *m.* de mer profonde (Tp.), câble *m.* de grand fond (Tp.).
– – –, **digging** = câble *m.* de traînage.
– – –, **distribution** = branchement *m.* (Tp.), câble *m.* de distribution (Tp.).
– – –, **distribution, house** = branchement *m.* intérieur (Tp.), dérivation *f.* (sur le branchement intérieur) (Tp.).
– – –, **distribution, inside** = branchement *m.* intérieur, dérivation *f.* (sur le branchement intérieur) (Tp.).
– – –, **drag** = câble *m.* de traînage (C.).
– – –, **dry-core** = câble *m.* téléphonique à isolement d'air, câble *m.* à circulation d'air (Tp.).
– – –, **duplex** = fil *m.* torsadé (Tp., E.), câble *m.* à deux conducteurs torsadés (Tp., E.).
– – –, **earth** = câble *m.* de mise à la terre (E.), câble *m.* de terre (E.).
– – –, **electric** = câble *m.* électrique.
– – –, **emergency** = câble *m.* provisoire (Tp.).
– – –, **enamelled** = câble *m.* émaillé.
– – –, **endless** = câble *m.* sans fin (Méc.).
– – –, **energized** = câble *m.* sous tension (E.).
– – –, **exchange** = câble *m.* régional (Tp.), câble *m.* (du service) local (Tp.).
– – –, **extension** = câble *m.* de prolongement (Tp.).
– – –, **feeder** = artère *f.* (Tp., E.), feeder *m.* (Tp., E.), câble *m.* d'alimentation (Tp., E.), descente *f.* d'antenne (R.).
– – –, **feeder, main** = artère *f.* principale (E., Tp.), feeder *m.* principal (Tp., E.), artère *f.* de transport (Tp.), câble *m.* d'alimentation principal (Tp.).
– – –, **feeder, sub-** = artère *f.* secondaire (Tp.), câble *m.* d'alimentation secondaire (Tp.), fil *m.* d'alimentation secondaire (Tp.).
– – –, **fibre-core** = câble *m.* à âme de fibre (C.).
– – –, **flameproof** = câble *m.* ininflammable.
– – –, **flexible** = câble *m.* souple (E., C.), câble *m.* flexible (Tp., C.).
– – –, **gas-filled** = câble *m.* sous pression (Tp.).
– – –, **ground** = câble *m.* de mise à la terre (E.).
– – –, **hauling** = câble *m.* de halage (C.).
– – –, **high capacity** = câble *m.* (à) grande capacité (Tp.).
– – –, **high-frequency** = câble *m.* haute fréquence (E.).
– – –, **hoist (ing)** = chable *f.* (C.), câble *m.* de levage (C.).

(cable)

– – –, **house** = branchement *m.* intérieur (Tp.), dérivation *f.* sur branchement intérieur (Tp.), câble *m.* d'immeuble (Tp.).
– – –, **ignition** = câble *m.* d'allumage (Auto.).
– – –, **in (coming)** = câble *m.* d'entrée (Tp., E.).
– – –, **inside** = câble *m.* intérieur (Tp.).
– – –, **insulated** = câble *m.* isolé (E.).
– – –, **intercity** = câble *m.* interurbain (Tp.).
– – –, **interconnecting** = câble *m.* d'interconnexion (Tp.).
– – –, **interphone** = câble *m.* pour téléphone de communication entre les services (d'un établissement) (Tp.).
– – –, **iron-clad** = câble *m.* armé (Tp., E.).
– – –, **jumper** = câble *m.* de jonction (E., Tp.).
– – –, **junction** = câble *m.* de jonction (Tp., E.).
– – –, **jute-protected** = câble *m.* sous jute (Tp.), câble *m.* à revêtement en jute (Tp.).
– – –, **Krarup** = câble *m.* à charge continue (Tp.).
– – –, **large-size** = câble *m.* à grande capacité (Tp., E.).
– – –, **lashed** = câble *f.* ligaturé (Tp.).
– – –, **layer-core** = câble *m.* à couches concentriques (Tp.).
– – –, **lead-covered** = câble *m.* sous plomb (Tp.), câble *m.* sous gaine de plomb (Tp.).
– – –, **lead-in** = câble *m.* d'arrivée (Tp.), câble *m.* d'entrée (Tp.).
– – –, **lead-sheathed** = câble *m.* sous plomb (Tp.), câble *m.* sous gaine de plomb (Tp.).
– – –, **leading-in** = câble *m.* d'arrivée (Tp.), câble *m.* d'amenée (Tp.), arrivée *f.* (Tp., E.), câble *m.* d'entrée (Tp.).
– – –, **loaded** = V. « cable, coil-loaded ».
– – –, **long distance** = câble *m.* interurbain (Tp.).
– – –, **main** = câble *m.* de transport (E.), câble *m.* principal (Tp., E.).
– – –, **messenger** = câble *m.* porteur (Tp.).
– – –, **metal-wrapped** = câble *m.* avec revêtement de métal.
– – –, **multiple-twin** = câble *m.* à paires combinables (Tp.).
– – –, **multiple-unit** = câble *m.* sectoral.
– – –, **non-loaded** = câble *m.* non chargé (Tp.), câble *m.* non pupinisé (Tp.).
– – –, **non-quadded** = câble *m.* (de réseau) à paires (Tp.).
– – –, **non-rotating** = câble *m.* antigiratoire.
– – –, **office** = câble *m.* de bureau (Tp.).
– – –, **oil-filled** = câble *m.* à huile (E.).
– – –, **one-wire** = câble *m.* à un conducteur (Tp.).
– – –, **out (going)** = câble *m.* de sortie (Tp., E.).
– – –, **outside** = câble *m.* extérieur (Tp.).
– – –, **overhead** = câble *m.* aérien (Tp.).
– – –, **paired** = câble *m.* à paires (Tp.).
– – –, **paper-core** = câble *m.* sous papier (Tp.).
– – –, **paper-insulated** = câble *m.* isolé au papier (Tp.), câble *m.* sous papier (Tp.).
– – –, **paper-insulated lead-covered** = câble *m.* sous plomb isolé au papier (Tp.).
– – –, **paper-insulated lead-covered, 300 pair** = câble *m.* sous plomb isolé au papier, 300 paires (Tp.).
– – –, **paper-insulated – – – with air-space** = câble *m.* sous papier et couche d'air (Tp.).

(cable)

- – –, **plain** = câble *m.* simple (Tp.).
- – –, **power** = câble *m.* de transport d'énergie (E.).
- – –, **power, electric** = câble *m.* de transport d'énergie (E.).
- – –, **pressurized** = câble *m.* sous pression (Tp.).
- – –, **quad pair** = câble *m.* à paires en étoile (Tp.).
- – –, **quadded** = câble *m.* à quartes (Tp.), câble *m.* en quarte (Tp.).
- – –, **riser** = câble *m.* montant (Tp.).
- – –, **rubber-covered** = câble *m.* sous caoutchouc (E., Tp.), câble *m.* sous gaine de caoutchouc (E., Tp.).
- – –, **rubber-insulated** = câble *m.* isolé au caoutchouc (E., Tp.), câble *m.* sous caoutchouc.
- – –, **rubber-insulated lead covered** = câble *m.* sous plomb isolé au caoutchouc.
- – –, **rubber, solid** = câble *m.* en caoutchouc plein.
- – –, **rural** = câble *m.* rural.
- – –, **screened** = câble *m.* blindé (Tp.).
- – –, **sea** = câble *m.* sous-marin (Tp.).
- – –, **sector-type** = câble *m.* à secteurs.
- – –, **self-supporting** = câble *m.* toronné (Tp.).
- – –, **service** = branchement *m.*, câble *m.* d'abonné.
- – –, **service-entrance** = branchement *m.*, câble *m.* d'abonné
- – –, **sheathed** = câble *m.* gainé (Tp.).
- – –, **sheathed, wire** = câble *m.* revêtu d'une cuirasse de fils de fer, câble *m.* muni d'une armature de fer.
- – –, **shielded** = câble *m.* armé, câble *m.* blindé.
- – –, **signal** = câble *m.* de signalisation.
- – –, **silk-and-cotton covered** = câble *m.* sous soie et coton.
- – –, **single-conductor** = câble *m.* unifilaire (Tp.).
- – –, **single-wire** = câble *m.* unifilaire (Tp.).
- – –, **six-strand** = câble *m.* de six torons (Tp.).
- – –, **six-wire** = câble *m.* de six fils (Tp.).
- – –, **slack** = câble *m.* mou (C., Tp., E.).
- – –, **small-size** = câble *m.* à faible capacité (Tp., E.).
- – –, **snubbing** = câble *m.* élastique stabilisateur (Tp., C., E.).
- – –, **star-quadded** = câble *m.* à quartes en étoile (Tp.).
- – –, **steel-wire** = câble *m.* d'acier (E., C.), câble *m.* en fil d'acier (C.).
- – –, **stranded** = câble *m.* toronné (C.).
- – –, **stub** = câble *m.* de raccordement (Tp.), tronçon *m.* de câble (Tp.).
- – –, **submarine** = câble *m.* sous-marin (Tp., E.).
- – –, **submarine, wire-armoured** = câble *m.* sous-marin revêtu d'une cuirasse de fils métalliques (Tp., E.).
- – –, **subscriber's** = câble *m.* d'abonné (Tp., E.).
- – –, **suscribers** = branchement *m.* des abonnés (Tp., E.).
- – –, **subsiduary** = câble *m.* auxiliaire (Tp., E.).
- – –, **supply, current** = câble *m.* d'amenée de courant (E.).
- – –, **suspension** = câble *m.* porteur (Tp., C.).
- – –, **switchboard** = câble *m.* de multiple (Tp.), câble *m.* de standard (Tp.), câble *m.* de panneau (E.).
- – –, **symmetric pair** = câble *m.* à paires symétriques (Tp.).
- – –, **telegraph** = câble *m.* télégraphique (Tg.).
- – –, **telephone** = câble *m.* téléphonique (Tp.).

(cable)

- – –, **television** = câble *m.* de télévision (Tv.).
- – –, **textile-insulated** = câble *m.* sous coton (Tp.), câble *m.* isolé au coton (Tp.).
- – –, **three-conductor** = câble *m.* triple (Tp., E.), câble *m.* trifilaire (Tp., E.), câble *m.* à trois conducteurs (Tp., E.).
- – –, **three-conductor lead-covered** = câble *m.* triple sous plomb (Tp., E.).
- – –, **three-leader** = câble *m.* triple (E.).
- – –, **to** = câbler (une dépêche), rudenter (une colonne) (B.), amarrer (un bateau) avec un câble.
- – –, **toll** = câble *m.* interurbain (Tp.), câble *m.* à longue distance (Tp.).
- – –, **toll-entrance** = câble *m.* d'amorce interurbain (s'il sert à amener les circuits aériens interurbains aux centraux interurbains) (Tp.).
- – –, **toll-intercity** = câble *m.* interurbain (Tp.).
- – –, **toll-intermediate** = câble *m.* intermédiaire (de ligne à longue distance) (Tp.).
- – –, **tow** = câble *m.* de remorque (C.), remorque *f.* (C.).
- – –, **towing** = câble *m.* de touage (C.).
- – –, **traction** = câble *m.* tracteur (C.).
- – –, **transatlantic** = câble *m.* transatlantique (Tp.).
- – –, **triple** = câble *m.* à trois conducteurs (Tp., E.), câble *m.* triple (Tp., E.).
- – –, **trunk** = câble *m.* interurbain (Tp.), tronçon *m.* (Tp.), câble *m.* de jonction (Tp.), câble *m.* à longue distance (Tp.).
- – –, **trunk (between C.O.'s)** = câble *m.* réseau, jonction *f.* (Tp.).
- – –, **twin** = câble *m.* double (Tp.).
- – –, **twin-wire** = câble *m.* à deux conducteurs (Tp.).
- – –, **twisted** = câble *m.* torsadé (Tp.), câble *m.* tors (C., E., Tp.), câble *m.* tordu (Tp., E.).
- – –, **two-wire** = câble *m.* à deux conducteurs (Tp., E.), câble *m.* bifilaire (Tp., E.), câble *m.* à deux fils (Tp., E.).
- – –, **unarmoured** = câble *m.* sans armature (Tp., E.).
- – –, **underground** = câble *m.* souterrain (Tp.).
- – – **under tension** = câble *m.* sous tension (E.).
- – –, **underwater** = câble *m.* sous-marin, câble *m.* immergé.
- – –, **unloaded** = câble *m.* non pupinisé (Tp.), câble *m.* non chargé (Tp.).
- – –, **urban** = câble *m.* urbain (Tp.).
- – –, **weatherproof** = câble *m.* imperméable aux intempéries (C., E.).
- – –, **wire** = câble *m.* métallique (C.).
- – –, **wiring, inside** = câble *m.* de filerie intérieure (Tp., E.).
- – –, **working** = câble *m.* en service (Tp.).

cablegram = câblogramme *m.* (Tg.).

cableway = câble *m.* de téléphérage (C.), transporteur *m.* aérien (C.).

cabling = câblage *m.* (des brins d'un câble, d'un dispositif électrique), envoi *m.* d'un câblogramme, rudenture *f.* (d'une colonne) (B.), pose *f.* de câble(s) (Tp.).

cabman = cocher *m.* de fiacre (O.).

caboose = fourgon *m.* de queue (Ch.d.f.), cabane *f.*, hutte *f.*

cabriolet = cabriolet *m.* (Auto.).

cache = cache *f.*, cachette *f.*
cadastral = cadastral (adj.), du (ou de) cadastre.
café = café-restaurant *m.*, café *m.*
cafeteria = cafétéria *f.* (ou *m.*).
cage = cage *f.* (de puits de mine, d'oiseau), cabine *f.* (d'ascenseur), ossature *f.* (d'un édifice).
– – –, **ball** = cage *f.* à billes (Méc.).
– – –, **ball-bearing** = cage *f.* de roulement à billes (Méc.).
– – –, **bird** = cage *f.* (de transport) (Phys.).
– – –, **roller-bearing** = cage *f.* de roulement à rouleaux (Méc.).
– – –, **skeleton** = harasse *f.*
– – –, **squirrel** = cage *f.* d'écureuil (E.).
– – –, **valve** = chapelle *f.* de soupape (Méc.), lanterne *f.* de soupape (Méc.), corbeille *f.* de la soupape (Méc.).
caisson = caisson *m.* (H., C.), bâtardeau *m.* (H., C.)
– – –, **pneumatic** = caisson *m.* à air comprimé.
– – –, **steel** = caisson *m.* en acier (H., C.).
cake = pastille *f.* (d'accumulateur) (E.), pain *m.* (de savon), motte *f.* (de terre), tablette *f.* (de chocolat), croûte *f.* (de sang coagulé), gâteau *m.* (Ust.).
– – – **of carbon** = aggloméré *m.* de charbon (Méc.).
– – –, **salt** = sulfate *m.* de soude (Pap.).
caked = agglutiné (adj.).
caking = agglutination *f.* du charbon (Méc.).
calash = calèche *f.*
calamine = badigeon *m.* (B.).
calcareous = calcaire (adj.).
calcify, to = pétrifier (le bois), calcifier ou convertir en carbonate de calcium.
calcination = calcination *f.* (de la chaux), grillage *m.* (d'un minerai), cuisson *f.* (de la pierre à chaux).
calcine, to = calciner (la chaux), griller (un minerai), cuire (la pierre à chaux).
calciner = four *m.* de calcination, four *m.* de grillage.
calcining = calcination *f.* (d'un carbonate), frittage *m.* (du verre), grillage *m.* (d'un minerai), cuisson *f.* (des émaux).
calcium = calcium *m.*
calculate, to = calculer (une éclipse), évaluer (la durée d'un phénomène, un bijou), estimer (une distance), mesurer (son geste, ses expressions).
calculation = calcul *m.*, étude *f.*, devis *m.*, état *m.* détaillé avec prix estimatif.
– – –, **approximate** = calcul *m.* approximatif.
– – –, **checking** = calcul *m.* de vérification.
– – –, **graphic** = calcul *m.* graphique.
– – –, **rough** = calcul *m.* approximatif.
calculator = machine *f.* à calculer, calculateur *m.* (O., M.).
– – –, **pocket** = calculette *f.*
calculograph = calculographe *m.* (Tp.), enregistreur *m.* de communications (Tp.).
calculus = calcul *m.*
– – –, **differential** = calcul *m.* différentiel.
– – –, **integral** = calcul *m.* intégral.
caldron = V. « cauldron ».
calendar = calendrier *m.*
– – –, **tear-off** = calendrier *m.* éphéméride.
calender = calandre *f.* (Pap.), laminoir *m.* (Méc.).
– – –, **machine** = calandre *f.* finisseuse (Pap.).
– – –, **to** = calandrer (le papier) (Pap.).

calenderer = calandreur *m.* (O.).
calendering = calandrage *m.* (Pap.), laminage *m.* (Mét.).
calfdozer = boutoir *m.* léger (M.).
calfskin = (cuir *m.* de) veau *m.*
caliber (or calibre) = calibre *m.* (Méc.), alésage *m.* (Méc.).
calibrate, to = étalonner (un compteur), calibrer (un fil métallique), rectifier (Méc.), graduer (un thermomètre).
calibration = étalonnage *m.*, calibrage *m.*, vérification *f.*, rectification *f.*, étalonnement *m.*
– – –, **direction-finder** = étalonnage *m.* d'un goniomètre (R.).
calibrator = appareil *m.* étalon.
calibre (or caliber) = calibre *m.* (Méc.), alésage *m.* (Méc.).
caliper (or calliper) = compas *m.* (Méc.), compas *m.* d'épaisseur (Méc.), V. « calipers ».
– – –, **disc-brake** = pince *f.* de frein à disque (Auto.).
– – –, **graduated** = compas *m.* à secteur gradué.
– – –, **inside** = compas *m.* d'intérieur.
– – –, **micrometer** = calibre *m.* à vis micrométrique, palmer *m.*
– – –, **outside** = compas *m.* d'épaisseur, galopin *m.*
– – –, **quick-nut** = compas *m.* à écrou rapide.
– – –, **screw** = calibre *m.* à vis.
– – –, **slide** = pied *m.* à coulisse, règle *f.* à coulisse.
– – –, **sliding** = calibre *m.* à coulisse, pied *m.* à coulisse.
– – –, **solid-leg** = compas *m.* à branches fixes.
– – –, **spring** = compas *m.* à ressort.
– – –, **thread** = compas *m.* pour vis.
– – –, **to** = calibrer, mesurer.
– – –, **tooth** = compas *m.* d'épaisseur à dents d'engrenage.
– – –, **transfer** = compas *m.* à rapporter.
– – –, **universal** = compas *m.* universel.
– – –, **vernier** = jauge *f.* micrométrique, pied *m.* à coulisse avec vernier.
– – –, **winged** = compas *m.* à quart de cercle.
– – – **with regulating screw** = compas *m.* de précision.
calipers = V. « caliper ».
– – –, **divider** = compas *m.* à pointes (Méc.), compas *m.* diviseur (Méc.), compas *m.* d'épaisseur (Méc.).
– – –, **globe** = compas *m.* d'épaisseur pour sphères.
– – –, **in and out** = maître *m.* de danse (I.).
– – –, **inside** = compas *m.* à calibrer, compas *m.* d'intérieur.
– – –, **micrometer** = compas *m.* d'épaisseur micrométrique, palmer *m.* (Méc.).
– – –, **outside** = compas *m.* d'épaisseur, galopin *m.* (Méc.).
– – –, **scale** = pied *m.* à coulisse.
– – –, **slide, pocket** = pied *m.* à coulisse.
calk = crampon *m.* de fer à cheval, griffe *f.* de fer à cheval.
– – –, **boot** = crampon *m.* à chaussure.
– – –, **drive** = crampon *m.* à tige lisse, crampon *m.* ordinaire.
– – –, **screw** = crampon *m.* à vis.
– – –, **to** = V. « caulk, to ».
– – –, **toe** = griffe *f.* (de fer à cheval).

(call)

calkin = crampon *m.* (de fer à cheval).
call = appel *m.* (Tp., R.), conversation *f.* (Tp.), communication *f.* (Tp.), V. « calls ».
– – –, **abandoned** = appel *m.* annulé (Tp.), demande *f.* (de communication) annulée (Tp.), abandon *m.* d'appel (Tp.).
– – –, **abusive** = appel *m.* importun (Tp.).
– – –, **annoyance** = appel *m.* importun (Tp.), appel *m.* malveillant (Tp.).
– – –, **appointment** = appel *m.* à préavis (Tp.).
– – –, **audible** = appel *m.* phonique.
– – – **back** = rappel *m.* (Tp.).
– – – **between exchanges** = communication *f.* échangée entre circonscriptions (Tp.).
– – –, **bird** = appeau *m* (I.).
– – –, **business** = communication *f.* d'affaires (Tp.).
– – –, **buzzer** = appel *m.* vibré (E.).
– – – **charged for** = conversation *f.* taxée (Tp.).
– – –, **code** = communication *f.* (interurbaine) codée (Tp.).
– – –, **collect** = appel *m.* à frais virés (Canada), communication *f.* payable à l'arrivée (France).
– – –, **completed** = communication *f.* établie (Tp.).
– – –, **conference** = communication *f.* collective (Tp.), conférence *f.* téléphonique.
– – –, **customer-dialed** = appel *m.* direct (Tp.), appel *m.* fait par l'usager (Tp.).
– – –, **delayed** = appel *m.* (téléphonique) avec attente, appel *m.* retardé (Tp.).
– – –, **direct** = appel *m.* direct (Tp.), communication *f.* directe (Tp.).
– – –, **emergency** = appel *m.* de secours.
– – –, **exchange** = communication *f.* de circonscription (Tp.).
– – – **for tenders** = avis *m.* d'adjudication, appel *m.* de soumissions, appel *m.* d'offres.
– – –, **free** = appel *m.* non taxé (Tp.).
– – –, **general** = appel *m.* général.
– – –, **incoming** = communication *f.* d'arrivée (Tp.).
– – –, **information** = demande *f.* de renseignements (Tp.).
– – –, **inward** = appel *m.* d'arrivée (Tp.).
– – –, **local** = appel *m.* local (Tp.), appel *m.* urbain (Tp.), communication *f.* urbaine (Tp.).
– – –, **long-distance** = appel *m.* interurbain (Tp.).
– – –, **long-haul** = appel *m.* à longue distance (Tp.).
– – –, **magneto** = appel *m.* magnétique (Tp.).
– – –, **mobile** = appel *m.* radiotéléphonique (Tp.).
– – –, **nuisance** = appel *m.* importun (Tp.), appel *m.* malveillant (Tp.).
– – –, **obscene** = appel *m.* obscène (Tp.).
– – –, **operator handled** = appel *m.* acheminé par la téléphoniste (Tp.), communication *f.* établie par la téléphoniste (Tp.).
– – –, **outgoing** = communication *f.* de départ (Tp.).
– – –, **outward** = appel *m.* de départ (Tp.).
– – –, **overseas** = appel *m.* outre-mer (Tp.), communication *f.* transocéanique (Tp.).
– – –, **paid** = appel *m.* taxé (Tp.).
– – –, **person-to-person** = communication *f.* de personne à personne (Tp.).
– – –, **personal** = appel *m.* avec préavis (Tp.).
– – –, **private** = communication *f.* privée (Tp.).

– – –, **private, ordinary** = communication *f.* privée ordinaire (Tp.).
– – –, **private, urgent** = communication *f.* privée urgente (Tp.).
– – –, **refused** = communication *f.* refusée (Tp.).
– – –, **reverting** = communication *f.* entre deux postes reliés à une même ligne partagée (Tp.), appel *m.* à un co-abonné (Tp.).
– – –, **roll** = appel *m.* (nominal).
– – –, **service** = communication *f.* de service (Tp.), visite *f.* d'un réparateur (Tp.).
– – –, **short-haul** = appel *m.* sur courte distance (Tp.).
– – –, **station** = appel *m.* de service (Tp.).
– – –, **station-to-station** = communication *f.* de poste à poste.
– – –, **telephone** = appel *m.* téléphonique.
– – –, **test** = communication *f.* d'essai (Tp.).
– – –, **to** = appeler, faire un appel, téléphoner.
– – –, **to** – – – **back** = rappeler (quelqu'un) (Tp.).
– – –, **to** – – – **bids** = ouvrir une adjudication, ouvrir un appel d'offres.
– – –, **to** – – – **collect** = appeler (ou faire un appel) à frais virés (Tp.) (Canada), faire un appel payable à l'arrivée (Tp.) (France).
– – –, **to** – – – **up** = appeler au téléphone.
– – –, **toll** = appel *m.* interurbain (Tp.), communication *f.* interurbaine (Tp.).
– – –, **toll, automatic** = appel *m.* interurbain automatique (Tp.).
– – –, **trunk** = appel *m.* interurbain (Tp.).
– – –, **waiting** = appel *m.* en attente (Tp.).
– – – **with request for charges** = demande *f.* de communication avec indication de taxe (Tp.) (France), demande *f.* de communication avec indication de frais (Tp.) (Canada).
– – –, **W/T** = appel *m.* radioélectrique (R.), appel *m.* radiotéléphonique (R.).
caller = demandeur *m.* (Tp.).
calling = convocation *f.* (d'une réunion), appel *m.*
– – –, **all number** = composition *f.* tout chiffres (Tp.).
– – –, **code** = appel *m.* codé, sonnerie *f.* codée.
– – –, **selective** = appel *m.* sélectif (R.).
– – –, **sequence** = appels *m.p.* en série (Tp.).
calliper = V. « caliper ».
calls, distress = communications *f.p.* de détresse (Tp.).
calorie = calorie *f.*, petite calorie.
– – –, **gram(me)** = calorie *f.*, petite calorie.
– – –, **great** = kilocalorie *f.* (= 1000 calories) ou grande calorie.
– – –, **kilogram(me)** = kilocalorie *f.* (= 1000 calories) ou grande calorie.
– – –, **large** = V. « calorie, great ».
– – –, **small** = calorie *f.*, petite calorie.
calorimeter = calorimètre *m.*
– – –, **electric resistance** = calorimètre *m.* électrique.
calorization = calorisation *f.*
calory = calorie *f.*, V. « calorie ».
calotte = calotte *f.* (B.).
calutron = calutron *m.*, séparateur *m.* d'isotopes.
calx = cendres *f.p.* métalliques, oxydes *m.p.*, résidus *m.p.* de calcination.
cam = came *f.* (Méc.), mentonnet *m.* (Méc.).
– – –, **actuating** = came *f.* de commande.

– – –, **adjustable** = came *f.* réglable.
– – –, **admission** = came *f.* d'admission.
– – – **and yoke** = excentrique *m.* à cadre.
– – –, **automatic-advance** = came *f.* pour avance automatique.
– – –, **brake** = came *f.* de commande de frein, came *f.* de serrage du frein.
– – –, **breaker, contact** = came *f.* de rupteur (E.).
– – –, **circular** = came *f.* circulaire.
– – –, **closing** = came *f.* de fermeture.
– – –, **clutch** = came *f.* d'embrayage (Auto.).
– – –, **compound** = came *f.* à plusieurs échelons.
– – –, **compression** = came *f.* de compression.
– – –, **control** = came *f.* de commande.
– – –, **cylinder** = came *f.* à cylindre, came *f.* à tambour.
– – –, **detent** = came *f.* de dégagement.
– – –, **eccentric** = came *f.* désaxée.
– – –, **exhaust** = came *f.* d'échappement.
– – –, **heart** = came *f.* en coeur.
– – –, **ignition** = came *f.* d'allumage (Auto.).
– – –, **inlet** = came *f.* d'admission.
– – –, **interrupter** = came *f.* de rupteur (E.).
– – –, **involute** = came *f.* à développante.
– – –, **outlet** = came *f.* d'échappement.
– – –, **pulsing** = came *f.* d'impulsion (Tp.).
– – –, **relief** = came *f.* de décompression.
– – –, **ratchet** = came *f.* à rochet.
– – –, **rough** = came *f.* ébréchée.
– – –, **spark** = came *f.* d'allumage (Auto.).
– – –, **timing** = came *f.* de distribution.
– – –, **tripping, delayed-pulse** = came *f.* de temps perdu (Tp.).
– – –, **valve, exhaust** = came *f.* d'échappement.
– – –, **valve, inlet** = came *f.* d'admission.
– – –, **valve-lifting** = came *f.* de levée de soupape.
camber = courbure *f.* (d'un arc, de la terre), bombement *m.* (d'une chaussée), cambrure *f.* (d'une solive), flèche *f.* (d'une poutre), cintrage *m.* (des tôles), écuanteur *f.* (d'une route), carrossage *m.* (d'une roue) (Auto.).
– – –, **lower** = courbure *f.* inférieure (C.).
– – – **of road** = bombement *m.* de la chaussée (C.).
– – –, **positive** = carrossage *m.* (Auto.).
– – –, **upper** = courbure *f.* supérieure (C.).
– – –, **wing** = profil *m.* d'aile (Av.).
cambered = cambré, courbé.
cambering = cintrage *m.* (des tôles), bombement *m.* (de la chaussée).
cambric = toile *f.*, batiste *f.* (de lin).
– – –, **varnished** = toile *f.* vernie, toile *f.* huilée.
came = plomb *m.* pour vitraux (B.).
camera = caméra *f.*, appareil *m.* photographique, appareil *m.* photo.
– – –, **box** = box *m.*
– – –, **folding** = appareil *m.* pliant.
– – –, **stereo(scopic)** = appareil *m.* stéréo (Phot.).
– – –, **in** = (assemblée *f.*) à huis clos.
– – –, **movie** = caméra *f.*
– – –, **reflex** = appareil *m.* avec visée reflex (Phot.), caméra *f.* avec visée reflex (Phot.).
– – –, **magazine** = caméra *f.* à chargeurs.
– – –, **motion-picture** = (ciné-) caméra *f.*
– – – **obscura** = chambre *f.* noire (Phot.), chambre *f.*

obscure (Phot.).
– – –, **reflex** = reflex *m.* (Phot.), appareil *m.* reflex (Phot.).
– – –, **S.L.R.** (**single-lens reflex**) = appareil *m.* reflex mono-objectif (Phot.), reflex *m.* à un objectif (Phot.).
– – –, **television** = caméra *f.* de télévision.
– – –, **twin-lens reflex** = appareil *m.* reflex (à) deux objectifs.
cameraman = cameraman *m.* (Tv.), photographe *m.*, preneur *m.* de vues.
camp, sugar = sucrerie *f.* (Canada), cabane *f.* à sucre (Canada).
camper = campeuse *f.* (Auto.).
camping = campement *m.* (militaire), campisme *m.* ou camping *m.*
camshaft = V. « shaft, cam ».
can = boîte *f.* (à conserve), burette *f.* (Méc.), boîte *f.*, bidon *m.*, pot *m.*, écouteur *m.* téléphonique.
– – –, **creamery** = bidon *m.* de crèmerie.
– – –, **disposable** = (bière *f.*, etc.) (à) canette *f.* perdue.
– – –, **garbage** = poubelle *f.* (Ust.).
– – –, **gasoline** = bidon *m.* à essence.
– – –, **large** = bidon *m.*
– – –, **milk** = bidon *m.* à lait.
– – –, **non-returnable** = (bière *f.*, etc.) (à) canette *f.* perdue.
– – –, **oil** = burette *f.*, bidon *m.* à l'huile.
– – –, **oil, force-feed** = burette *f.* à piston.
– – –, **oil, long-spouted** = burette *f.* à long bec.
– – –, **oil, pump** = burette *f.* à pompe.
– – –, **oil, spout-type** = burette *f.* à bec.
– – –, **oil, valve** = burette *f.* à valve.
– – –, **shield** = enveloppe *f.* de blindage (Méc.).
– – –, **tin** = boîte *f.* en fer blanc, bidon *m.* en fer blanc.
– – –, **waste, kitchen** = poubelle *f.* de cuisine (Ust.).
– – –, **water** = fontaine *f.* (d'une meule).
– – –, **watering** = arrosoir *m.*
canal = canal *m.* (H., C.), conduit *m.* (H., C.).
– – –, **avoiding** = canal *m.* de déviation (H.), canal *m.* de dérivation.
– – –, **branch** = canal *m.* de dérivation (H.).
– – –, **dead** = canal *m.* de niveau (H.).
– – –, **delivery** = conduit *m.* de décharge (H.).
– – –, **distributing** = canal *m.* distributeur (C., H.).
– – –, **ditch** = canal *m.* ouvert (C., H.), canal *m.* (C., H.).
– – –, **diversion** = canal *m.* de dérivation (H.).
– – –, **drain** = canal *m.* de vidange (S.), canal *m.* d'évacuation (S., C.).
– – –, **head-water** = canal *m.* d'amont (H.).
canalization = canalisation *f.* (d'une rivière), adduction *f.* (d'eau d'alimentation) (H.).
cancel = onglet *m.* (Imp.).
– – –, **to** = résilier (un contrat, un marché), contremander (un ordre), annuler (une commande, une réservation), rayer ou biffer (un nom d'une liste, un mot), décommander (une invitation), oblitérer (un timbre-poste), radier (une hypothèque), supprimer (un autobus, un voyage), révoquer (son testament).
cancellation of a subscriber's contract = résiliation *f.* d'un abonnement (Tp.).
candelabrum = candélabre *m.* (E.), lampadaire *m.* (E.).

(**cap**)

candle = bougie *f.* d'éclairage, (E.), bougie *f.*
- - -, **international** = bougie *f.* internationale (décimale) (E.), candela *f.*, cd *f.*
- - -, **meter** = lux *m.* (E.), bougie-mètre *f.* (E.).
- - -, **standard** = bougie *f.* étalon.
- - -, **stearine** = bougie *f.* de stéarine.
- - -, **to** = mirer (les oeufs).
candler = mireur *m.* (d'oeufs) (O.).
canister = boîte *f.* métallique (Ust.).
- - -, **tea** = boîte *f.* à thé (Ust.).
canned = (musique *f.*) enregistrée, (publicité *f.* télévisée) en différé, (légume *m.*) en conserve.
canner = exploitant *m.* de conserverie (O.), fabricant *m.* de conserves (O.).
cannery = conserverie *f.*
canoe = canoë *m.* (France), canot *m.* (Canada).
canopy = auvent *m.* (B.), marquise *f.* (B.), baldaquin *m.* (de lit), hotte *f.* (d'un foyer), gable *m.* (de comble), tendelet *m.* (de bateau) (Mar.), verrière *f.* (de l'habitacle) (Av.).
cant = surhaussement *m.* (d'un édifice), surélévation *f.* (d'une voûte), arête *f.* (de boulon), dévers *m.* (d'une route), inclinaison *f.* (d'une rampe), pan *m.* coupé (Men.), moulure *f.* biseautée (B.), pièce *f.* de bois demi-équarrie.
- - -, **bevel** = biseau *m.*, chanfrein *m.*, pan *m.* coupé (Men.).
- - - **of the rail** = dévers *m.* du rail (Ch.d.f.).
- - -, **to** = s'incliner, biseauter, pencher, dévoyer (un tuyau), incliner (un montant) (B.), délarder (une arête) (Men.).
cantilever = porte-à-faux *m.* (C., B.), encorbellement (C., B.), en console (C., (B.), cantilever *m.*
canvas = canevas *m.*, toile *f.* de tente, grosse toile.
- - -, **oiled** = toile *f.* huilée.
- - -, **patching** = toile *f.* gommée (Auto.).
- - -, **varnished** = toile *f.* huilée.
caoutchouc = caoutchouc *m.*
- - -, **hardened** = ébonite *f.*
- - -, **mineral** = caoutchouc *m.* minéral.
cap = chapeau *m.* (de presse-étoupe, de palier), calotte *f.* (d'une pompe), capuchon *m.* (d'un pneu), culot *m.* (de lampe), mitre *f.* (de cheminée), couvercle *m.* (de soupape), coiffe *f.* (de flacon), chapiteau *m.* (de colonne), bonnet *m.* (de nuit, de cuisinier, d'enfant), casquette *f.*, chaperon *m.* (d'un mur) (B.), couronnement *m.* (d'une cloison) (B.), capot *m.* (d'un isolateur) (E.).
- - -, **attachment** = calotte *f.* d'attache (Méc., C.), coiffe *f.* (Méc., C.).
- - -, **axle** = chapeau *m.* de moyeu (Méc.), chapeau *m.* d'essieu (Méc.).
- - -, **bearing** = chapeau *m.* de palier (Méc.).
- - -, **bearing, connecting-rod** = chapeau *m.* de tête de bielle (Méc.), couvercle *m.* de tête de bielle (Méc.).
- - -, **blasting** = détonateur *m.*, amorce *f.*, capsule *f.*
- - -, **blasting, electric** = capsule *f.* électrique.
- - -, **bottle** = bouchon *m.* de bouteille, capsule *f.*
- - -, **bulb** = culot *m.* d'ampoule (E.).
- - -, **carburetor dome** = coiffe *f.* à capuchon du carburateur (Auto.).
- - -, **cartridge** = capsule *f.*
- - -, **chimney** = capote *f.* de cheminée (B.), capuchon

m. de cheminée (B.), mitre *f.* de cheminée (B.).
- - -, **cooling** = chape *f.* de refroidissement (Méc.).
- - -, **duct** = tampon *m.* provisoire (Tp.).
- - -, **dust** = cache-poussière *m.* (d'une valve de chambre à air) (Auto.), tamis *m.* anti-poussière (du carburateur) (Auto.).
- - -, **dust, valve** = capuchon *m.* de valve (de pneu) (Auto.).
- - -, **ear** = pavillon *m.* (d'un récepteur téléphonique).
- - -, **end** = bouchon *m.* (Méc., C.), coiffe *f.* (Méc., C.).
- - -, **filler** = bouchon *m.* de réservoir (Auto.).
- - -, **filler, locking** = bouchon *m.* (de réservoir) à verrou (Auto.).
- - -, **filling** = bouchon *m.* de remplissage.
- - -, **hub** = couvre-moyeu *m.* (Méc.), chapeau *m.* de moyeu (Méc.), enjoliveur *m.* de roue (Auto.).
- - -, **hub, nut-type** = écrou-chapeau *m.* (Auto.).
- - -, **hub, wheel** = couvre-moyeu *m.* (Méc.), chapeau *m.* de moyeu (Méc.).
- - -, **hunter's** = casquette *f.* de chasseur.
- - -, **lamp** = cabochon *m.* (pour lampe) (Tp.).
- - -, **lens** = bouchon *m.* d'objectif (Phot.).
- - -, **metal** = chapeau *m.* en métal (Méc.).
- - - **of a fountain-pen** = capuchon *m.* d'un stylo.
- - -, **percussion** = capsule *f.*, capsule-amorce *f.*
- - -, **pile** = chapeau *m.* de pieu (C.), capuchon *m.* de pieu (C.).
- - -, **plug** = bouchon *m.* (S., Méc.).
- - -, **plug, attachment** = prise *f.* de courant (E.).
- - -, **protecting** = chape *f.* protectrice (Méc.).
- - -, **radiator** = bouchon *m.* du radiateur (Auto.).
- - -, **rain** = parapluie *m.* de cheminée (B.).
- - -, **receiver** = pavillon *m.* (d'un récepteur téléphonique).
- - -, **ridge** = faîtage *m.* (B.).
- - -, **roofing** = rondelle *f.* pour papier à toiture (B.).
- - -, **safety** = casque *m.* de protection (C., B.).
- - -, **screw** = bouchon *m.* à vis (S., Méc.), obturateur *m.* à vis (S., Méc.), chapeau *m.* (Méc.).
- - -, **screw, Edison** = culot *m.* à vis (E.), culot *m.* Edison (E.).
- - -, **socket** = capot *m.* pour lampe (E.).
- - -, **spring** = rondelle-tendeur *f.* (Méc.).
- - -, **stopper** = chapeau *m.* vissé (S., Méc.).
- - -, **tank** = bouchon *m.* de réservoir (d'essence) (Auto.).
- - -, **tank, gas** = bouchon *m.* de réservoir (Auto.).
- - -, **test** = isolateur *m.* d'extrémité de câble (E.).
- - -, **to** = renchérir (sur une offre), capsuler (une bouteille), coiffer (un pieu), amorcer (une cartouche), armer (un aimant).
- - -, **turn** = gueule-de-loup *f.* (B.), capuchon *m.* mobile de cheminée (B.).
- - -, **valve** = capuchon *m.* de soupape (Méc.), chapeau *m.* ou bouchon *m.* (d'une valve de chambre à air) (Auto.).
- - -, **valve, exhaust** = capuchon *m.* de la soupape d'échappement (Méc.).
- - -, **vent** = chape *f.* d'évent (S.), tête *f.* aspirateur (Méc.).
- - -, **vise** = mordache *f.*
- - -, **wheel** = chapeau *m.* de roue (Méc., Auto.),

(cap)

chapeau de moyeu de roue (Méc.).
capability = capacité *f.* (d'un tonneau).
– – –, **modulation** = taux *m.* maximal de modulation sans distorsion (R.).
capacitance = capacitance *f.* (E.), capacité *f.* (E.).
– – –, **distributed** = self *f.* répartie (E.), capacité *f.* répartie (E.).
– – –, **electric** = capacité *f.* électrique (d'un conducteur) (E.).
– – –, **grid-plate** = capacité *f.* grille-anode (R.).
– – –, **inductive, specific** = pouvoir *m.* inducteur spécifique (E.).
– – –, **low** = faible capacité (E.).
– – –, **mutual** = capacité *f.* mutuelle (d'un fantôme) (Tp.).
– – – **of a condenser** = capacité *f.* d'un condensateur (E.).
– – – **per unit of length** = capacité *f.* linéique (Tp.).
– – –, **residual** = capacité *f.* résiduelle (E.).
– – –, **self-** = capacité *f.* propre (E.).
capacitive = capacitif (adj.), par capacité (E.).
capacitor = condensateur *m.* (E., R.).
– – –, **adjustable** = condensateur *m.* réglable.
– – –, **air** = condensateur *m.* à air.
– – –, **blocking** = condensateur *m.* d'arrêt.
– – –, **buffer** = condensateur *m.* shunt.
– – –, **disc** = condensateur *m.* plat.
– – –, **electrolytic** = condensateur *m.* électrolytique.
– – –, **electrolytic, wet** = condensateur *m.* à électrolyte liquide.
– – –, **filter** = condensateur *m.* de filtre.
– – –, **fixed** = condensateur *m.* fixe.
– – –, **grid** = condensateur *m.* de grille (R.).
– – –, **paper** = condensateur *m.* au papier.
– – –, **synchronous** = condensateur *m.* synchrone.
– – –, **telephone** = condensateur *m.* téléphonique.
– – –, **temperature-compensating** = condensateur *m.* à compensation thermique.
– – –, **trimming** = condensateur *m.* ajustable d'appoint.
– – –, **tuning** = condensateur *m.* d'accord (R.).
– – –, **variable** = condensateur *m.* variable.
capacitron = tube *m.* redresseur à vapeur de mercure (E.), redresseur *m.* électrostatique (E.).
capacity = capacité *f.*, charge *f.*, débit *m.*, rendement *m.*, volume *m.*, contenance *f.*, efficacité *f.*, puissance *f.* (d'une centrale) (E.).
– – –, **absorption** = pouvoir *m.* d'absorption, puissance *f.* d'absorption.
– – –, **adhesive** = pouvoir *m.* adhérant.
– – –, **aerial** = capacité *f.* d'antenne (R.), portée *f.* de l'antenne (R.).
– – –, **air** = quantité *f.* de vent.
– – –, **at full** = à plein rendement.
– – –, **balancing** = capacité *f.* d'équilibrage.
– – –, **bearing** = résistance *f.* (d'un terrain).
– – –, **bearing, high** = (sol *m.*) de grande résistance.
– – –, **breaking** – – – **of a switch** = pouvoir *m.* de coupure d'un interrupteur (E.).
– – –, **bucket** = contenance *f.* du godet.
– – –, **carrying** = charge *f.* admise ou charge *f.* utile (d'un véhicule), contenance *f.* (d'un vase), capacité *f.* de transport (C.), intensité *f.* de courant admissible

(capacity)

(E.), capacité *f.* de transmission (Tp.).
– – –, **carrying, power** = capacité *f.* de force motrice (E.).
– – –, **carrying, rated** = charge *f.* normale (C., E.).
– – –, **carrying, total load** = charge *f.* totale (C., E.).
– – –, **channel** = capacité *f.* d'une voie (Tp.).
– – –, **circuit** = capacité *f.* en circuits (Tp.).
– – –, **coil** = capacité *f.* propre d'une bobine (E.).
– – –, **condenser** = capacité *f.* de condensateur (E.).
– – –, **conductor** = capacité *f.* des conducteurs (E.).
– – –, **coupling** = capacité *f.* de couplage (E.).
– – –, **cubic** – – – **of a cylinder** = cylindrée *f.*
– – –, **current-carrying** = intensité *f.* de courant admissible (E.), courant *m.* de régime (d'un appareil) (E.).
– – –, **cylinder** = cylindrée *f.*
– – –, **dead-weight** = portée *f.* en lourd (C.).
– – –, **delivery** = débit *m.* (d'une pompe).
– – –, **distributed** = capacité *f.* répartie (E.), self *f.* répartie (E.).
– – –, **electrostatic** = capacité *f.* électrostatique (E.).
– – –, **fuel** = contenance *f.* en combustible.
– – –, **hand** = capacité *f.* de la main (E.), effet *m.* de main (E.).
– – –, **hauling** = puissance *f.* de traction (Méc.), force *f.* au crochet (Méc.).
– – –, **heat** = capacité *f.* calorifique (C.).
– – –, **hoisting** = capacité *f.* de levage.
– – –, **hourly** = production *f.* horaire, capacité *f.* horaire.
– – –, **hourly, pumping** = capacité *f.* de pompage horaire.
– – –, **inductive** = pouvoir *m.* inducteur (E.).
– – –, **inductive, specific** = pouvoir *m.* inducteur spécifique (E.).
– – –, **installed** = puissance *f.* installée (E.).
– – –, **insulating** = pouvoir *m.* isolant (E.).
– – –, **inter-electrode** = capacité *f.* entre deux électrodes (R.).
– – –, **interrupting** = intensité *f.* de rupture (E.), pouvoir *m.* de rupture (E.).
– – –, **lifting** = force *f.* de levage (Méc.).
– – –, **loading** = capacité *f.* de chargement (d'une pelle).
– – –, **lumped** = capacité *f.* concentrée (E.).
– – –, **making** = pouvoir *m.* de fermeture (E.).
– – –, **measurement** = portée *f.* en volume (C.).
– – – **of a battery** = capacité *f.* d'une batterie (E.).
– – – **of a blower** = volume *m.* d'air aspiré par une soufflante.
– – – **of a cable** = capacité *f.* d'un câble (Tp., C.).
– – – **of a cell** = capacité *f.* d'une pile (E.).
– – – **of a circuit** = capacité *f.* d'un circuit (Tp.).
– – – **of a distribution system** = capacité *f.* d'un réseau (E., S.).
– – – **of a motor** = puissance *f.* d'un moteur.
– – – **of an accumulator** = capacité *f.* d'un accumulateur (E.).
– – – **of the bunkers** = volume *m.* des soutes.
– – –, **overload** = puissance *f.* de surcharge (E., C.), capacité *f.* de surcharge (E., C.).
– – –, **plate-cathode** = capacité *f.* anode-cathode (R.).
– – –, **production** = capacité *f.* de production.
– – –, **radiating** = pouvoir *m.* rayonnant (d'une source

(capacity)

de lumière).
- - -, **rated** = puissance *f.* nominale (Méc.).
- - -, **required** = débit *m.* nécessaire (H.).
- - -, **routing** = capacité *f.* de transmission (Tp.), capacité *f.* d'acheminement (Tp.).
- - -, **rupturing** = pouvoir *m.* de rupture (E.).
- - -, **rupturing, high** = haut pouvoir de rupture (E.).
- - -, **seating** = nombre *m.* de places (Auto.).
- - -, **self-** = capacité *f.* propre (E.).
- - -, **self- - - - of a coil** = capacité *f.* propre d'une bobine (E.).
- - -, **service** = capacité *f.* utile (E.).
- - -, **specific** = capacité *f.* spécifique (E.).
- - -, **specific - - - and energy** = capacité *f.* et énergie *f.* spécifiques (E.).
- - -, **storage** = capacite *f.* d'emmagasinage (C., E.), capacité *f.* d'accumulateur (Auto.).
- - -, **stray** = capacité *f* répartie (au câblage).
- - -, **tank** = contenance *f.* du réservoir (C.), capacité *f.* d'un circuit oscillant (de puissance) (E.).
- - -, **thermic** = capacite *f.* thermique.
- - - **to earth** = capacité *f.* par rapport à la terre (E.).
- - -, **tractive** = puissance *f.* de traction (Méc.).
- - -, **traffic** = capacité *f.* de transport (Auto.), capacité *f.* d'écoulement de trafic (Tg.).
- - -, **ultimate** = capacité *f.* finale (d'un central) (Tp.).
- - -, **useful** = volume *m.* utile (C.), capacité *f.* utile (C., E.).
- - -, **voltage-breaking** = tension-limite *f.* de rupture (E.).
- - -, **working** = capacité *f.* de travail.
capel = silex *m.* corné.
capillarity = capillarité *f.*
capillary = capillaire (adj.).
capital = chapiteau *m.* (de colonne) (B.), capital *m.* (d'une entreprise).
- - -, **authorized** = capital *m.* déclaré, capital *m.* social.
- - -, **column** = chapiteau *m.* de colonne (B.).
- - -, **equity** = capital-actions *m.*
- - -, **floating** = fonds *m.p.* de roulement, capital *m.* disponible.
- - -, **paid-up** = capital *m.* versé, mise *f.* de fonds.
- - -, **registered** = capital *m.* social, capital *m.* déclaré.
- - -, **working** = fonds *m.p.* de roulement, capital *m.* de roulement, capital *m.* d'exploitation.
capon = chapon *m.* (Agr.).
capper = serre-bouchon *m.*, capsuleur *m.* (O.), capsulateur *m.* (M.).
- - -, **vacuum** = capsulateur *m.* à vide (M.).
capping = capsulage *m.* (d'une bouteille), chape *f.* ou chapeau *m.* (d'un pilotis).
caps = (lettres *f.p.*) majuscules *f.p.*, lettres *f.p.* capitales.
- - - **and small caps** = grandes et petites capitales (Imp.).
- - -, **small** = petites capitales (Imp.).
capsize, to = capoter (Auto.), chavirer (Mar.).
capstan = cabestan *m.* (C.), manège *m.* (C.).
- - -, **crab** = vindas *m.*
- - -, **double-headed** = cabestan *m.* à double cloche.
- - -, **feeder** = régulateur *m.* de tension (Tp.).
- - -, **hand** = cabestan *m* à bras.

(capstan)

- - -, **horizontal** = guindeau *m.*
- - -, **hydraulic** = cabestan *m.* hydraulique.
- - -, **jeer** = petit cabestan.
- - -, **single** = cabestan *m.* simple.
- - -, **steam** = cabestan *m.* à vapeur.
capsule = capsule *f.*
- - - **of transmitter** = pastille *f.* microphonique (Tp.).
caption = en-tête *m.*, légende *f.*, titre *m.* (d'un chapitre).
car = wagonnet *m.*, wagon (Ch.d.f.), voiture *f.* (Auto.), véhicule *m.*, cabine *f.* d'ascenseur.
- - -, **automobile** = wagon *m.* porte-automobiles (Ch.d.f.).
- - -, **baggage** = wagon *m.* à bagages, fourgon *m.* à bagages.
- - -, **ballast** = wagon *m.* à ballast.
- - -, **box** = wagon *m.* fermé, wagon *m.* couvert.
- - -, **cable** = chariot *m.* (Tp.), sellette *f.* (Tp.).
- - -, **caterpillar** = autochenille *f.*
- - -, **chair** = voiture-fauteuil *f.* (Ch.d.f.).
- - -, **coal** = wagon *m.* à charbon (Ch.d.f.), chariot *m.* à charbon (dans une cokerie).
- - -, **commercial** = voiture *f.* de commerce.
- - -, **compact** = compacte *f.* (Auto.).
- - -, **convertible** = auto *f.* décapotable, cabriolet *m.*
- - -, **delivery** = voiture *f.* de livraison.
- - -, **dining** = voiture-restaurant *f.* (Ch.d.f.).
- - -, **dump** = wagon *m.* basculant, wagon *m.* à bascule, tombereau *m.* à bascule, wagon-tombereau *m.*
- - -, **dump, automatic** = wagon *m.* à déchargement automatique.
- - -, **dump, bottom** = wagon *m.* à fond mobile, wagon *m.* à déchargement par le fond.
- - -, **dump, side** = wagon *m.* à culbutage latéral, wagon *m.* à déchargement par le côté.
- - -, **estate** = break *m.* (Auto.) (France).
- - -, **estate, family** = familiale *f.* (c.-à-d. où les banquettes sont fixes) (Auto.).
- - -, **flat** = wagon *m.* à plate-forme, wagon *m.* plate-forme.
- - -, **float** = wagon *m.* à plate-forme, wagon *m.* plate-forme.
- - -, **freight** = wagon *m.* à marchandises (Ch.d.f.).
- - -, **gondola** = wagon-tombereau *m.*
- - -, **gondola, center dump** = wagon-tombereau *m* à déchargement central (Ch.d.f.).
- - -, **hand** = diable *m.*, draisine *f.* (Ch.d.f.), wagonnet *m.* à bras (Ch.d.f.).
- - -, **hopper** = wagon-trémie *f.* (Ch.d.f.).
- - -, **learner's** = voiture *f.* école (Auto.).
- - -, **mail** = wagon-poste *m.*
- - -, **motor** = auto *f.*, automobile *f.*, voiture *f.* automobile, draisine *f.* d'entretien (Ch.d.f.).
- - -, **observation** = voiture *f.* point-de-vue (Ch.d.f.), voiture *f.* panoramique (Ch.d.f.).
- - -, **official** = voiture *f.* de fonction.
- - -, **one-man** = monotram *m.*
- - -, **parlor** = voiture-salon *f.* ou voiture-fauteuil *f.* (Ch.d.f.).
- - -, **passenger** = voiture *f.* à voyageurs (Auto.), voiture *f.* pour les voyageurs (Ch.d.f.), voiture *f.* de tourisme (Auto.).
- - -, **platform** = wagon *m.* plat, wagon *m.* plate-

(car)

forme.
- - -, **private** = voiture *f.* particulière (Ch.d.f.).
- - -, **Pullman** = voiture *f.* Pullman (Ch.d.f.), voiture *f.* de luxe (Ch.d.f.).
- - -, **radio** = voiture *f.* radio.
- - -, **rail** = autorail *m.* ou automotrice *f.* (Ch.d.f.).
- - -, **railway** = wagon *m.* (de marchandises), voiture *f.* (de voyageurs).
- - -, **rear-drive** = voiture *f.* à pont arrière moteur (Auto.).
- - -, **rear-engined** = voiture *f.* avec moteur à l'arrière (Auto.).
- - -, **reconditioned** = voiture *f.* revisée (Auto.).
- - -, **reel** = véhicule *m.* enrouleur (Tp.), véhicule *m.* dérouleur (Tp.).
- - -, **refrigerator** = wagon *m.* frigorifique.
- - -, **saloon** = berline *f.* (Auto.).
- - -, **saloon, grand touring** = berline *f.* grand tourisme.
- - -, **service** = fourgon *m.* de travail.
- - -, **sleeping** = voiture-lit *f.*
- - -, **smoking** = voiture *f.* de fumeurs, fumoir *m.*
- - -, **sports** = voiture *f.* de sport (Auto.).
- - -, **stock** = wagon *m.* à bestiaux, voiture *f.* de série (Auto.).
- - -, **street** = V. « streetcar ».
- - -, **tank** = wagon-citerne *m.*, wagon-réservoir *m.*
- - -, **tip** = wagon *m.* à bascule, wagonnet *m.* à bascule.
- - -, **touring** = voiture *f.* de tourisme (Auto.).
- - -, **trade-in** = reprise *f.* (Auto.).
- - -, **transfer** = chariot *m.* transbordeur.
- - -, **trolley** = tramway *m.* à trolley.
- - -, **used** = voiture *f.* d'occasion (Auto.).
- - -, **wrecker** = dépanneuse *f.* (Auto.).
carat = carat *m.* (= 200 milligrammes) (diamants), (or *m.* à vingt-quatre carats = or *m.* au titre 1000; or *m.* pur, or *m.* fin).
caravan = caravane *f.*, roulotte *f.* (de touriste) (Canada).
- - -, **mobile** = caravane *f.* (Tv.), train *m.* de reportage (Tv.).
- - -, **motor** = roulotte *f.* automobile, campeuse *f.* (Canada).
caravaning = caravaning *m.*
carbide = carbure *m.*
- - -, **calcium** = carbure *m.* de calcium.
- - -, **tungsten** = carbure *m.* de tungstène.
carbine = carabine *f.*
carbohydrate = hydrate *m.* de carbone.
carbon = carbone *m.*, charbon *m.* (E.).
- - -, **brush-holder** = charbon *m.* de porte-balai (E.).
- - -, **contact** = charbon *m.* de contact (E.).
- - -, **cored** = charbon *m.* à mèche.
- - -, **flame** = charbon *m.* minéralisé.
- - -, **hardening** = carbone *m.* de trempe (Mét.).
- - -, **high** = haute teneur *f.* en carbone (Mét.).
- - -, **low** = faible teneur *f.* en carbone (Mét.).
- - -, **poor in** = pauvre en carbone.
- - -, **solid** = charbon *m.* homogène.
carbonate = carbonate *m.*
- - -, **calcium** = carbonate *m.* de calcium.
carbonation = carbonatation *f.*

carbonization = carbonisation *f.*, calaminage *m.*, encrassement *m.*
- - - **of the motor** = encrassement *m.* du moteur (Auto.).
carbonize, to = carburer (Méc.), se calaminer (Méc.), s'encrasser (Méc.), charbonner (du bois), carboniser.
carborundum = carborundum *m.*, carbure *m.* de silicium.
carboy = ballon *m.*, tourie *f.*, bonbonne *f.*
carburation = carburation *f.*, dosage *m.* d'essence.
- - -, **defective** = carburation *f.* défectueuse.
carburet, to = carburer.
carburetant = carburant *m.*
carburetor (or carburetter) = carburateur *m.* (Auto.).
- - -, **adjusted, improperly** = carburateur *m.* mal réglé.
- - -, **atomizing** = carburateur *m.* à pulvérisation.
- - -, **automatic** = carburateur *m.* automatique.
- - -, **choked** = carburateur *m.* engorgé.
- - -, **concentric-float** = carburateur *m.* à flotteur concentrique.
- - -, **constant-level** = carburateur *m.* à niveau constant.
- - -, **diaphragm** = carburateur *m.* à diaphragme.
- - -, **downdraft** = carburateur *m.* inversé (Auto.).
- - -, **duplex** = carburateurs *m.p.* jumelés.
- - -, **emergency** = carburateur *m.* de secours.
- - -, **float** = carburateur *m.* à niveau constant, carburateur *m.* à flotteur.
- - -, **float-feed** = carburateur *m.* à niveau constant, carburateur *m.* à flotteur.
- - -, **flooded** = carburateur *m.* noyé.
- - -, **four-barrel** = carburateur *m.* à quatre corps (Auto.).
- - -, **heated** = carburateur *m.* réchauffé.
- - -, **jet** = carburateur *m.* à giclage.
- - -, **mixture-preheating** = carburateur *m.* à réchauffage.
- - -, **self-acting** = carburateur *m.* à réglage automatique.
- - -, **side-draught** = carburateur *m.* horizontal (Auto.).
- - -, **single-barrel** = carburateur *m.* (à) simple corps (Auto.).
- - -, **spray** = carburateur *m.* à pulvérisation, carburateur *m.* à giclage.
- - -, **starting** = carburateur *m.* de lancement (Auto.).
- - -, **suction** = carburateur *m.* à dépression.
- - -, **surface** = carburateur *m.* à léchage.
- - -, **triple-barrel** = carburateur *m.* (à) triple corps (Auto.).
- - -, **twin-barrel** = carburateur *m.* (à) double corps (Auto.).
- - -, **wick** = carburateur *m.* à mèche.
carburize, to = carburer (un gaz), cémenter (l'acier).
carcass = carcasse *f.* (d'un navire), charpente *f.* (d'un édifice).
card = carte *f.* (de visite, à jouer), carde *f.*, peigne *m.*
- - -, **business** = carte *f.* d'affaires, carte *f.* de visite professionnelle.
- - -, **die-cut** = carte *f.* découpée à la forme.
- - -, **file** = carde *f.* à limes (I.), fiche *f.* de classeur, carte *f.*
- - -, **horse** = carde *f.* à chevaux.

(card)

--–, **index** = fiche *f.*
--–, **membership** = carte *f.* de membre (d'un club).
--–, **show** = pancarte *f.*
--–, **visiting** = carte *f.* de visite.
cardboard = carton *m.*, cartonnage *m.*
--–, **asphalted** = carton *m.* bitumé.
--–, **corrugated** = carton *m.* ondulé.
--–, **fine** = bristol *m.*
--–, **varnished** = carton *m.* verni, carton *m.* lustré.
cardiod = cardioïde *f.*
care = entretien *m.*, précaution *f.*, soin *m.*
caret = renvoi *m.* (de marge) (Imp.), signe *m.* d'admission (Imp.).
caretaker = concierge *m.* (d'un immeuble) (O.).
cargo = cargaison *f.* (Mar.), chargement *m.* (Mar.).
--–, **deck** = cargaison arrimée (sur le pont) (Mar.).
--–, **general** = cargaison *f.* mixte (Mar.).
carman = wagonnier *m.* (O.) (Ch.d.f.).
carpenter = charpentier *m.*, menuisier *m.*
carpentry = charpenterie *f.*, charpente *f.* (en bois).
carpet = revêtement *m* (d'une route), brouilleur *m.*
antiradar (Av.), moquette *f.* (Auto.), tapis *m.* (Ust.).
--–, **bedside** = descente *f.* de lit (Ust.).
--–, **wall-to-wall** = moquette *f.* (Ust.).
carport = abri *m.* d'auto.
carriage = chariot *m.* (d'un tour, d'une grue), coussinet *m.* (Méc.), palier *m.* (Méc.), train *m.* (d'une voiture), voiture *f.* (Auto.), faux limon d'escalier (B.), transport *m.* (Méc., C.), charriage *m.* (C.), tenue *f.* ou démarche *f.* (d'un individu).
--–, **baby** = voiture *f.* pour enfant, voiture *f.* de bébé, landau *m.*
--–, **fore** = avant-train *m.* (Méc.).
--–, **front** = avant-train *m.* (Méc.).
--–, **lathe** = chariot *m.* de tour (Méc.).
--– **of a shaft** = palier *m.* et coussinet d'un arbre (Méc.).
--–, **saw** = chariot *m.* porte-scie (Méc.).
--–, **tool** = chariot *m.* porte-outil (Méc.).
--–, **under** = dessous *m.* de la voiture (Méc.), train *m.* d'atterrissage (Av.).
carried forward = à reporter.
carrier = transporteur *m.*, porteur *m.*, toc *m.* (d'entraînement), châssis *m.* pour moteur, appui *m.*, onde *f.* porteuse (Tp.), porte-bagages *m.* (Auto.), porteavions *m.* (Mar.), exploitant *m.* (d'un réseau de télécommunications) (O.), entreprise *f.* de télécommunications (Tp.).
--–, **accumulator** = bac *m.* d'accumulateurs (E.).
--–, **aerial** = transporteur *m.* aérien (C.).
--–, **baggage** = porte-bagages *m.* (Auto.).
--–, **belt** = courroie *f.* transporteuse (Méc.).
--–, **brush** = porte-balai *m.* (E.).
--–, **car** = wagon *m.* porte-autos (Ch.d.f.) (France), fourgon *m.* porte-autos (Auto.) (France), camion *m.* porte-voitures (Auto.) (Canada), porte-voitures *m.* (Auto.) (Canada).
--–, **common** = voiturier *m.* public, entreprise *f.* de communications, société *f.* de télécommunications.
--–, **container** = porte-conteneur *m.* (Ch.d.f., Mar.).
--–, **file** = arbalète *f.*
--–, **frequency** = onde *f.* porteuse (Tp.).
--–, **fuse** = porte-fusible *m.* (E.).

(carrier)

--–, **hay** = chariot *m.* à foin (Agr.).
--–, **hod** = aide-maçon *m.* (O.).
--–, **ladle** = fourche *f.* à poche de coulée (Mét.).
--–, **luggage** = porte-bagages *m.* (Auto.).
--–, **luggage, permanent** = porte-bagages *m.* fixe (Auto.).
--–, **luggage, roof** = galerie *f.* (Auto.), porte-bagages *m.* (Auto.).
--–, **lumber** = porte-billes *m.*, chariot *m.* cavalier.
--–, **overhead** = transporteur *m.* aérien (Méc.).
--–, **power-line** = téléphonie *f.* sur secteur par courants porteurs (Tp.), téléphonie *f.* sur ligne d'énergie par courants porteurs (Tp.).
--–, **ring** = bague *f.* support (Méc.).
--–, **shaft** = palier *m.* d'un arbre (Méc.).
--–, **straddle** = chariot *m.* cavalier.
--–, **sub-** = sous-porteuse *f.* (c.-à-d. porteuse basse fréquence) (Tg.).
--–, **suppressed** = onde *f.* porteuse supprimée.
--–, **timber** = porte-billes *m.*, chariot *m.* cavalier.
--–, **tire** = porte-pneu *m.* (Auto.).
--–, **tool** = porte-outil *m.* (Méc.).
--–, **wheel** = porte-roue *m.*
--–, **wire** = porte-fil *m.* (Tp., E.).
carry, to = transporter (un malade, des marchandises), voiturer ou camionner (du gravier, des effets), charrier (du fumier).
carry-all = scraper *m.* (M.) (France).
carry-over = réserve *f.*, report *m.*
cart = charrette *f.*, chariot *m.*, brouette *f.*
--–, **coal** = banne *f.*
--–, **concrete** = brouette *f.* à béton.
--–, **dock** = chariot *m.* de manutention à bras.
--–, **dumping** = wagon *m.* à bascule, tombereau *m.*, charrette *f.* à bascule.
--–, **hand** = baladeuse *f.*, diable *m.*, charrette *f.* à bras.
--–, **push** = charrette *f.* à bras, brouette *f.*
--–, **reel** = brouette *f.* dérouleuse (Tp.).
--–, **shop** = chariot *m.* de manutention à bras.
--–, **shopping** = chariot *m.*
--–, **splicer's** = charrette *f.* d'épisseur (Tp.).
--–, **timber** = triqueballe *m.*
--–, **tip** = tombereau *m.*
--–, **water** = arroseuse *f.* (de rues), voiture *f.* d'arrosage.
--–, **water, motor** = auto-arroseuse *f.*
cartage = camionnage *m.*
carter = camionneur *m.* (O.), charretier *m.* (O.).
carton = carton *m.*
--–, **butter** = carton *m.* de beurrerie.
cartridge = cartouche *f.* (de fusil), bobine *f.* (d'une pellicule) (Phot.), tête *f.* (de pick-up, de lecture), cassette *f.* (de magnétophone).
--–, **blank** = cartouche *f.* à blanc.
--–, **central-fire** = catouche *f.* à percussion centrale.
--–, **dummy** = cartouche *f.* fausse.
--–, **filter** = cartouche *f.* de filtre.
--–, **fuse** = cartouche *f.* (E.).
--–, **rim-fire** = cartouche *f.* à percussion annulaire.
cartwright = charron *m.* (O.).
carve, to = sculpter, ciseler, graver, découper ou dépecer (la viande).

carver = sculpteur *m.* (O.), ciseleur *m.* (O.).
carving = sculpture *f.*, sculptage *m.*, ciselure *f.*, dépeçage *m.* ou dépècement *f.* (d'une volaille).
- - -, **wood** = sculpture *f.* sur bois.
cascade = groupement *m.* en cascade (E.), groupement *m.* en série (E.), cascade *f.* (H.), chute *f.* d'eau (H.).
cascading = groupement *m.* en cascade (E.), raccordement *m.* en cascade (E.).
cascara = nerprun *m.* de Pursh.
case = encadrement *m.* (des ouvertures), boîtier *m.* (d'une montre), cuve *f.* (de transformateur), emboîtement *m.* (pour les tuyaux), chemise *f.* (d'un cylindre), carter *m.* (d'un moteur), bâti *m.* (d'une porte, d'une fenêtre), étui *m.* (de lanterne), boîte *f.* (d'une serrure), capot *m.*, caisse *f.* (de marchandises), trousse *f.*, coffre *m.*, coffret *m.*, casier *m.*, cas *m.* (de conscience, de cancer), affaire *f.* (Delorme), cause *f.* célèbre, gaine *f.* (de revolver), fourreau *m.* (de parapluie), écrin *m.* (Ust.), patient *m.* (d'un médecin).
- - -, **attaché** = mallette *f.* (à documents).
- - -, **ball-bearing** = boîte *f.* à roulement à billes (Méc.).
- - -, **battery, storage** = bac *m.* d'accumulateur (E.).
- - -, **brief** = serviette *f.*, cartable *m.*
- - -, **cartridge** = douille *f.*
- - -, **chain** = carter *m.*, couvre-chaîne *m.*
- - -, **cigarette** = étui *m.* à cigarettes.
- - -, **cloth** = couverture *f.* toile (Imp.).
- - -, **crank** = carter *m.* (du moteur d'automobile), carter *m.* de moteur (Méc.).
- - -, **crank, dummy** = faux carter (Auto.).
- - -, **crank, split-type** = carter *m.* en deux parties (Méc.).
- - -, **diaphragm** = capsule *f.* (de la membrane vibrante) (Tp.).
- - -, **dispatch** = sacoche *f.*
- - -, **door** = dormant *m.* de porte (B.), chambranle *m.* de porte (B.).
- - -, **engine** = carter *m.* de moteur (Auto.).
- - -, **float** = caisson *m.* de renflouage (C.).
- - -, **fount** = casseau *m.* (Imp.).
- - -, **gear** = boîte *f.* d'engrenages (Méc.), boîte *f.* de vitesses (Auto.).
- - -, **gear, steering** = carter *m.* d'engrenage de direction (Auto.), carter *m.* de direction (Auto.).
- - -, **gear, timing** = carter *m.* de distribution (Auto.).
- - -, **glass** = boîtier *m.* en verre (pour les compteurs), bac *m.* en verre (pour les accumulateurs).
- - -, **gun** = porte-fusil *m.*, fourreau *m.* de fusil.
- - -, **jewel** = écrin *m.*, coffre *m.* à bijoux.
- - -, **key** = étui *m.* porte-clés.
- - -, **loading-coil** = pot *m.* de charge (Tp.), pot *m.* pupin (Tp.).
- - -, **lower** = bas *m.* de caisse (Imp.).
- - -, **meter** = boîtier *m.* d'un compteur (E.).
- - -, **needle** = étui *m.* à aiguilles (Ust.).
- - - **of a boiler** = manteau *m.* d'une chaudière (Méc.).
- - -, **pistol** = gaine *f.* d'un pistolet.
- - -, **pump** = chapelle *f.* de pompe (à piston), coquille *f.* (de pompe rotative).
- - -, **radiator** = calandre *f.* de radiateur (Auto.).
- - -, **receiver** = ébénisterie *f.* de récepteur (R.).

(**case**)

- - -, **scissor** = étui *m.* à ciseaux (Ust.).
- - -, **scroll** = gaine *f.* spirale (H.), diffuseur *m.* (H.), bâche *f.* (d'une turbine).
- - -, **shaft** = carter *m.* d'arbre (Auto.).
- - -, **show** = vitrine *f.* ou montre *f.* (d'un magasin).
- - -, **show, refrigerated** = vitrine *f.* réfrigérée.
- - -, **skeleton** = caisse *f.* à claire-voie, harasse *f.*
- - -, **slip** = étui *m.* (d'un livre).
- - -, **sort** = casseau *m.* (Imp.).
- - -, **splice** = boîte *f.* de jonction (pour câbles téléphoniques sous-marins).
- - -, **timing** = carter *m.* de distribution (Auto.).
- - -, **to** = chemiser (un cylindre), tuber (un puits), bâcher (une turbine), embattre (une roue).
- - -, **toilet, travelling** = trousse *f.* de voyage.
- - -, **tool** = coffre *m.* à outils, boîte *f.* à outils.
- - -, **transfer** = boîte *f.* de vitesses intermédiaire (Méc.).
- - -, **transformer** = bac *m.* de transformateur, cuve *f.* de transformateur (E.).
- - -, **transmission** = carter *m.* de boîte à vitesses (Auto.).
- - -, **valve** = carter *m.* de soupape (Méc.), boîte *f.* de distribution (Méc.).
- - -, **wax** = moule *m.* à la cire (Imp.).
- - -, **wheel** = carter *m.* à engrenages (Méc.), couvre-engrenages *m.* (Méc.).
- - -, **window** = dormant *m.* de fenêtre (B.), montre *f.* ou vitrine *f.* (d'un magasin).
cased = (membrure *f.* ou pièce *f.* de bois) plaquée (adj.) (B.).
- - -, **iron** = cuirassé *m.*, à enveloppe de fonte.
casein = caséine *f.*
casement = châssis *m.* (de fenêtre) (B.), encadrement *m.* (de fenêtre) (B.), battant *m.* (de fenêtre) (B.).
- - -, **door** = cadre *m.* de porte (B.), chambranle *m.* de porte (B.).
- - -, **French** = croisée *f.* à vantaux.
- - -, **hopper** = fenêtre *f.* à charnière (B.).
- - -, **window** = battant *m.* de fenêtre.
cash = argent *m.* comptant, numéraire *m.*, espèces *f.p.*
- - - **and carry** = payer-prendre (France), payer-emporter (Canada).
- - -, **hard** = espèces *f.p.* sonnantes, numéraire *m.*
casing = moulure *f.* en bois (pour fils électriques), corps *m.* (de palier), plaque *f.* de revêtement, carcasse *f.* ou carter *m.* (d'un moteur), enveloppe *f.* ou garniture *f.* (d'une pompe centrifuge), blindage *m.* (d'une galerie de mine), tubage *m.* (d'un sondage), enveloppe *f.* ou chemise *f.* (d'un cylindre), paroi *f.* (d'un fourneau), gaine *f.* (d'un câble), bâche *f.* fermée (d'une turbine), coffrage *m.* (d'une tranchée), cage *f.* ou coquille *f.* (d'une machine), boisseau *m.* (d'un robinet), boîte *f.* ou caisse *f.* (de l'embrayage), revêtement *m.* ou parement *m.* (d'une maçonnerie), dormant *m.* ou chambranle *m.* (d'une porte), boisage *m.* (d'un puits).
- - -, **armature** = enveloppe *f.* d'induit (E.).
- - -, **axle, rear** = carter *m.* du pont arrière (Auto.).
- - -, **back** = carter *m.* du différentiel (Auto.).
- - -, **battery** = bac *m.* d'accumulateur (Auto.).
- - -, **boiler** = enveloppe *f.* d'une chaudière.
- - -, **clincher** = enveloppe *f.* à talon.

(casing)

- – –, **clutch** = boîte *f.* de l'embrayage (Méc.), carter *m.* de l'embrayage (Auto.), caisse *f.* de l'embrayage (Méc.).
- – –, **differential** = carter *m.* du différentiel (Auto.).
- – –, **door** = chambranle *m.* de porte (B.), dormant *m.* (B.), encadrement *m.* de porte (B.).
- – –, **double** = double paroi *f.*, double fond *m.*
- – –, **funnel** = enveloppe *f.* de cheminée (B.).
- – –, **gear** = carter *m.* d'engrenages (Auto.).
- – –, **gear, steering** = boîtier *m.* de direction (Auto.).
- – –, **joint, universal** = boîtier *m.* du joint universel (Auto.), carter *m.* du joint universel (Auto.).
- – –, **outer** = fausse parci *f.*
- – –, **pump** = carter *m.* de pompe.
- – –, **rod, tail** = chapeau *m.* protecteur (d'une machine à vapeur).
- – –, **shaft** = carter *m.* d'arbre (Méc.).
- – –, **sheet-steel** = carter *m.* en tôle.
- – –, **spiral** = enveloppe *f.* en spirale (H.).
- – –, **steel** = coffrage *m.* en acier (C.).
- – –, **tire** = enveloppe *f.* (extérieure) de pneu (Auto.), carcasse *f.* de pneu (Auto.).
- – –, **valve** = carter *m.* de soupape (Méc.), boîte *f.* de distribution (Méc.).
- – –, **well** = coffrage *m.* (ou boisage *m.*) de puits (Mi., C.), tubage *m.* de puits (Mi., C.).
- – –, **window** = dormant *m.* de fenêtre, encadrement *m.*, chambranle *m.* de fenêtre.
- – –, **wood** = moulure *f.* er bois (pour fils électriques), coffrage *m.* en bois (C.)

cask = barrique *f.*, tonneau *m.*, fût *m.*, tonne *f.*, tonnelet *m.*, château *m.* (de plomb) (Phys.).
- – –, **iron** = fût *m.* en fer.

casket = cercueil *m.*, écrin *m.*

cassette = cassette *f.* (E., Phot.).

cast = coulé (adj.), fondu (adj.), fonte *f.* (Mét.), pièce *f.* fondue (Mét.), coulée *f.* (Mét.).
- – –, **brass** = laiton *m.* fondu (Mét.).
- – –, **chill** = fondu en coquille, trempé (Mét.).
- – –, **die** = coulé sous pression (Mét.), matricé (Mét.), moulage *m.* sous pression (Mét.).
- – – **in block** = coulé en bloc (Mét.).
- – – **in place** = coulé sur place (Mét.).
- – –, **integral** = venu de fonte (Mét.), solidaire (adj.), monobloc *m.* (Méc.).
- – –, **integral** = solidaire (adj.), monobloc *m.* (Mét.), venu de fonte (Mét.).
- – –, **rough** = crépi *m.* (B.), gobetis *m.* (B.), ébauche *f.* (d'un plan), brut *m.* de fonte (Mét.).
- – –, **sand** = moulé au sable (Mét.).
- – –, **single** = monobloc *m.* (Mét.).
- – –, **to** = couler, fondre, mouler, clicher (une page) (Imp.).
- – –, **to** – – – **anew** = refondre (Mét.).
- – –, **to** – – – **hollow** = couler à noyau (Mét.).
- – –, **to** – – – **in place** = couler sur place ou couler en oeuvre (le béton) (B., C.).
- – –, **to** – – – **off** = évaluer le nombre de pages imprimées (d'après le manuscrit).
- – –, **to** – – – **solid** = couler plein (Mét.).

caster = fondeur *m.* (O.), mouleur *m.* (O.), roulette *f.*, galet *m.* pivotant, chasse *f.* (de l'essieu avant) (Auto.).

(caster)

- – –, **ball-bearing** = roulette *f.* (de meuble) à billes « Universelle ».
- – –, **freewheeling** = galet *m.* pivotant (Ust.), roulette *f.* pivotante (Ust.).
- – –, **furniture** = roulette *f.* de meubles.
- – –, **plate** = roulette *f.* à plateau.
- – –, **plate, truck** = roulette *f.* à platine (pour chariot ou wagonnet).
- – –, **socket, round** = roulette *f.* à sabot rond.
- – –, **truck-swivel, rubber tire** = roulette *f.* de wagonnet, chape *f.* tournante, galet *m.* caoutchouté.
- – – **with lignum vitae wheel** = roulette *f.* à galet de gaïac.

casting = pièce *f.* en fonte (Mét.), pièce *f.* moulée (Mét.), coulée *f.* (Mét.), coulage *m.* (Mét.), moulage *m.* (Mét.).
- – –, **aluminium** = aluminium *m.* fondu.
- – –, **base** = base *f.* en fonte.
- – – **between flasks** = moulage *m.* en châssis.
- – –, **block** = fonte *f.* en bloc.
- – –, **bottom** = coulée *f.* en source.
- – –, **box** = coulage *m.* en châssis, fonte *f.* coulée en châssis.
- – –, **brass** = pièce *f.* en cuivre jaune, pièce *f.* en laiton.
- – –, **bronze** = pièce *f.* en bronze.
- – –, **chilled** = moulage *m.* en coquille, fonte *f.* trempée (en coquille), fonte *f.* en coquille.
- – –, **coke** = fonte *f.* au coke.
- – –, **cold** = coulage *m.* au froid.
- – –, **cylindrical** = stéréo *m.* cylindrique (Imp.).
- – –, **die** = pièce *f.* moulée sous pression, moulage *m.* mécanique, pièce *f.* moulée en matrice, moulage *m.* en coquille.
- – –, **direct** = coulée *f.* en première fusion.
- – –, **dry-sand** = coulage *m.* en sable sec.
- – –, **green-sand** = coulage *m.* en sable vert.
- – –, **hollow** = moulage *m.* à noyau, pièce *f.* creuse.
- – –, **honeycombed** = fonte *f.* piquée.
- – – **in open sand-moulds** = fonderie *f.* à découvert, moulage *m.* à découvert.
- – – **in sand** = coulage *m.* en sable.
- – –, **investment** = moulage *m.* par enrobage (Mét.).
- – –, **loam** = moulage *m.* en terre.
- – –, **machined** = pièce *f.* (de fonderie) usinée.
- – –, **malleable-iron** = fonte *f.* malléable.
- – –, **manhole** = trappe *f.* de regard (S.).
- – – **off** = V. « cast off ».
- – –, **porous** = fonte *f.* poreuse.
- – –, **rough** = pièce *f.* brute de fonderie (Mét.), crépissage *m.* (B.).
- – –, **sand** = moulage *m.* en sable.
- – –, **slip** = moulage *m.* en barbotine (Mét.).
- – –, **sound** = fonte *f.* saine.
- – –, **steel** = fonte *f.* d'acier, moulage *m.* d'acier.
- – –, **templet** = coulage *m.* à la trousse.
- – –, **top** = coulée *f.* à la descente.
- – – **without a core** = coulage *m.* massif.

castings = pièces *f.p.* en fonte coulée.
- – –, **chilled** = pièces *f.p.* moulées en coquille.
- – –, **core** = pièces *f.p.* moulées en noyau.
- – –, **fine** = petites pièces.
- – –, **heavy** = grosses pièces.
- – –, **iron** = pièces *f.p.* coulées.

(**catch**)

cast-iron = fonte *f.*
– – –, **annealed** = fonte *f.* malléable.
– – –, **chilled** = fonte *f.* en coquille.
– – –, **close-grain** = fonte *f.* à grain serré.
– – –, **grey** = fonte *f.* grise.
– – –, **hard** = fonte *f.* dure.
– – –, **malleable** = fonte *f.* malléable.
– – –, **open** = fonte *f.* fondue à découvert.
– – –, **porous** = fonte *f.* poreuse.
cast off = évaluation *f.* du nombre de pages imprimées (d'après le manuscrit).
castor = V. « caster ».
casualty = avarie *f.* (Mar.), accident *m.* grave (ou fatal), victime *f.*
catalogue, priced = tarif-album *m.*, catalogue *m.* avec prix.
catalysis = catalyse *f.*
catalyst = catalyseur *m.*
catapult, to = catapulter (Av.).
catapulting = catapultage *m.* (Av.).
cataract = régulateur *m.* (Méc.), frein *m.* hydraulique (de pompe), cataracte *f.* (d'une rivière).
catch = dispositif *m.* d'arrêt, crochet *m.* d'arrêt, loquet *m.*, cran *m.*, arrêtoir *m.*, cliquet *m.* d'arrêt, chien *m.* (d'arrêt), heurtoir *m.*, déclic *m.*, toc *m.*, loqueteau *m.*
– – –, **blind** = cliquet *m.* de store.
– – –, **bolt** = auberon *m.*
– – –, **chain** = arrête-chaîne *m.*, arrêt *m.* de chaîne.
– – –, **click** = cliquet *m.*
– – –, **cupboard** = loqueteau *m.* d'armoire, loqueteau *m.* de placard.
– – –, **door, automatic** = arrêt *m.* automatique de porte (B.).
– – –, **door, screen** = arrêt *m.* de porte moustiquaire (B.).
– – –, **driving** = taquet *m.* d'entraînement (Méc.).
– – –, **eaves** = congé *m.* d'avant-toit (B.).
– – –, **eccentric** = demi-lune *f.* (Méc.), butoir *m.* d'excentrique (Méc.).
– – –, **espagnolette** = panneton *m.* d'espagnolette (B.).
– – –, **hook** = tenon *m.* d'accrochage (C.).
– – –, **latch** = gâche *f.* (c.-à-d. pièce recevant un pêne de serrure) (B.), mentonnet *m.* (c.-à-d. pièce recevant une clenche de loquet).
– – –, **lock** = rochet *m.* de serrure (B.), mentonnet *m.* (B., Méc.).
– – –, **locking** = encliquetage *m.* d'arrêt.
– – –, **magnetic** = fermoir *m.* à aimants.
– – – **of a buckle** = ardillon *m.*
– – – **of a capstan** = linguet *m.*
– – – **of a pile-driver** = déclic *m.*
– – – **of a wheel** = cliquet *m.*
– – – **of a winch-shaft** = cliquet *m.*
– – – **of a window** = loqueteau *m.*, crémone *f.*
– – – **on a door** = loquet *m.*
– – – **on a gear** = ergot *m.*, cliquet *m.*, encliquetage *m.*
– – – **on garment** = agrafe *f.*
– – –, **safety** = tenon *m.* de sûreté, cran *m.* de sûreté, fermoir *m.* de sûreté, arrêt *m.* de sûreté, parachute *m.* (d'ascenseur).
– – –, **shutter** = battement *m.* de persienne (B.), agrafe

f. de contrevent (B.).
– – –, **spring** = fermoir *m.* à ressort, linguet *m.* à ressort, cliquet *m.* à ressort, bonhomme *m.* à ressort, encliquetage *m.*, gâchette *f.*
– – –, **suit-case** = crampon *m.* d'arrêt à boucle.
– – –, **to** = enclencher, attraper, accrocher.
– – –, **transom** = loqueteau *m.* pour vasistas (B.), loqueteau *m.* pour imposte (B.), loquet *m.* d'imposte (B.), targette *f.* loqueteau (B.).
– – –, **trunk** = crampon *m.* d'arrêt (d'une malle).
catcher = garde *f.* (de clapet) (Méc.), rhumbatron *m.* collecteur (R.).
– – –, **beam** = piège *m.* (à faisceau) (Phys.).
– – –, **cinder** = collecteur *m.* d'escarbilles.
– – –, **cow** = chasse-pierres *m.* (de locomotive).
– – –, **dust** = appareil *m.* capteur de poussière, caisse *f.* à poussière, collecteur *m.* de poussière.
– – –, **fly** = attrape-mouches *m.* (Ust.), piège *m.* à mouches (Ust.).
– – –, **grass** = panier *m.* à tondeuse (de gazon).
– – –, **nail** = arrache-clou *m.*
– – –, **oil** = puisoir *m.* à huile (de la bielle).
– – –, **spark** = pare-étincelles *m.* (E.).
catchword = réclame *f.* (en bas de page) (Imp.).
catenary = caténaire (adj.), en chaînette.
caterpillar = chenille *f.* (Méc.), ligne *f.* de chaîne (Méc.), chemin *m.* de roulement (Méc.), chaîne *f.* sans fin (Méc.), caterpillar *m.* (M.), autochenille *f.* (M.).
cathetron = redresseur *m.* à vapeur de mercure à grilles commandées (R.).
cathode = cathode *f.* (E.), électrode *f.* négative (E.), filament *m.* (E.).
– – –, **barium** = cathode *f.* au baryum.
– – –, **bright-emitting** = cathode *f.* à filament chauffé visible.
– – –, **cold** = cathode *f.* froide.
– – –, **heated** = cathode *f.* chaude.
– – –, **heated, indirectly** = cathode *f.* à chauffage indirect.
– – –, **hot** = cathode *f.* chaude.
– – –, **oxide** = cathode *f.* à oxyde.
cathodic = cathodique (adj.) (E.).
cation = cation *m.* (E.).
cattle = bétail *m.* (Agr.), bestiaux *m.p.* (Agr.), bovins *m.p.* (Agr.), bêtes *f.p.* à cornes (Agr.).
– – – **on the hoof** = bétail *m.* sur pied (Agr.).
CATV = V. « System, television, antenna, community ».
catwhisker = chercheur *m.* (à ressort pour détecteur à galène) (R.).
cauldron = chaudron *m.* (de fonte).
caulk, to = calfeutrer (une fenêtre), mater (un rivet, une tôle de chaudière), calfater (une embarcation), colmater (les fissures d'un ouvrage).
caulker = matoir *m.* (I.), calfat *m.* (O.).
caulking = calfeutrage *m.* (d'un bateau), calfatage *m.* (des chaloupes), matage *m.* (de tôles), bourrage *m.* (du joint de deux tuyaux).
causeway = chaussée *f.*, route *f.* totalement en remblai à travers des marécages.
– – –, **to** = empierrer (un chemin), construire une chaussée à travers des marécages.

(cell)

cave = effondrement *m.* (du sol), éboulement *m.* (de terrain), caverne *f.*
‒ ‒ ‒, **to** = creuser (la terre), excaver.
‒ ‒ ‒, **to** ‒ ‒ ‒ **in** = s'affaisser, céder, s'effondrer, s'ébouler.
cave-in = affaissement *m.* (de terrain), effondrement *m.* ou éboulement *m.* (c.-à-d. affaissement brusque) (de terrain).
caveat = demande *f.* de brevet provisoire, prise *f.* de date pour une invention.
cavetto = talon *m.* (Men.), cavet *m.* (B.), gorge *f.* (B.).
caving = fouillement *m.* (d'un terrain), sous-cavage *m.* (Mi.).
caving-in = affaissement *m.* (des terres), effondrement *m.* (du sol), éboulement *m.* (de terrain).
cavity = cavité *f.*, grumelure *f.* (dans une pièce coulée), creux *m.*, trou *m.*
cc = V. « centimetre, cubic ».
c.c. = V. « copy, carbon ».
C.C.D. = V. « distribution, cable, coaxial ».
ccs (hundred calls / sec) = « ccs » *m.* (= $^1/_{36}$ erlang) (Tp.) (Canada).
C.C.U. = V. « unit, control, camera ».
C.D.F. = V. « frame, distribution, combined ».
CDO = V. « office, dial, community ».
CdS = V. « sulfide, cadmium ».
cease, to = suspendre ou interrompre ou arrêter (des travaux), cesser (le travail).
cedar = cèdre *m.*
‒ ‒ ‒, **red** = cèdre *m.* rouge.
‒ ‒ ‒, **red, Western** = thuya *m.* géant.
‒ ‒ ‒, **white** = thuya *m.* ou thuïa *m.*
‒ ‒ ‒, **white, Eastern** = thuya *m.* de l'Est.
ceiling = plafond *m.* (B.), plafonnage *m.* (B.).
‒ ‒ ‒, **acoustical** = plafond *m.* insonore.
‒ ‒ ‒, **boarded** = plafond *m* de menuiserie.
‒ ‒ ‒, **coffered** = plafond *m* à caissons.
‒ ‒ ‒, **coved** = plafond *m.* à gorge (arrondie).
‒ ‒ ‒, **false** = faux plafond *m.*, plafond *m.* suspendu.
‒ ‒ ‒, **grooved** = plafond *m.* à nervures.
‒ ‒ ‒, **Hourdis** = plafond *m.* Hourdis.
‒ ‒ ‒, **inserted** = plafond *m.* intermédiaire, faux plafond.
‒ ‒ ‒, **intermediate** = plafond *m.* intermédiaire.
‒ ‒ ‒, **lathed and plastered** = plafond *m.* de plâtre.
‒ ‒ ‒ **of a vault** = plafond *m.* d'une voûte.
‒ ‒ ‒, **panelled** = plafond *m.* à panneaux.
‒ ‒ ‒, **ribbed** = plafond *m.* à nervures.
‒ ‒ ‒, **wood** = plafond *m.* en bois.
ceilometer = télémètre *m.* de plafond (Av.).
cell = cellule *f.* (E.), pile *f.* (E.), élément *m.* (E.).
‒ ‒ ‒, **accumulator** = élément *m.* d'accumulateur.
‒ ‒ ‒, **active** = élément *m.* chargé.
‒ ‒ ‒, **asymmetrical** = élément *m.* à conductibilité unilatérale.
‒ ‒ ‒, **backward** = élément *m.* défectueux.
‒ ‒ ‒, **barrier-layer** = cellule *f.* à couche d'arrêt.
‒ ‒ ‒, **bias** = élément *m.* de polarisation (R.).
‒ ‒ ‒, **blocking-layer** = cellule *f.* à couche d'arrêt.
‒ ‒ ‒, **Bunsen** = pile *f.* Bunsen.
‒ ‒ ‒, **carbon** = pile *f.* à charbon.
‒ ‒ ‒, **carbon-zinc** = élément *m.* charbon-zinc.
‒ ‒ ‒, **copper-oxide** = cellule *f* à oxyde de cuivre, pile

f. à oxyde de cuivre.
‒ ‒ ‒, **dead** = pile *f.* épuisée.
‒ ‒ ‒, **dry** = pile *f.* sèche.
‒ ‒ ‒, **Edison** = accumulateur *m.* Edison, accumulateur *m.* fer-nickel.
‒ ‒ ‒, **electric** = pile *f.* électrique.
‒ ‒ ‒, **electrolytic** = cellule *f.* électrolytique.
‒ ‒ ‒, **experimental** = pile *f.* d'essai.
‒ ‒ ‒, **front-effect** = cellule *f.* à effet avant.
‒ ‒ ‒, **galvanic** = élément *m.* galvanique, pile *f.* galvanique.
‒ ‒ ‒, **inert** = pile *f.* non amorcée, élément *m.* vide.
‒ ‒ ‒, **light-sensitive** = cellule *f.* photo-électrique.
‒ ‒ ‒, **no longer active** = élément *m.* déchargé.
‒ ‒ ‒ **of a battery** = élément *m.* de pile.
‒ ‒ ‒, **photo-electric** = cellule *f.* photo-électrique.
‒ ‒ ‒, **photo-emittent** = cellule *f.* photo-émettrice.
‒ ‒ ‒, **polarization** = élément *m.* polarisable.
‒ ‒ ‒, **primary** = élément *m.* primaire.
‒ ‒ ‒, **regulating** = élément *m.* de régulation, pile *f.* de régularisation.
‒ ‒ ‒, **reversible** = élément *m.* réversible.
‒ ‒ ‒, **secondary** = élément *m.* d'accumulateur, élément *m.* secondaire.
‒ ‒ ‒, **selenium** = cellule *f.* au sélénium, cellule *f.* photorésistante.
‒ ‒ ‒, **spare** = élément *m.* pouvant être mis hors circuit.
‒ ‒ ‒, **standard** = pile *f.* étalon.
‒ ‒ ‒, **standard, normal** = pile *f.* étalon normale.
‒ ‒ ‒, **stationary** = élément *m.* fixe.
‒ ‒ ‒, **storage** = élément *m.* d'accumulateur.
‒ ‒ ‒, **unspillable** = pile *f.* à liquide immobilisé.
‒ ‒ ‒, **vacuum** = cellule *f.* à vide (poussé) (R.).
‒ ‒ ‒, **voltaic** = pile *f.* voltaïque.
‒ ‒ ‒, **weak** = pile *f.* « à plat », pile *f.* usée.
‒ ‒ ‒, **Weston** = pile *f.* Weston.
‒ ‒ ‒, **wet** = pile *f.* humide.
cellar = cave *f.*, caveau *m.*, cellier *m.*
‒ ‒ ‒, **root** = caveau *m.* à légumes.
‒ ‒ ‒, **wine** = cave *f.* à vin.
cellophane = cellophane *m.*
cellular = cellulaire (adj.), à alvéoles, alvéolé (adj.).
celluloid = celluloïde *m.*
cellulose = cellulose *f.*
Celsius = Celsius *m.*
cement = ciment *m.*, mastic *m.*, lut *m.*, colle *f.*
‒ ‒ ‒, **aluminous** = ciment *m.* alumineux.
‒ ‒ ‒, **asbestos** = ciment *m.* d'amiante, fibrociment *m.*
‒ ‒ ‒, **asbestos, stove-lining** = ciment *m.* d'amiante pour poêle, fibrociment *m.* à poêle.
‒ ‒ ‒, **asphalt** = bitume *m.* consistant, ciment *m.* asphaltique.
‒ ‒ ‒, **belting** = ciment *m.* pour courroies.
‒ ‒ ‒, **carburizing** = ciment *m.* de cémentation (Mét.).
‒ ‒ ‒, **cast** = ciment *m.* fondu (C.).
‒ ‒ ‒, **china** = colle-porcelaine *f.* (Ust.).
‒ ‒ ‒, **expanding** = bouche-pores *m.* (C., B.), ciment *m.* à raccommoder (B.).
‒ ‒ ‒, **filler** = bouche-pores *m.* (C., S.).
‒ ‒ ‒, **filler, metallic** = bouche-pores *m.* métallique.
‒ ‒ ‒, **fire** = ciment *m.* réfractaire (B., Méc.).
‒ ‒ ‒, **gasket** = enduit *m.* (Méc.), ciment *m.* pour joints

(cement)

(Méc.).
- - -, **high-early-strength** = ciment *m.* à haute résistance initiale (C.).
- - -, **hydraulic** = ciment *m.* hydraulique.
- - -, **insulating** = mastic *m.* d'insonorisation (Auto.).
- - -, **iron** = mastic *m.* de fer, mastic *m.* à limaille.
- - -, **lime** = mortier *m.* de chaux (B.).
- - -, **lining, stove** = fibrociment *m.* à poêle, ciment *m.* d'amiante pour poêle.
- - -, **linoleum** = colle *f.* à linoléum (B.).
- - -, **marble** = plâtre *m.* aluné (B.).
- - -, **natural** = ciment *m.* naturel (B.).
- - -, **neat** = pâte *f.* pure (C.).
- - -, **oxychloride** = ciment *m.* oxychlorure (B.).
- - -, **paper** = colle-caoutchouc *f.* à papier.
- - -, **patching** = bouche-pores *m.* (C., S.), ciment *m.* à raccommoder (C., S.), mastic *m.* à parquets et carrelages (B.).
- - -, **plastic** = colle *f.* plastique.
- - -, **Portland** = ciment *m.* de Portland (C.), ciment *m.* Portland (C.).
- - -, **quick-hardening** = ciment *m.* à prise rapide.
- - -, **quick-setting** = ciment *m.* à prise rapide (C.), ciment *m.* prompt.
- - -, **refractory** = ciment *m.* réfractaire (S., Méc.).
- - -, **repair** = mastic *m.* pour réparations (Méc., S.).
- - -, **Roman** = ciment *m.* romain.
- - -, **rubber** = dissolution *f.*
- - -, **rust** = mastic *m.* de fonte.
- - -, **slag** = ciment *m.* de laitier (Mét.).
- - -, **slag, blast-furnace** = ciment *m.* de haut fourneau (Mét.).
- - -, **slow-curing** = ciment *m.* à durcissement lent (C.).
- - -, **slow-hardening** = ciment *m.* à prise lente (C.).
- - -, **slow-setting** = ciment *m.* à prise lente (C.).
- - -, **sulphur** = ciment *m.* au soufre (B.).
- - -, **tile** = ciment *m.* à tuile (B.).
- - -, **tire** = dissolution *f.* à pneus (Auto.), ciment *m.* à pneus (Auto.).
- - -, **to** = cimenter (des pierres) (B.), cémenter (le fer) (Mét.), obturer (une dent), enduire (une paroi) d'une couche de ciment.
- - -, **water** = ciment *m.* hydraulique (C.).
- - -, **water-tight** = ciment *m.* imperméable (C.).
cementation = cémentation *f.* (Mét.), cimentation *f.* (C.), agglutination *f.* (du charbon).
C.E.M.F. (or c.e.m.f.) = V. « force, electromotive, counter- ».
cent = cent *m.* (= un centième de dollar).
cental = quintal *m.* (= 100 livres; 45,3592 kg).
center = V. « centre ».
centering (or centring) = centrage *m.* (d'une pièce) (Méc.), cintrage *m.* (d'une voûte) (B.), cintre *m.* (B.), armement *m.* de voûte (B.).
- - -, **self-** = autocentreur (adj.), à centrage automatique.
centerless = (machine *f.* à rectifier, machine *f.* à polir) sans pointes (Mét.).
centigrade = (degré *m.*) centigrade (adj.), °C *m.*
centigram(me) = centigramme *m.* (= 0,15432 grain).
centilitre (or centiliter) = centilitre *m.* (= 0,61025 po cu; 10 cm³).
centimetre (or centimeter) = centimètre *m.* (0,3937

(centimetre or centimeter)

pouce; 0,0328083 pieds), cm *m.*
- - -, **cubic** = centimètre *m.* cube, cm³, cc *m.* (Canada).
central = central *m.* (Tp.), central (adj.).
centre (or center) = centre *m.* (d'une ville, d'un cercle, d'attraction), moyeu *m.* (d'une roue), milieu *m.* (d'une planche, d'une rue, d'une table), pointe *f.* (de tour), foyer *m.* (de culture), central *m.* (Tp.), V. « office, central ».
- - -, **back** = pointe *f.* de la poupée mobile (d'un tour), contre-pointe *f.* (d'un tour).
- - -, **cup** = centre *m.* femelle (Méc.), pointe *f.* femelle (Méc.).
- - -, **dead, bottom** = fond *m.* de course (Méc.), point *m.* mort bas (Méc.).
- - -, **dead, lower** = point *m.* mort bas (Méc.), fond *m.* de course (Méc.).
- - -, **dead, top** = haut *m.* de course (Méc.), point *m.* mort haut (Méc.).
- - -, **dead, upper** = haut *m.* de course (Méc.), point *m.* mort haut (Méc.).
- - -, **dial** = central *m.* automatique (Tp.), central *m.* de commutation automatique (Tp.).
- - -, **dial, intermediate** = central *m.* automatique intermédiaire (Tp.).
- - -, **dispatch** = bureau *m.* de répartition, centre *m.* de répartition.
- - -, **distribution** = départ *m.* (E.), centre *m.* de distribution.
- - -, **false** = faux-centre *m.* (Méc.).
- - -, **first-aid** = poste *m.* de premiers soins.
- - -, **forwarding** = centre *m.* émetteur (Tg.).
- - -, **from - - - to centre** = d'axe en axe.
- - -, **headstock, loose** = pointe *f.* de la contre-poupée (d'un tour), contre-pointe *f.* (Méc.).
- - -, **index** = pointe *f.* de diviseur (Méc.).
- - -, **intermediate** = centre *m.* intermédiaire (Tg.).
- - -, **lathe** = pointe *f.* de tour (Méc.).
- - -, **live** = pointe *f.* de la poupée fixe d'un tour (Méc.).
- - - **of buoyancy** = centre *m.* de poussée (d'Archimède) (Mar.), centre *m.* de carène (Mar.).
- - - **of curvature** = centre *m.* de courbure.
- - - **of displacement** = centre *m.* de carène (Mar.), centre *m.* de poussée (d'Archimède) (Mar.).
- - - **of gravity** = centre *m.* de gravité.
- - - **of inertia** = centre *m.* d'inertie.
- - - **of motion** = point *m.* d'appui (Méc.).
- - - **of oscillation** = centre *m.* d'oscillation (Méc., E.).
- - - **of pressure** = centre *m.* de pression (C., H.), centre *m.* de poussée (H.).
- - -, **off-** = décallé, désaxé.
- - -, **on** = de centre à centre, d'axe en axe.
- - -, **overworked** = central *m.* surchargé (Tp.).
- - -, **puppet** = pointe *f.* de la poupée fixe (d'un tour).
- - -, **puppet-head** = contre-pointe *f.* (d'un tour).
- - -, **receiving** = centre *m.* récepteur (Tg.).
- - -, **repair** = atelier *m.* de réparations.
- - -, **running** = pointe *f.* mobile (d'un tour), pointe *f.* tournante (d'un tour).
- - -, **sash** = pivot *m.* de châssis (B.).
- - -, **screw, lathe** = mandrin *m.* à vis (d'un tour).
- - -, **shopping** = place *f.* marchande, quartier *m.*

(centre)

marchand, centre *m.* commercial.

– – –, **square** = pointe *f.* de la poupée fixe (d'un tour).

– – –, **switching** = centre *m.* de commutation (Tp., Tg.), central *m.* (Tp.).

– – –, **switching, electronic** = centre *m.* de commutation électronique (Tp.), central *m.* électronique (Tp.).

– – –, **telegraph** = centre *m.* télégraphique.

– – –, **test** = bureau *m.* d'essai et de mesure (Tp.), centre *m.* de vérification (Tp.).

– – –, **test, service** = bureau *m.* d'essai (Tp.), centre *m.* de vérification (Tp.).

– – –, **to** = centrer, amorcer (un trou).

– – – **to centre** = entre-axe *m.*, d'axe en axe, de centre à centre.

– – – **to centre of bearings** = entre-axe *m.* des roulements (Méc.).

– – –, **toll** = central *m.* interurbain (Tp.).

– – –, **toll, electronic** = central *m.* interurbain électronique (Tp.).

– – –, **toll, intermediate** = central *m.* interurbain de transit (Tp.).

– – –, **V, lathe** = pointe *f.* en V (de tour).

– – –, **wheel** = moyeu *m.*

– – –, **wire** = secteur *m.* téléphonique.

– – –, **work** = atelier *m.*, centre *m.* de service.

Centrex = service *m.* Centrex (Tp.), Centrex *m.* (Tp.).

centrifiner = centrifugeur *m.* (M.) (Pap.).

centrifugal = centrifuge (adj.).

centrifugalize, to = centrifuger (le lait).

centring = V. « centering ».

centripetal = centripète (adj.).

centroid = centre *m.* de masse d'un corps.

ceramics = la céramique.

ceriph = obit *m.* ou empattement *m.* (d'un caractère) (Imp.), V. « serif. ».

ceroplastic = céroplastique (adj.), modelé en cire.

ceroplastics = céroplastie *f.* ou céroplastique.

cerotype = cérotypie *f.* (Imp.) (Canada).

certificate, driver's = permis *m.* de conduire (Auto.).

– – –, **progress** = certificat *m.* d'avancement (des travaux) (B.).

certification = accréditation *f.* (d'un syndicat ouvrier).

cesspit = fosse *f.* à fumier et à purin (Agr.).

cesspool = fosse *f.* d'aisances (S.), puits *m.* perdu (S.), puisard *m.* (S.).

cf. (confer) = « comparez », « veuillez vous rapporter à ».

c.g. = V. « centre of gravity ».

C.G.A. = V. « approach, ground, controlled ».

chafe, to = érailler, fatiguer, user, s'user, s'érailler, écorcher (la peau).

chafery = chaufferie *f.* (Mét.).

chafing = échauffement *m.* (d'un pneu), usure *f.* (d'un organe) (Méc.), frottement *m.* (d'une courroie), irritation *f.* (de la peau).

chain = chaîne *f.*, V. « chains ».

– – –, **adjustable-tension** = chaîne *f.* à tension réglable.

– – –, **American pattern** = chaîne *f.* modèle américain.

– – – **and buckets** = chaîne *f.* à godets (C.).

– – –, **anti-skid** = chaîne *f.* antidérapante (Auto.).

– – –, **band** = chaîne *f.* à ruban d'acier.

– – –, **block** = chaîne *f.* à galets, chaîne *f.* à rouleaux,

(chain)

chaîne *f.* à maillons pleins, chaîne *f.* à blocs.

– – –, **boom** = chaîne *f.* d'estacade.

– – –, **breast** = chaîne *f.* de poitrail (Agr.).

– – –, **bucket** = chaîne *f.* à godets (H., C.), chaîne *f.* à augets (H.), noria *f.* (H.).

– – –, **caterpillar** = chenille *f.* (Méc.).

– – –, **check** = chaîne *f.* d'arrêt.

– – –, **close-link** = chaîne *f.* anglaise.

– – –, **coil** = chaîne *f.* d'attelage.

– – –, **conveyor** = chaîne *f.* à godets, convoyeur *m.*

– – –, **coupling** = chaîne *f.* d'attelage, chaîne *f.* d'accouplement.

– – –, **crawler** = train *m.* de chenilles (Méc.).

– – –, **door** = chaîne *f.* de sûreté (pour porte).

– – –, **double-roller** = chaîne *f.* à doubles rouleaux.

– – –, **drag** = chaîne *f.* d'attelage.

– – –, **dredge** = chaîne *f.* dragueuse.

– – –, **driving** = chaîne *f.* de transmission (Méc.), chaîne *f.* d'entraînement (Méc.).

– – –, **enclosed** = chaîne *f.* sous carter.

– – –, **endless** = chaîne *f.* sans fin.

– – –, **figure-8 type** = chaîne *f.* en gerbe.

– – –, **flat-link** = chaîne *f.* plate, chaîne *f.* d'articulation.

– – –, **gearing** = chaîne *f.* de transmission (Méc.), chaîne *f.* d'entraînement (Méc.).

– – –, **Gunter's** = chaîne *f.* Gunter (= 66 pieds anglais; 20,1168 mètres).

– – –, **halter** = chaîne *f.* à licou (Agr.).

– – –, **hoisting** = chaîne *f.* de levage (C.).

– – –, **hook-link** = chaîne *f.* à crochets.

– – –, **jack, double** = chaîne *f.* torse double.

– – –, **jack, single** = chaîne *f.* torse.

– – –, **key** = chaînette *f.* porte-clés, porte-clés *m.*

– – –, **ladder** = chaîne *f.* de Vaucanson, chaîne *f.* à barrette.

– – –, **lashing** = chaîne *f.* d'attelage.

– – –, **link** = chaîne *f.* ordinaire, chaîne-Galle *f.*

– – –, **link-belt** = courroie-chaîne *f.*

– – –, **loading** = chaîne *f.* de chargement, chaîne *f.* d'attelage.

– – –, **log** = chaîne *f.* à billes.

– – –, **loose** = chaîne *f.* lâche, chaîne *f.* détendue.

– – –, **measuring** = chaîne *f.* d'arpentage.

– – –, **non-skid** = chaîne *f.* antidérapante (Auto.).

– – – **of buckets** = chapelet *m.*, patenôtre *f.*

– – – **of command** = hiérarchie *f.*

– – – **of egg insulators** = chaîne *f.* d'isolateurs (en forme de noix) (E.).

– – – **of gears** = suite *f.* d'engrenages (Méc.).

– – – **of insulators** = chapelet *m.* d'isolateurs (E.), chaîne *f.* d'isolateurs (E.).

– – – **of pulses** = série *f.* d'impulsions (Tp.), train *m.* d'impulsions (Tp.).

– – –, **open-link** = chaîne *f.* ouverte, chaîne *f.* à maillons ouverts.

– – –, **pitch** = chaîne *f.* de Vaucanson.

– – –, **plain** = chaîne *f.* plate.

– – –, **pull** = chaîne *f.* de traction (C.), chaîne *f.* (de cabinet d'aisances) (S.), chaîne *f.* de chasse d'eau (S.).

– – –, **pulley** = palan *m.* à chaîne.

– – –, **roller** = chaîne *f.* à galets, chaîne *f.* à rouleaux.

(chain)

– – –, **roller, twin** = chaîne *f.* à doubles rouleaux.
– – –, **safety** = chaîne *f.* de sûreté.
– – –, **sash** = chaîne *f.* à châssis.
– – –, **short-link** = chaîne *f.* à mailles courtes.
– – –, **silent** = chaîne *f.* silencieuse.
– – –, **slack** = chaîne *f.* lâche, chaîne *f.* détendue.
– – –, **S-link type** = chaîne *f.* en S.
– – –, **small** = chaînette *f.*
– – –, **snow** = V. « chain, tire ».
– – –, **sprocket** = chaîne *f.* à barbotin, chaîne-Galle *f.*, chaîne *f.* de Vaucanson.
– – –, **stud-link** = chaîne *f.* à étais.
– – –, **surveyor's** = chaîne *f.* d'arpenteur, chaîne *f.* d'arpenteur à ruban.
– – –, **suspension** = chaîne *f.* de suspension.
– – –, **tie-out** = chaîne *f.* d'attache (Agr.), chaîne *f.* de nuit (Agr.).
– – –, **tight** = chaîne *f.* tendue.
– – –, **tire** = chaîne *f.* antidérapante de pneu (Auto.).
– – –, **to** = chaîner (un lot), mesurer à la chaîne.
– – –, **trace** = chaîne *f.* de traits (Agr.).
– – –, **tug** = mancelle *f.* (Agr.).
– – –, **weldless, Tenso** = chaîne *f.* sans soudure Tenso, chaîne *f.* Tenso.
– – – **with wear take-up** = chaîne *f.* à rattrapage de jeu.
chaining = chaînage *m.* (d'un terrain).
chainless = sans chaîne, acatène (adj.).
chainman = chaîneur *m.* (O.).
chains = pontuseaux *m.p.* (Pap.), V. « chain ».
chair = chaise *f.*, coussinet *m.* (Méc.), boîte *f.* d'essieu (Méc.).
– – –, **arm** = fauteuil *m.* (Ust.).
– – –, **block** = cale *f.* de coussinet (Méc.), dé *m.* (Méc.).
– – –, **boatswain's** = sellette *f.*
– – –, **bosun's** = sellette *f.*
– – –, **chain** = chevalet *m.* d'ancre (M.), chaise *f.* d'ancrage (M.).
– – –, **folding** = chaise *f.* pliante.
– – – **for reinforcing steel** = chaise *f.* (B., C.).
– – –, **joint** = coussinet *m.* d'assemblage (Ch.d.f.).
– – –, **kneeling** = prie-Dieu *m.* (Ust.).
– – –, **lounge** = chaise longue *f.* (Ust.).
– – –, **rail** = coussinet *m.* de rail (Ch.d.f.).
– – –, **rocking** = chaise *f.* à bascule (Ust.), berceuse *f.* (Ust.).
– – –, **ski** = télésiège *m.*
– – –, **wing** = fauteuil *m.* à oreillettes (Ust.).
chairman = président *m.*
– – – **of the Board** = président *m.* du conseil d'administration.
chalcography = chalcographie *f.*, gravure *f.* sur cuivre.
chalcopyrite = chalcopyrite *f.*, pyrite *f.* cuivreuse.
chalet = chalet *m.*
chalk = craie *f.*
– – –, **French** = talc *m.*, stéatite *f.*
– – –, **to** – – – **a line** = tringler une ligne au cordeau (B.).
chalking = efflorescence *f.* ou farinage *m.* (d'une peinture) (B.).
chamber = chambre *f.*, salle *f.*, espace *m.*, sas *m.* (d'écluse).
– – –, **acoustic** = chambre *f.* de résonance.

(chamber)

– – –, **air** = chambre *f.* à air, cloche *f.* à air (d'une pompe), réservoir *m.* d'air.
– – –, **air-tight** = chambre *f.* étanche.
– – –, **chilling** = chambre *f.* froide.
– – –, **clean-out** = chambre *f.* de purge (Méc.).
– – –, **combustion** = chambre *f.* de combustion (Méc.), foyer *m.* (d'une chaudière) (Méc.).
– – –, **combustion, spherical** = chambre *f.* de combustion (à cuve de turbulence) sphérique (Auto.).
– – –, **compression** = chambre *f.* de combustion (Méc.), chambre *f.* d'explosion (Méc.).
– – –, **condensing** = chambre *f.* de condensation.
– – –, **crank** = carter *m.* (du moteur d'automobile).
– – –, **drying** = chambre *f.* de séchage, séchoir *m.*
– – –, **exhaust** = silencieux *m.* (Auto.), pot *m.* d'échappement (Méc.).
– – –, **expansion** = chambre *f.* de détente (Méc.).
– – –, **explosion** = chambre *f.* d'explosion (Méc.).
– – –, **float** = chambre *f.* du flotteur (Méc.), cuve *f.* (du carburateur) à niveau constant (Auto.).
– – –, **float, carburetor** = chambre *f.* du flotteur de carburateur (Auto.).
– – –, **flooding** = sas *m.* (H.).
– – –, **grit** = bassin *m.* de dessablement (S.).
– – –, **heating** = chambre *f.* de chauffe (Méc.).
– – –, **ignition** = chambre *f.* d'explosion (Méc.).
– – –, **inlet** = chambre *f.* d'admission (Méc.).
– – –, **ionization** = chambre *f.* d'ionisation (E.).
– – –, **lock** = sas *m.* d'écluse (H.), chambre *f.* d'écluse (H.).
– – –, **mixing** = chambre *f.* de mélange.
– – –, **oil** = boîte *f.* de graissage (Méc.), boîte *f.* à huile (Méc.).
– – –, **piston** = barillet *m.* (de pompe).
– – –, **pulverizing** = chambre *f.* de pulvérisation.
– – –, **splash** = compartiment *m.* de barbotage (Méc., Mét.).
– – –, **splicing** = boîte *f.* de jonction (Tp.).
– – –, **spraying** = chambre *f.* de pulvérisation (Méc.).
– – –, **steam** = boîte *f.* de distribution de vapeur (Méc.).
– – –, **throttle** = boisseau *m.* d'étranglement (Méc.).
– – –, **turbulence** = chambre *f.* de turbulence (Méc.).
– – –, **valve** = chapelle *f.* (Méc.), boîte *f.* de distribution (Méc.), chambre *f.* des soupapes (Méc.).
– – –, **vaporizing** = chambre *f.* de vaporisation (Méc.).
– – –, **volute** = canal *m.* collecteur (d'une pompe centrifuge), diffuseur *m.* (de ventilateur centrifuge).
– – –, **vortex** = chambre *f.* annulaire (H.).
– – –, **water** = coffre *m.* à eau (d'une chaudière) (Méc.).
chamfer = chanfrein *m.* (d'une pièce de bois, dans un coffrage), biseau *m.* (d'une glace).
– – –, **hollow** = cavet *m.* (B.), cavet *m.* renversé (B.).
– – –, **to** = chanfreiner (une planche), biseauter (un miroir), abattre (un angle, une arête).
chamfering = biseautage *m.* (du verre), chanfreinage *m.* (d'une pierre).
chandelier = lustre *m.* (E.).
change = changement *m.* (d'air, de domicile, d'emploi), permutation *f.* (des chiffres), (petite) monnaie *f.*, inversion *f.* (du courant électrique), modification *f.* (d'une substance, des plans), transformation *f.* (de

(change)

la nature), variation *f.* (de la boussole).
– – –, **feed** = changement *m.* d'avance (Méc.).
– – –, **gear** = changement *m.* de vitesse (Auto.).
– – –, **gear, column** = commande *f.* des vitesses sous le volant (Auto.).
– – –, **major** = modification *f.* majeure.
– – –, **minor** = modification *f.* mineure.
– – – **of communications** = permutation *f.* des communications (Tp.).
– – – **of connection** = commutation *f.* (E.).
– – – **of direction** = changement *m.* de direction (Méc.), changement *m.* de marche (Méc.).
– – – **of ownership** = mutation *f.*
– – – **of pressure** = changement *m.* de pression (Méc.).
– – – **of shift** = changement *m.* d'équipe, relève *f.*
– – – **of speed** = changement *m.* d'allure.
– – – **of the direction of current** = inversion *f.* du courant (E.).
– – –, **oil** = vidange *m.* (Auto.).
– – – **-over** = commutation *f.* (E.), permutation *f.* (E.), changement *m.* (de courroie).
– – –, **phase** = variation *f.* de phase (E.).
– – –, **phase, rapid** = décalage *m.* brusque (E.).
– – –, **small** = menue monnaie.
– – –, **to** – – – **speed** = changer de vitesse (Auto.).
changer = permutateur *m.* (E.), commutateur *m.* (E.).
– – –, **circuit** = commutateur *m.* (E.), permutateur *m.* (E.).
– – –, **frequency** = convertisseur *m.* de phase (E.), transformateur *m.* des fréquences (E.), changeur *m.* de fréquence (R.), convertisseur *m.* de fréquence (E.).
– – –, **frequency, double** = double changeur *m.* de fréquence (R.).
– – –, **magnetic** = changeur *m.* magnétique (E.).
– – –, **pole** = inverseur *m.* de pôles (E.).
– – –, **record, automatic** = changeur *m.* automatique de disques.
– – –, **tap** = commutateur *m.* (E.), commutateur *m.* de prises (E.).
channel = chenal *m.* (d'un port), lit *m.* (d'une rivière), canal *m.* ou conduit *m.* (d'un liquide, d'un gaz), cannelure *f.* ou rainure *f.* (d'une colonne), crochet *m.* de gouttière, gorge *f.* (d'une poulie), canal *m.* ou canalisation *f.* (E.), rigole *f.* (de rue, de route), dalot *m.* (B.), voie *f.* (Tp., E.), saignée *f.* (C.), coulisse *f.* (Méc.), glissière *f.* (Méc.), bande *f.* de fréquences (R.), profilé *m.* en U (C.), barre *f.* en U (C.), voie *f.* de transmission (Tp., Tg.), canal *m.* (Tv.).
– – –, **air** = buse *f.* d'aérage (Méc., B.), conduit *m.* d'air (Méc.), bande *f.* de radiodiffusion (R.), fréquence *f.* (R.).
– – –, **all-** = toutes ondes (R., Tv.).
– – –, **auxiliary** = voie *f.* auxiliaire (Tp.), voie *f.* d'emprunt (Tp.).
– – –, **backward** = voie *f.* de retour (Tp.).
– – –, **broadband** = voie *f.* à large bande (R., Tp.).
– – –, **broadcast** = largeur *f.* de bande de radiodiffusion.
– – –, **carrier** = voie *f.* à courants porteurs (Tp.).
– – –, **carrier-current telephone, H.F.** = voie *f.* de communication par courants porteurs de haute fréquence (Tp.).

(channel)

– – –, **communication** = voie *f.* de télécommunication (Tp.).
– – –, **data** = voie *f.* de transmission de données (Tp.).
– – –, **dovetailed** = rainure *f.* à queue d'aronde (B.).
– – –, **drainage** = rigole *f.* d'assèchement (C.), canal *m.* d'assèchement (C.).
– – –, **draining** = barbacane *f.* (d'un pont).
– – –, **dual-** = à deux voies, à deux canaux.
– – –, **duplex** = voie *f.* duplex (Tp.).
– – –, **duplex, half** = voie *f.* à l'alternat (Tp.).
– – –, **flow, dry-weather** = cunette *f.* (S.).
– – –, **forward** = voie *f.* d'aller (Tp.).
– – –, **free** = canalisation *f.* libre (R.).
– – –, **furring** = profilé *m.* de fourrure (B.).
– – –, **go** = voie *f.* d'aller (Tp.).
– – –, **grease** = pattes *f.p.* d'araignée (de coussinet) (Méc.).
– – –, **incoming** = voie *f.* entrante (Tg.), voie *f.* d'arrivée (Tp.).
– – –, **inlet** = tuyau *m.* d'arrivée (S., H.).
– – –, **kilocycle** = canal *m.* de kilocycles (R.).
– – –, **local-** = onde *f.* locale (R.).
– – –, **multi-** = à plusieurs voies (Tp.), à voies multiples (Tp.).
– – –, **multiplex** = voie *f.* multiplex (R.).
– – – **of communication** = mode *m.* de communication (Tp., Tv., R.).
– – – **of telephonic conversation** = voie *f.* de communication téléphonique.
– – –, **oil** = pattes *f.p.* d'araignée (d'un coussinet) (Méc.), rainure *f.* de graissage (Méc.).
– – –, **oil, bearing** = pattes *f.p.* d'araignée d'un coussinet (Méc.).
– – –, **open** = conduit *m.* (à écoulement libre) (S.), canal *m.* découvert (H.).
– – –, **outgoing** = voie *f.* sortante (Tg.), voie *f.* de sortie (Tp.).
– – –, **pilot** = voie *f.* principale (R.).
– – –, **radio** = voie *f.* de radiocommunication (R.), radio-canal *m.* (R.), voie *f.* radioélectrique (R.), liaison *f.* radioélectrique (R.).
– – –, **radio relay** = voie *f.* hertzienne (R.).
– – –, **regional** = onde *f.* régionale commune (R.).
– – –, **return** = voie *f.* de retour (Tp.).
– – –, **shared** = canalisation *f.* en commun (R.).
– – –, **signalling** = circuit *m.* d'appel (Tp.), circuit *m.* de signalisation (Tp.).
– – –, **simplex** = voie *f.* simplex (Tp.).
– – –, **sow** = rigole *f.* (Mét.), mère-gueuse *f.* (Mét.).
– – –, **spill** = passe-déversoir *f.* (H., S.).
– – –, **suction** = canal *m.* d'aspiration (d'air).
– – –, **telegraph** = voie *f.* (de transmission, de communication) télégraphique.
– – –, **telephone** = voie *f.* téléphonique.
– – –, **television** = bande *f.* de télévision, canal *m.* (Tv.).
– – –, **to** = échancrer (le plateau d'une machine-outil) (Méc.), rainurer (Men.), canneler (Men.), creuser des rigoles (C.), acheminer (des appels) (Tp.), répartir les voies (Tp.).
– – –, **transmission** = voie *f.* de transmission (Tp.).
– – –, **transmission, data** = voie *f.* de transmission de données (Tp.).

(channel)

– – –, **TV** = V. « channel, television ».

– – –, **valley** = noue *f.* (B.), cornière *f.* de toit (B.).

– – –, **voice** = voie *f.* téléphonique (Tp.), voie *f.* à fréquences vocales (Tp.).

– – –, **voice grade** = V. « channel, voice ».

channelled = rainuré, cannelé, échancré.

channels, cleaning = canaux *m.p.* de nettoyage.

– – – **of communication** = artères *f.p.* (Tp.), voies *f.p.* de télécommunication (Tp.).

chap = fente *f.* ou crevasse *f.* (dans le bois, dans le sol), gerçure *f.* (de la peau).

chape = attache *f.* (d'une boucle), crampon *m.* (C., Méc.), chape *f.* (C., B.).

chapel = chapelle *f.*, atelier *m.* syndiqué (Imp.).

char, to = carboniser (du bois), flamber (une volaille).

character = caractère *m.* ou lettre *f.* (Imp.), caractère *m.* (d'un écrit), nature *f.* (d'un circuit électrique).

– – –, **cursive** = caractère *m.* d'écriture courante (Imp.).

characteristic = caractéristique *f.*, particularité *f.*, V. « characteristics ».

– – –, **amplitude** = courbe *f.* de réponse en fréquence (R.).

– – –, **amplitude / frequency** = caractéristique *f.* de réponse amplitude-fréquence (E.).

– – –, **amplitude / amplitude** = caractéristique *f.* de réponse amplitude-amplitude (E.).

– – –, **anode** = caractéristique *f.* de plaque (R.).

– – –, **cardioid** = diagramme *m.* en cardioïde.

– – –, **current-illumination** = caractéristique *f.* lumière-courant (d'une cellule photo-électrique).

– – –, **current, wattless** = caractéristique *f.* en déwatté (E.).

– – –, **emission** = caractéristiques *f.p.* d'émission (R.).

– – –, **falling** = caractéristique *f.* descendante (E.).

– – –, **flat** = caractéristique *f.* à faible pente (E., Méc.).

– – –, **frequence** = caractéristique *f.* de fréquence (R.).

– – –, **frequency response** = caractéristique *f.* de fonctionnement aux diverses fréquences (E.).

– – –, **grid** = caractéristique *f.* de grille (R.).

– – –, **grid-anode** = caractéristique *f.* grille-plaque (R.).

– – –, **grid-plate** = caractéristique *f.* grille-plaque (R.).

– – –, **horse-power** = courbe *f.* de puissance (E.).

– – –, **impedance** = impédance *f.* caractéristique (E.).

– – –, **interval** = caractéristique *f.* à vide (E.).

– – –, **interative** = impédance *f.* caractéristique (E.).

– – –, **light** = caractéristique *f.* du courant en fonction de la lumière (dans une cellule photo-électrique).

– – –, **lumped** = caractéristique *f.* composée.

– – –, **mutual** = courbe *f.* de variation de l'intensité d'une électrode en fonction de la tension d'une autre électrode (E.).

– – –, **no-load** = caractéristique *f.* à vide (E.).

– – –, **plate-current** = caractéristique *f.* du courant plaque en fonction de la tension (E.).

– – –, **radiation** = diagramme *m.* de rayonnement (R.).

– – –, **response** = courbe *f.* de réponse (R.).

– – –, **static** = caractéristique *f.* statique (E.).

– – –, **time-current** = caractéristique *f.* de l'intensité en fonction du temps (E.).

– – –, **transfer** = caractéristique *f.* grille-plaque (R.).

– – –, **vacuum-tube** = caractéristique *f.* d'une lam-

(characteristic)

pe (R.).

characteristics = constantes *f.p.*, caractéristiques *f.p.*, V. « characteristic ».

– – –, **transmission** = caractéristiques *f.p.* de transmission (Tp.).

– – –, **weathering** = caractéristiques *f.p.* de résistance aux intempéries.

charcoal = charbon *m.* de bois.

charge = quantité *f.* (de magnétisme), frais *m.p.* (de publicité), charge *f.* (de poudre, d'un accumulateur), charge *f.* ou fonction *f.* (de notaire), chef *m.* d'accusation, privilège *m.* (sur immeuble), fournée *f.*, frais *m.p.*, rétribution *f.*, commission *f.*, V. « charges ».

– – –, **battery, storage** = charge *f.* d'accumulateur (E.).

– – –, **boosting** = charge *f.* partielle (E.), charge *f.* temporaire à régime élevé (E.).

– – –, **bursting** = charge *f.* de rupture (C.), charge *f.* explosive (C.).

– – –, **compensating** = charge *f.* de compensation (E.).

– – –, **constant-current** = charge *f.* à courant constant (E.).

– – –, **constant-voltage** = charge *f.* à tension constante (E.).

– – –, **cylinder** = cylindrée *f.* (Méc.).

– – –, **demand** = prime *f.* (par kVA de puissance).

– – –, **electric** = charge *f.* électrique (E.).

– – –, **equalizing** = charge *f.* d'égalisation (E.).

– – –, **establishment** = frais *m.p.* d'établissement.

– – –, **extra** = frais *m.p.* additionnels.

– – –, **fixed** = frais *m.p.* fixes, frais *m.p.* forfaitaires.

– – –, **floating** = charge *f.* d'entretien (E.).

– – –, **freight** = frais *m.p.* de transport (Ch.d.f.).

– – –, **in** = (individu *m.*) chargé *m.* des (opérations), (individu *m.*) préposé *m.* aux (opérations), avoir charge de.

– – –, **installation** = frais *m.p.* d'établissement (Tp.), part *f.* contributive aux frais de premier établissement d'une ligne d'abonnement (Tp.), taxe *f.* de raccordement (Tp., E.) (France).

– – –, **long distance** = frais *m.p.* d'interurbain (Tp.).

– – –, **maintenance** = frais *m.p.* d'entretien.

– – –, **negative** = charge *f.* négative (E.).

– – – **of a conductor** = charge *f.* d'un conducteur (E.).

– – – **of electricity** = charge *f.* électrique.

– – – **of magnetism** = masse *f.* magnétique, quantité *f.* de magnétisme.

– – –, **positive** = charge *f.* positive (E.).

– – –, **priming** = charge *f.* d'amorçage (C.).

– – –, **reduced** = charge *f.* réduite.

– – –, **renewals** = frais *m.p.* de renouvellement.

– – –, **residual** = charge *f.* résiduelle (E.).

– – –, **running** = frais *m.p.* d'exploitation.

– – –, **service** = coût *m.* de la manutention (Pap.), frais *m.p.* de service (Tp.), prime *f.* fixe.

– – –, **shattering** = charge *f.* brisante (C.).

– – –, **space** = charge *f.* d'espace (R.).

– – –, **static** = charge *f.* statique.

– – –, **tariff — for calls** = taxe *f.* des conversations (Tp.) (France), tarif *m.* des appels (Canada).

– – –, **terminating** = frais *m.p.* de résiliation (Tp.).

– – –, **to** = remplir (un réservoir), charger (un accumulateur, une voiture), accuser (quelqu'un), met-

(charge)

tre (une facture) sur le compte, débiter (quelqu'un, un compte), exiger (une rétribution).
- - -, **toll** = pontonage *m.*, péage *m.* (autoroute), frais *m.p.* d'interurbain (Tp.).
- - -, **trickle** = charge *f.* d'entretien (d'un accumulateur).
- - -, **unit** = charge *f.* unité.

chargeable = (frais *m.p.*) à la charge de (quelqu'un), (perte *f.*) imputable (à) (adj.), (appel *m.*) tarifé (Tp.).

charged = chargé (adj.).

charger = chargeur *m.* (E., Phot.), chargeur *m.* mécanique (de camions) (M.).
- - - **and rectifier, battery** = redresseur-chargeur *m.* pour batteries (E.).
- - -, **battery** = chargeur *m.* de batterie (E.), installation *f.* de charge (E.).
- - -, **screw-feed** = chargeuse *f.* à vis sans fin (d'un four).
- - -, **trickle** = chargeur *m.* (d'accumulateur) à faible débit, chargeur *m.* (d'accumulateur) à régime lent, chargeur *m.* d'entretien (E.).
- - -, **wind** = générateur *m.* à hélice (E.), chargeur *m.* éolien (E.).

charges = frais *m.p.*, droits *m.p.*, taxes *f.p.* (Tp.), V. « charge ».
- - -, **additional** = frais *m.p.* accessoires, suppléments *m.p.*
- - -, **carrying** = frais *m.p.* d'administration, frais *m.p.* obligatoires.
- - -, **connection** = frais *m.p.* de raccordement (au réseau) (Tp.), taxe *f.* de raccordement au réseau (Tp.) (France), frais *m.p.* de raccordement (au secteur) (E.).
- - -, **estimated** = imputations *f.p.* estimatives.
- - -, **fixed** = frais *m.p.* généraux, prime *f.* fixe, frais *m.p.* obligatoires.
- - -, **incidental** = faux frais *m.p.*
- - -, **loading** = frais *m.p.* de chargement (C.).
- - - **of transport** = frais *m.p.* de port.
- - -, **overhead** = faux frais *m.p.*
- - -, **reversed** = (à) frais *m.p.* virés (Tp.).
- - -, **running** = frais *m.p.* d'exploitation.
- - -, **shipping** = frais *m.p.* d'expédition.
- - -, **standing** = frais *m.p.* fixes.
- - -, **sundry** = frais *m.p.* divers.
- - -, **warehousing** = frais *m.p.* d'entreposage, frais *m.p.* d'emmagasinage.

charging = chargement *m.* (d'un camion), remplissage *m.* (d'un réservoir), charge *f.* (E.), enfournement *m.*
- - -, **battery** = charge *f.* des accumulateurs (E.).
- - - **of accumulator** = charge *f.* d'un accumulateur (E.).
- - -, **pressure** = remplissage *m.* sous pression (C.).

charm, watch = breloque *f.*

charring = carbonisation *f.* (du bois), flambage *m.* (d'une volaille).

chart = carte *f.*, diagramme *m.*, abaque *m.*, graphique *m.*
- - -, **alignment** = monogramme *m.*, abaque *m.* (à points alignés).
- - -, **calculation** = abaque *m.*
- - -, **calibration** = courbe *f.* d'étalonnage.
- - -, **communication** = schéma *m.* de câblage (Tp.).
- - -, **compass** = rose *f.* des vents.
- - -, **duty** = tableau *m.* de service.

(chart)

- - -, **flow** = schéma *m.* de principe, schéma *m.* de fabrication, graphique *m.* de circulation (des pièces, des documents).
- - -, **lubrication** = tableau *m.* de graissage (Méc.).
- - -, **navigation, air** = carte *f.* de navigation aérienne (Av.).
- - - **of correction** = tableau *m.* de correction.
- - -, **organization** = organigramme *m.*
- - -, **progress** = tableau *m.* d'avancement des travaux (C.).
- - -, **test** = tableau *m.* de mise au point (Méc., E.), mire *f.* (Tv.).
- - -, **U.T.** = carte *f.* (ionosphérique) T.U. (c.-à-d. temps universel).
- - -, **wall** = tableau *m.* mural.
- - -, **wiring** = V. « diagram, wiring ».

charter = charte *f.* (d'une compagnie).
- - -, **to** = noliser (un avion, un autocar) (Canada), affréter (un navire).

chase = rainure *f.* (de joint, dans un mur en maçonnerie), châssis *m.* (de mise en page) (Imp.).
- - -, **job** = ramette *f.* (Imp.).
- - -, **to** = repasser ou raviver (un gilet usé), tarauder (une vis), ciseler (l'argent), fileter au peigne (Méc.), emboutir (une tôle).

chaser = filière *f.* à peigne (Méc.), peigne *m.* à fileter (pour vis), ciseleur *m.* (O.).
- - -, **inside** = peigne *m.* femelle (Méc.).
- - -, **outside** = peigne *m.* mâle (Méc.).

chasing = emboutissage *m.* (d'une tôle), repoussage *m.* (des métaux), filetage (d'un écrou), peignage *m.* (de pas de vis).

chassis = châssis *m.* (Auto.), cadre *m.* (C.).
- - -, **low** = châssis *m.* surbaissé.
- - -, **low-built** = châssis *m.* surbaissé.
- - -, **reinforced** = châssis *m.* renforcé.
- - -, **tube, steel** = châssis *m.* d'acier tubulaire.
- - -, **tubular** = châssis *m.* tubulaire, châssis *m.* en tubes.

chatter, monkey = transmodulation *f.* (R.).
- - -, **to** = brouter (Méc.).

chattering of a tool = broutement *m.* d'un outil.
- - - **of gears** = broutage *m.* des engrenages (Méc.).
- - - **of the brushes** = cliquetis *m.* des balais (E.).
- - - **of the clutch** = broutement *m.* de l'embrayage (Auto.).

chauffeur = chauffeur *m.* (O.) ou conducteur *m.* (O.) (d'une auto).

check = vérification *f.* (de droits, de documents), contrôle *m.* (des dépenses, des billets de chemin de fer, de l'allumage, de la dynamo), arrêt *m.* (Méc.), frein *m.* (Méc.), jeton *m.* (d'outils) (Méc.), gerce *f.* (dans le bois).
- - -, **baggage** = bulletin *m.* de bagages.
- - -, **ball** = soupape *f.* de retenue à boulet.
- - -, **cloak-room** = bulletin *m.* de consigne.
- - -, **compression** = contrôle *m.* des compressions (Auto.).
- - -, **door** = ferme-porte *m.* (B.), butoir *m.* (B.).
- - -, **door, eclipse** = amortisseur *m.* de porte (B.).
- - -, **door, liquid** = ferme-porte *m.* hydraulique (B.).
- - -, **giblet** = feuillure *f.* (extérieure de porte) (B.).
- - -, **hydraulic** = frein *m.* hydraulique (Méc.).

(check)

– – –, **luggage** = bulletin *m.* de consigne.
– – –, **pulley** = appareil *m.* à freiner (d'une machine à vapeur).
– – –, **quick** = vérification *f.* rapide.
– – –, **tool** = jeton *m.* d'outils.
– – –, **to** = vérifier (les écritures, la pression), contrôler (des renseignements, une expérience), mettre en échec, faire échec à, régler (l'allumage), arrêter (une attaque), enrayer (une crise), étancher (une voie d'eau), contenir (la foule), freiner (la production), retenir (ses larmes), conférer (des épreuves) (Imp.), cocher (un nom sur une liste), enregistrer (ses bagages).
– – –, **to – – – in** = signer à l'arrivée, s'inscrire (sur le registre d'un hôtel).
– – –, **to – – – off** = inventorier (des marchandises, des manuscrits), recenser (une population), pointer (une liste de noms), précompter (les cotisations syndicales).
– – –, **to – – – out** = signer à la sortie, régler la note, quitter la chambre.
– – –, **to – – – up** = faire la vérification.
– – –, **water** = rainure *f.* d'étanchéité (B.).
– – –, **weather** = larmier *m.* (B.).
checker = pointeur *m.* (O.), contrôleur *m.* (O.), marqueur *m.* (O.).
checkered = quadrillé (adj.), craquelure *f.* (de la peinture).
– – –, **spot** = vérification *f.* par sondages.
checkoff = précompte *m.* (des cotisations).
– – –, **compulsory** = précompte *m.* obligatoire.
– – –, **dues** = précompte *m.* des cotisations.
– – –, **voluntary** = précompte *m.* volontaire, précompte *m.* facultatif.
check-up = vérification *f.* (Méc., C.), examen *m.* périodique de contrôle, contrôle *m.*
– – –, **commercial** = diagnostic *m.* commercial.
check = joue *f.* (d'un marteau, d'une mortaise, d'un coussinet), mâchoire *f.* (d'un étau), montant *m.* (d'une échelle, d'une fenêtre), jambe *f.* (d'une chèvre).
– – –, **brake** = mâchoire *f.* de frein (Méc.), segment *m.* de frein (Méc.).
– – –, **guide** = flasque *m.* porteur (d'un moteur à gaz).
– – – **of a block** = joue *f.* d'une poulie.
– – –, **screw** = presse *f.* (d'établi).
checks = jumelles *f.p.* (d'un tour, d'une presse).
cheese = fromage *m.*, meule *f.* de fromage.
chemicals = produits *m.p.* chimiques.
chemist = chimiste *m.*, pharmacien *m.*
– – –, **chief** = chef *m.* de laboratoire.
chemistry = chimie *f.*
– – –, **electro-** = électrochimie *f.*
– – –, **radiation** = chimie *f.* sous rayonnement.
chemurgy = agrotechnie *f.* (Agr.).
cheque = chèque *m.*
– – –, **certified** = chèque *m.* visé.
– – – **for ten dollars** = chèques *m.* de dix dollars.
– – –, **rubber** = chèque *m.* sans provision.
– – –, **traveler's** = chèque *m.* de voyage.
cherry, bitter = cerisier *m.* amer.
– – –, **black** = cerisier *m.* tardif.
– – –, **choke** = cerisier *m.* de Virginie.

(cherry)

– – –, **choke, black** = cerisier *m.* à fruits noirs.
– – –, **choke, Western** = cerisier *m.* sauvage de l'Ouest.
– – –, **pin** = cerisier *m.* de Pennsylvanie.
chest = coffre *m.*, caisse *f.*, boîte *f.*, auget *m.* (de meule à aiguiser), poitrine *f.* (d'homme), poitrail *m.* (de cheval), cuvier *m.* (Pap.).
– – –, **beater** = cuvier *m.* des piles (Pap.).
– – –, **carpenter's** = coffre *m.* de menuisier.
– – –, **fire** = boîte *f.* à feu (Méc.).
– – –, **ice** = buffet-glacière *m.*, glacière *f.*
– – –, **machine** = cuvier *m.* de la machine (Pap.).
– – –, **machinist** = coffre *m.* de mécanicien.
– – –, **medicine** = armoire *f.* à pharmacie (B.), pharmacie *f.* (B.).
– – –, **smoke** = boîte *f.* à fumée (Méc.).
– – –, **steam** = boîte *f.* à vapeur (Méc.), réservoir *m.* de vapeur (Méc.).
– – –, **stock** = réservoir *m.* à pâte (Pap.).
– – –, **stuff** = réservoir *m.* à pâte (Pap.), cuvier *m.* à pâte (Pap.).
– – –, **tool** = coffre *m.* à outils, boîte *f.* à outils, armoire *f.* à outils.
– – –, **utility** = coffre *m.* à toutes fins.
– – –, **valve** = boîte *f.* à clapet (Méc.), boîte *f.* de distribution (Méc.), chapelle *f.* de soupape (Méc.).
– – –, **valve, distributing** = boîte *f.* à soupapes, chapelle *f.*, boîte *f.* de distribution.
– – –, **valve, exhaust** = chapelle *f.* de soupape d'échappement.
– – –, **valve, inlet** = chapelle *f.* de soupape d'admission.
– – –, **valve, slide** = boîte *f.* à tiroir.
– – –, **valve, steam, single** = distribution *f.* à chambre unique.
– – –, **wind** = chambre *f.* à air (d'un cubilot).
chestnut = châtaignier *m.* (d'Amérique).
chevron = chevron *m.* (B.).
chicken = poussin *m.*, poulet *m.*
– – –, **barbecue** = poulet *m.* de grain.
– – –, **spring** = poussin *m.*
chill = moule *m.* en fonte (Mét.), coquille *f.* (Mét.).
– – –, **to** = tremper en coquille, couler en coquille.
chilled = durci, (huile *f.*) congelée, trempé en coquille.
chilling = réfrigération *f.* (des aliments), trempe *f.* en coquille (Mét.).
chime = jable *m.* (d'un tonneau), carillon *m.*
– – –, **bell** = carillon *m.*
– – –, **door** = carillon *m.* (de porte) (B.).
– – –, **to** = carillonner.
chimes = carillon *m.*
– – –, **bottom** = carillon *m.* pour brancard (Agr.).
– – –, **door** = carillon *m.* de porte (B.), carillon *m.* (B.).
chimney = cheminée *f.*
– – –, **air** = cheminée *f.* d'aspiration (Méc.).
– – –, **factory** = cheminée *f.* d'usine.
– – –, **lamp** = verre *m.* de lampe.
china = porcelaine *f.*, vaisselle *f.* de porcelaine.
chink = fente *f.* (B.), crevasse *f.* (B.), interstice *m.* (B.), entrebâillement *m.* (B.).
– – –, **to** = se fendiller, se crevasser.
chip = éclat *m.* ou copeau *m.* (de bois), écaille *f.* ou éclat *m.* (de pierre), alésure *f.* (de tour), paille *f.* (de laminage), puce *f.* (E.), V. « chips ».
– – –, **to** = piquer (les chaudières), cliver (un diamant,

(chip)

une pierre), buriner (des lettres sur un monument), écailler (les dorures, un dôme), tailler (une pierre) par éclats, ébrécher (une lame), hacher (le bois).

– – –, **to** – – – **off** = s'écailler (peinture), piquer ou détartrer (des chaudières), doler (un morceau de bois), boucharder (un mur de béton), buriner (une pièce de métal), cliver ou tailler (une pierre).

chipboard = carton *m.* gris (Pap.), panneau *m.* en fibres de bois (B., C.).

– – –, **vat-lined, white, single** = carton *m.* gris doublé blanc un côté.

chipped = écaillé (adj.), ébréché (adj.).

chipper = déchiqueteur *m.* ou déchiqueteuse *f.* (O., M.) (Pap.).

chipping = burinage *m.* (d'un métal), taille *f.* (de la pierre), ébarbage *m.* (d'une pièce de fonte), piquage *m.* (des chaudières, d'un moellon), bouchardage *m.* (d'un mur de béton).

– – –, **rough** = dégrossissage *m.* au burin.

chippings = rognures *f.p.* (de métaux), copeaux *m.p.* (de bois).

chips = V. « chip ».

– – –, **bore** = alésures *f.p.*, copeaux *m.p.* de foret, farine *f.* de foret.

– – –, **colour** = échantillons *m.p.* de couleurs (Auto.).

– – –, **metal** = alésures *f.p.* métalliques.

– – –, **potato** = croustilles *f.p.*

– – –, **quarry** = déchets *m.p.* de carrière (Mi.).

– – –, **stone** = gravillon *m.*, éclats *m.p.* de pierre.

– – –, **turning** = copeaux *m.p.*

chisel = ciseau *m.* à froid (I.), burin *m.* (I.).

– – –, **anvil** = tranche *f.*

– – –, **bevelled** = ciseau *m.* à lame oblique.

– – –, **bevelled-edge** = ciseau *m.* à biseau, ciseau *m.* biseauté.

– – –, **blacksmith** = tranche *f.*

– – –, **blunt** = matoir *m.*

– – –, **bolt** = bédane *m.*, bec-d'âne *m.*

– – –, **boring** = trépan *m.*

– – –, **bottom** = tranchet *m.*, bédane *m.*

– – –, **box** = ciseau *m.* à déballer, pied-de-biche *m.*

– – –, **brick** = ciseau *m.* à brique.

– – –, **broad** = fer *m.* à planer.

– – –, **butt** = ciseau *m.* à charnières (Men.).

– – –, **cant** = ciseau *m.* en biseau.

– – –, **cape** = bédane *m.*

– – –, **carving** = gouge *f.*, ciseau *m.* cintré, ciseau *m.* de sculpteur.

– – –, **caulking** = matoir *m.*, ciseau *m.* à mater, ciseau *m.* à calfater.

– – –, **centering** = ciseau *m.* à nez rond, petite gouge.

– – –, **chasing** = bouge *m.*, boësse *f.*

– – –, **chipping** = burin *m.*, ébarboir *m.*, gouge *f.* pleine.

– – –, **cold** = ciseau *m.* à froid.

– – –, **cold cutting** = tranche *f.*, tranche *f.* à froid.

– – –, **cold, round-nosed** = dégorgeoir *m.*, burin *m.* grain-d'orge, gouge *f.* pleine.

– – –, **cold set** = tranche *f.*

– – –, **cope** = burin *m.*

– – –, **corner** = gouge *f.* triangulaire.

– – –, **cow mouth** = bédane *m.*

– – –, **cross-cut** = bédane *m.*, bec-d'âne *m.*

(chisel)

– – –, **cross-mouthed** = ciseau *m.* cylindrique à taillant transversal.

– – –, **diamond-point** = burin *m.* à pointe de diamant.

– – –, **dog-legged** = butte-avant *m.*, pousse-avant *m.*

– – –, **dressing** = ébauchoir *m.*

– – –, **firmer** = ciseau *m.* à biseau, ciseau *m.* ordinaire, queue-de-renard *f.*

– – –, **flat** = trépan *m.* plat, burin *m.* plat.

– – –, **floor** = ciseau *m.* à plancher.

– – –, **forging** = hachard *m.*

– – –, **framing** = ciseau *m.* de charpentier.

– – –, **great** = ébauchoir *m.*

– – –, **groove-cutting** = bédane *m.*

– – –, **hammer** = coupoir *m.*

– – –, **hand** = burin *m.*, ciseau *m.* à main.

– – –, **heading** = ciseau *m.* à mortaiser.

– – –, **hewing** = langue *f.* de carpe, ciseau *m.* à froid.

– – –, **hollow** = gouge *f.*

– – –, **hot** = tranche *f.* à chaud.

– – –, **hot cutting** = tranche *f.* à chaud.

– – –, **large** = ébauchoir *m.*

– – –, **mortise** = ciseau *m.* à mortaiser, bédane *m.*, ciseau *m.* bédane.

– – –, **mortising, wood** = bédane *m.*, ciseau *m.* à mortaiser.

– – –, **notched** = fermoir *m.* à dents, ciseau *m.* à dents.

– – –, **paring** = riflard *m.*, ciseau *m.* long.

– – –, **pointed** = grain-d'orge *m.*

– – –, **ripping** = ciseau *m.* à planches, ciseau *m.* fort.

– – –, **roughing-out** = ébauchoir *m.*

– – –, **round-nose** = dégorgeoir *m.*, burin *m.* grain-d'orge.

– – –, **scoop** = équarrissoir *m.*

– – –, **skew** = biseau *m.*

– – –, **slick** = lissoir *m.*

– – –, **smoothing** = ciseaux *m.p.* fins.

– – –, **socket** = ciseau *m.* à douille.

– – –, **stone** = ciseau *m.* à pierre, grain *m.*

– – –, **tanged** = ciseau *m.* à soie.

– – –, **to** = buriner, ciseler.

– – –, **tongued** = langue *f.* de carpe.

– – –, **toothed** = fermoir *m.* à dents.

– – –, **turner's** = grain-d'orge *m.* (de tour), ciseau *m.* de tourneur.

– – –, **turning** = plane *f.*, grain-d'orge *m.* (de tour), ciseau *m.* de tourneur.

– – –, **wood** = ciseau *m.* à bois.

chiselling = burinage *m.*, ciselure *f.*

chit = facture *f.*

– – –, **taxi** = billet *m.* de taxi (Canada).

chloride = chlorure *m.*

chlorination = chloration *f.*, javellisation *f.*

chlorine = chlore *m.*

chock = accotoir *m.* (C.), taquet *m.* (Men.), cale *f.* (C.), coin *m.* (Men., C.), tin *m.* (C.), empoise *f.* (de laminoir).

– – –, **rope** = galoche *f.* à câble.

– – –, **to** = coincer (une pièce), caler (une roue), accoter (un tonneau).

– – –, **wheel** = cale-roue *m.*

chock-a-block = (poulie *f.*) à bloc.

choir = choeur *m.* (d'une église).

chokage = engorgement *m.* (d'un tuyau), obstruction *f.*

(chuck)

choke = étrangleur *m*. (Méc.), étranglement *m*. (d'un canon de fusil), bobine *f*. d'arrêt (E.), [self *f*. d'induction] (E.), starter *m*. (Auto.) (France), duse *f*. (d'un puits de pétrole), buse *f*. (du carburateur) (Méc.).
– – –, **air** = self *f*. protectrice (E.).
– – –, **automatic** = étrangleur *m*. à commande automatique (Méc.), thermostarter *m*. (Auto.) (France).
– – –, **filter** = self *f*. de filtrage (R.).
– – –, **high frequency** = bobine *f*. d'arrêt (R.), self *f*. d'induction haute fréquence (R.).
– – –, **low-frequency** = bobine *f*. d'arrêt basse fréquence (R.).
– – –, **modulating** = self *f*. de modulation (R.).
– – –, **quenching** = bobine *f*. d'amortissement (R.), bobine *f*. d'absorption (R.).
– – –, **smoothing** = bobine *f*. de filtrage (R.), bobine *f*. d'absorption (d'ondulation de courant redressé) (R.).
– – –, **storm** = duse *f*. de fond (Mi.).
– – –, **swinging** = self *f*. de filtre à inductance autovariable (R.).
– – –, **to** = étouffer, obturer, engorger.
– – –, **to** – – – **up** = empâter (une lime), colmater (un moteur, un filtre), boucher, obstruer, engorger (un tuyau).
choked = engorgé (adj.).
– – – **with dirt** = encrassé (adj.).
choker = étrangleur *m*. (Méc.), obturateur *m*. d'air (Méc.), soupape *f*. d'étranglement (Méc.).
choking = engorgement *m*. (d'un tuyau), obstruction *f*.
chop = mors *m*. ou mâchoire *f*. (de tenailles, d'étau).
– – –, **to** = couper, fendre.
– – –, **to** – – – **off** = ébarber, trancher, enlever la pièce.
chopper = vibreur *m*. (E.), hachoir *m*. (I.), interrupteur *m*. roratif (E.), couperet *m*. (I.), pulsateur *m*. (Phys.).
– – –, **meat** = hache-viande *m*. (I.), hachoir *m*. (Ust.), couperet *m*. (I.).
– – –, **wood** = merlin *m*. (I.), coupeur *f*. à bois (Pap.).
chopping = coupe *f*. (du bois), clapotis *m*. (de l'océan), interruption *f*. (E.), écrêtage *m*. (E.).
chord = semelle *f*. (de poutre), corde *f*. (d'un arc), ouverture *f*. (B.).
– – –, **top** = élément *m*. supérieur (d'une ferme) (B.), arbalétrier *m*. (de ferme) (B.).
– – –, **upper** = élément *m*. supérieur (d'une ferme) (B.), arbalétrier *m*. (de ferme) (B.).
chromatograph, gas = chromatographe *m*. en phase gazeuse.
chromatography = chromatographie *f*.
chromolithographic = chromolithographique (adj.).
chromolithography = chromolithographie *f*. (Imp.).
chronograph = chronographe *m*.
– – –, **electric** = électrochronographe *m*.
chronometer = chronomètre *m*.
chuck = mandrin *m*. (Méc.), plateau *m*. (Méc.), mordache *f*. (d'un étau), porte-pièce *m*. (Méc.).
– – –, **air** = mandrin *m*. à serrage pneumatique.
– – –, **automatic** = mandrin *m*. automatique.
– – –, **ball-turning** = mandrin *m*. creux pour boules.
– – –, **bell** = mandrin *m*. à vis.
– – –, **bit-brace** = mandrin *m*. de vilebrequin.

– – –, **boring** = mandrin *m*. porte-foret.
– – –, **centering** = mandrin *m*. à centrer.
– – –, **centre** = plateau *m*. à pointe tournante.
– – –, **clamping** = mandrin *m*. de serrage.
– – –, **claw** = mandrin *m*. à griffes.
– – –, **collar, split** = mandrin *m*. à collet fendu.
– – –, **combination** = plateau *m*. combiné.
– – –, **die** = mandrin *m*. à coussinets.
– – –, **dog** = plateau *m*. à toc (d'un tour), mandrin *m*. à toc, plateau *m*. à griffes.
– – –, **drill** = mandrin *m*. porte-foret, manchon *m*. porte-foret.
– – –, **driver** = plateau *m*. (d'un tour).
– – –, **driving** = plateau *m*. à toc.
– – –, **eccentric** = mandrin *m*. excentrique.
– – –, **expanding** = mandrin *m*. extensible.
– – –, **feed** = mandrin *m*. d'avance.
– – –, **fork** = mandrin *m*. (de tour) à trois pointes.
– – –, **gear-holding** = mandrin *m*. de fraise-mère.
– – –, **jaw** = mandrin *m*. à mâchoires, plateau *m*. à mâchoires.
– – –, **jaw, independent** = mandrin *m*. à mâchoires indépendantes.
– – –, **key-operated** = mandrin *m*. à clavette.
– – –, **lathe** = plateau *m*. de tour, mandrin *m*. de tour.
– – –, **magnetic** = mandrin *m*. magnétique.
– – –, **patent** = mandrin *m*. à serrage instantané.
– – –, **plain** = mandrin *m*. ordinaire.
– – –, **prong** = mandrin *m*. (de tour) à pointes.
– – –, **screw** = mandrin *m*. (de tour) à vis.
– – –, **screwing** = case *f*. de filière.
– – –, **scroll** = plateau *m*. à rainures hélicoïdales.
– – –, **self-centering** = mandrin *m*. automatique, mandrin *m*. autocentreur.
– – –, **socket** = mandrin *m*. creux.
– – –, **spiral** = mandrin *m*. à rainures hélicoïdales.
– – –, **spring** = mandrin *m*. élastique, mandrin *m*. à ressort.
– – –, **spring, draw-in** = mandrin *m*. de serrage élastique.
– – –, **spur** = mandrin *m*. à (trois) pointes, griffe *f*.
– – –, **step** = mandrin *m*. à gradins.
– – –, **tapping** = mandrin *m*. à tarauder.
– – –, **three-jaw** = mandrin *m*. à trois mordaches.
– – –, **to** = mandriner, monter dans un mandrin.
– – –, **universal** = mandrin *m*. universel.
– – – **with holdfasts** = mandrin *m*. à pointes.
chucking = montage *m*. (de la pièce) sur le tour (Méc.), montage *m*. dans un mandrin (Méc.).
chunk = gros morceau (de bois, de fromage).
churchwarden = marguillier *m*. (O.).
churn = barre *f*. à mine, baratte *f*.
– – –, **butter** = baratte *f*.
chute = canal *m*. (H., C.), déversoir *m*. (H., C.), conduit *m*. (B., C.), tuyau *m*. de décharge (S., C.), goulotte *f*. (à béton) (C.).
– – –, **arc** = boîte *f*. de soufflage (E.).
– – –, **cable** = cheminée *f*. d'ascension (E.).
– – –, **coal** = couloir *m*. à charbon, trémie *f*. de chargement.
– – –, **coin** = descente *f*. à (pièces de) monnaie (Tp.).
– – –, **distributing** = goulotte *f*. de distribution (C.).
– – –, **feed** = goulotte *f*. d'alimentation (C.).

– – –, **garbage** = vide-ordures *m.* (B.).
– – –, **loading** = couloir *m.* de chargement.
– – –, **mail** = chute *f.* à courrier.
– – –, **ore** = couloir *m.* à minerai (Mi.).
– – –, **overflow** = déversoir *m.* (d'un barrage-réservoir) (H.).
– – –, **rubbish** = vide-ordures *m.* (B.).
– – –, **shaking** = couloir *m.* à secousses (C.).
– – –, **snow** = chute *f.* à neige (S.).
– – –, **swinging** = couloir *m.* oscillant (C.).
– – –, **timber** = lançoir *m.*, glissoir *m.*
– – –, **wooden** = coulisse *f.*
cinder = cendre *f.*, scorie *f.*, mâchefer *m.*
cinders = escarbilles *f.p.*, battitures *f.p.*, scorie *f.*
– – –, **anvil** = battitures *f.p.* d'enclume.
– – –, **coal** = escarbilles *f.p.*, fraisil *m.*
cineration = incinération *f.*
cipher (or cypher) = chiffre *m.*
ciphering = chiffrage *m.*
circle = cercle *m.*
– – –, **addendum** = cercle *m.* de denture (Méc.), cercle *m.* de couronne (Méc.).
– – –, **base** = cercle *m.* primitif (d'une came) (Méc.).
– – –, **dedendum** = cercle *m.* intérieur (Méc.), cercle *m.* de pied (d'une roue dentée) (Méc.).
– – –, **divided** = cercle *m.* gradué.
– – –, **generating** = cercle *m.* de roulement.
– – –, **index** = cercle *m.* de division.
– – – **of confusion** = cercle *m.* de dispersion (d'un objectif) (Phot.).
– – –, **pitch** = cercle *m.* primitif (d'une roue dentée) (Méc.).
– – –, **primitive** = cercle *m.* primitif.
– – –, **root** = cercle *m.* de pied (Méc.), cercle *m.* intérieur (d'une roue dentée) (Méc.).
– – –, **traffic** = rond-point *m.* (Auto.) (Canada), carrefour *m.* giratoire (Auto.).
– – –, **turning** = diamètre *m.* de braquage (Auto.).
circuit = circuit *m.* (E.), paire *f.* (Tp.).
– – –, **absorber** = circuit *m.* d'absorption (R.), circuit *m.* de compensation de charge (d'un émetteur) (R.).
– – –, **absorption** = circuit *m.* d'absorption (R.) circuit *m.* de compensation de charge (d'un émetteur) (R.).
– – –, **aerial** = circuit *m.* d'antenne (R.), circuit *m.* aérien (Tp.).
– – –, **alarm** = circuit *m.* d'alerte, circuit *m.* d'alarme.
– – –, **alternating-current** = circuit *m.* à courant alternatif.
– – –, **amplification, double** = circuit *m.* réflexe (R.).
– – –, **ancillary** = circuit *m.* auxiliaire (R.).
– – –, **anode** = circuit *m.* de plaque (R.), circuit *m.* d'anode (R.).
– – –, **anti-resonant** = circuit *m.* bouchon (R.).
– – –, **aperiodic** = circuit *m.* apériodique.
– – –, **armature** = circuit *m.* d'induit.
– – –, **audio frequency** = circuit *m.* à fréquences acoustiques (Tp.).
– – –, **auxiliary** = circuit *m.* auxiliaire.
– – –, **balanced** = circuit *m.* compensé (Tp.), circuit *m.* équilibré (Tp.).
– – –, **band-pass** = circuit *m.* passe-bande.
– – –, **boot strapping** = circuit *m.* de rétroaction (E.).

– – –, **branch** = dérivation *f.* (E., Tp.), branchement *m.* (Tp., E.), circuit *m.* dérivé (E., Tp.).
– – –, **bridge** = circuit *m.* en pont.
– – –, **by-link** = circuit *m.* auxiliaire de liaison (Tp.).
– – –, **by-pass** = circuit *m.* de dérivation (Tp.).
– – –, **cable** = circuit *m.* en câble (Tp.).
– – –, **carrier** = circuit *m.* à courants porteurs (Tp.).
– – –, **charging** = circuit *m.* à charge.
– – –, **closed** = circuit *m.* fermé (Tv., E.), circuit *m.* à courant permanent, circuit *m.* local (Tv.).
– – –, **communication** = circuit *m.* d'intercommunication (Tp.), liaison (Tp.).
– – –, **compensating** = circuit *m.* de compensation.
– – –, **complete** = circuit *m.* total, circuit *m.* fermé.
– – –, **composite** = système *m.* Van Rysselbergh (c.-à-d. montage sur un circuit téléphonique d'un circuit télégraphique à retour par la terre).
– – –, **condenser** = circuit *m.* du condensateur.
– – –, **consumption** = circuit *m.* d'utilisation.
– – –, **control** = circuit *m.* de commande.
– – –, **control, volume** = circuit *m.* de contrôle du volume (R.).
– – –, **controlling** = circuit *m.* directeur (Tp.), cordon *m.* de connexion (Tp.).
– – –, **cord** = dicorde *m.* (Tp.), cordon *m.* de connexion (Tp.).
– – –, **cord, bridge-control** = circuit *m.* de vérification de tableau (Tp.).
– – –, **cord, double ended** = dicorde *m.* (Tp.).
– – –, **cord, single ended** = monocorde *m.* (Tp.).
– – –, **cut-out battery** = circuit *m.* conjoncteur-batterie.
– – –, **damper** = circuit *m.* amortisseur.
– – –, **derived** = circuit *m.* dérivé.
– – –, **differentiating** = montage *m.* différentiateur (E.), différentiateur *m.* (E.).
– – –, **direct** = ligne *f.* directe (Tp.), circuit *m.* direct (Tp.).
– – –, **direct-current** = circuit *m.* à courant continu.
– – –, **divided** = circuit *m.* dérivé, dérivation *f.* (E.).
– – –, **double-wire** = circuit *m.* à deux fils.
– – –, **driving** = circuit *m.* d'attaque (c.-à-d. dans lequel agit le signal à amplifier).
– – –, **duplex** = circuit *m.* duplex.
– – –, **duplex, half-** = communication *f.* semi-duplex (Tg.).
– – –, **earth** = circuit *m.* de (ou à) retour par la terre, circuit *m.* à la masse (Auto.), communication *f.* avec la terre, circuit *m.* de terre (E.).
– – –, **eddy-current** = circuit *m.* des courants parasites.
– – –, **electric** = circuit *m.* électrique.
– – –, **exciting** = circuit *m.* d'excitation.
– – –, **external** = circuit *m.* extérieur.
– – –, **fall-back** = circuit *m.* de réserve (Tp.), circuit *m.* de secours (Tp.).
– – –, **feed-back** = retour *m.* d'écoute (R.).
– – –, **feeding** = circuit *m.* d'alimentation.
– – –, **field** = circuit *m.* inducteur.
– – –, **filament** = circuit *m.* de chauffage.
– – –, **filter** = circuit *m.* de filtrage, filtre *m.* (E.), circuit-filtre *m.* (E.).
– – –, **fly-wheel** = montage *m.* en volant (E.).
– – –, **four-wire** = circuit *m.* à quatre fils (E.), quarte *f.*

(circuit)

(Tp.), distribution *f.* quatre fils (E.).
– – –, **four-wire type** = circuit *m.* (de type) à quatre fils (Tg.).
– – –, **free** = circuit *m.* disponible (Tp., Tg.), circuit *m.* libre (Tp., Tg.).
– – –, **full back** = circuit *m.* de secours (téléphonique).
– – –, **gate** = circuit *m.* de porte (E.), portillon *m.* électronique (E.).
– – –, **ghost** = circuit *m.* surcombiné (Tp.), circuit *m.* combiné double (Tp.), circuit *m.* fantôme (Tp.).
– – –, **grid** = circuit *m.* de grille (R.), circuit *m.* grille (R.).
– – –, **ground** = retour *m.* par la terre (E.), circuit *m.* de terre (E.).
– – –, **grounded** = circuit *m.* mis à la masse (Auto.), circuit *m.* mis à la terre (E.).
– – –, **ground-return** = circuit *m.* à retour par la terre, circuit *m.* fermé par la terre, circuit *m.* unifilaire (Tp.).
– – –, **guard** = circuit *m.* de garde (dans un récepteur de signaux) (Tp.).
– – –, **heating** = circuit *m.* de chauffage.
– – –, **high-frequency** = circuit *m.* haute fréquence (R.).
– – –, **high-tension** = circuit *m.* de haute tension (E.), circuit *m.* haute tension (E.).
– – –, **holding** = circuit *m.* de maintien (Tp.).
– – –, **idle** = circuit *m.* au repos (Tp., Tg.).
– – –, **ignition** = circuit *m.* d'allumage (Auto.).
– – –, **impulse** = circuit *m.* d'impulsion (Tp.).
– – –, **in** = mis en circuit, en circuit.
– – –, **incoming** = circuit *m.* d'arrivée (Tp.).
– – –, **induced** = circuit *m.* induit.
– – –, **inductive** = circuit *m.* inductif.
– – – **in good order** = circuit *m.* en bon état.
– – – **in parallel** = circuit *m.* en parallèle.
– – –, **input** = circuit *m.* d'entrée.
– – –, **integrated** = circuit *m.* intégré (R., E.).
– – –, **integrating** = montage *m.* intégrateur (d'un amplificateur) (E.), intégrateur *m.* (E.).
– – –, **intercom** = circuit *m.* d'intercommunication (Tp.).
– – –, **inter exchange** = circuit *m.* intercentraux (Tp.), circuit *m.* intercentres (Tp.).
– – –, **intermediate** = circuit *m.* intermédiaire (R.).
– – –, **internal** = circuit *m.* intérieur.
– – –, **international** = circuit *m.* international (Tp.).
– – –, **iron** = circuit *m.* magnétique.
– – –, **joint** = circuit *m.* commun (Tp.).
– – –, **land** = circuit *m.* terrestre (Tp.).
– – –, **leased** = location *f.* de circuit (Tp., Tg.), circuit *m.* loué (Tp.).
– – –, **lighting** = circuit *m.* d'éclairage.
– – –, **line** = ligne *f.* de réseau (Tp.), circuit *m.* de réseau (Tp.).
– – –, **line-free** = circuit *m.* de déblocage (Ch.d.f.).
– – –, **link** = circuit *m.* de liaison (Tp.), liaison *f.* (Tp.).
– – –, **load** = circuit *m.* d'utilisation.
– – –, **load, external** = circuit *m.* de charge extérieur (d'un amplificateur).
– – –, **local** = circuit *m.* local.
– – –, **long-haul** = circuit *m.* à longue distance.
– – –, **loop** = circuit *m.* bifilaire, circuit *m.* métallique,

(circuit)

circuit *m.* bouclé, circuit *m.* en boucle (E., Tp.).
– – –, **low-capacity** = circuit *m.* à faible capacité.
– – –, **low-tension** = circuit *m.* de basse tension, circuit *m.* basse tension.
– – –, **magnetic** = circuit *m.* magnétique.
– – –, **main** = circuit *m.* principal.
– – –, **maintenance** = circuit *m.* de maintien.
– – –, **measuring** = circuit *m.* de mesure.
– – –, **metallic** = circuit *m.* métallique, circuit *m.* bifilaire.
– – –, **microphone** = circuit *m.* microphonique.
– – –, **minimizer, interference** = circuit *m.* atténuateur d'interférence (R.).
– – –, **monitoring** = dispositif *m.* d'écoute (Tp.).
– – –, **multiple** = circuit *m.* multiple.
– – –, **multi-tone** = multivoie *f.* (de transmission) (Tg.).
– – –, **noise-making** = circuit *m.* émetteur de parasites.
– – –, **non-inductive** = circuit *m.* non inductif.
– – –, **non-phantom** = circuit *m.* non combinable (Tp.).
– – – **of a current** = circuit *m.*
– – –, **one-way** = circuit *m.* unidirectionnel (Tp., R.).
– – –, **open** = circuit *m.* ouvert.
– – –, **oscillating, closed** = circuit *m.* oscillant fermé (R.).
– – –, **oscillator, Hartley** = montage *m.* auto-excitateur Hartley (R.).
– – –, **oscillatory** = circuit *m.* oscillant (R.).
– – –, **outgoing** = circuit *m.* de départ (Tp.), circuit *m.* sortant (Tp.).
– – – **out of order** = circuit *m.* en dérangement.
– – –, **output** = circuit *m.* de sortie.
– – –, **phantom** = circuit *m.* fantôme (Tp.), circuit *m.* combiné (Tp.).
– – –, **phantom, double** = circuit *m.* surcombiné (Tp.), circuit *m.* superfantôme (Tp.).
– – –, **phantom, double, ground-return** = superfantôme *m.* avec retour par la terre (Tg.), approprié *m.* de fantôme (Tp.).
– – –, **phantom, ground-return** = circuit *m.* fantôme à retour par la terre (Tp., Tg.), circuit *m.* approprié (Tg.).
– – –, **physical** = circuit *m.* réel (Tp.), circuit *m.* combinant (Tp.).
– – –, **pick-up** = circuit *m.* d'attente (R.).
– – –, **plate** = circuit *m.* de plaque (R.), circuit *m.* anodique (R.).
– – –, **polyphase** = circuit *m.* polyphasé.
– – –, **power** = circuit *m.* d'énergie (E.).
– – –, **primary** = circuit *m.* primaire.
– – –, **printed** = circuit *m.* imprimé (R.), montage *m.* imprimé (R.).
– – –, **program** = circuit *m.* pour transmissions radiophoniques.
– – –, **push-pull** = montage *m.* symétrique (E.).
– – –, **radio** = circuit *m.* radioélectrique, circuit *m.* radiotéléphonique.
– – –, **reaction** = circuit *m.* de réaction.
– – –, **reactive** = circuit *m.* réactif.
– – –, **rectifier** = montage *m.* redresseur.
– – –, **reference** = circuit *m.* de référence.
– – –, **reference, hypothetical** = circuit *m.* fictif de référence.
– – –, **reflex** = montage *m.* en reflex, montage *m.*

(circuit)

reflex.
– – –, **regenerative** = montage *m*. à réaction.
– – –, **rejecter** = filtre *m*. (R.), circuit *m*. éliminateur (R.).
– – –, **resonant** = circuit *m*. résonnant (R.).
– – –, **resonating** = circuit *m*. résonnant (R.).
– – –, **return** = circuit *m*. de retour.
– – –, **return, earth** = retour *m*. (de courant) par la terre (E.).
– – –, **return, ground** = V. « circuit, ground-return ».
– – –, **ringing** = circuit *m*. de sonnerie (Tp.), circuit *m*. d'appel (Tp.).
– – –, **rotor** = circuit *m*. rotorique.
– – –, **secondary** = circuit *m*. secondaire.
– – –, **self-induction** = circuit *m*. à self-induction.
– – –, **semi-conductor** = circuit *m*. à semi-conducteurs.
– – –, **series** = circuit *m*. série.
– – –, **short** = court-circuit *m*., V. « short-circuit ».
– – –, **shunt** = circuit *m*. dérivé, circuit *m*. shunt, circuit *m*. en dérivation.
– – –, **side** = circuit *m*. combinant (Tp.), circuit *m*. réel (Tp.).
– – –, **simplex** = circuit *m*. approprié à la télégraphie et à la téléphonie simultanée.
– – –, **single-wire** = circuit *m*. unifilaire (Tp.).
– – –, **spare** = circuit *m*. de réserve (Tp.).
– – –, **splitting, phase** = déphaseur *m*. multiple (E.).
– – –, **starter-motor** = circuit *m*. de démarrage.
– – –, **stopper** = circuit-bouchon *m*.
– – –, **super-imposed** = circuit surcombiné (Tg., Tp.), circuit *m*. approprié (Tp., Tg.).
– – –, **superposed** = circuit *m*. superposé (Tp.).
– – –, **super-regenerative** = montage *m*. à super-réaction.
– – –, **supply** = circuit *m*. d'alimentation (E.).
– – –, **supply, local, the** = le secteur (E.).
– – –, **talk-back** = circuit *m*. d'ordres.
– – –, **tank** = circuit *m*. oscillant final (R.).
– – –, **telecommunication** = circuit *m*. (de télécommunications).
– – –, **telegraph** = circuit *m*. télégraphique.
– – –, **telegraph, balanced, double phantom** = circuit *m*. télégraphique superfantôme.
– – –, **telegraph, direct** = circuit *m*. télégraphique direct.
– – –, **telegraph, duplex** = communication *f*. télégraphique (exploitable) duplex.
– – –, **telegraph, phantom** = circuit *m*. télégraphique fantôme.
– – –, **telephone** = circuit *m*. téléphonique.
– – –, **telephone, cable** = circuit *m*. téléphonique en câble (Tp.).
– – –, **telephone, international** = circuit *m*. (téléphonique) international (c.-à-d. entre deux commutateurs situés dans des pays différents).
– – –, **telephone-telegraph** = circuit *m*. approprié.
– – –, **telephone, radio** = circuit *m*. radiotéléphonique.
– – –, **temporary** = circuit *m*. de fortune.
– – –, **terminal** = circuit *m*. (interurbain) d'arrivée (Tp.).
– – –, **test** = circuit *m*. de contrôle (Tp.).
– – –, **through** = circuit *m*. de transit (Tp.), liaison *f*. directe (Tp.).

(circuit)

– – –, **toll** = circuit *m*. interurbain (Tp.).
– – –, **toll, dial** = circuit *m*. interurbain avec sélection à distance (Tp.), circuit *m*. interurbain automatique (Tp.).
– – –, **toll, long-haul** = circuit *m*. à longue distance (Tp.).
– – –, **toll, short-haul** = circuit *m*. régional (Tp.).
– – –, **track** = circuit *m*. de voie (Ch.d.f.).
– – –, **transfer** = circuit *m*. intermédiaire (Tp.).
– – –, **transitron** = transitron *m*. (E.).
– – –, **trigger** = circuit *m*. à déclenchements.
– – –, **trigger, monostable** = basculeur *m*. (monostable) (E.), relais *m*. à une position stable (E.).
– – –, **trigger, bistable** = basculeur *m*. (E.), relais *m*. à deux positions stables (E.).
– – –, **trigger, bistable, dual-control** = basculeur *m*. à deux entrées (E.).
– – –, **trunk** = circuit *m*. interurbain (Tp.), circuit *m*. de jonction (Tp.), jonction *f*. (Tp.).
– – –, **tuned** = circuit *m*. accordé (R.).
– – –, **tuned, stagger-** = réseau *m*. à accords décalés (R.).
– – –, **tuning** = circuit *m*. de résonance (R.), circuit *m*. d'accord (R.).
– – –, **two-way** = circuit *m*. exploité dans les deux sens (Tp.).
– – –, **two-wire** = circuit *m*. à deux fils.
– – –, **vibrating** = circuit *m*. vibratoire (Tg.).
– – –, **voice** = circuit *m*. téléphonique.
– – –, **way** = système *m*. à postes embrochés (c.-à-d. à postes montés en série) (Tp.).
– – – **with busy lamp** = circuit *m*. avec lampe d'occupation (Tp.).
circuitry = montage *m*. (d'un appareil) (E.).
– – –, **printed** = montage *m*. imprimé (R.).
circuits, coupled = circuits *m.p.* couplés (E.).
– – –, **ganged** = circuits *m.p.* à commande unique (E.).
– – –, **parallel** = circuits *m.p.* en parallèle (E.).
circular = circulaire (adj.), prospectus *m*., circulaire *f*.
– – –, **semi-** = semi-circulaire (adj.).
circularize, to = circulariser (une trajectoire, un document), envoyer des circulaires.
circulation = circulation *f*.
– – –, **air** = circulation *f*. d'air.
– – –, **air, natural** = circulation *f*. naturelle de l'air.
– – –, **boiler** = circulation *f*. d'eau pour chaudières (Méc.).
– – – **by gravity** = circulation *f*. en thermosiphon (dans une installation de chauffage par l'eau chaude).
– – –, **forced** = circulation *f*. forcée (Méc.).
– – –, **forced-feed** = circulation *f*. sous pression (Méc.).
– – –, **gravity** = circulation *f*. (de l'eau) par gravité.
– – –, **water** = circulation *f*. d'eau.
circulator = pompe *f*. de circulation (Méc.), circulateur *m*. ou accélérateur *m*. (Méc.).
circumambient = environnant (adj.), ambiant (adj.).
circumference = circonférence *f*. (d'un cercle), périphérie *f*. (d'une ville), pourtour *m*. (d'un bassin).
– – –, **pitch** = circonférence *f*. primitive (Méc.).
circumferentor = graphomètre *m*., boussole *f*. d'arpenteur.
cistern = réservoir *m*. à eau, réservoir *m*. (de pompe),

(**cistern**)

citerne *f.* (H., C.), bâche *f.* (H., C.), cuvette *f.* (de baromètre).

– – –, **clearing** = réservoir *m.* à clarifier (H., S.).

– – –, **flushing** = réservoir *m.* de chasse (S.).

– – –, **water, cold** = réservoir *m.* à eau froide.

city = cité *f.*, ville *f.*

– – –, **garden** = cité-jardin *f.*

clack = bruit *m.* sec, claquement *m.*, clapet *m.* (Méc.).

– – –, **delivery** = clapet *m.* de refoulement.

– – –, **exhaust** = clapet *m.* d'échappement.

– – –, **mill** = traquet *m.*

– – –, **pressure** = clapet *m.* de refoulement.

– – –, **shutting** = clapet *m.* d'arrêt.

clad, copper = cuivré (adj.), bimétallique (adj.).

– – –, **iron** = cuirassé (adj.), blindé (adj.).

– – –, **metal** = blindé (adj.), cuirassé (adj.).

– – –, **steel** = revêtu d'acier, à armature d'acier.

cladding, interior = parement *m.* intérieur (d'une cloison) (B.).

claim = concession *f.* minière, revendication *f.* (d'un brevet), réclamation *f.*, demande *f.* d'indemnités, sinistre *m.*

– – –, **admitted** = sinistre *m.* reconnu.

– – –, **bad** = réclamation *f.* mal fondée.

– – –, **legal** = recours *m.* en loi.

– – –, **mineral** = concession *f.* minière (Mi.).

– – –, **paid** = sinitre *m.* réglé.

– – –, **timber** = concession *f.* forestière.

– – –, **to** = revendiquer (ses droits), réclamer (son bien), se prétendre (expert), s'attribuer (une vertu, un pouvoir), prétendre (à une charge).

clam = benne *f.* preneuse (C.).

clamp = serre-fils *m.* (E.), attache-fils *m.* (E.), mordache *f.* (d'un étau), borne *f.* (E.), clameau *m.* ou happe *f.* (de pierre de taille), adent *m.* (d'un joint), bride *f.* de serrage, patte *f.* d'attache, collier *m.* (de tuyau), étrier *m.* (de soupape), valet *m.* (d'établi), serre-joint *m.* (Men.), presse *f.* (Men.), agrafe *f.* (C.), pince *f.* de suspension (pour isolateurs), griffe *f.* (C.), V. « clamps ».

– – –, **adjustable** = serre-joint *m.* (Men.), presse *f.* à main (Men.).

– – –, **anchor** = bride *f.* (Tp., C.), serre-fils *m.* d'ancre (Tp., C.).

– – –, **angle** = bloc *m.* d'anglets (Imp.).

– – –, **assembling** = bride *f.* d'assemblage.

– – –, **bar** = serre-joint *m.* à coulisse.

– – –, **belt** = agrafe *f.* pour courroie, agrafe *f.* de courroie.

– – –, **bench** = valet *m.* d'établi.

– – –, **binding** = serre-fils *m.* (E.), attache-fils *m.* (E.), serre-joint *m.* (Men.), borne *f.* (E.), bride *f.* de serrage (C.), collier *m.* (de tuyau).

– – –, **book** = presse *f.* (ou étau *m.*) à endosser (Imp.).

– – –, **brazing** = pince *f.* à braser.

– – –, **bridge** = pont *m.* de serrage.

– – –, **brush** = sabot *m.* de balai (E.).

– – –, **C** = serre *f.* en C, bride *f.* en C, crampon *m.* en C, happe *f.* (de menuisier).

– – –, **cable** = attache *f.* pour câble, collier *m.* de câble, crampon *m.*, crochet *m.*, cavalier *m.*, serre-cable *m.*

– – –, **carpenter's** = serre-joint *m.*, presse *f.*

– – –, **carriage** = presse *f.* de charron.

(**clamp**)

– – –, **come-along** = tendeur *m.* (de fils métalliques) (Tp.).

– – –, **conduit** = collet *m.*, agrafe *f.*, attache *f.*, crochet *m.* pour tube, crochet *m.* de tube.

– – –, **cone** = cône *m.* de serrage pour fils (E.).

– – –, **crossing** = pince *f.* de croisement.

– – –, **cross-over** = mâchoire *f.* utilisée au croisement de deux câbles porteurs (Tp.), pince *f.* de croisement (Tp.).

– – –, **dead-end** = attache *f.* d'arrêt (E., Tp.), pince *f.* d'extrémité (E., Tp.).

– – –, **eccentric** = levier *m.* de coincement, tendeur *m.*

– – –, **frog** = tendeur *m.* grenouille.

– – –, **G** = presse *f.* à vis, serre-joint *m.*

– – –, **groove** = serre-fils *m.*, serre-câble *m.*

– – –, **ground (or grounding)** = collier *m.* de mise à la terre (E.).

– – –, **guy** = serre-fils *m.* de hauban (Tp., E.), attache *f.* de hauban (Tp., E.).

– – –, **hanging** = crampon *m.*

– – –, **hold-down** = bride *f.* de fixation, bride *f.* de serrage, étrier *m.* de fixation.

– – –, **hold-down, cylinder** = étrier *m.* de fixation du cylindre.

– – –, **hose** = collier *m.* de boyau, collier *m.* de serrage pour boyau.

– – –, **jointing** = pince *f.* pour ligature avec manches tordus (E.).

– – –, **leak** = contre-fiche *f.* d'étanchéité (H.).

– – –, **lock** = grappin *m.* automatique.

– – –, **paper** = pince-feuilles *m.*, pince-notes *m.*

– – –, **parellel-groove** = serre-fils *m.* à rainures parallèles (E., Tp.), bride *f.* bifilaire (Tp., E.).

– – –, **pipe** = collier *m.* de retenue (C.).

– – –, **re-sagging** = tendeur *m.* de ligne (Tp.).

– – –, **ring** = contre-fiche *f.* de tête (H.).

– – –, **river** = masse *f.* de lestage (H., Tp.).

– – –, **riveting** = pince *f.*

– – –, **rope** = bride *f.* à câble.

– – –, **screw** = serre-joint *m.* (Men.), sergent *m.* (Men.).

– – –, **splicing** = serre-fils *m.* (E.), serre-joint *m.* (E.).

– – –, **spring** = bride *f.* de ressort, étrier *m.* de ressort.

– – –, **strain** = serre-fils *m.* tendeur (Tp., E.).

– – –, **swinging** = bride *f.* à charnière (Tp.).

– – –, **table** = étau *m.* d'établi.

– – –, **terminal** = taquet *m.* de serrage (E.).

– – –, **terminal, battery** = cosse *f.* de borne d'accumulateur (E.).

– – –, **to** = cramponner, brider, bloquer, emprisonner, serrer, fixer.

– – –, **to** – – – **tight** = serrer à bloc.

– – –, **transformer** = borne *f.* de transformateur (E.).

– – –, **vise** = mordache *f.*

– – –, **wall** = lien *m.*, tirant *m.*

– – –, **weight** = masse *f.* de lestage (H., Tp.).

– – –, **welder's** = serre *f.* de soudeur, pince *f.* de soudeur.

– – –, **wire** = serre-fils *m.* (E.), borne *f.* serre-fils (E.).

– – –, **wire-trolley** = pince *f.* de trolley, serre-fils *m.* de trolley.

clamper = crampon *m.* (d'une botte).

clamping = agrafage *m.*, bridage *m.*, calage *m.*,

(clamping)

serrage *m.*, chaînage *m.* (d'un mur), fixation *f.*
- - -, **black-level** = verrouillage *m.* du niveau du noir (Tv.).
- - - **of a tool** = fixation *f.* d'un outil.
clamps = V. « clamp ».
- - -, **plate** = pinces *f.p.* (à autoserrage) pour tôles (Mét.).
- - -, **splicing** = pinces *f.p.* d'épisseur, pinces *f.p.* à épisser.
clam-shell = benne *f.* preneuse (C.).
clank = cliquetis *m.*, bruit *m.* de chaînes.
clapboard = planche *f.* à (dé)clin (Canada), lambris *m.* de bois à (dé)clin (Canada), bordillon *m.* (France).
- - -, **to** = revêtir de bardeaux, revêtir de planches à (dé)clin (Canada), revêtir de bordillons (France).
clapboarding = revêtement *m.* de bardeaux, revêtements de planches à (dé)clin (Canada).
clapper = battant *m.* (de cloche), traquet *m.* (de moulin), clapet *m.* (de pompe), marteau *m.* (d'une sonnerie).
clarifier = bassin *m.* de décantation, clarificateur *m.*
- - -, **acoustic** = filtre *m.* acoustique.
clasp = agrafe *f.* (de livre), fermoir *m.* (d'album), verrou *m.* (B.), fermeture *f.* (de collier).
- - -, **bolt** = gâche *f.* de verrou (B.).
- - -, **pencil** = porte-crayon *m.* (Men.).
- - -, **staple (for padlocking)** = moraillon *m.*
- - -, **swivel** = attache *f.* à émerillon, attache *f.* à pivot.
class, first = (billet *m.*, voiture *f.*) de première classe (Ch.d.f.), (auberge *f.*, joueur *m.*) de premier ordre, (marchandise *f.*) de première qualité.
- - -, **high** = de première qualité
- - - **of a pole** = catégorie *f.* d'un poteau.
- - - **of a service** = catégorie *f.* (d'un service) (Tp.).
- - -, **social** = rang *m.* social, rang *m.* dans la société.
classification = classement *m.* (des ouvrages), codification *f.* (des lois), nomenclature *f.* (des bandes de fréquences).
- - -, **job** = classe *f.* d'emplois, catégorie *f.* professionnelle.
- - -, **size-sorting** = classement *m.* granulométrique.
classifier = classeur-trieur *m.* (de minerai), trommel *m.* classeur (Mi.).
- - -, **rotary** = trommel *m.* classeur rotatif.
clattering = bruyant (adj.), claquement *m.* (des soupapes) (Auto.).
clause = clause *f.* ou article *m.* (d'un marché), disposition *f.* (testamentaire), avenant *m.* (d'une police d'assurance).
- - -, **escalator** = clause *f.* de revision des taux de salaire.
- - -, **escape** = clause *f.* dérogatoire.
- - -, **let-out** = clause *f.* échappatoire.
- - -, **overriding** = clause *f.* dérogatoire.
claw = panne *f.* fendue (d'un marteau), griffe *f.* (de courroie), patte *f.*, dent-de-loup *f.*, pince *f.*, pied-de-biche *m.*, à griffe.
- - -, **clamping** = griffe *f.* de fixation (C.).
- - -, **coupling** = noix *f.* d'entraînement (Méc.), griffe *f.* de commande (Méc.).
- - -, **crab** = déclenchement *m.* de distribution Corliss.
- - -, **devil's** = pince *f.* hollandaise.
- - -, **hammer** = panne *f.* à pied-de-biche d'un mar-

(claw)

teau.
- - -, **nail** = arrache-clou *m.*, pied-de-biche *m.*, pince *f.*
- - - **of hammer** = panne *f.* fendue.
- - - **of vise** = mordache *f.*
- - - **of winch-shaft** = cliquet *m.*
- - -, **reversible** = cliquet *m.* réversible.
- - -, **tack** = arrache-pointes *m.*, arrache-broquettes *m.*
claws, tack = arrache-pointes *m.*, arrache-broquettes *m.*
clay = argile *f.*, glaise *f.*
- - -, **ball** = argile *f.* figuline.
- - -, **brick** = argile *f.* à briques.
- - -, **China** = terre *f.* à porcelaine, kaolin *m.*
- - -, **common** = argile *f.* à briques, terre *f.* à briques.
- - -, **fire** = argile *f.* réfractaire, terre *f.* à poêle.
- - -, **gritty** = argile *f.* graveleuse.
- - -, **lean** = argile *f.* pauvre.
- - -, **pipe** = blanc *m.* de terre à pipe.
- - -, **plastic** = terre *f.* à modeler, argile *f.* plastique.
- - -, **porcelain** = kaolin *m.*
- - -, **potter's** = terre *f.* à potier.
- - -, **rich** = argile *f.* grasse.
- - -, **to** = enduire d'argile.
cleading = enveloppe *f.* calorifuge.
- - -, **boiler** = enveloppe *f.* calorifuge d'une chaudière (Méc.).
- - -, **cylinder** = chemise *f.* du cylindre, enveloppe *f.* du cylindre.
clean, to = curer (un fossé, un puits), défricher (un terrain), décrasser (un carburateur, une chaudière), ramoner (les tubes), purifier (l'huile), décaper (un fil), nettoyer, dégraisser, épurer, déboucher.
- - -, **to - - - out** = décrasser (un fourneau), décombler (une fosse), déboucher (un gicleur, un tuyau), ébouer (une chaudière), désenvaser (un égout).
- - -, **to - - - up** = blanchir (une planche), ragréer (un assemblage), aviver (un fil avant soudure), nettoyer.
cleaner = appareil *m.* à nettoyer, épurateur *m.* (I.), solvant *m.*, détersif *m.*, détergent *m.*, décapant *m.*, nettoyeur *m.* (O.) (Canada), teinturier *m.* (O.) (France), cureur *m.* (de puits) (O.).
- - -, **air** = épurateur *m.* d'air, filtre *m.* à air.
- - -, **air, oil-bath** = filtre *m.* à air à bain d'huile (Auto.).
- - -, **brush, paint** = solvant *m.* à peinture, dissolvant *m.* à peinture.
- - -, **dry** = nettoyeur *m.* à sec (O.) (Canada).
- - -, **knife** = nettoie-couteaux *m.*
- - -, **pipe, waste** = dégorgeoir *m.* (S.), dégorgeoir *m.* d'égout (S.).
- - -, **root** = décrotteur *m.* (M.) (Agr.).
- - -, **tube** = nettoie-tube *m.* (I.), écouvillon *m.* (I.), brosse-écouvillon *f.* (I.).
- - -, **tube, chain** = nettoie-tube *m.* à chaîne (I.).
- - -, **ultrasonic** = nettoyeur *m.* à ultrasons (M.).
- - -, **vacuum** = aspirateur *m.* (I.), aspirateur *m.* de poussière (I.).
- - -, **vacuum, electric** = aspirateur *m.* électrique (Ust.).
- - -, **window** = essuie-glace *m.* (Auto.), essuie-vitres *m.* (B.), laveur *m.* de vitres (O.).

(cleaner)

– – –, **windshield** = essuie-glace *m.* (Auto.).
cleaning, air = épuration *f.* d'air.
– – –, **coal** = épuration *f.* du charbon.
– – –, **dry** = nettoyage *m.* à sec.
– – –, **final** = épuration *f.* finale.
– – –, **metal** = décapage *m.*
– – –, **oil** = épuration *f.* des huiles.
– – –, **vacuum** = nettoyage *m.* par le vide.
cleanout (or clean-out) = tronçon *m.* (de tuyau) avec bouchon *m.* de vidange (S.), bouchon *m.* de visite (S.), regard *m.* (S.), trappe *f.* de nettoyage (d'une cheminée (B.).
clean-up = nettoyage *m.*
cleanse, to = épurer (l'air), décrasser (une grille de foyer), curer (un fossé), assainir (un cours d'eau), débourber (un étang).
clear, to = clarifier (une huile), dégager (un outil, un terrain, une route), essarter ou déblayer (un terrain), évacuer (les cylindres), ramoner (les tubes de fumée), déboucher (un tuyau), décolmater (un filtre), approuver (un marché), affiner (l'or, l'argent), débrouissailler, défricher, déconnecter (E.), satisfaire (les demandes d'abonnement en instance) (Tp.), virer (un chèque), purger (une hypothèque), solder (une facture), acquitter (une dette), réparer (un circuit en panne) (Tp.), dépanner (Tp.).
clearance = jeu (Méc.), intervalle *m.*, espace *m.* libre, entrefer *m.* (E.), chasse *f.* (d'un piston), voie *f.* (d'une scie), dégagement *m.* (d'un rabot, entre deux réseaux, d'un circuit), creux *m.* (d'une roue d'engrenage), hauteur *f.* libre au-dessous des fils (d'une ligne téléphonique), échappée *f.* (d'un escalier) (B.), espacement *m.* (entre deux arbres), écartement *m.* (entre barreaux) (B.), espace *f.* (Imp.), jeu *m.* de la voie (Ch.d.f.), laissez-passer *m.* ou autorisation *f.*
– – –, **adjustable** = jeu *m.* réglable (Méc.).
– – –, **bearing** = jeu *m.* de palier (Méc.), dépouille *f.* de coussinet (Méc.).
– – – **between cables** = séparation *f.* des câbles (Tp., E.).
– – –, **contact** = écartement *m.* des contacts (E.).
– – –, **customs** = dédouanement *m.*
– – –, **cylinder** = liberté *f.* du cylindre.
– – –, **front** = dépouille *f.* frontale (d'un outil de coupe).
– – –, **ground** = garde *f.* au sol (Auto.), hauteur *f.* libre au-dessous de la voiture (Auto.).
– – –, **head** = hauteur *f.* libre.
– – –, **low** = hauteur *f.* limitée (d'un viaduc).
– – –, **narrow** = largeur *f.* limitée (d'un viaduc).
– – –, **overhead** = hauteur *f.* libre.
– – –, **permissible** = jeu *m.* tolérable (Méc.), jeu *m.* admissible (Méc.).
– – –, **piston** = espace *m.* libre (du piston).
– – –, **road** = hauteur *f.* libre au-dessous de la voiture (Auto.), garde *f.* au sol (Auto.).
– – –, **running** = jeu *m.* de fonctionnement.
– – –, **side** = jeu *m.* latéral, dépouille *f.* latérale (d'un outil).
– – –, **slum** = abolissement *m.* des taudis, suppression *f.* des taudis.
– – –, **tire** = écartement *m.* des pneus (d'une roue

(clearance)

jumelée de camion).
– – –, **tooth** = jeu *m.* de denture (Méc.), jeu *m.* de dent (Méc.).
– – –, **valve** = jeu *m.* aux queues des soupapes.
– – –, **vertical** = hauteur *f.* libre au-dessous des fils (d'une ligne téléphonique), tirant *m.* d'air (d'un pont) (Mar.).
– – –, **wheel** = débattement *m.* des roues (Auto.).
clearing = déblaiement *m.* (d'une cour, d'une voie), nettoyage *m.* (des plats), curage *m.* (d'un fossé), défrichement *m.* ou débroussaillement *m.* (d'un terrain), creux *m.* (d'une roue dentée), enlèvement *m.* (des ordures), acquittement *m.* (d'un compte), dégagement *m.* ou libération *f.* (d'un circuit) (Tp.).
– – –, **automatic** = signal *m.* de fin automatique (Tp.).
– – –, **line** = dégagement *m.* de ligne (Tp.), libération *f.* de ligne (Tp.).
– – – **of a fault** = relève *f.* d'un dérangement (Tp.).
– – –, **site** = déblaiement *m.*
clearness = pureté *f.* (d'un son), netteté *f.* (d'une image), limpidité *f.* (de l'eau), transparence *f.* (de l'air).
cleat = taquet *m.* (Mar., B.), tasseau *m.* (B.), agrafe *f.* (B.), languette *f.* (de bois), serre-fils *m.* (E.), serre-câble *m.* (E.), barrette *f.* de connexion (E.), patin *m.* (d'une chenille de tracteur), armature *f.* (d'un panneau) (B.).
– – –, **angle** = chaise *f.* (B.).
– – –, **belaying** = taquet *m.* (Mar.), cabillot *m.* (Mar.).
– – –, **cable** = crampon *m.* (E.), crochet *m.* (E.), cavalier *m.* (Tp.), attache *f.* pour câble (Tp.).
– – –, **crossing** = taquet *m.* isolateur (E., Tp.).
– – –, **cross-over** = pont *m.* de serrage (E.).
– – –, **girder** = attache *f.* de poutre (C.).
– – –, **line** = arrêt *m.* de corde (C.).
– – –, **porcelain** = taquet *m.* serre-fils (E.).
– – –, **purlin, roof** = échantignole (B.).
– – –, **slip** = taquet *m.* à glissières (B.).
– – –, **stop** = taquet *m.* d'arrêt, butée *f.*
– – –, **to** = assujettir, river.
– – –, **wire** = serre-fils *m.* (E.).
cleavage = clivage *m.* (Mi.).
cleave, to = fendre (le bois).
cleaver = fendoir *m.* (I.), merlin *m.* (bois), couperet *m.* (Ust.), fendeur *m.* (O.).
cleft = fissure *f.*, fente *f.*, paille *f.* (dans le métal).
clerestory = lanterneau *m.* (de toit).
clerk = commis *m.*, employé *m.* de bureau.
– – –, **chief** = commis *m.* principal, chef *m.* de bureau.
– – –, **glorified** = commis *m.* survalorisé.
– – –, **head** = chef *m.* de bureau, commis *m.* principal.
– – –, **Post Office** = postier *m.*
– – –, **senior** = premier commis.
– – –, **shipping** = expéditionnaire *m.*
– – –, **time** = pointeur *m.*, chronométreur *m.*
clevis = manille *f.* d'assemblage (C.), maillon *m.* d'attache (C.), maillon *m.* de jonction (C.), crochet *m.* de sûreté (C.), chape *f.* (C.).
– – –, **double-tree** = chape *f.* de volée (Agr.).
– – –, **plough** = chape *f.* à charrue.
cliché = cliché *m.* (Imp.).
click = déclic *m.* (Méc.), détente *f.* (Méc.), cliquet *m.* (Méc.), cliquetis *m.* (de chaînes), chien *m.* (Méc.), doigt *m.* d'encliquetage (Méc.), claquement *m.*

(click)

(Tg.), clic *m.*
– – – **and ratchet** = encliquetage *m.*
– – – **of a ratchet-wheel** = linguet *m.* (d'un cabestan), cliquet *m.* (d'un moulinet).
– – –, **switch** = bruit *m.* de commutation (E.).
clicker = metteur *m.* en pages (O.) (Imp.), chef *m.* typo (O.) (Imp.) (Canada).
cliff = falaise *f.*
climb = montée *f.*, ascension *f.*, vitesse *f.* ascensionnelle (Méc.).
– – –, **to** = grimper à (un poteau), monter ou gravir (l'escalier), monter à (une échelle).
climber = monteur *m.* (de lignes téléphoniques) (O.).
climbers = grappins *m.p.* (Tp.), griffes *f.p.* (de monteur) (Tp.).
– – –, **pole** = grappins *m.p.* (Tp.), griffes *f.p.* de monteur (Tp.).
climbing = escalade *f.*, montée *f.*, ascension *f.* (d'un poteau).
clinch = crampon *m.*, rivet *m.*
– – –, **to** = river (un clou), abattre ou aplatir (un rivet, la pointe d'un clou).
clincher = crampon *m.*
cling, to = coller, adhérer, s'accrocher, s'attacher.
clink = cliquetis *m.* (de chaînes).
clinker = brique *f.* vitrifiée, scories *f.p.* (Mét.), brique *f.* hollandaise, mâchefer *m.* (de forge), escarbilles *f.p.* (Méc.).
– – –, **furnace** = mâchefer *m.* (B.).
– – –, **to** = décrasser (la grille) (Méc.).
clinometer = clinomètre *m.*, indicateur *m.* de pente (Auto.).
clip = attache *f.*, pince *f.*, patte *f.* d'attache, agrafe *f.*, cosse *f.* (de fil, de câble), collier *m.* de serrage, étrier *m.*, porte-charbon *m.* (E.), collier *m.*, étrier *m.* d'attache, bride *f.*, chargeur *m.* (d'un pistolet).
– – –, **alligator** = pince *f.* crocodile (I.).
– – –, **anchor** = patte *f.* d'attache (C.), agrafe *f.* (C.).
– – –, **anchoring** = patte *f.* à scellement (C.).
– – –, **battery** = pince *f.* pour accumulateur (E.).
– – –, **battery-charging** = pince *f.* terminale (pour chargement de batteries) (E.).
– – –, **battery-connector** = barrette *f.* de plomb (Auto.).
– – –, **binding** = pince *f.* (Tp., E.), serre-joint *m.* (E., Tp.), serre-fils *m.* (E., Tp.).
– – –, **cable** = attache-câble *m.* (Tp.), collier *m.* (Tp.), pince *f.* pour câble (Tp.).
– – –, **cartridge** = chargeur *m.* (d'une arme à feu).
– – –, **connection** = collier *m.* à tubulure (S.).
– – –, **coupling** = agrafe *f.* de serrage (Méc.).
– – –, **distance** = bride *f.* d'écartement.
– – –, **filament** = luette *f.* (d'une ampoule électrique).
– – –, **hold-down** = attache *f.* de fixation.
– – –, **hose** = collier *m.* de serrage, collier *m.* de raccord.
– – –, **paper** = pince-feuilles *m.*, attache *f.* métallique, trombone *m.*
– – –, **pencil** = bague-agrafe *f.*
– – –, **pipe** = collier *m.* de tuyauterie, bride *f.*
– – –, **rail** = serre-rail *m.* (Ch.d.f.).
– – –, **rope, wire** = attache-câble *m.*, collier *m.*, manchon *m.* bride.

(clip)

– – –, **single-tree** = bride *f.* de palonnier (Agr.).
– – –, **sleeper** = crapaud *m.* (Ch.d.f.).
– – –, **spring** = bride *f.* de ressort (Auto.), étrier *m.* de ressort (Auto.).
– – –, **terminal** = fiche *f.* de connexion (Tp.), cosse *f.* (Tp.).
– – –, **test** = pince *f.* pour essai (E.).
– – –, **to** = couper, cisailler, trancher, serrer.
– – –, **toe** = cale-pied *m.*
– – –, **tube** = attache *f.* pour tube, pince *f.* pour tubes.
– – –, **wire** = attache-fils *m.* (E., Tp.).
clip-on = à mâchoires.
clipper (or clippers) = tondeuse *f.* (I.), écrêteur *m.* (de signal) (E.), V. « machine, clipping ».
– – –, **bolt** = coupe-boulons *m.*, cisaille *f.* à boulons.
– – –, **cattle** = tondeuse *f.* pour bétail.
– – –, **hair** = tondeuse *f.* à cheveux.
– – –, **hair, electric** = tondeuse *f.* électrique à cheveux.
– – –, **hedge** = cisaille *f.* à haies, taille-buissons *m.*
– – –, **horse** = tondeuse *f.* pour chevaux.
– – –, **nail** = coupe-ongles *m.* (Ust.), taille-ongles *m.* (Ust.).
clipping = mutilation *f.* de la parole (Tp.), tonte *f.* (d'un mouton) (Agr.), rognures *f.p.* (de papier), coupure *f.* (d'un journal).
clippings = rognures *f.p.*
clips = pinces *f.p.*, V. « clip ».
– – –, **alligator** = pinces *f.p.* crocodile. (I.).
– – –, **pole** = coupleur *m.* de poteau (Tp.).
– – –, **trouser** = crochets *m.p.* de cycliste.
clock = horloge *f.*, pendule *f.*
– – –, **alarm** = réveille-matin *m.* ou réveil *m.*
– – –, **alarm, electric** = réveille-matin *m.* électrique.
– – –, **control** = horloge *f.* de pointage.
– – –, **dash-board** = montre *f.* de bord (Auto.), horloge *f.* (Auto.).
– – –, **electric** = horloge *f.* électrique, pendule *f.* électrique, montre *f.* électrique (Auto.).
– – –, **electric, synchronous** = horloge *f.* électrique synchrone.
– – –, **electrically-controlled** = horloge *f.* remise à l'heure électriquement.
– – –, **kitchen** = pendule *f.* murale pour cuisine, horloge *f.* de cuisine.
– – –, **master** = horloge *f.* mère.
– – –, **punch** = horloge *f.* de pointage.
– – –, **stamping, time** = horodateur *m.*
– – –, **synchronous** = horloge *f.* synchrone, pendule *f.* synchrone.
– – –, **telltale** = contrôleur *m.* de ronde.
– – –, **time** = contrôleur *m.* de ronde, horloge *f.* de pointage (de présence), horloge *f.* enregistreuse, horodateur *m.*
– – –, **to** = chronométrer.
– – –, **wall** = pendule *f.* murale, horloge *f.* murale.
– – –, **wall, electric** = horloge *f.* électrique murale.
clockwise = dans le sens des aiguilles d'une montre, dextrorsum.
– – –, **anti-** = dans le sens contraire des aiguilles d'une montre, sénestrorsum.
– – –, **counter-** = en sens inverse des aiguilles d'une montre, sénestrorsum.
clockwork = mouvement *m.* d'horlogerie, rouage *m.*

(clockwork) d'horloge.

clod = motte *f.* de terre.

clog = obstruction *f.* (dans un conduit), petit rondin (pour le boisage).

– – –, **to** = encrasser (une machine), empâter (une lime), obstruer ou boucher (un tuyau), colmater (un feutre), s'encrasser.

clogging = encrassement *m.* (d'une grille de chaufferie), engorgement *m.* (d'un tuyau), blocage *m.* (d'un mécanisme), bouchage *m.* (d'une conduite), colmatage *m.* (d'un filtre), empâtement *m.* (d'une lime).

close, to = fermer (le circuit) (E.), rabattre ou refouler (un rivet), clore ou conclure (une affaire), clore ou lever (une séance), clore (un débat, une séance), boucher (un trou), barrer (un chemin).

– – –, **to** – – – **up** = obturer, s'obturer, rapprocher (les caractères) (Imp.).

close-up = gros plan (Phot.), composition *f.* complétée (Imp.), photographie *f.* à courte distance (Phot.).

closer = appareil *m.* de fermeture, closoir *m.* (B.).

– – –, **angle** = closoir *m.* d'angle ou briqueton (B.).

– – –, **circuit** = ferme-circuit *m.* (E.), conjoncteur *m.* (E.), interrupteur-conjoncteur *m.* (E.).

– – –, **door** = ferme-porte *m.* (B.).

– – –, **door, automatic** = ferme-porte *m.* automatique (B.).

– – –, **door, liquid** = ferme-porte *m.* hydraulique (B.).

– – –, **door, regulating** = ferme-porte *m.* à tension réglable. (B.).

– – –, **king** = brique-closoir *f.* (B.).

– – –, **plate** = pied-de-biche *m.* serreur (I.).

closet = armoire *f.* (B.), placard *m.* (B.), W.C. *m.* (S.), penderie *f.* (B.).

– – –, **built-in** = placard *m.* (B.).

– – –, **China** = armoire *f.* à porcelaine.

– – –, **clothes** = garde-robe *f.* (B.), penderie *f.* (B.).

– – –, **coal** = soute *f.* à charbon.

– – –, **earth** = latrines *f.p.* (S.), goguenots *m.p.* (S.), feuillées *f.p.* (S.).

– – –, **hanging** = penderie *f.* (B.).

– – –, **linen** = lingerie *f.* (B.).

– – –, **pan** = cabinet *m.* d'aisances avec cuvette à valve (S.).

– – –, **stock** = magasin *m.* à stock.

– – –, **queen** = demi-closoir *m.* (B.).

– – –, **water** = cabinets *m.p.* (S.), cabinet *m.* d'aisances (S.), water-closet *m.* (S.), W.C. *m.* (S.).

– – –, **water, flush** = cabinets *m.p.* avec chasse d'eau, (S.).

closing = fermeture *f.* (d'un circuit, d'une usine), barrage *m.* (d'une route), levée *f.* (de séance), conclusion *f.* (d'un traité).

– – –, **remote** = fermeture *f.* télécommandée (d'un circuit) (E.), enclenchement *m.* télécommandé (d'un disjoncteur) (E.).

– – –, **self-** = à clôture automatique, à fermeture automatique.

closure = fermeture *f.* (d'un robinet), bouchage *m.* ou occlusion *f.* (d'un conduit), clausoir *m.* (ou closoir *m.*) (B.).

– – –, **fire-resisting** = porte *f.* pare-feu (B.).

– – –, **queen** = demi-closoir *m.* (B.).

(closure) – – –, **splice** = boîte *f.* de jonction (de câbles) (Tp.), enveloppe *f.* (de jonction) (Tp.).

cloth = drap *m.*, toile *f.*, bâche *f.*, chiffon *m.*, tissu *m.*

– – –, **abrasive** = toile *f.* abrasive.

– – –, **asbestos** = toile *f.* d'amiante, tissu *m.* d'amiante.

– – –, **bolting** = toile *f.* à tamis.

– – –, **book** = toile *f.* à reliure.

– – –, **book, grey** = bisonne *f.* (Imp.).

– – –, **bookbinder's** = toile *f.* à reliure.

– – –, **cheese** = étamine *f.*, gaze *f.*

– – –, **crocus** = toile *f.* à polir.

– – –, **damping** = pattemouille *f.* (Ust.).

– – –, **dish** = lavette *f.* (Ust.), torchon *m.* (Ust.).

– – –, **embossed** = toile *f.* de coton gaufré.

– – –, **emery** = toile *f.* émeri, toile *f.* émerisée.

– – –, **felted** = drap *m.* feutré.

– – –, **filtering** = tissu *m.* filtrant.

– – –, **glass, bonded** = tissu *m.* de verre imprégné.

– – –, **grey** = bisonne *f.* (Imp.).

– – –, **half** = (de) mi-toile *f.* (Imp.).

– – –, **oil** = toile *f.* cirée.

– – –, **packing** = toile *f.* d'emballage.

– – –, **press** = pattemouille *f.* (Ust.).

– – –, **rubber** = toile-caoutchouc *f.*

– – –, **sand** = toile *f.* abrasive.

– – –, **space** = substance *f.* absorbante (R.).

– – –, **table** = nappe *f.* (Ust.), tapis *m.* (de table) (Ust.).

– – –, **tracing** = toile *f.* à calquer.

– – –, **wiping** = porte-soudure *m.* (Tp.).

– – –, **wire** = toile *f.* métallique, toile *f.* de fabrication (Pap.).

– – –, **wire, metallic** = toile *f.* métallique.

cloud = nuage *m.* (de fumée), voile *m.* (de peinture), nuée *f.* (de sauterelles).

clout = bande *f.* de fer, ferrure *f.* (de sabot), chiffon *m.*, frette *f.*, clou *m.* à tête plate.

– – –, **to** = mailleter.

club = massue *f.*, gourdin *m.*

clubhouse = pavillon *m.*, club *m.*

clump = morceau *m.* (de glaise), massif *m.* (d'arbrisseaux), bosquet *m.* (d'arbres), bloc *m.* (de bois), touffe *f.* (de fleurs), lingot *m.* (Imp.).

cluster = faisceau *m.* (d'ampoules électriques), pâté *m.* (de maisons), groupe *m.* (de personnes), touffe *f.* (d'arbres).

clutch = engagement *m.* (Méc.), manchon *m.* d'accouplement (Méc.), accouplement *m.* (Méc.), embrayage *m.* (Auto.).

– – –, **automatic** = embrayage *m.* automatique (Méc.).

– – –, **band** = embrayage *m.* à ruban, embrayage *m.* à courroie.

– – –, **band, expanding** = embrayage *m.* à ruban (ou courroie *f.*) extensible.

– – –, **belt** = embrayage *m.* à courroie.

– – –, **claw** = embrayage *m.* à griffes.

– – –, **coil** = embrayage *m.* à spirale.

– – –, **cone** = embrayage *m.* à cônes.

– – –, **cone, direct** = embrayage *m.* à cônes direct.

– – –, **cone, double** = embrayage *m.* conique double.

– – –, **cone, reversed** = embrayage *m.* à cônes inversés.

– – –, **contracting** = embrayage *m.* par segments à contraction.

– – –, **crab** = clabot *m.* (Méc.).

(clutch)

– – –, **disc** = embrayage *m*. à disques (Auto.), embrayage *m*. à plateaux (Auto.).

– – –, **disc, conventional** = embrayage *m*. classique à disques.

– – –, **disengaging** = manchon *m*. mobile (de mécanisme de débrayage).

– – –, **dog** = embrayage *m*. à griffes, embrayage *m*. à mâchoires, embrayage *m*. à dents de loup.

– – –, **dog, automatic** = embrayage *m*. automatique à cliquet.

– – –, **dog** – – – **for direct drive** = griffe *f*. de prise directe.

– – –, **electro-magnetic** = embrayage *m*. électromagnétique, coupleur *m*. électromagnétique.

– – –, **expansion** = embrayage *m*. extensible, embrayage *m*. par segments extensibles.

– – –, **feed, lathe** = embrayage *m*. d'avance de tour.

– – –, **friction** = embrayage *m*. à friction.

– – –, **heavy-duty** = embrayage *m*. renforcé.

– – –, **hydraulic** = embrayage *m*. (à commande) hydraulique (Auto.).

– – –, **induction** = embrayage *m*. à induction (E.).

– – –, **jaw** = embrayage *m*. à mâchoires, embrayage *m*. à collier.

– – –, **leather** = cuir *m*. d'embrayage.

– – –, **leather-faced** = embrayage *m*. garni de cuir.

– – –, **magnetic** = embrayage *m*. magnétique (E.).

– – –, **metal-to-metal** = embrayage *m*. métallique.

– – –, **multi-disc** = embrayage *m*. à disques (multiples).

– – –, **multi-plate** = embrayage *m*. à plateaux multiples.

– – – **of a coupling-box** = denture *f*. d'un manchon d'accouplement.

– – –, **plate** = embrayage *m*. à disques, embrayage *m*. à plateaux.

– – –, **plate, dry, single** = embrayage *m*. monodisque à sec.

– – –, **positive** = embrayage *m*. positif, embrayage *m*. à griffes.

– – –, **pressed-steel** = embrayage *m*. en acier embouti.

– – –, **scroll** = embrayage *m*. à spirale.

– – –, **self-releasing** = embrayage *m*. à dégagement automatique.

– – –, **single-plate** = embrayage *m*. par disque unique, embrayage *m*. monodisque.

– – –, **sliding** = baladeur *m*. (Auto.).

– – –, **strap** = embrayage *m*. à ruban.

– – –, **to double** = effectuer un double débrayage (Auto.).

– – –, **tooth** = embrayage *m*. à dents.

– – –, **toothed** = manchon *m*. à griffes.

– – –, **torque-limiting** = accouplement *m*. à surcharge.

– – –, **V-groove** = embrayage *m*. à coins.

clutching = embrayage *m*.

– – –, **servo** = servo-embrayage *m*.

clutter = fouillis *m*. (d'échos) (Radar.).

cm = V. « centimetre ».

c/o (care of) = aux bons soins de. . .

Co. = V. « company » ou « county ».

C.O. (Central Office) = V. « office, central ».

coach = coach *m*. (c.-à-d. à 2 portières et 4 glaces) (Auto.), voiture *f*. de voyageurs (Ch.d.f.), moniteur *m*. (de ski) (O.), entraîneur *m*. (de hockey) (O.).

(coach)

– – –, **railway, self-propelling** = automotrice *f*. (Ch.d.f.), autorail *m*. (Ch.d.f.).

– – –, **trailer** = remorque *f*. (Ch.d.f.).

coaching = assistance *f*. professionnelle.

coak = goujon *m*. (C.).

coal = houille *f*. (Mi.), charbon *m*. (Mi.).

– – –, **anthracite** = anthracite *m*.

– – –, **ash-free** = charbon *m*. pur (sans cendres).

– – –, **bituminous** = charbon *m*. bitumineux, houille *f*. grasse.

– – –, **blacksmith** = charbon *m*. de forge.

– – –, **briquetted** = aggloméré *m*. de houille.

– – –, **broken** = charbon *m*. cassé.

– – –, **brown** = lignite *f*.

– – –, **buckwheat** = charbon *m*. en noisette.

– – –, **bunker** = charbon *m*. de soute.

– – –, **caking** = houille *f*. collante.

– – –, **cannel** = houille *f*. grasse dure.

– – –, **cherry** = houille *f*. molle.

– – –, **coking** = charbon *m*. à coke, charbon *m*. cokéfiable.

– – –, **deep-mined** = charbon *m*. d'exploitation souterraine.

– – –, **fat** = houille *f*. grasse, charbon *m*. gras.

– – –, **forge** = charbon *m*. de forge.

– – –, **fossil** = houille *f*.

– – –, **gas** = charbon *m*. à gaz.

– – –, **glance** = anthracite *m*.

– – –, **hard** = anthracite *m*.

– – –, **household** = charbon *m*. domestique.

– – –, **kennel** = houille *f*. bitumineuse.

– – –, **live** = charbon *m*. ardent.

– – –, **low-grade** = houille *f*. maigre.

– – –, **non-caking** = houille *f*. sèche.

– – –, **pit** = charbon *m*. tout-venant.

– – –, **pitch** = jais *m*., houille *f*. bitumineuse.

– – –, **pulverized** = charbon *m*. pulvérisé.

– – –, **rich** = charbon *m*. gras.

– – –, **slack** = menu charbon.

– – –, **small** = charbon *m*. fin.

– – –, **smithy** = charbon *m*. de forge.

– – –, **soft** = houille *f*. tendre.

– – –, **steam** = charbon *m*. de chauffe, charbon *m*. à chaudière.

– – –, **strip** = charbon *m*. exploité à ciel ouvert.

– – –, **sub-bituminous** = lignite *f*.

– – –, **to** = charbonner.

– – –, **wood** = charbon *m*. de bois.

coarse = brut (adj.), gros (adj.), (réglage *m*.) approximatif (adj.), pas *m*. (de vis), (sable *m*.) grossier (adj.).

– – –, **National** = pas *m*. national gros (Méc.).

coast, to = marcher au débrayé (Auto.).

coasting = marche *f*. au débrayé (Auto.), descente *f*. en roues libres (Auto.).

coat = application *f*. ou couche *f*. (de peinture), pelure *f*. (de vernis), enduit *m*. (de goudron).

– – –, **asphalt** = enduit *m*. de bitume, enduit *m*. d'asphalte.

– – –, **base** = couche *f*. de fondation (d'une route).

– – –, **final** = couche *f*. de finition.

– – –, **ground** = couche *f*. d'impression (c.-à-d. première couche).

(coat)

– – –, **motoring** = manteau *m*. d'automobile.
– – – **of mail** = cotte *f*. de mailles.
– – – **of paint** = couche *f*. de peinture.
– – – **of paint, shop** = couche *f*. d'amorce appliquée à l'usine.
– – –, **parge** = crépi *m*. (B.).
– – –, **priming** = première couche (de peinture), couche *f*. d'impression.
– – –, **protection** = couche *f*. de protection.
– – –, **rain** = imperméable *m*., manteau *m*. de pluie.
– – –, **rough** – – – **of plaster** = crépi *m*. (B.), gobetis *m*. (B.).
– – –, **roughing-in** = gobetis *m*. (B.).
– – –, **scratch** = crépi *m*. (B.).
– – –, **seal** = couche *f*. de scellement (d'une route).
– – –, **skin** = dernière couche (de plâtre).
– – –, **slush** = crépi *m*. (B.).
– – –, **stabilized** = béton *m*. de terre (c.-à-d. formé de sable, de gravier, d'argile et généralement aussi de chlorure de calcium).
– – –, **surface** = couche *f*. d'usure ou couche *f*. de roulement (d'une route).
– – –, **surfacing** = couche *f*. d'apprêt.
– – –, **to** = enduire (de peinture, de goudron), enrober (les pierres, une électrode), revêtir, couvrir, armer (un câble), graisser (à la vaseline).
– – –, **to rough** = ravaler, crépir.
– – –, **top** = couche *f*. d'usure ou couche *f*. de roulement (d'une route), enduit *m*. superficiel, couche *f*. de finition.
– – –, **wearing** = couche *f*. d'usure.
– – –, **white** = couche *f*. de finition (à un mur de plâtre) (B.).
coater, double = coucheuse *f*. double (Pap.).
coating = feutrage *m*. (d'une chaudière), enduit *m*. ou couche *f*. (de peinture), pelure *f*. (de vernis), enrobage *m*. ou enrobement *m*. (de goudron), revêtement *m*. (d'un mur, d'un fossé), couchage *m*. (du papier) (Pap.).
– – – **and wrapping** = revêtement *m*. et isolement *m*. (d'un pipe-line).
– – –, **dip** = revêtement *m*. par immersion.
– – –, **electrolytic** = revêtement *m*. électrolytique (Mét.).
– – –, **gunnite** = revêtement *m*. en gunite.
– – – **of materials** = enrobement *m*. des matériaux.
– – –, **protective** = couche *f*. protectrice.
– – –, **rough** = ravalement *m*. (d'une façade).
– – –, **rough** – – – **of plaster** = crépi *m*. (B.).
– – –, **scrubbed-on** = revêtement *m*. appliqué à la brosse.
– – –, **tin** = étamage *m*. (Mét.).
– – –, **transparent** = glacis *m*.
– – –, **waterproof** = revêtement *m*. d'étanchéité, revêtement *m*. étanche.
cob = pisé *m*. (C.), torchis *m*. (B., C.), gaillette *f*. (Mi.), brique *f*. crue (B.).
– – –, **corn** = épi *m*. de maïs.
– – –, **to** = scheider le minerai.
cobalt = cobalt *m*.
– – –, **red** = cobalt *m*. arséniaté.
cobbing = scheidage *m*. (du minerai), cassage *m*. au marteau (du minerai).

cobble = galet *m*., caillou *m*.
cobbler = cordonnier *m*. (O.), savetier *m*. (O.).
cobweb = toile *f*. d'araignée, fil *m*. d'araignée.
cock = robinet *m*. (Méc., S.).
– – –, **air** = robinet *m*. d'air, robinet *m*. d'évacuation.
– – –, **air-drain** = robinet *m*. de purge d'air.
– – –, **ball** = soupape *f*. à flotteur.
– – –, **bib** = robinet *m*. à bec courbe, robinet *m*. coudé, robinet *m*.
– – –, **bleed** = robinet *m*. de purge.
– – –, **blow-down** = robinet *m*. de vidange, robinet *m*. de purge, robinet *m*. d'extraction.
– – –, **blow-off** = robinet *m*. de vidange, robinet *m*. de purge, robinet *m*. d'extraction.
– – –, **blow-off, bottom** = robinet *m*. d'extraction de fond.
– – –, **blow-off, surface** = robinet *m*. d'extraction de surface.
– – –, **branch** = robinet *m*. de distribution.
– – –, **clearing** = robinet *m*. de vidange.
– – –, **compression** = robinet *m*. de compression.
– – –, **condenser** = robinet *m*. de condenseur.
– – –, **control** = robinet *m*. de contrôle.
– – –, **cylinder** = robinet *m*. de cylindre.
– – –, **delivery** = robinet *m*. de vidange, robinet *m*. de décharge.
– – –, **discharge** = robinet *m*. de décharge, robinet *m*. de vidange.
– – –, **distributing** = robinet *m*. de distribution.
– – –, **drain** = purgeur *m_I*, robinet *m*. purgeur, robinet *m*. de purge, robinet *m*. de vidange.
– – –, **drain, oil** = purgeur *m*. d'huile, robinet *m*. de vidange d'huile.
– – –, **drip** = robinet *m*. purgeur, purgeur *m*.
– – –, **entrance, steam** = robinet *m*. d'admission de la vapeur.
– – –, **feed** = robinet *m*. d'alimentation, robinet *m*. de remplissage.
– – –, **filling-up** = robinet *m*. à remplir.
– – –, **flanged** = robinet *m*. à bride.
– – –, **float, boiler** = robinet *m*. flotteur.
– – –, **float, water** = robinet *m*. flotteur.
– – –, **four-way** = robinet *m*. à quatre voies.
– – –, **gauge** = robinet *m*. de jauge, robinet *m*. indicateur.
– – –, **gauge, water** = robinet *m*. de niveau d'eau.
– – –, **gauge, steam, controlling** = robinet *m*. pour le manomètre contrôleur.
– – –, **globe** = robinet *m*. droit.
– – –, **grease** = robinet *m*. graisseur.
– – –, **injection** = robinet *m*. d'injection.
– – –, **inlet** = robinet *m*. d'admission.
– – –, **level** = robinet *m*. de niveau.
– – –, **level, water** = robinet *m*. de niveau d'eau.
– – –, **lubricator** = robinet *m*. graisseur.
– – –, **mud** = robinet *m*. d'ébouage, robinet *m*. de vidange.
– – –, **outlet, water** = robinet *m*. de purge (du cylindre).
– – –, **pet** = robinet *m*. de contrôle, robinet *m*. de purge, vis-robinet *f*., robinet *m*. de compression (Auto.).
– – –, **pinch** = pince *f*. d'arrêt, robinet-pince *m*.
– – –, **pit** = robinet *m*. de purge (d'un cylindre).
– – –, **plug** = robinet *m*. à clé, robinet *m*. à boisseau.

(cock)

– – –, **priming** = amorceur *m.*, robinet *m.* d'amorçage.
– – –, **regulating** = robinet *m.* de réglage.
– – –, **relief** = décompresseur *m.*, robinet *m.* de purge.
– – –, **safety** = robinet *m.* de sûreté.
– – –, **screw-down** = robinet *m.* à soupape, robinet *m.* à vis de pression.
– – –, **self-closing** = robinet *m.* à ressort.
– – –, **shut-off** = robinet *m.* d'arrêt (d'eau).
– – –, **sludge** = robinet *m.* de vidange (d'une chaudière).
– – –, **steam** = robinet *m.* de vapeur.
– – –, **stop** = robinet *m.* d'arrêt, robinet *m.* de fermeture, robinet *m.* d'arrivée.
– – –, **straight-nose** = robinet *m.* à bec droit.
– – –, **suction** = robinet *m.* d'aspiration.
– – –, **swan-neck** = robinet *m.* à col de cygne.
– – –, **switch** = robinet *m.* à trois voies.
– – –, **three-way** = robinet *m.* à trois voies.
– – –, **two-way** = robinet *m.* à deux voies.
– – –, **union** = robinet *m.* à raccord.
– – –, **valve** = robinet-valve *m.*
– – –, **vent** = robinet *m.* de purge.
– – –, **waste** = robinet *m.* de vidange.
– – –, **water** = robinet *m.* pour conduite d'eau, robinet *m.* d'eau.
cockeye = ganse *f.* de trait (Agr.).
cocking = armement *m.* (d'un fusil, d'un appareil photo).
cockling = gondolage *m.* ou recoquillement *m.* (du papier).
cockpit = carlingue *f.* (Av.), habitacle *m.* (Av.), poste *m.* de pilotage (Av.).
cocktail = cocktail *m.*
– – –, **fruit** = macédoine *f.* de fruits.
C.O.D. (cash on delivery) = (envoi *m.*) contre remboursement, paiement *m.* à la livraison.
code = code *m.*
– – –, **access** = indicatif *m.* d'entrée (Tp.), indicatif *m.* d'accès (Tp.).
– – –, **account** = symbole *m.* comptable.
– – –, **answer-back** = indicatif *m.* (d'un poste télégraphique) (Tg.), indicatif *m.* de réponse automatique (Tp.).
– – –, **area** = indicatif *m.* de zone (Tp.), indicatif *m.* de région (Tp.), indicatif *m.* régional (Tp.).
– – –, **area, distant** = indicatif *m.* de la région appelée (Tp.), indicatif *m.* de la région d'arrivée (Tp.).
– – –, **building** = code *m.* du bâtiment.
– – –, **cable** = code *m.* pour câble (sous-marin) (Tg.).
– – –, **central office** = indicatif *m.* de central (Tp.), préfixe *m.* (Tp.).
– – –, **colour** = code *m.* des couleurs pour résistances et capacités (E.).
– – –, **directing** = indicatif *m.* d'acheminement (Tp.).
– – –, **exchange** = indicatif *m.* local (Tp.).
– – –, **foreign** = indicatif *m.* (du point) d'arrivée (Tp.).
– – –, **four-unit** = code *m.* à quatre éléments.
– – –, **local** = indicatif *m.* local (Tp.), indicatif *m.* (du point) de départ (Tp.).
– – –, **location** = locatif *m.*
– – –, **Morse** = alphabet *m.* Morse, code *m.* Morse.
– – –, **office** = indicatif *m.* (Tp.), préfixe *m.* (Tp.).
– – – **of practice** = code *m.*, code *m.* de bonne pratique,

(code)

règles *f.p.* de l'art.
– – –, **outgoing** = indicatif *m.* de sortie (Tp.).
– – –, **postal** = code *m.* postal, numéro *m.* postal.
– – –, **postal, alphanumeric** = code *m.* alphanumérique.
– – –, **regional** = indicatif *m.* de la région (Tp.), indicatif *m.* régional (Tp.).
– – –, **routing** = indicatif *m.* (Tp.), indicatif *m.* de zone.
– – –, **standard** = code *m.* télégraphique international.
– – –, **telegraph** = code *m.* télégraphique, alphabet *m.* télégraphique.
– – –, **to** = chiffrer ou coder (une dépêche), codifier (les lois).
– – –, **zone** = indicatif *m.* postal.
coder = codificateur *m.* (O., M.).
coding = chiffrage *m.* ou codage *m.* (d'une dépêche), codification *f.* (des lois).
– – –, **gap** = codage *m.* par découpage (Radar).
coefficient = coefficient *m.*, module *m.*
– – –, **attenuation** = affaiblissement *m.* linéique (E.).
– – –, **attenuation, conjugate** = affaiblissement *m.* sur impédances conjuguées.
– – –, **attenuation, image** = affaiblissement *m.* sur images (E.).
– – –, **attenuation, iterative** = affaiblissement *m.* itératif (E.).
– – –, **ballistic** = coefficient *m.* balistique.
– – –, **charging** = coefficient *m.* de charge (E.).
– – –, **conversion** = facteur *m.* de conversion (E.).
– – –, **coupling** = coefficient *m.* de couplage (E.).
– – –, **damping** = coefficient *m.* d'amortissement (E.).
– – –, **decay** = coefficient *m.* d'amortissement (E.).
– – –, **dielectric** = constante *f.* diélectrique (E.).
– – –, **directing, call** = indicatif *m.* d'acheminement (Tp.).
– – –, **dispersion** = coefficient *m.* de dispersion (E.).
– – –, **distortion, non-linear** = facteur *m.* de distorsion non linéaire (R.).
– – –, **divergence** = facteur *m.* de divergence (d'une surface convexe) (E.).
– – –, **drag** = coefficient *m.* de résistance.
– – –, **friction, rolling** = coefficient *m.* de roulement (Ch.d.f.).
– – –, **heat loss** = coefficient *m.* de déperdition (Méc.).
– – – **of absorption** = coefficient *m.* d'absorption.
– – – **of charge** = coefficient *m.* de charge (E.).
– – – **of cohesion** = coefficient *m.* de cohésion.
– – – **of contraction** = coefficient *m.* de contraction.
– – – **of coupling** = coefficient *m.* de couplage (E.).
– – – **of discharge** = coefficient *m.* de débit (H.).
– – – **of dissociation** = coefficient *m.* de dissociation (E.).
– – – **of efficiency** = coefficient *m.* d'effet utile.
– – – **of elasticity** = coefficient *m.* d'élasticité.
– – – **of electric dispersion** = coefficient *m.* de dispersion (E.).
– – – **of elongation** = coefficient *m.* d'allongement, coefficient *m.* de dilatation.
– – – **of expansion** = coefficient *m.* de dilatation.
– – – **of flow** = coefficient *m.* d'écoulement (H.).
– – – **of friction** = coefficient *m.* de frottement, module *m.* de glissement.
– – – **of harmonic distortion** = coefficient *m.* de distorsion harmonique totale (Tp.).

(coefficient)

– – – **of heat transmission** = coefficient *m.* de transmission de chaleur (B.).
– – – **of hysteresis** = coefficient *m.* d'hystérésis (E.).
– – – **of imperviousness** = coefficient *m.* d'imperméabilité (H.).
– – – **of induction** = coefficient *m.* d'induction (E.).
– – – **of mass absorption** = coefficient *m.* massique d'absorption (E.).
– – – **of mutual induction** = coefficient *m.* d'induction mutuelle (E.).
– – – **of radiation** = coefficient *m.* de radiation (R.).
– – – **of reflection** = coefficient *m.* de réflexion.
– – – **of retardation** = coefficient *m.* de retard (H.), coefficient *m.* d'apport (H.).
– – – **of roughness** = coefficient *m.* de rugosité (H.), coefficient *m.* de frottement (H.).
– – – **of safety** = facteur *m.* de sécurité.
– – – **of saturation** = coefficient *m.* de saturation.
– – – **of self-induction** = coefficient *m.* de self-induction (E.), coefficient *m.* d'induction propre (E.).
– – – **of utilization** = coefficient *m.* d'utilisation.
– – – **of velocity** = coefficient *m.* de vitesse.
– – – **of viscosity** = coefficient *m.* de viscosité.
– – –, **phase-change** = déphasage *m.* linéique (E.).
– – –, **phase-change, conjugate** = déphasage *m.* sur impédances conjuguées (E.).
– – –, **phase-change, image** = déphasage *m.* sur images (E.).
– – –, **phase-change, iterative** = déphasage *m.* itératif (E.).
– – –, **pipe** = coefficient *m.* de tuyau (H.).
– – –, **propagation** = exposant *m.* linéique de propagation (E.).
– – –, **reaction** = coefficient *m.* de réaction (E.).
– – –, **reflection** = coefficient *m.* de réflexion (E.).
– – –, **return-current** = coefficient *m.* de réflexion (E.), coefficient *m.* d'adaption (E.).
– – –, **return-current, regularity** = coefficient *m.* de régularité (E.).
– – –, **route** = indicatif *m.* d'acheminement (Tp.).
– – –, **run-off** = coefficient *m.* de ruissellement (H.).
– – –, **sensibility** = coefficient *m.* de sensibilité (E.).
– – –, **temperature** = coefficient *m.* de température.
– – –, **transfer, conjugate** = exposant *m.* de transfert sur impédances conjuguées (E.).
– – –, **transfer, image** = exposant *m.* de transfert sur images (E.).
– – –, **transfer, iterative** = exposant *m.* itératif de transfert (E.).
coffer = coffre *m.*, bassin *m.* (d'écluse), caisson *m.* (de plafond) (B.).
cofferdam = enceinte *f.* de palplanches (C.), caisson *m.* hydraulique (C.), bâtardeau *m.* (C.).
coffering = coffrage *m.* (C., Mi.).
coffin = cercueil *m.*, bière *f.*, cadre *m.* (Imp.).
cog = dent *f.* d'engrenage (Méc.), tenon *m.* (B.), adent *m.* (B.), cran *m.* (Méc.), alluchon *m.* (Méc.), dent *f.* rapportée (Méc.), crampon *m.* (d'un fer à cheval).
– – –, **face** = dent *f.* sur la face d'une roue.
– – –, **hunting** = dent *f.* supplémentaire.
– – –, **steel** = alluchon *m.* d'acier, dent *f.* en acier.
– – –, **to** = endenter (une roue), garnir de dents (Méc.).
– – –, **wooden** = alluchon *m.* de bois, dent *f.* en bois.

coherence = cohésion *f.*, cohérence *f.*
coherer = radioconducteur *m.* (R.), cohéreur *m.* (E.).
– – –, **anti-** = anticohéreur *m.* (Tp.).
– – –, **filings** = cohéreur *m.* à limaille (E.).
– – –, **granular** = cohéreur *m.* à grenaille (E.).
– – –, **Marconi** = cohéreur *m.* de Marconi.
– – –, **point** = cohéreur *m.* à point de contact unique (E.).
cohesion = cohésion *f.*, adhérence *f.*
coil = bobine *f.* (E.), bobinage *m.* (E.), enroulement *m.* (E.), serpentin *m.* (d'alambic), rouleau *m.* (de fil métallique), V. « coils ».
– – –, **aerial** = bobine *f.* d'antenne (R.).
– – –, **antenna** = bobine *f.* d'antenne (R.).
– – –, **armature** = enroulement *m.* d'induit, bobine *f.* d'induit.
– – –, **balancing** = bobine *f.* de compensation, bobine *f.* d'équilibrage.
– – –, **basket** = bobine *f.* en fond de panier.
– – –, **bent** = bobine *f.* coudée.
– – –, **blow-out** = bobine *f.* de soufflage d'étincelles (E.).
– – –, **bridging** = bobine *f.* en dérivation (E.).
– – –, **bucking** = bobine *f.* de compensation.
– – –, **bucking, hum** = bobine *f.* anti-ronflement.
– – –, **burned-out** = bobine *f.* grillée.
– – –, **buzzer** = bobine *f.* à trembleur.
– – –, **choke** = [bobine *f.* de choc] (de parafoudre), bobine *f.* de self, self *f.*, bobine *f.* d'induction.
– – –, **choke, pancake** = bobine *f.* en galette.
– – –, **choking** = bobine *f.* de self, self *f.*, bobine *f.* d'induction, bobine *f.* d'arrêt.
– – –, **choking, line** = bobine *f.* d'arrêt.
– – –, **closing** = bobine *f.* d'enclenchement.
– – –, **coaxial** = bobine *f.* concentrique.
– – –, **compensating** = bobine *f.* compensatrice, bobine *f.* de compensation.
– – –, **concentrating** = bobine *f.* de concentration.
– – –, **cooling** = serpentin *m.* de refroidissement (Méc.).
– – –, **core, air** = bobinage *m.* à air (E.).
– – –, **core, iron** = bobine *f.* à noyau de fer.
– – –, **core, iron-dust** = bobine *f.* à noyau magnétique en poussière de fer.
– – –, **core, iron-wire** = bobine *f.* à noyau en fil de fer.
– – –, **coupling** = bobine *f.* d'accouplement (E.), bobine *f.* de couplage (E.).
– – –, **cylindrical** = serpentin *m.* cylindrique (Méc.).
– – –, **D** = bobine *f.* en D.
– – –, **diamond** = bobine *f.* en losange (E.).
– – –, **diamond-weave** = bobine *f.* en losange (E.).
– – –, **disc** = bobinage *m.* plat.
– – –, **discharge** = bobine *f.* d'écoulement *f.* (d'un parafoudre).
– – –, **door-check** = ressort *m.* de ferme-porte (B.).
– – –, **door-closer** = ressort *m.* de ferme-porte (B.).
– – –, **doughnut** = bobine *f.* toroïdale (E.).
– – –, **drainage** = bobine *f.* d'écoulement (E.).
– – –, **draining** = bobine *f.* d'écoulement (E.).
– – –, **earth** = inducteur *m.* de terre (E.).
– – –, **economy** = bobine *f.* de self, bobine *f.* de réactance.
– – –, **edge-strip** = bobine *f.* en bande de cuivre (E.).

(coil)

– – –, **electro-magnet** = bobine *f*. d'un électro-aimant.

– – –, **equalizing** = bobine *f*. égalisatrice.

– – –, **exciting** = bobine *f*. inductrice, bobine *f*. de champ.

– – –, **exploring** = bobine *f*. exploratrice (R.), bobine *f*. d'exploration (R.).

– – –, **feed-back** = bobine *f*. de réaction.

– – –, **field** = bobine *f*. de champ, bobine *f*. d'excitation.

– – –, **field-magnet** = bobine *f*. d'induction.

– – –, **figure-8** = bobine *f*. en huit.

– – –, **flat** = bobine *f*. plate, bobine *f*. en galette.

– – –, **flip** = bobine *f*. exploratrice.

– – –, **focusing** = bobine *f*. de concentration.

– – –, **heat** = bobine *f*. thermique (Tp.).

– – –, **heating** = serpentin *m*. réchauffeur (Méc.), serpentin *m*. de réchauffage (Méc.).

– – –, **heating, radiator** = serpentin *m*. réchauffeur du radiateur (Auto.), serpentin *m*. de réchauffage du radiateur (Auto.).

– – –, **holding** = bobine *f*. de maintien.

– – –, **honeycomb** = bobine *f*. en nid d'abeille.

– – –, **hybrid** = transformateur *m*. différentiel (E.).

– – –, **ignition** = bobine *f* d'allumage (Auto.).

– – –, **impedance** = bobine *f*. de self, bobine *f*. de réactance, bobine *f*. d'arrêt.

– – –, **induced** = induit *m*.

– – –, **inductance** = bobine *f*. de self, bobine *f*. d'inductance, bobine *f*. d'induction.

– – –, **induction** = bobine *f*. d'induction, bobine *f*. de self.

– – –, **input** = bobine *f*. d'antenne (R.).

– – –, **iron-dust** = bobine *f*. à noyau de fer pulvérulent.

– – –, **lattice-wound** = bobine *f*. à nid d'abeille.

– – –, **limiting, current** = bobine *f*. limiteuse.

– – –, **loading** = bobine *f*. de pupinisation (Tp.), bobine *f*. de charge (Tp.), bobine *f*. Pupin (Tp.).

– – –, **loading, antenna** = bobine *f*. d'accord d'antenne (R.).

– – –, **loading, phantom-circuit** = bobine *f*. de charge de circuit fantôme (Tp.).

– – –, **magnet** = bobine *f*. d'électro-aimant.

– – –, **magnetizing** = bobine *f*. d'aimantation, bobine *f*. d'excitation.

– – –, **magneto** = bobine *f* de magnéto.

– – –, **make-and-break** = bobine *f*. à trembleur.

– – –, **moving** = bobine *f*. mobile (de haut-parleur).

– – –, **neutrodyne** = bobine *f*. de neutrodyne.

– – –, **odd** = bobine *f*. surnuméraire.

– – – **of wire** = botte *f*. de fil, couronne *f*. de fil.

– – –, **operating** = bobine *f*. excitatrice.

– – –, **oscillating** = oscillateur *m*., bobine *f*. oscillatrice.

– – –, **overload** = bobine *f*. à maximum.

– – –, **pancake** = bobine *f*. en galette.

– – –, **partitioned** = bobine *f*. cloisonnée.

– – –, **peaking** = inductance *f*. de relèvement (d'un amplificateur) (Tv., E.).

– – –, **pick-up** = bobine *f*. exploratrice.

– – –, **pipe** = serpentin *m*. (S.).

– – –, **plate** = bobine *f*. de plaque (R.).

– – –, **plug-in** = bobine *f*. à fiches.

– – –, **primary** = bobine *f* primaire (E.), bobine *f*. interchangeable (E.).

(coil)

– – –, **radiator** = serpentin *m*. de radiateur (Auto.).

– – –, **reactance** = bobine *f*. de réactance, bobine *f*. de self-inductance.

– – –, **reactance, protective** = bobine *f*. de protection.

– – –, **reaction** = bobine *f*. de réaction.

– – –, **reactive** = bobine *f*. de réaction.

– – –, **reclosing** = bobine *f*. de réenclenchement (E.).

– – –, **relay** = bobine *f*. de relais.

– – –, **removable** = bobine *f*. amovible.

– – –, **repeating** = translateur *m*. (Tp.).

– – –, **repeating, line** = translateur *m*. de ligne (Tp.).

– – –, **repeating, toroid** = translateur *m*. toroïdal (Tp.).

– – –, **resistance** = bobine *f*. de résistance.

– – –, **retardation** = bobine *f*. d'inductance.

– – –, **ring** = bobine *f*. toroïdale.

– – –, **rotating** = bobine *f*. mobile.

– – –, **Ruhmkorff** = bobine *f*. de Rühmkorff, bobine *f*. d'induction.

– – –, **safety** = [bobine *f*. de choc] (E.), bobine *f*. d'écoulement (E.).

– – –, **search** = bobine *f*. exploratrice.

– – –, **search, single-turn** = spire *f*. de couplage (E.).

– – –, **secondary** = bobine *f*. secondaire.

– – –, **self-induction** = bobine *f*. de self.

– – –, **series** = bobine *f*. à gros fil (d'un wattmètre).

– – –, **short-wave** = bobine *f*. pour ondes courtes (R.).

– – –, **shunt** = bobine *f*. en dérivation.

– – –, **simplex** = transformateur *m*. d'appropriation (Tp.).

– – –, **single-layer** = bobine *f*. à une couche.

– – –, **slab** = self *f*. en galette, bobine *f*. en galette, bobinage *m*. plat.

– – –, **slide** = bobine *f*. à curseur.

– – –, **slider** = bobine *f*. à curseur.

– – –, **spark** = bobine *f*. d'allumage (Auto.), bobine *f*. d'induction.

– – –, **sparking** = bobine *f*. d'induction.

– – –, **spider-web** = bobine *f*. en fond de panier.

– – –, **spire, jointed** = bobine *f*. à spires jointives.

– – –, **spire, non-jointed** = bobine *f*. à spires non jointives.

– – –, **split** = bobine *f*. à prises.

– – –, **stator** = bobine *f*. fixe.

– – –, **steam** = serpentin *m*. chauffé à la vapeur (Méc.), serpentin *m*. à vapeur (Méc.).

– – –, **sucking** = bobine *f*. suceuse (E.), bobine *f*. à noyau plongeur (E.).

– – –, **suppression, arc** = bobine *f*. d'équilibrage (E.), neutre *m*. (d'un système triphasé) (E.).

– – –, **syntonizing** = inductance *f*. de syntonisation (R.), bobine *f*. de syntonisation (R.).

– – –, **tapped** = bobine *f*. de syntonisation (R.), bobine *f*. à prises.

– – –, **Tesla** = bobine *f*. Tesla (de transformateur à haute tension) (E.).

– – –, **test** = bobine *f*. d'essai.

– – –, **tickler** = bobine *f*. de réactance, bobine *f*. excitatrice (de réaction).

– – –, **to** = bobiner (des fils).

– – –, **toroid** = bobine *f*. toroïdale.

– – –, **transformer** = bobine *f*. de transformateur.

– – –, **trembler** = bobine *f*. à trembleur.

– – –, **trip** = bobine *f*. de déclenchement (E.), bobine *f*.

(coil)

d'attraction (E.), bobine *f.* d'excitation (E.).
– – –, **trip, shunt** = bobine *f.* d'excitation shunt.
– – –, **tripping** = bobine *f.* de déclenchement (E.).
– – –, **tube** = serpentin *m.* (Méc.).
– – –, **tuning** = bobine *f.* de syntonisation (R.), bobine *f.* d'accord (R.).
– – –, **unit** = bobine *f.* interchangeable.
– – –, **variometer** = bobine *f.* de variomètre (R.).
– – –, **vibrator** = bobine *f.* à trembleur.
– – –, **voice** = bobine *f.* mobile de haut-parleur.
coiling = enroulement *m.*, bobinage *m.*
– – –, **hemp** = tresse *f.* de chanvre.
coils = V. « coil ».
– – –, **deflection** = bloc *m.* de déviation (Tv.).
coincidence, phase = coïncidence *f.* de phases (E.), concordance *f.* de phases (E.).
coke = coke *m.*
– – –, **foundry** = coke *m.* de fonderie.
– – –, **gas** = coke *m.* de gaz, coke *m.* d'usine à gaz.
– – –, **nut** = coke *m.* en gaillettes.
– – –, **to** = cokéfier, transformer la houille en coke.
coking = cokéfaction *f.* (c.-à-d. transformation de la houille en coke), cokage *m.*
colander = passoire *f.* (Ust.), chantepleure *f.*
colcrete = béton *m.* colloïdal (B., C.).
colgrout = mortier *m.* colloïdal (B., C.).
collapse = déformation *f.* (C.), flexion *f.* (d'une poutre) (C.), flambage *m.* (d'une colonne), effondrement *m.* (d'un pont), éboulement *m.* (de gravier), écroulement *m.* (d'un mur).
– – –, **to** = fléchir, s'effondrer, s'affaisser.
collapsible = repliable (adj.), pliant (adj.), démontable (adj.).
collar = collier *m.* (Méc., C.), virole *f.* (Méc., C.), anneau *m.* (Méc., C.), collet *m.* (Méc.), rondelle *f.* (Méc.), embase *f.* (Méc., C.), bague *f.* (Méc.), palier *m.* à collets (Méc.).
– – –, **attachment** = collier *m.* de fixation.
– – –, **axle** = collet *m.* de la fusée (Méc.), collet *m.* de l'essieu.
– – –, **axle-tree** = couvre-essieu *f.*
– – –, **brake** = collier *m.* de frein.
– – –, **brush** = collier *m.* porte-balais (E.).
– – –, **clamp** = collier *m.* de serrage.
– – –, **clutch** = collier *m.* d'embrayage (Auto.).
– – –, **eccentric** = collier *m.* d'excentrique.
– – –, **fastening** = collier *m.* de fixation, bride *f.* de serrage.
– – –, **focusing** = anneau *m.* à trame fine (de viseur) (Phot.).
– – –, **horse** = collier *m.* de cheval (Agr.).
– – –, **leather** = rondelle *f.* de cuir, garniture *f.* en cuir.
– – –, **packing, leather** = anneau *m.* en cuir embouti.
– – –, **pipe** = collier *m.* de tuyau (S.).
– – –, **rim** = nervure *f.* de la couronne d'une roue dentée.
– – –, **screw** = collier-écrou *m.*
– – –, **screw, stuffing-box** = vis *f.* de presse-étoupe.
– – –, **set** = bague *f.* d'arrêt, bague *f.* de sûreté.
– – –, **shaft** = collet *m.* d'arbre (Méc.), embase *f.* (Méc.).
– – –, **sliding** = collier *m.* coulissant, baladeur *m.* (Méc.).

(collar)

– – –, **split** = collier *m.* fendu.
– – –, **stop** = bague *f.* d'arrêt, collier *m.* d'arrêt, bague *f.* de butée.
– – –, **stove-pipe** = virole-embase *f.*
– – –, **take-up** = bride *f.* de rattrapage de jeu (Méc.).
– – –, **thrust** = rondelle *f.* de butée, bague *f.* de butée, collet *m.* de butée.
– – –, **trunnion** = collier *m.* de tourillon.
collate, to = collationner, assembler (les feuilles).
collateral = nantissement *m.*, garantie *f.*
collating = collation *f.* (de manuscrits).
collect, to = percevoir (les impôts, les cotisations), capter (les eaux, le courant électrique), assembler (des matériaux), recueillir (des données), encaisser (un chèque), faire la levée (des lettres, des téléphones publics), rassembler (ses effets, des papiers épars), recouvrer (une créance, un compte), enlever (les ordures ménagères), ramasser ou collecter (des oeufs) (Agr.), récupérer (ses débours), cueillir (des nouvelles).
collection, garbage = enlèvement *m.* des ordures ménagères.
collector = collecteur *m.* (d'huile, de vapeur), récepteur *m.* (de trop-plein), réceptable *m.* (des eaux, de la vapeur).
– – –, **air, hot** = prise *f.* d'air chaud.
– – –, **bow** = archet *m.* de prise de courant (d'un tramway).
– – –, **brush** = commutateur *m.* à balais (E.).
– – –, **coin** = numismate *m.* (O.), dispositif *m.* d'encaissement (Tp.).
– – –, **condensation** = gouttière *f.* de condensation (Méc.).
– – –, **current** = prise *f.* de courant (d'un tramway).
– – –, **dust** = collecteur *m.* de poussières (Méc.), aspirateur *m.* de poussières (Méc.).
– – –, **feeding** = collecteur *m.* d'alimentation (Méc.).
– – –, **garbage** = boueur *m.* (O.) ou éboueur *m.* (O.).
– – –, **magneto** = collecteur *m.* de magnéto (E.).
– – –, **plough** = sabot *m.* de prise de courant (E.), chariot *m.* de prise de courant (E.).
– – –, **stamp** = philatéliste *m.* (O.).
– – –, **third-rail** = sabot *m.* ou patin *m.* (Ch.d.f.).
– – –, **ticket** = contrôleur *m.* des billets (O.) (Ch.d.f.).
– – –, **toll** = péager *m.* (O.) (autoroute), pontonnier *m.* (O.) (pont).
– – –, **trash** = boueur *m.* (O.).
– – –, **wave** = collecteur *m.* d'ondes (R.), antenne *f.* (R.).
collet = mandrin *m.* (Méc.), douille *f.* (de serrage), bague *f.* (Méc.), pince *f.* (Méc.).
– – –, **die-holding** = manchon *m.* porte-filière.
– – – **for drills** = mandrin *m.* porte-foret.
– – –, **spring** = mandrin *m.* extensible.
collide, to = entrer en collision, aborder (Mar.), tamponner (Auto, Ch.d.f.).
collier = mineur *m.* de charbon (O.).
colliery = mine *f.* de charbon (Mi.), houillère *f.* (Mi.).
collision = collision *f.* (d'autos), choc *m.* (des verres), tamponnement *m.* (de trains), conflit *m..* (d'intérêts).
– – –, **head-on** = collision *f.* frontale (Auto.), tamponnement *m.* (de trains).
collodion = collodion *m.*

(column)

collotype = phototypie *f.* (Imp.), collotypie *f.* (Imp.), phototype *m.* (Imp.).
colon = deux points.
colonnade = colonnade *f.* (B.), rangée *f.* de colonnes (B.).
colophon = colophon *m.* (Imp.).
colophony = colophane *f.*, arcanson *m.*
colour (or color) = couleur *f.* (primitive), pigment *m.* ou matière *f.* colorante, teinture *f.*
– – –, **amber** = nuance *f.* ambrée.
– – –, **annealing** = couleur *f.* de recuit (Mét.).
– – –, **base** = couleur *f.* de fond, couleur *f.* de base, couleur *f.* basique.
– – –, **bleeding** = couleur *f.* (ou teinture *f.*) soluble (Pap.).
– – –, **body** = couleur *f.* opaque, couleur *f.* à sec (Pap.).
– – –, **coating** = couleur *f.* pour couchage (Pap.).
– – –, **complementary** = couleur *f.* complémentaire.
– – –, **faded** = couleur *f.* passée.
– – –, **fast** = couleur *f.* solide, grand teint.
– – –, **fugitive** = couleur *f.* fugitive.
– – –, **ground** = couleur *f.* de fond.
– – –, **natural** = couleur *f.* naturelle (Pap.).
– – –, **oil** = couleur *f.* à l'huile.
– – –, **resistant** = couleur *f.* solide, couleur *f.* inaltérable.
– – –, **size** = couleur *f.* à la colle, détrempe *f.*
– – –, **tempering** = couleur *f.* de revenu (Mét.).
– – –, **tone** = timbre *m.* (de la voix).
– – –, **water** = peinture *f.* à l'eau, aquarelle *f.*
colours, blended = teintes *f.p.* fondues (Pap.).
– – –, **primary** = couleurs *f.p.* primaires (Imp.).
– – –, **shaded** = teintes *f.p.* dégradées (Imp.).
– – –, **warm** = couleurs *f.p.* chaudes.
column = colonne *f.* (B., Imp.), bâti *m.* (C.), montant *m.* (C., B.), poteau *m.* (B.).
– – –, **ascending** = série *f.* de tuyaux élévateurs (d'une pompe).
– – –, **attached** = colonne *f.* attenante (au mur), colonne *f.* adossée.
– – –, **banded** = colonne *f.* annelée (B.).
– – –, **box** = colonne *f.* tubulaire, colonne-caisson *f.*, colonne *f.* composée.
– – –, **cabled** = colonne *f.* rudentée.
– – –, **canted** = poteau *m.* à facettes (B.).
– – –, **clustered** = colonne *f.* en faisceau.
– – –, **combination** = colonne *f.* composée.
– – –, **composite** = colonne *f.* composite.
– – –, **control** = levier *m.* de commande (Av.).
– – –, **driller** = montant *m.* de foreuse (Méc.), colonne *f.* de perceuse (Méc.).
– – –, **embedded** = colonne *f.* encastrée, colonne *f.* adossée.
– – –, **engaged** = colonne *f.* adossée (B.).
– – –, **fluted** = colonne *f.* cannelée.
– – –, **half** = demi-poteau *m.* (c.-à-d. poteau à demi enrobé) (B.).
– – –, **imbedded** = colonne *f.* adossée.
– – –, **machine, drilling** = colonne *f.* de perceuse (Méc.), montant *m.* de perceuse (Méc.).
– – –, **machine, milling** = bâti *m.* de fraiseuse (Méc.).
– – –, **niched** = poteau *m.* dans une niche (B.).
– – – **of air** = colonne *f.* d'air (Méc.).

– – – **of water** = colonne *f.* d'eau (H.).
– – –, **ringed** = colonne *f.* annelée (B.).
– – –, **steel** = poteau *m.* de fer, poteau *m.* d'acier.
– – –, **steering** = colonne *f.* de direction (Auto.).
– – –, **steering, adjustable** = colonne *f.* de direction réglable (Auto.).
– – –, **steering, collapsible** = colonne *f.* télescopique (Auto.).
– – –, **steering, tilt-and-telescope** = colonne *f.* inclinable et télescopique (Auto.).
– – –, **switch** = colonne *f.* de distribution (E.).
– – –, **tapering** = colonne *f.* diminuée.
– – –, **wall** = colonne *f.* de paroi.
– – –, **water** = colonne *f.* d'eau (H.).
– – – **with ball and socket seating** = colonne *f.* articulée (C.).
columns, coupled = colonnes *f.p.* accouplées (B., C.).
– – –, **twin** = colonnes *f.p.* géminées (B.).
comb = peigne *m.* (de tour, de filetage) (Méc.), collecteur *m.* (d'électricité statique) (E.), peigne *m.* (de coiffure), crête *m.* (de coq, d'un comble), peigne *m.* (de palier d'arrivée d'un escalier roulant) (B.).
– – –, **cattle** = étrille *f.* à boeufs (Agr.).
– – –, **curry** = étrille *f.* (Agr.).
– – –, **dressing** = démêloir *m.* (Ust.).
– – –, **graining** = peigne *m.* de peintre.
– – –, **small-tooth** = peigne *m.* fin (Ust.), décrassoir *m.* (Ust.).
combination = combinaison *f.* (de chiffres, de deux corps simples), mélange *m.* (des couleurs), aliage *m.* (de métaux), récepteur *m.* radio-phono (E.), concours *m.* (de circonstances).
– – –, **chemical** = combinaison *f.* chimique.
combine, to = combiner (des idées), allier (des mots), unir (une allée, deux tuyaux), fusionner (deux compagnies).
combiner = multiplexeur *m.* (M.) (R., Tv.).
combustibility = combustibilité *f.*
combustible = combustible (adj.), combustible *m.*
combustion = combustion *f.*
– – –, **complete** = combustion *f.* complète.
– – –, **detonating** = combustion *f.* détonante.
– – –, **incomplete** = combustion *f.* incomplète.
– – –, **partial** = combustion *f.* incomplète.
– – –, **quick** = combustion *f.* vive.
– – –, **slow** = combustion *f.* lente.
– – –, **smokeless** = combustion *f.* exempte de fumée.
– – –, **spontaneous** = combustion *f.* spontanée.
combustive = comburant *m.*
come-along = tendeur *m.* (de fils métalliques) (Tp.).
commander = dame *f.* (I.), demoiselle *f.* (I.), hie *f.* (I.).
commentator = commentateur *m.* (R., Tv.).
commercial = (règlement *m.*) commercial (adj.), (école *f.*) de commerce, message *m.* publicitaire (Tv., R.).
comminution = grenaillement *m.* (Mét.), pulvérisation *f.* (d'une pierre).
comminutor = broyeur *m.* (I.).
committee = comité *m.* (d'organisation), commission *f.* (de défense).
– – –, **executive** = bureau *m.* (d'une association), comité *m.* exécutif (de la ville de Montréal), commission *f.* exécutive (d'un syndicat).
– – –, **joint** = comité *m.* mixte.

(committee)

– – –, **standing** = comité *m.* directeur, commission *f.* permanente.
commodities = denrées *f.p.*, produits *m.p.*, marchandises *f.p.*, aménagements *m.p.* sanitaires (S.).
commodity = denrée *f.*, produit *m.*, marchandise *f.*, commodité *f.* (de la vie), lieux *m.p.* d'aisances (S.).
– – –, **basic** = produit *m.* de base, denrée *f.*
communication = communication *f.* (Tp.), voie *f.* d'accès (C.), télécommunication *f.* (Tp., R.), liaison *f.* (R.).
– – –, **air-ground** = liaison *f.* (radioélectrique) air-sol.
– – –, **data** = transmission *f.* de données (Tp.).
– – –, **duplex** = liaison *f.* duplex (Tg.).
– – –, **radio** = radiocommunication *f.* (R.), liaison *f.* radioélectrique (R.).
– – –, **radiotelephone** = communication *f.* radiotéléphonique (Tp.).
– – –, **shore-to-ship** = liaison *f.* (radioélectrique) marine (R.).
– – –, **short-wave** = liaison *f.* par ondes courtes (R.).
– – –, **telephone** = communication *f.* téléphonique (Tp.).
– – –, **telephone, satellite** = communication *f.* téléphonique par satellite (Tp.).
– – –, **visual** = transmission *f.* optique.
– – –, **wire** = liaison *f.* par fil (Tp.).
– – –, **telephone, two-way** = communication *f.* téléphonique bilatérale (Tp.).
– – –, **through** = intercommunication *f.* (entre voitures) (Ch.d.f.).
– – –, **two-way** = liaison *f.* bilatérale (Tp.).
– – –, **voice** = communication *f.* à fréquences vocales (Tp.), communication *f.* orale.
– – –, **wire** = communication *f.* par fil (Tp.).
communications = télécommunications *f.p.* (Tp., Tg., R.), communications *f.p.* (Tp., Tg., R.), V. « communication ».
community = collectivité *f.*, public *m.*, société *f.* (d'individus), groupe *m.* social.
commutate, to = commuter (le courant) (E.).
commutating = commutation *f.* (E.).
commutation = commutation *f.* (E.).
commutator = collecteur *m.* (E.), commutateur *m.* (E.).
– – –, **armature** = collecteur *m.* d'induit.
– – – **for breaking contact** = commutateur-disjoncteur *m.*, disjoncteur *m.*
– – – **for making contact** = commutateur-conjoncteur *m.*
– – –, **generator** = collecteur *m.* de la dynamo, commutateur *m.* de la dynamo.
– – –, **mercury** = commutateur *m.* à mercure.
– – –, **plate** = commutateur *m.* à plaques.
– – –, **plug** = commutateur *m.* à cheville.
– – –, **rectifying** = permutatrice *f.* (E.).
compact, to = tasser (de la neige), rendre compact.
compaction = compactage *m.* (du sol).
compactness = compacité *f.*
compactor = compacteur *m.* (I.) (B., C.).
– – –, **mechanical, hand-operated** = compacteur *m.* commandé à la main (I.) (B., C.).
compandor = compresseur-extenseur *m.* (E.).
companion = vade-mecum *m.*, manuel *m.*, compagnon

(companion)

m. (O.).
company = société *f.*, compagnie *f.*, cie *f.*
– – –, **chartered** = compagnie *f.* à charte.
– – –, **express** = compagnie *f.* de messageries.
– – –, **holding** = syndicat *m.* de valeurs, compagnie *f.* détentrice, société *f.* de porte-feuille.
– – –, **joint-stock** = société *f.* anonyme.
– – –, **limited** = société *f.* anonyme à responsabilité limitée.
– – –, **oil** = société *f.* pétrolifère.
– – –, **power** = compagnie *f.* d'électricité.
– – –, **private** = compagnie *f.* d'intérêt privé, société *f.* privée.
– – –, **privately-owned** = exploitation *f.* privée (d'un réseau de télécommunication).
– – –, **public** = société *f.* d'intérêt public.
– – –, **railway** = compagnie *f.* de chemin de fer.
– – –, **real estate** = société *f.* immobilière.
– – –, **steel** = société *f.* d'aciéries.
– – –, **telephone** = compagnie *f.* de téléphone.
– – –, **utility** = compagnie *f.* de service public.
– – –, **utility, public** = compagnie *f.* de service public.
comparator = comparateur *m.* (I.).
– – –, **dial** = comparateur *m.* à cadran.
– – –, **signal** = comparateur *m.* de signaux (R.).
compartment = compartiment *m.* (Mar., Ch.d.f.), case *f.* (d'un tiroir), soute *f.* à bagages (Av.).
– – –, **baggage** = soute *f.* à bagages (Av.).
– – –, **glove** = boîte *f.* à gants (Auto.), vide-poches *m.* (Auto.).
– – –, **trunk** = coffre *m.* à bagages (Auto.).
compass = compas *m.*, boussole *f.*
– – –, **beam** = compas *m.* à verge, compas *m.* à trusquin (de dessinateur).
– – –, **bow** = compas *m.* à balustre, compas *m.* d'épaisseur.
– – –, **declination** = boussole *f.* de déclinaison.
– – –, **dipping** = boussole *f.* d'inclinaison.
– – –, **gyro** = gyrocompas *m.*
– – –, **gyrostatic** = compas *m.* gyrostatique.
– – –, **hair** = compas *m.* de précision.
– – –, **inclination** = compas *m.* d'inclinaison.
– – –, **induction** = boussole *f.* d'induction.
– – –, **proportional** = compas *m.* à réduction.
– – –, **radio** = radiogoniomètre *m.* (R.), radiocompas *m.* (R.).
– – –, **scribing** = compas *m.* à pointes, rouanne *f.*
– – –, **sine** = boussole *f.* des sinus.
– – –, **sluggish** = compas *m.* peu sensible.
– – –, **surveyor's** = boussole *f.* d'arpenteur.
compensate, to = compenser (l'usure, un moteur), neutraliser (un effort).
compensation = indemnité *f.* (pour dommage), dédommagement *m.* (pour lésion), compensation *f.*
– – – **for wear** = compensation *f.* de l'usure (Méc.), rattrapage *m.* de l'usure (Méc.).
– – –, **phase** = compensation *f.* des phases (Tp.).
compensator = compensateur *m.* (Méc., E.), palonnier *m.* (du frein d'auto), compensatrice *f.* (d'un réseau à trois fils) (E.).
– – –, **drop, line** = compensateur *m.* de perte (en ligne) (E.).
– – –, **impedance** = correcteur *m.* d'impédance (Tp.).

(**compensator**)

– – –, **phase** = filtre *m.* compensateur de phases (Tp.).

– – –, **temperature** = compensateur *m.* thermique.

competition = concurrence *f.*, concours *m.* (entre deux équipes).

complement = complément *m.* (d'un angle, d'un verbe), groupe *m.* ou faisceau *m.* (de paires) (Tp.).

– – –, **congested** = groupe *m.* encombré (Tp.).

complete, to = achever ou parachever (des travaux), achever ou terminer (un ouvrage, une tâche), remplir (un questionnaire), donner ou établir (la communication) (Tp.).

completion = accomplissement *m.* (d'un devoir, d'une promesse), achèvement *m.* ou parachèvement *m.* (des travaux), fin *f.* (de la course du piston) (Méc.), établissement *m.* (d'une communication) (Tp.).

– – –, **percent** = pourcentage *m.* des demandes satisfaites (Tp.).

compo = stuc *m.* (B.).

component = organe *m.* (d'une machine), pièce *f.* détachée (Méc.), composante *f.* (d'une force), élément *m.* constituant, composant *m.* (de l'eau, d'un gaz).

– – –, **active** = composante *f.* active (E.), composante *f.* en phase avec la tension (E.), [composante *f.* wattée] (E.).

– – –, **D.C.** = composante *f.* continue utile (d'un signal vidéo) (Tv.).

– – –, **D.C., standing** = composante *f.* continue inutile (d'un signal vidéo) (Tv.).

– – –, **electric** = composante *f.* électrique (E.).

– – –, **energy** = composante *f.* active (E.).

– – –, **harmonic** = composante *f.* harmonique (E.), harmonique *m.* (E.).

– – –, **horizontal** = composante *f.* horizontale.

– – –, **idle** = composante *f.* réactive (E.), [composante *f.* déwattée] (E.).

– – –, **imaginary** = composante *f.* réactive (E.).

– – –, **impedance** = composante *f.* d'impédance (E.).

– – –, **in-phase** = composante *f.* active (E.), composante *f.* en phase avec la tension (E.).

– – –, **magneto-ionic** = composante *f.* magnéto-ionique (R.).

– – –, **negative-sequence** = composante *f.* en inversion de phase (E.).

– – –, **positive-sequence** = composante *f.* en phase (E.).

– – –, **power** = [composante *f.* wattée du courant] (E.), composante *f.* active du courant (E.).

– – –, **quadrature** = composante *f.* en quadrature (E.), [composante *f.* déwattée] (E.), composante *f.* réactive (E.).

– – –, **reactive** = composante *f.* en quadrature avec la tension (E.), [composante *f.* déwattée] (E.).

– – –, **real** = composante *f.* active (E.).

– – –, **space** = intervalle *m.*

– – –, **watt** = [composante *f.* wattée] (E.) (Canada), composante *f.* active (E.).

– – –, **wattless** = [composante *f.* déwattée] (E.), composante *f.* réactive (E.).

– – –, **zero-sequence** = composante *f.* homopolaire (E.).

components, miscellaneous = éléments *m.p.* divers.

composite = mixte (c.-à-d. bois et fer) (adj.).

composition = composé *m.*, mélange *m.*, enduit *m.*, aggloméré *m.*, composition *f.* (de quelque chose,

(**composition**)

Imp.).

– – –, **anti-corrosive** = enduit *m.* anticorrosif.

– – –, **anti-fouling** = enduit *m.* préservatif.

– – –, **anti-rust** = enduit *m.* antirouille.

– – –, **anti-scale** = désincrustant *m.* (Méc.).

– – –, **boiler** = tartrifuge *m.* (Méc.), antiincrustant *m.* (Méc.).

– – –, **detonating** = composition *f.* détonante.

– – –, **hand** = composition *f.* à la main (Imp.).

– – –, **insulating** = isolant *m.* (E., Méc.), enduit *m.* isolant (E., Méc.).

– – –, **machine** = composition *f.* mécanique (Imp.).

– – –, **non-conducting** = enduit *m.* calorifuge (Méc.).

– – – **of flux** = composition *f.* des flux (E.).

– – – **of forces** = composition *f.* de forces.

– – –, **smoke-producing** = composition *f.* fumigène.

compositor = compositeur *m.* (O.) (Imp.), typographe *m.* (O.) (Imp.).

– – –, **machine** = claviste *m.* (O.) (Imp.).

compound = compound (adj.) (E.), composé *m.*, pâte *f.*, compound *m.*, composition *f.*, matériau *m.* composite, aggloméré *m.*, mixtion *f.* (Imp.).

– – –, **adhesive** = matière *f.* adhésive.

– – –, **boiler** = tartrifuge *m.* (Méc.), antiincrustant *m.* (Méc.).

– – –, **bond-reducing** = pâte *f.* antiadhérence (B., C.).

– – –, **cable** = asphalte *m.* pour câble (E.), brai *m.* pour câble (E.).

– – –, **caulking** = pâte *f.* à calfeutrage.

– – –, **chemical** = composé *m.* chimique.

– – –, **cleaning** = détersif *m.*, détergent *m.*, décapant *m.* (Mét.).

– – –, **cutting** = potée *f.* coupante (Mét.), huile *f.* de coupe (Mét.).

– – –, **damp-proofing** = isolant *m.* (C.).

– – –, **detonating** = composition *f.* détonante.

– – –, **filling** = pâte *f.* de remplissage (B., C.).

– – –, **grinding** = pâte *f.* à roder (Méc.), potée *f.* de rodage (Méc.).

– – –, **ink** = correctif *m.* pour l'encre (Imp.).

– – –, **insulating** = pâte *f.* isolante (E., Méc.), compound *m.* isolant (E., Méc.), composé *m.* isolant (E., Méc.).

– – –, **joint** = pâte *f.* à joints, mastic *m.* pour joints (E.).

– – –, **lapping** = pâte *f.* à roder (Méc.), potée *f.* de rodage (Méc.).

– – –, **pipe** = mastic *m.* pour joints de tuyaux.

– – –, **plaster** = matière *f.* plastique (pour les joints).

– – –, **polishing** = composé *m.* à polir, pâte *f.* à polir.

– – –, **rubbing** = pâte *f.* à polir.

– – –, **sealing** = lut *m.*, astic *m.*, antifuite *m.* (de radiateur), vernis *m.* hermétique (Auto.).

– – –, **sealing, battery** = brai *m.* pour pile (E.).

– – –, **sealing, radiator** = antifuite *m.* de radiateur (Auto.).

– – –, **tar** = mastic *m.* bitumineux (B.).

– – –, **to** = compounder (le courant) (E.), combiner (des éléments divers), composer (une drogue).

– – –, **waterproofing** = produit *m.* d'étanchéité (B., C.).

– – –, **wax** = correctif *m.* à la cire (Imp.).

– – –, **welding** = brasure *f.* (Mét.).

compounding = compoundage *m.* (E.), composition *f.*

(**compounding**)

(des drogues).

compress, to = comprimer ou refouler (l'air), bander (un ressort), compacter (une couche de gravier).

compressibility = compressibilité *f*.

compression = compression *f*. (d'un fluide, d'un ressort), foulée *f*. (d'un soufflet), compression *f*. des nuances (d'une image reçue) (Tg.).

– – –, **adiabatic** = compression *f*. adiabatique.

– – – **by stages** = compression *f*. étagée.

– – –, **carrier** = variation *f*. de la porteuse (R.).

– – –, **poor** = compression *f*. insuffisante (Auto.).

– – –, **two-stage** = compression *f*. à deux étages, compression *f*. bi-étagée.

compressor = compresseur *m*. (Méc., C.).

– – –, **air** = compresseur *m*. d'air, compresseur *m*., pompe *f*. à comprimer l'air.

– – –, **air, motor** = motocompresseur *m*.

– – –, **ammonia** = compresseur *m*. à ammoniaque.

– – –, **centrifugal** = compresseur *m*. centrifuge.

– – –, **gas** = compresseur *m*. à gaz.

– – –, **in-line** = compresseur *m*. à cylindres en ligne.

– – –, **piston-type** = compresseur *m*. à piston.

– – –, **reciprocating** = compresseur *m*. à piston.

– – –, **rotary** = compresseur *m*. rotatif.

– – –, **turbo** = turbocompresseur *m*.

– – –, **V-angle** = compresseur *m*. à cylindres en V.

comptometer = machine *f*. à calculer.

comptroller = administrateur *m*. (d'une maison), directeur *m*. des services financiers (d'un hôpital), vérificateur *m*. (de comptes).

computation = calcul *m*., estimation *f*., supputation *f*. (des dépenses, des revenus).

compute, to = estimer, calculer.

computer = machine *f*. à calculer, machine *f*. comptable, calculateur *m*. (O., M.), calculatrice *f*. (M.), ordinateur *m*. (M.) (Inf.).

– – –, **analog** = machine *f*. (à calculer) à analogie.

– – –, **control** = ordinateur *m*. de régulation.

– – –, **control, process** = ordinateur *m*. de régulation des procédés.

– – –, **electronic** = ordinateur *m*. électronique.

– – –, **on-line** = ordinateur *m*. en ligne.

– – –, **transistorized** = ordinateur *m*. à transistors.

concave-concave = biconcave (adj.).

concealed = (objet *m*., sentiment *m*.) dissimulé, (argent *m*.) caché, (visage *m*.) masqué, (qualité *f*.) invisible.

concentrate = concentré *m*.

concentration = concentration *f*. (d'une solution, des troupes), convergence *f*. (des efforts, des opinions).

– – –, **hydrogen-ion** = pH.

– – –, **mol(ecular)** = concentration *f*. moléculaire.

– – –of the electron beam = concentration *f*. de faisceau cathodique (E.).

concentrator = (appareil *m*.) concentrateur *m*. (Mi., Tg., Tp.).

– – –, **line** = concentrateur *m*. (Tp.), concentrateur *m*. de ligne (Tp.).

– – –, **sound** = réflecteur *m*. (parabolique) de son.

– – –, **traffic** = concentrateur *m*. d'appels (Tp.), concentrateur *m*. de trafic (Tp.).

concentricity = centrage *m*. (Méc.).

conceptual = (étape *f*.) d'élaboration (d'un plan).

concern = entreprise *f*., maison *f*. de commerce, firme

(**concern**)

f., souci *m*.

– – –, **book** = maison *f*. d'édition.

concourse = hall *m*. (d'une gare) (Ch.d.f.).

concrete = béton *m*. (de ciment).

– – –, **air-entrained** = béton *m*. aéré, béton *m*. à air occlus.

– – –, **armoured** = béton *m*. armé.

– – –, **asphalt** = béton *m*. asphaltique.

– – –, **ballast** = béton *m*. à base de pierraille.

– – –, **bitumen** = béton *m*. bitumineux.

– – –, **bituminous** = béton *m*. bitumineux.

– – –, **cast** = béton *m*. moulé, béton *m*. coulé, béton *m*. banché.

– – –, **cellular** = béton *m*. cellulaire, béton *m*. alvéolaire.

– – –, **cement** = béton *m*. de ciment.

– – –, **cinder** = béton *m*. de mâchefer.

– – –, **colloidal** = béton *m*. colloïdal (B., C.).

– – –, **compressed** = béton *m*. comprimé.

– – –, **ferro-** = béton *m*. armé.

– – –, **fibrous** = béton *m*. fibreux.

– – –, **fire-proof** = béton *m*. réfractaire.

– – –, **floated** = béton *m*. aplani.

– – –, **fresh** = béton *m*. frais.

– – –, **gravel** = béton *m*. de gravier.

– – –, **green** = béton *m*. frais.

– – –, **honeycombed** = béton *m*. alvéolé.

– – –, **hooped** = béton *m*. fretté.

– – –, **lean** = béton *m*. maigre.

– – –, **light weight** = béton *m*. léger.

– – –, **mass** = béton *m*. caverneux ou béton *m*. sans fines (c.-à-d. composé de gros agrégats d'une seule zone de granulométrie).

– – –, **paving** = béton *m*. pour revêtements, béton *m*. routier.

– – –, **plain** = béton *m*. ordinaire.

– – –, **poor** = béton *m*. maigre.

– – –, **popcorn** = béton *m*. caverneux.

– – –, **porous** = béton *m*. poreux, béton *m*. cellulaire.

– – –, **pozzuolana** = béton *m*. de pouzzolane.

– – –, **precast** = béton *m*. préfabriqué.

– – –, **prestressed** = béton *m*. précontraint.

– – –, **rammed** = béton *m*. damé.

– – –, **ready-mixed** = béton *m*. préfabriqué, béton *m*. manufacturé (c.-à-d. préparé en usine).

– – –, **reinforced** = béton *m*. armé.

– – –, **rich** = béton *m*. gras.

– – –, **rich, very** = béton *m*. très gras.

– – –, **rubble** = béton *m*. de pierraille.

– – –, **sand** = béton *m*. de sable.

– – –, **slag** = béton *m*. de scorie, béton *m*. de laitier.

– – –, **soft** = béton *m*. fluide.

– – –, **stiff** = béton *m*. coulé très sec.

– – –, **stirrupped** = béton *m*. fretté.

– – –, **stone** = béton *m*. de cailloux.

– – –, **submerged** = béton *m*. immergé.

– – –, **tamped** = béton *m*. damé.

– – –, **tar** = béton *m*. de goudron et cailloux, béton *m*. goudronneux.

– – –, **to** = bétonner.

– – –, **vacuum** = béton *m*. sous vide, béton *m*. essoré.

– – –, **vibrated** = béton *m*. vibré.

– – –, **waterproofed** = béton *m*. hydrofuge.

(concrete)

– – –, **wet** = béton *m.* fluide.
concreting = bétonnage *m.*
concussion = choc *m.*, secousse *f.*, commotion *f.* (cérébrale).
condemn, to = condamner (quelqu'un, une porte).
condemnation = expropriation *f.* (d'une propriété), dépossession *f.* (de ses biens).
condensate = eau *f.* de condensation.
condensation = condensation *f.* (de la vapeur).
condense, to = condenser (la vapeur, un écrit), concentrer (un faisceau de rayons, l'alcool).
condenser = condensateur *m.* (E., Phot.), compensateur *m.* (E.), condenseur *m.* (de la vapeur) (Méc.).
– – –, **adjustable** = condensateur *m.* réglable (E.), condensateur *m.* variable (E.).
– – –, **air** = condensateur *m.* à air (E.), condenseur *m.* à air (Méc., Chim.).
– – –, **air-dielectric** = condensateur *m.* à air (E.).
– – –, **antenna** = condensateur *m.* d'antenne (R.).
– – –, **atmospheric** = condenseur *m.* à ruissellement (Méc.).
– – –, **balancing** = condensateur *m.* d'équilibrage (E.).
– – –, **block** = condensateur *m.* fixe (R.), condensateur *m.* d'arrêt (R.).
– – –, **blocking** = condensateur *m.* de blocage (R.), condensateur *m.* d'arrêt (R.).
– – –, **blocking, grid** = condensateur *m.* de grille (R.).
– – –, **bridging** = condensateur *m.* en dérivation (E.).
– – –, **by-pass** = condensateur *m.* de découplage (E.), condensateur *m.* en dérivation (E.).
– – –, **calibration** = condensateur *m.* étalon (E.) condensateur *m.* de calibrage (E.).
– – –, **capacity, straight-line** = condensateur *m.* à variation linéaire de capacité (E.).
– – –, **central** = condensateur *m.* central (E.), condensateur *m.* central (Méc.).
– – –, **counter-flow** = condensateur *m.* à contre-courant (E.).
– – –, **coupling** = condensateur *m.* de couplage (E.).
– – –, **decoupling** = condensateur *m.* à découplage (E.).
– – –, **ejector** = condensateur *m.* à jet (Méc.).
– – –, **electric** = condensateur *m.* électrique (E.).
– – –, **electrolytic** = condensateur *m.* électrolytique (E.).
– – –, **electrolytic, dry** = condensateur *m.* électrolytique sec (E.).
– – –, **electrolytic, wet** = condensateur *m.* électrolytique à liquide (E.).
– – –, **enclosed** = condensateur *m.* à enveloppe étanche (E.).
– – –, **evaporative** = condensateur *m.* de ruissellement (Méc.).
– – –, **feed-back** = condensateur *m.* à réaction (E.).
– – –, **filter** = condensateur *m.* de filtre (R.).
– – –, **filtering** = condensateur *m.* filtre (R.).
– – –, **fixed** = condensateur *m.* fixe (E.).
– – –, **frequency, straight-line** = condensateur *m.* à variation linéaire de fréquence (E.).
– – –, **ganged** = condensateur *m.* à blocs combinés (E.).
– – –, **grid** = condensateur *m.* de grille (R.).
– – –, **grid-bias** = condensateur *m.* de détection (grille) (R.).

(condenser)

– – –, **grid-leak** = condensateur *m.* shunté (R.).
– – –, **humming** = condensateur *m.* antironfle (R.).
– – –, **jet** = condenseur *m.* à injection (Méc.), condenseur *m.* à jet (Méc.).
– – –, **mica** = condensateur *m.* (isolé) au mica (E.), condensateur *m.* à feuilles de mica (E.).
– – –, **microphonic** = condensateur *m.* microphonique (E.).
– – –, **multiple-unit** = condensateur *m.* à prises multiples (E.).
– – –, **network** = condensateur *m.* de secteur (E.).
– – –, **neutralizing** = condensateur *m.* neutrodyne (R.), condensateur *m.* de neutralisation (R.).
– – –, **neutrodyne** = condensateur *m.* neutrodyne (R.).
– – –, **oil** = condensateur *m.* à huile (E.).
– – –, **oil-filled** = condensateur *m.* à bain d'huile (E.).
– – –, **padding** = condensateur *m.* d'appoint (en série) (E.).
– – –, **paper** = condensateur *m.* au papier (E.).
– – –, **parallel-flow** = condensateur *m.* à courants dans le même sens (E.).
– – –, **plate** = condensateur *m.* feuilleté (E.), condensateur à plaques (E.).
– – –, **quenching** = condensateur *m.* de soufflage (E.).
– – –, **reaction** = condensateur *m.* de réaction (E.).
– – –, **roll type** = condensateur *m.* bobine (E.), condensateur *m.* tubulaire (E.).
– – –, **rotating-plate** = condensateur *m.* variable à plaques tournantes (E.).
– – –, **screened** = condensateur *m.* blindé (E.).
– – –, **series** = condensateur *m.* en série (E.).
– – –, **shortening** = condensateur *m.* de découplage (E.).
– – –, **shortening, antenna** = condensateur *m.* en série dans l'antenne (R.).
– – –, **short-wave** = condensateur *m.* pour ondes courtes (R.).
– – –, **sliding** = condensateur *m.* à armures mobiles (E.).
– – –, **smoothing** = condensateur *m.* de filtrage (R.), condensateur *m.* d'absorption (d'ondulation de courant redressé) (R.).
– – –, **square law** = condensateur *m.* à variation linéaire de longueur d'onde (R.).
– – –, **standard** = condensateur *m.* étalon (E.).
– – –, **static** = condensateur *m.* statique (E.).
– – –, **steam** = condenseur *m.* de vapeur (Méc.).
– – –, **stopping** = condensateur *m.* de blocage (E.).
– – –, **surface** = condenseur *m.* à surface (Méc.).
– – –, **synchronous** = condensateur *m.* synchrone (E.).
– – –, **telephone** = condensateur *m.* téléphonique (Tp.).
– – –, **trimming** = trimmer *m.* (R.), condensateur *m.* ajustable d'appoint (R.).
– – –, **tubular** = condenseur *m.* tubulaire.
– – –, **tuning** = condensateur *m.* d'accord (R.), condensateur *m.* de syntonisation (R.).
– – –, **tuning, aerial** = condensateur *m.* d'antenne (R.), condensateur *m.* de syntonisation d'antenne (R.), condensateur *m.* d'accord d'antenne (R.).
– – –, **tuning, vernier** = condensateur *m.* à démultiplicateur (R.).
– – –, **twin-coupled** = condensateur *m.* jumelé (E.).
– – –, **two-cell** = condensateur *m.* double (E.).

(condenser)

– – –, **two-gang** = condensateur *m.* à deux blocs (E.).
– – –, **uniflow** = condenseur *m.* à courants parallèles (Méc.).
– – –, **variable** = condensateur *m.* réglable (E.).
– – –, **vernier** = condensateur *m.* à vernier (E.).
– – –, **vernier-control** = condensateur *m.* à démultiplicateur (E.).
– – –, **water-tube** = condenseur *m.* tubulaire à eau (Méc.).
– – –, **wave length, straight line** = condensateur *m.* à variation linéaire de longueur d'onde (R.).
condensers, gang = condensateurs *m.p.* en ligne, condensateurs *m.p.* jumelés (E.).
– – –, **ganged** = condensateurs *m.p.* à blocs combinés (E.), condensateurs *m.p.* à commande unique. (E.).
condition, adverse = condition *f.* défavorable.
– – –, **operating** = en état de fonctionnement, en état de marche (Méc.).
– – –, **running** = en état de fonctionnement, en état de marche (Méc.).
– – –, **to** = traiter (une mine, une forêt), conditionner (la soie, l'air), climatiser (une salle).
– – –, **working** = état de marche (Méc.), état de fonctionnement (Méc.).
conditioner = régulateur *m.* d'air (d'une chambre), conditionneur *m.* (d'air), sécheur *m.* automatique (Imp.).
– – –, **air** = appareil *m.* de climatisation, conditionneur *m.*
– – –, **hay** = conditionneur *m.* de foin (Agr.).
– – –, **paint** = appareil *m.* à conditionner la peinture.
– – –, **soil** = engrais *m.*
conditioning = traitement *m.* (d'un terrain), conditionnement *m.* (d'un tissu).
– – –, **air** = climatisation *f.*, conditionnement *m.* de l'air.
conditions as per contract = conditions *f.p.* contractuelles.
– – –, **auxiliary** = états *m.p.* auxiliaires (d'une modulation autres que les états significatifs) (Tg.).
– – –, **general** = cahier *m.* des charges.
– – **of contract** = cahier *m.* des charges.
– – **of operation** = régime *m.* de fonctionnement.
– – **of sale** = conditions *f.p.* de vente.
– – **of supply** = conditions *f.p.* de fourniture.
– – –, **operating** = conditions *f.p.* de fonctionnement.
– – –, **significant** = états *m.p.* significatifs (d'une modulation, d'une restitution) (Tg.).
– – –, **weather** = conditions *f.p.* atmosphériques.
– – –, **working** = conditions *f.p.* de fonctionnement, régime *m.*, conditions *f.p.* de travail (de la main-d'oeuvre).
condominium = (en) copropriété *f.*
conductance = conductance *f.* (E.), conductivité *f.* spécifique (E.).
– – –, **anode** = conductance *f.* d'un tube (E.), pente *f.* (E.).
– – –, **conversion** = pente *f.* de conversion (E.).
– – –, **direct-current** = conductance *f.* (E.).
– – –, **effective** = conductance *f.* (E.).
– – –, **leak** = perditance *f.* (E.).
– – –, **mutual** = conductance *f.* mutuelle (E.), pente *f.* (E.).

(conductance)

– – –, **specific** = conductivité *f.* (E.), conductibilité *f.* (E.).
conductibility = conductibilité *f.* (E., Méc.).
conductible = conductible (adj.).
conducting = conducteur (adj.) (E.).
– – –, **non** = non-conducteur (adj.) (E.).
conduction = conduction *f.* (de la chaleur), conductibilité *f.* (E.), transmission *f.* (de la lumière, de la chaleur), adduction *f.* (d'eau).
– – –, **gaseous** = conductibilité *f.* dans le gaz (E.).
– – –, **heat** = transmission *f.* de la chaleur, conduction *f.* thermique.
conductive = conducteur (adj.).
– – –, **highly** = de haute conductibilité.
conductivity = conductance *f.* (E.), conductivité *f.* (E.), conductibilité *f.* (E., Méc.).
– – –, **earth** = conductivité *f.* du sol (E.).
– – –, **electric** = conductivité *f.* électrique (E.).
– – –, **heat** = conductibilité *f.* thermique (Méc.).
– – **of an electrolyte** = conductance *f.* d'un électrolyte. (E.).
– – –, **thermal** = conductibilité *f.* thermique (Méc.).
conductor = conducteur *m.* (E.), conducteur (adj.), chef *m.* de train (O.) (Ch.d.f.).
– – –, **aerial** = conducteur *m.* d'antenne (R.), conducteur *m.* aérien (E.), fil *m.* aérien (E.), ligne *f.* aérienne (E.).
– – –, **bad** = mauvais conducteur (E.).
– – –, **bare** = conducteur *m.* nu (E.).
– – –, **branch** = dérivation *f.* (E.), branchement *m.* (E.).
– – –, **cable** = câble *m.* (Tp.), conducteur *m.* câblé (Tp.).
– – –, **C.C.S.R. (copper-core-steel-reinforced)** = fil *m.* mixte cuivre-acier.
– – –, **charged** = conducteur *m.* chargé, conducteur *m.* sous tension.
– – –, **copper, iron-clad** = fil *m.* bimétallique.
– – –, **down** = descente *f.* de paratonnerre.
– – –, **earthed** = conducteur *m.* au sol.
– – –, **electric** = conducteur *m.* électrique.
– – –, **equalizing** = fil *m.* neutre (E.), fil *m.* d'équilibre (E.).
– – –, **feeding** = feeder *m.* (E.), artère *f.* (E.).
– – –, **flexible** = conducteur *m.* souple.
– – –, **good** = bon conducteur.
– – –, **ground** = fil *m.* de terre.
– – –, **grounded** = conducteur *m.* au sol.
– – –, **grounding** = fil *m.* de terre.
– – –, **heating** = conducteur *m.* chauffant.
– – –, **insulated** = conducteur *m.* isolé.
– – –, **lightning** = paratonnerre *m.*
– – –, **line** = fil *m.* de ligne (Tp.).
– – –, **live** = conducteur *m.* chargé, conducteur *m.* sous tension.
– – –, **negative** = conducteur *m.* négatif.
– – –, **neutral** = conducteur *m.* neutre, conducteur *m.* d'équilibre.
– – –, **non** = mauvais conducteur, non-conducteur (adj.).
– – –, **non** – – – **of electricity** = isolant *m.*
– – –, **non** – – – **of heat** = calorifuge *m.*
– – **of electricity** = conducteur *m.* d'électricité.
– – **of heat** = conducteur *m.* de la chaleur.

(conductor)

– – –, **overhead** = ligne *f.* aérienne (Tp.).
– – –, **phase** = conducteur *m.* de phase, fil m de phase.
– – –, **plain** = fil *m.* monométallique.
– – –, **primary** = fil *m.* inducteur.
– – –, **railway** = chef *m.* de train (O.).
– – –, **return** = fil *m.* de retour, conducteur *m.* de retour.
– – –, **semi-** = semi-conducteur *m.* (ou adj.).
– – –, **solid** = fil *m.* plein.
– – –, **stranded** = conducteur *m.* câblé.
– – –, **tap** = fil *m.* dérivé (E.), branchement *m.* (E.).
– – –, **tap** = fil *m.* dérivé, branchement *m.*
– – –, **train** = chef *m.* de train (O.) (Ch.d.f.).
– – –, **twin** = conducteur *m.* double, conducteur *m.* jumelé.
– – –, **twisted** = conducteur *m.* torsadé.
– – –, **underground** = conducteur *m.* souterrain.
conductors, bundled = conducteurs *m.p.* en faisceaux (E.).
conduit = tube *m.* (E.), tuyau *m.* (S.), conduit *m.* (C., Tp.), canal *m.* (C.), conduite *f.* (E.), canalisation *f.* (E.), caniveau *m.* pour câbles (Tp.), tube *m.* isolant (E.).
– – –, **air** = buse *f.* d'aérage (Méc.).
– – –, **brass** = tube *m.* isolant de laiton (E.).
– – –, **building** = caniveau *m.* à câbles (Tp.), canalisation *f.* (Tp., E.).
– – –, **cable** = tube *m.* guide-fils (Tp.), caniveau *m.* à câbles (Tp.).
– – –, **clay** = tuyau *m.* en grès (S.).
– – –, **electrical** = tube *m.* guide-fils (B.), conduit *m.* électrique (B.).
– – –, **fibre** = tube *m.* en fibre (Tp., E.).
– – –, **fire-proof** = tube *m.* isolant réfractaire (E.).
– – –, **flexible** = tube *m.* articulé (E.).
–, – –, **forced** = conduite *f.* forcée (H.).
– – –, **ground** = canalisation *f.* de mise à la terre (E.).
– – –, **house** = canalisation *f.* d'immeuble (Tp.).
– – –, **iron, insulated** = tube *m.* en fer à revêtement intérieur isolant (E.).
– – –, **lateral** = dérivation *f.* latérale (d'une canalisation) (Tp.).
– – –, **metallic, flexible** = tube *m.* métallique flexible.
– – –, **metallic, rigid** = tube *m.* métallique rigide.
– – –, **multiple-duct** = canalisation *f.* multibulaire (Tp.), conduite *f.* multitubulaire (Tp.).
– – –, **outlet, air** = canal *m.* d'évacuation d'air.
– – –, **single-duct** = conduite *f.* unitaire (Tp.).
– – –, **steel, screwed** = tube *m.* en acier fileté.
– – –, **suction** = canal *m.* d'aspiration (Méc.).
– – –, **underground** = conduite *f.* souterraine (Tp., E.), tuyau *m.* souterrain (Tp., E.), galerie *f.* (Tp.).
– – –, **water** = aqueduc *m.*
– – –, **wire** = tube *m.* guide-fils (E.).
conduits, electrical = canalisation *f.* électrique (E.).
cone = cône *m.*, cône-poulie *m.* (Méc.), cône *m.* de transmission (Méc.).
– – –, **adjusting** = cône *m.* de réglage (Méc.).
– – –, **atomizing** = champignon *m.* pulvérisateur (Méc.).
– – –, **bearing** = cône *m.* de roulement (Méc.).
– – –, **bearing, roller** = cône *m.* de roulement à rouleaux (Méc.).

(cone)

– – –, **belt** = cône *m.* à courroie (Méc.).
– – –, **blast-furnace** = trémie *f.* de haut fourneau (Mét.).
– – –, **clutch** = cône *m.* d'embrayage (Auto.), cône *m.* d'accouplement (Méc.).
– – –, **coupling** = cône *m.* d'embrayage (Méc.).
– – –, **expanding** = cône *m.* extensible (Méc.).
– – –, **female** = cône *m.* femelle (Méc.), cuvette *f.* d'embrayage (Méc.).
– – –, **friction** = cône *m.* de friction, cône *m.* à friction.
– – –, **gearing** = cône *m.* d'entraînement.
– – –, **grooved** = cône *m.* à corde, cône *m.* à rainures.
– – –, **inlet** = buse *f.* d'entrée (Méc.).
– – –, **inner** – – – **of a flame** = noyau *m.* d'une flamme.
– – –, **inverted** = cône *m.* renversé.
– – –, **loudspeaker** = cône *m.* (ou pavillon *m.*) de haut-parleur, renforçateur *m.*
– – –, **male** = cône *m.* mâle.
– – –, **mixing** = diffuseur *m.* (Auto.).
– – –, **nose** = ogive *f.* (d'une fusée).
– – – **of gears** = cône *m.* d'engrenage.
– – – **of protection** = cône *m.* de protection (d'un para-tonnerre).
– – – **of silence** = zone *f.* de silence (R.).
– – – **of spread** = cône *m.* de diffusion (Méc.).
– – –, **outlet** = buse *f.* de sortie (Méc.).
– – –, **pitch** = cône *m.* de division (d'engrenages) (Méc.), cône *m.* primitif (Méc.).
– – –, **slump** = cône *m.* d'Abrams ou moule *m.* pour l'essai d'Abrams (c.-à-d. moule tronconique métallique).
– – –, **speed** = cône *m.* de vitesse, cône *m.* de transmission.
– – –, **spray** = diffuseur *m.*, pomme *f.* d'arrosoir.
– – –, **steel** = cône *m.* en acier.
– – –, **step** = poulie *f.* à gradins, cône-poulie *m.*
– – –, **three-step** = cône *m.* à trois étages, cône *m.* à trois gradins.
– – –, **traffic** = balise *f.* (Av., Auto.), cône *m.* (Mar., Auto.).
– – –, **truncated** = cône *m.* tronqué.
– – –, **union** = joint *m.* conique.
– – –, **valve** = pointeau *m.* de soupape.
– – –, **white** – – – **of oxidizing flame** = panache *m.* ce chalumeau.
– – –, **wind** = sac *m.* à vent (Av.), indicateur *m.* de direction du vent (Av.), manche *f.* à vent (Av.).
– – –, **wind, lighted** = indicateur *m.* lumineux de direction du vent (Av.).
configuration = disposition *f.* (des lieux), profil *m.* (d'un chemin), configuration *f.* (de la terre, d'un pays).
congeal, to = congeler (l'eau), geler (un sol), figer (les huiles).
congestion = encombrement *m.* (Tp.), embouteillage *m.* (Auto.).
conglomerate = aggloméré *m.* (Méc.), conglomérat *m.* (Mi.).
conical = conique (adj.).
conicity = conicité *f.*
connect, to = relier (un tonneau, les parties d'un outil), connecter ou raccorder (une tuyauterie, une batterie d'accumulateurs), mettre (deux abonnés) en commu-

(connect)

nication (Tp.), brancher (un abonné, une installation électrique), mettre (un appareil) en circuit (E.), coupler (deux moteurs en série) (E.), accoupler (deux roues), monter (une machine), assembler ou réunir (des pièces pour composer un tout), embrayer (une courroie), brancher ou installer (le téléphone).

– – –, to – – – a **lamp** = brancher une lampe (E.).

– – –, to – – – **circuits** = interconnecter des circuits (E.).

– – –, to – – – in **parallel** = monter en parallèle (E.).

– – –, to – – – in **series** = monter en série (E.).

– – –, to – – – **pipes** = joindre des tuyaux (S.), raccorder des tuyaux (S.).

– – –, to – – – to **earth** = relier à la terre (E.), connecter à la terre (E.).

– – –, to – – – **two shafts** = embrayer deux arbres (Méc.).

– – –, to – – – **two subscribers** = mettre deux abonnés en communication (Tp.).

– – –, to – – – **up** = raccorder (E.), monter (E.), mettre en circuit (E.).

– – –, to – – – **with a train** = faire correspondance avec un train.

– – –, to – – – **up the cells** = monter la batterie (E.), coupler la batterie (E.).

– – –, to – – – **up two shafts** = embrayer deux arbres (Méc.).

– – –, to **cross-** = raccorder transversalement (E.).

connected, back = avec prises arrières (E.), connecté à l'arrière (E.).

– – – by **telephone** = relié par téléphone.

– – –, **cross-** = en montage m. croisé (R., Tp.).

– – –, **delta** = monté en triangle (E.), connecté en triangle (E.).

– – –, **direct** = en prise directe (Méc.), couplé directement (E.), accouplé directement (E.).

– – –, **front** = connexion f. avant (E.), à prises avant (E.), à bornes avant (E.).

– – –, **positively** = (machines) à liaison rigide.

– – –, **rear** = connecté à l'arrière (E.), avec connexions arrières (E.).

– – –, **shunt** = monté en dérivation (E.).

– – –, **star** = monté en étoile (E.), connecté en étoile (E.).

– – –, **tee** = monté en T (Méc.), connecté en T (S.).

– – – **up** = interconnecté (E.).

connecter = V. « connector ».

connecting up = montage m. (E.), mise f. en circuit (E.).

connection = correspondance f. (de trains), assemblage m. (d'une charpente), raccordement m. (de fils, de tuyaux), réunion f. (de deux fils, deux tuyaux), connexion f. (E., Méc.), embrayage m. (des organes d'une machine), contact m. (É.), prise f. de courant (E.), raccord m. (de tuyaux), jonction f. (de rues), piquage m. (d'une canalisation, d'une ligne électrique) (H., S., E.).

– – –, **abreast** = montage m. en parallèle (E.).

– – –, **adjustable** = raccord m. réglable (Méc.).

– – –, **air** = raccord m. d'air.

– – –, **bolted** = raccord m. boulonné (C., Méc.), articulation f. (d'une charpente métallique) (C.)

– – –, **branch** = prise f. (S.), piquage m. (H., S.).

(connection)

– – –, **bridge** = montage m. en pont (E.), montage m. du pont (E.).

– – –, **built-up** = montage m. composite (Tp.).

– – –, **cable** = raccord m. de câble (Tp.), connexion f. de câble (Tp.).

– – –, **cascade** = couplage m. en cascade (E.), montage m. en cascade (E.).

– – –, **catch-basin** = branchement m. de puisard (S.).

– – –, **conference** = communication f. pour conférence (Tp.), conférence f. téléphonique.

– – –, **corner** = gousset m. de coin (B.), assemblage m. d'encoignure (B.).

– – –, **cross-** = raccordement m. transversal (E.), bretelle f. (Tp., E.).

– – –, **cross-keyed** = assemblage m. à clavettes transversales (Méc.).

– – –, **delta** = montage m. en triangle (E.), raccordement m. en triangle (E.).

– – –, **delta-delta** = montage m. en triangle (E.), raccordement m. en triangle (E.).

– – –, **delta-star** = montage m. en triangle-étoile (E.), raccordement m. en triangle-étoile (E.).

– – –, **dial** = liaison f. automatique (Tp.).

– – –, **direct** = prise f. directe (E.), ligne f. directe (Tp.).

– – –, **duplex** = communication f. bilatérale (Tg.).

– – –, **earth** = prise f. de terre (E.), mise f. à la masse (Auto.).

– – –, **elbow** = raccord m. coudé (S.).

– – –, **equipotential** = connexion f. équipotentielle (E.).

– – –, **exchange** = raccordement m. au central (Tp.).

– – –, **flexible** = accouplement m. flexible (Méc.), raccord m. souple (S.), genouillère f. (S., Méc.).

– – –, **ground** = mise f. à la masse (Auto.), prise f. de terre (E.), mise f. à la terre (E.).

– – –, **grounding** = connexion f. de mise à la terre (E.), connexion f. de mise à la masse (Auto.).

– – –, **hinged** = assemblage m. par articulation (Méc.).

– – –, **house** = branchement m. d'immeuble (S.), branchement m. particulier (S.).

– – –, **inlet** = branchement m. de bouche (d'égout) (S.).

– – – in **series** = montage m. en série (E.).

– – –, **international** = communication f. internationale (Tp.).

– – –, **international, one switch** = communication f. internationale de transit simple (Tp.).

– – –, **international, two switch** = communication f. internationale de transit double (Tp.).

– – –, **keyed** = assemblage m. à clavette (Méc.).

– – –, **long distance** = communication f. à grande distance (Tp.).

– – –, **loop** = montage m. en boucle (E.).

– – –, **loose** = connexion f. desserrée.

– – –, **mesh** = groupement m. en triangle (E.), montage m. en polygone (E.).

– – –, **mesh, four-phase** = connexion f. en carré (E.).

– – –, **mesh, three-phase** = connexion f. en triangle (E.).

– – –, **multiple** = montage m. en parallèle (E.).

– – –, **multiple-series** = couplage m. en série-parallèle (E.).

– – –, **multi-unit** = montage m. de translation (Tp.).

– – –, **night** = raccordement m. de nuit (Tp.).

– – –, **no-** = à circuit ouvert (E.).

(connection)

– – –, **one way** = communication *f.* à sens unique (Tg.), communication *f.* unilatérale (Tg.).

– – –, **parallel** = couplage *m.* en parallèle (E.), montage *m.* en parallèle (E.).

– – –, **pipe** = raccord *m.* de tuyaux (S.).

– – –, **pipe, Y** = raccord *m.* à culotte (S.).

– – –, **plug** = accouplement *m.* à fiches (E.).

– – –, **point-to-point** = liaison *f.* directe (Tp.), liaison *f.* poste à poste (Tp.).

– – –, **polygon** = montage *m.* en polygone (E.).   ,

– – –, **pump** = raccord *m.* de pompe.

– – –, **push-pull** = montage *m.* équilibré (Tp.), montage *m.* en push-pull (Tp.).

– – –, **rigid** = raccord *m.* rigide (H., Méc.), raccordement *m.* rigide (H., Méc.).

– – –, **ring** = montage *m.* en boucle (E.).

– – –, **rubber** = raccord *m.* en caoutchouc.

– – –, **screw** = raccordement *m.* vissé (H.).

– – –, **series** = montage *m.* en série (E.), couplage *m.* en série (E.).

– – –, **series-parallel** = montage *m.* en série-parallèle (E.).

– – –, **service** = branchement *m.* (H.).

– – –, **shunt** = branchement *m.* en parallèle (E.).

– – –, **siamese** = raccord *m.* en Y, culotte *f.*

– – –, **simplex, two-way** = communication *f.* bilatérale (Tg.).

– – –, **slip** = embrayage *m.* par glissement (Méc.).

– – –, **star** = groupement *m.* en étoile (E.), montage *m.* en étoile (E.).

– – –, **star-delta** = groupement *m.* en étoile-triangle (E.), raccordement *m.* en étoile-triangle (E.).

– – –, **switched** = communication *f.* par commutation (Tp., Tg.).

– – –, **tandem** = accouplement *m.* en série (E.), groupement *m.* en chaîne (E.).

– – –, **telegraph** = communication *f.* télégraphique.

– – –, **telephone** = communication *f.* téléphonique.

– – –, **threaded** = assemblage *m.* à vis (Méc.), raccord *m.* fileté (Méc.).

– – –, **toll** = communication *f.* suburbaine (Tp.), communication *f.* interurbaine (Tp.).

– – –, **transformer** = couplage *m.* de transformateur (E.).

– – –, **trunk** = liaison *f.* interurbaine (Tp.).

– – –, **under-pressure** = piquage *m.* sur conduite en charge (H.).

– – –, **wire** = ligature *f.* de fils (Tp.), joint *m.* de fils (Tp.).

– – –, **wrong** = mauvaise connexion (de fils), mauvais montage (E.), fausse communication (Tp.).

– – –, **wye** = V. « connection, Y ».

– – –, **Y** = groupement *m.* en étoile (E.), montage *m.* en étoile (E.).

– – –, **zigzag** = connexion *f.* en zigzag (E.).

connections, electrical = connexions *f.p.* électriques, V. « connection ».

– – – **of a framework** = attaches *f.p.* d'un système articulé (C.).

– – –, **pipe** = tuyauteries *f.p.* (S.), raccords *m.p.* de tuyauterie (S.).

– – –, **threaded** = raccords *m.p.* filetés (S.).

– – –, **trunk** = relations *f.p.* interurbaines (Tp.), com-

(connections)

munications *f.p.* interurbaines (Tp.).

connector = raccord *m.* (de plomberie, de bornes d'une pile), connecteur *m.* (Tp.), dispositif *m.* d'assemblage (Méc.), manchon *m.* (de raccord) (S.), serre-fils *m.* (Tp.), borne *f.* (Tp., E.), clé *f.* (à poutre) (B.), cosse *f.* de raccordement (Tp., E.).

– – –, **battery** = barrette *f.* d'accumulateur (E.), pont *m.* polaire (E.).

– – –, **battery-top** = raccord *m.* des bornes d'accumulateur (Auto.).

– – –, **belt** = agrafe *f.* de courroie (Méc.).

– – –, **bend** = boîte *f.* de raccordement coudée (E., Tp.).

– – –, **box** = accouplement *m.* à cabinet (E.), accouplement *m.* à boîte (E.).

– – –, **bridge** = pièce *f.* de raccordement (E.).

– – –, **cable** = pince *f.* de raccordement (E., Tp.), attache-fils *m.* (E., Tp.).

– – –, **cell-to-cell** = bande *f.* de connexion des éléments (E.), pont *m.* polaire (E.).

– – –, **cord** = attache-fils *m.* (E.).

– – –, **current** = prise *f.* de courant (E.).

– – –, **double** = serre-fils *m.* à deux vis (E., Tp.).

– – –, **drag-link** = boîte *f.* à rotule de la barre de direction (Auto.), accouplement *m.* (Méc.).

– – –, **forked** = chape *f.* (d'une poulie) (E.).

– – –, **fused** = connecteur *m.* à fusible (E.).

– – –, **knuckle** = connecteur *m.* articulé (Méc.), genouillère *f.* (Méc.).

– – –, **lamp** = raccord *m.* de lampe (E.).

– – – **of a battery** = barrette *f.* d'accumulateur (E), bande *f.* de connexion des éléments (E.), pont *m.* polaire (E.).

– – –, **pump, grease** = raccord *m.* de pompe à graisse.

– – –, **ring** = anneau *m.* d'assemblage (pour charpentes en bois) (C., B.).

– – –, **T** = raccord *m.* en T (E., S.), connecteur *m.* en T (E., S.).

– – –, **terminal** = borne *f.* (Tp., E.), borne *f.* d'extrémité (Tp., E.).

connexion = V. « connection ».

conservator, oil = conservateur *m.* d'huile.

consignee = consignataire *m.* (de marchandises), destinataire *m.* (d'un envoi).

consignment = envoi *m.* ou expédition *f.* (de marchandises).

consignor = expéditeur *m.*, consignateur *m.*

consistence = compacité *f.* (du sol), consistance *f.* (du béton, de l'encre, d'une résine), concentration *f.* (des sirops).

consistency = V. « consistence ».

console = console *f.* (B.), arc-boutant *m.* (B.), poste *m.* meuble (R.), récepteur *m.* en meuble (R.), pupitre *m.* de commande (E.).

– – –, **mixing** = pupitre *m.* de mélange (R., Tv.).

– – –, **shifting** = bloc *m.* de commande (Auto.).

– – –, **shifting, non-** = bloc *m.* central (Auto.).

– – –, **wireless** = meuble *m.* pour T.S.F.

consolidation = tassement *m.* (d'un remblai), consolidation *f.* (d'une fondation), fusion *f.* ou fusionnement *m.* (d'entreprises), intégration *f.* (de divers bilans).

constant = constante *f.*, constant (adj.), continu (adj.).

(constant)

– – –, **amplification** = constante *f.* d'amplification (Tp.).

– – –, **attenuation** = constante *f.* d'affaiblissement (Tp.), affaiblissement *m.* caractéristique (Tp.).

– – –, **cell** = constante *f.* de cellule (E.).

– – –, **dielectric** = constante *f.* diélectrique (E.), pouvoir *m.* inducteur spécifique (E.).

– – –, **electrical** = constante *f.* électrique (E.).

– – –, **galvanometer** = constante *f.* galvanométrique (E.).

– – –, **gas** = constante *f.* de gaz.

– – –, **heat** = constante *f.* calorifique.

– – –, **hysteresis** = constante *f.* d'hystérésis diélectrique (E.).

– – –, **light** = constante *f.* lumineuse.

– – –, **line** = constantes *f.p.* de la ligne (c.-à-d. capacité et self-inductance) (Tp.).

– – – **of a meter** = constante *f.* d'un compteur (E.).

– – – **of proportionality** = coefficient *m.* de proportionnalité.

– – – **of radioactivity** = constante *f.* de désintégration.

– – – **of the armature** = constante *f.* de l'induit (E.).

– – –, **phase** = déphasage *m.* caractéristique (Tp.), constante *f.* de phase (E.).

– – –, **propagation** = constante *f.* de propagation (E.).

– – –, **time** = constante *f.* de temps.

– – –, **transmission** = constante *f.* de transmission (R.).

constantan = constantan *m.* (Mét.).

constriction = rétrécissement *m.* (d'un vaisseau capillaire), resserrement *m.* (des pores).

construct, to = construire (un pont), agencer (un dispositif mécanique), bâtir (une maison), établir (un barrage).

construction = agencement *m.* (d'une machine), construction *f.* (d'un édifice), établissement *m.* (d'une voie ferrée), réalisation *f.*, industrie *f.* du bâtiment, creusement *m.* (d'un canal).

– – –, **adobe** = construction *f.* adobe (B.).

– – –, **all-metal** = construction *f.* entièrement métallique (B., C.).

– – –, **all-steel** = construction *f.* toute en acier (B., C.).

– – –, **baloon-frame** = construction *f.* en pans de bois (B.).

– – –, **block** = construction *f.* de blocs (B.).

– – –, **bread-board** = montage *m.* sur planche (Méc.).

– – –, **brick** = construction *f.* en brique (B.).

– – –, **brick-veneer** = construction *f.* à revêtement de briques (B.), construction *f.* à brique plaquée (B.).

– – –, **building** = construction *f.* immobilière (B.), construction *f.* de bâtiments (B.).

– – –, **catenary** = ligne *f.* caténaire (Tp.), suspension *f.* caténaire (Ch.d.f., E.).

– – –, **catenary, compound** = ligne *f.* caténaire composée (Tp.).

– – –, **catenary, double** = ligne *f.* caténaire double (Tp.).

– – –, **concrete** = construction *f.* en béton (C., B.), travaux *m.p.* de béton (C., B.).

– – –, **concrete, monolithic** = construction *f.* en béton monolithe (B.).

– – –, **concrete, reinforced** = construction *f.* en béton armé (B.).

– – –, **dry-wall** = construction *f.* à murs secs (c.-à-d.

(construction)

sans plâtre) (B.).

– – –, **emergency** = construction *f.* provisoire.

– – –, **fire-resisting** = construction *f.* résistant au feu.

– – –, **frame, plank** = construction *f.* à charpente en madriers (B.).

– – –, **frame, steel** = construction *f.* à charpente d'acier (B., C.).

– – –, **frame, wood** = construction *f.* à pans de bois (B.).

– – –, **laminated** = construction *f.* lamellée (B.).

– – –, **line** = construction *f.* de lignes (Tp.), établissement *m.* de lignes (Tp.).

– – –, **massive** = gros ouvrages (C.).

– – –, **mechanical** = réalisation *f.* mécanique.

– – –, **metal** = construction *f.* métallique (B.).

– – –, **mill** = charpenterie *f.* d'usine (B.).

– – –, **minor** = menus ouvrages.

– – –, **post and beam** = construction *f.* à poteaux et à poutres (B.).

– – –, **rib and tile** = plancher *m.* à nervures avec hourdis en terre cuite (B.).

– – –, **rigid-frame** = construction *f.* hyperstatique (B.).

– – –, **road** = construction *f.* des routes.

– – –, **skeleton** = construction *f.* hyperstatique (B.), construction *f.* à ossature portante (B.).

– – –, **slab** = construction *f.* à dalle (flottante) (B.), construction *f.* à cru (c.-à-d. qui repose sur le sol, sans fondation).

– – –, **stage** = construction *f.* par étapes.

– – –, **steel** = construction *f.* métallique (C., B.).

– – –, **timber** = construction *f.* en bois (B., C.).

– – –, **under** = en construction.

– – –, **unit** = coque *f.* monobloc (Auto.).

– – –, **veneered** = construction *f.* plaquée (B.).

constructor = constructeur *m.*

– – –, **naval** = ingénieur *m.* des constructions navales.

consultant = expert *m.* conseil.

– – –, **engineering** = ingénieur-conseil *m.*

consumer = consommateur *m.*, usager *m.* (Tp.), abonné *m.* (Tp., E.).

– – – **of electricity** = abonné *m.* à l'électricité.

– – –, **smoke** = fumivore *m.*, appareil *m.* fumivore.

consumption = consommation *f.* (des denrées), dépense *f.* (de chaleur), absorption *f.* (de rayons lumineux).

– – –, **coal** = consommation *f.* de charbon, dépense *f.* de charbon.

– – –, **cold** = froid *m.* nécessaire.

– – –, **current** = consommation *f.* de courant (E.), dépense *f.* de courant (E.).

– – –, **daily** = consommation *f.* quotidienne, consommation *f.* journalière.

– – –, **energy** = consommation *f.* d'énergie (E., Méc.), dépense *f.* d'énergie (E., Méc.).

– – –, **fuel** = consommation *f.* d'essence (Auto.), consommation *f.* de combustible.

– – –, **heat** = dépense *f.* de chauffage.

– – –, **hourly** = consommation *f.* à l'heure, consommation *f.* horaire.

– – –, **low** = consommation *f.* réduite.

– – –, **mean** = consommation *f.* moyenne.

– – –, **oil** = consommation *f.* d'huile.

– – –, **peak** = pointe *f.* de consommation (E., H.).

– – – **per hp-hour** = consommation *f.* par Hp-heure,

(consumption)

consommation f. spécifique.
- - -, **power** = énergie f. consommée.
- - -, **specific** - - - **of a luminous source** = coefficient m. de consommation (d'une source).
- - -, **steam** = consommation f. de vapeur (Méc.), dépense f. de vapeur (Méc.).
- - -, **water** = consommation f. d'eau, dépense f. d'eau.
contact = contact m. (E.), touche f. (E.), plot m. (E.) goutte-de-suif f. (E.), portée f. (d'une dent de roue), V. « contacts ».
- - -, **alarm** = crocodile m. (Ch.d.f.).
- - -, **back** = contact m. de repos (d'un manipulateur Morse).
- - -, **break** = contact m. de rupture (E., Tp.).
- - -, **bridging** = contact m. à lame d'interrupteur (E.).
- - -, **brush** = contact m. de balai (E.), contact m. par balai (E.).
- - -, **bulb** = plot m. de lampe (E.).
- - -, **bulb, single** = lampe f. à un plot.
- - -, **cam** = contact m. de came (Méc.).
- - -, **carbon** = contact m. par charbon (E.), pastille f. de charbon (E.).
- - -, **change-over** = contact m. à permutation (E.).
- - -, **dirty** = contact m. encrassé (E.).
- - -, **dry** = contact m. sec (E.).
- - -, **electric** = contact m. électrique.
- - -, **fixed** = borne f. fixe (E., Tp.).
- - -, **floor** = pédale f. de parquet (E.).
- - -, **frictional** = contact m. à frottement (E.).
- - -, **ground** = contact m. à la masse (Auto.), mise f. à la terre (E.).
- - -, **make-and-break** = contact m. repos-travail (Tp.).
- - -, **mercury** = contact m. à mercure (E.).
- - -, **pedal** = contact m. à pédale (E.).
- - -, **platinum** = contact m. en platine (E.).
- - -, **platinum-tipped** = contact m. platine, contact m. en platine.
- - -, **plug** = contact m. à fiche (E.), interrupteur m. à fiche (E.).
- - -, **point** = contact m. à pointe (E.).
- - -, **poor** = mauvais contact.
- - -, **pull** = contact m. à tirage (E.).
- - -, **relay** = contact m. de relais (E., Tp.).
- - -, **resting** = contact m. de repos (E.).
- - -, **ring, slip** = contact m. à bague glissante (E.).
- - -, **rolling** = contact m. de roulement (E.).
- - -, **rubbing** = contact m. à frottement (E.).
- - -, **screwed** = contact m. à vis (E.).
- - -, **seal-in** = contact m. de maintien.
- - -, **self-holding** = contact m. de maintien.
- - -, **self-wiping** = contact m. autonettoyeur (E.).
- - -, **slide** = curseur m. (E.), contact m. glissant (E.).
- - -, **sliding** = curseur m. (E.), contact m. de glissement (E.).
- - -, **snap** = contact m. à languette (E.), contact m. à ressort.
- - -, **spring** = contact m. à ressort (E.).
- - -, **timing** = vis f. platinée de rupture (Auto.).
- - - **to earth** = mise f. à terre (E.), contact m. avec la terre (E.).
- - -, **tooth** = portée f. des dents (d'engrenage) (Méc.).

(contact)

- - -, **treading** = pédale f. de parquet (E.).
- - -, **two-pin** = contact m. à deux fiches (E.).
- - -, **wedge** = interrupteur m. à fiche (E.).
- - -, **wiping** = contact m. à frottement (E.).
- - -, **working** = plot m. de travail (E.).
contactor = contacteur m. (E.), rupteur m. (c.-à-d. interrupteur commandé à distance) (E.).
- - -, **acknowledging** = contacteur-annonceur m. (R.).
- - -, **reset** = contacteur m. à réenclenchement (E.).
- - -, **three-switch** = contacteur m. à trois positions (E.).
contacts, brake-before-make = contacts m.p. sans chevauchement (E.).
- - -, **make-before-brake** = contacts m.p. établis avant l'ouverture (E.), contacts m.p. à chevauchement (E.).
contained, self- = indépendant (adj.), complet (par lui-même) (adj.), autonome (adj.).
container = récipient m., vase m., bidon m., boîte f., bac m., godet m., contenant m., conteneur m.
- - -, **accumulator** = bac m. d'accumulateur (E.).
- - -, **disposable** = (à) canette f. (ou cannette f.) perdue (bière, etc.), (à) emballage m. perdu.
- - -, **freight, collapsible** = conteneur m. démontable.
- - -, **multiple** = bac m. à compartiments (E.).
- - -, **non-returnable** = (à) canette f. (ou cannette f.) perdue (bière, etc.), (à) emballage m. perdu.
- - -, **oil** = godet m. à huile (Méc.).
containerization = conteneurisation f.
contamination = pollution f. (d'une source d'eau), contamination f. (d'une maladie).
content = teneur f. (en or), titre m. (d'une solution), capacité f. (d'un réservoir), contenu m. ou volume m. (d'une caisse).
- - -, **ash** = taux m. de cendres.
- - -, **carbon** = teneur f. en carbone.
- - -, **carbon, high** = haute teneur en carbone.
- - -, **cubic** = cubage m. (d'une chambre), déplacement m. en volume (d'une machine soufflante), capacité f. (d'un tonneau).
- - -, **fibre** = composition f. fibreuse (Pap.).
- - -, **harmonic** = pourcentage m. de distorsion (Tp.).
- - -, **heat** - - - **per unit mass** = enthalpie f.
- - -, **moisture** = teneur f. en humidité, état m. hygrométrique.
- - -, **moisture, equilibrium** = équilibre m. de la teneur en humidité (du bois).
- - -, **volatile-matter** = indice m. de matières volatiles.
- - -, **water** = teneur f. en eau.
contents = table f. des matières (d'un livre).
contingencies = imprévus m.p., faux frais m.p.
continuance = durée f. (des travaux), continuation f. (d'une action).
continuation = prolongement m. (d'une muraille), continuation f. (d'un chemin), suite f. (d'un récit).
continuity = continuité f., enchaînement m. (R., Tv).
- - - **of the current** = uniformité f. du courant (E.).
- - - **of service** = continuité f. (ou permanence f.) du service (Tp.).
contour = profil m. (d'un terrain), tracé m. (d'un plan), contour m. (d'une colonne), courbe f. de niveau.
contract = abonnement m. (E., Tp.), contrat m., marché m., entreprise f., convention f. forfaitaire.

(contract)

– – –, all-in = police *f.* mixte (c.-à-d. force et lumière) (E.).

– – –, by = à forfait, à l'entreprise.

– – –, construction = contrat *m.* de travaux, marché *m.* de travaux.

– – –, cost = marché *m.* sur (ou en) dépenses contrôlées.

– – –, cost plus = marché *m.* sur dépenses contrôlées.

– – –, cost plus a fixed fee = marché *m.* à bénéfice fixe.

– – –, cost plus fee = marché *m.* à bénéfice fixe.

– – –, cost plus incentive fee = marché *m.* en régie à clause d'intéressement.

– – –, cost reimbursement = marché *m.* en dépenses contrôlées.

– – –, cost sharing = marché *m.* en dépenses contrôlées.

– – –, direct = marché *m.* par entente directe.

– – –, fee = marché *m.* en régie, marché *m.* sur dépenses contrôlées.

– – –, firm price = contrat *m.* (ou marché *m.*) à forfait, marché *m.* forfaitaire.

– – –, firm price, fixed = contrat *m.* (ou marché *m.*) à forfait, marché *m.* forfaitaire.

– – –, fixed price = contrat *m.* (ou marché *m.*) à forfait, marché *m.* forfaitaire.

– – –, incentive = marché *m.* à clause d'intéressement.

– – –, incentive, fixed price = marché *m.* forfaitaire à clause d'intéressement.

– – –, labor = convention *f.* collective, contrat *m.* de travail.

– – –, leased line = contrat *m.* de location d'un circuit (Tp.).

– – –, long-life = marché *m.* à long terme.

– – –, lump-sum = marché *m.* à forfait.

– – –, percentage-basis = entreprise *f.* au pourcentage.

– – –, private = acte *m.* sous seing privé.

– – –, rental = contrat *m.* de location, bail *m.*

– – –, service = contrat *m.* de service (Tp.), abonnement *m.* (Tp.).

– – –, service, temporary = abonnement *m.* temporaire (Tp.).

– – –, sub- = V. « subcontract ».

– – –, supply = contrat *m.* de fourniture.

– – –, to = contracter (une maladie, des obligations), entreprendre (des travaux), s'engager (par contrat) à. . ., faire un marché (avec quelqu'un pour quelque chose).

– – –, to – – – by the job = travailler à forfait.

– – –, to – – – for work = entreprendre des travaux à forfait.

– – –, to put some work up to = mettre un travail en adjudication.

– – –, to put work out to = mettre un travail à l'entreprise.

contraction = contraction *f.* (des molécules d'un corps), rétrécissement *m.* (d'un vaisseau capillaire), retrait *m.* (des métaux).

– – –, lateral = étranglement *m.* (Méc.).

– – –, nozzle = étranglement *m.* de l'ajutage.

– – –, sudden = rétrécissement *m.* brusque.

contractor = entrepreneur *m.* (O.), adjudicataire *m.*

(contractor)

(O.).

– – –, building = entrepreneur *m.* de bâtiments, constructeur *m.*

– – –, drilling = entrepreneur *m.* de forage.

– – –, earthwork = entrepreneur *m.* de terrassements, terrassier *m.* (O.).

– – –, general = entrepreneur *m.* de travaux publics, entreprise *f.* de travaux publics.

– – –, haulage = entrepreneur *m.* de transports.

– – –, painting = entrepreneur *m.* de peinture.

– – –, plumbing = entrepreneur *m.* de plomberie.

– – –, public works = entrepreneur *m.* de travaux publics.

– – –, road = entrepreneur *m.* de travaux routiers.

– – –, roofing = couvreur *m.* (O.).

– – –, structural = entrepreneur *m.* de charpente.

– – –, sub- = V. « subcontractor ».

– – –, woodworking = entrepreneur *m.* de menuiserie.

contrast = contraste *m.* (Tv.).

contribution = contribution *f.* (à une oeuvre), cotisation *f.* (patronale), apport *m.* (des époux).

– – –, pro-rata = quote-part *f.*

contrivance = invention *f.*, artifice *m.*, plan *m.*, organe *m.*, dispositif *m.*, mécanisme *m.*

control = contrôle *m.* (d'une perception), maîtrise *f.* (de soi, des mers), commande *f.* (d'un mécanisme), direction *f.* (des affaires), réglage *m.* (d'une machine), modulation *f.* (E.).

– – –, air = commande *f.* à air comprimé.

– – –, air-compressed = commande *f.* par air comprimé.

– – –, airplane = commandes *f.p.* d'avion.

– – –, amplitude, automatic = réglage *m.* automatique d'amplitude (R.).

– – –, automatic = commande *f.* automatique, réglage *m.* automatique.

– – –, ball-and-socket = commande *f.* à rotule (Méc.).

– – –, bass, automatic = réglage *m.* automatique des basses fréquences (R.).

– – –, brightness = (bouton *m.* de) réglage *m.* de la luminosité (Tv.).

– – –, brightness, automatic = réglage *m.* automatique de brillance (Tv.), réglage *m.* automatique de la luminosité (Tv.).

– – –, button, push- = commande *f.* par bouton-poussoir (E.).

– – –, carburetor = commande *f.* du carburateur (Auto.).

– – –, cascade = réglage *m.* par montage en cascade (E.).

– – –, centering = bouton *m.* de cadrage (Tv.).

– – –, centralized = contrôle *m.* centralisé.

– – –, choke = commande *f.* de volet d'air du carburateur (Auto.).

– – –, cruise = régulateur *m.* de vitesse (Auto.).

– – –, cruise, automatic = régulateur *m.* automatique de vitesse (Auto.).

– – –, crystal = réglage *m.* piézo-électrique (E.).

– – –, deviation, instantaneous = régulateur *m.* instantané de glissement (Tp.).

– – –, dial, single = commande *f.* unique (R.).

– – –, direct-current = commande *f.* par courant continu (E.).

(control)

– – –, **distant** = télécommande *f.* (E., Méc.).

– – –, **dual** = double commande.

– – –, **dust** = suppression *f.* de la poussière, contrôle *m.* des poussières.

– – –, **echo** = suppression *f.* d'écho (Tp.).

– – –, **electrical** = commande *f.* électrique, commande *f.* par l'électricité.

– – –, **electromagnetic** = commande *f.* électromagnétique.

– – –, **electropneumatic** = commande *f.* électropneumatique.

– – –, **feed** = commande *f.* de l'avance (Méc.).

– – –, **fine** = réglage *m.* précis (Méc., E.).

– – –, **finger-tip** = commande *f.* au doigt.

– – –, **finger-touch** = commande *f.* au doigt.

– – –, **flood** = contrôle *m.* des inondations (C.).

– – –, **focusing** = commande *f.* de mise au point (Tv.), commande *f.* de netteté (Tv.).

– – –, **foot** = commande *f.* au pied.

– – –, **frequency** = stabilisation *f.* de fréquence (R.), stabilisateur *m.* de fréquence (R.).

– – –, **frequency, automatic** = réglage *m.* automatique de fréquence (R.), régulateur *m.* automatique de fréquence (R.), régulateur *m.* automatique d'accord (R.).

– – –, **frequency, flat** = réglage *m.* de fréquence en palier (E.).

– – –, **gain, anti-clutter** = antiparasite *m.* automatique (Radar).

– – –, **gain, automatic** = réglage *m.* automatique du gain (Tp.), réglage *m.* automatique de puissance (R.), réglage *m.* automatique d'amplification (R.), commande *f.* automatique de gain.

– – –, **gain, automatic, delayed** = antifading *m.* retardé (R.).

– – –, **gain, automatic, instantaneous** = régulateur *m.* automatique de niveau (Radar).

– – –, **gain, automatic, quiet** = antifading *m.* à réglage silencieux (R.), commande *f.* automatique de gain avec silencieux (d'un récepteur) (R.).

– – –, **gain, differential** = atténuateur *m.* sélectif (R.).

– – –, **ganged** = commande *f.* unique.

– – –, **governor** = commande *f.* par régulateur (Méc.).

– – –, **hand** = commande *f.* à la main.

– – –, **headlamp, guidematic** = commutateur *m.* automatique des phares (Auto.).

– – –, **heat** = régulateur *m.* de chaleur.

– – –, **humidity** = hygrostat *m.* (I.) (B.).

– – –, **hydraulic** = commande *f.* hydraulique.

– – –, **ignition** = commande *f.* d'allumage.

– – –, **individual** = commande *f.* individuelle, commande *f.* séparée.

– – –, **level, automatic** = correcteur *m.* automatique de niveau (Auto.).

– – –, **linear** = résistance *f.* à variation linéaire (R.).

– – –, **load-frequency** = réglage *m.* fréquence-puissance (E.).

– – –, **local** = commande *f.* directe (E.).

– – –, **manual** = commande *f.* manuelle.

– – –, **mechanical** = commande *f.* mécanique.

– – –, **multiple-unit** = commande *f.* à unités multiples (E.).

– – –, **multi-voltage** = commande *f.* par variation de

(control)

tension (E.).

– – –, **non-automatic** = commande *f.* volontaire.

– – –, **odor** = protection *f.* contre les mauvaises odeurs.

– – – **of affairs** = direction *f.* des affaires.

– – – **of a mechanism** = asservissement *m.* d'un mécanisme, commande *f.* d'un mécanisme.

– – – **of a mixture** = dosage *m.* d'un mélange (C.).

– – – **of echoes** = suppression *f.* d'écho (E.).

– – – **of the flowage** = régularisation *f.* du débit d'eau (H.).

– – –, **one-lever** = commande *f.* à levier unique.

– – –, **pedal** = commande *f.* par pédale (Auto.).

– – –, **phase, automatic** = mise *f.* en phase automatique (E.).

– – –, **pneumatic** = commande *f.* pneumatique.

– – –, **power** = commande *f.* mécanique.

– – –, **price** = réglementation *f.* des prix, surveillance *f.* des prix.

– – –, **production** = gestion *f.* de la production.

– – –, **push-and-pull** = commande *f.* par tirette (E.).

– – –, **quality** = contrôle *m.* de qualité.

– – –, **radio** = téléguidage *m.*, radiocommande *f.*

– – –, **range, volume** = réglage *m.* de la dynamique (R., Tv.).

– – –, **regenerative** = commande *f.* (de vitesse) par rétroaction (E.).

– – –, **remote** = commande *f.* à distance (R.), télécommande *f.* (R.).

– – –, **remote, automatic** = commande *f.* automatique à distance (R.).

– – –, **remote, manual** = commande *f.* manuelle à distance (Méc., R.).

– – –, **resistance** = réglage *m.* par résistance (E.).

– – –, **selectivity** = réglage *m.* de sélectivité (R.).

– – –, **selectivity, automatic** = régulateur *m.* d'antifading (R.), réglage *m.* automatique de sélectivité (R.), réglage *m.* automatique d'amplification (R.).

– – –, **sensibility** = commande *f.* de la sensibilité (R.).

– – –, **sensitivity, automatic** = antifading *m.* (R.), régulateur *m.* d'antifading (R.).

– – –, **series-parallel** = régulation *f.* série-parallèle (E.), commande *f.* en série-parallèle (E.).

– – –, **servo-** = appareil *m.* servo-régulateur.

– – –, **signal, direction** = levier *m.* (ou commande *f.*) des clignotants (Auto.).

– – –, **single** = commande *f.* unique.

– – –, **sound** = (bouton *m.* de) réglage *m.* du volume (Tv.).

– – –, **spark** = commande *f.* d'allumage (Auto.).

– – –, **speed** = contrôle *m.* de la vitesse, réglage *m.* de la vitesse.

– – –, **speed, automatic** = régulateur *m.* de vitesse (Méc.).

– – –, **spring** = commande *f.* par ressort.

– – –, **supervisory** = dispositif *m.* de contrôle (E., Tp.), télécommande *f.* (E.).

– – –, **switching, remote** = télérelais *m.* (E.).

– – –, **switch-stick** = commande *f.* par perche isolante (E.).

– – –, **tele-** = V. « telecontrol ».

– – –, **temperature** = thermostat *m.*

– – –, **thermostatic** = commande *f.* thermostatique, réglage *m.* thermostatique, réglage *m.* par ther-

(control)

mostal, commande *f.* par thermostat.
- – –, **throttle** = manette *f.* des gaz (Méc.), levier *m.* de papillon (Auto.), commande *f.* de l'admission des gaz (Méc.), réglage *m.* par étrangleur (Auto.).
- – –, **tie-line, flat** = réglage *m.* d'interconnexion en palier (E., Tp.).
- – –, **time** = synchronisation *f.*
- – –, **timing** = commande *f.* de distribution (Auto.).
- – –, **to** = régler (la dépense), commander (le mouvement d'une machine), conduire, diriger (la production), dominer (sa colère), gouverner (les esprits), moduler (un courant) (E.), maîtriser ou circonscrire (un incendie), réglementer (les prix).
- – –, **tone** = réglage *m.* de tonalité (R.), correcteur *m.* de tonalité (R.).
- – –, **traffic** = réglementation *f.* de la circulation (Auto.), régulation *f.* du trafic (Ch.d.f., Tp.).
- – –, **tuning** = réglage *m.* d'accord (R.), syntonisation *f.* (R.).
- – –, **tuning, automatic** = syntonisation *f.* automatique (R.), commande *f.* automatique d'accord (R.), dispositif *m.* d'accord automatique (R.).
- – –, **vacuum** = avance *f.* à dépression (Auto.).
- – –, **voice** = modulation *f.* par la voix (Tp.).
- – –, **voltage** = contrôle *m.* de la tension (E.), réglage *m.* de la tension.
- – –, **voltage, adjustable** = régulation *f.* de tension (E.).
- – –, **voltage, armature** = réglage de la tension (E.), graduateur *m.* de tension (E.).
- – –, **volume** = contrôle *m.* de volume (R.), volume-contrôle *m.* (R.), réglage *m.* d'amplification (R.), (bouton *m.* de) réglage *m.* du volume (R.).
- – –, **volume, automatic** = correcteur *m.* d'évanouissement (R.), volume-contrôle *m.* automatique (R.), dispositif *m.* antifading (R.), régulateur *m.* antifading (R.).
- – –, **volume, automatic, delayed** = antifading *m.* différé (R.), antifading *m.* retardé (R.).
- – –, **volume, automatic, quiet** = antifading *m.* à réglage silencieux (R.).
- – –, **volume, manual** = réglage *m.* manuel d'amplification (R.), réglage *m.* manuel de volume (R.).
- – –, **volume, play-back** = réglage *m.* de niveau à la lecture (d'un enregistrement).
- – –, **volume, recording** = réglage *m.* de niveau à l'enregistrement.
- – –, **volume, tone-compensated** = réglage *m.* d'intensité sonore avec compensation du timbre (R.).
- – –, **width** = réglage *m.* de largeur d'image (Tv.).
controlled, electrically = à commande électrique (E.).
- – –, **governor** = commandé par régulateur (Méc.).
- – –, **radio** = télécommandé (R.), dirigé par radio (R.), radioguidé (R.).
- – –, **relay** = commandé par relais (E.).
- – –, **remote** = télécommandé (R.), commandé à distance (E.).
- – –, **throttle** = à obturation (Méc.).
- – –, **wireless** = dirigé par radio (R.), radioguidé (R.).
controllable = (dépenses *f.p.*) compressibles (adj.), (témoignage *m.*, affirmation *f.*) contrôlable (adj.) ou vérifiable (adj.), (bateau *m.*, véhicule *m.*) manoeuvrable (adj.), (émotion *f.*) maîtrisable (adj.).

controller = combinateur *m.* de couplage (E.), contrôleur *m.* (E.), contrôleur *m.* (O.).
- – –, **all-purpose** = contrôleur *m.* universel (E.).
- – –, **cam-shaft** = commutateur *m.* à cames (Méc.).
- – –, **electric** = appareil *m.* de commande électrique (E.).
- – –, **manual** = appareil *m.* de commande à main.
- – –, **servo-motor operated** = équipement *m.* à servomoteurs et combinateurs (E.).
- – –, **speed** = régulateur *m.* de vitesse (Méc.).
- – –, **ten-point** = contrôleur *m.* à dix plots (E.).
- – –, **traction, automatic** = équipement *m.* automatique de traction (E.).
controls, interconnected = commandes *f.p.* conjuguées (Méc., E.).
convection = convection *f.* (d'un courant, de la chaleur).
convector = appareil *m.* de chauffage par convection, convecteur *m.* (c.-à-d. appareil *m.* placé dans un liquide).
convenience = commodités *f.p.* (S.), lieux *m.p.* d'aisances (S.).
conventional = classique (adj.), normal (adj.), conventionnel (adj.).
conversation = conversation *f.* (téléphonique, télégraphique), entretien *m.*
conversion = conversion *f.* (des pieds en pouces), transformation *f.* (du fer en acier).
- – –, **dial** = conversion *f.* à l'automatique (Tp.).
- – –, **frequency** = conversion *f.* (ou changement *m.*) de fréquence (E.).
- – –, **thermal** = transformation *f.* thermique.
- – – **to dial** = conversion *f.* à l'automatique (Tp.).
convert, to = transformer (un secteur téléphonique) en automatique, débiter (le bois), convertir (le taux d'une rente), transformer (une équation).
converter = convertisseur *m.* (E., Mét.), transformateur *m.* (E.), changeur *m.* de fréquence (E.), adapteur *m.* (E.), traducteur *m.* (M.), translation *f.* convertisseuse (Tg.).
- – –, **AC-DC** = redresseur *m.* de courant (E.).
- – –, **analog-to-digital** = traducteur *m.* analogique-numérique.
- – –, **arc** = oscillateur *m.* à arc (E.).
- – –, **baffle plate** = transformateur *m.* de mode (des guides d'ondes) (Tv.).
- – –, **Bessemer** = convertisseur *m.* Bessemer (Mét.).
- – –, **cascade** = convertisseur *m.* en cascade (E.), moteur-convertisseur *m.* (E.).
- – –, **catalytic** = catalyseur *m.* d'échappement (Auto.), épurateur *m.* (catalytique) (Auto.).
- – –, **code** = convertisseur *m.* de code (Tg.).
- – –, **digital-to-analog** = traducteur *m.* numérique-analogique.
- – –, **frequency** = changeur *m.* de fréquence (E.), transformateur *m.* de fréquence (E.), convertisseur *m.* de fréquence (E.).
- – –, **inverted** = convertisseur *m.* continu-alternatif (E.).
- – –, **motor** = convertisseur *m.* en cascade (E.), moteur-convertisseur *m.* (E.).
- – –, **phase** = convertisseur *m.* de phase (E.).
- – –, **ringing** = transformateur *m.* de sonnerie (Tp.).

(converter)

– – –, **rotary** = commutatrice *f.* (E.), convertisseur *m.* rotatif (E.).

– – –, **short-wave** = convertisseur *m.* pour ondes courtes (R.).

– – –, **single-armature** = commutatrice *f.* (E.).

– – –, **static** = transformateur *m.* (E.), convertisseur *m.* (E.).

– – –, **steel** = convertisseur *m.* Bessemer.

– – –, **synchronous** = commutatrice *f.* (E.), transformateur *m.* synchrone (E.).

– – –, **thermal** = convertisseur *m.* thermique.

– – – **to alternating current** = transformateur *m.* continu-alternatif (E.).

– – – **to direct current** = transformateur *m.* alternatif-continu (E.).

– – –, **torque** = convertisseur *m.* de couple (Auto.).

– – –, **torque, variable vane** = convertisseur *m.* (de couple) à ailettes articulées (Auto.).

– – –, **wave** = transformateur *m.* de guide d'ondes (Tv.).

convertible = transformable (adj.) (Auto.), cabriolet *m.* (Auto.).

convex = convexe (adj.).

– – –, **double-** = biconvexe (adj.).

convexo-concave = convexo-concave (adj.).

convexo-convex = biconvexe (adj.).

conveyance = transport *m.* (d'énergie électrique, des matériaux), transmission *f.* (du son, de la chaleur), camionnage *m.*, charriage *m.*, transfert *m.* ou translation *f.* (d'une propriété).

– – –, **belt** = transport *m.* par bande (Méc.).

– – –, **coal** = amenée *f.* du charbon (à la chaudière) (Méc.).

– – – **of electrical energy** = transmission *f.* d'énergie électrique (E.).

– – –, **long-distance** – – – **of power** = transport *m.* d'énergie à grande distance (E.).

– – – **of power** = transport *m.* d'énergie (E.).

– – –, **public** = transports *m.p.* en commun.

conveyer = V. « conveyor ».

conveying = transport *m.* (des marchandises, de la vapeur), transmission *f.* (du mouvement), camionnage *m.*, charriage *m.*, communication *f.* (d'une nouvelle), cession *f.* ou transfert *m.* (d'une propriété) expression *f.* (d'une idée).

– – – **above ground** = transport *m.* au jour.

– – –, **inclined** = transport *m.* sur plan incliné.

– – – **of power** = transmission *f.* de force motrice (E.).

conveyor (or conveyer) = convoyeur *m.* (M.), conducteur *m.* (d'électricité), transporteur *m.* (O., M.), chaîne *f.* (Méc.), bande *f.* transporteuse (Méc.), voiturier *m.* (O.).

– – –, **assembly** = chaîne *f.* de montage.

– – –, **band** = transporteur *m.* à toile sans fin, tapis *m.* roulant, transporteur *m.* à courroie, transporteur *m.* à bande, courroie *f.* transporteuse.

– – –, **belt** = transporteur *m.* à bande, transporteur *m.* à courroie.

– – –, **bucket** = transporteur *m.* à godets, transporteur *m.* à augets.

– – –, **chain** = convoyeur *m.* à chaîne.

– – –, **chain and bucket** = élévateur *m.* à godets.

– – –, **coal** = transporteur *m.* à charbon.

(conveyor (or conveyer.)

– – –, **drag** = convoyeur *m.* à raclettes.

– – –, **drag-link** = convoyeur *m.* à raclettes.

– – –, **jigger** = transporteur *m.* à secousses.

– – –, **line-roll** = transporteur *m.* à rouleaux.

– – –, **live-roll** = convoyeur *m.* à rouleaux d'entraînement.

– – –, **log** = convoyeur *m.* de billes de bois, convoyeur *m.* de bois en grume.

– – –, **material, bulk** = convoyeur *m.* de matériaux en vrac.

– – –, **overhead** = convoyeur *m.* aérien.

– – –, **pneumatic** = convoyeur *m.* pneumatique.

– – –, **portable** = sauterelle *f.* (C.).

– – –, **push-plate** = convoyeur *m.* à palettes.

– – –, **roller** = transporteur *m.* à rouleaux.

– – –, **rope** = convoyeur *m.* à câble métallique, convoyeur *m.* par entraînement.

– – –, **scoop** = transporteur *m.* à augets.

– – –, **scraper** = convoyeur *m.* à raclettes.

– – –, **screw** = vis *f.* de transport, convoyeur *m.* à vis sans fin.

– – –, **shaker** = couloir *m.* à secousses, transporteur-trembleur *m.*, transporteur *m.* à secousses.

– – –, **spiral** = hélice *f.* transporteuse, vis *f.* transporteuse, vis *f.* sans fin.

– – –, **spout** = transporteur *m.* à décharge.

– – –, **tray** = convoyeur *m.* à plateaux.

– – –, **trough** = convoyeur *m.* à augets, transporteur *m.* à augets.

convolution = spire *f.* (E.), enroulement *m.* (E.).

cook = cuisinier *m.* (O.).

– – –, **bull** = marmiton *m.* (O.).

– – –, **head** = chef *m.* (cuisinier).

– – –, **pastry** = pâtissier *m.*

cooker = cuisinière *f.* (Ust.), fourneau *m.* (Ust.), cuiseur *m.* (Ust.).

– – –, **electric** = cuisinière *f.* électrique (Ust.), cuiseur *m.* électrique (Ust.).

– – –, **gas** = cuisinière *f.* à gaz (Ust.), réchaud-four *m.* (Ust.).

– – –, **pressure** = autoclave *m.* (Ust.), autocuiseur *m.* (Ust.).

cookery = cuisine *f.* (c.-à-d. l'art culinaire).

cookie = galette *f.* (Ust.).

cooking = cuisson *f.* (de vivres), la cuisine (Ust.), falsification *f.* (des comptes).

cooky = aide-cuisinier *m.* (O.).

cool = frais (adj.).

– – –, **to** = rafraîchir (un palier), refroidir (l'eau, le zèle), réfrigérer (des aliments).

coolant = huile *f.* de coupe (Méc.), réfrigérant *m.*

cooled, air = refroidi par l'air.

– – –, **fan** = refroidi par ventilateur, soufflé.

– – –, **force** = à refroidissement forcé.

– – –, **oil** = à refroidissement par huile.

– – –, **self-** = à refroidissement naturel, à autorefroidissement.

– – –, **water** = refroidi par l'eau, à refroidissement d'eau.

cooler = réfrigérateur *m.*, rafraîchisseur *m.*, glacière *f.* (de camping).

– – –, **air** = réfrigérant *m.* à air, refroidisseur *m.* d'air.

– – –, **air, dry** = refroidisseur *m.* à air sec.

(cooler)

– – –, **air, rain** = refroidisseur *m*. à ruissellement.
– – –, **forced-draught** = réfrigérant *m*. soufflé.
– – –, **gas** = réfrigérateur *m*. à gaz.
– – –, **oil** = refroidisseur *m*. d'huile.
– – –, **pipe, double-** = refroidisseur *m*. à tubes concentriques.
– – –, **spray** = refroidisseur *m*. à ruissellement.
– – –, **submerged** = refroidisseur *m*. immergé.
– – –, **walk-in** = chambre *f*. froide.
– – –, **water** = refroidisseur *m*. d'eau.
cooling = refroidissement *m*., rafraîchissement *m*.
– – –, **air** = refroidissement *m*. par courant d'air, refroidissement *m*. par air.
– – –, **air, forced** = refroidissement *m*. forcé par air.
– – –, **brine** = refroidissement *m*. à saumure.
– – – **by air circulation** = refroidissement *m*. par circulation de l'air.
– – – **by direct expansion** = refroidissement *m*. à détente directe.
– – – **by evaporation** = refroidissement *m*. par évaporation.
– – –, **fan** = refroidissement *m*. par ventilateur.
– – –, **forced** = ventilation *f*. forcée.
– – –, **gradual** = refroidissement *m*. progressif.
– – –, **indirect** = réfrigération *f*. indirecte.
– – –, **oil** = refroidissement *m*. par huile.
– – –, **oil, forced** = refroidissement *m*. forcé par huile.
– – –, **radiation** = refroidissement par radiation, refroidissement *m*. par air.
– – –, **rapid** = réfrigération *f*. rapide.
– – –, **rib** = refroidissement *m*. par ailettes.
– – –, **shower** = rafraîchissement *m*. par ruissellement.
– – –, **spray** = refroidissement *m*. par pulvérisation.
– – –, **surface** = rafraîchissement *m*. superficiel.
– – –, **thermosyphon** = refroidissement *m*. par thermosiphon (Auto.).
– – –, **water** = refroidissement *m*. par eau.
– – –, **water, forced** = refroidissement *m*. forcé par eau.
– – –, **water, fresh** = refroidissement *m*. à eau douce.
coop, chicken = mue *f*. (Agr.), cage *f*. à poules (Agr.).
– – –, **fattening** = épinette *f*. (Agr.), cageot *m*. d'engraissement (Agr.).
– – –, **hen** = cage *f*. à poules (Agr.).
cooper = tonnelier *m*. (O.).
cooperage = tonnellerie *f*., boissellerie *f*.
coordinate = coordonnée *f*.
– – –, **to** = coordonner (une chose à une autre)
– – –, **X** = abscisse *f*.
– – –, **Y** = ordonnée *f*.
cop, speed = motard *m*. de la route.
cope, to = chaperonner (un mur).
copier = duplicateur *m*. (M.).
copilot = copilote *m*. (O.) (Av.).
coping = chaperon *m*. ou couronnement *m*. (d'un mur) (B.), larmier *m*. (B.), chaperon *m*. d'abri (d'un escalier).
– – –, **brick-on-edge** = couronnement *m*. en brique sur rive (B.).
– – –, **feather-edge** = couronnement *m*. biseauté (d'un mur) (B.).
copper = cuivre *m*. (Mét.), chaudière *f*. (Ust.).
– – –, **blister** = cuivre *m*. ampoulé.

(copper)

– – –, **electrolytic** = cuivre *m*. électrolytique.
– – –, **hard-drawn** = cuivre *m*. étiré à froid, cuivre *m*. écroui.
– – –, **mother** = matrice *f*. de cuivre.
– – –, **nickel-plated** = cuivre *m*. nickelé.
– – –, **phosphor** = cuivre *m*. phosphoreux.
– – –, **pressed** = cuivre *m*. embouti.
– – –, **refined** = cuivre *m*. fin.
– – –, **rolled** = cuivre *m*. laminé.
– – –, **sheet** = cuivre *m*. en feuilles, plaque *f*. de cuivre, tôle *f*. de cuivre.
– – –, **soldering** = soudoir *m*. (I.), fer *m*. à souder (I.).
– – –, **spun** = cuivre *m*. repoussé.
– – –, **to** = cuivrer.
– – –, **wrought** = cuivre *m*. battu.
– – –, **yellow** = laiton *m*., cuivre *m*. jaune.
copperas = couperose *f*.
– – –, **blue** = sulfate *m*. de cuivre, vitriol *m*. bleu.
– – –, **green** = sulfate *m*. de fer, vitriol *m*. vert.
– – –, **white** = sulfate *m*. de zinc, vitriol *m*. blanc.
coppering = cuivrage *m*. (d'un toit), doublage *m*. (d'un navire).
copperplate = gravure *f*. en taille douce, plaque *f*. de cuivre.
– – –, **to** = cuivrer (un métal).
coppersmith = chaudronnier *m*. en cuivre (O.).
co-production = coproduction *f*. (R., Tv.).
copy = copie *f*. (d'une lettre, d'un film cinématographique), exemplaire *m*. (d'un livre), numéro *m*. (d'un journal, d'une revue), copie *f*. (c.-à-d. manuscrit *m*. à composer) (Imp.), épreuve *f*. (photographique) ou positif *m*. (Phot.), double *m*. (d'un objet d'art, d'un registre).
– – –, **advance** = exemplaire *m*. de lancement (Imp.), bonnes feuilles *f.p*. (Imp.).
– – –, **carbon** = copie *f*. au carbone.
– – –, **certified** = copie *f*. authentique.
– – –, **dummy** = maquette *f*. (Imp.).
– – –, **numbered** = exemplaire *m*. numéroté.
– – –, **rough** = brouillon *m*.
– – –, **to** = copier (une lettre), repiquer (un enregistrement), imiter (un chef-d'oeuvre), extraire (ou tirer) des passages (d'un livre), tirer (des épreuves photographiques).
– – –, **true, certified** = « pour copie conforme ».
copyright = droit *m*. d'auteur.
corbel = corbeau *m*. (B.), console *f*. (B.), encorbellement *m*. (B.).
– – –, **to** = encorbeller.
corbelled out = en porte-à-faux (B.), en encorbellement (B.).
corbelling = console *f*. (B.).
cord = corde *f*., ficelle *f*., fil *m*. électrique, conducteur *m*. souple (E.), cordon *m*. (d'un poste téléphonique), mèche *f*. (Mi.), nerf *m*. (de dos de livre) (Imp.), tirette *f*. (de store, de rideau) (Ust.).
– – –, **answering** = cordon *m*. de réponse (Tp.).
– – –, **appliance** = cordon *m*. d'appareil (E.), cordon *m*. de branchement (E.).
– – –, **armoured** = cordon *m*. armé (E.).
– – –, **asbestos** = cordon *m*. d'amiante (E.).
– – –, **bell** = cordon *m*. de sonnerie (Tp.).
– – –, **braided** = corde *f*. tressée (E.).

(cord)

– – –, **calling** = cordon *m*. d'appel (Tp.).
– – –, **check** = corde *f*. d'arrêt (C.).
– – –, **connecting** = cordon *m*. de raccordement (Tp.).
– – –, **curled** = cordon *m*. boudiné (Tp.).
– – –, **disabling** = cordon *m*. amortisseur (E.), amortisseur *m*. (E.).
– – –, **double-ended** = cordon *m*. à deux fiches (Tp.).
– – –, **electric** = cordon *m*. électrique, conducteur *m*. souple, fil *m*. électrique, cordon *m*. de branchement.
– – –, **extension** = (cordon *m*.) prolongateur *m*. (E.), fil *m*. de rallonge (E.).
– – –, **flexible** = cordon *m*. souple (E.), cordon *m*. flexible (E.), cordon *m*. (Tp.).
– – –, **front** = cordon *m*. avant (E.).
– – –, **instrument** = cordon *m*. de poste d'abonné (Tp.).
– – –, **lacing** = ficelle *f*. à transfiler.
– – –, **laid** = ficelle *f*. tordue.
– – –, **lamp** = cordon *m*. de lampe électrique (E.).
– – –, **line** = cordon *m*. d'alimentation (E.).
– – – of **wood** = corde *f*. de bois (= 128 pi³; 3,62457 m³).
– – –, **packing** = ficelle *f*. d'emballage.
– – –, **page** = ficelle *f*. (Imp.).
– – –, **patch(ing)** = cordon *m*. de renvoi (Tp.).
– – –, **plug** = cordon *m*. de fiche (Tp.).
– – –, **power** = cordon *m*. d'alimentation (E.).
– – –, **sash** = cordon *f*. (d'une fenêtre à guillotine) (B.), corde *f*. à châssis (B.).
– – –, **sash, galvanized wire** = corde *f*. à châssis en fil galvanisé (B.).
– – –, **spring** = cordon *m*. boudiné (d'un appareil) (Tp.), cordon *m*. à ressort (d'un standard) (Tp.).
– – –, **stranded** = cordon *m*. câblé (E.).
– – –, **switchboard** = cordon *m*. de dicorde (Tp.).
– – –, **tire** = corde *f*. de pneu (Auto.).
– – –, **to** = corder ou mesurer (du bois).
– – –, **twine** = cordon *m*. double.
– – –, **twisted** = cordon *m*. câblé, cordon *m*. torsadé.
– – –, **tyre** = corde *f*. de pneu (Auto.).
corduroy = (chemin *m*. en) rondins, velours *m*. côtelé.
core = carotte *f*. (de sondage), noyau *m*. (d'une vis, d'un moule de fonderie, d'un transformateur, d'un aimant), âme *f*. (d'un câble), coeur *m*. (du bois), centre *m*. (d'une masse), trognon *m*. (d'une poire, d'une pomme), mandrin *m*. (d'un rouleau de papier) (Pap.).
– – –, **air** = noyau *m*. à air (pour les bobinages) (E.).
– – –, **armature** = noyau *m*. d'induit (E.).
– – –, **armature, laminated** = noyau *m*. d'induit feuilleté (E.).
– – –, **brick** = noyau *m*. de brique (entre des murs) (B.).
– – –, **cable** = âme *f*. de câble (Tp.).
– – –, **carbon** = noyau *m*. de charbon (E.).
– – –, **closed** = noyau *m*. fermé (E.).
– – –, **curved** = noyau *m*. coudé (E.).
– – –, **drill** = carotte *f*. (de sondage) (Mi.).
– – –, **dust** = noyau *m*. à poudre de fer(E.).
– – –, **electro-magnet** = noyau *m*. d'un électro-aimant (E.).
– – –, **false** = pièce *f*. de rapport (Mét.), pièce *f*. rapportée (Mét., C.).
– – –, **fibre** = âme *f*. de fibre (Tp.).

(core)

– – –, **flat** = noyau *m*. plat (E.).
– – –, **hemp** = âme *f*. de chanvre (Tp.).
– – –, **iron** = noyau *m*. de fer (E.).
– – –, **iron, closed** = noyau *m*. de fer fermé (E.).
– – –, **iron-dust** = noyau *m*. de fer pulvérulent (E.).
– – –, **iron, laminated** = noyau *m*. de fer feuilleté (E.).
– – –, **iron-plate** = noyau *m*. en tôle (E.), noyau *m*. feuilleté (E.).
– – –, **iron-powder, compressed** = noyau *m*. en poudre de fer comprimée (E.).
– – –, **iron, soft** = noyau *m*. en fer doux (E.).
– – –, **iron-wire** = noyau *m*. en fil (E.).
– – –, **laminated** = noyau *m*. feuilleté (E.).
– – –, **lead** = âme *f*. de plomb (Tp.).
– – –, **loam** = noyau *m*. en terre (Mét.).
– – –, **magnet** = âme *f*. d'un aimant (E.), noyau *m*. magnétique (E.).
– – – of a **cable** = âme *f*. d'un câble (Tp.).
– – – of a **coil** = noyau *m*. de bobine (E.).
– – – of the **section** = noyau *m*. central de la section.
– – –, **open** = noyau *m*. ouvert (E.).
– – –, **pole** = noyau *m*. magnétique (E.).
– – –, **pot** = noyau *m*. en forme de pot (E.).
– – –, **radiator** = faisceau *m*. du radiateur (Auto.).
– – –, **spark-plug** = axe *m*. de la bougie (Auto.).
– – –, **to** = enlever le coeur (d'une pomme).
– – –, **to** – – – **out** = creuser (un moule), enlever le noyau (d'une pièce coulée).
– – –, **transformer** = noyau *m*. de transformateur (E.).
– – –, **watertight** = noyau *m*. d'étanchéité (d'un barrage) (C.).
– – –, **wire** = âme *f*. de fil conducteur (Tp.), noyau *m*. en fil de fer (E., Tp.).
corer, apple = vide-pomme (Ust.), videlle *f*. (Ust.).
coring = noyautage *m*. (d'un moule de fonderie) (Mét.), écurage *m*. (d'un ouvrage de maçonnerie), gel *m*. (du radiateur d'huile) (Av.).
cork = liège *m*., bouchon *m*. de liège, bouchon *m*.
– – –, **compressed** = bouchon *m*. aggloméré de liège.
– – –, **patent** = bouchon *m*. à pression.
corkscrew = tire-bouchon *m*. (Ust.).
corkwood = balsa *m*.
corn = maïs *m*., blé *m*. d'Inde, céréale *f*. (Angleterre).
corner = coin *m*., angle *m*., équerre *f*., encognure *f*., virage *m*. (Auto.), tournant *m*. (Auto.), cornière *f*. (Imp.).
– – –, **blind** = virage *m*. masqué (Auto.).
– – –, **box** = coin *m*. (tôle emboutie).
– – –, **dangerous** = casse-cou *m*. (Auto.).
– – –, **iron** = équerre *f*. (B., C.), ferrure *f*. angulaire (B., C.).
– – –, **open** = virage *m*. découvert (Auto.).
– – –, **stone** = jambe *f*. d'encoignure (ou d'encognure) (B.).
cornered, round- = à coins arrondis.
cornerwise = en coin, en diagonale.
cornice = corniche *f*. (B.).
corona = larmier *m*. (de corniche), gaine *f*. lumineuse (E.), couronne *f*.
– – – (of round **conductor**) = couronne *f*. électrique (E.), gaine *f*. lumineuse (E.), effluve *m*. en couronne (E.).
corral = corral *m*. (Agr.), enclos *m*. (Agr.).

(corral)

– – –, **to** = enfermer (des bestiaux) dans un enclos (Agr.).
correct, to = corriger (une épreuve), rectifier (le tracé d'une route, une erreur), redresser (le réglage d'un appareil).
– – –, **to** – – – **the distortion** = corriger la distorsion (Tp.).
correction = redressement *m.* (d'une tige), rectification *f.* (d'une route, d'une erreur), correction *f.* (des abus, des erreurs).
– – –, **aperture, automatic** = correction *f.* automatique de l'ouverture relative (pour la photographie à courte distance) (Phot.).
– – –, **bearing** = correction *f.* de relèvement (radiogoniométrique).
– – –, **bend, line** = signal *m.* de correction parabolique de ligne (Tv.).
– – –, **house** = correction *f.* typographique (Imp.).
– – –, **index** = correction *f.* du zéro (d'un instrument).
– – –, **keystone, field** = signal *m.* de correction de trapèze-trames (Tv.).
– – –, **parallax, automatic** = correction *f.* automatique de la parallaxe (Phot.).
– – –, **synchronous** = correction *f.* de synchronisme (Tg.).
– – –, **thermometric** = correction *f.* thermométrique.
– – –, **tilt, line** = signal *m.* de correction linéaire de ligne (Tv.).
– – –, **tone** = correction *f.* de la tonalité (Tp.).
corrector = correcteur *m.* (O., I.).
– – –, **frequency, automatic** = correcteur *m.* automatique de fréquence (R.).
– – –, **impedance** = correcteur *m.* d'impédance (E.).
– – –, **impulse** = filtre *m.* d'impulsion (E.).
– – –, **speed** = correcteur *m.* de vitesse.
correlate, to = corréler (des diagrammes), (le diagramme peut) se corréler avec, être (ou mettre) en corrélation.
corridor = corridor *m.* (B.), couloir *m.* (B.).
– – –, **air** = corridor *m.* aérien (Av.).
corrode, to = corroder ou ronger (le métal, le fer), attaquer (le métal).
corrosion = corrosion *f.* (d'un métal), sulfatage *m.* (des bornes) (E.).
– – –, **chemical** = corrosion *f.* chimique.
– – –, **electro-chemical** = corrosion *f.* électrochimique.
– – –, **electrolytic** = corrosion *f.* électrolytique, attaque *f.* électrolytique.
corrosive = corrosif (adj.), corrodant (adj.).
– – –, **non-** = inoxydable (adj.).
corrosiveness = action *f.* corrosive, mordacité *f.* ou mordant *m.* (d'un acide).
corrugated = (tôle *f.*) ondulée, (papier *m.*) gaufré, (verre *m.*) strié, (lentille *f.*) à gradins.
corrugation = ondulation *f.* (des tôles), gaufrage *m.* (du papier), cannelure *f.* (d'une colonne).
corundum = corindon *m.* (Mi.).
cos. = V. « cosine ».
cosec. = V. « cosecant ».
cosecant = cosécante *f.*
cosine = cosinus *m.*
cosmonaut = cosmonaute *m.*
cost = coût *m.*, prix *m.*, frais *m.p.*, dépense *f.*, V.

(cost)

« costs ».
– – –, **additional** = frais *m.p.* supplémentaires.
– – –, **alternative** = coût *m.* d'option.
– – –, **capital** = frais *m.p.* de premier établissement.
– – –, **construction** = frais *m.p.* de construction, frais *m.p.* d'établissement (d'une ligne) (Tp.).
– – –, **estimated** = coût *m.* estimatif (d'un projet).
– – –, **factory** = coût *m.* de fabrication, prix *m.* de revient (de la fabrication).
– – –, **labour** = dépenses *f.p.* de main-d'oeuvre.
– – –, **low** = (à) bon marché.
– – –, **maintenance** = frais *m.p.* d'entretien.
– – –, **marginal** = frais *m.p.* marginaux.
– – – **of money** = loyer *m.* de l'argent.
– – – **of restoration** = frais *m.p.* de restauration.
– – – **of running** = coût *m.* d'usage (Auto.).
– – –, **original** = coût *m.* initial.
– – –, **prime** = prix *m.* de revient (sans frais généraux), frais *m.p.* de fabrication.
– – –, **production** = prix *m.* de fabrique, prix *m.* de revient, frais *m.p.* de production.
– – –, **replacement** = prix *m.* de remplacement, prix *m.* de renouvellement.
– – –, **reproduction** = rétablissement *m.* au prix actuel, coût *m.* de reconstitution.
– – –, **transportation** = frais *m.p.* de transport.
– – –, **unit** = coût *m.* unitaire.
– – –, **work** = prix *m.* du travail.
costs = V. « cost ».
– – –, **capital** = coûts *m.p.* du capital (d'une entreprise).
– – –, **commodity** = coûts *m.p.* des services publics.
– – –, **direct** = coûts *m.p.* directs.
– – –, **first** = frais *m.p.* de premier établissement, coûts *m.p.* d'établissement.
– – –, **fixed** = coûts *m.p.* fixes.
– – –, **lubricating** = frais *m.p.* de graissage.
– – –, **maintenance** = frais *m.p.* d'entretien.
– – – **of upkeep** = frais *m.p.* d'entretien.
– – –, **operating** = frais *m.p.* de fonctionnement, dépenses *f.p.* de fonctionnement, frais *m.p.* d'exploitation.
– – –, **repair** = frais *m.p.* de réparation (Auto.).
– – –, **shipping** = frais *m.p.* d'expédition.
– – –, **standing** = dépenses *f.p.* fixes.
– – –, **upkeep** = frais *m.p.* d'entretien.
– – –, **variable** = coûts *m.p.* variables.
– – –, **working** = frais *m.p.* de fonctionnement.
costumer = patère *f.* (Ust.).
cotangent = cotangente *f.*
cottage = chalet *m.*, villa *f.*, maison *f.* de campagne, maison *f.* détachée, maison *f.* isolée.
cottager = villageois *m.*, estivant *m.* (Canada), villégiateur *m.* (Canada).
cotter = clavette *f.* (Méc.), goupille *f.* (Méc.).
– – – **and gib** = clavette *f.* et contre-clavette *f.*
– – –, **C-shaped** = goupille *f.* en C.
– – –, **cross-head** = clavette *f.* de la crosse (Méc.).
– – –, **split** = goupille *f.* fendue, clavette *f.* fendue.
– – –, **tapered** = clavette *f.* conique.
– – –, **to** = claveter ou clavetter (une cheville), caler (une roue), goupiller (des pièces ensemble).
cottering = clavetage *m.* ou clavettage *m.* (d'une roue à

(cottering)

un arbre), goupillage *m.* (d'une clavette), calage *m.* (d'une roue).

cotterpin, to = claveter (une goupille), goupiller (un écrou).

cotton = coton *m.*

– – –, **gun** = fulmicoton *m.*, coton-poudre *m.*

cottonwood = peuplier *m.* (des marais).

– – –, **black** = peuplier *m.* de l'Ouest.

– – –, **Eastern** = peuplier *m.* à feuilles deltoïdes.

– – –, **lanceleaf** = peuplier *m.* à feuilles acuminées.

– – –, **narrowleaf** = peuplier *m.* à feuilles étroites.

– – –, **plains** = peuplier *m.* de Sargent.

couch = divan *m.*, canapé *m.*

– – –, **to** = coucher (le papier, le grain).

coulomb = coulomb *m.* (E.), ampère-seconde *m.* (E.), C *m.*

coulter = coutre *m.* (d'une charrue) (Agr.).

council = conseil *m.* (municipal).

– – –, **city** = conseil *m.* (municipal) de ville.

– – –, **town** = conseil *m.* (municipal) de ville.

councillor = conseiller *m.*

counsel = avocat-conseil *m.*

count, peg, call = comptage *m.* d'appels (Tp.).

countdown = compte *m.* à rebours.

counter = compteur *m.* (I.), comptoir *m.* (B.), guichet *m.* (B.), rayon *m.* (d'un grand magasin), contre-fiche *f.* (d'une ferme) (B.).

– – –, **bargain** = rayon *m.* des soldes (d'un magasin).

– – –, **cycle** = fréquencemètre *m.*

– – –, **exposure** = V. « counter, frame ».

– – –, **frame** = compteur *m.* d'images (Phot.), compteur *m.* de vues (Phot.), compteur *m.* de poses (Phot.).

– – –, **Geiger** = compteur *m.* Geiger.

– – –, **help yourself** = rayon *m.* libre-service.

– – –, **mileage** = odomètre *m.* (Auto.).

– – –, **revolution** = compte-tours *m.* (Méc.).

– – –, **revolution, recording** = compte-tours *m.* enregistreur (Méc.), compte-tours *m.* totalisateur (Méc.).

– – –, **second** = compte-secondes *m.*

– – –, **speed** = compte-tours *m.*

– – –, **traffic** = compteur *m.* de circulation routière.

– – –, **trip** = compteur *m.* de trajet (Auto.), journalier *m.* (Auto.).

counterbalance = contrepoids *m.*, contre-balancier *m.* (Méc.).

– – –, **carbon** = équilibrage *m.* des balais (E.).

– – –, **to** = compenser (une force), contre-balancer, équilibrer (les balais), faire équilibre à (une force).

counterbore = outil *m.* à aléser (Méc.), alésoir *m.* (Méc.), réalésage *m.* (Méc.), mèche *f.* d'alésage (Méc.).

– – –, **pilot** = alésoir *m.* à guide.

– – –, **to** = réaléser (Méc.), agrandir (un trou) (Méc.).

countercheck = force *f.* opposée, force *f.* antagoniste (Méc.).

counterclockwise = en sens inverse des aiguilles d'une montre, sénestrorsum (C.).

counterfoil = souche *f.* (Imp.), talon *m.* (de chèque).

counterfort = éperon *m.* (d'un mur) (C.).

counterlath = contre-latte *f.*

counterpart = correspondant *m.* en grade (O.), homologue *m.* (O.).

counterpoise = contrepoids *m.* (d'une horloge, d'un pont), mise *f.* à la terre compensée (E.), équilibre *m.* (Méc.), terre *f.* artificielle ou contrepoids *m.* (R.), masse *f.* d'équilibrage (Méc.).

– – –, **crane** = lest *m.* de grue (C., B.).

countershaft = arbre *m.* de renvoi (Méc.), contre-arbre *m.* (Auto.), renvoi *m.* (de mouvement) (Méc.).

countersink = fraise *f.* (Méc.), foret *m.* conique (Méc.), fraisage *m.* (d'un trou), fraisure *f.* (pour tête de vis).

– – –, **cone** = fraise *f.* conique.

– – –, **rose** = fraise *f.* taillée.

– – –, **snail** = fraise *f.* à couteau.

– – –, **to** = fraiser (des trous de rivet), noyer (la tête d'une vis), encastrer (la tête d'un boulon).

– – –, **wood** = fraise *f.* à bois.

counterweight = contrepoids *m.*

– – –, **door** = valet *m.* (B.).

– – –, **to** = contrebalancer, équilibrer.

county = comté *m.* (Canada).

coupe (or **coupé**) = coupé *m.* (c.-à-d. à deux portières et deux glaces) (Auto.).

– – –, **convertible** = coupé *m.* transformable (Auto.).

– – –, **drop-head** = coupé *m.* avec capote pliante (Auto.).

– – –, **sport** = coupé *m.* sport (Auto.).

couple = couple *f.* (de briques), paire *f.* (de roues, de chevrons), couple *m.* (de torsion, de rotation) (Méc.).

– – –, **barge** = (les deux) chevrons *m.p.* de pignon (B.).

– – –, **braking** = couple *m.* freinant (dans un compteur).

– – –, **controlling** = couple *m.* directeur.

– – –, **damping** = couple *m.* d'amortissement.

– – –, **starting** = couple *m.* de démarrage.

– – –, **thermo** = V. « thermocouple ».

– – –, **thermo-electric** = couple *m.* thermoélectrique.

– – –, **to** = coupler (des piles électriques), accoupler (deux tronçons d'un arbre de transmission), embrayer (une machine), raccorder (des conduites), atteler (des wagons).

– – –, **to** – – – **in parallel** = coupler en parallèle (E.).

– – –, **torsion** = couple *m.* de torsion (Méc.).

coupled = accouplé (adj.), associé (adj.).

– – –, **direct** = en prise directe (Méc.), monté en direct (E.), à couplage direct (E.).

– – – **in series** = couplé en série (E.).

– – –, **parallel** = couplé en parallèle (E.).

– – –, **resistance** = couplé par résistance (E.).

coupler = accouplement *m.* (E., Méc.), manchon *m.* de raccordement (E., Méc.), connecteur *m.* (E.).

– – –, **acoustic** = coupleur *m.* acoustique.

– – –, **automatic** = attelage *m.* automatique (Ch.d.f.).

– – –, **car** = dispositif *m.* d'attelage de wagon (Ch.d.f.), attelage de wagon (Ch.d.f.).

– – –, **electric** = coupleur *m.* électrique (Ch.d.f.), connecteur *m.* (E.).

– – –, **wire** = attache-fils *m.* (E.).

coupling = couplage *m.* ou groupement *m.* (d'éléments de pile) (E.), joint *m.* (universel, étanche) (Méc.), raccord *m.* (de graissage) (Auto.), accouplement *m.* (à cliquet) (Méc.), assemblage *m.* (par clavette transversale) (Méc.), emboîtement *m.* ou raccordement *m.* (de deux tuyaux), accrochage *m.* (de deux

(**coupling**)

wagons).
– – –, **automatic** = accrochage *m.* automatique (de wagons).
– – –, **back** = réaction *f.* (Radio), couplage *m.* rétroactif (R.).
– – –, **band** = accouplement *m.* à ruban (Méc.).
– – –, **bevel** = embrayage *m.* à cône (Méc.).
– – –, **bolted** = raccord *m.* boulonné (Méc.).
– – –, **box** = accouplement *m.* à manchon (Méc.).
– – –, **brush** = accouplement *m.* à brosses (E.).
– – –, **cable** = couplage *m.* de câble (Tp.).
– – –, **capacitive** = couplage *m.* par capacité (R.), couplage *m.* électrostatique (R.), couplage *m.* capacitif (R.).
– – –, **capacity** = couplage *m.* par capacité (R.), couplage *m.* électrostatique (R.), couplage *m.* capacitif (R.).
– – –, **cascade** = montage *m.* en cascade (E.).
– – –, **chain** = attelage *m.* à chaînes (Méc.).
– – –, **cheese** = embrayage *m.* à T. (Méc.).
– – –, **choke** = couplage *m.* par bobine d'arrêt (E.), couplage *m.* par inductance-capacité (R.).
– – –, **claw** = embrayage *m.* à grilles (Méc.), attelage *m.* à griffes (Méc.).
– – –, **close** = accouplement *m.* serré (Méc.).
– – –, **clutch** = accouplement *m.* à débrayage (Méc.), manchon *m.* à griffes (Méc.), manchon *m.* d'embrayage (Méc.).
– – –, **clutch, friction** = accouplement *m.* à friction (Méc.).
– – –, **clutch, slip** = embrayage *m.* à plateaux mobiles (Méc.).
– – –, **combined** = couplage *m.* mixte (E.).
– – –, **compensating** = manchon *m.* élastique (Méc.).
– – –, **condenser** = couplage *m.* par capacité (E.), couplage *m.* capacitif (E.), couplage *m.* électrostatique (E.).
– – –, **conduction** = couplage *m.* par dérivation (E.).
– – –, **conductive** = couplage *m.* direct (E.).
– – –, **cone** = accouplement *m.* à cônes (Méc.), embrayage *m.* à cônes (Méc.).
– – –, **critical** = couplage *m.* critique (E.).
– – –, **direct** = couplage *m.* direct (E.), accouplement *m.* direct (Méc.), excitation *f.* directe (E.).
– – –, **disc** = accouplement *m.* à plateaux (Méc.), assemblage *m.* à plateaux (Méc.), embrayage *m.* à disques (Auto.).
– – –, **disengaging** = accouplement *m.* amovible (Méc.), accouplement *m.* à débrayage (Méc.).
– – –, **dog** = accouplement *m.* à griffes (Méc.), embrayage *m.* à griffes (Méc.).
– – –, **elastic** = accouplement *m.* élastique (Méc.).
– – –, **electromagnetic** = embrayage *m.* électromagnétique (Méc.).
– – –, **electron** = couplage *m.* électronique (R.).
– – –, **electrostatic** = couplage *m.* électrostatique (E.).
– – –, **engaging** = embrayage *m.* (Méc.).
– – –, **fast** = accouplement *m.* fixe (Méc.).
– – –, **feed-back** = couplage *m.* par réaction (E.), réaction *f.* (E.).
– – –, **fixed** = accouplement *m.* fixe (Méc.).
– – –, **flange** = raccordement *m.* à brides (Méc.), raccord *m.* à bride (Méc.).

(**coupling**)

– – –, **flange, screw** = joint *m.* à brides et à boulons (Méc.).
– – –, **flexible** = manchon *m.* élastique (Méc.), accouplement *m.* élastique (Méc.), accouplement *m.* flexible (Méc.).
– – –, **flexible and insulating** = accouplement *m.* flexible et isolant (Méc.).
– – –, **fluid** = accouplement *m.* hydraulique (Auto.).
– – –, **friction** = accouplement *m.* à friction (Méc.), embrayage *m.* à friction (Méc.).
– – –, **galvanic** = couplage *m.* galvanique (E.).
– – –, **half** = demi-manchon *m.* d'accouplement (Méc.).
– – –, **Hooke's** = joint *m.* de Hooke (Méc.), joint *m.* à articulation en croix (Méc.).
– – –, **hose** = raccord *m.* mâle (ou femelle) de boyau d'arrosage.
– – –, **hydraulic** = accouplement *m.* hydraulique (Auto.).
– – –, **impedance, common** = couplage *m.* direct (E.).
– – –, **inductance** = couplage *m.* inductif (E.), couplage *m.* par induction (E.).
– – –, **inductance-capacitance** = couplage *m.* par inductance-capacité (E.).
– – –, **inductance, mutual** = couplage *m.* inductif (E.), couplage *m.* par induction (E.).
– – –, **induction** = couplage *m.* par induction (E.).
– – –, **inductive** = par induction (R.), couplage *m.* par induction (R.), couplage *m.* inductif (R.).
– – – **in parallel** = couplage *m.* en parallèle (E.).
– – – **in series** = couplage *m.* en série (E.).
– – –, **insulating** = manchon *m.* d'accouplement isolant (Méc.).
– – –, **interstage** = couplage *m.* entre étages (R.).
– – –, **intervalve** = couplage *m.* entre étapes (R.).
– – –, **jaw** = embrayage *m.* à mâchoires (Méc.), attelage *m.* à mâchoires (Méc.).
– – –, **jointed** = accouplement *m.* à articulation (Méc.), accouplement *m.* articulé (Méc.).
– – –, **jump** = assemblage *m.* à manchon taraudé (Méc.).
– – –, **link** = accouplement *m.* à chaînon (Méc.).
– – –, **loose** = accouplement *m.* lâche (Méc.), connexion *f.* inductive (E.).
– – –, **magnetic** = couplage *m.* magnétique (E.).
– – –, **muff** = accouplement *m.* à manchon (Méc.), manchon *m.* d'accouplement (Méc.).
– – –, **needle** = accouplement *m.* à broches (Méc.).
– – –, **nipple** = raccord *m.* conique (Méc.).
– – – **of cars** = attelage *m.* de wagons (Ch.d.f.).
– – –, **overload** = accouplement *m.* à friction (Méc.).
– – –, **pawl** = accouplement *m.* à cliquet (Méc.), accouplement *m.* à linguet (Méc.).
– – –, **pin** = accouplement *m.* par cheville (Méc.), accouplement *m.* par goupille (Méc.).
– – –, **pipe** = manchon *m.* de tuyau (à fil intérieur) (S.), raccord *m.* pour tuyaux (S.), bague *f.* de tuyau (S.).
– – –, **pipe, screw** = assemblage *m.* à vis de tuyau (S.).
– – –, **plate** = accouplement *m.* par plateaux (Méc.), embrayage *m.* à plateaux (Méc.).
– – –, **reaction** = couplage *m.* de réaction (E.), réaction *f.* (E.).
– – –, **reducing** = raccord *m.* de réduction (S.).

(coupling)

– – –, **regenerative** = réaction *f.* (E.).

– – –, **resistance** = couplage *m.* par résistance (E.).

– – –, **resistance-capacitance** = couplage *m.* résistance-capacité (E.).

– – –, **resistive** = V. « coupling, resistance ».

– – –, **return** = réaction *f.* (E.).

– – –, **ring hose, expansion** = raccord *m.* (ou accouplement *m.*) de boyau à segments extensibles.

– – –, **ring, spring** = accouplement *m.* à segments extensibles (Méc.).

– – –, **screw** = manchon *m.* à vis (Méc., S.), union *f.* à vis (Méc., S.).

– – –, **series** = couplage *m.* en série (E.).

– – –, **shaft** = accouplement *m.* pour arbres (Méc.), accouplement *m.* d'arbres (Méc.).

– – –, **sleeve** = accouplement *m.* à manchon (Méc.), couplage *m.* à douille (Méc.).

– – –, **slot** = couplage *m.* à fentes (Tv.).

– – –, **split** = accouplement *m.* à coquilles (Méc.), accouplement *m.* divisé (Méc.).

– – –, **spring** = accouplement *m.* à ressort (Méc.).

– – –, **star** = couplage *m.* en étoile (E.).

– – –, **Tesla** = couplage *m.* en Tesla (E.).

– – –, **thimble** = virole *f.* (Méc., C.), bague *f.* d'assemblage (Méc., C.).

– – –, **tight** = accouplement *m.* serré (Méc.).

– – –, **toothed** = accouplement *m.* à denture (Méc.).

– – –, **transformer** = couplage *m.* par transformateur (E.).

– – –, **tube** = couplage *m.* entre lampes (R.).

– – –, **universal** = cardan *m.* (Méc., Auto.), joint *m.* de cardan (Méc., Auto.).

– – –, **vise** = accouplement *m.* à broche filetée (Méc.).

couplings, hose = raccords *m.p.* en deux pièces (mâle et femelle).

course = assise *f.* (B.), course *f.* (d'un piston), trajet *m.* (d'un nerf), parcours *m.* ou lit *m.* (d'un cours d'eau), cours *m.* (universitaire), couche *f.* (de gravier), filon *m.* (de minerai), courant *m.* (des affaires).

– – –, **barge** = assise *f.* de pignon (B.).

– – –, **base** = (couche *f.* de) fondation *f.* (entre la plate-forme et le revêtement d'une route) (C.), assise *f.* de base (B.).

– – –, **base, macadam** = fondation *f.* (de route) en macadam (C.).

– – –, **belting** = assise *f.* (de pierre) en saillie (B.).

– – –, **binder** = couche *f.* de liaison (C.).

– – –, **binding** = assise *f.* en boutisses (B.).

– – –, **bond** = assise *f.* en boutisses (B.).

– – –, **brick-on-edge** = assise *f.* de champ (B.).

– – –, **brick-on-end** = assise *f.* debout (B.).

– – –, **broken** = assise *f.* à joints croisés (B.).

– – –, **chain** = chaîne *f.* de pierre (dans une maçonnerie) (B.).

– – –, **corbel** = chapeau *m.* (B.).

– – –, **damp-proof** = couche *f.* d'isolement (B.), couche *f.* isolante (B.).

– – –, **double** = rang *m.* double (de bardeau) (B.).

– – –, **downward** = course *f.* descendante (d'un piston) (Méc.).

– – –, **eaves** = rangée *f.* de bordure (B.).

– – –, **first** = première assise *f.* (B.).

– – –, **heading** = assise *f.* de boutisses (B.).

(course)

– – –, **last – – – of bricks** = arasement *m.* (des briques) (B.).

– – –, **last – – – of stones** = arasement *m.* (des pierres) (B.).

– – –, **levelling** = arasement *m.* (c.-à-d. lit supérieur d'une assise de maçonnerie).

– – –, **lintel** = plate-bande *f.* (B.).

– – – **of bricks** = assise *f.* de briques (B.), lit *m.* de briques (B.).

– – – **of stones** = assise *f.* de pierres (B.).

– – – **of timber** = assise *f.* de charpente (B.).

– – –, **plinth** = plinthe *f.* (d'un mur en maçonnerie) (B.).

– – –, **ridge** = rang *m.* faîtier (B.).

– – –, **split** = assise *f.* refendue (B.).

– – –, **stretching** = assise *f.* en panneresse (B.).

– – –, **string** = cordon *m.* (B.), bandeau *m.* (de pierre) (B.).

– – –, **training, operators'** = cours *m.* d'instruction professionnelle des standardistes (ou téléphonistes) (Tp.).

– – –, **upward** = course *f.* ascendante (d'un piston) (Méc.).

– – –, **ventilating** = galerie *f.* d'aérage (Méc.).

– – –, **wearing** = couche *f.* de roulement ou couche *f.* d'usure (d'une route) (C.).

court = cour *f.* de justice, tribunal *m.*, cour *f.* (royale), court *m.* (de tennis), cour *f.* intérieure (B.).

– – –, **lawn** = court *m.* (de tennis) sur gazon.

courtyard = cour *f.* (intérieur) (de maison, de ferme), cour *f.* anglaise.

cove = doucine *f.* (d'un barrage) (H.), voûte *f.* (de plafond) (B.), raccord *m.* courbe (entre deux surfaces) (C., B.), cavet *m.* (B.).

cover = bâche *f.* (d'automobile), couvercle *m.* (d'un transformateur), chemise *f.* (d'une chaudière), capot *m.* (d'un moteur d'auto), tampon *m.* (d'égout), housse *f.* (d'un pneu), chapeau *m.* (d'un palier), capuchon *m.* (de ventilateur), calotte *f.* (d'une pompe), gaine *f.* (d'un câble), plaque *f.* de recouvrement, cloche *f.* (pour les plats), tapis *m.* (d'un revêtement routier), couverture *f.* (d'un livre), chevauchement *m.* (de la soupape à tiroir), hauteur *f.* de remblai ou couverture *f.* (C.).

– – –, **air-tight** = couvercle *m.* hermétique.

– – –, **box, axle** = couvercle *m.* de boîte à graisse (Méc.), couvercle *m.* de boîte d'essieu (Méc.).

– – –, **box, journal** = couvercle *m.* de boîte à graisse (Méc.), couvercle *m.* de boîte d'essieu (Méc.).

– – –, **box, outlet** = couvercle *m.* de boîte de sortie (E.).

– – –, **box, valve** = couvercle *m.* de boîte à tiroir (Méc.).

– – –, **case, gear** = couvercle *m.* de boîte à vitesses (Auto.).

– – –, **case, timing** = couvercle *m.* de distribution (Auto.).

– – –, **case, transmission** = couvercle *m.* de boîte à vitesses (Auto.).

– – –, **casing, valve** = couvercle *m.* de boîte à tiroir (Méc.).

– – –, **cell** = couvercle *m.* d'éléments (E.).

– – –, **chain** = carter *m.* de chaîne (Méc.).

– – –, **chamber, float** = couvercle *m.* de la cuve (Auto.).

(cover)

– – –, **chimney** = capuchon *m.* (B.).
– – –, **cylinder** = plateau *m.* de cylindre (Méc.), calotte *f.* de cylindre (Méc.).
– – –, **disc** = couvercle *m.* à disque.
– – –, **dish** = couvre-plat *m.* (Ust.), cloche *f.* (Ust.).
– – –, **double thick** = couverture *f.* double épaisseur (Imp.).
– – –, **drip** = champignon *m.* d'isolateur (E.).
– – –, **drain** = grille *f.* pour puisard (S.).
– – –, **dust** = capot *m.* (contre la poussière) (Tp.), couvre-livre *m.*, blindage *m.* de roue (Auto.).
– – –, **engine** = capot *m.* du moteur (Auto.), bonnet *m.* du moteur (Auto.).
– – –, **extended** = couverture *f.* à chasses (Imp.).
– – –, **fitting, pipe** = couvercle *m.* de raccord (S.), couvercle *m.* de raccord de tuyauterie (S.).
– – –, **gear** = carter *m.* d'engrenages (Auto.).
– – –, **hatch** = opercule *m.* (Mar.).
– – –, **head** = capot *m.* (E.).
– – –, **head-light** = couvre-phare *m.* (Auto.).
– – –, **hinged** = couvercle *m.* à charnière.
– – –, **hood** = couvre-capot *m.* (Auto.).
– – –, **housing** = couvercle *m.* de carter (Auto.).
– – –, **manhole** = tampon *m.* (ou couvercle *m.* ou plaque *f.*) (de regard) (S.), tampon *m.* (ou couvercle *m.*) de puits d'accès (ou chambre de câbles) (Tp.)
– – –, **overhang** = couverture *f.* à chasses (Imp.).
– – –, **pedestal** = chapeau *m.* de palier (Méc.).
– – –, **pile** = capuchon *m.* de pieu (C.), chapeau *m.* de pieu (C.).
– – –, **piston** = couronne *f.* de piston (Méc.).
– – –, **protection** = chape *f.* protectrice (Méc., C.), couverture *f.* de protection (Méc., C.).
– – –, **radiator** = couvre-radiateur *m.* (Auto.).
– – –, **relay** = couvercle *m.* de relais (R.).
– – –, **seat** = housse *f.* (Auto.).
– – –, **slip** = housse *f.* (Ust.).
– – –, **spring** = gaine *f.* du ressort (Auto.), couvre-ressort *m.* (Méc.).
– – –, **stuffing-box** = couvre-étoupe *m.* (Méc.).
– – –, **timing-case** = couvercle *m.* de distribution (Auto.).
– – –, **to** = gainer (un câble), envelopper (un colis), couvrir (le feu, un livre), recouvrir (un livre), revêtir (une route), protéger (un mécanisme), garnir (de cuir un piston), parcourir (une distance), guiper (un fil conducteur), assurer (contre une éventualité), garantir (des risques).
– – –, **to – – – a cable** = gainer un câble (Tp., E.), chemiser un câble (Tp., E.).
– – –, **to – – – a wire** = guiper un fil conducteur (E.), recouvrir un fil conducteur (E.).
– – –, **top** = couvercle *m.* de cylindre (Méc.).
– – –, **valve** = cache-soupape *m.* (Méc.), couvre-soupape *m.* (Méc.), couvercle *m.* de soupape (Auto.).
– – –, **wire** = couvre-fils *m.*
coverage = risques *m.p.* couverts (par assurance), champ *m.* d'application, (volume *m.* de) couverture *f.* (R.).
– – –, **vertical** = zone *f.* de couverture verticale (R.).
covered, copper = cuivré (adj.).
– – –, **cotton** = (fil *m.*) guipé coton, (fil *m.*) sous coton.
– – –, **cotton, double** = double couche coton, isolé par

(covered)

deux couches coton.
– – –, **cotton, triple** = guipé trois couches coton.
– – –, **in the contract** = prévu par le marché, compris dans le marché.
– – –, **lead** = (câble *m.*) sous gaine de plomb.
– – –, **leather** = garni de cuir.
– – –, **metal** = cuirassé (adj.), armé (adj.).
– – –, **rubber** = (câble *m.* téléphonique) à revêtement en caoutchouc, (câble *m.*) sous (gaine de) caoutchouc.
– – –, **silk, double** = (fil *m.*) sous deux couches de soie, isolé par deux couches de soie.
– – –, **steel** = revêtu d'acier, à revêtement d'acier.
covering = guipage *m.* (d'un fil conducteur), gainage *m.* (d'un câble), revêtement *m.* (d'un mur, d'une route), enveloppe *f.* (d'un paquet), recouvrement *m.* (d'un toit), couverture *f.* (du moteur, d'un livre).
– – –, **asbestos** = revêtement *m.* d'amiante.
– – –, **asphalt** = revêtement *m.* d'asphalte, asphaltage *m.*
– – –, **boiler** = enveloppe *f.* de chaudière, chemise *f.*
– – –, **lead** = gaine *f.* en plomb.
– – –, **metal** = chemise *f.* métallique.
– – –, **pipe** = enveloppe *f.* de tuyau.
– – –, **plywood** = revêtement *m.* en contre-plaqué.
– – –, **ridge** = parement *m.* de faîte (B.).
– – –, **structural** = construction *f.* d'une toiture (B.).
– – –, **wood** = revêtement *m.* en bois.
coving = voussure *f.* (B.).
cowl = abat-vent *m.* (d'une cheminée, d'un tuyau d'évent), capot *m.* (Auto., Av.), gueule-de-loup *f.* (de ventilateur de cheminée), mitre *f.* (de cheminée), champignon *m.* (B.), capotage *m.* (de moteur), auvent *m.* (d'une carrosserie) (Auto.).
– – –, **chimney, revolving** = tabourin *m.*, girouette *f.*
– – –, **revolving** = girouette *f.* à fumée.
– – –, **rotating** = girouette *f.* à fumée.
– – –, **ventilating** = manche *f.* à vent.
cowling = capuchonnement *m.* (d'une cheminée, d'un ventilateur), capotage *m.* (d'un moteur d'automobile).
CPM = V. « method, path, critical ».
crab = treuil *m.* (C.), chèvre *f.* (C.).
– – –, **bracket** = treuil *m.* d'applique.
– – –, **ceiling** = chariot *m.* à poutre de plafond.
– – –, **chain** = chariot *m.* commandé par chaîne.
– – –, **crane** = chariot *m.* de pont roulant, treuil *m.* de grue.
– – –, **motor** = treuil *m.* à moteur.
– – –, **travelling** = treuil *m.* roulant.
crack = crevasse *f.* (dans le bois, le métal), flache *f.* (dans une pierre), criqûre *f.* ou tapure *f.* (de chauffage), lézarde *f.* ou crevasse *f.* (dans un mur, dans le sol), craquelure *f.* (dans un vernis), fêlure *f.* (dans une culasse, dans une assiette), fissure *f.* (dans une roche, dans un mur, dans un vase).
– – –, **fire** = tapure *f.* de chauffage (Méc.), criqûre *f.* de recuit (Mét.).
– – –, **frost** = gélivure *f.* (du bois).
– – –, **hair** = fissure *f.* capillaire.
– – –, **heat** = fente *f.* de sécheresse (dans le bois, le sol).
– – –, **large** = fente *f.* de retrait (dans le sol).
– – –, **shrinkage** = tapure *f.* (dans le métal), gerçure *f.*

(crack)

(à la surface de la terre, à l'écorce des arbres), fente *f*. de retrait.
– – –, **stress** = crique *f*. due à la tension (Mét., C.).
crackers, nut = casse-noisettes *m*. (Ust.).
cracking = fissuration *f*. (du béton), fendillement *m*. (de la peinture), cracking *m*. ou craquage *m*. (du pétrole).
– – – **by frost** = gélivité *f*.
– – –, **stress** = fissuration *f*. sous tension (des matières plastiques).
crackle = crachements *m.p*. (R.), friture *f*. (R.).
cradle = berceau *m*. (d'une machine), sellette *f*. (de peintre), échafaud *m*. (C.), échafaudage *m*. volant, ber *m*. de lancement (Mar.), râteau *m*. (Agr.).
– – –, **boiler** = chevalet *m*. de chaudière (Méc.).
– – –, **engine** = berceau *m*. du moteur (Auto.).
– – –, **repair** = berceau *m*. de dépannage (Auto.).
– – –, **rope** = filet *m*. (C.).
cradling = cintre *m*. (de voûte) (B.), échafaudage *m*. volant (B.).
craft = métier *m*. manuel, corps *m*. de métier, embarcation *f*. (Mar.).
craftsman = artisan *m*., homme *m*. de métier, ouvrier *m*.
cramp = crampon *m*. (C.), happe *f*. (C., B.), serre-joint *m*. ou sergent *m*. (Men.), agrafe *f*. (C.), clampe *f*. (C., B.), clameau *m*. (C., B.).
– – –, **bent** = agrafe *f*. équerre (C.).
– – –, **corner** = fer *m*. d'angle (C.), harpe *f*. de fer (C.), équerre *f*. (C.).
– – –, **flooring** = étreignoir *m*. (B.).
– – –, **G** = presse *f*. à vis (B., C.), serre-joint *m*. (B., C.).
– – –, **hoop** = traitoir *m*. (I.).
– – –, **iron** = bride *f*. en fer (C.).
– – –, **joiner's** = étau *m*. d'ébéniste (Men.), étau *m*. de menuisier (Men.).
– – –, **joint** = clameaux *m.p*. (B.), clampe *f*. (B.), happe *f*. (B.).
– – –, **to** = cramponner, agrafer (des pierres), presser ou serrer (à l'étau, au serre-joint).
crane = grue *f*. (C.), pont *m*. roulant (C.).
– – –, **angle** = grue *f*. à support triangulaire.
– – –, **balanced** = grue *f*. à contrepoids.
– – –, **bracket** = grue *f*. à console.
– – –, **break-down** = grue *f*. de manoeuvre.
– – –, **bridge** = pont-grue *m*., grue *f*. à chariot, grue *f*. à pont roulant.
– – –, **bucket** = grue *f*. à benne.
– – –, **building** = grue *f*. de chantier.
– – –, **cableway, elevated** = grue *f*. à câble aérien.
– – –, **camera** = grue *f*. de caméra (Tv.).
– – –, **cantilever** = grue *f*. à flèche horizontale.
– – –, **carry** = chariot-grue *m*. (M.).
– – –, **caterpillar** = grue *f*. sur chenilles.
– – –, **clam-shell** = grue *f*. à benne preneuse.
– – –, **claw** = grue *f*. à griffes.
– – –, **coaling** = grue *f*. de chargement de charbon.
– – –, **column** = grue *f*. à colonne, grue *f*. à fût.
– – –, **crawler** = grue *f*. sur chenilles.
– – –, **curb-ring** = grue *f*. à plaque tournante.
– – –, **derrick** = grue-derrick *f*., grue *f*. de chevalement.
– – –, **derricking** = grue *f*. à volée basculante.

(crane)

– – –, **dock** = crône *m*.
– – –, **double** = grue *f*. à double volée.
– – –, **drop-ball** = grue *f*. de carrière (Mi.), boule *f*. (M.) (Mi.).
– – –, **electric** = grue *f*. électrique.
– – –, **elevating** = grue *f*. de chargement, grue *f*.
– – –, **equipment** = grue *f*. d'armement.
– – –, **fixed** = grue *f*. fixe.
– – –, **fixed-jib** = grue *f*. fixe.
– – –, **floating** = ponton-grue *m*., grue *f*. flottante.
– – –, **floor, portable** = grue *f*. roulante d'atelier.
– – –, **frame** = grue-portique *f*.
– – –, **gantry** = grue *f*. à portique.
– – –, **goliath** = grue-chevalet *f*., grue *f*. géante, grue *f*. titan.
– – –, **grab** = grue *f*. à benne preneuse.
– – –, **hand** = grue *f*. à bras.
– – –, **hatch** = grue *f*. de lucarne.
– – –, **hoisting** = grue *f*. de chargement, grue *f*.
– – –, **hydraulic** = grue *f*. hydraulique.
– – –, **jib** = grue *f*. à potence, grue *f*. à volée, grue *f*. à flèche.
– – –, **locomotive** = grue-locomotive *f*., grue *f*. à soulever les locomotives.
– – –, **luffing** = grue *f*. à portée variable.
– – –, **magnet** = grue *f*. à crochet magnétique.
– – –, **mast** = bigue *f*.
– – –, **mobile** = chariot-grue *m*.
– – **on bogies** = grue *f*. sur bogies.
– – –, **overhead** = pont *m*. roulant.
– – –, **overhead, travelling** = pont *m*. roulant.
– – –, **pillar** = grue *f*. à colonne, grue *f*. à potence.
– – –, **pivoting** = grue *f*. à pivot.
– – –, **pontoon** = grue *f*. sur ponton.
– – –, **portable** = grue *f*. roulante.
– – –, **portable, hand** = grue *f*. roulante manoeuvrée à la main.
– – –, **portal** = grue *f*. à portique.
– – –, **post** = grue *f*. à colonne.
– – –, **pouring** = pont *m*. de coulée.
– – –, **revolving** = grue *f*. tournante, grue *f*. pivotante.
– – –, **revolving, full** = grue *f*. à révolution totale.
– – –, **roof** = grue *f*. de toit.
– – –, **rotary** = grue *f*. pivotante, grue *f*. tournante.
– – –, **salvage** = grue *f*. dépanneuse (Auto.).
– – –, **self-propelling** = grue *f*. automotrice.
– – –, **semi-portal** = grue *f*. à demi-portique.
– – –, **shear-legs** = grue-ciseau *f*.
– – –, **shop** = grue *f*. d'atelier.
– – –, **slewing** = grue *f*. pivotante, grue *f*. à pivot.
– – –, **standard-gauge** = grue *f*. à voie normale (Ch.d.f.).
– – –, **steam** = grue *f*. à vapeur.
– – –, **swinging** = grue *f*. pivotante, grue *f*. à pivot.
– – –, **tower** = grue *f*. sur pylônes, grue *f*. à pylône, grue *f*. à tour, sapine *f*., grue-marteau *f*., titan *m*. (Mar.).
– – –, **transfer** = grue *f*. de transbordement.
– – –, **transhipment** = grue *f*. de transbordement.
– – –, **travelling** = pont *m*. roulant, grue *f*. roulante, grue-locomotive *f*.
– – –, **travelling, overhead** = pont-grue *m*., grue *f*. à chariot, grue *f*. à pont roulant, pont *m*. roulant.

(crane)

– – –, **truck-mounted** = grue *f.* sur camion.
– – –, **turning** = grue *f.* tournante, grue *f.* pivotante.
– – –, **visor** = grue *f.* à volée variable.
– – –, **wall** = grue *f.* murale, grue *f.* à potence, grue *f.* à console.
– – –, **wharf** = grue *f.* de quai.
– – –, **wrecking** = grue *f.* de pannes (Auto.), grue *f.* dépanneuse (Auto.).
– – –, **yard** = grue *f.* de cour.
crank = manivelle *f.* (Méc.), coude *m.* (d'essieu) (Méc.), cigogne *f.* (d'une meule à aiguiser), bascule *f.* (d'une cloche), bras *m.* de manivelle (Méc.).
– – –, **balanced** = manivelle *f.* à contre-poids (Méc.).
– – –, **bell** = levier *m.* coudé, bascule *f.*, levier *m.* coudé.
– – –, **detachable** = manivelle *f.* rapportée.
– – –, **disc** = plateau-manivelle *m.*, manivelle *f.* à plateau.
– – –, **double** = manivelle *f.* composée (Méc.), vilebrequin *m.* (Auto.).
– – –, **driving** = manivelle *f.* motrice.
– – –, **duplex** = manivelle *f.* double.
– – –, **eccentric** = manivelle *f.* d'excentrique.
– – –, **fly** = contre-manivelle *f.* (Méc.).
– – – **for starting the motor** = manivelle *f.* de lancement (Auto.).
– – –, **overhanging** = manivelle *f.* en porte-à-faux.
– – –, **rewind** = manivelle *f.* de rebobinage (Phot.).
– – –, **single-throw** = manivelle *f.* simple.
– – –, **starting** = manivelle *f.* à démarrer (Méc.), manivelle *f.* de mise en marche (Auto.), manivelle *f.* de lancement (Auto.).
– – –, **throw** = arbre *m.* coudé (Méc.), vilebrequin *m.* à manetons (Méc.).
– – –, **to** = tourner (à la manivelle), faire tourner à la manivelle, couder (un essieu), lancer (le moteur).
– – –, **toggle** = levier *m.* à sonnette (Méc.), levier *m.* articulé (Méc.).
– – –, **treadle** = manivelle *f.* à pédale.
– – –, **two-throw** = manivelle *f.* à double coude.
– – –, **wheel** = manivelle *f.* à plateau, plateau-manivelle *m.*
– – –, **window** = lève-glace *m.* (Auto.).
crank-case = V. « case, crank ».
crankshaft = vilebrequin *m.* (Auto., Méc.), arbre *m.* coudé (Auto., Méc.).
– – –, **balanced** = vilebrequin *m.* équilibré.
– – –, **counter-balanced** = vilebrequin *m.* équilibré.
– – –, **single-throw** = arbre *m.* à un seul coude, vilebrequin *m.* simple.
– – –, **two-throw** = arbre *m.* à deux coudes, arbre *m.* à deux manetons.
cranny = fissure *f.* (dans un mur), crevasse *f.* (dans le sol), lézarde *f.* (dans un ouvrage de maçonnerie).
crash = écrasement *m.* (Av.), collision *f.* (Auto.).
crate = cageot *m.* (de fruits), caisse *f.* à claire-voie, caisse *f.*, cage *f.*, bagnole *f.* (Auto.).
– – –, **egg** = boîte *f.* d'expédition (pour les oeufs), caisse *f.* d'expédition (pour les oeufs).
crated = mis (adj.) en caisse.
crater = cratère *m.* (de l'arc électrique, d'un volcan).
crawler = chenilles *f.p.* (Méc.), tracteur *m.* à chenilles (M.), taxi *m.* en maraude.

crawling = accrochage *m.* (d'une machine asynchrone) (E.), retraction *f.* (de l'encre) (Imp.).
crayon, litho = crayon *m.* lithographique.
– – –, **lumber** = crayon *m.* de mesureur de bois.
– – –, **soapstone** = crayon *m.* de talc.
craze = fendillement *m.* ou craquellement *m.* (du vernis, du ciment).
– – –, **to** = fendiller ou fêler (la porcelaine), craqueler (une poterie).
crazing = V. « craze ».
creaking = craquement *m.* (d'une carrosserie), grincement *m.* (de charnières).
cream, polishing = crème *f.* à polir, crème *f.* à lustrer.
creamery = crémerie *f.*
crease = faux pli *m.*, fronce *f.* (dans une feuille de papier).
– – –, **to** = tomber ou rabattre (un bord) (Mét.), suager (une pièce en étain) (Mét.).
creaser = suage *m.* (Mét.), traçoir *m.* ou traceret *m.* (Mét.).
creasing = gaufrage *m.* (Imp.), marquage *m.* (Imp.).
credenza = crédence *f.*, buffet *m.*
creek = petit cours d'eau.
creep, to = glisser (en parlant d'un câble téléphonique sur brin de suspension ou d'une courroie de transmission), marcher à vide (compteur).
creepage = glissement *m.* (d'une courroie de transmission), marche *f.* à vide (d'un compteur), amorçage *m.* en surface (E.), cheminement *m.* (des rails) (Ch.d.f.).
creeper = vis *f.* de transport (Méc.), vis *f.* sans fin (Méc.).
– – –, **anti-** = dispositif *m.* d'ancrage des rails (Ch.d.f.).
– – –, **auto** = matelas *m.* (Auto.), civière *f.* (Auto.).
– – –, **garage** = matelas *m.* (Auto.), civière *f.* (Auto.).
creepers, ice = crampons *m.p.* (de bottine).
creeping = cheminement *m.* (des rails dans les pentes), ascension *f.* capillaire (de l'acide d'un accumulateur), marche *f.* à vide (d'un moteur), amorçage *m.* en surface (E.), décharge *f.* superficielle (E.).
cremate, to = incinérer ou crémer (un corps).
cremation = incinération *f.*, crémation *f.*
cremator = four *m.* crématoire.
crematorium = crématorium *m.*, four *m.* crématoire.
crematory = crématoire (adj.).
creosote = créosote *f.*
– – –, **coal-tar** = créosote *f.* de houille.
– – –, **to** = injecter (le bois) à la créosote, créosoter (le bois).
crest = crête *f.* (d'une vague, d'un coq), faîte *m.* (d'un édifice), sommet *m.* (d'une colline), faîteau *m.* (B.).
– – – **of a dam** = crête *f.* d'un barrage (H.).
– – – **of a fill** = crête *f.* d'un talus (C.).
– – – **of thread** = sommet *m.* de filet (Méc.).
– – –, **ridge** = faîteau *m.* (B.).
– – –, **wave** = crête *f.* d'une onde (R.).
crevice = crevasse *f.* (dans la terre), lézarde *f.* (dans un mur).
crew = équipage *m.* (d'un bateau, d'un camion), équipe *f.* (d'une locomotive).
– – –, **air** = V. « aircrew ».
– – –, **train** = personnel *m.* du train (Ch.d.f.).
crib = armoire *f.* (à outils), boisage *m.* (d'un puits)

(crib)

(Mi.), rouet *m.* de cuvelage (Mi.), encoffrement *m.* en charpente (Mi., C.), caisson *m.* à claire-voie (C.), râtelier *m.* (Agr.), mangeoire *f.* (Agr.), crèche *f.* (Agr.), prise *f.* d'eau (H.).
– – –, **tool** = armoire *f.* à outils.
cribbing = boisage *m.* (d'une fouille) (C., Mi.).
cricket = rejéteau *m.* (d'appentis) (B.).
crimp, to = onduler (la tôle, les cheveux), gaufrer (une étoffe), sertir (une cartouche).
crimper = pince *f.* à sertir, sertisseur *m.* (I.).
crinkle, to = gaufrer (le papier).
crisper, vegetable = bac *m.* à légumes (d'un réfrigérateur).
criss-cross of wires = enchevêtrement *m.* de fils (métalliques) (Tp.).
– – –, **to** = entrecroiser (des fils métalliques) (Tp.).
criterion = critère *m.*, critérium *m.*
critical = (situation *f.*) critique (adj.), (point *m.* de) transition *f.*, (angle *m.*) limite *f.*
criticallity = criticité *f.* (d'une masse nucléaire).
crocus = rouge *m.* à polir.
crook = croc *m.*, crochet *m.*, déjettement *m.* (d'une pièce de bois) (B.).
crooked = (bâton *m.*) courbé (adj.), (bec *m.*) crochu (adj.), bois *m.* tors (adj.), (sentier *m.*) tortueux (adj.).
crookedness = sinuosité *f.* (d'une route), perversité *f.* (d'un homme).
crop = récolte *f.*, moisson *f.*
– – –, **to** = tondre (une haie), élaguer (une vignette), émarger (un livre).
– – – **out** = affleurement *m.* (d'un minerai).
– – – **-up** = affleurement *m.* (d'un minerai).
cropping = élagage *m.* (d'un cliché) (Imp., Phot.).
cross = contact *m.* entre conducteurs (Tp.), croix *f.* (B.), croisillon *m.* (B.), demi-tour *m.* (dans les câbles) (Mar.), noeud *m.* à plein poing (Mar.), noeud *m.* de bec d'oiseau (Mar.).
– – –, **cathodic** = trèfle *m.* cathodique (R.).
– – –, **centre, universal joint** = croisillon *m.* du joint universel (Méc.).
– – –, **frame** = traverse *f.* ou entretoise *f.* (de châssis).
– – –, **joint, universal** = croisillon *m.* du joint universel.
– – – **- over** = V. « cross-over ».
– – –, **Saint-Andrew's** = croix *f.* de Saint-André (B.).
– – –, **side outlet** = croix *f.* avec sortie latérale (S.).
– – –, **to** = s'entrecroiser (Tp.), se croiser (Tp.), fausser (le filetage d'une vis), passer (un pont).
– – –, **to** – – – **at grades** = traverser à niveau.
– – –, **to** – – – **over** = traverser.
– – –, **weather** = court-circuit *m.* dû aux intempéries (E.).
– – –, **window** = petit bois (de fenêtre).
crossarm = traverse *f.* (d'un poteau téléphonique), ferrure *f.* (c.-à-d. traverse *f.* en fer d'un poteau téléphonique), croisillon *m.* (Tp.).
– – –, **double** = traverses *f.p.* doubles (Tp.), traverse *f.* jumelée (Tp., E.).
– – –, **six-pin** = traverse *f.* à six isolateurs (Tp.).
– – –, **steel** = ferrure *f.* (E., Tp.), traverse *f.* galvanisée (E., Tp.).
– – –, **ten-pin** = traverse *f.* à dix isolateurs (Tp.).
crossbar = (équipement *m.*, système *m.*, commutation

(crossbar)

f.) crossbar (Tp.) (Canada).
cross-head = V. « head, cross ».
crossing = croisement *m.* ou entrecroisement *m.* (de lignes de fils) (Tp.), croisement *m.* ou intersection *f.* (de routes), traversée *f.* (de deux voies ferrées), croisée *f.* (de transept) (B.).
– – –, **aerial** = croisement *m.* aérien (Tp.), traversée *f.* aérienne (C.).
– – –, **diamond** = croisement *m.* oblique (Ch.d.f.).
– – –, **grade** = passage *m.* à niveau (Ch.d.f.).
– – –, **graded** = passage *m.* à croisements superposés (C.).
– – –, **level** = passage *m.* à niveau (Ch.d.f.).
– – –, **level, board-walk** = passage *m.* à cabrouets.
– – –, **overhead** = passage *m.* supérieur (C.), croisement *m.* aérien (tramway).
– – –, **pedestrian** = passage *m.* pour piétons.
– – –, **railroad** = traversée *f.* de chemin de fer, passage *m.* à niveau.
– – –, **railroad, unprotected** = passage *m.* à niveau non gardé.
– – –, **railway** = traversée *f.* de chemin de fer, passage *m.* à niveau.
– – –, **railway, protected** = passage *m.* à niveau gardé.
– – –, **river** = traversée *f.* de cours d'eau, conduite *f.* sous-marine (H., Tp.), traversée *f.* sous-marine (H., Tp.).
– – –, **street** = croisement *m.* de rues, passage *m.* (d'un trottoir à l'autre).
– – –, **temporary** = pont *m.* provisoire (C.).
– – –, **track** = croisement *m.* de voies (Ch.d.f.).
– – –, **under** = passage *m.* inférieur (C.), passage *m.* souterrain (C.).
– – –, **under-railway** = viaduc *m.* en dessous des rails, passage *m.* en dessous.
– – –, **underground** = passage *m.* souterrain (C.).
– – –, **wire** = croisement *m.* de fils (Tp.), croisée *f.* des fils (Tp.).
cross-over = croisement *m.* (de deux chemins), coude *m.* de croisement (d'un tuyau), siphon *m.* (S.).
crosstalk = diaphonie *f.* (Tp.), interférence *f.* entre les circuits téléphoniques (Tp.), interférence *f.* (Tg.).
– – –, **far-end** = télédiaphonie *f.* (Tp.).
– – –, **intelligible** = diaphonie *f.* intelligible (Tp.).
– – –, **inverted** = diaphonie *f.* inintelligible (Tp.).
– – –, **near-end** = paradiaphonie *f.* (Tp.).
crosswalk = passage *m.* clouté, passage *m.* pour piétons.
crosswise = en travers (C.), en croix (C.).
crow, jim = pince *f.* pied-de-biche (I.).
– – –, **miner's** = barre *f.* à mine (I.).
crowbar = pince-monseigneur *f.* (I.), pied-de-biche *m.* (I.), barre *f.* à mine (I.), loup *m.* (I.).
– – –, **claw-ended** = pied-de-biche *m.*, pince-monseigneur *f.*, pince *f.* pied-de-biche.
– – –, **crooked** = pince *f.* à panne fendue.
– – –, **splitted** = verdillon *m.* pied-de-biche.
crown = clé *f.* (de voûte), tête *f.* (de la dent) (Méc.), voûte *f.* (de fourneau), bombement *m.* (d'une poulie d'une chaussée), crête *f.* (de colline), faîte *m.* (de toit), diamant *m.* (d'ancre), aire *f.* (d'enclume), roue *f.* à dents de côté (Méc.), couronne *f.* (C., Méc.), chaperon *m.* (de mur), calotte *f.* (d'une voûte hém s-

(crown)

phérique à cintre peu élevé) (B.), bouton *m.* (de remontoir d'une montre).

– – –, **fire** = ciel *m.* du foyer (B.).

– – –, **inner** = chapelle *f.* ou voûte *f.* (d'un four).

– – –, **pole** = couronne *f.* polaire (E.).

– – –, **roll** = bombement *m.* (ou renflement *m.*) du cylindre (Pap.).

– – –, **runner** = couronne *f.* (H.).

crowning = bombement *m.* (d'une route, d'une poulie), renflement *m.* (d'une poulie).

croze = jable *m.*

– – –, **to** = jabler (une douve).

crozer = jabloire *f.* ou jablière *f.* (I.).

crucible = creuset *m.* (Mét.).

– – –, **case-hardening** = creuset *m.* de cémentation.

– – –, **graphite** = creuset *m.* en graphite.

crude = brut (adj.).

cruiser = croiseur *m.* (Mar.), yacht *m.*

crumb = mie *f.* (de pain), miette *f.* (de pain).

crumbs, bread = chapelure *f.* (Ust.).

crumbling = pulvérisation*f.* (de la pierre), émiettage *m.* (du pain), écroulement *m.* (d'un mur), éboulement *m.* (d'un talus), effritement *m.* (de la peinture au blanc de plomb) (B.).

crupper = croupière *f.* (Agr.), croupe *f.* (d'un cheval).

crush, to = broyer (une drogue), écraser (un rival), pressurer (le raisin), concasser (le gravier, la pierre).

crusher = concasseur *m.* (M.), broyeur *m.* (M.).

– – –, **alligator** = concasseur *m.* à mâchoires.

– – –, **ball** = broyeur *m.* à boulets.

– – –, **chip** = broyeur *m.* à copeaux (Pap.).

– – –, **clod** = émotteuse *f.*, brise-mottes *m.*

– – –, **gyratory** = concasseur *m.* à noix.

– – –, **hammer** = concasseur *m.* à marteaux, broyeur *m.* à marteaux.

– – –, **jaw** = broyeur *m.* à mâchoires, concasseur *m.* à mâchoires.

– – –, **ore** = bocard *m.*

– – –, **rolling** = concasseur *m.* à meules, broyeur *m.* à cylindres.

– – –, **rotary** = concasseur *m.* giratoire.

– – –, **stone** = casse-pierres *m.*, concasseur *m.*, concasseur *m.* de pierres.

– – –, **swing-hammer** = concasseur *m.* à marteaux, broyeur *m.* à marteaux.

crushing = broyage *m.* (du minerai, de la pierre), concassage *m.* (du gravier, de la pierre), écrasement *m.* (du papier) (Pap.).

– – –, **coarse** = préconcassage *m.*, concassage *m.* primaire.

– – –, **dry** = broyage *m.* à sec, broyage *m.* par la voie sèche.

– – –, **fine** = broyage *m.* fin.

– – –, **primary** = concassage *m.* primaire.

– – –, **secondary** = concassage *m.* secondaire.

– – –, **wet** = broyage *m.* par la voie humide.

crust = couche *f.* ou croûte *f.* (de rouille), croûte *f.* (terrestre, de pain), écorce *f.* (terrestre).

crutch = béquille *f.* (Mar.), soutien *m.* (C.), support *m.* (C.), étançon *m.* (C.), fourche *f.* (d'un arbre, d'un chemin).

crystal = galène *f.* (R.), cristal *m.* (Mi.).

crystallization = cristallisation *f.*

crystallize, to = se cristalliser, faire cristalliser.

crystallizer, rotary = cristallisoir *m.* rotatif.

c / s = V. « cycles per second ».

CSA (Canadian Standard Association) = ACNOR (Association canadienne de normalisation).

ct = V. « carat », « cent » et « cental ».

cubage = cubage *m.* (du bois).

cube = cube *m.* (d'un nombre), dé *m.* (de pain), bloc *m.* (de glace), morceau *m.* (de sucre), cube (adj.).

– – –, **ice** = glaçon *m.* (Ust.), bloc *m.* de glace.

cubic = cubique (adj.).

cubicle = cabine *f.* (d'une piscine), cellule *f.* (de transformateur), alcôve *f.* (d'un dortoir).

– – –, **switch-gear** = cabine *f.* de la distribution (E.).

– – –, **terminal, generator** = cabine *f.* de connexion des génératrices (E.).

cubiform = cubique (adj.), en cube.

cubing = estimation *f.* (du coût d'un bâtiment).

cue = top *m.* (Tv.), (écran *m.*, circuit *m.*) repère (Tv.), signal *m.* d'avertissement (R.).

cuff = poignet *m.* ou manchette *f.* (d'une chemise), bord *m.* relevé (d'un pantalon).

cull = bois *m.* de qualité inférieure, morceau *m.* de rebut, rebut *m.*

cullender = passoire *f.* (Ust.), chantepleure *f.*

culler = mesureur *m.* de bois (O.) (For.).

culls = déchets *m.p.* ou rebut *m.* (de bois en grume).

culm = poussier *m.* de charbon.

cultivator = cultivateur *m.* (M.), croc *m.* à piocher (I.), binot *m.* (M.), ou bineur *m.* (M.) ou bineuse *f.* (M.).

– – –, **corn** = sarcleur *m.* de maïs (Agr.).

– – –, **gang** = cultivateur *m.* à plusieurs houes (M.) (Agr.).

– – –, **garden** = piocheur *m.* multiple (I.).

– – –, **power-driven** = motoculteur *m.* (M.).

– – –, **spring-tooth** = cultivateur *m.* (M.).

culture, broth = bouillon *m.* de culture.

culvert = ponceau *m.* (de route), canal *m.* (C.), conduit *m.* souterrain (pour filage électrique).

– – –, **box** = dalot *m.*

– – –, **closed** = canal *m.* couvert.

– – –, **open** = canal *m.* ouvert.

cup = godet *m.* (Méc.), cuvette *f.* (Méc.), tasse *f.* (Ust.), cupule *f.* (Tv.), coupelle *f.* (Mét.), emboîture *f.* (d'un os), demiard *m.* (d'un liquide) (Canada), embouti *m.* (d'une pompe) (Méc.).

– – –, **axle** = cuvette *f.* de moyeu (Méc.).

– – –, **baking** = moule *m.* à gâteaux (en papier) (Ust.).

– – –, **ball** = cuvette *f.* (Méc.), cuvette-rotule *f.* (Méc.), coussinet *m.* sphérique (Méc.).

– – –, **ball-bearing** = bague *f.* de roulement à billes (Méc.), appuis *m.p.* sphériques (de pont d'acier) (C.).

– – –, **concentrating** = cupule *f.* de concentration (Tv.).

– – – **drain** = cuvette *f.* d'égouttage (S., B.).

– – –, **drinking** = coupe *f.*, gobelet *m.*

– – –, **drip** = poche *f.* de vidange (S., Méc.), godet *m.* à huile (Méc.).

– – –, **egg** = coquetier *m.* (Ust.).

– – –, **force** = ventouse *f.* (pour toilette d'aisances) (S.), déboucheur *m.* à ventouse (caoutchouc) (S.).

– – –, **grease** = godet *m.* graisseur (Méc.), graisseur *m.* (Méc.).

(cup)

– – –, **grease, bearing** = graisseur *m*. de palier (Méc.).
– – –, **grease, compression** = graisseur *m*. à pression (Méc.).
– – –, **grease, pressure** = graisseur *m*. à pression (Méc.).
– – –, **grease, screw-down** = graisseur *m*. à chapeau (Méc.).
– – –, **grease, set** = graisseur *m*. à graisse constante (Méc.).
– – –, **lubricating** = godet *m*. graisseur (Méc.).
– – –, **measuring** = tasse *f*. graduée (Ust.) (= 8 onces; 227,3 ml).
– – – **of a wind-gauge** = coquille *f*. d'un anémomètre.
– – –, **oil** = robinet *m*. graisseur (Méc.), graisseur *m*. (Méc.), godet *m*. à hui e (Méc.).
– – –, **oil-retainer** = cuvette *f*. d'étanchéité d'huile (Méc.).
– – –, **oil, sight-feed** = graisseur *m*. à débit visible (Méc.).
– – –, **primer** = godet *m*. amorceur (Méc.).
– – –, **roller-bearing** = cuvette *f*. de roulement à rouleaux (Méc.).
– – –, **spherical** = demi-coussinet *m*. de rotule (Méc.).
– – –, **spring** = cuvette *f*. de ressort (Méc.).
– – –, **suction** = ventouse *f*. (pour toilette d'aisances) (S.), débouchoir *m*. à ventouse (caoutchouc) (S.).
cupboard = buffet *m*. (Ust.), armoire *f*. (B.), placard *m*. (B.).
– – –, **staircase** = soupente *f*. (d'escalier) (B.).
– – –, **storage** = resserre *f*. (B.).
cupel, to = coupeller (Mét.).
cupola = cubilot *m*. (Mét.), coupole *f*. (B.), dôme *m*. (B.).
– – –, **armoured** = coupole *f*. blindée (B.).
cupping = bombement *m*. (d'une pièce de bois sciée) (B.).
cuprous = cuivreux (adj.).
cupshake = roulure *f*. (du bois).
curb = bordure *f*. de trottoir, margelle *f*. de puits, rampe *f*. d'accès (à une aérogare).
– – –, **integral** = bordure *f* formant monolithe avec la chaussée, bordure *f*. de béton coulée avec la chaussée.
– – –, **to** = border (un puits, un trottoir).
cure = vulcanisation *f*. (cu caoutchouc), guérison *f*. (d'un malade), cure *f*. (de fruits, de lait), remède *m*.
– – –, **acid** = vulcanisation *f*. à froid.
– – –, **hot** = vulcanisation *f*. à chaud.
– – –, **to** = remédier (à un mal), vulcaniser ou cuire (le caoutchouc), boucaner ou fumer (la viande), saler (les peaux), sécher (le bois).
cured, flue = séché à l'air chaud.
– – –, **kiln** = (bois *m*.) séché au four, (émail *m*.) étuvé (adj.).
curing = durcissement *m*. (du béton), vulcanisation *f*. (du caoutchouc), boucanage *m*. ou fumage *m*. (de la viande).
curl = spirale *f*. (de fumée), ondulation *f*. ou ronce *f*. (dans le grain du bois), bordure *f*. ou bordage *m*. (d'une tôle), boucle *f*. (de cheveux), gondolage *m*. ou recoquillement *m*. (du papier) (Pap.).
– – –, **full** = bordure *f*. terminée (Mét.).
– – –, **half** = bordure *f*. rabattue à moitié (Mét.).

curling = bordage *m*. (des tôles) (Mét.), frisure *f*. (des cheveux).
current = courant *m*. (d'air, d'une rivière), courant *m*. (E.).
– – –, **active** = courant *m*. actif (E.), courant *m*. en phase avec la tension (E.), [courant *m*. watté] (E.).
– – –, **aerial** = courant *m*. d'antenne (R.).
– – –, **air** = écoulement *m*. d'air, courant *m*. d'air.
– – –, **air, warm** = courant *m*. d'air chaud.
– – –, **alternating** = courant *m*. alternatif (E.).
– – –, **alternating, primary** = courant *m*. alternatif primaire (E.).
– – –, **anode** = courant *m*. anodique (R.), courant *m*. de plaque (R.).
– – –, **anode-ray** = rayon *m*. positif (de tubes à gaz).
– – –, **armature** = courant *m*. de l'induit (E.).
– – – **at breaking** = courant *m*. de rupture (E.).
– – – **at making** = courant *m*. de fermeture (E.).
– – –, **back** = contre-courant *m*. (R.), courant *m*. de retour (R.).
– – –, **balanced** = courants *m.p.* symétriques (E.).
– – –, **blowing** = courant *m*. de fusion (E.).
– – –, **branch** = courant *m*. dérivé (E.).
– – –, **break** = courant *m*. de rupture (E.).
– – –, **breaking, contact** = extra-courant *m*. de rupture (E.).
– – –, **carrier** = courant *m*. porteur (Tp.).
– – –, **cathode** = courant *m*. cathodique (R.).
– – –, **charging** = courant *m*. de charge (E.), courant *m*. à vide (E.).
– – –, **closed-circuit** = courant *m*. permanent (E.).
– – –, **conduction** = courant *m*. de conduction (E.), courant *m*. conduit (E.).
– – –, **constant** = courant *m*. permanent (E.), courant *m*. continu (E.), courant *m*. constant (E., H.).
– – –, **continuous** = courant *m*. continu (E.).
– – –, **convection** = courant *m*. de convection (Méc.).
– – –, **counter-** = contre-courant *m*. (E.).
– – –, **cross-** = renvoi *m*. de courant (E.).
– – –, **decaying** = courant *m*. décroissant (E.).
– – –, **dielectric** = courant *m*. de fuite (E.).
– – –, **direct** = courant *m*. continu (E.).
– – –, **discharge** = courant *m*. de décharge (E.).
– – –, **dispersion** = courant *m*. de dispersion (E.).
– – –, **displacement** = courant *m*. de déplacement (E.).
– – –, **disturbing** = courant *m*. perturbateur (E.).
– – –, **disturbing, equivalent** = courant *m*. pertubateur équivalent (d'une ligne électrique) (E.).
– – –, **double-phase** = courant *m*. diphasé (E.).
– – –, **drop-out** = intensité *f*. de désexcitation (E.).
– – –, **earth** = perte *f*. à la terre (E.), courant *m*. tellurique (E.), courant *m*. tellurien (E.).
– – –, **echo** = courant *m*. réfléchi (E.).
– – –, **eddy** = courants *m.p.* parasites (E.), courants *m.p.* de Foucault (E.), remous *m*. de courant (Auto., Av.).
– – –, **electric** = courant *m*. électrique (E.), flux *m*. électrique (E.).
– – –, **electronic** = courant *m*. d'émission électronique (E.).
– – –, **emission** = courant *m*. d'émission.
– – –, **energizing** = courant *m*. d'aimantation (d'une bobine) (E.).

(current)

– – –, **equalizing** = courant *m.* compensateur (E.).
– – –, **excess** = surintensité *f.* (E.).
– – –, **exciting** = courant *m.* d'excitation (E.), courant *m.* inducteur (E.).
– – –, **extra** = extra-courant *m.* (E.).
– – –, **fault** = courant *m.* de défaut (E.).
– – –, **field** = courant *m.* inducteur (E.), courant *m.* de champ (E.), courant *m.* d'excitation (E.).
– – –, **filament** = courant *m.* de chauffage (E.).
– – –, **follow** = courant *m.* résiduel (dans un parafoudre).
– – –, **foreign** = courant *m.* extérieur (E.).
– – –, **forward** = courant *m.* direct (d'un redresseur) (E.).
– – –, **four-phase** = courant *m.* tétraphasé (E.).
– – –, **galvanic** = courant *m.* galvanique (E.).
– – –, **gas** = courant *m.* d'ionisation (R.).
– – –, **grid** = courant *m.* de grille (R.), courant *m.* grille (R.).
– – –, **grid, inverse** = courant *m.* inverse de grille (R.).
– – –, **grid, reverse** = courant *m.* inverse de grille (R.).
– – –, **grid, screen** = courant *m.* de grille-écran (E.).
– – –, **ground** = courant *m.* tellurien (E.).
– – –, **harmonic** = courant *m.* harmonique (R.).
– – –, **harmonic, first** = courant *m.* de l'harmonique supérieur (R.).
– – –, **heat** = courant *m.* de chauffage (E.).
– – –, **heavy** = courant *m.* fort, courant *m.* intense (E.).
– – –, **high-frequency** = courant *m.* à haute fréquence (R.).
– – –, **high-potential** = courant *m.* haute tension (E.).
– – –, **high-tension** = courant *m.* à haute tension (E.).
– – –, **idle** = [courant *m.* déwatté] (E.), courant *m.* réactif (E.).
– – –, **induced** = courant *m.* induit (E.), courant *m.* secondaire (E.).
– – –, **induced, break** = courant *m.* de rupture (E.).
– – –, **inducing** = courant *m.* inducteur (E.).
– – –, **induction** = courant *m.* d'induction (E.).
– – –, **inductive** = courant *m.* inducteur (E.), [courant *m.* déwatté] (E.), courant *m.* d'induction (E.).
– – –, **in-phase** = [courant *m.* watté] (E.), courant *m.* en phase (E.).
– – –, **input** = courant *m.* d'entrée (E.).
– – –, **inrush** = courant *m.* d'entrée (E.).
– – –, **interference** = courant *m.* pertubateur (E.).
– – –, **intermittent** = courant *m.* intermittent (E.).
– – –, **internal** = courant *m.* intrapilaire (E.).
– – –, **lag, phase** = courant *m.* en retard (E.).
– – –, **lagging** = courant *m.* déphasé en arrière (E.), courant *m.* en retard (sur la tension) (E.).
– – –, **leading** = courant *m.* déphasé en avant (E.), courant *m.* en avance (sur la tension) (E.).
– – –, **leakage** = courant *m.* de fuite (E.).
– – –, **leakage, surface** = courant *m.* de fuite superficielle (E.).
– – –, **leaking** = courant *m.* de fuite (E.).
– – –, **line** = courant *m.* de ligne (E.).
– – –, **low-frequency** = courant *m.* de basse fréquence (E.).
– – –, **low-tension** = courant *m.* de basse tension (E.).
– – –, **magnetic** = courant *m.* magnétique (E.).
– – –, **magnetizing** = courant *m.* magnétisant (E.).

(current)

– – –, **make-and-break** = courant *m.* intermittent (E.).
– – –, **making, contact** = courant *m.* de fermeture (E.).
– – –, **modulated** = courant *m.* modulé (E., R.).
– – –, **modulating** = courant *m.* de modulation (E., R.).
– – –, **monophased** = courant *m.* monophasé (E.).
– – –, **negative** = courant *m.* négatif (E.).
– – –, **no-load** = courant *m.* en circuit ouvert (E.), courant *m.* à vide (E.).
– – –, **normal** = courant *m.* de régime (E.).
– – **of air** = tirage *m.* (Méc.).
– – **of charge** = courant *m.* de charge (E.).
– – **of polarization** = courant *m.* de polarisation (E.).
– – –, **ondulating** = courant *m.* ondulé (E.).
– – **on making** = courant *m.* de fermeture (E.).
– – –, **operating** = courant *m.* actif (E.).
– – –, **opposed** = contre-courant *m.* (E.).
– – –, **oscillating** = courant *m.* oscillatoire (R.).
– – –, **out-of-phase** = courant *m.* déphasé (E.).
– – –, **output** = courant *m.* de sortie (E.).
– – –, **peak** = courant *m.* de pointe (E.), courant *m.* de crête (E.).
– – –, **peak, anode** = intensité *f.* anodique de crête (R.).
– – –, **periodic** = courant *m.* périodique (E.).
– – –, **phase** = courant *m.* de phase (E.).
– – –, **photo-electric** = photoélectricité *f.* (E.).
– – –, **pick-up** = intensité *f.* minimale d'excitation d'un relais (E.).
– – –, **plate** = courant *m.* de plaque (R.), courant *m.* anodique (R.).
– – –, **plate, peak** = courant *m.* anodique de pointe (R.).
– – –, **polarizing** = courant *m.* de polarisation (E.).
– – –, **polyphase** = courant *m.* polyphasé (E.).
– – –, **power** = alimentation *f.* (E.).
– – –, **primary** = courant *m.* primaire (E.).
– – –, **pulsating** = courant *m.* pulsatoire (E.).
– – –, **rated** = courant *m.* nominal (E.), intensité *f.* nominale (E.).
– – –, **reactive** = courant *m.* réactif (E.), [courant *m.* déwatté] (E.).
– – –, **rectified** = courant *m.* redressé (E.).
– – –, **residual** = intensité *f.* résiduelle (E.).
– – –, **response** = courbe *f.* de réponse (R., E.).
– – –, **rest** = courant *m.* permanent (E.).
– – –, **rest, anode** = courant *m.* anodique permanent (R.).
– – –, **return** = courant *m.* de retour (E.), courant *m.* inverse (E.), courant *m.* réfléchi (E.).
– – –, **reversed** = courant *m.* inversé (E.).
– – –, **ringing** = courant *m.* d'appel (Tp.).
– – –, **ripple** = courant *m.* ondulé (E.).
– – –, **root-mean-square** = intensité *f.* efficace (E.), valeur *f.* efficace du courant (E.).
– – –, **rotor** = courant *m.* rotorique (E.).
– – –, **saturation** = courant *m.* de saturation (E.).
– – –, **secondary** = courant *m.* secondaire (E.).
– – –, **self-induction** = extra-courant *m.* (E.).
– – –, **shaft** = courant *m.* induit dans l'axe (E.).
– – –, **short-circuit** = courant *m.* de court-circuit (E.).
– – –, **short-circuit – – – to ground** = courant *m.* de court-circuit à la terre (E.).
– – –, **shunt** = courant *m.* dérivé (E.).
– – –, **signalling** = courant *m.* d'appel (Tp.).

(current)

– – –, **signalling, low-frequency** = courant *m.* d'appel à fréquence basse (Tp.).
– – –, **signalling, modulated V.F.** = courant *m.* d'appel à fréquence vocale (Tp.).
– – –, **single-phase** = courant *m.* monophasé (E.), monophasé *m.* (E.).
– – –, **sinusoidal** = courant *m.* sinusoïdal (E.).
– – –, **skin** = courant *m.* de surface (E.).
– – –, **smoothed** = courant *m.* filtré (E.).
– – –, **sneak** = courant *m.* parasite (E.).
– – –, **spacing** = courant *m.* de repos (E.).
– – –, **starting** = courant *m.* de démarrage (E.), intensité *f.* minimale d'oscillation (R.).
– – –, **stray** = V. « currents, stray ».
– – –, **strong** = courant *m.* intense (E.).
– – –, **superimposed** = courant *m.* porteur (Tp.).
– – –, **supply** = courant *m.* d'alimentation (E.).
– – –, **telephone** = courant *m.* téléphonique (Tp.).
– – –, **temporary** = courant *m.* temporaire (E.).
– – –, **testing** = courant *m.* de vérification (E.).
– – –, **thermic** = courant *m.* thermique.
– – –, **thermionic** = courant *m.* électronique (E., R.).
– – –, **three-phase** = courant *m.* triphasé (E.).
– – –, **traction, single-phase** = (courant) monophasé *m.* de traction (E.).
– – –, **transient** = onde *f.* mobile de courant (E.).
– – –, **two-phase** = courant *m.* biphasé (E.), courant *m.* diphasé (E.).
– – –, **undulatory** = courant *m.* ondulatoire (E.).
– – –, **unidirectional** = courant *m.* unidirectionnel (E.), courant *m.* continu (E.), courant *m.* redressé (E.).
– – –, **unmodulated** = courant *m.* de base (E.).
– – –, **up- – – – of air** = courant *m.* d'air ascendant (Méc.).
– – –, **variable** = courant *m.* variable (E.).
– – –, **vector** = courant *m.* vectoriel (E.).
– – –, **vibrating** = courant *m.* vibré (E.).
– – –, **voice** = courant *m.* de conversation (Tp.), courant *m.* vocal (Tp.).
– – –, **watt** = [courant *m.* watté] (E.), courant *m.* énergétique (E.).
– – –, **wattless** = [courant *m.* déwatté] (E.), courant *m.* réactif (E.).
– – –, **weak** = courant *m.* faible (E.).
currents, earth = courants *m.p.* telluriques (Tg.), courants *m.p.* telluriens (E.).
– – –, **eddy** = courants *m.p.* de Foucault (E.), courants *m.p.* parasites (E.).
– – –, **push-push** = courants *m.p.* métriques (E.), courants *m.p.* de même sens (E.).
– – –, **stray** = courants *m.p.* vagabonds (E.).
curriculum = programme *m.* d'études
– – – **vitae** = « curriculum vitae » *m.*
currier = corroyeur *m.* (O., M.).
curry, to = étriller (un cheval).
curtain = rideau *m.*
– – –, **aerial** = rideau *m.* d'antennes (R.).
– – –, **blind** = store *m.*
– – –, **door** = portière *f.*
– – –, **fire-proof** = rideau *m.* métallique.
– – –, **mosquito** = moustiquaire *f.*
– – –, **spring** = rideau *m.* (ou store *m.*) à enroulement.
– – –, **window, short** = brise-bise *m.*

curvature = courbure *f.* (d'un arc, de la terre), cintre *m.* (d'une voûte, d'un arc), sphéricité *f.* (de la terre).
– – –, **blade** = courbure *f.* d'aube (H.).
curve = cambrure *f.* (d'une poutre), voussure *f.* (d'une voûte), virage m. (Auto.), tournant *m.* ou courbe *f.* (dans une route).
– – –, **activity** = courbe *f.* de radio-activité.
– – –, **adiabatic** = courbe *f.* adiabatique.
– – –, **back-water** = courbe *f.* de remous (H.).
– – –, **band-width** = courbe *f.* de sélectivité (R.).
– – –, **build-up** = courbe *f.* de remontée de pression (H.).
– – –, **calibration** = courbe *f.* de calibrage, courbe *f.* d'étalonnage, courbe *f.* de tarage.
– – –, **cam, ogee** = courbe *f.* harmonique pour came (Méc.), courbe *f.* Roi des Belges pour came (Méc.).
– – –, **catenary** = funiculaire *f.*
– – –, **characteristic** = courbe *f.* caractéristique, caractéristique *f.*
– – –, **consumption** = courbe *f.* de charge (E.), courbe *f.* de débit (E., H.).
– – –, **correction** = courbe *f.* de correction (d'un appareil de mesure).
– – –, **double** = virage *m.* ou S. *m.* (ou *f.*) (Auto.).
– – –, **easement** = raccordement *m.* (Ch.d.f.).
– – –, **easement, spiral** = raccordement *m.* parabolique (Ch.d.f.), courbe *f.* de raccordement (Ch.d.f.).
– – –, **end** = courbe *f.* finale (d'une came).
– – –, **error** = courbe *f.* d'erreur (d'un appareil de mesure).
– – –, **expansion** = courbe *f.* de détente (Méc.).
– – –, **flow-duration** = courbe *f.* débit-durée (H.).
– – –, **French** = pistolet *m.* (de dessinateur).
– – –, **hairpin** = virage *m.* en épingle à cheveux (Auto.).
– – –, **harmonic** = sinusoïde *f.* (E.), courbe *f.* harmonique (R., E.).
– – –, **hysteresis** = courbe *f.* d'hystérésis (E.).
– – –, **inclined** = dévers *m.* en courbe (Ch.d.f.).
– – –, **inflected** = contre-courbe *f.* (C.).
– – –, **junction** = courbe *f.* de raccordement (Ch.d.f.).
– – –, **load** = courbe *f.* de débit (E.), courbe *f.* de charge (E.), diagramme *m.* de charge (E.).
– – –, **magnetization** = courbe *f.* de magnétisation (E.).
– – –, **moment** = courbe *f.* du diagramme des moments (Méc.).
– – –, **parabolic** = courbe *f.* parabolique.
– – –, **polar – – – of light distribution** = courbe *f.* photométrique (E.).
– – –, **resonance** = courbe *f.* de résonance (R.).
– – –, **response** = courbe *f.* de réponse (d'un haut-parleur) (E.).
– – –, **response, frequency** = courbe *f.* de réponse aux diverses fréquences (R.).
– – –, **reverse** = courbe *f.* et contre-courbe *f.* (C.).
– – –, **road** = virage *m.* (Auto.).
– – –, **saturation** = caractéristique *f.* de saturation (E.).
– – –, **sharp** = courbe *f.* raide (dans une route), courbe *f.* prononcée (Auto.), tournant *m.* à faible rayon (Auto.), virage *m.* raide (Auto.).
– – –, **sine** = sinusoïde *f.* (E.), courbe *f.* sinusoïdale (E.).
– – –, **superelevated** = virage *m.* relevé (d'une route).
– – –, **sweeping** = courbe *f.* à grand rayon (C.).

(curve)

– – –, **tapering** = courbe *f.* de raccordement (Ch.d.f.).

– – –, **to** = courber (le dos), plier (un roseau), cintrer (une tôle).

– – –, **transition** = courbe *f.* de raccordement (Ch.d.f.).

– – –, **velocity** = diagramme *m.* des vitesses (Méc.).

– – –, **visibility, relative** = courbe *f.* spectrale de visibilité relative.

– – –, **voltage** = diagramme *m.* de tension (E.).

curves = pistolet *m.* (de dessinateur).

– – –, **intensity, rainfall** = courbes *f.p.* de précipitation (H.).

– – –, **irregular** = pistolet *m.*, règle *f.* courbe.

– – –, **iso-efficiency** = courbes *f.p.* d'isorendement (Méc.).

– – –, **rainfall** = courbes *f.p.* de précipitation (H.).

– – –, **run-off** = courbes *f.p.* de ruissellement (H.).

curvilinear = curviligne (adj.).

cushion = coussin *m.* (Méc.), coussinet *m.* (de pied-droit) (B.), amortisseur *m.* (de chocs) (Méc.), couvre-écouteur *m.* (Tp.).

– – –, **air** = matelas *m.* d'air, coussin *m.* à air, amortisseur *m.*

– – –, **carpet** = feutre *m.* ou caoutchouc *m.* (de tapis), thibaude *f.*

– – –, **electric** = coussin *m.* électrique.

– – –, **oil** = amortisseur *m.* à huile.

– – –, **pin** = V. « pincushion ».

– – –, **rubber** = coussin *m.* en caoutchouc, amortisseur *m.* en caoutchouc.

– – –, **sand** = lit *m.* de sable (B.).

– – –, **spring** = coussin *m.* à ressorts, amortisseur *m.* à ressort.

– – –, **steam** = matelas *m.* de vapeur (dans le cylindre).

– – –, **to** = amortir (un choc), matelasser (une chaise, un piston).

cushioned = (piston *m.*) matelassé, (choc *m.*) amorti.

– – –, **rubber** = amorti par cales en caoutchouc, isolé sur tampon de caoutchouc.

cushioning = garnissage *m.* avec des coussins, amortissement *m.* (des chocs, des coups).

– – –, **air** = amortissement *m.* pneumatique.

cuspidor = crachoir *m.* (Ust.).

customer = abonné *m.* (d'un journal, du téléphone), client *m.* (d'un avocat, d'un médecin), consommateur *m.* (d'un restaurant), usager *m.* (du téléphone).

– – –, **business** = abonné *m.* (au service) d'affaires (Tp.).

– – –, **multiparty** = abonné *m.* de ligne partagée (Tp.), abonné *m.* de ligne commune (Tp.).

– – –, **party-line** = co-abonné *m.* (Tp.).

– – –, **residence** = abonné *m.* (au service) de résidence (Tp.).

customs = douane *f.*

cut = taille *f.* ou entaille *f.* (d'une lime), passe *f.* (d'un tour), déblai *m.* (dans le sol), saignée *f.* (pour le graissage), tranchée *f.* (pour fondations d'un mur), incision *f.* (faite par un médecin), coupe *f.* (des arbres, des cheveux), schéma *m.* (d'une machine), réduction *f.* (des prix), cliché *m.* (Imp.), planche *f.* (Imp.), coupure *f.* (R., Tv.), abatis *m.* (For.) (Canada).

(cut)

– – –, **bastard** = taille *f.* bâtarde (d'une lime).

– – –, **level** = fausse coupe.

– – –, **clean** = de lignes simples.

– – –, **cross-** = coupe *f.* en travers (d'un plan), contre-taille *f.* ou taille *f.* croisée (d'une lime), coupe *f.* de travers (Men.), coupe *f.* transversale (Men.).

– – –, **crystal** = coupe *f.* d'un cristal.

– – –, **diversion** = saignée *f.* (C.), rigole *f.* (C.).

– – –, **double** = coupe *f.* croisée (de lime).

– – –, **file** = taille *f.* d'une lime.

– – –, **file, superfine** = taille *f.* très douce.

– – –, **finishing** = coupe *f.* de finition, passe *f.* de finissage.

– – –, **first, the** = entame *f.* (d'un pain).

– – –, **float** = taille *f.* simple (d'une lime).

– – –, **heavy** = passe *f.* profonde (Méc.).

– – –, **lathe** = coupé au tour (Méc.).

– – –, **line** = cliché *m.* au trait.

– – –, **lino** = gravure *f.* sur linoléum.

– – –, **machine** = taillé à la machine, usiné.

– – –, **milling** = dressage *m.* à la fraise.

– – –, **of teeth** = taille *f.* des dents (Méc.).

– – –, **open** = fouille *f.* à ciel ouvert (Mi., C.), tranchée *f.* (C.).

– – –, **outside** = entame *f.* (du pain).

– – –, **rough** = grosse taille.

– – –, **roughing** = passe *f.* de dégrossissage (au tour), première coupe.

– – –, **run-in** = cliché *m.* intercalé en marge (Imp.).

– – –, **saw** = trait *m.* de scie.

– – –, **shearing** = taille *f.* cisaillée.

– – –, **short** = raccourci *m.*, chemin *m.* de traverse.

– – –, **single** = taille *f.* simple (d'une lime).

– – –, **smooth** = taille *f.* douce (d'une lime).

– – –, **smooth, dead** = taille *f.* superfine (d'une lime).

– – –, **squarely** = taillé (adj.) d'équerre.

– – –, **tire** = coupure *f.* de pneu (Auto.).

– – –, **to** = ouvrir (une tranchée), fileter (à la filière), tarauder (une pièce métallique), tailler (un engrenage, les filets).

– – –, **to – – – again** = retailler (une lime).

– – –, **to – – – away** = élaguer, découper, retrancher.

– – –, **to – – – back** = revenir en arrière (Phot.), revenir à l'écoute (Tp.), élaguer (un arbre).

– – –, **to – – – down** = réduire (l'allumage), abattre (un arbre), restreindre (la production).

– – –, **to – – – flush** = couper à ras, araser.

– – –, **to – – – in** = mettre en circuit (E.), caler, roder, enficher (Tp.), couper la route à une automobile (Auto.).

– – –, **to – – – off** = couper (le courant) (E.), tronçonner, supprimer (la vapeur).

– – –, **to – – – out** = couper le courant (E.), interrompre le courant (E.), supprimer (le mou d'un câble, rompre (une communication) (Tp.).

– – –, **torch** = trait *m.* de chalumeau, découpé au chalumeau.

– – –, **wood** = gravure *f.* sur bois.

cut away = entaillé (adj.), évidé (adj.), dégagement *m.* (d'une portière), scène *f.* (ou plan *m.*) de coupe (Phot.).

cut-in = conjoncteur *m.* (E.), scène *f.* raccord (Phot.), raccord *m.* (Phot.).

(cut-in)

– – –, **to** = se fermer (E), coller (E.), intercaler (une résistance) (E.), lancer (le courant) (E.).

cutlass = couteau *m.* de chasse.

cutlery = coutellerie *f.* (Ust.).

cut-off = parafouille *f.* (d'un barrage), rideau *m.* étanche, obturateur *m.* (du cylindre), fermeture *f.* de l'admission (Méc.), occlusion *f.* (de la vapeur), tronçonnage *m.* (d'un arbre), coupage *m.* (de l'eau, de l'allumage), coupure *f.* (du courant) (E.), raccourci *m.* ou chemin *m.* de traverse, blocage *m.* (d'une lampe) (R.).

– – –, **late** = retard *m.* à la fermeture de l'admission (Méc.).

– – –, **to** = couper ou interrompre (l'allumage, le courant), supprimer (l'eau le gaz).

– – –, **to** – – – **the current** = couper le courant (E.), interrompre le courant (E.).

– – –, **to** – – – **the ignition** = couper l'allumage (Auto.).

cut-out = coupe-circuit *m.* (automatique) (E.), disjoncteur *m.* (E.), conjoncteur-disjoncteur *m.* (E.), plomb *m.* ou fusible *m.* (de sûreté) (E.), clapet *m.* d'échappement libre (du silencieux) (Méc.), rupteur *m.* (E.), découpage *m.* (Imp.), simili *m.* découpé (Imp.).

– – –, **automatic** = disjoncteur *m.* (E.), coupe-circuit *m.* automatique (E.).

– – –, **disconnecting** = coupe-circuit *m.* sectionneur (E.).

– – –, **double** = interrupteur *m.* double (E.).

– – –, **expulsion** = coupe-circuit *m.* à expulsion (E.).

– – –, **fuse** = coupe-circuit *m.* à fusible (E.), fusible *m.* (E.).

– – –, **fuse, enclosed** = coupe-circuit *m.* sous coffret (E.).

– – –, **fuse, open** = coupe-circuit *m.* à l'air libre (E.).

– – –, **fuse, safety** = coupe-circuit *m.* à fusible (E.), fusible *m.* (E.).

– – –, **ignition** = clé *f.* de contact (Auto.).

– – –, **lead, fusible** = plomb *m.* fusible (E.), plomb *m.* de sûreté (E.).

– – –, **main** = coupe-circuit *m.* général (E.).,

– – –, **maximum** = disjoncteur *m.* à maximum (E.).

– – –, **multipolar** = coupe-circuit *m.* multipolaire (E.).

– – –, **no-load** = disjoncteur *m.* à zéro (E.).

– – –, **overload** = interrupteur *m.* de surcharge (E.), disjoncteur *m.* (E.).

– – –, **quick-break** = interrupteur *m.* à rupture brusque (E.).

– – –, **reclosing** = coupe-circuit *m.* à réenclenchement (E.).

– – –, **reserve-current** = coupe-circuit *m.* automatique (E.), conjoncteur-disjoncteur *m.* automatique (E.).

– – –, **safety** = fusible *m.* (E.), interrupteur *m.* de sûreté (E.).

– – –, **service, house** = fusible *m.* de compteur (E.).

– – –, **thermal** = rupteur *m.* thermique (E.).

– – –, **time-lag** = coupe-circuit *m.* à action différée (E.).

– – –, **to** = élaguer (les détails), s'ouvrir (E.), décoller (E.), supprimer (une pièce) (Méc.), délimiter (un vice de construction), tailler (une statue dans le bois).

– – –, **voltage** = coupe-circuit *m.* (E.).

(cut-out)

– – –, **zero** = interrupteur *m.* à zéro (E.), disjoncteur *m.* à zéro (E.).

cutover = transfert *m.* (de bureaux) (Tp.), mise *f.* en service (d'un circuit) (Tp.).

cuts = retailles *f.p.* (de papier, de tissu), V. « cut ».

– – –, **calender** = retailles *f.p.* de calandre (Pap.).

cut-up = abattage *m.* (des arbres).

– – –, **to** = débiter (le bois).

cutter = couteau *m.*, lame *f.*, tranchant *m.* (d'un outil), coupoir *m.* (I.), fraise *f.* (Méc.), tranche *f.*. (I.).

– – –, **angle** = fraise *f.* conique d'angle.

– – –, **angular** = fraise *f.* d'angle.

– – –, **anvil** = tranchet *m.*

– – –, **asphalt** = tranche-asphalte *m.*

– – –, **backed-off** = fraise *f.* à denture détalonnée, fraise *f.* à profil constant.

– – –, **bar** = cisailles *f.p.* à barres, tronçonneuse *f.*

– – –, **bit, expansion** = lame *f.* de mèche extensible.

– – –, **blade** = fraise *f.* à lames rapportées.

– – –, **bolt** = coupe-boulons *m.*, pince *f.* à boulons.

– – –, **borer, hole** = fraise *f.* à aléser.

– – –, **boring** = lame *f.* d'aléseuse.

– – –, **boring, hole** = fraise *f.* à aléser.

– – –, **branch, long handle** = échenilloir *m.*

– – –, **bread** = tranche-pain *m.* (Ust.).

– – –, **burr** = ébarboir *m.*

– – –, **circle** = trusquin *m.*

– – –, **coal** = haveuse *f.* (M.), haveuse *f.* à charbon (M.), haveur *m.* (O.).

– – –, **coned** = fraise *f.* tronconique.

– – –, **corn, green** = égreneuse *f.* à maïs (Agr.).

– – –, **cylindrical** = fraise *f.* cylindrique.

– – –, **drunken** = porte-lames *m.* elliptique.

– – –, **egg** = coupe-oeufs *m.* (Ust.).

– – –, **end** = fraise *f.* en bout.

– – –, **face and side** = fraise *f.* à deux faces.

– – –, **file** = tailleur *m.* de limes (O.), fabricant *m.* de limes (O.).

– – –, **fish-tail** = fraise *f.* en queue de poisson.

– – –, **flame** = chalumeau *m.* (Mét.).

– – –, **fly** = outil *m.* pivotant.

– – –, **fodder** = hache-fourrage *m.* (Agr.).

– – –, **form** = fraise *f.* de forme.

– – –, **gang** = jeu *m.* de fraises, groupe *m.* de fraises.

– – –, **gashing** = fraise *f.* à défoncer.

– – –, **gear** = machine *f.* à tailler les engrenages.

– – –, **gear, bevel** = machine *f.* à tailler les pignons coniques.

– – –, **glass** = coupe-verre *m.*, pointe *f.* de diamant, grésoir *m.*, diamant *m.* (de vitrier), vitrier *m.* (O.).

– – –, **glass, circle** = coupe-verre *m.* circulaire.

– – –, **glass, diamond** = pointe *f.* de diamant.

– – –, **glass, gauge** = coupe-verre *m.* de tubes indicateurs.

– – –, **glass, wheel** = coupe-verre *m.* à molette.

– – –, **groove** = fraise *f.* à rainurer.

– – –, **helical** = fraise *f.* (à denture) hélicoïdale.

– – –, **high-speed** = fraise *f.* à coupe rapide.

– – –, **hobbing** = fraise-mère *f.*

– – –, **hollow** = fraise *f.* creuse.

– – –, **inserted-tooth** = fraise *f.* à lames rapportées, fraise *f.* à dents rapportées.

– – –, **key-seat** = fraise *f.* à rainurer.

(**cutter**)

- – –, **key-way** = outil *m*. à rainer.
- – –, **lead** = coupoir *m*. à interlignes (Imp.).
- – –, **letter** = coupoir *m*. de caractères (Imp.).
- – –, **milled** = fraise *f*.
- – –, **milling** = fraise *f*. (I.), fraiseuse *f*. (M.).
- – –, **milling, angle** = fraise *f*. angulaire, fraise *f*. conique.
- – –, **milling, cone** = fraise *f*. conique.
- – –, **milling, face** = fraise *f*. plane.
- – –, **moulding** = fer *m*. à moulurer, fraise *f*. à canneler.
- – –, **nail** = bistoquet *m*. (I.), coupe-ongles *m*. (I.).
- – –, **paper** = coupeuse *f*. (M.), coupe-papier *m*. (I.), plioir *m*. (I.), massicot *m*. (I.).
- – –, **paper, hand** = cisailles *f.p*. (Imp.), coupe-papier *m*. (I.).
- – –, **paste** = coupe-pâte *m*. (Ust.), videlle *f*. (Ust.).
- – –, **pipe** = coupe-tuyaux *m*., coupe-tubes *m*., tronçonneuse *f*. (pour tuyaux).
- – –, **potato** = coupe-pommes *m*. de terre (Ust.), coupe-frites *m*. (Ust).
- – –, **profile** = fraise *f*. à profiler, fraise *f*. de forme.
- – –, **rack** = fraise *f*. à tailler les crémaillères.
- – –, **record** = style *m*.
- – –, **rivet** = coupe-rivets *m*.
- – –, **rose** = fraise *f*. en rose.
- – –, **rotary** = roue *f*. à couteaux.
- – –, **roughing** = fraise *f*. à dégrossir.
- – –, **screw** = fileteur *m*. (O.), taraudeuse *f*. (M.).
- – –, **shell-end** = fraise *f*. creuse.
- – –, **side** = fraise *f*. (à denture) latérale.
- – –, **side-and-face** = fraise *f*. à défoncer.
- – –, **slabbing** = fraise *f*. à dégrossir.
- – –, **slot** = fraise *f*. pour rainures, scie *f*.
- – –, **slot, T** = fraise *f*. pour rainures en T.
- – –, **slotting, screw** = scie *f*. à rainurer les têtes de vis
- – –, **spherical** = fraise *f*. sphérique.
- – –, **spur-gear** = fraise *f*. à tailler les engrenages droits.
- – –, **standard** = fraise-type *f*.
- – –, **stone** = tailleur *m*. de pierres (O.).
- – –, **tap** = fraise *f*. à tarauds.
- – –, **thread** = taraudeuse *f*. (M.).
- – –, **threaded** = fraise *f*. taraudée.
- – –, **tonguing** = fraise *f*. à bouveter.
- – –, **tube** = coupe-tubes *m*., coupe-tuyaux *m*.
- – –, **turf** = coupe-gazon *m*., tranche-gazon *m*.
- – –, **tube, three-wheel** = coupe-tuyaux *m*. à trois molettes.
- – –, **underbrush** = ébroussailleuse *f*. (M.).
- – –, **vegetable** = coupe-légumes *m*. (Ust.), hache-légumes *m*. (Ust.).
- – –, **veneer** = machine *f*. à trancher le bois.
- – –, **washer** = coupe-rondelles *m*.
- – –, **weed** = sarcloir *m*. (I.).
- – –, **wire** = coupe-fils *m*.
- – –, **wood** = bûcheron *m*. (O.).
- **cutting** = taille *f*. (de la pierre), coupe *f*. (du bois), taillage *m*. (de limes), découpage *m*. (au chalumeau), coupure *f*. (d'un film), gravure *f*. (d'un disque).
- – –, **acetylene** = découpage *m*. à l'acétylène.
- – –, **arc** = découpage *m*. à l'arc.
- – –, **arc, carbon** = découpage *m*. à l'arc au charbon.

(**cutting**)

- – –, **blow-torch** = découpage *m*. au chalumeau.
- – –, **coal** = havage *m*. du charbon.
- – –, **die** = coupage *m*. à la forme (Imp.).
- – –, **file** = taillage *m*. de limes.
- – –, **flame** = découpage *m*. au chalumeau.
- – –, **free** = coupe *f*. facile.
- – –, **gear** = taillage *m*. d'engrenage.
- – –, **glass** = taille *f*. du verre, taillage *m*. de glaces.
- – –, **level** = tranchée *f*. de niveau (C.).
- – –, **metal** = taille *f*. des métaux, découpage *m*. des métaux.
- – – **of screw threads** = filetage *m*.
- – –, **oxyacetylene** = découpage *m*. au chalumeau, oxycoupage *m*.
- – –, **oxyhydrogen** = découpage *m*. oxhydrique, oxycoupage *m*.
- – –, **rag** = délissage *m*. (Pap.).
- – –, **rough** = dégrossissage *m*., ébauchage *m*.
- – –, **screw** = filetage *m*., taraudage *m*., décolletage *m*.
- – –, **spiral** = taillage *m*. hélicoïdal.
- – –, **stone** = taille *f*. de la pierre.
- – –, **tree** = abattage *m*. des arbres, coupe *f*. des arbres.
- – –, **wood** = coupe *f*. des bois, gravure *f*. sur bois.
- **cuttings** = découpures *f.p*. (de papier), copeaux *m.p*. (de bois, de métal), émondes *f.p*.
- **cutwater** = bec *m*. (d'une pile de pont).
- – –, **down-stream** = arrière-bec *m*.
- – –, **up-stream** = avant-bec *m*.
- **CW** = V. « wave, continuous ».
- **cwt** (**centum weight**) = poids de 100 livres ou quintal *m*. (Canada).
- **cycle** = cycle *m*. (E.), période *f*., temps *m*. (d'un moteur).
- – –, **duty** = facteur *m*. d'utilisation (d'un émetteur) (R.).
- – –, **four-** = (moteur *m*.) à quatre temps.
- – –, **half-** = demi-cycle *m*. (E.), alternance *f*. (E.).
- – –, **magnetization** = cycle *m*. d'aimantation (E.).
- – –, **motor** = V. « motorcycle ».
- – – **of action** = course *f*. du piston, cycle *m*. du piston, période *f*. de travail.
- – –, **ringing** = phase *f*. d'appel (Tp.).
- – –, **swinging** = période *f*. d'orientation.
- – –, **three-** = (moteur *m*.) à trois temps.
- – –, **to** = aller à bicyclette, faire de la bicyclette, cycler (un générateur de vibrations).
- – –, **two-** = (moteur *m*.) à deux temps.
- – –, **working** = cycle *m*. de fonctionnement.
- **cyclecar** = cyclecar *m*.
- **cycles per second** = cycles *m.p*. par seconde (E.), hertz *m.p*., Hz *m.p*.
- – –, **twenty** – – – **per second** = vingt cycles par seconde (Tp.), vingt hertz (E.), 20 Hz.
- **cycloid** = cycloïde *f*.
- – –, **curtate** = cycloïde *f*. raccourcie.
- – –, **prolate** = cycloïde *f*. allongée.
- **cyclotron** = cyclotron *m*.
- **cylinder** = cylindre *m*. (de moteur), barillet *m*. (de pompe), tambour *m*. (de frein), rouleau *m*. (d'une machine à écrire), bouteille *f*. (à gaz).
- – –, **acetylene** = bouteille *f*. d'acétylène.

(cylinder)

- - -, **air-cooled** = cylindre *m*. à refroidissement par air (Méc.).
- - -, **blanket** = cylindre *m*. porte-caoutchouc (Imp.).
- - -, **blowing** = cylindre *m*. à air (d'une soufflante) (Méc.).
- - -, **brake** = cylindre *m*. de frein (Auto.).
- - -, **compressed-air** = compresseur *m*. à air comprimé.
- - -, **cooling** = cylindre *m*. réfrigérant (Pap.).
- - -, **crushing** = cylindre *m*. broyeur (C.).
- - -, **distributing** = cylindre *m*. de la distribution (Méc.).
- - -, **dome-head** = cylindre *m*. à chambre d'explosion hémisphérique (Méc.).
- - -, **double-acting** = cylindre *m*. à double effet (Méc.).
- - -, **drying** = cylindre *m*. sécheur (Pap.).
- - -, **expansion** = cylindre *m*. de détente (Méc.).
- - -, **folding** = cylindre *m*. pliant (Pap.).
- - -, **gas** = bouteille *f.* de gaz.
- - -, **gilled** = cylindre *m*. à ailettes.
- - -, **high-pressure** = cylindre *m*. à haute pression.
- - -, **impression** = cylindre *m*. de foulage (Imp.).
- - -, **indicator** = cylindre *m*. porte-papier (d'un indicateur).
- - -, **jacketed** = cylindre *m*. à chemise.
- - -, **jacketed, water** = cylindre *m*. à chemise d'eau.
- - -, **L-head** = cylindre *m*. en L.
- - -, **lock** = barillet *m*. de serrure (B.).
- - -, **low-pressure** = cylindre *m*. à basse pression.
- - -, **main** = cylindre *m*. moteur (d'un moteur à gaz).
- - -, **motor** = cylindre *m*. de moteur (Auto.).
- - -, **offset** = cylindre *m*. désaxé.
- - -, **oscillating** = cylindre *m*. oscillant.
- - -, **overhead-valve** = cylindre *m*. à soupapes en tête

(cylinder)

(Auto.).
- - -, **paper** = tambour *m*. à papier (d'un indicateur).
- - -, **piston-valve** = cylindre *m*. distributeur (Méc.).
- - -, **plate** = cylindre *m*. porte-cliché (Imp.).
- - -, **printing** = cylindre *m*. de pression (Imp.).
- - -, **pump** = cylindre *m*. de pompe, corps *m*. de pompe.
- - -, **rebored** = cylindre *m*. réalésé.
- - -, **ribbed** = cylindre *m*. à ailettes.
- - -, **roughing** = cylindre *m*. dégrossisseur, cylindre *m*. ébaucheur.
- - -, **scored** = cylindre *m*. rayé.
- - -, **single** = monocylindrique (adj.).
- - -, **single-acting** = cylindre *m*. à simple effet.
- - -, **steam** = cylindre *m*. à vapeur.
- - -, **T-head** = cylindre *m*. en T.
- - -, **test** = cylindre *m*. d'essai (du béton en compression).
- - -, **water-cooled** = cylindre *m*. à refroidissement par eau.
- - - **with detachable head** = cylindre *m*. à culasse amovible.
- - - **with studs** = cylindre *m*. avec ses goujons.
cylinderful = cylindrée *f.*
cylinders, tandem = cylindres *m.p.* en tandem (Auto.).
- - -, **twin** = cylindres *m.p.* jumelés.
cylindrical = cylindrique (adj.).
- - -, **semi-** = semi-cylindrique, demi-cylindrique.
cymometer = cymomètre *m*. (R.), ondemètre *m*. (R.).
cymoscope = détecteur *m*. d'ondes (R.).
cypher (or cipher) = chiffre *m*.
cyphering = chiffrage *m*. (d'une dépêche).
cypress = cyprès *m*.
- - -, **yellow** = cyprès *m*. jaune.

d

D.A. = V. « amplifier, distribution ».
dab = tape *f.*, petit coup.
– – –, centering = coup *m.* de pointeau.
dabber = tapette *f.* (Imp.).
dado = lambris *m.* (des murs d'une salle) (B.), cimaise *f.* (d'une corniche) (B.), moulure *f.* (B.).
daily = journalier (adj.), quotidien (adj.).
dairy = laiterie *f.*
dairyman = laitier *m.*, producteur *m.* laitier.
dam = barrage *m.* (H.), digue *f.* (H.), chaussée *f.* (C.), enrochement *m.* (H.), écluse *f.* (H.).
– – –, arch = barrage-voûte *m.*
– – –, arch, multiple- = barrage *m.* à voûtes multiples.
– – –, check = barrage *m.* pour retenir les alluvions.
– – –, coffer = bâtardeau *m.*
– – –, concrete = barrage *m.* en béton.
– – –, concrete, gravity, solid = barrage-poids *m.* en béton, barrage *m.* à gravité en béton.
– – –, crib-work = barrage *m.* à encoffrement en charpente.
– – –, earth = barrage *m.* en terre, digue *f.* en terre.
– – –, earth, rolled = digue *f.* en terre cylindrée.
– – –, gravity = barrage-poids *m.*
– – –, gravity, arch = barrage *m.* voûte-poids.
– – –, hollow = barrage *m.* creux, barrage *m.* à contreforts.
– – –, impounding = barrage *m.* de retenue.
– – –, mill = barrage *m.* de moulin.
– – –, overfall = barrage *m.* déversant, déversoir *m.* (H.).
– – –, overflow = barrage *m.* déversant, déversoir *m.* (H.).
– – –, retaining = barrage *m.* de retenue.
– – –, rock-fill = barrage *m.* en enrochement, digue *f.* en enrochement.
– – –, shear = digue *f.* de renvoi.
– – –, sluice = barrage *m.* à vannes, barrage *m.* à écluse.
– – –, spillway = barrage-déversoir *m.*
– – –, storage = barrage-réservoir *m.*
– – –, timber = barrage *m.* en bois de charpente.
– – –, wing = digue *f.* en aile, barrage *m.* en aile.

damage = dommage(s) *m.(p.)* ou perte *f.* (partielle) (causés par l'inondation, le feu), indemnité *f.* ou dommages-intérêts *m.p.*, dégâts *m.p.* ou avarie(s) *f.(p.)*, tort *m.* ou préjudice *m.* (à quelqu'un).
– – –, severance = moins-value *f.* (du reste d'une propriété partiellement expropriée).
– – – to residue = moins-value *f.* (du reste d'une propriété partiellement expropriée).
damaged = détérioré (adj.), avarié (adj.), endommagé (adj.), hors d'usage.
– – – by oil = détérioré (adj.) sous l'action de l'huile.
damascene, to = damasquiner (une épée).
damming = endiguement *m.* (H.), barrage *m.* (H.).
– – –, sand-bag = confection *f.* de digue au moyen de sacs de sable.
– – – -up = endiguement *m.*
damp = humide (adj.).
– – –, to = amortir (les vibrations), étouffer (le son), mouiller ou humecter (le linge).
– – –, to – – – down = boucher (un haut fourneau), mettre hors feu.
dampener = mouilleur *m.* (pour le linge) (Ust.).
– – –, brush = mouilleur *m.* à brosse (Ust.).
damper = registre *m.* (de cheminée), clapet *m.* (de cendrier), soupape *f.* à papillon ou papillon *m.* (d'un tuyau de poêle), amortisseur *m.* (E., Méc.), sourdine *f.* (Tp., Méc.), stabilisateur *m.* de tirage (B.), mouilleur *m.*
– – –, air = clapet *m.* d'entrée d'air (Méc.), registre *m.* d'air (Méc.).
– – –, ash-pit = clapet *m.* du cendrier (Méc.).
– – –, chimney = registre *m.* de cheminée.
– – –, expansion = papillon *m.* de la détente (Méc.).
– – –, flame, exhaust = pare-flamme *m.* (Méc.).
– – –, flap = registre *m.* à régulation automatique.
– – –, flue = registre *m.* de tirage (des fumées), tirette *f.*
– – –, friction = amortisseur *m.* à friction.
– – –, regulation = registre *m.* de tirage.
– – –, revolving = papillon *m.* de tirage.
– – –, sliding = registre *m.* à guillotine.
– – –, sound = silencieux *m.* (Méc.), sourdine *f.* (Tp.).
– – –, stamp, postage = mouilleur *m.* pour timbres-

(damper)
poste.
‐ ‐ ‐, **steering** = frein *m*. de direction (Auto.).
‐ ‐ ‐, **stove-pipe** = clé *f*. de tirage, soupape *f*. de tuyau de poêle, registre *m*., stabilisateur *m*. de tirage.
‐ ‐ ‐, **swivel** = papillon *m*. de tirage (Méc.).
‐ ‐ ‐, **telescopic** = amortisseur *m*. télescopique (Auto.).
‐ ‐ ‐, **vibration** = amortisseur *m*. de vibrations, étouffeur *m*. de vibrations, sourdine *f*.
damping = amortissement *m*. (E., Méc.).
‐ ‐ ‐, **air-cushion** = amortissement *m*. pneumatique (Auto.).
‐ ‐ ‐, **critical** = amortissement *m*. critique (E.).
‐ ‐ ‐, **crosstalk** = affaiblissement *m*. diaphonique (Tp.).
‐ ‐ ‐, **field** = affaiblissement *m*. du champ (E.).
‐ ‐ ‐, **governor** = amortissement *m*. du régulateur (Méc.), compensation *f*. du régulateur (Méc.).
‐ ‐ ‐, **high** = amortissement *m*. prononcé.
‐ ‐ ‐, **magnetic** = amortissement *m*. magnétique (E.).
‐ ‐ ‐, **slight** = amortissement *m*. faible.
‐ ‐ ‐, **sound** = insonorisation *f*., amortissement *m*. acoustique.
‐ ‐ ‐, **spark** = amortissement *m*. des étincelles (E.).
dampness = humidité *f*.
dance, to = faire le balancement (d'une marche) (B.).
dandy = rouleau *m*. filigraneur (Pap.) (Canada), brouette *f*. (de fonderie) (Mét.).
darbies, plasterer's = mirette *f*. (I.), règle *f*. de plâtrier.
darkroom = V. « room, dark ».
dash = tablier *m*. (Auto.), planche *f*. de bord (Auto.), trait *m*. (de plume), tableau *m*. de bord (Auto.), garde-boue *m*. (Auto.), tableau *m*. (Auto.), soupçon *m*. ou larme *f*. (de vin, de lait), V. « board, dash ».
‐ ‐ ‐, **Morse** = trait *m*. Morse (Tg.).
‐ ‐ ‐, **pebble** = crépi *m*. (B.), cailloutage *m*. (B.).
dash-and-dot = traits et points (Tg.).
dash-board = V. « board, dash ».
dash-pot = V. « pot, dash ».
data = éléments *m.p.* statistiques, données *f.p.*, points *m.p.* de repère, repères *m.p.*, renseignements *m.p.*, caractéristiques *f.p.* (d'un appareil) (E.), V. « datum ».
‐ ‐ ‐, **engineering** = données *f.p.* techniques, données *f.p.* d'ingénierie, données *f.p.* de génie (concerné).
‐ ‐ ‐, **statistical** = données *f.p.* statistiques.
‐ ‐ ‐, **technical** = données *f.p.* techniques.
‐ ‐ ‐, **test** = résultat *m*. d'essai.
‐ ‐ ‐, **working** = caractéristiques *f.p.* de travail.
date, completion = date *f*. d'achèvement (des travaux).
‐ ‐ ‐, **completion, estimated** = date *f*. prévue pour l'achèvement des travaux.
‐ ‐ ‐, **contract** = date *f*. contractuelle.
‐ ‐ ‐, **due** = échéance *f*. (d'une traite, d'un loyer).
‐ ‐ ‐ **of setting (poles)** = date *f*. d'implantation (E., Tp.).
‐ ‐ ‐, **shipping** = date *f*. d'expédition.
‐ ‐ ‐, **starting** = date *f*. de début (des travaux), date *f*. de mise en chantier.
‐ ‐ ‐, **starting, estimated** = date *f*. prévue pour le début des travaux.
datum = donnée *f*., point *m*. de repère, repère *m*., V. « data ».

daub = gobetage *m*. (B.), enduit *m*. (B.).
‐ ‐ ‐, **to** = gobeter (un mur), enduire (un mur de plâtre, de ciment).
davit = bossoir *m*. (Mar.), davier *m*. (Mar.).
day-to-day = quotidien (adj.).
day, calendar = jour *m*. civil.
‐ ‐ ‐, **work** = jour *m*. ouvrable.
daylight = lumière *f*. du jour, clarté *m*. du jour.
dayliner = autorail *m*. (Ch.d.f.) (France).
dazzling = éblouissant (adj.), aveuglant (adj.).
db = V. « decibel ».
D.C. = « current, direct ».
DDD = V. « dialling, distance, direct ».
D.D.T. (dichloro-diphenyl-trichloroethane) = insecticide *m*. D.D.T., D.D.T. *m*., dichlorodiphényltrichloréthane *m*.
deaden, to = assourdir (un son), étouffer (des passions), amortir (un choc, les vibrations).
deadening, sound = amortissement *m*. acoustique, (matériau *m*.) insonore (adj.).
deading = enveloppe *f*. (calorifuge), garniture *f*.
deadman = poteau *m*. d'ancrage (Tp.), corps *m*. mort.
deadners = sourdines *f.p.* (sur les fils pour éliminer les vibrations) (Tp.).
deafen, to = hourder (un plancher) (B.).
deal = bois *m*. blanc, (bois *m*. de) sapin, (bois *m*. de) pin, grande quantité *f*., marché *m*., affaire *f*., planche *f*. à planchéier (B.), madrier *m*. (C., B.).
‐ ‐ ‐, **to** = traiter, commercer.
dealer = distributeur *m*., commerçant *m*., marchand *m*., négociant *m*.
‐ ‐ ‐, **antique** = antiquaire *m*.
‐ ‐ ‐ **at second hand** = regrattier *m*.
‐ ‐ ‐, **automobile** = marchand *m*. d'automobile, concessionnaire *m*.
‐ ‐ ‐, **car** = concessionnaire *m*. (Auto.).
‐ ‐ ‐, **franchised** = concessionnaire *m*. attitré (Auto.).
‐ ‐ ‐, **hardware** = quincaillier *m*., ferronnier *m*.
‐ ‐ ‐, **horse** = maquignon *m*., marchand *m*. de chevaux.
‐ ‐ ‐, **record** = disquaire *m*.
‐ ‐ ‐, **retail** = marchand *m*. détaillant.
‐ ‐ ‐, **scrap** = ferrailleur *m*.
‐ ‐ ‐, **wholesale** = grossiste *m*., commerçant *m*. en gros.
debriefing = rapport *m*. (Av.).
debris = débris *m.p.* (d'un vase, d'un bâtiment), détritus *m*. (d'une mine).
debark, to = écorcer (une bille) (For.).
debarker = écorceuse *f*. (M.) (For.).
de-bugging = correction *f*. des pépins (E.).
decade = décade *f*., période *f*. décennale, décennie *f*.
decagramme (or decagram) = décagramme *m*. (= 10 grammes; 0,3527 onces avoirdupois).
decalitre (or decaliter) = décalitre *m*. (= 10 litres).
decametre (or decameter) = décamètre *m*. (= 10 mètres).
decarbonize, to = décrasser (un moteur), décalaminer (un cylindre), décarburer (l'acier), détartrer (une chaudière).
decarbonizer = décalaminant *m*.
decarburize, to = décarburer (l'acier) (Mét.).
decare = 10 ares.
decastere = décastère *f*. (= 10 stères).

decay = amortissement *m*. (des grandeurs caractéristiques d'un phénomène) (E.), délabrement *m*. (d'un édifice, d'un vêtement), carie *f*. (des dents).
decayed = (poteau) pourri, (dent *f*.) cariée, (pomme *f*.) gâtée, (bâtiment *m*.) tombé en ruine, amorti (adj.) (E.).
decelerate, to = ralentir.
deceleration = accélération *f*. négative, freinage *m*. (Auto.), ralentissement *m*. (Ch.d.f.).
decelerator = frein *m*. de ralentissement.
decentralization = décentralisation *f*. (des affaires).
decentring = décentrage *m*.
decibel (or db) = décibel *m*. (= 10 Log₁₀ Puissance émise dans un système de transmission/Puissance reçue).
decigramme (or decigram) = décigramme *m*. (= un dixième de gramme; 1,543 grains), dg *m*..
decilitre (or deciliter) = décilitre *m*. (= un dixième de litre; 6,102 po³).
decimetre (or decimeter) = décimètre *m*. (= un dixième de mètre), dm *m*.
decipher, to = déchiffrer (une dépêche).
deck = tablier *m*. ou plancher *m*. (d'un pont), faux comble (B.), plate-forme *f*., pont *m*. (d'un navire), toit *m*. à faux comble (B.).
– – –, **flight** = pont *m*. d'envol (Mar., Av.).
– – –, **rear** = plage *f*. arrière (d'un véhicule).
– – –, **tape** = table *f*. de défilement.
– – –, **to** = poser le tablier (d'un pont), poser le plancher (d'un pont).
decking = pose *f*. du tablier (d'un pont), pose *f*. du plancher (d'un pont), pontage *m*. (d'un bateau).
deckle = cadre *m*. volant (Pap.).
declination = déclinaison *f*. (magnétique), pente *f*. (d'un terrain).
– – –, **magnetic** = déclinaison *f*. magnétique (E.).
– – – **of the compass** = déclinaison *f*. magnétique (E.).
declinometer = déclinomètre *m*., boussole *f*. de déclinaison.
declivity = pente *f*., descente *f*., côte *f*.
– – –, **steep** = descente *f*. rapide.
declivous = en pente, incliné (adj.).
declutch, to = débrayer (Auto.), désembrayer (Auto.).
– – –, **to double** = exécuter un double débrayage (Auto.).
declutching = débrayage *m*. (Méc., Auto.).
decode, to = déchiffrer ou traduire ou décrypter (une dépêche).
decoder = déchiffreur (O., M.), décrypteur *m*. (O., M.), décodeur *m*. (d'un calculateur électronique).
decohere, to = décohérer (R.).
decoherence = décohésion *f*. magnétique (R.).
decoherer = décohéreur *m*. (R.).
decompression = décompression *f*. (Méc.).
decompressor = décompresseur *m*. (Méc.).
decontrol = desserrement *m*. (des crédits, de l'économie).
– – –, **to** = desserrer (les échanges, les crédits).
decorator, house = peintre *m*. décorateur (O.), tapissier *m*. (O.), décorateur *m*. (O.), ensemblier *m*. (O.).
decouple, to = découpler (R.).
decoupling = découplage *m*. (R.).
decoy = appelant *m*., appât *m*.

decrease = décroissement *m*. (Méc., E.).
– – – **in current** = abaissement *m*. de courant (E.), diminution *f*. de courant (E.), déperdition *f*. de courant (E.).
– – – **in speed** = ralentissement *m*.
– – – **in value** = moins-value *f*., diminution *f*. de valeur.
– – – **of load** = diminution *f*. de charge.
decrement = décrément *m*. (E.).
– – –, **logarithmic** = décrément *m*. logarithmique.
– – –, **sound** = amortissement *m*. acoustique, atténuation *f*. des sons.
dedendum = pied *m*. (de la dent) (Méc.), hauteur *f*. de l'engrenage au-dessous de la circonférence primitive (Méc.).
deduction = déduction *f*., défalcation *f*.
– – –, **pay-roll** = retenue *f*. sur le salaire.
dedication = dédicace *f*. (d'un livre), dévouement *m*. sans borne (à une cause).
deduster = séparateur *m*. de poussière (I.).
deed = acte *m*., contrat *m*.
– – –, **notarial** = acte *m*. notarié.
– – – **of purchase** = contrat *m*. (ou acte *m*.) d'achat.
– – – **of sale** = acte *m*. (ou contrat *m*.) de vente.
– – – **of transfer** = acte *m*. de cession.
– – –, **private** = acte *m*. sous seing privé.
– – –, **private seal** = acte *m*. sous seing privé.
– – –, **title** = titre *m*. (constitutif) de propriété.
– – –, **trust** = acte *m*. de fidéicommis, acte *m*. fiduciaire.
de-emphasis = désaccentuation *f*. (d'une bande de fréquences) (R.).
deenergization = désamorçage *m*. (d'une dynamo) (E.).
deenergize, to = couper le courant (E.), désamorcer (E.), mettre hors tension (E.).
deepen, to = approfondir ou creuser (une fouille, un puits).
deepening = approfondissement *m*. (d'un canal).
defect = défaut *m*., (de construction), paille *f*. (dans le métal), vice *m*. (de matière), défectuosité *f*.
– – – **in insulation** = défaut *m*. d'isolement (E₂), défaut *m*. d'isolation (B.).
– – – **in welding** = défaut *m*. de soudure.
defective = (installation *f*., machin: *f*.) défectueuse (adj.), (freins *m.p*.) en mauvais état (Auto.), (mémoire *f*.) infidèle (adj.), (pièce *f*.) loupée (adj.), (bobine *f*.) grillée (adj.) (E.), (condensateur *m*.) claqué (adj.) (E.).
deficiency = défaut *m*., manque *m*., insuffisance *f*., déficit *m*. budgétaire.
– – –, **air** = défaut *m*. d'air, manque *m*. d'air.
– – – **in weight** = manque *m*. de poids.
definition = définition *f*. (d'une image) (Tv.), netteté *f*. (d'un cliché).
– – –, **high** = à haute définition (R.), de haute qualité (E.).
deflagration = déflagration *f*. (Chim.).
deflate, to = dégonfler (un pneu) (Auto.).
deflation = dégonflement *m*. ou crevaison *f*. (d'un pneu).
deflect, to = (faire) dévier (une aiguille sur un cadran), détourner (un cours d'eau), braquer (les roues avant) (Auto.), dériver (Av.), incurver (C.), faire flèche (B.,

(deflect)

C.), plier (B., C.).
deflecting = déviant (acj.), de déviation, (plaque *f.*) déflectrice (R.).
deflection = braquage *m.* (des roues avant d'une auto), déviation *f.* (de l'aiguille d'un compas), déformation *f.*, déflexion *f.* (d'un rayon), flexion *f.* (d'une poutre) (C.), écart *m.* (des boules d'un régulateur) (Méc.), flèche *f.* (d'un arc de cercle, d'une pièce sous l'effet d'une charge) (C.), flèchissement *m.* (d'un ressort).
– – –, **central** = flèche *f.* (C.), flexion *f.* médiane (C.).
– – –, **elastic** = déformation *f.* élastique (C.).
– – –, **magnetic** = déviation *f.* magnétique (E.).
– – – **of tool** = flèchissement *m.* de l'outil (Méc.).
– – –, **residual** = déviation *f.* résiduelle (C.).
– – –, **torsional** = déformation *f.* due à la torsion (C.).
– – – **under load** = flexion *f.* sous charge (C.).
deflector = déflecteur *m.* (Méc.), chicane *f.* (Méc.).
– – –, **oil** = renvoi *m.* d'huile (Méc.), déflecteur *m.* d'huile (Méc.).
– – –, **sound** = abat-son *m.*
defocusing, ionospheric = défocalisation *f.* ionosphérique (R.).
defogger = désembueur *m.* (Auto.).
– – –, **rear window** = désembueur *m.* de la lunette arrière (Auto.).
deformation = déformation *f.*
– – –, **field** = torsion *f.* de champ (E.).
– – –, **lateral** = déviation *f.* latérale (C.).
– – –, **linear** = déformation *f.* linéaire (C.).
– – –, **permanent** = déformation *f.* permanente (C.).
– – –, **temporary** = déformation *f.* passagère, déformation *f.* temporaire.
de-freeze, to = décongeler.
defroster = antigel *m.*, dégivreur *m.* (I.).
– – –, **window, rear** = dégivreur *m.* de la lunette arrière (Auto.).
– – –, **windshield** = dégivreur *m.* (Auto.).
defrosting = dégivrage *m.*
defuse, to = désamorcer (une fusée).
degauss, to = démagnétiser (E., R.).
degaussing = démagnétisation *f.* (E., R.).
degradation = détérioration *f.* (du service) (Tp.), désagrégation *f.* (d'une pierre), dégradation *f.* (des couleurs).
degree = degré *m.*, marche *f.* (d'escalier), grade *m.* (universitaire).
– – –, **Celsius** = degré *m.* Celsius, °C *m.*
– – –, **electrical** = angle *m.* de calage (E.).
– – –, **Kelvin** = degré *m.* absolu, K *m.*
– – – **of accuracy** = degré *m.* de précision, degré *m.* d'exactitude.
– – – **of curvature** = angle *m.* de la tangente avec la corde d'un arc de 100 pieds de longueur (C.), degré *m.* de courbure (C.).
– – – **of dissociation** = degré *m.* de dissociation (Chim.).
– – – **of distortion** = degré *m.* de distorsion (isochrone, arythmique) (Tg.).
– – – **of distortion in service** = degré *m.* de distorsion en service (Tg.).
– – – **of eccentricity** = excentricité *f.* (Méc.).
– – – **of elasticity** = degré *m.* d'élasticité.
– – – **of feeding** = degré *m.* d'admission (Méc.).

(degree)

– – – **of hardness** = degré *m.* de dureté (Mét.).
– – – **of humidity** = teneur *f.* en eau, titre *m.* d'humidité.
– – – **of modulation** = taux *m.* de modulation (R.).
– – – **of purity** = degré *m.* de pureté.
– – – **of saturation** = degré *m.* de saturation.
– – – **of unbalance** = degré *m.* de dissymétrie (d'une installation) (E.).
– – – **of uniformity** = degré *m.* d'uniformité.
dehorn, to = décorner (un boeuf).
dehorner = coupe-corne *m.* (I.).
dehumidification = déshumidification *f.* (B.).
dehumidifier = déshydratant *m.*, déshumidificateur *m.* (M.).
dehumidify, to = assécher ou déshumidifier (un espace) (B.).
dehydration = déshydratation *f.* (des fruits, des légumes, du lait).
dehydrator (or dehydrater) = dessicateur *m.* (M.).
de-ice, to = dégivrer (Auto.).
de-icer = dégivreur *m.* (Auto.).
de-icing = dégivrage *m.* (du pare-brise) (Auto.).
de-ionization = désionisation *f.* (R.).
dekaliter = V. « decalitre ».
dekameter = V. « decametre ».
delay = délai *m.*, retard *m.*
– – –, **average** = délai *m.* moyen d'attente (sur un circuit) (Tp.).
– – – **of dial tone** = délai *m.* d'attente du signal de manoeuvre (Tp.).
– – – **on a call** = délais *m.p.* d'attente (d'une communication) (Tp.).
– – –, **phase** = temps *m.* de propagation de phase (E.).
– – –, **restitution** = délai *m.* de restitution (Tg.).
– – –, **time-** = à retardement, à action différée.
– – –, **to** = différer, retarder.
– – –, **tone, dial** = délai *m.* d'attente de la tonalité d'envoi (Tp.).
dele = deleatur *m.* (Imp.).
delete, to = effacer ou rayer (un mot), « à supprimer » (Imp.).
deleterious = (gaz *m.*) délétère (adj.), (substance *f.*) nuisible (adj.) à la santé.
delineate, to = esquisser (un projet), décrire sommairement.
delivered = franco (c.-à-d. le prix marqué comprend les frais de livraison).
deliver, to = livrer (les lettres, les marchandises), transmettre (un message), prononcer (un discours), délivrer (un certificat), refouler (l'eau) (Méc.), fournir (du courant) (E.), développer (une puissance) (Méc.).
delivery = débit *m.* ou refoulement *m.* (d'une pompe), distribution *f.* (de courant électrique), livraison *f.* (d'un colis).
– – –, **free** = livraison *f.* franco.
– – –, **steam** = débit *m.* de vapeur, arrivée *f.* de la vapeur.
– – –, **truck** = livraison *f.* par camion.
– – –, **water** = débit *m.* d'eau, distribution *f.* d'eau.
delta = delta *m.*, triangle *m.*, pointe-de-coeur *f.* (Auto.).
– – –, **open** = en V.
demagnetization = désaimantation *f.* (E.), démagnét-

(demagnetization)

sation *f.* (E.).
demagnetize, to = désaimanter (E.), démagnétiser (E.)
demagnetizer = démagnétiseur *m.* (I.).
– – –, **head** = démagnétiseur *m.* de têtes.
demand = demande *f.*
– – –, **contractual** = puissance *f.* souscrite (E., H.).
– – –, **daily, maximum** = pointe *f.* journalière (E.).
– – –, **fire** = débit *m.* d'eau requis en cas d'incendie.
– – – **for energy** = besoin *m.* d'énergie (E., Méc.).
– – –, **growth** = demande *f.* due à l'accroissement démographique (Tp.).
– – –, **hourly, maximum** = pointe *f.* horaire (E.).
– – –, **maximum** = consommation *f.* maximale (E.).
demarcating, self- = autodémarquant (adj.) (Inf.).
demesh, to = désengrener (Méc.).
demijohn = dame-jeanne *f.* (I.).
demister = dispositif *m.* antibuée (Auto.), antibuée *m.* (Auto.).
demisting = désembuage *m.* (Auto.).
demodulate, to = redresser (E.), détecter (E.).
demodulation = démodulation *f.* (Tp.), détection (Tp.).
demodulator = démodulateur *m.* (Tp.).
demolish, to = démolir (C.).
demonstrator = voiture *f.* d'essai (Auto.).
demote, to = rétrograder (un officier), réduire de grade.
demotion = rétrogradation *f.* (d'un officier).
demount, to = démonter (une machine, un diamant), désassembler (une charpente).
demountable = démontable (adj.).
demurrage = indemnité *f.* de surestarie, surestarie *f.*, droit *m.* de stationnement.
den = fumoir *m.* (B.), cabinet *m.* de travail (B.), boudoir *m.* (B.).
densimeter = densimètre *m.*
– – –, **acid** = pèse-acide *m.*
density = densité *f.*, poids *m.* spécifique.
– – –, **charge** = densité *f.* électrique (E.).
– – –, **current** = intensité *f.* de courant (E.), intensité *f.* (E.).
– – –, **field** = densité *f.* du champ magnétique (E.).
– – –, **flux** = flux *m.* (E.), densité *f.* du champ magnétique (E.).
– – –, **flux, magnetic** = induction *f.* magnétique (E.), intensité *f.* de champ magnétique (E.).
– – – **of a gas** = densité *f.* d'un gaz.
– – – **of charge** = densité *f.* de la charge (E.).
– – –, **radiation** = densité *f.* de radiation (R.).
– – –, **scanning** = finesse *f.* d'exploration (Tg.).
– – –, **sound energy** = densité *f.* d'énergie acoustique (R.).
densometer = porosimètre *m.* (Pap., C.).
dent = bosselure *f.*, bosse *f.*
dentil = denticule *m.* (B.).
denuder = machine *f.* à dénuder.
deodorant = désodorisant *m.* (ou adj.).
deodorizer = désodorisant *m.* (ou adj.).
deoxidizer = désoxydant *m.*
department = ministère *m.* (d'un Gouvernement), service *m.* (dans un hôpital, une usine), rayon *m.* (d'un grand magasin).
– – –, **accounting** = service *m.* de la comptabilité.
– – –, **assembling** = salle *f.* de montage, atelier *m.* de montage.

(department)

– – –, **claims** = service *m.* des règlements.
– – –, **commercial** = service *m.* du commercial, service *m.* commercial.
– – –, **engineering** = service *m.* technique, service *m.* des études techniques, bureaux *m.p.* d'études.
– – –, **engineering and design** = bureau *m.* d'études.
– – –, **experimental** = service *m.* des essais.
– – –, **finishing** = atelier *m.* de finissage.
– – –, **fire** = service *m.* d'incendie, pompiers *m.p.* (O.).
– – –, **inspection** = service *m.* du contrôle.
– – –, **legal** = contentieux *m.*
– – –, **maintenance** = service *m.* de surveillance des lignes (Tp.).
– – –, **machining** = atelier *m.* d'usinage.
– – –, **medical** = service *m.* de santé.
– – – **of roads** = Ministère *m.* de la voirie (d'une province canadienne).
– – –, **order** = service *m.* des commandes.
– – –, **plant** = service *m.* de l'outillage (Tp.).
– – –, **purchase** = service *m.* des achats.
– – –, **repair** = service *m.* d'entretien, service *m.* des réparations.
– – –, **research** = service *m.* des recherches.
– – –, **sales** = service *m.* des ventes.
– – –, **shipping** = service *m.* des expéditions.
– – –, **test** = service *m.* des essais.
– – –, **traffic** = service *m.* du trafic (Tp.).
– – –, **traffic, passenger** = service *m.* des voyageurs (Ch.d.f.).
– – –, **training** = service *m.* de formation.
– – –, **transportation** = service *m.* du mouvement.
dependability = sécurité *f.* de service continu, fonctionnement *m.* sûr, sécurité *f.* (de fonctionnement) d'une machine, fiabilité *f.* (Méc.).
dependent = dépendant (adj.), fonction de.
dephase, to = déphaser (E.).
dephasing = déphasage *m.* (E.).
depolarization = dépolarisation *f.* (E.).
depolarize, to = dépolariser (E.).
depolarizer = dépolarisant *m.* (E.).
deposit = dépôt *m.* (dans une banque, Mi.), gisement *m.* (Mi.), sédiment *m.* (dans un liquide, Mi.), versement *m.* (Tp.), avance *f.* sur consommation (E.).
– – –, **active** = dépôt *m.* radioactif (Mi.).
– – –, **carbon** = encrassement *m.* (charbonneux), calamine *f.* (Méc.).
– – –, **electro** = dépôt *m.* galvanoplastique.
– – –, **lime** = dépôt *m.* calcaire.
– – –, **mineral** = gîte *m.* minéral.
– – – **of scale** = entartrage *m.* (Méc.).
– – – **of silver** = précipité *m.* d'argent.
– – –, **oil, dry** = croûte *f.* d'huile, dépôt *m.* d'huile séchée.
– – –, **soot** = dépôt *m.* de suie.
deposition = dépôt *m.* (d'un sédiment), sédiment *m.*, déposition *f.* ou témoignage *m.* (d'un témoin).
depot = dépôt *m.*, entrepôt *m.*, magasin *m.*, gare *f.* (Ch.d.f.).
– – –, **freight** = gare *f.* de marchandises (Ch.d.f.).
– – –, **powder** = poudrière *f.*
– – –, **storage** = entrepôt *m.*, dépôt *m.*
– – –, **timber** = chantier *m.*
depreciation = dépréciation *f.* (de l'argent, d'une mai-

(depreciation)

son), moins-value *f.* (d\u matériel), amortissement *m.* (d'une voiture).
- - -, **accelerated** = amortissement *m.* accéléré.
- - -, **accumulated** = amortissement *m.* accumulé.
- - -, **reducing balance** = amortissement *m.* décroissant.
- - -, **straight line** = amortissement *m.* forfaitaire, amortissement *m.* constant.
depress, to = abaisser (une clé) (Tp.), baisser, appuyer (sur un bouton) (E.).
depressed = surbaissé (adj.) (B.).
depression = dépression *f.* (de terrain), abaissement *m.* (d'un son), dénivellation *f.* (des appuis).
depressor = survolteur *m.*. (de circuit de terre) (E.), dépresseur *m.* (c.-à-d. réactif).
depth = profondeur *f.* (d'un fleuve), épaisseur *f.* (d'une couche), hauteur *f.* (d'une vis), gravité *f.* (d'un son), queue *f.* (d'un pavé).
- - -, **boring** = profondeur *f.* de sondage (C.).
- - -, **case-hardening** = profondeur *f.* de cémentation (Mét.).
- - -, **digging** = profondeur *f.* de fouille (C.).
- - -, **focal** = profondeur *f.* de foyer.
- - - **of chill** = profondeur *f.* de trempe (Mét.).
- - - **of cut** = profondeur *f.* de passe, profondeur *f.* de coupe.
- - - **of field** = profondeur *f.* de champ (d'un objectif) (Phot.).
- - - **of floatation** = profondeur *f.* de flottaison (Mar.).
- - - **of flow** = hauteur *f.* mouillée (H.), hauteur *f.* de remplissage (H.).
- - - **of immersion** = profondeur *f.* d'immersion.
- - - **of modulation** = profondeur *f.* de modulation (R.).
- - - **of setting poles** = implantation *f.* (Tp.), hauteur *f.* d'implantation (Tp.).
- - - **of slot** = profondeur *f.* d'encoche (Méc.).
- - - **of strata** = épaisseur *f.* des couches.
- - - **of thread** = hauteur *f.* du filet (Méc.), profondeur *f.* du filet (Méc.).
- - - **of tooth** = hauteur *f.* de dent (Méc.), profondeur *f.* de la dent (Méc.).
- - - **of trench** = profondeur *f.* de pose (des câbles téléphoniques).
derail, to = dérailler (Ch.d.f.).
derailment = déraillement *m.* (Ch.d.f.).
derangement = déréglage *m.* (d'un instrument), dérangement *m.* (d'esprit).
derivation = dérivation *f.*, ramification *f.* ou branchement *m.* (Tp.).
derivative = dérivée *f.*, dérivé *m.* (du pétrole).
derive, to - - - **from** = dériver de.
derrick = chèvre *f.*, grue *f.* de chevalement, derrick *m.*
- - -, **guyed** = derrick *m.* haubané (C.).
- - -, **hand** = grue *f.* de chevalement à main (C.).
- - -, **pole** = chèvre *f.* à poteaux (Tp.).
- - -, **stiff-leg** = derrick *m.* à jambes de force (C.).
descale, to = détartrer (une chaudière), décaper (un métal), décalaminer (un moteur).
descender = jambage *m.* descendant (Imp.).
descent = descente *f.*, pente *f.*
- - -, **sharp** = descente *f.* raide.
description = description *f.* (d'un objet), désignation *f.*

(description)

(d'une marchandise), signalement *m.* (d'un individu).
desensitize, to = désensibiliser (une plaque) (Phot.).
desensitizer = désensibilisateur *m.* (Phot., Imp.).
design = projet *m.*, projet *m.* d'établissement, étude *f.*, devis *m.*, plan *m.*, construction *f.*, type *m.* (d'appareil), disposition *f.*, création *f.*, conception *f.* technique, modèle. *m.* (d'automobile), calcul *m.* (d'un organe d'une machine).
- - -, **distorted** = type *m.* (de machine) anormal.
- - -, **industrial** = conception *f.* industrielle.
- - -, **landscape** = architecture *f.* de paysage.
- - - **of a concrete mix** = dosage *m.* d'un mélange (à béton), dosage *m.* d'un béton.
- - -, **to** = établir le plan (d'un édifice), préparer (un projet), projeter, calculer, concevoir, créer, faire le projet (d'une installation) (E.).
- - -, **work** = conception *f.* du travail.
designation of circuits = désignation *f.* des circuits (Tp.).
- - - **of emissions** = désignation *f.* des émissions.
designer = auteur *m.* (d'un projet), dessinateur *m.*, inventeur *m.*
- - -, **industrial** = concepteur *m.* industriel.
designing = étude *f.*, création *f.*, dessin *m.*
desk = pupitre *m.*, bureau *m.*
- - -, **complaint** = table *f.* de réclamations (Tp.).
- - -, **control** = pupitre *m.* de commande (E.), pupitre *m.* de réglage (E.), pupitre *m.* de contrôle (E.).
- - -, **information** = table *f.* de renseignements, renseignements *m.p.*
- - -, **monitor's** = table *f.* d'écoute (Tp.).
- - -, **pedestal** = bureau *m.* ministre, pupitre *m.*
- - -, **roll-top** = pupitre *m.* américain.
- - -, **service observation** = table *f.* de contrôle (Tp.).
- - -, **switch** = pupitre *m.* de distribution (E.), pupitre *m.* de commutation (E.).
- - -, **test** = panneau *m.* d'essai (Tp.).
- - -, **wire chief's** = table *f.* d'essai et de mesures (Tp.).
desiccant = siccatif *m.* (d'une peinture), déshydrateur *m.* ou (agent *m.*) déshydratant *m.* (ou adj.), (acide *m.*) dessiccatif (adj.).
desicate, to = déshydrater (une substance).
desiccation = dessiccation *f.*
desiccator = séchoir *m.*, dessiccateur *m.*
desorption = désorption *f.*
despatch = V. « dispatch ».
detachable = amovible (adj.), détachable (adj.), mobile (adj.).
detached = détaché (adj.), séparé (adj.).
detail = détail *m.*, particularité *f.*
details, brick pattern = détails *m.p.* d'appareil (de liaison) (B.).
detarrer = dégoudronneur *m.* (M.) (Chim.).
- - -, **electostatic** = dégoudronneur *m.* électrostatique (M.) (Chim.).
detarring = dégoudronnage *m.* (du gaz brut) (Chim.).
detect, to = détecter (des signaux radiophoniques), déceler (une fuite, des traces de radioactivité), localiser (une fuite de gaz), percevoir (un son).
detection = détection *f.* (R.), découverte *f.*
- - -, **anode-bend** = détection *f.* plaque (R.), détection *f.* par courbure caractéristique de plaque (R.).

(detection)

- − −, **bias** = détection *f.* grille (R.).
- − − −, **C-bias** = détection *f.* plaque (R.).
- − − −, **diode** = détection *f.* diode (R.).
- − − −, **grid** = détection *f.* grille (R.).
- − − −, **grid, power** = détection *f.* de puissance par la grille (R.).
- − − −, **linear** = détection *f.* linéaire (E.).
- − − −, **mine** = détection *f.* des mines.
- − − −, **parabolic** = détection *f.* parabolique (R.).
- − − −, **plate** = détection *f.* plaque (R.).
- − − −, **power** = détection *f.* de puissance (E.).
- − − −, **sound** = détection *f.* par le son (Av.).
- − − −, **square-law** = détection *f.* quadratique (R.).
- − − −, **trouble** = détection *f.* des dérangements (Tp., E.).

detector = détecteur *m.*, avertisseur *m.*, signal *m.* d'alarme.
- − − −, **amplifying** = détecteur *m.* amplificateur (R., E.).
- − − −, **anode** = détecteur *m.* par la plaque (R.).
- − − −, **carborundum** = détecteur *m.* au carborundum.
- − − −, **contact** = détecteur *m.* à contact (R.).
- − − −, **crack** = détecteur *m.* de fissures.
- − − −, **crystal** = détecteur *m.* à galène (R.).
- − − −, **fault** = détecteur *m.* de fuites (E.), déceleur *m.* de fuites (E.).
- − − −, **fire-damp** = détecteur *m.* de grisou (I.).
- − − −, **galena** = détecteur *m.* à galène (R.).
- − − −, **gas** = détecteur *m.* de gaz, indicateur *m.* de grisou (Mi.).
- − − −, **grid** = détecteur *m.* par condensateur shunté (R.).
- − − −, **grid-leak** = détecteur *m.* grille (R.).
- − − −, **ground** = indicateur *m.* de pertes à la terre (E.), indicateur *m.* de pertes à la masse (Auto.), indicateur *m.* de terre (E.).
- − − −, **heterodyne** = premier détecteur (R.), détecteur *m.* hétérodyne (Tv.).
- − − −, **internal − − − of temperature** = détecteur *m.* interne de température (E.).
- − − −, **intrusion, acoustic** = avertisseur *m.* acoustique.
- − − −, **intrusion, capacitance-operated** = avertisseur *m.* à variation de capacité (E.).
- − − −, **leak** = déceleur *m.* de fuites (E.), indicateur *m.* de pertes à la terre (E.), indique-fuites *m.* (gaz), détecteur *m.* de fuites (de gaz).
- − − −, **lie** = détecteur *m.* de mensonges.
- − − −, **lineman's** = appareil *m.* d'essai de ligne (Tp.).
- − − −, **magnetic** = détecteur *m.* magnétique (E.).
- − − −, **null** = indicateur *m.* de zéro (E.).
- − − −, **peak, diode** = indicateur *m.* de pointe à diode (R.).
- − − −, **plate-circuit** = détecteur *m.* plaque (R.).
- − − −, **pole** = chercheur *m.* de pôles (E.).
- − − −, **power** = détecteur *m.* de puissance (R.).
- − − −, **push-pull** = détecteur *m.* redressant les deux alternances (E.), détecteur *m.* push-pull (E.).
- − − −, **second** = détecteur *m.* (dans un superhétérodyne) (R.).
- − − −, **sound** = géophone *m.*
- − − −, **smoke** = détecteur *m.* de fumées.
- − − −, **spark** = détecteur *m.* d'étincelles (E., Auto.).
- − − −, **square** = détecteur *m.* quadratique (R.).
- − − −, **square-law** = détecteur *m.* quadratique (R.).

(detector)

- − − −, **straight-line** = détecteur *m.* linéaire (R.).
- − − −, **thermal** = détecteur *m.* thermique (Méc.).
- − − −, **thermionic** = détecteur *m.* thermoïonique (R.), détecteur *m.* à tube électronique (R.).
- − − −, **two-tone** = discriminateur *m.* télégraphique.
- − − −, **vacuum-tube** = détecteur *m.* à lampe (à vide) (R.).
- − − −, **valve** = détecteur *m.* à lampe (R.).
- − − −, **valve, thermionic** = détecteur *m.* à tube thermoïonique (R.).
- − − −, **voltage** = détecteur *m.* (ou déceleur *m.*) de tension (E.).
- − − −, **wave** = détecteur *m.* d'ondes (E.).

detent = détente *f.* (Méc.), linguet *m.*, ergot *m.*, organe *m.* d'arrêt, cliquet *m.*
detergent = détergent *m.* ou détersif *m.*, lessive *f.* (Ust.).
determination = délimitation *f.* (d'un terrain).
- − − − **of earth quantity** = cubage *m.* des terrassements (C.).
- − − −, **quantity** = dosage *m.* (des ingrédients) (C.).
- − − −, **self-** = libre détermination, auto-détermination *f.*
determine, to = fixer (un rendez-vous), établir (un devis), déterminer (une date, des conditions, les limites d'un lot), définir (les limites d'un territoire), délimiter (des frontières).
detonate, to = faire détoner, détoner, faire sauter (un trou de mine).
detonation = cognement *m.* (du moteur), détonation *f.*, explosion *f.*
detonator = capsule *f.*, amorce *f.*, détonateur *m.*, pétard *m.* (Ch.d.f.).
- − − −, **electric** = détonateur *m.* électrique.
- − − −, **fulminating** = amorce *f.* fulminante.
detour = contournement *m.*, détour *m.* (d'un chemin), déviation *f.* (d'itinéraire, d'un chemin).
- − − −, **to** = contourner (Auto.).
detune, to = désaccorder (R.).
detuning = désaccord *m.* (R.).
deuterium = hydrogène *m.* lourd, deutérium *m.*
develop, to = fournir ou produire (un travail), exploiter (une mine), engendrer (de la chaleur), améliorer (un procédé), mettre (une région) en valeur, développer (une photographie, un secteur).
developer = développeur *m.* (O.), (agent *m.*) révélateur *m.* (Phot.).
developing = développement *m.* (d'une photographie, d'un territoire), mise *f.* en valeur (d'un gisement), V. « develop, to ».
development = aménagement *m.* (des ports), mise *f.* en valeur (des matières premières), perfectionnement *m.* (d'un moteur, d'un outillage, d'un individu), mise *f.* en service (de chutes d'eau), réalisation *f.*, développement *m.* (d'une pellicule photographique, des ventes).
- − − −, **housing** = projet *m.* de construction d'habitations.
- − − − **of building ground** = lotissement *m.* d'un terrain à bâtir.
deviation = déviation *f.* (d'un compas, d'un projectile), déflexion *f.* (Av., E.), écart *m.*, dérogation *f.* (à un marché).

(deviation)

– – –, **carrier** = décalage *m*. de la fréquence de l'onde porteuse par rapport à la fréquence nominale (Tp.).

– – –, **direction-finder** = erreur *f*. de relèvement (R.).

– – –, **frequency** = déviation *f*. de fréquence (R.).

– – –, **lateral** = déviation *f*. latérale (R.).

– – –, **permissible** = tolérance *f*.

– – –, **probable** = écart *m*. probable.

– – –, **standard** = écart *m*. normal (Tp.).

device = dispositif *m*., mécanisme *m*., appareil *m*., système *m*., installation *f*.

– – –, **adjusting** = dispositif *m*. de réglage, dispositif *m*. de rattrapage de jeu, dispositif *m*. de mise au point.

– – –, **adjusting, gain, voice-operated** = régulateur *m*. de gain commandé par la voix (E.), vogad *m*. (E.).

– – –, **adjusting, clearance, ground** = dispositif *m*. de réglage de la garde au sol (Auto.).

– – –, **alarm** = avertisseur *m*., V. « alarm ».

– – –, **alarm – – – for coin box** = installation *f*. d'alarme pour poste à prépaiement (Tp.).

– – –, **alarm, fire-** = appareil *m*. avertisseur d'incendie.

– – –, **alarm, thermic** = thermo-avertisseur *m*.

– – –, **answering, automatic** = répondeur *m*. (I.) (Tp.).

– – –, **answering, telephone** = répondeur *m*. (téléphonique) (Tp.).

– – –, **anti-clutter** = dispositif *m*. éliminateur de signaux parasites (Radar).

– – –, **anti-distortion** = compensateur *m*. de distorsion (Tp.).

– – –, **anti-fading** = correcteur *m*. d'évanouissement (R.).

– – –, **antipollution** = dispositif *m*. antipollution.

– – –, **antipollution control** = dispositif *m*. antipollution.

– – –, **antipollution exhaust** = dispositif *m*. antipollution (Auto.).

– – –, **anti-sidetone** = dispositif *m*. antilocal (Tp.).

– – –, **anti-singing** = suppresseur *m*. d'oscillations spontanées (Tp.).

– – –, **antiskating** = dispositif *m*. antidérapant (d'un tourne-disque).

– – –, **appropriate** = organe *m*. approprié (d'un appareil récepteur, d'un appareil émetteur) (Tg.).

– – –, **balancing** = dispositif *m*. à équilibrer (Méc.).

– – –, **band-spread** = étaleur *m*. de bande (R.).

– – –, **blocking** = dispositif *m*. bloqueur (Ch.d.f.).

– – –, **braking** = dispositif *m*. de freinage (Auto.).

– – –, **calling** = dispositif *m*. d'appel (Tp.).

– – –, **capacitor potential** = transformateur-condensateur *m*. de tension (E.).

– – –, **centering** = dispositif *m*. de centrage (Méc.).

– – –, **charging** = appareil *m*. à charger (C.).

– – –, **circuit-closing** = conjoncteur *m*. (E.).

– – –, **clamping** = verrouillage *m*. (C.).

– – –, **coding** = dispositif *m*. de codage (Tp.).

– – –, **collecting, coin** = dispositif *m*. d'encaissement (Tp.).

– – –, **conducting, asymmetrical** = dispositif *m*. à conductivité dissymétrique (E.).

– – –, **contact making** = dispositif *m*. de contact (E.).

– – –, **cooling** = réfrigérant *m*.

– – –, **correcting** = compensateur *m*. de distorsion (Tp.).

– – –, **cushioning** = dispositif *m*. amortisseur (Méc.).

(device)

– – –, **damping** = amortisseur *m*. (R., Méc.).

– – –, **dead-man** = dispositif *m*. de sécurité (Ch.d.f.).

– – –, **declutching** = débrayage *m*. (Méc., Auto.).

– – –, **declutching, self-** = autodébrayage *m*. (Méc.).

– – –, **delayed-action** = déclencheur *m*. automatique (Phot.).

– – –, **discharge, electron** = dispositif *m*. à décharges d'électrons (R.).

– – –, **discharge-producing** = dispositif *m*. à production de décharges électriques (E.).

– – –, **draining** = purgeur *m*. (S.).

– – –, **experimental** = dispositif *m*. d'essai.

– – –, **fastening** = dispositif *m*. de serrage (Méc.), dispositif *m*. d'assemblage (Méc., Men.).

– – –, **feeding, friction** = appareil *m*. alimentaire à friction (Méc.).

– – –, **gripping** = dispositif *m*. de serrage (Méc., Men.).

– – –, **holding, automatic** = garde *f*. automatique (d'un tableau) (Tp.).

– – –, **homing** = radiocompas (Av.).

– – –, **inflating** = gonfleur *m*. (Auto.).

– – –, **interlocking** = système *m*. de verrouillage.

– – –, **lifting, brush** = dispositif *m*. de relevage des balais (E.).

– – –, **limiting** = limiteur *m*. (de tension) (E.).

– – –, **limiting, charge** = limiteur *m*. de charge (E.).

– – –, **limiting, current** = limiteur *m*. de courant (E.).

– – –, **limiting, force** = limiteur *m*. d'effort (Méc.).

– – –, **limiting, speed** = limiteur *m*. de vitesse (Méc.).

– – –, **listening** = écouteur *m*. (Tp.).

– – –, **locating** = dispositif *m*. de repérage (R.).

– – –, **locking** = dispositif *m*. de sûreté, dispositif *m*. de calage, dispositif *m*. de blocage.

– – –, **make-and-break** = dispositif *m*. de rupture (E.).

– – –, **priming** = dispositif *m*. d'amorçage (Méc.).

– – –, **proportioning, fuel** = dispositif *m*. de dosage du carburant (Auto.).

– – –, **protective** = appareil *m*. de protection, dispositif *m*. de protection, moyen *m*. de protection.

– – –, **protective, overload** = dispositif *m*. protecteur contre les surintensités (Tp.).

– – –, **receiving** = dispositif *m*. de réception (R.).

– – –, **recording** = appareil *m*. enregistreur, enregistreur *m*.

– – –, **registering** = mécanisme *m*. enregistreur.

– – –, **regulating** = régulateur *m*. (Méc.), dispositif *m*. régulateur (Méc.).

– – –, **releasing** = déclencheur *m*., dispositif *m*. de déclenchement.

– – –, **rocking** = bascule *f*. (Méc.).

– – –, **safety** = dispositif *m*. de protection, dispositif *m*. de sûreté, appareil *m*. de sécurité.

– – –, **saving, fuel** = économiseur *m*. du combustible, économiseur *m*. du carburant (Auto.).

– – –, **saving, labour** = dispositif *m*. pour économiser de la main-d'œuvre.

– – –, **saving, time** = dispositif *m*. pour épargner du temps.

– – –, **scanning** = analyseur *m*. (Tv.).

– – –, **sending** = dispositif *m*. de transmission (R.).

– – –, **set-back** = dispositif *m*. de remise à zéro (d'un compteur).

– – –, **setting** = dispositif *m*. de mise au point.

(device)

– – –, **setting, zero** = dispositif *m.* de remise à zéro.
– – –, **shifting, phase** = transformateur *m.* de phase (E.), compensateur *m.* de phase (E.).
– – –, **short-circuiting** = court-circuiteur *m.* (E.).
– – –, **shut-down** = dispositif *m.* de fermeture (E.), dispositif *m.* de coupure (E., H.).
– – –, **signalling** = signalisateur *m.* (Auto.), appareil *m.* de signalisation.
– – –, **silencing** = sourdine *f.* (Tp.).
– – –, **smoke-consuming** = appareil *m.* fumivore.
– – –, **sounding** = appareil *m.* de sondage (Mar.).
– – –, **starting** = dispositif *m.* de mise en marche (Méc.).
– – –, **stop, automatic** = dispositif *m.* d'arrêt automatique (Méc.).
– – –, **stopping** = dispositif *m.* d'arrêt (Méc.).
– – –, **suppressor, interference** = dispositif *m.* antiparasite (R.).
– – –, **suspending** = appareil *m.* de suspension (Méc., C.).
– – –, **synchromesh** = synchroniseur *m.* (Méc.).
– – –, **take-up, play** = dispositif *m.* à rattrapage de jeu (Méc.).
– – –, **tension** = appareil *m.* de tension.
– – –, **testing** = dispositif *m.* d'essai (Tp.).
– – –, **tightening** = dispositif *m.* de serrage.
– – –, **tilting** = dispositif *m.* d'inclinaison, culbuteur *m.* (de wagons).
– – –, **tone** = émetteur *m.* de tonalité (Tp.), émetteur *m.* de signal sonore (Tp.), dispositif *m.* à signal sonore (Tp., R.).
– – –, **tripping** = déclencheur *m.* (Méc.), disjoncteur *m.* (E.).
– – –, **venting, air** = purgeur *m.* d'air (Méc.).
– – –, **voice-operated** = dispositif *m.* commandé par la voix, dispositif *m.* à commande par fréquence vocale.
– – –, **warming** = réchauffeur *m.*
– – –, **warning** = avertisseur *m.*
– – –, **wetting** = dispositif *m.* d'arrosage.
devil = loup *m.* (I.), dispositif *m.* à dents.
– – –, **printer's** = apprenti *m.* (O.) (Imp.).
de-water, to = assécher, (un marais), dénoyer (une mine), essorer (du linge).
dewatering = épuisement *m.* de l'eau, assèchement *m.* (d'une fouille).
dextrine = dextrine *f.*
D.F. = V. « finding, direction ».
diaeresis = tréma *m.*
diagonal = en écharpe (B.), diagonale *f.*
diagram = schéma *m.*, diagramme *m.*, tracé *m.*, graphique *m.*
– – –, **adiabatic** = graphique *m.* adiabatique (Méc.).
– – –, **Applegate** = diagramme *m.* de position électronique (E.).
– – –, **block** = schéma *m.* général, schéma *m.* de principe, schéma *m.* fonctionnel.
– – –, **cable** = schéma *m.* des câbles (Tp.).
– – –, **cardioid** = diagramme *m.* en cardioïde.
– – –, **circuit** = schéma *m.* de l'équipement électrique (E.), schéma *m.* de montage (E.), schéma *m.* des circuits (Tp.).
– – –, **combustion** = diagramme *m.* de combustion.

(diagram)

– – –, **connection** = schéma *m.* de montage (E.), schéma *m.* de connexion (E.).
– – –, **construction** = schéma *m.* de montage (C., Méc.).
– – –, **coverage** = carte *f.* des zones desservies (par un groupe émetteur) (R.), diagramme *m.* de couverture (R.).
– – –, **directional** = diagramme *m.* de rayonnement (d'une antenne) (R.).
– – –, **directivity** = diagramme *m.* de directivité (d'une antenne) (R.).
– – –, **entropy** = diagramme *m.* entropique (Méc.).
– – –, **figure-of-eight** = diagramme *m.* en lemniscate (R.).
– – –, **flow** = schéma *m.* de principe, schéma *m.* de fabrication.
– – –, **heart-shaped** = diagramme *m.* en cardioïde.
– – –, **indicator** = diagramme *m.* d'indicateur.
– – –, **level** = hypsogramme *m.* (Tp.).
– – –, **light** = schéma *m.* lumineux.
– – –, **load** = diagramme *m.* des charges (C., E.).
– – –, **lubrification** = schéma *m.* de graissage (Auto.).
– – –, **of connections** = schéma *m.* de montage (E.), schéma *m.* de connexion (E.), plan *m.* de câblage (E.).
– – –, **piston** = diagramme *m.* des pressions sur le piston (Méc.), diagramme *m.* des cylindres (Méc.).
– – –, **polar** = diagramme *m.* polaire (E.).
– – –, **pole** = loi *f.* d'armement d'un poteau (Tp.), loi *f.* de croisement (Tp.).
– – –, **radiation** = diagramme *m.* de rayonnement (d'une antenne) (R.).
– – –, **schematic** = schéma *m.* de principe, schéma *m.*
– – –, **skeleton** = schéma *m.* de principe (E.).
– – –, **stress** = épure *f.* des efforts (Méc.).
– – –, **stress, closed** = polygone *m.* fermé (Méc.).
– – –, **stress-strain** = diagramme *m.* des efforts et des déformations (Méc.).
– – –, **track** = tableau *m.* de voies (Ch.d.f.).
– – –, **trunking** = schéma *m.* de câblage (Tp.),
– – –, **valve** = diagramme *m.* de distribution (Méc.).
– – –, **vector** = diagramme *m.* vectoriel.
– – –, **volume** = diagramme *m.* des cylindrées (Méc.).
– – –, **winding** = schéma *m.* d'enroulement (E., Méc.).
– – –, **wiring** = schéma *m.* de montage (Tp.), diagramme *m.* de montage (Tp.), diagramme *m.* de connexion (E.), schéma *m.* de canalisation (E., Tp.).
dial = cadran *m.*, cadran *m.* d'appel (Tp.), (appareil *m.*) automatique (adj.) (Tp.), à cadran (Tp.).
– – –, **aeroplane** = cadran *m.* d'avion.
– – –, **calibrated** = cadran *m.* étalonné, cadran *m.* gradué.
– – –, **calling** = cadran *m.* d'appel (Tp.).
– – –, **compass** = rose *f.* des vents.
– – –, **graduated** = cadran *m.* gradué.
– – –, **luminous** = cadran *m.* lumineux (Auto.).
– – –, **rotary** = cadran *m.* rotatif (Tp.).
– – –, **slow-motion** = cadran *m.* démultiplié (Méc.).
– – –, **sun** = cadran *m.* solaire.
– – –, **telephone** = cadran *m.* d'appel (Tp.).
– – –, **to – – a number** = composer un numéro (Tp.).
– – –, **to – – – direct** = appeler directement (Tp.).
– – –, **to – – – 9** = faire le 9 (Tp.).

(dial)

- - -, **tuning** = cadran *m*. d'accord (R.).
- - -, **vernier** = cadran *m*. démultiplicateur.
dialer, automatic = appareil *m*. de composition automatique (Tp.).
- - -, **card** = appareil *m*. à composition par carte (Tp.).
- - -, **repertory** = appareil *m*. de composition automatique (Tp.).
dial(l)ing = composition *f*. du numéro (Tp.).
- - -, **abbreviated** = composition *f*. abrégée (Tp.).
- - -, **card** = composit on *f*. par carte (Tp.).
- - -, **direct** = appel *m*. direct (Tp.).
- - -, **distance, direct** = exploitation *f*. automatique interurbaine (Tp.), interurbain *m*. automatique (Tp.).
- - -, **international** = service *m*. automatique international (Tp.).
- - -, **inward** = accès *m*. direct à un poste (de standard) privé (Tp.).
- - -, **long distance** = selection *f*. à distance de l'abonné (Tp.), compositior *f*. interurbaine (Tp.).
- - -, **outward** = accès *m*. direct au réseau (d'un poste de standard privé) (Tp.).
- - -, **through** = sélection *f*. directe (Tp.), appel *m*. direct (Tp.).
- - -, **toll, subscriber's** = sélection *f*. à distance de l'abonné (Tp.), composition *f*. interurbaine (Tp.).
- - -, **voice** = sélection *f*. à distance par fréquences vocales (R.).
diamagnetic = diamagnétique (adj.).
diamagnetism = diamagnétisme *m*. (E.).
diameter = alésage *m*. [d'un cylindre), grossissement *m*. (d'une lentille), diamètre *m*. (d'une roue), calibre *m*. (d'un tube).
- - -, **actual** = diamètre *m*. actuel (H.).
- - -, **clear** = diamètre intérieur (Méc.).
- - -, **effective** = diamètre *m*. primitif (d'une roue d'engrenage).
- - -, **external** = diamètre *m*. extérieur.
- - -, **inside** = diamètre *m*. intérieur.
- - -, **internal** = calibre *m*. (d'un tube), diamètre *m*. intérieur.
- - - **of a shaft** = calibre *m*. d'un arbre (Méc.).
- - - **of a wheel** = diamètre *m*. d'une roue.
- - -, **outside** = diamètre *m*. extérieur.
- - -, **pitch** = diamètre *m*. primitif (d'une roue d'engrenage).
diamond = diamant *m*., losange *m*., rhombe *m*.
- - -, **black** = diamant *m*. noir.
- - -, **cutting** = diamant *m*. de vitrier.
- - -, **glazier's** = diamant *m*. de vitrier.
diaphragm = diaphragme *m*., membrane *f*.
- - -, **auto(matic)** = diaphragme *m*. (à présélection) automatique (Phot.).
- - -, **cone** = membrane *f*. conique.
- - -, **electrolytic** = diaphragme *m*. électrolytique (E.).
- - -, **iris-** = diaphragme *m*. iris (Phot.).
- - - **of a loudspeaker** = membrane *f*. d'un haut-parleur.
- - - **of a telephone** = membrane *f*. d'un téléphone (Tp.), plaque *f*. vibrante d'un téléphone (Tp.).
- - -, **separator** = séparateur *m*. diaphragme (E.).
- - -, **vibrating** = plaque *f*. vibrante (Tp.), membrane *f*.

diary = journal *m*. (particulier), agenda *m*.
dibble = plantoir *m*. (I.).
dicker, to = marchander, barguigner.
dictaphone = dictaphone *m*.
die = filière *f*. (Mét.), matrice *f*. (Mét.), coussinet *m*. (de filetage) (Mét.), étampe *f*. (Mét.), V. « dies ».
- - -, **bending** = matrice *f*. à plier, matrice *f*. à cintrer.
- - -, **blanking** = matrice *f*. à découper, matrice *f*. à poinçonner.
- - -, **bottom** = matrice *f*., étampe *f*. inférieure.
- - -, **counter-** = étampe *f*. secondaire, contre-étampe *f*.
- - -, **cupping** = matrice *f*. à emboutir.
- - -, **cup-shaped** = bouterolle *f*. (I.).
- - -, **curling** = matrice *f*. à border.
- - -, **cutting** = peigne *m*. de filière, découpoir *m*.
- - -, **cutting-off** = matrice *f*. à découper, découpeuse *f*.
- - -, **cutting, paper** = découpoir *m*.
- - -, **dinking** = poinçon *m*. creux, emporte-pièce *m*.
- - -, **drawing** = matrice *f*. à étirer, filière *f*. d'étirage, matrice *f*. à emboutir.
- - -, **drawing, wire** = filière *f*., filière *f*. à étirer (les fils métalliques).
- - -, **drop-forging** = matrice *f*. d'estampage.
- - -, **embossing** = matrice *f*. à repousser.
- - -, **finishing** = matrice *f*. à repasser, matrice *f*. à rogner.
- - -, **follow** = matrice *f*. à découper et emboutir.
- - -, **forging** = étampe *f*. (Mét.).
- - -, **forming** = matrice *f*. à former.
- - -, **gang** = matrice *f*. sériée.
- - -, **male** = poinçon *m*. (I.).
- - -, **master** = matrice *f*. type.
- - -, **perforating** = matrice *f*. à percer, matrice *f*. à poinçonner.
- - -, **piercing** = matrice *f*. à percer, matrice *f*. à poinçonner.
- - -, **piercing, hole** = matrice *f*. de poinçonnage
- - -, **pipe** = filière *f*. à tuyau.
- - -, **plunger** = poinçon *m*. emboutisseur.
- - -, **press** = découpeuse *f*. (I.).
- - -, **punching** = matrice *f*. à percer, matrice *f*. à poinçonner.
- - -, **reaming** = coussinet *m*. aléseur (Mét.).
- - -, **reducing** = matrice *f*. à réduire.
- - -, **riveting** = bouterolle *f*. (I.).
- - -, **screw** = coussinet *m*. de filière, filière *f*. (Mét.).
- - -, **screw-cutting** = filière *f*. (Mét.).
- - -, **screw, open** = filière *f*. fendue.
- - -, **screw-stock** = filière *f*. (Mét.).
- - -, **screwing** = filière *f*. (Mét.).
- - -, **shaving** = matrice *f*. à repasser, matrice *f*. à rogner.
- - -, **stamping** = étampe *f*., matrice *f*. pour emboutissage.
- - -, **threading** = filière *f*. (Mét.).
- - -, **threading, self-centering** = coussinet-lunette *m*. de filière.
- - -, **to** - - - **away** = s'affaiblir, s'assourdir (son), s'amortir (oscillation).
- - -, **to** - - - **down** = s'évanouir, s'assourdir, s'amortir.

(die)

‑ ‑ ‑, **to** ‑ ‑ ‑ **out** = s'évanouir, éteindre (une oscillation).

‑ ‑ ‑, **top** = étampe *f.* supérieure (Mét.).

‑ ‑ ‑, **trimming** = matrice *f.* à repasser, matrice *f.* à rogner.

dielectric = diélectrique *m.* (ou adj.) (E.).

‑ ‑ ‑, **air** = diélectrique *m.* à air (E.).

dies = coussinets *m.p.* de filière (Mét.), V. « die ».

‑ ‑ ‑, **cup-shaped** = bouterolle *f.* à oeil (Mét.).

‑ ‑ ‑, **cutting** = matrice *f.* à découper (Mét.).

‑ ‑ ‑, **screw** = coussinets *m.p.* de filière, coussinets *m.p.* à fileter.

Diesel = moteur *m.* Diesel.

‑ ‑ ‑, **glow-plug** = moteur *m.* Diesel à bougie incandescente.

dieseling = marche *f.* d'un moteur par auto-allumage (Auto.).

difference of level = dénivellation *f.*, différence *f.* de niveau.

‑ ‑ ‑, **phase** = différence *f.* de phase (E.), décalage *m.* (E.).

‑ ‑ ‑, **phase, angular** = déphasage *m.* (E.).

‑ ‑ ‑, **potential** = tension *f.* (E.), différence *f.* de potentiel (E.).

‑ ‑ ‑, **potential, magnetic** = différence *f.* de potentiel magnétique (E.).

differential = différentiel *m.* (Auto.), engrenage *m.* différentiel (Auto.), différentiel (adj.).

‑ ‑ ‑, **bevel** = différentiel *m.* conique.

‑ ‑ ‑, **bevel-gear** = différentiel *m.* à couple conique.

‑ ‑ ‑, **conical-pinion** = différentiel *m.* à roues d'angle.

‑ ‑ ‑, **helical-gear** = différentiel *m.* à pignons hélicoïdaux.

‑ ‑ ‑, **limited-slip** = différentiel *m.* auto-bloquant (Auto.).

‑ ‑ ‑, **no-spin** = différentiel *m.* auto-bloquant (Auto.).

‑ ‑ ‑, **positraction** = différentiel *m.* auto-bloquant (Auto.).

‑ ‑ ‑, **spur-gear** = différentiel *m.* à engrenages droits.

‑ ‑ ‑, **worm-gear** = différentiel *m.* à vis sans fin.

differentiate, to = différencier.

differentiator = montage *m.* différentiateur (E.).

diffuser = diffuseur *m.* (Pap., Méc., R.).

‑ ‑ ‑, **carburetor** = diffuseur *m.* du carburateur (Auto.).

‑ ‑ ‑, **spray** = arroseuse *f.* à poussière d'eau.

diffusion = diffusion *f.* (R.), dispersion *f.* (des rayons lumineux).

dig, to = creuser (un canal), exécuter la fouille (d'un poteau), percer (un tunnel).

‑ ‑ ‑, **to** ‑ ‑ ‑ **up** = déterrer.

digest = recueil *m.* (de lois), digeste *m.* (d'un ouvrage), résumé *m.* ou précis *m.* (de physique).

‑ ‑ ‑, **to** = digérer ou élaborer (un projet).

digester = autoclave *m.* (Ust.), digesteur *m.* (Pap.), plantoir *m.* (I.), défonceuse *f.* (M.), excavateur *m.* (M.).

digger = terrassier *m.* (O.), bêcheur *m.* (O.), plantoir *m.* (I.), défonceuse *f.* (M.), excavateur *m.* (M.).

‑ ‑ ‑, **back** = pelle *f.* mécanique travaillant en contrebas avec le godet retourné, pelle *f.* rétrocaveuse (C.).

‑ ‑ ‑, **bucket** = excavateur *m.* à godets (C.).

‑ ‑ ‑, **ditch** = machine *f.* à creuser les fossés, tran-

(digger)

cheuse *f.* (M.).

‑ ‑ ‑, **pole** = tarière *f.* mécanique (Tp.).

‑ ‑ ‑, **post-hole** = bêche-tarière *f.* (C.).

‑ ‑ ‑, **steam** = excavateur *m.* à vapeur (C.).

‑ ‑ ‑, **trench** = excavateur *m.* de tranchées (C.).

digging = creusage *m.*, excavation *f.*, exécution *f.* de fouille, fouille *f.*, terrassement *m.*

‑ ‑ ‑, **bench** = terrassement *m.* en gradins, terrassement *m.* par bancs.

‑ ‑ ‑, **deep-cut** = terrassement *m.* en couches profondes.

‑ ‑ ‑, **earth** = terrassement *m.*

‑ ‑ ‑, **open-face** = travail *m.* en butte.

‑ ‑ ‑, **shallow-cut** = terrassement *m.* en couches minces.

‑ ‑ ‑, **under-water** = terrassement *m.* sous l'eau.

digit = chiffre *m.*, doigt *m.*, (clavier *m.*) numérique (adj.).

‑ ‑ ‑, **binary** = binaire *m.* (c.-à-d. un chiffre), bit *m.* (c.-à-d. une unité d'information).

digital = numérique (adj.).

digitize, to = traduire en numérique.

digitizer = intégratrice *f.* numérique (M.).

dike = digue *f.* (en terre), levée *f.* de terre, chaussée *f.*.

‑ ‑ ‑, **back-** = arrière-digue *f.*

‑ ‑ ‑, **cross-** = duit *m.* (dans une rivière).

dilapidated = décrépité, état *m.* de ruine.

dilatation = dilatation *f.* (Méc.).

dilute, to = diluer (de l'alcool avec de l'eau), délayer (un médicament dans de l'eau), dissoudre (de l'iode dans de l'alcool).

diluter = diluant *m.*

dilution = dilution *f.* (d'un médicament), délayage *m.* ou délaiement *m.* (de la craie), réduction *f.* (d'un acide).

dim = faible (adj.), pâle (adj.).

‑ ‑ ‑, **to** ‑ ‑ ‑ **the head-lights** = baisser les phares (Auto.), se mettre en code (Auto.).

dimension = dimension *f.*, cote *f.*, mesure *f.*, grandeur *f.*

‑ ‑ ‑, **actual** = dimension *f.* réelle, grandeur *f.* effective.

‑ ‑ ‑, **to** = coter (un plan), déterminer les dimensions.

dimensions, outside = encombrement *m.*, dimensions *f.p.* hors tout.

‑ ‑ ‑, **overall** = encombrement *m.*, dimensions *f.p.* hors tout.

‑ ‑ ‑, **standard** = dimensions *f.p.* courantes, cotes *f.p.* normalisées (des pièces de bois).

‑ ‑ ‑, **working** = cotes *f.p.* de travail.

diminish, to = amincir (une barre), diminuer (la hauteur d'une colonne, son autorité), réduire (ses profits), baisser (la lumière).

diminution = perte *f.* (d'un métal), retrait *m.* (d'un mur), recoupement *m.* (B., C.), diminution *f.* (des colonnes).

dimmer = gradateur *m.* (E.), résistance *f.* (E.), interrupteur *m.* à gradation de lumière (E.), réducteur *m.* « code » (Auto.), dispositif *m.* anti-éblouissant (Auto.).

‑ ‑ ‑, **dash-board** = rhéostat *m.* d'éclairage du tableau (Auto.).

dimming = baisse *f.* (de la lumière), mise *f.* en code (des

(dimming)

phares d'auto).

diner = V. « car, dining ».

dinette = petite salle à manger (B.).

dinghy = canot *m.* pneumatique.

dinner = dîner *m.*

– – –, **state** = dîner *m.* officiel.

diocese = diocèse *m.*

diode = diode *f.* (R.).

– – –, **restorer, D.C.** = diode *f.* de calage (E.).

– – –, **tunnel** = diode *f.* tunnel (E.), diode *f.* Esaki.

diopter = dioptrie *f.*

dioxyde, carbon = gaz *m.* carbonique, acide *m.* carbonique.

dip = immersion *f.*, plongée *f.* (du châssis) (Auto.), inclinaison *f.* (d'une aiguille), flèche *f.* (dans une courbe), pendage *m.* (d'un gisement), pente *f.* (du terrain), tirant *m.* d'eau (d'un paquebot), hauteur *f.* d'immersion (d'une roue hydraulique).

– – –, **bright** = solution *f.* de polissage.

– – –, **full-line** = ligne *f.* de plus grande pente.

– – –, **hot** = immersion *f.* à chaud (d'un métal).

– – –, **magnetic** = inclinaison *f.* magnétique (E.).

– – –, **oil** = barbotage *m.* dans l'huile (Méc.).

– – –, **to** = plonger, incliner, immerger, tremper.

– – –, **underground** = tronçon *m.* souterrain (Tp.), raccordement *m.* en souterrain (Tp.), raccordement *m.* en câble souterrain (Tp.), caniveau *m.* (Tp.).

diphase = diphasé (adj.), biphasé (adj.) (E.).

diple = diple *f.* (Imp.), antilambda *m.* (Imp.).

diplex = diplex (adj.) (Tg.).

diplexer = diplexeur *m.* (R.).

dipolar = bipolaire (adj.) (E.).

dipole = doublet *m.* ou dipole *m.* (R.).

– – –, **folded** = antenne *f.* trombone (R.), doublet *m.* replié (simple) (R.).

– – –, **folded, multiple** = doublet *m.* replié multiple (R.).

– – –, **full wave** = doublet *m.* onde entière (R.).

– – –, **half-wave** = doublet *m.* (en) demi-onde (R.).

– – –, **sleeve** = antenne *f.* à jupe.

dipper = plongeur *m.* (O.), godet *m.* de pelle mécanique, pelle *f.* d'excavateur, louche *f.* ou cuiller *f.* à pot (Ust.), basculeur *m.* (pour phares) (Auto.).

– – –, **family** = puisoir *m.* (Ust.).

– – –, **oil** = plongeur *m.*

– – –, **Quebec** = grand gobelet *m.* (Canada).

– – –, **skimming** = godet *m.* de niveleuse.

dipping = immersion *f.* (Mét.), plongée *f.* (Auto.), barbotage *m.* (Mét.), mouvement *m.* de bascule (des phares) (Auto.).

direct, to = diriger (une entreprise), orienter (une antenne vers un poste émetteur), adresser (une lettre à quelqu'un), attirer l'attention de quelqu'un sur quelque chose).

direction = direction *f.* (d'une entreprise, d'une force, des opérations), conduite *f.* (des affaires), réglementation *f.* (de la circulation), sens *m.* (du courant), instructions *f.p.*

– – –, **current** = sens *m.* du courant (E.).

– – –, **forward** = sens *m.* conducteur (d'un redresseur) (E.).

– – –, **grain** = texture *f.*

– – –, **machine** = sens *m.* machine (Pap.).

– – – **of flow** = direction *f.* du courant (H.).

(direction)

– – – **of rotation** = sens *m.* de rotation (Méc.).

– – – **of scanning** = sens *m.* de l'exploration (Tv.).

– – – **of the traffic** = sens *m.* de la circulation (Auto.).

– – – **of translation** = direction *f.* du déplacement (Méc.).

– – – **of (tape) travel** = sens *m.* de défilement du ruban.

directional = de direction.

– – –, **multi-** = à plusieurs directions (R.).

– – –, **omni-** = omnidirectionnel (adj.).

directivity = directivité *f.* (d'une antenne) (R.).

director = enregistreur *m.* (Tp.), administrateur *m.* (d'une société) (O.), sélecteur *m.* (Tp.).

– – –, **aerial** = antenne *f.* directrice (en avant de l'antenne active) (R.), (élément *m.*) directeur *m.* (R.).

– – –, **call** = pupitre *m.* dirigeur (Tp.).

– – –, **managing** = administrateur *m.* délégué (O.).

directory = bottin *m.*, annuaire *m.* (du commerce, du téléphone), répertoire *m.* (d'adresses).

– – –, **telephone** = annuaire *m.* du téléphone, annuaire *m.* téléphonique.

dirt = crasse *f.*, saleté *f.* (Auto.), ordure *f.*, fange *f.*, curure *f.* (des drains), déblai *m.*

dirty = encrassé (adj.), sale (adj.).

disability = incapacité *f.* accidentelle, invalidité *f.*

– – – **through illness** = incapacité *f.* pour cause de maladie.

disabled = hors de service (Méc.), endommagé (Méc.), avarié (Méc.).

disadjustment = déréglage *m.* (Méc., Tp.).

disappearing = escamotable (adj.), à éclipse.

disassemble, to = démonter (un moteur), démembrer (une machine).

disassembling = démontage *m.* (Méc.).

disc = disque *m.*, rondelle *f.*, manchon *m.* (d'excentrique) (Méc.), plateau *m.*

– – –, **abrasive** = meule *f.* abrasive, meule *f.*

– – –, **bearing, step** = grain *m.* de crapaudine (Méc.).

– – –, **brake** = disque *m.* de frein (Auto.).

– – –, **buffer** = disque *m.* de tampon, rondelle *f.* de tampon.

– – –, **call-indicator** = volet *m.* d'appel (Tp.).

– – –, **calling** = disque *m.* d'appel (de téléphone automatique).

– – –, **cam** = came *f.* (Méc.).

– – –, **clutch** = disque *m.* d'embrayage (Auto.), plateau *m.* d'embrayage (Auto.).

– – –, **copper** = plaque *f.* de cuivre, rosette *f.*

– – –, **core, armature** = disque *m.* en tôle de l'induit (E.).

– – –, **crank** = plateau-manivelle *m.* (Méc.).

– – –, **cutter** = disque *m.* à couteaux (Méc.).

– – –, **diaphragm** = plaque *f.* de membrane.

– – –, **driving** = disque *m.* conducteur (Méc.), plateau *m.* d'entraînement (Méc.).

– – –, **eccentric** = plateau *m.* excentrique (Méc.).

– – –, **finger** = disque *m.* d'appel (Tp.), disque *m.* transmetteur d'appel (Tp.).

– – –, **friction** = plateau *m.* à friction (Méc.), disque *m.* d'embrayage (Auto., Méc.).

– – –, **packing** = rondelle *f.* de joint (Méc.).

– – –, **rectifier** = rondelle *f.* de redresseur sec (E.).

– – –, **sanding** = disque *m.* de papier de verre, disque *m.* de papier d'émeri.

– – –, **scanning** = disque *m.* de balayage (Tv.).

(disc)

‑ ‑ ‑, **slotted** = disque *m.* à encoches, disque *m.* à fente.

‑ ‑ ‑, **solid** = plateau *m.* plein (Méc.).

‑ ‑ ‑, **timing** = plateau *m.* de réglage (de l'allumage, de la magnéto).

‑ ‑ ‑, **to** = scarifier (la terre.).

‑ ‑ ‑, **valve** = disque *m.* de clapet (Méc.).

‑ ‑ ‑, **wheel** = flasque *m.* (Auto.), enjoliveur *m.* (Auto.).

‑ ‑ ‑, **wheel, fly** = disque *m.* de volant (Méc.).

discard = déchet *m.*

‑ ‑ ‑, **to** = mettre (une pièce, un vêtement) au rebut, abandonner (un projet), laisser (ou mettre) (quelque chose) de côté.

discharge = décharge *f.* (d'eau, d'électricité), débit *m.* ou refoulement *m.* (d'une pompe), écoulement *m.* (d'un liquide), décharge *f.* (d'un accumulateur), renvoi *m.* (d'un ouvrier), tuyau *m.* de renvoi (S), congé *m.* (d'un hôpital).

‑ ‑ ‑, **alternating** = décharge *f.* alternée.

‑ ‑ ‑, **alternating, periodically** = décharge *f.* périodique alternative.

‑ ‑ ‑ **at anode** = décharge *f.* de l'anode (E.).

‑ ‑ ‑, **back-** = décharge *f.* en retour, retour *m.*

‑ ‑ ‑, **brush** = décharge *f.* en aigrettes (E.), effluves *m.p.* (E.), décharge *f.* par effluves (E.).

‑ ‑ ‑, **conductive** = décharge *f.* conductive (E.).

‑ ‑ ‑, **continuous** = décharge *f.* continue (H., E.).

‑ ‑ ‑, **convective** = décharge *f.* convective (E.), effluve *m.* (E.).

‑ ‑ ‑, **dead-beat** = décharge *f.* apériodique (E.).

‑ ‑ ‑, **disruptive** = décharge *f.* disruptive (E.).

‑ ‑ ‑, **electric** = décharge *f.* électrique (E.).

‑ ‑ ‑, **field** = décharge *f.* d'inducteur (E.).

‑ ‑ ‑, **glow** = effluve *m.* (E.), décharge *f.* lumineuse (E.).

‑ ‑ ‑, **lateral** = décharge *f.* latérale.

‑ ‑ ‑, **lightning** = coup *m.* de foudre.

‑ ‑ ‑ **of a condenser** = décharge *f.* d'un condensateur (E.).

‑ ‑ ‑, **oscillating** = décharge *f.* oscillante.

‑ ‑ ‑, **point** = décharge *f.* par les pointes (E.).

‑ ‑ ‑, **secondary** = décharge *f.* secondaire (E.).

‑ ‑ ‑, **self-** = décharge *f.* spontanée (E.), à déchargement automatique (Méc.).

‑ ‑ ‑, **spark** = décharge *f.* des étincelles (E.), décharge *f.* par étincelles (E.).

‑ ‑ ‑, **steam** = écoulement *m.* de la vapeur (Méc.).

‑ ‑ ‑, **surface** = décharge *f.* superficielle (E.).

‑ ‑ ‑, **theoretical** = débit *m.* théorique (H.).

‑ ‑ ‑, **to** = décharger, déverser (un liquide), débiter, congédier ou renvoyer (un ouvrier).

‑ ‑ ‑, **to over-** = décharger jusqu'à épuisement (E.).

‑ ‑ ‑, **unit** = débit *m.* unitaire (H.).

discharger = excitateur *m.* (E.), éclateur *m.* (R.).

‑ ‑ ‑, **aerial** = parafoudre *m.* d'antenne (R.).

‑ ‑ ‑, **disc** = éclateur *m.* à disques (R.).

‑ ‑ ‑, **disc, asynchronous** = éclateur *m.* à disque asynchrone (E.).

‑ ‑ ‑, **disc, synchronous** = éclateur *m.* à disque synchrone (E.).

‑ ‑ ‑, **lightning** = déchargeur *m.* (E.), parafoudre *m.* (R., E.).

(discharger)

‑ ‑ ‑, **rotary** = éclateur *m.* tournant (E.).

discipline, circuit = discipline *f.* de travail en réseau (E.).

discoloration = ternissement *m.* (des vitres, d'une peinture), décoloration *f.* (d'une huile lubrifiante), altération *f.* de la couleur (d'une peinture), ternissure *f.* (d'un miroir).

disconnect = sectionneur *m.* (E.).

‑ ‑ ‑, **automatic** = débrayage *m.* automatique (d'un moteur).

‑ ‑ ‑, **fuse** = fusible *m.* sectionneur (E.).

‑ ‑ ‑, **ground** = sectionneur *m.* de mise à la terre (E.).

‑ ‑ ‑, **motor operated** = sectionneur *m.* à servomoteur (E.).

‑ ‑ ‑, **S.P.D.T. (single-pole-double-throw)** = sectionneur *m.* inverseur (E.).

‑ ‑ ‑, **to** = mettre (un accumulateur) hors circuit, débrancher (E.), ouvrir ou rompre (un circuit), débrayer (un moteur), désaccoupler, séparer, démonter (un appareil), interrompre ou couper la communication (Tp.), déconnecter (un raccord sur une tuyauterie, un téléphone), débrancher (un appareil électrique).

disconnecting = désembrayage *m.* (Méc.), débrayage *m.* (Méc.), désaccouplement *m.* (Méc.), coupe *f.* du circuit (E.), mise *f.* hors circuit (E.).

disconnection = séparation *f.* (Méc.), rupture *f.* (E.), mise *f.* hors circuit (E.), débranchement *m.* (Tp.), coupure *f.* (E.).

disconnector = sectionneur *m.* (E.).

discordance = discordance *f.* (des sons).

discount = rabais *m.*, remise *f.*, escompte *m.*

‑ ‑ ‑, **Bank** = escompte *m.* en dehors.

‑ ‑ ‑, **cash** = escompte *m.* au comptant, escompte *m.* de caisse.

‑ ‑ ‑, **true** = escompte *m.* en dedans.

discrepancy = écart *m.* ou contradiction *f.* (entre deux citations).

discrimination = discrimination *f.* (E.), discernement *m.*

‑ ‑ ‑, **frequency** = sélection *f.* d'une fréquence (R.).

‑ ‑ ‑, **range** = pouvoir *m.* séparateur radial (d'un radar).

discriminator, amplitude = sélecteur *m.* d'amplitude (E.).

discussion = examen *m.* ou étude *f.* (d'une question), discussion *f.*

disengage, to = désembrayer ou débrayer (une machine), déclencher (un déclic), dégager (d'une promesse).

disengagement = débrayage *m.* (Auto.).

disengaging = débrayage *m.*, de déclenchement, dégagement *m.*, désengrenage *m.*

‑ ‑ ‑, **automatic** = débrayage *m.* automatique (Méc.).

dish = plat *m.* (Ust.), écuanteur *f.* (d'une roue), capsule *f.* (Chim.) réflecteur *m.* paraboloïde (pour ondes ultra-courtes), cuvette *f.* (Phot.).

‑ ‑ ‑, **butter** = beurrier *m.* (Ust.).

‑ ‑ ‑, **chafing** = réchaud *m.* de table (Ust.).

‑ ‑ ‑, **pie** = tourtière *f.* (Ust.), tôle *f.* à tarte (Ust.), terrine *f.* (Ust.).

‑ ‑ ‑, **soap** = savonnier *m.* (Ust.).

‑ ‑ ‑, **vegetable** = légumier *m.* (Ust.).

(dish)

– – –, **wheel** = écuanteur *f.* (Méc.).
dished = (tôle *f.*) emboutie, en cuvette, (fond *m.*) bombé, (papier *m.*) recoquillé.
dishing = bombage *m.*, écuanteur *f.* (d'une roue).
disinfectant = désinfectart *m.*
disintegrate, to = effriter (la pierre), désintégrer (le minerai), désagréger (un grès).
disintegrator = broyeur *m.* (M.), casse-pierres *m.* (M.).
disjoin, to = disjoindre, désunir, disjoindre (les battants d'une porte).
disjoint, to = disloquer (les pièces d'une machine, les os d'un membre), désassembler (une charpente).
disk = V. « disc ».
dismantle, to = démonter (une machine, un fusil), démanteler (une fortification).
dismantling = démontage *m.* (d'un moteur).
dismiss, to = congédier ou remercier (un employé), destituer (un fonctionnaire), rejeter (une requête), chasser (un serviteur), démettre (d'une charge).
dismissal = renvoi *m.* ou congédiement *m.* (d'un employé), destitution *f.* (d'un fonctionnaire), acquittement *m.* (d'un inculpé).
dismount, to = démonter (une machine, un canon).
dispatch = dépêche *f.*, expédition *f.*, envoi *m.*, répartition *f.* (des vivres).
– – –, **to** = expédier (les affaires courantes, des effets, une lettre), dépêcher (une besogne, quelqu'un), envoyer (une dépêche), répartir (les vivres).
dispatcher = expéditeur *m.* (des trains) (O.), répartiteur *m.* (O.), régulateur *m.* (I.).
– – –, **chief** = chef *m.* du mouvement (des trains) (O.).
– – –, **load** = répartiteur *m.* de charge (O.).
dispatching = régulation *f.* du trafic (Ch.d.f., Av., Tp.), répartition *f.* (de l'énergie électrique).
dispenser = distributeur *m.* (M., O.), pharmacien *m.* (d'un hôpital) (O.).
– – –, **coin** = distributeur *m.* de monnaie (M.).
– – –, **soap** = distributeur *m.* de savon.
– – –, **paper, toilet** = porte-papier *m.* (S.).
disperse, to = disperser.
dispersion = dispersion *f.*
displace, to = déplacer, décaler (E.).
displacement = décalage *m.* (des balais) (E.), déplacement *m.*, jaugeage *m.* (Mar.).
– – –, **angular** = décalage *m.* (E.), déplacement *m.* angulaire (E.).
– – –, **brush** = déplacement *m.* des balais (E.).
– – –, **cylinder** = cylindrée *f.* (Méc.).
– – –, **electric** = déplacement *m.* électrique (E.).
– – –, **electrostatic** = déphasage *m.* capacitif (E.).
– – –, **engine** = cylindrée *f.* d'un moteur (Auto.).
– – –, **lateral** = déplacement *m.* latéral (Méc.).
– – –, **load** = déplacement *m.* en charge (E.).
– – –, **phase** = déphasage *m.* (E.).
– – –, **piston** = cylindrée *f.* (E.).
displacer = piston *m.* auxiliaire pour comprimer le mélange explosif avant son entrée dans le cylindre moteur.
display = étalage *m.* (de marchandises à vendre), déploiement *m.* (de troupes), exhibition *f.* (de tableaux, d'objets), exposition *f.* (de peintures), matières *f.p.* en vedette (Imp.), présentoir *m.* (c.-à-d. cartonnage *m.* publicitaire).

disposable = (surplus *m.*) disponible (adj.), (boîte *f.*) perdue (adj.) ou jetable (adj.) (Canada).
disposal = dispensation *f.* (d'emplois), cession *f.* (de biens), destruction *f.* (des ordures ménagères), arrangement *m.* (d'articles), écoulement *m.* (des marchandises).
– – –, **refuse** = décharge *f.* publique.
– – –, **sewage** = évacuation *f.* des eaux-vannes (S.).
disposer, garbage = broyeur *m.* d'évier (Ust.).
dispossess, to = déposséder (quelqu'un), exproprier (une propriété).
dispossession = dépossession *f.* (de ses biens), expropriation *f.* (d'une propriété).
– – –, **forced** = dépossession *f.* (d'une propriété), expropriation *f.* (d'un immeuble).
disrupt, to = percer ou perforer (Méc.), claquer (E.), faire éclater (une pierre), interrompre (les communications) (Tp.).
disruption = dérangement *m.* (dans le service) (Tp.), éclatement *m.* (de la pierre), rupture *f.*
disruptive = disruptif (adj.).
disruptor = disrupteur *m.* (E.).
dissection = dissection *f.*
– – –, **vertical** = exploration *f.* par lignes verticales (Tv.).
dissector = scalpel *m.* (I.).
dissipate, to = dissiper.
dissipation = dissipation *f.* ou dispersion *f.* (d'un gaz, de la chaleur), dispersion *f.* (de l'électricité).
– – –, **plate** = puissance *f.* dissipée par l'anode (R.).
dissipator, heat = évacuateur *m.* de chaleur.
dissociation = dissociation *f.* (d'une substance, d'un composé chimique en ses éléments).
dissolution = dissolution *f.* (d'un mariage, du Parlement), fonte *f.*
dissolve, cross- = fondu *m.* enchaîné (Phot., Tv.).
– – –, **lap-** = fondu *m.* enchaîné (Phot., Tv.).
– – –, **match** = fondu *m.* enchaîné (Phot., Tv.).
– – –, **to** = dissoudre (le sucre, un mariage), fondre (la glace), se dissoudre.
dissolvent = dissolvant *m.*
distance = éloignement *m.*, distance *f.*
– – –, **air-line** = distance *f.* à vol d'oiseau.
– – –, **angular** = distance *f.* angulaire (Méc.).
– – – **between centres** = longueur *f.* entre axes (Méc.).
– – – **between coils** = écartement *m.* des bobines (E.).
– – – **between girders** = écartement *m.* des poutres (C.).
– – – **between loading-coils** = pas *m.* de pupinisation (Tp.).
– – – **between rails** = écartement *m.* de voie (Ch.d.f.).
– – – **between shafts** = entre-axe *m.* des arbres (Méc.), écartement *m.* des arbres (Méc.).
– – – **between tracks** = entre-voie *f.* (Ch.d.f.), largeur *f.* de la voie (Ch.d.f.).
– – – **between two walls** = intervalle *m.* entre deux murs.
– – – **between wheels** = écartement *m.* des essieux (Auto.).
– – – **both ways** = distance *f.* aller et retour.
– – –, **braking** = distance *f.* de parcours après l'application des freins (Auto.).
– – –, **break** = distance *f.* d'éclatement (E.), distance *f.*

(distance)

de rupture (E.), distance *f.* de coupure (E.), longueur *f.* d'éclatement (E.).
– – –, **focal** = distance *f.* focale.
– – –, **focusing** = mise *f.* au point (Phot.).
– – –, **hauling** = distance *f.* de transport.
– – –, **hauling, mean** = distance *f.* moyenne de transport.
– – –, **landing** = longueur *f.* de roulement à l'atterrissage (Av.).
– – –, **long** = à longue distance (Tp.).
– – –, **skip** = (grandeur *f.* de la) zone *f.* de silence (R.), distance *f.* de saut (R.).
– – –, **sparking** = distance *f.* de décharge (E.), distance *f.* d'explosion (E.).
– – –, **take-off** = longueur *f.* de roulement au décollage (Av.).
distant = éloigné (adj.), à distance, lointain (adj.).
distemper = détrempe *f.*, peinture *f.* à la colle.
distempering = peinture *f.* en détrempe.
distend, to = gonfler, dilater.
distillate = distillat *m.*
distil, to = distiller.
distillation = distillation *f.*
– – –, **fractional** = distillation *f.* fractionnée.
distiller = distillateur *m.* (O.), appareil *m.* distillatoire.
distillery = distillerie *f.*
– – –, **oil** = raffinerie *f.*
distinction of speech = netteté *f.* de la parole (R.).
distort, to = déformer (la réception téléphonique), distordre (le champ visuel, les membres), fausser (une tige, la vérité), dénaturer (un écrit), (le panneau commence à) gauchir.
distorted = (membre *m.*) tordu (adj.), (son *m.*) déformé (adj.), (panneau *m.*) gauchi (adj.).
distortion = distorsion *f.* (des images), torsion *f.* (d'un fil), déformation *f.* (de la réception téléphonique, d'une feuille de papier, des faits), déviation *f.* (du champ magnétique) (E.).
– – –, **amplitude** = distorsion *f.* harmonique (R.), distorsion *f.* d'amplitude, variation *f.* d'affaiblissement en fonction de l'amplitude (R.).
– – –, **amplitude / amplitude** = distorsion *f.* « amplitude-amplitude » (Tp.).
– – –, **aperture** = définition *f.* insuffisante , distorsion *f.* d'exploration (E.), distorsion *f.* d'ouverture (Tv.).
– – –, **asymmetrical** = distorsion *f.* dissymétrique.
– – –, **attenuation** = distorsion *f.* d'affaiblissement (Tp.).
– – –, **barrel** = distorsion *f.* en barillet (Tv.).
– – –, **barrel-shaped** = distorsion *f.* en barillet (E.).
– – –, **bias** = distorsion *f.* biaise.
– – –, **characteristic** = distorsion *f.* caractéristique.
– – –, **crescent** = distorsion *f.* en croissant (Tv.).
– – –, **delay / frequency** = distorsion *f.* de phase (Tp.).
– – –, **echo** = distorsion *f.* due aux échos (Tp.).
– – –, **field** = distorsion *f.* du champ (E.).
– – –, **frequency** = distorsion *f.* linéaire (R.).
– – –, **geometrical** = distorsion *f.* géométrique (Tv.).
– – –, **harmonic** = distorsion *f.* harmonique (R.).
– – –, **harmonie, non-linear** = distorsion *f.* non linéaire (R.).
– – –, **inherent** = distorsion *f.* propre (d'une voie de transmission) (Tg.).

(distortion)

– – –, **intensity** = distorsion *f.* d'amplitude (Tp.).
– – –, **intermodulation** = distorsion *f.* d'intermodulation (R.).
– – –, **modulation** = distorsion *f.* de modulation (R.).
– – –, **non-linearity** = distorsion *f.* de non-linéarité (Tp.).
– – – **of the design** = déformation *f.* du modèle (Méc.).
– – –, **permanent** = déformation *f.* permanente (C., Méc.).
– – –, **phase** = décalage *m.* (E.).
– – –, **phase / frequency** = distorsion *f.* de phase (Tp.).
– – –, **pillow** = distorsion *f.* en coussinet (Méc.).
– – –, **pincushion** = distorsion *f.* en coussinet (Méc.).
– – –, **resonance** = distorsion *f.* de résonance (R.).
– – –, **S** = distorsion *f.* en S (Tv.).
– – –, **signal, telegraph** = distorsion *f.* de forme (Tg.).
– – –, **telegraph** = distorsion *f.* télégraphique (d'une modulation ou d'une restitution).
– – –, **telephonic** = distorsion *f.* téléphonique (Tp.).
– – –, **trapezium** = distorsion *f.* en trapèze (Tv.).
– – –, **voice** = déformation *f.* de la parole (Tp.), distorsion *f.* des sons vocaux (Tp.).
– – –, **wave-form** = distorsion *f.* harmonique (R.).
distortionless = sans déformation (Tp.), sans distorsion (R.).
distribute, to = répartir (une charge sur une poutre), distribuer (une somme d'argent, des effets).
distributer = V. « distributor ».
distribution = répartition *f.* (de la charge, des richesses), partage *m.* (d'une succession), distribution *f.* (d'énergie).
– – **by valves** = distribution *f.* par soupapes (Méc.).
– – –, **cable, coaxial** = branchement *m.* en câble coaxial (Tp.), télédistribution *f.* (Tv.).
– – –, **field** = répartition *f.* du champ (E.).
– – –, **labour** = répartition *f.* de la main-d'oeuvre.
– – –, **long distance** = livraison *f.* à grande distance.
– – – **of calls** = distribution *f.* d'appels (Tp.), répartition *f.* d'appels (Tp.), régulation *f.* du trafic (Tp.).
– – – **of cold and warm air** = distribution *f.* de l'air chaud ou froid (Auto.).
– – – **of energy** = distribution *f.* d'énergie (E.).
– – – **of load** = répartition *f.* de la charge (Méc.).
– – – **of pressure** = distribution *f.* de pression (Méc.).
– – – **of the flux** = répartition *f.* du flux (E.).
– – – **of the steam** = distribution *f.* de la vapeur (Méc.).
– – –, **parallel** = distribution *f.* en dérivation (E.).
– – –, **parallel-series** = distribution *f.* mixte (E.).
– – –, **series** = distribution *f.* en série (E.).
– – –, **splash** = distribution *f.* (de graissage) par barbotage (Auto.).
– – –, **valve, slide** = distribution *f.* à piston (Méc.), distribution *f.* à tiroir (Méc.), distribution *f.* par tiroir (Méc.).
– – –, **velocity** = répartition *f.* des vitesses (H.).
– – –, **weight** = distribution *f.* de la charge (C., Méc.), répartition *f.* de la charge (C., Méc.).
– – –, **wire** = radiodistribution *f.* (R.), télédiffusion *f.* (R.).
distributor = distributeur *m.* de courant (E.), distributeur *m.* (d'allumage) (Auto.), concessionnaire *m.* (O.) (d'une marque de voitures), allumeur *m.* (Auto.).

(distributor)

– – –, **asphalt** = goudronneuse *f.* (M.), épandeuse *f.* à asphalte (M.).

– – –, **call, automatic** = distributeur *m.* automatique d'appels (Tp.), distributeur *m.* automatique de trafic (Tp.).

– – –, **eight-point** = distributeur *m.* à huit plots (Auto.).

– – –, **fertilizer** = épandeur *m.* d'engrais (M.), distributeur *m.* d'engrais (M.), épandeuse *f.* d'engrais (M.).

– – –, **ignition** = distributeur *m.* (Auto.).

– – –, **jump-spark** = distributeur *m.* à étincelles sautantes (E.).

– – –, **manure** = épandeur *m.* d'engrais (M.), épandeur *m.* de fumier (M.), épandeuse *f.* d'engrais (M.), épandeuse *f.* de fumier (M.).

– – –, **oil** = distributeur *m.* d'huile (Méc.), rampe *f.* à huile (Méc.).

– – –, **parts** = dépositaire *m.* de pièces (O.) (Auto.).

– – –, **repertorator transmitter, fully automatic** = retransmetteur *m.* à bande perforée à lecture automatique totale (Tg.).

– – –, **six-point** = distributeur *m.* à six plots (Auto.).

– – –, **steam** = distributeur *m.* de vapeur (Méc.), tiroir *m.* (Méc.).

– – –, **telegraph** = connecteur *m.* automatique (entre voies télégraphiques).

– – –, **timer** = rupteur-distributeur *m.* (Auto.).

district = région *f.*, district *m.*, secteur *m.*

– – –, **coal** = terrain *m.* houiller.

– – –, **residential** = quartier *m.* résidentiel, quartier *m.* d'habitations

disturb, to = brouiller (la réception) (R.), perturber (R.), remuer (la terre), troubler (la paix publique), affoler (l'aiguille d'un compas), déranger (quelqu'un, un projet), troubler (une personne).

disturbance = perturbation *f.* (de la réception) (R.), dérangement *m.* (E., Tp.), trouble *m.* (dans le fonctionnement d'une machinerie).

– – –, **atmospheric** = perturbation *f.* atmosphérique.

– – –, **ionospheric** = perturbation *f.* ionosphérique (R.).

– – –, **line** = dérangement *m.* sur une ligne (Tp.).

– – –, **magnetic** = perturbation *f.* magnétique (E.).

– – –, **parasitic** = parasites *m.p.* (R.).

– – –, **political** = troubles *m.p.* politiques, soulèvement *m.*

disulphide = bisulfure *m.* (Chim.).

– – –, **carbon** = sulfure *m.* de carbone.

ditch = fossé *m.*, rigole *f.*, canal *m.* d'irrigation.

– – –, **boundary** = fossé *m.* mitoyen, fossé *m.* de démarcation (de deux propriétés), fossé *m.* de ligne (de propriété) (Canada).

– – –, **drainage** = fossé *m.* de vidange, rigole *f.* d'écoulement, saignée *f.*

– – –, **irrigation** = canal *m.* d'irrigation.

– – –, **to** = faire un amerrissage forcé (Av.), creuser des fossés (Agr.), verser dans le fossé (Auto.).

ditcher = cureur *m.* de fossés (O.), machine *f.* à curer les fossés, machine *f.* à fossoyer, trancheuse *f.* (M.).

– – –, **ladder (-type)** = excavateur *m.* à godets.

– – –, **on pontoon** = machine *f.* à curer sur ponton.

– – –, **wheel (-type)** = trancheuse *f.* à roue, excavateur *m.* à roue excavatrice.

ditching = curage *m.* des fossés (Agr.), amerrissage *m.* forcé (Av.).

ditto = ditto ou dito, de même.

diver = plongeur *m.* (O.), scaphandrier *m.* (O.).

divergence = écart *m.*, divergence *f.*

diverging = divergent (adj.).

diversion = déplacement *m.* (d'une ligne téléphonique), dérivation *f.* (d'une rivière), détournement *m.* (de trafic téléphonique, de la circulation).

divert, to = dévier (le courant électrique), détourner (la circulation, le trafic téléphonique).

divide, to = diviser (une somme), graduer (un cercle, un thermomètre), répartir (les bénéfices, les responsabilités).

divider, binary = basculeur *m.* dédoubleur (E.).

– – –, **field** = diviseur *m.* de fréquence de trames (Tv.).

– – –, **frequency** = diviseur *m.* de fréquences (E.).

– – –, **glow-gap** = diviseur *m.* de tension à décharge luminescente (E.).

– – –, **line** = diviseur *m.* de fréquence de lignes (Tv.).

– – –, **potential** = V. « divider, voltage ».

– – –, **power** = répartiteur *m.* de puissance (R.).

– – –, **road** = terre-plein *m.* (Auto.), diviseur *m.* de trafic (Auto.).

– – –, **voltage** = diviseur *m.* de tension (E.).

– – –, **voltage, adjustable** = potentiomètre *m.* (E.).

dividers = compas *m.* à pointes sèches, compas *m.* diviseur, compas *m.* rapporteur.

– – –, **extension** = compas *m.* diviseur extensible.

– – –, **proportional** = compas *m.* de réduction, compas *m.* de proportion.

– – –, **spring** = compas *m.* diviseur à ressort, compas *m.* à ressort.

– – –, **wing** = compas *m.* à secteur.

division = division *f.*, graduation *f.* (d'un appareil), degré *m.*, cloison *f.* (B.), répartition *f.* (d'une charge).

– – –, **engineering** = service *m.* technique (d'une société).

D.M.E. = V. « equipement, measuring, distance ».

dock = bassin *m.* (d'un port) (Mar.), dock *m.* (Mar.).

– – –, **dry** = bassin *m.* de radoub, cale *f.* sèche, bassin *m.* de carénage.

– – –, **floating** = bassin *m.* flottant, dock *m.* flottant.

– – –, **loading** = embarcadère *m.*

– – –, **unloading** = débarcadère *m.*

– – –, **wet** = bassin *m.* à flot, darse *f.*

dockage = droits *m.p.* de bassin (Mar.).

docker = débardeur *m.* (O.).

docking = entrée *f.* au bassin (Mar.), radoubage *m.* (Mar.).

dockyard = chantier *m.* de construction navale, chantier *m.* maritime.

doctor = tout appareil pour remédier à une difficulté, raclette *f.* (d'une presse rotative), appareil *m.* pour roder un palier, médecin *m.* (O.), docteur *m.* (en médecine) (O.).

– – –, **Company's** = médecin-contrôleur *m.* de la compagnie (d'assurance).

– – –, **horse** = vétérinaire *m.*

– – **of Philosophy** = docteur *m.* ès sciences.

– – **of Science** = docteur *m.* ès sciences.

– – –, **saw** = machine *f.* à découper les creux (des dents

(doctor)

de scie).

dodger = circulaire *f.*, prospectus *m.*

dog = toc *m.* (de tour), valet *m.* (d'établi), bride *f.* de couvercle (d'un trou d'accès), doigt *m.* d'encliquetage, taquet *m.*, mâchoire *f.* (Méc.), grifle *f.* (Méc.), cliquet *m.* (Méc.), agrafe *f.* (B.).

– – –, **bent-tail** = toc *m.* coudé.

– – –, **cant** = grappin *m.* à billes, croc *m.* à levier.

– – –, **clamp** = toc *m.* à bride, toc *m.* d'entraînement.

– – –, **cooper's** = davier *m.*

– – –, **driving** = toc *m.* d'entraînement.

– – –, **engaging** = griffe *f.* d'entraînement.

– – –, **jamb** = crochet *m.* (de griffe) à anneaux.

– – –, **jaw** = toc *m.* à coussinets.

– – –, **joiner's** = happe *f.* de charpentier.

– – –, **lathe** = toc *m.* (Méc.).

– – –, **skew** = dent-de-loup *f.* (Auto.).

– – –, **starter** = griffe *f.* de démarreur.

– – –, **stop** = cliquet *m.* d'arrêt.

– – –, **straight-tail** = toc *m.* droit.

– – –, **two-tail** = toc *m.* à deux queues.

– – –, **wire** = tendeur *m.* (Tp.).

dogwood = cornouiller *m.*

– – –, **alternate-leaf** = cornouiller *m.* à feuilles alternes.

– – –, **flowering, Eastern** = cornouiller *m.* de la Floride.

– – –, **flowering, Western** = cornouiller *m.* de Nutall.

– – –, **roughleaf** = cornouiller *m.* de Drummond.

D.O.H.C. = V. « shaft, cam, overhead, double ».

dolly = bouterolle *f.*, turc *m.*, avant-pieu *m.*, tas *m.* à river, contre-rivoir *m.*, chariot *m.* (B., Phot., Tv.), bras *m.* (d'interrupteur) (E.), chariot *m.* élévateur (Auto.).

– – – **in** = travelling *m.* avant (Phot.).

– – – **out** = travelling *m.* arrière (Phot.).

dolomite = dolomite *f.*

dolphin = patte *f.* d'oie (d'un pilier de pont), dauphin *m.*, poteau *m.* d'amarrage (Mar.).

domain, eminent = domaine *m.* éminent.

– – –, **public** = domaine *m.* public.

dome = dôme *m.*, calotte *f.* (du crâne, des cieux), coupole *f.* (B.), boisseau *m.* (d'un robinet).

– – –, **bell-shaped** = coupole *f.* en forme de cloche.

– – –, **half-** = cul-de-four *m.* (B.).

– – –, **imperial** = coupole *f.* à l'impériale.

– – –, **locomotive** = dôme *m.* de locomotive.

– – – **of silence** = patin *m.* de chaise (Ust.), dome *m.* du silence (Ust.).

– – –, **outer** = coupole *f.* de recouvrement.

– – –, **revolving** = coupole *f.* tournante.

– – –, **semi-** = cul-de-four *m.*

– – –, **spherical** = dôme *m.* sphérique.

– – –, **steam** = dôme *m.* de prise de vapeur.

– – –, **vista** = voiture *f.* panoramique (Ch.d.f.), vistadôme *m.* (Ch.d.f.).

donkey, feed = petit cheval alimentaire (Méc.), machine *f.* auxiliaire d'alimentation (Méc.).

donut = V. « doughnut ».

door = porte *f.* (d'une maison), portière *f.* (d'auto.).

– – –, **air** = porte *f.* d'aérage.

– – –, **ash-box** = porte *f.* du cendrier.

– – –, **balcony** = porte *f.* de balcon.

– – –, **baffle** = contre-porte *f.*

(door)

– – –, **barn** = volets *m.p.* (de projecteur) (Phot., Tv.).

– – –, **batten** = porte *f.* à lattes, porte *f.* en voliges, porte *f.* en planches.

– – –, **blank** = fausse porte.

– – –, **blind** = fausse porte, porte *f.* feinte.

– – –, **carriage** = porte *f.* cochère.

– – –, **chimney** = porte *f.* de cheminée.

– – –, **cleaning** = porte *f.* de vidange (d'une chaudière), trappe *f.* de nettoyage (d'une cheminée).

– – –, **clean-out** = porte *f.* de nettoyage, ouverture *f.* de vidange.

– – –, **double** = contre-porte *f.*

– – –, **double-wing** = porte *f.* à deux battants.

– – –, **drop** = clapet *m.*, porte *f.* rabattante.

– – –, **Dutch** = porte *f.* normande, porte *f.* à guichet.

– – –, **emergency** = porte *f.* de secours.

– – –, **false** = fausse porte *f.*

– – –, **fire** = porte *f.* de foyer (Méc.), porte *f.* pare-feu (B.).

– – –, **fire and ash-pit** = porte *f.* de la chauffe et du cendrier (Méc.), porte *f.* du foyer et du cendrier (Méc.).

– – –, **fire-box** = porte *f.* de foyer (Méc.).

– – –, **fire, heat-actuated** = porte *f.* pare-feu commandée par la chaleur (B.).

– – –, **fire, self-closing** = porte *f.* pare-feu à fermeture automatique (B.).

– – –, **flap** = porte *f.* à rabat.

– – –, **flush** = porte *f.* plane.

– – –, **folding** = porte *f.* à battants, porte *f.* accordéon, porte *f.* pliante.

– – –, **French** = porte *f.* à deux vantaux, porte *f.* à deux battants.

– – –, **front** = porte *f.* d'entrée, porte *f.* de devant.

– – –, **furnace** = porte *f.* de fourneau.

– – –, **glass** = porte *f.* vitrée.

– – –, **glazed** = porte *f.* vitrée.

– – –, **inner** = contre-porte *f.*

– – –, **inspection** = porte *f.* de visite.

– – –, **lattice** = porte *f.* grillagée.

– – –, **metal** = porte *f.* métallique.

– – –, **oak** = porte *f.* de chêne.

– – –, **oak, solid** = porte *f.* en chêne massif.

– – –, **outer** = avant-porte *f.*, avant-portail *m.*

– – –, **overhead** = porte *f.* basculante.

– – –, **pilot** = portillon *m.*

– – –, **rabbeted** = porte *f.* avec battement à feuillure.

– – –, **rear** = porte *f.* de derrière, porte *f.* de service.

– – –, **removable** = porte *f.* amovible.

– – –, **revolving** = porte *f.* tournante, porte-revolver *f.*

– – –, **roll-up** = porte *f.* à rideau métallique.

– – –, **safety** = porte *f.* de sûreté.

– – –, **sash** = porte *f.* vitrée.

– – –, **screen** = porte *f.* moustiquaire, porte *f.* à treillis.

– – –, **self-closing** = porte *f.* automatique.

– – –, **self-sealing** = porte *f.* sans lutage (d'une chambre de distillation).

– – –, **side** = porte *f.* latérale, entrée *f.* latérale.

– – –, **single** = porte *f.* à un vantail, porte *f.* à un battant.

– – –, **slab** = porte *f.* plane.

– – –, **sliding** = porte *f.* à coulisse , porte *f.* coulissante, porte *f.* à glissière.

– – –, **sluice** = porte *f.* d'écluse (H.).

(door)

– – –, **soot** = porte *f.* de ramonage.
– – –, **storm** = contre-porte *f.* (B.), double porte *f.* (B.).
– – –, **street** = porte *f.* de devant, porte *f.* sur la rue.
– – –, **swing** = porte *f.* battante, porte *f.* oscillante.
– – –, **swing, single** = porte *f.* à un battant.
– – –, **trap** = trappe *f.* (d'une cave).
– – –, **two-pannel** = porte *f.* à deux panneaux.
– – –, **ventilating** = porte *f.* d'aérage.
doors, folding = portes *f.p.* battantes, portes *f.p.* à plusieurs battants.
doorway = encadrement *m.* de la porte, portail *m.*, porte *f.*
dope = enduit *m.*, laque *f.* (Auto.), revêtement *m.* laqué, enduit *m.* d'enrobage.
– – –, **adhesive** = solvant *m.* (Imp.).
– – –, **anti-detonating** = produit *m.* antidétonant (Méc.).
– – –, **to** = doper *m.* (c.-à-d. adjoindre des impuretés à une substance semi-conductrice, un cheval).
– – –, **to – – – a motor** = introduire de l'essence dans les cylindres.
doping = dopage *m.* (d'une substance semi-conductrice) (E.), enduisage *m* (d'une surface), doping *m.* (d'un cheval).
dormer = lucarne *f.*, fenêtre *f.* en mansarde.
dosimeter = doseur *m.* (I.).
dot = point *m.*
– – –, **Morse** = point *m.* Morse (Tg.).
– – –, **picture** = élément *m.* d'image (Tv.).
dots and dashes = points *m.p.* et traits *m.p.* (Tg.).
– – –, **middle tone** = demi-teintes *f.p.* (Imp.).
– – –, **shadow** = ombres *f.p.* (Phot., Imp.).
dotted = ponctué, pointillé.
doubler = duplicateur *m.* électrique (E.).
– – –, **frequency** = doubleur *m.* de fréquence (R.).
– – –, **revolving** = duplicateur *m.* rotatif (E.).
– – –, **voltage** = doubleur *m.* de tension (E.).
doublet = antenne *f.* en doublet (R.), dipôle *m.* (E.), doublon *m.* (Imp.).
– – –, **hertzian** = dipôle *m* de Hertz (R.).
– – –, **radiating** = dipôle *m.* (électrique) (R.), doublet *m.* électrique (R.).
double-tree = V. « tree, double ».
doucine = doucine *f.* (B.).
doughnut = tore *m.* (E., B.).
dovetail = queue-d'aronde *f.*, assemblage *m.* en queue-d'aronde.
– – –, **countersunk** = embrèvement *m.* à queue-d'aronde.
– – –, **to** = assembler à queue-d'aronde, adenter.
dovetailing = assemblage *m.* à queue-d'aronde, endentement *m.*
– – –, **concealed** = assemblage *m.* à recouvrement.
– – –, **ordinary** = queues-d'aronde *f.p.* traversantes.
– – –, **secret** = queues-d'aronde *f.p.* à mi-bois.
dowel = goujon *m.* (d'assemblage), cheville *f.*, ergot *m.* goupille *f.*, téton *m.*
– – –, **to** = goujonner.
– – –, **wooden** = goujon *m.* en bois, cheville *f.* en bois.
dowelling = agrafage *m.*
– – –, **fly-wheel** = agrafage *m.* de volant (Méc.).
downcome = descente *f.* (B.), tuyau *m.* de descente (B.).
downpipe = tuyau *m.* de descente (des eaux pluviales),

(downpipe)

descente *f.* (B.).
downpour = grosse averse *f.*, forte pluie *f.*, abat *m.* (ou abas *m.*), pluie *f.* diluvienne.
downspout = V. « downpipe ».
dowser = sourcier *m.* (O.).
– – –, **cue** = top *m.* lumineux (Tv.).
dozer, rubber-tired = tracteur-niveleur *m.* sur pneus (M.), boutoir *m.* sur pneus (M.).
– – –, **cable operated** = boutoir *m.* à commande par câbles (M.).
– – –, **track driven** = boutoir *m.* à chenilles (M.).
D.P. (displaced person) = personne *f.* délogée.
D.R. = V. « reckoning, dead ».
draft = ébauche *f.* (d'une sculpture, d'un tableau), projet *m.* (de lettre), avant-projet *m.* (c.-à-d. étude préparatoire d'un projet), dépouille *f.* d'estampage (Mét.), plumée *f.* ou plomée *f.* (d'une pierre de taille), esquisse *f.* (d'une oeuvre littéraire), traite *f.* ou lettre *f.* de change, V. « draught ».
– – –, **down-** = tirage *m.* en bas, courant *m.* d'air descendant, refoulement *m.*
– – –, **no** = absence *f.* de tirage.
– – –, **rough** = ébauche *f.*, esquisse *f.*
– – –, **to** = rédiger (un message).
draftsman = V. « draughtsman ».
drag = drague *f.* (M.), résistance *f.* à l'avancement, tirage *m.* (Méc.), grippement *m.* (Méc.), résistance *f.*, sabot *m.* d'enrayage, (force de) traînée *f.* (Av.).
– – –, **fluid** = résistance *f.* du fluide (H.).
– – –, **form** = résistance *f.* de forme (H.).
– – –, **friction** = résistance *f.* de frottement (Méc.).
– – –, **hay, chopped** = croc *m.* à foin (Agr.).
– – –, **to** = traîner, draguer.
dragline = grue *f.* à benne traînante.
drain = égout *m.* (S.), drain *m.* (S., C.), rigole *f.* d'écoulement (S., Agr.), fossé *m.* d'écoulement (S., Agr.), tuyau *m.* de purge (Méc., S.), canal *m.* d'évacuation (Méc., S.), tuyau d'évacuation (Méc., S), canal *m.* d'épuisement (Méc., S.), fossé *m.* d'assainissement (Agr.), cunette *f.* (S.).
– – –, **air** = évent *m.* (Méc.).
– – –, **barrel** = drain *m.* tubulaire (B.).
– – –, **box** = tuyau *m.* d'écoulement à section rectangulaire, rigole *f.* couverte.
– – –, **catch** = rigole *f.* de captage, fossé *m.* d'écoulement, rigole *f.* d'écoulement.
– – –, **catch, water** = fossé *m.* de réception, drain *m* , rigole *f.* de captage.
– – –, **covered** = conduit *m.* souterrain.
– – –, **effluent** = canalisation *f.* de sortie (d'un collecteur d'eaux d'égout).
– – –, **floor** = drain *m.* de plancher (B.).
– – –, **footing** = drain *m.* d'empattement (B.), drain *m.* à pierres sèches (B.).
– – –, **French** = drain *m.* à pierres sèches.
– – –, **furrow** = rigole *f.*
– – –, **kitchen** = évier *m.*
– – –, **main** = drain *m.* collecteur.
– – –, **oil** = conduit *m.* d'huile (Méc.), orifice *m.* de vidange (Méc.).
– – –, **open** = fossé *m.* d'évacuation (des eaux), drain *m.* à ciel ouvert.
– – –, **outlet** = tuyau *m.* d'écoulement.

(drain)

– – –, **surface** = tranchée *f.* à ciel ouvert, saignée *f.* d'irrigation.

– – –, **to** = égoutter (un fromage), draîner ou assécher (un terrain), évacuer (l'eau d'un fossé), purger (un cylindre, un réservoir), vidanger (un puits), assainir (un marais), désamorcer (une pompe).

drainage = drainage *m.*, purge *f.*, égouttement *m.* ou égouttage *m.* (des terres). vidange *m.*, épuisement *m.*

– – –, **direct-to-sewer** = tout-à-l'égout *m.*

– – –, **electric** = drainage *m.* électrique (pour canalisations souterraines) (Tp.).

– – –, **electric, polarized** = drainage *m.* électrique polarisé (Tp.).

– – –, **sanitary** = évacuation *f.* des eaux usées.

– – –, **storm** = évacuation *f.* des eaux de pluie.

– – –, **surface** = écoulement *m.* des eaux de ruissellement (H.), écoulement *m.* des eaux superficielles (H.).

drainer = égouttoir *m.*, caisse *f.* d'égouttage (Pap.).

– – –, **bottle** = égouttoir *m.* à bouteilles.

– – –, **radiator** = vide-radiateur *m.* (Auto.).

draught = courant *m.* d'air, tirage *m.* (d'une cheminée), aire *f.* (d'une vanne), tirant *m.* d'eau (d'un bateau).

– – –, **activated** = tirage *m.* activé.

– – –, **air** = courant *m.* d'air, appel *m.* d'air.

– – –, **artificial** = tirage *m.* forcé.

– – –, **back-** = tirage *m.* inverti, contre-courant *m.* d'air.

– – –, **chimney** = tirage *m.* de la cheminée.

– – –, **down-** = tirage *m.* en bas, courant *m.* d'air descendant, refoulement *m.*

– – –, **exhaust** = tirage *m.* induit (Méc.).

– – –, **flue, zero** = absence *f.* de tirage.

– – –, **forced** = tirage *m.* forcé.

– – –, **induced** = tirage *m.*, appel *m.* d'air.

– – –, **natural** = tirage *m.* naturel.

draughtsman = dessinateur *m.* (O.), dessinateur *m.* industriel (O.).

– – –, **commercial** = dessinateur *m.* artiste *m.*

– – –, **industrial** = dessinateur *m.* industriel.

– – –, **mechanical** = dessinateur-mécanicien *m.* (O.).

draw = décalage *m.* (Imp.), dépouille *f.* (Mét.), étirage *m.* (Mét.).

– – –, **current** = appel *m.* de courant (E.).

– – –, **to** = dessiner, tracer, étirer (Mét.), tréfiler (Mét.).

– – –, **to cold-** = étirer à froid (Mét.), tréfiler à froid (Mét.).

– – –, **to** – – – **free-hand** = dessiner à main levée.

– – –, **to** – – – **full size** = dessiner en vraie grandeur.

– – –, **to** – – – **in** = aspirer (Méc.).

– – –, **to** – – – **out** = extraire (une dent), arracher (un clou), allonger (un cordage), tracer ou dessiner (un plan), étirer (le fer), faire traîner (une affaire).

– – –, **to** – – – **to scale** = dessiner à l'échelle.

– – –, **to** – – – **up tight** = serrer à fond.

– – –, **to wire** = tréfiler (Mét.).

drawback = inconvénient *m.*, pièce *f.* de rapport.

drawer = tiroir *m.*, extracteur *m.* (O.).

– – –, **bung** = tire-bonde *m.*

– – –, **pile** = arrache-pieu *m.*

– – –, **spike** = pied-de-biche *m.*, pince *f.* à pied-de-

(drawer)

biche.

– – –, **tack** = arrache-pointes *m.*

– – –, **wheel** = arrache-roue *m.*

drawfile, to = limer en tirant de long.

drawfiling = retouche *f.* à la lime.

drawing = étirage *m.* (Mét.), tirage *m.* (Méc., Mét.), dessin *m.*, croquis *m.*, plan *m.*, relevé *m.*, V. « plan ».

– – –, **assembly** = plan *m.* de montage (Méc., E.).

– – –, **charcoal** = dessin *m.* au fusain.

– – –, **cold-** = étirage *m.* à froid (Mét.), emboutissage *m.* à froid (Mét.).

– – –, **construction** = plan *m.* de construction (C.).

– – –, **deep** = emboutissage *m.* profond (Mét.).

– – –, **detail** = épure *f.*, dessin *m.* en détail, plan *m.* de détail, dessin *m.* détaillé.

– – –, **dimension** = plan *m.* coté.

– – –, **free-hand** = dessin *m.* à main levée, esquisse *f.*

– – –, **general** = dessin *m.* d'ensemble (d'une machine).

– – –, **hand** = croquis *m.*

– – –, **line** = dessin *m.* au trait.

– – –, **mechanical** = dessin *m.* industriel, plan *m.* de la mécanique du bâtiment (B.).

– – –, **orthographic** = dessin *m.* coté en projection orthogonale.

– – –, **pastel** = dessin *m.* au pastel, pastel *m.*

– – –, **profile** = tracé *m.* du profil.

– – –, **scale** = dessin *m.* à l'échelle.

– – –, **sheet-metal** = emboutissage *m.* (Mét.).

– – –, **shop** = croquis *m.* d'atelier, dessin *m.* d'exécution.

– – –, **structural** = dessin *m.* de la structure.

– – –, **wash** = dessin *m.* au lavis, dessin *m.* lavé.

– – –, **wire** = tréfilage *m.* (Mét.).

– – –, **working** = plan *m.*, épure *f.*, dessin *m.* de construction, dessin *m.* d'exécution.

drawn, cold- = étiré à froid (Mét.).

– – –, **soft-** = (acier *m.*) recuit (après étirage).

dredge = drague *f.* (M.).

– – –, **bucket** = drague *f.* à godets.

– – –, **bucket, chain** = drague *f.* à chaîne à godets.

– – –, **clam-shell** = drague *f.* à mâchoires.

– – –, **dipper** = drague *f.* à godets.

– – –, **elevator** = drague *f.* à godets.

– – –, **floating** = drague *f.* flottante.

– – –, **grab** = drague *f.* à mâchoires.

– – –, **hopper** = drague *f.* porteuse.

– – –, **hydraulic** = drague *f.* hydraulique, drague *f.* suceuse.

– – –, **ladder** = drague *f.* à godets.

– – –, **light-draft** = drague *f.* à faible tirant d'eau.

– – –, **spoon** = drague *f.* à cuiller.

– – –, **steam** = drague *f.* à vapeur.

– – –, **suction** = drague *f.* suceuse, drague *f.* à succion.

– – –, **to** = draguer, dévaser (un fleuve).

dredger = drague *f.* (M.), dragueur *m.* (O.), bateau *m.* dragueur.

– – –, **bucket** = drague *f.* à godets.

– – –, **bucket, chain** = drague *f.* à chaîne à godets.

– – –, **deep** = drague *f.* de creusement.

– – –, **flushing** = drague *f.* à courant d'eau aspirant.

– – –, **grab** = grappin *m.*, drague *f.* à mâchoires.

– – –, **grip** = drague *f.* à mâchoires.

(dredger)

– – –, **ladder** = drague f. à godets.
– – –, **pump** = drague f. suceuse, drague-pompe f.
– – –, **scoop** = drague f. à godets.
– – –, **shovel** = pelle f. automatique.
– – –, **spoon** = drague f. à cuiller.
– – –, **steam** = drague f. à vapeur.
– – –, **suction** = drague f. à succion, drague f. suceuse.
dredging = dragage m. ou draguage m.
dress, to = ébarber (une pièce de fonderie), corroyer ou dresser (une planche), rhabiller (une meule), dégrossir (un bloc de marbre), régaler (un talus).
– – –, **to** – – – **lumber roughly** = dégrossir le bois (Men.).
– – –, **to hammer** = dresser (une pierre) au marteau.
dresser = batte-plate f. (I.), rabattoir m. (de plombier) (I.).
– – –, **emery-wheel** = décrasse-meule m.
– – –, **floor** = planisseur m. de parquets (M.).
dressing = taille f. (d'une pierre), dressage m. ou corroyage m. (d'une planche), aplanissage m. (d'un morceau de bois), ébarbage m. (d'une pièce coulée), habillage m. (Imp.).
– – –, **belt** = enduit m. adhésif pour courroie, enduit m. à courroie.
– – –, **coal** = préparation f. (ou conditionnement m.) du charbon.
– – – **of a cover** = revêtement m. d'un couvercle.
– – – **of cable** = préparation f. du câble avant tirage (Tp.).
– – –, **rough** = dégrossissage m., ébauchage m.
dressings = moulures f.p. (B.).
drift = chasse-clavette m. (I.), chasse-clé m. (I.), mandrin m. (Méc.), broche f. d'assemblage (Méc.), poinçon m. (I.), alésoir m. (I.), déviation f. ou dérive f. (d'un trou de sonde), glissement m. (de fréquence) (R.).
– – –, **angle** = alésoir m. rectangulaire (Méc.).
– – –, **drill** = chasse-foret m. (Méc.).
– – –, **frequency** = glissement m. de fréquence (R.), dérive f. de (la) fréquence (d'accord) (Tv., R.).
– – –, **grindstone** = appareil m. à rectifier les meules (Méc.).
– – –, **key** = chasse-clavette m. (Méc.).
– – –, **pin** = chasse-goupille m. (Méc.).
– – –, **snow** = congère f., amoncellement m. de neige, rafale f. de neige.
– – –, **spring** = mandrin m. élastique (Méc.).
– – –, **to** = brocher ou mandriner (un trou de boulon), chasser (une goupille).
drill = foret m., perceuse f., mèche f., pointe f. à forer, chignole f., pistolet m. (de mineur), foreuse f., drille f., trépan m., sillon m., semoir m. en lignes (M.) (Agr.).
– – –, **air** = perforatrice f. à air comprimé.
– – –, **air, compressed** = perforatrice f. à air comprimé.
– – –, **arrow-headed** = foret m. à langue d'aspic.
– – –, **automatic** = chignole f. automatique, drille f. automatique.
– .– –, **bench** = foreuse f. portative pour établi, perceuse f. d'établi.
– – –, **bit** = fleuret m.
– – –, **bit, cross-** = fleuret m. à taillant en croix.
– – –, **bow** = foret m. à archet, foret m. à arçon.

(drill)

– – –, **breast** = chignole f., perceuse f. à conscience.
– – –, **breast, ratchet** = chignole f. à rochet.
– – –, **burr** = burin m. triangulaire.
– – –, **centre** = mèche f. à centrer, mèche f. anglaise.
– – –, **chamfering** = fraise f. à chanfreiner.
– – –, **chest** = chignole f.
– – –, **chuck** = foret m. pour tour.
– – –, **churn** = sondeuse f. à percussion, barre f. à mine.
– – –, **cord** = foret m. à archet.
– – –, **core** = carottier m. (Mi.).
– – –, **corner** = foret m. à angles.
– – –, **countersinking** = fraise f.
– – –, **diamond** = perforatrice f. à pointes de diamant, perforatrice f. à diamants, foreuse f. à pointes de diamant.
– – –, **double-cutting** = mèche f. à deux tranches.
– – –, **drop** = semoir m. en poquets (Agr.).
– – –, **electric** = perceuse f. électrique.
– – –, **electro** = fleuret m. électrique (Mi.), électroforeuse f. (dans le cas du pétrole).
– – –, **farmer's** = foret m. à rainures droites, foret m. à cannelures droites.
– – –, **ferrule** = foret m. à archet.
– – –, **fiddle** = foret m. à arçon.
– – –, **flat** = foret m. à langue d'aspic.
– – –, **fluted-shank** = foret m. à tige cannelée.
– – –, **foot** = machine f. à percer à pédale.
– – –, **gang** = foreuse f. munie de plusieurs mèches.
– – –, **half-round** = foret m. mi-rond.
– – –, **hammer** = perforatrice f. à percussion, marteau m. perforateur.
– – –, **hand** = chignole f., perceuse f. à main, drille f.
– – –, **helical** = fraise f. hélicoïdale.
– – –, **high-speed** = foret m. à grande vitesse.
– – –, **hog-nose** = foret m. en D.
– – –, **hollow** = mèche f. creuse.
– – –, **left-hand** = foret m. à gauche.
– – –, **lever** = perçoir m. à levier.
– – –, **masonry** = ciseau à pierre.
– – –, **multiple** = perceuse f. multiple, perceuse f. à forets multiples.
– – –, **multiple-spindle** = perceuse f. à forets multiples.
– – –, **oil-tube** = foret m. à tubes d'huile.
– – –, **percussion** = perforatrice f. percutante, forage m. par percussion.
– – –, **pillar** = perceuse f. à colonne.
– – –, **pin** = foret m. à pointe cylindrique.
– – –, **pneumatic** = perforatrice f., marteau m. pneumatique.
– – –, **point** = foret m. à langue d'aspic.
– – –, **portable** = perceuse f. portative.
– – –, **post** = perceuse f. à colonne.
– – –, **post, blacksmith's** = perceuse f. à colonne de forgeron.
– – –, **power** = perforatrice f. mécanique.
– – –, **prospecting** = prospecteur m.
– – –, **radial** = perceuse f. radiale.
– – –, **ratchet** = perçoir m. à rochet, foreuse f. à rochet.
– – –, **reciprocating** = drille f. automatique.
– – –, **right-hand** = foret m. à droite.
– – –, **rock** = perforatrice f., foreuse f., marteau m. perforateur.
– – –, **rock, pneumatic** = marteau m. perforateur pour

(drill)

rocher.

– – –, **rose** = gouge *f*.

– – –, **rotary** = perforatrice *f*. rotative.

– – –, **round-shank** = foret *m*. à queue cylindrique.

– – –, **self-feeding** = perceuse *f*. à avance automatique.

– – –, **sensitive** = perceuse *f*. sensitive.

– – –, **spiral** = foret *m*. à spirale, mèche *f*. hélicoïdale.

– – –, **spoon** = cuiller *f*.

– – –, **square-shank** = foret *m*. à queue carrée.

– – –, **standard** = foret-type *m*., foret *m*. régulier.

– – –, **star** = ciseau *m*. de maçon, foret *m*. en étoile, mèche *f*. à pierre dite « à langue d'aspic ».

– – –, **stock, bit** = mèche *f*. de vilebrequin.

– – –, **stone, flat** = ciseau *m*. plat à pierre.

– – –, **stone, pointed** = ciseau *m*. pointu à pierre.

– – –, **stop** = foret *m*. à repos.

– – –, **straight-fluted** = foret *m*. à rainures droites, foret *m*. à cannelures droites.

– – –, **straight-shank** = foret *m*. à tige droite, foret *m*. à queue droite.

– – –, **tap** = foret-taraudeur *m*.

– – –, **taper-shank** = foret *m*. à tige conique, foret *m*. à queue conique.

– – –, **tappet-valve** = perforatrice *f*. à taquet.

– – –, **to** = percer (un trou), perforer (une plaque), forer (un puits).

– – –, **to** – – – **out** = enlever (les rivets) par forage.

– – –, **to rough-** = percer un avant-trou (dans une pièce).

– – –, **turret** = aléseuse *f*. à revolver.

– – –, **twist** = foret *m*. à spire, foret *m*. à hélice, mèche *f*. hélicoïdale.

– – –, **twist, straight-shank** = mèche *f*. hélicoïdale à queue droite.

– – –, **twist, taper-shank** = foret *m*. hélicoïdal à queue conique.

– – –, **wagon** = perforateur *m*. (à air comprimé) monté sur roues, foreuse *f*. mobile.

– – –, **wall** = tamponnoir *m*.

– – –, **water-flush** = perforatrice *f*. à injection d'eau.

driller, gang = perceuse *f*. à forets multiples.

drilling = perçage *m*. ou percement *m*. (d'un trou), forage *m*. (d'un puits), perforation *f*. (des roches) (Mi.).

– – –, **core** = carottage *m*. (Mi.).

– – –, **diamond** = forage *m*. au diamant, sondage *m*. au diamant.

– – –, **hand** = forage *m*. à la main.

– – –, **machine** = forage *m*. mécanique, perforation *f*. mécanique.

– – –, **off shore** = forage *m*. au large (Mi.), forage *m*. en mer (Mi.).

– – –, **rotary** = forage *m*. par rotation.

– – –, **test** = sondage *m*.

– – –, **well** = forage *m*. de puits.

drills, quad = perforatrice *f*. à forets multiples (Mi.).

– – –, **twin** = perforatrice *f*. à deux forets (Mi.).

drip = dégouttement *m*. (d'un parapluie), égout *m*. (des eaux d'un toit), égouttures *f.p*. (d'un toit, des arbres, du fromage), égouttement *m*. ou égouttage *m*. (des arbres), dégouture *f*. (des feuilles), goutte *f*., larmier *m*. (B.), coulure *f*. (de peinture).

– – –, **to** = tomber goutte à goutte, dégoutter.

(drip)

– – –, **service** = siphon *m*. de branchement (S.).

– – –, **water** = larmier *m*. (B.).

dripping = dégouttement *m*. (d'un tuyau), fuite *f*. (H., S.), égoutture *f*. (des branches), égouttement *m*. ou égouttage *m*. (du linge), dégouttures *f.p*. (d'un toit).

drippings = égoutture *f*. (des arbres), gouttes *f.p*., dégouttures *f.p*. (d'un toit).

drive = conduite *f*. (Auto.), promenade *f*. en voiture (Auto.), commande *f*. (par un organe) (Méc.), transmission *f*. (Méc.), actionnement *m*. (Méc.), entraînement *m*. mécanique (Méc.), flottage *m*. du bois, avenue *f*., campagne *f*. (de propagande), énergie *f*. (d'une personne), attaque *f*. (d'un organe) (Méc.), (oscillateur *m*.) pilote *m*. (d'émetteur) (R.).

– – –, **air** = commande *f*. à l'air comprimé.

– – –, **angle** = transmission *f*. à angle.

– – –, **beam** = commande *f*. par balancier.

– – –, **belt** = entraînement *m*. par courroie, commande *f*. par courroie, boulevard *m*. de ceinture.

– – –, **Bendix** = entraînement *m*. Bendix.

– – –, **bevel** = transmission *f*. par pignons.

– – –, **cam** = commande *f*. par came.

– – –, **cardan** = transmission *f*. à la cardan.

– – –, **caterpillar** = commande *f*. chenille.

– – –, **chain** = commande *f*. par chaîne, transmission *f*. par chaîne.

– – –, **common** = entraînement *m*. commun.

– – –, **cone-pulley** = commande *f*. par cône-poulie.

– – –, **dial** = entraînement *m*. du cadran (Tp.).

– – –, **Diesel** = commandé par moteur Diesel.

– – –, **Diesel-electric** = propulsion *f*. électrique par Diesel.

– – –, **direct** = prise *f*. directe (Auto.), commande *f*. directe (Méc.).

– – –, **eccentric** = commande *f*. par excentrique.

– – –, **electric** = commande *f*. électrique.

– – –, **electromechanical** = (oscillateur *m*.) pilote *m*. (d'émetteur) électromagnétique (R.).

– – –, **flexible** = commande *f*. élastique.

– – –, **floating** = entraînement *m*. flottant.

– – –, **fluid** = entraînement *m*. hydraulique.

– – –, **four-wheel** = transmission *f*. sur les quatre roues (Auto.), transmission *f*. à quatre roues motrices (Auto.), véhicule *m*. à quatre roues motrices (Auto.).

– – –, **friction** = entraînement *m*. par friction.

– – –, **front-wheel** = à traction avant (Auto.), traction *f*. avant (Auto.).

– – –, **gear** = commande *f*. par engrenages, transmission *f*. par engrenages.

– – –, **grate** = mécanisme *m*. d'entraînement de la grille (Méc.).

– – –, **hand** = commande *f*. à main.

– – –, **individual** = commande *f*. séparée, commande *f*. individuelle.

– – –, **key** = entraînement *m*. à clé.

– – –, **left-hand** = conduite *f*. à gauche (Auto.).

– – –, **log** = flottage *m*. du bois.

– – –, **machine** = entraînement *m*. mécanique.

– – –, **mechanical** = entraînement *m*. mécanique.

– – –, **motor, electric** = (à) commande *f*. (par moteur) électrique (Phot.), entraînement *m*. par moteur.

– – –, **oscillator, crystal** = (oscillateur *m*.) pilote *m*. (d'émetteur) à cristal (R.).

(drive)

– – –, **oscillator, line-stabilized** = (oscillateur *m.*) pilote *m.* à ligne résonante (R.).

– – –, **oscillator, tuning-fork** = (oscillateur *m.*) pilote *m.* à diapason (R.).

– – –, **pinion** = entraînement *m.* par pignon.

– – –, **positive** = connexion *f.* directe, commande *f.* positive.

– – –, **rack-and-pinion** = commande *f.* par pignon et crémaillère.

– – –, **rear** = pont *m.* arrière (Auto.).

– – –, **rear-wheel** = transmission *f.* à roue arrière (Auto.).

– – –, **resonant-circuit** = (oscillateur *m.*) pilote *m.* à circuit résonant (R.).

– – –, **right-hand** = conduite *f.* à droite (Auto.).

– – –, **rope** = commande *f.* par câble, transmission *f.* par câble.

– – –, **screw** = commande *f.* par crémaillère à denture hélicoïdale.

– – –, **shaft** = transmission *f.* à la cardan, transmission *f.* à cardan.

– – –, **smooth** = entraînement *m.* régulier.

– – –, **steam** = commande *f.* à la vapeur.

– – –, **tandem** = commande *f.* en tandem (Méc.).

– – –, **to** = chasser ou enfoncer (un boulon, une clavette), serrer (une vis), battre (un pieu), percer (une galerie), conduire (une auto), actionner (une manivelle), commander ou entraîner (un mécanisme), faire marcher (une grue mécanique), faire flotter (le bois), ficher (un piquet), surmener (ses subalternes).

– – –, **to** – – – **back** = refouler.

– – –, **to** – – – **in** = entrer (en voiture), visser (une vis), chasser (une clavette), enfoncer (un clou), ficher (un piquet) en terre.

– – –, **to** – – – **out** = chasser ou refouler (une goupille), purger (d'air une conduite d'eau), sortir (en voiture).

– – –, **turbo-electric** = propulsion *f.* turbo-électrique.

– – –, **water** = poussée *f.* d'eau (effectuée dans un gisement) (Mi.).

– – –, **worm** = commande *f.* par vis sans fin.

drive-in = ciné-parc *m.* (Canada), cinéma-au-volant *m.*

driven = mû, entraîné, conduit, commandé, mené, actionné, V. « drive, to ».

– – –, **belt** = mû par une courroie, commandé par une courroie, actionné par une courroie.

– – – **by steam** = commandé *f.* à vapeur.

– – –, **cardan** = à cardan.

– – –, **chain** = à chaîne.

– – –, **direct** = à commande directe.

– – –, **electrically** = actionné par électromoteur.

– – –, **motor** = actionné par moteur, commandé par moteur, entraîné par moteur.

– – –, **positively** = à commande positive.

– – –, **power** = mû par moteur.

– – –, **self-** = automatique (adj.).

– – –, **spring** = mû par un ressort, à ressort.

– – –, **steam** = à vapeur.

– – –, **under** = à commande par le bas.

– – –, **worm** = avec transmission à vis sans fin.

driver = entraîneur (adj.), meneur (adj.), menant (adj.), conducteur *m.* (d'autobus) (O.), wattman *m.* (de tramway) (O.), chauffeur *m.* ou conducteur *m.*

(driver)

(d'automobile) (O.), mécanicien *m.* (O.), mécanicien *m.* de locomotive (O.), livreur *m.* (O.), charretier *m.* (O.), chasse-clavette *m.* (I.), chasse-clé *m.* (I.), flotteur *m.* (O.), toc *m.* (Méc.), heurtoir *m.* (Méc.).

– – –, **bolt** = chasse-boulon *m.* (I.).

– – –, **cab** = chauffeur *m.* de taxi (O.), cocher *m.* de fiacre (O.).

– – –, **car** = chauffeur *m.* (O.) (Auto.).

– – –, **car, racing** = coureur *m.* (O.) (Auto.).

– – –, **cotter** = chasse-clavette *m.* (I.).

– – –, **crane** = V. « operator, crane ».

– – –, **crane, travelling** = V. « operator, crane, travelling ».

– – –, **engine** = mécanicien *m.* (O.), conducteur *m.* (O.).

– – –, **hit-and-run** = chauffard *m.* (Auto.).

– – –, **key** = chasse-clavette *m.* (I.).

– – –, **lathe** = plateau *m.* entraîneur de tour.

– – –, **log** = flotteur *m.* (de bois) (O.).

– – –, **pile** = sonnette *f.* (M.), bélier *m.* (M.).

– – –, **pile, sheet** = sonnette *f.* à battre les palplanches (M.).

– – –, **pile, trip** = sonnette *f.* à déclic (M.).

– – –, **pin** = chasse-goupille *m.* (I.).

– – –, **point, diamond** = chasse-pointe *m.* de vitrier.

– – –, **post, fence** = sonnette *f.* à battre les pieux (M.).

– – –, **screw** = V. « screwdriver ».

– – –, **stock** = aiguillon *m.* (I.).

– – –, **taxi** = chauffeur *m.* de taxi (O.).

– – –, **truck** = conducteur *m.* de camion (O.), chauffeur *m.* de camion (O.).

driveway = passage *m.* pour voitures (Auto.), allée *f.* (Auto.).

drive yourself = automobile *f.* louée (sans chauffeur).

driving = transmission *f.* (Méc.), commande *f.* (Méc.), enfoncement *m.* (d'un clou, d'un piquet), conduite *f.* (d'une voiture) (Auto.), battage *m.* (d'un piquet).

– – –, **belt** = transmission *f.* par courroie.

– – – **by accumulator** = propulsion *f.* par accumulateurs (E.).

– – –, **pile** = battage *m.* de pieux.

– – –, **pile, sheet** = battage *m.* de palplanches.

– – –, **reckless** = conduite *f.* imprudente (Auto.).

– – –, **reverse** = marche *f.* arrière (Auto.).

– – –, **rope** = transmission *f.* par câble.

– – –, **steam** = fonctionnement *m.* à la vapeur.

drop = chute *f.*, abaissement *m.*, goutte *f.*, branchement *m.* (Tp.).

– – –, **annunciator** = volet *m.* d'annonciateur d'appel (Tp.).

– – –, **anode** = chute *f.* anodique (E.).

– – –, **cathode** = chute *f.* cathodique (E.).

– – –, **inductive** = chute *f.* de tension inductive (E.), chute *f.* inductive (E.).

– – – **in temperature** = abaissement *m.* de température.

– – – **in voltage** = perte *f.* de charge (E.), [chute *f.* de voltage] (E.), chute *f.* de tension (E.).

– – –, **key** = (plaque *f.*) cache-entrée *m.* (d'une serrure).

– – –, **line** = perte *f.* en ligne (E.).

– – – **of potential** = chute *f.* de tension (E.).

– – – **of solder** = goutte *f.* de soudure.

(drop)

- – –, **ohmic** = chute *f.* ohmique (E.).
- – –, **potential** = chute *f.* de tension (E.).
- – –, **pressure** = chute *f.* de pression (H., Méc.), perte *f.* de charge (H.).
- – –, **pressure, quadratic** = perte *f.* de charge quadratique (H.).
- – –, **reactance** = chute *f.* de tension par réactance (E.).
- – –, **self-restoring** = volet *m.* à relèvement automatique (Tp.).
- – –, **service** = branchement *m.* (Tp.), branchement *m.* d'abonné (Tp.).
- – –, **to** = surbaisser (le châssis d'une auto), rabattre (le strapontin) (Auto.), dégoutter, tomber goutte à goutte, laisser tomber (son crayon).
- – –, **voltage** = chute *f.* de tension (E.), chute *f.* de potentiel (E.).
- – –, **voltage, relative** = chute *f.* relative de tension (E.).

droplet = gouttelette *f.*

drop-out = mise *f.* au repos (E.), intensité *f.* de désamorçage (E.), paille *f.* (audio ou vidéo) (Tv.), chute *f.* de son (d'un ruban magnétique).

dross = scories *f.p.* (Mét.), laitier *m.* (Mét.), écume *f.* (Mét.), crasse *f.* (Mét.).
- – –, **anvil** = battitures *f.p.*
- – –, **to** = écumer (le métal fondu).

drove = ciseau *m.* large (de tailleur de pierres).

drown, to = couvrir ou étouffer (un son), inonder (un terrain).

drum = tambour *m.* (d'une colonne), cylindre *m.* (de laminoir), baril *m.* d'acier (= 45 gallons; 204,5655 litres), bidon *m.* (à huile), touret *m.* (de treuil), cloche *f.* (de cabestan), vase *m.* (d'un chapiteau corinthien), barillet *m.* (d'un manomètre).
- – –, **air** = réservoir *m.* d'air (comprimé).
- – –, **barking** = tambour *m.* écorceur (Pap.).
- – –, **brake** = tambour *m.* de frein (Auto.).
- – –, **brake, pressed-steel** = tambour *m.* de frein en tôle emboutie (Auto.).
- – –, **brake, wheel** = tambour *m.* de frein (Auto.).
- – –, **cable** = bobine *f.* de câble (Tp.), tambour *m.* de câble (Tp.), dévidoir *m.* de câble (Tp.), touret *m.* (E.).
- – –, **centrifugal** = tambour *m.* centrifuge.
- – –, **clutch** = tambour *m.* d'embrayage (Auto.).
- – –, **concrete-mixing** = tonneau *m.* mélangeur à béton (C.).
- – –, **conical** = tambour *m.* conique.
- – –, **cylindrical** = tambour *m.* cylindrique.
- – –, **digging** = treuil *m.* de cavage (Min.).
- – –, **driven** = tambour *m.* entraîné (Méc.).
- – –, **ear** = tympan *m.*
- – –, **gasoline** = bidon *m.* à essence, fût *m.* d'essence.
- – –, **hoist** = tambour *m.* de levage, treuil *m.* de levage.
- – –, **hoist, boom** = treuil *m.* de relevage à flèche.
- – –, **hoisting** = tambour *m.* de levage.
- – –, **idle** = tambour *m.* entraîné.
- – –, **loose** = tambour *m.* fou.
- – –, **mixer** = tambour *m.* de bétonnière.
- – –, **mixing** = tonneau *m.* mélangeur, tambour-malaxeur *m.*

(drum)

- – –, **mixing, concrete** = tonneau *m.* mélangeur à béton.
- – –, **oil** = bidon *m.* d'huile, fût *m.* d'huile.
- – –, **payout** = dévidoir *m.* (Tp.).
- – –, **rope** = tambour *m.* à câble, tambour *m.* à corde.
- – –, **rope, hoisting** = tambour *m.* à corde, tambour *m.* à câble.
- – –, **spring** = barillet *m.* de ressort (Méc.).
- – –, **steel** = baril *m.* métallique, fût *m.* métallique, tambour *m.* en acier.
- – –, **washing** = cylindre *m.* laveur (Pap.).
- – –, **water** = collecteur *m.* inférieur (d'une chaudière).
- – –, **winch** = tambour *m.* du treuil.
- – –, **winding** = tambour *m.* d'enroulement, cylindre *m.* d'enroulement, bobineuse *f.*
- – –, **wire** = bobine *f.* à fil (Tp.).

druse = géode *f.* (Mi.), poche *f.* à cristaux (Mi.).

dry = sec (adj.).
- – –, **air** = (bois *m.*) séché à l'air.
- – –, **oven** = (bois *m.*) séché au four (B.).
- – –, **shipping** = (bois *m.*) sec à l'expédition (B.).
- – –, **to** = sécher.
- – –, **to air** = sécher (le bois) à l'air.
- – –, **to oven** = faire sécher (le bois) au four.

dryer = séchoir *m.* (M., B.), sécheur *m.* (M.), essoreuse *f.* (M.), siccatif *m.* (de la peinture).
- – –, **air** = sécheur *m.* à air chaud (Pap.), déshumidificateur *m.* (Tp.).
- – –, **centrifugal** = essoreuse *f.* centrifuge.
- – –, **clothes** = sécheuse *f.* de linge (Ust.).
- – –, **clothes, ceiling** = séchoir *m.* de plafond.
- – –, **cobalt** = siccatif *m.* cobaltique (Imp.).
- – –, **electric** = séchoir *m.* (de cheveux), sèche-cheveux *m.*
- – –, **festoon** = sécheur *m.* à festons (Pap.).
- – –, **hair, electric** = séchoir *m.* électrique, sèche-cheveux *m.*
- – –, **loft** = étendoir *m.* (Imp.).
- – –, **paint** = siccatif *m.*
- – –, **paste** = pâte *f.* siccative (Imp.).
- – –, **rotary** = essoreuse *f.* centrifuge.
- – –, **vacuum** = étuve *f.* à vide.

dryers = cylindres *m.p.* sécheurs (Pap.).

drying = séchage *m.* (du bois), dessiccation *f.* (de la viande, du bois, d'un alcool), assèchement *m.* (d'un marais), essorage *m.* (du linge).
- – –, **air** = séchage *m.* à l'air (du bois).
- – –, **infra-red** = séchage *m.* par radiations infrarouges.
- – –, **kiln** = séchage *m.* au four (du bois).
- – –, **mat, foam** = séchage *m.* (des purées de fruits, des produits laitiers) en couche mousseuse.
- – –, **oven** = séchage *m.* à l'étuve.
- – –, **preliminary** = préséchage *m.*
- – –, **puff, explosive** = séchage *m.* (des légumes) par détente.
- – –, **puff, vacuum** = séchage *m.* (des jus de fruits) sous vide.
- – –, **vacuum** = séchage *m.* par le vide.

dryness = aridité *f.* (d'un style, du sol), sécheresse *f.* (du style, d'un canton, du temps), siccité *f.* (d'une encre).

(dump)

dual = double (adj.), réflexe (adj.) (E.), jumelé (Méc.), (haut-parleurs) accouplés.
duck, canvas = toile *f.*
duck-boards = caillebotis *m.*
duct = conduit *m.*, caniveau *m.*, conduite *f.*, tube *m.*, alvéole *f.* (d'une canalisation multitubulaire) (Tp.).
– – –, **air** = canal *m.* de ventilation, conduite *f.* d'air.
– – –, **air-pressure** = canal *m.* de refoulement.
– – –, **atmospheric** = couche *f.* ionisée (troposphère).
– – –, **cable** = canalisation *f.* pour câbles, tube *m.* à câble (conducteur) (Tp.).
– – –, **channel** = canal *m.*
– – –, **concrete** = conduite *f.* en béton.
– – –, **concrete, prestressed** = conduite *f.* en béton précontraint.
– – –, **delivery** = canal *m.* de refoulement.
– – –, **elbow** = conduite *f.* d'angle.
– – –, **fibre** = tube *m.* en fibre, conduite *f.* en fibre.
– – –, **flexible** = conduit *m.* flexible.
– – –, **irrigation** = canal *m.* d'irrigation.
– – –, **lateral** = dérivation *f.* latérale (d'une canalisation) (Tp.).
– – –, **oil** = tube *m.* de graissage, conduit *m.* d'huile.
– – –, **radio, tropospheric** = conduit *m.* troposphérique (R.).
– – –, **smoke** = conduit *m.* de fumée.
– – –, **suction** = canal *m.* d'aspiration.
– – –, **surface** = conduit *m.* de surface (R.), conduit *m.* près du sol (R.).
– – –, **tile** = conduite *f.* en tuile, conduite *f.* de tuile.
– – –, **tile, multiple** = caniveau *m.* multitubulaire.
– – –, **transite** = conduite *f.* en fibrociment, conduite *f.* en ciment-amiante.
– – –, **vent** = canal *m.* de ventilation.
– – –, **ventilating** = conduit *m.* d'aération.
– – –, **wave** = guide *m.* d'ondes cylindrique (Tv.).
ductile = ductile (adj.), malléable (adj.).
ductility = malléabilité *f.*
ducts, splayed = conduites *f.p.* ébrasées (Tp.).
– – –, **under-floor** = caniveau *m.* (Tp.).
– – –, **ventilating** = canaux *m.p.* de ventilation (E.).
dues = droits *m.p.* (de port), frais *m.p.*, cotisation *f.* (à un club, à un syndicat).
– – –, **dock** = droits *m.p.* de bassin (Mar.).
– – –, **ferry** = pontonage *m.*
– – –, **market** = hallage *m.* (Agr.).
– – –, **union** = cotisations *f.p.* syndicales.
dull, to = émousser (un outil), assourdir (un son), mater (un métal).
dulling = ternissement *m.* (de la peinture), assourdissement *m.* (du son), émoussage *m.* (d'un outil).
dullness = faiblesse *f.* ou matité *f.* (d'un son), ternissure *f.* (des vitres), lenteur *f.* (de l'esprit), ternissement *m.* (d'un film de peinture), stagnation *f.* ou marasme *m.* (des affaires), émoussement *m.* (d'une lame).
dumb-waiter = monte-plats *m.* (B.).
dummy = faux (adj.), fictif (adj.), factice (adj.).
dump = clou *m.* à bordage (Mar.), tas *m.*, dépotoir *m.*, amas *m.*, dépôt *m.* des déblais, parc *m.* (à munitions).
– – –, **ash** = dépôt *m.* des cendres.
– – –, **end-** = basculeur *m.* en bout (Méc.).
– – –, **spoil** = amas *m.* de déblais, terril *m.* (Mi.), cava-

lier *m.* de déblais.
– – –, **to** = déverser, décharger.
dumper = basculeur *m.* (M.), déchargeur *m.* (O.), benne *f.* basculante (d'un camion), dumper *m.* (M.), traxcavator *m.* (M.).
– – –, **car** = déverseur *m.* de wagons (Ch.d.f.), videur *m.* de wagons (Ch.d.f.).
dumping = basculage *m.* (d'une benne), déversement *m.* (C.).
– – – **over the bank** = déversement *m.* en contre-haut.
– – –, **self-** = à déversement automatique.
– – –, **side** = déversement *m.* latéral.
dung = fumier *m.* (Agr.), bouse *f.* de vache, crottin *m.* de cheval.
– – –, **stable** = fumier *m.* de cheval.
dungarees = salopette *f.*, combinaison *f.*
dunnage = parquet *m.* de chargement (Mar.), grenier *m.* (dans une cale) (Mar.).
duodiode = diode *f.* double (R.), duodiode *f.* (R.).
duotriode = triode *f.* double (R.), duotriode *f.* (R.).
duplex = double (adj.), duplex *m.* (c.-à-d. maison logeant deux familles) (Canada), monté (adj.) en duplex (E.).
– – –, **differential** = (équipement *m.*) duplex *m.* différentiel (Tg.).
– – –, **full** = duplex *m.* intégral (Tp.).
– – –, **increment** = duplex *m.* par addition (Tg.).
– – –, **opposition** = duplex *m.* par opposition (Tg.).
duplexer = duplexeur *m.* (M.) (R., Tv.).
duplexing = duplexage *m.* (Tp.).
duplicate = duplicata *m.* (d'un reçu), double *m.* (d'un outil, d'un texte), pièce *f.* de rechange, calque *f.* (d'un dessin).
duplicating = duplication *f.* ou reproduction *f.* (d'un document).
duplication = duplication *f.* ou reproduction *f.* (d'un document à l'autocopie), doublage *m.* (des fils), doublement *m.* (de l'image), autocopie *f.*
– – – **of a line** = doublage *m.* d'une ligne (téléphonique).
duplicator = duplicateur *m.* (M.).
durability = durée *f.* (d'un tissu), résistance *f.* (d'un matériau), longévité *f.* (de la corneille), durabilité *f.* (du bois, d'une couche de peinture), stabilité *f.* (d'un gouvernement).
– – – **of materials** = résistance *f.* des matériaux.
durable = (pierre *f.*) résistante (adj.), (souliers *m.p.*) inusables (adj.), (abri *m.*) durable (adj.).
duralumin = duralumin *m.*
duramen = duramen *m.*, coeur *m.* du bois.
duration = durée *f.*
– – –, **arc** = durée *f.* d'arc (E.).
– – –, **call** = durée *f.* de la conversation (Tp.).
– – –, **life** = durée *f.* en service (d'un moteur), vie *f.* (d'une machine).
– – – **of a call** = durée *f.* d'une conversation (Tp.).
– – – **of flow** = durée *f.* d'écoulement (H.).
– – – **of rain** = durée *f.* de la pluie (H.).
– – –, **pulse** = durée *f.* d'une impulsion.
duse = duse *f.*
dusk = brunante *f.* (Canada), crépuscule *m.*
dust = poussière *f.*, limaille *f.*, sciure *f.*
– – –, **bore** = farine *f.* de forage, farine *f.* de sondage.

(dust)

– – –, **brick** = poussière *f.* de brique, farine *f.* de brique.

– – –, **carbon** = poussière *f.* de charbon, grenaille *f.* de charbon.

– – –, **coal** = poussier *m.* ou poussière *f.* de charbon, poudre *f.* de charbon.

– – –, **emery** = poudre *f.* d'émeri, potée *f.* d'émeri.

– – –, **file** = limaille *f.*

– – –, **flue** = cendres *f.p.* volantes.

– – –, **glass** = verre *m.* en poudre.

– – –, **marble** = sciure *f.* de marbre.

– – –, **saw** = sciure *f.* de bois, sciure *f.*

– – –, **stone** = poussier *m.*, poussière *f.* minérale.

dustbin = poubelle *f.*

duster = cache-poussière *m.*, torchon *m.* (Ust.), époussette *f.* (Ust.), blutoir *m.* (Pap.), tête-de-loup *f.* (Ust.).

– – –, **feather** = plumeau *m.* (Ust.).

– – –, **painter's** = époussette *f.* de peinture.

dusting = poudrage *m.* (des plantes) (Agr.), épandage *m.* (sur les cultures au moyen d'un avion), époussetage *m.* (des meubles) (Ust.).

dusty = poussiéreux (adj.).

dutchman = garniture *f.* d'ajustage (Méc.), morceau rapporté (B.).

duties, customs = droits *m.p.* de douane.

– – –, **import** = droits *m.p.* de douane à l'importation, droits *m.p.* d'entrée ou entrée *f.* (de marchandises).

duty = fonction(s) *f.(p.)* ou attributions *f.p.* (d'un fonctionnaire), rendement *m.* ou débit *m.* (d'une machine), V. « duties ».

– – –, **boiler** = débit *m.* d'une chaudière (Méc.).

– – –, **continuous** = service *m.* ininterrompu, service *m.* continu.

– – –, **heavy** = pour les durs travaux, à grand débit, à haut rendement, à grande puissance.

– – –, **on** = en service, de garde.

– – –, **variable** = service *m.* variable.

dwell = arrêt *m.* momentané de mouvement.

dwelling = logis *m.*, demeure *f.*, habitation *f.*, résidence *f.*, logement *m.*

– – –, **detached** = maison *f.* détachée, maison *f.* isolée.

– – –, **multiple** = maison *f.* multifamiliale (Canada).

– – –, **one-family** = maison *f.* unifamiliale (Canada).

– – –, **two-family** = maison *f.* bifamiliale (Canada).

dye = teinture *f.*, teint *m.*, colorant *m.*

– – –, **acid** = colorant *m.* (ou teinture *f.*) acide (Pap.).

– – –, **aniline** = teinture *f.* aniline (Pap.).

– – –, **basic** = teinture *f.* basique (Imp.).

– – –, **coal-tar** = teinture *f.* dérivée du goudron de houille (Imp.).

– – –, **direct** = teinture *f.* directe (Pap.).

– – –, **fading** = petit teint *m.*

– – –, **fast** = grand teint *m.*, bon teint *m.*

dying-away = affaiblissement *m.* ou assourdissement *m.* (du son).

– – – **-out** = évanouissement *m.* (des oscillations).

dyke = V. « dike ».

dynamism = dynamisme *m.*

dynamite = dynamite *f.*

– – –, **gelatine** = nitrogélatine *f.*

dynamo = dynamo *f.* (E.), génératrice *f.* (E.), machine *f.* dynamo-électrique (E.).

– – –, **alternating-current** = alternateur *m.* (E.), dynamo *f.* à courant alternatif (E.).

– – –, **balancing** = dynamo *f.* compensatrice.

– – –, **bipolar** = dynamo *f.* bipolaire.

– – –, **compound-wound** = dynamo *f.* compound.

– – –, **constant-voltage** = dynamo *f.* à potentiel constant.

– – –, **continuous-current** = dynamo *f.* à courant continu.

– – –, **direct-current** = dynamo *f.* à courant continu.

– – –, **direct-current, bipolar** = dynamo *f.* à courant continu bipolaire.

– – –, **direct-current, multipolar** = dynamo *f.* à courant continu multipolaire.

– – –, **double-coil** = dynamo *f.* à double excitation.

– – –, **drum** = dynamo *f.* à tambour.

– – –, **enclosed** = dynamo *f.* blindée.

– – –, **exciting** = dynamo *f.* d'excitation.

– – –, **gas** = dynamo *f.* à gaz.

– – –, **iron-clad** = dynamo *f.* cuirassée.

– – –, **lighting** = dynamo *f.* d'éclairage (Auto.).

– – –, **motor** = moteur *m.* générateur.

– – –, **multipolar** = dynamo *f.* multipolaire.

– – –, **overtype** = dynamo *f.* type supérieur.

– – –, **pole** = dynamo *f.* à pôles.

– – –, **secondary** = dynamo *f.* secondaire.

– – –, **self-exciting** = dynamo *f.* à auto-excitation.

– – –, **separate-circuit** = dynamo *f.* à excitation séparée.

– – –, **series** = dynamo *f.* série.

– – –, **series-wound** = dynamo *f.* excitée en série.

– – –, **shunt** = dynamo *f.* shunt, dynamo *f.* en dérivation.

– – –, **shunt, continuous-current** = générateur *m.* à courant continu excité en dérivation.

– – –, **shunt-wound** = dynamo *f.* excitée en dérivation.

– – –, **steam** = dynamo *f.* à vapeur.

– – –, **turbo** = turbo-dynamo *f.*

– – –, **two-pole** = dynamo *f.* à deux pôles.

– – –, **undertype** = dynamo *f.* type inférieur.

– – –, **unipolar** = dynamo *f.* unipolaire.

dynamograph = dynamographe *m.*, dynamomètre *m.* enregistreur.

dynamometer = dynamomètre *m.*

– – –, **belt** = dynamomètre *m.* de transmission.

– – –, **brake** = dynamomètre *m.* à frein.

– – –, **cradle** = dynamo-frein *m.*

– – –, **electro** = électrodynamomètre *m.*

– – –, **fan** = moulinet *m.* dynamométrique.

– – –, **torsion** = dynamomètre *m.* de torsion.

dynamotor = dynamo-démarreur *f.* (Auto.), dynamoteur *m.* (E.).

dyne = dyne *f.* (c.-à-d. unité *f.* de force).

e

E = V. « engineer », « volt » et « east ».

ear = oreille *f*., anse *f*. (de cloche, de vase), ouïe *f*. (de ventilateur), languette *f*. (d'une serrure), happe *f*. (d'une chaudière).

– – –, **dog's** = larron *m*. (Imp.).

– – –, **splicing** = oreille *f*. de jonction (E.).

earcap = V. « cap, ear ».

earmark = marque *f*. à l'oreille (des moutons) (Agr.), marque *f*. distinctive.

– – –, **to** = marquer (les bestiaux) à l'oreille, affecter (des fonds) à.

earnings = bénéfices *m.p*. ou profits *m.p*. (d'une entreprise).

earphone = V. « phone, ear ».

earpiece = V. « piece, ear ».

earth = terre *f*., masse *f*. (E.).

– – –, **capacity** = contrepoids *m*. d'antenne (R.).

– – –, **dead** = contact *m*. parfait avec le sol (E.).

– – –, **loose** = terre *f*. meuble.

– – –, **swinging** = contact *m*. intermittent avec le sol (E.).

– – –, **to** = mettre à la terre (E.), relier à la masse (Auto.).

earthed = mis à la terre (E.), relié à la masse (Auto.).

earthenware = poterie *f*. (de terre), terre *f*. cuite.

– – –, **glazed** = faïence *f*.

earthing = mise *f*. à la terre (E.), mise *f*. à la masse (Auto.).

earthquake = tremblement *m*. de terre, séisme *m*.

earthwork = terrassement *m*. (C.).

EAS = V. « service, area, extended ».

ease, to = adoucir (une courbe), détendre ou relâcher (un ressort), desserrer (un boulon, une vis), soulager (la pression), ralentir (la vitesse), donner du jeu (à une pièce de machinerie).

– – –, **to** – – – **down** = diminuer, relâcher.

– – –, **to** – – – **off** = dégager.

– – –, **to** – – – **up** = détendre, ralentir.

easel = chevalet *m*. (d'artiste), margeur *m*. (I.) ou cadre *m*. margeur (I.) (Phot.).

easement = raccordement *m*. (entre deux routes), servitude *f*., droit *m*. de passage.

easing = adoucissement *m*. (d'une courbe), allègement *m*. (d'une poutre).

– – – **centres** = allègement *m*. des cintres (B.).

easing-off = relâchement *m*. (du travail), détente *f*. (des relations ouvrières).

east = est *m*.

– – –, **due** = droit vers l'est, est *m*. franc.

eaten, worm- = (bois) vermoulu (adj.).

eaves = larmier *m*. (Auto.), égout *m*. (d'un toit), gouttières *f.p*. (B.), avant-toit *m*. (B.).

– – –, **dropping** = avant-toit *m*. sans gouttière, avant-toit *m*. dégouttant.

eavesdropping = table *f*. d'écoute (Tp.), espionnage *m*. électronique (Tp.).

– – –, **electronic** = espionnage *m*. électronique.

ebb = jusant *m*., reflux *m*.

ebonite = ébonite *f*., caoutchouc *m*. durci.

ebony = ébène *f*.

ebullient = en ébullition.

ebullition = bouillonnement *m*., ébullition *f*. (d'un liquide, des cerveaux), insurrection *f*. (du peuple), effervescence *f*. (des passions).

E.C. (end of curve) = fin *f*. de la courbe (C.).

eccentric = excentrique *m*. (Méc.), excentrique (adj.).

– – –, **adjustable** = excentrique *m*. à calage variable.

– – – **and strap** = excentrique *m*. à collier.

– – –, **distributing** = excentrique *m*. de distribution.

– – –, **eduction** = excentrique *m*. de décharge.

– – –, **exhaust** = excentrique *m*. de décharge, excentrique *m*. d'échappement.

– – –, **expansion** = excentrique *m*. de détente.

– – –, **forward** = excentrique *m*. de marche avant.

– – –, **main** = excentrique *m*. de distribution.

– – –, **valve** = excentrique *m*. de commande du tiroir.

eccentricity = excentricité *f*., décentrement *m*.

echo = écho *m*. (R., Radar, Tv.), image *f*. fantôme (Tv.), réverbération *f*. (Tv.).

– – –, **long** = écho *m*. de longue durée.

– – –, **near** = écho *m*. rapproché.

– – –, **permanent** = écho *m*. permanent (Radar).

– – –, **round-the-world** = écho *m*. tour de Terre (R.).

– – –, **stationary** = écho *m*. fixe (Radar).

(echo)

– – –, **telephonic** = écho *m*. téléphonique (Tp.).
– – –, **unwanted** = écho *m*. parasite (Radar).
econometrics = économétrie *f*.
economizer = économiseur *m*. (M.).
– – –, **fuel** = économiseur *m*. de combustible, économiseur *m*. de carburant (Auto.).
– – –, **steam** = purgeur *m*. automatique d'eau de condensation.
eddy = remous *m*. (eau), tourbillon *m*. (vent).
edge = champ *m*. ou côté *m*. (d'une lime), taillant *m*. ou tranchant *m*. (d'un ciseau), angle *m*. (d'une pièce de bois, d'une pierre), bord *m*. (d'un plateau), revers *m*. (d'un fossé), arête *f*. tranchante ou fil *m*. (d'un couteau), rive *f*. (d'une planche), tranche *f*. (d'un livre) (Imp.), carre *f*. (d'une lame de patin), V. « edges ».
– – –, **back** = biseau *m*. (du tranchant d'un outil).
– – –, **beaded** = bourrelet *m*. de bordure.
– – –, **beveled** = bord *m*. en chanfrein, bord *m*. biseauté.
– – –, **binding** = dos *m*. (d'un livre).
– – –, **caulking** = tranche *f*. à mater (I.).
– – –, **chamfered** = chanfrein *m*., biseau *m*.
– – –, **chipped** = bavure *f*., morfil *m*.
– – –, **combed** = tranche *f*. peignée (Imp.).
– – –, **cutting** = arête *f*. tranchante ou fil *m*. (d'outil), tranchant *m*. (d'un couteau), bord *m*. d'attaque (d'une mèche), taillant *m*. (d'une hache, d'un couteau).
– – –, **cutting, curved** = tranchant *m*. incurvé.
– – –, **cutting, dull** = taillant *m*. émoussé.
– – –, **cutting, side** = tranchant *m*. oblique.
– – –, **deckle** = barbes *f.p*. du papier (Pap.).
– – –, **dividing** = arête *f*. médiane (d'une turbine) (H.).
– – –, **draft** = bordure *f*. lisse (d'une dalle de trottoir) (C.).
– – –, **draft, smooth** = bordure *f*. lisse (d'une dalle de trottoir) (C.).
– – –, **eased** = rive *f*. arrondie (Men.).
– – –, **feather** = chanfrein *m*., biseau *m*., planche *f*. à clin (Canada), bordillon *m*. (France).
– – –, **fore** = gouttière *f*. (d'un livre).
– – –, **inner** = bord *m*. intérieur.
– – –, **inside** = dedans *m*.
– – –, **keen** = fil *m*. tranchant.
– – –, **knife** = lame *f*., couteau *m*. (d'une balance).
– – –, **leading** = bord *m*. d'attaque (d'un outil), partie *f*. croissante (d'une impulsion) (E.).
– – –, **milled** = bord *m*. moleté.
– – – **of a fill** = bord *m*. du remblai (C.).
– – – **of a pole piece** = arête *f*. d'une pièce polaire (E.).
– – – **of a platform** = bordure *f*. du quai.
– – – **of rim** = accrochage *m*. de la jante (Auto.).
– – –, **outer** = bord *m*. extérieur.
– – –, **outside** = dehors *m*.
– – –, **raised** = rebord *m*.
– – –, **razor** = fil *m*. de rasoir, tranchant *m*. de rasoir.
– – –, **running** = côté *m*. de roulement (Méc.), côté *m*. de la roue (Méc.).
– – –, **safe** = champ *m*. lisse (d'une lime), cache *m*. (Phot., Imp.).
– – –, **serrated** = denture *f*.
– – –, **sharp** = arête *f*. vive.

(edge)

– – –, **sheared** = bord *m*. cisaillé.
– – –, **splayed** = champ *m*. biais (d'une pièce de charpente) (B.).
– – –, **square** = arête *f*. vive.
– – –, **steel** = acérure *f*. (d'un outil).
– – –, **straight** = limande *f*. (de charpentier), règle *f*., large raclette (pour le nivellement du béton), règle *f*. à araser (Imp.).
– – –, **to** = affiler, aiguiser.
– – –, **to** – – – **off** = ébarber (une pièce de métal), amincir (une lame).
– – –, **trailing** = partie *f*. décroissante (d'une impulsion) (E.), bord *m*. (d'aile) postérieur (Av.).
edged, blunt- = à angles obtus, mousse (adj.), émoussé (adj.).
– – –, **double-** = à double biseau.
– – –, **feather-** = taillé en biseau.
– – –, **gilt-** = (livre *m*.) doré sur tranche.
– – –, **keen-** = affilé (adj.), fin (adj.), tranchant (adj.).
– – –, **sharp-** = à vive arête.
edgeless = (ciseau *m*.) émoussé (adj.).
edger = fer *m*. à bordure (pour cimentier).
– – –, **turf** = coupe-gazon *m*., tranche-gazon *m*.
edges = bords *m.p*. ou tranches *f.p*. (d'un livre), V. « edge ».
– – –, **cut** = tranches *f.p*. ébarbées (Imp.).
– – –, **marbled** = tranches *f.p*. marbrées (Imp.), tranches *f.p*. jaspées (Imp.).
– – –, **overlapped** = couverture *f*. à chasses (Imp.).
– – –, **slack** = bords *m.p*. détendus (du papier) (Pap.).
edgewise = de champ, de côté, latéralement.
edging = ébarbage *m*. (d'une pièce de métal), aiguisage *m*. (du côté), bordure *f*. (d'un parterre) (B.), délignure *f*. (Men.), débordage *m*. (d'une lentille).
– – –, **back** = entaillage *m*. arrière (d'une brique vitrifiée) (B.).
edgings = délignures *f.p*. (Men.), V. « edging ».
editing = découpage *m*. (d'un scénario), rédaction *f*. (d'un quotidien), montage *m*. (d'un film) (Tv., Phot.).
– – –, **script** = découpage *m*. (Tv.).
edition = édition *f*. (d'un ouvrage) (Imp.).
– – –, **de luxe** = édition *f*. de luxe.
– – –, **limited** = édition *f*. à tirage limité.
editor = rédacteur *m*., directeur *m*. (d'une revue), titulaire *m*. (d'une chronique).
– – –, **City** = chef *m*. (du service) des nouvelles.
– – –, **script** = scripteur *m*. (R., Tv.), chef-scénariste *m*. (Tv.).
– – –, **viewer** = visionneuse *f*. (Phot.).
eduction = extraction *f*. (Mi.), échappement *m*. (de vapeur), décharge *f*. (E.).
effect = effet *m*., action *f*., V. « effects ».
– – –, **aeroplane** = erreur *f*. d'avion (d'un radiogoniomètre).
– – –, **anode** = effet *m*. d'anode (E.).
– – –, **antenna** = effet *m*. d'antenne (R.).
– – –, **Barnett** = aimantation *f*. par rotation (E.).
– – –, **becquerel** = effet *m*. photovoltaïque (E.).
– – –, **binaural** = stéréophonie *f*.
– – –, **blanket** = effet *m*. de soufflage par émission voisine (R.).
– – –, **body** = effet *m*. de main (E.).

(effect)

– – –, **boundary** = effet *m.* photoélectrique sur la couche d'arrêt (E.).
– – –, **caloric** = nombre *m.* de calories.
– – –, **capacity** = effet *m.* de capacité (E.).
– – –, **coherer** = effet *m.* cohéreur (E.).
– – –, **corona** = gaine *f.* lumineuse (E.), couronne *f.* électrique (E.), effet *m.* corona (E.).
– – –, **current** = action *f.* du courant (E.).
– – –, **cushioning** = effet *m.* d'amortissement (Méc.).
– – –, **directional** = effet *m.* directif (R.).
– – –, **Doppler** = effet *m.* Doppler-Fizeau (E.).
– – –, **doubling** = écho *m.* (R.).
– – –, **Edison** = effet *m.* Edison (E.).
– – –, **Faraday** = effet *m.* Faraday (E.).
– – –, **Ferranti** = effet *m.* de Ferranti (E.).
– – –, **flicker** = effet *m.* de scintillation (E.).
– – –, **fly-wheel** = moment *m.* d'inertie du volant (Méc.).
– – –, **fringe** = effet *m.* pelliculaire (E.).
– – –, **gross** = effet *m.* total.
– – –, **gyroscopic** = effet *m* de toupie (Méc.).
– – –, **halo** = auréole *f.*, halo *m.*
– – –, **heating** = effet *m.* de chauffe, effet *m.* thermique.
– – –, **impeding** = effet *m.* nuisible.
– – –, **Joule** = effet *m.* Joule (E.).
– – –, **Kelvin** = effet *m.* pelliculaire (E.), effet *m.* Kelvin (E.).
– – –, **Larsen** = effet *m.* microphonique (R.), effet *m.* Larsen (R.).
– – –, **magnetron** = effet *m.* d'induction magnétique (E.).
– – –, **microphonic** = effet *m* microphonique (R.), effet *m.* Larsen (R.).
– – –, **moire** = (acier *m.*, papier *m.*, tissu *m.*) moiré (adj.).
– – –, **night** = effet *m.* nocturne (R.), effet *m.* de nuit (R.).
– – – **of an engine** = travail *m.* d'une machine (Méc.).
– – – **of the frequency** = influence *f.* de la fréquence (E.).
– – –, **Peltier** = effet *m.* Peltier (E.), effet *m.* thermo-électrique (E.).
– – –, **photo-electric, barrier-layer** = effet *m.* photoélectrique sur la couche d'arrêt (E.).
– – –, **piezo-electric** = effet *m.* piézo-électrique (E.).
– – –, **piezo-electric, inverse** = électrostriction *f.* (E.).
– – –, **proximity** = induction *f.* (E.).
– – –, **Seebeck** = effet *m.* Seebeck (E.), effet *m.* thermo-électrique (E.).
– – –, **shattering** = effet *m.* brisant.
– – –, **shore** = diffraction *f.* côtière (R.).
– – –, **shot** = effet *m.* de grenaille (Tp.).
– – –, **shot-silk** = moirure *f.* (Tv.).
– – –, **skin** = localisation *f.* superficielle (E.), effet *m.* Kelvin (E.), effet *m.* pelliculaire (E.).
– – –, **sound** = effet *m.* sonore.
– – –, **space-charge** = effet *m.* de charge d'espace (R.).
– – –, **sun** = effet *m.* de soleil.
– – –, **thermionic** = effet *m.* thermoïonique (E.).
– – –, **thermo-electric** = effet *m.* thermo-électrique (E.).
– – –, **Thomson** = effet *m.* Thomson (E.).
– – –, **useful** = travail *m.* utile, effet *m.* utile.

(effect)

– – –, **Volta** = effet *m.* Volta (E.).
– – –, **wash-board** = ondulations *f.p.* transversales (R., H.).
– – –, **wave** = effet *m.* des vagues (H.).
– – –, **whole** = effet *m.* absolu, travail *m.* total.
effective = (moyen *m.*, employé *m.*) efficace (adj.), (aide *f.*) effective (adj.), (ouverture *f.*) utile (adj.) (d'un objectif) (Phot.), (discours *m.*) convaincant (adj.), (règlement *m.*) en vigueur.
effectiveness = efficacité *f.*
effects = V. « effect ».
– – – **of electric influence** = effets *m.p.* d'influence électrique (E.).
– – –, **sound** = bruitage *m.*, effet *m.* sonore (R., Tv.).
– – –, **transitional** = procédés *m.p.* de transition (Tv.).
efficiency = rendement *m.* (d'un moteur), effet *m.* utile (d'une machine), efficacité *f.* ou excellence *f.* (d'une méthode).
– – –, **actual** = effet *m.* utile, rendement *m.*, efficacité *f.*
– – –, **adiabatic** = rendement *m.* adiabatique (Méc.).
– – –, **ampere-hour** = rendement *m.* d'un accumulateur (E.).
– – –, **anode** = rendement *m.* anodique (d'un étage amplificateur) (R.).
– – –, **best** = le meilleur rendement.
– – –, **commercial** = rendement *m.* économique (d'une machine).
– – –, **electric** = rendement *m.* électrique (E.).
– – –, **energy** = rendement *m.* énergétique (Méc.).
– – –, **heat** = rendement *m.* calorifique, rendement *m.* thermique.
– – –, **hydraulic** = rendement *m.* hydraulique (H.).
– – –, **luminous** = efficacité *f.* lumineuse (E.).
– – –, **maximum** = rendement *m.* maximal.
– – –, **mechanical** = rendement *m.* mécanique.
– – – **of a line** = rendement *m.* de la ligne (Tp.).
– – – **of a luminous source** = coefficient *m.* d'efficacité lumineuse (d'une source) (E.).
– – – **of an accumulator** = rendement *m.* d'un accumulateur (E.).
– – – **of an apparatus** = rendement *m.* d'un appareil.
– – – **of refrigerating** = rendement *m.* de la machine frigorifique.
– – –, **operating** = rendement *m.* en service, taux *m.* de rendement.
– – –, **overall** = rendement *m.* industriel, rendement *m.* global (d'un émetteur) (R.).
– – –, **quantum** = rendement *m.* quantique.
– – –, **radiation** = coefficient *m.* de radiation (R.), coefficient *m.* de rayonnement (R.), rendement *m.* d'une antenne (R.).
– – –, **radiation** – – – **of an aerial** = rendement *m.* de radiation d'une antenne (R.).
– – –, **station** = rendement *m.* d'une centrale (E.).
– – –, **system** = rendement *m.* de réseau.
– – –, **thermal** = rendement *m.* thermique (Méc.).
– – –, **total** = rendement *m.* total.
– – –, **transformer** = rendement *m.* de transformateur (E.).
– – –, **useful** = rendement *m.* utile.
– – –, **volumetric** = rendement *m.* volumétrique.
– – –, **weight** = puissance *f.* massive.
efficient = efficace (adj.), compétent (adj.).

efflorescence = efflorescence *f.* (sur un mur de brique) (B.).
effluence = écoulement *m.* (d'un liquide), émanation *f.* (de gaz du sol), effluence *f.* (E.).
effluent = effluent *m.* (de collecteur d'eaux d'égout).
effluvium = effluve *m.*, émanation *f.* (de gaz).
– – –, **electric** = effluve *m.* électrique.
efflux = écoulement *m.* d'un liquide, débit *m.* (H.), dépense *f.* (d'eau), effluence *f.* (E.).
– – – **of water** = dépense *f.* d'eau dans une période déterminée.
effort = effort *m.* (Méc.), poussée *f.* (C.).
– – –, **tangential** = effort *m.* tangentiel, force *f.* de rotation.
– – –, **tractive** = effort *m.* de traction à la jante (Ch.d.f.), effort *m.* de traction (Méc.).
e.g. (exempli gratia) = par exemple.
egg = oeuf *m.*, ove *m.* (de chapiteau).
– – –, **darning** = oeuf *m.* à repriser (Ust.).
– – –, **nest** = nichet *m.* (Agr.).
– – –, **new-laid** = oeuf *m.* frais.
– – –, **wind** = oeuf *m.* non fécondé.
eggnog = lait *m.* de poule (Ust.).
eggs, dehydrated = oeufs *m.p.* en poudre.
– – –, **dried** = oeufs *m.p.* en poudre.
egress = sortie *f.* (d'un gaz d'échappement) (Méc.), échappement *m.* (d'une machine), droit *m.* de sortir.
eject, to = éjecter (de la vapeur, une douille vide).
ejector = éjecteur *m.* (Méc.).
– – –, **ash** = éjecteur *m.* d'escarbilles.
– – –, **automatic** = éjecteur *m.* automatique (d'une arme à feu).
– – –, **compressed-air** = éjecteur *m.* à air comprimé (S.).
– – –, **pneumatic** = éjecteur *m.* à air comprimé (S).
– – –, **punch** = éjecteur *m.* de poinçon.
– – –, **steam** = éjecteur *m.* de vapeur.
– – –, **steam-engine** = éjecteur *m.*
elastic = élastique (adj.), flexible (adj.), à ressort.
elasticity = élasticité *f.* (de l'air, des lois), flexibilité *f.* (d'une poutre), souplesse *f.* (du corps humain).
– – –, **bending** = élasticité *f.* de flexion (C.).
– – – **in shear** = élasticité *f.* de cisaillement (C.).
– – –, **tensile** = élasticité *f.* de traction (Méc.).
– – –, **torsional** = élasticité *f.* de torsion (C.).
elbow = coude *m.* (d'une conduite), tournant *m.* (d'un chemin), genou *m.* (d'un tuyau), conduit *m.* coudé.
– – –, **cast-iron** = coude *m.* en fonte.
– – –, **discharge** = coude *m.* de refoulement.
– – –, **drop** = coude *m.* de montage.
– – –, **flanged** = raccord *m.* à brides.
– – –, **45°** = coude *m.* 45°, coude *m.* à 45°.
– – –, **90°** = coude *m.* d'équerre, coude *m.* en équerre.
– – –, **pipe, conductor** = coude *m.* de tuyau de descente (B.), coude *m.* de dalot (B.).
– – –, **pipe, gutter** = coude *m.* de tuyau de descente (B.), coude *m.* de dalot (B.).
– – –, **reducing** = genou *m.* de réduction, coude *m.* de réduction.
– – –, **side outlet** = coude *m.* avec sortie latérale.
– – –, **square** = coude *m.*, genou *m.* vif.
– – –, **stove-pipe** = coude *m.* pour tuyau de poêle.
– – –, **suction** = coude *m.* d'aspiration.

(elbow)
– – –, **union** = coude *m.* de raccord, raccord *m.* en équerre, raccord *m.* coudé.
elder = sureau *m.*
– – –, **blueberry** = sureau *m.* bleu.
electric = électrique (adj.).
– – –, **hydro-** = hydro-électrique (adj.).
electrical = électrique (adj.).
electrician = électricien *m.* (O.), monteur-électricien *m.* (O.).
– – –, **foreman** = contremaître *m.* électricien (O.).
electricity = électricité *f.*, énergie *f.* électrique.
– – –, **atmospheric** = électricité *f.* atmosphérique.
– – –, **crystal** = piézo-électricité *f.*
– – –, **induced** = électricité *f.* par induction.
– – – **in motion** = électricité *f.* dynamique.
– – –, **magneto** = magnéto-électricité *f.*
– – –, **negative** = électricité *f.* négative.
– – – **of opposite names** = électricité *f.* de signe contraire.
– – –, **positive** = électricité *f.* positive.
– – –, **static** = électricité *f.* statique.
– – –, **voltaic** = galvanisme *m.*
electrifiable = électrisable (adj.).
electrification = électrification *f.* (rurale), électrisation *f.* (d'un corps).
electrifier = électriseur *m.* (M., O.).
electrify, to = électriser (un corps), électrifier (une ligne de tramways).
electrobus = électrobus *m.*
electrode = électrode *f.* (E.).
– – –, **accelerating** = électrode *f.* accélératrice.
– – –, **carbon** = électrode *f.* en charbon, électrode *f.* de charbon.
– – –, **coated** = électrode *f.* enrobée.
– – –, **cold** = électrode *f.* froide.
– – –, **collecting** = électrode *f.* de dépôt.
– – –, **conical-shell** = électrode *f.* conique.
– – –, **control** = électrode *f.* de commande.
– – –, **discharge** = électrode *f.* d'émission.
– – –, **dished** = électrode *f.* capsulée.
– – –, **focusing** = électrode *f.* de concentration.
– – –, **graphite** = électrode *f.* en graphite.
– – –, **grid** = électrode *f.* à grille.
– – –, **ignition** = électrode *f.* d'amorçage.
– – –, **metal, bare** = électrode *f.* nue.
– – –, **metal, coated** = électrode *f.* enrobée.
– – –, **naked** = électrode *f.* nue.
– – –, **negative** = cathode *f.* (E.).
– – –, **positive** = anode *f.* (E.).
– – –, **reference, non-polarizable** = électrode *f.* impolarisable de référence (Tp.).
– – –, **welding** = électrode *f.* de soudure.
– – –, **welding, spot** = électrode *f.* pour soudure par points.
electrodynamics = électrodynamique *f.*
electrodynamometer = électrodynamomètre *m.* (I.).
electrogalvanic = électrogalvanique (adj.).
electrokinetics = électrocinétique *f.*
electrolier = plafonnier *m.* électrique, suspension *f.* électrique, lustre *m.* électrique, candélabre *m.*
electrolyser = électrolyseur *m.*
electrolysis = électrolyse *f.*
electrolyte = électrolyte *m.*, liquide *m.* excitateur.

(element)

electrolytic = électrolytique (adj.).
electro-magnet = V. « magnet, electro ».
electromagnetism = électromagnétisme *m*. (E.).
electrometer = électromètre *m*. (I.).
– – –, **calibrating** = électromètre *m*. étalon.
– – –, **capillary** = électromètre *m*. capillaire.
– – –, **foil** = électromètre *m*. à feuilles.
– – –, **quadrant** = électromètre *m*. à quadrants.
– – –, **sine** = électromètre *m*. à sinus.
– – –, **thermo** = électromètre *m*. thermique.
– – –, **torsion** = balance *f*. de Coulomb, électromètre *m*. de torsion.
electromobile = électromobile (adj.).
electromotive = locomotive *f*. électrique (Ch.d.f.), V. « force, electromotive ».
electromotor = électromoteur *m*. (E.), moteur *m*. électrique (E.).
electron = électron *m*. (E.).
– – –, **photo-** = photo-électron *m*.
electronic = électronique (adj.).
– – –, **thermo** = thermo-électronique (adj.) (E.).
electronics = électronique *f*. (E.).
electroscope = électroscope *m*. (E.).
– – –, **condenser** = électroscope *m*. à condensateur.
– – –, **gold-leaf** = électroscope *m*. à feuille d'or.
electrostatic = électrostatique (adj.).
electrostatics = électrostatique *f*. (E.).
electrostriction = électrostriction *f*. (E.).
electrotechnics = électrotechnique *f*. (E.).
electrotechnology = électrotechnique *f*. (E.).
electrotype = électrotype *m*. (Imp.), (cliché *m*.) galvano *m*. (Imp.).
– – –, **advertising** = galvano *m*. pour annonces (Imp.).
element = élément *m*. (de radiateur), plaque *f*. de chauffe, pile *f*. (E.), lentille *f*. (d'un objectif) (Phot.).
– – –, **aerial** = élément *m*. d'antenne (R.), élément *m*. rayonnant (R.).
– – –, **battery** = élément *m*. d'accumulateur (E.).
– – –, **code** = élément *m*. de code (Tg.).
– – –, **contact** = pièce *f*. de contact (E.), contact *m*. (E.).
– – –, **cooling** = élément *m*. réfrigérant.
– – –, **covered** = plaque *f*. à collerette (d'une cuisinière) (Ust.).
– – –, **fuse** = fusible *m*. (E.), élément *m*. fusible (E.).
– – –, **heating** = plaque *f*. de chauffe (E.), élément *m*. chauffant (E.).
– – –, **modulation** = élément *m*. de modulation (Tg.).
– – –, **of a winding** = section *f*. d'induit (E.).
– – –, **personal, the** = le facteur humain.
– – –, **picture** = élément *m*. d'image (Tg.).
– – –, **radiating** = élément *m*. rayonnant (R.).
– – –, **rectifier** = rondelle *f*. de redresseur (E.).
– – –, **restitution** = élément *m*. de restitution (Tg.).
– – –, **rotating** = rotor *m*. (E.).
– – –, **signal** = intervalle *m*. unitaire (Tg.).
– – –, **thermally-actuated** = élément *m*. thermosensible.
– – –, **thermo** = élément *m*. thermoélectrique (E.).
– – –, **time** = élément *m*. temporisé (E.), élément *m*. différé (E.).
– – –, **timing** = minuterie *f*., relais *m*. temporisé (E.).
– – –, **unit** = élément *m*. unitaire (Tg.).

– – –, **warming** = élément *m*. chauffant (E.).
elevate, to = élever (la voix, l'âme), hausser (le ton, voix), pointer (un canon).
elevation = cote *f*. de nivellement, élévation *f*., haute *f*. de terrain ou éminence *f*. ou exhaussement *m*., v *f*., cote *f*. d'altitude, dévers *m*. ou surhaussement *ı* (d'une route), hauteur *f*. (d'une étoile, au-dessus (niveau de la mer), altitude *f*. (d'un lieu).
– – – **above sea level** = altitude *f*., hauteur *f*. au-dess du niveau de la mer.
– – –, **end** = vue *f*. en bout.
– – –, **front** = façade *f*. (d'un édifice), vue *f*. de fac(
– – –, **rear** = façade *f*. arrière (d'un édifice).
– – –, **sectional** = coupe *f*. verticale.
– – –, **side** = vue *f*. de côté, profil *m*.
– – –, **vertical** = altitude *f*.
elevator = élévateur *m*. (c.-à-d. appareil pour soulevé les poids), monte-charge *m*. (c.-à-d. appareil pou monter des fardeaux), ascenseur *m*. (c.-à-d. appare pour élever les personnes), gouvernail *m*. de profon deur (Av.).
– – –, **ballast** = noria *f*. à ballast.
– – –, **band** = élévateur *m*. à bande, sauterelle *f*. (M.)
– – –, **belt** = élévateur *m*. à bande, sauterelle *f*. (M.).
– – –, **bucket** = élévateur *m*. à godets, patenôtre *f*., élévateur *m*. (à chaîne) à godets, noria *f*.
– – –, **chain** = élévateur *m*. à chaîne.
– – –, **freight** = monte-charge *m*.
– – –, **grain** = silo *m*. à grains, élévateur *m*. à grains (Canada), entrepôt *m*.
– – –, **hand-operated** = monte-charge *m*. manoeuvré à la main.
– – –, **hydraulic** = élévateur *m*. hydraulique.
– – –, **pneumatic** = élévateur *m*. pneumatique, aspirateur *m*.
– – –, **screw** = élévateur *m*. à vis sans fin.
– – –, **sucking** = aspirateur *m*., élévateur *m*. pneumatique.
elevon = élevon *m*. (Av.).
eligible = admissible (adj.) (à un concours, à un emploi), éligible (adj.).
elimination = élimination *f*. ou suppression *f*. (des erreurs).
– – – **of level crossing** = suppression *f*. du passage à niveau.
eliminator = éliminateur (adj.).
– – –, **B** = redresseur *m*. de tension anodique (E.).
– – –, **battery** = appareil *m*. remplaçant une batterie (E.).
– – –, **high-tension** = dispositif *m*. de filtrage du courant du secteur (pour la haute tension) (E.).
– – –, **hum** = filtre *m*. éliminateur de bruit de secteur (E.).
– – –, **interference** = dispositif *m*. antiparasite (R.), filtre *m*. antiparasite (R.).
– – –, **noise** = filtre *m*. éliminateur de bruit de fond (R.), dispositif *m*. antiparasite (R.).
– – –, **shock** = amortisseur *m*. (de chocs) (Auto.).
– – –, **statics** = filtre *m*. éliminateur de parasites atmosphériques (R.).
ellipsograph = ellipsographe *m*. (I.).
ellipsoid, oblate = ellipsoïde *m*. aplati.
– – – **of revolution** = ellipsoïde *m*. de révolution.

(ellipsoid)

– – –, **prolate** = ellipsoïde *m.* allongé.
elm = orme *m.*
– – –, **Rock** = orme *m.* de Thomas.
– – –, **Slippery** = orme *m.* rouge.
– – –, **white** = orme *m.* d'Amérique.
elongate, to = allonger (un fil), prolonger (une ligne).
elongation = allongement *m.*, prolongement *m.* (d'une ligne), élongation *f.* (d'une planète).
– – – **at rupture** = allongement *m.* de rupture.
– – –, **breaking** = allongement *m.* de rupture.
– – – **per unit of length** = allongement *m.* unitaire, allongement *m.* linéique.
elutriate, to = séparer par décantation.
elutriation = séparation *f.* (d'un matériau tout-venant) par décantation, lavage *m.* d'un matériau tout-venant.
E.M. = V. « measure, English ».
emanation = émanation *f.* (d'un rayon lumineux), effluve *m.* (E.).
embank, to = endiguer (une rivière), remblayer (un chemin).
embankment = remblai *m.*, talus *m.*
– – –, **slipped** = talus *m.* éboulé.
embed, to = encastrer (une poutre dans un mur), noyer ou enfoncer (un clou), poser (un câble) dans le sol (Tp.), sceller (un cadre dans un mur).
embedment = encastrement *m.* (c.-à-d. béton, pierre, etc.), lit *m.* (de matériau).
embers = braise *f.*, cendres *f.p.* ardentes.
emboss, to = graver en relief, repousser (le cuir), bosseler (le métal), gaufrer (une étoffe, un papier).
embossing = repoussage *m.* (du cuir), bosselage *m.* (du métal), gaufrage *m.* (du papier).
– – –, **blind** = gaufrage *m.* à froid (Imp.).
embrasure = embrasure *f.* (B.).
emergency = (génératrice *f.*, escalier *m.*) de secours, (réparations *f.p.*) d'urgence (Méc.), (en cas de) danger *m.*
emery = émeri *m.*, corindon *m.*
E.M.F. = V. « force, electromotive ».
emission = émission *f.* ou dégagement *m.* (de vapeur), échappement *m.* (d'un moteur).
– – –, **beam** = émission *f.* dirigée (R.).
– – – **of waves** = émission *f.* des ondes (R.).
– – –, **secondary** = émission *f.* secondaire (E.).
– – –, **thermionic** = émission *f.* thermoïonique (E.), émission *f.* électronique (E.).
emissivity = coefficient *m.* d'émission (E.), pouvoir *m.* émissif (E.).
emit, to = émettre (une opinion), rayonner (E.), dégager (une odeur, de la chaleur), lancer (des étincelles) (E.).
emitter = émetteur *m.* (R.).
employable = apte (adj.) au travail (O.), utilisable (adj.) (Méc.), (matériau *m.*) employable (adj.).
employee = employé *m.* (O.), salarié *m.* (O.).
– – –, **full time** = employé *m.* à plein temps, employé *m.* permanent.
– – –, **Post Office** = postier *m.*
– – –, **railway** = cheminot *m.*
– – –, **salary** = salarié *m.*
– – –, **self-assigning** = employé *m.* sans horaire fixe (R., Tv.), employé *m.* à régime libre.

employer = employeur *m.* (O.).
employment = emploi *m.*
empty, to = vider (une bouteille), vidanger (un carter) (Auto.), épuiser (un étang, un puits), assécher (un étang).
em-quadrat = cadration *m.* (Imp.).
emulsify, to = émulsionner ou émulsifier.
emulsifier = émulsionneur *m.* (M.) ou émulsificateur *m.* (M.) ou émulsifieur *m.* (M.).
emulsion = émulsion *f.* (C., Phot.).
– – –, **asphalt** = émulsion *f.* de bitume, bitume *m.* émulsionné.
– – –, **pitch** = émulsion *f.* de brai.
– – –, **road** = émulsion *f.* routière.
– – –, **wax** = émulsion *f.* à la cire (Pap.).
emulsionize, to = V. « emulsify, to ».
enamel = émail *m.*, vernis *m.*, laque *f.*
– – –, **baked** = émail *m.* au four.
– – –, **black** = vernis *m.* (pour fer).
– – –, **cellulose** = émail *m.* à la cellulose (Auto.).
– – –, **floor** = émail *m.* à parquet.
– – –, **glass** = émail *m.* vitrifié.
– – –, **Japan** = vernis-émail *m.*
– – –, **to** = émailler (la fonte, la faïence), vernir (des meubles), vernisser (une poterie, des briques), glacer (le papier), satiner (une épreuve) (Phot.).
enamelling = émaillage *m.*, vernissage *m.*
– – –, **dip** = émaillage *m.* par immersion (Mét.).
– – –, **dry** = émaillage *m.* au poudré (Mét.), poudré *m.* (Mét.).
– – –, **spray** = émaillage *m.* au pistolet (Mét.).
encase, to = enfermer, blinder (Méc.), munir d'une enveloppe, revêtir (une colonne).
encased = blindé (adj.) (Méc.), renfermé (adj.), muni (adj.) d'une enveloppe, revêtu (adj.).
encasement = enveloppe *f.*, revêtement *m.*
enchase, to = enchâsser (des reliques dans de l'or), encastrer (une pierre tombale dans un mur), ciseler ou graver (une médaille).
encipher, to = chiffrer (une dépêche).
enclave, to = enclaver (un terrain).
enclavement = enclavement *m.* ou enclavure *f.* (d'un terrain).
enclosed = blindé (adj.), en carter, protégé (adj.).
– – –, **capsule** = capsulé (adj.).
– – –, **metal** = (appareil *m.*) blindé (adj.).
– – –, **semi-** = semi-fermé (adj.), (appareil *m.*) semi-blindé (adj.).
– – –, **totally** = blindé (adj.), en carter, sous coffret, fermé (adj.), cuirassé (adj.), protégé (adj.).
enclosure = enclos *m.*, pièce *f.* jointe (à une lettre), clôture *f.* (B.), enceinte *f.*
– – –, **loud-speaker** = caisse *f.* de résonance.
encoder = codeur *m.* (O., M.) (E.):
encroachment = empiètement *m.*
encumbrance = charge *f.* (sur une propriété).
encyclopedia = encyclopédie *f.*
end = bout *m.* (des doigts, de la ville, d'un champ, d'un tirant), extrémité *f.* (d'une corde), fin *f.* (du mois, de l'année), pointe *f.* (d'une lame), about *m.* (d'un rail, d'une pièce de charpente), tête *f.* de bielle (Méc.), terme *m.* (de la vie), quartier *m.* ou partie *f.* (d'une ville).

(end)

– – –, **axle** = tourillon *m*. de l'arbre (Méc.).
– – –, **ball** = extrémité *f*. sphérique (Méc.).
– – –, **big, connecting-rod** = tête *f*. de bielle (Méc.).
– – –, **boiler** = fond *m*. de chaudière (Méc.).
– – –, **bottom, connecting-rod** = tête *f*. de bielle (Méc.).
– – –, **butt** = extrémité *f*. inférieure, gros bout (d'un poteau), couche *f*. (d'une carabine).
– – –, **cable** = extrémité *f*. de câble (Tp., E.).
– – –, **calked** = extrémité *f*. (d'attache) en queue de carpe (B.).
– – –, **coil** = tête *f*. de bobine (E.).
– – –, **dead** = extrémité *f*, bout *m*., arrêt *m*., cul-de-sac *m*. ou impasse *f*., bout *m*. mort (d'un bobinage) (E.).
– – –, **dished** = fond *m*. convexe (d'une chaudière) (Méc.).
– – –, **fixed** = encastrement *m*. (B.).
– – –, **front** = avant-train *m*. (d'une voiture).
– – –, **gable** = pignon *m*. (B.).
– – –, **gib and cotter** = tête *f*. de bielle avec chape (Méc.).
– – –, **hauling** = garant *m*. (d'un palan).
– – –, **hipped** = pan *m*. de comble (B.).
– – –, **hub** = évasement *m*. ou bout *m*. femelle (d'un tuyau).
– – –, **loose** = extrémité *f*. libre (d'un fil) (E.), bout *m*. pendant (d'un câble).
– – –, **lower – – – of stroke** = point *m*. mort bas (Méc.).
– – – **of stroke** = fin *f*. de course (Méc.).
– – –, **on** = debout, droit (adj.).
– – –, **rear** = arrière-train *m*. (Auto.).
– – –, **receiving** = côté *m*. récepteur (R.), à la réception.
– – –, **shaft** = embout *m* de brancard (Agr.).
– – –, **small** = crosse *f*. de bielle (Méc.).
– – –, **small, connecting-rod** = pied *m*. de bielle (Méc.).
– – –, **spigot** = bout *m*. mâle (d'un tuyau à emboîtement).
– – –, **spindle, miller** = nez *m*. de fraiseuse (Méc.).
– – –, **stub** = tête *f*. de bielle (Méc.).
– – –, **tail** = extrémité *f*. arrière.
– – –, **tail, lathe** = fusée *f*. de l'arbre de tour (Méc.).
– – – **-to-end** = bout à bout (C.).
– – –, **top, connecting-rod** = pied *m*. de bielle (Méc.).
– – –, **transmitting** = côté *m*. émetteur (R.).
– – –, **upper – – – of stroke** = point *m*. mort haut (Méc.).
– – –, **upset** = bout *m*. refoulé, extrémité *f*. renflée.
– – –, **waste** = rebut *m*. de matériau (B.), tronçon *m*. de rebut (B.).
– – –, **week-** = week-end *m*. (France), fin *f*. de semaine (Canada).
endless = sans fin.
endosmosis = endosmose *f*.
– – –, **electrical** = action *f*. cataphorique (E.).
ends, book = serre-livres *m.p*.
endurance = endurance *f*., résistance *f*.
enduring = résistant (adj.).
endways = debout (B., C.).
endwise = bout à bout, perpendiculaire (adj.).
E.N.E. (East-north-east) = est-nord-est, E.-N.-E.
energize, to = amorcer ou exciter (une dynamo), mettre (un fil) sous tension, actionner (Méc.), aimanter (l'âme d'une bobine).

energized, non- = (fil *m*.) sans tension (E.), (fil *m*.) sans courant (E.), (fil *m*.) hors courant (E.).
energizer = V. « battery, car ».
energizing, self- = servomoteur (adj.).
energy = énergie *f*. (Méc.), force *f*. (Méc.), travail *m*. (mécanique) (Méc.).
– – –, **atomic** = énergie *f*. atomique.
– – –, **caloric** = puissance *f*. thermique.
– – –, **electric** = énergie *f*. électrique.
– – –, **heat** = énergie *f*. thermique.
– – –, **kinetic** = énergie *f*. cinétique, force *f*. vive.
– – –, **latent** = énergie *f*. latente.
– – –, **light** = quantité *f*. de lumière.
– – –, **mechanical** = énergie *f*. mécanique.
– – –, **molecular** = énergie *f*. moléculaire.
– – –, **motive** = énergie *f*. cinétique.
– – –, **nuclear** = énergie *f*. nucléaire.
– – –, **potential** = énergie *f*. potentielle.
– – –, **radiant** = énergie *f*. de rayonnement.
– – –, **radiating** = énergie *f*. rayonnante.
– – –, **reserve** = énergie *f*. en réserve, puissance *f* en réserve.
– – –, **restored** = énergie *f*. restituée.
– – –, **sound** = énergie *f*. sonore, énergie *f*. acoustique.
– – –, **specific** = énergie *f*. spécifique.
– – –, **striking** = énergie *f*. vive d'arrivée.
– – –, **thermal** = énergie *f*. thermique, énergie *f*. calorique.
eng. = V. « engineer ».
engage, to = mettre (un engrenage) en prise, engrener (Méc.), embrayer (Méc.), engager (le filetage), occuper (une ligne) (Tp.).
engagement = entraînement *m*. (Méc.), mise *f*. en prise (Méc.), accouplement *m*. (Méc.), engrènement *m*. (Méc.), embrayage *m*. (Méc.), rendez-vous *m*. (d'affaires).
– – –, **gradual** = entraînement *m*. progressif (Méc.).
– – –, **hook** = accrochage *m*. (Méc.).
– – –, **progressive** = entraînement *m*. progressif (Méc.).
– – –, **silent** = entraînement *m*. silencieux (Méc.).
engine = machine *f*., appareil *m*., engin *m*., moteur *m*., locomotive *f*.
– – –, **air** = moteur *m*. à air, machine *f*. soufflante.
– – – **air-cooled** = moteur *m*. à refroidissement par air.
– – –, **arrow** = moteur *m*. en flèche (Av.), moteur *m*. en W (Av.).
– – –, **auxiliary** = machine *f*. auxiliaire (Méc.), petit cheval (Méc.).
– – –, **axial** = moteur *m*. cylindre axial (Av.), moteur *m*. en barillet (Av.).
– – –, **balanced** = moteur *m*. équilibré.
– – –, **bank** = locomotive *f*. de renfort (Ch.d.f.).
– – –, **barring** = vireur *m*., moteur-démarreur *m*.
– – –, **beam** = machine *f*. à balancier.
– – –, **beating** = pile *f*. raffineuse (Pap.).
– – –, **blowing** = soufflerie *f*., machine *f*. soufflante.
– – –, **blowing, cylinder** = soufflerie *f*. à cylindres.
– – –, **boring** = machine *f*. à percer.
– – –, **broad-arrow** = moteur *m*. en flèche (Av.), moteur *m*. en W (Av.).
– – –, **caloric** = machine *f*. à air chaud.
– – –, **capstan** = moteur *m*. du cabestan.
– – –, **choked** = moteur *m*. noyé.

(engine)

– – –, **combustion** = moteur *m.* à combustion interne.
– – –, **compound** = machine *f.* compound, machine *f.* à cylindres accouplés.
– – –, **compressed-air** = machine *f.* à air comprimé.
– – –, **condensing** = machine *f.* à vapeur à condensation.
– – –, **Corliss** = machine *f.* Corliss, machine *f.* à vapeur système Corliss.
– – –, **coupled** = machine *f.* accouplée.
– – –, **Diesel** = moteur *m.* Diesel.
– – –, **direct-acting** = machine *f.* à connexion directe.
– – –, **donkey** = machine *f.* auxiliaire.
– – –, **double-acting** = moteur *m.* à double effet.
– – –, **double-acting, two-cycle** = moteur *m.* à deux temps à double effet.
– – –, **double-expansion** = machine *f.* à double détente, machine *f.* compound.
– – –, **draining** = machine *f.* d'épuisement.
– – –, **drawing** = machine *f.* d'extraction.
– – –, **driving** = machine *f.* motrice.
– – –, **duplex** = moteur *m.* bicylindrique.
– – –, **eight-cylinder** = moteur *m.* à huit cylindres.
– – –, **electric** = automotrice *f.*
– – –, **expansion** = machine *f.* à détente.
– – –, **explosion** = moteur *m.* à explosion.
– – –, **fan-shaped** = moteur *m.* en éventail.
– – –, **feed** = machine *f.* auxiliaire.
– – –, **fire-** = pompe *f.* à incendie.
– – –, **fire, steam** = pompe *f.* à incendie à vapeur.
– – –, **fire, steam, self-propelled** = pompe *f.* à incendie automobile à vapeur.
– – –, **fixed** = moteur *m.* fixe.
– – –, **flat-twin type** = moteur *m.* à cylindres opposés, moteur *m.* à deux cylindres opposés.
– – –, **forced-induction** = moteur *m.* à alimentation forcée.
– – –, **four-cycle** = moteur *m.* à quatre temps.
– – –, **four-cylinder** = moteur *m.* à quatre cylindres.
– – –, **four-stroke** = moteur *m.* à quatre temps.
– – –, **free-piston** = moteur *m.* à piston libre.
– – –, **front-mounted** = moteur *m.* à l'avant (Auto.).
– – –, **gas** = moteur *m.* à gaz.
– – –, **gas, coal** = moteur *m.* à gaz d'éclairage.
– – –, **gasoline** = moteur *m.* à essence.
– – –, **geared-down** = moteur *m.* démultiplié.
– – –, **glow-plug** = moteur *m.* à bougie incandescente.
– – –, **heat** = machine *f.* thermique.
– – –, **heavy-duty** = machine *f.* de grande puissance.
– – –, **high-compression** = moteur *m.* surcomprimé.
– – –, **high-pressure** = machine *m.* à haute pression.
– – –, **hoisting** = appareil *m.* de levage, machine *f.* (à vapeur) de levage, moteur *m.* de levage.
– – –, **horizontal** = machine *f.* horizontale.
– – –, **hot-air** = machine *f.* à air chaud.
– – –, **hydraulic** = moteur *m.* hydraulique.
– – –, **I- head** = moteur *m.* à soupapes en tête.
– – –, **injection** = moteur *m.* à injection.
– – –, **injection, direct** = moteur *m.* à injection directe.
– – –, **injection, fuel, indirect** = moteur *m.* à injection indirecte d'essence (Auto.).
– – –, **in-line** = moteur *m.* à cylindres en ligne.
– – – **in perfect tune** = moteur *m.* au point.
– – –, **internal-combustion** = moteur *m.* à explosion

(engine)

interne.
– – –, **inverted-cylinder** = machine *f.* à cylindre inversé, moteur *m.* inversé.
– – –, **jet** = turboréacteur *m.*, moteur *m.* à réaction.
– – –, **L-head** = moteur *m.* en L, moteur *m.* à soupapes latérales.
– – –, **long-stroke** = moteur *m.* à longue course.
– – –, **low-pressure** = machine *f.* à basse pression.
– – –, **marine** = machine *f.* marine, moteur *m.* marin.
– – –, **momentum** = locomotive *f.* de renfort (Ch.d.f.).
– – –, **motor** = automotrice *f.*
– – –, **non-condensing – – – with expansion** = machine *f.* à détente sans condensation.
– – –, **non-condensing – – – without expansion** = machine *f.* à vapeur sans détente ni condensation.
– – –, **O.H.C.** = V. « engine, overhead cam ».
– – –, **oil** = moteur *m.* à huile lourde.
– – –, **oil, crude** = moteur *m.* à huile lourde.
– – –, **oil, Diesel** = moteur *m.* Diesel.
– – –, **oil, heavy** = moteur *m.* à huile lourde.
– – –, **open-exhaust** = moteur *m.* à échappement libre.
– – –, **opposed-cylinder** = moteur *m.* à cylindres opposés.
– – –, **overhead cam** = moteur *m.* à cames en tête.
– – –, **overhead-valve** = moteur *m.* à soupapes en tête.
– – –, **overhead-valve, push-rod operated** = moteur *m.* à culbuteurs.
– – –, **overheated** = moteur *m.* surchauffé.
– – –, **oversized** = moteur *m.* suralésé.
– – –, **over-square** = moteur *m.* supercarré (Méc.).
– – –, **overtype** = machine *f.* superposée.
– – –, **pancake** = moteur *m.* à cylindres opposés.
– – –, **paraffin** = moteur *m.* à pétrole.
– – –, **petrol** = moteur à essence.
– – –, **piston** = machine *f.* à piston.
– – –, **pump, steam** = pompe *f.* à vapeur.
– – –, **pumping** = pompe *f.* d'extraction, pompe *f.* d'épuisement.
– – –, **pusher** = moteur *m.* propulseur (Av.), moteur *m.* à hélice propulsive (Av.).
– – –, **rack** = locomotive *f.* à crémaillère.
– – –, **radial** = moteur *m.* en étoile (Av.).
– – –, **rear-mounted** = moteur *m.* à l'arrière (Auto.).
– – –, **reciprocating** = machine *f.* alternative.
– – –, **reversing** = machine *m.* réversible.
– – –, **ringing** = sonnette *f.* à tirade (pour pilotis).
– – –, **rose** = machine *f.* à guillocher (Mét.), tour *m.* à guillocher (Mét.).
– – –, **rotary** = moteur *m.* rotatif.
– – –, **rotary piston** = moteur *m.* à piston rotatif, moteur *m.* Wankel.
– – –, **rotary-valve** = machine *f.* à tiroirs rotatifs, machine *f.* à plateaux tournants.
– – –, **scavenging** = moteur *m.* de balayage.
– – –, **sea** = moteur *m.* marin.
– – –, **shunting** = locomotive *f.* de cour (Ch.d.f.), locomotive *f.* de manœuvre (Ch.d.f.).
– – –, **side-lever** = machine *f.* à balancier.
– – –, **side-valve** = moteur *m.* à soupapes latérales.
– – –, **single-acting** = machine *f.* à simple effet.
– – –, **single-cylinder** = moteur *m.* à cylindre unique.
– – –, **six-cylinder** = moteur *m.* à six cylindres (Auto.).
– – –, **sleeve-valve** = moteur *m.* sans soupape.

(engine)

– – –, **slide-valve** = machine *m*. à vapeur avec distribution à tiroir.
– – –, **star-shape** = moteur *m*. en étoile.
– – –, **starting** = moteur *m*. de lancement.
– – –, **stationary** = moteur *m*. fixe, moteur *m*. stationnaire.
– – –, **steam** = machine *f*. à vapeur.
– – –, **steam, beam** = machine *f*. à vapeur à balancier.
– – –, **steam, condensing** = machine *f*. à vapeur à condensation.
– – –, **steam, direct-acting** = machine *f*. à vapeur à connexion directe.
– – –, **steam, double-acting** = machine *f*. à vapeur à double effet.
– – –, **steam, double-cylinder** = machine *f*. à vapeur à deux cylindres.
– – –, **steam, duplex** = machines *f*. à vapeur jumelles.
– – –, **steam, expansion, triple** = machine *f*. à vapeur à triple détente.
– – –, **steam, high-pressure** = machine *f*. à vapeur à haute pression.
– – –, **steam, high-speed** = machine *f*. à vapeur à grande vitesse.
– – –, **steam, low-pressure** = machine *f*. à vapeur à basse pression.
– – –, **steam, marine** = machine *f*. à vapeur marine.
– – –, **steam, non-condensing** = machine *f*. à vapeur sans condensation.
– – –, **steam, non-expanding** = machine *f*. à vapeur sans détente.
– – –, **steam, portable** = machine *f*. à vapeur portative.
– – –, **steam, reciprocating** = machine *f*. à vapeur à piston.
– – –, **steam, rotary** = machine *f*. à vapeur rotative.
– – –, **steam, self-contained** = machine *f*. à vapeur indépendante.
– – –, **steam, slow-speed** = machine *f*. à vapeur à petite vitesse.
– – –, **suction** = machine *f*. aspirante.
– – –, **supercharged** = moteur *m*. suralimenté.
– – –, **switching** = locomotive *f*. de manoeuvre (Ch.d.f.).
– – –, **T-head** = moteur *m*. à culasse en T.
– – –, **tandem** = machine *f*. à cylindres en tandem.
– – –, **tank** = locomotive *f*. tender (Ch.d.f.).
– – –, **traction** = tracteur *m*.
– – –, **tractor** = moteur *m*. tracteur (Av.), moteur *m*. à hélice tractive (Av.).
– – –, **transportable** = locomotive *f*.
– – –, **triple-expansion** = machine *f*. à triple détente.
– – –, **trunk** = machine *f*. à fourreau.
– – –, **turbulence, high** = moteur *m*. à haute turbulence.
– – –, **twin-cylinder** = moteur *m*. à cylindres jumelés.
– – –, **twin-cylinder, flat** = moteur *m*. à deux cylindres opposés, moteur *m*. à cylindres opposés.
– – –, **two-cycle** = moteur *m*. à deux temps.
– – –, **200 hp** = moteur *m*. de 200 Hp.
– – –, **two-stroke** = moteur *m*. à deux temps.
– – –, **upwight** = moteur *m*. vertical.
– – –, **V eight-cylinder** = moteur *m*. à huit cylindres en V (Auto.).
– – –, **V twin-cylinder** = moteur *m*. à deux cylindres en V.

(engine)

– – –, **V-type** = moteur *m*. en V.
– – –, **valve-operated** = moteur *m*. à soupapes.
– – –, **valveless** = moteur *m*. sans soupape.
– – –, **ventilating** = machine *f*. à ventiler.
– – –, **vertical** = moteur *m*. vertical.
– – –, **X-type** = moteur *m*. en X (Av.).
– – –, **water** = moteur *m*. à eau, machine *f*. hydraulique.
– – –, **water-cooled** = moteur *m*. à refroidissement par eau.
– – –, **water-jacketed** = moteur *m*. à chemise d'eau.
– – –, **wild-cat** = machine *f*. haut le pied (Ch.d.f.).
– – –, **wind** = moteur *m*. à vent, aéromoteur *m*.
engineer = ingénieur *m*., conducteur-mécanicien *m* ou mécanicien *m*. (de locomotive), technicien *m*.
– – –, **assistant** = ingénieur-adjoint *m*.
– – –, **charge** = chef *m*. de service (d'une centrale électrique).
– – –, **chemical** = ingénieur-chimiste *m*.
– – –, **chief** = ingénieur *m*. en chef, chef *m*. des serv ces techniques, chef *m*. mécanicien (Ch.d.f.).
– – –, **chief, acting** = ingénieur *m*. en chef intérima re.
– – –, **chief, assistant** = ingénieur *m*. en chef adjoint.
– – –, **civil** = ingénieur *m*. civil.
– – –, **communications** = ingénieur *m*. en télécommunications.
– – –, **consulting** = ingénieur-conseil *m*., ingénieur-consultant *m*.
– – –, **district** = ingénieur *m*. régional, ingénieur *m*. du district.
– – –, **division** = ingénieur *m*. de la division.
– – –, **electrical** = ingénieur *m*. électricien.
– – –, **forestry** = ingénieur *m*. forestier.
– – –, **graduate** = ingénieur *m*. diplômé.
– – –, **highway** = ingénieur *m*. routier, ingénieur *m*. des ponts et chaussées.
– – –, **hydraulic** = hydraulicien *m*., ingénieur *m*. hydraulicien.
– – –, **illuminating** = éclairagiste *m*.
– – –, **industrial** = ingénieur *m*. des méthodes.
– – –, **junior** = ingénieur *m*. subalterne.
– – –, **management** = ingénieur-conseil *m*. en organisation.
– – –, **managing** = ingénieur *m*. d'exploitation.
– – –, **marine** = ingénieur *m*. en mécanique navale.
– – –, **mechanical** = ingénieur-mécanicien *m*., ingénieur *m*. en mécanique.
– – –, **mining** = ingénieur *m*. des mines.
– – –, **product** = ingénieur *m*. du produit, ingénieur *m*. de produit.
– – –, **project** = ingénieur *m*. responsable des travaux.
– – –, **radio** = ingénieur *m*. radio.
– – –, **refrigerating** = ingénieur *m*. frigoriste, frigoriste *m*.
– – –, **reservoir** = ingénieur *m*. de gisement (Mi.).
– – –, **resident** = ingénieur *m*. en résidence.
– – –, **road** = ingénieur *m*. routier.
– – –, **sales** = ingénieur *m*. commercial.
– – –, **sanitary** = ingénieur *m*. sanitaire.
– – –, **stationary** = mécanicien *m*. de machine fixe.
– – –, **structural** = ingénieur-constructeur *m*.
– – –, **supervising** = ingénieur *m*. surveillant.
– – –, **telecommunications** = ingénieur *m*. en (ou des)

(engineer)

télécommunications.
– – –, **to** = construire, claculer, faire l'étude d'un avant-projet.
– – –, **traffic** = ingénieur *m*. de la circulation.
– – –, **value** = analyste *m*. de la valeur (d'un produit).
engineering = génie *m*., technique *f*., étude *f*. technique, ingénierie *f*. (d'une installation).
– – –, **advanced** = technique *f*. d'avant-garde.
– – –, **agricultural** = génie *m*. agricole.
– – –, **automotive** = technique *f*. automobile.
– – –, **chemical** = génie *m*. chimique.
– – –, **communications** = technique *f*. des télécommunications.
– – –, **civil** = génie *m*. civil.
– – –, **electrical** = technique *f*. de l'électricité, électrotechnique *f*., électricité *f*.
– – –, **electronic** = technique *f*. électronique, électronique *f*.
– – –, **farm** = génie *m*. rural.
– – –, **foundation** = technique *f*. des fondations.
– – –, **heating and refrigerating** = hydronique *f*.
– – –, **highway** = technique *f*. routière, construction *f*. de routes.
– – –, **hydraulic** = hydraulique *f*.
– – –, **illuminating** = technique *f*. de l'éclairage, éclairage *m*.
– – –, **industrial** = organisation *f*. industrielle.
– – –, **job** = organisation *f*. du travail.
– – –, **management** = organisation *f*. de la gestion (des entreprises).
– – –, **marine** = mécanique *f*. navale.
– – –, **mechanical** = construction *f*. mécanique, industrie *f*. mécanique, mécanique *f*.
– – –, **methods** = étude *f*. des méthodes.
– – –, **military** = génie *m*. militaire.
– – –, **naval** = génie *m*. naval.
– – –, **nuclear** = génie *m*. atomique.
– – –, **product** = ingénierie *f*. du produit.
– – –, **production** = technique *f*. de la production.
– – –, **program(me)** = programmatique *f*.
– – –, **radio** = radiotechnique *f*.
– – –, **reservoir** = étude *f*. de gisement (Mi.).
– – –, **road** = technique *f*. routière.
– – –, **sales** = technique *f*. de vente.
– – –, **sanitary** = technique *f*. sanitaire.
– – –, **steam** = technique *f*. de la vapeur.
– – –, **structural** = constructions *f.p*. métalliques, construction *f*., technique *f*. de la construction.
– – –, **systems** = systématique *f*.
– – –, **telecommunications** = technique *f*. des télécommunications.
– – –, **telephone** = technique *f*. du téléphone, téléphonie *f*.
– – –, **television** = technique *f*. de la télévision.
– – –, **traffic** = technique *f*. de la circulation.
– – –, **value** = analyse *f*. de la valeur (d'un produit).
– – –, **water-supply** = hydrotechnique *f*. (H.).
English, old = gothique *f*. (Imp.).
engrave, to = graver.
engraver = graveur *m*. (O.), burin *m*. de graveur (I.).
– – –, **half-tone** = similiste *m*. (O.).
– – –, **plate** = graveur *m*. à l'outil.
engraving = gravure *f*. (sur bois), estampe *f*. (Imp.).

(engraving)

– – –, **chalk** = gravure *f*. sur craie (Imp.).
– – –, **copper-plate** = taille-douce *f*.
– – –, **half-tone** = similigravure *f*. (Imp.).
– – –, **intaglio** = gravure *f*. en creux.
– – –, **line** = gravure *f*. au trait, taille-douce *f*.
– – – **on copper** = taille-douce *f*.
– – –, **photo-** = photogravure *f*.
– – –, **process** = phototypogravure *f*., similigravure *f*.
– – –, **steel-plate** = gravure *f*. sur acier.
– – –, **wax** = gravure *f*. à la cire (Imp.).
– – –, **wood** = gravure *f*. sur bois ou xylographie *f*. (Imp.).
enhancer, Doppler, audible = traducteur *m*. audible de l'effet Doppler (Radar).
enlarge, to = élargir (un orifice), aléser (un trou), évaser (des tubes), agrandir (une photographie), dilater (un objet), étendre (un domaine), accroître (sa fortune).
enlargement = extension *f*. (d'un territoire), alésage *m*. (d'un trou) (Méc.), agrandissement *m*. (d'une épreuve photographique), accroissement *m*. (d'un portefeuille), élargissement *m*. (d'un orifice).
enlarger = agrandisseur *m*. (M.) (Phot.).
en-quad = demi-cadratin *m*. (Imp.).
enquiry = V. « inquiry ».
ensign = enseigne *f*. (d'un commerce), insigne *m*. (d'emploi).
ensilage = V. « silage ».
entablure = entablement *m*. (d'une machine) (Méc., B.).
entasis = renflement *m*. (d'une colonne) (B.).
enter, to = s'engager (dans une rue), monter (dans une automobile), pénétrer ou entrer (dans une maison), inscrire (un nom dans un registre), monter à bord ou embarquer (Mar.).
– – –, **to** – – –**into a contract with** = conclure un marché avec, passer un contrat avec.
enthalpy = enthalpie *f*.
entrainment, air = aération *f*. du béton (B., C.).
entrance = entrée *f*.
– – –, **cable** = entrée *f*. des câbles (E.).
– – –, **carriage** = porte *f*. cochère, porte *f*. charretière.
– – **of conductors** = entrée *f*. des fils (E.).
– – –, **private** = entrée *f*. particulière (B.).
– – –, **service** = entrée *f*. de service (E.), entrée *f*. d'abonné (Tp.).
– – –, **service, electrical** = entrée *f*. de service de l'électricité (B.).
– – –, **side** = entrée *f*. latérale (B.).
– – –, **subscriber's** = entrée *f*. de poste (Tp.).
entry = entrée *f*., écriture *f*., inscription *f*. (aux livres), V. « entrance ».
entwine, to = entrelacer (des branches, des fils).
envelope = gaine *f*. (d'un câble) (Tp.), enveloppe *f*., manchon *m*. (Méc.).
– – –, **adhesive** = enveloppe *f*. gommée (d'une lettre).
– – –, **clasp** = enveloppe *f*. à agrafe.
– – –, **self-addressed** = enveloppe-réponse *f*.
– – –, **string and button** = enveloppe *f*. à boutons.
– – –, **window** = enveloppe *f*. à fenêtre.
epicyclic = épicycloïdal (adj.).
epoxy = époxyde *m*.
equalization = contre-distorsion *f*. (Tp.), compensation

(equalization)

f. (Tp.).
– – – of freight rates = péréquation f. des tarifs de transport.
equalize, to = égaliser cu compenser (des efforts), égaliser (les lots dans un partage).
equalizer = compensatrice f. (E.), compensateur m. (E.), fil m. d'équilibre (E.), égaliseur m. de potentiel (E.), palonnier m. (de voiture) (Agr.).
– – –, attenuation = correcteur m. (de distorsion d'affaiblissement) (Tp.).
– – –, derivative = correcteur m. différentiel (E.).
– – –, differential-type = palonnier m. différentiel.
– – –, phase = compensateur m. de phase (E.), correcteur m. d'affaiblissement (de phase) (E.).
– – –, potential = égalisateur m. de potentiel (E.).
equalizing = équilibrage m. ou compensation f. (des efforts).
– – –, brake = équilibrage m. des freins (Auto.).
– – –, self- = équilibrage m. automatique (Méc.).
equation = équation f.
– – –, linear = équation f. linéaire, équation f. du premier degré.
– – – of a curve = équation f. d'une courbe.
– – – of continuity = équation f. de continuité (H.).
– – –, quadratic = équation f. du deuxième degré.
equator, magnetic = la ligne aclinique.
equilibrate, to = équilibrer ou compenser (un effort), contrebalancer.
equilibration = équilibration f.
equilibrium = équilibre m.
– – – of forces = équilibre m. des forces (Méc.).
– – –, unstable = équilibre m. instable.
equip, to = munir (une automobile de phares), outiller ou monter (un atelier), monter ou meubler (un appartement), équiper (un soldat).
equipment = outillage m., matériel m., équipement m., appareillage m., installations f.p. (Tp.).
– – –, amplifier = installation f. d'amplification (Tp.).
– – –, answering = tableau m. annonciateur (Tp.), répondeur m. (Tp.).
– – –, answering and recording = appareils m.p. (ou équipements m.p.) répondeurs et enregistreurs (Tp.), répondeur-enregistreur m. (Tp.).
– – –, automatic = équipement m. automatique (Tp.).
– – –, boom = dispositif m. pour pose latérale des câbles (E.).
– – –, carrier = équipement m. à courants porteurs (Tp.).
– – –, central office = équipement m. de central (Tp.).
– – –, cleaning, air = appareils m.p. d'épuration d'air.
– – –, communications = équipement m. de transmission (Tp.), équipement m. de communication (Tp.).
– – –, contactor = équipement m. à contacteurs (E.).
– – –, contractor's = matériel m. de travaux publics (C.).
– – –, control, altimeter = commande f. altimétrique.
– – –, customer = équipement m. d'abonné (Tp.).
– – –, customer-owned = équipement m. appartenant à l'abonné (Tp.).
– – –, developing = accessoires m.p. pour développement photo.
– – –, dial = équipement m. automatique (Tp.).
– – –, dial-system = équipement m. automatique (Tp.).

(equipment)

– – –, door, sliding = ferrures f.p. pour porte à coulisse.
– – –, dredging = matériel m. de dragage.
– – –, electrical = équipement m. électrique, appareillage m. électrique (Auto.).
– – –, exchange = installations f.p. d'un bureau (Tp.), équipement m. de central (Tp.).
– – –, fascimile = bélinographe (R.), téléreproducteur m. d'images (R.).
– – –, farm = matériel m. agricole.
– – –, fire-fighting = matériel m. d'incendie.
– – –, groundman's = équipement m. d'aide-monteur (E.).
– – –, handling, ground = matériel m. de servitude (d'un port, d'un aérodrome).
– – –, hauling = matériel m. de transport.
– – –, heating = matériel m. de chauffage.
– – –, heavy = gros matériel m.
– – –, heavy-duty = matériel m. lourd.
– – –, high-speed = équipement m. pour vitesses élevées.
– – –, hoisting = matériel m. de levage.
– – –, household = appareils m.p. domestiques.
– – –, indicating = indicateur m. (Tp.), avertisseur m. (Tp.).
– – –, indicating, audible = avertisseur m. (Tp.).
– – –, interface = équipement m. d'adaptation (E.).
– – –, interphone = équipement m.p. d'intercommunication (Tp.).
– – –, jack and plug = dispositif m. de prise directe (Tp.).
– – –, kitchen = batterie f. de cuisine (Ust.).
– – –, lighting = appareils m.p. d'éclairage, matériel m. d'éclairage.
– – –, line = matériel m. de ligne (Tp.).
– – –, loading = installation f. de chargement (C.).
– – –, long-haul = équipement m. à longue distance (Tp.).
– – –, long-line = équipement m. à longue distance (Tp.).
– – –, maintenance = appareillage m. d'entretien.
– – –, manual = équipement m. manuel (Tp.).
– – –, measuring = dispositif m. de mesure.
– – –, measuring, distance = dispositif m. de mesure de distance (Av.).
– – –, mechanical = outillage m. mécanique (B.).
– – –, metering = appareils m.p. de mesure.
– – –, moving, earth = matériel m. de terrassement (C.), engins m.p. de terrassement (C.).
– – –, office – – – and supplies = matériel m. et fournitures f.p. de bureau.
– – –, optional = équipement m. facultatif (Auto.).
– – –, overhauled = matériel m. revisé.
– – –, plant = outillage m.
– – –, power = installation f. d'énergie (Tp.).
– – –, program, automatic = bloc m. de mise en ondes automatique (R., Tv.).
– – –, radio = matériel m. radio.
– – –, receiving, radio-beacon = équipement m. récepteur pour radiophare.
– – –, recorder, traffic, automatic = enregistreur m. de trafic (Tp.).
– – –, recording = appareil m. enregistreur (Tp.), équipement m. d'enregistrement (Tp.), magnéto-

(**equipment**)

phone *m.*
- - -, **refrigerating** = machines *f.p.* frigorifiques.
- - -, **regulating** = équipement *m.* pour réglage (Tp.).
- - -, **reproducing** = appareillage *m.* de reproduction (R.).
- - -, **reproduction, sound** = appareillage *m.* de reproduction sonore.
- - -, **rolling** = matériel *m.* roulant.
- - -, **sanitary** = appareils *m.p.* sanitaires.
- - -, **scanning** = analyseur *m.* (Tv.), iconoscope *m.* (Tv.).
- - -, **service** = appareillage *m.* d'entretien.
- - -, **shop** = outillage *m.* d'un atelier, organisation *f.* d'un atelier.
- - -, **signal** = équipement *m.* de signalisation (Tp.).
- - -, **signal-lamp** = appareil *m.* de signalisation optique.
- - -, **soldier's** = fourniment *m.*, équipement *m.* du soldat.
- - -, **speech plus duplex** = (équipement *m.*) bivocal *m.* (c.-à-d. télégraphie duplex par deux fréquences porteuses conjuguées pour le télégraphe).
- - -, **speech plus simplex** = (équipement *m.*) univocal *m.* (c.-à-d. télégraphie simplex par une seule fréquence porteuse pour le télégraphe).
- - -, **standard** = équipement *m.* de série (Auto.).
- - -, **step-by-step** = équipement *m.* pas-à-pas (Tp.).
- - -, **supervisory** = équipement *m.* pour surveillance (Tp.).
- - -, **switching** = équipement *m.* de manoeuvre (E.), équipement *m.* de coupure (E.), matériel *m.* de manoeuvre (E.), équipement *m.* de commutation (Tp.).
- - -, **switching, automatic** = équipement *m.* de commutation automatique (Tp.), commutateur *m.* automatique (Tp.).
- - -, **switching, dial** = équipement *m.* de commutation automatique (Tp.).
- - -, **switching, electromechanical** = équipement *m.* de commutation électromécanique (Tp.).
- - -, **switching, electronic** = équipement *m.* de commutation électronique (Tp.).
- - -, **switching, night** = équipement *m.* de raccordement de nuit (Tp.).
- - -, **switching, toll** = équipement *m.* de commutation interurbaine (Tp.).
- - -, **telephone** = équipement *m.* téléphonique, installations *f.p.* téléphoniques.
- - -, **telephoto** = bélinographe *m.*
- - -, **terminal** = équipement *m.* terminal (Tp.).
- - -, **terminating** = équipement *m.* terminal (Tp.).
- - -, **test** = appareillage *m.* d'essai.
- - -, **test, line** = appareil *m.* pour essai de ligne (Tp.).
- - -, **testing** = appareillage *m.* de vérification, équipement *m.* d'essai.
- - -, **testing, cable** = équipement *m.* d'essai de câble (Tp.), équipement *m.* de vérification de câble (Tp.).
- - -, **toll** = équipement *m.* interurbain (Tp.), appareillage *m.* interurbain (Tp.).
- - -, **tool** = outillage *m.*, appareillage *m.*
- - -, **traction, electric** = équipement *m.* électrique de traction.
- - -, **used** = matériel *m.* usagé.

(**equipment**)

- - -. **welding, portable** = poste *m.* de soudure portatif.
- - -, **wireless** = équipement *m.* de T.S.F.
- - -, **wirephoto** = bélinographe *m.*
- - -, **wire tapping** = table *f.* d'écoute (Tp.).
equipoise = poids *m.* égal, équilibre *m.*, contrepoids *m.*
- - -, **to** = équilibrer, contrebalancer.
equipotential = équipotentiel (adj.) (E.).
equivalent = équivalent *m.*
- - -, **chemical** = équivalent *m.* chimique.
- - -, **gramme** = équivalent *m.* gramme.
- - -, **Joule's** = équivalent *m.* calorifique (E.).
- - -, **mechanical** - - - **of heat** = équivalent *m.* mécanique de la chaleur.
- - -, **singing point** = équivalent *m.* d'amorçage (E.).
- - -, **transmission, effective** = équivalent *m.* de transmission effective (Tp.).
- - -, **volume** = équivalent *m.* de référence d'un système de transmission (Tp.).
eradicator, ink = encrivore *m.*
erase, to = effacer, raturer.
eraser = gomme *f.* à effacer, démagnétiseur *m.* (de magnétophone).
- - -, **scraper** = grattoir-canif *m.*, grattoir *m.* de bureau.
erect, to = planter (un poteau), ériger (une statue, une charpente), construire (un édifice), bâtir (une maison), dresser (un échafaudage), monter ou installer (une machine, des appareils), assembler (une machine).
erection = construction *f.* ou érection *f.* (d'une bâtisse), montage *m.* ou installation *f.* (d'une machine), plantation *f.* (de poteaux).
- - - **at the plant** = montage *m.* à l'usine.
- - - **at the shop** = montage *m.* à blanc (d'une machine, d'une charpente).
- - -, **field** = montage *m.* sur le chantier.
erector = constructeur *m.* (O.) (de bâtiments), monteur *m.* (O.) (de machines).
- - - **of lattice-work** = grillageur *m.* (O.).
- - -, **steelwork** = monteur *m.* de charpentes métalliques (O.).
erg = erg *m.*, dyne-centimètre *f.* (c.-à-d. unité *f.* de travail).
erlang = « erlang » *m.* (= 36 « ccs ») (Tp.) (Canada).
erode, to = corroder (le fer), éroder (les terres).
erosion = érosion *f.* (des rivages), usure *f.* (d'une chaudière).
errata = errata *m.p.* (Imp.).
erratic = intermittent (adj.), irrégulier (adj.).
erratum = erratum *m.* (Imp.), faute *f.* signalée (Imp.).
error = erreur *f.*, écart *m.*, faute *f.*, méprise *f.*
- - -, **absolute** = erreur *f.* absolue.
- - -, **alignment, field** = erreur *f.* d'alignement (d'un radiogoniomètre).
- - -, **alignment, loop** = erreur *f.* de calage (d'un radiogoniomètre).
- - -, **balance** = déséquilibre *m.*
- - -, **clerical** = erreur *f.* d'écriture, erreur *f.* de copiste (Imp.), paragramme *m.* (Imp.).
- - -, **index** = erreur *f.* de collimation.
- - -, **instrumental** = erreur *f.* instrumentale.
- - -, **interference, wave** = erreur *f.* de trajets multiples (radiogoniométrie).

(error)

- - -, **ionospheric-path** = erreur *f.* de propagation ionosphérique (R.).
- - -, **mean** = erreur *f.* moyenne.
- - - **of observation** = erreur *f.* d'observation.
- - -, **phase** = déphasage *m.* (E.).
- - -, **polarization** = erreur *f.* de polarisation (d'un radiogoniomètre).
- - -, **probable** = erreur *f.* probable.
- - -, **propagation** = erreur *f.* de propagation (R.).
- - -, **quadrantal** = erreur *f.* quadrantale.
- - -, **relative** = erreur *f.* relative.
- - -, **re-radiation** = erreur *f.* de réflexion locale (due à l'action des masses conductrices voisines) (R.).
- - -, **root mean square** = erreur *f.* quadratique moyenne.
- - -, **site, transmitter** = erreur *f.* d'émetteur (R.).
- - -, **swing** = erreur *f.* de plage (d'un radiogoniomètre).
escalator = escalier *m.* mécanique, escalator *m.*, escalier *m.* roulant.
- - -, **electric** = escalier *m.* électrique.
escape = fuite *f.*, déversoir *m.* (H.), échappement *m.*
- - -, **air** = échappement *m.* d'air, purge *f.* d'air.
- - -, **fire** = échelle *f.* de sauvetage, escalier *m.* de secours.
- - -, **gas** = fuite *f.* de gaz.
escapement = déversoir *m.*, fuite *f.*, échappement *m.*
escrow = (valeurs *f.p.* mises) en fiducie ou sous écrou.
escutcheon = entrée *f.* de serrure (B.), cache-entrée *m.* (B.), écusson *m.* (de la poupe d'un navire).
- - -, **key** = entrée *f.* de clé, entrée *f.*
E.S.E. (**East-south-east**) = est-sud-est, E.-S.-E.
esparto = alfa *m.* (Pap.).
E.S.S. = V. « system, switching, electronic ».
essay = essai *m.*, analyse *f*
- - -, **dry** = essai *m.* par la voie sèche.
- - -, **spectral** = analyse *f.* spectrale.
- - -, **wet** = essai *m.* par la voie humide.
essence of turpentine = essence *f.* de térébenthine.
establish, to = fonder (une industrie), instituer (une agence), créer (une succursale, une filiale), établir (l'équilibre, une communication téléphonique), constater ou établir (un fait).
establishment = établissement *m.* (d'une industrie), création *f.* (d'un système), constatation *f.* (d'un fait), fondation *f.* (d'une maison d'affaires), fixation *f.* (des objectifs).
- - -, **mercantile** = maison *f.* de commerce.
- - - **of a call** = établissement *m.* d'une communication (Tp.).
estate = domaine *m.*, immeuble *m.*, succession *f.* (d'un défunt).
- - -, **personal** = biens *m.p.* meubles.
- - -, **real** = propriété *f.* immobilière, biens *m.p.* immobiliers.
estimate = estimation *f.*, calcul *m.*, évaluation *f.*, devis *m.* estimatif, prévisions *f.p.* budgétaires.
- - -, **lump-sum** = évaluation *f.* globale, évaluation *f.* forfaitaire.
- - - **of costs** = devis *m.* estimatif.
- - -, **over-** = surestimation *f.*, majoration *f.*
- - -, **preliminary** = avant-projet *m.*, devis *m.* approximatif.

(estimate)

- - -, **progress** = évaluations *f.p.* fondées sur l'état actuel d'avancement des travaux (B., C.), évaluation *f.* provisoire (B., C.).
- - -, **rough** = estimation *f.* approximative, devis *m.* approximatif.
- - -, **supplementary** = crédits *m.p.* supplémentaires.
- - -, **to** = évaluer (un terrain, une fortune), estimer (un bijou), mesurer (une influence), apprécier (une distance, les frais).
E.T.A. (**estimated time of arrival**) = heure *f.* prévue d'arrivée.
etc. (**et caetera**) = et le reste, etc.
etch, to = graver à l'eau-forte, attaquer (un métal) à l'acide.
etching = gravure *f.* à l'eau-forte, attaque *f.* (d'un métal) à l'acide, eau-forte *f.*
- - -, **counter-** = décapage *m.* (Imp.).
- - -, **deep** = morsure *f.* de grands creux (Imp.).
- - -, **dot** = morsure *f.* par couverture (Imp.).
- - -, **electro-** = électrogravure *f.*
- - -, **fine** = cliché *m.* très mordancé (Imp.).
- - -, **line** = cliché *m.* au trait (Imp.).
- - -, **spot** = repiquage *m.* (Imp.).
- - -, **zinc** = zincographie *f.* ou zincogravure *f.* (Imp.).
ether = éther *m.*
ethylene = éthylène *m.* (Chim.).
eudiometer = eudiomètre *m.*
evacuate, to = expulser (les gaz brûlés), évacuer (une salle).
evacuation = évacuation *f.* (d'une ville, des soldats).
evaluation = évaluation *f.* (des dommages), qualification *f.* (du travail), estimation *f.* du montant (des dommages).
- - -, **job** = qualification *f.* des emplois, analyse *f.* des tâches, évaluation *f.* des emplois.
evaporate, to = évaporer, s'évaporer, se vaporiser.
- - -, **to - - - down** = réduire par évaporation.
evaporation = évaporation *f.* (des océans), vaporisation *f.* ou volatilisation *f.* (d'un parfum, du pétrole).
evaporator = évaporateur *m.*, vaporisateur *m.* (de peinture).
- - -, **shell-tube** = évaporateur *m.* multitubes.
- - -, **vacuum** = évaporateur *m.* à vide.
even = (chiffre *m.*) pair, plan (adj.), uni (adj.)
- - -, **to** = égaliser ou niveler (un terrain), araser (un mur), aplanir (un chemin).
- - -, **to - - - out** = « even, to ».
- - - **with** = au niveau de, à fleur de.
evenly = uniformément.
evenness = égalité *f.*, régularité *f.* (d'un mouvement).
evolute = développée *f.*, en développante *f.* de cercle.
evolvent = développante *f.*
evolution = dégagement *m.* (de chaleur), développement *m.* (d'une courbe, d'un projet), évolution *f.* (des idées), déroulement *m.* (des événements).
examine, to = vérifier (les connexions), examiner (un tableau, un lieu, une affaire), inspecter (une machine), faire la reconnaissance (des lieux).
excavate, to = fouiller (le sol), déblayer (un terrain), excaver ou creuser (un fossé), approfondir (des canaux), déterrer (des trésors).
excavating = fouille *f.*, excavation *f.*, déblai *m.*, (travaux *m.p.*) de terrassement.

(excavating)

– – –, **open-cut** = excavation *f.* à ciel ouvert.
excavation = fouille *f.*, excavation *f.*, déblai *m.*
excavator = excavateur *m.* ou excavatrice *f.* (M.).
– – –, **bucket** = excavateur *m.* à godets.
– – –, **cable** = excavateur *m.* à câble.
– – –, **chain, bucket** = excavateur *m.* à chaîne à godets.
– – – **on caterpillar wheels** = excavateur *m.* sur roues à voie sans fin, excavateur *m.* monté sur chenilles.
– – –, **pneumatic** = excavateur *m.* à air comprimé.
– – –, **steam** = excavateur *m.* à vapeur.
excelsior = copeaux *m.p.* (d'emballage), fibre *f.* d'emballage, laine *f.* de bois.
exception = exception *f.* (à une règle), fin *f.* de non-recevoir.
– – –, **to take – – – to** = soulever une objection, récuser (un juré, un témoin), trouver à redire (à une personne), s'objecter.
– – –, **without** = sans exception aucune, sans aucune objection.
excess = excédent *m.* (de poids), surépaisseur *f.* (de métal) (Mét.), excès *m.* (de lumière, d'eau, d'air), surplus *m.* (de marchandises).
exchange = bureau *m.* ou bureau *m.* téléphonique (il peut y avoir plus d'un bureau dans un même bâtiment), central *m.* (Tp.), central *m.* téléphonique, préfixe *m.* (du numéro d'un abonné) (Tp.), centre *m.* de commutation (Tp.), circonscription *f.* téléphonique (Tp.), V. « area, exchange ».
– – –, **adjacent** = central *m.* secondaire (Tp.), circonscription *f.* adjacente (Tp.).
– – –, **adjoining** = circonscription *f.* adjacente (Tp.).
– – –, **automatic** = bureau *m.* téléphonique automatique (Tp.), central *m.* automatique (Tp.).
– – –, **automatic, semi-** = bureau *m.* téléphonique mixte (Tp.).
– – –, **branch** = bureau *m.* annexe (Tp.).
– – –, **branch, automatic** = bureau *m.* automatique annexe (Tp.).
– – –, **branch, private** = bureau *m.* privé annexe (Tp.), standard *m.* privé (Tp.), standard *m.* d'abonné (Tp.).
– – –, **branch, private, dial** = bureau *m.* automatique privé (Tp.), installation *f.* privée automatique (Tp.).
– – –, **central** = bureau *m.* central (Tp.).
– – –, **controlling** = central *m.* (ou centre *m.*) directeur (Tp.).
– – –, **dependent** = bureau *m.* auxiliaire (Tp.).
– – –, **dial** = central *m.* automatique (Tp.).
– – –, **electronic** = central *m.* électronique (Tp.).
– – –, **free calling** = secteur *m.* d'appel local (Tp.).
– – –, **local** = bureau *m.* local (Tp.), central *m.* local (Tp.), central *m.* urbain (Tp.).
– – –, **main** = bureau *m.* central (Tp.).
– – –, **manual** = bureau *m.* manuel (Tp.), central *m.* manuel (Tp.).
– – –, **minor** = bureau *m.* téléphonique auxiliaire.
– – –, **multi-office** = réseau *m.* téléphonique.
– – –, **outgoing** = centre *m.* (ou central *m.*) de départ (Tp.).
– – –, **parent** = central *m.* principal (Tp.).
– – –, **private** = central *m.* privé (c.-à-d. sans liaison avec le central public) (Tp.).
– – –, **satellite** = bureau *m.* téléphonique auxiliaire.
– – –, **step by step** = central *m.* pas à pas (Tp.).

(exchange)

– – –, **sub-** = bureau *m.* téléphonique auxiliaire.
– – –, **tandem** = bureau *m.* téléphonique intermédiaire.
– – –, **telephone** = V. « exchange ».
– – –, **telephone, automatic** = central *m.* automatique (Tp.), bureau *m.* automatique (Tp.).
– – –, **telephone, electronic** = central *m.* téléphonique électronique.
– – –, **transit** = central *m.* de transit (Tp.), bureau *m.* de transit (Tp.).
exchanger = échangeur *m.*
– – –, **heat** = échangeur *m.* de chaleur.
excitation = excitation *f.* (d'une bobine) (E.), amorçage *m.* (d'une dynamo) (E.), champ *m.* inducteur (E.).
– – –, **choke** = excitation *f.* par choc (E.).
– – –, **compound** = excitation *f.* compound, excitation *f.* composée.
– – –, **constant** = excitation *f.* constante.
– – –, **differential** = excitation *f.* différentielle, excitation *f.* anticompound.
– – –, **direct** = excitation *f.* directe.
– – –, **impact** = excitation *f.* par choc (E.).
– – –, **impulse** = excitation *f.* par impulsion.
– – –, **independent** = excitation *f.* indépendante.
– – –, **no-load** = excitation *f.* à vide.
– – –, **over-** = surexcitation *f.*
– – –, **over-compound** = excitation *f.* hypercompound.
– – –, **pole** = création *f.* de pôles (E.).
– – –, **poor** = défaut *m.* d'amorçage (E.).
– – –, **residual** = excitation *f.* remanente, excitation *f.* résiduelle.
– – –, **self-** = auto-excitation *f.*
– – –, **separate** = excitation *f.* séparée.
– – –, **series** = excitation *f.* en série.
– – –, **shock** = excitation *f.* par choc (R.).
– – –, **shunt** = excitation *f.* en shunt, excitation *f.* en dérivation.
– – –, **variable** = excitation *f.* variable.
– – –, **under-** = sous-excitation *f.*
excite, to = exciter.
excited, self- = à auto-excitation (E.).
exciter (or excitor) = excitatrice *f.* (E.), dynamo *f.* excitatrice (E.).
– – –, **static** = excitateur *m.* (E.), dynamo *f.* excitatrice (E.).
excursion = excursion *f.*, randonnée *f.* (Auto.), déviation *f.* (E.).
executive = Bureau *m.* (d'une association), (agent *m.*, pouvoir *m.*) exécutif *f.* (adj.).
exhalation = émanation *f.* ou exhalation *f.* (de gaz, d'odeurs).
exhaust = échappement *m.* (Méc.), évacuation *f.* (Méc.).
– – –, **free** = échappement *m.* libre.
– – – **in open air** = décharge *f.* à l'air libre, échappement *m.* à l'air libre.
– – –, **of steam** = échappement *m.* de la vapeur.
– – –, **to** = s'échapper, faire le vide (dans une ampoule), épuiser (les réserves), tarir (une source).
exhauster = aspirateur *m.*, exhausteur *m.*
– – –, **air** = aspirateur *m.*, évent *m.*
– – –, **brake** = pompe *f.* à vide pour le freinage.
– – –, **dust** = aspirateur *m.* de poussière.

(exhauster)

– – –, **fume** = exhausteur *m.* de fumées.
– – –, **gas** = exhausteur *m.* de gaz.
– – –, **smoke** = aspirateur *m.* de fumée.
exhaustion = épuisement *m.* (des réserves, du sol), exhaustion *f.* (des gaz).
– – – **of steam** = évacuation *f.* de la vapeur.
exhibit = pièce *f.* à conviction, pièce *f.* justificative, objet *m.* d'exposition, V. « exhibits ».
exhibition = exposition *f.*, étalage *m.*
– – –, **motor, the** = le Salon de l'Automobile.
exhibits = photos *f.p.* pour réclame (Tv.), V. « exhibit ».
exit = sortie *f.*, émission *f.*, issue *f.* (d'une maison).
– – –, **emergency** = sortie *f.* de secours.
– – –, **fire** = sortie *f.* de secours.
– – –, **gas** = sortie *f.* des gaz.
ex-libris = ex-libris *m.* (Imp.).
expand, to = s'allonger, dilater (un corps), se dilater, détendre (la vapeur), gonfler (un ballon), mandriner (un tube), étendre (les limites d'un domaine), écarter (les segments d'un frein).
expander = écarteur *m.*, extenseur *m.* (E.), étaleur *m.* de bande (R.), expanseur *m.* (E.).
– – –, **chest** = exerciseur *m.* ou extenseur *m.*
– – –, **rim** = ouvre-jante *m.* (Auto.).
– – –, **tube** = mandrin *m.* à évaser les tubes, extendeur *m.*
expansion = détente *f.* (du gaz), dilatation *f.* (des métaux), foisonnement *m.* (de la chaux vive), extension *f.* des nuances (d'une image reçue) (Tg.), croissance *f.* (d'une entreprise).
– – –, **adiabatic** = détente *f.* adiabatique.
– – –, **adjustable** = détente *f.* variable.
– – –, **fixed** = détente *f.* fixe.
– – –, **heat** = expansion *f.* (d'un corps) sous l'influence de la chaleur (Mét.).
– – –, **isothermal** = détente *f.* isothermique.
– – –, **linear** = dilatation *f.* linéaire.
– – –, **moisture** = expansion *f.* (d'un matériau) sous l'influence de l'humidité.
– – – **of the steam** = détente *f.* de la vapeur.
– – –, **two-stage** = double détente.
– – –, **variable** = détente *f.* variable.
– – –, **volume, automatic** = expansion *f.* sonore automatique (Tp.).
expansive = expansible (adj.), dilatable (adj.).
expediter = contrôleur *m.* des expéditions (O.).
expel, to = expulser (un locataire), refouler (l'eau), chasser (un gaz, un insolent).
expenditure = dépense *f.* (de chaleur, d'argent).
– – –, **capital** = immobilisations *f.p.*
expense = dépense *f.*, frais *m.p.*
– – –, **extra** = supplément *m.* de dépense, frais *m.p.* supplémentaires.
expenses = frais *m.p.*, débours *m.p.*, dépenses *f.p.*, déboursés *m.p.*
– – –, **casual** = dépenses *f.p.* imprévues.
– – –, **construction** = frais *m.p.* de construction.
– – –, **general** = frais *m.p.* généraux.
– – –, **incidental** = faux frais *m.p.*
– – –, **legal** = frais *m.p.* légaux, frais *m.p.* judiciaires.
– – –, **maintenance** = frais *m.p.* d'entretien.
– – –, **office** = frais *m.p.* d'administration.

(expenses)

– – –, **operating** = frais *m.p.* d'exploitation.
– – –, **shipping** = frais *m.p.* d'expédition.
– – –, **sundry** = frais *m.p.* divers.
– – –, **travelling** = frais *m.p.* de déplacement, frais *m.p.* de voyage.
– – –, **working** = frais *m.p.* d'exploitation.
experience, to = expérimenter.
experiment = épreuve *f.*, expérience *f.*, essai *m.*
– – –, **to** = faire une expérience, expérimenter.
experimental = expérimental (adj.), d'essai.
expert = spécialiste *m.* (O.), expert *m.* (O.), technicien *m.* (O.).
– – –, **building** = expert *m.* en matière de construction.
– – –, **efficiency** = spécialiste *m.* de l'organisation, ingénieur *m.* d'organisation.
– – –, **electronics** = électronicien *m.*
explode, to = éclater, sauter, faire explosion, exploser.
exploder = amorce *f.*, détonateur *m.*, exploseur *m.* (électrique).
– – –, **delayed-action** = exploseur *m.* à retardement.
– – –, **electric** = exploseur *m.* électrique.
exploration = reconnaissance *f.* (des lieux, du terrain), exploration *f.*
explosion = explosion *f.*
– – – **of a boiler** = explosion *f.* d'une chaudière.
explosive = explosif *m.*, V. « explosives ».
– – –, **delayed-action** = explosif *m.* à retardement.
– – –, **flameless** = explosif *m.* de sûreté.
explosives, disruptive = explosifs *m.p.* brisants.
– – –, **high-strength** = explosifs *m.p.* de grande puissance.
– – –, **low-stength** = explosifs *m.p.* faibles.
– – –, **permitted** = explosifs *m.p.* autorisés.
– – –, **priming** = explosifs *m.p.* d'amorce.
– – –, **prohibited** = explosifs *m.p.* interdits.
– – –, **safety** = explosifs *m.p.* de sûreté.
– – –, **shattering** = explosifs *m.p.* détonants.
– – –, **wet work** = explosifs *m.p.* pour tir sous l'eau.
exponent = exposant *m.*
– – – **of refraction** = indice *m.* de réfraction.
exponential = exponentiel (adj.).
exposed = (mur *m.*) exposé (aux intempéries, à la vue), (marchandises *f.p.*) en montre, (fil *m.* mis) à nu, (organe *m.*) apparent (d'une machine), (engrenage *m.*) à découvert (arbre *m.*) déchaussé, (plaque *f.*) impressionnée (Phot.), (installation *f.*) visible (Tp., H.).
exposure = rapprochement *m.* (entre une ligne téléphonique et une ligne d'énergie électrique), orientation *f.* (d'une bâtisse), étalage *m.* (des marchandises), (temps *m.* de) pose *f.* (Phot.), exposition *f.* (du papier à la lumière) (Phot.).
– – –, **double** = superposition *f.* (Phot.).
– – –, **oblique** = rapprochement *m.* oblique (E., Tp.).
– – –, **parallel** = parallélisme *m.* (E., Tp.).
– – – **to weather** = échantillon *m.* (d'une tuile, d'un bardeau) (B.).
– – –, **under** = sous-exposition *f.* (Phot.).
expressway = autoroute *f.*
expropriate, to = exproprier (une propriété, un propriétaire).
expropriation = expropriation *f.* (d'une propriété, d'un propriétaire), dépossession *f.*

expulsion = élimination *f.*, expulsion *f.* (d'un indésirable).

extend, to = prolonger (une ligne téléphonique), allonger (le bras), étendre (les limites d'un domaine), pousser (une fouille), proroger (l'échéance d'une traite).

extender = (blanc *m.* de) charge *f.* (d'une encre, d'une peinture).

extension = prolongement *m.* (d'une voie ferrée, d'une route), agrandissement *m.* (d'un bâtiment), allonge *f.* (de câble), rallonge *f.* (d'un fil, d'une table à coulisses), extension *f.* (d'un réseau téléphonique), faisceau *m.* (d'antennes), travaux *m.p.* additionnels (au contrat), prolongation *f.* du délai d'achèvement (ce travaux), poste *m.* supplémentaire (Tp.).

– – –, **brace-bit** = rallonge *f.* de vilebrequin (I.).

– – –, **elastic** = allongement *m.* unitaire élastique (Méc.).

– – –, **P.B.X.** = poste *m.* supplémentaire (Tp.), poste *m.* (de central privé) (Tp.), poste *m.* (Tp.).

– – –, **restricted** = poste *m.* à usage restreint (Tp.), poste *m.* privé (c.-à-d. ne peut être relié au réseau) (Tp.).

– – –, **shaft** = arbre-rallonge *m.* (Méc.), bout *m.* d'arbre (Méc.), rallonge *f.* (d'un outil).

– – –, **subscriber's** = poste *m.* (téléphonique) supplémentaire (Tp.).

– – –, **tail-pipe** = embout *m.* (de tuyau) d'échappement (Auto.).

– – –, **telephone** = poste *m.* supplémentaire (Tp.), poste *m.* (Tp.).

– – –, **water** = prolongement *m.* de la canalisation (de distribution) d'eau.

extensometer = extensomètre *m.*, indicateur *m.* d'extension.

extent = étendue *f.*

extinction = extinction *f.* (R.).

– – – **of a flame** = extinction *f.* d'une flamme.

extinguish, to = éteindre (un incendie, une dette), abolir (un droit).

extinguisher, carbon dioxide = extincteur *m.* à gaz carbonique.

– – –, **fire** = extincteur *m.* d'incendie, extincteur *m.*, extincteur *m.* chimique.

– – –, **spark** = souffleur *m.* d'étincelles.

extra = de rechange, supplémentaire (adj.), dépense *f.* supplémentaire, supplément *m.* (d'un journal, d'un solde), édition *f.* spéciale (d'un quotidien).

extract = extrait *m.* (d'un auteur, de viande), citation *f.* (d'un auteur).

– – –, **to** = extraire (le miel des rayons, une citation d'un texte).

extraction = extraction *f.* (du jus d'un citron, de la houille), arrachage *m.* (d'un clou).

extractor = extracteur *m.*, pince *f.* (I.).

– – –, **centrifugal** = toupie *f.* mécanique (Mi.), extracteur *m.* centrifuge (Chim.).

– – –, **fan type** = extracteur *m.* à palettes (Chim.).

– – –, **hatchet** = arrache-crampons *m.*

(extractor)

– – –, **honey** = extracteur *m.* (I.).

– – –, **juice** = pressoir *m.* (Ust.).

– – –, **juice, lemon** = presse-citron *m.* (Ust.).

– – –, **nail** = arrache-clou *m.*, tire-clou *m.*

– – –, **oil** = déshuileur *m.*, récupérateur *m.* d'huile (Méc.).

– – –, **padding** = débourroir *m.*

– – –, **pile** = machine *f.* à arracher les pilotis.

– – –, **pin** = tire-goupille *m.*

– – –, **pin, cotter** = tire-goupille *m.*

– – –, **pin, split** = tire-goupille *m.*

– – –, **rotary** = extracteur *m.* à piston circulaire (Chim.).

– – –, **rotary-impeller** = extracteur *m.* à pistons rotatifs (Chim.).

– – –, **spike** = pied-de-biche *m.*, pince *f.* à pied-de-biche.

– – –, **tar** = dégoudronneur *m.* (M.) (Chim.).

– – –, **tar, double-drum type** = dégoudronneur *m.* à double cloche (M.) (Chim.).

– – –, **tar, impact** = dégoudronneur *m.* à chocs (M.) (Chim.).

– – –, **valve** = démonte-soupape *m.*

extrados = extrados *m.* (B.).

extrude, to = refouler (un métal), repousser.

extruder = presse *f.* à filer (Mét.), boudineuse *f.* (M.).

extrusion = refoulage *m.* (des métaux).

eye = oeil *m.* (d'un outil, d'une personne), chas *m.* ou trou *m.* (d'une aiguille), toyère *f.* (de fer de hache), emmanchure *f.* (d'un marteau), cosse *f.* (d'un câble), germe *m.* (d'une pomme de terre), boucle *f.* (d'une corde), oeilleton *m.* (d'un appareil) (Phot.), regard *m.* (d'un fourneau).

– – –, **bull's** = oeil-de-boeuf *m.* (B.), hublot *m.* (Mar.), centre *m.* ou mouche *f.* (d'une cible).

– – –, **cable** = cosse *f.*

– – –, **cat's** = cabochon *m.* lumineux (C.).

– – –, **cathodic** = oeil *m.* magique (R.).

– – –, **cock** = V. « cockeye ».

– – –, **cord** = oeillet *m.* de cordon (Tp.).

– – –, **electric** = cellule *f.* photoélectrique, oeil *m.* magique.

– – –, **lifting** = oeilleton *m.* de levage, oeilleton *m.* d'arrimage.

– – –, **lifting, triangular** = crochet *m.* fermé (de grue) (C.).

– – –, **magic** = oeil *m.* magique (R.), indicateur *m.* visuel d'accord (R.).

– – – **of a needle** = chas *m.*

– – –, **screw** = piton *m.*, vis *f.* à oeil.

– – –, **spring** = oeil *m.* de ressort.

– – –, **tuning** = oeil *m.* magique (R.).

– – –, **wall** = piton *m.* mural à scellement.

eyelet = oeillet *m.*, piton *m.*, cosse *f.* (d'un câble).

– – –, **rubber** = oeilleton *m.* en caoutchouc (Phot.).

eyepiece = oculaire *m.* (d'un microscope), viseur *m.* (d'une caméra, d'un théodolite).

– – –, **view-finder** = oculaire *m.* du viseur (Phot.).

F = V. « Fahrenheit » et « farad ».

f = V. « foot », « distance, focal » et « fathom ».

fabric = tissu *m.*, toile *f.*, étoffe *f.*, structure *f.* (d'un bâtiment), treillis *m.* (d'une clôture).

– – –, **adhesive** = toile *f* adhérente.

– – –, **cotton** = étoffe *f.* de coton.

– – –, **crash** = toile *f.* à serviettes (de toilette).

– – –, **heating** = tissu *m.* chauffant.

– – –, **reinforced** = tissu *m.* armé.

– – –, **rubberized** = tissu *m.* caoutchouté.

– – –, **rubber-processed** = toile *f.* imprégnée de gomme.

fabricate, to = construire (une théorie), fabriquer (des marchandises).

facade = façade *f.* (d'un édifice).

face = surface *f.* (du sol), surface *f.* frontale (d'un objet), endroit *m.* (d'une étoffe), recto *m.* (d'un feuillet), front *m.* de taille (d'une carrière), façade *f.* (d'un édifice), panne *f.* (d'un marteau), face *f.* (d'une dent, d'une meule), parement *m.* (d'une muraille), facette *f.* (d'un diamant), pan *m.* (d'un écrou), tête *f.* ou aire *f.* (d'un maillet), aire *f.* (d'une enclume), semelle *f.* (d'une varlope).

– – –, **arresting** = surface *f.* d'arrêt.

– – –, **digging** = front *m.* d'abatage (C., Mi.).

– – –, **exposed** = parement *m.* (d'un mur).

– – –, **hammer** = face *f.* de marteau, table *f.* de marteau, panne *f.*

– – –, **inside** – – – **of a wall** = surface *f.* intérieur d'un mur (B.).

– – –, **lateral** = face *f.* latérale.

– – – **of a stone** = parement *m.* d'une pierre.

– – – **of contact** = zone *f.* de contact (E.).

– – – **of valve-seating** = portée *f.* de la soupape (Méc.).

– – –, **pole** = masse *f.* polaire (E.), face *f.* polaire (E.).

– – –, **quarry** = front *m.* de taille.

– – –, **rock** = parement *m.* brut.

– – –, **seam** = parement *m.* en pierres brutes (naturellement planes).

– – –, **side** = face *f.* latérale.

– – –, **slide** = voie *f.* à glissière (Méc.), barrette *f.* (Méc.).

– – –, **smooth** = parement *m.* lisse (d'un mur), parement *m.* smillé (d'une pierre).

– – –, **to** = usiner ou dresser (une surface) (Mét.), surfacer (Mét.), revêtir ou parer (un mur) (B.).

– – –, **valve** = table *f.* du tiroir (Méc.).

– – –, **valve, slide** = table *f.* du tiroir (Méc.).

– – –, **vise, removable** = mordache *f.* d'étau.

– – –, **wall** = surface *f.* d'un mur.

– – –, **wood** = face *f.* de repère (Men.).

– – –, **working** = surface *f.* travaillante (d'une meule).

faced, asbestos = à surface amiantée.

– – –, **leather** = garni de cuir.

– – –, **rubber** = garni de caoutchouc.

facilities = outillage *m.*, moyens *m.p.*, installations *f.p.*, aménagements *m.p.*

– – –, **berth(ing)** = ponton *m.* d'accostage (Mar.), bassins *m.p.* d'amarrage (Mar.).

– – –, **cable** = réseau *m.* de câbles (Tp.), installations *f.p.* de câbles (Tp.).

– – –, **communications** = moyens *m.p.* de communication, services *m.p.* de communications (Tp., Tg., R.).

– – –, **community** = services *m.p.* communautaires (d'une ville), équipement *m.* collectif (nécessaire au développement d'un quartier).

– – –, **electrical** = installations *f.p.* électriques.

– – –, **highway** = réseau *m.* des grandes routes.

– – – **of conveyance** = facilités *f.p.* de transport, moyens *m.p.* de transport.

– – – **of payment** = facilités *f.p.* de paiement.

– – –, **office** = bureaux *m.*

– – –, **parking** = parc *m.* (Auto.), parc *m.* de stationnement (Auto.).

– – –, **pedestrian** = voies *f.p.* pour piétons.

– – –, **rail** = moyens *m.p.* de transport par voie ferrée.

– – –, **related** = installations *f.p.* annexes.

– – –, **sanitary** = installations *f.p.* sanitaires, commodités *f.p.*

– – –, **service** = installations *f.p.* de service.

– – –, **storage** = entrepôt *m.*

– – –, **toll** = installations *f.p.* interurbaines (Tp.), appareillage *m.* interurbain (Tp.).

– – –, **weighing** = installations *f.p.* de pesage.

facility = facilité *f.* (à écrire, à parler).

– – –, **add-on** = possibilité *f.* d'adjonction (Méc., E.).

(facility)

– – –, **talk-through** = dispositif *m.* d'intercommunication (R.).

facing = perré *m.* (d'un fossé), parement *m.* ou revêtement *m.* (d'un mur), garniture *f.* (de ruban de frein), surface *f.* de portée (d'une pièce), poncis *m.* (de meule), dressage *m.* (d'une surface) (Mét.), surfaçage *m.*, placage *m.*

– – –, **asbestos** = garniture *f.* d'amiante.

– – –, **brake, leather** = garniture *f.* en cuir du frein.

– – –, **brick** = parement *m.* de brique (B.).

– – –, **cement** = enduit *m.* de ciment (B.).

– – –, **cylinder** = revêtement *m.* du cylindre (Méc.).

– – – **of marble** = placage *m.* de marbre (B.).

– – –, **rough** = dressage *m.* d'ébauche (Méc.).

– – –, **rubber** = revêtement *m.* en caoutchouc.

– – –, **steel** = aciérage *m.* (Mét.).

– – –, **stone** = revêtement *m.* en pierre, parement *m.* de pierre.

fascimile = image *f.* transmise à distance (R.), bélinogramme *m.* (R.), fac-similé *m.* (Tg.).

factor = facteur *m.*, indice *m.*, coefficient *m.*, données *f.p.* (d'un problème).

– – –, **absorption** = coefficient *m.* d'absorption.

– – –, **age** = facteur *m.* de vieillissement.

– – –, **air** = facteur *m.* d'air (Chim.).

– – –, **air, excess** = facteur *m.* d'air (Chim.).

– – –, **amplification** = facteur *m.* d'amplification (Tp.), facteur *m.* de crête (Tp.).

– – –, **amplification, inverse** = transparence *f.* de grille (R.).

– – –, **amplification, voltage** = coefficient *m.* d'amplification en tension (E.).

– – –, **amplitude** = facteur *m.* de pointe (R.).

– – –, **armature** = nombre *m.* de fils d'induit (E.).

– – –, **array** = fonction *f.* caractéristique (d'un réseau d'antennes) (R.).

– – –, **attenuation** = facteur *m.* d'affaiblissement (Tp.).

– – –, **build up** = facteur *m.* de reconstitution (Phys.), facteur *m.* d'augmentation (E.).

– – –, **build up, absorption** = facteur *m.* de reconstitution en énergie absorbée (Phys.).

– – –, **build up, energy** = facteur *m.* de reconstitution en énergie (Phys.).

– – –, **cement** = nombre *m.* de barils de ciment par verge cube de béton (C.).

– – –, **compressibility** = facteur *m.* de compressibilité.

– – –, **contrast** = gamma *m.* (Phot.).

– – –, **correction** = coefficient *m.* de correction (E.), facteur *m.* de correction (E.).

– – –, **coupling** = coefficient *m.* de couplage (E.).

– – –, **crest** = facteur *m.* de crête (E., C.).

– – –, **current, weighting** = rapport *m.* de pondération d'un courant (E.).

– – –, **damping** = facteur *m.* d'amortissement (R.).

– – –, **demand** = facteur *m.* de demande (E.), facteur *m.* de consommation (E.).

– – –, **deviation** = coefficient *m.* différentiel (R.).

– – –, **dielectric** = constante *f.* diélectrique (E.).

– – –, **displacement** = coefficient *m.* de déplacement (E.).

– – –, **distortion, amplitude** = facteur *m.* de distorsion d'amplitude (R.), facteur *m.* de distorsion harmonique (R.).

(factor)

– – –, **diversity** = facteur *m.* de diversité (E.).

– – –, **duty** = coefficient *m.* d'utilisation.

– – –, **form** = facteur *m.* de forme (E.).

– – –, **form, harmonic, telephone** = facteur *m.* téléphonique de forme (d'une ligne électrique).

– – –, **friction** = coefficient *m.* de frottement.

– – –, **hysteresis** = facteur *m.* d'hystérésis (E.).

– – –, **impedance** = facteur *m.* d'impédance (Tp.).

– – –, **interaction** = coefficient *m.* d'interaction (E.).

– – –, **leakage** = facteur *m.* de fuite (E.).

– – –, **load** = coefficient *m.* d'utilisation (E.), facteur *m.* de charge (E.), facteur *m.* d'utilisation (E.).

– – –, **loss** = facteur *m.* de pertes (d'une bobine) (E.).

– – –, **luminosity, relative** = coefficient *m.* de visiblité relative.

– – –, **magnification** = facteur *m.* de surtension (d'un circuit oscillant en résonance) (R.).

– – –, **mismatch** = coefficient *m.* de perte due aux réflexions (E.).

– – –, **modulation** = facteur *m.* de modulation (R.).

– – –, **mu** = coefficient *m.* d'amplification (R.).

– – –, **noise** = facteur *m.* de bruit (d'un récepteur (R.).

– – – **of merit** = coefficient *m.* de qualité.

– – – **of safety** = coefficient *m.* de sécurité, facteur *m.* de sécurité.

– – –, **output** = pourcentage *m.* d'utilisation (d'un réseau) (E.).

– – –, **peak** = facteur *m.* de pointe (E.).

– – –, **pick-up** = hauteur *f.* d'entrée (d'un radiogoniomètre généralement exprimée en mètres).

– – –, **power** = facteur *m.* de puissance (c.-à-d. cos φ) (E.).

– – –, **propagation** = facteur *m.* de propagation d'une ligne homogène (Tp.).

– – –, **Q** = facteur *m.* de surtension (d'un circuit oscillant en résonance) (R.), facteur *m.* de qualité (d'un élément) (R.).

– – –, **reactive** = coefficient *m.* de réactance (E.).

– – –, **reduction** = coefficient *m.* de réduction (E.).

– – –, **reflection** = coefficient *m.* de réflexion, coefficient *m.* de perte due aux réflexions (E.).

– – –, **safety** = coefficient *m.* de sécurité, facteur *m.* de sûreté.

– – –, **saturation** = coefficient *m.* de saturation.

– – –, **scattering** = coefficient *m.* de dispersion.

– – –, **screening** = facteur *m.* réducteur (E.).

– – –, **selectivity** = facteur *m.* de sélectivité (R.).

– – –, **shadow** = facteur *m.* de diffraction (par la terre) (R.).

– – –, **shape** = coefficient *m.* de forme.

– – –, **simultaneity** = facteur *m.* de simultanéité (E.).

– – –, **smoothing** = taux *m.* de modulation (E.).

– – –, **space** = facteur *m.* d'encombrement.

– – –, **transfer, heat** = coefficient *m.* de conduction (d'un mur) (B.), coefficient *m.* U.

– – –, **transition** = variation *f.*, erreur *f.*

– – –, **transmission** = facteur *m.* de transmission (Tp., R.).

– – –, **U** = coefficient *m.* U (B.), coefficient *m.* de conduction (B.), coefficient *m.* de transmission (d'une paroi) (B.).

– – –, **voltage** = facteur *m.* d'amplification (relatif à deux électrodes).

(factor)

– – –, **weight(ing)** = rapport *m*. de pondération d'une tension (E.).
factory = usine *f*., fabrique *f*., manufacture *f*., atelier *m*.
– – –, **aircraft** = avionnerie *f*.
– – –, **arms** = armurerie *f*.
– – –, **biscuit** = biscuiterie *f*.
– – –, **butter** = beurrerie *f*., laiterie *f*.
– – –, **cardboard** = cartonnerie *f*.
– – –, **cartridge** = cartoucherie *f*.
– – –, **cheese** = fromagerie *f*., laiterie *f*.
– – –, **cotton** = filature *f*. de coton.
– – –, **lace** = dentellerie *f*.
– – –, **paper** = papeterie *f*., fabrique *f*. de papier.
– – –, **shoe** = fabrique *f*. de chaussures.
– – –, **spinning** = filature *f*.
fade, brake = perte *f*. d'efficacité du frein (Méc.).
– – –, **cross-** = fondu *m*. enchaîné (Tv., R., Phot.), enchaîné *m*. (Phot., Tv.).
– – – **grey** = fondu *m*. au gris (Tv.).
– – –, **to** = s'évanouir (R.).
– – –, **to** – – – **away** = s'évanouir (R.).
– – –, **to** – – – **in** = apparaître graduellement (Tv.), faire arriver (une scène) dans un fondu (Phot., Tv.).
– – –, **to** – – – **out** = s'évanouir (R.), faire partir (une scène) dans un fondu (Phot.).
fade-in = fondu *m*. au blanc (Phot., Tv.).
fade-out = évanouissement *m*. (R., Tp.), fondu *m*. au noir (Phot., Tv.).
– – –, **radio** = évanouissement *m*. brusque (R.).
fader = atténuateur *m*. (R.).
– – –, **rotary** = atténuateur *m*. rotatif.
– – –, **straight line** = atténuateur *m*. à coulisse, atténuateur *m*. à glissière.
fading = évanouissement *m*. ou chute d'intensité (du son), fading *m*. (R.), fondu *m*. (Phot.).
– – –, **amplitude** = fading *m*. d'amplitude (R.), chute *f*. d'amplitude (R.).
– – –, **circuit** = évanouissement *m*. en circuit (Tp.), chute *f*. d'intensité (du son) (Tp.).
– – –, **colour** = décoloration *f*.
– – –, **interference** = évanouissement *m*. par interférence (R.).
– – –, **near** = évanouissement *m*. à faible distance (R.).
– – – **of waves** = évanouissement *m*. des ondes (R.).
– – –, **selective** = évanouissement *m*. sélectif (R.).
– – –, **short-range** = évanouissement *m*. (ou fading *m*.) à courte distance (R.).
fagot = paquet *m*. ou faisceau *m*. (de tiges de fer).
– – – **of wires** = faisceau *m*. de fils de fer.
– – –, **to** = paqueter, mettre en faisceaux.
Fahrenheit = (degré *m*.) Fahrenheit (°F = °C × 9/5 + 32), °F *m*.
fail, to = tomber en panne (Méc.).
failure = panne *f*. (d'électricité, d'accumulateur), échec *m*. ou insuccès *m*. (d'une entreprise), manque *m*. (de courant) (E.), rupture *f*. (d'une pièce) (Méc.), dérangement *m*. (d'une ligne) (Tp.), défaut *m*. (d'isolement) (E.), raté *m*. (d'allumage) (Auto.), manquement *m*. (à une promesse).
– – –, **current** = manque *m*. de courant (E.).
– – –, **engine** = panne *f*. de moteur (Auto.).
– – –, **fatigue** = rupture *f*. due à la fatigue (Méc.).

(failure)

– – –, **ignition** = panne *f*. d'allumage (Auto.).
– – –, **insulation** = défaut *m*. d'isolement (E.).
– – –, **light** = panne *f*. d'éclairage (E.).
– – – **of electricity** = panne *f*. d'électricité, défaillance *f*. d'électricité.
– – –, **partial** – – – **of a current** = fléchissement *m*. d'un courant (E.).
– – –, **power** = panne *f*. d'électricité (E.), panne *f*. de courant (E.).
– – –, **service** = panne *f*. d'électricité (E.), dérangement *m*. (Tp.).
– – –, **spark** = raté *m*. d'allumage (Auto.).
– – –, **stress** = rupture *f*. de fatigue (Méc.).
fairing = profilage *m*. (Auto.), carénage *m*. (Auto.).
fall = chute *f*. (d'un objet), descente *f*. (d'un marteau), baisse *f*. (du baromètre), cascades *f.p*. (c.-à-d. chute d'eau), inclinaison *f*. (d'un chemin), cadence *f*. (de la voix), colonne *f*. d'eau.
– – –, **cathode, normal** = chute *f*. cathodique normale (R.).
– – –, **earth** = éboulement *m*. de terre.
– – –, **free** = chute *f*. libre.
– – –, **ground** = éboulement *m*.
– – – **of a river** = chute *f*. d'eau, hauteur *f*. de chute.
– – – **of floor** = inclinaison *f*. du plancher.
– – – **of potential** = chute *f*. de tension (E.), baisse *f*. de potentiel (E.).
– – – **of temperature** = chute *f*. de température, abaissement *m*. de température.
– – – **of voltage** = chute *f*. de tension (E.).
– – –, **to** = décroître (E.), tomber.
– – –, **to** – – – **in** = s'écouler, s'ébouler, s'effondrer.
– – –, **to** – – – **within a specification** = satisfaire à une condition donnée.
fall-out = retombée *f*. radioactive.
fan = ventilateur *m*., éventail *m*., amateur *m*. (O.), fervent *m*. (O.).
– – –, **air supply** = ventilateur *m*. de soufflage d'air (Méc.).
– – –, **blade** = ventilateur *m*. à ailettes, ventilateur *m*. à pales.
– – –, **broadcast** = amateur *m*. de radiodiffusion (O.).
– – –, **cable** = épanouissement *m*. d'un câble (Tp.).
– – –, **ceiling** = ventilateur *m*. de plafond.
– – –, **centrifugal** = ventilateur *m*. centrifuge.
– – –, **circulating** = ventilateur *m*.
– – –, **compressing** = ventilateur *m*. foulant.
– – –, **double-inlet** = ventilateur *m*. à deux ouïes.
– – –, **electric** = ventilateur *m*. électrique, ventilateur *m*. électrique d'appartement, ventilateur *m*. portatif.
– – –, **exhaust** = aspirateur *m*.
– – –, **forced-draught** = ventilateur *m*. de tirage forcé.
– – –, **gyrating** = ventilateur *m*. oscillant.
– – –, **hand** = éventail *m*. à main (Ust.).
– – – **in** = entrance *f*. (d'une microstructure) (E.).
– – –, **induced-draught** = ventilateur *m*. de tirage induit.
– – –, **intermittent** = ventilateur *m*. à thermostat.
– – –, **oscillating** = ventilateur *m*. articulé.
– – – **out** = sortance *f*. (d'une microstructure) (E.).
– – –, **power** = ventilateur *m*. mécanique.
– – –, **propeller** = ventilateur *m*. à hélice, ventilateur *m*. à ailettes.

(fan)

– – –, **radiator** = ventilateur *m*. de radiateur (Auto.).
– – –, **radio** = sans-filiste *m*. (O.), fanatique *m*. de la radio (O.), fervent *m*. de la radio (O.).
– – –, **rotary** = ventilateur *m*. rotatif, turbine *f*. (d'un aspirateur électrique).
– – –, **screw** = ventilateur *m*. centrifuge.
– – –, **suction** = aspirateur *m*.
– – –, **to** = épanouir, disposer en éventail.
– – –, **to** – – – **out** = étaler (un câble téléphonique) en éventail.
– – –, **TV** = téléphile *m*. (O.).
– – –, **vacuum** = ventilateur *m*. aspirant.
– – –, **ventilating** = ventilateur *m*.
– – –, **wing** = ventilateur *m*. à ailettes.
fang = soie *f*., queue *f*.
– – – **of a chisel** = soie *f*. d'un ciseau.
– – – **of a file** = queue *f*. d'une lime.
– – – **of a tool** = soie *f*. d'un outil, queue *f*. d'un outil.
fanner = tarare *m*., van *m*. mécanique.
farad = farad *m*. (c.-à-d. unité de capacité) (E.), F *m*.
faradimeter (or faradmeter) = faradmètre *m*. (E.).
farm = ferme *f*.
– – –, **chicken** = ferme *f*. avicole.
– – –, **dairy** = ferme *f*. laitière.
– – –, **experimental** = ferme *f*. expérimentale.
– – –, **sewage** = champs *m.p*. d'épandage (S.).
– – –, **to** = cultiver (une ferme), faire de la culture.
– – –, **to** – – – **out** = amodier (une terre), donner en sous-contrat.
farmer = cultivateur *m*.
– – –, **dairy** = producteur *m*. laitier.
– – –, **tenant** = fermier *m*.
farming = agriculture *f*., exploitation *f*. agricole, affermage *m*. (d'une terre).
– – –, **dairy** = industrie *f*. laitière.
– – –, **mechanized** = motoculture *f*.
farrier = maréchal-ferrant *m*. (O.).
far-sighted = presbyte (adj.).
fascia = bordure *f*. de toit (B.), enseigne *f*. (au-dessus d'une devanture) (B.), V. « board, dash ».
fascicle (or fascicule) = fascicule *m*. (Imp.).
fash = bavure *f*. (d'une pièce coulée) (Mét.).
fast = ferme (adj.), solide (adj.), fixe (adj.), (une montre) en avance.
– – –, **colour** = bon teint (Imp.), grand teint.
fasten, to = fixer (le couvercle d'une boîte), attacher (les voiles) (Mar.), serrer à vis, assujettir (une poutre), visser (un panneau), caler (une pièce sur un arbre) (Méc.), boulonner (une plaque), lier (un colis) avec une ficelle, amarrer (une embarcation) à un pieu.
– – –, **to** – – – **with bolts** = boulonner.
– – –, **to** – – – **with rivets** = riveter.
– – –, **to** – – – **with screws** = serrer à vis, visser.
fastener = attache *f*., agrafe *f*., fermoir *m*., loqueteau *m*. (B.).
– – –, **belt** = agrafe *f*. de courroie, attache-courroie *m*. (M.).
– – –, **bonnet** = attache-capot *m*. (Auto.).
– – –, **casement** = loqueteau *m*. de fenêtre, fermoir *m*. de fenêtre à battants.
– – –, **chain, tire** = agrafe *f*. de chaîne (Auto.).
– – –, **cord** = attache *f*. de cordon (Tp.).

(fastener)

– – –, **corrugated** = crampon *m*. de fixation.
– – –, **door** = targette *f*. (B.).
– – –, **hame** = attache *f*. d'attelles (Agr.).
– – –, **hood** = attache-capot *m*. (Auto.).
– – –, **paper** = attache *f*. métallique (à tête), punaise *f*.
– – –, **patent** = bouton *m*. à pression.
– – –, **sash, double-hung** = fermeture *f*. de châssis à guillotine.
– – –, **sash, storm** = agrafe *f*. de contre-fenêtre, attache *f*. de contre-fenêtre, crochet *m*. d'entrebâillement de fenêtre.
– – –, **snap** = bouton-pression *m*., bouton *m*. à pression.
– – –, **window** = fermeture *f*. d'une fenêtre, crampon *m*. de fermeture (d'une fenêtre), loqueteau *m*. (de fenêtre).
– – –, **window, French** = espagnolette *f*.
– – –, **zip** = fermeture *f*. éclair, fermeture *f*. à glissière.
fastening = attache *f*., fixation *f*. (des câbles) (Tp.), ancrage *m*. (d'une tige), agrafage *m*. (d'un manteau).
– – –, **safety** = fermeture *f*. de sûreté.
fastenings = attaches *f.p*., pièces *f.p*. d'assemblage.
fastness = solidité *f*. (d'une couleur) stabilité *f*. (d'un ouvrage), rapidité *f*. (d'un convoi).
– – –, **light** = solidité *f*. à la lumière.
fat = gras (adj.), gras *m*. (de viande), panne *f*. (de lard), suif *m*. (de boeuf, de mouton).
– – –, **animal** = graisse *f*. animale.
– – –, **butter-** = V. « butterfat ».
– – –, **frying** = friture *f*. (Ust.).
– – –, **mineral** = graisse *f*. minérale (Auto.).
– – –, **vegetable** = graisse *f*. végétale.
fatal = (accident *m*.) mortel (adj.).
fatality = accident *m*. mortel.
fathom = brasse *f*. (= 6 pieds; 1 m 829).
fatigue = usure *f*., fatigue *f*.
– – –, **low cycle** = fatigue *f*. oligocyclique (Mét.).
– – –, **metal** = fatigue *f*. du métal.
– – – **of equipment** = fatigue *f*. du matériel.
– – –, **to** = fatiguer (un poteau).
faucet = robinet *m*., douille *f*. d'un tuyau.
– – –, **bathtub, double** = robinet *m*. mélangeur de baignoire, mélangeur *m*. pour baignoire.
– – –, **mixing** = robinet *m*. mélangeur.
– – –, **self-closing** = robinet *m*. à ressort.
– – –, **sink** = robinet *m*. d'évier.
– – –, **water** = robinet *m*. d'eau.
– – –, **wood** = cannelle *f*., cannette *f*.
fault = défaut *m*. ou vice *m*. (de construction), défaut *m*. d'isolement (E.), défectuosité *f*. (d'un appareil), paille *f*. (dans un métal), défaut *m*. ou imperfection *f*. (dans un travail), faille *f*. (dans un gisement) (Mi.), dérangement *m*. (Tp., E.), erreur *f*. (d'un plan).
– – –, **contact** = défaut *m*. de contact (E.).
– – –, **earth** = dérangement *m*. dû à une mise accidentelle à la terre (E.).
– – –, **ground** = dérangement *m*. dû à une mise accidentelle à la terre (Tp.), défaut *m*. de mise à la terre du neutre (E.).
– – –, **ignition** = défaut *m*. de l'allumage (Auto.).
– – – **in material** = vice *m*. de matière, défaut *m*. dans la matière.

(fault)

- – –, **insulation** = défaut *m*. d'isolement (E.), défaut *m*. d'isolation (B.).
- – – **of construction** = défaut *m*. de construction (C.).
- – – **of phase** = erreur *f*. de phase (E.).
- – – **on a line** = défaut *m*. sur une ligne (Tp.), dérangement *m*. sur une ligne (Tp.).
- – –, **open** = faille *f*. béante (Mi.).
- – –, **step** = faille *f*. à gradins (Mi.).

faulty = défectueux (adj.), imparfait (adj.), erroné (adj.).

fay, to = affleurer (deux madriers).

feather = clavette *f*. plate (Méc.), languette *f*. (Méc.), ergot *m*. (Méc.), nervure *f*. (Méc.), couvre-joint *m*. (B.), plume *f*. (d'oiseau), plumage *m*.
- – –, **crankshaft** = clavette *f*. de vilebrequin (Méc.).
- – –, **mid** = cloison *f*. médiane (Pap.).
- – –, **sliding** = clavette *f*. coulissante (Méc.).
- – –, **to** = claveter ou clavetter (Méc.), aller en rétrécissant (Méc.), tailler en biseau (Men.), assembler à rainure et à languette (Men., B.), canneler (un arbre de couche) (Méc.).

feathered = (arbre *m*. de couche) cannelé (adj.) ou à rainures (Méc.).

feathering = biseautage *m*. (d'un panneau) (Men.), assemblage *m*. à rainure et à languette (Men.), fini *m*. des joints (d'un mur sec) (B.).

feature = trait *m*. ou particularité *f*. (d'un édifice), caractéristique *f*. (d'un appareil), film *m*. (d'un cinéma).
- – –, **add-on** = dispositif *m*. d'adjonction (Tp.), dispositif *m*. supplémentaire.
- – –, **camp-on** = dispositif *m*. de mise en attente (Tp.).
- – –, **conference, add-on** = dispositif *m*. d'adjonction pour conférence téléphonique (Tp.).
- – –, **distinctive** = caractéristique *f*. principale.
- – –, **exclusion** = dispositif *m*. d'exclusion (Tp.).
- – –, **fundamental** = caractéristique *f*. principale.
- – –, **hold** = dispositif *m*. de (mise en) garde (Tp.).
- – –, **main** = principal avantage *m*. (d'une machine).
- – – **of the ground** = accident *m*. de terrain.
- – –, **outstanding** = caractéristique *f*. principale.
- – –, **special** = trait *m*. caractéristique.

features = traits *m.p.* (du visage), V. « feature ».
- – –, **mechanical** = caractéristiques *f.p.* mécaniques.

fed = V. « feed ».
- – –, **sheet** = margé à la feuille (Imp.).

fee = honoraires *m.p.* (d'un architecte), vacations *f.p.* (d'un notaire), cachet *m*. (d'un artiste), jeton *m*. de présence (d'un administrateur), droit *m*. (d'exécution), taxe *f*., V. « fees ».
- – –, **entrance** = prix *m*. d'entrée, cotisation *f*. d'admission (à une association).
- – –, **initiation** = droit *m*. d'inscription (à un syndicat).
- – –, **retaining** = avance *f*. (à un avocat).

feed = alimentation *f*. (Méc., H.), avance *f*. (Méc.), entraînement *m*. (Méc.), distribution *f*. (Méc.), conduite *f*. d'alimentation (H., Méc.).
- – –, **apron** = tablier *m*. sans fin, alimentation *f*. à tablier sans fin.
- – –, **automatic** = avance *f*. automatique, alimentation *f*. automatique.
- – – **-back** = V. « feed-back ».

(feed)

- – –, **battery** = alimentation *f*. par batterie (E., Tp.).
- – –, **chain** = entraînement *m*. commandé par chaîne.
- – –, **cross** = avance *f*. transversale.
- – –, **cutting** = avance *f*. de coupe (d'un tour).
- – –, **drill** = avance *f*. du foret.
- – –, **drip** = distribution *f*. compte-gouttes, compte-gouttes *m*.
- – –, **drop** = distribution *f*. compte-gouttes, compte-gouttes *m*.
- – –, **fine** = faible avance, à faible avance.
- – –, **float** = alimentation *f*. par flotteur.
- – –, **forced** = alimentation *f*. sous pression, alimentation *f*. forcée.
- – –, **gravity** = alimentation *f*. par gravité.
- – –, **hand** = avance *f*. (d'un outil) à la main, alimentation *f*. à la main.
- – –, **longitudinal** = avance *f*. longitudinale.
- – –, **oil** = lubrification *f*.
- – –, **oil, automatic** = lubrification *f*. automatique.
- – –, **parallel** = alimentation *f*. parallèle (E.).
- – –, **power** = alimentation *f*. mécanique, avance *f*. automatique.
- – –, **pressure** = alimentation *f*. sous pression.
- – –, **pump** = alimentation *f*. par pression.
- – –, **shunt** = alimentation *f*. en dérivation (E.).
- – –, **sight** = débit *m*. visible, alimentation *f*. visible.
- – –, **suction** = alimentation *f*. par aspiration.
- – –, **to** = avancer, alimenter, faire avancer.
- – –, **vacuum** = alimentation *f*. par vide (Auto.).
- – –, **water** = alimentation *f*. en eau.

feed-back = rétroaction *f*. (R.), réaction *f*. (E., R.).
- – – – –, **acoustic** = réaction *f*. acoustique, effet *m*. Larsen.
- – – – –, **capacitance** = réaction *f*. capacitive (E.).
- – – – –, **current** = réaction *f*. d'intensité (E.).
- – – – –, **electrostatic** = réaction *f*. capacitive (E.).
- – – – –, **inductive** = réaction *f*. magnétique (E.), réaction *f*. par induction (E.), réaction *f*. inductive (E.).
- – – – –, **inverse** = contre-réaction *f*. (E.).
- – – – –, **magnetic** = réaction *f*. électromagnétique (E.).
- – – – –, **negative** = contre-réaction *f*. (E.), (mécanisme *m*. de) rétroaction *f*. convergente (E.).
- – – – –, **positive** = réaction *f*. (R.), rétroaction *f*. (E.), (mécanisme *m*. de) rétroaction *f*. divergente (E.).
- – – – –, **regenerative** = réaction *f*. (E.).
- – – – –, **reverse** = contre-réaction *f*. (E.).
- – – – –, **voltage** = réaction *f*. de tension (E.).

feeder = câble *m*. d'alimentation (Tp.), ligne *f*. d'alimentation (E.), appareil *m*. d'alimentation, canal *m*. d'alimentation (H.), canal *m*. d'amenée (H.), ligne *f*. affluente (Ch.d.f.), artère *f*. (E.), feeder *m*. (de transport) (E.), ligne *f*. de transmission d'énergie (E.), margeur *m*. (O.) (Imp.), alimentateur *m*. (Méc.).
- – –, **aerial** = feeder *m*. d'antenne (R.), alimentateur *m*. d'antenne (R.).
- – –, **aggregate** = alimentateur-doseur *m*. (C.).
- – –, **automatic** = margeur *m*. (M.) (Imp.), distributeur *m*. automatique (Phot.), dispositif *m*. d'alimentation automatique.
- – –, **distribution** = feeder *m*. de sous-station (E.).
- – –, **equalizer** = conducteur *m*. de compensation (E.).
- – –, **inter-connecting** = artère *f*. d'interconnexion

(feeder)

(E.), feeder *m.* d'interconnexion (E.).

– – –, **main** = câble *m.* d'alimentation (Tp.), artère *f.* alimentaire (Tp.).

– – –, **mechanical** = chargeur *m.* mécanique (Méc.).

– – –, **multiple** = feeder *m.* multiple (E.).

– – –, **oil** = alimentateur *m.* d'huile (Méc.), burette *f.* (Méc.).

– – –, **return** = artère *f.* de retour (E.).

– – –, **ringing** = fil *m.* de sonnerie (Tp.).

– – –, **secondary** = feeder *m.* secondaire (E.).

– – –, **single** = ligne *f.* simple (Tp.), artère *f.* simple (Tp.).

– – –, **sub-** = sous-feeder *m.* (E.), distributeur *m.* (E.).

– – –, **tie** = feeder *m.* reliant deux stations (E.).

– – –, **trunk** = ligne *f.* à longue distance (Tp.), ligne *f.* interurbaine (Tp.).

– – –, **twin** = ligne *f.* double (Tp.), feeder *m.* double (E.).

feeding = alimentation *f.* (Méc., E.), avance *f.* (de l'outil).

– – –, **boiler** = alimentation *f.* d'une chaudière.

– – –, **hand** = alimentation *f.* à la main.

– – –, **self-** = à alimentation *f.* automatique, avance *f.* automatique.

– – –, **series** = alimentation *f.* en série (E.).

feel = toucher *m.*, sensation *f.* (de chaleur).

feeler = calibre *m.* d'épaisseur à lames, repère *m.* d'aile (Auto.).

fees = V. « fee ».

– – –, **registration** = frais *m.p.* d'inscription (à un collège), frais *m.p.* d'enregistrement.

– – –, **school** = frais *m.p.* de scolarité.

– – –, **tuition** = rétribution *f.* scolaire.

feet = pieds *m.p.*, V. « foot ».

– – –, **head** = charge *f.* exprimée en pieds d'eau (H.).

– – –, **per second** = pieds *m.p.* à la seconde, pi/s *m.*

fell, to = abattre ou couper (un arbre).

felling = abattage *m.* ou coupe *f.* (du bois).

– – –, **tree** = abattage *m.* des arbres, coupe *f.* du bois.

felloe = jante *f.* (de roue), circonférence *f.* (d'une roue).

– – –, **strengthening** = jante *f.* de renforcement (Méc.).

felly = jante *f.* (de roue), circonférence *f.* (d'une roue).

felt = feutre *m.*

– – –, **asphalt** = feutre *m.* asphalté (B.).

– – –, **asphalt, brick siding** = feutre *m.* asphalté couleur brique (B.).

– – –, **bearing** = feutre *m.* de roulement (Méc.).

– – –, **boiler, asbestos** = feutre *m.* d'amiante.

– – –, **carpet** = thibaude *f.* (Ust.).

– – –, **couch** = feutre *m.* coucheur (Pap.).

– – –, **deadening** = feutre *m.* armotisseur (Pap.).

– – –, **drier** = feutre *m.* sécheur (Pap.).

– – –, **hair** = feutre *m.* de poil (B.).

– – –, **oiler** = feutre *m.* huileur (Méc.).

– – –, **roofing** = carton *m.* bitumé pour toitures, carton *m.* asphalté pour toitures, feutre *m.* asphalté pour toitures.

– – –, **roofing, asphalt** = carton *m.* asphalté pour toitures, carton *m.* bitumé pour toitures, feutre *m.* asphalté pour toitures.

– – –, **tarred** = carton *m.* bitumé, carton *m.* goudronné.

– – –, **to** = feutrer (de la laine, un joint), revêtir ou couvrir (un toit) de carton bitumé.

fence = clôture *f.*, palissade *f.*, réglette *f.* (de scie à ruban), garde *f.* (d'un outil), épaulement *m.* (d'un rabot), barrière *f.* (d'un champ) (France), bordure *f.* (de plate-bande), guide-air *m.* (Av.).

– – –, **angle-picket** = clôture (d'acier) à palis angulaires.

– – –, **board** = palissade *f.* en planches.

– – –, **boundary** = clôture *f.* mitoyenne, clôture *f.* de démarcation (de deux propriétés), clôture *f.* de ligne (de propriété) (Canada).

– – –, **chain-link** = clôture *f.* grillagée.

– – –, **electric** = clôture *f.* électrique (Agr.).

– – –, **farm, steel** = clôture *f.* de ferme en fil d'acier.

– – –, **lath** = clôture *f.* en lattes, clôture *f.* à claire-voie.

– – –, **lattice** = clôture *f.* en lattes.

– – –, **lawn** = clôture *f.* de parterre.

– – –, **open** = clôture *f.* à claire-voie.

– – –, **perimeter** = enceinte *f.*

– – –, **rail** = clôture *f.* de perches (Canada).

– – –, **security** = clôture *f.* de protection.

– – –, **serpentine** = bordure *f.* (de plate-bande) onduleuse.

– – –, **snake** = clôture *f.* (en perches ou en lattes disposées) en zigzag.

– – –, **snow** = pareneige *m.*, clayonnage *m.* pareneige, pare-à-neige *m.*

– – –, **to** = entourer d'une clôture, clôturer, enclore.

– – –, **wire** = clôture *f.* en fil métallique.

fencer, electric = accumulateur *m.* pour clôture *f.* électrique (Agr.).

fencing = clôture *f.*, palissade *f.*, matériaux *m.p.* pour clôture.

– – –, **chain-link** = treillage *m.* à mailles de chaîne.

– – –, **interwoven** = clôture *f.* entrelacée, clôture *f.* tressée.

– – –, **iron** = clôture *f.* en fer.

– – –, **wire** = treillage *m.* métallique.

fender = garde-boue *m.* (Auto.), aile *f.* (Auto.), pare-chocs *m.*, éperon *m.* (de pile de pont), défense *f.* (d'une embarcation), amortisseur *m.*, garde-feu *m.* (de cheminée), galerie *f.* de foyer (B.).

– – –, **dented** = aile *f.* bossuée (Auto.).

– – –, **front** = garde-boue *m.* avant (Auto.), aile *f.* avant (Auto.).

– – –, **radiator** = grillage *m.* protège-radiateur (Auto.).

– – –, **rear** = garde-boue *m.* arrière, aile *f.* arrière (Auto.).

fenestration = fenêtrage *m.* (d'un édifice) (B.).

ferroconcrete = béton *m.* armé (B., C.).

ferromagnetic = ferromagnétique (adj.).

ferrometer = hystérésimètre *m.* (I.).

ferrule = bague *f.* ou virole *f.* (d'un manche d'outil), embout *m.* (d'une bougie d'allumage), frette *f.* (d'un pilotis), sabot *m.* (d'un pieu).

– – –, **insulating** = virole *f.* isolante.

– – –, **screwdriver** = virole *f.* de tournevis.

– – –, **to** = viroler (un manche d'outil), baguer ou fretter (un pieu).

ferry = bac *m.*, traversier *m.*, V. « boat, ferry ».

– – –, **car** = bac *m.*, transbordeur, traversier *m.* (Canada).

fertilizer = engrais *m.* (Agr.).

– – –, **artificial** = engrais *m.* chimique.

festoon = feston *m.* (B.).
fibre (or fiber) = fibre *f.*, filament *m.*
– – –, **asbestos** = fibre *f.* d'amiante, filament *m.* d'amiante.
– – –, **bass** = fibre *f.* libérienne (Pap.).
– – –, **cellulose** = fibre *f.* de cellulose (Pap.).
– – –, **glass** = fibre *f.* de verre.
– – –, **wood** = fibre *f.* de bois, fil *m.* de bois.
fibreglass = fibre *f.* de verre.
fidelity = exactitude *f.* ou fidélité *f.* (d'une traduction), fidélité *f.* (d'un récepteur de radiodiffusion) (R.).
– – –, **high** = haute fidélité (R.).
field = champ *m.* (d'une lentille, d'une médaille, de blé), excitation *f.* (E.), inducteur *m.* (E.), domaine *m.* (d'une science), bobine *f.* inductrice (E.), trame *f.* (Tv.), V. « fields ».
– – –, **air** = champ *m.* dans l'entrefer (E.).
– – –, **alternating** = champ *m.* alternatif (E.).
– – –, **armature** = champ *m.* d'induit (E.).
– – –, **coal** = gisement *m.* houiller (Mi.), bassin *m.* houiller (Mi.), bassin *m.* minier (Mi.).
– – –, **cross** = induction *f.* dans l'induit (E.).
– – –, **deflecting** = champ *m.* de déviation (E.).
– – –, **disposal** = champ *m.* d'épandage des eaux-vannes (S.), terrain *m.* d'épandage (des ordures ménagères et des déchets) (S.).
– – –, **disposal, sewage** = champ *m.* d'épandage des eaux-vannes (S.), terrain *m.* d'épandage (des ordures ménagères et des déchets) (S.).
– – –, **distorted** = champ *m.* déformé (E.), champ *m.* décalé (E.).
– – –, **electric** = champ *m.* électrique (E.).
– – –, **electromagnetic** = champ *m.* électromagnétique (E.).
– – –, **electrostatic** = champ *m.* électrostatique (E.).
– – –, **excited** = à excitation séparée (E.).
– – –, **exciting** = champ *m.* d'excitation (E.).
– – –, **fixed** = champ *m.* stationnaire (E.), champ *m.* fixe (E.).
– – –, **focal** = champ *m.* de vision (Phot.), champ *m.* visuel (Phot.).
– – –, **gas** = gisement *m.* de gaz.
– – –, **high-frequency** = champ *m.* de haute fréquence (E.).
– – –, **homogeneous** = champ *m.* homogène (E.).
– – –, **induction** = champ *m.* d'induction (E.).
– – –, **interference** = champ *m.* houilleur (R.).
– – –, **in the** = sur place (C.), sur le chantier (C.).
– – –, **leakage** = champ *m.* de dispersion (E.).
– – –, **magnetic** = champ *m.* magnétique (E.).
– – –, **magnetic, alternating** = champ *m.* alternatif (E.).
– – –, **magnetic, permanent** = champ *m.* magnétique permanent (E.).
– – –, **magnetic, primary** = champ *m.* primaire magnétique (E.).
– – –, **magnetic, secondary** = champ *m.* secondaire magnétique (E.).
– – –, **magnetic, terrestrial** = champ *m.* magnétique terrestre (E.).
– – –, **moving** = champ *m.* mobile (E.).
– – – **of action** = zone *f.* active (E.), domaine *m.* (propre à quelqu'un).
– – –**of lines of forces** = champ *m.* des lignes de for-

(field)
ce (E.).
– – – **of vision** = champ *m.* de vision (Phot.), champ *m.* visuel (Phot.).
– – –, **oil** = région *f.* pétrolifère, gisement *m.* pétrolifère.
– – –, **oscillating** = champ *m.* oscillatoire (c.-à-d. variable) (E.).
– – –, **pasture** = pré *m.* (Agr.).
– – –, **pole** = champ *m.* polaire (E.).
– – –, **radial** = champ *m.* radial (E.).
– – –, **radiation** = champ *m.* de rayonnement (E.).
– – –, **retarding** = champ *m.* de freinage (E.).
– – –, **revolving** = champ *m.* tournant (E.).
– – –, **rotary** = champ *m.* tournant (E.).
– – –, **rotating** = champ *m.* tournant (E.).
– – –, **rotational** = champ *m.* rotationnel (E.).
– – –, **scanning** = champ *m.* d'exploration (Tv.).
– – –, **separate** = champ *m.* isolé (E.).
– – –, **sewage** = champ *m.* d'épandage (des eaux-vannes) (S.).
– – –, **shunt** = champ *m.* de shunt (E.).
– – –, **sinusoidal** = champ *m.* sinusoïdal (E.).
– – –, **static** = champ *m.* électrostatique (E.).
– – –, **stationary** = champ *m.* constant (E.).
– – –, **stray** = champ *m.* de dispersion (E.).
– – –, **stray, magnetic** = champ *m.* de dispersion magnétique (E.).
– – –, **stray, slot** = champ *m.* de dispersion des rainures (E.).
– – –, **stray, stator** = champ *m.* de dispersion du stator (E.).
– – –, **stray, yoke** = champ *m.* de dispersion de culasse (E.).
– – –, **tile** = tuilerie *f.* (c.-à-d. fabrique de tuiles), terrain *m.* (ou champ *m.*) d'épandage (des eaux-vannes) (S.).
– – –, **travelling** = champ *m.* errant (E.).
– – –, **uniform** = champ *m.* uniforme (E.).
– – –, **uniform, non-** = champ *m.* variable (E.).
– – –, **variable** = champ *m.* variable (E.).
fields = V. « field ».
– – –, **drain** = champs *m.p.* d'épandage (des eaux-vannes) (S.).
fifty-fifty = moitié-moitié.
figure = chiffre *m.*, figure *f.* (géométrique), illustration *f.*, gravure *f.*
– – –, **dimensional** = cote *f.*
– – –, **magnetic** = image *f.* des lignes de force magnétiques (E.).
– – –**-of-eight** = cardioïde *m.*
– – – **of merit** = coefficient *m.* de qualité.
– – –, **to** = calculer, estimer.
filament = fil *m.* ou filament *m.* (d'une lampe) (E.), filet *m.* (d'eau).
– – –, **carbon** = filament *m.* de charbon.
– – –, **heating** = filament *m.* de chauffe.
– – –, **incandescent** = filament *m.* à incandescence.
– – –, **metallic** = filament *m.* métallique.
– – –, **oxide-coated** = filament *m.* d'oxyde rapporté.
– – –, **spiral** = filament *m.* hélicoïdal, filament *m.* boudiné.
– – –, **spiral-wound** = filament *m.* boudiné.
– – –, **straight** = filament *m.* rectiligne.

(**filament**)

– – –, **tube** = filament *m.* de lampe.
– – –, **tungsten** = filament *m.* en tungsten.
– – –, **vortex** = filet *m.* de tourbillon (H.).
file = dossier *m.*, classeur *m.*, fichier *m.*, file *f.* (de soldats), lime *f.* (I.).
– – –, **active** = dossier *m.* courant, dossier *m.* actif.
– – –, **adjusting** = écouane *f.* (I.).
– – –, **angular** = lime *f.* angulaire.
– – –, **arm** = carreau *m.* (I.).
– – –, **axe** = lime *f.* à haches.
– – –, **banking** = lime *f.* plate triangulaire.
– – –, **barrel** = lime *f.* à canon.
– – –, **barrette** = barrette *f.*, lime *f.* à biseaux.
– – –, **bastard** = lime *f.* bâtarde.
– – –, **bastard-cut** = lime *f.* bâtarde.
– – –, **bastard, flat** = lime *f.* bâtarde plate.
– – –, **bastard, half-round** = line *f.* bâtarde demi-ronde.
– – –, **bastard, hand** = lime *f.* bâtarde à côtés lisses.
– – –, **bastard, mill** = lime *f.* bâtarde pour scies circulaires.
– – –, **bastard, round** = lime *f.* bâtarde ronde.
– – –, **bastard, square** = lime *f.* bâtarde carrée.
– – –, **bit, auger** = lime *f.* à mèches (à bois).
– – –, **blade** = lime *f.* à clé.
– – –, **blunt** = lime *f.* obtuse, lime *f.* mousse.
– – –, **bow** = lime *f.* à archet, rifloir *m.*
– – –, **cabinet** = lime *f.* à arrondir.
– – –, **cant** = lime *f.* à biseaux, barrette *f.*
– – –, **card-index** = fichier *m.*, classeur *m.* à fiches.
– – –, **circular** = lime *f.* cylindrique.
– – –, **circular-cut** = lime-fraise *f.*
– – –, **coarse** = lime *f.* rude, lime *f.* à dégrossir.
– – –, **common** = lime *f.* ordinaire.
– – –, **cotter** = carrelet *m.* plat, fendante *f.*
– – –, **crochet** = lime *f.* plate pointue, petite lime plate à champs ronds.
– – –, **cross** = feuille-de-sauge *f.*, lime *f.* double demi-ronde.
– – –, **cross-bar** = lime *f.* à taille croisée.
– – –, **cross-cut** = lime *f.* à taille croisée, lime *f.* à double taille.
– – –, **crossing** = feuille-de-sauge *f.*, lime *f.* double demi-ronde.
– – –, **curved** = lime *f.* cintrée.
– – –, **dead** = lime *f.* sourde.
– – –, **dead-smooth** = lime *f.* très douce, lime *f.* extra-douce.
– – –, **disc** = lime *f.* tournante.
– – –, **double-cut** = lime *f.* à double taille.
– – –, **dovetail** = lime *f.* à queue d'aronde.
– – –, **drill** = sciotte *f.*
– – –, **entering** = lime *f.* d'entrée.
– – –, **equalizing** = lime *f.* à égaliser.
– – –, **equalling** = lime *f.* rectangulaire, lime *f.* à égaliser.
– – –, **expanding** = chemise *f.* à soufflet.
– – –, **extra-fine** = lime *f.* extra-douce.
– – –, **feather-edged** = lime *f.* à losange, losange *m.*
– – –, **fine-cut** = lime *f.* douce.
– – –, **fine-rasp** = écouane *f.* à bois.
– – –, **flat** = lime *f.* plate.
– – –, **float-cut** = lime *f.* à taille simple, écouane *f.* à bois.

(**file**)

– – –, **foundry** = lime *f.* de fonderie.
– – –, **foundry, flat** = lime *f.* plate de fonderie.
– – –, **four-edge** = lime *f.* carrée, carreau *m.*
– – –, **fretwork** = grelette *f.*
– – –, **grater** = râpe *f.* à bois.
– – –, **gulleting** = lime *f.* cylindrique pour scies à dents-de-loup.
– – –, **hack** = lime *f.* à dossier.
– – –, **half-round** = lime *f.* demi-ronde.
– – –, **half-round, double** = feuille-de-sauge *f.*
– – –, **half-round, flat** = lime *f.* plate demi-ronde.
– – –, **hand** = lime *f.* plate à main.
– – –, **hollowing** = lime *f.* à forer.
– – –, **increment-cut** = lime *f.* à taille irrégulière.
– – –, **key** = lime *f.* à bouter, lime *f.* à clés.
– – –, **knife** = lime *f.* à couteau.
– – –, **knife-edge** = lime *f.* à couteau.
– – –, **lead** = écouane *f.* à plomb.
– – –, **locksmith** = carrelet *m.*
– – –, **machinist** = lime *f.* de machiniste.
– – –, **middle-cut** = lime *f.* à taille moyenne, lime *f.* demi-douce.
– – –, **mill** = lime *f.* à parer.
– – –, **nail** = lime *f.* à ongles.
– – –, **needle** = petite lime dite « d'horloger ».
– – –, **noiseless** = lime *f.* sourde.
– – –, **notch** = = lime *f.* à encoche.
– – –, **open-cut** = lime *f.* à taille ouverte.
– – –, **oval** = lime *f.* ovale, lime *f.* queue-de-rat ovale.
– – –, **over-cut** = lime *f.* à première taille.
– – –, **parallel** = lime *f.* cylindrique, lime *f.* parallèle.
– – –, **pending** = dossier *m.* en suspens, dossier *m.* en instance.
– – –, **pillar** = lime *f.* plate à côtés lisses.
– – –, **pinion** = lime *f.* à pignon.
– – –, **planchet** = lime *f.* à ébarber.
– – –, **planing** = lime *f.* à raboter.
– – –, **pointed** = lime *f.* pointue.
– – –, **polishing** = brunissoir *m.*, carrelette *f.* (d'horloger).
– – –, **rasp** = râpe *f.*, râpe *f.* à bois, écouane *f.*
– – –, **rasping** = râpe *f.*, râpe *f.* à bois.
– – –, **rat-tail** = queue-de-rat *f.*
– – –, **reaper** = lime *f.* à affûter.
– – –, **re-cut** = lime *f.* retaillée.
– – –, **riffler** = rifloir *m.*
– – –, **rotary** = lime *f.* rotative.
– – –, **rough** = lime *f.* à grosse taille, lime *f.* à dégrossir.
– – –, **rough-cut** = lime *f.* à grosse taille.
– – –, **round** = lime *f.* ronde, queue-de-rat *f.*
– – –, **round-edged** = lime *f.* à bords arrondis.
– – –, **rounding-off** = lime *f.* à arrondir.
– – –, **rubber** = carreau *m.*
– – –, **safe-edge** = lime *f.* à champs lisses.
– – –, **saw** = tiers-point *m.*
– – –, **saw, band** = lime *f.* à scies à ruban.
– – –, **saw, cross-cut** = lime *f.* à godendards (Canada), lime *f.* à passe-partout (France).
– – –, **saw, frame** = lime *f.* demi-ronde à scies.
– – –, **saw, gin** = lime *f.* à couteau pour scies.
– – –, **saw, mill** = lime *f.* à scies circulaires.
– – –, **saw, pit** = lime *f.* barboche.
– – –, **saw, taper** = tiers-point *m.*

(file)

– – –, **saw, taper, slim** = tiers-point *m.* mince.

– – –, **saw, web** = losange *m.* pour scies à bûches.

– – –, **screw-head** = lime *f.* fendante.

– – –, **second-cut** = lime *f.* demi-douce, lime *f.* plate mi-douce.

– – –, **single-cut** = lime *f.* à taille simple.

– – –, **slitting** = lime *f.* à fendre, lime *f.* à couteau.

– – –, **slotting** = fendante *f.*

– – –, **small** = lime *f.* à main.

– – –, **smooth** = lime *f.* douce.

– – –, **smooth, flat** = lime *f.* plate douce.

– – –, **smooth, half-round** = lime *f.* demi-ronde douce, lime *f.* demi-ronde « à finir ».

– – –, **smooth, round** = lime *f.* ronde douce.

– – –, **square** = carreau *m.*, lime *f.* carrée.

– – –, **square, heavy** = lime *f.* à carreau, carreau *m.*

– – –, **square, small** = carrelet *m.*

– – –, **straw** = lime *f.* à grosse taille, lime *f.* à dégrossir.

– – –, **superfine** = lime *f.* super-douce.

– – –, **tanged** = lime *f.* à queue.

– – –, **taper** = lime *f.* pointue, lime *f.* conique.

– – –, **taper-flat** = lime *f.* plate pointue.

– – –, **tarnishing** = lime *f.* à mater.

– – –, **thinning** = lime *f.* à efflanquer.

– – –, **three-cornered** = tiers-point *m.*, lime *f.* triangulaire.

– – –, **three-cornered, double-cut** = tiers-point *m.* à deux tailles dit « d'ajusteur ».

– – –, **three-square** = tiers-point *m.*, lime *f.* triangulaire.

– – –, **three-square, single-cut** = tiers-point *m.* à une taille.

– – –, **to** = limer (Mét.), classer (des lettres), déposer (une plainte, un grief).

– – –, **to cross-** = limer à traits croisés.

– – –, **to draw-** = V. « drawfile, to ».

– – –, **to – – – off** = limer, enlever à la lime.

– – –, **toothed** = crapone *f.*

– – –, **toothed, fine** = lime *f.* douce.

– – –, **triangular** = tiers-point *m.*, lime *f.* triangulaire.

– – –, **triangular, double-cut** = tiers-point *m.* à deux tailles dit « d'ajusteur ».

– – –, **warding** = lime *f.* à bouter, lime *f.* à clés.

– – –, **wood** = lime *f.* à bois, râpe *f.* à bois, écouane *f.* à bois.

– – –, **wood, flat** = râpe *f.* (à bois) plate.

– – –, **wood, half-round** = râpe *f.* (à bois) demi-ronde.

– – –, **wood, hald-round, taper** = râpe *f.* (à bois) demi-ronde pointue.

filer = ajusteur *m.* (O.), limeur *m.* (O.).

filing = limage *m.* (d'un métal), adoucissage *m.* à la lime (Mét.), classement *m.* (des lettres).

– – –, **cross-** = limage *m.* à traits croisés.

– – –, **draw-** = limage *m.* en long.

filings = limaille *f.*

– – –, **iron** = limaille *f.* de fer.

fill = remblai *m.*, fourrure *f.* (placée entre deux pièces) (B., C.), remblai *m.* (de chemin de fer, de route).

– – –, **back-** = remblayage *m.* (après excavation), comblement *m.* (d'un fossé), V. « backfill ».

– – –, **bank** = talus *m.* (de route), remblai *m.*

– – –, **cinder** = cendre *f.* de remplissage (B.).

– – –, **granular** = (remplissage *m.* en) gravier *m.* à

(fill)

granulométrie contrôlée (B., C.).

– – –, **loose** = isolant *m.* en vrac (B.).

– – –, **machine** = pleine largeur *f.* (du rouleau de papier) (Pap.).

– – –, **to** = emplir ou remplir (un vase), faire le plein (Auto.), charger (un camion), remplir (un fossé, un trou, une vacance), masquer (les trous d'une boiserie), mastiquer (une boiserie), exécuter (une commande, une ordonnance), remblayer (une route, un creux), plomber ou obturer (une dent), occuper (un poste), combler (un fossé, une lacune), peupler (un lac), bourrer (sa pipe), remplir ou compléter (une formule).

– – –, **to – – – with air** = gonfler.

– – –, **to – – –with straw** = empailler (une fouille) (B., C.).

filler = fourrure *f.* (B.), bourre *f.*, cale *f.* (B., C.), mastic *m.*, blanc *m.* de charge (d'une peinture), charge *f.* (Pap.), bouche-trou *m.* (Imp.).

– – –, **back** = remblayeuse *f.* (M.).

– – –, **bag** = ensacheuse *f.* (M.).

– – –, **cable** = brai *m.* de câble (E.).

– – –, **crack** = lut *m.*, bouche-pores *m.*

– – –, **crown** = sulfate *m.* de calcium (Pap.).

– – –, **joint** = pâte *f.* à joints, pâte *f.* de remplissage.

– – –, **metallic** = lut *m.* métallique.

– – –, **pearl** = gypse *m.* (Pap.).

– – –, **wood** = bouche-pores *m.*

fillet = filet *m.* (de vis), cordon *m.* (de soudure), nervure *f.* (B.), collet *m.* ou bourrelet *m.* (sur un tube), roulette *f.* (d'outil), nervure *f.* (B.), filet *m.* (B.).

– – –, **arris** = chanlate *f.* (B.).

– – –, **corner** = congé *m.*

– – –, **weather** = filet *m.* d'étanchéité (B.).

filling = remblayage *m.* (d'une tranchée), chargement *m.* (d'un camion), remplissage *m.* (d'un seau), bourre *f.*, blocage *m.* (d'un mur), coulis *m.* (B., C.), mastic *m.*, matière *f.* inerte, solin *m.* (B.), gonflement *m.* (d'un ballon), obturation *f.* (d'une dent), peuplement *m.* (d'un lac), occupation *f.* (d'une charge, d'un poste), bourrage *m.* (d'une pipe).

– – –, **back** = remblayage *m.*

– – –, **beam** = remplissage *m.* (des entrevous aux extrémités des solives).

– – –, **granular** = grenaille *f.* (d'une capsule téléphonique).

– – –, **plate** = empâtement *m.* (Imp.).

– – –, **rubble** = remplage *m.* (d'un mur) (B.).

fillister = feuilleret *m.* (I.), bouvet *m.* (I.), feuillure *f.* (d'une porte, d'une fenêtre) (B.).

film = couche *f.* (de peinture), pellicule *f.* (d'eau, Phot.), film *m.* (Phot.).

– – –, **barrier** = couche *f.* d'arrêt (E.), couche *f.* conductrice (E.).

– – –, **black and white** = émulsion *f.* (ou film *m.* ou pellicule *f.*) noir et blanc.

– – –, **colour (or color)** = film *m.* couleur (Phot.), film *m.* en couleur (Phot.).

– – –, **general purpose** = film *m.* universel (Phot.).

– – –, **high-speed** = pellicule *f.* ultrasensible (Phot.).

– – –, **low-speed** = pellicule *f.* à faible sensibilité (Phot.).

– – –, **negative** = négatif *m.* (Phot.), cliché *m.* (Phot.).

(film)

– – – **of oxide** = couche *f.* d'oxyde.

– – – **of water** = pellicule *f.* d'eau.

– – –, **oil** = mince couche *f.* d'huile.

– – –, **panchromatic** = film *m.* panchromatique (Phot.).

– – –, **positive** = positif *m.* (Phot.).

– – –, **reversal** = pellicule *f.* inversible (Phot.).

– – –, **roll** = pellicule *f.* en bobine (Phot.), pellicule *f.* en rouleau (Phot.).

– – –, **sound** = film *m.* sonore, film *m.* parlant.

– – –, **thin** = couche *f.* mince.

film-pack = film-pack *m.* (Phot.).

filter = filtre *m.* (à gravier), épurateur *m.* (d'air, d'essence), filtre *m.* (E.), écran *m.* ou filtre *m.* (Phot.).

– – –, **acoustic** = filtre *m.* acoustique.

– – –, **air** = épurateur *m.* d'air, filtre *m.* à air (Auto.).

– – –, **all-pass** = filtre *m.* passe-tout (E.).

– – –, **aspirating** = filtre *m.* à vide.

– – –, **band** = filtre *m.* de bande (Tp.), filtre *m.* de fréquence (Tp.).

– – –, **band-pass** = filtre *m.* de bande (Tp.), filtre *m.* passe-bande (Tp.).

– – –, **band-stop** = filtre *m.* éliminateur (R.), filtre *m.* à élimination de bande (R.).

– – –, **band, transmission** = filtre *m.* passe-bande (Tp.), filtre *m.* de bande (Tp.).

– – –, **carbon** = filtre *m.* à charbon.

– – –, **charcoal** = filtre *m.* à charbon de bois.

– – –, **choke** = filtre *m.* à impédance (R.).

– – –, **cigarette** = filtre *m.* (d'une cigarette).

– – –, **cloth** = filtre *m.* en toile.

– – –, **colour** = écran *m.* (coloré) (Phot.), filtre *m.* coloré (Phot.).

– – –, **compensation** = filtre *m.* compensateur (R.).

– – –, **contrast** = filtre *m.* pour contrastes (Phot.).

– – –, **correction** = filtre *m.* correcteur (Phot.).

– – –, **crystal** = filtre *m.* piézo-électrique (R.).

– – –, **electric** = filtre *m.* électrique (E.).

– – –, **elimination, band** = filtre *m.* à élimination de bande (Tp.), filtre *m.* éliminateur de bande (R.).

– – –, **felt** = filtre *m.* en feutre.

– – –, **frequency** = filtre *m.* de bande (R.), filtre *m.* de fréquence (R.).

– – –, **gauze** = filtre *m.* à gaze.

– – –, **grey** = filtre *m.* gris (Phot.), filtre *m.* neutre (Phot.).

– – –, **harmonic** = filtre *m.* des harmoniques (R.), étouffeur *m.* d'harmoniques (R.).

– – –, **high-frequency** = filtre *m.* haute fréquence (Tp.).

– – –, **high-pass** = filtre *m.* passe-haut (Tp.).

– – –, **household** = filtre *m.* domestique (Ust.).

– – –, **inactinic** = filtre *m.* inactinique (Phot.).

– – –, **interference** = dispositif *m.* antiparasite (R.), filtre *m.* antiparasite (R.).

– – –, **key-click** = filtre *m.* de manipulation (Tp.).

– – –, **lattice-type** = filtre *m.* en treillis (C.).

– – –, **light** = écran *m.* orthochromatique (Phot.).

– – –, **line** = filtre *m.* antiparasite (E.).

– – –, **low-pass** = passe-bas *m.* (Tp.), filtre *m.* passe-bas (Tp.).

– – –, **low-stop** = filtre *m.* passe-haut (Tp.).

– – –, **neutral (density)** = filtre *m.* neutre (Phot.).

– – –, **noise** = filtre *m.* antiparasite (R.).

– – –, **oil** = filtre *m.* à l'huile (Mét.).

(filter)

– – –, **oil-film** = séparateur *m.* à film d'huile (Chim.).

– – –, **oil-pan** = crépine *f.* de fond de bac d'huile (Mét.), tamis *m.* de carter à huile (Auto.).

– – –, **optical** = filtre *m.* optique.

– – –, **polarizing** = écran *m.* de polarisation (Phot.), filtre *m.* polariseur (Phot.).

– – –, **pressure** = filtre *m.* à pression.

– – –, **quartz** = filtre *m.* à quartz.

– – –, **radio-frequency** = filtre *m.* haute fréquence (R.).

– – –, **ray** = écran *m.* orthochromatique (Phot.).

– – –, **rectifier** = filtre *m.* de redresseur (E.).

– – –, **rejection, band** = éliminateur *m.* de bande (R.), filtre *m.* coupe-bande (R.).

– – –, **ripple** = filtre *m.* d'ondulation (E.).

– – –, **safe light** = filtre *m.* inactinique (Phot.).

– – –, **scratch** = filtre *m.* (éliminateur) de bruits d'aiguille (R.).

– – –, **self-cleaning** = filtre *m.* à nettoyage automatique.

– – –, **separating** = filtre *m.* trieur (C.), filtre *m.* de bande (R.).

– – –, **smoothing** = filtre *m.* électrique (E.).

– – –, **suction** = filtre *m.* à aspiration.

– – –, **to** = filtrer (l'eau), épurer (l'essence).

– – –, **to – – – out** = éliminer (au moyen d'un filtre) (R.).

– – –, **tone** = filtre *m.* de tonalité (R.).

– – –, **trickle** = lit *m.* bactérien (pour l'épuration des eaux) (S.).

– – –, **UV (ultra-violet)** = écran *m.* à l'esculine (Phot.).

– – –, **vacuum** = filtre *m.* à vide.

– – –, **wadding** = filtre *m.* de ouate.

– – –, **wave** = filtre *m.* d'ondes (R.), filtre *m.* de bande (R.).

– – –, **wire-screen** = crépine *f.*, filtre *m.* en treillis métallique.

filtering = filtrage *m.*, filtration, filtrant (adj.).

filtration = filtration *f.* ou filtrage *m.* (de l'eau), épuration *f.* (de l'air).

– – –, **vacuum** = filtrage *m.* par le vide.

fin = bavure *f.* (du béton), ébarbure *f.* (d'une pièce coulée), ailette *f.* (d'un radiateur, d'un tuyau), plan *m.* fixe vertical (de l'empennage) (Av.), nageoire *f.* (d'un poisson).

– – –, **anode** = ailette *f.* d'anode (R.).

– – –, **cooling** = ailette *f.* de refroidissement.

– – –, **radiator** = ailette *f.* de radiateur (Auto.).

– – –, **vertical** = plan *m.* fixe vertical (de l'empennage) (Av.).

final = final (adj.), de sortie.

– – –and **conclusive** = définitif et péremptoire (adj.).

finder = trouveur *m.* (O.), détecteur *m.* (de courts-circuits) (I.), viseur *m.* (Phot.).

– – –, **call** = chercheur *m.* d'appel (Tp.), chercheur *m.* de ligne (Tp.).

– – –, **centre** = centreur *m.*

– – –, **depth, electric** = sondeur *m.* électrique.

– – –, **depth, sonic** = sondeur *m.* sonore (Mar.).

– – –, **direction** = radiogoniomètre *m.* (R.), goniomètre *m.* (R.).

– – –, **direction, Adcock, rotating H** = radiogoniomètre *m.* (Adcock) en H tournant.

– – –, **direction, Adcock** = radiogoniomètre *m.*

(finder)

Adcock.

- - -, **direction, aural-null** = radiogoniomètre *m.* à repérage acoustique.

- - -, **direction, automatic** = radiogoniomètre *m.* automatique.

- - -, **direction, cathode-ray** = radiogoniomètre *m.* à oscilloscope, radiogoniomètre *m.* (à tube) cathodique.

- - -, **direction, cathode-ray, double channel** = radiogoniomètre *m.* Watson-Watt.

- - -, **direction, compensated-loop** = radiogoniomètre *m.* à cadre compense (des erreurs de polarisation).

- - -, **direction, fixed** = radiogoniomètre *m.* à antenne fixe.

- - -, **direction, fixed aerial** = radiogoniomètre *m.* à antenne fixe.

- - -, **direction, radio** = radiogoniomètre *m.*

- - -, **direction, radio, ship** = radiogoniomètre *m.* de bord (Mar.).

- - -, **direction, rotating aerial** = radiogoniomètre *m.* à antenne orientable

- - -, **direction, rotating loop** = radiogoniomètre *m.* à cadre.

- - -, **direction, spaced aerial** = radiogoniomètre *m.* à antennes espacées.

- - -, **direction, spaced-loop** = radiogoniomètre *m.* à cadres séparés, radiogoniomètre *m.* à cadres espacés.

- - -, **direction, spaced-loop, rotating** = radiogoniomètre *m.* à double cadre.

- - -, **fault** = déceleur *m.* de fuites (E.), indicateur *m.* de pertes à la terre (E.).

- - -, **height** = altimètre *m.* (Av.).

- - -, **line** = présélecteur *m.* (Tp.), chercheur *m.* (Tp.), chercheur *m.* d'appel (Tp.), chercheur *m.* de ligne (Tp.).

- - -, **pole** = indicateur *m.* de pôles (E.).

- - -, **range** = télémètre *m.*

- - -, **range, lens-coupled** = télémètre *m.* couplé (à l'objectif) (Phot.).

- - -, **range, split-image** = stigmomètre *m.* (et anneau à trame fine) (Phot.).

- - -, **range, split-image - - - and ground glass ring** = stigmomètre *m.* et anneau à trame fine (Phot.).

- - -, **sense** = appareil *m.* pour lever le doute (goniométrie).

- - -, **short-circuit** = détecteur *m.* de courts-circuits (E.).

- - -, **view** = viseur *m.* (d'une caméra), oculaire *m.* (Phot.).

- - -, **view, brilliant** = viseur *m.* clair (Phot.).

- - -, **view, eye-level** = viseur *m.* (prismatique) direct (Phot.).

- - -, **view, eye-level, prismatic** = viseur *m.* prismatique direct (Phot.).

- - -, **view, reflex** = viseur *m.* reflex (Phot.).

- - -, **water** = sourcier *m.* (O.), hydroscope *m.* (I.).

- - -, **wire** = cherche-fils *m.*

finding = invention *f.* (d'une philosophie), découverte *f.* (d'un continent), conclusion *f.* (d'un tribunal), V. « findings ».

- - -, **action** = recherche *f.* automatique d'une ligne par un sélecteur (Tp.)

(finding)

- - -, **direction** = radiogoniométrie *f.*

- - -, **direction, high-frequency** = radiogoniométrie *f.*

- - -, **direction, radio** = relèvement *m.* radiogoniométrique.

- - -, **direction, very-high-frequency** = radiogoniométrie *f.* à ondes ultra-courtes.

- - -, **fault** = recherche *f.* d'un dérangement (Tp.), repérage *m.* de dérangement (Tp.).

- - -, **radio-range** = radiotélémétrie *f.*

- - -, **sense** = lever *m.* du doute (goniométrie).

- - -, **trouble** = repérage *m.* de dérangement (Tp, E), localisation *f.* des dérangements (Tp; E.).

findings = constatations *f.p.* ou conclusions *f.p.* (d'une étude), V. « finding ».

fine, National = pas *m.* national fin (de vis) (Méc.).

- - -, **to** = affiner (un métal), amincir (un madrier).

fineness = finesse *f.*

- - - **-of scanning** = finesse *f.* d'exploration (Tv.).

finger = doigt *m.* (de guidage), griffe(s) *f.(p.)* (d'une presse) (Imp.), touche *f.* (c.-à-d. plot *m.* de contact) (E, Tp.).

- - -, **clutch** = doigt *m.* de l'embrayage (Mét.).

- - -, **contact** = manette *f.* de contact (E.), doigt *m.* de contact (E.).

- - -, **feeding** = pince *f.* d'avance (d'une machine à fileter) (Mét.).

- - -, **guide** = touche *f.* guide.

- - -, **steady-rest** = touche *f.* de lunette fixe.

finish = fini *m.* ou poli *m.* (d'un meuble), finition *f.* (d'un meuble, d'un livre), enduit *m.* (Auto.).

- - -, **antique** = fini *m.* antique, apprêt *m.* antique.

- - -, **bored** = fini *m.* d'alésage.

- - -, **brush hammered** = (mur *m.* de béton) fini à la laie.

- - -, **buffed** = fini *m.* au polissoir.

- - -, **cellulose** = émail *m.* cellulosique (Auto.).

- - -, **cement** = finition *f.* au ciment (d'un plancher).

- - -, **crash** = fini *m.* grosse toile (Pap.).

- - -, **crushed** = fini *m.* écrasé (Pap.).

- - -, **dull** = fini *m.* mat (Phot.), apprêt *m.* mat (B.).

- - -, **eggshell** = fini *m.* coquille.

- - -, **English** = fini *m.* satiné (Pap.).

- - -, **exterior** = fini *m.* extérieur (B.).

- - -, **fancy** = fini *m.* (ou apprêt *m.*) de fantaisie (Imp.).

- - -, **floor** = enduit *m.* à parquet.

- - -, **glossy** = fini *m.* brillant.

- - -, **granitic** = fini *m.* granitique (B.).

- - -, **inside** = boiserie *f.* (intérieure) (B.).

- - -, **kid** = fini *m.* chevreau (Imp.).

- - -, **lumpy** = fini *m.* granuleux.

- - -, **matte** = fini *m.* mat (Pap.).

- - -, **mill** = fini *m.* sur machine (Pap.).

- - -, **plaster** = enduit *m.* au plâtre.

- - -, **plate** = fini *m.* à la plaque (Pap.), apprêt *m.* au laminoir (Pap.).

- - -, **plater** = apprêt *m.* au laminoir (Pap.).

- - -, **reamed** = fini *m.* d'alésage.

- - -, **ripple** = apprêt *m.* martelé (Pap.).

- - -, **satin** = apprêt *m.* satiné (Pap.), fini *m.* satiné (Pap.).

- - -, **smooth** = (béton *m.*) aplani à la règle, (béton *m.*) lissé à la truelle.

(finish)

– – –, **square** = simili *f.* au carré (Imp.).

– – –, **suede** = fini *m.* chevreau (Imp.).

– – –, **to** = finir ou parachever (un travail), terminer (un repas), accomplir (une tâche), achever (un travail commencé), ajuster ou usiner (une pièce) (Mét.), repasser (à la meule) (Mét.).

– – –, **trowel** = lissage *m.* à la truelle.

– – –, **wall plastic coat** = revêtement *m.* plastique (B.), enduit *m.* mural en matière plastique (B.).

finisher = finisseuse *f.* (M.), finisseur *m.* (O.).

– – –, **cement** = cimentier *m.* expert (O.).

finishing = finissage *m.* (des chaussures), finition *f.* ou parachèvement *m.* (d'un meuble, d'un ouvrage), fini *m.* (d'un meuble), usinage *m.* (Mét.), apprêtage *m.* (du papier, du cuir).

– – –, **cement** = finition *f.* du ciment, crépissage *m.* (de la surface extérieure d'un mur).

– – –, **edge** = ébarbage *m.* (Mét.).

– – –, **off-hand** = finition *f.* à la main, finissage *m.* à la main.

fir = sapin *m.*

– – –, **alpine** = sapin *m.* concolore.

– – –, **amabilis** = sapin *m.* gracieux.

– – –, **Balsam** = sapin *m.* baumier, sapin *m.*

– – –, **Balsam, bracted** = sapin *m.* baumier (à bractées).

– – –, **B.C.** = sapin *m.* de Douglas, sapin *m.* de la Colombie (Britannique).

– – –, **Douglas** = sapin *m.* de Douglas, sapin *m.* de la Colombie (Britannique).

– – –, **grand** = sapin *m.* grandissime.

fire = feu *m.*, incendie *m.*, allumage *m.* (Auto.).

– – –, **back** = contre-allumage *m.* (Auto.), retour *m.* d'allumage (Auto.), retour *m.* de flamme.

– – –, **bloomery** = feu *m.* catalan (Mét.), forge *f.* catalane (Mét.).

– – –, **bon** = feu *m.* de joie, feu *m.* de campement.

– – –, **box** = foyer *m.* intérieur à grille horizontale.

– – –, **direct** = feu *m.* direct.

– – –, **forge** = feu *m.* de forge.

– – –, **grate** = chauffage *m.* sur grille.

– – –, **open** = feu *m.* nu.

– – –, **to** = chauffer (une chaudière), allumer (le feu, le bois), enflammer (un mélange gazeux), faire exploser (une charge de dynamite), lancer (une fusée), tirer (sur un gibier), incendier ou mettre le feu à (un bâtiment), congédier ou remercier (un employé).

fireman = pompier *m.* (O.), chauffeur *m.* (d'une locomotive) (O.), (sapeur-) pompier *m.* (O.).

firewall = cloison *f.* pare-feu (B.).

fireworks = feu *m.* d'artifice.

firing = chauffage *m.* ou chauffe *f.* (d'une chaudière), mise *f.* à feu (d'une fusée), allumage *m.* (du moteur) (Auto.), tir *m.* (d'un trou de mine).

– – –, **back** = retour *m.* d'allumage (Auto.), allumage *m.* en retour (Auto.).

– – –, **coal** = chauffe *f.* au charbon.

– – –, **hand** = chargement *m.* à la main (Ch.d.f.).

– – –, **irregular** = irrégularités *f.p.* de fonctionnement du moteur (Auto.).

– – –, **oil** = chauffe *f.* au mazout.

firm = firme *f.*, raison *f.* sociale, société *f.* commerciale, ferme (adj.), stable (adj.), fixe (adj.).

(firm)

– – –, **construction** = entreprise *f.* de travaux publics, entreprise *f.* de construction.

– – –, **contracting** = entreprise *f.* chargée des travaux.

– – –, **engineering** = société *f.* d'ingénieurs-conseil(s).

– – –, **legal** = bureau *m.* d'avocats.

– – –, **to** = affermir (un remblai).

– – –, **to** – – – **up** = raffermir (un poteau).

firmer = ciseau *m.* à biseau (I.).

firmness = solidité *f.* (du roc), stabilité *f.* (d'une armoire), consistance *f.* (de la chair).

firmware = programme *m.* particulier (Inf.), programmerie *f.* particulière (Inf.).

fish = éclisse *f.* (Ch.d.f.), fourrure *f.* de renfort.

– – –, **to** = éclisser (Ch.d.f.).

fishing = jumelage *m.* (de poutres), éclissage *m.* (de rails).

fission = fission *f.* (de l'atome d'uranium), clivage *m.* (Mi.).

fissure = crevasse *f.* (dans un rocher), fente *f.* (dans un madrier), fissure *f.* (dans une muraille), bâillement *m.* (entre deux pièces assemblées).

fit = ajustage *m.*, assemblage *m.*, ajustement *m.*

– – –, **close** = ajustage *m.* serré.

– – –, **drive** = ajustage *m.* à force.

– – –, **easy** = ajustement *m.* à jeu, ajustage *m.* légèrement serré.

– – –, **exact** = ajustage *m.* serré.

– – –, **fair** = bon ajustage.

– – –, **fine** = ajustage *m.* de précision.

– – –, **forced** = montage *m.* à force.

– – –, **light** = ajustage *m.* légèrement serré, ajustement *m.* à jeu.

– – –, **loose** = ajustage *m.* lâche.

– – –, **permanent** = ajustage *m.* fixe.

– – –, **pressed-on** = calage *m.* à la presse.

– – –, **rough** = ajustage *m.* grossier.

– – –, **running** = ajustage *m.* doux.

– – –, **shrunk-on** = calage *m.* à retrait.

– – –, **slip** = ajustage *m.* à frottement doux.

– – –, **snug** = ajustage *m.* serré.

– – –, **taper** = ajustage *m.* à cône, assemblage *m.* à cône.

– – –, **tight** = ajustage *m.* serré, sans jeu.

– – –, **to** = ajuster (une clavette), adapter (un ajutage à l'extrémité d'un boyau), assembler ou ajuster (des pièces), monter (un pneu), embattre (la jante), emmancher (un outil), enclaver (deux solives l'une dans l'autre), emboîter (un essieu dans un moyeu).

– – –, **to** – – – **in** = adapter, emboîter.

– – –, **to** – – – **on** = monter sur.

– – –, **to** – – – **up** = monter (une machine), ajuster (une pièce).

– – –, **working** = ajustage *m.* de marche.

– – –, **wringing** = ajustage *m.* forcé.

fitful = irrégulier (adj.), par à-coups (adj.).

fitter = ajusteur *m.* (O.), monteur *m.* (O.), plombier *m.* (O.).

– – –, **electrical** = monteur-électricien *m.* (O.), appareilleur *m.* d'installation électrique (O.).

– – –, **engine** = monteur *m.* (O.).

– – –, **gas** = gazier *m.* (O.), plombier *m.* (O.).

– – –, **pipe** = monteur *m.* en tuyaux (O.).

– – –, **steam** = plombier *m.* (O.), monteur *m.* en tuyaux

(fitter)

(de chauffage) (O.).
fitting = ajustage *m*. (d'une pièce), montage *m*. (d'une machine), emboîtement *m*. (d'un différentiel), calage *m*. (d'une soupape), pose *f*. (d'une pièce de machinerie), V. « fittings ».
– – –, **ceiling** = plafonnier *m*. (E.).
– – –, **cross** = croix *f*. (S.).
– – –, **cross, reducing** = croix *f*. réductrice (S.), croix *f*. de reduction (S.)
– – –, **elbow** = raccord *m*. coudé (S.).
– – –, **flanged** = tubulure *f*. à bride (H.).
– – –, **grease** = graisseur *m*. (Mét.), huileur *m*. (Mét.), raccord *m*. de graissage (Mét.).
– – –, **grease, check-valve** = graisseur *m*. à bille (Mét.).
– – –, **hand** = ajustage *m*. à la main.
– – –, **lamp** = raccord *m*. de lampe (E.), garniture *f*. de lampe (E.).
– – –, **padlock** = porte-cadenas *m*. (d'une malle).
– – –, **pipe** = raccord *m*. (de tuyau).
– – –, **pipe, brass** = raccord *m*. en laiton, raccord *m*. en cuivre (jaune).
– – –, **socketed** = tubulure *f*. à emboîtement (H.).
– – –, **Tee** = raccord *m*. en T (S.).
– – –, **Tee, reducing** = T *m*. réducteur (S.), T *m*. de réduction (S.).
– – –, **wall** = applique *f*. (E.).
fittings = accessoires *m.p*. (de machine, d'auto), raccords *m.p*. (de tuyauterie), garniture *f*. (d'une salle), armement *m*. (d'un poteau de ligne), ferrures *f.p*., (d'un coffre), pièces *f.p*. détachées, garnitures *f.p*. (d'une machine), agencements *m.p*. (d'un atelier), armature *f*. (d'une chaudière), appareillage *m*. (pour éclairage électrique).
– – –, **blind, roller** = monture *f*. de store à rouleau (B.).
– – –, **boiler** = armatures *f.p*. de chaudière (Mét.), accessoires *m.p*. de chaudière (Mét.).
– – –, **brass** = garnitures *f.p*. en cuivre (jaune).
– – –, **cable** = garnitures *f.p*. de câble (Tp.).
– – –, **car** = accessoires *m.p*. d'automobile.
– – –, **conduit** = garniture *f.p*. de tube, garnitures *f.p*. de conduit, raccords *m.p*. de conduite.
– – –, **copper** = cuivreries *f.p*.
– – –, **door** = ferrures *f.p*. de porte (B.).
– – –, **electrical** = garnitures *f.p*. électriques, accessoires *m.p*. d'installations électriques.
– – –, **entrance, service** = garnitures *f.p*. d'entrée (S.), raccords *m.p*. de tuyauterie d'entrée (S.).
– – –, **frame** = habillage *m*. du chassis, garnitures *f.p*. du chassis (Auto.).
– – –, **gas** = appareils *m.p*. à gaz.
– – –, **metal** = ferrures *f.p*.
– – –, **pipe** = raccords *m.p*. de tuyauterie.
– – –, **tube** = raccords *m.p*. de tuyauterie.
– – –, **wall** = applique *f*. (E.).
fix = relèvement *m*., position *f*., point *m*. observé.
– – –, **radio** = point *m*. observé (R.), relèvement *m*. radiogoniométrique (R.).
– – –, **to** = monter (une roue), caler (une poulie), poser (des rails), encastrer (une poutre), ancrer (un crampon), arrêter (une latte avec des clous), fixer (le prix des denrées), établir (une indemnité), désigner (le jour et l'endroit d'un rendez-vous).
– – –, **to – – – up** = réparer, remettre en état.

fixed = fixe (adj.), constant (adj.), stationnaire (adj.).
fixer = monteur *m*. (O.), fixateur *m*. (Phot.), fixatif *m*. (d'un dessin).
fixing = fixation *f*. (d'un corps gazeux), fixage *m*. (d'une épreuve) (Phot.), ancrage *m*. (d'un hauban), encastrement *m*. (d'une poutre), pose *f*. (d'un bouton de porte), mise *f*. en place ou pose *f*. (d'un rail), congélation *f*. (de la fonte), calage *m*. (d'un volant), assujettissement *m*. (d'un panneau).
– – –, **acid** = fixateur *m*. chimique.
– – –, **rate** = tarification *f*. (Tp., E.).
fixture = appareil *m*., accessoire *m*.,installation *f*., support *m*., dispositif *m*., montage *m*., V. « fixtures ».
– – –, **alignment** = dispositif *m*. de vérification d'alignement.
– – –, **ceiling** = plafonnier *m*. (E.).
– – –, **clamping** = serre-joint *m*. dit « à coller ».
– – –, **extension, pole top** = allonge *f*. (de poteau) (Tp., E.).
– – –, **H** = portique *m*. (de traversée, d'arrêt) (Tp.).
– – –, **lamp** = lustre *m*. (B.), plafonnier *m*. (B.).
– – –, **lighting** = lustre *m*. (E.), appareil *m*. d'éclairage (E.), plafonnier *m*. (E.), luminaire *m*. (E.).
– – –, **milling** = montage *m*. de fraisage (Mét.).
– – –, **overhung** = montage *m*. en porte-à-faux (C.).
– – –, **paper, toilet** = porte-papier *m*. hygiénique (S.), porte-papier *m*. de toilette (S.).
– – –, **plumbing** = appareil *m*. de plomberie (S.).
– – –, **slotting** = montage *m*. pour mortaiser (Mer.).
– – –, **special** = montage *m*. spécial.
– – –, **swamp** = liaison *f*. triangulaire (Tp.).
– – –, **wall** = applique *f*. (murale) (E.).
fixtures = agencements *m.p*. inamovibles, bâtiments *m.p*. (d'une terre), garnitures *f.p*. ou meubles *m.p*. (à demeure fixe), appareils *m.p*., installation *f*., dépendances *f.p*. (d'une maison).
– – –, **bathtub** = garnitures *f.p*. de baignoire (S.).
– – –, **plumbing** = garnitures *f.p*. et accessoires *m.p*. de plomberie (S.), robinetterie *f*. et raccords de tuyauterie (S.).
– – –, **sanitary** = appareils *m.p*. sanitaires (S.).
– – –, **shower** = garnitures *f.p*. de douche (S.).
– – –, **small** = petit appareillage.
– – –, **telephone-booth** = équipement *m*. pour cabine téléphonique (S.).
flag = panneau *m*. de signalisation, drapeau *m*., pavillon *m*., dallage *m*.
– – –, **paving** = dalle *f*., pierre *f*. plate de pavage.
flail = fléau *m*. (Agr.).
flake = flocon *m*., étincelle *f*., flammèche *f*., écaille *f*. ou lamelle *f*. (d'un métal).
– – –, **snow** = flocon *m*. de neige.
flakeboard = panneau *m*. de particules (B.), panneau *m*. d'aggloméré (B.).
flakes, soap = savon *m*. en paillettes.
flame = flamme *f*.
– – –, **back** = retour *m*. de flamme.
– – –, **carburizing** = flamme *f*. carburante.
– – –, **oxidizing** = flamme *f*. oxydante.
– – –, **reducing** = flamme *f*. réductrice.
– – –, **sootless** = flamme *f*. non fuligineuse.
– – –, **thin** = flamme *f*. mince.
flammability = inflammabilité *f*.

flange = collet *m*. ou bourrelet *m*. (d'une conduite), ailette *f*. (d'un radiateur), mentonnet *m*. ou boudin *m*. (d'une roue), rebord *m*. (d'un moteur), semelle *f*. (d'une poutre), chape *f*. (d'un rouleau), aile *f*. (d'une cornière), patin *m*. (d'un rail), talon *m*. (d'un pneu, d'un essieu), joue *f*. (d'une poulie, d'un touret), flasque *m*. (d'une dynamo), bride *f*. (d'un tuyau, d'un cylindre), collerette *f*. (de fixation).
– – –, **adapter** = bride *f*. d'attache.
– – –, **angle** = bride *f*. angulaire.
– – –, **attaching** = bride *f*. d'attache, collerette *f*. de fixation.
– – –, **backing-up** = bride *f*. de retenue, bride *f*.
– – –, **ball** = flasque *m*. à rotule.
– – –, **blank** = bride *f*. pleine, joint *m*. plein.
– – –, **blind** = bride *f*. feinte.
– – –, **bottom** = semelle *f*. inférieure (d'une poutre).
– – –, **closet** = bride *f*. de fixation pour cuvette de cabinet (d'aisances) (S.), bride *f*. de parquet pour cuvette de cabinet (S.).
– – –, **collar** = bride *f*. à cornière.
– – –, **companion** = contre-bride *f*. (d'un tuyau).
– – –, **connection** = bride *f*. de raccordement.
– – –, **cooling** = ailette *f*. de refroidissement.
– – –, **coupling** = bride *f*. d'accouplement.
– – –, **covering** = bride *f*. de recouvrement.
– – –, **cylinder** = embase *f*. de cylindre, bride *f*. de cylindre.
– – –, **driving** = plateau *m*. d'entraînement.
– – –, **drum** = joue *f*. d'un tambour.
– – –, **eared** = bride *f*. à oreilles.
– – –, **elbow** = embase *f*. de coude.
– – –, **floor** = bride *f*. de parquet.
– – –, **floor, bowl, cabinet** = bride *f*. de fixation pour cuvette de cabinet d'aisances (S.), bride *f*. de parquet pour cuvette de cabinet (S.).
– – –, **generator** = flasque *m*. d'une dynamo.
– – –, **grooved** = bride *f*. rainurée.
– – –, **hub** = contre-bride *m*. de moyeu, flasque *m*. de moyeu.
– – –, **index** = plateau *m*. diviseur.
– – –, **internal** = bride *f*. intérieure, saillie *f*. intérieure.
– – –, **loose** = bride *f*. mobile.
– – –, **machine-faced** = bride *f*. usinée (H.).
– – –, **mating** = collerette *f*. de raccordement.
– – –, **movable** = bride *f*. mobile (d'un tuyau).
– – – **of a cylinder** = embase *f*. d'un cylindre, semelle *f*. d'un cylindre.
– – –, **pipe** = bride *f*. de tuyau, collet *m*. de tuyau.
– – –, **post** = aile *f*. d'un poteau (de fer) (B.).
– – –, **rail** = patin *m*. de rail (Ch.d.f.).
– – –, **retaining** = bride *f*. de retenue.
– – –, **tire** = talon *m*. d'enveloppe de pneu (Auto.).
– – –, **to** = border (une tôle), brider (un tuyau), bourreler (une roue), faire un collet (à un tube).
– – –, **trunnion** = bride *f*. à tourillon.
– – –, **wheel** = boudin *m*. de roue, mentonnet *m*.
flanger = machine *f*. à border.
flanging = rabattement *m*. des brides, rabattement *m*. des bords, bordage *m*., façonnage *m*. de brides.
flank = flanc *m*.(d'un navire, d'une personne, d'une armée), côté *m*. (d'un bâtiment) (Mar.).
flanning = embrasure *f*. (B.).

(**flanning**)
– – –, **window** = embrasure *f*. de fenêtre.
flap = volet *m*. (Av., Tp.), clapet *m*. (de soupape), rabat *m*. (d'une poche), trappe *f*. (d'un comptoir), abattant *m*. (de table), plat *m*. (d'un livre) (Imp.).
– – –, **annunciator** = volet *m*. d'annonciateur (Tp.).
– – –, **delivery** = clapet *m*. de refoulement (H.).
– – –, **eye** = oeillère *f*. (Agr.).
– – –, **fender** = pare-boue *m*. (Auto.).
– – –, **hinge** = lame *f*. de charnière.
– – –, **leather** = clapet *m*. en cuir.
– – –, **tide** = soupape *f*. d'arrêt d'égout.
– – –, **tire** = rebord *m*. de pneu.
– – –, **valve** = clapet *m*. de soupape, clapet *m*.
– – –, **ventilating** = registre *m*. d'aérage.
flapping = coup *m*. de fouet (d'un câble tracteur).
flaps, the belt = la courroie flotte.
flare = évasement *m*., fusée *f*. éclairante, signal *m*. pyrotechnique.
– – –, **edge** = surluminance *f*. (c.-à-d. excès de luminosité) (Tv.).
– – –, **safety, road** = feu *m*. de Bengale.
– – –, **to**, = évaser (un tuyau).
flash = éclair *m*., arc *m*. (E.), jaillissement *m*. d'étincelles (E.), chasse *f*. d'eau (Mar.), lumière-éclair *f*. (Phot.), brocaille *f*. (Mét.), plan *m*. très court (Phot.), surimpression *f*. (momentanée) (R., Tv.), plan-éclair *m*. (Phot.).
– – –**-back** = retour *m*. de flamme.
– – –, **electronic** = flash *m*. électronique (Phot.).
– – –, **incorporated** = flash *m*. incorporé (Phot.).
– – –, **magnesium-type** = flash *m*. de magnésium (Phot.), flash *m*. magnésique (Phot.).
– – –, **synchronized** = flash *m*. (ou éclair *m*.) synchronisé (Phot.).
– – –, **to** = chaperonner (B.), lancer des étincelles, jeter des éclairs, étinceler.
flasher = clignotant *m*. (Auto.), feu *m*. à éclats, dispositif *m*. d'éclairage intermittent.
flashers = V. « flasher ».
– – –, **emergency** = clignotants *m.p.* de position (Auto.), clignotants *m.p.* d'encombrement (Auto.).
– – –, **four-way** = clignotants *m.p.* de position (Auto.).
flashing = chaperon *m*. (B.), noquet *m*. (B.), noue *f*. (B.), solin *m*. (B.), ouverture *f*. des écluses (H.), rappel *m*. sur supervision (Tp.), pose *f*. du chaperon (d'un mur) (B.), zingage *m*. ou zincage *m*. (d'un toit) (B.).
– – –, **chimney** = solin *m*. de cheminée (B.).
– – –, **counter** = bande *f*. de solin (B.).
– – –, **end-wall** = saillie *f*. de bout de mur.
– – –, **hip** = tôle *f*. arêtière (B.).
flash-over = jaillissement *m*. d'étincelles (E.), crachement *m*. (E.).
flask = châssis *m*. (de moulage), flacon *m*., gourde *f*., château *m*. (de plomb) (Phys.).
– – –, **drinking** = bouteille-gourde *f.*, gourde *f.*
– – –, **top** = contre-châssis (de moulage).
flat = méplat (adj.), plat (adj.), pan *m*., face *f*., appartement *m*., bas-fond *m*., terne (adj.), mat (adj.), (éclairage *m*.) flou (adj.), plain-pied *m*. (B.), crevaison *f*. (Auto.).
– – – **for dog** = méplat *m*. pour toc (Mét.).
– – – **of nut** = pan *m*. d'écrou.

(flat)

– – –, **on the** = en palier.

– – – **on top of screw-thread** = troncature *f.* d'un filet (Mét.).

flatness = aplatissement *m.* (d'une sphère), absence *f.* de distorsion du champ ou correction *f.* de la courbure du champ d'un objectif (Phot.), flou *m.* (d'un relèvement radiogonicmétrique).

flatten, to = laminer (une tige de fer), aplanir (une difficulté), aplatir (un pneu), rendre mat (une peinture).

flattener = chasse *f.* à parer (I.).

flattening = laminage *m.* (Met.), aplatissement *m.* (d'un pneu).

flatter = chasse *f.* à parer (I.).

flatting = couche *f.* de ciment, vernis *m.* mat, laminage *m.* (Mét.), aplatissement *m.* (d'un pneu), peinture *f.* mate, usure *f.* en facettes (d'un pneu).

flatwise = à plat.

flaw = paille *f.* ou soufflure *f.* (dans la fonte, dans une pièce coulée), fissure *f.* ou fente *f.* (dans le bois), défaut *m.* (dans un tissu), fêlure *f.* (dans un verre, dans la porcelaine), flache *f.* (dans une pièce de bois d'oeuvre), vice *m.* de forme (dans un document.).

– – – **from tempering** = crique *f.* de trempe (Mét.).

– – –, **internal** = défaut *m.* interne.

flawed = (fer *m.*) pailleux (adj.), (article *m.*) défectueux (adj.), (bois *m.*) gercé (adj.), (tissu *m.*) plein (adj.) de défauts, (acier *m.*) cendreux (adj.).

flawy = pailleux (adj.).

flax = lin *m.*

flecks = mouchetures *f.p.* (dans le grain du bois) (B.).

fleet = flotte *f.* (Mar.), train *m.* de véhicules, parc *m.* de véhicules, [flotte *f.* (de véhicules)] (Canada).

– – –, **air** = flotte *f.* aérienne.

flex = conducteur *m.* souple (E.).

– – –, **resistance** = cordon *m.* chauffant (E.).

flexibility = flexibilité *f.*, souplesse *f.*

– – – **of wood** = souplesse *f.* du bois.

flexible = flexible (adj.), souple (adj.), pliable (adj.).

flexing = flexion *f.* (du bras, d'une poutre), fléchissement *m.* (de la voie ferrée, du genou, d'une poutre).

flexion = flexion *f.* ou fléchissement *m.* (d'une poutre), courbure *f.* (de l'axe d'une barre).

– – –, **lateral** = flambage *m.* ou flambement *m.* (d'une barre métallique).

flexure = courbure *f.* (d'une couche géologique), V. « flexion ».

– – – **of a spring** = fléchissement *m.* d'un ressort.

flicker = papillotement *m.* ou scintillement *m.* (de la lumière), clignement *m.* ou clignotement *m.* (des paupières), tremblement *m.* (d'une flamme), scintillation *f.* (Phot.).

– – – **of light** = lueur *f.* tremblotante.

– – –, **to** = vaciller, clignoter, papilloter, scintiller.

flickerer = limiteur *m.* (E.).

flier (or flyer) = marche *f* droite (B.), marche *f.* carrée (B.), aviateur *m.* (O.).

flight = vol *m.* (Av.).

– – –, **gliding** = vol *m.* plané (Av.).

– – – **of locks** = suite *f.* de biefs (H.).

– – – **of stairs** = escalier *m.* (B.), volée *f.* d'escalier (B.).

– – – **of steps** = perron *m.* (B.), volée *f.* de gradins (B.).

– – –, **straight** – – – **of stairs** = escalier *m.* droit (B.).

flint = silex *m.*, pierre *f.* à briquet, pierre *f.* à feu, ferrocérium *m.*

flip-flop = bascule *f.* (d'un appareil) (E.).

flitch = plaque *f.* rapportée (B.), dosse *f.* (Men.).

float = flotteur *m.* (de réservoir), lime *f.* à simple taille, aube *f.* ou pale *f.* (de roue hydraulique), fardier *m.* (Auto.), triqueballe *m.* (M.), wagon *m.* en plate-forme (Ch.d.f.), char *m.* de carnaval.

– – –, **alarm** = flotteur *m.* avertisseur.

– – –, **annular** = flotteur *m.* annulaire.

– – –, **ball** = flotteur *m.* à boule.

– – –, **boiler** = flotteur *m.* d'alarme.

– – –, **carburetor** = flotteur *m.* du carburateur (Auto.).

– – –, **cattle** = bétaillère *f.*

– – –, **cork** = flotteur *m.* en liège.

– – –, **mason's** = planchette *f.* à régaler, règle *f.* (de cimentier, de maçon).

– – –, **to** = aplanir (le plâtre d'un mur), flotter (Mar.), lisser ou aplanir (une surface cimentée).

floater = flotteur *m.*

floating = marche *f.* en tampon (E.), aplanissement *m.* ou lissage *m.* (du béton, du plâtre), flottant (adj.).

– – –, **power** = lissage *m.* (du béton) à la machine.

floats (of a cart) = fausses ridelles.

flocculent = floconneux (adj.).

flock = flocon *m.*, bourre *f.* de laine.

floe(s), ice = glaces *f.p.* flottantes (H.), frasil *m.* (Canada).

flong = flan *m.* (Pap.).

flood = flux *m.*, crue *f.*, inondation *f.*

– – –, **to** = noyer (les soutes, le carburateur), étouffer (le moteur), inonder (un champ).

flooding = noyage *m.* (du carburateur) (Auto.), inondation *f.* (d'un pays), irrigation *f.* (d'un sol), débordement *m.* (d'un cours d'eau), injection *f.* d'eau (dans un gisement) (Mi.).

floor = plancher *m.*, parquet *m.*, tablier *m.* (de pont), radier *m.* (d'une construction), sole *f.* (de four), varangue *f.* (Mar.), étage *m.* (d'un édifice) (B.), sol *m.* (d'une pièce) (B.).

– – –, **asphalt** = plancher *m.* asphalté (B.).

– – –, **basement** = sous-sol *m.* (d'un bâtiment).

– – –, **board** = plancher *m.* en bois (B.).

– – –, **bridge** = tablier *m.* de pont (C.).

– – –, **cement** = plancher *m.* en ciment.

– – –, **concrete** = plancher *m.* en béton.

– – –, **dressing** = atelier *m.* de préparation mécanique.

– – –, **false** = faux plancher *m.*

– – –, **finished** = parquet *m.*, plancher *m.*

– – –, **first** = premier étage (B.).

– – –, **ground** = rez-de-chaussée *m.*

– – –, **herring-bone** = parquet *m.* à bâtons rompus.

– – –, **inlaid** = parquet *m.* en mosaïque.

– – –, **joist, filler** = plancher *m.* mobile.

– – –, **laminated** = plancher *m.* lamellaire, plancher *m.* en contre-plaqué, V. « floor, mill ».

– – –, **mezzanine** = mezzanine *f.*

– – –, **mill** = plancher *m.* lamellaire (c.-à-d. à poutrelles jointives sans entrevous).

– – –, **mud** = plancher *m.* en terre.

– – – **of manhole** = radier *m.* de la chambre (des câbles) (Tp.).

– – –, **open** = plancher *m.* ouvert (c.-à-d. sans plafond),

(floor)

plancher *m.* creux.

– – –, **operating** = plancher *m.* de service.

– – –, **parquet** = parquet *m.*

– – –, **prefabricated** = plancher *m.* préfabriqué.

– – –, **ribbed** = plancher *m.* nervuré.

– – –, **solid** = plancher *m.* lamellaire.

– – –, **stone** = plancher *m.* en pierre.

– – –, **sub** = sous-plancher *m.*, faux plancher, faux parquet.

– – –, **sub, plywood** = faux parquet *m.* en contre-plaqué.

– – –, **test** = plate-forme *f.* d'essais.

– – –, **tile** = carrelage *m.*

– – –, **to** = planchéier, parqueter.

– – –, **top** = dernier étage.

– – –, **Truscon** = plancher *m.* « Truscon ».

– – –, **wood** = plancher *m.* en bois, parquet *m.*

flooring = planchéiage *m.*, parquetage *m.*, dallage *m.*, plancher *m.*, tablier *m.* de pont.

– – –, **cement-block** = dallage *m.* en (blocs de) ciment.

– – –, **concrete** = dalle *f.* coulée (B.).

– – –, **fire** = parquet *m.* de chauffe.

– – –, **herring-bone** = parquet *m.* à bâtons rompus.

– – –, **magnesite** = parquet *m.* à la magnésite.

– – –, **parquet** = parquetage *m.*

– – –, **tile** = carrelage *m.*

floss = bourre *f.* de soie, floss *m.*

flour = farine *f.*

– – –, **to** = moudre (le grain).

flow = débit *m.* (d'un cours d'eau), écoulement *m.* (d'un liquide), affluence *f.* (d'eau), passage *m.* (d'un courant électrique), refoulement *m.* (d'une pompe), jet *m.* (d'essence) (Mét.), courant *m.* (de vapeur), arrivée *f.* (de carburant, d'air), coulée *f.* (d'un métal en fusion).

– – –, **air** = circulation *f.* d'air.

– – – **at low water** = débit *m.* d'étiage (H.).

– – –, **axial** = écoulement *m.* axial (H.).

– – –, **back-** = refoulement *m.*, écoulement *m.* de retour, refluement *m.* (S.).

– – –, **counter-** = contre-courant *m.* (H., E.).

– – –, **current** = flux *m.* de courant (E.).

– – –, **divergent** = écoulement *m.* divergent.

– – –, **divided** = écoulement *m.* partagé, écoulement *m.* divisé.

– – –, **double** = flux *m.* alternatif (E.).

– – –, **dry-weather** = efflux *m.* de temps sec (S.), débit *m.* de temps sec (S.).

– – –, **electron** = flux *m.* électronique (E.).

– – –, **fluid** = écoulement *m.* d'un fluide.

– – –, **forced** = écoulement *m.* forcé (dans une canalisation).

– – –, **gravity** = écoulement *m.* par gravité, écoulement *m.* libre.

– – –, **laminar** = écoulement *m.* en régime laminaire.

– – –, **mixed** = écoulement *m.* mixte.

– – – **of a current** = intensité *f.* d'un courant (E.).

– – – **of traffic** = intensité *f.* de trafic (Tp.), trafic *m.* (Tp., Auto.), circulation *f.* (Auto.).

– – –, **off, perpendicular** = écoulement *m.* perpendiculaire à la sortie (H.).

– – –, **open** = débit *m.* à ouverture totale (d'un puits).

– – –, **peak** = débit *m.* maximal.

(flow)

– – –, **radial** = écoulement *m.* radial (H.).

– – –, **rapid** = écoulement *m.* torrentiel, courant *m.* rapide.

– – –, **steady** = régime *m.* permanent (H.), écoulement *m.* en régime permanent (H.).

– – –, **stream** = écoulement *m.* d'un cours d'eau.

– – –, **streamline** = écoulement *m.* laminaire (H.).

– – –, **to** = couler, s'écouler.

– – –, **traffic** = nombre d'appels simultanés (Tp.), trafic *m.* (Tp., Auto.).

– – –, **traffic, average** = intensité *f.* moyenne du trafic (d'un faisceau de circuits) (Tp.), trafic *m.* moyen (sur une route) (Auto.).

– – –, **tranquil** = régime *m.* tranquille (H.), écoulement *m.* tranquille (H.).

– – –, **turbulent** = écoulement *m.* en régime turbulent (H.), écoulement *m.* turbulent (H.).

– – –, **uniform** = régime *m.* uniforme (H.)

– – –, **uniform, steady** = régime *m.* uniforme (H.).

– – –, **variable** = régime *m.* variable (H.).

– – –, **varied** = mouvement *m.* varié (H.).

– – –, **water** = débit *m.* d'eau, écoulement *m.* d'eau.

flowage = V. « flow ».

flowing = affluence *f.* (d'un cours d'eau), écoulement *m.* (d'un liquide).

flowrater = débitmètre *m.* (Tp.).

fluctuation = variation *f.*, fluctuation *f.*

– – –, **current** = fluctuation *f.* du courant (E.).

– – –, **load** = variation *f.* de charge (C., E.).

– – –, **power** = variation *f.* de la puissance (E.).

– – –, **service** = fluctuation *f.* dans le fonctionnement (E.).

– – –, **speed** = variation *f.* de la vitesse (Mét.).

flue = tuyau *m.* de cheminée, courant *m.* de flammes, carneau *m.* (de fumée), conduit *m.* de fumée.

– – –, **air** = conduite *f.* d'air (dans le corps d'une cheminée) (B.).

– – –, **air, foul** = évent *m.* (B.).

– – –, **air, hot** = tuyau *m.* pour l'entrée de l'air chaud.

– – –, **bottom** = carneau *m.* de sous-sole (d'un four à coke), carneau *m.* inférieur de sole (d'un four).

– – –, **chimney** = carneau *m.* de fumée, conduit *m.* de fumée, tuyau *m.* de tirage.

– – –, **collecting** = carneau *m.* collecteur.

– – –, **downtake** = tuyau *m.* de descente, descente *f.*

– – –, **dust** = canal *m.* à poussière.

– – –, **heating** = gaine *f.* de chauffe.

– – –, **main** = carneau *m.* collecteur.

– – –, **return** = tube *m.* de retour de fumée.

– – –, **smoke** = carneau *m.* de fumée(s), conduit *m.* de fumée(s).

– – –, **twin** = carneaux *m.p.* jumelés.

fluid = fluide *m.* (E.), liquide *m.*

– – –, **battery** = électrolyte *m.* (E.).

– – –, **magnetic** = fluide *m.* magnétique (E.).

– – –, **perfect** = fluide *m.* parfait (H.).

– – –, **soldering** = eau *f.* à souder.

flume = auge *f.*, petit canal, canal *m.* d'amenée (à ciel ouvert), canal *m.* découvert.

fluorescence = fluorescence *f.* (E.).

fluoride = fluorure *m.*

fluorine = fluor *m.*

flurry, snow = bourrasque *f.* de neige (Canada), chute

(**flurry**)
f. de neige accompagnée de vents impétueux, poudrerie *f.* (Canada).

flush = égal (adj.), ras (adj.), (peau *f.*) lisse (adj.), (serrure *f.*) encastrée, (boulon *m.*) noyé, (deux pièces) de niveau, (clou *m.*) enfoncé à fleur de (bois), chasse *f.* (d'eau), curage *m.* (d'un égout), (interrupteur *m.*) emboîté, (panneau *m.*) affleuré (B.).

– – –, **to** = faire une chasse d'eau, faire jaillir (l'eau), inonder, laver, rincer, curer, mater (un joint), affleurer (deux pièces contiguës), emboîter, tirer la chaîne du réservoir de la chasse d'eau (S.).

– – – **with** = à fleur de.., au niveau de.., à ras de......

– – – **with the ground** = à ras de terre.

flushing = chasse *f.* (d'un égout), curage *m.* (S.), chasse *f.* d'eau (S.), rognage *m.* à fleur (Imp.).

– – –, **W.C.** = système *m.* de tout-à-l'égout (S.).

flute = cannelure *f.*, rainure *f.*

– – –, **drill** = cannelure *f.* de forêt.

– – –, **reamer** = cannelure *f.* d'alésoir.

– – –, **tap** = cannelure *f.* de taraud.

– – –, **to** = canneler, strier.

fluted = strié (adj.), cannelé (adj.).

– – –, **spiral** = à cannelure hélicoïdale, à taille hélicoïdale.

fluting = évidage *m.* (d'un outil), façonnage *m.* des rainures.

flutter = flottement *m.* (Tv.), sautillement *m.* (Tv.), diaphonie *f.* (Tp.), chevrotement *m.*, flottement *m.* aéroélastique (Av.), (calcul *m.* du) flottement *m.* (pour un pont) (C.).

flux = flux *m.* (magnétique), décapant *m.* (Mét.), fondant *m.* (Mét.).

– – –, **acid** = acide *m.* à souder.

– – –, **armature** = flux *m.* d'induit (E.).

– – –, **brazing** = fondant *m.* à braser.

– – –, **cathodic** = flux *m.* cathodique (E.).

– – –, **cross-** = flux *m.* transversal (E.).

– – –, **descaling** = détartrant *m.* (Méc.).

– – –, **electric** = flux *m.* électrique (E.), lignes *f.p.* de force (E.).

– – –, **high** = champ *m.* magnétique intense (E.).

– – –, **leakage** = flux *m.* de dispersion (E.).

– – –, **lighting** = flux *m.* lumineux (E.).

– – –, **luminous** = flux *m.* lumineux (E.).

– – –, **magnetic** = flux *m.* magnétique (E.), flux *m.* d'induction magnétique (E.).

– – – **of lines of forces** = flux *m.* des lignes de force (E.).

– – –, **powdered** = poudre *f.* décapante.

– – –, **radiant** = énergie *f.* de rayonnement (E.).

– – –, **reaction** = flux *m.* de réaction (E.).

– – –, **salt** = fondant *m.* salin.

– – –, **solder** = décapant *m.*, acide *m.* à souder.

– – –, **stray** = flux *m.* de dispersion (E.).

– – –, **stray, armature** = flux *m.* de dispersion dans l'induit (E.).

– – –, **to** = jaillir (H.), fondre (Mét.), couvrir de fondant (Mét.).

fluxmeter = fluxmètre *m.* (E.).

fly = moulinet *m.* régulateur (Méc.), balancier *m.* (Méc.), mouche *f.*, braguette *f.* ou brayette *f.* (de pantalon).

– – –, **electric** = tourniquet *m.* électrique.

flyback = retour *m.* du spot (Tv.).

flyer (or flier) = marche *f.* droite (B.), marche *f.* carrée (B.), aviateur *m.* (O.).

flying, blind = vol *m.* à l'aveuglette (Av.), vol *m.* sans visibilité (Av.).

– – –, **instrument** = vol *m.* aux instruments (Av.).

– – –, **low** = vol *m.* en rase-mottes (Av.).

fly-wheel = V. « wheel, fly ».

FM (frequency modulation) = V. « modulation, frequency ».

foam = écume *f.* (de la mer), mousse *f.*

– – –, **air** = caoutchouc *m.* mousse.

f.o.b. (free on board) = franco à bord.

focus = foyer *m.* (de lentille) (Phot.).

– – –, **beam** = focalisation *f.* (Tv.), concentration *f.* du faisceau (Tv.).

– – –, **fine** = à haute définition.

– – –, **soft** = flou *m.* (ou adj.).

focusing = réglage *m.* (d'un phare) (Auto.), convergence *f.* ou concentration *f.* (de rayons lumineux), mise *f.* au point (d'un théodolite), focalisation *f.* (E.).

– – –, **ionospheric** = focalisation *f.* ionosphérique (R.).

fodder = fourrage *m.* (Agr.).

– – –, **to** = affourager ou affourer ou affener (les bestiaux).

fog = brouillard *m.*, buée *f.* (sur les vitres), voile *m.* (sur un négatif) (Phot.).

fogger = brumiseur *m.* (M.).

fogging = voile *m.* (Phot.), brumisage *m.* (des gaz), ternissure *f.* (d'une vitre).

foil = feuille *f.* de métal.

– – –, **aluminium** = feuille *f.* d'aluminium, papier *m.* d'aluminium.

– – –, **gold** = feuille *f.* d'or.

– – –, **metal** = feuille *f.* de métal.

– – –, **mica** = feuille *f.* de mica.

– – –, **tin** = feuille *f.* d'étain, papier *m.* d'étain.

– – –, **zinc** = feuille *f.* de zinc.

fold = agrafe *f.* (d'une tôle), battant *m.* (d'une porte).

– – –, **broad** = sens *m.* travers (d'une feuille) (Pap.).

– – –, **to** = agrafer ou replier (des tôles), plier (une feuille de papier).

folder = dépliant *m.*, chemise *f.*, plioir *m.* (I.) (Imp.).

foliated = feuilleté (adj.), lamellé (adj.).

follow, contact = accompagnement *m.* (E.).

– – – **up** = (réunion *f.* de, stage *m.* de) rappel *m.*, (stage *m.* de) perfectionnement *m.*, poursuite *f.* (d'une affaire), contrôle *m.* (d'une médication), surveillance *f.* (après un placement), soins *m.p.* post-hospitaliers.

follower = poulie *f.* menée (Méc.), gland *m.* (de presse-étoupe) (Méc.), plateau *m.* mobile (Méc.).

– – –, **cam** = galet *m.* de came.

– – –, **cathode** = montage *m.* amplificateur à charge de cathode (R.), équilibreur d'impédance (R.).

font = V. « fount ».

food = nourriture *f.*, pâture *f.* (des bestiaux), mangeaille *f.* (de volaille).

– – – **for thought** = matière *f.* à réfléchir.

– – –, **frozen** = aliments *m.p.* surgelés, aliments *m.p.* congelés.

– – –, **plant** = engrais *m.*

– – –, **soft** = patée *f.* (à volaille).

foolscap = papier *m.* ministre.

(force)

foot = patin *m*. ou semelle *f*. (d'un rail), base *f*. (de colonne), départ *m*. (d'un escalier), pied *m*. (Canada) ou foot *m*. (France) (= 12 pouces anglais; 30,48 cm), pied *m*. (d'un arbre, d'une échelle, d'un meuble, d'une perpendiculaire, d'un escalier).
– – –, **board** = pied-planche *m*. (= 144 pouces cubes) (Canada) (= 2359,737 cm³).
– – – -**candle** = (éclairement *m*. en) foot-candle *m*. (= 10,764 lux), pied-bougie *m*. (Canada).
– – –, **cubic** = pied *m*. cube, pi³ *m*.
– – –, **English** = pied *m*. anglais (= 0,9383 pi français; 304,8 mm) (Canada), foot *m*. (France).
– – –, **French** = pied *m*. français (= 1,06595 pieds anglais; 324,8 mm).
– – –, **linear** = pied *m*. courant.
– – – **of rafter** = assise *f*. de chevron (B.), entaille *f*. d'assise (d'un chevron) (B.).
– – – **per minute** = pied(s) *m*.(*p*.) par minute, pi/min *m*.
– – – **per second** = pied(s) *m*.(*p*.) par seconde, pi/s *m*.
– – – -**pound** = livre-pied *f*., lb-pi *f*.
– – –, **rail** = patin *m*. de rail (Ch.d.f.).
– – –, **running** = pied *m*. linéaire, pied *m*. courant.
– – –, **square** = pied *m*. carré (= 144 pouces carrés; 9,2903 dm²), pi² *m*.
footage = longueur *f*. (en pieds), métrage *m*. (d'un film).
footboard = repose-pieds *m*., marchepied *m*. (Auto.), plancher *m*. (Auto.).
footing = empattement *m*. (d'un mur), socle *m*. ou base *f*. (d'une colonne), pied *m*. ou embase *f*. (d'un ouvrage de maçonnerie), assise *f*. (d'une muraille), patin *m*. (d'un escalier), semelle *f*. (d'un étai).
– – –, **concrete** = base *f*. en béton, empattement *m*. en béton (B.).
– – –, **spread** = radier *m*. (B., C.).
footpath = trottoir *m*., sentier *m*. pour piétons.
footstep = pas *m*., palier *m*. de butée (Méc.), crapaudine *f*. (Méc.), marchepied *m*. (B.).
footway = trottoir *m*.
forage = fourrage *m*. (Agr.), fourrages *m.p*. (Agr.).
– – –, **green** = fourrages *m.p*. verts (Agr.).
force = force *f*. (Méc.), effort *m*. (Méc.), énergie *f*. (Méc.), intensité *f*. (du vent), efficacité *f*. (d'un médicament).
– – –, **accelerating** = force *f*. d'accélération.
– – –, **accelerative** = force *f*. accélératrice.
– – –, **adhesion** = force *f*. d'adhérence.
– – –, **air** = force *f*. aérodynamique.
– – –, **alternating** = force *f*. alternative.
– – –, **attractive** = force *f*. d'attraction.
– – –, **centrifugal** = force *f*. centrifuge.
– – –, **centripetal** = force *f*. centripète.
– – –, **circumferential** = force *f*. tangentielle.
– – –, **coercive** = champ *m*. coercitif (E.), force *f*. coercitive (E.).
– – –, **component** = force *f*. composante, composante *f*.
– – –, **compressive** = force *f*. de compression.
– – –, **constant** = force *f*. constante.
– – –, **cymomotive** = force *f*. cymomotrice (d'une antenne) (R.).
– – –, **deflecting** = force *f*. de déviation, force *f*. fléchissante (d'une solive).

– – –, **driving** = force *f*. motrice.
– – – **due to friction** = force *f*. de frottement.
– – –, **elastic** = force *f*. élastique (Méc.).
– – –, **electric** = force *f*. électrique (E.).
– – –, **electromagnetic** = force *f*. électromagnétique (E.).
– – –, **electromotive** = force *f*. électromotrice (E.), f.é.m. *f*. (E.).
– – –, **electromotive, back-** = force *f*. contre-électromotrice (E.).
– – –, **electromotive, contact** = force *f*. électromotrice de contact (E.), effet *m*. Volta (E.).
– – –, **electromotive, counter-** = force *f*. contre-électromotrice (E.).
– – –, **electromotive, induced** = force *f*. électromotrice induite (E.).
– – –, **electromotive, longitudinal** = force *f*. électromotrice longitudinale (Tp.).
– – –, **electromotive, opposing** = force *f*. contre-électromotrice (E.).
– – –, **electromotive, psophometric** = force *f*. électromotrice psophométrique (Tp.).
– – –, **electromotive, reactive** = force *f*. électromotrice réactive (E.).
– – –, **expansive** = force *f*. expansive.
– – –, **impelling** = force *f*. impulsive.
– – –, **impressed** = force *f*. appliquée.
– – –, **in** = (loi *f*.) en vigueur.
– – –, **labour** = population *f*. active.
– – –, **lateral** = effort *m*. latéral.
– – –, **lifting** = force *f*. de sustentation, force *f*. élévatoire.
– – –, **magnetic** = force *f*. magnétique (E.).
– – –, **magnetizing** = force *f*. magnétisante (E.).
– – –, **magnetomotive** = force *f*. magnétomotrice (E.).
– – –, **mechanical** = force *f*.
– – –, **molecular** = force *f*. moléculaire.
– – –, **motive** = force *f*. motrice.
– – –, **moving** = force *f*. motrice, force *f*. impulsive.
– – –, **normal** = force *f*. normale.
– – – **of adhesion** = force *f*. adhérente.
– – – **of electromagnetic induction** = force *f*. d'induction (E.).
– – – **of gravity** = pesanteur *f*.
– – – **of repulsion** = force *f*. répulsive.
– – –, **peripheral** = force *f*. tangentielle.
– – –, **propelling** = force *f*. motrice, force *f*. propulsive.
– – –, **radial** = force *f*. centrifuge.
– – –, **repelling** = force *f*. répulsive.
– – –, **resistance** = effort *m*. résistant.
– – –, **resistant** = force *f*. résistante.
– – –, **resultant** = résultante *f*.
– – –, **shearing** = effort *m*. tranchant, effort *m*. de cisaillement.
– – –, **sustaining** = force *f*. portante.
– – –, **tangential** = force *f*. de rotation, effort *m*. tangentiel.
– – –, **tensile** = effort *m*. de traction.
– – –, **tensional** = effort *m*. de tension.
– – –, **to** = forcer.
– – –, **to – – – back** = refouler (l'eau).
– – –, **to – – – down** = faire descendre.
– – –, **to – – – in** = faire entrer (une pièce) de force.

(force)

- – –, **to – – – out** = refouler au dehors, faire sortir de force.
- – –, **tractive** = force f. de traction.
- – –, **transverse** = force f. transversale.
- – –, **twisting** = force f. de torsion.
- – –, **upward** = force f. ascensionnelle.
- – –, **variable** = force f. variable.

forces, balanced = forces f.p. en équilibre.
- – –, **component** = forces f.p. composantes, composantes f.p.
- – –, **concurrent** = forces f.p. concourantes.
- – –, **inertia** = forces f.p. d'inertie.

forcing, hot = calage m. à chaud (Méc.).
forebay = bassin m. de mise en charge (H.).
forecast = prévision f., pronostic m.
- – –, **expense** = prévision f. des dépenses.
- – –, **sale** = prévision f. des ventes.
- – –, **to** = calculer ou prévoir (le temps, les événements).
- – –, **weather-** = prévisions f.p. météorologiques.

forelock = goupille f. (d'un boulon), clavette f.
- – –, **to** = claveter ou goupiller (un boulon).

foreman = contremaître m., chef m. des travaux, chef m. d'équipe, chef m. d'atelier, piqueur m.
- – –, **gang** = chef m. d'équipe.
- – –, **general** = chef m. de chantier.
- – –, **room, composing** = chef m. de commandite.
- – –, **room, stock** = chef m. de matériel.
- – –, **shop** = chef m. d'atelier.
- – –, **track** = chef m. d'équipe (Ch.d.f.).

foreshore = lais m.p., battures f.p. (Canada).
foresight = guidon m. ou mire f. (d'une arme à feu), visée f. directe, prévoyance f.
forestation = reboisement m.
foreword = avant-propos m. (d'un livre).
forge = forge f., atelier m. de forge.
- – –, **agricultural** = forge f. d'agriculteur, forge f. de ferme.
- – –, **blacksmith's** = forge f. à main.
- – –, **deep-hearth** = forge f. à foyer profond.
- – –, **fining** = forge f. d'affinage.
- – –, **portable** = forge f. portative, forge f. volante.
- – –, **puddling** = forge f. à puddler.
- – –, **refining** = feu m. d'affinerie, forge f. d'affinerie.
- – –, **to** = forger (un fer à cheval, un prétexte, une excuse), contrefaire (une signature), faire (ou commettre) un faux, fabriquer (de fausses nouvelles).
- – –, **to drop-** = estamper, forger au pilon, emboutir.

forged, cold- = forgé à froid.
- – –, **drop-** = forgé à la presse, estampé, forgé en matrice, embouti.
- – –, **hot-** = forgé à chaud.
- – –, **machine-** = forgé à la presse.
- – –, **solid-** = monobloc (adj.).

forger = forgeron m. (O.), maréchal-ferrant m. (O.).
forgery = falsification f. (de documents), faux m., contrefaçon f. (de billets de banque).
forging = forgeage m., pièce f. de forge.
- – –, **compression** = forgeage m. par compression.
- – –, **die-** = matriçage m.
- – –, **drop-** = estampage m. (Mét.).
- – –, **hammer-** = forgeage m., pièce f. forgée.
- – –, **hammer, tilt-** = forgeage m. au martinet.

(forging)

- – –, **heavy** = grosse pièce de forge.
- – –, **light** = petite pièce de forge.
- – –, **rolled** = forgeage m. par roulage.
- – –, **rough** = pièce f. brute de forge.
- – –, **upset** = forgeage m. par refoulement.

fork = fourche f. ou bifurcation f. (de chemins), fourche f. ou fourchette f. (de joint) (Méc.), chape f. (Méc.), fourche f. (à bêcher), fourchette f. (Ust.).
- – –, **ballast** = fourche f. à ballast.
- – –, **belt** = fourche f. de débrayage (de courroie), embrayeur m. (de courroie).
- – –, **cardan** = chape f. de cardan (Auto.).
- – –, **change-speed** = fourchette f. de commande des vitesses (Auto.).
- – –, **clutch** = embrayeur m., fourche f. (de l'embrayage), fourchette f. de débrayage.
- – –, **coupling** = chape f. d'accouplement, fourchette f. d'embrayage.
- – –, **disengaging** = fourche f. de débrayage.
- – –, **dung** = fourche f. à fumier (Agr.).
- – –, **eccentric** = barre f. d'excentrique à fourche, fourche f. d'excentrique.
- – –, **feeder** = fourche f. à fourrage (Agr.).
- – –, **fodder** = fourche f. à fourrage (Agr.).
- – –, **garden** = fourche f. à bêcher, déplantoir m.
- – –, **gear** = fourche f. de commande de baladeurs.
- – –, **gear-shift** = fourchette f. de commande d'embrayage, fourchette f. de commande de baladeurs.
- – –, **hand** = déplantoir m. (I.).
- – –, **hay** = fourche f. à foin (Agr.).
- – –, **hay-carrier** = fourche f. de chariot à foin (Agr.).
- – –, **lift** = gerbeuse f. (M.), élévateur m. gerbeur (M.).
- – –, **manure** = fourche f. à fumier (Agr.).
- – –, **release, clutch** = fourchette f. de débrayage (Auto.).
- – –, **reverse** = fourchette f. de marche arrière.
- – –, **scoop, coal** = fourche f. à charbon.
- – –, **scoop, vegetable** = fourche f. à légumes.
- – –, **selector, gear-change** = fourchette f. de commande de changement de vitesse (Auto.), fourchette f. de commande d'embrayage.
- – –, **shift** = fourchette f. de désembrayage (Auto.), fourchette f. de changement de vitesse.
- – –, **spading** = fourche f. à bêcher, bêche f.
- – –, **steering** = fourche f. de levier de direction.
- – –, **stone** = fourche f. à cailloux.
- – –, **strap** = fourche f. de débrayage (de courroie), embrayeur m. (de courroie).
- – –, **to** = bifurquer, fourcher, épuiser un puits (de mine).
- – –, **tuning** = diapason m. (I.).
- – –, **two-pronged** = fourchet m.

forked = fourchu (adj.), bifurqué (adj.).
form = moule m., coffrage m. (à béton), forme f., imprimé m., formule f., tournure f. (d'une phrase), V. « forms ».
- – –, **absorptive** = coffrage m. perdu (B.).
- – –, **cable** = forme f. de câblage (Tp.), peigne m. (Tp.).
- – –, **concrete** = coffrage m.
- – –, **equipment-type** = coffrage m. par éléments (B., C.).

(form)

– – –, **inner** = côté *m.* de deux (Imp.).

– – –, **metal** = coffrage *m.* métallique (C.).

– – –, **odd** = forme *f.* spéciale, forme *f.* dissymétrique.

– – – **of tender** = modèle *m.* de soumission (B., C.).

– – –, **order** = bulletin *m.* de commande.

– – –, **outer** = côté *m.* de première (Imp.).

– – –, **to** = former (une société, une pièce), profiler ou façonner (un vase, une pièce), emboutir (une plaque de métal).

– – –, **travelling** = coffrage *m.* mobile.

– – –, **unit** = coffrage *m.* par éléments (B., C.).

– – –, **unit-type** = coffrage *m.* par éléments (B., C.).

– – –, **wave** = forme *f.* d'onde (E.).

– – –, **wooden** = coffrage *m.* en bois (pour le béton).

– – –, **X** = en croix, cruciforme (adj.).

format = format *m.* (d'un livre).

formation = formation *f.* (d'un régiment, d'une plaque d'accumulateur, d'une couche géologique), constitution *f.* (d'un club, d'une société), création *f.* (de peuplements, d'un établissement), disposition *f.* (des troupes).

– – – **of a signal-train** = sémation *f.* (Tg.).

– – –, **scale** = entartrage *m.* (d'une chaudière) (Méc.).

– – –, **uniform** = épair *m.* régulier (Pap.).

– – –, **wild** = épair *m.* irrégulier (Pap.).

former = gabarit *m.*, moule *m.*, matrice *f.* (Mét.), ciseau *m.* à planche, corps *m.* ou carcasse *f.* (de bobine).

– – –, **winding** = gabarit *m.* de bobinage.

forming = formage *m.* (d'une pièce en matière plastique), profilage *m.* ou façonnage *m.* (d'une pièce), coffrage *m.* ou banchage *m.* (du béton), formation *f.* (d'une plaque d'accumulateur), constitution *f.* (d'une société), emboutissage *m.* (d'une plaque de métal).

– – –, **cold** = travail *m.* à froid, façonnage *m.* à froid.

– – –, **hot** = façonnage *m.* à chaud.

forms = V. « form ».

– – –, **concrete** = coffrages *m.p.* à béton.

– – –, **continuous** = formules *f.p.* continues (Imp.).

– – –, **footing** = coffrages *m.p.* à empattement.

– – –, **lift** = coffrages *m.p.* amovibles.

formula = formule *f.*

– – –, **empirical** = formule *f.* empirique.

formwork = V. « work, form ».

forward = marche *f.* avant (d'un appareil).

– – –, **fast** = marche *f.* avant rapide, bobinage *m.* rapide.

forwarding = expédition *f.*, envoi *m.*

– – – **of a telegram** = émission *f.* d'un télégramme.

– – – **of calls** = transfert *m.* automatique d'appels (Tp.).

fouled = (tuyau *m.*) encrassé, (pompe *f.*) engorgée, (machine *f.*) cambouisée, (pièce *f.*) faussée.

foundation = fondation(s) *f.(p.)* (d'un bâtiment, d'une maison), fondements *m.p.* (d'une maison), massif *m.* (d'un édifice), hérisson *m.* ou assiette *f.* (d'une chaussée), assise *f.* (d'une machine), berceau *m.*, base *f.*, fondation *f.* (pour une machine-outil).

– – –, **benched** = fondation *f.* à gradins (B.).

– – –, **coffer** = encaissement *m.* (C.).

– – –, **natural** = fondation *f.* normale (B.).

– – – **on piles** = fondation *f.* sur pilotis, pilotis *m.p.* de

(foundation)

support.

– – –, **pile** = pilotis *m.p.* de support.

– – –, **raft** = radier *m.* (C.), dalle *f.* de fondation (B., C.).

founder = fondeur *m.* (O.) (Mét.), fondateur *m.* (d'une société) (O.).

– – –, **type** = fondeur *m.* en caractères d'imprimerie.

foundry = fonderie *f.*

– – –, **brass** = fonderie *f.* de bronze.

– – –, **iron** = usine *f.* métallurgique.

– – –, **type** = fonderie *f.* de caractères d'imprimerie.

fount = fonte *f.* (Imp.).

founts, book = caractères *m.p.* d'édition.

fountain = fontaine *f.*, source *f.* d'eau, abreuvoir *m.* (Agr.).

– – –, **drinking** = fontaine *f.*, poste *m.* d'eau potable.

– – –, **ink** = encrier *m.*

– – –, **street** = borne-fontaine *f.*

four-pole = quadripôle (adj.) (E.), tétrapolaire (adj.) (E.).

foyer = hall *m.* d'entrée (B.), foyer *m.* (d'un théâtre).

frac, bomb = torpillage *m.* (c.-à-d. dynamitage d'un puits de pétrole) (Mi.).

– – –, **vibro** = vibrotorpillage *m.* (c.-à-d. torpillage *m.* par vibration) (Mi.).

fraction = fraction *f.*

– – –, **burn up** = taux *m.* d'épuisement (du combustible) (Phys.).

– – –, **piece** = fraction *f.* composée (Imp.).

fractionation = distallation *f.* fractionnée (Chim.).

fracture = crique *f.* (dans un métal), rupture *f.* (Méc.), cassure *f.* (d'une roche, d'une tige), criqûre *f.* (Mét.), fracture *f.* (d'un os).

– – –, **compound** = fracture *f.* compliquée (d'un os).

– – –, **conchoidal** = cassure *f.* écaillée (Mét.).

– – –, **crystalline** = cassure *f.* cristalline (Mét.).

– – –, **fibrous** = cassure *f.* fibreuse (Mét.).

– – –, **granular** = cassure *f.* granulaire (Mét.).

– – –, **granular, coarse** = cassure *f.* à gros grains (Mét.).

– – –, **lamellar** = cassure *f.* lamellaire (Mét.).

– – –, **silky** = cassure *f.* soyeuse (Mét.).

– – –, **splintering** = cassure *f.* à éclats.

fragment = fragment *m.* (d'un vase), éclat *m.* (d'obus), débris *m.p.*, morceau *m.* (de papier).

fraise = fraise *f.* (I.), alésoir *m.* (I.).

frame = répartiteur *m.* (Tp.), ossature *f.* ou charpente *f.* (d'un bâtiment, d'une maison), affût *m.* (d'un canon), colombage *m.* (d'un mur), grillage *m.* (d'un accumulateur), châssis *m.* (d'une automobile), cadre *m.* (d'antenne), train *m.* (d'une voiture), bâti *m.* (d'une dynamo), structure *f.* (d'un édifice), squelette *m.* (de l'homme), carcasse *f.* (d'un navire, d'un moteur), corps *m.* (d'un filtre), trame *f.* (Tv.), monture *f.* (d'un parapluie, d'une paire de lunettes), image *f.* (Phot.), travail *m.* (pour cheval).

– – –, **A** = chevalet *m.* (C.).

– – –, **air** = fuselage *m.* (Av.).

– – –, **armature** = carcasse *f.* d'induit (E.).

– – –, **balloon** = charpente *f.* de pan (B.), (construction *f.* en) pan de bois (B.).

– – –, **bill** = tableau *m.* d'affichage.

– – –, **binder** = châssis *m.* à palier pouvant se régler

(frame)

(Méc.).
- - -, **bobbin** = bobinoir *m*.
- - -, **boring** = potence *f*. à forer, machine *f*. à percer.
- - -, **centering** = cadre *m*. à centrer les châssis (de moulage).
- - -, **channel-iron** = châssis *m*. de fer en U (Auto.).
- - -, **car** = châssis *m*. (Auto.).
- - -, **composing** = case *f*. de compositeur (Imp.).
- - -, **core** = armature *f*. de noyau (E.).
- - -, **cramp** = serre-joint *m*. (Men.), presse *f*. à main (Men.), sergent *m*. (Mer.).
- - -, **crane** = bâti *m*. de grue.
- - -, **curved** = châssis *m*. cintré.
- - -, **deepening** = élinde *f*. (de drague).
- - -, **deepening, hydraulic** = élinde *f*. de drague hydraulique.
- - -, **distributing** = répartiteur *m*. (Tp.).
- - -, **distributing, combined** = répartiteur *m*. mixte (Tp.).
- - -, **distributing, intermediate** = répartiteur *m*. intermédiaire (Tp.).
- - -, **distributing, main** = répartiteurs *m.p*. généraux (des lignes d'abonnés) (Tp.), répartiteur *m*. d'entrée (Tp.).
- - -, **distributing, repeater** = répartiteur *m*. de répéteurs (Tp.).
- - -, **distribution** = répartiteur *m*. (Tp.), V. « frame, distributing ».
- - -, **distribution, cable** = répartiteur *m*. (de câbles) (Tp.).
- - -, **door** = dormant *m*., chambranle *m*. de porte, cadre *m*. de porte, encadrement *m*. de porte.
- - -, **drawing** = banc *m*. à étirer (Mét.), banc *m*. d'étirage (Mét.).
- - -, **dropped** = châssis *m*. surbaissé (Auto.).
- - -, **engine** = bâti *m*. de la machine.
- - -, **finish** = cadre *m*. de fini (B.).
- - -, **gallows** = chevalement *m*. (C.).
- - -, **governor** = corbeille *f*. de régulateur (d'une turbine).
- - -, **hanger, drop** = chaise *f*. suspendue (Méc.).
- - -, **in-cut** = bâti *m*. échancré.
- - -, **iron** = charpente *f*. en fer.
- - -, **lathe** = bâti *m*. de tour (Méc.).
- - -, **licence** = cadre *m*. de plaque (d'immatriculation) (Auto.).
- - -, **magnet** = carcasse *f*. magnétique (E.), bâti *m*. inducteur (E.).
- - -, **main** = châssis *m*. principal, bâti *m*. principal, V. « frame, distributing, main ».
- - -, **manhole** = cadre *m*. ou châssis *m*. (du tampon d'une chambre de câbles) (Tp.).
- - -, **measuring** = cadre *m*. de mesurage (brut des agrégats) (B.).
- - -, **metal** = vitrière *f*. (B.).
- - -, **micrometer** = corps *m*. du micromètre.
- - -, **motor** = carcasse *f*. du moteur (E.).
- - -, **mounting** = bâti *m*., châssis *m*.
- - -, **movable** = cadre *m*. mobile (R.).
- - - **of a locomotive** = châssis *m*. d'une locomotive.
- - - **of plate** = cadre *m*. de plaque.
- - - **of the slide** = guide *m*. du tiroir (Méc.), cadre *m*. du tiroir (Méc.).

(frame)

- - -, **poster** = tableau *m*. d'affichage.
- - -, **pressed-steel** = châssis *m*. en tôle d'acier emboutie (Auto.).
- - -, **printing** = châssis *m*. (Phot.).
- - -, **revolving** = châssis *m*. tournant.
- - -, **revolving, crane** = châssis *m*. tournant de grue.
- - -, **rigid** = carcasse *f*. rigide (B., Méc.), charpente *f*. hyperstatique (B.).
- - -, **roof** = charpente *f*. du toit (B.).
- - -, **rotating** = cadre *m*. mobile (R.), cadre *m*. tournant (R.).
- - -, **rough** = faux cadre *m*. (d'une porte) (B.).
- - -, **sash** = (châssis *m*.) dormant *m*. (d'une fenêtre à guillotine), cadre *m*. de châssis (B.).
- - -, **saw** = porte-scie *m*., châssis *m*. de scie, monture *f*. de scie.
- - -, **saw-pit** = baudet *m*.
- - -, **screw** = sergent *m*. (Men.), serre-joint *m*. (Men.).
- - -, **spinning** = métier *m*. à tisser.
- - -, **stationary** = châssis *m*. fixe.
- - -, **stationary, crane** = châssis *m*. fixe de grue.
- - -, **stator** = bâti *m*. du stator (E.).
- - -, **strut** = assemblage *m*. à contre-fiches, ferme *f*. à contre-fiches (B.).
- - -, **sub-** = faux châssis *m*. (Auto.), berceau *m*. (Auto.).
- - -, **supporting** = bâti *m*. support, cadre *m*. d'appui.
- - -, **sway** = portique *m*. de contreventement (C., B.).
- - -, **swing** = tête *f*. de cheval (d'un tour à fileter) (Méc.).
- - -, **switch** = répartiteur *m*. de commutateurs (Tp.), baie *f*. de commutateurs (Tp.).
- - -, **tapered** = châssis *m*. rétréci à l'avant.
- - -, **to** = faire la charpente de. . . ., assembler une ferme (C.), armer (un poteau) (Tp.).
- - -, **truck** = châssis *m*. de camion.
- - -, **truss** = armature *f*. (B.), ferme *f*. (B.).
- - -, **tubular** = châssis *m*. tubulaire (Auto.).
- - -, **tumbler** = coeur *m*. de renversement (d'un tour) (Méc.).
- - -, **under-** = châssis *m*. inférieur (Auto.), infrastructure *f*. (d'un pont).
- - -, **U-shaped** = châssis *m*. en U.
- - -, **welded** = châssis *m*. soudé.
- - -, **winding** = bobineuse *f*., bobinoir *m*.
- - -, **window** = cadre *m*. de fenêtre, chambranle *m*., encadrement *m*. de glace (Auto.), encadrement *m*. de fenêtre.
- - - **with cramps** = serre-joint *m*. (Men.).
framework = carcasse *f*. ou bâti *m*. (d'une machine), squelette *m*. ou ossature *f*. ou charpente *f*. (d'un homme), boisage *m*. (d'un puits), charpente *f*. (d'un roman), carcasse *f*. (d'un animal), ossature *f*. ou charpente *f*. (d'un édifice), coffrage *m*. (pour le béton), charpenterie *f*. (B.).
- - -, **panel** = panneau *m*. de montage (Tp.).
- - -, **steel** = charpente *f*. métallique, charpente *f*. en acier.
- - -, **supported** = charpente *f*. (d'une maison) renforcie par des décharges (B.).
- - -, **wing** = ossature *f*. de l'aile (Av.), carcasse *f*. de

(framework)

l'aile (Av.).

framing = construction *f.*, fabrication *f.*, cadrage *m.* (de l'image) (Tv., Phot.), mise en page, assemblage *m.*, charpente *f.* (C., B.), charpenterie *f.* (B.).

– – –, **angle-steel** = cadre *m.* métallique à cornières.

– – –, **braced** = charpente *f.* contreventée (B.).

– – –, **floor** = charpente *f.* de plancher.

– – –, **panel** = encadrement *m.* de panneau (de porte) (B.).

– – –, **plank** = charpente *f.* en madriers (B.).

– – –, **platform** = charpente *f.* (de bois) à plate-forme (c.-à-d. où les solives de plancher de chaque étage reposent sur la sablière de l'étage inférieur) (B.).

– – –, **pole** = pose *f.* de l'armement à un poteau.

– – –, **post, beam and plank** = charpente *f.* à poteau, à poutre et à madrier (B.).

– – –, **steel** = charpente *f.* métallique, charpente *f.* en acier.

– – –, **structural, reinforced concrete** = charpente *f.* (ou ossature *f.*) en béton armé (B.).

– – –, **timber** = charpente *f.* en bois.

– – –, **wall** = charpente *f.* de cloison (ou de mur).

– – –, **wall, interior** = charpente *f.* de mur intérieur (B.).

– – –, **Western** = charpente *f.* contreventée (B.), charpente *f.* de l'Ouest (B.).

franchise = concession *f.* commerciale.

fray, to = effilocher, érailler, dénuder.

free = libre (adj.), exempt (adj.), indemne (adj.), qui a du jeu.

– – – **from acid** = neutre (adj.), exempt (adj.) d'acide.

– – – **from tar** = exempt (adj.) de goudron.

– – –, **germ** = (animaux *m.p.*) sans germes (Agr.).

– – –, **glare** = non éblouissant.

– – –, **hum** = silencieux (adj.), sans ronflement.

– – –, **noise** = silencieux (adj.), sans ronflement.

– – – **of charge** = franco (de port), gratuitement.

– – – **of losses** = sans perte (E.).

– – –, **radiation** = à champ nul (E.).

– – –, **static** = sans bruits parasites (R.).

– – –, **tax** = exempt de taxes.

– – –, **to** = dégager ou débarrasser (une route), libérer (d'une obligation, un détenu), dégripper (un organe de machine), dégorger (un tuyau), décrasser (une grille de foyer), franchir (une pompe), décolmater (un filtre), déblayer (un lieu, une cour).

freeboard = tirant *m.* d'air (d'un bateau).

freedom = liberté *f.*

freehold = (terrain *m.*) tenu en franc-alleu.

freeholder = franc-tenancier *m.*

freestone = pierre *f.* de taille (B.).

freeway = autostrade *f.*, autoroute *f.*

freeze, deep = congélateur *m.* (Ust.).

– – –, **to** = geler, congeler, bloquer (les prix, les salaires).

– – –, **to – – – on** = gripper (Méc.).

freezer = matoir *m.*, congélateur *m.* (Ust.), sorbetière *f.* (Ust.).

– – –, **ice-pail** = sorbetière *f.* (Ust.).

freeze-up = congélation *f.* (du radiateur) (Auto.), prise *f.* (d'un cours d'eau, d'un lac).

freezing = congélation *f.* (de la viande, d'un cours d'eau), prise *f.* (d'une surface d'eau), réfrigération *f.*

(freezing)

(des aliments), gel *m.*

freighter = affrêteur *m.* (O.), wagon *m.* de marchandises (Ch.d.f.), cargo *m.* (Mar.).

frequencies = V. « frequency ».

frequency = fréquence *f.* (R., E.).

– – –, **acoustic** = fréquence *f.* acoustique, fréquence *f.* audible.

– – –, **assigned** = fréquence *f.* imposée, fréquence *f.* nominale.

– – –, **audio** = fréquence *f.* téléphonique (Tp.), audiofréquence *f.* (Tp., R.), basse fréquence (Tp.).

– – –, **band, side** = bandes *f.p.* latérales de fréquences (R.).

– – –, **barrier** = fréquence *f.* de coupure (R.).

– – –, **basic** = fréquence *f.* fondamentale (R.).

– – –, **beat** = fréquence *f.* de battement (R.).

– – –, **blanketing** = fréquence *f.* d'occultation (R.).

– – –, **carrier** = fréquence *f.* fondamentale (R.), fréquence *f.* porteuse (Tp.).

– – –, **carrier, mean** = fréquence *f.* porteuse moyenne (Tp.).

– – –, **frequency, carrier, sound** = fréquence *f.* porteuse (de) son (Tv.).

– – –, **combination** = fréquence *f.* composée (Tp.), fréquence *f.* de combinaison (E.).

– – –, **control** = fréquence *f.* pilote (R.).

– – –, **critical** = fréquence *f.* critique (R.).

– – –, **cross-over** = fréquence *f.* de recouvrement (E.).

– – –, **cut-off** = fréquence *f.* de coupure (E.), fréquence *f.* limite (E.).

– – –, **cut-off, effective** = fréquence *f.* de coupure effective (E.).

– – –, **field** = fréquence *f.* de trames (Tv.), fréquence *f.* de balayage vertical (Tv.).

– – –, **filter** = fréquence *f.* passante (R.).

– – –, **frame** = fréquence *f.* d'image (Tv.).

– – –, **fundamental** = fréquence *f.* fondamentale (R.).

– – –, **group** = fréquence *f.* de série.

– – –, **harmonic** = fréquence *f.* harmonique (R.).

– – –, **heterodyne** = fréquence *f.* de battement (R.).

– – –, **high** = à haute fréquence, haute fréquence.

– – –, **high, ultra** = très haute fréquence, hyperfréquence *f.*

– – –, **high, useful, lowest** = fréquence *f.* minimale utilisable (R.).

– – –, **high, very** = très haute fréquence, hyperfréquence *f.*

– – –, **holding** = fréquence *f.* pilote (R.).

– – –, **image** = vidéofréquence *f.* (Tv.), fréquence *f.* image (Tv.).

– – –, **impulse** = fréquence *f.* d'impulsions.

– – –, **instantaneous** = fréquence *f.* instantanée.

– – –, **intermediate** = fréquence *f.* intermédiaire, moyenne fréquence.

– – –, **intermediate, high** = moyenne fréquence élevée.

– – –, **intermodulation** = son *m.* différentiel (R.).

– – –, **limiting, absorption** = fréquence *f.* limite d'absorption (R.).

– – –, **line** = fréquence *f.* de lignes (Tv.).

– – –, **low** = (à) basse fréquence.

– – –, **mean** = fréquence *f.* moyenne.

– – –, **microwave** = hyperfréquence *f.*

– – –, **modulating** = fréquence *f.* de modulation (R.).

(frequency)

– – –, **modulation** = fréquence *f.* de modulation.
– – –, **monitored** = fréquence *f.* veillée en permanence (R.).
– – –, **monitoring** = fréquence *f.* pilote (R.).
– – –, **musical** = fréquence *f.* musicale.
– – –, **natural** = fréquence *f.* propre (R.), fréquence *f.* naturelle (d'une antenne) (R.).
– – –, **nominal** = fréquence *f.* assignée, fréquence *f.* nominale.
– – – **of storms** = fréquence *f.* des orages (H.).
– – –, **operating** = fréquence *f.* de fonctionnement (d'un suppresseur d'écho) (Tp.).
– – –, **picture** = fréquence *f.* d'image (Tv.).
– – –, **pilot** = fréquence *f.* pilote (R.).
– – –, **quenching** = fréquence *f.* auxiliaire de superréaction (R.).
– – –, **radio** = radiofréquence *f.*, haute fréquence.
– – –, **rated** = fréquence *f.* nominale.
– – –, **regulated** = fréquence *f.* asservie.
– – –, **repetition, pulse** = fréquence *f.* de répétition des impulsions (E.).
– – –, **resonance** = fréquence *f.* de résonance (R.).
– – –, **ringing** = fréquence *f.* de signalisation (Tp.).
– – –, **ripple** = fréquence *f.* d'ondulation.
– – –, **ripple, commutator** = fréquence *f.* de l'harmonique de commutation.
– – –, **ripple, slot** = fréquence *f.* de denture.
– – –, **scanning** = fréquence *f.* de balayage (E.).
– – –, **second-channel** = fréquence *f.* image (Tv.).
– – –, **side** = fréquence *f.* latérale.
– – –, **signal** = fréquence *f.* du signal.
– – –, **single-** = (à) monofréquence (E.).
– – –, **sixty-cycle** = fréquence *f.* de 60 cycles.
– – –, **sonic** = fréquence *f.* sonore, fréquence *f.* acoustique.
– – –, **spark** = fréquence *f.* d'éclatement, fréquence *f.* d'étincelle.
– – –, **sub-audio** = fréquence *f.* infra-acoustique.
– – –, **sub-telephone** = fréquence *f.* infra-téléphonique.
– – –, **summation** = fréquence *f.* résultante.
– – –, **super** = très haute fréquence, hyperfréquence *f.*
– – –, **super-audio** = fréquence *f.* supersonique, fréquence *f.* supra-acoustique.
– – –, **super-high** = très haute fréquence, hyperfréquence *f.*
– – –, **supersonic** = fréquence *f.* supersonique, fréquence *f.* supra-acoustique.
– – –, **super-telephone** = fréquence *f.* supra-téléphonique.
– – –, **sweep** = fréquence *f.* de balayage (Radar).
– – –, **telephone** = fréquence *f.* téléphonique.
– – –, **threshold** = fréquence *f.* critique.
– – –, **top** = fréquence *f.* limite.
– – –, **traffic, optimum** = fréquence *f.* optimale de trafic (R.).
– – –, **usable, maximum** = fréquence *f.* maximale utilisable (R.).
– – –, **video** = fréquence *f.* de modulation d'image (Tv.), vidéofréquence *f.* (Tv.).
– – –, **vision** = fréquence *f.* d'image (Tv.).
– – –, **voice** = fréquence *f.* vocale (Tp.).
– – –, **wave-train** = fréquence *f.* des trains d'ondes (R.).
– – –, **wobble** = fréquence *f.* de modulation (R.).

(frequency)

– – –, **zero-beat** = fréquence *f.* zéro (E.), courant continu (E.).
fretting = usure *f.*, érosion *f.*, corrosion *f.*
fretwork = ouvrage *m.* à claire-voie, découpage *m.* (Men.), chantournement *m.* (Men.), ornementation *f.* (d'un plafond).
friability = friabilité *f.*
friction = friction *f.*, frottement *m.*
– – –, **air** = frottement *m.* de l'air.
– – –, **bearing** = frottement *m.* de palier.
– – – **of sliding** = frottement *m.* de glissement.
– – –, **pipe** = frottement *m.* d'un fluide dans un tuyau.
– – –, **piston** = frottement *m.* du piston.
– – –, **rolling** = frottement *m.* de roulement.
– – –, **sliding** = frottement *m.* de glissement.
– – –, **statical** = frottement *m.* au départ.
– – –, **superficial** = frottement *m.* superficiel.
frictionless = sans frottement, antifriction *m.* (Méc.).
fridge = V. « refrigerator ».
friend, plumber's = ciment *m.* pour joints.
frieze = ratine *f.*, frise *f.* (B.).
fringe = frange *f.*, bordure *f.* (d'arbres), bord *m.*
– – – **of Montreal, the outer** = la banlieue *f.* excentrique de Montréal.
– – – **of the forest** = lisière *f.* de la forêt.
fringing, colour = aberration *f.* chromatique (Phot.), franges *f.p.* d'interférence (Phot.).
frisket = frisquette *f.* (d'une presse) (Imp.), cache *m.* (Imp.).
fritter = beignet *m.*
– – –, **apple** = beignet *m.* aux pommes.
frog = coeur *m.* de croisement *m.* (Ch.d.f.), patte-de-lièvre *f.* (Ch.d.f.), clé *f.* (de liaison des briques) (B.).
– – –, **trolley** = aiguille *f.* aérienne (tramway).
front = façade *f.* (d'un édifice), devant *m.* ou face *f.* (d'un bâtiment), avant *m.* (d'une voiture), recto *m.* (d'un feuillet), grillage *m.* ou grille *m.* (de radiateur) (Auto.), devanture *f.* (d'une boutique), tête *f.* (de pont), plastron *m.* (de chemise), premier rang.
– – –, **flame** = front *m.* de flamme.
– – –, **wave** = front *m.* d'onde (E.).
frontage = façade *f.* (d'un édifice), devanture *f.* (d'un magasin), ligne *f.* de propriété en bordure de la chaussée, terrain *m.* en bordure (d'une rivière).
frontispiece = frontispice *m.* (B., Imp.).
fronton = fronton *m.* (B.).
– – –, **small** = fronteau *m.* (d'une porte, d'une fenêtre).
frontwise = de face.
frost = gelée *f.*
– – –, **glazed** = verglas *m.*
– – –, **hoar-** = givre *m.*, gelée *f.* blanche.
frosted = dépoli (adj.), mat (adj.).
frosting = givrage *m.*, glaçage *m.* (d'un métal), dépolissage *m.* (du verre).
froth = écume *f.* (à la bouche, de la mer), mousse *f.* (de la bière, du savon).
frustum = tronc *m.*
– – – **of a column** = tronçon *m.* d'une colonne, colonne *f.* tronquée.
– – – **of a cone** = tronc *m.* de cône, cône *m.* tronqué.
fryer = panier *m.* à friture (Ust.), casserole *f.* à friture (Ust.), poêle *f.* (Ust.).
– – –, **potato** = bassine *f.* à friture (Ust.), casserole *f.* à

(fryer)

friture (Ust.).

F.R.X.D. = V. « distributor, reperforator transmitter, fully automatic ».

f.-s. = V. « foot-second ».

ft = V. « foot » et « feet ».

ft B.M. = V. « measure, board, foot ».

ft-lb. = V. « foot-pound »».

ft S.M. = V. « measure, surface, foot ».

fuel = combustible *m.*, comburant *m.*, carburant *m.* (Auto.).

– – –, **compressed** = agglomérés *m.p.* (Méc.), briquettes *f.p.* de charbon.

– – –, **crude** = huile *f.* brute.

– – –, **distilled** = huile *f.* combustible distillée.

– – –, **heavy** = carburant *m.* lourd, mazout *m.* lourd.

– – –, **jet** = carburant *m.* pour avions à réaction.

– – –, **liquid** = combustible *m.* liquide.

– – –, **motor** = carburant *m.*

– – –, **oil** = mazout *m.*

– – –, **patent** = agglomérés *m.p.* (Méc.), briquettes *f.p.* de charbon.

– – –, **pulverized** = combustible *m.* pulvérisé.

– – –, **solid** = carburant *m.* solide (Méc.), combustible *m.* solide.

– – –, **weak** = carburant *m.* pauvre.

fulcrum = point *m.* d'appui, appui *m.*, pivot *m.* (d'un levier).

full, even = chargé (adj.) au ras, plein (adj.) à ras bord.

– – –, **heap** = plein (adj.) à déborder.

– – –, **level** = plein (adj.) à ras bord.

fuller = dégorgeoir *m.* (I.), chasse *f.* demi-ronde (I.).

– – –, **anvil** = matoir *m.* pour enclume.

– – –, **bottom** = tranchet *m.* à dégorger.

– – –, **hand** = matoir *m.* à main.

– – –, **to** = dégorger (le fer), mater ou refouler (le bord des tôles).

– – –, **top** = chasse *f.* ronde, dégorgeoir *m.*

fume = vapeur *f.*, fumée *f.*, gaz *m.*

– – –, **acid** = vapeur *f.* acide, buée *f.* corrosive.

fumes, objectionable = gaz *m.p.* délétères.

– – –, **smoke** = gaz *m.* du foyer.

function = fonction *f.*

– – –, **circular** = fonction *f.* circulaire.

– – –, **continuous** = fonction *f.* continue.

– – –, **cycle** = temps *m.* de cycle (Méc., E.).

– – –, **exponential** = fonction *f.* exponentielle.

– – –, **gain** = fonction *f.* de gain (d'une antenne) (R.).

– – –, **periodic** = fonction *f.* périodique.

– – –, **potential** = fonction *f.* potentielle (E.).

– – –, **scalar** = fonction *f.* scalaire.

– – –, **sine** = fonction *f.* de sinus.

– – –, **specific** = fonction *f.* déterminée (d'un circuit électrique).

– – –, **vector** = fonction *f.* vectorielle.

fund = fonds *m.* (ou *m.p.*), caisse *f.* (de retraite).

– – –, **pension** = caisse *f.* de retraite.

– – –, **relief** = caisse *f.* de secours.

fundamental = fondamental (adj.), essentiel (adj.).

funds = fonds *m.* (ou *m.p.*) (publics, social, de commerce).

– – –, **no** = manque *m.* de fonds, défaut *m.* de provision.

– – –, **public** = deniers *m.p.* publics.

funnel = entonnoir *m.*, tuyau *m.* (d'aérage), cheminée *f.* (de bateau), embouchure *f.* (d'un tuyau).

– – –, **charging** = trémie *f.* (C.).

– – –, **hod, coal** = entonnoir *m.* de seau à charbon (C.).

– – –, **loading** = trémie *f.* (C.).

– – –, **sand** = trémie *f.* à sable (C.).

– – –, **separating** = ampoule *f.* à décanter.

– – –, **smoke** = cheminée *f.*

– – –, **straining** = entonnoir *m.* à grille.

– – –, **ventilation** = cheminée *f.* d'aérage.

fur = incrustations *f.p.* ou tartre *m.* (dans une chaudière), fourrure *f.* (de poutre).

– – –, **to** = désincruster ou détartrer (une chaudière), fourrer (une poutre).

furlong = furlong *m.* (c.-à-d. 220 verges ou ⅛ mille; 201,168 mètres).

furnace = fourneau *m.* (Mét.), chaudière *f.* (B.), four *m.* (Mét.), calorifère *m.* (B.).

– – –, **air** = four *m.* à réverbère.

– – –, **annealing** = four *m.* à recuire.

– – –, **arc** = four *m.* à arc.

– – –, **assay** = four *m.* à coupelle, four *m.* d'essai.

– – –, **blast** = haut fourneau *m.*

– – –, **blast, coke** = haut fourneau *m.* au coke.

– – –, **bloomery** = four *m.* à loupes.

– – –, **boiler** = fourneau *m.* d'une chaudière.

– – –, **brazing** = four *m.* à braser.

– – –, **calcining** = four *m.* à calciner.

– – –, **cementation** = four *m.* de cémentation.

– – –, **charcoal** = carbonisateur *m.*

– – –, **coal** = chaudière *f.* au charbon (Méc.), calorifère *m.* au charbon (B.), [fournaise *f.* à charbon] (Canada) (B.).

– – –, **continuous** = four *m.* continu.

– – –, **cooling** = four *m.* à recuire.

– – –, **cupola** = cubilot *m.*

– – –, **distilling** = fourneau *m.* de distillation.

– – –, **draught** = four *m.* à réverbère.

– – –, **electric** = four *m.* électrique.

– – –, **fining** = four *m.* d'affinage.

– – –, **gas** = four *m.* à gaz.

– – –, **hand-fired** = foyer *m.* alimenté à la main.

– – –, **hardening** = four *m.* à tremper.

– – –, **hot-air** = calorifère *m.* à air chaud, [fournaise *f.* à air chaud] (Canada).

– – –, **hot-water** = chaudière *f.* à eau chaude, chaudière *f.* pour chauffage central par l'eau chaude, [fournaise *f.* à eau chaude] (Canada).

– – –, **induction** = four *m.* à induction (E.).

– – –, **melting** = four *m.* de fusion.

– – –, **of a boiler** = fourneau *m.* d'une chaudière.

– – –, **oil** = fourneau *m.* à huile lourde, calorifère *m.* à mazout, chaudière *f.* à mazout, [fournaise *f.* à l'huile] (Canada).

– – –, **oil-fired** = V. « furnance, oil ».

– – –, **open-hearth** = four *m.* à sole.

– – –, **pot** = four *m.* à creusets.

– – –, **puddling** = four *m.* à puddler.

– – –, **resistance** = four *m.* à résistance (E.).

– – –, **reverberatory** = four *m.* à réverbère.

– – –, **revolving hearth** = four *m.* à sole tournante.

– – –, **rolling** = four *m.* oscillant.

– – –, **roasting** = four *m.* de grillage, four *m.* de cal-

(furnace)

cination.
- - -, **rotary** = four m. rotatoire.
- - -, **rotating** = four m. rotatoire.
- - -, **scaling** = four m. à décaper.
- - -, **smelt(ing)** = four m. de fusion.
- - -, **steam** = chaudière f. à vapeur, calorifère m. à vapeur, [fournaise f. à vapeur] (Canada).
- - -, **straight-flow** = four m. continu.
- - -, **tar** = four m. à goudron.
- - -, **tempering** = four m. a recuire, four m. à tremper.
- - -, **welding** = four m. à souder.
furnish = matières f.p. premières (Pap.).
- - -, **beater** = chargement m. de la pile (Pap.).
furnishings = ameublement m. (d'une maison), mobilier m. et accessoires m.p.
furniture = ferrures f.p., garniture f. (d'une chaudière, d'imprimerie), mobilier m. ou ameublement m. (d'une salle), matériel m (d'une école), meubles m.p.
- - -, **unit** = mobilier m. par éléments.
furring = fourrure f. (B.), décartrage m. ou décrassage m. (d'une chaudière).
- - -, **floor** = lambourde f. (B.).
furrings = coyau m. (d'un toit).
furrow = gorge f. (de vis), rayure f., cannelure f., sillon m. (Agr.).
- - -, **to** = canneler (une colonne), rainer (une planche), labourer (un terrain).
fuse = fusible m. (E.), plomb m. (E.), mèche f. ou fusée f. ou fusée-détonateur f. (d'un explosif), coupe-circuit m. (E.), fusée f. de signalisation (Ch.d.f.).
- - -, **alarm** = coupe-circuit m. fusible à signalisation.
- - -, **blasting** = fusée f. d'amorce à combustion lente.
- - -, **blown** = fusible m. sauté.
- - -, **cartridge** = fusible m. à cartouche.
- - -, **current-limiting** = coupe-circuit m. à fusible.
- - -, **delay-action** = fusée f. à retardement.
- - -, **detonating** = cordon m. détonant.

(fuse)

- - -, **disconnecting** = fusible m. sectionneur.
- - -, **distributing** = coupe-circuit m. de distribution.
- - -, **double-action** = fusée f. à double effet.
- - -, **drop-out** = fusible m. à déclenchement.
- - -, **dummy** = fusible m. postiche (Tp.).
- - -, **electric** = amorce f. électrique.
- - -, **enclosed** = fusible m. renfermé, fusible m. sous couvercle.
- - -, **expulsion** = fusible m. à expulsion.
- - -, **horn** = coupe-circuit m. à antennes.
- - -, **horn-gap** = fusible m. à cornes.
- - -, **instantaneous** = cordon m. détonant.
- - -, **main** = fusible m. général.
- - -, **nose** = fusée f. de tête.
- - -, **percussion** = fusée f. percutante.
- - -, **plug** = fusible m. à bouchon.
- - -, **point** = fusée f. de tête.
- - -, **repeating** = fusible m. à réenclenchement.
- - -, **safety** = fusible m. de sécurité, plomb m. fusible.
- - -, **slow** = fusée f. à retardement.
- - -, **spark** = amorce f. à étincelles.
- - -, **strip** = fusible m. à lame.
- - -, **time** = fusée f. à temps (Mi.).
- - -, **to** = fondre (un métal), fusionner (deux compagnies), protéger (un circuit) par un fusible.
fuselage = fuselage m. (Av.).
fusibility = fusibilité f. (des métaux).
- - -, **ash** = fusibilité f. des cendres.
fusible = fusible (adj.).
fusiform = fuselé (adj.) (Av.).
fusing = (obus m.) fusant (adj.).
fusion = fonte f. (des métaux), fusionnement m. ou fusion f. (d'un corps, de sociétés, de partis).
- - -, **flame** = fusion f. au chalumeau.
fuze = V. « fuse ».
fuzz = flou m. (Phot.), poils m.p. (sur le papier) (Imp.).
f.w.d. = V. « drive, front-wheel ».
F.W.D. = V. « drive, four-wheel ».

g

G = V. « gauss ».

g = accélération *f.* (c.-à-d. 32.2 pieds /s²), V. « gramme ».

gab = encoche *f.* ou entaille *f.* ou enclenche *f.* (Méc., Men.).

gabion = gabion *m.* (B.), corbeille *f.* (B.).

gable = pignon *m.* (B.), gable *m.* (B.).

– – –, **small** = gablet *m.*, gable *m.*

– – –, **stepped** = pignon *m.* à redans.

gad = coin *m.* (de fer), aiguillon *m.*, pointe *f.* (de flèche), pince *f.* de mineur (I.).

gadget = accessoire *m.* (de machine), dispositif *m.*, truc *m.* ou machin *m.*, bidule *m.*

gaff = harpon *m.*, gaffe *f.*

gaffer = conducteur *m.* de travaux.

gage = V. « gauge ».

gain = entaille *f.*, encoche *f.*, gain *m.* (Tp.), augmentation *f.*, amplification *f.* (Tp.).

– – –, **conversion** = gain *m.* de conversion (E.), amplification *f.* de conversion (Tp.).

– – –, **heat, fortuitous** = V. « heat, free ».

– – –, **high** = grande amplification (R.).

– – – **in hand** = marge *f.* d'amplification (permise) (E.).

– – –, **overall** = gain *m.* total (Tp.), amplification *f* totale (Tp.).

– – –, **pole** = encoche *f.* à un poteau (Tp., E.).

– – –, **power** = amplification *f.* (E.), gain *m.* de puissance (E.), gain *m.* en puissance (d'une antenne) (R.).

– – –, **power – – – referred to a half-wave dipole** = gain *m.* relatif (d'une antenne) (R.).

– – –, **reflection** = gain *m.* dû aux réflexions (E.)

– – –, **repeater** = gain *m.* d'un répéteur (Tp.).

– – –, **transducer** = gain *m.* transductique (E.).

– – –, **transmission** = gain *m.* (Tp.), amplification *f.* (Tp.).

– – –, **voltage** = accroissement *m.* (ou gain *m.*) de tension (E., Tp.), amplification *f.* de tension (E., Tp.).

gaiter = emplâtre *m.* (pour pneu), guêtre *f.* (Auto.).

– – –, **spring** = gaine *f.* de ressort (Auto.).

– – –, **tire** = manchon-guêtre *m.* (Auto.).

gal. = V. « gallon ».

galena = galène *f.* (Mi.).

galipot = galipot *m.* (Imp.).

gall = fiel *m.* (d'animal).

– – –, **ox** = fiel *m.* de boeuf.

gallery = galerie *f.* (B., Mi.), véranda *f.* (B.), balcon *m.* (B.).

– – –, **covered** = véranda *f.* (B.).

– – –, **drainage** = galerie *f.* d'exhaure (Mi.).

galley = galée *f.* (Imp.), placard *m.* (Imp.).

– – –, **slice** = galée *f.* à coulisse (Imp.).

gallon = gallon *m.* (= 4 pintes), gal *m.*

– – –, **American** = gallon *m.* américain (= 0.833 gallon impérial; 3,7853 litres; 231 pouces cubes), US gal *m.*

– – –, **imperial** = gallon *m.* impérial (= 4,546 litres; 277,419 pouces cubes; 160 oz liquides), gallon *m.* (Canada).

– – –, **US** = V. « gallon, American ».

gallons per minute = gallons *m.p.* par minute, gal / min . *m.*

gallop, to = galoper, faire aller (un cheval) au galop.

galloping = galop *m.*, mouvement *m.* de galop (Méc.).

galvanic = galvanique (adj.) (E.).

galvanization = galvanisation *f.* (Mét.).

galvanize, to = galvaniser, étamer, plaquer.

galvanized = galvanisé (adj.), étamé (adj.), plaqué (adj.).

– – –, **hot dip** = (métal *m.*) galvanisé par immersion à chaud.

galvanizing = galvanisation *f.* (Mét.).

galvanometer = galvanomètre *m.* (E.).

– – –, **aperiodic** = galvanomètre *m.* apériodique.

– – –, **astatic** = galvanomètre *m.* astatique.

– – –, **ballistic** = galvanomètre *m.* ballistique.

– – –, **Arsonval** = galvanomètre *m.* à cadre mobile, galvanomètre *m.* d'Arsonval.

– – –, **dead-beat** = galvanomètre *m.* apériodique.

– – –, **differential** = galvanomètre *m.* différentiel.

– – –, **iron-clad** = galvanomètre *m.* cuirassé.

– – –, **loop** = galvanomètre *m.* à cadre.

– – –, **magnet** = galvanomètre *m.* à aimant.

– – –, **mirror** = galvanomètre *m.* à réflexion, galvanomètre *m.* à miroir.

(galvanometer)

- - -, **moving-coil** = galvanomètre *m*. à cadre mobile.
- - -, **moving-needle** = appareil *m*. à aimant mobile.
- - -, **reflecting** = galvanomètre *m*. à miroir.
- - -, **shielded** = galvanomètre *m*. cuirassé.
- - -, **string** = galvanomètre *m*. à corde.
- - -, **tangent** = boussole *f*. des tangentes.
- - -, **thermo-** = thermogalvanomètre *m*.
- - -, **torsion** = boussole *f*. des sinus.
- - -, **valve** = galvanomètre *m*. à lampe.
- - -, **vibration** = galvanomètre *m*. de résonance.
- - - **with moving magnet** = galvanomètre *m*. à aimant mobile.

galvanoscope = galvanoscope *m*. (E.).

gambrel = tinet *m*.
- - -, **butcher's** = tinet *m*.

gamekeeper = garde-chasse *m*. (O.), garde-pêche *m*. (O.).

gamma = gamma *m*. (c.-à-d. facteur de contraste d'une couche photosensible) (Phot.).

gang = équipe *f*., escouade *f*., série *f*. (d'outils).
- - -, **break-down** = équipe *f*. de dépannage (Auto.).
- - - **of workmen** = équipe *f*. d'ouvriers.
- - -, **to** = monter en série, monter ensemble.

ganging = accouplement *m*. mécanique.

gangue = gangue *f*. (Mi.).

gangway = passage *m*., passerelle *f*. de service.

gantry = pont *m*. roulant, grue *f*. à portique, chevalet *m*. de levage, chantier *m*. ou porte-fût *m*., jambage *m*. (d'un marteau-pilon).
- - -, **signal** = portique *m*. à signaux (Ch.d.f.).
- - -, **travelling** = pont *m*. roulant.

gap = ouverture *f*. (d'induit) (E.), entrefer *m*. (de bougie d'allumage, d'induit), éclateur *m*. (E.), écartement *m*. (des contacts) (E.), intervalle *m*. ou distance *f*. (entre deux électrodes) (E.), interstice *m*. (entre deux planches), renard *m*. (dans un barrage), brèche *f*. (dans une muraille), col *m*. (de montagne), trouée *f*. (dans une haie), colombier *m*. (entre les mots) (Imp.), temps *m*. mort (ou silence *m*.) (d'une conversation) (Tp.), écart *m*. ou retard *m*. (des méthodes de gestion).
- - -, **air** = entrefer *m*. (E.), espace *m*. d'air.
- - -, **air-needle** = éclateur *m*. à pointes dans l'air (E.).
- - -, **air-sphere** = éclateur *m*. à boules dans l'air (E.).
- - -, **armature** = entrefer *m*. d'induit (E.).
- - - **between contacts** = écartement *m*. des contacts (E.).
- - -, **disc** = éclateur *m*. à disques (E.).
- - -, **discharge, voltage** = limiteur *m*. de tension (Tp.), parafoudre *m*. (Tp.).
- - -, **expansion** = joint *m*. de dilatation (C.).
- - -, **horn** = éclateur *m*. à cornes (E.).
- - -, **needle-point** = éclateur *m*. à pointes (E.).
- - -, **rotary** = éclateur *m*. tournant (E.).
- - -, **rotor** = ouverture *f*. d'induit (E.).
- - -, **safety** = parafoudre *m*.
- - -, **silence** = temps *m*. mort (ou silence *m*.) (d'une conversation) (Tp.).
- - -, **spark** = distance *f*. d'éclatement (Auto.), longueur *f*. de l'étincelle (Méc.), éclateur *m*. (R.).
- - -, **spark, adjustable** = éclateur *m*. réglable (E.).
- - -, **spark, asynchronous** = éclateur *m*. asynchrone (E.).

(gap)

- - -, **spark, ball** = éclateur *m*. à boules (E.).
- - -, **spark, micrometric** = éclateur *m*. à intervalle micrométrique (E.).
- - -, **spark, multiple** = éclateur *m*. en série (E.).
- - -, **spark, musical** = éclateur *m*. à étincelles musicales (E.).
- - -, **spark, quenched** = éclateur *m*. à étincelles fractionnées (E.).
- - -, **spark, rotary** = éclateur *m*. tournant (E.).
- - -, **spark, single** = éclateur *m*. simple (E.).
- - -, **spark, synchronous** = éclateur *m*. synchrone (E.).
- - -, **sphere** = éclateur *m*. à boules (E.), éclateur *m*. à sphères (E.).

garage = garage *m*.

garbage = ordures *f.p*. ménagères.

garburetor = broyeur *m*. (à ordures) (Ust.), broyeur *m*. d'évier (Ust.).

garden = jardin *m*.
- - -, **market** = jardin *m*. maraîcher.
- - -, **nursery** = pépinière *f*.
- - -, **pleasure** = jardin *m*. d'agrément.
- - -, **rock** = jardin *m*. de rocaille, rocaille *f*.
- - -, **roof** = jardin *m*. (sur le toit) en terrasse.
- - -, **small** = jardinet *m*.
- - -, **truck** = jardin *m*. maraîcher.
- - -, **vegetable** = jardin *m*. potager, potager *m*.

gardener = jardinier *m*. (O.).
- - -, **landscape** = jardiniste *m*. (O.), architecte *m*. paysagiste (O.), jardinier *m*. paysagiste (O.).
- - -, **nursery** = pépiniériste *m*. (O.).

gargoyle = gargouille *f*. (B.).

garret = soupente *f*. (B.), mansarde *f*. (B.), grenier *m*. (B.).

gas = gaz *m*., V. « gases » et « gasoline ».
- - -, **acetylene** = gaz *m*. acétylène.
- - -, **blast-furnace** = gaz *m*. de haut fourneau.
- - -, **charcoal** = gaz *m*. de charbon de bois.
- - -, **City** = gaz *m*. de ville.
- - -, **cleaned** = gaz *m*. épuré.
- - -, **coal** = gaz *m*. de houille, gaz *m*. d'éclairage.
- - -, **combustible** = gaz *m*. combustible.
- - -, **compressed** = gaz *m*. comprimé.
- - -, **cracked** = gaz *m*. de craquage.
- - -, **crude** = gaz *m*. brut, gaz *m*. non épuré.
- - -, **detonating** = gaz *m*. détonant.
- - -, **devil** = gaz *m.p*. méphitiques.
- - -, **escape** = gaz *m*. d'échappement.
- - -, **exhaust** = gaz *m*. d'échappement (Méc.).
- - -, **exit** = gaz *m*. d'échappement.
- - -, **explosive** = gaz *m*. explosible.
- - -, **flue** = gaz *m*. de combustion.
- - -, **fuel** = gaz *m*. combustible.
- - -, **heating** = gaz *m*. de chauffage.
- - -, **illuminating** = gaz *m*. d'éclairage, gaz *m*. de ville.
- - -, **inert** = gaz *m*. inerte.
- - -, **lean** = gaz *m*. pauvre.
- - -, **lighting** = gaz *m*. d'éclairage.
- - -, **manufactured** = gaz *m*. manufacturé.
- - -, **manure** = gaz *m*. de gadoue(s), gaz *m*. de fumier.
- - -, **marsh** = gaz *m*. de(s) marais.
- - -, **mine** = grisou *m*.
- - -, **natural** = gaz *m*. naturel.

(gas)

– – –, **natural, sour** = gaz *m.* naturel acide, gaz *m.* naturel corrosif.
– – –, **natural, sweet** = gaz *m.* naturel non corrosif.
– – –, **oil** = gaz *m.* de pétrole.
– – –, **perfect** = gaz *m.* parfait.
– – –, **poisonous** = gaz *m.* toxique.
– – –, **power** = gaz *m.* carburant.
– – –, **producer** = gaz *m.* de gazogène.
– – –, **purified** = gaz *m.* épuré.
– – –, **rare** = gaz *m.* rare, gaz *m.* inerte.
– – –, **rarefied** = gaz *m.* raréfié.
– – –, **raw** = gaz *m.* brut, gaz *m.* non épuré.
– – –, **refinery** = gaz *m.* de raffinerie.
– – –, **regular** = essence *f.* ordinaire (Auto.).
– – –, **relief** = vapeur *f.* d'échappement (Méc.).
– – –, **residue** = gaz *m.p.* résiduels.
– – –, **rock** = gaz *m.* naturel.
– – –, **sewage** = gaz *m.* d'eaux résiduaires.
– – –, **stand-by** = gaz *m.* de pointe.
– – –, **waste** = gaz *m.* perdu.
– – –, **water** = gaz *m.* à l'eau.
– – –, **wet** = gaz *m.* « humide », gaz *m.* riche en condensat.
– – –, **wood** = gaz *m.* de bois.
gaseous = gazeux (adj.).
gases, combustion = gaz *m.p.* de combustion.
– – –, **flue** = fumées *f.p.*
– – –, **heating** = gaz *m. m.p.* calorifères.
– – –, **hot** = gaz *m.p.* calorifères.
– – –, **inflammable** = gaz *m.p.* inflammables.
– – – **of combustion** = gaz *m.p.* de la combustion.
– – –, **residual** = gaz *m.p.* résiduels.
– – –, **sewer** = miasme *m.* égoutier (S.).
gash, to = défoncer (une denture, une pièce) (Mét.).
gasification = gazéification*f.*
– – –, **complete** = gazéification *f.* intégrale.
gasify, to = gazéifier.
gasket = joint *m.* (de culasse), garniture *f.* (de joint), joint *m.* d'étanchéité, joint *m.* métalloplastique en. . . . , tresse *f.* (de garniture).
– – –, **asbestos** = joint *m.* en amiante, garniture *f.* en amiante.
– – –, **composition** = joint *m.* métalloplastique (Auto.).
– – –, **cork** = joint *m.* en liège.
– – –, **flange** = joint *m.* de bride.
– – –, **head** = joint *m.* de culasse (Auto.).
– – –, **head, cylinder** = joint *m.* de culasse de cylindre.
– – –, **leather** = joint *m.* en cuir.
– – –, **metallic** = joint *m.* métallique.
– – –, **packing** = tresse *f.* de garniture.
– – –, **paper** = joint *m.* en papier.
– – –, **plug, basin** = garniture *f.* pour bonde de lavabo.
– – –, **ring, asbestos (for flange joint)** = garniture *f.* d'amiante (pour joint à bride).
– – –, **rubber** = garniture *f.* en caoutchouc.
gasoline (or gasolene) = essence*f.* (de pétrole) (Auto.), gazoline *f.* ou éther *m.* de pétrole.
– – –, **high-grade** = supercarburant *m.*
– – –, **high octane** = essence *f.* à haut indice d'octane, supercarburant *m.*
– – –, **high-test** = supercarburant *m.*
– – –, **low-octane** = essence *f.* ordinaire.
– – –, **premium grade** = supercarburant *m.*

(gasoline)

– – –, **unleaded** = essence *f.* sans plomb.
gasometer = gazomètre *m.*
gassing = bouillonnement *m.* d'une batterie (E.).
gate = barrière *f.* (d'un parterre) (Canada), porte *f.* ou vanne *f.* (d'écluse) (H.), cadre *m.* (d'une scie), grille *f.* de changement de vitesse (Auto.), bâti *m.* à charnière, grille *f.* d'entrée, porte *f.* (d'une ville), absorbeur *m.* d'ondes (E.), porte *f.* de clôture (France), portillon *m.* (Ch.d.f.), salle *f.* d'embarquement (d'une aérogare), V. « gates ».
– – –, **access** = barrière *f.* d'accès, porte *f.* d'accès (dans une clôture) (France).
– – –, **automatic** = vanne *f.* automatique (H.), vanne *f.* régulatrice (H.), vanne *f.* de contrôle (H.), électrovanne *f.* (H.).
– – –, **carriage** = porte *f.* cochère, porte *f.* charretière.
– – –, **caterpillar** = vanne *f.* articulée.
– – –, **crown** = porte *f.* d'amont (d'une écluse).
– – –, **departure** = salle *f.* d'embarquement (d'une aérogare) (Av.).
– – –, **discharge** = trappe *f.* de vidange.
– – –, **drop** = porte *f.* à trappe.
– – –, **electrically operated** = électrovanne *f.* (H.), vanne *f.* munie d'un servomoteur (H.).
– – –, **farm** = barrière *f.* de ferme.
– – –, **flap** = vanne *f.* à clapet oscillant.
– – –, **flood** = vanne *f.*, porte *f.* d'écluse, vanne *f.* de décharge.
– – –, **full** = ouverture *f.* complète (H.).
– – –, **guard** = porte *f.* de protection.
– – –, **head** = vanne *f.* d'amont (d'une écluse).
– – –, **lawn** = barrière *f.* de parterre.
– – –, **level-crossing** = barrière *f.* de passage à niveau (Ch.d.f.).
– – –, **lock** = porte *f.* d'écluse.
– – –, **low** = portillon *m.* (B.).
– – –, **main** = vanne *f.* maîtresse (H.).
– – –, **radial** = vanne *f.* à secteur.
– – –, **roller** = vanne *f.* rouleau, vanne *f.* à cylindre.
– – –, **rolling** = vanne *f.* articulée.
– – –, **sash** = vanne *f.* à coulisses.
– – –, **self-closing** = barrière *f.* automatique.
– – –, **sliding** = barrière *f.* à coulisse, barrière *f.* roulante.
– – –, **sluice** = vanne *f.*, porte *f.* d'écluse.
– – –, **swing** = barrière *f.* tournante, barrière *f.* à pivot.
– – –, **swing, counterpoise** = tape-cul *m.*, tourniquet *m.*
– – –, **tail** = porte *f.* d'aval (d'une écluse), porte *f.* à rabattement arrière (d'une camionnette), hayon *m.* (d'une camionnette).
– – –, **tide** = porte *f.* de flot (S.), vanne *f.* à marée (H.).
– – –, **tilting** = vanne *f.* basculante.
– – –, **toll** = barrière *f.* de péage (Auto.).
– – –, **waste** = écluse *f.* de dégagement.
– – –, **water** = porte *f.* d'écluse, vanne *f.*, robinet-vanne *m.*
gates, double = porte *f.* de clôture à deux vantaux, barrière *f.* à deux vantaux.
gathering = assemblée *f.* ou réunion *f.* (de famille), changement *m.* de direction (du conduit de cheminée) (B.), rentrage *m.* de la récolte (Agr.), gain *m.* de vitesse (Méc.), assemblage *m.* (Imp.).
gating = vannage *m.* (H.), commande *f.* d'un portillon

(gating)
électronique (E.).
gauge = jauge *f.* ou calibre *m.* (d'un fil métallique),
contrôleur *m.* (de niveau) (I.), écartement *m.* (d'une
voie ferrée), calibre *m.* (I.), jauge *f.* à coulisse (I.),
margeur *m.* (I.), (Imp.).
– – –, **adjusting** = calibre *m.* de réglage.
– – –, **air** = manomètre *m.* à air comprimé.
– – –, **alarm** = avertisseur *m.*
– – –, **aligning, wheel** = jauge *f.* de réglage du parallèle
des roues (Auto.).
– – –, **angle** = goniomètre *m.*
– – –, **assembling** = gabarit *m.* d'assemblage.
– – –, **bit** = jauge *f.* pour mèches (Men.).
– – –, **bore, gun** = calibre *m.* pour âme de canon.
– – –, **brine** = salinomètre *m.*, pèse-sel *m.*
– – –, **broad** = voie *f.* à grand écartement (Ch.d.f.).
– – –, **Brown & Sharpe (B. & S. G.)** = jauge *f.* (américaine) Brown et Sharpe, jauge *f.* américaine pour
fils, calibre *m.* de fils de Brown et Sharpe.
– – –, **butt** = trusquin *m.* de charnières (Men.).
– – –, **caliper** = calibre *m.* à mâchoires, pied *m.* à coulisse, règle *f.* à coulisse.
– – –, **caliper, sliding** = compas *m.* à coulisse, pied *m.* à
coulisse.
– – –, **carpenter's** = trusquin *m.*
– – –, **centering** = calibre *m.* à centrer, calibre *m.* de
réglage.
– – –, **chamfer** = gabarit *m.* à chanfreiner.
– – –, **checking** = gabarit *m.* de vérification.
– – –, **clearance** = gabarit *m.* de libre passage
(Ch.d.f.), calibre *m.* de tolérance.
– – –, **condenser** = indicateur *m.* de vide.
– – –, **contour** = gabarit *m.* de profil.
– – –, **depth** = pied *m.* de profondeur, jauge *f.* de
profondeur.
– – –, **depth, micrometer** = pied *m.* de profondeur micrométrique.
– – –, **dial** = jauge *f.* à cadran indicateur.
– – –, **diameter** = compas *m.* forestier (pour billes de
bois).
– – –, **differential** = manomètre *m.* différentiel.
– – –, **draught** = indicateur *m.* du tirage, déprimomètre
m.
– – –, **drill** = calibre *m.* d'affûtage, calibre *m.* de perçage, calibre *m.* à forets.
– – –, **external** = calibre *m.* extérieur.
– – –, **feeler** = calibre *m.* d'épaisseur.
– – –, **fillet** = calibre *m.* à rayon de congé.
– – –, **float** = indicateur *m.* de niveau.
– – –, **fuel** = indicateur *m.* jauge d'essence (Auto.),
indicateur *m.* de niveau d'essence.
– – –, **gasoline** = indicateur *m.* jauge d'essence (Auto.),
indicateur *m.* de niveau d'essence.
– – –, **glass** = tube *m.* de niveau.
– – –, **go** = calibre *m.* entrant.
– – –, **height** = calibre *m.* de hauteur.
– – –, **hook** = indicateur *m.* de niveau à pointe recour-
bée (H.).
– – –, **hot-wire** = jauge *f.* de Pirani.
– – –, **indicator, compound-lever** = comparateur *m.* à
levier.
– – –, **inspection** = calibre *m.* de vérification, calibre *m.*
de contrôle.

(gauge)
– – –, **internal** = calibre *m.* intérieur.
– – –, **joiner's** = trusquin *m.* (Men.).
– – –, **keyway** = jauge *f.* pour clavetage.
– – –, **limit** = calibre *m.* de tolérance.
– – –, **limit, adjustable** = calibre *m.* limite réglable.
– – –, **line** = lignomètre *m.* (Imp.).
– – –, **line-space** = pointeau *m.* d'interligne (Imp.).
– – –, **loading** = gabarit *m.* de chargement (Ch.d.f.).
– – –, **lumber** = jauge *f.* pour les planches (Men.), calibre *m.* d'épaisseur (Men.).
– – –, **machine** = calibre *m.* d'usinage.
– – –, **marking** = trusquin *m.* (Men.).
– – –, **marking, metal** = trusquin *m.* en métal (Men.).
– – –, **marking, sadler's** = trusquin *m.* de sellier, trusquin *m.* de bourrelier.
– – –, **marking, wood** = trusquin *m.* en bois (Men.).
– – –, **master** = calibre *m.* mère, calibre *m.* principal,
calibre *m.* d'ensemble.
– – –, **material** = gabarit *m.* de matériel (Ch.d.f.).
– – –, **mercurial** = manomètre *m.* à mercure.
– – –, **metal** = jauge *f.* pour les tôles.
– – –, **micrometer** = calibre *m.* à vis micrométrique.
– – –, **micrometer, inside** = calibre *m.* micrométrique
d'intérieur.
– – –, **milk** = pèse-lait *m.*, lactodensimètre *m.*, lac-
tomètre *m.*
– – –, **mortise** = trusquin *m.* (Men.).
– – –, **narrow** = voie *f.* étroite (Ch.d.f.).
– – –, **no-go** = calibre *m.* n'entrant pas.
– – –, **normal** = voie *f.* normale (Ch.d.f.).
– – –, **nut** = calibre *m.* pour écrous.
– – – **of a fire arm** = calibre *m.* d'une arme à feu.
– – – **of roofing tiles** = pureau *m.*
– – – **of the track** = écartement *m.* de la voie ou entre-
rail *m.* (Ch.d.f.).
– – – **of wire** = calibre *m.* de fil (Tp.), numéro *m.* de fil,
diamètre *m.* de fil.
– – –, **oil** = indicateur *m.* de niveau d'huile (Auto.),
jauge *f.* d'huile.
– – –, **petrol** = indicateur *m.* jauge d'essence (Auto.),
indicateur *m.* de niveau d'essence (Auto.).
– – –, **pipe-thread** = calibre *m.* pour filetage des
tuyaux.
– – –, **plate** = calibre *m.* d'épaisseur, jauge *f.* pour les
tôles.
– – –, **plug** = calibre *m.* à bouchon, tampon-jauge *m.*
– – –, **plug, threaded** = tampon *m.* à filetage, tampon-
jauge *m.* à filetage.
– – –, **point** = indicateur *m.* de niveau à pointe droite
(H.).
– – –, **pressure** = manomètre *m.*, manomètre *m.* pour
pneus (Auto.).
– – –, **pressure, bellows-type** = manomètre *m.* à
soufflet.
– – –, **pressure, dynamic** = tube *m.* de Pitot.
– – –, **pressure, float-type** = manomètre *m.* à flotteur.
– – –, **pressure, mercurial** = manomètre *m.* à mercure.
– – –, **pressure, oil** = manomètre *m.* de pression
d'huile.
– – –, **pressure, open-tube** = manomètre *m.* à air libre.
– – –, **pressure, recording** = manomètre *m.* enregistreur.
– – –, **pressure, steam** = manomètre *m.* à vapeur.

(gauge)

– – –, **pressure, tire** = vérificateur *m*. de pression (des pneus) (Auto.).
– – –, **profile** = gabarit *m*. pour profils.
– – –, **rail** = gabarit *m*. d'écartement (Ch.d.f.).
– – –, **railway** = entre-rail *m*. (Ch.d.f.), largeur *f.* de voie (Ch.d.f.), écartement *m*. de voie (Ch.d.f.).
– – –, **rain** = pluviomètre *m*.
– – –, **rain, recording** = pluviographe *m*.
– – –, **raker** = calibre *m*. pour dents (de scie).
– – –, **recording** = contrôleur-enregistreur *m.*, manomètre *m*. enregistreur.
– – –, **reference** = calibre *m*. de référence, calibre *m*. étalon.
– – –, **remote-reading** = manomètre *m*. à lecture à distance.
– – –, **ring** = baguier *m*. métrique, bague-jauge *f.*
– – –, **router** = trusquin *m*. à filet.
– – –, **sag** = mire *f.* pour vérifier la flèche d'un fil (Tp.).
– – –, **scratch** = trusquin *m*. à tracer.
– – –, **screw** = calibre *m*. pour la vérification des vis, calibre *m*. à vis, calibre *m*. de filetage.
– – –, **screw-pitch** = jauge *f.* pour pas de vis, calibre *m*. de filetage, calibre *m*. de taraudage.
– – –, **sharpening, twist-drill** = gabarit *m*. d'affûtage de foret.
– – –, **sheet** = calibre *m*. d'épaisseur.
– – –, **shell** = lunette *f.* à calibrer.
– – –, **shifting** = trusquin *m*.
– – –, **siding** = vernier *m*.
– – –, **siphon** = calibre *m*. à siphon.
– – –, **sizing** = calibreur *m*.
– – –, **sliding** = compas *m*. à coulisse, règle *f.* à coulisse, pied *m*. à coulisse.
– – –, **staff** = échelle *f.* d'étiage (H.).
– – –, **standard** = largeur *f.* normale (de la voie) (Ch.d.f.), calibre *m*. étalon, voie *f.* normale (Ch.d.f.).
– – –, **standard, British (B.S.G.)** = calibre *m*. de fils anglais.
– – –, **steam** = manomètre *m*. à vapeur.
– – –, **steam, patent-spring** = manomètre *m*. à ressort breveté.
– – –, **strain** = indicateur *m*. d'effort, extensomètre *m*.
– – –, **surface** = trusquin *m*. à équerre, trusquin *m*.
– – –, **tank, oil** = indicateur *m*. de niveau d'huile, jauge *f.* d'huile.
– – –, **taper** = calibre *m*. conique.
– – –, **temperature, water** = thermomètre *m*. d'eau (Auto.).
– – –, **thickness** = calibre *m*. d'épaisseur.
– – –, **thread** = calibre *m*. de filetage, calibre *m*. pour pas de vis.
– – –, **thread, standard** = calibre-étalon *m*. de filetage.
– – –, **tide** = échelle *f.* des marées.
– – –, **tire** = manomètre *m*. pour pneus (Auto.).
– – –, **to** = calibrer (un écrou, une arme à feu), doser (du ciment), mesurer ou jauger (le vent), tailler (des pierres) aux dimensions voulues (B., C.), trusquiner (un morceau de bois), normaliser (les pièces d'une machine).
– – –, **tolerance** = calibre *m*. de tolérance.
– – –, **tooth** = calibre *m*. à dents (de scie).
– – –, **tracing** = trusquin *m*. à tracer, trusquin *m*.

(gauge)

– – –, **track** = gabarit *m*. d'écartement de voie (Ch.d.f.), gabarit *m*. de voie (Ch.d.f.), écartement *m*. de voie (Ch.d.f.):
– – –, **tube** = calibreur *m*. pour tubes.
– – –, **type** = typomètre *m*. (Imp.).
– – –, **vacuum** = jauge *f.* à vide, indicateur *m*. du vide, vacuomètre *m*.
– – –, **vernier** = calibre *m*. à vernier.
– – –, **water** = hydromètre *m., indicateur *m*. de niveau d'eau.
– – –, **water-level** = indicateur *m*. de niveau d'eau, tube *m*. de niveau d'eau.
– – –, **wheel** = voie *f., écartement *m*. des roues.
– – –, **wind** = anémomètre *m*.
– – –, **wire** = calibre *m*. à fils (Tp.), calibre *m*. pour fils (Tp.), jauge *f.* pour fils.
– – –, **wire, American (A.W.G.)** = jauge *f.* américaine des fils, calibre *m*. de fils Brown et Sharpe.
– – –, **wire, Birmingham (B.W.G.)** = calibre *m*. de fils de Birmingham, jauge *f.* de Birmingham pour les fils.
– – –, **wire, Brown & Sharpe (B.S.W.G.)** = calibre *m*. de fils de Brown et Sharpe, jauge *f.* (américaine) Brown et Sharpe.
– – –, **wire, circular** = jauge *f.* ronde pour fils métalliques.
– – –, **wire, standard** = calibre *m*. officiel des fils, calibre *m*. standard des fils.
gauging = jaugeage *m*. (d'un fil), calibrage *m*. (d'une arme à feu), dosage *m*. (du ciment), mesure *f.* (du vent), étalonnage *m*. (d'un boulon).
Gauss = gauss *m*. (c.-à-d. unité *f.* cgs électromagnétique d'intensité d'induction magnétique), Gs *m*. (É.).
gauze, cotton = gaze *f.* de coton.
– – –, **metal** = toile *f.* métallique.
– – –, **silk** = gaze *f.* de soie.
– – –, **wire** = tissu *m*. métallique, toile *f.* métallique.
gear = engrenage *m.,* roue *f.* dentée, pignon *m*. (Méc.), vitesse *f.* (Auto.), mécanisme *m.,* dispositif *m.,* commande *f.* (Méc.), appareil *m*. (Méc.), effets *m.p.* (de campement), attirail *m*. (de pêche), harnais *m*. ou harnachement *m*. (d'un cheval, d'un soldat), V. « gears ».
– – – **and pinion, annular** = engrenage *m*. à denture intérieure.
– – –, **back** = engrenage *m*. démultiplicateur, engrenage *m*. réducteur, contre-arbre *m*. (de tour).
– – –, **backward** = embrayage *m*. pour la marche arrière.
– – –, **balance** = compensateur *m*. différentiel.
– – –, **barring** = appareil *m*. de démarrage.
– – –, **barring, worm** = appareil *m*. de lancement à vis sans fin.
– – –, **belt** = commande *f.* par courroie.
– – –, **bevel** = engrenage *m*. conique, engrenage *m*. d'angle.
– – –, **bevel, friction** = roue *f.* à friction conique.
– – –, **bevel, helical** = engrenage *m*. conique à denture hélicoïdale.
– – –, **bevel, spiral** = engrenage *m*. conique hélicoïdal.
– – –, **bevel, toothed** = engrenage *m*. à denture conique.
– – –, **brake** = mécanisme *m*. qui fait agir le frein.
– – –, **bull** = roue *f.* principale, grande couronne.

(gear)

– – –, **cam** = distribution *f.* à cames.
– – –, **chain** = engrenage *m.* à chaînes.
– – –, **change** = mécanisme *m.* de renversement de marche (d'un tour), changement *m.* de vitesse (Auto.).
– – –, **change, quick** = changement *m.* de vitesse rapide.
– – –, **change, slide-block** = changement *m.* de vitesse à train baladeur.
– – –, **change-speed** = mécanisme *m.* de changement de vitesse (Auto.), changement *m.* de vitesse (Auto.).
– – –, **chipped** = engrenage *m.* écorné.
– – –, **circular** = engrenage *m.* cylindrique.
– – –, **collector-shoe** = frotteur *m.* (E.).
– – –, **compensating** = engrenage *m.* différentiel.
– – –, **conical** = engrenage *m.* conique.
– – –, **connecting** = embrayage *m.*
– – –, **constant-mesh** = pignon *m.* de prise constante.
– – –, **control** = appareil *m.* de commande.
– – –, **counter-** = engrenage *m.* de renvoi.
– – –, **coupling** = enclenchement *m.*
– – –, **crank** = transmission *f.* par manivelle.
– – –, **crown** = couronne *f.*, roue *f.* à dents de côté.
– – –, **crypto** = engrenage *m.* épicycloïdal (Auto.), engrenage *m.* planétaire (Auto.).
– – –, **cut** = engrenage *m.* taillé.
– – –, **cut, machine** = engrenage *m.* taillé.
– – –, **cycloidal** = engrenage *m.* cycloïdal.
– – –, **cylindrical** = engrenage *m.* cylindrique.
– – –, **differential** = engrenage *m.* différentiel (Auto.), différentiel *m.* (Auto.), engrenage *m.* du différentiel (Auto.).
– – –, **disconnecting** = mécanisme *m.* de désembrayage (ou débrayage).
– – –, **disengaging** = appareil *m.* de débrayage (Auto.), appareil *m.* de déclenchement.
– – –, **distribution** = pignon *m.* de commande de la distribution.
– – –, **draw** = appareil *m.* de traction, mécanisme *m.* de tirage.
– – –, **drive** = pignon *m.* de commande.
– – –, **driven** = engrenage *m.* mené.
– – –, **driving** = transmission *f.*, commande *f.*, engrenage *m.* d'attaque.
– – –, **elliptical** = engrenage *m.* elliptique.
– – –, **enclosed** = engrenage *m.* enfermé dans un carter.
– – –, **engaging** = mécanisme *m.* d'embrayage (Auto.), enclenchement *m.*
– – –, **epicyclic** = engrenage *m.* épicycloïdal (Auto.).
– – –, **equalizing** = différentiel *m.* (Auto.).
– – –, **exhaust** = commande *f.* de l'échappement.
– – –, **expansion** = détente *f.*, mécanisme *m.* de détente.
– – –, **feed, ratchet** = avance *f.* à rochet.
– – –, **first** = première vitesse (Auto.).
– – –, **flanged** = engrenage *m.* à joues, engrenage *m.* à brides.
– – –, **flank** = engrenage *m.* à flancs.
– – –, **flank, straight** = engrenage *m.* à flancs rectilignes.
– – –, **forward** = embrayage *m.* pour la marche avant.
– – –, **friction** = transmission *f.* par frottement, engrenage *m.* à friction.
– – –, **friction, cone** = commande *f.* par cônes de fric-

(gear)

tion.
– – –, **heavy-duty** = engrenage *m.* de fatigue.
– – –, **helical** = engrenage *m.* hélicoïdal.
– – –, **helical, double** = engrenage *m.* à chevrons.
– – –, **helical, spiral** = engrenage *m.* conique à denture spirale.
– – –, **herring-bone** = engrenage *m.* à chevrons.
– – –, **high** = grande vitesse (Auto.).
– – –, **hoisting** = treuil *m.* de levage, appareil *m.* de levage, appareil *m.* de hissage.
– – –, **hoisting, double-drum** = treuil *m.* de levage à double tambour.
– – –, **hypoid** = engrenage *m.* hypoïde.
– – –, **idler** = engrenage *m.* intermédiaire, roue *f.* libre.
– – –, **ignition** = mécanisme *m.* d'allumage.
– – –, **in** = embrayé, engrené.
– – –, **interlocking** = appareil *m.* d'enclenchement, mécanisme *m.* à action solidarisée.
– – –, **intermediate** = engrenage *m.* intermédiaire.
– – –, **internal** = engrenage *m.* à denture intérieure.
– – –, **involute** = engrenage *m.* en développante (de cercle).
– – –, **landing** = atterrisseur *m.* (Av.), train *m.* d'atterrissage (Av.).
– – –, **landing, retractable** = atterrisseur *m.* escamotable (Av.).
– – –, **lantern** = engrenage *m.* à fuseaux.
– – –, **lifting** = appareil *m.* de levage.
– – –, **low** = petite vitesse (Auto.), première vitesse (Auto.).
– – –, **luffing** = dispositif *m.* de relevage (d'une grue).
– – –, **master** = engrenage *m.* principal.
– – –, **mitre** = engrenage *m.* à onglet, engrenage *m.* d'angle à 45 degrés.
– – –, **multiplication** = engrenage *m.* multiplicateur *m.*, engrenage *m.* de multiplication.
– – –, **multiplying** = engrenage *m.* multiplicateur, engrenage *m.* de multiplication.
– – –, **mutilated** = engrenage *m.* partiellement denté.
– – –, **neutral** = point *m.* mort (Auto.).
– – –, **noiseless** = engrenage *m.* silencieux.
– – –, **oscillating** = pignon *m.* basculant.
– – –, **overspeed** = modérateur *m.* de vitesse.
– – –, **pinion** = pignon *m.*
– – –, **pin-tooth** = engrenage *m.* à fuseaux.
– – –, **planet** = pignon *m.* satellite, engrenage *m.* planétaire.
– – –, **planetary** = engrenage *m.* planétaire.
– – –, **pump** = garniture *f.* de pompe.
– – –, **rack-and-pinion** = engrenage *m.* à crémaillère.
– – –, **reducing** = démultiplicateur *m.*, engrenage *m.* démultiplicateur.
– – –, **reducing, worm** = réducteur *m.* de vitesse à vis sans fin.
– – –, **reduction** = engrenage *m.* démultiplicateur.
– – –, **reduction, speed** = démultiplicateur *m.*, réducteur *m.* de vitesse.
– – –, **release** = déclic *m.*, déclencheur *m.*
– – –, **reverse** = pignon *m.* de marche arrière, changement *m.* de vitesse, marche *f.* arrière.
– – –, **reverse sliding** = pignon *m.* baladeur de marche arrière (Auto.).
– – –, **reversible** = engrenage *m.* à retour.

(gear)

– – –, **reversing** = inverseur *m.* (d'un tour), mécanisme *m.* de changement de marche.

– – –, **ring, fly-wheel** = couronne *f.* dentée du volant (pour le démarreur).

– – –, **rocking** = pignon *m.* basculant.

– – –, **rotating** = couronne *f.* dentée de rotation.

– – –, **screw** = engrenage *m.* hélicoïdal.

– – –, **scroll** = engrenage *m.* à spirale.

– – –, **segment** = secteur *m.* denté.

– – –, **shifting** = pignon *m.* baladeur.

– – –, **shrouded** = engrenage *m.* à joues.

– – –, **side** = engrenage *m.* planétaire.

– – –, **single-curve** = denture *f.* à développante de cercle.

– – –, **skew** = engrenage *m.* à denture inclinée.

– – –, **sliding** = engrenage *m.* baladeur *m.*, pignon *m.* baladeur, baladeur *m.*

– – –, **speed-changing** = mécanisme *m.* de changement de vitesse.

– – –, **speed-increase** = multiplicateur *m.* de vitesse.

– – –, **speedometer** = roue *f.* de commande de l'indicateur de vitesse.

– – –, **speed-reduction** = démultiplicateur *m.* de vitesse, réducteur *m.* de vitesse.

– – –, **spider** = satellite *m.* (de pignon).

– – –, **spiral** = engrenage *m.* hélicoïdal, pignon *m.* à denture hélicoïdale.

– – –, **split** = engrenage *m.* en deux pièces.

– – –, **spur** = engrenage *m.* droit, engrenage *m.* à denture droite.

– – –, **starter** = engrenage *m.* de démarreur.

– – –, **starting** = dispositif *m.* de démarrage, appareil *m.* de mise en marche, mécanisme *m.* de démarrage, première vitesse *f.* (Auto.).

– – –, **steering** = mécanisme *m.* de direction, direction *f.* (Auto.), V. « steering ».

– – –, **steering, differential** = direction *f.* par vis différentielle (Auto.).

– – –, **steering, rack** = direction *f.* à crémaillère (Auto.).

– – –, **step-down** = intermédiaire *m.*, engrenage *m.* démultiplicateur.

– – –, **stepped** = engrenage *m.* échelonné.

– – –, **step-tooth** = engrenage *m.* à denture croisée.

– – –, **step-up** = intermédiaire *m.*, engrenage *m.* multiplicateur.

– – –, **stop** = appareil *m.* d'arrêt.

– – –, **straight-tooth** = engrenage *m.* à denture droite.

– – –, **strike** = embrayeur *m.*, débrayeur *m.* (de courroie).

– – –, **switch** = mécanisme *m.* de commutation, mécanisme *m.* de coupure (E.).

– – –, **throw-over** = baladeur *m.*

– – –, **timing** = distribution *f.*, engrenage *m.* de distribution.

– – –, **to** = commander, engrener.

– – –, **toothed** = engrenage *m.*

– – –, **transmission** = pignon *m.* de transmission, commande *f.*, transmission *f.*, mécanisme *m.* de transmission.

– – –, **travelling** = mécanisme *m.* de translation.

– – –, **trip** = déclic *m.*, déclenchement *m.*, culbuteur *m.*

– – –, **tumbler** = renversement *m.* de marche à bascule.

– – –, **tumbler, reverse** = renversement *m.* de marche à bascule.

– – –, **turning** = vireur *m.* de démarrage.

– – –, **two-to-one** = engrenage *m.* démultipliant de moitié.

– – –, **V** = engrenage *m.* hélicoïdal double, engrenage *m.* à chevrons.

– – –, **valve** = engrenage *m.* de distribution, mécanisme *m.* de distribution, distribution *f.* par soupapes.

– – –, **valve, Corliss** = distribution *f.* système Corliss.

– – –, **valve, cut-off** = distribution *f.* à détente.

– – –, **valve, drop** = distribution *f.* par soupapes.

– – –, **valve, eccentric** = commande *f.* par excentrique.

– – –, **valve, poppet** = distribution *f.* à soupape.

– – –, **valve, slide** = distribution *f.* à tiroir.

– – –, **valve, trip** = distribution *f.* à déclic.

– – –, **webbed** = engrenage *m.* évidé.

– – –, **wheel** = commande *f.* par engrenage.

– – –, **wheel, double** = renvoi *m.* double à harnais.

– – –, **worm** = engrenage *m.* à vis sans fin, roue *f.* à vis sans fin, engrenage *m.* à vis tangente.

– – –, **worm, curved** = vis *f.* globique, vis *f.* globoïdale.

– – –, **worm, Hindley's** = vis *f.* à filets convergents, vis *f.* Hindley.

geared = commandé par engrenage, à engrenage.

– – –, **double-** = à deux vitesses, à double engrenage.

– – – **-down** = démultiplié, à démultiplicateur.

– – –, **even-** = à engrenages égaux, à rapport d'engrenages 1 : 1.

– – – **to** = multiplié à.

– – – **up** = multiplié.

gearing = train *m.* d'engrenages, mécanisme *m.*, embrayage *m.*, engrenage *m.*, commande *f.*, transmission *f.*, harnais *m.* d'engrenages.

– – –, **angular** = engrenage *m.* conique.

– – –, **back** = harnais *m.* d'engrenages, engrenage *m.* démultiplicateur.

– – –, **belt** = transmission *f.* à courroie.

– – –, **bevel** = engrenage *m.* conique.

– – –, **bevel, right-angle** = roues *f.p.* (d'engrenage) à onglet.

– – –, **cam** = distribution *f.* à cames.

– – –, **chain** = transmission *f.* par chaînes.

– – –, **compound** = train *m.* composé d'engrenages.

– – –, **conical** = engrenage *m.* conique.

– – –, **counter-** = renvoi *m.* de mouvement.

– – –, **crescent-shaped** = engrenage *m.* à chevrons.

– – –, **differential** = engrenage *m.* différentiel (Auto.), différentiel *m.* (Auto.).

– – –, **double** = train *m.* double d'engrenages.

– – –, **even** = rapport *m.* d'engrenages 1 : 1.

– – –, **feed** = mécanisme *m.* d'avance automatique.

– – –, **friction** = transmission *f.* à friction, entraînement *m.* à friction.

– – –, **herring-bone** = denture *f.* à chevrons.

– – –, **intermittent** = engrenages *m.p.* intermittents.

– – –, **planetary** = engrenage *m.* planétaire, mouvement *m.* planétaire.

– – –, **rack-and-pinion** = engrenage *m.* à crémaillère.

– – –, **ratchet** = encliquetage *m.*

– – –, **reciprocal** = engrenage *m.* à retour.

– – –, **reduction** = train *m.* démultiplicateur.

– – –, **reverse** = renvoi *m.* de pignon de marche arrière.

(gearing)

– – –, **reversing** = mécanisme *m.* de renversement de marche.
– – –, **ring** = glissière *f.* ronde.
– – –, **simple** = train *m.* simple d'engrenages.
– – –, **spur** = engrenage *m.* droit.
– – –, **spur, change** = engrenage *m.* droit de changement de vitesse.
– – –, **stepped** = engrenage *m.* échelonné.
– – –, **straight** = engrenage *m.* droit.
– – –, **worm** = équipage *m.* à vis sans fin, engrenages *m.p.* à vis sans fin.
gearless = sans engrenage, à prise directe.
gears, driving = engrenages *m.p.* coniques de pont arrière (Auto.).
– – –, **preselector** = boîte *f.* de vitesses à présélection (Auto.).
– – –, **synchronized** = vitesses *f.p.* synchronisées (Auto.).
gelatine, blasting = gélatine *f.* explosive, dynamite *f.* gomme.
gelatinization = gélatinisation *f.*
gelation = congélation *f.*
generate, to = engendrer (un courant électrique, de la chaleur), produire (de la vapeur, de l'électricité), générer (de l'électricité).
generating = générateur (adj.).
generation = production *f.*
– – – **of power** = production *f.* de l'énergie.
– – – **of steam** = production *f.* de la vapeur.
generator = générateur *m.* (de vapeur), génératrice *f.* d'électricité (E.), génératrice *f.* (E.), alternateur *m.* (E.), dynamo *f.* (Auto.).
– – –, **A.C.** = alternateur *m.* (E.).
– – –, **aligment** = oscillateur *m.* de service (E.).
– – –, **alternating-current** = alternateur *m.,* génératrice *f.* à courant alternatif.
– – –, **alternating-current, synchronous** = génératrice *f.* synchrone, alternateur *m.* synchrone.
– – –, **anode** = génératrice *f.* de tension plaque (E.).
– – –, **axle-driven** = génératrice *f.* d'essieu.
– – –, **axle-driven, variable-speed** = génératrice *f.* d'essieu à vitesse variable.
– – –, **background, (color)** = générateur *m.* de fond (Tv.).
– – –, **balancing** = compensatrice *f.* (E.).
– – –, **charging, battery** = dynamo *f.* de charge d'accumulateurs (Auto.).
– – –, **claw-field** = dynamo *f.* à pôles dentés (E.).
– – –, **color matte** = générateur *m.* de fond (Tv.).
– – –, **compound** = génératrice *f.* à excitation composée, génératrice *f.* compound.
– – –, **compound-wound** = génératrice *f.* compound, dynamo *f.* compound (E.).
– – –, **compounded, flat** = génératrice *f.* compound à caractéristique horizontale.
– – –, **constant-current** = génératrice *f.* à courant continu.
– – –, **constant E.M.F.** = génératrice *f.* à courant continu.
– – –, **controlled-speed** = génératrice *f.* à régulation de vitesse.
– – –, **D.C.** = génératrice *f.* à courant continu.
– – –, **differential** = générateur *m.* différentiel.

(generator)

– – –, **direct-current** = dynamo *f.,* génératrice *f.* à courant continu.
– – –, **double-current** = dynamo *f.* bimorphique.
– – –, **drum** = dynamo *f.* à tambour.
– – –, **electric** = génératrice *f.*
– – –, **electrolytic** = génératrice *f.* pour électrolyse.
– – –, **electron-beam** = klystron *m.*
– – –, **engine-driven** = groupe *m.* électrogène.
– – –, **gas** = gazogène *m.*
– – –, **gas, acetylene** = générateur *m.* d'acétylène.
– – –, **hand-driven** = génératrice *f.* à main (E.).
– – –, **harmonic** = oscillateur *m.* d'harmoniques (R.), générateur *m.* d'harmoniques (R.).
– – –, **heteropolar** = génératrice *f.* hétéropolaire, génératrice *f.* à flux alterné.
– – –, **high-tension** = dynamo *f.* à haute tension.
– – –, **homopolar** = génératrice *f.* homopolaire, génératrice *f.* à flux ondulé.
– – –, **impulse** = générateur *m.* d'impulsions (Tv., Tp.).
– – –, **induction** = génératrice *f.* asynchrone.
– – –, **lighting** = dynamo *f.* d'éclairage.
– – –, **low-voltage** = dynamo *f.* à basse tension.
– – –, **magneto** = magnéto *f.* d'appel (Tp.).
– – –, **motor** = générateur *m.,* moteur-générateur *m.*
– – –, **multicurrent** = génératrice *f.* polymorphique.
– – –, **multiphase** = génératrice *f.* polyphasée.
– – –, **multiple-current** = génératrice *f.* polymorphique.
– – –, **oscillation** = générateur *m.* d'oscillations.
– – –, **pattern** = mire *f.* électronique (Tv.).
– – –, **polycurrent** = génératrice *f.* polymorphique.
– – –, **polyphase** = génératrice *f.* polyphasée.
– – –, **power** = génératrice *f.,* génératrice *f.* d'électricité.
– – –, **pulse** = générateur *m.* d'impulsions.
– – –, **radial-pole** = génératrice *f.* à pôles radiaux.
– – –, **saw-tooth** = générateur *m.* de dents de scie (E.).
– – –, **self-excited** = dynamo *f.* auto-excitatrice.
– – –, **series-wound** = génératrice *f.* excitée en série, génératrice *f.* série.
– – –, **shunt** = dynamo-shunt *f.*
– – –, **signal** = générateur *m.* étalonné.
– – –, **signal, test** = générateur *m.* de signaux types (Tv.).
– – –, **single-phase** = génératrice *f.* monophasée.
– – –, **special effects** = truqueur *m.* (électronique) (Tv.).
– – –, **steam** = générateur *m.* de vapeur, chaudière *f.* (Méc.).
– – –, **surge** = générateur *m.* d'ondes de choc.
– – –, **sync.** = générateur *m.* de synchro (Tv.).
– – –, **sync., house** = générateur *m.* principal de synchro (Tv.).
– – –, **sync., standy-by** = générateur *m.* auxiliaire de synchro (Tv.).
– – –, **thermo-electric** = générateur *m.* thermoélectrique.
– – –, **third-brush** = générateur *m.* à balai auxiliaire.
– – –, **three-phase** = génératrice *f.* triphasée, alternateur *m.* triphasé.
– – –, **time-base** = générateur *m.* de base de temps(E.).
– – –, **turbo** = turbogénératrice *f.,* turbo-alternateur *m.*
– – –, **two-phase** = génératrice *f.* diphasée.
– – –, **undertype** = dynamo *f.* type inférieur.

(generator)

– – –, **unidirectional-current** = dynamo *f.* à courants redressés.
– – –, **velocity-modulation** = lampe *f.* à modulation de vitesse (R.), klystron *m.* (E.).
– – –, **welding** = génératrice *f.* de soudure.
– – –, **wind-driven** = chargeur *m.* éolien (C.).
geodesy = géodésie *f.*
geology = géologie *f.*
– – –, **engineering** = géologie *f.* appliquée.
geometry = géométrie *f.*
– – –, **analytic** = géométrie *f.* analytique.
– – – **of solids** = stéréométrie *f.*
geophysics = géophysique *f.*
get-together = réunion *f.*, rassemblement *m.*
ghost = image *f.* fantôme, (effet *m.* d') écho *m.* (Tg., Tv.).
gib = contre-clavette *f.* (Méc.), réglette *f.* de guidage (Méc.).
– – – **and cotter** = clavette *f.* et contre-clavette *f.*
– – – **and key** = clavette *f.* et contre-clavette *f.*
– – –, **taper** = lardon *m.* de guidage en coin, clavette *f.* de guidage en coin, clavette *f.* conique.
gigahertz, (or GHz) = gigahertz *m.* (= 10⁹Hz) (E.), GHz *m.* (E.).
giggle, to = rioter, riocher.
gilbert = gilbert *m.* (c.-à-d. unité cgs électromagnétique de force magnétomotrice) (E.), Gb *m.*
– – – **per centimeter** = oersted *m.* (E.).
gild, to = dorer
gilding = dorure *f.*
gill = ailette *f.* (de radiateur), peigne *m.* (pour le filage de la laine).
– – –, **flat** = ailette *f.* plate (Auto.).
gimbals = suspension *f.* à la cardan.
gimlet = vrille *f.*, foret *m.* à bois, queue-de-cochon *f.* (I.).
– – –, **shell** = vrille *f.* à gouge.
– – –, **twist** = vrille *f.* en spirale, vrille *f.* à torsade.
gimmick = machin *m.*, truc *m.*
gin = chèvre *f.* (M.), appareil *m.* de levage (M.), manège *m.* (M.).
– – –, **hoisting** = bigue *f.*
– – –, **whim** = treuil *m.* d'extraction, cabestan *m.* à cheval. manège *m.*
girder = poutre *f.* (B.), solive *f.* (B.), poutre *f.* maîtresse (B.), longrine *f.* (B.), ferme *f.* (B.).
– – –, **arched** = ferme *f.* en arc.
– – –, **bowstring** = poutre *f.* bowstring.
– – –, **box** = poutre *f.* caisson, poutre *f.* tubulaire.
– – –, **box, hollow** = poutre *f.* caisson.
– – –, **bridge** = poutre *f.* de pont, longrine *f.*
– – –, **broad-flange** = poutre *f.* à larges ailes.
– – –, **built-up** = poutre *f.* composée.
– – –, **cantilever** = poutre *f.* en console.
– – –, **compound** = poutre *f.* composée.
– – –, **continuous** = poutre *f.* continue.
– – –, **cross-** = poutre *f.* transversale, entretoise, *f.*, sommier *m.*
– – –, **cruciform** = poutre *f.* en croix.
– – –, **end** = entretoise *f.*, ferme *f.* de pont.
– – –, **floor** = longuerine *f.*, longrine *f.*
– – –, **gusset** = poutre *f.* à gousset.
– – –, **independent** = travée *f.* (d'un pont).

(girder)

– – –, **lattice** = poutre *f.* en treillis.
– – –, **longitudinal** = longeron *m.* (de pont), longrine *f.*
– – –, **main** = poutre *f.* maîtresse.
– – –, **overhung** = poutre *f.* en console.
– – –, **plate** = poutre *f.* à âme pleine.
– – –, **plate, built-up** = poutre *f.* composée pleine.
– – –, **rolled** = poutre *f.* laminée.
– – –, **rolled-iron** = poutre *f.* en fer laminé.
– – –, **side** = longeron *m.* (de pont).
– – –, **small** = soliveau *m.*, poutrelle *f.*
– – –, **squeleton** = poutre *f.* à jour.
– – –, **stiffening** = poutre *f.* de renfort.
– – –, **suspension** = poutre *f.* d'ouvrage suspendu.
– – –, **trough** = poutre *f.* en U, poutre *f.* à ornière.
– – –, **truss** = ferme *f.*, poutre *f.* armée.
– – –, **trussed** = poutre *f.* renforcée.
– – –, **under-** = sous-poutre *f.*
– – –, **web** = poutre *f.* à âme pleine.
girl, telephone = téléphoniste *f.*
girth = sangle *f.* (Agr.), circonférence *f.* (d'un arbre), tour *m.* (de taille d'une personne), entremise *f.* (d'une cloison) (B.).
give, to – – – **a call** = donner un coup de fil (Tp.), appeler (Tp.).
– – –, **to** – – – **way** = céder, se casser, se rompre.
gland = serre-garniture *m.* (Méc.), gland *m.* (Méc.), bague *f.* d'emboîtement (Méc.), chapeau *m.* (de presse-étoupe, de palier) (Méc.).
– – –, **bearing** = douille *f.* palier.
– – –, **expansion** = boîte *f.* de joint glissant.
– – –, **grease** = graisseur *m.* automatique.
– – –, **packing** = bague *f.* de presse-étoupe, chapeau *m.* de presse-étoupe.
– – –, **sealing** = chapeau *m.* de presse-étoupe.
– – –, **stuffing** = bague *f.* de presse-étoupe, gland *m.* (de presse-étoupe).
– – –, **stuffing-box** = bague *f.* de presse-étoupe, couronne *f.* de presse-étoupe.
glare = éblouissement *m.* (Auto.), éclat *m.* (éblouissant).
glarimeter = glarimètre *m.* (H., Pap.).
glass = verre *m.* (de montre), verre *m.* (à boire), lentille *f.* (d'un instrument), glace *f.* ou vitre (de voiture, de portière), vitre *f.* ou carreau *m.* (d'une fenêtre), tube *m.* (d'indicateur) (Méc.).
– – –, **armoured** = verre *m.* armé.
– – –, **auto** = verre *m.* pour auto.
– – –, **blown** = verre *m.* soufflé.
– – –, **bone** = verre *m.* opale.
– – –, **broad** = verre *m.* à vitre.
– – –, **broken** = éclats *m.p.* de verre.
– – –, **cathedral** = verre *m.* cathédrale (B.).
– – –, **coloured** = verre *m.* coloré.
– – –, **corrugated** = verre *m.* strié.
– – –, **crown** = crown-glass *m.*, verre *m.* à boudine.
– – –, **cut** = cristal *m.* taillé.
– – –, **drinking** = verre *m.* (à boire).
– – –, **drop** = compte-gouttes *m.* (I.).
– – –, **eye** = oculaire *m.*
– – –, **feed** = viseur *m.* de débit.
– – –, **feed, sight** = viseur *m.* d'écoulement, verre *m.* de compte-gouttes.
– – –, **flint** = flint *m.*, verre *m.* de plomb, flint-glass *m.*

(glass)

– – –, **float** = verre *m.* flotté (c.-à-d. coulé sur un bain de métal en fusion).

– – –, **foam** = verre *m.* cellulaire.

– – –, **frosted** = verre *m.* dépoli, verre *m.* mat.

– – –, **gauge** = tube *m.* (indicateur) de niveau, tube *m.* indicateur.

– – –, **gauge, oil** = indicateur *m.* de niveau d'huile.

– – –, **gauge, water** = tube *m.* de niveau d'eau.

– – –, **ground** = verre *m.* dépoli (Phot.).

– – –, **lamp** = verre *m.* de lampe.

– – –, **level** = indicateur *m.* de niveau (Méc.), fiole *f.* de niveau (Men.).

– – –, **looking** = miroir *m.*, glace *f.*

– – –, **magnifying** = loupe *f.*, verre *m.* grossissant.

– – –, **magnifying, all-purpose** = loupe *f.* pour tous usages.

– – –, **measuring** = verre *m.* gradué.

– – –, **opal** = verre *m.* opalin.

– – –, **optical** = lentille *f.*, verre *m.* optique.

– – –, **plate** = glace *f.* de vitrage, verre *m.* laminé, glace *f.*

– – –, **pressed** = verre *m.* moulé.

– – –, **raw** = verre *m.* grossier.

– – –, **reinforced** = verre *m.* armé.

– – –, **ribbed** = verre *m.* strié.

– – –, **ripple** = verre *m.* ondulé.

– – –, **rough** = verre *m.* brut.

– – –, **safety** = verre *m.* de sûreté (Auto.).

– – –, **shade-lite** = vitre *f.* bleutée (Auto.).

– – –, **shatter-proof** = verre *m.* incassable (Auto.), verre *m.* de sûreté (Auto.).

– – –, **sheet** = verre *m.* à vitres. (B.).

– – –, **shielding, X-ray** = verre *m.* opaque aux rayons X.

– – –, **sight** = voyant *m.* (Méc.).

– – –, **smoked** = verre *m.* fumé.

– – –, **soft** = verre *m.* tendre.

– – –, **splinter-proof** = verre *m.* incassable (Auto.).

– – –, **spun** = coton *m.* de verre, verre *m.* filé.

– – –, **stained** = verre *m.* de couleur.

– – –, **tinted** = verre *m.* de couleur, verre *m.* coloré, vitre *f.* bleutée (Auto.).

– – –, **toughened** = verre *m.* trempé.

– – –, **water** = tube *m.* de niveau d'eau (Méc.), tube *m.* de verre d'indicateur de niveau d'eau (Méc.), silicate *m.* de potasse (ou de soude), verre *m.* soluble.

– – –, **weather** = baromètre *m.* (à cadran).

– – –, **window** = verre *m.* à vitres (B.), vitre *f.* (B.).

– – –, **windshield** = glace *f.* de pare-brise (Auto.).

– – –, **wire** = verre *m.* armé.

glasses = lunettes *f.p.*, V. « glass ».

– – –, **field** = jumelles *f.p.*, jumelles *f.p.* de Galilée.

– – –, **field, prismatic** = jumelles *f.p.* à prismes.

– – –, **smoked** = lunettes *f.p.* fumées.

– – –, **sun** = lunettes *f.p.* de soleil.

glassine = papier *m.* cristal.

glaze = émail *m.* (B.), vernis *m.* (luisant), lustre *m.*, patine *f.*

– – –, **to** = vitrer (une fenêtre), vernir (le cuir), lustrer (une fourrure), satiner (une étoffe, le papier), vernisser (un vase de terre).

glazed = (tissu *m.*) glacé ou lustré (adj.), (brique *f.*) vitrifiée (adj.), (cuir *m.*) verni ou vernissé (adj.),

(glazed)

(papier *m.*) satiné (adj.), (poterie *f.*) émaillée (adj.), (toit *m.*) vitré (adj.).

glazier = vitrier *m.* (O.).

glazing = glaçure *f.* ou vernissage *m.* (d'une poterie), glaçage *m.* ou lustrage *m.* (d'un tissu), pose *f.* des vitres (B.), vitrage *m.* (B.), satinage *m.* (du papier).

– – –, **double** = double-vitrerie *f.* (B.).

– – – **of a cylinder** = glaçage *m.* d'un cylindre (Méc.).

– – – **of a wheel** = lustrage *m.* d'une meule.

glide, furniture = patin *m.* pour pieds de meuble, dôme *m.* du silence.

globe = cloche *f.*, globe *m.*, sphère *f.*

– – –, **lamp, frosted** = cloche *f.* dépolie de lampe.

– – –, **light, electric** = globe *m.* électrique.

– – –, **light, roof** = coupe *f.* en verre du plafonnier (Auto.).

globule, oil = gouttelette *f.* d'huile.

gloss = lustre *m.* (d'un feutre), brillant *m.* (de l'acier), cati *m.* (d'un tissu).

glossy = (papier *m.*) glacé ou brillant, (feutre *m.*) lustré, (tissu *m.*) cati.

glove = gant *m.*

– – –, **steering-wheel** = gaine *f.* de volant (Auto.).

gloves = gants *m.p.*

– – –, **asbestos** = gants *m.p.* d'amiante.

– – –, **driving** = gants *m.p.* de chauffeur (Auto.).

– – –, **gauntlet** = gants *m.p.* à crispins.

– – –, **leather** = gants *m.p.* de cuir.

– – –, **rubber** = gants *m.p.* en caoutchouc.

– – –, **work** = gants *m.p.* de travail.

glow = incandescence *f.* (E.), effluves *m.p.* (E.), lueur *f.*

– – –, **after-** = phosphorescence *f.*, traînage *m.* lumineux, incandescence *f.* résiduelle (E.).

– – –, **air** = lueur *f.* d'altitude.

– – –, **anode** = lueur *f.* anodique (E.).

– – –, **blue** = fluorescence *f.* (E.).

– – –, **cathode** = lueur *f.* cathodique (E.).

– – –, **grid** = luminescence *f.* de grille (R.).

– – –, **surface** = gaine *f.* luminescente (E.).

– – –, **to** = s'allumer (E.), s'illuminer.

glow-tector = détecteur *m.* de tension (E.).

glue = colle *f.* forte.

– – –, **animal** = colle *f.* forte.

– – –, **bone** = colle *f.*, gélatine *f.* d'os.

– – –, **casein** = colle *f.* caséine.

– – –, **fish** = colle *f.* de poisson.

– – –, **marine** = colle *f.* marine.

– – –, **to** = coller.

glycerine = glycérine *f.*

gnaw, to = ronger ou corroder (une pièce de métal).

gnawing = rongement *m.*, corrosion *f.*

goad = aiguillon *m.* (I.), pique-boeuf *m.* (I.).

goal = but *m.*, objectif *m.* (intermédiaire).

gob-stick = V. « stick, gob ».

go-devil = racleur *m.* (pour oléoduc).

gods, the = poulailler *m.* (d'un théâtre).

goffered = (papier *m.*) gaufré (Imp.), (papier-tenture *m.*) frappé.

goggles = lunettes *f.p.* de sûreté, lunettes *f.p.* de protection, lunettes *f.p.* protectrices.

– – –, **non-glare** = lunettes *f.p.* anti-éblouissantes.

– – –, **safety** = lunettes *f.p.* protectrices, lunettes *f.p.* de protection.

(governor)

going-of-step = largeur *f.* de marche (B.).
go-kart = kart *m.*
gold = or *m.*
– – –, **fool's** = pyrite de fer.
gondola = wagon *m.* à charbon (Ch.d.f.), wagon-tombereau *m.* (Ch.d.f.), wagon-trémie *m.* (Ch.d.f.).
gong = cloche *f.*, timbre *m.*, gong *m.*
– – –, **alarm** = timbre *m.* avertisseur.
– – –, **electric** = timbre *m.* électrique.
goniometer = radiogoniomètre *m.* (R.), cercle *m.* de visée (d'un arpenteur), goniomètre *m.*
goniometry = goniométrie *f.*
goo, gasket = enduit *m.*, ciment *m.* pour joints.
goodness = qualité *f.* ou bonne qualité (d'un objet).
goods = marchandise(s) *f.(p.)* (d'un commerce), denrées *f.p.*, biens *m.p.*, articles *m.p.*, objets *m.p.*
– – –, **basic** = matières *f.p.* de base.
– – –, **bonded** = marchandises *f.p.* d'entrepôt.
– – –, **branded** = produits *m.p.* de marque.
– – –, **balk** = produits *m.p.* en vrac.
– – –, **cleared** = marchandises *f.p.* dédouanées.
– – –, **consignment** = marchandises *f.p.* en consignation.
– – –, **consumer's** = biens *m.p.* de consommation.
– – –, **convenience** = menus articles.
– – –, **dry** = mercerie *f.*, articles *m.p.* de nouveauté, tissus *m.p.*, étoffes *m.p.*
– – –, **duty-free** = marchandises *f.p.* exemptes de droits.
– – –, **essential** = produits *m.p.* de première nécessité.
– – –, **impulse** = produits *m.p.* de choc.
– – –, **industrial** = produits *m.p.* industriels.
– – –, **loose** = produits *m.p.* en vrac.
– – –, **manufactured** = produits *m.p.* fabriqués, produits *m.p.* manufacturés, produits *m.p.* industriels.
– – –, **perishable** = denrées *f.p.* périssables.
– – –, **seasonable** = produits *m.p.* saisonniers.
– – –, **semi-finished** = produits *m.p.* semi-finis, produits *m.p.* semi-ouvrés.
– – –, **smuggled** = marchandises *f.p.* de contrebande.
– – –, **soft** = V. « goods, dry ».
goodwill = achalandage *m.*, clientèle *f.*
goose-neck = col *m.* de cygne *m.* (I.), outil *m.* flexible à col de cygne, boucle *f.* de dilatation (sur une conduite), en col de cygne, coude *m.* double (H.).
gore = pan *m.* (d'un dôme) (B.).
gorge = gorge *f.* (de poulie).
gouge = gouge *f.* (I.), rainure *f.*
– – –, **bent** = gouge *f.* en bec-de-corbin.
– – –, **carving** = gouge *f.* de sculpteur.
– – –, **entering** = gouge *f.* à nez rond.
– – –, **firmer** = ciseau *m.* à gouge.
– – –, **spoon** = gouge *f.* à nez rond.
– – –, **square** = gouge *f.* carrée.
– – –, **tang** = gouge *f.* à soie.
– – –, **turning** = gouge *f.* de tourneur, gouge *f.* à ébaucher.
govern, to = régler (une machine), diriger ou administrer (une compagnie, une entreprise).
governing = réglage *m.* (d'une machine).
– – –, **automatic** = réglage *m.* automatique.
governor = régulateur *m.* (de vitesse) (Méc.).
– – –, **ball** = régulateur *m.* à boules.

– – –, **ball-type** = régulateur *m.* à boules.
– – –, **bell-type** = régulateur *m.* à cloche.
– – –, **centrifugal** = régulateur *m.* à force centrifuge, régulateur *m.* à boules.
– – –, **clock-controlled** = régulateur *m.* à programme.
– – –, **cone** = régulateur *m.* conique, régulateur *m.* à cônes.
– – –, **diaphragm** = régulateur *m.* à membrane.
– – –, **differential** = régulateur *m.* différentiel.
– – –, **eccentric** = régulateur *m.* excentrique.
– – –, **fly-ball** = régulateur *m.* à force centrifuge, régulateur *m.* à boules.
– – –, **friction** = régulateur *m.* à friction.
– – –, **inertia** = régulateur *m.* à volant d'inertie.
– – –, **inlet** = régulateur *m.* de l'admission.
– – –, **pendulum** = régulateur *m.* à pendule.
– – –, **pre-set** = régulateur *m.* à programme.
– – –, **runaway** = sûreté *f.* contre l'emballement.
– – –, **speed** = régulateur *m.* de vitesse, régulateur *m.* à boules.
– – –, **speed, engine** = régulateur *m.* de vitesse de moteur.
– – –, **steady** = régulateur *m.* stabilisé.
– – –, **steam** = régulateur *m.* à vapeur.
– – –, **throttling** = régulateur *m.* à étranglement, régulateur *m.* d'admission.
gown, dressing, lady's = peignoir *m.* (Ust.).
grab = excavateur *m.* (M.), pelle *f.* automatique (M.), benne *f.* preneuse (M.).
– – –, **bucket** = pelle *f.* automatique, benne *f.* à griffe.
– – –, **earth** = benne-drague *f.*, cuiller *f.* d'excavation.
grabbing = blocage *m.* ou broutage *m.* (d'un outil).
gradation = échelonnement *m.* (des vitesses), gradation *f.* (de la lumière, de la sonorité).
grade = rampe *f.* (Ch.d.f.), pente *f.* (d'un terrain, d'une surface), inclinaison *f.* (d'un plancher, des couches géologiques), classe *f.* (d'un minerai), niveau *m.* naturel (des terres), grade *m.* (d'une huile de graissage), catégorie *f.* (de la viande), sorte *f.* ou type *m.* (d'acier), qualité *f.* (d'un produit alimentaire), montée *f.* ou descente (d'une voie publique), échelon *m.* (dans une administration), cote *f.* (de niveau), rang *m.* (dans la société), grade *m.* (c.-à-d. la quatre-centième partie de la circonférence; = 0,9 degré).
– – –, **above-** = au-dessus de terre, (travail *m.*) à jour (Mi., C.), (partie *f.*) hors sol (d'un mur) (B., C.).
– – –, **at** = de niveau, à niveau.
– – –, **average** = pente *f.* moyenne.
– – –, **bottom** = niveau *m.* de fond de fouille (C.).
– – –, **down** = pente *f.* (Ch.d.f.).
– – –, **finished** = niveau *m.* définitif (C.).
– – –, **flat** = en palier (Ch.d.f.).
– – –, **high** = qualité *f.* supérieure, première qualité, de bonne qualité, à haute teneur.
– – – **in lumber** = classement *m.* (du bois) (B.).
– – –, **low** = (route *f.*) à pente douce, qualité *f.* inférieure, de mauvaise qualité, à faible teneur.
– – –, **maximum** = rampe *f.* maximale.
– – –, **natural** = niveau *m.* naturel.
– – – **of an oil** = grade *m.* d'une huile.
– – – **of ore** = teneur *f.* du minerai.
– – – **of service** = rendement *m.* (d'un appareil), qualité *f.* de service (Tp.).

(grade)

– – – **of telephone service** = qualité *f.* du service (Tp.).
– – –, **small** = pente *f.* douce.
– – –, **steep** = forte pente, pente *f.* raide.
– – –, **sub-** = encaissement *m.* de la chaussée, sous-fondation *f.*, hérisson *m.* (d'une chaussée).
– – –, **to** = régulariser la pente (d'une route), établir la plate-forme (d'une route), classer ou trier (un minerai), niveler (un terrain), régaler (une allée).
grader = niveleuse *f.* (M.), gratte *m.* mécanique (M.) (Canada).
– – –, **motor** = niveleuse *f.* (M.), gratte *f.* mécanique (M.) (Canada).
– – –, **road** = niveleuse *f.* (M.), gratte *f.* mécanique (M.) (Canada).
gradient = rampe *f.*, pente *f.*, dénivellation *f.*, inclinaison *f.*, montée *f.* (Auto.).
– – –, **downward** = pente *f.*
– – –, **energy** = gradient *m.* d'énergie (Méc.).
– – –, **hydraulic** = ligne *f.* piézométrique (H.), ligne *f.* des niveaux piézométriques (H.).
– – –, **modulus, refractive, standard** = gradient *m.* normal du module de refraction (E.).
– – –, **potential** = gradient *m.* de potentiel (E.).
– – –, **pressure** = gradient *m.* de pression (H.), ligne *f.* des niveaux piézométriques (H.).
– – –, **steep** = forte rampe, rampe *f.* raide.
– – –, **voltage** = gradient *m.* de tension (E.).
– – –, **upward** = rampe *f.*
grading = granulométrie *f.* (des sols, des agrégats), terrassement *m.* (de la plate-forme d'une route), triage *m.* (du minerai), régalage *m.* ou régalement *m.* (d'un terrain, d'une allée), multiplage *m.* partiel (Tp.).
– – –, **finish** = terrassement *m.* de finition (B., C.).
– – –, **finish – – – to elevations** = terrassement *m.* de finition suivant cotes (B., C.).
– – –, **ground** = nivellement *m.* du sol, terrassement *m.*
– – –, **rough** = terrassement *m.* préliminaire (B., C.).
gradiograph = clinomètre *m.* (I.) (S.).
gradometer = gradomètre *m.* (I.).
gradual = graduel (adj.), progressif (adj.).
graduate, to = graduer (un cercle).
graduated = gradué (adj.).
graduation = graduation *f.* (d'un appareil de mesure, d'un cercle).
– – –, **scale** = graduation *f.* d'une échelle.
graffito = graffite *m.* ou graffito *m.*
graft = enture *f.* (Men.).
– – –, **to** = enter (Men.).
grain = grain *m.* (de soudure, du bois, de la pierre, d'une émulsion photographique), texture *f.* (de la fonte), fil *m.* (du bois), grain *m.* (0,0648 gramme).
– – –, **across the** = contre le fil, à travers.
– – –, **against the** = contre le fil, à rebours.
– – –, **along the** = de long, dans le sens des fibres (Men.).
– – –, **cross-** = fibre *f.* torse (Men.), grain *m.* transversal (Men.), feuilles *f.p.* dans les deux sens (Pap.).
– – –, **curly** = fibre *m.* ondulée.
– – –, **edge** = débit *m.* sur maille (c.-à-d. suivant le rayon des couches annuelles) (Men.).
– – –, **end** = grain *m.* d'extrémité (d'une pièce de bois).
– – –, **fine** = grain *m.* fin.
– – –, **flat** = débit *m.* sur dosse (c.-à-d. tangentiel aux

(grain)

anneaux annuels) (Men.).
– – – **long** = sens *m.* machine sur longueur (Pap.).
– – – **of sand** = grain *m.* de sable.
– – –, **with the** = sens *m.* machine (Pap.).
grained, close = fin, serré, (bois *m.*) à grain fin.
– – –, **coarse** = à gros grain, (bois *m.*) à gros fil.
– – –, **fine** = (bois *m.*) à grain serré, à grain fin.
– – – **short** = sens *m.* machine sur largeur (Pap.).
– – –, **silver** = maillure *f.* (Men.).
– – –, **slash** = débit *m.* sur dosse (Men.).
– – –, **spiral** = (bois *m.*) à fibres torses, (bois *m.*) tors.
– – –, **straight** = droit fil *m.* (c.-à-d. fibres parallèles à la longueur d'un plancher) (B.).
– – –, **wavy** = (bois *m.*) à fibres ondulées.
graining = veinage *m.* (de la peinture), décor *m.* imitant le bois (ou le marbre), grenure *f.* (d'une pièce de métal), grenage *m.* (de la poudre de chasse, du sucre).
gram(me) = gramme *m.* (= 15,432 grains; 0,035 once), g *m.*
gramophone = phonographe *m.*
– – –, **radio** = V. « radiogramophone ».
granite = granit *m.* ou granite *m.* (Mi., B.).
granolithic = V. « stone, paving, granolithic ».
grant = subvention *f.* (du gouvernement), allocation *f.* (scolaire), concession *f.* (d'un terrain), prime *f.* (à la construction d'une maison).
granular = granulaire (adj.), granuleux (adj.).
granule = granule *m.*
– – –, **carbon** = grenaille *f.* de charbon.
granulometry = granulométrie *f.*
graph = graphique *m.*, diagramme *m.*
– – –, **load** = diagramme *m.* de charge.
graphite = graphite *m.*, plombagine *f.*
– – –, **flaky** = graphite *m.* écailleux.
– – –, **lubricating** = graphite *m.* de graissage.
grapnel = grappin *m.* (I.), araignée *f.* (M.).
grapplers = grappins *m.p.*
grapples, rafter = grappins *m.p.* à chevron.
grass = herbe *f.* (Radar).
– – –, **Bermuda** = herbe *f.* des Bermudes (Av.).
– – –, **eel** = zostère *f.* (utilisée sous le nom de varech comme litière ou comme engrais) (Agr.).
grate = grille *f.* (d'égout, de foyer) (S., Méc.), grillage *m.*
– – –, **adjustable** = grille *f.* déplaçable.
– – –, **boiler** = grille *f.* de chaudière.
– – –, **chain** = grille *f.* à chaînon, grille *f.* à chaîne sans fin.
– – –, **drop** = jette-feu *m.*
– – –, **dumping** = grille *f.* basculante.
– – –, **fire** = grille *f.* de foyer.
– – –, **fixed** = grille *f.* fixe.
– – –, **furnace** = grille *f.* de foyer.
– – –, **revolving** = grille *f.* tournante.
– – –, **rocking** = grille *f.* (de foyer) à barreaux basculants, grille *f.* à bascule.
– – –, **rotary** = grille *f.* rotative, grille *f.* tournante.
– – –, **safety** = grille *f.* de garde (S.).
– – –, **shaking** = (foyer *m.* avec) grille *f.* à secousses.
– – –, **sliding** = grille *f.* à coulisse, grille *f.* coulissante.
– – –, **stationary** = grille *f.* fixe.
– – –, **step** = grille *f.* à gradins.

(grate)

– – –, to = grincer (Méc.), crisser, griller (une fenêtre), râper (du fromage).

– – –, travelling = grille *f*. mobile, grille *f*. mécanique.

grater = râpe *f*. (Ust.).

– – –, cheese = râpe *f*. à fromage (Ust.).

– – –, nutmeg = râpe *f*. à muscade (Ust.).

graticulate, to = graticuler (uñ dessin).

graticule = graticule *m*. (d'un oscilloscope), réticule *m*. (d'un instrument d'optique).

grating = grille *f*., claire-voie *f*., treillis *m*., gril *m*. (d'une prise d'eau), grincement *m*. (d'une charnière), poussier *m*. (B., C.), criblures *f.p*. (B., C.), râpage *m*. (du fromage).

– – – of gears = grincement *m*. des engrenages (Méc.).

– – –, sewer = grille *f*. de regard d'égout (S.).

– – –, valve = grille *f*. de distribution.

– – –, window = grille *f*. de fenêtre (B.).

gratings = râpures *f.p*., frottement *m*. (d'une roue).

gravel = gravier *m*.

– – –, cemented = gravier *m*. aggloméré.

– – –, coarse = gros gravier.

– – –, concrete = gravier *m*. à béton.

– – –, fine = gravier fin, gravillon *m*.

– – –, pea = gravillon *m*., mignonnette *f*.

– – –, pit-run = gravier *m*. tout-venant.

– – –, river = gravier *m*. fluviatile, gravier *m*. de rivière.

– – –, sand = gravier *m*. sablonneux.

– – –, sieved = gravier *m*. criblé.

– – –, washed = gravier *m*. lavé.

graver = ciselet *m*. (de ciseleur) (I.), burin *m*. (I.), échoppe *f*. (I.), onglette *f*. (I.), graveur *m*. (O.).

– – –, square = poinçon *m*. carré.

– – –, turning = burin *m*. de tourneur.

gravity = densité *f*., pesanteur *f*.

– – –, specific = densité *f*., densité *f*. relative, poids *m*. spécifique.

grease = graisse *f*.

– – –, animal = graisse *f*. animale.

– – –, anti-friction = savon *m*. métallique.

– – –, axle = graisse *f*. pour essieux.

– – –, ball-bearing = graisse *f*. pour roulements.

– – –, belt = enduit *m*. pour courroies.

– – –, brown = graisse *f*. rouge.

– – –, carriage = graisse *f*. pour voitures.

– – –, cup = graisse *f*. à godet.

– – –, elbow = huile *f*. de bras.

– – –, graphite = graisse *f*. graphitée.

– – –, hard = graisse *f*. épaisse.

– – –, heavy = graisse *f*. consistante.

– – –, heavy petroleum = cosmoline *f*.

– – –, hot-bearing = graisse *f*. consistante à haut point de fusion.

– – –, lubricating = lubrifiant *m*.

– – –, scale-removing = graisse *f*. antitartre.

– – –, soluble = graisse *f*. soluble.

– – –, thick = graisse *f*. consistante.

– – –, to = graisser.

– – –, transmission = graisse *f*. pour boîte de vitesses (Auto.).

greaser = graisseur *m*. (O.), godet *m*. graisseur (I.), ouvrier *m*. chargé du graissage (O.).

greasing = graissage *m*.

(greasing)

– – –, pressure = graissage *m*. sous pression.

greenhouse = serre *f*. (chaude) (B.).

grenade, fire = grenade *f*. extinctrice.

grid = grille *f*. (E.), grillage *m*. (E.), réseau *m*. électrique (E.), carrelage *m*., graticule *m*., V. « grids ».

– – –, accumulator = grille *f*. d'accumulateur.

– – –, battery = grille *f*. d'accumulateur.

– – –, cathode = grille *f*. de champ.

– – –, close-meshed = grillage *m*. à petites alvéoles.

– – –, control = grille *f*. de commande (E.).

– – –, damping = amortisseur *m*. (E.).

– – –, earthed = grille *f*. de suppression (R.).

– – –, fine-mesh = grille *f*. à mailles fines (R.).

– – –, floating = grille *f*. en l'air (E.).

– – –, free = grille *f*. non connectée (R.), grille *f*. en l'air (R.).

– – –, half = demi-grillage *m*. (d'un accumulateur) (E.).

– – –, intercepting = grille *f*. d'arrêt (R.).

– – –, outward = grille *f*. extérieure (R.).

– – –, pipe = réseau *m*. maillé de tuyaux (H.).

– – –, protective = grillage *m*. de protection (C.).

– – –, reference = quadrillage *m*. de reférence (d'un plan).

– – –, screen = grille-écran *f*. (E.).

– – –, shield = grille *f*. d'arrêt (R.).

– – –, space-charge = grille *f*. de champ (Tp.).

– – –, split = demi-grillage *m*. (d'un accumulateur) (E.).

– – –, suppressor = grille *f*. d'arrêt (Tp.).

– – –, valve = grille *f*. de lampe (R.).

– – –, wide-meshed = grillage *m*. à larges mailles (E., C.), grillage *m*. à larges alvéoles (E., C.).

grids = V. « grid ».

– – –, purifier = claies *f.p*. d'épurateur (Chim.).

grillage = grillage *m*. ou treillis *m*. (pour les fondements d'un édifice) (B., C.), racinaux *m.p*. (C.).

grille = grillage *m*. (de porte), grille *f*. (de comptoir), calandre *f*. (de radiateur) (Auto.).

– – –, air, return = bouche *f*. de retour (B.), bouche *f*. de reprise (Méc.).

– – –, air, warm = bouche *f*. d'air chaud (B.).

griller = gril *m*. (de fourneau) (Ust.), grilloir *m*. (Ust.).

grind, to = roder (un piston, une soupape), affûter (un outil), aiguiser (un couteau), moudre (le café), broyer (les couleurs), rectifier à la meule ou meuler (une pièce coulée), meuler (une lentille), dépolir (un bouchon, le verre).

– – –, to – – – down = meuler (une lentille).

– – –, to dry- = meuler à sec.

– – –, to – – – in = roder (une soupape).

– – –, to – – – true = rectifier.

– – –, to rough- = dégrossir (à la meule).

– – –, to wet- = meuler à l'eau.

grinder = broyeur *m*., rodoir *m*., meule *f*. à rectifier (M.) ou rectifieuse *f*. (M.) ou meuleuse *f*. (M.), meule *f*. affûteuse, machine *f*. à rectifier, défibreur *m*. (M.) (Pap.).

– – –, bench = meule *f*. d'établi.

– – –, coffee = moulin *m*. à café (Ust.).

– – –, cutter = machine *f*. à affûter les fraises, rectifieuse *f*. (pour fraises).

– – –, disc = disque *m*. à rectifier.

(grinder)

– – –, **drill** = machine *f.* à affûter les forets.
– – –, **emery** = tour *m.* à meuler, meule *f.* d'émeri.
– – –, **gauge** = machine *f.* à calibrer.
– – –, **gear, automatic** = machine *f.* automatique à rectifier les engrenages.
– – –, **hand** = meule *f.* à main, meule *f.* montée à main.
– – –, **internal** = rectifieuse *f.* d'intérieur.
– – –, **itinerant** = repasseur *m.* ambulant (O.), rémouleur *m.* (O.).
– – –, **magazine** = défibreur *m.* à magasin (Pap.).
– – –, **meat** = hachoir *m.* (Ust.), hache-viande *m.* (Ust.).
– – –, **mill** = moulin *m.* broyeur.
– – –, **piston** = rodeur *m.* à piston.
– – –, **plain** = rectifieuse *f.* simple.
– – –, **pocket** = défibreur *m.* à presses (Pap.).
– – –, **reamer** = dispositif *m.* pour rectifier les alésoirs, machine *f.* à rectifier les alésoirs.
– – –, **scissor** = rémouleur *m.* (O.).
– – –, **spline** = machine *f.* à rectifier les cannelures.
– – –, **surface** = machine *f.* à rectifier les surfaces planes, polisseuse *f.*
– – –, **thread** = machine *f.* à rectifier les filetages.
– – –, **tool** = meule *f.* à affûter, meule *f.* pour outils.
– – –, **tool, universal** = affûteuse *f.* universelle.
– – –, **tool, wet** = machine *f.* à affûter (les outils) travaillant à l'eau.
– – –, **universal** = machine *f.* à rectifier universelle.
– – –, **valve** = rodoir *m.* de soupapes.
– – –, **wet** = machine *f.* à rectifier à l'eau.
grinders = friture *f.* ou crissements *m.p.* (R.).
grinding = meulage *m.* (d'une pièce coulée), affûtage *m.* (d'un outil), affûtage *m.* ou aiguisage *m.* (d'un couteau), rodage *m.* (d'une soupape), mouture *f.* (de grain), broyage *m.* (de couleurs), grincement *m.* (Méc.).
– – –, **cylinder** = rectification *f.* du cylindre.
– – –, **cylindrical** = meulage *m.* cylindrique.
– – –, **disc** = rectification *f.* à la meule, rectification *f.* par disque.
– – –, **dry** = ponçage *m.* à sec, meulage *m.* à sec.
– – –, **form** = meulage *m.* de forme.
– – –, **internal** = meulage *m.* intérieur.
– – –, **machine** = meulage *m.* à la machine.
– – –, **off-hand** = meulage *m.* à la main.
– – –, **oil** = meulage *m.* à l'huile, aiguisage *m.* à l'huile.
– – –, **rough** = dégrossissage *m.* à la meule, ébarbage *m.*
– – –, **sand-blast** = affûtage *m.* par projection de sable.
– – –, **seat, valve** = rodage *m.* du siège de soupape.
– – –, **surface** = meulage *m.* de surfaces planes.
– – –, **taper** = meulage *m.* conique.
– – –, **tool** = affûtage *m.* d'outil.
– – –, **valve** = rodage *m.* de soupape.
– – –, **wet** = meulage *m.* à l'eau.
grindstone = meule *f.*, meule *f.* à aiguiser, meule *f.* à affûter, pierre *f.* à aiguiser.
– – –, **cycle** = meule *f.* à pédale.
– – –, **fine** = meule *f.* douce.
– – –, **medium** = meule *f.* demi-douce.
– – –, **mounted** = meule *f.* à affûter, meule *f.* à pédale, meule *f.* montée.
– – –, **rough** = meule *f.* à gros grains.

grip = pince *f.*, grille *f.*, douille *f.* de serrage, mordaches *f.p.* ou mâchoires *f.p.* (d'un étau), poignée *f.* (d'un outil), adhérence *f.* (des roues) (Auto.), crosse *f.* (d'un pistolet).
– – –, **ball** = boule-poignée *f.*
– – –, **belt** = adhérence *f.* d'une courroie.
– – –, **cable** = serre-câble *m.* (Tp.).
– – –, **conical** = pince *f.* de serrage.
– – –, **controlling** = poignée *f.* de commande.
– – –, **cord** = pince *f.* à fil (E.).
– – –, **hand** = poignée *f.* à main.
– – –, **pipe** = serre-tube *m.*
– – –, **pistol** = poignée *f.* pistolet (d'une foreuse, d'une caméra).
– – –, **swivel** = poignée *f.* orientable.
– – –, **to** = saisir ou agripper (un objet), serrer ou pincer (dans un étau, dans la main).
– – –, **vise, lead** = mordache *f.* en plomb pour étau.
– – –, **wire** = mâchoire *f.* à tendre (Tp.).
gripper = pince *f.*, griffe *f.*
gripping = mâchoire *f.* (Méc.), serrement *m.*, étreinte *f.*, prise *f.*, grippage *m.* ou grippement *m.*
grips = mordaches *f.p.* ou mâchoires *f.p.* (d'un étau).
– – –, **pipe** = pince *f.* à tube (I.).
grit = grès *m.*, impuretés *f.p.*, particules *f.p.* abrasives, grains *m.p.* abrasifs, poussières *f.p.* abrasives, corps *m.p.* étrangers, sables *m.p.* (d'une eau d'égout).
– – –, **grindstone** = pierre *f.* meulière, meulière *f.*
– – –, **to** = sabler (une surface glissante).
gritty = granuleux (adj.), abrasif (adj.).
grizzly = grille *f.* à barreaux.
grocer = épicier *m.* (O.).
grocery = épicerie *f.*
groin = arête *f.* (de voûte) (B.), nervure *f.* (B.).
– – –, **ceiling** = voussure *f.*
grommet = V. « grummet ».
groove = rainure *f.* (d'un piston), cannelure *f.* (d'un cylindre, d'une colonne), pattes *f.p.* d'araignée (dans un coussinet), encoche *f.* (dans le bois), coulisse *f.* (d'une porte), gorge *f.* (d'un isolateur, d'une poulie), rayure *f.* (d'une arme à feu), creux *m.* (d'une vis), onglet *m.* (d'une lame de canif), feuillure *f.* (dans un montant de porte), rigole *f.* (pour la soudure) (Mét.).
– – –, **annular** = gorge *f.* annulaire (Méc., E.).
– – –, **blade** = encoche *f.* de fixation d'ailette.
– – –, **channel** = rainure *f.*
– – –, **half-round** = noix *f.* (Méc.).
– – –, **helical** = rainure *f.* hélicoïdale (Méc.), pattes *f.p.* d'araignée (Méc.).
– – –, **key** = rainure *f.* de clavette.
– – –, **oil** = patte *f.* d'araignée (Méc.), rainure *f.* de graissage (Méc.).
– – –, **oil, axial** = patte *f.* d'araignée axiale (Méc.).
– – –, **oil, circular** = patte *f.* d'araignée circonférentielle (Méc.).
– – –, **piston-ring** = rainure *f.* de segment de piston.
– – –, **pulley-wheel** = gorge *f.*, goujure *f.*
– – –, **ring** = gorge *f.* de segment (Auto.).
– – –, **rounded** = gueule-de-loup *f.* (de porte à deux vantaux) (B.).
– – –, **side** = gorge *f.* latérale, rainure *f.* latérale.
– – –, **spiral** = rainure *f.* hélicoïdale (Méc.), patte *f.* d'araignée (Méc.).

(groove)

– – –, **to** = canneler (un cylindre, des tarauds, une colonne), rainer ou bouveter (une planche).

– – –, **to** – – – **and tongue** = bouveter (une planche).

– – –, **top** = rainure f. de tête (d'un livre) (Imp.), rainure f. de sommet, rainure f. supérieure (d'un isolateur) (E.).

– – –, **V** = rainure f. en V.

– – –, **vent** = rainure f. d'aération.

– – –, **water** = larmier m. (d'une fenêtre).

groover, cement = fer m. à rainures (de cimentier).

grooving and tonguing = bouvetage m. (Men.), assemblage m. à rainure et languette (Men.).

ground = sol m., terre f., terrain m., masse f. (Auto.), fuite f. à la terre (E.), terre f. (E.), prise f. de terre (E.), contact m. à la masse (Auto.), V. « grind, to ».

– – –, **above** = sur terre, sorti de terre, au-dessus de terre, (partie f.) hors sol (d'un mur), (cuve f.) en élévation (Chim.).

– – –, **aquiferous** = terrain m. aquifère.

– – –, **boggy** = terrain m. marécageux.

– – –, **building** = terrain m. à bâtir.

– – –, **dead** = terre f. parfaite (E.).

– – –, **dumping** = dépotoir m., lieu m. de déversement.

– – –, **flat** = terrain m. plat.

– – –, **hilly** = terrain m. montagneux.

– – –, **hollow** = évidé (adj.) (Mét.).

– – –, **made** = terrain m. remblayé.

– – –, **marshy** = terrain m. marécageux.

– – –, **muddy** = terrain m. boueux.

– – –, **neutral** = mise f. à la terre du neutre (E.).

– – –, **play** = terrain m. de jeux.

– – –, **rocky** = terrain m. rocailleux.

– – –, **rough** = terrain m. difficile.

– – –, **running** = terrain m. ébouleux.

– – –, **sandy** = terrain m. sablonneux.

– – –, **service** = prise f. de terre d'abonné (Tp.).

– – –, **surface** = mise f. à la terre superficielle (E.).

– – –, **testing** = terrain m. d'expérience.

– – –, **to** = mettre à la terre (E.), relier à la masse (Auto.), interdire de voler (Av.).

– – –, **under-** = sous terre, souterrain (adj.).

– – –, **undulating** = terrain m. ondulé.

– – –, **welding** = contre-électrode f. (de soudure).

– – –, **wet** = terrain m. mouillé.

grounded = mis au sol (E.), relié à la masse (Auto.), (isolateur) avec pertes à la terre (E.).

– – –, **directly** = à mise directe à la terre.

grounding = mise f. à la terre (E.), mise f. à la masse (Auto.).

groundman = manoeuvre m. (Tp.), aide-lignard m. (Tp.), terrassier m., personnel m. de terre (Av.).

groundsman = V. « groundman ».

groundwork = travaux m.p. de premier établissement (C.), travaux m.p. de base, base f. (d'un projet), travaux m.p. préliminaires.

group = groupe m. (de personnes), faisceau m. (de failles, de voies, de circuits), famille f. (de produits).

– – –, **channel, twelve** = groupe m. primaire (de voies téléphoniques à courants porteurs) (Tp.).

– – –, **line** = services m.p. axiaux ou services m.p. organiques ou services m.p. d'exploitation (d'une compagnie), faisceau m. de lignes (Tp.), groupe m. de lignes (Tp.).

(group)

– – – **of circuits** = faisceau m. de circuits (Tp., E.).

– – – **of conductors** = faisceau m. de conducteurs (Tp.).

– – – **of contacts** = banc m. de broches (semi-cylindrique de sélecteur téléphonique) (Tp.).

– – –, **phantom** = groupe m. combinable (Tp.).

– – –, **rate** = catégorie f. (d'abonnés) (Tp.), groupe m. tarifaire (Tp.).

– – –, **staff** = services m.p. d'état-major ou services m.p. fonctionnels (d'une compagnie).

– – –, **trunk** = faisceau m. de jonctions (Tp.), sectionnement m. (Tp.).

– – –, **trunk, common** = faisceau m. de jonctions communes (Tp.).

grouping = groupement m. (E.), association f. (des piles) (E.), combinaison f. (de couleurs).

– – –, **cascade** = groupement m. en cascade (E.).

– – –, **delta** = groupement m. en delta (E.), groupement m. en triangle (E.), montage m. en triangle (E.).

– – –, **flue** = groupe m. de conduits de fumée dans un même corps de cheminée (B.).

– – – **in multiple** = groupement m. en parallèle (E.).

– – – **in multiple-series** = groupement m. mixte (E.).

– – – **in series** = groupement m. en série (E.), groupement m. en cascade (E.).

– – –, **mesh** = montage m. en triangle (E.).

– – –, **of lines** = faisceau m. (de lignes) (Tp.).

– – –, **star-delta** = groupement m. en étoile-triangle (E.).

grout = mortier m. liquide, coulis m. (B.).

– – –, **cement** = lait m. de ciment, coulis m. au ciment.

– – –, **cement, neat** = lait m. de ciment, pâte f. pure de ciment.

– – –, **colloidal** = mortier m. colloïdal (B., C.).

– – –, **to** = jointoyer (des pierres) avec du mortier liquide, sceller (des pierres) au ciment.

grouting = jointoiement m. (des pierres) au mortier liquide.

growler = vibreur m. ou grognard m. (pour déceler les courts-circuits) (E.), ronfleur m. (E.).

growth = croissance f. (d'un être organisé), accroissement m., extension f. (d'une entreprise).

– – –, **new** = revenue f. (For.).

– – –, **second** = regain m. (Agr.).

– – –, **yearly** = pousse f. annuelle.

grub = excavateur m. (I.), hoyau m. (I.).

– – –, **to** = défricher (un terrain), essoucher (un terrain).

grubber = déchaumeur m. (M.).

grummet = bague f. d'étoupe (Méc.), virole f. (Méc.), rondelle f. (Méc.), erseau m. (Méc.), estrope f. (Méc.), passe-fils m. (E.).

Gs = V. « Gauss ».

G.T. (gran turismo) = (voiture f.) G.T. f., voiture f. (de) grand tourisme.

G.T.O. (gran turismo omologato) = (voiture f.) G.T.O. f.

guarantee (or guaranty) = garantie f.

– – –, **manufacturer's** = garantie f. du fabricant, garantie f. de l'usine.

– – –, **money-back** = garantie f. de remboursement.

guard = protecteur m. (d'un instrument, d'une machine), gaine f. protectrice ou carter m. (de chaînes,

(guard)

d'engrenages), garde-fou *m.* (de pontet), garde *f.* (O.), carter *m.* (Méc.), couvre-chaîne *m.* (Méc.), chape *f.* (Méc.), veil e *f.* (R.), chef *m.* de train (O.) (Ch.d.f.).
– – –, **axle** = happe *f.* (Ch.d.f.), plaque *f.* de garde (Méc.).
– – –, **belt** = carter *m.* de courroie.
– – –, **bumper** = butoir *m.* (Auto.).
– – –, **cable** = protège-câble *m.* (Tp.).
– – –, **chain** = carter *m.*, couvre-chaîne *m.*, chape *f.*
– – –, **cradle** = filet *m.*. cadre *m.* de garde (à la terre) (R.).
– – –, **crossing** = brigadier *m.* (c.-à-d. membre d'une patrouille scolaire) (O.).
– – –, **dust** = pare-poussière *m.*
– – –, **eye** = lunettes *f.p.* d'automobiliste, lunettes *f.p.* de protection, lunettes *f.p.* de sécurité.
– – –, **fire** = pare-étincelles *m.*
– – –, **fly-wheel** = garde *f.* du volant (Méc.).
– – –, **gear** = carter *m.* d'engrenages, couvercle *m.* protecteur d'engrenage, gaîne *f.* protectrice d'engrenage.
– – –, **hook** = console *f.* de garde (Tp.).
– – –, **key-hole** = cache-entrée *m.* (B.).
– – –, **lamp** = protège-lampe *m.*, corbeille *f.* de protection (d'une lampe baladeuse).
– – –, **manhole** = garde-fou *m.* (Tp., E.).
– – –, **mud** = garde-boue *m.* (Auto.).
– – –, **oil** = pare-gouttes *m.* (Méc.).
– – –, **rail** = contre-rail *m.* (Ch.d.f.), chasse-pierres *m.* (de locomotive).
– – –, **safety** = appareil *m.* protecteur.
– – –, **saw** = protecteur *m.* de scie, chapeau *m.* de scie.
– – –, **splash** = pare-gouttes *m.*, rabat-eau *m.* (d'une meule).
– – –, **stone** = pare-radiateur *m.* (Auto.).
– – –, **tank, gas** = protège-réservoir *m.* (Auto.).
– – –, **tree** = armure *f.* d'un arbre.
– – –, **trigger** = pontet *m.* (d'une arme à feu).
– – –, **U** = protecteur *m.* en U (Tp., E.).
– – –, **valve** = butoir *m.* de clapet, garde *f.* de soupape.
– – –, **wheel** = protège-meule *m.*, garde-roue *m.*
– – –, **wire** = parafil *m.*, panier *m.* protecteur *m.*, grille *f.* de protection en fil de fer, protège-fil *m.*
– – –, **wire** – – – **of lamp** = panier *m.* protecteur d'une lampe baladeuse, corbeille *f.* de protection d'une lampe baladeuse.
gudgeon = penture *f.* de gond, goujon *m.* (d'un arbre) (Méc.), axe *m.* (Méc.) goujon *m.* prisonnier (Méc.), doigt *m.* (Méc.).
– – –, **ball** = pivot *m.* sphérique.
– – –, **driving** = doigt *m.* d'entraînement, goujon *m.* d'entraînement.
guidance = guidage *m.* (E.).
– – –, **radio** = radioguidage *m.* (Mar., Av.).
guide = guide *m.* (Méc., O.), pièce *f.* de guidage (Méc.).
– – –, **bar** = guidage *m.* à glissière.
– – –, **belt** = guide-courroie *m.*, galet *m.* de guidage (de courroie).
– – –, **blade** = guide *m.* de couteau (d'un disjoncteur) (E.).
– – –, **chain** = guide-chaîne *m.*

(guide)

– – –, **channel** = rainure-guide *f.*
– – –, **conducting** = guide *m.* d'ondes (Tv.).
– – –, **cross-head** = glissière *f.* de crosse, guide *m.* de la tête du piston, coulisseau *m.*
– – –, **die** = guide-coussinet *m.* (de filière).
– – –, **elevator** = guide *m.* d'ascenseur (Méc.).
– – –, **floor** = coulisseau *m.* de parquet pour portes coulissantes) (B.).
– – –, **quadrant** = guide *m.* du secteur.
– – –, **rack** = guide *m.* de crémaillère.
– – –, **radio** = câble *m.* haute fréquence (R.).
– – –, **railway** = indicateur *m.* des chemins de fer.
– – –, **roller** = galet-guide *m.*
– – –, **saw** = guide-lame *m.* (d'une scie).
– – –, **sheave** = guide *m.* de poulie.
– – –, **slide-rod** = guide *m.* de la tige du tiroir (Méc.).
– – –, **slipper** = glissière *f.*
– – –, **slotted** = guide *m.* à gorge.
– – –, **spindle, float** = guide *m.* du pointeau du flotteur.
– – –, **stem, valve** = guide *m.* de clapet, guide *m.* de soupape.
– – –, **street** = indicateur *m.* des rues.
– – –, **valve** = guide *m.* de clapet, guide *m.* de soupape.
– – –, **wave** = V. « waveguide ».
– – –, **window** = guide *m.* (d'une fenêtre).
– – –, **wire** = guide-fil *m.* (Tp., E.).
guideway = guide *m.* (Méc.), coulisse *f.* (Méc.).
guillotine = guillotine *f.* (Imp.), massicot *m.* (Imp.).
gully = ravin *m.*, petit ruisseau *m.*, bouche *f.* d'égout (S.), rigole *f.* (S.).
gum = gomme *f.* ou colle *f.* (Imp.), gencive *f.*
– – –, **arabic** = gomme *f.* arabique (Imp.).
– – –, **black** = nyssa *m.* sylvestre.
– – –, **to** = gommer (un piston), encrasser (une lime), encoller (le papier), engommer (un tissu).
gun, air = fusil *m.* à air comprimé.
– – –, **camera** = cinémitrailleuse *f.* (Phot.).
– – –, **caulking** = pistolet *m.* à calfeutrer.
– – –, **cement** = pistolet *m.* à ciment, guniteuse *f.* (c.-à-d. machine *f.* à guniter).
– – –, **double-barrelled** = fusil *m.* à deux coups.
– – –, **drop-down** = fusil *m.* à bascule.
– – –, **electron** = canon *m.* cathodique (R.), canon *m.* à électrons (R.).
– – –, **flash** = lampe-éclair *f.* (Phot.), flash *m.* (Phot.).
– – –, **grease** = pistolet *m.* graisseur (Méc.).
– – –, **paint** = pistolet *m.* à peindre, pistolet *m.* à peinturer (Canada), pistolet *m.* à peinture pneumatique.
– – –, **ram-set** = pistolet *m.* à clous.
– – –, **rocket** = lance-fusées *m.*
– – –, **shot** = fusil *m.*, fusil *m.* de chasse.
– – –, **shot, choke-bored** = fusil *m.* de chasse à canon étranglé, choke-bore *m.* (France).
– – –, **soldering** = pistolet *m.* à souder.
– – –, **sporting** = fusil *m.* de chasse.
– – –, **spray** = pistolet *m.* vaporisateur.
gunnite = gunite *f.* (c.-à-d. enduit *m.* de mortier mis en place au pistolet).
gunpowder = poudre *f.* à canon.
gurlet = grelet *m.* ou gurlet *m.* (de maçon) (I.).
gusset = gousset *m.* (d'assemblage), éclisse *f.*, plaque *f.* de jonction, plaque *f.* d'assemblage.
– – –, **junction** = gousset *m.*, plaque *f.* de jonction,

(gusset)

plaque *f.* d'assemblage.
gut = corde *f.* de boyaux.
gutter = gouttière *f.* ou chéneau *m.* (de maison), caniveau *m.* (d'une rue), petits fonds *m.p.* (Imp.).
– – –, **arris** = gouttière *f.* en V.
– – –, **box** = chéneau *m.* encaissé.
– – –, **concealed** = gouttière *f.* (B.).
– – –, **eaves** = gouttière *f.* pendante (B.), chéneau *m.* (B.).
– – –, **parapet** = chéneau *m.* à l'anglaise (B.).
– – –, **street** = caniveau *m.*
– – –, **trough** = chéneau *m.* encaissé.
– – –, **valley** = noue *f.* (B.), cornière *f.* de toit (B.).
– – –, **V** = gouttière *f.* en V.
guy = hauban *m.*, étai *m.*
– – –, **anchor** = hauban *m.* d'ancrage (d'un poteau) (E., Tp.).
– – –, **back** = contre-hauban (Mar., C.).
– – –, **davit** = bras *m.* de bossoir (Mar.).
– – –, **head** = hauban *m.* dans le sens de la ligne (de

(guy)

poteaux) (Tp., E.).
– – –, **pole** = hauban *m.* (E.).
– – –, **pole-to-pole** = hauban *m.* tendeur entre deux poteaux (Tp.).
– – –, **rear** = contre-hauban *m.* (Mar.).
– – –, **side** = hauban *m.* perpendiculaire à la ligne (de poteaux) (E., Tp.).
– – –, **storm** = contreventement *m.* (Tp.).
– – –, **stub** = hauban *m.* ancré de l'autre côté de la route (Tp.).
– – –, **to** = haubaner (un poteau téléphonique), étayer.
guying = haubanage *m.*, étayage *m.*
gymnasium = gymnase *m.* (B.).
gypsum = gypse *m.* (Mi.).
gyrocompass = gyrocompas *m.* (Av.).
gyropilot = gyropilote *m.* (Av.).
gyroscope = gyroscope *m.* (Av.).
– – –, **directional** = gyroscope *m.* directionnel (Av.).
gyrostatic = gyrostatique (adj.).

h

H = V. « height », « hydrogen » et « henry ».
h = V. « height » et « hour ».
haberdasher = chemisier *m.* (O.).
haberdashery = chemiserie *f.*
hack = entaille *f.*, pioche *f.* (I.) ou pic *m.* (de mineur) (I.).
hackberry = micocoulier *m.* occidental (For.).
hacking = écorchure *f.* ou éraflure *f.* (d'une surface) (B.).
haft = manche *m.*, poignée *f.*
‒ ‒ ‒, **awl** = manche *m.* d'alène.
‒ ‒ ‒, **to** = emmancher.
‒ ‒ ‒, **tool** = manche *m.* d'un outil.
hair, cross- = réticule *m.*, fils *m.p.* d'araignée.
‒ ‒ ‒, **slag** = laine *f.* de laitier.
hairbrush = brosse *f.* à cheveux, brosse *f.* à tête.
hairpin = (virage *m.* en) épingle *f.* à cheveux (Auto.).
halation = V. « halo ».
half-and-half = moitié l'un moitié l'autre.
half-tone (or halftone) = simili *f.* (Imp.), similigravure *f.* (Imp.).
‒ ‒ ‒, **close-cut** = simili *f.* en silhouette (Imp.).
‒ ‒ ‒, **deep-etched** = simili *f.* en creux (Imp.).
‒ ‒ ‒, **direct** = autosimiligravure *f.* (Imp.).
‒ ‒ ‒, **squared-up** = simili(gravure) *f.* rognée (Imp.).
‒ ‒ ‒, **vignetted** = simili *f.* dégradée (Imp.).
half-track = véhicule *m.* semi-chenillé, semi-chenillé *m.*
hall = salle *f.*, hall *m.*, halle *f.*
‒ ‒ ‒, **assembly** = salle *f.* de réunion.
‒ ‒ ‒, **entrance** = vestibule *m.*, hall *m.* d'entrée.
‒ ‒ ‒, **market** = marché *m.* couvert.
‒ ‒ ‒, **parish** = salle *f.* paroissiale, salle *f.* de la paroisse.
‒ ‒ ‒, **station** = hall *m.* (ou halle *f.*) de la gare (Ch.d.f.).
‒ ‒ ‒, **waiting** = salle *f.* d'attente, salle *f.* des pas perdus (d'un Palais de Justice).
hallway = couloir *m.*, corridor *m.*
halo = halo *m.* (Phot.), auréole *f.*
halter = licou *m.* (Agr.), longe *f.* (Agr.).
‒ ‒ ‒, **leather** = licou *m.* en cuir (Agr.).

‒ ‒ ‒, **neck, rope** = licou *m.* en câbles (Agr.).
halve, to = assembler à mi-bois (Men.).
halving = assemblage *m.* à mi-bois (Men.).
‒ ‒ ‒ **and lapping** = assemblage *m.* à mi-bois.
halyard = drisse *f.* (des signaux) (Mar.).
ham = jambon *m.* (Ust.).
hame = attelle *f.* (Agr.).
‒ ‒ ‒, **wood** = attelle *f.* en bois.
hammer = marteau *m.* (I.), masse *f.* (I.), percuteur *m.* (d'un fusil), coup *m.* de bélier (dans une conduite) (H.).
‒ ‒ ‒, **air** = marteau *m.* à air comprimé, marteau *m.* pneumatique.
‒ ‒ ‒, **air, compressed** = marteau *m.* à air comprimé, marteau *m.* pneumatique.
‒ ‒ ‒, **axe** = hache *f.* à marteau *m.*, malebête *f.* de calfat.
‒ ‒ ‒, **bench** = marteau *m.* d'établi, rivoir *m.*
‒ ‒ ‒, **blacksmith's** = marteau *m.* de forgeron.
‒ ‒ ‒, **bricklayer's** = marteau *m.* de briqueteur, marteau *m.* de maçon.
‒ ‒ ‒, **bush** = laie *f.* (de maçon), boucharde *f.* (de tailleur de pierres).
‒ ‒ ‒, **caulking** = marteau-matoir *m.*, marteau *m.* à mater, matoir *m.*
‒ ‒ ‒, **chasing** = marteau *m.* à emboutir.
‒ ‒ ‒, **chipping** = marteau *m.* à buriner, marteau *m.* à piquer.
‒ ‒ ‒, **chop** = marteau *m.* à tranche.
‒ ‒ ‒, **claw** = marteau *m.* à panne fendue.
‒ ‒ ‒, **clinch** = marteau *m.* à panne fendue.
‒ ‒ ‒, **cooper's** = marteau *m.* de tonnelier.
‒ ‒ ‒, **coupling** = marteau *m.* à panne fendue.
‒ ‒ ‒, **creasing** = suage *m.*
‒ ‒ ‒, **cushioned** = marteau *m.* amorti.
‒ ‒ ‒, **dead-stroke** = marteau *m.* à amortisseur, marteau *m.* à ressort.
‒ ‒ ‒, **drilling** = marteau *m.* de mineur.
‒ ‒ ‒, **driving** = mouton *m.* (pour le battage des pieux) (C.).
‒ ‒ ‒, **drop** = marteau-pilon *m.* (C.), mouton *m.* (C.).
‒ ‒ ‒, **electric, portable** = marteau *m.* électrique por-

(hammer)

tatif.
– – –, **face** = marteau *m.* à panne.
– – –, **farrier's** = marteau *m.* de maréchal.
– – –, **fitter's** = marteau *m.* d'ajusteur.
– – –, **flat** = marteau *m.* à dégrossir, marteau *m.* plat.
– – –, **flogging** = marteau *m.* à frapper devant.
– – –, **floor-layer's** = marteau *m.* de parqueteur.
– – –, **fore** = marteau *m.* à devant.
– – –, **forge** = marteau *m.* de forge, marteau-pilon *m.*, martinet *m.*
– – –, **friction** = marteau *m.* pilon à friction.
– – –, **frontal** = marteau *m.* frontal.
– – –, **glazier's** = besaiguë *f.*
– – –, **granite** = têtu *m.*
– – –, **hack** = marteau *m.* à panne plate.
– – –, **half-round** = marteau *m.* à panne sphérique.
– – –, **hand** = marteau *m.* à main.
– – –, **holding-up** = mandrin *m.* d'abattage (pour river).
– – –, **jack** = brise-béton *m.*
– – –, **jumping** = refouloir *m.*
– – –, **keying** = marteau *m.* chasse-coins.
– – –, **lath** = hachotte *f.*
– – –, **lift** = gros marteau.
– – –, **magnetic** = marteau *m.* aimanté.
– – –, **mason's** = marteau *m.* de maçon.
– – –, **nail** = marteau *m.* à clouer, marteau *m.* de menuisier.
– – –, **napping** = massette *f.* de cantonnier.
– – –, **peen** = marteau *m.* à panne.
– – –, **peen, ball** = marteau *m.* de mécanicien, marteau *m.* à panne sphérique.
– – –, **peen, cross** = marteau *m.* à panne en travers.
– – –, **pick** = picot *m.*
– – –, **pile** = sonnette *f.* (C.), bélier *m.* (C.), mouton *m.* de battage (C.).
– – –, **pile-driver** = mouton *m.* de sonnette (C.).
– – –, **pile, sheet** = sonnette *f.* à palplanches (C.), sonnette *f.* (C.).
– – –, **planishing** = marteau *m.* à planer.
– – –, **pneumatic** = marteau *m.* pneumatique.
– – –, **pointed** = marteau *m.* à pointe.
– – –, **power** = marteau-pilon *m.*, marteau *m.* mécanique.
– – –, **power-driven** = marteau-pilon *m.*, marteau *m.* mécanique.
– – –, **prospector's** = marteau *m.* de prospecteur.
– – –, **quarryman's** = polka *f.*
– – –, **ripping** = marteau *m.* démolisseur, marteau *m.* à démolir.
– – –, **riveting** = matoir *m.*, rivoir *m.*, marteau *m.* à river.
– – –, **roll, friction** = marteau *m.* à courroie de friction.
– – –, **scaling** = marteau *m.* détartreur, marteau *m.* à détartrer.
– – –, **set** = chasse *f.* à parer.
– – –, **set, half-round** = chasse *f.* demi-ronde.
– – –, **set, square** = chasse *f.* carrée.
– – –, **setting** = marteau *m.* à scie, marteau *m.* à donner la voie (aux scies).
– – –, **sharp-faced** = fonçoir *m.*
– – –, **shingling** = cinglard *m.*
– – –, **shoeing** = brochoir *m.* (pour maréchal).

(hammer)

– – –, **shoemaker's** = marteau *m.* de cordonnier.
– – –, **slater's** = marteau *m.* de couvreur, marteau *m.* d'ardoisier.
– – –, **sledge** = frappe-devant *m.*, marteau *m.* de forgeron, masse *f.*, têtu *m.*, marteau *m.* à frapper devant.
– – –, **sledge, about** = frappe-devant *m.*
– – –, **soldering** = soudoir *m.* à marteau.
– – –, **spalling** = smille *f.*
– – –, **spring** = marteau *m.* à ressort, marteau *m.* à amortisseur.
– – –, **stamp** = mouton *m.* à chute libre.
– – –, **steam** = marteau-pilon *m.* à vapeur.
– – –, **stone** = casse-pierre *m.*
– – –, **stone-cutter** = marteau *m.* de tailleur de pierre, massette *f.*
– – –, **striking** = marteau *m.* à frapper.
– – –, **swage** = chasse *f.*, marteau *m.* à étamper.
– – –, **tack** = marteau *m.* de tapissier.
– – –, **tilt** = martinet *m.*, marteau *m.* à bascule.
– – –, **tinner's** = marteau *m.* de ferblantier.
– – –, **to** = marteler, forger, battre, écrouir.
– – –, **to cold-** = écrouir (Mét.), battre à froid (Mét.).
– – –, **treadle** = marteau *m.* à pédale.
– – –, **trip** = marteau *m.* à bascule, martinet *m.*
– – –, **two-handed** = martinet *m.* à deux mains, massette *f.*
– – –, **upholsterer's** = marteau *m.* de rembourreur, marteau *m.* de tapissier.
– – –, **veneering** = marteau *m.* à plaquer.
– – –, **water** = coup *m.* bélier (H.), marteau *m.* d'eau (H.).
– – –, **wooden** = maillet *m.*
hammering = martelage *m.* ou martèlement *m.* (du fer), battage *m.* (de l'or, d'un livre), martèlement *m.* (de la chaussée par les sabots des chevaux, d'une voie ferrée par la locomotive).
– – –, **cold** = écrouissage *m.*
hammerman = marteleur *m.* (O.), martineur *m.* (O.).
hammersmith = marteleur *m.* (O.), frappeur *m.* (O.).
hamper = manne *f.* (Ust.), panier *m.* (Ust.).
– – –, **clothes** = panier *m.* à linge (sale) (Ust.).
hand = aiguille *f.* (d'un compas, d'une montre), index *m.* (Imp.), ouvrier *m.* ou manoeuvre *m.* (O.), main *f.* (d'une personne), indicateur *m.* (de baromètre), régime *m.* (de bananes), main-d'oeuvre *f.*, bielle *f.* de suspension (Méc.), paume *f.* (= 4 pouces; 10,16 cm).
– – –, **by** = à la main.
– – –, **factory** = ouvrier *m.* d'usine.
– – –, **in** = en main.
– – –, **index** = aiguille *f.* indicatrice.
– – –, **indicator** = aiguille *f.* indicatrice.
– – – **of a clock** = aiguille *f.* d'une pendule.
– – –, **off** = sur-le-champ, de but en blanc.
– – –, **right** = à droite, droit.
– – –, **second** = trotteuse *f.* (d'une montre), V. « second-hand ».
– – –, **stone** = metteur *m.* en pages (O.) (Imp.).
– – –, **third** = aide *m.* (ou apprentis *m.*) (Pap.).
handbill = prospectus *m.*, programme *m.* (d'un spectacle).
handbook = formulaire *m.*, manuel *m.*
handbrake = V. « brake, hand ».

handgrip = prise *f.*, poignée *f.* (à main).
handhold = poignée *f.*, main *f.* de fer, prise *f.*
handicraft = métier *m.*, travail *m.* manuel.
handicrafts, local = artisanat *m.*
handle = manche *m.* (d'une hache, d'un marteau), bras *m.p.* (d'une brouette), mancheron *m.* (d'une charrue), brimbale *f.* ou bras *m.* (d'une pompe), clé *f.* (d'une soupape, d'un robinet), manivelle *f.* (d'un cabestan), anse *f.* (d'un seau), poignée *f.* (d'un levier), guidon *m.* (d'une bicyclette), queue *f.* (de poêlon), brancard *m.* (de civière), manette *f.* (de commande d'un mécanisme).
− − −, **adze** = manche *m.* d'herminette.
− − −, **axe** = manche *m.* de hache.
− − −, **axe, double-bit** = manche *m.* de hache à deux taillants, manche *m.* de hache bipenne.
− − −, **balanced** = manivelle *f.* équilibrée.
− − −, **ball** = manivelle *f.* à boule.
− − −, **bar** = poignée *f.* de tige.
− − −, **bell** = tirant *m.* (de sonnette, de cloche), poignée *f.* (de sonnette à main).
− − −, **brake** = levier *m.* du frein (Auto.).
− − −, **chest** = poignée *f.* de coffre.
− − −, **clamping, table** = manette *f.* de blocage de la table (d'une machine-outil) (Méc.).
− − −, **cock** = poignée *f.* de robinet, clé *f.* de robinet.
− − −, **controller** = manette *f.* de combinateur (E.).
− − −, **controlling** = poignée *f.* de commande.
− − −, **crank** = manivelle *f.*, poignée *f.* de manivelle, manivelle *f.* de mise en marche (Auto.).
− − −, **cross, faucet** = clé *f.* de robinet à croisillon.
− − −, **crutch** = béquille *f.*
− − −, **D** = manche *m.* à poignée en étrier.
− − −, **dead-man's** = manette *f.* de contrôle à dispositif de sûreté (pour contrôleur de tramway électrique c.-à-d. sur laquelle il faut exercer une pression continuelle), manette *f.* de sécurité.
− − −, **disappearing** = manivelle *f.* d'escamotage.
− − −, **door** = poignée *f.* de porte (B.), poignée *f.* de portière (Auto.), bouton *m.* de porte (B.).
− − −, **door, intérior** = bascule *f.* (Auto.).
− − −, **drop** = poignée *f.* tombante.
− − −, **feed** = manette *f.* d'avance (Méc.).
− − −, **ferruled** = manche *m.* fretté.
− − −, **file** = manche *m.* de lime.
− − −, **fluted** = manche *m.* cannelé.
− − −, **hammer** = manche *m.* de marteau.
− − −, **knob** = manivelle *f.* à bouton, bouton *m.* de manoeuvre.
− − −, **lever** = bascule *f.* (de portière d'automobile), bec-de-cane *m.* (B.), béquille *f.* (de serrure).
− − −, **loose** = nille *f.* (d'un manche de manivelle).
− − −, **machine** = manette *f.* de machine, poignée *f.* de machine.
− − −, **magazine** = manche *m.* réservoir.
− − −, **manipulating** = poignée *f.* de manoeuvre.
− − −, **offset** = manche *m.* coudé.
− − −, **operating** = poignée *f.* de manoeuvre.
− − −, **ratchet** = poignée *f.* à rochet.
− − −, **removable** = poignée *f.* amovible.
− − −, **reversing** = manette *f.* de changement de marche.
− − −, **ring** = poignée *f.* à anneau.

(handle)
− − −, **saw, cross-cut** = poignée *f.* de godendard (Canada).
− − −, **saw, hand** = poignée *f.* d'égoïne (Canada).
− − −, **shovel** = manche *m.* de pelle.
− − −, **star** = croisillon *m.*
− − −, **starting** = manivelle *f.* de démarrage, manette *f.* de mise en marche.
− − −, **swing** = anse *f.* mobile.
− − −, **switch** = manette *f.* d'interrupteur (E.).
− − −, **to** = manier (une arme, quelqu'un, une affaire), manipuler (des colis, un appareil photographique), brasser (des affaires), manutentionner (des marchandises), acheminer (un appel) (Tp.).
− − −, **tool** = manche *m.* d'outil.
− − −, **vise** = manivelle *f.* de l'étau.
− − −, **wheelbarrow** = brancard *m.* de brouette, bras *m.* de brouette.
− − −, **window** = lève-glace *m.* (Auto.).
handling = manutention *f.* (d'effets), manoeuvre *f.* (d'une locomotive, d'un vaisseau), manipulation *f.* (d'un appareil photo, des drogues, des explosifs), maniement *m.* (d'un outil, des affaires, des employés), conduite *f.* (d'une automobile), acheminement *m.* (des appels) (Tp.), écoulement *m.* (du trafic) (Tp.), service *m.* d'escale (Av.).
− − −, **automatic − − − of traffic** = écoulement *m.* automatique du trafic (Tp.), acheminement *m.* automatique des appels (Tp.).
− − −, **easy** = manoeuvre *f.* facile.
− − − **of calls** = écoulement *m.* des appels (Tp.).
− − − **of traffic** = écoulement *m.* du trafic (Tp.).
handset = V. « set, hand ».
handwork = ouvrage *m.* manuel, travail *m.* à la main
handwriting = écriture *f.*
− − −, **good** = calligraphie *f.*
hang, to − − − slack = avoir du mou.
− − −, **to − − − up** = raccrocher (un récepteur) (Tp.).
hangar = garage *m.*, remise *f.*, hangar *m.* (Av.).
hanger = crochet *m.* de suspension (Méc.), bride *f.* de suspension (Méc.), chaise *f.* (Méc.), support *m.* (C.), attache *f.* (C.), poinçon *m.* (de charpente), console *f.* (B.), remise *f.* (B.).
− − −, **bearing** = chaise *f.* pendante (Méc.), palier *m.* de suspension (Méc.).
− − −, **box, outlet** = support *m.* à boîtes de sortie (E.).
− − −, **bracket** = palier *m.* de suspension.
− − −, **catenary** = pendule *m.* de caténaire (E.).
− − −, **counter-shaft** = chaise *f.* (d'arbre) de renvoi.
− − −, **coat** = cintre *m.* (Ust.), porte-vêtements *m.* (Ust.).
− − −, **door** = chariot *m.* pour porte.
− − −, **door, ball-bearing** = chariot *m.* à billes pour porte à coulisse.
− − −, **door, sliding** = chariot *m.* pour porte à coulisse.
− − −, **drop** = chaise *f.* pendante.
− − −, **drum, air** = bride *f.* de support du réservoir d'air (comprimé).
− − −, **floor, metal** = étrier *m.* métallique (B.).
− − −, **gutter** = support *m.* horizontal (de gouttière) (B.), crochet *m.* de gouttière (B.).
− − −, **hose** = support *m.* applique pour boyau (d'arrosage).
− − −, **joist** = étrier *m.* (B.).

(hanger)

– – –, **pipe** = étrier *m*. de suspension.
– – –, **post** = chaise *f*. à colonne.
– – –, **ribbed** = chaise *f*. à nervures.
– – –, **sash, storm** = agrafe *f*. de contre-fenêtre.
– – –, **shaft** = chaise *f*. pendante, chaise *f*. pour transmission.
– – –, **shaft, ball-bearing** = chaise *f*. pendante sur billes.
– – –, **sling** = chaise *f*. en U.
– – –, **spring** = main *f*. de ressort, main *f*. de fer d'un ressort.
– – –, **track** = crochet *m*. de suspension pour rail.
– – –, **valve** = support *m*. de clapet.
– – –, **wall** = console *f*. (B.), applique *f*. murale (B.).
hanging = suspension *f*. (d'une peinture), pose *f*. (d'une sonnerie, d'une applique murale), accrochage *m*. ou montage *m*. (d'une porte), pendaison *f*. (d'un meurtrier).
hangings = tentures *f.p.* (Ust.), rideaux *m.p.* (Ust.).
hang-over = traînage (Tv.).
harbour = port *m*. (Mar.).
– – –, **inner** = arrière-port *m*. (Mar.).
– – –, **outer** = avant-port *m*. (Mar.).
hard = dur (adj.), trempé (adj.), écroui (adj.).
hardboard = isorel *m*. (B.).
harden, to = durcir, tremper (l'acier).
– – –, **to case-** = cémenter (l'acier), mouler en coquille, tremper (la fonte) à la surface.
– – –, **to hammer-** = écrouir (Mét.), marteler à froid (Mét.).
– – –, **to oil-** = tremper à l'huile.
– – –, **to pack-** = tremper en paquet.
– – –, **to water-** = tremper à l'eau.
hardened = durci (Mét.), trempé (Mét.).
– – – **and drawn to a light straw** = trempé et revenu au jaune paille léger.
– – – **through** = trempé à coeur.
hardener = durcisseur *m*.
hardening = trempe *f*. (Mét.), cémentation *f*. (Mét.), prise *f*. (du béton), durcissement *m*. (du plâtre).
– – –, **age** = prise *f.*, durcissement *m*. par le temps.
– – –, **air** = trempe *f*. à l'air.
– – –, **case** = cémentation *f.*, trempe *f*. de surface.
– – –, **case, nitrogen** = cémentation *f*. à l'azote.
– – –, **contour** = trempe *f*. périphérique, durcissement *m*. périphérique.
– – –, **file** = trempe *f*. des limes.
– – –, **hammer** = écrouissage *m.*, martelage *m*. à froid.
– – –, **oil** = trempe *f*. à l'huile.
– – –, **pack** = trempe *f*. en paquet.
– – –, **quick** = (ciment *m*.) à prise rapide.
– – –, **slow** = (ciment *m*.) à prise lente.
– – –, **surface** = trempe *f*. superficielle, durcissement *m*. superficiel.
– – –, **water** = trempe *f*. à l'eau.
hardie = tranche *f*. d'enclume, tasseau *m*. d'enclume.
hardness = dureté *f*. (d'une substance), trempe *f*. (d'un outil), crudité *f*. (d'une eau).
– – –, **Brinell** = degré *m*. Brinell.
– – –, **indentation** = degré *m*. Brinell, dureté *f*. Brinell.
– – –, **passive** = résistance *f*. à l'usure.
hard-top = V. « sedan, hard-top ».
– – –, **removable** = hard-top *m*. (France).
hardware = quincaillerie *f*. (d'outillage, de ménage, du

(hardware)

bâtiment), ferronnerie *f*. (d'une construction), serrurerie *f*. (d'un édifice), ferrures *f.p.* (d'un coffre, d'une porte), matériel *m*. (Inf.).
– – –, **builders'** = quincaillerie *f*. du bâtiment (B.).
– – –, **door** = serrurerie *f*. de porte, ferrures *f.p.* de porte.
– – –, **line** = ferrures *f.p.* de ligne (Tp.).
– – –, **panic** = serrurerie *f*. pour portes de secours.
hardwood = bois *m*. dur (B.), bois *m*. feuillu, (forêt *f*. d') arbres *m.p.* feuillus.
harmonic = harmonique *m*. (R.).
– – –, **fundamental** = onde *f*. de l'harmonique fondamental.
– – –, **high** = harmonique *m*. supérieur.
– – –, **higher** = harmonique *m*. supérieur.
– – –, **sub** = sous-harmonique *m*.
harness = harnais *m*. (Agr.).
– – –, **to** = capter, mettre en valeur, aménager, atteler (un cheval).
– – –, **double** = harnais *m.p.* d'attelage en couple.
– – –, **safety** = ceinture *f*. de sécurité (Auto.).
harnessing = aménagement *m*. (d'une chute d'eau), mise *f*. en oeuvre (d'une source d'énergie), captation *f*. (des forces hydrauliques).
harp, planer = montant-coulisse *m*. de raboteuse.
– – –, **trolley** = chape *f*. de trolley.
harrow = herse *f*. (Agr.).
– – –, **bush** = herse *f*. en fascines.
– – –, **chain** = herse *f*. à chaînons.
– – –, **disc** = pulvériseur *m*. à disques, scarificateur *m*.
– – –, **drill** = herse *f*. à semer.
– – –, **revolving** = herse *f*. roulante.
harvester = moissonneur *m*. (O.), moissonneuse *f*. (M.).
harvester-thresher = moissonneuse-batteuse *f*. (M.).
– – – –, **combine(d)** = moissonneuse-batteuse *f*. (M.).
– – – –, **self-propelled** = moissonneuse-batteuse *f*. automotrice (M.).
harvey, to = harveyer (l'acier).
hash = parasites *m.p.* (R.), signaux *m.p.* parasites (R.).
hasp = loquet *m*. (de porte), crochet *m.*, fermoir *m*. ou agrafe *f*. (d'un livre, d'un écrin), espagnolette *f*. (de porte-fenêtre).
– – –, **staple** = moraillon *m*. (pour cadenasser), espagnolette *f*. (de porte-fenêtre) (B.).
hatch = vanne *f*. d'écluse (H.), trappe *f*. (B.), hachure *f.*, opercule *m.*, écoutille *f*. (Mar.), guichet *m*. (de service) (B.).
– – –, **service** = passe-plat *m*. (B.).
– – –, **serving** = passe-plat *m*. (B.).
– – –, **to** = hachurer (un dessin).
hatchery = établissement *m*. de pisciculture.
hatchet = hachette *f.*, hachereau *m*.
– – –, **barrelling** = hachette *f*. de tonnelier, hachotte *f*.
– – –, **bricklayer's** = hachette *f*. de briqueteur, hachette *f*. à nettoyer les briques.
– – –, **camper's** = hachette *f*. de campement.
– – –, **claw** = hachette *f*. à panne fendue, hachotte *f*. de ménage.
– – –, **hammer-head** = hache *f*. à marteau.
– – –, **lathing** = hachotte *f.*, hachette *f*. de latteur.
– – –, **shingling** = hachette *f*. à bardeaux.
hatching = hachure *f*. (sur un dessin).

(head)

hatchway = écoutille *f.* (Mar.).
haul = parcours *m.*, transport *m.*, remorquage *m.*, traction *f.*, route *f.* (parcourue).
– – –, **free** = distance *f.* de transport comprise dans le prix du terrassement.
– – –, **long** = transport *m.* à grande distance.
– – –, **mean** = distance *f.* moyenne de transport.
– – –, **short** = transport *m.* sur de petits parcours.
– – –, **to** = haler, remorquer, traîner, transporter par camion, débarder.
– – –, **to** – – – **away** = évacuer.
haulage = halage *m.*, transport *m.*, traction *f.*, frais *m.p.* de transport.
– – –, **animal** = traction *f.* animale.
– – –, **cable, endless** = traction *f.* par câble sans fin.
– – –, **horse** = traction *f.* animale, roulage *m.* par chevaux.
– – –, **man** = traction *f.* à bras.
– – –, **mechanical** = roulage *m.* mécanique, traction *f.* mécanique.
– – –, **steam** = traction *f.* à vapeur.
– – –, **truck** = transport *m.* par camion.
haulaway = V. « carrier, car ».
haulier, road = transporteur *m.* routier (O.), camionneur *m.* (O.).
haul-up, log = transporteur *m.* à billes (Pap.).
haunch = rein *m.* ou aisselle *f.* (d'une voûte), renfort *m.* (B.).
– – –, **bevelled** = mordâne *m.*, renfort *m.* en chaperon.
haversack = havresac *m.*
hawk, plasterer's = taloche *f.*
hawksbill = pince *f.* à souder, tenaille *f.* à souder.
hawser = grelin *m.*, câble *m.* de remorque, aussière *f.*
hawthorn = aubépine *f.* (For.).
– – –, **black** = aubépine *f.* noire
– – –, **Columbia** = aubépine *f.* de la Colombie.
– – –, **round leaf** = aubépine *f.* à fruits jaunâtres.
hay = foin *m.* (Agr.).
– – –, **pressed** = foin *m.* en balles.
haycock = meule *f.* de foin (Agr.), meulon *m.* de foin (Agr.), veillotte *f.* (Agr.).
hayloft = fanil *m.*, grange *f.* à foin.
hayrick = meule *f.* de foin.
hazard = risque *m.*, péril *m.*
– – –, **fire** = risque *m.* d'incendie.
haze = brouillard *m.*, brume *f.* (Mar.).
H.D. = V. « duty, heavy ».
head = pression *f.* (en colonne d'eau), hauteur *f.* de chute (d'eau), hauteur *f.* de refoulement (H.), tête *f.* (de bétail, d'arbre, de laitue, d'un magnétophone), en-tête *m.* (de lettre), fer *m.* (d'une hache), mouton *m.* (de massette), couronne *f.* (de piquet), haut bout (de la table), chapiteau *m.* (de colonne), cuvette *f.* (de gouttière), haut *m.* (de l'escalier), source *f.* (d'un cours d'eau), chef *m.* (d'une entreprise, de service), boudin *m.* ou champignon *m.* (de rail), porte-outil *m.* (de raboteuse), pomme *f.* (de chou), pointe *f.* (d'asperge), épi *m.* (de blé), pied *m.* (de céleri).
– – –, **available** = hauteur *f.* de chute disponible (H.).
– – –, **axe** = fer *m.* de hache.
– – –, **axle** = portée *f.* de calage de l'essieu (Méc.).
– – –, **ball** = tête *f.* sphérique.
– – –, **ball-and-socket** = rotule *f.* du trépied, tête *f.* (de

trépied) à rotule.
– – –, **battered** = rivure *f.* écrasée.
– – –, **beetle** = mouton *m.* (C.).
– – –, **bending** = courbeur *m.* (pour le bois).
– – –, **bill** = en-tête *m.* de facture.
– – –, **body** = capote *f.* (Auto.).
– – –, **boiler** = fond *m.* de chaudière (Méc.).
– – –, **bolt** = tête *f.* de boulon.
– – –, **boring** = tête *f.* d'alésoir, noix *f.* d'alésoir, noix *f.* d'alésage.
– – –, **box** = sous-titre *m.* en retrait (Imp.), titre *m.* encadré (Imp.).
– – –, **brake** = porte-sabot *m.* (Méc.).
– – –, **cable** = tête *f.* de câble (Tp., C.), boîte *f.* d'extrémité (d'un câble) (E.).
– – –, **cam** = rebord *m.* saillant d'une came.
– – –, **capstan** = tourelle *f.* revolver (Méc.).
– – –, **cheese** = tête *f.* ronde.
– – –, **chimney** = hotte *f.* (B.), manteau *m.* de la cheminée (B.), couronne *f.* de cheminée (B.).
– – –, **clipping** = tête *f.* de tondeuse.
– – –, **combustion** = culasse *f.* (Méc.).
– – –, **conical** = tête *f.* conique.
– – –, **connecting-rod** = tête *f.* de bielle.
– – –, **countersunk** = tête *f.* fraisée.
– – –, **countersunk, oval** = tête *f.* fraisée ovale.
– – –, **crank** = tête *f.* de bielle.
– – –, **cross-** = tête *f.* de piston, crosse *f.* de piston, croisillon *m.*, traverse *f.*
– – –, **cross, forked** = crosse *f.* en fourche.
– – –, **cross, piston** = crosse *f.* de piston, té *m.* de piston.
– – –, **cutter** = cuiller *f.* (au bout de l'élingue) d'une drague suceuse, plateau *m.* porte-lames, tête *f.* porte-fraises, porte-lames *m.*
– – –, **cutter, revolving** = porte-foret *m.* revolver (Méc.).
– – –, **cutting** = graveur *m.* enregistreur (de disques).
– – –, **cutting, multiple** = tête *f.* à outils multiples.
– – –, **cylinder** = culasse *f.* (Auto.), couvercle *m.* de cylindre.
– – –, **cylinder, detachable** = culasse *f.* amovible (Auto.).
– – –, **cylinder, removable** = culasse *f.* rapportée (Auto.).
– – –, **cylinder, solid-cast** = culasse *f.* venue de fonte avec le cylindre.
– – –, **cylinder, turbulent** = culasse *f.* à turbulence.
– – –, **dead** = masselotte *f.*, contre-poupée *f.* (de tour).
– – –, **detachable** = (moteur *m.*) à culasse rapportée.
– – –, **discharge** = hauteur *f.* de refoulement (d'une pompe) (H.).
– – –, **discharge, dynamic** = charge *f.* dynamique de refoulement (H.).
– – –, **discharge, static** = charge *f.* statique de refoulement (H.).
– – –, **dividing** = poupée *f.* diviseur (Méc.), plateau *m.* diviseur (Méc.).
– – –, **dividing, miller** = poupée *f.* diviseur de la fraiseuse.
– – –, **dividing, universal** = poupée *f.* diviseur universelle.
– – –, **dog** = mordache *f.*

(head)

– – –, **drum** = fond *m.* du réservoir d'air (comprimé), moyeu *m.* de cabestan.

– – –, **dynamic, total** = hauteur *f.* de charge dynamique totale (H.).

– – –, **effective** = chute *f.* effective (H.), charge *f.* disponible (H.).

– – –, **elevation** = hauteur *f.* d'élévation (H.).

– – –, **engine** = culasse *f.* d'un moteur (Auto.).

– – –, **erase** = tête *f.* d'effacement (d'un magnétophone).

– – –, **face-plate** = poupée *f.* à plateau (Méc.).

– – –, **fillister** = tête *f.* cylindrique (de vis).

– – –, **fillister, oval** = tête *f.* cylindrique bombée.

– – –, **flat** = tête *f.* plate.

– – –, **fork** = articulation *f.* à fourche.

– – –, **friction** = perte *f.* de charge due au frottement (H.).

– – –, **grinding** = touret *m.* à meuler.

– – –, **hammer** = tête *f.* de marteau.

– – –, **hammer, hexagon** = marteau *m.* à tête à six pans.

– – –, **hexagonal** = tête *f.* hexagonale, tête *f.* à six pans.

– – –, **hydraulic** = pression *f.* en colonne d'eau.

– – –, **indexing** = poupée *f.* diviseur (Méc.).

– – –, **initial** = hauteur *f.* de charge initiale (H.).

– – –, **knurled** = tête *f.* moletée.

– – –, **lathe** = poupée *f.* de tour.

– – –, **letter** = en-tête *m.* de lettre.

– – –, **live** = poupée *f.* fixe (de tour).

– – –, **lost** = charge *f.* perdue (H.).

– – –, **low** = faible hauteur de charge (H.).

– – –, **manhole** = trappe *f.* de regard (S.).

– – –, **monitor** = tête *f.* (de lecture) de contrôle (d'un enregistrement).

– – –, **nail** = tête *f.* de clou.

– – –, **nozzle** = tête *f.* de gicleur.

– – – **of a column** = tête *f.* d'une colonne.

– – – **of a plane** = tête *f.* de rabot.

– – – **of a river** = source *f.* d'une rivière.

– – – **of a shaft** = gueule *f.* (ou bouche *f.*) d'un puits (de mine).

– – – **of a table** = haut bout d'une table.

– – – **of cheese** = meule *f.* de fromage.

– – – **of hammer** = tête *f.* de marteau, panne *f.* de marteau.

– – – **of jib** = tête *f.* de flèche.

– – – **of lower mast** = tête *f.* de bas mât (R.).

– – – **of steam** = volant *m.* de vapeur.

– – – **of water** = colonne *f.* d'eau (H.), hauteur *f.* d'eau (H.).

– – –, **offset** = tête *f.* excentrée.

– – –, **pan** = tête *f.* cylindrique (de rivet).

– – –, **pier** = musoir *m.* (H.), avant-bec *m.* (H.).

– – –, **piston** = tête *f.* du piston, haut *m.* du piston.

– – –, **pivoted** = tête *f.* pivotante.

– – –, **play-back** = tête *f.* de lecture.

– – –, **polishing** = polissoir *m.*, touret *m.* à polir.

– – –, **poppet** = poupée *f.* de tour, poupée *f.* mobile.

– – –, **pressure** = charge *f.* d'eau (H.), hauteur *f.* piézométrique (H.).

– – –, **pumping** = hauteur *f.* d'élévation d'eau.

– – –, **rail** = champignon *m.* de rail, boudin *m.* de rail.

– – –, **reading, tape** = tête *f.* de lecture de bande (Tg.).

(head)

– – –, **reamer** = tête *f.* d'alésoir.

– – –, **record(ing)** = tête *f.* enregistreuse (E.), tête *f.* d'enregistrement (E.).

– – –, **removable** = tête *f.* amovible.

– – –, **rivet** = tête *f.* de rivet.

– – –, **rivet, conical** = tête *f.* de rivet conique.

– – –, **rivet, cup-type** = tête *f.* de rivet saillante.

– – –, **rivet, flat** = tête *f.* de rivet plate.

– – –, **rivet, pan** = tête *f.* de rivet tronconique.

– – –, **rivet, pointed** = tête *f.* de rivet conique.

– – –, **rivet, round** = tête *f.* de rivet ronde.

– – –, **rivet, snapped** = tête *f.* de rivet en goutte-de-suif, tête *f.* de rivet bouterollée.

– – –, **rotating** = tête *f.* orientable, tête *f.* tournante.

– – –, **round** = tête *f.* ronde.

– – –, **screw** = tête *f.* de vis.

– – –, **screw, countersunk** = tête *f.* fraisée de vis.

– – –, **shifting** = poupée *f.* mobile (de tour).

– – –, **shower** = pomme *f.* de douche (B.).

– – –, **shut-off** = charge *f.* à débit nul (H.).

– – –, **snap** = bouterolle *f.*, turc *m.*

– – –, **socket** = tête *f.* creuse.

– – –, **spherical** = tête *f.* sphérique.

– – –, **sprinkler** = pomme *f.* d'arrosoir, tête *f.* d'extincteur automatique (B.).

– – –, **square** = tête *f.* carrée.

– – –, **square combination** = tête *f.* d'équerre à combinaison.

– – –, **stair** = haut *m.* d'escalier (B.), palier *m.* (B.).

– – –, **static** = hauteur *f.* de charge statique (H.).

– – –, **static, total** = hauteur *f.* de charge statique totale (H.).

– – –, **steady** = tête *f.* de fixage (d'un tour).

– – –, **suction** = hauteur *f.* d'aspiration (d'une pompe).

– – –, **suction, dynamic** = charge *f.* dynamique à l'entrée (H.).

– – –, **suction, static** = charge *f.* statique à l'entrée (H.).

– – –, **swivel** = tête *f.* pivotante, tête *f.* orientable.

– – –, **tar** = brosse *f.* à goudronner (I.).

– – –, **tilting** = tête *f.* oscillante, plate-forme *f.* à bascule (d'un trépied) (Phot.).

– – –, **tool** = tête *f.* porte-outil.

– – –, **total** = chute *f.* totale (d'une turbine).

– – –, **trolley** = tête *f.* de trolley (E.).

– – –, **truss** = tête *f.* goutte-de-suif.

– – –, **turret** = tourelle *f.* (d'une caméra) (Phot.).

– – –, **universal** = poupée *f.* universelle (Méc.).

– – –, **valve** = tête *f.* de soupape.

– – –, **velocity** = charge *f.* due à la vitesse ($V^2/2g$).

– – –, **winged** = tête *f.* à oreilles.

headache = soucis *m.*, ennui *m.*, tracas *m.*, embêtement *m.*, casse-tête *m.*, mal *m.* de tête.

headband = casque *m.* de serre-tête (téléphonique) (Tp.), tranchefile *f.* (Imp.).

headed = joint (adj.) par about (B.), abouté (adj.) (B.).

header = boutisse *f.* (B.), chapeau *m.* (de pilotis) (C.), collecteur *m.* (de chaudière) (Méc.), prise *f.* (Méc.), distributeur *m.* (Méc.).

– – –, **bed, drainage** = distributeur *m.* d'épandage (S.).

– – –, **bull** = boutisse *f.* arrondie (B.).

– – –, **door** = linteau *m.* de porte (B.).

– – –, **double** = solives *f.p.* d'enchevêtrure (B.).

(header)

– – –, **false** = fausse boutisse *f.* (dans l'appareil flamand) (B.).

– – –, **half-** = demi-boutisse *f.* (B.).

– – –, **floor** = chevêtre *m.* (B.), solive *f.* de pourtour (sur un mur de fondation) (B.).

– – –, **floor, double** = chevêtres *m.p.* jumelés (B.).

heading = en-tête *m.* (d'une lettre), rubrique *f.* (d'un article), écimage *m.* (des arbres), façonnement *m.* des têtes (de vis), chapeau *m.* (d'un rapport, d'un chapitre).

– – –, **chapter** = tête *f.* de chapitre (d'un livre).

– – –, **side** = sous-titre *m.* marginal.

headlamp = phare *m.* (Auto.), projecteur *m.*, V. « headlight » et « headlights ».

headless = sans tête.

headlight = phare *m.* (Auto.), projecteur *m.*, V. « headlamp » et « headlights ».

– – –, **dipping** = phare *m.* basculant (Auto.).

headlights, hidden = phares *m.p.* escamotables (Auto.).

headman = contremaître *m.* (O.), chef *m.* (O.).

head-phone = V. « phone, head ».

headquarters = siège social ou siège *m.* (d'une compagnie), quartier *m.* général ou état-major *m.* (de l'armée), administration *f.* centrale.

– – –, **general** = grand quartier général (des forces armées).

headrest = V. « rest, head ».

head-room = V. « room, head ».

headset = V. « set, head ».

headstock = poupée *f.* (d'un tour), porte-broche *m.* (Méc.), porte-outils *m.* (Méc.).

– – –, **fast** = poupée *f.* fixe.

– – –, **friction** = poupée *f.* à friction.

– – –, **grinding-machine** = poupée *f.* de rectifieuse.

– – –, **lathe** = poupée *f.* fixe de tour.

– – –, **loose** = poupée *f.* mobile.

– – –, **movable** = poupée *f.* mobile.

– – –, **sliding** = poupée *f.* mobile.

– – –, **stationary** = poupée *f.* fixe.

headstone = clé *f.* de voûte (B.).

health = santé *f.*

healthful = (air *m.*) salubre (adj.), (remède *m.*) salutaire (adj.).

heap = tas *m.*, amoncellement *m.*

– – –, **muck** = tas *m.* d'ordures.

– – –, **sand** = tas *m.* de sable.

– – –, **scrap** = tas *m.* de ferraille.

– – –, **spoil** = amas *m* de déblais, cavalier *m.* de déblais, terril *m.* (Mi.).

– – –, **to** = amonceler, entasser.

heaped = amoncelé (adj.), en tas.

hearing = audition *f.* (d'un son, d'un artiste), audience *f.* (d'un tribunal).

– – –, **public** = audience *f.* publique, audition *f.* publique.

hearse = corbillard *m.*

heart = coeur *m.* (d'un arbre), came *f.* en (forme de) coeur, noyau *m.*

hearth = foyer *m.*, four *m.* (Mét.), âtre *m.*, creuset *m.* (de haut fourneau).

– – –, **back** = arrière-âtre *m.* (B.).

– – –, **forge** = feu *m.* de forge.

– – –, **front** = âtre-avant *m.* (B.).

(hearth)

– – –, **open** = four *m.* sur sole.

– – –, **rivet** = four *m.* à chauffer les rivets.

hearthstone = sous-âtre *m.* (B.), pierre *f.* de la cheminée (B.).

heat = chaleur *f.*

– – –, **annealing** = température *f.* de recuit.

– – –, **boiling** = température *f.* d'ébullition.

– – –, **exhaust** = chaleur *f.* d'échappement.

– – –, **friction** = chaleur *f.* de frottement.

– – –, **latent** = chaleur *f.* latente.

– – – **of combustion** = chaleur *f.* de combustion.

– – – **of fusion** = chaleur *f.* de fusion.

– – – **of radiation** = chaleur *f.* de rayonnement.

– – – **of reaction** = chaleur *f.* de réaction (Chim.).

– – – **of solution** = chaleur *f.* de dissolution (Chim.).

– – – **of vaporization** = chaleur *f.* de vaporisation.

– – –, **radiant** = chaleur *f.* rayonnante, chaleur *f.* radiante.

– – –, **red** = chaude *f.* rouge (Mét.).

– – –, **red, bright** = chaude *f.* rouge cerise clair (Mét.).

– – –, **red, cherry** = chaude *f.* au rouge cerise (Mét.).

– – –, **red, dark** = chaude *f.* au rouge sombre.

– – –, **sparkling** = chaleur *f.* suante.

– – –, **specific** = chaleur *f.* spécifique.

– – –, **steam** = chaleur *f.* obtenue (par condensation) de la vapeur.

– – –, **to** = chauffer, réchauffer (le carburateur).

– – –, **to** – – – **the motor** = réchauffer le moteur (Auto.).

– – –, **welding** = chaleur *f.* soudante.

– – –, **white** = chaleur *f.* d'incandescence.

heated, directly = à chauffage direct.

– – –, **gas** = chauffé au gaz.

– – –, **indirectly** = à chauffage indirect.

– – –, **ionic** = à chauffage (par bombardement) ionique (E.).

heater = radiateur *m.*, réchaud *m.*, chaufferette *f.*, filament *m.* de chauffage (d'une lampe de radio), dispositif *m.* de chauffage, poêle *m.*, réchauffeur *m.* (carburateur).

– – –, **air** = calorifère *m.* à air chaud, réchauffeur *m.* d'air.

– – –, **base-board** = plinthe *f.* chauffante (B.).

– – –, **bath** = chauffe-bain *m.*

– – –, **block** = chauffe-bloc *m.* (Auto.).

– – –, **car** = chaufferette *f.* (pour automobile).

– – –, **cast-iron** = poêle *m.* à combustion vive.

– – –, **cathode** = tube *m.* à chauffage indirect (R.), filament *m.* chauffant (R.).

– – –, **coal** = poêle *m.* à charbon.

– – –, **coal-oil** = poêle *m.* à pétrole.

– – –, **dish** = chauffe-plats *m.* (Ust.).

– – –, **electric** = radiateur *m.* électrique parabolique, chaufferette *f.* électrique, radiateur *m.* électrique.

– – –, **electric, portable** = chaufferette *f.* électrique portative, radiateur *m.* électrique portatif.

– – –, **electric, three-speed** = radiateur *m.* électrique à trois allures de chauffage.

– – –, **extraction** = réchauffeur *m.* par soutirage (de la vapeur).

– – –, **fan** = chaufferette *f.* avec ventilateur.

– – –, **fuel** = réchauffeur *m.* de combustible.

– – –, **gas** = fourneau *m.* à gaz.

(heater)

– – –, **gasolene** = chaufferette *f.* à essence.
– – –, **immersion** = thermoplongeur *m.* (E.).
– – –, **immersion, electric** = thermoplongeur *m.* (E.).
– – –, **jacket** = chauffe-eau *m.* à chemise.
– – –, **kerosene** = chaufferette *f.* au kérosène, chaufferette *f.* à kérosine.
– – –, **oil** = réchauffeur *m.* à huile (Méc.), chaufferette à l'huile (c.-à-d. appareil pour chauffer une demeure) (B.).
– – –, **radiant** = radiateur *m.* de chauffage.
– – –, **rivet** = four *m.* à chauffer les rivets.
– – –, **soldering-iron** = réchaud *m.* à souder.
– – –, **space** = chaufferette *f.* (à l'huile, au gaz).
– – –, **space, oil** = chaufferette *f.* à l'huile (B.).
– – –, **space, unvented** = radiateur *m.* sans dégagement (B.).
– – –, **unit** = réchauffeur *m.* d'air, chaufferette *f.*, radiateur *m.*
– – –, **water** = chauffe-eau *m.*, chauffe-bain *m.*
– – –, **water, bath** = chauffe-bain *m.*
– – –, **water, cast-iron** = chauffe-eau *m.* en fonte.
– – –, **water, circulation type** = réchauffeur *m.*
– – –, **water, electric** = chauffe-eau *m.* électrique.
– – –, **water, feed** = réchauffeur *m.* d'eau d'alimentation, économiseur *m.*
– – –, **water, gas** = chauffe-eau *m.* à gaz.
– – –, **water, hot-** = chaufferette *f.* à eau chaude.
– – –, **water, storage** = chauffe-eau *m.* à accumulation.
heating = chauffage *m.* (d'une maison), échauffement *m.* (des coussinets), chauffe *f.* ou chauffage *m.* (d'une chaudière), V. « system, heating ».
– – –, **air** = chauffage *m.* à l'air.
– – –, **battery** = chauffage *m.* par batterie (E.).
– – –, **between-season** = chauffage *m.* de demi-saison (B.).
– – – **by convection** = chauffage *m.* par convection.
– – –, **ceiling** = chauffage *m.* par le plafond.
– – –, **central** = chauffage *m.* central.
– – –, **continuous** = chauffage *m.* continu.
– – –, **electric** = chauffage *m.* électrique.
– – –, **floor** = chauffage *m.* par le plancher.
– – –, **forced air** = chauffage *m.* par air pulsé (B.).
– – –, **gas** = chauffage *m.* au gaz.
– – –, **hot-air** = chauffage *m.* à l'air chaud, chauffage *m.* par l'air chaud.
– – –, **hot-air, forced** = chauffage *m.* par soufflage d'air chaud, chauffage *m.* à air chaud forcé.
– – –, **hot-blast** = chauffage *m.* par soufflage d'air chaud.
– – –, **hot-water** = chauffage *m.* à l'eau chaude.
– – –, **immersion** = chauffage *m.* par immersion.
– – –, **independent** = chauffage *m.* divisé, chauffage *m.* indépendant.
– – –, **indirect** = chauffage *m.* indirect.
– – –, **intermittent** = chauffage *m.* intermittent.
– – – **of fresh air** = chauffage *m.* de l'air extérieur (Auto.).
– – – **of the tool** = échauffement *m.* de l'outil.
– – –, **oil** = chauffage *m.* au mazout.
– – –, **panel** = chauffage *m.* par panneaux rayonnants.
– – –, **radiant** = chauffage *m.* par rayonnement.
– – –, **radiation, baseboard** = chauffage *m.* par les plinthes (c.-à-d. des tuyaux à ailettes placés en plin-

(heating)

the).
– – –, **radiation, floor** = chauffage *m.* par le plancher.
– – –, **resistance** = chauffage *m.* par résistance.
– – –, **spring and fall** = chauffage *m.* de demi-saison (B.).
– – –, **steam** = chauffage *m.* à la vapeur.
– – –, **supplementary** = chauffage *m.* d'appoint.
– – –, **warm-air** = V. « heating, hot-air ».
heave = soulèvement *m.*, gonflement *m.*
– – –, **frost** = gonflement *m.* (de la chaussée) dû au gel, dégats *m.p.* de dégel.
heaver = levier *m.* de manoeuvre (I.).
hectare = hectare *m.* (= 100 ares; 10 000 mètres carrés),
hectogram(me) = hectogramme *m.* (= 100 grammes; 3,527 onces avoirdupois), hg *m.*
hectolitre (or **hectoliter**) = hectolitre *m.* (= 100 litres; 2,7497 boisseaux), hl *m.*
hectometre (or **hectometer**) = hectomètre *m.* (= 100 mètres; 328,08 pieds), hm *m.*
hectowatt = hectowatt *m.* (= 100 watts) (E.), hW *m.*
– – – **-hour** = hectowattheure *m.* (= 36 × 10¹¹ ergs; 360 000 joules; 36,710 kilogrammètres), hWh *m.*
heel = talon *m.* (d'une lime, d'une pince), épaulement *m.* (C.), pied *m.* arrière (d'un mur de soutènement), pied *m.* (d'un chevron, d'un poteau), talonnette *f.* (de souliers, de bas), gros bout *m.* (d'un poteau), pied *m.* ou caisse *f.* (d'un mât), bout *m.* (d'un pain, d'un jambon).
– – – **and-toe** = manoeuvre *f.* talon-pointe (Auto.).
– – –, **cam** = talon *m.* de came (Méc.).
– – –, **rubber** = talonnette *f.* en caoutchouc, talon *m.* en caoutchouc.
– – –, **to** = pencher sur le côté (H.), s'incliner (H.).
– – –, **tool** = talon *m.* d'un outil.
height = hauteur *f.*, élévation *f.*
– – – **above ground** = hauteur *f.* hors sol (d'un poteau téléphonique), hauteur *f.* au-dessus du sol.
– – – **above rails** = hauteur *f.* au-dessus des rails.
– – – **above sea level** = hauteur *f.* au-dessus du niveau de la mer.
– – –, **aerial, effective** = hauteur *f.* effective d'une antenne (R.).
– – – **at crown** = hauteur *f.* sous clé (S.).
– – – **between floors** = hauteur *f.* d'étage (B.).
– – –, **boom** = hauteur *f.* de flèche (C.).
– – –, **crest** = hauteur *f.* du seuil (H.).
– – –, **discharge** = hauteur *f.* d'écoulement (H.).
– – –, **dumping** = hauteur *f.* de déversement (C.).
– – –, **dumping, free** = hauteur *f.* libre de déversement (C.).
– – –, **effective** = hauteur *f.* effective (d'une antenne) (R.), hauteur *f.* de rayonnement (d'une antenne) (R.).
– – –, **jib** = hauteur *f.* de flèche (C.).
– – –, **layer** = hauteur *f.* d'une couche (R.).
– – –, **metacentric** = hauteur *f.* du métacentre (Mar.).
– – – **of arc** = flèche *f.* de l'arc (C.).
– – – **of building** = hauteur *f.* d'un bâtiment (B.).
– – – **of camber** = hauteur *f.* de flèche (C.).
– – – **of cut** = hauteur *f.* du front d'attaque (Méc.).
– – – **of embankment** = hauteur *f.* de remblai (C.).
– – – **of fall** = hauteur *f.* de chute (C., H.).

(height)

- - - **of lands** = partage *m*. des eaux, ligne *f*. de partage des eaux.
- - - **of room** = hauteur *f*. d'une pièce (B.).
- - - **of suction** = hauteur *f*. d'aspiration (d'une pompe).
- - - **of type face** = force *f*. de corps (Imp.).
- - - **of water** = niveau *m*. de l'eau, hauteur *f*. de l'eau.
- - -, **overall** = hauteur *f*. hors tout.
- - -, **radiation** = hauteur *f*. de rayonnement (R.).
hektogram = V. « hectogramme ».
helical = (engrenage *m*.) hélicoïdal (adj.), (ressort *m*.) en spirale.
helicoid = hélicoïde *f*.
helix = spire *f*. (de bobine), hélice *f*.
helmet = casque *m*.
- - -, **crash** = casque *m*. protecteur.
- - -, **fireman's** = casque *m*. de pompier.
- - -, **gas** = masque *m*. à gaz, casque *m*. respiratoire.
- - -, **smoke** = casque *m*. respiratoire.
- - -, **sun** = casque *m*. colonial.
- - -, **welding** = masque de soudeur.
help = aide *f*., assistance *f*., domestique *m*. (ou *f*.) (O.).
- - -, **temporary** = personnel *m*. d'appoint.
helper = aide *m*. (O.), manoeuvre *m*. (O.).
- - -, **mechanic's** = aide-mécanicien *m*. (O.).
- - -, **splicer's** = aide-épisseur *m*. (O.).
helve = manche *m*. (d'un outil).
- - -, **to** = emmancher.
hemlock = pruche *f*. (For.).
- - -, **Eastern** = pruche *f*. de l'Est.
- - -, **mountain** = tsuga *m*. de Patton.
- - -, **Western** = pruche *f*. de l'Ouest.
hemp = chanvre *m*.
- - -, **manilla** = chanvre *m*. de manille.
- - -, **sisal** = sisal *m*.
henry = henry *m*. (c.-à-d. unité *f*. d'inductance électrique) (E.), H *m*..
heptode = heptode *f*. (R.).
hermetic = hermétique (adj.).
Hertz = hertz *m*. (c.-à-d. unité de fréquence = un cycle par seconde) (E.), Hz *m*. (E.).
hertzian = hertzien (adj.) (R.), de Hertz (R.).
heterodyne = (oscillateur) hétérodyne *m*. (R.), hétérodyne (adj.) (R.).
- - -, **self-** = autodyne (adj.) (R.).
- - -, **super-** = superhétérodyne *m*. (R.).
- - -, **to** = hétérodyner (R.).
heterogeneous = hétérogène (adj.), disparate (adj.).
heteropolar = hétéropolaire (adj.) (R.), à pôles alternés (R.).
hew, to = tailler ou équarrir (une pierre, un tronc d'arbre).
- - -, **to** - - - **down** = abattre (un arbre).
hewn = (bois *m*.) équarri à la hache, (bois *m*.) dressé à l'herminette.
hexagon = à six pans.
hexagonal = hexagonal (adj.), à six pans.
HF = V. « frequency, high ».
hichair = chaise *f*. élevée (pour l'armature d'une poutre) (B.).
hickory = noyer *m*. (For.).
- - -, **bitternut** = noyer *m*. cordiforme.
- - -, **mockernut** = noyer *m*. tomenteux.

(hickory)

- - -, **pignut** = noyer *m*. glabre.
- - -, **red, roundnut** = noyer *m*. à feuilles glanduleuses.
- - -, **shagbark** = noyer *m*. à fruits doux.
- - -, **shagbark, ashleaf** = noyer *m*. à feuilles de frêne.
- - -, **shellbark** = noyer *m*. à folioles denticulées.
hide = peau *f*., cuir *m*.
- - -, **raw** = peau *f*. brute (Agr.).
hi-fi = V. « fidelity, high ».
high, frame = au niveau (de la partie supérieure) du cadre (B.).
highlight = clou *m*. (d'une fête), point *m*. saillant ou point *m*. capital (d'un discours).
highway = grand-route *f*., voie *f*. routière, chemin *m*. de grande communication, V. « road ».
- - -, **divided** = route *f*. à deux voies séparées.
- - -, **dual** = route *f*. à chaussées séparées, route *f*. jumelée.
- - -, **dual lane** = route *f*. à chaussées séparées, route *f*. jumelée.
- - -, **elevated** = route *f*. surélevée.
- - -, **express** = autoroute *f*., route *f*. de grande communication, V. « road ».
- - -, **four-lane** = route *f*. à quatre voies de circulation.
- - -, **limited access** = autoroute *f*.
- - -, **super** = autoroute *f*.
- - -, **toll** = route *f*. à péage.
- - -, **Trans-Canada** = la (route *f*.) transcanadienne *f*.
hike = excursion *f*. à pied.
- - -, **hitch** = V. « hitch-hike ».
hill = côte *f*., montée *f*., rampe *f*., colline *f*., coteau *m*.
- - -, **down** = en descendant.
hinge = gond *m*. (de lourde porte), charnière *f*. (de porte de faible poids), fiche *f*., penture *f*. (d'un gouvernail, d'un volet, d'un bahut), articulation *f*.
- - - **and pin** = charnière *f*. et pivot, gond *m*.
- - -, **ball-joint** = charnière *f*. à rotule.
- - -, **boom** = articulation *f*. de flèche (C.).
- - -, **box** = penture *f*. de coffre.
- - -, **butt** = charnière *f*. de porte, penture *f*.
- - -, **butt, knuckle, ball-bearing** = paumelle *f*. à billes.
- - -, **cabinet** = charnière *f*. à meubles.
- - -, **cloth** = mors *m*. en toile (Imp.)
- - -, **crown** = articulation *f*. à la clé.
- - -, **door** = penture *f*. de porte, paumelle *f*., charnière *f*. de porte.
- - -, **door, spring** = charnière *f*. à ressort.
- - -, **double-action** = charnière *f*. à double effet.
- - -, **fast-pin, butt** = charnière *f*. à fiche rivée.
- - -, **female** = patte *f*. femelle de charnière.
- - -, **flap** = patte *f*. de charnière.
- - -, **flap, back** = charnière *f*. à pattes.
- - -, **gate** = charnière *f*. à barrière.
- - -, **gemel** = gond *m*. à piton.
- - -, **H** = paumelle *f*. double.
- - -, **invisible** = charnière *f*. dissimulée.
- - -, **jib** = articulation *f*. de flèche (C.).
- - -, **loose-butt** = fiche *f*. à vase.
- - -, **loose-pin** = charnière *f*. à fiche mobile.
- - -, **male** = patte *f*. mâle de charnière.
- - -, **offset** = charnière *f*. coudée.
- - -, **parliament** = charnière *f*. à ressaut.
- - -, **pin** = charnière *f*. à fiche, paumelle *f*.
- - -, **pivot** = charnière *f*. (escamotée) à pivot.

(hinge)

– – –, **rising** = charnière *f.* à soulèvement.

– – –, **screw-hook** = penture *f.* à gond.

– – –, **shutter** = charnière *f.* de volet, charnière *f.* de contrevent.

– – –, **spring, double-action** = charnière *f.* à ressort double action.

– – –, **spring, pivot, double-action** = pivot *m.* à ressort double action (d'une porte).

– – –, **spring, single-action** = charnière *f.* à ressort simple action.

– – –, **strap** = penture *f.*

– – –, **T** = Té *m.* à charnière, penture *f.* en T.

– – –, **table** = charnière *f.* d'abattant.

hinged = à charnière, à rabattement.

– – – **by** = articulé par.

hip = chevron *m.* d'arête (B.), arête *f.* (B.), arêtier *m.* (B.), (toit *m.* en) croupe *f.* (B.).

– – –, **roof** = arête *f.* de toit (B.).

hiring = embauchage *m.* (de la main-d'oeuvre), louage *m.* (d'une automobile).

– – –, **direct** = recrutement *m.* (d'ouvriers), engagement *m.* (de personnel de cadre).

hissing = sifflement *m.*, chuintement *m.*, bruissement *m.* (d'une lampe à arc), souffle *m.* (R.).

hit and run = délit *m.* de fuite (Auto.).

hit, to = heurter (une voiture, un poteau) (Auto.), heurter (ou donner) contre (quelque chose).

hitch = noeud *m.*, attache *f.*, attelage *m.*, crochet *m.* d'attelage, amarrage *m.* (Mar.), anicroche *f.*, accrochage *m.* (Mar.).

– – –, **four-pulley** = attelage *m.* à poulies pour quatre chevaux.

– – –, **half** = noeud *m.* demi-clé.

– – –, **rope, swivel** = émerillon *m.* à câble, crochet *m.* à émerillon pour câble.

– – –, **timber** = noeud *m.* de bois.

– – –, **to** = atteler (des chevaux), accrocher (un wagon), attacher (son cheval à un poteau), amarrer (une embarcation au quai).

– – –, **trailer** = attelage *m.* de remorque.

hitch-hike, to = faire de l'auto-stop (France), faire du pouce (Canada).

hitch-hiker = autostoppeur *m.* (O.).

hitch-hiking = autostop *m.*, faire du pouce (Canada).

hoarding = palissade *f.* (de chantier) (B., C.).

hob = fraise-mère *f.* (Méc.), taraud-mère *m.* (Méc.).

– – –, **gear** = fraise-mère *f.*

– – –, **screw-die** = taraud-mère *m.*

– – –, **spur-gear** = fraise-mère *f.* pour roues cylindriques.

– – –, **worm-gear** = fraise-mère *f.* pour roues de vis sans fin.

hobble = abot *m.* (Agr.).

hobbles, cow = abots *m.p.* à vache.

– – –, **horse** = abots *m.p.* à cheval.

hobby = violon *m.* d'Ingres, passe-temps *m.* favori, marotte *f.*

hobnail = caboche *f.* à chaussure.

hod = oiseau *m.* (B.), auge *f.* (B.), hotte *f.* de maçon (B.).

– – –, **bricklayer's** = oiseau *m.*, auge *f.*, hotte *f.* de maçon.

– – –, **coal** = seau *m.* à charbon.

hoe = houe *f.*, binette *f.*, raclette *f.*

– – – **and fork, combined** = serfouette *f.* dite « Piochon », serfouette *f.*

– – –, **back** = pelle *f.* mécanique à godet retourné (pour faire des tranchées), pelle *f.* rétrocaveuse (M.).

– – –, **Canterbury** = croc *m.* à pommes de terre.

– – –, **Dutch** = ratissoire *f.* ou ratissoir *m.*

– – –, **garden** = binette *f.* de jardinier, houe *f.*

– – –, **grub** = houe *f.*

– – –, **grubbing** = hoyau *m.*, pioche *f.* à défricher.

– – –, **miner's** = sape *f.*

– – –, **mortar** = binette *f.* à mortier.

– – –, **scuffle** = ratissoire *f.*

– – –, **trench** = pelle *f.* mécanique à godet retourné (pour faire des tranchées), pelle *f.* de tranchées, pelle *f.* rétrocaveuse pour tranchées.

– – –, **weeding** = sarcloir *m.*, échardonnet *m.*

hog = porc *m.*, cochon *m.*

– – –, **mud** = pompe *f.* à boue.

hoghorn = cornet *m.* parabolique (R.).

hogshead = tonneau *m.*, barrique *f.* (= 8,4219 pi³; 0,23848 m³; 52,4585 gallons; 63 gallons américains; 238,4727 litres).

hoist = appareil *m.* de levage, palan *m.*, treuil *m.*, grue *f.*, monte-charge *m.*

– – –, **air** = treuil *m.* à air comprimé.

– – –, **air, compressed** = treuil *m.* à air comprimé.

– – –, **chain** = treuil *m.* à chaîne, palan *m.* à chaîne.

– – –, **differential** = palan *m.* différentiel.

– – –, **dump body** = vérin *m.* hydraulique de benne (de camion).

– – –, **electric** = treuil *m.* électrique.

– – –, **gate** = appareil *m.* de levage de la vanne (H.).

– – –, **gin** = chèvre *f.*

– – –, **hydraulic** = treuil *m.* hydraulique, vérin *m.* hydraulique (de benne de camion).

– – –, **pneumatic** = treuil *m.* à air comprimé.

– – –, **portable** = chèvre *f.*

– – –, **sack** = monte-sac *m.*

– – –, **screw** = palan *m.* à vis sans fin.

– – –, **single-drum** = treuil *m.* à un (seul) tambour.

– – –, **steam** = treuil *m.* à vapeur.

– – –, **to** = hisser, guinder, lever.

– – –, **two-drum** = treuil *m.* à deux tambours.

– – –, **wall** = treuil *m.* d'applique.

hoisting = hissage *m.*, levage *m.*

hold = prise *f.*, fiche *f.* (d'un pieu), poignée *f.*, bouton *m.* de garde (Tp.).

– – –, **horizontal** = réglage *m.* de stabilité horizontale (Tv.).

– – –, **line** = mise *f.* en garde (Tp.).

– – –, **ship's** = cale *f.* (d'un navire).

– – –, **to** – – – **the line** = demeurer à l'écoute (Tp.), ne pas quitter (Tp.), rester à l'écoute (Tp.).

– – – **up** = charge *f.* en oeuvre (c.-à-d. dans une installation de traitement) (S.), charge *f.* circulante (dans les laveries de minerai) (Mi.).

holdback = retenue *f.* (sur un paiement), obstacle *m.*, empêchement *m.*

holder = support *m.* (de lampe), monture *f.* (d'un brillant), collier *m.* (de suspension) (S.), poignée *f.* (de fer à repasser), récipient *m.*, titulaire *m.* (d'un poste), propriétaire *m.* (d'une terre), concessionnaire *m.*

(holder)

(d'un brevet).
- – –, **air** = réservoir *m.* à air.
- – –, **belt** = porte-timbre *m.*
- – –, **bit** = porte-foret *m.*
- – –, **blade** = porte-scie *m.*
- – –, **blade, saw** = agrafe *f.* de scie, porte-scie *m.*
- – –, **boiler** = berceau *m.* de la chaudière (Méc.), supports *m.p.* d'une chaudière (Méc.).
- – –, **brake-block** = porte-sabots *m.* de frein (Méc.).
- – –, **brush** = porte-balais *m.* (E.).
- – –, **bulb** = porte-lampe *m.* (E.).
- – –, **carbon** = porte-charbon *m.* (E.)
- – –, **casement** = entrebâillement *m.* de fenêtre.
- – –, **cigarette** = fume-cigarette *m.*
- – –, **coil** = support *m.* de bobine (E.).
- – –, **copy** = porte-copie *m.* (de machine à écrire), teneur *m.* de copie ou lecteur *m.* (O.) (Imp.).
- – –, **crystal** = support *m.* de cristal (R.).
- – –, **cutter** = porte-couteau *m.*, porte-fraise *m.*
- – –, **die** = porte-matrice *m.* (Méc.), porte-filière *m.* (Méc.).
- – –, **door** = cale-porte *m.* (B.).
- – –, **drill** = porte-foret *m.*
- – –, **egg** = oeufrier *m.* (Ust.).
- – –, **egg, china** = oeufrier *m.* en faïence (Ust.).
- – –, **egg, wire** = oeufrier *m.* en fil de fer (Ust.).
- – –, **electrode** = porte-électrode *m.* (E.).
- – –, **file** = porte-lime *m.*
- – –, **flank** = serre-tôles *m.*, presse-flancs *m.* (dans une presse).
- – –, **fuse** = porte-fusibles *m.* (E.).
- – –, **gas** = gazomètre *m.*
- – –, **hill** = encliquetage *m.* antirecul (Auto.).
- – –, **jaw** = porte-mâchoire *m.* (Méc.).
- – –, **key** = douille *f.* à clé.
- – –, **label, luggage** = porte-étiquette *m.*
- – –, **lamp** = support *m.* de lampe, douille *f.* de lampe.
- – –, **lens** = porte-objectif *m.* (Phot.).
- – –, **matrix** = porte-matrice *m.* (Méc.).
- – –, **needle** = porte-aiguille *m.*
- – –, **of a licence** = titulaire *m.* d'une licence (O.).
- – –, **oil** = bidon *m.* à huile.
- – –, **paper, toilet** = porte-papier *m.* hygiénique (S.), porte-papier *m.* de toilette (S.).
- – –, **punch** = poinçon *m.*
- – –, **sash** = arrêt *m.* de châssis (B.).
- – –, **screw** = griffes *f.p.* de retenue (d'une lame de tournevis).
- – –, **sheave** = chaumard *m.* (Mar.).
- – –, **shutter** = arrêt *m.* de contrevent.
- – –, **soap** = porte-savon *m.* (Ust.).
- – –, **tap** = porte-taraud *m.* (Méc.).
- – –, **tap, ratchet** = porte-taraud *m.* à rochet (Méc.).
- – –, **taper-shank, universal** = mandrin *m.* universel pour cônes.
- – –, **tool** = porte-outil *m.*, chariot *m.*
- – –, **tool, boring** = porte-outil *m.* à aléser.
- – –, **tool, combination** = porte-outil *m.* combiné.
- – –, **tool, diamond** = porte-diamant *m.*
- – –, **tool, right-hand** = porte-outil *m.* à droite.
- – –, **tumbler** = porte-verre *m.* (Ust.).
- – –, **universal** = mandrin *m.* universel.
- – –, **valve** = douille *f.* de lampe (E.), support *m.* de

(holder)

lampe (E.), porte-valve *m.* (Méc.).
- – –, **wick** = lamperon *m.*, porte-mèche *m.*
holderbat = collier *m.* de serrage (d'un tuyau de descente) (B.).
holdfast = serre-joints *m.*, valet *m.* d'établi, pélican *m.*
- – –, **bench** = valet *m.* d'établi.
hole = trou *m.*, orifice *m.*, creux *m.*, fosse *f.*
- – –, **air** = évent *m.*, prise *f.* d'air, reniflard *m.*, purge *f.* d'air, aspirail *m.*, trou *m.* d'aspiration, soufflure *f.* (de fonte).
- – –, **air-bleed** = orifice *m.* de prise d'air, aspirail *m.*
- – –, **air escape** = évent *m.* (B., C.), purge *f.* d'air (Méc.).
- – –, **axe** = oeil *m.* de la hache.
- – –, **blast** = trou *m.* de mine, trou *m.* d'aspiration.
- – –, **blind** = trou *m.* borgne.
- – –, **blow** = ventilateur *m.* (Méc.), soufflure *f.* (dans la fonte).
- – –, **bolt** = trou *m.* d'un boulon, logement *m.* pour passage de boulon.
- – –, **bolt, fish-plate** = trou *m.* de boulon d'éclisse (Ch.d.f.).
- – –, **bore** = trou *m.* de sondage.
- – –, **bored** = trou *m.* foré, trou *m.* percé, trou *m.* alésé.
- – –, **breathing** = soupirail *m.* (Méc.).
- – –, **calibrated** = trou *m.* calibré.
- – –, **capstan-bar** = mortaise *f.* du cabestan.
- – –, **casting** = soufflure *f.* (dans la fonte), jet *m.* de coulée (Mét.).
- – –, **charging** = orifice *m.* (ou bouche *f.*) de chargement (d'un four) (Mét.).
- – –, **clearance** = trou *m.* de débourrage (d'une poinçonneuse).
- – –, **clearing** = trou *m.* percé à dimensions.
- – –, **clinker** = orifice *m.* de décrassage.
- – –, **cotter** = trou *m.* de goupille.
- – –, **countersink** = fraisure *f.* (d'un trou), noyure *f.* (pour tête de vis).
- – –, **cubby** = vide-poches *m.* (Auto.), placard *m.* (B.), cachette *f.* (B.).
- – –, **discharge** = dégorgeoir *m.* (S.).
- – –, **dovetail** = entaille *f.* d'aronde.
- – –, **dowel-pin** = trou *m.* de goujon.
- – –, **draught** = aspirail *m.* (Méc.), regard *m.* (Méc.).
- – –, **draw** = orifice *m.* de tréfilage (Mét.).
- – –, **drift** = rainure *f.* pour chasse-clavette.
- – –, **drill** = sondage *m.*, trou *m.* de mine, trou *m.* de sondage.
- – –, **drilled** = trou *m.* percé.
- – –, **feed** = trou *m.* de remplissage.
- – –, **feeding, cable** = (trou *m.* pour) passage *m.* de câble (Tp.).
- – –, **filling** = trou *m.* de remplissage.
- – –, **fire** = gueule *f.* (d'un foyer, d'un fourneau).
- – –, **floss** = trou *m.* à laitier (Mét.).
- – –, **frost** = ventre *m.* (ou panse *f.*) de boeuf (dans une chaussée) (Canada), fondrière *f.* (France).
- – –, **grout** = trou *m.* d'injection (C.).
- – –, **gully** = bouche *f.* d'égout (S.).
- – –, **hand** = trou *m.* de bras, trou *m.* de visite (d'une chaudière), regard *m.*
- – –, **hardie** = trou *m.* carré d'enclume.

(hole)

– – –, **hinge** = trou *m.* d'articulation.
– – –, **inspection** = regard *m.*, ouverture *f.* de visite.
– – –, **key** = logement *m.* d'une clé, entrée *f.*, logement *m.* d'une clavette, trou *m.* de serrure.
– – –, **lamp** = trou *m.* d'éclairage, trou *m.* de lampe.
– – –, **loop** = échappatoire *f.*
– – –, **man** = V. « manhole ».
– – –, **mud** = trou *m.* de nettoyage, trou *m.* de visite.
– – –, **nail** = onglet *m.* (d'une lame de canif).
– – –, **nave** = emboîture *f.* du moyeu.
– – –, **notched** = perforation *f.* à encoche (dans une feuille de papier).
– – –, **oil** = trou *m.* de graissage, lumière *f.* de graissage.
– – –, **open** = trou *m.* découvert (C.), découvert *m.* (C.), trou *m.* non tubé (Mi.).
– – –, **peep** = fenêtrelle *f.*, trou *m.* de regard, regard *m.* d'inspection, judas *m.* (d'une porte), oeilleton *m.* (d'une hausse).
– – –, **peg** = mortaise *f.*
– – –, **pigeon** = casier *m.*, case *f.*
– – –, **pilot** = trou *m.* de guidage.
– – –, **pin** = trou *m.* de cheville, piqûre *f.* ou trou *m.* d'épingle (dans le papier) (Pap.).
– – –, **plane** = lumière *f.* de rabot.
– – –, **plane-iron** = lumière *f.* de rabot.
– – –, **plug** = bonde *f.*, trou *m.* d'écoulement.
– – –, **pole** = fouille *f.* (pour implantation de poteau), trou *m.*, fouille *f.* pour poteau.
– – –, **port** = V. « port ».
– – –, **pot** = nid *m.* de poule (dans une chaussée).
– – –, **rivet** = logement *m.* de rivet, trou *m.* de rivet.
– – –, **scumming** = chio *m.* de décrassage.
– – –, **sheave** = mortaise *f.*, clan *m.* (Mar.).
– – –, **sight** = regard *m.*, fenêtrelle *f.*
– – –, **sink** = renvoi *m.* d'eau (S.), puisard *m.* (S.).
– – –, **slag** = trou *m.* à laitier (Mét.).
– – –, **slotted** = encoche *f.*
– – –, **sludge** = trou *m.* de visite.
– – –, **splined** = trou *m.* rainuré.
– – –, **spout** = lumière *f.* (de pompe).
– – –, **spud** = oeil *m.* d'enclume.
– – –, **spy** = regard *m.* (de chaudière) (Méc.).
– – –, **sump** = puisard *m.* (C.).
– – –, **tap** = trou *m.* de coulée (Mét.), chio *m.* (Mét.).
– – –, **trapped** = trou *m.* taraudé.
– – –, **test** = trou *m.* de sondage.
– – –, **threaded** = trou *m.* taraudé.
– – –, **trunnion** = logement *m.* des tourillons.
– – –, **two-spline** = trou *m.* à deux rainures.
– – –, **vent** = trou *m.* d'aération, évent *m.*, soupirail *m.*
– – –, **ventilating** = trou *m.* de ventilation, orifice *m.* de ventilation.
– – –, **ventilation** = bouche *f.* d'air, base *f.* d'aération.
– – –, **water** = mare *f.*
– – –, **weep** = chantepleure *f.* (dans une muraille), barbacane *f.* (dans un mur de soutènement).
– – –, **well** = cage *f.* (d'escalier, d'ascenseur).
– – –, **wild-cat** = sondage *m.* de prospection.
Hollander = pile *f.* défileuse (Pap.).
hollow = dépression *f.* (du terrain), évidure *f.* (d'une moulure), évidement *m.* (d'un os, dans une pierre de taille), creux *m.* (d'un arbre, de la main), cavité *f.*

(hollow)

(d'une dent), (son *m.*) sourd (adj.), (arbre *m.*) creux (adj.).
– – –-**backed** = planche *f.* évidée (B.).
– – –, **to** – – – **out** = creuser ou évider (une pierre, le dossier d'une chaise), canneler (un cylindre, une colonne), échancrer (le collet d'une robe), caver (un rocher).
holster, pistol = étui *m.* de pistolet.
– – –, **revolver** = étui *m.* de revolver.
home = (pièce *f.* vissée) à fond ou à bloc, unité *f.* d'habitation, chez-soi *m.* ou foyer *m.* familial.
homecraft = art *m.* ménager.
homeland = patrie *f.*
homespun = étoffe *f.* du pays, drap *m.* (tissé au métier à main), rude (adj.).
homing = retour *m.* au terrain (Av.)., retour *m.* au repos (d'un sélecteur) (Tp.), (se diriger) par radioguidage (Av.).
homogeneous = (mélange *m.*) homogène (adj.).
homogenization = homogénéisation *f.*
homogenize, to = homogénéiser (le lait),
homopolar = unipolaire (adj.) (E.), homopolaire (adj.) (E.).
hone = pierre *f.* à aiguiser, pierre *f.* à huile, pierre *f.* à rasoir.
– – –, **razor** = pierre *f.* à rasoir.
– – –, **to** = repasser (un rasoir), ôter le morfil (d'un rasoir), passer (une lame) à la pierre à huile.
honey, comb = miel *m.* en rayon.
honeycomb = gâteau *m.* (ou rayon *m.*) de miel, soufflure *f.* (dans le métal), alvéole *m.* ou cavité *f.* (dans le béton).
honeycombed = (béton *m.*) alvéolé (adj.), (métal *m.*) criblé (adj.) de trous, (bois *m.*, métal *m.*) chambré (adj.).
honing = repassage *m.* sur la pierre, pierrage *m.*
honk = cornement *m.* (Auto.).
– – –, **to** – – – **the horn** = corner (Auto.), klaxonner (Auto.).
hood = cloche *f.* (d'isolateur) (E.), chapeau *m.* (de pieu, de lampe), capot *m.* (du moteur) (Auto.), cagoule *f.* (de malfaiteur, de sableur), capuchon *m.* (de meule), capuche *f.* (de femme), capeline *f.* (d'enfant), capuce *m.* (de capucin), capote *f.* (Auto.) (Angleterre), auvent *m.* (de foyer), hotte *f.* (de forge, de laboratoire, de cuisine).
– – –, **camera** = parasoleil *m.* d'objectif (Phot.).
– – –, **chimney** = capuchon *m.* de cheminée (B.), chapeau *m.* de cheminée (B.).
– – –, **concealed** = capote *f.* à éclipse (Angleterre).
– – –, **lens** = parasoleil *m.* d'objectif (Phot.).
– – –, **letter-box** = cache-entrée *m.* de boîte à lettres (B.).
– – –, **valve** = capuchon *m.* de soupape (Méc.).
hoof = sabot *m.* (de cheval).
hook = crochet *m.*, agrafe *f.*, croc *m.*, clou *m.* à crochet, crochet *m.* commutateur ou fourchette *f.* (de téléphone), allonge *f.* (de boucher).
– – – **and eye** = agrafe *f.* et oeillet, crochet *m.* et piton.
– – – **and hinge** = gond *m.* et penture.
– – –, **arrester** = crosse *f.* d'appontage (Av., Mar.).
– – –, **belt** = crochet *m.* de courroie, agrafe *f.* de courroie.

(hook)

– – –, **bench** = crochet *m*. d'établi, griffe *f*. d'établi.
– – –, **bill** = serpe *f*. (I.), faucille *f*. (I.), serpette *f*. (I.), croissant *m*. d'élagueur (I.).
– – –, **boat** = gaffe *f*., croc *m*. de marinier.
– – –, **box** = crochet *m*. de manoeuvre, main *f*. de fer.
– – –, **bush** = serpe *f*. (I.), serpe *f*. d'élagueur (I.), serpe *f*. à bois (I.).
– – –, **button** = crochet *m*. à boutons (Ust.).
– – –, **cant** = grappin *m*. (à billes), croc *m*. à levier, renard-grappin *m*.
– – –, **chain** = crochet *m*. de chaîne, croc *m*. à chaîne, clé *f*. (Méc.).
– – –, **chandelier** = crochet *m*. à candélabre.
– – –, **chest** = crochet *m*. pour boîtes.
– – –, **chimney** = crémaillère *f*.
– – –, **chop** = crochet *m*. à mâchoires.
– – –, **cinder** = ringard *m*. (I.).
– – –, **clasp** = croc *m*. à ciseaux.
– – –, **claw** = crochet *m*. à griffes.
– – –, **clothes** = crochet *m*. porte-vêtements (Auto.).
– – –, **coupling** = crochet *m*. d'attelage (Méc.).
– – –, **crane** = crochet *m*. ce grue.
– – –, **cultivator** = croc *m*. de cultivateur (I.).
– – –, **cupboard** = crochet *m*. d'armoire.
– – –, **dog** = griffe *f*. de serrage, étau *m*.
– – –, **double** = crochet *m*. à tête de bélier.
– – –, **drag** = gaffe *f*., crochet *m*. de traction.
– – –, **draw** = crochet *m*. d'attelage (Ch.d.f.).
– – –, **drive** = crochet *m*. à pointe.
– – –, **dump** = crochet *m*. à déclic (de grue).
– – –, **eaves-trough** = bride *f*. pour chéneaux (B.), crochet *m*. pour gouttières (B.).
– – –, **eccentric** = encoche *f*. de bielle d'excentrique.
– – –, **eye** = crochet *m*. à oeillet.
– – –, **fire** = tisonnier *m*. (I.), ringard *m*. (I.).
– – –, **fish** = hameçon *m*.
– – –, **flashing** = crochet *m*. à solin (B.).
– – –, **floor** = crochet *m*. à plancher.
– – –, **garden** = griffe *f*. (I.), sarcloir *m*. (I.).
– – –, **gate** = gond *m*. de porte, crochet *m*. de fermeture, crochet *m*. de contrevent.
– – –, **goose-necked** = crochet *m*. en col de cygne.
– – –, **grab** = grappin *m*. (I.).
– – –, **grass** = faucille *f*. (I.).
– – –, **guard** = parafil *m*. (E.), crochet *m*. protecteur (Tp.).
– – –, **guy** = crochet *m*. de hauban.
– – –, **hammock** = crochet *m*. à hamac.
– – –, **handled** = main *f*. de fer, crochet *m*. de manoeuvre.
– – –, **hat** = champignon *m*. (Ust.), patère *f*. (Ust.).
– – –, **hoist** = crochet *m*. de levage.
– – –, **hoisting** = crochet *m*. de levage.
– – –, **L** = clou *m*. à crochet, crochet en L, crochet *m*. droit.
– – –, **latch** = oreille *f*. de verrouillage.
– – –, **lifting** = crochet *m*. de levage.
– – –, **loop** = rinceau *m*. (B.).
– – –, **manhole** = levier *m*. (Tp.).
– – –, **manure** = croc *m*. à fumier (I.).
– – –, **meat** = allonge *f*., croc *m*. à viande.
– – –, **pawl** = croc *m*. à déclic.
– – –, **peavies** = grappin *m*. (à billes), croc *m*. à levier,

(hook)

renard *m*.
– – –, **picture** = crochet *m*. à tableaux.
– – –, **pigtail** = crochet *m*. à queue de cochon.
– – –, **piling** = crochet *m*. à empiler, main *f*. de fer.
– – –, **pipe** = crochet *m*. de tuyau.
– – –, **potato** = croc *m*. à pommes de terre (I.).
– – –, **pruning** = émondoir *m*. (I.).
– – –, **pulley** = crochet *m*. de palan.
– – –, **pulp-wood** = crochet *m*. à bois de pulpe.
– – –, **rave** = bec-de-corbin *m*. (I.).
– – –, **reaping** = faucille *f*. (I.).
– – –, **receiver** = crochet *m*. de suspension (Tp.), crochet *m*. de suspension du récepteur (Tp.).
– – –, **ring** = piton *m*.
– – –, **roof** = crochet *m*. de couvreur.
– – –, **S** = crochet *m*. en S, esse *f*., crochet *m*. double.
– – –, **S-shaped** = esse *f*., crochet *m*. en forme d'S.
– – –, **safety** = crochet *m*. de sûreté, parafil *m*., mousqueton *m*., garde *m*.
– – –, **screw** = crochet *m*. à vis.
– – –, **shaft** = ragot *m*.
– – –, **shank** = crochet *m*. à suspendre, crochet *m*. à tige.
– – –, **shave** = grattoir *m*. triangulaire, racloir *m*. en forme de coeur, ébardoir *m*., écouane *f*.
– – –, **shutting-up** = ergot *m*. (Tp.).
– – –, **slip** = crochet *m*. à échappement.
– – –, **snap** = mousqueton *m*., porte-mousqueton *m*.
– – –, **snatch** = mousqueton *m*.
– – –, **spring** = crochet *m*. à ressort.
– – –, **suspension** = crochet *m*. de suspension.
– – –, **switch** = crochet *m*. commutateur (Tp.).
– – –, **swivel** = croc *m*. à émerillon, émerillon *m*.
– – –, **tackle** = crochet *m*. de moufle, crochet *m*. de palan.
– – –, **telephone** = fourchette *f*., crochet *m*. commutateur.
– – –, **to** = accrocher.
– – –, **to – – – on** = accrocher.
– – –, **tow** = V. « hook, towing ».
– – –, **towel** = accroche-serviette *m*. (Ust.).
– – –, **towing** = crochet *m*. de remorque.
– – –, **tug** = crochet *m*. d'attelage.
– – –, **wall** = crampillon *m*., agrafe *f*. (pour tubes), crochet *m*. en L, clou *m*. à crochet.
– – –, **weed** = sarcloir *m*. (I.), échardonnet *m*. (I.), griffe *f*. (I.).
– – –, **well** = main *f*. de puits, porte-seau *m*. de puits, crochet *m*. de puisatier.
– – –, **zinc-worker** = griffe *f*. de zingueur.
hookaroon = croc *m*. de bûcheron (I.), renard *m*. (I.), croc *m*. à levier (I.).
hook-in = rejet *m*. (Imp.).
hook-up = connexion *f*. (Tp. E.), montage *m*. en dérivation (Tp. E.), conjugaison *f*. de postes (Tp.), branchement *m*. (Tp.).
– – –, **inter-system** = interconnexion *f*. des réseaux électriques (E.).
hoop = cercle *m*. ou cerceau *m*. (de tonneau), bandage *m*. (d'une roue), frette *f*. de pieu, de collecteur), anneau *m*. ou virole *f*. (de moyeu), collier *m*. (d'excentrique) (Méc.), cerce *f*. (de tailleur de pierre).
– – –, **binding** = ruban *m*., frette *f*., cercle *m*.

(hoop)

– – –, **commutator** = frette *f.* de collecteur (E.).
– – –, **eccentric** = collier *m.* d'excentrique.
– – –, **iron, angle** = nervure *f.* de renfort.
– – –, **pile** = frette *f.* de pieu.
– – –, **to** = fretter (le béton), cercler (un tonneau).
– – –, **truck** = arceau *m.* de camion.
hoot = coup *m.* de sirène, cornement *m.* (de trompe d'automobile).
– – –, **to** = corner (Auto.), klaxonner.
hooter = avertisseur *m.* (Auto.).
hoovercraft = aéroglisseur *m.*, hydroptère *m.*
hop = bond *m.* (ou saut *m.*) (d'une onde) (R.).
– – –, **bell** = V. « boy, bell- ».
hopper = trémie *f.* (C.), semoir *m.* (Agr.).
– – –, **ash** = trémie *f.* à cendres.
– – –, **bagging** = ensachoir *m.*
– – –, **batch** = trémie *f.* de chargement.
– – –, **charging** = trémie *f.* de chargement.
– – –, **coal** = trémie *f.* de charbon.
– – –, **feeding** = trémie *f.* d'alimentation
– – –, **gravel** = trémie *f.* à gravier.
– – –, **mill** = trémie *f.* (de moulin).
– – –, **sand** = trémie *f.* à sable.
– – –, **weighing** = trémie *f.* peseuse (C.).
horizon = horizon *m.*
– – –, **artificial** = horizon *m.* gyroscopique (Av.).
– – –, **radio** = horizon *m.* radioélectrique.
horizontal = horizontal (adj.).
horn = avertisseur *m.* (Auto.), cornet *m.* (de l'avertisseur d'auto), antenne *f.* (de commutateur) (E.), corne *f.* ou trompe *f.* (d'auto), pavillon *m.* (de haut-parleur), klaxon *m.* (Auto.), corne *f.* (d'un bétail), bigorne *f.* (d'enclume), poignée *f.* (de rabot), cornet *m.* (R.).
– – –, **air** = klaxon *m.* à air (comprimé) (Auto.).
– – –, **arcing** = corne *f.* de décharge (E.).
– – –, **bicycle** = corne *f.* de bicyclette, trompe *f.*, cornet *m.* à deux pavillons.
– – –, **call** = corne *f.* d'appel.
– – –, **conical** = pavillon *m.* conique (de haut-parleur), cornet *m.* conique (R.).
– – –, **electro-magnetic** = cornet *m.*
– – –, **hog-** = V. « hoghorn ».
– – –, **of a lamp** = corne *f.* d'une lampe (R.).
– – –, **loudspeaker** = pavillon *m.* de haut-parleur.
– – –, **musical** = avertisseur *m.* à tonalité musicale (Auto.).
– – –, **phase-corrected** = cornet *m.* à correction de phase (R.).
– – –, **protective** = corne *f.* de protection (E.).
– – –, **pyramidal** = cornet *m.* pyramidal (R.).
– – –, **reed** = cornet *m.* à anche (Auto.).
– – –, **sectoral** = cornet *m.* sectoriel (R.).
horse = tréteau *m.*, chevalet *m.*, cheval *m.* (Agr.).
– – –, **barrel** = chantier *m.*
– – –, **bending** = chevalet *m.* à courber.
– – –, **clothes** = séchoir *m.* (Ust.).
– – –, **pit, saw** = chevalet *m.* de scieur de long, baudet *m.*
– – –, **saw** = chevalet *m.* (de sciage), baudet *m.*, chèvre *f.*
– – –, **shaving** = banc *m.* d'âne.
horsehair = crin *m.* (de cheval).

horseman = écuyer *m.* (O.), cavalier *m.* (O.).
horsemanship = équitation *f.*, talent *m.* d'écuyer.
horse-power = horse-power *m.* (= 746 watts; 550 livres-pieds / seconde; 1,0138 CV (ou ch); 75,9 kgm / s), puissance *f.* (en horse-power), Hp *m.*
– – – – –, **actual** = puissance *f.* effective, puissance *f.* réelle.
– – – – – –**at wheels** = rendement *m.* à la jante (Auto.).
– – – – – –, **brake** = puissance *f.* effective, puissance *f.* effective au frein, puissance *f.* indiquée au frein, puissance *f.* effective sur l'arbre.
– – – – – –, **calculated** = horse-power *m.* nominal, puissance *f.* nominale.
– – – – – –, **developed** = puissance *f.* installée.
– – – – – –, **draw-bar** = puissance *f.* (de traction).
– – – – – –, **effective** = puissance *f.* effective.
– – – – – –, **electrical** = puissance *f.* électromécanique.
– – – – – –, **engine** = puissance *f.* du moteur, horse-power *m.* du moteur.
– – – – – –, **gross** = puissance *f.* nominale.
– – – – – –**-hour** = horsepower-heure *m.*, Hp / h *m.*
– – – – – –, **indicated** = puissance *f.* indiquée.
– – – – – –, **net** = puissance *f.* à la jante.
– – – – – –, **nominal** = puissance *f.* nominale.
– – – – – –, **normal** = puissance *f.* normale en horse-power.
– – – – – –, **rated** = puissance *f.* nominale.
– – – – – –, **theoretical** = puissance *f.* théorique.
horseshoe = fer *m.* à cheval.
horse-shoer = maréchal-ferrant *m.* (O.).
horsewhip = cravache *f.*
hose = boyau *m.* (d'incendie), manche *f.* (d'incendie), tuyau *m.* d'arrosage, tuyau *m.* souple.
– – –, **air** = tuyau *m.* flexible d'air.
– – –, **armoured** = (tuyau) flexible *m.* armé.
– – –, **braided** = flexible *m.* tressé.
– – –, **brake, air** = boyau *m.* d'accouplement du frein à air comprimé.
– – –, **canvas** = boyau *m.* en toile, manche, *f.* en toile.
– – –, **coupling** = boyau *m.* d'accouplement.
– – –, **fire** = manche *f.* d'incendie, boyau *m.*
– – –, **fire, linen** = tuyau *m.* toile pour incendies, boyau *m.* toile.
– – –, **garden** = boyau *m.* d'arrosage, tuyau *m.* d'arrosage.
– – –, **leather** = manche *f.* de cuir, tuyau *m.* en cuir.
– – –, **rubber** = tuyau *m.* caoutchouc souple, boyau *m.* en caoutchouc.
– – –, **rubber, wire-bound** = tuyau *m.* en caoutchouc à gaine métallique, tuyau *m.* caoutchouc rigide.
– – –, **steam** = boyau *m.* à vapeur.
– – –, **water** = boyau *m.* d'arrosage.
hot, piping = bouillant (adj.).
– – –, **red** = chauffé au rouge, d'un rouge ardent.
– – –, **white** = à la chaleur du blanc.
hour = heure *f.*, h *f.*
– – –, **busy** = heure *f.* chargée (pour un central) (Tp.), V. « hours » et « busy ».
– – –, **man** = V. « man-hour ».
– – – **of labour** = heure *f.* de travail.
– – – **of watch** = heure *f.* de veille (R.).
hours, business = heures *f.p.* d'ouverture.
– – –, **busy** = heures *f.p.* de pointe (Auto.), heures *f.p.*

(hours)

d'affluence (dans un magasin).
- - -, **dead** = heures *f.p.* creuses (E.).
- - -, **extra** = heures *f.p.* supplémentaires.
- - -, **off-peak** = heures *f.p.* creuses (E.).
- - - **of lighting** = heures *f.p.* d'éclairage (E.), durée *f.* d'éclairage (E.).
- - -, **peak** = heures *f.p.* de pointe (E.), heures *f.p.* chargées (E.), heures *f.p.* d'affluence (Auto.), pointes *f.p.* horaires (E.).
- - -, **rush** = heures *f.p.* de la foule, heures *f.p.* d'affluence.
- - -, **worked** = heures *f.p.* ouvrées.
- - -, **working** = heures *f.p.* de travail, vacation *f.*.
house = maison *f.*, demeure *f.*, cabine *f.*
- - -, **apartment** = maison *f.* de rapport, maison *f.* d'appartements.
- - -, **apartment, cooperative** = immeuble *m.* en copropriété.
- - -, **back-** = latrines *f.p.* (S.), goguenot *m.* (S.), tinette *f.* (S.), [bécosse(s) *f.(p.)*] (Canada).
- - -, **bird** = nichoir *m.*
- - -, **boarding-** = pension *f.* de famille.
- - -, **boiler** = bâtiment *m* des chaudières, chaufferie *f.* (Mar.), chambre *f.* de chauffe (Mar.).
- - -, **carriage** = remise *f.*
- - -, **cook** = cuisine *f.* (d'un bateau, d'un chantier).
- - -, **corner** = maison *f.* de coin, maison *f.* qui fait le coin.
- - -, **country** = maison *f.* de campagne.
- - -, **court** = palais *m.* de justice.
- - -, **custom** = douane *f.*
- - -, **detached** = maison *f.* détachée, maison *f.* isolée.
- - -, **detached, semi-** = maison *f.* jumelle.
- - -, **dog** = cabine *f.* (pour joueurs), chenil *m.*
- - -, **engine** = bâtiment *m.* des machines.
- - -, **frame** = maison *f.* en bois.
- - -, **glass** = serre *f.*
- - -, **green** = V. « greenhouse ».
- - -, **hen** = poulailler *m.*
- - -, **ice** = glacière *f.*.
- - -, **pigeon** = pigeonnier *m.*
- - -, **power** = centrale *f.* (E.), usine *f.* génératrice (E.).
- - -, **power, electric** = centrale *f.* électrique (E.).
- - -, **prefabricated** = maison *f.* préfabriquée.
- - -, **priest** = presbytère *m.*
- - -, **private** = maison *f.* particulière, maison *f.* privée (Canada).
- - -, **pump** = bâtiment *m.* des pompes, station *f.* de pompage.
- - -, **round** = rotonde *f.* (Ch.d.f.).
- - -, **split level** = maison *f.* à niveaux multiples.
- - -, **storage** = magasin *m.*, dépôt *m.*, halle *f.* de dépôt.
- - -, **store** = V. « storehouse ».
- - -, **switch** = poste *m.* de sectionnement, poste *m.* de manoeuvre.
- - -, **tenement** = maison *f.* de rapport.
- - -, **terrace** = maison *f.* en paliers.
- - -, **to** = emboîter (un tenon), encastrer.
- - -, **tool** = cabane *f.* aux outils.
- - -, **water** = château *m.* d'eau.
- - -, **wheel** = timonerie *f.* (Mar.), passerelle *f.* (Mar.).
household = ménage *m.*, famille *f.*

housekeeper = ménagère *f.* (O.), gouvernante *f.* (O.).
housekeeping = économie *f.* domestique, le ménage, les soins du ménage.
housework = travaux *m.p.* du ménage, travaux *m.p.* domestiques.
housing = carter *m.* ou boîte *f.* (de l'engrenage), gaine *f.* (d'un câble), bâti *m.* (d'une machine), logement *m.* (d'une solive), ébénisterie *f.* (R.).
- - -, **axle** = carter *m.* de l'essieu, trompette *f.* (Auto.).
- - -, **axle, rear** = trompette *f.* (Auto.).
- - -, **axle-shaft** = trompette *f.* (Auto.).
- - -, **ball-bearing** = boîtier *m.* à roulement à billes, boîtier *m.* du couple conique et différentiel (Auto.).
- - -, **chain** = carter *m.* de chaîne.
- - -, **clutch** = carter *m.* d'embrayage.
- - -, **differential** = carter *m.* du différentiel (Auto.).
- - -, **flexible** = gaine *f.* flexible.
- - -, **gear** = carter *m.* d'engrenages.
- - -, **gear, differential** = carter *m.* du différentiel (Auto.).
- - -, **half** = demi-boîtier *m.*
- - -, **joint, ball** = boîte *f.* à rotule.
- - -, **joint, universal** = carter *m.* de joint de cardan, carter *m.* du joint universel.
- - -, **pulley** = carter *m.* de poulie.
- - -, **spherical** = rotule *f.*
- - -, **thrust** = logement *m.* de butée.
- - -, **transmission** = carter *m.* de boîte de vitesses (Auto.).
- - -, **tubular** = tube *m.* de protection.
howl, fringe = grognement *m.* de préréaction (R.).
howler = ronfleur *m.*, hurleur *m.*
howling = hurlement *m.*, grondement *m.*
H.P. (or h.p.) = V. « horse-power ».
hr. = V. « hour ».
H.T. = V. « tension, high ».
hub = moyeu *m.* (de roue), collet *m.* ou bout *m.* femelle (d'un tuyau) (S.), évasement *m.* (d'un tuyau)., axe *m.* (d'une bobine) (Phot.).
- - -, **ball-bearing** = moyeu *m.* à billes.
- - -, **conduit** = attache *f.* d'arrêt pour conduit (E.), bride *f.* d'arrêt pour conduit (E.).
- - -, **dummy** = faux moyeu.
- - -, **spline** = moyeu *m.* à cannelures.
- - -, **wheel** = moyeu *m.* de roue.
- - -, **wheel, free** = moyeu *m.* de roue libre.
hue = couleur *f.*, teinte *f.*
hull = coque *f.* (de navire), carène *f.* (Mar.), cosse *f.* ou gousse *f.* (de fèves, de pois).
- - -, **cotton-seed** = bourre *f.* de coton (Pap.).
- - -, **to** = écosser (des pois, des fèves), décortiquer (l'orge), monder (de l'orge, des raisins secs), écaler (des noix).
hum = ronflement *m.* (des engrenages, d'une machine), ronron *m.* (d'un moteur), vrombissement *m.* (d'un avion), ronronnement *m.* ou bourdonnement *m.* (Tp.).
- - -, **mains** = bruit *m.* de secteur (E.).
- - - **of alternating current** = ronflement *m.* du courant alternatif (E.).
- - -, **power line** = bruit *m.* de secteur (E.), ronflement *m.* de secteur (E.).
humidifier = humidificateur *m.*

(humidifier)

– – –, **air** = humidificateur *m.* d'air.
humidify, to = humidifier.
humidistat = hygrostat *m.* (I.) (B.).
humidity = humidité *f.*
– – –, **absolute** = humidité *f.* absolue.
– – –, **relative** = humidité *f.* relative ou état hygrométrique (de l'air).
– – –, **specific** = humidité *f.* spécifique (d'un kilogramme d'air humide).
humming = bourdonnement *m.*, ronflement *m.*
hummock = monticule *m.* (de glace, de terre), tertre *m.*, mammelon *m.* (de terre) (B.).
hump = bosse *f.*
– – – **of a curve** = sommet *m.* d'une courbe, bosse *f.* d'une courbe.
hundredweight = poids *m.* de 100 livres ou quintal *m.* (Canada), poids *m.* de 112 livres (Angleterre) (= 50,8 kg).
hunter, trouble = dépanneur *m.* (O.), appareil *m.* de dépannage (Tp., E.).
hunting = pulsation *f.* du son, pompage *m.* (des moteurs), affolement *m.* (de l'aiguille aimantée), chasse *f.* (au gibier).
– – –, **action** = recherche *f.* automatique d'une ligne par un sélecteur (Tp.).
– – –, **trouble** = dépannage *m.* (Méc., E.), recherche *f.* des pannes (E.).
hurdle = claie *f.*, clôture *f.*
– – –, **snow** = (clayonnage *m.*) pare-neige *m.*
hurter = heurtequin *m.*, heurtoir *m.*
husband = mari *m.*, époux *m.*
– – – **and wife** = les conjoints *m.p.*, les (deux) époux *m.p.*
– – –, **to** = cultiver (la terre), ménager (ses économies).
husker, corn = ramasseuse *f.* simple (M.) (Agr.).
hut = hutte *f.*, cabane *f.*
– – –, **Quonset** = hutte *f.* Quonset (B.).
hutch = huche *f.*, pétrin *m.*
– – –, **rabbit** = clapier *m.*, lapinière *f.*
hydrant, fire = bouche *f.* d'incendie.
– – –, **fire, underfloor** = bouche *f.* d'incendie.
hydrate = hydrate *m.* (Chim.).

hydraulic = hydraulique (adj.).
hydraulicity = hydraulicité *f.* (d'un mortier).
hydraulics = hydraulique *f.*
hydrocarbon = hydrocarbure *m.*
hydrodynamics = hydrodynamique *f.*
hydrofoil = aéroglisseur *m.*, hydroptère *m.*
hydrogen = hydrogène *m.*
– – –, **heavy** = hydrogène *m.* lourd, deutérium *m.*
hydrogenate, to = hydrogéner (Chim.).
hydrogenation = hydrogénation *f.* (du charbon).
hydrograph = hydrographe *m.* (O.).
hydrographer = ingénieur *m.* hydrographe.
hydrographic = hydrographique (adj.).
hydrography = hydrographie *f.*
hydrokinetics = cinétique *f.* des liquides, hydrocinétique *f.*
hydrology = hydrologie *f.*
hydrolysis = hydrolyse *f.*
hydrometer = densimètre *m.*, pèse-acide *m.*, hydromètre *m.*
– – –, **dew-point** = hydromètre *m.* à condensation.
hydronics = hydronique *f.*
hydrostatic = hydrostatique (adj.).
hydrostatics = hydrostatique *f.*
hygrometer = hygromètre *m.*
– – –, **dew-point** = hygromètre *m.* à condensation.
– – –, **hair** = hygromètre *m.* à cheveu.
hygrometry = hygrométrie *f.*
hyperbola = hyperbole *f.*
hyperboloid = hyperboloïde *f.*
hyphen = trait *m.* d'union, division *f.* (Imp.).
hypothec = hypothèque *f.*, nantissement *m.* immobilier.
hypsogram = hypsogramme *m.*
hypsometer = hypsomètre *m.*
hysteresis = hystérésis *f.* (E.), traînée *f.* magnétique (E.).
– – –, **dielectric** = hystérésis *f.* diélectrique.
– – –, **magnetic** = hystérésis *f.* magnétique.
hysteresisgraph = hystérésigraphe *m.*
Hz = V. « Hertz ».

i

I = V. « ampere ».

ice = glace *f.*

– – –, **anchor** = glace *f.* de fond (H.).

– – –, **block** = glace *f.* en blocs.

– – –, **clear** = glace *f.* transparente.

– – –, **drift** = glace *f.* flottante.

– – –, **dry** = glace *f.* sèche.

icing = givrage *m.* (du carburateur), glaçage *m.* (d'un gâteau) (Ust.).

iconoscope = iconoscope *m.*

identification = identification *f.* (des pierres, d'un malfaiteur), carte *f.* d'identité, indicatif *m.* (d'un émetteur) (R.).

– – –, **number, automatic** = enregistrement *m.* automatique des numéros (Tp.).

– – – **of cable pairs** = repérage *m.* des paires (Tp.).

– – –, **station** = indicatif *m.* (d'une station) (R., Tv.).

identify, to = repérer (les paires d'un câble), reconnaître (les fils), identifier (une plante, un criminel).

I.D.F. = V. « frame, distributing, intermediate ».

idle = inactif (adj.), (moteur *m.*) au ralenti, marche *f.* à vide (d'une machine), au repos, V. « idling ».

– – –, **to** = tourner au ralenti (Méc.).

idler = roue *f.* folle (Méc.), poulie *f.* de tension (Méc.), engrenage *m.* intermédiaire (Méc.). poulie *f.* folle (Méc.).

– – –, **belt** = tendeur *m.* de courroie.

– – –, **pulley, rope** = galet *m.* guide-câble.

– – –, **reverse** = renvoi *m.* de pignon de marche arrière.

idling = (moteur *m.*) au ralenti, marche *f.* à vide (d'une machine), au repos, V. « idle ».

– – –, **low** = régime *m.* le plus bas (d'un moteur) (Méc.), ralenti *m.* (Méc.).

I.F. = V. « frequency, intermediate ».

ignite, to = allumer (un fagot), enflammer ou mettre le feu à (un bûcher, un gaz).

igniter, electric = allumeur *m.* électrique.

– – –, **gas** = allume-gaz *m.*

– – –, **jump-spark** = allumeur *m.* à haute tension par bobine (E.).

ignition = allumage *m.* (Auto.), ignition *f.* (dans un moteur), inflammation *f.* (de la poudre).

(ignition)

– – –, **advanced** = avance *f.* à l'allumage.

– – –, **arc** = allumage *m.* par arc, amorçage *m.* d'arc.

– – –, **auto-** = auto-allumage *m.*

– – –, **battery** = allumage *m.* par batterie, allumage *m.* par accumulateur.

– – – **by incandescence** = allumage *m.* par incandescence.

– – –, **coil** = allumage *m.* par bobine.

– – –, **defective** = allumage *m.* défectueux.

– – –, **delayed** = allumage *m.* retardé.

– – –, **double** = double allumage *m.*

– – –, **dual** = double allumage *m.* (Auto.).

– – –, **dynamo** = allumage *m.* par dynamo.

– – –, **electric** = allumage *m.* électrique (Auto.).

– – –, **engine** = allumage *m.* du moteur.

– – –, **faulty** = allumage *m.* défectueux.

– – –, **fixed** = allumage *m.* à avance fixe.

– – –, **high-tension** = allumage *m.* à haute tension.

– – –, **hot-tube** = allumage *m.* à tube incandescent, allumage *m.* par incandescence.

– – –, **low-tension** = allumage *m.* à basse tension (Auto.).

– – –, **magneto** = allumage *m.* par magnéto.

– – –, **magneto-electric** = allumage *m.* magnétoélectrique.

– – –, **make-and-break** = allumage *m.* à rupteur.

– – –, **multipoint** = allumage *m.* à plusieurs étincelles.

– – –, **poor** = allumage *m.* défectueux.

– – –, **pre-** = allumage *m.* prématuré, auto-allumage *m.*

– – –, **retarded** = retard *m.* à l'allumage, allumage *m.* retardé.

– – –, **self-** = auto-allumage *m.*, allumage *m.* spontané.

– – –, **slow** = allumage *m.* progressif (Méc.).

– – –, **spark** = allumage *m.* par étincelles.

– – –, **spark, direct** = allumage *m.* par magnéto.

– – –, **spark, double** = allumage *m.* à double étincelle.

– – –, **spark, jump** = allumage *m.* à haute tension.

– – –, **spark-plug** = allumage *m.* par bougie.

– – –, **spark, twin** = allumage *m.* à double étincelle.

– – –, **spontaneous** = inflammation *f.* spontanée, allumage *m.* spontané.

(ignition)

– – –, **synchronized** = allumage *m.* synchronisé.
– – –, **timed, correctly** = allumage *m.* bien réglé.
ignitron = ignitron *m.* (ou redresseur à vapeur de mercure) (E.).
I.H.P. = V. « horse-power, indicated ».
illuminate, to = éclairer (une salle), illuminer (la façade d'un édifice).
illumination = éclairage *m.* (d'une chambre), illumination *f.* (d'un édifice), éclairement *m.* (en un point d'une surface), éclat *m.* (d'une lentille), enluminure *f.* (Imp.).
– – –, **ceiling** = illumination *f.* de plafond.
– – –, **dimmed** = éclairage *m.* de croisement (Auto.), éclairage *m.* « code » (Auto.).
illustration = illustration *f.* ou gravure *f.* (d'un livre)
I.L.S. = V. « system, landing, instrument ».
image, echo = image *f.* secondaire (Tv.), image *f.* parasite (Tv.).
– – –, **electronic** = image *m.* électronique (Tv.).
– – –, **split, central** = stigmomètre *m.* (d'un appareil photo) (Phot.).
imbed, to = V. « embed, to ».
imbricated = imbriqué (adj.), à écailles (B.).
immerse, to = immerger, plonger.
immersed, oil- = dans l'huile, à bain d'huile.
immersion = immersion *f.*, submersion *f.*
immiscible = immiscible (adj.), qui ne peut pas être mêlé.
immoveable = fixe (adj.), à demeure.
impact = choc *m.*, percussion *f.*, impact *m.*
impairment, transmission = réduction *f.* de la qualité de transmission (Tp.).
– – –, **transmission, distortion** = réduction *f.* de qualité de transmission due à la limitation de la bande de fréquences effectivement transmises (Tp.).
– – –, **transmission, noise** = réduction *f.* de qualité de transmission due aux bruits de circuit (Tp.).
impart, to = imprimer (un mouvement).
impedance = impédance *f.* (E.), force *f.* contre-électromotrice (E.).
– – –, **acoustical** = impédance *f.* acoustique (R.).
– – –, **balancing** = impédance *f.* caractéristique (E.).
– – –, **blocked** = impédance *f.* de sortie d'un transmetteur électro-acoustique.
– – –, **characteristic** = impédance *f.* caractéristique.
– – –, **dynamic** = impédance *f.* à l'antirésonance (R.).
– – –, **electrode** = impédance *f.* d'électrode.
– – –, **end** = impédance *f.* finale.
– – –, **feed-point, aerial** = courant *m.* (d'entrée) d'antenne (R.).
– – –, **image** = impédance *f.* image.
– – –, **input** = impédance *f.* d'entrée.
– – –, **iterative** = impédance *f.* itérative.
– – –, **mutual** = impédance *f.* mutuelle.
– – –, **open-circuit** = impédance *f.* en circuit ouvert.
– – –, **output** = impédance *f.* de sortie.
– – –, **phase-sequence, zero** = impédance *f.* homopolaire (d'un réseau) (E.).
– – –, **plate** = résistance *f.* de charge d'anode (R.).
– – –, **plate-to-plate** = résistance *f.* de charge entre plaques (R.).
– – –, **self-** = impédance *f.* propre.
– – –, **series** = impédance *f.* en série.

(impedance)

– – –, **short-circuit** = impédance *f.* de court-circuit (Tp.).
– – –, **stator** = impédance *f.* de stator.
– – –, **surge** = impédance *f.* caractéristique.
– – –, **terminal** = impédance *f.* de sortie.
– – –, **transfer** = impédance *f.* de transfert.
impedances, conjugate = impédances *f.p.* (imaginaires) conjuguées.
impeller = roue *f.* motrice (H.), couronne *f.* mobile (H.), palette *f.* (H.), rotor *m.* (H.), surcompresseur *m.* (Av.).
– – –, **centrifugal** = turbine *f.* centrifuge (H.).
– – –, **double-suction** = roue *f.* bilatérale (H.), impulseur *m.* (H.).
– – –, **pump** = turbine *f.* de pompe.
– – –, **vane** = roue *f.* à palettes.
imperfect = défectueux (adj.), irrégulier (adj.).
imperfection = imperfection *f.* (d'un ouvrage), défet *m.* (Imp.).
impervious = imperméable (adj.), étanche (adj.).
impetus = vitesse *f.* acquise, élan *m.*, impulsion *f.*
implement = outil *m.*, accessoire *m.*, ustensile *m.*
– – –, **to** = exécuter (un projet, une convention), remplir (ses obligations), mettre en oeuvre (un plan).
implements, agricultural = instruments *m.p.* aratoires (Agr.).
– – –, **drilling** = outils *m.p.* de forage.
– – –, **farming** = instruments *m.p.* aratoires (Agr.).
– – –, **fishing** = attirail *m.* de pêche.
– – –, **gardening** = outils *m.p.* de jardinage.
– – –, **kitchen** = batterie *f.* de cuisine.
– – –, **miner's** = outils *m.p.* de mineur.
– – –, **tractor's** = équipement *m.* complémentaire (Agr.), outils *m.p.* complémentaires (Agr.).
imposition = imposition *f.* (d'un devoir, d'une feuille), mise *f.* en pages (Imp.).
impost = sommier *m.* (de voûte) (B.), imposte *f.* (B.).
impound, to = endiguer (des eaux), retenir ou capter (des eaux).
impounding = endiguement *m.* (H.), captage *m.* (H.), retenue *f.* (H.).
impoverish, to = affaiblir (le mélange au carburateur) (Auto.).
impregnate, to = imprégner (un tissu), injecter ou imbiber (le bois).
impregnation = imprégnation *f.* (d'un tissu), injection *f.* ou pénétration *f.* (du bois).
– – – **of sleepers** = imprégnation *f.* des traverses (Ch.d.f.).
– – – **of ties** = imprégnation *f.* des traverses (Ch.d.f.).
– – – **of woods** = injection *f.* des bois, imprégnation *f.* des bois.
impress, to = imprimer (un mouvement), appliquer (une tension).
impression = tirage *m.* (d'un quotidien, d'un livre), impression *f.* (d'un cachet, d'une étoffe), empreinte *f.* (sur le papier) (Imp.), foulage *m.* (du papier) (Imp.).
– – –, **first** = premier tirage (Imp.).
– – –, **hard** = foulage *m.* (Imp.).
– – –, **heavy** = foulage *m.* (Imp.).
imprimatur = imprimatur *m.*
imprint = rubrique *f.* de la maison (d'édition), marque

(imprint)

f. d'éditeur.

improve, to = améliorer ou perfectionner (une installation, un mécanisme), amender (un terrain).

improvement = perfectionnement *m.* (d'un mécanisme), amélioration *f.* (d'un terrain, d'une propriété), amendement *m.* (d'un sol), embellissement *m.* (d'une ville).

impulse = poussée *f.* motrice, impulsion *f.*, élan *m.*, choc *m.*

– – –, **action** = recherche *f.* d'une ligne par un sélecteur actionné par impulsions (Tp.).

– – –, **break** = impulsion *f.* provoquée par la rupture d'un courant (E.).

– – –, **current** = impulsion *f.* de courant (E.).

– – –, **make** = impulsion *f.* créée par le lancement d'un courant (E.).

– – –, **rotary** = choc *m.* rotatif (Méc.).

impurities = impuretés *f.p.* (de l'eau, de l'air), saletés *f.p.*

in = arrivée *f.* (du courrier).

inaudible = (voix *f.*) faible (adj.), (son *m.*) imperceptible (adj.).

Inc. = V. « incorporated ».

incandescence = incandescence *f.*, chaleur *f.* blanche.

incandescent = incandescent (adj.).

incapacitated = rendu inapte au travail, invalide (adj.).

incendivity = pouvoir *m.* d'inflammation (d'un dispositif).

inch = pouce *m.* (=2,54 cm), inch *m.* (France), po *m.*

– – –, **cubic** = pouce *m.* cube, po³.

– – –, **-pound** = livre-pouce *f.*, lb-po *f.*

– – –, **square** = pouce *m.* carré (=6,452 cm²), po² *m.*

incidence = incidence *f.*

incinerator = incinérateur *m.*

incipient = naissant (adj.), qui commence.

inclination = devers *m.* (d'une route, d'une muraille), inclinaison *f.* ou pente *f.* (d'un coteau), dévoiement *m.* (d'un tuyau de cheminée), écuanteur *f.* (des raies d'une roue), inclinaison *f.* (magnétique), déversement *m.* (d'un mur, d'une planche).

– – –, **magnetic** = inclinaison *f.* magnétique.

– – –, **vertical** = inclinaison *f.* suivant la verticale.

incline = rampe *f.*, pente *f.*

inclined = de biais, oblique (adj.), incliné (adj.).

inclinometer = inclinomètre *m.*, boussole *f.* d'inclinaison.

inclosed = V. « enclosed ».

inclosure = enclos *m.*, pièce *f.* jointe (à une lettre).

incombustible = incombustible (adj.), anticombustible *m.*

income = revenu(s) *m.(p.).*

– – –, **earned** = revenu *m.* du travail.

– – –, **private** = rentes *f.p.*

– – –, **taxable** = revenu *m.* imposable.

incoming = entrée *f.* (de l'hiver), arrivée *f.* ou venue *f.* (du printemps), (bateau *m.*) entrant (adj.), venue *f.* (d'eau).

inconstant = variable (adj.), instable (adj.).

incorporate, to = constituer (en corporation), incorporer (une terre à un domaine), fusionner (deux banques), ériger (un territoire) en municipalité, inclure (une clause dans un contrat).

incorporated = (compagnie *f.*) incorporée, Inc., V.

(incorporated)

« incorporate, to ».

increase = augmentation *f.* (de salaire, de prix), accroissement *m.* ou gain *m.* (de vitesse), relèvement *m.* ou augmentation *f.* (de taxes), surcroît *m.* (de travail).

– – – **in value** = augmentation *f.* de valeur, croît *m.* (d'un troupeau).

– – –, **traffic** = accroissement *m.* du trafic (Tp.), augmentation *f.* du trafic (Tp.).

– – –, **voltage** = élévation *f.* de la tension (E.).

increment = augmentation *f.* (d'impôts), accroissement *m.* (d'une plante), taux *m.* (annuel) d'accroissement (d'une population).

incrustation = entartrage *m.* (d'une chaudière), tartre *m.* (Méc.), dépôt *m.* calcaire (Méc.).

incubator = couveuse *f.* (Agr.), incubateur *m.* (Agr.), éleveuse *f.* (Agr.).

incumbent = titulaire *m.* (O.) (d'une tâche).

indent = adent *m.* (Men.), entaille *f.* (Men.).

– – –, **to** = adenter ou endenter (deux pièces de bois), renforcer (une ligne) (Imp.).

indentation = adent *m.* ou endentement *m.* (de deux pièces de bois), dépression *f.* ou bosselure *f.* (dans un objet), bosselage *m.* (de l'argenterie), dentelure *f.* (d'une voûte) (B.), échancrure *f.* (d'un rivage), renforcement *m.* (d'une ligne) (Imp.).

indention = renforcement *m.* (d'une ligne) (Imp.).

index = indice *m.* (de réfraction), index *m.* (d'un livre), aiguille *f.* (de compas).

– – –, **acousto-electric** = efficacité *f.* absolue d'un système émetteur quelconque à une fréquence quelconque (Tp.).

– – –, **card** = classement *m.* par fiches.

– – –, **combustion** = indice *m.* de combustion.

– – –, **direct-reading** = dispositif *m.* indicateur à rouleaux, dispositif *m.* indicateur à chiffres sauteurs.

– – –, **electro-acoustic** = efficacité *f.* absolue d'un système récepteur quelconque à une fréquence quelconque (Tp.).

– – – **of modulation** = facteur *m.* de modulation (R.), indice *m.* de modulation (R.).

– – – **of power** = indice *m.* de puissance.

– – – **of refraction** = indice *m.* de réfraction.

– – –, **plasticity** = indice *m.* de plasticité (d'Atterberg).

– – –, **quality** = **of a channel** = indice *m.* de qualité d'une voie de transmission (Tg.).

– – –, **refractive** = indice *m.* de réfraction.

– – –, **straight-reading** = V. « index, direct-reading ».

– – –, **swelling** = indice *m.* de gonflement (d'un charbon).

– – –, **thumb** = onglets *m.p.* (d'un volume).

– – –, **to** = alphabétiser.

indexing = division *f.*

– – –, **compound** = division *f.* composée.

– – –, **direct** = division *f.* directe.

– – –, **eccentric** = repérage *m.* excentré.

– – –, **plain** = division *f.* simple.

indication = indication *f.*, indice *m.* révélateur.

indicator = annonciateur *m.* (Tp.), indicateur *m.* (Tp.), index *m.* ou aiguille *f.* (d'un baromètre), V. « indicators ».

– – –, **air** = indicateur *m.* de tirage.

– – –, **azimuth** = radiogoniomètre *m.* azimutal.

(indicator)

‒ ‒ ‒, **balance** = indicateur *m.* de compensation.
‒ ‒ ‒, **beat** = indicateur *m.* des battements.
‒ ‒ ‒, **call** = volet *m.* d'appel (Tp.), indicateur *m.* lumineux d'appel (Tp.).
‒ ‒ ‒, **capacity** = capacimètre *m.* (E.).
‒ ‒ ‒, **capacity, accumulator** = accumètre *m.* (E.).
‒ ‒ ‒, **centre** = indicateur *m.* de centre.
‒ ‒ ‒, **charge** = indicateur *m.* de charge (Auto.).
‒ ‒ ‒, **clearing** = annonciateur *m.* de fin de conversation (Tp.).
‒ ‒ ‒, **current** = indicateur *m.* de courant (E.).
‒ ‒ ‒, **demand** = indicateur *m.* de demande (E.), indicateur *m.* de puissance maximale (E.).
‒ ‒ ‒, **demand, maximum** = compteur *m.* à indicateur de maximum (E.), compteur *m.* à indicateur de pointe (E.).
‒ ‒ ‒, **direction** = indicateur *m.* de direction (Auto.), (feu *m.*) clignotant *m.* (Auto.), indicateur *m.* du sens du courant (E.).
‒ ‒ ‒, **direction, flashing-light** = clignotant *m.* (Auto.).
‒ ‒ ‒, **direction, self-cancelling** = clignotant *m.* à rappel *m.* automatique (Auto.).
‒ ‒ ‒, **distance** = odomètre *m.* (Auto.).
‒ ‒ ‒, **drift** = indicateur *m.* de dérive (d'un trou de sonde), dérivomètre *m.* (Av.).
‒ ‒ ‒, **drop** = compte-gouttes *m.*, volet *m.* d'appel (Tp.), annonciateur *m.* d'appel (Tp.), annonciateur *m.* de chute (de potentiel) (E.).
‒ ‒ ‒, **flow** = indicateur *m.* de débit (H.), indicateur *m.* d'écoulement (H.).
‒ ‒ ‒, **footage** = compteur *m.* de film (Phot.).
‒ ‒ ‒, **frequency** = indicateur *m.* de fréquence (R.).
‒ ‒ ‒, **gradient** = clinomètre *m.* (Auto., Av.).
‒ ‒ ‒, **ground** = indicateur *m.* de terre (E.).
‒ ‒ ‒, **high beam** = indicateur *m.* de phares-route (Auto.).
‒ ‒ ‒, **impulse, mean** = indicateur *m.* d'impulsion moyenne (E.).
‒ ‒ ‒, **insulation** = indicateur *m.* d'isolement (E.).
‒ ‒ ‒, **lamp, busy** = voyant *m.* d'occupation (Tp.), témoin *m.* lumineux d'occupation (Tp.).
‒ ‒ ‒, **leakage** = déceleur *m.* de fuites (E.), indicateur *m.* de terre (E.).
‒ ‒ ‒, **level** = indicateur *m.* de niveau (H.), décibelmètre *m.* (Tp.).
‒ ‒ ‒, **liquid** = index *m.* liquide (Méc.).
‒ ‒ ‒, **mileage** = odomètre *m.* (Auto.), journalier *m.* (Auto.).
‒ ‒ ‒, **mileage, trip** = journalier *m.* (Auto.).
‒ ‒ ‒, **movement, surface, aerodrome** = radiodétecteur *m.* de mouvement au sol (Av.).
‒ ‒ ‒, **null** = indicateur *m.* de zéro (radiogoniométrie).
‒ ‒ ‒, **overload** = indicateur *m.* de surcharge (Tp.).
‒ ‒ ‒, **peak** = indicateur *m.* de valeur de pointe (E.).
‒ ‒ ‒, **phase** = indicateur *m.* de phase (E.).
‒ ‒ ‒, **polarity** = indicateur *m.* du sens du courant (E.), indicateur *m.* de polarité (E.).
‒ ‒ ‒, **pole** = indicateur *m.* de pôle (E.).
‒ ‒ ‒, **position, air** = radar *m.* intégrateur de position (Av.).
‒ ‒ ‒, **position, plan** = limbe *m.* de position (Radar), grille *f.* de repérage (Av.).
‒ ‒ ‒, **position, switch** = contrôleur *m.* de position d'ai-

(indicator)

guille (Ch.d.f.).
‒ ‒ ‒, **power-off** = indicateur *m.* de mise hors circuit (E.).
‒ ‒ ‒, **power-on** = indicateur *m.* de mise en circuit (E.).
‒ ‒ ‒, **pressure** = indicateur *m.* de pression (Méc.), manomètre *m.* (Méc.).
‒ ‒ ‒, **range** = indicateur *m.* de portée (R.), indicateur *m.* de puissance (R.).
‒ ‒ ‒, **resonance** = indicateur *m.* de résonance (E.).
‒ ‒ ‒, **revolution** = compteur *m.* de tours (Méc.).
‒ ‒ ‒, **ring-off** = annonciateur *m.* de fin (d'appel téléphonique), volet *m.* de fin de conversation (téléphonique).
‒ ‒ ‒, **self-restoring** = volet *m.* à relèvement automatique (Tp.).
‒ ‒ ‒, **signal** = contrôle *m.* de signal (Ch.d.f.).
‒ ‒ ‒, **speed** = tachymètre *m.* (Auto.), compteur *m.* de tours (Méc.), indicateur *m.* de vitesse (Auto.).
‒ ‒ ‒, **speed, air** = badin *m.* (Av.).
‒ ‒ ‒, **speed, film** = indicateur *m.* d'émulsion (Phot.).
‒ ‒ ‒, **steering** = axiomètre *m.*
‒ ‒ ‒, **supervisory** = annonciateur *m.* de fin de conversation (Tp.).
‒ ‒ ‒, **tap-changer** = indicateur *m.* de prises (E.).
‒ ‒ ‒, **tele-** = V. « teleindicator ».
‒ ‒ ‒, **temperature** = indicateur *m.* de température, thermomètre *m.*
‒ ‒ ‒, **time, chargeable** = chronotaximètre *m.* (Tp.).
‒ ‒ ‒, **tuning** = indicateur *m.* d'accord (R.).
‒ ‒ ‒, **tuning, cathode-ray** = oeil *m.* magique (R.), trèfle *m.* cathodique (R.).
‒ ‒ ‒, **tuning, shadow** = indicateur *m.* de syntonisation par ombre (R.).
‒ ‒ ‒, **tuning, visual** = indicateur *m.* d'accord visuel (R.).
‒ ‒ ‒, **vacuum** = indicateur *m.* de vide (Méc., E.).
‒ ‒ ‒, **voltage** = indicateur *m.* de tension (E.).
‒ ‒ ‒, **volume** = indicateur *m.* de volume (Tp.), vumètre *m.* (R.).
‒ ‒ ‒, **warning, terrain clearance** = avertisseur *m.* de hauteur (Av.).
‒ ‒ ‒, **water** = indicateur *m.* de niveau d'eau.
‒ ‒ ‒, **wind** = indicateur *m.* de direction du vent.
indicators = V. « indicator ».
‒ ‒ ‒, **turn** = clignotants *m.p.* (de direction) (Auto.).
indices = V. « index ».
indoor = (appareil *m.*) d'intérieur.
induce, to = induire (un courant) (E.), amorcer (des vibrations).
inductance = inductance *f.* (E., R.).
‒ ‒ ‒, **aerial** = inductance *f.* d'antenne (R.).
‒ ‒ ‒, **blocking** = inductance *f.* d'arrêt.
‒ ‒ ‒, **concentrated** = inductance *f.* concentrée.
‒ ‒ ‒, **distributed** = inductance *f.* répartie.
‒ ‒ ‒, **iron-core** = inductance *f.* à noyau de fer.
‒ ‒ ‒, **leakage** = inductance *f.* de fuite.
‒ ‒ ‒, **lumped** = inductance *f.* concentrée.
‒ ‒ ‒, **mutual** = inductance *f.* mutuelle.
‒ ‒ ‒ **per unit of length** = inductance *f.* linéique.
‒ ‒ ‒, **primary** = inductance *f.* primaire.
‒ ‒ ‒, **self-** = self-inductance *f.*, inductance *f.* propre.
‒ ‒ ‒, **syntonizing** = inductance *f.* de syntonisation (R.).

(inductance)

– – –, **tuning** = inductance *f.* de syntonisation (R.), inductance *f.* d'accord (R.), bobine *f.* d'accord (R.).
– – –, **tuning, aerial** = self *f.* d'antenne (R.), self *f.* d'accord (R.), inductance *f.* d'accord d'antenne (R.).
– – –, **tuning, primary** = inductance *f.* primaire d'accord (R.).
induction = induction *f.* (E.), entrée *f.* ou admission *f.* (de la vapeur), influence *f.* (E.).
– – –, **armature** = induction *f.* dans l'induit (E.).
– – –, **electric** = influence *f.* électrique (Tp.).
– – –, **electromagnetic** = induction *f.* électromagnétique (E.).
– – –, **electrostatic** = induction *f.* électrostatique (E.).
– – –, **magnetic** = induction *f.* magnétique (E.).
– – –, **mutual** = induction *f.* mutuelle (E.).
– – –, **residual** = rémanence *f.* (E.).
– – –, **self-** = self-induction *f.* (E.), auto-induction *f.* (E.), induction *f.* propre (E.).
– – –, **statical** = influence *f.* (E.), induction *f.* statique (E.).
– – –, **stray** = induction *f.* par dispersion (E.).
– – –, **tooth** = induction *f.* dans les dents (E.).
inductive = inducteur (adj.) (E.), inductif (adj.) (E.).
– – –, **anti-** = anti-inductif (adj.).
– – –, **auto-** = auto-inductif (adj.).
inductivity = inductivité *f.* (E.), constante *f.* diélectrique (E.).
inductometer = inductomètre *m.* (E.).
inductor = inducteur *m.* (E.), rotor *m.* (E.), bobine *f.* d'induction (E.).
– – –, **earth** = inducteur *m.* de terre (E.).
– – –, **magneto** = rotor *m.* de la magnéto (E.).
– – –, **tapped** = bobine *f.* à prises (E.).
– – –, **tuning** = inducteur *m.* d'accord (R.), bobine *f.* d'accord (R.).
industries = V. « industry ».
– – –, **engineering and electrical** = industries *f.p.* mécaniques et électriques.
– – –, **heavy** = industries *f.p.* lourdes, sidérurgie *f.* (Mét.).
– – –, **light** = industries *f.p.* légères.
industry = industrie *f.*, V. « industries ».
– – –, **building** = le bâtiment, industrie *f.* du bâtiment.
– – –, **car** = industrie *f.* de l'automobile.
– – –, **engineering** = industrie *f.* mécanique.
– – –, **marginal** = les petites industries.
– – –, **mining** = industrie *f.* minière.
– – –, **oil** = industrie *f.* pétrolifère.
– – –, **processing** = industrie *f.* de transformation.
– – –, **processing, food** = industrie *f.* alimentaire.
– – –, **shoe** = industrie *f.* de la chaussure.
– – –, **telephone** = industrie *f.* du téléphone.
inert = inerte (adj.).
inertance, acoustic = inertance *f.* acoustique.
inertia = inertie *f.*
– – –, **electrical** = inductance *f.* (E.).
– – –, **magnetic** = retard *m.* d'aimantation (E.), inertie *f.* magnétique (E.).
inertiae, vis = force *f.* d'inertie.
infilling = lambourde *f.* (B.), fourrure *f.* (B.).
inflammability = inflammabilité *f.*.
inflammable = inflammable (adj.).
inflatable = gonflable (adj.).

inflate, to = gonfler (un pneu).
inflated, under- = (pneu *m.*) insuffisamment gonflé.
inflating = gonflement *m.* (d'un pneu).
– – –, **over-** = gonflage *m.* excessif.
inflation = gonflement *m.* ou gonflage *m.* (d'un pneu).
inflator, tire = gonfleur *m.* (Auto.), pompe *f.* pour pneus (Auto.).
inflexion (or inflection) = inflexion *f.* (de la voix, d'une courbe), fléchissement *m.* (d'un ressort).
inflow = afflux *m.* (de sang, de personnes), arrivée *f.* ou venue *f.* (d'eau).
– – – **of water** = venue *f.* d'eau.
influence = induction *f.* (E.).
influx = affluence *f.* (d'un cours d'eau, de gens), afflux *m.* (de voyageurs, de gaz).
information = renseignement *m.* (Tp.), indication *f.*, renseignements *m.p.*, service *m.* des informations (dans un journal), service *m.* des renseignements (Tp.), bureau *m.* des renseignements.
infra-red = (rayonnement *m.*, radiation *f.*) infrarouge (adj.).
infrastructure = infrastructure *f.* (d'une route, d'une voie de chemin de fer).
infringement = violation *f.* (d'un droit), contrefaçon *f.* (d'un brevet).
infusible = infusible (adj.).
ingot = lingot *m.* (d'or), saumon *m.* (d'étain).
ingredient = ingredient *m.*, partie *f.* constituante.
ingress = admission *f.* (de la vapeur).
inhaler = respirateur *m.* (I.).
inhibition = interdit *m.*, inhibition *f.*, interdiction *f.* (d'un ecclésiastique).
inhibitor = inhibiteur *m.*
initial, to = parapher (ou parafer) (un document).
initiation = lancement *m.* (d'une entreprise), mise *f.* en oeuvre (d'un projet).
inject, to = injecter.
injection = injection *f.*
– – –, **cement** = injection *f.* de ciment.
– – –, **water** = injection *f.* d'eau.
injector = injecteur *m.* (Méc.).
– – –, **automatic** = injecteur *m.* à mise en marche automatique.
– – –, **fuel** = injecteur *m.* de carburant.
– – –, **grease** = pistolet *m.* graisseur, seringue *f.* à graissage.
– – –, **lubricant** = injecteur *m.* à graisse.
– – –, **self-acting** = injecteur *m.* à mise en marche automatique.
– – –, **steam** = injecteur *m.* de vapeur.
– – –, **suction** = éjecteur *m.*
– – –, **water** = injecteur *m.* d'eau.
injure, to = avarier ou endommager (les biens), blesser (une personne).
injured, seriously = grièvement blessé.
injuries, industrial = accidents *m.p.* du travail.
injury = blessure *f.* (à une personne), avarie *f.* (au matériel).
– – –, **work** = accident *m.* du travail.
ink, aniline = encre *f.* aniline.
– – –, **cold set** = encre *f.* fixée à froid (Imp.).
– – –, **developing** = encre *f.* de départ (Imp.).
– – –, **dull** = encre *f.* mate (Imp.).

(ink)

– – –, **duotone** = encre *f.* double-teinte (Imp.).
– – –, **etching** = encre *f.* à couvrir (Imp.).
– – –, **half-tone** = encre *f.* à vignettes.
– – –, **high-gloss** = encre *f.* lustrée.
– – –, **Indian** = encre *f.* de Chine.
– – –, **intaglio** = encre *f.* pour gravure (Imp.).
– – –, **invisible** = encre *f.* perdue.
– – –, **letterpress** = encre *f.* typographique.
– – –, **litho** = encre *f.* lithographique.
– – –, **long** = encre *f.* filante.
– – –, **metallic** = encre *f.* métallique.
– – –, **mimeograph** = encre *f.* autocopiste.
– – –, **moisture-set** = encre *f.* fixée par l'humidité (Imp.).
– – –, **news** = encre *f.* à journal.
– – –, **opaque** = encre *f.* opaque.
– – –, **printing** = encre *f.* d'imprimerie.
– – –, **process** = encre *f.* pour polychromie.
– – –, **quick drying** = encre *f.* très siccative.
– – –, **recording** = encre *f.* pour enregistreur.
– – –, **rub-proof** = encre *f.* inusable.
– – –, **ruling** = encre *f.* pour réglage.
– – –, **sympathetic** = encre *f.* sympathique.
inker = télégraphe *m.* écrivant, récepteur *m.* à encre.
– – –, **Morse** = appareil *m.* Morse enregistreur.
inking = encrage *m.* (Imp.).
inlay = procédé *m.* des caches électroniques (Tv.).
– – –, **leather** = (reliure *f.*) mosaïque *f.* (Imp.).
– – –, **marquetery** = marqueterie *f.*
inlet = orifice *m.* d'admission (de vapeur), tuyau *m.* d'arrivée, conduite *f.* d'arrivée, entrée *f.* (de câble), arrivée *f.* ou admission *f.* (d'un fluide), prise *f.* (d'air), bouche *f.* d'égout (S.).
– – –, **air** = prise *f.* d'air, reniflard *m.* (de chaudière), arrivée *f.* d'air.
– – –, **curb** = bouche *f.* de trottoir (S.).
– – –, **fuel** = arrivée *f.* du carburant (Auto.).
– – –, **gutter** = bouche *f.* de caniveau (S.).
– – –, **oil** = arrivée *f.* d'huile (Méc.), trou *m.* de graissage (Méc.).
– – –, **sewer** = bouche *f.* d'égout (S.).
– – –, **steam** = conduit *m.* d'admission, arrivée *f.* de la vapeur, admission *f.* de la vapeur.
– – –, **water** = arrivée *f.* d'eau.
– – –, **water, cooling** = arrivée *f.* d'eau de refroidissement.
inner = intérieur (adj.), interne (adj.).
input = puissance *f.* absorbée, énergie *f.* absorbée, consommation *f.* (d'une machine), entrée *f.* de courant (E.).
– – –, **aerial** = puissance *f.* collectée par l'antenne (R.), énergie *f.* absorbée par l'antenne (R.).
– – –, **computer** = entrée *f.* d'ordinateur (Inf.).
– – –, **power** = puissance *f.* réelle absorbée (E.), puissance *f.* d'entrée (E.).
– – –, **power, anode, D.C.** = puissance *f.* anodique d'entrée (d'un tube électronique) (R.).
– – –, **power, anode, total** = puissance *f.* totale anodique d'entrée.
– – –, **video** = entrée *f.* (du signal) vidéo.
inquiry = demande *f.* de renseignements (Tp.), enquête *f.*, investigation *f.*
inrush = entrée *f.* soudaine (de gaz), irruption *f.* (de la

(inrush)

mer, des ennemis).
insert = pièce *f.* rapportée, garniture *f.* intérieure, garniture *f.* d'ancrage, pièce *f.* noyée dans la masse, encartage *m.* (Imp.), insertion *f.* (Imp.), applique *f.* (Tv.), encart *m.* (publicitaire), mise *f.* rapportée (Mét.).
– – –, **ceiling** = garniture *f.* d'ancrage (noyée) dans le plafond (B.).
– – –, **cork** = pastille *f.* en liège (du plateau d'embrayage d'une automobile).
– – –, **spring-leaf** = entrelame *f.* (Auto.).
– – –, **to** = insérer (une clause dans un contrat), intercaler (une résistance dans un circuit) (E.), introduire (une fiche dans un jack) (Tp.), loger ou noyer (une clavette), glisser (un feuillet) dans (une serviette).
– – –, **washer** = entre-rondelle *f.*
inserter = outil *m.* à enfoncer.
insertion = insertion (d'une annonce dans un journal), introduction *f.* (d'un objet dans un autre).
inset = (coussinet *m.*) rentrant (adj.), mise *f.* en place, hors-texte *m.* (dans un livre).
inside = dedans *m.* (ou adj.), intérieur *m.* (ou adj.).
insolation = insolation *f.*, coup *m.* de soleil, ensoleillement *m.* (Phot.).
insoluble = (substance *f.*, problème *m.*) insoluble (adj.), (énigme *f.*, union *f.*) indissoluble (adj.).
inspect, to = inspecter (une usine, des travaux), vérifier ou inspecter (une machine), contrôler ou vérifier (la tenue des livres), examiner (un site), parcourir (une ligne téléphonique).
inspection = examen *m.* (de documents), inspection *f.* (d'une école), contrôle *m.* (des dépenses), visite *f.* (d'un lieu), vérification *f.* (d'une ligne) (Tp.).
– – – **of a boiler** = visite *f.* intérieure d'une chaudière (Méc.).
– – – **of a line** = vérification *f.* d'une ligne (par un agent des lignes) (Tp.).
– – –, **periodic** = levage *m.* (d'une locomotive).
– – –, **pole** = sondage *m.* des poteaux (Tp.).
– – –, **quality** = vérification *f.* de la qualité.
inspector = inspecteur *m.* (de bâtiments), contrôleur *m.* (des finances), vérificateur *m.* (de chaudières, de poids et mesures).
– – –, **contract** = surveillant *m.* des travaux, inspecteur *m.* des travaux.
– – – **of train dispatchers** = inspecteur *m.* du mouvement (Ch.d.f.).
– – –, **road** = voyer *m.*
instability = instabilité *f.* (d'un mur, d'un composé chimique), manque *m.* de fixité (d'un objet), manque *m.* de solidité (d'une charpente).
install, to = installer (un moteur, l'eau, l'électricité, le téléphone), monter ou poser (un appareil mécanique), emménager (des meubles dans un logement), aménager (son appartement).
installation = installation *f.* (du téléphone), montage *m.* ou pose *f.* (d'un appareil mécanique), aménagement *m.* (d'un appartement).
– – –, **actual** = aménagement *m.* réel (H.), installation *f.* réelle (E., C.).
– – –, **closet** = installation *f.* de cabinet d'aisances (S.).
– – –, **defective** = défaut *m.* de pose, vice *m.* de pose.
– – –, **dial system** = installation *f.* automatique (Tp.).

(**installation**)

– – –, **electric** = installation *f.* électrique (E.).
– – –, **intercommunication, subscriber's** = installation *f.* d'abonné à postes multiples avec commutateurs (Tp.), petit automatique privé (Tp.).
– – –, **interlocking** = installation *f.* d'enclenchement (E.).
– – –, **light** = installation *f.* d'éclairage (E.).
– – – **of a subscriber's telephone** = installation *f.* d'un poste d'abonnement (Tp.).
installations = V. « installation ».
– – –, **harbour** = installations *f.p.* portuaires (Mar.).
installer = installateur *m.* (Tp.), installateur-électricien *m.* (E.).
– – –, **P.B.X.** = installateur *m.* de tableaux de distribution (Tp.), installateur *m.* de standards (Tp.).
– – –, **station** = installateur *m.* de postes (Tp.).
instalment = acompte *m.* ou versement *m.*
instruction, programmed = enseignement *m.* microgradué.
instructions = règlement *m.* (Tp.), instructions *f.p.* (Tp.), consigne *f.* (Tp.), directives *f.p.*
– – –, **drivers'** = instructions *f.p.* pour les conducteurs (Auto.).
– – –, **operating** = notice *f.* technique.
– – –, **operating, signal** = ordre *m.* pour les transmissions (R.).
– – –, **service** = avis *m.* de service (Tp.).
– – –, **standing** = règlement *m.* (d'une société).
– – –, **working** = instructions *f.p.* de service (E., Méc.).
instructor = professeur *m.* (de natation), instructeur *m.*(des recrues), moniteur *m.* (de conduite).
– – –, **driving** = moniteur *m.* de conduite (Auto.).
instrument = instrument *m.*, appareil *m.* (de mesure) (E.), mécanisme *m.*, document *m.* officiel ou instrument *m.*, V. « instruments ».
– – –, **additional** = organe *m.* accessoire (Tp.).
– – –, **adjustable-coil** = appareil *m.* (de mesure) à cadre mobile (E.).
– – –, **calibrating** = instrument *m.* d'étalonnage.
– – –, **control** = instrument *m.* de contrôle.
– – –, **dead-beat** = appareil *m.* de mesure apériodique (E.), galvanomètre *m.* à oscillations amorties (E.).
– – –, **dial** = appareil *m.* à cadran ((Tp. E.), poste *m.* automatique (Tp.), appareil *m.* automatique (E.).
– – –, **direct-reading** = appareil *m.* à lecture directe.
– – –, **electrodynamic** = appareil *m.* électrodynamique (E.).
– – –, **electromagnetic** = appareil *m.* électromagnétique (E.).
– – –, **electronic** = appareil *m.* électronique.
– – –, **electrostatic** = appareil *m.* électrostatique (E.).
– – –, **flush-type** = instrument *m.* encastré.
– – –, **induction** = appareil *m.* d'induction (E.).
– – –, **measuring** = instrument *m.* de mesure.
– – –, **measuring, switchboard** = appareil *m.* de mesure de tableau (Tp.).
– – –, **mirror** = appareil *m.* à miroir, appareil *m.* à réflexion.
– – –, **moving-coil** = appareil *m.* à cadre mobile (E.).
– – –, **moving-iron** = appareil *m.* à fer mobile (E.).
– – –, **pointer** = instrument *m.* à lecture directe, appareil *m.* à aiguille.
– – –, **resistance** = appareil *m.* thermique à résistan-

(**instrument**)

ce (E.).
– – –, **rotating-field** = appareil *m.* à champ tournant (E.).
– – –, **signalling** = appareil *m.* de signalisation.
– – –, **standard** = instrument *m.* d'étalonnage.
– – –, **surveying** = instrument *m.* topographique.
– – –, **testing, accumulator** = appareil *m.* à essayer les accumulateurs (E.).
– – –, **thermal** = appareil *m.* thermique (Méc.).
– – –, **thermionic** = appareil *m.* thermoïonique (E.), appareil *m.* à tubes électroniques (E.).
– – –, **thermo-couple** = appareil *m.* à thermocouple (E.).
– – –, **wall** = appareil *m.* mural (Tp.).
instruments = V. « instrument ».
– – –, **aircraft** = instruments *m.p.* de bord. (Av.).
– – –, **dash-board** = instruments *m.p.* de tablier (Auto.).
– – –, **precision** = instruments *m.p.* de précision.
insulate, to = isoler (un conducteur électrique), calorifuger (un tuyau).
insulated, paper = isolé (adj.) au papier, sous papier.
– – –, **rubber** = sous caoutchouc, isolé au caoutchouc.
– – –, **silk** = isolé à la soie.
– – –, **sound** = insonorisé.
insulating = isolant (adj.).
– – –, **heat** = calorifugeage *m.*
insulation = isolement *m.* (d'un fil électrique), isolant *m.* (E., Méc.), isolation *f.* (E., B.), insonorisation *f.* (B.), calorifugeage *m.* (Méc.).
– – – **against ground** = isolation *f.* par rapport à la terre (E.).
– – –, **asbestos** = isolation *f.* à l'amiante (C.).
– – –, **batt** = isolant *m.* (thermique) en laize (B.), isolant *m.* matelassé (B.).
– – –, **cork** = isolation *f.* de liège, isolation *f.* au liège.
– – –, **cotton** = isolation *f.* au coton.
– – –, **defective** = défaut *m.* d'isolement, isolement *m.* défectueux.
– – –, **electrical** = isolation *f.* électrique (B.).
– – –, **faulty** = défaut *m.* d'isolement.
– – –, **fibre** = isolement *m.* fibreux.
– – –, **fill** = isolant *m.* (thermique) insufflé (B.).
– – –, **heat** = isolation *f.* calorifuge, isolant *m.* thermique.
– – –, **low** = mauvais isolement (E.).
– – –, **noise** = isolation *f.* contre le bruit, insonorisation *f.*
– – –, **oil** = isolation *f.* à huile.
– – –, **paper** = isolation *f.* au papier, sous papier.
– – –, **poor** = mauvais isolement (Tp.).
– – –, **quilt** = isolant *m.* en laize (B.), laize *f.* d'isolant matelassé (B.).
– – –, **rubber** = isolement *m.* au caoutchouc.
– – –, **sound** = insonorisation *f.*
– – –, **thermal** = calorifugeage *m.*, isolation *f.* thermique.
– – –, **wall, perimeter** = traitement *m.* hydrofuge (du pourtour) du mur de fondation (B.), pose *f.* d'un enduit d'étanchéité sur le mur de fondation.
insulator = isolateur *m.* (de fils téléphoniques) (Tp., E.), isolant *m.* (E.), diélectrique *m.* (E.), tampon *m.* amortisseur (de moteur) (E.).

(insulator)

– – –, **antenna** = isolateur *m*. pour les antennes (R.).
– – –, **anti-spraying** = isolateur *m*. protecteur contre effluves (E.).
– – –, **back-stay** = isolateur *m*. de hauban, isolateur *m*. d'arrêt.
– – –, **base, antenna** = isolateur *m*. de base d'antenne (R.).
– – –, **bell-shaped** = cloche *f*. isolante (E.).
– – –, **buckle** = isolateur *m*. en maillons.
– – –, **bushing** = manchon *m*. isolant, isolateur *m*. de traversée.
– – –, **corner** = isolateur *m*. d'arrêt, isolateur *m*. d'extrémité.
– – –, **double-shed** = isolateur *m*. à double cloche.
– – –, **ebonite** = isolateur *m*. en ébonite.
– – –, **egg** = maillon *m*. (isolateur) ovoïde, isolateur *m*. en forme de noix.
– – –, **fibre** = isolateur *m*. en fibre.
– – –, **flexible** = isolateur *m*. souple.
– – –, **glass** = isolateur *m*. en verre.
– – –, **glass-wool** = laine *f*. de verre isolante (B.).
– – –, **hard rubber** = isolateur *m*. en ébonite.
– – –, **head** = isolateur *m*. de tête.
– – –, **heat** = calorifuge *m*. (Méc.).
– – –, **high-frequency** = isolateur *m*. haute fréquence.
– – –, **high-tension** = isolateur *m*. haute tension.
– – –, **high-tension, four-skirt** = isolateur *m*. haute tension à quatre jupes, isolateur *m*. haute tension à quatre cloches, isolateur *m*. haute tension (quatre pièces scellées).
– – –, **lead-in** = isolateur *m*. d'entrée (de poste) (Tp.).
– – –, **leading-in** = isolateur *m*. d'entrée (de poste) (Tp.).
– – –, **lightning-rod** = isolateur *m*. de paratonnerre.
– – –, **line** = isolateur *m*. de ligne.
– – –, **low-tension** = isolateur *m*. basse tension.
– – –, **mast-top** = isolateur *m*. de tête de mât (R.).
– – –, **mushroom** = isolateur *m*. à cloche.
– – –, **oil-type** = isolateur *m*. à huile.
– – –, **petticoat** = isolateur *m*. à cloche, isolateur *m*. à jupe.
– – –, **petticoat, double** = isolateur *m*. à cloche double.
– – –, **pin-type** = isolateur *m*. rigide, isolateur *m*. à tige.
– – –, **porcelain** = isolateur *m*. en porcelaine.
– – –, **post-type** = isolateur-support *m*.
– – –, **section** = isolateur *m*. de section.
– – –, **shackle** = isolateur *m*. d'angle (Tp.), maillon *m*. isolateur (E.).
– – –, **shell** = maillon *m*. isolateur.
– – –, **spark-plug** = isolant *m*. pour bougie d'allumage (Auto.).
– – –, **stay** = isolateur *m*. de hauban.
– – –, **strain** = isolateur *m*. d'arrêt, isolateur *m*. tendeur.
– – –, **supporting** = isolateur-porteur *m*.
– – –, **suspension** = isolateur *m*. suspendu, isolateur *m*. de suspension.
– – –, **suspension assembly, 5-unit** = chaîne *f*. d'isolateurs de suspension à cinq éléments.
– – –, **terminal** = isolateur *m*. d'arrêt.
– – –, **tree** = isolateur *m*. d'arbre.
– – –, **wall** = isolateur *m*. mural.

(insulator)

– – –, **wall-entrance** = isolateur *m*. d'entrée (en bâtiment).
– – –, **wall-tube** = isolateur *m*. de traversée de mur.
insurance = assurance *f*.
– – –, **accident** = assurance *f*. contre les accidents.
– – –, **fire** = assurance *f*. contre l'incendie.
– – –, **life** = assurance-vie *f*.
– – –, **public liability** = assurance *f*. de responsabilité.
intake = prise *f*. (d'eau, de courant électrique), appel *m*. ou entrée *f*. (d'air), arrivée *f*. ou amenée *f*. ou admission *f*. (de vapeur).
– – –, **air** = prise *f*. d'air, reniflard *m*., appel *m*. d'air.
– – –, **air, ram** = prise *f*. d'air forcé.
– – –, **fuel** = admission *f*. de combustible.
– – –, **water** = prise *f*. d'eau.
integral = (nombre *m*.) entier (adj.), solidaire de, intégrale *f*.
integrate, to = compléter (l'assemblage des éléments d'une machine).
integrator = intégrateur *m*. (M.).
– – –, **surface** = planimètre *m*. (I.).
intelligibility = intelligibilité *f*. (Tp.).
– – –, **relative** = intelligibilité *f*. relative (Tp.).
– – –, **word** = netteté *f*. pour les mots (Tp.).
intensifier = amplificateur *m*., multiplicateur *m*. de pression (H.).
– – – **of sound** = amplificateur *m*.
– – –, **spark** = amplificateur *m*. (E.).
intensity = intensité (du courant, de la lumière), énergie *f*. (de l'étincelle), puissance *f*. (d'une lampe).
– – –, **current** = intensité *f*. du courant (E.).
– – –, **current, heating** = intensité *f*. du courant de chauffage (E.).
– – –, **current, normal** = intensité *f*. de régime (E.), intensité *f*. normale (E.).
– – –, **field** = intensité *f*. de champ (E.), intensité *f*. du champ (E.).
– – –, **field, magnetic** = intensité *f*. du champ magnétique (E.).
– – –, **field, noise** = intensité *f*. de champ pertubateur (R.).
– – –, **field, radio** = intensité *f*. du champ haute fréquence (R.).
– – –, **lamp** = puissance *f*. de lampe (E.).
– – –, **light** = intensité *f*. lumineuse (E.).
– – –, **luminous** – – – **of a point source** = intensité *f*. lumineuse d'une source ponctuelle (E.).
– – –, **magnetic** = intensité *f*. de champ magnétique (E.).
– – – **of combustion** = intensité *f*. de combustion (Méc.).
– – – **of current** = intensité *f*. du courant (E.), intensité *f*. de courant (E.).
– – – **of illumination** = intensité *f*. d'éclairage (E.), éclairement *m*. (Phot.).
– – – **of light** = intensité *f*. de la lumière (E.).
– – – **of magnetic field** = intensité *f*. du champ magnétique (E.).
– – – **of magnetization** = intensité *f*. d'aimantation (E.).
– – – **of precipitation** = cadence *f*. de précipitation (H.), intensité *f*. de la pluie (H.).
– – – **of shear** = tension *f*. de cisaillement (Méc.).

(intensity)

– – – of stress = tension *f.* (Méc.), charge *f.* (Méc.).

– – – of the spark = énergie *f.* de l'étincelle (Auto.), chaleur *f.* de l'étincelle (Auto.).

– – – of torsional stress = tension *f.* de torsion (Méc.).

– – –, rainfall = intensité *f.* de la pluie (H.), cadence *f.* de précipitation (H.).

– – –, sound = intensité *f.* sonore, intensité *f.* acoustique.

intercarrier = entre deux ondes porteuses (Tp.).

intercept, to = intercepter ou capter (une conversation téléphonique).

– – –, to – – – the traffic = couper les communications (Tp.).

interception = captage *m.* (Tp.), service *m.* d'interception (Tp.), service *m.* d'écoute (Tp.).

– – –, airbone – – – of aircraft = détection *f.* au radar d'avions par un autre avion.

interceptor = siphon *m.* d'égout (S.).

interchange = interversion *f.* (de câbles, de fils) (Tp., E.), échange *m.* (de signaux).

– – –, to = permuter (des fils électriques), invertir (des attaches de câble téléphonique), échanger (des injures, des signaux).

– – –, traffic = carrefour *m.* en double huit (Auto.), échangeur *m.* (Auto.).

interchangeable = interchangeable (adj.).

intercity (or inter-city) = interurbain (adj.).

intercom = intercommunication *f.* (Tp.), interphone *m.* (Tp.).

– – –, dial = interphone *m.* à cadran (Tp.).

interconnect = interconnecter (Tp., E.), conjuguer (Méc.).

interconnected = conjugué (adj.) (Méc.), interconnecté (adj.) (Tp., E.).

interconnection = interconnexion *f.* (E., Tp.).

interest = intérêt *m.*

– – – during construction period = intérêts *m.p.* intercalaires.

– – – on loan = intérêt *m.* sur prêt.

– – –, public = intérêt *m.* public, intérêt *m.* général.

interface = interface *f.* (Chim.), joint *m.* (Méc.), dispositif *m.* de jonction (Inf.), intermédiaire *m.* (O.).

interfere, to = interférer (R.), gêner (la circulation), brouiller (les ondes de T.S.F.), entraver (la marche des affaires, le cours de la justice), masquer (la vue), contrecarrer (les projets de quelqu'un).

interference = interférence *f.* (R.), brouillage *m.* (R.), perturbations *f.p.* (R.), parasites *m.p.* (R.).

– – –, anti- = antiparasite *m.* (ou adj.) (R.).

– – –, atmospheric = brouillage *m.* atmosphérique (R.).

– – –, common mode = interférence *f.* (ou parasites *m.p.*) en mode longitudinal (Tp.).

– – –, image = interférence *f.* par la fréquence image (Tv.).

– – –, inductive = interférence *f.* par induction (R.).

– – – in reception = interférence *f.* dans la réception (R.).

– – –, local = parasites *m.p.* industriels (R.).

– – –, man-made = parasites *m.p.* industriels (R.).

– – –, radio = parasites *m.p.* (de radio).

– – –, second-channel = interférence *f.* sur la fréquence image (R.).

(interference)

– – –, side-band = interférence *f.* des bandes latérales (R.), brouillage *m.* par les bandes latérales (R.).

intergrator = montage *m.* intégrateur (E.).

interim = entre-temps, intérimaire (adj.), intérim *m.*

– – –, ad = par intérim.

interlace, to = entrecroiser (des fils), entrelacer (des guirlandes).

interleaf = feuille *f.* interfoliée (dans un livre) (Imp.), feuille *f.* blanche (intercalée dans un livre) (Imp.).

interleave, to = interfolier (un livre) (Imp.).

interlink, to = relier entre eux . . . . . . , unir (par voies de communication), raccorder (des circuits) (Tp.).

interlinking = jonction *f.*, raccordement *m.*

– – – of phases = jonction *f.* des phases (E.), raccordement *m.* (E.).

interlock = enclenchement *m.* (Méc.), verrouillage *m.* (Méc.), action *f.* combinée des pièces d'un mécanisme (Méc.), couplage *m.* (d'un alternateur).

– – –, clutch = verrouillage *m.* d'embrayage.

– – –, to = enclencher, emboîter, enchevêtrer.

interlocking = de couplage (E.), d'interconnexion, d'accouplement, d'enclenchement.

intermediate = intermédiaire (adj.), moyen (adj.).

intermission = intermittence *f.* (du pouls, du coeur), interruption *f.* (d'un travail), entracte *m.* (dans une pièce de théâtre).

intermodulation = modulation *f.* mutuelle (R.), production *f.* de sons différentiels (R.), intermodulation *f.* (R.).

internal = interne (adj.), intérieur (adj.).

interphone = téléphone *m.* privé (de communication entre les services d'une usine), interphone *m.*

– – –, home = interphone *m.* de résidence (Tp.).

interpolar = interpolaire (adj.) (E.).

interpolate, to = interpoler.

interrupt, to = suspendre (la circulation sur une route), couper (les communications), interrompre (un circuit électrique, une conférence).

interrupter = interrupteur *m.* (E.), commutateur *m.* (E.), coupe-circuit *m.* (E.), rupteur *m.* (E.), disjoncteur *m.* (E.), éclateur *m.* (E.).

– – –, air = interrupteur *m.* dans l'air.

– – –, automatic = interrupteur *m.* automatique.

– – –, buzzer = trembleur *m.* d'un ronfleur.

– – –, electrolytic = interrupteur *m.* électrolytique.

– – –, mercury- jet = interrupteur *m.* à jet de mercure.

– – –, mercury-turbine = turbo-interrupteur *m.*

– – –, periodic = interrupteur *m.* périodique.

– – –, rotary = interrupteur *m.* rotatif.

– – –, spark-gap = éclateur *m.*

interruption = coupure *f.* (E.), rupture *f.* (E.), interruption *f.* (E.).

intersect, to = entrecroiser, entrecouper, intersecter, croiser.

intersection = croisement *m.* (de routes), intersection *f.* (des rues, de lignes), carrefour *m.*, croisée *f.* (des chemins).

– – –, clover-leaf = croisement *m.* (de routes) en (as de) trèfle, carrefour *m.* en trèfle.

– – –, multiple = intersection *f.* à voies multiples, échangeur *m.*

– – –, skew = croisement *m.* oblique.

– – –, three-way = croisement *m.* à trois branches.

(invoice)

interspace = espacement *m.* (Imp.), intervalle *m.*
interspacing = espacement *m.* (Imp.).
interstage = (couplage *m.*) entre étages (R.), (transformateur *m.*) de liaison (R.).
interstellar = interstellaire (adj.), intersidéral (adj.).
interstice = interstice *m.*, alvéole *m.* (d'un grillage d'accumulateur) (E.).
intertripping = déclenchement *m.* interdépendant (E.).
interurban = interurbain (adj.), (ligne *f.*) de banlieue (Tp., E.).
interval = intervalle *m.*
– – –, answering = délai *m.* de réponse (Tp.).
– – –, blanking, field = intervalle *m.* de suppression de trame (Tv.).
– – –, blanking, line = intervalle *m.* de suppression de ligne (Tv.).
– – –, contour = équidistance *f.* (entre deux courbes de niveau).
– – –, delayed-pulse = temps *m.* perdu (Tp.).
– – – of loading points = pas *m.* de pupinisation (Tp.).
– – –, significant = intervalle *m.* significatif (d'une modulation, d'une restitution) (Tg.).
– – –, spacing = intervalle *m.* de manipulation (Tp.).
– – –, time = intervalle *m.* de temps.
– – –, unit = intervalle *m.* (dans un enroulement, au collecteur) (E.), intervalle *m.* unitaire (Tg.).
intervals, countour = équidistances *f.p.*
interview = entrevue *f.*, interview *f.*
– – –, private = entretien *m.* privé.
– – –, to = interviewer (quelqu'un).
interviewer = interviewer *m.*
interwoven = entrecroisé (adj.).
intrados = intrados *m.* (B.), douelle *f.* (d'une voûte) (B.).
intricate = (travail *m.*) difficile (adj.), (mécanisme *m.*) compliqué (adj.), (affaire *f.*) embrouillée (adj.).
invar = invar *m.*
inventory = inventaire *m.*
– – – of fixtures = état *m.* des lieux.
inversion, pole = inversion *f.* des pôles (E.).
invert = radier *m.* (H.).
inverted = (courant *m.*) inversé (adj.) ou renversé (adj.) (E.), (courant *m.*) de sens contraire (E.), (image *f.*) renversée (adj.), (ordre *m.*) inverse (adj.).
inverter = inverseur *m.* (c.-à-d. convertisseur statique) (E.), onduleur *m.* (E.).
– – –, frequency = inverseur *m.* de fréquence (R.).
– . – –, speech = démodulateur *m.* (Tp.).
invest, to = placer de l'argent, revêtir (d'une autorité, d'un pouvoir).
investigate, to = examiner (la valeur de quelque chose), enquêter (sur une affaire, sur un crime).
investigation = recherche *f.* (analytique), enquête *f.* (scientifique, de la police sur un accident), examen *m.* (des titres d'une propriété), étude *f.* (des sols).
– – –, expert = expertise *f.*
– – –, site = étude *f.* des lieux.
– – –, soil = étude *f.* du sol.
investment = placement *m.* (de fonds), investissement *m.* (des réserves d'une entreprise).
invite, to – – – tenders for = mettre (un travail) en adjudication.
invoice = facture *f.*

– – –, shipping = facture *f.* d'expédition.
involute = développement *f.* (Méc.), (arc *m.* de) développante *f.* (Méc.).
– – – of a circle = développante *f.* de cercle.
iodide = iodure *m.* (de mercure, d'argent).
iodine = iode *m.*
ion = ion *m.* (E.), ionique (adj.).
– – –, basic = ion *m.* basique.
– – –, hybrid = ion *m.* neutre.
– – –, hydrogen = cation *m.*
ionic = ionique (adj.) (E.).
ionization = ionisation *f.* (E.).
– – –, electrolytic = ionisation *f.* électrolytique.
– – –, impact = ionisation *f.* par chocs.
– – –, sporadic = ionisation *f.* sporadique (R.).
– – –, thermal = ionisation *f.* d'origine thermique.
ionize, to = ioniser (E.), s'ioniser (E.).
ionizer = ionisant *m.* (E.), ionisateur *m.* (E.).
ionogen = électrolyte *m.* (E.).
ionosphere = ionosphère *f.*
I.O.U. (I owe you) = reconnaissance *f.* de dette.
iris = iris *m.* (Phot.).
iron = fer *m.*, outil *m.*, fer *m.* à repasser (Ust.).
– – –, anchor = grappin *m.* (Mar., C.), tige *f.* d'ancre (Tp., E.).
– – –, angle = cornière *f.* (B.).
– – –, angular = équerre *f.* (C.), ferrure *f.* angulaire (C.).
– – –, armature = fer *m.* d'induit (E.).
– – –, back = contre-fer *m.* (de rabot).
– – –, band = feuillard *m.*
– – –, bar = fer *m.* en barres, fer *m.* marchand.
– – –, bar, C-shaped = fer *m.* en C.
– – –, bar, flat = fer *m.* méplat.
– – –, bar, round = fer *m.* rond (C.), fer *m.* en barres rondes (C.).
– – –, bar, section = fer *m.* profilé (C.).
– – –, barking = outil *m.* à écorcer (I.).
– – –, beak = bec *m.* d'enclume, bigorne *f.*
– – –, binding = patte *f.* d'attache (C.), ferrure *f.* (C.).
– – –, bloom = fer *m.* à loupe (Mét.).
– – –, branding = fer *m.* à marquer (I.).
– – –, break = contre-fer *m.* (d'un rabot).
– – –, breaker = matoir *m.* (I.).
– – –, brittle = fer *m.* aigre, fer *m.* cassant.
– – –, burned = fer *m.* rouverin.
– – –, cast = fonte *f.*, V. « cast-iron ».
– – –, caulking = matoir *m.* (I.).
– – –, chain = maillon *m.*
– – –, chamfering = biseau *m.* (I.).
– – –, channel = fer *m.* (en) U (C.), profilé *m.* en U (C.).
– – –, channelled = fer *m.* cannelé (C.), fer *m.* (en) U (C.).
– – –, charcoal = fer *m.* au bois (Mét.).
– – –, chilled = fonte *f.* en coquille (Mét.).
– – –, chrome = ferrochrome *m.* (Mét.).
– – –, clearing = débouchoir *m.* (I.).
– – –, cleaving = contre-fendoir *m.* (I.).
– – –, click = cliquet *m.* (Méc.).
– – –, coarse-grain = fer *m.* à gros grain (Mét.).
– – –, coke = fer *m.* au coke, fonte *f.* au coke.
– – –, cold-short = fer *m.* cassant à froid.

(iron)

– – –, **core** = noyau *m.* d'induit (E.).
– – –, **corner** = harpe *f.* de fer (C.), cornière *f.* (C.).
– – –, **corner, unequal** = cornière *f.* à ailes inégales (C.).
– – –, **corrugated** = tôle *f.* ondulée (B.).
– – –, **cradle** = étrier *m.* d'échafaudage (C.).
– – –, **cramp** = crampon *m.*, clameau *m.*, main *f.* de fer, happe *f.*
– – –, **cramp, small** = cramponnet *m.*
– – –, **cruciform** = fer *m.* en croix.
– – –, **curling** = fer *m.* à friser (Ust.), frisoir *m.* (Ust.).
– – –, **curling, electric** = fer *m.* à friser électrique (Ust.), frisoir *m.* électrique (Ust.).
– – –, **dog** = crochet *m.* d'assemblage (Méc.), clameau *m.* (Méc., C.), crampon *m.* (C.).
– – –, **drawn-out** = fer *m.* laminé.
– – –, **edge** = fer *m.* de bordure.
– – –, **electric** = fer *m.* à repasser (Ust.).
– – –, **embossing** = ébauchoir *m.* (I.).
– – –, **fagot** = fer *m.* de faisceau.
– – –, **fibrous** = fer *m.* nerveux (Mét.), fer *m.* fibreux (Mét.).
– – –, **fine-grain** = fer *m.* à grain fin (Mét.), fer *m.* dur (Mét.).
– – –, **fire** = ringard *m.* (I.), tisonnier *m.* (I.).
– – –, **flat** = fer *m.* en bande, fer *m.* à repasser (Ust.).
– – –, **flawy** = fer *m.* pailleux (Mét.).
– – –, **fleshing** = drayoire *f.* (I.).
– – –, **fluting** = fer *m.* à tuyauter (Méc.).
– – –, **forged** = fer *m.* forgé.
– – –, **fritter** = moule *m.* à beignets (Ust.).
– – –, **galvanized** = tôle *f.* galvanisée, fer *m.* galvanisé.
– – –, **grip** = rond *m.* crénelé (pour béton armé).
– – –, **H** = fer *m.* en double T (C.), fer *m.* en H (C.), éponge *f.* de fer (Mét.).
– – –, **half-round** = fer *m.* demi-rond (C.).
– – –, **hammered** = fer *m.* martelé.
– – –, **hammered, cold-** = fer *m.* écroui.
– – –, **hoop** = ruban *m.* de fer, fer *m.* en ruban, cercle *m.* de barrique.
– – –, **horseshoe** = fer *m.* de maréchalerie.
– – –, **hot-short** = fer *m.* rouverin, fer *m.* métis.
– – –, **I** = fer *m.* en I (C.).
– – –, **ingot** = acier *m.* entra-doux, fer *m.* fondu.
– – –, **ingot, Martin** = fer *m.* coulé au Martin (Mét.).
– – –, **jagging** = videlle *f.* (M.).
– – –, **L** = cornière *f.* (C.).
– – –, **laminated** = fer *m.* laminé.
– – –, **magnetic** = fer *m.* magnétique (E.).
– – –, **malleable** = fonte *f.* malléable (Mét.).
– – –, **mild** = fer *m.* doux.
– – –, **mottled** = fonte *f.* truitée (Mét.).
– – –, **muck** = fer *m.* ébauché.
– – –, **old** = ferraille *f.*
– – –, **paring** = rognoir *m.* (I.), paroir *m.* (I.), tranchet *m.* (de forge), boutoir *m.* (de maréchal).
– – –, **pig** = fer *m.* en gueuse (Mét.), gueuse *f.* (Mét.), fonte *f.* en gueuse (Mét.).
– – –, **pig, basic** = fonte *f.* basique.
– – –, **pig, cinder** = fonte *f.* métisse (contenant des scories).
– – –, **pig, foundry** = fonte *f.* de moulage.
– – –, **pig, grey** = fonte *f.* grise.

(iron)

– – –, **pig, malleable** = fonte *f.* malléable.
– – –, **pinking** = emporte-pièce *m.* (I.).
– – –, **plane** = fer *m.* de rabot, fer *m.* à raboter, couteau *m.* de rabot.
– – –, **plane, block** = fer *m.* à petit rabot.
– – –, **plate** = tôle *f.*
– – –, **polishing** = polissoir *m.* (I.).
– – –, **priming** = dégorgeoir *m.* (I.).
– – –, **puddled** = fer *m.* puddlé (Mét.).
– – –, **rabbet** = fer *m.* de guillaume (Men.).
– – –, **raw** = fer *m.* brut.
– – –, **razing** = bec-de-corbin *m.* (I.).
– – –, **refined** = fer *m.* affiné.
– – –, **ripping** = bec-de-corbin *m.* (I.).
– – –, **rolled** = fer *m.* laminé.
– – –, **round** = fer *m.* rond (C.).
– – –, **sad** = fer *m.* à repasser (Ust.).
– – –, **scrap** = ferraille *f.*, vieux fer.
– – –, **scribing** = pointe *f.* à tracer (I.).
– – –, **section, T** = fer *m.* en T (C.), profilé *m.* en T (C.).
– – –, **section, Z** = barre *f.* en Z (C.).
– – –, **sectional** = profilé *m.* (C.), fers *m.p.* profilés (C.).
– – –, **sheet** = (fer *m.* en) tôle *f.*, feuillard *m.* de fer, fer *m.* en feuilles.
– – –, **sheet, corrugated** = tôle *f.* ondulée.
– – –, **sheet, formed** = tôle *f.* emboutie.
– – –, **sheet, galvanized** = tôle *f.* galvanisée.
– – –, **sheet, rolled** = tôle *f.* laminée.
– – –, **sheet, tank** = tôle *f.* à réservoir.
– – –, **short** = fer *m.* cassant (Mét.), fer *m.* maigre (Mét.), fer *m.* revêche (Mét.).
– – –, **slat** = latte *f.* en fer.
– – –, **soft** = fer *m.* doux.
– – –, **soldering** = fer *m.* à souder (I.).
– – –, **soldering, electric** = fer *m.* à souder électrique (I.).
– – –, **spathic** = fer *m.* spathique.
– – –, **specular** = fer *m.* spéculaire.
– – –, **spun** = fonte *f.* centrifugée.
– – –, **steam** = fer *m.* à repasser à vapeur (Ust.).
– – –, **steeled** = fer *m.* aciéré, fer *m.* étoffé.
– – –, **steely** = fer *m.* aciéreux.
– – –, **straightening** = griffe *f.* de redressage (Méc.), collier *m.* de fixation (Méc.).
– – –, **strap** = feuillard *m.*
– – –, **strip** = feuillard *m.*
– – –, **structural** = fer *m.* profilé (C.), fer *m.* de construction (C.).
– – –, **stub** = fer *m.* de riblons.
– – –, **T** = fer *m.* en T (C.), profilé *m.* en T (C.).
– – –, **T, double-** = fer *m.* à double T (C.).
– – –, **tee** = té *m.* (C.), fer *m.* en T (C.).
– – –, **tilted** = fer *m.* martelé, fer *m.* forgé.
– – –, **tinned** = fer-blanc *m.*
– – –, **tonguing** = fer *m.* de bouvet double (Men.).
– – –, **top** = contre-fer *m.* (d'une varlope).
– – –, **tracing** = rénette *f.* (de menuisier) (I.).
– – –, **U** = fer *m.* en U (C.).
– – –, **waffle** = gaufrier *m.* (Ust.), moule *m.* à gaufres (Ust.).
– – –, **white** = fer-blanc *m.*

(iron)

– – –, **wrought** = fer *m*. forgé.
– – –, **Z** = fer *m*. en Z (C.).
ironer = machine *f*. à repasser (M.), repasseuse *f*. électrique (M.).
– – –, **electric** = machine *f*. à repasser électrique (M.), repasseuse *f*. (électrique) (M.).
ironing = repassage *m*.
ironmonger = quincaillier *m*. (O.).
irons, climbing = crampons *m.p*. (Tp.), grappins *m.p*. (E.), griffes *f.p*. de « télégraphiste » (E.).
– – –, **end** = ferrures *f.p*. d'extrémité (B.).
– – –, **fire** = garniture *f*. de foyer (B.).
– – –, **foot** = échelons *m.p*. (d'un puits d'accès) (B.).
– – –, **tie** = chaînage *m*. (B.).
– – –, **yoke, centre** = ferrures *f.p*. à joug.
ironwork = ferronnerie *f*., construction *f*. en fer.
ironworker = charpentier *m*. en fer (O.), serrurier *m*. (O.).
– – –, **structural** = monteur *m*. en charpente métallique.
ironworks = usine *f*. sidérurgique (Mét.).
irradiate, to = rayonner, irradier.
irrigate, to = irriguer (des prairies).
irrigation = irrigation *f*., arrosage *m*.
island = îlot *m*. (de maisons), île *f*.
– – –, **safety** = refuge *m*. (pour piétons).
isobar = isobare *f*.
isochronism = isochronisme *m*. (Méc.).
isochronous = isochrone (adj.) (Méc.).
isolanite = « isolantite » *f*. (E.), matière *f*. isolante (E.).

isolate, to = isoler (un fil) (E.), dégager (un objet).
isolator = isolant *m*. (E.), isolateur *m*. (E.), sectionneur *m*. (E.).
– – –, **multipolar** = sectionneur *m*. multipolaire (E.).
isosceles = isocèle (adj.).
isotherm = isotherme *f*. (ou adj.).
isothermal = isotherme (adj.).
isotropic = isotrope (adj.), monoréfringent (adj.).
issue = sortie *f*. (de fumée), écoulement *m*. (d'eau), dénouement *m*. (d'une affaire), résultat *m*. (d'une étude), édition *f*. (d'un livre), numéro *m*. (d'une revue), émission *f*. (d'obligations, d'actions).
italics = italiques *m.p*. (Imp.).
item = article *m*. (d'un contrat, d'une commande), alinéa *m*. (d'un document), poste *m*. (de comptabilité), item *m*. (c.-à-d. article *m*. de compte), question *f*. ou point *m*. (à l'ordre du jour), numéro *m*. (de programme).
– – –, **agenda** = article *m*. de l'ordre du jour.
– – –, **expense** = chef *m*. de dépense.
– – –, **major** = article *m*. principal.
– – –, **stock** = marchandise *f*. régulière.
itemize, to = détailler (un compte).
items, miscellaneous = matériel *m*. et articles *m.p*. divers.
ivory = ivoire *m*.
– – –, **imitation** = ivorine *f*.
ivy = lierre *m*.
– – –, **poison** = sumac *m*. vénéneux, herbe *f*. à puce (Canada).

j

J = V. « joule ».

jack = vérin *m.* (Auto.), cric *m.* (Auto.), jack *m.* (Tp.), fiche *f.* femelle (Tp.), conjoncteur *m.* (d'un téléphone transportable) (Tp.), étai *m.* ou chandelle *f.* ou étançon *m.* (de coffrage à béton) (B.).

– – –, **ammeter** = tirette *f.* (E.).

– – –, **annunciator** = jack *m.* à volet (Tp.).

– – –, **answering** = jack *m.* d'abonné (Tp.), jack *m.* local (Tp.), jack *m.* de réponse (Tp.).

– – –, **auxiliary** = jack *m.* d'entraide (Tp.).

– – –, **banana** = jack *m.* pour casque téléphonique (Tp.).

– – –, **boot** = tire-botte *m.* (I.).

– – –, **branch** = jack *m.* sans contacts de rupture (Tp.).

– – –, **break** = jack *m.* à rupture (Tp.).

– – –, **calling** = jack *m.* local (Tp.), jack *m.* de réponse (Tp.).

– – –, **car** = cric *m.* pour auto (Auto.), vérin *m.* de voiture (Méc.).

– – –, **carriage** = cric *m.* (Méc.), lève-roue *m.* (Méc.).

– – –, **chain** = cric *m.* à noix (Méc.).

– – –, **chimney** = mitre *f.* de cheminée à tête mobile (B.), girouette *f.* à fumée (B.), tabourin *m.* (B.).

– – –, **dial** = jack *m.* d'appel direct (Tp.).

– – –, **double-purchase** = cric *m.* à double engrenage (Méc.).

– – –, **gear** = cric *m.* à engrenage (Méc.).

– – –, **hand** = cric *m.* à main (Méc.).

– – –, **heavy-duty** = cric *m.* pour poids lourds (Méc.).

– – –, **holding** = jack *m.* de (mise en) garde (Tp.).

– – –, **hydraulic** = vérin *m.* hydraulique (Méc., Auto.), étançon *m.* hydraulique (B.).

– – –, **key** = jack *m.* de manipulateur (Tp.).

– – –, **lever** = cric *m.* à levier (Méc.).

– – –, **lifting** = vérin *m.* (Méc.).

– – –, **listening** = jack *m.* d'écoute (Tp.).

– – –, **local** = jack *m.* local (Tp.), jack *m.* d'appel (Tp.).

– – –, **monitor** = jack *m.* de contrôle (Tp.), jack *m.* de surveillance (Tp.).

– – –, **multiple** = jack *m.* général (de commutateur multiple) (Tp.).

– – –, **phone** = jack *m.* de téléphone (Tp.).

– – –, **pole-pulling** = cric *m.* arrache-poteaux (Tp., E.).

– – –, **rack-and-pinion** = cric *m.* à crémaillère (Méc.), vérin *m.* (Méc.).

– – –, **ratchet** = cric *m.* à rochet (Méc.), cric *m.* (Méc.).

– – –, **rail** = lève-rail *m.* (Ch.d.f.), cric *m.* de relevage (Ch.d.f.).

– – –, **recording-completing** = jack *m.* d'abonné (Tp.).

– – –, **roasting** = tournebroche *m.* (Ust.).

– – –, **roller** = vérin *m.* à galet (Méc.).

– – –, **roof** = buse *f.* de cheminée (B.).

– – –, **saw** = chevalet *m.* de sciage, baudet *m.*

– – –, **sawyer's** = chevalet *m.* de scieur, baudet *m.*

– – –, **screw** = viole *f.* (de charpentier), vérin *m.* à vis (Méc.), vérin *m.* (Méc.).

– – –, **screw, double-acting** = vérin *m.* à double effet, cric *m.* à double effet. '

– – –, **spring** = jack *m.* de liaison (Tp.).

– – –, **steel** = étançon *m.* métallique (B.).

– – –, **steel, adjustable** = étançon *m.* métallique (réglable) (B.).

– – –, **telephone** = jack *m.* téléphonique (Tp.), fiche *f.* femelle (Tp.).

– – –, **telescopic** = vérin *m.* télescopique (Méc.).

– – –, **timber** = cric *m.* de charpentier (Men.).

– – –, **to – – – up** = soulever sur cric, soulever sur vérin.

– – –, **track** = cric *m.* de relevage de voie (Ch.d.f.).

– – –, **transfer** = jack *m.* de transfert (Tp.), jack *m.* de renvoi (Tp.).

– – –, **wagon** = lève-roue *m.* (Ch.d.f.).

– – –, **wheel** = lève-roue *m.* (Méc.).

– – –, **wheeled** = cric *m.* roulant (Méc.).

jacket = enveloppe *f.* (Méc.), chemise *f.* (d'eau, de documents), veston *m.* (Ust.).

– – –, **air** = enveloppe *f.* à circulation d'air, manchon *m.* à circulation d'air.

– – –, **boiler** = enveloppe *f.* de chaudière (Méc.).

– – –, **book** = fausse couverture *f.* (d'un livre), jaquette *f.*

– – –, **cable** = enveloppe *f.* (isolante) (Tp.).

– – –, **cooling** = enveloppe *f.* de refroidissement (Méc.), chemise *f.* de refroidissement (Méc.).

(jacket)

– – –, **cork** = enveloppe *f.* en liège (Méc.).
– – –, **cylinder** = chemise *f.* du cylindre, enveloppe *f.* du cylindre.
– – –, **heating** = chemise *f.* de réchauffage.
– – –, **life** = ceinture *f.* de sauvetage, gilet *m.* de sauvetage.
– – –, **single-breasted** = veston *m.* droit (Ust.).
– – –, **spring** = enveloppe *f.* de ressort (Auto.), gaine *f.* de ressort (Auto.).
– – –, **steam** = chemise *f.* de vapeur (Méc.), chapelle *f.* (Méc.).
– – –, **steel** = blindage *m.* en acier (Méc.).
– – –, **water** = chemise *f.* d'eau (Auto.).
– – –, **water, cylinder** = chemise *f.* d'eau du cylindre (Méc., Auto.).
jacketing, engine = chemisage *m.* du moteur (Auto.).
– – –, **water** = chemisage *m.* d'eau (Méc.).
jack-knife, to = s'articuler en dos de couteau.
jag = adent *m.* (B.).
– – –, **square** = entaille *f.* carrée.
jagged = (couteau *m.*) ébréché, (bord *m.* d'un tissu) dentelé (adj.).
jagger = videlle *f.* (Ust.), coupe-pâte *m.* (Ust.).
jagging = entaillage *m.*
jalopy = tacot *m.* (Auto.).
jalousies = jalousies *f.p.* (B.).
jam = embâcle *m.* (de glaces dans une rivière), prise *f.* de billes (dans un cours d'eau), embouteillage *m.* (de circulation), impasse *f.*
– – –, **ice** = embâcle *m.*, digue *f.* de glaces.
– – –, **log** = enchevêtrement *m.*, prise *f.* de billes, barrage *m.*
– – –, **to** = coincer (Méc.), bloquer (E., Méc.), serrer à bloc (Méc.), caler (Méc.), gripper (Méc.), brouiller (R.), se coincer.
– – –, **traffic** = embouteillage *m.* (Auto.).
jamb = chambranle *m.* (B.), montant *m.* (B.), poteau *m.* d'huisserie (B.).
– – –, **chimney** = montant *m.* de foyer (B.).
– – –, **door** = montant *m.* de porte, chambranle *m.* de porte, battée *f.* (de porte) (B.).
– – –, **splayed** = montant *m.* ébrasé (d'une ouverture) (B.).
– – –, **window** = battée *f.* de fenêtre (B.), chambranle *m.* de fenêtre (B.).
jammer = brouilleur *m.* (intentionnel).
jamming = blocage *m.* (d'une vis, d'un frein), freinage *m.* brusqué, grippage *m.* ou coincement *m.* (d'une soupape), étranglement *m.* (d'un câble téléphonique), arc-boutement *m.* (d'un engrenage), grippage *m.* (des coussinets de roulement), collage *m.* (des pistons d'un cylindre), brouillage *m.* intentionnel (d'un message téléphonique), interférence *f.* (R.), tassement *m.* (de glaces sur une rivière), coinçage *m.* (des pièces d'un bâti) (C.).
– – –, **anti-** = anti-brouillage *m.* (R.).
janitor = concierge *m.* (O.), portier *m.* (O.).
janitress = concierge *f.* (O.), portière *f.* (O.).
Japan = laque *f.*, vernis *m.* du Japon.
– – –, **black** = laque *f.* à l'asphalte, vernis *m.* d'asphalte.
jar = secousse *f.* (Méc.), vibration *f.* ou trépidation *f.* (d'une machine), bac *m.* (d'accumulateur), cuve *f.*,

(jar)

vase *m.*, pot *m.* (de conserve).
– – –, **family size** = pot *m.* familial.
– – –, **glass** = bocal *m.*, bac *m.* en verre (pour les accumulateurs) (E.).
– – –, **Leyden** = bouteille *f.* de Leyde (E.).
– – –, **screw-cap** = pot *m.* (de conserve) à couvercle vissé (Ust.).
– – –, **to** = vibrer, marcher par à-coups (Méc.).
jarring = vibration *f.* ou trépidation *f.* ou secousse *f.* (d'un moteur).
jaw = mordache *f.* (d'étau), gorge *f.* (d'une poulie), mâchoire *f.* (de casse-pierres, de clé anglaise, de tenailles), branche *f.* (d'un palmer).
– – –, **bit-brace** = mors *m.* de vilebrequin.
– – –, **brake** = mâchoire *f.* de frein (Méc.), segment *m.* de frein (Méc.).
– – –, **chuck** = mâchoire *f.* de mandrin, mâchoire *f.* de serrage (d'un tour).
– – –, **cylinder** = collet *m.* du cylindre.
– – –, **false, vise** = mordache *f.* d'étau.
– – –, **gripping** = griffe *f.* de serrage, mâchoire *f.* de serrage.
– – –, **lathe-rest** = touche *f.* de lunette de tour.
– – –, **movable** = mâchoire *f.* mobile.
– – –, **sliding** = mâchoire *f.* à glissières, mâchoire *f.* mobile.
– – –, **vise** = mordache *f.*
jeep = jeep *f.* (Auto.).
jelly, mineral = vaseline *f.*
– – –, **petroleum** = vaseline *f.*
jemmy = V. « jimmy ».
jerk = secousse *f.*, à-coup *m.*, saccade *f.*
jet = gicleur *m.* (Auto.), jet *m.* (d'eau, de flamme), ajutage *m.* (d'un boyau d'incendie), trou *m.* de coulée (Mét.), coulée *f.* (Mét.), pinceau *m.* (d'électrons dans un oscillographe) (Tv.), avion *m.* à réaction (Av.).
– – –, **adjustable** = gicleur *m.* réglable (Auto.).
– – –, **air, compressed** = jet *m.* d'air comprimé.
– – –, **blank** = gicleur *m.* non alésé.
– – –, **carburetor** = gicleur *m.* (Auto.).
– – –, **compensator** = compensateur *m.* (du carburateur) (Auto.).
– – –, **free** = jet *m.* libre (H.).
– – –, **gas** = bec *m.* de gaz.
– – –, **main** = gicleur *m.* principal.
– – – **of water** = jet *m.* d'eau.
– – –, **pilot** = gicleur *m.* de ralenti (Auto.).
– – –, **plasma** = jet *m.* de plasma (Mét.).
– – –, **power** = turboréacteur *m.* (Av.).
– – –, **propeller** = turbopropulseur *m.* (Av.).
– – –, **pulso-** = pulsoréacteur *m.* (Av.).
– – –, **reso-** = pulsoréacteur *m.* (Av.).
– – –, **slow-running** = gicleur *m.* de ralenti (Auto.).
– – –, **spreader** = jet *m.* en éventail.
– – –, **starting** = jet *m.* (ou gicleur *m.*) de départ (Méc.).
– – –, **steam** = jet *m.* de vapeur.
– – –, **turbo-** = turboréacteur *m.* (Av.).
– – –, **twin** = biréacteur *m.* (Av.).
– – –, **water** = jet *m.* d'eau.
jetty = jetée *f.* (C.), digue *f.* (C.), cale *f.* (pour traversier), estacade *f.* (Ch.d.f., Mar.), appontement *m.*

(Mar.).
jewel = rubis *m.* (d'une montre).
jib = bras *m.* ou écharpe *f.* ou volée *f.* ou flèche *f.* (de grue).
– – –, **crane** = volée *f.* ou flèche *f.* (de grue) (C.).
– – –, **goose-neck** = flèche *f.* en col de cygne.
jig = gabarit *m.* (d'usinage), tréteau *m.* de montage, calibre *m.* (de perçage), crible *m.* (à secousses), montage *m.* d'usinage, mécanisme *m.*, appareil *m.*
– – –, **assembly** = tréteau *m.* de montage.
– – –, **box-type** = calibre-boîte *m.*
– – –, **centering** = calibre *m.* à centrer (Méc.).
– – –, **cradle** = calibre *m.* à berceau, montage *m.* à berceau.
– – –, **dowelling** = gabarit *m.* à goujons.
– – –, **drilling** = calibre *m.* de forage, gabarit *m.* de perçage.
– – –, **engineer's** = gabarit *m.* de mécanicien.
– – –, **filing** = calibre *m.* pour limes.
– – –, **holding** = montage *m.* de fixation.
– – –, **index-slide** = calibre *m.* avec glissière diviseur.
– – –, **latch** = calibre *m.* à excentrique.
– – –, **lever, arm** = calibre *m.* à serrage par levier à came.
– – –, **milling** = calibre *m.* de forage.
– – –, **pan** = calibre *m.* à cuvette.
– – –, **pillar** = calibre *m.* à colonne.
– – –, **planing** = calibre *m.* pour raboter.
– – –, **plate** = gabarit *m.* d'usinage.
– – –, **revolving** = calibre *m.* rotatif.
– – –, **sieve, movable** = crible *m.* à grille mobile.
– – –, **slip** = calibre *m.* à glissement.
– – –, **spacing** = calibre *m.* à espacer.
– – –, **standard** = calibre-type *m.*
jigger = mécanisme *m.*, appareil *m.*, jigger *m.* (R.), transformateur *m.* d'oscillations (R.), crible *m.* à secousses (Mi.), machin *m.*, pince *f.* d'accrochage (d'un wagon) (Ch.d.f.), doseur *m.* (Ust.).
– – –, **balanced** = jigger *m.* compensé (R.).
– – –, **primary** = primaire *m.* de transformateur d'oscillations (R.).
– – –, **secondary** = transformateur *m.* d'oscillations du circuit secondaire (E.).
– – –, **to** = mouler (un vase) au tour à calibre (Ust.).
– – –, **transmitting** = jigger *m.* d'émission (R.).
jimmy = pince-monseigneur *f.* (I.).
jingle = **cliquetis** *m.* (de chaînes, de verres), tintement *m.* (d'une clarine, d'une cloche), ritournelle *f.* ou refrain *m.* (publicitaire).
jitter = sautillement *m.* (d'image) (Tv.), nervosité *f.*
job = ouvrage *m.*, travail *m.*, tâche *f.*, entreprise *f.*, emploi *m.*
– – –, **by the** = à la tâche.
– – –, **completed** = ouvrage *m.* achevé.
– – –, **concrete** = bétonnage *m.*, chantier *m.* de bétonnage.
– – –, **logging** = exploitation *f.* forestière.
– – –, **odd** = travail *m.* non usuel, à-côté *m.* (de l'industrie), brocante *f.*
– – –, **on the** = sur place, à pied d'oeuvre, sur le chantier.
– – –, **paint** = la peinture, peinturage *m.*
– – –, **to** = exécuter (un travail), prendre (des travaux)

à forfait, travailler à la tâche, vendre et acheter, faire le commerce d'intermédiaire.
jobber = intermédiaire *m.* revendeur, ouvrier *m.* à la tâche, grossiste *m.*, sous-entrepreneur *m.*, sous-traitant *m.*
jobless = sans travail.
– – –, **the** = les chômeurs *m.p.*, les sans-travail *m.p.*
jog = secousse *f.* ou cahot *m.* (de la route), coup *m.* de coude.
joggle = goujon *m.* (Men.), adent *m.* (Men.), joint *m.* à goujon (Men.), joint *m.* à adent (Men.).
– – –, **to** = secouer légèrement, ébranler, adenter ou embrever (deux planches), goujonner (des pierres).
joggling = assemblage *m.* à adent (Men.).
join, to = assembler (deux pièces de charpente), unir ou joindre (deux morceaux d'étoffe), raccorder (des tuyaux), se joindre à (un groupe), adhérer ou s'affilier (à un parti), entrer (dans l'armée), s'enrôler, devenir membre (d'une association).
– – –, **to** – – – **by tongue and groove** = bouveter (B.).
– – –, **to** – – – **up** = connecter (E.), coupler (E.), associer (E.).
– – –, **to** – – – **up in parallel** = associer en parallèle (E.), connecter en parallèle (E.).
– – –, **to** – – – **up in series** = associer en tension (E.), associer en série (E.), connecter en série (E.).
joiner = menuisier *m.* (O.).
– – –, **film** = colleuse *f.* (M.) (Phot.).
joinery = menuiserie *f.*
joining = assemblage *m.*
– – –, **butt** = abouchement *m.* (de deux tuyaux), assemblage *m.* à plat.
– – – **by jags** = assemblage *m.* en adents (Men.).
– – –, **flush** = assemblage *m.* à bois de fil (Men.), aboutement *m.* (Men.).
joint = joint *m.*, jointure *f.*, union *f.*, épissure *f.*, charnière *f.*, assemblage *m.*, (usage) en commun (Tp.), abouchement *m.* (de deux tuyaux), V. « joints ».
– – –, **abutting** = assemblage *m.* en about, joint *m.* plat.
– – –, **angle** = joint *m.* à angles.
– – –, **baguette** = joint *m.* de baguette (d'un mur de brique) (B.).
– – –, **ball** = joint *m.* à rotule, rotule *f.*
– – –, **ball-and-socket** = jointure *f.* sphérique, articulation *f.* sphérique, joint *m.* à rotule.
– – –, **ball-and-spigot** = joint *m.* à cardan et emboîtement.
– – –, **ball, universal** = joint *m.* universel à rotule, cardan *m.*
– – –, **band** = articulation *f.* à ruban.
– – –, **bayonet** = joint *m.* à baïonnette.
– – –, **bed** = joint *m.* d'assise (B.), joint *m.* horizontal (B.).
– – –, **bell-and-spigot** = joint *m.* à cordon et emboîtement.
– – –, **bellows** = joint *m.* à soufflet.
– – –, **belt** = attache *f.* de courroie.
– – –, **belt, cemented** = courroie *f.* collée.
– – –, **bevel** = assemblage *m.* en fausse coupe (Men.).
– – –, **binding** = ligature *f.* (des fils) (E.).
– – –, **block** = joint *m.* olive.
– – –, **bolted** = assemblage *m.* à boulons (C.).

(joint)

- – –, **bonded** = joint *m*. d'éclisse (Ch.d.f.).
- – –, **bracket** = éclisse *f*. à cornières (C.).
- – –, **bridge** = joint *m*. à pont.
- – –, **bridle** = joint *m*. anglais, joint *m*. à encastrement.
- – –, **Britannia** = ligature *f*. soudée sans manchon (E.).
- – –, **broken** = joint *m*. alterné (C., B.), plein-sur-joint (Men.).
- – –, **bushing** = articulation *f*. sur coussinet (Méc.).
- – –, **butt** = joint *m*. en bout, joint *m*. bout à bout, joint *m*. plat, assemblage *m*. à plat, joint *m*. à vif.
- – –, **cable** = épissure *f*. (Mar., E.), connexion *f*. de câbles (Mar., E.), jonction *f*. de câbles (E., Tp.).
- – –, **Cardan** = joint *m*. de cardan (Méc.), joint *m*. à la cardan (Méc.).
- – –, **Cardan, cross-pin** = joint *m*. de cardan à croisillon (Méc.).
- – –, **Cardan, double** = joint *m*. homocinétique (Auto.).
- – –, **caulked** = joint *m*. calfaté (B., C.).
- – –, **chain** = manille *f*., joint *m*. de chaîne.
- – –, **chamfered** = assemblage *m*. à onglet (Men.).
- – –, **channelled** = anglet *m*. (B.).
- – –, **circular-yoke type** = joint *m*. universel Spicer-Glaenzer (Méc.).
- – –, **clip** = joint *m*. à surépaisseur (entre assises) (B.).
- – –, **cog** = joint *m*. à adent (B.).
- – –, **concave** = joint *m*. concave ou joint *m*. creux ou joint *m*. formant refend (dans un mur de brique) (B.).
- – –, **cone** = assemblage *m*. conique (Méc.).
- – –, **constant velocity** = joint *m*. homocinétique (d'une traction avant) (Auto.).
- – –, **construction** = joint *m*. de construction (B., C.) (Canada), joint *m*. de chantier (c.-à-d. coupure ménagée provisoirement au cours des travaux) (B., C.).
- – –, **contraction** = joint *m*. de contraction (Méc., C.), joint *m*. de fissuration (Méc., C.).
- – –, **control** = faux joint (c.-à-d. qui ne traverse pas le matériau) (B., C.), joint *m*. de rupture (dans l'assise) (B.).
- – –, **cotter** = agrafe *f*. à clavette, assemblage *m*. par clavette en coin.
- – –, **coupling** = joint *m*. d'accouplement.
- – –, **coursing** = joint *m*. d'assise (B.).
- – –, **cramp** = joint *m*. à agrafes.
- – –, **cross** = assemblage *m*. en enfourchement, joint *m*. latéral (d'une brique) (B.).
- – –, **crotch** = bifurcation *f*.
- – –, **crown** = articulation *f*. au sommet.
- – –, **cup** = joint *m*. sphérique, joint *m*. à rotule.
- – –, **cup-and-ball** = joint *m*. à rotule.
- – –, **dead** = joint *m*. perdu.
- – –, **diagonal** = assemblage *m*. en fausse coupe (Men.), joint *m*. en sifflet (Men.).
- – –, **double-breaking** = joint *m*. chevauchant.
- – –, **double-tongued** = assemblage *m*. à tenon (Men.).
- – –, **dovetail** = assemblage *m*. à queue-d'aronde (Men.).
- – –, **dovetailed** = enlaçure *f*. (Men.).
- – –, **dowel** = assemblage *m*. à chevilles, assemblage

(joint)

m. à goujon et douille.

- – –, **dry** = mauvaise soudure (E.), soudure *f*. sèche (E.).
- – –, **dummy** = faux joint *m*.
- – –, **edge** = joint *m*. angulaire.
- – –, **elastic** = joint *m*. élastique (Méc., C.).
- – –, **elbow** = joint *m*. articulé (Méc.), genouillère *f*. (de tuyau).
- – –, **end** = assemblage *m*. à enture, assemblage *m*. à plat, joint *m*. bout à bout.
- – –, **expanding** = joint *m*. glissant (Méc.), joint *m*. à fourreau (Méc.).
- – –, **expansion** = joint *m*. de dilatation ou joint *m*. de retrait (B., C.), joint *m*. à fourreau (pour tuyaux) (C.), joint *m*. glissant (C.), joint *m*. à dilatation libre (C.), appareil *m*. d'appui (d'un pont) fixe (ou mobile).
- – –, **expansion, gland** = tuyau *m*. à presse-étoupe (C.).
- – –, **expansion, tooth** = peigne *m*. de dilatation.
- – –, **expansion, trasverse** = joint *m*. de dilatation transversal (C.).
- – –, **face-to-face** = joint *m*. sec.
- – –, **faucet** = assemblage *m*. à emboîtement.
- – –, **feather** = assemblage *m*. à rainure et languette (Men.).
- – –, **felt** = joint *m*. en feutre.
- – –, **fish** = joint *m*. éclissé (de rail), assemblage *m*. à couvre-joint (Méc.).
- – –, **fish-plate** = joint *m*. éclissé (de rail), assemblage *m*. à couvre-joint (Méc.).
- – –, **flange** = raccordement *m*. à brides (Méc.), accouplement *m*. à brides (Méc.).
- – –, **flanged, recessed** = joint *m*. à brides emboîtées (Méc.).
- – –, **flashing** = joint *m*. à rejéteau (B.).
- – –, **flat** = joint *m*. plat (d'un mur de brique) (B.).
- – –, **flexible** = joint *m*. flexible, joint *m*. souple.
- – –, **fluid** = joint *m*. hydraulique.
- – –, **flush** = aboutement *m*., joint *m*. lisse, assemblage *m*. affleuré, joint *m*. plat (d'une maçonnerie) (B.).
- – –, **folded** = joint *m*. replié.
- – –, **folding** = assemblage *m*. à charnière.
- – –, **fork** = étrier *m*. (Méc.), chape *f*. (Méc.).
- – –, **forked** = articulation *f*. à fourche.
- – –, **foxtail** = mortaise *f*. à queue de renard.
- – –, **French** = assemblage *m*. biais à trait de Jupiter.
- – –, **gasketed** = joint *m*. avec garniture (Méc.).
- – –, **gimbals** = joint *m*. à la cardan (Méc.), joint *m*. universel (Méc.).
- – –, **girth** = joint *m*. à bague (Méc.).
- – –, **globe** = jointure *f*. sphérique, joint *m*. à rotule.
- – –, **groove-and-feather** = assemblage *m*. à tenon et mortaise (Méc.).
- – –, **groove-and-tongue** = embrèvement *m*. (B.), assemblage *m*. à rainure et languette (B.).
- – –, **grouted** = joint *m*. bien rempli.
- – –, **half-and-half** = joint *m*. feuillé.
- – –, **halved** = assemblage *m*. à mi-bois, assemblage *m*. à mi-fer.
- – –, **heading** = assemblage *m*. bout à bout, joint *m*. de bout.

(joint)

– – –, **hidden** = joint *m.* dérobé.

– – –, **hinge** = assemblage *m.* à charnière, genouillère *f.*, joint *m.* articulé, articulation *f.*

– – –, **Hooke** = joint *m.* universel (Méc.).

– – –, **hot-poured** = joint *m.* coulé à chaud.

– – –, **housed** = joint *m.* enclavé (B.).

– – –, **indented** = assemblage *m.* à dents de scie.

– – – **in masonry** = joint *m.* de la maçonnerie.

– – –, **inserted** = joint *m.* à insertion.

– – –, **insertion** = joint *m.* à bague de garniture (Méc.).

– – –, **insulating** = joint *m.* isolant (E.).

– – –, **jamb** = joint *m.* de jambage (Men.).

– – –, **joggle** = joint *m.* à goujon, assemblage *m.* à embrèvement, assemblage *m.* à gradins.

– – –, **jump** = joint *m.* à francs bords.

– – –, **key** = joint *m.* à refend (d'un mur avec l'empattement) (B.).

– – –, **keyed** = assemblage *m.* à clé (Méc.).

– – –, **knee** = joint *m.* articulé (Méc.), genou *m.* (de tuyau).

– – –, **knuckle** = joint *m.* à rotule, rotule *f.*, articulation *f.* à genouillère.

– – –, **lap** = assemblage *m.* à recouvrement (bois), ourlet *m.* ou assemblage *m.* à clin (tôle).

– – –, **lattice** = assemblage *m.* à treillis.

– – –, **lap, dovetail** = assemblage *m.* à queue-d'aronde.

– – –, **lap, half** = assemblage *m.* à mi-bois.

– – –, **lap – – – with double chain** = assemblage *m.* à clin avec deux rangs de rivets en chaîne.

– – –, **lead** = joint *m.* au plomb (H.), joint *m.* coulé (H.).

– – –, **leaded, white** = joint *m.* fait au blanc de plomb.

– – –, **leather** = joint *m.* en cuir.

– – –, **lock** = joint *m.* agrafé.

– – –, **loose** = joint *m.* lâche (Méc., B., C.).

– – –, **matched** = joint *m.* bouveté (Men.).

– – –, **mechanical** = connexion *f.* mécanique.

– – –, **mitre** = assemblage *m.* à onglet (Men.), onglet *m.* (Men.).

– – –, **mitre, splayed** = assemblage *m.* à onglet (Men.), assemblage *m.* en sifflet (Men.).

– – –, **mortise-and-tenon** = assemblage *m.* à tenon et mortaise (B.).

– – –, **mortise, slot** = assemblage *m.* à enfourchement (B.).

– – –, **multiple** = noeud *m.* d'articulation (Méc.).

– – –, **notch** = joint *m.* à adent, assemblage *m.* à tenon et entaille, assemblage *m.* à trait de Jupiter.

– – –, **oblique** = assemblage *m.* biais à trait de Jupiter.

– – –, **obtuse-angle** = joint *m.* gras.

– – –, **olive** = joint *m.* à olive.

– – –, **open** = (drains *m.p.*) sans joint, joint *m.* ouvert (de drains).

– – –, **overlap** = assemblage *m.* à mi-bois, joint *m.* chevauché.

– – –, **panel** = noeud *m.* (d'une ferme, d'un comble) (B.).

– – –, **pin** = enture *f.* à goujon (bois), assemblage *m.* par cheville (acier), joint *m.* articulé.

– – –, **pipe** = assemblage *m.* de tuyauterie, raccord *m.* de tuyau.

– – –, **pivot** = joint *m.* à pivot.

– – –, **ploughed-and-feathered** = assemblage *m.* à fausse languette (Men.).

(joint)

– – –, **plug** = joint *m.* en bouchon.

– – –, **rabbet** = assemblage *m.* à feuillure (B.), joint *m.* feuillé (B.).

– – –, **rail** = éclisse *f.* (Ch.d.f.), joint *m.* des rails (Ch.d.f.).

– – –, **rigid** = joint *m.* rigide.

– – –, **rivet** = assemblage *m.* à rivets.

– – –, **riveted** = joint *m.* rivé, assemblage *m.* à rivets.

– – –, **riveted, double** = rivure *f.* double.

– – –, **riveted, flush** = raccord *m.* à rivure affleurée.

– – –, **riveted, single** = rivure *f.* simple.

– – –, **rolled** = assemblage *m.* à manchon écroui (Tp.).

– – –, **rope** = attache *f.* du câble (Mar., C.).

– – –, **rubber** = joint *m.* monté sur caoutchouc, joint *m.* en caoutchouc.

– – –, **running** = joint *m.* courant.

– – –, **saddle** = articulation *f.* à dos d'âne, joint *m.* à dos d'âne.

– – –, **scarf** = assemblage *m.* à mi-bois.

– – –, **screwed** = joint *m.* vissé, joint *m.* à vis.

– – –, **seamless** = joint *m.* sans épaisseur.

– – –, **serrated** = joint *m.* denté.

– – –, **shaft, square** = emmanchement *m.* carré d'arbre (Méc.).

– – –, **sharp** = joint *m.* vif.

– – –, **skew** = joint *m.* biais.

– – –, **sleeve** = assemblage *m.* à manchon, joint *m.* à douille.

– – –, **sleeve, twisted** = ligature *f.* avec manchon tordue (Tp.).

– – –, **sliding** = joint *m.* glissant, joint *m.* à coulisse, appareil *m.* à glissement (d'un pont).

– – –, **slip** = joint *m.* glissant, joint *m.* de dilatation, joint *m.* à coulisse, joint *m.* à fourreau (pour tuyau).

– – –, **slip, trunnion-type** = joint *m.* à dé coulissant, cardan *m.* à dé coulissant.

– – –, **socket** = assemblage *m.* à douille, joint *m.* à rotule, joint *m.* à emboîtement, joint *m.* à manchon.

– – –, **soldered** = soudure *f.*, ligature *f.* soudée sans manchon (Tp.).

– – –, **soldered, faulty** = mauvaise soudure *f.* (Tp.).

– – –, **spherical** = joint *m.* à rotule.

– – –, **spigot** = assemblage *m.* à emboîtement.

– – –, **spigot-and-faucet** = joint *m.* emboîté avec clavette.

– – –, **splayed** = assemblage *m.* en sifflet, joint *m.* en sifflet.

– – –, **splice** = enture *f.* (B.).

– – –, **square** = assemblage *m.* en équerre.

– – –, **step** = joint *m.* à recouvrement, assemblage *m.* à mi-bois, assemblage *m.* à recouvrement.

– – –, **straight** = assemblage *m.* à plat (B.), épissure *f.* droite (Tp.), joint *m.* droit (d'un briquetage) (B.).

– – –, **strap, butt** = assemblage *m.* à couvre-joint.

– – –, **supported** = joint *m.* appuyé.

– – –, **swivel** = joint *m.* à rotule, joint *m.* sphérique, rotule *f.*

– – –, **sypher** = assemblage *m.* à mi-bois.

– – –, **T** = noeud *m.* d'empattement, branchement *m.* en T.

– – –, **taper** = assemblage *m.* conique.

– – –, **tenon** = assemblage *m.* à tenon.

(joint)

– – –, **tenon, double** = assemblage *m*. à tenon et mortaise doubles.

– – –, **tenon, plug** = enture *f*. à goujon.

– – –, **tenon, spur** = enture *f*. à simple tenon.

– – –, **thimble** = bague *f*. d'assemblage, virole *f*.

– – –, **threaded** = joint *m*. fileté.

– – –, **tight** = joint *m*. étanche.

– – –, **to** = assembler ou joindre (deux pièces); jointoyer (une maçonnerie), varloper (deux planches), aboucher ou emboîter (deux tuyaux).

– – –, **to butt-** = abouter.

– – –, **to butt- – – – together** = abouter, juxtaposer.

– – –, **toggle** = rotule *f*., joint *m*. à rotule, genouillère *f*

– – –, **tongue-and-groove** = embrèvement *m*., assemblage *m*. à rainure et languette.

– – –, **tongue-and-groove, bevelled** = joint *m*. refeuillé.

– – –, **tool** = manchon *m*. vissé, raccord *m*. de tiges (Mi.).

– – –, **tooled** = joint *m*. lisse (d'une maçonnerie) (B.) (Canada).

– – –, **transverse** = joint *m*. transversal (d'un mur de brique) (B.).

– – –, **turnbuckle** = assemblage *m*. à lanterne.

– – –, **twist** = torsade *f*. (Tp., E.).

– – –, **twist, American** = torsade *f*. (Tp., E.).

– – –, **twisted** = joint *m*. tordu, ligature *f*. par fils torsadés, joint *m*. par torsade, torsade *f*., raccord *m*. torsadé.

– – –, **union** = union *f*., raccord *m*. « Union ».

– – –, **union-nut** = raccord *m*. à vis.

– – –, **universal** = joint *m*. de cardan, joint *m*. à rotule, joint *m*. articulé.

– – –, **universal, ball-and-socket** = joint *m*. à rotule.

– – –, **universal, block-and-trunnion type** = joint *m*. à dé.

– – –, **universal, block-type** = joint *m*. à dé.

– – –, **universal, block-type, centre** = joint *m*. à dé.

– – –, **universal, cross-type** = joint *m*. à croisillon.

– – –, **universal, disc, fabric** = joint *m*. à disque flexible.

– – –, **universal, disc-type** = joint *m*. à disques.

– – –, **universal, double** = joint *m*. homocinétique (Auto.).

– – –, **universal, flexible** = joint *m*. élastique.

– – –, **universal, fork-type** = joint *m*. à fourche.

– – –, **universal, machine-tool type** = joint *m*. à noix.

– – –, **universal, plate-type** = joint *m*. à plateaux.

– – –, **universal, pot-type** = joint *m*. à dé.

– – –, **universal, sliding-block** = joint *m*. à dé coulissant.

– – –, **universal, sliding-type** = joint *m*. à coulisse, cardan *m*. à coulisse.

– – –, **universal, split-ring type** = joint *m*. à anneau en deux pièces.

– – –, **universal, spring-plate type** = joint *m*. à lame élastique.

– – –, **upright** = joint *m*. montant (B.).

– – –, **V** = joint *m*. en V (Men.).

– – –, **vertical** = joint *m*. montant (B.).

– – –, **welded** = soudure *f*., joint *m*. soudé.

– – –, **welted** = agrafe *f*. (des tôles).

– – –, **Western Union** = épissure *f*. (Tp., E.).

– – –, **wipe** = soudure *f*. à noeud.

(joint)

– – –, **wiped** = joint *m*. ébarbé, soudure *f*.

– – –, **wire** = ligature *f*. de fils, joint *m*. de fils.

– – –, **Y** = raccord *m*. en Y.

– – –, **yoke** = étrier *m*. (Méc.), chape *f*. (Méc.).

jointed = articulé (adj.), jointif (adj.).

– – –, **lap** = à recouvrement, à clin.

– – –, **lock** = à emboîtement.

jointer = varlope *f*., spatule *f*. (de maçon), mirette *f*. (de maçon), soudeur *m*. (O.), assembleur *m*. (O.), machine *f*. à rainer (Men.), machine *f*. à mortaiser (Men.).

– – –, **bricklayer's** = mirette *f*. de maçon, fer *m*. à jointoyer, fer *m*. à joints.

– – –, **cooper's** = rabot *m*. d'établi.

– – –, **mason's** = mirette *f*. de maçon, spatule *f*. de maçon.

– – –, **saw** = calibre *m*. à dents (de scie).

jointing = jointement *m*. (d'un mur de pierre), assemblage *m*. (de poutres), abouchement *m*. (de conduites).

– – –, **doubie** = couplage *m*. (c.-à-d. soudage deux par deux de tubes) (C.).

– – – **of arches** = assemblage *m*. des voûtes.

jointless = sans joint, sans articulation.

joints = V. « joint ».

– – –, **broken** = joints *m.p.* alternés.

– – –, **staggered** = joints *m.p.* alternés, joints *m.p.* croisés.

joist = poutre *f*., lambourde *f*., soliveau *m*., poutrelle *f*., solive *f*.

– – –, **binding** = traverse *f*. de plancher, solive *f*. de plafond.

– – –, **bridging** = lambourde *f*., soliveau *m*.

– – –, **ceiling** = solive *f*. de plafond.

– – –, **floor** = lambourde *f*. de plancher, solive *f*.

– – –, **intermediate** = solive *f*. de remplissage.

– – –, **main** = solive *f*. de plafond, traverse *f*. de plancher.

– – –, **precast** = poutrelle *f*. préfabriquée.

– – –, **roof** = solive *f*. de toit.

– – –, **small** = soliveau *m*.

– – –, **steel** = poutrelle *f*. en acier.

– – –, **tail** = solive *f*. boîteuse.

– – –, **trimmed** = poutre *f*. enchevêtrée.

– – –, **trimming** = linçoir *m*.

– – –, **trussed** = solive *f*. armée.

jolt = secousse *f*. ou cahot *m*. (de la route) (Auto.), soubresaut *m*.

joule = joule *m*.(= 1 newton · mètre; 10^7 ergs)(E.), J *m*.

journal = tourillon *m*. (d'arbre), fusée *f*. (d'essieu), palier *m*. (Méc.).

– – –, **axle** = fusée *f*. d'essieu.

– – –, **ball** = tourillon *m*. sphérique (Méc.).

– – –, **ball-bearing** = palier *m*. à billes.

– – –, **bearing** = coussinet *m*. (Méc.).

– – –, **collar** = tourillon *m*. à cannelures.

– – –, **end** = palier *m*. frontal.

– – –, **thrust-type** = tourillon *m*. de butée.

– – –, **to** = tourillonner.

– – –, **vertical** = pivot *m*.

journeyman = compagnon *m*. (électricien, charpentier).

judder = soubresaut *m*. (du mécanisme de transmission

(judder)

ou de réception) (Tg.).
jug = pot *m.*, cruche *f.*, bock *m.* (de bière).
‒ ‒ ‒, **stone** = cruche *f.* de grès.
juice = jus *m.*, essence *f.* (Auto.), courant *m.* (E.).
jump, hydraulic = ressaut *m.* hydraulique (H.), ressaut *m.* d'exhaussement (H.).
‒ ‒ ‒, **to** = jaillir (E.), sauter, soubresauter, fondre (E.), dérailler (Ch.d.f.), éclater (E.), quitter (un groupe, un emploi), refouler (une tige de fer, un rivet).
jumper = cavalier *m.* (E.), fil *m.* de fermeture de circuit (E.), jarretière *f.* (Tp.), refouloir *m.* (Mét.).
jumping = broutement *m.* (d'un outil).
junction = confluent *m.* (de deux cours d'eau), abouchement *m.* ou raccordement *m.* (de deux tuyaux), branchement *m.* (d'égout), bifurcation *f.* (de routes), épissure *f.* (de câble), jonction *f.* (de deux rivières, de deux rues), gare *f.* d'embranchement (Ch.d.f.), gare *f.* de jonction (Ch.d.f.), connexion *f.* ou raccordement *m.* (d'un circuit électrique), embranchement *m.* (de voies, de canalisations), joint *m.* ou raccord *m.* (de deux conduits) (S.), liaison *f.* (Tp.).
‒ ‒ ‒, **bevel, double** = branchement *m.* double (S.), jonction *f.* oblique double (S.).

(junction)

‒ ‒ ‒, **bevel, single** = branchement *m.* simple (S.), jonction *f.* oblique simple (S.).
‒ ‒ ‒, **mains** = noeud *m.* de canalisation (S.).
‒ ‒ ‒, **slit-and-tongue** = assemblage *m.* à fourchette (B.).
‒ ‒ ‒, **square, double** = jonction *f.* droite double, double T *m.* (S.).
‒ ‒ ‒, **square, single** = jonction *f.* droite simple (S.), T *m.* (S.).
‒ ‒ ‒, **T** = T *m.* (S.), jonction *f.* droite simple (S.), tête *f.* de carrefour (C.).
junctor = joncteur *m.* (dans le système crossbar) (Tp.).
juniper = genévrier *m.* (For.).
‒ ‒ ‒, **dwarf** = genévrier *m.* nain.
‒ ‒ ‒, **red** = genévrier *m.* rouge.
‒ ‒ ‒, **Rocky Mountain** = genévrier *m.* des Montagnes Rocheuses.
‒ ‒ ‒, **Virginian** = genévrier *m.* de Virginie.
junk = rebut *m.*, déchet *m.*, ferraille *f.*, camelote *f.* (dans un magasin).
‒ ‒ ‒, **to** = mettre au rebut.
jut = saillie *f.* ou projection *f.* (d'un toit).
jute = jute *m.*

K = V. « degree, Kelvin ».
kaolin = kaolin *m*.
kc (kilocycle) = kilocycle *m*. (E.).
keel = quille *f*. (d'un navire).
keen = affilé (adj.), aiguisé (adj.), tranchant (adj.).
keenness = finesse *f*. (d'un tranchant).
keep = chapeau *m*. de palier (Méc.).
– – – **to extreme right** = serrez à droite (Auto.).
– – –, **to** – – – **away** = tenir éloigné, éloigner.
– – –, **to** – – – **to the right** = tenir la droite (Auto.).
– – –, **to** – – – **up** = entretenir, maintenir.
– – –, **to** – – – **watch** = faire la veille (R.).
– – – **to the right** = tenez (ou gardez) votre droite (Auto.).
keeper = gardien *m*. (O.), surveillant *m*. (O.), garde *m*. (O.).
– – –, **door** = garde-barrière *m*. (O.), portier *m*. (O.).
– – –, **garage** = garagiste *m*. (O.).
– – –, **gate** = garde-barrière *m*. (O.).
– – –, **lock** = éclusier *m*. (O.), gardien *m*. d'écluse (O.), gâche *f*. (de serrure) (B.).
– – –, **magnet** = armature *f*. d'aimant (E.).
– – –, **stock** = magasinier *m*. (O.).
– – –, **store** = V. « storekeeper ».
– – –, **time** = chronométreur *m*. (O.), pointeur *m*. (O.), piqueur *m*. (O.) (B.).
– – –, **toll** = péager *m*. (O.).
– – –, **tool** = magasinier *m*. (O.).
– – –, **weir** = barragiste *m*. (O.).
keeping = entretien *m*. (d'un chemin), conservation *f*. (des légumes), tenue *f*. (des livres).
– – –, **time** = pointage *m*. (de présence), chronométrage *m*.
– – – **up** = entretien *m*. (d'un appareil).
keeps = taquets *m.p*. (de cage de mine).
keg = barillet *m*., baril *m*., tonnelet *m*.
– – –, **nail** = baril *m*. à clous.
– – – **of nails** = baril *m*. de clous.
kelly = tige *f*. carrée (Mi.), tige *m*. d'entraînement (Mi.).
kenotron = kénotron *m*. (R.), lampe *f*. redresseuse à vide (R.).

kerf = trait *m*. de scie, trait *m*. de chalumeau.
– – –, **torch-cut** = trait *m*. de chalumeau.
kern = crénage *m*. (d'un caractère) (Imp.).
kernel = grain *m*. (de maïs), graine *f*. (de légumineuse), noyau *m*. (d'une structure).
kerosene = kérosène *m*., pétrole *m*. lampant, kérosine *f*.
kettle = chaudron *m*. (Ust.), marmite *f*. (Ust.), bouilloire *f*. (Ust.), coquemar *m*. (Ust.).
– – –, **steam** = bouilloire *f*. (Ust.).
– – –, **tar** = chaudière *f*. à goudron (C.).
– – –, **tea** = bouilloire *f*. (Ust.).
kevel = laie *f*. (I.).
key = clé *f*. ou clef *f*. (d'une porte, de serrure, de robinet), manipulateur *m*. (Morse), combinateur *m*. (de cuisinière), cale *f*. (d'arbre de couche) (Méc.), clavette *f*. (de fixation) (Méc.), fiche *f*. (de commutateur) (E.), agrafe *f*. (de maçonnerie) (B.), adent *m*. (B.), touche *f*. (d'appel) (Tp.), remontoir *m*. (d'horloge), bouton *m*. (Tp.), clé *f*. (Tp.), V. « key, shearing »
– – –, **add-on** = clé *f*. d'adjonction (Tp.).
– – –, **adjusting** = clavette *f*. de calage, cale *f*.
– – – **and gib** = clavette *f*. et contre-clavette *f*.
– – –, **answering** = clé *f*. de réponse (Tp.).
– – –, **blind** = clavette *f*. noyée.
– – –, **bow** – – – **of a cock** = clé *f*. à écrou d'un robinet.
– – –, **box** = clé *f*. à douille (pour écrous et boulons).
– – –, **break** = touche *f*. d'interruption (E., Tp.).
– – –, **call** = touche *f*. d'appel (Tp.), clé *f*. d'appel (Tp.).
– – –, **call-circuit** = bouton *m*. de conversation (Tp.).
– – –, **catch** = clavette *f*. à mentonnet.
– – –, **check** = clé *f*. à loquet.
– – –, **clearance** = clé *f*. de dégagement (Tp.).
– – –, **clearing** = clé *f*. de dégagement (Tp.).
– – –, **cock** = clé *f*. de robinet.
– – –, **code** = émetteur *m*. d'indicatif (d'un téléimprimeur).
– – –, **collect** = clé *f*. d'encaissement (Tp.).
– – –, **crutch** = béquille *f*. (d'une valve).
– – –, **cut-in** = clé *f*. d'écoute (Tp.).
– – –, **cut-off** = clé *f*. de coupure (Tp.), bouton *m*. de

(key)

coupure (Tp.).
- - -, **dial** = clé *f.* de composition (Tp.).
- - -, **draw** = clavette *f.* coulissante (Méc.).
- - -, **drift** = clé *f.* de démontage (Méc.).
- - -, **drive** = clavette *f.* d'entraînement (Méc.).
- - -, **driving** = clavette *f.* d'entraînement (Méc.).
- - -, **feather** = languette *f.*
- - -, **flat** = clavette *f.* plate, languette *f.*
- - -, **four-position** = clé *f.* à quatre positions (E.).
- - -, **fox** = goupille *f.* fendue pour contre-clavette.
- - -, **gib-head** = clavette *f.* à tête, clavette *f.* à mentonnet.
- - -, **grouping** = clé *f.* de liaison (Tp.), clé *f.* de groupement (Tp.).
- - -, **grouping, position** = clé *f.* de liaison entre positions de téléphonistes (Tp.).
- - -, **hexagonal** = broche *f.* de calage à six pans.
- - -, **hold-down** = clavette *f.* de fixation.
- - -, **holding** = clé *f.* de garde (Tp.).
- - -, **hollow** = clavette *f.* creuse.
- - -, **ignition** = clé *f.* de contact (Auto.).
- - -, **integral** = clavette *f.* à même l'arbre (Méc.), clavette *f.* solidaire de l'arbre (Méc.).
- - -, **isolating** = touche *f.* d'isolement (Tp.), clé *f.* d'isolement (Tp.).
- - -, **joint** = clé *f.* (d'assemblage) (Men., B.).
- - -, **key pulsing** = clé *f.* de liaison (d'un standard) (Tp.).
- - -, **latch** = clé *f.* de maison.
- - -, **listening** = clé *f.* d'écoute (Tp.).
- - -, **listening and speaking, combined** = clé *f.* combinée d'écoute et de conversation (Tp.).
- - -, **lock** = clé *f.* de serrure.
- - -, **locking** = clé *f.* à enclenchement (Tp.), clavette *f.* de blocage.
- - -, **locking, non-** = clé *f.* à rappel automatique (Tp.).
- - -, **make-and-break** = coupe-circuit *m.* (E.), conjoncteur-disjoncteur *m.* (E.).
- - -, **manipulating** = manipulateur *m.* (Tp., E.).
- - -, **master** = passe-partout *m.*, clé *f.* maîtresse.
- - -, **monitoring** = clé *f.* de surveillance (Tp.).
- - -, **Morse** = manipulateur *m.* Morse (Tg., R.).
- - -, **nipple** = clé *f.* pour écrous de raccord.
- - -, **nose** = contre-clavette *f.*
- - -, **offset** = clé *f.* coudée.
- - - **on shaft** = clavette *f.* (Méc.).
- - -, **operating** = manipulateur *m.* (T., R.).
- - -, **pass** = passe-partout *m.*
- - -, **pin** = clé *f.* bénarde (Méc.).
- - -, **piped** = clé *f.* forée (Méc.).
- - -, **pivot** = clé *f.* à pivot (Méc.).
- - -, **plug** = fiche *f.* à manette (E.).
- - -, **press-button** = bouton *m.* (Tp.).
- - -, **push-button** = bouton *m.* à enclenchement (Tp.).
- - -, **quoin** = clé *f.* à béquille (Imp.).
- - -, **relay** = manipulateur *m.* à relais (E.).
- - -, **release** = bouton *m.* d'annulation (Tp.), clé *f.* de dégagement (Tp.).
- - -, **release, dial** = clé *f.* de dégagement du cadran (Tp.).
- - -, **removable** = clavette *f.* amovible.
- - -, **retaining** = clavette *f.* de fixation.
- - -, **reversing** = levier *m.* inverseur (E.), clé *f.* d'in-

(key)

version de courant (Tp.), manipulateur *m.* à inversion de courant (E.).
- - -, **ringing** = clé *f.* d'appel (Tp.).
- - -, **round** = clavette *f.* ronde.
- - -, **saddle** = clavette *f.* creuse, clavette *f.* évidée.
- - -, **screw** = clé *f.* à vis.
- - -, **sending** = manipulateur *m.* (Tg.).
- - -, **set** = coin *m.* prisonnier.
- - -, **shackle** = boulon *m.* d'une manille (d'assemblage).
- - -, **shaft** = clavette *f.* d'arbre (Méc.).
- - -, **shear(ing)** = clé *f.* (c.-à-d. pièce *f.* de bois mise lors du coulage d'un empattement pour obtenir la gorge du joint à emboîtement) (B., C.) (Canada), joint *m.* à emboîtement (B., C.).
- - -, **shift** = touche *f.* de manoeuvre (d'une machine à écrire).
- - -, **signal** = clé *f.* de signalisation (Tp.).
- - -, **skeleton** = clé *f.* de serrurier.
- - -, **sliding** = languette *f.* (Méc.), clavette *f.* coulissante (Méc.).
- - -, **socket** = clé *f.* à douille.
- - -, **speed** = manipulateur *m.* à grande vitesse (Tg.).
- - -, **split** = clavette *f.* fendue.
- - -, **splitting** = clé *f.* de (mise en) garde (Tp.).
- - -, **spring** = clavette-ressort *f.*, clavette *f.* fendue.
- - -, **start, key pulsing** = bouton *m.* d'envoi (Tp.).
- - -, **sunk** = clavette *f.* noyée.
- - -, **switch** = clé *f.* (E.), fiche *f.* de commutateur (E.).
- - -, **switching** = interrupteur *m.* à bascule (E.).
- - -, **talk-ringing** = clé *f.* d'appel et de conversation (Tp.).
- - -, **talking** = clé *f.* de conversation (Tp.).
- - -, **tangent** = clavette *f.* tangentielle.
- - -, **taper** = clavette *f.* conique.
- - -, **telegraph** = manipulateur *m.* (Tg.).
- - -, **three-position** = clé *f.* à trois positions (Tp.).
- - -, **three-switch** = clé *f.* à trois positions (Tp.).
- - -, **tightening** = clavette *f.* de calage.
- - -, **to** = claveter, fixer, monter à clavette, manipuler (Tg.).
- - -, **transfer** = clé *f.* de renvoi (Tp.).
- - -, **transmitting** = manipulateur *m.* de transmission (E.).
- - -, **watch** = clé *f.* de montre, remontoir *m.*
- - -, **wedge** = clé *f.* de serrage, clavette *f.* de serrage.
- - -, **winding** = remontoir *m.* (d'horloge), manivelle *f.* (d'une ancienne caméra), clé *f.* d'enroulement (d'un appareil photo).
keyboard = keyboard *m.* ou tablette *f.* de clés (d'un standard) (porte les dicordes et un nombre correspondant de clés) (Tp.), clavier *m.* (d'une machine à écrire).
- - -, **digit** = clavier *m.* numérique (Tp.).
- - -, **motorized** = clavier *m.* (à entraînement) mécanique (Tg.).
- - -, **saw-tooth** = clavier *m.* à action directe (Tg.).
- - -, **shift-lock** = clavier *m.* avec garde d'inversion (Tg.).
- - -, **storage** = clavier *m.* à transfert (Tg.).
keyed = calé (adj.), claveté (adj.), monté (adj.) à clavette, manipulé (adj.) (Tg.).
- - - **on** = claveté sur.

keyhole = logement *m.* d'une clé, entrée *f.*, logement *m.* d'une clavette, trou *m.* de serrure.

keying = clavetage *m.*, calage *m.* (d'une poulie sur l'arbre), manipulation *f.* (Tg.).

– – –, **amplitude** = modulation *f.* d'amplitude (Tg.).

– – –, **back-shunt** = manipulation *f.* à suppression d'onde porteuse (Tg.).

– – –, **blocked-grid** = manipulation *f.* par variation de polarisation (R.).

– – –, **frequency-shift** = (formation *f.* des signaux par) modulation *f.* par déplacement de fréquence (Tg.).

– – –, **on-off** = manipulation *f.* par tout-ou-rien (Tg.)

– – –, **relay** = manipulation *f.* par relais (E., Tg.).

– – –, **two-tone** = télégraphie *f.* à deux fréquences porteuses (Tg.).

keyset = V. « set, key ».

keystone = clé *f.* de voûte (B.), voussoir *m.* de clé (B.).

– – –, **hanging** = clé *f.* pendante.

– – –, **ornemental** = agrafe *f.*

kg = V. « kilogram(me) ».

kHz = V. « kilohertz ».

kibble = benne *f.* (Mi.).

kick = secousse *f.* (d'une machine), recul *m.* (d'une arme à feu), ruade *f.* (d'un cheval).

– – – -**back** = coup *m.* de contre-allumage (Méc.), retour *m.* (de manivelle) (Auto.).

kicker = générateur *m.* d'impulsions (E.).

killed = (solution *f.*) saturée, (son *m.*) amorti.

killer, echo = éliminateur *m.* d'écho (R.).

– – –, **insect** = insecticide *m.*

– – –, **moth** = antimite *m.*

– – –, **noise** = dispositif *m.* antiparasite (R.).

– – –, **weed** = herbicide *m.*

kiln = séchoir *m.* à bois ou étuve *f.*, four *m.* (à céramique).

– – –, **brick** = four *m.* à briques.

– – –, **cement** = four *m.* à ciment.

– – –, **charcoal** = charbonnière *f.*

– – –, **coke** = four *m.* à coke.

– – –, **dry** = V. « kiln, drying ».

– – –, **drying** = séchoir *m.* à bois.

– – –, **lime** = four *m.* à chaux.

– – –, **plaster** = plâtrière *f.*, four *m.* à plâtre.

– – –, **rotary** = four *m.* rotatif.

– – –, **to** = sécher (le bois), étuver (l'émail), cuire (des briques).

kiloampere = kiloampère *m.* (= 1000 ampères), kA *m.*

kilocalorie = kilocalorie *f.* (= 1000 calories) ou grande calorie, kcal *f.*

kilocycle = kilocycle *m.* (E.).

kilocycles per second = kilohertz *m.* (E.), kHz *m.* (E.).

kiloerg = kiloerg *m.* (= 1000 ergs).

kilogram(me) = kilogramme *m.* (= 2,2046 livres), kilo *m.*, kg *m.*

kilogram-metre = kilogrammètre *m.* (= 7,233 livres-pieds; 9,81 joules), kgm *m.*

kilohertz (or kHz) = kilohertz *m.* (E.), kHz *m.* (E.).

kilojoule = kilojoule *m.*, kJ *m.*

kilolitre (or kiloliter) = kilolitre *m.* (= 219,9755 gallons; 35,3157 pieds cubes), kl *m.*

kilometre = kilomètre *m.* (= 3 280,839 pieds), km *m.*

kilopascal = kilopascal *m.*, kPa *m.*

kilopound = kilolivre *f.*, klb *f.*

– – – **per square inch** = kilolivre *f.* par pouce carré, klb / po² *f.*

kilovar = kilovar *m.* (E.), kvar *m.* (E.).

kilovolt = kilovolt *m.* (E.), kV *m.* (E.).

– – – -**ampere** = kilovoltampère *m.* (E.), kVA *m.* (E.).

– – – -**ampere-hour** = kilovoltampèreheure *m.* (E.), kVAh *m.* (E.).

kilowatt = kilowatt *m.* (E.) (= 1,341 horsepower), kW *m.*

– – – -**hour** = kilowatt-heure *m.* (E.), kWh *m.* (E.).

– – – -**second** = kilowatt-seconde *m.* (E.).

kindle, to = allumer (un feu), enflammer.

kinematics = cinématique *m.*

kinescope = tube *m.* à rayons cathodiques (Tv.), tube *m.* (cathodique) à image (Tv.), cinescope *m.*

kinetics = cinétique *f.*

kingdom-come = le paradis.

kink = coque *f.* ou tortillement *m.* (d'un fil métallique), plissement *m.* (dans un câble téléphonique), faux pli *m.* (Pap.).

kiosk, transformer = cabine *f.* de transformateurs (E.).

kip = mille livres.

kit = trousseau *m.*, trousse *f.*, nécessaire *m.*

– – –, **emergency** = trousse *f.* de (premiers) secours.

– – –, **first-aid** = trousse *f.* de pansement, trousse *f.* de premiers secours, trousse *f.* de premiers soins.

– – –, **maintenance** = trousse *f.* d'entretien (Tp., E.).

– – – **of tools** = outillage *m.*, trousse *f.* d'outils, nécessaire *m.*

– – –, **repair** = nécesaire *m.* de réparation (Méc.), trousse *f.* de dépannage (E.).

– – –, **splicing** = chariot *m.* d'épisseur (Tp.), outillage *m.* d'épisseur (Tp.).

– – –, **test** = trousse *f.* de dépannage (E.).

– – –, **tool** = trousse *f.* d'outils, nécessaire *m.*, sac *m.* à outils.

kitchen = cuisine *f.* (B.).

kitchenette = petite cuisine (B.).

klaxon = corne *f.* (Auto.), trompe *f.* (Auto.).

klydonograph = klydonographe *m.*

klystron = klystron *m.* (E.), tube *m.* à modulation de vitesse (E.).

km = V. « kilometre ».

knag = noeud *m.* (dans le bois).

knead, to = pétrir (la pâte), malaxer (l'argile).

kneader = pétrin *m.* mécanique.

knar = noeud *m.* saillant (de tronc d'arbre).

knee = équerre *f.* (B.), sabot *m.* (B.), genou *m.* (B., Méc.), genouillère *f.* (Méc.), console *f.* (d'une fraiseuse), coude *m.* (d'un fil, d'un tuyau).

– – –, **iron** = genouillère *f.* en fer.

– – –, **strengthening** = équerre *f.* de renfort.

– – –, **wooden** = console *f.* en bois.

knife = couteau *m.*, lame *f.* (d'un alésoir) (Méc.).

– – –, **asparagus** = coupe-asperges *m.* (Ust.).

– – –, **boning** = couteau *m.* à désosser (Ust.).

– – –, **bread** = couteau *m.* à pain (Ust.), couteau-scie *m.* à pain (Ust.).

– – –, **budding** = écussonnoir *m.*

– – –, **carving** = couteau *m.* à dépecer (Ust.), couteau *m.* à découper (Ust.).

– – –, **chopping** = hachoir *m.* (Ust.).

– – –, **clasp** = couteau *m.* de poche, couteau *m.* à

(knife)

loquet.
- - -, **cleaving** = fendoir *m.*, couperet *m.*
- - -, **cook** = couteau *m.* de cuisinier.
- - -, **cutting-down** = diviseur *m.* (I.) (Imp.).
- - -, **dough** = coupe-pâte *m.* (Ust.), videlle *f.* (Ust.).
- - -, **draw** = plaine *f.* ou plane *f.* (Men.).
- - -, **drawing** = plaine *f.* ou plane *f.* (de charron).
- - -, **drawing, cooper's** = plane *f.* cintrée, plane *f.* de tonnelier.
- - -, **drawing, straight** = plane *f.* droite.
- - -, **edging** = rainette *f.*, tranche-gazon *m.*
- - -, **erasing** = grattoir-canif *m.*, grattoir *m.* de bureau.
- - -, **farrier's** = couteau *m.* de maréchal (-ferrant), cure-pied *m.*
- - -, **fleshing** = tranchant *m.*
- - -, **flick** = couteau *m.* automatique.
- - -, **fruit** = couteau *m.* à fruit (Ust.).
- - -, **grafting** = greffoir *m.*, couteau-greffoir *m.*
- - -, **hacking** = couteau *m.* à démastiquer.
- - -, **hay** = coupe-foin *m.*
- - -, **hay, lightning** = coupe-foin *m.*
- - -, **hollowing** = plane *f.* creuse.
- - -, **horseshoer's** = cure-pied *m.*
- - -, **hunting** = couteau *m.* de chasse.
- - -, **jack** = couteau *m.* de poche, couteau *m.* de monteur (E.).
- - -, **linoleum** = serpette *f.* à (couper le) linoléum.
- - -, **machette** = serpe *f* coloniale, machette *f.*
- - -, **mincing** = hachoir *m.* (Ust.).
- - -, **oyster** = ouvre-huitres *m.*, écaillère *f.*
- - -, **palette** = amassette *f.*, couteau-palette *m.* (de peintre), spatule *f.*
- - -, **paper** = coupe-papier *m.*, couteau *m.* à papier, plioir *m.*
- - -, **paper-hanger** = couteau *m.* de tapissier.
- - -, **paring** = rognoir *m.*, paroir *m.*, tranchet *m.* (de forge), rénette *f.* (de maréchal), épluchoir *m.* (Ust.).
- - -, **paring, farrier's** = rogne-pied *m.*, rénette *f.*
- - -, **paring, shoemaker's** = tranchet *m.*
- - -, **pocket** = couteau *m.* de poche, canif *m.*
- - -, **potato** = épluchoir *m.* (Ust.).
- - -, **pruning** = émondoir *m.*, serpette *f.*
- - -, **pull-down** = spatule *f.* (Imp.).
- - -, **putty** = couteau *m* à mastiquer, spatule *f.* de vitrier.
- - -, **razing** = rouanne *f.* de tonnelier.
- - -, **shear** = lame *f.* de cisaille.
- - -, **skinning** = couteau *m.* à écorcher.
- - -, **sticking** = couteau *m.* à saigner, couteau *m.* de boucher.
- - -, **sticking, chicken** = couteau *m.* à saigner les volailles.
- - -, **stripper, cable** = couteau *m.* d'électricien (E., Tp.).
- - -, **table** = couteau *m.* de table.
- - -, **uncapping** = couteau *m.* à désoperculer.
- - - **with lock-back** = couteau *m.* à cran d'arrêt.
knob = bouton *m.* (de réglage) (R., Tv.), tirette *f.* (de porte), bosse *f.* ou protubérance (d'une surface), bouton *m.* (de manoeuvre) (E.), bouton *m.* isolant *m.* (E.), isolateur *m.* (E.), isolateur *m.* de paroi (E.).
- - -, **adjustment** = bouton *m.* de réglage (R., Tv.),

(knob)

bouton *m.* de mise au point (R., Tv.).
- - -, **clamp** = bouton *m.* d'attache.
- - -, **click** = commutateur *m.* à cliquet (E.).
- - -, **control** = bouton *m.* de réglage (E., Méc.), bouton *m.* de commande (E., Méc.).
- - -, **control, dash** = bouton *m.* sur tablier (Auto.).
- - -, **door** = bouton *m.* de porte (B.), olive *f.* (B).
- - -, **drawer** = bouton *m.* de tiroir.
- - -, **hip** = arêtière *f.*
- - -, **milled-head** = bouton *m.* moleté.
- - -, **oval** = bouton *m.* à olive.
- - -, **pointer** = bouton *m.* avec index.
- - -, **porcelain** = isolateur *m.* forme « poulie » en porcelaine (E.).
- - -, **press** = bouton-poussoir *m.*
- - -, **pulling** = bouton-poussoir *m.*
- - -, **pull-to** = tirette *f.* de porte.
- - -, **release** = bouton *m.* de déclenchement (Méc.).
- - -, **rewinding** = molette *f.* de rebobinage (Phot.).
- - -, **rivet** = bouterolle *f.*, turc *m.*
- - -, **rotary** = bouton *m.* tournant.
- - -, **shift** = bouton *m.* du levier des vitesses (Auto.).
- - -, **tuning** = bouton *m.* de (réglage de la) syntonisation (R.).
- - -, **winding** = molette *f.* (ou clé *f.*) d'enroulement (Phot.).
knock = cognement *m.* (d'un moteur), cliquetis *m.* (d'allumage), coup *m.*
- - - **down** = assemblage *m.* démonté (B.).
- - -, **piston** = cognement *m.* du piston (Méc.).
- - -, **to** = frapper, taper, cogner.
- - -, **to - - - down** = démonter.
- - -, **to - - - off** = débrayer (à la fin de la journée).
- - -, **to - - - up** = dresser (une pierre), aplanir (une surface).
knocker, door = heurtoir *m.* (B.).
knock-out = débouchure *f.* (d'une boîte de raccordement) (E.), knock-out *m.* (boxe), pastille *f.* de métal poinçonné.
- - - -, **die** = éjecteur *m.* de matrice (Mét.).
- - - -, **jig** = butée *f.* de moulage (Méc.).
- - - -, **to** = chasser ou repousser (un rivet).
knot = noeud *m.* (d'une corde, du bois), noeud *m.* (= un mille marin à l'heure) (Mar.) (= 1,852 km/h; 6076,115 pi/h), matton *m.* (ou maton *m.*) (de bourre de fibres).
- - -, **anchor** = noeud *m.* d'ancre.
- - -, **cat's paw** = noeud *m.* de gueule-de-loup.
- - -, **double** = noeud *m.* double.
- - -, **figure-of-8** = noeud *m.* allemand.
- - -, **fisherman's** = noeud *m.* anglais.
- - -, **granny** = noeud *m.* tors.
- - -, **overhand** = noeud *m.* simple.
- - -, **reef** = noeud *m.* plat.
- - -, **running** = noeud *m.* coulant.
- - -, **running, double** = noeud *m.* coulant double.
- - -, **sailor's** = noeud *m.* régate.
- - -, **single** = noeud *m.* simple.
- - -, **slip** = noeud *m.* coulant.
- - -, **square** = noeud *m.* droit.
- - -, **sword** = noeud *m.* de batelier, dragonne *f.*, tête *f.* de Turc.
- - -, **weaver's** = noeud *m.* croisé.

(**knurl**)

knotty = (bois *m*.) noueux (adj.), (câble *m*.) plein (adj.) de noeuds.

knotwork = entrelacs *m.p.* (B.).

know-how = savoir-faire *m.*, recette *f*.

knuckle = articulation *f*. (Méc.), rotule *f*. (Méc.), vive arête (B.), charnon *m*. (de charnière).

– – –, **draw-bar** = articulation *f*. de la barre d'attelage (Ch.d.f.).

– – –, **universal-joint** = articulation *f*. du joint universel.

– – –, **steering** = fusée *f*. de direction (Auto.).

– – –, **steering, axle** = fusée *f*. de direction (des roues avant) (Auto.).

knurl = noeud *m*. (du bois), molette *f*., moletage *m*.

– – –, **diamond** = moletage *m*. croisé.

– – –, **spiral** = moletage *m*. incliné.

– – –, **straight** = moletage *m*. droit.

– – –, **to** = moleter.

knurled = moleté (adj.).

knurling = godronnage *m*. (d'un chapiteau, d'un vase de jardin), moletage *m*. ou molettage *m*. (d'une vis).

kraft = papier *m*. d'emballage fort.

kV (or KV) = V. « kilovolt ».

kVA (or KVA) = V. « kilovolt-ampere ».

kW (or KW) = V. « kilowatt ».

kWh (or KWH) = V. « kilowatt-hour ».

– – –, **imitation** = similikraft *m*.

l

L = V. « inductance ».
lab = V. « laboratory ».
label = étiquette *f.*, rejéteau *m.* (de porte) (B.), bague *f.* (de cigare).
– – –, **gummed** = étiquette *f.* gommée.
– – –, **luggage** = porte-étiquette *m.*
– – –, **paste-on** = applique *f.*
– – –, **stick-on** = étiquette *f.* adhésive, étiquette *f.* gommée.
– – –, **tie-on** = étiquette *f.* à oeillet.
labelling = étiquetage *m.*
labor = V. « labour ».
laboratory = laboratoire *m.*
– – –, **control, field** = laboratoire *m.* de chantier.
– – –, **photo(graphic)** = chambre *f.* noire (Phot.).
– – –, **research** = laboratoire *m.* de recherches.
– – –, **testing** = laboratoire *m.* d'essais.
laborer = V. « labourer ».
labour (or labor) = travail *m.*, main-d'oeuvre *f.*, ouvriers *m.p.* (O.).
– – –, **casual** = main-d'oeuvre *f.* d'emploi intermittent.
– – –, **common** = main-d'oeuvre *f.* non spécialisée, manoeuvres *m.p.* (O.).
– – –, **contract** = main-d'oeuvre *f.* contractuelle, ouvriers *m.p.* engagés sur contrat.
– – –, **day** = en régie.
– – –, **farm** = main-d'oeuvre *f.* agricole.
– – –, **manual** = travail *m.* manuel.
– – –, **skilled** = main-d'oeuvre *f.* experte.
– – –, **to** = travailler, peiner.
– – –, **unskilled** = manoeuvres *m.p.*, main-d'oeuvre *f.* non spécialisée.
labourer (or laborer) = manoeuvre *m.* (O.), travailleur *m.* (O.), ouvrier *m.* (O.).
– – –, **casual** = homme *m.* à l'heure.
– – –, **common** = manoeuvre *m.* non spécialisé.
– – –, **day** = journalier *m.* (O.).
– – –, **earthwork** = terrassier *m.* (O.).
– – –, **non-skilled** = ouvrier *m.* non spécialisé.
– – –, **unskilled** = manoeuvre *m.* non spécialisé.
lac = laque *f.*, gomme *f.* laque.
lace = lacet *m.* ou cordon *m.* (de soulier), lanière *f.*, galon *m.*, courroie *f.* étroite, dentelle *f.* (d'un vêtement).
– – –, **belt** = lanière *f.* à courroie.
lacer, belt = attache-courroie *m.*
lacing = lacet *m.*, lanière *f.*, galon *m.*, laçage *m.* (de courroies).
– – –, **belt** = lanière *f.* à courroie.
– – –, **belt, steel** = agrafes *f.p.* (métalliques) à courroies.
– – – **of belts** = attache *f.* des courroies, laçage *m.* des courroies.
lack = pénurie *f.* (de main-d'oeuvre, d'argent, de denrées), défaut *m.* (d'air, d'équilibre), manque *m.* (d'air, d'eau, de vivres), rareté *f.* (des denrées, du numéraire).
– – – **of precision** = imprécision *f.*
lackluster = terne (adj.).
lacquer = laque *f.*, vernis-laque *m.*, vernis *m.*
– – –, **cellulose** = vernis *m.* cellulosique.
– – –, **nitro-cellulose** = laque *f.* de nitrocellulose.
– – –, **to** = laquer.
lacquering = vernissage *m.*, laquage *m.*
ladder = échelle *f.*, élinde *f.* (de drague).
– – –, **bucket, excavator** = élinde *f.* d'excavateur (C.).
– – –, **collapsible** = échelle *f.* pliante.
– – –, **dredging** = élinde *f.* de drague (Mar.).
– – –, **extending** = échelle *f.* à coulisse.
– – –, **extension** = échelle *f.* à coulisse.
– – –, **fire, extensible** = échelle *f.* de sauvetage, échelle *f.* d'incendie.
– – –, **fish** = échelle *f.* à poissons (H.), passe *f.* migratoire pour les poissons (H.).
– – –, **folding** = échelle *f.* pliante.
– – –, **fruit-picking** = échelle *f.* double dite « d'horticulteur ».
– – –, **peg** = rancher *m.*
– – –, **rack** = échelier *m.*, rancher *m.*
– – –, **rolling** = échelle *f.* roulante.
– – –, **rope** = échelle *f.* de corde.
– – –, **ship's** = échelle *f.* de meunier.
– – –, **step** = escabeau *m.*, marchepied *m.*
– – –, **telescopic** = échelle *f.* à coulisse.

lade, to = charger (un bateau).
ladle = poche *f.* (de coulée), cuiller *f.* (de coulée), cuiller *f.* à pot (Ust.), puisette *f.* (Ust.), aube *f.* (d'une roue hydraulique).
– – –, **basting** = louche *f.* (Ust.).
– – –, **casting** = cuiller *f.* de coulée, cuiller *f.* à couler, cuiller *f.* à fondre.
– – –, **geared** = poche *f.* à engrenage (Mét.).
– – –, **shank** = poche *f.* à fourche (Mét.).
– – –, **skimming** = écumoire *f.* (Ust.).
– – –, **soldering** = cuiller *f.* à souder.
– – –, **soup** = louche *f.* (Ust.).
lag = retard *m.* (de phase) (E.), déphasage *m.* en arrière (E.), latte *f.* d'enveloppe (C.), lattis *m.* protecteur (de bobine de câble), décalage *m.* (E.).
– – –, **admission** = retard *m.* à l'admission (Auto.).
– – –, **elastic** = retard *m.* dû à la déformation élastique (C.).
– – –, **exhaust** = retard *m.* à l'échappement (Méc.).
– – –, **hysteresis** = retard *m.* hystérétique (E.).
– – –, **magnetic** = hystérésis *f.* (E.), retard *m.* à l'aimantation (E.).
– – –, **phase** = retard *m.* de phase (E.), décalage *m.* de phase (E.).
– – –, **spark** = retard *m.* d'étincelle (Auto.).
– – –, **time** = retard *m.*
– – –, **time, definite** = retard *m.* (E.), (relais *m.*) à retard (E.).
lagging = déphasage *m.* en arrière (E.), garniture *f.* calorifuge, revêtement *m.* calorifuge, enveloppe *f.* isolante, retard *m.* (de phase), calorifugeage *m.*, couchis *m.* (d'un cintre).
– – –, **asbestos** = revêtement *m.* en amiante.
– – –, **boiler** = garniture *f.* de chaudière (Méc.), revêtement *m.* calorifuge de chaudière (Méc.).
– – –, **insulating** = enveloppe *f.* calorifuge.
lags, wooden = lattis *m.p.* protecteurs (des bobines de câble) (Tp.).
laid-dry = posé sec (maçonnerie) (B.).
lake = lac *m.*, laque *f.*
– – –, **ox-bow** = bras *m.* mort (d'un cours d'eau).
lambert = lambert *m.* (c.-à-d. luminance d'une surface émettant un flux total d'un lumen/cm²; = 0,318 stilb) (E.).
lambrequin = lambrequin *m.* (Men.).
lamina = lame *f.*, lamelle *f.*, feuille *f.*
laminate, to = laminer, feuilleter.
lamination = lamelle *f.* (d'une armature) (E.), feuilletage *m.*
laminations = lamelles *f.p.* ou tôles *f.p.* (du noyau d'un transformateur), lames *f.p.*, feuilles *f.p.*
lamp = lanterne *f.*, lampe *f.*, projecteur *m.*, ampoule *f.* (électrique), V. « lamps ».
– – –, **acetylene** = lampe *f.* à acétylène.
– – –, **alarm** = lampe *f.* d'alarme (Tp.).
– – –, **arc** = lampe *f.* à arc.
– – –, **arc, carbon** = lampe *f.* à arc au charbon.
– – –, **arc, differential** = lampe *f.* à arc différentielle.
– – –, **arc, enclosed** = lampe *f.* à arc en vase clos.
– – –, **arc, shunt** = lampe *f.* à arc en dérivation.
– – –, **arc, vacuum** = lampe *f.* à arc dans le vide.
– – –, **arc, voltaic** = lampe *f.* à arc voltaïque.
– – –, **bayonet** = lampe *f.* à baïonnette.

– – –, **bedside** = lampe *f.* de chevet (B.).
– – –, **blow** = lampe *f.* à souder, chalumeau *m.*
– – –, **bracket** = applique *f.* (B.).
– – –, **brazing** = lampe *f.* à braser, lampe *f.* à souder.
– – –, **busy** = lampe *f.* d'occupation (Tp.), voyant *m.* d'occupation (Tp.).
– – –, **busy, visual** = lampe *f.* de test (Tp.).
– – –, **call** = lampe *f.* d'appel (Tp.).
– – –, **calling** = lampe *f.* d'appel (Tp.).
– – –, **candling** = lampe *f.* de mirage (des oeufs).
– – –, **carbon-filament** = lampe *f.* à filament de charbon.
– – –, **ceiling** = plafonnier *m.* (Auto.).
– – –, **clearing** = lampe *f.* de clôture (de conversation téléphonique) (Tp.).
– – –, **comparison** = lampe *f.* de comparaison, lampe *f.* tare.
– – –, **contact** = lampe *f.* à contact.
– – –, **control** = lampe *f.* de contrôle (E.), lampe *f.* témoin (Tp.).
– – –, **counterpoise** = lustre *m.* à contrepoids (B.).
– – –, **cowl** = lanterne *f.* latérale (Auto.).
– – –, **dash** = lampe *f.* de tablier (Auto.), lampe *f.* de bord (Auto.).
– – –, **dash-board** = lampe *f.* de tablier (Auto.), lampe *f.* de bord (Auto.).
– – –, **daylight** = lampe *f.* lumière du jour.
– – –, **dazzle** = phare *m.* éblouissant (Auto.).
– – –, **discharge, electric** = lampe *f.* de décharges électriques.
– – –, **discharge, gaseous** = lampe *f.* gazeuse à décharges électriques.
– – –, **discharge, luminous** = tube *m.* à décharge lumineuse.
– – –, **dome** = plafonnier *m.* (Auto.).
– – –, **drop** = suspension *f.* électrique (B.), lustre *m.* (B.).
– – –, **drying** = lampe *f.* de séchage.
– – –, **drying, infra-red** = lampe *f.* de séchage à rayons infrarouges.
– – –, **electric** = lampe *f.* électrique.
– – –, **enclosed** = lampe *f.* en vase clos.
– – –, **exciter** = lampe *f.* d'excitation (E.).
– – –, **extension** = baladeuse *f.*
– – –, **festoon** = navette *f.* (E.).
– – –, **filament, electric** = lampe *f.* à incandescence.
– – –, **flame** = lampe *f.* à flamme.
– – –, **flash** = lampe *f.* de poche, flash *m.* (Phot.), lampe-éclair *f.* (Phot.).
– – –, **flickering** = lampe *f.* à éclats.
– – –, **floor** = torchère *f.* (B.).
– – –, **fluorescent** = tube *m.* fluorescent.
– – –, **fog** = projecteur *m.* anti-brouillard (Auto.).
– – –, **frosted** = lampe *f.* dépolie.
– – –, **gas-filled** = lampe *f.* à atmosphère gazeuse.
– – –, **gas, high-pressure** = lampe *f.* à gaz comprimé.
– – –, **glow** = lampe *f.* à incandescence.
– – –, **glow, frosted** = lampe *f.* à incandescence matée.
– – –, **glow, neon** = lampe *f.* au néon.
– – –, **guard** = lampe *f.* de protection (R.).
– – –, **hand** = lampe *f.* portative, baladeuse *f.*
– – –, **hanging** = suspension *f.* (électrique) (B.), lustre *m.* (B.).

(lamp)

– – –, **hanging, adjustable** = suspension *f.* à tirage (B.).
– – –, **head** = phare *m.* (d'automobile), V. « head-lamp ».
– – –, **heat** = lampe *f.* infrarouge.
– – –, **incandescent** = lampe *f.* à incandescence.
– – –, **indicating** = lampe *f.* témoin (Tp.), lampe *f.* de signalisation (C., E.).
– – –, **indicating, ground** = lampe *f.* de signalisation de mise à la terre (E.).
– – –, **indicator** = lampe *f.* témoin (Tp.), voyant *m.* (Tp.).
– – –, **indicator, channel** = voyant *m.* d'occupation de circuit (Tp.).
– – –, **inspection** = baladeuse *f.*, lampe *f.* baladeuse.
– – –, **instrument** = lampe *f.* du tablier (Auto.), lampe *f.* de tableau (E.).
– – –, **kerosene** = lanterne *f.* à pétrole.
– – –, **line** = lampe *f.* d'appel (Tp.).
– – –, **loading** = lampe *f.* de charge (E.).
– – –, **marker** = feu *m.* de position arrière (Ch.d.f.).
– – –, **mercury** = lampe *f.* à vapeur de mercure.
– – –, **mercury-arc** = lampe *f.* à vapeur de mercure.
– – –, **metal-filament** = lampe *f.* à filament métallique.
– – –, **miner's** = lampe *f.* de mineur.
– – –, **neon** = lampe *f.* au néon.
– – –, **night** = veilleuse *f.* (B.).
– – –, **oil** = lampe *f.* à pétrole, lampe *f.* à huile.
– – –, **opal** = lampe *f.* opaline.
– – –, **pendant** = lustre *m.* (B.).
– – –, **pentagrid** = pentagrille *f.* (R.), lampe *f.* à cinq grilles (R.).
– – –, **photoflood** = lampe *f.* survoltée (Phot.), lampe *f.* « photoflood » (Phot.).
– – –, **pilot** = lampe *f.* témoin (Tp., E.), lampe *f.* de contrôle (Tp.), lampe *f.* pilote (Tp.).
– – –, **pilot, coin** = lampe *f.* témoin d'encaissement (Tp.).
– – –, **pocket** = lanterne *f.* de poche.
– – –, **point** = lampe *f.* à source de lumière ponctuelle, lampe *f.* ponctuelle.
– – –, **portable** = baladeuse *f.*, lampe *f.* baladeuse, lampe *f.* portative.
– – –, **projection** = lampe *f.* de projection.
– – –, **projector** = projecteur *m.*
– – –, **rear** = feu *m.* arrière (Auto.), lanterne *f.* arrière (Auto.), lampe *f.* arrière.
– – –, **resistance** = lampe *f.* de résistance (E.), lampe-résistance *f.* (E.).
– – –, **reversing** = projecteur *m.* arrière (Auto.).
– – –, **roof** = plafonnier *m.* (Auto.).
– – –, **safety** = lampe *f.* de sûreté (Mi.), lampe *f.* de sécurité (Mi.).
– – –, **shunt** = lampe *f.* en dérivation.
– – –, **shunted-circuit** = lampe *f.* en dérivation.
– – –, **side** = lampe *f.* de côté (Auto.), lanterne *f.* latérale (Auto.).
– – –, **signal** = lampe *f.* témoin (Tp.), lampe-signal *f.* (Tp., E.), annonciateur *m.* à voyant (Tp.), lampe *f.* d'appel (Tp.), lampe *f.* de signalisation (Tp.).
– – –, **signalling** = lampe *f.* de signalisation.
– – –, **soldering** = lampe *f.* à souder.
– – –, **spirit** = lampe *f.* à alcool.
– – –, **standard** = torchère *f.* (B.).

(lamp)

– – –, **street** = réverbère *m.*
– – –, **sun** = lampe *f.* solaire, soleil *m.* (de cinématographie).
– – –, **supervisory** = lampe *f.* de contrôle (Tp.), lampe *f.* de supervision (Tp.), lampe *f.* de fin (de conversation) (Tp.).
– – –, **suspended** = lampe *f.* de suspension (B.), lustre *m.* (B.).
– – –, **switchboard** = lampe *f.* de tableau (Tp., E.), lampe *f.* de contrôle (Tp., E.).
– – –, **table** = lampe *f.* de table, lampe *f.* portative.
– – –, **tail** = feu *m.* arrière (Auto.), lanterne *f.* arrière (Auto.).
– – –, **tantalum** = lampe *f.* au tentale.
– – –, **telltale** = lampe *f.* témoin (Tp., E.), lampe *f.* signalisatrice (Tp., E.).
– – –, **test** = lampe *f.* témoin (Tp.), lampe *f.* de vérification (Tp., E.).
– – –, **three-filament** = lampe *f.* à trois filaments.
– – –, **trouble** = baladeuse *f.* (Auto.).
– – –, **tubular** = lampe *f.* tubulaire.
– – –, **tungsten** = lampe *f.* au tungstène.
– – –, **tuning** = lampe *f.* de syntonisation (R.).
– – –, **tuning – – and choke** = lampe *f.* de syntonisation avec bobine de réactance (R.).
– – –, **twenty-candle** = lampe *f.* de 20 bougies.
– – –, **ultra-violet, portable** = lampe *f.* pour rayons ultraviolets portative.
– – –, **utility** = baladeuse *f.* (Auto.), lampe *f.* baladeuse (Auto.).
– – –, **vacuum** = lampe *f.* à filament dans le vide.
– – –, **wall** = applique *f.* (B.).
– – –, **warning** = lampe *f.* signalisatrice (Tp., E.), lampe *f.* témoin (Tp., E.).
– – –, **with solid carbons** = lampe *f.* à électrodes de charbon.
lamps = V. « lamp ».
– – –, **clearance** = feux *m.p.* de position (d'un camion).
– – –, **marker** = feux *m.p.* de position (d'un camion).
– – –, **regulation** = lampes *f.p.* code (Auto.).
– – –, **side** = feux *m.p.* de côté (Auto.).
lance, free = (travailler) à la pige, pigiste *m.*
land = terre *f.*, sol *m.*, terrain *m.*, intervalle *m.* ou plat *m.* (entre deux rainures), lèvre *f.* (d'alésoir) (Méc.), cordon *m.* (de piston) (Méc.), recouvrement *m.* (d'une embarcation à clin).
– – – **between grooves** = intervalle *m.* entre deux cannelures, intervalle *m.* entre deux gorges.
– – –, **dominant** = fonds *m.* dominant.
– – –, **enclaved** = terrain *m.* enclavé, enclave *f.*
– – – **of a drill** = lèvre *f.* d'un foret (Méc.).
– – –, **piston** = cordon *m.* (Méc.).
– – –, **reamer** = lèvre *f.* d'alésoir (Méc.).
– – –, **reclaimed** = terrain *m.* amendé.
– – –, **servient** = fonds *m.* servant.
– – –, **tillable** = terrain *m.* cultivable, terre *f.* arable.
– – –, **to –** = atterrir (Av.), apponter (Av., Mar.), poser (un avion) sur le sol (Av.).
– – –, **tooth** = plat *m.* sur la dent (Méc.).
– – –, **undeveloped** = terrains *m.p.* inexploités.
– – –, **untillable** = terrain *m.* incultivable, terre *f.* non arable.
landing = palier *m.* (d'escalier), atterrissage *m.* (Av.),

(landing)

débarquement *m.* (Mar.), déchargement *m.* (d'un navire), appontage *m.* (Mar.).
- - -, **belly** = atterrissage *m.* sur le ventre (Av.).
- - -, **crash** = atterrissage *m.* brutal (Av.).
- - -, **blind** = atterrissage *m.* sans visibilité (Av.).
- - -, **crash** = crash *m.* (Av.), atterrissage *m.* brutal (Av.).
- - -, **forced** = atterrissage *m.* forcé (Av.).
- - -, **intermediate** = escale *f.* (Av.).
- - - **on the moon** = alunissage *m.*
- - - **on water** = amerrissage *m.* (Av.).
landlady = propriétaire *f.* (d'une maison).
landlord = propriétaire *m.* (d'une maison).
landmark = repère *m.*, borne *f.*
landowner = propriétaire *m.* foncier.
landromat = laverie *f.* automatique, laverie *f.* libre service.
landscaping = aménagement *m.* de jardins paysagers, aménagement *m.* de parterres.
landslip = glissement *m.* (de terrain), éboulement *m.*
lane = ruelle *f.*, voie *f.* de circulation.
- - -, **single** = (route *f.*) à voie *f.* unique.
- - -, **space** = sentier *m.* dans l'espace (R.).
- - -, **traffic** = voie *f.* de circulation.
language, plain = en clair (R.).
lantern = lanterne *f.*, lanterneau *m.* (B.), fanal *m.* (Mar.).
- - -, **candle** = lanterne *f.* à bougies.
- - -, **electric** = lanterne *f.* électrique, lanterne *f.* sourde.
- - -, **stable** = lanterne *f.* d'écurie.
lap = chevauchement *m.* ou recouvrement *m.* (des tuiles d'un toit) (B.), tour *m.* (d'un câble autour d'un tambour), guipage *m.* (d'un fil conducteur), couche *f.* isolante (E.), chevauchement *m.* (des soupapes) (Méc.), recouvrement *m.* (du tiroir) (Méc.), rodoir *m.* (I.), polissoir *m.* (I.).
- - -, **exhaust** = avance *f.* à l'échappement (Méc.).
- - -, **half-** = assemblage *m.* à mi-bois (B.), assemblage *m.* à mi-fer (C.).
- - -, **head** = recouvrement *m.* (c.-à-d. la partie recouverte d'une tuile de toit).
- - -, **inside** = recouvrement *m.* intérieur.
- - -, **outside** = recouvrement *m.* extérieur.
- - -, **pulp** = liasse *f.* de pâte (Pap.).
- - -, **to** = roder (une cale), poser à recouvrement, chaperonner (un assemblage) (B.), guiper (un câble) (E.).
- - -, **valve** = chevauchement *m.* de la soupape (Méc.).
- - -, **valve, slide** = recouvrement *m.* du tiroir (Méc.).
- - -, **zero** = chevauchement *m.* nul.
lapel = revers *m.* (d'un veston).
lapper = appareil *m.* à roder (Méc.).
lapping = rectification *f.* ou rodage *m.* (des soupapes) (Méc.), polissage *m.* (à la meule) (Mét., Méc.), guipage *m.* (d'un câble téléphonique), chevauchement ou recouvrement *m.* (des tuiles d'un toit) (B.), surimpression *f.* (Imp.).
- - -, **cylinder** = rodage *m.* de cylindre.
lapse = erreur *f.*, laps *m.* de temps.
larch = mélèze *m.*
- - -, **Alaska** = mélèze *m.* d'Alaska.
- - -, **Alpine** = mélèze *m.* de Lyall.

(larch)

- - -, **Western** = mélèze *m.* occidental.
larder = dépense *f.* (B.), garde-manger *m.* (B.).
larry = doloire *f.* (I.), bouloir *m.* (I.).
- - -, **mortar** = bouloir *m.* (I.), doloire *f.* (I.).
Laser (Light Amplification by Stimulated Emission of Radiation) = laser *m.*
lash = jeu *m.* (Méc.), fouettement *m.* (d'une pièce de machinerie), mèche *f.* ou lanière *f.* (d'un fouet) (Agr.).
- - -, **back-** = V. « backlash ».
- - -, **side** = jeu *m.* latéral (Méc.).
- - -, **to** = fouetter, lier, ligaturer (deux fils).
- - -, **valve** = jeu *m.* des soupapes (Méc.).
- - -, **whip** = mèche *f.* de fouet.
lashing = ligature *f.* (de câbles téléphoniques, de fils), coup *m.* de fouet (Agr.).
last = forme *f.* (à chaussures), pied *m.* de fonte.
- - -, **shoe** = enclume *f.* universelle.
- - -, **shoemaker's** = pied *m.* de fonte.
- - -, **to** = durer.
lasting = durable (adj.), permanent (adj.).
latch = clenche *f.* (d'un loquet) (B.), loquet *m.* (d'une porte) (B.), verrou *m.* (à ressort) (Méc.), pêne *m.* dormant (B.), valet *m.* d'arrêt (Méc.), cliquet *m.* (d'arrêt) (Méc.), loqueteau *m.* (pour volets (B.), serrure *f.* de sûreté (B.).
- - -, **blade** = verrouillage *m.* de lame (d'un disjoncteur) (E.).
- - -, **disengaging** = verrou *m.* de débrayage (d'une machine-outil) (Méc.).
- - -, **door** = loquet *m.* de porte, pêne *m.* de serrure de porte.
- - -, **draw** = chaînette *f.* de porte.
- - -, **gate** = loquet *m.* de porte, clenche *f.* de barrière.
- - -, **jig** = loquet *m.* de montage (Méc.).
- - -, **knob** = loquet *m.* à bouton.
- - -, **night** = serrure *f.* de sûreté, verrou *m.* de sûreté.
- - -, **night, mortise** = serrure *f.* de sûreté à mortaise, serrure *f.* de sûreté encastrée.
- - -, **night, Yale** = serrure *f.* de sûreté Yale.
- - -, **shaper** = loquet *m.* d'étau-limeur (Méc.).
- - -, **thumb** = loquet *m.* à poucier, clenche *f.* à poucier.
- - -, **to** = fermer (la porte) à demi-tour, fermer (la porte) sans mettre le verrou.
lateral = branchement *m.* (H., S.).
latex = latex *m.*
lath = latte *f.* (B.), latte *f.* jointive (c.-à-d. clouée à une charpente), latte *f.* volige (c.-à-d. qui supporte tuiles ou bardeaux d'un toit), lame *f.* (de jalousie).
- - -, **brace** = tasseau *m.* (B.).
- - -, **counter-** = contre-latte *f.*
- - -, **metal** = latte *f.* métallique.
- - -, **slate** = latte *f.* à ardoises, latte *f.* volige, volige *f.*
- - -, **to** = latter.
- - -, **to counter-** = contre-latter.
- - -, **wood** = latte *f.* en bois.
lathe = tour *m.* (Méc.), machine-outil *f.* (Méc.), touret *m.* (Méc.).
- - -, **apron** = tour *m.* à tablier.
- - -, **automatic** = tour *m.* automatique.
- - -, **automatic, single-purpose** = tour *m.* automatique pour usages spéciaux.

(lathe)

- – –, **axle** = tour *m.* à essieux.
- – –, **backing-off** = tour *m.* à dépouiller, tour *m.* à détalonner.
- – –, **bar** = tour *m.* à barre, tour *m.* en l'air.
- – –, **bed, gap** = tour *m.* à banc rompu.
- – –, **bench** = petit tour, tour *m.* d'établi.
- – –, **boring** = tour *m.* à aléser.
- – –, **break** = tour *m.* à banc rompu.
- – –, **buffing and polishing** = touret *m.* à polir.
- – –, **capstan** = tour *m.* revolver.
- – –, **centre** = tour *m.* à pointes, tour *m.* ordinaire.
- – –, **centre, double-** = tour *m.* à deux pointes.
- – –, **centre, six-inch** = tour *m.* de six pouces de hauteur de pointe.
- – –, **chasing** = tour *m.* à repousser.
- – –, **chuck** = tour *m.* à plateau.
- – –, **copying** = tour *m.* à reproduire.
- – –, **core** = tour *m.* à noyaux.
- – –, **cutting, free** = tour *m.* à décolleter.
- – –, **cutting-off** = tour *m.* à tronçonner, tour *m.* à décolleter.
- – –, **cutting, screw** = tour *m.* à fileter, tour *m.* à décolleter.
- – –, **cutting, thread** = tour *m.* à fileter, tour *m.* à décolleter.
- – –, **drilling** = machine *f.* à percer horizontale.
- – –, **duplex** = tour *m.* à double outil.
- – –, **eccentric** = tour *m.* à excentrique.
- – –, **engine** = tour *m.* marchant au moteur, tour *m.*
- – –, **engine, rose** = tour *m.* à rosettes, tour *m.* à guilloches.
- – –, **extension-gap** = tour *m.* à banc à extension.
- – –, **face** = tour *m.* à plateau.
- – –, **facing** = tour *m.* à surfacer.
- – –, **finishing** = tour *m.* finisseur.
- – –, **foot** = tour *m.* à pédale.
- – –, **foot-power** = tour *m.* à pédale.
- – –, **forming** = tour *m.* à profiler.
- – –, **founder's** = tour *m.* à calibre (de fonderie).
- – –, **fox** = tour *m.* avec appareil à fileter.
- – –, **gantry** = tour *m.* à banc prismatique.
- – –, **gap** = tour *m.* à banc rompu.
- – –, **gauge** = tour *m.* à gabarit.
- – –, **geared** = tour *m.* à engrenages.
- – –, **geared, back** = tour *m.* avec harnais d'engrenages.
- – –, **grinding** = tour *m.* à rectifier, tour *m.* à roder.
- – –, **grinding, valve** = touret *m.* à rectifier les soupapes.
- – –, **hand** = tour *m.* à main.
- – –, **heavy** = gros tour *m.*
- – –, **high-speed** = tour *m.* à grande vitesse.
- – –, **parallel** = tour *m.* parallèle.
- – –, **pattern-maker's** = tour *m.* de modeleur.
- – –, **pedal** = tour *m.* à pédale.
- – –, **pit** = tour *m.* à fosse.
- – –, **pivot** = tour *m.* à pointes.
- – –, **plain** = tour *m.* droit régulier, tour *m.* simple.
- – –, **plate, face** = tour *m.* à plateau.
- – –, **pole** = tour *m.* à mât, tour *m.* à perche.
- – –, **polishing** = touret *m.* à polir.
- – –, **portable** = tour *m.* transportable.
- – –, **power** = tour *m.* marchant au moteur, tour *m.*

(lathe)

- – –, **precision** = tour *m.* de précision.
- – –, **profiling** = tour *m.* à façonner.
- – –, **relieving** = tour *m.* à dépouiller.
- – –, **roughing-down** = tour *m.* à dégrossir.
- – –, **screw-mandrel** = tour *m.* avec appareil à fileter.
- – –, **screw, turret** = tour *m.* revolver à fileter.
- – –, **self-acting** = tour *m.* automatique.
- – –, **self-closing** = tour *m.* à serrage automatique.
- – –, **slicing** = tour *m.* à décolleter.
- – –, **slide** = tour *m.* parallèle, tour *m.* à chariot.
- – –, **sliding** = tour *m.* parallèle, tour *m.* à charioter.
- – –, **spindle, double-** = tour *m.* à deux broches.
- – –, **spindle, multiple-** = tour *m.* à broches multiples.
- – –, **spinning** = tour *m.* à repousser.
- – –, **spring-pole** = tour *m.* à perche élastique.
- – –, **standard** = tour *m.* droit régulier, tour *m.* simple.
- – –, **surface** = tour *m.* à surfacer, tour *m.* à plateau.
- – –, **tapping, nut** = tour *m.* à écrous.
- – –, **throw** = tour *m.* à main.
- – –, **to** = tourner, dresser au tour.
- – –, **tool-maker's** = tour *m.* d'outilleur.
- – –, **treadle** = tour *m.* à pédale.
- – –, **turning, axle** = tour *m.* à essieux.
- – –, **turning, metal** = tour *m.* à métaux.
- – –, **turning, plain** = tour *m.* à charioter.
- – –, **turning, roll** = tour *m.* à tourner les cylindres de laminoir.
- – –, **turning, shaft** = tour *m.* pour arbres.
- – –, **turning, wood** = tour *m.* à bois.
- – –, **turret** = tour *m.* revolver *m.*, tour *m.* à tourelle.
- – –, **turret, automatic** = tour *m.* à décolleter automatique, tour *m.* revolver automatique.
- – –, **turret, combination** = tour *m.* revolver à combinaison.
- – –, **turret, plain** = tour *m.* à tourelle droite.
- – –, **ungeared** = bidet *m.*
- – –, **universal** = tour *m.* universel.
- – –, **wood** = tour *m.* à bois.

lather = mousse *f.* (de savon), écume *f.* (du cheval).

lathing = lattage *m.* (B.), lattis *m.* (B.).
- – –, **close** = lattis *m.* jointif.
- – –, **spaced** = lattis *m.* espacé.

latitude = latitude *f.* (d'un lieu), liberté *f.* d'action.

latrines = latrines *f.p.* (S.), goguenots *m.p.* (S.), tinette *f.* (S.).

latten = cuivre *m.* jaune, laiton *m.*

lattice = treillis *m.* (C.), lattis *m.* (C.), résille *f.* de plomb (d'un vitrail), treillage *m.* (C.).

launch = chaloupe *f.*
- – –, **to** = lancer (un navire, une affaire), mettre (un navire) à l'eau.

launderette = laverie *f.* automatique.

laundering = blanchissage *m.* (du linge).

laundry = buanderie *f.* (d'une maison), blanchisserie *f.*
- – –, **coin** = laverie *f.* automatique.

laundryman = buandier *m.* (O.), blanchisseur *m.* (O.).

lavatory = lavabo *m.*, cabinet *m.* de toilette (S.), cabinet *m.* d'aisances (S.), W.C. *m.*, toilettes *f.p.*
- – –, **corner** = lavabo *m.* d'angle.

law, Coulomb's = loi *f.* de Coulomb (E.).
- – –, **displacement** = loi *f.* du déplacement, loi *f.* de Wien.

(law)

– – –, **Joule** = loi *f.* de Joule (E.).

– – –, **Ohm's** = loi *f.* d'Ohm (E.).

– – –, **perfect-gas** = loi *f.* des gaz parfaits.

– – –, **square** = loi *f.* de Lambert (E.), parabolique (adj.).

– – –, **square, inverse** = loi *f.* de l'inverse du carré.

lawn = pelouse *f.*, gazon *m.*, batiste *f.*

lawn-mower = V. « mower, lawn ».

lay, to = poser (un câble téléphonique), ranger (des briques), asseoir (les fondations), verser (le béton) en place, parqueter (une maison), abattre (la poussière d'une route), déposer (une plainte).

lay-boy = ramasse-feuilles *m.* (Imp.).

lay-by = parc *m.* (le long d'une route).

layer = couche *f.* (d'oxyde, de gravier, de peinture), poseur *m.* (de rails, de pavés) (O.), assise *f.* (C., B.), lit *m.* (de pierre), veine *f.* (Mi.), gisement *m.* (Mi.).

– – –, **Appleton** = couche *f.* d'Appleton (R.).

– – –, **barrier** = couche *f.* de barrage (E.), couche *f.* d'arrêt (E.).

– – –, **cable** = (navire *m.*) câblier *m.*, machine *f.* à poser les câbles (Tp.).

– – –, **carpet** = poseur *m.* de tapis (O.).

– – –, **conducting** = couche *f.* conductrice (E.).

– – –, **double** = à deux rangs, rang *m.* de doublage (c.-à-d. rang d'ardoises posées en recouvrement sur un ouvrage de rive ou de faîtage) (B.).

– – –, **floor** = poseur *m.* de parquet (O.), parqueteur *m.* (O.).

– – –, **foundation** = couche *f.* de fondation (d'une route).

– – –, **Heaviside** = ionosphère *f.*

– – –, **insulating** = couche *f.* isolante (C., E.).

– – –, **ionized** = couche *f.* ionisée (R.).

– – –, **multi-** = à plusieurs couches.

– – – **of rust** = couche *f.* de rouille.

– – – **of wire** = rangée *f.* de fil (E.).

– – – **-on** = margeur *m.* (O.) (Imp.).

– – –, **outer** = couche *f.* extérieure.

– – –, **pipe** = poseur *m.* de tuyaux (O.), poseur *m.* de canalisations (O.).

– – –, **plate** = ouvrier *m.* de la voie (Ch.d.f.).

– – –, **tile** = carreleur *m.* (O.), poseur *m.* de carrelage (O.), couvreur *m.* (en tuiles) (O.).

– – –, **two-** = à deux rangs.

– – –, **underlying** = sous-couche *f.*, couche *f.* sousjacente.

– – –, **upper** = couche *f.* supérieure.

laying, brick = maçonnerie *f.* (B.).

– – –, **cable** = pose *f.* de câble (Tp.).

– – – **down** = câblage *m.* (E.), pose *f.* (d'un câble), assiette *f.* (d'une ligne) (Tp.).

layman = profane *m.* (O.).

lay-out (or layout) = tracé *m.* (d'une route), dessin *m.* (d'un parterre), schéma *m.* de montage (d'un téléphone), aménagement *m.* (d'un territoire), disposition *f.* (d'objets, des lieux), agencement *m.* (d'une boîte d'engrenages, d'une ville), croquis *m.* (d'un objet), lotissement *m.* (d'un terrain), étude *f.* (d'une charpente), disposition *f.* typographique (Imp.).

– – – – –, **area, exchange** = plan *m.* du réseau (téléphonique).

– – – – –, **circuit** = schéma *m.* de montage (d'un

(lay-out)

téléphone) (Tp.), schéma *m.* des circuits (Tp.).

– – – – –, **connection** = schéma *m.* de montage (E.).

– – – – –, **general** = disposition *f.* d'ensemble.

– – – – – **of sewage system** = système *m.* de collecteurs (S.).

– – – – –, **plant** = schéma *m.* d'installation (C., Tp.).

– – – – –, **plumbing** = schéma *m.* d'ensemble de la plomberie.

– – – – –, **to** = tracer (une rue, une courbe), dessiner (un parc), poser (des rails), disposer ou étaler (des objets), faire le tracé (d'une route), aménager (un territoire).

lb (**libra**) = V. « pound ».

leach = fosse *f.* à jusée.

– – –, **to** = filtrer, lessiver (Pap.), lixivier (Pap.).

leacher = cuve *f.* de lixiviation (Pap.).

lead = plomb *m.*, interligne *f.* (Imp.), V. « lead ».

– – –, **antimonial** = plomb *m.* antimonial.

– – –, **antimoniated** = plomb *m.* antimonié.

– – –, **black** = graphite *m.*, plombagine *f.*

– – –, **caulking** = plomb *m.* à joints.

– – –, **hard** = plomb *m.* antimonié.

– – –, **pig** = plomb *m.* en saumons.

– – –, **red** = minium *m.*, peinture *f.* pour couche primaire anticorrosion (C.), apprêt *m.* à métaux (C.).

– – –, **rolled** = feuille *f.* de plomb, plomb *m.* laminé.

– – –, **sheet** = plomb *m.* en feuille, feuille *f.* de plomb.

– – –, **thick** = interligne *f.* forte (Imp.).

– – –, **thin** = interligne *f.* fine (Imp.).

– – –, **tinned** = plomb *m.* étamé.

– – –, **to** = plomber (les faîtes d'un toit), couvrir de plomb.

– – –, **white** = blanc *m.* de plomb, blanc *m.* de céruse, céruse *f.*

lead = avance *f.* (du tiroir, d'une magnéto), déphasage *m.* en avant (E.), décalage *m.* en avant (E.), canal *m.* d'amenée (H.), canal *m.* de dérivation (H.), câble *m.* (téléphonique), branchement *m.* (E.), conducteur *m.* (E.), conduite *f.* (Tp., E., H.), amorce *f.* (d'un film) (Phot.), introduction *f.* (d'un article de journal), fil *m.* d'amenée (Tp.), V. « lead ».

– – –, **adjustable** = avance *f.* réglable (d'une magnéto) (E.).

– – –, **automatic** = avance *f.* automatique (Méc., E.).

– – –, **battery** = connexion *f.* de batterie (E.).

– – –, **compensatory** = connexion *f.* compensée (E.).

– – –, **dog** = laisse *f.*

– – –, **down, aerial** = descente *f.* d'antenne (R.).

– – –, **exhaust** = avance *f.* à l'échappement (Méc.).

– – –, **fixed** = avance *f.* fixe (d'une magnéto) (E.).

– – –, **flex** = conducteur *m.* souple (E.).

– – –, **flexible** = conducteur *m.* souple (E.).

– – –, **ground** = conducteur *m.* de terre (E.).

– – –, **hip** = bavette *f.* (B.).

– – –, **linear** = avance *f.* linéaire (Méc.).

– – –, **machine, milling** = pas *m.* de l'hélice d'une fraiseuse (Méc.).

– – –, **magneto** = câbles *m.p.* de magnéto (Auto.), avance *f.* d'une magnéto (Auto.).

– – –, **main** = conducteur *m.* principal (E.).

– – –, **metric** = pas *m.* métrique (Méc.).

– – – **of the current** = déphasage *m.* en avant (E.).

– – – **of the spiral** = pas *m.* de l'hélice (Méc.).

(lead)

– – –, **phase** = décalage *m.* en avant (E.).
– – –, **positive** = conducteur *m.* positif (E.).
– – –, **ringing** = fil *m.* de sonnerie d'appel (Tp.).
– – –, **screw-thread** = pas *m.* de l'hélice d'une vis (Méc.).
– – –, **service** = branchement *m.* d'abonné (E.).
– – –, **tapped** = conducteur *m.* à saignées (E.).
– – –, **test** = connexion *f.* d'essai (reliant l'appareil de mesure au circuit en examen) (Tp., E.).
– – –, **to** = conduire (une construction, une voiture), mener (les bêtes aux champs, un bateau), guider (un aveugle, un navire), diriger (des travaux).
– – –, **to – – – in** = amener (le courant) (E.).
– – –, **Whitworth** = pas *m.* Whitworth (Méc.), pas *m.* normal anglais (Méc.).
leaden = en plomb.
leader = tuyau *m.* de descente (B.), chéneau *m.* (B.), conducteur *m.* (E.), avançon *m.* (d'une canne de pêche), amorce *f.* (d'une bande magnétique), chef *m.* (O.), V. « leaders ».
– – –, **cattle** = mouchette *f.* pour taureaux.
– – –, **conference** = animateur *m.* de discussion (O.).
– – –, **fair** = chaumard *m.* (Mar.).
– – –, **rain-water** = V. « downpipe ».
leaders = points *m.p.* de conduite (Imp.), pointillés *m.p.* (Imp.), V. « leader ».
– – –, **close** = pointillés *m.p.* (Imp.).
lead-in = entrée *f.* de poste (Tp.), descente *f.* d'antenne (R.).
– – – –, **aerial** = descente *f.* d'antenne (R.), câble *m.* de descente (R.).
leading = mise *f.* en plomb (d'un vitrail) (B.).
leading = premier (adj.), principal (adj.), de tête, en avance.
– – – **of phase** = avance *f.* de phase (E.).
leading-in = adducteur *m.* (E.), fil *m.* d'entrée (R.).
leads = interlignes *f.p.* (Imp.), plombs *m.p.* (Imp.).
– – –, **middle** = interlignes *f.p.* moyennes (Imp.).
– – –, **roof** = plombs *m.p.* de couverture (B.).
– – –, **window** = plombs *m.p.* de vitrail (B.), plombure *f.* (B.).
leads, pile-driver = jumelles *f.p.* d'une sonnette (C.).
– ⌐ –, **shunt** = fils *m.p.* de shunt (E.).
– – –, **test** = cordon *m.* d'essai (Tp.).
– – –, **welding** = câbles *m.p.* de soudure.
leaf = feuille *f.* (d'arbre), lame *f.* (de ressort), battant *m.* ou vantail *m.* (de porte), feuillet *m.* (d'un livre), battant *m.* (de contrevent), tablier *m.* (de pont).
– – –, **aluminium** = feuille *f.* d'aluminium.
– – –, **door** = vantail *m.* (B.), battant *m.* (B.).
– – –, **drop** = abattant *m.* (B.).
– – –, **fly** = feuille *f.* volante.
– – –, **foxed** = feuille *f.* piquée.
– – –, **loose** = feuillet *m.* mobile.
– – –, **main** = lame *f.* maîtresse (d'un ressort) (Auto.).
– – –, **metal** = feuille *f.* métallique.
– – –, **spring** = lame *f.* de ressort, feuille *f.* de ressort.
– – –, **table** = abattant *m.*
leafing = (mélange *m.*) feuillant (adj.).
leaflet = feuillet *m.*, feuille *f.* volante.
league = lieue *f.* (= 3 milles; 4,82803 km).
– – –, **land** = lieue *f.* de terre, lieue *f.* commune (= 3 milles terrestres; 4,828 km; 2,6069 milles marins).

(league)

– – –, **marine** = lieue *f.* marine (= 5,5595 km; 3,4545 milles terrestres).
leak = fuite *f.* (de gaz, d'air), perte *f.* (d'eau, d'essence), infiltration *f.* (d'un liquide), dispersion *f.* (de courant) (E.), voie *f.* d'eau (Mar.).
– – –, **air** = fuite *f.* d'air.
– – –, **earth** = perte *f.* à la terre (E.).
– – –, **gasolene** = fuite *f.* d'essence.
– – –, **grid** = résistance *f.* de fuite de grille (R.).
– – –, **ground** = perte *f.* à la terre (Tp.).
– – –, **to** = couler, avoir une fuite, faire eau (Mar.).
– – –, **water** = fuite *f.* d'eau.
leakage = fuite *f.* (d'air, de secrets), dispersion *f.* (d'électricité) (E.), perte *f.* (d'eau, d'essence), coulage *m.* (d'eau), renard *m.*
– – –, **air** = fuite *f.* d'air.
– – –, **armature** = dispersion *f.* d'induit (E.).
– – –, **bolt** = dispersion *f.* d'enroulement (C.).
– – –, **coil-end** = dispersion *f.* des têtes de bobine (E.).
– – –, **current** = perte *f.* de courant (E.).
– – –, **earth** = perte *f.* à la terre (E.).
– – –, **electro-magnetic** = dispersion *f.* électromagnétique (E.).
– – –, **gasket** = fuite *f.* de joint (Méc.).
– – –, **magnetic** = dispersion *f.* magnétique (E.).
– – – **of air** = fuite *f.* d'air.
– – – **of current** = dispersion *f.* de courant (E.).
– – – **of gas** = perte *f.* d'essence (Auto.).
– – – **of water** = fuite *f.* d'eau (H.).
– – –, **pole** = dispersion *f.* polaire (E.).
– – –, **power** = perte *f.* de puissance (Méc., E.).
– – –, **pressure** = perte *f.* de pression (Méc.).
– – –, **slot** = dispersion *f.* de rainures (E.).
– – –, **surface** = courant *m.* de perte superficielle (E.), fuite *f.* superficielle (E.).
leakance = perditance *f.* (E.).
lean = inclinaison *f.* (d'un mât), maigre *m.* (de la viande), (béton) maigre (adj.), (sol) pauvre (adj.).
– – –, **to** = s'appuyer sur ...., incliner, pencher, appuyer (un échelle contre un mur).
lean-to = appentis *m.* (B.).
learning, programmed = enseignement *m.* séquentiel.
lease = bail *m.*, concession *f.* (de force motrice), affermage *m.* (d'une source d'énergie), amodiation *f.* (d'une terre).
– – – **back** = location *f.* après-vente.
– – –, **lend** = prêt-bail *m.* (d'une propriété).
– – –, **ninety-nine year** = bail *m.* emphytéotique.
– – – **of a farm** = bail *m.* à ferme, amodiation *f.*
– – –, **sub-** = sous-location *f.*
– – –, **to** = prendre ou donner (une maison) à bail, louer (un logis), affermer (une terre).
leasehold = tenure *f.* à bail.
leaseholder = locataire *m.* (d'une propriété), affermataire *m.* à bail (d'une terre).
leash = laisse *f.*
leat = bief *m.* (H.), canal *m.* d'amenée (H.), bée *f.* (de moulin) (C.).
leather = cuir *m.*
– – –, **artificial** = similicuir *m.*
– – –, **chamois** = peau *f.* de chamois.
– – –, **clutch** = cuir *m.* d'embrayage (Méc.).
– – –, **cup** = cuir *m.* embouti (d'un gonfleur, d'une

(leather)

pompe).
– – –, **embossed** = cuir *m*. gaufré.
– – –, **grained** = chagrin *m*., cuir *m*. grenu.
– – –, **imitation** = similicuir *m*.
– – –, **lace** = cuir *m*. à lanières, cuir *m*. à lacets.
– – –, **patent** = cuir *m*. verni.
– – –, **plunger, pump** = cuir *m*. à piston de pompe.
– – –, **pump** = cuir *m*. pour pompe.
– – –, **shoe** = molleterie *f*.
– – –, **strap** = cuir *m*. à courroie.
– – –, **tan** = cuir *m*. jaune.
– – –, **undressed** = cuir *m*. d'oeuvre.
– – –, **upper** = empeigne *f*. (d'une chaussure).
– – –, **valve, pump** = cuir *m*. à soupape de pompe.
– – –, **wash** = peau *f*. de chamois, chamois *m*.
leatherette = cuirette *f*., cuir *m*. de papier, similicuir *m*.
leatheroid = cuir *m*. d'oeuvre artificiel (à base de papier).
leaves = V. « leaf ».
– – –, **end** = pages *f.p*. de garde (d'un livre).
lectern = lutrin *m*.
lecture = cours *m*. (d'histoire), conférence *f*., leçon *f*.
ledge = rebord *m*. (d'une fenêtre), corniche *f*. (de rocher, d'un immeuble), berme *f*. (d'un chemin), banc *m*. de récifs, banc *m*. de terrain, banc *m*. d'ionisation (R.).
– – – **of rock** = corniche *f*. de rocher, couche *f*. rocheuse.
– – –, **window** = appui *m*. de fenêtre, rebord *m*. de fenêtre.
ledger = moise *f*. (d'échafaudage), grand livre (comptabilité), registre *m*. (d'un greffe), lambourde *f*. (B.).
– – –, **loose-leaf** = registre *m*. à feuillets mobiles.
leg = jambe *f*. (d'une personne), branche *f*. (de compas, de trépied), montant *m*. ou jambage *m*. (d'un tréteau), aile *f*. (d'une cornière), pied *m*. (d'un tour, d'une table), étape *f*. (d'un voyage), côté *m*. (d'un polygone), pied-droit *m*. (d'un châssis) (Mi.), patte *f*. (d'une chaudière, d'un oiseau).
– – –, **caliper** = branche *f*. du compas (Méc.).
– – –, **jig** = tige *f*. de montage (C.).
– – –, **stiff** = jambe *f*. de force (C.).
legend = légende *f*. (d'un plan).
legs = V. « leg ».
– – –, **shear** = chèvre *f*. (M.).
length = longueur *f*. (d'un texte, d'un voyage), trajet *m*., parcours *m*. (d'un oléoduc, d'un piston), bout *m*. (de fil), morceau *m*. (de bois), tronçon *m*. (de tuyau), course *f*. (d'un outil).
– – –, **active** = longueur *f*. induite (E.).
– – –, **breaking** = longueur *f*. de rupture (d'une bande de papier) (Pap.).
– – –, **focal** = distance *f*. focale, focale *f*. (d'un objectif) (Phot.).
– – –, **make-up** = pièce *f*. de raccordement (de tuyaux).
– – – **of break** = longueur *f*. de coupure (E.).
– – – **of conversation** = durée *f*. totale de la conversation (Tp.).
– – – **of level** = longueur *f*. du palier (C., B.).
– – – **of service** = ancienneté *f*. (d'un employé).
– – – **of step** = longueur *f*. d'emmarchement (d'un escalier).
– – – **of stroke** = longueur *f*. de course (Méc.).

(length)

– – – **of tooth** = longueur *f*. de dent (Méc.).
– – – **of travel** = longueur *f*. de course (Méc.).
– – –, **over-all** = longueur *f*. totale, longueur *f*. d'encombrement, encombrement *m*. (Auto.), longueur *f*. hors tout.
– – –, **pipe** = tronçon *m*. de tuyau.
– – –, **pulse** = durée *f*. d'une impulsion (E.).
– – –, **span** = portée *f*. (Tp., E., C.).
– – –, **spark** = distance *f*. explosive (E.).
– – –, **track** = longueur *f*. de la voie (Ch.d.f.).
– – –, **wave** = V. « wavelength ».
lengthen, to = allonger (un entretien), allonger ou rallonger (une robe, une table), prolonger (une trêve).
lengthening = allongement *m*. ou rallongement *m*. (d'une table, d'une robe), prolongation *f*. (d'une trêve).
lengthways = longitudinalement, dans le sens de la longueur.
lengthwise = (profil *m*.) en long.
lens = lentille *f*. (d'un microscope, d'un télescope), loupe *f*. (c.-à-d. verre *m*. grossissant), objectif *m*. (d'une caméra) (Phot.), verre *m*. (de lunettes).
– – –, **achromatic** = (objectif *m*.) achromatique *m*. (Phot.).
– – –, **anastigmatic** = objectif *m*. anastigmatique (Phot.), anastigmat *m*. (Phot.).
– – –, **apochromatic** = objectif *m*. apochromatique (Phot.).
– – –, **auxiliary** = bonnette *f*. (Phot.).
– – –, **close-up** = bonnette *f*. (Phot.).
– – –, **coated** = objectif *m*. à revêtement antiréfléchissant, objectif *m*. bleuté (Phot.).
– – –, **compound** = objectif *m*. composé.
– – –, **contact** = lentille *f*. de contact, lentille *f*. cornéenne.
– – –, **contact, corneal** = lentille *f*. cornéenne, verres *m.p*. cornéens.
– – –, **converging** = lentille *f*. convergente.
– – –, **corrugated** = lentille *f*. à gradins.
– – –, **crown** = lentille *f*. en crown-glass.
– – –, **deflecting** = lentille *f*. à déflexion.
– – –, **delay** = lentille *f*. à retard de phase (R.).
– – –, **dielectric** = lentille *f*. diélectrique (R.).
– – –, **diffusing** = lentille *f*. à diffusion.
– – –, **dispersing** = lentille *f*. divergente.
– – –, **egg-box** = lentille *f*. multicellulaire (R.).
– – –, **electron** = lentille *f*. électronique (E.).
– – –, **eye** = oculaire *m*. (d'un instrument).
– – –, **fast** = objectif *m*. à grande ouverture (Phot.), objectif *m*. lumineux (Phot.).
– – –, **finder** = objectif *m*. de visée (Phot.).
– – –, **focusing** = lentille *f*. convergente.
– – –, **Fresnel** = lentille *f*. à échelons (Mar.), lentille *f*. de Fresnel (Mar.).
– – –, **long-focus** = téléobjectif *m*. (Phot.).
– – –, **mirror** = objectif *m*. catadioptrique (Phot.).
– – –, **parallel-plate** = lentille *f*. à lames parallèles (R.).
– – –, **pocket** = loupe *f*. de poche.
– – –, **portrait** = objectif *m*. à portraits (Phot.).
– – –, **projection** = objectif *m*. de projection.
– – –, **R.R. (rapid rectilinear)** = objectif *m*. rectilinéaire (Phot.).
– – –, **six-element** = objectif *m*. à six lentilles (Phot.).

(lens)

– – –, **standard** = objectif *m*. normal (Phot.).
– – –, **supplementary** = bonnette *f*. (Phot.).
– – –, **telephoto** = téléobjectif *m*. (Phot.).
– – –, **telescopic** = téléobjectif *m*. (Phot.).
– – –, **wide-angle** = objectif *m*. grand angulaire (Phot.), grand-angulaire *m*. (Phot.).
– – –, **zoned** = lentille *f*. à échelons (R.).
– – –, **zoom** = objectif *m*. à focale variable (Phot.), objectif *m*. zoom (Phot.), zoom *m*. (Phot.).
lessee = locataire *m*. (d'un logement), preneur *m*. (d'une terre), fermier *m*. (d'une ferme), concessionnaire *m*. (d'un lot), amodiataire *m*. (de terres cultivables).
– – –, **sub-** = sous-locataire *m*.
lessor = bailleur *m*.
let, to = louer (une maison), faire un marché (avec quelqu'un).
lethal = mortel (adj.).
letter = lettre *f*., caractère *m*. (d'imprimerie), V. « letters ».
– – –, **accented** = lettre *f*. accentuée (Imp.).
– – –, **circular** = circulaire *f*. ou lettre *f*. circulaire.
– – –, **code** = indicatif *m*. littéral (Tp.).
– – –, **covering** = lettre *f*. d'envoi.
– – –, **cut-in** = (lettre *f*.) initiale *f*. (Imp.).
– – –, **follow-up** = lettre *f* de rappel.
– – –, **outline** = caractère *m*. à jour (Imp.).
– – –, **registered** = lettre *f*. recommandée.
– – –, **superior** = lettre *f*. supérieure (Imp.).
– – –, **transmittal** = lettre *f*. d'envoi.
lettering = lettrage *m*. (d'un plan, d'un catalogue), inscription *f*.
– – –, **embossed** = inscription *f*. en relief.
– – –, **sunken** = inscription *f*. en creux.
– – –, **two-line** = lettre *f*. binaire (Imp.).
letterpress = impression *f*. typographique (Imp.).
letters and figures, inferior = indices *m.p.* inférieurs (Imp.).
– – –, **block** = lettres *f.p.* moulées.
– – –, **call** = indicatif *m*. d'appel (R.), indicatif *m*. (R.).
– – –, **code** = indicatif *m*. littéral (R.).
– – –, **steel** = jeu *m*. de chiffres et alphabet *m*. en acier.
– – –, **title** = caractères *m.p.* de titre (Imp.).
levee = levée *f*. (de terre) (C.), digue *f*. ou endiguement *m*. (d'un cours d'eau) (C.).
level = niveau *m*. (de menuisier) (I.), niveau *m*. (Tp.), en palier (Auto.), cote *f*. (de niveau), niveau *m*. de sélection (Tp.).
– – –, **absolute** = niveau *m*. absolu (R.).
– – –, **actual** = niveau *m*. actuel (d'un circuit exprimé en décibel) (Tp.).
– – –, **air** = niveau *m*. à bulle d'air (I.).
– – –, **bearing, general** = cote *f*. moyenne des fondements (B.), cote *f*. moyenne des appuis (Méc.).
– – –, **bench** = niveau *m*. à bulle d'air (I.).
– – –, **black** = niveau *m*. du noir (Tv.).
– – –, **blanking** = niveau *m*. de suppression (Tv.).
– – –, **bright** = niveau *m*. de blanc (Tv.).
– – –, **builder's** = niveau *m*. (I.), niveau *m*. de menuisier (I.).
– – –, **carpenter's** = niveau *m*. de menuisier (I.).
– – –, **constant-** = à niveau constant.
– – –, **dumpy** = niveau *m*. à lunette fixe.

(level)

– – –, **eye, at** = à hauteur des yeux, à la hauteur de l'oeil.
– – –, **ground** = niveau *m*. du sol.
– – –, **haulage** = niveau *m*. de roulement.
– – –, **high-** = à grande puissance.
– – –, **higher, at a** = en contre-haut de.
– – –, **hum** = niveau *m*. de ronflement (R.).
– – –, **illumination** = éclairement *m*. (en foot-candle ou en pied-bougie) (E.).
– – –, **illumination – – – of 100 foot-candles** = éclairement *m*. de 100 foot-candles, éclairement *m*. de 100 pieds-bougies (Canada).
– – –, **insulation, base** = niveau *m*. basique d'isolement (E.).
– – –, **machinist's** = niveau *m*. de mécanicien (I.).
– – –, **mason's** = niveau *m*. de maçon (I.).
– – –, **moisture** = degré *m*. d'humidité (B.).
– – –, **noise** = niveau *m*. des bruits (parasites) (R.).
– – –, **on the** = en palier (Auto.).
– – –, **operate** = niveau *m*. de fonctionnement (d'un suppresseur d'écho) (Tp.).
– – –, **operating** = puissance *f*. limite admissible (d'un système de transmission) (Tp.).
– – –, **picture, average** = niveau *m*. moyen de luminance (Tv.).
– – –, **plumb** = niveau *m*. de maçon (I.).
– – –, **pocket** = niveau *m*. de poche (I.).
– – –, **power** = puissance *f*. effectivement transmise (E.).
– – –, **pressure** = niveau *m*. de pression.
– – –, **reference** = niveau *m*. de référence.
– – –, **salary** = échelon (de traitements).
– – –, **sea** = niveau *m*. de la mer.
– – –, **sea, mean** = au niveau (moyen) de la mer.
– – –, **signal** = intensité *f*. de signal (Tp.).
– – –, **sound** = volume *m*. sonore (R.), niveau *m*. sonore (R.).
– – –, **spirit** = niveau *m*. à bulle d'air (Men.).
– – –, **split** = V. « house, split level ».
– – –, **street-** = rez-de-chaussée *m*.
– – –, **surveyor's** = niveau *m*. (I.), niveau *m*. à lunette (I.).
– – –, **talking** = niveau *m*. de parole (Tp.).
– – –, **test** = niveau *m*. composite (c.-à-d. valeur du niveau absolu de puissance en un point du circuit) (Tp.).
– – –, **to** = niveler (une route), araser (un bâtiment), égaliser ou régaler (un terrain).
– – –, **track** = niveau *m*. de posage (Ch.d.f.), règle *f*. à dévers (Ch.d.f.).
– – –, **transmission** = niveau *m*. de transmission (Tp.).
– – –, **video** = niveau *m*. (du signal) vidéo.
– – –, **volume** = puissance *f*. sonore (R.).
– – –, **water** = niveau *m*. de l'eau, hauteur *f*. de l'eau.
– – –, **water, low** = étiage *m*., niveau *m*. des basses eaux.
– – –, **water, underground** = nappe *f*. d'eau, niveau *m*. de la nappe souterraine.
– – –, **white** = niveau *m*. du blanc (Tv.).
leveller = niveleuse *f*. (de route) (M.), niveleur *m*. (O.).
– – –, **road** = rouleau *m*. compresseur (M.), niveleuse *f*. (de route) (M.).
levelling = arasement *m*. (d'une assise de maçonnerie),

(levelling)

nivellement *m*. (d'un terrain), régalage *m*. ou régalement *m*. (d'un remblai, d'un terrain), répalage *m*. (du charbon dans un four).

– – –, **ground** = nivellement *m*. du sol, régalage *m*. (ou régalement *m*.) du terrain.

lever = levier *m*. (Méc.), manette *f*. (Méc.).

– – –, **accelerator** = levier *m*. de commande d'accélérateur (Auto.).

– – –, **adjusting, zero** = levier *m*. de rappel au blanc.

– – –, **adjustment** = manette *f*. de réglage.

– – –, **admission** = levier *m*. de soupape d'admission (Auto.).

– – –, **advance, film** = levier *m*. de bobinage (Phot.).

– – –, **advance, ignition** = levier *m*. d'avance à l'allumage (Auto.).

– – –, **advance, spark** = manette *f*. d'avance à l'allumage (Auto.).

– – –, **angle** = levier *m*. coudé, levier *m*. courbé.

– – –, **balanced** = levier *m*. à contrepoids, levier *m*. à bascule.

– – –, **ball** = levier *m*. à rotule.

– – –, **ball-jointed** = levier *m*. à rotule.

– – –, **beam** = balancier *m*. (Méc.).

– – –, **bell-crank** = renvoi *m*. de sonnette (C.), levier *m*. à sonnette coudé (C.).

– – –, **bent** = levier *m*. coudé, levier *m*. courbé.

– – –, **bent, forked** = levier *m*. coudé à fourchette.

– – –, **brake** = levier *m*. du frein (Méc.).

– – –, **brake-cam, differential** = levier *m*. de la came de serrage du frein sur différentiel (Auto.).

– – –, **brake, hand** = levier *m*. du frein à main (Auto.).

– – –, **cam** = levier *m*. de commande de came (Auto.).

– – –, **cam, compression** = levier *m*. de la came de compression (Méc.).

– – –, **catch** = levier *m*. à cliquet.

– – –, **change-over** = levier *m*. de commutateur (E.).

– – –, **change-speed** = levier *m*. des vitesses (Auto.), levier *m*. de changement de vitesse (Auto.).

– – –, **change-speed, gate** = changement *m*. de vitesse à grille (Auto.).

– – –, **clamping** = levier *m*. de serrage.

– – –, **clutch** = levier *m*. d'embrayage (Auto.).

– – –, **cocking** = levier *m*. d'armement (Phot.).

– – –, **cocking, shutter** = levier *m*. d'armement (Phot.).

– – –, **collar** = bague *f*. coulissante de régulateur (Méc.).

– – –, **compensating, differential** = levier *m*. de came de serrage du frein sur différentiel (Auto.).

– – –, **compound** = levier *m*. double, levier *m*. composé.

– – –, **contact** = levier *m*. de contact (E.).

– – –, **control** = levier *m*. de commande (Méc.), manette *f*. de commande (Auto.).

– – –, **control, ignition** = manette *f*. d'allumage (Méc.).

– – –, **controlling** = levier *m*. de commande.

– – –, **counter-balanced** = levier *m*. équilibré par contrepoids.

– – –, **counterweight** = levier *m*. à contrepoids.

– – –, **coupling** = levier *m*. d'embrayage (Méc.), levier *m*. d'embrayage et de désembrayage (Méc.).

– – –, **crank** = cigogne *f*. (Méc.), bras *m*. de la manivelle (Méc.).

– – –, **disengaging** = levier *m*. de débrayage (Auto.).

– – –, **double-arm** = levier *m*. à deux branches.

(lever)

– – –, **driving** = levier *m*. d'entraînement (Méc.).

– – –, **elbow** = levier *m*. coudé.

– – –, **engaging** = levier *m*. d'embrayage (Auto.).

– – –, **engaging and disengaging** = levier *m*. d'embrayage et de désembrayage (Méc.).

– – –, **expansion** = levier *m*. de la détente (Méc.).

– – –, **feed** = manette *f*. d'avance (Méc.).

– – –, **fitting** = levier *m*. de montage (Auto.).

– – –, **foot** = pédale *f*. (Auto.).

– – –, **fork** = levier *m*. à fourche.

– – –, **fork, release, clutch** = levier *m*. d'embrayage (Auto.).

– – –, **gab** = bielle *f*. à chapeau.

– – –, **gas** = manette *f*. des gaz (Auto.).

– – –, **gear** = levier *m*. des vitesses (Auto.).

– – –, **gear change** = V. « lever, gear-shift ».

– – –, **gear-shift** = levier *m*. des vitesses (Auto.), levier *m*. de changement de vitesse (Auto.).

– – –, **governor** = levier *m*. de régulateur (Méc.).

– – –, **hand** = manette *f*. (Méc., E.).

– – –, **handle** = levier *m*. à poignée.

– – –, **idler** = levier *m*. de renvoi (Auto.).

– – –, **ignition** = manette *f*. d'allumage (Méc.).

– – –, **inlet, air** = manette *f*. d'admission d'air (Auto.).

– – –, **knee** = levier *m*. à genouillère.

– – –, **latched** = levier *m*. à poussoir.

– – –, **link** = levier *m*. de renversement, levier *m*. de renvoi.

– – –, **locking** = levier *m*. d'arrêt, levier *m*. de blocage.

– – –, **main** = balancier *m*. d'une machine.

– – –, **mixture, air** = manette *f*. de mélange (Auto.).

– – –, **operating** = levier *m*. de manœuvre, levier *m*. de commande.

– – –, **operating, clutch** = levier *m*. de commande (Méc.).

– – –, **operating, steering** = levier *m*. de commande de direction (Auto.), levier *m*. pendant (Auto.), bielle *f*. de direction (Auto.).

– – –, **pawl** = levier *m*. à cliquet.

– – –, **pump** = levier *m*. de pompe.

– – –, **ratchet** = levier *m*. à cliquet, levier *m*. à rochet.

– – –, **relief** = levier *m*. de secours.

– – –, **return** = levier *m*. de rappel.

– – –, **reversing** = levier *m*. de renvoi (Méc.), levier *m*. de renversement de marche (Auto.), levier *m*. de marche arrière (Auto.).

– – –, **rocker** = basculeur *m*. (Méc.), culbuteur *m*. (Méc.), renvoi *m*. (de distribution) (Méc.).

– – –, **rocking** = basculeur *m*. (Méc.), balancier *m*. (Méc.).

– – –, **rocking, valve** = culbuteur *m*. (Méc.).

– – –, **screw** = vérin *m*., levier *m*. à vis.

– – –, **shift** = levier *m*. (de changement) de vitesse (Auto.).

– – –, **shift, column** = levier *m*. (de changement) de vitesse sur la colonne (Auto.).

– – –, **shut-off** = levier *m*. d'arrêt.

– – –, **single-armed** = levier *m*. simple.

– – –, **sliding** = levier *m*. flottant.

– – –, **spark** = levier *m*. de réglage de l'allumage (Méc.), levier *m*. d'allumage (Méc.).

– – –, **starting** = levier *m*. de mise en marche, levier *m*. de démarrage.

(lever)

– – –, **steering** = levier *m*. de direction (Auto.).
– – –, **switch** = levier *m*. de manoeuvre (Ch.d.f.), levier *m*. d'interrupteur (E.).
– – –, **tappet** = basculeur *m*. (Méc.).
– – –, **throttle** = manette *f*. de commande des gaz (Auto.), levier *m*. de papillon (Auto.).
– – –, **thumb** = levier *m*. à poucier.
– – –, **timing** = manette *f*. de réglage de l'allumage (Auto.), manette *f*. d'allumage (Auto.).
– – –, **tire** = démonte-pneu *m*. (Auto.).
– – –, **toggle** = levier-bascule *m*. (d'un carburateur d'auto), levier *m*. articulé.
– – –, **transport, film** = levier *m*. de bobinage (Phot.).
– – –, **tripping** = levier *m*. à déclic.
– – –, **valve** = levier *m*. de commande de distribution (Méc.), levier *m*. de distribution (Méc.).
– – –, **valve, safety** = levier *m*. de soupape de sûreté.
– – –, **vise** = manivelle *f*. de l'étau.
– – –, **wind** = levier *m*. de rebobinage (Phot.).
– – –, **wind, rapid** = levier *m*. de rebobinage rapide (Phot.).
leverage = puissance *f*. de levier, système *m*. de leviers, rapport *m*. des bras de levier, bras *m*. de levier, effet *m*. de levier.
lexicon = lexique *m*.
L.F. = V. « frequency, low ».
liability = responsabilité *f*.
– – –, **public** = responsabilité *f*. envers les tiers.
liable = responsable (adj.).
– – –, **jointly and severally** = responsables conjointement et solidairement.
– – – **to a fine** = passible d'une amende.
library = bibliothèque *f*. (B.).
– – –, **cassette** = cassothèque *f*.
– – –, **circulating** = bibliothèque *f*. circulante.
– – –, **lending** = bibliothèque *f*. de prêt (ou de location) de livres.
– – –, **photographic** = photothèque *f*.
– – –, **public** = bibliothèque *f*. municipale, bibliothèque *f*. publique.
– – –, **record** = discothèque *f*.
– – –, **tape** = bandothèque *f*.
libration = balancement *m*. régulier ou équilibre *m*. (Méc.), libration *f*. (de la lune).
licence, building = permis *m*. de construire.
– – –, **car** = permis *m*. de circulation (Auto.).
– – –, **driver's** = permis *m*. de conduire (Auto.).
– – –, **driving** = permis *m*. de conduire (Auto.).
– – –, **full** = autorisation *f*. définitive d'émettre (R.).
– – –, **station** = autorisation *f*. d'émission (R.).
license = V. « licence ».
lid = couvercle *m*.
– – –, **axle-box** = couvercle *m*. de la boîte à huile.
– – –, **convex** = couvercle *m*. en bahut.
– – –, **cylinder** = couvercle *m*. du cylindre (Méc.).
– – –, **draw** = couvercle *m*. à coulisse.
– – –, **hinged** = couvercle *m*. à charnière.
– – –, **jig** = couvercle *m*. de montage.
– – –, **manhole** = tampon *m*. ou couvercle *m*. (S., E., Tp.).
– – –, **peaked** = couvercle *m*. en pointe.
– – –, **pull-off** = couvercle *m*. à glissière.
– – –, **snap** = couvercle *m* à ressort.

lien = droit *m*. de rétention (de marchandises), privilège *m*. (sur un bien meuble), droit *m*. de nantissement (sur un bien), antichrèse *f*.
lierne = nervure *f*. (de voûte) (B.).
life = durée *f*. (d'un outil, d'un contrat, d'un appareil), vie *f*. (d'une machine), durée *f*. en service (d'un moteur).
– – –, **average** = durée *f*. de vie moyenne.
– – –, **battery** = durée *f*. d'accumulateur (E.).
– – –, **economic** = durée *f*. (de vie) économique (d'un appareil), vie *f*. économique (d'un appareil).
– – –, **service** = durée *f*. en service, durée de vie utile.
lift = ascenseur *m*., élévateur *m*., monte-charge *m*., élévation *f*. (d'un fardeau, d'un poids), levée *f*. (d'une valve, d'un poids), hauteur *f*. (d'une coulée de béton), toc *m*. (Méc.), came *f*. (Méc.), effort *m*. sustentateur (Av.), force *f*. ascensionnelle.
– – –, **abrupt** = levée *f*. brusque.
– – –, **air** = émulseur *m*. (S.), pont *m*. aérien (Av.), extraction *f*. à l'air (du pétrole).
– – –, **bay** = pont *m*. élévateur (de garage).
– – –, **bucket** = pompe *f*. élévatoire.
– – –, **cam** = levée *f*. de la came.
– – –, **chair** = télésiège *m*.
– – –, **diaphragm** = pompe *f*. à diaphragme.
– – –, **electric** = ascenseur *m*. électrique, monte-charge *m*. électrique.
– – –, **fork** = gerbeuse *f*. (M.), chariot *m*. élévateur à fourche (M.), transpalette *m*. (M.), élévateur *m*. gerbeur (M.).
– – –, **goods** = monte-charge *m*., élévateur *m*. de marchandises.
– – –, **hydraulic** = ascenseur *m*. hydraulique, monte-charge *m*. hydraulique, pont *m*. élévateur (d'un garage).
– – – **of a derrick** = hauteur *f*. de levage d'une grue.
– – – **of a pump** = hauteur *f*. de refoulement d'une pompe.
– – –, **sack** = monte-sac *m*.
– – –, **sash, bar** = poignée *f*. de levage à pattes pour châssis (B.).
– – –, **sash, hook** = crochet *m*. de levage pour châssis (B.).
– – –, **self-acting** = relèvement *m*. automatique (de l'outil).
– – –, **service** = monte-plats *m*. (Ust.).
– – –, **ski** = téléski *m*., monte-pente *m*.
– – –, **suction** = hauteur *f*. d'aspiration (d'une pompe).
– – –, **suction, dynamic** = hauteur *f*. d'aspiration dynamique (H.).
– – –, **suction, static** = hauteur *f*. d'aspiration statique (H.).
– – –, **to** = lever (un fardeau, une trappe), hausser (une armoire avec des cales), soulever (un poids, un couvercle), arracher (des pommes de terre) (Agr.), augmenter (les prix).
– – –, **valve** = levée *f*. de soupape.
lifter = appareil *m*. de levage, crochet *m*. de levage.
– – –, **lid, stove** = clé *f*. de poêle (Ust.).
– – –, **magnet** = électro-aimant *m*. de levage (C.).
– – –, **potato** = arracheuse *f*. de pommes de terre (M.), arrachoir *m*. à pommes de terre (I.).
– – –, **sash, flush** = poignée *f*. de levage à encastrement

(lifter)

pour châssis (B.).

- – –, **sod** = lève-gazon *m.* (I.).
- – –, **transom** = ferme-imposte *m.* (B.).
- – –, **truck, fork** = V. « lift, fork ».
- – –, **turf** = lève-gazon *m.* (I.).
- – –, **valve** = poussoir *m.* de soupape (Méc.), lève-soupape *m.* (Méc.), poussoir *m.* de tige de culbuteur (Méc.), poussoir *m.* de tige de compresseur *m.* (Méc.).
- – –, **valve, exhaust** = décompresseur *m.* (Méc.).

lifting = levage *m.* (d'un fardeau, d'une trappe), soulèvement *m.* (d'un fardeau, d'un couvercle), arrachage *m.* (des pommes de terre), remontée *f.* (des minerais) (Mi.).

- – –, **face** = restauration *f.* de la façade (d'un édifice), retapage *m.* (d'une vieille maison).
- – –, **jack** = levage *m.* au cric.

ligature = ligature *f.* (Imp.).

light = lumière *f.*, éclairage *m.* (d'un objet), feu *m.* (arrière) (Auto.), lampe *f.*, carreau *m.* (de fenêtre), V. « lights », (poids *m.*, vin *m.*, vent *m.*) léger (adj.), (teint *m.*) clair (adj.), (brise *f.*, poids *m.*) faible (adj.).

- – –, **air** = phare *m.* aéronautique.
- – –, **amber** = feu *m.* jaune (Auto.).
- – –, **arc** = lumière *f.* à arc.
- – –, **artificial** = lumière *f.* artificielle.
- – –, **available** = lumière *f.* ambiante (Phot.).
- – –, **back-up** = projecteur *m.* arrière (Auto.), phare *m.* de recul (Auto.).
- – –, **batement** = fenêtre *m.* à rebord en biais (B.).
- – –, **beacon** = phare *m.* (Av.).
- – –, **blinking** = feu *m.* clignotant, feu *m.* papillotant, feu *m.* à éclipses.
- – –, **booster** = projecteur *m.* d'appoint.
- – –, **boundary** = feu *m.* de délimitation (Av.), feu *m.* d'extrémité (Av.), feu *m.* de balisage (Av.).
- – –, **bracket** = applique *f.* (B.).
- – –, **bracket, porcelain** = applique *f.* en porcelaine (B.).
- – –, **ceiling** = plafonnier *m.* (B.).
- – –, **coloured** = feu *m.* de couleur.
- – –, **control** = lampe *f.* témoin (Tp., E.).
- – –, **dash-board** = lampe *f.* de bord (Auto.), éclaireur *m.* de tablier (Auto.).
- – –, **day** = V. « daylight ».
- – –, **dazzle** = phare *m.* éblouissant (Auto.).
- – –, **diffused** = lumière *f.* diffuse.
- – –, **dimmed** = éclairage *m.* réduit (Auto.), éclairage *m.* de croisement (Auto.).
- – –, **directing, landing** = balise *f.* de piste (Av.).
- – –, **disagreement** = lampe *f.* de discordance.
- – –, **dome** = plafonnier *m.* (Auto.), lampe *f.* de plafond (Auto.), lanterneau *m.* (d'un gratte-ciel), lanterneau *m.* ou lanternon *m.* (d'une ambulance, d'une voiture de police), voyant *m.* (de taxi).
- – –, **door** = feux *m.p.* de porte (d'un studio) (R., Tv.).
- – –, **drop** = suspension *f.* (B.).
- – –, **electric** = lumière *f.* électrique.
- – –, **exit** = lampe *f.* de sortie.
- – –, **extension** = baladeuse *f.*
- – –, **extraneous** = lumière *f.* parasite (Phot.).
- – –, **fixed** = feu *m.* fixe.
- – –, **flash** = lampe *f.* de poche, feu *m.* à éclipses, feu

(light)

m. à éclats, lanterne *f.* sourde, lumière-éclair *f.* (Phot.), flash *m.* (Phot.).

- – –, **flashing** = feu *m.* à éclats, clignotant *m.* (Auto.).
- – –, **flick** = lampe-top *f.* (dans un studio) (Tv.).
- – –, **flood** = projecteur *m.*
- – –, **fog** = phare *m.* antibrouillard (Auto.), perce-brouillard *m.* (Auto.), antibrouillard *m.* (Auto.).
- – –, **foot** = rampe *f.* (B.).
- – –, **gas** = lumière *f.* du gaz.
- – –, **green** = feu *m.* vert (Auto.), carte *f.* blanche.
- – –, **head-** = phare *m.* (Auto.), V. « head-light ».
- – –, **hopper** = châssis-trémie *m.* (B.).
- – –, **incandescent** = lumière *f.* à incandescence.
- – –, **intermittent** = feu *m.* à éclats, feu *m.* à éclipses, feu *m.* clignotant.
- – –, **landing** = phare *m.* d'atterrissage (Av.).
- – –, **marker** = balise *f.* lumineuse (Av.).
- – –, **mercury** = lumière *f.* à vapeur de mercure.
- – –, **monochromatic** = lumière *f.* monochrome.
- – –, **night** = veilleuse *f.* (B.).
- – –, **obstruction** = feu *m.* d'obstacle (C.).
- – –, **occulating** = feu *m.* clignotant (Av.).
- – –, **parking** = feu *m.* de position (Auto.).
- – –, **pavement** = dallage *m.* en verre (B.).
- – –, **pilot** = lampe *f.* témoin (Tp.).
- – –, **position** = feu *m.* de position (Mar.).
- – –, **rear** = lanterne *f.* arrière (Auto.), feu *m.* arrière (Auto.), lunette *f.* (d'une automobile).
- – –, **red** = feu *m.* rouge (Auto.).
- – –, **return** = signal *m.* de réponse (R.).
- – –, **reversing** = projecteur *m.* arrière (Auto.), phare *m.* de recul (Auto.).
- – –, **revolving** = feu *m.* tournant.
- – –, **safe** = éclairage *m.* inactinique (Phot.), lumière *f.* inactinique (Phot.).
- – –, **scattered** = lumière *f.* diffuse.
- – –, **search** = projecteur *m.*
- – –, **side** = lanterne *f.* latérale, lampe *f.* satellite (Auto.).
- – –, **sky-** = jour *m.* à plomb, jour *m.* d'en haut, V. « skylight ».
- – –, **sky, full** = jour *m.* à plomb, jour *m.* d'en haut.
- – –, **spot-** = V. « spotlight ».
- – –, **stop** = feu *m.* d'arrêt (Auto.).
- – –, **street** = lumière *f.* de rue.
- – –, **tail** = feu *m.* d'arrière (Auto.), lanterne *f.* arrière (Auto.).
- – –, **tally** = lampe *f.* de signalisation.
- – –, **to** = allumer (un radiateur électrique, une lampe, un feu), éclairer ou illuminer (les rues, une chambre), mettre les feux (à une chaudière) (Méc.).
- – –, **top** = plafonnier *m.* (Auto.).
- – –, **torch** = lumière *f.* de torche.
- – –, **trouble** = baladeuse *f.*
- – –, **vertical** = éclairage *m.* vertical.
- – –, **warning** = voyant *m.*, témoin *m.*
- – –, **warning, oil-pressure** = témoin *m.* de pression d'huile (Auto.).
- – –, **warning, parking brake** = témoin *m.* du frein de stationnement (Auto.).
- – –, **white** = lumière *f.* blanche.
- – –, **window** = carreau *m.* (B.).
- – –, **winking** = clignotant *m.* (Auto.).

(light)

- - -, **yellow** = feu *m.* jaune (Auto.).
lighten, to = alléger (les impôts, une tâche), délester (un bateau), réduire le poids de.
lightening = allégement *m.* (d'un bateau, d'une tâche).
lighter = allumoir *m.*, briquet *m.*, péniche *f.* (Mar.), chaland *m.* (Mar.).
- - -, **cigarette** = allume-cigarettes *m.*
- - -, **gasolene** = briquet *m.* à essence.
lighthouse = phare *m.*
lighting = éclairage *m.* (d'une maison, des rues), allumage *m.* (d'un radiateur électrique, d'un feu).
- - -, **airfield** = balisage *m.* (Av.).
- - -, **artificial** = éclairage *m.* artificiel (B.).
- - - **by axle-driven generator** = éclairage *m.* par génératrice d'essieu.
- - -, **concealed** = éclairage *m.* indirect.
- - -, **cross** = éclairage *m.* à feux croisés.
- - -, **diffused** = éclairage *m.* diffus.
- - -, **dimmed** = éclairage *m.* réduit.
- - -, **direct** = éclairage *m.* direct.
- - -, **electric** = éclairage *m.* électrique, éclairage *m.* à l'électricité.
- - -, **fluorescent** = éclairage *m.* fluorescent.
- - -, **gas** = éclairage *m.* au gaz.
- - -, **gas, acetylene** = éclairage *m.* par acétylène.
- - -, **harsh** = éclairage *m.* accentué.
- - -, **incandescent** = éclairage *m.* incandescent.
- - -, **indirect** = éclairage *m.* indirect.
- - -, **public** = éclairage *m.* public.
- - -, **semi-indirect** = éclairage *m.* semi-indirect, éclairage *m.* mixte.
- - -, **series** = éclairage *m.* en série.
- - -, **street** = éclairage *m.* des rues.
- - -, **strip** = éclairage *m* par bandes lumineuses.
lightning = foudre *f.*, éclair *m.*
lights = V. « light ».
- - -, **approach** = balise *f.* lumineuse d'approche (Av.).
- - -, **boundary** = balise *f.* d'extrémité (Av.).
- - -, **courtesy** = éclairage *m.* intérieur automatique (Auto.), lampes *f.p.* d'accueil (Auto.).
- - -, **dimmed** = éclairage *m.* « code » (Auto.), éclairage *m.* de croisement (Auto.).
- - -, **margin** = carreaux *m.p.* marginaux (B.).
- - -, **navigation** = feux *m.* de route (Mar.).
- - -, **northern** = aurore *f* boréale.
- - -, **obstruction** = balisage *m.* d'altitude (Av.).
- - -, **parking** = feux *m.p.* de position (Auto.).
- - -, **position** = feux *m.p.* de position (d'un aéroport).
- - -, **regulation** = feux *m.p.* réglementaires (Mar.).
- - -, **side** = feux *m.p.* de position (Auto.).
- - -, **traffic** = feux *m.p.* de circulation, feux *m.p.* de signalisation.
- - -, **traffic, robot** = feux *m.p.* de circulation automatiques.
lignin = lignine *f.* (Pap.).
lignite = lignite *f.* (Mi.).
lignum vitae = gaïac *m.*, bois *m.* de gaïac.
limb = branche *f.* (d'un arbre, d'un aimant), membre *m.* (du corps humain).
limber, to = roder (un moteur), assouplir (une articulation).
- - -, **to** - - - **up** = dégommer (un moteur).
lime = chaux *f.*

(lime)

- - -, **anhydrous** = chaux *f.* vive, chaux *f.* anhydre.
- - -, **caustic** = chaux *f.* vive.
- - -, **dolomitic** = chaux *f.* dolomitique.
- - -, **fat** = chaux *f.* grasse.
- - -, **hydrated** = chaux *f.* hydratée.
- - -, **hydraulic** = chaux *f.* hydraulique.
- - -, **quick** = V. « quicklime ».
- - -, **rich** = chaux *f.* riche.
- - -, **slaked** = chaux *f.* éteinte.
- - -, **slaked, air** = chaux *f.* éteinte à sec.
- - -, **water** = chaux *f.* hydraulique.
limestone = pierre *f.* à chaux, pierre *f.* calcaire, castine *f.* (Mét.).
- - -, **hard** = liais *m.* (B.).
liming = entartrage *m.* (d'une chaudière) (Méc.).
limit = limite *f.* (d'âge, d'une ville), tolérance *f.* (Méc.), V. « limits ».
- - -, **bearing, soil** = limite *f.* de charge du sol (C.).
- - -, **breaking** = limite *f.* critique de rupture (C.).
- - -, **breaking-down** = limite *f.* critique de rupture (C.).
- - -, **cartage** = limite *f.* de livraison.
- - -, **close** = faible limite *f.* de tolérance (Méc.).
- - -, **delivery** = rayon *m.* de livraison.
- - -, **economical** = limite *f.* économique.
- - -, **elastic** = limite *f.* d'élasticité (C.), limite *f.* élastique (C.).
- - -, **elastic, upper** = limite *f.* supérieure d'élasticité (C.).
- - -, **elongation** = limite *f.* d'allongement (C.).
- - -, **flow** = limite *f.* d'écoulement (H.).
- - -, **gauge** = tolérance *f.* de calibre (Méc.).
- - -, **lower** = limite *f.* inférieure.
- - - **of compression** = limite *f.* de compression (Méc.).
- - - **of elasticity** = limite *f.* d'élasticité (C.).
- - - **of error** = tolérance *f.*
- - - **of plasticity** = limite *f.* de plasticité (d'Atterberg).
- - - **of tolerance** = limite *f.* de tolérance (Méc.).
- - - **of voltage** = limite *f.* de la tension (E.).
- - - **of weight per axle** = charge *f.* limite par essieu (Méc.).
- - -, **operating** = puissance *f.* limite admissible (d'un système de transmission) (Tp.).
- - -, **pitch** = limite *f.* de la fréquence audible (R.).
- - -, **proportional** = limite *f.* d'élasticité (C.), limite *f.* proportionnelle (C.).
- - -, **speed** = vitesse *f.* maximale (Auto.).
- - -, **strength** = limite *f.* de résistance (C.).
- - -, **stress** = limite *f.* de fatigue (C.).
- - -, **time** = délai *m.*, limite *f.* de temps.
- - -, **time, definite** = à retard fixe.
limitation = restriction *f.*, limitation *f.*
- - -, **time** = péremption *f.*
limited = (société *f.*) à responsabilité limitée, limitée (adj.), Ltée (adj.).
limiter = limiteur *m.* (de course, de pression), régulateur *m.* (de vitesse).
- - -, **amplitude** = écrêteur *m.* (Tp.).
- - -, **cascade** = limiteur *m.* à deux étages (R.).
- - -, **current** = limiteur *m.* de courant (E.).
- - -, **noise, automatic** = écrêteur *m.* automatique de bruits (R.), limiteur *m.* automatique de parasites

(limiter)

(R.).
- - -, **oil-pressure** = limiteur *m.* de pression d'huile (Méc.).
- - -, **peak, audio** = limiteur *m.* de crête basse fréquence (R.), écrêteur *m.* (Tp., E.).
- - -, **peak, audio-frequency** = écrêteur *m.* (Tp., E.).
limits, factory = tolérances *f.p.* de fabrication, tolérances *f.p.* fixées par le fabricant.
- - -, **(in)flammability** = limites *f.p.* d'inflammabilité (Chim.).
- - - **of tolerance** = tolérances *f.p.* maximale et minimale.
- - -, **plus and minus** = tolérances *f.p.* maximale et minimale.
- - -, **road** = emprise *f.* de la route.
- - -, **timber** = concessions *f.p.* forestières (For.). coupes *f.p.* de bois (For.).
limousine = limousine *f.* (c.-à-d. à quatre portières et quatre glaces) (Auto.).
linchcap = coiffe *f.* d'esse de l'essieu.
linchpin = esse *f.*, clavette *f.* de bout d'essieu, cheville *f.* d'essieu.
line = réseau *m.* (téléphonique), tuyauterie *f.*, ficelle *f.*, corde *f.*, ruban *m.* (à mesurer), ligne *f.* de sonde, ligne *f.* de transport (Ch.d.f.), ligne *f.* téléphonique, rangée *f.* (d'ouvriers), trait *m.* (au crayon), voie *f.* (de communication), série *f.* (d'articles), pipe-line *m.*, secteur *m.* électrique, chaîne *f.* de fabrication, métier *m.* ou occupation *f.*, tracé *m.* (d'un chemin), cordage *m.* (Mar.), bande *f.* de circulation (sur les routes), ligne *f.* (c.-à-d. un huitième de pouce) (Canada), équipement *m.* d'abonné (dans un central crossbar) (Tp.), V. « lines ».
- - -, **access** = ligne *f.* d'entrée (Tp.), ligne *f.* d'accès (Tp.).
- - -, **additional** = ligne *f.* supplémentaire (Tp.).
- - -, **adiabatic** = ligne *f.* adiabatique.
- - -, **aclinic** = ligne *f.* aclinique.
- - -, **addendum** = ligne *f.* de couronne (des engrenages).
- - -, **adjusting** = repère *m.*
- - -, **aerial** = ligne *f.* aérienne (Tp.), fil *m.* aérien (Tp.).
- - -, **air** = canalisation *f.* d'air, ligne *f.* aérienne (Av.), à vol d'oiseau, ligne *f.* directe.
- - -, **air, compressed** = canalisation *f.* d'air comprimé.
- - -, **artificial** = ligne *f.* artificielle (Tp.), ligne *f.* factice (Tp.).
- - -, **assembly** = chaîne *f.* d'assemblage, chaîne *f.* de montage.
- - -, **balanced** = ligne *f.* équilibrée (E.).
- - -, **balancing, artificial** = ligne *f.* artificielle (E.).
- - -, **base** = base *f.*, ligne *f.* zéro, ligne *f.* de base.
- - -, **belt** = ceinture *f.* (Ch.d.f.), ligne-ceinture *f.* (Ch.d.f.).
- - -, **bending** = fibre *f.* élastique.
- - -, **border** = frontière *f.*, ligne *f.* de séparation, limites *f.p.*
- - -, **boundary** = ligne *f.* frontière, ligne *f.* de démarcation.
- - -, **branch** = embranchement *m.* (Ch.d.f.), ligne *f.* secondaire (Ch.d.f.).

(line)

- - -, **break** = dernière ligne d'un alinéa (Imp.).
- - -, **broad-gauge** = voie *f.* à grand écartement (Ch.d.f.).
- - -, **broken** = plein-sur-joint (B.), trait *m.* discontinu (sur un plan), bande *f.* discontinue (sur une chaussée).
- - -, **building** = alignement *m.* (d'une rue).
- - -, **buried** = ligne *f.* souterraine (Tp., E.).
- - -, **bus** = ligne *f.* d'autobus.
- - -, **business** = ligne *f.* d'affaires (Tp.), ligne *f.* du service commercial (Tp.).
- - -, **business, individual** = ligne *f.* d'affaires individuelle (Tp.), ligne *f.* commerciale individuelle (Tp.).
- - -, **busy** = ligne *f.* occupée (Tp.), ligne *f.* à grand trafic (Ch.d.f.).
- - -, **by-pass** = conduite *f.* de dérivation (H., S.).
- - -, **cable** = ligne *f.* en câble (Tp.).
- - -, **cable, aerial** = ligne *f.* en câble aérien (Tp.).
- - - **carried on brackets** = ligne *f.* sur consoles (Tp.).
- - -, **catch** = ligne *f.* de réclame (Imp.).
- - -, **centre** = axe *m.* (d'un chemin), ligne *f.* médiane, ligne *f.* centrale.
- - -, **centre** - - - **of bearing** = axe *m.* de roulement (Méc.).
- - -, **centre** - - - **of bridge** = axe *m.* du pont (C.).
- - -, **chalk** = cordeau *m.* (B.).
- - -, **check** = cordeau *m.* (reliant les chaises entre elles) (B.).
- - -, **clothes** = corde *f.* à linge (Ust.).
- - -, **combination** - - - **and half-tone** = simili *m.* et trait (Imp.).
- - -, **communication** = ligne *f.* de communication (Tp.), voie *f.* d'intercommunication (Tp.), ligne *f.* d'intercommunication (Tp.).
- - -, **complete** = assortiment *m.* complet.
- - -, **concentric** = paire *f.* coaxiale (Tp.).
- - -, **connecting** = voie *f.* de raccordement (Ch.d.f.), canalisation *f.* de raccordement.
- - -, **contact** = ligne *f.* de contact.
- - -, **contact, aerial** = ligne *f.* aérienne de contact.
- - -, **contact, gear** = arc *m.* d'engrènement (Méc.).
- - -, **contour** = courbe *f.* de niveau, courbe *f.* hypsométrique.
- - -, **control** = ligne *f.* de service (R., Tp.).
- - -, **curved** = ligne *f.* courbe.
- - -, **dashed** = tirets *m.p.*
- - -, **data** = ligne *f.* de transmission de données (Tp.).
- - -, **datum** = ligne *f.* de terre, ligne *f.* d'opération (arpentage), ligne *f.* de repère.
- - -, **dead** = ligne *f.* de délimitation, délai-limite *m.*, date-limite *f.*, heure *f.* limite, heure *f.* de tombée (pour un journaliste).
- - -, **dedendum** = ligne *f.* d'évidement (des engrenages), cercle *m.* intérieur, cercle *m.* de pied (d'une roue dentée).
- - -, **delay** = ligne *f.* à retard (E.).
- - -, **dial** = ligne *f.* automatique (Tp.).
- - -, **dimension** = ligne *f.* de cote.
- - -, **direct** = ligne *f.* directe (Tp.), ligne *f.* au réseau (Tp.).
- - -, **distribution** = ligne *f.* de distribution (E.).
- - -, **distribution, water** = canalisation *f.* de distribu-

(line)

tion d'eau.
- - -, **dot-and-dash** = trait *m.* mixte.
- - -, **dotted** = ligne *f.* pointillée.
- - -, **double** = voie *f.* double (Ch.d.f.).
- - -, **double-wire** = ligne *f.* à double fil (E.), ligne *f.* bifilaire (E., Tp.).
- - -, **drag** = V. « dragline ».
- - -, **drainage** = canalisation *f.* pour l'écoulement des eaux (B., C.).
- - -, **drive** = courroies *f.p.* d'entraînement (Méc.), courroies *f.p.* de transmission (Méc.).
- - -, **elastic** = ligne *f.* de flexion élastique.
- - -, **electric** = ligne *f.* électrique, réseau *m.* électrique, canalisation *f.* électrique.
- - -, **electric, high reliability** = ligne *f.* électrique à grande sécurité de service.
- - -, **electric, overhead** = ligne *f.* électrique aérienne.
- - -, **electric, underground** = ligne *f.* électrique souterraine.
- - -, **engaged** = ligne *f.* occupée (Tp.).
- - -, **exchange, direct** = ligne *f.* au réseau (Tp.).
- - -, **extension** = ligne *f.* (de poste) supplémentaire (Tp.).
- - -, **extension, subscriber's** = ligne *f.* supplémentaire d'abonné (Tp.).
- - -, **faulty** = ligne *f.* en dérangement (Tp.).
- - -, **feeder** = artère *f.* (E., Tp.), ligne *f.* affluente (Ch.d.f.), ligne *f.* d'alimentation (E.).
- - -, **feeding** = artère *f.* (E.), ligne *f.* d'alimentation (E.).
- - -, **fence** = clôture *f.* (mitoyenne), assiette *f.* de clôture mitoyenne.
- - -, **field** = ligne *f.* de campagne (E.).
- - -, **fire** = tuyauterie *f.* de combustible (Méc.).
- - -, **fishing** = ligne *f.* de pêche.
- - -, **flux** = ligne *f.* de flux (E.).
- - -, **free** = ligne *f.* dégagée (Tp.).
- - -, **frontage** = ligne *f.* de façade (B.).
- - -, **future** = ligne *f.* à venir (Tp., E.), ligne *f.* prévue (Tp., E.).
- - -, **gas** = conduite *f.* de gaz.
- - -, **grade** = pente *f.*, niveau *m.* (C.), cote *f.* de contour (du sol) (B.), ligne *f.* de niveau (C.).
- - -, **grade, hydraulic** = ligne *f.* piézométrique (H.), ligne *f.* des niveaux piézométriques (H.).
- - -, **ground** = conduite *f.* à la masse (Auto.), ligne *f.* de terre (E.), surface *f.* du sol, conduite *f.* à la terre (E.), niveau *m.* du sol (B.).
- - -, **guide** = ligne *f.* de foi.
- - -, **hair** = délié *m.* (Imp.), gerçure *f.* (Mét.).
- - -, **hand** = cordeau *m* à main, ligne *f.* (de pêche).
- - -, **head** = manchette *f.* (d'un quotidien), ligne *f.* de tête (Imp.).
- - -, **H-fixture** = ligne *f.* double (Tp.).
- - -, **high-tension** = ligne *f.* haute tension (E.).
- - -, **idle** = ligne *f.* libre.
- - -, **incoming** = ligne *f* d'arrivée (Tp.).
- - -, **individual** = ligne *f.* individuelle (Tp.), ligne *f.* d'abonné (Tp.).
- - -, **individual, business** = ligne *f.* d'affaires individuelle (Tp.).
- - -, **individual, residence** = ligne *f.* individuelle de résidence (Tp.).

(line)

- - -, **intercom** = ligne *f.* d'intercommunication (Tp.).
- - - **in trouble** = ligne *f.* en dérangement (Tp.).
- - -, **isoclinal** = isocline *f.*
- - -, **isodynamic** = ligne *f.* isodynamique.
- - -, **isogonic** = isogone *f.*
- - -, **isophotal** = ligne *f.* d'égalité d'illumination (E.).
- - -, **joint** = ligne *f.* mixte (E., Tp.).
- - -, **junction** = ligne *f.* de jonction (Tp.), voie *f.* d'embranchement (Ch.d.f.).
- - -, **kill** = ligne *f.* de neutralisation (d'un puits de pétrole) (Mi.).
- - -, **land** = réseau *m.* (téléphonique) aérien, ligne *f.* (de téléphone), ligne *f.* terrestre (Tp.).
- - -, **lead** = brin *m.* libre d'un palan (C.), ligne *f.* de sonde.
- - -, **leaky** = ligne *f.* mal isolée (E.).
- - -, **light** = fil *m.* du réseau lumière (E.).
- - -, **load** = ligne *f.* de charge (E.).
- - -, **loaded** = ligne *f.* pupinisée (Tp.).
- - -, **local** = raccordement *m.* (c.-à-d. liaison entre un poste et un centre (Tg., Tp.).
- - -, **log** = ligne *f.* de loch (Mar.).
- - -, **long distance** = ligne *f.* interurbaine.
- - -, **loop** = circuit *m.* en boucle (E.), chemin *m.* de ceinture, boucle *f.* d'évitement (Ch.d.f.).
- - -, **lot** = ligne *f.* (de bornage) de terrain (à bâtir).
- - -, **main** = voie *f.* principale, canalisation *f.* principale, ligne *f.* principale.
- - -, **mason's** = ligne *f.* de maçon.
- - -, **medial** = ligne *f.* médiane.
- - -, **middle** = axe *m.*
- - -, **multiparty** = ligne *f.* à plusieurs abonnés (Tp.), ligne *f.* partagée (Tp.).
- - -, **multiparty, residential** = ligne *f.* résidentielle à plusieurs abonnés (Tp.), ligne *f.* résidentielle partagée (Tp.).
- - -, **neutral** = ligne *f.* neutre (E.), conducteur *m.* neutre (E.).
- - - **of action** = ligne *f.* de poussée (H.), ligne *f.* d'action.
- - - **of communication** = voie *f.* d'intercommunication (Tp.), ligne *f.* de communication (C., Tp.).
- - - **of cutting edge** = contour *m.* du tranchant.
- - - **of flux** = ligne *f.* de flux (E.).
- - - **of force** = ligne *f.* de force (E.).
- - - **of force, magnetic** = ligne *f.* de force magnétique (E.).
- - - **of goods** = série *f.* d'articles.
- - - **of least pressure** = ligne *f.* des pressions minimales (H.).
- - - **of least resistance** = ligne *f.* de moindre résistance.
- - - **of maximum pressure** = ligne *f.* des pressions maximales (H.).
- - - **of moments, influence** = ligne *f.* d'influence des moments (C.).
- - - **of pipes** = tuyauterie *f.*
- - - **of poles** = file *f.* de poteaux (E., Tp.), ligne *f.* de poteaux (E., Tp.).
- - - **of resistance** = ligne *f.* de résistance.
- - - **of shafting** = ligne *f.* de transmission (Méc.).
- - - **of sight** = ligne *f.* visuelle.
- - - **of traffic** = colonne *f.* de véhicules, file *f.* de

(line)

- – – **of travel** = route *f.*, voie *f.* de communication.
- – – **of vehicles** = file *f.* de véhicules, train *m.* de voitures.
- – –, **office, central** = ligne *f.* de central (Tp.).
- – –, **oil** = canalisation *f.* d'huile (Méc.), oléoduc *m.*
- – –, **on-** = en circuit (E., Tp.), en ligne (Tp.), relié (adj.) (Tp.).
- – –, **one-party** = ligne *f.* à un abonné (Tp.), ligne *f.* individuelle (Tp.).
- – –, **open-wire** = ligne *f.* en fils nus aériens (Tp.), ligne *f.* en fils nus (Tp.), ligne *f.* aérienne (Tp.).
- – –, **outgoing** = ligne *f.* de sortie (E.), ligne *f.* de service (Tp.).
- – –, **overhead** = ligne *f.* aérienne (E.).
- – –, **party** = ligne *f.* à postes groupés (Tp.), ligne *f.* partagée (Tp.), ligne *f.* à postes en commun (Tp.).
- – –, **party, rural** = ligne *f.* rurale partagée (Tp.).
- – –, **PBX** = ligne *f.* de central privé (Tp.), ligne *f.* réseau (Tp.).
- – –, **periodic** = ligne *f.* à sections (électriques) équivalentes (E.).
- – –, **phantom** = ligne *f.* fantôme (Tp.).
- – –, **pipe** = pipe-line *m.*, conduite *f.*, canalisation *f.*, tuyauterie *f.*, oléoduc *m.*
- – –, **pipe, main** = tuyauterie *f.* principale.
- – –, **pitch** = ligne *f.* primitive (Méc.), ligne *f.* d'engrenage (d'une roue dentée), cercle *m.* primitif (d'une roue dentée).
- – –, **plumb** = fil *m.* à plomb.
- – –, **pole** = ligne *f.* de poteaux, file *f.* de poteaux.
- – –, **pole, open-wire** = ligne *f.* aérienne sur poteaux (Tp.).
- – –, **power** = ligne *f.* d'énergie (E.), ligne *f.* de transport de force (E.), secteur *m.* électrique (E.).
- – –, **private** = ligne *f.* individuelle (Tp.), ligne *f.* directe (Tp.), ligne *f.* privée (Tp.).
- – –, **property** = limite *f.* de propriété.
- – –, **quarter-wave** = ligne *f.* quart-d'onde (E.).
- – –, **radio** = liaison *f.* (R.).
- – –, **railway** = chemin *m.* de fer, voie *f.* ferrée, ligne *f.* de traction.
- – –, **railway, busy** = ligne *f.* à grand trafic.
- – –, **railway, electric** = ligne *f.* de traction électrique.
- – –, **residential** = ligne *f.* résidentielle (Tp.), ligne *f.* de résidence (Tp.).
- – –, **resonant** = ligne *f.* accordée (R.).
- – –, **return** = tuyauterie *f.* de retour.
- – –, **rhumb** = loxodromie *f.* (Mar.), ligne *f.* de rumb (Mar.).
- – –, **ridge** = ligne *f.* de couronnement (d'un comble) (B.), ligne *f.* de faîte (B.).
- – –, **rural** = ligne *f.* rurale (Tp.).
- – –, **sash** = corde *f.* (d'une fenêtre à guillotine) (B.).
- – –, **scanning** = ligne *f.* d'exploration (Tv.), ligne *f.* d'analyse (Tv.).
- – –, **sea** = conduite *f.* en (ou à la) mer (Mar.).
- – –, **service** = ligne *f.* de service (reliant les tableaux entre eux) (Tp.), branchement *m.* (E., Tp.).
- – –, **sewer** = canalisation *f.* d'égout (S.).
- – –, **shipping** = compagnie *f.* de navigation.
- – –, **sight** = ligne *f.* de visée, visée *f.*
- – –, **single** = ligne *f.* simple (Tp.).

(line)

- – – –, **single-wire** = ligne *f.* à simple fil (Tp.), ligne *f.* à un fil (Tp.).
- – – –, **solid** = trait *m.* plein (d'un dessin), bande *f.* continue (sur une chaussée).
- – – –, **spare** = ligne *f.* disponible (Tp.).
- – – –, **standard-gauge** = voie *f.* normale (Ch.d.f.).
- – – –, **station** = V. « line, subscriber's ».
- – – –, **steam** = canalisation *f.* de vapeur, conduite *f.* de vapeur.
- – – –, **steamship** = ligne *f.* (ou compagnie *f.*) de paquebots.
- – – –, **straight** = alignement *m.* droit, partie *f.* droite (d'un chemin).
- – – –, **stream** = fil *m.* de l'eau, courant *m.* naturel.
- – – –, **street** = alignement *m.* (c.-à-d. ligne limite entre une rue et les terrains à bâtir).
- – – –, **subscriber's** = ligne *f.* d'abonné (Tp.), raccordement *m.* ou rattachement (Tp.).
- – – –, **supply** = ligne *f.* d'arrivée (E.), alimentation *f.*, ligne *f.* d'alimentation (E.), conduite *f.* d'alimentation (d'eau).
- – – –, **supply, live-steam** = tuyauterie *f.* de la vapeur d'admission (Méc.).
- – – –, **supply, water** = canalisation *f.* d'adduction d'eau, canalisation *f.* d'eau.
- – – –, **tape** = ruban *m.* d'acier, mesure *f.* à ruban, mesure *f.* en ruban.
- – – –, **telegraph** = ligne *f.* télégraphique.
- – – –, **telephone** = ligne *f.* téléphonique.
- – – –, **terminated** = ligne *f.* bouclée (E.).
- – – –, **test** = ligne *f.* d'essai (Tp.), ligne *f.* de contrôle (Tp.).
- – – –, **tie** = ligne-réseau *f.* (Tp.), liaison *f.* directe (Tp.), feeder *m.* reliant deux stations (E.), jonction *f.* (Tp.).
- – – –, **timber** = limite *f.* des arbres (en montagne).
- – – –, **to** = garnir (un coussinet), doubler (une boîte, un veston), revêtir (un mur), aligner (des poteaux), border (une rue d'arbres), régler (un cahier), rehausser (une fondation) (B.).
- – – –, **to** = – – – **out** = aligner, mettre en ligne.
- – – –, **to** = – – – **up** = aligner, mettre en ligne, concorder (E.), parangonner (Imp.).
- – – –, **toll** = ligne *f.* interurbaine (Tp.).
- – – –, **tooth** = cercle *m.* de denture (Méc.).
- – – –, **tow** = câble *m.* de remorque, câble *m.* de halage.
- – – –, **traffic** = bande *f.* de circulation ou bande *f.* de séparation (sur les routes).
- – – –, **transmission** = réseau *m.* de transport (d'énergie) (E.), ligne *f.* de transmission (d'énergie) (E.).
- – – –, **transmission, concentric-tube** = feeder *m.* tubulaire concentrique (E.).
- – – –, **transmission, electric-power** = ligne *f.* de transmission d'énergie électrique, ligne *f.* de transport d'énergie électrique.
- – – –, **transmission, power** = ligne *f.* de transport d'énergie.
- – – –, **trunk** = ligne *f.* interurbaine (Tp.), ligne *f.* principale (Ch.d.f.), artère *f.*
- – – –, **trunk (between C.O.'s)** = ligne *f.* auxiliaire (Tp.), jonction *f.* (Tp.).
- – – –, **turned** = ligne *f.* renversée (Imp.).
- – – –, **two-party** = ligne *f.* à deux abonnés (Tp.), ligne

(line)

f. commune (Tp.).

– – –, **two-party, residential** = ligne *f.* résidentielle à deux abonnés (Tp.).

– – –, **two-wire** = ligne *f* bifilaire (E.).

– – –, **underground** = ligne *f.* souterraine (Tp., E.).

– – –, **voice** = ligne *f.* téléphonique (Tp.), ligne *f.* à fréquences vocales (Tp.).

– – –, **water** = conduite *f.* d'eau (H.), tuyauterie *f.* d'eau (H.) ligne *f.* de flottaison (Mar.), niveau *m.* d'eau (Méc., H.).

– – –, **water, load** = ligne *f.* de flottaison en charge (Mar.).

– – –, **white** = ligne *f.* blanche (Imp.), bande *f.* (de circulation) blanche (sur les routes).

– – –, **wire** = ligne *f.* métallique (Tp.).

– – –, **zero** = trait *m.* zéro.

lineal = linéaire (adj.).

linear = linéaire (adj.).

lined = garni (adj.), (veston *m.*) doublé (adj.).

– – –, **asbestos** = garni d'amiante, isolé d'amiante.

– – –, **babbit** = régulé (adj.), garni (adj.) de métal antifriction.

– – –, **felt** = garni (adj.) de feutre.

– – –, **stream** = profilé (adj.), fuselé (adj.) (Auto.), aérodynamique (adj.).

– – –, **tin** = doublé (adj.) en fer-blanc.

lineman = lignard *m.* (Tp.), poseur *m.* de lignes (Tp., E.), monteur *m.* de lignes (Tp.).

– – –, **power** = monteur *m.* de lignes électriques.

– – –, **section** = surveillant *m.* des lignes (Tp.).

linen = toile *f.* (de lin).

linens = chiffons *m.p.* de toile (Pap.), chiffes *f.p.* (Pap.).

liner = cale *f.* (d'épaisseur), garniture *f.* (Méc.), manchon *m.* (de cylindre) (Méc.), doublure *f.* (pour barils, des ailes d'automobile), paquebot *m.* (Mar.), colonne *f.* perdue (Mi.).

– – –, **air** = avion *m.* de ligne (Av.), paquebot *m.* aérien (Av.), aérobus *m.*

– – –, **bag** = (papier *m.* pour) doublure *f.* de sac.

– – –, **blank** = colonne *f.* perdue non perforée (Mi.).

– – –, **cylinder** = chemise *f.* de cylindre (Méc.).

– – –, **cylinder, wet** = chemise *f.* humide (Méc.).

– – –, **footstep** = plaque *f.* de butée (Méc.).

– – –, **gravel, prepacked** = colonne *f.* prégravillonnée (Mi.).

– – –, **ocean** = paquebot *m.* (de ligne) (Mar.).

– – –, **perforated** = colonne *f.* perdue à fentes (ou à trous) (Mi.).

– – –, **piston** = garniture *f.* de piston.

lines = conduites *f.p.* (H.), tuyauteries *f.p.* (H.), V. « line ».

– – –, **agonic** = agoniques *f.p.*, agones *f.p.* (R.).

– – –, **chain** = pontuseaux *m.p.* (Pap.).

– – –, **curved** = galbe *m.* forme *f.* galbée (d'une banquette) (Auto.).

– – –, **equivalent** = lignes *f.p.* groupées (Tp.), lignes *f.p.* d'extension (Tp.), lignes *f.p.* équivalentes (Tp.).

– – –, **feeder** = réseau *m* d'alimentation (E., S.).

– – –, **hair** = réticule *m.* (d'un théodolite).

– – –, **hand** = élingues *f.p.*

– – –, **harsh** = aigreurs *f.p.* (Imp.).

– – –, **isoclinal** = isoclines *f.p.*, lignes *f.p.* isoclines.

(lines)

– – –, **isogonic** = isogones *f.p.*, lignes *f.p.* isogoniques.

– – –, **isolux** = lignes *f.p.* isolux (c.-à-d. d'égal éclairement).

– – –, **isopluvial** = courbes *f.p.* isovètes (H.).

– – –, **laid** = vergeures *f.p.* (Pap.).

– – – **of force** = lignes *f.p.* de force (E.).

– – –, **rural** = réseau *m.* rural (Tp.), lignes *f.p.* rurales (Tp.).

– – –, **space** = interligne *m.* (Imp.).

– – –, **springing** = ligne *f.* des naissances (d'une voûte) (B.).

– – –, **stray** = lignes *f.p.* de dispersion (E.).

– – –, **stream** = profil *m.* fuselé, lignes *f.p.* fuyantes (Auto.).

– – –, **transmission** = réseau *m.* de transport (E.).

– – –, **utility** = réseaux *m.p.* routiers, canalisations *f.p.* (d'amenée) (H., S.).

– – –, **vortex** = ligne *f.* de tourbillon (H.).

line-up = alignement *m.*, mise *f.* en ligne.

– – – **of cars** = file *f.* d'automobiles.

lining = garniture *f.* (de cylindre), chemise *f.* (de pompe), parois *f.p.* (d'une cheminée, d'un tube), revêtement *m.* (d'un mur, d'un tunnel), doublure *f.* (d'un veston, de la couverture d'un livre), garnissage *m.* (d'un creuset), cuvelage *m.* (d'un puits).

– – –, **antifriction** = garniture *f.* antifriction (Méc.).

– – –, **back** = garniture *f.* (du dos d'un livre) (Imp.).

– – –, **brake** = garniture *f.* de frein (Auto.).

– – –, **brake, leather** = garniture *f.* en cuir du frein (Méc.).

– – –, **canvas** = toile *f.* pour intérieur de pneus (Auto.), carcasse *f.* en toile (de pneu) (Auto.).

– – –, **carpet** = moquette *f.* (Auto.).

– – –, **chimney** = tuiles *f.p.* de cheminée (B.), conduit *m.* de cheminée (formée de boisseaux) (B.).

– – –, **concrete** = revêtement *m.* en béton (C.).

– – –, **copper** = paroi *f.* de cuivre (d'un réservoir)

– – –, **cylinder** = garniture *f.* de cylindre.

– – –, **door** = chambranle *m.* (B.).

– – –, **flue** = parois *f.p.* d'une cheminée (B.), conduit *m.* de cheminée (B.).

– – –, **head** = garniture *f.* de pavillon (Auto.).

– – –, **plank** = coffrage *m.* (Mi.).

– – –, **refractory** = garniture *f.* réfractaire.

– – –, **roof, interior** = garniture *f.* de pavillon (Auto.).

– – –, **shaft** = cuvelage *m.* ou cuvellement *m.* (Mi.).

– – –, **shoe, brake** = garniture *f.* de sabot de frein (Auto.).

link = chaînon *m.* ou maille *f.* (d'une chaîne) (Méc.), tige *f.* d'assemblage (Méc.), béquille *f.* (de machine), lien *m.* (entre deux choses), articulation *f.*, anneau *m.*, liaison *f.* (Tp.), chaînon *m.* (= 7,92 pouces; 0,66 pied; 0,201 mètre), chaînon *m.* de voie (c.-à-d. section d'une voie de transmission ou de communication) (Tg., Tp.), menotte *f.* (de ressort) (Méc.), bielle *f.* d'accouplement (des roues avant) (Auto.).

– – –, **air** = liaison *f.* aérienne (Av.).

– – – **and stud** = maille *f.* à talon.

– – –, **bar** = maillon *m.* à étai.

– – –, **cable** = liaison *f.* par câble (Tp.).

– – –, **chain** = chaînon *m.*, maillon *m.*, anneau *m.* (de chaîne).

– – –, **connecting** = fausse maille (de chaîne), maillon

(link)

m. de raccord, maille *f.* de raccordement.

– – –, **coupling** = joint *m.* d'accouplement.

– – –, **data** = liaison *f.* (de transmission) de données (E.).

– – –, **detachable** = maillon *m.* amovible.

– – –, **drag** = accouplement *m.*, tige *f.* d'entraînement (Auto.), rotule *f.* de direction.

– – –, **expansion** = coulisse *f.* à détente variable.

– – –, **fork** = enfourchement *m.*, étrier *m.*

– – –, **fuse** = fil *m.* fusible (E.).

– – –, **group** = liaison *f.* en groupe primaire (Tp.).

– – –, **hinged** = anse *f.* (d'un cadenas).

– – –, **inter-city** = liaison *f.* interurbaine (Tp., R.).

– – –, **intercontinental** = liaison *f.* intercontinentale (Tp., R.).

– – –, **interexchange** = liaison *f.* entre centraux (Tp.).

– – –, **interlocking** = loquet *m.* de verrouillage.

– – –, **interurban** = liaison *f.* interurbaine (R., Tp.).

– – –, **line** = liaison *f.* en ligne (Tp.).

– – –, **main** = bielle *f.*

– – –, **master** = maillon *m.* de raccord.

– – –, **microwave** = liaison *f.* (à) micro-ondes (Tp., R., Tv.).

– – –, **missing** = maille *f.* de secours, chaînon *m.* de rechange.

– – –, **monkey** = maillon *m.* de secours, chaînon *m.* de rechange.

– – – **of solder** = paillette *f.* de soudure.

– – –, **open** = chaînon *m.* ouvert.

– – –, **pivoted** = anse *f.* (d'un cadenas).

– – –, **radio** = liaison *f.* radiophonique, liaison *f.* radioélectrique, voie *f.* de radiocommunication.

– – –, **radio relay** = liaison *f.* hertzienne (R.).

– – –, **repair** = chaînon *m.* de secours, maille *f.* de rechange.

– – –, **reversing** = coulisse *f.* de changement de marche.

– – –, **rivet** = chaînon *m.* à rivets, maille *f.* à rivets.

– – –, **S-shaped** = esse *f.*

– – –, **satellite** = liaison *f.* par satellite (R., Tp.).

– – –, **shifting** = coulisse *f.* mobile (Méc.).

– – –, **spare** = maille-raccord *f.*, fausse maille.

– – –, **split** = maillon *m.* fendu.

– – –, **stud** = maille *f.* étançonnée, maille *f.* à étai.

– – –, **swivel** = joint *m.* articulé.

– – –, **telephone** = liaison *f.* téléphonique (Tp.).

– – –, **to** = lier (des mots), joindre (deux lopins de terre), enchaîner (les parties d'un discours), relier (deux villes par une voie ferrée, par un faisceau hertzien).

– – –, **track** = bielle *f.* d'accouplement (Auto.), patin *m.* de chenille (Méc.).

– – –, **track, self-cleaning** = patin *m.* de chenille à nettoyage automatique (Méc.).

– – –, **tread** = patin *m.* de chenille (Méc.).

– – –, **U** = étrier *m.* (Méc.).

linkage = timonerie *f.* (de la direction d'une automobile), raccord *m.* (Méc.), articulation *f.* (Méc.), liaison *f.* (Méc.).

– – –, **control** = timonerie *f.* de commande.

– – –, **flux** = couplage *m.* inductif (E.).

– – –, **rod** = raccordement *m.* à barre, tringlage *m.*

– – –, **steering** = timonerie *f.* (de la direction) (Auto.).

linotype = linotype *m.* (M.) (Imp.).

lint = charpie *f.*

lintel = linteau *m.* (B.), travers *m.* (de manteau de cheminée) (B.).

– – –, **door** = linteau *m.* de porte (B.).

– – –, **double** = linteau *m.* jumelé (B.).

– – –, **safety** = linteau *m.* se sécurité (B.).

– – –, **window** = linteau *m.* de fenêtre (B.).

linters = bourre *f.* de coton (Pap.).

lip = margelle *f.* (d'un puits), rebord *m.* (d'un évier, d'un tuyau), saillie *f.* (d'assise), couronne *f.* (d'une came), tranchant *m.* (d'une mèche), lèvre *f.* (d'un alésoir), bord *m.* d'attaque (d'un godet de pelle mécanique), rive *f.* (d'un four).

– – –, **cutting** = lèvre *f.* coupante.

– – –, **cutting, tool** = tranchant *m.* d'un outil.

liquefaction = liquéfaction *f.*

liquefy = liquéfier, se fluidifier.

liquid, active = liquide *m.* excitateur (E.).

– – –, **bleaching** = eau *f.* de Javel, eau *f.* de chlore.

– – –, **exciting** = liquide *m.* excitateur (E.).

– – –, **soldering** = eau *f.* à souder.

liquidizer = mixer *m.* ou mixeur *m.* (Ust.) (France), mélangeur-broyeur *m.* (Ust.).

liquor = boisson *f.* alcoolique.

– – –, **black** = lessive *f.* noire (Pap.).

– – –, **bleaching** = hypochlorure *m.* de chaux (Pap.).

– – –, **cooking** = lessive *f.* (Pap.).

– – –, **dyeing** = jusée *f.* colorante.

– – –, **green** = lessive *f.* verte (Pap.).

– – –, **spent** = lessive *f.* épuisée (Pap.).

– – –, **tanning** = jusée *f.*

– – –, **white** = lessive *f.* blanche (Pap.).

list = liste *f.* (électorale, des membres d'un club), registre *m.* (du commerce), carte *f.* (des vins), nomenclature *f.* (des fusibles, des pièces).

– – –, **bar** = nomenclature *f.* de l'acier d'armature (B.).

– – –, **check** = liste *f.* (ou bordereau *m.*) de contrôle, pointages *m.p.* (faits par un pilote) (Av.).

– – –, **mailing** = liste *f.* d'adresses.

– – – **of operations** = liste *f.* des opérations ou gamme *f.* des opérations (B., C.).

– – –, **packing** = bon *m.* de livraison.

– – –, **price** = prix *m.* courant, tarif *m.*

– – –, **subscription** = liste *f.* des souscripteurs.

– – –, **to** = calfeutrer (une fenêtre), cataloguer (des effets), inscrire (des noms).

listel = listel *m.* ou listeau *m.* ou filet *m.* (B.).

listen, to – – – in = capter un message (téléphonique), se mettre à l'écoute (R.), écouter (R.), se porter en écoute (R.).

listener = écouteur *m.* (O.), auditeur *m.* (O.).

listening in = écoute *f.* (Tp.).

listing = inscription *f.* (Tp.), listage *m.* (d'objets), tableau *m.* de classement.

– – –, **additional** = inscription *f.* supplémentaire (Tp.).

– – –, **attribute** = liste *f.* (ou analyse *f.*) des caractéristiques (d'un projet).

– – –, **directory** = inscription *f.* dans l'annuaire (Tp.).

– – –, **directory, additional** = inscription *f.* supplémentaire dans l'annuaire (Tp.).

– – –, **extra** = inscription *f.* supplémentaire (Tp.).

liter = V. « litre ».

literature = brochures *f.p.*, documentation *f.*, im-

(literature)

primés *m.p.*
lithography = lithographie *f.* (Imp.).
lithopone = lithopone *m.* (Imp.).
litre = litre *m.* (= 1 décimètre cube;. 0,8804 pinte canadienne; 61,02545 po³), 1 *m.* (ou *ℓ m.*).
live = (fil *m.*) sous tension ou chargé ou électrisé ou en charge (E.), (studio *m.*) réverbérant (R., Tv.).
liveliness = nervosité *f.* (du moteur) (Auto.), entrain *m.*, vie *f.*
load = charge *f.* (d'un camion, d'une structure, d'un fusil), effort *m.* (de compression) (Méc.), circuit *m.* de charge ou charge *f.* (d'un émetteur) (R.).
– – –, **allowable** = charge *f.* admissible.
– – –, **anode** = charge *f.* d'anode (E.).
– – –, **artificial** = circuit *m.* de charge fictif (E.).
– – –, **at constant** = (moteur *m.*) en régime constant, sous une charge constante.
– – –, **at full** = en pleine charge.
– – –, **at no** = à vide.
– – –, **axial** = poussée *f.* axiale.
– – –, **axle** = charge *f.* par essieu.
– – –, **balanced** = charge *f.* équilibrée.
– – –, **base** = charge *f.* minimale (E.).
– – –, **bearing** = charge *f.* du palier (Méc.).
– – –, **bed** = matériaux *m.p.* de fond (H.).
– – –, **board** = intensité *f.* de trafic d'un tableau (ou standard) (Tp.).
– – –, **brake** = force *f.* de freinage.
– – –, **brake, radial** = effort *m.* radial de freinage.
– – –, **breaking** = charge *f.* de rupture.
– – –, **buckling** = charge *f.* de flambage.
– – –, **car** = wagon *m.* complet (Ch.d.f.), voiturée *f.m.*
– – –, **charging** = régime *m.* de charge.
– – –, **collapsible** = effort *m.* de compression axiale.
– – –, **commercial** = charge *f.* utile (Av.).
– – –, **concentrated** = charge *f.* concentrée (B.).
– – –, **condenser** = charge *f.* capacitive (E.).
– – –, **connected** = charge *f.* connectée (E.).
– – –, **continuous** = charge *f.* permanente.
– – –, **dead** = poids *m.* mort, charge *f.* permanente, charge *f.* statique.
– – –, **deck** = chargement *m.* en pontée (Mar.), pontée *f.* (Mar.).
– – –, **distributed** = charge *f.* répartie.
– – –, **distributed, evenly** = charge *f.* uniformément répartie.
– – –, **distributed, uniformly** = charge *f.* uniformément répartie.
– – –, **eccentric** = charge *f.* décentrée.
– – –, **elongation, permanent** = charge *f.* d'allongement permanent.
– – –, **full** = pleine charge, charge *f.* complète.
– – –, **gross** = poids *m.* brut, charge *f.* brute.
– – –, **inductance** = charge *f.* inductive (E.).
– – –, **limit** = charge *f.* limite.
– – –, **line** = charge *f.* de ligne (Tp., E.).
– – –, **live** = charge *f.* dynamique, poids *m.* roulant, charge *f.* mobile, surcharge *f.*
– – –, **lumped** = charge *f.* concentrée (E.).
– – –, **maximum** = charge *f.* maximale, limite *f.* de charge.
– – –, **no-** = à circuit ouvert (E.), à vide (E.), marche *f.* à vide (Méc.).

(load)

– – –, **normal** = charge *f.* normale, circuit *m.* de charge réel (c.-à-d. appareil utilisé).
– – –, **off** = V. « off ».
– – –, **off-peak** = charge *f.* moyenne (E.).
– – –, **on** = en charge (E.).
– – **on axle** = charge *f.* sur l'essieu.
– – – **on springs** = charge *f.* sur les ressorts.
– – –, **part** = charge *f.* partielle.
– – –, **pay** = charge *f.* utile.
– – –, **pay, maximum** = charge *f.* utile maximale.
– – –, **peak** = charge *f.* maximale, débit *m.* maximal, charge *f.* de pointe (E.).
– – –, **permissible** = charge *f.* permise, charge *f.* admissible.
– – –, **power** = consommation *f.* d'électricité motrice (E.).
– – –, **rated** = charge *f.* de régime, charge *f.* prévue.
– – –, **reactive** = charge *f.* réactive (E.).
– – –, **safe** = charge *f.* admissible.
– – –, **shearing** = effort *m.* de cisaillement.
– – –, **steady** = charge *f.* constante.
– – –, **test** = charge *f.* d'essai.
– – –, **thrust** = pression *f.* (H.), poussée *f.* (H.).
– – –, **to** = charger (un camion, un fusil), armer (un graisseur), bander (un ressort), pupiniser (une ligne téléphonique, c.-à-d. y augmenter l'inductance), plomber (une canne), alcooliser (un vin).
– – –, **total** = charge *f.* totale.
– – –, **traffic** = intensité *f.* du trafic (Tp.).
– – –, **trailed, maximum** = charge *f.* remorquée maximale.
– – –, **truck** = plein camion, charge *f.* de camion, un camion de. . .
– – –, **ultimate** = charge *f.* de rupture, charge *f.* limite.
– – –, **unbalanced** = charge *f.* non équilibrée.
– – –, **under** = en charge (E., Méc.).
– – –, **uniform** = charge *f.* uniformément répartie.
– – –, **useful** = poids *m.* utile, charge *f.* utile.
– – –, **variable** = charge *f.* variable.
– – –, **wind** = charge *f.* due au vent.
– – –, **work** = somme *f.* de travail.
– – –, **working** = charge *f.* de travail.
loaded, fully = chargé (adj.) à plein.
– – –, **level** = chargé (adj.) à ras bords.
– – –, **under-** = en charge réduite.
loader = chargeur *m.* (M., O.), chargeuse *f.* (M.) (Agr., Mi.).
– – –, **articulated** = chargeur *m.* à éléments articulés (M.).
– – –, **back** = rétrochargeur *m.* (M.) ou rétrochargeuse *f.* (M.).
– – –, **belt** = chargeur *m.* à tapis roulant (M.).
– – –, **bucket** = chargeur *m.* à godets (M.).
– – –, **front** = traxcavator *m.* (M.).
– – –, **hay** = chargeur *m.* de foin (M.).
– – –, **mechanical** = chargeur *m.* mécanique (M.).
– – –, **pay** = traxcavator *m.* (M.).
– – –, **scraper** = chargeur *m.* à râcloir.
– – –, **silage** = pelleteur *m.* (M.) ou pelleteuse *f.* (M.) ou pelleteuse chargeuse *f.* (M.) (Agr.).
– – –, **single** = fusil *m.* à un coup.
– – –, **tractor** = chariot *m.* pelleteur (M.), chouleur *m.* (M.).

(**locate**)

loading = chargement *m*. (d'un camion, d'un fusil, d'un appareil photographique), charge *f*. ou pupinisation *f*. (d'une ligne téléphonique), engorgement *m*. (d'un moteur d'automobile).
– – –, **axial** = compression *f*. axiale.
– – –, **back** = montage *m*. en récupération (Tp.).
– – –, **bulk** = chargement *m*. en vrac.
– – –, **circuit, program** = charge *f*. pour radiodiffusion (R.).
– – –, **coil** = charge *f*. ou pupinisation *f*. (d'une ligne téléphonique).
– – –, **continuous** = krarupisation *f*. (Tp.), charge *f*. continue (Tp.).
– – –, **end** = chargement *m*. en bout.
– – –, **hand** = chargement *m*. à la main.
– – –, **krarup** = krarupisation *f*. (Tp.).
– – –, **mechanical** = chargement *m*. mécanique.
– – – **of a line** = charge *f*. (inductive) d'une ligne (Tp.).
– – –, **self-** = à chargement automatique.
loadstone = aimant *m*. naturel (Mi.), magnétite *f*. (Mi.).
loam = terre *f*. glaise (Mét.), terre *f*. de coulage (Mét.), torchis *m*. (B.), terre *f*. végétale (Agr.), terreau *m*. (Agr.).
loan = prêt *m*., emprunt *m*.
– – –, **mortgage** = prêt *m*. sur hypothèque, prêt *m*. hypothécaire.
– – –, **to** = prêter (de l'argent à quelqu'un).
lobby = vestibule *m*. (B.), entrée *f*. (B.), hall *m*. d'entrée (d'un hôtel, d'un édifice commercial) (B.).
– – –, **to** = faire les couloirs.
lobe = lobe *m*. (de rayonnement d'une antenne directrice, d'une rosace), bossage *m*. (de came) (Méc.), pétale *m*. du diagramme de rayonnement (R.), oreille *f*. (d'une pièce coulée) (Mét.).
– – –, **back** = lobe *m*. arrière (d'une antenne) (R.).
– – –, **cam** = lobe *m*. de came, nez *m*. de came.
– – –, **main** = lobe *m*. principal (d'une antenne) (R.).
– – –, **side** = lobe *m*. latéral (ou secondaire) (d'une antenne) (R.).
local = urbain (adj.) (Tp.), local (adj.), régional (adj.), poste *m*. (téléphonique), localité *f*.
– – –, **restricted** = poste *m*. privé (c.-à-d. ne peut être relié au réseau) (Tp.), poste *m*. à usage restreint (Tp.).
– – –, **telephone** = poste *m*. supplémentaire (s'il a droit au réseau), poste *m*. privé (s'il n'a pas droit au réseau).
localization = localisation *f*. (d'un avion, d'une infection, d'une station d'émission), repérage *m*. (d'une fuite d'eau).
– – – **of a fault** = détermination *f*. d'un dérangement (E.).
localize, to = localiser (une station d'émission, une infection, un avion), repérer (un dérangement) (Tp., E.), déterminer (une fuite d'eau).
localizer = localisateur *m*. (I.), appareil *m*. de radioguidage.
locate, to = repérer ou localiser (un dérangement) (Tp., E.), déterminer (une fuite d'eau), situer (la position d'un navire), fixer l'emplacement (d'une construction), relever (un défaut dans un appareil), affecter (un employé dans un groupe), s'établir ou se fixer

(dans un lieu).
locating = recherche *f*. ou repérage *m*. (d'un dérangement) (Tp., E.), détermination *f*. (d'une fuite d'eau), relève *f*. (d'un défaut dans un appareil), fixation *f*. (de la position d'un navire), localisation *f*. (d'un avion).
– – – **of dead centre** = détermination *f*. du point mort.
– – – **of faults** = détermination *f*. de dérangements (E.).
location = emplacement *m*. (d'un édifice), localisation *f*. (d'une infection), position *f*. (d'une ville), assiette *f*. (d'un poteau), tracé *m*. (d'une route), situation *f*. (d'une maison).
– – –, **automatic** – – – **of faults** = localisation *f*. automatique des défauts (Tp.), localisation *f*. automatique des fuites (Tp.), localisation *f*. automatique des dérangements (Tp.).
– – –, **trouble** = localisation *f*. des dérangements (Tp.).
locator = repère *m*., pièce *f*. de repérage.
– – –, **fault** = détecteur *m*. de défaut (E.), déceleur *m*. de fuites (E.).
– – –, **leak** = indicateur *m*. de pertes à la terre (E.), déceleur *m*. de fuites (E.).
– – –, **pipe** = détecteur *m*. de conduite (C.).
lock = verrou *m*. (B.), serrure *f*. (B.), arrêt *m*. (B.), blocage *m*. (d'un écrou) (Méc.), écluse *f*. (H.), vanne *f*. (H.), platine *f*. (d'une arme à feu), crabotage *m*. (Méc.).
– – –, **air** = bouchon *m*. d'air, clapet *m*. à air (des caissons).
– – –, **bolt** = pêne *m*. (B.).
– – –, **box** = serrure *f*. à palastre (B.).
– – –, **brake** = collier *m*. du frein (Auto.), frette *f*. du frein (Auto.), bandage *m*. de frein (Auto.).
– – –, **Bramah** = serrure *f*. à pompe, serrure *f*. Bramah.
– – –, **burglar-proof** = serrure *f*. incrochetable.
– – –, **case** = serrure *f*. à palastre.
– – –, **case, jewel** = fermoir *m*. d'écrin (Ust.).
– – –, **chest** = serrure *f*. à palastre, serrure *f*. de coffre.
– – –, **clutch** = verrou *m*. d'embrayage (Méc.).
– – –, **combination** = serrure *f*. secrète, serrure *f*. à combinaisons.
– – –, **control** = verrou *m*. de blocage (Méc.).
– – –, **coupling** = verrou *m*. d'accouplement (Méc.).
– – –, **dead** = serrure *f*. à pêne dormant (B.), pêne *m*. dormant (B.), impasse *f*.
– – –, **dead, bar-bolt, rim** = serrure *f*. de surface à pêne dormant, serrure *f*. incrochetable de surface.
– – –, **dead, mortise** = serrure *f*. à pêne dormant à mortaise.
– – –, **dead, rim** = serrure *f*. de surface à pêne dormant.
– – –, **dial** = serrure *f*. secrète, serrure *f*. à secret.
– – –, **differential** = blocage *m*. du différentiel (Méc.).
– – –, **door** = serrure *f*. de porte.
– – –, **double** = serrure *f*. à double tour.
– – –, **drawer** = serrure *f*. de tiroir.
– – –, **flush-type** = serrure *f*. à entailler, serrure *f*. encastrée.
– – –, **guard** = écluse *f*. de sûreté (H.).
– – –, **hasp** = verrou *m*. à moraillon.
– – –, **latch** = serrure *f*. à ressort.
– – –, **letter-key** = serrure *f*. à combinaisons.
– – –, **lift** = écluse *f*. double (H.), élévateur *m*. hydrau-

(lock)

lique (H.).

– – –, **mortise** = serrure f. encloisonnée, serrure f. encastrée, serrure f. à entailler.

– – –, **nut** = frein m. d'écrou, rondelle f. d'arrêt d'écrou.

– – –, **nut, lock** = vis f. d'arrêt de l'écrou de blocage.

– – –, **oar** = tolet m., toulet m., dame f., porte-tolet m.

– – –, **oar, swivel** = tolet m. à fourche.

– – –, **panic** = serrure f. « coup de poing ».

– – –, **pin** = serrure f. à broche.

– – –, **pinned-key** = serrure f. bénarde.

– – –, **piped-key** = serrure f. à broche.

– – –, **pond** = écluse f. à sas (H.).

– – –, **puzzle** = serrure f. à combinaisons.

– – –, **quick-acting** = verrouillage m. rapide.

– – –, **reverse** = encliquetage m. antirecul (Méc.).

– – –, **right-hand** = serrure f. à droite.

– – –, **rim** = serrure f. à palastre.

– – –, **rotary-bolt type** = serrure f. à pêne tournant.

– – –, **row** = tolet m., toulet m., dame f., porte-tolet m.

– – –, **row, swivel** = tolet m. à fourche.

– – –, **safety** = serrure f. de sûreté, serrure f. à condamnation (Auto.), fermeture f. de sûreté.

– – –, **sash** = serrure f. de châssis (B.), fermoir m. de châssis (B.).

– – –, **screw** = arrêt m. de vis.

– – –, **snap** = serrure f. à ressort, houssette f. (d'une sacoche, d'une malle).

– – –, **sound** = sas m. (insonorisant) (R., Tv.).

– – –, **spring** = serrure f. à ressort, bec-de-cane m.

– – –, **spring, back** = serrure f. bâtarde.

– – –, **steering** = angle m. de braquage (des roues avant) (Auto.), verrou m. de direction (Auto.).

– – –, **stock** = serrure f. à pêne dormant.

– – –, **strike** = gâche f. (B.).

– – –, **switch** = verrou m. de blocage (E., Tp.), clé f. de sûreté de commutateur (E.).

– – –, **tail** = écluse f. de fuite (H.).

– – –, **to** = bloquer (un écrou), visser à fond, caler (une roue), enclencher (un aiguillage, un mécanisme), verrouiller (une porte), écluser (un canal).

– – –, **tumbler** = serrure f. à gorges.

– – –, **vapor** = bouchon m. de vapeur (Av., Auto.).

– – –, **wheel** = angle m. de braquage (des roues avant) (Auto.).

– – – **with two bolts** = serrure f. à deux pênes.

– – –, **Yale** = serrure f. Yale.

lockage = construction f. d'écluses, péage m. d'écluse, différence f. de niveau (entre biefs), éclusage m.

locker = armoire f. (fermant à clé), vestiaire m.

locking = blocage m. (d'un écrou), verrouillage m. (Méc.), serrage m. (Méc.), fermeture f. à clé (B.), coincement m. (des panneaux d'un coffrage) (B.).

– – –, **automatic** = autoserrage m., verrouillage m. automatique.

– – –, **ray** = de blocage (Tv.).

– – –, **safety** = verrouillage m. de sécurité.

– – –, **self-** = à blocage automatique, autoverrouillage m.

– – – **up** = serrage m. (des formes) (Imp.), immobilisation f. de capitaux.

locksmith = serrurier m. (O.).

locomotive = locomotive f. (Ch.d.f.), locomotif (adj.),

(locomotive)

V. « engine ».

– – –, **electric** = locomotive f. électrique.

– – –, **electric, Diesel** = locomotive f. Diesel électrique.

– – –, **freight** = locomotive f. à marchandises.

– – –, **mining** = locomotive f. de fond.

– – –, **narrow-gauge** = locomotive f. pour voie étroite.

– – –, **shunting** = locomotive f. de manoeuvre.

– – –, **steam** = locomotive f. à vapeur.

– – –, **trolley** = locomotive f. à trolley.

locus = lieu m. géométrique, situation f. (d'un édifice).

locust = févier m. (For.).

– – –, **honey-** = févier m. à trois épines.

lode = filon m. (Mi.), veine f. (Mi.).

– – –, **blind** = filon m. sans affleurement (Mi.).

lodestone = V. « loadstone ».

lodge = pavillon m. (de chasse), loge f. (de francs-maçons).

– – –, **to** = héberger (un ami), déposer (une plainte), loger (un visiteur chez soi).

lodging = hébergement m. (d'un ami), logement m. (pour la nuit), déposition f. (d'une plainte), dépôt m. ou consignation f. (de valeurs).

loft = grenier m. (B.), soupente f. (B.), atelier m. (B.), colombier m. (B.), pigeonnier m. (B.).

log = bille f. de bois, bois m. rond, bois m. en grume, pièce f. de bois en grume, grume f., carnet m. de route (Auto.), carnet m. d'écoute (R.), carnet m. de vol (Av.), procès-verbal m. de trafic (R.), journal m. de bord (Mar., Av.), relevé m. ou graphique m. (Mi.).

– – –, **anchor** = ancre f. (Tp.).

– – –, **chopping** = billot m.

– – –, **engine** = livret m. de moteur.

– – –, **journey** = carnet m. de route.

– – –, **saw** = bille f.

– – –, **stop** = vanne f. à poutrelles (H.), aiguille f. d'écluse (H.).

– – –, **wood, pulp** = bille f. de bois à pulpe, [pitoune f.] (Canada).

logarithm = logarithme m.

– – –, **anti-** = antilogarithme m. (c.-à-d. nombre correspondant à un logarithme).

– – –, **co-** = cologarithme m. (c.-à-d. logarithme de l'inverse du nombre).

– – –, **common** = logarithme m. ordinaire (c.-à-d. à base de 10).

– – –, **decimal** = logarithme m. à base de 10, logarithme m. ordinaire.

– – –, **napierian** = logarithme m. népérien.

– – –, **natural** = logarithme m. naturel, logarithme m. népérien.

logger = bûcheron m. (O.), forestier m. (O.).

– – –, **data** = autoscripteur m. de mesures (M.) (E.), collecteur m. de données (M.).

loggia = loggia f. (B.), loge f. (B.).

logging = étalonnage m. (R.), repérage m. (des stations) (R.), abattage m. des arbres, inscription f. sur le carnet de route (ou de vol), exploitation f. d'une forêt.

logotype = logotype m. (Imp.).

logs, quartered = bois m. de quartier.

long-life = microsillon m.

longshoreman = débardeur m. (O.).

longwise = en long, dans le sens de la longueur.

(loss)

look-through = épair *m*. (Pap.).
loom = métier *m*. à tisser (M.), métier *m*. (M.).
– – –, **hand** = métier *m*. à la main.
– – –, **power** = métier *m*. mécanique.
loop = boucle *f*. (d'un câble, d'un ruisseau), circuit *m*. électrique, tour *m*. ou spire *f*. (de bobine), branchement *m*. (d'un abonné) (Tp.), ligne *f*. dérivée (Tp.), voie *f*. de dérivation (Ch.d.f.), ventre *m*. (d'une oscillation), cadre *m*. (R.).
– – –, **Alford** = antenne *f*. (ou carré *m*.) Gouriaud (R.).
– – –, **battery** = bouclage *m*. par batterie (Tp.).
– – –, **curtain** = embrasse *f*. (Ust.).
– – –, **drip** = boucle *f*. faite par un fil téléphonique à son entrée dans le bâtiment.
– – –, **expansion** = boucle *f*. de dilatation (C.), lyre *f* de dilatation (C.), col de cygne *m*. (C.).
– – –, **hysteresis** = cycle *m*. d'hystérésis (E.), boucle *f* d'hystérésis (E.), cycle *m*. d'hystérésis secondaire (E.), boucle *f*. d'hystérésis secondaire (E.).
– – –, **oscillation** = ventre *m*. de vibration.
– – –, **potential** = ventre *m*. de potentiel (E.).
– – –, **receiving** = cadre *m*. de réception (R.).
– – –, **rotating** = cadre *m*. tournant (R.).
– – –, **service** = branchement *m*. d'abonné (Tp.).
– – –, **subscriber** = branchement *m*. d'abonné (Tp.), fil *m*. d'abonné (Tp.).
– – –, **suction** = siphon *m*. (S.).
– – –, **test** = boucle *f*. de mesure (E.).
– – –, **to** = boucler (un circuit) (E.).
– – –, **voltage** = ventre *m*. de tension (E.).
– – –, **wave** = ventre *m*. d'ondes (R.).
looping-in = dérivation *f*. sans épissure (E.).
loose = (raccord *m*.) desserré, (poulie *f*.) folle, (connexion *f*.) détachée, (couplage *m*.) lâche, (roue *f*. décalée, (noeud *m*.) délié, (planche *f*.) désajustée, avoir du jeu, libre (adj.).
loosen, to = desserrer (un écrou), défaire (un noeud), ameublir (le sol), dégripper (un moteur), détendre ou relâcher (un ressort, une corde), donner du jeu (à un palier), relâcher (la discipline).
looseness = jeu *m*., desserrage *m*.
lope, to = galoper (en parlant d'un moteur).
lopper = échenilloir *m*. (I.), ébranchoir *m*. (I.).
– – –, **branch** = échenilloir *m*., échenilloir-élagueur *m*.
lopping = élagage *m*., ébranchage *m*.
lopsided = déséquilibré (adj.), déversé (adj.).
lorry = camion *m*., lorry *m*.
– – –, **break-down** = dépanneuse *f*.
– – –, **light** = camionnette *f*.
– – –, **motor** = camion *m*. automobile.
– – –, **tip** = camion *m*. à benne basculante.
– – –, **wrecking** = dépanneuse *f*.
loss = perte *f*. (de courant, de la vue), déperdition *f*. (de chaleur), fuite *f*. (de gaz, d'air), écoulement *m*., V. « losses ».
– – –, **absorption** = affaiblissement *m*. d'absorption (R.).
– – –, **amplification** = perte *f*. d'amplification (R., Tp.).
– – –, **belt** = perte *f*. à la courroie.
– – –, **cable** = affaiblissement *m*. en câble (Tp.).
– – –, **circuit** = affaiblissement *m*. en circuit (Tp.).
– – –, **clear** = perte *f*. sèche.

– – –, **commutator** = perte *f*. au commutateur (E.).
– – –, **conveyance** = perte *f*. en ligne (E.).
– – –, **copper** = perte *f*. dans le cuivre (E.).
– – –, **core** = perte *f*. dans le fer (E.).
– – –, **corona** = perte *f*. par effet de couronne (E.).
– – –, **current** = perte *f*. de courant (E.).
– – –, **dead** = perte *f*. sèche.
– – –, **dielectric** = perte *f*. diélectrique (E.).
– – –, **discharge** = perte *f*. à la sortie (H.).
– – –, **eddy** = perte *f*. par tourbillon (turbine) (H.).
– – –, **eddy-current** = perte *f*. par courants de Foucault (E.).
– – –, **entrance** = perte *f*. à l'entrée (H.).
– – –, **evaporation** = perte *f*. par évaporation.
– – –, **flue** = pertes *f.p.* à la cheminée.
– – –, **friction** = perte *f*. par frottement (H.), perte *f*. de charge (dans les conduites) (H.).
– – –, **friction, bearing** = perte *f*. dans les paliers (Méc.).
– – –, **head** = perte *f*. de charge (H.).
– – –, **hearing** = affaiblissement *m*. du sens auditif (acoustique).
– – –, **head** = perte *f*. de chaleur, déperdition *f*. de chaleur.
– – –, **heat, Joule's** = perte *f*. par effet Joule (E.).
– – –, **hysteresis** = pertes *f.p.* par hystérésis (E.).
– – –, **insertion** = perte *f*. par insertion (Tp.), affaiblissement *m*. d'insertion (E.).
– – –, **interaction** = affaiblissement *m*. d'interaction (E.).
– – – **in voltage** = perte *f*. de voltage (E.).
– – –, **iron** = pertes *f.p.* dans le fer (E.).
– – –, **leakage** = perte *f*. par coulage (H.).
– – –, **line** = perte *f*. de ligne (E.), perte *f*. en ligne (E.).
– – –, **low** = à faible perte.
– – –, **magnetic** = perte *f*. magnétique (E.), fuite *f*. (E.).
– – –, **net** = équivalent *m*. (d'un circuit) (E.).
– – –, **no-load** = perte *f*. à vide.
– – – **of excitation** = désamorçage *m*. (E.).
– – – **of head** = perte *f*. de charge (H.).
– – – **of heat** = déperdition *f*. de chaleur.
– – – **of motive power** = perte *f*. de force motrice.
– – – **of potential** = perte *f*. de tension (E.).
– – – **of temper** = perte *f*. de trempe (Mét.).
– – – **of water pressure** = perte *f*. de charge (H.).
– – –, **ohmic** = perte *f*. Joule (E.).
– – –, **power** = perte *f*. de puissance (Méc., E.), perte *f*. d'énergie (Méc., E.).
– – –, **pressure** = perte *f*. de pression.
– – –, **reflection** = perte *f*. due aux réflexions (E.).
– – –, **resistance** = perte *f*. Joule (E.), perte *f*. par effet Joule (E.).
– – –, **return** = atténuation *f*. (R.), affaiblissement *m*. d'équilibrage (R.), affaiblissement *m*. des courants réfléchis (E.).
– – –, **return, active** = affaiblissement *m*. des courants d'écho (R.).
– – –, **return, passive** = affaiblissement *m*. passif d'équilibrage (E.).
– – –, **return, structural** = affaiblissement *m*. de régularité (E.).
– – –, **running** = perte *f*. en charge.
– – –, **switching** = affaiblissement *m*. de commutation

(loss)

(Tp.).
– – –, **terminal** = affaiblissement *m*. (ou atténuation *f*.) aux bornes (Tp.).
– – –, **transducer** = affaiblissement *m*. transductique (E.).
– – –, **transmission** = perte *f*. par transmission (E., Méc.), perte *f*. de transmission (E., Méc.), affaiblissement *m*. de transmission (R.).
losses = V. « loss ».
– – –, **blade** = pertes *f.p*. dans les aubes (H.).
– – –, **clearance** = pertes *f.p*. dues au jeu, pertes *f.p*. dues au dégagement.
– – –, **contact** = pertes *f.p*. de contact (E.).
– – –, **copper** = pertes *f.p*. dans le cuivre (E.).
– – –, **core** = pertes *f.p*. cans le noyau (E.), pertes *f.p*. dans le fer (E.).
– – –, **dielectric** = pertes *f.p*. diélectriques (E.).
– – –, **driving** = pertes *f.p*. par transmission (Méc.).
– – –, **eddy-current** = pertes *f.p*. par courants de Foucault (E.).
– – –, **hysteresis** = pertes *f.p*. par hystérésis (E.).
– – –, **impedance** = pertes *f.p*. en charge (E.).
– – –, **idle** = pertes *f.p*. à vide.
– – –, **iron** = pertes *f.p*. dans le fer (E.).
– – –, **line** = pertes *f.p*. en ligne (E.).
– – –, **magnetic** = pertes *f.p*. magnétiques (E.).
– – –, **mechanical** = pertes *f.p*. mécaniques.
– – –, **ohmic** = pertes *f.p* par effet Joule (E.).
– – –, **pole-shoe** = pertes *f.p*. dans les pièces polaires (E.).
– – –, **radiation** = pertes *f.p*. par rayonnement.
– – –, **reflection** = pertes *f.p*. par réflexion.
– – –, **short-circuit** = pertes *f.p*. en court-circuit (E.).
– – –, **stack** = pertes *f.p*. à la cheminée.
– – –, **stray** = pertes *f.p*. supplémentaires (E.).
– – –, **transformer** = pertes *f.p*. de transformateur (E.).
– – –, **windage** = pertes *f p*. par ventilation (E.).
lot = terrain *m*., emplacement *m*., lopin *m*.
– – –, **building** = terrain *m*. à bâtir.
– – –, **corner** = lot *m*. d'angle, lot *m*. du coin.
– – –, **gore** = enclave *f*., terrain *m*. enclavé.
– – –, **parking** = parc *m*. de stationnement, parc *m*. (pour les voitures).
– – –, **through** = terrain *m*. traversant (c.-à-d. ayant une façade sur deux rues).
loudness = force *f*. du son (Tp.), intensité *f*. acoustique, intensité *f*. sonore.
– – –, **equivalent** = intensité *f*. acoustique subjective (Tp.).
loudspeaker = haut-parleur *m*.
– – –, **bass** = haut-parleur *m*. de graves.
– – –, **capacitor** = haut-parleur *m*. électrostatique.
– – –, **condenser** = haut-parleur *m*. électrostatique.
– – –, **cone** = haut-parleur *m*. (à membrane) conique, diffuseur *m*.
– – –, **crystal** = haut-parleur *m*. piézo-électrique.
– – –, **dynamic** = haut-parleur *m*. électrodynamique.
– – –, **electromagnetic** = haut-parleur *m*. électromagnétique.
– – –, **electrostatic** = haut-parleur *m*. électrostatique.
– – –, **exponential** = haut-parleur *m*. (à pavillon) exponentiel.
– – –, **extension** = haut-parleur *m*. séparé.

(loudspeaker)

– – –, **horn-type** = haut-parleur *m*. à pavillon.
– – –, **inductor-type** = haut-parleur *m*. électromagnétique.
– – –, **magnetic** = haut-parleur *m*. électromagnétique.
– – –, **monitor** = haut-parleur *m*. de contrôle.
– – –, **moving-armature** = haut-parleur *m*. électromagnétique.
– – –, **moving-coil** = haut-parleur *m*. électrodynamique.
– – –, **outdoor** = haut-parleur *m*. d'extérieur.
– – –, **permanent-magnet** = haut-parleur *m*. à aimant permanent.
– – –, **piezo-electric** = haut-parleur *m*. piézo-électrique.
– – –, **thermionic** = haut-parleur *m*. thermoïonique.
lounge = salle *f*., hall *m*.
– – –, **departure** = salle *f*. des départs (dans une aérogare).
louvered = à abat-son, à persiennes.
louvre (or louver) = lucarne *f*. (B.), volet *m*. d'aérage (B.), jalousie *f*. (B.), persiennes *f.p*. (B.), abat-son *m*. (d'un clocher).
– – –, **attic** = lucarne *f*. (B.), volet *m*. d'aérage (B.).
louvres, bonnet = auvents *m.p*. de capot (Auto.).
– – –, **hood** = auvents *m.p*. de capot (Auto.).
lower, to = abaisser (un remblai, un store, la température), baisser (le ton, un mur, un store, la lumière), réduire (la pression, les prix), surbaisser (un châssis d'auto).
lowering = descente *f*. (d'une échelle dans une chambre de câbles), réduction *f*. (de la pression dans une chaudière), abaissement *m*. (d'une cloison), diminution *f*. (de prix, de la fièvre).
– – – -**in** = mise *f*. (ou descente *f*.) en fouille (d'une canalisation) (H.).
LP (long-play) = microsillon *m*.
Ltd = V « limited ».
L.R.A. (Locality Rate Area) = V. « area, rate, locality ».
lubricant = lubrifiant *m*., graisse *f*., huile *f*.
– – –, **antifreezing** = huile *f*. incongelable.
– – –, **consistent** = graisse *f*. consistante.
– – –, **fluid** = lubrifiant *m*. liquide.
– – –, **graphite** = lubrifiant *m*. graphité.
lubricate, to = graisser (les roues), lubrifier ou huiler (un moteur).
lubricated, under- = insuffisamment graissé.
lubricating, self- = autograissage *m*., autolubrification *f*., à graissage automatique.
– – –, **under-** = graissage *m*. insuffisant.
lubrication = graissage *m*., lubrification *f*.
– – –, **automatic** = graissage *m*. automatique.
– – –, **bath** = graissage *m*. par barbotage.
– – – **by circulating pump** = graissage *m*. par pompe.
– – –, **capillary** = huilage *m*. par capillarité.
– – –, **central** = graissage *m*. central.
– – –, **constant-flow** = graissage *m*. continu.
– – –, **continuous** = graissage *m*. continu.
– – –, **defective** = graissage *m*. défectueux.
– – –, **drip-feed** = huilage *m*. à compte-gouttes.
– – –, **faulty** = graissage *m*. défectueux.
– – –, **forced-feed** = graissage *m*. sous pression.
– – –, **lifetime** = graissage *m*. permanent.

(lubrication)

– – –, **mechanical** = graissage *m.* automatique.
– – –, **pressure** = graissage *m.* sous pression.
– – –, **ring** = graissage *m.* par bague.
– – –, **ring, oil** = graissage *m.* par bague.
– – –, **self-** = autograissage *m., à graissage automatique.
– – –, **splash** = lubrification *f.* par barbotage, graissage *m.* par barbotage.
lubricator = graisseur *m., godet m.* graisseur.
– – –, **automatic** = autograisseur *m.*
– – –, **cap** = graisseur *m.* à chapeau.
– – –, **drip-feed** = compte-gouttes *m.*, graisseur *m* compte-gouttes.
– – –, **drop** = graisseur *m.* compte-gouttes.
– – –, **flap** = graisseur *m.* à clapet.
– – –, **force-feed** = graisseur *m.* sous pression.
– – –, **gravity** = graisseur *m.* compte-gouttes.
– – –, **grease** = graisseur *m.*
– – –, **grease, spring** = graisseur *m.* à compression.
– – –, **needle** = graisseur *m.* à pointeau.
– – –, **needle-valve** = graisseur *m.* à pointeau.
– – –, **pressure** = graisseur *m.* à pression.
– – –, **pressure, hand** = graisseur *m.* à main, pompe *f.* à graisse à main.
– – –, **pump** = graisseur *m.* à pompe.
– – –, **pump, hand** = graisseur *m.* à coup de poing.
– – –, **ring** = graisseur *m.* à bague.
– – –, **self-acting** = graisseur *m.* automatique.
– – –, **sight-feed** = graisseur *m.* à débit visible.
– – –, **snap-lid** = graisseur *m.* à couvercle à ressort.
– – –, **wick** = graisseur *m.* à mèche.
– – –, **wiper** = graissage *m.* par frotteur.
lubricity = onctuosité *f.* (d'un lubrifiant).
luff = palan *m.* à croc.
lug = oreille *f.* (de manille, de fixation), queue *f.* (de plaque d'accumulateur), crampon *m.*, bossage *m* (d'un piston), happe *f.* (d'une chaudière), cosse *f.* (de fil) (Tp., E.), broche *f.* (Tp.), tige *f.* (de montage), mentonnet *m.* (sur un arbre de rotation) patte *f.* d'attache, ergot *m.* (de roue d'engrenage).
– – –, **angle** = cornière *f.*
– – –, **boiler** = oreille *f.* de chaudière (Méc.).
– – –, **cable** = cosse *f.*
– – –, **clamping** = collier *m.* de serrage.
– – –, **connecting** = broche *f.* de raccordement.
– – –, **current-carrying** = queue *f.* conductrice (d'un accumulateur) (E.).
– – –, **dowel** = goujon *m.* d'ancrage.
– – –, **ejector** = patte *f.* d'éjection.
– – –, **engine** = patte *f.* de suspension du moteur (Auto.).
– – –, **fastening** = fermoir *m.*, patte *f.* d'attache.
– – –, **fixing** = patte *f.* d'attache.
– – –, **ground** = patte *f.* de mise à la terre (E.).
– – –, **jig** = tige *f.* de montage.
– – –, **motor** = patte *f.* d'attache du moteur.
– – –, **soldering** = extrémité *f.* soudée d'une broche (Tp.), cosse *f.* à souder (E., Tp.).

(lug)

– – –, **steering** = douille *f.* de direction (Auto.).
– – –, **stop** = goujon *m.* d'ancrage.
– – –, **suspension** = crochet *m.* de suspension.
luggage = bagages *m.p.*, articles *m.p.* de voyage.
lumber = bois *m.* de construction, bois *m.* de charpente, bois *m.* de service.
– – –, **clear** = bois *m.* exempt de noeuds, bois *m.* sans noeuds.
– – –, **dressed** = bois *m.* blanchi, bois *m.* raboté.
– – –, **floated** = bois *m.* flotté.
– – –, **green** = bois *m.* vert.
– – –, **honeycombed** = bois *m.* chambré.
– – –, **kiln-dried** = bois *m.* (de construction) séché au four.
– – –, **knotty** = bois *m.* noueux.
– – –, **matched** = bois *m.* embrevé.
– – –, **nominal size** = bois *m.* de dimensions nominales.
– – –, **planed** = bois *m.* blanchi.
– – –, **rough** = bois *m.* brut (de construction).
– – –, **seasoned** = bois *m.* séché.
– – –, **shiplapped** = bois *m.* à rive taillée à mi-bois.
– – –, **structural** = bois *m.* de charpente.
– – –, **surfaced** = bois *m.* corroyé, bois *m.* blanchi.
– – –, **tongue-and-groove** = bois *m.* à assemblage à rainure et languette, bois *m.* embrevé.
– – –, **yard** = bois *m.* (de construction) séché à l'air.
lumbering = industrie *f.* du bois de sciage, travaux *m.p.* forestiers.
lumber-jack = bûcherons *m.* (O.).
lumberman = bûcheron *m.*, marchand *m.* de bois, concessionnaire *m.* de coupes, entrepreneur *m.* forestier.
lumen = lumen *m.* (c.-à-d. unité *f.* de flux lumineux) (E.), lm *m.* (E.).
lumen-hour = lumenheure *m.* (E.).
luminance = luminance *f.*
luminescence = luminescence *f.* (E.).
luminosity = luminosité *f.* (d'un objectif) (Phot.).
luminous = lumineux (adj.).
luminousness = clarté *f.*
lump = pâton *m.* (dans le papier) (Pap.), masse *f.* (de plomb), motte *f.* (de terre), bloc *m.* (de pierre), morceau *m.* (de sucre), bosse *f.* (sur la tête).
– – –, **hard** = pâton *m.* (Pap.).
lunch = lunch *m.*, repas *m.* du midi.
– – –, **quick** = casse-croûte *m.*
luncheon = lunch *m.*, repas *m.* du midi.
luncheonnette = buffet *m.*
lure = leurre *m.*
luster = éclat *m.*, lustre *m.*, brillant *m.*
lute = mastic *m.* (à greffer), lut *m.* (Mét.).
– – –, **to** = luter (un tour, un creuset), mastiquer (une greffe).
luteman = déluteur *m.* (Méc., Mét.).
luting = lutation *f.*, masticage *m.*
lux = lux *m.* (c.-à-d. unité *f.* pratique d'éclairement) (E.), lx *m.*
lye = lessive *f.*
– – –, **soda, caustic** = lessive *f.* de soude caustique.

m = V. « metre » et « mile(s) ».
mA = V. « milliampere ».
macadam = macadam *m*.
– – –, **asphalt** = bitumacadam *m*., macadam *m*. bitumineux.
– – –, **asphalt, hot-laid** = bitumacadam *m*. appliqué à chaud.
– – –, **cement** = macadam-ciment *m*.
– – –, **tar** = tarmacadam *m*., macadam *m*. au goudron.
– – –, **traffic-bond** = chaussée *f*. en pierre cassée (déversée en vrac) et coincée par la circulation.
– – –, **water-bond** = macadam *m*. à l'eau.
machete = coupe-coupe *m*. (I.).
machinability = usinabilité *f*. (Mét.).
machinable = usinable (adj.) (Mét.).
machine = machine *f*., engin *m*. (de levage).
– – –, **acyclic** = machine *f*. acyclique (E.), génératrice *f*. à courant continu (E.).
– – –, **adding** = totalisateur *m*., machine *f*. à calculer.
– – –, **air, cold** = machine *f*. frigorifique à air.
– – –, **airing** = machine *f*. à vent (Méc.).
– – –, **all-purpose** = machine *f*. universelle.
– – –, **answering, telephone, automatic** = répondeur *m*. (téléphonique) (Tp.).
– – –, **arc** = machine *f*. à souder (Mét.).
– – –, **asynchronous** = machine *f*. asynchrone (E.).
– – –, **automatic** = distributeur *m*. (M.).
– – –, **auxiliary** = machine *f*. de renfort, machine *f*. auxiliaire.
– – –, **bag** = machine *f*. à fabriquer des sacs.
– – –, **back-filling** = remblayeuse *f*. (C.).
– – –, **backing** = machine *f*. (ou presse *f*.) à endosser (Imp.).
– – –, **bending** = cintreuse *f*., machine *f*. à cintrer.
– – –, **bending, bar** = machine *f*. à cintrer les barres.
– – –, **bending, pipe** = machine *f*. à cintrer les tuyaux.
– – –, **bending, plate** = emboutissoir *m*.
– – –, **bending, rail** = presse *f*. à cintrer les rails.
– – –, **bending, tube** = machine *f*. à cintrer les tuyaux.
– – –, **bending, wood** = machine *f*. à cintrer les bois.
– – –, **bevelling** = biseautoir *m*.mécanique, biseauteuse *f*.

(**machine**)
– – –, **bevelling, nut** = machine *f*. à émousser les écrous.
– – –, **bi-polar** = bipolaire *f*. (E.), machine *f*. bipolaire (E.).
– – –, **blasting** = exploseur *m*.
– – –, **blasting, hand** = exploseur *m*. à manivelle.
– – –, **blasting, push-down** = exploseur *m*. à poignée.
– – –, **block** = pouliage *m*. (Mar.).
– – –, **blooming** = machine *f*. à cingler (Mét.).
– – –, **blowing** = soufflante *f*., soufflerie *f*.
– – –, **blowing, cylinder** = soufflante *f*. à piston, soufflerie *f*. à cylindre, soufflerie *f*. à piston.
– – –, **blowing, piston** = soufflante *f*. à piston, soufflerie *f*. à piston.
– – –, **board** = machine *f*. à carton (Pap.).
– – –, **bolting** = blutoir *m*. ou bluteau *m*.
– – –, **boring** = foreuse *f*., perceuse *f*., alésoir *m*., aléseuse *f*.
– – –, **boring, cylinder** = machine *f*. à aléser les cylindres (Méc.).
– – –, **boring, earth** = foreuse *f*. (C.).
– – –, **boring, horizontal** = aléseuse *f*. horizontale (Méc.).
– – –, **boring, radial-arm** = tour *m*. vertical tête de cheval.
– – –, **boring, road, rotary** = foreuse *f*. horizontale.
– – –, **boring, rock** = foreuse *f*. pour rocher.
– – –, **boring, turret-head** = machine *f*. à percer revolver.
– – –, **boring, universal** = machine *f*. à percer universelle.
– – –, **boring, upright** = tour *m*. vertical, alésoir *m*. vertical.
– – –, **boring, vertical** = tour *m*. vertical, alésoir *m*. vertical.
– – –, **bottling** = tireuse *f*.
– – –, **braiding** = machine *f*. à tresser.
– – –, **broaching** = machine *f*. à mandriner (à la brochure).
– – –, **bronzing** = machine *f*. à bronzer (Imp.).
– – –, **buffing** = polissoir *m*. (I., M.).
– – –, **bundling** = botteleuse *f*. ou botteloir *m*.

(**machine**)

– – –, **burying, cable** = enfouisseuse *f.* de câbles (Tp.).
– – –, **business** = machine *f.* mécanographique.
– – –, **calendering** = calandre *f.* (Pap.).
– – –, **capping, bottle** = capsulateur *m.*, machine *f.* à capsuler.
– – –, **carving** = machine *f.* à rainer (le bois).
– – –, **centering** = machine *f.* à centrer.
– – –, **centrifugal** = machine *f.* centrifuge, centrifugeur *m.* ou centrifugeuse *f.*
– – –, **charging** = chargeur *m.* (C.), dynamo *f.* de charge d'accumulateurs (E.).
– – –, **checking** = machine *f.* à vérifier.
– – –, **cleaving** = scie *f.* à refendre.
– – –, **clipping** = tondeuse *f.*
– – –, **clipping, hand** = tondeuse *f.* mécanique à main.
– – –, **coating** = coucheuse *f.* (Pap.).
– – –, **coating and wrapping** = enrobeuse *f.* (C.).
– – –, **coiling** = bobineuse *f.*
– – –, **coiling, spring** = machine *f.* à enrouler les ressorts.
– – –, **combing** = peigneur *f.*
– – –, **commutating** = commutatrice *f.* (E.).
– – –, **composing** = composeuse *f.* (Imp.).
– – –, **compressing, air** = machine *f.* à comprimer l'air.
– – –, **computing, automatic** = machine *f.* à calculer électronique.
– – –, **cooling, ammonia** = machine *f.* frigorifique à ammoniaque.
– – –, **copying** = duplicateur *m.*
– – –, **corking, bottle** = bouche-bouteilles *m.*
– – –, **crushing** = machine *f.* à concasser, concasseur *m.*
– – –, **crushing, stone** = machine *f.* à broyer les pierres, concasseur *m.*
– – –, **cutter** = perceuse *f.*, alésoir *m.*, foreuse *f.*
– – –, **cutter, revolving** = machine *f.* à cisailler à molettes.
– – –, **cutting** = découpoir *m.*, machine *f.* à découper, découpeur *m.* ou découpeuse *f.*
– – –, **cutting, arc** = machine *f.* de découpage à arc.
– – –, **cutting, bar** = cisaille *f.* à barres.
– – –, **cutting, coal** = haveuse *f.* de charbon.
– – –, **cutting, file** = machine *f.* à tailler les limes.
– – –, **cutting, gear** = machine *f.* à tailler les engrenages.
– – –, **cutting, gear, spiral** = machine *f.* à tailler les engrenages hélicoïdaux.
– – –, **cutting, groove** = machine *f.* à canneler.
– – –, **cutting, key-way** = machine *f.* à mortaiser les rainures de cales, machine *f.* à rainer, machine *f.* à rainurer.
– – –, **cutting, mitre** = machine *f.* à couper d'onglet.
– – –, **cutting-off** = tronçonneuse *f.*, machine *f.* à tronçonner.
– – –, **cutting-out** = emporte-pièce *m.*
– – –, **cutting, plate** = cisaille *f.* à tôles.
– – –, **cutting, rag** = dérompoir *m.* (Pap.), machine *f.* à délisser (Pap.).
– – –, **cutting, screw** = machine *f.* à fileter, tour *m.* à décolleter.
– – –, **cutting, thread** = taraudeuse *f.*
– – –, **cutting, tooth** = machine *f.* à tailler les engrenages, machine *f.* à tailler les dents.

(**machine**)

– – –, **cutting, wire-nail** = bistoquet *m.*
– – –, **cylinder** = machine *f.* à forme ronde (Pap.).
– – –, **digging** = excavateur *m.*, excavatrice *f.*
– – –, **digging, trench** = excavatrice *f.* de tranchée, excavateur *m.* de tranchée.
– – –, **ditching** = machine *f.* à fossoyer, trancheuse *f.*
– – –, **draining** = machine *f.* d'épuisement (C.), machine *f.* d'extraction (H., S.).
– – –, **drawing** = laminoir *m.*, machine *f.* à étirer.
– – –, **drawing, wire** = tréfilerie *f.*, machine *f.* à tréfiler.
– – –, **dredging** = machine *f.* à draguer, drague *f.*
– – –, **dredging, steam** = drague *f.* à vapeur.
– – –, **drilling** = perceuse *f.*, foreuse *f.*, machine *f.* à percer, machine *f.* à forer.
– – –, **drilling, bench** = machine *f.* à percer d'établi, perceuse *f.* d'établi.
– – –, **drilling, column** = perceuse *f.* à colonne.
– – –, **drilling, countersink** = fraiseuse *f.*
– – –, **drilling, electric** = perceuse *f.* électrique.
– – –, **drilling, hand** = perceuse *f.* à main.
– – –, **drilling, multiple-spindle** = perceuse *f.* à forets multiples.
– – –, **drilling, pillar** = perceuse *f.* à colonne.
– – –, **drilling, pneumatic** = perceuse *f.* à air comprimé.
– – –, **drilling, radial** = machine *f.* à percer radiale, perceuse *f.* radiale.
– – –, **drilling, sensitive** = perceuse *f.* sensitive.
– – –, **drilling, slot** = fraiseuse *f.* à rainer (le métal).
– – –, **drilling, wall** = perceuse *f.* murale.
– – –, **driving, nut** = machine *f.* à serrer les écrous.
– – –, **drying, centrifugal** = essoreuse *f.*
– – –, **drying, steam** = séchoir *m.* à cylindre.
– – –, **duplex** = machine *f.* à deux porte-outils.
– – –, **duplicating** = duplicateur *m.*, autocopiste *m.*
– – –, **electric, magneto** = magnéto *f.* (E.), machine *f.* magnéto-électrique (E.).
– – –, **electro-dynamic** = machine *f.* électrodynamique (E.).
– – –, **embossing** = machine *f.* à gaufrer.
– – –, **emergency** = machine *f.* de secours.
– – –, **emery** = polissoir *m.*
– – –, **enclosed, half-** = machine *f.* demi-ouverte.
– – –, **excavating** = excavateur *m.*, excavatrice *f.* (C.).
– – –, **extruding** = machine *f.* à refouler (le métal).
– – –, **facing** = machine *f.* à dresser, machine *f.* à rabattre.
– – –, **filing** = limeuse *f.*
– – –, **filling, bag-** = ensacheur *m.*, ensacheuse *f.*
– – –, **filling, bottle-** = remplisseuse *f.*, embouteilleuse *f.* (Canada).
– – –, **finishing** = finisseuse *f.* (à ciment) (Canada), polissoir *m.* (à ciment), finisseur *m.*
– – –, **flanging** = machine *f.* à border.
– – –, **fluting** = machine *f.* à rainurer.
– – –, **folding** = plieuse *f.*
– – –, **forging** = estampeuse *f.*, machine *f.* à forger.
– – –, **freezing** = machine *f.* à congeler.
– – –, **generating, electric** = dynamo *f.* (E.), machine *f.* génératrice d'électricité (E.).
– – –, **grading** = trieur *m.*, trieur-classeur *m.*
– – –, **graining, ball** = grénoir *m.* à billes (Canada), machine *f.* à gréner (à roulement) à billes.
– – –, **grinding** = machine *f.* à meuler, machine *f.* à rec-

(**machine**)

tifier, machine *f.* à affûter, affûteuse *f.*, rectifieuse *f.*, meuleuse *f.*
– – –, **grinding, cutter** = machine *f.* à affûter les fraises.
– – –, **grinding, cylinder** = machine *f.* à rectifier les cylindres.
– – –, **grinding, emery** = machine *f.* de meules d'émeri.
– – –, **grinding, gear-tooth** = machine *f.* à rectifier les engrenages.
– – –, **grinding, internal** = machine *f.* à rectifier les intérieurs.
– – –, **grinding, profiling** = rectifieuse *f.* à profiler.
– – –, **grinding, roll** = machine *f.* à rectifier extérieurement les cylindres.
– – –, **grinding, surface** = machine *f.* à dresser à la meule, machine *f.* à surfacer, machine *f.* à rectifier les surfaces planes.
– – –, **grinding, tool** = machine *f.* à affûter les outils.
– – –, **grinding, wood** = défibreuse *f.*
– – –, **grooving** = machine *f.* à rainer (le bois), rainureuse *f.*
– – –, **grooving-and-tonguing** = machine *f.* à bouveter, machine *f.* à faire les rainures et languettes.
– – –, **gumming** = machine *f.* à gommer (Imp.).
– – –, **header** = machine *f.* à faire les têtes (de boulons, de clous).
– – –, **heavy-duty** = machine *f.* pour travaux durs.
– – –, **high-powered** = machine *f.* puissante.
– – –, **hobbing** = machine *f.* à vis mère, machine *f.* à tailler les engrenages.
– – –, **hooping** = machine *f.* à cercler.
– – –, **ice** = congélateur *m.*, machine *f.* à glace.
– – –, **influence** = machine *f.* à influence (E.), générateur *m.* électrostatique (E.).
– – –, **inserting and sealing** = machine *f.* à insérer et à plomber.
– – –, **interlocking, mechanical** = machine *f.* à couplage mécanique.
– – –, **ironing** = machine *f.* à repasser électrique (Ust.), repasseuse *f.* (Ust.).
– – –, **jointing** = machine *f.* à mortaiser, machine *f.* à rainer.
– – –, **jolting** = machine *f.* à forger, machine *f.* à refouler.
– – –, **kneading** = pétrin *m.* mécanique.
– – –, **lacing, belt** = machine *f.* à lacer les courroies, agrafeuse *f.* à courroies.
– – –, **laminating** = machine *f.* à doubler (Pap.).
– – –, **lapping** = machine *f.* à roder.
– – –, **laying, cable** = machine *f.* à poser les câbles.
– – –, **laying, pipe** = machine *f.* à poser les tuyaux.
– – –, **light-duty** = machine *f.* pour travaux faciles.
– – –, **loading** = chargeur *m.*
– – –, **marking** = machine *f.* à marquer.
– – –, **matching** = machine *f.* à bouveter, bouveteuse *f.*
– – –, **milking** = trayeuse *f.* mécanique (Agr.).
– – –, **milling** = fraiseuse *f.*
– – –, **milling, bench** = fraiseuse *f.* à banc.
– – –, **milling, die** = fraiseuse *f.* pour matrices.
– – –, **milling, double-spindle** = fraiseuse *f.* verticale à deux broches.
– – –, **milling, duplex** = fraiseuse *f.* double.
– – –, **milling, edge** = chanfreineuse *f.*
– – –, **milling, hand** = fraiseuse *f.* à main.

(**machine**)

– – –, **milling, knee-type** = fraiseuse *f.* à console.
– – –, **milling, plain** = fraiseuse *f.* ordinaire.
– – –, **milling, single-spindle** = fraiseuse *f.* verticale à une broche.
– – –, **milling, slab** = fraiseuse-raboteuse *f.*
– – –, **milling, slot** = machine *f.* à canneler, machine *f.* à rainurer.
– – –, **milling, surface** = fraiseuse *f.* à dresser.
– – –, **milling, universal** = fraiseuse *f.* universelle.
– – –, **milling, vertical** = fraiseuse *f.* verticale.
– – –, **mincing** = hache-viande *m.* (Ust.).
– – –, **mitring** = machine *f.* à couper les onglets.
– – –, **mortising** = machine *f.* à mortaiser, mortaiseuse *f.*
– – –, **mortising and boring** = machine *f.* à mortaiser et percer.
– – –, **moulding** = machine *f.* à moulurer, machine *f.* à mouler.
– – –, **moulding, core** = machine *f.* à mouler les noyaux.
– – –, **moulding, gear** = machine *f.* à mouler les roues dentées.
– – –, **moulding, spindle** = machine *f.* à moulurer dite « toupie », toupie *f.*
– – –, **mowing** = faucheuse *f.* (Agr.).
– – –, **multi-polar** = multipolaire *f.* (E.), machine *f.* multipolaire (E.).
– – –, **nailing** = cloueuse *f.*
– – –, **nibbling** = grignoteuse *f.*, machine *f.* à découper.
– – –, **notching** = machine *f.* à encocher.
– – –, **numbering** = folioteur *m.*, numéroteur *m.*
– – –, **nut-making** = machine *f.* à fabriquer les écrous.
– – –, **paper** = machine *f.* à papier (Pap.).
– – –, **pasting** = encolleuse *f.* (Imp.).
– – –, **paving, concrete** = machine *f.* à bétonner les chaussées, bétonneuse *f.* (Canada), finisseur *m.* de route (M.), motopaver *m.* (M.) (France).
– – –, **peeling, wood** = dérouleuse *f.*
– – –, **perforating** = perforateur *m.*, perforatrice *f.*, perforeuse *f.*
– – –, **pin ball** = billard *m.* électrique.
– – –, **planing** = raboteuse *f.*, varlopeuse *f.*
– – –, **planing, edge** = chanfreineuse *f.*
– – –, **planing, gear** = raboteuse *f.* d'engrenages.
– – –, **planing, rough** = machine *f.* à corroyer.
– – –, **planing, surface** = dégauchisseuse *f.*
– – –, **polishing** = polisseuse *f.* (Canada), polissoir *m.*
– – –, **pressing** = presse *f.*
– – –, **printing** = machine *f.* à imprimer (Imp.), tireuse *f.* (Phot.).
– – –, **processing, data** = ordinateur *m.* (E.).
– – –, **profiling** = machine *f.* à profiler.
– – –, **prospecting, diamond-drill** = prospecteur *m.* à diamants.
– – –, **puddling** = puddleur *m.* mécanique.
– – –, **pumicing** = machine *f.* à poncer.
– – –, **punching** = poinçonneuse *f.*, machine *f.* à percer.
– – –, **punching and shearing** = poinçonneuse-cisaille *f.*
– – –, **punching, toggle lever** = poinçonneuse *f.* à genouillère.
– – –, **reaming** = aléseuse *f.*
– – –, **rebuilt** = machine *f.* remise à neuf.
– – –, **refrigerating** = machine *f.* frigorifique.

(machine)

– – –, **refrigerating, compression** = machine *f.* frigorifique à compression.

– – –, **reserve** = machine *f.* de secours, machine *f.* de réserve.

– – –, **rifling** = machine *f.* à rayer (le canon des armes à feu).

– – –, **rivet** = presse *f.* à rivets.

– – –, **riveting** = riveuse *f.*, machine *f.* à river, riveteuse *f.*

– – –, **riveting, hand** = riveuse *f.* à main.

– – –, **riveting, percussion** = riveuse *f.* à martelage.

– – –, **riveting, steam** = riveuse *f.* à vapeur.

– – –, **road** = niveleuse *f.* tractée.

– – –, **Roentgen** = générateur *m.* pour tubes à rayons X (E.).

– – –, **rotary** = machine *f.* rotative.

– – –, **routing** = toupie *f.* à rainurer.

– – –, **ruling** = régleuse *f.* (Imp.).

– – –, **running-in** = machine *f.* à roder.

– – –, **sand-blast** = sableuse *f.*, appareil *m.* de sablage.

– – –, **sanding, floor** = ponceuse *f.* à parquet (M.), ponceuse *f.* (M.), V. « sander ».

– – –, **sandpapering** = machine *f.* à poncer.

– – –, **saw-setting** = machine *f.* à donner de la voie aux scies, machine *f.* à avoyer les scies.

– – –, **sawing** = scie *f.* mécanique.

– – –, **sawing, log** = scie *f.* à débiter les bois en grume.

– – –, **scarifying** = scarificateur *m.*, défonceuse *f.*

– – –, **screening** = crible *m.* mécanique.

– – –, **screw** = tour *m.* à décolleter, décolleteuse *f.*

– – –, **screwing** = machine *f.* à tarauder.

– – –, **screwing, bolt** = machine *f.* à tarauder.

– – –, **seating, key** = machine *f.* à tailler les rainures de clavetage.

– – –, **self-excited** = auto-excitatrice *f.* (E.), machine *f.* auto-excitatrice (E.).

– – –, **semi-protected** = machine *f.* partiellement protégée.

– – –, **setting, type** = machine *f.* à composer (Imp.), linotype *m.* (Imp.).

– – –, **sewing** = machine *f.* à coudre (Ust.).

– – –, **shaping** = étau-limeur *m.*, V. « shaper ».

– – –, **shaping, double-headed** = étau-limeur *m.* double.

– – –, **shaping, geared** = étau-limeur *m.* à engrenages.

– – –, **shaping, nut** = fraiseuse *f.*, machine *f.* à dresser les écrous.

– – –, **sharpening** = affûteuse *f.*

– – –, **sharpening, saw** = machine *f.* à affûter les scies.

– – –, **shearing** = cisaille *f.*, machine *f.* à cisailler, machine *f.* à découper, tondeuse *f.* mécanique (Agr.).

– – –, **shearing, plate** = machine *f.* à couper les tôles, cisaille *f.*

– – –, **shearing, scrap** = cisaille *f.* pour riblons, cisaille *f.* à riblons.

– – –, **shunt-wound** = machine *f.* à excitation en dérivation (E.), machine *f.* shunt (E.).

– – –, **slitting** = machine *f.* à découper les bandes de tôles.

– – –, **slot** = distributeur *m.* automatique (de cigarettes, etc.) (Angleterre), gobe-sous *m.* (Canada).

– – –, **slotting** = mortaiseuse *f.*

– – –, **slotting, die** = machine *f.* à dégorger.

– – –, **smoothing** = machine *f.* à doucir, machine *f.* à lisser.

(machine)

– – –, **sorting** = trieuse *f.* (de laine, de lettres), trieur *m.* (de grain).

– – –, **sorting, rag** = dérompoir *m.* (Pap.).

– – –, **sowing** = semoir *m.* (Agr.).

– – –, **spare** = machine *f.* de réserve.

– – –, **spindling** = toupie *f.*, machine *f.* à moulurer.

– – –, **spinning** = machine *f.* à filer.

– – –, **splining** = machine *f.* à canneler, machine *f.* à rainurer.

– – –, **spooling** = bobineuse *f.*, bobinoir *m.*

– – –, **spraying** = pulvérisateur *m.*, vaporisateur *m.*

– – –, **spraying, sand** = sableur *m.*

– – –, **spraying, tar** = goudronneuse *f.*

– – –, **sprinkling** = épandeuse *f.*

– – –, **stamping** = pilon *m.*, bocard *m.*, poinçonneuse *f.*, estampeuse *f.*

– – –, **standard** = machine *f.* standard.

– – –, **stand-by** = machine *f.* de réserve.

– – –, **stapling** = agrafeuse *f.* (M.), brocheuse *f.* mécanique (I.).

– – –, **starching** = machine *f.* à apprêter, empeseuse *f.* (Canada).

– – –, **static** = machine *f.* électrostatique (E.).

– – –, **stippling** = machine *f.* à pointiller (Imp.).

– – –, **straightening** = machine *f.* à dresser, machine *f.* à redresser.

– – –, **straightening, tube** = machine *f.* à dresser les tubes.

– – –, **stranding** = machine *f.* à tresser.

– – –, **stranding, cable** = machine *f.* à toronner.

– – –, **strapping** = machine *f.* à polir à la bande (de toile émeri).

– – –, **stropping** = affûteuse *f.* automatique.

– – –, **surfacing** = machine *f.* à surfacer, machine *f.* à polir.

– – –, **swaging** = machine *f.* à étamper.

– – –, **sweeping** = balayeuse *f.* mécanique.

– – –, **sweeping and watering** = balayeuse-arroseuse *f.*

– – –, **synchronous** = machine *f.* synchrone (E.).

– – –, **tamping** = machine *f.* à damer, compacteur *m.* à pneus, grenouille *f.*, dameuse *f.* (Canada).

– – –, **tape** = téléimprimeur *m.*

– – –, **taping** = rubaneuse *f.*, guipoir *m.*

– – –, **tapping** = taraudeuse *f.*, machine *f.* à tarauder.

– – –, **tapping, nut** = machine *f.* à fileter les écrous, machine *f.* à tarauder les écrous.

– – –, **tenoning** = machine *f.* à tenons.

– – –, **testing** = machine *f.* d'essais.

– – –, **testing, rope** = machine *f.* à essayer les câbles.

– – –, **thrashing** = machine *f.* à battre le blé.

– – –, **threading** = machine à fileter, taraudeuse *f.*

– – –, **threshing** = machine *f.* à battre le blé.

– – –, **to** = usiner (Méc., Mét.), façonner (Méc., Mét.).

– – –, **tonguing-and-grooving** = machine *f.* à bouveter, machine *f.* à faire les rainures et languettes.

– – –, **treadle** = machine *f.* à pédale.

– – –, **trenching** = excavateur *m.* à godets, excavateur *m.* de tranchée.

– – –, **trimming** = ébarbeuse *f.* (Mét.).

– – –, **turning, vertical** = tour *m.* à plateau horizontal.

– – –, **twisting** = tordoir *m.* ou tordeuse *f.* (de fils de câbles).

(machine)

– – –, **upsetting** = machine *f.* à refouler.
– – –, **vending** = distributeur *m.* (automatique) (de confiseries, de cigarettes).
– – –, **washing** = lessiveuse *f.* (Ust.).
– – –, **washing, dish** = lave-vaisselle *m.* (Ust.).
– – –, **washing, electric** = lessiveuse *f.* électrique (Ust.).
– – –, **weeding** = sarcloir *m.*, extirpateur *m.*
– – –, **welding** = machine *f.* à souder, soudeuse *f.*
– – –, **welding and cutting** = machine *f.* à souder et découper.
– – –, **welding, electric** = soudeuse *f.* électrique.
– – –, **welding, lap** = machine *f.* à souder par recouvrement.
– – –, **wet** = presse *f.* enrouleuse (Pap.).
– – –, **winding** = bobineuse *f.*, bobinoir *m.*, treuil *m.* de mine (Mi.), machine *f* d'extraction (Mi.).
– – –, **wood-working** = machine *f.* à bois.
– – –, **writing, code** = machine *f.* à chiffrer.
machined = usiné (Mét.), dressé (Mét.), façonné (Mét.).
– – –, **rough** = dégrossi (Mét.).
– – – **to size** = usiné à dimensions (Mét.).
machinery = outillage *m.*, mécanisme *m.*, machinerie *f.*, machines *f.p.*
– – –, **auxiliary** = machines *f.p.* auxiliaires, machines *f.p.* de secours.
– – –, **cable-laying** = appareils *m.p.* pour la pose de câbles (Tp.).
– – –, **engaging** = embrayage *m.* (Méc.).
– – –, **hoisting** = appareils *m.p.* de levage (C., Mi.).
– – –, **operating** = matériel *m.* d'exploitation.
– – –, **stone-dusting** = machines *f.p.* à schistifier.
– – –, **ventilating** = machines *f.p.* à ventiler (Méc.), matériel *m.* de ventilation (Méc.).
machining = usinage *m.* (Mét.), ajustage *m.* mécanique.
– – –, **defective** = usinage *m.* défectueux.
– – –, **high-class** = usinage *m.* de première qualité.
– – –, **liquid jet** = usinage *m.* par jet électrolytique (Mét.).
– – –, **rough** = dégrossissage *m.*
machinist = machiniste *m.* (O.), mécanicien *m.* (O.).
– – –, **erecting** = monteur *m.* (O.).
macrophotography = macrophotographie *f.*
made, custom = fait sur demande, (vêtement *m.* fait) sur mesure.
– – –, **hand** = fait à la main.
– – –, **home** = de fortune.
– – –, **machine** = fait à la machine.
– – –, **ready** = tout fait.
– – – **to gauge** = fait au gabarit.
Mae West = gilet *m.* de sauvetage (Av.).
magazine = magasin *m.* (de l'armée), dépôt *m.* (de munitions), chargeur *m.* (d'arme à feu), revue *f.* ou magazine *m.*, périodique *m.*
– – –, **powder** = poudrière *f.*
magnesia = magnésie *f.*, oxyde *m.* de magnésium.
magnesium = magnésium *m.*
magnet = aimant *m.* (E.).
– – –, **annular** = aimant *m.* annulaire.
– – –, **artificial** = aimant *m.* artificiel.
– – –, **bar** = barreau *m.* aimanté, aimant *m.* en forme de barreau.

(magnet)

– – –, **blow** = aimant *m.* de soufflage (d'étincelles).
– – –, **circular** = aimant *m.* circulaire.
– – –, **compensating** = aimant *m.* correcteur, aimant *m.* compensateur.
– – –, **compound** = faisceau *m.* aimanté (E.).
– – –, **control** = aimant *m.* directeur.
– – –, **directing** = aimant *m.* directeur.
– – –, **electro-** = électro-aimant *m.*
– – –, **field** = inducteur *m.* (E.).
– – –, **horseshoe** = aimant *m.* en fer à cheval.
– – –, **lamellar** = aimant *m.* feuilleté.
– – –, **lifting** = électro-aimant *m.* de levage (C.), aimant *m.* de levage (C.).
– – –, **moving** = aimant *m.* mobile.
– – –, **natural** = aimant *m.* naturel.
– – –, **permanent** = aimant *m.* permanent.
– – –, **plunger** = électro-aimant *m.* à plongeur.
– – –, **pot** = culasse *f.* de haut-parleur, aimant *m.* en forme de pot.
– – –, **relay** = aimant *m.* de relais.
– – –, **ring** = aimant *m.* annulaire.
– – –, **rotary** = aimant *m.* rotatif.
– – –, **selecting** = aimant *m.* sélecteur.
– – –, **stick** = aimant *m.* droit.
– – –, **straight** = aimant *m.* droit.
– – –, **tubular** = aimant *m.* tubulaire.
– – –, **U** = aimant *m.* (en) fer à cheval.
– – –, **vertical** = aimant *m.* vertical.
– – –, **vibrator** = électro-aimant *m.* de vibrateur.
magnetic = aimanté (adj.), magnétique (adj.).
– – –, **non-** = non magnétique (adj.).
magnetism = magnétisme *m.* (E.), aimantation *f.* (E.).
– – –, **earth** = magnétisme *m.* terrestre.
– – –, **permanent** = magnétisme *m.* permanent.
– – –, **residual** = magnétisme *m.* rémanent, magnétisme *m.* résiduel, aimantation *f.* résiduelle, rémanence *f.* (E.).
magnetite = magnétite *f.* (Mi.), aimant *m.* naturel (Mi.).
magnetizable = aimantable (adj.).
magnetization = aimantation *f.* (E.).
– – –, **back-** = contre-aimantation *f.*
– – –, **cross-** = aimantation *f.* transversale.
– – –, **residual** = aimantation *f.* rémanente, rémanence *f.* (E.).
magnetize, to = aimanter (une aiguille), magnétiser (du fer, une personne).
magnetizing = magnétisant (adj.), aimantation *f.*
magneto = magnéto *f.* (E.), machine *f.* magnéto-électrique (E.).
– – –, **adjustable-lead** = magnéto *f.* à avance variable.
– – –, **automatic-lead** = magnéto *f.* à avance automatique.
– – –, **enclosed** = magnéto *f.* blindée.
– – –, **head-lamp** = magnéto-phare *f.* (Auto.).
– – –, **high-tension** = magnéto *f.* à haute tension.
– – –, **ignition** = magnéto *f.* d'allumage (Auto.).
– – –, **low-tension** = magnéto *f.* à basse tension.
– – –, **make-and-break** = magnéto *f.* à rupture.
– – –, **revolving** = magnéto *f.* à induit tournant.
– – –, **shuttle-type** = magnéto *f.* à volets.
– – –, **stationary** = magnéto *f.* à induit fixe.
magneto-electric = magnéto-électrique (adj.).

(maintain)

magnetometer = magnétomètre *m*. (E.).
magneton = magnéton *m*. (c.-à-d. unité *f*. de moment magnétique).
magnetostriction = magnétostriction *f*. (E.).
magnetron = magnétron *m*. (E.).
magnification = grossissement *m*. (d'une loupe), amplification *f*. (d'un son).
– – – **of a circuit** = coefficient *m*. de surtension (E.).
magnifier = verre *m*. grossissant ou loupe *f*.
– – –, **telegraph** = amplificateur *m*. télégraphique (pour câbles sous-marins) (Tg.).
magnify, to = grossir ou agrandir (une image), amplifier (le son, le bruit), grossir (les difficultés).
magnitude = grandeur *f*. ou magnitude *f*. (d'une étoile), importance *f*. (des intérêts en jeu).
mahogany = acajou *m*. (For.).
mail = courrier *m*., la poste.
– – –, **Royal** = le Service des Postes.
– – –, **to** = poster (une lettre), expédier (une lettre) par la poste.
mailing = envoi *m*. postal.
mailman = facteur *m*. (O.).
main = principal (adj.), artère *f*. (E.), feeder *m*. de transport (E.), conducteur *m*. (E.), canalisation *f*. principale (E.), colonne *f*. montante (Tp.), câble *m*. principal (Tp.), conduite *f*. principale (S.).
– – –, **air** = conduite *f*. maîtresse d'air.
– – –, **blast** = arrivée *f*. d'air chaud.
– – –, **building** = conduite *f*. d'amenée d'un bâtiment (H.), tuyau *m*. d'alimentation d'un bâtiment (H.).
– – –, **collecting, tar** = collecteur *m*. de goudron.
– – –, **distribution** = ligne *f*. de distribution (E.), conduite principale de distribution (H.).
– – –, **force** = conduite *f*. de refoulement (d'une pompe).
– – –, **gas** = conduite *f*. de gaz, tuyau *m*. de conduite de gaz.
– – –, **neutral** = fil *m*. neutre (E.), conducteur *m*. neutre (E.).
– – –, **ring** = conducteur *m*. de bouclage (E.).
– – –, **rising** = conduite *f*. montante (B.).
– – –, **sub-** = sous-feeder *m*. principal (E.).
– – –, **supply** = conduite *f*. d'amenée (H.), tuyau *m*. d'alimentation (H.).
– – –, **trunk** = conduite *f*. principale (d'eau) (H.).
– – –, **water** = conduite *f*. principale d'eau (H.), conduite *f*. de distribution d'eau (H.).
mains = ligne *f*. principale (E.), canalisation *f*. principale (E.), secteur *m*. (E.), canalisation *f*. (d'une ville), réseau *m*. de distribution (d'une ville), V. « main ».
– – –, **AC** = secteur *m*. CA (E.), secteur *m*. (E.).
– – –, **alternating-current** = secteur *m*. alternatif (E.).
– – –, **City** = canalisation *f*. de la ville (C.), réseau *m*. de distribution de la ville (C.).
– – –, **DC** = secteur *m*. CC (E.).
– – –, **distribution, secondary** = ligne *f*. de consommateur (E.).
– – –, **equalizing** = conducteur *m*. de compensation (E.).
– – –, **feeder** = réseau *m*. d'alimentation (E., H., S.).
– – –, **high-tension** = réseau *m*. haute tension (E.).
– – –, **suction** = tuyauterie *f*. d'aspiration (H., Chim.).
maintain, to = entretenir (une route), soutenir (son

rang, sa famille), maintenir (les lois, l'ordre public).
maintenance = entretien *m*. (d'une installation téléphonique, d'une machine), maintien *m*. (d'une machine en bon état), maintenance *f*. (des circuits téléphoniques, d'un véhicule en régime d'utilisation).
– – –, **corrective** = entretien *m*. correctif (effectué à la suite d'un dérangement) (Tp.).
– – – **of a battery** = entretien *m*. d'un accumulateur (E.).
– – –, **preventive** = entretien *m*. préventif.
– – –, **road** = entretien *m*. des routes.
– – –, **routine** = maintenance *f*. périodique (Tp.), entretien *m*. ordinaire.
– – –, **track** = entretien *m*. de la voie (Ch.d.f.).
maize = maïs *m*., blé *m*. d'Inde.
make = marque *f*. (d'un produit), construction *f*. (française, canadienne), fermeture *f*. (d'un circuit) (E.).
– – –, **to** – – – **a circuit** = fermer un circuit (E.).
– – –, **to** – – – **contact** = établir le contact (E.).
– – –, **to** – – – **flush** = mettre de niveau.
– – –, **to** – – – **good** = corriger, réparer, compenser.
– – –, **to** – – – **true** = dresser, ajuster.
make-and-break = conjoncteur-disjoncteur *m*. (E.), trembleur *m*. (E.).
maker = constructeur *m*. (O.), fabricant *m*. (O.).
– – –, **block** = clicheur *m*. (O.) (Imp.).
– – –, **boiler** = chaudronnier *m*. (O.).
– – –, **box, paper** = cartonnier *m*. (O.).
– – –, **cabinet** = ébéniste *m*. (O.).
– – –, **carriage** = charron *m*. (O.), voiturier *m*. (O.).
– – –, **cement** = cimentier *m*. (O.).
– – –, **clock** = horloger *m*. (O.).
– – –, **coffee** = cafetière *f*. (Ust.).
– – –, **coffee, drip** = cafetière *f*. à stillation (Ust.).
– – –, **coffee, electric** = cafetière *f*. électrique (Ust.).
– – –, **contact** = contacteur *m*. (E.), came *f*. d'allumage (Auto.).
– – –, **harness** = sellier *m*. (O.), bourrelier *m*. (O.).
– – –, **paper** = fabricant *m*. de papier.
– – –, **pattern** = modeleur *m*. (O.).
– – –, **snow-shoe** = raquettier *m*. (O.).
– – –, **steel** = aciériste *m*. (O.).
– – –, **tool** = outilleur *m*. (O.).
– – –, **tool, edge** = taillandier *m*. (O.).
makeshift = expédient *m*., moyen *m*. de fortune.
make-up = appoint *m*. (d'eau), pièce *f*. jointive (C.), mise *f*. en pages (Imp.).
– – –, **dummy** = maquette *f*. truffée (Imp.).
– – –, **to** = combler (un déficit), indemniser (une personne), accommoder (un différent), mettre en pages (Imp.).
making = construction *f*. (d'un moteur, d'une route), fabrication *f*. (du béton, du papier), confection *f*. (d'un vêtement), création *f*. (d'un poste).
– – –, **cabinet** = ébénisterie *f*.
– – –, **pattern** = modèlerie *f*.
– – –, **plate** = clichage *m*. (Imp.).
– – –, **rate** = tarification *f*.
makings = profits *m.p*. (de transactions).
maladjustment = déréglage *m*. (Méc.), ajustement *m*. défectueux (Méc.), désaccord *m*. (R.).
male = mâle (adj.).

malleability = malléabilité *f.* (Mét.).
malleable = malléable (adj.).
mallet = maillet *m.* (I.).
– – –, **borer's** = marteau *m.* de forage.
– – –, **carpenter's** = maillet *m.* de charpentier.
– – –, **joiner's** = maillet *m.* rond « de menuisier ».
– – –, **rubber** = maillet *m.* en caoutchouc.
– – –, **square** = maillet *m.* plat dit « de menuisier ».
– – –, **tinner's** = maillet *m.* de ferblantier.
man = homme *m.*, employé *m.*, ouvrier *m.*
– – –, **boom** = perchiste *m.* (O.) (Tv.).
– – –, **cable** = câbliste *m.* (R., Tv.).
– – –, **camera** = photographe *m.*, preneur *m.* de vues, cameraman *m.* (Tv.).
– – –, **central office** = mécanicien *m.* de service (Tp.), mécanicien *m.* de central (Tp.).
– – –, **combination** = mécanicien *m.* dépanneur (Tp.).
– – –, **contact** = démarcheur *m.*
– – –, **engine** = mécanicien *m.*, machiniste *m.*
– – –, **extra** = employé *m.* surnuméraire.
– – –, **fatigue** = manoeuvre *m.* (O.), homme *m.* de corvée.
– – –, **frame** = préposé *m.* au répartiteur *m.* (Tp.).
– – –, **handy** = bricoleur *m.*, homme *m.* à tout faire.
– – –, **journey** = V. « journeyman ».
– – –, **lay-out** = dessinateur *m.* typographe (Imp.).
– – –, **lock-up** = imposeur *m.* (Imp.).
– – –, **maintenance, central office** = mécanicien *m.* de service (Tp.).
– – –, **motor** = contrôleur *m.* (d'un tramway), wattman *m.*
– – –, **moving** = déménageur *m.*
– – –, **nursery** = pépiniériste *m.*
– – –, **perch** = perchiste *m.* (R., Tv.).
– – –, **radio** = radiotechnicien *m.*, technicien *m.* radio.
– – –, **repair** = ouvrier *m.* d'entretien (Tp.), réparateur *m.*, mécanicien-réparateur *m.*
– – –, **repair, cable** = ouvrier *m.* d'entretien des câbles (Tp.).
– – –, **repair, P.B.X.** = ouvrier *m.* d'entretien des standards (Tp.).
– – –, **rod** = porte-mire *m.*
– – –, **self-made** = autodidacte *m.*
– – –, **self-taught** = autodidacte *m.*
– – –, **service** = expert *m.* (en réparations), dépanneur *m.*
– – –, **sump** = puisatier *m.*
– – –, **track** = piocheur *m.*, travailleur *m.* du rail, ouvrier *m.* de la voie, cantonnier *m.*
– – –, **trouble** = dépanneur *m.* (Auto.), mécanicien *m.* dépanneur.
– – –, **TV** = téléaste *m.*
– – –, **utility** = homme *m.* à tout faire, dépanneur *m.*
– – –, **yard-** = V. « yardman ».
management = conduite *f.* (des affaires publiques), gestion *f.* (des entreprises), exploitation *f.* (d'une mine, d'une ferme, d'un chemin de fer), maniement *m.* (des capitaux, des affaires publiques, d'un outil), administration *f.* (d'une société), le Conseil d'administration (d'une compagnie), personnel *m.* dirigeant ou personnel *m.* des cadres ou cadres *m.p.* (d'une compagnie).
– – –, **lower** = cadres *m.p.* inférieurs (d'une entreprise).

(**management**)
– – –, **middle** = cadres *m.p.* moyens (d'une entreprise).
– – –, **top** = cadres *m.p.* supérieurs (d'une entreprise).
manager = directeur *m.*, gérant *m.*, chef *m.*, administrateur *m.*
– – –, **assistant** = directeur *m.* adjoint.
– – –, **bank** = directeur *m.* d'une succursale de banque.
– – –, **business** = directeur *m.* administratif, directeur *m.* commercial.
– – –, **City** = chef *m.* des services municipaux.
– – –, **department** = chef *m.* de service.
– – –, **factory** = directeur *m.* d'usine.
– – –, **general** = directeur *m.* général.
– – –, **product** = directeur *m.* de produit(s).
– – –, **sales** = directeur *m.* des ventes.
– – –, **shop** = chef *m.* d'atelier.
– – –, **technical** = chef *m.* du service technique.
mandrel = mandrin *m.* (Méc.), douille *f.* filetée (Méc.).
– – –, **box** = mandrin *m.* à colonne.
– – –, **expanding** = mandrin *m.* expansible.
– – –, **hollow** = mandrin *m.* à manchon.
– – –, **saw** = mandrin *m.* à scies.
– – –, **taper** = mandrin *m.* conique.
mane = crinière *f.* (d'un cheval).
manganese = manganèse *m.* (Mi.).
manger = mangeoire *f.* (Agr.).
manhole = puits *m.* d'accès (des conduites téléphoriques souterraines), trou *m.* d'homme (d'aqueduc, d'égout), trou *m.* de visite (d'aqueduc, d'égout), regard *m.* d'accès ou bouche *f.* d'accès (d'égout), chambre *f.* des câbles (Tp.).
– – –, **drop** = regard *m.* de chute (S.).
– – –, **junction** = chambre *f.* de repartition (Tp.).
– – –, **sewer** = trou *m.* d'homme, trou *m.* de visite, regard *m.* d'accès, bouche *f.* d'accès.
– – –, **side-entrance** = regard *m.* latéral (S.), regard *m.* de visite latéral (S.).
– – –, **sidewalk** = chambre *f.* sous trottoir (Tp., E.).
– – –, **street** = chambre *m.* sous chaussée (Tp., E.).
man-hour = heure *f.* d'ouvrier.
manifold = collecteur *m.* (Méc.), tuyauterie *f.* (Méc.), tubulure *f.* (Méc.), distributeur *m.* (Méc.).
– – –, **admission** = tuyauterie *f.* d'aspiration (Méc.), collecteur *m.* d'admission (Auto.).
– – –, **air** = prise *f.* d'air (Auto.).
– – –, **exhaust** = tubulure *f.* d'échappement, collecteur *m.* d'échappement.
– – –, **exit** = collecteur *m.* d'échappement.
– – –, **inlet** = tuyauterie *f.* d'admission, collecteur *m.* d'aspiration, tubulure *f.* d'admission.
– – –, **intake** = tubulure *f.* d'admission, tuyauterie *f.* d'admission, collecteur *m.*
– – –, **oil** = collecteur *m.* d'huile.
– – –, **suction** = collecteur *m.* d'aspiration.
manilla = (carte *f.*) manille *f.* à dossier.
manipulate, to = manoeuvrer (une grue, une pelle mécanique), manipuler (une pièce), agir sur (une commande), manier (un levier).
manipulation = manoeuvre *f.* (d'une locomotive, d'une grue), manipulation *f.* (des colis, des effets).
manipulator = manipulateur *m.* (Tg., O.).
manometer = manomètre *m.*
– – –, **differential** = manomètre *m.* différentiel.
– – –, **spring** = manomètre à ressort.

man-power = V. « power, man ».
mansion = hôtel *m*. particulier, manoir *m*.
mantel = linteau *m*. de cheminée (B.), chambranle *m*. de cheminée (B.), manteau *m*. de cheminée (B.).
mantelpiece = manteau *m*. de cheminée (B.), linteau *m*. de cheminée (B.).
mantissa = mantisse *f*. (d'un logarithme).
mantle = parement *m*. (d'un mur) (B.), chemise *f*. extérieure (d'une chaudière, d'un fourneau) (Méc.), manchon *m*. (Méc.).
– – –, **chimney** = manteau *m*. de cheminée.
– – –, **daylight** = manchon *m*. lumière du jour.
– – –, **gas** = manchon *m*. à gaz.
– – –, **incandescent** = manchon *m*. à incandescence, manchon *m*. à gaz.
manual = aide-mémoire *m*., manuel *m*., guide-âne *m*., manuel (adj.).
– – –, **engineer's** = aide-mémoire *m*. technique.
– – –, **maintenance** = manuel *m*. d'entretien.
manufactory = usine *f*., manufacture *f*., fabrique *f*.
manufacture = fabrication *f*., réalisation *f*.
– – –, **to** = fabriquer (du drap, de la fausse monnaie, des armes), manufacturer (des armes, des meubles), confectionner (des vêtements).
manufacturer = fabricant *m*., manufacturier *m*., industriel *m*.
– – –, **arms** = armurier *m*.
– – –, **boiler** = constructeur *m*. de chaudières.
– – –, **cement** = cimentier *m*.
– – –, **paper** = papetier *m*., fabricant *m*. de papier.
manure = fumier *m*. (Agr.), engrais *m*. (Agr.).
– – –, **artificial** = engrais *m*. chimique, compost *m*.
– – –, **chemical** = engrais *m*. chimique.
– – –, **farm yard** = fumier *m*. (d'étable).
– – –, **green** = engrais *m*. vert.
– – –, **liquid** = engrais *m*. flamand, purin *m*.
manuscript = manuscrit *m*. (ou adj.), écrit *m*. à la main.
map = carte *f*.
– – –, **cadastral** = plan *m*. cadastral.
– – –, **contour** = carte *f*. hypsométrique.
– – –, **road** = carte *f*. routière.
– – –, **roller** = carte *f*. sur rouleau.
– – –, **to** = dresser une carte, reporter sur plan.
– – –, **to** – – – **out** = établir des plans, dresser un plan.
maple = érable *m*. (For.).
– – –, **bird's eye** = érable *m*. moucheté.
– – –, **black** = érable *m*. noir.
– – –, **broadleaf** = érable *m*. à grandes feuilles.
– – –, **Douglas** = érable *m*. nain.
– – –, **Manitoba** = érable *m*. négondo.
– – –, **Manitoba, inland** = érable *m*. négondo.
– – –, **mountain** = plaine *f*. bâtarde, érable *m*. à épis.
– – –, **Norway** = érable *m*. de Norvège.
– – –, **red** = érable *m*. rouge.
– – –, **silver** = érable *m*. blanc.
– – –, **striped** = érable *m*. de Pennsylvanie.
– – –, **sugar** = érable *m*. à sucre, érable *m*. franc.
– – –, **vine** = érable *m*. circiné.
mapping = cartographie *f*., cadrage *m*. (Tv.).
marble = marbre *m*.
– – –, **to** = marbrer (les tranches d'un volume, une boiserie), raciner (la couverture d'un livre) (Imp.).

marbler = marbreur *m*. (O.) (Imp.).
marbling = racinage *m*. (de la couverture d'un livre) (Imp.), marbrure *f*. (d'une boiserie, du papier, d'une couverture) (Imp.).
margin = marge *f*. (d'une page imprimée), écart *m*. (entre deux prix, entre deux cotes).
– – –, **credit** = marge *f*. de crédit.
– – –, **effective** = marge *f*. effective (d'un appareil) (Tg.).
– – – **of error** = tolérance *f*.
– – – **of power** = excédent *m*. de puissance (Méc.), marge *f*. de puissance (Méc.).
– – – **of profit** = bénéfice *m*.
– – – **of strength** = excédent *m*. de puissance (Méc.), marge *f*. de puissance (Méc.).
– – –, **safety** = marge *f*. de sécurité, coefficient *m*. de sécurité.
marina = port *m*. de plaisance (Mar.).
mark = repère *m*., trace *f*., trait *m*., marque *f*.
– – –, **assembly** = repère *m*. de montage (Méc., C.).
– – –, **bench** = repère *m*. (d'arpentage), cote *f*. (de niveau), borne *f*. géodésique.
– – –, **boring** = marque *f*. de foret.
– – –, **centre** = coup *m*. de pointeau (Méc.), trou *m*. de pointeau (Méc.).
– – –, **centre-punch** = trou *m*. de pointeau, coup *m*. de pointeau.
– – –, **check** = trait *m*. de repère.
– – –, **core** = percée *f*., marque *f*. du noyau.
– – –, **dead-centre** = repère *m*. du point-mort (Méc.).
– – –, **face** = signe *m*. d'établissement (Men.).
– – –, **file** = trait *m*. de lime.
– – –, **guide** = repère *m*.
– – –, **joint** = trace *f*. de joint (des coffrages) (B.).
– – –, **line-up** = marque *f*. de repère (Méc.).
– – –, **low-water** = niveau *m*. de basses eaux, étiage *m*., laisse *f*. de basse mer.
– – – **made by the chalk-line** = tringle *f*. (B.).
– – –, **manufacturer's** = marque *f*. de fabrique.
– – –, **match** = trait *m*. de repère, marque *f*. de repère.
– – – **of quality** = marque *f*. de qualité.
– – –, **pin** = point *m*. de repère (Imp.), repère *m*. (Imp.).
– – –, **post** = timbre *m*. de la poste.
– – –, **printer's** = marque *f*. d'imprimeur (Imp.).
– – –, **proof-reader's** = signe *m*. de correction.
– – –, **punch** = coup *m*. de pointeau, repère *m*.
– – –, **question** = point *m*. d'interrogation.
– – –, **reader's** = signe *m*. de correction.
– – –, **reference** = repère *m*., renvoi *m*. (Imp.), appel *m*. (de note) (Imp.).
– – –, **ring** = filigrane *m*. à la molette (Pap.).
– – –, **scriber** = trait *m*. de pointe à tracer.
– – –, **setting** = repère *m*. de calage (Méc.).
– – –, **thread** = filigrane *m*. (d'un billet de banque).
– – –, **timing** = repère *m*. de réglage (de l'allumage) (Auto.).
– – –, **to** = centrer ou repérer (au pointeau), noter (un événement), établir (les pièces de charpente, les arbres à être coupés), repérer (le point mort) (Méc.), baliser (une voie, un canal), marquer (la limite d'un domaine), piquer (les bois de charpente).
– – –, **trade** = marque *f*. de commerce, marque *f*. de

(mark)

fabrique.
- - -, **trade, registered** = marque *f.* déposée.
- - -, **water** = laisse *f.* (de haute mer), filigrane (Pap.).
- - -, **water, impressed** = filigrane *m.* à la molette (Pap.).
- - -, **wire** = vergeure *f.* (Pap.).
marker = borne *f.* (Tp.), borne *f.* de repérage (Tp., C.).
- - -, **book** = signet *m.*
- - -, **boundary** = balise *f.* d'extrémité (Av.), borne *f.* de balisage (Av.), radic balise *f.* (Av.).
- - -, **cable** = borne *f.* de repérage de câble (Tp.).
- - -, **day** = balise *f.* de jour (Av.).
- - -, **file** = cavalier *m.* (d'une fiche).
- - -, **range** = marqueur *m.* de distance (Radar).
- - -, **reflection** = cataphote *m.*
- - -, **scratch-gauge** = traceur *m.* d'un trusquin.
- - -, **wire** = borne *f.* de repérage de fil (Tp.).
marketing = étude *f.* des marchés, étude *f.* des débouchés, commercialisation *f.*, techniques *f.p.* commerciales.
marking = marquage *m.* (du linge), repérage *m.* (d'un point mort) (Méc.), signalisation *f.* (d'un danger), établissement *m.* (des pièces de charpente, des arbres, des pierres), balisage *m.* (d'un canal).
- - -, **pole** = marquage *m.* des poteaux (Tp.).
marks, calender = marques *f.p.* de calandrage (Pap.).
- - -, **calibration** = repères *m.p.* d'étalonnage (d'un radiogoniomètre).
- - -, **quotation** = guillemets *m.p.* (Imp.).
- - -, **reference** = renvois *m.p.*
- - -, **register** = repères *m.p.* (Imp.).
- - -, **scale** = graduation *f.*
marl = marne *f.*
marline = merlin *m.* (c.-à-d. à trois fils de caret), lusin *m.* (c.-à-d. à deux fils de caret).
- - -, **hemp, tarred** = merlin *m.* de chanvre goudronné.
marquetry = marqueterie *f.* (B.).
marrow = moelle *f.*
- - -, **spinal** = moelle *f.* épinière.
marrying = enture *f.* d'écoperches (B.).
martinizing = procédé *m.* Martin.
mash = pâtée *f.* (pour volaille).
masher, potato = presse-purée *m.* (Ust.), passe-purée *m.* (Ust.), pilon *m.* à pommes de terre (Ust.).
- - -, **vegetable** = presse-purée *m.* (Ust.), passe-purée *m.* (Ust.).
mask = masque *m.*, mascaron *m.* (d'un édifice) (B.), cache *m.* (Phot.).
- - -, **dust** = masque *m.* contre les poussières.
- - -, **gas** = masque *m.* à gaz.
- - -, **printing** = cache *m.* (Phot.).
- - -, **sharp** = cache *m.* net (Phot.).
- - -, **soft** = cache *m.* flou (Phot.).
- - -, **welder's** = masque *m.* de soudeur, capot *m.* protecteur.
masking = découpage *m.* électronique (Tv.).
mason = maçon *m.* (O.).
- - -, **master** = maître-maçon *m.* (O.).
- - -, **to** = construire en maçonnerie, maçonner.
masonite = carton-fibre *m.* dit « masonite », isorel *m.* dur.
masonry = maçonnerie *f.* (C.).

(masonry)

- - -, **ashlar** = maçonnerie *f.* en pierre de taille (B.), maçonnerie *f.* en moellons smillés (B.).
- - -, **dry** = maçonnerie *f.* à sec (c.-à-d. assemblée sans mortier).
- - -, **hollow** = maçonnerie *f.* creuse (B.).
- - - **of a boiler** = murage *m.* d'une chaudière.
- - -, **quarry-faced** = maçonnerie *f.* de moellons bruts.
- - -, **rough** = limo(u)sinage *m.* (B.).
- - -, **rubble** = maçonnerie *f.* de moellons.
- - -, **solid** = maçonnerie *f.* massive.
- - -, **stone** = maçonnerie *f.* en pierres.
- - -, **vaulting** = ouvrage *m.* de voûte.
mass = masse *f.* (de béton, Méc.), amas *m.* (d'articles).
- - -, **active** = matière *f.* active (d'un accumulateur) (E.).
- - -, **balance** = masse *f.* d'équilibrage (Méc.).
- - -, **oscillating** = masse *f.* oscillante (Méc.).
mast = mât *m.*, poteau *m.*, pylône *m.*
- - -, **aerial** = mât *m.* d'antenne (R.).
- - -, **half, at** = (pavillon *m.*) en berne.
- - -, **lattice** = mât *m.* en lattis (C.), pylône *m.* métallique (R.).
- - -, **main** = grand mât (d'un navire).
- - -, **portable** = mât *m.* portatif.
- - -, **radio** = pylône *m.* d'antenne (R.).
- - -, **sectional, steel** = mât *m.* d'acier en sections.
- - -, **single-tree** = mât *m.* d'une seule pièce.
- - -, **steel** = mât *m.* en acier.
- - -, **telescopic** = mât *m.* télescopique.
master = principal (adj.), maître *m.* (de la maison, d'un art).
- - -, **road** = V. « roadmaster ».
- - -, **station** = chef *m.* de gare (O.) (Ch.d.f.).
- - -, **station, assistant** = chef *m.* de gare suppléant (O.) (Ch.d.f.).
mastic = mastic *m.*
- - -, **asphalt** = mastic *m.* d'asphalte.
- - -, **glue and sawdust** = futée *f.*
- - -, **tire** = pâte *f.* bouche-trous (Auto.).
mat = tapis (de laine), natte *f.* (de jonc), clayonnage *m.* (H.), empreinte *f.* (de clichage) (Imp.), abrivent *m.* (Agr.), mat (adj.).
- - -, **bath** = descente *f.* de bain (Ust.).
- - -, **blasting** = natte *f.* (de minage).
- - -, **bottle** = dessous *m.* de bouteille (Ust.).
- - -, **door** = paillasson *m.*, essuie-pieds *m.*, tapis-brosse *m.*, natte *f.*
- - -, **earth** = tapis *m.* de sol (R.).
- - -, **fibre** = tapis-brosse *m.*
- - -, **floor** = tapis *m.*, carpette *f.*, moquette *f.* (Auto.).
- - -, **floor, full-width** = moquette *f.* (Auto.).
- - -, **ground** = prise *f.* de terre multiple (E.), tapis *m.* de sol (R.).
- - -, **insulating** = tapis *m.* isolant (E.).
- - -, **place** = V. « placemat ».
- - -, **rubber** = tapis *m.* de caoutchouc, paillasson *m.* en caoutchouc, tapis *m.* décrottoir en caoutchouc.
- - -, **scraper, steel** = grille *f.* décrottoir.
- - -, **table** = dessous *m.* de plat (Ust.).
- - -, **to** = mater (le cuivre), dépolir (le verre).
- - -, **wire-woven** = tapis *m.* décrottoir.
match = assortiment *m.* (de couleurs), appareillement *m.* (de deux objets), allumette *f.*

(match)

- - -, **colour** = équilibrage *m*. colorimétrique.
- - -, **end** = bout *m*. bouveté (Men.).
- - -, **impedance** = impédance *f*. appropriée (E.), équilibrage *m*. d'impédance (E.).
- - -, **to** = assortir ou harmoniser (des couleurs), appareiller (des pierres, des gants), embouveter (des planches), apparier (des chevaux, des gants).
matchet = machette *f*. (I.).
mate = pièce *f*. correspondante (C.), pièce *f*. conjuguée (C.), compagnon *m*. (électricien, plombier), officier *m*. (Mar.).
- - -, **school** = camarade *m*. de classe.
material = matière *f*., matériel *m*., matériaux *m.p.*, déblais *m.p.* (d'une drague), tissu *m*., étoffe *f*., V. « materials ».
- - -, **abrasive** = matière *f*. abrasive, abrasif *m*.
- - -, **acoustical** = matériau *m*. insonore. (B.).
- - -, **active** = matière *f*. active (E.).
- - -, **backfilling** = matériaux *m.p.* de remblayage (C.).
- - -, **base** = matériau *m*. de fondation (d'une route).
- - -, **basic** = matière *f*. première, matière *f*. de base.
- - -, **binding** = liant *m*., agglomérant *m*.
- - -, **binding, tar** = liant *m*. goudronneux.
- - -, **bituminous** = liant *m*. bitumineux.
- - -, **building** = matériaux *m.p.* de construction (C.).
- - -, **chipped** = matériau *m*. écorné (B., C.).
- - -, **coating** = enduit *m*. (B.), badigeon *m*. (B.).
- - -, **combustion** = matériel *m*. de combustion (Méc.), combustible *m*. (Méc.).
- - -, **concrete** = ingrédient *m*.
- - -, **conducting** = conducteur *m*. (ou adj.) (E.).
- - -, **conductor** = matériaux *m.p.* de canalisation (E.).
- - -, **construction** = matériau *m*. de construction (C.), matériau *m*. (C.).
- - -, **defective** = vice *m*. de matière (C.).
- - -, **excavated** = déblai(s) *m.(p.)* (C.).
- - -, **excavated, surplus** = déblais *m.p.* superflus (C.), excédent *m*. de déblais (B., C.).
- - -, **excavation** = déblais *m.p.* (C.).
- - -, **faulty** = matériau *m*. défectueux (B.).
- - -, **fencing** = matériaux *m.p.* pour clôture.
- - -, **fill** = matériaux *m.p.* de remblayage (C.).
- - -, **graded** = matériaux *m.p.* triés (C.).
- - -, **grinding** = substances *f.p.* abrasives (Méc.).
- - -, **high-grade** = matériaux *m.p.* de première qualité (C.), matière *f*. de première qualité (C.).
- - -, **incombustible** = matériau *m*. incombustible (B.).
- - -, **insulating** = substance *f*. isolante (B., C.), matériaux *m.p.* isolants (B., C.), isolant *m*. (E.).
- - -, **insulating, artificial** = isolants *m.p.* synthétiques (E.).
- - -, **insulating, heat** = matériau *m*. calorifuge, isolant *m*. thermique, calorifuge *m*.
- - -, **insulating, sound** = matériau *m*. insonore.
- - -, **ionomeric** = ionomère *m*.
- - -, **loose** = matières *f.p.* en vrac, marchandises *f.p.* en vrac.
- - -, **magnetic** = substance *f*. magnétique (E.).
- - -, **magnetic, high** = substance *f*. fortement magnétique (E.).
- - -, **moulded** = matière *f*. moulée.
- - -, **non-conducting** = substance *f*. calorifuge (B.,

(material)

Méc.), isolant *m*. (E.).
- - -, **organic** = matières *f.p.* organiques.
- - -, **paving** = matériau *m*. de revêtement routier.
- - -, **polishing** = pâte *f*. à polir, composé *m*. à polir.
- - -, **purifying** = matière *f*. épurante (Chim.).
- - -, **raw** = matière(s) *f.(p.)* première(s).
- - -, **refractory** = matière *f*. réfractaire (Méc.), matière *f*. à l'épreuve du feu (Méc.).
- - -, **road** = matériaux *m.p.* routiers.
- - -, **roofing** = (matériaux *m*. de) couverture *f*. pour toiture (B.).
- - -, **sealing** = matériau *m*. de rebouchage (C., Méc.), lut *m*. (C., Chim., Méc.).
- - -, **soldering** = matière *f*. à soudure, baguette *f*. d'apport (pour soudure).
- - -, **solvent** = anti-incrustant *m*.
- - -, **sound-absorbing** = matériau *m*. insonore (B.).
- - -, **sound-deadening** = matériau *m*. insonore (B.).
- - -, **sound-proofing** = matériau *m*. insonore (B.).
- - -, **structural** = matériau *m*. de construction (C.), matériau *m*. (C.).
- - -, **surplus** = matériau *m*. superflu (B.), excédent *m*. de matériaux (B.).
- - -, **waste** = matériau *m*. de rebut (C., B.), rebuts *m.p.* de matériaux (B., C.).
- - -, **wiring** = matériel *m*. d'installation (Tp.).
materials, raw = matières *f.p.* premières.
materiel = matériel *m*.
- - -, **railway** = matériel *m*. de chemin de fer.
mating = correspondant (adj.), en prise (Méc.), conjugaison *f*. (Méc.).
matrix = matrice *f*. (Mét., Imp.), moule *m*. (Mét.), liant *m*. (à mortier, à béton) (B.).
- - -, **switching** = grille *f*. de commutation (Tv.).
mats = matrices *f.p.* (Imp.).
matte = matte *f*. (Mét.), (papier *m*., fini *m*.) mat (adj.).
matter = substance *f*., matière *f*.
- - -, **active** = matière *f*. active (E.).
- - -, **close** = composition *f*. pleine (Imp.).
- - -, **colouring** = matière *f*. colorante, colorant *m*.
- - -, **dead** = composition *f*. pleine (Imp.).
- - -, **explosive** = matières *f.p.* explosibles, explosifs *m.p.*
- - -, **foreign** = matière(s) *f.(p.)* étrangère(s).
- - -, **front** = feuilles *f.p.* liminaires (Imp.).
- - -, **incombustible** = matière *f*. incombustible.
- - -, **insulating** = matière *f*. isolante (E.).
- - -, **leaded** = composition *f*. interlignée (Imp.).
- - -, **live** = matière *f*. debout (Imp.).
- - -, **mixed** = composition *f*. lardée (Imp.).
- - -, **open** = matière *f*. espacée (Imp.).
- - -, **preliminary** = feuilles *f.p.* liminaires (d'un livre) (Imp.).
- - -, **rubricated** = rubrique *f*. (Imp.).
- - -, **solid** = matière *f*. solide (c.-à-d. sans interlignes) (Imp.).
- - -, **straight** = texte *m*. (Imp.).
- - -, **vegetable** = matières *f.p.* végétales.
- - -, **volatile** = matière(s) *f.(p.)* volatile(s).
matters, business = affaires *f.p.*
- - -, **money** = affaires *f.p.* d'intérêt.
mattock = pic *m*. à tranche (I.), pioche *f*. (I.).
- - -, **edge** = pioche-hache *f*.

(mattock)

– – –, **garden** = pioche *f.* de jardinier.

– – –, **hammer** = pic *m.*, pioche-marteau *f.*

– – –, **pick** = pic *m.* de terrassier, pioche *f.* de terrassier.

– – –, **stone** = pioche *f.* de carrier.

mattress = clayonnage *m* (H.), matelas *m.*, sommier *m.*

– – –, **air** = matelas *m.* d'air.

maul = maillet *m.* (I.), masse *f.* (I.).

– – –, **pin** = moine *m.* (I.).

– – –, **post** = masse *f.* à poteaux.

– – –, **ship** = masse *f.* de batelier.

– – –, **wood-chopper's** = masse *f.* de bûcheron.

maximum = maximum *m.*, plafond *m.* (Av.), maximal (adj.).

maxwell = maxwell *m.* (c.-à-d. unité *f.* cgs de flux magnétique; = Weber × 10⁻⁸) (E.), M *m.*

mazout = mazout *m.*

M.D.F. = V. « frame, distributing, main ».

meal = repas *m.*

– – –, **hearty** = gueleton *m.*, copieux repas.

– – –, **square** = gueleton *m.*, copieux repas.

mean = moyen (adj.), moyenne *f.* (arithmétique, géométrique).

means = procédés *m.p.*, moyens *m.p.*

– – – **of conveyance** = moyens *m.p.* de transport.

– – –, **private** = ressources *f.p.* personnelles.

– – –, **transportation** = moyens *m.p.* de transport.

measure = mesure *f.* (d'une rue, d'un vêtement), mesure *f.* (à céréales), justification *f.* (Imp.), V. « measures ».

– – –, **attenuation** = équivalent *m.* de transmission (Tp.).

– – –, **board** = mesure *f.* de planche (C.).

– – –, **board, foot** = mesure *f.* de planche (c.-à-d. 1 pied × 1 pied × 1 pouce).

– – –, **cubic** = mesure *f.* de volume.

– – –, **English** = mesure *f.* anglaise, m.a. *f.*

– – –, **face** = mesure *f.* de face (d'une pièce de bois).

– – –, **graduated** = verre *m.* (ou vase *m.*) gradué, mesure *f.* graduée.

– – –, **heaped-up** = mesure *f.* comble.

– – –, **linear** = mesure *f.* linéaire, mesure *f.* de longueur.

– – –, **liquid** = mesure *f.* pour les liquides.

– – –, **narrow** = petite justification (Imp.).

– – –, **pellet** = chargette *f.* à plomb.

– – –, **powder** = chargette *f.*, mesure *f.* à poudre.

– – –, **surface** = mesure *f.* des surfaces.

– – –, **surface, foot** = mesure *f.* de surface (d'une pièce de bois en pieds carrés sans égard à l'épaisseur).

– – –, **tape** = ruban *m.* d'acier, mesure *f.* à ruban, mesure *f.* en ruban.

– – –, **tape, spring** = roulette *f.*

– – –, **tape, steel** = ruban *m.* d'acier.

– – –, **to** = mesurer (un champ, un mur, le temps), jauger (une pompe, une source), métrer (un ouvrage de maçonnerie), cuber (du charbon, du bois d'oeuvre), stérer (du bois de chauffage).

measurement = dimension *f.*, mesure *f.*

– – –, **bridge** = mesure *f.* en pont (E.).

– – –, **inside** = mesure *f.* dans oeuvre.

– – –, **micrometer** = micrométrage *m.*

(measurement)

– – –, **noise** = mesure *f.* du bruit (Tp.).

– – –, **outside** = mesure *f.* hors d'oeuvre.

– – –, **overall** = dimensions *f.p.* d'encombrement, mesures *f.p.* hors tout.

– – –, **precision** = mesure *f.* de précision.

– – –, **resistance and insulation** = mesure *f.* de résistance et d'isolement (Tp.).

– – –, **slip** = mesure *f.* du glissement (Méc.).

– – –, **voice-ear** = mesure *f.* téléphonométrique (Tp.).

measurer, map = curvimètre *m.* (I.).

measures, counter, electronic = dispositif *m.* d'antibrouillage (Av.), antibrouilleur *m.* (Av.).

– – –, **land** = mesures *f.p.* agraires.

– – –, **preventive** = mesures *f.p.* préventives.

– – –, **protective** = mesures *f.p.* de protection.

– – –, **safety** = mesures *f.p.* de sécurité, mesures *f.p.* sécuritaires.

– – –, **solid** = mesures *f.p.* de volume.

measuring = dosage *m.* (d'un mélange), arpentage *m.* (d'un terrain), cubage *m.* (d'un tas de gravier), mesure *f.* (d'une température, du temps), mesurage *m.* (d'une pièce d'étoffe), stérage *m.* (du bois de chauffage).

meat = viande *f.*, moelle *f.* (d'un livre, d'un texte), chair *f.* (d'un fruit), substance *f.* (d'un discours).

mechanic = mécanicien *m.*, artisan *m.*

– – –, **chief** = chef *m.* mécanicien.

– – –, **expert** = mécanicien *m.* expert.

– – –, **master** = maître *m.* mécanicien.

– – –, **motor** = mécanicien *m.* automobiliste (Auto.), mécanicien *m.* (Auto.).

– – –, **repair** = mécanicien-réparateur *m.*, réparateur *m.*

– – –, **vehicle** = mécanicien *m.* automobiliste (Auto.), mécanicien *m.* (Auto.).

mechanical = mécanique (adj.).

– – –, **electro-** = électromécanique (adj.) (E.).

mechanics = mécanique *f.*

– – –, **analytical** = mécanique *f.* rationnelle.

– – –, **fluid** = mécanique *f.* des fluides.

– – –, **soil** = mécanique *f.* des sols.

– – –, **wave** = mécanique *f.* ondulatoire.

mechanism = mécanisme *m.*, dispositif *m.*, appareil *m.*

– – –, **actuating** = mécanisme *m.* de commande.

– – –, **adding** = mécanisme *m.* additionneur, totalisateur *m.* (de caisse enregistreuse).

– – –, **brake** = mécanisme *m.* du frein, mécanisme *m.* de freinage.

– – –, **change-over** = appareil *m.* de substitution.

– – –, **control** = appareil *m.* de commande, mécanisme *m.* de commande.

– – –, **differential** = différentiel *m.* (Auto.), engrenage *m.* différentiel (Auto.).

– – –, **dipper-trip** = mécanisme *m.* d'ouverture du godet.

– – –, **driving** = mécanisme *m.* moteur, commande *f.*, mécanisme *m.* de commande.

– – –, **feed** = mécanisme *m.* d'avance (d'une machine-outil).

– – –, **feed, lubricating** = graisseur-distributeur *m.*

– – –, **gearing-down** = démultiplicateur *m.*

– – –, **make-and-break** = rupteur *m.* (E.).

– – –, **operating** = asservissement *m.*, mécanisme *m.*

(mechanism)

actif.
- - -, **printing** = mécanisme *m.* d'impression.
- - -, **recording** = appareil *m.* enregistreur.
- - -, **regulating** = régulateur *m.*, dispositif *m.* régulateur.
- - -, **releasing** = déclic *m.*, mécanisme *m.* de déclenchement.
- - -, **reverberatory** = four *m.* à réverbère (Mét.).
- - -, **reverse** = inverseur *m.* de marche, mécanisme *m.* de renversement de marche.
- - -, **servo-** = servomoteur *m.*, servomécanisme *m.*
- - -, **shifting** = mécanisme *m.* de commande des baladeurs (Auto.).
- - -, **steering** = mécanisme *m.* de direction (Auto.).
- - -, **stopping** = dispositif *m.* d'arrêt.
- - -, **swing** = mécanisme *m.* de rotation.
- - -, **tension** = appareil *m.* de tension (C.).
- - -, **timing** = minuterie *f.*, garde-temps *m.*
- - -, **trip-free** = dispositif *m.* de déclenchement libre.
media = V. « medium ».
median = médian (adj.), médiane *f.*
medium = milieu *m.*, moyen *m.* (d'expression), agent *m.* (chimique), intermédiaire *m.* (de la radio), entremise *f.* (d'un ami), véhicule *m.* ou liant *m.* (d'un vernis, d'une peinture), moyen (adj.), (viande *f.* cuite) à point.
- - -, **advertising** = organe *m.* de publicité, moyen *m.* de publicité.
- - -, **conveying** = moyen *m.* de transport.
- - -, **happy** = juste milieu *m.*
- - -, **refractory** = milieu *m.* réfractaire, milieu *m.* réfringent.
- - -, **separating** = élément *m.* séparateur.
- - -, **shading** = grisé *m.* (Imp.), teinte *f.* (Imp.).
meet, to = croiser ou rencontrer (un ami), satisfaire à (des exigences, des demandes), remplir (une condition), recevoir (l'approbation de quelqu'un).
meeting = assemblée *f.* (d'actionnaires, de famille), réunion *f.* (d'un groupe organisé), rencontre *f.* (de chemins), croisement *m.* (d'automobiles), confluent *m.* (de cours d'eau).
megacycle = mégacycle *m.* (= un million de cycles) (R.).
megadyne = mégadyne *f.* (= un million de dynes).
megahertz (or MHz) = mégahertz *m.* (= un million de hertz), MHz *m.*
megampere = mégampère *m.* (= un million d'ampères) (E.).
megaphone = porte-voix *m.*, mégaphone *m.*
megawatt (or MW) = mégawatt *m.* (= un million de watts), MW *m.*
megger = ohmmètre *m.* (d'isolant) (E.), mégohmmètre *m.* (E.).
megohm = mégohm *m.* (= un million d'ohms) (E.).
melt = coulée *f.* (d'un métal), fusion *f.* (Mét.), résultante *f.* (des données).
- - -, **to** = fondre.
melting = fonte *f.* (de la neige), fusion *f.* (des métaux).
member = pièce *f.* (de charpente) (C.), organe *m.* (d'une machine) (Méc.), longeron *m.* (d'un pont) (C.), membrure *f.* (B.), membre *m.* (d'une famille, d'une façade).
- - -, **bracing** = poutre *f.* de contreventement (C.).

(member)

- - -, **chord** = semelle *f.* (supérieure ou inférieure) d'une ferme (B.), membrure *f.* de ferme (B.).
- - -, **cross-** = traverse *f.* (C.), entretoise *f.* (C.).
- - -, **cross, frame** = traverse *f.* de châssis (Auto.).
- - -, **frame** = longeron *m.* de châssis (Auto.).
- - -, **in compression** = pièce *f.* comprimée (C.).
- - -, **in good standing** = membre *m.* en règle (d'une association).
- - -, **kerfed** = membrure *f.* rainurée (B.).
- - -, **longitudinal** = longuerine *f.* ou longrine *f.* (C.), longeron *m.* (d'un pont) (C.).
- - -, **of Parliament** = membre *m.* de la Chambre des Communes (O.) (Canada), député *m.* (O.) (Canada).
- - -, **rigid** = organe *m.* fixe (d'une machine).
- - -, **rocking** = organe *m.* à bascule (Méc.), organe *m.* basculant (Méc.).
- - -, **side** = longeron *m.* (Auto.).
- - -, **side, frame** = longeron *m.* (Auto.).
- - -, **stiffening** = poutre *f.* de rigidité (C.), poutre *f.* de renfort (C.).
- - -, **structural** = pièce *f.* de charpente (C.).
- - -, **truss** = pièce *f.* de ferme (C.).
- - -, **vertical** - - - **of strutted pole** = piédroit *m.* (d'appui) (Tp.).
- - -, **web** = membrure *f.* d'âme (d'une ferme) (B.).
- - -, **web, compression** = membrure *f.* d'âme en compression (B.).
members, diagonal = jambes *f.p.* de force en croix (C.).
- - -, **structural** = pièces *f.p.* de charpente (C.), membrures *f.p.* (C.).
memo(randum) = mémo *m.*, mémorandum *m.*, mémoire *m.*, note *f.*
memory = mémoire *f.*
- - -, **read only** = mémoire *f.* fixée (Inf.).
mend, to = réparer (un outil), rapiécer (un habit), repriser (des bas).
mender, hose = joint *m.* à boyau d'arrosage.
menicus = ménisque *m.*
merchandise = marchandise *f.*
merchandising = techniques *f.p.* marchandes.
merchant = marchand *m.*, commerçant *m.*, négociant *m.*
- - -, **paper** = marchand *m.* de papier, papetier *m.*
merchantable = vendable (adj.), (bois *m.*) marchand (adj.).
mercury = mercure *m.*, vif-argent *m.*
merger = fusion *f.* (de sociétés), intégration *f.*
merit = mérite *m.*, valeur *f.*
merits = bien-fondé *m.* (d'une cause).
mesh = engrènement *m.* (Méc.), prise *f.* (Méc.), maille *f.* (de tamis), toile *f.* métallique, réseau *m.* (de voies ferrées) (Ch.d.f.).
- - -, **constant** = prise *f.* continue (Méc.).
- - -, **grid** = maille *f.* de la grille (R.).
- - -, **in** = en prise (Méc.), engrené (Méc.).
- - -, **of a net** = maille *f.* (d'un filet).
- - -, **screen** = maille *f.* de tamis.
- - -, **to** = engrener, mettre en prise avec.
- - -, **2″** = maille *f.* de 2 pouces (de treillis, de filet).
- - -, **wire** = treillis *m.* métallique, grillage *m.*
meshed = engrené (adj.) (Méc.), mis en prise (Méc.).

meshing = engrènement *m*. (Méc.), mise *f*. en prise (Méc.), treillis *m*. (métallique).
– – –, **gear** = engrènement *m*. des engrenages (Méc.).
– – –, **wire** = treillis *m*. métallique.
mesoton = électron *m*. lourd (E.), mésoton *m*. ou méson *m*. (E.).
message = communication *f*. téléphonique, message *m*., dépêche *f*.
– – –, **ciphered** = message *m*. chiffré.
– – –, **collect** = communication *f*. payable à l'arrivée (Tp.).
– – –, **local** = communication *f*. urbaine (Tp.), communication *f*. locale (Tp.), appel *m*. local (Tp.).
– – –, **recorded** = message *m*. enregistré (Tp.).
– – –, **sent-collect** = appel *m*. payé à l'arrivée (Tp.), appel *m*. à frais virés (Tp.).
– – –, **sent-paid** = appel *m*. payé au départ (Tp.).
– – –, **service** = avis *m*. de service (Tp.), message *m*. de service (Tp.).
– – –, **telegraph** = télégramme *m*., dépêche *f*.
– – –, **telephoned** = communication *f*. téléphonique, message *m*. téléphoné.
– – –, **toll** = communication *f*. interurbaine (Tp.), appel *m*. interurbain (Tp.).
– – –, **voice, radio** = communication *f*. radiotéléphonique (Tp.).
– – –, **wireless** = radiogramme *m*. (R.).
messenger = câble *m*. porteur (Tp.), messager *m*. (O.).
– – –, **telegraph** = facteur *m*. télégraphiste (O.).
metacentre = métacentre *m*. (Mar.).
metal = métal *m*., empierrement *m*. (d'une route), ballast *m*. (d'une voie ferrée), caractères *m.p*. (d'imprimerie).
– – –, **antifriction** = métal *m*. antifriction, antifriction *m*., régule *m*.
– – –, **babbit** = régule *m*., métal *m*. antifriction, antifriction *m*.
– – –, **base** = métal *m*. commun, métal *m*. support.
– – –, **bell** = bronze *m*. à cloches.
– – –, **Britannia** = métal *m*. blanc anglais.
– – –, **bushing** = antifriction *m*., régule *m*.
– – –, **delta** = métal-delta *m*. (c.-à-d. cuivre, zinc et fer).
– – –, **deposited** = métal d'apport.
– – –, **electrotype** = matière *f*. galvano (Imp.).
– – –, **expanded** = métal *m*. déployé ou treillis *m*. métallique (d'armature) (B.).
– – –, **ferrous** = métal *m*. ferreux (Mét.).
– – –, **filler** = métal *m*. d'apport.
– – –, **gun** = bronze *m*.
– – –, **heat-resisting** = métal *m*. calorifuge.
– – –, **joining** = métal *m*. de liaison.
– – –, **light** = métal *m*. léger.
– – –, **magnetic** = métal *m*. magnétique.
– – –, **monel** = monel *m*., métal *m*. monel.
– – –, **parent** = métal *m*. de base.
– – –, **pig** = métal *m*. en saumons, métal *m*. en gueuses.
– – –, **pressed** = tôle *f*. emboutie.
– – –, **road** = pierraille *f*., cailloutis *m*., matériaux *m.p*. d'empierrement (de routes).
– – –, **rust-proof** = métal *m*. inoxydable.
– – –, **scrap** = ferraille *f*.
– – –, **sheet** = tôle *f*., métal *m*. en feuilles.

(metal)
– – –, **spun** = métal *m*. centrifugé.
– – –, **steel, carbon** = métal *m*. carburé.
– – –, **to** = métaliser (le bois), empierrer ou macadamiser (une route), doubler (une carène de navire).
– – –, **type** = alliage *m*. pour caractères d'imprimerie.
– – –, **white** = régule *m*., antifriction *m*., métal *m*. blanc.
metalize, to = métaliser (une glace).
metallography = métallographie *f*.
– – –, **radio** = radiométallographie *f*.
metallurgist = métallurgiste *m*. (O.).
metallurgy = métallurgie *f*.
– – –, **electro-** = électrométallurgie *f*.
meteorograph = météorographe *m*.
– – –, **radio** = radiosonde *f*.
meteorological = météorologique (adj.).
meteorologist = météorologiste *m*.
meter = compteur *m*., jaugeur *m*., enregistreur *m*., mètre *m*., appareil *m*. de mesure, V. « metre ».
– – –, **alternating-current** = appareil *m*. de mesure pour courant alternatif (E.).
– – –, **all-purpose** = appareil *m*. de mesure universel, polymètre *m*.
– – –, **ampere** = ampèremètre *m*. (E.).
– – –, **ampere, hot-wire** = ampèremètre *m*. thermique (E.).
– – –, **ampere-hour** = ampère-heuremètre *m*. (E.).
– – –, **analysis** = enregistreur *m*. de trafic (Tp.).
– – –, **Bastian** = ampère-heuremètre *m*. à électrolyse (E.).
– – –, **C** = capacimètre *m*. (E.).
– – –, **call** = compteur *m*. d'appels (Tp.).
– – –, **call-count** = enregistreur *m*. d'appels (Tp.).
– – –, **capacitance** = capacimètre *m*. (E.).
– – –, **certified** = compteur *m*. agréé.
– – –, **clock** = compteur *m*. à mouvement d'horlogerie.
– – –, **colour** = kelvinomètre *m*. ou photocolorimètre *m*. (Phot.).
– – –, **colour, temperature** = kelvinomètre *m*. ou photocolorimètre *m*. (Phot.).
– – –, **commutator, direct-current** = compteur *m*. électromagnétique à collecteur (E.).
– – –, **component, wattless** = compteur *m*. d'énergie réactive (E.).
– – –, **crosstalk** = diaphonomètre *m*. (Tp.).
– – –, **current** = compteur *m*. de courant (E.), moulinet *m*. (pour mesurer la vitesse de l'eau) ou moulinet *m*. hydrométrique (H.).
– – –, **current, ground** = telluromètre *m*. (E.).
– – –, **demand** = enregistreur *m*. de demande (E.), enregistreur *m*. de puissance maximale (E.), enregistreur *m*. de pointe (E.).
– – –, **demand, maximum** = compteur *m*. à indicateur de pointe (E.), indicateur *m*. de pointe (E.).
– – –, **distance** = télémètre *m*.
– – –, **echo** = échomètre *m*. (Tp.), réverbéromètre *m*. (Tv.).
– – –, **echo, pulse** = échomètre *m*. à impulsions (Tp.).
– – –, **electric** = compteur *m*. de courant (E.), compteur *m*. d'électricité (E.).
– – –, **electro-** = électromètre *m*. (E.).
– – –, **electrolytic** = compteur *m*. électrolytique.
– – –, **energy** = ampère-heuremètre *m*. (E.).

– – –, **excess-energy** = compteur *m.* à dépassement totalisateur.

– – –, **exposure** = posemètre *m.* (Phot.), photomètre *m.* (Phot.).

– – –, **exposure, CdS** = posemètre *m.* au sulfure de cadmium (Phot.).

– – –, **factor, modulation** = modulomètre *m.* (Tp.).

– – –, **field** = appareil *m.* de mesure du champ (E.), appareil *m.* de mesure d'intensité de champ (E.).

– – –, **flow** = indicateur *m.* de débit (H.), compteur *m.* de débit (H.), débitmètre *m.* (H.).

– – –, **flow, nozzle** = ajutage *m.* débitmètre (H.).

– – –, **flow, recording** = débitmètre *m.* enregistreur.

– – –, **flow, steam** = compteur *m.* (de débit) de vapeur (Méc.).

– – –, **frequency** = fréquencemètre *m.* (R.).

– – –, **frequency, absolute** = fréquencemètre *m.* absolu (R.).

– – –, **frequency, audio** = fréquencemètre *m.* basse fréquence (R.).

– – –, **frequency, heterodyne** = fréquencemètre *m.* hétérodyne (R.).

– – –, **frequency, resonance** = fréquencemètre *m.* à résonance (R.).

– – –, **gas** = compteur *m.* de gaz.

– – –, **gasolene** = jauge *f.* à essence (Auto.).

– – –, **graphic** = appareil *m.* de mesure enregistreur.

– – –, **high-capacity** = compteur *m.* à grand débit (Tp.).

– – –, **hour, engine** = compteur *m.* d'heures (Méc.).

– – –, **hysteresis** = hystérésimètre *m.* (E.).

– – –, **illimination** = luxmètre *m.*, posemètre *m.* (Phot.).

– – –, **impedance** = impédancemètre *m.* (E.).

– – –, **induction** = compteur *m.* à induction (E.).

– – –, **integrated** = compteur-totalisateur *m.* d'appels (Tp.).

– – –, **kilovolt** = kilovoltmètre *m.* (E.).

– – –, **leak** = détecteur *m.* de fuites.

– – –, **light** = luxmètre *m.*, posemètre *m.* (Phot.), photomètre *m.* (Phot.).

– – –, **lux** = luxmètre *m.*

– – –, **master** = compteur *m.* de fuites.

– – –, **measuring** = jaugeur *m.*, doseur *m.*, compteur *m.*

– – –, **motor** = compteur *m.* moteur.

– – –, **moving-coil** = appareil *m.* de mesure à cadre mobile (E.).

– – –, **moving-iron** = appareil *m.* de mesure à fer mobile (E.).

– – –, **noise** = décibelmètre *m.* (Tp.), sonomètre *m.* (Tp.).

– – –, **overflow** = compteur *m.* de débordements (Tp.).

– – –, **peg-count** = compteur *m.* manuel (de communications) (Tp.).

– – –, **petrol** = compteur-jaugeur *m.* d'essence (Auto.) (Angleterre).

– – –, **phase** = V. « phasemeter ».

– – –, **positive-displacement** = compteur *m.* volumétrique.

– – –, **prepayment** = compteur *m.* à prépaiement.

– – –, **prepayment, load-rate** = compteur *m.* différentiel à prépaiement.

– – –, **pressure** = manomètre *m.*

– – –, **primary** = compteur *m.* en décompte.

– – –, **proportioning** compteur *m.* doseur.

– – –, **Q** = Q mètre *m.* (R.).

– – –, **repulsion-type** = appareil *m.* de mesure à fer mobile (E.).

– – –, **resistance, ground** = tellouromètre *m.* (E.).

– – –, **revolution** = compte-tours *m.*

– – –, **rotary** = compteur *m.* à turbine.

– – –, **secondary** = compteur *m.* en décompte.

– – –, **slot** = compteur *m.* à prépaiement.

– – –, **sound-level** = sonomètre *m.*

– – –, **spark** = spinthéromètre *m.* (E.), spinthermètre *m.* (E.).

– – –, **speech level, electrical** = volumètre *m.* (Tp., R.).

– – –, **summation** = compteur *m.* totalisateur.

– – –, **test** = appareil *m.* de mesure.

– – –, **time** = compteur *m.* de temps, compteur *m.* horaire, chronomètre *m.*

– – –, **standard** = compteur-étalon *m.*

– – –, **time, elapsed** = compteur *m.* horaire, chronomètre *m.*

– – –, **time, group-occupancy** = compteur *m.* totalisateur des durées des communications (Tp.).

– – –, **to** = mesurer (le débit d'un gaz), métrer (un terrain, une construction).

– – –, **totalizing** = compteur *m.* totalisateur, compteur *m.* totaliseur.

– – –, **traffic** = enregistreur *m.* d'appels automatiques (Tp.).

– – –, **transmission-level** = hypsomètre *m.* (R.).

– – –, **trip** = compteur *m.* de trajet (Auto.), journalier *m.* (Auto.).

– – –, **two-rate** = compteur *m.* à double tarif (E.).

– – –, **two-rate integrating** = compteur *m.* à double tarif (E.).

– – –, **vacuum** = indicateur *m.* de vide, vacuomètre *m.* (E.).

– – –, **Venturi** = compteur *m.* Venturi (H.).

– – –, **volt** = voltmètre *m.* (E.), V. « voltmeter ».

– – –, **volt-ampere** = varmètre *m.* (E.).

– – –, **volume** = décibelmètre *m.* (Tp.), indicateur *m.* de volume (Tp.).

– – –, **volumetric** = compteur *m.* volumétrique.

– – –, **vu** = vumètre *m.* (E.), décibelmètre *m.* (Tp.).

– – –, **water** = compteur *m.* d'eau (C.), échelle *f.* d'eau (H.).

– – –, **watt** = V. « wattmeter ».

– – –, **wat-thour** = watt-heuremètre *m.* (E.).

– – –, **wave** = V. « wavemeter ».

metered = mesuré au compteur, au compteur.

metering = mesurage *m.*, comptage *m.*, métrage *m.*, de mesure, de comptage.

– – – **of calls** = comptage *m.* des appels (Tp.).

metes and bounds, by = (décrire un terrain) par tenants et aboutissants.

method = méthode *f.*, mode *m.*

– – –, **back to back** = methode *f.* d'opposition (dans l'essai d'un transformateur).

– – –, **balanced** = méthode *f.* de zéro, méthode *f.* de compensation.

– – –, **beat** = méthode *f.* des battements.

– – –, **construction** = méthode *f.* de construction,

(method)

procédé *m.* de construction.
- - -, **dipping** = méthode *f.* d'immersion.
- - -, **dry** = voie *f.* sèche (en chimie).
- - -, **graphical** = méthode *f.* graphique.
- - - **of balancing** = mode *m.* d'équilibrage (Méc.), méthode *f.* d'équilibrage (Tp.).
- - - **of operation** = mode *m.* d'emploi, procédé *m.*
- - - **of working** = méthode *f.* d'exploitation.
- - -, **path, critical** = méthode *f.* du chemin critique.
- - -, **standard** = méthode *f.* uniforme.
- - -, **zero** = méthode *f.* de zéro.
methods = V. « method ».
- - -, **operational** = méthode *f.* d'exploitation, méthode *f.* de travail.
meting = mesurage *m.*
metre (or meter) = mètre *m.* (= 39,37 pouces; 3,281 pieds anglais; 1,09 verges), m *m.*
- - -, **cubic** = mètre *m.* cube.
- - -, **linear** = mètre *m.* courant.
- - -, **running** = mètre *m.* courant.
- - -, **square** = mètre *m.* carré.
metric = (système *m.*) métrique (adj.).
mezzanine = mezzanine *f.* (B.), entresol *m.* (B.).
mezzotint = mezzo-tinto *m.* (Imp.), gravure *f.* à la manière noire (Imp.).
mfd. (or μF) = V. « microfarad ».
mg = V. « milligramme ».
Mgr. = V. « manager ».
M.H. = V. « manhole ».
mho = mho *m.* (c.-à-d. unité *f.* de conductance) (E.).
MHz = V. « megahertz ».
mica = mica *m.*
- - -, **sheet** = mica *m.* en feuille.
micabond = plaque *f.* isolante (E.).
micro = V. « microphone ».
microampere = microampère *m.* (c.-à-d. un millionième d'ampère) (E.).
microcircuit = microcircuit *m.* (E.).
microfarad = microfarad *m.* (c.-à-d. un millionième de farad) (E.).
microfilm = microfilm *m.*
micrography = micrographie *f.*
microhenry = microhenry *m.* (c.-à-d. un millionième d'henry) (E.).
microhm = microhm *m.* (c.-à-d. un millonième d'ohm) (E.).
microhmmeter = microhmmètre *m.* (E.).
micrometer = micromètre *m.*, palmer *m.* (pour tôles), calibre *m.* micrométrique.
- - -, **external** = palmer *m.* d'extérieur, micromètre *m.* d'extérieur.
- - -, **inside** = micromètre *m.* d'intérieur, palmer *m.* d'intérieur.
- - -, **internal** = palmer *m.* d'intérieur, micromètre *m.* d'intérieur.
- - -, **sliding** = compas *m.* à coulisse.
- - -, **spark** = micromètre *m.* à étincelles.
- - - **with vernier** = micromètre *m.* à vernier.
micrometrical = micrométrique (adj.).
micron = micron *m.* (c.-à-d. un millième de millimètre).
microphone = microphone *m.* (Tp., R.), micro *m.* (Tp., R.).

(microphone)

- - -, **band** = microphone *m.* à ruban.
- - -, **capacitor** = microphone *m.* électrostatique.
- - -, **carbon-grain** = microphone *m.* à grenaille de charbon.
- - -, **carbon-powder** = microphone *m.* à poudre de charbon.
- - -, **close-talking** = microphone *m.* de bouche.
- - -, **condenser** = microphone *m.* électrostatique (Tp.).
- - -, **contact** = microphone *m.* de contact.
- - -, **crystal** = microphone *m.* piézo-électrique.
- - -, **directional** = microphone *m.* directionnel.
- - -, **dynamic** = microphone *m.* électrodynamique, microphone *m.* à conducteur mobile, microphone *m.* à bobine mobile.
- - -, **electrostatic** = microphone *m.* électrostatique.
- - -, **lapel** = microphone-boutonnière *m.*
- - -, **lip** = microphone *m.* de bouche.
- - -, **magnetic** = microphone *m.* électromagnétique.
- - -, **moving-coil** = microphone *m.* électrodynamique, microphone *m.* à conducteur mobile, microphone *m.* à bobine mobile.
- - -, **non-directional** = microphone *m.* non directionnel, microphone *m.* omnidirectionnel.
- - -, **omnidirectional** = microphone *m.* omnidirectionnel.
- - -, **recorder** = microphone *m.* enregistreur.
- - -, **ribbon** = microphone *m.* à ruban.
- - -, **throat** = laryngophone *m.*
- - -, **unidirectional** = microphone *m.* unidirectionnel.
microphony = effet *m.* microphonique (R., E.).
microphotography = microphotographie *f.*
microscope = microscope *m.*
- - -, **electron(ic)** = microscope *m.* électronique.
- - -, **light** = microscope *m.* optique.
microtelephone = microtéléphone *m.* combiné.
microvolt = microvolt *m.* (c.-à-d. un millionième de volt) (E.).
microwave = onde *f.* ultra-courte (Tv., Tp.), micro-onde *f.* (Tv., Tp.).
mid = mi, du milieu.
middle = milieu *m.*, centre *m.*, central (adj.).
- - -, **to** = centrer (un pointeau).
middleman = intermédiaire *m.* (O.).
middling = de qualité moyenne, passable (adj.).
midget = miniature *m.* (ou adj.), petit (adj.), minuscule (adj.).
midway = à mi-chemin.
mike = microphone *m.* (Tp., R.), micro *m.* (Tp., R.), V. « microphone ».
mil = millième *m.* de pouce anglais, mil *m.*
- - -, **circular** = surface *f.* d'un cercle d'un mil de diamètre.
mildew = mildiou *m.* (des plantes). moisissure *f.* (du pain).
mile = mille *m.*, vitesse *f.* (en milles), mi *m.*
- - -, **nautical** = mille *m.* marin (équivaut à 6080 pieds anglais; 1,1508 mille terrestre; 1 853,1824 m).
- - -, **nautical, international** = mille *m.* marin international (équivaut à 1 852 m).
- - -, **square** = mille *m.* carré (= 2,59 km²) (Canada).
- - -, **statute** = mille *m.* anglais ou mille *m.* terrestre (équivaut à 5280 pieds anglais; 1760 verges; 1609,

(mile)

3426 m).

mileage = parcours *m.* en milles, rayon *m.* d'action, durée *f.* kilométrique (d'un pneu), longueur *f.* en milles, milage *m.* (d'une voiture) (Canada).

miles per gallon = milles *m.p.* au gallon (Auto.).

– – – per hour = milles *m.p.* à l'heure, mi/h *m.*

milestone = borne *f.* milliaire *m.*

milk = lait *m.*

– – –, condensed = lait *m.* concentré.

milkman = laitier *m.* (O.).

mill = laminoir *m.* (Mi.), usine *f.*, moulin *m.*, fraise *f.* (Méc.), atelier *m.* de mécanique, V. « mill. ».

– – –, ball = broyeur *m.* à boulets.

– – –, ball – – – with screens = broyeur *m.* tamiseur à boulets.

– – –, ball, revolving = broyeur *m.* rotatif à boulets.

– – –, blooming = train *m.* ébaucheur (Mét.).

– – –, board = cartonnerie *f.*

– – –, bolting = bluterie *f.*

– – –, boring and turning = tour *m.* alésoir (Méc.).

– – –, boring, upright = alésoir *m.* vertical (Méc.), tour *m.* vertical (Méc.).

– – –, boring, vertical = tour *m.* vertical (Méc.), alésoir *m.* vertical (Méc.).

– – –, bowl = broyeur *m.* à cuve.

– – –, coffee = moulin *m.* à café (Ust.).

– – –, cotter = fraise *f.* à clavetage (Méc.).

– – –, cotton = filature *f.* (de coton).

– – –, crushing = concasseur *m.*, broyeur *m.*

– – –, cylindrical = fraise *f.* cylindrique.

– – –, disc = fraise *f.* circulaire, laminoir *m.* à roues.

– – –, drawing = tréfilerie *f.* (Mét.).

– – –, drilling = foreuse *f.*, perceuse *f.*

– – –, edge = broyeur *m.* à meules verticales.

– – –, electric-reaction = tourniquet *m.* électrique (E.).

– – –, end = fraise *f.* en bout.

– – –, end, shell = fraise *f.* en bout à coquille.

– – –, end, spiral = fraise *f.* en bout hélicoïdale.

– – –, end, two-lipped = fraise *f.* en bout à deux dents.

– – –, expansion = fraise *f.* expansible.

– – –, face = fraise *f.* latérale.

– – –, fanning = tarare *m.*, van *m.* mécanique.

– – –, flattening = laminoir *m.* (Mét.).

– – –, flour = moulin *m.* à farine, minoterie *f.*

– – –, flouring = minoterie *f.*, moulin *m.* à farine.

– – –, forming = fraise *f.* à profiler.

– – –, gang = fraises *f.p.* en série.

– – –, grinding = broyeur *m.*

– – –, grist = moulin *m.* à blé, meunerie *f.*

– – –, helical = fraise *f.* hélicoïdale.

– – –, hollow = fraise *f.* creuse.

– – –, hot = laminoir *m.* à chaud.

– – –, ink = broyeur *m.* à encre (Imp.).

– – –, iron = usine *f.* sidérurgique.

– – –, lumber = scierie *f.*

– – –, mortar = broyeur *m.* à mortier (M.) (B.).

– – –, paint = broyeur-malaxeur *m.*

– – –, paper = moulin *m.* à papier (d'Ambert) (France), papeterie *f.*

– – –, pepper = moulin *m.* à poivre (Ust.).

– – –, pipe = tuyauterie *f.*

– – –, planing = atelier *m.* de rabotage.

– – –, plate = tôlerie *f.*, laminoir *m.* à tôle.

(mill)

– – –, powder = poudrerie *f.*

– – –, pug = broyeur *m.* à meules (Mi.), malaxeur (M.) (Mi.).

– – –, pulp = fabrique *f.* de pâte à papier (Pap.).

– – –, rail = laminoir *m.* à rails.

– – –, rod = broyeur *m.* à barres (Pap.).

– – –, rolling = laminoir *m.*

– – –, rolling, blooming = train *m.* ébaucheur, train *m.* à blooms.

– – –, rolling, girder = laminoir *m.* à poutrelles.

– – –, rolling, plate = laminoir *m.* à tôle.

– – –, rolling, rail = laminoir *m.* à rails.

– – –, rolling, tube = laminoir *m.* à tuyaux.

– – –, roughing = fraise *f.* à dégrossir (une pièce).

– – –, saw = scierie *f.*

– – –, saw, mobile = scie *f.* forestière ou scie *f.* volante (For.).

– – –, saw, steam = scierie *f.* à vapeur.

– – –, sheet = laminoir *m.* à tôles.

– – –, slitting = fenderie *f.*

– – –, spinning = filature *f.*

– – –, spiral = fraise *f.* hélicoïdale.

– – –, splitting = fenderie *f.*

– – –, stamping = bocard *m.*, moulin *m.* à bocards.

– – –, steel = aciérie *f.*

– – –, straddle = fraise *f.* combinée.

– – –, thread = fraise *f.* à fileter.

– – –, to = broyer (une pierre), moleter (la tête d'une vis), moudre (le grain), tailler (des dents d'engrenage, fraiser (une dent d'engrenage, un trou), broyer ou bocarder (du minerai).

– – –, turning, vertical = tour *m.* à plateau horizontal (Méc.).

– – –, water = moulin *m.* à eau.

– – –, weaving = usine *f.* de tissage.

– – –, wind = moulin *m.* à vent, éolienne *f.* (Agr.).

– – –, wire = tréfilerie *f.* (Mét.).

– – –, wool = fabrique *f.* de lainages.

mill. = millième *m.* de dollar.

millboard = carton *m.*, gros carton.

– – –, asbestos = carton *m.* d'amiante.

milled = (orifice *m.* d'un trou) fraisé, (tête *f.* de vis) moletée.

miller = fraiseuse *f.* (M.).

– – –, slab = fraiseuse-raboteuse *f.* (M.).

milliammeter = milliampèremètre *m.* (E.).

milliampere = milliampère *m.* (c.-à-d. un millième d'ampère) (E.), mA *m.*

millibar = millibar *m.*

millier = tonne *f.* métrique (= 1000 kilogrammes; 2 204,6 livres).

milligram(me) = milligramme *m.* (= 0,0154 grain), mg *m.*

millihenry = millihenry *m.* (E.).

millilitre (or milliliter) = millilitre *m.* (= 0,061025 pouce cube)

millimetre (or millimeter) = millimètre *m.* (= 0,03937 pouce), mm *m.*

millimicron = millimicron *m.* (= millième de micron).

milling = fraisage *m.* (d'une dent d'engrenage, d'un trou), broyage *m.* ou bocardage *m.* (du minerai), broyage *m.* (d'une pierre), mouture *f.* (du blé), moulage *m.* (du grain).

(milling)

– – –, **chem(ical)** = usinage *m.* chimique (Mét.).
– – –, **end** = fraisage *m.* en bout.
– – –, **face** = fraisage *m.* latéral.
– – –, **form** = chantournage *m.* à la fraise.
– – –, **gear** = taille *f.* d'engrenages.
– – –, **jig** = fraisage *m.* d'après calibre.
– – –, **plain** = fraisage *m.* simple.
– – –, **slot** = fraisage *m.* des rainures.
– – –, **straddle** = fraisage *m.* combiné.
– – –, **surface** = fraisage *m.* en plan.
– – –, **vertical** = fraisage *m.* vertical.
milliphot = milliphot *m.* (= 10 lux) (E.).
millivolt = millivolt (E.).
milliwatt = milliwatt *m.* (E.).
millstone = meule *f.* de moulin.
– – –, **lower** = meule *f.* gisante.
– – –, **upper** = meule *f.* tournante.
millwright = monteur *m.* de machinerie, machiniste *m.*, mécanicien *m.*
mimic = (montage *m.*, tableau *m.*) schématique (adj.).
mincer = hachoir *m.* ou hache-viande *m.* (Ust.).
mind, master = esprit *m.* supérieur.
– – –, **practical** = esprit *m.* positif.
minder, machine = surveillant *m.* de machines (O.).
– – –, **minute** = chronomètre *m.*, minuterie *f.*, minuteur *m.* (Ust.).
mine = mine *f.*
– – –, **asbestos** = mine *f.* d'amiante.
– – –, **coal** = mine *f.* de charbon, mine *f.* de houille, houillère *f.*
– – –, **gold** = mine *f.* d'or.
– – –, **iron** = mine *f.* de fer.
– – –, **salt** = mine *f.* de sel.
– – –, **sulphur** = soufrière *f.*
– – –, **surface** = minière *f.*
– – –, **to** = miner, saper, creuser, fouiller.
mineral = minéral (adj.).
mineralization = minéralisation *f.* (d'un métal, d'une eau).
mineralize, to = minéraliser (un métal, une eau).
mineralogist = minéralogiste *m.* (O.).
mineralogy = minéralogie *f.*
mingle, to = mêler, mélanger.
mingling = mélange *m.*
minimize, to = réduire au minimum, diminuer, restreindre, atténuer (un bruit).
minimum = minimum *m.*, minimal (adj.).
– – –, **poor** = minimum *m.* flou (goniomètre).
mining = exploitation *f.* minière, extraction *f.* (Mi.), travaux *m.p.* de mine.
– – –, **hand** = exploitation *f.* d'une mine à la main.
– – –, **hydraulic** = abatage *m.* hydraulique (Mi.).
– – –, **iron** = extraction *f.* du minerai de fer.
– – –, **open** = abatage *m.* à ciel ouvert (Mi.), exploitation *f.* à ciel ouvert (Mi.).
– – –, **open-pit** = exploitation *f.* à ciel ouvert (Mi.).
– – –, **salt** = exploitation *f.* du sel (Mi.).
minium = plomb *m.* rouge, minium *m.*
minnow = vairon *m.*
minuscule = minuscule *f.* (ou adj.) (Imp.).
minute = minute *f.*, menu (adj.), minuscule (adj.).
minutes = procès-verbal *m.* (d'une séance).
mire = boue *f.*, vase *f.*
mirror = miroir *m.*, glace *f.*

(mirror)

– – –, **back-sight** = rétroviseur *m.* (Auto.).
– – –, **concave** = miroir *m.* concave.
– – –, **convex** = miroir *m.* convexe.
– – –, **corrugated** = miroir *m.* cannelé.
– – –, **courtesy** = miroir *m.* de courtoisie (Auto.).
– – –, **day and night** = rétroviseur *m.* jour et nuit (Auto.), rétroviseur *m.* jour/nuit (Auto.).
– – –, **distorting** = miroir *m.* déformant.
– – –, **hand** = miroir *m.* à main.
– – –, **no-glare** = rétroviseur *m.* jour/nuit (Auto.).
– – –, **parabolic** = miroir *m.* parabolique.
– – –, **radar** = réflecteur *m.* paraboloïde.
– – –, **rear-view** = rétroviseur *m.* (Auto.).
– – –, **return, instant** = miroir *m.* basculant à retour immédiat (Phot.).
– – –, **spherical** = miroir *m.* sphérique.
– – –, **triple** = miroir *m.* à trois faces.
– – –, **vibrating** = miroir *m.* oscillant.
misadjustment = déréglage *m.*, défaut *m.* d'alignement.
misaligned = (roue *f.*) excentrée, mal aligné.
misalignment = mauvais alignement.
misfire = raté *m.* d'allumage (Auto.), raté *m.*
– – –, **to** = rater, avoir des ratés, bafouiller.
misfit = bamboché *m.* (Imp.) (Canada).
mishandling = mauvais traitement.
mishap = panne *f.* (Auto.), accident *m.*, contretemps *m.*, mésaventure *f.*
misprint = coquille *f.* (Imp.), mastic *m.* (Imp.), erreur *f.* typographique (Imp.).
misregister = repérage *m.* défectueux (Imp.).
miss = four *m.* (Imp.).
missile = missile *m.*, fusée *f.*
– – –, **guided** = missile *m.* téléguidé.
mist = brume *f.*, buée *f.* (sur un pare-brise), bruine *f.*, crachin *m.*
misting = crachage *m.* (Imp.).
mistune, to = mal accorder (R.).
mistuning = désaccord *m.* (R.).
misuse = abus *m.*, mauvais usage, mauvais emploi.
miter = moulure *f.* busquée (à angle droit) (B.) (Canada), V. « mitre ».
mitre (or miter) = onglet *m.* (Men.).
– – –, **to** = tailler à onglet, assembler à onglet.
mitred = à onglet, en onglet.
mitring = assemblage *m.* à onglet (Men.).
mitts = moufles *f.p.* (de skieur).
mix = mélange *m.* (de ciment, de bitume), fondu *m.* enchaîné (Phot., Tv.).
– – –, **bituminous** = mélange *m.* bitumineux.
– – –, **class 2A** = mélange *m.* (ou béton *m.*) classe 2A (B.).
– – –, **depolarizing** = dépolarisant *m.* (E.).
– – –, **dry** = mélange *m.* (ou béton *m.*) sec (B.).
– – –, **face** = mélange *m.* de parement (pour blocs de béton) (B.).
– – –, **1:2:4** = béton *m.* 1:2:4.
– – –, **product** = gamme *f.* des produits (d'une entreprise), gamme *f.* du produit (ayant des variantes).
– – –, **ready** = béton *m.* préfabriqué.
– – –, **road** = béton *m.* goudronneux.
– – –, **to** = malaxer (le plâtre, du mortier), mêler (une serrure, des couleurs, des liquides), mélanger (des

(mix)

boissons, des couleurs, des sons).
- - -, to - - - in place = mélanger (les agrégats) sur
place, malaxer (le béton) sur place, fabriquer (le
béton) sur chantier.
- - -, to - - - with ashes = cendrer.
- - -, wet = mélange m. mouillé (B., C.).
- - -, workable = mélange m. ouvrable.
- - -, workable, stiff = mélange m. peu ouvrable.
mixed, central = (béton m.) préfabriqué, (béton m.)
malaxé en usine.
- - -, hand = (béton m.) malaxé à la main (c.-à-d. à
l'aide de pelles).
- - -, machine = (béton m.) malaxé au moyen d'engins
mécaniques (malaxeur m. ou bétonnière f.).
- - -, transit = (béton m.) mélangé (dans le camion
malaxeur) en cours de route.
mixer = mélangeur m., malaxeur m., bétonnière f.,
diffuseur m. (Auto.), mélangeur m. (de sons, de convertisseur de fréquences) (R.), changeur m. de
fréquence (R.).
- - -, cement = bétonnière f. (C.).
- - -, colcrete = malaxeur m. colloïdal (B., C.).
- - -, concrete = bétonnière f., malaxeur m. à béton.
- - -, concrete, dual-drum = bétonnière f. à deux tambours fonctionnant en série.
- - -, food, electric = malaxeur m. électrique (Ust.).
- - -, hand = malaxeur m. à main (Ust.).
- - -, mortar = malaxeur m. à mortier (C.).
- - -, paint = malaxeur m. à peinture, mélangeur m. à
peinture.
- - -, rotary = trommel m. mélangeur (C.).
mixing = mélange m. (des sons), malaxage m. (du
béton), maclage m. (du verre), mixtion f. (d'un médicament).
- - -, additive = mélange m. additif (Tv.).
- - -, additive, non = mélange m. non additif (Tv.).
- - -, back = mélange m. à contre-courant.
mixtion = mixtion f. (Imp.), mordant m. (pour la dorure) (Imp.).
mixture = mélange m. (de vins), mixture f. (de graines
à ensemencer), mixtion f. (de substances pour composer un médicament).
- - -, Bordeaux = bouillie f. bordelaise.
- - -, butane-air = air m. butané.
- - -, cooling = mélange m. réfrigérant.
- - -, explosive = mélange m. détonant, mélange m.
explosif.
- - -, freezing = mélange m. réfrigérant.
- - -, fuel = mélange m. de carburants.
- - -, gas-air = mélange m. carburé (Auto.), mélange
m. détonant (Auto.).
- - -, half-and-half = mélange m. (de deux ingrédients)
à doses égales.
- - -, heterogeneous = mélange m. hétérogène.
- - -, homogeneous = mélange m. homogène.
- - -, improper = mauvais mélange m. carburant
(Auto.).
- - -, inflammable = mélange m. inflammable.
- - -, lean = mélange m. (trop) pauvre (Auto.).
- - - of pitch = brai-poix m.
- - -, propane-air = air m. propané.
- - -, rich = mélange m. riche (Auto.).
- - -, weak = mélange m. pauvre (Auto.).

ml = V. « millilitre ».
mm = V. « millimetre ».
M.M.F. = V. « force, magnetomotive ».
mobile = portatif (adj.), transportable (adj.), mobile
(adj.).
mock-up = maquette f. (d'un édifice).
mode = mode m. (de gouvernement, d'exécution),
méthode f. (de travail), manière f. ou façon f. (de vi-
vre), mode f.
- - -, common = en mode longitudinal (Tp.).
- - -, trapped = mode m. de propagation guidée (R.).
model = modèle m., maquette f.
- - -, rough = ébauche f.
- - -, scale = maquette f., modèle m. réduit.
- - -, to = modeler.
- - -, wind-tunnel = maquette f. aérodynamique.
modeller = modeleur m. (O.).
modelling = modelage m.
moderate, to = modérer (le zèle de quelqu'un), tempérer (l'ardeur des rayons solaires).
moderator = animateur m. (d'une émission) (R., Tv.),
meneur m. de jeu (R., Tv.).
modernize, to = rénover (un édifice, une méthode),
moderniser (un magasin).
modillon = modillon m. (B.).
modular = modulaire (adj.).
modulate, to = moduler (la voix, les sons) (Tp., E.).
modulated, amplitude = modulé en amplitude (R.).
modulation = modulation f. (R., E.).
- - -, absorption = modulation f. par absorption.
- - -, amplitude = modulation f. d'amplitude (R.).
- - -, amplitude, high-fidelity = modulation f. d'amplitude à haute fidélité.
- - -, amplitude, grid = modulation f. par la grille (R.).
- - -, amplitude, positive = modulation f. d'amplitude
positive (Tv.).
- - -, amplitude, pulse = modulation f. d'impulsions et
amplitude.
- - -, anode = modulation f. anodique.
- - -, carrier, floating = modulation f. (d'amplitude) à
taux constant.
- - -, choke = modulation f. à courant constant, modulation f. par variation de la tension de plaque (R.).
- - -, class A = modulation f. en classe A (R.).
- - -, controlled-carrier = modulation f. (d'amplitude)
à taux constant.
- - -, cross- = transmodulation f. (E.), intermodulation f. (E.).
- - -, curbed = modulation f. fragmentée (Tg.).
- - -, current = modulation f. d'un courant (E.).
- - -, current, constant = modulation f. à courant
constant, modulation f. par variation de la tension de
plaque (R.).
- - -, Doherty = modulation f. Doherty.
- - -, double = double modulation.
- - -, dual = modulation f. double.
- - -, fork-tone = modulation f. par la fréquence du
diapason (pour contrôle du synchronisme) (Tg.).
- - -, frequency = modulation f. de fréquence.
- - -, frequency, indirect = modulation f. de fréquence
par déphasage.
- - -, frequency, positive = modulation f. de fréquence
positive (Tv.).

(**modulation**)

– – –, **frequency, sub-carrier** = modulation *f.* en fréquence d'un sous-porteur (Tg.).

– – –, **grid-bias** = modulation *f.* par variation de polarisation.

– – –, **high-level** = modulation *f.* dans l'anode de l'étage final, modulation *f.* sur l'étage final (de l'émetteur) (R.).

– – –, **high-power** = V. « modulation, high-level ».

– – –, **inductance-tube** = modulation *f.* par tube de réactance.

– – –, **intensity** = modulation *f.* d'intensité.

– – –, **isochronous** = modulation *f.* isochrone.

– – –, **light** = modulation *f.* de la lumière.

– – –, **light, positive** = modulation *f.* positive (Tv.).

– – –, **low-power** = modulation *f.* à bas niveau (R.).

– – –, **over-** = surmodulation *f.* (R.).

– – –, **phase** = modulation *f.* de phase.

– – –, **plate** = modulation *f.* dans l'anode.

– – –, **pulse** = modulation *f.* par impulsions, modulation *f.* d'impulsions.

– – –, **pulse-code** = modulation *f.* par impulsions codées.

– – –, **pulse-duration** = modulation *f.* d'impulsions en durée.

– – –, **pulse-position** = modulation *f.* d'impulsions en position.

– – –, **pulse-time** = modulation *f.* d'impulsions dans le temps.

– – –, **series** = modulation *f.* à tension constante.

– – –, **side band, single** = modulation *f.* à bande latérale unique (Tp., R.).

– – –, **side band, double** = modulation *f.* à bande latérale indépendante (Tp., R.).

– – –, **speech** = modulation *f.* par la parole.

– – –, **start-stop** = modulation *f.* arythmique.

– – –, **super-** = supermodulation *f.* (R.), modulation *f.* de polarisation (R.).

– – –, **telegraph** = modulation *f.* télégraphique (Tg.).

– – –, **tension** = modulation *f.* d'une tension (E.).

– – –, **time** = modulation *f.* par impulsions.

– – –, **ultra** = modulation *f.* allemande (R.), modulation *f.* par surtension positive (R.).

– – –, **velocity** = modulation *f.* de vitesse (E.).

– – –, **voltage, constant** = modulation *f.* à tension constante.

– – –, **voltage, grid** = modulation *f.* par variation de la tension de grille (R.).

– – –, **ware** = modulation *f.* des ondes (E.).

– – –, **woble** = ululation *f.* ou vobulation *f.* (R.).

modulator = modulateur *m.* (Tp., R.).

– – –, **amplitude** = modulateur *m.* d'amplitude.

– – –, **balanced** = modulateur *m.* équilibré.

– – –, **frequency** = modulateur *m.* de fréquence.

– – –, **magnetic** = modulateur *m.* magnétique, modulateur *m.* à variation de champ magnétique.

– – –, **ring** = modulateur *m.* en anneau.

– – –, **static** = modulateur *m.* (ou relais *m.*) statique (pour signaux télégraphiques à courant continu).

– – –, **transistorized** = modulateur *m.* à transistors.

– – –, **vacuum-tube** = modulateur *m.* à lampe.

module = module *m.* (d'un engrenage) (Méc.), module *m.* (B.).

modulus = module *m.* (C.), coefficient *m.* (Méc., C.).

(**modulus**)

– – – **of elasticity** = module *m.* d'élasticité.

– – – **of elasticity for tension** = coefficient *m.* d'allongement.

– – – **of elasticity, transverse** = coefficient *m.* de glissement.

– – – **of refraction** = module *m.* de réfraction (R.).

– – – **of rupture** = module *m.* de rupture.

– – –, **refractive** = module *m.* de réfraction (R.).

– – –, **Young's** = coefficient *m.* d'élasticité, module *m.* de Young.

moiré = moirure *f.* (Mét., Tv.), moiré *m.* (Mét.).

moisten, to = humecter (le sol), humidifier (l'air).

moistener = mouilleur *m.*

– – –, **air** = humidificateur *m.* d'air.

moisture = humidité *f.*

– – –, **inherent** = humidité *f.* constitutionnelle.

mold = V. « mould ».

moldboard, bulldozer = lame *f.* de bulldozer, bouclier *m.* de bulldozer.

molding = V. « moulding ».

mole = brise-lames *m.* (H.), digue *f.* (H.).

molecule = molécule *f.*

moleskin = (manteau *m.* en) taupe *f.*, moleskine *f.* ou molesquine *f.* (Imp.).

molleton = molleton *m.* (Pap.).

molybdenum = molybdène *m.*

moment = moment *m.* (Méc.), couple *m.* (Méc.).

– – – **about B** = moment *m.* par rapport au point B.

– – –, **bending** = moment *m.* fléchissant, moment *m.* de flexion.

– – –, **electrical** = moment *m.* électrique (E.).

– – –, **magnetic** = moment *m.* magnétique (E.).

– – – **of a force** = moment *m.* d'une force.

– – – **of inertia** = moment *m.* d'inertie.

– – – **of inertia, principal** = moment *m.* principal d'inertie.

– – – **of momentum** = moment *m.* des quantités de mouvement.

– – – **of resistance** = moment *m.* de résistance.

– – – **of rotation** = moment *m.* de rotation.

– – – **of torsion** = moment *m.* de torsion.

– – –, **rolling** = moment *m.* de roulis (Av.).

– – –, **static** = moment *m.* d'une force.

– – –, **turning** = moment *m.* de rotation.

momentum = moment *m.* (Méc.), impulsion *f.* (Méc.), quantité *f.* de mouvement.

money = monnaie *f.*

– – –, **bogus** = fausse monnaie.

– – –, **counterfeit** = fausse monnaie.

– – –, **current** = monnaie *f.* qui a cours.

– – –, **hot** = capitaux *m.p.* flottants.

– – –, **legal** = monnaie *f.* qui a cours.

– – –, **paper** = papier-monnaie *m.*, monnaie *f.* de papier (c.-à-d. billet de banque).

– – –, **pocket** = argent *m.* de poche.

monitor = tourelle *f.* (de tour) (Méc.), moniteur *m.* (O.).

– – –, **frequency** = contrôleur *m.* de fréquence (E.).

– – –, **picture** = écran *m.* de contrôle (Tv.), écran *m.* témoin (Tv.).

– – –, **preview** = récepteur-témoin *m.* de caméra (Tv.).

– – –, **radio** = contrôleur *m.* d'émission (R.), dispositif *m.* de contrôle (R.).

(**monitor**)

– – –, **radio, automatic** = contrôleur *m.* automatique d'émission (R.).

– – –, **to** = entrer en écoute sur une conversation (Tp.), contrôler (un enregistrement).

– – –, **wave form** = oscilloscope *m.* de contrôle (Tv.).

monitoring = surveillance *f.* (E.).

– – –, **audio** = contrôle *m.* d'écoute (R.).

– – –, **level** = contrôle *m.* de niveau (R.).

monaural = (système *m.* électronique) monophonique (adj.) ou monaural (adj.).

monk = moine *m.* (O., Imp.).

monkey = mouton *m.* de sonnette (C.), trou *m.* à laitier (Mét.).

monocord = monocorde *m.* (Tp.).

monolith = (colonne *f.*, obélisque *m.*) monolithe *m.* (ou adj.), (monument *m.*) monolithique.

monolithic = (béton *m.*) monolithe (adj.), (obélisque *m.*) monolithique (adj.).

monophase = monophasé (E.).

monoscope = monoscope *m.* (Tv.).

monotype = monotype *m.* (Imp.).

monoxide = protoxyde *m.*

– – –, **carbon** = oxyde *m.* de carbone, monoxyde *m.* de carbone (France), gaz *m.* d'échappement (d'un moteur à essence).

– – –, **lead** = oxyde *m.* de plomb, litharge *f.*

month = mois *m.*

– – –, **calendar** = mois *m.* civil, mois *m.* de l'année civile.

monument = borne *f.* (d'arpentage), monument *m.* (funéraire), pierre *f.* tombale.

moor, to = amarrer (un chaland).

mooring = amarrage *m.* (Mar.).

moorings = amarres *f.p.* (Mar.), corps-mort *m.* (Mar.).

mop = vadrouille *f.* (Mar.), balai *m.* à franges (Ust.).

– – –, **dish** = lavette *f.* (Ust.).

– – –, **dusting** = vadrouille *f.* à épousseter (Ust.), plumeau *m.* (Ust.), époussette *f.* (Ust.).

– – –, **pitch** = guipon *m.*, vadrouille *f.*

– – –, **sponge** = balai *m.* laveur (Ust.).

– – –, **tar** = vadrouille *f.*, guipon *m.*

morass = marais *m.*, marécage *m.*

mordant = (acide *m.*) mordant *m.*

– – –, **to** = mordancer (les pièces de poterie).

morocco = maroquin *m.*

– – –, **levant** = maroquin *m.*

– – –, **levant, crushed** = maroquin *m.* à grains écrasés.

mortar = mortier *m.* (B.), enduit *m.* (B.).

– – –, **asphalt** = mortier *m.* d'asphalte.

– – –, **cement** = mortier *m.* de ciment.

– – –, **cement, lean** = mortier *m.* de ciment maigre.

– – –, **cob** = torchis *m.*, mortier *m.* de terre.

– – –, **dry** = mortier *m.* sec.

– – –, **gauged** = enduit *m.* dosé (plâtre de Paris et enduit commun) (B.).

– – –, **hydraulic** = mortier *m.* hydraulique.

– – –, **lime** = mortier *m.* ordinaire, mortier *m.* à la chaux, mortier *m.* de chaux.

– – –, **lime cement** = mortier *m.* de chaux et de ciment.

– – –, **loose** = bavures *f.p.* de mortier.

– – –, **quick-setting** = mortier *m.* à prise rapide.

– – –, **refractory** = mortier *m.* réfractaire.

– – –, **slow-setting** = mortier *m.* à prise lente.

(**mortar**)

– – –, **strong** = mortier *m.* résistant.

– – –, **to** = lier avec du mortier.

mortgage = hypothèque *f.* (sur un immeuble), nantissement *m.* (d'un bien meuble).

– – –, **first** = hypothèque *f.* en premier rang, première hypothèque.

– – –, **to** = hypothéquer (une propriété).

mortise = mortaise *f.* (Men.).

– – –, **inside** = ajour *m.* (Imp.).

– – –, **stub-** = mortaise *f.* aveugle.

– – –, **through-** = mortaise *f.* passante.

– – –, **to** = mortaiser.

mortised = assemblé à mortaise, emboîté.

mortiser = mortaiseuse *f.* (M.), machine *f.* à mortaiser.

– – –, **butt-gauge** = mortaiseuse *f.* à charnières.

mosaic = mosaïque *f.*

moss = tourbière *f.*

– – –, **muskeg** = sphaignes *f.p.*

– – –, **peat** = mousse *f.* (de tourbe) horticole (Agr.), tourbe *f.* horticole (Agr.).

motion = mouvement *m.* (Méc.).

– – –, **accelerated** = mouvement *m.* accéléré.

– – –, **alternate** = mouvement *m.* de va-et-vient.

– – –, **alternative** = mouvement *m.* alternatif.

– – –, **angular** = mouvement *m.* angulaire.

– – –, **back** = retour *m.*

– – –, **back and forth** = va-et-vient *m.*, mouvement *m.* de va-et-vient.

– – –, **backward** = recul *m.*, mouvement *m.* de recul.

– – –, **circular** = mouvement *m.* circulaire.

– – –, **constrained** = mouvement *m.* commandé (Méc.).

– – –, **continuous** = mouvement *m.* continu.

– – –, **counter-** = renvoi *m.* de mouvement.

– – –, **differential** = mouvement *m.* différentiel.

– – –, **eccentric** = commande *f.* par excentrique.

– – –, **endwise** = déplacement *m.* axial, déplacement *m.* longitudinal.

– – –, **false** = fausse manoeuvre.

– – –, **feed** = mouvement *m.* d'entraînement.

– – –, **fluid** = mouvement *m.* d'un fluide (H.).

– – –, **fore-and-aft** = mouvement *m.* longitudinal, va-et-vient *m.*

– – –, **forward** = marche *f.* avant (Méc.).

– – –, **free** = jeu *m.* (d'une pièce).

– – –, **harmonic** = mouvement *m.* sinusoïdal (E.).

– – –, **helicoidal** = mouvement *m.* hélicoïdal.

– – –, **impressed** = mouvement *m.* acquis.

– – –, **lateral** = mouvement *m.* latéral.

– – –, **link** = distribution *f.* à coulisse, mécanisme *m.* de détente.

– – –, **link, straight** = coulisse *f.* droite.

– – –, **parallel** = parallélogramme *m.* articulé (Méc.).

– – –, **propelling** = mouvement *m.* de translation.

– – –, **ratchet** = encliquetage *m.*

– – –, **ratchet, lever** = encliquetage *m.* à levier.

– – –, **reciprocating** = va-et-vient *m.*, mouvement *m.* de va-et-vient, mouvement *m.* alternatif.

– – –, **rectilinear** = mouvement *m.* rectiligne.

– – –, **return** = mouvement *m.* de retour.

– – –, **reverse** = marche *f.* arrière (Méc.).

– – –, **reversing** = mécanisme *m.* de renversement de marche.

– – –, **rocking** = mouvement *m.* de bascule, oscillation

(motion)

f., bascule f.

– – –, **rotary** = mouvement m. de rotation, mouvement m. circulaire, mouvement m. giratoire.

– – –, **screw-like** = mouvement m. hélicoïdal.

– – –, **see-saw** = mouvement m. de bascule, va-et-vient m., mouvement m. de va-et-vient.

– – –, **self-** = à mouvement propre, automoteur (adj.).

– – –, **skipping** = mouvement m. sautillant.

– – –, **sliding** = glissement m. (Méc.).

– – –, **slow** = mouvement m. lent, mouvement m. ralenti.

– – –, **spiral** = mouvement m. en spirale.

– – –, **swinging** = mouvement m. de rotation.

– – –, **symmetric, axially** = mouvement m. symétrique par rapport à un axe.

– – –, **tilting** = mouvement m. de bascule.

– – –, **uniform** = mouvement m. uniforme.

– – –, **up-and-down** = mouvement m. alternatif vertical, mouvement m. de montée et de descente, jeu m. vertical.

– – –, **upward** = mouvement m. ascendant, mouvement m. de bas en haut.

– – –, **variable** = mouvement m. variable, mouvement m. varié.

– – –, **vertical** = mouvement m. d'ascension.

– – –, **wave** = mouvement m. ondulatoire.

motional = cinétique (adj.), de mouvement.

motionless = immobilisé (adj.), immobile (adj.).

motive = moteur (adj.).

– – –, **thermo-** = (moteur m.) à air chaud.

motometer = compte-tours m.

motor = moteur m. (Méc., E.).

– – –, **adjustable-speed** = moteur m. à vitesse variable.

– – –, **air, compressed** = moteur m. à air comprimé.

– – –, **air-cooled** = moteur m. à refroidissement d'air, moteur m. refroidi par air.

– – –, **alternating-current** = alternomoteur m. (E.), moteur m. à courant alternatif (E.).

– – –, **alterno-** = moteur m. à courant alternatif monophasé (E.).

– – –, **armoured** = moteur m. cuirassé.

– – –, **asynchronous** = moteur m. asynchrone (E.), moteur m. d'induction (E.).

– – –, **auxiliary** = moteur m. auxiliaire, moteur m. d'appoint, (appareil m.) à servomoteur.

– – –, **axle and bar suspended** = moteur m. à suspension par essieu et barre.

– – –, **capacitor** = moteur m. à condensateur (E.).

– – –, **commutator** = moteur m. à collecteur (E.).

– – –, **commutator, alternating-current** = alternomoteur m. à collecteur (E.).

– – –, **commutator, double-** = moteur m. à double collecteur (E.).

– – –, **compensated** = moteur m. compensé (E.).

– – –, **compensated-winding** = moteur m. compensé (E.).

– – –, **compound** = moteur m. à excitation composée (E.), moteur m. compound (E.).

– – –, **compound-wound** = moteur m. compound (E.).

– – –, **constant-speed** = moteur m. à vitesse constante.

– – –, **control** = moteur m. de commande du réglage.

– – –, **crank-drive** = moteur m. à entraînement par bielle.

(motor)

– – –, **crude oil** = moteur m. à huile lourde.

– – –, **Diesel** = moteur m. Diesel.

– – –, **direct-connected** = moteur m. à vitesse constante (E.).

– – –, **direct-current** = moteur m. à courant continu (E.).

– – –, **direct-drive** = moteur m. à entraînement direct.

– – –, **driving** = moteur m. de commande.

– – –, **eight-cylinder** = moteur m. à huit cylindres.

– – –, **electric** = électromoteur m. (E.), moteur m. électrique (E.).

– – +, **electro-** = électromoteur (E.).

– – –, **enclosed** = moteur m. cuirassé, moteur m. blindé.

– – –, **flange-cooled** = moteur m. à ailettes.

– – –, **flat twin** = moteur-boxeur m. (Auto.).

– – –, **four-cycle** = moteur m. à quatre temps.

– – –, **four-stroke** = moteur m. à quatre temps.

– – –, **gas** = moteur m. à gaz.

– – –, **gasolene** = moteur m. à essence.

– – –, **geared** = moteur m. à train d'engrenages.

– – –, **gearless** = moteur m. directement accouplé.

– – –, **high performance** = moteur m. (à) hautes performances (Auto.).

– – –, **high-speed** = moteur m. rapide.

– – –, **individual-drive** = moteur m. indépendant, moteur m. pour commande indépendante.

– – –, **induction** = moteur m. asynchrone (E.), moteur m. d'induction (E.), moteur m. à induction (E.).

– – –, **induction, repulsion** = moteur m. à induction à répulsion (E.).

– – –, **induction, single-phase** = moteur m. d'induction monophasé (E.).

– – –, **induction, split-ring** = moteur m. asynchrone à bagues collectrices (E.).

– – –, **induction, synchronous** = moteur m. synchrone à induction (E.).

– – –, **internal-combustion** = moteur m. à combustion interne.

– – –, **iron-clad** = moteur m. cuirassé.

– – –, **low-speed** = moteur m. à faible vitesse.

– – –, **low-voltage** = moteur à basse tension.

– – –, **L-type** = moteur m. en L, moteur m. à soupapes latérales.

– – –, **marine** = moteur m. type marine, moteur m. de marine.

– – –, **multiphase** = moteur m. polyphasé (E.).

– – –, **multi-speed** = moteur m. à vitesses multiples.

– – –, **ninety horse-power** = moteur m. de 90 horse-power.

– – –, **nose-suspension** = moteur m. à suspension par le nez.

– – –, **outboard** = moteur m. hors-bord (Mar.).

– – –, **phono** = tourne-disque m.

– – –, **propelling** = moteur m. de propulsion.

– – –, **quill-drive** = moteur m. à arbre creux.

– – –, **reaction** = moteur m. à réaction.

– – –, **reactor-start** = moteur m. à démarrage par self (E.).

– – –, **rebuilt** = moteur m. refait (Méc.).

– – –, **reciprocating-solenoid** = moteur m. à armature oscillante (E.).

– – –, **reconditioned** = moteur m. remis à neuf (Méc.).

(motor)

– – –, **reluctance** = moteur *m*. synchrone à réluctance (E.).

– – –, **repulsion** = moteur *m*. à répulsion (E.).

– – –, **resistance-start** = moteur *m*. à démarrage par résistance (E.).

– – –, **reversible** = moteur *m*. réversible.

– – –, **reversing** = moteur *m*. à changement de marche.

– – –, **ring-wound** = moteur *m*. à bagues (E.).

– – –, **separately-excited** = moteur *m*. à excitation séparée (E.).

– – –, **series** = moteur *m*. série (E.).

– – –, **series, compensated** = moteur *m*. série compensé (E.).

– – –, **series-wound** = moteur *m*. (excité) en série (E.), moteur *m*. série (E.).

– – –, **servo-** = servomoteur *m*.

– – –, **shell-type** = moteur *m*. cuirassé, moteur *m*. blindé.

– – –, **shunt** = moteur *m*. shunt (E.), moteur *m*. en dérivation (E.).

– – –, **shunt-wound** = moteur *m*. shunt (E.), moteur *m*. à excitation en dérivation (E.).

– – –, **single-acting** = moteur *m*. à simple effet.

– – –, **single-cylinder** = moteur *m*. monocylindrique, monocylindre *m*.

– – –, **single-phase** = moteur *m*. monophase (E.).

– – –, **six-cylinder** = moteur *m*. à six cylindres.

– – –, **sixty-cycle** = moteur *m*. de 60 cycles (E.).

– – –, **slip-ring** = moteur *m*. à bagues (collectrices) (E.).

– – –, **sluggish** = moteur *m*. qui ne tire pas.

– – –, **splash-proof** = moteur *m*. protégé.

– – –, **split-phase** = moteur *m*. à phase auxiliaire (E.).

– – –, **split-phase, capacitor** = moteur *m*. à répulsion à démarrage par condensateur (E.).

– – –, **spring** = moteur *m*. à ressort.

– – –, **square** = moteur *m*. carré (c.-à-d. dont l'alésage est sensiblement égal à la course).

– – –, **squirrel-cage** = moteur *m*. à cage d'écureuil (E.), moteur *m*. à cage (E.).

– – –, **stand-by** = moteur *m*. de réserve.

– – –, **starter** = moteur *m*. de démarrage, démarreur *m*.

– – –, **steam** = machine *f*. à vapeur.

– – –, **synchronous** = moteur *m*. synchrone (E.).

– – –, **thermo-** = moteur *m*. à air chaud.

– – –, **three-phase** = moteur *m*. triphasé (E.).

– – –, **to** = circuler en auto, voyager en auto.

– – –, **traction** = moteur *m*. de traction.

– – –, **turbo-** = turbomoteur *m*. (E.).

– – –, **twin-cylinder** = moteur *m*. à cylindres jumelés.

– – –, **two-stroke** = moteur *m*. à deux temps.

– – –, **universal** = moteur *m*. universel (E.).

– – –, **V-type** = moteur *m*. en V.

– – –, **variable-speed** = moteur *m*. à vitesse variable.

– – –, **ventilated** = moteur *m*. ventilé.

– – –, **vertical** = moteur *m*. vertical.

– – –, **vertical-shaft** = moteur *m*. à axe vertical.

– – –, **water-cooled** = moteur *m*. à circulation d'eau.

– – –, **weather-proof** = moteur *m*. à l'abri des intempéries.

– – – **with reciprocating movement** = moteur *m*. à mouvement alternatif.

(motor)

– – – **with short-circuited rotor** = moteur *m*. asynchrone avec rotor en court-circuit (E.).

motorcycle = motocyclette *f*.

– – –, **lightweight** = cyclomoteur *m*.

motordrome = autodrome *m*.

motoring = automobilisme *m*., circulation *f*. en automobile.

motorist = automobiliste *m*. (O.).

motorization = motorisation *f*. (d'une ferme) (Agr.).

motorize, to = motoriser.

motorless = sans moteur.

motorway = autostrade *f*., autoroute *f*.

mottle = madrure *f*. (Imp.).

mottling = moirage *m*. ou moirure *f*. (des étoffes, du zinc).

mould = moule *m*., moulure *f*., coquille *f*. (Mét.), forme *f*., gabarit *m*. (Mar.), moisissure *f*. (B.), calibre *m*. (B.), moulure *f*. (Men.), V. « moulding ».

– – –, **bullet** = moule *m*. à balles.

– – –, **casting** = moule *m*. (Mét.), lingotière *f*. (Mét.).

– – –, **cast-iron** = moule *m*. en fonte.

– – –, **chill** = moule *m*. à fonte (Mét.), coquille *f*. (Mét.).

– – –, **cylinder** = forme *f*. ronde (M.) (Pap.).

– – –, **drip** = rejéteau *m*. (B.).

– – –, **face** = moule *m*. de façonnage (B.).

– – –, **gang** = moule *m*. (de façonnage) multiple (B.).

– – –, **hood** = larmier *m*. (au-dessus d'une fenêtre, d'une porte) (B.).

– – –, **jelly** = moule *m*. à gelée (Ust.).

– – –, **lead** = empreinte *f*. sur plomb (Imp.).

– – –, **parting** = moulure *m*. de séparation (des châssis) (B.).

– – –, **shoe** = plinthe *f*. (B.).

– – –, **to** = modeler (une statue en terre glaise), façonner (un vase), mouler (une statue, une médaille, l'acier, le verre), prendre l'empreinte (d'une page) (Imp.).

– – –, **type** = empreinte *f*. ou matrice *f*. (Imp.).

– – –, **wax** = empreinte *f*. en cire.

moulder = mouleur *m*. (O.).

– – –, **metal** = mouleur-mécanicien *m*. (O.).

moulding = moulure *f*. (B.), moulage *m*. (Mét.), baguette *f*. (B.), V. « mould ».

– – –, **base** = moulure *f*. de socle (d'un mur).

– – –, **bead** = bâtonnet *m*. perlé (B.).

– – –, **bed** = moulure *f*. de corniche (B.).

– – –, **cover-joint** = baguette *f*. couvre-joint (B.).

– – –, **die-cast** = moulage *m*. matricé (Mét.).

– – –, **drip** = larmier *m*. (B.), chéneau *m*. d'écoulement de pluie (Auto.), rejéteau *m*. (B.), jet *m*. d'eau (Auto., B.).

– – –, **drip, roof** = V « moulding, drip ».

– – –, **dry** = moulage *m*. en sable sec (Mét.).

– – –, **face** = moulure *f*. de parement (B.).

– – –, **flashing** = rejéteau *m*. (B.), noue *f*. (B.), jet *m*. d'eau (B.).

– – –, **flat** = moulure *f*. lisse, plate-bande *f*. (B.).

– – –, **frame** = chambranle *m*. (B.).

– – –, **grooved** = moulure *f*. à gorge (B.).

– – –, **head** = moulure *f*. de socle (d'un mur) (B.).

– – –, **hollow** = congé *m*. (B.).

– – –, **hood** = larmier *m*. (B.).

(moulding)

– – –, **indented** = moulure *f.* dentelée (B.).
– – –, **lead** = moulage *m.* au plomb (Imp.).
– – –, **ogee** = talon *m.* (B.), doucine *f.* (B.).
– – –, **metal** = moulure *f.* métallique (B.).
– – –, **plain** = bandeau *m.* (B.).
– – –, **quarter-round** = quart *m.* de rond (Men.).
– – –, **sand** = moulage *m.* en sable vert (Mét.).
– – –, **scalloped** = moulure *f.* en écailles (B.).
– – –, **square** = tringle *f.* (B.), baguette *f.* (B.).
– – –, **string** = cordon *m.,* bandeau *m.* (B.).
– – –, **templet** = moulage *m.* à la trousse (Mét.).
– – –, **wax** = céroplastique *f.*
– – –, **weather** = moulure *f.* à rejéteau (B.).
– – –, **window, chrome** = encadrement *m.* de glace chromé (Auto.).
– – –, **wood** = moulure *f.* en bois (pour fils électriques), baguette *f.* (B.).
mound = remblai *m.,* tas *m.* (de terre), monticule *m.*
mount = montage *m.,* support *m.,* monture *f.* (d'une lentille), armement *m.* (d'une machine).
– – –, **bayonet** = monture *f.* à baïonnette (Phot.).
– – –, **lens** = porte-objectif *m.* (Phot.).
– – –, **shock** = amortisseur *m.* de fixation.
– – –, **to** = installer (un moteur, une machine), monter (une faucheuse, un diamant, une machine).
mountain = montagne *f.*
mounted, carterpillar = monté sur chenilles.
– – –, **flush** = encastré, monté à fleur (Imp.).
– – –, **rear** = monté à l'arrière.
– – –, **skid** = monté sur patins, monté sur traîneau.
– – –, **spring** = monté sur ressorts.
– – –, **straddle** = monté à cheval (C.), monté entre deux paliers (Méc.).
– – –, **twin** = jumelé, couplé, monté en jumelé.
mounter = monteur *m.* (O.).
mounting = montage *m.,* installation *f.,* assemblage *m.,* monture *f.* (d'une scie, d'un rabot).
– – –, **ball-bearing** = support *m.* de roulement à billes (Méc.).
– – –, **panel** = montage *m.* sur panneau (Tp.).
– – –, **pole** = montage *m.* sur poteau (E., Tp).
– – –, **rubber-insulated** = montage *m.* sur caoutchouc.
– – –, **surface** = montage *m.* apparent (Tp.), installation *f.* à découvert (Tp.).
– – –, **wood** = montage *m.* sur bois (Imp.).
mountings, boiler = accessoires *m.p.* de chaudière (Méc.).
– – –, **furnace** = accessoires *m.p.* d'un fourneau.
– – –, **rubber** = montures *f.p.* élastiques.
mouth = ouverture *f.* (d'un tunnel), entrée *f.* (d'un trou), écartement *m.* (des mordaches d'un étau), bouche *f.* (d'un puits), lumière *f.* (d'une varlope).
– – –, **bell** = évasement *m.,* crépine *f.*
– – –, **chimney** = débouché *m.* de cheminée.
– – –, **discharge** = dégorgeoir *m.*
mouthed, bell = évasé (adj).
mouthpiece = embouchure *f.* (Tp.), cornet *m.* (du microphone) (Tp.), microphone *m.* (Tp.), émetteur *m.* (Tp.).
– – –, **Borda** = ajutage *m.* rentrant de Borda (H.).
– – – **of transmitter** = embouchure *f.* du microphone (Tp.).
movable (or moveable) = mobile (adj.), amovible (adj.).

move = déménagement *m.*
– – –, **lateral** = mutation *f.* ou permutation *f.* (d'un employé).
– – –, **to** = déplacer (un pupitre), (faire) mouvoir (une roue), déménager, mettre en mouvement.
movement = mouvement *m.* (d'une machine, des prix, d'une symphonie), fluctuations *f.p.* (de la Bourse), déplacement *m.* (d'un fonctionnaire), marche *f.* (d'une horloge), mouvement *m.* ou circulation *f.* (de la rue), transport *m.* (des marchandises).
– – –, **circular** = mouvement *m.* circulaire.
– – –, **constrained** = mouvement *m.* commandé.
– – –, **counter-** = mouvement *m.* contraire.
– – –, **feed** = avance *f.* (d'un outil).
– – –, **forward and backward** = mouvement *m.* de va-et-vient.
– – –, **ground** = mouvement *m.* de terrain.
– – –, **linear** = mouvement *m.* rectiligne.
– – –, **positive** = mouvement *m.* commandé, mouvement *m.* desmodromique.
– – –, **rotary** = mouvement *m.* de rotation.
– – –, **shuttle** = mouvement *m.* alternatif.
– – –, **up-and-down** = mouvement *m.* de montée et de descente.
mover = moteur *m.,* machine *f.* motrice, déménageur *m.* (O.).
– – –, **car** = pousse-wagon *m.* (I.).
– – –, **earth** = benne *f.* râcleuse (M.).
– – –, **prime** = moteur *m.,* machine *f.* motrice, moteur *m.* d'entraînement, source *f.* d'énergie.
movies, the = le cinéma.
moving = mobile (adj.), en mouvement.
– – –, **earth** = terrassement *m.*
– – –, **slow** = lent (adj.), à marche lente.
mower = faucheuse *f.* (M.), faucheur *m.* (O.).
– – –, **electric** = tondeuse *f.* (de gazon) électrique (M.).
– – –, **gas(olene)** = tondeuse *f.* à essence (M.).
– – –, **lawn** = tondeuse *f.* (de gazon) (M.).
– – –, **lawn, electric** = tondeuse *f.* (de gazon) électrique.
– – –, **lawn, power** = tondeuse *f.* (de gazon) à moteur.
– – –, **mechanical** = faucheuse *f.*
– – –, **motor** = faucheuse *f.* à moteur.
mpg = V. « miles per gallon ».
mph = V. « miles per hour ».
MPX = V. « multiplex ».
msl = V. « level, sea, mean ».
MTB = V. « boat, motor torpedo ».
MTD = V. « duct, tile, multiple ».
mu = coefficient *m.* d'amplification (R.), pente *f.* (R.).
– – –, **variable** = pente *f.* variable (d'une lampe) (R.).
mucilage = colle *f.,* mucilage *m.*
– – –, **all-purpose** = colle *f.* universelle.
muck = curures *f.p.* (S.), ordures *f.p.* (des rues), cambouis *m.* (Méc.), fumier *m.* (Agr.).
mud = boue *f.*
– – –, **anode** = précipité *m.* formé sur une anode insoluble (E.).
mudguard = garde-boue *m.* (Auto.), pare-boue *m.* (Auto.), aile *f.* (Auto.).
– – –, **back** = aile *f.* arrière (Auto.).
– – –, **front** = aile *f.* avant (Auto.).
muff = manchon *m.* d'accouplement (pour tuyaux).
– – –, **radiator** = couvre-radiateur *m.* (Auto.).

muffle = moufle *m*. (de bétail).
muffler = silencieux *m*. (Auto.), pot *m*. d'échappement (Méc.), sourdine *f*. (Méc.).
– – –, **catalytic** = V. « converter, catalytic ».
– – –, **exhaust** = gueule-de-loup *f*. (d'une machine), pot *m*. d'échappement.
mug = grande tasse (Ust.), gobelet *m*. (Ust.), pot *m*. (Ust.), chope *f*. (Ust.).
– – –, **drinking** = timbale *f*. (Ust.).
– – –, **tin** = gobelet *m*. (Ust.), timbale *f*. (Ust.).
mulberry = mûrier *m*., mûre *f*.
– – –, **red** = mûrier *m*. rouge.
mulch = paillis *m*., litière *f*. (en décomposition).
– – –, **surface** = couverture *f*. d'humus.
mullion = meneau *m*. (d'une fenêtre) (B.), montant *m*. central (B.).
– – –, **door** = meneau *m*. de porte (B.).
multichannel = multiplex (Tp., R.).
multigrid = multigrille (adj.) (R.).
multilayer = à plusieurs couches, à couches multiples.
multiphase = polyphasé (adj.) (E.).
multiple = multiple (adj.), en dérivation (E.), en parallèle (E.), multiplage *m*. (c.-à-d. ensemble des jacks généraux) (Tp.).
– – –, **additional** = section *f*. additionnelle (Tp.).
– – –, **overlapping** = multiplage *m*. échelonné (Tp.).
– – –, **to** = multipler (Tp.).
multiplex = (télégraphe *m*., émission *f*.) multiplex (adj.), multiplex *m*. (R., Tp., Tg.).
multiplexer = répartiteur *m*. de puissance (R.), multiplexeur *m*. (M.) (R., Tv.).
multiplexing = multiplexage *m*. (R.).
multiplier = multiplicateur *m*., résistance *f*. série (E.).
– – –, **frequency** = multiplicateur *m*. de fréquences (E.).

(**multiplier**)

– – –, **secondary-emission** = multiplicateur *m*. d'électrons (R.).
– – –, **voltage** = multiplicateur *m*. de tension (E.), résistance *f*. série (E.).
multipling = multiplage *m*. (Tp.).
multipolar = multipolaire (adj.) (E.).
multiprocessing = multitraitement *m*. (de programmes).
multishot = (clinographe *m*.) à plusieurs coups.
multistep = étagé (adj.), à gradins.
multivibrator = multivibrateur *m*. (E.).
– – –, **synchronized** = multivibrateur *m*. synchronisé (E.), multivibrateur *m*. asservi (en fréquence) (E.).
munition = munitions *f.p*. (de guerre), matériel *m*. de guerre, armements *m.p*.
muntin = meneau *m*. de fenêtre (B.), montant *m*. (B.).
mush = brouillage *m*. (radioélectrique), ronflement *m*. (R.).
music, piped = musique *f*. transmise par circuit téléphonique.
muskeg = fondrière *f*. de mousse, marécage *m*., chenillette *f*. (Auto.).
muslin = mousseline *f*.
– – –, **cambric** = percale *f*.
mute = sourdine *f*.
muting = assourdissement *m*. (d'un son), mise *f*. d'une sourdine, blocage *m*. (automatique) d'un récepteur (R.).
mutual = mutuel (adj.), réciproque (adj.).
muzzle = bouche *f*. (d'un fusil), muselière *f*.
– – –, **dog** = muselière *f*. à chien.
– – –, **horse** = muselière *f*. à cheval.
– – –, **weaning** = caveçon *m*.
MW = V. « megawatt ».

n

(nail)

N. = V. « north ».
nail = clou *m*. (Men., C.), pointe *f*. (Men., C.).
– – –, **aluminium** = clou *m*. en aluminium.
– – –, **annular-grooved** = clou *m*. annelé.
– – –, **box** = clou *m*. d'emballage.
– – –, **brass** = clou *m*. en laiton.
– – –, **bullen** = bulle *f*., clou *m*. de tapissier.
– – –, **carpenter's** = clou *m*. à charpente.
– – –, **cast** = clou *m*. fondu.
– – –, **clamp** = cheville *f*. de moise.
– – –, **clapboard** = clou *m*. à planche à (dé)clin (Canada), clou *m*. à bordillon (France).
– – –, **clasp** = clou *m*. de couvreur à tête rabattue, clou *m*. à agrafe.
– – –, **clench** = clou *m*. à vis.
– – –, **clinch** = rivet *m*., clou *m*. à river.
– – –, **clout** = caboche *f*.
– – –, **coated** = clou *m*. enduit, clou *m*. enrobé.
– – –, **common** = clou *m*. à bois, pointe *f*. à bois, clou *m*. dit « à chevrons ».
– – –, **concrete** = clou *m*. à béton.
– – –, **cooper** = clou *m*. en cuivre.
– – –, **cut** = clou *m*. découpé.
– – –, **deck** = clou *m*. de carvelle (Mar.).
– – –, **diamond** = clou *m*. à tête de diamant, clou *m*. à losange.
– – –, **dog** = clameaux *m.p.*, clou *m*. à large tête, clampe *f*.
– – –, **double-headed** = rappointis *m*.
– – –, **finishing** = clou *m*. à finir, clou *m*. « à placage », clou *m*. à tête d'homme.
– – –, **flat-head** = clou *m*. à tête plate.
– – –, **flooring** = clou *m*. à parquet.
– – –, **French** = clou *m*. de Paris, pointe *f*. de Paris.
– – –, **frost** = clou *m*. à glace.
– – –, **furniture** = bulle *f*., clou *m*. « de tapissier », clou *m*. d'ameublement.
– – –, **galvanized** = clou *m*. galvanisé.
– – –, **hook** = clou *m*. à crochet.
– – –, **horseshoe** = clou *m*. de fer à cheval.
– – –, **hob** = caboche *f*. à chaussure.
– – –, **Hungarian, round-head** = clou *m*. hongrois à tête bouterollée.
– – –, **lath** = clou *m*. à latte.
– – –, **masonry** = clou *m*. à maçonnerie.
– – –, **moulding** = clou *m*. à moulure.
– – –, **ordinary** = clou *m*. ordinaire (c.-à-d. fait de fil d'acier tréfilé), pointe *f*. de Paris.
– – –, **ringed** = clou *m*. annelé.
– – –, **roofing, large-head** = clou *m*. à toiture à large tête.
– – –, **rose** = clou *m*. à rosace.
– – –, **screw** = vis *f*. à bois.
– – –, **shingle** = clou *m*. à bardeau.
– – –, **slate** = clou *m*. à ardoises.
– – –, **slice-pointed** = clou *m*. à pointe biseautée.
– – –, **spike** = clou *m*. à large tête, clampe *f*.
– – –, **spiral** = clou *m*. vrillé.
– – –, **sprig** = pointe *f*., cheville *f*.
– – –, **stub** = caboche *f*.
– – –, **tinned** = clou *m*. étamé.
– – –, **to** = clouer (une planche, une affiche), clouter (des chaussures, une porte).
– – –, **trunk** = clou *m*. à tête dorée, clou *m*. ornemental à grande tête.
– – –, **upholstering** = clou *m*. à rembourrer, clou *m*. de tapissier.
– – –, **weather-strip** = clou *m*. pour coupe-froid.
– – –, **wire** = clou *m*. en fil métallique, pointe *f*. de Paris.
– – –, **wire, coated, cement** = clou *m*. enduit, clou *m*. enrobé.
– – –, **wrought** = clou *m*. forgé.
nailing = clouage *m*., clouement *m*.
– – –, **blind** = clouage *m*. dérobé, clouage *m*. à tête perdue.
– – –, **double face** = clouage *m*. de face double.
– – –, **edge** = clouage *m*. à la rive (des parquets) (B.).
– – –, **face** = clouage *m*. de face, clouage *m*. droit.
– – –, **secret** = clouage *m*. dérobé, clouage *m*. à tête perdue.
– – –, **toe** = clouage *m*. en biais.
– – – **up** = condamnation *f*. (d'une fenêtre).
nails of sorts = clous *m.p.* assortis.

(needle)

name = nom *m.*, renommée *f.*, devise *f.* (d'un navire), raison *f.* sociale (d'une Société).
– – –, **Christian** = prénom *m.*
– – –, **code** = appellation *f.* conventionnelle.
– – –, **family** = nom *m.* de famille.
– – –, **first** = prénom *m.* (de quelqu'un).
– – –, **maiden** = nom *m.* de jeune fille.
– – –, **office, central** = nom *m.* de central (Tp.).
– – –, **to** = désigner (quelqu'un), fixer (l'heure et l'endroit), citer (un exemple).
names of parts = nomenclature *f.* des pièces (Méc.).
namesake = homonyme *m.*
nano-second = nanoseconde *f.* (= un milliardième de seconde).
naphta = naphte *m.*
naphtalene = naphtalène *m.*, naphtaline *f.*
napkin = serviette *f.* (de table) (Ust.).
– – –, **paper** = serviette *f.* en papier (Ust.).
– – –, **table** = serviette *f.* (de table) (Ust.).
nature = nature *f.* (du sol, de la matière), caractère *m.* (d'une affaire).
nave = moyeu *m.* (d'une roue), nef *f.* (d'une église).
navigation = navigation *f.* (Mar.).
– – –, **aerial** = navigation *f.* aérienne (Av.).
– – –, **celestial** = navigation *f.* par visées astronomiques (Mar., Av.).
– – –, **coastal** = cabotage *m.* (Mar.), navigation *f.* côtière (Mar.).
– – –, **instrument** = navigation *f.* aux instruments (Mar., Av.).
– – –, **radio** = radionavigation *f.*
navvy = terrassier *m.* (O.), ouvrier *m.* terrassier (O.).
– – –, **mechanical** = pelle *f.* à vapeur, pelle *f.* mécanique, excavateur *m.* à vapeur.
– – –, **steam** = pelle *f.* à vapeur, excavateur *m.* à vapeur.
navy = marine *f.*
N.B. (**nota bene**) = nota bene *m.*, nota *m.*, note *f.*
N.E. (**north-east**) = nord-est, N.-E.
near by = tout près, tout proche.
neck = goulot *m.* ou col *m.* (d'une bouteille), fusée *f.* ou tourillon *m.* (d'un essieu), col *m.* (d'un vérin), gorge *f.* (de chapiteau) (B.), collet *m.* (de vis), langue *f.* (de terre).
– – –, **axle** = fusée *f.* (d'essieu) (Méc.).
– – –, **bearing** – – – **of an axle** = fusée *f.* (Méc.).
– – –, **bottle** = goulot *m.*, embouteillage *m.* (dans une rue) (Auto.), étranglement *m.* de la circulation (Auto.).
– – –, **chimney** = bouche *f.* de cheminée (B.).
– – –, **filler** = col *m.* du réservoir (Auto.).
– – –, **goose** = col *m.* de cygne (I.).
– – – **of a crane** = volée *f.* d'une grue (C.).
– – –, **swan** = col *m.* de cygne (I.).
necking = striction *f.* progressive (Mét.).
need = besoin *m.*, V. « needs ».
needle = pointeau *m.* (d'une soupape), aiguille *f.* (d'un phonographe, à tricoter), cale *f.* (C.).
– – –, **bent-shank** = aiguille *f.* courbe.
– – –, **blasting** = épinglette *f.*
– – –, **carburetor** = pointeau *m.* de carburateur (Auto.).
– – –, **compass** = aiguille *f.* du compas.

– – –, **dial, magnetic** = aiguille *f.* aimantée.
– – –, **dipping** = aiguille *f.* d'inclinaison.
– – –, **engraving** = pointe *f.* pour taille-douce.
– – –, **etching** = style *m.*, pointe *f.* sèche (à graver).
– – –, **firing** = percuteur *m.* (d'un fusil).
– – –, **float** = pointeau *m.* (du carburateur).
– – –, **knitting** = aiguille *f.* à tricoter (Ust.).
– – –, **magnetic** = aiguille *f.* aimantée.
– – – **of a rifle** = percuteur *m.* d'une carabine.
– – –, **packing** = aiguille *f.* d'emballage.
– – –, **priming** = épinglette *f.*
– – –, **reproducing** = aiguille *f.* ou saphir *m.* (de phono).
– – –, **sail** = carrelet *m.*
– – –, **sewing** = aiguille *f.* à coudre (Ust.).
– – –, **valve** = pointeau *m.*
– – –, **valve, loaded** = pointeau *m.* (de soupape) à contrepoids.
needling = calage *m.* (de la partie supérieure d'une bâtisse) (B.).
needs, present = besoins *m.p.* actuels.
– – –, **training** = besoins *m.p.* de formation (des employés).
negative = négatif *m.* (ou adj.), négatif *m.* (Phot.), plaque *f.* négative (d'une pile), poinçon *m.* (d'un disque).
– – –, **line** = négatif *m.* au trait.
negaton = négaton *m.* (E.), électron *m.* négatif (E.).
negatron = négatron *m.* (E.).
negotiate, to = traiter (une affaire), être en marché avec quelqu'un (pour), négocier (un emprunt), passer (un contrat), prendre un tournant (Auto).
neon = néon *m.*
nerve = nervure *f.* (B.).
nest = nid *m.* (d'oiseaux), faisceau *m.* (de ressorts).
– – –, **hen's** = nid *m.* pondoir.
– – –, **squirrel's** = bauge *f.*
nesting = emboîture *f.* (Méc.).
net = filet *m.*, grillage *m.* (d'une porte), treillis *m.* (d'une clôture), moustiquaire *m.*, toile *f.* métallique.
– – –, **bee-keeper's** = voile *m.* d'apiculteur, cueille-essaim *m.*, voile *m.* moustiquaire.
– – –, **drag** = chalut *m.*
– – –, **earth** = grillage *m.* de terre (R.).
– – –, **fishing** = filet *m.* de pêche.
– – –, **guard** = filet *m.* protecteur (de câble aérien) (Tp.).
– – –, **hair** = résille *f.* (Ust.).
– – –, **hoop** = verveux *m.*, nasse *f.*
– – –, **landing** = épuisette *f.*
– – –, **mosquito** = moustiquaire *m.*
– – –, **pond** = verveux *m.*, nasse *f.*
– – –, **safety** = filet *m.* de protection (B., C.), filet *m.* de sécurité (B., C.).
netting = filet *m.*, treillis *m.*, grillage *m.*, moustiquaire *m.*, toile *f.* métallique.
– – –, **fox, galvanized** = grillage *m.* galvanisé à renard.
– – –, **mosquito** = tuile *m.* à moustiquaire.
– – –, **poultry** = grillage *m.* à volaille.
– – –, **smoke-box** = grille *f.* à flammèches (de locomotive).
– – –, **wire** = treillis *m.* métallique, grillage *m.*, grille *f.*
network = réseau *m.* (E., Tp.), chaîne *f.* (R., Tv.).

(network)

– – –, **active** = réseau *m.* actif (c.-à-d. contenant une source d'énergie électrique).
– – –, **aerial** = réseau *m.* d'antennes (R.), faisceau *m.* d'antennes (R), installation *f.* de lignes aériennes (Tp.), réseau *m.* de conducteurs aériens (E.), réseau *m.* aérien (Tp.).
– – –, **automatic switching** = réseau *m.* à commutation automatique (Tp.).
– – –, **balancing** = équilibreur *m.* (Tp.).
– – –, **bridge** = réseau *m.* en pont (E.).
– – –, **broadcasting** = réseau *m.* de radiodiffusion (R.).
– – –, **building-out** = complément *m.* de ligne (E.).
– – –, **buried** = réseau *m.* de câbles souterrains (Tp.), réseau *m.* souterrain (Tp.).
– – –, **cable** = réseau *m.* de câbles (Tp.).
– – –, **combined** = réseau *m.* mixte (Tp.).
– – –, **compensating** = réseau *m.* (ou circuit *m.*) de compensation (R.).
– – –, **conduit** = réseau *m.* de tubes isolants (E.), canalisation *f.* (Tp.).
– – –, **distribution** = réseau *m.* de distribution (E.).
– – –, **distribution, electrical** = réseau *m.* de distribution électrique (E.).
– – –, **distribution, power** = réseau *m.* de distribution électrique (E.).
– – –, **electric** = réseau *m* électrique (E.).
– – –, **equivalent** = réseau *m.* équivalent (E.).
– – –, **free** = réseau *m.* libre.
– – –, **ground** = prise *f.* de terre multiple (E.).
– – –, **guard** = filet *m.* de protection (de câble aérien) (Tp.).
– – –, **lattice** = réseau *m.* maillé.
– – –, **leased** = location *f.* de réseau.
– – –, **lighting** = réseau *m* d'éclairage (E.).
– – –, **microwave** = réseau *m.* (à) micro-ondes.
– – – **of electric conductors** = réseau *m.* de conducteurs électriques (E.).
– – – **of lines** = réseau *m.* (E.), réseau *m.* de lignes (E.).
– – – **of wires** = réseau *m.* de fils.
– – –, **overhead** = réseau *m.* aérien (Tp.), installations *f.p.* aériennes (Tp.).
– – –, **passive** = réseau *m.* passif (c.-à-d. ne contenant pas de source d'énergie électrique).
– – –, **pipe** = réseau *m.* de tuyauterie *f.*
– – –, **primary** = réseau *m* primaire (E.).
– – –, **road** = réseau *m.* routier.
– – –, **rural** = réseau *m.* rural (Tp., E.).
– – –, **secondary** = réseau *m.* secondaire (E.).
– – –, **telecommunications** = réseau *m.* de télécommunications.
– – –, **telegraph** = réseau *m.* télégraphique.
– – –, **telegraph, private** = réseau *m.* télégraphique privé.
– – –, **telegraph, public** = réseau *m.* télégraphique public.
– – –, **telephone** = réseau *m.* téléphonique.
– – –, **telephone, automatic** = réseau *m.* téléphonique automatique.
– – –, **telephone, local** = réseau *m.* (téléphonique) local.
– – –, **telephone, long distance** = réseau *m.* (téléphonique) interurbain.
– – –, **telephone, private** = réseau *m.* téléphonique

(network)

privé.
– – –, **telephone, public** = réseau *m.* téléphonique public.
– – –, **toll** = réseau *m.* interurbain (Tp.).
– – –, **traction, electric** = réseau *m.* de traction électrique (E.).
– – –, **transmission** = réseau *m.* transmetteur (R., Tp.).
– – –, **transmission, power** = réseau *m.* de transport d'énergie électrique (E.).
– – –, **voice** = réseau *m.* (de transmission) à fréquences vocales (Tp.), réseau *m.* téléphonique (Tp.).
– – –, **weighting** = réseau *m.* filtrant (E.).
– – – **with ground-connected neutral** = réseau *m.* à neutre relié à la terre (E.).
– – – **with insulated neutral** = réseau *m.* à neutre isolé (E.).
neutral = compensateur *m.* (E.), fil *m.* neutre (E.), point *m.* mort (d'un embrayage) (Méc.), neutre (adj.).
– – –, **floating** = neutre *m.* à tension variable (en rapport avec la terre) (E.).
neutralization = neutralisation *f.* (E.), neutrodynage *m.* (E.), compensation *f.* (de l'effet d'antenne) (R.).
– – –, **cross** = neutrodynage *m.* en croix (E.).
– – –, **plate** = neutralisation *f.* du circuit anodique (R.).
neutralizing = neutralisant (adj.).
neutrodyne = neutrodyne *m.* (ou adj.) (E.).
neutron = neutron *m.* (E.).
new, brand = tout neuf.
newel = noyau *m.* (d'escalier) (B.).
– – –, **solid** = noyau *m.* plein (B.).
newspaper = journal *m.*
– – –, **daily** = quotidien *m.*
– – –, **weekly** = hebdomadaire *m.*
newsreel = actualités *f.p.* cinématographiques.
newton = newton *m.* (c.-à-d. unité de force dans le système MKSA; = 100 000 dynes), N *m.*
N / F = V. « funds, no ».
n.h.p. = V. « horse-power, nominal ».
nib = pointe *f.* (d'outil).
– – –, **pen** = plume *f.*, bec *m.* (de plume).
niche = niche *f.* (B.).
nichrome = nichrome *m.*, nickel-chrome *m.*
nick = entaille *f.*, fente *f.*, cran *m.* (Imp.).
– – –, **to** = entailler, encocher, anglaiser (la queue d'un cheval) (Agr.).
nickel = nickel *m.*
– – –, **chrome** = nickel-chrome *m.*
– – –, **to** = nickeler.
nicking = entaillage *m.*, encochement *m.*, ébrèchement *m.* (d'une lame de couteau), anglaisage *m.* (de la queue d'un cheval) (Agr.).
nicol = nicol *m.*
niello = nielle *m.* (Mét.).
– – –, **to** = nieller (Mét.).
niggerheads = points *m.p.* de marge (Imp.).
nip = pincement *m.* (des rameaux fruitiers), étranglement *m.* (d'un filon) (Mi.), pince *f.* (entre cylindres) (Pap.).
– – –, **spring** = sabot *m.* de ressort (Méc.).
– – –, **to** = pincer (une chambre à air).
nipper = came *f.* (Méc.), déclic *m.* (Méc.).
nippers = pinces *f.p.* (I.), tenailles *f.p.* (I.), pinces *f.p.*

(nippers)

de serrage (I.), pince *f.* coupante (I.).
- – –, **band** = pince *f.* de relieur (Imp.), pince-nerfs *m.* (Imp.).
- – –, **cutting** = pinces *f.p.* coupantes.
- – –, **cutting, end** = pinces *f.p.* coupantes sur bout.
- – –, **cutting, farrier's** = tenailles *f.p.* de maréchal, pinces *f.p.* coupantes de maréchal.
- – –, **cutting, side** = pinces *f.p.* coupantes sur côté, pinces *f.p.* coupe-fils de côté.
- – –, **nail-cutting** = tenailles *f.p.* coupe-clous.
nipple = raccord *m.* (de tuyauterie), tétine *f.* (de biberon), manchon *m.* fileté (S.).
- – –, **blind** = bouchon *m.* fileté.
- – –, **grease** = raccord *m.* de graissage (Auto.).
- – –, **hook** = raccord *m.* à crochet.
- – –, **hose** = raccord *m.* de boyau d'arrosage.
- – –, **pipe** = raccord *m.* de tuyau, manchon *m.* de tuyau (à fil extérieur).
- – –, **seal** = mamelon *m.* (d'étanchéité) (Mi.).
- – –, **spoke** = écrou *m.* de rayon (Méc.).
- – –, **spraying** = gicleur *m.* (Auto.).
nitride = nitrure *m.*
nitrogen = azote *f.*
nitroglycerine = nitroglycérine *f.*
nitrous = azoteux (adj.), nitreux (adj.).
N.N.E. (North-north-east) = nord-nord-est, N.-N.-E.
N.N.W. (North-north-west) = nord-nord-ouest, N.-N.-O.
no. = V. « number ».
nock = encoche *f.* (d'une flèche).
node = noeud *m.* (E.).
- – –, **current** = noeud *m.* de courant.
- – –, **potential** = noeud *m.* de potentiel, noeud *m.* de tension.
- – –, **vibration** = noeud *m.* d'oscillations.
- – –, **voltage** = noeud *m.* de potentiel, noeud *m.* de tension.
nog, to = hourder (une cloison), cheviller (un joint).
nogging, brick = remplissage *m.* en briques.
noise = bruit *m.*, son *m.*, bruit *m.* de fond (Tp.), souffle *m.* (d'un ventilateur, d'un réacteur).
- – –, **additional** = bruit *m.* de fond (Tp.).
- – –, **agitation, thermal** = effet *m.* thermique (R.), bruit *m.* d'agitation thermique.
- – –, **amplifier** = bruit *m.* de fond (Tp.), souffle *m.* d'amplificateur (Tp.).
- – –, **atmospheric** = parasites *m.p.* atmosphériques (R.), bruits *m.p.* parasites (R.).
- – –, **background** = bruit *m.* de fond (Tp.).
- – –, **battery-circuit** = bruit *m.* d'alimentation (Tp.).
- – –, **buzzing** = ronflement *m.* (Tp.), bruit *m.* de fond (Tp.).
- – –, **circuit** = bruit *m.* de ligne (Tp.).
- – –, **circuit, supply, battery** = bruit *m.* d'alimentation (Tp.).
- – –, **clicking** = cliquetis *m.*
- – –, **contact** = bruit *m.* de friture (Tp., R.).
- – –, **cosmic** = bruit *m.* cosmique (R.).
- – –, **crackling** = friture *f.* (R.).
- – –, **cross-modulation** = bruit *m.* de transmodulation (Tp.), bruit *m.* d'intermodulation (Tp.).
- – –, **extra-terrestrial** = bruit *m.* cosmique (R.).
- – –, **fluctuation** = effet *m.* de grenaille (R.), bruit *m.*,

(noise)

de grenaille (R.), bruit *m.* d'agitation thermique (R.).
- – –, **ground** = bruit *m.* de fond (E.).
- – –, **humming** = bourdonnement *m.* (R.).
- – –, **induced** = bruits *m.p.* induits (R., Tp.).
- – –, **Johnson** = bruit *m.* dû à l'agitation thermique (R.).
- – –, **line** = bruit *m.* de ligne (Tp.).
- – –, **man-made** = perturbation *f.* industrielle (R.), parasite *m.* industriel (R.).
- – –, **random** = bruit *m.* erratique (E.).
- – –, **random, uniform-spectrum** = « bruit *m.* blanc » ou bruit *m.* à spectre continu et uniforme (E.).
- – –, **receiver** = bruit *m.* propre d'un récepteur (R.).
- – –, **reference** = bruit *m.* de référence américain (Tp.).
- – –, **room** = bruit *m.* de salle (Tp.), bruit *m.* ambiant (Tp.).
- – –, **scratching** = bruit *m.* de surface (d'un disque), grincement *m.* (d'une plume sur le papier), crissement *m.* (Tp.), friture *f.* (Tp.).
- – –, **set** = bruit *m.* de fond d'un poste récepteur (R.).
- – –, **shot** = bruit *m.* de grenaille (R.).
- – –, **surface** = bruit *m.* de surface (R.), bruissement *m.* de l'aiguille (d'un phonographe).
- – –, **switching** = bruit *m.* de commutation (E.).
- – –, **system** = bruit *m.* de réseau (Tp.).
- – –, **telegraph** = bruit *m.* de télégraphe.
- – –, **thermal** = bruit *m.* d'agitation thermique (R.), effet *m.* thermique (R.).
- – –, **transmitter** = bruit *m.* de microphone (Tp.).
- – –, **vacuum-tube** = bruits *m.p.* de répéteurs (Tp.).
- – –, **valve** = bruit *m.* de fond d'une lampe (R.).
- – –, **white** = « bruit *m.* blanc » ou bruit *m.* à spectre continu et uniforme (E.).
noiseless = sans bruit, (moteur *m.*) silencieux (adj.).
noises, amplifier = sifflement *m.* des amplificateurs (Tp.).
- – –, **circuit** = bruits *m.p.* de circuit (Tp.).
- – –, **contact** = bruits *m.p.* de friture (Tp.).
- – –, **erratic** = bruits *m.p.* intermittents (R.).
- – –, **ripple** = bruits *m.p.* d'alimentation (R.).
nominal = nominal (adj.), (prix *m.*) fictif (adj.).
nomogram = abaque *m.*, nomogramme *m.*
nomograph = abaque *m.*., nomogramme *m.*
non-conducting = non-conducteur (adj.) (E., Méc.), calorifuge (adj.), isolant (adj.).
non-corrodible = inoxydable (adj.).
non-fouling = inencrassable (adj.).
non-linearity, line = distorsion *f.* de vitesse de balayage horizontal (Tv.).
nonpareil = nonpareille *f.* (Imp.).
non-skid = antidérapant (adj.) (Auto.).
non-slip = antidérapant (adj.) (B.).
non-standard = hors série courante.
non-stop = (vol *m.*) direct (adj.) ou sans escale (Av.), (concert *m.*) continu (adj.).
noose = noeud *m.* coulant.
- – –, **running** = noeud *m.* coulant.
noria = noria *f.* (H.), pompe *f.* à chapelet (H.), patenôtre *f.* (H.).
norm = norme *f.*
normal = normal (adj.), normale *f.* (c.-à-d. perpendicu-

(normal)

laire), de régime.
– – – **to** = perpendiculaire à.
normalize, to = normaliser.
north = nord *m*.
– – –, **due** = droit vers le nord, nord *m*. franc.
– – –, **magnetic** = nord *m*. magnétique.
– – –, **true** = nord *m*. vrai, nord *m*. géographique.
nose = taillant *m*. (d'un ciseau à froid), ajutage *m*. (d'un tube), mentonnet *m*. (d'une cheville), pilote *m*. (d'un foret conique), tête *f*. (d'un pointeau), lobe *m*. (de came), nez *m*. (du moteur) (Av.).
– – –, **bull** = petit rabot (dont le tranchant du fer est à l'avant du fût).
– – –, **plier** = bec *m*. de pince.
– – –, **spindle** = nez *m*. de broche (de tour) (Méc.), nez *m*. d'arbre (Méc.).
– – –, **to** = garnir d'un nez (une marche d'escalier).
– – – **up** = cabrage *m*. (Av.).
nosing = astragale *m*. (B.), arête *f*. (de moulure), musoir *m*. (d'une jetée) (H.), nez *m*. (de marche d'escalier).
– – – **of stair-tread** = nez *m*. de marche d'escalier (B.).
notation = notation *f*.
notch = encoche *f*. (sur le pêne d'une serrure), cran *m*. (d'arrêt) (Méc.), trait *m*. de scie, brèche *f*. (dans une lame de couteau), adent *m*. (Men.), créneau *m*. (d'un parapet), dent *f*. (d'une roue).
– – –, **adjustment** = encoche *f*. de réglage.
– – –, **channel** = engoujure *f*. (d'un mât), gorge *f*. (d'une poulie).
– – –, **cinder** = sortie *f*. du laitier (Mét.).
– – – **of a block** = gorge *f*. d'une poulie.
– – – **of the back-sight** = cran *m*. de mire (sur la hausse d'une arme à feu).
– – –, **saw** = trait *m*. de scie.
– – –, **sighting** = cran *m*. de mire (d'une carabine).
– – –, **skew** = embrèvement *m*.
– – –, **stop** = cran *m*. d'arrêt (Méc.).
– – –, **to** = encocher, entailler, créneler (une roue), saboter (des traverses) (Ch.d.f.), ébrécher (une lame).
notching = rainure *f*. (d'une solive), entaillage *m*., endent *m*. (Men.).
– – –, **skew** = embrèvement *m*. ou embreuvement *m*. (B.).
note = note *f*., son *m*., signe *m*., mémorandum *m*., billet *m*.
– – –, **beat** = note *f*. de battement (R.), son *m*. interférentiel (R.).
– – –, **foot** = note *f*. au bas de la page, apostille *f*.
– – –, **high-pitch** = note *f*. élevée.
– – –, **low** = note *f*. grave.
– – –, **marginal** = note *f*. marginale.
– – –, **promissory** = billet *m*. (à ordre).
– – –, **sharp** = note *f*. aiguë.
– – –, **side** = note *f*. marginale (Imp.).
– – –, **side, cut-in** = note *f*. marginale (Imp.).
– – –, **to** = prendre note, noter, remarquer.
– – –, **tuning** = note *f*. d'accord.
notice = avis *m*., affiche *f*., délai *m*.
– – –, **advance** = préavis *m*.
– – –, **copyright** = mention *f*. de réserve (dans une oeuvre).

(notice)

– – – **of award** = avis *m*. d'adjudication.
– – –, **termination** = avis *m*. de résiliation.
– – – **to proceed** = ordre *m*. d'exécution (des travaux).
notification = avis *m*., notification *f*.
notion = notion *f*. (du lieu), idée *f*., notions *f.p*. (d'une science).
notions = menus objets.
noxious = (gaz *m*.) délétère (adj.), nocif (adj.).
nozzle = lance *f*. (de boyau à incendie), ajutage *m*. ou tuyère *f*. (de turbine), gicleur *m*. (de carburant), buse *f*. (d'aérage, d'un carburateur, d'un soufflet), injecteur *m*. (Méc.), bec *m*. d'injecteur, jet *m*. (d'un boyau d'arrosage), canule *f*. (de seringue), tuyère *f*. (d'éjection).
– – –, **air** = buse *f*. d'air, ajutage *m*. à air.
– – –, **branch** = tubulure *f*. de trop-plein.
– – –, **burner** = bec *m*. de chalumeau, ajutage *m*. de brûleur.
– – –, **burner, oil** = pulvérisateur *m*.
– – –, **carburetor** = gicleur *m*. de carburateur (Auto.), injecteur *m*. de carburateur (Auto.).
– – –, **combining** = tuyère *f*. d'aspiration (d'un injecteur).
– – –, **conical** = ajutage *m*. conique.
– – –, **contracting** = ajutage *m*. convergent.
– – –, **convergent** = ajutage *m*. convergent.
– – –, **deflecting** = injecteur *m*. articulé.
– – –, **discharge** = orifice *m*. de décharge, robinet *m*. de décharge.
– – –, **discharge, air** = bouche *f*. de sortie de l'air.
– – –, **drip** = ajutage *m*. à gouttes réglables.
– – –, **flue** = buse *f*. d'évacuation.
– – –, **fuel** = gicleur *m*. de carburant.
– – –, **gaz** = brûleur *m*. (d'un four à coke), bec *m*. de gaz.
– – –, **hose** = lance *f*. d'arrosage, ajutage *m*. de boyau d'arrosage.
– – –, **hose, water** = lance *f*. d'arrosage, ajutage *m*. de boyau d'arrosage.
– – –, **inlet, air** = bouche *f*. d'entrée de l'air.
– – –, **jet** = gicleur *m*. (Auto.).
– – –, **needle** = injecteur *m*. à aiguille.
– – –, **relief, auxiliary** = injecteur *m*. détendeur auxiliaire.
– – –, **removable-head** = gicleur *m*. à tête rapportée.
– – –, **sand-blast** = ajutage *m*. à jet de sable, buse *f*. à jet de sable.
– – –, **spray** = ajutage *m*. d'arrosage, pulvérisateur *m*. (de brûleur), tuyère *f*.
– – –, **spraying** = gicleur *m*., pulvérisateur *m*. à tuyère, ajutage *m*. d'arrosage.
– – –, **steam** = ajutage *m*. à vapeur.
– – –, **tap, anti-splash** = brise-jet *m*.
– – –, **three-hole** = gicleur *m*. à trois trous.
– – –, **torch** = bec *m*. de chalumeau.
n.p. = V. « pitch, normal ».
N.S.F. (not sufficient funds) = manque *m*. de fonds, insuffisance *f*. de provision.
nuclear = (physique *f*.) nucléaire (adj.), (énergie *f*.) atomique (adj.).
nucleon = nucléon *m*.
nucleus = noyau *m*.
nugget = pépite *f*.

(nugget)

– – –, **gold** = pépite *f.* d'or.
nuisance = gêne *f.*, ennui *m.*, perturbation *f.* (Tp.), préfixe *m.* (du numéro d'un abonne).
null = nul (adj.), zéro *m.*
– – – **and void** = nul et sans effet, nul et non avenu.
number = nombre *m.*, numéro *m.*, matricule *m.*
– – –, **Brinnel** = chiffre *m.* de Brinnel (Mét.).
– – –, **called** = numéro *m.* (du) demandé (Tp.), numéro *m.* appelé (Tp.).
– – –, **calling** = numéro *m.* (du) demandeur (Tp.).
– – –, **code** = indicatif *m.* numéral (Tp.).
– – –, **emergency** = numéro *m.* (de demande) de secours (Tp.).
– – –, **emergency, universal** = numéro *m.* de secours universel.
– – –, **even** = nombre *m.* pair.
– – –, **exchange** = numéro *m.* du bureau (Tp.), indicatif *m.* d'appel (Tp.).
– – –, **extension** = (numéro *m.* d'un) poste *m.* (Tp.).
– – –, **flight** = vol *m.* numéro (Av.).
– – –, **guide** = nombre-guide *m.* (Phot.).
– – –, **job** = grébiche *f.* (Imp.).
– – –, **key** = numéro *m.* de repérage (d'une carte).
– – –, **non listed** = numéro *m.* non inscrit (Tp.).
– – –, **non published** = numéro *m.* secret (Tp.).
– – –, **odd** = nombre *m.* impair.
– – – **of significant conditions** = valence *f.* (d'une modulation ou d'une restitution) (Tg.).
– – –, **opposite** = correspondant *m.* en grade (O.). homologue *m.* (O.).
– – –, **pitch** = pas *m.* diamétral (d'un engrenage).
– – –, **real** = nombre *m.* réel.
– – –, **registration** = numéro *m.* matricule (Auto.).
– – –, **requisition** = numéro *m.* de référence.
– – –, **serial** = numéro *m.* matricule (d'un moteur). numéro *m.* de série, numéro *m.* d'ordre.
– – –, **subscriber's** = numéro *m.* d'appel (Tp.).
– – –, **telephone** = numéro *m.* d'appel.
– – –, **telephone, non-posted** = numéro *m.* non publié. numéro *m.* secret.
– – –, **telephone, non-published** = numéro *m.* privé.
– – –, **telephone, unassigned** = numéro *m.* non attribué. numéro *m.* disponible.
– – –, **telephone, unlisted** = numéro *m.* non inscrit (à l'annuaire).
– – –, **to** = numéroter (les pages, les maisons).
– – –, **TWX** = indicatif *m.* du « TWX » (c.-à-d. téléimprimeur).
– – –, **wrong** = erreur *f.* de numéro (Tp.), numéro *m.* erroné (Tp.), mauvais numéro (Tp.), faux numéro (donné par quelqu'un) (Tp.).
numbering = numérotage *m.* (des rues, des billets). composition (d'un numéro) au clavier (Tp.).
– – – **of cable conductors** = ordre *m.* de numérotage des conducteurs dans un câble (Tp.), numérotation *f.* des conducteurs dans un câble (Tp.).
numeral = chiffre *m.*, nombre *m.*
– – –, **office, central** = numéro *m.* de central (Tp.). indicatif *m.* de central (Tp.).
numerals, Arabic = chiffres *m.p.* arabes.
– – –, **Roman** = chiffres *m.p.* romains.
numerical = numérique (adj.).
nursery = garderie *f.* ou crèche *f.* (d'enfants), pépinière

(nursery)

f. (For.).
nut = écrou *m.*
– – –, **adjusting** = écrou *m.* de réglage, écrou *m.* de calage.
– – –, **anchor** = écrou *m.* de fixation, écrou *m.* de blocage.
– – –, **axle** = écrou *m.* d'essieu.
– – –, **back-** = contre-écrou *m.*, écrou *m.* de blocage.
– – –, **ball** = écrou *m.* sphérique.
– – –, **barrel** = manchon *m.* fileté.
– – –, **binding** = écrou *m.* d'arrêt.
– – –, **blind** = écrou *m.* borgne.
– – –, **bolt** = écrou *m.* de boulon.
– – –, **bonnet** = écrou *m.* à portée sphérique.
– – –, **box** = écrou *m.* à chapeau, écrou *m.* à trou borgne.
– – –, **brass** = écrou *m.* en laiton.
– – –, **buffer** = écrou *m.* amortisseur.
– – –, **butterfly** = écrou *m.* à oreilles.
– – –, **cap** = écrou *m.* à chape, écrou-capuchon *m.*.
– – –, **castellated** = écrou *m.* crénelé, écrou *m.* à entailles.
– – –, **castle** = écrou *m.* crénelé, écrou *m.* à créneaux.
– – –, **check-** = contre-écrou *m.*, écrou *m.* de blocage.
– – –, **clamping** = écrou *m.* de serrage.
– – –, **clasp** = écrou *m.* à mâchoires.
– – –, **clinch** = écrou *m.* de serrage.
– – –, **collar** = écrou *m.* à embase, écrou *m.* à collet.
– – –, **counter-** = contre-écrou *m.*.
– – –, **countersunk** = écrou *m.* noyé.
– – –, **coupling** = écrou *m.* de raccord, écrou-raccord *m.*.
– – –, **cylindrical** = écrou *m.* cylindrique.
– – –, **deep** = écrou *m.* haut.
– – –, **die** = écrou *m.* taraudeur.
– – –, **doomed** = écrou *m.* à portée sphérique.
– – –, **draw** = écrou *m.* de traction.
– – –, **female** = écrou *m.* prisonnier.
– – –, **finger** = écrou *m.* à oreilles, écrou *m.* papillon.
– – –, **fixing** = écrou *m.* de serrage.
– – –, **flanged** = écrou *m.* à embase, écrou *m.* à collet.
– – –, **flush** = écrou *m.* noyé.
– – –, **fly** = écrou *m.* à oreilles, écrou *m.* papillon:
– – –, **gland** = écrou *m.* creux.
– – –, **grip** = contre-écrou *m.*.
– – –, **grooved** = écrou *m.* à gorge.
– – –, **hand** = écrou *m.* à oreilles.
– – –, **hexagonal** = écrou *m.* à six pans.
– – –, **hexagonal, slotted** = écrou *m.* crénelé à six pans.
– – –, **holding-down** = écrou *m.* de fixation, écrou *m.* de calage.
– – –, **holed** = écrou *m.* à trous.
– – –, **hollow** = écrou-raccord *m.*, écrou *m.* d'accouplement.
– – –, **hood** = écrou-capuchon *m.*, écrou *m.* à chapeau.
– – –, **jam-** = contre-écrou *m.*, écrou *m.* d'arrêt.
– – –, **knurled** = écrou *m.* moleté.
– – –, **lock-** = contre-écrou *m.*, écrou *m.* de blocage, écrou *m.* indesserrable.
– – –, **loose** = écrou *m.* desserré.
– – –, **machine-made** = écrou *m.* décolleté.
– – –, **milled** = écrou *m.* à molette, écrou *m.* moleté.
– – –, **mounting** = écrou *m.* de montage.

(nut)

– – –, **nipple** = écrou *m.* de raccord, écrou-raccord *m.*
– – –, **notched** = écrou *m.* à dents, écrou *m.* à entailles.
– – –, **octogonal** = écrou *m.* à huit pans.
– – –, **packing** = écrou *m.* de presse-étoupe.
– – –, **pilot** = écrou *m.* de montage.
– – –, **pinch** = contre-écrou *m.*, écrou *m.* de blocage.
– – –, **regulating** = écrou *m.* de réglage.
– – –, **retaining** = écrou *m.* de blocage, écrou *m.* de fixation.
– – –, **ring** = bague *f.* (pour tuyaux).
– – –, **round** = écrou *m.* cylindrique.
– – –, **safety** = écrou *m.* de sûreté, contre-écrou *m.*
– – –, **screw** = écrou *m.* de vis, écrou *m.*
– – –, **screw, machine** = écrou *m.* de mécanique.
– – –, **self-locking** = écrou *m.* indesserrable.
– – –, **serrated** = écrou *m.* cannelé.
– – –, **set-** = contre-écrou *m.*, écrou *m.* de blocage, écrou *m.* de pression.
– – –, **shallow** = écrou *m.* bas.
– – –, **sleeve** = manchon *m.* fileté, manchon *m.* taraudé, manchon *m.* à lanterne.

(nut)

– – –, **slotted** = écrou *m.* crénelé, écrou *m.* à rainures.
– – –, **spigot** = écrou *m.* de raccord, écrou-raccord *m.*
– – –, **split** = demi-écrou *m.*, écrou *m.* fendu.
– – –, **square** = écrou *m.* à quatre pans, écrou *m.* carré.
– – –, **standard** = écrou *m.* ordinaire.
– – –, **stationary** = écrou *m.* prisonnier.
– – –, **stop** = écrou *m.* d'arrêt.
– – –, **stripped** = écrou *m.* foiré.
– – –, **tapped** = écrou *m.* taraudé.
– – –, **threaded** = écrou *m.* fileté.
– – –, **thrust** = bague-écrou *f.*
– – –, **thumb** = écrou *m.* à oreilles, écrou *m.* papillon.
– – –, **tightening** = écrou *m.* de serrage.
– – –, **tommy** = écrou *m.* à trous (se vissant à la broche).
– – –, **union** = écrou *m.* d'accouplement, écrou-raccord *m.*
– – –, **wing** = écrou *m.* à oreilles, écrou *m.* papillon.
nutrition = alimentation *f.*
N.W. (North-west) = nord-ouest, N.-O.
nylon = nylon *m.*

O

oak = chêne *m.*
– – –, **black** = chêne *m.* des teinturiers.
– – –, **bur** = chêne *m.* à gros fruits.
– – –, **chesnut** = chêne *m.* prin.
– – –, **chinquapin** = chêne *m.* à chinquapin.
– – –, **Garry** = chêne *m.* de Garry.
– – –, **pin** = chêne *m.* des marais.
– – –, **pin, Northern** = chêne *m.* des marais du Nord.
– – –, **Quebec** = chêne *m.* blanc.
– – –, **red** = chêne *m.* rouge.
– – –, **scarlet** = chêne *m.* écarlate.
– – –, **swamp** = chêne *m.* bleu.
– – –, **white** = chêne *m.* blanc.
– – –, **white, swamp** = chêne *m.* bicolore.
oakum = étoupe *f.*, filasse *f.*
oar = rame *f.*, aviron *m.*
oatmeal = farine *f.* d'avoine.
object = chose *f.*, objet *m.*, complément *m.* (d'un verbe), objectif *m.*, but *m.*
objectionable = (gaz *m.*) délétère (adj.), (conduite *f.* ou attitude *f.*) répréhensible (adj.), (matériau *m.*) inacceptable (adj.), (rouille *f.*) préjudiciable (adj.) ou nuisible (adj.), (candidat *m.*) inadmissible (adj.), (situation *f.*) intolérable (adj.), (odeur *f.*) insupportable (adj.).
objective = objectif *m.*
– – –, **basic** = objectif *m.* général.
– – –, **long-term** = objectif *m.* à long terme.
oblate = aplati (adj.).
oblique = oblique (adj.), en biais.
obliquity = obliquité *f.* (des roues).
oblong = oblong (adj.).
observation = observation *f.* (astronomique), visée *f.*, sondage *m.*, remarque *f.*
observe, to = observer (un astre, un jeûne, la loi), sanctifier (le dimanche), se conformer (à un ordre), remarquer (un détail), surveiller (quelqu'un).
obsolescence = désuétude *f.*
obsolete = désuet (adj.), suranné (adj.), démodé (adj.), hors d'usage.
obstruct, to = obstruer ou boucher (un tuyau, la vue, une route), colmater (un filtre), gêner ou entraver (la

circulation).
obstruction = engorgement *m.* (dans un tuyau), encrassement *m.* (du carburateur), embarras *m.* (dans le chemin), obstacle *m.* (sur la route), gêne *f.* (dans la circulation).
obturate, to = boucher (un tuyau), obturer (une fissure, une dent).
obturation = obturation *f.*
obturator, cup = obturateur *m.* à anneau.
– – –, **valve** = obus *m.* d'une valve de chambre à air (Auto.).
obtuse = obtus (adj.), émoussé (adj.).
occlusion = occlusion *f.* (gazeuse) (Mét.), bouchage *m.* (d'un tuyau).
occultation = occultation *f.*, obscuration *f.*
occulus = oeil-de-boeuf *m.* (B.).
occupancy = habitation *f.* (d'une maison), occupation *f.* (des lieux), possession *f.* (d'un emploi).
ochre, red = ocre *f.* rouge.
– – –, **yellow** = ocre *f.* jaune.
octangular = octogonal (adj.).
o.d. = V. « diameter, outside ».
odd = non usuel, singulier (adj.), (nombre) impair (adj.), surplus *m.* négligeable.
odometer = odomètre *m.* (Auto.).
– – –, **trip** = journalier *m.* (Auto.), compteur *m.* de trajet (Auto.).
odorimeter = odorimètre *m.* (I.).
odorization = odorisation *f.*
oersted = oersted *m.* (c.-à-d. unité cgs électromagnétique d'intensité de champ magnétique) (E.).
off = ouvert (adj.) (E.), hors circuit (E.), desserré (adj.) (Méc.), (appareil *m.* de chauffage, poste *m.* de radio) éteint (adj.) (E.), (allumage *m.*) coupé (adj.) (Méc.), à vide (E.), (four *m.* de cuisinière) « zéro » (E.), (chauffage *m.* à la vapeur) « fermé » (Méc.), (freins *m.p.*) desserrés (Méc.), rabais *m.* (sur le prix d'une marchandise), remise *f.* (ou diminution *f.* de prix).
offal = rebut *m.*, restes *m.p.*
off and on = par intervalles, à différentes reprises.
offcut = découpure *f.* (Imp.), rognure *f.* (Imp.).
office = bureau *m.*, emploi *m.*, fonction *f.*

(**office**)

- – –, **assignment** = bureau *m.* d'affectation des circuits (Tp.).
- – –, **attended** = bureau *m.* surveillé (Tp.).
- – –, **branch** = agence *f.*
- – –, **building** = bureau *m.* de construction, bureau *m.* de chantier.
- – –, **call** = central (Tp.), bureau *m.* téléphonique (Tp.).
- – –, **called** = central *m.* d'arrivée (Tp.), bureau *m.* demandé (Tp.).
- – –, **calling** = central *m.* de départ (Tp.).
- – –, **central** = central *m.* (téléphonique) (Tp.).
- – –, **central, common-battery** = bureau *m.* central téléphonique à batterie centrale (Tp.).
- – –, **central, dial** = bureau *m.* automatique (Tp.), bureau *m.* central automatique (Tp.).
- – –, **central, dial, non-attended** = bureau *m.* automatique (Tp.), bureau *m.* sans surveillance (Tp.), bureau *m.* télésurveillé (Tp.).
- – –, **central, local** = bureau *m.* local (Tp.), bureau *m.* téléphonique local (Tp.).
- – –, **central, magneto** = bureau *m.* central à appel magnétique (Tp.).
- – –, **central, manual** = bureau *m.* central manuel (Tp.).
- – –, **central, telephone** = bureau *m.* central téléphonique (Tp.).
- – –, **central, toll** = bureau *m.* à trafic direct (Tp.), bureau *m.* central interurbain (Tp.).
- – –, **central, unattended** = central *m.* non surveillé.
- – –, **coding** = bureau *m.* du chiffre.
- – –, **commercial** = bureau *m.* commercial.
- – –, **construction** = bureau *m.* de chantier.
- – –, **control, remote** = poste *m.* de télécommande (E.).
- – –, **crossbar** = central *m.* crossbar (Tp.) (Canada).
- – –, **dial** = bureau *m.* automatique (Tp.), central *m.* automatique (Tp.).
- – –, **dial, community** = bureau *m.* automatique de localité (Tp.).
- – –, **distant** = central *m.* d'arrivée (Tp.), bureau *m.* demandé (Tp.).
- – –, **district** = bureau *m.* régional.
- – –, **doctor's** = cabinet *m.*
- – –, **drawing** = salle *f.* de dessin.
- – –, **end** = central *m.* tête de ligne (Tp.), central *m.* d'arrivée (Tp.).
- – –, **estimating** = bureau *m.* des projets.
- – –, **exchange** = bureau *m.* central (téléphonique) (Tp.).
- – –, **field** = bureau *m.* de chantier.
- – –, **forwarding** = centre *m.* émetteur (Tg.).
- – –, **handing-over** = centre *m.* d'échange (des dépêches entre compagnies).
- – –, **head** = siège *m.* social, siège *m.*
- – –, **in** = en fonction, au pouvoir.
- – –, **information** = bureau *m.* des informations, bureau *m.* des renseignements, renseignements *m.p.*
- – –, **intermediate** = central *m.* intermédiaire (Tp.), centre *m.* intermédiaire (Tg.).
- – –, **lawyer's** = cabinet *m.*
- – –, **main** = siège *m.* social, direction *f.* générale.
- – –, **main, auxiliary** = bureau *m.* auxiliaire de transit.

(**office**)

sit.
- – –, **manual** = central *m.* manuel (Tp.).
- – –, **notary's** = étude *f.*
- – –, **originating** = central *m.* de départ (Tp.), bureau *m.* d'origine (Tp.).
- – –, **overloaded** = central *m.* surchargé (Tp.).
- – –, **pad, switching** = bureau *m.* comportant ces lignes artificielles de complément (Tp.).
- – –, **Post** = bureau *m.* de(s) poste(s).
- – –, **private** = cabinet *m.* particulier.
- – –, **public** = fonctions *f.p.* publiques.
- – –, **receiving** = bureau *m.* récepteur (Tg.).
- – –, **Registry** = bureau *m.* d'enregistrement (Canada).
- – –, **sending** = bureau *m.* émetteur (Tg.).
- – –, **shop** = bureau *m.* d'atelier.
- – –, **tandem** = bureau *m.* téléphonique intermédiaire (Tp.), central *m.* tandem (Tp.), bureau *m.* intermédiaire (Tp.).
- – –, **telegraph** = bureau *m.* télégraphique (Tg.).
- – –, **telegraph, public** = bureau *m.* télégraphique.
- – –, **telephone** = bureaux *m.p.* du téléphone (Tp.), central *m.* téléphonique (Tp.).
- – –, **terminating** = central *m.* d'arrivée (Tp.).
- – –, **test** = bureau *m.* d'essais et de mesures (Tp.).
- – –, **testing** = bureau *m.* d'essais, laboratoire *m.* d'essais.
- – –, **toll** = bureau *m.* interurbain (Tp.), central *m.* interurbain (Tp.).
- – –, **wireless** = poste *m.* de T.S.F.
- – –, **wireless, auxiliary** = poste *m.* secondaire de T.S.F.
- – –, **wireless, main** = poste *m.* principal de T.S.F
- – –, **work** = bureau *m.* de chantier.

officer = officier *m.* (des forces armées, d'un navire), V. « officers ».
- – –, **custom** = douanier *m.*
- – –, **immigration** = fonctionnaire *m.* (du Ministère) de l'Immigration.
- – –, **municipal** = fonctionnaire *m.* municipal.
- – – **of a Company** = dirigeant *m.* d'une compagnie, membre *m.* du bureau d'une compagnie.
- – –, **police** = agent *m.* de police, gardien *m.* de la paix, policier *m.*
- – –, **research** = recherchiste *m.*, documentaliste *m.*
- – –, **union** = dirigeant *m.* de syndicat.

officers = bureau *m.* (d'une société), dirigeants *m.p*, fonctionnaires *m.p.*, V. « officer ».

official = officiel (adj.), titulaire *m.* (O.), gestionnaire *m.* (O.).

offset = déportage *m.* (d'une bielle), (appareil *m.* à) décentrement *m.* (Phot.), désaxage *m.* (d'un cylindre), décalage *m.* (d'une roue), retrait *m.* (d'un mur), saillie *f.* ou ressaut *m.* (d'une muraille), bord *m.* biseauté (d'une poulie), rebord *m.* (de tige), compensation *f.* (des pertes), double coude ou siphon *m.* (d'un tuyau), en porte-à-faux, ordonnée *f.* (arpentage), décentrage *m.* (d'un instrument optique), offset *m.* ou rotocalcographie *f.* (Imp.), écuanteur *f.* (Auto.).
- – –, **deep-etch** = offset *m.* en creux (Imp.).
- – –, **phantom** = maculage *m.* fantôme (Imp.).
- – –, **process** = chromolithographie *f.* (Imp.).

(**offset**)

– – –, **to** = décaler (une roue), déporter (une bielle), désaxer (un cylindre), décentrer (une roue, un volant), faire un double coude (à un tuyau), compenser (des pertes), neutraliser (les effets d'une cause), contrebalancer (les défauts).
offtake = prise *f.* d'eau (d'un canal).
ogee = doucine *f.* (B.), talon *m.* (B.), (toit *m.* en) dos *m.* d'âne (B.).
ogive = ogive *f.* (B.).
O.H.C. = V. « shaft, cam, overhead » et « engine, O.H.C. ».
ohm = ohm *m.* (c.-à-d. unité de résistance électrique) (E.).
ohmic = ohmique (adj.) (E.).
ohmmeter = ohmmètre *m.* (E.).
O.H.V. = V. « valve, overhead ».
O.H.M.S. (**On Her Majesty's Service**) = (lettre *f.*) en franchise.
oil = huile *f.*
– – –, **acid-free** = huile *f.* neutre.
– – –, **amber** = huile *f.* de succin, huile *f.* d'ambre.
– – –, **animal** = huile *f.* animale.
– – –, **anthracene** = huile *f.* anthracénique.
– – –, **asphaltic** = huile *f.* bitumineuse.
– – –, **bearing** = huile *f.* à palier.
– – –, **blown** = huile *f.* oxydée (par un courant d'air).
– – –, **boiled** = huile *f.* cuite.
– – –, **boring** = huile *f.* de coupe.
– – –, **burning** = huile *f.* à brûler, huile *f.* lampante.
– – –, **carbolic** = huile *f.* phénolique.
– – –, **castor** = huile *f.* de ricin.
– – –, **cedar** = huile *f.* de cèdre.
– – –, **coal** = pétrole *m.* lampant.
– – –, **coal-tar** = huile *f.* de goudron.
– – –, **compound** = huile *f.* composée.
– – –, **compressor** = huile *f.* de compresseur.
– – –, **cotton-seed** = huile *f.* de coton.
– – –, **crank-case** = huile *f.* à carter.
– – –, **creosote** = huile *f.* créosotée, huile *f.* de créosote.
– – –, **crude** = huile *f.* brute, huile *f.* lourde, pétrole *m.* lourd.
– – –, **crude, sour** = pétrole *m.* brut acide.
– – –, **crude, sweet** = pétrole *m.* brut contenant du soufre.
– – –, **cutting** = huile *f.* de coupe (Méc.).
– – –, **cylinder** = huile *f.* à cylindres.
– – –, **Diesel** = carburant *m.* Diesel, gazole *m.* (France).
– – –, **dry** = huile *f.* de lin cuite.
– – –, **drying** = huile *f.* siccative.
– – –, **engine** = huile *f.* de machine.
– – –, **engine, Diesel** = huile *f.* pour moteur Diesel, gazole *m.* (France).
– – –, **ethereal** = huile *f.* essentielle.
– – –, **fish** = huile *f.* de poisson.
– – –, **flatting** = huile *f.* à délustrer.
– – –, **form** = huile *f.* de graissage (pour coffrages) (B., C.).
– – –, **fuel** = mazout *m.*, huile *f.* minérale combustible, huile *f.* à chauffage (Canada).
– – –, **furnace** = V. « oil, fuel ».
– – –, **gas** = gazole *m.* (France), carburant *m.* Diesel.
– – –, **gear** = huile *f.* pour engrenages.

(**oil**)

– – –, **graphite** = huile *f.* graphitée.
– – –, **gummy** = huile *f.* goudronneuse.
– – –, **heavy** = huile *f.* lourde.
– – –, **high-grade** = huile *f.* de première qualité.
– – –, **lamp** = huile *f.* d'éclairage, huile *f.* de lampe, pétrole *m.* lampant, kérosène *m.*
–.– –, **lard** = huile *f.* de lard.
– – –, **light** = huile *f.* fluide, huile *f.* légère.
– – –, **linseed** = huile *f.* de (graine de) lin.
– – –, **linseed, bodied** = huile *f.* de lin cuite.
– – –, **linseed, boiled** = huile *f.* de lin cuite.
– – –, **linseed, raw** = huile *f.* de lin naturelle.
– – –, **liver, cod** = huile *f.* de foie de morue.
– – –, **low-flash** = huile *f.* à point d'inflammation bas.
– – –, **lubricating** = huile *f.* de graissage, lubrifiant *m.*
– – –, **lubricating, antifreezing** = huile *f.* de graissage antigel.
– – –, **machine** = huile *f.* à mécanisme, huile *f.* pour machines.
– – –, **machine, sewing** = huile *f.* à machine à coudre.
– – –, **mineral** = huile *f.* minérale.
– – –, **motor** = huile *f.* à moteur (Auto.).
– – –, **neat's-foot** = huile *f.* de pied de boeuf.
– – –, **non-drying** = huile *f.* non-siccative.
– – – **of high boiling point** = huile *f.* à point d'ébullition élevé.
– – –, **olive** = huile *f.* d'olive.
– – –, **oxidized** = huile *f.* oxydée.
– – –, **paint** = huile *f.* à peinture.
– – –, **pale** = huile *f.* blonde.
– – –, **paraffin** = huile *f.* russe, huile *f.* de pétrole, pétrole *m.* lampant.
– – –, **penetrating** = huile *f.* de décapage (Méc., Mét.).
– – –, **petroleum** = huile *f.* de pétrole.
– – –, **pine** = huile *f.* de pin.
– – –, **poppy-seed** = huile *f.* de pavot.
– – –, **purified** = huile *f.* épurée.
– – –, **reclaimed** = huile *f.* de récupération, huile *f.* récupérée.
– – –, **road** = huile *f.* (bitumineuse) pour routes.
– – –, **rock** = huile *f.* de roche.
– – –, **shale** = huile *f.* de schiste.
– – –, **sluggish** = huile *f.* inerte.
– – –, **soluble** = huile *f.* soluble.
– – –, **spermaceti** = huile *f.* de blanc de baleine, huile *f.* de spermaceti.
– – –, **sweet** = huile *f.* d'olive.
– – –, **tar** = huile *f.* de goudron.
– – –, **thin** = huile *f.* très fluide.
– – –, **to** = huiler, graisser à l'huile.
– – –, **train** = huile *f.* de baleine.
– – –, **transformer** = huile *f.* de transformateur (E.).
– – –, **transmission-case** = huile *f.* à boîte de vitesses (Auto.).
– – –, **turpentine** = huile *f.* de térébenthine.
– – –, **unctuous** = huile *f.* grasse.
– – –, **vegetable** = huile *f.* végétale.
– – –, **volatile** = huile *f.* volatile.
– – –, **waste** = huile *f.* usagée.
– – –, **watchmaker's** = huile *f.* fine d'horlogerie.
– – –, **whale** = huile *f.* de baleine.
– – –, **wool** = lanoline *f.*
oilcloth = toile *f.* cirée, linoléum *m.* imprimé.

oiled, wick- = à graissage par mèche.
oiler = ouvrier *m.* graisseur (O.), graisseur *m.* (I., O.), burette *f.* à huile (I.).
– – –, **automatic** = graisseur *m.* automatique.
– – –, **drop** = graisseur *m.* compte-gouttes.
– – –, **force-feed** = burette *f.* à pompe.
– – –, **hand** = graisseur *m.* à coup de poing.
– – –, **machine** = burette *f.* de machiniste.
– – –, **pressure** = servograisseur *m.* (Auto.).
– – –, **ring** = graisseur *m.* à bague.
– – –, **self-acting** = graisseur *m.* automatique.
– – –, **sight-feed** = graisseur *m.* à débit visible.
oiling = huilage *m.* (Méc.), graissage *m.* (Méc.), lubrification *f.*.
– – –, **automatic** = graissage *m.* automatique.
– – –, **force-feed** = graissage *m.* sous pression.
– – –, **ring** = graissage *m.* par bague.
– – –, **self-** = graissage *m.* automatique, autolubrification *f.*
– – –, **under-** = graissage *m.* insuffisant.
– – –, **wick** = graissage *m.* par mèche, lubrification *f.* par mèche.
oilman = graisseur *m.* (O.), marchand *m.* d'huile.
oilskin = toile *f.* huilée, toile *f.* cirée.
oilstone = pierre *f.* à huile, pierre *f.* à repasser.
oily = huileux (adj.), gras (adj.).
O.K. = d'accord, en règle, exact (adj.), bon à tirer (Imp.).
omission = omission *f.*, bourdon *m.* (Imp.).
on = en marche, (circuit) fermé (E.), en circuit (E.), (frein *m.*) appliqué (adj.) ou serré (adj.) (Auto.), (appareil de chauffage, de radio) allumé (adj.) (E.).
– – – **and off** = à différentes reprises, par intervalles, de temps en temps.
– – –, **instant** = (image *f.*, marche *f.*) instantanée (adj.).
– – – **the hour** = sur le coup de l'heure, à l'heure sonnante.
– – – **the line** = (correspondant *m.*) à l'écoute (Tp.), (correspondant *m.*) en communication avec (Tp.).
ondograph = ondographe *m.* (E.).
ondometer = ondemètre *m.* (E.).
one-piece = (siège *m.*) d'un seul tenant (Auto.), monobloc (adj.), d'une seule pièce.
ooze = boue *f.*, limon *m.*, vase *f.*
– – –, **to** = suinter, s'infiltrer, dégoutter.
oozing = (mur *m.*) suintant (B.).
o.p. = V. « proof, over » et « out of print ».
opacity = opacité *f.* (d'un papier).
opaque = opaque (adj.).
open = (circuit *m.*) ouvert (adj.) (E.), (lettre *f.*) décachetée (adj.), colis *m.* (défait) (adj.), (pays *m.*, virage *m.*) découvert (adj.), (mine *f.*) à ciel ouvert, (mécanisme *m.*) non protégé.
– – –, **to** = rompre ou ouvrir (le circuit), ouvrir (un livre, une porte, les yeux), déboucher (une bouteille), allumer (les lampes), faire (la lumière), défaire (un colis), écailler (des huitres), dépouiller (le courrier), décoller (une enveloppe), décacheter (une lettre), défricher (un terrain), entamer (des négociations).
– – –, **to** – – – **out** = évaser ou agrandir (un orifice).
opener, bottle = décapsuleur *m.* (Ust.).
– – –, **can** = ouvre-boîtes *m.* (Ust.).
– – –, **crate** = hachette *f.* à déballer, ciseau *m.* à

(**opener**)
déballer.
– – –, **door, electric** = gâche *f.* électrique, verrou *m.* électrique.
– – –, **letter** = ouvre-lettres *m.*, coupe-papier *m.*
– – –, **rim** = ouvre-jantes *m.* (Auto.).
– – –, **tin** = ouvre-boîtes *m.* (Ust.).
opening = ouverture *f.* (de la fenêtre, de la porte), trou *m.*, orifice *m.*, percée *f.* (dans un bois, dans un mur), fouille *f.* (dans la terre), embrasure *f.* ou jour *m.* (dans un mur), gueule *f.* bée (S.), décollement *m.* (d'un disjoncteur) (E.), clairière *f.* (dans une forêt), éclaircie *f.* (dans les nuages), débouchage *m.* (d'un tuyau, d'une bouteille), décachetage *m.* (d'une lettre), décollage *m.* (d'une enveloppe), dépouillement *m.* (du courrier), percement *m.* (d'une nouvelle rue), épanouissement *m.* (d'une fleur), débouché *m.* (pour des marchandises), (séance *f.*) inaugurale (adj.) ou d'ouverture, lumière *f.* (d'un instrument).
– – –, **cased** = porte *f.* d'arche (B.).
– – –, **circuit** = ouverture *f.* du circuit (E.).
– – –, **cross-** = taille *f.* transversale.
– – –, **door** = baie *f.* de porte (B.), ouverture *f.* de porte (B.).
– – –, **formal** = inauguration *f.* (d'un édifice).
– – –, **full** = à pleine ouverture *f.* (Mi., Phot.).
– – –, **gate** = ouverture *f.* de vanne (H.).
– – –, **rough** = ouverture *f.* brute (d'une porte) (B.).
– – –, **window** = baie *f.* de fenêtre (B.), ouverture *f.* de fenêtre (B.).
operate, to = manier (une manette), exploiter (un réseau téléphonique), manoeuvrer (une machine), actionner (par la vapeur, par l'électricité), effectuer (un changement), commander ou actionner (un organe de machinerie), conduire (une pelle mécanique), diriger (un commerce), gérer ou exploiter (une entreprise, une affaire).
operated, air = commandé à l'air comprimé, à air comprimé.
– – –, **bell-crank** = commande *f.* par renvoi de sonnette.
– – –, **electric-motor** = commande *f.* électrique à moteur (E.).
– – –, **hand** = commandé à la main, à commande manuelle.
– – –, **lever** = à commande par levier.
– – –, **mechanically** = à commande mécanique.
– – –, **motor** = commandé par moteur.
– – –, **pneumatic** = à air comprimé.
– – –, **power** = commandé par moteur, commandé mécaniquement.
– – –, **solenoid** = à commande par électroaimant (E.).
operating, to = manoeuvre *f.*, ou commande *f.* (d'une machine), fonctionnement *m.* (d'un mécanisme), exploitation *f.* (d'une entreprise).
operation = commande *f.* (d'un mécanisme), fonctionnement *m.* (d'une machine), exploitation *f.* (d'une mine, d'une Société), marche *f.* (d'un moteur), attraction *f.* (d'un aimant), opération *f.* (chirurgicale, mathématique).
– – –, **classe B** = fonctionnement *m.* (d'un tube) en classe B (R.).
– – –, **continuous** = mode *m.* de construction continue (B., C.).

(operation)

- – –, **dial** = fonctionnement *m.* automatique (Tp.).
- – –, **dual** = fonctionnement *m.* à double effet.
- – –, **duplex** = communication *f.* en duplex (Tg.), exploitation *f.* (en) duplex (R.).
- – –, **finishing** = opération *f.* de finition.
- – –, **full load** = marche *f.* à pleine charge (Méc.).
- – –, **group** = commande *f.* unique.
- – –, **hand** = commande *f.* à la main.
- – –, **in** = (ligne *f.* d'autobus) en service, en fonctionnement (Méc.), (usine *f.*) en activité, (station *f.*) en service, (machine *f.*) en marche, (loi *f.*) en vigueur.
- – –, **manual** = commande *f.* manuelle (Méc.), exploitation *f.* manuelle (Tp.).
- – –, **maximum** = marche *f.* en pointe, allure *f.* poussée.
- – –, **mechanical** = commande *f.* (d'une soupape), commande *f.* mécanique.
- – –, **mining** = exploitation *f.* minière (Mi.).
- – –, **no-load** = marche *f.* à vide (Méc., E.).
- – –, **railway** = exploitation *f.* d'un chemin de fer.
- – –, **servo-motor** = à servomoteur, servocommande *f.*
- – –, **simplex** = exploitation *f.* (en) simplex (R.).
- – –, **single frequency** = exploitation *f.* sur une fréquence (R.).
- – –, **spaced-carrier** = exploitation *f.* en porteuses distinctes (R.).
- – –, **telephone** = exploitation *f.* téléphonique.
- – –, **two-frequency** = exploitation *f.* sur deux fréquences (R.).
- – –, **valve, push-pull** = amplification *f.* symétrique (R.).
- – –, **valve, push-pull, quiescent** = amplification *f.* symétrique silencieuse (R.).
- **operational** = (manuel *m.*, contrôle *m.*) d'exploitation.
- **operations, blasting** = opérations *f.p.* de dynamitage.
- – –, **building** = construction *f.*
- – –, **continuous** = marche *f.* continue.
- – –, **construction** = travaux *m.p.* de construction, construction *f.*
- – –, **moving, earth** = travaux *m.p.* de terrassement (C.).
- – –, **shunting** = manoeuvres *f.p.* de triage (Ch.d.f.).
- **operative** = actif (adj.), (règlement *m.*) en vigueur.
- **operator** = opérateur *m.*, ouvrier *m.*, conducteur *m.*, électricien *m.*, téléphoniste *f.* (Tp.), opérateur *m.* (Tg.), exploitant *m.* (d'une mine).
- – –, **beam** = standardiste *m.* (O.) (R.).
- – –, **boom** = perchiste *m.* (Tv.).
- – –, **chief** = surveillante *f.* principale (Tp.), téléphoniste *f.* chef.
- – –, **chief, assistant** = téléphoniste *f.* chef adjointe.
- – –, **concrete mixer** = conducteur *m.* de bétonnière (O.).
- – –, **crane** = grutier *m.* (O.), conducteur *m.* de grue (O.).
- – –, **crane, travelling** = pontonnier *m.* (de laminoir) (O.), pontier *m.* (O.).
- – –, **drill** = foreur *m.* (O.).
- – –, **elevator** = préposé *m.* à l'ascenseur (O.), liftier *m.* (O.), garçon *m.* d'ascenseur.
- – –, **intercepting** = téléphoniste *m.* (ou *f.*) de l'interception (Tp.).
- – –, **intermediate** = téléphoniste *m.* (ou *f.*) du central

(operator)

intermédiaire (Tp.).
- – –, **inward** = téléphoniste *m.* (ou *f.*) (des appels) d'arrivée (Tp.).
- – –, **linotype** = linotypiste *m.* (O.) (Imp.).
- – –, **local** = téléphoniste *f.* urbaine (Tp.).
- – –, **long distance** = téléphoniste *f.* (ou *m.*) interurbaine (Tp.).
- – –, **machine** = manoeuvre *m.* spécialisé (O.), opérateur *m.* de machine.
- – –, **machine, automatic** = opérateur *m.* de machine automatique.
- – –, **machine, milling** = fraiseur *m.* (O.).
- – –, **machine-tool** = conducteur *m.* de machine-outil.
- – –, **mobile** = téléphoniste *f.* du service radiotéléphonique mobile (Tp.).
- – –, **outward** = téléphoniste *f.* (des appels) de départ (Tp.).
- – –, **overseas** = téléphoniste *f.* du service transocéanique (Tp.), téléphoniste *f.* du service outre-mer (Tp.).
- – –, **pile-driver** = conducteur *m.* de sonnette, sonneur *m.* (O.).
- – –, **press** = opérateur *m.* de presse.
- – –, **radar** = radariste *m.* (O.).
- – –, **radio** = radiotélégraphiste *m.*, sans-filiste *m.*, radio *m.* (O.).
- – –, **radiotelephone** = radiotéléphoniste *f.* (Tp.).
- – –, **shift** = électricien *m.* de quart, téléphoniste *f.* de service, téléphoniste *f.* de quart, électricien *m.* de service.
- – –, **shovel** = conducteur *m.* de pelle (mécanique).
- – –, **sound** = preneur *m.* de son (O.) (R., Tv.).
- – –, **switchboard** = standardiste *f.* (Tp.), téléphoniste *f.* (Tp.).
- – –, **system** = chef *m.* des manoeuvres, directeur *m.* des manoeuvres.
- – –, **telegraph** = télégraphiste *m.*
- – –, **telephone** = téléphoniste *m.* (ou *f.*).
- – –, **toll** = téléphoniste *f.* interurbaine, téléphoniste *f.* de l'interurbain (Tp.).
- – –, **transom** = ferme-imposte *m.* (I.) (B.).
- – –, **switchboard, subscriber's** = standardiste *m.* (ou *f.*).
- – –, **wireless** = sans-filiste *m.*, radiotélégraphiste *m.*
- **opposed** = opposé (adj.), juxtaposé (adj.).
- **opposition, in-phase** = en opposition de phase (E.).
- **optical** = optique (adj.).
- **optics** = l'optique *f.*
- **optional** = facultatif (adj.), au choix.
- **order** = ordre *m.*, état *m.* (de fonctionnement), commande *f.* (de marchandises).
- – –, **blanket** = ordre *m.* général.
- – –, **firing** = ordre *m.* d'allumage (Auto.).
- – –, **general** = arrêt *m.* (d'une autorité).
- – –, **good, in** = en état de fonctionnement (Méc.), en bon état (Méc., C.).
- – –, **held** = demande *f.* d'abonnement en instance (Tp.).
- – – **in Council** = arrêté *m.* ministériel.
- – –, **mail** = vente *f.* par correspondance.
- – –, **making** = commande *f.* de fabrication (Pap.).
- – –, **money** = mandat-poste *m.*
- – – **of the court** = injonction *f.* de la cour.
- – –, **postal** = bon *m.* de poste.

(order)

- – –, **running, in** = en état de marche (Méc.), en état de fonctionnement (Mec.).
- – –, **rush** = commande *f.* urgente.
- – –, **service** = ordre *m.* de service.
- – –, **standing** = ordre *m.* général, ordre *m.* permanent.
- – –, **stock** = commande *f.* de marchandises régulières.
- – –, **to** = commander (des marchandises), ordonner (le silence), ranger (des effets).
- – –, **work** = autorisation *f.* de travail.
- – –, **working, in** = en état de fonctionnement (Méc.), en état de marche (Méc.).
- – –, **working, in good** = en bon état de fonctionnement (Méc.).
- **ordinate** = ordonnée *f.*
- **ore** = minerai *m.* (Mi.).
- – –, **high-grade** = minerai *m.* riche.
- – –, **iron** = minerai *m.* de fer.
- – –, **low-grade** = minerai *m.* pauvre.
- **organization** = organisme *m.*, service *m.* administratif, mouvement *m.* (de jeunesse).
- **organize, to** = organiser.
- **oriel** = V. « window, oriel ».
- **orientate, to** = orienter.
- **orientation** = orientation *f.* (d'un bâtiment).
- **orifice** = orifice *m.*, trou *m.*, ouverture *f.*
- – –, **calibrated** = orifice *m.* calibré (Méc.).
- – –, **circular** = orifice *m.* circulaire.
- – –, **gauged** = orifice *m.* calibré (Méc.).
- – –, **sharp-edged** = orifice *m.* en mince paroi (H.).
- – –, **submerged** = orifice *m.* noyé (H.).
- **originate, to** = lancer (un projet), provoquer (une discussion), amorcer (une réforme), instituer (une méthode), être l'auteur de, tirer son origine, prendre sa source, prendre naissance (incendie).
- **originator** = promoteur *m.* (d'une industrie), instigateur *m.* (d'un mouvement), auteur *m.* (d'un système), tireur *m.* (d'un chèque), artisan *m.*
- **ornament** = ornement *m.*
- – –, **wheel-hub** = enjoliveur *m.* de moyeu (Auto.).
- **oscillate, to** = osciller.
- **oscillating** = oscillant (adj.), oscillatoire (adj.).
- **oscillation** = oscillation *f.*
- – –, **bearing** = oscillation *f.* du relèvement (radiogoniométrique).
- – –, **continuous** = oscillation *f.* entretenue.
- – –, **forced** = oscillation *f.* forcée.
- – –, **free** = oscillation *f.* libre.
- – –, **parasitic** = oscillation *f.* parasite.
- – –, **relaxation** = oscillation *f.* de relaxation (R.).
- – –, **self-** = oscillation *f.* spontanée (E.), oscillation *f.* propre (E.).
- – –, **spurious** = oscillation *f.* parasite (R.).
- **oscillations, constrained** = oscillations *f.p.* forcées.
- – –, **continuous** = oscillations *f.p.* entretenues.
- – –, **damped** = oscillations *f.p.* amorties.
- – –, **double** = oscillation *f.* complète (d'un pendule).
- – –, **electric** = oscillations *f.p.* électriques.
- – –, **forced** = oscillations *f.p.* contraintes, oscillations *f.p.* forcées.
- – –, **free** = oscillations *f.p.* libres.
- – –, **fundamental** = oscillations *f.p.* fondamentales.
- – –, **harmonic** = oscillations *f.p.* supérieures (E.), os-

(oscillations)

cillations *f.p.* harmoniques (E.).
- – –, **natural** = oscillations *f.p.* propres.
- – –, **sustained** = oscillations *f.p.* entretenues.
- – –, **undamped** = oscillations *f.p.* entretenues.
- – –, **violent – – – of the needle** = affolement *m.* de l'aiguille.
- **oscillator** = oscillateur *m.* (R.), bobine *f.* oscillatrice (R.).
- – –, **audio-** = oscillateur *m.* basse fréquence (R.).
- – –, **autodyne** = autodyne *m.* (R.), oscillateur *m.* autodyne (R.).
- – –, **beat** = hétérodyne *m.* (R.), oscillateur *m.* de battement (R.).
- – –, **blocking** = oscillateur *m.* de blocage (R.), auto-oscillateur *m.* à blocage (R.).
- – –, **closed** = oscillateur *m.* fermé (R.).
- – –, **crystal** = oscillateur *m.* à galène (R.).
- – –, **electron-coupled** = oscillateur *m.* à couplage électronique (R.).
- – –, **feed-back** = oscillateur *m.* à réaction (R.).
- – –, **feed-back, capacity** = oscillateur *m.* à réaction par capacité (R.).
- – –, **frequency, beat** = hétérodyne *m.* (R.), oscillateur *m.* de battement (R.).
- – –, **frequency-change** = oscillateur *m.* à changement de fréquence (R.).
- – –, **hertzian** = oscillateur *m.* d'Hertz (R.).
- – –, **heterodyne** = hétérodyne *m.* (R.), oscillateur *m.* à battement (R.).
- – –, **master** = pilote *m.* (d'émetteur) (R.), maître *m.* oscillateur (R.).
- – –, **note, beat** = oscillateur *m.* de battement (R.).
- – –, **positive-grid** = oscillateur *m.* à grille positive (R.).
- – –, **push-pull** = oscillateur *m.* push-pull (R.).
- – –, **quartz** = oscillateur *m.* à quartz piézo-électrique (R.).
- – –, **quenching** = oscillateur *m.* de superréaction (R.).
- – –, **relaxation** = oscillateur *m.* à relaxation (R.).
- – –, **saw-tooth** = oscillateur *m.* de relaxation (R.).
- – –, **self-excited** = auto-oscillateur *m.* (R.).
- – –, **self-quenching** = oscillateur *m.* à extinctions (R.).
- – –, **test** = hétérodyne *m.* de mesure (R.).
- – –, **thermionic** = oscillateur *m.* à tubes électroniques (R.).
- – –, **tone, beat** = oscillateur *m.* de battement (R.).
- – –, **tuning-fork controlled** = oscillateur *m.* commandé par diapason (R.).
- – –, **vacuum-tube** = oscillateur *m.* à lampes (R.).
- – –, **variable-frequency** = oscillateur *m.* à fréquence variable (R.).
- – –, **valve** = oscillateur *m.* à lampe (R.).
- **oscillatory** = oscillant (adj.), oscillatoire (adj.).
- **oscillogram** = oscillogramme *m.* (E.).
- **oscillograph** = oscillographe *m.* (E.).
- – –, **bifilar** = oscillographe *m.* bifilaire.
- – –, **cathode-ray** = oscillographe *m.* cathodique.
- – –, **loop** = oscillographe *m.* à cadre.
- – –, **mirror** = oscillographe *m.* à miroir.
- – –, **soft-iron** = oscillographe *m.* à fer doux.
- – –, **string** = oscillographe *m.* à corde.

oscilloscope = oscilloscope *m.*
osmose (or osmosis) = osmose *f.*
- - -, **electric** = électrosmose *f.*
osterizer = mélangeur-broyeur *m.* (Ust.).
ounce = once *f.* (c.-à-d. la seizième partie de la livre avoirdupois; équivaut à 437,5 grains; 28,35 grammes), oz *f.*
- - -, **avoirdupoids** = once *f.* avoirdupoids (= 28,35 grammes).
- - -, **fluid** = once *f.* fluide (= 29,573 cm³; 1,732 po³ anglais; 1,802 po³ américains; 480 gouttes).
- - -, **Troy** = once *f.* de Troyes (= 31,1035 grammes; 480 grains).
out = hors circuit (E.), débrayé (Méc.), déporté (Méc., C.), départ *m.* (du courrier), bourdon *m.* (Imp.).
- - -, **all** = à toute allure, à toute vitesse.
- - - **of action** = hors de service (Méc.).
- - - **of adjustment** = déréglé, décalé.
- - - **of alignment** = décentré, désaxé, faussé.
- - - **of balance** = déséquilibré.
- - - **of balance, to be** = présenter un balourd.
- - - **of centre** = décentrage *m.*, désaxage *m.*, excentricité *f.*
- - - **of circuit** = hors circuit (E.).
- - - **of commission, to be** = ne pas être en état de fonctionner.
- - - **of date** = (usage *m.*) désuet, (dictionnaire *m.*) suranné, (permis *m.*, processus *m.*) périmé, passé de mode.
- - - **of gear** = débrayé, désengrené, libre.
- - - **of joint** = (mécanisme *m.*) détraqué ou dérangé.
- - - **of line** = déporté, mal aligné, excentré.
- - - **of operation** = hors service.
- - - **of order** = en mauvais état, dérangé, en panne, déréglé, détraqué.
- - - **of phase** = déphasé (E.), décalé (E.), déphasage *m.* (E.).
- - - **of plumb** = dévers (adj.) (C.), (membrure *f.*) en chicane (c.-à-d. n'est pas en alignement) (B.).
- - - **of position** = déplacé, hors de sa place.
- - - **of print** = épuisé (Imp.).
- - - **of register** = de guingois (Imp.), repérage *m* défectueux (Imp.).
- - - **of repair** = en mauvais état, avoir besoin de réparation.
- - - **of round** = faux rond, ovalisé, excentré.
- - - **of roundness** = faux rond (Mét.).
- - - **of service** = hors d'usage, au repos.
- - - **of square** = hors d'équerre, à fausse équerre.
- - - **of step** = désynchronisé (E.), déphasé (E.), décroché (Méc.).
- - - **of synchronism** = hors de phase (E.), hors de synchronisme (E.).
- - - **of true** = (colonne *f.*) hors d'aplomb, (poutre *f.*) dénivelée, (tôle *f.*) gondolée, (essieu *m.*) faussé, (roue *f.*) décentrée ou désaxée, (jante *f.* de roue) voilée, (planche *f.*) gauchie.
- - - **of wind** = sans gauchissement, bien aligné.
outage = sortie *f.* (d'air) (Méc.), panne *f.* (d'électricité) (E.).
- - -, **power** = panne *f.* d'électricité (E.), coupure *f.* (intentionnelle) du courant (pour fins de raccordement) (E.).

outcrop = affleurement *m.*
outdoor = (appareil) d'extérieur, extérieur (adj.).
outer = extérieur (adj.), externe (adj.).
outfall = décharge *f.* ou débouché *m.* (d'un égout).
outfit = appareil *m.*, appareillage *m.* (d'un édifice) (E.), matériel *m.* (de plombier), équipement *m.* (du soldat), outillage *m.* (d'un atelier), équipage *m.* (d'une entreprise), trousse *f.* (de réparation), trousseau *m.* (de clés), équipe *f.* (d'ouvriers), nécessaire *m.* (de voyage), attirail *m.* (de pêche), armement *m.* (d'un navire) (Mar.).
- - -, **first-aid** = trousse *f.* de pansement, trousse *f.* de premiers secours.
- - -, **kitchen** = panoplie *f.* de cuisine (Ust.).
- - - **of tools** = outillage *m.*, jeu *m.* d'outils.
- - -, **radio** = appareils *m.p.* de la radio, équipement *m.* de la radio.
- - -, **repair** = nécessaire *m.* à réparations, trousse *f.* de réparation, trousse *f.* de dépannage.
- - -, **sewing** = nécessaire *m.* de couture (Ust.).
- - -, **testing** = appareillage *m.* d'essais, équipement *m.* pour les essais.
- - -, **tool** = outillage *m.*, jeu *m.* d'outils.
- - -, **welding** = appareillage *m.* de soudure, poste *m.* de soudure.
outflow = écoulement *m.* (H.), débit *m.* (H.), décharge *f.* (H.), dégorgeoir *m.* (d'un étang), trop-plein *m.* (d'un contenant) (H.), tuyau *m.* d'écoulement (H., S.), inondation *f.* (d'un champ), débordement *m.* (d'un cours d'eau), surcharge *f.* (Tp., E.).
- - -, **float-type** = trop-plein *m.* à flotteur (S.).
outgoing = (câble *m.*) de départ ou de sortie (Tp.).
outhouse = appentis *m.* (B.), bâtiment *m.* extérieur (B.), latrines *f.p.* (S.), goguenot *m.* (S.), tinette *f.* (S.).
outlet = sortie *f.* (de métro, de mine), débouché *m.* (d'une conduite, pour des marchandises), dégorgeoir *m.* (S.), issue *f.* (d'un tunnel), orifice *m.* de sortie, canal *m.* de décharge (S.), exutoire *m.* (d'un lac, d'un égout), décharge *f.* (H.), prise *f.* de courant (E.), bonde *f.* (d'un étang), échappement *m.* (de vapeur), passage *m.* (pour la fumée), déchargeoir *m.* (d'un ponceau).
- - -, **AC** = prise *f.* de courant alternatif (E.), prise *f.* C.A. (E.), sortie *f.* C.A. (E.).
- - -, **air** = sortie *f.* du vent, sortie *f.* d'air.
- - -, **ceiling** = sortie *f.* de plafond (E.).
- - -, **convenience** = prise *f.* de courant (E.).
- - -, **damp** = sortie *f.* de la buée.
- - -, **DC** = prise *f.* de courant continu (E.), prise *f.* C.C. (E.), sortie *f.* C.C. (E.).
- - -, **discharge** = débouché *m.*
- - -, **floor** = sortie *f.* de parquet (E.), sortie *f.* dans le parquet (E.).
- - -, **light** = sortie *f.* lumière (E.), prise *f.* de courant (E.).
- - -, **oil** = sortie *f.* d'huile.
- - -, **pipe, conductor** = gargouille *f.* (B.).
- - -, **pipe, gutter** = gargouille *f.* (B.).
- - -, **plug and socket** = prise *f.* de courant (E.).
- - -, **pond** = dégorgeoir *m.*
- - -, **radio** = branchement *m.* de radio (B.).
- - -, **socket** = douille *f.* (de prise de courant) (E.).

(outlet)

– – –, **steam** = sortie *f.* de la vapeur.

– – –, **submerged** = exutoire *m.* submergé (S.).

– – –, **tank** = sortie *f.* du réservoir.

– – –, **wall** = sortie *f.* murale (E.), prise *f.* de courant murale (E.).

– – –, **water** = sortie *f.* d'eau.

outline = esquisse *f.* ou aperçu *m.* général (d'une idée d'architecture), lignes *f.p.* principales (d'un projet), contour *m.* ou profil *m.* (d'une colline), ébauche *f.* (d'une oeuvre d'art), canevas *m.* (d'un roman), silhouette *f.* (d'une personne, d'un édifice), galbe *m.* (d'une statue).

output = rendement *m.* (d'un employé), rendement *m.* ou production *f.* (d'une machine), débit *m.* (d'une pompe), travail *m.* fourni (par une machine), (lampe *f.* de) sortie *f.* (R.), puissance *f.* effective (Méc.), production *f.* (d'une mine).

– – –, **aerial** = énergie *f.* rayonnée (R.).

– – –, **amplifier** = puissance *f.* de sortie d'un amplificateur (R:).

– – –, **boiler** = débit *m.* de vapeur (Méc.), débit *m.* d'une chaudière (Méc.).

– – –, **computer** = sortie *f.* d'ordinateur (Inf.).

– – –, **daily** = production *f.* journalière.

– – –, **effective** = puissance *f.* effective (Méc., E.).

– – –, **electric** = puissance *f.* électrique (E.).

– – –, **energy** = dépense *f.* d'énergie (E.).

– – –, **maximum** = puissance *f.* maximale de sortie (Méc., E.).

– – –, **nominal** = puissance *f.* de sortie nominale (E., Méc.).

– – –, **normal** = débit *m.* normal, débit *m.* de régime.

– – – **per day** = production *f.* journalière.

– – – **per hour** = puissance *f.* horaire, production *f.* horaire.

– – –, **power** = puissance *f.* (Méc., E.), débit *m.* (E., H.), puissance *f.* de sortie (E.).

– – –, **rated** = puissance *f.* de sortie nominale (E.).

– – –, **real** = puissance *f.* effective (Méc., E.).

– – –, **receiving** = puissance *f.* de réception (R.).

– – –, **thermal** = quantité *f.* de chaleur transmise (Méc.).

– – –, **useful** = puissance *f.* utile (E., Méc.).

– – –, **video** = sortie *f.* (du signal) vidéo.

outrigger = porte-fils-en-dehors *m.* (Tp.), console *f.* (C.), séparateur *m.* (Tp.), porte-en-dehors *m.* (d'échafaud suspendu) (B.).

outright = complètement, entièrement, (marché *m.*) forfaitaire, (achat *m.*) comptant.

outrush = jaillissement *m.* ou fuite *f.* (de vapeur, d'eau).

outside = extérieur (adj.), dehors.

outstanding = en saillie (C.), proéminent (adj.) (C.), (affaire *f.*) en suspens, (billet *m.*) non payé ou impayé.

outturns = échantillons *m.p.* référence (Pap.).

outward = en dehors, extérieur *m.* (ou adj.), dehors.

outworn = suranné (adj.).

ovalize, to = ovaliser (Méc.).

oven = four *m.* (d'une cuisinière) (Ust.), étuve *f.*

– – –, **bake** = four *m.* à cuire (d'une cuisinière) (Ust.).

– – –, **baking** = étuve *f.*

– – –, **coke** = four *m.* à coke.

(oven)

– – –, **coke, by-product** = four *m.* à coke à récupération (de sous-produits).

– – –, **combination** = four *m.* combiné.

– – –, **cooking** = four *m.* (Ust.).

– – –, **direct-fired** = four *m.* à chauffage direct.

– – –, **drying** = étuve *f.*

– – –, **Dutch** = rôtissoire *f.* (Ust.), cuisinière *f.* (Ust.), chaudron *m.* de fonte (Ust.).

– – –, **enamelling** = étuve *f.* à émailler.

– – –, **externally-heated** = four *m.* à parois chauffantes, four *m.* à chauffage indirect.

– – –, **gas** = four *m.* à gaz.

– – –, **gas-burning** = four *m.* à gaz.

– – –, **grate** = four *m.* à grilles.

– – –, **inclined** = four *m.* incliné.

– – –, **indirect** = four *m.* à parois chauffantes, four *m.* à chauffage indirect.

– – –, **internally-heated** = four *m.* à chauffage direct.

– – –, **japanning** = four *m.* à vernir.

– – –, **separate** = four *m.* indépendant.

– – –, **test** = four *m.* d'essai.

– – –, **vertical** = four *m.* vertical.

over-all = V. « size, over-all ».

overalls = sarrau *m.* (de médecin), couvre-tout *m.* ou salopette *f.* (d'ouvrier), combinaison *f.* (de mécanicien).

overburden = terrain *m.* rapporté, terrain *m.* de recouvrement.

overcharge = surcharge *f.* (d'un accumulateur, d'une voiture).

– – –, **to** = surcharger (un accumulateur, un camion).

overcome, to = contourner (une difficulté, un obstacle), surmonter ou vaincre (un obstacle), maîtriser (ses penchants).

overcompound, to = hypercompounder (E.).

overcompounding = hypercompoundage *m.* (E.).

overcurrent = surintensité *f.* de courant (E.).

overdraft = découvert *m.*, solde *m.* débiteur.

overdrive = vitesse *f.* surmultipliée (Auto.), surmultiplication *f.* (Auto.).

overfall = déversoir *m.* (d'un étang) (H.), raz *m.* de courant (causé par les hauts fonds).

– – –, **free** = écoulement *m.* d'une veine libre en chute libre (H.).

overflow = trop-plein *m.* (S.), débordement *m.* (H., Tg.), courant *m.* de surface (H.), débord *m.* (de décantation, de classificateur à rateaux), éclairci *m.* (d'un cyclone épaississeur).

– – –, **float-type** = trop-plein *m.* à flotteur (S.).

– – –, **four inch** = garde *f.* de quatre pouces (pour le tuyau d'évacuation) (S.).

– – –, **storm** = déversoir *m.* d'orage (S.).

– – –, **to** = déborder, inonder.

overgearing = surmultiplication *f.* (Méc.).

overhang = surplomb *m.* (B.), saillie *f.* (B.).

– – –, **to** = se projeter, surplomber, être en porte-à-faux.

overhanging = surplombant, en porte-à-faux, (mur *m.*) déversé, (trottoir *m.*) en encorbellement.

overhaul, to = réviser (une auto.), remettre (un moteur) au point, réfectionner (un moteur), vérifier (une machine) en détail, remettre (une machine, un moteur) en état, arranger (une horloge), radouber

(overhaul)

(un bateau).
overhauling = révision *f.* (d'une machine), remise *f.* au point, réfection *f.* (d'un moteur), vérification *f.*
overhead = aérien (adj.), frais *m.p.* généraux.
overheat, to = surchauffer.
overheating = surchauffe *f.*, surchauffage *m.* (d'une chaudière), échauffement *m.* exagéré (d'un coussinet).
‒ ‒ ‒ **of steam** = surchauffage *m.* de la vapeur.
overhung = en porte-à-faux, en saillie, surplombant.
overimpression = foulage *m.* (Imp.).
overimprove, to = améliorer à l'excès.
overimprovement = amélioration *f.* excessive (d'un immeuble).
overissues = bouillons *m.p.* (Imp.).
overlap = chevauchement *m.* (de deux planches), recouvrement *m.* (du tiroir) (Méc.), imbrication *f.* ou chevauchement *m.* (des ardoises) (B.).
‒ ‒ ‒ **of the slide valve** = recouvrement *m.* des bandes du tiroir sur les lumières (Méc.).
‒ ‒ ‒, **to** = dépasser, empiéter, recouvrir, chevaucher ou enchevaucher (des ardoises).
overlapping = chevauchement *m.* (de deux planches), recouvrement *m.* (du tiroir) (Méc.), imbrication *f.* ou chevauchement *m.* (des tuiles) (B.).
‒ ‒ ‒ **of the explosions** = chevauchement *m.* des explosions (Méc.).
overlay = béquet *m.* ou becquet *m.* (Imp.), procédé *m.* de transparence électronique (Tv.).
‒ ‒ ‒, **chalk** = découpage *m.* à la craie (Imp.).
‒ ‒ ‒, **hand-cut** = béquet *m.* ou becquet *m.* (Imp.).
‒ ‒ ‒, **to** = recouvrir, incruster (un mur), couvrir, installer (un pont sur un cours d'eau), mettre des hausses sur le tympan (Imp.).
overlaying = acérage *m.* (de l'acier), incrustation *f.*, recouvrement *m.*
overload = surcharge *f.*
‒ ‒ ‒, **operating** = surcharge *f.* en fonctionnement.
‒ ‒ ‒, **permissible** = surcharge *f.* admissible.
‒ ‒ ‒, **to** = surcharger (un mur), surmener (un moteur).
overloading = surcharge *f.* (d'un mur, d'un appareil), surmenage *m.* (d'un moteur).
overlook, to = surveiller (les travaux), oublier (l'heure).
overlooker = contremaître *m.*, surveillant *m.*
overman = contremaître *m.*
overmodulate, to = surmoduler (R.).
overmodulation = surmodulation *f.* (R.).
overpass = passage *m.* supérieur (C.), saut-de-mouton *m.* (C.).
overplus = surplus *m.* (Imp.), balèvre *f.* (d'une assise de maçonnerie).
overpotential = survoltage *m.* (E.).
overpressure = surpression *f.* (H.).
overprinting = surimpression *f.* (Imp.).
overrun, to = survolter (E.), remanier (les lignes) (Imp.), rouler plus vite que le moteur (Auto.), déborder (H.).
overs = feuilles *f.p.* de passe (Imp.).
overseer = contremaître *m.*, surveillant *m.*, piqueur *m.* (des ponts et chaussées).
oversew, to = surjeter, assembler au point de surjet.

oversewing = couture *f.* en surjet.
oversheet = défet *m.* (Imp.).
overshoot = dépassement *m.* (E.), surdépassement *m.* (E.).
‒ ‒ ‒, **to** = dépasser (le but, les limites), outrepasser (une limite).
overshot = cloche *f.* de repêchage (Mi.).
oversize = au-dessus de la cote, à surépaisseur, surcote *f.* (Méc.), refus *m.* (d'un crible).
overspeed = allure *f.* excessive, excès *m.* de vitesse.
oversteer = survirage *m.* (Auto.).
‒ ‒ ‒, **to** = survirer (Auto.).
oversteering = (auto *f.*) survireuse (adj.).
overstrain, to = surmener (un employé), surcharger (une machine) (Méc.).
overstress, to = surcharger (une transmission) (Méc.).
overtake, to = doubler ou dépasser (une voiture) (Auto.).
overtaking = dépassement *m.* (Auto.).
‒ ‒ ‒, **no** = défense *f.* de doubler (Auto.).
‒ ‒ ‒, **fast** = dépassement *m.* rapide.
overtime = heures *f.p.* supplémentaires.
overtone = harmonique *m.* du son fondamental (R.).
overtype = (dynamo *f.* du) type *m.* supérieur.
overvoltage = surtension *f.* (E.).
overweight = surpoids *m.*, excédent *m.* de poids.
ovolo = quart *m.* de rond (B.), boudin *m.* (B.), ove *m.* (B.).
O / W = V. « wire, open ».
owner = propriétaire *m.*
‒ ‒ ‒, **adjacent** = riverain *m.*
‒ ‒ ‒, **garage** = garagiste *m.*
‒ ‒ ‒, **joint** = copropriétaire *m.* (ou *f.*), propriétaire *m.* indivis.
‒ ‒ ‒, **land** = V. « landowner ».
‒ ‒ ‒, **ship** = armateur *m.*
ownership = propriété *f.*, possession *f.*
‒ ‒ ‒, **common** = possession *f.* en commun, collectivité *f.*
‒ ‒ ‒, **foreign** = propriété *f.* étrangère, mainmise *f.* étrangère (sur les industries).
‒ ‒ ‒, **joint** = copropriété *f.* (d'une ligne de poteaux).
‒ ‒ ‒, **public** = propriété *f.* publique.
oxidation = oxydation *f.* (d'un métal), calcination *f.* (d'un minerai).
oxide = oxyde *m.* (Chim.).
‒ ‒ ‒, **aluminium** = alumine *f.*
‒ ‒ ‒, **iron** = oxyde *m.* de fer.
‒ ‒ ‒, **magnesium** = magnésie *f.*
‒ ‒ ‒, **nitric** = bioxyde *m.* d'azote.
‒ ‒ ‒, **zinc** = oxyde *m.* de zinc.
oxides, artificial = oxydes *m.p.* artificiels.
‒ ‒ ‒, **natural** = oxydes *m.p.* naturels.
oxidize, to = oxyder.
oxidizing = oxydant.
oxyacetylene = (chalumeau *m.*) oxyacétylénique (adj.).
oxygen = oxygène *m.*
oz. = V. « ounce ».
ozocerite (or ozokerite) = ozokérite *f.*, cire *f.* minérale.
ozonizer = ozoniseur *m.*, ozoneur *m.*
ozonometer = ozonomètre *m.*

p

p. = V. « page », « pint » et « perch ».
P.A.B.X. (Private Automatic Branch Exchange) = bureau *m.* automatique privé (Tp.), installation *f.* privée automatique (Tp.).
pace = allure *f.* (Méc.), pas *m.* (d'une personne), vitesse *f.* (Méc.).
– – –, **half-** = demi-palier *m.* (B.).
– – –, **to** = arpenter (le chemin), mesurer (une distance) au pas.
pack = bât *m.* (de bête de charge), paquet *m.*, ensemble *m.* ou bloc *m.* (de piles sèches), havresac *m.*
– – –, **battery** = batterie *f.* (d'accumulateurs) (Phot.).
– – –, **circuit** = bloc *m.* de circuits (Tp.).
– – –, **cluster** = trochet *m.*
– – –, **ice** = embâcle *m.* (C.).
– – –, **mule** = bât *m.*
– – –, **power** = bloc *m.* d'alimentation (E.).
– – –, **tape** = galette *f.* (E.).
– – –, **to** = tasser (la terre), remblayer (une fouille), garnir (un piston, un tuyau), fourrer (un mécanisme), étouper (un joint), bourrer (un assemblage), emballer ou encaisser (des objets).
package = emballage *m.*, colis *m.*, paquet *m.*
packaging = emballage *m.* ou présentation *f.* (d'un produit), technique *f.* d'emballage.
– – –, **skin** = emballage *m.* moulant.
packer = emballeur *m.* (O.). remblayeur *m.* (O.) (Mi.).
packet = ramette *f.* (c.-à-d. 125 feuilles de papier) (Imp.).
packfong = maillechort *m.* (Mét.), packfong *m.* (Mét.).
packing = garnissage *m.* (d'un piston), bourrage *m.* (Méc.), étoupage *m.* (d'un gland) (Méc.), joint *m.* (Méc.), remplissage *m.* (d'une fouille), emballage *m.* (des effets), tassement *m.* ou compactage *m.* (des remblais), garniture *f.* (Méc.), étoupe *f.* (Méc.), bourre *f.* (Méc.), remblayage *m.* (d'un fossé), garniture *f.* (de presse-étoupe) (Méc.), habillage *m.* (du cylindre) (Imp.).
– – –, **asbestos** = garniture *f.* d'amiante (Méc.), bourre *f.* d'amiante (Méc.).
– – –, **copper** = garniture *f.* en cuivre (Méc.).

(packing)
– – –, **copper-asbestos** = garniture *f.* en cuivre-amiante (Méc.).
– – –, **cotton** = garniture *f.* en coton (Méc.).
– – –, **crankshaft** = presse-étoupe *m.* de vilebrequin (Auto.).
– – –, **cup** = garniture *f.* en godet (Méc.).
– – –, **disposable** = (à) emballage *m.* perdu.
– – –, **felt** = garniture *f.* en feutre (Méc.).
– – –, **fibre** = garniture *f.* en fibre (Méc.).
– – –, **fluid-tight** = garniture *f.* étanche (Méc.).
– – –, **gland** = garniture *f.* de presse-étoupe (Méc.).
– – –, **hard** = habillage *m.* sec (Imp.).
– – –, **hemp** = garniture *f.* de chanvre (Méc.), étoupage *m.* en chanvre (Méc.).
– – –, **leak-proof** = joint *m.* étanche (Méc.), garniture *f.* étanche (Méc.).
– – –, **leather** = garniture *f.* en cuir (Méc.).
– – –, **metallic** = garniture *f.* métallique (Méc.).
– – – **of sleepers** = bourrage *m.* (ou soufflage *m.*) de traverses (Ch.d.f.).
– – –, **piston** = garniture *f.* de piston (Méc.).
– – –, **retaining, oil** = garniture *f.* de retenue d'huile (Méc.).
– – –, **rod, piston** = garniture *f.* de tige de piston (Méc.).
– – –, **rubber** = garniture *f.* en caoutchouc (Méc.).
– – –, **steam** = garniture *f.* de vapeur (Méc.).
– – –, **strip** = remblayage *m.* par couches (C.).
– – –, **stuffing-box** = garniture *f.* de presse-étoupe (Méc.).
– – –, **tow** = garniture *f.* d'étoupe blanche, (Méc.), garniture *f.* de filasse (Méc.).
– – –, **white-lead** = garniture *f.* en céruse (Méc.), garniture *f.* en blanc de plomb (Méc.).
pad = butée *f.* (Méc.), socle *m.* amortisseur de vibrations (Méc.), tampon *m.* d'ouate, amortisseur *m.* (Méc.), support *m.* (Méc.), cale *f.* de support (de moteur) (Méc.), ligne *f.* artificielle de complément (Tp.), ligne *f.* artificielle d'équilibre (Tp.), patin *m.* (de ressort) (Méc.), rembourrage *m.* (d'un fauteuil), sellette *f.* (de harnais) (Agr.), bloc *m.* (de papier), anneau *m.* de renforcement (H.).

(pad)

– – –, **blanking** = support *m*. de découpage (Méc.).

– – –, **blotting** = tampon-buvard *m*., buvard *m*.

– – –, **bumper** = butée *f*. (Méc.), tampon *m*. amortisseur (Auto.).

– – –, **calendar, desk** = bloc-notes *m*. éphéméride.

– – –, **cheek** = couvre-crosse *m*. amortisseur (d'une arme à feu).

– – –, **collar** = coussin *m*. de collier (d'un cheval de trait).

– – –, **distortionless** = complément *m*. non-distorsif (Tp.).

– – –, **drill, lathe** = plateau *m*. à percer de tour (Méc.).

– – –, **electric-warming** = cataplasme *m*. électrique (Ust.), thermoplasme *m*. (Ust.).

– – –, **glazing** = glaceur *m*. (Phot.).

– – –, **greasing** = feutre *m*. graisseur (Méc.).

– – –, **harness** = sellette *f*. (de harnais) (Agr.).

– – – **having distortion** = complément *m*. distorsif (Tp.).

– – –, **heating, electric** = chauffe-pieds *m*. (Ust.), coussin *m*. chauffant (Ust.).

– – –, **inking** = tampon-encreur *m*.

– – –, **ironing-board** = molleton *m*. (ou coussin *m*.) *m*. de planche à repasser (Ust.).

– – –, **knee** = genouillère *f*.

– – –, **memo(randum)** = bloc *m*. mémorandum, bloc-notes *m*.

– – –, **note** = bloc-notes *m*.

– – –, **pedal** = couvre-pédale *m*. (Auto.).

– – –, **polishing** = tampon *m*. à polir (Méc.).

– – –, **pressure** = patin *m*. presseur (de la fenêtre de vues) (Phot.).

– – –, **punch** = plaque *f*. porte-poinçon (Méc.).

– – –, **recoil** = sabot *m*. pneumatique « anti-recul » (d'une arme à feu).

– – –, **saw** = porte-scie *m*.

– – –, **scouring** = éponge *f*. métallique (Ust.).

– – –, **self-inking** = tampon *m*. perpétuel.

– – –, **shoulder** = épaulière *f*.

– – –, **spring** = patin *m*. de ressort (Méc.), appui *m*. du ressort (Méc.).

– – –, **stamp** = tampon *m*. à timbrer.

– – –, **to** = rembourrer (un coussin), capitonner (le dos d'un fauteuil), matelasser (des chaises, une porte).

– – –, **tool** = manche-nécessaire *m*. d'outils dit « universel » (Méc.).

– – –, **writing** = bloc-notes *m*.

padding = rembourrage *m*., bourre *f*., coussin *m*. (de collier de cheval) (Agr.), remplissage *m*. (Imp.).

paddle = pale *f*. ou aube *f*. (de ventilateur), palette *f*. (de roue hydraulique), vannelle *f*. (de porte d'écluse), aviron *m*., pagaie *f*., battoir *m*. à linge (Ust.), palette *f*. ou aube *f*. (E.).

– – –, **double** = pagaie *f*.

padlock = cadenas *m*.

– – –, **blocking, switch** = cadenas *m*. de condamnation (Ch.d.f.).

page = page *f*.

– – –, **cancel** = onglet *m*. (Imp.).

– – –, **left-hand** = verso *m*., fausse page (Imp.).

– – –, **opposite** = page *f*. en regard (Imp.).

– – –, **right-hand** = recto *m*., belle page (Imp.).

– – –, **solid** = page *f*. solide (Imp.).

(page)

– – –, **title** = page *f*. de titre (Imp.).

– – –, **to** = mettre (la composition) en pages (Imp.).

pages, odd = pages *f.p.* impaires ou belles pages (d'un livre).

– – –, **uneven** = pages *f.p.* impaires.

pagination = pagination *f*. ou foliotage *m*. ou numérotage *m*. (des pages d'un livre).

paging = mise *f*. en pages (Imp.), V. « pagination ».

pail = seau *m*., seille *f*., baille *f*. (à incendie) (Mar.).

– – –, **covered** = chaudière *f*. (Ust.).

– – –, **dairy** = seau *m*. à lait, seau *m*. de laiterie.

– – –, **fire** = seau *m*. à incendie.

– – –, **household** = seau *m*. de ménage (Ust.).

– – –, **ice** = sorbetière *f*. (Ust.).

– – –, **ice, Faraday** = cylindre *m*. de Faraday (E.).

– – –, **milk** = seau *m*. à lait.

– – –, **milking** = seau *m*. à traire.

– – – **of latrines** = goguenot *m*. (S.).

– – –, **slop** = seau *m*. hygiénique (S.), seau *m*. de toilette (S.), seau *m*. de ménage (Ust.).

– – –, **tar** = baille *f*. à brai (C.).

– – – **with strainer** = seau *m*. à couloire.

– – –, **wooden** = seille *f*.

paint = peinture *f*., enduit *m*.

– – –, **aluminium** = peinture *f*. à l'aluminium.

– – –, **anti-rust** = peinture *f*. antirouille, antirouille *m*.

– – –, **bronze** = peinture *f*. au bronze.

– – –, **colloidal** = peinture *f*. colloïdale.

– – –, **concrete** = peinture *f*. pour béton.

– – –, **enamel** = peinture *f*. émail.

– – –, **fire-retardant** = peinture *f*. ignifuge.

– – –, **flat** = peinture *f*. mate.

– – –, **gloss** = peinture *f*. vernis.

– – –, **gun-sprayed** = peinture *f*. au pistolet.

– – –, **heat-resisting** = peinture *f*. résistant à la chaleur.

– – –, **luminous** = peinture *f*. lumineuse.

– – –, **oil** = peinture *f*. à l'huile, couleur *f*. à l'huile.

– – –, **oil, linseed** = peinture *f*. à l'huile de lin.

– – –, **quick-drying** = peinture *f*. siccative.

– – –, **ready-mixed** = peinture *f*. délayée.

– – –, **red lead** = peinture *f*. au minium, apprêt *m*. à métaux, peinture *f*. pour couche primaire anticorrosion.

– – –, **rust protective** = peinture *f*. antirouille, antirouille *m*.

– – –, **silicate** = peinture *f*. aux silicates.

– – –, **size** = détrempe *f*., peinture *f*. à la colle.

– – –, **sprayed-on** = peinture *f*. au pistolet.

– – –, **to** = peindre, enduire de peinture, peinturer.

– – –, **water** = peinture *f*. à l'eau, détrempe *f*.

– – –, **water, glue** = peinture *f*. à la colle.

– – –, **waterproof** = peinture *f*. hydrofuge.

– – –, **white lead** = peinture *f*. au blanc de plomb.

painter = peintre *m*. (O.).

– – –, **house** = peintre *m*. en bâtiments.

– – –, **industrial** = peintureur *m*.

– – –, **spray** = peintre *m*. au pistolet.

painting = peinture *f*.

– – –, **spray** = peinture *f*. au pistolet, peinture *f*. au vaporisateur.

paintwork = peinture *f*., peinturage *m*.

pair = paire *f*. (de souliers, de fils téléphoniques), couple *f*.

(pair)

– – –, **assigned** = paire *f.* attribuée (Tp.).

– – –, **bad** = paire *f.* défectueuse (Tp.), paire *f.* en dérangement (Tp.), mauvaise paire (Tp.).

– – –, **balanced** = paire *f.* équilibrée (Tp.), paire *f.* compensée (Tp.).

– – –, **cable** = paire *f.* d'un câble (Tp.).

– – –, **coaxial** = paire *f.* coaxiale (Tp.).

– – –, **coil-loaded** = paire *f.* pupinisée (Tp.), paire *f.* chargée (Tp.).

– – –, **committed** = paire *f.* retenue (Tp.), paire *f.* attribuée (Tp.).

– – –, **cord** = dicorde *m.* (Tp.).

– – –, **cord, through position** = dicorde *m.* de transit (Tp.).

– – –, **dead** = paire *f.* morte (Tp.).

– – –, **non-loaded** = paire *f.* non chargée (Tp.).

– – – **of compasses** = compas *m.* (à dessin).

– – – **of gears** = couple *f.* d'engrenages (Méc.).

– – – **of horses** = attelage *m.* (de deux chevaux), paire *f.* de chevaux.

– – – **of pants** = pantalon *m.* (Ust.).

– – – **of pincers** = pinces *f.p.* (I.), tenailles *f.p.* (I.).

– – – **of scales** = balance *f.* (à fléau).

– – – **of scissors** = paire *f.* de ciseaux, ciseaux *m.p.*

– – – **of shafts** = limonière *f.*, brancard *m.* de voiture.

– – – **of tongs** = pinces *f.p.*, tenailles *f.p.*, pince *f.*

– – –, **twisted** = paire *f.* torsadée (Tp.).

– – –, **working** = paire *f.* attribuée (Tp.), paire *f.* en service (Tp.).

pairing = pairage *m.* (Tv).

palace = palais *m.*

– – –, **archbishop's** = archevêché *m.*

– – –, **bishop's** = évêché *m.*

– – –, **cardinal's** = palais *m.* cardinalice.

pale = pieu *m.* (de clôture) (C.), pale *f.* (C.).

palette = plastron *m.* (d'un porte-foret) (Méc.).

palisade = palissade *f.* (C.).

pallet = cliquet *m.* (Méc.), tringle *f.* de clouage (B.).

pan = carter *m.* (Auto.), cuvette *f.* (de moteur) (Méc.), bac *m.* (en tôle), auge *f.* (Mi.), casserole *f.* (Ust.), moule *m.* (Ust.), V. « panning ».

– – –, **ash** = cendrier *m.* (de locomotive) (Ch.d.f.).

– – –, **baking** = rôtissoire *f.* (Ust.).

– – –, **bed** = bassin *m.* de lit (Ust.).

– – –, **biscuit** = moule *m.* à biscuits (Ust.), tôle *f.* à biscuits (Ust.).

– – –, **breast** = avant-creuset *m.* (Mét.).

– – –, **cake** = moule *m.* à gâteaux (Ust.).

– – –, **dish** = bassine *f.* à laver la vaisselle (Ust.).

– – –, **distributing** = gouttière *f.* distributrice.

– – –, **drip** = attrappe-gouttes *m.*, égouttoir *m.*, gouttière *f.*

– – –, **dripping** = lèchefrite *f.* (Ust.).

– – –, **dust** = pelle *f.* à poussière (Ust.), [porte-ordure *m.*] (Canada).

– – –, **earthenware** = vaisseau *m.* de terre (Ust.).

– – –, **fire** = brasier *m.*, cendrier *m.* (Méc.).

– – –, **fire** = brasier *m.*, cendrier *m.* (Méc.).

– – –, **frying** = poêle *f.* (Ust.), poêlon *m.* (Ust.).

– – –, **frying, deep** = casserole *f.* à frire (Ust.).

– – –, **frying, electric** = poêle *f.* électrique (Ust.).

– – –, **grease** = lèchefrite *f.* (Ust.).

– – –, **hard** = terrain *m.* résistant (C.), argile *f.* com-

(pan)

pacte (C.), carapace *f.* calcaire (C.).

– – –, **milk** = terrine *f.* à lait.

– – –, **oil** = carter *m.* à huile (Méc.), bac *m.* d'huile (Méc.).

– – –, **pudding** = moule *m.* à poudings (Ust.).

– – –, **sauce** = casserole *f.* (Ust.), V. « saucepan ».

– – –, **settling** = bac *m.* de décantation.

– – –, **under-** = carter *m.* inférieur (Méc.), sous-carter *m.* (Méc.).

– – –, **wrinkled** = moule *m.* cannelé (Ust.), moule *m.* dit « aspic » (Ust.).

panchromatic = (film *m.*) panchromatique (adj.) (Phot.).

pane = pan *m.* (d'un mur, d'un écrou), panne *f.* (d'un marteau), vitre *f.* ou carreau *m.* (de fenêtre).

– – –, **ball** = panne *f.* bombée.

– – –, **diamond** = vitre *f.* en forme de losange (B.).

– – – **of a hammer** = panne *f.* d'un marteau.

– – – **of glass** = carreau *m.* (B.), vitre *f.* (B.), panneau *m.* de verre (B.).

– – –, **window** = vitre *f.* (B.), carreau *m.* (B.).

panel = panneau *m.*, entre-deux *m.* (B.), tableau *m.* de contrôle (chez un abonné) (E.), tableau *m.* de distribution (dans une centrale) (E.), caisson *m.* (de plafond) (B.), fourgonnette *f.* (Auto.).

– – –, **annunciator** = panneau *m.* de signalisation (Tp.), tableau *m.* indicateur (E.).

– – –, **building** = panneau *m.* mural (Men.).

– – –, **charging** = tableau *m.* de charge (E.).

– – –, **control** = panneau *m.* de commande (E.), panneau *m.* de contrôle (E.).

– – –, **display** = tableau *m.* d'annonciateurs (Tp.), tableau *m.* indicateur (des numéros) (Tp.).

– – –, **distribution** = tableau *m.* de distribution (E.).

– – –, **door** = panneau *m.* de porte (B.).

– – –, **dropped** = panneau *m.* surbaissé (d'un plancher en béton) (B.).

– – –, **facing** = panneau *m.* de façade (B.).

– – –, **folding** = vantail *m.* (B.).

– – – **for a form** = banche *f.* (d'un coffrage) (C., B.).

– – –, **glass** = panneau *m.* vitré (B.).

– – –, **heating** = panneau *m.* radiant (B.).

– – –, **indicator** = tableau *m.* indicateur (E.).

– – –, **inspection** = panneau *m.* de visite (C.).

– – –, **instrument** = tableau *m.* de bord (Auto.), tableau *m.* de commande (E., Méc.).

– – –, **iron-clad** = panneau *m.* blindé (E.).

– – –, **jack** = panneau *m.* de jacks (Tp.), tableau *m.* de commutation (Tp.).

– – –, **knock-out** = tableau *m.* de contrôle à trous estampés (E.).

– – –, **laminated** = contre-plaqué *m.* (B.).

– – –, **lighting** = tableau *m.* d'éclairage (E.).

– – –, **line-terminating** = tableau *m.* terminal des lignes (E.).

– – –, **locating** = panneau *m.* de position (E.), panneau *m.* de jalonnement (E.).

– – –, **machine** = panneau *m.* de machine (Méc.).

– – –, **main** = tableau *m.* général (E.).

– – –, **marble** = panneau *m.* de marbre (B.).

– – –, **metal** = panneau *m.* tôlé (B.).

– – –, **metering** = panneau *m.* de contrôle (E.).

– – –, **mixing** = mélangeur *m.* de sons (R.).

(panel)

– – –, **mounting** = panneau *m*. d'assemblage (Méc., C.).
– – –, **multiple-jack** = multiple *m*. (Tp.).
– – –, **plywood** = panneau *m*. de contre-plaqué (B.).
– – –, **power** = tableau *m*. de distribution (É.).
– – –, **quarter** = custode *f*. (Auto.).
– – –, **quarter, rear** = custode *f*. (Auto.).
– – –, **sheathing** = panneau *m*. de revêtement (B.).
– – –, **sheathing, plywood** = panneau *m*. de revêtement de contre-plaqué (B.).
– – –, **signalling** = panneau *m*. de signalisation (Tp., É.).
– – –, **sliding** = panneau *m*. mobile (B.).
– – –, **sunk** = panneau *m*. en retrait (B.).
– – –, **swinging** = panneau *m*. à battant (B.).
– – –, **switchboard** = panneau *m*. de tableau *m*. de manoeuvre (É., Tp.), panneau *m*. de tableau *m*. de distribution (É., Tp.), panneau *m*. de multiple *m*. (Tp.), panneau de standard *m*. (Tp.).
– – –, **test, toll** = panneau *m*. de coupure de la table d'essai des lignes interurbaines (Tp.).
– – –, **to** = diviser en panneaux (B.), recouvrir de panneaux (B., C.), lambrisser (B.).
– – –, **wainscot** = panneau *m*. de lambris (B.).
panelling, wood = revêtement *m*. en bois (B.).
panning = panoramique *m*. horizontal (Phot.).
pantile = tuile *f*. flamande (B.).
pantograph = pantographe *m*. (de locomotive électrique, de dessinateur).
pantry = dépense *f*. (B.), garde-manger *m*. (B.).
– – –, **butler's** = office *f*. (B.), sommellerie *f*. (B.).
papaw = asiminier *m*. trilobé (For.).
paper = papier *m*.
– – –, **abrasive** = papier *m*. abrasif (Méc., Men.).
– – –, **absorbent** = papier *m*. hydrophile, papier *m*. absorbant.
– – –, **acid-free** = papier *m*. exempt d'acide.
– – –, **adhesive** = papier *m*. gommé, papier *m*. adhésif.
– – –, **announcement** = papier *m*. pour faire-part.
– – –, **antique book** = papier *m*. d'édition antique.
– – –, **anti-tarnish** = papier *m*. antioxydant.
– – –, **art** = papier *m*. couché.
– – –, **artificial leather** = papier *m*. similicuir.
– – –, **asbestos** = papier *m*. d'amiante (B.).
– – –, **asbestos, corrugated** = papier *m*. d'amiante ondulé (B.).
– – –, **asphalt** = papier *m*. asphalté (B.), papier *m*. bitumé (B.).
– – –, **atlas** = papier-atlas *m*. (Imp.).
– – –, **back-lining** = papier-garniture *m*. (Imp.).
– – –, **bag** = papier *m*. à sacs.
– – –, **baling** = papier *m*. d'emballage fort, emballage *m*.
– – –, **bank note** = papier-monnaie *m*., papier *m*. pour billets de banque.
– – –, **bible** = papier *m*. bible.
– – –, **blotting** = buvard *m*.
– – –, **blue-print** = papier *m*. à bleus.
– – –, **bond** = papier *m*. filigrané.
– – –, **book, coated** = papier *m*. d'édition couché.
– – –, **book, eggshell** = papier *m*. d'édition coquille.
– – –, **book, exercise** = papier *m*. écolier.
– – –, **brown** = papier *m*. d'emballage.

(paper)

– – –, **building** = papier *m*. isolant (B.), papier *m*. de revêtement (B.), papier *m*. fort (B.), isolant *m*. thermique (B.).
– – –, **bulking** = papier *m*. bouffant (Pap.).
– – –, **butter** = papier *m*. beurre.
– – –, **cable** = papier *m*. pour câbles.
– – –, **calking** = papier *m*. à calquer.
– – –, **calendered** = papier *m*. calandré.
– – –, **cambric** = papier *m*. (à lettres) toile.
– – –, **carbon** = papier *m*. carbone.
– – –, **cartridge** = papier *m*. cartouche.
– – –, **chalk-overlay** = papier *m*. porcelaine.
– – –, **chart** = papier *m*. pour graphiques, papier *m*. pour cartes (maritimes).
– – –, **cheque** = papier *m*. à chèque.
– – –, **cheviot** = papier *m*. chiné.
– – –, **chromo** = papier *m*. chromo (Imp.).
– – –, **cigarette** = papier *m*. à cigarettes.
– – –, **circular** = papier *m*. à circulaires.
– – –, **coarse** = papier *m*. fort, papier *m*. d'emballage.
– – –, **coated** = papier *m*. couché.
– – –, **coated, double** = papier *m*. double émail.
– – –, **coated, dull** = papier *m*. couché mat.
– – –, **coated, one side** = papier *m*. couché un côté.
– – –, **coating** = papier *m*. support (pour couchage) (Pap.).
– – –, **cockled** = papier *m*. gondolé, papier *m*. bosselé.
– – –, **coloured, calender** = papier *m*. coloré à la calandre (Pap.).
– – –, **condenser** = papier *m*. à condensateur.
– – –, **conditioned** = papier *m*. tempéré.
– – –, **copying** = papier *m*. pelure.
– – –, **correspondence** = papeterie *f*.
– – –, **corrugated** = papier *m*. gaufré.
– – –, **cover** = papier *m*. à couverture (Imp.).
– – –, **crayon** = papier *m*. pour pastel.
– – –, **crepe** = papier *m*. crêpé.
– – –, **creped** = papier *m*. crêpé sur machine.
– – –, **crinkled** = papier *m*. plissé.
– – –, **crocus** = papier *m*. (de rouge) à polir (Méc.).
– – –, **cross-section** = papier *m*. quadrillé.
– – –, **culled** = papier *m*. rejeté (Pap.).
– – –, **cup** = papier *m*. à gobelets.
– – –, **cup, baking** = papier *m*. pour moules à gâteaux.
– – –, **cup, drinking** = papier *m*. à gobelets.
– – –, **curl** = papillote *f*. (Ust.).
– – –, **curly** = papier *m*. gondolé.
– – –, **currency** = papier-monnaie *m*.
– – –, **decalcomania** = papier *m*. à décalcomanie.
– – –, **deckle edged** = papier *m*. à bords déchiquetés.
– – –, **delicatessen** = papier *m*. pour salaisons.
– – –, **design** = papier *m*. à motif.
– – –, **drawing** = papier *m*. à dessin.
– – –, **dry finished** = papier *m*. apprêté à sec.
– – –, **duplex** = papier *m*. duplex.
– – –, **duplicating** = papier *m*. à copier.
– – –, **duplicating, stencil** = papier *m*. à polycopier.
– – –, **embossed** = papier *m*. gaufré.
– – –, **emery** = papier *m*. d'émeri, (Méc.), papier *m*. émerisé (Méc.).
– – –, **enamel** = papier *m*. émaillé.
– – –, **end** = papier *m*. de garde (Imp.).
– – –, **esparto** = papier *m*. alfa.

(paper)

- – –, **facing** = papier *m.* doublure.
- – –, **feather-weight** = papier *m.* bouffant.
- – –, **felt** = papier *m.* feutre (B.), papier *m.* à toiture (B.).
- – –, **filled** = papier *m.* chargé (Pap.).
- – –, **filtering** = papier *m.* filtre.
- – –, **fish** = papier *m.* isolant, papier *m.* diélectrique.
- – –, **flimsy** = papier *m.* pelure.
- – –, **flint** = papier *m.* d'émeri (Méc.).
- – –, **flong** = flan *m.*;
- – –, **fly** = papier *m.* attrape-mouches (Ust.).
- – –, **galley-proof** = papier *m.* à placard.
- – –, **garnet** = papier *m.* grenat.
- – –, **geography** = papier *m.* pour géographie.
- – –, **glass** = papier *m.* de verre (Men.).
- – –, **glassine** = papier *m.* cristal.
- – –, **glazed** = papier *m.* satiné.
- – –, **grainy** = papier *m.* grenu.
- – –, **granite** = papier *m.* granité.
- – –, **graph** = papier *m.* pour graphiques, papier *m.* quadrillé.
- – –, **grease-proof** = papier *m.* imperméable à la graisse.
- – –, **gummed** = papier *m.* gommé.
- – –, **gummed, non-curling** = papier *m.* gommé inerte.
- – –, **hand-made** = papier *m.* cuve, papier *m.* forme.
- – –, **hanging** = (papier *m.*) tenture *f.*
- – –, **imitation art** = papier *m.* glacé, papier *m.* similicouché.
- – –, **India** = papier *m.* de Chine.
- – –, **insulating** = papier *m.* diélectrique.
- – –, **intaglio** = papier *m* pour gravure (Imp.).
- – –, **interleaving** = maculature *f.* (Imp.).
- – –, **Japan** = papier *m.* Japon.
- – –, **jute** = papier *m.* jute.
- – –, **Kraft** = papier *m.* d'emballage fort, papier *m.* Kraft, emballage *m.* Kraft.
- – –, **label** = papier *m.* à étiquettes.
- – –, **laid** = papier *m.* vergé.
- – –, **laminated** = papier *m.* doublé.
- – –, **ledger** = papier *m.* registre.
- – –, **linen back** = papier *m.* entoilé.
- – –, **lining** = papier *m.* doublure (Imp.).
- – –, **litho** = papier *m.* lithographique (Imp.).
- – –, **litmus** = papier *m.* tournesol.
- – –, **loft-dried** = papier *m.* séché en feuilles (Pap.).
- – –, **machine-dried** = papier *m.* séché à la machine (Pap.).
- – –, **machine finished** = papier *m.* apprêté sur machine.
- – –, **machine glazed** = papier *m.* frictionné sur machine.
- – –, **magazine** = papier *m.* pour revues.
- – –, **manifold** = papier *m.* pelure.
- – –, **manilla** = papier-bulle *m.*, papier *m.* manille.
- – –, **marble** = papier *m.* marbré.
- – –, **masking** = papier-cache *m.*
- – –, **matte** = papier *m.* mat (Pap.).
- – –, **mature** = papier *m.* échu (Pap.), papier *m.* conditionné (Pap.).
- – –, **mellow** = papier *m.* conditionné (Pap.), papier *m.* échu (Pap.).
- – –, **metallic** = papier *m.* métallisé.

(paper)

- – –, **mimiograph** = papier *m.* « mimiographe ».
- – –, **monogram** = papier *m.* chiffré.
- – –, **mottled** = papier *m.* marbré.
- – –, **newsprint** = papier *m.* à journal.
- – –, **note** = papier *m.* à lettres.
- – –, **offset** = papier *m.* « offset ».
- – –, **oiled** = papier *m.* huilé.
- – –, **onion skin** = papier *m.* pelure.
- – –, **opaque** = papier *m.* opaque.
- – –, **Ozalid** = papier *m.* Ozalid.
- – –, **packing** = papier *m.* d'emballage.
- – –, **papeterie** = papier *m.* à lettres.
- – –, **paraffin** = papier *m.* paraffiné.
- – –, **parchment** = papier *m.* sulfurisé, papier *m.* parcheminé.
- – –, **pebbled** = papier *m.* chagriné.
- – –, **photographic** = papier *m.* photographique.
- – –, **photostat** = papier *m.* photostat.
- – –, **pin** = papier *m.* à épingles.
- – –, **plate** = papier *m.* pour gravure, papier *m.* taille-douce.
- – –, **plate-finished** = papier *m.* laminé.
- – –, **plotting** = papier *m.* quadrillé.
- – –, **pole-finding** = papier *m.* cherche-pôles (E.), papier *m.* indicateur de pôle (E.).
- – –, **polishing** = papier *m.* abrasif (Méc.).
- – –, **poster** = papier *m.* pour affiches.
- – –, **printing** = papier *m.* d'impression (Imp.).
- – –, **profile** = papier *m.* millimétrique.
- – –, **proofing** = papier *m.* à épreuve (Imp.).
- – –, **proofing, dry** = papier *m.* indien.
- – –, **proving, engravers** = couché *m.* pour gravure.
- – –, **quadrille finished** = papier *m.* quadrillé.
- – –, **rag** = papier *m.* de chiffons.
- – –, **rag content** = papier *m.* mi-chiffons.
- – –, **record** = papier *m.* pour documents.
- – –, **reinforced** = papier *m.* renforcé, papier *m.* entoilé.
- – –, **rice** = papier *m.* de riz.
- – –, **roll** = papier *m.* en rouleau, papier *m.* en bobines.
- – –, **roofing** = papier *m.* (ou carton *m.*) de toiture (B.).
- – –, **rough finished** = papier *m.* grenu, papier *m.* à gros grain.
- – –, **safety** = papier *m.* de sûreté.
- – –, **sand** = V. « sandpaper ».
- – –, **satin** = papier *m.* brillant, papier *m.* satiné.
- – –, **scale** = papier *m.* quadrillé.
- – –, **sensitized** = papier *m.* sensibilisé (Phot.).
- – –, **sheating, dry** = papier *m.* gris de revêtement (B.), papier *m.* isolant (B.).
- – –, **sheating, tarred** = papier *m.* goudronné de revêtement (B.).
- – –, **shelf** = papier *m.* pour tablettes.
- – –, **single-coated** = papier *m.* couché.
- – –, **sized** = papier *m.* collé.
- – –, **sized, calender** = papier *m.* collé à la calandre.
- – –, **sized, hard** = papier *m.* très collé.
- – –, **sized, rosin** = papier *m.* collé à la colophane.
- – –, **sketching** = papier *m.* à esquisse.
- – –, **soft** = papier *m.* donnant (des effets) doux (Phot.).

(paper)

– – –, **squared** = papier *m*. quadrillé.
– – –, **stained** = papier *m*. teint.
– – –, **sulfite** = papier *m*. au sulfite.
– – –, **sulfite, white** = papier *m*. au bisulfite blanchi (Pap.).
– – –, **supercalendered** = papier *m*. glacé.
– – –, **tar-lined** = papier *m*. goudronné (B.).
– – –, **tarred** = papier *m*. goudronné (B.).
– – –, **tinted** = papier *m*. teinté.
– – –, **tissue** = papier *m*. de soie.
– – –, **toilet** = papier *m*. hygiénique, papier *m*. de toilette.
– – –, **toned** = papier *m*. chamois.
– – –, **towelling** = papier-éponge *m*., papier *m*. pour serviettes.
– – –, **tracing** = papier *m*. calque, papier *m*. translucide.
– – –, **trade-mark** = papier *m*. filigrané.
– – –, **transparent** = papier *m*. calque, papier *m*. translucide.
– – –, **turmeric** = papier *m*. curcuma.
– – –, **two-sided** = papier *m*. à faces dissemblables.
– – –, **tympan** = papier *m*. à décharge.
– – –, **typewriting** = papier *m*. pour machine à écrire.
– – –, **unbleached** = papier *m*. écru.
– – –, **underlay** = papier *m*. à hausses (Imp.).
– – –, **unsized** = papier *m*. sans apprêt.
– – –, **untrimmed** = papier *m*. non rogné.
– – –, **vat** = papier *m*. à la cuve, papier *m*. à la main.
– – –, **vellum** = papier *m*. vélin, vélin *m*.
– – –, **velvet finish(ed)** = papier *m*. satiné.
– – –, **wall** = papier *m*. peint (B.), (papier *m*.) tenture *f*. (B.).
– – –, **wall, sanitary** = papier *m*. lavable.
– – –, **waste** = papier *m*. de rebut, vieux papiers *m.p.*
– – –, **waterleaf** = papier *m*. hydrophile.
– – –, **water-marked** = papier *m*. filigrané.
– – –, **wax(ed)** = papier *m*. ciré.
– – –, **web** = papier *m*. en bobines.
– – –, **white, blue** = papier *m*. blanc bleuté.
– – –, **wiping** = macule *m*. (Imp.).
– – –, **wrapping** = papier *m*. d'emballage, papier *m*. gris.
– – –, **wrapping, butcher's** = papier *m*. ciré.
– – –, **writing** = papier *m*. à lettres.
papers, page = porte-page *m*. (Imp.).
papier mâché = papier-mâché *m*.
parabola = parabole *f*.
paraboloid = paraboloïde *m*.
parachute = parachute *m*.
– – –, **to** = parachuter (des munitions) (Av.).
parachuting = parachutage *m*. (des objets) (Av.).
parade = défilé *m*. (de la Saint-Jean-Baptiste), procession *f*. (de grévistes), rassemblement *m*. (de troupes).
paraffin = paraffine *f*., pétrole *m*. (Méc.) (Angleterre).
– – –, **crude** = graisse *f*. minérale.
paraflax = parallaxe *f*.
parallel = parallèle *m*. (ou adj.), cale *f*. (Méc.).
– – –, **in – – – with** = en parallèle (E.).
– – –, **machine, milling** = cale *f*. d'épaisseur de fraiseuse.
– – –, **planer** = cale *f*. de montage de raboteuse.
– – –, **series-** = en série-parallèle (E.).

(parallel)

– – – **to** = parallèle à. . .
– – –, **to** = monter en parallèle (E.), mettre en parallèle (E.).
paralleling = accrochage *m*. (d'une machine synchrone) (E.).
parallelism = parallélisme *m*.
parallelogram = parallélogramme *m*.
– – – **of forces** = parallélogramme *m*. des forces (C.).
– – – **of speeds** = parallélogramme *m*. des vitesses (Méc., C.).
parallels = calibre *m*. d'épaisseur (Méc.).
paramagnetic = paramagnétique (adj.) (E.).
parameter = paramètre *m*.
parapet = parapet *m*. (B.), garde-fou *m*. (C.), garde-corps *m*. (C.).
paratrooper = parachutiste *m*.
parbuckle = trévire *f*. (C., Mar.).
parcel = morceau *m*. (de terre), parcelle *f*. (de terrain), paquet *m*., colis *m*.
– – –, **postal** = colis *m*. postal.
parchment = parchemin *m*.
– – –, **imitation** = papier *m*. parcheminé, papier *m*. sulfurisé.
pare, to = parer (les viandes), doler (des peaux), rogner (un livre, du papier), peler (un fruit), ébarber (la tranche d'un livre), éplucher (des pommes de terre), délarder (une pierre, une marche d'escalier), dégazonner (un parterre).
parenthesis = parenthèse *f*.
parer, hoof = paroir *m*. de sabots (I.).
parget = plâtre *m*. (B.), crépi *m*. (B.).
– – –, **to** = crépir (B.).
pargeting = crépissage *m*. (B.).
pargetry = crépi *m*. (B.).
parging = crépi *m*. (B.).
paring = rognures *f.p.* (d'un livre, des ongles, d'un matériau), pelures *f.p.* (d'un légume), parage *m*. (du fer, du bois), dolage *m*. (des peaux), délardement *m*. (d'une pierre, d'une marche d'escalier), dégazonnage *m*. (ou dégazonnement *m*.) (d'un parterre).
park = parc *m*., jardin *m*.
– – –, **car** = stationnement *m*. (Auto.), parc *m*. de stationnement, parc *m*. à autos.
– – –, **public** = parc *m*., jardin *m*. public.
– – –, **to** = stationner (Auto.), garer (Auto.), parquer (Auto.).
parked = en stationnement (Auto.).
parkerize, to = parkériser (un métal ferreux) (Mét.).
parking = stationnement *m*. (Auto.), parcage *m*. (d'une voiture) (Auto.).
– – –, **angle** = stationnement *m*. en oblique.
– – –, **double** = stationnement *m*. en double file.
– – –, **no-** = stationnement *m*. interdit, interdiction *f*. de stationnement.
parkometer = compteur *m*. de stationnement (Auto.), parc-mètre *m*. (France).
parkway = route *f*. touristique, autoroute *f*. d'intérêt touristique.
parlour (or parlor) = salon *m*. (de coiffure, d'une maison), parloir *m*. (d'un collège).
– – –, **sun** = solarium *m*. (de maison) (B.).
parquet = parquet *m*. (B.).
parquetry = parquetage *m*., parqueterie *f*.

(parts)

part = pièce *f.* (Méc.), pièce *f.* de rechange (Méc.), organe *m.* (Méc.), élément *m.* (Méc.), partie *f.* (d'un tout), V. « parts ».
– – –, **component** = pièce *f.* constitutive, partie *f.* constitutive.
– – –, **effective** – – – **of a scale** = étendue *f.* de mesure.
– – –, **genuine** = pièce *f.* d'origine, pièce *f.* authentique.
– – –, **machine** = élément *m.* de machine, pièce *f.* de machine.
– – –, **moulded** = pièce *f.* moulée.
– – –, **moving** = pièce *f.* mobile.
– – –, **standard** = pièce *f.* normalisée.
– – –, **submerged** – – – **of hull** = partie *f.* submergée (Mar.).
– – –, **to** = diviser, séparer en deux, diverger, rompre, céder.
– – –, **two-** = en deux pièces.
– – –, **working** = pièce *f.* mobile, pièce *f.* travaillante.
particle = particule *f.* (de sable), parcelle *f.* (d'or), grain *m.* (de poussière), rognure *f.* (de carton), paillette *f.* (de métal), gouttellette *f.* (de liquide).
– – –, **alpha** = hélion *m.* (E.).
– – –, **beta** = électron *m.* négatif (E.), particule *f.* bêta (E.).
– – –, **H** = proton *m.* (E.).
partition = cloison *f.* (B.), séparation *f.* (C., B.), subdivision *f.* (d'un lot), division *f.* (d'un bien), partage *m.* (d'une succession), morcellement *m.* (d'un domaine), démembrement *m.* (d'un fief, d'une terre), zeste *m.* (d'une noix), compartiment *m.* (de la cale d'un navire).
– – –, **bearing** = cloison *f.* portante (B.).
– – –, **brick** = cloison *f.* en brique, galandage *m.*.
– – –, **double** = cloison *f.* double.
– – –, **dwarf** = cloison *f.* naine, cloison *f.* basse.
– – –, **fire** = cloison *f.* pare-feu, cloison *f.* coupe-feu.
– – –, **framed** = hourdis *m.* de pan de bois.
– – –, **glass** = vitrage *m.* (B.), glace *f.* de séparation (Auto.).
– – –, **half-** = cloison *f.* à mi-hauteur.
– – –, **hollow** = mur *m.* à double cloison.
– – –, **internal** = mur *m.* de refend, mur *m.* de séparation.
– – –, **lath-and-plaster** = cloison *f.* lattée et plâtrée.
– – –, **mobile** = cloisonnette *f.*
– – –, **non-bearing** = cloison *f.* portant à faux, cloison *f.* non portante.
– – –, **plank** = cloison *f.* en madriers, cloison *f.* en planches.
– – –, **self-supporting** = cloison *f.* en décharge.
– – –, **stud** = cloison *f.* lattée et plâtrée.
– – –, **to** = cloisonner.
– – –, **wooden** = pan *m.* de bois (B.).
parts = pièces *f.p.*, V. « part ».
– – –, **accessory** = pièces *f.p.* accessoires.
– – –, **component** = parties *f.p.* constituantes (d'une machine), parties *f.p.* composantes (d'un moteur), pièces *f.p.* détachées.
– – –, **conducting** = organes *m.p.* conducteurs (Méc.).
– – –, **defective** = pièces *f.p.* défectueuses.
– – –, **driving** = organes *m.p.* de transmission (Méc.).
– – –, **factory** = pièces *f.p.* authentiques.
– – –, **genuine** = pièces *f.p.* authentiques.

– – –, **interchangeable** = pièces *f.p.* interchangeables.
– – –, **machine** = pièces *f.p.* de machine, organes *m.p.* d'une machine.
– – –, **mechanical** = pièces *f.p.* mécaniques.
– – –, **miscellaneous** = pièces *f.p.* diverses.
– – –, **moving** = pièces *f.p.* mobiles, pièces *f.p.* en mouvement.
– – –, **repair** = pièces *f.p.* détachées, pièces *f.p.* de rechange.
– – –, **running** = pièces *f.p.* en mouvement.
– – –, **separate** = pièces *f.p.* détachées.
– – –, **sliding** = organes *m.p.* mobiles (d'une machine).
– – –, **spare** = pièces *f.p.* de rechange, pièces *f.p.* détachées.
– – –, **spare, genuine** = pièces *f.p.* de rechange d'origine.
– – –, **structural** = pièces *f.p.* de charpente (C.), éléments *m.p.* de construction (C.).
– – –, **wearing** = parties *f.p.* flottantes (d'une machine), organes *m.p.* sujets à l'usure (Méc.).
– – –, **working** = pièces *f.p.* mécaniques, pièces *f.p.* mobiles, organes *m.p.* mobiles, parties *f.p.* ouvrières.
party = individu *m.*, partie *f.*, abonné *m.* (Tp.), brigade *f.* ou équipe *f.* (d'ouvriers), co-abonné *m.* (d'une ligne partagée) (Tp.), correspondant *m.* (Tp.).
– – –, **called** = abonné *m.* demandé (Tp.), demandé *m.* (Tp.), correspondant *m.* (Tp.).
– – –, **calling** = abonné *m.* appelant (Tp.), abonné *m.* demandeur (Tp.), demandeur *m.* (Tp.).
– – –, **contracting** = partie *f.* contractante.
– – –, **laying, cable** = équipe *f.* de pose (du câble).
– – –, **repair** = équipe *f.* de réparation.
– – –, **surveying** = équipe *f.* d'arpentage.
– – –, **third** = tierce *f.* (O.).
pascal = pascal *m.* (c.-à-d. unité de pression), Pa *m.*
pass = passe *f.*, passage *m.* (d'un outil), col. *m.* ou défilé *m.* (entre deux montagnes), laissez-passer *m.*, passe *f.* ou passage *m.* (d'un métal dans le laminoir) (Mét.).
– – –, **band** = passe-bande *m.* (R.).
– – –, **boarding** = carte *f.* d'accès à bord (Mar., Av.).
– – –, **embarkation** = carte *f.* d'accès à bord (Mar., Av.).
– – –, **final** = passe *f.* finale (Méc.).
– – –, **fish** = échelle *f.* à poissons (dans un barrage) (H.), passe *f.* migratoire pour les poissons (H.).
– – –, **skin** = écrouissage *m.* superficiel (Mét.).
– – –, **to** = doubler (sur une route), dépasser (une autre voiture), passer ou franchir (une frontière), outrepasser (ses droits, ses attributions), dépasser (les bornes), passer (un examen), approuver (une facture), prononcer (le jugement), subir (un examen), une épreuve).
passage = passage *m.* (B.), canal *m.* (H., C.), corridor *m.* (B.), couloir *m.* (B.), conduite *f.* (Méc.).
– – –, **air** = conduit *m.* d'air (Méc.).
– – –, **exhaust** = sortie *f.* d'échappement (Méc.).
– – –, **steam** = conduite *f.* de vapeur (Méc.).
passageway = passage *m.* (C.), allée *f.* (C.), corridor *m.* (B.).
passenger = voyageur *m.* (Ch.d.f.), passager *m.* (d'un bateau, d'un avion, d'un véhicule).
passing, no = défense de doubler (Auto.), dépassement

(passing)

m. interdit (Auto.).

paste = pâte *f*. (alimentaire), colle *f*. (de pâte).

– – –, **accumulator** = empâtage *m*. pour plaques d'accumulateurs (E.).

– – –, **adhesive** = colle *f*. (de pâte).

– – –, **asphalt (for filling)** = mastic *m*. d'asphalte (C.).

– – –, **cleaning** = savon *m*. pâte à récurer (Ust.).

– – –, **dental** = pâte *f*. dentifrice (Ust.).

– – –, **emery** = pâte *f*. à roder (Méc.).

– – –, **flour** = colle *f*. de farine (Ust.).

– – –, **fluxing** = pâte *f*. à souder (S.), décapant *m*. en pâte (S.).

– – – **of sand and cement** = mortier *m*. de ciment (B., C.).

– – –, **polishing** = crême *f*. à polir (Méc.), crême *f*. à lustrer (Ust.).

– – –, **scouring** = savon *m*. pâte à récurer (Ust.).

– – –, **soldering** = pâte *f*. à souder (S.).

– – –, **starch** = colle *f*. d'amidon.

– – –, **to** = coller, empâter.

– – –, **tooth** = dentifrice *m*. (Ust.), pâte *f*. dentifrice (Ust.).

– – –, **wall-paper** = colle *f*. à papier-tenture, colle *f*. à tapisserie.

pasteboard = carton-pâte *m*. (B.), carton *m*. (B.), V. « board, paste ».

paste-on = becquet *m*. ou béquet *m*. (Imp.).

paster = encolleuse *f*. (M.) (Imp.), machine *f*. à doubler (Imp.).

pat, butter = palette *f*. à beurre (Ust.).

patch = pastille *f*. (pour chambre à air) (Auto.), pièce *f*. ou emplâtre *f*. (pour pneu) (Auto.), pièce *f*. rapportée (C.), morceau *m*. ou lopin *m*. (de terre), flaque *f*. (d'huile, d'eau), carré *m*. (de légumes) (Agr.).

– – –, **bevelled** = pastille *f*. biseautée, emplâtre *m*. biseauté.

– – –, **cold** = bitume *m*. mis en oeuvre à froid (C.).

– – –, **eye** = couvre-oeil *m*.

– – –, **ice** = plaque *f*. de glace.

– – –, **rubber** = pastille *f*. (pour chambre à air) (Auto.).

– – –, **to** = rapiécer (un pneu, un vêtement), poser une pastille à (une chambre à air) (Auto.), mettre une pièce à (un pneu) (Auto.).

patching = rapiéçage *m*. (C.), replâtrage *m*. (B.).

patent = brevet *m*., brevet *m*. d'invention.

– – –, **to** = breveter.

patented = breveté.

patentee = titulaire *m*. d'un brevet, propriétaire *m*. d'un brevet.

path = chemin *m*. parcouru, parcours *m*. (d'une manivelle), trajectoire *f*. (d'un projectile), trajet *m*. (des ondes) (R.), ligne *f*. (de vol) (Av.), course *f*. (d'un piston) (Méc.), conduit *m*. (d'induit) (E.), passage *m*. (d'un rayon lumineux), sentier *m*., allée *f*. (d'un jardin), orbite *f*. (de la terre), voie *f*. (d'acheminement) (Tp.).

– – –, **actual** = trajectoire *f*. réelle (H.).

– – –, **air** = trajet *m*. des lignes de force dans l'entrefer (E.).

– – –, **armature** = circuit *m*. d'induit (E.).

– – –, **bicycle** = piste *f*. cyclable.

– – –, **current** = parcours *m*. du courant (E.), trajet *m*. du courant (E.).

(path)

– – –, **cutter** = course *f*. de la fraise (Méc.).

– – – **of a contact** = étendue *f*. de l'engrènement (Méc.).

– – – **of a crank** = parcours *m*. d'une manivelle.

– – – **of a missile** = trajectoire *f*. d'un projectile.

– – – **of lines of force** = parcours *m*. des lignes de force (E.).

– – – **of propagation** = trajet *m*. des ondes (R.).

– – – **of winding** = voie *f*. d'enroulement (E.).

– – –, **piston** = course *f*. du piston (Méc.).

– – –, **ray** = trajet *m*. du rayon (E.).

– – –, **roller** = chemin *m*. de roulement (Méc.).

– – –, **speech** = voie *f*. téléphonique (Tp.), voie *f*. de conversation (Tp.).

– – –, **straight** = trajectoire *f*. rectiligne.

– – –, **tow** = chemin *m*. de halage (Mar.).

– – –, **wave** = parcours *m*. (d'une onde) (E.).

– – –, **wave, tangential** = rayon *m*. tangent (R.).

patio = patio *m*. (B.).

patrol = patrouille *f*., ronde *f*. (d'un gardien).

patrolman = patrouilleur *m*. (O.).

patronize, to = accorder sa clientèle à (un marchand), fréquenter (un cinéma), favoriser (un art), protéger (un artiste).

patten = patin *m*. (de mur) (B.), socle *m*. (de colonne) (B.).

patter = planchette *f*. à régaler (de cimentier).

pattern = modèle *m*., gabarit *m*. (C., Méc.), échantillon *m*., mire *f*. (Tv.), patron *m*. (de robe), groupement *m*. (des plombs sur une cible).

– – –, **brick** = appareil *m*. (de liaison) (B.).

– – –, **casting** = modèle *m*. ou gabarit *m*. (Mét.).

– – –, **directional, horizontal plane** = diagramme *m*. directionnel horizontal (R.).

– – –, **directivity** = diagramme *m*. de directivité (d'une antenne) (R.).

– – –, **drawing** = modèle *m*. de dessin (C.).

– – –, **field strength** = carte *f*. de champ (R.).

– – –, **flow** = configuration *f*. d'écoulement (H.).

– – –, **interference** = moirage *m*. (Tg.).

– – –, **organization** = plan *m*.

– – –, **radiation** = diagramme *m*. de rayonnement (R.).

– – –, **radiation, horizontal** = diagramme *m*. directionnel horizontal (R.).

– – –, **radiation, vertical** = diagramme *m*. de rayonnement vertical (R.).

– – –, **routing** = schéma *m*. d'acheminement (Tp.).

– – –, **screen** = moirage *m*. (Imp.).

– – –, **set-back** = (construction *f*.) en retrait (B.).

– – –, **shift** = diagramme *m*. de changement de vitesse (Auto.).

– – –, **test** = mire *f*. (Tv.).

pave, to = paver (un chemin, une rue).

pavement = pavé *m*. (C.), pavage *m*. (C.), carrelage *m*. (C.), revêtement *m*. (C.), chaussée *f*. (d'une route).

– – –, **asphalt** = revêtement *m*. d'asphalte.

– – –, **bituminous** = revêtement *m*. bitumineux.

– – –, **brick** = pavé *m*. en briques.

– – –, **cobble-stone** = pavé *m*. en cailloutis.

– – –, **concrete** = revêtement *m*. en béton.

– – –, **flag** = dallage *m*.

– – –, **herring-bone** = pavage *m*. en arête de poisson.

– – –, **macadam** = revêtement *m*. en macadam.

(pavement)

- – –, **rock** = empierrement *m*.
- – –, **wood** = pavé *m*. en bois.

paver = paveur *m*. (O.), dalleur *m*. (O.), carreleur *m*. (O.), finisseur *m*. de route (M.), motopaver *m*. (M.) (France), répandeur *m*. (M.).

pavilion = pavillon *m*. (B.).

paving = pavage *m*. (C.), pavé *m*. (C.), carrelage *m*. (C.), dallage *m*. (C.), revêtement *m*. (C.).

- – –, **asphalt** = revêtement *m*. en asphalte, revêtement *m*. bitumineux.
- – –, **cement** = revêtement *m*. en béton.
- – –, **pebble** = cailloutage *m*.
- – –, **random** = pavé *m*. de mosaïque, pavage *m*. mosaïque.
- – –, **slab** = dallage *m*.
- – –, **stone** = dallage *m*., pavage *m*. en pierres.

paviour = V. « paver ».

pawl = cliquet *m*. (Méc.), linguet *m*. (Méc.), doigt *m*. d'encliquetage (Méc.), rochet *m*. (Méc.), gâchette *f*. (d'une serrure) (B.).

- – –, **brake** = cliquet *m*. d'arrêt de frein.
- – –, **disengaging** = cliquet *m*. de débrayage.
- – –, **driving** = linguet *m*. d'entraînement.
- – –, **drop** = linguet *m*., rochet *m*., déclic *m*.
- – –, **lever, brake** = cliquet *m*. de levier de frein.
- – –, **locking** = cliquet *m*. de verrouillage.
- – –, **ratchet** = cliquet *m*. de rochet.
- – –, **spring** = cliquet *m*. à ressort.
- – –, **to** = mettre les linguets à... (un cabestan).

pawning = gage *m*., nantissement *m*. mobilier.

pay = paye *f*. ou salaire *m*. (d'un employé), traitement *m*. (d'un fonctionnaire), gages *m.p*. (d'un serviteur), indemnité *f*. (d'un député).

- – –, **back** = rappel *m*. de traitement, arrérages *m.p*. de salaire.
- – –, **to** – – – **out** = dérouler (un câble téléphonique).

payer, tax- = contribuable *m*.

paymaster = payeur *m*. (O.).

payment, additional = supplément *m*.

- – –, **advance** = paiement *m*. par anticipation.
- – –, **deferred** = paiement *m*. par versements échelonnés.
- – –, **final** = solde *m*., dernier paiement.
- – – **of claims** = paiement *m*. des indemnités, paiement *m*. des sommes assurées.
- – –, **partial** = acompte *m*.
- – –, **progress** = acompte *m*. (proportionné à l'avancement des travaux).

pay-roll = V. « roll, pay ».

P.B.X. (Private Branch Exchange) = bureau *m*. privé annexe (Tp.), installation *f*. d'abonné avec postes supplémentaires (Tp.), standard *m*. d'abonné (Tp.), standard *m*. privé (Tp.).

- – –, **dial** = bureau *m*. automatique (Tp.), installation *f*. privée automatique (Tp.), standard *m*. automatique (d'abonné) (Tp.).
- – –, **multiple** = standard *m*. multiplé (Tp.).
- – –, **non-multiple** = standard *m*. non multiplé (Tp.).

P.C.D. = V. « duct, concrete, prestressed ».

pea = houille *f*. fine.

peak = pointe *f*. ou crête *f*. (d'un toit, d'une montagne), heure *f*. de pointe (E.), sommet *m*. (d'une onde, d'une montagne), visière *f*. (de casquette), cime *f*.

(peak)

(d'une montagne), pic *m*. (montagne), penne *f*. (d'une antenne).

- – –, **daily** = pointe *f*. journalière (E.).
- – – **of a bicycle seat** = bec *m*. d'une selle de bicyclette.
- – – **of a bird** = bec *m*. d'un oiseau.
- – –, **off-** = heures *f.p*. creuses (E.), hors-pointe.
- – – **of the curve** = pointe *f*. de la courbe.
- – –, **to** = passer par son apogée, plonger à pic (Mar.).

peatstone = gravillon *m*.

peat = tourbe *f*.

peavey = gaffe *f*. (pour manier les billes), croc *m*. à levier, grappin *m*. à billes.

pebble = caillou *m*. (de chemin), galet *m*. (d'une rivière), maroquinage *m*. (des peaux), cristal *m*. de roche.

peck = quart *m*. (de minot) (Canada), picotin *m*. (Agr.) (= 2 gallons; 9,09 litres).

- – –, **bird** = piqûre *f*. (dans le bois) (B.).

pecker = pioche *f*. (I.).

pecking = piochage *m*.

- – –, **sparrow** = repiquage *m*. du béton (en vue d'une reprise).

pedal = pédale *f*. (Méc.).

- – –, **accelarator** = pédale *f*. d'accélérateur (Auto.), accélérateur *m*. (Auto.), champignon *m*. (Auto.).
- – –, **brake** = pédale *f*. de frein (Auto.), pédale *f*. de freinage (Auto.).
- – –, **brake, foot** = pédale *f*. du frein au pied (Auto.).
- – –, **clutch** = pédale *f*. d'embrayage (Auto.), pédale *f*. de débrayage (Auto.), pédale *f*. de commande d'embrayage (Auto.).
- – –, **gas** = accélérateur *m*. (Auto.).
- – –, **gas-control** = pédale *f*. de commande des gaz (Méc.).
- – –, **gear** = pédale *f*. (de commande) des vitesses (Auto.).
- – –, **large** = pédale *f*. à semelle large (Auto.).
- – –, **pendent** = pédale *f*. suspendue (Auto.).
- – –, **shift** = sélecteur *m*. (d'une motocyclette).
- – –, **starter** = pédale *f*. de démarreur (Auto.), contacteur *m*. au pied (Auto.).

pedestal = piédestal *m*. (de foreuse), support *m*. (C.), socle *m*. (de pompe, de foreuse), palier *m*. ou chaise *f*. (de coussinet) (Méc.), pied *m*. (C.), soubassement *m*. (de pile) (C.), corps *m*. de tiroirs (d'un pupitre), borne *f*. de service (Tp., E.).

- – –, **engine** = socle *m*. (Méc.).
- – –, **main** = palier *m*. de l'arbre de couche (Méc.).
- – –, **switch-gear** = boîtier *m*. de la distribution (E.).

pediment = fronton *m*. (B.).

- – –, **small** = fronteau *m*. (d'une porte, d'une fenêtre)

pedometer = pédomètre *m*., podomètre *m*., compte-pas *m*.

peel, to – – – **off** = s'écaler, s'écailler.

peeler = épluchoir *m*. (Ust.).

- – –, **pulpwood** = plane *f*. à écorcer le bois de pulpe.

peeling = écaillage *m*. (de la peinture) (B.).

- – –, **sap** = écorçage *m*. du bois vert (Pap.).
- – –, **veneer** = déroulage *m*.
- – –, **wood** = déroulage *m*.

peen = panne *f*. (de marteau).

- – –, **ball** = panne *f*. sphérique, panne *f*. ronde.

(peen)
– – –, **to** = marteler (Mét.), mater (Mét.), rabattre (Mét.).
peening = martelage *m.*
– – –, **shot** = grenaillage *m.* (d'un métal) (Mét.).
peg = cheville *f.* en bois, goupille *f.* (Méc.), goujon *m.* (Méc.), fenton *m.* (Méc., Men.), fiche *f.* de bois, piquet *m.* (d'arpentage), ranche *f.*
– – –, **hat** = porte-chapeau *m.* (Ust.), patère *f.* (Ust.).
– – –, **slate** = pointe *f.* à ardoise.
– – –, **to** = cheviller.
– – –, **vent** = fausset *m.* (d'un fût).
pegboard = planche *f.* à tuilage.
pegging = chevillage *m.* (B.), stabilisation *f.* (du marché), fixation *f.* (des prix).
– – – **out** = jalonnement *m.* (ou bornage *m.*) d'un terrain (C.).
pein = V. « peen ».
pellet = pastille *f.* (d'accumulateur) (E.), boulette *f.* (de papier), pelotte *f.* (d'argile), plomb *m.* (de chasse) ou chevrotine *f.*, granule *m.*
pelorous = alidade *f.* à réflexion (Mar.).
pen = plume *f.* (d'oiseau, pour écrire), enclos *m.* (à bestiaux) (Agr.).
– – –, **ball** = stylo à bille *m.*
– – –, **box** = box *m.* (Agr.).
– – –, **chicken** = cage *f.* à volailles (Agr.).
– – –, **dotting** = tire-ligne *m.* à pointillé.
– – –, **drawing** = tire-ligne *m.*
– – –, **fountain** = stylographe *m.*, stylo *m.*, [plume-fontaine *f.*] (Canada).
– – –, **lime-slacking** = bassin *m.* pour éteindre la chaux (B.).
– – –, **quill** = plume *f.* d'oie.
– – –, **ruling** = tire-ligne *m.*
– – –, **shelter** = abri *m.* (pour les animaux de ferme) (Agr.).
penalty = amende *f.* (de retard), peine *f.* (contractuelle, de mort), sanction *f.* (pénale), pénalité *f.*
pencil = crayon *m.*, pinceau *m.*, faisceau *m.* (de lumière).
– – –, **carpenter's** = crayon *m.* de charpentier (Men.).
– – –, **drawing** = crayon *m.*
– – –, **indelible** = crayon *m.* à copier.
– – –, **lead** = crayon *m.* à mine de plomb.
– – –, **propelling** = porte-mine *m.* réglable.
pencilling = peinturage *m.* des joints (d'un mur de brique) (B.).
pendant, electric = lustre *m.* électrique (B.).
– – –, **gas** = lustre *m.* à gaz (B.).
pendulum = pendule *m.*, balancier *m.*
penetration = pénétration *f.* (d'une balle dans le bois), profondeur *f.* (de trempe) (Mét.), refus *m.* (d'un pieu) (C.), rentrée *f.* (d'air).
– – –, **hardening** = profondeur *f.* de trempe (Mét.).
penknife = canif *m.*
penstock = conduite *f.* forcée (H.), canal *m.* d'amenée (H.), buse *f.* (H.), barillet *m.* (de pompe).
pentagrid = pentagrille *f.* (R.), lampe *f.* à cinq grilles (R.).
penthouse = appentis *m.* (B.), auvent *m.* (B.), toit *m.* (B.), belvédère *m.* (B.).
pentode = lampe *f.* pentode (R.), pentode *f.* (R.), tube *m.* à cinq électrodes (R.).

people, management = personnel *m.* d'encadrement (d'une entreprise), V. « management ».
– – –, **non management** = personnel *m.* non-dirigeant.
per = par.
– – – **annum** = par an.
– – –, **as** = d'après ou suivant (facture), selon (l'usage), conformément à.
– – – **diem** = par jour, salaire *m.* journalier.
percentage = pourcentage *m.*, teneur *f.*, tantièmes *m.p.*
– – –, **directors'** – – – **of profits** = tantièmes *m.p.* des administrateurs.
– – –, **earthing** = taux *m.* de bridage (dans une modulation fragmentée) (Tg.).
– – –, **inclination** = pourcentage *m.* de rampe (C.).
– – –, **marking** = taux *m.* de travail (c.-à-d. fraction de l'intervalle unitaire utilisée pour « le travail »).
– – – **of alcohol** = teneur *f.* en alcool.
– – – **of ashes** = teneur *f.* en cendres.
– – – **of elongation** = allongement *m.* pour cent (Méc.).
– – – **of error** = pourcentage *m.* d'erreur.
– – – **of modulation** = taux *m.* de modulation (R.).
– – – **of moisture** = teneur *f.* en eau.
perch = perche *f.* (c.-à-d. mesure de 5 verges et demie; ou mesure des ouvrages en pierre = 24,75 pi³), perchoir *m.* (Agr.), flèche *f.* (d'une voiture) (Agr.).
percolate, to = (l'eau peut) s'infiltrer (dans certains terrains), filtrer (l'eau) à travers (le sable), filtrer (le café).
percolation = filtrage *m.* (d'un liquide, des nouvelles), infiltration *f.* (d'eau dans un mur), filtration *f.* (d'un liquide).
percolator = percolateur *m.*, filtre *m.* (à café).
– – –, **coffee** = cafetière *f.* (Ust.), percolateur *m.* (Ust.).
– – –, **electric** = percolateur *m.* électrique (Ust.).
percussion = percussion *f.*, choc *m.*
perforate, to = perforer, percer (une porte, une planche, un mur), poinçonner (les billets de théâtre, les tôles).
perforation = perforation *f.*, percement *m.* (d'un mur), petit trou.
perforator = perforateur *m.* (Tg.), perforatrice *f.* (M.) (Mi.).
– – –, **keyboard** = perforateur *m.* à clavier (Tg.), clavier *m.* perforateur *m.* (Tg.).
– – –, **keyboard, printing** = perforateur *m.* imprimeur à clavier (Tg.).
– – –, **printer** = récepteur *m.* perforateur imprimeur (Tg.).
performance = rendement *m.* (d'un moteur), performances *f.p.* (d'une Auto.), fonctionnement *m.* (d'une machine), accomplissement *m.* (d'une tâche par un employé), exécution *f.* (d'un contrat) (C., B.).
– – –, **improved** = fonctionnement *m.* amélioré (Méc.), performances *f.p.* accrues (Auto.).
– – –, **normal** = régime *m.* (Méc.).
– – –, **road** = performances *f.p.* (d'une automobile).
– – –, **transmission** = qualité *f.* de la transmission (R.).
– – –, **working** = rendement *m.* en travail (d'une machine).
pergola = tonnelle *f.* (B.), pergola *f.* ou pergole *f.* (B.).
perimeter = périmètre *m.*
– – –, **wetted** = périmètre *m.* mouillé (H.).

period = période *f.*, durée *f.*, temps *m.*, délai *m.*, laps *m.* de temps, cycle *m.* (E.), V. « periods ».
– – –, **admission** = période *f.* d'admission (de la vapeur) (Méc.).
– – –, **braking** = durée *f.* de freinage (Méc.).
– – –, **break** = intervalle *m.* de repos (de machine), repos *m.* (des employés).
– – –, **break-in** = période *f.* de rodage (Auto.), rodage *m.* (Auto.).
– – –, **busy** = période *f.* de fort trafic (Tp.).
– – –, **charging** = période *f.* de remplissage (C.).
– – –, **cooking** = durée *f.* de cuisson (Ust.).
– – –, **compression** = période *f.* de compression (Méc.).
– – –, **debugging** = (période *f.* de) rodage *m.* (d'un équipement pour mise au point avant expédition).
– – –, **expansion** = période *f.* de détente (Méc.).
– – –, **explosion** = période *f.* d'explosion (Méc.).
– – –, **guarantee** = délai *m.* de garantie (concernant un appareil).
– – –, **half-** = demi-période *f.* (Méc.), alternance *f.* (E.).
– – –, **impulse** = période *f.* d'impulsions (Tp.).
– – –, **natural** = période *f.* propre (Méc.).
– – – **of beat** = durée *f.* de battement (E.).
– – – **of contact** = durée *f.* d'engrènement (Méc.).
– – – **of minimum consumption** = creux *m.* (E., H.).
– – – **of oscillation** = période *f.* d'oscillation (R.).
– – – **of rest** = intervalle *m.* de repos (d'un moteur).
– – –, **off-peak** = période *f.* de faible trafic (Tp.), heures *f.p.* creuses (Tp., E.).
– – –, **pay-back** = période *f.* de récupération (d'un capital investi).
– – –, **peak** = heures *f.p.* de pointe (Tp.), période *f.* de pointe (Tp.).
– – –, **qualifying** – – – **of instruction** = stage *m.* probatoire d'instruction.
– – –, **recess** = récréation *f.*
– – –, **release** = période *f.* d'émission (de la vapeur) (Méc.).
– – –, **silent** = période *f.* de silence, temps *m.* d'arrêt.
– – –, **starting** = période *f.* de démarrage (Méc.).
– – –, **traffic, heavy** = période *f.* de fort trafic (Tp.).
– – –, **vibration** = période *f.* de vibration (Méc.).
– – –, **working** = période *f.* de travail.
periodic = périodique (adj.).
periodicity = fréquence *f.* (E.).
periods, charged = périodes *f.p.* de taxation (Tp.).
– – –, **peak** = heures *f.p.* de pointe.
– – – **per second** = cycles *m.p.* par seconde (E.), hertz *m.p.*, Hz *m.p.*, V. « period ».
periphery = périphérie *f.* (d'un solide), circonférence *f.* (d'un cercle, d'une place forte), périmètre *m.* (d'un champ, d'une ville), pourtour *m.* (d'un bassin).
periscope = périscope *m.*
– – –, **trench** = périscope *m.* de tranchée.
permafrost = pergélisol *m.* (C.).
permalloy = permalloy *m.* (Mét.).
permanent = permanent (adj.), inamovible (adj.), fixe (adj.), à demeure.
permeability = perméabilité *f.* (d'un filtre, d'un corps).
– – –, **magnetic** = perméabilité *f.* magnétique (E.).
– – –, **normal** = perméabilité *f.* normale (E.).
– – –, **relative** = perméabilité *f.* relative (E.).

permeable = perméable (adj.).
permeameter = perméamètre *m.* (E.).
permeance = perméance *f.* magnétique (E.), conductibilité *f.* magnétique (E.).
permissible = admissible (adj.), tolérable (adj.).
permit = permis *m.*, autorisation *f.*, permission *f.*
– – –, **building** = autorisation *f.* de construire (C.), permis *m.* de construire (C.).
– – –, **construction** = autorisation *f.* de construire (C.), permis *m.* de construire (C.).
– – –, **driver's** = permis *m.* de conduire (Auto.).
– – –, **export** = autorisation *f.* d'exporter.
– – –, **loading** = permis *m.* de chargement.
permittivity = constante *f.* diélectrique (E.).
– – –, **relative** = permittivité *f.* relative, pouvoir *m.* inducteur spécifique.
permutator = permutatrice *f.* (E.).
peroxide = peroxyde *m.*
– – –, **hydrogen** = eau *f.* oxygénée, peroxyde *m.* d'hydrogène.
– – –, **nitrogen** = peroxyde *m.* d'azote.
perpendicular = perpendiculaire (adj.), normal à.
perron = perron *m.* (B.).
– – – **with double flight of steps** = perron *m.* double (B.).
personnel = personnel *m.*
– – –, **executive** = personnel *m.* de direction.
perturbation = perturbation *f.* (atmosphérique, politique), trouble *m.* (de l'âme, l'esprit), affolement *m.* (de l'aiguille aimantée), désordre *m.* (dans l'économie).
pervious = perméable (adj.).
pestle = pilon *m.* (Ust.).
– – – **and mortar** = pilon *m.* et mortier (Ust.).
petrol = essence *f.* (de pétrole) (Angleterre).
– – –, **high-grade** = supercarburant *m.*
– – –, **premium grade** = supercarburant *m.*
picturephone = V. « phone, picture ».
petrolatum = vaseline *f.*
petroleum = pétrole *m.*, huile *f.* minérale.
petticoat = cloche *f.* ou jupe *f.* (d'isolateur) (E.).
pewter = étain *m.*, vaisselle *f.* d'étain.
p.f. = V. « factor, power ».
phantom, to = combiner (des circuits) (Tp.).
phantoming = combinaison *f.* des circuits (Tp.).
phase = phase *f.* (E.).
– – –, **in** = en phase (E.).
– – –, **one-** = monophasé (adj.) (E.).
– – –, **single-** = monophasé (adj.) (E.).
– – –, **two-** = biphasé (adj.) (E.), diphasé (adj.) (E.).
– – –, **white** = mise *f.* en phase sur blanc (Tg.).
phasemeter = phasemètre *m.*
phases, balanced = phases *f.p.* uniformément équilibrées (E.).
– – –, **unbalanced** = phases *f.p.* inéquilibrées (E.), phases *f.p.* déséquilibrées (E.).
phasing = mise *f.* en phase (E.), calage *m.* en phase (E.).
phenol = phénol *m.*
phenomenon = phénomène *m.*
– – –, **aperiodic** = phénomène *m.* apériodique (E.).
– – –, **transient** = phénomène transitoire.
phloroglucinol = phloroglucine *f.* (Pap.).

phone = téléphone *m.* (Tp.), écouteur *m.* (de casque téléphonique) (Tp.).
– – –, **ear** = écouteur *m.* (Tp.).
– – –, **ear, magnetic** = écouteur *m.* électromagnétique (Tp.).
– – –, **head** = écouteur *m.* (Tp.), casque *m.* téléphonique (Tp.).
– – –, **pay** = taxiphone *m.* (Tp.) (France), téléphone *m.* payant (Canada).
– – –, **picture** = vidéophone *m.*
– – –, **speaker-** = poste *m.* de conférence (Tp.), dispositifs *m.p.* de conférence (Tp.), téléphone *m.* à haut-parleur (Tp.).
– – –, **to** = téléphoner (Tp.), donner un coup de fil (Tp.), appeler (Tp.).
phones, head = casque *m.* téléphonique (Tp.).
phono = phonographe *m.*
phonograph = phonographe *m.*
– – –, **electric** = électrophone *m.*
phonogram = télégramme *m.* téléphoné.
phonometer = phonomètre *m.*
phosphorescence = phosphorescence *f.*
phosphorous = phosphoreux (adj.).
phosphorus = phosphore *m.*
phot = phot *m.* (= 10 000 lux) (E.).
photo-cell = V. « cell, photo-electric ».
photo-composer = machine *f.* à copier (en répétitions).
photogrammetry = photogrammétrie *f.*
photograph = photographie *f.*
– – –, **to** = prendre une photographie, photographier.
photographer = photographe *m.* (O.).
– – –, **portrait** = photographe *m.* portraitiste.
photography = photographie *f.*
– – –, **aerial** = photographie *f.* aérienne.
– – –, **air** = photographie *f.* aérienne (Av., Phot.).
– – –, **colour** = photographie *f.* (de) couleurs.
– – –, **colour, direct** = autochromie *f.*
photogravure = héliogravure *f.* (Imp.), photogravure *f.* (Imp.).
photolithography = photolithographie *f.* (Imp.).
photometer = photomètre *m.*
– – –, **Bunsen** = photomètre *m.* Bunsen, photomètre *m.* à tache d'huile.
– – –, **flicker** = photomètre *m.* à papillotement.
– – –, **integrating** = photomètre *m.* intégrateur.
– – –, **measuring, incident light** = posemètre *m.* à lumière incidente (Phot.).
– – –, **measuring, reflected light** = posemètre *m.* à lumière réfléchie (Phot.).
photometry = photométrie *f.*
photomicrography = photomicrographie *f.*
photophone = photophone *m.*
photoradiogram = bélinogramme *m.* (Tg.).
photostat = appareil *m.* « photostat », photostat *m.*
phototelegram = phototélégramme *m.*
phototelegraph = bélinographe *m.*, phototélégraphe *m.*
phototelegraphy = bélinographie *f.*, phototélégraphie *f.*
phototopography = phototopographie *f.*
phototype = phototype *m.* (Imp.), photocalque *m.* (Imp.).
phototypography = phototypographie *f.* (Imp.), photogravure *f.* en relief (Imp.).
phototypy = phototypie *f.* (Imp.).

physicist = physicien *m.*
physics = physique *f.*
– – –, **health** = hygiène *f.* nucléaire (Phys.), protection *f.* nucléaire (Phys.).
pi = pâté *m.* (Imp.).
piazza = arcades *f.p.* (B.), véranda *f.* (B.).
pica = cicéro *m.* (Imp.), corps *m.* douze (Imp.).
pick = pioche *f.*, pic *m.*, picot *m.*
– – –, **double-pointed** = pic *m.* à deux pointes.
– – –, **drifting** = pic *m.* de mineur.
– – –, **flat** = pioche *f.* piémontaise.
– – –, **hammer** = pic *m.* à tête.
– – –, **hoof** = cure-pied *m.* (de maréchal).
– – –, **ice** = pioche *f.* à glace (d'alpiniste), poinçon *m.* à glace (Ust.).
– – –, **miner's** = pic *m.* de mineur, rivelaine *f.*
– – –, **prospector's** = pic *m.* de prospecteur.
– – –, **stone** = pic *m.* à roc.
– – –, **tamping** = pioche *f.* de cantonnier (Ch.d.f.).
– – –, **to** = piocher (la terre), trier (le charbon).
pickaroon = gaffe *f.* de bûcheron, croc *m.* à levier.
pickaxe = pioche *f.*
picker = cure-pied *m.* (de maréchal).
– – –, **corn** = ramasseuse-dépouilleuse *f.* (M.) (Agr.).
picket = piquet *m.*
picking = peluchage *m.* (Imp.), piochage *m.* ou piochement *m.* (de la terre), épluchage *m.* (de la laine, des légumes), choix *m.* (des mots), triage *m.* (d'un minerai), crochetage *m.* (d'une serrure), cueillette *f.* (des olives), cueillaison *f.* (des fruits).
– – –, **hand** = triage *m.* à la main (du minerai).
– – –, **sound** = lecture *f.* sonore (d'un film).
– – – **up** = captage *m.* (du courant) (E.), amorçage *m.* (d'un moteur) (Méc.), réception *f.* (d'un signal) (E.), captation *f.* (des ondes) (R.).
pickings = rognures *f.p.*, restes *m.p.*
pickle, to = décaper ou dérocher (un métal à l'acide), mariner (des vivres), macérer (une pièce de bois).
pickling = décapage *m.* ou dérochage *m.* (d'un métal), marinage *m.* (des vivres), piclage *m.* (des peaux).
– – –, **electro-chemical** = décapage *m.* électrochimique.
– – –, **flash** = décapage-éclair *m.* (Mét.).
picklock = crochet *m.* de serrurier, passe-partout *m.*, rossignol *m.* (de cambrioleur), crocheteur *m.* de serrures (O.).
pickman = piocheur *m.* (O.).
pickpocket = voleur *m.* à la tire (O.), pickpocket *m.* (O.).
pick-up = départ *m.* ou reprise *f.* (d'un moteur), triage *m.* ou criblage *m.* (du charbon), captage *m.* (des ondes), pick-up *m.* ou prise *f.* phono ou tête *f.* de lecture ou lecteur *m.*, électrophone *m.*, V. « pickup ».
– – –, **acoustic** = pick-up *m.* acoustique.
– – –, **capacitor** = pick-up *m.* électrostatique.
– – –, **crystal** = pick-up *m.* piézo-électrique.
– – –, **direct** = reprise *f.* directe (R., Tv.).
– – –, **field** = radioreportage *m.* (R.).
– – –, **live** = prise *f.* de vues en direct (Tv.).
– – –, **magnetic** = pick-up *m.* électromagnétique.
– – –, **moisture** = absorption *f.* d'humidité (Imp.).
– – –, **phonograph** = pick-up *m.*, prise *f.* phono.
– – –, **piezo-electric** = pick-up *m.* piézo-électrique.

(pick-up)

‑ ‑ ‑, **school** = ramassage *m.* scolaire.

‑ ‑ ‑, **sound** = prise *f.* de son (R., Tp.).

‑ ‑ ‑, **stray** = réception *f.* résiduelle (R.).

pickup = camion *m.* de livraison (Canada), camionnette *f.* à caisse, camion *m.* ramasse-tout (Canada).

picowatt (or pW) = picowatt *m.* ou micro-microwatt *m.* (= 10^{-12} watt).

picture = image *f.*, photographie *f.*, peinture *f.*, gravure *f.*, signalement *m.* (d'une personne).

‑ ‑ ‑, **contrast** = image *f.* contrastée (Phot.).

‑ ‑ ‑, **half-tone** = image *f.* en demi-teintes.

‑ ‑ ‑, **negative** = image *f.* négative.

‑ ‑ ‑, **sound** = film *m.* sonore.

pictures, motion = cinéma *m.*

piece = pièce *f.* ou partie *f.* (d'une machine), morceau *m.* (de papier, de pierre, de bois), bout *m.* (de chemin), quartier *m.* (de tarte), parcelle *f.* (de terrain), tranche *f.* (de gâteau), éclat *m.* (de verre), fragment *m.* (d'un vase).

‑ ‑ ‑, **angle** = équerre *f.* de fixation (B.), cornière *f.* (B.).

‑ ‑ ‑, **assembling** = linçoir *m.* (B.).

‑ ‑ ‑, **backing** = pièce *f.* d'appui (C.).

‑ ‑ ‑, **bed** = plaque *f.* de fondation (C.).

‑ ‑ ‑, **binding** = moise *f.* (C.).

‑ ‑ ‑, **bow** = cintre *m.* (de cintreuse) (Méc.).

‑ ‑ ‑, **bridging** = traversière *f.* (B.), étrésillon *m.* (B.), entretoise *f.* (B.).

‑ ‑ ‑, **brow** = chandelle *f.* (B.).

‑ ‑ ‑, **cap** = linteau *m.* (B.).

‑ ‑ ‑, **capping** = panne *f.* sablière (B.), sablière *f.* (B.).

‑ ‑ ‑, **centre** = pièce *f.* centrale (Méc.), rotule *f.* (d'un joint à la cardan) (Méc.).

‑ ‑ ‑, **check** = étrier *m.* de butée (Ch.d.f.).

‑ ‑ ‑, **chimney** = manteau *m.* de cheminée (B.), chambranle *m.* de cheminée (B.), garniture *f.* de cheminée (B.).

‑ ‑ ‑, **chip** = rognure *f.*, about *m.* (de tôle).

‑ ‑ ‑, **connecting** = pièce *f.* d'entretoisement (C.), pièce *f.* de jointure (C.), pièce *f.* de jonction (C.).

‑ ‑ ‑, **contact** = contact *m.* (E.), plot *m.* (E.), touche *f.* (E.).

‑ ‑ ‑, **corner** = coin *m.* (C.), écoinçon *m.* (B.), pièce *f.* cornière (B.).

‑ ‑ ‑, **cross-** = entretoise *f.* (de brique), moise *f.* (B.), traverse *f.* (C.), gabie *f.* (d'antenne), bride *f.* d'assemblage (Auto.).

‑ ‑ ‑, **cross-, cardan joint** = croisillon *m.* de cardan (Méc.).

‑ ‑ ‑, **distance** = pièce *f.* d'écartement (C.).

‑ ‑ ‑, **ear** = récepteur *m.* (de téléphone), écouteur *m.* ou pavillon *m.* (d'un récepteur téléphonique).

‑ ‑ ‑, **eking** = allonge *f.* (C.).

‑ ‑ ‑, **end-** = bout *m.* (C.), talon *m.* (C.).

‑ ‑ ‑, **extension** = allonge *f.* (C.), rallonge *f.* (d'une table) (Ust.), rallonge *f.* (Mi.).

‑ ‑ ‑, **eye** = V. « eyepiece ».

‑ ‑ ‑, **filling** = fourrure *f.* (B.).

‑ ‑ ‑, **forged** = pièce *f.* forgée (C.).

‑ ‑ ‑, **fork, cardan** = fourche *f.* de cardan (Méc.).

‑ ‑ ‑, **furring** = coyau *m.* (de chéneaux, de comble) (B.), fourrure *f.* (B., Ch.d.f.).

‑ ‑ ‑, **head** = casque *m.* téléphonique (Tp.), linteau *m.*

(piece)

(B.), tête *f.* de page (Imp.).

‑ ‑ ‑, **hip** = arêtier *m.* (B.), chevron *m.* d'arête (d'un comble) (B.).

‑ ‑ ‑, **joggle** = poinçon *m.* de comble (B.).

‑ ‑ ‑, **joining** = pièce *f.* de jointure (C.), pièce *f.* de jonction (C.), raccord *m.* (S., Méc.).

‑ ‑ ‑, **junction** = pièce *f.* de jonction (Méc.), jonction *f.* (S.).

‑ ‑ ‑, **lengthening** = rallonge *f.* (Méc., C.), allonge *f.* (Méc., C.).

‑ ‑ ‑, **locking** = pièce *f.* de blocage (Méc.), pièce *f.* d'arrêt (Méc.).

‑ ‑ ‑, **loose** = pièce *f.* rapportée (C.).

‑ ‑ ‑, **mantle** = manteau *m.* de cheminée (B.).

‑ ‑ ‑, **mouth** = V. « mouthpiece ».

‑ ‑ ‑, **nogging** = moise *f.* (B.).

‑ ‑ ‑, **nose** = ajutage *m.* (de boyau d'arrosage), buse *f.* (de soufflet), porte-objectifs (de microscope).

‑ ‑ ‑ **of cloth** = pièce *f.* de tissu.

‑ ‑ ‑ **of clothes** = vêtement *m.*

‑ ‑ ‑ **of equipment** = appareil *m.* (E.).

‑ ‑ ‑ **of furniture** = meuble *m.*

‑ ‑ ‑ **of land** = parcelle *f.* de terrain.

‑ ‑ ‑ **of masonry** = ouvrage *m.* en pierre.

‑ ‑ ‑ **of timber** = pièce *f.* de bois.

‑ ‑ ‑ **of water** = lac *m.*, étang *m.*

‑ ‑ ‑ **of work** = échantillon *m.* (ou spécimen *m.*) d'un travail.

‑ ‑ ‑, **packing, tool** = cale *f.* de réglage de l'outil (Méc.).

‑ ‑ ‑, **pitching** = appui *m.* de limon (B.).

‑ ‑ ‑, **pole** = masse *f.* polaire (E.), pièce *f.* polaire (E.).

‑ ‑ ‑, **punched** = pièce *f.* estampée (Mét.).

‑ ‑ ‑, **raising** = sablière *f.* de comble (B.).

‑ ‑ ‑, **ridge** = longrine *f.* de faîtage (B.), poutre *f.* de faîte (B.), faîtière *f.* (B.).

‑ ‑ ‑, **sample** = échantillon *m.*, pièce *f.* échantillon.

‑ ‑ ‑, **screw** = pièce *f.* à vis (Méc., C.).

‑ ‑ ‑, **shaped** = pièce *f.* profilée (Mét.).

‑ ‑ ‑, **sliding** = coulisse *f.* (Méc.), coulisseau *m.* (Méc.).

‑ ‑ ‑, **sole** = couchis *m.* (C.), sole *f.* (C.), plaque *f.* de fondation (C.), patin *m.* (Méc.), semelle *f.* (C.), couche *f.* (C.).

‑ ‑ ‑, **spare** = pièce *f.* de rechange (Méc.).

‑ ‑ ‑, **special** = pièce *f.* façonnée (Méc.), pièce *f.* spéciale (Méc.).

‑ ‑ ‑, **stiffening** = plaque *f.* de renfort (C.).

‑ ‑ ‑, **stop** = butoir *m.* (Méc.), ergot *m.* d'arrêt (Méc.).

‑ ‑ ‑, **straining** = entrait *m.* retroussé (B.), poutre *f.* traversière (d'un comble) (B.).

‑ ‑ ‑, **strengthening** = renfort *m.* (C.).

‑ ‑ ‑, **string** = longeron *m.* (B.), limon *m.* (d'escalier) (B.).

‑ ‑ ‑, **strutting** = étrésillon *m.* (C.), entretoise *f.* (C.).

‑ ‑ ‑, **sullage** = masselotte *f.* (Mét.).

‑ ‑ ‑, **T** = fer *m.* en T (C.), pièce *f.* en T (C.), té *m.* (H., S.).

‑ ‑ ‑, **tail** = queue *f.* (Méc.), contre-tige *f.* (de piston) (Méc.), crépine *f.* (de pompe), membrure *f.* boîteuse (dans la charpente d'un plancher) (B.), cul-de-lampe *m.* (Imp.).

‑ ‑ ‑, **tension** = tendeur *m.* (C.).

(piece)

– – –, **test** = éprouvette *f.* (C.), échantillon *m.* (C.).
– – –, **thumb** = poucier *m.*, bouton *m.*, poussoir *m.*
– – –, **tie** = entretoise *f.* (C.), pièce *f.* de connexion (E.), blochet *m.* (d'un comble) (B.).
– – –, **title** = étiquette *f.* (d'un livre).
– – –, **tongue** = languette *f.* (C.).
– – –, **turning** = membrure *f.* de cintrage (d'un arc) (B.).
– – –, **valley** = arêtier *m.* de noue (B.).
– – –, **wall** = couchis *m.* (B.).
– – –, **weaning** = pièce *f.* de frottement (Méc.).
– – –, **yoke** = culasse *f.* (E.), V. « yoke ».
piecemeal = par morceaux, peu à peu.
pier = pilier *m.* (C.), pile *f.* (C.), entre-fenêtre *m.* (B.), jetée *f.* (C.), pilastre *m.* (B.), pied-droit *m.* (d'une charpente, d'un ponceau), trumeau *m.* (B.), dosseret *m.* (de cheminée) (B.).
– – –, **abutment** = pile-culée *f.*, pile *f.* de culée.
– – –, **arch** = pied-droit *m.* d'un arc (B.).
– – –, **bridge** = pile *f.* de pont (C.).
– – –, **compound** = pilier *m.* composé (B.).
– – –, **door** = pilier *m.* de porte (B.), pile *f.* de portail (B.).
– – –, **end** = pilier *m.* extrême (C.), pile *f.* extrême (C.).
– – –, **floating** = ponton *m.* (C.).
– – –, **gate** = poteau *m.* de barrière.
– – –, **intermediate** = pilier *m.* intermédiaire (C.).
– – –, **landing** = quai *m.* (Mar.), débarcadère *m.* (Mar.).
– – –, **regulating** = jetée *f.* de dérivation (C.).
– – –, **skeleton** = digue *f.* à claire-voie (C.):
pierce, to = percer, perforer, transpercer.
piercer = vrille *f.*, perçoir *m.*, poinçon *m.*
piezo-electricity = piézo-électricité *f.*
piezometer = piézomètre *m.*
pig = gueuse *f.* (de fonte), saumon *m.* (d'étain, de plomb), porc *m.*, cochon *m.*
– – –, **blind** = débit *m.* de boisson clandestin.
pigment = colorant *m.*, pigment *m.*
– – –, **mine** = pigment *m.* mineral (c.-à-d. l'ocre, le bleu de Prusse, etc.).
pigtail = flexible *m.* (de balais) (E.), queue *f.* de cochon, queue *f.* (E.), spirale *f.* (Tp.), spirale *f.* de raccord (Tp.).
pike = pic *m.*, pioche *f.*, pointe *f.* (de tour), V. « turnpike ».
– – –, **screw** = tire-fond *m.*
– – –, **wire** = perche *f.* à fils (E.), lance *f.* à fourche (E.).
pilaster = pilastre *m.* (B.).
– – –, **concrete** = pilastre *m.* en béton (B.).
pile = pieu *m.* (C.), pilot *m.* (C.), pilotis *m.* (B.), paquet *m.* (de fer), pile *f.* (de pont), tas *m.* (de pierres, de sable, de foin, de charbon), amas *m.* (de décombres, de paperasses), amoncellement *m.* (de boue, de correspondance), monceau *m.* (de pierres, d'objets divers), pile *f.* (E.).
– – –, **atomic** = pile *f.* atomique.
– – –, **bridge** = pilot *m.* de pont (C.), palée *f.* (C.).
– – –, **carbon** = pile *f.* à charbon (E.).
– – –, **concrete** = pieu *m.* en béton (C.).
– – –, **concrete, reinforced** = pieu *m.* en béton armé (C.).
– – –, **dry** = pile *f.* sèche (E.).

(pile)

– – –, **electric** = pile *f.* galvanique (E.).
– – –, **foundation** = pieu *m.* de fondation (C.), pilot *m.* de support (C.).
– – –, **Franki** = pieu *m.* Franki (C.).
– – –, **galvanic** = pile *f.* galvanique (E.).
– – –, **guard** = bouteroue *f.* (C.), pilotis *m.* (C.).
– – –, **Raymond** = pieu *m.* Raymond (c.-à-d. moulé dans le sol) (C.).
– – –, **screw** = pilot *m.* à vis (C.).
– – –, **sheet** = palplanche *f.* (C.).
– – –, **sheeting** = palplanche *f.* (C.).
– – –, **stock** = tas *m.* de matériaux approvisionnés (C.), dépôt *m.* de matériaux (C.).
– – –, **test** = pieu *m.* d'essai (C.).
– – –, **thermo-electric** = pile *f.* thermoélectrique (E.).
– – –, **to** = consolider avec des pilotis (C.), soutenir au moyen de pilotis (C.).
– – –, **to** – – – **up** = amonceler (des preuves, de la terre), empiler (des piquets, du bois), entasser (des écus), amasser (des matériaux, une fortune).
– – –, **tubular** = pieu *m.* creux (C.).
– – –, **voltaic** = pile *f.* voltaïque (E.).
– – –, **wood** = tas *m.* de bois, réserve *f.* de billes (Pap.).
piling = pilotis *m.* (C.), consolidation *f.* avec pilotis (C.), empilage *m.* ou empilement *m.* (du bois, des caisses), entassement *m.* (des marchandises).
– – –, **concrete** = pilotis *m.* en béton.
– – –, **sheet** = palplanches *f.p.* (C.), palée *f.* (C.), cloison *f.* d'étançonnement (C.).
– – –, **sheet, steel** = rideau *m.* de palplanches métalliques (C.).
– – –, **steel** = pilotis *m.* d'acier (C.).
– – –, **stock** = mise *f.* en tas, empilage *m.* (du bois).
pillar = colonne *f.* (B.), pilier *m.* (B., C.), montant *m.* (B.), chandelle *f.* (B.).
– – –, **anchorage** = pilier *m.* d'ancrage.
– – –, **anchoring** = pilier *m.* d'ancrage.
– – –, **arch** = jambage *m.* (B.), maître-pilier *m.* (C., B.).
– – –, **body** = pilastre *m.* de carrosserie (Auto.).
– – –, **brush** = pivot *m.* de porte-balais (E.).
– – –, **door** = montant *m.* de porte.
– – –, **drilling** = foreuse *f.* à colonne (Méc.).
– – –, **fluted** = colonne *f.* cannelée (B.).
– – –, **foundation** = pilier *m.* de fondation (C.).
– – –, **machine, drilling** = colonne *f.* de perceuse (Méc.), montant *m.* de foreuse (Méc.).
– – –, **mounting** = colonne *f.* montante (E.).
– – –, **steering** = colonne *f.* de direction (Auto.).
– – –, **supporting** = pilier *m.* de soutènement (C.).
pillow = coussinet *m.* (Méc.), crapaudine *f.* (d'un arbre vertical) (Méc.), palier *m.* (Méc.), palier-support *m.* (d'arbre) (Méc.), oreiller *m.* (Ust.).
– – –, **conical** = coquille *f.* de coussinet (Méc.).
pilot = appareil *m.* de guidage (Méc.), guide *m.* (Méc.), lampe *f.* témoin (Tp.), axe-guide *m.* (Méc.), pilote *m.* (O.), veilleuse *f.* (d'un appareil à gaz).
– – –, **airline** = pilote *m.* de ligne (O.) (Av.)
– – –, **automatic** = gyropilote *m.* (Av.).
– – –, **burner** = veilleuse *f.* (d'un appareil à gaz).
– – –, **cutter** = porte-fraise *m.* (Méc.).
– – –, **deep-sea** = pilote *m.* hauturier (O.) (Mar.).
– – –, **group** = onde *f.* pilote de groupe primaire (Tp.).

(pilot)

– – –, **gyro-** = V. « gyropilot ».

– – –, **in-shore** = pilote *m*. côtier (O.) (Mar.).

– – –, **lighter** = veilleuse *f* d'allumage (d'un appareil à gaz).

– – –, **reamer** = guide *m*. d'alésoir (Méc.).

– – –, **reference** = onde *f*. pilote (Tp.).

– – –, **regulating** = onde *f*. pilote de régulation (Tp.).

– – –, **safety** = veilleuse *f*. de sécurité (d'un appareil à gaz).

– – –, **second** = copilote *m*. (O.) (Av.).

– – –, **self-centering** = guide *m*. autocentreur (Méc.).

– – –, **switching** = onde *f*. pilote de commutation (Tp.).

– – –, **synchronizing** = onde *f*. pilote de synchronisation (Tp.).

– – –, **test** = pilote *m*. d'essais (O.) (Av.).

pin = cheville *f*., goupille *f*., clavette *f*. (d'essieu), fenton *m*., axe *m*., pivot *m*., tenon *m*., gond m (de porte), boulon *m*., broche *f*. (d'un tube, d'une fiche), goujon *m*. (de charnière), ergot *m*. (de lampe), clou *m*., pointe *f*., fiche *f*. (ce prise de courant, d'arpenteur), ardillon *m*. (Imp.), épingle *f*.

– – –, **articulating** = axe *m*. d'articulation (Méc.).

– – –, **attaching** = goupille *f*. de fixation (Méc., C.).

– – –, **axle** = esse *f*. (Méc), clavette *f*. d'essieu (Méc.).

– – –, **ball** = boulon *m*. à rotule (Méc.).

– – –, **bitt** = paille *f*. de bitte (Mar.).

– – –, **blanket, horse** = épingle *f*. à couverture de cheval.

– – –, **block** = essieu *m*. de poulie (Méc.).

– – –, **block, link** = axe *m*. de coulisseau (Méc.).

– – –, **bolt** = goupille *f*. (Méc.).

– – –, **catch** = cheville *f*. d'embrayage (Méc.), doigt *m*. d'entraînement (Méc.).

– – –, **centering** = téton *m*. de centrage (Méc.), pointe *f*. à centrer (Méc.).

– – –, **centre** = pivot *m*. central (Méc.), cheville *f*. ouvrière (Méc.).

– – –, **chain** = fuseau *m*. de chaîne (C.).

– – –, **check** = goupille *f*. d'arrêt (Méc.).

– – –, **clamp** = clavette *f*. (Méc.), goupille *f*. de serre-fils (Tp.), goujon *m*. de serre-fils (Tp.).

– – –, **clevis** = axe *m*. de chape (Méc.).

– – –, **clothes** = épingle *f*. à linge (Ust.), fichoir *m*. (Ust.).

– – –, **collar** = goupille *f*. d'une clavette (Méc.), boulon *m*. à clavette (Méc.).

– – –, **contact** = cheville *f*. de contact (E.).

– – –, **cotter** = clavette *f*., goupille *f*., goupille *f*. fendue.

– – –, **cotter, round** = goupille *f*. ronde.

– – –, **cotter, safety** = goupille *f*. de sécurité.

– – –, **cotter, split** = clavette *f*. fendue, goupille *f*. fendue.

– – –, **crank** = maneton *m*. de manivelle (Méc.), tourillon *m*. (Méc.), boulon *m*. de manivelle (Méc.).

– – –, **cross-head** = tourillon *m*. de la crosse (Méc.), tourillon *m*. de tête de bielle (Méc.).

– – –, **cross-, universal-joint** = axe *m*. du croisillon du joint universel (Auto.).

– – –, **detent** = goupille *f*. d'arrêt (Méc.), pivot *m*. d'arrêt (Méc.).

– – –, **dowel** = goujon *m*. cheville *f*., goupille *f*., ergot *m*., téton *m*., goujon *m*. conique.

(pin)

– – –, **drift** = mandrin *m*. (Méc.), broche *f*. d'assemblage (Méc.).

– – –, **driving** = toc *m*. d'entraînement (Méc.), ergot *m*. d'entraînement (Méc.).

– – –, **driving-plate** = tige *f*. d'entraînement (Méc.).

– – –, **end-** = fuseau *m*. de fermeture (d'une chaîne) (C.).

– – –, **escutcheon** = pointe *f*. à tête ronde (C.).

– – –, **fastening** = goupille *f*. de fixation (C.).

– – –, **firing** = percuteur *m*. (d'une arme à feu).

– – –, **fixing** = clavette *f*. (C.).

– – –, **flush** = goupille *f*. affleurant (Méc.).

– – –, **gudgeon** = axe *m*. de piston (Méc.).

– – –, **gudgeon, floating** = axe *m*. mobile (Méc.).

– – –, **guide** = axe-guide *m*. (Méc.), cheville-guide *f*. (Méc.).

– – –, **hanger** = boulon *m*. de suspension (C.).

– – –, **hinge** = axe *m*. d'articulation (Méc.), gond *m*. (de porte) (C., B.), cheville *f*. à charnière (B., C.), goujon *m*. de charnière (C., B.), tourillon *m*. (Méc.).

– – –, **index** = doigt *m*. du diviseur.

– – –, **injector** = pointeau *m*. (de carburateur).

– – –, **insulating** = tige *f*. isolante (E.).

– – –, **insulator** = tige *f*. d'isolateur (E.), porte-isolateur *m*. (Tp.), ferrure *f*. d'isolateur (E.).

– – –, **iron** = boulon *m*., goupille *f*.

– – –, **jack** = goupille *f*. réglable.

– – –, **jig** = tige *f*. de montage, cheville *f*. d'arrêt.

– – –, **joint** = goupille *f*. (E.), axe *m*. d'articulation (C.), broche *f*. de charnière (B.).

– – –, **keep** = cheville-arrêt *f*. (Méc.).

– – –, **key** = broche *f*. de serrure (B.).

– – –, **king** = cheville *f*. ouvrière (Auto.).

– – –, **knitting** = aiguille *f*. à tricoter (Ust.).

– – –, **leader** = cheville *f*. de guidage (Méc.).

– – –, **lever, brake** = axe *m*. de tige de frein (Auto.).

– – –, **linch** = clavette *f*. d'essieu, esse *f*.

– – –, **link** = tourillon *m*., goujon *m*.

– – –, **locating** = cheville *f*. de repérage.

– – –, **lock** = chien *m*. (Méc.), cheville *f*. de verrouillage (Méc.), goupille *f*. d'arrêt (Méc.).

– – –, **main** = cheville *f*. ouvrière (Méc.).

– – –, **moulding** = pointe *f*. de mouleur.

– – –, **oar** = tolet *m*.

– – – **of a centre bit** = téton *m*. d'une mèche à aléser (Méc.), pointe *f*. d'une mèche à aléser (Méc.).

– – – **of a joint** = broche *f*. d'une charnière (B.).

– – – **of a shackle** = clavette *f*. d'une manille (C.)

– – – **of lamp** = broche *f*. de lampe (E.).

– – –, **pinion** = axe *m*. de pignon (Méc.).

– – –, **piston** = axe *m*. de piston, tourillon *m*. (de crosse, de piston).

– – –, **pivot** = pivot *m*., axe *m*. de pivotement.

– – –, **pole-top** = ferrure *f*. pour tête de poteau (E.), tige *f*. d'isolateur de faîte (E.), tige *f*. d'isolateur de tête (E.).

– – –, **pulley** = essieu *m*. de poulie.

– – –, **push** = poussoir *m*.

– – –, **retaining** = goupille *f*. de fixation.

– – –, **riveting** = broche *f*. d'assemblage.

– – –, **rolling** = rouleau *m*. à pâte (Ust.), rouleau *m*. (Ust.).

– – –, **runner** = broche *f*. de coulée (Mét.).

(pin)

– – –, **safety** = goupille *f.* de sûreté (Méc.), épingle *f.* de nourrice (Ust.), épingle *f.* de sûreté (Ust.).
– – –, **sash** = goupille *f.* de fenêtre (B.), cheville *f.* à châssis (B.).
– – –, **screw** = vis-goupille *f.*
– – –, **set** = prisonnier *m.* (B.), goupille *f.* de calage (B.), goujon *m.* prisonnier (B.).
– – –, **shaft** = attelloire *f.* (ou atteloire *f.*) (Agr.).
– – –, **shearing** = goupille *f.* de cisaillement (Méc.).
– – –, **shoe** = axe *m.* de patin (Méc.).
– – –, **sliding** = goujon *m.* glissant (Méc.).
– – –, **split** = goupille *f.* fendue, clavette *f.* fendue.
– – –, **spring** = goupille-ressort *f.*, cheville-ressort *f.*, axe *m.* de ressort.
– – –, **stay** = cheville-arrêt *f.*
– – –, **steady** = clavette *f.* de calage (Méc.).
– – –, **steel** = ferrure *f.* droite.
– – –, **stop** = cheville *f.* d'arrêt, goupille *f.* de butée.
– – –, **straight** = goupille *f.* cylindrique.
– – –, **striker** = ergot *m.* d'entraînement, toc *m.* d'entraînement.
– – –, **stud** = goujon *m.*, tourillon *m.*, tenon *m.*, boulon *m.*, tige *f.*, pivot *m.*
– – –, **suspension** = axe *m.* de suspension (Méc.).
– – –, **swivel** = tourillon *m.* d'articulation (Méc.).
– – –, **tapered** = goupille *f.* conique.
– – –, **thole** = tolet *m.* ou touret *m.* (d'aviron, de rame), cheville *f.* (de brancard).
– – –, **to** = cheviller (des pièces), goupiller (une roue sur un axe), claveter (un boulon), étayer ou étançonner (un mur), épingler (une décoration, un patron sur un tissu).
– – –, **top** = isolateur *m.* de tête (Tp.), isolateur *m.* de sommet (E.), isolateur *m.* supérieur (Tp.).
– – –, **tow** = cheville *f.* de remorque (Auto.).
– – –, **turn** = toupie *f.* de plombier.
– – –, **valve** = clavette *f.* de soupape.
– – –, **wooden** = cheville *f.* en bois, fenton *m.*
– – –, **wrist** = tourillon *m.* de la tête de piston (Méc.), tourillon *m.* de crosse (de piston), maneton *m.* (Méc.), tourillon *m.* de manivelle (Méc.).
– – –, **yoke** = axe *m.* de chape (Méc.), axe *m.* d'étrier (Méc.).
– – –, **yoke, universal-joint** = axe *m.* de la fourche (ou fourchette *f.*) du joint universel (Auto.).
pincers = tenailles *f.p.* (I.), pinces *f.p.* (I.).
– – –, **carpenter's** = tenailles *f.p.* de menuisier.
– – –, **cutting** = pinces *f.p.* coupantes.
– – –, **end-cutting** = pinces *f.p.* coupantes sur bout.
– – –, **farrier's** = tricoises *f.p.* de maréchal.
– – –, **shoemaker's** = pinces *f.p.* de cordonnier, pinces *f.p.* à tendre.
– – –, **straight** = pinces *f.p.* plates.
pinch = pince *f.* de manoeuvre (I.), pied-de-biche *m.* (I.).
pincushion = pelote *f.* à épingles (Ust.), pelote *f.* à aiguilles (Ust.).
pine = pin *m.* (For.).
– – –, **American** = pin *m.* d'Amérique.
– – –, **black** = pin *m.* noir.
– – –, **Jack** = pin *m.* gris.
– – –, **limber** = pin *m.* blanc de l'Ouest.
– – –, **lodgepole** = pin *m.* de Murray.

(pine)

– – –, **Norway** = pin *m.* rouge, pin *m.* résineux.
– – –, **pitch** = pin *m.* dur.
– – –, **ponderosa** = pin *m.* à bois lourd.
– – –, **red** = pin *m.* rouge.
– – –, **shore** = pin *m.* à feuilles tordues.
– – –, **white** = pin *m.* blanc.
– – –, **white, Eastern** = pin *m.* blanc.
– – –, **white, Western** = pin *m.* argenté.
– – –, **whitebark** = pin *m.* à blanche écorce.
– – –, **yellow, short-leaf** = pin *m.* jaune à aiguilles courtes.
pinion = pignon *m.* (Méc.).
– – –, **bevel** = pignon *m.* conique, pignon *m.* d'angle.
– – –, **chain** = pignon *m.* de chaîne.
– – –, **change-speed** = pignon *m.* de changement de vitesse.
– – –, **differential** = pignon *m.* satellite, pignon *m.* de différentiel (Auto.).
– – –, **double-helical** = pignon *m.* à chevrons.
– – –, **double-sliding** = pignon *m.* coulissant double.
– – –, **double-toothed** = pignon *m.* à double denture.
– – –, **driving** = pignon *m.* de commande, pignon *m.* d'attaque.
– – –, **first-speed** = pignon *m.* de la première vitesse (Auto.).
– – –, **gear** = pignon *m.* de boîte de vitesses.
– – –, **gear, valve** = pignon *m.* de distribution.
– – –, **gear, worm** = pignon *m.* de vis sans fin.
– – –, **helical** = pignon *m.* hélicoïdal.
– – –, **herring-bone** = engrenage *m.* à chevrons.
– – –, **idler** = pignon *m.* fou.
– – –, **lantern** = lanterne *f.*, roue *f.* à lanterne.
– – –, **motor** = pignon *m.* moteur.
– – –, **planet** = roue *f.* satellite.
– – –, **rack** = pignon *m.* engrenant sur la crémaillère.
– – –, **reversing** = pignon *m.* de marche arrière.
– – –, **shaft, cam** = pignon *m.* de commande de l'arbre à cames, pignon *m.* d'arbre à cames.
– – –, **shaft-mounted** = tympan *m.* (Méc.).
– – –, **sliding** = pignon *m.* baladeur, pignon *m.* coulissant.
– – –, **spider** = pignon *m.* satellite.
– – –, **spider, differential** = satellite *m.* du différentiel.
– – –, **spur** = pignon *m.* droit, pignon *m.* cylindrique.
– – –, **star** = satellite *m.* (Méc.).
– – –, **stem** = pignon *m.* à queue.
– – –, **transmission** = pignon *m.* de transmission.
– – –, **worm** = pignon *m.* de vis sans fin.
pinpoint, to = repérer (l'emplacement des batteries, la position des troupes).
pint = chopine *f.* (c.-à-d. une demi-pinte; 0,568 litre).
– – –, **half a** = demiard *m.* (c.-à-d. une demi-chopine; 0,284 litre).
pintle = cheville *f.* ouvrière, broche *f.* (d'une serrure) (B.), goujon *m.* (d'une charnière) (B.).
– – –, **centre** = cheville *f.* centrale, pivot *m.* central (B.).
pip = top *m.* (d'écho) (R.).
pipe = tuyau *m.*, conduit *m.*, tube *m.*, conduite *f.*, V. « pipes ».
– – –, **admission** = tuyau *m.* d'amenée, conduite *f.* d'amenée, tubulure *f.* d'admission (Auto.).
– – –, **air** = tuyau *m.* d'air, conduite *f.* d'air, buse *f.* d'aérage, tuyère *f.*, canalisation *f.* d'air.

(pipe)

– – –, **angle** = tuyau *m*. coudé.
– – –, **ascension** = colonne *f*. montante.
– – –, **bell-and-spigot** = tuyau *m*. à collet, tuyau *m*. à emboîtement à collet.
– – –, **bellows** = tuyère *f*.
– – –, **belt** = tuyau *m*. de vapeur autour du cylindre.
– – –, **bend** = coude *m*.
– – –, **bent** = tuyau *m*. coudé, coude *m*.
– – –, **blast** = tuyère *f*.
– – –, **blow** = chalumeau *m*.
– – –, **blow-down** = tuyau *m*. de vidange.
– – –, **blow, hydrogen gas** = chalumeau *m*. à hydrogène.
– – –, **blow, gas** = chalumeau *m*. à gaz.
– – –, **blow-off** = tube *m*. de vidange, tube *m*. d'extraction.
– – –, **blow, oxyacetylene** = chalumeau *m*. oxyacétylénique.
– – –, **blow, oxyhydrogen** = chalumeau *m*. oxhydrique.
– – –, **boiler** = tube *m*. de chaudière.
– – –, **branch** = dérivation *f*., branchement *m*. de tuyau, tuyau *m*. d'embranchement.
– – –, **brass** = tuyau *m*. de laiton.
– – –, **breather** = reniflard *m*., tuyau *m*. d'aspiration.
– – –, **breeches** = raccord *m*. en Y, culotte *f*.
– – –, **bridge** = tuyau *m*. transversal.
– – –, **cast-iron** = tuyau *m*. de fonte, tuyau *m*. en fonte.
– – –, **cement** = tuyau *m*. de ciment, tube *m*. de ciment.
– – –, **channel** = puits *m*. d'accès (d'une canalisation souterraine) (S.).
– – –, **circular** = tuyau *m*. circulaire, conduite *f*. circulaire.
– – –, **circulating** = tuyau *m*. de circulation.
– – –, **clay** = tuyau *m*. en grès cérame.
– – –, **clay, vitrified** = tuyau *m*. en grès vernissé, tuyau *m*. en grès.
– – –, **cleaning** = tuyau *m*. de purge.
– – –, **collecting** = tuyau *m*. collecteur.
– – –, **concrete** = tuyau *m*. de béton, conduite *f*. en béton.
– – –, **concrete, prestressed** = tuyau *m*. en béton précontraint.
– – –, **concrete, rammed** = tuyau *m*. en béton damé.
– – –, **concrete, reinforced** = tuyau *m*. en béton armé.
– – –, **conductor** = tuyau *m*. de descente (B.), dalot *m*. (B.).
– – –, **conduit** = conduit *m*., conduite *f*., tuyau *m*. de communication.
– – –, **cone** = tuyau *m*. conique.
– – –, **connecting** = tuyau *m*. de jonction, raccord *m*.
– – –, **cooling** = tuyau *m*. réfrigérant.
– – –, **copper** = tuyau *m*. en cuivre (rouge).
– – –, **core** = tuyau *m*. à noyau.
– – –, **delivery** = tuyau *m*. de refoulement (d'une pompe), conduite *f*. de refoulement (d'une pompe), tuyau *m*. distributeur (d'un moteur).
– – –, **dip** = siphon *m*. (S.).
– – –, **discharge** = tuyau *m*. d'évacuation (S.), tuyau *m*. de décharge, tuyau *m*. d'écoulement, descente *f*. (S.).
– – –, **discharge, barometric** = tuyau *m*. de chute barométrique.
– – –, **distributing** = tuyau *m*. distributeur, tuyau *m*. de

(pipe)

distribution.
– – –, **down** = V. « downpipe ».
– – –, **drain** = tuyau *m*. de purge (Méc.), drain *m*. (C.), gouttière *f*. (B.), tuyau *m*. de vidange (Méc.).
– – –, **draw** = tube *m*. (E.), tuyau *m*. (E.).
– – –, **drill** = tube *m*. de forage (Mi.).
– – –, **drip** = tuyau *m*. de purge.
– – –, **eduction** = tuyau *m*. d'émission, tuyau *m*. d'échappement.
– – –, **elbow** = raccord *m*. coudé, tuyau *m*. coudé, coude *m*.
– – –, **escape** = tuyau *m*. d'échappement, évent *m*.
– – –, **exhaust** = tuyau *m*. d'échappement, conduite *f*. d'échappement.
– – –, **exit** = tuyau *m*. d'échappement.
– – –, **expansion** = tuyau *m*. compensateur.
– – –, **extension** = tuyau *m*. de rallonge.
– – –, **faucet** = boisseau *m*.
– – –, **feed** = tuyau *m*. d'alimentation (H.), nourrice *f*. (Méc.), tuyau *m*. de prise d'eau (C., H.).
– – –, **feed, steam** = tuyau *m*. de conduite de la vapeur.
– – –, **fibre, bitumized** = tuyau *m*. d'amiante bitumé.
– – –, **flange** = tuyau *m*. à bride, tuyau *m*. à collerette.
– – –, **flanged** = tuyau *m*. à bride, tuyau *m*. à collerette.
– – –, **flexible** = tuyau *m*. souple, tuyau *m*. flexible, boyau *m*.
– – –, **flow** = tuyau *m*. adducteur, adducteur *m*., conduite *f*. montante (d'eau chaude) (B.).
– – –, **flue** = tuyau *m*. de poêle (B.).
– – –, **flush** = tuyau *m*. de chasse (S.).
– – –, **flush-joint** = tuyau *m*. à joint lisse.
– – –, **force** = tuyau *m*. de refoulement.
– – –, **forked** = tuyau *m*. bifurqué, embranchement *m*. en Y, culotte *f*.
– – –, **galvanized** = tuyau *m*. galvanisé.
– – –, **gas** = conduite *f*. du gaz, tuyau *m*. à gaz.
– – –, **gasolene** = conduite *f*. d'essence (Auto.).
– – –, **gauge, water** = tube *m*. de niveau d'eau.
– – –, **glow, small** = tubulure *f*. incandescente.
– – –, **grooved** = tube *m*. cannelé.
– – –, **ground** = tuyau *m*. de mise à la terre (E.).
– – –, **gutter** = tuyau *m*. de descente (B.), dalot *m*. (B.).
– – –, **heating** = tuyau *m*. de réchauffage, tube *m*. de chauffe.
– – –, **hose** = tuyau *m*. d'incendie, boyau *m*. d'incendie.
– – –, **induction** = tuyau *m*. d'admission.
– – –, **inflow** = arrivée *f*. d'eau.
– – –, **injection** = tuyau *m*. d'injection.
– – –, **inlet** = conduite *f*. d'arrivée, conduite *f*. d'entrée, tuyau *m*. d'admission (de gaz).
– – –, **inlet, air** = tube *m*. de prise d'air.
– – –, **insulated** = tuyau *m*. calorifugé.
– – –, **intake** = tuyauterie *f*. d'aspiration, tuyau *m*. de prise (d'une drague).
– – –, **interconnecting** = tuyau *m*. de raccordement, tuyauterie *f*. d'interconnexion.
– – –, **invert, paved** = conduite *f*. dont le fond est revêtu.
– – –, **jet** = tuyère *f*. (Av.).
– – –, **joint** = tuyau *m*. de jonction.
– – –, **junction** = tuyau *m*. de raccordement.
– – –, **junk** = tube *m*. réformé (H.,S.).

(pipe)

– – –, **knee** = tube *m.* coudé, coude *m.*
– – –, **large-diameter** = tube *m.* de gros diamètre (H.).
– – –, **lateral** = tuyau *m.* latéral.
– – –, **lead** = tuyau *m.* de plomb.
– – –, **lead-in** = tube *m.* d'entrée (E.), tubulure *f.* d'admission (Méc.).
– – –, **lift** = tuyau *m.* élévatoire.
– – –, **line** = tube *m.* de canalisation (H.).
– – –, **lubrication** = tuyau *m.* de graissage.
– – –, **main** = tuyau *m.* principal, conduite *f.* principale.
– – –, **mortise-and-tenon** = tuyau *m.* à emboîtement à mi-épaisseur.
– – –, **nose** = buse *f.*, tuyère *f.*
– – –, **oil** = tube *m.* de graissage, tuyau *m.* d'huile.
– – –, **outgoing** = tuyau *m.* de départ.
– – –, **outlet** = tuyau *m.* d'écoulement.
– – –, **overflow** = tuyau *m.* d'écoulement, tuyau *m.* de trop-plein (S.), trop-plein *m.* (S.), évacuateur *m.* (S.), tuyau *m.* d'évacuation (S.).
– – –, **overhead** = tuyau *m.* aérien.
– – –, **overheating** = tube *m.* surchauffeur (Méc.).
– – –, **perforated** = crépine *f.*
– – –, **plastic** = conduit *m.* en plastique, tuyau, *m.* en plastique.
– – –, **pressure** = tuyau *m.* en charge.
– – –, **priming** = fourreau *m.* de pompe.
– – –, **protected** = conduite *f.* isolée.
– – –, **protection, cabie** = tuyau *m.* de protection pour câble (Tp.).
– – –, **rain** = tuyau *m.* de descente (B.), canalisation *f.* d'eau de pluie (B., S.).
– – –, **riser** = colonne *f.* montante.
– – –, **roll-joint** = tuyau *m.* avissé.
– – –, **rough** = tuyau *m.* rugueux.
– – –, **sag** = siphon *m.* renversé.
– – –, **seamless** = tuyau *m.* sans soudure.
– – –, **service** = branchement *m.*, canalisation *f.* de jonction.
– – –, **sewer** = tuyau *m.* d'égout (S.), canalisation *f.* d'égouts (S.).
– – –, **sewer, vitrified** = tuyau *m.* d'égout en grès (S.).
– – –, **sheet-iron** = tuyau *m.* en tôle.
– – –, **smoke** = cheminée *f.* (B.), conduit *m.* de fumée(s) (B.), tuyau *m.* de cheminée (B.).
– – –, **smooth** = tuyau *m.* lisse.
– – –, **socket** = conduite *f.* à emboîtement, tuyau *m.* à emboîtement.
– – –, **soil** = tuyau *m.* d'égout (S.), tuyau *m.* de descente (de W. C.), chasse *f.* d'aisances (S.).
– – –, **soldered** = tuyau *m.* soudé.
– – –, **spiral weld** = tube *m.* soudé en hélice.
– – –, **spray** = crépine *f.*
– – –, **stack** = descente *f.* d'eau (d'une gouttière) (B.), conduit *m.* de fumées.
– – –, **stand** = cheminée *f.* d'équilibre (H.), colonne *f.* montante (dans la distribution d'immeuble), château *m.* d'eau (H.).
– – –, **stand, carburetor** = cheminée *f.* verticale du carburateur (Auto.).
– – –, **steam** = conduite *f.* de vapeur, tuyau *m.* de vapeur, tuyau *m.* à vapeur.

(pipe)

– – –, **steam, discharging** = tuyau *m.* d'échappement de la vapeur.
– – –, **steam, main** = tuyauterie *f.* de vapeur d'admission.
– – –, **steam, waste** = tuyau *m.* d'échappement (de la vapeur).
– – –, **steel** = tube *m.* en acier, conduit *m.* en acier, tuyau *m.* d'acier.
– – –, **steel, black** = tube *m.* en acier noir.
– – –, **steel, seamless** = tube *m.* d'acier sans soudure.
– – –, **steel, welded** = tube *m.* d'acier soudé.
– – –, **stench** = ventilateur *m.* (B.).
– – –, **stove** = tuyau *m.* de poêle (B.).
– – –, **structural** = tube *m.* de construction (C.).
– – –, **stub** = tubulure *f.* d'échappement.
– – –, **stub-standard** = tube *m.* réformé (H., S.).
– – –, **sucking** = tuyau *m.* d'aspiration.
– – –, **suction** = tuyau *m.* d'aspiration, exhausteur *m.*
– – –, **sullage** = égout *m.* (S.), tuyau *m.* d'égout (S.).
– – –, **supply** = tuyau *m.* d'alimentation (C.), conduite *f.* d'amenée (C.).
– – –, **supply, water** = conduite *f.* d'amenée d'eau (C., H.).
– – –, **surge** = cheminée *f.* d'équilibre (H.).
– – –, **tail** = tuyau *m.* de sortie, tuyau *m.* d'aspiration (d'une pompe), tuyau *m.* d'échappement (Auto.).
– – –, **telltale** = contrôleur *m.* de niveau.
– – –, **thick-wall** = tuyau *m.* à paroi épaisse.
– – –, **to** = canaliser (l'eau, l'huile), capter (l'eau), établir une canalisation (dans un édifice), amener (l'huile) par un pipeline, diffuser ou transmettre (un programme) (R., Tv.).
– – –, **transite** = tuyau *m.* en fibrociment, tuyau *m.* en ciment-amiante.
– – –, **uptake** = tuyau *m.* de montée, culotte *f.* (de cheminée).
– – –, **vent** = canal *m.* de ventilation, manche *f.* à air, tuyau *m.* d'aération, tuyau *m.* de ventilation, ventilateur *m.* (S.), ventilation *f.* (S.).
– – –, **ventilator** = tuyau *m.* d'évent.
– – –, **voice** = tube *m.* acoustique.
– – –, **wash-down** = tuyau *m.* de chasse (S.).
– – –, **waste** = tuyau *m.* de décharge, trop-plein *m.*, tuyau *m.* de vidange, écoulement *m.* (d'une baignoire) (Ust.), déchargeoir *m.* (S.).
– – –, **water** = conduite *f.* d'eau, tuyau *m.* d'eau.
– – –, **water, rain** = tuyau *m.* de descente (B.), canalisation *f.* d'eau de pluie (B.).
– – –, **water, waste** = tuyau *m.* de décharge.
– – –, **welded** = tuyau *m.* soudé.
– – – **with flanged ends** = tuyau *m.* à brides.
– – – **with sleeve coupling** = tuyau *m.* à manchon.
– – – **with threaded ends** = tuyau *m.* à bouts filetés.
– – –, **wood-stave** = conduite *f.* à douves en bois (H.).
– – –, **Y** = culotte *f.*, tuyau *m.* fourchu.
pipe-line = V. « line, pipe ».
pipes, branching = tuyaux *m.p.* ramifiés, conduites *f.p.* branchées.
– – –, **heating** = canalisation *f.* de chauffage (B., Méc.).
piping = canalisation *f.*, tuyautage *m.*, tuyauterie *f.*, pose *f.* des tuyaux.
– – –, **brine** = conduite *f.* de saumure.

(piping)

– – –, **drainage** = tuyaux *m.* (ou tuyauterie *f.*) de drainage, canalisation *f.* d'écoulement des eaux.

– – –, **oil** = tuyauterie *f.* d'huile.

pistol = pistolet *m.*

– – –, **flare** = pistolet *m.* lance-fusées, pistolet *m.* signaleur.

– – –, **paint** = V. « pistol, spraying ».

– – –, **spraying** = pistolet *m.* à peindre, pistolet *m.* de vernissage.

piston = piston *m.*, (instrument *m.*) à plongeur.

– – –, **balance** = piston *m.* compensateur.

– – –, **conical** = piston *m.* conique.

– – –, **differential** = piston *m.* différentiel.

– – –, **disc** = piston *m.* à plateau.

– – –, **dummy** = piston *m.* d'équilibrage.

– – –, **expanding-skirt** = piston *m.* à jupe expansible.

– – –, **brake** = piston *m.* de frein.

– – –, **bucket** = piston *m.* à clapets.

– – –, **draw-back** = piston *m.* de rappel.

– – –, **flat-top** = piston *m.* plat (Auto.).

– – –, **gummed** = piston *m.* gommé (Auto.).

– – –, **hollow** = piston *m.* creux.

– – –, **hollow-head** = piston *m.* creux, piston *m.* à tête évidée.

– – –, **plunger** = plongeur *m.*, piston *m.* plongeur.

– – –, **pump** = piston *m.* de pompe.

– – –, **ring** = piston *m.* à segments.

– – –, **solid** = piston *m.* plein.

– – –, **sucking** = piston *m.* aspirant.

– – –, **trunk** = piston *m.* à fourreau.

– – –, **valve** = piston *m.* à soupape.

– – –, **wedge** = piston *m.* à déflecteur.

pit = fosse *f.*, trou *m.*, puits *m.*, excavation *f.*, bac *m.* (d'une batterie d'auto), carrière *f.*, piqûre *f.* (dans un métal).

– – –, **air** = puits *m.* d'aérage (B.).

– – –, **ash** = cendrier *m.* (de chaudière à vapeur fixe) (Méc.), fosse *f.* à cendres (Méc.).

– – –, **balance** = cage *f.* de contrepoids (Méc.).

– – –, **blow** = fosse *f.* à laver la pâte de bois.

– – –, **borrow** = emprunt *m.* de terre (C.), ballastière *f.* (Ch.d.f.), emprunt *m.* (C.), chambre *f.* d'emprunt (C.).

– – –, **brine** = saline *f.*, salin *m.*

– – –, **casting** = fosse *f.* de coulée (Mét.).

– – –, **catch** = drain *m.* (S.).

– – –, **clay** = glaisière *f.*

– – –, **coal** = houillère *f.*, mine *f.* de charbon.

– – –, **collecting** = puits *m.* collecteur.

– – –, **crank** = cuvette *f.* de l'arbre coudé (Méc.).

– – –, **damper** = logement *m.* du registre (Méc.).

– – –, **drainage** = puits *m.* perdu.

– – –, **dumping** = dépôt *m.* des déblais, décharge *f.* (des déblais).

– – –, **erecting** = puits *m.* de montage (Méc.).

– – –, **exhaust** = pot *m.* d'échappement (Méc.).

– – –, **foundry** = fosse *f.* de fonderie.

– – –, **gravel** = gravière *f.*, sablière *f.*, ballastière *f.* (Ch.d.f.).

– – –, **inspection** = fosse *f.* d'inspection (Auto.), fosse *f.* de visite (Méc.), fosse *f.* à réparations (Auto.).

– – –, **manure** = trou *m.* au fumier (Agr.).

– – –, **mud** = bassin *m.* à boue, bac *m.* à boue.

(pit)

– – –, **oil** = cuve *f.* (à huile) à fond perdu.

– – –, **open** = carrière *f.* à ciel ouvert (Mi.).

– – –, **pipe** = fosse *f.* des tuyaux (B., C.).

– – –, **repair** = fosse *f.* à réparations (Auto.), fosse *f.* (Méc.).

– – –, **salt** = saline *f.*, salin *m.*

– – –, **sand** = sablière *f.*, carrière *f.* de sable.

– – –, **slush** = bassin *m.* à boue, bac *m.* à boue.

– – –, **soak away** = fosse *f.* de drainage (C.), fosse *f.* d'assainissement (C.), puits *m.* absorbant (C.).

– – –, **soot** = fosse *f.* à suie, fosse *f.* à récupérer la suie.

– – –, **splicing** = fosse *f.* d'épissage (Tp.).

– – –, **stone** = carrière *f.* de pierre (Mi.).

– – –, **sullage** = fosse *f.* d'égout (S.).

– – –, **tanner's** = plain *m.*

– – –, **test** = fosse *f.* d'essai, fosse *f.* d'exploration.

– – –, **to** = piquer ou ronger (un métal).

– – –, **transformer** = puits *m.* de transformateur (E.).

– – –, **unloading** = fosse *f.* de déchargement (Mi.).

– – –, **valve** = chambre *f.* des soupapes, chambre *f.* de sectionnement.

pitch = poix *f.*, brai *m.* (de goudron de houille ou de pétrole ou d'huile de coton), asphalte *m.*, embrassement *m.* (d'un roulement), hauteur *f.* (d'un son, sous clef d'un arc), pas *m.* (d'un engrenage, d'un filetage), angle *m.* des dents (d'une scie), pente *f.* ou inclinaison *f.* (d'un toit, d'une lame de rabot), rampe *f.* (des chevrons), écartement *m.* (des rivets), tangage *m.* (d'un avion, d'un navire, d'une auto).

– – –, **axial** = pas *m.* axial (Méc.).

– – –, **bevel-gear** = cône *m.* primitif d'un pignon conique (Méc.).

– – –, **blade** = pas *m.* des aubes (d'une turbine) (H.).

– – –, **brush** = écartement *m.* angulaire des balais (E.).

– – –, **chain** = pas *m.* d'une chaîne.

– – –, **chordal** = pas *m.* rectiligne.

– – –, **circular** = pas *m.* circulaire, pas *m.* circonférentiel, denture *f.*

– – –, **commutator** = pas *m.* au collecteur (E.).

– – –, **diametral** = pas *m.* diamétral.

– – –, **English** = pas *m.* anglais (Méc.).

– – –, **even** = pas *m.* régulier (Méc.), (toit *m.* à) pente *f.* uniforme (B.).

– – –, **fine** = pas *m.* fin, espacement *m.* fin.

– – –, **gear, worm-** = pas *m.* de vis sans fin.

– – –, **long** = (enroulement *m.*) à pas allongé.

– – –, **low** = à faible pente (B.), à faible inclinaison (B.).

– – –, **metric** = pas *m.* métrique.

– – –, **mineral** = asphalte *m.* minéral (C.).

– – –, **Navy** = goudron *m.* à calfater (B.).

– – –, **normal** = pas *m.* normal (Méc.).

– – –, **odd** = pas *m.* bâtard (d'une vis).

– – **of boom** = inclinaison *f.* de flèche (C.).

– – **of chain** = pas *m.* de chaîne.

– – **of drills** = distance *f.* d'axe en axe des forets (Méc.).

– – – **of holes** = distance *f.* d'axe en axe des trous, écartement *m.* des trous.

– – **of jib** = inclinaison *f.* de flèche (C.).

– – – **of propeller** = pas *m.* de l'hélice (Mar., Av.).

– – – **of rivets** = écartement *m.* des rivets.

– – – **of sleepers** = écartement *m.* des traverses

(pitch)

(Ch.d.f.).
- - - **of thread** = pas *m.* de filet (Méc.).
- - - **of ties** = écartement *m.* des traverses (Ch.d.f.).
- - -, **one-quarter** = (toit *m.* à) pente *f.* au quart (c.-à-d. hauteur/portée = ¼) (B.).
- - -, **petroleum** = brai *m.* de pétrole.
- - -, **pole** = distance *f.* des pôles (E.), pas *m.* polaire (au collecteur) (E.).
- - -, **resulting** = pas *m.* résultant (d'un enroulement) (E.).
- - -, **roof** = *f.* du toit (B.), inclinaison *f.* du toit (B.).
- - -, **roofing** = poix *f.* à toiture (B.)
- - -, **screw** = pas *m.* de vis.
- - -, **slot** = pas *m.* des rainures (E.), pas *m.* aux encoches (E.).
- - -, **sound** = hauteur *f.* du son.
- - -, **straight-run** = brai *m.* de première distillation.
- - -, **to** = enduire de poix, brayer, enduire de brai, empierrer (une route), paver (une rue).
- - -, **tone** = hauteur *f.* du son.
- - -, **tooth** = pas *m.* de dents (Méc.).
- - -, **true** = pas *m.* réel.
- - -, **uniform** = pas *m.* constant, pas *m.* régulier.
- - - **up** = autocabrage *m.*(Av.).
- - -, **variable** = à pas variable.
- - -, **winding** = pas *m.* d'enroulement (E.).
- - -, **worm** = pas *m.* de la vis sans fin.
pitcher = cruche *f.* de grès, pot *m.* (Ust.).
- - -, **milk** = pot *m.* à lait (Ust.).
- - -, **water** = pot *m.* à eau (Ust.).
pitchfork = fourche *f.* à foin (Agr.).
pitchforkful = fourchée *f.* (de foin) (Agr.).
pitman = bielle *f.* de connexion (Méc.).
pitoune = [pitoune *f.p.*] (Canada) (Pap.), (billes *f.p.* de) bois *m.* à pulpe (sciées en longueurs de quatre pieds) (Pap.).
pitted = piqué (par un acide), corrodé.
pitting = piqûre *f.* d'un métal (par un acide).
pivot = pivot *m.*, tourillon *m.*, axe *m.* de rotation.
- - -, **adjusting** = pivot *m.* de réglage.
- - -, **ball** = pivot *m.* à rotule.
- - -, **swivel** = pivot *m.*
- - -, **to** = pivoter, tourner.
- - -, **trolley** = pivot *m.* de trolley.
pk = V. « peck ».
pkg. = V. « package ».
place, called = endroit *m.* demandé (Tp.).
- - -, **calling** = endroit *m.* demandeur (Tp.).
- - -, **fire-** = foyer *m.* (de cheminée), âtre *m.*
- - -, **parking** = parc *m.* de stationnement (Auto.), stationnement *m.* (Auto.).
- - -, **passing** = point *m.* d'évitement.
- - -, **to** = placer ou mettre en place, poser (une pierre) (B.), inscrire ou faire inscrire (un appel) (Tp.), demander (la communication) (Tp.).
- - -, **washing** = laverie *f.* (B.).
- - -, **working** = chantier *m.*, lieu *m.* de travail.
placemat = napperon *m.* (Ust.).
placing = pose *f.* (d'une pierre, d'une sonnette), coulage *m.* ou mise *f.* en oeuvre (du béton), mise *f.* en place (d'un meuble).
- - -, **concrete** = coulage *m.* du béton (B., C.), mise *f.*

(placing)

en oeuvre (du béton (B., C.).
plain = (terrain *m.*) plat (adj.), (dépêche *f.*) en clair, (style *m.*, mobilier *m.*) simple (adj.) ou uni (adj.), (colonne *f.*) lisse (adj.), (vérité *f.*, eau *f.*) pure (adj.).
plan = levé *m.* (d'un terrain), plan *m.* (d'un bâtiment), dessin *m.*, V. « drawing ».
- - - **and elevation** = plan *m.* et élévation (d'un bâtiment).
- - -, **block** = plan *m.* d'ensemble (B.), dessin *m.* directeur d'implantation (B.), implantation *f.* (B.).
- - -, **block, electrical** = schéma *m.* des installations électriques.
- - -, **cross-sectional** = plan *m.* transversal.
- - -, **dimension** = plan *m.* coté.
- - -, **erecting** = plan *m.* de montage.
- - -, **feasible** = plan *m.* réalisable.
- - -, **final** = plan *m.* définitif.
- - -, **floor** = plan *m.* d'étage (B.).
- - -, **floor, structural** = plan *m.* de la structure du plancher (B.).
- - -, **foundation** = plan *m.* des fondations (B.).
- - -, **framing** = plan *m.* de charpente (B.).
- - -, **general** = plan *m.* d'ensemble, dessin *m.* directeur de l'implantation d'un édifice (B.).
- - -, **ground** = plan *m.* de terrain (B.), plan *m.* des fondations (B.).
- - -, **key** = plan-repère *m.*
- - -, **landscaping** = plan *m.* d'aménagement paysagiste.
- - -, **layout** = plan *m.* d'aménagement.
- - -, **lighting** = plan *m.* d'éclairage (B.), disposition *f.* des appareils d'éclairage (ou luminaires) (B.).
- - -, **location** = plan *m.* d'implantation (B.), implantation *f.* (B.).
- - -, **long term** = prospective *f.*
- - -, **marked-up** = plan *m.* indiquant les modifications au projet initial.
- - -, **master** = plan-type *m.*, plan *m.* directeur.
- - -, **numbering, basic** = plan *m.* de numérotage national (pour l'exploitation automatique interurbaine) (Tp.).
- - -, **partial** = plan *m.* parcellaire.
- - -, **payment, deferred** = vente *f.* à tempérament, paiement *m.* à terme.
- - -, **pension** = régime *m.* de retraite.
- - -, **pension, contributory** = régime *m.* (ou système *m.*) de retraite à contribution paritaire.
- - -, **plot** = levé *m.* du terrain (à bâtir).
- - -, **preliminary** = avant-projet *m.*
- - -, **profit sharing** = participation *f.* aux bénéfices.
- - -, **roof, structural** = plan *m.* de la structure du toit (B.).
- - -, **savings** = régime *m.* d'épargne (des employés).
- - -, **site** = tracé *m.* général, relevé *m.* de l'emplacement.
- - -, **sketch** = schéma *m.*, croquis *m.* de projet, plan *m.* sommaire.
- - -, **staking** = plan *m.* de piquetage.
- - -, **subdivision** = plan *m.* de subdivision, plan *m.* du lotissement.
- - -, **superannuation** = régime *m.* de retraite.
- - -, **tentative** = projet *m.*, avant-projet *m.*
- - -, **to** = projeter (un voyage), dessiner le plan (d'une

(plan)

machine), tramer (une évasion), ourdir (un complot).
- - -, **wiring** = schéma *m.* de connexion (Tp.), schéma *m.* de montage (E.).
- - -, **work** = dessin *m.* d'exécution.
- - -, **workable** = plan *m.* exécutable.
- - -, **working** = épure *f.*, croquis *m.* d'exécution, dessin *m.* d'exécution, plan *m.*
plane = rabot *m.* (I.), bouvet *m.* (I.), varlope *f.* (I.), plan *m.* (focal), V. « airplane ».
- - -, **badger** = guillaume *m.* incliné (Men.).
- - -, **banding** = rabot *m.* à rainurer (Men.).
- - -, **barrel** = gouge *f.* (I.) (Men.).
- - -, **beading** = mouchette *f.* (Men.).
- - -, **bench** = rabot *m.* d'établi.
- - -, **bench, corrugated-bottom** = rabot *m.* d'établi à semelle rayée.
- - -, **bench, plain-bottom** = rabot *m.* d'établi à semelle lisse.
- - -, **bevel** = guillaume *m.* à onglet (Men.).
- - -, **block** = petit rabot (pour rabotage en bout).
- - -, **block, iron** = petit rabot en fer.
- - -, **centre** = plan *m.* médian.
- - -, **chime** = colombe *f.* (de tonnelier).
- - -, **circular** = rabot *m.* cintrable.
- - -, **compass** = rabot *m.* à semelle cintrée, rabot *m.* cintré.
- - -, **cooper's** = colombe *f.* de tonnelier.
- - -, **dado** = bouvet *m.*
- - -, **datum** = plan *m.* de comparaison.
- - -, **double-iron** = rabot *m.* à contre-fer.
- - -, **dovetail** = bouvet *m.* à queue d'aronde.
- - -, **edge** = rabot *m.* à écorner.
- - -, **filleting** = tire-filets *m.*
- - -, **film** = plan *m.* de la pellicule (Phot.).
- - -, **fluting** = guillaume *m.* à canneler.
- - -, **focal** = plan *m.* focal, plan *m.* de la pellicule (Phot.).
- - -, **grooving** = feuilleret *m.*, bouvet *m.* à rainure, rabot *m.* à languette.
- - -, **grooving and tonguing** = bouvet *m.* mâle et femelle.
- - -, **haulage** = plan *m.* de roulage (C.).
- - -, **hollow** = gorget *m.* (Men.).
- - -, **inclined** = plan *m.* incliné (C.), rampe *f.* (d'accès).
- - -, **jack** = riflard *m.*, demi-varlope *f.*, galère *f.*
- - -, **jointer's** = varlope *f.*
- - -, **jointing** = varlope *f.*
- - -, **long** = grande varlope *f.*, galère *f.*
- - -, **lower** = plan *m.* inférieur.
- - -, **match** = bouvet *m.* à joindre.
- - -, **mitre** = guillaume *m.* à onglets.
- - -, **moulding** = bouvet *m.*, rabot *m.* à moulures mouchette *f.*
- - -, **moulding, neck** = congé *m.* (B.).
- - -, **moulding, ogee** = talon *m.* (B.).
- - -, **moulding, quarter-hollow** = quart *m.* de rond (Men.).
- - - **of motion** = plan *m.* de déplacement.
- - - **of rotation** = plan *m.* de rotation.
- - - **of the film** = plan *m.* du film (Phot.).
- - -, **ogee** = doucine *f.* (B.).
- - -, **ovolo** = boudin *m.*, quart *m.* de rond.

(plane)

- - -, **plough** = guimbarde *f.*, bouvet *m.* à approfondir.
- - -, **quarter-round** = quart *m.* de rond (B.).
- - -, **rabbet** = guillaume *m.*, feuilleret *m.*
- - -, **rabbet, bull-nose** = guillaume *m.* de bout.
- - -, **rabbet, side** = guillaume *m.* de côté.
- - -, **rabbet, skew** = guillaume *m.* oblique.
- - -, **rabbet, square** = guillaume *m.* de bout.
- - -, **reeding** = doucine *f.* à baguettes.
- - -, **rough** = rabot *m.* à corroyer.
- - -, **round** = rabot *m.* à semelle cintrée, rabot *m.* rond.
- - -, **routing** = guimbarde *f.*
- - -, **scraping** = rabot-racloir *m.*
- - -, **shooting** = varlope *f.* à équarrir.
- - -, **side** = rabot *m.* à lumière de côté.
- - -, **smoothing** = rabot *m.* à repasser, varlope *f.* à repasser.
- - -, **smoothing, adjustable** = surface *f.* portante mobile.
- - -, **symmetry** = plan *m.* de symétrie.
- - -, **to** = planer ou dresser (une planche, une tôle), raboter (une planche), dégauchir (le bois).
- - -, **to rough-** = corroyer (Men.).
- - -, **tonguing** = rabot *m.* à languette, bouvet *m.* mâle.
- - -, **toothing** = rabot *m.* denté.
- - -, **try** = varlope *f.*
- - -, **upper** = plan *m.* supérieur.
planer = raboteuse *f.* (M.) (Men.), machine *f.* à raboter (Men.).
- - -, **buzz** = raboteuse *f.* à bois, corroyeur *m.*
- - -, **open-side** = raboteuse *f.* ouverte, raboteuse *f.* à montants.
- - -, **pit** = raboteuse *f.* à fosse.
- - -, **rotary** = raboteuse *f.* rotative.
- - -, **rough** = corroyeur *m.*
- - -, **side** = raboteuse *f.* latérale.
- - -, **surface** = dégauchisseuse *f.*, machine *f.* à dégauchir.
- - -, **travelling-head** = raboteuse *f.* à tête mobile.
planimeter = planimètre *m.*
planing = rabotage *m.* (Men.), aplanissage *m.* ou planage *m.* (du bois).
- - -, **angle** = rabotage *m.* oblique.
- - -, **circular** = rabotage *m.*
- - -, **rough** = corroyage *m.*
- - -, **surface** = dégauchissage *m.*
planish, to = égaliser ou aplanir (une tôle), dresser (une pièce de métal) au marteau, glacer (une épreuve) (Phot.).
planisher = plane *f.* de tourneur (I.), machine *f.* à planer (Men.).
planishing = planage *m.*, dressage *m.* au marteau.
plank = ais *m.*, madrier *m.*, planche *f.* épaisse, V. « planks ».
- - -, **floor** = lame *f.* de parquet.
- - -, **pile** = palplanche *f.* (C.).
- - -, **sheeting** = tavaillon *m.* (de toit) (B.).
- - -, **stop** = hausse *f.* (de barrage) (H.).
planking = planchéiage *m.*, planches *f.p.*, coffrage *m.* ou boisage *m.* (d'un puits de mine).
- - -, **pile** = palplanches *f.p.* (C.).
- - -, **roof** = voligeage *m.* (B.).

(plant)

planks, stop = barrage *m.* en poutrelles (H.), hausse *f.* (d'une vanne) (H.).

planner = planificateur *m.* (O.).

planning = conception *f.* (d'un projet), tracé *m.* (d'un plan), planification *f.*

– – –, **city** = urbanisme *m.*, urbanification *f.*

– – –, **industrial** = planification *f.* industrielle.

– – –, **job** = planification *f.* (d'un projet), organisation *f.* (d'un chantier).

– – –, **long-range** = planification *f.* à long terme.

– – –, **long-term** = planification *f.* à long terme.

– – –, **town** = urbanisme *m.*, urbanification *f.*

plant = installation *f.*, outillage *m.*, atelier *m.*, usine *f.*, fabrique *f.*, établissement *m.*, réseau *m.* (Tp.).

– – –, **accumulator** = station *f.* de charge d'accumulateurs (E.), station *f.* d'accumulateurs (E.).

– – –, **acetylene gas** = installation *f.* pour fabriquer le gaz acétylène.

– – –, **aerial** = réseau *m.* aérien (Tp.), installations *f.p.* aériennes (Tp.).

– – –, **air conditioning** = installation *f.* de climatisation.

– – –, **airing** = installation *f.* d'aération.

– – –, **assembling** = atelier *m.* de montage, usine *f.* de montage.

– – –, **batching** = installation *f.* de triage et de mélange de l'agrégat, installation *f.* de trémies doseuses, usine *f.* de dosage des agrégats (du béton), installation *f.* de dosage.

– – –, **bedding** = parc *m.* d'homogénéisation (Mét.).

– – –, **blast-furnace** = installation *f.* de hauts fourneaux (Mét.).

– – –, **boiler** = installation *f.* de chaudières (Méc.), chaudière *f.* (Méc.).

– – –, **buried** = réseau *m.* souterrain (Tp.).

– – –, **cement** = usine *f.* à ciment, fabrique *f.* de ciment, cimenterie *f.*

– – –, **central** = atelier *m.* central (B., C.), centrale *f.* à béton (B., C.), poste *m.* d'enrobage (des revêtements routiers) (C.).

– – –, **coking** = cokerie *f.*

– – –, **cold storage** = installation *f.* frigorifique.

– – –, **conveying** = appareils *m.p.* transporteurs, matériel *m.* de transport.

– – –, **cooling** = réfrigérant *m.*

– – –, **cooling, dripping** = réfrigérant *m.* à ruissellement.

– – –, **cooling, trickling** = réfrigérant *m.* à ruissellement.

– – –, **creosoting** = outillage *m.* à créosoter.

– – –, **crushing** = installation *f.* de concassage.

– – –, **dedicated** = installation *f.* affectée à demeure (Tp.), équipement *m.* affecté à demeure (Tp.).

– – –, **disposal** = usine *f.* d'épuration (des eaux-vannes) (S.).

– – –, **disposal, sewage** = usine *f.* d'épuration (des eaux-vannes) (S.).

– – –, **drying** = sécherie *f.*

– – –, **egg-breaking** = établissement *m.* de décoquillage.

– – –, **electric** = installation *f.* électrique (E.).

– – –, **filtration** = installation *f.* de filtration (S.).

– – –, **fixed** = matériel *m.* fixe.

– – –, **freezing** = installation *f.* frigorifique.

– – –, **galvanizing** = usine *f.* de galvanisation.

– – –, **gas** = usine *f.* à gaz.

– – –, **generating** = groupe *m.* générateur (E.), installation *f.* électrogène (E.), groupe *m.* électrogène (E.).

– – –, **generator** = installation *f.* électrogène (E.).

– – –, **grading** = atelier *m.* de triage, installation *f.* de triage.

– – –, **heat-engine** = centrale *f.* thermique (Méc.).

– – –, **heating** = centrale *f.* thermique, installation *f.* de chauffage.

– – –, **heating, air** = installation *f.* de chauffage à air.

– – –, **heating, central** = installation *f.* de chauffage central, chaufferie *f.* (d'une usine), usine *f.* centrale de chauffage.

– – –, **heating, central, oil-fired** = chauffage *m.* central au mazout.

– – –, **heating, steam** = calorifère *m.* à vapeur, chaudière *f.* à vapeur, centrale *f.* thermique.

– – –, **high-tension** = installation *f.* à haute tension (E.).

– – –, **hydro-electric** = usine *f.* hydro-électrique (E.).

– – –, **interlocking** = station *f.* d'interconnexion (E.).

– – –, **interoffice trunk cable** = réseau *m.* urbain de câbles auxiliaires (Tp.).

– – –, **isolated** = installation *f.* isolée, centrale *f.* isolée (E.).

– – –, **lighting** = installation *f.* d'éclairage (E.).

– – –, **liquefying, air** = installation *f.* pour la liquéfaction de l'air.

– – –, **local** = réseau *m.* urbain (Tp.).

– – –, **loop** = installations *f.p.* en boucle (Tp., E.).

– – –, **manufacturing** = usine *f.* de fabrication, fabrique *f.*, manufacture *f.*

– – –, **melting, steel** = fonderie *f.* d'acier.

– – –, **mixing** = centrale *f.* de mélange, poste *m.* d'enrobage.

– – –, **mixing, concrete** = centrale *f.* à béton, bétonnière *f.*

– – –, **outside** = réseau *m.* des lignes (Tp.), réseau *m.* (Tp.).

– – –, **outside, dedicated** = réseau *m.* (extérieur) affecté à demeure (Tp.), installations *f.p.* (extérieures) affectées à demeure (Tp.).

– – –, **outside, toll** = réseau *m.* des lignes interurbaines (Tp.), réseau *m.* interurbain (Tp.).

– – –, **overhead** = réseau *m.* aérien (Tp.), installations *f.p.* aériennes (Tp.).

– – –, **pilot** = unité *f.* pilote (c.-à-d. usine *f.* d'essais), installation *f.* d'essai.

– – –, **placing** = usine *f.* de mise en oeuvre (du béton), bétonnière *f.* épandeuse (pour routes).

– – –, **power** = station *f.* d'énergie (d'un central) (Tp.), groupe-moteur *m.* (E.), centrale *f.* électrique (E.), installation *f.* d'énergie (Méc., E.), installation *f.* électrogène (E.), groupe *m.* électrogène (E.).

– – –, **power, auxiliary** = groupe *m.* électrogène auxiliaire (Tp.).

– – –, **power, hydro-electric** = usine *f.* hydro-électrique (E.), centrale *f.* hydro-électrique (E.).

– – –, **power, steam** = centrale *f.* thermique (E.).

– – –, **power-transmission** = installation *f.* de transport d'énergie (E.).

(plant)

– – –, **power, water** = certrale *f.* hydro-électrique (E.), centrale *f.* hydraulique (E.).

– – –, **refrigerating** = installation *f.* frigorifique, appareil *m.* frigorifique.

– – –, **screening** = installation *f.* de criblage.

– – –, **sewerage** = usine *f.* d'épuration (des eaux usées) (S.).

– – –, **sorting** = installation *f.* de triage.

– – –, **stationary** = installation *f.* fixe.

– – –, **steam** = centrale *f.* thermique.

– – –, **steel** = aciérie *f.*

– – –, **telephone** = réseau *m.* téléphonique, installations *f.p.* téléphoniques, outillage *m.* téléphonique (c.-à-d. ensemble *m.* des lignes et installations téléphoniques).

– – –, **temporary** = installation *f.* temporaire.

– – –, **test** = station *f.* d'essai, installation *f.* d'essai.

– – –, **testing, ore** = laboratoire *m.* d'essai du minerai (Mi.).

– – –, **toll** = appareillage *m.* interurbain (Tp.), réseau *m.* interurbain (Tp.).

– – –, **travel** = bétonnière *f.* épandeuse (pour routes).

– – –, **treatment** = usine *f.* d'épuration des eaux (S.).

– – –, **trim** = atelier *m.* ce sellerie-garniture (Auto.).

– – –, **turbine** = installation *f.* de turbine (H.).

– – – **under construction** = ligne *f.* (ou réseau *m.*) en voie d'établissement (Tp., E.), ligne *f.* (ou réseau *m.*) en construction (Tp., E.), appareillage *m.* (ou équipement *m.*) en voie d'installation (Tp., E.).

– – –, **underground** = réseau *m.* souterrain (E., Tp.).

– – –, **ventilation** = installation *f.* d'aérage.

– – –, **washing** = installation *f.* de lavage.

– – –, **water-power** = centrale *f.* hydro-électrique (E.), usine *f.* hydro-électrique (E.).

– – –, **water-softening** = épurateur *m.* d'eau, adoucisseur *m.*

planting = plantation *f.* (des poteaux).

plaster = plâtre *m.* (B.), enduit *m.* (B.), diachylon *m.* ou pansement *m.* adhésif ou sparadrap *m.*

– – –, **cement** = enduit *m.* de ciment (B.).

– – –, **fibrous** = enduit *m* fibreux (B.).

– – –, **finish** = enduit *m.* de finition (B.).

– – –, **gauging** = enduit *m.* de finition (B.).

– – –, **gypsum** = plâtre *m.* (de gypse) (B.).

– – –, **neat** = enduit *m.* pur (c.-à-d. ne contenant pas de ciment) (B.).

– – – **of Paris** = plâtre *m.* de Paris, plâtre *m.* de moulage.

– – –, **patching** = lut *m.* (C.), bouche-pores *m.* (C.).

– – –, **rough** = hourdis *m.* (B.), hourdage *m.* (B.).

– – –, **to** = plâtrer (B.).

– – –, **wall** = enduit *m.* de mur (B.).

plasterer = plâtrier *m.* (O.).

plastering = plâtrage *m.* (B.).

plastic = plastique (adj.), matière *f.* plastique.

plasticity = plasticité *f.*

plasticize, to = plastifier (un mélange) (B., C.).

plasticizer = plastifiant *m.* de malaxage (du béton), plastifiant *m.* (du plâtre, du béton).

plasticizing = plastification *f.* (d'un mélange).

plat = plan *m.* (d'un lot), plan *f.*

plate = plaque *f.*, lame *f.* (d'un condensateur), plateau *m.*, semelle *f.*, tôle *f.*, sablière *f.* (de charpente), mar-

(plate)

bre *m.* (à tracer), plaque *f.* ou anode *f.* (R.), assiette *f.* (Ust.), gravure *f.* (hors texte) (Imp.), cliché *m.* (Imp.), planche *f.* (Imp.).

– – –, **abutment** = plaque *f.* d'about (C.).

– – –, **accumulator** = plaque *f.* d'accumulateur (E.).

– – –, **ad** = flamme *f.* publicitaire (sur les enveloppes).

– – –, **address** = plaque-adresse *f.*

– – –, **adjustment** = tête *f.* de cheval (Méc.), lyre *f.* (d'un tour) (Méc.).

– – –, **anchor** = plaque *f.* d'ancrage (C.), plaque *f.* d'ancre (C.), contre-plaque *f.* (C.).

– – –, **anchoring** = plaque *f.* d'ancrage (C.), plaque *f.* d'ancre (C.).

– – –, **angle** = plaque *f.* cornière (C.), équerre *f.* d'angle (C., B.), équerre *f.* de fixation (C., B.), gousset *m.* d'assemblage (C., B.).

– – –, **angle, brake** = ferrule *f.* de sabot (Méc.).

– – –, **anvil** = aire *f.* de l'enclume, table *f.* de l'enclume.

– – –, **armour** = plaque *f.* de blindage.

– – –, **asphalt** = carreau *m.* en asphalte.

– – –, **autochrome** = plaque *f.* autochrome (Phot.), autochrome *f.* (Phot.).

– – –, **auxiliary** = électrode *f.* auxiliaire (d'un accumulateur) (E.).

– – –, **back-** = contre-plaque *f.* (C.).

– – –, **backing-** = contre-plaque *f.*, plaque *f.* d'appui.

– – –, **baffle** = chicane *f.*, déflecteur *m.*, écran *m.*

– – –, **base** = étrier *m.* de fixation, plaque *f.* de base, sole *f.*, embase *f.*, plaque *f.* d'appui, base *f.*

– – –, **battery** = lame *f.* de pile (E.), plaque *f.* de pile (E.), plaque *f.* d'accumulateur (E.).

– – –, **bearing** = plaque *f.* d'appui, plaque *f.* de support.

– – –, **bearing, end-** = flasque-palier *m.* (Méc.).

– – –, **bearing, rail** = semelle *f.* d'assise de rail (Ch.d.f.).

– – –, **bearing, step** = grain *m.* de crapaudine (Méc.).

– – –, **bed** = plaque *f.* d'assise (Méc.), plaque *f.* de fondation (Méc.), semelle *f.* (Méc.), socle *m.* (Méc.), plaque *f.* d'appui (d'une machine), plaque *f.* de base (Méc.), étrier *m.* de fixation (Méc.), bâti *m.* (d'une machine), platine *f.*

– – –, **bending** = forme *f.* en tôle pour courber.

– – –, **blast** = plaque *f.* de contrevent.

– – –, **boiler** = tôle *f.* à chaudière (Méc.).

– – –, **book** = ex-libris *m.*

– – –, **bottom** = plaque *f.* de fond, plaque *f.* de fondation, siège *m.* (ou cuvette *f.*) inférieur(e) (d'un ressort en spirale).

– – –, **brass** = laiton *m.* en feuilles, planches *f.p.* de laiton.

– – –, **breast** = plastron-conscience *m.* (I.), plastron *m.* (des ajusteurs), plastron *m.* (d'un foret).

– – –, **bridge** = plaque *f.* d'autel (d'une grille de foyer), plaque *f.* de fixation.

– – –, **buckle** = plaque *f.* emboutie.

– – –, **buffer** = plaque *f.* de garde.

– – –, **butt** = plaque *f.* de couche (d'un fusil), couvre-joint *m.* (B.).

– – –, **capacitor** = plaque *f.* de condensateur (E.).

– – –, **car** = V. « plate, registration ».

– – –, **carbon** = lame *f.* de charbon (E.).

– – –, **cast** = plaque *f.* coulée.

– – –, **cast-iron** = plaque *f.* en fonte.

plate 346 plate

(**plate**)

– – –, **cast-steel** = plaque *f.* d'acier fondu, tôle *f.* d'acier fondu.

– – –, **catch** = plateau *m.* (Méc.), toc *m.* (de tour), auberonnière *f.* (de serrure), butée *f.* d'arrêt (d'un treuil).

– – –, **caution** = plaque *f.* avertissement.

– – –, **ceiling** = plaque *f.* de plafond.

– – –, **chafing** = plaque *f.* de frottement, plaque *f.* de friction.

– – –, **chair** = coussinet *m.* (Ch.d.f.), selle *f.* (Méc.).

– – –, **channelled** = tôle *f.* gaufrée, tôle *f.* cannelée.

– – –, **checkered** = tôle *f.* striée, tôle *f.* gaufrée.

– – –, **cheek** = contre-plaque *f.*

– – –, **choker** = volet *m.* d'air.

– – –, **chromium-faced** = cliché *m.* chromé (Imp.).

– – –, **chuck** = plateau *m.* de mandrin (Méc.).

– – –, **clamp, dial** = disque *m.* de retenue du cadran (d'appel) (Tp.).

– – –, **clamping** = plateau *m.* de serrage (Méc.).

– – –, **clutch** = disque *m.* d'embrayage (Auto.), plateau *m.* d'embrayage (Auto.).

– – –, **collar** = poupée *f.* à lunette (d'un tour) (Méc.).

– – –, **collector** = plaque *f.* collectrice (E.).

– – –, **collotype** = phototype *m.* (Imp.).

– – –, **combination** = cliché *m.* simili et trait (Imp.).

– – –, **composite** = cliché *m.* composite (Imp.).

– – –, **condenser** = armature *f.* de condensateur (E.).

– – –, **cone** = lunette *f.* de tour (Méc.).

– – –, **connecting** = plaque *f.* de jonction (E., Méc.).

– – –, **contact** = plot *m.* (E.).

– – –, **control** = plateau *m.* de commande (Méc.).

– – –, **cooling** = ailette *f.* de refroidissement.

– – –, **copper** = plaque *f.* de cuivre.

– – –, **core** = plaque *f.* à âme (E.).

– – –, **corner** = équerre *f.* en fer (C., B.), gousset *m.* de coin (C., B.).

– – –, **corrugated** = tôle *f.* ondulée, tôle *f.* gaufrée.

– – –, **cotter** = bride *f.* (C.).

– – –, **counter-** = contre-plaque *f.*

– – –, **cover** = plaque-couvercle *f.*, couvre-joint *m.*, tôle *f.* de recouvrement.

– – –, **covering** = plaque *f.* de recouvrement.

– – –, **crank** = plateau *m.* à manivelle (Méc.).

– – –, **crawler** = plaque *f.* de chenille (Méc.).

– – –, **crown** = tôle *f.* de ciel (d'une chaudière).

– – –, **curved** = plaque *f.* cintrée, cliché *m.* cintré (Imp.).

– – –, **dam** = dame *f.*, plaque *f.* de dame.

– – –, **dead** = table *f.* (d'un foyer), sole *f.* d'un fourneau.

– – –, **deck** = dalle *f.* d'un pont (sans entretoise).

– – –, **deflecting** = surface *f.* de choc (d'un carneau), plaque *f.* de déviation (E.).

– – –, **dial** = cadran *m.* (Tp.).

– – –, **die** = filière *f.* simple (Méc.), filière *f.* à truelle (Méc.).

– – –, **dinner** = assiette *f.* plate (Ust.).

– – –, **dipping** = plaque *f.* d'immersion (E.).

– – –, **dished** = tôle *f.* emboutie.

– – –, **dividing** = diviseur *m.*, plateau *m.* diviseur.

– – –, **division** = plateau *m.* diviseur.

– – –, **dog** = table *f.* de tour à poupée (Méc.).

– – –, **door** = plaque *f.* de porte (B.), plaque *f.* de

(**plate**)

propreté (pour portes) (B.).

– – –, **draught** = registre *m.* de cheminée.

– – –, **draw** = filière *f.* à tréfiler (Mét.), filière *f.* à étirer (Mét.).

– – –, **dressing** = marbre *m.* à dresser, table *f.* en fonte.

– – –, **drill** = plastron *m.*, disque *m.* de perceuse.

– – –, **drip** = bande *f.* de plomb (d'un toit en terrasse) (B.).

– – –, **dripping** = égoutoir *m.*

– – –, **driving** = plateau *m.* d'entraînement, disque *m.* entraîneur.

– – –, **driving, lathe** = plateau *m.* à toc de tour.

– – –, **earth** = prise *f.* de terre (E.), plaque *f.* de masse (Auto.).

– – –, **eaves** = sablière *f.* d'avant-toit (B.).

– – –, **ejector** = plaque *f.* d'éjection.

– – –, **embossing** = plaque *f.* à gaufrer (Pap.).

– – –, **end-** = plaque *f.* de tête (d'une chaudière), plaque *f.* de fond.

– – –, **end-, back** = fond *m.* arrière (d'une chaudière).

– – –, **exposed** = plaque *f.* impressionnée (Phot.), plaque *f.* apparente (B.).

– – –, **face** = plateau *m.* (de tour), plaque *f.* de devant.

– – –, **face, lathe** = plateau *m.* de tour.

– – –, **face, screw-centre** = plateau *m.* (de tour) avec pointe à vis.

– – –, **face, scroll-chuck** = plateau *m.* (de tour) à spirales pour mandrin.

– – –, **face, tail-stock** = contre-plateau *m.* (de tour), plateau *m.* de la poupée mobile.

– – –, **field** = armature *f.* fixe (E.).

– – –, **finger** = plaque *f.* de propreté (pour les portes).

– – –, **fire-box** = plaque *f.* de tête du foyer.

– – –, **fish** = couvre-joint *m.*, éclisse *f.* (Ch.d.f.).

– – –, **fish, angle** = éclisse *f.* cornière (Ch.d.f.).

– – –, **fish, channel** = éclisse *f.* en U (Ch.d.f.).

– – –, **fish, insulated** = éclisse *f.* isolante (Ch.d.f.).

– – –, **flange** = plaque *f.* à rebord.

– – –, **flanged** = tôle *f.* à bord tombé.

– – –, **flitch** = plaque *f.* de renfort, contre-plaque *f.*

– – –, **floor** = tôle *f.* de plancher, plaque *f.* de plancher.

– – –, **flue** = plaque *f.* de tête des tubes (d'une chaudière).

– – –, **foot** = plate-forme *f.*, plaque *f.* repose-pieds.

– – –, **foundation** = plaque-semelle *f.*, plaque *f.* d'assise.

– – –, **friction** = plaque *f.* de frottement.

– – –, **front** = plaque *f.* de devanture (de foyer de chaudière).

– – –, **gauge** = plaque-calibre *f.*, lunette *f.* d'un banc à étirer.

– – –, **glass** = glace *f.*, plaque *f.* de verre.

– – –, **grid** = grillage *m.*, grille *f.*, plaque *f.* grillagée.

– – –, **ground** = prise *f.* de terre (E.), plaque *f.* de masse (Auto.), selle *f.* (pour rails).

– – –, **guard** = contre-plaque *f.*, plaque *f.* de garde.

– – –, **guide** = plaque *f.* de guidage.

– – –, **gusset** = plaque *f.* d'éclissage, gousset *m.* (B.).

– – –, **heating** = plaque *f.* chauffante.

– – –, **heavy** = tôle *f.* forte.

– – –, **heel** = plaque *f.* de fondation, ferrure *f.* pour bottines.

– – –, **hinge** = plaque *f.* de charnière, paumelle *f.*, pen-

plate 347 plate

(plate)

ture *f.*

– – –, **hooked** = bloc *m.* à crochets (Imp.).

– – –, **hot** = plaque *f.* de chauffage (E.), réchaud *m.* (E.).

– – –, **identification** = plaque *f.* d'identité.

– – –, **impact** = plaque *f.* de choc.

– – –, **index** = plateau *m.* gradué.

– – –, **index, feed** = plateau *m.* indicateur des avances (Méc.).

– – –, **inspection** = couvercle *m.* de visite (C., S.), regard *m.* (C., S.).

– – –, **intermediate** = plaque *f.* intermédiaire.

– – –, **iron** = plaque *f.* de fer, feuillet *f.* de tôle forte.

– – –, **junction** = bande *f.* de jonction, bande *f.* de recouvrement.

– – –, **key** = entrée *f.* de serrure (B.), cliché *m.* de base (Imp.).

– – –, **kick** = plaque *f.* à pieds, plaque *f.* de poussée.

– – –, **laminated** = plaque *f.* à lamelles.

– – –, **layout** = plateau *m.* de traçage.

– – –, **lead** = plaque *f.* de plomb.

– – –, **letter-box** = entrée *f.* pour boîte aux lettres (B.).

– – –, **license** = plaque *f.* d'immatriculation (Auto.), plaque *f.* minéralogique (Auto.) (France), plaque *f.* d'enregistrement (Auto.), permis *m.* de circulation (Auto.).

– – –, **lining** = plaque *f.* de revêtement.

– – –, **lock** = palastre *m.* (de serrure) (B.).

– – –, **locking** = plaquette *f.* de verrouillage.

– – –, **main** = lame *f.* maîtresse (d'un ressort) (Auto.).

– – –, **manhole** = plaque *f.* de trou d'homme (d'une chaudière).

– – –, **master** = plateau *m.* principal, repère *m.* calibré (Méc.), cliché *m.* matrice (Imp.).

– – –, **melting** = bande *f.* de plomb (d'un toit en terrasse) (B.).

– – –, **mending** = plaque *f* de renforcement (B.).

– – –, **metal** = plaque *f.* en métal.

– – –, **mirror** = attache *f.* pour tableaux.

– – –, **mounting** = platine *f.*, plaque *f.* de montage.

– – –, **name** = écusson *m.*, plaque *f.* signalétique, plaque *f.* de voiture, plaque-marque *f.*, plaque *f.* indicatrice.

– – –, **name, contractor's** = plaque *f.* du constructeur.

– – –, **negative** = plaque *f.* négative (E.), cathode *f.* (E.).

– – –, **number** = plaque *f.* matricule (Auto.), plaque *f.* numérotée (Auto.).

– – – **of a cell** = plaque *f.* de batterie (E.).

– – – **of an accumulator** = plaque *f.* d'un accumulateur (E.).

– – –, **orifice** = diaphragme *m.* (d'un débitmètre).

– – –, **packing** = plateau *m.* de garniture (Méc.).

– – –, **partition** = sablière *f.* de cloison (B.).

– – –, **pasted** = plaque *f.* (d'accumulateur) empâtée (E.).

– – –, **pattern** = cliché *m.* matrice (Imp.).

– – –, **perforated** = plaque *f.* perforée.

– – –, **pole** = semelle *f.* de comble (B.).

– – –, **process** = cliché *m.* en similigravure (Imp.), cliché-gamme *m.* (Imp.).

– – –, **protecting** = plaque *f.* de garde, plaque *f.* de sûreté.

(plate)

– – –, **quadrant** = lyre *f.* (Méc.), cavalier *m.* (d'un tour à fileter) (Méc.).

– – –, **rafter** = lisse *f.* à chevrons (B.).

– – –, **rail** = serre-rail(s) *m.* (Ch.d.f.), éclisse *f.* (Ch.d.f.).

– – –, **rating** = plaque *f.* signalétique.

– – –, **rear** = plaque *f.* arrière.

– – –, **receptacle** = plaque *f.* de (boîte de) sortie (E.).

– – –, **reference** = plaque *f.* témoin (Phot.).

– – –, **registration** = plaque *f.* de contrôle (Auto.), plaque *f.* d'enregistrement (Auto.), permis *m.* de circulation (Auto.), plaque d'immatriculation (Auto.), plaque *f.* minéralogique (Auto.) (France).

– – –, **reinforcing** = contre-plaque *f.*, plaque *f.* de renfort, couvre-joint *m.* de renfort.

– – –, **reversed** = cliché *m.* inversé (c.-à-d. noir au blanc) (Imp.).

– – –, **ribbed** = plaque *f.* à nervures (E.).

– – –, **ridge** = faîte *m.* (B.), faîtière *f.* (B.).

– – –, **ripple** = tôle *f.* ondulée.

– – –, **rivet** = contre-rivure *f.*, rosette *f.* de rivure, rondelle *f.* de rivure.

– – –, **rolled** = tôle *f.* laminée.

– – –, **roof** = sablière *f.* de comble (B.).

– – –, **rosette** = plaque *f.* à rosettes (E.).

– – –, **rubber, India** = plaque *f.* de caoutchouc, feuille *f.* de caoutchouc.

– – –, **screw** = filière *f.* (Méc.), filière *f.* à coussinets (Méc.), filière *f.* à cage (Méc.), filière *f.* à anneau (Méc.).

– – –, **screw, adjustable** = filière *f.* ajustable.

– – –, **screw, jam** = filière *f.* à coussinets extensibles.

– – –, **screw, pipe** = filière *f.* à tuyau.

– – –, **screw, ratchet** = filière *f.* à rochet.

– – –, **screw, simple** = filière *f.* simple.

– – –, **scuff** = seuil *m.* de portière (Auto.).

– – –, **seal** = plaque *f.* d'étanchéité.

– – –, **shoe** = semelle *f.* (C.).

– – –, **sign** = panneau *m.* indicateur, panneau *m.* de signalisation (routière).

– – –, **sill** = seuil *m.* de porte (B.), semelle *f.* (C.), étançon *m.* (C.).

– – –, **slide** = coussinet *m.* de glissement (de lame d'aiguille) (Ch.d.f.).

– – –, **sliding** = plaque *f.* coulissante, barrette *f.*

– – –, **sole** = sole *f.*, plaque *f.* de fondation, couchis *m.*, semelle *f.*, lisse *f.* (de mur, de cloison) (B.).

– – –, **solid** = plaque *f.* autogène.

– – –, **soup** = assiette *f.* creuse (Ust.).

– – –, **space** = cale *f.* d'épaisseur.

– – –, **splice** = couvre-joint *m.*, tôle *f.* couvre-joint.

– – –, **spring** = lame *f.* de ressort.

– – –, **stator** = lame *f.* fixe d'un condensateur variable (E.).

– – –, **stay** = gousset *m.* (B.).

– – –, **steel** = tôle *f.* d'acier, plaque *f.* d'acier, plaque *f.* (d'acier).

– – –, **step, operator's** = plate-forme *f.* de l'opérateur.

– – –, **stiffening** = plaque *f.* de renfort, tôle *f.* de renfort.

– – –, **strain** = plaque *f.* de protection.

– – –, **street** = plaque *f.* nominatrice de rue.

– – –, **strike** = V. « plate, striking ».

(plate)

– – –, **striking** = gâche *f.* (de serrure) (B.).

– – –, **strip** = couvre-joint *m.*

– – –, **stud, lathe** = lyre *f.* (Méc.), platine *f.* d'engrenages (Méc.), tête *f.* de cheval (Méc.).

– – –, **supporting** = plaque-support *f.* (d'accumulateur) (E.).

– – –, **surface** = plaque *f.* de dressage, marbre *m.* à dresser, plateau *m.* de dressage.

– – –, **swash** = plateau *m.* oscillant (d'un tour) (Mét.).

– – –, **swinging** = plaque *f.* articulée, plaque *f.* oscillante.

– – –, **switch** = couvercle *m.* d'interrupteur (E.).

– – –, **T** = équerre *f.* en T (B.), équerre *f.* (B.).

– – –, **tap** = filière *f.* (Méc.).

– – –, **terminal** = plaque *f.* à bornes (E.), socle *m.* à bornes (E.).

– – –, **terne** = tôle *f.* plombée.

– – –, **test** = disque *m.* d'épreuve (E.), timbre *m.* de chaudière (Méc.).

– – –, **thrust** = plaque *f.* d'ancrage (B., C.).

– – –, **tie** = plaque *f.* d'assise, ancre *f.*, selle *f.* d'appui (Ch.d.f.).

– – –, **tie, brace** = plaque-support *m.*

– – –, **tin** = fer-blanc *m.*, feuille *f.* de fer-blanc.

– – –, **to** = plaquer, recouvrir d'une plaque, blinder.

– – –, **to silver-** = argenter.

– – –, **toe** = plaque *f.* de bordure.

– – –, **top** = plaque *f.* de dessus, sablière *f.* (d'une charpente de cloison) (B.).

– – –, **tube** = plaque *f.* tubulaire.

– – –, **tubular** = plaque *f.* à tubes (E.).

– – –, **valve** = anode *f.* de lampe (E.).

– – –, **vibrating** = disque *m.* de résonance (du cornet d'une auto.).

– – –, **vise** = plateau-étau *m.*

– – –, **wall** = sablière *f.* (de comble), plaque *f.* d'assise (de poutre), lambourde *f.* (pour poutrelles de plancher), contre-plaque *f.* (de chaise), plaque *f.* murale (B.).

– – –, **wearing** = plaque *f.* de frottement, plaque *f.* de glissement, plaque *f.* d'usure.

– – –, **web** = âme *f.* (d'une poutre).

– – –, **welding** = plaque *f.* à souder.

– – –, **wheel** = plaque *f.* à roues.

– – –, **wiring** = attache-fils *m.* (E.).

– – –, **wrist** = plateau *m.* oscillant (Méc.).

– – –, **zinc** = plaque *f.* de zinc.

plateboard = panneau *m.* d'aggloméré (B.), panneau *m.* de particules (B.).

plated = plaqué, argenté, doré, nickelé, étamé, chromé.

– – –, **armour** = blindé.

– – –, **brass** = cuivré, laitonné.

– – –, **chrome** = chromé.

– – –, **copper** = cuivré.

– – –, **nickel** = nikelé.

– – –, **silver** = argenté.

– – –, **steel** = aciéré.

– – –, **tin** = étamé.

platen = platine *f.* (d'une presse) (Imp.), table *f.* (de machine-outil) (Méc.).

plater = plaqueur *m.* (O.), laminoir *m.* (M.) (Pap.).

– – –, **silver** = argenteur *m.* (O.).

(plater)

– – –, **tin** = étameur *m.* (O.).

platewood = panneau *m.* d'aggloméré (B.).

platform = plate-forme *f.* (d'une route), passerelle *f.* (de grue), quai *m.* (d'une gare).

– – –, **arrival** = débarcadère *m.* (Ch.d.f.).

– – –, **control** = plate-forme *f.* de commandement.

– – –, **departure** = embarcadère *m.* (Ch.d.f.).

– – –, **engine-room** = parquet *m.* de la machine (Mar.).

– – –, **entrance** = passerelle *f.* d'entrée (des autobus), plate-forme *f.* d'entrée (d'un autobus), plate-forme *f.* ou palier *m.* (d'un perron) (B.).

– – –, **entrance – – – and steps** = perron *m.* (B.).

– – –, **handling** = pont *m.* de chargement (C.).

– – –, **island** = quai *m.* d'entre-voie (Ch.d.f.).

– – –, **jack up** = plateforme-vérin *f.* (Mi.).

– – –, **lifting** = pont *m.* élévateur (Auto.).

– – –, **loading** = quai *m.* de chargement, plate-forme *f.* de chargement, estacade *f.*

– – –, **sliding** = transbordeur *m.*

– – –, **stokehold** = parquet *m.* de chaufferie (Mar.).

– – –, **tipping** = plate-forme *f.* à bascule.

– – –, **travelling** = chariot *m.* transporteur.

– – –, **turning** = plate-forme *f.* tournante, plaque *f.* tournante.

plating = placage *m.* (Mét.), blindage *m.* (Mét.), clichage *m.* (Imp.), glaçage *m.* au laminoir (Pap.).

– – –, **armour** = blindage *m.*, cuirassement *m.*

– – –, **baffle** = cloisonnage *m.*

– – –, **brass** = laitonnage *m.*

– – –, **chromium** = chromage *m.* (électrique), placage *m.* au chrome.

– – –, **cobalt** = cobaltage *m.*

– – –, **copper** = cuivrage *m.*

– – –, **electro-** = placage *m.* électrolytique, galvanoplastie *f.*

– – –, **fish** = éclissage *m.* (Ch.d.f.).

– – –, **gold** = dorage *m.*

– – –, **immersion** = galvanoplastie *f.* par immersion.

– – –, **nickel** = nickelage *m.*

– – –, **silver** = argentage *m.*

– – –, **steel** = blindage *m.*

– – –, **tin** = étamage *m.*

– – –, **zinc** = zingage *m.*

platinum = platine *m.*

play = jeu *m.* (dans un dispositif mécanique), flottement *m.* (des roues d'une voiture), espace *m.* libre, intervalle *m.*

– – – **back** = lecture *f.* (d'un enregistrement).

– – –, **end-** = jeu *m.* axial (d'un moteur), à déplacement longitudinal, jeu *m.* en bout.

– – –, **gear** = jeu *m.* dans les engrenages.

– – –, **piston** = jeu *m.* du piston.

– – –, **side** = jeu *m.* latéral.

– – –, **to** = avoir du jeu.

– – –, **valve** = jeu *m.* de soupape.

play-back = retour *m.* en arrière, lecture *f.* (d'un enregistrement), contrôle *m.* d'enregistrement.

player, record- = tourne-disque *m.*, électrophone *m.*

– – –, **tape** = magnétophone *m.*, table *f.* de défilement.

pleat = pli *m.* (d'une feuille).

– – –, **accordeon** = planche *f.* (d'un volume) (pliée) en paravent.

pleated = plié.

(pleated)

– – –, **accordeon** = (plié) en accordéon.

– – –, **box** = à plis creux.

pledge = nantissement *m*.

– – –, **commercial** = nantissement *m*. commercial (pour outillage et matériel d'équipement professionnel seulement).

– – – **of agricultural property** = nantissement *m*. agricole.

– – –, **to** = engager (sa parole), nantir.

plenum = chambre *f*. de distribution de chaleur (d'un calorifère) (B., Méc.).

pliability = souplesse *f.*, flexibilité *f*.

pliable = pliable (adj.), flexible (adj.).

pliers = pince *f.*, tenaille *f.*, pinces *f.p.*

– – –, **bending** = pinces *f.p.* à cintrer.

– – –, **bent-nose** = pince *f*. bec-de-corbin.

– – –, **bill, duck** = pince *f*. en bec de canard.

– – –, **bolt-cutting** = pince *f*. à boulons.

– – –, **bull-nose** = pince *f*. universelle.

– – –, **Burndy** = pinces *f p*. à épisser, pinces *f.p.* Burndy.

– – –, **chain-nose** = pince *f* à chaîne.

– – –, **combination** = pince *f*. à combinaisons, pince *f*. combinée.

– – –, **combination-motor** = pince *f*. universelle.

– – –, **cone** = pinces *f.p.* à cônes.

– – –, **crimping** = pince *f*. a sertir.

– – –, **curling** = pince *f*. à boucles.

– – –, **cutting** = pince *f*. coupe-fil, pince *f*. coupante.

– – –, **cutting and pressing** = pince *f*. coupante et pressante.

– – –, **cutting, diagonal** = pince *f*. à coupe diagonale.

– – –, **cutting, long-nose** = bec-de-corbeau *m*.

– – –, **drawing** = tenaille *f*. continue.

– – –, **drawing, wire** = tenaille *f*. continue.

– – –, **electrician's** = pinces *f.p.* pour électriciens, pinces *f.p.* d'électricien.

– – –, **end-cutting** = pinces *f.p.* coupantes sur bout.

– – –, **fence** = pinces *f.p.* de treillageur, pince *f*. coupe-fil.

– – –, **flat** = pinces *f.p.* plates, bec-de-cane *m*.

– – –, **flat-nose** = pinces *f.p.* plates, bec-de-cane *m*.

– – –, **flat-nose, side-cutting** = pinces *f.p.* plates coupant de côté.

– – –, **gas** = pinces *f.p.* à gaz.

– – –, **glass** = pinces *f.p.* de vitrier, pinces *f.p.* à grésiller (le verre), grésoir *m.*, grugeoir *m*.

– – –, **hawk-bill** = pincette *f*. à souder.

– – –, **insulated** = pinces *f.p.* à branches isolantes.

– – –, **insulated, universal** = pinces *f.p.* universelles à branches isolantes.

– – –, **long-nose** = pinces *f.p.* à long bec.

– – –, **long-nose side-cutting** = pinces *f.p.* coupe-fil à bec allongé.

– – –, **millinery** = pinces *f.p.* de modiste.

– – –, **needle-nose** = pinces *f.p.* à bec effilé.

– – –, **needle-nose, curved** = pinces *f.p.* bec-de-corbin effilé.

– – –, **parallel** = pince *f*. (à serrage) parallèle.

– – –, **parallel-jaw** = pince *f*. (à serrage) parallèle.

– – –, **pin** = pinces *f.p.* à goupilles.

– – –, **pointed** = pince *f*. pointue.

– – –, **punch** = pince *f*. emporte-pièce.

(pliers)

– – –, **round** = pince *f*. à bec rond, pince *f*. ronde.

– – –, **round-nose** = pince *f*. à bec rond, pince *f*. ronde.

– – –, **saw-set** = pince *f*. à voie de scie.

– – –, **sealing** = pinces *f.p.* à sceller, pinces *f.p.* à plomber.

– – –, **sealing, lead** = pinces *f.p.* à plomber, pinces *f.p.* à sceller.

– – –, **side-cutting** = pinces *f.p.* coupe-fil de côté, pinces *f.p.* coupantes de côté, pinces *f.p.* coupantes obliques.

– – –, **slip-joint** = pinces *f.p.* à articulation coulante, pince *f*. à jointure glissante.

– – –, **spring** = pinces *f.p.* à ressort.

– – –, **square-nose** = pinces *f.p.* à bec carré.

– – –, **thin-nose** = pinces *f.p.* plates, bec-de-cane *m*.

– – –, **twisting** = pinces *f.p.* à torsade (pour fils métalliques).

– – –, **universal** = pinces *f.p.* universelles.

– – –, **wire-cutting** = pince *f*. de treillageur, pince *f*. coupe-fil.

plinth = plinthe *f*. (B.), socle *m*. (d'une colonne) (B.).

pliotron = lampe *f*. à vide (E.), pliotron *m*. (E.).

plot = terrain *m.*, lopin *m*. (de terre), levé *m*. ou plan *m*. (de terrains), schéma *m*. (des installations) (Tp.), diagramme *m*. (d'un phénomène) (Méc., Mét.), complot *m.*, conspiration *f*.

– – –, **building** = lotissement *m.*, terrain *m*. à bâtir.

– – –, **grass** = pelouse *f*.

– – –, **to** = rapporter (un travail), tracer (un graphique), lever (un terrain).

plotter = marqueur *m*. (O.), traceur *m*. (O.).

plotting = tracé *m*.

plough = frotteur *m*. (E.), sabot *m*. de prise de courant (E.), charrue *f*.

– – –, **burying, cable** = charrue *f*. enfouisseuse de câble (Tp.).

– – –, **gang** = polysoc *m*. (Agr.), charrue *f*. polysoc (Agr.).

– – –, **grubbing** = arracheuse *f*. (Agr.).

– – –, **lifting, potato** = arracheuse *f*. de pommes de terre (Agr.).

– – –, **rotary** = chasse-neige *m*. rotatif.

– – –, **snow** = chasse-neige *m.*, charrue *f*. chasse-neige, charrue *f*. à neige (Canada).

– – –, **stubble** = déchaumeur *m*. (Agr.).

– – –, **to** = labourer (un champ) (Agr.), creuser (un sillon) (Agr.), retourner (la terre) (Agr.), bouveter (une planche) (Men.).

– – –, **to** – – **back** = réinvestir (les profits).

– – –, **trenching** = défonceuse *f*.

– – –, **wheel, metal** = brabant *m*. (Agr.).

ploughshare = soc *m*. (Agr.).

plow = V. « plough ».

plucking = plumage *m*. (d'une volaille), épilage *m*. (des sourcils), épluchage *m*. (de la laine), arrachage *m*. (du papier) (Imp.).

plug = pastille *f.*, tampon *m.*, bouchon *m.*, cheville *f*. obturateur *m.*, fiche *f*. de contact (E.), fiche *f*. de connexion (E.), fiche *f*. (Tp.), prise *f*. de courant (E.), clé *f*. (de robinet), bonde *f*. (d'évier), scellement *m*. (C.).

– – –, **adapter** = raccord *m.*, bouchon *m*. de raccord.

– – –, **air** = bouchon *m*. d'évacuation d'air.

– – –, **aligning** = guide *m*.

(plug)

– – –, **ammeter** = fiche *f.* (E.).
– – – **and socket** = prise *f.* de courant à fiche (avec socle) (E.).
– – –, **answering** = fiche *f.* de réponse (Tp.), fiche *f.* de demande (Tp.).
– – –, **appliance** = fiche *f.* d'appareil (E.), fiche *f.* de contact (E.).
– – –, **attaching** = fiche *f.* de prise de poste (Tp.).
– – –, **attachment** = borne *f.* (E.).
– – –, **banana** = fiche *f.* banane (E.).
– – –, **basin** = bonde *f.* de lavabo (S.).
– – –, **blow-off** = bouchon *m.* de vidange (S.).
– – –, **calling** = fiche *f.* d'appel (Tp.).
– – –, **cannon** = prise *f.* de courant encastrée (E.).
– – –, **cask** = cheville *f.*
– – –, **clean-out** = bouchon *m.* de vidange (S.).
– – –, **closing** = bouchon *m.* de fermeture.
– – –, **cock** = noix *f.* de robinet, clé *f.* de robinet.
– – –, **connecting** = fiche *f.* de prise de courant (E.).
– – –, **connection** = fiche *f.* de dérivation (R.), fiche *f.* de raccordement (E.).
– – –, **contact** = fiche *f.* de contact (E.), plot *m.* (E.).
– – –, **cork** = bouchon *m.* en liège.
– – –, **cylinder** = bouchon *m.* de décompression (Méc.).
– – –, **detachable** = fiche *f.* amovible (E.).
– – –, **disconnecting** = fiche *f.* de coupure (E.), fiche *f.* d'interrupteur (E.).
– – –, **drain** = bouchon *m.* de vidange (Auto.), bonde *f.* d'évier (B.).
– – –, **drain, oil** = bouchon *m.* de vidange d'huile.
– – –, **draining** = bouchon *m.* de vidange (Auto.).
– – –, **duct** = bouchon *m.* d'obturation (Tp.).
– – –, **dummy** = fiche *f.* isolante (E.).
– – –, **ear** = protège-tympan *m.*
– – –, **extension** = fiche *f.* de rallonge (E.).
– – –, **fire** = prise *f.* d'eau, bouche *f.* d'eau, bouche *f.* d'incendie.
– – –, **floor** = prise *f.* de courant de parquet.
– – –, **fuse** = bouchon-fusible *m.* (E.), plomb *m.* fusible (E.).
– – –, **fusible** = bouchon *m.* fusible (E.).
– – –, **glow-** = bougie *f.* incandescente (d'un moteur Diesel).
– – –, **ignition** = bougie *f.* d'allumage (Auto.).
– – –, **jack** = fiche *f.* à jack (Tp.), fiche *f.* de jack (Tp.).
– – –, **lead** = bouchon *m.* en plomb.
– – –, **listening** = fiche *f.* d'écoute (Tp.).
– – –, **male** = bouchon *m.*, prise *f.* mâle (E.), fiche *f.* mâle (E.).
– – –, **mud** = bouchon *m.* de nettoyage.
– – –, **non-fouling** = bougie *f.* inencrassable (Auto.).
– – –, **operator's telephone set** = fiche *f.* de prise de contact (Tp.).
– – –, **overflow** = bouchon *m.* de trop-plein (S.).
– – –, **pin** = contact *m.* à fiche (E.).
– – –, **pipe** = bouchon *m.* (fileté) de tuyau, obturateur *m.* (pour tuyau à filetage intérieur), bouchon *m.* à vis.
– – –, **plunger** = bouton *m.* à fiches (E.).
– – –, **power** = prise *f.* de courant secteur (E.).
– – –, **repair** = pastille *f.* antifuite (d'un réservoir), antifuite *m.* (d'un réservoir).

(plug)

– – –, **rubber** = bouchon *m.* en caoutchouc.
– – –, **safety** = bouchon *m.* fusible (de chaudière), capsule *f.* de sûreté (d'autoclave).
– – –, **screw** = bouchon *m.* fileté, bouchon *m.* à vis, vis *f.* de fermeture, vis *f.* de contact.
– – –, **short-circuit** = fiche *f.* de mise en court-circuit (E.).
– – –, **socket, lamp** = douille *f.* voleuse (E.), adapteur *m.* (E.).
– – –, **solderless** = connecteur *m.* (E.).
– – –, **spark** = bougie *f.* d'allumage (Auto.), bougie *f.* (Auto.).
– – –, **spark, fouled** = bougie *f.* encrassée.
– – –, **spark, porcelain** = bougie *f.* en porcelaine.
– – –, **standard** = tampon-type *m.*
– – –, **sump** = bouchon *m.* de vidange (Auto.).
– – –, **switch** = fiche *f.* de commutateur (E.), fiche *f.* de contact (E.).
– – –, **tapped** = bouchon *m.* taraudé.
– – –, **theft-proof** = bouchon *m.* antivol (Auto.).
– – –, **three-way** = fiche *f.* à trois dérivations (E.).
– – –, **throw-over** = fiche *f.* de commutation (E.).
– – –, **to** = boucher (un tonneau, une ouverture, une fente), obturer (une fissure), tamponner (une ouverture), cheviller (une charpente, un tonneau), sceller (un mur).
– – –, **to** – – – **in** = enficher (Tp.), intercaler (une résistance) (E.), brancher (un appareil) (E.).
– – –, **tube** = tampon *m.* pour les tubes.
– – –, **two-way** = fiche *f.* à deux dérivations (Tp.).
– – –, **valve** = obus *m.* de valve (de chambre à air) (Auto.), bouchon *m.* de valve (Auto.).
– – –, **valve, tire** = obus *m.* de valve de chambre à air (Auto.).
– – –, **vent** = fausset *m.* (d'un fût), bouchon *m.* (de batterie) (Auto.).
– – –, **wall** = prise *f.* de courant murale (E.), prise *f.* murale (E.).
– – –, **waste** = tampon *m.* ou bonde *f.* (d'évier), bouchon *m.* de vidange (S.).
– – –, **water** = tampon *m.* ou bonde *f.* (d'évier), soupape *f.* (d'un réservoir).
– – –, **welch** = rondelle *f.* obturatrice, pastille *f.* d'obturation.
– – –, **wood** = bouchon *m.* en bois, cheville *f.* en bois.
plug-in = à fiche de prise de courant, à fiches.
plugging = freinage *m.* par contre-courant (E.).
plugging-in = enfichage *m.* (Tp.).
plum = prune *f.*, prunier *m.*
– – –, **Canada** = prunier *m.* noir.
– – –, **wild** = prunier *m.* d'Amérique.
plumb = plomb *m.* (de fil à plomb), aplomb *m.*, d'aplomb.
– – – **and level** = niveau *m.* (I.).
– – –, **to** = plomber (un mur, une canalisation), mettre d'aplomb.
plumbago = plombagine *f.*
plumber = plombier *m.* (O.).
plumbing = plomberie *f.*, tuyauterie *f.*
plummet = plomb *m.* (de fil à plomb).
plunge, to = tremper (l'acier), piquer du nez (Mar.), immerger.
plunger = plongeur *m.* (Méc., E.), piston *m.* plongeur

(plunger)

(Méc.), piston *m.* (Méc.), tige *f.* (Méc., E.), noyau *m.* mobile (E.).
- - -, **accumulator** = plongeur *m.* d'accumulateur (E.).
- - -, **pump** = piston *m.* de pompe.
- - -, **valve** = poussoir *m.* de soupape (Méc.).
plunging = plongée *f.*, immersion *f.*
ply = pli *m.* ou couche *f.* (d'un contre-plaqué), brin *m.* ou toron *m.* (de corde), placage *m.* (de bois précieux), pli *m.* (d'un pneu).
plywood = contre-plaqué *m.*, contre-placage *m.*, bois *m.* de contre-placage.
P.M. (or p.m.) (post meridiem) = de l'après-midi.
pneumatic = à air comprimé, pneumatique (adj.), pneumatique *m.* (Auto.), pneu *m.* (Auto.).
P.O. (Post Office) = V. « office, Post ».
P.O.B. (Post Office Box) = V. « box, Post Office ».
pocket = poche *f.* (de vêtement, de gaz dans le sol), alvéole *f.* (d'une grille), chapelle *f.* (de soupape), retrait *m.* (dans un mur), cavité *f.* ou cuvette *f.* (dans le sol), logement *m.* (d'un rouleau de palier), trou *m.* (d'air).
- - -, **air** = trou *m.* d'air (Av.), poche *f.* d'air (dans un tuyau).
- - -, **beam** = repos *m.* (ou appui *m.*) de poutre (dans une fondation) (B.).
- - -, **dead-water** = poche *f.* d'eau stagnante.
- - -, **drainage** = cuvette *f.* d'égouttage, puits *m.* absorbant (S.), fosse *f.* d'assainissement(s), fosse *f.* de drainage.
- - -, **gas** = soufflure *f.* (dans la fonte) (Mét.).
- - -, **scale** = poche *f.* à sédiments (Méc.).
- - -, **valve** = chapelle *f.* de soupape (Méc.).
pod = mandrin *m.* (de vilebrequin) (Méc.).
podger = broche *f.* à visser (Méc.).
point = point *m.*, pointe *f.*, extrémité *f.*, mouche *f.* (d'un foret), plume *f.* (d'un stylographe), aiguille *f.* (d'un phonographe), ponctuation *f.* (Imp.), point *m.* (Imp.) (= 0,0351 cm; 0,01383 po.).
- - -, **access** = point *m.* de raccordement (de routes), point *m.* d'accès.
- - -, **adjusting** = repère *m.*
- - -, **anchoring** = point *m.* d'attache.
- - -, **boiling** = point *m.* d'ébullition, température *f.* d'ébullition.
- - -, **boom** = tête *f.* de flèche (C.).
- - -, **break** = point *m.* de chloration (d'une eau) (H.).
- - -, **breaking** = point *m.* de rupture, limite *f.* critique, limite *f.* de rupture.
- - -, **breaking-down** = point *m.* de déformation permanente (C.).
- - -, **burning** = point *m.* d'ignition.
- - -, **calling** = point *m.* de départ (Tp.), point *m.* d'origine (Tp.).
- - -, **central** - - - **of a volute** = oeil *m.* de volute.
- - -, **centre** = pointeau *m.* (Méc., Men.), pointe *f.* de centre de mèche (Méc.), amorçoir *m.* (Men.).
- - -, **check** = point *m.* de référence, point *m.* de repère, contrôle *m.* (Auto.).
- - -, **check, crystal** = quartz *m.* de contrôle (R.).
- - -, **combustion** = point *m.* de combustion.
- - -, **connection** = raccordement *m.* (E., C.).
- - -, **control** = point *m.* de référence, point *m.* direc-

(point)

teur, poste *m.* de contrôle (d'une aérogare).
- - -, **converging** = point *m.* de concours.
- - -, **critical** = point *m.* critique.
- - -, **cupped-** = pointe *f.* creuse (I.).
- - -, **cut-off** = point *m.* de coupure (E.).
- - -, **cutting** = pointe *f.* à tracer.
- - -, **dead** = point *m.* mort (d'une machine).
- - -, **dew-** = point *m.* de rosée.
- - -, **diamond** = pointe *f.* de diamant, pointe *f.* en losange, clou *m.* de vitrier.
- - -, **dividing** = index *m.* diviseur (Méc.).
- - -, **draw-** = pointe *f.* à tracer (I.).
- - -, **dry-** = pointe *f.* sèche (I.).
- - -, **feeding** = centre *m.* d'alimentation.
- - -, **fixing** = point *m.* d'encastrement (C.).
- - -, **flash-** = point *m.* d'éclair, point *m.* d'inflammabilité.
- - -, **focal** = foyer *m.* (d'une lentille).
- - -, **freezing** = point *m.* de congélation.
- - -, **frog-** = coeur *m.* de croisement (Ch.d.f.), patte-de-lièvre *f.* (Ch.d.f.).
- - -, **fusing** = point *m.* de fusion.
- - -, **gathering** = point *m.* de convergence (E.), foyer *m.* (E.).
- - -, **glazier's** = pointe *f.* de vitrier.
- - -, **hinge-** = point *m.* d'articulation.
- - -, **ignition** = point *m.* (ou température *f.*) d'inflammation.
- - -, **imbalance** = point *m.* de balourd (d'une roue) (Auto.).
- - -, **inflection** = point *m.* d'inflexion.
- - -, **junction** = branchement *m.* (Tp.), borne *f.* (Tp.).
- - -, **lathe** = pointe *f.* de tour.
- - -, **loading** = point *m.* de pupinisation (Tp.), point *m.* de charge (Tp.), point *m.* de chargement (C.).
- - -, **locating** = point *m.* de repère, repère *m.*
- - -, **meeting** = point *m.* de rencontre.
- - -, **melting** = point *m.* de fusion.
- - -, **needle** = aiguille *f.* (de compas).
- - -, **neutral** = point *m.* neutre (E.).
- - -, **nodal** = noeud *m.* (E.), (point *m.*) nodal *m.* (Phot.).
- - -, **null** = extinction *f.* (radiogoniométrie) (R.).
- - - **of a drill** = mouche *f.* d'un foret.
- - - **of a lightning-rod** = pointe *f.* d'un paratonnerre.
- - - **of a needle** = extrémité *f.* d'une aiguille.
- - - **of a pen** = bec *m.* (d'un stylographe).
- - - **of application** = point *m.* d'application (d'une force).
- - - **of crossing** = coeur *m.* de croisement (Ch.d.f.), patte-de-lièvre *f.* (Ch.d.f.).
- - - **of ignition** = point *m.* d'allumage (Auto.).
- - - **of intersection** = point *m.* d'intersection.
- - - **of reflection** = point *m.* de rebroussement (d'une courbe).
- - - **of rigid support** = point *m.* d'encastrement (C.).
- - - **of self-oscillation** = limite *f.* d'amorçage des oscillations (E.).
- - - **of separation** = point *m.* de décollement (H.).
- - - **of support** = point *m.* d'appui (C.).
- - - **of suspension** = point *m.* de suspension.
- - -, **operating** = point *m.* de fonctionnement.
- - -, **originating** = point *m.* d'origine (Tp.), point *m.*

(point)

de départ (Tp.).
– – –, **panel** = nœud *m.* d'une poutre triangulée (C.).
– – –, **platinum** = contact *m.* platiné (E.).
– – –, **rail-** = aiguille *f.* (Ch.d.f.).
– – –, **recalescence** = point *m.* de récalescence (Mét.).
– – –, **reference** = point *m.* de repère, repère *m.*, point *m.* coté.
– – –, **relay** = station-relais *f.*, relais *m.*
– – –, **retrogression** = point *m.* de rebroussement (d'une courbe).
– – –, **saturation** = point *m.* de saturation.
– – –, **saturation, fibre** = point *m.* de saturation des fibres (du bois).
– – –, **saw** = dent *f.* de scie.
– – –, **scratch-** = pointe *f.* à rayer (I.).
– – –, **scratch, beveled** = pointe *f.* à rayer en biseau (I.).
– – –, **singing** = point *m.* d'amorçage (des oscillations) (R.).
– – –, **softening** = point *m.* de ramollissement.
– – –, **splay** = point *m.* de divergence (des torons d'un câble).
– – –, **star** = point *m.* neutre (E.), point *m.* de jonction des phases (E.).
– – –, **suspension** = point *m.* de suspension.
– – –, **switch** = plot *m.* de commutateur (E.), pointe *f.* d'aiguille (Ch.d.f.).
– – –, **tapping** = prise *f.* intermédiaire (Tp., E.).
– – –, **terminating** = arrivée *f.* (Tp.), point *m.* d'arrivée (Tp.).
– – –, **testing** = point *m.* de coupure (d'un circuit) (Tp.).
– – –, **to** = tailler en pointe, aiguiser ou affûter (un outil), appointer (un piquet), acérer (un instrument), armer (d'acier), jointoyer ou gobeter (un mur).
– – –, **tooth** = pointe *f.* de dent.
– – – **to point** = poste *m.* à poste (Tp., Tg.).
– – –, **welding** = soudure *f.*
– – –, **well** = crapaudine *f.*, crépine *f.*, drainage *m.* par points (B., C.).
– – –, **well, drive** = tuyau *m.* de pénétration pour pompe instantanée (pointe acier et treillis cuivre pour filtrer l'eau).
– – –, **working** = point *m.* d'application (Méc.), centre *m.* d'effort (Méc.).
– – –, **yield** = point *m.* d'écoulement.
– – –, **yield, compression** = point *m.* d'écoulement en compression.
pointed = pointu (adj.), à pointe.
pointer = aiguille *f.* (d'horloge, de balance), index *m.* (d'une balance), indicateur *m.* (de baromètre), baguette *f.* (du tableau noir), pointe *f.* (de maçon).
– – – **of the exposure meter** = aiguille *f.* du posemètre (Phot.).
pointing = gobetis *m.* (B.), jointoiement *m.* (B.).
– – –, **flat** = jointoiement *m.* plat.
– – –, **key** = jointoiement *m.* rainuré.
– – –, **recessed** = jointoiement *m.* renfoncé.
– – –, **struck, joint** = jointoiement *m.* (à) rejéteau.
– – –, **tuck** = jointoiement *m.* saillant, jointoiement *m.* en saillie.
– – –, **tuck, bastard** = jointoiement *m.* bâtard.
– – –, **weathered** = jointoiement *m.* (à) rejéteau.
points, contact = vis *f.p.* platinées (E., Auto.), contacts

(points)

m.p. platinés (E.).
– – –, **derailing** = aiguille *f.* de déraillement (Ch.d.f.).
– – –, **glazier's** = clous *m.p.* de vitrier.
– – – **of suspension** = points *m.p.* de suspension (Méc., C.), points *m.p.* de montage (Méc.).
– – –, **spark-plug** = électrodes *f.p.* des bougies (Auto.).
– – –, **switch** = aiguille *f.* de changement de voie (Ch.d.f.).
– – –, **trammel** = points *f.p.* de compas (Men.).
– – –, **working** = crans *m.p.* de marche (dans un combinateur) (E.).
pointwise = corps *m.* (Imp.).
poise, to = équilibrer.
poison = poison *m.*, toxique *m.*
poisoning = intoxication *f.*, empoisonnement *m.*
– – –, **carbon monoxide** = oxycarbonisme *m.*
– – –, **lead** = saturnisme *m.*
poke = tribart *m.*
– – –, **to** = tisonner, attiser (le feu).
poker = tisonnier *m.*, ringard *m.*
– – –, **stove** = tisonnier *m.* à poêle.
poking = attisage *m.* ou tisonnement *m.* (du feu).
polar = polaire (adj.).
polarimeter = polarimètre *m.* (E.).
polariscope = polariscope *m.* (E.).
polarity = polarité *f.* (E.).
– – –, **reversed** = polarité *f.* renversée, polarité *f.* inversée.
polarizable = polarisable (adj.).
– – –, **non-** = impolarisable (adj.).
polarization = polarisation *f.*
– – –, **anodic** = polarisation *f.* anodique (E.).
– – –, **cathodic** = polarisation *f.* cathodique (E.).
– – –, **electrolytic** = polarisation *f.* électrolytique (E.).
– – –, **magnetic** = polarisation *f.* magnétique (E.).
– – – **of a medium** = polarisation *f.* d'un milieu.
– – – **of light** = polarisation *f.* de la lumière.
– – –, **plane** = polarisation *f.* rectiligne.
– – –, **rotary** = polarisation *f.* rotatoire.
– – –, **vertical** = polarisation *f.* verticale.
polarize, to = polariser.
polarizer = polariseur *m.*
– – –, **nicol** = nicol *m.* polarisateur.
polarizing = polarisant (adj.), polarisateur (adj.).
pole = poteau *m.* (téléphonique), pôle *m.* (d'une machine), perche *f.*, appui *m.* (Tp.), pied-droit *m.* (Tp.), écorperche *f.* (d'échafaudage), pilot *m.*, timon *m.* ou flèche *f.* (d'une voiture), V. « poles ».
– – –, **A** = poteaux *m.p.* en A (E.), poteaux *m.p.* couplés en A (Tp.).
– – –, **anchor** = poteau *m.* d'ancrage (Tp.), poteau *m.* de rappel (Tp.).
– – –, **angle** = poteau *m.* d'angle (Tp.), support *m.* d'angle (Tp.).
– – –, **balance** = perche *f.* à contrepoids (pour un puits), poteau *m.* d'équilibre (C.).
– – –, **bamboo** = mât *m.* en bambou.
– – –, **brace** = jambe *f.* de force (Tp.), entretoise *f.* (Tp.).
– – –, **cable, aerial** = appui *m.* de câble aérien (Tp.).
– – –, **cedar** = poteau *m.* de cèdre.
– – –, **cedar, Western** = poteau *m.* de cèdre de l'ouest (E., Tp.).

(**pole**)

Tp.).
- - -, **commutating** = collecteur *m.* (d'un moteur électrique), pôle *m.* de commutation (E.).
- - -, **concrete** = poteau *m.* en béton.
- - -, **concrete, prestressed** = poteau *m.* en béton précontraint.
- - -, **concrete, reinforced** = poteau *m.* en béton armé.
- - -, **consequent** = pôle *m.* conséquent (E.).
- - -, **contact** = perche *f.* de contact (E.).
- - -, **corner** = poteau *m.* d'angle (E., Tp.), poteau *m.* cornier (Tp., E.).
- - -, **creosoted** = poteau *m.* créosoté.
- - -, **crossing** = poteau *m.* de croisement (de deux lignes) (Tp. et E.).
- - -, **crossing, common** = poteau *m.* de croisement commun (Tp. et E.).
- - -, **dead-end** = poteau *m.* d'arrêt (Tp.), poteau *m.* d'extrémité (Tp.).
- - -, **derrick** = poteau *m.* derrick (Tp.).
- - -, **distribution** = poteau *m.* de distribution (Tp., E.).
- - -, **double** = poteaux *m.p.* jumelés (Tp.), (interrupteur *m.*) bipolaire (adj.) (E.).
- - -, **end-** = poteau *m.* tête de ligne (Tp., E.).
- - -, **exchange** = poteau *m.* (de service) urbain (Tp.).
- - -, **field** = inducteur *m.* (E.), pôle *m.* inducteur (E.).
- - -, **field, generator** = inducteur *m.* de la dynamo (E.).
- - -, **gin** = chèvre *f.* (C.), mât *m.* de levage (C.).
- - -, **girder** = poteau *m.* en fer profilé.
- - -, **guyed** = poteau *m.* haubané (Tp., E.).
- - -, **H** = poteaux *m.p.* jumelés (Tp.), poteaux *m.p.* en H (Tp., E.), poteaux *m.p.* couplés (E., Tp.).
- - -, **hook** = lance *f.* à fourche (Tp.).
- - -, **inter-** = pôle *m.* auxiliaire (E.).
- - -, **joint** = poteau *m.* commun, poteau *m.* à usage en commun.
- - -, **jointly-owned** = poteau *m.* à propriété commune.
- - -, **jointly-used** = poteau *m.* commun, poteau *m.* à usage en commun.
- - -, **junction** = poteau *m.* de croisement (ou de jonction) (de deux lignes) (Tp., E.).
- - -, **lance** = perchette *f.* à embase filetée.
- - -, **ledger** = moise *f.* (d'échafaudage).
- - -, **line** = poteau *m.* de ligne (Tp.).
- - -, **line, distribution** = poteau *m.* de ligne de distribution (Tp.).
- - -, **line, rural** = poteau *m.* de ligne rurale (Tp.).
- - -, **magnetic** = pôle *m.* magnétique (E.).
- - -, **mounting** = mât *m.* de levage, mât *m.* de charge.
- - -, **negative** = cathode *f.* (E.), pôle *m.* négatif (E.).
- - -, **north** = pôle *m.* nord (E.).
- - -, **of a magnet** = pôle *m.* d'un aimant (E.).
- - -, **one-** = unipolaire (adj.) (E.).
- - -, **pike** = fourche *f.* de levage, perche *f.* de manoeuvre, gaffe *f.*
- - -, **pine** = poteau *m.* de pin.
- - -, **pine, creosoted** = poteau *m.* de pin injecté à la créosote.
- - -, **positive** = anode *f.* (E.), pôle *m.* positif (E.).
- - -, **power** = poteau *m.* électrique.
- - -, **reach** = barre *f.* d'assemblage (d'un chariot de

(**pole**)

ferme).
- - -, **reinforced, stub** = poteau *m.* tuteuré (Tp.).
- - -, **ridge** = faîtière *f.* (B.), faîtage *m.* (B.), poutre *f.* de faîte (B.).
- - -, **run-off** = poteau *m.* d'embranchement (Tp.), poteau *m.* de branchement (d'abonné) (Tp.).
- - -, **rural** = poteau *m.* de service (Tp.).
- - -, **salient** = pôle *m.* saillant (d'une dynamo) (E.).
- - -, **scaffolding** = écoperche *f.*, perche *f.* d'échafaudage.
- - -, **service** = poteau *m.* de service (Tp.).
- - -, **set** = poteau *m.* implanté.
- - -, **shoed** = poteau *m.* sur socle.
- - -, **single-** = unipolaire (adj.) (E.).
- - -, **south** = pôle *m.* sud (E.).
- - -, **standing** = poteau *m.* en place (Tp.), poteau *m.* implanté (Tp.).
- - -, **stay** = poteau *m.* d'arrêt (E., Tp.).
- - -, **stayed** = poteau *m.* consolidé (Tp., E.), poteau *m.* haubané (Tp., E.).
- - -, **steel** = poteau *m.* de fer, poteau *m.* d'acier.
- - -, **stepped** = poteau *m.* avec marchepieds (Tp.), poteau *m.* avec échelons (Tp.).
- - -, **storm-guyed** = poteau *m.* consolidé (Tp.), poteau *m.* contreventé (Tp.).
- - -, **street-lighting** = candélabre *m.*, lampadaire *m.*, pylône *m.* d'éclairage.
- - -, **strutted** = poteau *m.* couplé (Tp.), poteau *m.* renforcé (Tp.), poteau *m.* tuteuré (Tp.).
- - -, **stub** = potelet *m.*, poteau *m.* tronçonné, poteau *m.* d'ancrage (Tp.).
- - -, **telegraph** = poteau *m.* télégraphique, poteau *m.* de télégraphe.
- - -, **telephone** = poteau *m.* téléphonique, poteau *m.* de téléphone.
- - -, **ten-** = décapolaire (adj.) (E.).
- - -, **terminal** = poteau *m.* de tête de ligne (Tp.), poteau *m.* d'arrêt (Tp.), poteau *m.* de raccordement (Tp.).
- - -, **testing** = poteau *m.* de coupure d'essais (Tp.).
- - -, **three-** = tripolaire (adj.) (E.).
- - -, **to** = blinder (une fouille, une tranchée), étayer (un arbre) avec des échalas.
- - -, **toll** = poteau *m.* de ligne interurbaine (Tp.), poteau *m.* de ligne à longue distance (Tp.).
- - -, **transformer** = poteau *m.* de transformateur (Tp.).
- - -, **transposition** = poteau *m.* de rotation (Tp.), poteau de transposition (Tp.).
- - -, **treated** = poteau *m.* injecté.
- - -, **trolley** = perche *f.* de trolley.
- - -, **tubular** = poteau *m.* tubulaire.
- - -, **two-** = bipolaire (adj.) (E.).
- - -, **underground** = poteau *m.* de raccordement (des réseaux aérien et souterrain) (Tp.).
- - -, **wooden** = poteau *m.* en bois.
poles, A-frame = poteaux *m.p.* couplés en A (Tp.).
- - -, **coupled** = poteaux *m.p.* jumelés (Tp.).
- - -, **like** = pôles *m.p.* de même nom (E.).
- - -, **magnet** = pièces *f.p.* polaires (E.).
- - -, **magnetic, terrestrial** = pôles *m.p.* magnétiques terrestres (E.).
- - -, **opposite** = pôles *m.p.* de nom contraire (E.).

(poles)

- – –, **similar** = pôles *m.p.* de même nom (E.).
- – –, **staggered** = pôles *m.p.* alternés (E.).
- – –, **twin** = poteaux *m.p.* jumelés (Tp.).
- **police, military** = police *f.* militaire.
- – –, **provincial, the** = la Sûreté provinciale (du Québec).
- – –, **Royal Canadian Mounted, the** = la Gendarmerie royale du Canada.
- – –, **the** = la Sûreté.
- **policeman** = agent *m.* (de police), gardien *m.* de la paix, policier *m.* (sans uniforme).
- **policy** = directive *f.*, ligne *f.* de conduite, principes *m.p.*, police *f.* (d'assurance).
- – –, **training** = politique *f.* de formation (des employés).
- **polish** = poli *m.* d'ébéniste, poli *m.*, lustré *m.*
- – –, **brass** = eau *f.* de cuivre, liquide *m.* à polir les métaux.
- – –, **floor** = cire *f.* à parquet, encaustique *f.* pour parquets.
- – –, **French** = vernis *m.* au tampon.
- – –, **knife** = poudre *f.* à (nettoyer les) couteaux.
- – –, **metal** = pâte *f.* à faire reluire les métaux, potée *f.*, nettoie-métaux *m.*, nettoie-métaux *m.* en pâte.
- – –, **metal, liquid** = eau *f.* de cuivre, liquide *m.* à polir les métaux, nettoie-métaux *m.* liquide.
- – –, **shoe** = cirage *m.*
- – –, **silver** = liquide *m.* à polir l'argenterie, potée *f.*, poudre *f.* à polir l'argenterie.
- – –, **stove** = noir *m.* liquide, noir *m.* à fourneaux en pâte, vernis *m.* noir.
- – –, **to** = polir (une pièce de bois), brunir (l'argenterie), lisser (une pierre), cirer (le linoléum), astiquer (le cuir).
- **polisher** = polissoir *m.* (M.), polisseuse *f.* (M.), polisseur *m.* (O.), cireur *m.* (O.).
- – –, **floor** = cireur *m.* de parquet (O.), brosse *f.* à parquet (M.), cireuse *f.* (M.).
- – –, **floor, electric** = cireuse *f.* électrique (à disques ou à rouleaux) (Ust.).
- – –, **French** = vernisseur *m.* au tampon (O.).
- – –, **rough** = adoucisseur *m.* (O.).
- – –, **shoe** = cireur *m.* de chaussures (O.).
- **polishing** = polissage *m.* (du bois, de l'argenterie), astiquage *m.* (des meubles, du parquet), brunissage *m.* (d'un métal, d'une pièce mécanique), brillantage *m.* (d'un métal, d'une peau), cirage *m.* (des parquets).
- – –, **emery** = polissage *m.* à l'émeri.
- – –, **French** = vernissage *m.* au tampon.
- **poll** = tête *f.* (de marteau).
- **pollution** = pollution *f.* (de l'air, des eaux).
- **polyethylene** = (feuille *f.* de) polyéthylène *m.* (B.).
- **polygon** = polygone *m.*
- – –, **of forces** = polygone *m.* des forces.
- **polyhedron** = polyèdre *m.*
- **polymerization** = polymérisation *f.* (Imp.).
- **polyphase** = à courant polyphasé (E.), polyphasé (adj.) (E.).
- **polypropylene** = polypropylène *m.*
- **polystyrene** = (carton *m.* de) polystyrène *m.* ou polystyrolène *m.* (B.).
- **polythene** = polythène *m.*
- **pond** = étang *m.*, pièce *f.* d'eau (dans un jardin), réser-

(pond)

voir *m.* (H.).
- – –, **fish** = vivier *m.*
- – –, **horse** = abreuvoir *m.* (Agr.).
- – –, **mill** = réservoir *m.* d'un moulin (H.).
- **pondage** = volume *m.* de retenue (H.), capacité *f.* d'emmagasinage (H.), retenue *f.* (H.).
- **pontoon** = ponton *m.*, bac *m.*
- **pool** = mare *f.* ou flaque *f.* (d'eau), trou *m.* d'eau (dans une rivière), cagnotte *f.*, syndicat *m.* de placement, piscine *f.*, réservoir *m.* (d'hommes), centre *m.* (de sténodactylos).
- – –, **car** = garage *m.* de service de transport.
- – –, **cess** = V. « cesspool ».
- – –, **paddling** = piscine *f.* de parterre (Canada), grenouillère *f.* (France).
- – –, **swimming** = piscine *f.*
- – –, **typing** = centre *m.* dactylographique.
- – –, **wading** = piscine *f.* de parterre (Canada), grenouillère *f.* (France).
- **pop, to** = bafouiller (Méc.), rater (Méc.).
- – –, **to** – – – **back** = donner des retours de flamme (au carburateur).
- **poplar** = peuplier *m.* (For.).
- – –, **American** = tremble *m.*
- – –, **Balsam** = peuplier *m.* baumier, liard *m.*
- – –, **black** = peuplier *m.* franc, peuplier *m.* noir.
- – –, **Canadian** = peuplier *m.* du Canada.
- – –, **Lombardy** = peuplier *m.* noir.
- – –, **white** = peuplier *m.* blanc.
- – –, **yellow** = tulipier *m.*
- **poppet** = poupée *f.* (de tour) (Méc.), train *m.* baladeur (Méc.), V. « head, poppet ».
- – –, **row-lock** = porte-tolet *m.* (Mar.).
- – –, **sliding** = contre-poupée *f.*, poupée *f.* mobile.
- **popping** = bafouillage *m.* (Méc.), ratés *m.p.* (Méc.).
- **porcelain** = porcelaine *f.*
- – –, **hard-paste** = porcelaine *f.* dure.
- – –, **porous** = porcelaine *f.* poreuse.
- **porch** = porche *m.* (B.), portique *m.* (B.), perron *m.* (B.).
- – –, **front** = perron *m.* (B.), porche *m.* (B.), palier *m.* avant (du signal de synchronisation de ligne) (Tv.).
- – –, **sun** = solarium *m.* (de maison).
- **porosity** = porosité *f.* (d'un corps).
- **porous** = poreux (adj.).
- – –, **non-** = non-poreux (adj.).
- **port** = lumière *f.* (Méc.), orifice *m.* (Méc.), fenêtre *f.* (d'un cylindre) (Méc.), entrée (Méc.), port *m.* (Mar.), bâbord *m.* (Mar.).
- – –, **additional** = lumière *f.* auxiliaire (Méc.).
- – –, **admission** = orifice *m.* d'admission, lumière *f.* d'admission, entrée *f.*
- – –, **air** = entrée *f.* d'air.
- – –, **car** = V. « carport ».
- – –, **commercial** = port *m.* de commerce (Mar.).
- – –, **cylinder** = orifice *m.* du cylindre, lumière *f.* du cylindre.
- – –, **eduction** = orifice *m.* d'échappement.
- – –, **exhaust** = orifice *m.* d'échappement, lumière *f.* d'échappement.
- – –, **free** = port *m.* franc (Mar.).
- – –, **idle** = orifice *m.* de ralenti.
- – –, **induction** = orifice *m.* d'admission, lumière *f.*

(port)

d'admission.
- - -, **inlet** = orifice *m.* d'admission, lumière *f.* d'admission.
- - -, **inspection** = porte *f.* de visite (Méc.).
- - -, **intake** = lumière *f.* d'admission, orifice *m.* d'admission.
- - -, **outer** = avant-port *m.* (Mar.).
- - -, **river** = port *m.* fluvial (Mar.).
- - -, **sea** = port *m.* de mer.
- - -, **steam** = orifice *m.* d'admission de la vapeur, lumière *f.* d'admission de la vapeur.
- - -, **valve** = orifice *m.* de soupape.
portable = portable (adj.), portatif (adj.), mobile (adj.), transportable (adj.).
portal = tête *f.* ou entrée *f.* (de tunnel), portique *m.* (B.), portail *m.* (B.).
- - -, **fore-** = avant-portail *m.* (B.).
ported = muni d'orifices, à orifices.
portfolio = cartable *m.*, serviette *f.* (pour documents), portefeuille *m.* (de min stre).
portico = portique *m.* (B).
position = position *f.* (de téléphoniste), (Tp.), emplacement *m.* (d'un édifice), place *f.* (d'un objet), situation *f.* (d'une ville, dans une entreprise), emploi *m.*, orientation *f.* (d'un immeuble), poste *m.* (d'un laboratoire).
- - -, **A** = position *f.* de réception des appels d'abonnés dans un bureau manuel (Tp.).
- - -, **advanced** = position *f.* d'avance (Auto.).
- - -, **answering** = position *f.* de réponse (Tp.), position *f.* de demande (Tp).
- - -, **brush** = calage *m.* des balais (E.).
- - -, **brush, neutral** = calage *m.* neutre des balais (E.).
- - -, **centre, dead-** = position *f.* au point mort (Méc.).
- - -, **clip** = secteur *m.* mort (dans un émetteur) (Tg.).
- - -, **closed** = position *f.* de fermeture (d'un interrupteur) (E.).
- - -, **control, central** = poste *m.* central de commande (R.).
- - -, **home** = position *f.* de repos (Méc.).
- - -, **in** = en place.
- - -, **incoming** = table *f.* d'arrivée (Tp.), position *f.* d'arrivée (Tp.).
- - -, **local** = position *f.* urbaine (Tp.).
- - -, **make** = position *f.* de fermeture (d'un circuit) (E.).
- - -, **middle** = position *f.* médiane.
- - -, **monitoring, central** = poste *m.* central de contrôle (R.).
- - -, **neutral** = point *m.* mort (Méc., E.).
- - - **of rest** = position *f.* de repos (Méc.).
- - -, **off-** = position *f.* de rupture de circuit (E.), mise *f.* hors circuit (E.), position *f.* de repos (E.).
- - -, **on** = en circuit (E.), position *f.* de marche (E.), (circuit *m.*) fermé (E.), en marche (E.), (appareil *m.* de chauffage, de radio), allumé (adj.).
- - -, **open** = position *f.* d'ouverture (d'un interrupteur) (E.).
- - -, **operated** = position *f.* de fermeture (d'un interrupteur) (E.).
- - -, **operating** = position *f.* de téléphoniste (Tp.), position *f.* de fermeture (d'un interrupteur) (E.).
- - -, **operator's** = position *f.* de téléphoniste (Tp.).

(position)

- - -, **outgoing** = table *f.* de départ (Tp.).
- - -, **practice** = position *f.* d'exercice (Tp.).
- - -, **rake, back-rest** = degré *m.* d'inclinaison du dossier (Auto.).
- - -, **recording** = position *f.* d'annotatrice (Tp.).
- - -, **slanting** = position *f.* inclinée (d'un objet).
- - -, **switchboard** = poste *m.* de standardiste (Tp.), position *f.* (Tp.).
- - -, **switching, toll** = position *f.* intermédiaire (Tp.).
- - -, **testing** = position *f.* d'essai (Tp.).
- - -, **to** = déterminer la position (d'un navire), placer (un objet) dans une position, situer (un lieu sur une carte), orienter (l'antenne) (R.).
- - -, **tool** = position *f.* de communications interurbaines (Tp.).
- - -, **true** = position *f.* exacte.
- - -, **unoperated** = position *f.* d'ouverture (d'un interrupteur) (E.).
positioning = mise *f.* en place, orientation *f.* (de l'antenne) (R.).
positive = positif (adj.), sûr (adj.).
positraction = V. « differential, positraction ».
positron = positron *m.* (E.).
post = poteau *m.* (C.), piquet *m.* (C.), pieu *m.* (C.), borne *f.* à vis (E.), chandelle *f.* (B.), montant *m.* (B.), affût-colonne *m.* (de perceuse), étai *m.* (C.), borne *f.* (E., C.), poste *f.*, courrier *m.*
- - -, **anchor** = poteau *m.* d'ancrage (Tp., E.).
- - -, **binding** = borne *f.*, borne *f.* à serrage, borne *f.* à vis, serre-fils *m.*
- - -, **binding, terminal** = borne *f.* de tête de câble (Tp.), borne *f.* de coffret de distribution (Tp.).
- - -, **boundary** = poteau *m.* de bornage, piquet *m.* de bornage, borne *f.*
- - -, **broach** = poinçon *m.* (B.), épi *m.* (B.).
- - -, **cadastral** = borne *f.* cadastrale.
- - -, **coil** = borne *f.* de bobine (E.).
- - -, **corner** = poteau *m.* cornier (B.), poteau *m.* d'angle (B.), écoinçon *m.* (B.).
- - -, **crane** = arbre *m.* de grue (C.), fût *m.* de grue (C.).
- - -, **crown-** = poinçon *m.* (de comble) (B.).
- - -, **door** = montant *m.* de porte (B.).
- - -, **drill** = support *m.* de perforatrice (Méc.), support *m.* de perceuse (Méc.).
- - -, **end-** = montant *m.* d'extrémité (C., B.).
- - -, **fence** = pieu *m.* (C.), poteau *m.* de clôture (C.).
- - -, **gate** = montant *m.* de barrière (C.), poteau *m.* de barrière (C.).
- - -, **ground** = piquet *m.* de mise à la terre (E.).
- - -, **guard** = bouteroue *f.* (Auto.).
- - -, **hanging** = chardonnet *m.* (d'écluse) (H.), montant *m.* (de porte) (B.).
- - -, **heel** = montant *m.* (B.), poteau tourillon *m.* (de porte d'écluse) (H.).
- - -, **hitching** = poteau *m.* d'attache (de chevaux).
- - -, **interlocking, electric** = poste *m.* d'enclenchements électriques (Ch.d.f.).
- - -, **jamb** = jambage *m.* (d'une baie de porte) (B.).
- - -, **jib** = arbre *m.* d'une grue (C.).
- - -, **king** = poinçon *m.* (de comble) (B.).
- - -, **lamp** = poteau *m.* réverbère, lampadaire *m.*
- - -, **lamp, high** = mât *m.* d'éclairage.

(post)

– – –, **lamp, lattice** = pylône *m*. d'éclairage.
– – –, **lamp, short** = poteau *m*. d'éclairage.
– – –, **ledger** = moise *f*. (C.).
– – –, **line** = poteau *m*. intermédiaire (c.-à-d. existant entre le poteau d'angle et le poteau d'extrémité d'une clôture).
– – –, **listening** = poste *m*. d'écoute (R.).
– – –, **locking, jig** = pièce *f*. de verrouillage de montage (C.).
– – –, **marker-** = borne *f*. de jalonnement, borne *f*. de repérage (C.).
– – –, **marking** = borne *f*. de repérage (C.).
– – –, **middle** = poinçon *m*. (de comble) (B.).
– – –, **mile** = borne *f*. milliaire (Ch.d.f.).
– – –, **mitre** = poteau *m*. battant (H.).
– – –, **mooring** = pieu *m*. d'amarrage (Mar.), dauphin *m*. (Mar.).
– – –, **newel** = pilastre *m*. (B.), poteau *m*. d'escalier (B.).
– – –, **pit** = étai *m*. de mine (Mi.).
– – –, **purlin** = poteau *m*. de sous-panne (B.).
– – –, **queen** = faux poinçon *m*. (de comble) (B.).
– – –, **quoin** = poteau-tourillon *m*. (d'une porte d'écluse) (H.).
– – –, **rail** = potelet *m*. (de garde-fou) (C.), montant *m*. de rampe (C.).
– – –, **sign** = poteau *m*. indicateur (de route), poteau *m*. indicateur de route.
– – –, **small** = potelet *m*. (Tp., E., C.).
– – –, **sound** = âme *f*. (d'un violon).
– – –, **stair** = potelet *m*. (B.), montant *m*. de rampe (B.).
– – –, **steel** = poteau *m*. de fer (B.).
– – –, **steering** = arbre *m*. de direction (Auto.), colonne *f*. de direction (Auto.).
– – –, **striking** = poteau *m*. battant (d'une porte).
– – –, **telegraph** = poteau *m*. télégraphique (Tg.), poteau *m*. de télégraphe (Tg.).
– – –, **telephone** = poteau *m*. téléphonique (Tp.), poteau *m*. de téléphone (Tp.).
– – –, **terminal** = boulon *m*. polaire (E.), borne *f*. à vis (E.), borne *f*. (E.).
– – –, **to** = poster (une lettre), mettre (une lettre à la poste, afficher (un avis), coller (des affiches).
– – –, **tool** = étrier *m*. (d'une raboteuse) (Men.), support *m*. d'outil (Méc.).
– – –, **tool, elevating** = support *m*. d'outil à élévation (Méc.).
– – –, **tool, turret** = tourelle *f*. porte-outil (Méc.).
– – –, **top** = poteau *m*. de capote (Auto.).
– – –, **treillis-work** = pylône *m*. (C., E.), tour *f*. en treillis (C., E.).
– – –, **truss** = poinçon *m*. (B.).
poster = affiche *f*. murale, panneau-réclame *m*.
postman = facteur *m*. (O.).
postmark = cachet *m*. d'oblitération, cachet *m*. de la poste.
– – –, **to** = timbrer (une lettre).
postmaster = maître *m*. de poste (Canada).
postscript = post-scriptum *m*. (d'une lettre), P.-S. *m*.
pot = pot *m*., bac *m*., vase *m*., boîte *f*., marmite *f*. (Ust.).
– – –, **air** = amortisseur *m*. à air (Méc.).

(pot)

– – –, **battery** = bac *m*. de pile électrique (E.).
– – –, **cast-iron** = chaudron *m*. de fonte (Ust.).
– – –, **chamber** = pot *m*. de chambre (Ust.).
– – –, **chimney** = mitre *f*. de cheminée (B.), mitron *m*. (B.).
– – –, **coffee** = cafetière *f*. (Ust), verseuse *f*. (Ust.).
– – –, **cook** = pot-au-feu *m*. (Ust.).
– – –, **cooking** = marmite *f*. (Ust.), pot-au-feu *m*. (Ust.).
– – –, **dash-** = amortisseur *m*. (Auto.).
– – –, **dash-, air** = amortisseur *m*. pneumatique (Méc.).
– – –, **dash-, oil** = amortisseur *m*. à huile (Méc.).
– – –, **dope** = fondoir *m*. (C.).
– – –, **drip siphon** *m*. (H.).
– – –, **fining** = creuset *m*. (Mét.).
– – –, **fire-** = foyer *m*. (Méc.), boîte *f*. à feu (d'une chaudière) (Méc.).
– – –, **fire-, gasolene** = réchaud *m*. à souder à essence.
– – –, **flower** = pot *m*. à fleurs (Ust.).
– – –, **gauge** = pot *m*. de gâchage (B.).
– – –, **glue** = pot *m*. à colle.
– – –, **lead** = poêle *m*. (de plombier).
– – –, **loading-coil** = pot *m*. de charge (Tp.).
– – –, **melting** = creuset *m*. (Mét.).
– – – **of jam** = pot *m*. de confiture (Ust.).
– – –, **paint** = pot *m*. à peinture.
– – –, **paraffin** = creuset *m*. à paraffine.
– – –, **porous** = vase *m*. poreux.
– – –, **settling** = bassin *m*. de décantation.
– – –, **siphon** = siphon *m*. de branchement (S.).
– – –, **soaking** = pot *m*. de trempage.
– – –, **solder** = creuset *m*. à soudure.
– – –, **stock** = pot-au-feu *m*. (Ust.).
– – –, **tea** = théière *f*. (Ust.).
potash = potasse *f*., carbonate *m*. de potassium.
potassium = potassium *m*.
potato = pomme *f*. de terre.
– – –, **sweet** = patate *f*.
potatoes, shoe-string = juliennes *f.p*. (Ust.) (Canada).
potential = potentiel *m*. (E.), tension *f*. (E.), potentiel *m*. (d'un puits de gaz, d'un explosif), (danger *m*.) possible (adj.) ou latent (adj.), (travail *m*.) virtuel (adj.) (Méc.), en puissance.
– – –, **backlash** = tension *f*. de retour.
– – –, **backlash, grid** = tension *f*. inverse de grille (R.).
– – –, **charging** = potentiel *m*. de charge.
– – –, **constant** = tension *f*. constante.
– – –, **contact** = effet *m*. Volta.
– – –, **earth** = potentiel *m*. de la terre.
– – –, **firing** = tension *f*. d'amorçage (E.), potentiel *m*. d'ionisation (R.).
– – –, **grid** = potentiel *m*. de grille (R.), potentiel *m*. de plaque (R.), tension *f*. grille (R.).
– – –, **ground** = potentiel *m*. de la terre.
– – –, **high-** = à haute tension.
– – –, **magnetic** = potentiel *m*. magnétique.
– – –, **operating** = tension *f*. de service.
– – –, **plate** = tension *f*. anodique.
– – –, **priming** = tension *f*. d'amorçage.
– – –, **radiating** = potentiel *m*. d'émission (R.).
– – –, **radiation** = énergie *f*. d'excitation (E.).
– – –, **reaction** = potentiel *m*. de réaction.

(potential)

– – –, **striking** = tension *f.* d'amorçage.
– – –, **structure/soil** = potentiel *m.* entre structure et milieu ambiant (Tp.).
– – –, **zero** = potentiel *m.* zéro.
potentiometer = potentiomètre *m.* (E.).
– – –, **grid** = potentiomètre *m.* de grille (R.).
– – –, **slide-wire** = potentiomètre *m.* à contact glissant (R.).
pothead = manchon *m.* d'extrémité (E.), boîte *f.* d'extrémité (E.), tête *f.* de câble (E.).
– – –, **cable** = manchon *m.* d'extrémité de câble, boîte *f.* d'extrémité de câble, tête *f.* de câble.
– – –, **single-conductor** = boîte *f.* d'extrémité unipolaire, manchon *m.* d'extrémité unipolaire.
– – –, **three-conductor** = boîte *f.* d'extrémité tripolaire, manchon *m.* d'extrémité tripolaire.
pots and pans = batterie *f.* de cuisine (Ust.).
poultryman = aviculteur *m.* (O.).
pound = cognement *m.* (d'un moteur), livre *f.* (c.-à-d. 16 onces; 7 000 grains; 0,4536 kg; 453,6 g; lb *f.*), bassin *m.* (de retenue) (H.), réservoir *m.* (H.), bief *m.* (entre deux écluses) (H.).
– – –, **to** = broyer ou concasser (la pierre), cogner (Méc.).
poundal = pied-livre *m.* (c.-à-d. unité de travail) (Méc.).
pounder = pilon *m.* (I.).
pounding = broyage *m.* ou concassage *m.* (de la pierre), pilage *m.*, cognement *m.* (du moteur).
pounds per square foot = livres *f.p.* par pied carré, lb/pi² *f.p.*
– – – **per square inch** = livres *f.p.* par pouce carré, lb/po² *f.p.*
pour = coulage *m.* (du béton), coulée *f.* (d'un métal fondu).
– – –, **to** = couler (le béton), bancher (du béton), verser (un liquide).
pourer = verseur *m.* (I.), bouchon *m.* verseur (I.).
pouring = coulée *f.* (d'une lessive, d'un métal), coulage *m.* (d'un métal, du béton).
powder = poudre *f.*
– – –, **aluminium** = aluminium *m.* en poudre.
– – –, **asbestos** = amiante *f.* en poudre.
– – –, **baking** = poudre *f.* à lever (Ust.), poudre *f.* à pâte (Ust.) (Canada).
– – –, **black** = poudre *f.* noire.
– – –, **blasting** = poudre *f.* de mine.
– – –, **bleaching** = chlorure *m.* de chaux (Ust.), poudre *f.* à blanchir (Ust.).
– – –, **cementation** = cémen. *m.*, poudre *f.* à cémenter (Ust.).
– – –, **cleaning** = poudre *f.* à récurer (Ust.).
– – –, **coarse-grained** = poudre *f.* à gros grains.
– – –, **detonating** = poudre *f.* fulminante.
– – –, **dusting** = poudre *f.* antipoussière.
– – –, **emery** = poudre *f.* d'émeri.
– – –, **fast-burning** = poudre *f.* vive.
– – –, **fine-grained** = poudre *f.* fine.
– – –, **grinding** = poudre *f.* à rodage (Méc.), poudre *f.* à roder (Méc.), poudre *f.* abrasive (Méc.).
– – –, **gun** = poudre *f.* à canon.
– – –, **insect** = poudre *f.* insecticide (Ust.).
– – –, **milk** = poudre *f.* de lait.
– – –, **moth** = poudre *f.* antimites (Ust.).

(powder)

– – –, **pebble** = poudre *f.* à gros grains.
– – –, **plate** = poudre *f.* à polir l'argenterie (Ust.), potée *f.* (Ust.).
– – –, **polishing** = poudre *f.* à polir (Ust.).
– – –, **priming** = amorce *f.*
– – –, **slow-burning** = poudre *f.* lente.
– – –, **smokeless** = poudre *f.* sans fumée.
– – –, **soap** = savon *m.* en poudre (Ust.).
– – –, **toilet** = poudre *f.* de riz (Ust.), poudre *f.* de toilette (Ust.).
– – –, **tooth** = poudre *f.* dentifrice (Ust.).
– – –, **welding** = poudre *f.* à souder.
powdered = pulvérisé.
powdering = poudrage *m.* (Imp.).
power = énergie *f.* (électrique), puissance *f.* (d'un moteur), force *f.* (d'une chute d'eau), débit *m.* (d'une pompe), pouvoir *m.*, force *f.* motrice (Méc., E.), (engin *m.*) mécanique (adj.).
– – –, **abrasive** = pouvoir *m.* abrasif.
– – –, **absorptive** = pouvoir *m.* absorbant, capacité *f.* d'absorption.
– – –, **active** = puissance *f.* active (E.).
– – –, **actual** = puissance *f.* effective (Méc., E.).
– – –, **adhesive** = pouvoir *m.* adhérent.
– – –, **agglutinating** = pouvoir *m.* agglutinant.
– – –, **apparent** = puissance *f.* apparente (E.).
– – –, **ascensional** = force *f.* ascensionnelle (Av.).
– – –, **atomic** = énergie *f.* atomique.
– – –, **attractive** = force *f.* d'attraction (E.).
– – –, **available** = puissance *f.* disponible (E., Méc.)
– – –, **average** = puissance *f.* moyenne.
– – –, **brake** = puissance *f.* au frein (Méc.), puissance *f.* effective (Méc.).
– – –, **braking** = puissance *f.* de freinage (Auto.).
– – –, **calorific** = puissance *f.* calorifique.
– – –, **calorific, net** = puissance *f.* calorifique nette.
– – –, **candle** = intensité *f.* lumineuse en bougies.
– – –, **candle, horizontal, mean** = intensité *f.* horizontale moyenne.
– – –, **candle, spherical, mean** = intensité *f.* sphérique moyenne.
– – –, **carrier** = puissance *f.* de l'onde porteuse (R., Tp.).
– – –, **carrying** = capacité *f.* d'enlèvement (d'un avion).
– – –, **climbing** = pouvoir *m.* de traction en rampe (Auto.).
– – –, **coking** = pouvoir *m.* cokéfiant.
– – –, **colouring** = pouvoir *m.* colorant (d'un pigment).
– – –, **conducting** = conductibilité *f.* (E.).
– – –, **conveying** = transmission *f.* de force motrice.
– – –, **corrosive** = pouvoir *m.* corrosif.
– – –, **covering** = pouvoir *m.* couvrant par opacité (d'une peinture).
– – –, **cutting** = force *f.* de coupe (Méc.).
– – –, **delivered** = puissance *f.* fournie, puissance *f.* de sortie.
– – –, **deviating** = force *f.* de déviation.
– – –, **diffusing** = pouvoir *m.* diffusant.
– – –, **driving** = force *f.* motrice, énergie *f.* motrice.
– – –, **effective** = rendement *m.*, puissance *f.* effective.
– – –, **electric** = énergie *f.* électrique (E.).
– – –, **emitting** = pouvoir *m.* émissif (R.).
– – –, **evaporative** = puissance *f.* de vaporisation.

(power)

– – –, **exhausting** = tirage *m*. (d'une cheminée) (C.).
– – –, **full** = à toute puissance.
– – –, **hand** = force *f*. des bras.
– – –, **heating** = puissance *f*. calorifique.
– – –, **high-** = puissant (adj.), à grande puissance.
– – –, **hoisting** = puissance *f*. de levage (C.).
– – –, **holding** = force *f*. portante (C.).
– – –, **horse-** = V. « horse-power ».
– – –, **hydraulic** = force *f*. hydraulique, puissance *f*. hydraulique.
– – –, **hydro-electric** = énergie *f*. hydraulique, houille *f*. blanche.
– – –, **idle** = puissance *f*. réactive (E.).
– – –, **illuminating** = pouvoir *m*. éclairant, puissance *f*. d'éclairage.
– – –, **impelling** = impulsion *f*., force *f*. impulsive.
– – –, **indicated** = puissance *f*. indiquée.
– – –, **inductive** = pouvoir *m*. inducteur (E.).
– – –, **inductive, specific** = pouvoir *m*. inducteur spécifique (E.), permittivité *f*. relative (E.).
– – –, **input** = puissance *f*. d'entrée (E.).
– – –, **instantaneous** = puissance *f*. instantanée.
– – –, **insulating** = pouvoir *m*. isolant.
– – –, **lifting** = puissance *f*. de levage, force *f*. portante (d'un aimant).
– – –, **lifting, useful** = puissance *f*. de levage utile.
– – –, **lighting** = puissance *f*. lumineuse.
– – –, **magnetic** = force *f*. magnétique.
– – –, **magnetizing** = puissance *f*. magnétisante (E.).
– – –, **magnifying** = grossissement *m*. (d'une loupe).
– – –, **man-** = main-d'oeuvre *f*.
– – –, **mean** = puissance *f*. moyenne (d'un émetteur) (R.).
– – –, **mechanical** = puissance *f*. mécanique.
– – –, **motive** = force *f*. motrice, source *f*. d'énergie.
– – –, **no-load** = puissance *f*. à vide.
– – –, **nominal** = puissance *f*. nominale.
– – –, **nuclear** = énergie *f*. atomique.
– – – **of absorption** = capacité *f*. d'absorption.
– – – **of a transmitter** = puissance *f*. d'un émetteur (R.).
– – – **of attorney** = procuration *f*.
– – –, **operating** = puissance *f*. utile.
– – –, **output** = puissance *f*. à la sortie (E.), puissance *f*. de sortie (E.).
– – –, **output, rated** = puissance *f*. de sortie nominale (d'un émetteur) (R.).
– – –, **output, unmodulated** = puissance *f*. dissipée (E.).
– – –, **output, unwanted** = puissance *f*. de sortie non essentielle (d'un émetteur) (R.).
– – –, **output, useful** = puissance *f*. de sortie utile (d'un émetteur) (R.).
– – –, **peak** = puissance *f*. de crête (E.).
– – – **per unit of mass** = puissance *f*. unitaire massique (d'une machine).
– – –, **primary** = énergie *f*. souscrite (E.), courant *m*. primaire (E.).
– – –, **productive** = faculté *f*. de production, puissance *f*. productive, productivité *f*.
– – –, **propulsive** = force *f*. motrice.
– – –, **psophometric** = puissance *f*. psophométrique (Tp.).
– – –, **pulling** = effort *m*. de traction (Méc.).

(power)

– – –, **purchasing** = puissance *f*. d'achat (du client), pouvoir *m*. d'achat (du salaire).
– – –, **rated** = puissance *f*. nominale.
– – –, **radiated** = puissance *f*. radiée (R.), puissance *f*. émise (R.), puissance *f*. rayonnée (par une antenne) (R.).
– – –, **radiated, effective** = puissance *f*. apparente rayonnée (par une antenne dans une direction donnée) (R.).
– – –, **radiating** = puissance *f*. d'émission (R.), pouvoir *m*. émissif (R.).
– – –, **reactive** = [puissance *f*. déwattée] (E.), puissance *f*. réactive (E.).
– – –, **real** = puissance *f*. active.
– – –, **received** = puissance *f*. reçue (E.).
– – –, **reflective** = pouvoir *m*. réfléchissant.
– – –, **refractive** = réfringence *f*.
– – –, **reproduction** = pouvoir *m*. de résolution (Phot.).
– – –, **repulsive** = force *f*. répulsive (E.).
– – –, **reserve** = réserve *f*. de force, réserve *f*. disponible d'énergie.
– – –, **resolving** = pouvoir *m*. résolvant (d'un objectif, d'une émulsion) (Phot.).
– – –, **reverse** = choc *m*. en retour (E.).
– – –, **secondary** = puissance *f*. secondaire (Méc.), énergie *f*. secondaire (E.), puissance *f*. des heures creuses (E.).
– – –, **specific** = pouvoir *m*. spécifique.
– – –, **speech** = puissance *f*. vocale (Tp.).
– – –, **speech, acoustical** = puissance *f*. vocale (Tp.).
– – –, **speech, acoustical, instantaneous** = puissance *f*. vocale instantanée (Tp.).
– – –, **speech, peak** = pointe *f*. de puissance vocale (Tp.).
– – –, **speech, phonetic** = puissance *f*. vocale phonétique (Tp.).
– – –, **stand-by** = puissance *f*. de réserve, énergie *f*. de réserve, puissance *f*. de secours, énergie *f*. de secours.
– – –, **steam** = puissance *f*. de la vapeur, puissance *f*. thermique.
– – –, **super-** = à grande puissance.
– – –, **thermal** = puissance *f*. thermique.
– – –, **thermic** = puissance *f*. thermique.
– – –, **to** = actionner (un mécanisme).
– – –, **tractive** = puissance *f*. de traction, effort *m*. au crochet.
– – –, **transmitting** = pouvoir *m*. émetteur (R.).
– – –, **unit** = puissance *f*. unitaire, puissance *f*. réduite.
– – –, **useful** = puissance *f*. utile.
– – –, **vaporative** = pouvoir *m*. vaporisateur (d'un carburant).
– – –, **vector** = puissance *f*. vectorielle.
– – –, **water** = forces *f.p.* hydrauliques, énergie *f*. hydraulique, puissance *f*. hydraulique.
– – –, **wattless** = puissance *f*. réactive (E.).
– – –, **will-** = volonté *f*.
– – –, **wind** = houille *f*. incolore.
powered, air- = actionné à l'air.
– – –, **battery-** = alimenté (adj.) par pile (E.).
– – –, **electrically** = électrique (adj.).
– – –, **high-** = (auto *f*.) de haute puissance, (poste *m*.) de grande portée ou de haute puissance (R.).
– – –, **low-** = (auto *f*.) de faible puissance.

(powered)

– – –, **self-** = automoteur (adj.), automobile (adj.).
practical = pratique (adj.), d'ordre pratique.
practice = pratique *f.*, technique *f.*, usage *m.*, manière *f.*, méthode *f.*, système *m.*, entraînement *m.*, exercice *m.*
– – –, **approved** = méthode *f.* courante.
– – –, **construction** = mode *m.* d'exécution des travaux (C.), méthode *f.* de construction (C.).
– – –, **construction, sound** = règles *f.p.* de l'art (de la construction) (C.).
– – –, **engineering** = règles *f.p.* de l'art.
– – –, **fitting** = méthode *f.* d'ajustage (Méc.).
– – –, **most-approved** = pratique *f.* courante.
– – –, **recognized** = méthode *f.* éprouvée, pratique *f.* courante.
– – –, **shop** = technique *f.* d'atelier.
– – –, **usual** = pratique *f.* courante.
practices = règlement *m.* (Tp.), instruction *f.* (Tp.), V. « practice ».
– – –, **operating** = règles *f.p.* d'exploitation (Tp.).
pram = V. « preambulator ».
preambulator = landau *m.* (Ust.), pied-chariot *m.* (de caméra), voiture *f.* de bébé (Ust.).
preamplifier = préamplificateur *m.* (E.).
preassembled = tout monté.
precast = (béton *m.*) coulé d'avance ou préfabriqué.
precedence = priorité *f.*, préséance *f.*
precipitate = précipité *m.*, précipitant *m.*
precipitation = précipitation *f.* (H.).
precipitator = précipitant *m* , cuve *f.* de précipitation.
precision = précision *f.* (d'un calcul, d'une mesure, d'une balance, d'un tir), exactitude *f.* (d'un récit, d'une mesure, d'un compte), justesse *f.* (d'un instrument de mesure).
pre-emphasis = préaccentuation *f.* (d'une bande de fréquences) (E.).
prefabricate, to = préfabriquer (les éléments d'une maison, d'un navire).
prefabrication = préfabrication *f.* (d'éléments d'une maison).
prefix = préfixe *m.* (d'un mot), indicatif *m.* (Tp.).
preheat, to = réchauffer d'avance, dégourdir (l'eau, l'huile).
preheater = réchauffeur *m.*, dégourdisseur *m.* (M.).
– – –, **air** = réchauffeur *m.* d'air.
– – –, **oil** = réchauffeur *m.* de mazout.
preheating = réchauffage *m.* préalable.
premises = local *m.* (B.), locaux *m.p.* (B.), immeuble *m.* (B.).
– – –, **off-** = hors de l'établissement.
– – –, **on the** = sur les lieux, sur place, dans l'établissement.
premix = (mélange *m.* bitumineux) fabriqué en usine, (béton *m.*) préparé en centrale (à béton).
prentice = apprenti *m.* (O.).
preprint = tirage *m.* préliminaire (Imp.), prétirage *m.* (Imp.).
prerecorded = (ruban *m.*) préenregistré (adj.).
prerequisite = conditions *f.p.* d'admissibilité (à une faculté), conditions *f.p.* préalables ou préalable *m.* (à des négociations).
prescription = prescription *f* (médicale), ordre *m.*, ordonnance *f.* (du médecin).

prescriptions = dispositions *f.p.* (d'une loi), V. « prescription ».
preselection = présélection *f.* (Tp.), distributeur *m.* de chercheurs (Tp.).
preselector = présélecteur *m.* (Tp.).
preservation = conservation *f.* (des fruits), préservation *f.* (d'un mal, des aliments).
preservative = préservatif *m.*
– – –, **wood** = préservatif *m.* à bois.
preserve = réserve *f.* (For.), confiture *f.* (Ust.).
preserves = conserves *f.p.* (Ust.).
preset, to = régler d'avance, V. « set, to ».
press = presse *f.* (Méc.).
– – –, **arbor** = presse *f.* à mandriner.
– – –, **baling** = presse *f.* à balles, presse *f.* à emballer.
– – –, **bending** = presse *f.* à cintrer, presse *f.* à plier.
– – –, **bending, girder** = presse *f.* à cintrer les poutrelles.
– – –, **bending, hydraulic** = presse *f.* hydraulique à cintrer, presse *f.* hydraulique à plier.
– – –, **blanking** = presse *f.* à découper.
– – –, **Bramah** = presse *f.* hydraulique, presse *f.* de Bramah.
– – –, **broaching** = presse *f.* à mandriner (à la presse).
– – –, **cam** = presse *f.* à excentrique.
– – –, **casting** = serre *f.*
– – –, **cider** = pressoir *m.* à cidre (Ust.).
– – –, **coining** = presse *f.* monétaire, presse *f.* à estamper.
– – –, **copying** = presse *f.* à copier.
– – –, **corrugating** = presse *f.* à onduler les tôles.
– – –, **crank** = presse *f.* à manivelle.
– – –, **crank, multiple-** = presse *f.* à manivelles multiples.
– – –, **cutting** = coupoir *m.*, balancier-découpoir *m.*, poinçonneuse *f.*
– – –, **cutting-off** = presse *f.* à tronçonner, balancier *m* à tronçonner.
– – –, **cylinder** = presse *f.* à cylindre (Pap.).
– – –, **cylinder, flat bed** = presse *f.* en blanc (Imp.).
– – –, **dishing** = presse *f.* à emboutir.
– – –, **double-action** = presse *f.* à double effet.
– – –, **drill** = foreuse *f.* sur colonne, perceuse *f.*, foreuse *f.*
– – –, **drill, bench** = perceuse *f.* d'établi.
– – –, **drill, sensitive** = perceuse *f.* sensitive.
– – –, **drawing** = presse *f.* à tréfiler.
– – –, **drop** = presse *f.* à estamper.
– – –, **embossing** = presse *f.* à estamper en relief, timbre *m.* sec.
– – –, **embossing, knuckle-joint** = presse *f.* à estamper à genouillère.
– – –, **filter** = filtre-presse *m.*
– – –, **flanging** = presse *f.* à border.
– – –, **fly** = presse *f.* à vis et à balancier.
– – –, **foot** = presse *f.* à pied.
– – –, **forcing** = presse *f.* à emmancher (à force).
– – –, **forging** = presse *f.* à forger, marteau-pilon *m.*
– – –, **forging, drop-** = presse *f.* hydraulique à estamper.
– – –, **forming** = presse *f.* à former.
– – –, **friction dial-feed, automatic** = presse *f.* à plateau-revolver à friction.

(press)

- - -, **galley** = presse *f.* à galées (Imp.).
- - -, **gang** = presse *f.* sériée.
- - -, **gap** = presse *f.* à montants ouverts.
- - -, **hand** = presse *f.* à bras.
- - -, **hay** = presse *f.* à fourrage (Agr.), presse *f.* à foin (Agr.).
- - -, **honey** = pressoir *m.* à pied (Ust.).
- - -, **horning** = presse *f.* à border.
- - -, **hydraulic** = presse *f.* hydraulique.
- - -, **inclinable** = presse *f.* inclinable.
- - -, **mandrel** = presse *f.* à mandrin.
- - -, **mould** = machine *f.* à mouler sous pression.
- - -, **offset** = presse *f.* offset (Imp.), presse *f.* rotocalco (Imp.).
- - -, **oil** = pressoir *m.* à huile.
- - -, **patten** = presse *f.* à platine (Imp.).
- - -, **pendulum** = presse *f.* à pendule.
- - -, **percussion** = presse *f.* à percussion.
- - -, **perfecting** = machine *f.* à double impression (Imp.), presse *f.* à retiration.
- - -, **perforating** = poinçonneuse *f.*, presse *f.* à poinçonner.
- - -, **power** = presse *f.* mécanique.
- - -, **printing** = presse *f.* d'imprimerie (Imp.), presse *f.* à imprimer (Imp.).
- - -, **printing, rotary** = rotative *f.* (M.) (Imp.).
- - -, **punch** = presse *f.* à découper.
- - -, **reducing** = emboutisseuse *f.*
- - -, **repressing** = rabatteuse *f.*
- - -, **rolling** = presse *f.* à cylindres.
- - -, **screw** = presse *f.* à vis.
- - -, **second** = presse *f.* coucheuse (Pap.).
- - -, **service** = presse *f.* universelle.
- - -, **single-action** = presse *f.* à simple effet.
- - -, **stamping** = emboutisseuse *f.*, estampeuse *f.*, presse *f.* à emboutir.
- - -, **stamping, die-** = presse *f.* à emboutir.
- - -, **staple** = brocheuse *f.*
- - -, **steam** = presse *f.* mécanique.
- - -, **straightening** = presse *f.* à redresser, presse *f.* à dresser.
- - -, **straining** = presse *f.* à passoire.
- - -, **tire** = presse *f.* à bandage.
- - -, **to** = matricer (le métal), estamper (le cuir, le métal), emboutir (une tôle), presser (un complet) (Canada).
- - -, **to - - - in** = enfoncer.
- - -, **trimming** = presse *f.* à riblons, presse *f.* à ébarber.
- - -, **upsetting** = presse *f.* à refouler.
- - -, **veneer** = presse *f.* à placage, presse *f.* à plaquer.
- - -, **veneering** = presse *f.* à plaquer.
- - -, **vise** = presse *f.* à vis.
- - -, **water** = presse *f.* hydraulique.
- - -, **web-fed** = presse *f.* à papier continu (Imp.).
- - -, **wet** = presse *f.* enrouleuse (Pap.).
- - -, **wine** = pressoir *m.*
presser, vegetable = presse-légumes *m.* (Ust.), presse-purée *m.* (Ust.).
pressing = emboutissage *m.* (Méc.), estampage *m.* (Méc.), pressage *m.* (d'un complet) (Canada), essorage *m.* ou pressage *m.* (du papier) (Pap.).
- - -, **hot** = emboutissage *m.* à chaud, matriçage *m.* à

(pressing)

chaud.
pressman = pressier *m.* (Imp.), presseur *m.*, reporter *m.*
presspahn = presspahn *m.* (E.), carton *m.* isolant (E.).
pressure = pression *f.* (Méc.), tension *f.* (E.), poussée *f.* (Méc.), voltage *m.* (E.), effort *m.* exercé (sur la pédale de frein) (Auto.).
- - -, **absolute** = pression *f.* absolue.
- - -, **acoustic** = pression *f.* acoustique (R.).
- - -, **active** = pression *f.* effective.
- - -, **admission** = pression *f.* d'admission.
- - -, **air** = pression *f.* d'air.
- - -, **at full** = sous toute pression.
- - -, **atmospheric** = pression *f.* atmosphérique.
- - -, **back-** = contre-pression *f.*, reflux *m.* ou refluement *m.* (d'une conduite d'eau) (B.).
- - -, **barometric** = pression *f.* barométrique.
- - -, **blast** = pression *f.* du vent (des tuyères).
- - -, **boiler** = pression *f.* de chaudière.
- - -, **brake** = serrage *m.* de frein (Auto.).
- - -, **calibration** = tension *f.* d'étalonnage.
- - -, **constant** = pression *f.* constante.
- - -, **deflection** = pression *f.* de déviation (d'une turbine).
- - -, **delivery** = pression *f.* de refoulement.
- - -, **differential** = pression *f.* différentielle.
- - -, **downward** = pression *f.* de haut en bas.
- - -, **driving** = pression *f.* motrice.
- - -, **dynamic** = pression *f.* dynamique.
- - -, **earth** = poussée *f.* des terres (C.).
- - -, **earth, passive** = butée *f.* des terres (C.).
- - -, **effective** = pression *f.* effective.
- - -, **effective, mean** = pression *f.* effective moyenne.
- - -, **effective, mean, indicated** = pression *f.* effective moyenne nominaie.
- - -, **electric** = tension *f.* électrique (E.).
- - -, **electrostatic** = pression *f.* électrostatique (E.).
- - -, **equalizing** = pression *f.* de compensation, tension *f.* de compensation.
- - -, **excess** = surpression *f.*
- - -, **full** = pleine pression.
- - -, **gas** = pression *f.* des gaz.
- - -, **high-** = à haute pression, à haute tension.
- - -, **hydraulic** = pression *f.* hydraulique.
- - -, **hydrostatic** = pression *f.* hydrostatique.
- - -, **initial** = pression *f.* initiale.
- - -, **intake** = pression *f.* d'admission.
- - -, **internal** = pression *f.* intérieure.
- - -, **low** = basse pression.
- - -, **mean** = pression *f.* moyenne.
- - -, **negative** = contre-pression *f.*, dépression *f.*
- - -, **operating** = pression *f.* de service.
- - -, **osmotic** = pression *f.* osmotique.
- - -, **over-** = surpression *f.*
- - -, **perfecting** = presse *f.* à retiration (Imp.).
- - -, **permissible** = charge *f.* admissible (Méc.).
- - -, **relative** = pression *f.* relative.
- - -, **shut-in** = pression *f.* statique (d'un puits).
- - -, **sound** = pression *f.* du son, pression *f.* sonore.
- - -, **spring** = pression *f.* d'un ressort (Méc.).
- - -, **static** = pression *f.* statique (H., E.).
- - -, **steam** = tension *f.* de vapeur.
- - -, **super-high** = très haute pression.

(pressure)

– – –, **supply** = tension *f.* de distribution (E.), pression *f.* de l'eau de distribution (d'une ville) (H.), pression *f.* de l'eau d'approvisionnement (d'une maison, d'une ville) (H.), pression *f.* de l'eau d'alimentation (d'une chaudière) (Méc.).

– – –, **terminal** = pression *f.* finale.

– – –, **test** = surcharge *f.* d'épreuve, pression *f.* d'épreuve.

– – –, **tire** = pression *f.* de gonflage (de pneu).

– – –, **upward** = pression *f.* de bas en haut.

– – –, **vapor** = tension *f.* de vapeur.

– – –, **vapor, saturated** = tension *f.* de saturation.

– – –, **water** = poussée *f.* de l'eau, pression *f.* de l'eau.

– – –, **wheel** = pression *f.* sur les roues.

– – –, **wind** = poussée *f.* du vent.

– – –, **working** = tension *f.* normale (E.), pression *f.* de fonctionnement (Méc.), pression *f.* effective (Méc.), pression *f.* de régime (Méc.), pression *f.* de service (Méc., H.).

pressurization = pressurisation *f.* (Av., Tp.), mise *f.* sous pression (Av.).

– – –, **cable** = mise *f.* sous pression de câbles (Tp.), pressurisation *f.* de câbles (Tp.).

pressurize, to = pressuriser (une carlingue) (Av.), mettre (un câble) sous pression (Tp.).

presswood = panneau *m.* d'aggloméré.

prestress = précontrainte *f.* (C.).

prestressed = (béton *m.*) précontraint *m.* (ou adj.).

prestressing = précontrainte *f.*

prevailing = (vent *m.*) dominant, existant (adj.), (prix *m.*) en vigueur ou actuel (adj.), (salaire *m.*) courant (adj.).

prevention = précautions *f.p.* (contre les accidents), mesures *f.p.* préventives, prévention *f.*

– – –, **accident** = prévention *f.* des accidents.

– – –, **fire** = prévention *f.* des incendies.

– – –, **rust** = protection *f.* contre la rouille, parkérisation *f.*

preventive, mist = antibuée *m.*

– – –, **rust** = antirouille *m.*

preview = avant-première *f.*

price = prix *m.*

– – –, **average** = prix *m.* moyen.

– – –, **bargain** = prix *m.* de solde.

– – –, **basic** = prix *m.* de base.

– – –, **contract** = prix *m.* à fortait.

– – –, **cost** = prix *m.* de revient, prix *m.* coûtant.

– – –, **current** = prix *m.* courant.

– – –, **factory** = prix *m.* de fabrique.

– – –, **list** = prix *m.* marqué, prix courant *m.*

– – –, **manufacturer's** = prix *m.* de fabrique.

– – –, **per foot run** = prix *m.* par pied courant.

– – –, **reduced** = prix *m.* réduit.

– – –, **sale** = prix *m.* de solde.

– – –, **selling** = prix *m.* de vente.

– – –, **unit** = prix *m.* unitaire.

prick, to = repérer, faire un point, crever (un ballon).

pricker = poinçon *m.* (Méc.), ringard *m.* (Méc.), nettoie-bec *m.* (de chalumeau).

pricking = décrassage *m.* (d'une grille) (Méc.), piquage *m.* (d'une chaudière) (Méc.).

primary = primaire *m.* (ou adj.), (induit *m.*) principal (adj.), (couleur *f.*) fondamentale (adj.).

prime, to = amorcer (une pompe, un carburateur, un moteur), apprêter (une surface à peindre), faire le plein des chaudières.

primer = amorceur *m.* (d'un moteur), amorce *f.* (d'une charge de dynamite), couche *f.* d'impression.

– – –, **asphalt** = bitume *m.* d'impression.

– – –, **detonating** = amorce *f.*

– – –, **engine** = amorceur *m.* de moteur.

– – –, **metal** = apprêt *m.* à métaux (C.).

– – –, **motor** = amorceur *m.* de moteur.

– – –, **starting** = amorceur *m.* de moteur.

priming = amorçage *m.* (d'un moteur, d'une pompe), première couche *f.* (de peinture), couche *f.* d'impression.

– – –, **electric** = amorce *f.* electrique.

– – –, **grid** = polarisation *f.* grille (R.).

– – –, **self-** = à auto-amorçage *m.*, à amorçage automatique.

– – –, **shop** = couche *f.* d'impression à l'atelier.

print = imprimé *m.*, impression *f.*, bleu *m.*, tirage *m.* (d'un dessin), épreuve *f.* ou copie *f.* (Phot.).

– – –, **black and white** = impression *f.* en noir et blanc (Imp.).

– – –, **blue** = bleu *m.*, copie *f.*, photocalque *m.*

– – –, **butter** = moule *m.* à beurre (Agr.).

– – –, **colour** = imprimé *m.* polychrome (Imp.), planche *f.* en couleur (Imp.).

– – –, **contact** = copie *f.* par contact (Phot.).

– – –, **dull** = fini *m.* mat (Phot.).

– – –, **glossy** = épreuve *f.* glacée (Phot.).

– – –, **monochrome** = impression *f.* monochrome (Imp.).

– – –, **muddly** = épreuve *f.* galeuse (Imp.).

– – –, **multicolour** = polychromie *f.* (Imp.).

– – –, **off-** = tirage *m.* à part, tiré-à-part *m.*

– – – **-out** = imprimé *m.*

– – – **-out, computer** = imprimé *m.* mécanographique (Inf.).

– – –, **photo-** = photocalque *m.*, photocopie *f.*

– – – **-through** = écho *m.* magnétique (dans une bande sonore).

printer = imprimeur *m.* (O.), tireuse *f.* (Phot.).

– – –, **master** = maître *m.* imprimeur (O.).

– – –, **Morse** = traducteur *m.* imprimeur.

– – –, **optical** = tireuse *f.* optique ou truca *f.* (Phot.).

– – –, **tape** = télescripteur *m.*, appareil *m.* imprimeur sur bande.

printing = tirage *m.*, impression *f.*

– – –, **blue** = tirage *m.* de bleus.

– – –, **collotype** = phototypie *f.* (Imp.), collotypie *f.* (Imp.).

– – –, **colour, cold** = fluorographie *f.* (Imp.).

– – –, **contact** = tirage *m.* par contact (Phot.).

– – –, **design** = impression *f.* à motifs.

– – –, **double** = doublage *m.* (Imp.).

– – –, **embossed** = impression *f.* soulevée.

– – –, **intaglio** = gravure *f.*, impression *f.* en creux (Imp.).

– – –, **job** = travaux *m.p.* de ville (Imp.).

– – –, **letterpress** = typographie *f.*

– – –, **light** = épreuve *f.* floue (Imp.).

– – –, **plate** = gravure *f.* sur acier (Imp.), taille-douce *f.* (Imp.).

– – –, **process** = chromotypographie *f.* (Imp.),

(printing)

polychromie *f.* (Imp.).

– – –, **relief** = impression *f.* en relief.

– – –, **rotogravure** = rotogravure *f.* (Imp.), héliogravure *f.* rotative (Imp.).

– – –, **three-colour** = trichromie *f.* (Imp.).

– – –, **wet** = impressions *f.p.* simultanées (Imp.).

priority = priorité *f.* (Auto.), antériorité *f.* (d'un droit), (voiture *f.*, message *m.*) prioritaire (adj.).

prism = prisme *m.*

– – –, **polarizing** = nicol *m.* polarisateur.

pritchel, horseshoer's = poinçon *m.* de maréchalferrant.

privacy of communications = secret *m.* des communications (Tp., Tg.).

probation = épreuve *f.*, examen *m.*, essai *m.*

probe = nettoie-bec *m.* (de chalumeau), sonde *f.*

procedure = procédé *m.*, marche *f.* à suivre, procédure *f.* (civile, criminelle), mode *m.* opératoire.

– – –, **alignment** = méthode *f.* de réglage (R., Tv.), réglage *m.* (R., Tv.), alignement *m.* (R., Tv.).

– – –, **approach** = procédure *f.* d'approche (Av.).

– – –, **sampling** = méthode *f.* d'échantillonnage.

– – –, **working** = méthode *f.* de travail, processus *m.*, mode *m.* opératoire.

process = procédé *m.*, processus *m.*, méthode *f.*, opération *f.*

– – –, **bio-chemical** = procédé *m.* biochimique (d'épuration des eaux).

– – –, **chemical** = processus *m.* chimique.

– – –, **collotype** = phototypie *f.* (Imp.), collotypie *f.* (Imp.).

– – –, **converting** = procédé *m.* de transformation (Pap.).

– – –, **decision-making** = processus *m.* décisionnel.

– – –, **dry** = procédé *m.* par voie sèche (Chim.).

– – –, **flushing** = (procédé *m.* par) effluence *f.* (pour la pigmentation d'une peinture).

– – –, **freezing** = procédé *m.* de creusement par congélation préalable du sol (C.).

– – –, **manufacturing** = procédé *m.* de fabrication.

– – –, **offset** = tirage *m.* par report (Imp.), tirage *m.* en offset, rotocalcographie *f.* (Imp.).

– – –, **photo** = reproduction *f.* par procédés photomécaniques (Imp.).

– – –, **photo-gelatin** = phototypie *f.* (Imp.).

– – –, **puddling** = puddlage *m.* (Mét.).

– – –, **quadricolour** = quadrichromie *f.* (Imp.).

– – –, **scale free** = procédé *m.* antioxyde (Mét.).

– – –, **silk screen** = procédé *m.* au pochoir sur soie (Imp.).

– – –, **sulphate** = procédé *m.* au sulfate (Pap.).

– – –, **sulphite** = procédé *m.* au bisulfite (Pap.).

– – –, **to** = transformer ou traiter (une matière première).

– – –, **tricolour** = trichromie *f.* (Imp.).

– – –, **vacuum** = mise *f.* en place du béton par pompage.

– – –, **wet** = procédé *m.* par voie humide (Chim.).

processing = traitement *m.* ou transformation *f.* (d'une matière première).

– – –, **batch** = (travail *m.* en) temps *m.* réservé.

– – –, **data** = traitement *m.* des données, ordination *f.*

– – –, **information** = informatique *f.*

procurement = approvisionnement *m.*

prod = pointe *f.* de contact (E.), broche *f.* (Méc.), poinçon *m.* (Méc.).

– – –, **test** = sonde *f.*

produce, to = mettre en ondes (R.), réaliser (une présentation), fabriquer (des marchandises), rapporter (un profit), créer (le vide), fournir (des documents), exhiber (des reçus), prolonger (une ligne).

producer = réalisateur *m.* (O.), metteur *m.* en ondes (O.) (R.), producteur *m.* (O.) (c.-à-d. celui qui assume la responsabilité financière d'une émission) (R., Tv.).

– – –, **gas** = gazogène *m.*

– – –, **vacuum, jet** = trompe *f.* à eau.

product = produit *m.*, V. « products ».

– – –, **end** = produit *m.* final.

– – –, **final** = produit *m.* final.

– – –, **finished** = produit *m.* fini.

– – –, **manufactured** = produit *m.* fabriqué.

– – –, **refined** = produit *m.* raffiné (du pétrole).

– – –, **scalar** = produit *m.* scalaire.

– – –, **semi-finished** = produit *m.* semi-fini.

– – –, **vectorial** = produit *m.* vectoriel.

production = production *f.* (d'un son), fabrication *f.* (d'une pièce), génération *f.* (de la vapeur), réalisation *f.* (Tv.), mise *f.* en ondes (R.), tirage *m.* (Imp.).

– – –, **chain** = fabrication *f.* à la chaîne.

– – –, **continuous** = rendement *m.* continu.

– – –, **mass** = fabrication *f.* en série, fabrication *f.* intensive.

– – –, **moving-band** = travail *m.* à la chaîne.

– – – **of heat** = production *f.* de chaleur.

– – –, **quantity** = production *f.* en quantités industrielles.

– – –, **series** = fabrication *f.* en série, fabrication *f.* courante.

– – –, **stock** = fabrication *f.* en série.

products of combustion = produits *m.p.* de la combustion.

– – –, **modulation** = produits *m.p.* de modulation, modulats *m.p.*

– – –, **oil** = dérivés *m.p.* du pétrole.

– – –, **rolled** = produits *m.p.* laminés.

– – –, **secondary** = sous-produits *m.p.*

profile = profil *m.*, calibre *m.* (de tourneur) (Méc.).

– – –, **jig** = profil *m.* pour montage (Méc.).

– – – **of a tooth** = profil *m.* d'une dent (Méc.).

– – – **of the road** = profil *m.* de la route.

– – –, **to** = mouluer (une pièce de bois), fraiser en bout (Méc.), profiler (une corniche) (B.), chantourner (une bordure) (Méc., B.).

profiling = moulure *f.* (Méc., C.), fraisage *m.* en bout (Méc.), profilage *m.* (Méc., B.).

profit = bénéfice *m.*

– – –, **clear** = profit *m.* clair et net.

– – –, **gross** = profit *m.* brut.

program(me) = émission *f.* (R., Tv.), programme *m.* (politique, radiophonique, de télévision), horaire *m.* (des émissions) (R., Tv.).

– – –, **entertainment** = émission *f.* de divertissement (Tv., R.).

– – –, **housing** = programme *m.* de construction

(program(me)

d'habitations.
- - -, **maintenance** = programme *m.* de maintenance périodique (Tp.).
- - -, **piped** = programme *m.* transmis par circuit téléphonique.
- - -, **to** = programmer, inclure dans un programme.
- - -, **training and development** = programme *m.* de formation et de perfectionnement (des enployés).
programmer = programmateur *m.* (des spectacles) (O.), programmeur *m.* (d'un ordinateur électronique) (O.), programmateur *m.* (M.).
programming = programmation *f.*
progress = cours *m.* (des événements), avancement *m.* (des travaux), cheminement *m.* (des pièces dans une usine), étapes *f.p.* successives (d'un voyage), marche *f.* (du temps), (siècle *m.* de) progrès *m.*
- - -, **in** = (émission *f.*) en cours, (travaux *m.p.*) en marche.
project = projet *m.*, ensemble *m.* d'un chantier.
- - -, **housing** = projet *m.* de construction d'habitations.
- - -, **integrated** = projet *m.* d'ensemble.
- - -, **preliminary** = avant-projet *m.*
- - -, **to** = faire saillie, déborder, dépasser, projeter un plan.
projecting = en saillie (C.), en porte-à-faux (C.).
projection = projection *f.* (de la lumière), saillie *f.* (B.), mentonnet *m.* (Méc.), ressaut *m.* (B.), prolongement *m.* (C.).
- - - **of cornice** = surplomb *m.* de la corniche (B.).
- - -, **side** = coupe *f.* (d'un plan).
projector = projecteur *m.*
- - -, **aerial** = réflecteur *m.* d'antenne (en arrière de l'antenne active) (R.).
- - -, **electric** = projecteur *m.* électrique.
- - -, **flame** = lance-flammes *m.*
- - -, **light, ceiling** = projecteur *m.* pour la détermination de la hauteur des nuages.
- - -, **overhead** = diascope *m.* (Phot.).
- - -, **picture** = projecteur *m.*
- - -, **viewgraph** = diascope *m.*
- - -, **viewlight** = épiscope *m.*
projecture = saillie *f.* (B.), projecture *f.* (B.).
prolate = allongé (adj.).
promote, to = faire de la réclame pour (un produit), promouvoir ou donner de l'avancement à (un employé), encourager (une irritative), mettre (un projet) en oeuvre, stimuler (les ventes), favoriser (la culture), lancer (une affaire).
promoter = instigateur *m.*, auteur *m.* (d'un projet), promoteur *m.* (d'une entreprise).
promotion = promotion *f.*, avancement *m.*
- - -, **sales** = promotion *f.* des ventes.
prone = incliné (adj.), couché (adj.).
prong = broche *f.* (d'une lampe), griffe *f.* (d'un mandrin) (Méc.), pointe *f.*, branche *f.* (d'un aimant en fer à cheval), dent *f.* ou fourchon *m.* (d'une fourche) (Agr.).
- - -, **eel** = foëne *f.*
proof = preuve *f.* (de culpabilité), épreuve *f.* (d'une méthode), à l'abri de. . . .
- - -, **acid-** = inattaquable (adj.) aux acides, résistant

(proof)

(adj.) aux acides.
- - -, **air-** = hermétique (adj.).
- - -, **alkali** = résistant aux alcalis, inattaquable (adj.) aux alcalis.
- - -, **author's** = épreuve *f.* d'auteur (Imp.).
- - -, **bullet** = à l'épreuve des balles.
- - -, **burglar-** = incrochetable (adj.).
- - -, **clean** = épreuve *f.* d'auteur (Imp.).
- - -, **cold-** = à l'épreuve du froid.
- - -, **crash-** = (voiture *f.*) antichocs (Auto.).
- - -, **damp-** = hydrofuge (adj.), imperméable (adj.).
- - -, **damp-, to** = hydrofuger, imperméabiliser.
- - -, **drip-** = à l'épreuve de la pluie, abrité (adj.).
- - -, **dust-** = à l'épreuve de la poussière, à l'abri des poussières.
- - -, **explosion-** = antidéflagrant (adj.).
- - -, **fire-** = (enduit *m.*) ignifuge (adj.), incombustible (adj.), ininflammable (adj.), (appareil *m.*) antidéflagrant (adj.), réfractaire (adj.), qui résiste au feu.
- - -, **fire-, to** = ignifuger.
- - -, **flame-** = ignifuge (adj.), ininflammable (adj.).
- - -, **fool-** = à toute épreuve, indéréglable (adj.).
- - -, **friction-** = antifriction *m.*
- - -, **frost-** = résistant à la gelée, (matériau *m.*) ingélif (adj.).
- - -, **fungus- (or fungi-)** = protégé (adj.) contre les moisissures.
- - -, **galley** = épreuve *f.* en galée (Imp.). placard *m.* (Imp.), épreuve *f.* en placard (Imp.).
- - -, **gas-** = à l'épreuve des gaz.
- - -, **grease-** = résistant (adj.) à l'action des huiles et graisses.
- - -, **heat-** = (peinture *f.*) allant au feu, (substance *f.*) calorifuge (adj.).
- - -, **leak-** = étanche (adj.).
- - -, **light-** = opaque (adj.).
- - -, **moisture-** = à l'épreuve de l'humidité.
- - -, **moth-** = à l'épreuve des mites, antimite *m.* (ou adj.).
- - -, **oil-** = étanche (adj.) à l'huile.
- - -, **over-** = (alcool *m.*) au-dessus de preuve.
- - -, **page** = épreuve *f.* en pages (Imp.).
- - -, **press** = tierce (Imp.), épreuve *f.* en tierce (Imp.), morasse *f.* (d'un journal) (Imp.).
- - -, **progressive** = épreuve *f.* à report (Imp.), épreuves-gammes *f.p.* (Imp.).
- - -, **puncture-** = increvable (adj.) (Auto.).
- - -, **quake-** = résistant aux tremblements de terre (C.).
- - -, **rain-** = V. « rainproof ».
- - -, **rot-** = imputrescible (adj.).
- - -, **run-** = (rayonne *f.*) indémaillable (adj.).
- - -, **rust-** = inoxydable (adj.).
- - -, **shake-** = (écrou *m.*) indesserrable (adj.).
- - -, **shock-** = antichoc (adj.).
- - -, **slip** = placard *m.* (Imp.).
- - -, **sound-** = isolant (adj.), insonore (adj.).
- - -, **sound-, to** = V. « sound-proof, to ».
- - -, **steam-** = étanche (adj.) à la vapeur.
- - -, **storm-** = à l'épreuve de la tempête.
- - -, **tear-** = indéchirable (adj.).
- - -, **theft-** = antivol (adj.).

(proof)

- - -, **thief-** = à l'épreuve des voleurs.
- - -, **trouble-** = à toute épreuve, indéréglable (adj.).
- - -, **under-** = (alcool m.) au-dessous de preuve.
- - -, **vapor-** = étanche (adj.) à la vapeur, inattaquable (adj.) à la vapeur.
- - -, **vibration-** = antivibratoire (adj.), à l'abri des vibrations.
- - -, **water-** = V. « waterproof ».
- - -, **weather-** = à l'épreuve des intempéries, (vêtement m.) imperméable (adj.), (toiture f.) étanche (adj.), (bois m.) imputrescible (adj.).
- - -, **wind-** = protégé contre le vent, à l'épreuve du vent.
proofing, damp = imperméabilisation f. (B.).
- - -, **fungus** = tropicalisation f. (du bois) (B.).
- - -, **oil** = imperméabilisation f. (du béton) à l'huile (B., C.).
- - -, **rust-** = protection f. (des métaux) contre la rouille.
- - -, **sound-** = isolement m. acoustique (B.), insonorisation f. (des murs) (B.).
- - -, **weather-** = protection f. contre les intempéries.
proofs = épreuves f.p. (Imp.), témoins m.p. (non rognés) (Imp.).
- - -, **advance** = épreuves f.p. avant la lettre (Imp.).
- - - **before the letter** = épreuves f.p. avant la lettre (Imp.).
prop = étançon m. (C.), chandelle f. (C.), support m. (C.), étai m. (C.), appui m. (C.), étrésillon m. (C.), béquille f. (C.), pointal m. (B.), V. « props ».
- - -, **cart** = chambrière f.
- - -, **pit** = étai m. de mine.
- - -, **to** = étançonner (un mur, des terres minées), étayer (une muraille), étrésillonner (une tranchée).
propagate, to = se propager.
propagation = propagation f. (des ondes) (R.).
- - -, **flame** = propagation f. de flamme.
- - -, **hop** = propagation f. par réflexions successives.
- - -, **multipath** = propagation f. (ou transmission f.) par trajets multiples (R.).
- - - **of light** = propagation f. de la lumière.
- - -, **standard** = propagation f. normale (R.).
- - -, **wave** = propagation f. des ondes (R.).
propel, to = propulser, mouvoir, actionner.
propellant = propergol m. (Av.), combustible m. (à fusée).
propelled, jet = (avion m.) à réaction.
- - -, **mechanically** = à propulsion mécanique.
- - -, **power-** = à propulsion mécanique.
- - -, **self-** = à autopropulsion, autopropulsé (adj.), automoteur (adj.).
propellent = propulseur (adj.), propulsif (adj.).
propeller = propulseur m. (Méc.), hélice f. (Av., Mar.).
- - -, **driving** = hélice f. propulsive (Av.).
- - -, **elevating** = hélice f. sustentatrice (Av.).
- - -, **geared-down** = hélice f. démultipliée.
- - -, **left-hand** = hélice f. pas à gauche (Av.).
- - -, **pulling** = hélice f. tractive (Av.).
- - -, **pushing** = hélice f. propulsive (Av., Mar.).
- - -, **right-hand** = hélice f. pas à droite.
- - -, **screw** = hélice f. (Mar.).
- - -, **three-bladed** = hélice f. à trois ailes, hélice f. à trois pales.

(propeller)

- - -, **turbo-** = turbopropulseur m. (Av.).
- - -, **variable-pitch** = hélice f. à pas variable (Av.).
propelling, self- = autopropulseur (adj.), automoteur (adj.).
propene = propylène m. ou propène m. (Chim.).
property = propriété f. (de la matière), caractéristique f. (d'un logarithme), immeuble m., propriété f. (d'un homme), biens m.p. (meubles, immeubles, publics, privés).
- - -, **assessable** = biens m.p. imposables, propriété f. imposable.
- - -, **erasing** = résistance f. à l'effaçure (d'un papier) (Imp.).
- - -, **inherent** = attribut m.
- - -, **insulating** = pouvoir m. isolant (C., E.).
- - -, **joint** = propriété f. indivise.
- - -, **lubricating** = pouvoir m. lubrifiant.
- - -, **mechanical** = propriété f. mécanique.
- - -, **private** = propriété f. privée, biens m.p. privés.
- - -, **public** = domaine m. public.
- - -, **real** = propriété f. immobilière, bien-fonds m.
- - -, **setting** = caractéristique f. de prise (du béton).
- - -, **shattering** = brisance f.
proportion = rapport m. (de deux grandeurs, de deux quantités), proportion f. (des ailes avec le corps du bâtiment), (signal m.) fonction f. (de (la variation de fréquence) (R.).
- - -, **to** = doser (un mélange), coter (un plan), déterminer les dimensions de. . . . .
proportional = proportionnel (adj.), en proportion de, proportionné à. . .
proportioner = doseur m. (I.).
proportioning = dosage m. (d'un mélange), détermination f. des dimensions.
proportions, constituent = proportion f. constitutive (d'un dosage).
- - -, **mixing** = dosage m. (du béton).
- - - **of a building** = proportions f.p. d'un édifice.
proposal = soumission f., offre f., proposition f.
- - -, **sealed** = soumission f. cachetée.
proppet = béquille f. (C.), chandelle f. de soutien (C.).
propping = étayage m. (d'une muraille) (C.), étançonnement m. (des terres minées, d'un mur) (C.), étrésillonnement m. (d'une tranchée).
props of a wall = chevalement m. (B.), V. « prop ».
propulsed, self- = automoteur (adj.).
propulsion = propulsion f., mise f. en mouvement, lancement m.
propylene = propylène m. ou propène m. (Chim.).
pro rata = au prorata.
pros and cons = avantages m.p. et inconvénients m.p., le pour et le contre.
prospect, to = prospecter (Mi.).
prospection = prospection f.
prospector = prospecteur m. (O.).
- - -, **oil** = chercheur m. d'huile.
protect, to = abriter, protéger, garder.
- - -, **to** - - **from freezing** = protéger (le béton) contre l'action du gel.
protected, semi- = (appareil m.) semi-protégé.
protecting = de protection, protecteur (adj.).
protection = protection f., abri m. (contre le vent), blindage m. (Méc.), disjoncteur m. automatique

(protection)

(d'un appareil) (E.).

- - -, **anti-inductive** - - - **for telephone circuits** = anti-induction *f.* des circuits téléphoniques (Tp.).
- - -, **back up** = protection *f.* de réserve (E.).
- - -, **bus-bar** = disjoncteur *m.* (E.), coupe-circuit *m.* (E.).
- - -, **cathodic** = protection *f.* cathodique (de canalisations enterrées) (Tp.).
- - -, **electric** = protection *f.* cathodique (de canalisations enterrées) (Tp.).
- - -, **fire** = protection *f.* contre l'incendie.
- - -, **leakage** = système *m.* de protection contre les défauts d'isolement (E.).
- - -, **low-voltage** = disjoncteur *m.* à minimum (E.).
- - - **of telecommunication lines** = protection *f.* des lignes de télécommunication (Tp.).
- - -, **open-phase** = disjoncteur *m.* de phase (E.).
- - -, **overload** = protection *f.* contre les surcharges (E.), disjoncteur *m.* à maximum (E.).
- - -, **power, reverse** = système *m.* de protection à retour de puissance (E.).
- - -, **radio link** = protection *f.* par liaison radio.
- - -, **selective** = système *m.* de protection sélectif (E.).
- - -, **surge** = protection *f.* contre les surintensités (E.).
- - -, **time-limit** = système *m.* de protection à action différée (E.).
- - -, **under-voltage** = protection *f.* à minimum de tension (E.), disjoncteur *m.* à minimum (E.).
- - -, **weather** = protection *f.* contre les intempéries (B.).
- - -, **weather, cold** = protection *f.* par temps froid (B.).
- - -, **weather, hot** = protection *f.* par temps chaud (B.).
- - -, **wire, pilot** = protection *f.* par fils pilotes (E.).
protective = de protection, protecteur (adj.).
protector = protecteur *m.* d'une machine), fusible *m.* (E.), coupe-circuit *m.* (E.).
- - -, **boot** = ferrure *f.* pour chaussures.
- - -, **carbon-block** = parafoudre *m.* à charbon (Tp.).
- - -, **chain** = couvre-chaîne *m.* (Méc.).
- - -, **eye** = lunettes *f.p.* d'automobiliste, lunettes *f.p.* de protection, lunettes *f.p.* de sécurité.
- - -, **high-tension** = fusible *m.* pour haute tension (E.).
- - -, **high-voltage** = fusible *m.* pour haute tension (E.).
- - -, **lightning** = parafoudre *m.*
- - -, **mounting** = protecteur *m.* des montants verticaux (Tp.).
- - -, **overload** = déclencheur *m.* à maximum d'intensité (E.), fusible *m.* à maximum.
- - -, **tank** = protège-réservoir *m.* (Auto.).
- - -, **tree** = protecteur *m.* d'arbres (en fil métallique).
protectorate = protectorat *m.*
pro tempore = (mesure *f.*) temporaire (adj.), (ministère *m.*) intérimaire (adj.), (gouverner) par intérim.
proton = proton *m.* (E.).
protoxide = protoxyde *m.*
protraction = relevé *m.* (d'un lot à bâtir), prolongation *f.* (d'un congé), tracé (d'un terrain) à l'échelle.
protractor = rapporteur *m.* (I.).
- - - **bevel** = sauterelle *f.*, rapporteur *m.* oblique, rap-

(protractor)

porteur *m.* d'atelier.
- - -, **circular** = rapporteur *m.* à limbe complet.
- - -, **saw** = rapporteur *m.* (d'angles).
protruding = en saillie, saillant (adj.).
- - -, **non-** = encastré.
protrusion = saillie *f.* (C.), sortie *f.* (C.).
prove, to = mettre à l'épreuve (Méc.), essayer (une machine), établir (la vérité), prouver (l'existence de Dieu).
provision = provision *f.* (de capitaux), vivres *f.p.*, prévision *f.* (pour moins-value), article *m.* ou clause *f.* (d'un contrat), mesure *f.* (préventive), disposition *f.* (de la loi).
provisional = provisoire (adj.).
proviso = clause *f.* conditionnelle (d'un contrat), disposition *f.* restrictive.
proximity = voisinage *m.*, proximité *f.*
prune = pruneau *m.*
- - -, **to** = tailler (un arbre d'ornement, un rosier), émonder (un arbre), élaguer (les branches mortes).
pruners = sécateur *m.* (I.), émondoir *m.* (I.), ébranchoir *m.* (I.).
- - -, **tree** = ébranchoir *m.* (I.), émondoir *m.* (I.).
pruning = taille *f.* (d'un arbre fruitier), émondage *m.* (des arbres), élagage *m.* (d'une branche).
pry = levier *m.* (I.).
- - -, **to** = mouvoir à l'aide d'un levier.
P.S. = V. « postscript ».
psi = V. « pounds per square inch ».
psophometer = psophomètre *m.* (Tp.).
psychrometer = psychromètre *m.*
pt. = V. « pint ».
P.T. = V. « training, physical ».
publisher = éditeur *m.*
puddle = flaque *f.* d'eau, mare *f.*, glaise *f.*
- - -, **to** = puddler (Mét.), brasser (le fer), (Mét.), tasser ou damer (un terrain), malaxer (l'argile), glaiser (un bassin).
puddler = brasseur *m.* mécanique (Mét.), puddleur *m.* (O.).
puddling = puddlage *m.* (Méc.), brassage *m.* (Méc.).
pug, to = hourder (une cloison) (B.).
pugging = hourdis *m.* ou hourdage *m.* (B.).
pull = tirage *m.* (Méc.), tension *f.* (Méc.), effort *m.* de traction (Méc.), effort *m.* de tirage (Méc.), poignée *f.* (B.).
- - -, **back-** = de rappel (Méc.), dispositif *m.* de rappel (Méc.).
- - -, **bail** = force *f.* au crochet (C.).
- - -, **bell** = pied-de-biche *m.* (de timbre pour magasins) (B.).
- - -, **belt** = tension *f.* de la courroie (Méc.).
- - -, **chain** = traction *f.* sur la chaîne (Méc.).
- - -, **door** = poignée *f.* de porte (B.).
- - -, **door, flush** = poignée *f.* d'affleurement pour porte (B.).
- - -, **draw-bar** = effort *m.* de traction au crochet (Ch.d.f.), effort *m.* (de traction) à la barre (Méc.).
- - -, **drawer** = poignée *f.* de tiroir (B.).
- - -, **effective** = force *f.* transmise par une courroie (Méc.).
- - -, **flush** = poignée *f.* à entailler (B.), poignée *f.* d'affleurement (B.).

(pull)

- - - **of a magnet** = appel *m.* d'un aimant (E.), force *f.* d'attraction d'un aimant (E.).
- - - **of a pole** = tirage *m.* (Tp.).
- - -, **ring, flush** = poignée *f.* anneau à entailler (C.), poignée *f.* anneau d'affleurement (C.).
- - -, **to** = tirer (une épreuve, un câble), traîner (une voiture, un wagon).
- - -, **to** - - - **down** = démolir (un édifice) défaire (un mur), raser (des fortifications).
- - -, **to** - - - **out** = arracher (un clou, une dent).
- - -, **to** - - - **the chain** = tirer la chasse d'eau (S.).
- - -, **window** = poignée *f.* de châssis (B.).
puller = outil *m.* de démontage.
- - -, **bearing** = arrache-coussinet *m.* (Méc.), extracteur *m.* de roulement (Méc.).
- - -, **bearing, ball-** = extracteur *m.* pour roulements à billes (Méc.).
- - -, **bushing** = arrache-bague *m.* (Méc.).
- - -, **cable** = bas *m.* métallique (Tp.).
- - -, **cotter-pin** = arrache-clavette *m.* (I.).
- - -, **escutcheon** = poignée *f.* à cache-entrée (B.), poignée *f.* à entrée (B.).
- - -, **fuse** = arrache-fusible *m.*
- - -, **gear** = arrache-roue *m.,* extracteur *m.* d'engrenage.
- - -, **hub** = arrache-moyeu *m.*
- - -, **nail** = arrache-clou *m.,* pied-de-biche *m.,* loup *m.*
- - -, **nail, roofer's** = tire-clou *m.* de couvreur.
- - -, **slack** = tendeur *m.* de hauban (Tp.).
- - -, **tack** = arrache-broquettes *m.*
- - -, **wheel** = arrache-roue *m.*
pulley = poulie *f.*
- - -, **band** = poulie *f.* à courroie.
- - -, **band-saw** = volant *m.* porte-lame.
- - -, **belt** = poulie *f.* à courroie, poulie *f.*
- - -, **belt, V** = poulie *f.* à courroie en V.
- - -, **brake** = poulie *f.* de frein.
- - -, **cable** = roue *f.* à câble, roue *f.* à corde.
- - -, **chain** = barbotin *m.,* poulie *f.* à empreintes (pour chaînons).
- - -, **cheek** = poulie *f.* à joues.
- - -, **clip** = poulie *f.* à gorge.
- - -, **clothes-line** = poulie *f.* de corde à linge (Ust.).
- - -, **compound** = palan *m.*
- - -, **cone** = cône-poulie *m.,* cône *m.* de transmission, poulie *f.* étagée.
- - -, **cone-, four-step** = cône-poulie *m.* à quatre gradins.
- - -, **dead** = poulie *f.* folle.
- - -, **differential** = palan *m.* différentiel.
- - -, **drive, fan** = poulie *f.* d'entraînement du ventilateur (Auto.).
- - -, **driven** = poulie *f.* menée, poulie *f.* conduite.
- - -, **driving** = poulie *f.* d'entraînement, poulie *f.* de commande.
- - -, **driving, fan** = poulie *f.* d'entraînement du ventilateur.
- - -, **end** = poulie *f.* de retour.
- - -, **fast** = poulie *f.* fixe.
- - -, **fixed** = poulie *f.* fixe, poulie *f.* clavetée.
- - -, **flanged** = poulie *f.* à joues, poulie *f.* à rebords.
- - -, **flat-faced** = poulie *f.* plate.

(pulley)

- - -, **fly-** = poulie-volant *f.*
- - -, **frame** = poulie *f.* à chape.
- - -, **friction** = poulie *f.* à friction.
- - -, **gin** = poulie *f.* de chèvre (C.).
- - -, **grip** = poulie *f.* d'adhérence.
- - -, **grooved** = poulie *f.* à gorge.
- - -, **guide-** = galet-guide *m.,* poulie-guide *f.*
- - -, **hay-fork** = poulie *f.* de fourche à foin.
- - -, **idle** = poulie *f.* folle, poulie-guide *f.,* galet *m.* tendeur.
- - -, **jockey-** = galet *m.* tendeur (de courroie), poulie *f.* de tension.
- - -, **leading** = poulie *f.* de guidage.
- - -, **live** = poulie *f.* mobile.
- - -, **loose** = poulie *f.* folle, galopin *m.*
- - -, **main** = poulie *f.* de commande.
- - -, **output** = poulie *f.* menante, poulie *f.* transmettrice.
- - -, **pitched** = poulie *f.* à chaîne.
- - -, **return** = poulie *f.* de renvoi.
- - -, **roller-bearing** = galet *m.* à rouleaux.
- - -, **rope** = poulie *f.* à câble.
- - -, **rubbish** = poulie *f.* à chape croisée.
- - -, **sash** = poulie *f.* à châssis (B.).
- - -, **screw** = poulie *f.* à vis.
- - -, **single** = monopoulie *f.*
- - -, **single-groove** = poulie *f.* à réa simple.
- - -, **small** = galet *m.*
- - -, **snatch** = poulie *f.* coupée, galoche *f.*
- - -, **speed** = cône-poulie *m.*
- - -, **split** = poulie *f.* en deux pièces, poulie *f.* démontable.
- - -, **step-** = poulie *f.* à gradins.
- - -, **step, four-** = poulie *f.* à quatre gradins.
- - -, **stepped** = poulie *f.* à gradins, poulie *f.* étagée.
- - -, **stretcher** = tendeur *m.* de courroie.
- - -, **tension** = poulie *f.* de tension, galet *m.* tendeur (de courroie).
- - -, **tightening** = poulie *f.* de tension, galet *m.* tendeur.
- - -, **tightening, belt-** = tendeur *m.* de courroie.
- - -, **turn-** = poulie *f.* de renvoi.
- - -, **V,** = poulie *f.* à courroie en V, poulie *f.* à corde.
- - -, **webbed** = poulie *f.* évidée.
- - -, **wood** = poulie *f.* en bois.
pulling = tirage *m.* (des fils) (Tp.).
- - -, **frequency** = entraînement *m.* de fréquence (d'un auto-oscillateur) (R.).
- - -, **stump** = essouchage *m.* ou essouchement *m.* (d'un terrain).
pulp = pulpe *f.* (à papier), pâte *f.* (à papier).
- - -, **bleached** = pâte *f.* (ou pulpe *f.*) blanchie (Pap.).
- - -, **bleached, easy** = pâte *f.* (ou pulpe *f.*) légèrement blanchie (Pap.).
- - -, **chemical** = pâte *f.* (de bois) chimique.
- - -, **dry** = pâte *f.* séchée (Pap.).
- - -, **flax** = pâte *f.* de lin (Pap.).
- - -, **ground-wood** = pâte *f.* mécanique (Pap.).
- - -, **kraft** = pâte *f.* kraft.
- - -, **lapped** = pâte *f.* pliée à l'anglaise.
- - -, **mechanical** = pâte *f.* (de bois) mécanique
- - -, **mechanical, spruce** = pâte *f.* mécanique d'épinette.

(pulp)

– – –, **rag** = pâte *f.* de chiffons.

– – –, **slushed** = pâte *f.* en suspension (dans l'eau) (Pap.).

– – –, **soda** = pâte *f.* à la soude (Pap.).

– – –, **straw** = pâte *f.* de paille (Pap.).

– – –, **sulphate** = pâte *f.* au sulfate (Pap.).

– – –, **sulphite** = pâte *f.* au bisulfite (Pap.).

– – –, **unbleached** = pâte *f.* écrue (Pap.).

– – –, **wet** = pâte *f.* humide (Pap.).

– – –, **wood** = pâte *f.* de bois.

– – –, **wood, mechanical** = pâte *f.* mécanique (Pap.).

pulper = broyeur *m.* (M.) (Pap.), triturateur *m.* (M.) (Pap.).

pulsate, to = onduler (H.), entrer en vibration (H.).

pulsation = pulsation *f.* (H.), battement *m.* (E.).

pulse = impulsion *f.* (Tp., E.).

– – –, **break** = impulsion *f.* d'ouverture (Tp.).

– – –, **check** = impulsion *f.* pilote (de télémesure) (E., Tp.).

– – –, **clamping** = impulsion *f.* de verrouillage (Tv.).

– – –, **dial** = impulsion *f.* de cadran (Tp.)

– – –, **firing** = impulsion *f.* d'allumage (Méc., E.).

– – –, **half-line** = impulsions *f.p.* de demi-ligne (Tv.).

– – –, **make** = impulsion *f.* de fermeture (d'un courant) (E.).

– – –, **signal** = impulsion *f.* de signalisation (Tp.).

– – –, **signalling** = impulsion *f.* (de commutation) (Tp.).

– – –, **switching** = impulsion *f.* de commutation (Tp.).

– – –, **sync, field** = signal *m.* de synchronisation (de) trame (Tv.).

– – –, **sync, line** = signal *m.* de synchronisation (de) ligne (Tv.).

– – –, **sync(hronizing)** = top *m.* de synchronisation (Tv.).

pulsing = émission *f.* d'impulsions (E.).

– – –, **key** = composition *f.* par touches (Tp.), envoi *m.* des signaux au clavier (Tp.), composition *f.* au clavier (Tp.).

pulverization = pulvérisation *f.*

pulverize, to = pulvériser (de la pierre), atomiser (l'huile), vaporiser (l'essence), broyer (le charbon).

pulverizer = pulvérisateur *m.*, vaporisateur *m.*, broyeur *m.*, atomiseur *m.*

pumice = ponce *f.*, pierre *f.* ponce.

– – –, **to** = poncer, polir à la pierre ponce.

pump = pompe *f.*

– – –, **air-** = pompe *f.* à air, gonfleur *m.* (Auto.).

– – –, **axial-flow** = pompe *f.* à hélice.

– – –, **back-flow** = pompe *f.* de refoulement.

– – ', **bicycle** = pompe *f.* à bicyclette.

– – –, **bilge-** = pompe *f.* de (drain de) cale (Mar.).

– – –, **booster** = pompe *f.* de relais (d'un pipe-line), pompe *f.* de gavage (Av.). V. « pump, circulating ».

– – –, **booster, air-control** = pompe *f.* (de circulation) pour le réglage du volume d'air (dans une tuyauterie).

– – –, **bucket** = pompe *f.* élévatoire.

– – –, **bucket-wheel** = pompe *f.* à aubes.

– – –, **cam-actuated** = pompe *f.* commandée par came.

– – –, **centrifugal** = pompe *f.* centrifuge.

– – –, **centrifugal, multistage** = pompe *f.* centrifuge multicellulaire.

(pump)

– – –, **chain-** = chapelet *m.* hydraulique, pompe *f.* à godets.

– – –, **charging** = pompe *f.* d'admission.

– – –, **choked** = pompe *f.* engorgée.

– – –, **circulating** = pompe *f.* de circulation, accélérateur *m.* ou circulateur *m.* (d'une installation de chauffage central par l'eau chaude).

– – –, **circulation** = pompe *f.* de circulation.

– – –, **circulation, water-** = pompe *f.* à circulation de l'eau.

– – –, **cistern** = pompe *f.* à citerne.

– – –, **compensator-type** = pompe *f.* type compensateur.

– – –, **compound** = pompe *f.* compound.

– – –, **compressing, air-** = pompe *f.* à comprimer l'air.

– – –, **compression** = pompe *f.* de compression.

– – –, **concrete** = pompe *f.* à béton.

– – –, **condensation** = pompe *f.* de condensation.

– – –, **continous-action** = pompe *f.* à mouvement continu.

– – –, **diaphragm** = pompe *f.* à diaphragme.

– – –, **direct-acting** = pompe *f.* à action directe.

– – –, **discharge** = pompe *f.* d'extraction, pompe *f.* de vidange.

– – –, **discharge, adjustable** = pompe *f.* à débit réglable.

– – –, **donkey-** = pompe *f.* d'alimentation.

– – –, **double-acting** = pompe *f.* à double effet.

– – –, **double-cylinder** = pompe *f.* à deux cylindres.

– – –, **double-piston** = pompe *f.* à double piston.

– – –, **double-stage** = pompe *f.* à deux étages.

– – –, **drainage** = pompe *f.* d'épuisement.

– – –, **dredging-** = pompe *f.* de dragage.

– – –, **drip-** = pompe *f.* de purge.

– – –, **dry** = pompe *f.* désamorcée.

– – –, **duplex** = pompe *f.* jumelle, pompe *f.* duplex.

– – –, **eccentric** = pompe *f.* à excentrique.

– – –, **electric** = électropompe *f.*, pompe *f.* électrique.

– – –, **emergency** = pompe *f.* de secours.

– – –, **exhaust** = pompe *f.* d'épuisement.

– – –, **feed-** = pompe *f:* d'alimentation.

– – –, **feed-, boiler** = pompe *f.* d'alimentation de chaudière.

– – –, **feed-, steam** = pompe *f.* d'alimentation à vapeur.

– – –, **fire-** = pompe *f.* à incendie.

– – –, **flange** = pompe *f.* à flasque.

– – –, **foot-** = pompe *f.* à pied.

– – –, **force-** = pompe *f.* foulante.

– – –, **force-, centrifugal** = pompe *f.* centrifuge foulante.

– – –, **four-stage** = pompe *f.* à quatre étages.

– – –, **free-delivery** = pompe *f.* à chute libre.

– – –, **fuel** = pompe *f.* à combustible (d'un moteur Diesel), pompe *f.* à essence (Auto.).

– – –, **gas** = pompe *f.* à gaz.

– – –, **gasolene** = pompe *f.* à essence (Auto.), distributeur *m.* d'essence (d'une station-service), pompe *f.* d'alimentation (Auto.).

– – –, **gear** = pompe *f.* à engrenages.

– – –, **gear, double-** = pompe *f.* à double engrenage.

– – –, **grease** = pompe *f.* de graissage, pompe *f.* à graisse.

– – –, **grease, booster** = surcompresseur *m.* pour le

(pump)

graissage.
- - -, **hand-** = pompe *f.* à main, pompe *f.* à bras, gonfleur *m.* (Auto.).
- - -, **heat** = thermopompe *f.*
- - -, **impeller** = pompe *f.* centrifuge, pompe *f.* à aubes.
- - -, **indirect-action** = pompe *f.* à action indirecte.
- - -, **injection** = pompe *f.* à injection, pompe *f.* d'injection.
- - -, **injection, cement** = pompe *f.* à injection à ciment.
- - -, **irrigation** = pompe *f.* d'arrosage.
- - -, **jet** = pompe *f.* à injection.
- - -, **lever** = pompe *f.* à levier.
- - -, **lift** = pompe *f.* élévatoire, pompe *f.* aspirante.
- - -, **lift-and-force** = pompe *f.* aspirante et foulante, pompe *f.* aspirante et élévatoire.
- - -, **lubrication** = injecteur *m.* de graissage, injecteur *m.* à graisse.
- - -, **mercury** = pompe *f.* à mercure.
- - -, **meter** = pompe *f.* à compteur.
- - -, **motor-** = motopompe *f.*
- - -, **mud** = pompe *f.* à vase, pompe *f.* à limon.
- - -, **multi-stage** = pompe *f.* multicellulaire.
- - -, **oil** = pompe *f.* à huile, pompe *f.* de graissage.
- - -, **petrol** = pompe *f.* à essence (Auto.), pompe *f.* d'alimentation (Auto.), distributeur *m.* d'essence (d'une station-service).
- - -, **piston** = pompe *f.* à piston.
- - -, **piston, plunger** = pompe *f.* à piston, pompe *f.* alternative.
- - -, **plunger** = pompe *f.* à piston.
- - -, **power** = motopompe *f.*
- - -, **pressure** = pompe *f.* foulante.
- - -, **pressure, high** = pompe *f.* à haute pression.
- - -, **pressure, low** = pompe *f.* à basse pression.
- - -, **propeller** = pompe *f.* à hélice.
- - -, **proportioning** = pompe de dosage.
- - -, **ram** = pompe *f.* foulante, pompe *f.* refoulante.
- - -, **reciprocating** = pompe *f.* à mouvement alternatif, pompe *f.* à double effet, pompe *f.* alternative, pompe *f.* aspirante et foulante.
- - -, **rotary** = pompe *f.* rotative.
- - -, **rotary, semi-** = pompe *f.* demi-rotative.
- - -, **scavenging** = pompe *f.* de balayage.
- - -, **single-acting** = pompe *f.* à simple effet.
- - -, **single-cylinder** = pompe *f.* monopiston.
- - -, **single-stage** = pompe *f.* monocellulaire.
- - -, **sludge** = pompe *f.* à boue.
- - -, **spiral** = pompe *f.* spirale, pompe *f.* à hélice.
- - -, **spray** = pompe *f.* de pulvérisateur, pulvérisateur *m.* de jardinier.
- - -, **steam** = pompe *f.* à vapeur.
- - -, **submerged** = pompe *f.* immergée.
- - -, **sucking** = pompe *f.* aspirante.
- - -, **sucking-and-forcing** = pompe *f.* aspirante et foulante.
- - -, **suction** = pompe *f.* aspirante.
- - -, **sump** = pompe *f.* d'assèchement, pompe *f.* d'épuisement, pompe *f.* de puits de vidange (S.), pompe *f.* de puisard (S.).
- - -, **supply** = pompe *f.* d'alimentation.
- - -, **tandem** = pompe *f.* à cylindres en tandem.

(pump)

- - -, **test, boiler** = pompe *f.* d'épreuve, pompe *f.* à essayer les chaudières.
- - -, **tire** = gonfleur *m.* (Auto.), pompe *f.* à pneus (Auto.).
- - -, **tire, electric** = gonfleur *m.* électrique (Auto.).
- - -, **to** = pomper, gonfler (un pneu).
- - -, **to - - - dry** = épuiser, assécher.
- - -, **to - - - out** = épuiser, assécher.
- - -, **turbo-** = turbopompe *f.*
- - -, **two-stage** = pompe *f.* à deux étages.
- - -, **vacuum** = pompe *f.* à vide.
- - -, **valve, flap-** = pompe *f.* à clapets.
- - -, **valve, piston-** = pompe *f.* à tiroir cylindrique.
- - -, **valve, slide-** = pompe *f.* à tiroir.
- - -, **valveless** = pompe *f.* sans clapet.
- - -, **vane** = pompe *f.* rotative à ailettes.
- - -, **water** = pompe *f.* à eau.
- - -, **water, cooling** = pompe *f.* à eau de refroidissement.
- - -, **water, hot** = pompe *f.* à eau chaude.
- - -, **well** = pompe *f.* à puits.
- - -, **wind-mill** = pompe *f.* éolienne.
pumpcrete = béton *m.* pompé.
pumping = pompage *m.*
- - - -**out** = assèchement *m.* (d'un puits d'accès), exhaure *f.* ou dénoyage *m.* (d'une mine).
- - - -**up** = gonflage *m.* (d'un pneu) (Auto.).
punch = poinçon *m.* (I.), pointeau *m.* (Méc.), perçoir *m.* (I.), emporte-pièce *m.* (I.).
- - -, **and die** = poinçon *m.* et matrice.
- - -, **bear** = poinçonneuse *f.* portative.
- - -, **belt** = perce-courroie *m.*, emporte-pièce *m.*, poinçon *m.* à courroies.
- - -, **bevelled** = chasse *f.* à biseau.
- - -, **blanking** = poinçon *m.* de découpage.
- - -, **brad** = chasse-clous *m.*, chasse-pointe *m.*
- - -, **centering** = pointeau *m.* de mécanicien.
- - -, **centre-** = pointeau *m.*, outil *m.* à centrer.
- - -, **centre, automatic** = pointeau *m.* automatique.
- - -, **centre, bell** = pointeau *m.* à cloche.
- - -, **centre, locating** = pointeau *m.* à repère.
- - -, **centre, self-centering** = pointeau *m.* à cloche.
- - -, **centring** = pointeau *m.* de mécanicien.
- - -, **counter-** = contre-poinçon *m.*
- - -, **curling** = poinçon *m.* à border.
- - -, **drawing** = poinçon *m.* à emboutir.
- - -, **drift-** = chasse-clavette *m.*, chasse-goupille *m.*
- - -, **embossing** = repoussoir *m.*, poinçon *m.* à repousser.
- - -, **gang** = poinçon *m.* sérié.
- - -, **hand-** = poinçon *m.*, poinçon *m.* à main.
- - -, **hollow-** = emporte-pièce *m.*
- - -, **lever** = poinçonneuse *f.* à levier.
- - -, **lever, double** = poinçonneuse *f.* à levier double.
- - -, **nail** = chasse-clou *m.*, chasse-pointe *m.*
- - -, **notching** = poinçon *m.* à entailler, poinçon *m.* à encocher.
- - -, **number** = poinçon *m.* à chiffrer.
- - -, **paper** = perforateur *m.* à papier.
- - -, **piercing** = poinçon *m.* de perçage.
- - -, **pin** = chasse-goupille *m.*
- - -, **prick** = pointeau *m.* de traçage.
- - -, **rivet** = chasse-rivet *m.*, bouterolle *f.*

– – –, **riveting** = chasse-rivet *m.*, bouterolle *f.*, poinçon *m.* à river.

– – –, **riveting, grummet** = pince *f.* à poser les oeillets.

– – –, **rose-** = rosetier *m.* ou rosettier *m.*

– – –, **round** = poinçon *m.* rond.

– – –, **sadler's** = emporte-pièce *m.*

– – –, **saw** = poinçonneuse *f.* de lames de scies.

– – –, **spring, revolving** = emporte-pièce *m.* « revolver ».

– – –, **square** = poinçon *m.* carré.

– – –, **ticket** = poinçon *m.* de contrôleur (Ch.d.f.).

– – –, **to** = percer (à l'emporte-pièce), poinçonner (un billet de théâtre), perforer (une feuille), étamper (un fer à cheval), se pointer (à l'aide d'une horloge de pointage).

puncheon = poinçon *m.* (I.), tonneau *m.*, poteau *m.* d'étayage.

puncher = poinçonneur *m.* (O.), poinçonneuse *f.* (M.), perceur *m.* (O.), emporte-pièce *m.* (I.), pointeur *m.* (O.).

punching = poinçonnage *m.*, perforation *f.*, perçage *m.* à l'emporte-pièce, étampage *m.*

punchings = débouchures *f.p.* de poinçonneuse.

punctiform = punctiforme (adj.), en forme de point.

puncture = perforation *f.*, crevaison *f.* (de pneu), claquage *f.* (E.).

– – –, **to** = perforer ou crever (un pneu) (Auto.), avoir une crevaison (Auto.).

pupinization = pupinisation *f.* (Tp.).

pupinize, to = pupiniser (Tp.).

puppet = poupée *f.* de tour (Méc.), tige *f.* (Méc.).

– – –, **back-** = poupée *f.* de derrière.

– – –, **centre-** = poupée *f.* fixe d'un tour.

– – –, **sliding-** = poupée *f.* mobile (d'un tour).

purchase = palan *m.* (C.), appui *m.* (C.), achat *m.*, emplette *f.*

– – – **of a wall** = fruit *m.* d'un mur (C.).

– – –, **threefold** = palan *m.* à trois réas.

– – –, **twofold** = palan *m.* double.

purger = nettoyeur *m.* (M.).

purification = épuration *f.* (de l'eau), assainissement *m.* (des finances), purification *f.* (des métaux).

purifier = épurateur *m.* (M.).

– – –, **air** = épurateur *m.* d'air.

– – –, **box** = épurateur *m.*

– – –, **chemical** = épuration *f.* chimique (d'un gaz, de l'eau).

– – –, **dry** = épuration *f.* à sec (des gaz).

– – –, **duplex** = tour *f.* d'épuration (Chim.).

– – –, **gas** = laveur *m.* de gaz, épurateur *m.* de gaz.

– – –, **oil** = filtre *m.* épurateur d'huile.

– – –, **tone** = perfectionneur *m.* de tonalité (Tp.).

– – –, **tower** = tour *f.* d'épuration (Chim.).

– – –, **water** = épurateur *m.* d'eau.

purlin = panne *f.* (d'un comble) (B.).

– – –, **eaves** = panne *f.* sablière (B.).

– – –, **ridge** = panne *f.* faîtière (B.).

– – –, **sub-** = panne *f.* secondaire (B.).

purring = ronronnement *m.* (d'un chat), ronflement *m.* (d'un moteur), vrombissement *m.* (d'une hélice d'avion).

push = impulsion *f.*, poussée *f.*

– – –, **bell** = bouton *m.* de sonnerie (E.).

– – –, **to** = enfoncer (un tuyau) (Tp.), pousser la vente de (sa marchandise), pousser (un chariot, une brouette), se frayer un chemin, bousculer (quelqu'un).

pusher = poussoir *m.* (I.) (Chim.), machine *f.* de renfort (Ch.d.f.).

– – –, **bearing** = enfonce-bague *m.* (I.) (Méc.), pousseuse *f.* (I.) (Ch.d.f.).

– – –, **pipe-** = perforatrice *f.* (M.) (Tp.), tarière *f.* mécanique (Tp., C.), pousse-tube *m.* (I.).

– – –, **snow-** = gratte *f.* (I.) (Canada).

push-pull = push-pull (adj.) (E.), à montage symétrique (E.), (montage *m.*) va-et-vient *m.* (Méc.).

– – – – –, **quiescent** = montage *m.* pushpull de consommation réduite de courant plaque (R.).

put, to = mettre, placer, poser.

– – –, **to** – – – **away** = mettre de côté, remiser.

– – –, **to** – – – **in** = mettre en circuit (E.).

– – –, **to** – – – **out** = éteindre (les feux), mettre hors circuit (E.).

– – –, **to** – – – **through** = raccorder (Tp.), brancher (Tp.), relier (Tp.), mettre en communication (Tp.).

– – –, **to** – – – **together** = monter (une machine).

putlog =boulin *m.* (B.).

puttee = bande *f.* molletière (pour soldats).

putty = mastic *m.*, enduit *m.*, lut *m.*

– – –, **back** = mastic *m.* de fond.

– – –, **filling-** = bouche-pores *m.*, lut *m.*

– – –, **glazier's** = mastic *m.* à vitres, mastic *m.* de vitrier.

– – –, **jeweller's** = potée *f.* d'étain.

– – –, **plasterer's** = pâte *f.* de chaux.

– – –, **plastering** = pâte *f.* de chaux.

– – –, **to** = mastiquer.

– – –, **water-** = mastic *m.* à l'eau.

puttying = masticage *m.*

P.X. = V. « exchange, private ».

pW = V. « picowatt ».

pylon = pylône *m.* (d'un poste de radio, d'une ligne de transmission).

pyrites = pyrite *f.* (Mi.).

– – –, **copper** = chalcopyrite *f.* (Mi.).

– – –, **iron** = sulfure *m.* de fer (Mi.).

– – –, **iron, white** = marcassite *f.* (Mi.).

pyroelectricity = pyro-électricité *f.*

pyrometer = pyromètre *m.*

– – –, **dial** = pyromètre *m.* à cadran.

– – –, **electric** = pyromètre *m.* électrique.

– – –, **optical** = pyromètre *m.* optique.

q

Q = facteur *m*. de surtension (R.), V. « quarter ».
q = V. « quintal ».
qr. = V. « quire » et « quarter ».
qt = V. « quart ».
quad = quarte *f*. (Tp.), V. « quadrat ».
– – –, **spiralled** = quarte *f*. torsadée (Tp.).
quadrangle = quadrilatère *m*., courette *f*.
– – –, **steering** = trapèze *m*. de direction (Auto.).
quadrangular = quadrangulaire (adj.).
quadrant = secteur *m*. denté (Méc.), quart *m*. de cercle, secteur *m*. (Méc.), secteur *m*. crénelé (Méc.), quadrant *m*.
– – –, **gate** = grille *f*. de changement de vitesse (Auto.).
– – –, **lathe** = lyre *f*. (Méc.), platine *f*. à engrenages (Méc.).
– – –, **locking, notch** = secteur *m*. à crans d'arrêt (Méc.).
– – –, **notched** = secteur *m*. denté (Méc.), secteur *m*. crénelé (Méc.).
– – – **of hand brake** = secteur *m*. du frein (Auto.).
– – –, **regulating** = secteur *m*. de réglage (Méc.).
– – –, **steering** = secteur *m*. de direction (Auto.).
– – –, **throttle-lever** = secteur *m*. du levier d'admission (Méc.).
– – –, **toothed** = secteur *m*. denté (Méc.).
quadrat = cadrat *m*. (Imp.).
– – –, **circular** = cadrat *m*. circulaire (Imp.).
– – –, **quotation** = cadrat *m*. creux (Imp.).
quadratic = (équation *f*.) du second degré.
quadrature = quadrature *f*. (du cercle).
– – –, **in** = en quadrature (E.).
quadrilateral, Ackerman = quadrilatère *m*. articulé (Méc.).
– – –, **linked** = quadrilatère *m*. articulé (Méc.).
quadripole = tétrapolaire (adj.), quadripôle (adj.).
quake = tremblement *m*.
– – –, **earth-** = tremblement *m*. de terre.
qualities = V. « quality ».
– – –, **handling** – – – **of a car** = maniabilité *f*. (Auto.).
quality, abrasive = pouvoir *m*. abrasif.
– – –, **colour** = fidélité *f*. chromatique (Phot.).
– – –, **drying** – – – **of a paint** = siccativité *f*. d'une pein-

ture.
– – – **of reception** = audition *f*. (Tp.).
– – – **of sound** = timbre *m*. du son (Tp.).
– – – **of speech** = qualité *f*. de la conversation (Tp.).
– – – **of telephone transmission** = qualité *f*. de la reproduction des sons (Tp.), fidélité de la reproduction des sons (Tp.).
– – –, **wearing** = résistance *f*. à l'usure (Méc.), durabilité *f*. (Méc.).
quantities = toisé *m*. (d'un immeuble), devis *m*. (d'un bâtiment), cubage *m*. (d'un terrassement).
quantity = quantité *f*., grandeur *f*., volume *m*. (d'eau).
– – –, **alternating** = grandeur *f*. alternative (E.).
– – –, **alternating, symmetrical** = grandeur *f*. alternative symétrique (E.).
– – – **of current** = quantité *f*. de courant (E.).
– – – **of light** = quantité *f*. de lumière (E.).
– – – **of sewage** = volume *m*. d'eau à évacuer (S.).
– – –, **oscillating** = grandeur *f*. oscillante (E.).
– – –, **periodic** = grandeur *f*. périodique (E.).
– – –, **pseudoperiodic** = grandeur *f*. pseudopériodique (E.).
– – –, **scalar** = grandeur *f*. scalaire (E.).
– – –, **sinusoidal** = grandeur *f*. sinusoïdale (E.).
– – –, **undulating** = grandeur *f*. ondulée (E.).
– – –, **vector** = grandeur *f*. vectorielle.
quantum = quantum *m*.
quarrel = carreau *m*. (c.-à-d. morceau de verre rectangulaire posé diagonalement) (B.), querelle *f*. ou dispute *f*. (entre deux personnes).
quarry = carrière *f*. (Mi.).
– – –, **asbestos-** = carrière *f*. d'amiante.
– – –, **granite-** = carrière *f*. de granit.
– – –, **lime-** = carrière *f*. de pierre à chaux.
– – –, **limestone-** = carrière *f*. de pierre à chaux.
– – –, **open** = carrière *f*. à ciel ouvert.
– – –, **slate-** = carrière *f*. d'ardoise, ardoisière *f*.
– – –, **stone-** = carrière *f*. de pierre.
– – –, **stone, cut-** = carrière *f*. de pierre de taille.
– – –, **to** = extraire d'une carrière, exploiter une carrière.
quarrying = abatage *m*. en carrière.

(question)

quarryman = carrier *m.* [O.).

quart = quart *m.* de gallon, pinte *f.* (c.-à-d. un quart de gallon; 1,136 litre).

quarter = pièce *f.* de vingt-cinq cents, quart *m.* (d'un tout), trimestre *m.*, quartier *m.* (d'une ville), V. « quarters ».

– – –, **cross-** = entretoise *f.* croisée (C.).

– – –, **to** = caler à 90 degrés (Méc.).

quater-round = quart *m.* de rond (Men.).

quartering = calage *m.* à 90 degrés (Méc.), chevron *m.* (C.).

– – – **of a long** = équarrissage *m.* d'un tronc d'arbre.

quarterly = trimestriel (adj.).

quarters = logement *m.* (ces militaires), cantonnement *m.*, V. « quarter ».

quartz = quartz *m.*

quay = quai *m.* (Mar.).

quayage = droit *m.* de quai (Mar.).

quench, hot = trempe *f.* à haute température (Mét.).

– – –, **second** = seconde trempe (Mét.).

– – –, **slak** = trempe *f.* martensitique incomplète (Mét.).

– – –, **to** = éteindre (un feu), tremper (un métal), étouffer (une étincelle) (E.), amortir (des vibrations).

quenched in oil = trempé à l'huile (Mét.).

– – – **in water** = trempé à l'eau (Mét.).

quenching and tempering = trempe *f.* et revenu *m.* (Mét.).

– – – **of a flame** = extinction *f.* d'une flamme.

– – –, **wave** = extinction *f.* des ondes (R.).

question = question *f.*, mise *f.* en doute, interrogation *f.*

– – –, **leading** = question *f.* tendancieuse, question *f.* suggestive.

– – –, **open** = question *f.* discutable.

– – –, **to** = interroger ou questionner (une personne), mettre (un fait) en doute, contester (la valeur d'un objet), avoir des doutes (sur l'honnêteté de quelqu'un).

questionable = (goût *m.*) douteux (adj.), (décision *f.*) discutable (adj.), (conduite *f.*) équivoque (adj.).

quicklime = chaux *f.* vive.

quicksand = sables *m.p.* mouvants (C.), sables *m.p.* boulants (C.).

quicksilver = mercure *m.*

quill = fourreau *m.* (Méc.), arbre *m.* creux tournant autour d'un arbre plein (Méc.).

– – –, **punch** = fourreau *m.* de poinçon.

quintal = quintal *m.* (= 100 livres au Canada; 112 livres en Angleterre).

– – –, **French** = quintal *m.* métrique (= 100 kilogrammes).

quire = main *f.* (ou 25 feuilles de papier).

quitclaim = acte *m.* de renonciation (à un droit, à une servitude).

quoin = coin *m.* ou cale *f.* (Méc., Imp.), pierre *f.* d'angle (B.), angle *m.* (d'un mur) (B.), voussoir *m.* (B.).

– – –, **to** = coincer, caler.

quotation = cours *m.* ou cote *f.* (de la bourse), prix *m.* ou cotation *f.* (de matériaux, de primes), citation *f.* (empruntée à un texte).

quote, to = citer (un auteur), faire (un prix), coter (une valeur).

quotient = quotient *m.*

r

R = V. « resistance ».
r. = V. « rod ».
R.A. = V. « ascension, right ».
rabbet = feuillure *f.* (B.), rainure *f.* (B.), rabat *m.* (de marteau-pilon), guillaume *m.* (I.).
– – –, **bench** = guillaume *m.* d'établi.
– – –, **bull-nose** = guillaume *m.* de bout.
– – –, **compass** = guillaume *m.* en navette.
– – –, **to** = faire une rainure, faire une feuillure.
rabbeting = assemblage *m.* à feuillure (Men.).
rabbit = cartouche *f.* furet (Phys.).
rabble = ringard *m.* (Mét.), râble *m.* (Mét.).
race = canal *m.* (H., C.), rigole *f.* (C.), bief *m.* (H.), voie *f.* de roulement (Méc.).
– – –, **ball-** = voie *f.* de roulement pour billes (Méc.), chemin *m.* de roulement pour billes (Méc.).
– – –, **bearing-** = voie *f.* de roulement (Méc.).
– – –, **fly-wheel** = fosse *f.* du volant (Méc.).
– – –, **head-** = canal *m.* d'amenée (H.), eau *f.* d'amont (H.), bief *m.* d'amont (H.).
– – –, **inner** = voie *f.* de roulement intérieur (Méc.).
– – –, **mill-** = canal *m.* d'aval de moulin (C.), canal *m.* de fuite (C.).
– – –, **roller-** = voie *f.* de roulement des galets (Méc.).
– – –, **tail-** = canal *m.* d'aval (H.), bief *m.* d'aval (H.), canal *m.* de fuite (H.), canal *m.* d'échappement (H.), canal *m.* de décharge (H.).
– – –, **to** = s'emballer (Méc.), emballer (le moteur à vide).
raceway = caniveau *m.* (E., Tp.), canalisation *f.* (E.), bief *m.* (d'un moulin à eau), voie *f.* de roulement (Méc.).
– – –, **metal, surface** = canalisation *f.* métallique apparente (E.), tube *m.* métallique pour montage apparent (E.).
– – –, **under-floor** = caniveau *m.* (Tp.).
– – –, **wooden** = canal *m.* de bois, rigole *f.* de bois.
racing = (moteur *m.*) emballé, emballement *m.* (d'un moteur).
rack = crémaillère *f.* (Méc.), support *m.* (C.), claire-voie *f.* (de prise d'eau), console *f.* (C.), bâti *m.* (Tp.), râtelier *m.* (d'étable), grille *f.* (de turbine),

ridelle *f.* (de charrette), claie *f.* ou rayon *m.* (Imp.), baie *f.* (Tp.).
– – –, **additional** = bâti *m.* secondaire (Tp.).
– – –, **ageing** = rampe *f.* d'essai de lampes (E.).
– – – **and pinion** = crémaillère *f.* et pignon *m.* (Méc.).
– – –, **arm** = râtelier *m.* d'armes.
– – –, **arm, dipper** = crémaillère *f.* du bras de godet (Méc.).
– – –, **bicycle** = soutien-vélos *m.*
– – –, **board** = rayon *m.* (Imp.).
– – –, **cable** = herse *f.* (c.-à-d. support de câble à plusieurs consoles) (Tp.), panneau *m.* de fixation de câble (Tp.).
– – –, **cable support** = bâti *m.* pour têtes de câble (Tp.).
– – –, **carriage, lathe-** = crémaillère *f.* du tour (Méc.).
– – –, **central office** = montant *m.* vertical (Tp.).
– – –, **circular** = crémaillère *f.* à section circulaire (Méc.).
– – –, **clothes-** = porte-habits *m.* (Ust.).
– – –, **coat-** = portemanteau *m.* (Ust.).
– – –, **double-sided** = bâti *m.* double (Tp.), bâti *m.* à double face (Tp.).
– – –, **draining, bottle-** = égouttoir *m.* à bouteilles (Ust.).
– – –, **drying** = rayon *m.* (ou châssis *m.*) de séchage (Imp.).
– – –, **end** = échelette *f.* (d'un chariot à foin) (Agr.).
– – –, **feed-** = crémaillère *f.* d'avance (Méc.).
– – –, **focusing** = crémaillère *f.* de mise au point (Phot.).
– – –, **foot** = caillebotis *m.*
– – –, **front** = échelette *f.* (d'une voiture) (Agr.).
– – –, **grease-** = rampe *f.* de graissage (Auto.).
– – –, **gun-** = porte-fusils *m.*, râtelier *m.* d'armes.
– – –, **hat-** = porte-chapeaux *m.* (Ust.).
– – –, **hay-** = râtelier *m.* (d'écurie) (Agr.).
– – –, **hay,- corner** = râtelier *m.* d'angle.
– – –, **hose-** = dévidoir *m.* (de boyaux).
– – –, **junk** = râtelier *m.* de transport (Mi.).
– – –, **luggage-** = porte-bagages *m.* (Auto.), galerie *f.* de toit (Auto.).
– – –, **pit-** = caillebotis *m.* de fosse (Auto.).

(rack)

– – –, **plate-** = égouttoir *m.* à vaisselle (Ust.).

– – –, **relay-** = platine *f.* de relais (E.), baie *f.* de relais (Tp.).

– – –, **roof** = galerie *f.* (Auto.), porte-bagages *m.* (Auto.).

– – –, **secondary** = support *m.* secondaire (Tp., C.).

– – –, **segment-** = crémaillère *f.* du secteur denté (Méc.).

– – –, **segmental** = arc *m.* denté (Méc.).

– – –, **side-** = ridelle *f.* (de camion).

– – –, **side,- truck** = ridelle *f.* de camion.

– – –, **silver** = casier *m.* à couverts (Ust.).

– – –, **single-sided** = bâti *m.* simple (Tp.), bâti *m.* à simple face (Tp.).

– – –, **ski** = porte-skis *m.* (Auto.).

– – –, **tool** = porte-outil *m.*

– – –, **tooth-** = engrenage *m.* à crémaillère (Méc.).

– – –, **towel-** = porte-serviettes *m.* (Ust.).

– – –, **washing and drying** = claie *f.* de lavage et de séchage (pour boyaux d'incendie).

– – –, **worm** = crémaillère *f.* à vis sans fin (Méc.).

racking = montage *m.* en baie (Tp.).

– – – **back** = joint *m.* à gradins (d'un mur de brique) (B.).

rad = V. « radiator ».

radar (Radio Detection And Ranging) = radar *m.*, détection *f.* électromagnétique, radiodétection *f.*

– – –, **approach, precision** = radiodétecteur *m.* d'approche de précision (Av.).

– – –, **approach, surveillance** = radiodétecteur *m.* de surveillance d'approche (Av.).

– – –, **continuous wave** = radar *m.* à ondes entretenues.

– – –, **control, approach** = radar *m.* d'approche (Av.), radiodétecteur *m.* d'approche (Av.).

– – –, **hand** = radar *m.* portatif.

– – –, **pulse** = radar *m.* à impulsions.

– – –, **pulse-Doppler** = radar *m.* par impulsions à effet Doppler-Fizeau.

– – –, **tracking** = radar *m.* de traque, radar *m.* de poursuite.

radial = radial (adj.).

radian = radian *m.* (c.-à-d. unité *f.* d'angle).

radians per second = radians *m.p.* par seconde, rad / s *m.p.*

radians per second per second = radians *m.p.* par seconde carrée, rad / s² *m.p.*

radiance = radiance *f.*, rayonnement *m.*

radiate, to = rayonner, irradier, diffuser (R., Méc.), émettre (R., Méc.), dégager (de la chaleur).

radiating = radiant (adj.), rayonnant (adj.), d'émission.

radiation = rayonnement *m.*, radiation *f.*, émission *f.* (R.).

– – –, **aerial** = rayonnement *m.* d'une antenne (R.).

– – –, **bright** = rayonnement *m.* lumineux (Chim.).

– – –, **electro-magnetic** = rayonnement *m.* électromagnétique (E.).

– – –, **infra-red** = rayonnement *m.* infrarouge, rayonnement *m.* obscur.

– – – **of heat** = rayonnement *m.* de la chaleur.

– – – **of waves** = radiation *f.* des ondes (R.).

– – –, **polarized** = radiation *f.* polarisée (E.).

– – –, **secondary** = rayonnement *m.* secondaire (R.).

(radiation)

– – –, **spurious** = rayonnement *m.* parasite (R.).

– – –, **thermal** = chaleur *f.*

– – –, **visible** = rayonnement *m.* lumineux (Chim.).

radiator = radiateur *m.* (électrique, d'auto.), antenne *f.* d'émission (R.).

– – –, **acoustic** = radiateur *m.* acoustique (c.-à-d. la partie vibrante d'un transmetteur électro-acoustique).

– – –, **air-cooled** = radiateur *m.* refroidi par l'air.

– – –, **cellular** = radiateur *m.* cellulaire, radiateur *m.* alvéolaire.

– – –, **coil** = radiateur *m.* en serpentin.

– – –, **column** = radiateur *m.* tubulaire à éléments.

– – –, **concealed** = radiateur *m.* dissimulé.

– – –, **convector** = radiateur *m.* à convection, tuyaux *m.p.* à ailettes sous enveloppe de tôle.

– – –, **cross-flow** = radiateur *m.* à tubulures horizontales (Auto.).

– – –, **doublet, magnetic** = doublet *m.* (ou dipôle *m.*) magnétique (R.).

– – –, **electric** = radiateur *m.* électrique.

– – –, **fan-cooled** = radiateur *m.* à ventilateur, radiateur *m.* soufflé.

– – –, **fin-type** = radiateur *m.* à ailettes (Auto.).

– – –, **flanged** = radiateur *m.* à ailettes (Auto.).

– – –, **flat-tube** = radiateur *m.* à tubes plats.

– – –, **front** = radiateur *m.* frontal.

– – –, **furred** = radiateur *m.* encrassé.

– – –, **gas** = radiateur *m.* à gaz (B.).

– – –, **gilled** = radiateur *m.* à tubes à ailettes (Auto.), radiateur *m.* cloisonné.

– – –, **grilled** = radiateur *m.* à ailettes (Auto.).

– – –, **honeycomb** = radiateur *m.* alvéolaire, radiateur *m.* nid d'abeilles.

– – –, **hot-water** = radiateur *m.* à eau chaude.

– – –, **isotropic** = antenne *f.* isotrope (R.).

– – –, **overhead** = radiateur *m.* surélevé.

– – –, **panel** = panneau *m.* radiant (B.).

– – –, **primary** = élément *m.* primaire (R.), élément *m.* actif (R.).

– – –, **ribbed** = radiateur *m.* à ailettes (Auto.).

– – –, **ribbed, cast-iron** = radiateur *m.* à ailettes (en fonte).

– – –, **ribbed-tube** = radiateur *m.* à tubes à ailettes (Auto.).

– – –, **scaled** = radiateur *m.* encrassé.

– – –, **secondary** = élément *m.* secondaire (R.), élément *m.* passif (R.).

– – –, **sectional** = radiateur *m.* cloisonné.

– – –, **slot** = fente *f.* rayonnante (dans un guide d'ondes) (R.).

– – –, **steam** = radiateur *m.* à vapeur.

– – –, **tubular** = radiateur *m.* tubulaire.

– – –, **V-type** = radiateur *m.* en coupe-vent (Auto.).

– – –, **wall-type** = radiateur *m.* mural, radiateur *m.* fixé au mur.

radio = radio *f.*, T.S.F. *f.* (télégraphie *f.* sans fil), radiotéléphonie *f.*, poste *m.* récepteur, V. « set, radio », radioélectrique (adj.).

– – –, **AC / DC** = poste *m.* tous courants (R.).

– – –, **auto** = poste *m.* voiture (R.), récepteur *m.* pour automobile (R.), autoradio *m.* (R.).

– – –, **car** = poste *m.* voiture (R.), récepteur *m.* pour

(radio)

automobile (R.), autoradio *m.*
- - -, **coin** = récepteur *m.* à prépaiement.
- - -, **field** = poste *m.* radio de campagne.
- - -, **line** = radio *f.* sur ligne.
- - -, **push button** = poste *m.* à boutons-poussoirs.
- - -, **two-way** = poste *m.* émetteur-récepteur.
- - -, **wired** = radiodistribution *f.*
radioactive = radioactif (adj.).
radioactivity = radioactivité *f.*
- - -, **natural** = radioactivité *f.* propre.
radiochemistry = radiochimie *f.*
radiocommunication = radiocommunication *f.*, liaison *f.* radioélectrique.
radiodetection = radiodétection *f.*
radiodiffusion = télédiffusion *f.*
radiodistribution = radiodistribution *f.*
radioelectricity = radioélectricité *f.*
radiogoniometer = radiogoniomètre *m.*
radiogoniometry = radiogoniométrie *f.*
radiogram = radiogramme *m.*
radiogramophone = combiné radio-phono, radiophonographe *m.*
radiography = radiographie *f.*, radiotélégraphie *f.*
radiolocation = radiorepérage *m.*
radiometer = radiomètre *m.*
- - -, **acoustic** = sonomètre *m.* acoustique.
radiophare = radiophare *m.*
radiophone = radiotéléphone *m.*
radiophony = radiophonie *f.*
radiophoto = phototélégramme *m.*
radiosonde = radiosonde *f.*
radiotelegraphic = radiotélégraphique (adj.).
radiotelegraphy = radiotélégraphie *f.*
radiotelemetering = radiomesure *f.* (R.).
radiotelemetry = radiomesure *f.* (R.).
radiotelephone = radiotéléphone *m.*
radiotelephony = radiotéléphone *f.*
radiotelephoto = bélinogramme *m.*
radioteletype = radiotélétype *m.*
radiotrician = radioélectricien *m.*
radiovision = télévision *f.*
radius = rayon *m.* (de cercle, d'action), portée *f.* (d'une grue).
- - -, **effective** - - -**of the earth** = rayon *m.* terrestre effectif (R.).
- - -, **hydraulic** = rayon *m.* moyen (H.), quotient *m.* de la section mouillée par le périmètre (H.).
- - -, **long** = grand rayon.
- - -, **mean, hydraulic** = rayon *m.* moyen (H.), quotient *m.* de la section mouillée par le périmètre (H.).
- - - **of a crane-boom** = portée *f.* d'une grue (C.).
- - - **of a crane-jib** = portée *f.* d'une grue (C.).
- - - **of action** = rayon *m.* d'action.
- - - **of curvature** = rayon *m.* de courbure.
- - - **of dumping** = rayon *m.* de déversement (C.).
- - - **of gyration** = rayon *m.* de giration (Méc.).
- - - **of service area** = zone *f.* d'action.
- - - **of spindle, maximum** = rayon *m.* de portée (d'une machine), portée *f.* (C.).
- - -, **pitch-** = rayon *m.* primitif (Méc.).
- - -, **short** = faible rayon.
- - -, **steering** = rayon *m.* de braquage (Auto.).

(radius)

- - -, **throat** = rayon *m.* de congé (d'un outil) (Méc.).
- - -, **tool** = arrondi *m.* de l'outil (Méc.).
- - -, **turning** = rayon *m.* de rotation (Méc., C.).
- - -, **working** = portée *f.* (d'une station) (R.), rayon *m.* d'action (R., C.).
raft = radeau *m.*
- - -, **foundation** = radier *m.* (C.), dalle *f.* de fondation (B.).
- - -, **life** = radeau *m.* de sauvetage.
- - -, **lumber** = train *m.* de flottage, train *m.* de bois.
rafter = chevron *m.* (B.).
- - -, **angle** = arêtier *m.* (B.), chevron *m.* d'arêtier (B.).
- - -, **arris** = arêtier *m.* (B.).
- - -, **binding** = maître chevron *m.* (B.).
- - -, **common** = chevron *m.* commun (B.).
- - -, **corner** = arêtier *m.* (B.).
- - -, **cross-** = linçoir *m.* (B.).
- - -, **hip-** = chevron *m.* d'arête, arêtier *m.*
- - -, **jack-** = chevron *m.* de croupe, empannon *m.*
- - -, **main** = arbalétrier *m.*
- - -, **principal** = arbalétrier *m.*
- - -, **truss-** = arbalétrier *m.*
- - -, **under-** = sous-chevron *m.*
- - -, **valley-** = arêtier *m.* de noue.
rag = chiffon *m.*
- - -, **cleaning** = chiffon *m.* de nettoyage.
rags, mixed = drilles *f.p.* (Pap.).
rail = rail *m.* (Ch.d.f.), parapet *m.* (de pont), garde-fou *m.* (de terrasse), allège *f.* ou barre *f.* d'appui (de fenêtre), rampe *f.* ou main courante (d'un escalier), balustrade *f.* (de galerie), traverse *f.* (B.), entretoise *f.* (de plancher), ridelle *f.* (de charrette), longeron *m.* (d'un conteneur).
- - -, **breast-** = garde-corps *m.*, garde-fou *m.*
- - -, **bull-head** = rail *m.* à double champignon.
- - -, **chair-** = antebois *m.* ou antibois *m.* (d'une salle).
- - -, **channel** = rail *m.* à gorge.
- - -, **check-** = contre-rail *m.*
- - -, **cog-** = crémaillère *f.* de funiculaire.
- - -, **conductor** = rail *m.* conducteur.
- - -, **contact** = rail *m.* de contact (Ch.d.f.).
- - -, **contact, central** = rail *m.* central de contact (Ch.d.f.).
- - -, **contact, side** = rail *m.* latéral de contact (Ch.d.f.).
- - -, **contact, underground** = rail *m.* de contact de caniveau (Ch.d.f.).
- - -, **counter-** = contre-rail *m.*
- - -, **crane** = rail *m.* de translation.
- - -, **double-** = rail *m.* à double champignon.
- - -, **double-headed** = rail *m.* à double champignon.
- - -, **drip** = chéneau *m.* (d'écoulement de pluie) (Auto.).
- - -, **flange** = rail *m.* à patin.
- - -, **flat-headed** = rail *m.* plat.
- - -, **foot-** = repose-pieds *m.* (Auto.), appui-pieds *m.* (Auto.).
- - -, **grooved** = rail *m.* à gorge, rail *m.* à ornière.
- - -, **guard-** = garde-fou *m.*, bouteroue *f.*, garde-corps *m.*, contre-rail *m.* (Ch.d.f.), rambarde *f.*
- - -, **guide-** = guide *m.* (d'un monte-charge), rail *m.* de guidage.

(rail)

- - -, **hand-** = lisse *f.*, balustrade *f.*, main *f.* courante (d'un escalier), rampe *f.* d'escalier.
- - -, **inner** = rail *m.* intérieur.
- - -, **main** = rail *m.* fixe (d'un changement de voie).
- - -, **runway** = rail *m.* de translation (pour grue).
- - -, **safety** = contre-rail *m.* (Ch.d.f.).
- - -, **side** = garde-fou *m.*, contre-rail *m.* (Ch.d.f.), montant *m.* (d'une échelle).
- - -, **side, frame** = longeron *m.* (Auto.).
- - -, **slide** = glissière *f.*, lame *f.* d'aiguille (Ch.d.f.), aiguille *f.* (Ch.d.f.).
- - -, **stair** = rampe *f.* de l'escalier, rampe *f.*
- - -, **switch** = rail *m.* mobile (Ch.d.f.).
- - -, **T** = rail *m.* Vignolles.
- - -, **third** = rail *m.* de contact.
- - -, **toothed-** = crémaillère *f.*, rail *m.* crémaillère.
- - -, **top** = entretoise *f.* supérieure (d'une clôture).
- - -, **towel-** = porte-serviettes *m.* (B.), séchoir *m.* à serviettes (B.).
- - -, **tram** = rail *m.* à gorge, rail *m.* à ornière.
- - -, **upper** = trésaille *f.* (d'une charrette).
- - -, **wing-** = patte *f.* de lièvre, contre-rail *m.*
railing = garde-fou *m.*, rampe *f.*, balustrade *f.*, clôture *f.* à claire-voie.
- - -, **baluster** = parapet *m.* à balustres.
- - -, **hand** = main *f.* courante (d'escalier), lisse *f.*, rampe *f.*
railophone = installation *f.* de radio à bord du train.
railroad = chemin *m.* de fer, voie *f.* ferrée.
- - -, **elevated** = chemin *m.* de fer aérien, voie *f.* ferrée aérienne.
railway = chemin *m.* de fer, voie *f.* ferrée.
- - -, **cable-** = téléférique *m.*
- - -, **electric** = chemin *m.* de fer électrique.
- - -, **elevated** = chemin *m.* de fer aérien, voie *f.* ferrée aérienne, chemin *m.* de fer surélevé.
- - -, **funicular** = funiculaire *m.*
- - -, **narrow-gauge** = chemin *m.* de fer à voie étroite.
- - -, **overhead** = pont *m.* roulant (d'une usine).
- - -, **rack-** = chemin *m.* de fer à crémaillère.
- - -, **rope-** = chemin *m.* de fer funiculaire.
- - -, **street-** = tramway *m.*
- - -, **underground** = chemin *m.* de fer souterrain.
rain = pluie *f.*
- - -, **freezing** = pluie *f.* verglaçante.
- - -, **heavy** = grosse pluie.
- - -, **light** = petite pluie.
- - -, **moderate** = pluie *f.* moyenne.
rainbow = arc-en-ciel *m.*
raindrop = goutte *f.* de pluie.
rainfall = précipitation *f.* (H.), quantité *f.* d'eau tombée, pluviosité *f.*
- - -, **annual** = précipitation *f.* annuelle (H.).
raininess = pluviosité *f.* (H.).
rainproof = imperméable (adj.), inaltérable (adj.) par la pluie.
raise, to = dresser (un échafaudage), soulever (de la poussière, un poids), produire (de la vapeur), élever (l'eau, la température), relever (un tarif, le niveau d'une route).
raiser = contremarche *f.* (B.).
raising = exhaussement *m.* (d'un mur), relèvement *m.* (d'une chaussée).

rake = râteau *m.* (I.), ringard *m.* (I.), ratissoire *f.* (I.), inclinaison *f.* (d'un poteau, de la colonne de direction), dégagement *m.* (d'un outil), râteau *m.* mécanique agricole (M.).
- - -, **ash-** = ringard *m.*
- - -, **asphalt** = râteau *m.* à répandre l'asphalte, râteau *m.* à asphalte.
- - -, **bamboo** = râteau *m.* à gazon, râteau *m.* en bambou.
- - -, **broom** = balai *m.* à feuilles, râteau *m.* à feuilles.
- - -, **cement** = ratissette *f.*, râteau *m.* à ciment.
- - -, **fire-** = rouable *m.*, pique-feu *m.*
- - -, **garden** = râteau *m.* de jardin.
- - -, **garden, curved-tooth** = râteau *m.* de jardin à dents courbes.
- - -, **garden, straight-tooth** = râteau *m.* de jardin à dents droites.
- - -, **gravel** = râteau *m.* à gravier.
- - -, **hay-** = râteau *m.*, râteau *m.* à foin.
- - -, **hay-, wood** = râteau *m.* en bois, râteau *m.* à fourrage, râteau *m.* à foin.
- - -, **horse** = râteau *m.* à cheval.
- - -, **lawncomb** = râteau *m.* à gazon, râteau *m.* à feuilles.
- - -, **light** = ratissoire *f.*
- - - **of the axle-pin** = carrossage *m.* de la fusée de l'essieu (Auto.).
- - -, **side** = dégagement *m.* latéral (d'un outil) (Méc., Men.).
- - -, **side-delivery** = râteau *m.* à décharge latérale.
- - -, **stone** = râteau *m.* à pierres.
- - -, **to** = pencher (c.-à-d. être en pente), alterner (les joints), faire pencher (un poteau), râteler (du foin), ratisser (les allées d'un jardin).
- - -, **top** = dégagement *m.* frontal (d'un outil) (Méc., Men.).
raker = étai *m.* incliné (C.), contre-fiche *f.* (d'un mur) (C.).
rally, car = rallye *m.* automobile.
ram = mouton *m.* (de sonnette) (C.), bélier *m.* (à pilotage) (C.), piston *m.* plongeur (de pompe refoulante), chariot *m.* porte-outils (Méc.), coulisseau *m.* (de l'étau-limeur) (Méc.).
- - -, **drop-hammer** = mouton *m.* à estamper (Mét.).
- - -, **hydraulic** = bélier *m.* hydraulique (H.).
- - -, **pile-driver** = mouton *m.* de sonnette (C.).
- - -, **press** = mouton *m.* de la presse (Mét.), chariot *m.* de la presse (Mét.), coulisseau *m.* de la presse (Mét.).
- - -, **shaper** = chariot *m.* de l'étau-limeur (Méc.), coulisseau *m.* de l'étau-limeur (Méc.).
- - -, **to** = damer ou tasser (le sol) (C.), fouler (le sable) (Mét.), pilonner (une substance), compacter (les remblais), tasser (le béton).
- - -, **water-** = bélier *m.* hydraulique (H.).
rammer = pilon *m.* (I.), dame *f.* (I.), fouloir *m.* (I.), hie *f.* (I.), bélier *m.* à pilotage (C.), mouton *m.* (C.), demoiselle *f.* (I.).
- - -, **earth-** = hie *f.*, demoiselle *f.*
- - -, **floor-** = fouler *m.* à bras.
- - -, **hand-** = fouloir *m.* à main.
- - -, **mechanical** = dame *f.* mécanique (I.).
- - -, **moulder's** = batte *f.* de mouleur (Mét.).

(rammer)

– – –, **pneumatic** = pilon *m.* à air comprimé, fouloir *m.* pneumatique.

ramp = pente *f.*, rampe *f.*, rampe *f.* d'accès, pont *m.* de graissage (d'un garage) (Auto.), aire *f.* de stationnement (Av.).

– – –, **access** = rampe *f.* d'accès, bretelle *f.*

– – –, **accommodation** = rampe *f.* d'accès.

– – –, **interchange** = rampe *f.* de raccordement (Auto.).

– – –, **launching** = rampe *f.* de lancement (pour les fusées).

– – –, **lifting** = pont *m.* élévateur (Auto.).

– – –, **loading** = rampe *f.* de chargement (C.).

– – –, **rerailing** = rampe *f.* d'enraillement (Ch.d.f.).

– – –, **stepped** = rampe *f.* à gradins.

random, at = à l'aventure, au hasard.

range = cuisinière *f.* (Ust.), fourneau *m.* de cuisine (Ust.), poêle *m.* (Ust.), champ *m.* (d'activité), portée *f.* ou étendue *f.* (de la vue), étendue *f.* (de la voix), rang *m.* (d'un cadastre), portée *f.* (de la transmission électrique), bande *f.* (de fréquences), gamme *f.* (de couleurs, de fréquences), assise *f.* (de briques) (B.), plage *f.* (d'un phénomène, d'inflammabilité d'une essence), range *m.* (d'un récepteur téléphonique), radiophare *m.* d'alignement (Av.), domaine *m.* (de puissance, de fonctionnement) d'un réacteur (Phys.).

– – –, **adjustment** = marge *f.* de réglage.

– – –, **audibility** = zone *f.* d'audibilité (Tp.), gamme *f.* acoustique (Tp.).

– – –, **audible** = zone *f.* d'audibilité (Tp.), gamme *f.* acoustique (Tp.).

– – –, **audible, above** = ultra-sonique (adj.).

– – –, **audio** = gamme *f.* acoustique (Tp.), zone *f.* d'audibilité (Tp.).

– – –, **broken** = opus *m.* incertum (maçonnerie).

– – –, **camp** = fourneau *m.* de camp, poêle *m.* de camp.

– – –, **control** = plage *f.* de réglage.

– – –, **cooking** = cuisinière *f.* (Ust.), fourneau *m.* de cuisine (Ust.).

– – –, **cruising** = autonomie *f.* (d'un navire, d'un véhicule).

– – –, **day** = portée *f.* diurne (R.).

– – –, **double-** = (appareil *m.*) à deux lectures.

– – –, **dynamic** = gamme *f.* d'amplification (E., Tv.), dynamique *f.* (d'un signal) (Tv., R.).

– – –, **effective** = portée *f.* efficace (R.), portée *f.* utile (d'une arme à feu).

– – –, **electric** = cuisinière *f.* électrique (Ust.), fourneau *m.* électrique (Ust.). [poêle *m.* électrique (Ust.)] (Canada).

– – –, **focusing** = étendue *f.* de l'intervalle de mise au point (Phot.).

– – –, **frequency** = intervalle *m.* de variation de la fréquence (Tp.), gamme *f.* de fréquences (Tp.).

– – –, **frequency, audible** = gamme *f.* des fréquences audibles (Tp., R.).

– – –, **frequency, audio-** = gamme *f.* des fréquences acoustiques (Tp.).

– – –, **frequency – – – of a transmission system** = bande *f.* des fréquences effectivement transmises par un système de transmission (Tp.).

– – –, **frequency, speech** = gamme *f.* des fréquences vocales (Tp.).

– – –, **gas** = fourneau *m.* à gaz (Ust.), cuisinière *f.* à

(range)

gaz (Ust.).

– – –, **horizontal** = projection *f.* horizontale de la distance.

– – –, **interference** = zone *f.* de brouillage (Radar).

– – –, **long** = à longue portée (R.), à grande portée (R.).

– – –, **measuring** = étendue *f.* d'une échelle de mesure, amplitude *f.* de mesure (d'un posemètre) (Phot.).

– – –, **medium** = à portée moyenne (R.).

– – –, **multi-** = toutes ondes (R.), (appareil *m.*) à plusieurs sensibilités (R.).

– – –, **night** = portée *f.* de nuit (R.).

– – – **of a science** = champ *m.* (ou domaine *m.*) d'une science.

– – – **of a station** = portée *f.* d'une station (R.).

– – – **of audibility** = champ *m.* d'audibilité.

– – – **of colors** = gamme *f.* de couleurs.

– – – **of engine speed** = régime *m.* du moteur (Auto.).

– – – **of gear reduction** = valeur *f.* de démultiplication (Méc.).

– – – **of knowledge** = étendue *f.* des connaissances.

– – – **of sizes** = série *f.* de dimensions.

– – – **of speeds** = gamme *f.* de vitesses (Méc.).

– – – **of transmission** = portée *f.* de la transmission (R.).

– – –, **oil** = cuisinière *f.* à huile (Ust.), [poêle *m.* à huile (Ust.)] (Canada).

– – –, **omni-, VHF** = radiophare *m.* omnidirectionnel sur ondes métriques (Av.).

– – –, **optical** = portée *f.* optique.

– – –, **orientation** = plage *f.* d'orientation (Tg.).

– – –, **portable** = poêle *m.* de camp, poêle *m.* portatif.

– – –, **radio** = portée *f.* d'une station (R.), portée *f.* radio (R.), radiophare *m.* de direction (R.).

– – –, **salary** = groupe *m.* de traitements.

– – –, **shooting** = champ *m.* de tir, tir *m.* (d'une arme à feu).

– – –, **station** = portée *f.* d'une station (R.).

– – –, **transmission** = intervalle *m.* de fréquences transmises (R.), portée *f.* d'un émetteur (R.).

– – –, **visual** = portée *f.* optique.

– – –, **voltage** = gamme *f.* de tensions (E.).

– – –, **volume** = étendue *f.* de la variation de la puissance sonore (R.), gamme *f.* de puissances sonores (R.).

– – –, **wave** = gamme *f.* d'ondes (R.).

rangefinder = V. « finder, range ».

rangette = réchaud *m.* (E.), petite cuisinière électrique (fonctionnant à 110 volts) (Canada).

ranging = parangonnage *m.* (Imp.), alignement *m.* (des lignes) (Imp.).

rasp = râpe *f.* (à bois) (I.) (Men.).

– – –, **bastard** = râpe *f.* bâtarde.

– – –, **cabinet** = râpe *f.* d'ébéniste.

– – –, **flat** = râpe *f.* plate à main.

– – –, **horse** = râpe *f.* à sabots, râpe *f.* de maréchal-ferrant.

– – –, **rough-cut** = râpe *f.* à grosse taille.

– – –, **round** = râpe *f.* ronde.

– – –, **round, half-** = râpe *f.* demi-ronde.

– – –, **second-cut** = râpe *f.* à taille demi-douce.

– – –, **shoe** = râpe *f.* de cordonnier.

– – –, **slim** = râpe *f.* mince.

(rasp)

– – –, **smooth-cut** = râpe *f.* à taille douce.
– – –, **smooth, half-round** = râpe *f.* douce demi-ronde.
– – –, **to** = râper (le bois, le sucre).
– – –, **tooth, horse-** = lime *f.* à dents de cheval.
– – –, **tooth, milled** = lime *f.* à dents usinées.
– – –, **wood** = râpe *f.* à bois.
– – –, **wood, flat** = râpe *f.* plate à bois.
– – –, **wood, half-round** = râpe *f.* à bois demi-ronde.
– – –, **wood, round** = râpe *f.* ronde à bois.
rasper = râpe *f.* (I.).
rasping = râpage *m.*
raspings = râpures *f.p.*
raster = trame *f.* ou quadrillage *m.* (Tv.).
ratchet = rochet *m.* (Méc.), cliquet *m.* (Méc.), encliquetage *m.* (Méc.), doigt *m.* d'enclenchement (Méc.).
– – –, **driving** = rochet *m.* d'entraînement.
– – –, **hand-brake** = secteur *m.* du frein (Auto.).
– – –, **pawl, multiple-** = encliquetage *m.* à cliquets multiples.
– – –, **roller** = encliquetage *m.* à galets.
– – –, **tension** = tendeur *m.* à cliquet.
rate = taux *m.* (d'accroissement), vitesse *f.* (d'écoulement) (H.), allure *f.* (de chauffe) (Méc.), tarif *m.* (du téléphone, de l'électricité, des transports), régime *m.* (de charge d'un accumulateur) (E.), classement *m.* (d'un employé), cadence *f.* (de la production d'une trieuse, de tir d'une arme à feu).
– – –, **accident frequency** = taux *m.* des accidents.
– – –, **basic** = salaire *m.* de base (des employés), tarif *m.* de base (Tp.).
– – –, **calling** = nombre moyen d'appels (Tp.).
– – –, **charging** = régime *m.* de charge (d'un accumulateur) (E.).
– – –, **climbing** = vitesse *f.* ascensionnelle (Av.).
– – –, **contract** = tarif *m.* forfaitaire.
– – –, **contract, special** = tarif *m.* forfaitaire.
– – –, **day** = tarif *m.* de jour (Tp.).
– – –, **death** = mortalité *f.*
– – –, **error – – – of keying** = taux *m.* d'erreur d'une manipulation (Tg.).
– – –, **error – – – of translation** = taux *m.* d'erreur d'une traduction (Tg.).
– – –, **firing** = allure *f.* de chauffe (d'une chaudière) (Méc.).
– – –, **flat** = taux *m.* fixe, taux *m.* uniforme, tarif *m.* fixe (Tp., E.), tarif *m.* forfaitaire (Tp., E.).
– – –, **freight** = tarif *m.* d'expédition (Ch.d.f.), prix *m.* de transport (Ch.d.f.), tarif-marchandises *m.* (Ch.d.f.).
– – –, **gaining** = avance *f.*
– – –, **hour** = taux *m.* horaire.
– – –, **interest** = taux *m.* d'intérêt.
– – –, **leaching** = taux *m.* de lixiviation.
– – –, **loading** = vitesse *f.* de chargement (C.).
– – –, **local service** = tarif *m.* du service local (Tp.), tarif *m.* du service urbain (Tp.).
– – –, **locality** = tarif *m.* de localité (Tp.).
– – –, **long distance** = tarif *m.* du service interurbain (Tp.).
– – –, **losing** = retard *m.*
– – –, **low** = faible régime (E., H.), régime *m.* lent (E.).

(rate)

– – –, **market** = taux *m.* du cours libre (du change).
– – –, **message** = tarif *m.* unitaire (Tp.), tarif *m.* par appel (Tp.).
– – –, **message, business** = tarif *m.* unitaire d'affaires (Tp.), tarif *m.* unitaire commercial (Tp.).
– – –, **mileage** = tarif *m.* par mille.
– – –, **modulation** = rapidité *f.* de modulation (Tg.).
– – –, **multi-** = (tarif *m.*) à tranches (E.), (compteur *m.*) différentiel (E.).
– – –, **night** = tarif *m.* de nuit (Tp.).
– – – **of air delivery** = débit *m.* de l'air (Méc.).
– – – **of charge** = régime *m.* de charge (E.), taux *m.* de charge (E.).
– – – **of combustion** = vitesse *f.* de combustion (Méc.).
– – – **of development** = rythme *m.* du développement.
– – – **of discharge** = régime *m.* de décharge (E.), taux *m.* de décharge (E.).
– – – **of expenditure** = cadence *f.* des dépenses.
– – – **of flow** = vitesse *f.* d'écoulement (H.), débit *m.* moyen (H.).
– – – **of growth** = taux *m.* d'accroissement.
– – – **of heating** = loi *f.* d'échauffement.
– – – **of interest** = taux *m.* d'intérêt.
– – – **of loading** = vitesse *f.* de chargement (C.).
– – – **of precipitation** = cadence *f.* de précipitation (H.), intensité *f.* de la pluie (H.).
– – – **of rainfall** = intensité *f.* de la pluie (H.), cadence *f.* de précipitation (H.).
– – – **of return** = taux *m.* de rendement (d'un capital).
– – – **of speed** = vitesse *f.* de régime (Méc.), degré *m.* de vitesse.
– – – **of swelling** = taux *m.* de foisonnement (C.).
– – – **of travel** = vitesse *f.* de déplacement (Méc.).
– – – **of wages** = taux *m.* de salaire.
– – –, **pulse-limiting** = taux *m.* d'écrêtage d'impulsions (E.).
– – –, **reduced** = tarif *m.* réduit (E.).
– – –, **repetition** = fréquence *f.* de répétition (Tp.).
– – –, **run-off** = cadence *f.* de ruissellement (H.).
– – –, **sliding-scale** = tarifs *m.p.* à échelle mobile (E.), tarif *m.* dégressif (E.).
– – –, **spark** = fréquence *f.* d'étincelles (E.).
– – –, **telephone** = prix *m.* d'abonnement au télé – phone.
– – –, **to** = évaluer ou fixer la valeur (d'un objet), régler (une montre), classifier (un appareil), classer (un employé).
– – –, **toll, message** = tarif *m.* interurbain unitaire (Tp.).
– – –, **unit** = tarif *m.* unitaire (Tp.), tarif *m.* par appel (Tp.).
– – –, **water-** = taux *m.* de l'abonnement aux eaux de la ville.
rates, freight = tarifs *m.p.* des marchandises.
– – –, **railway** = tarifs *m.p.* des chemins de fer.
rating = régime *m.* (d'une machine), évaluation *f.* (de la puissance d'un moteur), classement *m.* (d'un employé), puissance *f.* (d'un moteur), caractéristiques *f.p.* (d'un appareil), débit *m.* (d'une pompe), valeur *f.* nominale (Méc.), spécification *f.* (du manufacturier), réglage *m.* (d'un chronomètre), catégorie *f.* ou classe *f.* (d'un yacht), étalonnage *m.* ou calibrage *m.* (d'un voltmètre), cote *f.* d'écoute (d'un poste) (R., Tv.).

(rating)

-–-, **ampere** = ampérage *m.* (d'un appareil électrique).
-–-, **continuous** = service *m.* (électrique) ininterrompu.
-–-, **credit** = cote *f.* de solvabilité.
-–-, **credit** = cote *f.* de solvabilité.
-–-, **horse-power** = évaluation *f.* des horse-power (Méc.), évaluation *f.* de la puissance en Hp (Méc.).
-–-, **normal** = puissance *f.* normale (Méc., E.), charge *f.* de régime (Méc., E.), charge *f.* normale (Méc., E.).
-–-, **octane** = indice *m.* d'octane (d'une essence).
-–- **of a boiler** = taux *m.* de vaporisation d'une chaudière (Méc.).
-–- **of a machine** = régime *m.* d'une machine (Méc.).
-–- **of a motor** = charge *f.* prévue d'un moteur (Méc., E.).
-–-, **short-time** = puissance *f.* temporaire, puissance *f.* intermittente.
-–-, **time** = puissance *f.* nominale (Méc.), puissance *f.* horaire (Méc.).
-–-, **transmission performance** = appréciation *f.* quantitative de la qualité de transmission (Tp.), indice *m.* de qualité de transmission (Tp.).
ratio = rapport *m.* (d'engrenage), coefficient *m.* (de dilatation), dosage *m.* (d'un mélange), raison *f.* (arithmétique).
-–-, **anharmonic** = rapport *m.* anharmonique (R.).
-–-, **aspect** = rapport *m.* de la largeur à la hauteur de l'image (Tv., Tg.), rapport *m.* des dimensions (d'une image) (Tg.).
-–-, **attenuation** = affaiblissement *m.* (R.).
-–-, **axle** = rapport *m.* des axes (Méc.), rapport *m.* de démultiplication (d'essieu) (Auto.).
-–-, **balance** = rapport *m.* d'équilibrage (d'un radiogoniomètre).
-–-, **break-make** = rapport *m.* d'impulsions (d'un cadran d'appel) (Tp.).
-–-, **brightness** = contraste *m.* des brillances (Tv.).
-–-, **carrier-to-noise** = écart *m.* entre (onde *f.*) porteuse et bruit (Tp.).
-–-, **cement** = dosage *m.* du ciment (C.).
-–-, **cement-sand** = rapport *m.* ciment: sable (C.).
-–-, **compression** = rapport *m.* volumétrique (Méc.), rapport *m.* de compression (Méc.), taux *m.* de compression (Méc.).
-–-, **cross-** = rapport *m.* anharmonique (R.).
-–-, **deviation** = rapport *m.* de déviation (R.).
-–-, **direct, in** = proportionnellement à ...., en raison directe.
-–-, **distortion, intermodulation** = coefficient *m.* d'intermodulation (R.), coefficient *m.* de distorsion différentielle (R.).
-–-, **expansion** = taux *m.* de détente (Méc.).
-–-, **feed-back** = taux *m.* de réaction (E.).
-–-, **feed-drive** = taux *m.* d'avance (Méc.).
-–-, **front-to-back** = rapport *m.* des rayonnements avant et arrière (d'une antenne) (R.).
-–-, **gas/oil** = rapport *m.* gaz: huile.
-–-, **gear** = rapport *m.* de multiplication (Méc.), rapport *m.* de démultiplication (Méc.), rapport *m.* d'engrenage (Méc.), rapport *m.* des vitesses (Auto.).
-–-, **gear, reduction** = démultiplication *f.* (Méc.),

(ratio)

rapport *m.* de démultiplication (Méc.), (rapport *m.* de) réduction *f.* (Méc.).
-–-, **harmonic, total** = affaiblissement *m.* de distorsion harmonique totale (Tp.).
-–-, **impulse** = rapport *m.* d'impulsion (c.-à-d. entre la durée d'une impulsion et sa période) (Tp.).
-–-, **interference, image** = rendement *m.* d'un présélecteur (Tv.).
-–-, **inverse, in** = en raison *f.* inverse.
-–-, **limiting** = rapport *m.* limite.
-–-, **magnification** = grossissement *m.* (d'un télescope), rapport *m.* d'agrandissement (d'un cliché) (Phot.).
-–-, **mixture** = dosage *m.* du mélange, richesse *f.* du mélange.
-–- **of a transformer** = rapport *m.* de transformation (E.).
-–- **of attenuation** = rapport *m.* d'atténuation (E.).
-–- **of purchase** = rapport *m.* de bras de levier (Méc.).
-–- **of reinforcement** = rapport *m.* d'armature (d'une membrure en béton) (B.).
-–- **of the windings** = rapport *m.* d'enroulements (E.).
-–- **of transformation** = rapport *m.* de transformation (E.).
-–-, **operating** = coefficient *m.* d'exploitation.
-–-, **pay-out** = rapport dividendes: bénéfices.
-–-, **peak-to-valley** = taux *m.* d'amplitude (E.).
-–-, **power-to-weight** = puissance *f.* massique (d'un moteur).
-–-, **reciprocal** = raison *f.* inverse.
-–-, **reduction** = démultiplication *f.* (Méc.), rapport *m.* de réduction (Phot.).
-–-, **reproduction** = rapport *m.* de reproduction (d'une image) (Tp.).
-–-, **ripple** = taux *m.* d'ondulation (E.).
-–-, **shunt** = rapport *m.* de dérivation (E.).
-–-, **signal-noise** = rapport *m.* signal : parasites (R.), rapport *m.* signal sur bruit (R.).
-–-, **signal-to-crosstalk** = écart *m.* diaphonique (Tp.).
-–-, **signal-to-noise** = rapport *m.* signal : bruit (R.), rapport *m.* signal : parasites (R.).
-–-, **slenderness** = élancement *m.* (C.).
-–-, **speed** = rapport *m.* des vitesses (Méc., Auto.).
-–-, **step-down** = démultiplication *f.* (Méc.), (rapport *m.* de) réduction *f.* (Méc.).
-–-, **step-up** = multiplication *f.* (Méc.), rapport *m.* de multiplication (Méc.).
-–-, **stroke-bore** = rapport *m.* de la course à l'alésage (Méc.).
-–-, **subject-image** = échelle *f.* de reproduction (Phot.).
-–-, **time, paid** = rendement *m.* horaire (d'un circuit) (Tp.).
-–-, **transformer** = rapport *m.* de transformation (E.).
-–-, **transformer-turns** = rapport *m.* de transformation (E.).
-–-, **turn** = rapport *m.* de transformation (E.).
-–-, **valve** = taux *m.* de redressement (R.).
-–-, **velocity** = rapport *m.* de démultiplication

(ratio)

(Méc.).
- - -, **void** = rapport *m.* volumétrique des vides.
- - -, **voltage** = rapport *r.* de transformation (E.).
- - -, **water-cement** = rapport *m.* eau : ciment (C.).
- - -, **wave, standing** = taux *m.* d'ondes stationnaires (dans un guide d'ondes) (R.).
rattle = ferraillement *m.* (d'une automobile), cliquetis *m.* (d'une chaîne), broutage *m.* (d'une raboteuse).
raw = (métal *m.*) brut (adj), (brique *f.*, viande *f.*) crue (adj.), (peaux *f.p.*) vertes (adj.), (eau *f.*) non filtrée.
ray = rayon *m.* (lumineux), radiation *f.*, V. « rays ».
- - -, **cathode-** = rayon *m* cathodique (R.).
- - -, **direct** = rayon *m.* direct (R.).
- - -, **heat** = rayon *m.* calorifique.
- - -, **medullary** = rayon *m.* médullaire (du bois).
- - - **of light** = rayon *m.* lumineux.
- - -, **reflected** = rayon *m.* réfléchi.
- - -, **space** = rayon *m.* indirect (R.).
- - -, **surface** = rayon *m.* direct (R.).
- - -, **thermal** = rayon *m.* calorifique.
rayon = rayonne *f.*
rays, actinic = rayons *m.p.* chimiques (Pap.), rayons *m.p.* actiniques (Pap., Phot.).
- - -, **alpha** = rayons *m.p.* alpha (E.).
- - -, **Becquerel** = radioactivité *f.*
- - -, **beta** = rayons *m.p.* bêta (E.).
- - -, **cathode** = rayons *m.p.* cathodiques (R.).
- - -, **gamma** = rayons *m.p.* gamma (E.).
- - -, **infra-red** = rayons *m.p.* infrarouges.
- - -, **red** = radiations *f.p.* rouges (E.).
- - -, **Roentgen** = rayons *m.p.* X, rayons *m.p.* Roentgen.
- - -, **Roentgen, fluorescent** = rayons *m.p.* X de fluorescence.
- - -, **ultra-violet** = rayons *m.p.* ultraviolets.
- - -, **X** = rayons *m.p.* X, rayons *m.p.* Roentgen.
raze, to = receper (une muraille), raser (une maison).
razor = rasoir *m.*
- - -, **electric** = rasoir *m.* électrique.
- - -, **safety** = rasoir *m.* de sûreté, rasoir *m.* américain.
- - -, **straight** = rasoir *m.* à manche.
re. (or ref.) = référence *f.* (à un ouvrage).
reach = portée *f.* (d'un fusil, d'une grue), écartement *m.* des rouleaux (d'un laminoir) (Mét.).
- - -, **digging** = portée *f.* d'attaque (C.).
- - -, **hoisting** = portée *f.* de levage (C.).
reactance = réactance *f.* (E.).
- - -, **acoustic** = réactance *f.* acoustique.
- - -, **capacity** = réactance *f.* de capacité.
- - -, **common** = induction *f.* mutuelle.
- - -, **inductive** = réactance *f.* inductive.
- - -, **leakage** = réactance *f.* de fuites.
- - -, **stray** = réactance *f.* de dispersion.
reactant = réactif *m.* (Chim.).
reaction = réaction *f.*
- - -, **anode** = réaction *f.* d'anode (E.).
- - -, **armature** = réaction *f.* d'induit (E.).
- - -, **chain** = réaction *f.* en chaîne.
- - -, **elastic** = déformation *f.* élastique subséquente (C.), force *f.* élastique antagoniste (C.).
- - -, **electromagnetic** = réaction *f.* électromagnétique (E.).

(reaction)

- - -, **endothermic** = réaction *f.* endothermique (Chim.).
- - -, **exothermic** = réaction *f.* exothermique (Chim.).
- - -, **negative** = contre-réaction *f.* (Méc., E.).
- - -, **positive** = réaction *f.* (Méc., E.).
- - -, **super-** = super-réaction *f.* (E.).
- - -, **thermonuclear** = réaction *f.* thermonucléaire.
- - -, **torque** = effort *m.* de torsion (Méc., C.), réaction *f.* due au couple (Méc., C.).
reactive = réactif (adj.).
reactivity = réactivité *f.* (Chim.), pouvoir *m.* de réaction (Chim.).
reactor = bobine *f.* de réactance (E.), réacteur *m.* (Phys.), bobine *f.* d'absorption (E.), bobine *f.* d'arrêt (E.), pile *f.* atomique (Phys.).
- - -, **bus-bar** = self *f.* de protection de barre omnibus (E.).
- - -, **chemonuclear** = réacteur *m.* de radiochimie (Phys.).
- - -, **current-limiting** = bobine *f.* de protection (E.).
- - -, **series** = bobine *f.* d'absorption (Tp.).
- - -, **spectral shift** = réacteur *m.* à dérive spectrale (Phys.).
- - -, **valve** = tube *m.* à réactance (E.).
read, to = (un thermomètre peut) indiquer, faire une lecture (d'un compteur).
readable = lisible (adj.).
reader, meter = releveur *m.* de compteur (O.).
- - -, **proof** = correcteur *m.* (d'épreuves) (O.).
- - -, **tape** = tête *f.* de lecture de bande (Tg.).
reading = lecture *f.* (d'un instrument de mesure), indication *f.* (d'un compteur).
- - -, **ammeter** = indication *f.* d'ampèremètre (E.).
- - -, **direct** = à lecture *f.* directe.
- - -, **instrument** = valeur *f.* indiquée.
- - -, **meter** = relevé *m.* du compteur (E.).
- - -, **micrometer** = lecture *f.* du micromètre (Méc.).
- - -, **sound** = lecture *f.* au son.
- - -, **zero** = cote *f.* zéro, lecture *f.* zéro.
readjust, to = régler à nouveau (une balance, un compas), rajuster (les tarifs, une balance, les freins), remettre (un moteur) au point, remettre (un instrument) à point.
readjustment = rajustement *m.* (des prix), rectification *f.* (d'un compte), régulation *f.* (des montres) (Ch.d.f., Mar.).
readout = voyant *m.* d'affichage (d'un appareil) (E.).
reafforest, to = reboiser (un terrain).
reafforestation = reboisement *m.*
reagent = réactif *m.*
realize, to = réaliser (un plan, des projets), concevoir (un danger, un fait), liquider (des biens, une propriété), convertir (des biens) en espèces, mobiliser (une valeur commerciale).
realtor = agent *m.* immobilier (O.).
ream = rame *f.* (= 500 feuilles) (Imp.).
- - -, **to** = aléser ou fraiser (un trou).
- - -, **to taper** = aléser conique.
reamer = alésoir *m.* (I.) (Méc.), fraise *f.* (I.) (Méc.).
- - -, **adjustable** = alésoir *m.* réglable, alésoir *m.* expansible.
- - -, **adjustable-blade** = alésoir *m.* à lames mobiles.
- - -, **angular** = alésoir *m.* à pans.

(**reamer**)

- - -, **bridge** = alésoir *m*. de charpentier.
- - -, **centre** = alésoir *m*. à centrer.
- - -, **chucking** = alésoir *m*. en bout, alésoir *m*. à machine.
- - -, **common** = alésoir *m*. cannelé.
- - -, **countersinking** = fraise *f*.
- - -, **expanding** = alésoir *m*. expansible.
- - -, **extension** = alésoir *m*. extensible.
- - -, **finishing** = alésoir *m*. finisseur.
- - -, **fluted** = alésoir *m*. cannelé.
- - -, **fluted, spiral-** = alésoir *m*. à cannelures en spirale.
- - -, **fluted, straight-** = alésoir *m*. droit, alésoir *m*. à rainures droites.
- - -, **form** = alésoir *m*. de forme.
- - -, **forming** = alésoir *m*. à profiler.
- - -, **half-round** = alésoir *m*. demi-rond.
- - -, **hand** = alésoir *m*. à main.
- - -, **hand, expansion** = alésoir *m*. expansible à main.
- - -, **hexagon** = alésoir *m*. à six pans.
- - -, **inserted-tooth** = alésoir *m*. à lames rapportées.
- - -, **jobber's** = alésoir *m*. pour machines.
- - -, **lemon** = vide-citron *m*. (Ust.), presse-citron *m*. (Ust.).
- - -, **machine** = alésoir *m*. pour machines, alésoir *m*. en bout.
- - -, **nicked-tooth** = alésoir *m*. à denture interrompue.
- - -, **over-size** = alésoir *m*. surcalibré.
- - -, **pin-hole** = alésoir *m*. pour trou de goupille.
- - -, **pin, taper** = alésoir *m*. pour goupilles coniques.
- - -, **pipe** = fraise *f*. à tuyau, fraise *f*. conique mâle.
- - -, **regular** = alésoir *m*. pour machines.
- - -, **rose** = alésoir *m*. en rose.
- - -, **roughing** = alésoir *m*. à dégrossir.
- - -, **self-centering** = alésoir *m*. auto-centreur.
- - -, **self-feeding** = alésoir *m*. à bout fileté pour l'amorçage.
- - -, **shell** = manchon-aléseur *m*.
- - -, **shell-rose** = alésoir *m*. à cloche.
- - -, **square** = alésoir *m*. carré.
- - -, **square, five-** = alésoir *m*. à cinq pans.
- - -, **square, six-** = alésoir *m*. à six pans.
- - -, **stepped** = alésoir *m*. à gradins.
- - -, **stock, bit** = alésoir *m*. à queue carrée.
- - -, **straight** = alésoir *m*. droit, alésoir *m*. cylindrique.
- - -, **taper** = alésoir *m*. conique.
- - -, **under-size** = alésoir *m*. sous-calibré.
reaming = alésage *m*., fraisage *m*.
- - -, **hand** = alésage *m*. à la main.
- - -, **machine** = alésage *m*. à la machine, alésage *m*. mécanique.
reanneal, to = recuire à nouveau (Mét.).
reaper and binder = moissonneuse-lieuse *f*. (M.) (Agr.).
re-arrange, to = réarranger, arranger de nouveau.
re-arrangement = nouvel arrangement, réarrangement *m*.
reassemble, to = remonter (une machine).
reassembling = remontage *m*. (d'un moteur).
re-babbiting = regarnir d'antifriction (Méc.), regarnir de régule (Méc.).

rebate = rabais *m*., remise *f*., ristourne *f*., feuillure *f*. (Men.).
- - -, **to** = émousser (un rasoir), rabattre (un pli), amortir (un coup).
re-bed, to = refaire les portées (Méc., C.).
rebore = réalésage *m*. (Méc.).
- - -, **to** = réaléser (Méc.), forer à nouveau (Méc.).
reboring = réalésage *m*. (Méc.), reforage *m*.
rebound = détente *f*. (de ressort), ricochet *m*. (d'un projectile), rebondissement *m*. (de l'eau).
rebroadcast, to = relayer (R.), retransmettre (R.).
rebuild, to = remettre (une machine) en état, reconstruire (une ligne téléphonique), relever (une muraille), reconstruire (une route, un pont, une machine), rebâtir (une maison, une église), refaire (un mur, un moteur).
rebush, to = regarnir (les paliers) (Méc.).
recap = pneu *m*. rechapé (Auto.).
- - -, **to** = rechaper (un pneu).
recapping = rechapage *m*. (d'un pneu).
recast, to = refondre (Mét.).
recede, to = se retirer (la marée).
receiver = récipient *m*. (Chim.), bouteille *f*. (d'air comprimé), réservoir *m*. ou cloche *f*. (d'une pompe pneumatique), logement *m*. (d'un calibre) (Méc.), écouteur *m*. (Tp.), récepteur *m*. (Tp., R.), cornet *m*. (de téléphone) (Tp.), combiné *m*. (Tp.), destinataire *m*. (d'un envoi).
- - -, **all-waves** = récepteur *m*. toutes ondes (R.).
- - -, **balanced** = récepteur *m*. compensé (R.).
- - -, **battery** = récepteur *m*. batterie (R.), récepteur *m*. sur batteries (R.).
- - -, **beat** = récepteur *m*. hétérodyne (R.).
- - -, **continuous-wave** = récepteur *m*. pour ondes non amorties (R.).
- - -, **crystal** = récepteur *m*. à galène (R.).
- - -, **direct-viewing** = récepteur *m*. à vision directe (Tv.).
- - -, **direction** = récepteur *m*. radiogoniométrique (R.).
- - -, **drip** = godet *m*. (Méc.).
- - -, **dual** = récepteur *m*. réflexe (R.).
- - -, **fascimile** = récepteur *m*. bélinographique (R.).
- - -, **hand** = combiné *m*. (Tp.).
- - -, **head** = casque *m*. téléphonique (Tp.), récepteur *m*. serre-tête *m*. (Tp.).
- - -, **head-gear** = casque *m*. téléphonique (Tp.), récepteur *m*. serre-tête (Tp.).
- - -, **heterodyne** = récepteur *m*. hétérodyne (R.).
- - -, **main-operated** = récepteur *m*. sur secteur (R.), récepteur *m*. alimenté par secteur (R.).
- - -, **mains** = récepteur *m*. sur secteur (R.).
- - -, **midget** = récepteur *m*. miniature (R.).
- - -, **mobile** = récepteur *m*. portatif (R.).
- - -, **Morse** = récepteur *m*. Morse (Tp.).
- - -, **moving-iron** = récepteur *m*. à fer mobile (Tp.).
- - -, **multiple-band** = récepteur *m*. toutes ondes (R.).
- - -, **neutrodyne** = récepteur *m*. neutrodyne (R.).
- - -, **pay-as-you view** = téléviseur *m*. à prépaiement (Tv.).
- - -, **pick-up, direct** = récepteur *m*. de retransmission (R.).
- - -, **pump** = réservoir *m*. de pompe (Méc.).

(receiver)

– – –, **radio** = poste *m.* récepteur (R.), récepteur *m.* (R.).
– – –, **radio-frequency** = récepteur *m.* haute fréquence (R.).
– – –, **recording, Morse** = enregistreur *m.* Morse (Tg.).
– – –, **regenerative** = récepteur *m.* à réaction (R.).
– – –, **selective** = récepteur *m.* sélectif (R.).
– – –, **short-wave** = (poste *m.*) récepteur *m.* à ondes courtes (R.).
– – –, **side-band, single** = récepteur *m.* à bande latérale unique (R.).
– – –, **signal** = receveur *m.* de signaux (Tp.).
– – –, **single-circuit** = récepteur *m.* à un circuit accordé (R.).
– – –, **single-signal** = récepteur *m.* à haute sélectivité (R.).
– – –, **single-valve** = récepteur *m.* monolampe (R.).
– – –, **straight** = récepteur *m.* à amplification directe (R.).
– – –, **super-regenerative** = récepteur *m.* à super-réaction (R.), super-régénérateur *m.* (R.).
– – –, **superheterodyne** = superhétérodyne *m.* (R.), récepteur *m.* à changement de fréquence (R.).
– – –, **table-model** = récepteur *m.* de table (R.).
– – –, **telephone** = récepteur *m.* (Tp.), cornet *m.* (Tp.), écouteur *m.* (Tp.).
– – –, **television** = téléviseur *m.*, appareil *m.* récepteur de télévision, récepteur *m.* de télévision.
– – –, **thermionic** = récepteur *m.* à tubes thermoïoniques (R.), récepteur *m.* thermoïonique (R.).
– – –, **trigger-type, periodic** = récepteur *m.* à super-réaction (R.).
– – –, **tuned-frequency** = récepteur *m.* à amplification directe (R.).
– – –, **TV** = V. « receiver, television ».
– – –, **two-circuit** = récepteur *m.* à deux circuits accordés (R.).
– – –, **two-valve** = récepteur *m.* à deux lampes (R.).
– – –, **universal** = récepteur *m.* tous courants (R.).
– – –, **valve** = récepteur *m.* à lampes (R.).
– – –, **watch** = récepteur *m.* montre (R.).
– – –, **wave** = récepteur *m.* pour ondes (R.).
– – –, **zero-beat** = récepteur *m.* homodyne (R.).
receiving = réception *f.* (R.), récepteur (adj.), de réception.
– – – **by tape** = réception *f.* sur bande.
– – –, **direct-coupled** = réception *f.* directe.
receptable = récipient *m.*, vaisseau *m.* (Ust.), prise *f.* de courant (femelle) (E.).
– – –, **lamp** = douille *f.* de lampe (E.).
– – –, **wall** = prise *f.* de courant murale (E.).
reception = réception *f.* (Tp., R.).
– – –, **aural** = lecture *f.* au son (R., Tg.), perçu par l'oreille.
– – –, **autodyne** = réception *f.* autodyne (R.).
– – –, **beam** = réception *f.* dirigée (R.).
– – –, **beat** = réception *f.* hétérodyne (R.).
– – –, **carrier, exalted** = réception *f.* avec renforcement de la porteuse (R.).
– – –, **carrier, local** = réception *f.* avec reconstitution d'une porteuse (R.).
– – –, **carrier, reconditioned** = réception *f.* avec régénération de la porteuse (R.).

(reception)

– – –, **diplex** = réception *f.* simultanée de deux signaux sur une même antenne (R.).
– – –, **direct** = réception *f.* en direct (Tv.).
– – –, **distorted** = réception *f.* déformée (Tp.).
– – –, **distortionless** = réception *f.* (téléphonique) sans déformation (Tp.).
– – –, **diversity** = réception *f.* simultanée sur plusieurs récepteurs (R.).
– – –, **head-phone** = réception *f.* au casque (Tp.).
– – –, **heterodyne** = réception *f.* hétérodyne (R.).
– – –, **homodyne** = réception *f.* homodyne (R.), réception *f.* synchrone (R.).
– – –, **loop** = réception *f.* sur cadre (R.).
– – – **of a telegram** = réception *f.* d'un télégramme.
– – –, **radio** = réception *f.* radio (R.).
– – –, **regenerative** = réception *f.* à réaction (R.).
– – –, **sound** = lecture *f.* au son (Tg.).
– – –, **straight** = réception *f.* à amplification directe (R.).
– – –, **superheterodyne** = réception *f.* superhétérodyne (R.).
– – –, **super-regenerative** = réception *f.* à superréaction (R.).
– – –, **telephone** = réception *f.* téléphonique (Tp.).
– – –, **zero-beat** = réception *f.* homodyne (R.).
receptor = récepteur *m.* (Tp.).
recess = évidement *m.* (B., C.), enfoncement *m.* (B., C.), encoche *f.* (Méc., C.), entaille *f.* (C., Méc.), retraite *f.* (dans une maçonnerie), cavité *f.* (Méc., C.), niche *f.* (d'une statue), gorge *f.* (C.), logement *m.* (Méc.), chambre *f.* (d'une arme à feu).
– – –, **ball-** = logement *m.* des billes (Méc.).
– – –, **cable-** = évidement *m.* pour le câble (Tp.).
– – –, **conical** = cône *m.* femelle (Méc.).
– – –, **door-** = embrasure *f.* de porte (B.).
– – – **in a board** = échancrure *f.* (Men.).
– – – **in a wall** = rentrant *m.* (B.), retrait *m.* (B.).
– – –, **to** = évider (B., C.), encastrer (la tête d'un boulon), embrever (C., B.), chambrer (une arme à feu).
– – – **under staircase** = soupente *f.* d'escalier (B.).
– – –, **window** = embrasure *f.* de fenêtre (B.).
recharge, to = recharger (un accumulateur) (E.).
recharging = recharge *f.* de la batterie, de l'accumulateur (E.).
recipe = recette *f.* (d'un mets) (Ust.), formule *f.* (d'un remède), moyen *m.* (de faire quelque chose).
reciprocal = réciproque (adj.), inversement proportionnel, (excitation *f.*) mutuelle (adj.) (E.).
– – – **of amplification factor** = coefficient *m.* de transparence de grille (R.).
reciprocating = alternatif (adj.) (Méc.), à mouvement alternatif (Méc.).
reckon, to = compter, calculer.
reckoning = calcul *m.*, comptage *m.*
– – –, **dead** = réception *f.* de position à l'avance (Av.), estime *f.* (d'un point) (Av.).
reclaim, to = régénérer (les huiles) récupérer (un sous-produit), réclamer contre (un propos), gagner (du terrain) sur l'eau, assécher ou assainir (un marécage), rendre (un terrain) cultivable, réclamer (son bien), réparer (une paire défectueuse) (Tp.).
reclassification = reclassement *m.* (d'un fonction-

(reclassification)

naire).
reclassify, to = reclasser (un employé).
recloser = disjoncteur *m.* à réenclenchement (E.).
reclosing = réenclenchement *m.* (Méc., E.), à réenclenchement (E.).
recoil = recul *m.* (d'une arme à feu), retour *m.* en arrière (Méc.), contrecoup *m.* (d'une explosion).
reconcile, to = faire cadrer ou concilier (des faits, des comptes).
recondition, to = rénover (une bâtisse), remettre (un appareil) à neuf, réviser (une machine).
reconditioning = remise *f.* à neuf, remise *f.* en état, révision *f.* (d'un moteur).
reconnect, to = raccorder (un appareil) (Tp.), rétablir la communication (Tp.), rebrancher (un câble) (Tp.), remettre en service (Tp.).
reconstitution = reconstitution *f.* (d'un accident, d'un monument), restitution *f.* (d'un signal) (R.).
record = record *m.* (d'athlétisme), registre *m.* (de présence), document *m.* (de la Cour), relevé *m.* (des dépenses), enregistrement *m.* (de la voix, du son), disque *m.* (de phonographe), procès-verbal *m.* (de témoignage), casier *m.* (judiciaire).
– – –, **assignment, cable** = registre *m.* des câbles (Tp.), plan *m.* d'affectation (Tp.), registre *m.* d'attribution (des câbles) (Tp.).
– – –, **call-count** = compte *m.* du nombre d'appels (Tp.).
– – –, **circuit-usage** = procès-verbal *m.* de contrôle du rendement des circuits (Tp.).
– – –, **line** = référence *f.* de lignes (Tp.).
– – –, **local** = transcription *f.* (Tg.).
– – –, **long-playing** = disque *m.* microsillon, microsillon *m.*
– – –, **personal** = curriculum vitae *m.*
– – –, **service** = état *m.* de service.
– – –, **to** = enregistrer (une bande, un fait, une musique), graver (des sons sur) un disque, minuter (un contrat), inscrire (un renseignement sur une fiche), noter (une adresse, une commande).
– – –, **tool** = registre *m.* d'outillage (Méc.), livre *m.* d'outillage (Méc.).
– – –, **traffic** = compte *m.* du nombre d'appels (Tp.).
– – –, **trouble** = procès-verbal *m.* d'irrégularité (Tp.).
recorder = enregistreur *m.* (I.), indicateur *m.* (I.), appareil *m.* enregistreur.
– – –, **call** = enregistreur *m.* d'appels (Tp.).
– – –, **code** = enregistreur *m.* (Tg.).
– – –, **demand, maximum** = compteur *m.* à enregistreur de maximum (E.), enregistreur *m.* de pointe (E.).
– – –, **distance** = enregistreur *m.* de distance (Auto.), odomètre *m.* (Auto.).
– – –, **dual-channel** = enregistreur *m.* à deux voies.
– – –, **dual-track** = enregistreur *m.* à double piste.
– – –, **frequency** = fréquencemètre *m.* enregistreur (E.).
– – –, **ink** = dispositif *m.* enregistreur à encre.
– – –, **ink-vapour** = enregistreur *m.* à vaporisation d'encre.
– – –, **ionospheric** = sondeur *m.* ionosphérique (R.).
– – –, **ionospheric, vertical-incidence** = ionosonde *f.*
– – –, **magnetic** = magnétophone *m.*

(recorder)

– – –, **message** = compteur *m.* de communications (Tp.).
– – –, **mileage** = compteur *m.* kilométrique (Auto.), compteur *m.* de milles (Auto.).
– – –, **Morse** = enregistreur *m.* Morse (Tg.).
– – –, **phase** = phasemètre *m.* enregistreur (E.).
– – –, **phonographic** = enregistreur *m.* phonographique.
– – –, **pressure** = manomètre *m.* enregistreur (Méc.).
– – –, **single-track** = enregistreur *m.* à simple piste.
– – –, **siphon** = enregistreur *m.* à siphon (Tg.).
– – –, **sound** = appareil *m.* d'enregistrement du son (en cinématographie), phonographe *m.*
– – –, **speed** = enregistreur *m.* de vitesse (Méc.), indicateur-enregistreur *m.* de visesse (Auto.).
– – –, **surge** = enregistreur *m.* d'ondes de choc (E.), enregistreur *m.* de surtension (E.).
– – –, **tape** = magnétophone *m.*
– – –, **time-** = horloge *f.* enregistreuse, contrôleur *m.* de ronde.
– – –, **trip** = compteur *m.* de trajet (Auto.), journalier *m.* (Auto.).
– – –, **videotape** = magnétoscope *m.* (Tv.).
– – –, **voice, telephone** = dispositif *m.* d'enregistrement des conversations téléphoniques (Tp.).
– – –, **voltage** = voltmètre *m.* enregistreur (E.).
recording = enregistreur (adj.), enregistrement, emmagasinage *m.* (de signaux) (Tg.).
– – –, **disc** = enregistrement *m.* sur disque.
– – –, **self-** = à enregistrement automatique.
– – –, **sound** = enregistrement *m.* du son.
– – –, **tape** = enregistrement *m.* sur bande.
recork, to = reboucher (une bouteille).
recover, to = recouvrer (la vue, une somme d'argent), récupérer (la ferraille), recouvrir (un toit).
recoverable = récupérable (adj.).
recovery = récupération *f.* (des sous-produits), rétablissement *m.* (de la santé), recouvrement *m.* (d'un article perdu), reprise *f.* (des affaires), redressement *m.* (économique).
– – –, **dust** = récupération *f.* des poussières.
– – –, **heat** = récupération *f.* de la chaleur.
recruiting = recrutement *m.*
– – –, **outside** = recrutement *m.*
rectangular = rectangulaire (adj.), (bois *m.*) équarri.
rectification = rectification *f.* ou redressement *m.* (d'un courant alternatif) (E., R.).
– – –, **anode** = redressement *m.* par l'anode (R.).
– – –, **anode-bend** = détection *f.* plaque (R.), détection *f.* par courbure caractéristique de plaque (R.).
– – –, **bias** = rectification *f.* par grille (R.).
– – –, **full-wave** = redressement *m.* des deux alternances (E.).
– – –, **grid** = redressement *m.* par la grille (R.), détection *f.* grille (R.).
– – –, **half-wave** = redressement *m.* par demi-ondes (E.), redressement *m.* d'une seule alternance (E.).
– – –, **linear** = redressement *m.* linéaire (R.).
– – –, **single-wave** = redressement *m.* à une seule alternance (E.).
rectifier = redresseur *m.* de courant (E., R.), redresseur *m.* (E.), valve *f.* redresseuse (E.), soupape *f.* électrique (E.).

(**rectifier**)

– – –, **aluminium** = redresseur *m*. électrolytique avec anode en aluminium.

– – –, **anode** = redresseur *m*. anodique (R.), tube *m*. redresseur (R.), diode *f* (R.).

– – –, **arc** = redresseur *m*. à vapeur de mercure, redresseur *m*. à arc.

– – –, **arc-welding** = redresseur *m*. pour soudure à l'arc.

– – –, **avalanche, controlled** = redresseur *m*. protégé par avalanche (E.).

–,– –, **barrier-film** = redresseur *m*. à couche d'arrêt, redresseur *m*. à couche de barrage.

– – –, **blocking-layer** = redresseur *m*. à couche d'arrêt, redresseur *m*. à couche de barrage.

– – –, **charging** = redresseur *m*. de charge (E.).

– – –, **commutator** = permutatrice *f*.

– – –, **constant-potential** = redresseur *m*. à tension constante.

– – –, **controlled** = thyratron *m*. (E.).

– – –, **copper-oxyde** = redresseur *m*. à l'oxyde de cuivre.

– – –, **current** = redresseur *m*. de courant (E.).

– – –, **crystal** = rectificateur *m*. à cristal.

– – –, **dry** = redresseur *m*. sec.

– – –, **electrolytic** = redresseur *m*. électrolytique.

– – –, **electrolytic-cell** = redresseur *m*. électrolytique.

– – –, **electronic** = redresseur *m*. électronique.

– – –, **full-wave** = redresseur *m*. à deux alternances.

– – –, **gas-filled** = redresseur *m*. à gaz.

– – –, **germanium** = redresseur *m*. au germanium.

– – –, **glow-discharge** = redresseur *m*. à effluves.

– – –, **grid-controlled** = redresseur *m*. à grilles commandées.

– – –, **half-wave** = redresseur *m*. à une alternance.

– – –, **loudspeaker** = redresseur *m*. d'excitation de haut-parleur.

– – –, **mechanical** = redresseur *m*. mécanique (E.).

– – –, **mercury** = redresseur *m*. à vapeur de mercure.

– – –, **mercury-arc** = redresseur *m*. à vapeur de mercure.

– – –, **mercury, hot-cathode** = redresseur *m*. à vapeur de mercure à cathode chaude.

– – –, **mercury-vapour** = redresseur *m*. à vapeur de mercure.

– – –, **mercury-vapour, hot-cathode** = redresseur *m*. à vapeur de mercure à cathode chaude.

– – –, **metal** = redresseur *m*. sec.

– – –, **protection, cathodic** = redresseur *m*. pour protection cathodique (Tp.).

– – –, **selenium** = redresseur *m*. au sélénium.

– – –, **silicon** = redresseur *m*. au silicium.

– – –, **silicon controlled** = redresseur *m*. au silicium (E.).

– – –, **single-phase** = redresseur *m*. monophasé.

– – –, **six-phase** = redresseur *m*. hexaphasé.

– – –, **synchronous** = redresseur *m*. synchrone.

– – –, **tantalum** = redresseur *m*. au tantale.

– – –, **thermionic** = redresseur *m*. à vide, redresseur *m*. thermoïonique.

– – –, **tuned-reed** = redresseur *m*. à lame vibrante.

– – –, **vacuum-tube** = redresseur *m*. à lampe, tube *m*. redresseur.

– – –, **vibrating** = redresseur *m*. à lame vibrante,

(**rectifier**)

vibreur *m*.

rectify, to = redresser (le courant), rectifier (une donnée).

rectilinear = rectiligne (adj.).

recto = recto *m*. (de la page) (Imp.).

recuperation = récupération *f*. (des métaux précieux, de la chaleur), rétablissement *m*. (d'un malade).

recuperator = récupérateur *m*. (Méc.), régénérateur *m*. (E.).

– – –, **air** = récupérateur *m*. à air.

– – –, **pneumatic** = récupérateur *m*. à air.

– – –, **spring** = récupérateur *m*. à ressorts.

recurrent = périodique (adj.).

recurring = périodique (adj.), intermittent (adj.).

– – –, **ever-** = qui revient sans cesse.

– – –, **non** = (frais *m.p.*) extraordinaires (adj.) ou casuels (adj.).

recut, to = retailler (des limes), aviver (une lame).

recutting = retaille *f*., nouveau taillage, avivage *m*. (d'une lame).

recycling = recyclage *m*.

red = rouge (adj.), (cheveu *m*.) roux (adj.), découvert *m*. (d'un compte).

– – –, **bright** = rouge blanc.

– – –, **cherry** = rouge cerise.

– – –, **dark** = rouge foncé.

– – –, **dull** = rouge sombre.

– – –, **fiery** = rouge feu.

– – –, **yellowish** = rouge orangé.

redbud = gainier *m*. du Canada.

rediffusion = radiodistribution *f*.

redress, to = ravaler (le revêtement d'une muraille), rétablir (l'équilibre), corriger (un abus), redresser (un tort).

reduce, to = diminuer (la vitesse), ralentir (la production), abaisser (la tension, la température), compenser (l'affaiblissement) (R.), réduire (un croquis, le prix, un minerai), amincir ou ravaler (un colombage), baisser (le prix), atténuer (un contraste) (Phot.), démultiplier (les vitesses) (Méc.), alléger (les impôts), dégrever (un contribuable), adoucir (le frottement) (Méc.), reduire (un employé) à ou dégrader.

reducer = réducteur *m*. (Méc., Phot.), manchon *m*. de réduction (Méc.), raccord *m*. de réduction (Méc.).

– – –, **angle** = genou *m*. de réduction (Méc.).

– – –, **speed** = réducteur *m*. de vitesse (Méc.).

– – –, **taper** = raccord *m*. conique (Méc.).

– – –, **tone** = sourdine *f*.

reducing = de réduction, réducteur (adj.).

reduction = réduction *f*. ou baisse *f*. (des prix), diminution *f*. (de tension) (E.), démultiplication *f*. (d'engrenage) (Méc.), réduction *f*. (d'une carte, des oxydes métalliques), amincissement *m*. (d'une planche), atténuation *f*. (du contraste) (Phot.), allègement *m*. (des programmes scolaires), dégrèvement *m*. (de l'impôt), adoucissement *m*. (du frottement) (Méc.), dégradation *f*. (d'un employé).

– – –, **data** = traduction *f*. des informations.

– – –, **gear** = démultiplication *f*. (Méc.).

– – –, **gear, double** = double démultiplication *f*. (Méc.).

– – –, **weight** = diminution *f*. de poids.

redwood = sequoia *m*., pin *m*. rouge de Californie.

reed = anche *f*. (de saxophone), ros *m*. ou peigne *m*.

(reed)

(de métier à tisser), couche *f.* annuelle (d'un arbre), roseau *m.*, jonc *m.* à balais.
- - -, **horn** = anche *f.* de cornet (Auto.).
- - -, **vibrating** = lame *f.* vibrante.
reel = touret *m.* (pour câbles téléphoniques), moulinet *m.* (pour fils métalliques), dévidoir *m.*, bobine *f.* (de coton, de film), tambour *m.* d'enroulement.
- - -, **barrow** = brouette *f.* dérouleuse (E.).
- - -, **bolting-** = blutoir *m.* ou bluteau *m.*
- - -, **cable** = bobine *f.* de câble (Tp.).
- - -, **collapsible** = dévidoir *m.* démontable (Tp.).
- - -, **feed** = bobine *f.* dérouleuse, bobine *f.* débitrice.
- - -, **fishing** = moulinet *m.* (de canne à pêche).
- - -, **hose** = dévidoir *m.* (à boyau).
- - -, **line, chalk-** = virolet *m.* (C.).
- - -, **payout** = dévidoir *m.* (Tp.), dérouleuse *f.* (E.).
- - -, **pick-up** = rabatteur-releveur *m.* d'épis (d'une moissonneuse, d'une andaineuse) (Agr.).
- - -, **supply** = bobine *f.* débitrice (Tp.).
- - -, **take-up** = enrouleuse *f.* (Tp.), bobine *f.* enrouleuse (Tp.).
- - -, **to** - - - **off** = dévider (le câble, le fil téléphonique).
- - -, **to** - - - **up** = bobiner (le câble, le fil téléphonique).
- - -, **wall, hose** = dévidoir *m.* mural (B.).
- - -, **wire** = dévidoir *m.* pour fil métallique (Tp.).
reentrant = rentrant (adj.), en retrait.
reface, to = rectifier (le siège des valves) (Méc.), revêtir de nouveau (un mur) (B.).
reference = renvoi *m.* (dans un livre) (Imp.), répondant *m.* (O.).
- - -, **cross-** = renvoi *m.*
- - -, **foot-note** = appel *m.* de note (Imp.).
refile, to = raviver une surface (à la lime).
refill = rechange *m.*, de rechange, ampoule (pour bouteille isolante) (E.), cartouche *f.* (d'encre) (pour stylographe).
- - -, **to** = faire le plein d'essence (Auto.), regarnir (un coussinet), remblayer (une fouille), recharger (un extincteur, un appareil photo).
refine, to = affiner (un métal), épurer (l'or), épurer ou raffiner (un lubrifiant), raffiner (le sucre).
refiner = affineur *m.* (métaux), raffineur *m.* (de sucre) (O.), purificateur *m.* (d'or) (O.).
refinery = affinerie *f.* (métaux), raffinerie *f.* (de sucre).
refining, electrolytic = affinage *m.* électrolytique (E.).
refit, to = rajuster (une machine), réparer (un organe de machine), remonter (un atelier).
reflect, to = refléter (la couleur, la lumière), réfléchir (le son, la lumière).
reflecting = réfléchissant (adj.), réflexion *f.*
reflection = réflexion *f.* ou reflet *m.*
- - -, **abnormal** = réflexion *f.* sporadique (R.).
- - -, **tropospheric** = réflexion *f.* troposphérique (R.).
reflectivity = coefficient *m.* de réflexion.
reflector = réflecteur *m.* (E.), catadioptre *m.* (d'une bicyclette).
- - -, **antenna** = réflecteur *m.* d'antenne (R.).
- - -, **corner** = réflecteur *m.* dièdre (R.).
- - -, **emission** = réflecteur *m.* d'émission (R.).
- - -, **parabolic** = réflecteur *m.* parabolique (R.).

reforest, to = reboiser (un terrain).
reforestation = reboisement *m.* (d'un terrain), reforestation *f.*
refract, to = réfracter (c.-à-d. briser un rayon lumineux).
refraction = réfraction *f.*
- - -, **coastal** = réfraction *f.* côtière (R.).
- - -, **double** = biréfringence *f.*
- - -, **double, magneto-ionic** = dédoublement *m.* magnéto-ionique (R.).
- - -, **standard** = réfraction *f.* normale (R.).
- - -, **sub-** = infraréfraction *f.* (R.).
- - -, **super-** = superréfraction *f.* (R.).
- - -, **wave** = réfraction *f.* des ondes (R.).
refractive = réfringent (adj.), réfractif (adj.).
- - -, **doubly** = biréfringent (adj.).
refractivity = réfringence *f.*
refractor = milieu *m.* réfringent.
refractory = réfractaire (adj.), à l'épreuve du feu.
refresh, to = aviver (une lame, un taillant).
refrigerant = réfrigérant *m.*, mélange *m.* frigorifique.
refrigerate, to = refroidir, réfrigérer.
refrigeration = réfrigération *f.*
- - -, **salt-water** = réfrigération *f.* à eau salée.
refrigerator = réfrigérant *m.*, glacière *f.* (Ust.), armoire *f.* frigorifique (Ust.), réfrigérateur *m.* (Ust.).
- - -, **absorption** = réfrigérateur *m.* à absorption.
- - -, **compression** = réfrigérateur à compresseur.
- - -, **electric** = réfrigérateur *m.* électrique.
refuel, to = faire le plein d'essence (Auto.), se ravitailler (en combustible).
refuse = déchets *m.p.* (de carrière), rebut *m.* (d'une boucherie), détritus *m.* (d'un jardin, d'un édifice), refus *m.* (d'un tamis), immondice *f.* ou immondices *f.p.*
- - -, **household** = ordures *f.p.* ménagères.
Regd. = V. « registered ».
regenerate, to = régénérer.
regeneration = régénération *f.*, épuration *f.* (des huiles).
- - -, **acoustic** = réaction *f.* acoustique, effet *m.* Larsen.
- - -, **negative** = contre-réaction *f.* (E.).
- - -, **positive** = réaction *f.* (E.).
- - -, **super-** = superréaction *f.* (E.).
regenerative = régénérateur (adj.), à réaction (E.).
- - -, **super-** = à superréaction (E.).
regenerator = récupérateur *m.*, régénérateur *m.*
- - -, **air** = régénérateur *m.* d'air.
- - -, **impulse** = filtre *m.* correcteur d'impulsions (E.).
- - -, **pulse** = régénérateur *m.* d'impulsions (Tp.).
- - -, **pulse, synchronizing** = régénérateur *m.* de synchronisation (Tv.).
- - -, **sync** = régénérateur *m.* de synchronisation (Tv.).
region = région *f.*, zone *f.*
- - -, **diffraction** = région *f.* de diffraction (R.).
- - -, **shadow** = zone *f.* d'ombre.
register = compteur *m.* (d'appels) (Tp.), registre *m.* (B.), bouche *f.* de chaleur (B.), registre *m.* de tirage (B.), sélecteur *m.* primaire (Tp.), enregistreur *m.* (Tp.).
- - -, **air** = registre *m.* d'air (B.).
- - -, **air, warm** = bouche *f.* d'air chaud (B.).

(register)

– – –, **baseboard** = grillage *m.* de ventilation pour plinthe (B.), bouche *f.* de chaleur pour plinthe (B.).
– – –, **call** = compteur *m.* d'appels (Tp.).
– – –, **cash-** = caisse *f.* enregistreuse.
– – –, **floor** = bouche *f.* de chaleur (B.), ventouse *f.* (à persienne) pour parquet (B.).
– – –, **message** = compteur *m.* de conversations (Tp.), compteur *m.* de communications (Tp.).
– – –, **to** = enregistrer (des bagages), faire coïncider (des pièces, des repères), être en ligne (Méc.), immatriculer (une auto), recommander (une lettre), déposer (une marque de fabrique), s'inscrire (sur le registre d'un hôtel).
– – –, **traffic** = compteur *m.* d'appels (Tp.).
– – –, **wall** = grillage *m.* mural de ventilateur (à persienne) (B.).
registered = (société *f.*) enregistrée, Enr., V. « register, to ».
registering = enregistrement *m.*, immatriculation *f.* (d'auto), coïncidence *f.* (des repères), repérage *m.* (Phot., Imp.), pointage *m.* (des feuilles) (Imp.).
– – –, **self-** = à enregistrement automatique.
registrar = régistrateur *m.* (O.) (Canada), secrétaire *m.* général (d'une université), greffier *m.* (d'un tribunal), régistraire *m.* (d'une université) (Canada).
registration = enregistrement *m.* (d'un instrument), immatriculation *f.* (d'auto), comptage *m.* (d'appels) (Tp.).
reglet = réglet *m.* (B., Imp.), réglette *f.* (Imp.).
regrade = reclassement *m.* (d'une catégorie de service) (Tp.).
regrading = reclassement *m.* (des employés, des plantes).
regrind, to = réaffûter (un outil), roder (une soupape) à nouveau.
regrinding = réaffûtage *m.* (d'un outil), nouveau rodage.
regular = régulier (adj.) courant (adj.).
regulate, to = régulariser (le débit d'une conduite) (H.), régler (la tension, la vitesse) (E., Méc.).
regulating of engine = réglage *m.* du moteur.
– – –, **self-** = à autoréglage (Méc.), autorégulateur (adj.) (Méc.), à réglage automatique (Méc.).
regulation = réglage *m.* (d'une machine), régularisation *f.* (d'une rivière), régulation *f.* (de la vitesse), V. « regulations ».
– – –, **automatic** = réglage *m.* automatique, autoréglage *m.*
– – –, **by hand** = réglage *m.* à main, réglage *m.* manuel.
– – –, **constant-current** = régulation *f.* à courant constant (E.).
– – –, **distance** = téléréglage *m.*
– – –, **flow** = réglage *m.* du débit (H.).
– – –, **fuel-feed, automatic** = régulateur *m.* automatique d'alimentation du carburant (Auto.).
– – –, **fuel-mixture, automatic** = régulateur *m.* automatique du carburant (Auto.).
– – –, **hand-** = réglage *m.* manuel.
– – –, **mechanical** = régulation *f.* mécanique.
– – –, **of draught** = réglage *m.* de tirage.
– – –, **speed** = régulation *f.* de la vitesse.
– – –, **throttle** = réglage *m.* par papillon (Auto.).
– – –, **voltage** = régularisation *f.* de la tension (E.),

(regulation)

réglage *m.* de la tension (E.), régulation *f.* de la tension (E.).
– – –, **wiring** = règlement *m.* d'installation (Tp., E.).
regulations = réglementation *f.* (du commerce, du travail), règlement *m.* (sanitaire), prescriptions *f.p.* (d'un chef), régime *m.* (d'un hôpital).
– – –, **customs** = règlements *m.p.* de la douane.
– – –, **load** = prescriptions *f.p.* relatives à la charge (C.).
– – –, **safety** = prescriptions *f.p.* relatives à la sécurité.
regulator = régulateur *m.* (Méc.), dispositif *m.* de réglage (Méc.), graduateur *m.* (Tp.).
– – –, **air** = régulateur *m.* à air, régulateur *m.* d'air.
– – –, **automatic** = régulateur *m.* automatique.
– – –, **backward-acting** = régulateur *m.* à réaction.
– – –, **constant-current** = régulateur *m.* à courant constant (E.).
– – –, **constant-potential** = régulateur *m.* à potentiel constant (E.).
– – –, **current** = régulateur *m.* d'intensité (E.).
– – –, **differential** = régulateur *m.* différentiel (E.)
– – –, **draught** = registre *m.* régulateur de tirage, stabilisateur *m.* de tirage.
– – –, **electro-pneumatic** = régulateur *m.* électro-pneumatique.
– – –, **field** = rhéostat *m.* de champ (E.).
– – –, **forward-acting** = régulateur *m.* à action (E.).
– – –, **frequency** = régulateur *m.* de fréquence (E.).
– – –, **fuel-feed, automatic** = régulateur *m.* automatique d'alimentation du carburant (Méc.).
– – –, **induction** = régulateur *m.* d'induction (E.).
– – –, **load** = régulateur *m.* de charge (E.).
– – –, **pendulum** = régulateur *m.* à pendule.
– – –, **phase** = régulateur *m.* de phase (E.).
– – –, **potential** = régulateur *m.* de tension (E.).
– – –, **pressure** = régulateur *m.* de pression, détendeur *m.* de pression.
– – –, **pressure, gas** = régulateur *m.* à gaz.
– – –, **quick-acting** = régulateur *m.* instantané.
– – –, **range, volume, automatic** = régulateur *m.* automatique de volume (à l'émission) (Tp.).
– – –, **remote-control** = télérégulateur *m.*
– – –, **self-acting** = autorégulateur *m.*
– – –, **series** = régulateur *m.* série (E.).
– – –, **service** = régulateur *m.* d'abonné (du gaz).
– – –, **shunt** = régulateur *m.* shunt (E.).
– – –, **sight-feed** = régulateur *m.* à débit visible.
– – –, **speed** = régulateur *m.* de vitesse.
– – –, **steam** = régulateur *m.* de vapeur.
– – –, **stock** = régulateur *m.* de consistance (de la pâte à papier) (Pap.).
– – –, **temperature** = thermostat *m.*, régulateur *m.* de température.
– – –, **thermostatic** = régulateur *m.* thermostatique.
– – –, **voltage** = régulateur *m.* de tension (E.), conjoncteur-disjoncteur *m.* (pour dynamo) (Auto.)
– – –, **voltage, moving-coil** = régulateur *m.* de tension à bobine mobile (E.).
– – –, **voltage, plate** = régulateur *m.* de tension anodique (R.).
– – –, **water, feed-** = régulateur *m.* d'alimentation (d'eau).
– – –, **wire, pilot** = régulateur *m.* à fil pilote (Tp.).

regulus = régule *m.* (Méc.).
- - - of antimony = régule *m.* d'antimoine.
rehabilitate, to = réhabiliter (un condamné), réadapter (un blessé), assainir (des finances), réorganiser (une compagnie).
rehabilitation, vocational = réadaptation *f.* professionnelle (d'un employé).
reharden, to = retremper (un métal).
reheat, to = recuire (l'acier, le verre), réchauffer (des aliments).
reheating = revenu *m.* (d'un acier), réchauffage *m.* (des aliments).
- - - of interior air = réchauffage *m.* de l'air ambiant (Auto.).
reimpose, to = réimposer (une feuille, une charge).
rein = rêne *f.* (d'un cheval de selle), guide *f.* (d'un cheval attelé à une voiture).
- - -, check- = fausses rênes *f.p.*
reinforce, to = renforcer (une poutre, un son, un mur), armer (une poutre, le béton), consolider (un édifice, des fondations).
reinforced = armé (C.), renforcé (C.), consolidé (C.).
- - - at top and bottom = armé haut et bas (C.).
- - - in compression = armé en compression (C.).
- - - in lower face = armé à la partie inférieure (C.).
reinforcement = armature *f.* (du béton), renfort *m.* (d'hommes, d'une poutre), renforcement *m.* (des effectifs militaires, d'un barrage).
- - -, additional = armature *f.* de renfort (C.).
- - -, bent = armature *f.* courbe (C.).
- - -, bridge = renforcement *m.* d'un pont (C.).
- - -, compression = armature *f.* de compression (C.).
- - -, fixing = armature *f.* d'encastrement (C.).
- - -, longitudinal = armature *f.* longitudinale (C.).
- - -, lower = armature *f.* inférieure (C.).
- - -, mesh = armature *f.* en treillis (C.).
- - -, metallic = armature *f.* (métallique) (B.).
- - -, stub = tuteur *m.* en bois pour poteau (Tp.).
- - -, tension = armature *f.* de tension (C.).
- - -, top = armature *f.* supérieure (C.).
- - -, transverse = armature *f.* transversale (C.).
reinsert, to = remettre en place, replacer.
reissue = nouveau tirage (Imp.), réédition *f.* (Imp.).
reject = rebut *m.*, rejet *m.*
- - -, to = rebuter (une pièce coulée), rejeter (une proposition, une offre, un candidat), refuser (une marchandise, une offre, un candidat), repousser (une offre, une mesure).
rejecter = filtre *m.* (R.), circuit *m.* éliminateur (R.).
rejection = rejet *m.*, refus *m.*
rejections = rebuts *m.p.*, pièces *f.p.* de rebut.
rejector = V. « rejecter ».
relation = relation *f.* (de cause à effet), rapport *m.* (entre deux choses).
relations, human = relations *f.p.* humaines.
- - -, industrial = relations *f.p.* syndicales, relations *f.p.* industrielles.
- - -, labour = relations *f.p.* syndicales, relations *f.p.* professionnelles.
- - -, public = relations *f.p.* extérieures, relations *f.p.* publiques.
- - -, union-management = relations *f.p.* syndicales, relations *f.p.* professionnelles.

relationship = rapport *m.* (entre deux choses), parenté *f.*
- - -, phase = rapport *m.* de phase (E.).
relative = relatif (adj.).
relax, to = détendre ou débander (un ressort), relâcher (l'esprit, un ressort, les muscles), détendre (l'esprit, un arc).
relaxation = relaxation *f.* ou détente *f.* (des muscles, de l'esprit), repos *m.*, relâchement *m.* (d'un ressort, des muscles).
relay = relais *m.* (E.), contacteur-disjoncteur *m.* (E.), radiodiffusion *f.* relayée (R.), relève *f.* (d'ouvriers), répéteur *m.* (Tp., Tg.), répétiteur *m.* (d'un signal transmis).
- - -, accelerating = relais *m.* d'accélération (E.).
- - -, alarm = relais *m.* de contrôle, relais *m.* avertisseur.
- - -, alarm - - - of grid potential = relais *m.* de contrôle du potentiel de grille (E.).
- - -, auxiliary = relais *m.* auxiliaire.
- - -, balanced = relais *m.* différentiel (E.).
- - -, biassed = relais *m.* polarisé (R.).
- - -, block-system = relais *m.* de cantonnement (Ch.d.f.).
- - -, blocking = relais *m.* de blocage (E.).
- - -, call, incoming = relais *m.* d'appel (Tp.).
- - -, capacitance = relais *m.* capacitif (E.).
- - -, cathode = relais *m.* cathodique (R.).
- - -, clock = contacteur-disjoncteur *m.* horaire (E.).
- - -, coil, biassed = relais *m.* polarisé (E.).
- - -, coin = relais *m.* d'encaissement (Tp.).
- - -, comparison, directional = relais *m.* à comparaison de sens (E.).
- - -, control = relais *m.* de commande (E.), relais *m.* de contrôle (E.).
- - -, current = relais *m.* ampèremétrique (R.), relais *m.* de courant.
- - -, cut-off = relais *m.* de coupure (E.).
- - -, cut-through = relais *m.* de connexion (Tp.).
- - -, differential = relais *m.* différentiel (R.).
- - -, direction, power = relais *m.* directionnel de puissance (E.).
- - -, directional = relais *m.* directionnel (E.).
- - -, directly-connected = relais *m.* direct ou relais *m.* primaire (E.).
- - -, discriminating = relais *m.* sélecteur (R.).
- - -, distance = relais *m.* télécommandé (R.).
- - -, double-wound = relais *m.* à deux enroulements (R.).
- - -, electronic = relais *m.* électronique (Tp.).
- - -, electronic, telegraph = relais *m.* électronique télégraphique (Tg.).
- - -, electromagnetic = relais *m.* électromagnétique (E.).
- - -, electro-thermal = relais *m.* électrothermique (E.).
- - -, fault, ground = relais *m.* de protection de mise à la terre (E.).
- - -, flashing = relais *m.* de scintillement (E.).
- - -, flat-type = relais *m.* plat (E.).
- - -, flow = relais *m.* contrôleur de débit (H.).
- - -, gas-filled = triode *f.* à gaz (R.).
- - -, ground = relais *m.* de protection de mise à la

(relay)

terre (E.).

- - -, **high-impedance** = re ais *m.* à grande impédance (E.).
- - -, **high-speed** = relais *m.* à action rapide (E.).
- - -, **high-tension** = relais *m.* pour haute tension (E.).
- - -, **impedance** = relais *m.* d'impédance (E.).
- - -, **impulse** = relais *m.* d'impulsions (Tp.).
- - -, **induction** = relais *m.* inductif (E.).
- - -, **initiating** = relais *m.* primaire (E.).
- - -, **instantaneous** = relais *m.* à action instantanée (E.).
- - -, **interlocking** = relais *m.* d'accouplement (E.).
- - -, **key** = relais *m.* de manipulation (Tg., R.).
- - -, **line** = relais *m.* de l gne (Tp.), relais *m.* d'appel (Tp.).
- - -, **listening-in** = relais *m.* d'écoute (Tp., R.).
- - -, **locking** = relais *m.* de verrouillage (E.), relais *m.* de blocage (Z.).
- - -, **master** = relais *m.* principal (E.).
- - -, **maximum** = relais *m.* à maximum (E.).
- - -, **microphone** = relais *m.* microphonique (Tp., R.).
- - -, **minimum** = relais *m.* à minimum (E.).
- - -, **motor-type** = relais *m.* à armature bobinée (E.).
- - -, **moving-coil** = relais *m.* à cadre mobile (E.).
- - -, **network** = relais *m* de réseau (E.), disjoncteur *m.* de réseau (E.).
- - -, **neutral** = relais *m.* indifférent (E.), relais *m.* non polarisé (R.).
- - -, **no-voltage** = [relais *m.* à manque de voltage] (E.), relais *m.* à manque de tension (E.).
- - -, **overload** = relais *m.* à maximum d'intensité (E.), relais *m.* de surcharge (E.).
- - -, **phase-balance** = relais *m.* d'équilibrage (E.), relais *m.* polyphasé (E.).
- - -, **phase-sequence** = relais *m.* à succession de phases (E.).
- - -, **phasing** = relais *m* de mise en phase (E.).
- - -, **pilot** = relais *m.* de contrôle (Tg.).
- - -, **plunger** = relais *m.* à plongeur (E.).
- - -, **polarized** = relais *m.* polarisé (Tg.).
- - -, **polarized, telegraph** = relais *m.* polarisé télégraphique (Tg.).
- - -, **power** = relais *m.* wattmétrique (E.), relais *m.* de puissance (E.).
- - -, **protection** = relais *m.* de protection (E.).
- - -, **quick-operating** = relais *m.* rapide (E.).
- - -, **radio** = station-relais *f.* (R.), relais *m.* (R.).
- - -, **rectifier, telegraph** = relais *m.* télégraphique à redresseurs secs.
- - -, **reed** = relais *m.* sec à anche (E.), relais *m.* mouillé à anche (E.).
- - -, **regulating** = relais *m.* de réglage.
- - -, **repeating** = relais *m.* translateur (Tp., R.).
- - -, **resistance** = relais *m.* de résistance (E.).
- - -, **reverse-current** = relais *m.* à retour de courant (E.).
- - -, **reverse-phase** = relais *m.* à inversion de phase (E.).
- - -, **ringing** = relais *m.* (de commande) d'appel (Tp.), relais *m.* de sonnerie (Tp.).
- - -, **selenium** = relais *m.* au sélénium (E.).
- - -, **sensitive** = relais *m.* sensible (E.).

(relay)

- - -, **shunt-field** = relais *m.* à shunt magnétique (E.).
- - -, **shunt supplied** = relais *m.* indirect ou relais *m.* secondaire (E.).
- - -, **side-stable** = relais *m.* à deux positions stables (Tg.).
- - -, **signal** = relais *m.* de signal (E.), relais *m.* de signalisation (Tp., E.).
- - -, **signal-lamp** = relais *m.* de lampe de signalisation (Tp., E.).
- - -, **slow-acting** = relais *m.* lent (E.), relais *m.* à action lente (E.).
- - -, **slow-releasing** = relais *m.* à relâchement différé (E.), relais *m.* lent (E.), relais *m.* à action lente (E.).
- - -, **starting** = relais *m.* de démarrage (E.).
- - -, **static** = relais *m.* statique (pour signaux télégraphiques à courant continu) (Tg.).
- - -, **step-back** = relais *m.* de rappel (E.).
- - -, **step-by-step** = relais *m.* graduel (E.), relais *m* à action échelonnée (E.).
- - -, **supervisory** = relais *m.* de surveillance (Tp.), relais *m.* de supervision (Tp.), relais *m.* de fin de conversation (Tp.).
- - -, **supply, battery** = relais *m.* d'alimentation (Tp.).
- - -, **surge** = relais *m.* à maximum (E.).
- - -, **tape** = transit *m.* par bande perforée (Tg.).
- - -, **tape, manual** = transit *m.* manuel par bande perforée (Tg.).
- - -, **telegraph** = relais *m.* télégraphique (Tg.).
- - -, **telephone** = relais *m.* téléphonique (Tp.).
- - -, **temperature** = relais *m.* thermique (E.).
- - -, **thermal** = relais *m.* thermique (E.).
- - -, **thermionic** = relais *m.* électronique (E.), relais *m.* thermoïonique (E.).
- - -, **thermostatic** = relais *m.* à thermostat (E.).
- - -, **three-position** = relais *m.* à trois positions (E.).
- - -, **throw-over** = relais *m.* à deux directions (E.).
- - -, **time** = relais *m.* à temps (E.), relais *m.* temporisé (E.), relais *m.* de temporisation (E.).
- - -, **time-delay** = relais *m.* à action différée (E.), relais *m.* retardé (E.), relais *m.* temporisé (E.).
- - -, **time-lag** = relais *m.* à action différée (E.), relais *m.* retardé (E.), relais *m.* temporisé (E.).
- - -, **time-lag, inverse** = relais *m.* à retard dépendant (E.).
- - -, **time-limit** = relais *m.* à action différée (E.).
- - -, **time-limit, definite** = relais *m.* à retard indépendant (E.).
- - -, **time-limit, inverse** = relais *m.* à retard dépendant (E.).
- - -, **timing** = relais *m.* à temps (E.), relais *m.* temporisé (E.).
- - -, **to** = relayer ou retransmettre (une dépêche), munir (une ligne) de relais.
- - -, **track** = relais *m.* de voie (Ch.d.f.).
- - -, **transformer** = relais *m.* à transformateur (E.).
- - -, **trip-free** = relais *m.* pour déclenchement libre (E.), relais *m.* primaire (E.).
- - -, **tripping** = relais *m.* d'arrêt d'appel (Tp.), relais *m.* de déclenchement (E.).
- - -, **tuned** = relais *m.* accordé (R.).
- - -, **under-voltage** = relais *m.* à minimum (E.).
- - -, **under-voltage, time** = relais *m.* temporisé à minimum (E.).

(relay)

- - -, **vibrating** = relais *m.* à résonance (Tp.), relais *m.* harmonique (Tp.), relais *m.* vibrateur (Tg.).
- - -, **vibrating, telegraph** = relais *m.* vibrateur télégraphique (Tg.).
- - -, **voltage** = relais *m.* de tension (E.).
re-lay, to = remettre (la nappe) (Ust.), reposer (une moquette, un rail).
relaying = translation *f.* (d'une dépêche).
release = desserrage *m.* (d'une vis), déclenchement *m.* (d'un ressort), dégagement *m.* ou déblocage *m.* (d'un frein), déclencheur *m.* (I.), interrupteur *m.* (E.), disjoncteur *m.* (E.), libération *f.* (Tp.), échappement *m.* (de la vapeur), dégagement *m.* (d'un circuit) (Tp.), rejet *m.* (d'une centrale nucléaire.
- - -, **automatic** = autodéclenchement *m.* (Méc.), déclenchement *m.* automatique (Méc.), déclencheur *m.* automatique (Phot.).
- - -, **bulb** = déclencheur *m.* à poire (Phot.).
- - -, **calling-party** = remise *f.* en circuit d'une ligne téléphonique (Tp.).
- - -, **compression** = décompresseur *m.* (Méc.).
- - -, **connection** = dégagement *m.* (Tp.).
- - -, **delayed action** = déclencheur *m.* à retardement (Phot.).
- - -, **electro-magnetic** = déclenchement *m.* électromagnétique (E.).
- - -, **first-party** = remise *f.* en ligne (Tp.).
- - -, **high-voltage** = déclenchement *m.* à haute tension (E.).
- - -, **instantaneous** = déclencheur *m.* à action instantanée (Méc.), à déclenchement instantané (Méc.).
- - -, **last-party** = remise *f.* en ligne (Tp.).
- - -, **low-voltage** = déclenchement *m.* à faible tension (E.).
- - -, **no-load** = disjoncteur *m.* à vide (E.).
- - -, **no-volt** = déclenchement *m.* à tension nulle (E.).
- - - **of a brake** = déblocage *m.* d'un frein (Auto.).
- - - **of a spring** = déclenchement *m.* d'un ressort (Méc.).
- - - **of oscillations** = amorçage *m.* des oscillations (R.).
- - - **of the steam** = échappement *m.* de la vapeur (Méc.).
- - -, **overload** = disjoncteur *m.* à maximum (E.).
- - -, **press** = communiqué *m.*
- - -, **quick** = rupture *f.* rapide (E.).
- - -, **ratchet** = déclenchement *m.* par cliquet (Méc.).
- - -, **reset** = réenclenchement *m.* (Méc.).
- - -, **shutter** = déclencheur *m.* (d'obturateur) (Phot.).
- - -, **slow** = interrupteur *m.* lent (E.).
- - -, **time-limit** = déclencheur *m.* à action différée (Méc.).
- - -, **time-limit, definite** = déclencheur *m.* à retard indépendant (Méc.).
- - -, **to** = déclencher (Méc.), décoller (une armature) (E.), dégager (l'embrayage), dégripper (Méc.), desserrer (une vis), détendre (un ressort), relâcher (Méc.), débloquer (Méc.), débrayer (Méc.), dégager (un circuit) (Tp.).
- - -, **trigger** = déclenchement *m.* au doigt (Phot.).
- - -, **under-voltage** = déclenchement *m.* à manque de tension (E.).
- - -, **zero** = sans rejet (Phys.).

releaser = déclencheur *m.* (Méc.), démarreur *m.* (Méc.).
- - -, **time** = déclencheur *m.* à temps (Méc.).
reliability = sûreté *f.* de fonctionnement (Méc.), régularité *f.* de marche (Méc.), fiabilité *f.* (Méc.).
reliable = sûr (adj.).
relief = dégagement *m.* ou dépouille *f.* (d'un foret), creux *m.*, détalonnage *m.*, soulagement *m.* (de la misère), relief *m.* (B.), allègement *m.* (Tp.).
relieve, to = affranchir ou dégager (d'une obligation), dépouiller (un foret) (Méc.), soulager (la misère, une soupape), réduire (la pression) (Méc.), relever (un employé de ses fonctions).
reline, to = regarnir (un frein).
reliner, tire = pare-clous *m.* (Auto.), contre-entoilage *m.* (Auto.).
relining = regarnissage *m.* (d'un coussinet, d'un frein) (Méc.), rechemisage *m.* (d'un moteur) (Méc.).
reload, to = recharger (une arme à feu, une cartouche).
reloading = rechargement *m.*
relocate, to = déplacer (une grange), modifier le tracé (d'une ligne téléphonique).
relocation of equipment = déplacement *m.* d'équipement (Tp.), transfert d'équipement (Tp.).
reluctance = réluctance *f.* (E.).
- - -, **specific** = résistivité *f.* spécifique (E.).
reluctivity = réluctivité *f.* (E.), réluctance *f.* spécifique (E.).
remain = reste *m.*, restes *m.p.*, débris *m.p.*, vestiges *m.p.*
remains, mortal = dépouille *f.* mortelle.
remanence = remanence *f.* (E.).
remanent = remanent (adj.), résiduel (adj.).
remelt, to = refondre.
remodel, to = transformer (une machine), réorganiser (un atelier), remanier ou refaire (certains ouvrages), réfectionner (une maison).
remodelling = transformation *f.* (d'un moteur, dans une maison), réorganisation *f.* (d'un atelier), réfection *f.* (d'une maison).
removable = démontable (adj.), détachable (adj.), amovible (adj.), rapporté (adj.).
removal = dépose *f.* (d'une serrure), démontage *m.* (d'un mécanisme), enlèvement *m.* (des ordures ménagères), élimination *f.* (d'un calcul, d'un candidat).
- - -, **dust** = dépoussiérage *m.*
- - -, **form** = décoffrage *m.* (du béton).
- - - **of carbon deposits** = décalaminage *m.* (Méc.).
- - - **of equipment** = enlèvement *m.* des installations (Tp.), retrait *m.* d'équipement (Tp.).
- - - **of old babbit** = dérégulage *m.* (Méc.).
- - - **or rust** = dérouillage *m.*
- - - **of stumps** = essouchement *m.*
- - - **of the motor** = dépose *f.* du moteur (Auto.).
- - -, **scale** = décalaminage *m.*, détartrage *m.*
- - -, **shell** = démoulage *m.* (Imp.).
- - -, **smoke** = élimination *f.* des fumées.
- - -, **snow** = déneigement *m.* (des voies publiques).
remove = gradation *f.* (des caractères) (Imp.).
- - -, **to** = ôter (une branche, son chapeau), déménager (les meubles), déplacer (une machine, un fonctionnaire), transporter (des marchandises, des

(remove)

meubles), enlever (des matériaux, l'écorce d'un arbre, une tache), supprimer ou écarter (un danger), dissiper (un doute).

remover, grease = dégraisseur *m.*

– – –, **ink-stain** = encrivore *m.*

– – –, **make-up** = démaquillant *m.* (Ust.).

– – –, **nail-polish** = dissolvant *m.* (Ust.).

– – –, **paint** = décapant *m.* (pour peinture).

– – –, **scale** = tartrifuge *m*., désincrustant *m.*

– – –, **stain** = détachant *m*

– – –, **staple** = arrache-agrafes *m.*

– – –, **tar** = dissolvant *m.* du goudron.

– – –, **tire** = démonte-pneu *m.* (Auto.).

– – –, **varnish** = décapant *m.* pour vernis.

removing = V. « removal ».

rend, to = fendre, se fendre, se déchirer.

rendering = gobetage *m.* ou gobetis *m.* (d'une cloison) (B.), crépi *m.* (B.), endui *m.* (B.), crépissage *m.* (de la surface extérieure d'un mur), traduction *f.* (d'une phrase), restitution *f.* (des couleurs) (Phot.), clarification *f.* (d'une graisse).

– – –, **cement** = enduit *m.* de ciment (B.).

– – –, **colour** = restitution *f.* des couleurs (Phot.), rendu *m.* chromatique (Phot.).

– – –, **wall, concrete** = crépissage *m.* au ciment du mur.

– – –, **wall, concrete** – – – **above grade** = crépissage *m.* au ciment de la partie hors sol du mur.

render-set = crépi *m.* et enduit *m.*

– – –, **to** = crépir et enduire (un mur) (B.).

rendition = traduction *f.* rendu *m.* (chromatique) (Phot.).

renew, to = renouveler (connaissance, un traité, un bail), renouer (correspondance, la conversion).

renewable = renouvelable (adj.).

renewal = remplacement *m.* (d'une pièce de machine, d'un accumulateur), renouvellement *m.* (d'une convention, d'un mobilier), renouement *m.* (d'amitié).

renovate, to = rénover (un moteur, des pneus), ragréer (un mur), ravaler (un édifice), restaurer (un château, une peinture), renouveler (l'air), retaper (une vieille maison).

rent = fissure *f.* ou fente *f.* (de terrain), déchirure *f.* (à un habit), loyer *m.* (B.), (prix *m.* de) location *f.* (d'un local d'habitation).

rental = tarif *m.* de location (Tp.), montant *m.* du loyer.

– – –, **car** = location *f.* de voiture.

– – –, **yearly** = redevance *f.* annuelle.

repack, to = remplacer la garniture (Méc.), regarnir (Méc.), refaire (un joint) (Méc.).

repair = réparation *f.*, remise *f.* en état, réfection *f.*

– – –, **beyond** = hors d'état d'être réparé.

– – –, **general** = rechargement *m.* général (d'une route).

– – –, **to** = réparer (un édifice), dépanner (Auto.), remettre (un moteur) en état.

repairer = réparateur *m.* (O.).

– – –, **auto-emergency** = dépanneur *m.* (O.).

repairing = réparation *f.* (C., B.), dépannage *m.* (Auto.).

repair-man = V. « man, repair ».

repairs, emergency = réparations *f.p.* de fortune.

(repairs)

– – –, **roadside** = dépannage *m.* (Auto.).

– – –, **under** = en réparation.

reparation = réparation *f.*

repeater = répéteur *m.* (Tp.), translateur *m.* (Tp.), amplificateur *m.* répéteur (Tp.).

– – –, **broadcast, (telegraph)** = translation *f.* (télégraphique) pour diffusion (Tg.).

– – –, **carrier** = amplificateur *m.* pour courants porteurs (Tp.).

– – –, **end** = station *f.* de répéteurs terminale (Tp.).

– – –, **four-wire** = répéteur *m.* pour circuits à quatre fils (Tp.), répéteur *m.* pour circuits bifilaires doubles (Tp.).

– – –, **impulse** = répéteur *m.* d'impulsions (Tp.).

– – –, **intermediate** = répéteur *m.* intermédiaire (Tp.).

– – –, **pulse** = répéteur *m.* d'impulsions (Tp.).

– – –, **pulse correcting** = répéteur *m.* d'impulsions (Tp.).

– – –, **regenerative** = répéteur *m.* automatique (Tg.).

– – –, **regenerative, telegraph** = répéteur *m.* télégraphique automatique (Tg.), translation *f.* régénératrice (Tg.).

– – –, **regenerative, telephone** = répéteur *m.* téléphonique à correction de distorsion (Tp.).

– – –, **ringing** = signaleur *m.* à fréquence basse (Tp.).

– – –, **telegraph** = répéteur *m.* télégraphique (Tg.), translation *f.* (télégraphique).

– – –, **telephone** = relais *m.* amplificateur téléphonique (Tp.), répéteur *m.* téléphonique (Tp.), répéteur *m.* (Tp.).

– – –, **terminal** = répéteur *m.* terminal (Tp.), répéteur *m.* de tête de ligne (Tp.).

– – –, **through-line** = répéteur *m.* embroché (Tp.).

– – –, **two-wire** = répéteur *m.* pour circuits à deux fils (Tp.).

repel, to = repousser (une demande, une offre), refuser (l'encre) (Imp.).

repellent, water- = hydrofuge (adj.), imperméable (adj.).

reperforator = récepteur-perforateur *m.* (Tg.).

– – –, **printing** = récepteur-perforateur *m.* imprimeur (Tg.).

replace, to = remplacer (un domestique, un arbre mort), raccrocher (le récepteur) (Tp.), replacer (un livre, un serviteur).

replacement = remplacement *m.* (d'une pièce), substitution *f.* (dans un emploi), remontage *m.* (d'un organe de machine, d'un pneu).

replacements = pièces *f.p.* de rechange.

replay = reprise *f.* (d'une scène).

replenish, to = faire le plein (Auto.), se réapprovisionner de (victuailles), remplir (une lanterne), se ravitailler (en eau, en essence).

replenisher = rechargeur *m.* (E.), régénérateur *m.* (Phot.).

replenishing = V. « replenishment ».

replenishment = recharge *f.* (E.), remplissage *m.*, réapprovisionnement *m.*

repolishing = repolissage *m.*

repoint, to = rejointoyer (les pierres) (B.).

repointing = rejointoiement *m.* (C., B.).

report = exposé *m.* (d'une situation financière), procès-verbal *m.* (d'une séance), compte *m.* rendu

(report)

(des débats), récit *m*. (d'un événement), rapport *m*. (d'une mission, d'une commission).

- - -, **annual** = rapport *m*. de gestion, rapport *m*. annuel.

- - -, **financial** = rapport *m*. financier.

- - -, **inspection** = rapport *m*. d'inspection (B., C.).

- - -, **progress** = tableau *m*. d'avancement des travaux (C.).

- - -, **progress, weekly** = rapport *m*. d'activité hebdomadaire.

- - -, **to** = rendre compte (de quelque chose), signaler (un accident à la police), se présenter (au travail), rapporter ou relater (un événement), faire le reportage (d'une assemblée), déclarer (ses revenus, un décès.).

- - -, **weather** = bulletin *m*. météorologique.

repr. (reprinted) = nouveau tirage (Imp.).

representative = représentant *m*. (O.), représentatif (adj.).

repressuring = recompression *f*. (d'un gisement de pétrole) (Mi.).

repriming = réamorçage *m*. (d'une pompe).

reprint = nouveau tirage (d'un livre) (Imp.), réimpression *f*. (d'un ouvrage tombé dans le domaine public) (Imp.).

- - -, **to** = réimprimer (Imp.), faire un nouveau tirage (d'un livre) (Imp.).

reproduce, to = reproduire, produire de nouveau.

reproducer, image = tube *m*. à rayons cathodiques (Tv.).

- - -, **magnetic** = pick-up *m*. électromagnétique.

- - -, **sound** = haut-parleur *m*.

reproducible = reproductible (adj.).

reproduction = reproduction *f*. (d'un dessin), copie *f*.

- - -, **colour** = fidélité *f*. chromatique (d'un objectif) (Phot.), résolution *f*. chromatique (d'un objectif) (Phot.).

- - -, **half-tone** = phototypographie *f*. (Imp.).

- - -, **of colour** = rendu *m*. des couleurs (Phot.).

reprography = reprographie *f*., réplication *f*.

repulsion = répulsion *f*.

- - -, **electrical** = répulsion *f*. électrique (E.).

repulsive = répulsif (adj.).

request = demande *f*. (d'argent), sollicitation *f*. (d'un contrat), requête *f*. (en faveur d'une association).

- - - **for tenders** = appel *m*. aux offres, demande *f*. de soumissions (Canada).

- - -, **to** - - - **tenders for** = mettre (un travail) en adjudication.

requirement = exigence *f*., besoin *m*., condition *f*. requise, V. « requirements ».

- - -, **energy** = demande *f*. d'énergie (E.).

- - -, **heat** - - - **for heating** = chaleur *f*. d'échauffement.

requirements, compulsory = conditions *f.p*. imposées.

- - -, **design** = exigences *f.p*. découlant du calcul de l'ossature (B.).

- - -, **dimensional** = nécessités *f.p*. d'encombrement (d'un moteur).

- - -, **domestic** = consommation *f*. domestique (S.).

- - -, **traffic** = exigences *f.p*. de la circulation (Auto.).

- - -, **water** = besoins *m.p*. en eau (S.).

requisites = fournitures *f.p*. (de bureau), articles *m.p*.

(requisites)

(de voyage), accessoires *m.p*. (de toilette), choses *f.p*. nécessaires.

requisition = commande *f*. (de marchandises), réquisition *f*. (de vivres, d'hommes), demande *f*. (de matériaux, de combustible).

rerail, to = remettre sur les rails.

re-recording = repiquage *m*. (R., Tv.).

reroute, to = reviser le tracé (des lignes téléphoniques), dérouter (un train, un navire).

rerouting = détournement *m*. (d'un ruisseau), transmission *f*. déroutée d'un appel (Tp.), déroutement *m*. (d'un train, d'un navire, d'un appel).

resag, to = régler la flèche (d'un fil) (Tp., E.).

resagging = réglage *m*. des fils (Tp.).

resaw = scie *f*. à refendre (I.), catrine *f*. (I.) (Canada).

research = recherche *f*.

- - -, **operations** = recherche *f*. opérationnelle.

- - -, **scientific** = recherche(s) *f*. (*p*.) scientifique(s).

reseat, to = roder (une soupape) (Méc.), gratter (un coussinet) (Méc.).

reseater, bib-cock = rodoir *m*. à robinets, fraise *f*. pour robinets.

- - -, **valve** = sertisseur *m*. de soupapes, fraise *f*. pour soupapes, rodoir *m*. à soupapes.

reserve = réserve *f*. (de puissance, de fonds, de territoires), (machine *f*.) de réserve ou de secours.

- - -, **depreciation** = réserve *f*. d'amortissement (d'une entreprise).

- - -, **spinning** = réserve *f*. disponible de puissance (E.).

- - -, **to** = retenir (une place), réserver (un bureau, un tissu).

réservoir = réservoir *m*. (H.), bassin *m*. de retenue (H.), retenue *f*. (des eaux) (H.), gisement *m*. (de gaz).

- - -, **air** = réservoir *m*. à air.

- - -, **oil** = réservoir *m*. d'huile, réservoir *m*. à huile.

- - -, **water** = retenue *f*. (H.), bassin *m*. de retenue (H.).

- - -, **water, hot** = accumulateur *m*. d'eau chaude.

reset, to = rajuster (un instrument), recaler (un engrenage), retendre (un ressort), replanter (un poteau), ramener (un instrument) à zéro, remettre en place.

resetting = replantage *m*. (d'un poteau), remise *f*. en place (d'un poteau), raffûtage *m*. (d'une lame), remontage *m*. (d'un diamant), mise *f*. à zéro (d'un instrument), recomposition *f*. (Imp.), rappel *m*. (d'un appareil de contrôle) (E.).

reshape, to = reformer, refaçonner, remodeler.

resharpening = réaffûtage *m*. (des outils).

re-shore, to = étayer (le béton) à nouveau (B.).

resident, summer = estivant *m*., villégiateur *m*.

residual = résiduel (adj.), remanent (adj.).

residuals, solid = résidus *m.p*. solides.

residue = résidu *m*. (des brasseries), reste *m*. (d'une propriété partiellement expropriée).

- - -, **electric** = charge *f*. résiduelle (E.).

residuum = résidu *m*., reste *m*.

- - -, **electric** = électricité *f*. résiduelle (E.).

resignation = démission *f*. (d'un employé), résignation *f*. (à une épreuve).

resilience = résilience *f*. (Méc.), résistance *f*. vive (Méc.).

(resilience)

- - - **of the ballast** = élasticité *f.* du ballast (C.).
- - -, **spring** = bande *f.* d'un ressort (Méc.).
resiliency = résilience *f.* (Méc.).
resilient = rebondissant, élastique (adj.).
resin = résine *f.*
- - -, **artificial** = résine *f.* artificielle.
- - -, **copal** = copal *m.*
- - -, **synthetic** = résine *f.* synthétique, résine *f.* artificielle.
resinous = résineux (adj.).
resistance = résistance *f.* (Méc., C., E.), rhéostat *m.* (E.), impédance *f.* (c.-à-d. pour courants alternatifs).
- - -, **abrasion** = résistance *f.* à l'abrasion.
- - -, **additional** = résistance *f.* supplémentaire (E.).
- - -, **adjustable** = résistance *f.* réglable (E.).
- - -, **aerial** = résistance *f.* d'antenne (R.).
- - -, **air** = résistance *f.* de l'air.
- - -, **anode** = résistance *f.* interne (d'un tube) (R.).
- - -, **anode-feed** = résistance *f.* de charge d'anode (E.).
- - -, **antenna** = résistance *f.* d'antenne (R.).
- - -, **balancing** = résistance *f.* compensatrice (E.).
- - -, **battery** = résistance *f.* d'une batterie (E.).
- - -, **bleeder** = résistance *f.* de dérivation (E.).
- - -, **braking** = résistance *f.* au freinage (Méc.).
- - -, **buckling** = résistance *f.* au flambage (C.).
- - -, **compensating** = résistance *f.* de compensation (E.), rhéostat *m.* compensateur (E.).
- - -, **compression** = résistance *f.* de compression (C.).
- - -, **contact** = résistance *f.* de contact (E.).
- - -, **contact, sliding** = résistance *f.* à curseur (E.).
- - -, **critical** = résistance *f.* critique (E.).
- - -, **cutting** = résistance *f.* à la coupe.
- - -, **damping** = résistance *f.* d'amortissement (E.).
- - -, **deformation** = résistance *f.* à la déformation (C.).
- - -, **earth** = résistance *f.* de terre (E.), résistance *f.* de prise de terre (E.).
- - -, **earthing** = résistance *f.* de mise à la terre (E.).
- - -, **effective** = résistance *f.* effective (E.).
- - -, **electric** = résistance *f.* électrique (E.).
- - -, **entering, earth** = résistance *f.* de contact de la prise de terre (E.).
- - -, **external** = résistance *f.* extérieure (Méc., E.).
- - -, **fatigue** = résistance *f.* à la fatigue (C.).
- - -, **field** = rhéostat *m.* du champ (E.).
- - -, **flexible** = cordon *m.* chauffant (E.).
- - -, **folding** = résistance *f.* au pliage (Imp.).
- - -, **frictional** = résistance *f.* due au frottement (Méc.).
- - -, **grid** = résistance *f.* de grille (R.).
- - -, **ground** = résistance *f.* de la prise de terre (E.).
- - -, **heating** = résistance *f.* de chauffage (E.).
- - -, **high** = à haute résistance (E.).
- - -, **high-frequency** = résistance *f.* en haute fréquence (E.).
- - -, **impact** = résistance *f.* au choc (Méc.).
- - -, **inductive** = résistance *f.* inductive (E.).
- - -, **input** = résistance *f.* d'entrée (E.).
- - -, **insulation** = résistance *f.* d'isolement (E.).
- - -, **internal** = résistance *f.* interne (Méc., E.).
- - -, **internal - - - of a cell** = résistance *f.* intérieure d'une pile (E.).

(resistance)

- - -, **lamp** = rhéostat *m.* à lampes (E.).
- - -, **leakage** = résistance *f.* de fuite (E.).
- - -, **line** = résistance *f.* des conducteurs (E.).
- - -, **load** = impédance *f.* de charge (E.).
- - -, **low** = basse résistance *f.* (E.), faible résistance *f.* (E.).
- - -, **lumped** = résistance *f.* localisée (E.).
- - -, **magnetic** = réluctance *f.* (E.), résistance *f.* magnétique (E.).
- - -, **measuring** = rhéostat *m.* de mesure (E.).
- - -, **mechanical** = résistance *f.* mécanique (Méc.).
- - -, **negative** = résistance *f.* négative (E.).
- - -, **non-inductive** = résistance *f.* non inductive (E.), [résistance *f.* non selfique] (E.).
- - -, **non-reactive** = résistance *f.* pure (E.), résistance *f.* non réactive (E.).
- - -, **ohmic** = résistance *f.* ohmique (E.).
- - -, **passive** = inertie *f.* (Méc.), butée *f.* des terres (C.).
- - - **per unit of length** = résistance *f.* linéique (d'un conducteur) (E.).
- - -, **pipe** = perte *f.* de charge (dans les tuyaux) (H.).
- - -, **plate** = résistance *f.* de plaque (R.).
- - -, **plate, dynamic** = résistance *f.* dynamique d'anode (R.).
- - -, **primary** = résistance *f.* du circuit primaire (E.).
- - -, **protective** = résistance *f.* de protection (E.).
- - -, **radiation** = résistance *f.* de rayonnement (R.).
- - -, **radio-frequency** = résistance *f.* haute fréquence (R.).
- - -, **regulating** = rhéostat *m.* (E.), résistance *f.* réglable (E.).
- - -, **runner** = résistance *f.* à curseur (E.).
- - -, **running** = résistance *f.* de fonctionnement (Méc.).
- - -, **rupture** = résistance *f.* à la rupture (C.).
- - -, **secondary** = résistance *f.* du secondaire (E.), résistance *f.* auxiliaire (E.).
- - -, **series** = résistance *f.* série (E.).
- - -, **shearing** = résistance *f.* au cisaillement (C.).
- - -, **short-circuit** = résistance *f.* en court-circuit (E.).
- - -, **shunt** = résistance *f.* dérivée (E.), résistance *f.* de shunt (E.).
- - -, **shunted** = résistance *f.* shuntée (E.).
- - -, **sliding** = résistance *f.* au glissement (C., Méc.).
- - -, **spark** = résistance *f.* de la distance explosive (E.).
- - -, **specific** = résistance *f.* spécifique, résistivité *f.* (E.).
- - -, **starting** = résistance *f.* de démarrage (Auto.), résistance *f.* au démarrage (Méc.).
- - -, **step by step** = résistance *f.* graduelle (E.), résistance *f.* à plots (E.).
- - -, **streamline** = résistance *f.* de la carène (Auto.).
- - -, **terminal** = résistance *f.* de sortie (E.).
- - -, **thermal** = résistance *f.* à chaud (Méc.), résistance *f.* thermique (E.).
- - - **to ripping** = résistance *f.* au déchirement (Méc.).
- - -, **total** = résistance *f.* totale (C., E.).
- - -, **traction** = résistance *f.* à la traction (Méc.).
- - -, **useful** = résistance *f.* utile (E., C.).
- - -, **variable** = rhéostat *m.* (E.), résistance *f.* variable (E.).

(resistance)

- - -, **water** = résistance *f*. hydrodynamique (H.).
- - -, **wear** = résistance *f*. à l'usure (Méc.).
resistant, acid = (enduit *m*.) inattaquable (adj.) aux acides (Pap.).
- - -, **fire-** = incombustible (adj.), réfractaire (adj.).
- - -, **flame-** = incombustible (adj.), ignifuge (adj.).
- - -, **shock-** = protégé (adj.) contre les chocs.
resisting = résistant (adj.).
- - -, **acid-** = inattaquable (adj.) aux acides.
- - -, **alkali** = inattaquable (adj.) par les alcalis.
- - -, **fire-** = ignifuge (adj.), réfractaire (adj.).
- - -, **heat-** = ignifuge (adj.), résistant (adj.) à la chaleur, indétrempable (adj.) (Mét.).
- - -, **moisture-** = qui résiste à l'humidité.
- - -, **water-** = (peinture *f*.) hydrofuge (adj.).
resistive = résistant (adj.).
resistivity = résistivité *f*. (E.).
- - -, **thermal** = résistivité *f*. thermique (E.).
- - -, **volume** = résistivité *f*. (E.), résistance *f*. spécifique (E.).
resistor = rhéostat *m*. (E.), résistance *f*. (E.).
- - -, **ballast** = résistance *f*. ballast, résistance *f*. régulatrice.
- - -, **bias** = résistance *f*. de polarisation de grille (R.).
- - -, **bleeder** = résistance *f*. de dérivation.
- - -, **carbon** = résistance *f*. en charbon.
- - -, **coated** = résistance *f*. isolée, résistance *f*. enrobée.
- - -, **constant-torque** = résistance *f*. autorégulatrice.
- - -, **current-limiting** = résistance *f*. régulatrice.
- - -, **limiting, load-** = résistance *f*. régulatrice.
- - -, **line-cord** = cordon *m*. résistant.
- - -, **series** = rhéostat *m*. en série, résistance *f*. additionnelle.
- - -, **shifting, load-** = résistance *f*. de couplage.
- - -, **split** = résistance *f*. fractionnée.
- - -, **tapped** = résistance *f*. à prises.
- - -, **variable** = rhéostat *m*.
- - -, **voltage-drop** = résistance *f*. de chute.
- - -, **wire-wound** = résistance *f*. bobinée.
resize, to = remettre (un piston) à la cote.
resolder, to = ressouder.
resole, to = ressemeler (des souliers).
resolution = résolution *f*. (d'une assemblée, d'un problème).
- - -, **angular** = pouvoir *m*. séparateur angulaire (d'un appareil de mesure d'angle).
- - - **of forces** = décomposition *f*. des forces (Méc.).
- - -, **picture** = définition *f*. d'une image (Tv., Tg.).
- - -, **range** = pouvoir *m*. séparateur radial (d'un radar).
resonance = résonance *f*. (R., E.).
- - -, **anti-** = antirésonance *f*. (Tp.).
- - -, **natural** = résonance *f*. propre (E.).
- - -, **phase** = résonance *f*. (E.).
- - -, **series** = résonance *f*. série (E.).
resonant = résonnant (adj.), sonore (adj.), accordé (adj.).
resonate, to = résonner.
resonator = résonateur *m*. (E., R.).
- - -, **buncher** = rhumbatron *m*. (R.).
- - -, **catcher** = rhumbatron *m*. collecteur (R.).
- - -, **Hertzian** = résonateur *m*. d'Hertz (R.).

(resonator)

- - -, **input** = rhumbatron *m*. d'entrée (R.).
resort = station *f*. balnéaire, station *f*. de villégiature, lieu *m*. de séjour.
respond = demi-pilier *m*. (soutenant une arête de voûte) (B.).
response = réaction *f*. (E., R.), rendement *m*. (E., R.), amplification *f*. (R.).
- - -, **band-pass** = courbe *f*. de réponse d'un filtre passe-bande (R.).
- - -, **colour** = sensibilité *f*. chromatique.
- - -, **frequency** = réponse *f*. en fréquence (E.), courbe *f*. de réponse (E.).
- - -, **image** = sélectivité *f*. (Tv.).
- - -, **pulse** = réponse *f*. percussionnelle (E.).
- - -, **step-function** = réponse *f*. à l'échelon (E.).
responsible = responsable (adj.), digne (adj.) de confiance, V. « liable ».
responsive = (moteur *m*.) nerveux (adj.) ou souple (adj.), (microphone *m*.) sensible (adj.).
responsiveness = sensibilité *f*. (d'une émulsion) (Phot.), nervosité *f*. (d'un moteur).
rest = repos *m*., support *m*. (C.), chariot *m*. (Méc.), appui *m*. (C.), lunette *f*. (B.), porte-outil *m*. (Méc.).
- - -, **arm-** = accoudoir *m*., appui(e)-bras *m*. (Auto.).
- - -, **arm-, folding** = accoudoir *m*. pliant.
- - -, **at** = au repos.
- - -, **back-** = lunette *f*., dossier *m*., appui *m*.
- - -, **bench-** = chevalet *m*. de pointage.
- - -, **book** = serre-livres *m*.
- - -, **compound** = chariot *m*. porte-outil (Méc.).
- - -, **follow, lathe** = lunette *f*. à suivre (de tour) (Méc.).
- - -, **foot-** = repose-pieds *m*. (Auto., motocyclette), appui(e)-pieds *m*. (Auto.).
- - -, **forming** = chariot *m*. à façonner (de tour) (Méc.).
- - -, **forming, curve-** = chariot *m*. à reproduire les courbes.
- - -, **head-** = appui(e)-tête *m*., appui(e)-nuque *m*., repose-tête *m*. (Auto.).
- - -, **knife-** = porte-couteau *m*., porte-couvert *m*. (Ust.).
- - -, **lathe** = lunette *f*. de tour (Méc.).
- - -, **receiver-** = étrier *m*. du récepteur (Tp.).
- - -, **roller-** = lunette *f*. à galets (B.), lunette *f*. à rouleaux (B.).
- - -, **shelf-** = support *m*. de tablette (B.).
- - -, **slide-** = support *m*. à chariot (Méc.), chariot *m*. porte-outil (Méc.).
- - -, **slide-, self-acting** = chariot *m*. de tour à marche automatique (Méc.).
- - -, **slide-, swivel** = support *m*. de chariot pivotant (Méc.).
- - -, **steady** = support *m*. fixe (C.), lunette *f*. fixe (d'un tour) (Méc.).
- - -, **T-** = support *m*. d'outil à main (Méc.).
- - -, **tool-** = porte-outil *m*. (Méc.), support *m*. d'outil (Méc.).
- - -, **tool-, elevating** = support *m*. d'outil à élévation (Méc.).
- - -, **tool, hand-** = support *m*. d'outil à main (Méc.).
- - -, **top** = support *m*. du porte-outil (d'un tour) (Méc.).

(rest)

– – –, **turret-** = chariot *m* porte-tourelle (de tour) (Méc.).
restarting = relancement *n*., (d'un moteur), remise *f*. en marche (d'une machine), reprise *f*. (des travaux).
restaurant = restaurant *m*.
– – –, **drive in** = restauvolant *m*.
– – –, **roadside** = restoroute *m*.
restitution = restitution *f*. (d'un texte, du bien d'autrui).
– – –, **start-stop** = restitution *f*. arythmique (Tg.).
restoration, DC = restitution *f*. de la composante continue (Tv.).
restore, to = restaurer (une église, les mœurs, un tableau, sa santé), réparer (un toit, un mur), rénover (un édifice, des méthodes d'éducation), rétablir (l'ordre, les communications), restituer (un signal d'image) (Tv.), ramener la paix).
restraint = entrave *f*., restriction *f*., contrainte *f*.
– – –, **harmonic** = retenue *f*. (ou réserve *f*.) d'harmonique (E.).
result, to = aboutir à (un échec), émaner (d'une clause), provenir de, (en) résulter, s'ensuivre.
resultant = résultante *f*. (Méc.), force *f*. résultante (Méc.).
results, operating = rendement *m*. de l'exploitation.
resurface, to = refaire le revêtement (d'une rue).
resuscitation = réanimation *f*. ou ranimation *f*. (d'un asphyxié).
retail = détail *m*., vente *f*. au détail.
retailer = détaillant *m*. (O.), marchand *m*. détaillant (O.).
retainer = frein *m*. (Méc.), arrêt *m*. (Méc.), dispositif *m*. de retenue (Méc.), arrêtoir *m*. (Méc.), étrier *m*. (de ressort) (Méc.).
– – –, **ball** = garde-billes *m*. (Méc.).
– – –, **nut** = frein *m*. d'écrou, fixe-écrou *m*., rondelle *f*. d'arrêt d'écrou.
– – –, **oil** = arrêt *m*. d'huile.
retap, to = tarauder de nouveau (Méc.), repasser un filetage (Méc.), rénover (les filets) (Méc.).
retard = retard *m*. (Méc.), barrage *m*. (H.).
– – –, **at full** = au plein retard, retard *m*. maximal.
– – –, **ignition** = retard *m*. à l'allumage (Auto.).
– – –, **to** = retarder (l'allumage), réduire (l'avance).
retardant, fire- = ignifuge (adj.), préparation *f*. ignifuge.
retardation = freinage *m*. (Méc.), accélération *f*. négative (Méc.).
retarder = ralentisseur *m*., retardateur *m*.
– – –, **draught-** = retardateur *m*. de vitesse de tirage (B.).
– – –, **spark** = ralentisseur *m*. de l'étincelle (E.).
retemper, to = retremper (Mét.).
retempering = retrempe *f*. (Mét.).
retention = retenue *f*. (d'eau), maintien *m*. (de la discipline), rétention *f*. (de l'eau des précipitations) (H.).
retentivity = retentivité *f*. (E.), force *f*. coercitive (d'un aimant) (E.), remanence *f*. (E.).
retest = contre-essai *m*.
rethread, to = rénover les filets (Méc.).
reticle = réticule *m*. (d'une lunette).
reticular = réticulaire (adj.), qui forme un réseau, en

(reticular)

réseau.
reticulation = réticulation *f*. (de la gélatine) (Phot., Imp.).
retighten, to = rebloquer (un écrou), retendre (une courroie), resserrer (un boulon).
retime, to = régler à nouveau (l'allumage d'un moteur) (Auto.).
retirement = retrait *m*. (d'un équipement), retraite *f*. (d'un employé).
– – –, **plant** = retrait *m*. d'équipement (E., Tp.).
retort = cornue *f*.
retouching = retouche *f*. (d'une épreuve photographique, d'un discours, d'un travail).
retractable = (train *m*. d'atterrissage) escamotable (adj.) (Av.).
retraining = recyclage *m*. (d'un employé).
retransmission = retransmission *f*. (Tg.), réexpédition *f*. (d'un télégramme) (Tg.).
retransmit, to = retransmettre (une nouvelle, une dépêche), réexpédier (des bagages).
retransmitter = émetteur-relais *m*. (Tp., Tg.), retransmetteur *m*. (Tg.).
– – –, **automatic** = retransmetteur *m*. (Tg.).
– – –, **perforated-tape** = retransmetteur *m*. à bande perforée (Tg.).
retread = ressemelage *m*. ou rechapage (d'un pneu), tapis *m*. d'usure bitumineux (d'une route).
– – –, **to** = rechaper ou ressemeler (un pneu).
retree = papier *m*. de rebut (Pap.).
retroaction = réaction *f*., contrecoup *m*.
retroactive = rétroactif (adj.).
return = retour *m*. (de la marée), renvoi *m*. (ce marchandises), rappel *m*. (d'un levier) (Méc.), rapport *m*. ou relevé *m*. ou compte *m*. rendu, rendement *m*. (d'un capital), restitution *f*. (d'un bien volé), V. « returns ».
– – –, **air-** = retour *m*. d'air (Méc.).
– – –, **coin** = retour *m*. des pièces (de monnaie) (Tp.).
– – –, **coin, automatic** = retour *m*. automatique des pièces (de monnaie) (Tp.).
– – –, **earth-** = retour *m*. par la terre (E.).
– – –, **ground-** = retour *m*. (du courant) par la terre (E.).
– – –, **grounded** = retour *m*. par la masse (Auto.), retour *m*. par la terre (E.).
– – – **of a control-lever** = recul *m*. d'un levier de commande (Méc.), rappel *m*. d'un levier de commande (Méc.).
– – –, **quick** = à retour rapide (Méc.).
– – –, **to** = retourner.
– – –, **valve-** = rappel *m*. de soupape (Méc.).
re-turn, to = redresser (une pièce de machine) (Méc.).
returns, ground = écho *m*. de sol (Radar).
– – –, **land** = écho *m*. de terre (Radar) (Mar.).
– – –, **sea** = écho *m*. de mer (Radar).
re-usable = (matériau *m*.) remployable (adj.) (B.).
re-use = remploi *m*. (de fonds, de coffrages).
– – –, **to** = remployer ou réemployer (des matériaux de démolition, un câble téléphonique).
revamp, to = moderniser (une pièce), rafistoler (un soulier).
reveal = tableau *m*. (de baie) (B.), jouée *f*. (B.).
revenue = revenu *m*., rentes *f.p.*, produit *m*., V.

(revenue)

« revenues ».

– – –, **exchange** = produit *m.* des abonnements (Tp.).

– – –, **exchange and toll** = recettes *f.p.* produites par les abonnements et les messages taxés (Tp.).

– – –, **toll** = messages *m.p.* taxés (Tp.), messages *m.p.* tarifés (Tp.).

revenues = V. « revenue ».

– – –, **operating** = revenus *m.p.* d'exploitation.

reverberation = réverbération *f.* (de la chaleur, de la lumière), répercussion *f.* (d'un son), réverbération *f.* (R., Tv.).

reversal = renversement *m.* (de marche) (Méc.), inversion *f.* (du courant électrique, de l'image négative en image positive).

– – –, **magnetic** = inversion *f.* de l'aimantation (E.).

– – – **of controls** = inversement *m.* des commandes (Méc.).

– – – **of stroke** = changement *m.* de course (Méc.).

– – –, **phase** = inversion *f.* de phase (E.).

– – –, **polarity** = inversion *f.* de polarité (E.), renversement *m.* de polarité (E.).

– – –, **tone, partial** = inversion *f.* partielle des nuances (dans la reproduction d'une image) (Tg.).

reverse = gabarit *m.* de vérification, vérificateur *m.* de forme (I.), verso *m.* (d'un feuillet), de marche arrière (Auto.), inversion *f.* de pas (de l'hélice) ou réversion *f.* (Av.).

– – –, **in** = en marche arrière (Méc.).

– – –, **instantaneous** = renversement *m.* de marche instantané (Méc., E.).

– – –, **to** = inverser ou invertir (le courant, la marche), faire marche arrière (Auto.), renverser (la vapeur), virer (les frais) (Tp.), P.C.V. (payable contre vérification) (Tp.) (France).

reverser = inverseur *m.* (de courant) (E.), inverseur *m.* de sens de marche (E.).

– – –, **current** = commutateur-inverseur *m.* (E.), inverseur *m.* de courant (E.).

– – –, **pole** = inverseur *m.* de pôles (E.).

reversible = réversible (adj.).

reversing = renversement *m.* (de la vapeur, de marche) (Méc.), inversion *f.* (de courant) (E.), changement *m.* (de marche) (Méc.).

reversion of the current = inversion *f.* de courant (E.), renversement *m.* du courant (E.).

revet, to = revêtir (B.), garnir d'un revêtement (C., B.).

revetment = revêtement (C.).

review, to = examiner (les événements), passer (les faits) en revue, revoir (un programme scolaire), faire la critique (d'une oeuvre littéraire).

revise, press = V. « proof, press ».

– – –, **to** = réviser (des épreuves) (Imp.), reviser (les lois).

reviser = correcteur *m.* (des épreuves) (O.) (Imp.), réviseur *m.* (de traductions).

revive, to = remettre (un règlement) en vigueur, renouveler (un usage), ranimer (les affaires, un noyé), remonter (le courage), rafraîchir (la peinture, la mémoire), ressusciter (une revue, un parti politique), rallumer (la haine).

reviver = régénérateur *m.* (Imp.), encaustique *f.* (pour meubles) (Ust.).

revolution = rotation *f.*, tour *m.* ou révolution *f.*

(revolution)

– – – **of engine, maximum** = vitesse *f.* maximale du moteur (Méc., E.).

revolutions, maximum = régime *m.* maximal.

– – – **per minute** = (nombre de) tours *m.p.* par minute, tours-minute *m.p.*

revolve, to = tourner.

revolving = tournant (adj.), rotatif (adj.), à pivot, rotatoire (adj.).

rewind = V. « rewinding ».

– – – **to** = remonter (une montre), rebobiner (le fil) (Tp.).

rewinder = bobineuse *f.* (M.).

rewinding = bobinage *m.* (du fil) (Tp.), remontage *m.* (d'une pendule), rebobinage *m.* (du film, du ruban).

rewire, to = remettre à neuf la canalisation téléphonique (ou électrique) d'un bâtiment (Tp., E.).

rewrite, to = récrire, adapter (une oeuvre littéraire).

rewriter = adaptateur *m.* (d'une oeuvre littéraire) (O.).

RF = V. « frequency, radio ».

rheostat = rhéostat *m.* (E.), résistance *f.* réglable (E.).

– – –, **carbon** = rhéostat *m.* à disques de charbon.

– – –, **charge** = rhéostat *m.* de charge.

– – –, **exciting** = rhéostat *m.* d'excitation.

– – –, **feeder** = rhéostat *m.* d'artère.

– – –, **field** = rhéostat *m.* d'excitation, rhéostat *m.* de champ.

– – –, **field, alternator** = rhéostat *m.* d'excitation de l'alternateur.

– – –, **field, motor** = rhéostat *m.* d'excitation du moteur.

– – –, **filament** = rhéostat *m.* de chauffage.

– – –, **grading** = gradateur *m.* (E.).

– – –, **heating** = rhéostat *m.* de chauffage.

– – –, **motor** = rhéostat *m.* d'excitation, rhéostat *m.* de démarrage.

– – –, **series** = rhéostat *m.* en série.

– – –, **slide** = rhéostat *m.* à curseur, rhéostat *m.* à manette.

– – –, **slide-wire** = rhéostat *m.* à curseur, rhéostat *m.* à manette.

– – –, **speed-adjusting** = rhéostat *m.* régulateur de vitesse.

– – –, **starting** = rhéostat *m.* de démarrage.

rheostatic = à rhéostat (E.).

rhomb = losange *m.*

rhombic = rhombique (adj.), en losange.

rhumb = rumb *m.* (Mar.).

rib = nervure *f.* (du piston, d'un livre), renfort *m.* (de plaque), ailette *f.* (du radiateur), étançon *m.* (B.), entretoise *f.* (B.), support *m.* (B.), arête *f.* (d'une lame).

– – –, **arch** = nervure *f.* d'un cintre (B.).

– – –, **centre** = âme *f.* d'un rail (Ch.d.f.).

– – –, **cooling** = ailette *f.* de refroidissement (Méc.).

– – –, **cross-** = nervure *f.* transversale (B.).

– – –, **groin** = arête *f.* (B.).

– – –, **intersecting** = croisée *f.* d'ogives (B.).

– – –, **longitudinal** = nervure *f.* longitudinale (B.).

– – –, **reinforcing** = nervure *f.* de renforcement (B.).

– – –, **ridge** = lierne *f.* (B.).

– – –, **roof** = armature *f.* d'un ciel de foyer (B.).

– – –, **stiffening** = nervure *f.* de renforcement (B.).

– – –, **strengthened** = nervure *f.* renforcée (B.).

– – –, **transversal** = nervure *f.* transversale (B.).

(rib)

‒ ‒ ‒, **transverse** = doubleau *m*. (B.).

‒ ‒ ‒, **umbrella** = baleine *j*. (Ust.).

‒ ‒ ‒, **wall** = formeret *m*. (B.).

‒ ‒ ‒, **warren-type** = nervure *f*. en treillis (B.).

‒ ‒ ‒, **wing** = nervure *f*. d'aile (Av.).

ribbed = nervuré, à côtes, à nervures, à ailettes.

ribbing = nervurage *m*., nervures *f.p.*

ribbon = ruban *m*. (de soie, d'acier, encreur), bande *f*. (de terre), cordon *m*. (d'un ordre), liteau *m*. (B.), lambourde *f*. (B.).

richness = richesse *f*. (d'un mélange gazeux, du sous-sol), fertilité *f*. (d'un sol), vivacité *f*. (du coloris, d'une couleur).

rick = meule *f*. (de foin) _Agr.).

ricochet, to = ricocher.

riddle = crible *m*., tamis *m*.

‒ ‒ ‒, **to** = cribler (le grain), passer (le minerai) au crible.

ride = randonnée *f*. ou voyage *m*. (en automobile), promenade *f*. (à cheval, en voiture, à bicyclette).

‒ ‒ ‒, **car** = randonnée *f*. en automobile.

ridge = arête *f*. (C., B.), crête *f*. (de montagne, d'un comble), faîte *m*. (B.), cordon *m*. (formé par le cylindrage d'une route), cran *m*. (dans les cheveux), saillie *f*. (à la surface du béton).

‒ ‒ ‒, **to** = enfaîter (un toit), butter (les plantes).

ridger = buttoir *m*. (M.) (Agr.).

ridging = enfaîtement *m*. (d'un toit).

rifle = carabine *f*.

rifling = rayage *m*. ou rainure *f*. (d'un canon de carabine).

riffler = riflard *m*. (I.) (Mét.), lime *f*. à archet (I.) (Mét.), rifloir *m*. (I.) (Men.), sablier *m*. (Pap.).

‒ ‒ ‒, **bastard** = lime *f*. bâtarde à bout conique et recourbé.

rift = crevasse *f*. ou fissure *f*. (dans la terre).

rig = équipement *m*. (d'un navire), montage *m*. ou équipage *m*. (d'une machine), outillage *m*., accessoires *m.p.*, appareils *m.p.*, gréement *m*. (d'un mât, d'une vergue, d'un navire).

‒ ‒ ‒, **blasting** = exploseur *m*.

‒ ‒ ‒, **cable** = appareil *m*. de forage à câble.

‒ ‒ ‒, **drill** = sondeuse *f*. appareil *m*. de forage.

‒ ‒ ‒, **drilling** = appareil *m*. de sondage, sondeuse *f*., appareil *m*. de forage.

‒ ‒ ‒, **mooring in** = amarrage *m*. (d'une installation flottante de forage en mer) (Mi.).

‒ ‒ ‒, **pile-driving** = sonnette *f*. (pour battre les pieux) (C.).

‒ ‒ ‒, **rotary** = appareil *m*. (ou outillage *m*.) de forage rotatif *f*. (Mi.).

rigger = monteur *m*. (O.), gréeur *m*. (O.), poulie *f*. à courroie.

rigging = montage *m*. (d'une machine), mécanisme *m*. de manoeuvre, timonerie *f*. (de frein), gréage *m*. (d'un navire).

right of way = droit *m*. de passage, emprise *f*. (d'un chemin de fer, d'une route), priorité *f*. de passage (Auto.), passage *m*. (d'une ligne de téléphone), jouissance *f*. de passage.

rights, mineral = droits *m.p.* miniers.

rigid = rigide (adj.), raide (adj.), inflexible (adj.).

rigidity = raideur *f*., rigidité *f*.

rim = jante *f*. (de roue), limbe *m*. (de volant), bord *m*. (d'un pot), bandage *m*. (de métal, de caoutchouc), rebord *m*. (d'une cartouche), listel *m*. ou listeau *m*. (d'une pièce de monnaie).

‒ ‒ ‒, **auto** = jante *f*. d'auto.

‒ ‒ ‒, **beaded** = jante *f*. à talons (Auto.).

‒ ‒ ‒, **blade** = couronne *f*. d'aubes (de turbine).

‒ ‒ ‒, **clincher** = jante *f*. à talons (Auto.).

‒ ‒ ‒, **detachable** = jante *f*. amovible (Auto.).

‒ ‒ ‒, **flanged** = jante *f*. à rebords (Auto.).

‒ ‒ ‒, **headlight** = cercle *m*. de phare (Auto.).

‒ ‒ ‒ **of wheel** = bandage *m*. de roue.

‒ ‒ ‒, **pulley** = jante *f*. de poulie (Méc.).

‒ ‒ ‒, **receiver** = lunette *f*. d'écouteur (Tp.).

‒ ‒ ‒, **removable** = jante *f*. démontable.

‒ ‒ ‒, **split** = jante *f*. fendue (Auto.).

‒ ‒ ‒, **steel** = jante *f*. en acier.

‒ ‒ ‒, **valve** = bord *m*. de soupape (Méc.).

‒ ‒ ‒, **wheel** = jante *f*. de roue.

‒ ‒ ‒, **wood** = jante *f*. en bois.

rime = givre *m*., gelée *f*. blanche.

ring = bague *f*., collet *m*. (de butée), anneau *m*., rondelle *f*., collier *m*., frette *f*., appel *m*. (Tp.), bélière *f*. (d'une cloche, d'un bélier), nuque *f*. (d'une fiche) (Tp.), coup *m*. de fil (Tp.), sonnerie *f*. (Tp.).

‒ ‒ ‒, **adapter** = bague *f*. d'accouplement (Phot.).

‒ ‒ ‒, **adjusting** = bague *f*. d'arrêt (Méc.), bague *f*. de butée (Méc.), bague *f*. de réglage (Méc.).

‒ ‒ ‒, **anchor** = organeau *m*. (Mar.).

‒ ‒ ‒ **and staple** = anneau *m*. à happe (B., C.).

‒ ‒ ‒, **annual** = couche *f*. annuelle (d'un arbre).

‒ ‒ ‒, **anti-leak** = segment *m*. étanche (Méc.).

‒ ‒ ‒, **arcing** = anneau *m*. de garde (d'une chaine d'isolateurs) (E.).

‒ ‒ ‒, **armature** = anneau *m*. de Gramme (E.), anneau *m*. d'induit (E.).

‒ ‒ ‒, **ball-bearing** = bague *f*. à billes (Méc.).

‒ ‒ ‒, **bearing** = couronne *f*. d'appui (Méc.).

‒ ‒ ‒, **bell** = sonnerie *f*. (Tp.), appel *m*. (Tp.).

‒ ‒ ‒, **brush** = couronne *f*. porte-balais (E.).

‒ ‒ ‒, **bull** = anneau *m*. nasal (pour boeuf), cercle *m*. de garde (E.).

‒ ‒ ‒, **cable** = bague *f*. de suspension ou crochet *m*. de suspension (pour câbles aériens) (Tp.).

‒ ‒ ‒, **carbon** = bague *f*. en charbon (E.).

‒ ‒ ‒, **clamping** = collier *m*. de serrage (Méc.), bague *f*. de fixation (Méc.).

‒ ‒ ‒, **clearance** = sonnerie *f*. de fin de conversation (Tp.), sonnerie *f*. de dégagement (Tp.)

‒ ‒ ‒, **clutch** = couronne *f*. d'embrayage (Méc.).

‒ ‒ ‒, **clutch, fibre** = couronne *f*. d'embrayage en fibre (Méc.).

‒ ‒ ‒, **collecting** = bague *f*. collectrice (de dynamo) (E.), collecteur *m*. (E.).

‒ ‒ ‒, **collector** = bague *f*. collectrice (de dynamo) (E.), collecteur *m*. (E.).

‒ ‒ ‒, **commutator** = bague *f*. de collecteur (E.).

‒ ‒ ‒, **compensating** = anneau *m*. à compensation (Méc.).

‒ ‒ ‒, **conducting, current-** = bague *f*. d'amenée de courant (E.).

‒ ‒ ‒, **contact** = bague *f*. de contact (E.).

‒ ‒ ‒, **curb** = plaque *f*. tournante (de grue) (C.).

(ring)

- - -, **curtain** = anneau *m*. de rideau (Ust.).
- - -, **cut** = segment *m*. fendu (Méc.).
- - -, **distance** = rondelle *f*. d'écartement (Méc., C.), rondelle *f*. (Méc., C.).
- - -, **door, trap-** = anneau *m*. de trappe (B.).
- - -, **drip** = bague *f*. d'égouttage (Méc.).
- - -, **eccentrie** = collier *m*. d'excentrique (Méc.).
- - -, **end** = bague *f*. de couverture (de turbine) (E.).
- - -, **equilibrium** = bague *f*. compensatrice (Méc.), anneau *m*. compensateur (Méc.).
- - -, **equalizing** = anneau *m*. équipotentiel (E.).
- - -, **exhaust** = anneau *m*. d'échappement (Méc.).
- - -, **eye** = cosse *f*. (de câble) (Tp.).
- - -, **felt** = rondelle *f*. en feutre.
- - -, **flap** = anneau *m*. à pattes (Méc.).
- - -, **floating** = anneau *m*. mobile (Méc.).
- - -, **focusing** = bague *f*. des profondeurs de champ (Phot.), anneau *m*. de mise au point (Phot.).
- - -, **frame** = cadre *m*. circulaire (R.).
- - -, **friction** = anneau *m*. de friction (Méc.).
- - -, **grading** = anneau *m*. de protection (contre les effluves) (E.), pare-étincelles *m*. (E.).
- - -, **Gramme** = anneau *m*. Gramme (E.).
- - -, **grease** = segment *m*. racleur (Méc.).
- - -, **ground-glass** = anneau *m*. à trame fine (Phot.).
- - -, **growth** = couche *f*. annuelle (du bois).
- - -, **guard** = anneau *m*. de garde (d'une chaîne d'isolateurs, d'un électromètre) (E.).
- - -, **guide** = anneau *m*. de guidage (Méc.).
- - -, **helve** = bague *f*. (d'un marteau).
- - -, **hitching** = anneau *m*. de stalle et de mangeoire (Agr.).
- - -, **hog** = anneau *m*. nasal pour porc (Agr.).
- - -, **hoop** = frette *f*. (B., C.).
- - -, **horn** = couronne *f*. de commande de l'avertisseur (Auto.).
- - -, **horn-control, steering-wheel** = couronne *f*. de commande de l'avertisseur (Auto.).
- - -, **index.** = bague *f*. divisée (Méc.).
- - -, **junk-** = cercle *m*. d'étoupe (Méc.), garniture *f*. de piston (Méc.).
- - -, **lantern** = anneau *m*. à lanterne (Méc.).
- - -, **lap-joint** = segment *m*. coupé à recouvrement (Méc.).
- - -, **leg, poultry-** = bague *f*. pour volailles.
- - -, **locking** = bague *f*. d'arrêt (Méc.), rondelle *f*. d'arrêt (Méc.), bague *f*. de blocage (Méc.).
- - -, **lubricating** = anneau *m*. de graissage (Méc.).
- - -, **mooring** = organeau *m*. (Mar., C.).
- - -, **napkin** = rond *m*. de serviette (Ust.).
- - -, **nave-** = frette *f*. de moyeu (Méc.).
- - -, **nose** = anneau *m*. nasal (Agr.).
- - -, **obturating** = anneau *m*. obturateur (Méc.), anneau *m*. d'étanchéité (Méc.).
- - - **of cord** = nuque *f*. de fiche (Tp.).
- - -, **oil** = anneau *m*. de graissage (Méc.), bague *f*. de graissage (Méc.), segment *m*. racleur (d'un piston) (Auto.).
- - -, **oil-catch** = bague *f*. collectrice d'huile (Méc.).
- - -, **oil-control** = bague *f*. à rappel d'huile (Méc.).
- - -, **packing-** = segment *m*. (de piston) (Méc.), rondelle *f*. de garniture (Méc.), cercle *m*. d'étoupe (Méc.), bague *f*. d'assise (C., Méc.).

(ring)

- - -, **packing-, valve** = rondelle *f*. de garniture de valve (Méc.), bague *f*. de garniture de soupape (Méc.).
- - -, **pipe** = collier *m*.
- - -, **piston-** = segment *m*. de piston (Méc.), bague *f*. de piston (Méc.).
- - -, **piston-, coiled** = bague *f*. de garniture hélicoïdale (Méc.).
- - -, **piston-, oblique-cut** = segment *m*. de piston taillé en biais (Méc.).
- - -, **piston-, stepped** = segment *m*. à extrémités à recouvrement (Méc.), segment *m*. de piston à recouvrement (Méc.).
- - -, **piston-, stepped-joint** = segment *m*. à extrémités à recouvrement (Méc.), segment *m*. de piston à recouvrement (Méc.).
- - -, **rein-** = anneau *m*. porte-rêne (Agr.).
- - -, **reinforcing** = frette *f*. (C.), bague *f*. de renfort (C., Méc.), oeillet *m*. gommé (d'une feuille de papier).
- - -, **retainer** = bague *f*. de retenue (Méc.).
- - -, **retaining, rim** = frette *f*. de jante (Auto.).
- - -, **roller** = couronne *f*. de galets (Méc.).
- - -, **rubber** = molette *f*. en caoutchouc (Pap.).
- - -, **scraper** = racleur *m*. d'huile (Méc.), bague *f*. gratte-huile (de piston) (Méc.).
- - -, **screw-** = piton *m*. (C.), vis *f*. à oeil (C.).
- - -, **sealing** = anneau *m*. d'étanchéité (Méc.).
- - -, **seat** = bague *f*. de siège (de soupape) (Méc.).
- - -, **set** = bague *f*. de calage (Méc.).
- - -, **shift** = couronne *f*. de manoeuvre du vannage (H.).
- - -, **shrunk** = frette *f*. posée à chaud (Méc.).
- - -, **shrunk-on** = frette *f*. posée à chaud (Méc.).
- - -, **shutter speed** = anneau *m*. de réglage de l'obturateur (Phot.), anneau *m*. des temps d'exposition (Phot.).
- - -, **sliding, lathe** = bague *f*. de débrayage de tour (Méc.).
- - -, **slip-** = bague *f*. collectrice (E.), bague *f*. (E.), collecteur *m*. (E.), contre-bride *f*. (H., S.).
- - -, **slot, double-** = segment *m*. à doubles fentes (Méc.).
- - -, **spacer** = bague *f*. d'espacement (C.), bague *f*. d'entretoise (C., Méc.).
- - -, **split** = segment *m*. fendu (Méc.), bague *f*. coupée (Méc.), anneau *m*. brisé (pour les clés).
- - -, **spring** = bague *f*. élastique (Méc.).
- - -, **stop** = anneau *m*. de réglage (du diaphragme) (Phot.).
- - -, **suspension** = bélière *f*. (d'une cloche).
- - -, **thrust** = rondelle *f*. de butée (Méc.), collet *m*. de butée (Méc.), bague *f*. de butée (Méc.).
- - -, **to** = sonner, anneler ou ferrer (un boeuf), baguer (une volaille), fretter (un pieu).
- - -, **toe** = embout *m*.
- - -, **wearing** = anneau *m*. d'usure (Méc.).

ring-off = fin *f*. de conversation (Tp.).
- - -, **to** = annoncer la fin de la conversation (Tp.), raccrocher (Tp.).

ring-up = coup *m*. de téléphone.
- - -, **to** = appeler au téléphone.

ringer = sonnerie *f*. (Tp.).

(ringer)

– – –, **alternating-current** = sonnerie *f.* à courant alternatif (Tp.).

– – –, **hog** = pince *f.* à anneler (les porcs).

– – –, **polarized** = sonnerie *f.* polarisée (Tp.).

– – –, **station** = sonnerie *f.* (de poste téléphonique).

ringing = tintement *m.*, appel *m.* (Tp.), franges *f.p.* (Tv.).

– – –, **AC-DC** = appel *m.* bi-courant (Tp.).

– – –, **code** = appel *m.* par code (Tp.), sonnerie *f.* codée (Tp.), appel *m.* codé (Tp.).

– – –, **controlled** = sonnerie *f.* commandée (Tp.).

– – –, **delayed** = sonnerie *f.* à retardement (Tp.).

– – –, **generator** = appel *m.* à inducteur (Tp.).

– – –, **keyless** = appel *m.* automatique.

– – –, **machine** = appel *m.* semi-automatique (Tp.).

– – –, **manual** = appel *m.* manuel (Tp.).

– – –, **non-continuous** = sonnerie *f.* intermittente (Tp.).

– – –, **selective** = sonnerie *f.* codée (Tp.).

– – –, **selective, harmonic** = appel *m.* sélectif (Tp.).

– – –, **voice-frequency** = appel *m.* harmonique (Tp.).

rink, skating- = patinoire *f.*

– – –, **skating-, indoor** = patinoire *f.* couverte.

rip = fente *f.*, déchirure *f.* en long.

– – –, **to** = refendre (le bois), scier de long, éventrer (un pneu), fendre en long, découvrir (un toit).

– – –, **to – – – away** = se déchirer, arracher.

ripper = burin *m.* à défoncer, scie *f.* à refendre, défonceuse *f.* (M.), brise-béton *m.* (I.).

ripping = refente *f.* du bois ou refend *m.*, sciage *m.* en long (c.-à-d. dans le sens du grain), déchirement *m.* (d'un sac de papier).

ripple = ride *m.* (sur la surface de l'eau), ondulation *f.* (dans un liquide, d'un champ de blé).

rip-rap = enrochement *m.* (d'un fond marécageux) (C.), perré *m.* (C.).

– – –, **to** = enrocher.

rise = contremarche *f.* (c.-à-d. hauteur d'une marche d'escalier), élévation *f.* (de température), crue *f.* (des eaux), hausse *f.* (du baromètre), augmentation *f.* (de la pression), côte *f.* (de chemin), volée *f.* (d'un marteau-pilon), rampe *f.*, montée *f.*, flèche *f.* (d'un arc de cercle), plus-value *f.* (d'un terrain).

– – – **and fall (of the sea)** = flux *m.* et reflux *m.* (de la mer).

– – – **in temperature** = élévation *f.* de température.

– – – **of camber** = flèche *f.* (B.), contreflèche *f.* (d'une porte) (B.).

– – –, **pressure** = augmentation *f.* de tension (E.).

– – –, **sharp** = crue *f.* subite.

– – –, **volt** = surtension *f.* (E.), augmentation *f.* de tension (E.).

– – –, **voltage** = élévation *f.* de tension (E.), augmentation *f.* de tension (E.).

riser = contremarche *f.* (d'escalier), tuyau *m.* vertical (B.), tuyau *m.* de montée (B.), canalisation *f.* ascendante (Tp.), colonne *f.* (Tp.), colonne *f.* montante (B.), canalisation *f.* verticale (Tp., E.).

risk, fire- = risque *m.* d'incendie.

risks of a contract = aléas *m.p.* d'une entreprise.

rive, to = fendre, se fendre.

river = rivière *f.*, fleuve *m.*, rue *f.* (sur une feuille de papier imprimée) (Imp.).

rivet = rivet *m.*

(rivet)

– – –, **belt** = rivet *m.* pour courroie.

– – –, **belt, copper** = rivet *m.* en cuivre rouge pour courroie.

– – –, **belt, steel** = rivet *m.* en acier pour courroie.

– – –, **bifurcated** = rivet *m.* bifurqué, rivet *m.* entaillé.

– – –, **binding** = rivet *m.* de fixation, rivet *m.* de montage.

– – –, **boiler** = rivet *m.* pour chaudière.

– – –, **brass** = rivet *m.* en laiton.

– – –, **bull-head** = rivet *m.* à tête fraisée et goutte-de-suif.

– – –, **button-head** = rivet *m.* à tête en goutte-de-suif.

– – –, **carriage** = rivet *m.* pour carrosserie.

– – –, **cheese-head** = rivet *m.* à tête cylindrique.

– – –, **clinch** = rivet *m.* bifurqué, rivet *m.* entaillé.

– – –, **cone-head** = rivet *m.* à tête conique.

– – –, **conical-head** = rivet *m.* à tête conique.

– – –, **copper** = rivet *m.* en cuivre.

– – –, **countersunk** = rivet *m.* fraisé, rivet *m.* à tête fraisée, rivet *m.* à tête noyée, rivet *m.* noyé.

– – –, **countersunk, flush** = rivet *m.* à tête noyée.

– – –, **countersunk-head** = rivet *m.* à tête fraisée.

– – –, **countersunk, raised** = rivet *m.* à tête fraisée et goutte-de-suif.

– – –, **cup-head** = rivet *m.* à tête fraisée, rivet *m.* à tête concave.

– – –, **dummy** = faux rivet, rivet *m.* de montage.

– – –, **flat-head** = rivet *m.* à tête plate.

– – –, **flush** = rivet *m.* à tête perdue.

– – –, **flush-head** = rivet *m.* à tête affleurée, rivet *m.* à tête noyée.

– – –, **iron** = rivet *m.* en fer.

– – –, **jointing** = rivet *m.* d'attache.

– – –, **lining, brake** = rivet *m.* de garniture de frein.

– – –, **mushroom-head** = rivet *m.* à tête en goutte-de-suif.

– – –, **pan-head** = rivet *m.* à tête tronconique.

– – –, **round-head** = rivet *m.* à tête ronde.

– – –, **skate** = rivet *m.* pour patins.

– – –, **slotted** = rivet *m.* bifurqué, rivet *m.* entaillé.

– – –, **smoke-pipe** = rivet *m.* à tête tronconique.

– – –, **snap-head** = rivet *m.* à tête ronde, rivet *m.* à tête bombée.

– – –, **snapped** = rivet *m.* bouterollé.

– – –, **split** = rivet *m.* fendu, rivet *m.* entaillé.

– – –, **steel** = rivet *m.* en acier.

– – –, **steeple-head** = rivet *m.* à tête conique.

– – –, **structural** = rivet *m.* pour charpente métallique.

– – –, **tacking** = rivet *m.* provisoire, rivet *m.* de montage.

– – –, **tinner's** = rivet *m.* de ferblantier.

– – –, **to** = river (la pointe d'un clou, l'extrémité d'un rivet), riveter (deux plaques métalliques), clouer (deux tôles).

– – –, **tubular** = rivet *m.* tubulaire.

riveted = rivé, riveté, cloué.

– – –, **cold** = rivé à froid.

– – –, **double** = à double rang de rivets.

– – –, **hand-** = rivé à la main.

– – –, **treble** = à triple rang de rivets.

riveter = riveuse *f.* (M.), rivoir *m.* (I.), riveteuse *f.* (M.), riveur *m.* (O.).

– – –, **alligator** = riveteuse *f.* à came.

(riveter)

– – –, **hydraulic** = riveuse *f*. hydraulique.
– – –, **jam** = rivoir *m*. par pression.
– – –, **pneumatic** = riveteuse *f*. pneumatique.
– – –, **toggle-joint** = riveteuse *f*. à levier articulé, riveuse *f*. à genouillère.
riveting = rivetage *m*. (c.-à-d. action de river), rivure *f*., assemblage *m*. à rivets.
– – –, **butt-** = rivetage *m*. à joint plat.
– – –, **butt-joint** = rivure *f*. à joint plat.
– – –, **butt-plate** = rivetage *m*. à couvrejoint.
– – –, **chain** = rivetage *m*. parallèle, rivetage *m*. en chaîne.
– – –, **cold-** = rivetage *m*. à froid.
– – –, **countersunk** = rivetage *m*. fraisé.
– – –, **cover-plate** = rivetage *m*. à couvre-joint.
– – –, **cross-** = rivetage *m*. en quinconce, rivure *f*. en quinconce.
– – –, **double** = rivetage *m*. double, rivure *f*. double.
– – –, **double-shear** = rivure *f*. à deux sections de cisaillement.
– – –, **edge** = rivetage *m*. des joints longitudinaux.
– – –, **group** = rivure *f*. convergente, rivure *f*. en losange.
– – –, **hammer** = rivetage *m*. au marteau.
– – –, **hand-** = rivetage *m*. à la main.
– – –, **hot-** = rivetage *m*. à chaud.
– – –, **lap-** = assemblage *m*. par recouvrement, rivetage *m*. à recouvrement.
– – –, **lozenge** = rivure *f*. en losange.
– – –, **machine** = rivetage *m*. mécanique.
– – –, **one-row** = rivure *f*. simple, rivetage *m*. à un rang.
– – –, **pneumatic** = rivetage *m*. à air comprimé.
– – –, **poor** = rivure *f*. défectueuse.
– – –, **single** = rivure *f*. simple, rivetage *m*. à un rang.
– – –, **single-shear** = rivure *f*. à une section de cisaillement.
– – –, **snap-head** = rivure *f*. en goutte-de-suif, rivetage *m*. à la bouterolle.
– – –, **staggered** = rivure *f*. en quinconce.
– – –, **triple** = rivetage *m*. à trois rangs.
– – –, **two-row** = rivetage *m*. double, rivure *f*. double.
– – –, **watertight** = rivetage *m*. étanche.
– – –, **zigzag** = rivetage *m*. en quinconce, rivure *f*. en quinconce.
rm = V. « ream ».
R.M.S. (or r.m.s.) = V. « current, root-mean-square » et « value, root-mean-square ».
R N = V. « noise, reference ».
road = chemin *m*.., route *f*., voie *f*., pavé *m*., chaussée *f*., ligne *f*. (Ch.d.f.).
– – –, **access** = voie *f*. d'accès, route *f*. d'accès.
– – –, **alternative** = route *f*. d'emprunt.
– – –, **asphalt** = route *f*. asphaltée, route *f*. bitumée.
– – –, **automobile** = autoroute *f*., route *f*. pour automobiles.
– – –, **bad** = mauvaise route, route *f*. en mauvais état.
– – –, **ballast** = route *f*. empierrée, route *f*. ballastée.
– – –, **barrelled** = chemin *m*. bombé, chaussée *f*. bombée.
– – –, **blocked** = route *f*. fermée à la circulation.
– – –, **branching** = bifurcation *f*.
– – –, **brick** = chaussée *f*. de briques.

(road)

– – –, **broken** = route *f*. défoncée, route *f*. dégradée.
– – –, **broken-stone** = route *f*. empierrée, route *f*. ballastée.
– – –, **bumpy** = chemin *m*. cahoteux, chemin *m*. défoncé.
– – –, **by-** = faux-fuyant *m*.
– – –, **by-pass** = déviation *f*., contournement *m*. d'agglomération.
– – –, **carriage** = route *f*. carrossable.
– – –, **carriageable** = route *f*. carrossable, chemin *m*. charretier.
– – –, **cart** = chemin *m*. charretier.
– – –, **clay** = chaussée *f*. argileuse.
– – –, **clear** = voie *f*. libre.
– – –, **closed** = route *f*. interdite.
– – –, **common** = route *f*. ordinaire.
– – –, **concave** = chemin *m*. creux.
– – –, **concrete** = route *f*. en béton.
– – –, **convex** = chaussée *f*. bombée, chemin *m*. bombé.
– – –, **corduroy** = chemin *m*. de rondins.
– – –, **country** = chemin *m*. rural.
– – –, **cross-** = chemin *m*. de traverse, carrefour *m*., route *f*. transversale.
– – –, **cross-over** = voie *f*. de croisement (Ch.d.f.), route *f*. de croisement.
– – –, **crowned** = chaussée *f*. bombée, chemin *m*. bombé.
– – –, **crushed-stone** = route *f*. empierrée, route *f*. ballastée.
– – –, **dirt** = route *f*. en terre (battue), chemin *m*. de terre.
– – –, **dusty** = route *f*. poussiéreuse.
– – –, **earth** = chemin *m*. de terre.
– – –, **first-class** = route *f*. de première importance.
– – –, **forest** = route *f*. forestière.
– – –, **good** = bonne route *f*.
– – –, **government** = route *f*. publique.
– – –, **gravel** = route *f*. en gravier.
– – –, **greasy** = route *f*. boueuse, route *f*. grasse.
– – –, **hanging** = route *f*. à flanc de coteau.
– – –, **haulage** = route *f*. de desserte.
– – –, **heavily-travelled** = route *f*. de circulation intense.
– – –, **high** = grand-route *f*., chemin *m*. national, grand-chemin *m*.
– – –, **hill-side** = route *f*. à flanc de coteau.
– – –, **hilly** = route *f*. accidentée.
– – –, **hollow** = cavée *f*., chemin *m*. creux.
– – –, **horse** = route *f*. cavalière, piste *f*. cavalière.
– – –, **icy** = route *f*. verglacée.
– – –, **impassable** = route *f*. impraticable.
– – –, **improved** = route *f*. améliorée.
– – –, **level** = route *f*. plane, palier *m*., route *f*. de niveau.
– – –, **log** = route *f*. forestière.
– – –, **loose-stone** = route *f*. couverte de cailloux.
– – –, **macadam** = route *f*. macadamisée, route *f*. en macadam.
– – –, **macadamized** = route *f*. macadamisée, macadam *m*.
– – –, **main** = grand-route *f*., route *f*. nationale, grand-chemin *m*.
– – –, **metalled** = route *f*. empierrée.

(road)

- - -, **motor** = autoroute *f.*
- - -, **mountain** = route *f.* de montagne.
- - -, **muddy** = route *f.* boueuse.
- - -, **municipal** = route *f.* vicinale, chemin *m.* vicinal, chemin *m.* municipal.
- - -, **national** = chemin *m.* national.
- - -, **obstructed** = route *f.* obstruée.
- - -, **one-way** = chemin *m.* à sens unique.
- - -, **open** = route *f.* libre.
- - -, **orbital** = chemin *m.* de ceinture.
- - -, **ordinary** = route *f.* ordinaire.
- - -, **parish** = route *f.* vicinale, chemin *m.* vicinal, route *f.* paroissiale.
- - -, **passable** = chemin *m.* praticable.
- - -, **paved** = route *f.* pavée.
- - -, **perimeter** = route *f.* de ceinture.
- - -, **poor** = mauvaise route *f.*, chemin *m.* en mauvais état.
- - -, **practicable** = route *f.* praticable.
- - -, **private** = chemin *m.* particulier, chemin *m.* privé.
- - -, **provincial** = chemin *m.* provincial, route *f.* provinciale.
- - -, **public** = route *f.* publique.
- - -, **rough** = route *f.* raboteuse.
- - -, **rutty** = chemin *m.* coupé d'ornières.
- - -, **scenic** = route *f.* touristique.
- - -, **second-class** = route *f.* de deuxième importance.
- - -, **service** = chemin *m.* de desserte, desserte *f.*
- - -, **short-cut** = chemin *m.* de raccourci.
- - -, **side** = chemin *m.* latéral, chemin *m.* de traverse.
- - -, **skid** = voie *f.* de glissement (pour le transport des billes).
- - -, **slippery** = route *f.* glissante.
- - -, **sloping** = route *f.* en rampe, route *f.* en pente, route *f.* en déclivité.
- - -, **smooth** = route *f.* lisse.
- - -, **stabilized** = route *f.* stabilisée.
- - -, **stoned** = route *f.* ballastée, route *f.* empierrée.
- - -, **stony** = route *f.* pierreuse.
- - -, **straight** = route *f.* en ligne droite.
- - -, **sunken** = route *f.* encaissée, route *f.* en déblai.
- - -, **surfaced** = route *f.* revêtue, route *f.* pavée.
- - -, **tarred** = route *f.* goudronnée.
- - - **through a cut** = route *f.* encaissée.
- - -, **toll** = route *f.* à péage.
- - -, **tote** = route *f.* charretière, sentier *m.* de portage.
- - -, **town** = voie *f.* urbaine.
- - -, **traffic** = route *f.* à circulation publique.
- - -, **travelled** = route *f.* fréquentée.
- - -, **trunk** = grand-route *f.*
- - -, **turnpike** = chemin *m.* à barrière de péage.
- - - **under repair** = route *f.* en réparation.
- - -, **unimproved** = mauvaise route *f.*, chemin *m.* en mauvais état.
- - -, **unpaved** = route *f.* non pavée.
- - -, **wet** = route *f.* détrempée, chemin *m.* mouillé.
- - -, **winding** = route *f.* en lacets, route *f.* sinueuse.
- - -, **worn-down** = route *f.* défoncée.
- - -, **zigzag** = chemin *m.* en zigzag, chemin *m.* en lacets.

roadability = tenue *f.* de route (Auto.), qualité *f.* de la suspension (Auto.).

(roadability)

- - -, **good** = belle tenue *f.* de route (Auto.).
- - -, **poor** = tenue *f.* de route défectueuse (Auto.).

roadblock = obstacle *m.* (d'une route), entrave *f.* (à la liberté).
roadman = cantonnier *m.*, travailleur *m.* de la voirie.
roadmaster = chef *m.* cantonnier.
roadside = accotement *m.* de la route, bord *m.* (ou côté *m.*) de la route, (auberge *f.*) située au bord de la route.
roadster = routière *f.* (Auto.), roadster *m.* (Auto.).
roadway = chaussée *f.*, tablier *m.* (d'un pont).
roaster = rôtissoire *f.* (Ust.), torréfacteur *m.* (M.).
roasting = grillage *m.* (d'un minerai), calcination *f.* (d'une pierre), ressuage *m.* (d'un minerai de cuivre), rôtissage *m.* ou cuisson *f.* (des viandes), torréfaction *f.* (du café, du cacao).
- - - **in bulk** = grillage *m.* en tas (Mi.).
robot = automatique (adj.), machine *f.* automatique.
robe, bath- = peignoir *m.* (Ust.).
robots, traffic = feux *m.p.* de circulation automatiques (Auto.).
rock = rocher *m.*, roc *m.*, roche *f.*, pierre *f.*
- - -, **brittle** = roche *f.* friable.
- - -, **cap** = pierre *f.* d'affleurement, couverture *f.* (Mi.).
- - -, **cleaved** = rocher *m.* fissuré.
- - -, **desintegrated** = roche *f.* décomposée.
- - -, **hard** = roche *f.* dure.
- - -, **ledge** = rocher *m.* en place.
- - -, **loose** = (remblai *m.* de) pierres *f.p.* sèches.
- - -, **overlaying** = roche *f.* superficielle.
- - -, **rotten** = roche *f.* décomposée.
- - -, **sealing** = couverture *f.* (Mi.).
- - -, **shattered** = roche *f.* désagrégée.
- - -, **soft** = roche *f.* tendre.
- - -, **solid** = pierre *f.* vive, roche *f.* vive.
- - -, **sunken** = roche *f.* noyée.
- - -, **to** = balancer, basculer (un levier) (Méc.), bercer (un bébé).
- - -, **tough** = roche *f.* dure, roche *f.* résistante.
- - -, **water-bearing** = roche *f.* aquifère.
- - -, **weathered** = roche *f.* altérée par les intempéries.
rocker = culbuteur *m.* (Méc.), balancier *m.* (Méc., E.).
- - -, **brush** = balancier *m.* du porte-balais (E.).
- - -, **valve** = culbuteur *m.* de soupape (Méc.).
rocket = fusée *f.*, (avion *m.*) à propulsion par réaction, roquette *f.*
- - -, **space** = fusée *f.* interplanétaire.
rocking = basculage *m.*, mouvement *m.* de bascule, mouvement *m.* de ballant (d'un pont), oscillant (adj.), à bascule.
rod = tringle *f.*, tige *f.*, baguette *f.*, bielle *f.*, mire *f.* (d'arpenteur), perche *f.* (c.-à-d. mesure de 5 verges et demie; 5,0292 mètres), verge *f.* (d'un pendule).
- - -, **activating** = bielle *f.* de commande (Méc.).
- - -, **adjusting** = tige *f.* de réglage (Méc.).
- - -, **admission** = tige *f.* de commande de la soupape d'admission (Méc.).
- - -, **anchor** = tige *f.* d'ancrage (Tp., E.), tige *f.* d'ancre (Tp., E.).
- - -, **attaching** = tige *f.* de fixation (C.).
- - -, **backway** = bielle *f.* d'excentrique (Méc.).
- - -, **bent-up** = barre *f.* relevée (dans une poutre en

(rod)

béton armé) (C.).

– – –, **boning** = nivelette *f.*, voyant *m.*

– – –, **brace** = tendeur *m.* (C.), tirant *m.* (en fer rond) (C.).

– – –, **brake** = tige *f.* du frein (Auto.).

– – –, **brazing** = brasure *f.* en baguette, baguette *f.* de soudure.

– – –, **brush** = arbre *m.* porte-balais (E.).

– – –, **bucket** = tige *f.* de pompe élévatoire.

– – –, **buffer** = tige *f.* de choc (Méc.), tige *f.* de tampon (Méc.).

– – –, **carbon** = crayon *m.* de charbon (E.), charbon *m.* à lumière (E.).

– – –, **carrying** = barre *f.* de résistance (dans une poutre en béton armé) (C.).

– – –, **change-speed** = tige *f.* de commande de changement de vitesse (Auto.).

– – –, **cleaning** = baguette *f.* de fusil, baguette *f.* de nettoyage pour armes à feu.

– – –, **compression** = barre *f.* de compression (dans le béton armé) (C.).

– – –, **connecting-** = tige *f.* conductrice (E.), pièce *f.* de liaison (d'un disjoncteur) (E.), bielle *f.* (Méc.).

– – –, **connecting-, articulated** = bielle *f.* articulée (Méc.).

– – –, **connecting-, back-acting** = bielle *f.* renversée (Méc.).

– – –, **connecting-, forked** = bielle *f.* à fourche (Méc.).

– – –, **connecting-, steering** = bielle *f.* de commande de direction (Auto.).

– – –, **connecting, strap-** = bielle *f.* à chape (Méc.).

– – –, **control** = tringle *f.* de commande (Méc.), barre *f.* de commande (Phys.).

– – –, **corner** = barre *f.* de gorge (dans le béton armé) (C.).

– – –, **coupling-** = bielle *f.* d'accouplement (Ch.d.f.), allonge *f.* (Méc.).

– – –, **crank** = tringle *f.* de manivelle (Méc.).

– – –, **cross, steering** = barre *f.* d'accouplement (Auto.).

– – –, **curtain** = tringle *f.* à rideaux (Ust.).

– – –, **curtain, extension, flat** = tringle *f.* plate extensible (Ust.).

– – –, **datum** = tige *f.* de repérage (B.).

– – –, **dip** = réglette-jauge *f.* (Auto.).

– – –, **discharging** = excitateur *m.* (pour condensateur) (E.).

– – –, **disengaging** = poussoir *m.* de décollage (Av., Méc.).

– – –, **divining** = baguette *f.* de sourcier.

– – –, **draw-** = tige *f.* de traction (Méc.).

– – –, **drawing** = tirant *m.* (Méc.).

– – –, **drill** = tige *f.* à foret (Méc.), tige *f.* de sonde (Méc.).

– – –, **driving** = bielle *f.* directrice (Méc.).

– – –, **duct** = aiguille *f.* de tirage (Tp.).

– – –, **earth** = tige *f.* de mise à la terre (E.).

– – –, **eccentric** = tige *f.* du tiroir (Méc.), tige *f.* d'excentrique (Méc.), bielle *f.* d'excentrique (Méc.).

– – –, **filler** = baguette *f.* d'apport, baguette *f.* à souder.

– – –, **fishing-** = canne *f.* à pêche, gaule *f.*

– – –, **forked** = tringle *f.* à fourche.

– – –, **gauging** = jauge *f.* (Méc.).

(rod)

– – –, **glass** = baguette *f.* de verre.

– – –, **governor** = tige *f.* du régulateur (Méc.).

– – –, **ground** = tige *f.* de mise à la terre (E.), piquet *m.* de prise de terre (E.).

– – –, **guide** = barre *f.* de guidage (Méc.), coulisseau *m.* (Méc.), glissière *f.* (Méc.).

– – –, **guide, vise** = barre *f.* de guidage de l'étau (Méc.).

– – –, **guy-** = tige *f.* d'ancrage (Tp.).

– – –, **hollow** = tige *f.* creuse.

– – –, **ignition** = tige *f.* d'allumage (Auto.).

– – –, **inclined** = barre *f.* inclinée (dans le béton armé) (C.).

– – –, **index** = tige *f.* graduée (C.).

– – –, **insulating** = perche *f.* isolante (E.).

– – –, **iron** = tringle *f.* en fer (C.).

– – –, **king** = barre-aiguille *f.* (d'un comble) (B.).

– – –, **levelling** = mire *f.* (d'arpenteur).

– – –, **lightning-** = tige *f.* de paratonnerre (E.), paratonnerre *m.* (E.).

– – –, **main** = bielle *f.* motrice (Ch.d.f.).

– – –, **measuring** = réglette-jauge *f.*

– – –, **metering** = pointeau *m.* de dosage (Méc.), pointeau *m.* du carburateur (Auto.).

– – –, **motion** = tringle *f.* de transmission de mouvement (Méc.).

– – –, **operating** = bielle *f.* de commande (Méc.).

– – –, **parallel** = tige *f.* du parallélogramme (Méc.).

– – –, **piston-** = tige *f.* de piston (Méc.), bielle *f.* (Méc.).

– – –, **pull** = tirant *m.* (Méc.), tirette *f.* (Méc.), tige *f.* de traction (Méc.).

– – –, **pump** = tige *f.* de pompe.

– – –, **push-** = tige-poussoir *f.* (Méc.), tige *f.* (de clapet) (Méc.).

– – –, **push-, valve** = tige-poussoir *f.* de soupape (Méc.), tige *f.* (de commande) de culbuteur de soupape (Méc.).

– – –, **pyrometric** = canne *f.* pyrométrique.

– – –, **radius** = bielle *f.* de poussée (Méc.), tendeur *m.* (Méc.), tige *f.* de tension (Méc.), compas *m.* à verge (Men.).

– – –, **range** = jalon *m.* (d'arpenteur).

– – –, **regulator** = tige *f.* du tiroir de distribution (Méc.).

– – –, **reinforcing** = barre *f.* d'armature (C.), rond *m.* à béton (C.).

– – –, **reversing** = barre *f.* de relevage (Méc.), tige *f.* de changement de marche (Méc.).

– – –, **rocker** = tige *f.* de culbuteur (Méc.).

– – –, **saw, buck** = tendeur *m.* de scie (Men.).

– – –, **selector** = baladeur *m.* (Auto.).

– – –, **sewer, flat-steel** = dégorgeoir *m.* à ruban (S.).

– – –, **shimming** = barre *f.* de compensation (d'un champ magnétique) (E.).

– – –, **side** = bielle *f.* d'accouplement (Ch.d.f.), bielle *f.* pendante (d'une machine à balancier) (Méc.).

– – –, **slide-** = tige *f.* de tiroir (Méc.).

– – –, **soldering** = baguette *f.* d'apport (pour souder), baguette *f.* de soudure.

– – –, **sounding-** = sonde *f.* (C.).

– – –, **spark-advance** = manette *f.* d'avance à l'allumage (Auto.).

– – –, **stair** = tringle *f.* d'escalier (B.).

– – –, **stay-** = contre-fiche *f.* (C., B.), entretoise *f.* (C.,

(rod)

B.), tirant *m.* de fixation (C., B.).

– – –, **stay-, lateral** = barre *f.* de poussée latérale (C., B.).

– – –, **steering** = tige *f.* de direction (Auto.), tringle *f.* de direction (Auto.).

– – –, **stirring** = agitateur *m.*

– – –, **striker-** = tige *f.* d'embrayage (Auto.).

– – –, **supply** = tige *f.* du tiroir d'admission (Méc.).

– – –, **surveyor's** = mire *f.* (d'arpenteur).

– – –, **suspending** = suspensoir *m.* (d'un pont suspendu).

– – –, **suspension** = tige *f.* de suspension (C., B.).

– – –, **switch-** = tringle *f.* de manoeuvre (Ch.d.f.).

– – –, **tail** = guide *m.* de piston (Méc.), contre-tige *f.* (Méc.).

– – –, **tappet** = tige-poussoir *f.* (de soupape) (Méc.).

– – –, **temperature** = barre *f.* de dilatation (dans un ouvrage en béton (B., C.).

– – –, **tension** = barre *f.* de tension (dans le béton armé) (C.), tendeur *m.* (Méc., C.).

– – –, **threaded** = tige *f.* filetée (C., Méc.).

– – –, **throttle** = tige *f.* de papillon (Auto.).

– – –, **through-** = tige *f.* traversante (B., C., Méc.).

– – –, **thrust** = bielle *f.* de poussée (Méc.).

– – –, **tie-** = tirant *m.* (B.), entrait *m.* (de comble en fer) (C.), tringle *f.* d'écartement (de chaudière) (Méc.), barre *f.* d'accouplement (Méc.).

– – –, **tie-, steering-knuckle** = barre *f.* d'accouplement des fusées de direction (Auto.).

– – –, **tie-, longitudinal** = tirant *m.* longitudinal.

– – –, **tie-, transverse** = tirant *m.* transversal.

– – –, **to** = pilonner (le béton) (B., C.), faire un tirage d'essai (dans une canalisation) (Tp.).

– – –, **torque** = jambe *f.* de force (Auto.), bielle *f.* de poussée (Méc.).

– – –, **track** = barre *f.* de commande (direction) (Auto.).

– – –, **transmission** = tige *f.* de transmission (Méc.).

– – –, **truss** = tirant *m.* (B.), tendeur *m.* (C., B.).

– – –, **valve-** = tige *f.* de soupape (Méc.), tige *f.* du tiroir (Méc.), bielle *f.* du tiroir (Méc.).

– – –, **valve, exhaust-, distributing** = tige *f.* d'ouverture de l'échappement (Méc.).

– – –, **valve, slide-** = tige *f.* du tiroir (Méc.), bielle *f.* du tiroir (Méc.).

– – –, **welding** = baguette *f.* d'apport, baguette *f.* de soudure.

– – –, **welding, coated** = baguette *f.* enrobée pour la soudure.

– – –, **welding, shielded** = baguette *f.* enrobée pour la soudure.

– – –, **wire** = tige *f.* (Méc. C., B.).

– – –, **zinc** = crayon *m.* de zinc.

rodding = pilonnage *m.* (du béton) (B., C.), tirage *m.* d'essai dans une canalisation (Tp.).

– – –, **duct** = tirage *m.* d'essai dans une canalisation (Tp.).

rodman = porte-mire (O.)

rods, brake = timonerie *f.* du frein (Méc., Auto., Ch.d.f.).

roentgenogram = radiographie *f.*

roentgenography = radiographie *f.*

roentgentherapy = radiothérapie *f.*, roentgenthérapie *f.*

rogue = plante *f.* peu vigoureuse (dans un semis) (Agr.).

– – –, **to** = éclaircir (un carré de carottes).

roll = rouleau *m.* (de tissu, de papier, de film), cylindre *m.* (Méc.), tambour *m.* (Méc.), roulette *f.* (Méc., Imp.), galet *m.* (Méc.), molette *f.* (Méc.), bobine *f.* (de film) (Phot.), liasse *f.* (de billets de banque). V. « rolls ».

– – –, **back** = (routine *f.* de) reprise *f.* (Inf.).

– – –, **bar** = roulette *f.* (de doreur) (Imp.).

– – –, **beater** = cylindre *m.* de pile (Pap.).

– – –, **bending** = cylindre *m.* cintreur (Mét., C.).

– – –, **bending, plate-** = machine *f.* à cintrer les tôles (Mét.).

– – –, **billeting** = train *m.* ébaucheur (Méc.).

– – –, **blooming-** = cylindre *m.* ébaucheur (Mét.).

– – –, **breast** = rouleau *m.* de tête (d'une machine à papier) (Pap.).

– – –, **cam** = galet *m.* (de came) (Méc.).

– – –, **couch** = cylindre *m.* coucheur (Pap.).

– – –, **dandy** = rouleau *m.* égoutteur (Pap.).

– – –, **dandy, laid** = rouleau *m.* à verger (Pap.).

– – –, **feed-** = nourrisseur *m.* (Méc.), rouleau *m.* entraineur (Méc.).

– – –, **finishing-** = cylindre *m.* finisseur (Méc., Mét.).

– – –, **forge-** = cylindre *m.* forgeur (Méc.).

– – –, **grooved** = cylindre *m.* cannelé.

– – –, **laid** = rouleau *m.* à verger (Pap.).

– – –, **muck-** = dégrossisseur *m.* (Mét., C.).

– – –, **pay-** = feuille *f.* de paye.

– – –, **pinch** = rouleau *m.* entraineur (Méc.).

– – –, **press** = cylindre *m.* de presse (Imp.), cylindre *m.* presseur (Imp.).

– – –, **press, rubber** = cylindre *m.* presseur caoutchouté (Imp.).

– – –, **ridge** = tuile *f.* faîtière demi-cylindrique (B.), moulure *f.* de faîtage (B.).

– – –, **roughing-** = dégrossisseur *m.* (Mét., C.).

– – –, **seaming** = galet *m.* à agrafage (Mét.).

– – –, **sweat** = cylindre *m.* réfrigérant (Pap.).

– – –, **to** = laminer (un métal), cylindrer (une chaussée), rouler (un plan, une bille de bois, une cigarette).

– – –, **to cold-** = écrouir.

– – –, **to hot-** = laminer à chaud.

– – –, **to – – – back** = reprendre (Inf.).

– – –, **to – – – in** = appeler (Inf.).

– – –, **to – – – out** = retirer (Inf.).

– – –, **toilet-** = rouleau *m.* de papier hygiénique (S.).

– – –, **tool-** = trousse *f.* à outils (Auto.).

– – –, **water-mark** = rouleau *m.* à filigraner (Pap.), cylindre *m.* filigraneur (Pap.) (Canada).

roller = rouleau *m.* (Méc.), rouleau *m.* compresseur (C.), cylindre *m.* (Méc.), laminoir *m.* (Mét.), galet *m.* (Méc.), tourniquet *m.* (de cabestan), rouleau *m.* compacteur ou compacteur (C.), V. « rollers ».

– – –, **adjusting** = tambour *m.* de réglage (Méc.).

– – –, **bearing** = rouleau *m.* de roulement (Méc., C.).

– – –, **blind** = enrouleur *m.* de store (B.), rouleau *m.* automatique pour stores (B.).

– – –, **cam** = galet *m.* de came (Méc.).

– – –, **cement** = bouharde *f.* de cimentier (C.), rouleau *m.* de cimentier (C.).

(roller)

– – –, **centering** = galet *m.* de centrage (Méc.).
– – –, **chain** = rouleau *m.* de chaîne (Méc., C.).
– – –, **composition** = rouleau *m.* (de compositeur) (Imp.).
– – –, **conical** = galet *m.* conique (Méc.).
– – –, **contact** = galet *m.* de contact (E.).
– – –, **crushing** = rouleau *m.* concasseur (C.).
– – –, **dancing** = rouleau *m.* cavalier (Pap.).
– – –, **dandy** = cylindre *m.* filigraneur (Pap.) (Canada), cylindre *m.* à filigraner (Pap.), rouleau *m.* égoutteur (Pap.).
– – –, **drawing-** = cylindre *m.* étireur (Mét.).
– – –, **ductor** = rouleau *m.* preneur (Imp.), rouleau *m.* essuyeur (Imp.).
– – –, **expansion** = rouleau *m.* de dilatation (C., Méc.), rouleau *m.* de tension (C., Méc.).
– – –, **feed** = rouleau *m.* entraîneur (Méc.).
– – –, **feeding** = nourrisseur *m.* (Méc.), cylindre *m.* d'entrée (Méc.).
– – –, **fibre** = bobine *f.* en fibre.
– – –, **finishing** = cylindre *m.* finisseur (C.).
– – –, **flange** = galet *m.* à boudin (Méc.).
– – –, **forge** = laminoir *m.* (Mét.).
– – –, **friction** = rouleau *m.* de friction (Méc.).
– – –, **garden** = rouleau *m.* de jardin.
– – –, **guide** = rouleau-guide *m.* (Méc.).
– – –, **hardened** = galet *m.* cémenté (Méc.).
– – –, **idle** = galet-guide *m.* (Méc.).
– – –, **impression** = rouleau *m.* porte-papier (d'une machine à écrire).
– – –, **inking** = (rouleau *m.*) encreur *m.* (Imp.), molette *f.* d'encrage (Tg.).
– – –, **jockey** = galet *m.* baladeur (Méc.), galet *m.* voyageur (Méc.).
– – –, **knurl** = molette *f.* (Méc., C.).
– – –, **lawn** = rouleau *m.* à pelouse, rouleau *m.* à gazon.
– – –, **live** = galet *m.* de roulement (Méc.).
– – –, **metal-working** = cylindre *m.* à laminer les métaux (Mét.).
– – –, **outboard** = galet *m.* extérieur (Méc.).
– – –, **paint** = rouleau *m.* à peindre.
– – –, **porcupine** = hérisson *m.* (C., Méc.).
– – –, **pressure** = galet *m.* presseur (Méc.).
– – –, **printing** = cylindre *m.* imprimeur.
– – –, **road** = rouleau *m.* compresseur (C.), rouleau *m.* compacteur (C.).
– – –, **road, steam** = rouleau *m.* compresseur à vapeur (C.), rouleau *m.* à vapeur (C.).
– – –, **seam** = roulette *f.* de tapissier (B.).
– – –, **sheep's foot** = rouleau *m.* à pieds de mouton (C.).
– – –, **spiked** = hérisson *m.* (C.).
– – –, **spring** = galet *m.* à ressort (Méc.).
– – –, **steam-** = rouleau *m.* compresseur à vapeur (C.), rouleau *m.* à vapeur (C.).
– – –, **stretching** = rouleau *m.* tendeur (Méc., Mét.).
– – –, **striking** = came *f.* (Méc.), galet *m.* d'entraînement (Méc.).
– – –, **swivel** = galet *m.* tournant (Méc.), galet *m.* pivotant (Méc.).
– – –, **tamping** = rouleau *m.* à corroyer (Mét.).
– – –, **tappet** = galet *m.* de poussoir (de soupape)

(roller)

(Méc.).
– – –, **tappet, valve** = galet *m.* de poussoir de soupape (Méc.).
– – –, **tension** = galet *m.* tendeur (Méc.), galet *m.* de tension (Méc.).
– – –, **thrust** = butée *f.* à rouleau (Méc.).
– – –, **toothed** = hérisson *m.* (C.), croskill *m.* (Agr., C.).
– – –, **towel-** = rouleau *m.* porte-serviettes (Ust.), rouleau *m.* pour essuie-mains (Ust.).
– – –, **trunnion** = galet *m.* de roulement (Méc.).
– – –, **wooden** = galet *m.* en bois (Méc.).
rollers, crushing- = rouleaux *m.p.* concasseurs (C.), cylindres *m.p.* concasseurs (C.). V. « roller ».
– – –, **distributing** = distributeurs *m.p.* (d'encre) (Imp.).
– – –, **drawing** = laminoir *m.* (Mét.), cylindres *m.p.* étireurs (Mét.).
– – –, **laminating** = laminoir *m.* (Mét.), cylindres *m.p.* du laminoir (Mét.).
– – –, **plate** = laminoir *m.* à tôle (Mét.).
– – –, **riding** = rouleaux *m.p.* chargeurs (Imp.).
– – –, **shingling** = laminoir *m.* cingleur (Mét.).
– – –, **vibrating** = rouleaux *m.p.* oscillateurs (Pap.).
rolling = roulement *m.* (d'une bille), laminage *m.* (Mét.), cylindrage *m.* (C., Mét.), roulis *m.* (Av.), enrobage *m.* (d'un tube d'acier) (C.).
– – –, **cold-** = écrouissage *m.* (Mét.), cylindrage *m.* à froid (Mét.).
– – –, **hot-** = cylindrage *m.* à chaud (Mét.), laminage *m.* à chaud (Mét.).
– – –, **log** = roulage *m.* des grumes.
rolling over = renversement *m.* (Mét.).
rolling-up = encrage *m.* au rouleau (Imp.).
rolls, bar = cylindres *m.p.* forgeurs (Mét.).
– – –, **damping** = rouleaux *m.p.* mouilleurs (Pap.).
– – –, **feed** = rouleaux *m.p.* entraîneurs (de laminoir) (Mét.).
– – –, **finishing** = laminoir *m.* de finissage (Mét.).
– – –, **iron, chilled-** = cylindres *m.p.* en fer durci pour laminoirs (Mét.).
– – –, **press** = presses *f.p.* (Pap.).
– – –, **smoothing** = lisse *f.* (Pap.).
roof = toit *m.* (B.), comble *m.* (B.), toiture *f.* (B.), dôme *m.* (B.), ciel *m.* (de galerie souterraine) (Mi.), pavillon *m.* (Auto.).
– – –, **arched** = toit *m.* en arc.
– – –, **barrel** = toit *m.* cintré.
– – –, **bell-shaped** = toit *m.* en cloche.
– – –, **built-up** = toit *m.* en terrasse.
– – –, **cantilever** = toit *m.* en encorbellement.
– – –, **compass** = toit *m.* en arc.
– – –, **conical** = comble *m.* conique.
– – –, **corrugated-iron** = toit *m.* en tôle ondulée.
– – –, **curb** = comble *m.* brisé, toit *m.* en mansarde.
– – –, **deck** = toit *m.* à faux comble.
– – –, **dome** = comble *m.* en dôme, toit *m.* en coupole.
– – –, **dome-shaped** = toit *m.* en coupole.
– – –, **equilateral** = comble *m.* équilatéral.
– – –, **flat** = toit *m.* en terrasse, toiture *f.* en terrasse.
– – –, **floating** = toit *m.* flottant (d'un réservoir de stockage).
– – –, **folding** = toit *m.* pliant (Auto.).

(roof)

– – –, **French** = comble *m.* brisé, toit *m.* en mansarde.
– – –, **gable** = comble *m.* sur pignon, toit *m.* à deux pentes, toit *m.* à pignon.
– – –, **gambrel** = toit *m.* en croupe.
– – –, **glass** = verrière *f.*
– – –, **high-pitched** = comble *m.* à forte pente (B.).
– – –, **hip** = toit *m.* en croupe, comble *m.* en croupe, toit *m.* à quatre pans.
– – –, **jutting-out** = toit *m.* qui fait saillie.
– – –, **lean-to** = toit *m.* à un égout, comble *m.* en appentis, toit *m.* en appentis.
– – –, **low-pitched** = comble *m.* à faible pente (B.).
– – –, **Mansard** = comble *m.* en mansarde, comble *m.* brisé, toit *m.* à la française, toit *m.* à la Mansard.
– – –, **monitor** = comble *m.* à lanterneau.
– – – **of tiles** = couverture *f.* de tuiles.
– – –, **one-half** = (toit *m.* à) pente *f.* à la demie.
– – –, **open** = toit *m.* ouvert (c.-à-d. sans plafond).
– – –, **opening** = toit *m.* ouvrant (Auto.).
– – –, **pavilion** = comble *m.* en pavillon.
– – –, **pent** = toit *m.* à un égout.
– – –, **pitch** = toit *m.* en pente.
– – –, **pitch, double** = toit *m.* en croupe, toit *m.* à pente double.
– – –, **pitch, flat** = toit *m.* à pente douce.
– – –, **pitch, single** = comble *m.* à un versant, comble *m.* à une seule pente.
– – –, **pitched** = comble *m.* à deux versants, toit *m.* en pente.
– – –, **platform** = toit *m.* en terrasse.
– – –, **polygonal** = toit *m.* polygonal.
– – –, **porch** = auvent *m.*
– – –, **pyramid** = toit *m.* en pyramide.
– – –, **ridge** = comble *m.* à deux longs pans, comble *m.* à deux pentes, toit *m.* en dos d'âne.
– – –, **ridge, hipped** = comble *m.* à deux pans avec croupes.
– – –, **saddle** = toit *m.* en dos d'âne.
– – –, **saw-tooth** = shed *m.*, toit *m.* en dents-de-scie.
– – –, **shed** = toit *m.* en appentis.
– – –, **shingle** = toit *m.* en bardeaux.
– – –, **slated** = toit *m.* d'ardoises.
– – –, **sliding** = toit *m.* découvrable (Auto.), toit *m.* coulissant (Auto.).
– – –, **span** = comble *m.* à deux égouts, toit *m.* à double pente, comble *m.* à deux versants.
– – –, **square** = toit *m.* carré.
– – –, **stepped** = toit *m.* en gradins.
– – –, **strutted** = toit *m.* arc-bouté.
– – –, **sunshine** = toit *m.* ouvrant (Auto.).
– – –, **thatched** = toit *m.* de chaume, couverture *f.* en chaume.
– – –, **tiled** = toit *m.* en tuiles.
– – –, **tilt** = toit *m.* arrondi.
– – –, **to** = couvrir (un bâtiment), biseauter (un poteau) (Tp.).
– – –, **trussed** = comble *m.* sur fermes.
– – –, **umbrella** = comble *m.* avec avant-toit.
– – –, **untrussed** = comble *m.* sans ferme.
– – –, **V-shape** = toit *m.* en V.
roofed, slope- = à toit incliné.
roofer = couvreur *m.* (O.).
roofing = couverture *f.* (en bardeaux), toiture *f.* (d'un

(roofing)

bâtiment), biseautage *m.* (des poteaux téléphoniques), pose *f.* de la toiture (B.).
– – –, **aluminium** = couverture *f.* en aluminium.
– – –, **glass** = vitrerie *f.* de toit.
room = chambre *f.* (B.), espace *m.* (Méc.), pièce *f.* (d'une maison), salle *f.* (d'expédition), place *f.* (de la machine), encombrement *m.* (d'un moteur), bureau *m.* (des employés d'une entreprise).
– – –, **accumulator** = salle *f.* des accumulateurs (E.).
– – –, **ante-** = V. « anteroom ».
– – –, **apparatus** = salle *f.* des appareils (de téléphonie automatique) (Tp.).
– – –, **assembling** = atelier *m.* de montage (Méc.), salle *f.* de montage (Méc.).
– – –, **baggage** = salle *f.* aux bagages.
– – –, **bath-** = salle *f.* de bain (B.).
– – –, **battery** = salle *f.* des accumulateurs (E.).
– – –, **beater** = salle *f.* des piles (Pap.).
– – –, **bed-** = V. « bedroom ».
– – –, **boiler** = chaufferie *f.* (Méc.), salle *f.* des chaudières (Méc.).
– – –, **check-** = consigne *f.* (Ch.d.f.), salle *f.* des bagages (Ch.d.f.).
– – –, **cloak-** = vestiaire *m.* (B.).
– – –, **colour** = atelier *m.* des colorants (Pap.).
– – –, **composing** = atelier *m.* de composition (Imp.).
– – –, **conference** = salle *f.* de conférences.
– – –, **control** = salle *f.* de commande (Méc., E.), salle *f.* de réglage (Méc.), salle *f.* de contrôle (d'une installation de raffinage, d'une centrale) (Méc., E.).
– – –, **control, central** = centre *m.* de commutation (R., Tv.).
– – –, **cook** = cuisine *f.*
– – –, **cooling** = chambre *f.* frigorifique (Méc.), chambre *f.* froide (B.).
– – –, **court** = salle *f.* d'audience.
– – –, **dark** = chambre *f.* noire (Phot.).
– – –, **dead** = chambre *f.* insonorisée.
– – –, **dining-** = salle *f.* à manger (B.).
– – –, **double** = chambre *f.* à deux personnes (B.).
– – –, **drawing-** = salle *f.* de dessin, salon *m.* (B.), compartiment *m.* de luxe (Ch.d.f.).
– – –, **drying** = chambre *f.* de séchage (Méc.), séchoir *m.* (Méc., C.).
– – –, **engine-** = chambre *f.* des machines (Méc.), place *f.* de la machine (Méc.).
– – –, **equipment, automatic** = salle *f.* d'installations automatiques (Tp.), salle *f.* des appareils (de téléphonie automatique) (Tp.).
– – –, **erecting** = salle *f.* de montage (Méc., C.), atelier *m.* de montage (Méc., C.).
– – –, **family** = salle *f.* de séjour ou séjour *m.* (B.), salle *f.* familiale.
– – –, **filter** = salle *f.* de filtrage (S.).
– – –, **finishing** = salle *f.* de finissage (Pap.).
– – –, **fire** = chambre *f.* de chauffe (Méc.).
– – –, **frame** = salle *f.* des répartiteurs (Tp.).
– – –, **freezing** = chambre *f.* de congélation (Méc.).
– – –, **front-** = pièce *f.* sur le devant (B.).
– – –, **furnace** = chambre *f.* de chauffe (Mar.), chaufferie *f.* (d'une usine, d'un navire).
– – –, **habitable** = pièce *f.* habitable (d'une maison).
– – –, **head** = hauteur *f.* libre, hauteur *f.* de passage,

(room)

échappée *f.* (d'un escalier) (B.).
– – –, **instrument** = salle *f.* des appareils (Tp., Tg.).
– – –, **laundry** = laverie *f.* (B.).
– – –, **living-** = salon *m.* (B.), vivoir *m.* (B.), salle *f.* de séjour (B.).
– – –, **locker** = vestiaire *m.*
– – –, **maid's** = chambre *f.* de bonne (B.).
– – –, **operating** = salle *f.* des téléphonistes (Tp.), salle *f.* de manipulation et de réception (Tp.).
– – –, **play** = salle *f.* de jeux (B.).
– – –, **powder** = cabinet *m.* de toilette (d'une maison) (B.), salon *m.* de toilette (d'un hôtel), (B.).
– – –, **power** = salle *f.* de l'appareillage électrique (Tp.).
– – –, **press** = salle *f.* de la presse, salle *f.* des impressions (Imp.).
– – –, **pump-** = chambre *f.* des pompes (Méc.).
– – –, **reading-** = salle *f.* de lecture (B.).
– – –, **recording** = cellule *f.* d'enregistrement (R., Tv.), central *m.* d'enregistrement (R., Tv.).
– – –, **rest, operators** = salle *f.* de repos des téléphonistes (Tp.).
– – –, **salting** = chambre *f.* de salaison.
– – –, **shipping** = salle *f.* d'expédition.
– – –, **show** = V. « showroom ».
– – –, **shower** = salle *f.* de douches (B.).
– – –, **single** = chambre *f.* à une personne (B.).
– – –, **sitting** = salon *m.*
– – –, **sound-proof** = salle *f.* sourde.
– – –, **spare** = chambre *f.* d'amis (B.).
– – –, **spray** = atelier *m.* de peinture (au pistolet).
– – –, **stock** = magasin *m.*, réserve *f.*
– – –, **storage, coal** = soute *f.* à charbon.
– – –, **storage, cold** = chambre *f.* froide.
– – –, **store-** = halle *f.* de dépôt, dépôt *m.*, réserve *f.*, dépense *f.* (B.).
– – –, **sun-** = solarium *m.* (B.).
– – –, **switching** = salle *f.* de manoeuvre (E.).
– – –, **terminal** = salle *f.* de coupure (Tp.).
– – –, **test-** = salle *f.* d'expérimentation, salle *f.* d'essais, laboratoire *m.* d'essais.
– – –, **toilet** = cabinet *m.* d'aisances (S.), W.C. *m.* (S.), toilettes *f.p.* (S.) (Canada).
– – –, **tool-** = salle *f.* des outils.
– – –, **transmitting** = chambre *f.* des appareils de transmission (R.).
– – –, **utility** = débarras *m.* (B.).
– – –, **waiting** = salle *f.* des pas perdus (d'un Palais de Justice), antichambre *f.* (chez un dentiste, chez un médecin), salle *f.* d'attente (d'une gare).
– – –, **wash** = W.C. *m.* (S.), cabinet *m.* d'aisances (S.), salle *f.* de toilette (S.).
– – – **with sloping roof** = chambre *f.* mansardée (B.), mansarde *f.* (B.).
– – –, **work-** = atelier *m.*
– – –, **work, plant** = atelier *m.* d'entretien (Tp.).
roomette = compartiment *m.* de voiture-lit (Ch.d.f.), chambrette *f.* (Ch.d.f.).
roominess = logeabilité *f.* (d'un appartement, d'une voiture).
roomy = spacieux (adj.).
roost = juchoir *m.* (Agr.), perchoir *m.* (Agr.).
rooster = coq *m.* (Agr.).

root = racine *f.* (d'une plante), base *f.* ou pied *m.* (d'une dent d'engrenage) (Méc.).
– – –, **cubic** = racine *f.* cubique.
– – – **mean square** = (vitesse *f.*, valeur *f.*) quadratique (adj.) moyenne.
– – – **of thread** = fond *m.* de filet (Méc.), base *f.* de filet (Méc.).
– – – **of tooth** = racine *f.* de la dent (Méc.).
– – –, **square** = racine *f.* carrée.
rooter = défonceuse *f.* (M.).
rope = corde *f.* filin *m.*, câble *m.*, cordage *m.*
– – –, **bell** = cordon *m.* de sonnette.
– – –, **braided** = corde *f.* tressée.
– – –, **carrier** = câble *m.* porteur (C., Tp.).
– – –, **cotton** = câble *m.* en coton.
– – –, **dipper-trip** = câble *m.* d'ouverture du godet (C.).
– – –, **drilling** = câble *m.* de sondage (Mi., C.).
– – –, **fibre** = câble *m.* de fibre.
– – –, **guide-** = câble *m.* de guidage (C.).
– – –, **guy-** = hauban *m.* (Tp., C.), câble *m.* d'haubanage (Tp., C.).
– – –, **guy, antenna** = câble *m.* de retenue d'antenne (R.).
– – –, **hand-** = corde *f.* à main, corde *f.* de manoeuvre.
– – –, **haulage** = câble *m.* de traînage.
– – –, **head-** = longe *f.* (Agr.), licou *m.* (Agr.).
– – –, **hemp** = câble *m.* de chanvre.
– – –, **hoisting** = câble *m.* de levage.
– – –, **manilla** = câble *m.* en chanvre (de Manille).
– – –, **mooring** = amarre *f.* (Mar.).
– – –, **non-rotating** = câble *m.* antigiratoire.
– – –, **return** = câble *m.* de renvoi (C., Méc.).
– – –, **sisal** = câble *m.* en sisal.
– – –, **slack** = câble *m.* lâche, câble *m.* mou.
– – –, **span** = câble *m.* tendeur (entre deux poteaux) (Tp.), câble *m.* aérien (C.), hauban *m.* tendeur (C., Tp.).
– – –, **standing** = brin *m.* mort (d'un palan) (Méc.).
– – –, **stay-** = hauban *m.* (C.).
– – –, **steel** = câble *m.* d'acier, câble *m.* en acier.
– – –, **strand, four-** = filin *m.* en quatre, cordage *m.* à quatre torons.
– – –, **strand, three-** = filin *m.* en trois, cordage *m.* à trois torons.
– – –, **straw** = corde *f.* en paille.
– – –, **suspending** = suspente *f.* (Mar.).
– – –, **tail-** = câble *m.* d'équilibre (Méc.), câble *m.* de queue (d'un chariot) (Méc.).
– – –, **tapering** = câble *m.* à section décroissante, câble *m.* conique.
– – –, **tarred** = filin *m.* noir, cordage *m.* goudronné.
– – –, **tight** = corde *f.* tendue, corde *f.* raide.
– – –, **tow-** = câble *m.* de remorque (Auto.).
– – –, **untarred** = filin *m.* blanc, franc-filin *m.*
– – –, **white** = filin *m.* blanc, franc-filin *m.*
– – –, **wire** = câble *m.* métallique.
– – –, **wire, flexible** = câble *m.* métallique flexible.
– – –, **wire, steel** = câble *m.* en fils d'acier.
– – –, **wire, steel, spiral-wound** = câble *m.* de fils métalliques boudinés, câble *m.* de fils métalliques enroulés en spirale.
rose = rose *f.*, rosace *f.* (E.), pomme *f.* (d'arrosoir) crépine *f.* (de pompe).

(rose)

- - -, **ceiling** = rosace *f.* (E.), rosace *f.* de plafond (E.).
- - -, **connecting** = rosace *f.* de canalisation (E.).
rosette = rosace *f.* (B.), rosette *f.* (de porte) (B.).
- - -, **ceiling** = rosace *f.* de plafond (B.).
rosin = colophane *f.*, arcanson *m.*
rot = carie *f.*, pourriture *f.*
- - -, **dry-** = pourriture *f.* sèche (du bois), carie *f.* sèche.
- - -, **heart-** = pourriture *f.* du coeur (d'un arbre).
- - -, **wet** = carie *f.* humide, pourriture *f.* humide (du bois).
rotary = rotatif (adj.), rotatoire (adj.), tournant (adj.).
rotate, to = tourner, pivoter.
rotation = rotation *f.* (Méc.), tour *m.* (Méc.), révolution *f.* (Méc.), transposition *f.* par rotation ou rotation *f.* (des fils téléphoniques) (Tp.), roulement *m.* (des mécaniciens, des voitures), permutation *f.* (d'objets).
- - -, **anti-clockwise** = rotation *f.* à gauche, rotation *f.* dans le sens inverse des aiguilles d'une montre, sénestrorsum (adj.).
- - -, **by** = par roulement, à tour de rôle.
- - -, **clockwise** = rotation *f.* à droite, rotation *f.* dans le sens des aiguilles d'une montre, dextrorsum (adj.).
- - -, **counter-clockwise** = V. « rotation, anti-clockwise ».
- - -, **in** = (ils travaillent de nuit) par roulement, à tour de rôle.
- - -, **left-hand** = rotation *f.* à gauche.
- - - **of crops** = assolement *m.* (Agr.).
- - -, **right-hand** = rotation *f.* à droite.
rotations per minute = tours-minute *m.p.* (Méc.).
rotative = rotatif (adj.), tournant (adj.).
rotogravure = rotogravure *f.* (Imp.).
rotor = rotor *m.* (E.), induit *m.* (E.).
- - -, **air-cleaner** = centrifugeur *m.* d'un épurateur d'air (Méc.).
- - - **of a distributor** = balai *m.* rotatif (Auto.).
- - -, **phase-wound** = rotor *m.* à enroulement phasé (E.).
- - -, **slip-ring** = rotor *m.* bobiné à bagues (E.).
- - -, **squirrel-cage** = induit *m.* à cage d'écureuil (E.).
- - -, **wound** = rotor *m.* bobiné (E.), rotor *m.* à enroulement (E.).
rough = (chemin *m.*, bois *m.*) raboteux (adj.), (verre *m.*) dépoli, (terrain *m.*) accidenté, brut (adj.), rugueux (adj.), (pièce *f.*) non usinée ou non dressée.
roughen, to = boucharder (la pierre), rendre rugueux.
roughener = râpe *f.* (I.).
rougher = ébaucheur *m.* (O.) (Mét.).
roughing down = dégrossissage *m.* (d'un bloc de marbre), ébauchage *m.* (d'un ouvrage).
- - - -**in** = plomberie *f.* brute (c.-à-d. sans raccordement aux appareils) (B.).
- - - **out** = dégrossissage *m.*, ébauchage *m.*
roughly = approximativement, en gros, à peu près.
roughness = rugosité *f.* (d'une paroi).
round = rond (adj.), circulaire (adj.), tournée *f.* (du facteur), rond *m.* (B., C.).
- - -, **half-** = demi-rond, demi-circulaire.
- - - **of cheese** = meule *f.* de fromage.
- - -, **quarter-** = quart *m.* de rond (B.).
- - -, **to** - - - **off** = arrondir (un angle), adoucir (une

(round)

arête, un bord).
roundabout = sens *m.* gyratoire (Auto.), chemin *m.* détourné, rond-point *m.* (Auto.).
rounded = arrondi (adj.).
- - -, **semi-** = mi-rond, demi-rond.
rounder = outil *m.* à arrondir, arrondisseur *m.* (I.).
- - -, **corner** = machine *f.* à arrondir (les coins) (Imp.).
roundness = arrondi *m.* (d'une arête), rondeur *f.* ou rondité *f.* (d'une sphère).
rout, to - - - **out** = rainurer, évider (une rainure).
route = artère *f.* (Tp.), trajet *m.* (Tp.), tracé *m.* (d'une ligne), parcours *m.* (d'un fleuve, d'un autobus), route *f.* à suivre, circuit *m.* (d'autobus), itinéraire *m.* (d'un chemin de fer).
- - -, **air** = route *f.* aérienne (Av.).
- - -, **alternate** = voie *f.* de rechange, voie *f.* détournée, voie *f.* auxiliaire.
- - -, **busy** = artère *f.* à fort trafic (Tp.).
- - -, **cable** = artère *f.* en câble (Tp.).
- - -, **carrier** = artère *f.* à courants porteurs (Tp.).
- - -, **coxial** = artère *f.* coaxiale (Tp.), artère en câbles coaxiaux (Tp.).
- - -, **direct** = voie *f.* directe (Tp.), artère *f.* directe (Tp.).
- - -, **emergency** = voie *f.* (d'acheminement) de secours (Tp.).
- - -, **feeder** = chemin *m.* d'artères (Tp.).
- - -, **normal** = voie *f.* (d'acheminement) normale (Tp.).
- - -, **overflow** = voie *f.* de débordement (Tp.).
- - -, **radio** = voie *f.* radioélectrique (R. Tp.).
- - -, **secondary** = voie *f.* secondaire.
- - -, **to** = faire le tracé (d'une ligne téléphonique), acheminer (un appel) (Tp.).
- - -, **toll** = tracé *m.* d'une ligne interurbaine (Tp.), artère *f.* interurbain (Tp.).
- - -, **traffic** = voie *f.* d'écoulement du trafic (Tp.), voie *f.* d'acheminement (des appels) (Tp.).
router = couteau *m.* (d'une mèche) (Méc.), toupie *f.* à rainures (Men.), défonceuse *f.* (Agr.).
routine = routine *f.* (d'un art), besogne *f.* courante, (affaires *f.p.*) courantes (adj.), (inspection *f.*) régulière (adj.).
- - -, **office** = travail *m.* courant du bureau.
routing = voie *f.* d'acheminement ou acheminement *m.* (d'un télégramme, d'une communication) (Tg., Tp.), toupillage *m.* (d'une plaque) (Imp.), itinéraire *m.* (Ch.d.f.), tracé *m.* (de la voie), routage *m.* (d'un colis).
- - -, **alternate** = acheminement *m.* par voie de rechange (Tp.), acheminement *m.* par voie d'emprunt (Tp.), acheminement *m.* dérouté (d'un appel) (Tp.).
- - -, **alternate, automatic** = acheminement *m.* automatique par voie de rechange (Tp.).
- - -, **alternative** = acheminement *m.* dérouté (d'un appel) (Tp.).
- - -, **automatic** = acheminement *m.* automatique (des appels) (Tp.).
rove = rondelle *f.* (Méc.), contre-rivure *f.* (Méc.).
row = rangée *f.* (de rivets, de maisons), file *f.* (de poteaux, de tours), nappe *f.* (de rayons dans une route).

(row)

– – –**of light** = rampe *f.* lumineuse.
– – –**of piles** = palée *f.* (C.).
rowlocks = tolets *m.p.*, porte-rames *m.p.*
royalties = droits *m.p.* d'auteur, redevance *f.* (due à un inventeur).
– – –**, mining** = redevance *f.* tréfoncière.
R.P. (reprint) = à réimprimer (Imp.), réimp. (Imp.).
R.P.M. (or r.p.m.) = tours-minute *m.p.* (Méc.), tours *m.p.* par minute (Méc.).
R.P.S. (or r.p.s.) = tours-seconde *m.p.* (Méc.), tours *m.p.* par seconde (Méc.).
R.R. = V. « railroad ».
rub, to = frotter, frictionner, passer (un matériau) dans un tamis, poncer (un dessin), dénuder (un objet) par frottement.
– – –**, to** – – –**down** = poncer (la peinture), adoucir (la surface d'un mur).
– – –**, to** – – –**off** = user (les bavures du béton à la brique de carborundum).
– – –**, to** – – –**through** = passer (un matériau) dans un tamis.
rubber = caoutchouc *m.*, carreau *m.* (c.-à-d. grosse lime), rondelle *f.* (de pompe.).
– – –**, brittle** = caoutchouc *m.* cassant.
– – –**, crepe** = crêpe *m.* de latex.
– – –**, foam** = caoutchouc *m.* mousse, mousse *f.* de latex.
– – –**, hard** = ébonite *f.*
– – –**, India** = caoutchouc *m.*
– – –**, sponge** = caoutchouc *m.* éponge, caoutchouc *m.* mousse.
– – –**, vulcanized** = caoutchouc *m.* vulcanisé.
rubberize, to = caoutchouter, enduire de caoutchouc.
rubberoid = rubéroïde *m.*, feutre *m.* goudronné (pour toitures) (B.).
rubbery = caoutchouteux (adj.), gommeux (adj.).
rubbing = frottement *m.* (d'une pièce de machine), friction *f.* (Méc.), usure *f.* (Méc.), polissage *m.* (Mét.).
– – –**up** = retroussage *m.* (Imp.).
rubbish = déchets *m.p.* (de l'industrie), détritus *m.p.* (des roches calcaires), immondices *f.p.* (des villes), décombres *m.p.* ou gravats *m.p.* ou gravois *m.p.* (d'un édifice démoli), déblai *m.* (d'une mine).
– – –**, household** = ordures *f.p.* ménagères (S.).
– – –**, old** = vieilleries *f.p.*
rubble = moellon *m.* (B.), blocaille *f.* (pour route), moellonage *m.* (B., C.), rocaille *f.* (B.), moellon *m.* brut (B.), libage *m.* (B.).
– – –**, coursed** = (nombre *m.* de) moellons *m.p.* par assise (B.), moellons *m.p.* réguliers (B.).
– – –**, dry** = maçonnerie *f.* de pierres sèches (B., C.).
– – –**, random** = maçonnerie *f.* en opus incertum (B., C.).
rub-off = maculage *m.* (Imp.).
rucksack = sac *m.* d'alpiniste, sac *m.* touriste.
rudder = gouvernail *m.* (Mar.), gouvernail *m.* de direction (Av.).
– – –**, balanced** = gouvernail *m.* compensé.
rug = couverture *f.*
– – –**, bed-side** = descente *f.* de lit.
– – –**, floor** = carpette *f.*, tapis *m.*
ruggedness = solidité *f.* (d'un objet), rugosité *f.* (d'une surface).

rule = règle *f.*, règlement *m.* (de police), code *m.* (de la route) (Auto.), règle *f.* graduée (C.), réglette *f.*, filet *m.* (Imp.).
– – –**, architect's** = pied-de-roi *m.* d'architecte.
– – –**, brevel** = fausse équerre (Men.), sauterelle *f.* (Men.), biveau *m.* (d'un tailleur de pierre, d'un fondeur de caractères).
– – –**, blindman's** = pied-de-roi *m.* à gros chiffres (Men.).
– – –**, board** = règle *f.* à mesure de planche.
– – –**, boxwood** = pied-de-roi *m.* (Men.).
– – –**, boxwood** – – –**with caliper** = pied-de-roi *m.* avec palmer (Men.).
– – –**, calibre** = verge *f.* de calibre (Méc.).
– – –**, caliper** = palmer *m.* (Méc.).
– – –**, column** = colombelle *f.* (Imp.) (Canada).
– – –**, composing** = filet *m.* de compositeur (Imp.).
– – –**, contraction-** = règle *f.* à retrait.
– – –**, corkscrew** = règle *f.* de tire-bouchon (E.), règle *f.* de Maxwell (E.).
– – –**, Fleming's** = règle *f.* des trois doigts (E.), règle *f.* de Fleming (E.).
– – –**, foot-** = pied-de-roi *m.* (Men.).
– – –**, French** = filet *m.* (Imp.), couillard *m.* (Imp.).
– – –**, gauging-** = jauge *f.*, velte *f.*
– – –**, glazier's** = règle *f.* de vitrier.
– – –**, graduated** = règle *f.* graduée.
– – –**, log** = règle *f.* à mesurer les billes (For.).
– – –**, Maxwell** = règle *f.* de Maxwell (E.), règle *f.* de tire-bouchon (E.).
– – –**, mitre** = biveau *m.* de tailleur de pierres.
– – –**of thumb** = méthode *f.* empirique.
– – –**, parallel** = règles *f.p.* parallèles.
– – –**, plumb-** = niveau *m.* de maçon.
– – –**, setting** = filet *m.* de compositeur (Imp.), filet *m.* à composer (Imp.).
– – –**, shrink** = règle *f.* à retrait.
– – –**, sighting** = alidade *f.*
– – –**, slide-** = règle *f.* à calcul.
– – –**, slide, circular** = règle *f.* à calcul circulaire.
– – –**, slide, master** = pied-de-roi *m.* coulissant (Men.).
– – –**, spring-joint** = pied-de-roi *m.* pliant (Men.).
– – –**, spring-joint, bricklayer's** = pied-de-roi *m.* pliant pour maçon.
– – –**, standard** = règle *f.* étalon.
– – –**, steel** = réglette *f.* en acier, règle *f.* d'acier.
– – –**, steel, flexible** = règle *f.* flexible en acier.
– – –**, steel, folding** = règle *f.* pliante en acier.
– – –**, tape** = ruban *m.* à mesurer, règle *f.* à ruban.
– – –**, tape, steel** = mesure *f.* à ruban d'acier.
– – –**, zigzag** = pied-de-roi *m.* pliant.
ruler = règle *f.*, réglette *f.*
– – –**, parallel** = règles *f.p.* parallèles.
rules and regulations = lois *f.p.* (ou statuts *m.p.*) et règlements *m.p.*
– – –**, ground** = règles *f.p.* fondamentales, règlements *m.p.* locaux (sport).
– – –**of the road** = loi *f.* sur la circulation, code *m.* de la route, règlements *m.p.* de la circulation.
– – –**, operating** = règles *f.p.* d'exploitation.
ruling = décision *f.* (d'un juge), réglage *m.* ou réglure *f.* (d'une feuille) (Imp.).
rumble = bruit *m.* sourd, roulement *m.*, ronflement *m.*

(rumble)

(d'un haut-parleur).
run = course *f.* (d'essai), marche *f.* (d'une machine), parcours *m.* ou trajet *m.* (d'un autobus), portée *f.* horizontale (d'une pièce oblique), essai *m.* (d'une machine), coulure *f.* (de peinture), (période *f.* de) fabrication *f.*, passe *f.* (Mét.), randonnée *f.* (à bicyclette, en automobile), cours *m.* ou suite *f.* (des événements).
– – –, **cable** = chemin *m.* de câble (Tp.), parcours *m.* de câble (Tp.).
– – –, **conduit** = canalisation *f.* (Tp.).
– – –, **crusher** = produit *m.* de concassage tout-venant (C.).
– – –**down** = (accumulateur *m.*) épuisé (adj.), à plat.
– – –, **feet** = pieds *m.p.* courants (c.-à-d. mesure de longueur) (B.).
– – –, **first** = première *f.* (d'un film).
– – –, **foot** = (prix *m.*) (au) pied *m.* courant (B.).
– – –, **foundry** = coulée *f.* de fonderie (Mét.).
– – –, **frequency** = essai *m.* de fréquence (E.).
– – –, **level** = voie *f.* en palier, en palier.
– – –, **mill** = tout-venant *m.* du moulin.
– – –, **mine** = tout-venant *m.* (Mi., C.).
– – –, **normal** = marche *f.* normale (Méc.).
– – – **of pipes** = tuyauterie *f.* (S.), canalisation *f.* (S.).
– – – **of ram** = course *f.* du coulisseau (Méc.).
– – – **of river** = au fil de l'eau.
– – – **of the mill** = train-train *m.* (des affaires).
– – – **of the mine** = tout-venant *m.* de la mine (Mi.).
– – –, **peak load** = marche *f.* en pointe (Méc.).
– – –, **pipe** = tuyauterie *f.* (S.), canalisation *f.* (S.).
– – –, **pit** = tout-venant *m.* (de carrière).
– – –, **sealing** = reprise *f.* à l'envers.
– – –, **split** = tirage *m.* à refente (Imp.).
– – –, **temperature** = essai *m.* d'échauffement, essai *m.* de durée.
– – –, **to** = tracer ou filer (une ligne), conduire ou faire fonctionner (une machine), diriger (une entreprise), circuler (Méc.), marcher (Méc.), fonctionner (Méc.), courir (une course), parcourir (Méc.), couler (Mét.), tourner (Méc.), actionner (Méc.), établir ou poser (une ligne téléphonique, un circuit), exploiter (une mine, une ferme, une entreprise), réaliser (un essai).
– – –, **to** – – – **a contour line** = filer une courbe de niveau.
– – –, **to** – – – **-around** = intercaler (un cliché) dans le texte (Imp.).
– – –, **to** – – – **away** = s'emballer (Méc.).
– – –, **to** – – – **down** = épuiser (un accumulateur) (E.), s'épuiser (E.), se détendre (Méc.), se ralentir (Méc.), s'arrêter (Méc., E.), descendre (C.).
– – –, **to** – – – **hot** = s'échauffer (Méc.).
– – –, **to** – – – **idle** = tourner à vide (Méc.), marcher à vide (Méc.).
– – –, **to** – – – **out** = sortir (une ligne) (Imp.).
– – –, **to** – – – **true** = tourner rond (Méc.).
– – –, **trial** = marche *f.* d'essai (Auto.), course *f.* d'essai (Auto.).
runabout = routière *f.* (Auto.).
runaway = (mécanisme *m.* de) rétroaction *f.* divergente (E.).
rung = barreau *m.*, échelon *m.* (d'une échelle).
runner = meule *f.* courante (Méc.), coulant *m.* (Méc.),

(runner)

curseur *m.* (Méc.), roue *f.* mobile (de turbine), chariot *m.* de roulement (Méc.), poulie *f.* fixe (Méc.), trou *m.* de coulée (Mét.), patin *m.* (d'un traîneau), galet *m.* de roulement (Méc.), messager *m.* (O.), mécanicien *m.* (O.) ou conducteur *m.* (O.) (d'une machine), coulisseau *m.* (de tiroir).
– – –, **drill** = foreur *m.* (O.).
– – –, **edge** = broyeur *m.* à meules verticales.
– – –, **joint, asbestos** = ceinture *f.* de coulée en amiante (Mét.), cordon *m.* de joint d'amiante (Mét.).
– – –, **movable-blade** = roue *f.* à pales orientables (H.).
running = marche *f.* ou fonctionnement *m.* (d'un moteur), roulement *m.* (d'une auto), écoulement *m.* (des eaux), coulure *f.* (de peinture).
– – –, **continuous** = travail *m.* continu (Méc.), service *m.* continu (Méc.).
– – –, **even** = marche *f.* uniforme (Méc.).
– – –, **free** = monté fou (Méc.), marche *f.* à vide (Méc.).
– – –, **hot** = échauffement *m.* (des coussinets) (Méc.).
– – –, **idle** = marche *f.* à vide (Méc., E.).
– – – **-in** = rodage *m.* (Méc.).
– – –, **level** = marche *f.* en palier (Méc.).
– – –, **light** = marche *f.* à vide (Méc.).
– – –, **noiseless** = marche *f.* silencieuse (Méc.).
– – –, **noisy** = marche *f.* bruyante (Méc.).
– – –, **no-load** = marche *f.* à vide (Méc., E.).
– – –, **parallel** = marche *f.* en parallèle (E.).
– – –, **safe** = fonctionnement *m.* assuré (Méc.).
– – –, **silent** = allure *f.* silencieuse (d'un moteur).
– – –, **smooth** = allure *f.* régulière (Méc.), marche *f.* douce (Méc.), fonctionnement *m.* doux (Méc.).
– – – **under momentum** = marche *f.* par inertie (Méc.).
run-off = écoulement *m.* (H.) débit *m.* fluide (H.), débit *m.* (H.), branchement *m.* (Tp.), embranchement *m.* (Tp.), ruissellement *m.* (H.).
– – – –, **daily** = débit *m.* journalier (H.).
– – – –, **monthly** = débit *m.* mensuel (H.).
– – – –, **telephone** = branchement *m.* (Tp.), embranchement *m.* (Tp.).
runway = chemin *m.* de roulement (d'une grue) (C.), rampe *f.* de bois (C.), panneau *m.* d'entrée (de bac), piste *f.* d'envol (Av.), piste *f.* d'atterrissage (Av.), rampe *f.* de chargement (B., C.), glissière *f.* (de fenêtre) (B.), passerelle *f.* (provisoire dans un chantier du bâtiment).
– – –, **elevated** = estacade *f.* (Mar.).
– – –, **overhead** = transporteur *m.* aérien (C.).
rupture = rupture *f.*
– – – **of a wire** = rupture *f.* d'un fil.
– – – **of insulation** = rupture *f.* de l'isolant (E.).
– – – **of the arc** = rupture *f.* de l'arc (E.).
rush of air = coup *m.* d'air (Méc.), bouffée *f.* d'air (Méc.).
– – – **of cold air** = bouffée *f.* d'air glacé.
– – – **of current** = accroissement *m.* brusque du courant (E.).
– – – **of steam** = jet *m.* de vapeur (Méc.).
– – – **of water** = coup *m.* de bélier (H.), coup *m.* d'eau (H.).
rust = rouille *f.*
– – –, **anti-** = antirouille *m.*
– – –, **to** = rouiller, se rouiller, s'oxyder.

(rust)

\- \- \-, **weathering, light** = légère oxydation (de l'acier) due aux intempéries.
rustiness = rouillure *f.*
rusting = rouillage *m.*, oxydation *f.*
\- \- \-, **anti-** = antirouille (adj.).
\- \- \-, **non-** = inoxydable (adj.).
rusty = rouillé (adj.).

rut = ornière *f.* (d'une route), grippure *f.* (d'un palier) (Méc.), rut *m.* (d'un mammifère).
\- \- \-, **to** = gripper (Méc.).
R/W = V. « right of way ».
R.W.L. = V. « leader, rain-water ».
Ry. = V. « railway ».
rye = seigle *m.* (Agr.).

S

S = esse *f.*, crochet *m.* en forme d'S, V. « south » et « siemens »

s = V. « second ».

sabot = sabot *m.* (de pieu) (C.).

sack = sac *m.*, grand sac *m.*.

– – –, **canvas** = sac *m.* en toile.

– – –, **pack-** = havresac *m.*

sacking = ensachement *m.* ou mise *f.* en sac (du blé).

saddle = selle *f.* ou reposoir *m.* (de vérin), chevalet *m.* (d'un réservoir cylindrique), sabot *m.* (d'une poutre), sellette *f.* (d'une aléseuse, de cheval de trait), chariot *m.* (d'un tour), gâche *f.* (pour fil métallique), patte *f.* d'attache (Tp.), serre-fils *m.* (E.), cavalier *m.* (E.), porte-outil *m.* (Méc.), étrier *m.* (Tp.), selle *f.* (de cheval).

– – –, **branch connection** = selle *f.* de raccordement (H.).

– – –, **expansion** = chariot *m.* de dilatation (Méc., C.).

– – –, **hunting** = selle *f.* anglaise (Agr.).

– – –, **spring** = bride *f.* de ressort (Auto.), étrier *m.* de ressort (Auto.).

– – –, **supporting** = sabot *m.* (d'une poutre) (B., C.), support *m.* (B., C.).

– – –, **to** = seller (un cheval), embâter (une bête de somme), endosser (un livre) (Imp.).

– – –, **tool** = chariot *m.* porte-outil (Méc.).

– – –, **Western** = selle *f.* américaine (Agr.).

saddler = sellier *m.* (O.), bourrelier *m.* (O.).

safe = coffre-fort *m.*, sûr (adj.), admissible (adj.), sauf (adj.), de tout repos.

safeguard = sauvegarde *f* ou garde *f.* (d'une chose), dispositif *m.* de protection, chasse-pierres *m.* (d'une locomotive).

– – –, **additional** = dispositif *m.* de sécurité additionnel.

safety = sûreté *f.*, sécurité *f.*, prudence *f.*

– – – **first** = gare aux accidents, soyez prudents.

– – –, **road** = sécurité *f.* routière.

sag = flèche *f.* (d'une ligne, d'un fil téléphonique), affaissement *m.* (d'une voûte, du sol), fléchissement *m.* (d'un toit), flambage *m.* (d'une poutre), baisse *f.* (des valeurs), point *m.* bas (d'un câble) (Tp.).

– – –, **to** = fléchir, ployer, arquer, plier, avoir de l'arc.

sagging = flèche *f.* (d'un fil téléphonique), fléchissement *m.* (d'un toit, d'une poutre), inclinaison *f.* (d'un pont), tombée *f.* (d'une porte), flexion *f.* (d'une solive), affaissement *m.* (d'une voûte).

salad, fruit = macédoine *f.* de fruits, salade *f.* de fruits.

salamander = salamandre *f.* (Ust.), four *m.* de campagne, loup *m.* (Mét.).

salary = paie *f.* (des ouvriers), traitement *m.* (des officiers), appointements *m.p.* (d'un sous-ministre), indemnité *f.* (parlementaire), appointements *m.p.* ou émoluments *m.p.* (d'un employé civil).

– – –, **extra** = supplément *m.*

sale = solde *m.* (de marchandises), vente *f.* au rabais, vente *f.* (d'une propriété).

– – – **by auction** = vente *f.* à l'enchère, vente *f.* à la criée, vente *f.* aux enchères.

– – –, **clearance** = liquidation *f.* de stock.

– – –, **deferred payment** = vente *f.* à tempérament.

– – –, **down payment** = vente *f.* à tempérament.

– – –, **inventory** = liquidation *f.* de stock après inventaire.

– – –, **time** = vente *f.* à tempérament, vente *f.* à découvert.

saleable = vendable (adj.).

sales = V. « sale ».

– – –, **impulse** = ventes *f.p.* choc.

salesman = vendeur *m.* (O.).

– – –, **travelling** = commis *m.* voyageur, voyageur *m.* de commerce.

salient = en saillie, (angle *m.*) saillant (adj.).

saloon = berline *f.* (Auto.), bar *m.* ou débit *m.* de boissons.

salt = sel *m.*

– – –, **Rochelle** = sel *m.* de Seignette.

– – –, **rock** = sel *m.* gemme.

– – –, **sea** = sel *m.* marin.

saltpetre = salpêtre *m.*, nitrate *m.* de potassium.

salvage = récupération *f.*

– – –, **to** = récupérer (de la ferraille, de l'équipement).

salvaging = récupération *f.*

samara = samare *f.* (d'érable).

sample = échantillon *m.* (d'un produit), prise *f.* ou

(sample)

prélèvement *m*. (de gravier), témoin *m*. (de câble) (Tp.).
– – –, **after** = d'après échantillon.
– – –, **core** = carotte *f*. (Mi.), carotte-échantillon *f*. (Mi.).
– – –, **picked** = échantillon *m*. choisi.
– – –, **purposive** = échantillon *m*. dirigé.
– – –, **random** = échantillon *m*. (prélevé) au hasard.
– – –, **reference** = contre-échantillon *m*.
– – –, **representative** = échantillon *m*. type.
– – –, **soil** = échantillon *m*. de sol.
– – –, **test** = prise *f*. d'essai.
– – –, **to** = échantillonner, prendre des échantillons.
– – –, **true** = échantillon *m*. représentatif.
sampler, grain- = sonde *f*. à grains creuse (I.).
sampling = échantillonnage *m*., prélèvement *m*. d'échantillons.
– – –, **random** = échantillonnage *m*. au hasard.
sanctuary = sanctuaire *m*. (d'une église, d'oiseaux), temple *m*. (B.).
sand = sable *m*.
– – –, **abrasive** = sable *m*. abrasif.
– – –, **artificial** = sable *m*. de laitier.
– – –, **blow** = dépôt *m*. éolien, sable *m*. de dunes.
– – –, **caving-in** = sable *m*. boulant.
– – –, **clean** = sable *m*. net.
– – –, **coarse** = sable *m*. grossier, gros sable *m*.
– – –, **concrete** = sable *m*. à béton (C.).
– – –, **core** = sable *m*. à noyauter (Mét.).
– – –, **drift** = sable *m*. mouvant.
– – –, **dry** = sable *m*. étuvé.
– – –, **facing** = sable *m*. fin de moulage (Mét.).
– – –, **fine** = sable *m*. fin.
– – –, **foundry** = sable *m*. de moulage (Mét.).
– – –, **fracturing** = sable *m*. de fracturation (Mi.).
– – –, **glass** = sable *m*. de verrerie.
– – –, **gold** = sable *m*. aurifère.
– – –, **green** = sable *m*. vert (Mét.).
– – –, **loam** = sable *m*. argileux.
– – –, **moulding** = sable *m*. de fonderie (Mét.), sable *m*. à mouler (Mét.).
– – –, **pit** = sable *m*. de carrière.
– – –, **quick** = V. « quicksand ».
– – –, **river** = sable *m*. de rivière, sable *m*. fluviatile.
– – –, **running** = sable *m*. mouvant.
– – –, **scouring** = sablon *m*.
– – –, **sea** = sable *m*. de mer.
– – –, **sharp** = sable *m*. liant, sable *m*. mordant.
– – –, **silica** = sable *m*. siliceux.
– – –, **slag** = sable *m*. de laitier (Mét.).
– – –, **tar** = sable *m*. bitumineux.
– – –, **to** = sabler, poncer, passer au papier de verre.
– – –, **to water-** = poncer à l'eau.
sandarac = sandaraque *f*. (Imp.).
sander = ponceuse *f*. (M.), machine *f*. à poncer (au papier de verre).
– – – **and polisher** = ponceuse *f*. et polisseuse *f*. (M.).
– – –, **belt** = courroie *f*. à poncer.
– – –, **belt-type** = ponceuse *f*. à courroie (M.).
– – –, **disc** = disque *m*. à poncer, ponceuse *f*. à disque.
– – –, **floor** = ponceuse *f*., ponceuse *f*. à parquet.
– – –, **floor, belt-type** = ponceuse *f*. à courroie.
– – –, **floor, disc-type** = disque *m*. à poncer (les par-

(sander)

quets), ponceuse *f*. à disque.
sanding = sablage *m*., décapage *m*. au jet de sable.
– – –, **dry** = ponçage *m*. à sec.
– – –, **wet** = ponçage *m*. humide (Auto.).
sandpaper = papier *m*. de verre.
– – –, **to** = frotter au papier de verre, poncer au papier de verre.
sandstone = grès *m*.
– – –, **red** = grès *m*. rouge.
sandwich = sandwich *m*.
– – –, **cheese** = sandwich *m*. au fromage.
– – –, **ham** = sandwich *m*. au jambon.
sandy = sablonneux (adj.), sableux (adj.).
sanguine = sanguine *f*. (Imp.).
sanitation = hygiène *f*.
sanserif = caractères *m.p.* sans obit et sans empattement (Imp.), antique *m*. (Imp.).
sap = sève *f*. (d'un arbre).
sapless = desséché, sans sève.
saponify, to = saponifier.
saps = aubier *m*.
sash = cadre *m*. ou châssis *m*. mobile (d'une fenêtre à guillotine) (B.), châssis *m*. (de fenêtre) (B.), ceinture *f*. fléchée (Canada).
– – –, **double** = contre-châssis *m*., contre-fenêtre *f*.
– – –, **double-hung** = fenêtre *f*. à guillotine.
– – –, **fixed** = châssis *m*. fixe (B.).
– – –, **French** = châssis *m*. à fiches.
– – –, **inner** = contre-fenêtre *f*., contre-châssis *m*.
– – –, **pivot-hung** = châssis *m*. à pivot.
– – –, **pivoted** = châssis *m*. pivotant (B.).
– – –, **single-hung** = châssis *m*. simple à guillotine (B.).
– – –, **sliding** = châssis *m*. à coulisse, châssis *m*. à guillotine.
– – –, **storm** = contre-châssis *m*. (B.).
– – –, **swing** = châssis *m*. à bascule.
– – –, **transom** = vasistas *m*., châssis *m*. d'imposte.
– – –, **window** = châssis *m*. de fenêtre, châssis *m*. mobile de fenêtre.
sashed = (fenêtre *f*.) à guillotine, à coulisse, à châssis.
saskatoon = amélanchier *m*. à feuilles d'aune.
satellite = satellite *m*.
– – –, **artificial** = satellite *m*. artificiel.
– – –, **communications** = satellite *m*. de communications, satellite *m*. de télécommunications.
– – –, **telecommunications** = satellite *m*. de télécommunications.
saturable = saturable (adj.), (bobinage *m*.) à saturation (E.).
saturant = imprégnant *m*. (de garniture de frein) (Méc.).
saturate, to = saturer (une solution), imprégner ou imbiber (d'eau une éponge), imprégner (une liqueur de sels).
saturation = saturation *f*., imprégnation *f*.
– – –, **magnetic** = saturation *f*. magnétique (E.).
saucepan = casserole *f*. (Ust.), poêlon *m*. (Ust.).
– – –, **double** = bain-marie *m*. (Ust.).
saucer = godet *m*. à couleur (pour dessin).
save, to = économiser (l'essence), épargner (du temps, son argent), ménager (ses habits).
save-all = appareil *m*. économiseur, brûle-tout *m*., auge *f*.

(saw)

saving = économie *f.* (de main-d'oeuvre, de combustible), récupération *f.* (des sous-produits).
- – – **in material** = économie *f.* de matériaux.
- – –, **labour** = économie *f.* de main-d'oeuvre.
- – – **of fuel** = économie *f.* de combustible.
- – –, **power** = économie *f.* d'énergie.
- – –, **time** = économie *f.* de temps.

saw = scie *f.*
- – –, **alternating** = scie *f.* alternative.
- – –, **annular** = trépan *m.*, scie *f.* cylindrique.
- – –, **back** = scie *f.* à bois dite « d'encadreur ».
- – –, **backed** = scie *f.* à dos renforcé, scie *f.* renforcée.
- – –, **band-** = scie *f.* à ruban.
- – –, **band, bench** = scie *f.* mécanique à ruban.
- – –, **band, twin** = scies *f.p.* à ruban jumelées.
- – –, **belt-** = scie *f.* à ruban.
- – –, **bench-** = scie *f.* circulaire à table.
- – –, **binding** = grecque *f.* (I.) (Imp.).
- – –, **bookbinder's** = grecque *f.* (I.) (Imp.).
- – –, **bow-** = scie *f.* à archet, scie *f.* à chantourner.
- – –, **buck-** = scie *f.* à bûches, scie *f.* à châssis.
- – –, **buhl** = scie *f.* à chantourner.
- – –, **butcher's** = scie *f.* de boucher.
- – –, **buzz-** = scie *f.* circulaire.
- – –, **carcass** = scie *f.* à dos.
- – –, **carpenter's** = égoïne *f.* (Canada), scie *f.* à main, scie *f.* égoïne (France).
- – –, **chain-** = scie *f.* articulée, scie *f.* à chaîne, tronçonneuse *f.* à chaîne.
- – –, **circular** = scie *f.* circulaire.
- – –, **circular, rack** = scie *f.* circulaire à chariot mû par crémaillère.
- – –, **circular, woodworking** = scie *f.* circulaire de menuisier.
- – –, **cleaving** = scie *f.* à refendre.
- – –, **compass-** = passe-partout *m.* (Canada), scie *f.* à guichet.
- – –, **coping** = scie *f.* à découper.
- – –, **cross-cut** = godendard *m.* (Canada), scie *f.* passe-partout (France), passe-partout *m.* (France).
- – –, **cross-cut, circular** = scie *f.* circulaire à tronçonner.
- – –, **cross-cut, one-man** = godendard *m.* pour un seul homme (Canada), scie *f.* égoïne (Canada), arpon *m.*, scie *f.* passe-partout type « égoïne » (France).
- – –, **crown-** = scie *f.* circulaire.
- – –, **cylinder** = trépan *m.*, scie *f.* cylindrique.
- – –, **dado** = scie *f.* à débiter (les bois).
- – –, **dehorning** = scie *f.* à écorner.
- – –, **disc** = scie *f.* circulaire.
- – –, **docking** = scie *f.* à rogner.
- – –, **dovetail** = scie *f.* à araser.
- – –, **drag-** = scie *f.* à chariot, scie *f.* alternative à tronçonner.
- – –, **drum** = scie *f.* cylindrique.
- – –, **edge-** = scie *f.* à écorner.
- – –, **electric** = scie *f.* électrique.
- – –, **endless** = scie *f.* à ruban.
- – –, **felling** = scie *f.* à débiter, godendard *m.* (Canada).
- – –, **frame-** = scie *f.* montée, scie *f.* à châssis.
- – –, **frame, pit** = scie *f.* à refendre, scie *f.* de long.
- – –, **fret-** = scie *f.* à découper, bocfil *m.*

- – –, **friction** = scie *f.* sans dents (pour les métaux).
- – –, **gang** = jeu *m.* de scies à action simultanée, scie *f.* mécanique à plusieurs lames, scie *f.* multiple, scie *f.* suédoise.
- – –, **gate** = scie *f.* à cadre.
- – –, **gauge** = sciotte *f.* (de tailleur de pierre).
- – –, **grooving** = scie *f.* à rainure.
- – –, **hack-** = scie *f.* à métaux.
- – –, **hack-, rail** = scie *f.* à rails.
- – –, **hand-** = scie *f.* à main, égoïne *f.* (Canada), scie *f.* égoïne (France).
- – –, **hand, cross-cut** = égoïne *f.* de travers (Canada), scie *f.* à main de travers.
- – –, **hand, German** = égoïne *f.* montée (Canada).
- – –, **hand, skew back** = égoïne *f.* à dos de cheval (Canada).
- – –, **hand, straight back** = égoïne *f.* à dos droit (Canada).
- – –, **hand, small** = égoïne *f.* (Canada), petite scie *f.* égoïne (France).
- – –, **hole** = sauteuse *f.*
- – –, **ice** = scie *f.* à glace.
- – –, **jig-** = scie *f.* à découper, scie *f.* à chantourner, scie *f.* anglaise, scie *f.* sauteuse (France).
- – –, **jig, electric** = scie *f.* à découper électrique, scie *f.* à chantourner électrique, scie *f.* anglaise électrique.
- – –, **jig, to** = chantourner.
- – –, **keyhole** = scie *f.* d'entrée, passe-partout *m.*, scie *f.* à guichet.
- – –, **kitchen** = scie *f.* de cuisine (Ust.).
- – –, **long** = scie *f.* de long, scie *f.* à refendre.
- – –, **lumberman's** = godendard *m.* (Canada), passe-partout *m.* (France).
- – –, **machine** = scie *f.* mécanique.
- – –, **meat** = scie *f.* de boucher.
- – –, **metal** = scie *f.* à métaux.
- – –, **metal-cutting** = scie *f.* à métaux.
- – –, **mill** = scie *f.* mécanique.
- – –, **mitre-box** = scie *f.* pour boîte à onglets.
- – –, **motor** = motoscie *f.*
- – –, **multiple** = scie *f.* à plusieurs lames.
- – –, **pad-** = scie *f.* à manche, scie *f.* à guichet démontable.
- – –, **panel** = scie *f.* à panneaux.
- – –, **pendulum** = scie *f.* oscillante, scie *f.* à balancier.
- – –, **piercing-** = scie *f.* à découper.
- – –, **pit-** = scie *f.* de long, scie *f.* à refendre.
- – –, **power** = scie *f.* mécanique.
- – –, **plumber's** = scie *f.* de plombier.
- – –, **pruning-** = scie *f.* à bois de jardinier dite « Pistolet », scie *f.* de jardinier.
- – –, **pruning, double-edge** = scie *f.* à bois combinée dite « de jardinier ».
- – –, **radial** = scie *f.* circulaire.
- – –, **rail** = scie *f.* à rails.
- – –, **reciprocating** = scie *f.* alternative.
- – –, **revolving** = scie *f.* ronde, scie *f.* circulaire.
- – –, **ribbon-** = scie *f.* rotative.
- – –, **rim** = trépan *m.*, scie *f.* cylindrique.
- – –, **rip-** = scie *f.* à refendre, égoïne *f.* à refendre (Canada).
- – –, **rip-, circular** = scie *f.* circulaire à refendre.
- – –, **sash** = scie *f.* fine, scie *f.* à araser.

(saw)

– – –, **screw-head** = lime *f.* à fendre les vis.
– – –, **scroll-** = sauteuse *f.*, scie *f.* à chantourner.
– – –, **slitting** = scie *f.* à refendre.
– – –, **span** = scie *f.* à châssis, scie *f.* montée.
– – –, **stair** = scie *f.* à escaliers.
– – –, **stair builder** = scie *f.* à escaliers.
– – –, **stock** = scie *f.* multiple.
– – –, **stone** = sciotte *f.*
– – –, **straight** = scie *f.* de long.
– – –, **strap** = scie *f.* à ruban.
– – –, **swing** = scie *f.* oscillante.
– – –, **tenon** = scie *f.* à tenons, scie *f.* à araser.
– – –, **to** = scier.
– – –, **travelling** = scie *f.* circulaire sur chariot.
– – –, **turning-** = scie *f.* à chantourner.
– – –, **two-handed** = arpon *m.*
– – –, **two-man** = godendard *m.* (Canada), passe-partout *m.* (France).
– – –, **veneer-cutting** = scie *f.* à placage.
– – –, **web** = scie *f.* à bûches, sciotte *f.* à bûches.
– – –, **whip** = scie *f.* à chantourner.
– – –, **wood** = scie *f.* à bois.
sawbind, to = grecquer (le dos d'un livre) (Imp.).
sawdust = bran *m.* de scie, sciure *f.* (de bois).
saw-horse = V. « horse, saw ».
sawing = sciage *m.* (du bois).
– – –, **cross-** = sciage *m.* en travers.
– – –, **quarter** = sciage *m.* sur quartiers.
– – – **up** = débitage *m.*
sawn, quarter = débit *m.* sur quartier ou débit *m.* sur maille (c.-à-d. suivant le rayon des couches annuelles) (Men.).
sawyer = scieur *m.* (O.).
S C = V. « supercharged ».
scab = dartre *f.* (Mét.), écaille *f.* (Mét.).
scabble, to = smiller (un moellon).
scaffold = échafaud *m.* (C.), échafaudage *m.* (C.).
– – –, **bracket** = échafaudage *m.* à chaises (B.), échafaudage *m.* à consoles (B.).
– – –, **bricklayer's** = échafaud *m.* simple, échafaud *m.* de maçon.
– – –, **common** = échafaud *m.* ordinaire.
– – –, **cradle** = échafaud *m.* suspendu (B.).
– – –, **flying** = échafaud *m.* volant.
– – –, **Gabbart** = échafaudage *m.* Gabbart (B.).
– – –, **hanging** = échafaud *m.* volant.
– – –, **ladder** = échafaudage *m.* à échelles (B.).
– – –, **rolling** = échafaudage *m.* roulant (B.).
– – ÷, **suspended** = échafaud *m.* suspendu.
scaffolding = échafaudage *m.* (C.), échafaud *m.* (C.).
– – –, **fixed** = sapine *f.*
– – –, **flying** = échafaudage *m.* volant.
– – –, **tubular** = échafaudage *m.* métallique tubulaire.
– – –, **wood** = échafaudage *m.* en bois.
scalant = détartrant *m.* (Méc.).
scalar = scalaire (adj.).
scale = échelle *f.* (d'un plan), balance *f.* (à plateaux), barbure *f.* (d'une pièce coulée), écaille *f.* (de fer, de poisson), dépôt *m.* calcaire, calamine *f.* (dans un moteur) (Auto.), incrustation *f.* ou entartrage *m.* (des chaudières), oxyde *m.* (d'une barre d'armature), scories *f.p.* (d'un laminoir), règle *f.* divisée, cadran *m.* gradué (d'un voltmètre), graduation *f.* (d'un ther-

(scale)

momètre), barème *m.* (des salaires), tarif *m.* gradué (Tp., E.), gamme *f.* (de musique), V. « scales ».
– – –, **adjustment** = échelle *f.* de calage.
– – –, **ammeter** = graduation *f.* de l'ampèremètre (E.).
– – –, **automatic** = balance *f.* automatique à cadran.
– – –, **Baume** = degré *m.* Baumé.
– – –, **beam-** = balance *f.* à fléau.
– – –, **boiler** = incrustation *f.*, entartrage *m.*, tartre *m.*
– – –, **butcher's** = romaine *f.* à crochet.
– – –, **calibration** = échelle *f.* étalonnée.
– – –, **colour** = gamme *f.* des couleurs.
– – –, **double-** = (ampèremètre *m.*) à deux graduations, à deux échelles.
– – –, **engineer's** = échelle *f.* décimale.
– – –, **enlargement** = échelle *f.* de reproduction (Phot.), échelle *f.* d'agrandissement (Phot.).
– – –, **exposure** = échelle *f.* de temps de pose (Phot.), réglage *m.* d'exposition (Phot.).
– – –, **Fahrenheit** = échelle *f.* de Fahrenheit, échelle *f.* Fahrenheit.
– – –, **fisherman's** = peson *m.* cylindrique.
– – –, **focusing** = échelle *f.* de mise au point (Phot.), réglage *m.* de la focale (Phot.).
– – –, **forge-** = battitures *f.p.*
– – –, **full** = grandeur *f.* naturelle.
– – –, **graduated** = échelle *f.* graduée.
– – –, **grocer's** = bascule *f.* automatique à cadran.
– – –, **half-size** = échelle ½.
– – –, **hammer-** = battitures *f.p.*, scories *f.p.* de forge.
– – –, **horizontal** = échelle *f.* horizontale ou échelle *f.* des longueurs (d'un plan).
– – –, **iron** = battitures *f.p.* de fer.
– – –, **letter-** = pèse-lettres *m.*
– – –, **manometric** = balance *f.* manométrique.
– – –, **mill** = battitures *f.p.* de laminage, scories *f.p.* de laminoir.
– – –, **mirror** = échelle *f.* à miroir.
– – –, **natural** = échelle *f.* grandeur.
– – – **of a balance** = plateau *m.* d'une balance.
– – – **of hardness** = échelle *f.* de dureté (Mét.).
– – – **of ½ in to 1 ft** = échelle *f.* de ½ pouce au pied.
– – – **of prices** = échelle *f.* de prix.
– – – **of reproduction** = rapport *m.* de réduction objet-image (Phot.), échelle *f.* de reproduction (Phot.).
– – – **of salaries** = échelle *f.* des salaires, barème *m.* des salaires, échelle *f.* des traitements, barème *m.* des traitements.
– – – **of waves** = gamme *f.* des ondes (R.).
– – –, **paper** = balance *f.* à papier.
– – –, **Post Office** = bascule *f.* automatique pour colis postaux.
– – –, **reduced** = échelle *f.* réduite.
– – –, **reduction** = échelle *f.* de réduction (d'un plan).
– – –, **roll** = scories *f.p.* de laminoir, pellicule *f.* de laminage.
– – –, **spring** = balance *f.* automatique.
– – –, **steel** = réglette *f.* en acier.
– – –, **surface** = échelle *f.* des aires.
– – –, **tariff** = barème *m.* de tarifs.
– – –, **thermometric** = échelle *f.* thermométrique.
– – –, **to** = désincruster ou détartrer (une chaudière), décaper (le fer-blanc), cuber (le bois), tracer (une carte) à l'échelle, escalader (une muraille), faire

(scale)

l'ascension (d'un mont), peser (un objet).
- - -, **to** - - - **off** = s'écailler, s'écaler, se déplâtrer.
- - -, **truck** = pont-bascule *m*. pour camions.
- - -, **tuning** = cadran *m*. gradué (d'un poste récepteur) (R.).
- - -, **wage** = barème *m*. des salaires, échelle *f*. des salaires.
scaler = mesureur *m*. de bois (O.) (Canada).
- - -, **boiler** = outil *m*. détartreur (I.).
- - -, **fish** = grattoir *m*. à poisson (I.).
scales = balance *f*., V. « scale ».
- - -, **baby-** = pèse-bébé *m*. (Ust.).
- - -, **bath-room** = balance *f*. de salle de bain, balance *f*. à ressort pour salle de bain.
- - -, **dairy** = balance *f*. de laiterie.
- - -, **kitchen** = balance *f*. de cuisine (Ust.), balance *f*. à plateau (Ust.).
- - -, **platform** = bascule *f*.
- - -, **precision** = trébuchet *m*., balance *f*. de précision.
- - -, **precision, small** = trébuchet *m*.
- - -, **shop** = balance *f*. à plateaux.
scaling = cubage *m*. des billes (C.), écaillage *m*. (de la peinture), report *m*. à l'échelle (Imp.), entartrage *m*. (d'une chaudière) (Méc.).
scan, to = explorer (Tv.), balayer (Tv.).
scanner = antenne *f*. tournante (R., Tv.).
- - -, **flying spot** = analyseur *m*. d'images (Tv.).
scanning = exploration *f*. (Tv.), balayage *m*. (Tv.), analyse *f*. (d'une image) (Tv.).
- - -, **automatic** = exploration *f*. automatique.
- - -, **constant-speed** = exploration *f*. à vitesse constante (R.).
- - -, **contact** = exploration *f*. par contact (R.).
- - -, **electrical** = exploration *f*. électrique (Radar).
- - -, **interlaced** = analyse *f*. ligne par ligne entrelacée (Tv.).
- - -, **interlaced, dot** = analyse *f*. point par point entrelacée (Tv.).
- - -, **line** = exploration *f*. de lignes (E.).
- - -, **line by line** = analyse *f*. ligne par ligne (horizontale) (Tv.).
- - -, **mechanical** = exploration *f*. mécanique (Radar).
- - -, **rectilinear** = analyse *f*. par lignes (Tv.).
- - -, **sector** = exploration *f*. sectorielle (Radar).
- - -, **sequential** = analyse *f*. ligne par ligne non entrelacée (Tv.).
- - -, **spiral** = analyse *f*. en spirale (Tv.).
- - -, **spot, flying** = analyse *f*. à spot lumineux (Tv.).
- - -, **staggered** = analyse *f*. entrelacée (Tv.).
- - -, **straight** = analyse *f*. progressive (Tv.).
- - -, **variable-speed** = exploration *f*. à vitesse variable (Tv.).
- - -, **vertical** = exploration *f*. par lignes verticales (Tv.).
scant = bois *m*. faible (c.-à-d. dont les dimensions sont inférieures aux mesures normales) (B.).
scantling = colombage *m*. (B.), voltige *f*. (B.), colombe *f*. (B.).
scarcity = rareté *f*. (de la pluie, de l'argent).
scarf = assemblage *m*. à mi-bois (Men.), écart *m*. (Men.), enture *f*. (Men.), chanfrein *m*. de soudure (Mét.).
- - -, **engaging** = entaille *f*. d'embrayage (Méc.), adent

(scarf)

m. d'embrayage (Méc.).
- - -, **hook** = écart *m*. à dent (B.).
- - -, **ident, splayed** = enture *f*. à trait de Jupiter (B.).
- - -, **lapped** = enture *f*. à mi-bois avec abouts carrés (B.).
- - -, **plain** = écart *m*. simple (B., Men.).
- - -, **skew** = assemblage *m*. à trait de Jupiter (B.), assemblage *m*. à sifflet (B.).
- - -, **splayed** = enture *f*. en sifflet (B.).
- - -, **to** = enter (deux pièces de bois) (B., Men.), amorcer (deux bouts à souder) (Mét.).
scarfing = enture *f*. (B.), assemblage *m*. à mi-bois (B.), amorçage *m*. (Mét.).
scarification = scarification *f*., ameublissement *m*. (du sol).
scarifier = scarificateur *m*. (M.), piocheuse *f*. (M.).
- - -, **road** = scarificateur *m*. (M.).
scarify, to = scarifier (une route, le sol), ameublir (le sol).
scatter, back, direct = rétrodiffusion *f*. directe (R.).
- - -, **back, indirect** = rétrodiffusion *f*. indirecte (R.).
- - -, **to** = diffuser (la lumière), disperser (les débris).
scattering = dispersion *f*., diffusion *f*.
- - -, **back** = rétrodiffusion *f*. (R.).
- - -, **forward** = prodiffusion *f*. (R.).
- - -, **tropospheric** = diffusion *f*. troposphérique (R.).
scourer = épointeuse *f*. (M.) (Agr.).
- - -, **pot** = éponge *f*. métallique (Ust.).
scavenge, to = balayer (les rues).
scavenger = balayeur *m*. des rues (O.), décrassant *m*. (de carburateur) (Auto.).
- - -, **sewer** = égoutier *m*. (O.).
scavenging = balayage *m*., évacuation *f*.
- - - **of gases** = balayage *m*. des gaz.
schedule = barème *m*. (des prix), nomenclature *f*. (des pièces) (Méc.), plan *m*. (d'exécution d'un travail), programme *m*. (des cours), horaire *m*. (Ch.d.f.), calendrier *m*. (des travaux), cédule *f*. (d'impôts), ordonnancement *m*. (de la fabrication).
- - -, **manufacturing** = programme *m*. de fabrication.
- - - **of periodic tests** = programme *m*. de mesures périodiques (Tp.).
- - -, **rate** = barème *m*. de tarifs.
- - -, **running** = programme *m*. de marche (dans une usine).
- - -, **to** = arrêter (ou dresser) un programme, dresser le plan d'exécution d'un travail, inscrire (un train) à l'horaire, inscrire (un article) sur une liste, fixer (une date pour une réunion), programmer (une émission) (R., Tv.).
schema = schéma *m*., diagramme *m*.
schematic = schématique (adj.).
scheme = plan *m*. et devis *m*. (des travaux), projet *m*. (d'un canal) (C.), arrangement *m*. (de mots), méthode *f*. (des tangentes), programme *m*. d'action, combine *f*. ou combinaison *f*. (ministérielle).
- - -, **cable** = schéma *m*. de câbles (Tp.).
- - -, **color** = coloris *m*.
- - -, **trunking** = schéma *m*. de câblage (Tp.), schéma *m*. des câbles (Tp.).
schemer = homme *m*. à projets (O.), faiseur *m*. de plans (O.), machinateur *m*. (O.).

(score)

schist = schiste *m*. (Mi.).
schoal = haut-fond *m*.
school = école *f*.
- - -, **boarding-** = pensionnat *m*., internat *m*.
- - -, **correspondence** = école *f*. d'enseignement par correspondance.
- - -, **driving** = auto-école *f*.
- - -, **technical** = école *f*. technique.
- - -, **trade** = école *f*. des arts et métiers.
schooner = goélette *f*. (Mar.).
schorl = tourmaline *f*. noire (Mi.).
science = science *f*., V. « sciences ».
- - -, **applied** = sciences *f.p.* appliquées.
- - -, **computer** = informatique *f*,
- - -, **pure** = science(s) *f(p)* pure(s).
sciences = V. « science ».
- - -, **engineering** = sciences *f.p.* de l'ingénieur.
scientist = savant *m*., homme *m*. de science.
scintillation = scintillation *f*. (d'un émetteur) (R.).
scintillometer = scintillomètre *m*.
scissors = ciseaux *m.p.*
- - -, **cuticle** = ciseaux *m.p.* de manicure (Ust.).
- - -, **cutting-out** = ciseaux *m.p.* de couturière (Ust.).
- - -, **egg** = coupe-oeufs *m*. (Ust.).
- - -, **hoisting** = louve *f*. à pinces (C.).
- - -, **lamp-** = mouchettes *f.p.* (ust.).
- - -, **nail-** = ongliers *m.p.* (Ust.), ciseaux *m.p.* à ongles (Ust.).
- - -, **pruning-** = sécateur *m*. (I.).
scobs = copeaux *m.p.* (Mét., Men.), limaille *f*. (de fer), sciure *f*. (de bois).
scoop = pelle *f*. à main, godet *m*. (de drague, de pelle mécanique), cuiller *f*. (C.), coup *m*. de pelle, puisette *f*. (Ust.), curette *f*. (I.), bol *m*. (c.-à-d. appareil d'éclairage) (Tv.), main *f*. (Ust.).
- - -, **coal** = pelle *f*. à charbon.
- - -, **crumb-** = ramasse-miettes *m*. (Ust.).
- - -, **dutch** = pelle *f*. à irrigation.
- - -, **flour** = main *f*. à farine (Ust.).
- - -, **furnace** = pelle *f*. à foyer (de chaudière) (Méc.).
- - -, **grain** = pelle *f*. à grains.
- - -, **gravel** = pelle *f*. à gravier (C.).
- - -, **grocer's** = main *f*.
- - -, **ice cream** = cuiller *f*. à glace (Ust.).
- - -, **oil** = cuiller *f*. d'huile (Méc.), cuiller *f*. collectrice d'huile (Méc.).
- - -, **post-hole** = cuiller *f*. à creuser (Tp.).
- - -, **skimmer** = godet *m*. de niveleuse (C.).
- - -, **stable** = pelle *f*. d'écurie.
- - -, **tar** = cuiller *f*. à goudron (C.).
scooper = gouge *f*., outil *m*. à évider.
scooter = trottinette *f*., scooter *m*.
- - -, **motor** = moto-trottinette *f*., vélomoteur *m*.
scoots = rebuts *m.p.* (de sciage).
scope = portée *f*. (d'un acte, d'un plan), étendue *f*. (d'un discours), champ *m*. d'action.
- - -, **rifle** = lunette-viseur *f*., lunette *f*. de pointage.
- - -, **spotting** = lunette *f*. de repérage, viseur *m*.
- - -, **working** = rayon *m*. de travail, envergure *f*.
scorch, to = griller la surface (d'un objet).
scorcher = chauffard *m*. (Auto.).
score = rayure *f*. (d'un cylindre), strie *f*. (dans le roc), gorge *f*. (de poulie), encoche *f*. ou entaille *f*. (faite par

le boulanger sur la taille), repère *m*. (d'un robinet).
- - -, **to** = rayer, gripper, entailler, marquer.
scoria = scorie *f*. (Mét.), mâchefer *m*. (Mét.), crasse *f*. (Mét.).
scoring = entaillage *m*. (d'une pièce de bois) (Men.), grippage *m*. (d'un palier, d'un cylindre) (Méc.).
scotch = cale *f*. (Méc.), sabot *m*. d'arrêt (Méc.), marteau *m*. de maçon, entaille *f*.
- - -, **brake** = barre *f*. d'enrayage (Méc.).
- - -, **to** = caler ou accoter (une roue).
scour, to = (r)écurer (un puits, les casseroles), dégraisser (un tissu), décaper (un métal), curer (un port), nettoyer (un fossé).
scourer = épointeuse *f*. (M.) (Agr.).
- - -, **pot** = éponge *f*. métallique (Ust.).
scouring = dégraissage *m*. (d'une étoffe), décapage *m*. (d'un métal), nettoyage *m*. (d'un fossé), affouillement *m*. (des rives d'un cours d'eau).
scow = chaland *m*. (Mar.), chaland *m*. à déblais (Mar.), bateau *m*. plat (Mar.).
- - -, **mud** = chaland *m*. à vase.
S.C.R. = V. « rectifier, silicon controlled ».
scramble, to = brouiller (un message, des oeufs).
scrap = déchets *m.p.* (d'usine), résidus *m.p.* (de graisse), rebut *m*. (C., B.), rognures *f.p.* (des peaux), ferraille *f*. (Mét.), riblon *m*. (Mét.), démolitions *f.p.* (d'un édifice).
- - -, **mill** = déchets *m.p.* de fabrication.
- - -, **steel** = vieux fers.
- - -, **to** = mettre au rebut.
scrape, to = nettoyer (la carène d'un navire), gratter (la terre, une maison), râcler (une allée), décaper (un métal), ravaler (un mur) (B.), érafler ou écorcher (la peau), ébarber (un cliché) (Imp.).
- - -, **to - - - smooth** = aplanir (un coffrage, un chemin).
scraper = gratte *f*. (C.), grattoir *m*. (C., Méc.), décapeuse *f*. (Mét.), alumelle *f*. (B.), raclette *f*. (I.), curette *f*. (I.), pelle *f*. à cheval ou ravale *f*., ripe *f*. (I.) ou gratte-fond *m*. (I.) (de maçon, de peintre), benne *f*. racleuse (M.).
- - - **and cutter, razor blade** = grattoir *m*. et couteau *m*. (à lame de rasoir).
- - -, **ash** = ringard *m*.
- - -, **bearing** = grattoir *m*. à paliers (Méc.), gratte-coussinet *m*. (Méc.).
- - -, **box** = plane *f*. de tonnelier dite « à genoux ».
- - -, **chain** = chaîne *f*. à râclettes.
- - -, **door-** = décrottoir *m*. (B.), gratte-pieds *m*. (B.).
- - -, **dragline** = drague *f*. à câble.
- - -, **fluted** = grattoir *m*. cannelé.
- - -, **foot-** = gratte-pieds *m*. (B.), décrottoir *m*. (à chaussures) (B.).
- - -, **hand** = grattoir *m*. d'ébéniste, grattoir *m*. à main.
- - -, **horse-drag** = pelle *f*. à cheval, benne *f*. racleuse, ravale *f*.
- - -, **hydraulic-drive** = gratte *f*. à commande hydraulique (C.).
- - -, **joiner's** = racloir *m*. de menuisier, grattoir *m*. de menuisier.
- - -, **mason's** = gratte *f*., ripe *f*., grattoir *m*. de maçon.
- - -, **paper** = grattoir *m*. de dessinateur, grattoir *m*.

(scraper)

de bureau.
– – –, **plasterer's** = riflard *m.*, grattoir *m.* de plâtrier.
– – –, **plate** = spatule *f.* de cuisinière (Ust.).
– – –, **plumber's** = grattoir *m.* de plombier.
– – –, **road** = aplanisseuse *f.* (M.), gratte *f.* (Canada), scraper *m.* (France).
– – –, **scale** = racle *f.* à détartrer (Mét.).
– – –, **sky-** = gratte-ciel *m.* (B.).
– – –, **snow** = gratte *f.* à neige (Canada).
– – –, **stove** = raclette *f.* pour poêle.
– – –, **triangular** = ébarboir *m.*, grattoir *m.* triangulaire.
– – –, **tube-** = nettoie-tubes *m.* (Méc.), raclette *f.* pour tubes de chaudière (Méc.), gratte-tubes *m.* (Méc.).
– – –, **wall** = riflard *m.* de maçon, riflard *m.*
– – –, **wood** = grattoir *m.* à bois, grattoir *m.* de menuisier, piochon *m.* (Men.).
scraping = grattage *m.* (d'un chemin) (C.), décapage *m.* (d'un accotement, d'un métal), ravalement *m.* (d'un mur) (B.), éraflement *m.* (de la peau).
scrapings = grattures *f.p.* (de métal), raclures *f.p.* (de bois, de chemin).
scratch = rayure *f.* (sur le verre), égratignure *f.* (sur une pellicule), éraflure *f.* ou écorchure *f.* (de la peau), crissement *m.* (d'un tourne-disque).
– – –, **scribe** = repère *m.* (Méc.).
– – –, **to** = égratiner ou écorcher (la peau), frotter (une allumette), rayer (une plaque de métal), gratter (le sol), strier (une roche), griffonner (des notes).
scratcher = grattoir *m.* (I.), gratteur *m.* (O.).
– – –, **back** = gratte-dos *m.* (Ust.).
scratches, line = fritures *f.p.* (c.-à-d. bruits de ligne) (Tp.).
scratchy = rayé (adj.).
screed = règle *f.* à niveler (une surface) (C.), guide *m.* (pour plâtrage), règle *f.* à araser (le béton), cueillée *f.* ou cueillie *f.* (B.), règle *f.* (de cimentier) (B., C.).
– – –, **floating** = V. « screed ».
screeding = aplanissement *m.* ou lissage *m.* (du béton).
screen = écran *m.* (E., R., B.), tamis *m.* ou sas *m.*, crible *m.* (à gravier), cloison *f.* (B.), moustiquaire *m.* (B.), trame *f.* (Imp.).
– – –, **actinic** = écran *m.* actinique (R.).
– – –, **aerial** = antenne *f.* de compensation (R.).
– – –, **air-intake** = tamis *m.* d'admission d'air (Méc.).
– – –, **anode** = écran *m.* de plaque (R.).
– – –, **anti-arcing** = écran *m.* antiarc (E.).
– – –, **anti-dazzling** = écran *m.* antiéblouissant (Auto.).
– – –, **bar** = crible *m.* à barreaux (C.).
– – –, **bull** = trieur *m.* de bûchettes (Pap.).
– – –, **cathode** = écran *m.* cathodique (E.).
– – –, **chip** = trieur *m.* (ou classeur *m.*) de copeaux (Pap.).
– – –, **clear-glass** = verre *m.* clair (Phot.).
– – –, **clear-glass – – – with cross-lines** = verre *m.* clair à réticule (Phot.).
– – –, **coarse** = grosse trame (Imp.).
– – –, **daylight** = écran *m.* plein-jour (Phot.).
– – –, **diffusion** = écran *m.* diffuseur.
– – –, **draught** = paravent *m.* (B.).
– – –, **earth** = contrepoids *m.* (R.).
– – –, **electric** = écran *m.* électrique (E.).

(screen)

– – –, **filtering** = crépine *f.* (dans le réservoir d'essence) (Auto.).
– – –, **fire-** = écran *m.* (ignifuge), pare-étincelles *m.*
– – –, **fluorescent** = écran *m.* fluorescent (Tv.).
– – –, **fly** = moustiquaire *m.* (B.).
– – –, **focusing** = verre *m.* dépoli (Phot.), verre *m.* de mise au point (Phot.).
– – –, **folding** = paravent *m.* (B.).
– – –, **grading** = crible *m.* classeur.
– – –, **gravel** = crible *m.* à gravier (C.).
– – –, **ground-glass** = dépoli *m.* (Phot.).
– – –, **half-tone** = trame *f.* (Imp.).
– – –, **impact** = crible *m.* à percussion (C.).
– – –, **jigging** = crible *m.* à secousses (C.).
– – –, **knot** = trieur *m.* de noeuds (M.) (Pap.).
– – –, **luminescent** = écran *m.* luminescent (Tv.).
– – –, **luminous** = écran *m.* lumineux.
– – –, **magnetic** = écran *m.* magnétique (E.).
– – –, **multi-deck** = crible *m.* à étages multiples.
– – –, **oil** = crépine *f.* d'huile (Méc.).
– – –, **oil-pan** = tamis *m.* de carter à huile (Auto.), crépine *f.* de bac d'huile (Méc.).
– – –, **oscillating** = crible *m.* oscillant (C.).
– – –, **projection** = écran *m.* de projection.
– – –, **protective** = écran *m.* de protection.
– – –, **pulp** = classeur *m.* à pâte (Pap.).
– – –, **punched-plate** = crible *m.* en tôle perforée (C.).
– – –, **revolving** = trommel *m.* (C.), crible *m.* rotatif (C.).
– – –, **rotary** = crible *m.* rotatif (C.).
– – –, **ruled** = trame *f.* (Imp.).
– – –, **safety** = écran *m.* de sécurité (Méc.).
– – –, **sand** = crible *m.* à sable (C.), claie *f.* à sable (C.).
– – –, **shaker** = crible *m.* à secousses (C.).
– – –, **sizing** = crible *m.* classeur (C.).
– – –, **smoke** = écran *m.* de fumée, rideau *m.* de fumée.
– – –, **snow** = bouclier *m.* pare-neige.
– – –, **split** = diptyque (c.-à-d. image à deux volets) (Tv.), triptyque *m.* (c.-à-d. image à trois volets) (Tv.), polyptyque *m.* (c.-à-d. image à plus de trois volets) (Tv.).
– – –, **to** = tamiser (l'huile), cribler (le gravier), trier (des pommes), blinder (E.), mettre sous écran (E., B.), masquer (R.), visionner (un film) (Phot.), photographier (un sujet).
– – –, **tube** = écran *m.* de lampe (R.).
– – –, **TV** = écran *m.* (d'un appareil de télévision).
– – –, **vibrating** = crible *m.* vibrant (C.).
– – –, **wind-** = pare-brise *m.* (C.).
– – –, **window-** = moustiquaire *m.* (B.).
– – –, **wire-cloth** = crible *m.* en toile métallique (C.).
screened = (grille *f.*) blindée (adj.) (R.), (antenne *f.*) compensée (adj.) (R.), (charbon *m.*) classé (adj.) (Mi.), dissimulé (adj.).
screening = blindage *m.* (d'une lampe) (E.), compensation *f.* (de l'antenne) (R.), criblage *m.* (du gravier), passage *m.* à la claie (du gravier), mise *f.* sous écran (E.), visionnement *m.* (d'un film), effet *m.* d'écran (Phys.).
screenings = criblures *f.p.* (C.), poussier *m.* (C.), déchets *m.p.* (de carrière), fumiers *m.p.* (des eaux d'égout).
– – –, **refuse** = criblures *f.p.* de rebut.

(screw)

screw = vis *f.* (Men., C.), hélice *f.* (Av. Mar.), étau *m.* (d'établi).

- – –, **adjusting** = vis *f.* de rappel, vis *f.* de réglage, vis *f.* de serrage (d'un trépied) (Phot.).
- – –, **adjusting, finely** = vis *f.* pour mise au point précise.
- – –, **adjustment, idle** = vis *f.* pointeau du ralenti (Méc.).
- – –, **air-** = hélice *f.* (Av.).
- – –, **air, dead** = hélice *f.* calée (Av.).
- – –, **Allen** = vis *f.* creuse à six pans, vis *f.* Allen.
- – –, **anchor** = tirant *m.* taraudé, tirant *m.* à vis.
- – –, **Archimedean** = vis *f.* d'Archimède (H.), vis *f.* sans fin.
- – –, **assembly** = vis *f.* d'assemblage, vis *f.* de fixation.
- – –, **attachment** = borne *f.* (Tp., E.), vis *f.* de serrage (Tp., E.).
- – –, **bench-** = étau *m.* d'établi.
- – –, **bevel-headed** = vis *f.* à tête fraisée.
- – –, **binding** = borne *f.* (Tp., E.), serre-fils *m.* (Tp., E.), vis *f.* de pression (C.).
- – –, **box** = écrou *m.*, douille *f.* taraudée.
- – –, **brass** = vis *f.* en cuivre.
- – –, **butt** = vis *f.* de butée (Méc.).
- – –, **button-head** = vis *f.* à tête en goutte de suif.
- – –, **cap** = vis *f.* à chapeau, chapeau *m.* de fermeture (d'un tuyau), vis *f.* à tête ronde, bouchon *m.* à vis.
- – –, **cap, cheese-head** = vis *f.* à chapeau à tête cylindrique.
- – –, **cap, fillister-head** = vis *f.* à chapeau à tête cylindrique et rainurée.
- – –, **cap, flat-head** = vis *f.* à chapeau à tête plate.
- – –, **cap, hexagonal-head** = vis *f.* à chapeau à six pans.
- – –, **cap, socket-head** = vis *f.* à chapeau à tête creuse.
- – –, **capstan** = vis *f.* à tête percée.
- – –, **check-** = contre-vis *f.*
- – –, **cheese-head** = vis *f.* à tête cylindrique.
- – –, **clamp-** = vis *f.* d'arrêt, vis *f.* de blocage, vis *f.* de serrage.
- – –, **clamping** = vis *f.* de serrage, vis *f.* de blocage.
- – –, **coach-** = tire-fond *m.*, vis *f.* de carrosserie.
- – –, **collar** = vis *f.* à collet.
- – –, **comb** = vis *f.* à peigne.
- – –, **combination** = vis *f.* à tête combinée.
- – –, **companion** = vis *f.* creuse, vis *f.* femelle.
- – –, **concrete** = vis *f.* à scellement (C.), vis *f.* de scellement (C.).
- – –, **connecting** = vis *f.* d'assemblage (Méc., C.).
- – –, **contact-** = vis *f.* de contact (E.).
- – –, **contact, platinum-tipped** = vis *f.* de contact platiné (E.).
- – –, **cork-** = V. « corkscrew ».
- – –, **countersunk** = vis *f.* à tête noyée, vis *f.* noyée.
- – –, **countersunk-head** = vis *f.* à tête fraisée, vis *f.* à tête noyée.
- – –, **coupling-** = raccord *m.* à vis (C., Méc.), tendeur *m.* (C., Méc.).
- – –, **cross slotted** = vis *f.* à tête cruciforme.
- – –, **cylinder-head** = vis *f.* à tête cylindrique.
- – –, **delivery** = vis *f.* de décharge (H., C.).
- – –, **die** = vis *f.* de filière (Méc.).
- – –, **differential** = vis *f.* différentielle, vis *f.* à filets

différentiels.
- – –, **double-threaded** = vis *f.* à double filet.
- – –, **dowel** = goujon *m.* fileté.
- – –, **drag-** = vis *f.* de rappel.
- – –, **draw-** = vis *f.* de rapel, vis *f.* de traction (Méc.).
- – –, **drive-** = vis *f.* à garnir.
- – –, **drunken** = excentrique *m.* à gorge hélicoïdale.
- – –, **elevation** = vis *f.* de relevage (d'un étau-limeur), vérin *m.* (d'étau-limeur).
- – –, **elevating, table** = vis *f.* d'élévation du plateau (d'une machine-outil).
- – –, **endless** = vis *f.* sans fin.
- – –, **expansion** = vis *f.* d'expansion.
- – –, **extension** = vis *f.* de rallonge.
- – –, **external** = vis *f.* pleine.
- – –, **eye-** = piton *m.*, vis *f.* à oeil.
- – –, **fastening** = vis *f.* de serrage, vis *f.* de fermeture.
- – –, **feed-** = vis *f.* d'entraînement (Méc.), vis *f.* de commande de l'avance (d'un tour) (Méc.).
- – –, **feed, vise** = vis *f.* de l'étau.
- – –, **female** = vis *f.* creuse, vis *f.* femelle.
- – –, **fetter-drive** = tire-fond *m.*
- – –, **fillister-head** = vis *f.* à tête cylindrique et à rainure.
- – –, **fine-pitch** = vis *f.* à pas fin.
- – –, **fine-thread** = vis *f.* à filet fin.
- – –, **finger-** = vis *f.* à oreilles.
- – –, **fitting** = vis *f.* de fermeture.
- – –, **fixing** = vis *f.* de fixation.
- – –, **fixing, connection** = vis *f.* d'attache de borne (E.).
- – –, **flat-head** = vis *f.* à tête plate.
- – –, **flat-thread** = vis *f.* à filet plat.
- – –, **focusing** = vis *f.* de mise au point (d'un théodolite).
- – –, **four-blade** = hélice *f.* à quatre pales (Av., Mar.).
- – –, **friction** = vis *f.* de frottement.
- – –, **governing** = vis *f.* de réglage (Méc.).
- – –, **grub-** = vis *f.* sans tête, cheville *f.* filetée à tête fendue.
- – –, **guide-** = vis *f.* mère (Méc.).
- – –, **hand-** = presse *f.* (Men.), serre *f.* à coller (Men.).
- – –, **headless** = vis *f.* sans tête, cheville *f.* taraudée.
- – –, **headless, cone-point** = vis *f.* à pointeau sans tête.
- – –, **helicopter** = hélice *f.* sustentatrice (Av.).
- – –, **hexagon-head** = vis *f.* à tête six pans.
- – –, **hold-down** = vis *f.* de retenue (C.), vis *f.* de fixation (C.).
- – –, **hollow** = vis *f.* creuse.
- – –, **hook-** = vis *f.* à crochet.
- – –, **idle-** = vis *f.* de ralenti (Méc.).
- – –, **jack-** = vérin *m.* à vis (C.), viole *f.* (C.), vérin *m.* à bâtiment.
- – –, **joint** = vis *f.* de raccord.
- – –, **knob-** = vis *f.* à bouton.
- – –, **knurled-head** = vis *f.* à tête moletée.
- – –, **lag-** = vis *f.* à bois tête carrée, tire-fond *m.*
- – –, **lathe** = vis *f.* d'entraînement (Méc.).
- – –, **lead-** = vis *f.* mère (Méc.), vis *f.* de commande (Méc.), vis *f.* d'entraînement (Méc.).
- – –, **left-hand** = vis *f.* à gauche, vis *f.* filetée à gauche.
- – –, **levelling-** = vis *f.* de calage, vis *f.* de réglage.
- – –, **lifting-** = vérin *m.* (C.).

(screw)

– – –, **locking-** = vis *f.* de blocage, vis *f.* d'arrêt.
– – –, **log-** = tire-fond *m.*
– – –, **loose** = écrou *m.* desserré.
– – –, **machine** = vis *f.* mécanique, vis *f.* à métaux.
– – –, **machine, brass** = vis *f.* en cuivre à métaux.
– – –, **machine, brass, flat-head** = vis *f.* en cuivre à métaux tête plate.
– – –, **machine, iron, oval-head** = vis *f.* en fer à métaux tête goutte de suif.
– – –, **machine, round-head** = vis *f.* à métaux tête ronde.
– – –, **male** = vis *f.* mâle.
– – –, **measuring** = vis *f.* calibrée, vis *f.* micrométrique.
– – –, **metal** = vis *f.* à métaux.
– – –, **micrometer** = vis *f.* micrométrique.
– – –, **milled-edge** = vis *f.* à tête moletée.
– – –, **milled-head** = vis *f.* à tête moletée.
– – –, **mounting** = vis *f.* d'assemblage (Méc.), vis *f.* de fixation (Méc.).
– – –, **operating-** = vis *f.* de commande (Méc.).
– – –, **oval-head** = vis *f.* à tête goutte de suif.
– – –, **platinum-tipped** = vis *f.* à pointe platinée.
– – –, **pointed, iridium-** = vis *f.* à pointe iridiée.
– – –, **press-** = vis *f.* de serrage, vis *f.* de pression.
– – –, **quick-motion** = vis *f.* à pas rapide.
– – –, **raised-head** = vis *f.* à tête goutte de suif.
– – –, **regulating** = vis *f.* de réglage (Méc.).
– – –, **regulating, throttle** = vis *f.* de réglage de l'admission (des gaz).
– – –, **right** = vis *f.* à droite.
– – –, **right-and-left** = vis *f.* à pas contraires.
– – –, **right-hand** = vis *f.* à droite, vis *f.* filetée à droite.
– – –, **rolled-thread** = vis *f.* à filets laminés.
– – –, **round-head** = vis *f.* à tête ronde.
– – –, **saw** = vis *f.* à scies.
– – –, **set-** = vis *f.* de pression (C., Méc.), vis *f.* d'arrêt (C., Méc.), vis *f.* de réglage (Méc.), vis *f.* de rappel (Méc.), vis *f.* de serrage (d'un trépied) (Phot.).
– – –, **set, cone-point** = vis *f.* pointeau (Méc.).
– – –, **set, fillister-head** = vis *f.* à pression tête cylindrique.
– – –, **set, headless** = vis *f.* d'arrêt sans tête.
– – –, **set, piston-pin** = vis *f.* de fixation de l'axe de piston.
– – –, **set, socket-head** = vis *f.* de pression à tête carrée, vis *f.* de réglage à tête carrée.
– – –, **single-threaded** = vis *f.* à filet simple.
– – –, **sleeper** = tire-fond *m.*
– – –, **slot-headed** = vis *f.* à tête fendue.
– – –, **slotted** = vis *f.* à filets interrompus.
– – –, **socket-head** = vis *f.* tête creuse.
– – –, **spring** = vis *f.* à ressort.
– – –, **square** = vis *f.* à tête carré.
– – –, **square-head** = vis *f.* à tête carrée.
– – –, **square-threaded** = vis *f.* à filet carré, vis *f.* à filet rectangulaire.
– – –, **standard** = vis *f.* standard.
– – –, **star head** = vis *f.* cruciforme.
– – –, **stay-** = vis *f.* d'arrêt (Méc.), vis *f.* de calage (Méc.).
– – –, **stop-** = vis *f.* d'arrêt (Méc.), vis-butée *f.* (Méc.).
– – –, **stop, adjustable** = vis *f.* d'arrêt réglable.
– – –, **straining-** = tendeur *m.* à vis (C.).

(screw)

– – –, **stretching** = tendeur *m.* (C.), vis *f.* de tension (C.), ridoir *m.* (C.), vis-en-lanterne *f.*
– – –, **stripped** = vis *f.* foirée.
– – –, **sunk** = vis *f.* noyée.
– – –, **take-up** = vis *f.* de compensation (Méc.).
– – –, **tangent** = vis *f.* tangentielle, vis *f.* sans fin.
– – –, **tapered** = vis *f.* conique.
– – –, **tapping** = vis *f.* taraud.
– – –, **tapping, self-** = vis *f.* à tôle.
– – –, **teat** = vis *f.* à téton.
– – –, **tension** = vis *f.* de tension.
– – –, **thrust-** = vis-butée (Méc.), vis *f.* de butée (Méc.).
– – –, **thumb-** = vis *f.* à oreilles, vis *f.* à ailettes.
– – –, **thumb, knurled** = vis *f.* à tête moletée.
– – –, **tightening-up** = vis *f.* de serrage.
– – –, **to** = visser.
– – –, **to – – – down** = serrer en vissant, visser.
– – –, **to – – – off** = dévisser, desserrer.
– – –, **to – – – on** = serrer à vis, visser.
– – –, **to – – – tight** = visser à fond.
– – –, **tommy** = vis *f.* à broche, vis *f.* à clé.
– – –, **translating** = vis *f.* à filets contraires.
– – –, **union** = tendeur *m.* à vis, ridoir *m.*
– – –, **V-threaded** = vis *f.* à filet triangulaire.
– – –, **wall** = boulon *m.* de scellement (C.).
– – –, **washer-head** = vis *f.* à rondelle, vis *f.* avec tête à rondelle.
– – –, **water-** = vis *f.* hydraulique (H.).
– – –, **wedge-** = vis *f.* de calage (Méc.).
– – –, **wedge, lathe** = vis *f.* de calage de tour (Méc.).
– – –, **wing-** = vis *f.* à oreilles.
– – – **with countersunk head** = vis *f.* à tête plate, vis *f.* à tête fraisée.
– – –, **wood-** = vis *f.* à bois.
– – –, **wood, flat-head** = vis *f.* à bois tête plate.
– – –, **wood, round-head** = vis *f.* à bois tête ronde.
– – –, **wood, socket-head** = vis *f.* à bois tête creuse.
– – –, **wood, slot-head, brass** = vis *f.* à bois en cuivre avec tête fendue.
– – –, **wooden** = vis *f.* en bois.
– – –, **worm-** = vis *f.* sans fin.
screwdriver = tournevis *m.* (I.).
– – –, **automatic** = tournevis *m.* automatique.
– – –, **brace** = vilebrequin-tournevis *m.*
– – –, **close-quarter** = tournevis *m.* à recoins.
– – –, **four-wing** = tournevis *m.* à lame croisée.
– – –, **insulated** = tournevis *m.* isolant.
– – –, **mechanic's** = tournevis *m.* de mécanicien.
– – –, **multi-point** = tournevis *m.* à lames multiples.
– – –, **offset** = tournevis *m.* coudé.
– – –, **ratchet** = tournevis *m.* à rochet.
– – –, **ratchet, offset** = tournevis *m.* coudé à rochet.
– – –, **ratchet, spiral** = tournevis *m.* va-et-vient à rochet.
– – –, **socket-head** = tournevis *m.* à pointe carrée.
– – –, **square-rod** = tournevis *m.* à tige carrée.
screwed = vissé, fileté, taraudé, à vis.
– – – **home** = vissé à fond.
– – – **in** = serré à vis, vissé.
screwing = vissage *m.* (C., B.), taraudage *m.* (Méc.), filetage *m.* (Méc.).
– – –, **cover** = fermeture *f.* à vis du couvercle.
scribe, to = trusquiner (une ligne) (Men.), centrer

(scribe)

(Men.), repérer (le centre) (Men.), tracer (une ligne) (Men.), chantourner (une pièce de bois) (Men.).

scriber = pointe *f.* à tracer (Men.), traceret *m.* ou traçoir *m.* ou tracelet *m.* (Men.).

– – –, **gauge, surface-** = pointe *f.* à tracer de trusquin, traceret *m.* ou traçoir *m.* ou tracelet *m.* (Men.).

– – –, **toothed** = secteur *m.* denté (Méc.).

script = manuscrit *m.*, script *m.* ou texte *m.* (d'une émission) (R., Tv.).

– – –, **shooting** = feuille *f.* de minutage (R., Tv.).

– – –, **typed** = manuscrit *m.* dactylographié.

scroll = spirale *f.* (B.), volute *f.* (de chapiteau) (B.).

– – –, **spring** = crosse *f.* de ressort (Méc.).

scrub, pot = cure-casserole *m.* (Ust.).

– – –, **to** = récurer (une casserole), frotter (à la brosse), nettoyer (à la brosse).

scrubber = lavette *f.* métallique (Ust.), épurateur *m.* (M.) (Imp.), tour *f.* de lavage, laveur *m.* (M.).

– – –, **air-** = épurateur *m.* d'air.

– – –, **paint** = brosse *f.* à peinture, grattoir *m.* à peinture.

– – –, **rotary** = laveur *m.* rotatif (M.).

– – –, **spray** = tour *f.* de lavage à pulvérisation.

– – –, **tower** = tour *f.* de lavage à surfaces mouillées.

scrubbing = récurage *m.*, frottage *m.* (à la brosse), nettoyage *m.* (à la brosse).

scuffler = ratissoire *f.* (I.).

scullery = lavoir *m.* de cuisine (B.).

scum = écume *f.* (de la mer, d'un métal en fusion, sur un nouvel ouvrage en béton), mousse *f.* (du savon, de la bière), scories *f.p.* (Mét.).

scumming = écumage *m.*, crasses *f.p.* ou scories *f.p.* (Mét.), efflorescence *f.* (Chim.).

scutch = marteau *m.* de maçon (I.).

scuttle = seau *m.* à charbon, auvent *m.* (Auto.), trappe *f.* (de plancher).

– – –, **air** = hublot *m.* d'aération (Mar.).

– – –, **clinker-** = seau *m.* à escarbilles.

– – –, **coal-** = seau *m.* à charbon, manne *f.*

– – –, **to** = saborder (un bateau).

scythe = faux *f.* (I.) (Agr.).

– – –, **brush** = faux *f.* à buisson (Agr.).

S.E. (South-east) = sud-est, S.-E.

sea = mer *f.*

– – –, **heavy** = grosse mer (Mar.).

– – –, **open** = la haute mer (Mar.), le large (Mar.).

seal = sceau *m.* (de l'État), cachet *m.* (d'une enveloppe), dispositif *m.* d'étanchéité (Méc., C.), joint *m.* étanche (Méc.), plomb *m.* (de garantie), cachet *m.* (d'une bouteille de champagne), plomb *m.* (de douanier), garde *f.* d'eau (d'un siphon) (S.), rondelle *f.* étanche (Méc.), estampille *f.* (d'un produit).

– – –, **bowl, closet** = garniture *f.* de cuvette de cabinet (d'aisances) (S.), bague *f.* de garniture (pour cuvette de cabinet) (S.).

– – –, **dry** = joint *m.* sec.

– – –, **hydraulic** = joint *m.* hydraulique (S., C.).

– – –, **leather** = joint *m.* en cuir.

– – –, **rubber** = joint *m.* en caoutchouc.

– – –, **oil-** = disque *m.* de retenue d'huile (Méc.).

– – –, **to** = sceller (un acte de notaire), obturer (un tuyau), plomber (un colis), cacheter (une lettre), boucher (une fissure) (C.), fixer ou sceller (une

(seal)

cheville dans un ouvrage).

– – –, **trap** = garde *f.* d'eau (S.).

– – –, **water-** = joint *m.* hydraulique (S., C.), fermeture *f.* hydraulique (S., C.).

sealed, lead = plombé (adj.).

sealer = pince *f.* à plomber, pince *f.* à sceller, sertisseur *m.*, bouche-pores *m.* (B., C.), lut *m.* (C., B.), mastic *m.* de fermeture (pour les joints) (C., B.).

– – –, **can** = sertisseur *m.* (M.).

– – –, **joint** = mastic *m.* de fermeture pour joints (S.), lut *m.* (S.).

sealing = obturation *f.* (d'un tuyau), scellement *m.* (d'un ancrage mural), scellement *m.* (d'un câble) (Tp.), plombage *m.* (d'un paquet), lutage *m.* (d'une porte).

– – –, **duct** = scellement *m.* d'extrémité de canalisation (Tp.).

seam = joint *m.* (de tuyaux), fissure *f.* (dans le bois), paille *f.* (dans le métal), couche *f.* (de minerai), couture *f.* (d'un vêtement, d'une pièce de fonte).

– – –, **angle, boiler** = cornière *f.* de bordure de chaudière (Méc.).

– – –, **brazed** = brasure *f.*

– – –, **caulking** = joint *m.* maté (Mét., S.), couture *f.* matée (Mét.).

– – –, **coal** = couche *f.* de charbon (Mi.), banc *m.* de houille (Mi.), veine *f.* (Mi.).

– – –, **edge-** = dressant *m.* (Min.).

– – –, **flanged** = agrafage *m.* rabattu (Mét.), joint *m.* à collerette (Mét.).

– – –, **lap-** = ourlet *m.* (dans les tôles), joint *m.* à clin (Mét.) (Canada), joint *m.* à recouvrement (Mét.).

– – –, **longitudinal** = couture *f.* en long (Mét.), soudure *f.* longitudinale (Mét.).

– – –, **reinforced** = joint *m.* à surépaisseur (Mét.).

– – –, **riveted** = rivure *f.*, bordure *f.* rivée.

– – –, **soldered** = soudure *f.*

– – –, **transversal** = couture *f.* en travers (Mét.).

– – –, **welded** = soudure *f.*

– – –, **welted** = agrafe *f.* (Mét.), agrafage *m.* (des tôles).

seaming = agrafage *m.* (des tôles).

seamless = sans soudure (Mét.), sans joint (Mét.).

seaplane = hydravion *m.* (Av.).

searchlight = projecteur *m.*

– – –, **signal** = projecteur *m.* de signalisation.

season = saison *f.*

– – –, **off-** = morte-saison *f.*

– – –, **picking** = cueillette *f.*

– – –, **to** = reposer (la fonte), sécher (le bois).

seasonal = saisonnier (adj.).

seasoning = séchage *m.* (du bois à l'air).

– – –, **kiln-** = étuvage *m.* (du bois).

seat = banquette *f.* (de voiture), siège *m.* (d'auto, de valve, de soupape), chaise *f.* (d'un coussinet), embase *f.* ou assiette *f.* (d'une machine), portée *f.* de calage (d'un essieu), point *m.* d'appui (d'une bicyclette).

– – –, **ball** = cuvette-rotule *f.* (Méc.), coussinet *m.* sphérique (Méc.).

– – –, **bench** = banquette *f.* (Auto.).

– – –, **boiler** = embase *f.* d'une chaudière (Méc.).

– – –, **bracket-** = strapontin *m.* (Auto.).

– – –, **bucket-** = siège *m.* baquet (Auto.), siège *m.* cuve

(seat)

(Auto.).
- - -, **clack** = siège *m*. de clapet (Méc.).
- - -, **closet, water-** = lunette *f*. (de W.C.), siège *m*. de cabinet d'aisances, abattant *m*. (de cabinet d'aisances).
- - -, **cushioned** = siège *m*. à coussin.
- - -, **cylinder** = selle *f*. de cylindre (Méc.), assiette *f*. de cylindre (Méc.).
- - -, **detachable** = siège *m* démontable.
- - -, **driver's** = siège *m*. du conducteur.
- - -, **ejector** = siège *m*. éjectable (Av.).
- - -, **flap-** = strapontin *m*. (Auto.).
- - -, **folding** = strapontin *m*. (Auto.), siège *m*. transformable (Auto.).
- - -, **front-** = siège *m*. avant (Auto.), banquette *f*. avant (Auto.).
- - -, **key-** = logement *m*. de clavette (Méc.), rainure *f*. de clavetage (Méc.).
- - -, **needle, valve-** = siège *m*. du pointeau de valve (Méc.).
- - -, **nut** = portée *f*. de l'écrou (Méc.).
- - -, **rear** = banquette *f*. arrière (Auto.), siège *m*. arrière (Auto.).
- - -, **rear, folding** = siège *m*. arrière transformable (Auto.), banquette *f*. arrière transformable (Auto.).
- - -, **reclining** = siège *m*. à dossier réglable.
- - -, **removable** = siège *m*. amovible.
- - -, **rumble** = siège *m*. arrière escamotable (Auto.), spider *m*. (Auto.) (France).
- - -, **sliding** = siège *m*. amovible (Auto.).
- - -, **socket** = cuvette-rotule *f*. (Méc.), coussinet *m*. sphérique (Méc.).
- - -, **spring** = siège *m*. à ressorts, assise *f*. du ressort (Méc.).
- - -, **taper** = siège *m*. conique.
- - -, **tilting** = strapontin *m*., siège *m*. à bascule.
- - -, **to** = caler (les balais), ajuster (l'assise d'une soupape), faire reposer (une pièce) sur son siège.
- - -, **valve-** = siège *m*. de soupape (Méc.).
- - -, **window-** = avance *f*. de la fenêtre (B.), banquette *f*. (B.).
seater, single- = monoplace *m*. (Av.).
- - -, **two-** = biplace *m*. (Av.).
seating = portée *f*. (de coussinet), berceau *m*. (de chaudière), siège *m*. (de soupape, de pointeau), embase *f*. (d'une machine), point *m*. d'attache (d'une pièce de machine), montage *m*. (d'un clapet), ajustage *m*. (d'une pièce), logement *m*. (de clavette), surface *f*. de contact.
- - -, **die** = logement *m*. de matrice.
- - -, **key** = clavetage *m*., logement *m*. de clavette.
- - -, **needle-valve** = siège *m*. du pointeau.
sec. = V. « secant », « second » et « secondary ».
secant = sécante *f*.
second = seconde *f*. (c.-à-d. unité de temps), s *f*., deuxième.
second-hand = d'occasion, usagé (adj.).
secondary = secondaire *m*. (E.), enroulement *m*. secondaire (E.).
seconds = (matériau *m*., article *m*.) de deuxième qualité.
secrecy = le secret (d'une communication).
section = section *f*. (d'une ligne téléphonique), coupe *f*.

(section)

ou profil *m*. (d'une route), profilé *m*. (en fer), portion *f*. (d'un objet), partie *f*. (d'une structure), élément *m*. (d'une chaudière sectionnelle), région *f*., district *m*., division *f*., quartier *m*. ou secteur *m*. (d'une ville), équipe *f*. ou groupe *m*. (d'ouvriers), tronçon *m*. (de tuyau).
- - -, **absorption** = surface *f*. de captation (d'une antenne) (R.).
- - -, **building-out** = complément *m*. d'une section de pupinisation (Tp.), équilibreur *m*. complémentaire (Tp.).
- - -, **centre** = section *f*. médiane.
- - -, **circular** = section *f*. circulaire.
- - -, **cross-** = coupe *f*. transversale, profil *m*. en travers, vue *f*. en coupe, section *f*. transversale, profil *m*. (d'une tranchée), section *f*. efficace (Phys.).
- - -, **cross- - - - of fracture** = section *f*. de rupture.
- - -, **cunette** = section *f*. à cunette et banquette (S.), section *f*. à cunette (S.).
- - -, **egg-shaped** = section *f*. ovoïde (S.).
- - -, **fault** = section *f*. avariée (E.).
- - -, **filter** = cellule *f*. de filtre (Tp.).
- - -, **half-** = demi-coupe *f*.
- - -, **heavy (iron)** = profilé *m*. lourd (B.).
- - -, **horizontal** = coupe *f*. horizontale, plan *m*.
- - -, **horseshoe** = section *f*. en fer à cheval (C., Mét.).
- - -, **iron** = profilé *m*. (C.).
- - -, **loading-coil** = section *f*. de pupinisation (Tp.).
- - -, **loading-coil, first** = longueur *f*. d'amenée (Tp.).
- - -, **longitudinal** = profil *m*. en long, coupe *f*. longitudinale.
- - -, **manhole** = section *f*. de canalisation (c.-à-d. section comprise entre deux chambres successives) (Tp.).
- - - **of antenna** = segment *m*. d'antenne télescopique (R.).
- - - **of loading** = section *f*. de pupinisation (Tp.).
- - -, **parabolic** = section *f*. parabolique.
- - -, **pipe** = tronçon *m*. de tuyau (S.).
- - -, **plane** = section *f*. plane.
- - -, **rack** = bâti *m*. unitaire (Tp.).
- - -, **radiator** = élément *m*. de radiateur (Auto.).
- - -, **rectangular** = section *f*. rectangulaire.
- - -, **repeater** = section *f*. d'amplification (c.-à-d. section comprise entre deux stations de répéteurs successives) (Tp.).
- - -, **repeater, main** = section *f*. principale d'amplification (c.-à-d. section comprise entre deux stations de répéteurs surveillées successives) (Tp.).
- - -, **rolled** = fer *m*. laminé (Mét.).
- - -, **sewer** = section *f*. des égouts (S.).
- - -, **small** = (pièce *f*. de) petit équarrissage *m*. (B.).
- - -, **solid** = section *f*. pleine.
- - -, **straight** = partie *f*. droite (d'une route).
- - -, **supply** = secteur *m*. d'alimentation (E.).
- - -, **switchboard** = table *f*. de téléphoniste (Tp.).
- - -, **T** = profilé *m*. en T (C.), fer *m*. en T (C.).
- - -, **test** = section *f*. d'essais (Tp., Tg.).
- - -, **tooth** = section *f*. transversale de dent (Méc.).
- - -, **transverse** = V. « section, cross ».
- - -, **U-shaped** = section *f*. en U, profilé *m*. en U (B.).
- - -, **vertical** = coupe *f*. verticale.
- - -, **waveguide** = élément *m*. de guide d'ondes (Tv.).

(section)

- - -, **wire** = secteur *m*. téléphonique (pouvant comprendre plus d'une circonscription) (Tp.).
sectional = démontable (adj.), sectionnel (adj.), en sections.
sector = secteur *m*., couronne *f*. (Méc.), zone *f*.
- - -, **brake** = secteur *m*. de frein (Auto.).
- - -, **graduated** = secteur *m*. gradué (Méc.).
- - -, **lever, throttle-** = secteur *m*. de réglage (Méc.), secteur *m*. du levier d'admission (Méc.).
- - -, **metallic** = secteur *m*. métallique (E.).
- - -, **notched** = secteur *m*. à crans (Méc.).
- - - **of a circle** = secteur *m*. d'un cercle.
- - -, **postal** = secteur *m*. postal.
- - -, **solid** = secteur *m*. plein.
- - -, **toothed** = secteur *m*. denté (Méc.), secteur *m*. crénelé (Méc.).
- - -, **worm** = secteur *m*. de vis sans fin (Méc.).
secure, to = fixer (les volets avec des crochets), bloquer (un écrou), caler (une poulie sur l'arbre), se procurer (des chevaux), nantir (un prêteur par une hypothèque), arrimer (une cargaison) (Mar.), verrouiller (une porte), amarrer (une barque), assujettir (une ferme) (B.), obtenir (un rendez-vous), mettre (quelque chose) en sûreté ou à l'abri du danger.
- - -, **to - - - a contract for** = être déclaré adjudicataire de.
secured to = solidaire (adj.) de.
securing = fixation *f*. (de l'acier d'armature), calage *m*. (d'un volant), bloquage *m*. (d'une écrou), arrimage *m*. (d'une cargaison), assujettissement *m*. (des fermes) (B.), obtention *f*. (d'un rendez-vous), amarrage *m*. (d'une embarcation).
security = sûreté *f*., sécurité *f*., nantissement *m*.
- - -, **communication** = sécurité *f*. des communications (Tp.).
- - -, **social** = sécurité *f*. sociale.
sedan = sedan *f*. (ou *m*.) ou berline *f*. (c.-à-d. quatre portières et quatre glaces) (Auto.), berline *f*. conduite intérieure (Auto.).
- - -, **convertible** = sedan *m*. transformable.
- - -, **four-door** = berline *f*. conduite intérieure.
- - -, **hard-top** = faux cabriolet (Auto.).
- - -, **open** = sedan *m*. ouvert.
- - -, **two-door** = coach *m*. (c.-à-d. à deux portières et quatre glaces) (Auto.).
sediment = sédiment *m*., dépôt *m*., vidanges *f.p*. (d'une chaudière), boue *f*.
see = siège *m*. épiscopal (c.-à-d. évêché *m*., archevêché *m*. ou palais *m*. cardinalice).
- - -, **The Holy** = le Saint-Siège.
seed = grain *m*., graine *f*.
- - -, **lawn** = graine *f*. pour gazon.
- - -, **wing** = samare *f*. (d'érable).
seeder = semoir *m*. (I.).
seeds = pépins *m.p*. (d'une pomme), grain *m*., graine *f*. (de semence).
seep, to = suinter, s'infiltrer, filtrer (à travers une membrane, à travers la terre).
seepage = suintement *m*., infiltration *f*., filtration *f*.
segment = segment *m*. (d'un cercle), lame *f*. (de commutateur) (E.), contact *m*. (Tg.).
- - -, **bucket** = segment *m*. à aubes mobiles (Méc.).
- - -, **clamping** = segment *m*. de frette (Méc.).

(segment)

- - -, **commutator** = lame *f*. de collecteur (E.).
- - - **of a circle** = segment *m*. d'un cercle.
- - -, **rolling** = châssis *m*. de rotation (Méc.), chariot *m*. de rotation (Méc.).
- - -, **toothed** = secteur *m*. denté (Méc.), secteur *m*. crénelé (Méc.).
- - -, **worm** = secteur *m*. de vis sans fin (Méc.).
segregate, to = séparer, mettre à part, se diviser.
seine = senne *f*. ou seine *f*.
seize = grippure *f*. (Auto.).
- - -, **to** = gripper (Méc.), coincer (Méc.), coller (Méc.), bloquer (Méc.), confisquer ou saisir (des marchandises).
seizing = grippage *m*. (d'un coussinet, d'une soupape), coincement *m*. (d'un piston), bloquage *m*. (d'une soupape), saisie *f*. (d'une propriété).
- - - **up** = grippure *f*. (Méc.).
seizure = grippure *f*. (Méc.), arrêt *m*. de fonctionnement (Méc.), grippage *m*. (Méc.), blocage *m*. (Méc.).
selection = choix *m*., sélection *f*.
- - -, **keyboard, teleprinter** = numérotation *f*. au clavier télégraphique.
selective = sélectif *m*. (adj.) (R.), de sélection.
selectivity = sélectivité *f*. (R.).
- - -, **adjacent-channel** = sélectivité *f*. adjacente (R.).
selector = sélecteur *m*. (E., Méc.).
- - -, **absorbing** = sélecteur *m*. d'absorption (Tp.).
- - -, **access** = sélecteur *m*. primaire (Tp.).
- - -, **band** = commutateur *m*. de gammes d'ondes (R.).
- - -, **digit, A** = sélecteur *m*. primaire (Tp.).
- - -, **digit-absorbing** = sélecteur *m*. à rappel de chercheur (Tp.).
- - -, **discriminating** = sélecteur *m*. différentiel (R.).
- - -, **final** = connecteur *m*. (Tp.), sélecteur *m*. final (Tp.).
- - -, **first** = sélecteur *m*. primaire (Tp.).
- - -, **function** = commutateur *m*. de commande (E., Méc.).
- - -, **gear-change** = fourchette *f*. de commande de changement de vitesse (Auto.).
- - -, **group** = chercheur *m*. (Tp.).
- - -, **line** = chercheur *m*. (Tp.).
- - - **of audible frequencies** = sélecteur *m*. de fréquences audibles (Tp.).
- - -, **plug** = sélecteur *m*. à fiche (E.).
- - -, **pre-** = distributeur *m*. de chercheurs (Tp.), présélecteur *m*. (Tp.).
- - -, **rotary** = sélecteur *m*. rotatif (Tp.).
- - -, **second** = sélecteur *m*. secondaire (Tp.).
- - -, **slide** = sélecteur *m*. à curseur (E.).
- - -, **tandem** = sélecteur *m*. en tandem (Tp.).
- - -, **temperature** = thermostat *m*. (Méc.).
- - -, **third** = sélecteur *m*. tertiaire (Tp.).
- - -, **two-motion** = sélecteur *m*. à mouvement double (Tp.).
select, to = trier (les minerais), choisir (un matériau, une voiture), choisir (des graines à semer).
selects = (bois *m*.) de choix (B.).
self = [self *f*.] (E.), self-inductance *f*. (E.).
self- = automatique (adj.).
sell, to = vendre (quelque chose à quelqu'un), per-

(sell)

suader ou convaincre (quelqu'un), faire accepter (un projet, un programme), trahir (son pays, un secret).
seller = vendeur *m.* (O.).
semi-conductor = semi-conducteur *m.* (ou adj.) (E.).
seminar = séminaire *m.*, colloque *m.*
send, to = émettre (R.), envoyer (un colis, un messager).
sender = transmetteur *m.* (Tp), appareil *m.* transmetteur (R., Tg.), émetteur *m* (R.), manipulateur *m.* (Tg.).
– – –, **automatic** = émetteur *m.* automatique (Tg.).
– – –, **key** = manipulateur *m.* à touches (Tg.).
– – –, **keyboard** = manipulateur *m.* dactylographique (Tg.).
– – –, **radio** = poste *m.* émetteur (R.).
– – –, **tape** = émetteur *m.* automatique à bande perforée (Tg.).
sending = émission *f.* (R.), envoi *m.* (d'un courrier).
seniority = ancienneté *f.* de service (du personnel).
sense = sens *m.*, direction *f.*
– – – **of winding** = sens *m.* de l'enroulement.
sensibility = sensibilité *f.*
– – –, **absolute** = sensibilié *f.* absolue.
– – –, **chromatic** = sensibilité *f.* chromatique (d'une pellicule) (Phot.).
– – –, **colour** = sensibilité *f.* spectrale.
– – –, **local** = sensibilité *f.* locale (d'un suppresseur d'écho) (Tp.).
– – –, **relative level, zero** = sensibilité *f.* rapportée au zéro relatif (d'un suppresseur d'écho) (R.).
sensitive = sensible (adj.), sensitif (adj.).
– – –, **highly** = très sensible (adj.).
– – –, **light** = photosensible (adj.).
– – –, **voltage** = sensible (adj.) aux variations de tension (E.).
sensitiveness = sensibilité *f.* (d'une machine).
sensitivity = sensibilité *f.* (d'un suppresseur d'écho) (Tp.), efficacité *f.* d'un microphone) (Tp., R.).
– – –, **field** = efficacité *f.* (d'un microphone) dans le champ acoustique libre (Tp., R.).
– – –, **luminous** = photosensibilité *f.*
– – –, **pressure** = efficacité *f.* d'un microphone en fonction de la pression (Tp., R.).
sensitize, to = sensibiliser.
sensitizer = sensibilisateur *m.* (Phot.), solution *f.* à décaper (Imp.).
sensitometer = sensitomètre *m.* (Phot.).
sensitometry = sensitométrie *f.* (Phot., Imp.).
sensor = détecteur *m.* (de nutation, de précession) (à bord d'un satellite).
– – –, **sun** = pointeur *m.* solaire (à bord d'un satellite).
sentence = phrase *f.* (d'un texte), sentence *f.* ou condamnation *f.*
– – –, **suspended** = sursis *m.*
sentinel, twilight = minuterie *f.* d'extinction des phares (Auto.).
separate = (pièce *f.* de machine) rapportée (adj.), tirage *m.* à part (Imp.).
– – –, **to** = séparer, désunir, décoller, dédoubler, diviser.
separation = écart *m.*, écartement *m.* (entre une mise à la terre et une ligne, entre une ligne électrique et une ligne de télécommunications) (Tp., R.), distance *f.*,

(separation)

séparation *f.* (de biens), triage *m.* (du minerai) (Mi.).
– – –, **bubble-type** = séparation *f.* par barbotage (Chim.).
– – – **by gravity** = séparation *f.* par gravité.
– – – **by impingement** = séparation *f.* par chocs.
– – –, **centrifugal** = séparation *f.* centrifuge (Chim.).
– – –, **equivalent** = écartement *m.* équivalent entre les lignes (Tp., E.).
– – –, **frequency** = intervalle *m.* de fréquences.
– – –, **grade** = croisement *m.* de voies superposées (C.), suppression *f.* des passages (à niveau), croisement *m.* étagé (de la voie ferrée et de la voie publique).
– – –, **scanning** = pas *m.* d'exploration (Tv.).
separator = séparateur *m.* (I., M.), entretoise *f.* (Ch.d.f., C.).
– – –, **air-** = séparateur *m.* d'air.
– – –, **amplitude** = séparateur *m.* (Tv.).
– – –, **cream-** = écrémeuse *f.* centrifuge (Agr.).
– – –, **electro-magnetic** = électrotrieuse *f.*
– – –, **frequency** = séparateur *m.* (Tv.).
– – –, **grease** = décanteur *m.* de graisse (pour les eaux usées) (S.).
– – –, **impulse** = séparateur *m.* (Tv.).
– – –, **magnetic** = séparateur *m.* magnétique.
– – –, **oil-** = déshuileur *m.* (Auto.), dégraisseur *m.* de vapeur (Méc.).
– – –, **ore** = trieur *m.* (Mi.), classeur *m.* (Mi.).
– – –, **steam-** = purgeur *m.* de vapeur (Méc.), dégraisseur *m.* de vapeur (Méc.).
– – –, **sync** = séparateur *m.* de synchronisation (du signal d'image) (Tv.).
– – –, **water-** = séparateur *m.* d'eau.
sepia = sépia *f.* (Imp.).
septum = diaphragme *m.* (de câble coaxial).
sequence = scène *f.* (Phot.), chaîne *f.* (Tv.), ordre *m.* (historique, naturel), séquence *f.* (Phot., Tv.), succession *f.* ou série *f.* (d'événements, d'opérations).
– – –, **ignition** = ordre *m.* d'allumage (Auto.).
– – –, **in** = en succession, en série.
– – – **of operations** = succession *f.* des opérations, ordre *m.* des opérations, ordre *m.* de succession des travaux.
– – –, **splicing** = succession *f.* (ou ordre *m.*) des épissages de câbles (Tp.).
series = série *f.*, en série, gamme *f.* (de couleurs).
– – –, **convergent** = série *f.* convergente.
– – –, **in** = en série.
– – – **of clamps** = chaînage *m.*
– – – **of waves** = succession *f.* d'ondes (E.), train *m.* d'ondes (E.).
serif = obit *m.* ou empattement *m.* (d'un caractère) (Imp.).
– – –, **wedge** = empattement *m.* cunéiforme (Imp.).
seriously = grièvement (blessé), gravement (malade).
serpentine = serpentine *f.*
serrated = dentelé (adj.), en dents-de-scie.
service = service *m.*, entretien *m.* et dépannage *m.* (d'auto), branchement *m.* (d'abonné) (E., Tp.).
– – –, **aircraft** = service *m.* aérien (Av.).
– – –, **answering, automatic** = service *m.* de réponse automatique (Tp.).
– – –, **answering, telephone** = secrétariat *m.* téléphoni-

(service)

que, permanence *f.* téléphonique.

- – –, **associated** = service *m.* connexe.
- – –, **basic** = service *m.* de base (Tp., E.).
- – –, **business** = service *m.* commercial (Tp.), service *m.* d'affaires (Tp.).
- – –, **calling, car** = service *m.* de communication avec les voitures (R., Tp.).
- – –, **civil** = fonctionnarisme *m.*
- – –, **complaint, fault** = service *m.* des dérangements (E.).
- – –, **continuous** = service *m.* continu, service permanent à régime constant.
- – –, **curb** = restauroute *m.*, service *m.* à l'auto.
- – –, **customer** = service *m.* des usagers (Tp.).
- – –, **dial** = service *m.* automatique (Tp.), (téléphone *m.*) automatique *m.* (Tp.).
- – –, **dial, rural** = téléphone *m.* automatique rural (Tp.).
- – –, **disrupted** = interruption *f.* de service (Tp., E.), panne *f.* d'électricité (E.).
- – –, **drive yourself** = service *m.* de location (sans chauffeur) (Auto.).
- – –, **engineering** = bureau *m.* d'études.
- – –, **exchange, primary** = abonnement *m.* principal (Tp.).
- – –, **field** = service *m.* en campagne (E.).
- – –, **flat rate** = service *m.* à tarif fixe (Tp., E.), service *m.* à tarif forfaitaire (Tp., E.).
- – –, **hard** = dure épreuve *f.* (Méc.).
- – –, **in-house** = service *m.* interne (Tp.).
- – –, **janitor** = service *m.* d'entretien (des locaux).
- – –, **local** = service *m.* urbain (Tp.), service *m.* local (Tp.).
- – –, **long distance** = service *m.* interurbain (Tp.), l'interurbain *m.* (Tp.).
- – –, **main** = abonnement *m.* principal (Tp.).
- – –, **mobile** = service *m.* radiotéléphonique mobile (Tp.), service *m.* de radiotéléphone mobile (Tp.).
- – –, **mobile, land** = service *m.* de radiotéléphone mobile terrestre (Tp.).
- – –, **multiparty** = service *m.* à postes groupés (Tp.), service *m.* à ligne partagée (Tp.).
- – –, **night** = service *m.* de nuit (Tp.), permanence *f.* téléphonique de nuit (Tp.).
- – –, **overseas** = service *m.* transocéanique (Tp.), service *m.* outre-mer (Tp.).
- – –, **paging** = service *m.* de téléavertisseurs (Tp.).
- – –, **party-line** = service *m.* de ligne partagée (Tp.), service *m.* de ligne commune (Tp.).
- – –, **periodic** = service *m.* périodique.
- – –, **piggyback** = service *m.* rail-route (Ch.d.f.).
- – –, **public** = service *m.* public.
- – –, **radio** = service *m.* de radiotéléphone (Tp.).
- – –, **radio, fringe** = service *m.* de radiotéléphone périphérique (Tp.).
- – –, **radiotelephone** = service *m.* radiotéléphonique (Tp.), service *m.* de radiotéléphone (Tp.).
- – –, **rapid** = service *m.* rapide (Tp.).
- – –, **repair** = service *m.* des rapports (Tp.), service *m.* de dépannage, service *m.* de réparations.
- – –, **reporting, emergency** = service *m.* de téléphone de secours (Tp.).
- – –, **residence** = service *m.* de résidence (Tp.).

(service)

- – –, **restricted** = (appareil *m.*) à service restreint (Tp.).
- – –, **routine** = service *m.* courant.
- – –, **rural** = service *m.* rural (Tp.).
- – –, **season** = service *m.* saisonnier (Tp., E.).
- – –, **self-** = (magasin *m.* d'alimentation) à libre service.
- – –, **severe** = dure épreuve *f.* (Méc.).
- – –, **stand-by** = dispositif *m.* de secours.
- – –, **supply, electric** = service *m.* de courant (E.).
- – –, **telecommunications, overseas** = service *m.* de télécommunications transocéaniques (Tp.).
- – –, **telegraph** = service *m.* télégraphique.
- – –, **telegraph, general** = service *m.* télégraphique général (c.-à-d. comprend acceptation et remise des télégrammes).
- – –, **telephone** = service *m.* téléphonique.
- – –, **telephone, international** = service *m.* téléphonique international (Tp.).
- – –, **telephone, mobile** = service *m.* radiotéléphonique mobile (Tp.).
- – –, **telephone, mobile, public** = service *m.* radiotéléphonique public.
- – –, **telephone, trunk** = service *m.* téléphonique interurbain.
- – –, **telephone, wide area** = service *m.* téléphonique planifié (Tp.).
- – –, **telex** = service *m.* télex (Tg.).
- – –, **temporary** = service *m.* temporaire.
- – –, **to** = desservir, entretenir ou réparer (une auto.).
- – –, **trouble-free** = fonctionnement *m.* régulier.
- – –, **urban** = service *m.* urbain (Tp.).
- – –, **water** = service *m.* des eaux, distribution *f.* d'eau.
- – –, **welcome** = service *m.* d'accueil.
serviceability = utilité *f.*
service-man = V. « man, service ».
serviceberry, Allegheny = amélanchier *m.* glabre.
- – –, **Downy** = amélanchier *m.* du Canada.
- – –, **Pacific** = amélanchier *m.* de l'Ouest.
servicer = avitailleur *m.* (Av.).
services = services *m.p.* utilitaires (pour une maison).
- – –, **public** = services *m.p.* publics.
- – –, **public utility** = services *m.p.* publics.
- – –, **scheduled** = services *m.p.* réguliers.
servicing = entretien *m.* et réparations (d'une auto, d'un appareil) (par le fournisseur), dépannage *m.* (Auto.) (aux frais du fournisseur).
serving = revêtement *m.* (d'un câble téléphonique), filins *m.p.* goudronnés de guidage (Tp.).
servitude = servitude *f.* (de passage, etc.), droit *m.* de passage (Tp.).
- – –, **real – – – of view** = servitude *f.* réelle de droit de vue.
set = fixe (adj.), déformation *f.* (d'une pièce), bande *f.* (d'un ressort), jeu *m.* (de clés), attirail *m.* ou trousse *f.* (d'outils), groupe *m.* (de machines électriques, de chaudières), train *m.* (de roues), assiette *f.* (d'une poutre), tranche *f.*, ciseau *m.* à arête plate, batterie *f.* (d'ustensiles), poste *m.* ou appareil *m.* (Tp.), assortiment *m.* ou service *m.* (de vaisselle), ameublement *m.* ou mobilier *m.* (Ust.), largeur *f.* (d'un caractère) (Imp.), collection *f.* (de livres).

– – –, **additional** = poste *m.* supplémentaire (Tp., R.).

– – –, **anti-sidetone** = poste *m.* à montage antilocal (Tp.).

– – –, **assembly** = jeu *m.* (d'outils), trousse *f.* (d'outils).

– – –, **axle** = carrossage *m.* des essieux (Méc.).

– – –, **back-** = contre-courant *m.* (d'eau).

– – –, **battery** = poste *m.* (récepteur) alimenté par batteries (Tp.).

– – –, **beacon** = radiophare *m* (Mar., R.).

– – –, **beacon, portable** = radiophare *m.* portatif (Mar., R.).

– – –, **business** = poste *m.* (ou téléphone *m.*) d'affaires (Tp.), poste *m.* (ou téléphone *m.*) commercial (Tp.).

– – –, **carving** = service *m.* à dépecer (Ust.), service *m.* à découper (Ust.).

– – –, **charging** = chargeur *m.* (E.), groupe *m.* de charge d'accumulateurs (E.).

– – –, **chest** = plastron *m.* (de téléphoniste) (Tp.).

– – –, **coil** = jeu de bobinages (E.), jeu *m.* de bobines (R.).

– – –, **cold** = tranche *f.* à froid (I.).

– – –, **combined** = poste *m.* à combiné (Tp.), combiné *m.* (Tp.).

– – –, **console** = poste *m.* meuble (R.).

– – –, **control** = appareil *m.* de commande (R., Tv.).

– – –, **converter** = groupe *m.* convertisseur (E.).

– – –, **cradle** = poste *m.* mobile à combiné (Tp.).

– – –, **crystal** = poste *m.* (récepteur) à galène (R.).

– – –, **cup-** = bouterolle *f.* (I., Méc.).

– – –, **data** = appareil *m.* de transmission de données (Tp.).

– – –, **desk** = poste *m.* mobile (Tp.), appareil *m.* de table (Tp.).

– – –, **desk, magneto** = poste *m.* à batterie locale mobile (Tp.).

– – –, **detector** = appareil *m.* de détection, détecteur *m.* de mines.

– – –, **dial-** = poste *m.* automatique (Tp.), appareil *m.* automatique (Tp.).

– – –, **disc, alternator** = générateur *m.* à étincelle tournante (E.).

– – –, **duplex** = appareil *m.* duplex (Tg.).

– – –, **emergency** = groupe *m.* (de machines électriques) de secours, poste *m.* de secours (R.).

– – –, **engine-** = groupe *m.* motopropulseur (E.).

– – –, **engine-, heat** = groupe *m.* thermique (E.).

– – –, **excitation** = groupe *m.* d'excitation (E.).

– – –, **exciter** = groupe *m.* d'excitation (E.).

– – –, **explosion-proof** = appareil *m.* antidéflagrant (Tp.).

– – –, **field** = station *f.* de campagne (R.).

– – –, **gear** = harnais *m.* d'engrenages (Méc.), train *m.* d'engrenages (Méc.).

– – –, **generating** = groupe *m* générateur (E.), groupe *m.* électrogène (E.).

– – –, **generating, electric-** = groupe *m.* générateur (E.), groupe *m.* électrogène (E.).

– – –, **generator** = groupe *m.* électrogène (E.), groupe *m.* générateur (E.).

– – –, **hand** = appareil *m.* à combiné (Tp.), poste *m.* à combiné (Tp.), microtéléphone *m.* combiné (Tp.), combiné *m.* (Tp.).

– – –, **hand, dial-in** = combiné *m.* à cadran incorporé

(Tp.).

– – –, **hand, push-to-talk** = combiné *m.* à commutateur (réception-émission) (R., Tp.), combiné *m.* (réception-émission) à poussoir (R., Tp.).

– – –, **head-** = casque *m.* téléphonique (Tp.), combiné *m.* serre-tête (Tp.).

– – –, **head and chest** = casque *m.* avec microphone de plastron (Tp.).

– – –, **hot** = tranche *f.* à chaud (I.).

– – –, **hydraulic** = groupe *m.* hydraulique (H.).

– – –, **insulation** = appareil *m.* pour vérifier l'isolement (E.).

– – –, **key** = clavier *m.* (Tp.), clavier *m.* d'appel (Tp.), clavier *m.* de composition (Tp.), poste *m.* d'intercommunication mixte (Tp.), appareil *m.* à (boutons) poussoirs (Tp.).

– – –, **light, indicator, matched** = bloc *m.* de voyants.

– – –, **lighting** = équipement *m.* d'éclairage (Auto.), installation *f.* d'éclairage (E.).

– – –, **lock, door** = appareil *m.* de fermeture *f.* de porte (B.), fermeture *f.* de porte (B.).

– – –, **magneto** = poste *m.* à batterie locale (Tp.).

– – –, **mains** = poste *m.* secteur (R.), récepteur *m.* sur secteur (Tp.).

– – –, **mantel-piece** = garniture *f.* de cheminée (B.).

– – –, **master** = appareil *m.* de commande (Tp., E.).

– – –, **measuring, alternating current** = instrument *m.* de mesure en courant alternatif.

– – –, **measuring, gain** = kerdomètre *m.* (Tp.).

– – –, **measuring, level** = décibelmètre *m.* (Tp.), hypsomètre *m.*

– – –, **measuring, reflection** = réflectomètre *m.* (Tp., R.).

– – –, **measuring, return loss** = équilibromètre *m.* (Tp.).

– – –, **meter-frequency** = fréquencemètre *m.* (E.).

– – –, **M.G.** = V. « set, motor-generator ».

– – –, **midget** = récepteur *m.* miniature (R.).

– – –, **model** = maquette *f.*

– – –, **motor** = groupe *m.* moteur.

– – –, **motor-generator** = groupe *m.* moteur-générateur (E.), groupe *m.* convertisseur (E.).

– – –, **motor-pump** = groupe *m.* motopompe.

– – –, **nail-** = chasse-clous *m.* (I.), chasse-pointe *m.* (I.).

– – – **of a saw** = voie *f.* d'une scie.

– – – **of a tool** = angle *m.* d'attaque d'un outil.

– – – **of bars** = jeu *m.* de barres (omnibus) (E.).

– – – **of boring and piercing tools** = vrillerie *f.* (de menuisier).

– – – **of cutters** = jeu *m.* de fraises (Méc.).

– – – **of gears** = train *m.* d'engrenage (Méc.).

– – – **of machines** = groupe *m.* de machines.

– – – **of matrices** = frappe *f.* (Imp.).

– – – **of plates** = ensemble *m.* de plaques (d'accumulateurs) (E.).

– – – **of pulleys** = garniture *f.* de poulies.

– – – **of rolls** = jeu *m.* de rouleaux (d'une presse) (Imp.).

– – – **of shores** = batterie *f.* d'étais (C.).

– – – **of spanners** = jeu *m.* de clés (Méc.).

– – – **of springs** = faisceau *m.* de ressorts (Auto.).

– – – **of the axle-pin** = carrossage *m.* de la fusée

(set)

– – – **of the axles** = carrossage *m.* des essieux (Méc.).

– – – **of the saw-teeth** = voie *f.* d'une scie.

– – – **of tires** = train *m.* de pneus (Auto.).

– – – **of tools** = assortiment *m.* d'outils, équipage *m.* d'outils, trousse *f.* d'outils, jeu *m.* d'outils, ensemble *m.* d'outils.

– – – **of wrenches** = jeu *m.* de clés (Méc.).

– – –, **permanent** = déformation *f.* permanente (C.), stabilisation *f.* (de l'acier).

– – –, **planetary** = harnais *m.* d'engrenages planétaires (Méc.).

– – –, **practice, code** = appareil *m.* pour entraînement à la lecture au son.

– – –, **printer, telegraph** = téléimprimeur *m.*

– – –, **radio** = poste *m.* récepteur (R.), récepteur *m.* de T.S.F., appareil *m.* de réception (R.), poste *m.* de radio, V. « radio ».

– – –, **radio, navy** = poste *m.* maritime de T.S.F.

– – –, **radio, pack** = poste *m.* sur bât (R.).

– – –, **receiving** = appareil *m.* récepteur (R.).

– – –, **receiving, portable** = récepteur *m.* portatif (R.).

– – –, **receiving, W/T** = poste *m.* de réception de T.S.F.

– – –, **reflex** = poste *m.* monté en reflex (R.).

– – –, **relay, signalling, VF** = signaleur *m.* à fréquence vocale (Tp.).

– – –, **repair** = trousse *f.*, nécessaire *m.*

– – –, **ringing** = signaleur *m.* (Tp.).

– – –, **ringing, low-frequency** = signaleur *m.* à fréquence basse (Tp.).

– – –, **rivet-** = chasse-rivet *m.* (I.), bouterolle *f.* (I.), turc *m.* (I.).

– – –, **saw-** = tourne-à-gauche *m.* (I.).

– – –, **sending** = transmetteur *m.* (R.), appareil *m.* émetteur (R.).

– – –, **short-wave** = poste *m.* à ondes courtes (R.).

– – –, **snap-** = bouterolle *f.* (I.).

– – –, **stand-by** = groupe *m.* (de machines électriques) de secours.

– – –, **straight** = récepteur *m.* à amplification directe (R.).

– – –, **subscriber's** = appareil *m.* d'abonné (Tp.).

– – –, **telegraph** = poste *m.* (télégraphique).

– – –, **telephone** = poste *m.* téléphonique, appareil *m.* téléphonique.

– – –, **telephone, anti-sidetone** = poste *m.* à montage antilocal (Tp.).

– – –, **telephone, automatic** = appareil *m.* (téléphonique) automatique.

– – –, **telephone, common-battery** = poste *m.* téléphonique à batterie locale.

– – –, **telephone, dial-** = poste *m.* automatique, appareil *m.* (téléphonique) automatique.

– – –, **telephone, hand** = appareil *m.* à combiné (Tp.). poste *m.* à combiné (Tp.).

– – –, **telephone, head** = casque *m.* téléphonique.

– – –, **telephone, jack and plug** = téléphone *m.* transportable.

– – –, **telephone, key-type** = poste *m.* à intercommunication (Tp.).

– – –, **telephone, local-battery** = poste *m.* téléphonique à batterie locale, appareil *m.* téléphonique à batterie

(set)

locale.

– – –, **telephone, loud-speaker** = appareil *m.* à réception amplifiée (Tp.).

– – –, **telephone, magneto** = poste *m.* à batterie locale, appareil *m.* (téléphonique) à magnéto.

– – –, **telephone, operator's** = poste *m.* de téléphoniste (Tp.).

– – –, **telephone, portable** = poste *m.* mobile (Tp.), appareil *m.* mobile (Tp.), appareil *m.* téléphonique mobile.

– – –, **telephone, push-button** = appareil *m.* à (boutons-) poussoirs.

– – –, **telephone, sidetone** = appareil *m.* téléphonique à effet local.

– – –, **telephone, touch tone** = appareil *m.* à clavier, poste *m.* à poussoirs.

– – –, **telephone, wall** = poste *m.* mural (Tp.), appareil *m.* mural (Tp.).

– – –, **television** = téléviseur *m.* (I.).

– – –, **temporary** = déformation *f.* élastique (Méc., C.), déformation *f.* momentanée (C.).

– – –, **terminating** = termineur *m.* (Tp.).

– – –, **test** = appareil *m.* d'essai (E.), boîte *f.* d'essais (Tp.).

– – –, **test, hand** = combiné *m.* d'installateur (Tp.), combiné *m.* de réparateur (Tp.).

– – –, **test, portable** = boîte *f.* d'essais (Tp.).

– – –, **testing, amplification** = appareil *m.* à mesurer l'amplification (Tp.).

– – –, **testing, balance** = appareillage *m.* d'équilibrage (Tp.).

– – –, **testing, dynamo** = frein *m.* dynamométrique.

– – –, **testing, insulation** = appareil *m.* à mesurer l'isolement (E.).

– – –, **to** = encastrer (une poutre), mettre en place, placer, poser (un rivet), régler (une montre, les commandes), calibrer (un appareil), caler (une roue), planter (un poteau), loger (un arbre dans les paliers), aiguiser ou affûter (un outil, un ciseau), fixer (une date), doucir (un outil), donner de la voie (à une scie), se tasser (remblai), durcir (plâtre), faire prise (béton), refouler (au marteau), bloquer (un mécanisme), ramener (au zéro), amorcer (une fusée), armer (un obturateur) (Phot.), composer (un texte) (Imp.), dresser ou armer (un piège).

– – –, **to – – – going** = mettre en route.

– – –, **to – – – in** = encastrer (une solive), emboîter (une mortaise), poser (une vitre).

– – –, **to – – – in motion** = mettre en marche.

– – –, **to – – – over** = excentrer.

– – –, **to – – – up** = établir (une communication), monter ou installer (un poste), mettre au point.

– – –, **tool** = nécessaire *m.* d'outils, jeu *m.* d'outils, trousse *f.* d'outils.

– – –, **transformer** = groupe *m.* transformateur (E.).

– – –, **transmitting** = poste *m.* émetteur (R.).

– – –, **transmitting and receiving** = poste *m.* émetteur-récepteur (R.).

– – –, **transmitting, W/T** = poste *m.* d'émission de T.S.F.

– – –, **TV** = téléviseur *m.*, récepteur *m.* de télévision, appareil *m.* de télévision, télérécepteur *m.*

– – –, **wall** = poste *m.* mural (Tp.), appareil *m.* mural

(set)

(Tp.).
- - -, **washing** = batterie *f.* d'arrosage (Auto.).
- - -, **welding** = groupe *m.* pour soudure.
- - -, **wireless** = poste *m.* (R.), appareil *m.* de radio, appareil *m.* de T.S.F., poste *m.* radio.
- - -, **wrench, socket-** = trousse *f.* de clés à douille, trousse *f.* de clés à tubes.
set-back = (maison *f.*) en retrait (de la rue), échec *m.*, revers *m.* (de fortune), recul *m.* (des affaires).
set flush = composition *f.* alignée (Imp.).
set-off = saillie *f.*, ressaut *m.* (B.), maculage *m.* (Imp.).
set-over, tail-stock = déplacement *m.* de la poupée mobile (d'un tour) (Méc.).
setter = poseur *m.* (O.), affûteur *m.* (de ciseaux) (O.), bouterolle *f.* (I.), turc *m.* (I.).
- - -, **boiler-tube** = ajusteur *m.* de tubes de chaudière (O.).
- - -, **brake-** = serre-frein *m.* (Auto.).
- - -, **brick-** = maçon *m.* (O.), briqueteur *m.* (O.).
- - -, **form-** = poseur *m.* de coffrage (O.).
- - -, **key-** = chasse-goupille *m.* (I.).
- - -, **nut-** = serre-écrou *m.* (I.).
- - -, **pin-** = chasse-goupille *m.* (I.).
- - -, **stone-** = maçon (O.), poseur *m.* de pierres de taille (O.).
- - -, **type** = compositeur *m.* (O.) (Imp.).
setting = plan *m.* de pose (d'une chaudière), fixation *f.* ou montage *m.* (d'une machine), enfoncement *m.* (d'un pieu), plantation *f.* ou pose (d'un poteau), calage *m.* (d'un tiroir), pose *f.* (d'un rivet), prise *f.* (du béton, du plâtre), ajustement *m.* (d'une pièce) (Méc.), mise *f.* en place, tassement *m.* (d'un remblai), orientation *f.* (d'un phare), durcissement *m.* (du plâtre), composition *f.* (d'un texte) (Imp.), mise *f.* en voie (des dents d'une scie).
- - -, **aperture** = ouverture *f.* relative (Phot.).
- - -, **brush** = calage *m.* des balais (E.).
- - -, **carburetor** = réglage *m.* du carburateur (Auto.).
- - -, **heat** = thermodurcissable (adj.).
- - -, **ignition timing** = calage *m.* de l'allumage (Auto.).
- - -, **non** = (pigment *m.*) à haute dispersion.
- - - **of a boiler** = installation *f.* d'une chaudière (Méc.), pose *f.* d'une chaudière (Méc.).
- - - **of a saw** = mise *f.* en voie des dents d'une scie.
- - - **of a tool** = aiguisage *m.* d'un outil, affûtage *m.* d'un outil.
- - - **of a watch** = réglage *m.* d'une montre.
- - - **of reinforcing bars** = mise *f.* en place des armatures (du béton).
- - -, **page** = mise *f.* en pages (Imp.).
- - -, **pole** = pose *f.* de poteau (Tp.), plantation *f.* de poteau (Tp.).
- - -, **shutter** = armement *m.* de l'obturateur (Phot.).
- - - **to zero** = remise *f.* à zéro.
- - -, **type** = composition *f.* (d'un texte) (Imp.).
- - -, **valve** = calage *m.* d'une soupape (Méc.), réglage *m.* de la distribution (Méc.).
setting up = montage *m.*, ajustage *m.*, installation *f.*, armement *m.* (des traverses) (Tp.), appareillage *m.* (d'un poste de radio), composition *f.* (Imp.), établissement *m.* (d'une communication) (Tp.).
settle, to = se poser, s'affaiser, se tasser, s'apaiser, se

(settle)

déposer, prendre son assiette.
- - -, **to** - - - **by negotiation** = régler à l'amiable.
settlement = affaissement *m.*, décantation *f.*, tassement *m.*
- - - **of the ground** = affaissement *m.* du terrain, tassement *m.* du terrain.
settler = colon *m.* (O.), cuve *f.* de lavage (Mét.).
- - -, **produce sharing** = partiaire *m.* (O.).
settling = tassement *m.* ou affaissement *m.* (du sol), dénivellement *m.* (d'une fondation), dépôt *m.* ou sédimentation *f.*, clarification *f.* ou décantation *f.* (d'un liquide).
- - - **of supports** = dénivellation *f.* des appuis.
set-up = montage *m.*, installation *f.*, mise *f.* au point, agencement *m.*, organisation *f.*
setwise = largeur *f.* (d'un caractère) (Imp.).
severe = (bombardement *m.*) violent, (froid *m.*) rigoureux, (perte *f.*) lourde.
sewage = eaux *f.p.* d'égout (S.), eaux *f.p.* usées (S.).
- - -, **combined** = effluent *m.* urbain (S.), efflux *m.* urbain (S.).
- - -, **domestic** = eaux *f.p.* domestiques (S.), eaux *f.p.* ménagères (c.-à-d. sans excrément humain).
- - -, **industrial** = eaux *f.p.* industrielles (S.), eaux *f.p.* résiduaires industrielles (S.).
- - -, **sanitary** = eaux-vannes *f.p.* (S.).
- - -, **storm** = eaux *f.p.* pluviales, efflux *m.* d'orage.
sewer = égout *m.* (S.), canal *m.* d'égout (S.).
- - -, **branch** = égout *m.* secondaire.
- - -, **building** = égout *m.* de bâtiment (S.), branchement *m.* de maison (S.).
- - -, **combined** = égout *m.* unitaire.
- - -, **common** = égout *m.* public.
- - -, **depressed** = siphon *m.* renversé (S.).
- - -, **discharge** = exutoire *m.* (S.), canal *m.* de décharge (S.), débouché *m.* (S.).
- - -, **effluent** = évacuateur *m.* (S.), conduit *m.* d'évacuation (S.).
- - -, **egg-shaped** = égout *m.* ovoïde, égout *m.* à cunette.
- - -, **house** = branchement *m.* d'immeuble (S.), égout *m.* de maison (S.).
- - -, **intercepting** = collecteur *m.* d'interception (S.).
- - -, **lateral** = élément *m.* d'égout, égout *m.* latéral.
- - -, **main** = égout *m.* collecteur, collecteur *m.* (d'égouts).
- - -, **masonry** = galerie *f.* (S.), égout *m.* maçonné (S.).
- - -, **outfall** = évacuateur *m.* (S.), égout *m.* de décharge (S.), collecteur *m.* d'évacuation (S.).
- - -, **overflow** = évacuateur *m.* (S., H.).
- - -, **overflow, storm** = évacuateur *m.* d'orage (H.).
- - -, **pipe** = canalisation *f.* (S.), égout *m.* en tuyaux (S.).
- - -, **public** = égout *m.* municipal.
- - -, **sanitary** = égout *m.* vanne.
- - -, **storm** = égout *m.* pluvial.
- - -, **tributary** = tributaire *m.* (S.).
- - -, **trunk** = égout *m.* collecteur, collecteur *m.* (S.), grand collecteur *m.* (S.).
sewerage = système *m.* d'égouts, réseau *m.* d'égouts.
sewerman = égoutier *m.* (O.).
sewing = couture *f.* (d'un vêtement), brochage *m.* (d'un

(sewing)

livre) (Imp.).

s.g. = V. « gravity, specific » et « grid, screen ».

shack = cabane *f.*, hutte *f.*, bicoque *f.*

– – –, **sugar** = sucrerie *f.* (Canada), cabane *f.* à sucre (Canada).

shackle = anneau *m.* d'accouplement (Méc., C.), maillon *m.* ou maille *f.* (de chaîne), manille *f.* (d'assemblage), jumelle *f.* de ressort (Auto.), anse *f.* (d'un cadenas), isolateur *m.* d'angle (Tp.), maillon *m.* isolateur (E.), jumelle *f.* de suspension (C.).

– – –, **bow** = étrier *m.*

– – –, **cable** = cosse *f.* de câble.

– – –, **chain** = manille *f.*

– – –, **closed** = manille *f.* en forme de D.

– – –, **coupling** = boucle *f.* d'accouplement, manille *f.* d'assemblage.

– – –, **spring** = bride *f.* de ressort (Auto.), jumelle *f.* de ressort (Auto.).

– – –, **tension** = jumelle *f.* à traction, tendeur *m.*

– – –, **to** = passer un fil sur un isolateur d'angle (Tp.), manillier ou mailler (une chaîne).

– – –, **swivel** = émerillon *m.*

shackles, spring = jumelles *f.p.* de ressort (Auto.).

shade = nuance *f.* (de couleur), ombre *f.* (d'un arbre, d'une maison).

– – –, **lamp-** = abat-jour *m.* (E.), capuchon *m.* (d'un bec de gaz).

– – –, **lens** = parasoleil *m.* (d'objectif) (Phot.).

– – –, **sun** = V. « sunshade ».

– – –, **window-** = store *m.*

shades, pastel = couleurs *f.p.* tendres, couleurs *f.p.* pastel.

shadow = ombre *f.* portée, ombre *f.*

shaft = arbre *m.* (Méc.), axe *m.* (Méc.), puits *m.* (d'une mine), puits *m.* ou cage *f.* (d'un ascenseur), fût *m.* (d'une colonne, d'une cheminée), cheminée *f.* de descente (S.), limon *m.* (d'une voiture), brancard *m.* (d'une charrette).

– – –, **air** = puits *m.* d'aérage, puits *m.* de ventilation.

– – –, **air, hot-** = colonne *f.* d'air chaud.

– – –, **armature** = arbre *m.* d'induit (E.).

– – –, **auxiliary** = arbre *m.* auxiliaire.

– – –, **axle-** = demi-essieu *m.*, arbre *m.* d'essieu, demi-arbre *m.* moteur.

– – –, **axle, rear-** = arbre *m.* du pont arrière (Auto.).

– – –, **bent** = arbre *m.* faussé.

– – –, **brake-** = arbre *m.* du frein, barre *f.* d'accouplement des freins (Auto.).

– – –, **brake-equalizer** = arbre *m.* de compensateur de frein.

– – –, **brake-lever** = arbre *m.* de commande du frein.

– – –, **cable** = cheminée *f.* de passage de câbles (Tp.), puits *m.* à câbles (Tp.).

– – –, **cam-** = arbre *m.* à cames, arbre *m.* de distribution.

– – –, **cam, exhaust** = arbre *m.* à cames d'échappement.

– – –, **cam, hollow** = arbre *m.* à cames creux.

– – –, **cam, ignition** = arbre *m.* de distribution d'allumage (Auto.).

– – –, **cam, inlet** = arbre *m.* à cames d'admission.

– – –, **cam, overhead** = arbre *m.* à cames en tête.

– – –, **cam, overhead, double** = double arbre *m.* à

(shaft)

cames en tête.

– – –, **cam, overhead, single** = simple arbre *m.* à cames en tête.

– – –, **cardan** = arbre *m.* à la cardan, arbre *m.* de cardan.

– – –, **change-speed** = arbre *m.* de changement de vitesse.

– – –, **chimney** = conduit *m.* de la cheminée (B.), fût *m.* de la cheminée (B.).

– – –, **clutch-** = arbre *m.* primaire (Auto.), arbre *m.* d'embrayage (Méc.).

– – –, **clutch – – – and gear** = arbre *m.* primaire et pignon.

– – –, **cog-** = arbre *m.* de levée.

– – –, **connecting** = arbre *m.* de relais (Méc.), arbre *m.* de jonction (Méc.).

– – –, **control** = arbre *m.* de commande.

– – –, **counter-** = arbre *m.* de renvoi, arbre *m.* secondaire.

– – –, **coupling** = arbre *m.* d'accouplement.

– – –, **crank-** = V. « crankshaft ».

– – –, **cranked** = arbre *m.* coudé, vilebrequin *m.* (Méc.).

– – –, **differential** = arbre *m.* du différentiel.

– – –, **disengaging** = arbre *m.* de débrayage.

– – –, **distribution** = arbre *m.* de distribution (Auto.).

– – –, **drainage** = puits *m.* de drainage (Mi.).

– – –, **drive** = arbre *m.* d'entraînement, arbre *m.* de transmission, arbre *m.* de commande.

– – –, **driven** = arbre *m.* commandé, arbre *m.* secondaire (Auto.).

– – –, **driving** = arbre *m.* d'entraînement, arbre *m.* de couche, arbre *m.* de commande (Auto.).

– – –, **driving, rear-axle** = arbre *m.* de commande du pont (Auto.).

– – –, **driving, universal** = arbre *m.* à cardans (Auto.), arbre *m.* à joint homocinétique (Auto.).

– – –, **drum** = arbre *m.* de tambour.

– – –, **eccentric** = arbre *m.* à excentrique, arbre *m.* d'excentrique.

– – –, **engine** = arbre *m.* de couche, puits *m.* de la machine d'épuisement, arbre *m.* (Méc.), vilebrequin *m.* (Auto.).

– – –, **exhaust** = puits *m.* d'échappement (B.).

– – –, **feed-** = arbre *m.* de commande.

– – –, **flanged** = arbre *m.* à bride, arbre *m.* à collerette.

– – –, **flexible** = transmission *f.* flexible, arbre *m.* flexible.

– – –, **fluted** = arbre *m.* à cannelures, arbre *m.* cannelé, arbre *m.* rainuré.

– – –, **gear** = arbre *m.* de transmission, arbre *m.* du harnais d'engrenages.

– – –, **gear-shifting** = arbre *m.* de baladeurs.

– – –, **grooved** = arbre *m.* à cannelures.

– – –, **half-** = demi-arbre *m.* (Auto.).

– – –, **half-speed** = arbre *m.* de dédoublement.

– – –, **hoisting** = puits *m.* d'extraction (d'une mine), arbre *m.* de levage (Méc.).

– – –, **hollow** = arbre *m.* tubulaire, arbre *m.* creux.

– – –, **horizontal** = arbre *m.* horizontal.

– – –, **intermediate** = arbre *m.* intermédiaire.

– – –, **interrupter** = arbre *m.* actionnant des contacts (Tp.).

(shaft)

– – –, **jack-** = arbre *m*. secondaire (de changement de vitesse d'une auto), arbre *m*. transversal, arbre *m*. intermédiaire.

– – –, **lay-** = arbre *m*. intermédiaire (de changement de vitesse d'une auto).

– – –, **live** = arbre *m*. de couche, arbre *m*. de transmission.

– – –, **loose** = arbre *m*. fou.

– – –, **main** = puits *m*. principal (d'une mine), arbre *m*. de couche principal, arbre *m*. principal, arbre *m*. d'entraînement, arbre *m*. de commande.

– – –, **metal-lined** = puits *m*. blindé (Mi.).

– – –, **mine-** = puits *m*. de mine (Mi.).

– – –, **motor** = arbre *m*. du moteur.

– – –, **overhead** = arbre *m*. suspendu.

– – –, **pedal tube** = arbre *m*. porte-pédales (Auto.).

– – –, **pinion** = arbre *m*. du pignon.

– – –, **power-** = arbre *m*. de couche, arbre *m*. de commande.

– – –, **primary** = arbre *m*. primaire.

– – –, **propeller-** = arbre *m*. à cardan (Auto.), arbre *m*. de transmission, arbre *m*. d'hélice.

– – –, **pump** = arbre *m*. de pompe.

– – –, **reverse** = arbre *m*. de marche arrière, arbre *m*. de relevage (de locomotive).

– – –, **reversing** = arbre *m*. de changement de marche.

– – –, **riser** = canalisation *f*. verticale (Tp.), puits *m*. à câbles (Tp.).

– – –, **rivet** = tige *f*. de rivet, corps *m*. de rivet.

– – –, **rocker-** = arbre *m*. de renversement de marche.

– – –, **rotating** = arbre *m*. de rotation, arbre *m*.

– – –, **screw** = arbre *m*. de transmission, arbre *m*. d'hélice.

– – –, **secondary** = arbre *m* intermédiaire, arbre *m*. secondaire.

– – –, **shouldered** = arbre *m*. à épaulement.

– – –, **slide** = arbre *m*. de tiroir (de locomotive).

– – –, **sliding** = arbre *m*. à coulisse.

– – –, **solid** = arbre *m*. massif, arbre *m*. plein.

– – –, **splined** = arbre *m*. cannelé, arbre *m*. claveté.

– – –, **stationary** = axe *m*. (Méc.).

– – –, **steering** = arbre *m*. de direction (Auto.).

– – –, **tail-** = extrémité *f*. d'arbre.

– – –, **through** = arbre *m*. traversant.

– – –, **thrust-** = arbre *m*. de butée.

– – –, **timbered** = puits *m*. boisé (Mi.).

– – –, **timer** = arbre *m*. de commande d'allumage (Auto.), arbre *m*. de réglage d'allumage (Auto.).

– – –, **timing** = arbre *m*. de réglage d'allumage.

– – –, **transmission** = arbre *m*. de transmission.

– – –, **transmitting** = arbre *m*. communicateur.

– – –, **tubular** = arbre *m*. tubulaire, arbre *m*. creux.

– – –, **tumbling** = arbre *m*. à cames, arbre *m*. de changement de marche de la distribution.

– – –, **universal-joint** = arbre *m*. monté à la cardan, arbre *m*. monté à joint de cardan, arbre *m*. à cardans.

– – –, **valve** = arbre *m*. des tiroirs.

– – –, **ventilation** = cheminée *f*. d'aération (Mi.), puits *m*. de ventilation (Mi.).

– – –, **vertical** = arbre *m*. vertical.

– – –, **walled** = puits *m*. muraillé (Mi.).

– – –, **weigh-** = barre *f*. de relevage (Ch.d.f.).

– – –, **wheel, sprocket** = arbre *m*. de pignon à chaîne.

(shaft)

– – –, **wiper** = arbre *m*. à cames, arbre *m*. porte-balais (Tp.).

– – –, **wobbler** = arbre *m*. à cames.

– – –, **worm** = arbre *m*. de la vis sans fin.

shafting = transmission *f*. (Méc.), les arbres (Méc.), fûts *m.p.* (de colonne, de cheminée).

– – –, **counter-** = transmission *f*. secondaire.

– – –, **flexible** = transmission *f*. flexible.

– – –, **line** = arbres *m.p.* de transmission, transmission *f*., arbre *m*. de couche.

– – –, **main** = transmission *f*. principale.

shafts, half-, universally jointed = demi-arbres *m.p.* montés à joint universel.

shagreen = (peau *f*. en) chagrin *m*. (Imp.).

shake = secousse *f*. (sismique), gerçure *f*. (dans le bois), tremblement *m*. (de terre), hochement *m*. (de tête), bardeau *m*. de fente (B.).

– – –, **to** = ébranler (une bâtisse, des rochers, le gouvernement), secouer (un pommier), agiter (un liquide).

shaker, cocktail = frappe-cocktail *m*. (Ust.).

– – –, **pepper** = poivrière *f*. (Ust.).

– – –, **salt** = salière *f*. (Ust.).

shakes = gerçures *f.p.* (dans le bois oeuvré).

shale = schiste *m*.

– – –, **clay** = schiste *m*. argileux.

shammy = peau *f*. de chamois.

shank = corps *m*. (de taraud), verge *f*. (d'ancre), queue *f*. ou tige *f*. (d'un foret), fût *m*. (de colonne).

– – –, **arbor, milling** = queue *f*. de fraise.

– – –, **auger** = tige *f*. de tarière.

– – –, **bolt** = corps *m*. du boulon.

– – –, **connecting-rod** = corps *m*. de bielle.

– – –, **guiding** = tige-guide *f*.

– – –, **mill, end** = queue *f*. de fraise en bout.

– – – **of a chimney** = tuyau *m*. d'une cheminée (B.).

– – – **of drill** = cône *m*. du foret, queue *f*. du foret.

– – –, **rivet** = corps *m*. de rivet, tige *f*. de rivet.

– – –, **square** = queue *f*. carrée (d'une mèche).

– – –, **straight** = queue *f*. cylindrique, tige *f*. droite.

– – –, **tapered** = queue *f*. conique.

– – –, **threaded** = tige *f*. filetée, queue *f*. filetée.

shanty = cabane *f*., hutte *f*., masure *f*.

shape = profilé *m*., forme *f*., profil *m*., V. « shaped ».

– – –, **in good** = en bon état.

– – –, **irregular** = profil *m*. irrégulier.

– – – **of frame** = forme *f*. du châssis (Auto.).

– – – **of hull** = forme *f*. de la coque (Mar.).

– – – **of tooth** = profil *m*. de la dent (Méc.).

– – –, **standard** = forme-type *f*.

– – –, **structural** = profilé *m*. (C.).

– – –, **T** = profilé *m*. en T (C.).

– – –, **to** = façonner (du bois), tailler (un bloc de pierre), profiler (une moulure), emboutir (un réservoir cylindrique), modeler (une statue en terre).

– – –, **wave** = forme *f*. d'onde (E.).

– – –, **X** = cruciforme (adj.), en croix.

shaped = façonné (adj.), taillé (adj.), en forme de. . .

– – –, **ball** = sphérique (adj.).

– – –, **bell** = en forme de cloche.

– – –, **bowl** = cratériforme (adj.).

– – –, **C-** = en C.

– – –, **cowl** = cuculliforme (adj.).

(shaped)

– – –, **crescent** = en forme de croissant, en forme de demi-lune.
– – –, **cross** = en forme de croix.
– – –, **diamond** = en losange, rhomboïdal (adj.).
– – –, **disc** = discoïde (adj.).
– – –, **dome** = bombé (adj.).
– – –, **ear** = auriforme (adj.).
– – –, **egg** = ovale (adj.), en forme d'oeuf.
– – –, **elbow** = coudé (adj.).
– – –, **fair** = fuselé (adj.).
– – –, **fan** = en éventail.
– – –, **funnel** = en entonnoir.
– – –, **heart** = cordiforme (adj.), en coeur.
– – –, **lens** = lenticulaire (adj.), lenticulé (adj.).
– – –, **odd** = de forme spéciale.
– – –, **queer** = d'une forme bizarre.
– – –, **ring** = annulaire (adj.).
– – –, **S** = en forme d'S.
– – –, **saddle** = en dos d'âne.
– – –, **saw-tooth** = en dents-de-scie.
– – –, **screw** = en hélice, en forme de vis, hélicoïdal (adj.).
– – –, **spindle** = fuselé (adj.).
– – –, **spiral** = hélicoïdal (adj.), en hélice.
– – –, **T** = en T, en potence.
– – –, **torpedo** = en torpille (Auto.).
– – –, **V** = en forme de V, en V.
– – –, **wedge** = en coin, cunéiforme (adj.), en forme de coin.
– – –, **wire** = filiforme (adj.).
– – –, **X-** = en croix, cruciforme (adj.).
– – –, **Y** = fourchu (adj.), en Y, à fourche.
shaper = étau-limeur m. (M.), emboutissoir m. (M.), façonneur m. (O.), limeur m. (O.), toupie f. (Men., Mét.).
– – –, **adjustable-stroke** = étau-limeur m. à course variable.
– – –, **crank** = étau-limeur m. à manivelle.
– – –, **gear, automatic** = étau-limeur m. automatique pour tailler les engrenages.
– – –, **geared** = étau-limeur m. à crémaillère.
– – –, **metal** = emboutissoir m., étau-limeur m.
– – –, **pillar** = étau-limeur m. à table mobile.
– – –, **vertical** = étau-limeur m.
– – –, **wood** = façonneuse f., machine f. à façonner, toupie f. à bois (M.).
shaping = façonnement m. ou façonnage m. (du bois, d'un vase), taille f. (des pierres à bâtir), emboutissage m. (d'une plaque de métal), modelage m. (d'une statue), dressage m. de la forme (d'un chemin).
sharing, time = (travail m. en) temps m. partagé.
sharp = aigu (adj.), tranchant (adj.), pointu (adj.).
sharpen, to = aiguiser, affûter, affiler.
– – –, **to sand-** = affûter au jet de sable.
sharpener = affûteuse f., aiguisoir m., affiloir m., machine f. à affûter les outils.
– – –, **dowel** = fraise f. à goujon.
– – –, **drill** = machine f. à affûter les forets, affûteuse f. à fleurets.
– – –, **knife** = fusil m. (Ust.), affiloir m. (pour couteaux) (Ust).
– – –, **pencil** = taille-crayon m.

(sharpener)

– – –, **tool** = machine f. à affûter les outils.
sharpening = aiguisage m., affûtage m., affilage m.
– – –, **grindstone** = affûtage m. à la meule.
– – –, **sand-blast** = affûtage m. par projection de sable.
– – –, **tool** = affûtage m. d'outils.
sharpness = acuité f. (d'un son, de la vue, d'une pointe), finesse f. (de l'ouïe, d'un tranchant), netteté f. (d'une image).
– – – **of resonance** = acuité f. de la résonance (Tp.).
– – – **of tuning** = acuité f. d'accord (R.), précision f. de syntonisation (R.).
shatter, to = briser en morceaux, briser en éclats, fracasser.
shave = plane f. (de menuisier).
– – –, **draw** = plane f. (de menuisier).
– – –, **hoop** = racloir m. de tonnelier.
– – –, **spoke** = plane f. de charron.
– – –, **to** = planer (le bois, les peaux), araser (une planche).
shaver = couteau m. à profiler.
– – –, **electric** = rasoir m. électrique (Ust.).
– – –, **gear** = machine f. à tailler les engrenages (Méc.).
shavings = copeaux m.p. (de bois), rognure f. (de métal), paille f. de fer.
– – –, **brass** = rognures f.p. de bronze.
– – –, **curled** = frisons m.p. (Men.).
– – –, **iron** = paille f. de fer.
shear = cisaillement m. (B., C.), tonte f. (de laine) (Agr.).
– – –, **to** = cisailler (une tôle), couper (une branche), faire subir un effort de cisaillement (à une poutre) (B.), tondre (les moutons), tailler (une haie).
shearing = cisaillement m. (du fer-blanc), effort m. de cisaillement (C.), tondage m. (des chevaux), tonte f. (des moutons), taille f. (des arbustes, d'une haie).
– – – **of steel** = affinage m. de l'acier.
shears = cisailles f.p. (I.), ciseaux m.p. (I.), bigue f. (B.), grue f. de chargement (C.).
– – –, **alligator** = cisailles f.p. à mâchoires.
– – –, **bar** = cisailles f.p. à barres.
– – –, **bench** = cisailles f.p. d'établi.
– – –, **bench, tinner's** = grande cisaille f. de ferblantier.
– – –, **block** = hachard m.
– – –, **bolt** = cisailles f.p. à boulons.
– – –, **circular** = cisailles f.p. à molettes, cisailles f.p. circulaires.
– – –, **crank** = cisailles f.p. à guillotine.
– – –, **garden** = cisailles f.p. à haies, cisailles f.p. de jardinier.
– – –, **grass** = ciseaux m.p. à gazon.
– – –, **hand** = cisailles f.p. à main.
– – –, **hedge** = taille-buissons (I.), cisaille f. à haies.
– – –, **lathe** = glissières f.p. du tour (Méc.).
– – –, **lever** = cisailles f.p. à levier.
– – –, **metal** = cisailles f.p. à métaux, cisailles f.p. à main.
– – –, **pin** = cisailles f.p. à goupilles.
– – –, **pinking** = ciseaux m.p. à denteler (Ust.).
– – –, **plate** = cisailles f.p. à tôles.
– – –, **plate, hand** = cisailles f.p. à main pour tôles.
– – –, **power** = machine f. à cisailler.
– – –, **pruning** = sécateur m.

sheath   **429**   **sheet**

(shears)

– – –, **rotary** = cisailles *f.p.* rotatives.
– – –, **sheep** = tondeuse *f.* à moutons, forces *f.p.*
– – –, **slitting** = cisaille *f.*
– – –, **squaring** = cisailles *f.p.* à guillotine.
– – –, **tinner's** = cisailles *f.p.* de ferblantier.
– – –, **trimming** = cisailles *f.p.* à ébarber.
– – –, **tripod** = chèvre *f.* à trois pieds (C.).
– – –, **wire** = cisailles *f.p.* à fil de fer, pinces *f.p.* à fil.
sheath = manchon *m.* protecteur, étui *m.* (de ciseaux) (Ust.), gaine *f.* (de poignard), fourreau *m.* (d'épée), châssis *m.* (Phot.), remblai *m.* de pierres sèches (contre le débordage d'un cours d'eau) (C.), chemise *f.* (d'un cylindre) (Méc.).
– – –, **axe** = gaine *f.* de hache.
– – –, **cable** = gaine *f.* de câble (Tp.).
– – –, **induction** = écran *m.* inductif (E.).
– – –, **knife** = gaine *f.* de couteau.
– – –, **lead** = gaine *f.* de plomb.
– – –, **umbrella** = fourreau *m.* de parapluie.
sheathe, to = armer (un câble téléphonique), recouvrir (un toit), cuveler (un puits artésien, un puits de mine).
sheathing = gaine *f.* ou armement *m.* (d'un câble téléphonique), enveloppe *f.* ou chemise *f.* (d'un cylindre), revêtement *m.* (B.), cuvelage *m.* (d'un puits), boisage *m.* (d'une excavation), planche *f.* de coffrage (C.).
– – –, **copper** = doublage *m.* en cuivre.
– – –, **diagonal** = revêtement *m.* (posé) en diagonale (B.).
– – –, **dry** = papier *m.* gris de revêtement (B.).
– – –, **horizontal** = revêtement *m.* posé horizontalement (B.).
– – –, **metal** = armure *f.* (d'un câble) (E.).
– – –, **plywood** = revêtement *m.* en contre-plaqué (B.).
– – –, **roof** = planches *f.p.* de toiture, voligeage *m.*, revêtement *m.* de toit.
– – –, **rubber** = gaine *f.* en caoutchouc.
– – –, **tarred** = papier *m.* goudronné de revêtement.
– – –, **V-jointed** = lambrissage *m.* avec joints en V.
– – –, **wall** = revêtement *m.* de mur.
– – –, **wall, panel** = revêtement *m.* en panneaux.
sheave = réa *m.*, rouet *m.* de poulie, poulie *f.*
– – –, **belt** = poulie *f.*
– – –, **block** = rouet *m.* (Méc.).
– – –, **block, tackle** = poulie *f.* de moufle.
– – –, **boom** = poulie *f.* de tête de flèche (d'une grue).
– – –, **boom point** = poulie *f.* de tête de flèche (d'une grue).
– – –, **chain** = rouet *m.* à chaîne (d'une poulie), poulie *f.* à chaîne.
– – –, **counterweight** = galet *m.* de contrepoids.
– – –, **eccentric** = poulie *f.* excentrique, roue *f.* excentrique, disque *m.* d'excentrique, plateau *m.* d'excentrique.
– – –, **friction** = bande *f.* de frottement.
– – –, **grooved, machine** = poulie *f.* à gorge usinée.
– – –, **guide** = poulie *f.* de guidage.
– – –, **jib point** = poulie *f.* de tête de flèche (d'une grue).
– – –, **of a block** = rouet *m.*, réa *m.* de poulie.
– – –, **pulley** = poulie *f.* de moufle *f.*, poulie *f.*
shed = hangar *m.*, remise *f.*, appentis *m.*, cloche *f.* (d'isolateur), garage *m.* (Auto.).

(shed)

– – –, **building** = atelier *m.* de construction (B.).
– – –, **circular** = rotonde *f.* pour locomotives.
– – –, **coal** = hangar *m.* à charbon.
– – –, **freight** = gare *f.* aux marchandises.
– – –, **lean-to** = appentis *m.*
– – –, **storage** = magasin *m.*, remise *f.*
– – –, **tool** = resserre *f.*
– – –, **truck** = hangar *m.* à camions.
shedding = chute *f.* (des feuilles), perte *f.* (des dents), mue *f.* (d'un serpent).
– – –, **load** = délestage *m.* (E.).
sheepskin = (livre *m.* relié en) basane *f.* (Imp.), (tapis *m.* en) peau *f.* de mouton.
sheet = feuille *f.* (de cuivre, de verre), tôle *f.* mince, plaque *f.* (de métal), couche *f.* (de glace), feuille *f.* ou panneau *m.* de contre-plaqué.
– – –, **advertising** = feuille *f.* d'annonces.
– – –, **aluminium** = tôle *f.* d'aluminium.
– – –, **aluminium, ribbed** = tôle *f.* d'aluminium à nervures.
– – –, **asbestos** = planche *f.* d'amiante, feuille *f.* d'amiante, feuille *f.* d'amiante-ciment.
– – –, **asphalt** = carton *m.* bitumé, papier *m.* pour toiture.
– – –, **balance** = bilan *m.* (d'une entreprise).
– – –, **bundled** = tôle *f.* en paquet.
– – –, **continuation** = feuille *f.* de continuation (d'une lettre).
– – –, **copper** = feuille *f.* de cuivre, cuivre *m.* en lames.
– – –, **corrugated** = tôle *f.* ondulée, plaque *f.* ondulée.
– – –, **corrugated, galvanized** = tôle *f.* ondulée galvanisée.
– – –, **cue** = feuille *f.* de minutage (R., Tv.).
– – –, **curved** = tôle *f.* cintrée.
– – –, **dynamo** = tôle *f.* pour dynamo (E.), tôle *f.* de dynamo (E.).
– – –, **flow** = schéma *m.* de principe, schéma *m.* de fabrication.
– – –, **folded** = feuillet *m.*
– – –, **galvanized** = tôle *f.* galvanisée.
– – –, **ground** = tapis *m.* de sol, bâche *f.* de campement.
– – –, **heavy-gauge** = tôle *f.* forte.
– – –, **hip** = bavette *f.* (B.).
– – –, **insulating** = feuille *f.* isolante.
– – –, **iron** = tôle *f.* de fer.
– – –, **log** = journal *m.* des charges.
– – –, **metal** = tôle *f.*
– – –, **mica** = feuille *f.* de mica.
– – –, **perforated** = tôle *f.* perforée.
– – –, **plus** = feuille *f.* de passe (Imp.).
– – –, **protecting** = tôle *f.* protectrice.
– – –, **rubber, India** = plaque *f.* de caoutchouc, feuille *f.* de caoutchouc.
– – –, **slip** = maculature *f.* (Imp.).
– – –, **spot** = feuille *f.* de mise (Imp.).
– – –, **steel** = tôle *f.* d'acier.
– – –, **steel, galvanized** = tôle *f.* d'acier galvanisée.
– – –, **stress** = diagramme *m.* de Crémona.
– – –, **tin** = fer-blanc *m.*
– – –, **top** = feuille *f.* d'assise (Imp.).
– – –, **tympan** = feuille *f.* de dessus (Imp.).
– – –, **waste** = feuille *f.* de passe (Imp.).

(sheet)

– – –, **zinc** = feuille *f.* de zinc, zinc *m.* en feuille.

sheeting = blindage *m.* (d'une tranchée), tôlage *m.* (B.), tôles *m.p.* (B.).

– – –, **lap-joint** = blindage *m.* à recouvrement, coffrage *m.* à recouvrement.

– – –, **roof** = tôles *f.p.* de couverture.

shelf = tablette *f.* (d'armoire), rayon *m.* (de magasin), châssis *m.* (de chercheurs, de connecteurs) (Tp.), clayette *f.* (d'un appareil ménager).

– – –, **equipment** = châssis *m.* d'équipements (Tp.).

– – –, **key** = platine *f.* (ou console *f.*) des clés (Tp.), console *f.* de manoeuvre (Tp., E.).

– – –, **movable** = tablette *f.* mobile.

– – –, **sliding** = tirette *f.* (de classeur).

shell = paroi *f.* (d'une chaudière), chape *f.* (de poulie), boisseau *m.* (de robinet), carcasse *f.* ou cage *f.* (d'une bâtisse), cuiller *f.* (de tarière), coquille *f.* (Imp.), douille *f.* (d'une cartouche), écaille *f.* (d'huître), manteau *m.* (de moule) (Mét.), gousse *f.* ou cosse *f.* (de pois) (Agr.), obus *m.* (de canon), enveloppe *f.* (Méc.), paroi *f.* d'élément (de maçonnerie) (B.), coquille *f.* (d'oeuf).

– – –, **bearing** = coquille *f.* de coussinet (Méc.).

– – –, **boiler** = corps *m.* de chaudière, paroi *f.* de chaudière, calandre *f.* de chaudière.

– – –, **clam** = benne *f.* preneuse (C.).

– – –, **commutator** = carcasse *f.* de collecteur (E.).

– – –, **egg** = coquille *f.* (d'un oeuf).

– – –, **elevator** = cage *f.* d'ascenseur (B.).

– – –, **fire-box** = enveloppe *f.* du foyer (Méc.).

– – –, **hub** = cuvette *f.* de roue (Méc.).

– – –, **inner** = culotte *f.* (de cheminée) (B.).

– – – **of a block** = chape *f.* de poulie (Méc.).

– – –, **one-piece** = coquille *f.* en une pièce.

– – –, **outer** = revêtement *m.* extérieur.

– – –, **pulley** = chape *f.* de poulie, caisse *f.* de poulie.

– – –, **pump** = corps *m.* de pompe.

– – –, **radiator** = calandre *f.* de radiateur (Auto.).

– – –, **receiver** = boîtier *m.* du récepteur (Tp.).

– – –, **spark-plug** = douille *f.* de bougie (Auto.).

– – –, **universal-joint** = tête *f.* de cardan.

shellac = vernis *m.* laque.

– – –, **bleached** = vernis *m.* laque blanc.

– – –, **gasket** = ciment *m.* à joints (Auto.).

– – –, **to** = laquer.

sheller = égreneuse *f.* (de maïs) (M.), écosseuse *f.* (de pois) (M.).

shelter = abri *m.*, asile *m.*

– – –, **air-raid** = abri *m.* antiaérien.

shelves = V. « **shelf** ».

shelving = rayonnage *m.* (B.), incliné (adj.).

sherardize, to = shérardiser (l'acier).

sherardizing = shérardisation *f.* (de l'acier).

shield = bouclier *m.*, écran *m.* protecteur, cuirasse *f.*, blindage *m.*, contre-porte *f.* (de foyer), plaque *f.* (de policier).

– – –, **antidazzle** = pare-lumière *m.* (Auto.).

– – –, **arcing** = anneau *m.* de garde (d'un isolateur) (E.).

– – –, **cable** = manchon *m.* d'entrée de canalisation (Tp.), écran *m.* (d'un câble) (Tp.), enveloppe *f.* (isolante) (d'un câble) (E.).

– – –, **dust** = pare-poussière *m.*

(shield)

– – –, **electrostatic** = blindage *m.* électrostatique (E.).

– – –, **end** = bouclier *m.* de palier (Méc.).

– – –, **erasing** = pochoir *m.* à effacer, cache *f.*

– – –, **expansion** = tampon *m.* expansible (B.), tampon *m.* métallique (B.).

– – –, **face** = masque *m.* de soudure, masque *m.* de soudeur.

– – –, **hand** = garde-main *m.*

– – –, **insulator** = armature *f.* d'isolateur (E.).

– – –, **magnetic** = écran *m.* magnétique (E.).

– – –, **mud** = cuvette *f.* de protection (du moteur d'auto), carter *m.* de protection (Auto.), garde-boue *m.*

– – –, **rain** = pare-pluie *m.*

– – –, **screen** = écran *m.* en treillis (Mét., C.).

– – –, **splinter** = pare-éclats *m.*

– – –, **sun** = parasoleil *m.* (Phot.).

– – –, **sun-glare** = pare-soleil *m.* (Auto.).

– – –, **test** = gaine *f.* d'essai.

– – –, **under** = capot *m.* inférieur.

– – –, **wind** = pare-brise *m.* (Auto.).

shielding = blindage *m.*, protection *f.* contre. . .

– – –, **self** = autoprotection *f.* (Phys.).

shift = équipe *f.* (d'ouvriers), relève *f.*, changement *m.* d'équipe, poste *m.* de travail, décalage *m.* (E.), déphasage *m.* (E.).

– – –, **brush** = décalage *m.* des balais (E.).

– – –, **case** = inversion *f.* (Tg.).

– – –, **day** = quart *m.* de jour, service *m.* de jour, équipe *f.* de jour.

– – –, **eight-hour** = période *f.* de relève de huit heures.

– – –, **extra** = équipe *f.* supplémentaire.

– – –, **floor** = levier *m.* (de changement de vitesse) au plancher (Auto.).

– – –, **frequency** = changeur *m.* de fréquence (R.), glissement de fréquence (R.).

– – –, **gear** = changement *m.* de vitesse (Méc.), mécanisme *m.* de changement de vitesse (Méc.).

– – –, **gear, automatic** = changement *m.* automatique de vitesse (Méc.).

– – –, **night** = quart *m.* de nuit, service *m.* de nuit, équipe *f.* de nuit.

– – –, **phase** = déphasage *m.* (E.), glissement *m.* de phase (E.).

– – –, **power** = sélecteur *m.* de commande (d'un engin de terrassement).

– – –, **stick** = levier *m.* de vitesse au plancher (Auto.).

– – –, **to** = déplacer (la courroie), changer (de vitesse), décaler (les balais), manoeuvrer (un levier), riper (la voie) (Ch.d.f.).

shifter = levier *m.* de déplacement (Méc.).

– – –, **belt** = fourchette *f.* de courroie, embrayeur *m.*, perche *f.*, passe-courroie *m.*, fourche *f.* de débrayage de courroie.

– – –, **clutch** = levier *m.* de débrayage (Auto.).

– – –, **phase** = compensateur *m.* de phase (E.), transformateur *m.* de phase (E.).

shifting = débrayage *m.* (Méc.), déplacement *m.* (Méc., C.), décalage *m.* (E.).

– – –, **brush** = calage *m.* des balais (E.).

– – – **of earth** = mouvement *m.* des terres (C.).

– – – **of the belt** = débrayage *m.* de la courroie, passe *f.* de la courroie.

(shifting

– – – **of the brushes** = décalage *m.* des balais (E.).
– – – **of the sliding-gears** = coulissement *m.* des baladeurs (Auto.).
– – – **of the track** = ripage *m.* de la voie (Ch.d.f.).
– – –, **transverse** = déplacement *m.* transversal.
– – – **up** = montée *f.* de vitesse (Auto.).
shiftwork = travail *m.* par équipes.
shim = cale *f.* d'épaisseur (de machine), cale *f.*
– – –, **adjusting** = cale *f.* de réglage.
– – –, **bearing** = cale *f.* pour palier.
– – –, **spacing** = cale *f.* d'épaisseur.
– – –, **steel** = cale *f.* en acier.
– – –, **to** = caler (un rail).
shimming = calage *m.* (d'une pièce, d'un moteur), réglage *m.* (d'un champ magnétique) (E.).
shimmy = dandinement *m.* des roues avant (d'une auto), shimmy *m.* (Auto.).
shiners = brillants *m.p.* ou paillettes *f.p.* (dans le papier) (Pap.).
shingle = bardeau *m.* (B.).
– – –, **asbestos** = bardeau *m.* d'amiante, bardeau *m.* de fibrociment.
– – –, **asphalt** = bardeau *m.* asphalté, bardeau *m.* d'asphalte.
– – –, **composition** = bardeau *m.* d'asphalte.
– – –, **siding** = bardeau *m.* de revêtement.
– – –, **steel** = bardeau *m.* en acier.
– – –, **to** = essenter, couvrir de bardeaux.
shingler = machine *f.* à cingler, cingleur *m.* (O.).
ship = navire *m.* marchand, vaisseau *m.*, bâtiment *m.* de mer, bateau *m.*
– – –, **cable laying** = navire *m.* câblier (Tp., E.).
– – –, **sister-** = navire *m.* jumeau, bâtiment *m.* jumeau.
– – –, **to** = expédier (des marchandises), envoyer, embarquer (une cargaison).
shiplap = planche *f.* à feuillure (B., Mar.).
shipment = embarquement *m.* (d'une cargaison) (Mar.), expédition *f.* (de marchandises) chargement *m.*
– – –, **rail** = expédition *f.* par voie ferrée.
shipper = expéditeur *m.* (O.), affréteur *m.* (O.).
shipping = expédition *f.*, chargement *m.*, transport *m.*
shipyard = chantier *m.* de construction navale, chantier *m.* maritime.
shive = bouchon *m.* (de bocal), bonde *f.* (de tonneau), éclats *m.p.* de bois (Pap.).
shoal = haut-fond *m.* (H.).
shock = choc *m.*, impact *m.*, à-coup *m.*
– – –, **acoustic** = choc *m.* acoustique.
– – –, **counter-** = choc *m.* en retour.
– – –, **electric** = commotion *f.* électrique, secousse *f.* électrique.
– – –, **rebound** = choc *m.* de compression.
– – –, **return** = contrecoup *m.*
– – –, **road** = cahot *m.*
shoe = sabot *m.* (de poteau), semelle *f.* (de crosse de piston), patin *m.* (de traîneau), appareil *m.* d'appui, épanouissement *m.* (polaire) (E.), soulier *m.* (d'une personne), coude *m.* (d'un tuyau de descente) (B.), V. « shoes ».
– – –, **bending** = sabot *m.* de cintrage (Mét.).
– – –, **brake** = segment *m.* de frein (Méc.), sabot *m.* de frein (Méc.).

(shoe)

– – –, **brake, cast-iron** = sabot *m.* de frein en fonte (Méc.).
– – –, **cable** = cosse *f.* à câble (Tp.).
– – –, **collector** = sabot *m.* (E.), patin *m.* (E.).
– – –, **contact** = sabot *m.* de prise de courant (de tramway).
– – –, **cross-head** = patin *m.* de crosse (Méc.).
– – –, **die** = porte-matrice *m.* (Méc.).
– – –, **drag** = sabot *m.* (Méc.), patin *m.* (Méc.).
– – –, **expansion** = appareil *m.* d'appui mobile (Méc.).
– – –, **horse-** = V. « horseshoe ».
– – –, **pile** = sabot *m.* de pilotis (C.), sabot *m.* de pieu (C.).
– – –, **pole** = masse *f.* polaire (E.), sabot *m.* de poteau (Tp.), épanouissement *m.* polaire (E.).
– – –, **rail** = patin *m.* du rail (Ch.d.f.).
– – –, **shifter** – – – **of clutch** = sabot *m.* de déplacement d'embrayage (Méc.).
– – –, **slide** = glissière *f.* (Méc.).
– – –, **spike** = soulier *m.* à pointes.
– – –, **to** = saboter (un pilotis), ferrer (un cheval), chausser (une personne).
– – –, **trolley** = sabot *m.* de contact (E.), frotteur *m.* (E.).
shoemaker = cordonnier *m.* (O.).
shoes, ladder = patins *m.p.* d'échelle.
– – –, **page** = porte-page *m.* (Imp.).
– – –, **road** = patins *m.p.* de route (d'un tracteur).
– – –, **snow-** = raquettes *f.p.*
shoot = conduit *m.* incliné, couloir *m.*, glissière *f.*, V. « chute ».
shooter, trouble = dépanneur *m.* (O.).
shooting = tir *m.* (au revolver), fusillade *f.* (d'un traître), dressage *m.* (d'un madrier), tournage *m.* (d'un film) (Phot.), prise *f.* de vues (Phot., Tv.).
– – –, **trouble** = dépannage *m.*, recherche *f.* des pannes.
shop = boutique *f.*, débit *m.* (de tabac, de boissons), atelier *m.*
– – –, **adjusting** = atelier *m.* de mise au point.
– – –, **antique** = magasin *m.* d'antiquités.
– – –, **baker's** = boulangerie *f.*
– – –, **body** = atelier *m.* de carrosserie.
– – –, **boiler** = chaufferie *f.*, salle *f.* des chaudières, chaudronnerie *f.*
– – –, **book** = V. « bookshop ».
– – –, **boot** = magasin *m.* de chaussures.
– – –, **car** = atelier *m.* de réparation (Ch.d.f.).
– – –, **closed** = atelier *m.* qui n'admet que les ouvriers syndiqués.
– – –, **corner** = boutique *f.* d'angle.
– – –, **duty free** = boutique *f.* franche, magasin *m.* hors douane.
– – –, **engineering** = atelier *m.*
– – –, **erecting** = atelier *m.* de montage.
– – –, **field** = atelier *m.* mobile de chantier.
– – –, **finishing** = atelier *m.* de parachèvement.
– – –, **fitter's** = atelier *m.* d'ajustage.
– – –, **fitting** = atelier *m.* d'ajustage.
– – –, **forge** = atelier *m.* de forge.
– – –, **grocer's** = épicerie *f.*
– – –, **joiner's** = menuiserie *f.*
– – –, **machine** = atelier *m.* d'ajustage, atelier *m.* de constructions mécaniques, atelier *m.* des machines,

(shop)

atelier *m.* de mécanique.

– – –, **maintenance** = atelier *m.* d'entretien.

– – –, **mobile** = voiture-atelier *f.*, camion-atelier *m.*

– – –, **novelty** = magasin *m.* de nouveautés.

– – –, **open** = atelier *m.* qui admet les ouvriers non-syndiqués.

– – –, **pattern** = atelier *m.* de modelage.

– – –, **printing** = imprimerie *f.*

– – –, **repair** = atelier *m.* de réparations.

– – –, **smith** = forge *f.*

– – –, **test** = salle *f.* d'essai, laboratoire *m.* d'essai.

– – –, **tin** = ferblanterie *f.*

– – –, **to** = faire des achats, faire des emplettes, faire des courses, magasiner (Canada).

– – –, **work** = V. « workshop ».

shopping = achats *m.p.*, emplettes *f.p.*, courses *f.p.*, magasinage *m.* (Canada).

– – –, **window** = (faire du) lèche-vitrines.

shore = étai *m.* (C.), étançon *m.* (C.), rive *f.* (d'un cours d'eau), bord *m.* (de la mer), plage *f.*, rivage *m.*, côte *f.*, étrésillon *m.* (d'une tranchée).

– – –, **dead** = étai *m.* vertical (C.).

– – –, **far** = rive *f.* opposée (d'une rivière).

– – –, **flying** = étrésillon *m.* (C.), chevalement *m.* (B.).

– – –, **racking** = étai *m.* incliné (C.), contre-fiche *f.* (C.).

– – –, **to** = buter (C.), étayer (C.).

– – –, **to** – – – **up** = étançonner (C.).

– – –, **trestle** = chevalement *m.* (C.).

– – –, **vertical** = chandelle *f.* (C.).

shoring = étayage *m.* (C.), étaiement *m.* (C.), étançonnement *m.* (C.), chevalement *m.* (C.).

– – –, **ancillary** = étayage *m.* auxiliaire (dans une reprise en sous-oeuvre) (B.).

– – – **and bracing** = enchevalement *m.* (d'un mur qu'on veut réparer) (B.), chevalement *m.* (B.).

short = (métal *m.*) aigre (adj.) ou cassant (adj.), court-circuit *m.* (E.).

– – –, **cold** = (fer *m.*) cassant à froid, aigre (adj.).

– – –, **dead** = court-circuit *m.* parfait (E.).

– – –, **hot** = (fer *m.*) cassant à chaud.

– – –, **red** = (fer *m.*) cassant à chaud.

– – –, **to** – – – **out** = mettre hors circuit (E.), court-circuiter (E.).

shortage = manque *m.* (de vivres, de poids), pénurie *f.* (de dollars, de charbon), disette *f.* (d'eau, d'argent, de vivres), déficit *m.* (de caisse).

– – –, **housing** = pénurie *f.* de logements.

short-circuit = court-circuit *m.* (E.).

– – – – –, **dead** = court-circuit *m.* parfait.

– – – – –, **to** = court-circuiter, mettre en court-circuit.

short-circuiting = court-circuitage *m.* (E.), mise *f.* en court-circuit (E.).

shorted = (accumulateur *m.*) court-circuité.

shorten, to = raccourcir, refouler, diminuer, rapetisser.

shortener = noeud *m.* à plein poing (Mar.), noeud *m.* de bec d'oiseau (Mar.).

shortness, cold = fragilité *f.* à froid.

shorts = petites longueurs (c.-à-d. pièces de bois de construction de courte longueur) (Canada).

short-sighted = myope (adj.).

shot = essai *m.*, coup *m.* de mine, coup *m.*, plomb *m.* (de chasse), prise *f.* de vues (Phot.), instantané *m.*

(shot)

(Phot.).

– – –, **bird** = cendrée *f.*

– – –, **buck** = chevrotine *f.*

– – –, **chilled** = grenaille *f.* d'acier trempé (Mét.).

– – –, **dolly** = travelling *m.* en poursuite (Phot.).

– – –, **dust** = cendrée *f.*

– – –, **follow** = travelling *m.* d'accompagnement (Phot.), prise *f.* de vues en poursuite (Phot.).

– – –, **long** = prise *f.* de vues à distance (Tv.), plan *m.* d'ensemble (Phot.).

– – –, **medium** = plan *m.* moyen (Phot.).

– – –, **metal** = grenaille *f.* métallique.

– – –, **pack** = plan *m.* final (d'un film publicitaire).

– – –, **single-** = (clinographe *m.*) à un coup.

– – –, **trucking** = travelling *m.* d'accompagnement (Phot.).

shotcrete = V. « gunnite ».

shoulder = épaulement *m.* (de l'arbre, de tenon), embase *f.* (d'un couteau, d'un boulon, de mandrin), collet *m.* (de tuyau), talon *m.* (d'essieu), accotement *m.* (de route).

– – –, **bevel** = embrèvement *m.*

– – –, **gable** = butée *f.* de pignon (B.).

– – – **of a trunnion** = embase *f.* de tourillon (Méc.).

– – –, **soft** = accotement *m.* mou.

– – –, **stop** = saillie *f.* d'arrêt (Méc.).

shove, to = pousser, déplacer.

shovel = pelle *f.* (I., M.).

– – –, **back-digging** = pelle *f.* rétrocaveuse (M.).

– – –, **coal** = pelle *f.* à charbon.

– – –, **Diesel** = pelle *f.* Diesel (M.).

– – –, **drain** = pelle *f.* à rigole.

– – –, **fire** = pelle *f.* à feu.

– – –, **garden** = pelle *f.* de jardinage.

– – –, **hollow** = pelle-curette *f.*

– – –, **long-handed** = pelle-curette *f.*

– – –, **mechanical** = pelle *f.* mécanique (M.).

– – –, **miner's** = pelle *f.* de mineur.

– – –, **power** = pelle *f.* mécanique (M.), excavateur *m.* (M.).

– – –, **pull** = pelle *f.* rétrocaveuse (M.), rétrocaveuse *f.* (M.).

– – –, **railroad** = pelle *f.* sur voie ferrée (M.).

– – –, **revolving, full** = pelle *f.* à rotation totale (M.).

– – –, **round point** = pelle *f.* à bout rond.

– – –, **sand** = pelle *f.* à sable.

– – –, **skimmer** = pelle *f.* niveleuse (M.).

– – –, **snow** = pelle *f.* à neige.

– – –, **snow, steel** = pelle *f.* à neige en acier.

– – –, **snow, wooden** = pelle *f.* à neige en bois.

– – –, **square point** = pelle *f.* à bout carré.

– – –, **steam** = pelle *f.* à vapeur (M.), excavateur *m.* à vapeur (M.).

– – –, **swing, half-** = pelle *f.* à demi-rotation (M.).

– – –, **to** = pelleter.

– – –, **tractor** = chouleur *m.* (M.).

shovel-dozer = bulldozer-chargeur *m.* (M.), traxcavator *m.* (M.).

shoveller = conducteur *m.* de pelle (O.), pelleteur *m.* (O.).

shovelling = pelletage *m.*

– – –, **hand** = pelletage *m.* à la main.

showcase = V. « case, show ».

(shutter)

show-through = transparence *f.* (d'une feuille imprimée) (Imp.).
– – – – –, **to** = transparaître.
shower = averse *f.* (H.), douche *f.* (B.).
– – –, **sudden** = giboulée *f.*, averse *f.*, ondée *f.*
showers = rinceurs *m.p.* (sur une machine à papier) (Pap.).
showroom = salle *f.* (ou salon *m.*) d'exposition (de marchandises), salle *f.* de démonstration (d'automobiles).
shrapnel = éclats *m.p.* d'obus.
shredder, vegetable = coupe-julienne *m.* (Ust.).
shrink, to = se contracter, rétrécir, (le bois peut) prendre du retrait, (une poutre peut) travailler (B.).
– – –, **to** – – – **on hot** = fretter à chaud, poser à chaud, emmancher à chaud.
strinkage = retrait *m.* (du bois), contraction *f.* (du métal), rétrécissement *m.* (d'un tissu).
shroud = hauban *m.*, bouclier *m.*, blindage *m.*, recouvrement *m.*, emboîtement *m.*
– – –, **to** = blinder (un transformateur), emboîter (un engrenage), bander (une roue à aubes).
shrouding = blindage *m.* (d'un transformateur), emboîtement *m.* (d'un engrenage), bandage *m.* (d'une roue à aubes).
shrunk = contracté (adj.), rétréci (adj.).
shunt = shunt *m.* (E.), dérivation *f.* (E.), changement *m.* de voie (Ch.d.f.).
– – –, **inductive, highly** = shunt *m.* à pouvoir inductif élevé (E.).
– – –, **to** = shunter (E.), dériver (E.), garer ou manoeuvrer (des wagons) (Ch.d.f.), changer de voie (Ch.d.f.).
– – –, **to** – – – **across** = mettre en dérivation (E.).
shunted = shunté (E.), mis en dérivation (E.).
shunter = dérivateur *m.* (Tp.).
shunting = triage *m.* ou manoeuvre *f.* (des wagons) (Ch.d.f.), changement *m.* de voie (Ch.d.f.).
shut, cold = maille *f.* (de secours) se rivant à froid.
– – –, **to** = fermer (une porte), arrêter (le moteur).
– – –, **to** – – – **down** = fermer (un atelier), couper (la vapeur, le moteur).
– – –, **to** – – – **off** = couper (la vapeur, le moteur), fermer (l'eau).
shut-down = arrêt *m.* (de travail), fermeture *f.* (d'une usine).
– – –, **partial** = arrêt *m.* partiel, fermeture *f.* partielle.
shut-off = soupape *f.*, robinet *m.*, bonde *f.* (d'un étang), vanne *f.* (d'une écluse)
shutter = volet *m.* (Tp., Méc.), obturateur *m.* (Méc., Phot.), écluse *f.* (H.), registre *m.* (Méc.), hausse *f.* (de vanne), persienne *f.* (B.), V. « shutters ».
– – –, **air** = obturateur *m.* d'air, volet *m.* d'air.
– – –, **automatic** = obturateur *m.* automatique (Phot.).
– – –, **behind-lens** = obturateur *m.* arrière (Phot.).
– – –, **between-lens** = obturateur *m.* au diaphragme (Phot.).
– – –, **bladed** = obturateur *m.* à pales (Phot.).
– – –, **box** = volet *m.* se repliant à l'intérieur (B.).
– – –, **cable-release** = obturateur *m.* à commande manuelle (Phot.).
– – –, **cold-air** = volet *m.* d'air froid.
– – –, **compur** = obturateur *m.* à iris (Phot.), ob-

turateur *m.* d'objetif (Phot.).
– – –, **control** = volet *m.* de réglage.
– – –, **diaphragm** = obturateur *m.* au diaphragme (Phot.).
– – –, **drop** = obturateur *m.* (Méc.), obturateur *m.* à guillotine (Phot.).
– – –, **drop-indicator** = volet *m.* d'annonciateur d'appel (Tp.).
– – –, **electronic** = obturateur *m.* électronique (Phot.).
– – –, **flap** = obturateur *m.* à volet (Phot.).
– – –, **focal plane** = obturateur *m.* focal (Phot.).
– – –, **hand-operated** = obturateur *m.* à commande manuelle (Phot.).
– – –, **intake** = volet *m.* d'admission.
– – –, **interlens** = obturateur *m.* au diaphragme (Phot.).
– – –, **non-automatic** = obturateur *m.* à commande manuelle (Phot.).
– – –, **outside** = contrevent *m.* (B.).
– – –, **plug-restored** = volet *m.* à rappel (par enfoncement de la fiche) (Tp.).
– – –, **pressure** = vanne *f.* de tête d'eau (H.).
– – –, **radiator** = volet *m.* de radiateur (Auto.).
– – –, **rotary** = obturateur *m.* rotatif (Phot.).
– – –, **revolving** = obturateur *m.* rotatif (Phot.).
– – –, **roller blind** = obturateur *m.* à rideau (Phot.).
– – –, **sectional-steel** = tablier *m.* de tôle (d'un magasin).
– – –, **self-setting** = obturateur *m.* automatique (Phot.).
– – –, **slotted** = obturateur *m.* focal (Phot.).
– – –, **thermostatically-controlled** = volet *m.* thermique.
– – –, **ventilator** = vanne *f.* de ventilateur.
shutters = V. « shutter ».
– – –, **false** = volets *m.p.* de parement (B.).
– – –, **metal** = persiennes *f.p.* en métal (B.).
– – –, **radiator** = volets *m.p.* de radiateur (Auto.), volets *m.p.* thermorégulateurs.
– – –, **rolling** = volets *m.p.* roulants (pour entrée d'usine).
– – –, **steel** = persiennes *f.p.* en acier (B.).
– – –, **venetian** = persiennes *f.p.* (B.).
– – –, **wooden** = persiennes *f.p.* en bois (B.), persiennes *f.p.* (B.).
shuttle = vanne *f.* (H.), navette *f.* (I.).
siamesed = jumelé (adj.).
siccative = siccatif *m.* (ou adj.).
sickle = faucille *f.*
– – –, **small** = faucillon *m.*
– – –, **swing** = serpe *f.* à gazon.
sickness, air = mal *m.* de l'air (Av.).
– – –, **car** = mal *m.* de voiture (Auto.).
– – –, **sea** = mal *m.* de mer (Mar.).
side = rein *m.* (d'une voûte), lisière *f.* (d'une forêt), pan *m.* (d'un écrou, d'un toit), côté *m.* (d'une bâtisse), flanc *m.* ou versant *m.* (d'une colline), paroi *f.* (c'un cylindre, d'un fossé), flasque *m.* (d'une chèvre de levage), jumelle *f.* (d'un banc de tour), face *f.* (d'un disque), joue *f.* (d'un coffrage à béton), latéral (adj.), de côté.
– – –, **blast** = face *f.* de contrevent (d'un haut fourneau).

(side)

‒ ‒ ‒ **by side** = côte à côte.

‒ ‒ ‒, **driven** ‒ ‒ ‒ **of belt** = brin *m.* mou de la courroie, brin *m.* mené de la courroie.

‒ ‒ ‒, **driving** ‒ ‒ ‒ **of belt** = brin *m.* conducteur de la courroie, brin *m.* menant de la courroie.

‒ ‒ ‒, **edge** = arête *f.*, extrémité *f.*

‒ ‒ ‒, **exit** = côté *m.* de la sortie (d'un laminoir).

‒ ‒ ‒, **face** = face *f.* (d'une planche), façade *f.* (d'une maison), découvert *m.* (d'une grume après sciage).

‒ ‒ ‒, **flat** = paroi *f.* latérale.

‒ ‒ ‒, **frontal** = face *f.*, front *m.*

‒ ‒ ‒, **hill-** = flanc *m.* de côteau.

‒ ‒ ‒, **leeward** = côté *m.* sous le vent.

‒ ‒ ‒ **of a fire-box** = paroi *f.* latérale d'un foyer.

‒ ‒ ‒ **of a lathe** = jumelle *f.* d'un banc de tour.

‒ ‒ ‒ **of delivery** = brin *m.* descendant (d'une courroie).

‒ ‒ ‒, **ring** = nuque *f.* (d'une fiche de jack) (Tp.).

‒ ‒ ‒, **slack** ‒ ‒ ‒ **of belt** = brin *m.* mou de la courroie, brin *m.* mené de la courroie.

‒ ‒ ‒, **sloping** = versant *m.*, pan *m.* (de toit).

‒ ‒ ‒, **straight** = côté *m.* droit.

‒ ‒ ‒, **sunny** = côté *m.* exposé au soleil.

‒ ‒ ‒, **tight** ‒ ‒ ‒ **of belt** = brin *m.* tendu d'une courroie.

‒ ‒ ‒, **tip** = conducteur *m.* relié à l'extrémité de la fiche bipolaire (Tp.).

‒ ‒ ‒, **to** = dégrossir (le bois brut).

‒ ‒ ‒, **traffic** = côté *m.* circulation (Auto.).

‒ ‒ ‒, **under** = dessous *m.*, face *f.* inférieure.

‒ ‒ ‒, **windward** = côté *m.* du vent.

‒ ‒ ‒, **wire** = côté *m.* toile (d'une feuille de papier) (Pap.).

‒ ‒ ‒, **working** = face *f.* de travail.

‒ ‒ ‒, **wrong** = envers *m.*

sideband = V. « band, side ».

sideboard = buffet *m.*, V. « board, side ».

side-car = voiturette *f.* latérale, side-car *m.*

sidelight = lanterne *f.* latérale, lampe *f.* satellite (Auto.).

side-slip = dérapage *m.* (Auto.), glissage *m.* sur l'aile (Av.).

‒ ‒ ‒ ‒, **to** = déraper.

sidetone = effet *m.* local (Tp.).

‒ ‒ ‒, **anti-** = antilocal *m.* (Tp.).

side-track, to = garer (un train) (Ch.d.f.), aiguiller sur une voie de garage (Ch.d.f.), dérouter (le trafic) (Tp.), reléguer (un projet) au second plan, V. « track, side ».

sidewalk = trottoir *m.*, V. « walk ».

sideways = latéralement, de côté, sur le côté.

sidewise = V. « sideways ».

siding = voie *f.* d'évitement ou voie *f.* de garage (Ch.d.f.), paroi *f.* en planches (B.), lambris *m.* extérieur (B.).

‒ ‒ ‒, **bevelled** = paroi *f.* en planches qui se chevauchent, lambris *m.* extérieur avec joints à recouvrement, parement *m.* à clin (Canada), parement *m.* en bordillon (France).

‒ ‒ ‒, **dead-end** = voie *f.* en cul-de-sac (Ch.d.f.).

‒ ‒ ‒, **drop** = parement *m.* à mi-bois (c.-à-d. à feuillure et chevauchement).

‒ ‒ ‒, **lap** = parement *m.* à recouvrement.

siemens = siemens *m.* (c.-à-d. unité de conductance électrique) (E.), S *m.*

(sieve)

sieve = crible *m.*, tamis *m.*, sas *m.*, grille *f.* supérieure d'un tarare (Agr.), van *m.* (Agr.).

‒ ‒ ‒, **assorting** = crible *m.* de triage.

‒ ‒ ‒, **bolter** = V. « bolter ».

‒ ‒ ‒, **composition** = crible *m.* à tambour, tamis *m.* à tambour.

‒ ‒ ‒, **hair** = tamis *m.* de crin.

‒ ‒ ‒, **percussion** = crible *m.* à percussion.

‒ ‒ ‒, **shaking** = crible *m.* à secousses.

‒ ‒ ‒, **to** = V. « sift, to ».

‒ ‒ ‒, **wire-gauge** = tamis *m.* de gaze métallique, tamis *m.* de toile métallique.

sift, to = tamiser (la farine), cribler (du gravier, du sable), vanner (le blé).

sifter = tamis *m.* (I.), crible *m.* (I.), cribleuse *f.* (M., O.).

‒ ‒ ‒, **ash** = sas *m.* à cendres, crible *m.* à cendres.

‒ ‒ ‒, **flour** = tamis *m.* à farine (Ust.).

sifting = criblage *m.* (du gravier), tamisage *m.* (de la farine), vannage *m.* (des grains).

sight = vue *f.*, viseur *m.* (de compte-gouttes), visée *f.*, mire *f.*

‒ ‒ ‒, **aperture** = hausse *f.* à trou.

‒ ‒ ‒, **back** = hausse *f.* ou oeilleton *m.* (d'une carabine), visière *f.*, visée *f.* arrière.

‒ ‒ ‒, **back** ‒ ‒ ‒ **with leaf and slide** = hausse *f.* à curseur.

‒ ‒ ‒, **fore** = V. « foresight ».

‒ ‒ ‒, **gun, airborne** = radar *m.* d'approche pour avions orientant automatiquement les armes de bord.

‒ ‒ ‒, **leaf** = hausse *f.* à charnière.

‒ ‒ ‒, **level** = mire *f.* de niveau.

‒ ‒ ‒, **peep** = hausse *f.* à trou.

sithting = visée *f.*, pointage *m.* (d'une arme à feu), vue *f.*

sign = signe *m.*, indice *m.*, enseigne *f.*

‒ ‒ ‒, **call** = indicatif *m.* d'appel (R.), indicatif *m.* (R.).

‒ ‒ ‒, **call, five-letter** = signal *m.* indicatif de cinq lettres (R.).

‒ ‒ ‒, **conventional** = appellation *f.* conventionnelle.

‒ ‒ ‒, **electric** = enseigne *f.* lumineuse.

‒ ‒ ‒, **flashing** = réclame *f.* à éclipses.

‒ ‒ ‒, **guide** = signal *m.* d'orientation, signal *m.* de direction.

‒ ‒ ‒, **highway** = V. « sign, road ».

‒ ‒ ‒, **illuminated** = réclame *f.* lumineuse, enseigne *f.* lumineuse.

‒ ‒ ‒, **neon** = enseigne *f.* au néon.

‒ ‒ ‒ **on** = ouverture *f.* (d'une station) (R.).

‒ ‒ ‒, **opposite, of** = de nom contraire (E.).

‒ ‒ ‒, **road** = panneau *m.* de signalisation routière, panonceau *m.*

‒ ‒ ‒, **shop** = enseigne *f.*, écriteau *m.*

‒ ‒ ‒, **trade** = enseigne *f.*

‒ ‒ ‒, **traffic** = panneau *m.* de signalisation routière.

‒ ‒ ‒, **warning** = plaque *f.* d'avertissement, indicateur *m.* d'occupation (d'une salle).

sign-off = fin *f.* des émissions (R.), fermeture *f.* (d'une station) (R.).

signal = signal *m.*, voyant *m.* (E.), signalisation *f.* visuelle (Tp.), V. « signals ».

‒ ‒ ‒, **acknowledgment** = accusé *m.* de réception (R.), signal *m.* d'aperçu (Mar., Tp.).

‒ ‒ ‒, **alarm** = signal *m.* d'alarme.

(signal)

– – –, **alarm, fire** = alarme *f.* d'incendie.

– – –, **alphabetic** = signal *m.* alphabétique (Tg.).

– – –, **answering** = signal *m.* d'accusé de réception (R.).

– – –, **audible** = signal *m.* acoustique, signal *m.* audible, signal *m.* sonore.

– – –, **audio** = signal *m.* audio (Tv.), signal *m.* d'audiofréquence (Tv.).

– – –, **aural** = son *m.* (Tv.), signal *m.* acoustique (Tv.).

– – –, **backward** = signal *m.* vers l'arrière (c.-à-d. du poste demandé au poste demandeur) (Tp.).

– – –, **basic** = signal *m.* de base (Tp.).

– – –, **bell** = signal *m.* à timbre.

– – –, **block** = signal *m.* de cantonnement (Ch.d.f.).

– – –, **blocking** = signal *m.* de blocage (d'un circuit) (Tp.).

– – –, **breakdown** = signal *m.* de dérangement (Tp.), signal *m.* d'interruption (Tp., E.).

– – –, **busy** = tonalité *f.* d'occupation (Tp.), signal *m.* d'occupation (Tp.).

– – –, **busy, audible** = tonalité *f.* d'occupation (Tp.).

– – –, **call** = indicatif *m.* d'appel (R.), appel *m.* (Tp.), signal *m.* d'appel (Tp.).

– – –, **call waiting** = signal *m.* d'appel en attente (Tp.).

– – –, **calling** = signal *m.* d'appel (Tp.).

– – –, **clear-back** = signal *m.* de fin de conversation (Tp.), signal *m.* de raccrochage (Tp.), signal *m.* de libération (Tp., Tg.).

– – –, **clearing** = signal *m.* de fin (de conversation) (Tp.), signal *m.* de clôture (Tp.), signal *m.* de libération (Tg., Tp.), signal *m.* de dégagement (Tp.).

– – –, **code** = signal *m.* conventionnel.

– – –, **coin** = signal *m.* d'encaissement (Tp.).

– – –, **colour-light** = signal *m.* lumineux à feux de couleurs (Ch.d.f.).

– – –, **confirmation, call** = signal *m.* de confirmation d'appel (Tg.).

– – –, **control** = signal *m.* de commande (Tp., E.).

– – –, **correcting** = signal *m.* de correction (de synchronisme) (Tg.).

– – –, **disconnect** = signal *m.* de fin de conversation (Tp.), signal *m.* de coupure (Tp.).

– – –, **distress (or S.O.S.)** = signal *m.* de détresse, S.O.S. *m.*

– – –, **electric** = signal *m.* électrique (E.).

– – –, **flashing** = signal *m.* à éclats (Mar.), clignotant *m.*, signal *m.* clignotant (Tp.).

– – –, **forward** = signal *m.* vers l'avant (c.-à-d. du poste demandeur au poste demandé) (Tg.).

– – –, **free-line** = signal *m.* de ligne libre (Tp.).

– – –, **fog** = signal *m.* de brume (Mar.).

– – –, **horn** = appel *m.* de klaxon (Auto.).

– – –, **impulse** = signal *m.* d'appel par impulsions (Tp.).

– – –, **indicating, idle** = lampe *f.* d'inoccupation (Tp.).

– – –, **input** = signal *m.* d'entrée (E.), signal *m.* entrant (E.).

– – –, **interfering** = signal *m.* parasite (R., Tp.), signal *m.* perturbateur (R., Tp.).

– – –, **interlocking** = signal *m.* de couplage (E.).

– – –, **interval** = signal *m.* de repos (R.).

– – –, **key pulsing** = signal *m.* de composition au clavier (Tp.).

(signal)

– – –, **lamp** = signal *m.* lumineux, voyant *m.* lumineux.

– – –, **lamp, busy** = lampe *f.* d'occupation (Tp.), lampe *f.* de signalisation (Tp.), voyant *m.* d'occupation (Tp.).

– – –, **lamp, electric** = voyant *m.* lumineux.

– – –, **level crossing** = signal *m.* de passage à niveau (Ch.d.f.).

– – –, **line** = signal *m.* d'appel (Tp.).

– – –, **line-engaged** = signal *m.* de ligne occupée (Tp.).

– – –, **low-level** = signal *m.* de faible intensité (Tp., R.).

– – –, **luminous** = signal *m.* lumineux.

– – –, **modulating, original** = signal *m.* modulateur primitif (R.).

– – –, **off-hook** = signal *m.* de réponse (Tp.).

– – –, **on-hook** = signal *m.* de raccrochage (Tp.).

– – –, **order** = signal *m.* d'ordre (R.).

– – –, **outgoing** = signal *m.* de sortie (E.), signal *m.* sortant (E.).

– – –, **overtaking** = signal *m.* pour dépasser (Auto.).

– – –, **parking** = signal *m.* de stationnement (Auto.).

– – –, **picture** = signal *m.* image (Tv.), signal *m.* vidéo (Tv.).

– – –, **proceed-to-select** = signal *m.* d'invitation à numéroter (Tg.).

– – –, **proceed-to-transmit** = signal *m.* d'invitation à transmettre (le numéro) (Tg.).

– – –, **radio** = signal *m.* radioélectrique (R.).

– – –, **recall** = signal *m.* de rappel (Tp., Mar.).

– – –, **release** = signal *m.* de fin (de conversation) (Tp.), signal *m.* de dégagement (Tp.).

– – –, **repeat** = invitation *f.* à répéter (Tg.).

– – –, **ring-back** = signal *m.* de rappel (Tp.).

– – –, **ringing, audible** = signal *m.* d'appel audible (Tp.).

– – –, **ring-off** = signal *m.* de fin de conversation (Tp.).

– – –, **road** = panneau *m.* de signalisation routière.

– – –, **routing** = signal *m.* d'acheminement (Tp.).

– – –, **safety** = signal *m.* de sécurité.

– – –, **semaphore** = signal *m.* sémaphorique (Ch.d.f.).

– – –, **sender** = signal *m.* d'émission (R., Tp.), signal *m.* de transmission (Tg., R., Tp.).

– – –, **sound** = signal *m.* sonore.

– – –, **sound, triple** = signal *m.* à trois notes (Auto.).

– – –, **speech** = signal *m.* vocal (Tp.).

– – –, **start** = signal *m.* de mise en marche (Tg.).

– – –, **start dialling** = signal *m.* d'invitation à transmettre (Tp.), signal *m.* d'invitation à composer (Tp.).

– – –, **starting** = signal *m.* de départ.

– – –, **station** = indicatif *m.* du poste (de radio).

– – –, **stop** = signal *m.* d'arrêt (Tp.).

– – –, **supervisory** = annonciateur *m.* de fin de conversation (Tp.), signal *m.* de supervision (Tp.).

– – –, **switch** = indicateur *m.* de position d'aiguillage (Ch.d.f.).

– – –, **switching** = signal *m.* de commutation (Tp.).

– – –, **sync, line** = signal *m.* de synchronisation (de) ligne (Tv.).

– – –, **synchronizing** = signal *m.* de synchronisation (Tv.).

– – –, **synchronizing, field** = signal *m.* de synchronisation (de) trame (Tv.).

– – –, **telegraph(ic)** = signal *m.* télégraphique.

– – –, **telephone** = signal *m.* téléphonique (Tp.).

(signal)

– – –, **television** = signal *m*. de télévision.
– – –, **test-busy** = signal *m*. de contrôle (Tp.).
– – –, **time** = signal *m*. horaire.
– – –, **to** = signaler, avertir.
– – –, **tone, ringing** = signal *m*. de retour d'appel (Tp.).
– – –, **traffic** = signal *m*. de circulation (Auto.), indicateur *m*. de direction électrolumineux (Auto.), signal *m*. de voie (Auto.).
– – –, **trunk** = signal *m*. d'appel (Tp.).
– – –, **turn** = clignotant *m*. (de direction) (Auto.).
– – –, **video** = signal *m*. d'image (Tv.), signal *m*. vidéo (Tv.).
– – –, **visible** = signal *m*. voyant.
– – –, **visual** = signal *m*. optique.
– – –, **visual, magnetic** = voyant *m*. (Tp.).
– – –, **voice** = signal *m*. vocal, signal *m*. à fréquences vocales.
– – –, **warning** = signal *m*. d'avertissement, signal *m*. d'alarme.
– – –, **wig-wag** = signal *m*. oscillant (Ch.d.f.).
signaller = signaleur *m*. (O.).
signalling = signalisation *f*., émission *f*. (de signaux).
– – –, **amplitude-change** = (formation *f*. des signaux par) modulation *f*. d'amplitude (Tg.).
– – –, **automatic** = signalisation *f*. automatique.
– – –, **by-path** = signalisation *f*. en dérivation (Tp.).
– – –, **electric** = signalisation *f*. électrique.
– – –, **frequency-change** = (formation *f*. des signaux par) modulation *f*. de (ou en) fréquence (Tg.).
– – –, **frequency-exchange** = (formation *f*. des signaux par) modulation *f*. par mutation de fréquence (Tg.).
– – –, **frequency-shift** = (formation *f*. des signaux par) modulation *f*. par déplacement de fréquence (Tg.).
– – –, **inductive** = signalisation *f*. par induction (Tp.), signalisation *f*. inductive (Tp.).
– – –, **magneto** = appel *m*. magnétique (Tp.), appel *m*. à magnéto (Tp.).
– – –, **night** = signalisation *f*. de nuit.
– – –, **road** = signalisation *f*. routière.
– – –, **selective, harmonic** = appel *m*. sélectif (Tp.).
– – –, **two-frequency** = téléphonie *f*. sur deux fréquences vocales (Tp.).
– – –, **visual** = télégraphie *f*. optique.
– – –, **voice-frequency** = appel *m*. harmonique (Tp.).
signals = V. « signal ».
– – –, **directional** = clignotants *m.p*. (de direction) (Auto.).
– – –, **echo** = signaux *m.p*. doubles (R.), signaux *m.p*. multiples (R.), écho *m*. (R.).
– – –, **pulsing** = signaux *m.p*. de numérotation (Tp.).
signature = signature *f*. (d'une forme) (Imp.), cahier *m*. (d'un livre) (Imp.).
significant = (intervalle *m*., terme *m*.) significatif (adj.), (événement *m*.) important (adj.).
silage = ensilage *m*. ou ensilotage *m*. (Agr.), fourrage *m*. ensilé (Agr.).
silencer = silencieux *m*. (Auto.) (Angleterre), amortisseur *m*. de bruit (R.), sourdine *f*. (Méc.).
– – –, **noise** = (appareil *m*. pour l') atténuation *f*. des bruits (R.), amortisseur *m*. de bruit (R.).
– – –, **rubber, door** = amortisseur *m*. en caoutchouc pour porte (B.).
silent = silencieux (adj.), muet (adj.).

silhouette = silhouette *f*. (Imp., Phot.).
silica = silice *f*.
silicate = silicate *m*.
– – –, **sodium** = silicate *m*. de soude.
siliceous (or silicious) = (sable *m*.) siliceux (adj.).
silicon = silicium *m*., (bronze *m*.) siliceux (adj.).
silicone = silicone *f*.
silk = soie *f*.
– – –, **artificial** = rayonne *f*., soie *f*. artificielle.
– – –, **raw** = soie *f*. grège.
– – –, **rayon** = rayonne *f*.
– – –, **spooled** = soie *f*. bobinée.
sill = seuil *m*., semelle *f*. ou sole *f*. (d'une galerie) (Mi.), radier *m*. ou seuil *m*. (d'une écluse) (H.), longeron *m*. ou longrine *f*. (d'un wagon) (Ch.d.f.).
– – –, **brick-on-edge** = seuil *m*. en brique (sur rive) (B.).
– – –, **door** = seuil *m*. de porte (B.).
– – –, **hood** = appui *m*. de capot (Auto.), butée *f*. de capot (Auto.).
– – –, **lock** = seuil *m*. (ou radier *m*.) d'écluse (H.).
– – –, **mud** = assise *f*. de boue (B.).
– – –, **roof** = sablière *f*. de toit (B.).
– – –, **side** = longeron *m*. (B., C.).
– – –, **slip** = seuil *m*. (de porte) rapporté (B.).
– – –, **staircase** = patin *m*. d'escalier B.).
– – –, **window** = appui *m*. de fenêtre, tablette *f*. de fenêtre, allège *f*., rebord *m*. de fenêtre.
silo = silo *m*. (Agr.).
– – –, **to** = ensiler (du fourrage) (Agr.).
silt = boue *f*., vase *f*., limon *m*.
siltation = envasement *m*., colmatage *m*.
silver, German = maillechort *m*.
– – –, **nickel** = maillechort *m*.
– – –, **quick** = mercure *m*.
silvering = argentage *m*. ou argenture *f*. (d'un verre, d'un métal), étamage *m*. (de miroirs).
silverstat = rupteur *m*. à lamelles d'argent (E.).
silverware = argenterie *f*. (de table) (Ust.).
simultaneous = simultané (adj.), en même temps que.
sine = sinus *m*.
sine die = indéfiniment.
singe, to = griller (une étoffe), brûler (la pointe des cheveux), flamber (une volaille).
singing = sifflement *m*. (Tp.).
– – –, **anti-** = V. « anti-singing ».
single = (câble *m*., ligne *f*.) simple (Tp.), (câble *m*.) à un seul conducteur.
single-hung = V. « sash, single-hung ».
single-tree = V. « tree, single ».
sink = évier *m*. (B.), puisard *m*. (S.), égout *m*. (S.).
– – –, **to** = s'affaiser, ciseler (une matrice), creuser ou foncer (un puits), enfoncer (un pieu), opérer un sondage (C.), couler bas (Mar.), couler au fond (Mar.).
sinkage = enlisement *m*. (des roues d'une auto).
sinker = plomb *m*. (d'une ligne de pêche).
– – –, **fishing** = plomb *m*. (d'une ligne de pêche).
sinking = affaissement *m*. (du sol), tassement *m*. (d'une bâtisse), dénivellement *m*. (d'une fondation), fonçage *m*. (d'un puits, de palplanches).
– – –, **shaft** = fonçage *m*. d'un puits (Mi.).
– – –, **soil** = affaissement *m*. du sol (C.).
sinter, to = concrétionner (E.).
sinusoid = sinusoïde *f*. (E.).

sinusoidal = sinusoïdal (adj).
siphon = siphon *m*. (S.).
– – –, inverted = siphon *m*. renversé (S.).
– – –, regulating = épanchoir *m*. à siphon (S.).
– – –, to = siphonner.
siphonage = siphonage *m*. (S.), siphonnement *m*. (S.).
siphoning = siphonage *m*. (S.), siphonnement *m*. (S.).
siren = sirène *f*.
– – –, electric = sirène *f*. électrique.
– – –, steam = sirène *f*. à vapeur.
sirloin = faux-filet *m*., aloyau *m*.
site = emplacement *m*. (d'un édifice), assiette *f*. (d'un poteau), site *m*., position *f*. (d'une ville), à pied d'oeuvre.
– – –, at the = à pied d'oeuvre, sur le chantier.
– – –, building = terrain *m*. à bâtir, chantier *m*. de construction.
– – –, digging = fouille *f*. (C.).
– – –, job = chantier *m*. (C.).
– – –, historical = lieu *m*. historique.
– – –, off = installation *f*. annexe (d'une usine), écart *m*.
– – –, work = chantier *m*. (de construction).
sixfold = sextuple (adj.).
six in line = (moteur *m*. à) six (cylindres) en ligne (Auto.).
size = calibre *m*. ou section *f*. (d'un fil téléphonique), diamètre *m*. (d'un tuyau), cote *f*. (d'un point topographique), colle *f*. (B.), colle *f*. gélatineuse (B.), pointure *f*. (d'un chapeau), cotes *f.p*. (d'un dessin, d'une machine), dimensions *f.p*. (d'une pièce de charpente, d'une salle), calibre *m*. (d'une arme à feu, d'une cartouche), format *m*. (d'un livre, d'un imprimé), granulométrie *f*. (des agrégats), grosseur *f*. (des oeufs, d'une pierre, d'une colonne, d'un plomb de chasse), taille *f*. (d'une personne), encolure *f*. (d'une chemise), grandeur *f*. (d'une branche).
– – –, dressed = dimensions *f.p*. corroyées (d'une pièce de bois) (B.).
– – –, field = champ *m*. couvert (Phot.).
– – –, final = grandeur *f*. finie, cote *f*. finie.
– – –, finish = grandeur *f*. finie, dimension *f*. finie.
– – –, full = vraie grandeur, à la cote exacte.
– – –, gilder's = glaire *f*. (Imp.).
– – –, king = grand format *m*., grand modèle *m*.
– – –, life = grandeur *f*. naturelle.
– – –, nominal = grandeur *f*. nominale, cote *f*. nominale, dimensions *f.p*. nominales (du bois) (B.).
– – –, odd = dimension *f*. spéciale, dimensions *f.p*. diverses.
– – – of a pole = taille *f*. d'un poteau.
– – –, over-all = dimensions *f.p*. générales (B.).
– – –, sheet = format *m*. (Imp.), dimensions *f.p*. de la feuille (Imp.).
– – –, standard = dimension *f*. normale, cote-type *f*., dimensions *f.p*. normalisées (du bois), format-type *m*. (Imp.).
– – –, to = classer par dimension, calibrer (une pièce), apprêter ou coller (le papier), mettre (un trou) à la cote.
– – –, wax = colle *f*. à la cire (Pap.).
sizeable (or sizable) = (projet *m*.) assez important (adj.), (objet *m*.) assez grand (adj.).

sized, beater = collé dans la pile (Pap.).
– – –, engine = collé dans la pile (Pap.).
sizes, stock = formats *m.p*. réguliers (Pap.).
sizing = calibrage *m*., mise *f*. à la cote, collage *m*., apprêtage *m*. (d'une surface à peindre), apprêt *m*.
sizzle = son *m*. crépitant, fritures *f.p*. (R.).
skating = dérapage *m*. (de la pointe de lecture d'un tourne-disque).
skeleton = charpente *f*. ou squelette *m*. (d'une bâtisse), châssis *m*. de montage.
skelp = bande *f*. en acier.
sketch = esquisse *f*., croquis *m*., ébauche *f*., plan *m*., dessin *m*. à main levée.
– – –, dimensioned = croquis *m*. coté.
– – –, eye = levé *m*. à vue, croquis *m*.
– – –, rough = ébauche *f*., croquis *m*.
– – –, thumb-nail = croquis *m*. minuscule, description *f*. sommaire.
– – –, to = esquisser, faire le croquis de. . .
– – – to scale = croquis *m*. à l'échelle.
– – –, working = croquis *m*. d'exécution.
sketching, eye = levé *m*. à vue.
skew = biais *m*., oblique (adj.).
– – –, on the = en biais.
– – –, to = biaiser, couper en sifflet.
skewer = brochette *f*. (Ust.).
– – –, meat = broche *f*. de boucher.
skew-wise = de travers, en biais.
skid = chantier *m*., patin *m*. ou sabot *m*. (d'enrayage d'une voiture), poutrelle *f*. de rampe (B.), dérapage *m*. (Auto.), voie *f*. de glissement (C.), plateau *m*. sur patins.
– – –, full-circle = tête-à-queue *m*. complet (Auto.).
– – –, half-circle = tête-à-queue *m*. (Auto.).
– – –, jack & semi-live = plate-forme *f*. à roues à timon détachable (M.).
– – –, log(ging) = pelle *f*. de traction (pour débardage) (For.).
– – –, non- = antidérapant (adj.) (Auto.).
– – –, tail = béquille *f*. arrière (Av.), béquille *f*. (Av.).
– – –, to = déraper, glisser, patiner, riper (Tp.), faire une embardée (Auto.).
– – –, wing = protège-aile *m*. (Av.).
skidder = tracteur-treuil *m*. (For.).
skidding = dérapage *m*., patinage *m*., débosquage *m*. (ou débardage *m*. ou débusquage *m*.) par tracteur-treuil (For.).
– – –, non- = antidérapant (adj.) (Auto.).
ski-doo = motoneige *f*. ou motoluge *f*.
skillet = poêlon *m*. (Ust.).
skim, to = écrémer (du lait), dégraisser (la soupe, les eaux d'égout), écumer (le métal fondu, le sirop), décrasser (un métal fondu).
skimmer = grille *f*. de retenue (pour les corps flottants), écumoire *f*. (Ust.).
skimming = décrassage *m*. (d'un métal), écrémage *m*. (du lait) (Agr.).
– – –, cream = écrémage *m*.
– – –, grease = dégraissage *m*. (des eaux d'égout) (S.).
skin = croûte *f*. (du métal fondu), pellicule *f*. (sur la peinture), peau *f*. (du lait, d'un animal).
– – –, banana = pelure *f*. de banane.
– – –, orange = écorce *f*. d'orange.

(skin)

– – –, **outer** = épiderme *m.* (d'une personne).

– – –, **to** = dénuder (un fil téléphonique), décroûter (une pièce coulée), peler (une pomme).

– – –, **true** = derme *m.* (d'une personne).

– – –, **unhaired** = peau *f.* en tripe (d'un animal).

skinning = formation *f.* de peaux (sur la peinture), épluchage *m.* (d'un fruit).

skip = bourrique *f.* (B.), benne *f.*, benne *f.* chargeuse (de bétonnière), zone *f.* de silence (R.).

– – –, **coal** = benne *f.*

– – –, **tilting** = benne *f.* basculante.

– – –, **tipping** = benne *f.* de grue.

skirt, fender = cache-roue *m.* (Auto.).

– – –, **piston** = jupe *f.* du piston.

skirting = plinthe *f.* (B.).

skive, to = doler (les douves des futailles), biseauter (un emplâtre de chambre à air) (Auto.), drayer (le cuir, le métal).

skiver = doloire *f.*, doloir *m.*

skylight = puits *m.* de lumière, soupirail *m.*, châssis *m.* vitré dans le toit, lanterneau *m.*, tabatière *f.*, lucarne *f.* faîtière.

– – –, **hinged** = tabatière *f.* (B.).

– – –, **stair** = lanterneau *m.* (B.).

skyscraper = gratte-ciel *m.* (B.).

slab = table *f.*, dalle *f.*, plaque *f.*, dosse *f.* (B.).

– – –, **bottom** = radier *m.* (d'un souterrain).

– – –, **casting** = table *f.* de coulée.

– – –, **concrete** = dalle *f.* en béton (C.).

– – –, **concrete, precast** = dalle *f.* (de béton) préfabriquée.

– – –, **concrete, reinforced** = dalle *f.* de béton armé (B., C.).

– – –, **cover** = dalle *f.* de couverture (C.).

– – –, **covering** = dalle *f.* de recouvrement (C.).

– – –, **flat** = dalle *f.* (en béton) (B.).

– – –, **floor** = dalle *f.* de plancher (B.).

– – –, **foundation** = dalle *f.* de fondation (C.), radier *m.* (C.).

– – –, **invert** = radier *m.* (en voûte renversée).

– – – **of cork** = tranche *f.* de liège.

– – – **of metal** = plaque *f.* de métal.

– – – **of timber** = dosse *f.* (For.), [croûte *f.*] (For.) (Canada).

– – –, **ribbed** = dalle *f.* nervurée.

– – –, **sidewalk** = dalle *f.* (ou carreau *m.*) de trottoir.

– – –, **sidewalk, precast** = dalle *f.* de trottoir préfabriquée, carreau *m.* de trottoir préfabriqué.

– – –, **to** = paver de dalles, daller.

slabstone = pierre *f.* en forme de dalle.

slack = flasque (adj.), lâche (adj.), qui a du jeu, détendu (adj.), desserré, jeu *m.*, mou *m.* (d'une ligne téléphonique).

– – –, **belt** = flèche *f.* de la courroie.

– – –, **to** = donner du mou à (un câble), relâcher (un fil téléphonique), desserrer (un écrou), prendre du mou, détendre, prendre du lâche, gâcher (la chaux).

slacken, to = détendre, desserrer, relâcher, ralentir, éteindre (la chaux), diminuer (la vitesse).

slacking = desserrage *m.* (d'un écrou), extinction *f.* (de la chaux), ralentissement *m.* (de l'allure).

slag = scorie *f.* (Mét.), mâchefer *m.* (Mét.), crasse *f.* (Mét.), laitier *m.* (Mét.), brocaille *f.* (Mét.).

(slag)

– – –, **basic** = scories *f.p.* de déphosphoration.

– – –, **blast-furnace** = laitier *m.* de haut fourneau.

– – –, **iron** = scorie *f.* d'affinage.

slake, to = éteindre (de la chaux).

slaking = extinction *f.* (de la chaux vive), étanchement *m.* (de la soif).

– – –, **air** = extinction *f.* à l'air (B.).

slant = pente *f.*, inclinaison *f.*, biseau *m.*

– – –, **on the** = de biais, en écharpe.

– – –, **to** = incliner, pencher, déverser (un mur).

slantwise = en biais, en écharpe, obliquement.

slap = claquement *m.*

– – –, **piston** = claquement *m.* de piston.

slasher = (scie *f.*) tronçonneuse *f.* (M.).

slashing = abattage *m.* (des arbres), déboisement *m.*, tronçonnage *m.* (des bois).

slashings = déchets *m.p.* d'abattage.

slat = latte *f.*, lamelle *f.*, lame *f.*

– – –, **blind** = lame *f.* (ou lamelle *f.*) de jalousie (B.).

– – – **of a Venetian blind** = lame *f.* de jalousie (B.), lame *f.* de store vénitien (B.).

slate = ardoise *f.*, feuille *f.* d'ardoise (B.), liste *f.* des candidats.

– – –, **eaves** = ardoise *f.* de chéneau (B.).

– – –, **hip** = ardoise *f.* cornière.

– – –, **to** = couvrir d'ardoises.

slater = couvreur *m.* (en ardoises) (O.).

sled = traîneau *m.*

sledge = marteau *m.* (de forgeron), masse *f.* à frapper devant.

– – –, **about** = marteau *m.* à frapper devant, marteau *m.* à devant.

– – –, **blacksmith's, cross-peen** = masse *f.* de forgeron à panne en travers.

– – –, **blacksmith's, double-face** = masse *f.* de forgeron à double tête.

– – –, **blacksmith's, straight – peen** = masse *f.* de forgeron à panne droite.

– – –, **post** = masse *f.* à poteaux.

sleeper = sole *f.* (C.), lambourde *f.* (B.), traverse *f.* (Ch.d.f.), voiure-lit *f.* (Ch.d.f.).

– – –, **concrete, prestressed** = traverse *f.* en béton précontraint.

– – –, **cross-** = traverse *f.* (Ch.d.f.), traverse *f.* intermédiaire (Ch.d.f.).

– – –, **longitudinal** = longrine *f.*

– – – **of staircase** = patin *m.* d'escalier (B.).

– – –, **railway** = traverse *f.*

– – –, **steel** = traverse *f.* en acier, traverse *f.* métallique.

– – –, **wood** = traverse *f.* en bois.

sleet = verglas *m.*, givre *m.*

sleeve = manchon *m.* (Tp., Méc.), douille *f.* (Méc.), bague *f.* d'assemblage (Méc.), gaine *f.* (Méc.), virole *f.* (Méc.).

– – –, **adjusting** = manchon *m.* de réglage.

– – –, **air** = manche *f.* à air.

– – –, **axle** = boîte *f.* d'essieu (Auto.).

– – –, **axle-tree** = couvre-essieu *m.*

– – –, **barrel** = cheminée *f.*

– – –, **bearing** = boîte *f.* d'essieu.

– – –, **bonding** = douille *f.* de raccord, raccord *m.*

– – –, **bridging** = manchon *m.* de raccordement (Tp., E.), manchon *m.* de dérivation (E., Tp.).

(sleeve)

– – –, **clutch** = manchon *m.* d'embrayage.
– – –, **connection** = manchon *m.* de raccordement.
– – –, **coupling** = manchon *m.* d'accouplement.
– – –, **coupling, claw** = manchon *m.* d'accouplement.
– – –, **cylinder** = chemise *f.* de cylindre (Méc.).
– – –, **cylinder, wet** = chemise *f.* humide (Méc.).
– – –, **drill** = manchon *m.* pour foret.
– – –, **end** = manchon *m.* d'extrémité de câble (Tp.).
– – –, **expansion** = manchon *m.* d'expansion.
– – –, **governor** = manchon *m.* de régulateur.
– – –, **guide** = douille *f.* de guidage.
– – –, **junction** = manchon *m.* de jonction (E.), manchon *m.* d'accouplement (Méc.).
– – –, **lead** = manchon *m.* de plomb (Tp.).
– – –, **loose** = douille *f.* mobile.
– – –, **metallic** = gaine *f.* métallique, manchon *m.* métallique.
– – – **of commutator** = manchon *m.* de collecteur (E.).
– – – **of flexible shaft** = fourreau *m.* d'arbre flexible.
– – – **of jack** = douille *f.* de jack (Tp.).
– – – **of plug** = corps *m.* de fiche (Tp.).
– – – **of the cylinder** = chemise *f.* du cylindre (Auto.).
– – –, **paper** = manchon *m.* de papier.
– – –, **pipe** = manchon *m.*
– – –, **quarter-wave** = symétriseur *m.* à manchon (R.).
– – –, **rubber** = manchon *m.* en caoutchouc.
– – –, **screw** = manchon *m.* fileté.
– – –, **sliding** = manchon *m.* mobile, fourreau *m.*, coulisseau *m.*, manchon *m.* coulissant.
– – –, **smooth** = manchon *m.* lisse.
– – –, **spacing** = manchon *m.* d'écartement.
– – –, **splicing** = manchon *m.* (Tp.), manchon *m.* de raccordement (E.).
– – –, **split** = manchon *m.* fendu.
– – –, **taper** = manchon *m.* de réduction, douille *f.* conique.
– – –, **threaded** = manchon *m.* fileté.
– – –, **transmission** = manchon *m.* de transmission.
slewing = virage *m.*, tête-à-queue *m.* (Auto.), pivotement *m.*, balayage *m.* (Radar).
slice = tranche *f.* (de pain), ringard *m.* (Méc.), lance *f.* à feu (Méc.), règle *f.* d'épaisseur (Pap.), régulateur *m.* (de débit) (Pap.).
slicer = machine *f.* à trancher (le pain, etc.), éminceur *m.* (de signal) (E.).
– – –, **bread** = taille-pain *m.*, machine *f.* à trancher le pain.
– – –, **egg** = coupe-oeufs *m.* (Ust.).
– – –, **ham** = coupe-jambon *m.* (Ust.).
– – –, **root** = coupe-racines *m.*
– – –, **vegetable** = taille-légumes (Ust.).
slick = lissoir *m.*
– – –, **carpenter's** = lissoir *m.* de charpentier.
– – –, **to** = lisser (un moule de fonderie).
slide = curseur *m.*, glissière *f.*, coulisse *f.*, chariot *m.*, éboulis *m.*, glissement *m.*, éboulement *m.*, diapositive (Phot.).
– – –, **adjuncting** = fer *m.* doux mobile (Tp.).
– – –, **axle-box** = guide *m.* de la boîte d'essieu (Méc.).
– – –, **bed** = coulisseau *m.* porte-outil (de tour).
– – –, **bottom** = chariot *m.* inférieur (d'un tour).
– – –, **cross-** = coulisseau *m.* (Méc.), chariot *m.* transversal (Méc.).

(slide)

– – –, **cutter** = chariot *m.* à couteaux (d'une raboteuse).
– – –, **dovetail** = glissière *f.* à queue d'aronde.
– – –, **drawer** = coulisse *f.* de tiroir.
– – –, **extension** = glissière *f.* d'extension.
– – –, **land** = glissement *m.* (de terrain), éboulement *m.*
– – –, **lathe** = chariot *m.* de tour.
– – –, **multiple** = chariot *m.* à outils multiples (Méc.)
– – –, **revolving** = chariot *m.* pivotant (Méc.).
– – –, **riveting** = coulisse *f.* à river (Méc.).
– – –, **swinging** = porte-outil *m.* oscillant (Méc.).
– – –, **table** = glissière *f.* du plateau (d'une machine-outil).
– – –, **timber** = glissoir *m.* (C.).
– – –, **to** = coulisser, glisser.
– – –, **tool** = coulisseau *m.* porte-outil-(Méc.), chariot *m.* porte-outil (Méc.), chariot *m.* (Méc.).
– – –, **transverse** = chariot *m.* transversal.
– – –, **tray** = glissière *f.* à cabarets (B.), glissière *f.* à plateaux (B.).
– – –, **turret** = chariot *m.* porte-tourelle (Méc.), chariot *m.* de tour de tourelle (Méc.).
– – –, **window** = coulant *m.* de glace (B.).
slider = archet *m.* (pour prise de courant des tramways à trolley), coulisse *f.*, curseur *m.*, chariot *m.*, coulisseau *m.*
slideway = coulisse *f.* (de tiroir), rainure *f.*
– – – **dovetail** = glissière *f.* à queue d'aronde.
sliding = glissement *m.*, coulissement *m.*, à glissière, à coulisse, lancement *m.* (du bois), (châssis *m.*) coulissant (B.).
slime = vase *f.*, boue *f.*, limon *m.*
– – –, **anode** = boue *f.* de l'anode (E.).
sling = fronde *f.*, écharpe *f.* (de premiers soins), braye *f.* (B.), élingue *f.*, bretelle *f.*, suspente *f.* (C., Mar.).
– – –, **belt** = élingue *f.* plate.
– – –, **rifle** = bretelle *f.* (pour carabine).
– – –, **rope** = suspenseur *m.*
slip = glissement *m.* (d'un moteur à induction), éboulement *m.* (C.), patinage *m.* (d'un frein), languette *f.* (Men.).
– – –, **baggage** = bulletin *m.* de bagages.
– – –, **belt** = patinage *m.* de la courroie.
– – –, **building** = cale *f.* (de construction navale).
– – –, **cable** = collier *m.* à câble, pince *f.* à câble.
– – –, **clutch** = patinage *m.* de l'embrayage.
– – –, **coating** = couleur *f.* (Pap.).
– – –, **delivery** = bulletin *m.* de livraison.
– – –, **in** = en placard (Imp.).
– – –, **land-** = V. « landslip ».
– – –, **launching** = V. « way, slip ».
– – –, **line** = glissement *m.* horizontal de l'image (Tv.).
– – – **of paper** = bout *m.* de papier, fiche *f.* de papier.
– – – **of the motor** = glissement *m.* du moteur.
– – –, **picture** = glissement *m.* vertical de l'image (Tv.).
– – –, **side** = dérapage *m.* (Auto.), V. « sideslip ».
– – –, **to** = glisser, patiner, se décaler (E.).
– – –, **transfer** = bulletin *m.* de correspondance, correspondance *f.*
slippage = décalage *m.* (de fréquence), patinage *m.*, ripage *m.* (d'un câble sur le tambour), glissement *m.*
– – –, **belt** = glissement *m.* de courroie.
slipper = patin *m.* (de frein), savate *f.* (de frein),

(slipper)

glissière *f.* (de bielle), décaleur *m.* (Tv.).

– – –, **belt** = passe-courroie *m.*, monte-courroie *m.*

– – –, **phase** = déphaseur *m.* multiple (E.).

– – –, **vertical synchronized** = décaleur *m.* (Tv.).

slipperiness = glissance *f.* (d'une chaussée), nature *f.* glissante (d'une surface).

slippery = glissant (adj.).

– – – **when wet** = chaussée glissante, dérapant par temps humide.

slipping = éboulement *m.* ou glissement *m.* (de terrain), patinage *m.* (d'une roue), décalage *m.* (E.).

– – –, **non-** = antidérapant (adj.).

slipway = cale *f.* de lancement (Mar.), cale *f.* (Mar.).

slit = fente *f.*, rainure *f.*, encoche *f.*, fissure *f.*

– – –, **idle** = fente *f.* de repos.

– – –, **to** = fendre, refendre, découper.

slitter = fendoir *m.*, cylindre *m.* fendeur.

sliver = éclat *m.* (de verre, de bois), écharde *f.* (dans la peau).

slope = inclinaison *f.* (des couches géologiques), pente *f.* (d'un toit, d'une tranchée), rampe *f.*, côte *f.*, talus *m.* (d'un fossé, d'un remblai), déclivité *f.* (d'un terrain), versant *m.* (d'une montagne).

– – –, **back** = autel *m.* (d'un foyer) (B.).

– – –, **critical** = pente *f.* critique.

– – – **down** = descente *f.*

– – –, **even** = pente *f.* régulière (d'une canalisation).

– – –, **gentle** = pente *f.* douce.

– – –, **high** = grande pente *f.*

– – –, **natural** = pente *f.* naturelle de talus, talus *m.* naturel.

– – – **of a member** = pente *f.* d'une membrure (de ferme) (c.-à-d. po de montée/po de course).

– – – **of a wall** = dévers *m.* d'un mur.

– – –, **6″ in 100′** = pente *f.* de 6 pouces par 100 pieds.

– – –, **steep** = pente *f.* rapide, pente *f.* raide.

– – –, **to** = déverser (un mur), taluter (un remblai), biseauter (une planche), terrasser (un terrain) en pente.

– – – **up** = montée *f.*, rampe *f.*

sloper = taluteuse *f.* (M.).

sloping out = biseautage *m.* (d'un madrier), évidage *m.* (d'un châssis en bois), en pente.

slot = encoche *f.* (à bobines), fente *f.* (de la tête d'une vis), mortaise *f.* (B.), rainure *f.* (E.), cannelure *f.* (B.).

– – –, **anchor** = rainure *f.* d'ancrage (B.), rainure *f.* (B.).

– – –, **anchor, dovetail** = rainure *f.* à section triangulaire (B.), rainure *f.* en queue-d'aronde (B.).

– – – **and key** = rainure *f.* et languette (Men.).

– – –, **armature** = encoche *f.* d'induit (E.), rainure *f.* de l'induit (E.).

– – –, **bayonet** = encoche *f.* à baïonnette (E.).

– – –, **bevelled** = mortaise *f.* inclinée (C.).

– – –, **brush** = rainure *f.* de balais (E.).

– – –, **coin** = fente *f.* d'introduction (Tp.).

– – –, **cotter** = logement *m.* de clavette (Méc.).

– – –, **curved** = fente *f.* arquée.

– – –, **deposit, coin** = fente *f.* d'introduction (Tp.).

– – –, **drift** = rainure *f.* pour chasse-clavette (Méc.).

– – –, **dummy** = encoche *f.* sans enroulement (E.).

– – –, **guide** = coulisse *f.* de guidage, rainure *f.* de guidage.

(slot)

– – – **in a piston-wall** = lumière *f.* (Méc.).

– – –, **key** = logement *m.* de clavette, rainure *f.* de clavetage.

– – –, **letter** = entrée *f.* de lettres (dans une porte) (B.).

– – –, **pin** = mortaise *f.* de goujon (C.).

– – –, **rotor** = encoche *f.* de rotor (E.).

– – –, **saw** = trait *m.* de scie (Men.).

– – –, **semi-closed** = encoche *f.* repercée.

– – –, **stator** = encoche *f.* de stator (E.).

– – –, **T** = rainure *f.* en T.

– – –, **to** = tailler, mortaiser, rainurer, tailler une rainure, tailler une fente.

– – –, **winding** = rainure *f.* d'enroulement (E.).

slotter = mortaiseuse *f.* (M.).

– – –, **key-way** = mortaiseuse *f.*

slotting = mortaisage *m.*, entaillage *m.*

slough = fondrière *f.*, bourbier *m.*, terrain *m.* marécageux.

slow down, to = ralentir, diminuer de vitesse.

slowing down = ralentissement *m.*

slowness = lenteur *f.*

SLR = V. « camera, SLR ».

sludge = cambouis *m.* (Méc.), résidu *m.* d'huile (Méc.), vase *f.* (S.), boues *f.p.* d'égout (S.), vidanges *f.p.* (S.).

– – –, **anode** = boue *f.* de l'anode (E.).

slug = bague *f.* de retard (d'un relais téléphonique), piécette *f.* (d'un distributeur automatique), lingot *m.* (pour cartouche de fusil).

– – –, **knock-out** = pastille *f.* amovible (d'une clé) (Auto.).

sluggish = lent (adj.), inerte (adj.), paresseux (adj.).

sluice = écluse *f.* (H.), vanne *f.* (H.), bonde *f.* (H.), pertuis *m.* (H.), empellement *m.* (d'un étang) (H.), pale *f.* (d'un réservoir) (H.), déchargeoir *m.* (d'un bief) (H.).

– – –, **air** = sas *m.* à air.

– – –, **open** = gueule *f.* bée (H.).

sluicing = débourbage *m.* (d'un égout), vannage *m.* (d'une rivière), vidange *f.* (d'un puits, d'une fosse d'aisances).

slum = taudis *m.*

slums = taudis *m.p.*, bas quartier *m.* (d'une ville).

slump = affaissement *m.* ou tassement *m.* (des terres), marasme *m.* (des affaires).

– – –, **maximum** = affaissement *m.* maximal (d'un béton).

– – –, **minimum** = affaissement *m.* minimal (d'un béton).

slurring = papillotage *m.* ou maculage *m.* (Imp.).

slurry = lait *m.* de ciment, coulis *m.* (C.), boue *f.* (Mét.), lait *m.* (Pap.).

slush = boue *f.*, limon *m.*, neige *f.* fondante, neige *f.* demi-fondue, bousille *f.* (Canada), gadouille *f.* (Canada), graisse *f.* (Méc.).

– – –, **to** = crépir (une muraille), appliquer à la truelle.

slushed-up = briquetage *m.* crépi (B.).

smear, to = enduire de. . ., salir.

smearing = poissage *m.* (du caoutchouc).

smell = odeur *f.*, senteur *f.*

– – –, **to** = sentir.

smelt = salin *m.* (Pap.).

– – –, **to** = fondre (le minerai).

smelter = fonderie *f.*, fondeur *m.* (O.), métallurgiste *m.* (O.).
smelting = fusion *f.* (du minerai).
smith = forgeron *m.* (O.).
– – –, to = forger.
smithy = forge *f.*
smock = sarrau *m.*, blouse *f.*
smog = brouillard *m.* enfumé.
smoke = fumée *f.*
– – –, to = noircir de suie, fumer (un jambon, un cigare), enfumer (une chambre), griller (une cigarette).
smoker = voiture *f.* des fumeurs (Ch.d.f.), enfumoir *m.* (I.).
smoking = fumage *m.* (des viandes, de l'or).
smooth = à marche *f.* douce, (surface *f.*) lisse (adj.) ou douce (adj.), (tôle *f.*) polie (adj.).
– – –, to = adoucir, égaliser, dégauchir, polir, aplanir (le béton).
smoother = lissoir *m.* (de cimentier, de bitumier).
– – –, pipe = lissoir *m.* à tuyaux.
smoothing = adoucissage *m.* (du bois), égalisation *f.* (du terrain), régularisation *f.* (d'un moteur), filtrage *m.* (E.).
smoothness = douceur *f.* (d'engrenage, de la marche d'un moteur), souplesse *f.* (de marche).
– – – of engagement = douceur *f.* d'embrayage.
– – – of operation = souplesse *f.* de marche.
snack = collation *f.*, casse-croûte *m.*
snack-bar = snack-bar *m.*
snacks, cocktail = amuse-gueule *m.* (P.).
snaffle = bridon *m.* (Agr.).
snag, traffic = bouchon *m.* de circulation (Auto.), embouteillage *m.* (Auto.).
– – –, to = ébarber (une pièce de fonderie).
snagging = ébarbage *m.* (d'une pièce de fonderie).
snake = jet *m.* ou jé *m.* (I.) (S.).
– – –, to = traîner (les arbres coupés).
snaking = serpentage *m.* (Av.), traînage *m.* (des arbres coupés).
snap = rupture *f.* soudaine, agrafe *f.*, fermoir (d'une mallette), bouterolle *f.* mousqueton *m.*, bouton *m.* à pression.
– – –, bag = mousqueton *m.* à sac.
– – –, bit = mousqueton *m.* de mors (Agr.).
– – –, bull = mousqueton *m.* (Agr.).
– – –, chain, breast = mousqueton *m.* de chaîne de poitrail (Agr.).
– – –, harness = mousqueton *m.* à harnais (Agr.).
– – – of a book = fermoir *m.* d'un livre.
– – – of a lock = bouterolle *f.* d'une serrure.
– – – of a neck-lace = agrafe *f.* d'un collier.
– – –, rivet = chasse-rivet *m.*, bouterolle *f.*
– – –, roller, breast = mousqueton *m.* à rouleau.
– – –, swivel-lever = mousqueton *m.* à émerillon.
– – –, to = bouteroller (un rivet).
snapping = rupture *f.* brusque, déclenchement *m.* d'un ressort.
snappy = nerveux (adj.), vigoureux (adj.).
snapshot = instantané *m.* (Phot.).
snarl, traffic = embouteillage *m.* (Auto.).
snath = manche *m.* de faux (Agr.).
sneakers = espadrilles *f.p.* (Ust.).

snips = cisailles *f.p.* pour tôles, pince *f.* coupante, cisailles *f.p.* de ferblantier.
– – –, circular-cutting = cisailles *f.p.* à chantourner.
– – –, combination-cutting = cisailles *f.p.* « L'Universelle ».
– – –, pocket = cisailles *f.p.* de poche.
– – –, tinner's = cisailles *f.p.* de ferblantier.
– – –, trimming = cisailles *f.p.* à araser.
snogo = souffleuse *f.* (M.) (Canada), chasse-neige *m.* (M.).
snout = bec *m.* (de bateau, de tuyère), buse *f.* (d'injection), ajutage *m.* (d'un tuyau, d'éjection), groin *m.* (d'un porc), mufle *m.* (d'un taureau).
snow = neige *f.*, parasites *m.p.* (Tv.).
– – –, blowing = poudrerie *f.* (Canada).
– – –, drifting = poudrerie *f.* (Canada).
snow-blower = V. « blower, snow ».
snowmobile = autoneige *f.*
snubber = amortisseur *m.* à courroie (Auto.), amortisseur *m.* (Auto.).
snug = toc *m.* (Méc.), ergot *m.* (Méc.).
soak, to = tremper, imbiber, imprégner.
soakage = infiltration *f.*, eau *f.* d'infiltration.
soakaway = puisard *m.* (S.), fosse *f.* d'assainissement (C.), fosse *f.* de drainage.
soap = savon *m.*, brique *f.* d'aération (B.).
– – –, flaked = savon *m.* en paillettes.
– – –, household = savon *m.* de Marseille, savon *m.* du pays (Canada).
– – –, pumice = savon-ponce *m.*
– – –, sand = savon *m.* minéral.
– – –, toilet = savon *m.* de toilette.
soapstone = V. « stone, soap ».
society = société *f.*
– – –, benefit = société *f.* de secours mutuels.
– – –, charitable = oeuvre *f.* de bienfaisance.
– – –, first-aid = société *f.* de secours aux blessés.
sock, wind = manche *f.* à air (Av.), birouie *f.* (Av.).
socket = douille *f.*, manchon *m.*, support *m.* de lampe (E.), cosse *f.* (E.), collet *m.* ou évasement (d'un tuyau).
– – –, ball = cuvette-rotule *f.* (Méc.), coussinet *m.* sphérique (Méc.).
– – –, bayonet = douille *f.* baïonnette (E.).
– – –, bearing = douille *f.* coussinet (Méc.).
– – –, brace = baril *m.* de vilebrequin (Men.).
– – –, brass = douille *f.* de cuivre.
– – –, cable = cosse *f.* de câble (Tp.).
– – –, ceiling = applique *f.* (B.), rosace *f.* de plafond (B.).
– – –, centre, back = douille *f.* de la contre-pointe (d'un tour) (Méc.).
– – –, chain = douille *f.* à chaîne (E.).
– – –, contact = mâchoire *f.* d'un jack (Tp.).
– – –, double-ferrule = douille *f.* à double bague.
– – –, drill = manchon *m.* pour foret.
– – –, female = bout *m.* femelle.
– – –, fire-bar = support *m.* de grille.
– – –, grip = douille *f.* de serrage.
– – –, key = douille *f.* à clé, douille *f.* à interrupteur (E.).
– – –, lamp = douille *f.* de lampe (E.).
– – –, peavey = douille *f.* de croc à levier.

(socket)

- - -, **pipe** = manchon *m*. de tuyau (S.).
- - -, **pivot** = crapaudine *f*.
- - -, **plug** = prise *f*. de courant (murale) (E.), prise *f*. femelle (E.).
- - -, **rubber** = douille *f*. en caoutchouc (E.).
- - -, **screw** = douille *f*. filetée, douille *f*. à vis.
- - -, **shell** = douille *f*.
- - -, **steering** = douille *f*. de direction (Auto.).
- - -, **switch** = prise *f*. de courant (E.).
- - -, **swivel** = émerillon *m*.
- - -, **to** = emboîter (des tuyaux).
- - -, **tool** = douille *f*. de l'outil.
- - -, **tube** = porte-lampe *m*. (R.), support *m*. de lampe (R.).
- - -, **two-way** = prise *f*. de courant double (E.).
- - -, **wall** = prise *f*. de courant murale (E.).
- - -, **whip** = porte-fouet *m*.
- - -, **wire-guard** = douille *f*. à panier protecteur (E.).
- - -, **wire-rope** = douille *f*. pour câble métallique (C.).
- - - **with switch** = douille *f*. à clé (E.).
socle = socle *m*. (B.).
sod = gazon *m*., motte *f*. de gazon.
- - -, **to** = gazonner.
soda = soude *f*.
- - -, **baking** = bicarbonate *m*. de soude (Ust.), levure *f*. chimique (France).
- - -, **caustic** = soude *f*. caustique.
sodding = gazonnement *m*., gazonnage *m*.
sods = laize *f*. de gazon, V. « sod ».
soffit = soffite *m*. (B.), cintre *m*. (B.), intrados *m*. (B.).
- - -, **eaves** = soffite *m*. d'avant-toit (B.).
soft = mou (adj.), doux (adj.), tendre (adj.).
soften = adoucir (l'acier), détremper, épurer ou adoucir (l'eau), assouplir ou ramollir (le cuir), amollir ou ramollir (l'asphalte), atténuer ou adoucir (des contrastes) (Phot.), tamiser (la lumière).
softener, water = adoucisseur *m*. (d'eau), épurateur *m*. d'eau.
softening, water = épuration *f*. de l'eau, adoucissement *m*. de l'eau.
software = programmerie *f*. (Inf.).
S.O.H.C. = V. « shaft, cam, overhead, single ».
soil = terrain *m*., sol *m*., terre *f*.
- - - **and subsoil** = fonds *m*. et tréfonds *m*.
- - -, **artificial** = terres *f.p.* de rapport.
- - -, **chalky** = terrain *m*. crayeux, sol *m*. calcaire.
- - -, **crumbly** = sol *m*. friable, sol *m*. ébouleux.
- - -, **drifting** = sol *m*. mouvant, sol *m*. éolien.
- - -, **gravelly** = terrain *m*. de gravier, sol *m*. graveleux.
- - -, **loamy** = sol *m*. argileux.
- - -, **loose** = terre *f*. meuble.
- - -, **natural** = sol *m*. naturel.
- - -, **rich** = terre *f*. grasse.
- - -, **running** = terrain *m*. ébouleux.
- - -, **sandy** = sol *m*. sablonneux.
- - -, **stubborn** = sol *m*. ingrat.
- - -, **surface** = terre *f*. végétale.
- - -, **top** = terre *f*. végétale.
- - -, **vegetable** = terre *f*. végétale.
soiled = sali (adj.), souillé (adj.).
solder = soudure *f*. (Mét.).
- - -, **aluminium** = soudure *f*. d'aluminium.

(solder)

- - -, **brass** = soudure *f*. de cuivre.
- - -, **brazing** = brasure *f*.
- - -, **cored** = soudure *f*. enrobée.
- - -, **hard** = soudure *f*. forte, soudure *f*. de cuivre.
- - - **in bar** = soudure *f*. en barre.
- - -, **lead** = soudure *f*. de plombier.
- - -, **resin-cored** = soudure *f*. en tube avec décapant intérieur, soudure *f*. à la résine.
- - -, **rod** = soudure *f*. en barre.
- - -, **self-fluxing** = soudure *f*. décapante.
- - -, **soft** = soudure *f*. d'étain, soudure *f*. tendre.
- - -, **spelter** = zinc *m*. à souder.
- - -, **tin** = soudure *f*. d'étain, soudure *f*. à l'étain.
- - -, **to** = souder.
- - -, **to hard-** = souder au cuivre.
- - -, **to soft-** = souder à l'étain.
- - -, **wire** = soudure *f*. en fil.
solderer = soudeur *m*. (O.).
soldering = soudage *m*. (Mét.), soudure *f*. (Mét.).
- - -, **autogenous** = soudure *f*. autogène.
- - -, **blow-pipe** = soudage *m*. au chalumeau.
- - -, **electric** = soudure *f*. électrique.
- - -, **hard** = brasage *m*. fort.
- - -, **soft** = brasage *m*. tendre.
solderless = sans soudure.
sole = semelle *f*. (d'une varlope, d'une fondation), sole *f*. (d'une machine), aire *f*. (d'un fourneau), plate-forme *f*. (C.), patin *m*. (d'une fondation).
solenoid = solénoïde *m*. (E.), hélice *f*.
selenoidal = (champ *m*. magnétique) solénoïdal (adj.).
solid = solide (adj.), (table *f*. en chêne massif (adj.), (mur *m*., pneu *m*.) plein (adj.).
solidification = solidification *f*., congélation *f*. (d'une huile).
solidify, to = solidifier, se figer.
solubility = solubilité *f*. (des sels, du calcaire).
soluble = soluble (adj.).
- - -, **water** = soluble dans l'eau.
solution = solution *f*., dissolution *f*.
- - -, **anti-freezing** = solution *f*. antigel (Auto.), solution *f*. incongelable (Auto.).
- - -, **battery** = électrolyte *m*.
- - -, **concentrated** = solution *f*. concentrée.
- - -, **diluted** = solution *f*. diluée.
- - -, **pickling** = solution *f*. décapante, liquide *m*. décapant.
- - -, **reference** = solution *f*. témoin (Phot.).
- - -, **rubber** = dissolution *f*.
- - -, **salt** = solution *f*. salée.
solvent = solvant *m*., dissolvant *m*.
- - -, **rubber** = dissolvant *m*. du caoutchouc.
sonar = sonar *m*.
S1E (surfaced one edge) = (bois *m*.) blanchi sur une rive.
S1S (surfaced one side) = (bois *m*.) blanchi sur un côté.
S2S (surfaced two sides) = (bois *m*.) blanchi sur deux côtés.
sonic = sonore (adj.), acoustique (adj.).
sonometer = sonomètre *m*.
soot = suie *f*., encrassement *m*., calamine *f*.
- - -, **chimney** = suie *f*., noir *m*. de fumée.
- - -, **soft black** = noir *m*. de fumée.
sooted up = encrassé.

(space)

sooting = encrassement *m.* par la suie.
– – – of spark plugs = encrassement *m.* des bougies par la suie.
sooty = fuligineux (adj.).
sort, to = trier (le minerai, les lettres), classifier (des objets), classer (des papiers).
sorter = trieur *m.* (M., O.), trieuse *f.* (de laine) (M.).
– – –, rag = chiffonnier *m.* (O.) (Pap.).
– – – -tabulator = trieur-compteur *m.* (M.).
sortie = vol *m.* (Av.).
sorting = triage *m.* (du linge, des grains, de la houille, des wagons), tri *m.* (des lettres), classement *m.* (des livres).
– – – by gravity = triage *m.* par gravité.
– – –, coal = triage *m.* du charbon.
– – –, rag = triage *m.* des chiffons (Pap.).
– – –, three-grade = triage *m.* à trois dimensions.
sorts = assortiment *m.* (Imp.), sortes *f.p.*
SOS = S.O.S. *m.*, signal *m.* de détresse.
sound = son *m.*, sonore (adj.), solide (adj.), sain (adj.).
– – –, buzzing = son *m.* ronflé.
– – –, distorted = son *m.* déformé.
– – –, fundamental = son *m.* fondamental (Tp.).
– – –, hollow = son *m.* sourd, bruit *m.* sourd, réverbération *f.*
– – –, humming = signal *m.* de numérotage (Tp.).
– – –, stereophonic = son *m.* stéréophonique, relief *m.* acoustique.
– – –, to = corner, avertir (Auto.), vérifier au marteau, sonder.
– – –, whistling = sifflement *m.*
sounder = parleur *m.* ou sonneur *m.* (Tg.).
– – –, echo = sondeur *m.* par le son.
sounding = sondage *m.*
– – –, echo = sondage *m.* par ultra-sons (R.), sondage *m.* par échos (R.).
– – –, ionosphere = sondage *m.* ionosphérique (R.).
– – –, ionospheric, back-setter = sondage *m.* ionosphérique par rétrodiffusion (R.).
– – –, ionospheric, oblique-incidence = sondage *m.* ionosphérique (à indidence) oblique (R.).
– – –, reflection = sondage *m.* par échos (R.).
– – –, supersonic = sondage *m.* ultrasonore (R.).
sound-proof, to = insonoriser (un studio, un appartement).
source = source *f.* (d'un cours d'eau), foyer *m.* (de chaleur).
– – – of current = source *f.* de courant (E.).
– – – of energy = source *f.* d'énergie, source *f.* de force motrice.
– – – of errors = source *f* d'erreurs.
– – – of light = source *f.* de lumière.
– – – of power = source *f* d'énergie (E.).
– – –, point – – – of light = source *f.* ponctuelle (E.).
south = sud *m.*
– – –, due = droit *m.* vers le sud, sud *m.* franc.
sow = gueuse *f.* (de fer, de fonte), truie *f.* (c.-à-d. femelle *f.* du porc).
space = espace *m.* libre, espace *m.* (de temps, entre deux objets), espacement *m.*, jeu *m.*, écartement *m.* (des essieux, de nuages), entredeux *m.* (de fenêtre), entre-rail *m.* (Ch.d.f.), solin *m.* (des poutrelles), volume *m.* (Méc.), intervalle *m.* (de temps, entre

deux murailles), entredent *m.* (d'une roue dentée), encombrement *m.* (d'un véhicule, d'un meuble), espace *f.* (entre deux mots) (Imp.), espacement *m.* (des lignes) (Imp.).
– – –, air = capacité *f.* d'air, matelas *m.* d'air, isolement *m.* par air (E.), cubage *m.* (d'une chambre), espace *m.* vide (d'une cloison) (B.), V. « airspace ».
– – – between joists = solin *m.* (B.).
– – – between letters = intervalle *m.* (de machine à écrire), espace *f.* (Imp.).
– – – between lines = interligne *m.*, entre-ligne *m.*
– – – between teeth = évidement *m.* (Méc.), entredent *m.* (Méc.).
– – –, clear – – – between cables = séparation *f.* des câbles (Tp., E.).
– – –, clearance = espace *m.* nuisible (d'un cylindre), intervalle *m.* (dynamo) (E.).
– – –, climbing = espace *m.* pour monter (E.), espace *m.* pour grimper (E.).
– – –, crawl = espace *m.* sanitaire (B.).
– – –, dark = espace *m.* obscur.
– – –, dead = espace *m.* nuisible.
– – –, delivery = conque *f.* (Méc.), diffuseur *m.* de ventilateur centrifuge (Méc.).
– – –, eddy = espace *m.* de remous (d'une turbine).
– – –, floor = aire *f.* (d'une chambre), surface *f.* couverte, superficie *f.* au sol, encombrement *m.*, surface *f.* de plancher.
– – –, Morse = espace *m.* Morse (Tg.).
– – –, neutral = espace *m.* libre, espace *m.* neutre, zone *f.* neutre (entre réseaux sur un même poteau) (Tp., E.).
– – –, office = bureaux *m.p.*, locaux *m.p.*
– – –, required = encombrement *m.*, place *f.* nécessaire.
– – –, restricted = espace *m.* restreint.
– – –, roof = attique *m.* (B.), grenier *m.* (B.), comble *m.* (B.), entre-toit *m.* (Canada).
– – –, shelf = rayonnage *m.*
– – –, steam = volume *m.* de vapeur (d'une chaudière).
– – –, storage = halle *f.* de dépôt, magasin *m.*, dépôt *m.*
– – –, thick = espace *f.* forte (Imp.).
– – –, thin = espace *f.* fine (Imp.).
– – –, to = espacer.
– – –, to – – – off = répartir (des trous), diviser, subdiviser.
– – –, water = bouilleur *m.* d'une chaudière, réservoir *m.* d'eau.
– – –, white = blanc *m.* (Imp.).
– – –, work = aire *f.* de travail.
spaced = espacé.
spacer = entretoise *f.* (B.), cale *f.* d'épaisseur, cale *f.* d'écartement, rondelle *f.* d'espacement, cale *f.* d'espacement (Tp.).
– – –, bar = barre *f.* d'espacement.
– – –, form = entretoise *f.* de coffrage (C.), tige *f.* d'entretoisement de coffrage (C.).
– – –, ring = bague *f.* d'espacement (C.).
– – –, tie = étrésillon *m.* (pour les coffrages) (C.).
– – –, tubular = tube-entretoise *m.* (C.).
spacing = espacement *m.* (des lignes) (Imp.), écartement *m.* ou espacement *m.* (des colonnes), réparti-

(spacing)

tion *f.* (de poteaux téléphoniques), pas *m.* (de rivets).
- - -, **aerial** = espacement *m.* d'antenne (c.-à-d. de deux éléments spécifiés) (R.).
- - -, **angular** = angle *m.* de relèvement (E.).
- - - **between conductors** = écartement *m.* des conducteurs (E.).
- - -, **centre-to-centre** = espacement *m.* (de centre à centre des conduits souterrains) (Tp.).
- - -, **frequency** = intervalle *m.* de fréquences (E.).
- - -, **joist** = espacement *m.* des solives (B.), solin *m.* (B.).
- - -, **letter** = espacement *m.* (des lettres) (Imp.).
- - -, **loading-coil** = pas *m.* de pupinisation (Tp.).
- - - **of rivets** = écartement *m.* des rivets, pas *m.* des rivets.
- - - **of ties** = écartement *m.* des traverses (Ch.d.f.).
- - -, **pole** = écartement *m.* des pôles (E.)
- - -, **single, in** = à interligne simple.
- - -, **uneven** = espacement *m.* variable, pas *m.* variable, écartement *m.* variable.
spade = bêche *f.* (I.).
- - -, **peat** = louchet *m.* (I.).
spaghetti = gaine *f.* flexible (E.), soupliso *m.* (E.).
spall = éclat *m.* (de bois, de pierre), épaufrure *f.*
- - -, **to** = dégrossir ou smiller (une pierre).
spalling = effritement *m.* (d'un tranchant, de la pierre).
span = portée *f.* (des lignes téléphoniques), travée *f.* (d'un pont), ouverture *f.* (de voûte), écartement *m.* (de deux piliers), distance *f.* entre supports, jour *m.* (d'un arc), paire *f.* ou attelage *m.* (de chevaux).
- - -, **adjacent** = portée *f.* contiguë (Tp.).
- - -, **bascule** = travée *f.* basculante (d'un pont).
- - -, **clear** = ouverture *f.* (d'un ouvrage), ouverture *f.* libre.
- - -, **draw** = travée *f.* mobile (d'un pont).
- - -, **lift** = travée *f.* levante (d'un pont).
- - -, **long-** = à grande portée.
- - - **of wings** = envergure *f.* (Av.).
- - -, **steady** = rappel *m.* (tramway), fil *m.* de rappel (tramway).
- - -, **swing** = travée *f.* tournante (d'un pont).
- - -, **to** = traverser ou enjamber (une rivière) (C.), atteler (des chevaux).
spancel = entrave *f.* (pour vache) (Agr.).
spandrel = tympan *m.* (d'un arc) (B.), reins *m.p.* (d'une voûte) (B.), écoinçon *m.* (B.).
spanner = clé *f.* à écrous (I.), entretoise *f.* (B.).
- - -, **adjustable** = clé *f.* à mâchoires mobiles, clé *f.* à molette.
- - -, **axle** = clé *f.* pour essieux.
- - -, **bent** = clé *f.* coudée.
- - -, **bolt** = serre-écrou *m.*
- - -, **box** = clé *f.* à douille.
- - -, **double-end** = clé *f.* à écrous double.
- - -, **double-head** = clé *f.* double.
- - -, **face** = clé *f.* à griffes sur le côté.
- - -, **fixed** = clé *f.* fixe calibrée.
- - -, **fork** = clé *f.* à griffes.
- - -, **hook** = clé *f.* à griffe, crochet *m.*
- - -, **monkey** = clé *f.* anglaise.
- - -, **open-end** = clé *f.* à fourche.
- - -, **pin** = clé *f.* à griffes, clé *f.* à encoches.
- - -, **pit** = clé *f.* à téton.

(spanner)

- - -, **rack** = clé *f.* à crémaillère.
- - -, **ratchet** = clé *f.* à cliquet.
- - -, **ring** = clé *f.* fermée, clé *f.* de calibre.
- - -, **S-shaped** = clé *f.* cintrée en S.
- - -, **screw** = clé *f.* anglaise, clé *f.* à vis.
- - -, **shifting** = clé *f.* à molette.
- - -, **socket** = clé *f.* à douille.
- - -, **straight** = clé *f.* droite.
- - -, **two-jaw** = clé *f.* à double mâchoire.
- - -, **wedge** = clé *f.* à clavette.
spar = perche *f.* (B.), chevron *m.* (de comble) (B.).
- - -, **box** = caisson *m.* (C.), longeron *m.* (B., C.).
- - -, **wing** = longeron *m.* d'aile (Av.).
spare = de rechange, de réserve, de secours, disponible (adj.), supplémentaire (adj.), roue *f.* de secours (Auto.).
- - -, **to** = ménager, économiser, épargner.
spark = étincelle *f.*
- - -, **advanced** = avance *f.* à l'allumage (Auto.).
- - - **at break** = étincelle *f.* de rupture (du courant) (E.).
- - -, **closing** = étincelle *f.* de fermeture (E.).
- - -, **early** = avance *f.* à l'allumage (Auto.).
- - -, **electric** = étincelle *f.* électrique (E.).
- - -, **fat** = étincelle *f.* nourrie.
- - -, **ignition** = étincelle *f.* d'allumage.
- - -, **induction** = étincelle *f.* d'induction.
- - -, **jump** = étincelle *f.* sautante, étincelle *f.* de rupture.
- - -, **late** = retard *m.* d'allumage.
- - -, **lean** = étincelle *f.* médiocre.
- - -, **musical** = étincelle *f.* musicale.
- - - **on closing** = étincelle *f.* de fermeture.
- - -, **quenched** = étincelle *f.* soufflée (E.), étincelle *f.* amortie (E.), étincelle *f.* étouffée (E.).
- - -, **retarded** = retard *m.* à l'allumage (Auto.).
- - -, **singing** = étincelle *f.* musicale.
- - -, **wipe** = étincelle *f.* de frottement.
sparking = étincellement *m.*, crachement *m.*
- - -, **advance** = avance *f.* à l'allumage (Auto.).
sparkle = étincelle *f.*, brève lueur *f.*
- - -, **to** = étinceler.
sparkless = sans étincelle.
sparkling = étincellement *m.*, scintillement *m.*, scintillant (adj.), étincelant (adj.).
sparse = clairsemé (adj.), peu dense (adj.).
spatter = éclaboussure *f.*, bavure *f.* (d'une soudure).
- - -, **to** = gicler, jaillir, éclabousser (de boue).
spatula = spatule *f.*
speaker = haut-parleur *m.*, annonceur *m.* (O.), V. « loudspeaker ».
- - -, **bass** = haut-parleur *m.* pour basses fréquences.
- - -, **condenser** = haut-parleur *m.* électrostatique.
- - -, **desk** = haut-parleur *m.* de table (Tp.).
- - -, **energized** = haut-parleur *m.* à excitation séparée.
- - -, **horn** = haut-parleur *m.* à pavillon.
- - -, **inductor** = haut-parleur *m.* magnétique.
- - -, **loud** = V. « loudspeaker ».
- - -, **magnetic** = haut-parleur *m.* électromagnétique.
- - -, **moving-iron** = haut-parleur *m.* électrodynamique.
- - -, **moving-iron, permanent magnet type** =

(speaker)

haut-parleur *m.* électrodynamique à aimant permanent.
- - -, **treble** = haut-parleur *m.* pour fréquences élevées.
speakerphone = V. « phone, speaker ».
spear = harpon *m.*, lance *f.*
- - -, **wire-rope** = harpon *m.* pour câbles métalliques.
specific = spécifique *m.* (ou adj.).
- - -, **burn up** = indice *m.* de combustion (Phys.).
specification = devis *m.* descriptif (B., C.), spécification *f.* (des détails), V. « spécifications ».
specifications = règles *f.p.* d'établissement (d'un petit appareillage électrique), cahier *m.* des charges (pour la construction d'un réseau téléphonique), spécifications *f.p.* (pour une peinture, d'un édifice), normalisation *f.* (des balais en charbon, des sections des barres de cuivre), devis *m.* descriptif ou devis *m.* (de travaux à exécuter), stipulations *f.p.* (d'un contrat), caractéristiques *f.p.* (d'une automobile, d'un moteur).
specimen = spécimen *m.*, échantillon *m.*, exemplaire *m.*, modèle *m.*
speck = point *m.*, petite tache *f.*
- - -, **fly** = chiure *f.* de mouche, chiasse *f.* de mouche.
spectral = spectral (adj.)
spectrometer = spectromètre *m.*
spectrophotometer = spectrophotomètre *m.*
spectroscope = spectroscope *m.*
spectrum = spectre *m.*
- - -, **absorption** = spectre *m.* d'absorption.
- - -, **actinic** = spectre *m.* chimique.
- - -, **band** = spectre *m.* de bande (R.).
- - -, **frequency** = spectre *m.* de fréquences (R.)
- - -, **luminous** = spectre *m.* lumineux.
- - -, **magnetic** = spectre *m.* magnétique.
- - -, **solar** = spectre *m.* solaire.
- - -, **X-ray** = spectre *m.* de rayons X.
speech = parole *f.*, discours *m.*, allocution *f.*, harangue *f.*, propos *m.p.*
speed = vitesse *f.*, allure *f.*, marche *f.*, vélocité *f.*, rapidité *f.*, sensibilité *f.* (de pellicule) (Phot.).
- - -, **actual** = vitesse *f.* réelle.
- - -, **adjustable** = vitesse *f.* réglable.
- - -, **air** = vitesse *f.* aérodynamique (Av.).
- - -, **angular** = vitesse *f.* angulaire, pulsation *f.* (E.).
- - -, **at full** = à toute vitesse, à toute allure, en pleine activité.
- - - **at ground level** = vitesse *f.* au sol (Av.).
- - -, **at top** = à toute vitesse.
- - -, **average** = vitesse *f.* moyenne.
- - -, **chart** = vitesse *f.* de déroulement (du papier).
- - -, **chromatic** = sensibilité *f.* chromatique (d'une) pellicule) (Phot.).
- - -, **climbing** = vitesse *f.* en montée (Auto.).
- - -, **constant** = vitesse *f.* uniforme.
- - -, **critical** = vitesse *f.* critique.
- - -, **cruising** = vitesse *f.* économique (Auto.), allure *f.* de croisière (Auto.).
- - -, **cutting** = vitesse *f.* de coupe (d'un tour).
- - -, **designed** = vitesse *f.* de régime.
- - -, **drilling** = vitesse *f.* de forage (Mi.).
- - -, **excessive** = vitesse *f.* exagérée.
- - -, **film** = sensibilité *f.* de la pellicule, rapidité *f.* de

(speed)

l'émulsion (Phot.).
- - -, **final** = vitesse *f.* finale.
- - -, **first** = première vitesse (Auto.).
- - -, **forward** = marche *f.* avant, vitesse *f.* avant (Auto.).
- - -, **full** = toute vitesse.
- - -, **ground** = vitesse *f.* par rapport au sol (Av.).
- - -, **high** = à grande vitesse, ultra-rapide (adj.).
- - -, **hoisting** = vitesse *f.* de levage (C.).
- - -, **initial** = vitesse *f.* initiale.
- - - **in miles per hour** = vitesse *f.* en milles par heure (Auto.).
- - -, **key** = vitesse *f.* de manipulation (Tg.).
- - -, **lens** = ouverture *f.* relative (Phot.), luminosité *f.* de l'objectif (Phot.).
- - -, **lifting** = vitesse *f.* de levage (d'une grue).
- - -, **linear** = vitesse *f.* linéaire.
- - -, **low** = petite vitesse, ralenti *m.*, première vitesse (Auto.).
- - -, **maximum** = vitesse *f.* limite.
- - -, **normal** = vitesse *f.* de régime, allure *f.* de régime, vitesse *f.* normale.
- - - **of answer** = délai *m.* de réponse (des téléphonistes) (Tp.).
- - - **of flow** = vitesse *f.* du courant (H.).
- - - **of propagation** = vitesse *f.* de propagation (d'une onde) (E.).
- - - **of transmission** = vitesse *f.* de transmission (E.).
- - - **on various gears** = rendement *m.* des différentes vitesses (Auto.).
- - -, **peripheral** = vitesse *f.* périphérique.
- - -, **rated** = vitesse *f.* de régime, vitesse *f.* normale.
- - -, **regulation** = vitesse *f.* réglementaire.
- - -, **relative** = vitesse *f.* relative.
- - -, **return** = vitesse *f.* de retour.
- - -, **reverse** = marche *f.* arrière (Auto.), vitesse *f.* de retour.
- - -, **revolution** = vitesse *f.* de rotation (Méc.).
- - -, **rotation** = vitesse *m.* (du moteur) (Auto.).
- - -, **rotative** = vitesse *f.* de rotation, vitesse *f.* angulaire.
- - -, **running, normal** = vitesse *f.* de régime.
- - -, **scanning** = vitesse *f.* d'exploration (R.), vitesse *f.* de balayage (Tv.).
- - -, **second** = deuxième vitesse (Auto.).
- - -, **shutter** = temps *m.* d'exposition (Phot.).
- - -, **signalling** = vitesse *f.* de transmission (Tg.).
- - -, **slow** = à faible vitesse, à petite vitesse.
- - -, **specific** = vitesse *f.* spécifique, nombre de tours spécifique.
- - -, **switching** = vitesse *f.* de commutation (Tp.).
- - -, **synchronous** = vitesse *f.* synchrone (E.).
- - -, **tape** = vitesse *f.* de déroulement (du ruban).
- - -, **telegraph** = vitesse *f.* de transmission (Tg.).
- - -, **third** = troisième vitesse (Auto.).
- - -, **timed** = vitesse *f.* chronométrée.
- - -, **to** = aller vite, faire de la vitesse (Auto.).
- - -, **to - - - up** = accélérer, augmenter la vitesse, presser.
- - -, **tone, dial** = délai *m.* d'attente de la tonalité d'envoi (Tp.).
- - -, **top** = vitesse *f.* maximale.
- - -, **travelling** = vitesse *f.* de translation (E.).

(speed)

– – –, **two-** = à deux vitesses.
– – –, **unit** = vitesse *f.* unitaire.
– – –, **up hill** = vitesse *f.* en côte (Auto.).
– – –, **variable** = vitesse *f.* variable.
– – –, **working** = vitesse *f.* de régime, vitesse *f.* de travail, vitesse *f.* de manipulation.
– – –, **writing** = vitesse *f.* d'exploration à la réception (Tg.).
speeder = contrôleur *m.* de vitesse (I.), chauffard *m.* (O.) (Auto.), draisine *f.* (d'entretien) à moteur (Ch.d.f.).
speeding = excès *m.* de vitesse (Auto.)
speedometer = odotachymètre *m.* (Auto.), compteur-indicateur *m.* de vitesse (Auto.).
speed-way = V. « way, speed ».
spell = relais *m.*, relève *f.*
– – –, **breathing** = pause *f.*, répit *m.*
– – –, **to** = relever (un ouvrier dans son travail).
spelter = zinc *m.* (pour souder).
sphere = sphère *f.*
spherical = sphérique (adj.).
spherometer = sphéromètre *m.*
spider = lanterne *f.* ou croisillon *m.* (d'une armature en anneau), poêle *f.* à frire (Ust.), poêlon *m.* (Ust.), croisillon *m.* (de roue, de joint universel), araignée *f.* (de tour), trépied *m.* (de poêle à frire) (Ust.), brise-mottes *m.* (M.) (Agr.), coupe-mottes *m.* (M.) (Agr.).
– – –, **cast-iron** = poêle *f.* en fonte (Ust.).
– – –, **wheel** = centre *m.* du volant.
spigot = saillie *f.* ou ergot *m.* (d'un tenon), robinet *m.*, clé *f.* (de robinet), bout *m.* mâle (d'un tuyau à emboîtement), cannelle *f.* (d'un tonneau).
– – –, **pipe** = bout *m.* mâle d'un tuyau.
spike = crampon *m.*, cheville *f.*, piquant *m.* (de fil de fer barbelé), pointe *f.* (de métal).
– – –, **dog** = clameau *m.*, grand clou *m.*, crampon *m.* (Ch.d.f.).
– – –, **hand** = pince *f.* de manoeuvre (I.).
– – –, **hand, claw** = pied-de-biche *m.* (I.).
– – –, **jag** = boulon *m.* de scellement.
– – –, **rail** = crampon *m.* de traverse, crampon *m.* de chemin de fer.
– – –, **screw** = tire-fond *m.*
– – –, **ship** = crampon *m.* de navire.
– – –, **testing** = chercheur *m.* (de galène) (R.).
– – –, **to** = clouer, cheviller.
– – –, **wharf** = crampon *m.* pour quais.
spiky = à pointe aiguë.
spile = pilot *m.* (C.), pieu *m.* (C.), pilotis *m.* (C.).
– – –, **testing** = sonde *f.*
– – –, **to** = piloter (la fondation d'un édifice).
spiling = pilotage *m.* (C.).
spill = éclisse *f.*, cheville *f.* de bois (pour boucher un trou).
– – –, **to** = renverser ou répandre (un liquide).
spill-over = débordement *m.* (Tg.).
spillway = déversoir *m.* (H.).
– – –, **shaft** = déversoir *m.* en puits (Mi.).
spin = rotation *f.*, vrille *f.* (Av.).
– – –, **non-** = antigiratoire (adj.).
– – –, **off** = stimulation *f.* (de sous-produits).
– – –, **tail** = vrille *f.* (Av.).

(spin)

– – –, **to** = centrifuger (la fonte), repousser (les métaux en feuille) au tour.
– – –, **to – – – off** = stimuler, engendrer.
– – –, **wheel** = chasse *f.* de la roue (Auto.).
spindle = mandrin *m.* (Méc.), broche *f.* (Méc.), axe *m.* ou arbre *m.* (Méc.), pivot *m.* (Méc.), tige *f.* (Méc.), bout *m.* d'arbre (Méc.).
– – –, **axle** = fusée *f.* d'essieu (Méc.).
– – –, **bearing** = arbre *m.* de couche.
– – –, **bearing, ball** = broche *f.* sur roulement à billes.
– – –, **boring** = barre *f.* d'alésage (Méc.), porte-foret *m.* (Méc.), broche *f.* (Méc.).
– – –, **brush** = tige *f.* de balai (E.)..
– – –, **capstan** = tourillon *m.* de treuil (C.).
– – –, **clutch** = arbre *m.* d'embrayage (Auto.).
– – –, **condenser** = axe *m.* du condensateur (E.)..
– – –, **core** = arbre *m.* en fer du noyau.
– – –, **cutter** = mandrin *m.* de fraisage, mandrin *m.* porte-fraise.
– – –, **dead** = pointe *f.* fixe (d'un tour).
– – –, **drill** = porte-foret *m.*, tige *f.* de perceuse.
– – –, **drilling** = arbre *m.* porte-foret, broche *f.* de perceuse.
– – –, **fan** = axe *m.* de ventilateur, arbre *m.* de ventilateur.
– – –, **feed** = arbre *m.* d'avance (Méc.), tambour *m.* débiteur.
– – –, **float** = pointeau *m.* (du carburateur) (Auto.), pointeau *m.* du flotteur (Méc.).
– – –, **float, carburetor** = tige *f.* de flotteur (Auto.).
– – –, **grinding** = arbre *m.* porte-meule.
– – –, **hollow** = broche *f.* creuse.
– – –, **injector** = aiguille *f.* d'injecteur.
– – –, **insulator** = tige *f.* d'isolateur (E.)..
– – –, **knob** = tige *f.* à boutons (de serrure) (B.).
– – –, **lathe** = arbre *m.* de tour, broche *f.* de tour.
– – –, **live** = arbre *m.* de la poulie fixe (d'un tour).
– – –, **machine, drilling** = arbre *m.* porte-foret, broche *f.* de perceuse.
– – –, **magneto** = arbre *m.* de magnéto.
– – –, **micrometer** = tige *f.* du micromètre.
– – –, **milling** = porte-fraise *m.*, arbre *m.* porte-fraise.
– – **of the slide** = tige *f.* du tiroir.
– – –, **pump** = axe *m.* de pompe.
– – –, **revolving** = broche *f.* rotative.
– – –, **steam** = aiguille *f.* de réglage.
– – –, **stop** = tige *f.* de butée (d'une machine-outil).
– – –, **tail, lathe** = queue *f.* de la broche d'un tour.
– – –, **tail-stock** = arbre *m.* de contre-pointe.
– – –, **take up** = tambour *m.* enrouleur.
– – –, **throttle-valve** = axe *m.* de (valve) papillon.
– – –, **valve** = tige *f.* de soupape.
spine = dos *m.* (d'un livre), épine *f.* dorsale ou colonne *f.* vertébrale (d'un humain).
spinner = repousseur *m.* au tour (O.), métier *m.* à filer, cône *m.* (de pénétration) de l'hélice (Av.).
spinning = filage *m.* (au rouet), filature *f.* (c.-à-d. une usine), repoussage *m.* (au tour) (Mét.), centrifugation *f.* (du lait, des eaux résiduaires), rotation (d'une roue), patinage *m.* ou glissement *m.* (des roues d'une automobile), affolement *m.* (de l'aiguille d'un compas).
spiral = spirale *f.*, spire *f.* ou tour *m.* (de spirale), en

(spiral)

hélice *f.*, courbe *f.* de raccordement (Ch.d.f.), (ressort *m.*) en boudin.

- - -, **conical** = spirale *f.* conique.
- - -, **hyberbolic** = spirale *f.* hyperbolique.
- - -, **parabolic** = spirale *f.* parabolique.
- - -, **right-hand** = spirale *f.* dextrorsum.
- - -, **wire** = spire *f.* de fil.

spire = spire *f.* ou tour *m.* (d'une hélice).
- - -, **church** = flèche *f.* d'église.

spirit = essence *f.*, alcool *m.*
- - -, **motor** = essence *f.* (pour automobiles).
- - - **of turpentine** = essence *f.* de térébenthine.
- - - **of wine** = esprit *m.* de vin.
- - -, **soldering** = esprit *m.* de sel.
- - -, **wood** = alcool *m.* méthylique, esprit *m.* de bois.

spirt = jet *m.* ou giclée *f.* (d'essence), jaillissement *m.* (de flamme).

spit = broche *f.* (de rôtisserie).

spitting = crachement *m.* (E.)., ratés *m.p.* (de l'allumage).
- - - **back** = retour *m.* de flamme au carburateur (Auto.).

splash = barbotage *m.* (Méc.), projection *f.* ou éclaboussement *m.* (d'eau, de boue).
- - -, **oil** = barbotage *m.* (Méc.), projection *f.* d'huile (Méc.).

splasher = mentonnet *m.* lubrificateur (Méc.).
- - -, **anti-** = brise-jet *m.* pour robinet (Ust.).
- - -, **anti- - - - with filter** = brise-jet *m.* à filtre pour robinet (Ust.).

splat = latte *f.* (B.), couvre-joint *m.* (de panneaux) (B.).

splay = chanfrein *m.* (B.), ébrasement *m.* (B.), embrasure *f.* (B.), coupe *f.* en biseau (Men.), évasure *f.* (B.), ébrasure *f.* (B.), élargissement *m.* (B., C.).
- - -, **to** = chanfreiner, couper en biseau, évaser ou ébraser (une fenêtre).
- - -, **to - - - out** = s'évaser.

splice = épissure *f.* (de câbles), soudure *f.* (d'un pneu), joint *m.* épissé (Tp.), enture *f.* (B.), ligature *f.* (de fils métalliques), collage *m.* ou collure *f.* (d'une pellicule) (Phot.).
- - -, **angle** = éclisse *f.* cornière.
- - -, **bridging** = épissure *f.* de dérivation (Tp.).
- - -, **butt** = épissure *f.* en about (Tp.).
- - -, **cable** = épissure *f.* de câble, épissure *f.* (Tp.).
- - -, **eye** = épissure *f.* à œillet.
- - -, **pole** = jonction *f.* de poteaux.
- - -, **rail** = éclisse *f.* (Ch.d.f.).
- - -, **ring** = épissure *f.* à œillet.
- - -, **straight** = épissure *f.* droite (Tp.).
- - -, **to** = épisser (un câble), enter (deux pièces de bois), souder (un pneu), coller (une pellicule), ligaturer (des fils métalliques).

splicer = épisseur *m.* (de câbles téléphoniques) (O.), pince *f.* à épisser (I.).
- - -, **film** = colleuse *f.* (M ou O.).

splicing = épissage *m.* (de câbles), enture *f.* (de deux pièces de charpente), collage *m.* (d'une pellicule), ligature *f.* (de fils métalliques).
- - -, **cable** = épissure *f.* de câble, jonction *f.* de câble.
- - -, **random** = épissage *m* tout-venant (Tp.).

spline = cannelure *f.* (Méc.) nervure *f.* (Méc., Men.), languette *f.* (Méc.), clavette *f.* linguiforme (Méc.).

(spline)

- - -, **dovetail** = cannelure *f.* en queue-d'aronde (Men.).
- - -, **to** = canneler, rainurer, claveter.

splint = éclisse *f.*

splinter = débris *m.*, éclat *m.* (de bois), écharde *f.* (dans la peau).
- - -, **to** = éclater ou voler en éclats.

split = fente *f.* (dans un mur), crevasse *f.* (dans la terre), fissure *f.* (dans le roc), crique *f.* (dans le métal), brique *f.* fendue (B.), brique *f.* mince (B.).
- - -, **to** = fendre (du bois), diviser (une somme d'argent), sectionner (un district électoral), se crevasser, se fendre, se cliver.

split level = V. « house, split level ».

splitter = fendeur *m.* (O.), couteau *m.* (I.), fendeuse *f.* (M.) (Pap.).

splitting = partage *m.* (d'un lot), division *f.* (d'une somme d'argent), fendage *m.* (du bois), fission *f.* (de l'atome), mise *f.* en garde d'une communication (Tp.).

splutter(ing) = bafouillage *m.* (d'un moteur), crachement *m.* (d'un commutateur) (E.)..
- - - **of the arc** = crachement *m.* de l'arc (E.)..

spoil, to = gâter, abîmer, avarier, endommager.

spoilage = déchets *m.p.*, rebuts *m.p.*

spoiler = volet *m.* de freinage (Av.), déflecteur *m.* (Auto.).

spoils = déblais *m.p.* (C.), feuilles *f.p.* de passe (Imp.).

spoke = rai *m.* ou rayon *m.* (de roue), échelon *m.* (d'échelle).
- - -, **capstan** = barre *f.* de cabestan, levier *m.* de cabestan.
- - -, **radial** = rayon *m.* droit (de roue).
- - -, **to** = enrayer (une roue).
- - -, **wheel** = rai *m.* de roue, rayon *m.* de roue.
- - -, **wire** = rayon *m.* métallique, rai *m.* en fil métallique, rayon *m.* en fil métallique.
- - -, **wooden** = rayon *m.* en bois, rai *m.* en bois.

spokes, laced = rayons *m.p.* croisés.
- - -, **split** = rais *m.p.* fendillés.
- - -, **wire** = rayons *m.p.* en fil métallique.

spokeshave = vastringue *f.* (Men.), racloire *f.* (Men.).

sponge = éponge *f.*, éponge *f.* métallique.

spongy = spongieux (adj.).

spoofing = brouillage *m.* de réception (R.).

spool = bobine *f.*, canette *f.* (d'une machine à coudre), touret *m.*
- - -, **cable** = rouleau *m.* de câble.
- - -, **coil, field** = bobine *f.* d'inducteur (E.)..
- - -, **delivery** = dérouleuse *f.* (M.), bobine *f.* débitrice.
- - -, **single** = bobine *f.* élémentaire de l'induit (E.)..
- - -, **take-up** = bobine *f.* réceptrice.
- - -, **to** = bobiner.
- - -, **to - - - off** = dévider.

spooling = bobinage *m.*
- - - **off** = déroulement *m.*, débobinage *m.*

spoon = pelle-curette *f.*, cuiller *f.*
- - -, **digging** = pelle-curette *f.*, pochon *m.*

spot = endroit *m.*, place *f.*, lieu *m.*, tache *f.*, point *m.*, spot *m.* (Tv.), réclame-éclat *f.* (Tv., R.), communiqué *m.* (Tv., R.), V. « spotlight ».
- - -, **baby** = microprojecteur *m.* (Tv.).
- - -, **bare** = partie *f.* mise à nu.

(spot)

- - -, **black** = noircissure *f.*
- - -, **blind** = zone *f.* de silence (R.).
- - -, **cathode** = tache *f.* cathodique (R.).
- - -, **dark** = point *m.* sombre.
- - -, **dead** = zone *f.* de silence (R.), point *m.* mort (Méc.).
- - -, **drill** = pointage *m.* (Méc.).
- - -, **flying** = spot *m.* de balayage (E.)..
- - -, **focal** = foyer *m.* (d'une lentille).
- - -, **follow** = projecteur *m.* de poursuite (Tv.).
- - -, **hot** = point *m.* d'échauffement.
- - -, **light** = tache *f.* lumineuse.
- - -, **low** = dépression *f.*, cavité *f.*
- - -, **raised** = partie *f.* saillante.
- - -, **rust** = tache *f.* de rousseur (dans le papier) (Pap.).
- - -, **scanning** = point *m.* d'exploration (Radar), point *m.* de balayage (Tv.), tache *f.* d'exploration (Tg.).
- - -, **to** = repérer, marquer, centrer.
spotlight = projecteur *m.* (auxiliaire orientable d'auto), V. « spot ».
spots, calender = plages *f.p.* de calandrage (Pap.) (Canada).
- - -, **flat** - - - **on a wheel** = méplats *m.p.* d'une roue.
spotting = centrage *m.* (d'un tour), repérage *m.*, repique *f.* ou repiquage *m.* (d'une photo) (Phot.).
spout = goulotte *f.* ou goulet *m.* (pour le charbon, le mortier, le gravier), dégorgeoir *m.* (de pompe), jet *m.* de pompe, bec *m.* (de vase), goulot *m.* (d'arrosoir).
- - -, **curved** = bec *m.* recourbé (d'une burette) (Méc.).
- - -, **discharge** = goulotte *f.* d'écoulement (B.).
- - -, **elephant trunk** = trompe *f.* d'éléphant (pour le déversement du béton) (C.), goulotte *f.* souple (pour le béton) (C.).
- - -, **pump** = jet *m.* de pompe, rejet *m.* de pompe, dégorgeoir *m.*
- - -, **rain-water** = tuyau *m.* de descente (B.).
- - -, **sap** = chalumeau *m.* (Agr.).
- - -, **water** = gouttière *f.* (B.), gargouille *f.* (B.).
sprag = béquille *f.* d'arrêt (Auto.), béquille *f.* de recul (Auto.).
- - -, **tail** = béquille *f.* (de queue d'avion) (Av.).
spray = jet *m.*, gicleur *m.*, poussière *f.* d'eau, jet *m.* pulvérisé (d'essence), bouillie *f.* (insecticide), diffuseur *m.* (d'un carburateur) (Méc.), pulvérisateur *m.* (d'insecticides) (Agr.), vaporisateur *m.* (de parfum), vaporiseur *m.* ou vaporisateur *m.* (de vapeur) (Méc.).
- - -, **animal** = insecticide *m.* à animaux.
- - -, **cattle** = insecticide *m.* à bestiaux.
- - -, **fuel** = jet *m.* pulvérisé de combustible, vaporisation *f.* de combustible.
- - -, **mouth, atomizer** = petit pulvérisateur *m.* à bouche, fixatif *m.*
- - -, **to** = arroser, pulvériser, gicler, vaporiser, atomiser.
- - -, **tobacco** = arrosoir *m.* à tabac.
sprayer = vaporisateur *m.* (d'insecticide, de parfum), pulvérisateur *m.* (de peinture), pistolet *m.* (à peinture), diffuseur *m.*
- - -, **hand** = pulvérisateur *m.* (d'insecticide),

(sprayer)

pulvérisateur *m.* à main, vaporisateur *m.*, fixatif *m.* (de vernis), seringue *f.* bruineuse, seringue *f.*
- - -, **offset** = antimaculateur *m.* (M.) (Imp.).
- - -, **paint** = pistolet *m.* à peindre, pistolet *m.* à peinture.
- - -, **slot** = pulvérisateur *m.* à fente.
- - -, **tank** = pulvérisateur *m.* de jardinier, pulvérisateur *m.* à pression.
- - -, **tar** = goudronneuse *f.* (M.).
- - -, **tubular** = pulvérisateur-injecteur *m.*, pulvérisateur *m.* à tubes concentriques.
- - -, **water** = pulvérisateur *m.* d'eau.
spraying = peinture *f.* au pistolet, arrosage *m.* (d'une rue), pulvérisation *f.* (d'un liquide).
- - -, **gun** = peinture *f.* au pistolet.
spread = différence *f.* (entre deux prix), étendue *f.* (de territoire), expansion *f.* (d'une doctrine), dispersion *f.* (d'un phare), diffusion *f.* (de l'éducation), propagation *f.* (d'une maladie), dispersion *f.* latérale (d'un projecteur).
- - -, **beam** = divergence *f.* (d'un faisceau lumineux).
- - - **of bearings** = étendue *f.* des relèvements (radiogoniométriques).
- - - **of compass-legs** = ouverture *f.* d'un compas.
- - -, **to** = disperser (une doctrine), étaler (des marchandises), répandre (du gravier), épandre (du fumier).
- - -, **wing** = envergure *f.* (Av.).
spreader = arrosoir *m.*, couteau *m.* fendeur *m.* (I.), extenseur *m.*, tendeur *m.* (M.), épandeur *m.* (de bitume, de goudron) (M.), étrésillon *m.* (d'une tranchée) (C.), épandeuse *f.* (M.), barre *f.* d'écartement (d'un hamac).
- - -, **antenna** = entretoise *f.* (R.), isolateur *m.* (R.).
- - -, **asphalt** = goudronneuse *f.* (M.).
- - -, **cement** = encolleur *m.* (I.).
- - -, **concrete** = bétonneuse *f.* (M.).
- - -, **form, concrete** = entretoise *f.* (C.).
- - -, **grit** = gravillonneuse *f.* (M.) (C.).
- - -, **manure** = épandeur *m.* (de fumier) (M.) (Agr.), éparpilleur *m.* (M.) (Agr.).
- - -, **muck** = épandeur *m.* (de fumier) (M.) (Agr.), éparpilleur *m.* (M.) (Agr.).
- - -, **rotative, effluent** = épandeur *m.* rotatif pour effluent (S.).
- - -, **spring-leaf** = cale *f.* (Auto.), écarte-lames *m.* (Auto.).
- - -, **tar** = goudronneuse *f.* (M.).
- - -, **tire** = tendeur *m.* de pneu, étendeur *m.* de pneu.
spreading = étendage *m.* (de la peinture), répandage *m.* (de l'asphalte), épandage *m.* (des engrais), extension *f.* (d'une entreprise).
- - -, **band** = étalement *m.* de bandes (de fréquences) (R.).
sprig = pointe *f.* (de Paris), cheville *f.*, semence *f.* (de tapissier).
- - -, **glazing** = clou *m.* de vitrier.
spring = ressort *m.* (Méc.), source *f.* (d'eau), retombée *f.* (d'une voûte).
- - -, **actuating** = ressort *m.* moteur (Méc.).
- - -, **anchor** = ressort *m.* d'attache.
- - -, **antagonistic** = ressort *m.* de rappel, ressort *m.* antagoniste (Tp.).

(spring)

– – –, **auxiliary** = aide-ressort *m.*

– – –, **backlash** = ressort *m.* rattrapage de jeu.

– – –, **bearing** = ressort *m.* de suspension.

– – –, **bimetallic** = ressort *m.* bimétallique (de thermostat).

– – –, **bow** = ressort *m.* à arc, ressort *m.* en arc.

– – –, **brake** = ressort *m.* du frein (Auto.).

– – –, **brush** = ressort *m.* de balai (E.)..

– – –, **buffer** = contre-ressort *m.*, ressort *m.* amortisseur, ressort *m.* de tampon.

– – –, **cantilever** = ressort *m.* en porte-à-faux.

– – –, **carriage** = ressort *m.* à lames étagées, ressort *m.* de voiture.

– – –, **catch** = cliquet *m.* à ressort, ressort *m.* à coches.

– – –, **check, float** = ressort *m.* d'arrêt du flotteur.

– – –, **close-wound** = ressort *m.* à spires serrées.

– – –, **closure** = ressort *m.* de fermeture.

– – –, **clutch** = ressort *m.* d'embrayage (Auto.).

– – –, **coil** = ressort *m.* à boudin (Auto.), ressort *m.* en spirale, ressort *m.* hélicoïdal.

– – –, **coil, coaxial – – – and telescopic shock absorber** = ressort *m.* hélicoïda et amortisseur télescopique coaxiaux (Auto.).

– – –, **coiled** = ressort *m.* à boudin (Auto.), ressort *m.* en spirale.

– – –, **compensating** = ressort *m.* compensateur.

– – –, **compressing** = ressort *m.* de pression.

– – –, **compression** = ressort *m.* de compression.

– – –, **conical** = ressort *m.* conique.

– – –, **connecting** = ressort *m.* de connexion.

– – –, **contact** = ressort *m.* de contact (E.)..

– – –, **control** = ressort *m.* de commande.

– – –, **counter-** = contre-ressort *m.*

– – –, **counterbalanced** = ressort *m.* freiné.

– – –, **coupling** = ressort *m.* d'embrayage.

– – –, **cross-** = ressort *m.* transversal.

– – –, **cushion** = ressort *m.* amortisseur.

– – –, **cut-off** = ressort *m.* de fermeture (E.)..

– – –, **dead** = ressort *m.* détendu.

– – –, **disengaging** = ressort *m.* de débrayage.

– – –, **door** = ferme-porte *m.* (B.), ressort *m.* ferme-porte (B.).

– – –, **door, Torry** = ferme-porte *m.* à ressort (B.).

– – –, **drag** = ressort *m.* de traction.

– – –, **draw** = ressort *m.* de traction.

– – –, **drawback** = ressort *m.* de rappel.

– – –, **driving** = ressort *m.* moteur.

– – –, **ejector** = ressort *m.* d'éjecteur.

– – –, **elliptic, full-** = ressort *m.* à ellipse totale (Auto.).

– – –, **elliptic, semi-** = ressort *m.* semi-elliptique (Auto.).

– – –, **elliptical** = ressort *m.* elliptique.

– – –, **equalizer** = ressort *m.* compensateur.

– – –, **exhaust** = ressort *m.* d'échappement.

– – –, **extended** = ressort *m.* tendu.

– – –, **facing, clutch** = ressort *m.* sous cuir de l'embrayage-cône (Auto.).

– – –, **flat** = ressort *m.* plat.

– – –, **front** = ressort *m.* avant.

– – –, **gauge, steam** = ressort *m.* du manomètre.

– – –, **governor** = ressort *m.* de régulateur.

– – –, **hair** = spiral *m.* (d'une montre), ressort *m.* spiral.

(spring)

– – –, **hard** = ressort *m.* dur.

– – –, **hardened** = ressort *m.* trempé.

– – –, **helical** = ressort *m.* à boudin, ressort *m.* hélicoïdal.

– – –, **hinge** = ressort *m.* de charnière (B.).

– – –, **hinge, door** = ressort *m.* pour charnière (B.).

– – –, **hoop** = ressort *m.* à lames.

– – –, **ignition** = ressort *m.* d'allumage (Auto.).

– – –, **jack** = ressort *m.* du jack (Tp.).

– – –, **laminated** = ressort *m.* à lames.

– – –, **latch** = ressort *m.* du loquet (B.).

– – –, **leaf** = ressort *m.* à lames (Auto.).

– – –, **leaf, semi-elliptic** = ressort *m.* à lames semi-elliptique (Auto.).

– – –, **leaf, transverse** = ressort *m.* à lames transversal (Auto.).

– – –, **light** = ressort *m.* faible.

– – –, **main** = grand ressort *m.* (Auto.).

– – –, **mineral** = source *f.* minérale (H.).

– – –, **opposing** = ressort *m.* de rappel, ressort *m.* antagoniste.

– – –, **piston** = ressort *m.* de piston.

– – –, **plate** = ressort *m.* à lames.

– – –, **pneumatic** = ressort *m.* à air comprimé.

– – –, **pressure, clutch** = ressort *m.* d'embrayage (Auto.).

– – –, **pull** = ressort *m.* de traction.

– – –, **pull-back** = ressort *m.* de rappel.

– – –, **pull-off** = ressort *m.* de rappel.

– – –, **pulse** = ressort *m.* d'impulsion (d'un cadran téléphonique) (Tp.).

– – –, **rear** = ressort *m.* arrière (Auto.).

– – –, **recoil** = ressort *m.* de recul.

– – –, **release** = ressort *m.* de détente, ressort *m.* de desserrage.

– – –, **retaining** = ressort *m.* de retenue.

– – –, **retracting** = ressort *m.* de rappel.

– – –, **return** = ressort *m.* de rappel.

– – –, **rubber** = ressort *m.* en caoutchouc.

– – –, **slip, clutch** = ressort *m.* sous cuir de l'embrayage-cône (Auto.).

– – –, **slow-acting** = ressort *m.* paresseux.

– – –, **soft** = ressort *m.* non trempé.

– – –, **spare** = ressort *m.* de rechange.

– – –, **spiral** = ressort *m.* à boudin, ressort *m.* spiral.

– – –, **steel** = ressort *m.* en acier.

– – –, **step** = ressort *m.* à lames étagées.

– – –, **stop** = ressort *m.* d'arrêt.

– – –, **suspension** = suspension *f.*, ressort *m.* de suspension.

– – –, **take-up** = ressort *m.* de rattrapage de jeu.

– – –, **tension** = ressort *m.* de traction.

– – –, **tension, pitch control** = ressort *m.* antitangage (Auto.).

– – –, **to** = munir de ressorts, suspendre, bondir, sourdre, fléchir, gauchir.

– – –, **torsional** = ressort *m.* de torsion.

– – –, **trigger** = ressort *m.* de détente.

– – –, **valve** = ressort *m.* de soupape.

– – –, **valve, exhaust** = ressort *m.* de la soupape d'échappement.

– – –, **volute** = ressort *m.* en spirale conique.

– – –, **watch** = ressort *m.* de montre, spiral *m.*

(spring)

– – –, **weak** = ressort *m.* faible.

springer = sommier *m.* (de voûte) (B.), claveau *m.* de naissance (d'une voûte) (B.).

– – –, **gable** = sommier *m.* de pignon (B.).

springiness = élasticité *f.* (d'un coussin d'air), effet *m.* de ressort.

springing = jaillissement *m.* (d'une source), gauchissement *m.* (d'une tige).

– – – **of a vault** = naissance *f.* d'une voûte (B.).

springs, cantilever = ressorts *m.p.* cantilever.

– – –, **elliptical, semi-** = ressorts *m.p.* semi-elliptiques.

– – –, **flat** = ressorts *m.p.* plats.

– – –, **underslung** = ressorts *m.p.* suspendus sous essieu.

springy = faisant ressort, flexible (adj.), élastique (adj.).

sprinkle, to = arroser, répandre, saupoudrer.

sprinkler = arrosoir *m.* (I.), diffuseur *m.* (d'un carburateur), arroseuse *f.* (M.), tourniquet *m.* (pour parterres), extincteur *m.* automatique ou diffuseur *m.*, aspersoir *m.* (d'irrigation), tête *f.* d'extinction (contre l'incendie).

– – –, **clothes** = humecteur *m.* à linge (Ust.).

– – –, **fire, automatic** = extincteur *m.* automatique d'incendie, arroseuse *f.* automatique.

– – –, **lawn** = arrosoir *m.* de pelouse, tourniquet *m.* arroseur, tourniquet *m.* hydraulique, pulvérisateur *m.* à hélice, batterie *f.* d'arrosage.

– – –, **water** = arroseuse *f.* (M.), arroseuse *f.* automobile (M.).

sprint = course *f.* de vitesse, sprint *m.*

sprocket = pignon *m.* (Méc.), dent *f.* de pignon (Méc.), pignon *m.* à chaîne (Méc.), barbotin *m.* (Méc.).

– – –, **chain** = pignon *m.* à chaîne.

– – –, **crankshaft** = pignon *m.* de vilebrequin.

spruce = épinette *f.* (Canada), sapinette *f.* (France).

– – –, **black** = épinette *f.* noire ou épinette *f.* bâtarde (Canada).

– – –, **Engelmann** = épinette *f.* d'Engelmann.

– – –, **Porsild** = épinette *f.* de Porsild.

– – –, **red** = épinette *f.* rouge.

– – –, **Sitka** = épinette *f.* de Sitka.

– – –, **white** = épinette *f.* blanche (Canada), sapinette *f.* blanche (France).

– – –, **white, Western** = épinette *f.* blanche de l'Ouest.

sprue = trou *m.* de coulée (Mét.), jet *m.* de coulée (Mét.).

sprung = suspendu par ressort, faussé, fléchi, monté sur ressort.

spud, bark = couteau *m.* à écorcer.

– – –, **bowl, closet** = raccord *m.* à cuvette de toilette (S.), raccord *m.* à vis pour cuvette de toilette (S.).

– – –, **dredge** = piquet *m.*, pieux *m.* d'ancrage.

spur = éperon *m.*, entretoise *f.* (B.), contrefiche *f.* (d'une ferme), grappin *m.*, griffe *f.*, embranchement *m.* particulier (Ch.d.f.).

– – –, **climbing** = grappin *m.* (Tp.), crampon *m.* (Tp.).

– – –, **railroad** = embranchement *m.* particulier.

spurious = faux (adj.), falsifié (adj.), parasite (adj.) (R.).

spurs, climbing = grappins *m.p.* (Tp.), crampons *m.p.* (Tp.).

spurt = emballage *m.* (d'un moteur).

sputtering = crépitement *m.* (E.)..

squad = équipe *f.* (d'ouvriers), peloton *m.* (de soldats), escouade *f.* (d'ouvriers, de soldats).

– – –, **morality** = brigade *f.* des moeurs.

square = carré *m.*, équerre *f.* (I.), té *m.* (à dessin), bloc *m.* de maisons (compris entre quatre rues), square *m.* ou place *f.* (Victoria), carré *m.* (de bardeau) (= 100 pieds carrés), carré *m.* (Viger) (Canada).

– – – **against** = d'aplomb contre (quelque chose).

– – –, **back** = équerre *f.* épaulée, équerre *f.* à épaulement.

– – –, **bevel** = fausse équerre, sauterelle *f.*

– – –, **bevel, slinding-T** = fausse équerre, sauterelle *f.*

– – –, **caliper** = pied *m.* à coulisse, règle *f.* à coulisse.

– – –, **carpenter's** = équerre *f.* de menuisier.

– – –, **centre** = équerre *f.* à centrer.

– – –, **combination** = équerre *f.* à combinaisons.

– – –, **combined** = équerre *f.* à combinaisons.

– – –, **framing** = équerre *f.* de charpentier, équerre *f.* à chevron.

– – –, **iron** = équerre *f.* en fer.

– – –, **mitre** = équerre *f.* à onglet.

– – –, **rafter** = équerre *f.* à chevron.

– – –, **rafter and framing** = équerre *f.* à chevron, équerre *f.* de charpentier.

– – –, **rafter, take-down** = équerre *f.* démontable à chevron.

– – –, **set** = équerre *f.* à dessin.

– – –, **shifting** = fausse équerre *f.*

– – –, **steel** = équerre *f.* d'acier.

– – –, **T** = té *m.* à dessin, équerre *f.* en T, té *m.*

– – –, **T-bevel, sliding** = fausse équerre *f.*

– – –, **to** = équarrir (le bois), élever (un nombre) au carré.

– – –, **try** = équerre *f.* d'onglet, équerre *f.* de précision.

– – –, **try and mitre** = équerre *f.* à onglet de précision.

– – – **with** = d'équerre avec (quelque chose), perpendiculaire à. . .

squares = chasse *f.* (des imprimés) (Imp.).

squaring = équarrissage *m.* (du bois), mise en équerre (d'un ouvrage).

squawker = haut-parleur *m.* médial.

squeak = grincement *m.*, crissement *m.*

squeaking = bruit *m.* de carrosserie (Auto.).

squeaky = grinçant (adj.).

squeal = grincement *m.* (Méc.), crissement *m.* (Méc.).

– – –, **to** = grincer, crisser.

squeegee = racloir *m.*, balai *m.* en caoutchouc (d'égoutier), raclette *f.* (Imp., Phot.).

– – –, **roller** = raclette *f.* (Phot.).

squeeze = injection *f.* forcée (de ciment) (Mi.).

– – –, **block** = injection *f.* forcée d'isolement (Mi.).

– – –, **to** = serrer (la main), presser (une éponge), pressurer ou presser (une orange).

squeezer = cingleur *m.* rotatif (Méc.), cingleur *m.* (Méc.).

– – –, **crocodile** = presse *f.* à cingler.

– – –, **lemon** = presse-citron *m.* (Ust.), vide-citron *m.* (Ust.).

– – –, **pipe** = pince-tube *m.* (hydraulique).

squelch = dispositif *m.* de réglage silencieux (R.), blocage *m.* (automatique) d'un récepteur (R.).

– – –, **to** = écraser, aplatir.

squint = angle *m*. de strabisme (d'une antenne) (R.), erreur *f*. de directivité (d'une antenne) (R.).
squirt = jet *m*. ou giclée *f*. (d'eau), jaillissement *m*. (Méc.).
– – –, **to** = jaillir, gicler, avoir des jaillissements.
S.S. (steamship) = V. « steamship ».
SS (super-sport) = supersport (adj.) (Auto.).
S.S.E. (South-south-east) = sud-sud-est, S.-S.-E.
S.S.W. (South-south-West) = sud-sud-ouest, S.-S.-O.
St. = V. « street ».
stab, to = piquer (une surface briquetée pour recevoir un enduit) (B.), percer d'un coup de couteau, poignarder (quelqu'un).
strabbing = piquage *m*. (d'une pierre, d'une brique) (B.), piqûre *f*. (d'un livre) (Imp.).
stability = solidité *f*. (d'une construction), stabilité *f*.
– – –, **directional** = stabilité *f*. de route (Av.).
stabilization = stabilisation *f*.
– – –, **voltage** = stabilisation *f*. de tension (E.)..
stabilize, to = stabiliser.
stabilizer = stabilisateur *m*. (Méc.), équilibreur *m*. (Tp.), amortisseur *m*. (Méc.), frein *m*. (Méc.), empennage *m*. (d'un avion) (Av.).
– – –, **draught (or draft)** = stabilisateur *m*. de tirage (Méc.).
– – –, **front** = stabilisateur *m*. avant (Auto.).
– – –, **gyrostatic** = stabilisateur *m*. gyrostatique.
– – –, **horizontal** = empennage *m*. (d'un avion) (Av.).
– – –, **rear** = stabilisateur *m*. arrière (Auto.).
– – –, **rotary** = stabilisateur *m*. rotatif.
– – –, **vertical** = plan *m*. fixe vertical (de l'empennage) (Av.).
– – –, **voltage** = stabilisateur *m*. de tension (E.)..
stable = écurie *f*. (Agr.).
stack = tas *m*. (de gravier), pile *f*. (de planches), cheminée *f*. (d'usine, de locomotive), meule *f*. (de foin), ensemble *m*. d'une canalisation verticale avec ses branchements (Tp.).
– – –, **chimney** = cheminée *f*. (d'usine), corps *m*. de la cheminée (B.).
– – – **of wood** = pile *f*. de bois.
– – –, **plumbing** = colonne *f*. de plomberie (S.).
– – –, **smoke** = cheminée *f*. (d'usine, de locomotive).
– – –, **soil** = tuyau *m*. de descente (S.), colonne *f*. de raccordement (S.).
– – –, **to** = empiler (du bois), entasser ou mettre en tas (le sable, le charbon), mettre (le foin) en meule.
– – –, **vent** = (colonne *f*. d') évent *m*. (S.).
stacker = empileur *m*. (de bois) (O.), chariot *m*. élévateur à fourche (M.), gerbeuse *f*. (M.) ou gerbeur *m*. (M.).
stacking = empilage *m*. ou gerbage *m*. (du bois, des sacs), entassement *m*. (du gravier, du charbon).
staff = bâton *m*., ringard *m*. (Méc.), crochet *m*. (Méc.), jalon *m*. ou mire *f*. (d'arpenteur), personnel *m*., employés *m.p*.
– – –, **clerical** = personnel *m*. de bureau.
– – –, **cross** = équerre *f*. d'arpenteur.
– – –, **levelling** = mire *f*. d'arpenteur.
– – –, **maintenance** = personnel *m*. chargé de la surveillance.
– – –, **operating** = personnel *m*. d'exploitation, personnel *m*. du mouvement (Ch.d.f.), personnel *m*. chargé

du fonctionnement.
– – –, **sliding** = mire *f*. à coulisse.
– – –, **training** = personnel *m*. enseignant (d'une entreprise).
staffing = recrutement *m*. (d'ouvriers), engagement *m*. (de personnel de cadre).
stage = estrade *f*. (B.), échafaud *m*. (B.), scène *f*. ou plateau *m*. (d'un théâtre), platine *f*. (d'un appareil scientifique, d'un microscope), étage *m*. (d'amplification) (R., E.), stade *m*. (d'une évolution), phase *f*. (d'une maladie), période *f*. (d'instruction).
– – –, **amplifying** = étage *m*. amplificateur (Tp.).
– – –, **bridging** = étage *m*. intermédiaire (Tp.).
– – –, **buffer** = étage *m*. séparateur (d'amortisseur) (R.), étage *m*. intermédiaire (R.).
– – –, **final** = phase *f*. finale.
– – –, **flood** = niveau *m*. d'inondation (H.).
– – –, **hanging** = plate-forme *f*. suspendue (C.), escalier *m*. en encorbellement (B.).
– – –, **input** = étage *m*. d'entrée (Tp.).
– – –, **landing** = débarcadère *m*., appontement *m*.
– – –, **lower** = niveau *m*. inférieur (H.).
– – –, **mechanical** = platine *f*. à chariot (Méc.).
– – –, **modulator** = étage *m*. modulateur (R.).
– – – **of amplification** = étage *m*. d'amplification (Tp.).
– – – **of development** = stade *m*. de développement.
– – –, **output** = étage *m*. final, étage *m*. de sortie.
– – –, **power** = étage *m*. de puissance.
– – –, **revolving** = plateau *m*. tournant.
– – –, **sound** = étage *m*. d'amplification de fréquence acoustique (Tp.).
– – –, **terminal** = étage *m*. de sortie (Tp.).
– – –, **tipping** = pont *m*. de décharge (C.), plate-forme *f*. de déversement (C.).
– – –, **upper** = niveau *m*. supérieur (H.).
– – –, **video** = étage *m*. amplificateur de fréquences visuelles (Tv.).
stages of pre-selection = étages *m.p*. de présélection (Tv.).
– – – **of selection** = étages *m.p*. de sélection (Tv.).
stagger, to = disposer (des rivets) en quinconce, alterner (les dents d'une roue d'engrenage), échelonner, étager (les outils d'un tour), décaler.
staggering = échelonnage *m*., disposition *f*. en quinconce.
staging = échafaudage *m*. (pour les ouvriers).
– – –, **builder's** = échafaudage *m*. (simple) (B.), échafaudage *m*. tubulaire par emboîtage (B.).
stain = souillure *f*. ou tache *f*., colorant *m*. ou teinture *f*. (à bois).
– – –, **blue** = bleuissement *m*. (du bois).
– – –, **oil** = teinture *f*. à l'huile.
– – –, **shingle** = teinture *f*. à bardeaux.
– – –, **spirit** = teinture *f*. à esprit.
– – –, **to** = teindre, tacher.
– – –, **varnish** = teinture *f*. laquée.
– – –, **water** = teinture *f*. à l'eau.
– – –, **wood** = teinture *f*. à bois.
stainless = (acier *m*.) inoxydable (adj.), sans tache, immaculé (adj.).
stair = marche *f*. (d'un escalier) (B.), escalier *m*. (B.), degré *m*. (d'un escalier) (B.), V. « stairs ».
– – –, **bottom** = marche *f*. du bas.

(stair)

– – –, **corner** = marche *f.* d'angle.
staircase = cage *f.* d'escalier (B.), escalier *m.* (B.).
– – –, **circular** = escalier *m.* tournant, escalier *m.* circulaire.
– – –, **moving** = escalier *m.* mécanique, escalator *m.*, escalier *m.* roulant.
– – –, **private** = escalier *m.* dérobé.
– – –, **travelling** = escalier *m.* roulant, escalier *m.* mécanique, escalator *m.*
stairs = escalier *m.* (B.), V. « stair ».
– – –, **back** = escalier *m.* dérobé, escalier *m.* de service.
– – –, **box** = escalier *m.* entre murs.
– – –, **corkscrew** = escalier *m.* en vis, escalier *m.* tournant.
– – –, **dog-leg(ged)** = escalier *m.* à limons superposés, escalier *m.* en zigzag.
– – –, **enclosed** = escalier *m.* dérobé.
– – –, **half-turn** = escalier *m.* à double quartier tournant.
– – –, **hanging** = escalier *m.* suspendu.
– – –, **hollow-newel** = escalier *m.* à noyau creux.
– – –, **main** = escalier *m.* principal.
– – –, **open-newel** = escalier *m.* à noyau ouvert, escalier *m.* à noyau creux.
– – –, **overhanging** = escalier *m.* suspendu.
– – –, **quarter-turn** = escalier *m.* à quartier tournant.
– – –, **service** = escalier *m.* de service.
– – –, **solid-newel** = escalier *m.* à noyau plein.
– – –, **spiral** = escalier *m.* tournant, escalier *m.* en colimaçon, escalier *m.* hélicoïdal.
– – –, **stone** = escalier *m.* en pierre.
– – –, **supported** = escalier *m.* appuyé, escalier *m.* étançonné.
– – –, **tower** = escalier *m.* de tour.
– – –, **winding** = escalier *m.* tournant, escalier *m.* en colimaçon.
stairway = cage *f.* d'escalier (B.), escalier *m.* (B.).
– – –, **circular** = escalier *m.* tournant, escalier *m.* circulaire.
– – –, **interior** = escalier *m.* intérieur.
– – –, **moving** = escalier *m.* mécanique, escalator *m.*, escalier *m.* roulant.
– – –, **open** = escalier *m.* dégagé.
stairwell = cage *f.* d'escalier.
stake = pieu *m.*, jalon *m.*, piquet *m.*, rancher *m.* (de caisse de camion).
– –́–, **anchor** = pieu *m.* de retenue, piquet *m.* de retenue.
– – –, **anvil** = tasseau *m.*, tas *m.*
– – –, **grade** = piquet *m.* de nivellement.
– – –, **ground** = piquet *m.* de mise à la terre (E.)..
– – –, **to** = piqueter (une ligne), jalonner (une ligne téléphonique, un chemin), tuteurer (une plante).
– – –, **to – – out** = jalonner ou piqueter ou bornoyer (une ligne), borner (un lot).
staking = piquetage *m.* (d'une ligne), tuteurage *m.* (d'une plante).
stale = vieux (adj.), usé (adj.), éventé (adj.), (air *m.*) vicié (adj.).
stall = stalle *f.* (d'écurie), case *f.* (d'étable), étal *m.* (de boucher), cabine *f.* (de toilette), stand *m.* (dans une foire), poste *m.* (de lavage, de graissage) (Auto.).
– – –, **finger** = doigtier *m.* (de protection).

(stall)

– – –, **foot** = sole *f.* (d'un pilier) (B.).
– – –, **head** = tétière *f.* (Agr.).
– – –, **newspaper** = kiosque *m.*
– – –, **to** = se bloquer (Méc.), s'arrêter (Méc.), s'enliser (Auto.), bloquer (Méc.), arrêter (Méc.), caler (le moteur), mettre en régime lent (Méc.), mettre à l'étable (Agr.).
stalled = en panne (Auto.), bloqué (Méc.), arrêté (Méc.), (moteur *m.*) calé (Auto.).
stalling = arrêt *m.* ou blocage *m.* (du moteur) (Auto.).
stalloy = stalloy *m.* (E.)., alliage *m.* pour tôles de transformateur (E.)..
stamp = marque *f.* (de la douane), étampe *f.*, estampe *f.*, poinçon *m.*, bocard *m.* (de mine), estampeuse *f.* (M.) (Mét.), emboutisseuse *f.* (M.) (Mét.).
– – – **and punch** = poinçon *m.*
– – –, **binder's** = fer *m.* à dorer (Imp.).
– – –, **dating** = timbre *m.* dateur, dateur *m.*
– – –, **die** = balancier *m.* (Imp.).
– – –, **embossing** = timbre *m.* sec (Mét.).
– – –, **inspection** = poinçon *m.* de garantie, poinçon *m.* de contrôle.
– – –, **numbering** = numéroteur *m.*
– – –, **postage** = timbre-poste *m.*, timbre *m.*
– – –, **postage-due** = timbre-taxe *m.*
– – –, **reception** = poinçon *m.* réception.
– – –, **rubber** = timbre *m.* humide.
– – –, **self-inking** = timbre *m.* à encrage automatique.
– – –, **to** = estamper (Mét.), étamper (Mét.), matricer (Mét.), poinçonner (l'or, l'argent), frapper (la monnaie), broyer ou bocarder (un minerai), apposer un timbre-poste ou affranchir (une lettre), timbrer (un reçu), viser (un passeport), estampiller (un contrat).
stamper = estampeuse *f.* (M.) (Mét.), poinçonneuse *f.* (M.) (Mét.), pilon *m.* (M.) (Mét.), bocard *m.* (M.) (Mét.).
stamping = estampage *m.* (Mét.), matriçage *m.* (Mét.), emboutissage *m.* (Mét.), timbrage *m.* (des actes), estampillage *m.* (des documents, des marchandises).
– – –, **die** = étampage *m.* (Mét.), gravure *f.* (Imp.).
stampings = pièces *f.p.* embouties (Mét.).
stanchion = étançon *m.* (C.), étai *m.* (C.), jambe *f.* de force (C.), rancher *m.* (de wagon plate-forme).
stand = station *f.* (de taxis), support *m.* (C.), pied *m.* (de lampe), socle *m.* (de statue), étagère *f.* (C.), tréteau *m.* (C.), chevalet *m.* (C.), banc *m.* (d'essai), plate-forme *f.*, peuplement *m.* (For.), estrade *f.*, étalage *m.* (de marchandises), stand *m.* (d'exposant), béquille *f.* (de motocyclette).
– – –, **accumulator** = tréteau *m.* pour accumulateur (E.)..
– – –, **assembling** = support *m.* de montage.
– – –, **bank** = rang *m.* ou rayon *m.* (Imp.).
– – –, **barrel** = chantier *m.*, porte-fût *m.*
– – –, **battery** = plate-forme *f.* pour accumulateurs (E.)..
– – –, **bearing** = support *m.* de palier.
– – –, **bench-drill** = support *m.* d'établi pour perceuse.
– – –, **bicycle** = support *m.* de bicyclette.
– – –, **bottle** = porte-bouteilles *m.*, casier *m.* porte-bouteilles.
– – –, **desk** = support *m.* d'appareil téléphonique de table.

(stand)

– – –, **driver's** = poste *m.* du chauffeur, poste *m.* du mécanicien.
– – –, **filling, truck** = poste *m.* de remplissage des camions-citernes.
– – –, **fruit-storing** = fruitier *m.*
– – –, **luggage** = porte-bagages *m.*
– – –, **microphone** = pied *m.* de microphone.
– – –, **music** = lutrin *m.*
– – –, **news** = kiosque *m.*
– – –, **pastry** = clayon *m*
– – –, **taxi** = station *f.* de taxis, tête *f.* de station (France).
– – –, **testing** = banc *m.* d'essai.
– – –, **three-legged** = trépied *m.* (d'un théodolite).
– – –, **tool** = table *f.* à outils.
– – –, **trestle** = tréteau *m.*, chevalet *m.*
– – –, **umbrella** = porte-parapluies *m.*
– – –, **wood** = socle *m.* en bois, peuplement *m.* (For.).
stand-by = de réserve, de secours, attente *f.* (R.).
– – – –, **to** = demeurer sur écoute (R.).
standard = normal (adj.), ordinaire (adj.), courant (adj.), réglementaire (adj.), classique (adj.), jambe *f.* (de structure), fût *m.* (d'un vérin), réverbère *m.* électrique, montant *m.* ou support *m.* (d'un moteur), bâti *m.* (de machine), écoperche *f.* (C.), critérium *m.*, modèle *m.*, étalon *m.*, standard *m.*, type *m.*, norme *f.*
– – –, **frequency** = étalon *m.* de fréquence (R.).
– – – **of a solution** = titre *m.* d'une solution.
– – – **of design** = normes *f.p.* de construction.
– – – **of knowledge** = degré *m.* de connaissances.
– – – **of living** = niveau *m.* de vie.
– – –, **working** = étalon *m.* de travail.
standardization = standardisation *f.*, normalisation *f.*, uniformisation *f.*, étalonnage *m.*, mise *f.* en série, réglementation *f.*, systématisation *f.*
standardize, to = standardiser, normaliser, étalonner, uniformiser, construire en série, systématiser, réglementer.
standards, building = normes *f.p.* de construction (B.).
– – –, **construction** = normes *f.p.* de construction.
– – –, **flammability** = normes *f.p.* d'ignifugation (d'un produit).
– – –, **safety** = normes *f.p.* de sécurité.
– – –, **transmission** = normes *f.p.* de transmission (Tp.).
standstill = arrêt *m.*, repos *m.*
staple = crampon *m.*, crampe *f.*, collier *m.* de scellement (Méc.), gâche *f.* (de crémone) (B.), cavalier *m.*, agrafe *f.* (de bureau) crampillon *m.*
– – – **and hasp** = moraillon *m.* (pour cadenasser), espagnolette *f.* (de porte-fenêtre).
– – –, **blind** = crampillon *m.* à persiennes.
– – –, **bolt** = cramponnet *m.*, auberon *m.*
– – –, **box** = gâche *f.* (de verrou).
– – –, **fence** = crampe *f.* pour treillis, agrafe *f.*
– – –, **insulated** = cavalier *m.* isolant (E.), crampe *f.* isolante.
– – –, **lock** = gâche *f.* de serrure.
– – –, **netting, poultry** = crampe *f.* pour treillis de basse-cour, agrafe *f.* pour treillis.
– – – **of a bench** = valet *m.* d'établi.
– – –, **wire** = cavalier *m.* (pour fil métallique), clou *m.* cavalier.

stapler = brocheuse *f.* (M.), agrafeuse *f.* (I.).
star = étoile *f.*
starboard = tribord *m.* (Mar., Av.).
starch = amidon *m.*
– – –, **potato** = fécule *f.* (de pomme de terre).
– – –, **wheat** = amidon *m.* de froment.
starling = musoir *m.* (H.), brise-glace *m.* (H.), bec *m.* (de pile de pont) (C.).
start = démarrage *m.* (d'un train, d'une automobile), commencement *m.* ou début *m.* (des travaux), envol *m.* (Av.), mise *f.* en marche (d'un mécanisme), mise *f.* en route (d'un projet).
– – –, **flying** = départ *m.* lancé (Auto.).
– – –, **standing** = départ *m.* arrêté (Auto.), démarrage *m.* en partant du repos (Auto.).
– – –, **to** = démarrer (Auto.), mettre en marche (Auto.), amorcer (les oscillations, un injecteur), lancer (un moteur), décoller, commencer (une construction).
– – –, **to** – – – **cold** = démarrer à froid.
starter = démarreur *m.* (Auto.), rhéostat *m.* de démarrage (d'un moteur électrique) (E.), starter *m.* (d'une lampe fluorescente à cathode chaude) (E.).
– – –, **auto-** = autodémarreur *m.*, démarreur *m.* automatique.
– – –, **automatic** = autodémarreur *m.*, démarreur *m.* automatique.
– – –, **crank-type** = démarreur *m.* à manivelle.
– – –, **drum** = démarreur *m.* à cylindre (E.).
– – –, **eaves** = noquet *m.* de chéneau (B.).
– – –, **electric** = démarreur *m.* électrique.
– – –, **foot** = pédale *f.* de mise en marche.
– – –, **hand** = démarreur *m.* à main.
– – –, **impulse** = lanceur *m.* (E.).
– – –, **kick** = lanceur *m.*, pédale *f.* de mise en marche, démarreur *m.* au pied.
– – –, **rope** = démarreur *m.* à corde.
– – –, **self-** = autodémarreur *m.*, à démarrage automatique.
– – –, **single-phase** = démarreur *m.* monophasé (E.).
– – –, **three-phase** = démarreur *m.* triphasé (E.).
starting = démarrage *m.*, mise *f.* en marche, amorçage *m.* (d'un trou de sonde, d'une pompe), lancement *m.* (d'un alternateur), décollage *m.* (Av.), départ *m.*
– – –, **across-the-line** = méthode *f.* de démarrage (des moteurs) par branchement direct au secteur (E.).
– – –, **automatic** = démarrage *m.* automatique.
– – –, **cold** = démarrage *m.* à froid.
– – –, **crank** = démarrage *m.* à la manivelle.
– – –, **kick** = départ *m.* au pied.
– – – **of the work** = mise *f.* en train des travaux, mise *f.* en marche des travaux.
– – – **on the switch** = démarrage *m.* à l'allumage.
– – –, **push-button** = démarrage *m.* par bouton-poussoir.
– – –, **reactor** = à démarrage par self (E.).
– – –, **self-** = à démarrage automatique, autodémarreur (adj.).
– – –, **smooth** = démarrage *m.* doux.
– – –, **under load** = démarrage *m.* sous charge.
state = état *m.* ou condition *f.*
– – –, **good, in** = en bon état.
– – – **of equilibrium** = état *m.* d'équilibre.

(state)

– – –, **solid-** = semi-conducteurs *m.p.* (E.)., à transistors (E.)., à semi-conducteurs (adj.) (E.)., transistorisé (adj.) (E.)..
– – –, **steady** = régime *m.* permanent (Méc.).
– – –, **transient** = régime *m.* transitoire, état *m.* transitoire.
statement = compte *m.* rendu, exposé *m.*, rapport *m.*, communiqué *m.* (de presse), constatation *f.*
– – – **of account** = relevé *m.* de compte.
static = statique (adj.), perturbations *f.p.* autmosphériques (Tv.), parasites *m.p.* (R., Tp.), bruits *m.p.* parasites (R., Tp.), grésillement *m.* (R., Tp.), friture *f.* (R., Tp.).
– – –, **man-made** = parasites *m.p.* industriels (R.), parasites *m.p.* artificiels (R.), perturbation *f.* artificielle (R.).
– – –, **natural** = parasites *m.p.* atmosphériques (R.).
statical = statique (adj.).
statics = statique *f.* (Méc.).
– – –, **graphical** = statique *f.* graphique.
station = centrale *f.* (E.)., station *f.* (d'arpentage, de métro), poste *m.* (Tp, Tg.), gare *f.* (Ch.d.f.), succursale *f.* (du Service des Postes).
– – –, **aircraft** = station *f.* d'aéronef.
– – –, **attended** = station *f.* surveillée (R.), station *f.* normalement exploitée (R.).
– – –, **attended, semi-** = station *f.* semi-surveillée (R.).
– – –, **automatic** = poste *m.* automatique (Tp.), station *f.* automatique (R.).
– – –, **auxiliary** = poste *m.* de secours, sous-station *f.* de secours, station *f.* (de répéteurs) téléalimenté (Tp.).
– – –, **base** = station *f.* de base (d'un service mobile) (Tp.).
– – –, **beacon, radio** = station *f.* de radiophare (R.).
– – –, **beam** = poste *m.* à ondes dirigées (R.), poste *m.* à faisceau (R.).
– – –, **booster** = station *f.* de relais (dans un pipe-line), station *f.* de répéteurs (Tp.), poste *m.* de surpression (pour la distribution du gaz), poste *m.* de recompression (dans un oléoduc).
– – –, **broadcast, facsimile** = station *f.* bélinographique (R.).
– – –, **broadcasting** = poste *m.* émetteur (R.), station *f.* de radiodiffusion (R.), poste *m.* radiophonique (R.).
– – –, **broadcasting, relay** = station-relais *f.* de radiodiffusion (R.).
– – –, **call** = central *m.* (Tp.).
– – –, **called** = abonné *m.* demandé (Tp.), poste *m.* demandé (Tp.).
– – –, **calling** = poste *m.* demandeur (Tp.).
– – –, **central** = station *f.* centrale (C.), centrale *f.* (E.), usine *f.* centrale (C.).
– – –, **Centrex** = poste *m.* de Centrex (Tp.), poste *m.* (Tp.).
– – –, **charging** = station *f.* de charge (des accumulateurs) (E.)..
– – –, **control** = station *f.* directrice (Tp.), station *f.* régulatrice (Tp.), poste *m.* de commande (Tp.).
– – –, **control, system** = station *f.* de contrôle d'un faisceau (Tg.).
– – –, **dependent** = station *f.* (de répéteurs) téléalimentée (Tp.).

(station)

– – –, **direct-current** = station *f.* à courant continu (E.)., poste *m.* à courant continu (E.)..
– – –, **direction-finding** = radiophare *m.* (R.), radiogoniomètre *m.* (R.), station *f.* radiogoniométrique (R.).
– – –, **direction-finding, land** = station *f.* radiogoniométrique terrestre (R.).
– – –, **direction-finding, ship** = radiogoniomètre *m.* de bord (Mar.).
– – –, **distributing** = centrale *f.* de distribution (E.)., poste *m.* de distribution (E.)..
– – –, **earth** = station *f.* terrestre (R.).
– – –, **emitting** = poste *m.* d'émission (R.), station *f.* émettrice (R.).
– – –, **end** = station *f.* terminale (Ch.d.f.).
– – –, **extension** = poste *m.* supplémentaire (Tp.).
– – –, **extension, off-premises** = poste *m.* supplémentaire extérieur (Tp.).
– – –, **extension, subscriber's** = poste *m.* supplémentaire d'abonné (Tp.).
– – –, **filling** = poste *m.* d'essence (Auto.), dépôt *m.* d'essence (Auto.), station-service *f.* (Auto.).
– – –, **fire** = poste *m.* de pompiers (Auto.).
– – –, **gas** = poste *m.* d'essence (Auto.), poste *m.* de ravitaillement (Auto.), station-service *f.* (Auto.).
– – –, **gasoline** = poste *m.* d'essence (Auto.), poste *m.* de ravitaillement (Auto.), station-service *f.* (Auto.).
– – –, **generating** = centrale *f.* électrique (E.)., usine *f.* électrique (E.)..
– – –, **generating, heat engine** = usine *f.* thermique (E.)..
– – –, **generating, hydro-electric** = usine *f.* hydraulique (E., H.), centrale *f.* hydro-électrique (E., H.).
– – –, **ground** = station *f.* terrestre (R.).
– – –, **inflating, tire** = poste *m.* d'air (Auto.).
– – –, **interchange** = station *f.* de jonction (Ch.d.f.), point *m.* de correspondance.
– – –, **intermediary** = station *f.* intermédiaire (R.).
– – –, **jamming** = poste *m.* de brouillage (R.), station *f.* perturbatrice (R.).
– – –, **key** = station *f.* mère (R.).
– – –, **land** = station *f.* terrestre (R.).
– – –, **light, electric** = usine *f.* génératrice de lumière électrique (E.)..
– – –, **listening** = poste *m.* d'écoute (R.).
– – –, **listening-in** = poste *m.* d'écoute (R.).
– – –, **main** = poste *m.* principal (Tp.), poste *m.* de service (Tp.).
– – –, **main, subscriber's** = poste *m.* principal d'abonnement (Tp.), poste *m.* principal privé (Tp.), poste *m.* principal d'abonné (Tp.).
– – –, **master** = station *f.* maîtresse (de radionavigation).
– – –, **metering** = poste *m.* de compteurs (E.)..
– – –, **microwave** = poste *m.* (d'émission par) micro-ondes (Tv.).
– – –, **mobile** = poste *m.* mobile (R.).
– – –, **monitoring** = centre *m.* de contrôle (R.), poste-moniteur *m.* (R.).
– – –, **observation** = poste *m.* d'observation (R.).
– – – **of destination** = station *f.* destinataire (R.).
– – – **of origin** = station *f.* expéditrice (R.).
– – –, **pay** = V. « phone, pay ».

(station)

– – –, **police** = poste *m*. de police.
– – –, **power** = station *f*. génératrice (E.)., usine *f*. génératrice (E.)., centrale *f*. électrique (E.)..
– – –, **power, district** = centrale *f*. électrique régionale (E.)..
– – –, **power, electric** = station *f*. génératrice d'énergie électrique (E.)..
– – –, **power-feeding** = station *f*. d'alimentation (des stations téléalimentées) (Tp.).
– – –, **power, oil-fired** = centrale *f*. (électrique) fonctionnant au mazout (E.)..
– – –, **power, steam** = station *f*. génératrice à vapeur (E.)., centrale *f*. (électrique) fonctionnant à la vapeur (E.)..
– – –, **power, thermal** = centrale *f*. thermique (E.)..
– – –, **pumping** = centrale *f*. de pompage (Méc.), salle *f*. de pompes (Méc.), usine *f*. de relèvement des eaux (S.).
– – –, **radar** = radar *m*., poste *m*. radar.
– – –, **radio** = poste *m*. de radio (R.), poste *m*. de T.S.F. (R.), station *f*. radioélectrique (R.), station *f*. de radiodiffusion (R.).
– – –, **radio, coastal** = poste *m*. radio côtier (R.).
– – –, **radio, long-range** = poste *m*. radio à longue portée (R.).
– – –, **radio, ground, short-range** = poste *m*. radio terrestre à faible portée (R.).
– – –, **railway** = gare *f*. (Ch.d.f.), station *f*. (Ch.d.f.).
– – –, **receiving** = poste *m*. récepteur (R.), station *f*. réceptrice (R.).
– – –, **regenerating** = poste *m*. régénérateur (E.)..
– – –, **relay** = station-relais *f*. (R.), poste *m*. auxiliaire de relayage (R.), relais *m*. (R., Tp.).
– – –, **relay, microwave** = relais *m*. hertzien (Tp.).
– – –, **relay, radio** = relais *m*. radioélectrique (R.).
– – –, **remote controlled** = station *f*. (de répéteurs) téléréglée (Tp.), station *f*. télécommandée (R.).
– – –, **repair** = station-service *f*. (Auto.).
– – –, **repeater** = poste *m*. amplificateur (E.), station *f*. de répéteurs (Tp.).
– – –, **repeater, attended** = station *f*. (de répéteurs) surveillée (Tp.).
– – –, **repeater, telephone** = relais *m*. amplificateur téléphonique (Tp.), station *f*. de répéteurs (Tp.).
– – –, **repeater, unattended** = station *f*. (de répéteurs) télésurveillée (Tp.).
– – –, **restricted** = poste *m*. privé (c.-à-d. relié à un poste de service) (Tp.).
– – –, **ringer** = sonnerie *f*. d'appel (Tp.).
– – –, **sending** = poste *m*. émetteur (R.).
– – –, **sending-out, wireless** = poste *m*. émetteur (R.).
– – –, **series-connected** = poste *m*. embroché (R.).
– – –, **service** = station-service *f*. (Auto.).
– – –, **ship** = station *f*. de bord (R.).
– – –, **shore** = station *f*. côtière (R.).
– – –, **starting** = station *f*. initiale (Ch.d.f.).
– – –, **sub-** = V. « substation ».
– – –, **subscriber's** = poste *m*. d'abonné (Tp.), poste *m*. (Tp.), poste *m*. privé (Tp.).
– – –, **subscriber's, automatic** = poste *m*. automatique (Tp.).
– – –, **switching** = poste *m*. de sectionnement (E.)., poste *m*. de manoeuvre (E.)., poste *m*. de couplage

(station)

(E.)..
– – –, **switching, outdoor** = poste *m*. de sectionnement à l'extérieur (E.)., poste *m*. de manoeuvre à l'extérieur (E.)..
– – –, **telegraph** = station *f*. télégraphique (Tg.), poste *m*. télégraphique (Tg.).
– – –, **telephone** = poste *m*. d'abonné (Tp.), poste *m*. téléphonique (Tp.).
– – –, **telephone, automatic** = poste *m*. téléphonique automatique (Tp.).
– – –, **telephone, common-battery** = poste *m*. d'abonné à batterie centrale (Tp.).
– – –, **telephone, pay** = taxiphone *m*. (Tp.) (France), téléphone *m*. payant (Tp.) (Canada).
– – –, **telephone, public** = taxiphone *m*. (Tp.) (France), poste *m*. téléphonique public (Tp.), cabine *f*. téléphonique publique (Tp.).
– – –, **television** = poste *m*. de télévision (Tv.), station *f*. de télévision (Tv.).
– – –, **terminal** = station *f*. terminus, terminus *m*. (d'autobus), tête *f*. de ligne (E.)., station *f*. terminale (Tp.).
– – –, **toll** = poste *m*. interurbain (Tp.).
– – –, **toll, radio** = radiotéléphone *m*. interurbain (Tp.).
– – –, **transformer** = poste *m*. de transformation (E.), poste *m*. de transformateurs (E.)..
– – –, **transmitting** = poste *m*. émetteur (R.), station *f*. d'émission (R.).
– – –, **transmitting, broadcast** = station *f*. d'émission (de radiodiffusion).
– – –, **TV** = V. « station, television ».
– – –, **unattended** = station *f*. non surveillée (R.), poste *m*. sans préposé(e) (Tp.).
– – –, **weather** = station *f*. météorologique.
– – –, **weather, automatic** = station *f*. météorologique automatique.
stationary = stationnaire (adj.), fixe (adj.), immobile (adj.).
stationer = papetier *m*. (O.), libraire *m*. (O.).
stationery = papeterie *f*.
– – –, **business** = papeterie *f*. commerciale.
– – –, **school** = fournitures *f.p*. d'école.
statistics = la statistique.
stator = stator *m*. (E.)., induit *m*. fixe (E.)..
status = rang *m*. (social), statut *m*. légal (d'une personne), état *m*.
– – –, **civil** = état *m*. civil.
– – –, **marital** = état *m*. matrimonial.
– – – **of the work** = état *m*. (d'avancement) des travaux (C.).
– – –, **personal** = statut *m*. personnel.
– – –, **social** = rang *m*. social.
statutory = (augmentations *f.p*.) statutaires (d'émoluments des employés civils) (adj.), (fête *f*.) légale (adj.), (sanction *f*.) prévue par la loi.
staunchness = étanchéité *f*. (d'une chaussée), fermeté *f*. (d'âme).
– – – **of a riveted seam** = étanchéité *f*. d'une rivure.
stave = douve *f*. (de conduite en bois, de seau, de tonneau).
– – –, **to** = garnir de douves.
– – –, **to** – – – **up** = refouler (la tête d'un boulon).

(steaming)

stay = arc-boutant *m.* (d'un mur) (C.), fil *m.* porteur (Tp.), support *m.* (C.), appui *m.* (C.), étai *m.* (C.), tirant *m.* (C.), entretoise *f.* (C.), hauban *m.* (Tp.), ancre *f.* (d'une chaudière) (Méc.), étançon *m.* (C.), jambe *f.* de force (C.).
– – –, **anchor** = câble *m.* d'ancrage (de poteau, etc.).
– – –, **back** = retenue *f.* (C.), lunette *f.* (C.), dossier *m.* (C.), câble *m.* d'ancrage (d'un pont suspendu) (C.), plaque *f.* d'ancrage (C.).
– – –, **binding** = bride *f.* de la membrure inférieure d'une poutre armée (C.).
– – –, **boom** = ancre *f.* d'estacade (C.).
– – –, **buck** = poutre *f.* de butée.
– – –, **casement** = entrebâillement *m.* de fenêtre (B.).
– – –, **chain** = hauban-chaîne *m.* (C.).
– – –, **cross-** = croix *f.* de Saint-André (B.).
– – –, **diagonal** = entretoise *f.* diagonale (C.).
– – –, **door** = rouleau-guide *m.* (pour porte à coulisse) (B.).
– – –, **frame** = entretoise *f.* de châssis (B.).
– – –, **funnel** = hauban *m.* de cheminée (B.).
– – –, **main** = étai *m.* de grand mât (Mar.), appui *m.* principal (C.).
– – –, **straining** = hauban *m.* de rappel (C.).
– – –, **to** = entretoiser (un plancher) (B.), ancrer (une cheminée) (C.), affermir (un ouvrage) par des ancres (C.), assujettir (une antenne) (R.), fixer (un volet) (B.), étançonner ou étayer (un bâtiment), haubaner (un poteau), arc-bouter (un mur).
staying = étayage *m.* ou étaiement *m.* (d'un mur), ancrage *m.* (d'un mât), entretoisage *m.* (d'un plancher), haubanage *m.* (d'un poteau), affermissement *m.* (d'un ouvrage) par des ancrages.
steadiness = stabilité *f.*, rigidité *f.*, fixité *f.*, régularité *f.* (de mouvement).
steady = régulier (adj.), soutenu (adj.), continu (adj.), fixe (adj.), stabilisé.
– – –, **to** = affermir (un ouvrage) (C.), régulariser ou stabiliser (la marche d'un moteur) (Méc.).
steam = vapeur *f.* (d'eau) (Méc.).
– – –, **at full** = à toute vapeur.
– – –, **back-** = contre-vapeur *f.*
– – –, **condensed** = vapeur *f.* condensée.
– – –, **counter-** = contre-vapeur *f.*
– – –, **dead** = vapeur *f.* d'échappement.
– – –, **dry** = vapeur *f.* sèche.
– – –, **exhaust** = vapeur *f.* d'échappement, vapeur *f.* épuisée.
– – –, **live** = vapeur *f.* vive, vapeur *f.* d'admission.
– – –, **low-pressure** = vapeur *f.* à basse pression.
– – –, **overheated** = vapeur *f.* surchauffée.
– – –, **reverse** = contre-vapeur *f.*
– – –, **reversed** = contre-vapeur *f.*
– – –, **saturated** = vapeur *f.* saturée.
– – –, **superheated** = vapeur *f.* surchauffée.
– – –, **to** = décatir (une étoffe), passer à la vapeur, étuver.
– – –, **waste** = vapeur *f.* perdue.
– – –, **wet** = vapeur *f.* humide.
steamboat = bateau *m.* à vapeur (Mar.).
steamer = bateau *m.* à vapeur (Mar.), marmite *f.* à vapeur (Ust.).
steaming = injection *f.* de vapeur (Mi.), décatissage *m.*

(d'une étoffe), étuvage *m.*
steamship = vapeur *m.*, navire *m.* à vapeur.
– – –, **coasting** = vapeur *m.* de cabotage.
stearin(e) = stéarine *f.*
steel = acier *m.* (Mét.), acier *m.* d'armature ou armature *f.* (du béton).
– – –, **acid** = acier *m.* obtenu par le procédé acide, acier *m.* soumis au traitement acide.
– – –, **all-** = tout acier.
– – –, **allied** = acier *m.* allié, acier *m.* compound.
– – –, **alloy** = acier *m.* allié, acier *m.* compound.
– – –, **alloy, special** = acier *m.* spécial.
– – –, **angle** = cornière *f.* d'acier (C.).
– – –, **annealed** = acier *m.* recuit.
– – –, **band, flat** = feuillard *m.* d'acier (C.).
– – –, **bar** = acier *m.* en barres (C.).
– – –, **bar, round** = acier *m.* rond (C.).
– – –, **bar, square** = acier *m.* carré (C.).
– – –, **basic** = acier *m.* obtenu par le procédé basique, acier *m.* soumis au traitement basique.
– – –, **Bessemer** = acier *m.* Bessemer.
– – –, **billet** = acier *m.* de billettes.
– – –, **blister** = acier *m.* boursouflé, acier *m.* poule.
– – –, **blued** = acier *m.* bronzé.
– – –, **carbon** = acier *m.* au carbone.
– – –, **carbon, high-** = acier *m.* à haute teneur en carbone.
– – –, **carbon, low-** = acier *m.* de cémentation.
– – –, **carbon, medium-** = acier *m.* demi-dur au carbone.
– – –, **carburized** = acier *m.* carburé.
– – –, **cast** = acier *m.* fondu, acier *m.* coulé.
– – –, **cast, crucible** = acier *m.* (fondu) au creuset.
– – –, **cast, soft-** = acier *m.* doux.
– – –, **cemented** = acier *m.* cémenté.
– – –, **charcoal** = acier *m.* de forge.
– – –, **chisel** = acier *m.* à ciseau.
– – –, **chrome** = acier *m.* chromé, acier *m.* au chrome.
– – –, **chrome-nickel** = acier *m.* nickel-chrome.
– – –, **chrome-tungsten** = acier *m.* au chrome-tungstène.
– – –, **chrome-vanadium** = acier *m.* chrome-vanadium.
– – –, **chromium** = acier *m.* au chrome.
– – –, **chromium, silicon** = acier *m.* silichrome.
– – –, **common** = acier *m.* ordinaire.
– – –, **compound** = acier *m.* compound.
– – –, **construction** = profilés *m.p.* pour le bâtiment (C.).
– – –, **converted** = acier *m.* cémenté.
– – –, **copper** = acier *m.* cuprifère.
– – –, **copper-clad** = acier *m.* cuivré, acier *m.* revêtu de cuivre.
– – –, **corrosive, non-** = acier *m.* inoxydable.
– – –, **crucible** = acier *m.* au creuset.
– – –, **crude** = acier *m.* brut.
– – –, **die** = acier *m.* matricé.
– – –, **drawn** = acier *m.* étiré, acier *m.* tréfilé.
– – –, **drill** = acier *m.* à foret, acier à mèche, acier *m.* à fleuret.
– – –, **expanded** = acier *m.* déployé.
– – –, **fined** = acier *m.* affiné.
– – –, **flawy** = acier *m.* cendreux.
– – –, **forged** = acier *m.* forgé.

(steel)

– – –, **forged, drop-** = acier *m.* estampé.
– – –, **forging** = acier *m.* malléable.
– – –, **furnace** = acier *m.* de fonte.
– – –, **galvanized** = acier *m.* galvanisé.
– – –, **half** = acier *m.* ferreux.
– – –, **hammered** = acier *m.* forgé (au pilon), acier *m.* martelé.
– – –, **hard** = acier *m.* dur, acier *m.* à haute teneur en carbone.
– – –, **hard, semi-** = acier *m.* demi-dur.
– – –, **hardened** = acier *m.* trempé.
– – –, **hardening, air** = acier *m.* trempant à l'air.
– – –, **hardening, case** = acier *m.* de cémentation.
– – –, **hardening, oil** = acier *m.* trempant à l'huile.
– – –, **hardening, self-** = acier *m.* autotrempant.
– – –, **heat-resisting** = acier *m.* indétrempable.
– – –, **heat-treated** = acier *m.* recuit.
– – –, **Hi(gh)-bond** = barre *f* (d'armature) annelée ou à saillies.
– – –, **high-resistance** = acier *m.* à haute résistance.
– – –, **high-speed** = acier *m* rapide, acier *m.* à coupe rapide.
– – –, **high-tensile** = acier *m.* à haute résistance, acier *m.* de haute tension.
– – –, **homogeneous** = acier *m.* homogène.
– – –, **hoop** = acier *m.* en ruban.
– – –, **ingot** = acier *m.* en lingot, acier *m.* de fusion.
– – –, **intermediate grade** = acier *m.* de classe intermédiaire.
– – –, **invar** = acier *m.* invar.
– – –, **killed** = acier *m.* reposé.
– – –, **low** = acier *m.* doux, acier *m.* à faible teneur en carbone.
– – –, **machinery** = acier *m.* pour machines.
– – –, **machining, rapid** = acier *m.* à coupe rapide.
– – –, **magnet** = acier *m.* à aimant, acier *m.* magnétique.
– – –, **magnetic** = acier *m.* magnétique.
– – –, **manganese** = acier *m.* au manganèse.
– – –, **manganese, silico-** = acier *m.* au silicium-manganèse.
– – –, **mild** = acier *m.* doux, acier *m.* à faible teneur en carbone.
– – –, **molybdenum** = acier *m.* au molybdène.
– – –, **nickel** = acier *m.* au nickel.
– – –, **nickel, low-** = acier *m.* a faible teneur en nickel.
– – –, **non-magnetic** = acier *m.* amagnétique.
– – –, **open-hearth** = acier *m.* Martin.
– – –, **plow** = acier *m.* de charrue.
– – –, **pot** = acier *m.* au creuset.
– – –, **pressed** = acier *m.* embouti.
– – –, **pressed, die-** = acier *m.* étampé.
– – –, **puddled** = acier *m.* puddlé.
– – –, **quenched** = acier *m.* trempé à l'eau.
– – –, **rail** = acier *m.* à rail.
– – –, **raw** = acier *m.* brut.
– – –, **refined** = acier *m.* corroyé.
– – –, **reinforcing** = acier *m.* à béton (B., C.), acier *m.* d'armature (B., C.).
– – –, **reinforcing, bottom** = armature *f.* inférieure (d'une poutre).
– – –, **reinforcing, Hi-bond** = armature *f.* à saillies.
– – –, **reinforcing, top** = chapeaux *m.p.* (France), ar-

(steel)

mature *f.* supérieure (d'une poutre).
– – –, **reverberatory** = acier *m.* au réverbère.
– – –, **rolled** = acier *m.* laminé (C.), acier *m.* marchand (C.).
– – –, **rolled, cold-** = acier *m.* laminé à froid.
– – –, **rolled, hot-** = acier *m.* laminé à chaud.
– – –, **rolled, skin** = tôle *f.* planée.
– – –, **rustless** = acier *m.* inoxydable.
– – –, **scrap** = ferraille *f.*
– – –, **section, rolled** = profilé *m.* (C.).
– – –, **shear** = acier *m.* corroyé, acier *m.* affiné.
– – –, **sheet** = tôle *f.* d'acier, acier *m.* en feuille.
– – –, **Siemens-Martin** = acier *m.* Siemens-Martin.
– – –, **silicon** = acier *m.* au silicium.
– – –, **soft** = acier *m.* doux, acier *m.* à faible teneur en carbone.
– – –, **soft, extra-** = acier *m.* extra-doux.
– – –, **soft, semi-** = acier *m.* demi-doux.
– – –, **special** = acier *m.* spécial.
– – –, **spring** = acier *m.* à ressorts.
– – –, **spun** = acier *m.* centrifugé.
– – –, **stainless** = acier *m.* inoxydable.
– – –, **structural** = acier *m.* de construction (C.), acier *m.* profilé (C.), acier *m.* de charpente (B., C.), profilés *m.p.* (B.).
– – –, **tempered** = acier *m.* trempé.
– – –, **Thomas** = acier *m.* Thomas.
– – –, **to** = aciérer (le fer).
– – –, **tool** = acier *m.* à outils.
– – –, **tool, high-speed** = acier *m.* pour outils rapides.
– – –, **tungsten** = acier *m.* au tungstène.
– – –, **tungsten-molybdenum** = acier *m.* au tungstène-molybdène.
– – –, **vanadium** = acier *m.* au vanadium.
– – –, **welding** = acier *m.* soudable.
– – –, **wrought** = acier *m.* forgé.
steeling = aciérage *m.* ou aciération *f.* (du fer, d'un outil).
steely = aciéreux (adj.).
steelyard = romaine *f.*, person *m.*
– – –, **Roman** = romaine *f.*, balance *f.* romaine.
steep = escarpé (adj.), raide (adj.), à pic.
steeple = clocher *m.* (d'église), flèche *f.* (de clocher).
steer, to = conduire (une automobile, une barque), diriger (un navire).
steered, hydraulically = dirigé hydrauliquement, commandé hydrauliquement.
steering = conduite *f.* (d'une automobile), braquage *m.* (des roues d'une automobile), direction *f.* (d'une auto, d'un bateau).
– – –, **cam and roller** = direction *f.* à vis (globique) et galet.
– – –, **power** = servodirection *f.* (Auto.).
– – –, **power assisted** = direction *f.* assistée.
– – –, **rack and nut** = direction *f.* à vis et écrou à crémaillère.
– – –, **rack and pinion** = direction *f.* à pignon et crémaillère (Auto.), direction *f.* à crémaillère.
– – –, **worm and nut** = direction *f.* à vis et écrou.
– – –, **worm and peg** = direction *f.* à vis et bride.
– – –, **worm and sector** = direction *f.* à vis et secteur.
– – –, **worm and wheel** = direction *f.* à vis et roue hélicoïdale.

(steps)

stem = fût *m.* (d'une colonne, d'une pile de pont), tronc *m.* (d'arbre), tige *f.* (de rivet, de clapet, de vis), broche *f.* (de serrure), arbre *m.* (de grue), étrave *f.* (de navire), régime *m.* (de bananes).
– – –, broach = tige *f.* de broche (à mandriner) (Méc.).
– – –, dog = tige *f.* de toc (Méc.).
– – –, expanding = lame *f.* dilatable (de thermostat).
– – –, key = tige *f.* (d'une clé).
– – –, to = bourrer (un trou de mine).
– – –, valve = tige *f.* de soupape (Méc.), queue *f.* de soupape (Méc.).
stemmer = bourroir *m.* (I.) (Mi.).
stemming = bourrage *m.* d'un trou de mine.
– – –, clay = bourrage *m.* d'un trou de mine à l'argile.
stencil = patron *m.* (ajouré), [stencil *m.*] (Canada), pochoir *m.*
– – –, to = polycopier, marquer (les poteaux) (Tp.).
stencilling, pole = marquage *m.* des poteaux (Tp.).
stenographer = sténographe *m.* (O.), sténo *f.* (O.).
stenotypist = sténotypiste *m.* (O.).
step = degré *m.* ou marche *f.* (d'un escalier), échelon *m.* (d'échelle), marchepied *m.* (d'une auto, d'un poteau), palier *m.*, seuil *m.* (de porte), gradin *m.* (de cône-poulie), cran *m.* (d'une roue dentée), redan *m.* (d'un toit), mesure *f.* (prise pour prévenir un accident), dent *f.* (d'une clé).
– – –, bottom = marche *f.* de départ (B.), première marche (B.).
– – –, bull-noze = marche *f.* à nez arrondi (B.).
– – – by step = graduellement, pas à pas (Tp.), peu à peu.
– – –, collar = grain *m.* annulaire.
– – –, corbie = redan *m.* (B.).
– – –, curtail = marche *f.* de départ (d'un escalier) (B.).
– – –, door = seuil *m.* (de la porte) (B.), pas *m.* (B.).
– – –, drop = abattant *m.*, marchepied *m.* pliant.
– – –, first = marche *f.* de départ (d'un escalier) (B.).
– – –, in = en synchronisme (E.), en phase (E.), accroché (E.), synchronisé (E.).
– – –, ladder = échelon *m.*, barreau *m.*
– – –, landing = marche *f.* palière (B.).
– – –, pole = marchepied *m.* de poteau (Tp.), échelon *m.* (Tp.).
– – –, round = marche *f.* arrondie (B.).
– – –, square = marche *f.* carrée (B.).
– – –, spandrel = marche-tympan *f.* (B.).
– – –, to = échelonner.
– – –, to – – – down = abaisser (la tension) (E.), réduire (le voltage) (E.), démultiplier (un engrenage) (Méc.).
– – –, to – – – on = appuyer (sur l'accélérateur, la pédale) (Auto.).
– – –, to – – – up = monter (en grade), augmenter ou élever (la tension) (E.).
– – –, top = dernière marche (B.), marche *f.* palière (B.).
– – –, vertical = pas *m.* d'ascension.
step-up = multiplication *f.* (d'un engrenage), survolteur *m.* (E.).
stepped = échelonné, à gradins, à étages, étagé.
stepping = emmarchement *m.* (B.).
steps = escabeau *m.* (Ust.), passerelle *f.* (Av.), dents *f.p.* (d'une clé), V. « step ».
– – –, cellar = descente *f.* (B.).

– – –, folding = escabeau *m.* pliant.
– – –, front = perron *m.* (B.).
– – –, necessary, the = (prendre) toutes les mesures nécessaires.
– – –, skeleton = marches *f.p.* ajourées (c.-à-d. sans contremarche).
– – –, stone = escalier *m.* de pierre (B.).
stere = stère *f.* (c.-à-d. mesure de bois de chauffage; = 1 mètre cube; 35,314 pieds cubes).
stereo(phonic) = stéréophonique (adj.).
stereoscope = stéréoscope *m.*
stereoscopic = en relief, stéréoscopique (adj.).
stereotype = stéréotype *m.* (Imp.), cliché *m.* (Imp.).
sterilization = pasteurisation *f.* (du lait), javellisation *f.* (de l'eau), stérilisation *f.* (d'un tissu).
sterilizer = stérilisateur *m.* (I.), autoclave *m.*
– – –, bottle, baby = stérilisateur *m.* à biberons (Ust.).
– – –, pasteurian = pasteurisateur *m.*
stern = poupe *f.* (Mar.), arrière *m.*
stevedore = arrimeur *m.* (O.), débardeur *m.* (O.).
stick = bâton *m.*, tige *f.*, baguette *f.*, cartouche *f.* (de dynamite).
– – –, beater = taquoir *m.* (Pap.).
– – –, broom = V. « broomstick ».
– – –, buff = buffle *m.* (Mét.), polissoir *m.* (Mét.), perche *f.* d'essai d'isolement d'isolateurs (E.).
– – –, composing = composteur *m.* (Imp.).
– – –, control = manche *m.* à balai (Av.).
– – –, devil = agitateur *m.* (I.) (Imp.).
– – –, dip = réglette-jauge *f.* (Auto.).
– – –, emery = rodoir *m.* à l'émeri (Méc.).
– – –, gauging = jauge *f.*
– – –, gear-shift = levier *m.* des vitesses (Auto.), levier *m.* de changement de vitesse (Auto.).
– – –, gob = dégorgeoir *m.* (pour le poisson).
– – –, grounding = perche *f.* de mise à la terre (E.)..
– – –, head = tétière *f.* (Imp.).
– – –, hook = perche *f.* isolante (E.).
– – –, joy = manche *m.* à balai (Av.).
– – –, polishing = astic *m.*
– – –, runner = broche *f.* de coulée (Mét.).
– – –, seat = canne-siège *f.*
– – –, shooting = décognoir *m.* (Imp.).
– – –, switch = perche *f.* de manoeuvre (E.), perche *f.* isolante (E.).
– – –, to = coller, gripper, adhérer, coincer.
– – –, to – – – out = faire saillie, déborder, dépasser.
– – –, walking = canne *f.*
– – –, walking, weighted = canne *f.* plombée.
– – –, welding = baguette *f.* d'apport, baguette *f.* à souder.
– – –, yard = verge *f.* (c.-à-d. unité de mesure égale à trois pieds anglais), mesure *f.*, terme *m.* de comparaison.
sticker = étiquette *f.* collante, étiquette *f.* gommée, affiche *f.*, couteau *m.* de boucher (I.), papillon *m.* adhésif.
sticking = calage *m.* (du pinion, de la soupape), grippage *m.* (du moteur), blocage *m.* (d'une soupape), coinçage *m.*, collage *m.*
sticky = gluant (adj.), adhérent (adj.), collant (adj.).
stiff = raide (adj.), dur (adj.), rigide (adj.), inflexible (adj.), tendu (adj.).

(stock)

stiffen, to = raidir (un cordage), durcir (la suspension) (Auto.), renforcer (une solive), consolider (un mur).

stiffener = entretoise *f.* (d'un plancher), contrefort *m.* (d'un mur), renfort *m.* ou nervure *f.* (d'une plaque), étrésillon *m.* (d'une tranchée), raidisseur *m.* (B., C.).

– – –, **vertical** = montant *m.* raidisseur, nervure *f.* verticale (d'une plaque).

stiffening = renforcement *m.* (d'une poutre), durcissement *m.* (de la suspension) (Auto.), lest *m.* de stabilité (d'un bateau), consolidation *f.* (d'un bâtiment).

stiffness = rigidité *f.* (d'un longeron), raideur *f.* (d'un câble, d'une pente), dureté *f.* (d'un ressort).

stilb = stilb *m.* (= 3,1416 lamberts) (E.).

stile = battant *m.* (de porte) (B.), montant *m.* (de porte) (B.).

– – –, **hanging** = montant *m.* d'assemblage (d'une porte) (B.).

still = calme (adj.), immobile (adj.), fixe (adj.), stable (adj.), cornue *f.*, alambic *m.*

stilling = porte-fût *m.*, chantier *m.* (pour fûts).

stilt = échasse *f.*, pilots *m.* (C.), pieu *m.* (C.), mancheron *m.* (d'une charrue), béquille *f.* (d'un conteneur).

stilting = surhaussement *m.* (d'une voûte).

stipple, to = graver au pointillé (Imp.).

stippling = pointillage *m.* (Imp.), pointillé *m.* (Imp.).

stir, to = remuer, brasser, activer (les feux), agiter (un mélange), attiser (le feu).

stirrup = étrier *m.* ou collier *m.* (de fixation) (Méc.), bride *f.* (de ressort) (Méc.), armature *f.* en étrier (B.).

– – –, **cradle** = étrier *m.* d'échafaudage.

– – –, **eccentric** = collier *m.* d'excentrique.

– – –, **spring** = bride *f.* de ressort (Auto.), jumelle *f.* de ressort (Auto.).

stitch = point *m.* (de reprise), (point *m.* de) suture *f.* (à une plaie).

– – –, **all-along** = couture *f.* (à un cahier) (Imp.).

– – –, **darning** = point *m.* de reprise (à un vêtement).

– – –, **saddle** = piqûre *f.* à cheval (Imp.).

– – –, **side** = piquage *m.* à plat (d'une revue) (Imp.).

– – –, **to** = brocher (un livre) (Imp.), coudre (un vêtement), suturer (une plaie).

stitcher = piqueur *m.* (O.) (Imp.), brocheur *m.* (O.) (Imp.), brocheuse *f.* (M.) (Imp.), piqueuse *f.* (M.) (Imp.).

– – –, **neverip** = alène *f.* automatique.

stitching = couture *f.* (d'un vêtement), suture *f.* (d'une plaie), brochage *m.* (d'un livre) (Imp.), piqûre *f.* (du cuir).

– – –, **centre** = couture *f.* à trois points (Imp.).

– – –, **ornemental** = broderie *f.* (Ust.).

– – –, **whip** = reliure *f.* en surjet (Imp.).

– – –, **wire** = piqûre *f.* au fil métallique (Imp.).

stock = matériaux *m.p.*, approvisionnement *m.*, provision *f.* (de bois, de charbon), stock *m.*, assortiment *m.*, filière *f.* (Méc.), fût *m.* (d'un fusil), barre *f.*, mouton *m.* (d'une cloche) (C.), matières *f.p.* premières (de pâte à papier) (Pap.), pâte *f.* à papier (Pap.), manche *m.* (d'un fouet), actions *f.p.* ou fonds *m.p.* (d'une compagnie), bétail *m.* ou bestiaux *m.p.* (Agr.).

– – – **and bit** = vilebrequin *m.* et mèche *f.* (Méc.).

– – – **and die** = filière *f.* (Méc.).

– – –, **anvil** = fût *m.* d'enclume (Mét.).

– – –, **banded** = papier *m.* sous bande (Imp.).

– – –, **bar** = barre *f.*

– – –, **bit** = vilebrequin *m.* (I.).

– – –, **body** = carton *m.* support (Imp.).

– – –, **centre** = poupée *f.* fixe d'un tour (Méc.).

– – –, **die** = porte-filière *m.* (Méc.).

– – –, **dimension** = bois *m.* de dimensions régulières (B.).

– – –, **drill** = boîte *f.* à foret (Méc.).

– – –, **free** = pâte *f.* (à papier) maigre (Pap.).

– – –, **head** = poupée *f.* (de tour) (Méc.), V. « headstock ».

– – –, **hydrated** = pâte *f.* grasse (Pap.).

– – –, **live-** = bétail *m.* (Agr.), bestiaux *m.p.* (Agr.).

– – – **of a wheel** = moyeu *m.* d'une roue (Méc.).

– – – **on hand** = fonds *m.* de marchandises.

– – –, **plane** = bois *m.* de rabot (Men.), corps *m.* de rabot (Men.).

– – –, **rolling** = matériel *m.* roulant (Ch.d.f.).

– – –, **round** = barres *f.p.* rondes (C.).

– – –, **screw** = barre *f.* de décolletage (Mét.).

– – –, **screw-plate** = cage *f.* filière (Méc.).

– – –, **screw** – – – **and dies** = filière *f.* double (Méc.).

– – –, **slow** = pâte *f.* grasse (Pap.).

– – –, **tail** = contre-poupée *f.* (de tour) (Méc.), poupée *f.* mobile (de tour) (Méc.), V. « tailstock ».

– – –, **whip** = manche *m.* de fouet.

stockman = éleveur *m.* (de bestiaux), préparateur *m.* de pâte (à papier).

stockpile = stock *m.* de réserve, dépôt *m.* de matériaux (C.).

– – –, **to** = stocker (des matériaux), emmagasiner (des marchandises).

stockpiling = stockage *m.* (de matériaux), emmagasinage *m.* (de marchandises).

stoke, to = chauffer ou charger (un foyer).

stoker = chauffeur *m.* (O.), foyer *m.* mécanique, grille *f.* mécanique, chargeur *m.* mécanique.

– – –, **chain** = grille *f.* à chaîne mécanique.

– – –, **chain grate** = foyer *m.* avec grille à chaîne.

– – –, **mechanical** = foyer *m.* mécanique, grille *f.* mécanique.

– – –, **overfeed** = foyer *m.* mécanique à alimentation par le dessus.

– – –, **travelling-grate** = grille *f.* sans fin.

– – –, **underfeed** = foyer *m.* mécanique à alimentation par en dessous.

stoking = chauffe *f.* ou chauffage *m.* ou alimentation *f.* (d'un foyer).

– – –, **mechanical** = chauffage *m.* mécanique.

S.T.O.L. = ADAC *m.* (c.-à-d. avion à décollage et atterrisage courts) (Av.).

stolport = adacport *m.* (Av.).

stone = pierre *f.* (Mi.), meule *f.* (Méc.), moellon *m.* (B.), pierre *f.* de taille (B.), noyau *m.* (d'une cerise), pépin *m.* (d'une pomme), (cruche *f.* de) grès *m.*, V. « stones ».

– – –, **apex** = pierre *f.* de sommet.

– – –, **arch** = voussoir *m.*, claveau *m.*

– – –, **artificial** = similipierre *f.*

– – –, **axe** = pierre *f.* à affûter (les haches).

(stone)

– – –, **band** = parpaing *m.* (B.).
– – –, **beating** = marbre *m.* (Imp.).
– – –, **Belgian** = pavé *m.* de pierre.
– – –, **binding** = pierre *f.* de parpaing (B.).
– – –, **bond** = parpaing *m.* (B.), boutisse *f.* (B.).
– – –, **border** = borne *f.*
– – –, **boulder** = galet *m.*
– – –, **boundary** = borne *f.*, pierre *f.* de bornage.
– – –, **broken** = pierraille *f.*, cailloutis *m.*, pierre *f.* concassée, blocaille *f.*
– – –, **building** = pierre *f.* à bâtir, pierre *f.* de taille.
– – –, **burnishing** = pierre *f.* à brunir.
– – –, **burr** = pierre *f.* meulière.
– – –, **cap** = chaperon *m.* (d'un toit).
– – –, **cast** = pierre *f.* moulée, similipierre *f.*
– – –, **cement** = pierre *f.* à ciment.
– – –, **chalk** = craie *f.*
– – –, **channel** = caniveau *m.*
– – –, **coarse** = pierre *f.* à gros grain.
– – –, **cobble** = caillou *m.*, galet *m.*, pavé *m.*
– – –, **coping** = chaperon *m.* (B.), tablette *f.* (d'un mur) (B.), pierre *f.* à chaperon (B.).
– – –, **corner** = pierre *f.* angulaire.
– – –, **crushed** = pierraille *f.*, cailloutis *m.*, pierre *f.* concassée.
– – –, **crushed, mesh(ed)** = pierre *f.* concassée tamisée.
– – –, **curb** = bordure *f.* de trottoir, margelle *f.* de puits, pierre *f.* de bordure.
– – –, **dam** = dame *f.* (de haut fourneau).
– – –, **drip** = larmier *m.* (B.).
– – –, **edge** = pierre *f.* à morfil.
– – –, **emery** = meule *f.* d'émeri.
– – –, **field** = pierres *f.p.* des champs.
– – –, **filtering** = pierre *f.* filtrante.
– – –, **fine** = pierre *f.* à grain fin.
– – –, **finishing** = pierre *f.* à finir, pierre *f.* de finition.
– – –, **fire** = pierre *f.* réfractaire.
– – –, **flag** = dalle *f.* de fourneau, dalle *f.*
– – –, **flint** = pierre *f.* à feu, silex *m.*
– – –, **float** = bloc *m.* aplanissoir (B.).
– – –, **foundation** = pierre *f.* fondamentale, la première pierre.
– – –, **free-** = V. « freestone ».
– – –, **grind** = meule *f.*, V. « grindstone ».
– – –, **ground** = pierre *f.* à repasser.
– – –, **guard** = bouteroue *f.*, chasse-roue *f.*
– – –, **gutter** = caniveau *m.*
– – –, **head** = clé *f.* de voûte, pierre *f.* angulaire.
– – –, **hearth-** = V. « hearthstone ».
– – –, **hewn** = pierre *f.* taillée.
– – –, **honing** = pierre *f.* à repasser.
– – –, **imitation** = similipierre *f.*
– – –, **imposing** = marbre *m.* (Imp.).
– – –, **key** = V. « keystone ».
– – –, **lime** = V. « limestone ».
– – –, **loose** = pierre *f.* branlante (dans une muraille).
– – –, **mill** = V. « millstone ».
– – –, **mill, lower** = V. « millstone, lower ».
– – –, **natural** = pierre *f.* naturelle.
– – –, **oil** = pierre *f.* à huile, pierre *f.* à repasser.
– – –, **paving** = pavé *m.*, pierre *f.* à paver.
– – –, **paving, dressed** = pavé *m.* piqué.
– – –, **paving, granolithic** = dalle *f.* en ciment à pare-

(stone)

ment de granit concassé.
– – –, **pebble** = caillou *m.*, galet *m.*
– – –, **plaster** = gypse *m.*
– – –, **polishing** = meule *f.* adoucissante.
– – –, **pumice** = pierre *f.* ponce.
– – –, **quarry** = moellon *m.*
– – –, **quoin** = pierre *f.* d'angle (B.), pierre *f.* d'arête (B.).
– – –, **rotten** = pierre *f.* décomposée.
– – –, **rough** = pierre *f.* brute.
– – –, **rubble** = pierre *f.* des champs, moellon *m.* (B.), blocaille *f.* (pour route).
– – –, **scabbled** = moellon *m.* smillé.
– – –, **scythe** = pierre *f.* à aiguiser, pierre *f.* à faux.
– – –, **sharpening** = pierre *f.* à affûter.
– – –, **slip** = pierre *f.* à gouges.
– – –, **soap** = talc *m.*, stéatite *f.*
– – –, **spur** = bouteroue *f.*, chasse-roue *m.*
– – –, **squared** = pierre *f.* de taille, pierre *f.* taillée.
– – –, **stepping** = marchepied *m.*
– – –, **through** = parpaing *m.* (B.), boutisse *f.* (B.).
– – –, **to** = passer à la pierre, caillouter (un chemin), paver (une allée) de pierres, revêtir (une maison) de pierres.
– – –, **toothing** = pierre *f.* d'attente (B.).
– – –, **top** = couronnement *m.* (B.).
– – –, **wood** = bois *m.* pétrifié.
stonemason = maçon *m.* (O.).
stoner, fruit = énoyauteur *m.* (I.), dénoyauteur *m.* (I.), videlle *f.* (I.).
stones, radial = pierres *f.p.* radiales (d'un puits).
– – –, **stepping** = pierres *f.p.* de gué.
– – –, **waste** = blocaille *f.*
stoneware = grès *m.*, poterie *f.* de grès.
stool = tabouret *m.*, escabeau *m.*, rebord *m.* ou appui *m.* (de fenêtre) (B.).
– – –, **insulating** = tabouret *m.* isolant (E.)..
– – –, **kitchen** = tabouret *m.* de cuisine (Ust.).
– – –, **step** = escabeau *m.* (Ust.).
stoop = véranda *f.* (B.), terrasse *f.* surélevée (B.), galerie *f.* (Mi.).
stop = arrêt *m.*, dispositif *m.* d'arrêt (Méc.), butée *f.* (Méc.), heurtoir *m.* (Méc.), arrêtoir *m.* (de boulon), mentonnet *m.* (Méc.), taquet *m.* (Méc.), limiteur *m.* de course (Méc.), butoir *m.* (Méc., Ch.d.f.), plot *m.* (E.).
– – –, **air** = robinet *m.* purgeur (S.), purgeur *m.* d'air (S.).
– – –, **ash** = registre *m.* de cendrier.
– – –, **auto-** = arrêt *m.* automatique.
– – –, **back** = plot *m.* de repos (E.), butée *f.* (d'une machine-outil) (Méc.).
– – –, **basin** = bonde *f.* de lavabo (Ust.).
– – –, **bench** = griffe *f.* d'établi, valet *m.* d'établi.
– – –, **buffer** = butoir *m.* ou heurtoir *m.* (Ch.d.f.).
– – –, **bus** = arrêt *m.* d'autobus.
– – –, **chain** = arrête-chaîne *m.* (Méc.).
– – –, **chair** = antébois *m.* ou antibois *m.* (d'une salle) (B.).
– – –, **claw** = butée *f.* à griffes.
– – –, **clutch** = frein *m.* d'embrayage (Méc.), frein *m.* de débrayage (Méc.).
– – –, **dead** = arrêt *m.* brusque.

(stop)

- – –, **door** = butoir *m*. (B.).
- – –, **draft** = coupe-feu *m*. (B.).
- – –, **f** = intervalle *m*. [d'ouverture relative) (Phot.).
- – –, **finger** = index *m*. (Tp.), butée *f*. (ou butoir *m*.) de cadran d'appel (Tp.).
- – –, **fire** = coupe-feu *m*. (B.), pare-feu *m*. (B.).
- – –, **floor** = butoir *m*. de parquet (B.).
- – –, **marginal** = margeur *m*. (d'une machine à écrire).
- – –, **parting** = moulure *f*. de rencontre (entre châssis d'une fenêtre) (B.).
- – –, **pipe** = bouchon *m*. de tuyau (S.).
- – –, **ridge** = arrêt *m*. de faîte (B.).
- – –, **rolling** = arrêt *m*. à l'américaine (Auto.).
- – –, **safety** = taquet *m*. de sûreté (B.).
- – –, **screw** = butée *f*. à vis.
- – –, **shackle** = butée *f*. de jumelle (C.).
- – –, **switch** = arrêt *m*. de fin de course d'un commutateur (E.)..
- – –, **tappet** = butée *f*. ce taquet (Méc.).
- – –, **terminal** = heurtoir *m*. ou butoir *m*. (Ch.d.f.).
- – –, **to** = arrêter (le travail), boucher (un trou), stopper (les machines), obturer (un tuyau d'eau), aveugler (une voie d'eau, une fuite).
- – –, **to – – – -out** = couvrir (d'un vernis) (Imp.). masquer (une partie de la planche) (Imp.).
- – –, **track-end** = heurtoir *m*. de chariot (B.), butoir *m*. de chariot (B.).

stop-over = étape *f*. ou coucher *m*. (en cours de route), escale *f*. (Mar.), arrêt *m*. en route (Av.).

stoppage = arrêt *m*. ou suspension *f*. (du travail), obstruction *f*. (d'un tuyau), mise *f*. au repos, débrayage *m*. (des ouvriers).

stopper = bouchon *m*., obturateur *m*., pointeau *m*. d'arrêt (Méc.), taquet *m*. (Méc.), bouchon *m*. d'accumulateur (E.)..
- – –, **anode** = éliminateur *m*. d'accumulations parasites (E.)..
- – –, **bottle** = bouchon *m*. hermétique.
- – –, **emery** = bouchon *m*. à l'émeri.
- – –, **flue** = tampon *m*. (B.).
- – –, **grid** = impédance *f*. d'étouffement de grille (R.).
- – –, **ground** = bouchon *m*. à l'émeri.
- – –, **parasitic** = impédance *f*. d'étouffement (R.).
- – –, **rubber** = bouchon *m*. de caoutchouc.
- – –, **sink** = bouchon *m*. d'évier (Ust.).
- – –, **screw** = fermeture *f*. à vis.

stopping, no = arrêt *m*. interdit (Auto.).

storage = entreposage *m*. (des marchandises, des meubles), emmagasinage *m*. (des marchandises, des signaux télégraphiques), entrepôt *m*. (B.), remisage *m*. (des instruments aratoires), approvisionnement *m*., stockage *m*. (des marchandises en magasin), frais *m.p.* d'entrepôt.
- – –, **cold** = conservation *f*. par le froid.
- – –, **dead** = entreposage *m*.
- – –, **gas** = emmagasinage *m*. du gaz, stockage *m*. du gaz.
- – –, **live** = remisage *m*.
- – – **of gazoline** = magasinage *m*. d'essence.
- – –, **open** = entreposage *m*. en plein air.
- – –, **refrigerated** = entrepôt *m*. frigorifique.
- – –, **water** = emmagasinement *m*. des eaux (H.),

(storage)

réserve *f*. d'eau (H.).

store = magasin *m*., dépôt *m*., halle *f*. de dépôt, entrepôt *m*.
- – –, **chain** = magasin *m*. à succursales (multiples), succursale *f*. d'un grand magasin.
- – –, **coal** = parc *m*. à charbon, dépôt *m*. de charbon.
- – –, **department** = grand magasin *m*.
- – –, **discount** = minimarge *m*.
- – –, **dynamite** = dépôt *m*. de dynamite.
- – –, **general** = grand magasin *m*., [magasin *m*. général] (Canada).
- – –, **in** = en réserve.
- – –, **self-service** = magasin *m*. libre service.
- – –, **shoe** = magasin *m*. de chaussures.
- – –, **to** = emmagasiner, accumuler, remiser.
- – –, **tobacco** = bureau *m*. de tabac (France), magasin *m*. de tabac (Canada), [tabagie *f*.] (Canada).
- – –, **tool** = magasin *m*. d'outils, magasin *m*. d'outillage.

storehouse = entrepôt *m*., magasin *m*. (d'entreposage).

storekeeper = marchand *m*., magasinier *m*.

store-room = V. « room, store ».

stores, chain = magasin *m*. à succursales (multiples).
- – –, **multiple** = magasin *m*. à succursales (multiples).

storing = emmagasinage *m*., amassage *m*.

storm = tempête *f*.
- – –, **electric** = orage *m*.
- – –, **hail** = orage *m*. accompagné de grêle.
- – –, **lightning** = orage *m*.
- – –, **magnetic** = orage *m*. magnétique.
- – –, **sand** = tempête *f*. de sable, tempête *f*. de poussière.
- – –, **sleet** = verglas *m*., pluie *f*. verglaçante (Canada).
- – –, **snow** = tempête *f*. de neige.
- – –, **thunder** = orage *m*.

story = étage *m*. (B.).
- –, –, **first** = premier étage (B.).
- – –, **half** = demi-étage *m*. (B.).
- – –, **top** = dernier étage (B.).

stove = poêle *m*., cuisinière *f*., fourneau *m*., étuve *f*., chaufferette *f*.
- – –, **camp** = poêle *m*. de camp.
- – –, **coal, base burner** = poêle *m*. à charbon à sole.
- – –, **combination** = cuisinière *f*. mixte (charbon-électricité) (Ust.).
- – –, **cooking** = cuisinière *f*. (Ust.), fourneau *m*. de cuisine (Ust.).
- – –, **Cowper** = récupérateur *m*. cylindrique.
- – –, **electric** = cuisinière *f*. électrique (Ust.) [poêle *m*. électrique (Ust.)] (Canada).
- – –, **gas** = four *m*. à gaz (Ust.), cuisinière *f*. à gaz (Ust.).
- – –, **kitchen** = cuisinière *f*. (Ust.), poêle *m*. de cuisine (Ust.) (Canada).
- – –, **laundry** = poêle *m*. à lessivage.
- – –, **salamander** = salamandre *f*.
- – –, **slow-combustion** = poêle *m*. à combustion continue.
- – –, **to** = étuver (des émaux, des aliments).
- – –, **wood** = poêle *m*. à bois (Ust.).

stow, to = arrimer (des marchandises).

straight = droit (adj.), d'aplomb, en ligne.

straighten, to = redresser (un arbre) (Méc.), rectifier

(straighten)

(le tracé d'une route), dégauchir (une pièce de charpente).

straightener, rail = machine *f.* à dresser les rails (Ch.d.f.).

straightening = redressement *m.* ou redressage (d'une tige), rectification *f.* (d'une route, d'une erreur), dégauchissement *m.* (d'une pièce).

straightness = rectitude *f.*

strain = effort *m.* mécanique (Méc.), fatigue *f.* (Méc.), tension *f.* (Méc.), déformation *f.* (d'une pièce) (Méc.).

– – –, **allowed** = tolérance *f.* d'efforts, tolérance *f.* de tension.

– – –, **bending** = effort *m.* de flexion, déformation *f.* due à la flexion.

– – –, **breaking** = tension *f.* de rupture.

– – –, **buckling** = effort *m.* de flambage.

– – –, **compressive** = déformation *f.* due à la compression.

– – –, **mental** = surmenage *m.* intellectuel.

– – –, **pulling** = effort *m.* de traction, déformation *f.* de traction.

– – –, **shearing** = déformation *f.* due au cisaillement, effort *m.* de cisaillement.

– – –, **shrinkage** = tension *f.* interne durant le refroidissement.

– – –, **tensile** = déformation *f.* due à la traction.

– – –, **to** = fatiguer (Méc.), déformer (Méc.), tendre (un fil), fausser (Méc.), exercer un effort sur . . . . (Méc.), filtrer ou tamiser (un liquide).

– – –, **torsional** = déformation *f.* due à la torsion.

– – –, **translation** = effort *m.* de translation.

– – –, **undue** = fatigue *f.* excessive.

– – –, **working** = effort *m.* de travail.

strainer = tendeur *m.* (Méc.), tamis *m.* (Méc.), filtre *m.* (Méc.), crépine *f.* ou crapaudine *f.* (d'une pompe), grille *f.* (d'un évier), passoire *f.* (Ust.), couloire *f.* (Ust.), pommelle *f.* (de drain), épurateur *m.* (Pap.).

– – –, **air** = filtre *m.* à air.

– – –, **bath-tub** = crapaudine *f.* de baignoire (B.).

– – –, **bowl** = passoire *f.* à purée (Ust.), passoire *f.* (Ust.).

– – –, **centrifugal** = épurateur *m.* centrifuge.

– – –, **conical** = chinois *m.* (Ust.).

– – –, **drain-pipe** = crapaudine *f.* de cour (C.).

– – –, **inlet** = tamis *m.* de remplissage (Auto.).

– – –, **milk** = couloir *m.* à lait.

– – –, **oil** = filtre *m.* à huile (Méc.).

– – –, **oil pan** = tamis *m.* de carter à huile (Auto.), crépine *f.* de bac d'huile (Auto.).

– – –, **roof** = crapaudine *f.* à emboîtement (pour toit) (B.).

– – –, **sink** = égouttoir *m.* de cuisine (Ust.).

– – –, **suction** = crépine *f.* (de pompe).

– – –, **tea** = passoire *f.* à thé (Ust.), passe-thé *m.* (Ust.).

– – –, **wire** = raidisseur *m.* de fil (E.), tendeur *m.* de fil (E.), mâchoire *f.* à tendre les fils (E.).

strand = toron *m.* (de cordage), brin *m.* (c.-à-d. fil faisant partie d'un conducteur), câble *m.* porteur (Tp.).

– – –, **cable** = âme *f.* d'un câble (E.).

– – –, **central** = âme *f.* (d'un câble) (E.).

(strand)

– – –, **support** = câble *m.* porteur (Tp.), toron *m.* (Tp.).

– – –, **suspension** = câble *m.* porteur (Tp.), toron *m.* (Tp.).

– – –, **to** = toronner.

– – –, **wire** = toron *m.* métallique.

stranded = toronné, torsadé, câblé.

strap = courroie *f.* (Méc.), sangle *f.* (d'étoffe), feuillard *m.* (Méc.), bande *f.* (de tissu), ceinture *f.* (Méc.), tuyau), collier *m.* (Méc.), chape *f.* (Méc.), estrope *f.* (de poulie), bride *f.* (Méc.), étrier *m.* (Méc., d'un coffrage), attache *f.* (de tuyau de descente) (B.), lien *m.* (Méc.), armature *f.* (de charpente), plate-bande *f.* (B.), pont *m.* ou barrette *f.* ou ligule *f.* (E., Tp., R.).

– – –, **arm** = porte-bras *m.* (Auto.).

– – –, **assist** = appui(e)-bras *m.* (autobus, Auto.).

– – –, **battery** = barrette *f.* d'accumulateur (E.)..

– – –, **bell** = grelotière *f.* (pour chevaux).

– – –, **block** = estrope *f.* d'une moufle.

– – –, **brake** = bande *f.* de frein (Méc.), collier *m.* (Méc.).

– – –, **butt** = bande *f.* (de recouvrement) (C.), couvre joint *m.* (C.).

– – –, **ceiling** = fourrure *f.* (B.), tringle *f.* de plafond (B.).

– – –, **check** = mentonnière *f.*, tirant *m.* (Ch.d.f.).

– – –, **chin** = jugulaire *f.*

– – –, **clamping** = collier *m.* d'attache (C.), bride *f.* de serrage (C.).

– – –, **connecting** = barrette *f.* (E.), jonction *f.* (E.).

– – –, **connecting-rod** = bride *f.* (Méc.).

– – –, **connection** = barrette *f.* de connexion (E.), barrette *f.* (E.).

– – –, **copper** = fil *m.* de cuivre méplat.

– – –, **corner** = gousset *m.* de coin (B.), équerre *f.* plate de renforcement (B.), coin *m.* équerre (B.).

– – –, **deckle** = courroie-guide *f.* (Pap.).

– – –, **door** = courroie *f.* à main d'une portière (Auto.).

– – –, **driving** = courroie *f.* d'entraînement (Méc.).

– – –, **eccentric** = collier *m.* d'excentrique (Méc.).

– – –, **gripping** = bride *f.* de serrage (Méc.).

– – –, **hinge** = ferrure *f.* à cuiller (Méc.).

– – –, **holding-down** = collier *m.* d'attache (Méc.), bride *f.* de serrage (Méc.).

– – –, **jig** = bride *f.* de montage (Méc.).

– – –, **hame** = courroie *f.* d'attelles (Agr.).

– – –, **leather** = courroie *f.* en cuir.

– – –, **metal** = plate-bande *f.* (B.).

– – –, **pipe** = collier *m.* (C.).

– – –, **reinforcing** = plat *m.* de renfort (C.), générateur *m.* (d'un réservoir ou d'un tuyau ou d'une colonne en béton armé) (B., C.).

– – –, **safety** = courroie *f.* de sûreté.

– – –, **spring** = étrier *m.* de ressort (Méc.).

– – –, **steel** = feuillard *m.*

– – –, **stirrup** = collier *m.* ou étrier *m.* (de fixation), bride *f.* (de ressort).

– – –, **tension** = collier *m.* de serrage (Méc.).

– – –, **to** = ceinturer, polir à la bande de toile d'émeri, mettre une courroie à . . . . .

– – –, **wall** = tirant *m.* (B., Tp.).

– – –, **window, car(riage)** = bricole *f.* de voiture.

– – –, **wrist** = dragonne *f.* (d'un appareil photo).

strapping = polissage *m.* à la bande de toile émeri,

(strapping)

courroies *f.p.*, armatures *f.p.* (B., C.), fourrure *f.* (B.), plate-bande *f.* (B.), bride *f.* (pour câblage) (E.).
– – –, **boot** = rétroaction *f.* (E.).
strata = V. « stratum ».
– – –, **geological** = couches *f.p.* géologiques (Mi., C.).
stratum = couche *f.* (géologique), gisement *m.* (de minerai).
– – –, **gas-bearing** = couche *f.* gazéifère.
– – –, **water-bearing** = nappe *f.* aquifère.
straw = paille *f.*
– – –, **corn** = paille *f.* de maïs.
– – –, **flax** = paille *f.* de lin.
– – –, **rice** = paille *f.* de riz.
– – –, **wheat** = paille *f.* de blé.
stray = dispersion *f.* (E.), vagabond (adj.) (E.).
– – –, **head** = dispersion *f.* dans la tête (E.).
strays = parasites *m.p.* (R.).
streak, to = barioler, rayer (une glace), strier (le verre).
streaking = traînage *m.* (Tv.).
streaks, calender = V. « spots, calender ».
stream = cours *m.* d'eau. flot *m.* (d'eau), jet *m.* (de lumière), courant *m.* (d'une rivière), écoulement *m.* continu.
– – –, **down-** = en aval, côté *m.* aval.
– – – **of cars** = défilé *m.* ininterrompu d'automobiles.
– – –, **small** = ru *m.*
– – –, **up-** = en amont, côté *m.* amont.
streamline, to = caréner (une auto.).
streamlined = aérodynamique (adj.), profilé (adj.), caréné (adj.).
streamlining = carénage *m.*, profilage *m.*
street = rue *f.*, voie *f.* (publique).
– – –, **adopted** = rue *f.* entretenue par la municipalité.
– – –, **blind** = cul-de-sac *m.*, rue *f.* sans issue, impasse *f.*
– – –, **congested** = rue *f.* encombrée.
– – –, **cross-** = rue *f.* transversale.
– – –, **main** = artère *f.*, rue *f.* principale.
– – –, **off** = rue *f.* secondaire.
– – –, **one-way** = rue *f.* à sens unique.
– – –, **paved** = rue *f.* pavée
– – –, **side** = rue *f.* latérale
streetcar = tramway *m.*
strength = force *f.* (d'un acide), intensité *f.* (d'un courant), titre *m.* (d'une solution), teneur *f.* (en alcool), rigidité *f.* ou solidité *f.* (d'un câble, d'une poutre), résistance *f.* (Méc.), tenacité *f.* (du papier).
– – –, **abrasive** = résistance *f.* au frottement.
– – –, **adhesive** = adhérence *f.*, pouvoir *m.* adhérent.
– – –, **alkali** = force *f.* d'alcalinité (d'une solution).
– – –, **bearing** = force *f.* portante.
– – –, **bending** = résistance *f.* à la flexion (C.).
– – –, **binding** = résistance *f.* au serrage.
– – –, **breaking** = résistance *f.* à la rupture.
– – –, **buckling** = résistance *f.* au flambage (C.).
– – –, **bursting** = résistance *f.* à l'éclatement (du papier).
– – –, **colour** = intensité *f.* de la couleur.
– – –, **combined** = résistance *f.* composée.
– – –, **compression** = résistance *f.* à la compression.
– – –, **compressive** = résistance *f.* à l'écrasement, résistance *f.* à la compression.
– – –, **crushing** = résistance *f.* à l'écrasement.

(strength)

– – –, **deformation** = résistance *f.* à la déformation.
– – –, **dielectric** = rigidité *f.* diélectrique (E.).
– – –, **disruptive** = rigidité *f.* diélectrique (E.), résistance *f.* à la perforation (Méc.).
– – –, **fatigue** = résistance *f.* à la fatigue (Méc.).
– – –, **field, electric** = intensité *f.* de champ (E.).
– – –, **field, magnetic** = intensité *f.* de champ magnétique (E.).
– – –, **impact** = résistance *f.* au choc (Méc.).
– – –, **insulating** = rigidité *f.* diélectrique (E.).
– – – **of a current** = intensité *f.* d'un courant (E.).
– – – **of a riveted seam** = résistance *f.* d'une rivure.
– – – **of magnetic field** = intensité *f.* de champ magnétique (E.).
– – – **of materials** = résistance *f.* des matériaux.
– – –, **pavement** = résistance *f.* de la chaussée.
– – –, **shearing** = résistance *f.* au cisaillement (E.).
– – –, **short-circuit** = résistance *f.* aux court-circuits (E.).
– – –, **signal** = intensité *f.* du signal (R.), intensité *f.* de réception (Tv.).
– – –, **soil** = résistance *f.* du sol, force *f.* portante du sol.
– – –, **tearing** = résistance *f.* à la déchirure.
– – –, **tensile** = limite *f.* élastique à la traction, résistance *f.* à la tension.
– – –, **torsional** = résistance *f.* à la torsion.
– – –, **ultimate** = résistance *f.* à la rupture, résistance *f.* extrême.
– – –, **yield** = résistance *f.* à l'écoulement (B., C.).
strengthen, to = consolider (une muraille), renforcer (le courant, une poutre), armer (une solive), fortifier (une place).
strengthening = renforcement *m.*, armement *m.* (d'une poutre), affermissement *m.*
– – – **of current** = renforcement *m.* de l'intensité du courant (E.).
stress = fatigue *f.* (Méc.), effort *m.* (Méc.), contrainte *f.* (Méc.), tension *f.* (Méc.), travail *m.* (Méc.).
– – –, **allowable** = effort *m.* admissible (en pratique), effort *m.* permis, taux *m.* de contrainte admissible.
– – –, **bearing** = charge *f.* du palier.
– – –, **bending** = effort *m.* de flexion.
– – –, **bond** = force *f.* de cohésion.
– – –, **breaking** = effort *m.* de rupture.
– – –, **buckling** = charge *f.* au flambage, tension *f.* de flambage (par unité de surface).
– – –, **compressive** = effort *m.* de compression.
– – –, **crushing** = effort *m.* de compression.
– – –, **dead load** = effort *m.* dû à la charge morte.
– – –, **fibre** = effort *m.* dans la matière.
– – –, **internal** = tension *f.* interne.
– – –, **lateral** = effort *m.* latéral.
– – –, **live load** = effort *m.* dû à la charge vive.
– – –, **permissible** = effort *m.* admissible, effort *m.* permis.
– – –, **shearing** = effort *m.* de cisaillement, cisaillement *m.*, effort *m.* tranchant.
– – –, **tearing** = travail *m.* à l'arrachement.
– – –, **tensile** = effort *m.* de traction, effort *m.* de tension.
– – –, **tension** = travail *m.* à la tension, effort *m.* de traction.

(**stress**)

– – –, **torsional** = effort *m.* de torsion.
– – –, **ultimate** = effort *m.* limite.
– – –, **unit, working** = effort *m.* unitaire admissible.
– – –, **working** = effort *m.* admissible en pratique, charge *f.* pratique.
– – –, **yield** = contrainte *f.* d'écoulement (B., C.).
stresses, balanced = tensions *f.p.* équilibrées (Méc.), forces *f.p.* en équilibre (Méc.), efforts *m.p.* compensés (Méc.).
– – –, **combined** = efforts *m.p.* combinés (Méc.).
stressing = sollicitation *f.* (Méc.).
stretch = allongement *m.* (d'un fil métallique), section *f.* de route.
– – –, **to** = tendre (une courroie), étirer (un fil), étendre (des gants), bander ou tendre (un ressort).
stretcher = tirant *m.* ou entrait *m.* (B.), tendeur *m.* (I.), raidisseur *m.* (I.), panneresse *f.* (maçonnerie), brancard *m.*, civière *f.*
– – –, **belt** = tendeur *m.* de courroie.
– – –, **boot** = conformateur *m.*, tendeurs *m.p.* (pour chaussures).
– – –, **bull** = panneresse *f.* (posée) à plat (B.).
– – –, **cross-** = entretoise *f.* (B.).
– – –, **wire** = tendeur *m.* de fil, raidisseur *m.* de fil, tendeur *m.*
stretching = allongement *m.* (du papier), élargissement *m.* (des souliers).
stria = listel *m.* (B.), strie *f.* (de la tige d'une plante).
strike = grève *f.* (des ouvriers), rencontre *f.* ou découverte *f.* (de pétrole).
– – –, **sit-down** = grève *f.* sur le tas, grève *f.* d'occupation.
– – –, **to** = frapper (Méc.), heurter (Méc.), talonner (Méc.), buter (Méc.), amorcer (un arc) (E.), tirer (des lignes), toucher (le fond), gaufrer (Imp.).
– – –, **to** – – **off** = radier ou rayer (un nom d'une liste), araser (la tête des pieux) (C.).
striker = butteur *m.* (Méc.), percuteur *m.* (d'une arme à feu), taquet *m.* (de porte) (B.), gâche *f.* (d'une serrure) (B.), marteau *m.* (d'une cloche), gréviste *m.* (O.), came *f.* (d'une presse) (Imp.).
– – –, **door lock** = pêne *m.* de portière (Auto.), gâche *f.* de portière (Auto.).
strike-through = pénétration *f.* (de l'encre dans le papier) (Imp.).
– – –, **to** = rayer un nom (d'une liste).
striking = amorçage *m.* (d'un arc) (E.).
string = ficelle *f.*, corde *f.* (de piano, d'un arc, d'un violon), limon *m.* (d'escalier), isolateurs *m.p.* de suspension (E.).
– – –, **asbestos** = tresse *f.* d'amiante.
– – –, **close** = limon *m.* droit (B.), limon *m.* à la française (B.).
– – –, **insulator** = câble *m.* de suspension d'isolateur (E.), V. « chain of insulators ».
– – –, **kill** = colonne *f.* de neutralisation (d'un puits de pétrole) (Mi.).
– – – **of barges** = train *m.* de bateaux (Mar.).
– – – **of cars** = file *f.* de voitures (Auto.).
– – – **of casing** = colonne *f.* de tubage (Mi.).
– – – **of vehicles** = file *f.* de véhicules.
– – – **of wagons** = rame *f.* de wagons.
– – –, **open** = limon *m.* à crémaillère (B.), limon *m.* à

(**string**)

l'anglaise (B.).
– – –, **stone** = bandeau *m.* de pierre (B.), plate-bande *f.* de pierre (B.).
– – –, **to** = monter (un violon), ficeler (un colis), poser (un fil téléphonique sur un isolateur), corder (une raquette), bander (un arc), barder (des matériaux).
– – –, **wall** = faux limon *m.* ou contre-limon *m.* (d'escalier).
stringer = entrait *m.* ou tirant *m.* (d'une ferme de comble), longeron *m.* (d'une automobile), longrine *f.* (d'une charpente, d'un pont), limon *m.* (d'escalier), sommier *m.* (d'une voûte, d'une porte), passe *f.* ou cordon *m.* (de soudure).
– – –, **floor** = solive *f.*
– – –, **wall** = contre-limon *m.* ou socle *m.* (d'escalier).
stringing, pipe = bardage *m.* des tuyaux (C.).
– – –, **wire** = installation *f.* de fils (Tp.), pose *f.* de fils (Tp.), montage *m.* d'un fil (Tp.).
stringy = fibreux (adj.).
strip = bande *f.*, ruban *m.*, lisière *f.*, lanière *f.*, barrette *f.*, réglette *f.*, tringle *f.*, lame *f.* (de persienne).
– – –, **air** = V. « airstrip ».
– – –, **adjusting** = cale *f.* à rattrapage de jeu (Méc.).
– – –, **backing** = réglette *f.* (C.).
– – –, **bevel, 45°** = chanfrein *m.* (dans un coffrage).
– – –, **bimetallic** = bilame *m.*
– – –, **bonding** = câble *m.* de liaison (E.), fil *m.* de mise à la masse (Auto.), fil *m.* de continuité électrique (E.).
– – –, **butt** = couvre-joint *m.*, bande *f.*, éclisse *f.*
– – –, **cant(ing)** = solin *m.* ou pièce *f.* de solin (de toit) (B.).
– – –, **chamfer** = chanfrein *m.* (dans un coffrage).
– – –, **column** = bande *f.* de colonne (B.).
– – –, **connecting** = lame *f.* de connexion (E.), réglette *f.* d'attaches (Tp.).
– – –, **connecting, end** = réglette *f.* d'attache extrême (d'accumulateur) (E.), barrette *f.* de plomb extrême (d'accumulateur) (E.).
– – –, **cover** = couvre-joint *m.* (B.).
– – –, **digit-key** = tableau *m.* de clés (Tp.).
– – –, **drip** = jet *m.* d'eau (B.), égout *m.* (de fenêtre) (B.).
– – –, **edge** = couvre-joint *m.* (à franc bord).
– – –, **edging** = bordure *f.* (métallique).
– – –, **expansion** = bande *f.* de dilatation (B.).
– – –, **fanning** = plaquette *f.* de connexion (Tp.).
– – –, **film** = bande *f.* (cinématographique) (Phot.).
– – –, **friction** = frottoir *m.* (d'un porte-allumettes).
– – –, **framing** = frise *f.* de parquet (B.).
– – –, **furring** = fourrure *f.* (B.).
– – –, **gummed** = ruban *m.* gommé.
– – –, **jack** = réglette *f.* de jacks (Tp.).
– – –, **landing** = piste *f.* d'atterrissage (Av.).
– – –, **leather** = bande *f.* de cuir.
– – –, **metal** = ruban *m.* métallique, bande *f.* métallique.
– – –, **middle** = bande *f.* médiane (B.).
– – –, **mounting** = réglette *f.* de raccordement (E.).
– – –, **nailing** = bande *f.* de clouage (B.), tringle *f.* de clouage (B.).
– – –, **narrow** = bandelette *f.*
– – – **of ground** = bande *f.* de terrain.

(strip)

– – – **of land** = bande *f.* de terrain, langue *f.* de terrain.
– – –, **packing** = cale *f.* d'ajustage (Méc.).
– – –, **panel** = couvre-joint *m.* (B.).
– – –, **parting** = tringle *f.* de séparation (entre deux châssis) (B.).
– – –, **picture** = bande *f.* d'images (Phot.).
– – –, **resistance** = réglette *f.* de résistance (E.).
– – –, **roofing** = volige *f.* (B.).
– – –, **rubber** = bande *f.* de caoutchouc.
– – –, **scanning** = ligne *f.* d'exploration (Tv.).
– – –, **screed** = cueillie *f.* ou cueillée *f.* (B.).
– – –, **steel** = feuillard *m.*, ruban *m.* d'acier.
– – –, **steel, cold-drawn** = feuillard *m.* laminé à froid.
– – –, **steel, rolled** = ruban *m.* d'acier, barreau *m.* plat d'acier laminé.
– – –, **taxi** = chemin *m.* de roulement (d'un aéroport).
– – –, **terminal** = réglette *f.* de broches (de raccordement) (Tp.), réglette *f.* de raccordement (Tp.), planchette *f.* à bornes (Tp.).
– – –, **to** = dépouiller (un câble), arracher (les dents d'engrenage, les filets d'une vis), dégarnir (un appartement, un frein), foirer (les filets d'une vis), dénuder (un fil), enlever les stériles, démouler (une pièce coulée), effaner (une plante) (Agr.), décoffrer (le béton), dégréer (un navire), traire à fond (Agr.), ébrancher (un arbre).
– – –, **turf** = piste *f.* (d'atterrissage) gazonnée (Av.).
– – –, **weather** = garniture *f.* d'encadrement (B.), coupe-froid *m.* (B.), bourrelet *m.* (pour portes) (B.).
– – –, **weather, felt** = coupe-froid *m.* de feutre (B.).
– – –, **weather, metal** = coupe-froid *m.* métallique (B.).
– – –, **wooden** = tasseau *m.* (d'une tablette) (B.).
stripe = raie *f.*, bande *f.*
stripper = démouleuse *f.* (M.), démouleur *m.* (O.), dégazolineur *m.* (d'oléoduc), épuiseur *m.*
– – –, **cable** = machine *f.* à dénuder (les câbles).
– – –, **punch** = dévêtisseur *m.* de poinçon.
– – –, **wire** = pince *f.* à dénuder les fils.
stripping = démoulage *m.* (d'une pièce coulée), foirage *m.* (des filets d'une vis), dépouillement *m.* (d'un câble téléphonique), arrachage *m.* (des dents d'engrenage), décoffrage *m.* (du béton), pelliculage *m.* (Phot., Imp.), dégarnissage *m.* (d'un appartement), épuisement *m.* (Phys.), exploitation *f.* en découvert (Mi.).
– – –, **form** = décoffrage *m.* (du béton).
– – –, **weather** = bourrelets *m.p.* (B.), calfeutrage *m.* (B.).
stroboscope = stroboscope *m.*
stroke = coup *m.*, temps *m.* (Méc.), course *f.* (Méc.), trajet *m.* (Méc.).
– – –, **admission** = course *f.* aspirante.
– – –, **aspirating** = course *f.* d'aspiration (Auto.).
– – –, **back-** = recul *m.*, course *f.* arrière, mouvement *m.* de retour.
– – –, **charging** = course *f.* d'aspiration (Auto.).
– – –, **compression** = temps *m.* de compression, deuxième temps *m.*
– – –, **cutting** = course *f.* utile ou passe *f.* (d'une machine-outil).
– – –, **dead** = course *f.* sans retour.
– – –, **down-** = course *f.* descendante (d'un piston).
– – –, **exhaust** = échappement *m.*, temps *m.* d'échap-

(stroke)

pement.
– – –, **expansion** = course *f.* de détente.
– – –, **explosion** = détente *f.*
– – –, **file** = coup *m.* de lime, trait *m.* de ligne.
– – –, **firing** = temps *m.* d'explosion (d'un moteur), troisième temps *m.*
– – –, **forward** = aller *m.* (du piston), course *f.* directe (du piston).
– – –, **half-** = mi-course *f.*
– – –, **impulse** = course *f.* d'explosion.
– – –, **induction** = course *f.* aspirante.
– – –, **mid-** = mi-course *f.*
– – – **of a jack** = levée *f.* d'un vérin.
– – – **of bell** = coup *m.* de timbre.
– – – **of lightning** = coup *m.* de foudre.
– – –, **piston** = course *f.* du piston, coup *m.* de piston.
– – –, **power** = course *f.* motrice.
– – –, **return** = course *f.* de retour (d'un piston), retour *m.*
– – –, **reverse** = contre-course *f.* (du piston).
– – –, **suction** = temps *m.* de l'aspiration.
– – –, **up-** = course *f.* ascendante ou montée *f.* (du piston).
– – –, **upward** = course *f.* ascendante ou montée *f.* (du piston).
– – –, **valve** = levée *f.* de soupape, course *f.* de soupape.
– – –, **working** = course *f.* utile, course *f.* motrice (d'un piston).
stroller = poussette *f.* (Ust.).
strop = cuir *m.* à rasoir, cuir *m.*
– – –, **belt** = cuir-lanière *m.*
– – –, **to** = repasser sur le cuir, affiler.
struck = démontage *m.* (d'un échafaud) (B.), raclage *m.* ou dégarnissage *m.* (des joints de maçonnerie), V. « strike, to ».
structural = (acier *m.*) de construction (B.).
structure = structure *f.* (C., B.), charpente *f.* (C., B.), édifice *m.* (B.), bâtiment *m.* (B.), ouvrage *m.* d'art (B.), construction *f.* (C.), mode *m.* de construction (d'un bâtiment) (B.), mode *m.* de stratification (des couches géologiques), organisation *f.* (administrative).
– – –, **above-grade** = ouvrage *m.* en élévation (C.), ouvrage *m.* au-dessus du niveau du sol (C.).
– – –, **all-steel** = charpente *f.* tout acier (C.), construction *f.* tout acier (C.).
– – –, **angle** = pylône *m.* d'angle (E.).
– – –, **below-grade** = ouvrage *m.* souterrain (C.), ouvrage *m.* au-dessous du niveau du sol (C.).
– – –, **corner** = montant *m.* d'angle (d'un conteneur).
– – –, **dead-end** = pylône *m.* d'arrêt (E.), pylône *m.* d'extrémité (E.).
– – –, **hydraulic** = ouvrage *m.* hydraulique (H.), structure *f.* hydraulique (H.).
– – –, **rate** = tarification *f.* (des chemins de fer).
– – –, **steel** = structure *f.* d'acier (B.), structure *f.* métallique (B.).
– – –, **storage** = ouvrage *m.* de retenue (H.).
– – –, **supporting** = bâti *m.* (C.), ouvrage *m.* de soutènement (C.).
– – –, **to** = structurer (une administration).
– – –, **under-** = infrastructure *f.* (C.).
strut = contre-fiche *f.* (d'une ferme) (B.), entretoise *f.*

(strut)

(B.), étrésillon *m.* (C.), jambe *f.* de force (C.), aisselier *m.* (C.), étai *m.* (d'un coffrage), blochet *m.* (d'un toit) (B.), décharge *f.* (d'une poutre) (B., C.).

– – –, **bracing** = jambe *f.* de force (C.).

– – –, **compression** = traverse *f.* (de l'aile) (Av.).

– – –, **latticed** = étai *m.* en treillis (C.).

– – –, **to** = étrésillonner (une structure), étayer (une excavation), contre-ficher (une muraille reprise en sous-oeuvre).

struts = tendeurs *m.p.* (d'un appareil pliant) (Phot.).

strutting = entretoisement *m.* (B., C.).

stubborn = (homme *m.*) entêté (adj.) ou obstiné (adj.), (terre *f.*) ingrate (adj.), (argile *f.*) compacte (adj.), (cheval *m.*) rétif (adj.).

stub = tronçon *m.* (de mât), ergot *m.* (Méc.), mentonnet *m.* (Méc.), mégot *m.* (de cigarette), tronçon *m.* (d'arbre), talon *m.* ou souche *f.* (de chèque).

– – –, **cable** = tronçon *m.* de câble (pour raccordement) (Tp.).

– – –, **to** = essoucher (un terrain), extirper (des racines), tuteurer (un poteau) (Tp.).

stubbing = essouchement *m.* (d'un terrain), extirpation *f.* (des racines), tuteurage *m.* (des poteaux) (Tp., E.), raboutissage *m.* (des tiges usées) (Mi.).

stubble = chaume *m.* (Agr.).

stucco = crépi *m.* (c.-à-d. mortier *m.* de ciment utilisé comme enduit extérieur) (B.) (France), stuc *m.* (c.-à-d. composition *f.* de plâtre formant un enduit qui imite le marbre) (B.).

stuck = collé (adj.), grippé (adj.), gommé (adj.).

stud = clou *m.* à grosse tête ornementale, goujon *m.* (Méc.), plot *m.* (de contact) (E.), contact *m.* (E.), poteau *m.* ou montant *m.* ou colombe *f.* (de cloison) (B.), colombage *m.* (B.), tourillon *m.* (Méc.), ergot *m.* (Méc.), pivot *m.* (Méc.), tige *f.* (Méc.), bouton *m.* (E.), pointe *f.* (d'un éclateur) (E.), tournisse *f.* (dans une construction en pans de bois) (B.), crampon *m.* antidérapant (d'un pneu).

– – –, **ball** = pivot *m.* à rotule (Méc.).

– – –, **bracing** = contre-fiche *f.* (B.).

– – –, **contact** = plot *m.* (E.), bouton *m.* de contact (E.).

– – –, **cross-** = entretoise *f.* (B.), jambe *f.* de force (B.).

– – –, **cylinder** = goujon *m.* de cylindre (Méc.).

– – –, **fixture** = dispositif *m.* de fixation d'un lustre (E.).

– – –, **iron** = mentonnet *m.* (Méc.).

– – –, **jack** = colombage *m.* de renfort (B.), renfort *m.* (B.).

– – –, **leading** = tige *f.* de guidage (Méc.).

– – –, **locking** = ergot *m.* d'arrêt (Méc.).

– – –, **partition** = colombage *m.* de cloison (B.), colombe *f.* (B.), tournisse *f.* (B.).

– – –, **shearing** = axe *m.* de cisaillement (Méc.).

– – –, **spring** = verrou *m.* à ressort (B.).

– – –, **stationary** = axe *m.* fixe (Méc.).

– – –, **to** = clouter, établir la charpente (d'une cloison) (B.), soutenir au moyen de poteaux (C.).

studding = lattage *m.* (B.), charpente *f.* (B.), cloutage *m.* (B.), lattis *m.* (B.), espace *m.* compris à l'intérieur d'un mur à double paroi (B.), montants *m.p.* (B.).

studies = études *f.p.*

– – –, **engineering** = études *f.p.* (d'un projet), études

(studies)

f.p. techniques.

studio = atelier *m.*, studio *m.* (R.), auditorium *m.* (R.).

– – –, **dead** = studio *m.* sourd (R., Tv.).

– – –, **television** = studio *m.* de télévision.

study = étude *f.* (d'un projet, d'une loi), cabinet *m.* de travail, reconnaissance *f.* (du sol, des lieux), V. « studies ».

– – –, **field** = enquête *f.* sur les lieux.

– – –, **time** = étude *f.* des temps.

stuff = matière *f.*, matériaux *m.p.*, pâte *f.* (à papier) (Pap.), tissu *m.*, étoffe *f.*

– – –, **to** = bourrer (un fusil), garnir (une boîte à étoupe), calfeutrer (une fenêtre), obstruer (un conduit), boucher (un orifice), farcir (une volaille).

stuffing = étoupage *m.* (des fentes d'un tonneau), garniture *f.* (d'un joint), étoupe *f.*

stuffy = mal aéré, mal ventilé.

stump = tronçon *m.* (de branche), souche *f.* (d'arbre), estompe *f.* (Imp.).

stumpage = droit *m.* de coupe (calculé sur la souche).

stumping = essouchement *m.*

stunt = truquages *m.p.* (Phot., Imp.).

sturdiness = robustesse *f.* (d'une automobile).

sturdy = robuste (adj.), fort (adj.).

style = style *m.*, façon *f.*, manière *f.*

– – –, **combination** = reliure *f.* (à la) bradel (Imp.).

– – –, **conservative** = style *m.* conservateur (Auto.).

styling, interior = décoration *f.* intérieure.

stylus, pick-up = pointe *f.* de lecture (d'un tourne-disque).

subcontract = sous-traité *m.*, sous-contrat *m.*

– – –, **to** = sous-traiter.

subcontractor = sous-traitant *m.*, sous-entrepreneur *m.*

subdivision = subdivision *f.*, morcellement *m.* (d'un terrain), lotissement *m.*

subdue, to = tamiser (la lumière), adoucir (le son).

subgrade = encaissement *m.* d'une chaussée, hérisson *m.* d'une chaussée.

sublimation = sublimation *f.*

submarine = sous-marin (adj.).

submerge, to = submerger, noyer.

submergence = submersion *f.*

subscriber = abonné *m.* (Tp.), titulaire *m.* d'un poste (Tp.), souscripteur *m.* (à une revue).

– – –, **business** = abonné *m.* (au service) d'affaires (Tp.), abonné *m.* au service commercial (Tp.).

– – –, **called** = abonné *m.* demandé (Tp.), demandé *m.* (Tp.).

– – –, **calling** = abonné *m.* appelant (Tp.), abonné *m.* demandeur (Tp.).

– – –, **defaulting** = abonné *m.* débiteur défaillant (Tp.).

– – –, **flat-rate** = abonné *m.* forfaitaire (Tp.).

– – – **in arrears of payment** = abonné *m.* en débit (Tp.).

– – –, **individual line** = abonné *m.* à une seule ligne (Tp.).

– – –, **telephone** = abonné *m.* au téléphone (Tp.), usager *m.* (Tp.).

subscription = abonnement *m.* (Tp.).

subside, to = s'affaisser, s'effondrer, se déniveler, se tasser.

subsidence = affaissement *m.* (d'une maison, du terrain), effondrement *m.* (d'un plancher), dénivellement *m.* (d'un pont), tassement *m.* (du sol), abaisse-

(subsidence)

ment *m.* (du terrain).
subsidiary = subsidiaire (adj.), auxiliaire (adj.).
subsidy = subvention *f.*, subside *m.*
subsoil = sous-sol *m.* (Agr.), tréfonds *m.*
substance = substance *f.*, matière *f.*
– – –, **admixed** = substance *f.* ajoutée en mélangeant.
– – –, **dielectric** = substance *f.* diélectrique (E.).
substantial = solide (adj.), substantiel (adj.), considérable (adj.).
substation = sous-station *f.* (E.), sous-centrale *f.* (E.), poste *m.* auxiliaire (R.).
– – –, **accumulator** = sous-station *f.* d'accumulateurs (E.).
– – –, **automatic** = sous-station *f.* automatique (E.).
– – –, **auxiliary** = sous-station *f.* de secours (E.).
– – –, **distributing** = poste *m.* de couplage (E.), sous-station *f.* de distribution (E.).
– – –, **outdoor** = sous-station *f.* extérieure.
– – –, **power** = sous-station *f.* électrique (E.), sous-centrale *f.* (E.).
– – –, **rectifier** = sous-station *f.* à redresseurs (E.).
– – –, **transformer** = sous-station *f.* de transformation (E.).
– – –, **unit** = sous-station *f.* amovible (E.).
substitute = succédané *m.*, factice *m.*, remplaçant *m.* (O.), suppléant *m.* (O.).
substitution = substitution *f.*, remplacement *m.*, novation *f.* (d'une créance).
substrata = V. « substratum ».
substratum = sous-sol *m.*, couche *f.* inférieure, substratum *m.*, couche *f.* sous-jacente.
substruction = fondement *m.* (d'une bâtisse), infrastructure *f.* (d'une route).
substructure = infrastructure *f.*
subterranean = souterrain (adj.).
subtitle = sous-titre *m.* (Imp.).
suburban = suburbain (adj.), (trafic *m.*) de banlieue.
subway = souterrain *m.*, métro *m.*, passage *m.* souterrain, métropolitain *m.*
– – –, **cable** = tunnel *m.* de câbles (Tp.).
suck = succion *f.*, aspiration *f.*
– – –, **to** = aspirer, sucer.
sucker = piston *m.* (d'une pompe aspirante), ventouse *f.* (Pap.).
sucking = aspirant (adj.), (orifice *m.*) d'aspiration.
suction = aspiration *f.* (d'une pompe), succion *f.*, (cendrier) à ventouse, appel *m.* (d'air).
sudden = brusque (adj.), soudain (adj.), subit (adj.).
suds = eau *f.* de lessive, eau *f.* de savon.
sugar = sucre *m.*
– – –, **brown** = cassonade *f.*
– – –, **granulated** = sucre *m.* cristallisé.
– – –, **icing** = sucre *m.* à glacer.
– – –, **lump** = sucre *m.* en morceaux.
suit, diver's = scaphandre *m.*
suitable = convenable (adj.), approprié (adj.).
suite of furniture = ameublement *m.*, mobilier *m.*
– – – **of rooms** = appartement *m.*
– – –, **bachelor** = garçonnière *f.*
sullage = eaux *f.p.* d'égout (S.), scories *f.p.* (Mét.).
sulphate = sulfate *m.*
– – –, **calcium** = sulfate *m.* de calcium.
– – –, **copper** = sulfate *m.* de cuivre.

(sulphate)

– – –, **to** = se sulfater (E.).
sulphating = sulfatation *f.* (des plaques d'accumulateur) (E.).
sulphide = sulfure *m.*
– – –, **cadmium** = sulfure *m.* de cadmium (Phot.)
– – –, **hydrogen** = acide *m.* sulfhydrique.
sulphite = sulfite *m.*
sulphur = soufre *m.*
sulphureous (or sulphurous) = qui contient du soufre, sulfureux (adj.).
sum = somme *f.*
– – –, **lump** = somme *f.* globale.
sumac = sumac *m.*
– – –, **staghorn** = sumac *m.* vinaigrier
summary = sommaire *m.*, résumé *m.*
summer = poutre *f.* de plancher (B.), lambourde *f.* (B.), été *m.*
– – –, **breast** = V. « breastsummer ».
– – –, **Indian** = été *m.* de la Saint-Martin.
summertree = V. « beam, summer ».
summit = sommet *m.*
sump = puisard *m.* (S.), cuvette *f.* d'égouttage (S.), puits *m.* de vidange (S.), fond *m.* de carter (Auto.), marécage *m.*
– – –, **manure** = fosse *f.* à purin (Agr.).
– – –, **oil** = puits *m.* d'huile (Méc.).
sunk (or sunken) = noyé, submergé, encastré.
sunlight = lumière *f.* du soleil.
sunny = ensoleillé (adj.), rempli de soleil.
sunrise = lever *m.* du soleil.
sunset = coucher *m.* du soleil.
sunshade = ombrelle *f.*, parasol *m.*, paresoleil *m.* (Auto.), parasoleil *m.* (d'un objectif) (Phot.).
sunstroke = coup *m.* de soleil, insolation *f.*
supercalender = calandre *f.* à glacer (Pap.).
– – –, **to** = glacer (le papier) (Pap.).
supercharged = suralimenté (Méc.).
supercharger = surchargeur *m.* (Auto.), surcompresseur *m.* (Méc.).
supercharging = suralimentation *f.* (Méc.).
superelevation = dévers *m.* (de la voie ferrée, d'une route), surélévation *f.* (d'un hangar), surhaussement *m.* (d'une voûte).
supergroup = groupe *m.* secondaire (de voies téléphoniques à courants porteurs) (Tp.).
superheat = surchauffe *f.* (Méc.).
– – –, **to** = surchauffer (la vapeur).
superheater = surchauffeur *m.* (de vapeur).
superheating = surchauffage *m.*
superheterodyne = superhétérodyne *m.* (R.).
superhighway = autoroute *f.*
superimpose, to = superposer, surimposer.
superimposition = surimpression *f.*
superintend, to = diriger ou surveiller (des travaux).
superintendence = conduite *f.* ou direction *f.* (des travaux).
superintendent = directeur *m.*, chef *m.*, surintendant *m.*, chef *m.* de chantier.
supermarket = supermarché *m.*
supermodulation = surmodulation *f.* (R., E.), module *m.* de polarisation (R.).
supernumerary = surnuméraire (adj.).
superpose, to = étager (des ressorts), superposer.

superposition = superposition *f.*
supersaturate, to = sursaturer.
supersaturation = sursaturation *f.*
supersede, to = remplacer.
supersonic = supersonique (adj.), ultra-acoustique (adj.), ultrasonore (adj.).
superstratum = couche *f.* supérieure.
superstructure = superstructure *f.*, tablier *m.* (d'un pont).
supervise, to = diriger ou conduire (une entreprise), surveiller, contrôler, superviser.
supervisor = surveillant *m.*, surveillante *f.*, chef *m.* de service.
– – –, chief = surveillante *f.* principale (Tp.).
supper = souper *m.*
supplier = fournisseur *m.*, pourvoyeur *m.*
supplies = fournitures *f.p.*, approvisionnements *m.p.*
– – –, builders' = matériaux *m.p.* de construction.
– – –, building = matériaux *m.p.* de construction.
– – –, electric = accessoires *m.p.* électriques.
– – –, food = vivres *m.p.*
– – –, miscellaneous = matériels *m.p.* et articles divers.
supply = fourniture *f.*, approvisionnement *m.*, alimentation *f.*, provision *f.*, V. « supplies ».
– – –, AC = alimentation *f.* en courant alternatif (E.).
– – –, air = débit *m.* d'air, adduction *f.* d'air.
– – –, current = alimentation *f.* (en courant) (E.), source *f.* de courant (E.).
– – –, food = approvisionnement *m.*
– – –, fuel = alimentation *f.* en combustible.
– – –, gas = provision *f.* d'essence, distribution *f.* de l'essence, débit *m.* d'essence.
– – –, mains = alimentation *f.* secteur (E.).
– – – of power = fourniture *f.* d'énergie, fourniture *f.* de force motrice.
– – –, plate = alimentation *f.* de plaque (R.).
– – –, power = source *f.* d'alimentation (E.), source *f.* de courant (E.), boîte *f.* d'alimentation (E.).
– – –, power, A = alimentation *f.* de chauffage (E.).
– – –, power, electric = alimentation *f.* en énergie (E.), source *f.* d'alimentation (E.).
– – –, power, plate = alimentation *f.* anodique (R.).
– – –, steam = alimentation *f.* en vapeur (Méc.).
– – –, to = fournir, approvisionner, desservir, alimenter.
– – –, water = approvisionnement *m.* d'eau (H.), adduction *f.* d'eau (H.), distribution *f.* d'eau (H.), arrivée *f.* d'eau (Méc.).
support = coussinet *m.* (d'une vis mère), support *m.* (d'une voûte) (B., C.), appui *m.* (d'un pont), soutien *m.* (d'un dôme), console *f.* (B.), soupente *f.* (de palan), assiette *f.* (de pied de pilastre), chaise *f.* (de barre d'armature), étai *m.* (C.), étançon *m.* (C.).
– – –, angle = support *m.* cornier (B.).
– – –, arch = cambrure *f.* (orthopédique).
– – –, ball = support *m.* à billes (C.).
– – –, bearing = support *m.* de palier (Méc.), chaise *f.* (Méc.).
– – –, bell = porte-timbre *m.*
– – –, boiler = chaise *f.* de chaudière (Méc.).
– – –, bracket = console *f.* (B.), encorbellement *m.* (B.).
– – –, brake = support *m.* de frein (Auto.).

(support)

– – –, bus = porte-barres *m.* (E.).
– – –, cable = support *m.* de câble (Tp.), étrier *m.* de câble (Tp.).
– – –, coil = support *m.* de bobine (E.).
– – –, console = chaise *f.* console (B.).
– – –, engine = berceau *m.* du moteur (Méc.).
– – –, form = V. « jack ».
– – –, landing gear = béquille *f.* (d'un conteneur).
– – –, moral = appui *m.* moral.
– – –, nozzle = porte-lance *m.*
– – – of brush-holder = support *m.* de porte-balais (E.).
– – –, pole = socle *m.* (Tp.).
– – –, screed = appui *m.* (ou chaise *f.*) de cueillée (ou cueillie) (B., C.).
– – –, strut = étai *m.* (d'un coffrage à béton).
– – –, three-point = triangle *m.* de sustentation (C.).
– – –, to = supporter (une voûte), soutenir (un bâtiment), appuyer (une muraille), étayer (une fouille).
– – –, tool = chariot *m.* (Méc.), chariot *m.* porte-outil (Méc.), porte-outil *m.* (Méc.).
– – –, trolley = support *m.* de trolley.
supporter = adhérent *m.* (d'un parti politique), partisan *m.* (d'un candidat), tenant *m.* (d'une idée), adepte *m.* (d'une doctrine).
supporting = soutènement *m.* (des terres), appui *m.*, soutien *m.*, (ouvrage *m.*) de soutènement.
– – –, self- = (poteau *m.*) non haubané.
suppress, to = supprimer (une revue, une pièce), réprimer (des excès), faire disparaître (les preuves), antiparasiter (R.), étouffer (un scandale).
suppression, carrier = suppression *f.* de la fréquence porteuse (Tp.).
– – –, harmonic = filtrage *m.* d'harmonique (Tp.).
– – –, intercarrier noise, automatic = réglage *m.* silencieux (Tv., R.).
– – –, noise = antiparasitage *m.* (R.).
suppressor, echo = suppresseur *m.* d'écho (R., Tv.).
– – –, echo, differential = suppresseur *m.* d'écho différentiel (Tp.).
– – –, echo, electro-magnet type = suppresseur *m.* d'écho à electro-aimants (Tp.).
– – –, echo, full = suppresseur *m.* d'écho complet (Tp.).
– – –, echo, half = demi-suppresseur *m.* d'écho (Tp.).
– – –, echo, intermediate = suppresseur *m.* d'écho intermédiaire (Tp.).
– – –, echo, relay type = suppresseur *m.* d'écho à action discontinue (Tp.).
– – –, echo, terminal = suppresseur *m.* d'écho terminal (Tp.).
– – –, echo, terminal, far-end operated = suppresseur *m.* d'écho terminal commandé à distance (Tp.).
– – –, echo, terminal, near-end operated = suppresseur *m.* d'écho terminal à commande locale (Tp.).
– – –, echo, valve type = suppresseur *m.* d'écho à action continue (Tp.).
– – –, field = disjoncteur *m.* de champ (E.).
– – –, flash = éliminateur *m.* d'étincelles (E.).
– – –, harmonic = éliminateur *m.* d'harmonique (R.), filtre *m.* d'harmonique (R.).
– – –, interference = dispositif *m.* antiparasite (R.), filtre *m.* antiparasite (R.).
– – –, noise = filtre *m.* antiparasite (R.).

(suppressor)

– – –, **noise, interstation** = dispositif *m*. d'accord silencieux (R.).

– – – **of surge of current** = limiteur *m*. de tension (E.), parafoudre *m*. (E.).

– – –, **reaction** = suppresseur *m*. de réaction (R.).

– – –, **singing** = suppresseur *m*. de réaction (Tp.).

– – –, **static** = dispositif *m*. antiparasite.

surbase = moulure *f*. de la plinthe (d'un lambris) (B.), corniche *f*. (B.).

– – –, **to** = surbaisser.

surcharge = surcharge *f*. ou charge *f*. excessive (Méc., Tp.), supplément *m*. (de travail, à une somme).

surety = caution *f*., cautionnement *m*., garantie *f*.

surface = surface *f*., aire *f*., étendue *f*., revêtement *m*. (d'une rue), superficie (adj.).

– – –, **abutment** = surface *f*. de contact (C.).

– – –, **anti-skidding** = revêtement *m*. antidérapant (C.).

– – –, **axle, journal** = portée *f*. de tourillon (Méc.).

– – –, **bearing** = surface *f*. d'appui (B.), tablette *f*. (solive) (B.), plan *m*. d'assise (B.), surface *f*. portante (C.), portée *f*. du coussinet (Méc.).

– – –, **bedding** = surface *f*. d'assise (B., C.).

– – –, **clamping** = surface *f*. de joint (Méc.), surface *f*. d'appui (Méc.).

– – –, **coarse-textured** = surface *f*. rugueuse, surface *f*. à gros grain.

– – –, **concrete** = revêtement *m*. en béton.

– – –, **condensing** = surface *f*. de condensation.

– – –, **contact** = surface *f*. de contact (E.).

– – –, **cooling** = surface *f*. de refroidissement.

– – –, **deflecting** = surface *f*. de déviation.

– – –, **effective** = surface *f*. effective (E.).

– – –, **equipotential** = surface *f*. équipotentielle (E.), surface *f*. de potentiel constant (E.).

– – –, **finish** = couche *f*. d'usure ou couche *f*. de roulement (d'une chaussée).

– – –, **finished** = surface *f*. lisse, surface *f*. usinée.

– – –, **fire** = surface *f*. de chauffe.

– – –, **floor** = surface *f*. des étages (d'un édifice) (B.).

– – –, **flue** = surface *f*. de chauffe.

– – –, **friction** = surface *f* de frottement (Méc.), surface *f*. de friction (Méc.).

– – –, **front** = surface *f*. frontale.

– – –, **grate** = surface *f*. de grille (Méc.).

– – –, **hard** = revêtement *m*. dur (d'une route).

– – –, **heating** = surface *f*. de chauffe.

– – –, **inner** = surface *f*. intérieure (d'une muraille).

– – –, **level** = surface *f*. de niveau.

– – –, **lifting** = surface *f*. sustentatrice (Av.).

– – – **of contact** = surface *f*. de contact (E.).

– – –, **plane** = plan *m*.

– – –, **plate** = surface *f*. de plaque (d'un accumulateur) (E.).

– – –, **radiating** = surface *f*. radiante (Méc.), surface *f*. rayonnante (Méc.), surface *f*. de refroidissement (Méc.).

– – –, **resting** = surface *f*. d'appui.

– – –, **ribbed** = surface *f*. à nervures.

– – –, **rough** = surface *f*. rugueuse, paroi *f*. rugueuse (H.).

– – –, **rubbing** = surface *f*. frottante (Méc.), frottoir *m*. (de boîte d'allumettes).

(surface)

– – –, **running** = chemin *m*. de roulement (Méc.).

– – –, **sliding** = surface *f*. de glissement (Méc.).

– – –, **sub-** = sous-sol *m*. (Agr.), terrains *m.p.* en profondeur (C.).

– – –, **supporting** = surface *f*. portante (C.).

– – –, **to** = dresser (au tour), dégauchir, surfacer, revêtir (une route), apprêter (une surface à peinturer), blanchir (une planche).

– – –, **turned** = surface *f*. dressée au tour (Méc.).

– – –, **water, free** = surface *f*. libre de l'eau.

– – –, **wave** = front *m*. d'onde (E.).

– – –, **wearing** = surface *f*. de frottement (Méc.), surface *f*. d'usure (Méc.), surface *f*. portante (Méc.), revêtement *m*. (d'une route) (C.).

surfacer = dégauchisseuse *f*. (M.), machine *f*. à surfacer (M.), surfaceuse *f*. (M.).

– – –, **ice** = lisseuse *f*. (M.).

surfacing = surfaçage *m*., dégauchissage *m*. ou rabotage *m*. (d'une planche), polissage *m*., revêtement *m*. routier.

surge = surtension *f*. (E.), onde *f*. de surtension (E.), à-coup *m*. (de courant), onde *f*. à front raide (R.).

– – –, **lightning** = surtension *f*. due à la foudre.

– – –, **voltage** = onde *f*. de surtension (E.), surtension *f*. (E.).

surging = battement *m*. (E.).

– – – **of water** = contre-foulement *m*. de l'eau (dans une conduite) (H.).

surplus = excédent *m*. (de caisse, budgétaire), réserve *f*. (de puissance), surplus *m*. (des bénéfices).

– – –, **clean** = net *m*. disponible.

surprinting = surimpression *f*. (Phot., Imp.).

survey = aperçu *m*., étude *f*., relevé *m*. (du terrain), expertise *f*. (des dégâts).

– – –, **aerial** = levé *m*. photogrammétrique, levé *m*. aérien.

– – –, **field** = enquête *f*. sur les lieux.

– – –, **land** = arpentage *m*., levé *m*. du terrain.

– – – **of cable route** = étude *f*. du tracé d'un câble (Tp.).

– – –, **sample** = enquête *f*. par sondage, sondage *m*. (de l'opinion publique).

– – –, **site** = relevé *m*. du terrain.

– – –, **to** = faire l'arpentage, faire le relevé de . . . , faire le toisé d'un immeuble.

– – –, **topographic** = relevé *m*. topographique.

surveying = arpentage *m*., relevé *m*.

– – –, **land** = arpentage *m*.

– – –, **quantity** = toisé *m*., métrage *m*.

– – –, **stadia** = levé *m*. (de plans) à la stadia.

surveyor = arpenteur *m*. (O.), arpenteur-géomètre *m*. (O.).

– – –, **land** = arpenteur *m*. (O.), arpenteur-géomètre *m*. (O.).

– – –, **quantity** = métreur *m*. (O.).

susceptance = susceptance *f*. (E.).

susceptibility = susceptibilité *f*. (E.), sensibilité *f*. (d'un appareil à l'erreur) (R.).

– – –, **magnetic** = susceptibilité *f*. magnétique (Tp.).

susceptiveness = susceptibilité *f*. (E.).

suspend = suspendre (la circulation, les paiements, un permis de conduire), interrompre temporairement le service (Tp., E.), retirer un permis de conduire (Auto.).

(swamp)

suspended = (police *f.* d'assurance) caduque (adj.), (particules *f.p.*) en suspension, (circulation *f.*) interrompue (adj.), (employé *m.*) suspendu (adj.).

suspenders = bretelles *f.p.* (pour pantalon).

suspension = suspension *f.* (d'un employé, des paiements, d'un permis, d'un véhicule).

– – –, air = suspension *f.* pneumatique (Auto.).

– – –, axle = suspension *f.* de l'essieu (Auto.).

– – –, cardan = suspension *f.* à la cardan.

– – –, catenary = suspension *f.* caténaire, câble *m.* de décharge du câble porteur (Tp.).

– – –, elastic = suspension *f.* élastique.

– – –, flexible = suspension *f.* élastique.

– – –, front-wheel = suspension *f.* avant (Auto.).

– – –, front-wheel, independent = suspension *f.* à roues avant indépendantes (Auto.).

– – –, gimbal = suspension *f.* à la cardan.

– – –, heavy-duty = suspension *f.* affermie (Auto.).

– – –, hydrolastic = suspension *f.* hydro-élastique (Auto.).

– – –, hydropneumatic = suspension *f.* hydropneumatique (Auto.).

– – –, independent = suspension *f.* à roues indépendantes (Auto.).

– – –, knife-edge = suspension *f.* par couteaux.

– – – of a driver's licence = retrait *m.* (ou suspension *f.*) d'un permis de conduire (Auto.).

– – – of service = interruption *f.* temporaire du service (Tp., E.).

– – –, rear = suspension *f.* arrière (Auto.).

– – –, rigid = suspension *f.* rigide.

– – –, spring = suspension *f.* à ressorts.

– – –, spring, semi-elliptic = suspension *f.* par ressorts semi-elliptiques (Auto.).

– – –, three-point = suspension *f.* en trois points.

– – –, torsion bar = suspension *f.* par barres de torsion longitudinales (Auto.).

– – –, transverse = suspension *f.* transversale (pour fil de trolley).

– – –, trolley = attache *f.* de support de trolley.

– – –, underslung = suspension *f.* (par ressorts) sous l'essieu.

– – –, universal-joint = suspension *f.* à la cardan.

– – –, wire = suspension *f.* à fil.

sustain, to = supporter, soutenir, entretenir (des oscillations).

sustained, self- = auto-entretenu (adj.).

S.W. (South-west) = sud-ouest, S.-O.

SW (or S.W.) = V. « wave, short ».

swab = torchon *m.*, écouvillon *m.*, vadrouille *f.*

– – –, gun = écouvillon *m.*

swage = étampe *f.* (Mét.), estampe *f.* (Mét.), matrice *f.* (Mét.).

– – –, bottom = contre-étampe *f.*, dessous *m.* d'étampe.

– – –, lower = dessous *m.* d'étampe, contre-étampe *f.*

– – –, saw = rectifieuse *f.* (de dents) de scie.

– – –, to = étamper, emboutir.

– – –, top = dessus *m.* d'étampe.

– – –, upper = dessus *m.* d'étampe.

swaging = étampage *m.* (Mét.), estampage *m.* (Mét.).

swallow = gorge *f.* (de poulie).

swamp = marais *m.*, marécage *m.*, terrain *m.*

spongieux.

swan-neck = col *m.* de cygne (I.).

sward = gazon *m.*, pelouse *f.*

swarf = cambouis *m.*, limaille *f.*, copeaux *m.p.*, boue *f.* de meule.

swarm = essaim *m.* (d'abeilles).

swatch = échantillon *m.* (de papier, de tissu).

swatter, fly = tue-mouches *m.* (I.).

sway = oscillation *f.*, balancement *m.*, roulis *m.* (Auto.).

sweat = suintement *m.* (des cloisons), condensation *f.*, ressuage *m.* (Mét.).

– – –, to = souder à l'étain (Mét.), ressuer (le minerai) (Mét.).

sweating = soudure *f.* à l'étain (Mét.), ressuage *m.* (du minerai) (Mi.).

sweep = déviation *f.* (d'un poteau), boucle *f.* ou courbure *f.* (d'un cours d'eau), balancier *m.* (de pompe), calibre *m.* de moulage, zone *f.* de jeu (d'une manivelle), vol *m.* ou trajectoire *f.* (d'une clé anglaise), envergure *f.* (des ailes) (Av.), coup *m.* de balai.

– – –, chimney = ramoneur *m.* (O.).

– – –, door = ouverture *f.* de porte.

– – –, fan = région *f.* couverte par le ventilateur.

– – –, field = balayage *m.* vertical (Tv.).

– – –, frequency = balayage *m.* de fréquence, excursion *f.* de fréquence.

– – –, line = balayage *m.* horizontal (Tv.), balayage *m.* de lignes (Tv.).

– – –, to = balayer, ramoner (une cheminée), mouler à la trousse (Mét.), draguer le fond d'un cours d'eau (C.).

sweeper, carpet = balai *m.* mécanique.

– – –, chimney = ramoneuse *f.* (c.-à-d. une brosse) (France), hérisson *m.*

– – –, rotary = balayeuse *f.* à brosses rotatives (M.).

– – –, street = balayeur *m.* de rues (O.), balayeuse *f.* (de rues) (M.), balayeuse *f.* mécanique (M.).

sweeping, chimney = ramonage *m.*

– – –, steam = ramonage *m.* à la vapeur.

swell = bombement *m.* (d'une colonne), bouge *m.* (d'un moyeu), crue *f.* (d'une rivière), augmentation *f.* (du son), foisonnement *m.* (de la chaux), ondulation *f.* (de la surface du sol).

– – – of the cam = ressaut *m.* de la came (Méc.), doigt *m.* de la came (Méc.).

– – –, to = gonfler, bomber, renfler, grossir, augmenter.

swelling = gonflement *m.* (d'un cours d'eau, des voiles, de l'estomac), crue *f.* (des eaux, d'un cours d'eau), foisonnement *m.* (de la chaux), renflement *m.* (d'une colonne), enflement *m.* (du visage).

– – –, ground = foisonnement *m.* du terrain.

– – – of the road = boursouflure *f.* de la chaussée.

– – –, tire = hernie *f.* de pneu (Auto.).

S.W.G. = V. « gauge, wire, standard ».

swing = balancement *m.*, ballant *m.*, oscillation *f.*, va-et-vient *m.*, excursion *f.* (de fréquence).

– – –, boom = rayon *m.* de rotation de flèche (C.).

– – –, compass = réglage *m.* de compas (Av.).

– – –, frequency = excursion *f.* de fréquence (R.).

– – –, full, in = en pleine activité, en plein travail, bat-

(swing)

tant son plein.
- – –, **grid** = amplitude *f.* de tension grille (R.).
- – –, **grid-peak** = admission *f.* grille (R.).
- – –, **jig** = rayon *m.* de rotation de flèche (C.).
- – –, **low** = surbaissé.
- – – **of a lathe** = hauteur *f.* de pointe d'un tour (Méc.).
- – –, **tail** = encombrement *m.* arrière.
- – –, **to** = osciller, balancer, faire osciller, faire balancer.

swinging = oscillant (adj.), balancement *m.*, à bascule.
swingle-tree = V. « tree, swingle ».
swirling = tourbillonnement *m.*
switch = interrupteur *m.* (c.-à-d. appareil à grande rapidité) (E.), disjoncteur *m.* (c.-à-d. interrupteur à ouverture automatique) (E.), commutateur *m.* (E.), inverseur *m.* (E.), sectionneur *m.* (c.-à-d. appareil d'ouverture seulement) (E.), conjoncteur-disjoncteur *m.* (c.-à-d. actionné par relais automatique) (E.), coupe-circuit *m.* (c.-à-d. appareil de coupure automatique contrôlé par l'intensité du courant) (E.), contacteur *m.* (c.-à-d. interrupteur commandé à distance) (E.), combinateur *m.* (d'une cuisinière électrique) (E.), aiguille *f.* (Ch.d.f.), bouton *m.* (d'un poste) (R., Tv.).
- – –, **air** = disjoncteur *m.* à l'air libre (E.).
- – –, **air-break** = interrupteur *m.* dans l'air, interrupteur *m.* à cornes.
- – –, **air-pressure** = disjoncteur *m.* à commande pneumatique.
- – –, **alarm** = commutateur *m.* de relais avertisseur.
- – –, **all call** = commutateur *m.* d'appel général (Tp.), clé *f.* d'appel général (Tp.).
- – –, **anti-theft** = (dispositif *m.*) antivol *m.* (Auto.).
- – –, **automatic** = disjoncteur *m.* automatique (E.), commutateur *m.* automatique (Tp.).
- – –, **auxiliary** = interrupteur *m.* auxiliaire, commutateur *m.* supplémentaire (Tp.).
- – –, **booster** = commutateur *m.* auxiliaire.
- – –, **branch** = interrupteur *m.* de dérivation, interrupteur *m.* de branchement.
- – –, **break** = interrupteur *m.*, disjoncteur *m.*
- – –, **break, automatic** = disjoncteur *m.* automatique.
- – –, **break, carbon** = interrupteur *m.* à contacts de charbon.
- – –, **break, control** = interrupteur *m.* de commande.
- – –, **break, no-voltage** = disjoncteur *m.* à minimum.
- – –, **break, oil** = interrupteur *m.* à l'huile, interrupteur *m.* à bain d'huile.
- – –, **break, under-voltage** = disjoncteur *m.* à minimum.
- – –, **break, remote control** = disjoncteur *m.* commandé à distance.
- – –, **break, safety** = disjoncteur *m.* de sûreté.
- – –, **break, side** = disjoncteur *m.* à couteau horizontal.
- – –, **button** = interrupteur *m.* à bouton.
- – –, **call** = commutateur *m.* d'appel (Tp.), clé *f.* d'appel (Tp.).
- – –, **canopy** = interrupteur *m.* d'éclairage.
- – –, **centrifugal** = interrupteur *m.* centrifuge.
- – –, **change-over** = permutateur *m.*, commutateur-permutateur *m.*
- – –, **change-over, antenna** = commutateur *m.* d'an-

(switch)

tenne émission-réception (R.).
- – –, **change-over, double-pole** = inverseur *m.* bipolaire.
- – –, **change, tune** = commutateur *m.* de sonnerie (Tp.), commutateur *m.* de longueur d'onde (R.).
- – –, **changing** = permutateur *m.*
- – –, **charging** = commutateur *m.* de charge (Auto.), permutateur *m.* (E.).
- – –, **chopper** = interrupteur *m.* à couteaux.
- – –, **circuit-changing** = commutateur *m.*, permutateur *m.*
- – –, **circuit-closing** = commutateur-conjoncteur *m.*
- – –, **closing** = commutateur-conjoncteur *m.*
- – –, **contact, door** = interrupteur *m.* de porte (E.).
- – –, **contact, multiple** = combinateur *m.*
- – –, **control** = interrupteur *m.* de commande.
- – –, **control, circuit breaker** = manette *f.* de commande du disjoncteur.
- – –, **control, courtesy, front door** = contacts *m.p.* automatiques sur les portes avant (Auto.).
- – –, **control, remote** = téléinterrupteur *m.*, commutateur *m.* à distance, contacteur *m.*
- – –, **cradle** = interrupteur *m.* à berceau, commutateur *m.* (d'un poste) (Tp.).
- – –, **crossbar** = commutateur *m.* crossbar (Tp.).
- – –, **cut-off** = interrupteur *m.*
- – –, **cut-out** = coupe-circuit *m.* automatique.
- – –, **demagnetizing** = interrupteur *m.* de démagnétisation.
- – –, **derailing** = aiguille *f.* de déraillement (Ch.d.f.).
- – –, **desk** = pupitre *m.* de distribution (E.).
- – –, **dimmer** = interrupteur *m.* à gradation de lumière (E.), gradateur *m.* de lumière (E.), commutateur *m.* d'éclairage « code » (Auto.).
- – –, **discharge** = limiteur *m.* de tension.
- – –, **discharge, field** = interrupteur *m.* de champ.
- – –, **disconnect, stick-operated** = sectionneur *m.* à (commande par) perche.
- – –, **disconnecting** = sectionneur *m.*
- – –, **disconnecting, fuse** = sectionneur *m.* à fusible.
- – –, **door** = interrupteur *m.* de porte.
- – –, **double-blade** = interrupteur *m.* à deux couteaux.
- – –, **double-break** = commutateur *m.* à double rupture.
- – –, **double-pole** = interrupteur *m.* bipolaire.
- – –, **double-pole-double-throw** = commutateur *m.* bipolaire à deux directions.
- – –, **double-pole-single-throw** = commutateur *m.* bipolaire à une direction.
- – –, **double-throw** = commutateur *m.*, commutateur *m.* à deux directions.
- – –, **drum** = commutateur *m.* à cylindre, commutateur *m.* à tambour.
- – –, **earthing** = commutateur *m.* de mise à la terre.
- – –, **emergency** = interrupteur *m.* d'urgence.
- – –, **enclosed** = interrupteur *m.* sous coffret.
- – –, **entrance, service** = interrupteur *m.* d'entrée.
- – –, **exclusion, ringing** = interrupteur *m.* de sonnerie (Tp.).
- – –, **field** = interrupteur *m.* d'excitation.
- – –, **field-break** = interrupteur *m.* d'excitation, interrupteur *m.* de champ.
- – –, **field-break, automatic** = interrupteur *m.*

(switch)

automatique d'excitation.
- - -, **field-discharge** = interrupteur *m.* de champ.
- - -, **finder** = sélecteur *m.* (Tp.), chercheur *m.* (Tp.).
- - -, **float** = interrupteur *m.* à flotteur.
- - -, **flush** = interrupteur *m.* encastré.
- - -, **flush-type** = interrupteur *m.* encastré.
- - -, **foot** = interrupteur *m.* au pied.
- - -, **free-trip** = interrupteur *m.* à déclenchement libre.
- - -, **fulcrum** = interrupteur *m.* à levier.
- - -, **fused** = interrupteur *m.* à fusibles.
- - -, **grounding** = commutateur *m.* de mise à la terre.
- - -, **grouping** = commutateur *m.* de couplage, commutateur-coupleur *m.*
- - -, **hand** = interrupteur *m.* à main.
- - -, **hand-operated** = interrupteur *m.* à main.
- - -, **handle** = commutateur *m.* à manivelle.
- - -, **heating, aerial** = commutateur *m.* d'échauffement d'antenne (R.).
- - -, **high-tension** = interrupteur *m.* pour haute tension.
- - -, **hook** = crochet *m.* commutateur.
- - -, **horn-type** = interrupteur *m.* à cornes, commutateur *m.* à antennes.
- - -, **ignition** = interrupteur *m.* d'allumage (Auto.), contact *m.* (d'allumage) (Auto.), contact *m.* démarreur (Auto.).
- - -, **independent** = interrupteur *m.* à ouverture indépendante, interrupteur *m.* à fermeture indépendante, interrupteur *m.* indépendant (Auto.).
- - -, **indicator** = culbuteur *m.*
- - -, **indicator, direction, self-cancelling** = rappel *m.* automatique des feux clignotants (Auto.).
- - -, **instant on** = contracteur *m.* instantané (Tv.).
- - -, **instrument** = commutateur *m.* d'appareil de mesure.
- - -, **isolating** = interrupteur *m.* de sectionnement, sectionneur *m.*
- - -, **key** = interrupteur *m.* à clé, manipulateur *m.*
- - -, **knife** = interrupteur *m.* à lame, commutateur *m.* à couteau.
- - -, **knife, 3-P.S.T.** = commutateur *m.* tripolaire à couteaux.
- - -, **knife, 3-P.S.T. back-connected** = commutateur *m.* tripolaire à couteaux avec prise arrière.
- - -, **knife, 2-P.D.T.** = commutateur *m.* bipolaire à couteaux.
- - -, **knife, 2-P.D.T. back-connected** = commutateur *m.* bipolaire à couteaux avec prise arrière.
- - -, **lever** = commutateur *m.* à manette.
- - -, **light** = interrupteur *m.* d'éclairage.
- - -, **light, panel** = interrupteur *m.* des lampes du tableau de bord (Auto.).
- - -, **lightning** = commutateur *m.* antenne-terre (R.).
- - -, **limit** = interrupteur *m.* à maximum, interrupteur *m.* de fin de course (d'un ascenseur).
- - -, **line** = commutateur *m.* de ligne (Tp.).
- - -, **lock** = commutateur *m.* à ressort.
- - -, **machine** = commutateur *m.* de machine.
- - -, **magnetic** = disjoncteur *m.*
- - -, **main** = interrupteur *m.* général.
- - -, **main, double-pole** = interrupteur *m.* général bipolaire.

(switch)

- - -, **make-and-break** = conjoncteur-disjoncteur *m.*
- - -, **master** = interrupteur *m.* général, interrupteur *m.* principal.
- - -, **mechanically-controlled** = interrupteur *m.* à sectionnement automatique.
- - -, **mercury** = commutateur *m.* à mercure, interrupteur *m.* à mercure.
- - -, **mercury-ruptor** = rupteur *m.* à mercure.
- - -, **micro** = microrupteur *m.*
- - -, **multipolar** = interrupteur *m.* multipolaire.
- - -, **multipolar, single-enclosure** = interrupteur *m.* à bac unique.
- - -, **oil** = interrupteur *m.* à bain d'huile, interrupteur *m.* à l'huile.
- - -, **oil-break** = interrupteur *m.* à l'huile, interrupteur *m.* à bain d'huile.
- - -, **open-type** = interrupteur *m.* non protégé.
- - -, **operating** = manipulateur *m.*
- - -, **panel** = sélecteur *m.* à panneau (Tp.).
- - -, **pear** = poire *f.* de contact.
- - -, **peg** = commutateur *m.* à chevilles.
- - -, **pendant** = gland-interrupteur *m.*
- - -, **pin** = commutateur *m.* à cheville.
- - -, **plug** = interrupteur *m.* à fiches.
- - -, **pole** = interrupteur *m.* de poteau.
- - -, **press** = interrupteur *m.* à pression.
- - -, **pressure** = manostat *m.*
- - -, **pressure-operated** = contacteur *m.* manométrique.
- - -, **proximity** = interrupteur *m.* (d'étage) électro-sensible (d'un ascenseur).
- - -, **pull-type** = interrupteur *m.* à tirette.
- - -, **push** = interrupteur *m.* à poussoir, commutateur *m.* à poussoir.
- - -, **push-and-pull** = interrupteur *m.* à tirette.
- - -, **push-button** = interrupteur *m.* à poussoir, commutateur *m.* à boutons-poussoirs.
- - -, **quick-break** = interrupteur *m.* à rupture brusque.
- - -, **railway** = aiguille *f.*
- - -, **range** = commutateur *m.* de gammes (R.).
- - -, **range, wave** = commutateur *m.* de gammes d'ondes (R.).
- - -, **reset** = disjoncteur *m.* à réenclenchement.
- - -, **reversing** = inverseur *m.*, commutateur-inverseur *m.*
- - -, **reversing, field** = commutateur *m.* des pôles.
- - -, **revolving** = commutateur *m.* rotatif.
- - -, **right-hand** = aiguillage *m.* à droite (Ch.d.f.).
- - -, **rotary** = interrupteur *m.* rotatif, sectionneur *m.* rotatif, commutateur *m.* rotatif.
- - -, **safety** = commutateur *m.* de sûreté.
- - -, **section** = sectionneur *m.*
- - -, **sectionalizing** = sectionneur *m.*
- - -, **selecting** = sélecteur *m.*, combinateur *m.*
- - -, **selector** = combinateur *m.*, sélecteur *m.* (de canaux) (Tv.).
- - -, **selector, channel** = sélecteur *m.* (de canaux) (Tv.).
- - -, **selector, inter-toll** = sélecteur *m.* de voie interurbaine (Tp.).
- - -, **self-acting** = commutateur *m.* automatique.
- - -, **self-releasing** = interrupteur *m.* à autodéclenche-

(switch)

ment.

– – –, **service** = interrupteur *m.* de branchement.

– – –, **short-circuiting** = commutateur *m.* de mise en court-circuit.

– – –, **single-break** = interrupteur *m.* à rupture simple.

– – –, **single-pole** = interrupteur *m.* unipolaire, commutateur *m.* monopolaire.

– – –, **single-pole-double-throw (S.P.D.T.)** = sectionneur-inverseur *m.*

– – –, **single-pole-single-throw (S.P.S.T.)** = interrupteur *m.* unipolaire à une seule direction.

– – –, **single-throw** = commutateur *m.* à une direction.

– – –, **slide** = V. « switch, sliding ».

– – –, **sliding** = commutateur *m.* à glissement, interrupteur *m.* à coulisse.

– – –, **slow-break** = interrupteur *m.* à rupture lente.

– – –, **snap** = interrupteur *m.* à rupture brusque, commutateur *m.* à ressort.

– – –, **spring** = interrupteur *m.* à ressort.

– – –, **spring-return** = interrupteur à ressort de rappel.

– – –, **square-D** = interrupteur *m.* sous coffret.

– – –, **star-delta** = commutateur *m.* étoile-triangle.

– – –, **starter** = commutateur *m.* de démarreur (Auto.).

– – –, **starting** = contacteur *m.* du démarreur (Auto.), interrupteur *m.* de démarrage.

– – –, **step** = interrupteur *m.* à gradins, commutateur *m.* à plots.

– – –, **step by step** = commutateur *m.* pas à pas (Tp.).

– – –, **stick-operated** = sectionneur *m.* à (commande par) perche.

– – –, **stop** = contact *m.* d'arrêt.

– – –, **surface** = interrupteur *m.* en saillie.

– – –, **surface-type** = interrupteur *m.* en saillie.

– – –, **synchronizing** = disjoncteur *m.* de couplage, interrupteur *m.* de synchronisation.

– – –, **tap** = commutateur *m.* à prises.

– – –, **tap-changing** = commutateur *m.* de prises.

– – –, **test** = interrupteur *m.* d'essai (E.).

– – –, **thermal** = rupteur *m.* thermique.

– – –, **three-pole** = interrupteur *m.* tripolaire.

– – –, **three-way** = commutateur *m.* à trois directions, interrupteur *m.* d'escalier, interrupteur *m.* va-et-vient.

– – –, **throw-over** = inverseur *m.*, commutateur *m.* à bascule.

– – –, **time** = minuterie *f.*, interrupteur *m.* horaire, interrupteur *m.* à mouvement d'horlogerie, allumeur-extincteur *m.* horaire.

– – –, **time, interval** = déclencheur *m.* cyclique (E.), rupteur *m.* cyclique (E.).

– – –, **to** = commuter (le courant), aiguiller (Ch.d.f.), changer de voie (Ch.d.f.) établir (la communication) par commutation (Tp.).

– – –, **to- – –in** = intercaler (E.), mettre en circuit (E.).

– – –, **to- – –off** = ouvrir (le circuit), couper · (l'allumage, le courant), mettre hors circuit (E.), interrompre (l'allumage) (Auto.).

– – –, **to- – –on** = mettre en circuit (E.), fermer le circuit (E.), établir le courant (E.).

– – –, **to- – –over** = commuter (E.).

– – –, **toggle** = interrupteur *m.* à bascule.

– – –, **track** = aiguille (Ch.d.f.).

(switch)

– – –, **transfer** = inverseur *m.*

– – –, **trembler** = interrupteur *m.* à trembleur, trembleur *m.*

– – –, **triple-pole** = commutateur *m.* tripolaire.

– – –, **tumbler** = interrupteur *m.* à bascule, interrupteur *m.* à culbuteur.

– – –, **turn-button** = interrupteur *m.* rotatif.

– – –, **two-pole** = interrupteur *m.* bipolaire.

– – –, **two-way** = interrupteur *m.* à deux directions, commutateur *m.* va-et-vient, interrupteur *m.* d'escalier.

– – –, **wall** = interrupteur *m.* au mur, interrupteur *m.* mural.

– – – **with « off » position** = commutateur *m.* avec interruption.

switchboard = tableau *m.* de manoeuvre (E., Tp.), tableau *m.* de distribution (E., Tp.), multiple *m.* (Tp.), standard *m.* (Tp.), tableau *m.* commutateur (Tp.), commutateur *m.* manuel (Tp.).

– – –, **accumulator** = tableau *m.* de distribution des accumulateurs (E.).

– – –, **alternating-current** = tableau *m.* de distribution pour courants alternatifs (E.).

– – –, **attendant** = standard *m.* à préposée (Tp.).

– – –, **automatic** = autocommutateur *m.* (Tp.).

– – –, **battery** = tableau *m.* de distribution des accumulateurs (E.).

– – –, **control** = tableau *m.* de commande (E.).

– – –, **cord** = tableau *m.* à jacks (Tp.), standard *m.* à cordons (Tp.).

– – –, **cordless** = tableau *m.* à clés (Tp.), standard *m.* à clés (Tp.).

– – –, **dial** = standard *m.* automatique (Tp.).

– – –, **dial, cord** = standard *m.* automatique à cordons (Tp.).

– – –, **dial, cordless** = standard *m.* automatique à clés (Tp.).

– – –, **direct-current** = tableau *m.* de distribution pour courant continu (E.).

– – –, **drop type** = tableau *m.* à annonciateurs (Tp.).

– – –, **fifty-local** = standard *m.* à 50 directions (Tp.).

– – –, **house** = standard *m.* (Tp.), standard *m.* privé (Tp.).

– – –, **indicator, drop** = tableau *m.* à annonciateurs (Tp.).

– – –, **live-front** = tableau *m.* sous tension (E.).

– – –, **manual** = tableau *m.* manuel (Tp.), standard *m.* manuel (Tp.).

– – –, **multiple** = multiple *m.* (Tp.), commutateur *m.* multiple (Tp.).

– – –, **P.B.X.** = tableau *m.* commutateur d'abonné (Tp.).

– – –, **power** = tableau *m.* de distribution de force motrice (E.).

– – –, **telephone** = multiple *m.* (de central) (Tp.), standard *m.* (d'abonné) (Tp.), tableau *m.* (Tp.).

– – –, **ten-line** = standard *m.* à 10 lignes (réseaux) (Tp.).

– – –, **toll** = table *f.* interurbaine (Tp.), tableau *m.* interurbain (Tp.).

– – –, **trunk** = table *f.* interurbaine (Tp.), tableau *m.* interurbain (Tp.).

– – –, **wall** = tableau *m.* de distribution mural (E.).

switcher = locomotive *f.* de manoeuvre (Ch.d.f.).
switchgear (or switch-gear) = dispositif *m.* de commutation (E.), appareillage *m.* (E.), installation *f.* de distribution (E.).
switching = aiguillage *m.* (Ch.d.f.), commutation *f.* (E., Tp.).
– – –, **automatic** = commutation *f.* automatique (Tp.).
– – –, **channel** = commutation *f.* de voies (Tp.).
– – –, **circuit** = commutation *f.* de circuits (Tp.).
– – –, **digital** = commutation *f.* (par éléments) numérique(s) (Tp.).
– – –, **electronic** = commutation *f.* électronique (Tp.).
– – –, **load** = commutation *f.* des charges (E.).
– – –, **manual** = commutation *f.* manuelle (Tp., E.).
– – –, **range, wave** = commutation *f.* de gamme d'ondes (R.).
– – –, **reperforator** = commutation *f.* avec retransmission par bande perforée (Tg.).
– – –, **reperforator, automatic** = commutation *f.* automatique avec retransmission par bande perforée (Tg.).
– – –, **step-by-step** = commutation *f.* pas-à-pas (Tp.).
– – –, **telephone** = commutation *f.* téléphonique (Tp.).
– – –, **toll** = commutation *f.* interurbaine (Tp.).
switchman = aiguilleur *m.* (O.), ouvrier *m.* de triage (Ch.d.f.).
swivel = émerillon *m.*, à rotule, pivot *m.*, rotule *f.*, orientable (adj.).
– – –, **ball** = pivot *m.* à rotule.
– – –, **carbine** = porte-mousqueton *m.*
– – –, **chain** = émerillon *m.* à chaîne.
– – –, **steering** = fusée *f.* de direction (Auto.), pivot *m.* de direction (Auto.).
– – –, **to** = pivoter, tourner, incliner, orienter.
swivelling = pivotant (adj.), tournant (adj.), à pivot, orientable (adj.).
sycamore = (érable *m.*) sycomore *m.*, platane *m.* d'Occident.
symmetrical = symétrique (adj.).
– – –, **non-** = asymétrique (adj.), dissymétrique (adj.).
symmetry = symétrie *f.*
– – –, **circle** = rotondité *f.* (Tv.).
sync = V. « synchronization ».
– – –, **lip** = synchronisation *f.* labiale (Tv.).
synchromesh = synchomesh *m.* (Auto.).
synchronism = synchronisme *m.* (Auto.).
– – –, **in** = en phase (E.), en synchronisme.
synchronization = synchronisation *f.* (E.), couplage *m.* (E.).
synchronize, to = synchroniser (R., Méc.), coupler (E.).
synchronizer = dispositif *m.* de synchronisation (Méc.).
synchronizing = synchronisation *f.* (E., Méc.), couplage *m.* (R.).
– – –, **image** = synchronisation *f.* de l'image (Tv.).
– – –, **reactor** = synchronisation *f.* par self (R.).
– – –, **self-** = à synchronisation automatique (R.).
synchronoscope = synchronoscope *m.*
synchronous = synchrone (adj.).
synopsis = tableau *m.* synoptique, sommaire *m.*, résumé *m.*
synthetic = (résine *f.*, caoutchouc *m.*) synthétique

(synthetic)
(adj.), (pierre *f.*) de synthèse (B.), (soie *f.*) artificielle (adj.).
syntonism = syntonie *f.* (R.), accord *m.*
syntonization = syntonisation *f.* (R.), accordage *m.* (R.).
syntonize, to = syntoniser (R.), accorder.
syntony = syntonie *f.*, accord *m.*
sypher, to = assembler à mi-bois (B.).
syphering = assemblage *m.* à mi-bois (B.).
syringe = seringue *f.*
– – –, **garden** = pompe *f.* de jardin.
– – –, **lubrication** = seringue *f.* de graissage (Méc.).
system = système *m.*, réseau *m.*, secteur *m.*, mode *m.*, méthode *f.*
– – –, **absolute** = système *m.* absolu.
– – –, **address, public** = dispositif *m.* de sonorisation, amplificateur *m.*, appareil *m.* de diffusion en public, sono *f.*
– – –, **aerial** = système *m.* d'antenne (R.).
– – –, **aerial, anti-interference** = antenne *f.* antiparasite (R.).
– – –, **alarm** = système *m.* d'alarme.
– – –, **alarm, bell** = sonnerie *f.* d'alarme.
– – –, **alarm, burglar** = dispositif *m.* d'alarme contre le vol, système *m.* d'alarme contre le vol.
– – –, **alarm, closed-circuit** = dispositif *m.* d'alarme à circuit fermé.
– – –, **alarm, open-circuit** = dispositif *m.* d'alarme à circuit ouvert.
– – –, **all-relay** = système *m.* automatique tout (à) relais (Tp.).
– – –, **alternating-current** = réseau *m.* à courant alternatif (E.).
– – –, **approach, ground controlled** = radioconduite *f.* d'approche (Av.).
– – –, **astatic** = système *m.* astatique (E.).
– – –, **automatic** = système *m.* automatique (Tp.), l'automatique *m.* (Tp.).
– – –, **automatic, step-by-step** = V. « system, telephone, step-by-step ».
– – –, **automatic, Wheatstone** = système *m.* Wheatstone (de transmission automatique) (Tg.).
– – –, **beacon, blind approach** = dispositif *m.* de radioguidage (d'aérodrome).
– – –, **bell, call** = système *m.* à sonnerie d'appel.
– – –, **block** = système *m.* d'isolement des trains (Ch.d.f.), exploitation *f.* par cantonnement (Ch.d.f.), bloc-système *m.* (Ch.d.f.), cantonnement *m.* (Ch.d.f.).
– – –, **block, electric, automatic** = cantonnement *m.* électrique automatique (Ch.d.f.).
– – –, **block, handworked** = cantonnement *m.* à main (Ch.d.f.).
– – –, **block, telephone** = cantonnement *m.* téléphonique (Ch.d.f.).
– – –, **blower** = soufflerie *f.*, système *m.* de ventilation.
– – –, **brake** = V. « system, braking ».
– – –, **braking** = système *m.* de freinage (Auto.).
– – –, **braking, dual** = freins *m.p.* (à) double circuit (Auto.).
– – –, **branch-line** = réseau *m.* arborescent (S.), réseau *m.* ramifié (E.).
– – –, **broadband** = système *m.* de transmission à large

(system)

bande (Tp., R.).

- - -, **broadcasting** = système *m.* de radiodiffusion (R.).

- - -, **by-pass** = système *m.* à libération des organes sélecteurs (E.).

- - -, **cable** = réseau *m.* de câbles (Tp.).

- - -, **card-index** = fichier *m.*

- - -, **carriage, water** = procédés *m.p.* d'entraînement par l'eau (S.), tout-à-l'égout *m.* (S.).

- - -, **carrier** = transmission *f.* par courants porteurs (Tp.).

- - -, **carrier, cable** = réseau *m.* de câbles à courants porteurs (Tp.).

- - -, **carrier, coaxial** = réseau *m.* coaxial à courants porteurs (Tp.).

- - -, **carrier, multichannel** = système *m.* multiplex à courants porteurs (Tp.).

- - -, **carrier, multi-voice** = téléphonie *f.* à voies multiples, système *m.* de téléphonie par courants porteurs à voies multiples, système *m.* multiplex à courants porteurs (Tp.).

- - -, **carrier, telephone** = système *m.* de téléphonie par courants porteurs, système *m.* (de transmission) à courants porteurs (Tp.).

- - -, **catenary** = suspension *f.* caténaire.

- - -, **central battery** = système *m.* téléphonique à batterie centrale.

- - -, **C.G.S.** = système *m.* cgs (centimètre, gramme, seconde).

- - -, **check-back** = système *m.* à voie de retour (Tp.).

- - -, **closed-circuit** = système *m.* à courant constant (Tg.).

- - -, **coaxial** = réseau *m.* de câbles coaxiaux (Tp.).

- - -, **code, cable** = système *m.* à code pour câble (Tg.).

- - -, **code calling** = appel *m.* par code (Tp.).

- - -, **collection, sewage** = réseau *m.* collecteur d'eaux usées (S.).

- - -, **common-battery** = installations *f.p.* à batterie centrale (Tp.).

- - -, **communications, satellite** = réseau *m.* de télécommunications par satellite.

- - -, **conditioning, air** = installation *f.* de climatisation, installation *f.* de conditionnement de l'air.

- - -, **conduit** = canalisation *f.* (Tp.).

- - -, **conduit, house** = canalisation *f.* d'immeuble (E., Tp.).

- - -, **conduit, underfloor** = canalisation *f.* dans les planchers (Tp., E.).

- - -, **conduit, underground** = canalisation *f.* souterraine (E., Tp.).

- - -, **conduit, wall** = canalisation *f.* murale (Tp.).

- - -, **constant current** = système *m.* à intensité de courant (E.).

- - -, **control** = circuit *m.* de réglage, asservissement *m.*

- - -, **cooling** = système *m.* de refroidissement (S.).

- - -, **cooling, honeycomb** = système *m.* de refroidissement en nid d'abeilles.

- - -, **coupled, direct** = système *m.* direct (E.).

- - -, **coupled, inductively** = système *m.* indirect (E.).

- - -, **crossbar** = système *m.* (automatique) « crossbar » (Tp.).

(system)

- - -, **dial** = système *m.* automatique (Tp.).

- - -, **disposal, sewage** = réseau *m.* d'évacuation des eaux usées (S.).

- - -, **distribution** = réseau *m.* de distribution (E., Tp.), système *m.* de distribution (E., Tp., C.), canalisation *f.* (E.).

- - -, **distribution, Edison** = réseau *m.* de distribution trois fils (E.).

- - -, **distribution, local** = réseau *m.* de distribution (E., H., S.).

- - -, **distribution, radial** = distribution *f.* en étoile (E.).

- - -, **distribution, series** = distribution *f.* série (E.).

- - -, **distribution, star** = réseau *m.* en étoile (E., H.).

- - -, **distribution, three-wire** = réseau *m.* de distribution trifilaire (E.).

- - -, **distribution, water** = réseau *m.* de distribution d'eau (H.).

- - -, **distribution, water, city pressure** = distribution *f.* en chandelle (dans un édifice).

- - -, **distribution, water, gravity** = distribution *f.* « en parapluie » (dans un édifice).

- - -, **double** = (émission *f.*) à double bande (Tv.).

- - -, **double-current** = système *m.* bi-courant (Tp.).

- - -, **drain tile, open-joint** = système *m.* de drains sans joints (C.).

- - -, **drainage** = système *m.* de drainage (S.), réseau *m.* de drains (S.).

- - -, **drainage, building** = système *m.* d'égouts d'un bâtiment, système *m.* d'écoulement des eaux d'un bâtiment.

- - -, **drainage, sanitary** = réseau *m.* d'égouts (S.).

- - -, **draw-in** = système *m.* de tirage (pour la pose de câbles téléphoniques).

- - -, **dust-collector** = collecteur *m.* de poussières industrielles.

- - -, **duplex** = télégraphie *f.* duplex.

- - -, **duplex, bridge** = réseau *m.* télégraphique duplex équilibré en pont.

- - -, **duplex, differential** = équipement *m.* duplex différentiel (Tg.).

- - -, **earth** = (prise *f.* de) terre *f.* (E.).

- - -, **electric, overhead** = réseau *m.* électrique aérien.

- - -, **electrical** = équipement *m.* électrique (Auto.).

- - -, **electrical, international** = système *m.* électrique international.

- - -, **electrostatic** = système *m.* électrostatique.

- - -, **exchange, automatic** = réseau *m.* de centraux automatiques (Tp.).

- - -, **exhaust** = tuyauterie *f.* d'échappement (Méc.).

- - -, **exhaust, dual** = système *m.* d'échappement double (Auto.).

- - -, **fail soft** = système *m.* à performances réduites (c.-à-d. dont une partie est touchée par une panne mais qui continue à fonctionner).

- - -, **feeder** = réseau *m.* d'alimentation (E., S.).

- - -, **fire-alarm** = réseau *m.* avertisseur d'incendie.

- - -, **fire warning and detecting, automatic** = avertisseur *m.* et détecteur automatiques d'incendie.

- - -, **focusing** = système *m.* de focalisation (Phot.).

- - -, **follow-up** = procédé *m.* de rappel.

- - -, **four-wire** = système *m.* à quatre fils (E.).

- - -, **four-wire, two-phase** = système *m.* diphasé à

(system)

quatre fils (E.).

– – –, **FSS** = système *m*. FSS (pied, slug, seconde).

– – –, **gravity** = évacuation *f*. par gravité (S.).

– – –, **ground** = (prise *f*. de) terre *f*. (E.).

– – –, **grounded neutral** = système *m*. avec neutre à la terre (E.).

– – –, **ground-return** = système *m*. avec retour par la terre (E.).

– – –, **heating** = chauffage *m*. central.

– – –, **heating, coil** = chauffage *m*. par résistance (électrique).

– – –, **heating, hot-air** = V. « system, heating, warm-air ».

– – –, **heating, hot water** = installation *f*. de chauffage par l'eau chaude, chauffage *m*. à eau chaude.

– – –, **heating, hot water, forced flow** = (installation *f*. de) chauffage *m*. à circulation forcée.

– – –, **heating, indirect** = installation *f*. de chauffage par convection, chauffage *m*. indirect.

– – –, **heating, radiant** = installation *f*. de chauffage rayonnant, chauffage *m*. rayonnant.

– – –, **heating, steam** = installation *f*. de chauffage à la vapeur.

– – –, **heating, vapour** = installation *f*. chauffage à vapeur basse pression (B.).

– – –, **heating, warm-air** = installation *f*. de chauffage à air chaud (B.).

– – –, **heating, warm-air, gravity** = chauffage *m*. à air chaud par gravité.

– – –, **house-exchange** = réseau *m*. téléphonique privé (Tp.).

– – –, **ignition** = système *m*. d'allumage (Auto.).

– – –, **information, business** = informatique *f*.

– – –, **insulated (or ungrounded)** = système *m*. isolé (E.).

– – –, **intercommunicating, dial** = petit automatique *m*. privé (Tp.).

– – –, **intercomm(unication)** = système *m*. d'intercommunication (Tp.).

– – –, **interphone and public address** = interphone *m*. et appareil *m*. de diffusion en public.

– – –, **landing, instrument** = système *m*. d'atterrissage sans visibilité (Av.), système *m*. d'atterrissage aux instruments (Av.).

– – –, **lighting** = mode *m*. d'éclairage, système *m*. d'éclairage, réseau *m*. d'éclairage.

– – –, **lighting, open-loop** = distribution *f*. série à deux fils (E.).

– – –, **lighting, series** = réseau *m*. d'éclairage en série (E.).

– – –, **local battery** = (système *m*. téléphonique) à batterie *f*. locale.

– – –, **low-voltage** = distribution *f*. basse tension (E.).

– – –, **magneto** = installations *f.p.* à batterie locale (Tp.).

– – –, **main** = canalisation *f*. (E.).

– – –, **main, dual – – – of water supply** = réseau *m*. double de distribution d'eau (d'une rue) (H.).

– – –, **manual** = système *m*. manuel (Tp.).

– – –, **metric** = système *m*. métrique.

– – –, **microwave** = réseau *m*. de relais hertziens, réseau *m*. micro-ondes.

– – –, **MKSA** = système *m*. MKSA (mètre, kilogramme, seconde, ampère).

– – –, **modulation** = système *m*. de modulation (R.).

– – –, **MTS** = système *m*. MTS (mètre, tonne, seconde).

– – –, **multichannel, voice-frequency** = faisceau *m*. (ou réseau *m*.) de télégraphie harmonique (Tg.).

– – –, **multiphase** = système *m*. polyphasé (E.).

– – –, **multiphase, balanced** = système *m*. polyphasé équilibré (E.).

– – –, **multiphase, unbalanced** = système *m*. polyphasé non équilibré (E.).

– – –, **multiple** = montage *m*. en parallèle (E.).

– – –, **municipal** = réseau *m*. municipal (d'égouts) (S.).

– – – **of bond** = appareil *m*. (c.-à-d. façon de superposer les briques) (B.).

– – – **of electric conductors** = réseau *m*. de conducteurs électriques (E.).

– – – **of operation** = mode *m*. d'exploitation.

– – – **of support** = mode *m*. de soutènement (C.).

– – – **of wires** = réseau *m*. de fils (E.).

– – –, **oiling** = système *m*. de graissage (Méc.).

– – –, **open-circuit** = système *m*. à circuit ouvert (Tg.).

– – –, **overhead** = système *m*. suspendu, réseau *m*. aérien, canalisation *f*. aérienne.

– – –, **P.A.** = V. « system, address, public ».

– – –, **paging** = téléavertisseur *m*. (Tp.), système *m*. de téléavertisseurs (Tp.).

– – –, **parallel – – – of distribution** = système *m*. de distribution en parallèle (E.).

– – –, **party-line** = système *m*. à postes groupés (Tp.).

– – –, **pillar and stall** = méthode *f*. des piliers et galeries (Mi.).

– – –, **piping** = système *m*. de tuyaux (S.).

– – –, **plumbing** = plomberie *f*. (S.).

– – –, **point** = système *m*. du point typographique (Imp.).

– – –, **pollution control** = système *m*. antipollution.

– – –, **polyphase** = système *m*. polyphasé (E.).

– – –, **polyphase, balanced** = système *m*. polyphasé équilibré (E.).

– – –, **polyphase, non-interlinked** = système *m*. polyphasé à phases séparées (E.).

– – –, **practical** = système *m*. pratique.

– – –, **private** = établissement *m*. privé, organisme *m*. privé.

– – –, **protective** = système *m*. de protection (E.).

– – –, **public** = établissement *m*. public, organisme *m*. public.

– – –, **radio** = système *m*. radio(électrique) (R.).

– – –, **radiodistribution** = radiodistribution *f*. (R.).

– – –, **radio relay** = réseau *m*. hertzien.

– – –, **railway** = réseau *m*. de chemin de fer, réseau *m*. ferré.

– – –, **relay, microwave** = réseau *m*. (à) micro-ondes.

– – –, **relay, radio** = faisceau *m*. hertzien (R.).

– – –, **relay, radio, microwave** = réseau *m*. hertzien à micro-ondes.

– – –, **reporting, emergency** = système *m*. d'alerte.

– – –, **return-loop** = circuit *m*. bouclé (Tp.).

– – –, **ring** = réseau *m*. bouclé.

– – –, **road** = réseau *m*. routier.

– – –, **rotary** = système *m*. automatique à commutateurs rotatifs (Tp.).

(system)

- - -, **satellite** = système *m.* de communication par satellite (Tp.).
- - -, **satellite, communication, domestic** = réseau *m.* national de communications par satellite (Tp.).
- - -, **scatter-wave** = réseau *m.* de relais tropisphériques.
- - -, **scatter, tropospheric** = réseau *m.* de relais tropisphériques.
- - -, **selecting, voice frequency** = installation *f.* de sélection à distance au moyen de courants de fréquence harmonique (R.).
- - -, **semi-automatic** = système *m.* semi-automatique (Tp.).
- - -, **series - - - of distribution** = système *m.* de distribution en série (E.), distribution *f.* série (E.).
- - -, **sewage** = réseau *m.* d'égouts (S.), réseau *m.* d'évacuation, système *m.* d'égouts (S.), les égouts de (Québec) (S.).
- - -, **sewage, water-borne** = tout-à-l'égout *m.* (S.).
- - -, **sewer** = réseau *m.* d'égouts (S.), système *m.* d'égouts (S.).
- - -, **shielding** = système *m.* de blindage (E.), système *m.* de protection (E.).
- - -, **signalling, AC** = signalisation *f.* à courants alternatifs (Tp.).
- - -, **simplex** = système *m.* simple (Tg.).
- - -, **simplex, two-way** = système *m.* simple à deux voies (Tg.).
- - -, **single-band** = système *m.* à bande latérale unique (R.).
- - -, **sound** = équipement *m.* sonore.
- - -, **spark, quenched** = système *m.* à étincelles soufflées (R.).
- - -, **splash** = système *m.* à barbotage (Méc.).
- - -, **sprinkler** = système *m.* d'extinction à diffuseurs, système *m.* d'extincteurs automatiques.
- - -, **start-stop** = système *m.* arythmique (Tg.).
- - -, **start-stop, stepped** = système *m.* arythmique cadencé (Tg.).
- - -, **starting** = système *m.* de démarrage.
- - -, **starting, self-** = système *m.* de démarrage automatique.
- - -, **statically determinate** = système *m.* isostatique.
- - -, **switching** = système *m.* de commutation (E.).
- - -, **switching, automatic, private** = système *m.* privé de commutation automatique (Tp.).
- - -, **switching, dial** = système *m.* de commutation automatique (Tp.).
- - -, **switching, electronic** = système *m.* de commutation électronique (Tp.).
- - -, **synchronous** = système *m.* synchrone (Tg.).
- - -, **tariff** = système *m.* de tarification (E.).
- - -, **telegraph** = télégraphie *f.*, réseau *m.* télégraphique.
- - -, **telegraph, four-tone** = télégraphie *f.* à quatre fréquences porteuses.
- - -, **telegraph, voice-frequency** = télégraphie *f.* à fréquence vocale.
- - -, **telephone** = réseau *m.* téléphonique.
- - -, **telephone, automatic** = système *m.* de téléphonie automatique.
- - -, **telephone, dial** = réseau *m.* téléphonique automatique, système *m.* de téléphonie automatique.

(system)

- - -, **telephone, manual** = système *m.* de téléphonie manuel, réseau *m.* téléphonique manuel.
- - -, **telephone, multi-channel** = téléphonie *f.* à voies multiples, système *m.* de téléphonie par courants porteurs à voies multiples.
- - -, **telephone, multi-voice** = téléphonie *f.* à voies multiples, système *m.* de téléphonie par courants porteurs à voies multiples.
- - -, **telephone, overhead** = réseau *m.* téléphonique aérien.
- - -, **telephone, step-by-step** = système *m.* (de téléphonie automatique) « pas-à-pas » (c.-à-d. dans lequel les sélecteurs fonctionnent en succession).
- - -, **television, antenna, community** = télévision *f.* par câble coaxial, télévision *f.* par antenne commune.
- - -, **three-phase** = réseau *m.* triphasé (E.).
- - -, **three-wire** = réseau *m.* à trois fils (E.), réseau *m.* trifilaire (E.).
- - -, **three-wire, three-phase** = système *m.* triphasé à trois fils (E.).
- - -, **three-wire, two-phase** = système *m.* diphasé à trois fils (E.).
- - -, **toll** = réseau *m.* interurbain (Tp.).
- - -, **traction, electric, DC** = installation *f.* de traction électrique à courant continu.
- - -, **transmission** = canalisation *f.* (E.), voie *f.* de transmission (E.), réseau *m.* de transport (E.).
- - -, **transmission, data** = système *m.* de transmission de données (Tp.).
- - -, **transmission, overhead** = canalisation *f.* aérienne (E.).
- - -, **tree** = système *m.* radial (E.).
- - -, **tropospheric** = réseau *m.* de relais tropisphériques.
- - -, **tubing** = tuyauterie *f.*, canalisation *f.*
- - -, **two-phase** = système *m.* biphasé (E.).
- - -, **two-phase four-wire** = système *m.* biphasé quatre conducteurs (E.).
- - -, **two-phase, interlinked** = système *m.* à phases reliées (E.).
- - -, **two-pipe** = installation *f.* (de chauffage à eau chaude) à deux tuyaux (B.).
- - -, **two-wire** = réseau *m.* bifilaire (E.), réseau *m.* à deux fils (E.).
- - -, **two-wire, asymmetrical** = ligne *f.* asymétrique à deux conducteurs (E.).
- - -, **ungrounded** = système *m.* isolé (E.).
- - -, **view-finder** = système *m.* de visée (Phot.).
- - -, **volume-control** = régulateur *m.* d'amplification (R.).
- - -, **warning** = radiodétecteur *m.* d'avertissement (Av.).
- - -, **water** = canalisation *f.* d'eau (H.).
- - -, **water supply** = réseau *m.* de distribution d'eau (d'une ville, d'un bâtiment) (H.).
- - -, **wave** = série *f.* d'ondes (E.).
- - -, **wiring** = distribution *f.* (E., Tp.), câblage *m.* (E., Tp.).
- - -, **wiring, interior** = distribution *f.* électrique intérieure (E.).
- - -, **wiring, two-way** = va-et-vient *m.* (E.).
- - -, **X-bar** = système *m.* (automatique) « crossbar » (Tp.).

t

T (or Tee) = T *m.*, té *m.*, V. « tesla ».
- - -, **drop** = T *m.* de montage (H.).
- - - **for future connection** = té *m.* en attente (Méc., S.).
- - -, **landing** = T *m.* d'atterrissage (Av.).
- - -, **service** = T *m.* de branchement (d'abonné) (H.).
- - -, **side-outlet** = T *m.* à sortie latérale (S.).
- - -, **union** = raccord *m.* en T (S.).
t = V. « ton ».
tab = attache *f.* (B.), patte *f.* (de vêtement, d'index), oreillon *m.* (d'un casque), onglet *m.* (de livre), ferret *m.* (de lacets), étiquette *f.* (pour les bagages), addition *f.* (c.-à-d. note *f.* de restaurant), tab *m.* (Av.).
- - -, **trim(ming)** = (volet *m.*) compensateur *m.* (Av.).
- - -, **valve, tire** = plaquette *f.* de valve de pneu (Auto.).
table = table *f.* (de multiplication), tableau *m.* (de pose), plateau *m.* ou console *f.* (d'un tour), tablier *m.* (de pont à bascule), banc *m.* (de perceuse), semelle *f.* (de poutre), table *f.* (de machine à percer).
- - -, **base** = dalle *f.* d'embasement (B.).
- - -, **bench** = socle *m.* (B.), banc *m.* continu au socle (B.).
- - -, **calibration** *m.* table *m.* d'étalonnage.
- - -, **casting** = table *f.* de coulée (Mét.).
- - -, **console** = table *f.* console, console *f.*
- - -, **corbel** = encorbellement *m.* (B.).
- - -, **delivery** = table *f.* de réception (Imp.).
- - -, **drafting (or draughting)** = table *f.* à dessin, table *f.* de dessinateur.
- - -, **drawing** = table *f.* à dessin, table *f.* de dessinateur.
- - -, **dressing** = coiffeuse *f.* (Ust.).
- - -, **exposure** = table *f.* de temps de pose.
- - -, **extension** = table *f.* à coulisse, table *f.* à rallonges.
- - -, **filing** = banc *m.* d'ajusteur (Méc.).
- - -, **ground** - - - **of a wall** = embasement *m.*, assise *f.* de fond (en pierre).
- - -, **inflation** = tableau *m.* de gonflage (Auto.).
- - -, **jig-saw** = table *f.* de scie à chantourner, table *f.* de scie à découper.

(table)
- - -, **jigging** = table *f.* à percussion.
- - -, **moulding** = table *f.* de moulage (Mét.).
- - - **of contents** = table *f.* des matières (d'un livre).
- - -, **operating** = table *f.* de manipulation (E.).
- - -, **press, arbor** = presse *f.* à crémaillère.
- - -, **reduction** = table *f.* de réduction.
- - -, **revolving** = table *f.* rotative, table *f.* pivotante.
- - -, **service** = comptoir *m.* (de cuisine).
- - -, **shaking** = table *f.* à secousses.
- - -, **sliding** = table *f.* coulissante.
- - -, **steam** = réchaud *m.* à vapeur (de cuisine).
- - -, **surveyor's** = planchette *f.*
- - -, **swinging** = table *f.* articulée.
- - -, **swivelling** = table *f.* pivotante.
- - -, **tide** = annuaire *m.* des marées.
- - -, **tilting** = table *f.* à inclinaison, table *f.* inclinable.
- - -, **time** = horaire *m.* (Ch.d.f.), emploi *m.* du temps.
- - -, **time, railway** = horaire *m.* (Ch.d.f.), horaire *m.* des trains (Ch.d.f.).
- - -, **to** = assembler ou emboîter (deux pièces de charpente), déposer (un projet de loi), saisir (la Chambre) d'un projet de loi.
- - -, **toilet** = table *f.* de toilette.
- - -, **transfer** = transbordeur *m.* à niveau, plate-forme *f.* de transbordement.
- - -, **travelling** = table *f.* roulante, chariot *m.* transporteur.
- - -, **turn** = plaque *f.* tournante (Ch.d.f.), plateau *m.*, plateau *m.* tourne-disque(s) (de phono), pont-tournant *m.* (Ch.d.f.).
- - -, **water** = niveau *m.* hydrostatique, chanfrein *m.* du socle (B.), niveau *m.* de la nappe aquifère, rejéteau *m.* (d'une fondation) (B.).
- - -, **work** = établi *m.*, table *f.* de travail.
tablet = entablement *m.* (d'un mur), bloc *m.* de papier, bloc-notes *m.*
tabling = assemblage *m.* (B.), emboîtement *m.* (de deux solives), dépôt *m.* (d'un projet de loi).
tabulate, to = classifier (les résultats), cataloguer (les marchandises).
tabulator = tabulateur *m.* (M.).
tachograph = tachygraphe *m.*

(tail)

tachometer = tachymètre *m.* (Méc.), compte-tours *m.* (Méc.).
- - -, **recording** = tachymètre *m.* enregistreur.
tachymeter = tachéomètre *m.*
tack = pointe *f.*, semence *f.* (de tapissier), broquette *f.*, V. « tacks ».
- - -, **thumb** = punaise *f.*
- - -, **tin** = broquette *f.*
- - -, **to** = fixer avec des broquettes, fixer avec de la semence, clouer provisoirement, faufiler (un vêtement).
- - -, **wire** = pointe *f.* de Paris, broquette *f.*
tackle = palan *m.*, moufle *f.*, appareil *m.* de levage.
- - -, **chain** = palan *m.* à chaîne.
- - -, **differential** = palan *m.* différentiel.
- - -, **fishing** = attirail *m.* de pêche, articles *m.p.* de pêche.
- - -, **hoisting** = appareil *m.* de levage, palan *m.*
- - -, **hook** = palan *m.* à croc.
- - -, **lifting** = palan *m.*
- - -, **luff** = palan *m.* à croc.
- - -, **pulley** = palan *m.*, moufle *f.*
- - -, **rope** = palan *m.* à corde, palan *m.* à câble.
- - -, **spur-gear** = palan *m.* à engrenage droit.
- - -, **worm-gear** = palan *m.* à vis sans fin.
tacks = semence *f.* (de tapissier), petits clous *m.p.*, V. « tack ».
- - -, **basket** = clous *m.p.* de vannier.
- - -, **carpet** = broquettes *f.p.* à tapis, semence *f.* à tapis.
- - -, **carpet, bleued** = broquettes *f.p.* bleutées, semence *f.* bronzée.
- - -, **carpet, double-pointed** = crampillons *m.p.* à tapis.
- - -, **cheese-box** = clous *m.p.* de vannier.
- - -, **copper** = broquettes *f.p.* en cuivre rouge.
- - -, **grimp** = broquettes *f.p.* à tête bouterollée.
- - -, **shoe** = broquettes *f.p.* à chaussures, clous *m.p.* à chaussures.
- - -, **tin** = semence *f.*
- - -, **upholsterer's** = semence *f.* de tapissier.
tacky = (vernis *m.*) collant (adj.), (encre *f.*) poisseuse (adj.).
tag = étiquette *f.* ou fiche *f.* (d'un colis), plaque *f.* (d'identification), ferret *m.* (de lacet), tirant *m.* (de botte).
- - -, **address** = étiquette-adresse *f.*
- - -, **asset** = marque *f.* d'inventaire, marque *f.* de propriété
- - -, **baggage** = étiquette *f.* à bagages.
- - -, **luggage** = étiquette *f.* à bagages.
- - -, **rimmed** = étiquette *f.* cerclée.
- - -, **rope** = carte *f.* manille.
- - -, **to** = ferrer (un bâton), attacher une fiche à (un colis), étiqueter (un objet, un partisan).
tail = queue *f.* (d'un habit, de lettre), pied *m.* (d'une page), pile *f.* (d'une pièce de monnaie), natte *f.* (de cheveux), empennage *m.* (d'un dirigeable, d'un avion), mancherons *m.p.* (d'une charrue) (Agr.), pointe *f.* (Méc.), tige *f.* (Méc.).
- - -, **fan** = queue-d'aronde *f.* (B.).
- - -, **fish** = (trépan *m.* en forme de) queue *f.* de poisson.

- - -, **pig-** = V. « pigtail ».
- - -, **rat's** = queue-de-rat *f.* (I.).
- - -, **to** - - - **in** = encastrer (une poutre), s'encastrer.
- - -, **to** - - - **off** = décrocher (le récepteur) (Tp.).
tailgate = V. « gate, tail ».
- - -, **to** = talonner (un véhicule) (Auto.).
tailing = trainage *m.* (dans la reproduction d'une image) (Tg.).
tailings = refus *m.* (d'un crible), résidu *m.*, grenaille *f.* (C.), déchets *m.p.* d'épuration (de la pâte) (Pap.).
tailstock = contre-poupée *f.* (de tour) (Méc.), poupée *f.* mobile (de tour) (Méc.).
- - -, **elevating** = poupée *f.* mobile à élévation.
- - -, **multiple** = poupée *f.* mobile à pointes multiples.
- - - **of a lathe** = contre-poupée *f.* (de tour).
- - -, **offset** = poupée *f.* mobile à pointe déportée.
take, to - - - **up** = rattraper (le jeu, l'usure) (Méc.), compenser (Méc.).
take-off = décollage *m.* (Av.), envol *m.* (Av.).
- - -, **power** = prise *f.* de force (d'un tracteur).
take-over = prise *f.* de possession (d'une société), expropriation *f.* (d'une propriété), relève *f.* (des ouvriers).
take up = rattrapage *m.* (du jeu) (Méc.), reprise *f.* (Méc.), compensation *f.* (Méc.), tendeur *m.* (Méc.).
- - -, **automatic** = rattrapage *m.* de jeu automatique.
- - -, **backlash** = rattrapage *m.* de jeu.
- - - **of clearance** = rattrapage *m.* de jeu.
- - - **of slack** = rattrapage *m.* de jeu.
- - -, **spring** = rattrapage *m.* de jeu par ressort.
- - -, **wear** = rattrapage *m.* du jeu produit par l'usure.
taking up = reprise *f.* (de jeu) (Méc.), rattrapage *m.* (de jeu) (Méc.).
- - - **of belt** = raccourcissement *m.* de courroie.
- - - **of the wear** = compensation *f.* de l'usure.
- - - **on the bearings** = rattrapage *m.* de jeu de coussinets.
- - - **the backlash** = rattrapage *m.* de jeu.
- - - **the drive** = embrayage *m.*
talc = talc *m.*
talcum = talc *m.*
talk = causerie *f.* (Tp.), conversation *f.* (Tp.), entretien *m.* (Tp.).
- - -, **cross-** = interférence *f.* entre les circuits téléphoniques (Tp.), mélange *m.* de conversations (Tp.), diaphonie *f.* (Tp.), transmodulation *f.* (Tp., R.).
talker = correspondant *m.* (Tp.), interlocuteur *m.* (Tp.).
tallow = suif *m.*
- - -, **to** = enduire de suif, suiffer.
talus = talus *m.* (C.), pente *f.* d'éboulis (C.).
tamarack = mélèze *m.* laricien.
tambour = tambour *m.* (de vestibule, de colonne).
tamp, to = damer ou pilonner (un remblai), bourrer (un trou de mine), damer (le béton).
tamper = dame *f.* (I.), pilon *m.* (I.), compacteur *m.* à pneus (M.).
- - -, **vibrating** = dame *f.* vibrante.
tamping = bourrage *m.* (d'un trou de mine), damage *m.* ou pilonnage *m.* (du gravier).
- - -, **tie** = bourrage *m.* de traverse (Ch.d.f.).
tandem, in = en série (E.), en cascade (E.), en tandem

(tandem)

(E.).
tang = queue *f.* (I.), soie *f.* (I.).
- - -, **file** = queue *f.* de lime, soie *f.* de lime.
- - -, **knife** = soie *f.* d'un couteau.
- - - **of a drill** = tenon *m.* d'un foret.
tangent = tangente *f.*
tangential = tangentiel (adj.).
tangle, to = mêler (des cheveux), emmêler (du fil), entrelacer (les chiffres), embrouiller (une affaire).
tank = réservoir *m.*, citerne *f.* (B.), cuve *f.*, bac *m.*, château *m.* d'eau (Ch.d.f.), bassin *m.*, char *m.* d'assaut.
- - -, **accumulator** = bac *m.* d'accumulateur (E.), cuve *f.* d'accumulateur (E.).
- - -, **air** = boîte *f.* à vent (Méc.).
- - -, **auxiliary** = nourrice *f.* (Auto.), réservoir-nourrice *m.* (Méc.), réservoir *m.* de réserve (Méc.).
- - -, **battery** = cuve *f.* d'accumulateur (E.).
- - -, **belly** = réservoir *m.* ventral (Av.).
- - -, **blow-off** = réservoir *m.* de détente (Méc.).
- - -, **carburetor** = cuvette *f.* de carburateur (Auto.).
- - -, **closet, water-** = réservoir *m.* de chasse (S.).
- - -, **collecting** = bassin *m.* collecteur (Méc.), bassin *m.* de retenue (H.).
- - -, **cooling** = cuve *f.* de refroidissement (Mét.).
- - -, **cushion, air** = réservoir *m.* pneumatique (Méc.).
- - -, **developing** = cuve *f.* à développement (Phot.).
- - -, **digestion, sludge** = décanteur-digesteur *m.* (S.).
- - -, **distilling** = chaudière *f.* distillatoire.
- - -, **drain** = puisard *m.* (S.).
- - -, **drainage** = caisse *f.* d'égouttage (Pap.).
- - -, **drop** = réservoir *m.* largable (Av.).
- - -, **elevated** = château *m.* d'eau (H., Ch.d.f.).
- - -, **emergency** = réservoir *m.* de secours (H., Méc.), nourrice *f.* (Méc.).
- - -, **exhaust** = pot *m.* d'échappement (Méc.), silencieux *m.* (Auto.).
- - -, **expansion** = réservoir *m.* d'expansion (Méc.), réservoir *m.* de détente (Méc.), vase *m.* d'expansion (Méc.).
- - -, **feed** = réservoir *m.* d'alimentation (Méc., H.).
- - -, **feed, gravity** = réservoir *m.* en charge (Av., Auto.).
- - -, **feed, pressure** = réservoir *m.* sous pression (Méc.).
- - -, **feed, vacuum** = exhausteur *m.* (Auto.).
- - -, **filtering** = purgeoir *m.* (S.).
- - -, **flush** = réservoir *m.* de chasse (S.).
- - -, **fuel** = réservoir *m.* à essence (Auto.).
- - -, **gasolene** = réservoir *m.* à essence (Auto.).
- - -, **graduated** = réservoir *m.* gradué (H.).
- - -, **gravity** = réservoir *m.* d'essence en charge (Av.), réservoir *m.* d'alimentation par gravité (Auto.).
- - -, **main** = réservoir *m.* principal (Méc.).
- - -, **oil** = réservoir *m.* à huile (Méc.), réservoir *m.* d'huile (Méc.).
- - -, **oil, fuel** = réservoir *m.* à mazout (Méc.).
- - -, **petrol** = réservoir *m.* à essence (Auto.) (Angleterre).
- - -, **pressure** = réservoir *m.* sous pression (Méc.).
- - -, **quenching** = bain *m.* de trempe (Mét.).
- - -, **reserve** = réservoir *m.* de secours (H., Méc.),

(tank)

réservoir *m.* de réserve (H., Méc.).
- - -, **riveted** = réservoir *m.* rivé.
- - -, **sedimentation** = décanteur *m.*
- - -, **septic** = fosse *f.* septique (S.), fosse *f.* d'aisances (S.).
- - -, **service** = nourrice *f.* (Auto.).
- - -, **settling** = bassin *m.* de colmatage (S., H.), bac *m.* de décantation (S., H.).
- - -, **settling, primary** = bassin *m.* de décantation primaire (S., H.).
- - -, **smelt** = cuve *f.* de lixiviation (Pap.).
- - -, **soil** = fosse *f.* d'aisances (S.).
- - -, **stand-by, storm-water** = bassin *m.* de retenue (H.).
- - -, **storage** = réservoir *m.* d'emmagasinage (H.), gazomètre *m.*, réservoir *m.* de stockage (pour le pétrole), bac *m.* à toit flottant (pour le gaz), bac *m.* de stockage.
- - -, **storage, caustic** = réservoir *m.* à lessive (Pap.).
- - -, **storage, pressure** = réservoir *m.* de pression (H.).
- - -, **surge** = réservoir *m.* d'équilibre (H.), cheminée *f.* d'équilibre (H.).
- - -, **switch** = bac *m.* d'un interrupteur (E.).
- - -, **tip** = réservoir *m.* en bout (d'aile) (Av.).
- - -, **to** = faire le plein (Auto.).
- - -, **transformer** = bac *m.* de transformateur (E.).
- - -, **vacuum** = réservoir *m.* à vide (Méc.), exhausteur *m.* (Auto.).
- - -, **wash(ing)** = bac *m.* de lavage (Mi.), cuve *f.* de lavage (Mi.).
- - -, **water** = réservoir *m.* d'eau (H.), citerne *f.* (H.), château *m.* d'eau (Ch.d.f.).
- - -, **water, hot** = réservoir *m.* à eau chaude (B.).
- - -, **water, rain** = citerne *f.* (B.).
- - -, **wing** = réservoir *m.* d'aile (Av.).
- - - **with vacuum feed** = réservoir *m.* à exhausteur (Auto.).
tankage = capacité *f.* (d'un réservoir), emmagasinage *m.* (en réservoir).
tanker = camion-citerne *m.* (Auto.), bateau-citerne *m.* ou pétrolier *m.* (Mar.), wagon-citerne *m.* (Ch.d.f.).
tanner = tanneur *m.* (O.).
tanning = tannage *m.* (du cuir, des peaux).
tantalum = tantale *m.* (Mi.).
tap = prise *f.* (E.), connexion *f.* (E.), prise *f.* intermédiaire (E.), borne *f.* (d'électricité), dérivation *f.* (E.), branchement *m.* (Tp.), conducteur *m.* d'un branchement (E.), bifurcation *f.* (Tp.), robinet *m.* (S.), chantepleure *f.* (S.), taraud *m.* (Mét.), filière *f.* (Mét.), table *f.* d'écoute (Tp.).
- - -, **air** = robinet *m.* d'air (Méc.).
- - - **and die** = filière *f.* (Mét.).
- - -, **appliance** = robinet *m.* (de commande) d'appareil.
- - -, **bleeding** = robinet *m.* de purge (S.), robinet *m.* de vidange (S.).
- - -, **bottoming** = taraud *m.* finisseur (Méc.).
- - -, **brass** = robinet *m.* en cuivre (S.).
- - -, **bridge** = dérivation *f.* (E.), branchement *m.* (Tp.), point *m.* de raccordement (Tp.).
- - -, **bridged** = branchement *m.* en dérivation (Tp.).
- - -, **centre** = (à) prise *f.* médiane (E.).

(tap)

– – –, **coil** = prise *f.* d'une bobine (E.).

– – –, **compression** = purgeur *m.* (Méc.).

– – –, **crutch-head** = robinet *m.* à béquille (S.).

– – –, **current** = prise *f.* de courant (E.), prise *f.* intermédiaire (E.).

– – –, **cut-off** = robinet *m.* d'isolement (S., Méc.).

– – –, **decohering** = choc *m.* de décohésion (R.).

– – –, **drain** = robinet *m.* de vidange (S.), robinet *m.* de purge (S., Méc.).

– – –, **draw-off** = robinet *m.* de purge (Méc.).

– – –, **drip** = purgeur *m.* continu (Méc.).

– – –, **entering** = taraud *m.* amorceur (Mét.), amorçoir *m.* (Mét.).

– – –, **expanding** = taraud *m.* à expansion.

– – –, **feed** = robinet *m.* d'alimentation (S.).

– – –, **finishing** = taraud *m.* finisseur.

– – –, **floating-ball** = robinet *m.* à flotteur (S.).

– – –, **fluted** = taraud *m.* à rainures.

– – –, **following** = taraud *m.* intermédiaire.

– – –, **gauge** = robinet-jauge *m.* (S.), robinet *m.* d'épreuve (S.).

– – –, **grease** = robinet *m* graisseur.

– – –, **hand** = taraud *m.* à main.

– – –, **hob** = taraud *m.* mère.

– – –, **hollow** = taraud *m.* évidé.

– – –, **hot** = piquage *m.* sur conduite en charge (H.).

– – –, **inverted-blade** = taraud *m.* à lames rapportées.

– – –, **left-hand** = taraud *m.* pas à gauche, taraud *m.* filets à gauche.

– – –, **long-shank** = taraud *m.* long.

– – –, **lubricator** = robinet *m.* graisseur.

– – –, **machine** = taraud *m.* pour machines.

– – –, **machine-screw** = taraud *m.* à décolleter.

– – –, **master** = taraud *m.* mère.

– – –, **mixing** = robinet *m* mélangeur.

– – –, **nut** = taraud *m.* pour écrous.

– – –, **pet** = robinet *m.* de compression (Auto.), robinet *m.* de contrôle (Méc.).

– – –, **pipe** = taraud *m.* pour tuyauterie, taraud *m.*

– – –, **plug** = taraud *m.* intermédiaire.

– – –, **reaming** = taraud *m.* aléseur.

– – –, **regulating** = robinet *m.* modérateur.

– – –, **release** = décompresseur *m.* (S.).

– – –, **release, compression** = décompresseur *m.* (Méc.).

– – –, **right-hand** = taraud *m.* pas à droite.

– – –, **safety** = robinet *m.* de sûreté (S.).

– – –, **screw** = taraud *m.*, filière *f.*

– – –, **screw-cutting** = taraud *m.*

– – –, **spiral-flute** = taraud *m.* à cannelures hélicoïdales.

– – –, **split** = taraud *m.* en deux pièces.

– – –, **spring-loaded** = robinet *m.* à rattrapage de jeu.

– – –, **square-head** = robinet *m.* à tête carrée (S.).

– – –, **step** = taraud *m.* à gradins.

– – –, **straight** = taraud *m.* cylindrique.

– – –, **stub** = taraud *m.* court.

– – –, **taper** = taraud *m.* conique, taraud *m.* d'ébauche.

– – –, **three-way** = robinet *m.* à trois voies (S.).

– – –, **to** = tarauder (un écrou, une plaque), fileter (une vis), brancher (une conduite d'eau), gemmer ou entailler (un érable), faire une prise (E.), brancher (Tp.), capter (un message téléphonique), percer (une

(tap)

barrique), soutirer du courant (E.).

– – –, **to – – – a coil** = faire une dérivation à une bobine (E.), faire des prises sur un enroulement (E.).

– – –, **to – – – a telephone wire** = faire une prise sur un fil téléphonique (Tp.), capter un message téléphonique (Tp.).

– – –, **to – – – a water main** = brancher une conduite d'eau (H.).

– – –, **transformer** = prise *f.* d'un transformateur (E.).

– – –, **twist** = taraud *m.* à rainures hélicoïdales (Méc.).

– – –, **two-way** = robinet *m.* à deux voies (S.).

– – –, **water** = robinet *m.* d'eau.

– – –, **water, cold** = robinet *m.* d'eau froide.

– – –, **water, hot** = robinet *m.* d'eau chaude.

– – –, **wire** = branchement *m.* (Tp.), prise *f.* (E., Tp.), table *f.* d'écoute (Tp.).

tape = ruban *m.*, bande *f.*, chatterton *m.* (E.), ruban *m.* gommé (Auto.).

– – –, **adhesion** = ruban *m.* (isolant) adhésif (E.), chatterton *m.* (E.).

– – –, **adhesive** = ruban *m.* (isolant) adhésif (E.), chatterton *m.* (E.), ruban *m.* caoutchouté adhésif (E.).

– – –, **asbestos** = ruban *m.* d'amiante tissé.

– – –, **asbestos-paper** = ruban *m.* d'amiante armé de toile.

– – –, **blank** = ruban *m.* (magnétique) vierge.

– – –, **cellulose** = ruban *m.* cellulosique transparent.

– – –, **cotton** = ruban *m.* de toile, ruban *m.* de coton.

– – –, **electric** = ruban *m.* gommé pour électricien, chatterton *m.*

– – –, **emery** = ruban *m.* d'émeri.

– – –, **fish** = ruban *m.* de tirage (Tp.).

– – –, **friction** = chatterton *m.* (E.), ruban *m.* adhésif (E.).

– – –, **gummed, paper** = bande *f.* de papier gommé.

– – –, **HO (high output)** = ruban *m.* (magnétique) de haut niveau.

– – –, **insulating** = ruban *m.* isolant (E.), chatterton *m.* (E.).

– – –, **ladder** = ruban *m.* à jalousie.

– – –, **linen** = ruban *m.* de toile.

– – –, **magnetic** = ruban *m.* (ou bande *f.*) magnétique.

– – –, **masking** = papier-cache *m.*, ruban *m.* de papier-cache.

– – –, **master** = ruban *m.* original, bande *f.* (magnétique) originale.

– – –, **measuring** = ruban *m.* à mesurer, mesure *f.* à ruban, galon *m.* (à mesurer) (Canada).

– – –, **measuring, ten-metre** = décamètre *m.* à ruban.

– – –, **paper** = ruban *m.* de papier, bande *f.* de papier gommé, bande *f.* de papier.

– – –, **paper-mica** = ruban *m.* micacé sous papier.

– – –, **prerecorded** = ruban *m.* préenregistré.

– – –, **recording** = bande *f.* (ou ruban *m.*) magnétique.

– – –, **red** = chinoiseries *f.p.* administratives, bureaucratie *f.*

– – –, **rubber** = ruban *m.* de caoutchouc (E.), ruban *m.* caoutchouté (E.).

– – –, **Scotch** = ruban *m.* cellulosique transparent (de Scotch).

– – –, **sealing** = ruban *m.* gommé.

– – –, **self-adhesive** = V. « tape, adhesive ».

– – –, **splicing** = chatterton *m.* (E.), ruban *m.* isolant

(tape)

(E.).

- - -, **steel** = ruban *m*. d'acier.
- - -, **surveyor's** = roulette *f*. d'arpenteur.
- - -, **ticker** = bande *f*. de téléimprimeur.
- - -, **to** = guiper (un fil, un conducteur), rubaner (un câble téléphonique), mesurer (une travée).
- - -, **varnished** = ruban *m*. huilé, ruban *m*. verni.
- - -, **video** = bande *f*. magnétoscopique (Tv.).
- - -, **webbing** = ruban *m*. sergé retors.

taper = conicité *f*. (B.), cône *m*. (B.), conique (adj.), fuseau *m*.
- - -, **B. & S.** = cône *m*. Brown et Sharpe (Méc.).
- - -, **double** = biconique (adj.).
- - - **per foot** = cône au pied.
- - -, **standard** = cône *m*. régulier, cône *m*. standard.
- - -, **to** = effiler (C., B.), tailler en cône (Méc.), ajuster en cône (Méc.), fuseler (une colonne), aléser (un trou) conique.

tapered = conique (adj.), en cône, effilé (adj.).

tapering = effilement *m*., diminution *f*., taille *f*. en pointe.

taping = guipage *m*. (de conducteur), rubanage *m*. (de câble), (pose *f*. de) galon *m*. sur joint (de mur sec) (B.).

tapped left = taraudé à gauche (Méc.).
- - - **on** = en dérivation sur (un câble) (E.).
- - - **right** = taraudé à droite (Méc.).

tapper = manipulateur *m*. (Tg.), frappeur *m*. (R.), machine *f*. à tarauder ou taraudeuse *f*. (M.) (Mét.).
- - -, **nut** = machine *f*. à tarauder les écrous (Méc.).

tappet = taquet *m*. (Méc.), toc *m*. (Méc.), poussoir *m*. (de tige d'un culbuteur), came *f*. de distribution (Méc.).
- - -, **catch** = taquet *m*. d'excentrique.
- - -, **valve** = taquet *m*. de soupape, poussoir *m*. de soupape (Auto.).

tapping = branchement *m*. (d'une conduite d'eau), dérivation *f*. (des eaux), perçage *m*. (d'une barrique), prise *f*. d'eau (faite sur un cours d'eau), taraudage *m*. (d'un écrou), prise *f*. du courant (E.), soutirage *m*. de courant (E.), faire une dérivation *f*. (à une bobine) (E.), prise *f*. intermédiaire (E.), captage *m*. clandestin d'un message (Tp.), écoute *f*. téléphonique (Tp.), espionnage *m*. électronique (Tp.).
- - -, **wire** = captage *m*. clandestin d'un message téléphonique (Tp.), écoute *f*. téléphonique (Tp.), espionnage *m*. électronique (Tp.), table *f*. d'écoute (Tp.).

tar = goudron *m*., poix *f*.
- - -, **coal** = goudron *m*. de houille, goudron *m*., coaltar *m*.
- - -, **refined** = goudron *m*. raffiné.
- - -, **road** = goudron *m*. pour route.
- - -, **rock** = pétrole *m*. brut.
- - -, **to** = goudronner (un mât, une route), bitumer (une route), enduire de goudron.
- - -, **water-gas** = goudron *m*. de gaz à l'eau.
- - -, **wood** = goudron *m*. végétal, goudron *m*. de bois.

tare = tare *f*., poids *m*. à vide.
- - -, **to** = tarer (un camion, une voiture).

target = voyant *m*., but *m*. ou objectif *m*., cible *f*.

tariff = tarif *m*., barème *m*. (Ch.d.f.).
- - -, **all-in** = tarif *m*. simple à compteur unique (E.).

(tariff)

- - -, **block-rate** = tarif *m*. mixte à tranches.
- - -, **custom** = tarif *m*. douanier.
- - -, **diminishing** = tarif *m*. dégressif (E.).
- - -, **differential** = tarif *m*. différentiel.
- - -, **discriminating** = tarif *m*. différentiel (E.).
- - -, **double** = tarif *m*. double.
- - -, **flat-rate** = tarif *m*. à forfait (E.).
- - -, **general** = tarif *m*. de base, tarif *m*. général.
- - -, **maximum-demand** = tarif *m*. de pointe (E.).
- - -, **night** = tarif *m*. de nuit (Tp., E.).
- - -, **off-peak** = tarif *m*. de nuit (Tp., E.).
- - -, **overload** = tarif *m*. à dépassement (E.).
- - -, **power-factor** = tarif *m*. basé sur le facteur de puissance (E.).
- - -, **restricted** = tarif *m*. forfaitaire (E.).
- - -, **seasonal** = tarif *m*. saisonnier (E.).
- - -, **sliding-scale** = tarif *m*. dégressif (E.).
- - -, **two-part** = tarif *m*. binôme.

tarmac = aire *f*. de stationnement (Av.).

tarnish, to = ternir, se ternir.

tarpaulin = bâche *f*.
- - -, **waterproof** = bâche *f*. imperméable.

tarring = goudronnage *m*., bitumage *m*.

tart = tarte *f*. (Ust.).
- - -, **apple** = tarte *f*. aux pommes.

tartar = tartre *m*. (au collet des dents).

T.A.S. = V. « service, answering, telephone ».

tasimeter = tasimètre *m*. (E.).

tassel = V. « torsel ».

taster, wine = tâte-vin *m*. (I.), dégustateur *m*. (O.).

taut = tendu (adj.), raide (adj.).

tax = impôt *m*. (sur les bénéfices), taxe *f*. (d'enlèvement des ordures, sur le chiffre d'affaires).
- - -, **ad valorem** = impôt *m*. « ad valorem », impôt sur la valeur.
- - -, **income** = impôt *m*. sur le revenu.
- - -, **property** = impôt *m*. foncier.
- - -, **sales** = taxe *f*. de vente.
- - -, **school** = taxe *f*. scolaire.
- - -, **water** = taxe *f*. d'eau.

taxes = V. « tax ».

taxi = taxi *m*.
- - -, **cruising** = taxi *m*. en maraude.
- - -, **to** = rouler sur le sol (Av.).

taximeter = taximètre *m*.

teacher = instituteur *m*., maître *m*. (d'école), professeur *m*., maîtresse *f*. (d'école), institutrice *f*.
- - -, **school** = V. « teacher ».

teak = chêne *m*. des Indes, teck *m*.

team = équipe *f*. ou brigade *f*. (d'ouvriers), paire *f*. ou attelage *m*. (de chevaux).
- - -, **inspection** = équipe *f*. de surveillance.
- - -, **operators** = brigade *f*. d'opérateurs (Tg.).
- - -, **tandem** = attelage *m*. en file.
- - -, **unicorn** = attelage *m*. en arbalète.

teamster = conducteur *m*. (d'attelage) (O.), charretier *m*. (O.), camionneur *m*. (O.), routier *m*. (O.), chauffeur *m*. (ou conducteur *m*.) de camion (O.).

tear = larme *f*. ou coulure *f*. (de peinture), crique *f*. (dans un métal).

tear, to = déchirer.

tearing = déchirure *f*. (d'une plaie, d'un muscle), déchirement *m*. (de coeur, d'un tissu), distorsion *f*.

(tearing)

en drapeau (Tv.).
- - - **down** = (aller) à toute vitesse (Auto.).
teaser = contre-enroulement *m.* en dérivation (E.).
teat = (vis *f.*) à téton *m.*, trayon *m.* (de vache), tétine *f.* (de biberon).
- - -, **flame** = bec *m.* (de gaz).
technical = technique (adj.).
technicality = détail(s) *m.(p.)* technique(s).
technician = technicien *m.* (O.).
- - -, **audio** = technicien *m.* du son (R., Tv.).
- - -, **radio** = électricien *m.* sans-filiste (O.).
- - -, **sound** = technicien *m.* du son (R., Tv.).
technique = technique *f.*
- - -, **heating and refrigerating** = hydronique *f.*
- - -, **heel and toe** = manoeuvre *f.* talon-pointe (Auto.).
- - -, **refrigeration** = technique *f.* du froid.
techniques, pulse = technique *f.* des impulsions (E.).
- - -, **training** = techniques *f.p.* de formation (d'un personnel).
technology = technologie *f.*
tee = V. « T ».
- - -, **split** = té *m.* fendu (H., S.), té *m.* de raccordement (H., S.).
- - -, **union** = raccord *m.* en T (S.).
- - -, **wind** = té *m.* indicateur de vent (Av.).
teeth = dents *f.p.* (Méc.), denture *f.* (Mét.), V. « tooth ».
- - -, **armature** = denture *f.* d'induit (E.).
- - -, **backed-off** = denture *f.* dégagée, denture *f.* détalonnée.
- - -, **cutting, cross-** = dents *f.p.* contournées.
- - -, **cycloidal** = denture *f.* cycloïdale.
- - -, **epicycloidal** = denture *f.* épicycloïdale.
- - -, **gear** = denture *f.* d'engrenage.
- - -, **gear, involute** = denture *f.* à développante.
- - -, **helical** = denture *f.* hélicoïdale.
- - -, **herring-bone** = dents *f.p.* chevronnées, denture *f.* à chevrons.
- - -, **inserted** = dents *f.p.* rapportées.
- - -, **involute** = denture *f.* à développante.
- - -, **nicked** = denture *f.* interrompue.
- - -, **peg** = dents *f.p.* droites (d'une scie).
- - -, **pin** = denture *f.* à fuseaux.
- - -, **rack** = denture *f.* à crémaillère.
- - -, **skew** = denture *f.* inclinée.
- - -, **steel** = dents *f.p.* en acier.
- - -, **straight-cut** = denture *f.* droite.
- - -, **stub** = denture *f.* tronquée.
- - -, **wooden** = dents *f.p.* en bois.
telautograph = télautographe *m.* (Tg.).
telecast = émission *f.* de télévision.
- - -, **to** = téléviser.
telecommunications = télécommunications *f.p.*
- - -, **space** = télécommunications *f.p.* spatiales (Tp.).
telecontrol = télécommande *f.*
- - - **of steering gear** = appareil *m.* à gouverner électrique (E.).
- - - **of guns** = télépointage *m.*
telefilm = film *m.* de télévision (Tv.).
telegram = télégramme *m.*, dépêche *f.*
- - -, **by** = télégraphique (adj.).
- - -, **code** = télégramme *m.* chiffré.

(telegram)

- - -, **collect** = dépêche *f.* en port dû.
- - -, **private** = télégramme *m.* privé.
- - -, **radio** = radiotélégramme *m.*
telegraph = télégraphe *m.*
- - -, **facsimile** = facsimilé *m.*
- - -, **high-speed** = télégraphe *m.* rapide.
- - -, **printing** = téléimprimeur *m.*, téléscripteur *m.*
- - -, **printing, start-stop** = téléscripteur *m.* à déclenchement automatique.
- - -, **radio** = appareil *m.* de radiotélégraphie (R.).
- - -, **recording** = téléscripteur *m.*, téléimprimeur *m.*
telegraphist = télégraphiste *m.* (O.).
- - -, **radio** = radiotélégraphiste *m.* (O.), sans-filiste *m.* (O.), radio *m.* (O.).
telegraphy = télégraphie *f.*
- - -, **alphabetic** = télégraphie *f.* alphabétique.
- - -, **automatic** = émission *f.* automatique (c.-à-d. par un émetteur automatique).
- - -, **carrier** = télégraphie *f.* par courants porteurs.
- - -, **diplex** = télégraphie *f.* diplex (c.-à-d. simultanée double de même sens).
- - -, **duplex** = télégraphie *f.* duplex (c.-à-d. simultanée double en sens inverse).
- - -, **earth** = télégraphie *f.* par le sol.
- - -, **fascimile** = bélinographie *f.*, télautographie *f.*, télégraphie *f.* facsimilé.
- - -, **ground** = télégraphie *f.* par le sol.
- - -, **high-speed** = télégraphie *f.* à grande vitesse.
- - -, **interband** = télégraphie *f.* inter-bandes (c.-à-d. entre bandes utilisées pour voies téléphoniques).
- - -, **intraband** = télégraphie *f.* intrabande (c.-à-d. par prélèvement d'une bande des fréquences affectées à une voie téléphonique), télégraphie *f.* et téléphonie *f.* simultanées.
- - -, **multichannel, voice-frequency** = télégraphie *f.* harmonique, télégraphie *f.* à fréquences vocales.
- - -, **multiplex** = télégraphie *f.* multiplex.
- - -, **picture** = bélinographie *f.*, phototélégraphie *f.*
- - -, **printing** = télégraphie *f.* par appareils imprimeurs (c.-à-d. à traduction automatique en caractères imprimés).
- - -, **quadruplex** = télégraphie *f.* quadruplex.
- - -, **radio** = radiotélégraphie *f.* (R.).
- - -, **signal-recording** = télégraphie *f.* par enregistrement des signaux sans traduction automatique.
- - -, **simplex** = télégraphie *f.* simple.
- - -, **sub-audio** = télégraphie *f.* infra-acoustique.
- - -, **super-audio** = télégraphie *f.* supra-acoustique (c.-à-d. à fréquences supérieures aux fréquences téléphoniques).
- - -, **voice-frequency** = télégraphie *f.* harmonique.
- - -, **wireless** = T.S.F. *f.* (R.), télégraphie *f.* sans fil (R.), radiotélégraphie *f.* (R.).
teleindicator of level = indicateur *m.* de niveau à distance.
telemeter = télémètre *m.*
- - -, **electric** = appareil *m.* électrique de télémesure.
- - -, **frequency-type** = appareil *m.* de télémesure à couplage par fréquence.
- - -, **stereoscopic** = stéréotélémètre *m.*
telemetering = télémesure *f.*
telephone = téléphone *m.*, poste *m.*, appareil *m.* téléphonique.

(telephone)

– – –, **acoustic** = téléphone *m*. acoustique.
– – –, **automatic** = (téléphone *m*.) automatique *m*.
– – –, **business** = poste *m*. d'affaires, téléphone *m*. commercial.
– – –, **Centrex** = poste *m*. de Centrex (Tp.), poste *m*. (Tp.).
– – –, **coin** = téléphone *m*. à prépaiement, téléphone *m*. public payant, taxiphone *m*. (France).
– – –, **coin box** = téléphone *m*. à prépaiement, téléphone *m*. public payant, taxiphone *m*. (France).
– – –, **colour** = téléphone *m*. (de) couleur.
– – –, **desk** = poste *m*. mobile, téléphone *m*. de table.
– – –, **dial** = téléphone *m*. automatique.
– – –, **emergency** = poste *m*. de secours (Tp.).
– – –, **extension** = poste *m*. supplémentaire.
– – –, **head** = casque *m*. (Tp.), casque *m*. téléphonique.
– – –, **high-frequency** = téléphone *m*. à hautes fréquences.
– – –, **house** = poste *m*. privé (Tp.), poste *m*. de communication interne (Tp.).
– – –, **intensifier** = téléphone *m*. haut-parleur, poste *m*. à amplification.
– – –, **intercom** = poste *m*. d'intercommunication (Tp.).
– – –, **key** = poste *m*. à poussoirs (Tp.), téléphone *m*. à poussoirs (Tp.).
– – –, **loud-speaking** = téléphone *m*. haut-parleur.
– – –, **magneto** = poste *m*. à batterie locale.
– – –, **main** = poste *m*. principal (Tp.).
– – –, **mobile** = téléphone *m*. pour voiture (Auto.), radiotéléphone *m*. mobile (Tp.) (Canada).
– – –, **outdoor** = téléphone *m*. extérieur (Tp.), appareil *m*. d'extérieur (Tp.).
– – –, **party-line** = poste *m*. groupé.
– – –, **pay** = taxiphone *m*. (France), téléphone *m*. payant.
– – –, **plug-in** = téléphone *m*. enfichable.
– – –, **portable** = poste *m*. mobile, appareil *m*. portatif.
– – –, **postpay** = téléphone *m*. à postpaiement.
– – –, **prepay** = téléphone *m*. à prépaiement.
– – –, **private** = téléphone *m*. privé.
– – –, **public** = taxiphone *m*., téléphone *m*. public, poste *m*. public.
– – –, **public, prepayment** = taxiphone *m*. à prépaiement, taxiphone *m*. à paiement préalable, téléphone *m*. (public) à prépaiement, poste *m*. (public) à paiement préalable.
– – –, **push-button** = appareil *m*. à (boutons-) poussoirs.
– – –, **radio** = V. « radiotelephone ».
– – –, **residence** = poste *m*. de résidence.
– – –, **subscriber's** = poste *m*. privé, poste *m*. d'abonné.
– – –, **table** = poste *m*. mobile, téléphone *m*. de table.
– – –, **to** = téléphoner.
– – –, **wall** = poste *m*. mural.
– – –, **wall mounted** = poste *m*. mural, appareil *m*. mural.
– – – **with combined mouth-piece and receiver** = poste *m*. à combiné.
telephonic = téléphonique (adj.).
telephonist = téléphoniste *m*. (ou *f*.) (O.).
telephony = téléphonie *f*.
– – –, **carrier-current** = téléphonie *f*. par courants por-

(telephony)

teurs.
– – –, **radio** = radiotéléphonie *f*.
– – –, **voice-frequency** = téléphonie *f*. à fréquences vocales.
– – –, **wire** = téléphonie *f*. avec fil.
– – –, **wireless** = radiotéléphonie *f*., téléphonie *f*. sans fil.
telephoto = bélinogramme *m*., phototélégramme *m*.
telephotography = téléphotographie *f*.
teleprinter = télétype *m*., téléimprimeur *m*., téléscripteur *m*.
telerecording = téléenregistrement *m*. (TV:).
telescope = télescope *m*., longue-vue *f*.
– – –, **to** = télescoper (Ch.d.f.).
telescoping = télescopage *m*. (de deux trains), tamponnement *m*. (Ch.d.f.).
telescript = téléscripteur *m*.
telethermometer = thermomètre *m*. à distance.
teletrainer = simulateur *m*. de trafic (Tp.).
teletype = télétype *m*., téléimprimeur *m*., téléscripteur *m*.
– – –, **service** = télétype *m*. de service (c.-à-d. échangé entre différents services).
teletypewriter = téléscripteur *m*., télétype *m*., téléimprimeur *m*.
televiewer = téléspectateur *m*. (O.).
televise, to = téléviser.
televiser = téléviseur *m*. (Tv.), récepteur *m*. de télévision (Tv.).
television = télévision *f*., radiovision *f*., télé *f*., V. « TV ».
– – –, **cable** = télédistribution *f*.
– – –, **closed circuit** = émission *f*. en circuit fermé.
– – –, **colour** = télévision *f*. (en) couleur.
– – –, **community** = télévision *f*. par antenne commune.
– – –, **film** = télécinéma *m*.
– – –, **high definition** = télévision *f*. à haute définition, télévision *f*. de haute qualité.
– – –, **industrial** = télévision *f*. industrielle.
– – –, **monochrome** = télévision *f*. (en) noir et blanc.
– – –, **world** = mondovision *f*.
televisor = téléviseur *m*. (I.), récepteur *m*. de télévision.
telewriter = téléscripteur *m*., télétype *m*., télautographe *m*.
TELEX = service *m*. de téléscripteur à commutation automatique (Tg.) service *m*. télex (Tg.).
tell-tale = indicateur *m*. (I.), viseur *m*. (I.).
– – –, **flasher** = témoin *m*. des clignotants.
– – –, **gas-tank** = indicateur-jauge *m*. d'essence.
– – –, **lubrication** = viseur *m*. de graissage.
temper = trempe *f*. (d'un outil) (Mét.), dureté *f*. (d'une lame) (Mét.).
– – –, **hard** = trempe *f*. dure.
– – –, **medium** = trempe *f*. demi-dure.
– – – **of a tool** = dureté *f*. d'un outil.
– – –, **soft** = trempe *f*. douce.
– – –, **to** = tremper (la lame d'un couteau, l'acier), recuire (le verre, l'acier), gâcher (du plâtre, du mortier), broyer (des couleurs), adoucir (une peine), tempérer (la sévérité d'un reproche).
– – –, **to oil-** = faire le revenu à l'huile.
– – –, **to water-** = tremper à l'eau.

(tenon)

temperature = température *f.*, thermique (adj.).
- - -, **absolute** = température *f.* absolue.
- - -, **ambient** = température *f.* de l'air ambiant.
- - -, **combustion** = température *f.* de combustion.
- - -, **critical** = température *f.* critique.
- - -, **fusion** = point *m.* de fusion, température *f.* de fusion.
- - -, **hardening** = température *f.* de trempe (Mét.).
- - -, **ignition** = température *f.* d'allumage.
- - -, **low** = basse température.
- - -, **reaction** = température *f.* de réaction (Chim.).
- - -, **reheating** = température *f.* de revenu (Mét.).
- - -, **room** = température *f.* ambiante, température *f.* normale d'intérieur.
- - -, **softening, ash** = point *m.* de fusion des cendres.
- - -, **tempering** = température *f.* de revenu (Mét.).
- - -, **sub-zero** = température *f.* inférieure à zéro.
tempered = gâché (adj.) (C.), revenu (adj.) (Mét.), trempé (adj.) (Mét.), recuit (adj.) (Mét.).
- - -, **oil** = revenu à l'huile.
temperer = gâcheur *m.* (O.), trempeur *m.* (O.).
tempering = gâchage *m.* (du ciment, du mortier), trempe *f.* (d'une lame, de l'acier) (Mét.), recuit *m.* (de l'acier, du fer) (Mét.), revenu *m.* (de l'acier) (Mét.).
- - -, **oil** = revenu *m.* au bain d'huile, trempe *f.* à l'huile.
- - -, **water** = trempe *f.* à l'eau.
templet (or template) = calibre *m.* (Mét.), modèle *m.* (Mét.), gabarit *m.* (Mét., Méc.).
- - -, **accurate** = gabarit *m.* de précision.
- - -, **assembling** = gabarit *m.* de montage.
- - -, **boring** = gabarit *m.* de perçage.
- - -, **cam** = pistolet *m.* pour cames (Mét.).
- - -, **core** = trousse *f.* de noyau (Mét.).
- - -, **drill** = gabarit *m.* de perçage.
- - -, **marking** = gabarit *m.* de traçage.
- - -, **road** = cerce *f.* de chaussée (C.).
tempo = rythme *m.* (de la production), allure *f.* (d'une chaudière), régime *m.* (d'une machine).
temporary = provisoire (adj.), temporaire (adj.).
tenant = locataire *m.*, fermier *m.*
tender = gardien *m.* (O.), soumission *f.*, offre *f.* (de paiement), tender *m.* (Ch.d.f.), tendre (adj.).
- - -, **by** = par voie *f.* d'adjudication.
- - -, **machine** = conducteur *m.* (O.) (Pap.).
- - -, **sealed** = soumission *f.* cachetée.
- - -, **to** = soumissionner.
- - -, **to - - - for** = faire une soumission ou soumissionner (pour un travail).
- - -, **to - - - for a contract** = soumissionner à une adjudication.
tenderer = soumissionnaire *m.*
- - -, **lowest** = moins enchérisseur *m.*, moins offrant *m.*
- - -, **successful** = adjudicataire *m.*
tenderness = tendreté *f.* (d'une viande), sensibilité *f.* (de l'épiderme), douceur *f.* (de la lumière), fragilité *f.* (d'une fleur), tendresse *f.* (de l'amour).
tenement = logement *m.*
tenfold = décuple (adj.).
tenon = tenon *m.* (B.), ailette *f.* (Mét.), goujon *m.* (B.).
- - - **and mortise, to** = assembler à tenon et mortaise.

- - -, **double** = tenon *m.* double.
- - -, **dovetailed** = tenon *m.* en queue-d'aronde.
- - -, **end** = tenon *m.* en about.
- - -, **haunched** = tenon *m.* avec renfort carré.
- - -, **oblique** = tenon *m.* oblique.
- - **on foot of post** = goujon *m.*
- - -, **shouldered** = tenon *m.* épaulé.
- - -, **spur** = goujon *m.*
- - -, **stub** = tenon *m.* invisible.
- - -, **through** = tenon *m.* passant.
- - -, **to** = assembler à tenon.
- - -, **tusk** = tenon *m.* à renfort.
tenoning = assemblage *m.* à tenon.
tense = (fil *m.*) raide (adj.) ou tendu (adj.).
tension = tension *f.* (de la vapeur), rigidité *f.* (d'une tige), (effort *m.* de) traction *f.*, tension *f.* (E.), [voltage *m.*] (E.).
- - -, **belt** = tension *f.* de courroie (Méc.).
- - -, **high** = à haute tension (E.).
- - -, **hoop** = tension *f.* circonférentielle (H.).
- - -, **low** = à basse tension (E.).
- - -, **network** = tension *f.* du réseau (E.).
- - - **of a wire** = tension *f.* d'un fil (Méc.).
- - -, **plate** = tension *f.* de plaque (R.).
- - -, **service** = tension *f.* de distribution (E.).
- - -, **spring** = tension *f.* de ressort.
- - -, **super-** = surtension *f.* (E.).
- - -, **surface** = tension *f.* superficielle.
- - -, **zero** = tension *f.* nulle.
tensioner, belt = tendeur *m.* de courroie (Méc.).
tentative = à titre d'essai, expérimental (adj.).
tepid = tiède (adj.).
tepidity = tiédeur *f.* (de l'eau).
term = terme *m.* ou durée *f.* (d'un droit d'auteur, d'un bail), délai *m.* (de paiement).
terminal = borne *f.* (d'un moteur), serre-câble *m.* (E.), serre-fils *m.* (Tp.), attache-fils *m.* (Tp.), sortie *f.* (E.), gare *f.* terminus (Ch.d.f.), terminus *m.* (d'autobus), équipement *m.* d'abonné (dans un central) (Tp.).
- - -, **accessible** = borne *f.* de distribution (Tp.), borne *f.* (E.).
- - -, **air** = partie *f.* supérieure d'un paratonnerre (E.).
- - -, **air(ways)** = aérogare *f.*
- - -, **binding** = borne *f.* de jonction (Tp.), borne *f.* à serrage (Tp., E.).
- - -, **branch** = borne *f.* de dérivation (E.).
- - -, **cable** = extrémité *f.* de câble (E.), borne *f.* de distribution (Tp.), tête *f.* de câble (E.).
- - -, **cell** = borne *f.* d'élément (E.).
- - -, **circuit** = borne *f.* de circuit (E.).
- - -, **clamp** = borne *f.* de fixation (E., Tp.).
- - -, **connecting** = borne *f.* de raccordement (E.), plot *m.* de raccordement (E.), serre-fils *m.* (E.).
- - -, **connecting, cross-** = boîte *f.* de raccordement (Tp.), borne *f.* de raccordement (Tp.), boîte *f.* de division (Tp.), sous-répartiteur *m.* (Tp.).
- - -, **distribution** = borne *f.* de distribution (Tp.), boîte *f.* de distribution (Tp.).
- - -, **earth** = V. « terminal, ground ».
- - -, **end** = borne *f.* d'attache (E.), borne *f.* d'extrémité (E.).
- - -, **eye** = cosse *f.* (d'un fil) (Tp., E.).
- - -, **ground** = borne *f.* de mise à la masse (Auto.),

(terminal)

borne *f.* de mise à la terre (E.), borne *f.* de terre (E.).
– – –, **input** = borne *f.* d'entrée (de courant) (E.).
– – –, **line** = entrée *f.* (Tp.), sortie *f.* (Tp.).
– – –, **loose** = borne *f.* desserrée.
– – –, **main** = borne *f.* principale (Tp., E.).
– – –, **negative** = borne *f.* négative (E.).
– – –, **neutral** = borne *f.* neutre (E.).
– – –, **output** = borne *f.* de sortie (E.).
– – –, **plug** = sortie *f.* (E.), connexion *f.* (E.).
– – –, **positive** = borne *f.* positive (E.).
– – –, **primary** = borne *f.* du circuit primaire (E.).
– – –, **rubber** = borne *f.* en caoutchouc.
– – –, **screw** = borne *f.* à vis (Tp., E.).
– – –, **secondary** = borne *f.* du circuit secondaire (E.).
– – –, **spring** = borne *f.* à ressort (Tp., E.).
– – –, **switch** = borne *f.* d'interrupteur (E.).
– – –, **testing** = borne *f.* d'essai (Tp.).
– – –, **thrust** = attache-fils *m.* à pince (Tp.).
– – –, **toll** = équipement *m.* interurbain (dans un central) (Tp.).
– – –, **wire** = serre-fils *m.* (Tp., E.).
terminals, bank = banc *m.* de broches (Tp.), jeu *m.* de broches (Tp.).
termination = résilisation *f.* (d'un bail, d'un marché).
– – –, **cable** = raccordement *m.* d'arrivée (ou de départ) d'un câble (Tp.), terminaison *f.* de câble (Tp.).
terms = conditions *f.p.* (d'un contrat, de paiement), termes *m.p.* ou conditions *f.p.* (d'un marché), modalités *f.p.* (d'une émission, de paiement, d'application d'une loi), énoncé *m.* (d'un problème).
– – – **of reference** = attributions *f.p.* (d'une commission), compétence *f.* (d'un organisme).
ternary = ternaire (adj.).
terrace = terrasse *f.*, rangée *f.* de maisons formant terrasse.
– – –, **to** = terrasser.
terra-cotta = terre *f.* cuite, brique *f.* creuse (de grandes dimensions) (B.), brique *f.* plâtrière (B.).
terrazzo = terrazzo *m.* (Canada), granito *m.*
terrestrial = terrestre (adj.).
territory = territoire *m.*, région *f.* (assignée à un vendeur).
tesla = tesla *m.* (c.-à-d. unité de mesure d'induction magnétique) (E.), T *m.*
test = sondage *m.* (d'un sol), essai *m.* (d'une machine), épreuve *f.* (d'une chose), test *m.* (fait par une téléphoniste d'un multiple à batterie centrale), analyse *f.* (de l'eau), expérience *f.* (d'un procédé).
– – –, **absorption** = essai *m.* de porosité, essai *m.* d'absorption.
– – –, **absorption, oil** = essai *m.* d'absorption de l'huile (d'un papier) (Imp.).
– – –, **acceptance** = essai *m.* de réception.
– – –, **accurate** = essai *m.* précis.
– – –, **acid** = essai *m.* aux acides.
– – –, **actual** = essai *m.* effectif.
– – –, **ageing** = essai *m.* de vieillissement (du papier, de l'encre).
– – –, **angle of contact** = essai *m.* de l'angle de contact (Imp.).
– – –, **assembling** = essai *m.* de montage.
– – –, **attenuation** = essai *m.* de l'affaiblissement (Tp.).
– – –, **ball** = essai *m.* de dureté à la bille (Mét.).

(test)

– – –, **bar, notched** = essai *m.* de résilience sur éprouvette entaillée.
– – –, **bearing** = essai *m.* de résistance (d'un sol).
– – –, **bench** = essai *m.* au banc.
– – –, **bending** = essai *m.* à la flexion, essai *m.* de pliage.
– – –, **bending, alternating** = essai *m.* de pliage alternatif en sens inverse.
– – –, **bending, blow** = essai *m.* de flexion au choc.
– – –, **bending, hot** = essai *m.* de pliage à chaud.
– – –, **boiler** = épreuve *f.* des chaudières (Méc.).
– – –, **bond** = essai *m.* d'adhérence (C.).
– – –, **brake** = essai *m.* au frein (Méc.).
– – –, **breaking** = essai *m.* à la rupture.
– – –, **breaking-down** = essai *m.* de disruption (E.).
– – –, **busy** = test *m.* d'occupation (d'un circuit) (Tp.), contrôle *m.* d'occupation de ligne (Tp.).
– – –, **cable** = essai *m.* de câble (Tp.).
– – –, **capacity** = essai *m.* de capacité (des accumulateurs) (E.).
– – –, **check** = contre-épreuve *f.*, contre-essai *m.*
– – –, **cold** = épreuve *f.* au froid.
– – –, **compaction** = essai *m.* Proctor.
– – –, **comparative** = essai *m.* de comparaison, essai *m.* comparatif.
– – –, **compression** = essai *m.* à la compression.
– – –, **conclusive** = essai *m.* probant.
– – –, **consumption** = essai *m.* de consommation (Méc.).
– – –, **continuity** = essai *m.* de coupure (Tp.).
– – –, **control** = contre-épreuve *f.*
– – –, **creep** = essai *m.* de viscosité, essai d'écoulement, essai *m.* de fluage.
– – –, **crucible** = essai *m.* au creuset.
– – –, **crushing** = essai *m.* à l'écrasement.
– – –, **curling** = essai *m.* de gondolage (du papier) (Pap.).
– – –, **destruction** = essai *m.* de rupture, essai *m.* jusqu'à la rupture.
– – –, **dielectric** = essai *m.* d'isolement (E.).
– – –, **disruptive** = essai *m.* de destruction, essai *m.* d'éclatement.
– – –, **drill** = essai *m.* de perçage.
– – –, **driving** = examen *m.* pour permis de conduire (Auto.).
– – –, **drop** = essai *m.* au choc.
– – –, **efficiency** = essai *m.* de rendement.
– – –, **eliminating** = épreuve *f.* éliminatoire.
– – –, **elongation** = essai *m.* d'élasticité.
– – –, **endurance** = épreuve *f.* d'endurance, essai *m.* de durée.
– – –, **engaged** = essai *m.* d'occupation de la ligne (Tp.).
– – –, **etching** = essai *m.* par corrosion, essai *m.* par attaque à l'acide.
– – –, **factory** = essai *m.* en usine.
– – –, **fading** = essai *m.* de décoloration.
– – –, **fatigue** = essai *m.* d'endurance.
– – –, **field** = essai *m.* pratique.
– – –, **flame** = essai *m.* de coloration (d'un métal).
– – –, **flash** = essai *m.* d'inflammation.
– – –, **flexion** = essai *m.* de pliage, essai *m.* à la flexion.
– – –, **flexure** = V. « test, flexion ».
– – –, **flow** = essai *m.* d'écoulement.

(test)

- – –, **folding** = essai *m*. au pliage.
- – –, **forge** = essai *m*. au forgeage.
- – –, **fracture** = essai *m*. de cassure.
- – –, **fuel-consumption** = essai *m*. de consommation.
- – –, **full-load** = essai *m*. à pleine charge.
- – –, **functional** = essai *m*. de fonctionnement (Tp.).
- – –, **hammer** = essai *m*. au marteau.
- – –, **hardness** = essai *m*. de dureté (Mét.).
- – –, **hardness, ball** = essai *m*. de dureté à la bille.
- – –, **hardness, Brinnel** = essai *m*. Brinnel.
- – –, **hardness, water** = hydrotimétrie *f*.
- – –, **heat** = essai *m*. d'échauffement.
- – –, **hi-pot (high potential)** = essai *m*. diélectrique (E.).
- – –, **high voltage** = essai *m*. de claquage (E.).
- – –, **horsepower** = essai *m*. de puissance (Auto.).
- – –, **hot** = épreuve *f*. à chaud.
- – –, **hydraulic** = épreuve *f*. à l'eau, épreuve *f*. hydraulique.
- – –, **idling** = essai *m*. de ralenti.
- – –, **ignition** = essai *m*. d'allumage (Auto.).
- – –, **impact** = épreuve *f*. au choc, essai *m*. de résilience.
- – –, **impact, repeated** = essai *m*. de fatigue aux chocs répétés.
- – –, **impulse** = épreuve *f*. au choc (E.), essai *m*. au choc (E.).
- – –, **indentation** = essai *m*. de dureté.
- – –, **initial** = essai *m*. à la sortie de fabrication.
- – –, **in place** = essai *m*. sur place.
- – –, **installation** = essai *m*. en place.
- – –, **insulation** = mesure *f*. de l'isolement (E.), essai *m*. d'isolement (E.), mesure *f*. d'isolement (E.).
- – –, **job** = test-réplique *m*. (du travail professionnel).
- – –, **laboratory** = essai *m*. en laboratoire.
- – –, **life** = essai *m*. de durée.
- – –, **line** = essai *m*. de ligne (Tp.).
- – –, **load** = essai *m*. statique (Av.).
- – –, **loop** = mesure *f*. par bouclage (E.).
- – –, **noise** = essai *m*. de bruit (R., Tp.), mesure *f*. du bruit (R., Tp.).
- – –, **no-load** = essai *m*. à vide.
- – – **of materials** = essai *m*. des matériaux.
- – –, **operation(al)** = essai *m*. de fonctionnement.
- – –, **output** = essai *m*. de puissance, essai *m*. de rendement.
- – –, **paper** = essai *m*. du papier.
- – –, **pop** = essai *m*. de résistance à la perforation (Pap.).
- – –, **pounding** = essai *m*. de résilience.
- – –, **prescribed** = épreuve *f*. réglementaire.
- – –, **pressure** = épreuve *f*. de pression.
- – –, **production** = contrôle *m*. en cours de fabrication.
- – –, **pulling** = essai *m*. de traction (d'un tracteur).
- – –, **puncture** = essai *m*. de perforation.
- – –, **quick** = essai *m*. rapide (Mi.).
- – –, **reception** = essai *m*. de réception.
- – –, **rejection** = essai *m*. pour la mise au rebut.
- – –, **resistance** = épreuve *f*. d'outrance.
- – –, **road** = essai *m*. à la route.
- – –, **routine** = essai *m*. préventif (Tp.).
- – –, **running** = essai *m*. de fonctionnement, essai *m*.

(test)

de durée.
- – –, **rupture** = essai *m*. de destruction.
- – –, **service** = essai *m*. en charge, épreuve *f*. de fonctionnement.
- – –, **scratch** = essai *m*. à l'égratignure.
- – –, **shearing** = essai *m*. au cisaillement.
- – –, **shelf** = essai *m*. de durée (d'un accumulateur) à circuit ouvert (E.).
- – –, **shock** = essai *m*. au choc.
- – –, **skim** = essai *m*. de gondolage (du papier).
- – –, **slump** = essai *m*. au cône d'Abrams, essai *m*. d'affaissement, essai *m*. de plasticité (du béton).
- – –, **small scale** = essai *m*. en petit.
- – –, **soil** = essai *m*. de résistance du sol.
- – –, **speed** = essai *m*. de vitesse (Auto.).
- – –, **splitting** = essai *m*. de fendage.
- – –, **static** = essai *m*. statique (Av.).
- – –, **talking** = essai *m*. de conversation (Tp.).
- – –, **tensile** = essai *m*. à la traction.
- – –, **tension** = essai *m*. à la traction.
- – –, **tightness** = essai *m*. d'étanchéité (H., C.).
- – –, **to** = analyser (l'eau, le lait), expérimenter (une méthode), faire l'essai (d'une machine), essayer (une arme à feu, un ciment), éprouver (un remède, une chaudière), contrôler (le dosage), vérifier (les poids et mesures), faire l'épreuve (d'une arme), sonder (un sol, un bâtiment), examiner (la vue), coupeller (de l'or).
- – –, **torsion** = essai *m*. de torsion.
- – –, **trade** = test *m*. professionnel.
- – –, **vacuum** = contrôle *m*. de la dépression moteur (Auto.).
- – –, **viscosity** = essai *m*. de viscosité.
- – –, **voice** = essai *m*. téléphonométrique.
- – –, **wearing** = essai *m*. de durée, essai *m*. d'usure.
- – –, **welding** = épreuve *f*. de soudabilité.
- – –, **working** = épreuve *f*. de fonctionnement.
testboard = table *f*. d'essai et de mesures (Tp.), table *f*. d'essai (Tp.).
tester = vérificateur *m*. (O.), essayeur *m*. (O.), appareil *m*. d'essai, appareil *m*. de vérification, agent *m*. d'essais (O.).
- – –, **acid** = acidomètre *m*. (pour accumulateurs), pèse-acide *m*.
- – –, **armature** = vibreur *m*. pour vérification des induits (E.).
- – –, **balancing** = appareil *m*. à essayer l'équilibrage (Tp.).
- – –, **battery** = vérificateur *m*. de tension et d'intensité pour accumulateurs (E.), voltmètre *m*. (Phot.).
- – –, **brake** = freinomètre *m*. (Méc.).
- – –, **cable** = vérificateur *m*. de câbles (O., I.) (Tp.).
- – –, **compression** = vérificateur *m*. d'étanchéité de cylindres (I.).
- – –, **continuity** = ohmmètre *m*. (E.).
- – –, **electrical-circuit** = essayeur *m*. de circuit (I.) (E.), essayeur *m*. de ligne (I.) (E.).
- – –, **gauge** = palmer *m*. (Méc.), gabarit *m*. (Méc.), calibre *m*. (Méc.).
- – –, **hardness** = appareil *m*. à éprouver la dureté (Mét.).
- – –, **hardness, pendulum** = appareil *m*. à pendule pour l'essai de la dureté (Mét.).

(tester)

– – –, **insulation** = essayeur *m.* d'isolement (E.), appareil *m.* pour vérifier l'isolement (E.).

– – –, **milk** = pèse-lait *m.*

– – –, **plate** = opacimètre *m.*

– – –, **pole** = sonde *f.* à bois (Tp.), foret *m.* à bois (Tp.).

– – –, **pressure** = contrôleur *m.* de pression (I.) (Méc.), manomètre *m.* (I.) (Méc.).

– – –, **spark** = contrôleur *m.* d'allumage (I.) (Auto.).

– – –, **strength, tensile** = dynamomètre *m.* (Pap.).

– – –, **tube** = machine *f.* à essayer les tubes (Méc.), lampemètre *m.* (E.).

– – –, **valve** = vérificateur *m.* de soupapes (I.).

– – –, **voltage** = voltmètre *m.* (I.).

testing = essayage *m.* (d'une arme à feu), épreuve *f.* (d'une structure, d'un ciment), contrôle *m.* (d'un dosage), essai *m.* (d'une machine), vérification *f.* (des poids et mesures), analyse *f.* (d'un minerai), faire l'expérience (d'un procédé), sondage *m.* (d'un sol).

– – –, **ball** = billage *m.* (Mét.).

– – –, **boiler** = épreuve *f.* des chaudières (Méc.), essai *m.* de la chaudière (Méc.).

– – –, **life** = essai *m.* de durée (Méc.).

– – –, **limit** = essai *m.* aux limites (Tp.).

– – – **of materials** = essai *m.* des matériaux (Méc., C.).

– – –, **random** = essai *m.* au hasard.

– – –, **transformer** = essai *m.* de transformateur (E.).

tetrachloride, carbon = tétrachlorure *m.* de carbone.

tetrahedron = tétraèdre *m.*

tetrode = tétrode *f.* (R.), tube *m.* à quatre électrodes (R.).

text = texte *m.* (d'un auteur, d'un sermon).

textile = tissu *m.*, étoffe *f.*

texture = grain *m.* (du bois), texture *f.* (du métal).

thaw = dégel *m.*

– – –, **to** = dégeler.

– – –, **to – – – out** = dégeler (un radiateur congelé) (Auto.).

thawing = dégel *m.*, dégèlement *m.* (d'une conduite).

theodolite = théodolite *m.*

theoretical = théorique (adj.).

therm = unité *f.* de chaleur équivalant à 100 000 BTU ou 252 grandes calories (Angleterre), thermie *f.* (= 1 000 kilocalories).

thermal = thermique (adj.), calorifique (adj.).

thermic = thermique (adj.), calorifique (adj.).

thermion = électron *m.* thermique (R.).

thermionic = thermoïonique (adj.), à tube électronique, électronique (adj.).

thermionics = électronique *f.*

thermistor = thermistance *f.* (E.), thermistor *m.* (E.).

thermit = thermite *f.*

thermocouple = thermocouple *m.* (E.), couple *m.* thermoélectrique (E.), pince *f.* thermoélectrique (E.).

thermodynamics = thermodynamique *f.*

thermoelectricity = thermoélectricité *f.* (E.).

thermomagnetic = thermomagnétique (adj.).

thermometer = thermomètre *m.*

– – –, **alarm** = thermo-avertisseur *m.*

– – –, **bulb, dry** = thermomètre *m.* à boule sèche.

– – –, **bulb, wet** = thermomètre *m.* à boule mouillée.

– – –, **centigrade** = thermomètre *m.* centigrade.

– – –, **differential** = thermoscope *m.*

– – –, **Fahrenheit** = thermomètre *m.* Fahrenheit.

(thermometer)

– – –, **gas-expansion** = thermomètre *m.* à dilatation de gaz.

– – –, **liquid-expansion** = thermomètre *m.* à dilatation de liquide.

– – –, **maximum and minimum** = thermomètre *m.* à maximum et minimum.

– – –, **mercury** = thermomètre *m.* à mercure.

– – –, **recording** = thermomètre *m.* enregistreur, thermographe *m.*

– – –, **resistance** = thermomètre *m.* à résistance.

– – –, **self-recording** = thermomètre *m.* enregistreur, thermométrographe *m.* ou thermographe *m.*

– – –, **spirit** = thermomètre *m.* à alcool.

– – –, **thermo-couple** = canne *f.* thermoélectrique.

thermonuclear = thermonucléaire (adj.).

thermopane = vitrage *m.* isolant (B.).

thermophone = thermophone *m.* (Tp.).

thermopile = élément *m.* thermoélectrique (E.).

thermoplastic = thermoplastique (adj.).

thermoregulator = thermostat *m.*, thermorégulateur *m.*, thermostat *m.*

thermosiphon = thermosiphon *m.* (Auto.).

thermostat = thermostat *m.*

– – –, **differential** = thermostat *m.* différeniel ou duostat *m.*

– – –, **room** = thermostat *m.* d'intérieur.

thermostatic = thermostatique (adj.).

thick = épais (adj.), gras (adj.), consistant (adj.), visqueux (adj.), fort (adj.), gros (adj.).

thicken, to = s'épaissir.

thickener = épaississant *m.*

thickening = épaississement *m.* (d'un mur, d'un liquide).

– – –, **oil** = épaississement *m.* de l'huile.

thickness = épaisseur *f.* (d'un mur, d'un brouillard), grosseur *f.* (des lèvres), consistance *f.* (d'un liquide), hauteur *f.* (d'assise), rive *f.* (d'un châssis).

– – – **at root of a tooth** = épaisseur *f.* à la base d'une dent (Méc.).

– – –, **extra** = surépaisseur *f.* (Mét.).

– – – **of edge (of a plank)** = rive *f.* (Men.).

thimble = cosse *f.* (de fil, de câble), bague *f.* (Méc.), virole *f.* (Méc.), dé *m.* (à coudre).

– – –, **rope** = cosse *f.* de câble.

thin = (lame *f.*) fine (adj.), (plaque *f.*) mince (adj.), (peinture *f.*) fluide (adj.), (étincelle *f.*) maigre (adj.), (E.).

– – –, **to** = amincir (un madrier), diluer (l'huile), délayer (la peinture).

thinner = diluant *m.*, délayant *m.*, liquide *m.* de dilution, solvant *m.*

– – –, **asphalt** = fluidifiant *m.*

– – –, **paint** = diluant *m.* pour peinture.

thinness = finesse *f.* (d'un fil, d'un cheveu), minceur *f.* (d'une couche de terre), ténuité *f.* (d'un fil d'araignée), fluidité *f.* (d'un liquide).

thole = tolet *m.* ou touret *m.* (d'aviron, de rame), cheville *f.* (de brancard).

thong = lanière *f.* (de cuir), courroie *f.*

thoroughfare = grande artère *f.* de circulation (Auto.), voie *f.* de communication (Auto.).

– – –, **main** = artère *f.* principale (Auto.).

– – –, **public** = voie *f.* publique (Auto.).

(tread)

thoroughness = perfection *f.* (d'une oeuvre), caractère *m.* approfondi (d'une recherche).
thrasher = batteuse *f.* (M) (Pap.).
thread = filet *m.* ou pas *m* (de vis) (Méc.), filetage *m.* (de boulon) (Méc.), fil *m.* (de lin, de soie).
– – –, **Acme** = filet *m.* Acme, filet *m.* à 29 degrés.
– – –, **American** = filet *m.* américain, filet *m.* national.
– – –, **B.A.S. (British Association Standard)** = filet *m.* rond.
– – –, **bolt** = filetage *m.* du boulon.
– – –, **bruised** = filet *m.* foiré.
– – –, **burred** = filet *m.* maté.
– – –, **buttress** = filet *m.* trapézoïdal.
– – –, **chamfered** = filet *m.* abattu.
– – –, **crossed** = filet *m.* faussé.
– – –, **cut** = filet *m.* taraudé, filet *m.* taillé.
– – –, **darning** = fil *m.* à repriser (Ust.).
– – –, **double** = filet *m.* double.
– – –, **drunken** = filet *m.* à pas irrégulier.
– – –, **English** = filet *m.* anglais, filet *m.* Whitworth.
– – –, **female** = filet *m.* femelle, filet *m.* intérieur.
– – –, **flat** = filet *m.* carré.
– – –, **inside** = filet *m.* femelle, filet *m.* intérieur.
– – –, **internal** = filet *m.* femelle, filet *m.* intérieur.
– – –, **interrupted** = filetage *m.* sectionnel.
– – –, **iron** = filet *m.* de fer.
– – –, **left-hand** = filet *m.* à gauche, pas *m.* à gauche.
– – –, **male** = filet *m.* mâle, filet *m.* extérieur.
– – –, **mating** = filet *m.* correspondant, filet *m.* juxtaposé.
– – –, **metric** = filet *m.* métrique.
– – –, **multiple** = filet *m.* multiple.
– – –, **National** = filet *m.* national, filet *m.* américain.
– – –, **National, American** = filet *m.* américain, pas *m.* américain.
– – –, **National Fine** = filet *m.* américain fin, filet *m.* national fin.
– – –, **National Coarse** = filet *m.* américain gros, filet *m.* national gros.
– – –, **outside** = filet *m.* mâle, filet *m.* extérieur.
– – –, **pipe, standard** = filet *m.* standard pour tuyau.
– – –, **pitch, quick** = filet *m.* à pas rapide.
– – –, **pressed** = filet *m.* laminé.
– – –, **right-hand** = filet *m.* à droite, pas *m.* à droite.
– – –, **rolled** = filet *m.* laminé.
– – –, **round** = filet *m.* rond.
– – –, **S.A.E. (Society of Automotive Engineers)** = filet *m.* S.A.E.
– – –, **screw** = filet *m.* de vis, pas *m.* de vis.
– – –, **screw, coarse** = filet *m.* à pas rapide.
– – –, **screw, fine** = filet *m.* fin.
– – –, **Screw, International** = système *m.* de filetage international.
– – –, **Screw, National Standard** = filet *m.* national, filet *m.* américain.
– – –, **screw, stripped** = filetage *m.* d'une vis usée.
– – –, **Sellers** = filet *m.* Sellers, filet *m.* américain.
– – –, **sewing** = fil *m.* à coudre (Ust.).
– – –, **single** = filet *m.* simple, filet *m.* à pas simple.
– – –, **square** = filet *m.* carré.
– – –, **standard** = filet *m.* standard, filet *m.* américain.
– – –, **sewing** = fil *m.* à coudre (Ust.).
– – –, **single** = filet *m.* simple, filet *m.* à pas simple.

– – –, **square** = filet *m.* carré.
– – –, **standard** = filet *m.* standard, filet *m.* américain.
– – –, **Standard, British Association** = filet *m.* rond.
– – –, **Standard, International** = filet *m.* international, filet *m.* système international.
– – –, **Standard, National** = filet *m.* américain, filet *m.* national.
– – –, **stripped** = filet *m.* foiré.
– – –, **system, French** = filet *m.* système français.
– – –, **taper** = filet *m.* conique.
– – –, **to** = fileter (une tige, une vis), tarauder (un écrou, un tuyau), enfiler (une aiguille) (Ust.).
– – –, **to** – – – **through** = visser de part en part.
– – –, **tracer, colored** = filin *m.* de couleur (servant à repérer les divers conducteurs d'un câble) (Tp.).
– – –, **triangular** = filet *m.* triangulaire.
– – –, **U.N.C. (Unified Coarse)** = gros pas *m.* normalisé.
– – –, **U.N.F. (Unified Fine)** = pas *m.* fin normalisé.
– – –, **U.N.S. (Unified Special)** = pas *m.* spécial normalisé.
– – –, **U.S.S. (United States Standard)** = filet *m.* U.S.S.
– – –, **V** = filet *m.* en V, filet *m.* triangulaire.
– – –, **V, sharp** = filet *m.* aigu en V.
– – –, **waxed** = fil *m.* poissé.
– – –, **Whitworth** = filet *m.* anglais, filet *m.* Whitworth.
– – –, **worm** = filet *m.* de vis sans fin.
– – –, **worn** = filet *m.* usé, filetage *m.* mangé, filet *m.* mangé, filetage *m.* usé.
threaded = (boulon *m.*) fileté, (écrou *m.*) taraudé, (tige *f.*) à vis, (aiguille *f.*) enfilée (Ust.).
threader = tour *m.* à fileter (Méc.), taraudeuse *f.* (M.).
– – –, **pipe** = filière *f.* à tuyaux (Méc.).
threading = taraudage *m.* (d'un tube), filetage *m.* (d'une vis), taille *f.* des filets (Méc.), enfilement *m.* (d'une aiguille) (Ust.), amorçage *m.* (d'un film) (Phot.).
– – –, **automatic** = auto-amorçage *m.* (d'un film) (Phot.).
– – –, **self-** = auto-amorçage *m.* (d'un film) (Phot.).
– – –, **true** = filetage *m.* de précision (Méc.).
threefold = triple (adj.).
three-phase = triphasé (adj.) (E.).
three-pole = tripolaire (adj.) (E.).
three-way = (soupape *f.*) à trois voies (Méc.), (interrupteur *m.*) à trois directions (E.), interrupteur *m.* va-et-vient (B.), interrupteur *m.* d'escalier (B.).
three-wire = à trois fils (E., C.), trifilaire (adj.) (E., C.).
tresher = batteuse *f.* (M.) (Agr.).
threshold = seuil *m.* (d'une porte) (B.).
– – – **of audibility** = seuil *m.* d'audibilité (R.).
– – – **of hearing** = seuil *m.* d'audibilité (R.).
– – – **of oscillation** = limite *f.* d'entretien (d'un circuit) (R.).
throat = collet *m.* (d'ancre) (Mar.), lumière *f.* (de varlope), gorge *f.* (dans une rivière), cheminée *f.* (volcanique).
– – –, **carburetor** = diffuseur *m.* du carburateur (Auto.).
– – – **of a blast-furnace** = gueulard *m.* d'un haut fourneau (Mét.).
– – – **of a chimney** = gorge *f.* d'une cheminée (de

(throat)

foyer).
- - -, **punch** = gorge *f.* du poinçon (Mét.).
- - -, **saw** = ouverture *f.* de la scie (Men.).
throttle = étrangleur *m.* (Méc.), papillon *m.* de commande des gaz (Auto.), volet *m.* de commande des gaz (Auto.), registre *m.* de vapeur (Méc.), obturateur *m.* (Méc.).
- - -, **air** = étrangleur *m.*, obturateur *m.* d'air.
- - -, **automatic** = étrangleur *m.* à commande automatique (Auto.).
- - -, **butterfly** = papillon *m.* (Auto.).
- - -, **exhaust** = obturateur *m.* d'échappement.
- - -, **mixture** = papillon *m.* de commande des gaz (Auto.), volet *m.* de commande des gaz (Auto.).
- - -, **to** = étrangler (la vapeur), fermer (les gaz).
- - -, **to - - - down** = réduire les gaz, mettre (le moteur) au ralenti (Auto.).
throttled = au ralenti, étranglé (adj.).
throttling = étranglement *m.* de l'admission (Auto.), manoeuvre *f.* du registre (de vapeur).
throw = embrassement *m.* (d'une bobine d'armature) (E.), course *f.* (du piston), bras *m.* de manivelle, maneton *m.* (de vilebrequin), rayon *m.* (d'excentricité).
- - -, **crank** = coude *m.* de vilebrequin (Auto.), course *f.* du vilebrequin (Auto.).
- - -, **double-** = à deux directions (E.).
- - - **of the crankshaft** = coude *m.* du vilebrequin (Auto.).
- - - **of the eccentric** = rayon *m.* d'excentricité (Méc.).
- - - **of the governor** = déviation *f.* du régulateur (Méc.), écart *m.* du régulateur (Méc.).
- - - **of the piston** = course *f.* du piston (Méc.).
- - - **out** = débrayage *m.* automatique (Méc.), interrupteur *m.* automatique (E.).
- - -, **single-** = à une direction (E.), unipolaire (adj.) (E.).
- - -, **to** = jeter, lancer, projeter.
- - -, **to - - - in** = embrayer (Méc.), enclencher (Méc.).
- - -, **to - - - into gear** = mettre en marche (Auto.), mettre en mouvement (Méc.).
- - -, **to - - - out of gear** = déclencher (Méc.), désengrener (Méc.).
- - -, **to - - - over** = commuter ou inverser (le courant) (E.).
thrower, flame = lance-flammes *m.*
- - -, **oil** = bague *f.* de graissage (Méc.).
- - -, **wire** = appareil *m.* de déroulement latéral de câble (Tp.).
throwing = embrayage *m.* (Méc.), enclenchement *m.* (Méc.), déclenchement *m.* (Méc.), mise *f.* en marche (Méc.).
- - -, **fault** = déclenchement *m.* par défaut provoqué (E.).
thrust = butée *f.* (Méc., C.), poussée *f.* (Méc., C.), pression *f.* (H., C.).
- - -, **axial** = poussée *f.* axiale.
- - -, **ball** = butée *f.* à billes.
- - -, **ball, clutch** = butée *f.* à billes de débrayage (Auto.).
- - -, **ball-race** = butée *f.* à billes.
- - -, **cam** = poussée *f.* de la came.

(thrust)

- - -, **connecting-rod** = réaction *f.* de la bielle.
- - -, **end** = poussée *f.* longitudinale, poussée *f.* axiale, butée *f.*
- - -, **hydraulic** = poussée *f.* hydraulique axiale.
- - -, **lateral** = poussée *f.* latérale.
- - -, **negative** = réaction *f.*
- - -, **radial** = poussée *f.* radiale.
- - -, **shaft** = poussée *f.* de l'arbre.
- - -, **side** = poussée *f.* latérale.
thruster = servomoteur *m.*
thud = bruit *m.* sourd.
thyratron = thyratron *m.* (E.).
ticker = (contact *m.* à) trembleur *m.* (Tg.).
ticket = billet *m.* (d'avion, de train, de bateau), ticket *m.* (Ch.d.f.) (France).
- - -, **call** = fiche *f.* de conversation (Tp.).
- - -, **order, call** = fiche *f.* d'ordre (Tp.).
- - -, **shipping** = feuille *f.* d'expédition.
- - -, **stop-over** = billet *m.* avec faculté d'arrêt.
- - -, **taxi** = billet *m.* de taxi (Canada).
- - -, **toll** = relevé *m.* de communications (Tp.).
- - -, **transfer** = bulletin *m.* de correspondance, correspondance *f.*
tide = marée *f.*
- - -, **ebb** = marée *f.* descendante, reflux *m.*, jusant *m.*
- - -, **flood** = marée *f.* montante, flux *m.*
- - -, **high** = haute marée *f.*, hautes eaux *f.p.*
- - -, **incoming** = marée *f.* montante.
- - -, **low** = marée *f.* basse.
- - -, **neap** = marée *f.* de mortes eaux, petite marée.
- - -, **rip** = courant *m.* de retour (H.).
- - -, **spring** = marée *f.* de vives eaux, grande marée.
tie = attache *f.*, lien *m.*, amarre *f.*, traverse *f.* (Ch.d.f.), moise *f.* (B.), entretoise *f.* (B.), tirant *m.* (de coffrage) (B.).
- - -, **anchor** = tige *f.* d'ancrage (B., C.), grappin *m.* (B., C.).
- - -, **angle** = tirant *m.* incliné (B., C.).
- - -, **bar** = tirant *m.* (B.), entretoise *f.* (B.), moufle *f.* (noyée dans la maçonnerie) (B.).
- - -, **cable** = ligature *f.* (ou attache *f.*) de câble (Tp.).
- - -, **close** = arrêt *m.* des fils (Tp.).
- - -, **collar** = faux extrait (B.), entrait *m.* retroussé (B.).
- - -, **cow** = chaîne *f.* d'attache, chaîne *f.* de nuit.
- - -, **cross-** = tirant *m.* (B.), traverse *f.* (Ch.d.f.), tirant *m.* transversal (C.).
- - -, **dead-end** = ligature *f.* d'arrêt (des fils) (Tp.), arrêt *m.* des fils (Tp.).
- - -, **diagonal** = décharge *f.* (B.), contre-fiche *f.* (de comble) (B.), lien *m.* diagonal (B.).
- - -, **forked** = harpon *m.* (B.), ancre *f.* à fourchette (B.).
- - -, **form** = tirant *m.* de coffrage (B., C.).
- - -, **hooked** = harpe *f.* (B.), harpon *m.* (B.).
- - -, **inter-** = lierne *f.* (entre deux montants) (C., B.).
- - -, **iron** = tirant *m.* en fer (B., C.).
- - -, **iron, screwed** = tirant *m.* à vis (B., C.).
- - -, **land** = étai *m.* (B., C.), contrefort *m.* (B., C.).
- - -, **loose** = collier *m.* de câble (Tp.).
- - -, **main** = entrait *m.* (de ferme) (B.).
- - -, **railroad** = traverse *f.* de chemin de fer (Ch.d.f.).
- - -, **ready formed** = traverse *f.* sabotée (Ch.d.f.).

(tie)

- - -, **side** = attache f. sur le côté (C.).
- - -, **straining** = hauban m. de rappel (C.).
- - -, **to** = ligaturer (une veine), attacher (un cheval), lier (un prisonnier, une gerbe), entretoiser (B.), renforcer avec des tirants (B., C.).
- - -, **to** - - - **up** = ficeler (un colis), gêner ou entraver (la circulation), attacher (un cheval).
- - -, **wall** = ancrage m. (B.), attache f. murale (B.).
tied, top = attaché par la rainure supérieure (Tp.), amarré par la rainure de tête (Tp.).
tier = rangée f. (de sièges), étage m. (B.).
tie-up = embouteillage m. (Auto.).
tight = (corde f.) raide (adj.), (fil m.) tendu (adj.), (écrou m.) serré à fond, (joint m.) bien ajusté, (fermeture f.) hermétique (adj.), (cloison f.) étanche (adj.), (toiture f.) imperméable (adj.), à l'épreuve des gaz.
- - -, **air** = hermétique (adj.), étanche (adj.) à l'air.
- - -, **drip-** = étanche (adj.) à la pluie.
- - -, **dust-** = étanche (adj.) à la poussière.
- - -, **gas-** = étanche aux gaz, à l'épreuve des gaz.
- - -, **oil-** = étanche (adj.) à l'huile.
- - -, **steam-** = étanche (adj.) à la vapeur.
- - -, **water-** = (mur m.) étanche (adj.) (tissu m.) imperméable (adj.).
- - -, **wind-** = étanche (adj.) au vent, hermétique (adj.).
tighten, to = retendre (la chaîne, la courroie), resserrer (une clavette, un boulon), serrer (le presse-étoupe, une vis), bloquer (un écrou), bander ou tendre (un ressort), refaire (un joint étanche).
tightener = tendeur m. (I.), raidisseur m. (I.).
- - -, **belt** = galet m. tendeur (Méc.), tendeur m. de courroie (Méc.).
- - -, **chain** = tendeur m. de chaîne (Méc.).
- - -, **screw** = tendeur m. à vis (Méc.).
- - -, **stay** = tendeur m. de hauban (Tp.).
tightening = serrage m. (Méc.).
tightness = serrage m. (d'un écrou), tension f. ou raideur f. (d'un fil, d'un cordage), imperméabilité f. (d'une toiture), étanchéité f. (d'une cloison), herméticité f. (d'un vase).
tikker = tikker m. (R.).
tile = tuile f. (B.), carreau m. (de céramique) (B.), tuyau m. de drainage (B.), carrelage m. (B.).
- - -, **acoustic(al)** = carreau m. insonorisant (B.).
- - -, **arched** = tuile f. creuse (B.).
- - -, **arris** = tuile f. arêtière (B.), tuile f. d'arête (B.).
- - -, **asbestos** = carreau m. d'amiante (B.), dalle f. d'amiante (B.), carreau m. (ou dalle f.) de fibrociment (B.), tuile f. en amiante-ciment (B.).
- - -, **asphalt** = carreau m. bitumineux (B.), dalle f. d'asphalte (B.), carreau m. d'asphalte (B.).
- - -, **ceramic** = carreau m. de céramique (B.).
- - -, **chimney-flue** = boisseau m. (B.), tuiles f.p. de cheminée (B.).
- - -, **clay** = tuyau m. en grès cérame.
- - -, **clay, vitrified** = tuyau m. en grès (vernissé).
- - -, **cork** = carreau m. de liège, dalle f. de liège.
- - -, **corner** = tuile f. cornière.
- - -, **crest** = tuile f. faîtière.
- - -, **crown** = tuile f. plate (ordinaire) (B.).
- - -, **drain** = boisseau m. (B.), tuile f. de drainage

(tile)

(B.), tuyau m. de drainage (B.).
- - -, **drain, perforated** = tuile f. perforée.
- - -, **drain, vitrified** = tuile f. en grès (vernissé).
- - -, **drainage** = drain m. agricole (B.) (Canada), canalisation f. en tuile de poterie (France), tuyau m. en grès cérame.
- - -, **edging** = tuile f. à border.
- - -, **facing** = carreau m. de parement (B.).
- - -, **farm** = tuyau m. en grès cérame, drain m. agricole (Canada), tuyau m. de poterie (France).
- - -, **flange** = tuile f. à rebord.
- - -, **flap** = tuile f. cornière (B.), tuile f. creuse (B.).
- - -, **flat** = tuile f. plate.
- - -, **floor** = carreau m. de carrelage.
- - -, **glazed** = tuile f. vitrifiée.
- - -, **grooved** = tuile f. à gorge.
- - -, **gutter** = tuile f. creuse.
- - -, **head ridge** = tuile f. faîtière de départ (B.).
- - -, **hip** = tuile f. cornière (B.), enfaîteau m. (B.), tuile f. arêtière (B.), tuile f. de croupe (B.).
- - -, **hollow** = brique f. creuse, tuile f. creuse.
- - -, **paving** = brique f. à paver (C.).
- - -, **plain** = tuile f. unie, carreau m. uni.
- - -, **quarry** = carreau m. de carrière, carreau m. de pavage.
- - -, **ridge** = tuile f. faîtière (B.), enfaîteau m. (B.).
- - -, **roofing** = tuile f. (B.), tuile f. de toiture (B.).
- - -, **rubber** = dalle f. de caoutchouc, carreau m. de caoutchouc.
- - -, **saddle** = tuile f. en dos d'âne.
- - -, **sewer** = tuyau m. d'égout en grès (S.).
- - -, **structural** = brique f. creuse (de grandes dimensions) (B.).
- - -, **to** = couvrir (un toit) de tuiles, carreler (un plancher).
- - -, **triangular** = tuile f. gironnée (B.).
- - -, **valley** = tuile f. cornière.
- - -, **vinyl** = carreau m. de vinyle, dalle f. de vinyle.
- - -, **vitreous** = tuile f. vitrifiée (de cheminée) (B.), conduit m. vitrifié de cheminée (B.).
- - -, **wall** = carreau m. de revêtement.
tiler = couvreur m. (O.), carreleur m. (O.).
tiles, overlapping = tuiles f.p. imbriquées (B.).
tiling = pose f. des tuiles (sur un toit), couverture f. en tuiles, carrelage m., pose f. des carreaux.
- - -, **ridge** = faîtage m. (B.), enfaîtement m. (B.).
tiller, steering = barre f. de direction (Méc.).
tilt = inclinaison f., dévers m., caisse f. enregistreuse ou caisse-comptable f.
- - -, **to** = incliner, basculer.
tiltdozer = boutoir m. à devers (M.).
tilter = martineur m. (O.), ouvrier m. de forge.
- - -, **car** = culbuteur m. de wagons.
tilting = inclinable (adj.), basculant (adj.), à bascule, panoramique m. vertical (Phot.).
timber = bois m. d'œuvre (B.), bois m. de charpente (B.), madrier m. (B.), bois m. de service (B.).
- - -, **bond** = pièce f. d'assemblage.
- - -, **building** = bois m. de charpente, bois m. de construction.
- - -, **clear** = bois m. sans nœuds.
- - -, **coach** = bois m. de menuiserie.
- - -, **creosoted** = bois m. traité à la créosote.

(timber)

– – –, **dimension** = bois *m*. débité.

– – –, **knotty** = bois *m*. noueux.

– – –, **offal** = bois *m*. de rebut.

– – –, **quartered** = bois *m*. de refend.

– – –, **rectangular** = bois *m*. équarri (B., C.).

– – –, **rough** = bois *m*. en grume, bois *m*. brut.

– – –, **rough-hewn** = bois *m*. dressé à la hache, bois *m*. grossièrement équarri.

– – –, **round** = bois *m*. rond.

– – –, **seasoned** = bois *m*. sec.

– – –, **sided** = bois *m*. dégrossi.

– – –, **square** = bois *m*. carré.

– – –, **squared** = bois *m*. équarri.

– – –, **standing** = bois *m*. en état, bois *m*. sur pied, arbres *m.p.*

– – –, **structural** = bois *m*. de charpente, bois *m*. d'oeuvre, bois *m*. de construction.

– – –, **to** = boiser (une contrée), blinder (une fouille), faire du bois.

– – –, **unbarked** = bois *m*. en grume.

– – –, **warped** = bois *m*. gauchi.

– – –, **well-seasoned** = bois *m*. bien sec.

– – –, **worm-eaten** = bois *m*. vermoulu.

timbered, half- = à demi-boisage (B.).

timbering = boisage *m*. ou blindage *m*. (des fouilles), boisement *m*. (d'un terrain).

– – –, **shaft** = boisage *m*. d'un puits (Mi.).

timberman = boiseur *m*. (O.).

time = temps *m*., période *f*., durée *f*., heure *f*.

– – –, **answering** = délai *m*. de réponse (Tp., Tg.).

– – –, **arcing** = durée *f*. d'arc (E.).

– – –, **build-up** = V. « time, building-up ».

– – –, **building-up** = durée *f*. d'établissement (E.), temps *m*. de montée (de la réponse à un échelon) (E.).

– – –, **building-up, équivalent** = temps *m*. de montée équivalent (de la réponse à un échelon) (E.).

– – –, **busy** = durée *f*. d'occupation (d'un circuit) (Tp.).

– – –, **change-over** = temps *m*. de passage (d'un contact à permutation) (E.).

– – –, **chargeable** = unité *f*. de conversation (Tp.), durée *f*. taxable de la conversation (Tp.).

– – –, **closing** = durée *f*. de fermeture (E.).

– – –, **connection** = durée *f*. d'établissement d'une communication (Tp.).

– – –, **construction** = délai *m*. d'exécution (C.).

– – –, **conversation** = durée *f*. d'une conversation (Tp.).

– – –, **definite** = temporisé, à retard fixe.

– – –, **dying down** = période *f*. transitoire finale (E.).

– – –, **dying out** = durée *f*. d'évanouissement (des oscillations) (E.).

– – –, **feeding** = durée *f*. de l'avance (Méc.).

– – –, **filing** = heure *f*. d'inscription à une demande de communication (Tp.).

– – –, **hang-over** = temps *m*. de blocage (d'un suppresseur d'écho) (R.).

– – –, **hang-over, total** = temps *m*. de retour au repos (d'un suppresseur d'écho) (R.).

– – –, **heating** = période *f*. de chauffe, temps *m*. de chauffe.

– – –, **holding** = durée *f*. d'occupation (Tp.).

– – –, **idle** = heure *f.p.* d'arrêt (Méc., C.), temps *m*. mort (C., Méc.).

(time)

– – –, **impact, direct** = durée *f*. de répercussion.

– – –, **inlet** = durée *f*. de ruissellement (H.).

– – –, **lead-** = délai *m*. d'exécution.

– – –, **night** = nocturne (adj.).

– – – **of arrival, estimated** = heure *f*. prévue d'arrivée (Av.).

– – – **of closure** = période *f*. de fermeture (H.).

– – – **of exposure** = temps *m*. d'exposition (Phot.), temps *m*. de pose (Phot.), durée *f*. d'exposition (Phot.).

– – – **of flight** = durée *f*. du trajet (Av.).

– – – **of flow** = durée *f*. d'écoulement (H.).

– – – **of ignition** = point *m*. d'allumage (Auto.).

– – – **of rise** = durée *f*. d'établissement (E.).

– – – **off** = heure *f*. de fin (d'occupation) (Tp.).

– – –, **official** = temps *m*. chronométré.

– – – **on** = heure *f*. de commencement (Tp.).

– – –, **opening** = durée *f*. d'ouverture (E.).

– – –, **operate** = temps *m*. de fonctionnement (d'un suppresseur d'écho) (Tp.).

– – –, **operating** = durée *f*. d'établissement d'une communication (Tp.), durée *f*. de fonctionnement (E.), temps *m*. de réponse (d'un appareil) (E.), durée *f*. des manoeuvres (Tp.).

– – –, **oscillation** = période *f*. (E.), période *f*. d'oscillation (E.).

– – –, **playing** = durée *f*. (d'un disque), durée *f*. de déroulement (d'une bande magnétique).

– – –, **rating** = durée *f*. d'essai en charge (E., Méc.).

– – –, **reclosing** = durée *f*. de réenclenchement (E.).

– – –, **recovery** = durée *f*. de rétablissement (E.).

– – –, **response, receiver** = inertie *f*. de récepteur (Tp.).

– – –, **rewind** = durée *f*. de rebobinage (d'un film, d'un ruban magnétique).

– – –, **rise** = V. « time, building-up ».

– – –, **setting-up** = délais *m.p.* d'établissement (d'une communication) (Tp.).

– – –, **sideral** = temps *m*. vrai, temps *m*. sidéral.

– – –, **solar, mean** = temps *m*. moyen solaire.

– – –, **starting** = durée *f*. de démarrage (Méc.).

– – –, **suction** = temps *m*. d'amorçage (d'une pompe).

– – –, **to** = régler (une montre, l'allumage), mettre (le moteur) au point, caler (la magnéto, le distributeur, une soupape), chronométrer (un événement, un appel téléphonique).

– – – **to answer, operators'** = délai *m*. de réponse (des téléphonistes) (Tp.).

– – –, **to** – – – **early** = régler (l'allumage) à l'avance (Auto.).

– – –, **to** – – – **late** = régler (l'allumage) au retard (Auto.).

– – –, **unloading** = temps *m*. de déchargement (C.).

timer = minuterie *f*. (E.), rupteur *m*. d'allumage (Méc.), commutateur *m*. d'allumage (Auto.), système *m*. chronométrique, temporisateur *m*. (Mét., E.), compte-pose *m*. (Phot.), minuteur *m*. (d'une cuisinière électrique) (Ust.).

– – –, **automatic** = minuterie *f*. (E.).

– – –, **darkroom** = compte-pose *m*. (Phot.).

– – –, **egg** = sablier *m*. (Ust.).

– – –, **electric** = minuterie *f*. (électrique).

– – –, **exposure** = compte-pose *m*. (Phot.).

– – –, **self-** = déclencheur *m*. automatique (d'un ap-

(timer)

pareil photo) (Phot.).
– – –, **sequence** = déclencheur *m*. périodique.
timing = réglage *m*. (de l'allumage), calage *m*. (d'une soupape), distribution *f.*, chronométrage *m*. (d'une communication) (Tp.).
– – –, **ignition** = réglage *m*. de l'allumage (Auto.).
– – –, **motor** = mise *f.* au point du moteur (Auto.), régulation *f.* du moteur (Auto.).
– – –, **valve** = distribution *f.* à soupapes (Méc.), réglage *m*. des soupapes (Méc.).
tin = étain *m*., boîte *f.* en fer-blanc, bidon *m*., fer-blanc *m*.
– – –, **bar** = étain *m*. en verges, étain *m*. en barres.
– – –, **block** = étain *m*. en saumons.
– – –, **drinking** = timbale *f.* (Ust.).
– – –, **sheet** = étain *m*. en feuilles.
– – –, **to** = étamer (un objet), mettre (du saumon) en boîtes (de fer-blanc), aviver (une surface à souder).
tinder = amadou *m*., mèche *f.* de briquet.
tine = dent *f.* (de défonceuse, de herse), soc *m*. de piocheuse, fourchon *m*. (de fourche).
– – –, **fork** = fourchon *m*. (de fourche).
tinfoil = feuille *f.* d'étain.
tinned = étamé.
tinning = étamage *m*. (d'une casserole), mise *f.* en boîte (de conserves), avivage *m*. (d'une surface à souder).
tinsmith = ferblantier *m*. (O.).
tint = teinte *f.*, nuance *f.*, grisé *m*. (Imp.).
– – –, **ruled** = grisé *m*. en hachures (Imp.).
– – –, **to** = teinter, colorer, hachurer (Imp.).
tip = extrémité *f.* (d'une corde), bout *f.* (d'outil), bout
✦ *m*. (des doigts), embout *m*. (d'une canne), inclinaison *f.* (d'un tonneau), procédé *m*. (d'une queue de billard).
– – –, **chair** = embout *m*. de chaise.
– – –, **cord** = extrémité *f.* du cordon (Tp.).
– – –, **crutch** = embout *m*. de béquille.
– – –, **drill** = pointe *f.* de mèche (Méc.).
– – –, **electrode** = pointe *f.* d'électrode (R.).
– – –, **filter** = filtre *m*. ou bout *m*. filtre (d'une cigarette), bout *m*. filtrant (d'une cigarette).
– – –, **grease** = téton *m*. de graissage (Méc.).
– – –, **nozzle** = ajutage *m*., tête *f.* de gicleur.
– – – **of fishing rod** = tête *f.* de scion, scion *m*.
– – – **of plug** = pointe *f.* de fiche (Tp.).
– – –, **platinum** = pointe *f.* platinée.
– – –, **pole** = corne *f.* polaire (E.), moufle *f.* (de brancard) (Agr.).
– – –, **pole, leading** = corne *f.* d'entrée (E.).
– – –, **pole, trailing** = corne *f.* de sortie (E.).
– – –, **shaft** = moufle *f.* de brancard (Agr.).
– – –, **soldering** = fer *m*. à souder, soudoir *f.*
– – –, **to** = incliner ou pencher (un tonneau), faire basculer (une benne), ferrer (un bâton).
– – –, **to – – – on** = intercaler (Imp.).
– – –, **to – – – over** = capoter (Auto.), chavirer (Mar.).
– – –, **tube** = queusot *m*. de lampe (E.).
– – –, **wing** = bec *m*. d'aile (Av.).
tipper = culbuteur *m*. (Méc.), basculeur *m*. (Méc.).
tipping = inclinaison *f.*, renversement *m*., basculage *m*., basculant (adj.).
tipple(r) = culbuteur *m*. (Méc.), basculeur *m*. (Méc.).
tire = bandage *m*., frette *f.*, pneu *m*. (Auto.), cercle *m*.

(tire)

(de roue).
– – –, **air** = pneu *m*., pneumatique *m*.
– – –, **anti-skidding** = pneu *m*. antidérapant.
– – –, **armoured** = pneu *m*. cuirassé.
– – –, **balloon** = pneu *m*. ballon (Auto.), pneu *m*. confort (Auto.).
– – –, **beaded** = pneu *m*. à bourrelets, pneu *m*. à talons.
– – –, **black wall** = pneu *m*. (flanc) noir (Auto.).
– – –, **blank** = bandage *m*. sans boudin.
– – –, **clincher** = pneu *m*. à bourrelets (Auto.), pneu *m*. à talons (Auto.).
– – –, **corded** = pneu *m*. à cordes.
– – –, **cross ply** = pneu *m*. à nappes croisées.
– – –, **cushion** = bandage *m*. creux.
– – –, **deflated** = pneu *m*. à plat (Auto.), pneu *m*. aplati (Auto.), pneu *m*. dégonflé (Auto.).
– – –, **detachable** = pneu *m*. démontable, pneu *m*. amovible.
– – –, **fiberglass-belted** = pneu *m*. à carcasse de (fils de) fibre de verre (Auto.).
– – –, **flanged** = pneu *m*. à talons (Auto.).
– – –, **flat** = pneu *m*. dégonflé (Auto.), crevaison *f.* (Auto.).
– – –, **grooved** = pneu *m*. strié.
– – –, **heavy-duty** = pneu *m*. renforcé.
– – –, **high-pressure** = pneu *m*. à haute pression (Auto.).
– – –, **inflated** = pneu *m*. gonflé.
– – –, **iron** = bandage *m*. en fer, cercle *m*. de fer.
– – –, **low-pressure** = pneu *m*. à basse pression (Auto.).
– – –, **non-skid** = pneu *m*. antidérapant (Auto.), antidérapant *m*.
– – –, **non-slipping** = pneu *m*. antidérapant (Auto.), antidérapant *m*.
– – –, **nylon cord** = pneu *m*. à carcasse de (fils de) nylon (Auto.).
– – –, **over-inflated** = pneu *m*. trop gonflé.
– – –, **oversize** = pneu *m*. surdimension.
– – –, **permafoam** = pneu *m*. mousse.
– – –, **pneumatic** = pneumatique *m*., pneu *m*. (Auto.).
– – –, **puncture-proof** = pneu *m*. increvable.
– – –, **punctured** = pneu *m*. crevé.
– – –, **racing** = pneu *m*. de course.
– – –, **radial** = pneu *m*. radial, pneu *m*. à arceaux droits.
– – –, **radial cord** = pneu *m*. à carcasse radiale.
– – –, **recapped** = pneu *m*. rechapé.
– – –, **ribbed** = pneu *m*. à côtes.
– – –, **rubber** = bandage *m*. en caoutchouc, pneumatique *m*.
– – –, **rubber, solid** = pneu *m*. plein, bandage *m*. en caoutchouc plein.
– – –, **smooth** = pneu *m*. lisse.
– – –, **snow** = pneu *m*. à neige, pneu *m*. d'hiver.
– – –, **snow – – – with studs** = pneu *m*. à crampons.
– – –, **solid** = bandage *m*. plein, caoutchouc *m*. plein, pneu *m*. plein.
– – –, **spare** = pneu *m*. de rechange (Auto.).
– – –, **steel** = bandage *m*. en acier.
– – –, **studded** = pneu *m*. à crampons.
– – –, **to** = chausser (une voiture).
– – –, **tractor** = pneu *m*. agraire.
– – –, **tubed** = pneu *m*. à chambre (Auto.).

(tire)

– – –, **tubeless** = pneu *m*. sans chambre (à air) (Auto.).
– – –, **under-inflated** = pneu *m*. insuffisamment gonflé.
– – –, **wheel** = cercle *m*. de roue.
– – –, **white wall** = pneu *m*. flanc blanc (Auto.).
– – –, **winter** = pneu *m*. à neige, pneu *m*. d'hiver.
– – –, **wired** = pneu *m*. à tringles.
– – –, **wired-on** = bandage *m*. à tringles.
tires, dual = pneus *m.p.* jumelés.
– – –, **twin** = pneus *m.p.* jumelés.
tiring = frettage *m*. (d'une roue).
tissue = étoffe *f.*, tissu *m*., papier *m*. au charbon (Phot.).
– – –, **bath-room** = papier *m*. hygiénique (Ust.).
– – –, **carbon** = papier *m*. au charbon (Imp.).
– – –, **commercial** = papier *m*. de soie.
– – –, **copying** = papier *m*. pelure.
– – –, **facial** = papier *m*. à démaquiller (Ust.).
– – –, **manilla** = papier *m*. de soie manille.
– – –, **napkin** = papier *m*. à serviettes (Pap.), papier *m*. mousseline pour serviettes (Pap.).
– – –, **sanitary** = papier *m*. hygiénique (Pap.).
– – –, **silver** = papier *m*. pour argenterie (Pap.).
– – –, **toilet** = papier *m*. hygiénique.
titanium = titane *m*.
title = titre *m*. (d'un livre, de propriété, de l'or).
– – –, **alternative** = variante *f*. de titre (Imp.).
– – –, **bastard** = faux-titre *m*. (Imp.).
– – –, **catch** = sous-titre *m*. ou titre *m*. abrégé (Imp.).
– – –, **clear** = titre *m*. incontestable (de propriété).
– – –, **fly** = faux-titre *m*. (Imp.).
– – –, **full** = grand titre *m*. (Imp.).
– – –, **half** = faux-titre *m*. (Imp.).
– – –, **main** = grand titre *m*. (Imp.).
– – –, **mock** = faux-titre *m*. (Imp.).
– – –, **onerous, by** = à titre onéreux.
– – –, **running** = titre *m*. courant (d'un volume) (Imp.).
– – – **to property** = titre *m*. de propriété.
titler = machine *f*. à titrer, titreuse *f*. (M.).
titration = dosage *m*., analyse *f*. volumétrique, tirage *m*.
T.N.T. = trinitrotoluène *m*.
toast = pain *m*. grillé (Ust.), toast *m*. (Ust.).
toaster = grille-pain *m*. (Ust.).
– – –, **electric** = grille-pain *m*. électrique (Ust.).
tobacconist = buraliste *m*. (France), marchand *m*. de tabac.
toe = empattement *m*. (de mur), fondation *f*. (d'un perré), ergot *m*. (Méc.), pied *m*. avant (d'un mur de soutènement), patin *m*. (de serre-joint), pivot *m*. (d'arbre vertical), pied *m*. (de dent d'engrenage), pied *m*. aval (d'un ouvrage), griffe *f*. (d'un fer à cheval), talon *m*. (de soudure).
– – –, **downstream** = base *f*. (d'un barrage).
toe-in = convergence *f*. des roues avant ou pincement *m*. (Auto.) (qui assure le parallélisme des roues avant pendant la marche).
toe-out = ouverture *f*. (des roues motrices d'un train avant) (Auto.).
– – – **on turn** = ouverture *f*. (des roues avant) dans les virages (Auto.).
toggle = clé *f*. (Méc.), cabillot *m*. (d'amarrage).
– – –, **brake** = clé *f*. de frein (Méc.).
toilets = W.C. *m*. (S.), cabinet *m*. d'aisances (S.).

tolerance = tolérance *f*. (Méc., E.).
– – –, **frequency** = tolérance *f*. de fréquence (R.).
– – –, **minus** = tolérance *f*. en moins.
– – –, **permissible** = tolérance *f*. admise.
– – –, **plus** = tolérance *f*. en plus.
– – –, **tight** = de grande précision *f*.
toll = péage *m*., tintement *m*. (de cloche).
– – –, **bridge** = pontonage *m*.
toluene = toluène *m*. (Chim.).
toluol = toluol *m*. (Chim.), toluène *m*. brut (Chim.).
tomb = tombe *f*., tombeau *m*.
tomback = tombac *m*., cuivre *m*. jaune.
tombstone = pierre *f*. tombale.
ton = tonne *f*., tonneau *m*. (de jauge) (= 100 pieds cubes) (Mar.).
– – –, **foot** = pied-tonne *m*.
– – –, **French** = tonne *f*. métrique (= 2 204,6 livres; 1 000 kg).
– – –, **gross** = tonne *f*. forte (= 2 240 livres; 1 016 kg). grosse tonne
– – –, **long** = tonne *f*. forte (= 2 240 livres; 1 016 kg).
– – –, **metric** = V. « ton, French ».
– – –, **net** = tonne *f*. courte (= 2 000 livres; 907,1847 kg).
– – –, **short** = tonne *f*. courte (= 2 000 livres; 907,1847 kg).
tone = son *m*. (d'une cloche), accent *m*. (tonique), tonalité *f*. ou signal *m*. sonore (Tp.), ton *m*. (d'une épreuve) (Phot.), ton *m*. ou timbre *m*. (de voix), ton *m*. ou nuance *f*. (d'une couleur).
– – –, **anti-side** = antilocal (adj.) (Tp.).
– – –, **audible** = signal *m*. sonore (Tp.), tonalité *f*. (Tp.).
– – –, **bass** = son *m*. grave.
– – –, **beat** = note *f*. de battement (R.), son *m*. interférentiel (R.).
– – –, **busy** = tonalité *f*. d'occupation (Tp.), signal *m*. d'occupation (Tp.).
– – –, **buzzing** = son *m*. ronflé, ronflement *m*., bourdonnement *m*.
– – –, **clean** = son *m*. pur.
– – –, **collect** = tonalité *f*. d'encaissement (Tp.).
– – –, **combination** = V. « frequency, combination ».
– – –, **deep** = son *m*. grave.
– – –, **dial** = signal *m*. de manoeuvre (Tp.), tonalité *f*. d'envoi (Tp.), signal *m*. de transmission (Tp.).
– – –, **half-** = V. « half-tone ».
– – –, **high-pitched** = tonalité *f*. aiguë (Tp.), son *m*. aigu.
– – –, **humming** = son *m*. ronflé.
– – –, **low-pitched** = son *m*. grave.
– – –, **musical** = son *m*. musical, tonalité *f*. musicale (Tp.).
– – –, **out of order** = signal *m*. de dérangement (Tp.).
– – –, **picture** = fréquence *f*. (porteuse de la modulation) d'image (Tg.).
– – –, **pilot** = signal *m*. d'identification.
– – –, **ringing** = signal *m*. d'appel (Tp.), tonalité *f*. d'appel (Tp.).
– – –, **sharp** = son *m*. aigu.
– – –, **signalling** = tonalité *f*. d'appel (Tp.), tonalité *f*. de signalisation (Tp.).
– – –, **singing** = sifflement *m*. (R., Tp.).

(tone)

– – –, **summation** = son *m*. résultant.
toners = couleurs *f.p*. toniques (Imp.).
tones = V. « tone ».
– – –, **quarter** = zincogravure *f*. (Imp.).
tongs = pince *f*. (I.), tenaille *f*. (I.), pinces *f.p*. (I.).
– – –, **anvil** = tenaille *f*. creuse.
– – –, **blacksmith's** = tenaille *f*. à bec plat, tenaille *f*. de forgeron, tenailles *f.p*. de forge.
– – –, **bolt** = tenaille *f*. pour boulons.
– – –, **brazing** = pince *f*. à souder.
– – –, **chain** = clé *f*. à chaîne.
– – –, **clinch, farrier's** = tenailles *f.p*. à river.
– – –, **clip** = pince *f*. de forgeron.
– – –, **crucible** = happe *f*.
– – –, **draw** = pinces *f.p*. à tirer, tendeur *m*.
– – –, **farrier's** = tenailles *f.p*. de maréchal-ferrant.
– – –, **flat-mouth** = tenaille *f*. à bec plat, tenaille *f*. de forgeron.
– – –, **fuse** = pince *f*. à fusibles (E.).
– – –, **gad** = tenailles *f.p*. à poinçons.
– – –, **gripper** = pince *f*. ce sûreté.
– – –, **ice** = pinces *f.p*. à glace.
– – –, **lazy** = pinces *f.p*. à zigzags.
– – –, **lifting** = pince *f*. de levage.
– – –, **pincer** = tenaille *f*. creuse.
– – –, **pipe** = pince *f*. serre-tube, pince *f*. à tuyaux.
– – –, **rail** = tenaille *f*. à rails.
– – –, **rivet** = tenaille *f*. à rivets.
– – –, **side-mouth** = tenaille *f*. à bec recourbé.
– – –, **skidding** = pinces *f.p*. à billes.
– – –, **soldering** = pince *f*. à souder.
– – –, **straight-lip** = pinces *f.p*. droites, tenailles *f.p*. à mâchoires droites.
– – –, **straight-tip** = pinces *f.p*. droites (de forgeron).
– – –, **sugar** = pinces *f*. à sucre (Ust.).
– – –, **tube** = pinces *f.p*. à tubes.
tongue = languette *f*. (de bois, d'un soulier), soie *f*. (de lime, de couteau), garrot *m*. (d'une scie), langue *f*. (de terre), timon *m*. ou flèche *f*. (d'une voiture) (Agr.), battant *m*. (d'une cloche).
– – – **and groove** = rainure *f*. et languette.
– – –, **feather** = languette *f*. à rainure (B.).
– – –, **half-round** = noix *f*. (B.).
– – –, **inserted** = languette *f*. rapportée.
– – –, **joint** = languette *f*. a rainure.
– – –, **slip** = languette *f*. rapportée (B.).
– – –, **switch** = aiguille *f*. (Ch.d.f.).
– – –, **to** = langueter (un madrier).
tongues, smith('s) = tenailles *f.p*. de forge (I.).
tonguing = languetage *m*. (B.).
tonguing and grooving = bouvetage *m*. (Men.), assemblage *m*. à rainure et languette (Men.).
tonnage = tonnage *m*. (Mar.), jauge *f*. (Mar.).
tool = outil *m*., instrument *m*., V. "tools".
– – –, **air** = outil *m*. pneumatique.
– – –, **assembly** = outil *m*. de montage.
– – –, **beading** = matoir *m*.
– – –, **bevelling** = biseautoir *m*. ou biseautier *m*.
– – –, **boring** = outil *m*. à aléser.
– – –, **boring, inside** = outil *m*. à aléser.
– – –, **bull-nose** = outil *m*. rond à dégrossir.
– – –, **caulking** = matoir *m*.
– – –, **cement** = outil *m*. de cimentier.

(tool)

– – –, **centering** = outil *m*. à centrer.
– – –, **chambering** = outil *m*. à chambrer.
– – –, **chasing** = peigne *m*. à fileter (au tour).
– – –, **cleaning, carbon** = outil *m*. pour décalaminage.
– – –, **cleaning, duct** = écouvillon *m*. (Tp.).
– – –, **cleaving** = fendoir *m*.
– – –, **clinkering** = ringard *m*.
– – –, **creasing** = suage *m*.
– – –, **crimping** = sertisseur *m*.
– – –, **curling** = outil *m*. de bordage, outil *m*. à border.
– – –, **cutting** = outil *m*. tranchant, outil *m*. coupant, outil *m*. de coupe, burin *m*.
– – –, **cutting-off** = outil *m*. à saigner, outil *m*. à tronçonner.
– – –, **cutting, key-way** = outil *m*. à rainer.
– – –, **cutting, side** = grain-d'orge *m*. de côté (de tour).
– – –, **diamond-point** = outil *m*. à pointe de diamant, grain-d'orge *m*.
– – –, **diamond-tipped** = outil *m*. à pointe de diamant.
– – –, **drafting** = outil *m*. de cimentier, lissoir *m*.
– – –, **dressing, valve-seat** = rodoir *m*. à soupapes.
– – –, **edge** = outil *m*. tranchant, pointe *f*. à rabaisser.
– – –, **engraving** = burin *m*.
– – –, **facing** = outil *m*. à dresser.
– – –, **finishing** = outil *m*. à finir, outil *m*. de finition.
– – –, **firing** = tisonnier *m*.
– – –, **flat** = ciseau *m*. plat.
– – –, **forming** = outil *m*. de forme, outil *m*. à façonner.
– – –, **goose-neck** = outil *m*. à col de cygne.
– – –, **grinding** = outil *m*. à roder, rodoir *m*.
– – –, **grinding, diamond** = outil *m*. diamant.
– – –, **grinding, valve** = rodoir *m*.
– – –, **hand** = outil *m*. à main.
– – –, **hand, diamond** = diamant *m*. à main.
– – –, **heel, lathe** = grain-d'orge *m*. de tour.
– – –, **high-speed** = outil *m*. à coupe rapide.
– – –, **knock-out** = extracteur *m*.
– – –, **knurling** = molette *f*.
– – –, **lathe** = outil *m*. de tour.
– – –, **machine** = machine-outil *f*.
– – –, **machine, precision** = machine-outil *f*. de précision.
– – –, **marking** = pointe *f*. à tracer, rouanne *f*.
– – –, **matting** = matoir *m*.
– – –, **mechanical** = outil *m*. mécanique.
– – –, **milling** = fraiseuse *f*., fraise *f*.
– – –, **mortising** = outil *m*. mortaiseur.
– – –, **offset, lathe** = outil *m*. à charioter de tour.
– – –, **parting** = gouge *f*. triangulaire, burin *m*. à bois.
– – –, **planing** = outil *m*. à raboter, burin *m*. de raboteuse.
– – –, **planishing** = outil *m*. à planer.
– – –, **point** = grain-d'orge *m*.
– – –, **portable** = outil *m*. portatif.
– – –, **powder actuated** = pistolet *m*. de scellement (à cartouche explosive).
– – –, **precision** = outil *m*. de précision.
– – –, **recessing** = outil *m*. à chambrer.
– – –, **rim** = démonte-jante *m*. (Auto.), ouvre-jante *m*. (Auto.).
– – –, **riveting** = bouterolle *f*., marteau *m*. à river.
– – –, **rose-engine** = guilloche *f*.
– – –, **roughing** = ciseau *m*. à dégrossir, ébauchoir *m*.,

(tool)

outil *m.* à dégrossir.
- - -, **round** = gorge *f.* à ébaucher.
- - -, **round-nosed** = outil *m.* à grain-d'orge (de tour à métaux).
- - -, **routing** = outil *m.* à rainurer (de toupie).
- - -, **scaling** = outil *m.* à détartrer, outil *m.* à décrouter.
- - -, **scraping** = racloir *m.* de peintre, racloir *m.*
- - -, **screw** = peigne *m.*
- - -, **screw-cutting, inside** = outil *m.* à fileter intérieurement.
- - -, **screw-cutting, outside** = outil *m.* à fileter extérieurement.
- - -, **scribing** = pointe *f.* à tracer.
- - -, **sharp** = outil *m.* aigu, outil *m.* bien affûté.
- - -, **side** = outil *m.* latéral (de tour).
- - -, **side, right-hand** = outil *m.* latéral à droite.
- - -, **slotting** = outil *m.* à rainurer, outil *m.* à mortaiser.
- - -, **smith's** = outil *m.* de forge.
- - -, **smoothing** = outil *m.* de finition, outil *m.* à polir, lissoir *m.* (de bitumier, de cimentier).
- - -, **snap** = bouterolle *f.*
- - -, **soldering** = fer *m.* à souder.
- - -, **spoon** = spatule *f.* (de mouleur).
- - -, **spotting** = outil *m.* à centrer, outil *m.* à marquer.
- - -, **spring** = outil *m.* flexible à col de cygne.
- - -, **square-nose** = outil *m.* à bec droit.
- - -, **stocking** = ciseau *m.* à dégrossir, ébauchoir *m.*, outil *m.* à dégrossir.
- - -, **swan-neck** = outil *m.* à col de cygne.
- - -, **tapping** = outil *m.* à tarauder.
- - -, **threading** = filière *f.*, outil *m.* à fileter.
- - -, **threading, inside** = outil *m.* à fileter intérieurement.
- - -, **tire** = démonte-pneu *m.*
- - -, **to** = usiner ou façonner (une pièce).
- - -, **trepanning** = trépan *m.*
- - -, **turning** = outil *m.* de tour.
- - -, **turning, inside** = outil *m.* à aléser.
- - -, **turning, V-shaped** = grain-d'orge *m.* de tour (à bois).
- - -, **V-point** = outil *m.* à bec pointu, outil *m.* pointu.
- - -, **valve-freeing** = outil *m.* pour dégager les soupapes.
- - -, **valve-lifter** = lève-soupape *m.*
- - -, **woodturner's** = gouge *f.*
tooler = fer *m.* de maçon, grand ciseau *m.* à pierre.
tooling = usinage *m.*, façonnage *m.*, travail *m.* à l'outil, outillage *m.* (d'un atelier), dorure *f.* (d'un livre) (Imp.), ciselure *f.* (du cuir) (Imp.).
- - -, **blind** = dorure *f.* à froid (Imp.).
- - -, **gold** = dorure *f.* à chaud (Imp.).
tools = petit outillage, outils *m.p.*, V. « tool ».
- - -, **boring** = outils *m.p.* de perçage.
- - -, **cable** = outillage *m.* de forage au câble (Mi.), outil *m.* au câble (Mi.).
- - -, **edge** = taillanderie *f.*
- - -, **electric** = outillage *m.* électrique.
- - -, **fence** = pinces *f.p.* à clôture, pinces *f.p.* de treillageur.
- - -, **finishing** = fers *m.p.* à dorer (Imp.).
- - -, **fitter's** = outils *m.p.* de montage.

(tools)

- - -, **garden** = instruments *m.p.* de jardinage, outils *m.p.* de jardinage.
- - -, **garden, junior** = outils *m.p.* de jardinage pour enfants.
- - -, **hand** = outils *m.p.* à main.
- - -, **lathe** = outils *m.p.* de tour.
- - -, **line** = outillage *m.* de ligne (Tp.).
- - -, **machine-shop** = outillage *m.* mécanique.
- - -, **power** = outillage *m.* mécanique, outils *m.p.* mécaniques.
- - -, **power, woodworking** = outillage *m.* mécanique de menuiserie.
- - -, **scaling** = outils *m.p.* détartreurs.
- - -, **small** = petit outillage, fournitures *f.p.* (d'un horloger).
- - -, **small, bricklayer's** = rifloir(s) *m.(p.).*
- - -, **small, plasterer's** = jeu *m.* d'outils de plâtrier dits « à profiler », rifloir(s) *m.(p.).*
- - -, **standard** = outillage *m.* de série.
tooth = dent *f.* (Méc.), alluchon *m.* (Méc.), grain *m.* (du papier), V. « teeth ».
- - -, **armature** = dent *f.* d'induit (E.).
- - -, **backed-off** = dent *f.* dégagée, dent *f.* détalonnée.
- - -, **bucket** = dent *f.* du godet.
- - -, **champion** = dent *f.* double (d'une scie passe-partout) (France), dent *f.* double (d'un godendard) (Canada).
- - -, **club** = dent *f.* conique (d'engrenage).
- - -, **cycloidal** = dent *f.* cycloïdale.
- - -, **detachable-point** = dent *f.* à pointe rapportée, dent *f.* à pointe démontable.
- - -, **dipper** = dent *f.* du godet.
- - -, **dog's** = dent-de-chien *f.* (de sculpteur).
- - -, **file** = dent *f.* de lime.
- - -, **gear** = dent *f.* d'engrenage.
- - -, **helical** = dent *f.* hélicoïdale.
- - -, **hunting** = dent *f.* additionnelle.
- - -, **inserted** = dent *f.* rapportée.
- - -, **involute** = dent *f.* à développante.
- - -, **machine-cut** = dent *f.* taillée.
- - -, **milled** = dent *f.* fraisée.
- - -, **mongrel** = dent *f.* métisse.
- - **of file** = dent *f.* de lime.
- - -, **peg** = dent *f.* chevillée.
- - -, **ratchet** = dent *f.* de rochet, dent *f.* à cliquet.
- - -, **saw** = dent *f.* de scie.
- - -, **scant** = dent *f.* faible.
- - -, **skew** = dent *f.* inclinée.
- - -, **steel, manganese** = dent *f.* en acier au manganèse.
- - -, **straight** = dent *f.* droite.
- - -, **stub** = dent *f.* tronquée.
- - -, **two-piece** = dent *f.* en deux pièces.
- - -, **undercut** = dent *f.* dégagée, dent *f.* dépouillée.
- - -, **wedge-shaped** = dent *f.* en biseau.
- - - **with removable point** = dent *f.* avec pointe amovible.
toothed = denté (adj.), crénelé (adj.).
toothing = taille *f.* des dents, denture *f.*, bretture *f.* (de la pierre), arrachement *m.* (B.), dentelure *f.* (laissée dans un mur de brique) (B.).
- - -, **exterior** = denture *f.* extérieure.
top = capote *f.* (d'une automobile décapotable), revête-

(top)

ment *m.* (d'une route), couvercle *m.* (d'une boîte), repos *m.* ou palier *m.* (de came), sommet *m.* (d'une dent d'engrenage, de filet), supérieur (adj.), cime *f.* (d'un arbre), faîte *m.* (d'un bâtiment, d'un poteau), tête *f.* (d'un mât, d'un mur), haut *m.* (d'un mur, d'une tour, d'une montagne), pavillon *m.* (d'une conduite intérieure) (Auto.).
– – –, **black** = revêtement *m.* bitumineux (d'une route).
– – –, **body** = capote *f.* (Auto.).
– – –, **chimney** = faîte *m.* de cheminée (B.), mitre *f.* de la cheminée (B.), chapiteau *m.* de cheminée (B.), couronne *f.* de cheminée (B.).
– – –, **concealed** = capote *f.* à éclipse (Auto.).
– – –, **cylinder** = culasse *f.* (Auto.), couvercle *m.* du cylindre (Méc.).
– – –, **fire-box** = ciel *m.* de foyer (Méc.).
– – –, **flat** = nappe *f.* (d'une antenne) (R.).
– – –, **furnace** = gueulard *m.* (Méc.).
– – –, **hard** = V. « hard-top ».
– – – **of a cam** = palier *m.* de came (Méc.).
– – –, **piston** = fond *m.* ce piston (Méc.).
– – –, **roll** = rideau *m.* (ce pupitre américain).
– – –, **to** = étêter ou écimer (les arbres).
– – –, **to** – – – **up** = faire l'appoint (en huile, etc.) (Auto.).
topography = topographie *f.*
topping = écimage *m.* ou étêtement *m.* ou étêtage (des arbres).
– – – **up** = remplissage *m.* (d'un réservoir), renivellement (d'un accumulateur) (E.).
torch = chalumeau *m.* (à souder), torche *f.*
– – –, **alcohol** = lampe *f.* à souder à alcool.
– – –, **blow** = lampe *f.* à souder, chalumeau *m.*
– – –, **cutting** = chalumeau *m.* à découper, chalumeau *m.* découpeur.
– – –, **cutting, oxyacetylene** = chalumeau *m.* oxyacétylénique, chalumeau *m.* à découper.
– – –, **electric** = lampe *f.* (électrique) de poche.
– – –, **gas** = chalumeau *m.* à gaz.
– – –, **gasolene** = lampe *f* à souder.
– – –, **leader, contractor's** = torche *f.* de signalisation.
– – –, **leader, road-work** = torche *f.* de signalisation.
– – –, **oxyacetylene** = chalumeau *m.* oxyacétylénique.
– – –, **plumber's** = lampe *f.* à souder.
– – –, **soldering** = lampe *f.* à souder.
– – –, **welding** = chalumeau *m.* à souder, lampe *f.* à souder.
toroidal = toroïdal (adj.) (E.), (enroulement *m.*) de compensation (E.).
torque = couple *m.* (de forces) (Méc.), moment *m.* de torsion (Méc.), moment *m.* de rotation (Méc.), couple *m.* moteur (Méc.).
– – –, **armature** = couple *m.* d'induit (E.).
– – –, **brake** = couple *m.* de freinage.
– – –, **constant** = couple *m.* constant.
– – –, **controlling** = couple *m.* directeur (c.-à-d. couple actif et couple antagoniste).
– – –, **gross** = couple *m.* nominal.
– – –, **load** = couple *m.* de charge.
– – –, **low** = couple *m.* faible.
– – –, **net** = couple *m.* effectif (Auto.).
– – –, **pull-out** = couple *m.* de démarrage, couple *m.* de décrochage (d'un moteur à induction).

(torque)

– – –, **restoring** = couple *m.* de rappel, couple *m.* d'équilibrage.
– – –, **retarding** = couple *m.* retardateur.
– – –, **running** = couple *m.* normal.
– – –, **stalling** = couple *m.* de décrochage.
– – –, **starting** = couple *m.* de démarrage.
– – –, **synchronizing** = couple *m.* de synchronisation (E.).
torsel = tasseau *m.* (B.).
torsion = torsion *f.*
torus = tore *m.* (B.).
– – –, **lower** = toron *m.* (B.).
total = total *m.* (ou adj.), global (adj.), entier (adj.).
touch, to – – – **down** = atterrir (Av.), faire le sol (Av.).
Touch-Tone = (service *m.*, appareil *m.*) « Touch-Tone » (Tp.) (Canada), à clavier (Tp.).
touch-up = retouche *f.*
tough = tenace (adj.), résistant (adj.), dur (adj.), raide (adj.).
toughness = tenacité *f.* (d'une colle, d'un métal), dureté *f.* (de la viande, du fer), résistance *f.* (d'un métal), coriacité *f.* (de la viande), difficulté *f.* (d'une tâche).
tour = excursion *f.* (à pied), voyage *m.* touristique, tour *m.*, randonnée *f.* (en automobile).
– – –, **inspection** = tournée *f.* de visite.
– – – **of duty** = tour *m.* de service.
– – –, **organized** = tour *m.* organisé.
tourniquet = garrot *m.* (de premiers soins).
tow = étoupe *f.* blanche, filasse *f.*, remorque *f.* (Mar., Auto.), câble *m.* de remorque.
– – –, **caulking** = étoupe *f.* à calfater.
– – –, **packing** = tresse *f.* pour garniture.
– – –, **ski** = monte-pente *m.*, téléski *m.*
– – –, **to** = remorquer (une automobile, un bateau), touer (un yacht).
– – –, **under-** = courant *m.* sous-marin.
towage = remorquage *m.* (d'une automobile, d'un navire), halage *m.* (d'un bateau).
towel = serviette *f.* (de toilette) (Ust.).
– – –, **bath** = serviette *f.* de bain.
– – –, **dish** = torchon *m.*, essuie-verre *m.*, linge à vaisselle (Canada).
– – –, **face** = débarbouillette *f.* (Canada).
– – –, **kitchen** = essuie-mains *m.*
– – –, **turkish** = serviette *f.* éponge.
tower = tour *f.* (C.), pylône *m.* (de réseau électrique) (E.), tourelle *f.* (C.).
– – –, **absorption** = tour *f.* d'absorption (Pap.).
– – –, **acid** = tour *f.* à lessive (Pap.).
– – –, **anchor** = pylône *m.* d'ancrage, pylône *m.* d'ancre.
– – –, **angle** = pylône *m.* d'angle.
– – –, **bleaching** = tour *f.* (ou chambre *f.*) de blanchiment (Pap.).
– – –, **boring** = tour *f.* de fonçage (Mi.).
– – –, **cap, distribution** = borne *f.* du chapeau de distribution (Auto.).
– – –, **conning** = kiosque *m.* de timonerie (Mar.).
– – –, **control** = tour *f.* de contrôle (Av.).
– – –, **cooling** = refroidisseur *m.*, tour *f.* de réfrigération.
– – –, **corner** = pylône *m.* d'angle, pylône *m.* cornier.
– – –, **crane** = sapine *f.* (C.).

(tower)

– – –, **fire** = escalier *m.* de sauvetage emmuré (B.).
– – –, **iron-framework** = pylône *m.* (de réseau électrique).
– – –, **lattice** = tour *f.* en treillis, pylône *m.* en treillis.
– – –, **radio** = pylône *m.* (R.), pylône *m.* d'émission (R.).
– – –, **radio, microwave** = pylône *m.* de communication par micro-ondes (R.).
– – –, **radiating** = pylône *m.* d'émission (R.).
– – –, **reclaiming** = tour *f.* de récupération (des gaz) (Pap.).
– – –, **recovery** = V. « tower, reclaiming ».
– – –, **self-supporting** = mât *m.* non haubané, pylône *m.* non haubané.
– – –, **steel** = pylône *m.* métallique (E.).
– – –, **terminal** = pylône *m.* d'arrêt (E.), pylône *m.* de tête de ligne (E.).
– – –, **transmission** = pylône *m.* (de réseau électrique) (E.).
– – –, **washing, spray** = tour *f.* de lavage à pulvérisation.
– – –, **water** = château *m.* d'eau (H.).
towing = remorquage *m.* (d'une auto, d'un bateau), halage *m.* (d'un bateau).
town = ville *f.*, de la ville, urbain (adj.), municipal (adj.).
– – –, **Company** = ville *f.* patronale.
– – –, **dormitory** = ville *f.* dortoir.
township = canton *m.* (= 100 milles carrés) (Canada).
trace = empreinte *f.* (d'un animal), trace *f.* (de quelqu'un), trait *m.* (c.-à-d. partie d'un harnais).
– – –, **to** = tracer (un plan), calquer (un dessin), suivre (un circuit), rechercher (une panne).
tracer = traceur *m.* (O.), calqueur *m.* (O.), balle *f.* traçante, indicateur *m.* radioactif.
– – –, **curve** = curvigraphe *m.* (I.).
– – –, **fault** = dépanneur *m.* (O.), détecteur *m.* de dérangement (I.).
tracing = calque *m.*, tracé *m.*, dessin *m.*, croquis *m.*
– – –, **fault** = diagnostic *m.* de dépannage (Tp., Méc.), recherche *f.* d'un dérangement (Tp., E.), repérage *m.* de dérangements (Tp., E.).
track = voie *f.*, sentier *m.*, chemin *m.* de roulement, sillage *m.* (d'un bateau), chemin *m.* de glissement, rail *m.*, piste *f.* (d'un gibier, d'un ruban magnétique), chenilles *f.p.*, largeur *f.* de voie d'un véhicule.
– – –, **connecting** = voie *f.* de raccordement (Ch.d.f.).
– – –, **crab** = voie *f.* de roulement du chariot (C.).
– – –, **crane** = voie *f.* de roulement.
– – –, **crawler** = roulement *m.* sur chenilles, traction *f.* sur chenilles.
– – –, **distributing** = voie *f.* de triage (Ch.d.f.).
– – –, **double** = double voie (Ch.d.f.), voie *f.* double (Ch.d.f.), (ruban *m.* magnétique) à double piste.
– – –, **erecting** = chaîne *f.* de montage (Méc.).
– – –, **half-** = V. « half-track ».
– – –, **level** = voie *f.* de niveau (Ch.d.f.).
– – –, **main** = voie *f.* principale (Ch.d.f.).
– – –, **motor car** = autodrome *m.*
– – –, **motor-racing** = autodrome *m.*
– – –, **narrow gauge** = voie *f.* étroite (Ch.d.f.).
– – –, **racing, cycle** = vélodrome *m.*
– – –, **racing, horse** = hippodrome *m.*

(track)

– – –, **racing, motor** = autodrome *m.*
– – –, **railway** = voie *f.* de chemin de fer, voie *f.* ferrée.
– – –, **riding** = piste *f.* cavalière.
– – –, **roller** = voie *f.* de roulement (Méc.).
– – –, **shifting** = dérailleur *m.* (Ch.d.f.).
– – –, **shunt** = voie *f.* d'évitement (Ch.d.f.).
– – –, **side** = embranchement *m.* (Ch.d.f.), voie *f.* d'évitement (Ch.d.f.), voie *f.* de service (Ch.d.f.).
– – –, **single** = voie *f.* simple (Ch.d.f.), à voie unique.
– – –, **sound** = piste *f.* sonore (d'une bande magnétique), bande *f.* sonore.
– – –, **standard gauge** = voie *f.* à écartement normal (Ch.d.f.), voie *f.* normale (Ch.d.f.).
– – –, **switching** = voie *f.* de manœuvre (Ch.d.f.).
– – –, **to** = repérer ou localiser (un avion, un dérangement), traquer (un gibier, un malfaiteur), tracer (un sentier), haler (un chaland) (Mar.).
– – –, **wheel** = voie *f.* charretière.
trackage = réseau *m.* (Ch.d.f.), voies *f.p.* (Ch.d.f.).
tracking = accord *m.* décalé (R.), halage *m.* (Mar.), dépistage *m.*
– – –, **fault** = repérage *m.* de dérangements (Tp.), localisation *f.* de dérangements (Tp.).
– – –, **head** = centrage *m.* des têtes (d'un magnétoscope) (Tv.).
– – –, **range, automatic** = lecture *f.* automatique de la distance.
– – –, **side** = déviation *f.* (Mi.).
tracks, oil = pattes *f.p.* d'araignée (d'un coussinet) (Méc.).
trackway = voie *f.*, chaussée *f.*
tract = étendue *f.* (de terre, d'eau), région *f.*
– – – **of land** = bande *f.* de terre.
traction = traction *f.* (Méc.), roulement *m.* (Méc.), entraînement *m.* (Méc.).
– – –, **carterpillar** = traction *f.* sur chenilles.
– – –, **crawler** = roulement *m.* sur chenilles, traction *f.* sur chenilles.
– – –, **double** = traction *f.* double.
– – –, **electric** = traction *f.* électrique.
– – –, **forward** = traction *f.* avant.
– – –, **motor** = traction *f.* automobile.
– – –, **power** = traction *f.* mécanique.
– – –, **steam** = traction *f.* à vapeur.
tractive = de traction.
tractor = tracteur *m.* (M.).
– – –, **caterpillar** = tracteur *m.* à chenilles, tracteur *m.* sur chenilles.
– – –, **crawler** = V. « crawler ».
– – –, **Diesel** = tracteur *m.* à moteur Diesel.
– – –, **farm** = tracteur *m.* agricole.
– – –, **gasolene** = tracteur *m.* à essence.
– – –, **heavy-duty** = tracteur *m.* lourd.
– – –, **light-duty** = tracteur *m.* léger.
– – – **on tires** = tracteur *m.* sur pneus.
– – –, **tow** = chariot *m.* tracteur (M.).
– – –, **tricycle, dual** = tracteur *m.* enjambeur (Agr.).
trade = métier *m.*, corps *m.* de métier, commerce *m.*, négoce *m.*
– – –, **building** = le bâtiment, industrie *f.* du bâtiment.
– – –, **free** = libre échange *m.*
– – –, **to** – – – **in** = donner (son auto) en reprise, reprendre en compte (une auto usagée).

(trade)

– – –, **wholesale** = commerce *m.* de (ou en) gros.
trade-in = reprise *f.* (Auto.).
trader = commerçant *m.*, négociant *m.*
trades, building = métiers *m.p.* du bâtiment, le bâtiment.
– – –, **construction** = métiers *m.p.* du bâtiment, le bâtiment.
tradesman = fournisseur *m.*, marchand *m.*
– – –, **practical** = artisan *m.*
trading in = reprise *f.* en compte (d'une auto usagée).
traffic = trafic *m.* (Tp., Ch.d.f.), circulation *f.* (des véhicules), trafic *m.* (routier) (Auto.).
– – –, **air** = circulation *f.* aérienne (Av.).
– – –, **congested** = circulation *f.* embarrassée.
– – –, **daily** = trafic *m.* quotidien (Tp.).
– – –, **delayed** = trafic *m.* avec attente (Tp.).
– – –, **direct** = trafic *m.* direct (Tp.).
– – –, **domestic** = trafic *m.* intérieur (Tp.), trafic *m.* local (Tp.).
– – –, **heavy** = circulation *f.* intense (Auto.), pointe *f.* de trafic (Tp.), fort trafic *m.* (Tp.).
– – –, **heavy, N.C. (No Circuit)** = trafic *m.* avec attente (Tp.).
– – –, **incoming** = trafic *m.* d'arrivée (Tp.).
– – –, **light** = circulation *f.* peu intense.
– – –, **local** = trafic *m.* urbain (Tp.), trafic *m.* local (Tp.).
– – –, **long-distance** = trafic *m.* à grande distance (Tp.), trafic *m.* interurbain (Tp.).
– – –, **on-coming** = véhicules *m.p.* venant en sens inverse (Auto.).
– – –, **one-way** = circulation *f.* en sens unique (Auto.), trafic *m.* unidirectionnel (E.).
– – –, **originating** = trafic *m.* de départ (Tp.).
– – –, **peak** = trafic *m.* de pointe (Tp.).
– – –, **passenger** = trafic-voyageurs *m.* (Ch.d.f.).
– – –, **railway** = trafic *m.* de chemin de fer.
– – –, **road** = circulation *f.* routière.
– – –, **telephone** = trafic *m.* téléphonique.
– – –, **toll** = trafic *m.* interurbain (Tp.).
– – –, **transit** = trafic *m.* de transit (Tp.).
– – –, **two-way** = trafic *m.* bilatéral (Tp.).
trail = trainée *f.* (lumineuse, de sang, d'un projectile), sentier *m.* (dans une forêt), piste *f.* (d'un homme, d'un animal), queue *f.* (d'un météore), sillon *m.* (d'une roue), crosse *f.* d'affût (d'un canon).
– – –, **horse** = piste *f.* cavalière.
trailer = remorque *f.*, baladeuse *f.* (de tramway), caravane *f.* ou roulotte *f.* (de touriste).
– – –, **boat** = remorque *f.* à embarcations.
– – –, **cable-reel** = remorque *f.* à bobines (Tp.), chariot *m.* à bobines (Tp.), chariot-dérouleur *m.* (Tp.).
– – –, **camp** = caravane *f.* roulotte *f.*
– – –, **camp, folding** = caravane *f.* pliante (France), tente-remorque *f.* (Canada).
– – –, **camper** = caravane *f.*
– – –, **caterpillar** = remorque *f.* sur chenilles (C.).
– – –, **cattle** = bétaillère *f.*
– – –, **drop-bottom** = remorque *f.* à déversement par le fond (C.).
– – –, **dump** = remorque *f.* basculante (C.).
– – –, **dump, bottom** = remorque *f.* à déversement par le fond (C.).

(trailer)

– – –, **dump, side** = remorque *f.* à déversement par le côté (C.).
– – –, **horse** = van *m.*
– – –, **house** = roulotte *f.*, caravane *f.*
– – –, **log** = fardier *m.*, trinqueballe *m.*
– – –, **logging** = remorque *f.* à billes (For.).
– – –, **motor** = roulotte *f.* automobile.
– – – **on crawler track** = remorque *f.* sur chenilles (C.).
– – –, **platform** = remorque *f.*
– – –, **pole** = chariot *m.* à poteaux (Tp.).
– – –, **semi-** = remorque *f.* à deux roues, semi-remorque *f.*
– – –, **tent** = caravane *f.* pliante (France), remorque *f.* (France), tente-remorque *f.* (Canada).
– – –, **water** = remorque-citerne *f.*
trailering = caravaning *m.*
train = train *m.* (de laminoir, de Ch.d.f.), convoi *m.* (Ch.d.f.), système *m.* d'engrenages (Méc.), rame *f.* (c.-à-d. composée d'une automotrice et de remorques) (de métro).
– – –, **baggage** = train *m.* de marchandises (Ch.d.f.).
– – –, **counting** = minuterie *f.* ou horlogerie *f.* (d'un compteur).
– – –, **driving** = train *m.* de roues d'entraînement (Méc.).
– – –, **epicyclic** = engrenage *m.* épicycloïdal (Méc.).
– – –, **excursion** = train *m.* de plaisir (Ch.d.f.).
– – –, **express** = train *m.* express (Ch.d.f.).
– – –, **fast** = train *m.* rapide (Ch.d.f.), rapide *m.* (Ch.d.f.).
– – –, **freight** = convoi *m.* de marchandises (Ch.d.f.).
– – –, **gear** = train *m.* d'engrenages (Méc.).
– – –, **limited** = rapide *m.* (Ch.d.f.).
– – –, **local** = train *m.* omnibus (Ch.d.f.).
– – –, **long-distance** = train *m.* à long parcours (Ch.d.f.).
– – –, **mail** = train-poste *m.* (Ch.d.f.).
– – – **of gears** = train *m.* d'engrenages (Méc.), harnais *m.* d'engrenages (Méc.).
– – – **of impulses** = train *m.* d'impulsions (E.).
– – – **of waves** = train *m.* d'ondes (Tp.).
– – – **of wheels** = train *m.* de roues (Méc.), engrenage *m.* (Méc.), minuterie *f.* (d'un compteur).
– – –, **passenger** = train *m.* de voyageurs (Ch.d.f.).
– – –, **pool** = train *m.* en commun (Ch.d.f.).
– – –, **power** = groupe *m.* motopropulseur (d'une automobile).
– – –, **pulse** = train *m.* d'impulsions (E.).
– – –, **roller** = équipage *m.* de galets (d'un pont métallique) (C.).
– – –, **signal, incoming** = sématème *m.* d'arrivée (Tg.).
– – –, **signal, outgoing** = sématème *m.* de départ (Tg.).
– – –, **suburban** = train *m.* de banlieue (Ch.d.f.).
– – –, **wave** = train *m.* d'ondes (E.).
– – –, **way** = train *m.* omnibus (c.-à-d. qui arrête à toutes les gares).
– – –, **wheel** = train *m.* de roues (Méc.).
trainee = élève *m.*
trainer = instructeur *m.*, moniteur *m.*
training = éducation *f.*, instruction *f.*, préparation *f.*, entraînement *m.*, apprentissage *m.*
– – –, **craft** = apprentissage *m.*
– – –, **further** = perfectionnement *m.*

(training)

– – –, **job instruction** = formation *f.* en pédagogie industrielle.

– – –, **group** = formation *f.* en groupe.

– – –, **leadership** = formation *f.* au commandement.

– – –, **off-the-job** = formation *f.* en dehors de l'entreprise, formation *f.* externe.

– – –, **on-the-job** = formation *f.* sur le chantier, apprentissage *m.*, formation *f.* interne.

– – –, **physical** = éducation *f.* physique.

– – –, **trade** = apprentissage *m.*

– – –, **vocational** = formation *f.* professionnelle, enseignement *m.* professionnel.

trajectory = trajectoire (d'un projectile).

trammel = ellipsographe *m.*, compas *m.* d'ellipse.

tramway = tramway *m.*

– – –, **cable** = tramway *m.* à câbles, tramway *m.* funiculaire.

– – –, **overhead** = tramway *m.* aérien.

transceiver = émetteur-récepteur *m.* combiné (R.).

transconductance = transconductance *f.* (E.).

transcontainer = transconteneur *m.*

transcribe, to = transcrire, copier.

transducer = transducteur *m.* (R.), transmetteur *m.* (R.), capteur *m.* ou sonde *f.* (R., E.).

– – –, **active** = transducteur *m.* actif.

– – –, **conversion, harmonic** = diviseur *m.* de fréquence (R.).

– – –, **electromechanical** = transducteur *m.* électromécanique (R., E.).

– – –, **linear** = transducteur *m.* linéaire.

– – –, **passive** = transducteur *m.* passif.

transductor = transducteur *m.* (R.).

transept = transept *m.* (B.).

transfer = transport *m.* (de fils téléphoniques, de propriété), cession *f.* (de droits, de privilèges), transfert *m.* (de jarretière au répartiteur, de valeurs, de propriété, de populations), mutation *f.* (de biens), transmission *f.* (de la chaleur), transbordement *m.* (d'effets), report *m.* (Imp.), virement *m.* (de fonds), décalque *m.* (d'un dessin).

– – – **of calls** = transfert *m.* (d'appels) (Tp.).

– – – **of energy** = transport *m.* d'énergie (E.).

transform, to = transformer (le courant), convertir (la chaleur en énergie).

transformation = transformation *f.* (du courant) (E.), conversion *f.* (de la chaleur en énergie).

– – –, **frequency** = transformation *f.* de la fréquence (E.).

transformer = transformateur *m.* (E.).

– – –, **adapter** = transformateur *m.* intermédiaire.

– – –, **air** = transformateur *m.* à air.

– – –, **air-blast** = transformateur *m.* à refroidissement par air.

– – –, **air-cooled** = transformateur *m.* refroidi par l'air, transformateur *m.* à air.

– – –, **air-core** = transformateur *m.* à air.

– – –, **air-gap** = transformateur *m.* à air, transformateur *m.* à fer divisé.

– – –, **air-tuned** = transformateur *m.* accordé à l'air.

– – –, **alternating-current** = transformateur *m.* à courant alternatif.

– – –, **antenna** = transformateur *m.* d'antenne.

– – –, **audio** = transformateur *m.* basse fréquence.

(transformer)

– – –, **auto** = V. « autotransformer ».

– – –, **balanced-to-unbalanced** = symétriseur *m.* (R.).

– – –, **balancing** = transformateur *m.* compensateur.

– – –, **bar-type** = transformateur *m.* à barres.

– – –, **bell-ringing** = transformateur *m.* de sonnerie.

– – –, **booster** = transformateur *m.* survolteur.

– – –, **boosting** = transformateur *m.* survolteur.

– – –, **boosting, negative** = transformateur *m.* suceur.

– – –, **boosting, positive** = transformateur *m.* survolteur.

– – –, **bushing** = transformateur *m.* de traversée.

– – –, **by-pass** = transformateur *m.* de couplage.

– – –, **choke** = transformateur *m.* à rapport de tension inférieur à un.

– – –, **closed-circuit** = transformateur *m.* à circuit fermé.

– – –, **constant-current** = transformateur *m.* à courant constant.

– – –, **core** = transformateur *m.* à noyau.

– – –, **core, air** = transformateur *m.* à air.

– – –, **core, closed** = transformateur *m.* à noyau fermé.

– – –, **core, dry** = transformateur *m.* à sec.

– – –, **core, open** = transformateur *m.* à noyau ouvert, transformateur *m.* à circuit magnétique ouvert.

– – –, **core-type** = transformateur *m.* à noyau, transformateur *m.* à colonnes.

– – –, **coupling** = jigger *m.* (E.), transformateur *m.* de couplage (E.), transformateur *m.* de liaison (E.).

– – –, **current** = transformateur *m.* d'intensité.

– – –, **current, bus-bar** = transformateur *m.* de courant à barres.

– – –, **current, compensated** = transformateur *m.* de courant compensé.

– – –, **current, continuous** = moteur *m.* générateur (E.).

– – –, **current, wound-primary** = transformateur *m.* de courant à primaire bobiné.

– – –, **differential** = transformateur *m.* différentiel.

– – –, **differential, balanced** = transformateur *m.* différentiel.

– – –, **distribution** = transformateur *m.* de distribution, transformateur *m.* basse tension.

– – –, **draining** = transformateur *m.* suceur.

– – –, **dry type** = transformateur *m.* à sec.

– – –, **filament** = transformateur *m.* de chauffage.

– – –, **frequency** = transformateur *m.* de fréquence.

– – –, **frequency, high** = transformateur *m.* haute fréquence.

– – –, **frequency, low** = transformateur *m.* basse fréquence.

– – –, **frequency, radio** = transformateur *m.* haute fréquence.

– – –, **frequency, static** = transformateur *m.* statique de fréquence.

– – –, **hybrid** = transformateur *m.* différentiel.

– – –, **grounded** = transformateur *m.* à neutre à la terre.

– – –, **input** = transformateur *m.* d'entrée (R.).

– – –, **instrument** = transformateur *m.* de mesure.

– – –, **interstage** = transformateur *m.* de liaison (entre étages d'amplification).

– – –, **intervalve** = transformateur *m.* de liaison.

– – –, **line** = transformateur *m.* de distribution.

– – –, **main** = transformateur *m.* principal.

(transformer)

– – –, **mains** = transformateur *m.* d'alimentation.
– – –, **matching** = transformateur *m.* d'adaptation.
– – –, **matching, impedance** = transformateur *m.* d'adaptation.
– – –, **multiple-ratio** = transformateur *m.* à rapports multiples de transformation.
– – –, **oil** = transformateur à huile, transformateur *m.* à bain d'huile.
– – –, **oil-cooled** = transformateur *m.* refroidi par l'huile.
– – –, **oil-immersed** = transformateur *m.* à bain d'huile.
– – –, **oil-insulated** = transformateur *m.* isolé à l'huile.
– – –, **open-circuit** = transformateur *m.* à circuit ouvert.
– – –, **oscillation** = transformateur *m.* Tesla, transformateur *m.* d'oscillations, jigger *m.*
– – –, **oscillation, high** = transformateur *m.* haute fréquence.
– – –, **output** = transformateur *m.* de sortie.
– – –, **phase** = déphaseur *m.*, transformateur *m.* de phase.
– – –, **phase-shift** = transformateur *m.* à variation de phase.
– – –, **potential** = transformateur *m.* de potentiel, transformateur *m.* de tension.
– – –, **power** = transformateur *m.* de puissance.
– – –, **reducing** = dévolteur *m.*, transformateur *m.* abaisseur (de tension).
– – –, **regulating** = transformateur-régulateur *m.*
– – –, **regulating, voltage** = transformateur-régulateur *m.*
– – –, **resonance** = transformateur *m.* accordé.
– – –, **ring** = transformateur *m.* annulaire, transformateur *m.* toroïdal.
– – –, **rotary** = transformateur *m.* rotatif, commutatrice *f.*
– – –, **rotary-field** = transformateur *m.* à champ tournant.
– – –, **screened** = transformateur *m.* blindé.
– – –, **self-cooled** = transformateur *m.* à refroidissement naturel.
– – –, **series** = transformateur *m.* en série.
– – –, **series, multiple-** = transformateur *m.* série-parallèle.
– – –, **service** = transformateur *m.* de distribution.
– – –, **shell-type** = transformateur *m.* cuirassé, transformateur *m.* blindé.
– – –, **shunt** = transformateur *m.* shunt.
– – –, **single-phase** = transformateur *m.* uniphasé.
– – –, **static** = transformateur *m.* statique.
– – –, **station** = transformateur *m.* de station.
– – –, **step-down** = transformateur *m.* abaisseur de tension, transformateur-abaisseur *m.*, dévolteur *m.*
– – –, **step-up** = transformateur *m.* élévateur *m.* de tension, survolteur *m.*, transformateur-élévateur *m.*
– – –, **street-vault** = transformateur *m.* souterrain.
– – –, **supply, power** = transformateur *m.* d'alimentation.
– – –, **tapped** = transformateur *m.* à prises.
– – –, **telephone** = transformateur *m.* téléphonique.
– – –, **tension** = transformateur *m.* de tension.
– – –, **tension, high** = transformateur *m.* haute tension.

(transformer)

– – –, **tension, low** = transformateur *m.* basse tension.
– – –, **Tesla** = transformateur *m.* Tesla, transformateur *m.* d'oscillations, jigger *m.*
– – –, **thawing** = transformateur *m.* pour dégeler.
– – –, **three-legged** = transformateur *m.* à trois colonnes.
– – –, **three-phase** = transformateur *m.* triphasé.
– – –, **three-winding** = transformateur *m.* à trois enroulements.
– – –, **three-winding, balanced** = transformateur *m.* différentiel.
– – –, **triple-tuned** = transformateur *m.* à trois enroulements accordés.
– – –, **tripping** = transformateur *m.* pour déclencheur.
– – –, **tuned** = transformateur *m.* accordé.
– – –, **two-phase** = transformateur *m.* biphasé.
– – –, **variable-ratio** = transformateur *m.* à rapport variable.
– – –, **voltage** = transformateur *m.* de potentiel, transformateur *m.* de tension.
– – –, **water-cooled** = transformateur *m.* à refroidissement forcé par circulation d'eau.
– – –, **welding** = transformateur *m.* pour soudure.
transient = transitoire (adj.), onde mobile (R.).
transistor = transistor *m.* (R.), transistron *m.* (R.), triode *f.* à cristal (R.).
transistorized = transistorisé (adj.), à transistors.
transit = théodolithe *m.* (I.), (marchandises *f.p.*, télégramme *m.*) en transit.
– – –, **bridge** = transition *f.* série-parallèle par la méthode du pont (R.).
translation = translation *f.* (d'une dépêche) (Tg.), mouvement *m.* de translation, traduction *f.* (des signaux télégraphiques).
– – –, **frequency** = transposition *f.* en fréquence.
translator = traducteur *m.* ou translateur *m.* (Tp., Tg.), traducteur *m.* (Tv., O.).
translucency = translucidité *f.*
translucent = translucide (adj.).
transmission = transport *m.* (d'énergie), transmission *f.* (du son, d'un ordre, du mouvement, des forces), entraînement *m.* (par courroie), émission *f.* (R.), boîte *f.* de vitesses (Auto.).
– – –, **AC** = transmission *f.* sans composante continue utile (Tv.).
– – –, **automatic** = émission *f.* automatique (c.-à-d. par émetteur automatique) (Tg.), boîte *f.* (de vitesses) automatique (Auto.), embrayage *m.* automatique (Auto.).
– – –, **automatic, 3-speed** = boîte *f.* (de vitesses) automatique à trois rapports (Auto.).
– – –, **beam** = émission *f.* par ondes dirigées (R.).
– – –, **belt** = entraînement *m.* par courroie (Méc.), transmission *f.* par courroie (Méc.).
– – –, **blind** = transmission *f.* sans accusé de réception (Tp., Tg.).
– – – **by double current** = transmission *f.* par double courant (Tg.).
– – – **by simplex current** = transmission *f.* par simple courant (Tg.).

(transmission)

– – –, **cable** = transmission *f.* par câble (Tp.).
– – –, **carrier** = transmission *f.* par courants porteurs (Tp.), transmission *f.* par modulation d'onde porteuse (Tp.).
– – –, **carrier, reduced-** = émission *f.* à porteuse réduite (R.).
– – –, **carrier, suppressed** = émission *f.* à onde porteuse supprimée (R.).
– – –, **chain** = transmission *f.* par chaîne (Méc.).
– – –, **chain, silent** = transmission *f.* par chaîne silencieuse (Méc.).
– – –, **clear** = audition *f.* nette (Tp.).
– – –, **connecting-rod** = transmission *f.* par bielles (Méc.).
– – –, **data** = téléinformatique *f.*, transmission *f.* des données.
– – –, **DC** = transmission *f.* avec composante continue utile (Tv.).
– – –, **direct-coupled** = transmission *f.* directe (Méc.).
– – –, **direct-current** = transmission *f.* par courant continu (Tg.).
– – –, **directional** = transmission *f.* dirigée (R.).
– – –, **double-current** = transmission *f.* par double-courant (Tg.).
– – –, **electric** = transmission *f.* électrique (E.).
– – –, **flexible** = transmission *f.* flexible (Méc.).
– – –, **4-speed** = boîte *f.* à quatre rapports (Auto.).
– – –, **friction-cone** = transmission *f.* par cône de friction (Auto.).
– – –, **friction-disc** = transmission *f.* à plateau de friction (Auto.).
– – –, **gear** = renvoi *m.* d'engrenages (Méc.), transmission *f.* par engrenages (Méc.).
– – –, **heat** = transmission *f.* de la chaleur.
– – –, **high-speed** = transmission *f.* à grande vitesse (Tp.), transmission *f.* rapide (Tp.).
– – –, **low-speed** = transmission *f.* à basse vitesse (Tp.).
– – –, **manual** = émission *f.* manuelle (Tg.).
– – –, **mechanical** = transmission *f.* mécanique (Méc.).
– – –, **mesh, silent** = boîte *f.* de vitesse à engrènements silencieux (Auto.).
– – – **of a telegram** = transmission *f.* d'un télégramme.
– – – **of motion** = transmission *f.* du mouvement (Méc.).
– – – **of power** = transport *m.* d'énergie (E.), transport *m.* de force (E., Méc.).
– – –, **picture** = bélinographie *f.* (Tg.), phototélégraphie *f.* (Tg.).
– – –, **planetary** = changement *m.* de vitesse à trains planétaires (Auto.).
– – –, **poor** = transmission *f.* défectueuse (Tp.).
– – –, **power** = transport *m.* d'énergie (E.), transport *m.* de force (E., Méc.).
– – –, **program** = relais *m.* des émissions radiophoniques (R.), transmission *f.* radiophonique (R.).
– – –, **radio** = émission *f.* radio (R.).
– – –, **radio – – – of pictures** = radiotransmission *f.* des images (Tg.), bélinographie *f.* (Tg.), phototélégraphie *f.* (Tg.).
– – –, **rope** = transmission *f.* par câble (Méc.).
– – –, **shaft** = transmission *f.* par arbre (Méc.).
– – –, **side-band** = émission *f.* sur bandes latérales (R.).
– – –, **side-band, double** = émission *f.* sur deux bandes

(transmission)

latérales (R.), émission *f.* à double bande latérale (R.).
– – –, **side-band, independent** = émission *f.* à bandes latérales indépendantes (R.).
– – –, **side-band, single** = émission *f.* sur bande latérale unique (R.)., émission *f.* à bande latérale unique (R.).
– – –, **side-band, vestigial** = émission *f.* à bande latérale résiduelle (R.).
– – –, **silent** = changement *m.* de vitesse silencieux (Méc.).
– – –, **single-current** = transmission *f.* simple courant (c.-à-d. par courants de même sens) (Tg.).
– – –, **sliding-gear** = boîte *f.* de vitesses à trains baladeurs (Méc.).
– – –, **slip** = transmission *f.* par glissement (Méc.).
– – –, **speech** = transmission *f.* de la voix (Tp.).
– – –, **speed, variable** = variateur *m.* de vitesse (Méc.).
– – –, **toll** = transmission *f.* interurbaine (Tp.).
– – –, **two-way** = transmission *f.* bilatérale (Tp.), transmission *f.* dans les deux sens (Tp.).
– – –, **universal-joint** = transmission *f.* à joint de cardan (Méc.), transmission *f.* par joint universel (Méc.).
– – –, **voice** = transmission *f.* de la voix, transmission *f.* de la parole.
– – –, **worm-gear** = transmission *f.* par vis sans fin (Méc.).
transmit, to = imprimer ou communiquer (un mouvement), transporter (l'énergie), transmettre (le son, un ordre), émettre (R., Tg.).
transmittable = transmissible (adj.).
transmitter = transmetteur *m.* (Tg., R.), microphone *m.* (d'un téléphone), poste *m.* émetteur ou émetteur *m.* (Tg., R.), organe *m.* de transmission (de force motrice) (Méc.), manipulateur *m.* (Tg.).
– – –, **arc** = générateur *m.* à arc (E.), émetteur *m.* à arc (R.), émetteur *m.* Poulsen (R.).
– – –, **aural** = émetteur *m.* son (Tv.).
– – –, **automatic** = émetteur *m.* automatique (c.-à-d. à bande perforée) (Tg.).
– – –, **automatic – – – with controlled tape-feed mechanism** = émetteur *m.* automatique à commande par impulsions (Tg.).
– – –, **beam, light** = émetteur *m.* à faisceaux dirigés (R.).
– – –, **beam, directional** = émetteur *m.* à faisceaux dirigés (R.).
– – –, **breast-plate** = microphone *m.* plastron (Tp.), micro *m.* de plastron (R.).
– – –, **broadcast, high-power** = station *f.* de radiodiffusion à grande puissance (R.).
– – –, **carbon** = transmetteur *m.* à charbon (R.).
– – –, **condenser** = microphone *m.* électrostatique (Tp.).
– – –, **continuous waves** = émetteur *m.* à ondes entretenues (R.).
– – –, **district** = émetteur *m.* local (R.).
– – –, **driven** = émetteur *m.* piloté (R.).
– – –, **electromagnetic** = microphone *m.* électromagnétique (Tp.).
– – –, **emergency** = émetteur *m.* de secours (R.).
– – –, **film** = émetteur *m.* de télécinéma (R.).

(transmitter)

– – –, **fixed-frequency** = émetteur *m*. à fréquence fixe (R.).

– – –, **gap, quenched** = émetteur *m*. à étincelles fractionnées (E.).

– – –, **granule, carbon** = microphone *m*. (de téléphone) à grenaille de charbon (Tp.), microphone *m*. (de téléphone) à granule de charbon (Tp.).

– – –, **high-power** = émetteur *m*. à grande puissance (R.).

– – –, **impact** = transmetteur *m*. à impulsions (R.).

– – –, **interfering** = brouilleur *m*. (R.), émetteur *m*. brouilleur (R.).

– – –, **jamming** = brouilleur *m*. (intentionnel) (R.).

– – –, **mobile** = émetteur *m*. mobile (R.).

– – –, **multi-frequency** = émetteur *m*. à fréquences préréglées (R.).

– – –, **multiple** = émetteur *m*. multiple (R.).

– – –, **multiplex** = émetteur *m*. multiplex (R.).

– – –, **multiplex, frequency-division** = émetteur *m*. multiplex à répartition en fréquence (R.).

– – –, **multiplex, time-division** = émetteur *m*. multiplex à répartition dans le temps (R.).

– – –, **picture** = bélinographe *m*. (Tg.), émetteur *m*. de télévision, phototélégraphe *m*. (Tg.).

– – –, **quartz-controlled** = émetteur *m*. stabilisé par quartz (R.).

– – –, **radio** = poste *m*. émetteur (R.), émetteur *m*. (radioélectrique) (R.).

– – –, **rebroadcast** = émetteur *m*. relais (R.).

– – –**-receiver** = émetteur-récepteur *m*. (R.).

– – –, **relay** = émetteur *m*. de station-relais (R.).

– – –, **self-excited** = émetteur *m*. auto-excitateur (R.).

– – –, **self-oscillating** = émetteur *m*. à auto-oscillations (R.).

– – –, **ship** = émetteur *m*. de bord (R.).

– – –, **short-wave** = émetteur *m*. à ondes courtes (R.).

– – –, **side-band, single** = émetteur *m*. à bande latérale unique (R.).

– – –, **spark** = transmetteur *m*. à éclateur (R.).

– – –, **spark, quenched** = émetteur *m*. à étincelles fractionnées (R.).

– – –, **spoofing** = émetteur *m*. contre détection électromagnétique (R.).

– – –, **spotlight** = émetteur *m*. à faisceaux dirigés (R.).

– – –, **tape** = émetteur *m*. télégraphique à bande perforée (Tg.).

– – –, **telegraph** = émetteur *m*. (ou transmetteur *m*.), télégraphique (Tg.).

– – –, **telephone** = microphone *m*. (c.-à-d. dispositif transmetteur) (Tp.), émetteur *m*. microphonique (Tp.).

– – –, **telephone, radio** = émetteur *m*. radiotéléphonique (R.).

– – –, **television** = émetteur *m*. de télévision (Tv.).

– – –, **tube** = émetteur *m*. à lampes (R.).

– – –, **tube, vacuum** = émetteur *m*. à lampes (R.).

– – –, **tuned, sharply** = transmetteur *m*. à syntonisation aiguë (R.).

– – –, **valve** = émetteur *m*. à lampes (R.).

– – –, **valve, thermionic** = générateur *m*. à tubes thermoïoniques (R.).

transom = sommier *m*. ou traverse *f*. ou linteau *m*. (d'une porte, d'une fenêtre) (B.), imposte *f*. (d'une

(transom)

croisée, d'une porte) (B.), arcasse *f*. (Mar.), meneau *m*. horizontal (d'une fenêtre) (B.).

transparency = transparence *f*. (du verre, de l'air), limpidité *f*. (de l'eau), diapositive *f*. (Phot.).

transponder = transpondeur *m*. (R., Tp.), répéteur *m*. (R., Tp.).

transport = transport *m*. (de marchandise, d'un colis), V. « transportation ».

– – –, **land** = transport *m*. par (voie de) terre.

– – –, **water-borne** = transport *m*. par (voie d') eau.

transportation = transport *m*. (des marchandises), V. « transport ».

– – –, **film** = entraînement *m*. du film (Phot.).

– – –, **motor** = transport *m*. automobile (c.-à-d. par camion, par autobus).

– – –, **rail** = transport *m*. par chemin de fer.

– – –, **road** = transport *m*. par route, transport *m*. routier.

transporter = convoyeur *m*. (M.), transporteur *m*. (M.).

– – –, **aerial** = transporteur *m*. aérien.

transpose, to = transposer (un mot, une ligne) (Imp.), permuter (des chiffres), croiser (des fils) (Tp.).

transposition = rotation *f*. ou transposition *f*. (de fils téléphoniques), croisement *m*. des fils (téléphoniques) en vue de l'anti-induction), permutation *f*. (de chiffres), croisement *m*. anti-inductif (Tp.), interversion *f*. (E.).

– – – **by crossing** = transposition *f*. par croisement (Tp.), croisements *m.p*. (Tp.).

– – –, **phantom** = croisement *m*. spécial de circuits combinés (Tp.).

transpositions = V. « transposition ».

– – –, **coordinated** = transpositions *f.p*. coordonnées (Tp., E.).

transversal = transversal (adj.).

transverse = transversal (adj.), en travers.

trap = collecteur *m*. (des eaux usées) (S.), siphon *m*. (d'évier) (S.), piège *m*. (à gibier), trappe *f*. (de colombier).

– – –, **air** = vanne *f*. d'aérage (B.), siphon *m*. ou coupe-air *m*. ou garde *f*. d'eau (d'un évier) (S.).

– – –, **ball** = clapet *m*. sphérique (S.).

– – –, **bucket, inverted** = purgeur *m*. à flotteur inversé (Méc.).

– – –, **centrifugal** = siphon *m*. centrifuge (S.).

– – –, **delivery** = tuyau *m*. d'émission (Méc.).

– – –, **drain** = siphon *m*. (C.), siphon *m*. de cour (C.).

– – –, **draining** = puisard *m*. (S.).

– – –, **dust** = collecteur *m*. de poussières (S.).

– – –, **fire** = bâtiment *m*. dont les issues sont insuffisantes en cas d'incendie (B.).

– – –, **flame** = pare-flamme *m*.

– – –, **float** = purgeur *m*. à flotteur (S.).

– – –, **fly** = piège *m*. à mouches (Ust.).

– – –, **gas** = siphon *m*. (d'un évier) (S.).

– – –, **grease** = siphon *m*. de dépôt de graisse des eaux usées (S.).

– – –, **house** = siphon *m*. de branchement (S.).

– – –, **jaw** = piège *m*. à mâchoires.

– – –, **main** = siphon *m*. principal (d'une maison) (S.).

– – –, **mouse** = souricière *f*. (Ust.).

– – –, **mud** = collecteur *m*. de boue (S.).

(trap)

– – –, **noise** = antiparasitage *m.* (R.), dispositif *m.* éliminateur de parasites (R.).

– – –, **P** = siphon *m.* (d'évier) en P (S.).

– – –, **police** = souricière *f.* (Auto.).

– – –, **rat** = ratière *f.* (Ust.), piège *m.* à rats (Ust.), nasse *f.* à rats (Ust.).

– – –, **S** = siphon *m.* (d'évier) en S (S.).

– – –, **sand** = fosse *f.* de dessablage (S.).

– – –, **sink** = siphon *m.* d'évier (S.).

– – –, **speed** = zone *f.* du contrôle de vitesse (Auto.).

– – –, **steam** = purgeur *m.* de vapeur (Méc.), purgeur *m.* automatique (Méc.).

– – –, **stench** = siphon *m.* d'évier (S.).

– – –, **stink** = siphon *m.* d'évier (S.).

– – –, **to** = emprisonner (l'air dans les coffrages ou dans une tuyauterie), prendre (un animal) au piège, poser un siphon, prendre (quelqu'un dans un dilemme), piéger (une bête), purger (la vapeur).

– – –, **water** = poche *f.* d'eau (S.), siphon *m.* (S.).

– – –, **water-seal** = siphon *m.* à garde d'eau (S.).

– – –, **wave** = piège *m.* électrique (R.), circuit *m.* absorbant (R.), ondemètre *m.* d'absorption (R.), circuit *m.* bouchon (R.), filtre *m.* éliminateur (de brouillage) (R.).

trapezium = trapèze *m.*

trash = détritus *m.*, déchets *m.p.*

trasher, rag = déchiqueteuse *f.* (M.) (Pap.).

travel = course *f.* (d'un piston) (Méc.), déplacement *m.* (d'un chariot) (Méc.), parcours *m.* (du tiroir) (Méc.), voyages *m.p.* (d'une personne).

– – –, **brake** = course *f.* de freinage.

– – –, **clutch** = course *f.* de l'embrayage.

– – –, **crab** = déplacement *m.* du chariot.

– – –, **crankshaft** = course *f.* du vilebrequin (Auto.).

– – –, **free** = course *f.* libre.

– – –, **longitudinal** = déplacement *m.* longitudinal.

– – –, **piston** = course *f.* du piston.

– – –, **paddle** = course *f.* du porte-outil.

– – –, **side** = translation *f.* latérale (de chariot de grue roulante) (C.).

– – –, **to** = se déplacer (Méc.), se mouvoir (Méc.), faire des voyages ou voyager, rouler (sur une route) (Auto.).

– – –, **valve** = course *f.* de soupape, course *f.* du tiroir.

traveler = pont *m.* roulant (C.), grue *f.* roulante (C.), chariot *m.* (d'un pont roulant) (Méc.).

– – –, **commercial** = voyageur *m.* de commerce (O.).

– – –, **overhead** = pont *m.* roulant sur voie aérienne (C.).

travelling = déplacement *m.* (Méc.), marche *f.* (Méc.), travelling *m.* (Phot.), mobile (adj.).

traverse = traverse *f.* ou entretoise (B.), translation *f.* latérale d'un chariot de pont roulant (C.), traversée *f.* (Tp.), cheminement *m.* d'angles (dans un arpentage).

– – –, **scanning** = translation *f.* d'exploration (Tg.).

traversed by a current = (conducteur *m.*) parcouru par un courant (E.).

traversing = chariotage *m.* de tour (Méc.).

travertin = travertin *m.* (Mi.).

tray = cuvette *f.* (d'accumulateur) (E.), plateau *m.* (à outils), compartiment *m.* (d'une malle), cabaret *m.* (Ust.).

(tray)

– – –, **battery** = cuvette *f.* d'accumulateur (E.).

– – –, **developing** = cuvette *f.* à développer (Phot.).

– – –, **ice** = sorbetière *f.* (Ust.).

– – –, **letter** = boîte *f.* à correspondance.

– – –, **pin** = épinglier *m.* (Ust.).

– – –, **tool** = plateau *m.* à outils (Méc.).

tread = marche *f.* (d'escalier), giron *m.* d'une marche d'escalier, échelon *m.* (d'échelle), semelle *f.* de roulement ou bande *f.* de roulement (d'un pneu), écartement *m.* des roues (d'un même essieu), surface *f.* de roulement, largeur *f.* de voie (Méc.), emmarchement *m.* (B.).

– – –, **anti-skidding** = semelle *f.* antidérapante (Auto.).

– – –, **caterpillar** = chenille *f.* (C.).

– – –, **corrugated** = semelle *f.* cannelée (Auto.).

– – –, **grooved** = semelle *f.* striée (Auto.).

– – –, **landing** = marche *f.* palière (B.).

– – – **of a stair** = marche *f.* (d'escalier) (B.), giron *m.* d'une marche d'escalier (B.).

– – –, **puncture-proof** = semelle *f.* imperforable (Auto.).

– – –, **rail** = table *f.* du rail (Ch.d.f.), chemin *m.* de roulement du rail (Ch.d.f.).

– – –, **rail-track** = table *f.* de roulement d'un rail (Ch.d.f.).

– – –, **rear** = voie *f.* arrière (Auto.).

– – –, **running-board** = couvre-marchepied *m.* (Auto.).

– – –, **tire** = bande *f.* (ou semelle *f.*) de roulement (d'un pneu) (Auto.), sculptures *f.p.* d'un pneu (Auto.).

– – –, **to** = piétiner (l'argile), marcher sur (le sol), appuyer sur l'accélérateur (Auto.).

treadle = pédale *f.*

– – –, **foot** = pédale *f.*

treater = traiteur *m.* (M.) (Mi.).

treatise = traité *m.*, étude *f.*

treatment = traitement *m.* (d'un minerai), usinage *m.* (de pièces à l'état brut).

– – –, **acoustic** = insonorisation *f.*

– – –, **after** = traitement *m.* ultérieur.

– – –, **butt – – – of poles** = traitement *m.* du pied des poteaux (Tp., E.).

– – –, **gas** = traitement *m.* du gaz.

– – –, **heat** = traitement *m.* thermique.

– – –, **pole** = imprégnation *f.* des poteaux à la créosote (Tp., E.), injection *f.* des poteaux à la créosote (Tp., E.).

– – –, **surface** = tapis *m.* bitumineux (sur une route), traitement *m.* superficiel (d'un matériau).

– – –, **water** = épuration *f.* de l'eau.

tree = poutre *f.* (B.), arbre *m.*

– – –, **apple** = pommier *m.*

– – –, **axle** = axe *m.* d'essieu (Auto.), essieu *m.* (Méc.).

– – –, **beech** = hêtre *m.*

– – –, **birch** = bouleau *m.*

– – –, **black gum** = tupelo *m.* (Canada).

– – –, **broad-leaved** = arbre *m.* feuillu.

– – –, **cherry** = cerisier *m.*

– – –, **cherry, mild** = merisier *m.*

– – –, **chestnut** = châtaignier *m.*

– – –, **coffee-, Kentucky** = chicot *m.* du Canada.

– – –, **coniferous** = conifère *m.*

– – –, **crab-** = pommier *m.* sauvage, V. « apple, crab ».

– – –, **cucumber** = magnolia *m.* à feuilles acuminées.

(tree)

– – –, **deciduous** = arbre *m*. à feuillage caduc, arbre *m*. à feuilles caduques.
– – –, **dormant** = imposte *f*. (B.).
– – –, **double** = volée *f*. (Agr.).
– – –, **elm** = orme *m*.
– – –, **family** = arbre *m*. généalogique.
– – –, **hat** = patère *f*. (Lst.).
– – –, **holly** = houx *m*.
– – –, **hop-** = ptelea *m*. trifolié, orme *m*. de Samarie.
– – –, **lumber** = arbre *m*. à bois d'oeuvre (B.).
– – –, **oak** = chêne *m*.
– – –, **pine** = pin *m*.
– – –, **plum** = prunier *m*
– – –, **poplar** = peuplier *m*.
– – –, **red-gum** = eucalyptus *m*. résineux.
– – –, **roof** = poutre *f*. de faîte (B.), poutre *f*. faîtière (B.).
– – –, **shoe** = tendeur *m*. pour chaussures (Ust.).
– – –, **single-** = bacul *m*. (Canada), palonnier *m*.
– – –, **summer** = poutre *f* de plancher (B.), lambourde *f*. (B.).
– – –, **swingle-** = bacul *m*. (Canada), palonnier *m*., volée *f*.
– – –, **timber** = arbre *m*. de haute futaie.
– – –, **tulip** = tulipier *m*.
– – –, **walnut** = noyer *m*.
– – –, **whiffle-** = bacul *m*. (Canada), palonnier *m*., volée *f*.
– – –, **whipple-** = bacul *m*. (Canada), palonnier *m*., volée *f*.
treenail = fenton *m*. (B.), cheville *f*. de bois (B.).
treillage = treillage *m*., treillis *m*., grillage *m*. (d'une fenêtre).
trellis = treillis *m*. ou treillage *m*. (d'une fenêtre).
trembler = trembleur *m*. (E.).
tremor = trépidation *f*. (d'un moteur en marche), tremblement *m*. (de terre), secousse *f*. sismique.
trench = fossé *m*., tranchée *f*., rigole *f*. ou saignée *f*.
– – –, **cable** = tranchée *f*. à câble (Tp.).
– – –, **covered-in** = canalisation *f*. (pour fils électriques) (E.).
– – – **for mechanical services** = V. « trench, mechanical ».
– – –, **inspection** = fosse *f*. de visite (C.).
– – –, **irrigation** = tranchée *f*. d'irrigation (C.).
– – –, **mechanical** = tranchée *f*. (de canalisation) requise par la mécanique du bâtiment (B.), tranchée *f*. requise pour les canalisations de services publics (B.).
– – –, **sewer** = tranchée *f*. d'égout (S.).
– – –, **to** = creuser une tranchée (C.), creuser un fossé (C.), rainer (une planche) (Men.).
– – –, **water** = fossé *m*. d'irrigation (C.).
trencher = excavateur *m*. a godets (M.), excavateur *m*. de tranchée (M.).
trenching = creusement *m*. de tranchée, fossoyage *m*.
trend = tendance *f*. (du marché, des prix), orientation *f*. (de la politique), allure *f*. (des affaires), direction *f*. (d'une rivière).
– – –, **economic** = tendance *f*. économique.
trepan = trépan *m*. (I.).
trestle = tréteau *m*. (C.), chevalet *m*. (C., Men.), pont *m*. de chevalets (C.).

(trestle)

– – –, **sawing** = chevalet *m*., baudet *m*.
– – –, **sawyer's** = chevalet *m*., baudet *m*.
trestles, painter's extension = tréteaux *m.p.* extensibles de peintre.
trial = essai *m*. (d'une machine), épreuve *f*. (d'une arme à feu).
– – –, **field** = essai *m*. d'installation.
– – –, **on** = à l'essai.
– – –, **working** = épreuve *f*. de fonctionnement (Méc.).
triangle = triangle *m*., équerre *f*. (de dessinateur).
– – – **of forces** = triangle *m*. des forces (Méc.).
– – –, **right-angled** = triangle *m*. rectangle.
triangular = en triangle, triangulaire (adj.).
triangulation = triangulation *f*.
tricar = triporteur *m*.
trick = tour *m*., ruse *f*., artifice *m*., truc *m*., astuce *f*.
trickle = filet *m*. (de liquide), écoulement *m*. goutte à goutte.
– – –, **to** = ruisseler, couler goutte à goutte.
tricks and jokes = attrappes *f.p.*
– – – **of the trade** = astuces *f.p.* du métier.
tricycle = tricycle *m*.
– – –, **carrier** = triporteur *m*.
– – –, **hand-propelled** = vélocimane *m*. (d'invalide).
– – –, **motor** = tricycle *m*. à moteur.
trigger = déclic *m*., gâchette *f*., détente *f*., déclencheur *m*. (Méc., E.).
– – – **of a fire-arm** = détente *f*. d'une arme à feu.
– – – **of a latch** = poucier *m*. d'un loquet (B.), gâchette *f*. (B.).
– – – **of a pile-driver** = déclic *m*. d'une sonnette (C.).
– – – **of the hand-brake** = manette *f*. du frein (Auto.).
– – –, **to** = déclencher (une arme, une porte).
– – –, **to** – – **off** = déclencher (une série d'événements), amorcer (une dispute).
trigonometry = trigonométrie *f*.
– – –, **plane** = trigonométrie *f*. rectiligne.
– – –, **sperical** = trigonométrie *f*. sphérique.
trim = en bon ordre, garniture *f*. (B.), moulure *f*. (B.), encadrement *m*. (B.).
– – –, **aluminium** = profilé *m*. d'aluminium (B.), moulure *f*. d'aluminium (B.).
– – –, **exterior** = garniture *f*. extérieure (B.), moulure *f*. (employée à l') extérieur(e) (d'un bâtiment) (B.).
– – –, **interior** = boiserie *f*. (intérieure) (B.).
– – –, **metal** = moulure *f*. métallique (B.).
– – –, **to** = dégrossir (un bloc de marbre), parer (les viandes), rogner ou ébarber (les pièces coulées, un joint), enchevêtrer (des solives), dégauchir ou corroyer (une pièce de bois), blanchir (un colombage), ébrancher ou élaguer ou émonder (un arbre), affleurer (des têtes de rivets), équilibrer (Mar., Av.).
– – –, **wood** = moulure *f*. en bois (Men., B.), boiserie *f*. (B.).
trimmer = chevêtre *m*. (B.), doubleau *m*. (B.), solive *f*. d'enchevêtrure (B.), machine *f*. à dresser le bois (Men.), condensateur *m*. ajustable d'appoint (E.), cisaille *f*. pour élagage (I.), molette *f*. (Phot.), massicot *m*. (Imp.).
– – –, **book** = massicot *m*. (Imp.).
– – –, **burr** = ébarboir *m*. (Mét.).
– – –, **case** = recalibreur *m*. (de douilles).
– – –, **chimney** = linçoir *m*. (B.).

(**trimmer**)

– – –, **edge** = coupe-bordure *m*. (I.).
– – –, **edge, electric** = coupe-bordure *m*. électrique.
– – –, **saw** = sauteuse *f*. (M.), (Imp.).
– – –, **tail** = enchevêtrure *f*. (B.), solive *f*. d'enchevêtrure, (B.).
– – –, **wall-paper** = molette *f*. de tapissier (B.).
trimming = ébarbage *m*. ou rognage *m*. (d'une pièce coulée), moulure *f*. (B.), encadrement *m*. (B.), garniture *f*. (B.), ornement *m*. (B.), débordage *m*. (d'une lentille), travaux *m.p.* de finition (B., C.), ajustage *m*. d'appoint (R.).
– – –, **case** = recalibrage *m*. de douilles.
– – –, **tree** = émondage *m*. ou taille *f*. ou élagage *m*. ou ébranchage *m*. (des arbres).
trimmings = rognures *f.p.* (des peaux, des livres), ébarbures *f.p.* (de bois, de fer), parure *f*. (des peaux, de viandes).
triode = lampe *f*. à trois électrodes (R.), triode *f*. (R.).
– – –, **double** = duotriode *f*.
trip = déclenchement *m*. (Méc.), déclic *m*. (Méc.), doigt *m*. mobile (de raboteuse) (Méc.), cliquet *m*. (Méc.), bascule *f*. (Méc.), voyage *m*., excursion *f*., parcours *m*.
– – –, **dipper** = ouverture *f*. du godet (Méc.).
– – –, **false** = déclenchement *m*. intempestif (R.).
– – –, **gas** = déclenchement *m*. par gaz.
– – –, **inspection** = voyage *m*. d'inspection, tournée *f*. d'inspection.
– – –, **to** = déclencher (un mécanisme), faire culbuter (un organe), faire un petit voyage.
triphase = triphasé (adj.) (R.).
triplet = triplet *m*. (de trois fenêtres) (B.).
triplicate, in = en trois exemplaires.
tripod = trépied *m*. (d'un instrument), pied *m*. (à trois branches) (d'un appareil photo).
– – –, **adjustable** = trépied *m*. à coulisse.
– – –, **sliding** = trépied *m*. à coulisse, trépied *m*. à branches coulissantes.
– – –, **telescopic** = trépied *m*. télescopique.
tripping = déclenchement *m*. (Méc.).
– – –, **automatic** = déclenchement *m*. automatique.
– – –, **remote** = déclenchement *m*. télécommandé (d'un disjoncteur) (R.).
– – –, **reverse-power** = disjonction *f*. par inversion de courant (R.).
– – –, **shunt** = déclenchement *m*. shunt (R.), disjonction *f*. shunt (R.).
– – –, **time-delay** = déclenchement *m*. à action différée.
– – –, **undercurrent** = déclenchement *m*. à baisse d'intensité (R.).
trolley = trolley *m*. baladeur *m*. (R.), moufle *f*. (Méc.), chariot *m*. (Méc.).
– – –, **axial** = trolley *m*. axial (C.).
– – –, **box** = archet *m*. de prise de courant (d'un tramway).
– – –, **crane** = chariot *m*. de pont-roulant (C.).
– – –, **I-beam** = chariot *m*. de poutres en I (C.).
– – –, **luggage** = chariot *m*. à bagages.
– – –, **non-axial** = trolley *m*. désaxé (C.).
– – –, **overhead** = chariot *m*. (de pont-roulant) (C.), baladeur *m*. (C.).
– – –, **tea** = table *f*. à thé roulante (Ust.).
– – –, **two-wheeled** = diable *m*.

trommel = trieur *m*. (Mi., C.), trommel *m*. (Mi.).
tropopause = tropopause *f*.
troposphere = troposphère *f*.
tropospheric = (réflexion *f*., diffusion *f*.) troposphérique (adj.).
trouble = panne *f*. (de réception, de moteur), perturbation *f*. (R.), dérangement *m*. (Tp.), avarie *f*. (Méc.), troubles *m.p.* (de réception) (Tp., R.), ennui *m*. mécanique (Méc.), affection *f*. (d'un oeil), V. « troubles ».
– – –, **battery** = désordres *m.p.* d'accumulateur (R.).
– – –, **engine** = panne *f*. de moteur (Méc.).
– – –, **eyesight** = troubles *m.p.* de la vue, troubles *m.p.* de vision.
– – –, **ignition** = panne *f*. d'allumage (Auto.), ennui *m*. d'allumage (Auto.).
– – –, **lubrication** = panne *f*. de graissage (Méc.).
– – –, **motor** = panne *f*. de moteur (Auto.).
– – –, **operating** = trouble *m*. d'exploitation (Tp.).
– – –, **starting** = panne *f*. de démarrage (Auto.).
– – –, **telephone** = panne *f*. (Tp.), dérangement *m*. (Tp.).
– – –, **to** = gêner (la circulation des voitures), brouiller (les ondes de T.S.F.), troubler (l'eau).
trouble-man = V. « man, trouble ».
troubles = V. « trouble ».
– – –, **digestive** = troubles *m.p.* digestifs.
– – –, **family** = ennuis *m.p.* de famille.
– – –, **labour** = conflits *m.p.* entre ouvriers et patrons.
– – –, **money** = soucis *m.p.* d'argent.
trough = auge *f*., auget *m*., godet *m*., fosse *f*., gouttière *f*. (B., C.), gorge *f*. (pour montants de répartiteur) (Tp.).
– – –, **accumulator** = bac *m*. d'accumulateur (R.).
– – –, **cable** = caniveau *m*. de câble (Tp., E.).
– – –, **cementing** = creuset *m*. de cémentation (Méc.).
– – –, **conveyor** = rigole *f*. de chargement (C.), auget *m*. de transporteur (C.).
– – –, **drinking** = abreuvoir *m*. (Agr.).
– – –, **drip** = auge *f*. d'égouttage (Méc.).
– – –, **eaves** = chéneau *m*., gouttière *f*. (B.).
– – –, **feeding** = mangeoire *f*., auge *f*., billot *m*. à pâtée.
– – –, **grindstone** = auge *f*. de meule, ripe *f*.
– – –, **hardening** = cuve *f*. à tremper (Méc.).
– – –, **loading** = rigole *f*. de chargement (C.).
– – –, **mixing** = cuve *f*. à mélanger (C.).
– – –, **mortar** = auge *f*. à mortier (B.), auge *f*. de maçon (B.).
– – –, **oil** = auge *f*. de graissage (Méc.), godet *m*. de graissage (Méc.), auget *m*. graisseur (Méc.).
– – –, **small** = auget *m*., augette *f*.
– – –, **smoke** = conduit *m*. de fumée (B.).
– – –, **stock** = auge *f*. à pâte (Pap.).
– – –, **water** = auge *f*. à eau.
troughing = caniveau *m*. (Tp.), gorge *f*. (B.).
trowel = truelle *f*. (I.), spatule *f*. (I.), gâche *f*. (I.), transplantoir *m*. (I.).
– – –, **brick** = truelle *f*. à mortier, truelle *f*. de briqueteur, truelle *f*. à briques.
– – –, **cement** = truelle *f*. à ciment, truelle *f*. de cimentier.
– – –, **corner** = truelle *f*. d'angle.
– – –, **finishing** = truelle *f*. à finir.

- - -, **garden** = transplantoir *m*., déplantoir *m*.
- - -, **mason's** = truelle *f*. de maçon, grelichonne *f*. ou greluchonne *f*. ou guerluchonne *f*.
- - -, **notched** = truelle *f*. brettée.
- - -, **plasterer's** = truelle *f*. de plâtrier.
- - -, **plastering** = riflard *m*., plâtroir *m*.
- - -, **pointed** = truelle *f*. à profiler.
- - -, **pointing** = fiche *f*. de maçon, truelle *f*. à jointoyer, spatule *f*. de maçon.
- - -, **round-nose** = langue-de-chat *f*.
- - -, **square** = truelle *f*. carrée.
- - -, **steel** = truelle *f*.
- - -, **to** = lisser à la truelle.
- - -, **wood** = truelle *f*. en bois.
truck = camion *m*., camion *m*. automobile, chariot *m*. (de dilatation d'un pont), bogie *m*. (d'une locomotive), fardier *m*., truck *m*. (Ch.d.f.), poids *m*. lourd (Auto.).
- - -, **auto** = camion *m*. automobile.
- - -, **baggage** = cabrouet *m*.
- - -, **bogie** = bogie *m*. (Ch.d.f.), train *m*. (Auto.).
- - -, **break-down** = dépanneuse *f*. (Auto.).
- - -, **caterpillar** = camion *m*. sur chenilles.
- - -, **cattle** = bétaillère *f*.
- - -, **crane** = camion-grue *m*.
- - -, **crawler** = camion *m*. sur chenilles.
- - -, **delivery** = voiture *f*. de livraison.
- - -, **drop-bottom** = camion *m*. déversant par le fond.
- - -, **dump** = camion *m*. à benne basculante, camion *m*. basculant, camion *m*. à caisse basculante, dumper *m*. (M.).
- - -, **dump, bottom** = camion *m*. déversant par le fond.
- - -, **dump, rear** = camion *m*. basculant par l'arrière.
- - -, **dump, side** = camion *m*. déversant de côté, camion *m*. basculant par le côté.
- - -, **elevating** = charriot *m*. élévateur (Pap.).
- - -, **expansion** = chariot *m*. de dilatation (d'un pont) (C.).
- - -, **fire** = autopompe *f*., fourgon *m*. d'incendie, fourgon-pompe *m*. normal.
- - -, **flushing** = arroseuse *f*. (M.).
- - -, **four-wheel** = bogie *m*. (Ch.d.f.), chariot *m*., binard *m*.
- - -, **garbage** = benne *f*. (France).
- - -, **hand** = diable *m*., chariot *m*. à bras.
- - -, **heavy** = poids *m*. lourd (Auto.).
- - -, **heavy-duty** = camion *m*. lourd, poids *m*. lourd (Auto.).
- - -, **heavy, medium** = mi-lourd *m*. (Auto.).
- - -, **lift** = gerbeuse *f*. (M.), gerbeur *m*. (M.).
- - -, **lift, fork** = chariot *m*. à fourche (de grange) (Agr.), gerbeuse *f*. (M.), chariot *m*. élévateur à fourche (M.), gerbeur *m*. (M.).
- - -, **lift, platform** = gerbeuse *f*. à plateforme.
- - -, **light** = camion *m*. léger, camionnette *f*.
- - -, **luggage, porter's** = chariot *m*. à bagages (c.-à-d. à quatre roues)
- - -, **milk** = voiture *f*. de laitier.
- - -, **mixer, concrete** = camion *m*. malaxeur à béton.
- - -, **motor** = camion *m*. automobile.
- - -, **moving, earth** = camion *m*. de terrassement.
- - - **on rubber tires** = camion *m*. sur pneus.

(**truck**)

- - -, **pallet** = chariot *m*. élévateur à plate-forme à bras.
- - -, **panel** = fourgonnette *f*. (Auto.), camionnette *f*. (Auto.).
- - -, **pick-up** = camion *m*. de livraison (Canada), camion *m*. de ramassage (Canada), camion *m*. ramasse-tout (Canada), camionnette *f*. à caisse.
- - -, **pick-up and delivery** = camion *m*. de livraison (Canada), camionnette *f*. à caisse.
- - -, **refrigerated** = camion *m*. réfrigéré.
- - -, **sprinkling** = camion *m*. d'arrosage, arroseuse *f*. (M.).
- - -, **stake** = camion *m*. plate-forme (à ranchers).
- - -, **stradle** = chariot *m*. cavalier (M.).
- - -, **tank** = camion-citerne *m*.
- - -, **three-wheel** = chariot *m*. à bagages (Ch.d.f.).
- - -, **tilting** = camion *m*. basculeur.
- - -, **tow** = camion *m*. remorqueur, dépanneuse *f*. (Auto.).
- - -, **trailing** = bogie *m*. arrière (Ch.d.f.).
- - -, **two-wheel** = bissel *m*. (Ch.d.f.).
- - -, **wagon** = diable *m*.
- - -, **warehouse** = brouette *f*. (à sacs), diable *m*.
- - -, **watering** = camion *m*. d'arrosage.
trucking = camionnage *m*.
true = vrai (adj.), réel (adj.), exact (adj.), juste (adj.) (Méc.), droit (adj.) (Méc.), en ligne (C.).
- - -, **dead** = bien centré.
- - -, **not** = gauchi (adj.).
- - -, **to** = dégauchir (un essieu, une planche), dresser (une surface), rectifier (l'intérieur d'un cylindre), centrer (une roue).
- - - **to line** = en alignement.
- - -, **to** - - - **centre** = centrer parfaitement, bien centrer.
- - - **to template** = conforme au gabarit.
- - - **with** = d'équerre avec.
truer = redresseur *m*. de meules (M.).
truing = dressage *m*. (d'une pierre), centrage *m*. (d'une roue), rectification *f*. (d'un cylindre de moteur), dégauchissement *m*. (d'une solive), redressage *m*. (d'un poteau).
truncation = troncature *f*.
trunk = tronçon *m*. (R.), ligne *f*. auxiliaire (Tp.), jonction *f*. (Tp.), tronc *m*. (d'arbre), malle *f*., trompe *f*. d'éléphant ou goulotte *f*. (pour la mise en oeuvre du béton), coffre *m*. à bagages (Auto.), ligne *f*. interurbaine (Tp.).
- - -, **common** = ligne *f*. (de jonction) commune (Tp.).
- - -, **completing, recording** = ligne *f*. d'appel de la téléphoniste d'inscription et de départ (Tp.), circuit *m*. d'inscription et d'acheminement (d'appels) (Tp.).
- - -, **dial** = ligne *f*. auxiliaire automatique (Tp.).
- - -, **incoming** = ligne *f*. auxiliaire entrante (Tp.), jonction *f*. entrante (Tp.), circuit *m*. d'arrivée (Tp.).
- - -, **inter-office** = ligne *f*. auxiliaire (Tp.), jonction *f*. (Tp.).
- - -, **interposition** = ligne *f*. de renvoi (Tp.).
- - -, **outgoing** = ligne *f*. auxiliaire sortante (Tp.), jonction *f*. sortante (Tp.), ligne *f*. de sortie (Tp.).
- - -, **P.B.X. (private branch exchange)** = ligne *f*. (Tp.).
- - -, **recording** = ligne *f*. d'appel des annotatrices

(trunk)

(Tp.), circuit *m.* d'inscription (des appels) (Tp.).
– – –, **signal** = circuit *m.* de signalisation (Tp.).
– – –, **Steamer** = malle *f.* cabine.
– – –, **switching** = ligne *f.* d'appel des tables interurbaines (Tp.).
– – –, **switching, toll** = ligne *f.* auxiliaire interurbaine (Tp.).
– – –, **tandem** = circuit *m.* en tandem (Tp.), ligne *f.* en tandem (Tp.).
– – –, **tie** = circuit *m.* de liaison (entre deux postes privés) (Tp.), circuit *m.* poste à poste (Tp.).
– – –, **toll** = ligne *f.* intermédiaire (c.-à-d. reliant un central urbain à un central interurbain) (Tp.), ligne *f.* interurbaine (Tp.).
– – –, **toll, dial** = ligne *f.* interurbaine automatique (Tp.).
– – –, **two-way** = ligne *f.* auxiliaire utilisée dans les deux sens (Tp.).
trunking = liaisons *f.p.* (Tp.), ensemble *m.* des lignes auxiliaires (Tp.), établissement *m.* des communications (Tp.).
– – –, **inter-office, local** = exploitation *f.* urbaine par lignes auxiliaires (Tp.).
trunnion = palier *m.*, tourillon *m.* (d'un arbre) (Méc.), goujon *m.* (d'un cylindre) (Méc.), support *m.* (Méc.).
– – –, **table** = tourillon *m.* de la table (Méc.), support *m.* de la table (Méc.).
– – –, **universal joint** = axe *m.* de la fourche (ou fourchette *f.*) du joint universel (Auto.).
truss = ferme *f.* (de comble) (B.), poutre *f.* triangulée (B., C.), cintre *m.* (de voûte) (B.), armature *f.* (d'une poutre) (B.), tirant *m.* (B., C.), console *f.* (B.).
– – –, **bow** = ferme *f.* cintrée (B.).
– – –, **bridge** = ferme *f.* de pont (C.).
– – –, **close-couple** = ferme *f.* à tirant (B.).
– – –, **composite** = ferme *f.* composite (B.).
– – –, **deck** = poutre *f.* à tablier supérieur (C.).
– – –, **hanging-post** = arbalète *f.* (C.).
– – –, **hip** = ferme *f.* de groupe (B.).
– – –, **invert** = poutre *f.* triangulée située sous le tablier (C.).
– – –, **king-post** = ferme *f.* simple (B.).
– – –, **queen-post** = arbalète *f.* à deux poinçons (B.).
– – –, **roof** = ferme *f.* de comble (B.), ferme *f.* (B.), ferme *f.* de toit (B.).
– – –, **simple** = ferme *f.* simple (B.).
– – –, **stiffening** = poutre *f.* de rigidité (d'un pont suspendu) (C.).
– – –, **through** = poutre *f.* triangulée à tablier inférieur (C.).
– – –, **to** = renforcer (une poutre, le châssis d'une auto), contre-ficher (un mur).
– – –, **Warren** = poutre *f.* contre-fichée (B.), ferme *f.* warren (B.).
trussing = renforcement *m.* (d'un châssis d'auto, d'une poutre), armature *f.* (d'une poutre).
try, to = éprouver (un remède), faire l'épreuve de. . . . , essayer (une machine), faire l'essai de. . . . .
T.U. = V. « unit, transmission ».
tub = cuve *f.*, benne *f.* (Mi.), cuvette *f.*, tinette *f.*, baquet *m.*, baignoire *f.* (B.).
– – –, **amalgamating** = cuve *f.* d'amalgamation (Méc.), tonneau *m.* d'amalgamation (Méc.).

(tub)

– – –, **bath-** = baignoire *f.* (B.).
– – –, **bath-, built-in** = baignoire *f.* encastrée (B.), [bain-tombeau *m.*] (Canada), baignoire *f.* à tablier (France).
– – –, **cleaning** = cuve *f.* de lavage.
– – –, **coal** = berline *f.* de mine (Mi.).
– – –, **laundry** = cuvier *m.* (Ust.), cuve *f.* à lessive (Ust.).
– – –, **scrub** = (petite) cuve *f.* de lavage (Ust.).
– – –, **size** = bac *m.* (ou cuve *f.*) à colle (Pap.).
– – –, **square** = cuve *f.* carrée (Ust.).
– – –, **tipping** = benne *f.* de renversement (C.).
– – –, **wash** = baquet *m.* (Ust.), cuvier *m.* (Ust.).
tubbing = boisage *m.* ou cuvelage *m.* (d'un puits de mine).
tube = lampe *f.* (R.), valve *f.* (R.), tube *m.* (S.), tuyau *m.* (S.), conduite *f.* (S., C.), chambre *f.* à air (Auto.).
– – –, **absorption** = tube *m.* à absorption (Chim.).
– – –, **acorn** = lampe *f.* gland (pour ondes très courtes) (R.).
– – –, **adjusting** = tube *m.* de réglage (Méc.).
– – –, **air** = chambre *f.* à air (Auto.), tube *m.* d'aérage (Méc.), tuyau *m.* d'air (Méc.), canalisation *f.* d'air (Méc.).
– – –, **air-cooled** = lampe *f.* à refroidissement par air (R.).
– – –, **aligned-grid** = tube *m.* à grilles alignées (R.).
– – –, **all-metal** = tube *m.* tout métal (S.).
– – –, **amplifier** = lampe *f.* amplificatrice (R., Tp.).
– – –, **amplifier, power** = lampe *f.* amplificatrice de puissance (R.).
– – –, **audion** = lampe *f.* audion (R.).
– – –, **ballast** = tube *m.* régulateur de tension (R.).
– – –, **ballast, iron** = lampe *f.* régulatrice (R.).
– – –, **bent** = tube *m.* coudé (S.).
– – –, **bigrid** = bigrille *f.* (R.).
– – –, **boiler** = tube *m.* de chaudière (Méc.), bouilleur *m.* (Méc.).
– – –, **boiling** = tube *m.* bouilleur (Méc.).
– – –, **brass** = tube *m.* en laiton (S.).
– – –, **Braun** = tube *m.* cathodique (R.).
– – –, **burned out** = lampe *f.* grillée (R.).
– – –, **capillary** = tube *m.* capillaire (S.).
– – –, **cast** = tuyau *m.* coulé (S.).
– – –, **cathode-ray** = tube *m.* Léonard (R.), tube *m.* à rayons cathodiques (R.).
– – –, **cathodic** = lampe *f.* cathodique (Tv.).
– – –, **choke** = buse *f.* (de carburateur) (Auto.).
– – –, **coiled** = serpentin *m.* (Méc.).
– – –, **cold-drawn** = tube *m.* étiré à froid (S.).
– – –, **conveyor** = tube *m.* de transport (Méc.).
– – –, **cooling** = tube *m.* de refroidissement (Méc.).
– – –, **copper** = tube *m.* en cuivre (S.), tuyau *m.* de cuivre (S.).
– – –, **delivery** = ajutage *m.* (Méc.).
– – –, **dipping** = tube *m.* plongeur (Méc.).
– – –, **discharge** = tuyau *m.* de décharge (Méc.).
– – –, **discharge, gas** = lampe *f.* à décharge (R.), tube *m.* à gaz (R.).
– – –, **distance** = entretoise *f.* tubulaire (B.).
– – –, **distributing** = tube *m.* de distribution (H.).
– – –, **diverging** = tuyère *f.* divergente (H.), ajutage *m.* divergent (Méc.).

(tube)

– – –, **door knob** = lampe *f.* (à vide) en forme de bouton de porte (R.).

– – –, **double-grid** = bigrille *f.* (R.).

– – –, **draught** = diffuseur *m.* (d'une turbine hydraulique) (H.), prise *f.* d'air (Méc.), cheminée *f.* d'appel (Méc.), tube *m.* d'aspiration (Méc.).

– – –, **drawn, seamless** = tube *m.* étiré sans soudure (S.).

– – –, **dripping** = pipette *f.* (I.), compte-gouttes *m.* (I.).

– – –, **dropping** = pipette *f.* (I.), compte-gouttes *m.* (I.).

– – –, **dull** = lampe *f.* faible (R.).

– – –, **electron-ray** = oeil *m.* magique (R.).

– – –, **electronic** = lampe *f.* électronique (R.).

– – –, **exhaust** = tube *m.* d'échappement (Méc.).

– – –, **exponential** = tube *m.* à pente variable (R.).

– – –, **fibre** = tube *m.* en fibre (S.).

– – –, **fin** = tube *m.* à ailettes (Méc.).

– – –, **fire** = tube *m.* à fumée (Méc.), tube *m.* de fumée (d'une chaudière) (Méc.).

– – –, **five-electrode** = lampe *f.* pentode (R.).

– – –, **flared – – – of rear axle** = cône *m.* tubulaire du pont arrière (Auto.), trompette *f.* du pont arrière (Auto.).

– – –, **flexible** = tube *m.* souple (C.), tube *m.* flexible (C.).

– – –, **fluorescent** = tube *m.* fluorescent ou lampe *f.* fluorescente (pour éclairage) (R.).

– – –, **fluorescent, cool-white** = lampe *f.* fluorescente blanc-froid (R.).

– – –, **fuse** = corps *m.* de fusible (R.).

– – –, **gas** = tube *m.* à gaz (R.), lampe *f.* à décharge (R.). ✦

– – –, **gas-filled** = tube *m.* à atmosphère gazeuse (R.), lampe *f.* à gaz (R.).

– – –, **gauge, steam** = tube *m.* indicateur du manomètre (Méc.).

– – –, **gilled** = tube *m.* à ailettes (Méc.).

– – –, **glass** = tube *m.* de verre (R.).

– – –, **graduated** = tube *m.* gradué (I.).

– – –, **grid-and-screen** = lampe *f.* à grille et écran (R.).

– – –, **guard** = tube *m.* de sûreté (Méc.).

– – –, **heater, cathode** = tube *m.* à chauffage indirect (R.).

– – –, **heating** = tube *m.* de chaudière (Méc.).

– – –, **heavy-gauge** = tube *m.* à paroi épaisse.

– – –, **high-power** = tube *m.* à grande puissance (R.), lampe *f.* à grande puissance (R.).

– – –, **hot-drawn** = tube *m.* étiré à chaud (S.).

– – –, **immersion** = tuyau *m.* plongeur (Méc.), plongeur *m.* (Méc.).

– – –, **incandescent** = tube *m.* d'allumage (Méc.).

– – –, **inlet** = tube *m.* d'admission (Auto.).

– – –, **inner** = chambre *f.* à air (Auto.).

– – –, **insulating** = tube *m.* isolant (R.).

– – –, **iron** = tube *m.* en fer (S.).

– – –, **lead** = tuyau *m.* de plomb (S.).

– – –, **lead-in** = conduit *m.* d'entrée (R.).

– – –, **measuring** = tube *m.* pour dosage (C.).

– – –, **mercury-vapour** = lampe *f.* à vapeur de mercure (R.).

– – –, **metal** = lampe *f.* métallique (R.), tube *m.* métallique (S.).

– – –, **milking** = sonde *f.* de trayeuse (Agr.).

(tube)

– – –, **modulator** = tube *m.* modulateur (R.).

– – –, **multi-grid** = lampe *f.* à plusieurs grilles (R.).

– – –, **multiple-unit** = lampe *f.* complexe (R.).

– – –, **mutual conductance, variable** = lampe *f.* à pente variable (R.).

– – –, **neon** = lampe *f.* au néon (R.).

– – – **of a key** = canon *m.* d'une clé (B.).

– – – **of a lock** = canon *m.* d'une serrure (B.).

– – –, **oil** = tube *m.* d'huile (Méc.).

– – –, **oscillating** = tube *m.* oscillateur (R.).

– – –, **output** = lampe *f.* de sortie (R.).

– – –, **output, power** = lampe *f.* de sortie (R.).

– – –, **oval** = tube *m.* ovale (S.).

– – –, **picture** = tube *m.* à rayons cathodiques (Tv.), tube *m.* (cathodique) à image (Tv.).

– – –, **Pitot** = tube *m.* de Pitot (H.).

– – –, **plain** = tube *m.* lisse (S.).

– – –, **porcelain** = passe-fils *m.* en porcelaine (Tp., E.).

– – –, **power** = lampe *f.* génératrice (R.), lampe *f.* de puissance (R.).

– – –, **power, beam** = lampe *f.* à concentration électronique (R.).

– – –, **priming** = tube *m.* d'amorce (Méc.).

– – –, **progressive-wave** = lampe *f.* à ondes progressives (R.).

– – –, **radiant** = tube *m.* radiant (R.).

– – –, **receiving** = lampe *f.* de réception (R.).

– – –, **rectifying** = lampe *f.* redresseuse (R.).

– – –, **return** = tube *m.* de retour de fumée (Méc.).

– – –, **Roentgen** = tube *m.* à rayons X.

– – –, **rolled** = tuyau *m.* cylindré (S.).

– – –, **rubber** = tube *m.* en caoutchouc (C.).

– – –, **screen-grid** = lampe *f.* à grille écran (R.).

– – –, **seamless** = tube *m.* sans soudure (S.).

– – –, **sighting** = tube *m.* viseur (Méc.).

– – –, **six-electrode** = hexode *f.* (R.).

– – –, **small-bore** = tube *m.* de petite section (S.).

– – –, **speaking** = tube *m.* acoustique, cornet *m.* acoustique.

– – –, **split** = tube *m.* fendu (S.).

– – –, **square** = tube *m.* carré (R.).

– – –, **static, Pitot** = tube *m.* de Pitot statique (H.).

– – –, **stay** = tube-tirant *m.* (Méc.).

– – –, **steel** = tube *m.* en acier (S.).

– – –, **steel, seamless** = tube *m.* en acier sans soudure (S.).

– – –, **steel-armoured** = tube *m.* armé d'acier (S.).

– – –, **steel-armoured, insulated** = tube *m.* isolé armé d'acier (S.).

– – –, **suction** = tuyau *m.* d'aspiration (Méc.), exhausteur *m.* (Méc.).

– – –, **tapering** = tube *m.* conique (S.).

– – –, **television** = tube *m.* à rayons cathodiques pour télévision (Tv.), tube *m.* (cathodique) (à) image (Tv.), lampe-écran *f.* (Tv.).

– – –, **test** = éprouvette *f.* (de laboratoire).

– – –, **thermionic** = lampe *f.* thermoïonique (R.), lampe *f.* électronique (R.), lampe *f.* à cathode chaude (R.).

– – –, **three-electrode** = triode *f.*

– – –, **three-element** = triode *f.* (R.).

– – –, **three-grid** = lampe *f.* trigrille (R.), trigrille *f.* (R.).

(tube)

– – –, **tin** = tube *m*. en étain (S.).
– – –, **to** = tuber ou garnir de tubes (une chaudière, un trou de sondage).
– – –, **transmitting** = tube *m*. émetteur (E., R.).
– – –, **U-shaped** = tube *m*. en U (S.).
– – –, **vacuum** = tube *m*. à vide (R.).
– – –, **vacuum, five-electrode** = pentode *f*. (R.).
– – –, **vacuum, high** = tube *m*. à vide poussé (R.).
– – –, **vaccum, screen-grid** = bigrille *f*. (R.).
– – –, **vacuum, three-electrode** = triode *f*. (R.).
– – –, **vacuum, two-electrode** = diode *f*. (Tp.).
– – –, **variable** = lampe *f*. à pente variable (R.).
– – –, **velocity-modulated** = lampe *f*. à modulation de vitesse (R.), klystron *m*. (R.).
– – –, **Venturi** = tube *m*. de Venturi.
– – –, **voice** = porte-voix *m*.
– – –, **voltage-regulator** = tube *m*. régulateur (R.).
– – –, **warming** = tube *m*. réchauffeur (Méc.).
– – –, **water** = bouilleur *m*. (de chaudière) (Méc.), tube *m*. d'eau (Méc.).
– – –, **wave** = V. « waveguide ».
– – –, **welded** = tube *m*. soudé (S.).
– – –, **weldless** = tube *m*. sans soudure (S.).
– – –, **wire-in** = lampe *f*. sans culot (R.).
– – –, **X-ray** = tube *m*. à rayons X, tube *m*. Roentgen.
tubeless = pneu *m*. sans chambre (à air) (Auto.).
tubing = tuyauterie *f*., tubage *m*. ou pose *f*. des tubes (dans un puits de mine, une chaudière), canalisation *f*. (E., Tp.).
– – –, **flexible** = tube *m*. souple.
– – –, **metal, flexible** = tuyau *m*. métallique flexible.
– – –, **rubber** = tuyau *m*. en caoutchouc.
– – –, **steel, lap-welded** = tubes *m.p.* en acier soudé par recouvrement.
tubular = tubulaire (adj.).
tufa = tuf *m*. calcaire.
tuff = tuf *m*.
tug = remorqueur *m*. (Mar.).
– – –, **to** = remorquer (un bateau).
tugger = chariot *m*. tracteur (M.).
tumbler = culbuteur *m*. (d'interrupteur) (R.), arrêt *m*. (de serrure) (B.), tambour *m*. (d'une drague) (H.), verre *m*. (à boire) sans pied (Ust.), tambour *m*. culbuteur (Méc.), tambour *m*. à décortication (Pap.).
tumbling home = rentrée *f*. (d'un pilier) (B.).
– – – -**in** = rentrée *f*. (d'un pilier) (B.).
tun = tonneau *m*., tonne *f*. (de mélasse), fût *m*.
tune = accord *m*., air *m*. (de musique).
– – –, **in** = accordé (adj.).
– – –, **to** = syntoniser (un poste) (R.), accorder (un piano, un violon), mettre (un moteur) au point (Auto.), mettre (un poste récepteur) en résonance.
– – –, **to** – – – **in** = régler (un récepteur) (R.), accorder (un instrument), syntoniser (un poste) (R.).
– – –, **to** – – – **up** = mettre (un moteur) au point (Auto.), caler (la magnéto) (Auto.).
tuner = syntonisateur *m*. (R.), bloc *m*. d'accord (R.).
– – –, **multiple** = syntonisateur *m*. multiple (R.).
– – –, **push-button** = syntonisateur *m*. à boutons-poussoirs (R.).
tune-up = remise *f*. au point (d'un moteur) (Méc.).
tungsten = tungstène *m*.

tuning = accordage *m*. ou accordement *m*. (d'un instrument à cordes), accord *m*. (d'un circuit, d'un piano), mise *f*. au point (d'un moteur) (Méc.), réglage *m*. ou syntonisation *f*. (d'un récepteur) (R.).
– – –, **antenna** = accord *m*. d'antenne (R.).
– – –, **broad** = accord *m*. flou (R.).
– – –, **circuit** = accord *m*. d'un circuit (R.).
– – –, **capacitive** = accord *m*. par capacité (R.).
– – –, **coarse** = accord *m*. approximatif (R.), réglage *m*. approximatif (Méc., R.).
– – –, **dial, single** = commande *f*. unique (R.), monoréglage (R.).
– – –, **double-spot** = accord *m*. sur deux réglages (R.).
– – –, **electric** = syntonisation *f*. électrique (R.).
– – –, **fine** = accord *m*. précis (Tv.).
– – –, **flat** = accord *m*. flou (R.).
– – –, **ganged** = accord *m*. à commande unique (R.).
– – – **in** = syntonisation *f*. (d'un poste) (R.), réglage *m*. (d'un récepteur).
– – –, **inductive** = accord *m*. par inductance (R.).
– – –, **loop** = syntonisation *f*. par cadre récepteur (R.).
– – – **of a circuit** = accord *m*. d'un circuit (R.).
– – –, **permeability** = accord *m*. par variation de perméabilité (R.), accord *m*. par réluctance (R.).
– – –, **reluctance** = accord *m*. par réluctance (R.).
– – –, **remote** = accord *m*. à distance (R.), réglage *m*. à distance (R.).
– – –, **resistance** = réglage *m*. d'accord par résistance (R.).
– – –, **rough** = accord *m*. approximatif (R.).
– – –, **selective** = syntonisation *f*. sélective (R.).
– – –, **sharp** = syntonisation *f*. exacte (R.), syntonisation *f*. aiguë (R.).
– – – **up** = remise *f*. au point ou réglage *m*. (d'un moteur).
– – –, **vernier** = syntonisation *f*. à vernier (R.).
– – –, **visual** = syntonisation *f*. optique (R.), réglage *m*. visuel (R.).
tunnel = tunnel *m*. (routier, de chemin de fer), viaduc *m*. (C.), passage *m*. inférieur (C.), galerie *f*. (Mi.), (passage) souterrain *m*.
– – –, **belt** = tunnel *m*. à courroie (Méc.).
– – –, **cable** = galerie *f*. des câbles (Tp.).
– – –, **drain** = tunnel *m*. d'évacuation des eaux (S.).
– – –, **flue** = carneau *m*. (Méc.).
– – –, **loop** = tunnel *m*. de rebroussement (Ch.d.f.).
– – –, **shaft** = tunnel *m*. de l'arbre (Méc., Auto.).
– – –, **to** = percer un tunnel à travers (C.), percer un tunnel sous (C.).
– – –, **transmission** = tunnel *m*. de la boîte de vitesses (Auto.).
– – –, **wind** = tunnel *m*. aérodynamique (Av.).
tunnelling = percement *m*. d'un tunnel (C.).
tup = mouton *m*. ou pilon *m*. (d'une sonnette, d'un marteau pilon) (C.).
turbine = turbine *f*. (H.), roue *f*. hydraulique (H.).
– – –, **action** = turbine *f*. à action, turbine *f*. à impulsion.
– – –, **air** = turbine *f*. à air.
– – –, **axial-flow** = turbine *f*. hélicoïdale.
– – –, **back-pressure** = turbine *f*. à contrepression.
– – –, **combined-flow** = turbine *f*. américaine.
– – –, **disc** = turbine *f*. à plateau.

(turbine)

– – –, **downward-flow** = turbine *f.* hélicoïdale.
– – –, **gas** = turbine *f.* à gaz.
– – –, **horizontal-shaft** = turbine *f.* à arbre horizontal.
– – –, **hydraulic** = turbine *f.* hydraulique.
– – –, **impulse** = turbine *f.* à impulsion, turbine *f.* à action.
– – –, **inward-flow** = turbine *f.* centripète.
– – –, **inward-flow, radial** = turbine *f.* radiale centripète.
– – –, **outward-flow** = turbine *f.* centrifuge.
– – –, **outward-flow, radial** = turbine *f.* radiale centrifuge.
– – –, **pressure** = turbine *f.* à réaction.
– – –, **pressure, back-** = turbine *f.* à contrepression.
– – –, **pressure, high-** = turbine *f.* haute pression.
– – –, **pressure, low-** = turbine *f.* basse pression.
– – –, **propeller** = turbine *f.* hélice (H.), turbopropulseur *m.* (Av.).
– – –, **pump** = turbine *f.* de pompe.
– – –, **radial** = turbine *f.* radiale.
– – –, **reaction** = turbine *f.* à réaction.
– – –, **single-stage** = turbine *f.* simple, turbine *f.* à un seul étage.
– – –, **steam** = turbine *f.* à vapeur.
– – –, **tangential-flow** = turbine *f.* tangentielle.
– – –, **velocity-stage** = turbine *f.* à étages de vitesse.
– – –, **vertical-shaft** = turbine *f.* à arbre vertical.
– – –, **water** = turbine *f.* hydraulique.
– – –, **wind** = turbine *f.* éolienne.
turbulence = turbulence *f.*, remous *m.p.* d'air (Av.).
tureen, soup = soupière *f.* (Ust.).
turf = gazon *m.*, tourbe *f.*
turfing = gazonnement *m.* (d'un terrain).
turn = tour *m.* ou spire *f.* (d'un enroulement) (R.), virage (Auto.), révolution *f.* ou tour *m.* (d'une roue) (Méc.), tournant *m.* (d'un chemin), coude *m.* (d'une rivière), tour *m.* ou promenade *f.*
– – –, **about** = demi-tour *m.*
– – –, **ampere** = V. « ampere-turn ».
– – –, **dead** = spire *f.* morte (R.).
– – –, **flat** = virage *m.* à plat (Av.).
– – –, **half-** = demi-tour *m.*
– – –, **idle** = tour *m.* mort (R.), spire *f.* morte (R.).
– – –, **left** = virage *m.* à gauche (Auto.).
– – –, **left, no** = virage *m.* à gauche interdit (Auto.).
– – –, **mean** = spire *f.* moyenne (R.).
– – – **of the screw-thread** = tour *m.* de spire d'une vis (Méc.).
– – –, **road** = virage *m.* (Auto.), tournant *m.* (Auto.).
– – –, **single** = spire *f.* unique (R.).
– – –, **spring** = spire *f.* de ressort (Méc.).
– – –, **to** = faire tourner (une manivelle, une roue), tourner (à l'outil), façonner (au tour), bloquer (une lettre) (Imp.), braquer (les roues d'un véhicule) (Auto.).
– – –, **to rough-** = dégrossir au tour (Méc.).
– – –, **to – – – down** = réduire (R.).
– – –, **to – – – for sorts** = bloquer (une lettre) (Imp.).
– – –, **to – – – freely** = tourner fou (Méc.).
– – –, **to – – – off** = fermer (le gaz), couper (l'eau).
– – –, **to – – – on** = fermer un circuit (R.).
– – –, **to – – – over** = rabattre (une tôle), capoter (Auto.), renverser (un wagon), tourner (une page).

(turn)

– – –, **to – – – straight** = tourner droit (Méc.), tourner cylindrique (Méc.).
– – –, **to – – – taper** = tourner conique (Méc.).
– – –, **U-** = demi-tour *m.* (Auto.).
– – –, **U-, no** = demi-tour *m.* interdit (Auto.).
turnbuckle = lanterne *f.* (de tension) (C.), tendeur *m.* à vis (C.), tourniquet *m.* (B.), tendeur *m.* (C.).
– – –, **adjusting** = tendeur *m.* de réglage (C.).
– – –, **open** = tendeur *m.* à lanterne (C.).
– – –, **shutter** = tourniquet *m.* de volet (B.).
turned = façonné ou tourné (Men., Méc.), (bord *m.*) rabattu (adj.).
– – –, **machine** = façonné, tourné (au tour).
– – –, **roughly** = dégrossi (au tour).
turner = tourneur *m.* (O.).
turning = tournage *m.* (Méc., Men.), travail *m.* de tour (Méc.), virage *m.* (d'une auto, d'une manivelle).
– – –, **eccentric** = tournage *m.* excentrique.
– – –, **hand** = tournage *m.* à la main.
– – –, **rough** = dégrossissage *m.* (Méc., Men.).
– – –, **sharp** = tournage *m.* brusque (Auto.), virage *m.* rapide (Auto.).
– – –, **smooth** = finissage *m.* au tour (Méc.).
– – –, **straight** = tournage *m.* droit, tournage *m.* cylindrique.
– – –, **taper** = tournage *m.* conique.
turnings = copeaux *m.p.* de tour, tournure *f.*
– – –, **brass** = tournure *f.* de bronze.
turn off, gate = thyristor *m.* interruptible (R.).
turn-out = aiguillage *m.* (Ch.d.f.), voie *f.* d'évitement (Ch.d.f.), branchement *m.* (Ch.d.f.).
turn-over = chiffre *m.* d'affaires, remise *f.* (d'un édifice), rotation *f.* (du personnel, des stocks), taux *m.* de rotation.
turnpike = tourniquet *m.*, barrière *f.* de péage, autoroute *f.* à péage (Auto.).
turnstile = tourniquet-compteur *m.*
turn-up = bord *m.* relevé (d'un pantalon).
turpentine = térébenthine *f.*
turret = tourelle *f.* (B.), lanterneau *m.* (Ch.d.f.), barillet *m.* porte-outil (Méc.), tourelle *f.* (Méc.), revolver *m.* (Méc.).
– – –, **bell** = clocheton *m.* (B.).
– – –, **lathe** = tourelle *f.* de tour (Méc.).
tusk = renfort *m.* de tenon (B.), renfort *m.* (B.), dent *f.* (d'une herse) (Agr.).
tuyere = tuyère *f.* (Méc.), buse *f.* (Méc.).
TV = télévision *f.*, V. « television ».
– – –, **closed circuit** = émission *f.* en circuit fermé (Tv.).
– – –, **educational** = télévision *f.* scolaire, télévision *f.* éducative.
tweeter = haut-parleur *m.* pour fréquences élevées, haut-parleur *m.* aigu.
tweezers = brucelles *f.p.*, pincettes *f.p.*
twin = jumelé (adj.) (C., Méc.), conjugué (adj.) (Méc.), doublé (adj.) (C.), couplé (adj.) (Méc., E.).
twinning = pairage *m.* (Tv.).
twine = ficelle *f.*
– – –, **asbestos** = ficelle *f.* d'aminate.
– – –, **binding** = ficelle *f.* d'engerbage (Agr.), [corde *f.* à lieuse] (Agr.) (Canada).
– – –, **cotton** = ficelle *f.* de coton.

(twine)

– – –, **to** = tordre, tortiller.
twinplex = télégraphie *f.* duplex à quatre fréquences (Tg.).
twist = torsion *f.*, tors *m.* ou torsade *f.* (d'une paire de fils téléphoniques), spire *f.*, dévers *m.* (d'une planche), gondolage *m.* (d'une tôle).
– – –, **left-hand** = tors *m.* de droite à gauche, torsion *f.* à gauche.
– – – **of the rifling** = pas *m.* des rayures (d'un canon).
– – –, **right-hand** = tors *m.* de gauche à droite, torsion *f.* à droite.
– – –, **to** – – – **together** = torsader (des fils) (Tp.).
twisted = tors (adj.), torsadé (adj.), tordu (adj.).
twister = tordoir *m.* (de poseur d'armature) (B., C.).
twisting = torsion *f.* (Méc.).
twofold = double (adj.).
TWX (teletypewriter exchange service) = service *m.* de téléscripteur à commutation automatique (Tp.).
tying = chaînage *m.* (des murs), renforcement *m.* (d'une chaudière) avec des tirants (Méc.).
– – – **up** = immobilisation *f.* (des capitaux), ficelage *m.* (d'un colis), mise *f.* à l'attache (d'un cheval) (Agr.), ligature *f.* (d'une page de composition) (Imp.).
tympan = tympan *m.* (B., Imp.).
type = type *m.*, modèle *m.*, genre *m.*, nature *f.*, caractère *m.* (d'imprimerie).
– – –, **approved** = modèle *m.* agréé (d'instrument).
– – –, **battered** = caractère *m.* endommagé (Imp.), tête *f.* de clou (Imp.).
– – –, **black face** = caractère *m.* gothique (Imp.).
– – –, **blocked up** = matière *f.* bloquée (Imp.).
– – –, **body** = caractère *m.* de texte (Imp.), petits clous *m.p.* (Imp.).
– – –, **bold-faced** = caractères *m.p.* gras (Imp.).
– – –, **bottle-bottom** = caractère *m.* évasé (Imp.).
– – –, **bottle-necked** = caractère *m.* écrasé (Imp.).
– – –, **Braille** = caractères *m.p.* Braille (Imp.).
– – –, **condensed** = caractère *m.* effilé (ou allongé)

(type)

(Imp.).
– – –, **display** = caractère *m.* vedette (Imp.).
– – –, **enclosed** = protégé (E., Méc.), sous coffret (Tp., E.).
– – –, **fat-face** = caractère *m.* gras (Imp.).
– – –, **full-face** = caractère *m.* gras (Imp.).
– – –, **Gothic** = caractère *m.* gothique (Imp.).
– – –, **heavy-duty** = type *m.* à grand débit.
– – –, **hinged** = à charnière (Méc.), articulé (Méc.).
– – –, **improved** = type *m.* perfectionné (Méc.).
– – –, **light-faced** = caractère *m.* anglais (ou maigre) (Imp.).
– – –, **modern** = caractère *m.* moderne (Imp.).
– – –, **nickel** = galvano *m.* nickelé (Imp.).
– – – **of construction** = type *m.* de construction (C.).
– – – **of current** = nature *f.* du courant (R.).
– – – **of loading** = type *m.* de charge (Tp.).
– – – **of modulation** = type *m.* de modulation (d'une onde porteuse) (R.).
– – –, **old-style** = elzévir *m.* (Imp.).
– – –, **open** = type *m.* ouvert (R.), non protégé (Méc., E.).
– – –, **overhung** = type *m.* surplombant (B.).
– – –, **roman** = caractère *m.* romain (Imp.).
– – –, **script** = caractère *m.* d'écriture (Imp.).
– – –, **to** = dactylographier ou taper (un texte).
types = V. « type ».
– – –, **squabbled** = caractères *m.p.* qui chevauchent (Imp.).
typewriter = machine *f.* à écrire.
typical = typique (adj.), caractéristique (adj.).
typist = dactylographe *m.* (ou *f.*) (O.).
typographer = typographe *m.* (O.) (Imp.), typo *m.* (O.) (Imp.).
typography = typographie *f.* (Imp.).
typometer = typomètre *m.* (Imp.).
tyre = V. « tire ».

u

UHF = V. « frequency, high, ultra ».
ult. = V. « ultimo ».
ultimate = dernier (adj.), final (adj.), extrême (adj.).
ultimo = du mois dernier.
ultradyne = ultradyne *m.* (R.).
ultramicrometer = ultramicromètre *m.*
ultrasonic = ultrasonore (adj.), superponique (adj.), à ultra-sons.
ultraudion = ultraudion *m.*
unable = incapable (adj.).
unadjusted = non accordé (R.), non réglé (Méc.).
unalloyed = (métal *m.*) pur (adj.), sans alliage.
unalterable = inaltérable (adj.), invariable (adj.).
unalterableness = invariabilité *f.*, immutabilité *f.*
unapparent = invisible (adj.), inapparent (adj.).
unarmoured = (câble *m.*) sans armature (Tp.), non cuirassé (Méc.), non blindé (Méc.).
unattended = (station *f.*) non surveillée (R.), (poste *m.*) sans préposé(e) (Tp.), (cheval *m.*) sans surveillance (Agr.), (malade *m.* laissé) sans soins.
unbacked = (mur *m.*) non renforcé, sans appui (B.).
unbalance = déséquilibre *m.* (Méc., E.), défaut *m.* d'équilibrage (Méc., E.), balourd *m.* (Méc.).
- - -, **capacity** = déséquilibre *m.* de capacité (E.).
- - -, **inductance** = déséquilibre *m.* de l'inductance (E.).
- - - **of a circuit to earth** = dissymétrie *f.* d'un circuit par rapport à la terre (E., Tp.).
unbalanced = (volant *m.*) mal équilibré ou déséquilibré ou qui présente un balourd, (vilebrequin *m.*) non compensé.
unbalancing = déséquilibrage *m.*
unbarked = (bois) en grume ou non écorcé.
unbend, to = détendre ou débander (un ressort), redresser (une tige).
unbending = redressement *m.* (d'une tige), détente *f.* (d'un ressort).
- - - **of a spring** = détente *f.* d'un ressort (Méc.).
unbiased (or unbiassed) = impartial (adj.), non polarisé (R.).
unblended = non mélangé, sans mélange, pur (adj.).
unblock, to = enlever (le câble d'une poulie), dégager

(une allée), décaler (une roue), dévisser, démonter, débloquer (un appareil).
unbolt, to = déboulonner, dévisser, déverrouiller (une porte), ouvrir (une serrure).
unbraced = sans entretoise (B.), sans moise (B.), sans lien (B.).
unbreakable = incassable (adj.).
unburned (or unburnt) = non cuit.
U.N.C. = V. « thread, U.N.C. ».
uncap, to = décoiffer (une fusée), désoperculer (un rayon de miel).
uncemented = non cimenté (C.).
unchanging = invariable (adj.), constant (adj.), immuable (adj.).
uncharged = neutre (adj.) (E.).
- - - **for** = franco, gratuit (adj.).
unchecked = non vérifié.
uncle = radar *m.* d'atterrissage sans visibilité (Av.).
unclean = sale (adj.), malpropre (adj.).
uncleanness = saleté *f.*, malpropreté *f.*
uncleansed = non nettoyé, sale (adj.), malpropre (adj.).
unclick, to = décliquer (un linguet) (Méc.).
unclipped = non taillé, non coupé.
unclog, to = déboucher (un tuyau), débloquer (une machine), dégager (une roue).
unclosed = (jardin *m.*) non clôturé, ouvert (adj.) (terrain *m.*) non enclos.
uncoil, to = dérouler (Tp.), dévider (la laine).
uncoiling = déroulement *m.* (Tp.).
uncoloured = sans couleur, incolore (adj.).
uncompensated = (bras *m.*) non balancé (Méc.).
uncompleted = inachevé (adj.), incomplet (adj.).
unconcealed = ouvert (adj.), fait à découvert.
uncongealable = incongelable (adj.), antigel (adj.).
uncontrollable = (mouvement *m.*) irréprimable (adj.), irrépressible (adj.).
uncotter, to = dégoupiller (un volant) (Méc.).
uncouple, to = désaccoupler (des accumulateurs), débrayer (une machine), déboîter ou démancher (deux conduits), dételer (deux wagons).
uncover, to = démasquer (un orifice), découvrir (un plat).

(undersized)
sous-calibré.

uncrate, to = déballer (un objet) de sa caisse.
uncut = (diamant *m.*) non taillé ou brut, (récolte *f.*) sur
  pied (Agr.), (tranches *f.p.*) non rognées (Imp.), (livre
  m.) non coupé (Imp.), (pain *m.*) inentamé, (film *m.*)
  sans coupures (Phot.).
undamaged = sans avarie, intact (adj.).
undamped = non amorti (E.).
undecayed = intact (adj.), (bois *m.*) non pourri, (bâtiment *m.*) en bon état.
underbrush = broussailles *f.p.*, sous-bois *m.*
underbrushing = débroussaillement *m.*
underbunching = fonctionnement *m.* d'un klystron en
  sous-tension (E.).
undercarpet = thibaude *f.* (Ust.).
undercharge, to = sous-charger (un accumulateur)
  (E.).
undercoat = couche *f.* de fond (B.), couche *f.* d'impression (B.).
undercoating = couche *f.* de fond (B.), couche *f.* d'impression (B.).
undercurrent = courant *m.* de fond (H.), courant
  sous-marin (H.), courant *m.* trop faible (E.).
undercut = dégagement *m.* (d'un outil), détalonnage
  m. (d'une dent d'engrenage).
- - -, to = dégager (un outil), détalonner ou dépouiller
  (le pied d'une dent d'engrenage), sous-caver (Mi.),
  haver (le charbon) (Mi.).
undercutting = dégagement *m.* ou détalonnage *m.*
  (d'un pied d'une dent) (Méc.), havage *m.* (Mi.),
  sous-cavage *m.* (Mi.), caniveau *m.* (de soudure)
  (Mét.), affouillement *m.* (des côtes, des clichés) (H.,
  Imp.).
underdamping = amortissement *m.* trop faible (E.).
underflow = courant *m.* de fond (H.), sables *m.p.* (d'un
  classificateur à râteaux) (Mi.).
underground = souterrain (adj.), sous sol, sous terre,
  (réservoir *m.*) enterré.
undergrowth = broussailles *f.p.*, sous-bois *m.*
underlap = non-juxtaposition *f.* des lignes (Tv.).
underlay = assise *f.* de feutre (sous un tapis), hausse *f.*
  (Imp.).
- - -, to = soutenir (C.), rehausser (une composition)
  (Imp.).
underlayer = assise *f.* (C.), couche *f.* d'assise (C.), substratum *m.* (Mi.), couche *f.* sous-jacente (Mi.).
underline, to = souligner (un mot).
undermine, to = saper (les fondements d'un édifice),
  miner (un mur).
undermodulation = sous-modulation *f.* (R.).
underpadding = feutre *m.* ou caoutchouc (de tapis),
  thibaude *f.*
underpass = passage *m.* inférieur (C.), passage *m.*
  souterrain (C.).
underpin, to = étayer ou étançonner (une muraille),
  reprendre en sous-oeuvre.
underpinning = reprise *f.* en sous-oeuvre, étayage *m.*
  (d'une muraille).
underprop, to = étayer (en sous-oeuvre), soutenir (un
  ouvrage).
underscore, to = souligner (un mot).
undershoot = sous dépassement *m.* (E.).
undershore, to = étayer *m.* en sous-oeuvre.
undersized = inférieur (adj.) à la cote, trop petit,

undersling, to = surbaisser (Auto.).
understeer = sous-virage *m.* (Auto.).
understeering = (auto *f.*) sous-vireuse (adj.).
understratum = couche *f.* inférieure (Mi.), couche *f.*
  sous-jacente (Mi.).
understress = sous charge *f.*
undertaker = entrepreneur *m.* (en bâtiment), entrepreneur *m.* de pompes funèbres.
undertaking = entreprise *f.*
underwater = immergé, sous-marin (adj.), sous l'eau.
underwood = bois *m.* taillis.
underwriter = syndicataire *m.* (finance), assureur *m.*
  ou souscripteur *m.* (assurance).
- - -, fire = assureur *m.* contre l'incendie.
underwriters = syndicataires *m.p.*, syndicat *m.* de garantie, souscripteurs *m.p.* ou assureurs *m.p.*
underwriting = souscription *f.* (d'un risque).
undetachable = indécollable (adj.), inamovible (adj.).
undeveloped = (terrain *m.*) inexploité, non développé.
undistorted = sans distorsion (E.).
undisturbed = sans brouillage (R.), (terrain *m.*) qui n'a
  pas été remué (C.).
undulating = oscillant (adj.) (E.), (pays *m.*) vallon-
  né, (blé *m.*) ondoyant (adj.), onduleux (adj.).
undulator = ondulateur *m.* (R., Tg.), oscillateur *m.*
  (R.).
undulatory = ondulatoire (adj.).
unemployable = inapte (adj.) au travail (O.), (voiture
  f.) inutilisable (adj.).
unenclosed = (machinerie *f.*) à découvert.
unequal = inégal (adj.).
uneven = (nombre *m.*) impair (adj.), (terrain *m.*) accidenté (adj.), (route *f.*) raboteuse (adj.), (écorce *f.*)
  rugueuse (adj.), (partage *m.*) inégal (adj.).
unexcited = non excité (E.).
unexposed = non exposé, à l'abri de.
U.N.F. (unified fine thread) = V. « thread, U.N.F. ».
unfasten, to = déverrouiller ou ouvrir (une porte),
  desserrer (une vis), délier (un colis).
unfed = non alimenté (Méc.).
unfilled = vide, (adj.) non rempli.
unfinished = brut (adj.), non façonné (Méc.), non usiné
  (Méc.), non terminé.
unfit = impropre (adj.).
unfix, to = détacher (C.), desserrer (Méc.), défaire
  (C.).
unfold, to = déplier (une feuille de papier), dérouler (un
  plan), dévoiler (un projet).
unframed = non encadré, non monté, sans cadre.
ungear, to = désembrayer ou débrayer (un engrenage).
unglazed = (papier *m.*) mat (adj.) (Phot.), (papier *m.*)
  non glacé (Imp.), (fenêtre *f.*) non vitrée (C.).
unguarded = (outil *m.*) sans dispositif protecteur,
  (engrenage *m.*) sans carter (Méc.).
unhandle, to = démancher (un outil).
unhardened = (acier *m.*) non trempé (Mét.).
unhasp, to = ouvrir le loquet de la porte (B.).
unheatable = inchauffable (adj.).
unhook, to = décrocher (C.).
unidirectional = redressé (E.).
unifilar = unifilaire (adj.).
uniform = (vitesse *f.*) uniforme (adj.), (débit *m.*) cons-

(uniform)

tant (adj.), (allure *f.*, vitesse *f.*) régulière (adj.), costume *m.* (d'infirmière), uniforme *m.* (de soldat).
uniformity = régularité *f.* (de marche) (Méc.), constance *f.* (d'un courant électrique) (E.), uniformité *f.*
unilateral = (contrat *m.*) unilatéral (adj.).
unimpaired = intact (adj.), non affecté.
unimprovable = (sol *m.*) inamendable (adj.), non susceptible d'amélioration.
unimproved = non amélioré, non perfectionné.
uninsulated = non isolé (E.).
union = raccord *m.* (S.), manchon *m.* de raccord (S.), raccordement *m.* (de fils téléphoniques, de conduites), syndicat *m.* ouvrier.
– – –, **elbow** = raccord *m.* coudé, raccord *m.* en équerre.
– – –, **female** = raccord *m.* femelle (d'un tuyau).
– – –, **hose** = raccord *m.* de tuyau, raccord *m.* de boyau d'arrosage.
– – –, **labour** = syndicat *m.* ouvrier.
– – –, **lip** = raccord *m.* union (de pompe).
– – –, **male** = raccord *m.* mâle.
– – –, **pipe** = raccord *m.* de tuyauterie.
– – –, **reducing** = raccord *m.* de réduction.
– – –, **T** = raccord *m.* en T, raccord *m.* à T.
– – –, **T-piece** = raccord *m.* en T, raccord *m.* à T.
– – –, **trade** = syndicat *m.* ouvrier.
uniphase = monophasé (E.), uniphasé (E.).
unipolar = unipolaire (adj.) (E.).
unison = unisson *m.*
– – –, **in** = à l'unisson, (tourner) à la même vitesse (Méc.).
unit = unité *f.*, ensemble *m.* (Méc.), groupe *m.* (Méc.), élément *m.* (Méc., E.), bloc *m.* (Méc.), éléments *m.p.* de code (Tg.).
– – –, **add-on** = bloc *m.* additionnel.
– – –, **air, compressed** = groupe *m.* motocompresseur (Méc.).
– – –, **Angström** = unité *f.* d'Angström (E.).
– – –, **answer-back** = émetteur *m.* automatique d'indicatif (Tg.).
– – –, **break-contact** = (dispositif *m.* de) contact *m.* de rupture (E.).
– – –, **British Thermal** = unité *f.* de chaleur (Méc.), Btu *f.* (Méc.) (= 252 grandes calories; 777,649 livres-pieds. 0.293 watt-heure; 107.514 kg • m), unité *f.* thermique anglaise (Méc.).
– – –, **building** = élément *m.* de construction (Méc., C.), élément *m.* constitutif (Méc.), élément *m.* d'un bâtiment (B.).
– – –, **cam-wheel, six** = butoir *m.* à six cames (Méc.).
– – –, **contact** = contacteur *m.* (E.).
– – –, **contact, change-over** = (dispositif *m.* de) contact *m.* à permutation (E.).
– – –, **control, camera** = bloc *m.* commande de caméra (Tv.).
– – –, **converter** = groupe *m.* convertisseur (E.), commutatrice *f.* (E.).
– – –, **current** = unité *f.* de courant (E.).
– – –, **disposal, garbage** = broyeur *m.* à ordures (Ust.).
– – –, **dwelling** = domicile *m.* (B.), bloc *m.* de logements (B.), logement *m.* (B.), logis *m.* (B.).
– – –, **flash** = flash *m.* (Phot.).
– – –, **flash, built-in** = flash *m.* incorporé (Phot.).

(unit)

– – –, **flash, incorporated** = flash *m.* incorporé (Phot.).
– – –, **fundamental** = unité *f.* fondamentale.
– – –, **fuse** = coupe-circuit *m.* (E.).
– – –, **fuse, renewable** = fusible *m.* interchangeable (E.).
– – –, **gear-changing** = boîte *f.* de changement de vitesse (Auto.).
– – –, **generating** = groupe *m.* électrogène (E.).
– – –, **heat** = unité *f.* thermique (Méc.).
– – –, **heating** = élément *m.* chauffant (E.), générateur *m.* d'air chaud (E.).
– – –, **household** = logement *m.*, unité *f.* de logement.
– – –, **housing** = unité *f.* de logement (B.).
– – –, **in a** = formant bloc (Méc.).
– – –, **inset, transmitter** = capsule *f.* microphonique (R.).
– – –, **interference** = brouilleur *m.* (Radar).
– – –, **loading** = unité *f.* de charge (Tp.).
– – –, **make-contact** = (dispositif *m.* de) contact *m.* de fermeture (E.).
– – –, **masonry** = élément *m.* de maçonnerie (B.).
– – –, **masonry, hollow** = élément *m.* creux de maçonnerie (B.).
– – –, **masonry, solid** = élément *m.* massif de maçonnerie (B.).
– – –, **metering** = transformateur *m.* courant-potentiel (E.).
– – –, **mixing** = mélangeur *m.* (M.).
– – –, **mobile** = groupe *m.* mobile, voiture *f.* de reportage (R., Tv.), car *m.* de reportage (R., Tv.).
– – –, **motor** = bloc *m.* moteur (Méc.).
– – –, **motor-driven** = unité *f.* motrice (Ch.d.f.).
– – –, **motor, pumping** = groupe *m.* motopompe.
– – – **of area** = unité *f.* de surface.
– – – **of a sectional boiler** = élément *m.* d'une chaudière (Méc.).
– – – **of capacity** = unité *f.* de travail mécanique (Méc.).
– – – **of force** = unité *f.* de force (Méc.).
– – – **of heat** = unité *f.* de chaleur (Méc.).
± – – **of length** = unité *f.* de longueur.
– – – **of measure** = unité *f.* de mesure.
– – – **of power** = unité *f.* de puissance (Méc.).
– – – **of surface** = unité *f.* de surface.
– – – **of weight** = unité *f.* de poids.
– – – **of work** = unité *f.* de travail (Méc.).
– – –, **office, central** = bureau *m.* de trafic (Tp.).
– – –, **pack** = émetteur-récepteur *m.* portatif (R.).
– – –, **power** = unité *f.* motrice (Méc.), groupe *m.* électrogène (E.), unité *f.* de puissance (Méc.), source *f.* d'alimentation (E.).
– – –, **power, internal combustion** = groupe *m.* électrogène à combustion interne (E.).
– – –, **power, tractive** = groupe *m.* de traction (Méc.).
– – –, **radio, mobile** = émetteur *m.* mobile (R.).
– – –, **recording** = détecteur *m.* de signaux (Tg.).
– – –, **reduction** = démultiplicateur *m.* (Méc.).
– – –, **relay** = relais *m.* pour télétype (Tp.).
– – –, **residential** = unité *f.* de logement, logement *m.*
– – –, **rigid** = ensemble *m.* rigide (C.).
– – –, **selector** = bloc *m.* de sélecteurs (Tp.).
– – –, **standard** = module *m.* (Méc.).
– – –, **supply, high-tension** = bloc *m.* d'alimentation

(unit)

haute fréquence (E.).
- - -, **tail** = empennage *m.* (Av.).
- - -, **thermal** = unité *f.* thermique (Méc.), calorie *f.* (Méc.).
- - -, **transmission** = décibel *m.* (Tp.).
- - -, **transmitter** = capsule *f.* microphonique (Tp.).
- - -, **tuning** = bloc *m.* d'accord (R.).
- - -, **tuning, aerial** = bloc *m.* d'accord d'antenne (R.).
- - -, **volume** = décibel *m.* (Tp.).
- - -, **welding** = poste *m.* de soudure (Mét.).
- - -, **work** = unité *f.* de travail.
unite, to = unir (deux tuyaux), unifier (un pays), grouper (des colonnes).
unity = unité *f.*
universal = universel (adj.).
unjoined = disjoint (adj.).
unjoint, to = démonter (un mécanisme).
unknown = inconnue *f.*, inconnu (adj.), ignoré (adj.).
unlade, to = décharger (un navire).
unlevelled = non nivelé, (terrain *m.*) accidenté (adj.), dénivelé (adj.).
unlicensed = non autorisé.
unlike = différent (adj.).
unlined = (puits *m.*) sans boisage, (chaudière *f.*) sans revêtement, (habit *m.*) sans doublure.
unlink, to = décrocher ou détacher (une caravane).
unload, to = décharger.
unloaded = sans charge (Méc.), (fusil *m.*) déchargé.
unloader = déchargeur *m.* (M.), appareil *m.* de déchargement (M.).
unloading = déchargement *m.* (d'un navire), décharge *f.* (d'un camion).
unlock, to = débloquer (un écrou), déclencher ou déverrouiller ou ouvrir (une porte), desserrer (une forme) (Imp.).
unmanufactured = brut (adj.).
unmatched = désaccordé (R.).
unmixed = sans mélange, pur (adj.).
unmodulated = non modulé (R.).
unmounted = non monté (Phot.), (cliché *m.*) sans support (Imp.).
unnail, to = déclouer.
unpack, to = déballer, dépaqueter.
unplaned = (bois *m.*) non raboté.
unpoised = mal équilibré.
unprotected = exposé (adj.) (Méc., C.), nu (adj.) (Méc., G.), non protégé (Méc.), sans carter (Méc.).
unrectified = brut (adj.), (courant *m.*) non redressé (E.).
unrelieved = non dégagé (Méc.), non détalonné (Méc.).
unrepaired = non réparé.
unrivet, to = dériver (un clou, un rivet), dériveter (une chaudière) (Méc.).
unroll, to = dérouler (un plan, une carte).
U.N.S. = V. « thread, U.N.S. ».
unsaturated = non saturé.
unscratched = sans égratignure, poli (adj.).
unscreened = non blindé (R.), sans écran (R., B.), non assorti (Mi., C.).
unscrew, to = dévisser (un boulon), déboulonner (une machine).
unseal, to = déplomber (un colis), décacheter (une lettre), desceller (une soumission).

unserviceable = impropre (adj.) au service, inutilisable (adj.).
unset = démonté (adj.), non monté (adj.), non armé (adj.).
- - -, **to** = démonter (un diamant), désarmer (un piège).
unshackle, to = enlever l'isolateur d'arrêt (d'un fil) (Tp.), démailler (une chaîne) (Méc.).
unshielded = non protégé (adj.) (Méc.), exposé (adj.) (Méc.).
unshrinkable = (tissu *m.*) irrétrécissable (adj.), sans retrait.
unshut = ouvert (adj.), non fermé (adj.).
unsightly = (ouvrage *m.*) qui offusque la vue, laid (adj.), désagréable à la vue.
unsiphon, to = désiphonner (un tuyau de vidange) (S.).
unsolder, to = dessouder (Mét.).
unsound = (système *m.*) défectueux (adj.), (assise *f.*) peu solide (adj.), (bois *m.*) vermoulu (adj.) ou avarié (adj.).
unspotted = pur (adj.), non tacheté (adj.).
unsprung = sans ressort (Méc.), non suspendu (adj.) (Méc.).
unstable = instable (adj.).
unstained = (bois *m.*) non teint (adj.), sans tache.
unsteadiness = instabilité *f.* (d'un ouvrage), irrégularité *f.* (Méc.).
unsteady = peu stable (adj.), instable (adj.), mal affermi (adj.).
unstop, to = déboucher ou dégorger (une conduite) (S.).
unstrained = sans tension (Méc.), non tendu (adj.) (Méc.), (liquide *m.*) non filtré (adj.).
unsuitable = impropre (adj.) (à quelque chose).
unsuited = impropre (adj.) (à quelque chose).
unsupported = sans appui (C.), en porte-à-faux (B.), sans support (B., C.).
unsymmetrical = dissymétrique (adj.), asymétrique (adj.).
untack, to = enlever (les punaises).
untangle, to = démêler (un fil), dénouer (une intrigue), éclaircir (un mystère).
untapped = (ressources *f.p.*) inexploitées (adj.).
untempered = (acier *m.*) non trempé (Mét.), (mortier *m.*) non gâché (C.).
untie, to = délier (les cordons, un noeud, la bourse), détacher (un cheval), dénouer (un ceinturon), défaire (un noeud, une ligature), démarrer (une embarcation).
untile, to = ôter les tuiles (d'un toit), découvrir (une maison), décarreler (un plancher).
untrimmed = (bois *m.*) non corroyé (adj.), non arrangé (adj.) (haie *f.*) non taillée (adj.), (papier *m.*) non rogné (adj.) (Imp.), (viande *f.*) non parée (adj.) (Ust.).
untrue = incorrect (adj.), inexact (adj.), faux (adj.).
untrussed = sans ferme (B.).
untuned = non accordé (adj.) (R.), apériodique (adj.) (R.).
untwist, to = détordre (un cordage) (Mar.).
untying = déliement *m.*, dénouement *m.*, démarrage *m.* (Mar.).
unusual = peu commun (adj.), insolite (adj.), extraor-

(unusual)

dinaire (adj.).
unventilated = non aéré (adj.), non ventilé (adj.).
unwater, to = assécher (une fouille), épuiser (un bâtardeau).
unwedge, to = décaler (un meuble), décoincer (une pièce).
unwind, to = dérouler (un câble d'un tambour), développer (un câble), débobiner (E.).
unwinding = déroulement *m.* (Tp.), débobinage *m.* (E.).
unwrought = à l'état brut, non ouvré (adj.), brut (adj.).
u.p. = V. « proof, under- ».
upgrade = reclassement *m.* (d'un employé, d'un fonctionnaire).
upgrading = reclassement *m.* (d'un employé), valorisation *f.* (d'un objet).
upheaval = soulèvement *m.* (de chaussée).
upholstered = capitonné (adj.), rembourré (adj.).
upholstery = capitonnage *m.*, sellerie-garniture *f.* (Auto.).
upkeep = frais *m.p.* d'entretien, entretien *m.*
uplift = soulèvement *m.* (de l'écorce terrestre), élévation *f.* (du terrain), sous-pression *f.* (C.).
upper = supérieur (adj.), de dessus.
upright = montant *m.* (B.), chandelle *f.* (B.), colonne *f.* (B.), vertical (adj.), perpendiculaire (adj.).
– – –, **gauge, surface** = tige *f.* de trusquin (Men.).
– – –, **machine, boring** = colonne *f.* de perceuse (Méc.), montant *m.* de foreuse (Méc.).
upset, to = refouler ou aplatir (une tige de métal), faire verser (une automobile), faire chavirer (une embarcation).
upsetter = machine *f.* à refouler (les têtes de boulon).
upsetting = matage *m.* ou refoulement *m.* (d'une soudure), forgeage *m.* par refoulement (d'une tête de boulon).
upshot = résultat *m.* ou issue *f.* (d'une affaire).
upside down = sans dessus dessous, la tête en bas.
upstream = en amont, (côté *m.*) amont.
upsurge = poussée *f.* (H., E.).
upswing = reprise *f.* des affaires, redressement *m.* économique.

uptake = culotte *f.* de cheminée (B.).
up-to-date = moderne (adj.), récent (adj.), à la page, (état *m.* financier) à jour.
urbanism = urbanisme *m.*, urbanification *f.*
urbanification = aménagement *m.* (d'un territoire) suivant les dictées de l'urbanisme.
urbanization = aménagement *m.* des agglomérations urbaines.
urinal = urinoir *m.* (S.), urinal *m.* (de lit) (Ust.).
– – –, **street** = vespasienne *f.* (S.).
usage = emploi *m.* (d'un mot), usage *m.* ou coutume *f.*
– – –, **circuit** = coefficient *m.* d'occupation (Tp.).
use = usage *m.*, emploi *m.*
– – –, **common** = d'usage courant.
– – –, **in** = en usage.
– – –, **joint** = cojouissance *f.*, usage *m.* en commun (d'un poteau) (Tp., E.).
– – –, **joint, line** = usage *m.* en commun d'un poteau de ligne (Tp., E.).
– – –, **practical** = usage *m.* pratique.
– – –, **to** = user de, employer.
useful = utile (adj.).
useless = inutile (adj.).
user = usager *m.* (O.) (Tp.).
– – –, **road** = usager *m.* de la route.
– – –, **telephone** = usager *m.* du téléphone (Tp.), abonné *m.* (Tp.).
utensil = ustensile *m.* (Ust.), outil *m.*
utensils, cooking = articles *m.p.* de cuisine (Ust.).
– – –, **farming** = instruments *m.p.* aratoires.
– – –, **household** = ustensiles *m.p.* de ménage (Ust.).
– – –, **kitchen** = batterie *f.* de cuisine (Ust.).
utilities = utilités *f.p.* (c.-à-d. l'eau, le gaz, l'électricité), installations *f.p.* annexes, services *m.p.* auxiliaires.
– – –, **public** = services *m.p.* publics.
utility = entreprise *f.* de service public, (appareil *m.*) de service, utilité *f.* (d'un instrument).
utilization = exploitation *f.* ou mise *f.* en valeur (d'une mine, d'un domaine), utilisation *f.* (de l'énergie électrique).
– – – **of waste steam** = recouvrement *m.* de perte de vapeur (Méc.).

V = V *m.*, Vé *m.* bloc *m.* en V, cale *f.* en V (Méc.), V. « volt ».

– – –, **lathe** = V *m.* du tour (Méc.), glissières *f.p.* du tour (Méc.).

v.a. (or V.A.) = V. « volt-ampere ».

vacant = (logement *m.*, poste *m.*) vacant (adj.), (espace *m.*) libre (adj.), (logement *m.*) inoccupé (adj.) ou libre (adj.), (terrain *m.*) vague (adj.), (code *m.*) disponible (adj.) ou non attribué (Tp.).

vaccum = vide *m.*, dépression *f.* (dans une cloche), vacuum *m.*

– – –, **absolute** = vide *m.* parfait, vide *m.* absolu.

– – –, **hard** = vide *m.* poussé, vide *m.* élevé.

– – –, **high** = vide *m.* poussé, vide *m.* élevé.

– – –, **partial** = vide *m.* partiel, vide *m.* imparfait.

– – –, **perfect** = vide *m.* absolu.

valency (or valence) = valence *f.*

validity = validité *f.* (d'un contrat), justesse *f.* (d'un argument).

valley = vallée *f.*, vallon *m.*, noue *f.* (d'un toit) (B.), point *m.* bas (d'une canalisation).

– – –, **cut-and-mitred** = noue *f.* à onglet (B.).

valuation = évaluation *f.* ou estimation *f.* (du prix d'une chose), expertise *f.*

value = valeur *f.* (d'un bijou), puissance *f.* (Méc.), pouvoir *m.* (Méc.).

– – –, **actual** = valeur *f.* effective (Méc.).

– – –, **average** = valeur *f.* moyenne, moyenne *f.* arithmétique.

– – –, **book** = valeur *f.* comptable.

– – –, **calorific** = pouvoir *m.* calorifique (Méc.).

– – –, **cementing** = pouvoir *f.* agglomérant.

– – –, **colour** = ton *m.* de la couleur.

– – –, **crest** = valeur *f.* de crête (E.), valeur *f.* de pointe (E.).

– – –, **critical** = valeur *f.* critique.

– – –, **current, weighted** = valeur *f.* pondérée du courant (E.).

– – –, **effective** = valeur *f.* efficace (quadratique moyenne) (E.).

– – –, **freak** = valeur *f.* erronée (c.-à-d. fausse mesure).

– – –, **heating** = pouvoir *m.* calorifique (d'un combusti-ble) (Méc.), puissance *f.* calorifique (Méc.).

– – –, **instantaneous** = valeur *f.* instantanée.

– – –, **insulating** = pouvoir *m.* isolant (Méc., C.).

– – –, **junk** = valeur *f.* de rebut.

– – –, **limiting** = valeur *f.* limite, condition *f.* limite.

– – –, **maximum** = valeur *f.* de pointe (E.), valeur *f.* maximale (E.).

– – –, **nominal** = valeur *f.* nominale.

– – –, **peak** = valeur *f.* de crête (E.), valeur *f.* maximale (de crête) (E.).

– – –, **pH** = valeur *f.* du « pH » (d'une solution).

– – –, **remaining** = valeur *f.* résiduelle (d'un objet).

– – –, **root mean square** = valeur *f.* efficace (E.), valeur *f.* quadratique moyenne (E.).

– – –, **root sum square** = valeur *f.* résultante quadratique (E.).

– – –, **salvage** = valeur *f.* de récupération (d'un équipement).

– – –, **salvage, gross** = valeur *f.* de récupération brute.

– – –, **scrap** = valeur *f.* de rebut.

– – –, **to** = évaluer (un bijou), estimer ou déterminer la valeur (d'une chose), évaluer (une propriété).

– – –, **weighted** – – – **of a voltage** = valeur *f.* pondérée d'une tension (E.).

valve = détendeur *m.* (de pression) (Méc.), distributeur *m.* (Méc.), tiroir *m.* (d'une machine à vapeur) (Méc.), (soupape *f.* à) papillon *m.* (Méc.), volet *m.* (de carburateur) (Auto.), soupape *f.* (Méc.), valve *f.* (Méc., E.), clapet *m.* (Méc.), robinet *m.* (S., Méc.), vanne *f.* (C., H.), lampe *f.* (R.).

– – –, **acid** = soupape *f.* pour acides.

– – –, **acorn** = tube-gland *m.* (pour ondes très courtes) (R.).

– – –, **adjusting** = soupape *f.* de réglage, soupape *f.* régulatrice.

– – –, **admission** = soupape *f.* d'admission.

– – –, **air** = reniflard *m.* (de chaudière) (Méc.), purgeur *m.* d'air (Méc.), soupape *f.* d'air (Méc.).

– – –, **air-cooled** = soupape *f.* refroidie par l'air.

– – –, **alarm** = soupape *f.* de sûreté, soupape *f.* d'alarme.

– – –, **amplifying** = lampe *f.* amplificatrice (E.).

(valve)

– – –, **annular** = soupape *f.* annulaire.
– – –, **anti-suction** = clapet *m.* (de sécurité) à minimum de pression (Méc.).
– – –, **atmospheric** = soupape *f.* atmosphérique.
– – –, **automatic** = soupape *f.* automatique.
– – –, **automatically operated** = soupape *f.* à levée automatique.
– – –, **back-pressure** = clapet *m.* de retenue.
– – –, **balanced** = soupape *f.* équilibrée.
– – –, **ball** = clapet *m.* sphérique, soupape *f.* à boulet, soupape *f.* à flotteur, clapet *m.* à bille.
– – –, **ball, cam** = robinet *m.* à flotteur.
– – –, **ball-spring** = soupape *f.* à bille à ressort.
– – –, **Barkhausen-Kurz** = tube *m.* à champ retardé (R.).
– – –, **barrel-type** = valve *f.* rotative, boisseau *m.*
– – –, **bell** = soupape *f.* à cloche.
– – –, **bell-shaped** = soupape *f.* à cloche.
– – –, **blast** = vanne *f.* d'air.
– – –, **bleeder** = valve *f.* de drainage.
– – –, **block** = vanne *f.* de sectionnement (d'un pipe-line).
– – –, **blow** = reniflard *m.*, clapet *m.* de pompe à air.
– – –, **blow, bottom** = clapet *m.* de pied (de pompe à air).
– – –, **blow-off** = soupape *f.* de purge.
– – –, **bolt** = boulon-valve *m.*
– – –, **bottom** = soupape *f.* de fond.
– – –, **brake, air** = clapet *m.* de frein à air comprimé (Auto.).
– – –, **brake-field** = lampe *f.* à champ retardé (R.), lampe *f.* frein (R.).
– – –, **burned** = soupape *f.* grillée.
– – –, **butterfly** = soupape *f.* à papillon, papillon *m.*, vanne *f.*, volet *m.* de carburateur (Auto.).
– – –, **cam-actuated** = soupape *f.* à commande par came.
– – –, **carbonized** = soupape *f.* encrassée.
– – –, **check** = soupape *f.* de retenue, clapet *m.* de retenue, soupape *f.* d'arrêt.
– – –, **check, ball** = soupape *f.* de retenue à boulet.
– – –, **check, horizontal** = soupape *f.* de retenue horizontale (S.).
– – –, **check, vertical** = soupape *f.* de retenue verticale (S.).
– – –, **choker** = papillon *m.* (Méc.).
– – –, **clack** = soupape *f.* à clapet, clapet *m.*
– – –, **clapper** = soupape *f.* à clapet, clapet *m.*
– – –, **cone** = soupape *f.* à cône.
– – –, **conical** = soupape *f.* conique, soupape *f.* à siège conique.
– – –, **control** = soupape *f.* de contrôle.
– – –, **corner** = soupape *f.* à coude.
– – –, **creeper** = vanne *f.* à ouverture progressive (H.).
– – –, **cross** = soupape *f.* à trois voies.
– – –, **crown** = soupape *f.* à chapeau.
– – –, **cup** = soupape *f.* à cloche, clapet *m.* à couronne.
– – –, **cut-off** = soupape *f.* de détente, tiroir *m.* de détente.
– – –, **D** = soupape *f.* en D., tiroir *m.* en D.
– – –, **D-slide** = tiroir *m.* à coquille., tiroir *m.* en D.
– – –, **dead weight** = soupape *f.* à charge directe.
– – –, **deflecting** = vanne *f.* de déviation, soupape *f.*

(valve)

de détournement.
– – –, **delivery** = soupape *f.* de refoulement, clapet *m.* de décharge.
– – –, **demountable** = lampe *f.* démontable (R.).
– – –, **detecting** = lampe *f.* détectrice (R.).
– – –, **diaphragm-operated** = soupape *f.* à membrane.
– – –, **directly heated** = lampe *f.* à chauffage direct (R.).
– – –, **disc** = soupape *f.* à clapet, soupape *f.* à disque.
– – –, **discharge** = soupape *f.* de décharge, clapet *m.* de refoulement (d'une pompe).
– – –, **distributor** = soupape *f.* de distribution.
– – –, **double-grid** = valve *f.* bigrille (R.), lampe *f.* bigrille (R.).
– – –, **double-ported** = tiroir *m.* à double orifice.
– – –, **double-seated** = soupape *f.* à double siège.
– – –, **drain** = soupape *f.* de purge, robinet *m.* de purge.
– – –, **drop** = soupape *f.* à charnière, clapet *m.*
– – –, **eduction** = valve *f.* d'échappement, soupape *f.* d'échappement.
– – –, **electically-operated** = electrovalve *f.* (H., S.).
– – –, **electrolytic** = soupape *f.* électrolytique (E.).
– – –, **electronic** = valve *f.* électronique (R.), lampe *f.* à vide (R.).
– – –, **emergency** = soupape *f.* de sûreté, valve *f.* de sûreté.
– – –, **equilibrated** = soupape *f.* équilibrée.
– – –, **equilibrium** = soupape *f.* d'équilibre.
– – –, **escape** = soupape *f.* d'échappement, soupape *f.* de décharge, détendeur *m.* de pression, soupape *f.* de sûreté.
– – –, **exhaust** = soupape *f.* d'échappement.
– – –, **expansion** = soupape *f.* de détente.
– – –, **feather** = clapet *m.* sensible.
– – –, **feed** = soupape *f.* d'alimentation.
– – –, **feed-check** = soupape *f.* de retenue.
– – –, **flanged** = soupape *f.* à ailettes.
– – –, **flap** = soupape *f.* à clapet, clapet *m.*
– – –, **flapper** = soupape *f.* à clapet, clapet *m.*
– – –, **flat-seat** = soupape *f.* à siège plat.
– – –, **float** = soupape *f.* à flotteur.
– – –, **float-actuated** = soupape *f.* à flotteur.
– – –, **flush** = soupape *f.* de chasse (d'eau) (S.), soupape *f.* de curage (S.).
– – –, **foot** = clapet *m.* de pied (pour empêcher le désamorçage d'une pompe), clapet *m.* inférieur, clapet *m.*, d'entrée.
– – –, **four-electrode** = lampe *f.* tétrode (R.), tétrode *f.* (R.).
– – –, **fuel** = aiguille *f.* d'injection (d'un moteur Diesel).
– – –, **full-way** = vanne *f.* à passage intégral.
– – –, **gas** = soupape *f.* à gaz.
– – –, **gasolene, carburator** = pointeau *m.* d'arrivée d'essence du carburateur (Auto.).
– – –, **gate** = vanne *f.*, robinet-vanne *m.*
– – –, **geared** = soupape *f.* à mouvement conduit.
– – –, **globe** = soupape *f.* à boulet, vanne *f.* sphérique.
– – –, **governor** = soupape *f.* régulatrice.
– – –, **grid, double-** = bigrille *f.* (R.).
– – –, **gridiron** = tiroir *m.* à grille (Méc.).
– – –, **ground-in** = soupape *f.* rodée.
– – –, **gummed** = soupape *f.* gommée (Auto.).

(valve)

– – –, **hard** = lampe *f.* à vide très poussé (R.), lampe *f.* à vide parfait (R.).
– – –, **head** = clapet *m.* de tête.
– – –, **hinged** = clapet *m.* à charnière.
– – –, **indirectly heated** = lampe *f.* à chauffage indirect (R.).
– – –, **induction** = soupape *f.* d'admission.
– – –, **injection** = aiguille *f.* d'injection.
– – –, **inlet** = soupape *f.* d'admission.
– – –, **inlet, air** = soupape *f.* d'admission d'air.
– – –, **intake** = soupape *f.* d'admission.
– – –, **intake, air** = soupape *f.* d'admission d'air.
– – – **in-the-head** = soupape *f.* en tête.
– – –, **ionic** = valve *f.* ionique (E.).
– – –, **isolating** = vanne *f.* de sectionnement (H.).
– – –, **jammed** = valve *f.* collée (sur son siège).
– – –, **leaf** = soupape *f.* à charnière.
– – –, **leak-proof** = soupape *f.* étanche.
– – –, **leaky** = valve *f.* non étanche, valve *f.* qui fuit.
– – –, **lever** = soupape *f.* à levier.
– – –, **lifting** = soupape *f.* soulevante, soupape *f.* à soulèvement, soupape *f.* à levée.
– – –, **lubrification, pin** = pointeau *m.* d'huile (Méc.).
– – –, **machined** = soupape *f.* usinée.
– – –, **mechanically operated** = soupape *f.* commandée mécaniquement.
– – –, **mitre** = soupape *f.* conique.
– – –, **mixing** = lampe *f.* changeuse de fréquence (R.).
– – –, **modulator** = lampe *f.* modulatrice (R.).
– – –, **motor, diaphragm** = électrovalve *f.* à diaphragme (H.).
– – –, **motor, electric** = valve *f.* à servomoteur (H.), électrovalve *f.* (H.).
– – –, **motorized** = électrovalve *f.* (H.), valve *f.* munie d'un servomoteur (H.).
– – –, **motor operated** = électrovalve *f.* (H.), valve *f.* à servomoteur (H.).
– – –, **multigrid** = lampe *f.* multigrille (R.).
– – –, **multiple** = lampe *f.* multiple (R.).
– – –, **multiple-seated** = soupape *f.* étagée.
– – –, **multiported** = tiroir *m.* à orifices multiples.
– – –, **mushroom** = soupape *f.* en champignon, clapet *m.*
– – –, **needle** = pointeau *m.* (de carburateur) (Auto.), soupape *f.* à pointeau (Méc.).
– – –, **non-return** = soupape *f.* de retenue, clapet *m.* de retenue.
– – –, **nozzle** = aiguille *f.* d'injecteur (Auto.).
– – – **of bellows** = âme *f.* du soufflet.
– – –, **one-grid** = lampe *f.* monogrille (R.).
– – –, **outlet** = soupape *f.* d'échappement (Méc.).
– – –, **output** = lampe *f.* de sortie (E.).
– – –, **ouverflow** = clapet *m.* de trop-plein.
– – –, **overhead** = soupape *f.* commandée par culbuteur.
– – –, **paddle** = vannelle *f.* (H.).
– – –, **pentagrid** = lampe *f.* à cinq grilles (R.), pentagrille *f.* (R.).
– – –, **pet** = soupape *f.* d'évent.
– – –, **pin** = pointeau *m.* (Méc.).
– – –, **piston** = tiroir *m.*, soupape *f.* de piston.
– – –, **plate** = soupape *f.* à plaques.
– – –, **pop** = soupape *f.* d'injection.

(valve)

– – –, **pop-off** = détendeur *m.* de pression.
– – –, **poppet** = clapet *m.*, soupape *f.* en champignon.
– – –, **positive** = soupape *f.* à levée desmodromique (H.).
– – –, **power** = lampe *f.* génératrice (E.), lampe *f.* de puissance (E.).
– – –, **priming** = soupape *f.* de sûreté du cylindre.
– – –, **pump** = clapet *m.* de pompe.
– – –, **pump, air** = clapet *m.* de pompe à air.
– – –, **push-rod operated** = soupape *f.* culbutée (Méc.).
– – –, **quick-closing** = vanne *f.* à fermeture rapide (H.).
– – –, **rack and pinion, internal** = vanne *f.* à pignon et crémaillère internes (H.).
– – –, **reactor** = tube *m.* à réactance (R.).
– – –, **receiving** = lampe *f.* de réception (R.).
– – –, **rectifier** = tube *m.* redresseur (E.).
– – –, **rectifier, high-vacuum** = kenotron *m.* (E.).
– – –, **rectifier, hot-cathode-gas-filled** = lampe *f.* redresseuse à cathode chaude et atmosphère gazeuse (E.).
– – –, **rectifying** = lampe *f.* redresseuse (R.).
– – –, **rectifying, half-wave** = tube *m.* redresseur monoplaque (R.).
– – –, **reducing** = valve *f.* de réduction, détendeur *m.* (d'air comprimé).
– – –, **reducing, pressure** = détendeur *m.*
– – –, **reflux** = soupape *f.* de reflux.
– – –, **regulating** = soupape *f.* régulatrice, soupape *f.* de contrôle.
– – –, **regulating, temperature** = soupape *f.* de contrôle de la température.
– – –, **release** = soupape *f.* de sûreté, détendeur *m.* de pression.
– – –, **release, pressure** = soupape *f.* de sûreté, détendeur *m.* de pression.
– – –, **relief** = soupape *f.* de sûreté, détenteur *m.* de pression, clapet *m.* d'excès de pression, robinet *m.* de purge.
– – –, **relief, air** = purgeur *m.* d'air.
– – –, **relief, pressure** = soupape *f.* de sûreté, détendeur *m.* (de pression).
– – –, **relief, steam** = détendeur *m.* de vapeur.
– – –, **retaining** = clapet *m.* de retenue.
– – –, **return** = soupape *f.* de retenue.
– – –, **rocking** = distributeur *m.* oscillant (Méc.).
– – –, **rotary** = valve *f.* rotative, boisseau *m.*, tiroir *m.* tournant.
– – –, **rotating, free-** = soupape *f.* rotative, soupape *f.* à rotation libre.
– – –, **safety** = soupape *f.* de sûreté, valve *f.* de sûreté.
– – –, **safety, lever** = soupape *f.* de sûreté à levier.
– – –, **safety, spring-loaded** = soupape *f.* de sûreté à ressort.
– – –, **safety, weighted** = soupape *f.* de sûreté à contrepoids.
– – –, **scavenging** = soupape *f.* de balayage.
– – –, **scored** = soupape *f.* rayée.
– – –, **screen-grid** = lampe *f.* à grille-écran (R.).
– – –, **screw-down** = robinet-vanne *m.*
– – –, **segment** = tiroir *m.* cylindrique tournant (d'un moteur Corliss).
– – –, **self-acting** = soupape *f.* automotrice.
– – –, **sentinel** = soupape *f.* d'avertissement.

(valve)

– – –, **service** = robinet *m.* extérieur (H.), valve *f.* d'abonné (H.), robinet *m.* d'immeuble (H.).
– – –, **shell** = soupape *f.* à coquille.
– – –, **shunt** = soupape *f.* de dérivation.
– – –, **shut-off** = soupape *f.* d'arrêt (d'eau).
– – –, **shutter** = valve *f.* à papillon, papillon *m.*
– – –, **single-seated** = soupape *f.* à simple siège.
– – –, **sleeve** = soupape *f.* à fourreau, soupape *f.* à chemise.
– – –, **slide** = tiroir *m.* (de locomotive), soupape *f.* à tiroir.
– – –, **slide, balanced** = tiroir *m.* équilibré.
– – –, **slide, circular** = tiroir *m.* rotatif.
– – –, **slide, cut-off** = tiroir *m.* de détente.
– – –, **slide, distributing** = distributeur *m.* (de vapeur).
– – –, **slide, expansion** = tiroir *m.* de détente.
– – –, **slide, grid-iron** = tiroir *m.* à grille.
– – –, **slide, injection** = tiroir *m.* d'injection.
– – –, **slide, rotary** = tiroir *m.* rotatif.
– – –, **sluice** = vanne *f.*, robinet-vanne *m.*
– – –, **snifting** = reniflard *m.*, soupape *f.* d'évent.
– – –, **soft** = lampe *f.* contenant un peu de gaz (R.), lampe *f.* molle (R.).
– – –, **solenoid** = solénoïde *m.* (E.).
– – –, **spindle** = soupape *f.* à guide.
– – –, **spring** = soupape *f.* à ressort.
– – –, **starting** = soupape *f.* de lancement (d'un moteur Diesel).
– – –, **steam** = vanne *f.* de vapeur, distributeur *m.*, soupape *f.* d'admission (de la vapeur).
– – –, **step** = soupape *f.* à gradins, soupape *f.* étagée.
– – –, **stop** = robinet *m.* d'arrêt, soupape *f.* d'arrêt, clapet *m.* de retenue, robinet-vanne *m.*
– – –, **stop, sliding** = diaphragme *m.*
– – –, **straightway** = vanne *f.* à passage intégral.
– – –, **suction** = clapet *m.* d'aspiration (d'une pompe).
– – –, **suction, air** = clapet *m.* d'aspiration d'air.
– – –, **supply** = soupape *f.* d'alimentation.
– – –, **swing** = clapet *m.* à bascule.
– – –, **swinging** = distributeur *m.* oscillant, vanne *f.* à clapet oscillant.
– – –, **switch** = soupape *f.* à trois voies.
– – –, **testing** = soupape *f.* d'essai.
– – –, **thermionic** = valve *f.* thermoïonique (R.), tube *m.* thermoïonique (R.).
– – –, **three-way** = soupape *f.* à trois voies, valve *f.* à trois voies.
– – –, **throttle** = soupape *f.* d'étranglement, valve *f.* d'admission, soupape *f.* d'admission, papillon *m.*
– – –, **tipping** = soupape *f.* à bascule.
– – –, **tire** = valve *f.* de pneu (Auto.), soupape *f.* de pneu (Auto.), valve *f.* de gonflage (Auto.).
– – –, **transmitting** = lampe *f.* d'émission (R.).
– – –, **trap** = soupape *f.* à clapet, clapet *m.*
– – –, **two-electrode** = lampe *f.* diode (R.).
– – –, **ungeared** = soupape *f.* à mouvement libre.
– – –, **universal** = lampe *f.* universelle (R.).
– – –, **unloader** = soupape *f.* de déchargement.
– – –, **upper** = clapet *m.* de tête.
– – –, **vacuum** = tube *m.* à vide (R.), lampe *f.* électronique (R.).
– – –, **vacuum-controlled** = soupape *f.* fonctionnant par la dépression.

(valve)

– – –, **variable** = lampe *f.* à pente variable (R.).
– – –, **water** = vanne *f.* (d'eau), robinet *m.* de prise d'eau.
– – –, **wing** = valve *f.* à ailette, papillon *m.*
– – – **with conical seat** = soupape *f.* à siège conique.
valveless = sans soupape.
valves and fittings = robinetterie *f.* et raccords (S.)
– – –, **overhead** = soupapes *f.p.* en tête.
– – –, **side** = soupapes *f.p.* latérales.
van = camion *m.* de livraison, fourgon *m.*, wagon *m.* d'arrière (Ch.d.f.), camionnette *f.*, fourgonnette *f.*
– – –, **delivery** = voiture *f.* de livraison, camion *m.* de livraison, camionnette *f.* de livraison.
– – –, **large** = fourgon *m.*
– – –, **light** = fourgonnette *f.* (Auto.).
– – –, **mobile** = voiture *f.* de reportage (R., Tv.), car *m.* de reportage (R., Tv.).
– – –, **moving** = fourgon *m.* de déménagement.
– – –, **police** = panier *m.* à salade.
vanadium = vanadium *m.*
vane = palette *f.* ou aube *f.* (de turbine), pale *f.* ou ailette *f.* (de ventilateur), ailette *f.* (de pompe), lame *f.* ou secteur *m.* (de condensateur), moulinet *m.* (d'un anémomètre), girouette *f.* (B.), lamette *f.* (E.).
– – –, **air** = disque *m.* régulateur d'air, moulinet *m.* régulateur.
– – –, **cooling** = ailette *f.* de refroidissement (Méc.).
– – –, **damper** = palette *f.* d'amortissement (Méc.).
– – –, **guide** = aube *f.* directrice (H.).
– – –, **sight-** = pinnule *f.* (d'une alidade).
– – –, **slide** = voyant *m.* (d'une mire d'arpenteur).
– – –, **sliding** = palette *f.* glissante (H.).
– – –, **stay** = aube *f.* fixe (H.).
– – –, **straightening** = aube *f.* de redressement (H.).
– – –, **weather** = girouette *f.* (B.).
– – –, **wind** = girouette *f.* (B.).
vapor = vapeur *f.*, buée *f.* (sur les vitres).
– – –, **dangerous** = vapeur *f.* toxique.
– – –, **oil** = vapeur *f.* d'huile.
– – –, **saturated** = vapeur *f.* saturante.
– – –, **sulphur** = vapeur *f.* de soufre.
– – –, **unsaturated** = vapeur *f.* non saturée.
– – –, **water** = vapeur *f.* d'eau.
vaporization = vaporisation *f.* (d'un liquide), carburation *f.* (d'un combustible).
– – –, **flash** = vaporisation-éclair *f.*
vaporize, to = vaporiser (un liquide), carburer (un combustible).
vaporizer = atomiseur *m.* ou vaporisateur *m.* ou pulvérisateur *m.* (de peinture).
vaporous = vaporeux (adj.).
vapour = V. « vapor ».
var = var *m.* (c.-à-d. unité *f.* de puissance réactive) (E.).
variable = variable (adj.), réglable (adj.), variable *f.*
– – – **at will** = réglable (adj.).
– – –, **controlled** = grandeur *f.* réglée.
– – –, **dependent** = variable *f.* dépendante.
– – –, **independent** = variable *f.* indépendante.
variance = variation *f.* (de volume, de température). écart *m.* (entre deux valeurs), variance *f.*
variation = variation *f.* (de courant) (E.), écart *m.* (de température), déclinaison *f.* (magnétique), fluctuation *f.* (de charge) (Méc.).

(variation)

– – –, **allowable** = variation *f*. admise.
– – –, **current** = variation *f*. de courant (E.).
– – –, **cyclic** = pompage *m*. (E.).
– – –, **magnetic** = déclinaison *f*. magnétique.
– – – **of attenuation with amplitude** = variation *f*. d'affaiblissement en fonction de l'amplitude (Tp., R.).
– – – **of frequency** = variation *f*. de fréquence (R.).
– – – **of load** = fluctuation *f*. de charge (E.).
– – –, **pressure** = variation *f*. de pression (H.).
– – –, **size** = tolérance *f*. de la dimension.
– – –, **torque** = irrégularité *f*. du couple moteur.
variocoupler = variocoupleur *m*. (R.).
variometer = variomètre *m*. (R.).
– – –, **aerial** = variomètre *m*. d'antenne.
– – –, **disc-coil** = variomètre *m*. à bobines plates.
– – –, **rotating-coil** = variomètre *m*. à bobine mobile.
varistor = résistance *f*. variable (E.).
varmeter = varmètre *m*. (E.).
varnish = vernis *m*., laque *f*.
– – –, **air drying** = vernis *m*. siccatif.
– – –, **amber** = vernis *m*. au succin.
– – –, **baking** = vernis *m*. séchant à l'étuve.
– – –, **cellulose** = vernis *m*. cellulosique.
– – –, **copal** = vernis *m*. au copal.
– – –, **enamel** = laque *f*. émail.
– – –, **etching** = vernis *m*. de graveur.
– – –, **floor** = vernis *m*. à parquet.
– – –, **insulating** = vernis *m*. isolant.
– – –, **lac** = vernis *m*. laque.
– – –, **litho** = vernis *m*. lithographique (Imp.).
– – –, **metal** = vernis *m*. à métaux.
– – –, **oil** = vernis *m*. gras, vernis *m*. d'huile *f*. de lin.
– – –, **oil, linseed** = vernis *m*. d'huile de lin (Imp.).
– – –, **quick-drying** = vernis *m*. à séchage rapide.
– – –, **to** = laquer ou vernir (une pièce de bois), vernisser (un pot de terre).
– – –, **transparent** = vernis *m*. blanc.
vase = vase *m*. (B.).
– – –, **flower** = vase *m*. à fleurs.
vaseline = vaseline *f*.
vat = cuve *f*., bac *m*., bain *m*.
– – –, **acid** = cuve *f*. à acide.
– – –, **clearing** = bac *m*. de clarification (Méc.), cuve *f*. à filtrer (Méc.).
– – –, **quenching** = bain *m*. de trempage (Mét.).
– – –, **recovery, oil** = bac-récupérateur *m*. d'huile (Méc.).
– – –, **tan** = fosse *f*. de tannage (Méc.).
vault = voûte *f*. (d'un fourneau, d'un four de boulangerie) (B.), cave *f*. (à vins), chambre *f*. forte (d'une banque), chambre *f*. des câbles (Tp.).
– – –, **ashlar** = voûte *f*. en pierre de taille (B.).
– – –, **barrel** = voûte *f*. en berceau.
– – –, **basket-handle** = voûte *f*. en anse de panier.
– – –, **brick** = voûte *f*. en brique.
– – –, **cable** = chambre *f*. des câbles (Tp.).
– – –, **concrete** = voûte *f*. en béton.
– – –, **cradle** = voûte *f*. en berceau, berceau *m*.
– – –, **cross** = voûte *f*. d'arête, voûte *f*. croisée.
– – –, **cylindrical** = voûte *f*. en tonnelle, voûte *f*. en berceau.
– – –, **groined** = voûte *f*. à arêtes.

(vault)

– – –, **lierne** = voûte *f*. en étoile.
– – –, **main** = voûte *f*. maîtresse.
– – –, **ogival** = voûte *f*. en ogive.
– – –, **ogive** = voûte *f*. en ogive.
– – –, **rear** = arrière-voussure *f*.
– – –, **ribbed** = voûte *f*. d'ogives (B.).
– – –, **rubble** = voûte *f*. en pierre de carrière.
– – –, **semi-circular** = voûte *f*. à plein cintre.
– – –, **square** = voûte *f*. en arc de cloître.
– – –, **surbased** = boûte *f*. surbaissée.
– – –, **surmounted** = voûte *f*. surélevée, voûte *f*. surhaussée.
– – –, **trough** = voûte *f*. en auge, voûte *f*. en baquet.
– – –, **tubular** = voûte *f*. en poteries creuses.
– – –, **tunnel** = voûte *f*. en tonnelle.
– – –, **wine** = cave *f*. ou cellier *m*.
– – – **with dented springing lines** = voûte *f*. aux lignes des naissances dentées.
vaulting = voûte *f*., (construction *f*. de) voûtes *f.p*. (B.).
– – –, **fan** = voûte *f*. en éventail.
V.D.A. = V. « amplifier, distribution, video ».
vector = vecteur *m*., vectoriel (adj.).
– – –, **momental** = vecteur *m*. représentatif du moment (Méc.).
vectorial = vectoriel (adj.).
V.E.D.A. = V. « amplifier, distribution, equalizing, video ».
vee = V *m*. (Méc.), Vé *m*. (Méc.), bloc *m*. en V (Men., Méc.), cale *f*. en V (Méc.).
vegetable = légume *m*.
vegetables, dehydrated = légumes *m.p*. déshydratés.
vegetation = végétation *f*. (d'une région), matières *f.p*. végétales (dans le béton) (B., C.).
vehicle = véhicule *m*., voiture *f*.
– – –, **air cushion** = aéroglisseur *m*.
– – –, **commercial** = voiture *f*. de commerce.
– – –, **experimental** = prototype *m*.
– – –, **four-wheel drive** = véhicule *m*. à quatre roues motrices (Auto.).
– – –, **half-track** = semi-chenillé *m*., véhicule *m*. semi-chenillé.
– – –, **heavy** = véhicule *m*. lourd.
– – –, **horse-drawn** = véhicule *m*. hippomobile.
– – –, **motor** = véhicule *m*. automobile.
– – –, **old fashioned** = tacot *m*.
– – –, **semi-tracked** = semi-chenillé *m*., véhicule *m*. semi-chenillé.
– – –, **solid tire** = véhicule *m*. sur bandage plein.
– – –, **tracked** = véhicule *m*. chenillé.
– – –, **transfer, passenger** = car *m*. transbordeur (de passagers) (Av.).
vein = veine *f*. (Mi.), filon *m*. (Mi.).
veining of wood = veinure *f*.
velocity = vitesse *f*. (Méc.), vélocité *f*. (Méc.).
– – –, **absolute** = vitesse *f*. absolue.
– – –, **accelerated** = vitesse *f*. accélérée.
– – –, **admission** = vitesse *f*. d'admission.
– – –, **angular** = vitesse *f*. angulaire (Méc.), pulsation *f*. (E.).
– – –, **bulk** = vitesse *f*. de propagation dans le milieu.
– – –, **circumferential** = vitesse *f*. périphérique.
– – –, **critical** = vitesse *f*. critique.
– – –, **critical, lower** = vitesse *f*. critique inférieure.

(velocity)

– – –, **electron** = vitesse *f.* des électrons (E.).
– – –, **final** = vitesse *f.* finale.
– – –, **flight** = vitesse *f.* du vol (Av.).
– – –, **initial** = vitesse *f.* initiale.
– – –, **inversed** = vitesse *f.* inversée.
– – – **of approach** = vitesse *f.* d'arrivée (H.).
– – – **of flow** = vitesse *f.* d'écoulement (H.).
– – – **of particles** = vitesse *f.* corpusculaire.
– – – **of wave** = vitesse *f* de propagation d'une onde (E.).
– – –, **peripheral** = vitesse *f.* périphérique.
– – –, **phase** = vitesse *f.* de phase (E.).
– – –, **proper** = vitesse *f.* propre.
– – –, **retarded** = vitesse *f.* retardée.
– – –, **self-cleaning** = vitesse *f.* d'autocurage (S.).
– – –, **space** = vitesse *f.* spatiale.
veneer = contre-plaqué *m.*, placage *m.*, bois *m.* de placage, revêtement *m* (de bois mince).
– – –, **brick** = revêtement *m.* de briques (B.).
– – –, **masonry** = revêtement *m.* de maçonnerie (B.).
– – –, **rotary cut** = placage *m.* à coupe rotative.
– – –, **to** = plaquer (le bois).
veneering = placage *m.* (du bois).
vent = évent *m.* (B., S.), tuyau *m.* (Méc., S.), lumière *f.* (Méc.), trou *m.* de ventilation (Méc.), aspirail *m.* (Méc.), ventouse *f.* (Méc.), tuyau *m.* d'aération (S.), ventilateur *m.* (S.).
– – –, **air** = évent *m.*, reniflard *m.*, aspirail *m.*, purge *f.* d'air, robinet *m.* purgeur (S.), purgeur *m.* d'air (S.), tuyau *m.* d'aération (B.).
– – –, **air, hot** = bouche *f.* de chaleur (Méc.).
– – –, **atmospheric** = évent *m.* à l'air libre.
– – –, **back** = arrière-évent *m.* (d'appareils) (S.).
– – –, **chimney** = stabilisateur *m.* de tirage.
– – –, **gas** = évent *m.* à gaz (B.).
– – –, **main** = évent *m.* principal (S.).
– – –, **roof** = chattière *f.* (B.).
ventiduct = conduit *m.* d'air, conduit *m.* d'aération.
ventilate, to = ventiler (une mine), aérer (une salle).
ventilation = ventilation *f.* (d'un tunnel), aération *f.* ou aérage *m.* (d'une salle)
– – –, **artifical** = aérage *m.* artificiel, ventilation *f.* artificielle.
– – –, **continuous flow** = aération *f.* continue.
– – –, **cross** = aération *f.* transversale (d'une pièce) (B.).
– – –, **direct** = aérage *m.* direct.
– – –, **forced air** = ventilation *f.* forcée.
– – –, **forced draught** = aérage *m.* positif.
– – –, **mechanical** = aérage *m.* mécanique, ventilation *f.* artificielle, ventilation *f.* mécanique.
– – –, **natural** = aérage *m.* naturel, ventilation *f.* naturelle.
– – –, **positive** = ventilation *f.* forcée (du carter) (Auto.).
– – –, **through** = aération *f.* naturelle (d'un bâtiment) (B.).
ventilator = volet *m.* d'aération (Auto.), ventilateur *m.* (Méc.), vasistas *m.* (B.).
– – –, **centrifugal** = ventilateur *m.* à force centrifuge, ventilateur *m.* centrifuge.
– – –, **cowl** = ventilateur *m.* sur capot (Auto.).
– – –, **extract** = manche *f.* à vent (B.).

(ventilator)

– – –, **Lauzon** = ventilateur *m.* d'appartement.
– – –, **roof** = ventilateur *m.* de toit.
– – –, **room** = aérateur *m.* (d'une pièce).
– – –, **window** = aérateur *m.* de fenêtre.
venturi = venturi *m.* (Auto.), diffuseur *m.* (Méc.), tube *m.* de Venturi (Auto.).
verandah = véranda *f.* (B.), galerie *f.* (B.).
verdigris = vert-de-gris *m.*
verge = saillie *f.* de la couverture au-dessus du pignon ou avant-toit *m.* d'un pignon (B.), tringle *f.* (Méc.), tige *f.* (Méc.), accotement *m.*, bordure *f.* (d'une plate-bande), bord *m.* (d'un cours d'eau), orée *f.* (d'un bois).
– – –, **on the** – – – **of oscillation** = à limite d'accrochage (amplificateur) (E.).
verification = vérification *f.* (des poids et mesures), contrôle *m.* (des dépenses).
verify, to = vérifier (Tp.), vérifier « l'occupation » d'une ligne (Tp.).
vermiculate = vermiculé (adj.) (B.).
vermiculite = vermiculite *f.* (B.).
vermilion = cinabre *m.*, rouge *m.* de mercure, vermillon *m.*
vernacular = langue *f.* vulgaire, langue *f.* du pays, idiome *m.* national.
vernier = vernier *m.*, règle *f.* à vernier.
versatile = souple (adj.), à usages multiples, mobile (adj.).
verso = verso *m.* (d'une page), revers *m.* (d'une médaille).
vertex = sommet *m.* (d'un arc), zénith *m.*
vertical = vertical (adj.), d'aplomb.
vessel = récipient *m.*, vase *m.*, vaisseau *m.*, bâtiment *m.* ou navire en (Mar.).
– – –, **glass** = récipient *m.* en verre.
– – –, **pressure** = autoclave *m.* (B., Méc.).
vestibule = antichambre *f.*, vestibule *m.*
veterinary = vétérinaire *m.* (ou adj.).
VF = V. « frequency, voice ».
VHF = V. « frequency, high, very ».
VHFDF = V. « finding, direction, very high frequency ».
viaduct = viaduc *m.* (c.-à-d. un passage supérieur).
vial = tube *m.*, fiole *f.*
– – –, **level** = tube *m.* de niveau (Méc.).
vibrate, to = vibrer, trépider.
vibrating = vibratoire (adj.), oscillant (adj.), vibrage *m.* ou vibration *f.* (du béton).
vibration = vibration *f.*, oscillation *f.*, trépidation *f.* (Méc.), pulsation *f.* (Méc.).
– – –, **critical** = vibration *f.* critique.
– – –, **natural** – – – **of aerials** = oscillation *f.* propre d'antennes (R.).
– – – **on casings** = vibration *f.* sur les coffrages (C.).
– – – **on reinforcing bars** = vibration *f.* sur les armatures (C.).
vibrations, forced = oscillations *f.p.* forcées (E.).
– – –, **sound** = vibrations *f.p.* acoustiques.
vibrator = trembleur *m.* (E.), vibrateur *m.* (I.), oscillateur *m.* (R.), vibreur *m.* (I.).
– – –, **concrete** = vibrateur *m.* à béton (C.).
– – –, **electric** = vibromasseur *m.*
– – –, **electromagnetic** = vibrateur *m.* électromagnéti-

(vibrator)

que (C.).

- - -, **spud** = vibrateur *m*. à aiguille (pour le béton) (C.).

vibrograph = enregistreur *m*. de vibrations.

vice = étau *m*., V. « vise ».

vice versa = réciproquement *m*., vice versa

video = de vision, d'image, vidéo (adj.).

videophone = vidéophone *m*., visiophone *m*.

videotape = bande *f*. magnétoscopique (Tv.), magnétoscope *m*. (I.) (Tv.).

view = vue *f*.

- - -, **assembly** = vue *f*. d'ensemble.

- - -, **back** = vue *f*. arrière, vue *f*. de derrière.

- - -, **bird's eye** = vue *f*. à vol d'oiseau.

- - -, **bottom** = vue *f*. en dessous.

- - -, **close-up** = vue *f*. de détail.

- - -, **cut-away** = vue *f*. en coupe.

- - -, **diagrammatic** = vue *f*. schématique.

- - -, **end** = vue *f*. en bout.

- - -, **front** = vue *f*. de face, vue *f*. de devant, élévation *f*.

- - -, **general** = vue *f*. d'ensemble.

- - -, **plan** = vue *f*. en plan, plan *m*.

- - -, **rear** = vue *f*. arrière.

- - -, **sectional** = vue *f*. en coupe, profil *m*., coupe *f*. transversale.

- - -, **sectional, part** = demi-coupe *f*.

- - -, **side** = vue *f*. de côté, profil *m*.

- - -, **to** = inspecter (les travaux), examiner (une affaire), envisager (une question).

- - -, **top** = vue *f*. par-dessus, vue *f*. en plan.

viewer = projecteur *m*. (Tv.), spectateur *m*. (O.), téléspectateur *m*. (O.), visionneuse *f*. (M.) (Phot.).

viewfinder = V. « finder, view ».

vignette = vignette *f*. (Imp.), cache *m*. dégradé (Phot.).

vinegar = vinaigre *m*.

- - -, **wine** = vinaigre *m*. de vin.

- - -, **wood** = vinaigre *m*. de bois, vinaigre *m*. pyroligneux.

virtual = (vélocité *f*.) virtuelle (adj.) (Méc.), (valeur *f*.) efficace (adj.) (Méc.).

vis = force *f*. (Méc.).

- - - **inertiae** = force *f*. d'inertie (Méc.).

- - - **major** = force *f*. majeure.

- - - **viva** = force *f*. vive (Méc.).

viscometer = V. « viscosimeter ».

viscose = viscose *f*. (Pap.).

viscosimeter = viscosimètre *m*.

viscosity = viscosité *f*.

- - -, **absolute** = viscosité *f*. absolue.

- - -, **dielectric** = viscosité *f*. diélectrique (E.).

- - -, **dynamic** = coefficient *m*. dynamique de viscosité (H.).

viscous = visqueux (adj.).

vise (or vice) = étau *m*.

- - -, **anvil** = étau *m*. à enclumette, étau *m*. à enclume.

- - -, **ball** = étau *m*. à rotule.

- - -, **ball-and-socket** = étau *m*. à rotule, étau *m*. orientable.

- - -, **bench** = âne *m*., étau *m*. d'établi.

- - -, **bench, movable** = étau *m*. roulant.

- - -, **bench, parallel** = étau *m*. parallèle, étau *m*. à mors parallèles.

(vise)

- - -, **bench, screw-clamp** = étau *m*. à griffes.

- - -, **bench, sudden-grip rotary** = étau *m*. à base tournante pour établi, étau *m*. à base tournante à serrage instantané.

- - -, **blacksmith's** = étau *m*. à chaud, étau *m*. de forgeron.

- - -, **box, solid** = étau *m*. de forgeron.

- - -, **carpenter's** = âne *m*., étau *m*. d'établi.

- - -, **chain** = étau *m*. à chaîne.

- - -, **dog-nose** = étau *m*. à mâchoires étroites.

- - -, **draw** = étau *m*. tendeur (de fils téléphoniques).

- - -, **filing, saw** = étau *m*. à scie, étau *m*. d'affûtage.

- - -, **garage** = étau *m*. de garagiste.

- - -, **hand** = étau *m*. à main, détret *m*., tenaille *f*. à vis.

- - -, **hand, dog-nose** = tenaille *f*. à vis à ouverture étroite.

- - -, **heavy** = étau *m*. à larges mâchoires.

- - -, **instantaneous-grip** = étau *m*. à serrage instantané.

- - -, **joiner's** = étau *m*. de menuisier.

- - -, **leg** = étau *m*. à pied.

- - -, **machine** = étau *m*. mécanique, étau *m*. de machine.

- - -, **machine, milling** = étau *m*. de fraiseuse.

- - -, **machinist** = étau *m*. de mécanicien.

- - -, **mechanic's** = étau *m*. de mécanicien.

- - -, **operating** = étau *m*. de manoeuvre.

- - -, **parallel** = étau *m*. parallèle.

- - -, **pig-nose** = étau *m*. à mâchoires étroites.

- - -, **pin** = étau *m*. à main, mandrin *m*. à goupille.

- - -, **pipe** = étau *m*. à tuyaux.

- - -, **pipe, chain** = étau *m*. à chaîne à tuyaux.

- - -, **pipe, hinged** = étau *m*. à charnière à tuyaux.

- - -, **plain** = étau *m*. à base fixe, étau *m*. fixe.

- - -, **quick-acting** = étau *m*. à serrage rapide.

- - -, **rack** = étau *m*. à crémaillère.

- - -, **saw** = étau *m*. d'affûtage.

- - -, **screw** = étau *m*. à vis, étau *m*.

- - -, **self-centering** = étau *m*. à serrage concentrique.

- - -, **shaper** = étau *m*. d'étau-limeur.

- - -, **standing** = étau *m*. à pied.

- - -, **staple** = étau *m*. à pied.

- - -, **stationary base** = étau *m*. à base fixe, étau *m*. fixe.

- - -, **swivel** = étau *m*. tournant, étau *m*. pivotant.

- - -, **swivel base** = étau *m*. pivotant.

- - -, **swivel, parallel** = étau *m*. parallèle à base tournante.

- - -, **table** = âne *m*., étau *m*. d'établi.

- - -, **tail** = étau *m*. à pied.

- - -, **taper** = étau *m*. à mâchoires pivotantes.

- - -, **toolmaker's** = étau *m*. parallèle.

- - -, **toolmaker's, universal** = étau *m*. universel à serrage parallèle.

- - -, **tube** = étau *m*. à tuyaux.

- - -, **twisting** = mâchoire *f*. à tordre (les fils téléphoniques).

- - -, **universal** = étau *m*. universel.

- - - **with clamp** = étau *m*. à griffes.

- - - **with detachable jaws** = étau *m*. à mâchoires rapportées.

- - -, **woodworker's** = étau *m*. de menuisier.

(voltage)

visibility = visibilité *f.*
visit, field = reconnaissance *f.* des lieux.
visor = pare-soleil *m.*, visière *f.* (de casquette, de phare).
– – –, sun = pare-soleil *m.*, visière *f.*
– – –, windshield = pare-soleil *m.* de pare-brise (Auto.).
vista = échappée *f.* de vue (B.), vue *f.* (B.), éclaircie *f.* (dans une forêt).
vitreous = vitreux (adj.).
vitrified = vitrifié.
vitriol = vitriol *m.*
– – –, blue = vitriol *m.* bleu, sulfate *m.* de cuivre.
– – –, copper = vitriol *m.* bleu, sulfate *m.* de cuivre.
viz. (videlicet) = à savoir.
vogad (voice-operated gain adjusting device) = vogad *m.* (I.) (E.).
voice = voix *f.*
void = vide *m.*, alvéole *m.* ou cavité *f.* (dans le béton), nul (adj.), annulé (adj.).
– – – of air = vide *m.* d'air.
volatile = volatil (adj.).
volatilize, to = volatiliser (un liquide).
volt = volt *m.* (E.), V *m*
– – –, electron = électron-volt *m.*
voltage = tension *f.* (E.), [voltage *m.*] (E.).
– – –, acceleration = tension *f.* anodique (R.), tension *f.* d'accélération (R.).
– – –, accumulator = tension *f.* d'accumulateur.
– – –, anode = tension *f.* de plaque (R.), tension *f.* anodique (R.).
– – –, arc = tension *f.* d'arc.
– – –, armature = tension *f.* d'induit.
– – –, average = tension *f.* moyenne.
– – –, battery = tension *f* de la batterie.
– – –, beam = tension *f.* anodique (R.).
– – –, black-out = tension *f.* de suppression de faisceau.
– – –, blue-glow = tension *f.* de luminescence.
– – –, boosting = survoltage *m.*, tension *f.* additionnelle.
– – –, breakdown = tension *f.* de claquage, tension *f.* de rupture, tension *f.* disruptive.
– – –, brush = tension *f.* aux balais.
– – –, calibration = tension *f.* d'étalonnage.
– – –, cell = tension *f.* c'élément, [voltage *m.* d'un élément].
– – –, charging = [voltage *m.* de charge], tension *f.* de charge.
– – –, closed-circuit = tension *f.* de service.
– – –, control = tension *f.* de commande.
– – –, counter- = contre-tension *f.* (E.).
– – –, crest = tension *f.* de crête.
– – –, cut-off = tension *f.* de coupure.
– – –, decomposition = tension *f.* de décomposition.
– – –, discharge = tension *f.* de décharge (E.).
– – –, disruptive = potentiel *m.* explosif (E.), tension *f.* disruptive (E.).
– – –, disturbing = tension *f.* perturbatrice (R.).
– – –, disturbing, equivalent = tension *f.* perturbatrice équivalente (d'une ligne électrique).
– – –, drop-out = tension *f.* d'ouverture, tension *f.* de désamorçage.

– – –, effective = tension *f.* effective.
– – –, electric = tension *f.* électrique.
– – –, excess = surtension *f.* (E.).
– – –, excess, electrolytic = surtension *f.* électrolytique.
– – –, excessive = surtension *f.* (E.).
– – –, exciting = tension *f.* d'excitation.
– – –, field = tension *f.* d'inducteur.
– – –, filament = tension *f.* de chauffage.
– – –, flash-over = tension *f.* disruptive, tension *f.* d'arc.
– – –, flash-over, wet = tension *f.* d'arc sous conditions humides.
– – –, grid = tension *f.* grille (R.), tension *f.* de plaque (R.).
– – –, grid bias = tension *f.* de polarisation (R.).
– – –, grid biasing = tension *f.* de polarisation de grille (R.).
– – –, grid, negative = polarisation *f.* négative de grille (R.).
– – –, grid, priming = tension *f.* de polarisation (R.).
– – –, high = haute tension, [à haut voltage], à haute tension.
– – –, impedance – – – of a transformer = tension *f.* de court-circuit d'un transformateur.
– – –, impressed = [voltage *m.* appliqué], tension appliquée.
– – –, incoming = tension *f.* d'arrivée, tension *f.* d'alimentation.
– – –, induced = tension *f.* induite.
– – –, initial = tension *f.* initiale.
– – –, input = tension *f.* d'entrée.
– – –, leakage = tension *f.* de dispersion.
– – –, line = tension *f.* de la ligne.
– – –, low = basse tension.
– – –, lumped = tension *f.* d'attaque.
– – –, mains = tension *f.* de secteur.
– – –, maximum = tension *f.* maximale.
– – –, mean = tension *f.* moyenne.
– – –, noise = tension *f.* perturbatrice.
– – –, no-load = tension *f.* à vide.
– – – on open circuit = tension *f.* au repos.
– – –, operating, safe = tension *f.* de régime.
– – –, oscillating = tension *f.* d'oscillation (R.).
– – –, output = tension *f.* de sortie.
– – –, over- = surtension *f.* (E.).
– – –, peak = tension *f.* de crête, tension *f.* de pointe.
– – –, peak, inverse = tension *f.* inverse de pointe.
– – –, periodic = tension *f.* périodique.
– – –, phase = tension *f.* composée, tension *f.* par phase.
– – –, plate = tension *f.* de plaque (R.), tension *f.* anodique (R.).
– – –, polarization, grid = tension *f.* de polarisation de grille (R.).
– – –, primary = tension *f.* primaire.
– – –, priming = tension *f.* d'amorçage.
– – –, psophometric = tension *f.* psophométrique (Tp.).
– – –, puncturing = voltage *m.* de percement, tension *f.* de claquage.
– – –, rated = tension *f.* nominale, tension *f.* spécifiée (d'un câble), tension *f.* de distribution.
– – –, recovery = tension *f.* du circuit coupé (aux

(voltage)

bornes d'un interrupteur), tension *f.* de rétablissement.

– – –, **regulating** = tension *f.* de régulation, tension *f.* de réglage.

– – –, **residual** = tension *f.* résiduelle.

– – –, **restriking** = tension *f.* transitoire de rétablissement.

– – –, **return** = tension *f.* de retour.

– – –, **ripple** = tension *f.* d'ondulation.

– – –, **root mean square** = valeur *f.* efficace de la tension (R.).

– – –, **running** = tension *f.* de service, tension *f.* de marche.

– – –, **saturation** = tension *f.* de saturation.

– – –, **screen** = tension *f.* écran (R.).

– – –, **screen-grid** = tension *f.* de grille-écran (R.).

– – –, **secondary** = tension *f.* secondaire, tension *f.* au secondaire.

– – –, **service** = tension *f.* de distribution, tension *f.* de service (d'un réseau de traction).

– – –, **shorting** = tension *f.* de claquage.

– – –, **starting** = tension *f.* d'amorçage.

– – –, **striking** = tension *f.* d'allumage, tension *f.* d'amorçage.

– – –, **supply** = tension *f.* de la ligne d'arrivée, tension *f.* du secteur, tension *f.* d'alimentation.

– – –, **surge** = onde *f.* de surtension (E.), surtension *f.* transitoire.

– – –, **terminal** = tension *f.* aux bornes, tension *f.* à l'extrémité.

– – –, **terminus** = tension *f.* aux bornes, tension *f.* à l'extrémité.

– – –, **test, dielectric** = tension *f.* d'épreuve diélectrique.

– – –, **testing** = tension *f.* d'essai.

– – – **to (ground)** = différence *f.* de potentiel (E.).

– – –, **trigger** = tension *f.* de déclenchement.

– – –, **under** = sous tension, [sous voltage].

– – –, **under-** = à minimum de tension, à manque de tension.

– – –, **useful** = [voltage *m.* utile], tension *f.* utile.

– – –, **working** = tension *f.* de régime, tension *f.* de service.

– – –, **zero** = [voltage *m.* nul], tension *f.* nulle.

voltaic = voltaïque (adj.) (E.), de Volta (E.).

voltameter = voltamètre *m.* (E.), voltmètre-ampèremètre *m.* (E.).

– – –, **titration** = voltamètre *m.* à titrage.

– – –, **volume** = voltamètre *m.* à volume.

– – –, **weight** = voltamètre *m.* à poids.

volt-ammeter = V. « ammeter, volt ».

volt-ampere = voltampère *m.* (E.).

volt-ampere-hour = watt-heure *m.* (E.), volt-ampère-heure *m.* (E.).

voltmeter = voltmètre *m.* (E.).

(voltmeter)

– – –, **aperiodic** = voltmètre *m.* apériodique.

– – –, **contact** = voltmètre *m.* à contact.

– – –, **crest** = voltmètre *m.* de crête, voltmètre *m.* de pointe.

– – –, **dead-beat** = voltmètre *m.* apériodique.

– – –, **differential** = voltmètre *m.* différentiel.

– – –, **double-scale** = voltmètre *m.* à deux échelles, voltmètre *m.* à deux lectures.

– – –, **electromagnetic** = voltmètre *m.* électromagnétique.

– – –, **graphic** = voltmètre *m.* enregistreur.

– – –, **hot-wire** = voltmètre *m.* thermique.

– – –, **low-tension** = voltmètre *m.* à basse tension.

– – –, **peak** = voltmètre *m.* de crête.

– – –, **pocket** = voltmètre *m.* de poche.

– – –, **recording** = voltmètre *m.* enregistreur.

– – –, **slide-back** = voltmètre *m.* (de crête) à comparaison.

– – –, **spring** = voltmètre *m.* à ressort.

– – –, **thermionic** = voltmètre *m.* thermoïonique, voltmètre *m.* électronique.

– – –, **tube, vacuum** = voltmètre *m.* à lampes.

– – –, **valve** = voltmètre *m.* à lampes, voltmètre thermoïonique.

volt-second = weber *m.* (E.).

volume = volume *f.* (d'un son, d'un réceptacle), intensité *f.* (du trafic) (Tp.), ampleur *f.* (de la voix).

– – –, **inlet** = volume *m.* aspiré (Auto.).

– – –, **metric** = métrage *m.*

– – – **of a reservoir** = cubage *m.* d'un réservoir (H.).

– – – **of sound** = volume *m.* du son (R.).

– – – **of traffic** = intensité *f.* du trafic (Tp.).

– – –, **reference** = niveau *m.* (téléphonique) de référence (Tp.), volume *m.* de référence (Tp.).

– – –, **specific** = volume *m.* spécifique (Chim.).

– – –, **stroke** = cylindrée *f.* (Méc.).

volute = volute *f.* (B.).

volution = spire *f.* ou tour *m.* (d'un solénoïde).

VOR = V. « range, omni-, VHF ».

vortex = tourbillon *m.* (d'eau, de fumée), tourbillonnement *m.* (d'air).

– – –, **free** = tourbillon *m.* libre (H.).

voucher = pièce *f.* justificative (d'une dépense), reçu *m.*, pièce *f.* de dépense.

voussoir = voussoir *m.* (B.), claveau *m.* (B.).

vs (versus) = contre.

VU = unité *f.* de volume acoustique (en décibels) (Tp.), « vu » *m.* (Tp.).

vulcanite = vulcanite *f.*, ébonite *f.*

vulcanization = vulcanisation *f.* (d'un pneu).

vulcanize, to = vulcaniser (le caoutchouc).

vulcanizing = vulcanisation *f.* (du caoutchouc).

– – –, **hot** = vulcanisation *f.* à chaud.

vulcanizer = vulcanisateur *m.* (M.) (Auto.).

W = watt *m*. (E.), V. « west ».
wabble = vacillation *f*., oscillation *f*., dandinement *m*. (d'une roue).
– – –, **front-wheel** = dandinement *m*. des roues avant (Auto.), shimmy *m*. (Auto.).
– – –, **to** = ballotter, vaciller, faire des zigzags, branler, dandiner, ne pas tourner rond.
wad = tampon *m*., bouchon *m*., bourre *f*. (d'une cartouche), pelotte *f*. (de filasse).
– – –, **axle** = garniture *f*. d'axe (Méc.).
walding = bourre *f*. (d'une cartouche), ouate *f*., ouatage *m*., capitonnage *m*.
waders = bottes *f.p*. de pêcheur, bottes *f.p*. d'égoutier.
wages = salaire *m*. ou paye *f*. (d'un ouvrier), gages *m.p*. (d'un domestique).
wagon (or waggon) = wagon *m*. (marchandises) (Ch.d.f.), chariot *m*., voiture *f*. (voyageurs) (Ch.d.f.).
– – –, **baggage** = wagon *m* à marchandises.
– – –, **bogie** = wagon *m*. à bogie.
– – –, **coal** = wagon *m*. à charbon, wagon *m*. à houille.
– – –, **delivery** = voiture *f*. de livraison (Auto.).
– – –, **drop-bottom** = wagon *m*. déversant par le fond.
– – –, **dump** = wagon *m*. basculant.
– – –, **dump, bottom** = wagon *m*. déversant par le fond.
– – –, **farm** = chariot *m*. de ferme, voiture *f*. de ferme.
– – –, **fire brigade** = voiture *f*. sapeur-pompier.
– – –, **goods, open** = wagon *m*. à plate-forme découverte.
– – –, **hay** = fourragère *f*. (Agr.), char *m*. (Agr.), chariot *m*. à foin (Agr.).
– – –, **hooper** = wagon-trémie *f*. (Ch.d.f.).
– – –, **ranch** = break *m*. (Auto.), V. « wagon, station ».
– – –, **station** = break *m*. (Auto.) (France), familiale *f*. (c.-à-d. si toutes les banquettes sont fixes) (Auto.), commerciale *f*. ou transformable *f*. (c.-à-d. si la dernière banquette est rabattable) (Auto.).
– – –, **tank** = wagon-réservoir *m*. (Ch.d.f.), wagon-citerne *m*. (Ch.d.f.).
– – –, **tea** = table *f*. à thé roulante (Ust.).
– – –, **tip, end and side** = wagon *m*. se vidant par le côté et par le bout.
– – –, **tipping** = wagon *m*. basculant.

– – –, **tipping, trough** = basculeur *m*. à auge (Ch.d.f.), wagon *m*. basculant à auge (Ch.d.f.).
wainscot = revêtement *m*. mural (en menuiserie) (B.), lambris *m*. (B.).
– – –, **to** = boiser ou lambrisser (une pièce).
wainscoting = boisage *m*. ou lambrissage *m*. (d'une pièce) (B.), V. « wainscot ».
wait = attente *f*., arrêt *m*. (d'un train).
– – –, **to** = attendre.
waiter, dumb = monte-plats *m*. (B.).
wale = moise *f*. de palplanches (C.).
– – –, **to** = moiser des pieux (C.).
waling = moise *f*. (C.), V. « walings ».
walings = moisage *m*. (d'une charpente) (C.), V. « waling ».
walk = trottoir *m*.
– – –, **board** = trottoir *m*. en planches.
– – –, **cat-** = passerelle *f*. très étroite.
– – –, **cross-** = V. « crosswalk ».
– – –, **foot** = passerelle *f*.
– – –, **side-** = V. « sidewalk ».
walker, floor = surveillant *m*. (O.), chef *m*. de rayon (O.).
walkie-talkie = radiotéléphone *m*. portatif (R.), émetteur-récepteur *m*. (R.), toc-top *m*. (France).
walk-out = grève *f*. (d'ouvriers).
walkway = passage *m*. clouté (dans une rue).
wall = mur *m*. (B.), muraille *f*. (B.), paroi *f*. (Méc.), cloison *f*. (B.), écran *m*. (B.), face *f*. (B.), allège *f*. (de fenêtre) (B.), flanc *m*. (d'un pneu) (Auto.).
– – –, **above-grade** = mur *m*. en élévation.
– – –, **back** = mur *m*. de tête, paroi *f*. arrière.
– – –, **back, abutment** = mur *m*. de tête.
– – –, **bare-base** = mur *m*. déchaussé.
– – –, **base** = mur *m*. de soubassement, mur *m*. de sous-sol.
– – –, **basement** = mur *m*. de soubassement.
– – –, **bearing** = mur *m*. d'appui, mur *m*. portant.
– – –, **bearing, load** = mur *m*. portant, mur *m*. d'appui.
– – –, **bearing, non-** = mur *m*. portant à faux.
– – –, **blank** = mur *m*. plein, mur *m*. orbe.
– – –, **blind** = mur *m*. plein, mur *m*. orbe.

(wall)

– – –, **block** = mur *m*. en parpaings.

– – –, **boulder** = mur *m*. en galets, mur *m*. en gros cailloux.

– – –, **breast** = mur *m*. d'appui, allège *f*. (de fenêtre), parapet *m*., mur *m*. de soutènement, perré *m*.

– – –, **brick** = mur *m*. en brique.

– – –, **brick, glass** = cloison *f*. en dalles de verre.

– – –, **brick, half** = mur *m*. demi-brique (c.-à-d. construit entièrement de panneresses).

– – –, **bulged** = mur *m*. bombé.

– – –, **canted** = mur *m*. de renfend.

– – –, **cavity** = mur *m*. creux.

– – –, **cell** = paroi *f*. cellulaire.

– – –, **cob** = mur *m*. en pisé, mur *m*. en torchis.

– – –, **coffer** = mur *m*. de hourdage.

– – –, **common** = mur *m*. mitoyen.

– – –, **concrete** = mur *m*. de béton, mur *m*. en béton.

– – –, **concrete, reinforced** = mur *m*. en béton armé.

– – –, **cooling** = paroi *f*. de refroidissement (Méc.).

– – –, **core** = âme *f*. imperméable (d'un barrage) (H.), parafouille *f*. (H.).

– – –, **core-dividing** = mur *m*. de refend (B.).

– – –, **cross-** = mur *m*. de refend.

– – –, **curtain** = cloison *f*., mur-rideau *m*. (d'une façade qui ne supporte pas les planchers).

– – –, **cylinder** = paroi *f*. du cylindre (Méc.).

– – –, **dividing** = mur *m*. de séparation, cloison *f*.

– – –, **division** = cloison *f*., mur *m*. de division (portant).

– – –, **dock** = mur *m*. d'accostage (Mar.).

– – –, **dry** = perré *m*., mur *m*. en pierres sèches.

– – –, **dwarf** = mur *m*. nain (B.), cloison *f*. naine (B.).

– – –, **enclosing** = mur *m*. de clôture.

– – –, **enclosure** = mur *m*. de pourtour, mur *m*. d'enceinte.

– – –, **face** = mur *m*. de revêtement, mur *m*. de face.

– – –, **faced** = mur *m*. paré, mur *m*. paramenté.

– – –, **falling** = mur *m*. menaçant ruine.

– – –, **fence** = mur *m*. de clôture.

– – –, **fender** = galerie *f*. de foyer, garde-feu *m*. (de cheminée).

– – –, **fire** = mur *m*. pare-feu, mur *m*. coupe-feu, tablier *m*. (Auto.).

– – –, **fire-proof** = mur *m*. réfractaire.

– – –, **flank** = mur *m*. de flanc (d'un édifice).

– – –, **flint** = mur *m*. de silex.

– – –, **foundation** = mur *m*. de soubassement, mur *m*. de fondation, jambage *m*.

– – –, **freestone** = mur *m*. de pierre de taille.

– – –, **front** = mur *m*. de façade.

– – –, **head** = mur *m*. de tête.

– – –, **hollow** = mur *m*. creux.

– – –, **knee** = mur *m*. nain.

– – –, **honeycomb** = mur *m*. (de brique) alvéolé (B.).

– – –, **lateral** = mur *m*. latéral.

– – –, **ledger** = chevet *m*. de filon (Mi.).

– – –, **lift** = mur *m*. de chute (d'une écluse) (H.).

– – –, **lining** = contre-mur *m*. (Mét.).

– – –, **low** = mur *m*. d'appui.

– – –, **middle** = mur *m*. mitoyen.

– – –, **one-brick** = mur *m*. pare-feu.

– – –, **outer** = contre-mur *m*., parement *m*. extérieur.

– – –, **overhanging** = mur *m*. déversé, mur *m*. en sur-

(wall)

plomb.

– – –, **parapet** = parapet *m*., mur *m*. de parapet.

– – –, **partition** = cloison *f*., mur *m*. de cloison.

– – –, **partition, self-contained** = cloison *f*. portant à faux.

– – –, **party** = mur *m*. mitoyen.

– – –, **pebble-dashed** = crépi *m*.

– – –, **pipe** = paroi *f*. du tuyau (S.).

– – –, **piston** = paroi *f*. de piston (Méc.).

– – –, **plinth** = mur *m*. de soubassement.

– – –, **retaining** = mur *m*. de soutènement (C.), mur *m*. de retenue (C.).

– – –, **retaining, angular** = aile *f*. en retour d'un mur de soutènement (C.).

– – –, **retaining, skew** = mur *m*. de talus (C.).

– – –, **revetment** = mur *m*. de revêtement (B.), épaulement *m*. (C.).

– – –, **rubble** = mur *m*. en moellons.

– – –, **sea** = digue *f*. (H.), brise-lames *m*. (H.).

– – –, **shingle** = mur *m*. à clins (Canada).

– – –, **side** = mur *m*. latéral (B.), bajoyer *m*. (d'écluse) (H.), pied-droit *m*. (d'un égout, d'un souterrain) (S., C.).

– – –, **side, tire** = flanc *m*. de pneu (Auto.).

– – –, **solid** = mur *m*. plein.

– – –, **sound-proof** = mur *m*. insonore, mur *m*. insonorisé.

– – –, **spandrel** = mur *m*. qui remplit le tympan (B.).

– – –, **stone** = mur *m*. en moellons, mur *m*. de pierre, mur *m*. en pierre.

– – –, **stone, dry** = mur *m*. en pierres sèches.

– – –, **string** = échiffe *f*. ou échiffre *f*. (d'escalier).

– – –, **stud** = cloison *f*. lattée et plâtrée.

– – –, **surcharged** = mur *m*. de soutènement soutenant un talus plus élevé que lui (C.), mur de pied (C.).

– – –, **surrounding** = mur *m*. d'enceinte.

– – –, **sustaining** = mur *m*. de soutènement (C.).

– – –, **to – – – in** = murer, murailler, emmurer.

– – –, **toe** = mur *m*. de pied.

– – –, **wing** = mur *m*. en aile (C.), musoir *m*. (H.), bajoyer *m*. (d'une écluse) (H.).

– – –, **zigzag** = mur *m*. (fait) par épaulées.

walled, double- = à double paroi (Méc.).

– – –, **thick-** = à paroi épaisse (Méc.).

– – –, **thin-** = à paroi mince (Méc.).

walling = murage *m*. (d'une porte, d'un jardin), muraillement *m*. (d'un puits) (Mi.), traversine *f*. (C.).

– – –, **rough** = limo(u)sinage *m*. (B.).

wallings = limo(u)sinage *m*. (des palplanches) (B., C.), racinaux *m.p*. (B., C.).

walnut = noyer *m*.

– – –, **black** = noyer *m*. noir (d'Amérique).

Walter = émetteur *m*. à impulsions pour canots de sauvetage (R.).

wand = verge *f*. (de huissier), bâton *m*. (d'officier militaire), baguette *f*. (de magicien).

– – –, **tuning** = sonde *f*. (R.).

wandering of the arc = migration *f*. de l'arc (E.).

wane = flache *f*. (B.).

waney = (bois *m*.) flacheux (adj.).

warble = hululement *m*., gazouillement *m*.

warble, to = gazouiller, hululer.

(wash)

ward = salle *f.* (d'hôpital), quartier *m.* (d'une ville).
warden, church = V. « churchwarden ».
– – –, fire = fonctionnaire *m.* chargé de prévenir et de combattre les incendies en forêt (O.), garde *m.* chargé de la protection des forêts contre l'incendie (O.), garde-feu *m.* (O.) (Canada).
– – –, fish = garde-pêche *m.* (O.).
– – –, game = garde-chasse *m.* (O.).
wardrobe = garde-robe *f* (B.), armoire *f.* (B.).
– – –, hanging = penderie *f.*
ware, brass = dinanderie *f.*
– – –, cast-iron = ustensiles *m.p.* en fonte (Ust.).
– – –, china = porcelaine *f.* (Ust), vaisselle *f.* en porcelaine (Ust.).
– – –, enamel = ustensiles *m.p.* en fer émaillé (Ust.).
– – –, glass = verrerie *f.*
– – –, iron, small = petit outillage.
– – –, kitchen = ustensiles *m.p.* de cuisine (Ust.).
warehouse = entrepôt *m.*, magasin *m.* (d'entreposage), dépôt *m.* (de marchandises).
– – –, to = entreposer, emmagasiner.
warehouseman = magasinier *m.* (O.).
warm, to – – – up = chauffer (l'eau), réchauffer (le moteur) (Auto.).
warmer, bed = chauffe-lit *m.* (Ust.).
– – –, bottle, baby = chauffe-biberon *m.* (Ust.).
– – –, car = chaufferette *f.* auxiliaire (Auto.).
– – –, dish = chauffe-plats *m.* (Ust.).
– – –, foot = chauffe-pieds *m.* (Ust.), chaufferette *f.*
– – –, plate = réchaud *m* (Ust.), chauffe-assiettes *m.* (Ust.).
warming = réchauffage *m.* (du moteur), chauffage *m.* (de l'eau).
warn, to = avertir, prévenir.
warning = avertissement *m.*, préavis *m.*, avis *m.*
– – –, aircraft = détection *f.* d'avions (Av.).
– – –, early = radar *m.* d'approche (Av.).
– – –, early, airborne = radar *m.* d'approche pour avions (Av.).
– – –, preliminary = appel *m.* préalable.
– – –, radio = avertissement *m.* (radioélectrique).
– – –, street = écriteau *m.* d'avertissement.
warnings, road = signaux *m.p.* de route.
warp = gauchissement *m.* ou courbure *f.* (d'une planche), voilure *f.* (d'une feuille de bois ou de métal), déversement *m* (des semelles d'une poutre en I).
– – –, to = voiler (une roue), fausser, gauchir, gondoler, se voiler, se déjeter, se contraindre, se déformer.
warped = gondolé, déversé, (essieu *m.*) faussé, (roue *f.*) voilée, tordu, déjeté, courbé, fléchi, gauchi.
warping = gondolage *m.* (d'une tôle), voile *m.* (d'une roue), gauchissement *m.* (d'un madrier), flexion *f.* (d'une poutre de béton), voilure *f.* (d'un volant), voilement *m.* (d'un panneau, de l'âme d'une poutre en I).
warranty = garantie *f.*
– – – of title = attestation *f.* du titre.
wash, cement = badigeonnage *m.* au ciment.
– – –, colour = badigeon *m.*
– – –, lime = lait *m.* de chaux.
– – –, to = laver, blanchir ou lessiver (le linge).
– – –, to – – – clean = laver à grande eau.

– – –, to – – – in gasolene = laver à l'essence.
– – –, to lime = chauler, blanchir à la chaux.
washboard = planche *f.* à laver (Ust.).
washer = rondelle *f.* (Méc.), barboteuse *f.* (M.), lessiveuse *f.* (M.) (Ust.), laveuse *f.* (M.) (Mi.), laveur *m.* (O., M.).
– – –, air = nettoyeur *m.* d'air.
– – –, alignment = rondelle *f.* de centrage.
– – –, anchor = rondelle *f.* d'attache.
– – –, axle = collet *m.* de l'essieu, rondelle *f.* d'essieu.
– – –, backed-up = rondelle *f.* épaulée.
– – –, ball-bearing = bague *f.* à billes.
– – –, ball-bearing, hinge = bague *f.* à billes pour charnières.
– – –, Belleville = rondelle *f.* de Belleville, calotte *f.* sphérique.
– – –, bib-cock = rondelle *f.* de robinet.
– – –, blind = rondelle *f.* obturatrice, pastille *f.* d'obturation.
– – –, body = rondelle *f.* d'épaulement d'essieu.
– – –, bolt = rondelle *f.* de boulon.
– – –, brake = rondelle-frein *f.*
– – –, brass = rondelle *f.* en laiton.
– – –, brush = laveur *m.* à brosses (M.).
– – –, bubble-type = laveur *m.* à barbotage (M.).
– – –, butt, ball-bearing = bague *f.* à billes pour charnières.
– – –, C = rondelle *f.* en C, rondelle *f.* ouverte.
– – –, centrifugal = laveur *m.* centrifuge (M.).
– – –, collar = rondelle *f.*
– – –, concave = rondelle *f.* concave.
– – –, copper = rondelle *f.* en cuivre.
– – –, cork = rondelle *f.* en liège.
– – –, countersunk = rondelle *f.* fraisée.
– – –, cup = rondelle *f.* de Belleville, calotte *f.* sphérique, rondelle *f.* à collerette.
– – –, cup-leather = rondelle *f.* de cuir embouti.
– – –, D = rondelle *f.* en D.
– – –, deflector, oil = rondelle *f.* pare-huile.
– – –, dish = plongeur *m.* (O.).
– – –, dished = calotte *f.* sphérique, cuvette *f.*
– – –, distance = rondelle *f.* entretoise, rondelle *f.* d'écartement, rondelle *f.* d'épaisseur.
– – –, drag = rondelle *f.* à crochet.
– – –, electric = lessiveuse *f.* électrique (Ust.), laveuse *f.* électrique (Mi.).
– – –, felt = rondelle *f.* en feutre.
– – –, fibre = rondelle *f.* en fibre.
– – –, flexible = rondelle *f.* plastique.
– – –, gasket = rondelle-joint *f.*
– – –, heavy = rondelle *f.* épaisse.
– – –, hose = rondelle *f.* de boyau d'arrosage.
– – –, insulation = rondelle *f.* isolante.
– – –, iron = rondelle *f.* en fer.
– – –, lead = rondelle *f.* en plomb.
– – –, leather = rondelle *f.* en cuir, rondelle *f.* de cuir.
– – –, lip = rondelle *f.* à languette.
– – –, lock = rondelle *f.* de blocage, rondelle-frein *f.*, rondelle *f.* de sûreté.
– – –, lock, bent-up = rondelle *f.* Grower à rebord, rondelle-frein *f.* à rebord.
– – –, loose = rondelle *f.* folle.
– – –, machine-made = rondelle *f.* décolletée.

(washer)

– – –, **metal** = rondelle *f.* métallique.
– – –, **narrow-gauge** = rondelle *f.* étroite.
– – –, **nut** = rondelle *f.* d'écrou.
– – –, **ogee** = rondelle *f.* galbée.
– – –, **open** = rondelle *f.* ouverte, rondelle *f.* en C.
– – –, **packing** = rondelle *f.* de garniture, bague *f.* de presse-étoupe.
– – –, **packing, valve** = rondelle *f.* de garniture de soupape.
– – –, **paper** = rondelle *f.* en papier.
– – –, **pilot** = rondelle *f.* de centrage.
– – –, **plain** = rondelle *f.* ordinaire, rondelle *f.* plate.
– – –, **punched** = rondelle *f.* décolletée, rondelle *f.* poinçonnée.
– – –, **retainer** = rondelle *f.* de retenue.
– – –, **retainer, grease** = rondelle *f.* de protection.
– – –, **retainer, oil** = rondelle *f.* de protection.
– – –, **ring, valve packing** = rondelle *f.* de bague de garniture de soupape.
– – –, **rivet** = rosette *f.*
– – –, **rubber** = rondelle *f.* en caoutchouc.
– – –, **safety** = rondelle *f.* de sûreté.
– – –, **screw** = cuvette *f.* pour vis.
– – –, **sealing** = rondelle *f.* de garniture *f.*, bague *f.* de presse-étoupe.
– – –, **separating** = rondelle *f.* entretoise, rondelle *f.* d'écartement, rondelle *f.* d'épaisseur.
– – –, **skim** = rondelle *f.* cale, rondelle *f.* d'épaisseur.
– – –, **slip** = rondelle *f.* ouverte, rondelle *f.* en C.
– – –, **slot** = rondelle *f.* à entaille, rondelle *f.* fendue.
– – –, **spacing** = rondelle *f.* entretoise, rondelle *f.* d'écartement, rondelle *f.* d'épaisseur.
– – –, **split** = rondelle *f.* fendue, rondelle *f.* à entaille.
– – –, **spring** = rondelle *f.* Grower, rondelle *f.* à ressort.
– – –, **static** = laveur *m.* statique (M.).
– – –, **steel** = rondelle *f.* en acier, rondelle *f.* d'acier.
– – –, **stop** = rondelle *f.* d'arrêt.
– – –, **stuffing** = rondelle *f.* de garniture, bague *f.* de presse-étoupe.
– – –, **tab** = rondelle *f.* à languette.
– – –, **tap** = rondelle *f.* de robinet, obturateur *m.*
– – –, **taper** = rondelle *f.* biaise.
– – –, **thickening** = rondelle *f.* de boulon, rondelle *f.* d'épaisseur.
– – –, **threaded** = rondelle *f.* filetée.
– – –, **thrust** = rondelle *f.* de butée.
– – –, **tongued** = rondelle *f.* à languette.
– – –, **turned** = rondelle *f.* tournée.
– – –, **weight** = rondelle *f.* poids.
– – –, **windshield** = lave-glace *m.* (Auto.).
– – –, **windscreen** = lave-glace *m.* (Auto.).
– – –, **wrought** = rondelle *f.* forgée.
washing = lavage *m.* (des murs, du linge), blanchissage *m.* (du linge), lessive *f.*, débourbage *m.* (d'un minerai), épurage *m.* (du gaz).
– – –, **gas** = lavage *m.* du gaz (Chim.).
– – –, **under–** = affouillement *m.* (d'un cours d'eau).
wash-out = effondrement *m.* (d'un chemin) (C.).
washstand = lavabo *m.*
wash-up = lavage *m.* (de la vaisselle).
wastage = déchets *m.p.*, rebuts *m.p.*, perte *f.* (de carburant).
– – –, **heat** = déperdition *f.* de chaleur.

waste = rebuts *m.p.*, déchets *m.p.*, gaspillage *m.* (d'argent), bourre *f.* (Méc.), trop-plein *m.* (S.), étoupe *f.* (Méc.), écoulement *m.* (d'une baignoire) (S.), déperdition *f.* (d'énergie), matériau *f.* de rebut (B.), rebut *m.* (de matériau) (B.), eaux *f.p.* résiduaires (S.), eaux *f.p.* usées (S.).
– – –, **cotton** = bourre *f.* de coton, déchets *m.p.* de coton, chiffons *m.p.*
– – –, **paper** = papier *m.* de rebut.
– – –, **silk** = bourre *f.* de soie.
– – –, **wool** = déchets *m.p.* de laine.
wastes, household = eaux *f.p.* domestiques (S.).
– – –, **industrial** = eaux *f.p.* industrielles (S.).
– – –, **kitchen** = eaux *f.p.* de cuisine (S.).
– – –, **manufacturing** = eaux *f.p.* résiduaires industrielles (S.), eaux *f.p.* industrielles (S.).
– – –, **sanitary** = eaux-vannes *f.p.* (S.).
watch = montre *f.*, veille *f.* (R.), écoute *f.* (R.).
– – –, **continuous** = veille *f.* continue (R.), écoute *f.* permanente (R.).
– – –, **stem-winding** = montre *f.* à remontoir.
– – –, **stop** = chronomètre *m.* à déclic, chronographe *m.*, compte-secondes *m.*
– – –, **to** = prendre la veille (R.).
– – –, **watchman's** = contrôleur *m.* des rondes.
– – –, **wrist** = montre-bracelet *f.*
watchband = bracelet *m.* de montre.
watching = veille *f.* (R.), surveillance *f.*
watchman = gardien *m.* (O.), surveillant *m.* (O.), veilleur *m.* (de nuit) (O.).
– – –, **night** = veilleur *m.* de nuit (O.).
water = eau *f.*
– – –, **acidulous** = eau *f.* acidulée.
– – –, **alcaline** = eau *f.* alcaline.
– – –, **ammonia** = eau *f.* ammoniacale.
– – –, **back** = retenue *f.* (d'un barrage) (H.), remous *m.p.* (H.), remous *m.p.* d'exhaussement (H.).
– – –, **bilge** = eau *f.* de cale (Mar.).
– – –, **bleaching** = eau *f.* de Javel (Ust.), eau *f.* de chlore (Ust.).
– – –, **boiling** = eau *f.* bouillante.
– – –, **bottom** = eau *f.* de fond (Mi.).
– – –, **brackish** = eau *f.* saumâtre.
– – –, **chlorine** = eau *f.* chlorée.
– – –, **circulating** = eau *f.* de circulation.
– – –, **clear** = eau *f.* claire, eau *f.* limpide.
– – –, **cold** = eau *f.* froide.
– – –, **connate** = eau *f.* connée (Mi.), eau *f.* interstitielle (Mi.).
– – –, **cooling** = eau *f.* de refroidissement.
– – –, **dish** = eau *f.* de vaisselle (Ust.), eaux *f.p.* grasses (Ust.).
– – –, **distilled** = eau *f.* distillée (Ust.).
– – –, **drinkable** = eau *f.* potable.
– – –, **drinking** = eau *f.* potable.
– – –, **edge** = eau *f.* de bordure (H.).
– – –, **excess** = eaux *f.p.* excédentaires (S.).
– – –, **feed** = eau *f.* d'alimentation.
– – –, **fresh** = eau *f.* douce.
– – –, **ground** = eau *f.* souterraine (H.), eau *f.* souterraine d'infiltration (H.).
– – –, **hard** = eau *f.* dure, eau *f.* calcaire.
– – –, **head** = eau *f.* d'amont (H.).

(water)

– – –, **hot** = eau *f.* chaude.
– – –, **injection** = eau *f.* d'injection.
– – –, **lime** = eau *f.* de chaux.
– – –, **lukewarm** = eau *f.* tiède.
– – –, **make-up** = eau *f.* d'appoint (dans une chaudière) (Méc.).
– – –, **mineral** = eau *f.* minérale.
– – –, **mixing** = eau *f.* de gâchage (du mortier, du béton).
– – –, **muddy** = eau *f.* boueuse.
– – –, **navigable** = eau *f.* navigable.
– – – **of crystallization** = eau *f.* de cristallisation.
– – –, **percolating** = eau *f.* d'infiltration.
– – –, **polluted** = eau *f.* corrompue, eau *f.* polluée.
– – –, **phreatic** = nappe *f.* phréatique (H.).
– – –, **process** = eaux *f.p.* résiduaires (S.), eau *f.* de traitement (S.).
– – –, **rain** = eau *f.* de pluie.
– – –, **raw** = eau *f.* non filtrée, eau *f.* non traitée.
– – –, **river** = eau *f.* fluviale.
– – –, **rock** = eau *f.* de roche.
– – –, **running** = eau *f.* courante.
– – –, **run-off** = eaux *f.p.* de ruissellement (H.).
– – –, **salt** = eau *f.* de mer, eau *f.* salée.
– – –, **sea** = eau *f.* de mer.
– – –, **sewage** = eaux-vannes *f.p.* (S.).
– – –, **shallow** = haut fond *m.*
– – –, **soapy** = eau *f.* savonneuse.
– – –, **soda** = eau *f.* de soude, soda *m.*
– – –, **soft** = eau *f.* douce.
– – –, **spring** = eau *f.* de source.
*– – –, **still** = eau *f.* dormante, eau *f.* morte, eau *f.* stagnante.
– – –, **storm** = eaux *f.p.* de ruissellement (H.), eaux *f.p.* pluviales (H.).
– – –, **sulphur** = eau *f.* sulfureuse.
– – –, **surface** = eau *f.* de ruissellement (H.), eaux *f.p.* superficielles (H.), eau *f.* de surface (d'un agrégat) (C.).
– – –, **sweet** = eau *f.* douce, eau *f.* potable.
– – –, **tail** = eau *f.* d'aval (H.).
– – –, **tap** = eau *f.* potable, eau *f.* du robinet.
– – –, **to** = arroser (une rue), faire de l'eau (c.-à-d. s'approvisionner), abreuver (les animaux), diluer le capital (d'une compagnie), baptiser (son vin), diluer (la peinture).
– – –, **trapped** = eau *f.* piégée (Mi.).
– – –, **underground** = eau *f.* souterraine (H.), nappes *f.p.* aquifères (H.).
– – –, **undrinkable** = eau *f.* non potable, eau *f.* imbuvable.
– – –, **wash** = eau *f.* de lavage.
– – –, **waste** = eaux *f.p.* résiduaires (S.), eaux *f.p.* ménagères (S.), eau *f.* de condensation (Méc.).
– – –, **well** = eau *f.* de puits.
– – –, **white** = eaux *f.p.* blanches (Pap.).
water-bearing = aquifère (adj.), hydrofère (adj.).
waterfall = chute *f.* d'eau (H.), cascade *f.* (H.).
water-glass = V. « glass, water ».
watering = arrosage *m.*
waterlogged = saturé d'eau, imbibé d'eau.
waterproof = (toiture *f.*) étanche (adj.), (tissu *m.*) imperméable (adj.), (vernis *m.*) hydrofuge (adj.).

(waterproof)

– – –, **to** = imperméabiliser, hydrofuger.
watershed = aire *f.* d'alimentation (H.), bassin *m.* hydrographique (H.), ligne *f.* de partage des eaux (H.).
watertight = (mur *m.*) étanche (à l'eau) (adj.), (revêtement *m.*) imperméable (adj.).
watertightness = étanchéité *f.* (à l'eau).
waterworks = travaux *m.p.* d'adduction et de distribution d'eau, usine *f.* de distribution d'eau.
WATS = V. « service, telephone, wide area ».
watt = watt *m.* (c.-à-d. unité *f.* de puissance) (E.), W *m.*
– – –, **true** = watt *m.* efficace.
wattage = consommation *f.* en watts (E.), [wattage *m.*] (E.), puissance *f.* (en watts) (E.).
watthour = watt-heure *m.* (E.), Wh *m.*
wattle, to = garnir de claies (un remblai), clayonner (C.).
wattless = (courant *m.*) déwatté (adj.).
wattmeter = wattmètre *m.* (I.).
– – –, **graphic** = wattmètre *m.* enregistreur.
– – –, **recording** = wattmètre *m.* enregistreur.
– – –, **three-phase** = wattmètre *m.* triphasé.
– – –, **tube** = wattmètre *m.* à lampe.
– – –, **valve** = wattmètre *m.* électronique.
watt-second = joule *m.* (E.), watt-seconde *m.* (E.).
wave = onde *f.* (E.), ondulation *f.* (des cheveux), vague *f.* (H.), lame *f.* (H.), V. « waves ».
– – –, **absorbed** = onde *f.* amortie (E.).
– – –, **answering** = onde *f.* de réponse (Tp.).
– – –, **asymmetrical** = onde *f.* de forme asymétrique (E.).
– – –, **atmospheric** = onde *f.* réfléchie (R.).
– – –, **B** = onde *f.* amortie (R.).
– – –, **brain** = idée *f.* de génie, inspiration *f.*, trouvaille *f.*
– – –, **calling** = onde *f.* d'appel (Tp.).
– – –, **carrier** = onde *f.* porteuse (E.), onde *f.* fondamentale (R.), porteuse *f.* (Tp.).
– – –, **centimeter** = onde *f.* centimétrique (R.).
– – –, **compensating** = onde *f.* de repos.
– – –, **compensation** = onde *f.* de compensation de retour.
– – –, **complementary** = onde *f.* complémentaire, contre-manipulation *f.* (Tg.).
– – –, **continuous** = onde *f.* entretenue, onde *f.* non amortie.
– – –, **continuous, modulated** = onde *f.* entretenue modulée.
– – –, **damped** = onde *f.* amortie.
– – –, **day** = onde *f.* de jour.
– – –, **decimeter** = onde *f.* décimétrique (R.).
– – –, **direct** = onde *f.* directe (E.).
– – –, **directed** = onde *f.* dirigée (R.).
– – –, **down-coming** = onde *f.* atmosphérique.
– – –, **electric, transverse** = composante *f.* électrique longitudinale (ou transversale) d'une onde.
– – –, **electromagnetic** = onde *f.* électromagnétique.
– – –, **electromagnetic, transverse** = onde *f.* électromagnétique longitudinale (ou transversale), onde *f.* principale.
– – –, **electron** = onde-pilote *f.*
– – –, **evanescent** = onde *f.* évanescente.

(wave)

- – –, **F** = onde *f.* modulée en phase.
- – –, **full** = onde *f.* entière, onde *f.* pleine, deux alternances.
- – –, **fundamental** = onde *f.* fondamentale.
- – –, **ground** = onde *f.* directe (Tp.), onde *f.* de sol (E.).
- – –, **ground-reflected** = onde *f.* réfléchie par le sol (R.).
- – –, **half-** = demi-onde *f.*, alternance *f.* (E.).
- – –, **harmonic** = onde *f.* harmonique (R.), harmonique *m.* (R.).
- – –, **heat** = vague *f.* de chaleur, onde *f.* calorifique.
- – –, **hectometric** = onde *f.* hectométrique.
- – –, **hertzian** = onde *f.* hertzienne (R.).
- – –, **indirect** = onde *f.* indirecte, onde *f.* réfléchie.
- – –, **ionospheric** = onde *f.* ionosphérique (R.).
- – –, **light** = onde *f.* lumineuse.
- – –, **longitudinal** = onde *f.* longitudianle.
- – –, **low-frequency** = onde *f.* longue (c.-à-d. n'excédant pas 300 kHz).
- – –, **luminous** = onde *f.* lumineuse.
- – –, **magnetic, transverse** = composante *f.* magnétique longitudinale (ou transversale) d'une onde.
- – –, **marking** = onde *f.* de manipulation (Tg.).
- – –, **modulated** = onde *f.* modulée *f.*, modulat *m.*
- – –, **modulated, frequency** = onde *f.* modulée en fréquence.
- – –, **modulating** = oscillation *f.* modulante, signal *m.* modulant.
- – –, **modulation** = onde *f.* de modulation.
- – –, **moving** = onde *f.* mobile.
- – –, **natural** = onde *f.* fondamentale.
- – –, **night** = onde *f.* de nuit.
- – –, **operating** = onde *f.* de travail.
- – –, **ordinary** = onde *f.* fondamentale, onde *f.* ordinaire.
- – –, **partial** = onde *f.* partielle.
- – –, **periodic** = onde *f.* périodique.
- – –, **phase** = onde *f.* pilote, onde de De Broglie.
- – –, **pilot** = onde *f.* pilote.
- – –, **plane** = onde *f.* plane.
- – –, **polarized** = onde *f.* polarisée.
- – –, **polarized, right-hand** = onde *f.* polarisée destrorsum (R.).
- – –, **polarized, elliptically** = onde *f.* (electromagnétique) polarisée elliptiquement.
- – –, **polarized, plane** = onde *f.* polarisée dans un plan.
- – –, **polarized, vertically** = onde *f.* polarisée verticalement.
- – –, **pressure** = onde *f.* de pression (H.).
- – –, **progressive, plane** = onde *f.* progressive plane (Tp., R.).
- – –, **pure** = onde *f.* sinusoïdale.
- – –, **quarter-** = quart *m.* d'onde (R.).
- – –, **quasi-optical** = onde *f.* à propagation optique.
- – –, **quasi-stationary** = onde *f.* quasi-stationnaire.
- – –, **radio** = onde *f.* radioélectrique (R.), onde *f.* hertzienne (R.).
- – –, **reflected** = onde *f.* d'écho (Tp.), onde *f.* réfléchie (R.).
- – –, **saw-tooth** = oscillation *f.* en dents-de-scie.
- – –, **sending** = onde *f.* d'émission (R.).
- – –, **shock** = onde *f.* de choc (R.).

(wave)

- – –, **short** = petite(s) onde(s) (R.), onde(s) *f.(p.)* courte(s) (R.).
- – –, **short, ultra-** = onde *f.* ultra-courte, hyperfréquence *f.*
- – –, **signal** = onde *f.* de travail, onde *f.* de trafic.
- – –, **sine** = sinusoïde *f.*, onde *f.* sinusoïdale.
- – –, **single-** = monophasé (adj.) (E.).
- – –, **sky** = onde *f.* réfléchie (par la couche d'Heaviside) (R.), onde *f.* ionosphérique (R.).
- – –, **sound** = onde *f.* sonore, onde *f.* acoustique.
- – –, **sound-modulated** = onde *f.* modulée à fréquence acoustique.
- – –, **space** = onde *f.* ionosphérique (R.), onde *f.* réfléchie (par la couche d'Heaviside) (R.).
- – –, **spacing** = onde *f.* de repos (Tg.), onde *f.* de contre-manipulation (Tg.).
- – –, **speech** = onde *f.* acoustique.
- – –, **spherical** = onde *f.* sphérique.
- – –, **square** = onde *f.* rectangulaire, onde *f.* carrée.
- – –, **standing** = onde *f.* stationnaire.
- – –, **stationary** = onde *f.* stationnaire.
- – –, **steep-front** = onde *f.* à front raide.
- – –, **super-frequency** = hyperfréquence *f.*
- – –, **surface** = onde *f.* de sol (R.), onde *f.* directe (R.).
- – –, **sustained** = onde *f.* entretenue.
- – –, **traffic** = onde *f.* de trafic.
- – –, **transmitting** = onde *f.* d'émission (R.).
- – –, **transverse** = onde *f.* transversale (ou longitudinale).
- – –, **trapezoid** = onde *f.* trapézoïdale.
- – –, **travelling** = onde *f.* progressive.
- – –, **tropospheric** = onde *f.* troposphérique.
- – –, **tuning** = onde *f.* de syntonisation (R.).
- – –, **undamped** = onde *f.* entretenue.
- – –, **undistorted** = onde *f.* sinusoïdale.
- – –, **variable frequency** = onde *f.* à fréquence variable.

waveform = V. « form, wave ».
waveguide = guide *m.* d'ondes (Tv.).
- – –, **circular** = guide *m.* d'ondes cylindrique.
- – –, **flexible** = guide *m.* d'ondes souple.
- – –, **rectangular** = guide *m.* d'ondes parallélépipède.
- – –, **septate** = guide *m.* d'ondes à diaphragmes intérieurs, guide *m.* d'ondes cloisonné.
wavelength = longueur *f.* d'onde (R.).
- – –, **amateur** = longueur *f.* d'onde réservée au trafic amateur (R.).
- – –, **half-** = demi-onde *f.* (E.).
wavemeter = ondemètre *m.* (E.), cymomètre *m.*
- – –, **absorption** = ondemètre *m.* à absorption.
- – –, **buzzer** = ondemètre *m.* à buzzer.
- – –, **cavity** = ondemètre *m.* à cavité résonnante.
- – –, **coaxial** = ondemètre *m.* coaxial.
- – –, **glow-tube indicator** = ondemètre *m.* à tube au néon.
- – –, **heterodyne** = ondemètre *m.* hétérodyne.
- – –, **heterodyne, crystal** = ondemètre *m.* hétérodyne à cristal.
- – –, **magic-eye indicator** = ondemètre *m.* à oeil magique.
- – –, **quartz** = ondemètre *m.* à quartz.
- – –, **resonator** = ondemètre *m.* à cavité résonnante.
- – –, **standard** = ondemètre *m.* étalon.

(wavemeter)

- - -, **zero-beat indicator** = ondemètre *m*. hétérodyne.
wave-path = V. « path, wave ».
waver, pitch = modulateur *m*. (R.).
waves = V. « wave ».
- - -, **all** = (appareil *m*.) toutes ondes (R.).
- - -, **broadcast** = ondes *f.p.* de radiodiffusion (R.).
- - -, **centimeter** = ondes *f.p.* ultra-courtes, micro-ondes *f.p.*
- - -, **continuous** = ondes *f.p.* entretenues (E.).
- - -, **continuous, interrupted** = ondes *f.p.* entretenues fractionnées (R.).
- - -, **continuous, key-controlled** = ondes *f.p.* entretenues manipulées (R.).
- - -, **continuous, key-modulated** = ondes *f.p.* entretenues manipulées (R.).
- - -, **coupling** = ondes *f.p.* de couplage (R.).
- - -, **damped** = ondes *f p.* amorties.
- - -, **directional** = ondes *f.p.* dirigées (R.).
- - -, **hertzian** = ondes *f.p.* hertziennes (R.).
- - -, **high-frequency** = ondes *f.p.* courtes (R.).
- - -, **interrupted** = ondes *f.p.* interrompues.
- - -, **long** = grandes ondes.
- - -, **medium** = ondes *f.p.* moyennes.
- - -, **medium-frequency** = ondes *f.p.* moyennes.
- - -, **micro-** = V. « microwaves ».
- - -, **polarized, horizontally** = ondes *f.p.* polarisées horizontalement.
- - -, **polarized, normally** = ondes *f.p.* polarisées normalement.
- - -, **radio** = ondes *f.p.* radioélectriques.
- - -, **short** = petites ordes (R.), ondes *f.p.* courtes (R.).
- - -, **sound** = ondes *f.p.* acoustiques, ondes *f.p.* sonores.
- - -, **standing** = ondes *f.p.* stationnaires.
- - -, **sustained** = ondes *f.p.* entretenues.
- - -, **sustained, self-** = ondes *f.p.* auto-entretenues.
- - -, **undamped** = ondes *f.p.* entretenues.
- - -, **undistorted** = ondes *f.p.* sinusoïdales (R.).
waviness = gondolage *m*. (du papier, du bois), ondulation *f*. (d'un terrain, des cheveux).
wavy = onduleux (adj.), ondulé (adj.).
wax = cire *f.*, plateau *m*. de cire, disque *m*. vierge.
- - -, **cobbler's** = poix *f.* de cordonnier.
- - -, **ear** = cérumen *m*.
- - -, **floor** = cire *f.* à parquet (Ust.), encaustique *f.* pour parquets (Ust.).
- - -, **furniture** = encaustique *f.* pour meubles (Ust.).
- - -, **paraffin** = paraffine *f.* solide, cire *f.* minérale.
- - -, **paste** = cire *f.* en pâte, encaustique *f.* en pâte.
- - -, **sealing** = cire *f.* à cacheter.
- - -, **shoemaker's** = poix *f.* de cordonnier.
- - -, **skiing** = fart *m*.
- - -, **to** = cirer ou encaustiquer (un meuble, un parquet).
waxer = brosse *f.* à lustrer, cireuse *f.* (M.).
waxy = cireux (adj.), plastique (adj.).
way = voie *f.*, route *f.*, chemin *m*., glissière *f.* (Méc.), canal *m*. (R.), V. « ways ».
- - -, **area** = puits *m*. d'éclairage (B.).
- - -, **breeze** = passage *m*. couvert (entre deux bâtisses) (B.).
- - -, **bus** = canalisation *f.* pour barres omnibus (E.).

(way)

- - -, **cable** = transporteur *m*. aérien, câble *m* de téléphérage.
- - -, **carriage** = voie *f.* carrossable (Auto.).
- - -, **crane** = voie *f.* pour grue.
- - -, **express** = V. « expressway ».
- - -, **fish** = échelle *f.* à poissons (H.).
- - -, **gib** = logement *m*. du lardon de guidage.
- - -, **half-** = à mi-chemin, à moitié chemin.
- - -, **head** = échappée *f.* (B.), hauteur *f.* libre (B.).
- - -, **jet** = passerelle *f.* (Av.).
- - -, **key** = rainure *f.* de clavette (Méc.), logement *m*. de cale (Méc.).
- - -, **key, spiral** = rainure *f.* hélicoïdale de clavetage (Méc.).
- - -, **key, straight** = rainure *f.* droite de clavetage (Méc.).
- - -, **log** = chemin *m*. de rondins.
- - -, **mid-** = mi-distance.
- - -, **one-** = à direction unique (E.), à sens unique (Auto.).
- - -, **rope** = transport *m*. aérien par câble, câble *m*. transporteur.
- - -, **saw** = trait *m*. de scie.
- - -, **single-** = à une seule direction.
- - -, **skid** = voie *f.* de glissement (pour le transport des billes).
- - -, **slide** = coulisse *f.* de tiroir (Men.).
- - -, **slip** = cale *f.* de lancement (Mar.), cale *f.* (Mar.).
- - -, **speed** = autostrade *f.*, autoroute *f.*
- - -, **taxi** = chemin *m*. de roulement (d'un aéroport).
- - -, **two-** = (fiche *f.*) à deux dérivations (E.), (robinet *m*.) à deux voies (S.).
- - -, **underground** = galerie *f.* souterraine (Mi.).
- - -, **walk** = V. « walkway ».
- - -, **water** = voie *f.* navigable (Mar.), voie *f.* d'eau (d'un robinet), ouverture *f.* (d'un pont).
ways, bed = glissières *f.p.* (d'un tour) (Méc.).
- - -, **both** = aller et retour.
- - -, **lathe** = glissières *f.p.* du tour (Méc.).
- - -, **launching** = slip *m*. (pour navires).
- - -, **oil** = tubes *m.p.* de graissage (Méc.), pattes *f.p.* d'araignée (Méc.).
- - -, **planer** = glissières *f.p.* de raboteuse (Men.).
- - -, **slide** = glissières *f.p.* (Men), coulisses *f.p.* de tiroir (Men.).
wb (weber) = weber *m*. (c.-à-d. unité de flux magnétique; = $10^8 \times$ maxwells).
W / B = V. « bill, way ».
W.C. = V. « closet, water ».
weak = (débit *m*.) faible (adj.), (mélange *m*.) pauvre (adj.) (Méc.).
weaken, to = affaiblir (une poutre) (C.), atténuer (un son), faiblir (Méc., C.), fléchir (C.), appauvrir (le mélange) (Méc.), s'appauvrir (Méc.).
weakening = affaiblissement *m*. (d'une assise), atténuation *f.* (E.), fléchissement *m*. (du son, du courant), appauvrissement *m*. (d'un mélange).
- - - **of current** = fléchissement *m*. du courant (E.), défaillance *f.* du courant (E.), atténuation *f.* d'un courant (E.).
- - - **of mixture** = appauvrissement *m*. du mélange (Méc.).
- - - **of sound** = affaiblissement *m*. du son, fléchisse-

(weakening)

ment *m.* du son.
weaner = V. « muzzle, weaning ».
weapon = arme *f.*
wear = usure *f.* (Méc.), fatigue *f.* (Méc.), dégradation *f.* (d'un chemin), ovalisation *f.* (des cylindres) (Auto.).
– – –, **abrasive** = usure *f.* par frottement.
– – – **and tear** = usure *f.* et détérioration *f.*, détérioration *f.*, déperdition *f.* résultant de l'usage ou de l'usure.
– – – **and tear, fair** = usure *f.* normale, usure *f.* naturelle.
– – –, **friction** = usure *f.* par frottement.
– – –, **to** = user, s'user.
– – –, **to** – – – **out** = user, s'user.
wearer, spectacles = personne *f.* amétrope.
weather, to = tailler en rejéteau (B.), faire sécher (le bois) à l'air.
weatherboard = planche *f.* à recouvrement (B.), jet *m.* d'eau (de fenêtre) (B.).
– – –, **to** = garnir (un toit, une remise) de planches à recouvrement.
weatherboarding = planches *f.p.* à recouvrement.
weathercock = girouette *f.* (de toit) (B.).
weathered = séché (à l'air), altéré par les intempéries, (bois *m.*, marbre *m.*) patiné.
weathering = rejéteau *m.* (B.).
weave, to = tisser (un tissu), entrelacer (des fils) (E.).
weaver = tisserand *m.* (O.), tisseur *m.* (O.).
weaving = tissage *m.* (d'un tissu), serpentement *m.* ou zigzags *m.p.* (d'une route).
web = âme *f.* (d'un foret, d'une poutre), panneton *m.* (de clé), corps *m.* (d'enclume), tissu *m.*, rouleau *m.* de papier (Pap.).
– – –, **crank** = bras *m.* de manivelle (Méc.), flasque *m.* de manivelle (Méc.).
– – –, **crankshaft** = bras *m.* de vilebrequin (Méc.).
– – –, **drilled** = âme *f.* ajourée (C.).
– – –, **frame channel** = âme *f.* du longeron (Auto.).
– – – **of rib** = âme *f.* de nervure (C.).
– – –, **paper** = pièce *f.* ou rouleau *m.* de papier (Pap.).
– – –, **rail** = âme *f.* du rail (Ch.d.f.).
– – –, **reinforcing** = nervure *f.* de renfort (C.).
– – –, **saw** = lame *f.* de scie (Men.).
– – –. **spider's** = toile *f.* d'araignée.
weber = weber *m.* (c.-à-d. unité de flux magnétique; = 10^8 × maxwells) (E.).
wedge = coin *m.* (Méc.), cale *f.* (Méc.), clavette *f.* (Méc.), cheville *f.* (Méc.), cale *f.* de retenue (Méc., C.).
– – –, **adjusting** = cale *f.* de réglage.
– – –, **adjusting** – – – **for axle boxes** = coin *m.* de serrage des boîtes d'essieu.
– – –, **adjusting** – – – **of crosshead** = clavette *f.* de réglage de crosse.
– – –, **axe** = engrois *m.* pour hache.
– – –, **blacksmith's steel-cutting** = casse-fer *m.*
– – –, **cam** = clavette *f.* pour came.
– – –, **centering** = cale *f.* de centrage.
– – –, **coupling** = cône *m.* de pression pour accouplement.
– – –, **door** = heurtoir *m.* d'une porte (B.),
– – –, **falling** = coin *m.* pour l'abattage des arbres.

(wedge)

– – –, **fixing** = coin *m.* de serrage, cale *f.* de fixation.
– – –, **flat** = clavette *f.* plate.
– – –, **folding** = cale *f.* de fixation (B.).
– – –, **fox** = contre-clavette *f.*
– – –, **handle, axe** = engrois *m.* pour hache.
– – –, **handle, hammer** = engrois *m.* pour marteau.
– – –, **indented** = coin *m.* à échelons (B.).
– – –, **keying** = coin *m.* de calage.
– – –, **lewis** = louve *f.* (pour la manutention des pierres de taille).
– – –, **locking** = clavette *f.* de fixation.
– – –, **loosening** = coin *m.* de desserrage.
– – –, **nose** = contre-clavette *f.*
– – –, **pad** = coin *m.* à tête.
– – –, **plane** = coin *m.* de rabot.
– – –, **quarry** = quille *f.* (Mi.).
– – –, **saw** = coin *m.* à scies.
– – –, **spacing** = cale *f.* d'écartement.
– – –, **splitting** = coin *m.* à fendre.
– – –, **splitting, timber** = coin *m.* à fendre le bois.
– – –, **steel** = coin *m.* en acier.
– – –, **stone** = coin *m.* à pierre.
– – –, **take-up** = coin *m.* de rattrapage (du jeu).
– – –, **taper** = clavette *f.* conique.
– – –, **tightening** = coin *m.* de serrage.
– – –, **to** = coincer ou assujettir à l'aide de coin, caler (un rail), claveter (une roue).
– – –, **tone** = échelle *f.* de nuances (Tg.).
– – –, **toothed** = coin *m.* denté.
– – –, **wood-chopper** = coin *m.* de bûcheron, coin *m.* à fendre le bois.
– – –, **wooden** = coin *m.* en bois.
wedging = calage *m.* (d'un meuble), clavetage *m.* (d'une roue), coinçage *m.* (Men.).
– – – **apart** = fendage *m.*
– – –, **foxtail** = assemblage *m.* à contre-clavette.
weeder = sarcloir *m.* (I.), extirpateur *m.* (M.).
weekday = jour *m.* de la semaine, jour *m.* ouvrable.
week-end = week-end *m.* (France), fin *f.* de semaine (Canada).
weekly = (revue *f.*) hebdomadaire (adj.), (gages *m.p.*) de la semaine.
weft = trame *f.*
weigh, to = peser.
weighing = pesée *f.* (des camions, des denrées), pesage *m.* (des jokeys).
weighman = peseur *m.* (O.).
weight = poids *m.*
– – –, **atomic** = poids *m.* atomique.
– – –, **balance** = contrepoids *m.* (Méc.), poids *m.* d'équilibrage (Méc.).
– – –, **basis** = poids *m.* spécifique (d'une rame de papier de format type) (Imp.).
– – –, **breaking** = charge *f.* de rupture (Méc., C.).
– – –, **cord** = contrepoids *m.* de cordon (Tp.).
– – –, **counter-** = contrepoids *m.* (Méc.).
– – –, **counterpoise** = contrepoids *m.* (Méc.).
– – –, **crushing** = poids *m.* produisant l'écrasement (C.).
– – –, **curb** = poids *m.* en ordre de marche (Auto.).
– – –, **dead** = poids *m.* mort (C.).
– – –, **effective** = charge *f.* utile (C.).
– – –, **empty** = poids *m.* à vide, tare *f.* (d'un véhicule).

(weight)

– – –, **equivalent** = poids *m.* correspondant (d'un papier) (Pap.).

– – –, **float** = contrepoids *m.* (flotteur du carburateur) (Auto.).

– – –, **gross** = poids *m.* brut.

– – –, **heavy-** = pesant (adj.), lourd (adj.).

– – –, **lead** = plomb *m.* tendeur (C.).

– – –, **light-** = léger (adj.).

– – –, **live** = charge *f.* utile (C.), poids *m.* vif (d'un animal de boucherie).

– – –, **loaded** = poids *m.* en charge (C.).

– – –, **maximum** = poids *m.* maximal (C.).

– – –, **molecular** = poids *m.* moléculaire.

– – –, **net** = poids *m.* net (C.).

– – – **of engine per H.P.** = poids *m.* du moteur au horse-power (Méc.), poids *m.* du moteur au Hp (Méc.).

– – –, **paper** = presse-papier *m.* (I.).

– – – **per axle** = charge *f.* par essieu (Méc.).

– – –, **psophometric** – – – **of a frequency** = poids *m.* psophométrique d'une fréquence (Tp.).

– – –, **ream** = poids *m.* à la rame (Imp.).

– – –, **relative** = densité *f.* relative.

– – –, **sash** = contrepoids *m.* (de fenêtre à guillotine) (B.).

– – –, **service** = poids *m.* en service.

– – –, **shipping** = poids *m.* brut.

– – –, **sliding** = contrepoids *m.* à coulisse (Méc.).

– – –, **specific** = poids *m* spécifique.

– – –, **standard** = poids *m.* légal.

– – –, **tare** = poids *m.* à vide, tare *f.*

– – – **total** = poids *m.* total.

– – – **when empty** = poids *m.* à vide, tare *f.*

– – –, **working** = poids *m.* en service.

weighted = à poids, (soupape *f.*) à contre-poids (Méc.), (valeur *f.*) pondérée (d une tension) (E.).

weir = déversoir *m.* (H.), barrage-déversoir *m.* (H.).

– – –, **broad-crested** = déversoir *m.* à crête épaisse, déversoir *m.* à seuil épais.

– – –, **contracted, suppressed** = déversoir *m.* rectangulaire avec contractions latérales.

– – –, **leaping** = déversoir *m.* intercepteur.

– – –, **overflow (or overfall)** = déversoir *m.* à seuil de trop-plein

– – –, **parabolic** = déversoir *m.* parabolique.

– – –, **sharp-crested** = déversoir *m.* à arête vive, déversoir *m.* en mince paroi.

– – –, **shutter** = vanne *f.* à hausser (H.).

– – –, **submerged** = déversoir *m.* noyé.

– – –, **suppressed, rectangular** = déversoir *m.* rectangulaire sans contraction latérale.

– – –, **trapezoidal** = déversoir *m.* trapézoïdal.

– – –, **triangular** = déversoir *m.* triangulaire.

– – –, **waste** = déversoir *m.* (H.), trop-plein *m.* (H.).

weld = soudure *f.* (Mét.).

– – –, **bead** = soudure *f.* en cordon longitudinal.

– – –, **bridge** = soudure *f.* à couvre-joint.

– – –, **butt** = soudure *f.* en about, soudure *f.* par rapprochement, soudure *f.* en bout.

– – –, **cold** = soudure *f.* à froid.

– – –, **corner** = soudure *f.* en angle.

– – –, **corner, outside** = soudure *f.* en angle extérieur.

– – –, **double-bevel** = soudure *f.* à double chanfrein.

– – –, **fillet** = soudure *f.* à clin, soudure *f.* en cordon.

(weld)

– – –, **first** = première passe *f.*

– – –, **flat** = soudure *f.* à plat.

– – –, **fusion** = soudure *f.* par fusion.

– – –, **jump** = soudure *f.* par rapprochement.

– – –, **lap** = soudure *f.* à recouvrement.

– – –, **plug** = soudure *f.* à tampon.

– – –, **scarf** = soudure *f.* à chanfrein.

– – –, **seal(ing)** = soudure *f.* d'étanchéité.

– – –, **seam, bridge** = soudure *f.* continue à couvre-joint.

– – –, **seamless** = soudure *f.* sans joint.

– – –, **single-bevel** = soudure *f.* à simple chanfrein.

– – –, **sound** = soudure *f.* saine.

– – –, **split** = soudure *f.* à gueule-de-loup.

– – –, **stick** = soudure *f.* légère.

– – –, **strap** = soudure *f.* avec couvre-joint.

– – –, **strength** = soudure *f.* forte.

– – –, **tack** = point *m.* de soudure.

– – –, **tie-in** = soudure *f.* de raccordement.

– – –, **to** = souder.

– – –, **to** – – – **short and thick** = raccourcir.

– – –, **to** – – – **together** = souder, unir à chaud.

– – –, **tongue** = soudure *f.* à gueule-de-loup.

weldable = soudable (adj.).

welded, all- = entièrement soudé (adj.).

– – –, **arc** = soudé (adj.), à l'arc.

– – –, **butt** = soudé (adj.) par rapprochement.

– – –, **lap** = soudé (adj.) à recouvrement.

– – –, **scarf** = soudé (adj.) en écharpe.

– – –, **spot** = soudé (adj.) par points.

welder = machine *f.* à souder (M.), soudeur *m.* (O.), soudeuse *f.* (M.).

– – –, **arc** = machine *f.* à souder à l'arc, soudeur *m.* à l'arc (O.).

– – –, **automatic** = machine *f.* à souder automatique.

– – –, **spot** = machine *f.* à souder par points.

welding = soudure *f.* (Mét.), soudage *m.* (Mét.).

– – –, **acetylene** = soudure *f.* autogène, soudage *m.* à l'acétylène.

– – –, **arc** = soudure *f.* (électrique) à l'arc.

– – –, **arc, carbon** = soudure *f.* à l'arc au charbon.

– – –, **arc, electric** = soudure *f.* (électrique) à l'arc, soudure *f.* électrique.

– – –, **arc, submerged** = soudage *m.* à l'arc immergé.

– – –, **autogenous** = soudure *f.* autogène.

– – –, **blacksmith** = soudage *m.* à la forge.

– – –, **braze** = soudobrasage *m.*

– – –, **butt** = soudure *f.* bout à bout, soudure *f.* par rapprochement, soudure *f.* en bout par rapprochement.

– – – **by sparks** = soudure *f.* par étincelles.

– – –, **continuous** = soudure *f.* continue.

– – –, **down-hand** = soudage *m.* à plat.

– – –, **electric** = soudure *f.* électrique, électrosoudure *f.*

– – –, **electro-magnetic** = soudure *f.* électrique par percussion.

– – –, **fillet** = soudure *f.* en cordon.

– – –, **flame, hot** = soudure *f.* au chalumeau.

– – –, **flange** = soudure *f.* à collet.

– – –, **flange-seam** = soudure à collet.

– – –, **flash** = soudure *f.* par étincelage.

– – –, **flat** = soudure *f.* à plat.

– – –, **flush** = soudure *f.* arasée.

– – –, **fusion** = soudage *m.* par fusion.

(welding)

– – –, **gas** = soudure *f.* au chalumeau.
– – –, **high-frequency** = soudure *f.* haute fréquence.
– – –, **induction** = soudage *m.* par induction.
– – –, **joint** = soudure *f.* par recouvrement.
– – –, **jump** = soudure *f.* par rapprochement.
– – –, **lap** = soudure *f.* à recouvrement.
– – –, **lap-seam** = soudure *f.* à recouvrement.
– – –, **overhead** = soudage *m.* au plafond.
– – –, **oxyacetylene** = soudure *f.* oxyacétylénique.
– – –, **oxyhydrogen** = soudure *f.* oxhydrique.
– – –, **manual** = soudure *f.* à la main.
– – –, **percussion** = soudure *f.* électrique par percussion.
– – –, **percussion, electromagnetic** = soudure *f.* électromagnétique par percussion.
– – –, **percussion, electrostatic** = soudure *f.* par résistance.
– – –, **plug** = soudage *m.* en bouchon.
– – –, **pressure** = soudage *m.* par pression.
– – –, **projection** = soudage *m.* par projection.
– – –, **resistance** = soudure *f.* par résistance.
– – –, **resistance, electric** = soudure *f.* électrique par résistance.
– – –, **ridge** = soudure *f.* à bords relevés.
– – –, **scarf** = soudure *f.* à recouvrement.
– – –, **seam** = soudure *f.* en filet.
– – –, **spark** = soudure *f.* à l'arc.
– – –, **spot** = soudure *f.* par points.
– – –, **tack** = soudure *f.* par points.
– – –, **thermite** = aluminothermie *f.*
– – –, **torch** = soudure *f.* au chalumeau.
– – –, **upset** = soudure *f.* par refoulement.
weldless = sans soudure.
well = puits *m.*, cuvette *f.* (Méc.), godet *m.* (Méc.), puits *m.* ou cage *f.* (d'ascenseur).
– – –, **absorbing** = puits *m.* de perte (Méc.).
– – –, **air** = puits *m.* d'air (B.).
– – –, **artesian** = puits *m.* artésien, puits *m.* foré.
– – –, **bored** = puits *m.* artésien, puits *m.* foré.
– – –, **clear** = bassin *m.* de sortie (d'une usine de filtration).
– – –, **drain** = puisard *m.* (S.).
– – –, **drilled, hand** = puits *m.* foré à la main.
– – –, **dry** = puits *m.* tari, fosse *f.* d'égouttement (B.), puits *m.* non productif (Mi.), fosse *f.* des tuyaux (B., C.).
– – –, **fish** = vivier *m.* (Mar.).
– – –, **gas** = puits *m.* de production de gaz.
– – –, **hot** = réservoir *m.* (Méc.), bâche *f.* (d'une machine) (Méc.), citerne *f.*(Méc.).
– – –, **natural** = puits *m.* naturel.
– – –, **oil** = puits *m.* d'huile, puits *m.* pétrolifère.
– – –, **open** = puits *m.* (d'escalier) ouvert (B.).
well-appointed = (voiture *f.*) où il y a tout ce qu'il faut, (appartement *m.*) bien monté.
welt = couvre-joint *m.* (Méc.), bande *f.* de recouvrement (Méc.).
west = ouest *m.*
– – –, **due** = droit vers l'ouest, ouest *m.* franc.
wet, to = mouiller (les lèvres, des étoffes), arroser (les coffrages) (C.), imbiber (une éponge).
– – –, **to – – – down** = arroser (les coffrages, le béton).
wetness = humidité *f.*

wetting = arrosage *m.* (de la pâte) (Ust.), mouillage *m.* (du linge, du cuir), trempage *m.* (du papier) (Imp.).
– – – **of forms** = arrosage *m.* des coffrages (à béton).
wharf = quai *m.* (Mar.), appontement *m.* (Mar.), embarcadère *m.* (Mar.), débarcadère *m.* (Mar.).
wheel = roue *f.* (Méc.), volant *m.* (Méc.), galet *m.* de roulement (Méc.), meule *f.* (Méc.).
– – –, **abrading** = meule *f.* à roder.
– – –, **abrasive** = meule *f.*
– – –, **angular** = roue *f.* conique.
– – –, **annular** = roue *f.* dentée intérieure.
– – –, **back** = roue *f.* arrière.
– – –, **balance** = balancier *m.* (Méc.), régulateur *m.* (Méc.).
– – –, **ball-bearing** = roue *f.* montée sur billes.
– – –, **band** = poulie *f.* pour courroie (Méc.).
– – –, **bevel** = roue *f.* dentée conique, roue *f.* conique, roue *f.* d'angle.
– – –, **bevel, axle drive** = couronne *f.* d'angle du différentiel (Auto.).
– – –, **blade** = roue *f.* à palettes (H.).
– – –, **brake** = poulie *f.* de frein (Méc.), volant *m.* de manoeuvre de frein (Méc.).
– – –, **breast** = roue *f.* (hydraulique) de côté (H.).
– – –, **brush** = brosse *f.* tournante.
– – –, **bucket** = roue *f.* à augets, roue *f.* à godets.
– – –, **buckled** = roue *f.* voilée.
– – –, **buffing** = meule *f.* à polir, polissoire *f.* (Méc.), disque *m.* en buffle (Méc.).
– – –, **cam** = roue *f.* à cames.
– – –, **capstan** = roue *f.* de cabestan.
– – –, **carborundum** = meule *f.* en carborundum.
– – –, **carrying** = roue *f.* porteuse.
– – –, **castor** = roue *f.* pivotante.
– – –, **catch** = roue *f.* à cliquet.
– – –, **caterpillar** = roue-chenilles *f.* (Méc.), roue *f.* à chenilles (Méc.), chenille *f.* (Méc.).
– – –, **chain** = roue *f.* à chaîne, barbotin *m.* (Méc.), grand pignon *m.* (d'une bicyclette).
– – –, **chain, front** = grand pignon *m.* (Méc.).
– – –, **click** = roue *f.* à cliquet, roue *f.* à rochet.
– – –, **click and ratchet** = encliquetage *m.* (Méc.).
– – –, **cloth** = roue *f.* à polir recouverte d'étoffe.
– – –, **clutch** = roue *f.* à dents-de-loup.
– – –, **cog** = roue *f.* d'engrenage, roue *f.* à déclic, roue *f.* dentée.
– – –, **cone** = roue *f.* conique, roue *f.* dentée.
– – –, **conical** = roue *f.* conique.
– – –, **control** = roue *f.* de commande, volant *m.* de commande.
– – –, **corundum** = meule *f.* en corindon.
– – –, **crown** = couronne *f.* (Méc.), roue *f.* à dents de coté.
– – –, **crown, differential** = couronne *f.* du différentiel (Auto.).
– – –, **cup** = meule *f.* en cuvette.
– – –, **cutter** = molette *f.* de coupe-tubes, etc.).
– – –, **cutting** = molette *f.* (de tapissier, etc.).
– – –, **cylindrical** = roue *f.* cylindrique.
– – –, **dial** = disque *m.* mobile d'appel automatique (Tp.).
– – –, **differential** = engrenage *m.* différentiel.
– – –, **directing** = roue *f.* d'orientation (d'un moulin à

(wheel)

vent).
– – –, **direction** = roue *f.* directrice, volant *m.* de direction (Auto.).
– – –, **disc** = roue *f.* pleine (Auto.), roue *f.* à voile pleine (Auto.).
– – –, **disc-centre** = roue *f.* à centre plein.
– – –, **dished** = meule *f.* à cuvette, roue *f.* concave.
– – –, **dotting** = roue *f.* à pointillé.
– – –, **drag** = frein *m.* (Méc.).
– – –, **drive** = roue *f.* motrice.
– – –, **driven** = roue *f.* menée.
– – –, **driving** = roue *f.* motrice, roue *f.* de transmission, roue *f.* menante, roue *f.* de commande.
– – –, **drum** = roue *f.* pour bobiner un câble (Tp.).
– – –, **eccentric** = roue *f.* excentrique.
– – –, **emery** = meule *f.* emeri.
– – –, **epicycloidal** = roue *f.* épicycloïdale.
– – –, **face** = roue *f.* de champ, roue *f.* à couronne.
– – –, **fast** = roue *f.* fixe, roue *f.* calée.
– – –, **feed, hand** = volant *m.* d'avance à main.
– – –, **fibre** = disque *m.* de fibre (Méc.), meule *f.* de fibre (Méc.).
– – –, **fifth, the** = plateau *m.* d'accouplement (pour une semi-remorque) (Auto.), sellette *f.* (d'un tracteur).
– – –, **fixed** = roue *f.* calee, roue *f.* fixe.
– – –, **flanged** = roue *f.* à mentonnet.
– – –, **flanged, double-** = roue *f.* à gorge.
– – –, **flangeless** = roue *f.* dépourvue de mentonnet.
– – –, **float-board** = roue *f.* à aubes (H.).
– – –, **fly** = volant *m.* (du moteur).
– – –, **fly, overhung** = volant *m.* monté en porte-à-faux.
– – –, **free** = roue *f.* libre, à roue libre.
– – –, **friction** = roue *f.* de frottement, roue *f.* à friction.
– – –, **friction, circumferential** = roue *f.* à friction.
– – –, **front** = roue *f.* avant.
– – –, **gear** = engrenage *m.*, roue *f.* dentée.
– – –, **gear, bevel** = roue *f.* conique, roue *f.* d'angle.
– – –, **governing** = roue *f.* directrice, volant *m.* (Auto.).
– – –, **grinding** = meule *f.* de rectification, meule *f.*
– – –, **grinding, carborundum** = meule *f.* en carborundum.
– – –, **grinding, coarse** = meule *f.* à gros grains.
– – –, **grinding, cup** = meule *f.* boisseau.
– – –, **grinding, emery** = meule *f.* émeri.
– – –, **grinding, vitrified** = meule *f.* vitrifiée.
– – –, **grinding, straight** = meule *f.* plate.
– – –, **grooved** = roue *f.* à gorge, roue *f.* à rainure.
– – –, **guide** = roue *f.* directrice.
– – –, **hand** = volant *m.* (Auto.), volant *m.* de manoeuvre.
– – –, **hand, capstan** = volant *m.* à poignées.
– – –, **hand, clutch** = volant *m.* de l'embrayage.
– – –, **helicoidal** = roue *f.* hélicoïdale.
– – –, **hydraulic** = roue *f.* hydraulique.
– – –, **idle** = roue *f.* décalée, roue *f.* folle, roue *f.* intermédiaire.
– – –, **impulse** = roue *f.* impulsion (H.), turbine *f.* à impulsion (H.).
– – –, **indented** = roue *f.* dentée.
– – –, **jockey** = galet *m.* de tension (Méc.), poulie *f.* de guidage (Méc.).
– – –, **knurling** = molette *f.*

(wheel)

– – –, **lantern** = lanterne *f.* (Méc.), roue *f.* à lanterne (Méc.).
– – –, **leading** = roue *f.* menante.
– – –, **loose** = roue *f.* décalée, roue *f.* folle.
– – –, **measuring** = roue *f.* d'arpenteur.
– – –, **measuring, rolatape** = roue *f.* d'arpenteur.
– – –, **metal** = roue *f.* métallique.
– – –, **mill** = roue *f.* de moulin.
– – –, **mitre** = engrenage *m.* conique.
– – –, **overshot** = roue *f.* à godets en dessus, roue *f.* à augets.
– – –, **paddle** = roue *f.* à aubes (H.), roue *f.* à palettes (H.).
– – –, **Pelton** = turbine *f.* tangentielle (H.), roue *f.* Pelton (H.).
– – –, **Persian** = roue *f.* à sabots.
– – –, **phonic** = roue *f.* phonique (Tp.).
– – –, **pin** = roue *f.* avec denture à fuseaux.
– – –, **pinion** = roue *f.* à pignon.
– – –, **pitch** = roue *f.* d'engrenage.
– – –, **plain** = meule *f.* plate.
– – –, **planet** = roue *f.* satellite, roue *f.* planétaire.
– – –, **polishing** = polissoir *m.*, meule *f.* à polir, roue *f.* à polir.
– – –, **polishing, cloth** = roue *f.* à polir recouverte d'étoffe.
– – –, **pulley** = réa *m.* (Méc.), roue *f.* de poulie (Méc.).
– – –, **rack** = roue *f.* d'engrenage, roue *f.* dentée.
– – –, **rag** = poulie *f.* à chaîne.
– – –, **ratchet** = roue *f.* à rochet, roue *f.* à cliquet.
– – –, **reaction** = turbine *f.* à réaction (H.), tourniquet *m.* hydraulique (H.).
– – –, **rear** = roue *f.* arrière.
– – –, **reducing** = meule *f.* à user.
– – –, **regulating, draught** = registre *m.* de ventouse (Méc.).
– – –, **reversing** = roue *f.* de marche arrière.
– – –, **road** = roue *f.* porteuse.
– – –, **rolling** = laminoir *m.* (Mét.).
– – –, **rope** = roue *f.* à corde.
– – –, **roughing** = meule *f.* à dégrossir.
– – –, **rubber** = roue *f.* caoutchoutée.
– – –, **sandstone** = meule *f.* en grès.
– – –, **scoop** = tympan *m.* (H.), roue *f.* à aubes (H.).
– – –, **screw** = roue *f.* à dents hélicoïdales, roue *f.* hélicoïdale.
– – –, **segment** = roue *f.* à segments dentés.
– – –, **skew** = roue *f.* conique, roue *f.* hyperbolique.
– – –, **skew-bevel** = roue *f.* hyperboloïde.
– – –, **snagging** = meule *f.* à ébarber.
– – –, **solid** = roue *f.* pleine.
– – –, **spare** = roue *f.* de secours (Auto.).
– – –, **spider** = poulie *f.* à chicanes, roue *f.* à rais.
– – –, **spinning** = rouet *m.* (Ust.).
– – –, **spiral** = roue *f.* hélicoïdale.
– – –, **splayed** = roue *f.* désaxée.
– – –, **split pulley** = poulie *f.* en plusieurs pièces.
– – –, **spoke** = roue *f.* à rais.
– – –, **spoke, wire** = roue *f.* à rayons métalliques.
– – –, **spokeless** = roue *f.* pleine.
– – –, **spooling** = rouet *m.* à bobiner (Ust.), filoir *m.* (Ust.).
– – –, **spring** = roue *f.* à ressorts.

(wheel)

- – –, **sprocket** = pignon *m*. à chaîne, poulie *f*. à pignon, barbotin *m*. (Méc.).
- – –, **spur** = engrenage *m*. droit, roue *f*. à denture droite, roue *f*. d'engrenage droit.
- – –, **spur, screw** = engrenage *m*. droit hélicoïdal.
- – –, **steel** = roue *f*. en acier.
- – –, **steel, pressed** = roue *f*. en acier embouti.
- – –, **steering** = volant *m*. (Auto.), roue *f*. directrice (Méc.), volant *m*. de direction (Auto.).
- – –, **steering, detachable** = volant *m*. amovible (Méc.).
- – –, **steering, single spoke** = volant *m*. monobranche (Auto.).
- – –, **steering, tilt** = volant *m*. inclinable (Auto.).
- – –, **stud** = roue *f*. intermédiaire.
- – –, **tension** = galet *m*. tendeur (Méc.).
- – –, **throw** = roue *f*. de tour à main.
- – –, **thumb** = tête *f*. moletée (M.).
- – –, **tight** = roue *f*. fixe.
- – –, **tone** = roue *f*. phonique (Tp.).
- – –, **tooth, hollow** = roue *f*. à dents creuses.
- – –, **tooth, straight** = roue *f*. à dents droites.
- – –, **toothed** = roue *f*. dentée, roue *f*. d'engrenage, engrenage *m*.
- – –, **toothed, coupled** = roue *f*. dentée accouplée.
- – –, **traction** = roue *f*. motrice (d'une locomotive) (Ch.d.f.).
- – –, **trailer** = roue *f*. de remorque (Auto.).
- – –, **trailing** = roue *f*. porteuse arrière (de locomotive) (Ch.d.f.).
- – –, **transformer** = galet *m*. de roulement de transformateur (E.).
- – –, **transmission** = pignon *m*. de commande de distribution (Méc.).
- – –, **tread** = roue *f*. à marches.
- – –, **trimming** = meule *f*. à ébarber.
- – –, **trolley** = roulette *f*. de trolley (E.).
- – –, **tub** = roue *f*. à cuve (H.).
- – –, **turbine** = roue-turbine *f*. (H.).
- – –, **undershot** = roue *f*. (hydraulique) en dessous (H.), roue *f*.. (hydraulique) à immersion (H.).
- – –, **warped** = roue *f*. voilée.
- – –, **water** = roue *f*. hydraulique (H.).
- – –, **water, breast** = roue *f*. (hydraulique) de côté (H.).
- – –, **water, float** = roue *f*. à aubes (H.).
- – –, **water, horizontal** = roue *f*. horizontale (H.), roue *f*. (hydraulique) à axe vertical.
- – –, **water, middleshot** = roue *f*. (hydraulique) de côté (H.).
- – –, **water, overshot** = roue *f*. à augets en dessus (H.).
- – –, **water, undershot** = roue *f*. (hydraulique) en dessous (H.), roue *f*. (hydraulique) à impression (H.).
- – –, **web** = roue *f*. pleine.
- – –, **well** = poulie *f*. de puits.
- – –, **wiper** = roue *f*. à cames.
- – –, **wire** = roue *f*. à rayons métalliques, meule *f*. en fils métalliques.
- – –, **wire, simulated** = enjoliveur *m*. à rayons (Auto.).
- – –, **wobbling** = roue *f*. dévoyée.
- – –, **wooden** = roue *f*. en bois.
- – –, **worm** = couronne *f*. de vis sans fin, roue *f*.

(wheel)

hélicoïdale, roue *f*. à vis sans fin.
wheelbarrow = brouette *f*.
- – –, **coal** = brouette *f*. à charbon.
- – –, **concrete** = brouette *f*. à béton.
- – –, **farm** = brouette *f*. de ferme.
- – –, **garden** = brouette *f*. de jardinier.
wheelbase = V. « base, wheel ».
wheeled = à roues, sur roues.
wheels = rouage *m*., V. « wheel ».
- – –, **bar** = fardier *m*.
- – –, **coupled** = roues *f.p.* accouplées.
- – –, **dual** = roues *f.p.* jumelées (Auto.).
- – –, **fore-** = avant-train *m*.
- – –, **logging** = triqueballe *m*.
- – –, **truck** = roulettes *f.p.*
- – –, **twin** = roues *f.p.* jumelées (Auto.).
wheelwork = rouage *m*. (Méc.).
wheelwright = charron *m*. (O.).
whet, to = aiguiser ou affûter ou affiler (un outil, un couteau).
whetstone = pierre *f*. à aiguiser, pierre *f*. à repasser, fusil *m*. (de boucher).
whiffle-tree = V. « tree, whiffle ».
whim = treuil *m*. d'extraction (Mi.), cabestan *m*. à cheval (Mi.), manège *m*. (Mi.).
- – –, **horse** = manège *m*. (Mi.), cabestan *m*. à cheval (Mi.).
whip = fouet *m*.
- – –, **boghei** = fouet *m*. de charretier.
- – –, **cabby** = fouet *m*. de cocher.
- – –, **horse** = V. « horsewhip ».
- – –, **riding** = cravache *f*.
- – –, **stock** = fouet *m*. de bouvier.
- – –, **team** = fouet *m*. de conducteur (d'attelage), fouet *m*. de charretier.
whipcord = mèche *f*. de fouet.
whipping = coup *m*. de fouet (d'un fil téléphonique causé par la décharge subite du verglas), ballant *m*. (d'un fil téléphonique causé par une trop grande flèche due à une tension insuffisante), fouettement *m*. ou battement *m*. (d'un arbre de couche), surliure *f*. (d'un cordage) (Mar.).
whipple-tree = V. « tree, whipple ».
whirl = giration *f*. (d'une roue), tourbillon *m*. (de poussière), tourbillonnement *m*. (de l'eau).
- – –, **sound** = tourbillon *m*. acoustique.
- – –, **to** = tourbillonner.
whirler = tournette *f*. (Phot., Imp.).
whirlpool = tourbillon *m*. ou remous *m*. (d'eau).
whirlwind = trombe *f*. ou tourbillon *m*. (de vent).
whisk = plumeau *m*. (Ust.).
- – –, **egg** = fouet *m*. à oeufs (Ust.), moussoir *m*. (Ust.).
- – –, **fly** = (balai *m*.) tue-mouches *m*. (Ust.).
whisker = chercheur *m*. (R.).
- – –, **cat ('s)** = moustaches *f.p.* ou vibrisse *f*. (de chat), barbe *f*. (cristalline) (Mét.).
whistle = sifflet *f*., sifflement *m*. (du vent).
- – –, **alarm** = sifflet *m*. d'alarme.
- – –, **exhaust** = sifflet *m*. sur l'échappement (Méc.).
- – –, **steam** = sifflet *m*. à vapeur (Méc.).
- – –, **to** = siffler.
whistlings = sifflements *m.p.* (R.), accrochages *m.p.* in-

tempestifs (R.).
white = blanc (adj.), blanc *m.*, intervalle *m.* (Imp.).
- – –, **cool** = (lampe) *f.* fluorescente) blanc-froid.
- – –, **off** = blanc légèrement teinté.
- – –, **Paris** = blanc *m.* de Paris.
- – –, **pearl** = blanc *m.* de perle.
- – –, **process** = gouache *f.* (Imp.).
- – –, **satin** = blanc *m.* satin (Pap.).
- – –, **to** = blanchir (la composition) (Imp.), mettre du blanc (Imp.).
whiten, to = étamer (une pièce de métal), blanchir (un mur).
whiter-than-white = ultra blanc (adj.) (Tv.).
whitewash = lait *m.* de chaux.
- – –, **to** = chauler, blanchir à la chaux.
whiting = blanc *m.* d'Espagne (Pap.).
whitish = blanchâtre (adj.).
wholesale = (commerce *m.*) de gros.
- – – **and retail** = gros *m.* et détail *m.*
wholesomeness = comestibilité *f.* (de produits alimentaires), salubrité *f.* (d'un climat).
wick = mèche *f.* (d'une bougie).
- – –, **lamp** = mèche *f.* de lampe.
- – –, **lubricating** = mèche *f.* de graissage (Méc.).
- – –, **oil-feed** = mèche *f.* à l'huile (Méc.).
wicket = guichet *m.* (B.), vannelle *f.* (d'un tas d'écluse) (H.).
wide = large (adj.), vaste (adj.).
- – –, **world-** = mondial (adj.), universel (adj.).
wideband = (à) large bande (R., Tp.), V. « band, wide ».
widen, to = élargir (une route).
- – –, **to- – –out** = s'élargir, s'évaser.
widener = alésoir *m.* (Méc.).
widening = évasement *m.* (des arches d'un pont), élargissement *m.* (d'une rue).
- – –, **road** = élargissement *m.* de route.
width = largeur *f.* (d'une chaussée), grosseur *f.* (d'un pneu), écartement *m.* (des mâchoires d'étau, des colonnes), portée *f.* (d'une arche de pont), jour *m.* (d'un arc), ouverture *f.* (d'une voûte).
- – –, **band** = V. « bandwidth ».
- – –, **beam** = largeur *f.* (angulaire) d'un faisceau électromagnétique (R.).
- – – **of cut** = largeur *f.* de coupe (Méc., C.).
- – – **of jaw** = largeur *f.* de mâchoires (Méc.).
- – – **of stair** = longueur *f.* d'emmarchement (B.).
- – – **of tread** = largeur *f.* de bandage (Méc.).
- – –, **over-all** = encombrement *m.*, largeur *f.* totale, largeur *f.* hors tout.
- – –, **wrench** = ouverture *f.* de clé (Méc.).
wife = épouse *f.*, femme *f.*
wig-wag = signalisation *f.* à bras avec fanions, signal *m.* oscillant (Ch.d.f.).
- – –, **to** = signaler à bras avec fanions.
willow = saule *m.*
- – –, **Balsam** = saule *m.* à feuilles de poirier.
- – –, **Bebb** = saule *m.* de Bebb.
- – –, **black** = saule *m.* noir.
- – –, **Coulter** = saule *m.* de Coulter.
- – –, **coyote** = saule *m.* exigu.
- – –, **dusky** = saule *m.* noirâtre.
- – –, **feltleaf** = saule *m.* feutré.

- – –, **Hooker** = saule *m.* de Hooker.
- – –, **Mackenzie** = saule *m.* du Makenzie.
- – –, **Northwest** = saule *m.* à feuille sessile.
- – –, **Pacific** = saule *m.* du Pacifique.
- – –, **peachleaf** = saule *m.* à feuilles de pêcher.
- – –, **pussy** = saule *m.* discolore.
- – –, **sandbar** = saule *m.* de l'intérieur.
- – –, **Scouler** = saule *m.* de Scouler.
- – –, **serviceberry** = saule *m.* amélanchier.
- – –, **shining** = saule *m.* brillant.
- – –, **silky** = saule *m.* soyeux.
- – –, **Sitka** = saule *m.* de Sitka.
- – –, **weeping** = saule *m.* pleureur.
- – –, **whiplash** = saule *m.* caudé.
- – –, **yellow** = saule *m.* jaune.
wimble = vrille *f.* (I.), tarière *f.* (I.).
winch = treuil *m.* (de hissage) (Méc.), manivelle *f.* (d'un treuil).
- – –, **aerial** = rouet *m.* d'antenne (R.).
- – –, **cable** = treuil *m.* à câble, touret *m.* (Méc.).
- – –, **capstan** = treuil *m.* à moufle.
- – –, **crab** = treuil *m.* à manivelle.
- – –, **crane** = treuil *m.* de grue.
- – –, **crank** = treuil *m.* à manivelle.
- – –, **donkey** = treuil *m.* à vapeur.
- – –, **double-drum** = treuil *m.* à double tambour.
- – –, **geared** = treuil *m.* à engrenages.
- – –, **gypsy** = treuil *m.* d'applique.
- – –, **hand** = treuil *m.* à bras, treuil *m.* à manivelle, treuil *m.* à main.
- – –, **hoisting** = treuil *m.* de levage.
- – –, **motor** = treuil *m.* mécanique.
- – –, **power-driven** = treuil *m.* mécanique.
- – –, **steam** = treuil *m.* à vapeur.
- – –, **vertical** = cabestan *m.* (Méc.).
- – –, **worm** = treuil *m.* à vis sans fin.
wind = vent *m.*
- – –, **prevailing** = vent *m.* dominant.
- – –, **surface** = vent *m.* au sol.
wind = gauchissement *m.* (d'une planche).
- – –, **to** = enrouler (un fil, un câble), bobiner (du coton), remonter (une horloge).
- – –, **to – – off** = dévider (un fil de coton), dérouler (un câble).
- – –, **to – – up** = bander (un ressort), remonter (une montre).
windage = jeu *m.* (Méc.), espace *m.* libre (M.).
winder = marche *f.* dansante (d'un escalier) (B.), dévidoir *m.* (de boyaux à incendie), bobinoir *m.* (M.), machine *f.* d'extraction (Mi.), treuil *m.* de mine (Mi.), remontoir *m.* (d'une pendule), lève-glace *m.* (de portière) (Auto.), bobineuse *f.* (O., M.).
- – –, **coil** = bobineuse *f.* (M.).
- – –, **film** = bobinoir *m.*
- – –, **main-spring** = remontoir *m.* (d'une montre, d'un mécanisme).
winding = enroulement *m.* (E.), bobinage *m.* (E.), gauchissement *m.* (d'une planche), bandage *m.* (d'un ressort), spire *f.* (d'une bobine), remontage *m.* (d'une horloge).
- – –, **armature** = enroulement *m.* d'induit.
- – –, **banked** = enroulement, *m.* rangé.
- – –, **barrel** = enroulement *m.* cylindrique, enroule-

(winding)

ment *m.* en manteau.
– – –, **basket** = enroulement *m.* chevauchant.
– – –, **bifilar** = enroulement *m.* bifilaire, enroulement *m.* anti-inductif.
– – –, **chain** = enroulement *m.* à chaîne.
– – –, **coil** = solénoïde *m.* (E.), bobinage *m.* (E.).
– – –, **compensating** = enroulement *m.* de compensation.
– – –, **compound** = enroulement *m.* compound.
– – –, **concentrated** = enroulement *m.* concentré.
– – –, **cylindrical** = enroulement *m.* cylindrique.
– – –, **damper** = bobinage *m.* d'amortissement, bobinage *m.* d'amortisseur.
– – –, **damping** = enroulement *m.* d'amortisseur.
– – –, **differential** = enroulement *m.* différentiel.
– – –, **disc** = enroulement *m.* en disque, bobinage *m.* en disque.
– – –, **distributed** = enroulement *m.* réparti, enroulement *m.* distribué.
– – –, **double** = enroulement *m.* bifilaire (Tp.).
– – –, **drum** = bobinage *m.* en tambour.
– – –, **drum – – – with diametral pitch** = enroulement *m.* à pas entier.
– – –, **drum – – – with shortened pitch** = enroulement *m.* à pas raccourci.
– – –, **duplex** = enroulement *m.* à deux circuits.
– – –, **electro-magnet** = enroulement *m.* d'un électro-aimant.
– – –, **end** = bobinage *m.* d'extrémité, bobinage *m.* frontal.
– – –, **field** = bobinage *m.* inducteur, bobinage *m.* d'excitation.
– – –, **filament** = enroulement *m.* de chauffage.
– – –, **former** = bobinage *m.* sur gabarit.
– – –, **Gramme-ring** = enroulement *m.* en anneau.
– – –, **high-resistance** = enroulement *m.* à haute résistance.
– – –, **interlaced** = enroulement *m.* imbriqué (E.).
– – –, **lap** = enroulement *m.* imbriqué (E.), bobinage *m.* à boucles, enroulement *m.* à boucles.
– – –, **layer** = bobinage *m.* en fil rangé.
– – –, **machine** = bobinage *m.* mécanique.
– – –, **multiplex** = enroulement *m.* multiple, enroulement *m.* à plusieurs circuits.
– – –, **opposing** = enroulement *m.* inverse.
– – –, **parallel** = enroulement *m.* parallèle.
– – –, **parallel, multiple-** = enroulement *m.* parallèle multiple.
– – –, **parallel, series-** = enroulement *m.* série-parallèle.
– – –, **phase, auxiliary** = enroulement *m.* de phase auxiliaire.
– – –, **pie** = bobinage *m.* en galette.
– – –, **primary** = primaire *m.* (E.), enroulement *m.* primaire (E.).
– – –, **re-entrant** = enroulement *m.* fermé.
– – –, **re-entrant, double** = enroulement *m.* à deux circuits indépendants, enroulement *m.* à degré double de réentrance.
– – –, **re-entrant, singly** = enroulement *m.* à circuits fermés, enroulement *m.* à un degré de réentrance.
– – –, **regulating** = enroulement *m.* d'équilibrage.
– – –, **ring** = enroulement *m.* en anneau.

(winding)

– – –, **rotor** = enroulement *m.* du rotor.
– – –, **secondary** = secondaire *m.* (E.), enroulement *m.* secondaire (d'un transformateur) (E.).
– – –, **self-** = (horloge *f.*) à remontage automatique.
– – –, **series** = enroulement *m.* série.
– – –, **short-pitch** = bobinage *m.* à pas raccourci.
– – –, **shunt** = enroulement *m.* de dérivation, enroulement *m.* shunt.
– – –, **simplex** = enroulement *m.* simple.
– – –, **slot** = enroulement *m.* à encoches.
– – –, **spiral** = bobinage *m.* en spirale, enroulement *m.* en spirale.
– – –, **split** = enroulement *m.* interrompu.
– – –, **squirrel-cage** = enroulement *m.* à cage d'écureuil, cage *f.* d'écureuil (E.).
– – –, **stabilizing** = enroulement *m.* compensateur.
– – –, **starting** = enroulement *m.* de démarrage.
– – –, **stator** = enroulement *m.* du stator.
– – –, **teaser** = contre-enroulement *m.* en dérivation.
– – –, **tertiary** = enroulement *m.* tertiaire, enroulement *m.* compensateur.
– – –, **three-range** = bobinage *m.* à trois rangs.
– – –, **toroidal** = enroulement *m.* de compensation, enroulement *m.* toroïdal.
– – –, **transformer** = enroulement *m.* de transformateur.
– – –, **two-range** = bobinage *m.* en deux rangs.
– – –, **two-wire** = enroulement *m.* bifilaire.
– – –, **wave** = enroulement *m.* ondulé.
windings = spires *f.p.* (d'une bobine) (E.), lacets *m.p.* (d'un chemin), sinuosités *f.p.* (d'un cours d'eau, d'une route).
windlass = treuil *m.* (C.).
– – –, **crab** = treuil *m.* à manivelle.
– – –, **hand** = treuil *m.* à main.
windmill = moulin *m.* à vent, aéromoteur *m.*
window = fenêtre *f.* (B.), glace *f.* (Auto.), regard *m.* (Méc.), filtre *m.* (guide d'ondes) (Tv.), ruban *m.* métallique antiradar.
– – –, **arched** = fenêtre *f.* cintrée, fenêtre *f.* en ogive.
– – –, **attic** = fenêtre *f.* en mansarde.
– – –, **balance** = fenêtre *f.* à bascule, fenêtre *f.* à châssis basculant.
– – –, **bay** = fenêtre *f.* en saillie, baie *f.*
– – –, **blank** = fausse fenêtre, fenêtre *f.* feinte.
– – –, **blind** = fausse fenêtre, fenêtre *f.* feinte.
– – –, **bow** = fenêtre *f.* en saillie, fenêtre *f.* en rotonde, fenêtre *f.* en oriel.
– – –, **bull's eye** = oeil-de-boeuf *m.* (B.).
– – –, **casement** = fenêtre *f.* ordinaire, fenêtre *f.* à battants.
– – –, **centre-hung** = fenêtre *f.* à bascule, fenêtre *f.* pivotante.
– – –, **compass** = fenêtre *f.* en saillie ronde.
– – –, **curved** = glace *f.* (ou vitre *f.*) bombée (Auto.).
– – –, **door** = porte-fenêtre *f.* (B.), glace *f.* de portière (Auto.).
– – –, **dormer** = lucarne *f.* (B.), chien-assis *m.* (B.).
– – –, **double** = contre-châssis *m.* (B.), double-châssis *m.* (B.), double-fenêtre *f.* (B.).
– – –, **double-hung** = fenêtre *f.* à guillotine.
– – –, **electric(ally operated)** = glace *f.* à commande électrique (Auto.), lève-glace *m.* électrique (Auto.).

(window)

– – –, **eyebrow** = fenêtre *f.* de faîte (B.).
– – –, **false** = fausse fenêtre, fenêtre *f.* feinte.
– – –, **flanking** = fenêtre *f.* flanquante.
– – –, **French** = porte-fenêt˙e *f.*, porte-fenêtre *f.* à deux battants.
– – –, **gable** = lucarne *f.* faîtière.
– – –, **garret** = mansarde *f*, chatière *f.*
– – –, **glass** = fenêtre *f.* vitrée.
– – –, **hung-sash** = fenêtre *f.* à guillotine.
– – –, **jut** = fenêtre *f.* en saillie.
– – –, **lattice** = fenêtre *f* treillagée, fenêtre *f.* à losanges.
– – –, **mullioned** = fenêtre *f.* à meneaux.
– – **of an envelope** = fenêtre *f.* d'une enveloppe.
– – –, **oriel** = fenêtre *f.* en encorbellement, fenêtre *f.* en saillie.
– – –, **picture** = fenêtre *f.* panoramique.
– – –, **pivot-hung** = fenêtre *f.* à bascule, fenêtre *f.* basculante.
– – –, **pivoted** = fenêtre *f.* à charnière, fenêtre *f.* pivotante.
– – –, **power** = glace *f.* à commande électrique (Auto.).
– – –, **quarter** = custode *f.* (Auto.).
– – –, **rear** = lunette *f.* arrière (Auto.).
– – –, **rear, wrap-round** = lunette *f.* panoramique (Auto.).
– – –, **rose** = rosace *f.* (B.). rose *f.* (B.).
– – –, **sash** = fenêtre *f.* à coulisses, fenêtre *f.* à guillotine.
– – –, **sash, sliding** = fenêtre *f.* à coulisses, fenêtre *f.* à guillotine.
– – –, **shop** = vitrine *f.*, étalage *m.*, devanture *f.*
– – –, **show** = vitrine *f.*, montre *f.*.
– – –, **skylight** = tabatière *f.*, lanterneau *m.*
– – –, **sliding** = fenêtre *f.* coulissante.
– – –, **stained-glass** = vitrail *m.*
– – –, **storm** = contre-fenêtre *f.*, double-fenêtre *f.*
– – –, **tail-gate** = lunette *f.* arrière (Auto.).
– – –, **tinted** = glace *f.* tintee (Auto.).
– – –, **top-hung** = châssis *m.* suspendu du haut.
– – –, **transom** = imposte *f.* ou vasistas *m.* (de porte).
– – –, **unit, double-glazed** = châssis *m.* à double vitre (B.).
windrow = andain *m.* (Agr), cordon *m.* ou bourrelet *m.* (de matériaux).
windscreen = V. « windshield ».
windshield = pare-brise *m.* (Auto.).
– – –, **front** = pare-brise *m.* avant (Auto.).
– – –, **side** = ailes *f.p.* de pare-brise (Auto.), déflecteur *m.* (Auto.).
– – –, **tinted** = pare-brise *m.* bleuté (Auto.).
wing = aile *f.* (d'un chariot de tour, d'un avion, d'un édifice), battant *m.* (d'une porte), aile *f.* ou ailette *f.* (d'une hélice, d'un ventilateur), oreille *f.* (d'une vis), pavillon *m.* (d'un hôpital).
– – –, **cantilever** = aile *f.* en porte-à-faux (Av.).
– – –, **damper** = palettes *f.p.* d'amortissement (Méc.).
– – –, **left** = aile *f.* gauche (Av.), aile *f.* bâbord (Av.).
– – **of a door** = battant *m.* d'une porte (B.).
– – –, **port** = aile *f.* gauche (Av.), aile *f.* bâbord (Av.).
– – –, **right** = aile *f.* droite (Av.), aile *f.* tribord (Av.).
– – –, **starboard** = aile *f.* droite (Av.), aile *f.* tribord (Av.).

(wing)

– – –, **wind** = déflecteur *m.* (Auto.).
winker = clignotant *m.* (Auto.).
winkle, jenny = treuil *m.* de levage (C.), treuil *m.* de hissage (C.).
winterize, to = frigofuger (une maison, une automobile), équiper pour le froid (Auto.).
wipe = volet *m.* (Tv.), commutation *f.* par volet (Tv.), rideau *m.* (Tv.).
– – –, **barn door** = volet *m.* à battants (Tv., Phot.).
– – –, **clock** = volet *m.* à compas (Tv.).
– – –, **electronic** = volet *m.* électronique (Tv.).
– – –, **expanding** = volet *m.* progressif (Tv.).
– – –, **flipover** = volet-cahier *m.* (Tv.).
– – –, **horizontal** = rideau *m.* horizontal (Tv., Phot.).
– – –, **iris** = volet *m.* circulaire (Tv., Phot.).
– – –, **optical** = volet *m.* optique (Tv.).
– – –, **turnover** = volet-cahier *m.* (Tv.).
– – –, **vertical** = rideau *m.* vertical (Tv., Phot.).
– – –, **to** = ébarber (un joint), essuyer (de la vaisselle).
wiper = chiffon *m.*, torchon *m.*, came *f.* (Méc.), frotteur *m.* (Tp.), balai *m.* (Tp.).
– – –, **headlamp** = essuie-phare *m.* (Auto.).
– – –, **headlight** = V. « wiper, headlamp ».
– – –, **ignition** = came *f.* d'allumage (Auto.).
– – –, **windscreen** = essuie-glace *m.* (Auto.).
– – –, **windshield** = essuie-glace *m.* (Auto.).
wipers, windshield, concealed = balais *m.p.* d'essuie-glace escamotables (Auto.).
wiping = essuyage *m.* (d'une table), soudage *m.* (d'un joint) (Tp.).
wire = fil *m.* métallique (Tp., E.), conducteur *m.* (électrique) (E.), télégramme *m.* (Tg.).
– – –, **A** = un des fils d'une quarte téléphonique (ou télégraphique).
– – –, **acid-proof** = fil *m.* inattaquable aux acides.
– – –, **aerial** = fil *m.* d'antenne (R.), fil *m.* aérien (Tp.).
– – –, **aluminium** = fil *m.* d'aluminium.
– – –, **aluminium-steel** = fil *m.* acier-aluminium.
– – –, **annealed** = fil *m.* recuit.
– – –, **annunciator** = fil *m.* de signalisation (Tp.).
– – –, **anti-lift** = hauban *m.* d'atterrissage (Av.).
– – –, **appliance** = fil *m.* de branchement.
– – –, **armoured** = fil *m.* armé.
– – –, **asbestos-covered** = fil *m.* isolé à l'amiante.
– – –, **B** = un des fils d'une quarte téléphonique (ou télégraphique).
– – –, **back** = onde *f.* de contre-manipulation (Tg.).
– – –, **baling, hay** = fil *m.* (de fer) à emballer, [broche *f.* à foin] (Canada).
– – –, **barbed** = fil *m.* (de fer) barbelé.
– – –, **bare** = fil *m.* nu (Tp.), fil *m.* dénudé (Tp.).
– – –, **bared** = fil *m.* dénudé.
– – –, **bell** = fil *m.* à sonnerie.
– – –, **bimetallic** = fil *m.* bimétallique, bimétal *m.*
– – –, **binding** = fil *m.* de ligature, fil *m.* à ligature.
– – –, **block** = branchement *m.* extérieur sur bâtiment (Tp.).
– – –, **bonding** = liaison *f.* (E.), fil *m.* de garde (E.).
– – –, **bracing** = hauban *m.*
– – –, **braided** = fil *m.* sous tresse, fil *m.* tressé.
– – –, **brake** = câble *m.* de frein (Auto.).
– – –, **brass** = fil *m.* de laiton, fil *m.* d'archal.
– – –, **brass-plated** = fil *m.* de fer laitonné.

(wire)

– – –, **bridle** = jarretière *f.* (Tp.), fil *m.* d'arrêt (Tp.).
– – –, **broken** = rupture *f.* de fil (Tp.).
– – –, **bus** = fil *m.* de câblage (E.).
– – –, **BX** = câble *m.* armé flexible.
– – –, **cheese** = fil *m.* à couper le beurre (ou le fromage) (Ust.).
– – –, **chicken** = grillage *m.* à poules.
– – –, **coarse-gauge** = fil *m.* de gros diamètre.
– – –, **coated** = fil *m.* couvert.
– – –, **common** = neutre *m.* (E.).
– – –, **conducting** = fil *m.* conducteur.
– – –, **conductor** = fil *m.* conducteur.
– – –, **connecting** = fil *m.* de connexion, fil *m.* de fermeture (d'un circuit).
– – –, **connecting, cross-** = fil-jarretière *m.* (Tp.).
– – –, **contact** = fil *m.* de contact.
– – –, **contact, twin-** = ligne *f.* de contact double.
– – –, **copper** = fil *m.* de cuivre.
– – –, **copper, bare** = fil *m.* de cuivre nu.
– – –, **copper-plated** = fil *m.* de fer cuivré.
– – –, **copper, silk-covered** = fil *m.* de cuivre recouvert de soie.
– – –, **copper, soft** = fil *m.* de cuivre doux.
– – –, **copper, stranded** = câble *m.* en cuivre.
– – –, **copper, tinned** = fil *m.* de cuivre étamé.
– – –, **coppered** = fil *m.* cuivré.
– – –, **copperweld** = fil *m.* bimétallique (âme d'acier entourée d'une gaine de cuivre), bimétal *m.*
– – –, **core** = âme *f.* (E.).
– – –, **corrugated** = fil *m.* cannelé.
– – –, **cotter** = fil *m.* pour goupilles (Méc.).
– – –, **cotton-covered** = fil *m.* à guipage en coton, fil *m.* guipé coton, fil *m.* sous coton.
– – –, **cotton-covered, single** = fil *m.* sous une couche de coton, fil *m.* guipé coton.
– – –, **cotton-covered, waxed** = fil *m.* sous coton ciré.
– – –, **covered** = fil *m.* guipé, fil *m.* recouvert.
– – –, **cross** = réticule *m.* ou fil *m.* d'araignée (d'un théodolite).
– – –, **dead** = fil *m.* hors tension, partie *f.* morte des spires (d'un bobinage).
– – –, **dead-ended** = fil *m.* (téléphonique) à bout perdu.
– – –, **double** = fil *m.* à deux conducteurs.
– – –, **double-lapped** = fil *m.* à guipage double.
– – –, **drag** = hauban *m.* de traînée (Av.).
– – –, **drawn** = fil *m.* tréfilé.
– – –, **drawn, hard** = fil *m.* étiré à froid, fil *m.* tréfilé dur.
– – –, **drop** = branchement *m.* d'abonné (Tp.), branchement *m.* (Tp.).
– – –, **duplex** = fil *m.* double.
– – –, **earth** = fil *m.* de terre (E.), prise *f.* de masse (Auto.).
– – –, **electric** = fil *m.* électrique.
– – –, **enamel-covered** = fil *m.* émaillé.
– – –, **enameled** = fil *m.* émaillé.
– – –, **exposed** = installation *f.* à découvert, installation *f.* en surface.
– – –, **extension** = fil *m.* de rallonge (E.).
– – –, **feed** = fil *m.* d'amenée.
– – –, **fence, barbed** = fil *m.* de fer barbelé, barbelé *m.*
– – –, **fine** = fil *m.* fin.
– – –, **fish** = ruban *m.* de tirage (Tp.).

(wire)

– – –, **flame-proof** = fil *m.* ininflammable, fil *m.* ignifugé.
– – –, **flat** = fil *m.* plat, fil *m.* méplat.
– – –, **flexible** = fil *m.* souple, cordon *m.* flexible (d'un appareil électrique).
– – –, **fuse** = fil *m.* fusible.
– – –, **galvanized** = fil *m.* (de fer) galvanisé.
– – –, **glazed** = fil *m.* verni.
– – –, **ground** = fil *m.* de masse (Auto.), fil *m.* de terre (E.), fil *m.* neutre (E.).
– – –, **ground, overhead** = fil *m.* de garde aérien.
– – –, **guard** = fil *m.* de garde, fil *m.* de protection.
– – –, **guard, Preece's** = fil *m.* à haut isolement (pour mesures de fuites).
– – –, **guy** = fil *m.* de hauban, câble *m.* de hauban.
– – –, **hard** = fil *m.* tréfilé dur.
– – –, **heating** = filament *m.* chauffant.
– – –, **heavy-gauge** = fil *m.* de gros diamètre.
– – –, **high-tension** = fil *m.* de haute tension.
– – –, **hot** = fil *m.* thermique, fil *m.* chaud.
– – –, **ignition** = fil *m.* d'allumage (Auto.).
– – –, **insulated** = fil *m.* isolé, fil *m.* recouvert.
– – –, **iron** = fil *m.* de fer.
– – –, **iron, galvanized** = fil *m.* de fer galvanisé.
– – –, **jacketed** = fil *m.* guipé.
– – –, **joint** = broche *f.* de charnière (B., C.), goupille *f.* (B., C.).
– – –, **jumper** = fil-jarretière *m.* (Tp.), jarretière *f.* (Tp.).
– – –, **lashing** = fil *m.* de ligature (Tp.).
– – –, **lead-coated** = fil *m.* recouvert en plomb.
– – –, **leaded** = fil *m.* sous plomb.
– – –, **lead-in** = fil *m.* de traversée (d'une ampoule électrique), entrée *f.* de poste (Tp.), descente *f.* d'antenne (R.).
– – –, **leading-in** = entrée *f.* de poste (Tp.), descente *f.* d'antenne (R.).
– – –, **Lecher** = pont *m.* de Lecher (E.), fil *m.* de Lecher (E.).
– – –, **lift** = câble *m.* porteur (C.).
– – –, **light-plant** = fil *m.* pour installation d'éclairage.
– – –, **line** = fil *m.* de ligne (Tp.), fil *m.* secteur (E.).
– – –, **Litzendraht** = fil *m.* de Litz, fil *m.* divisé, fil *m.* toronné.
– – –, **live** = fil *m.* chargé (d'électricité), fil *m.* sous tension (E.).
– – –, **locking** = fil *m.* de sûreté (E., Méc.), fil *m.* de freinage (Méc.).
– – –, **loop** = fil *m.* de fermeture.
– – –, **machine** = toile *f.* de fabrication (Pap.).
– – –, **magnet** = fil *m.* fin pour bobine de relais, fil *m.* de bobinage.
– – –, **measuring** = fil *m.* gradué.
– – –, **messenger** = fil *m.* porteur (Tp.).
– – –, **middle** = fil *m.* neutre (E.), conducteur *m.* médian (E.).
– – –, **mounting** = fil *m.* de câblage (R.).
– – –, **multi-** = multifilaire (adj.).
– – –, **multiple** = câble *m.* carré ou câble *m.* tressé (Tp., E.).
– – –, **nail** = fil *m.* à clous (C.).
– – –, **neutral** = compensateur *m.* (E.), fil *m.* neutre (E.).

(wire)

– – –, **one-** = unifilaire (adj.).

– – –, **open** = fil *m.* à découvert, fil *m.* coupé, fil *m.* nu, fil *m.* aérien (Tp.).

– – –, **order** = ligne *f.* d'ordres (Tp.), ligne *f.* de service (Tp.).

– – –, **overhead** = fil *m.* aérien.

– – –, **P(private)** = fil *m.* actif (c.-à-d. connexion à l'appareillage automatique) (Tp.).

– – –, **paired** = fil *m.* à deux conducteurs, fils *m.p.* en paires.

– – –, **paper-insulated** = fil *m.* sous papier.

– – –, **piano** = fil *m.* à piano, corde *f.* à piano.

– – –, **pilot** =fil *m.* pilote, fil *m.* témoin, câble *m.* auxiliaire pour télécommande.

– – –, **platinum** = fil *m.* de platine.

– – –, **plus** = fil *m.* posit f.

– – –, **positive** = fil *m.* positif.

– – –, **power** = conducteur *m.* de force (E.).

– – –, **private** = fil *m.* actif (c.-à-d. connexion à l'appareillage automatique (Tp.).

– – –, **push-back** = fil *m.* guipé pour connexion.

– – –, **radiating** = brin *m.* émetteur (R.).

– – –, **release** = fil *m.* actif (c.-à-d. connexion à l'appareillage automatique (Tp.).

– – –, **resistance** = fil *m.* de résistance.

– – –, **resisting** = fil *m.* résistant.

– – –, **retaining** = jonc *m.* de retenue (Méc.).

– – –, **return** = fil *m.* de retour.

– – –, **ribbon** = fil *m.* méplat.

– – –, **ring** = fil *m.* de nuque (Tp.), fil *m.* relié à la sonnerie d'appel (Tp.).

– – –, **rubber** = fil *m.* sous caoutchouc.

– – –, **rubber-covered** = fil *m.* sous caoutchouc.

– – –, **rubber-insulated** = fil *m.* isolé au caoutchouc, fil *m.* sous caoutchouc.

– – –, **screened** = fil *m.* blindé.

– – –, **sealing** = fil *m.* de plombage, fil *m.* de scellement.

– – –, **secondary** = fil *m.* secondaire.

– – –, **service** = branchement *m.* (Tp., E.), fil *m.* de service (Tp.).

– – –, **shaped** = fil *m.* profilé.

– – –, **shielded** = fil *m.* armé (Tp.), fil *m.* blindé (Tp.).

– – –, **shunt** = fil *m.* de dérivation, cavalier *m.*, shunt *m.*

– – –, **signal** = fil *m.* de signalisation.

– – –, **signalling** = fil *m.* à signaux.

– – –, **silk and cotton covered** = fil *m.* sous soie et coton.

– – –, **silk-covered** = fil *m.* à guipage de soie, fil *m.* guipé soie.

– – –, **silk-covered, double** = fil *m.* à guipage double de soie.

– – –, **silk-covered, single** = fil *m.* sous une couche de soie, fil *m.* guipé soie.

– – –, **single-lapped** = fil *m.* à guipage simple.

– – –, **skinned** = fil *m.* dénudé.

– – –, **slack** = fil *m.* lâche.

– – –, **sleeve** = fil *m.* relié à la douille (d'une fiche ou d'un jack) (Tp.).

– – –, **slide** = curseur *m.*, fil *m.* à contact glissant.

– – –, **snare** = fil *m.* à collets, fil *m.* à lacets, fil *m.* d'archal, fil *m.* de laiton.

(wire)

– – –, **soft-drawn** = fil *m.* recuit.

– – –, **soldering** = fil *m.* à souder (Mét.).

– – –, **solid** = fil *m.* plein, fil *m.* massif.

– – –, **span** = fil *m.* aérien (Tp.), fil *m.* tendeur (entre deux poteaux) (Tp.).

– – –, **spider** = réticule *m.* (d'un théodolite).

– – –, **spiral-wound** = fil *m.* torsadé, fil *m.* boudiné

– – –, **spiralled** = fil *m.* torsadé.

– – –, **spooled** = fil *m.* en bobine.

– – –, **spring** = fil *m.* pour ressorts (Méc.), fil *m.* à ressorts (Méc.).

– – –, **spring, iron** = fil *m.* de fer à ressorts (Méc.).

– – –, **stay** = hauban *m.* (Tp., E.), tirant *m.* (C.).

– – –, **steel** = fil *m.* d'acier.

– – –, **steel, copper-clad** = fil *m.* bimétallique (à âme d'acier entourée d'une gaine de cuivre), fil *m.* d'acier cuivré.

– – –, **steel, copper-plated** = fil *m.* d'acier cuivré, fil *m.* bimétallique.

– – –, **steel, drawn** = fil *m.* d'acier étiré.

– – –, **steel, high-strength** = fil *m.* d'acier à haute résistance.

– – –, **stranded** = fil *m.* torsadé, câble *m.* métallique, fil *m.* toronné.

– – –, **strapping** = fil *m.* supplémentaire d'un montage va-et-vient.

– – –, **suspension** = fil *m.* de suspension (E.).

– – –, **telegraph** = fil *m.* de ligne télégraphique, fil *m.* télégraphique.

– – –, **telephone** = fil *m.* téléphonique, fil *m.* de ligne téléphonique.

– – –, **test** = fil *m.* de corps (Tp.), fil *m.* de test (Tp.).

– – –, **three-** = trifilaire (adj.), à trois fils.

– – –, **tie** = fil *m.* d'attache (Tp., E.), fil *m.* de ligature (Tp., E.), fil *m.* à ligature (Tp., E.).

– – –, **tie, copper** = fil *m.* de cuivre pour ligature.

– – –, **tinned** = fil *m.* étamé.

– – –, **tip** = fil *m.* de pointe (c.-à-d. relié à l'extrémité d'une fiche bipolaire) (Tp.).

– – –, **to** = poser des fils, installer le service (électrique ou téléphonique), canaliser (un édifice), télégraphier (un message).

– – –, **to – – – in** = grillager (un jardin).

– – –, **to – – – up** = accoupler ou monter (des piles) (E.).

– – –, **transmitting** = fil *m.* transmetteur (R.).

– – –, **triple** = fil *m.* à trois conducteurs.

– – –, **trolley** = fil *m.* de trolley, fil *m.* de contact.

– – –, **twin** = câble *m.* à deux conducteurs, fil *m.* torsadé (Tp., E.).

– – –, **twisted pair** = fil *m.* à paire torsadée (Tp., E.).

– – –, **two-** = bifilaire (adj.), à deux fils.

– – –, **varnished** = fil *m.* verni.

– – –, **venting, moulder** = dégorgeoir *m.* (S.), débouche-tuyaux *m.* (S.).

– – –, **weather-resisting** = fil *m.* imputrescible.

– – –, **welding** = baguette *f.* d'apport (Mét.), baguette *f.* à souder (Mét.).

– – –, **woven** = fil *m.* tressé.

wired = (habitation, salle, etc.) qui a une installation téléphonique (ou électrique).

wireless = sans fil, T.S.F. *f.*

– – –, **beam** = émission *f.* dirigée (R.), radio *f.* à ondes

(wireless)

dirigées (R.).

wireman = poseur *m.* de câble (O.), poseur *m.* de ligne (O.).

wirephoto = bélinogramme *m.*, phototélégramme *m.*

wires = V. « wire ».

– – –, **cross** = réticule *m.* ou fils *m.p.* d'araignée (d'un théodolite).

wiretapping = V. « tapping, wire ».

wirework = tréfilage *m.* (Mét.), grillage *m.* métallique.

wireworks = tréfilerie *f.* (Mét.).

wiring = câblage *m.* (des appareils de mesure) (E.), bobinage *m.* (d'un induit) (E.), installation *f.* de fils (E., Tp.), canalisation *f.* électrique, pose de fils (téléphoniques ou électriques), montage *m.* (de postes) (Tp.), ensemble *m.* des fils (E.), grillage *m.* métallique (C.).

– – –, **bare** = câblage *m.* en fils nus (E.).

– – –, **case** = pose *f.* de conducteurs sous moulure (Tp.).

– – –, **concealed** = installation *f.* de fils dissimulés (Tp., E.), installation *f.* dans les murs (Tp., E.).

– – –, **control** = fil *m.* de réglage (E.), fil *m.* de contrôle (E.), fil *m.* de commande (E.), câblage *m.* des appareils de mesure sur le panneau (E.).

– – –, **cork** = muselet *m.* (d'une bouteille de champagne).

– – –, **direct-coupled** = montage *m.* direct (E.).

– – –, **exposed** = installation *f.* (de fils) visible (Tp., E.).

– – –, **inside** = pose *f.* de fils (E., Tp.), installation *f.* de fils (E., Tp.).

– – –, **knob-and-tube** = installation *f.* à boutons et tubes (E.).

– – – **of reinforcing bars** = ferraillage *m.* des armatures (C.).

– – –, **open** = installation *f.* à découvert (E.), circuit *m.* ouvert (E.).

– – –, **permanent** = pose *f.* de fils à demeure (E.), installation *f.* de fils à demeure (E.).

– – –, **secondary** = câblage *m.* auxiliaire (des relais et des appareils de mesure sur tableaux) (E., Tp.).

– – –, **shunt-coupled** = montage *m.* en dérivation (E.).

– – –, **sprayed** = circuit *m.* imprimé (R.), câblage *m.* par métallisation (R.).

wishbone = fourchette *f.* (d'un poulet, Méc.), levier *m.* triangulé (Auto.).

witch-hazel = hamamélis *m.*

withdraw, to = retirer (un étançon) (C.), enlever (les cales) (C.).

withe = paroi *f.* (entre conduits de fumée adjacents) (B.).

withstand, to = résister à (un effort).

witness = témoin (O.).

W.N.W. (**West-north-west**) = ouest-nord-ouest, O.-N.-O.

wooble = V. « wabble ».

– – –, **spot** = vobulation *f.* du spot (Tv.).

– – –, **to** = moduler (R.).

wobbulator = modulateur *m.* (R.), vobulateur *m.* (R.).

wolfram = wolfram *m.*, tungstène *m.*

womp = surintensité *f.* lumineuse brusque (Tv.).

wood = bois *m.*, terrain *m.* boisé ou peuplement *m.*

– – –, **alder** = bois *m.* d'aune.

– – –, **ash** = bois *m.* de frêne.

(wood)

– – –, **barked** = bois *m.* écorcé.

– – –, **bass** = tilleul *m.* d'Amérique.

– – –, **beech** = bois *m.* de hêtre.

– – –, **billet** = bois *m.* de quartier.

– – –, **billet, round** = rondins *m.p.*

– – –, **cedar** = bois *m.* de cèdre.

– – –, **cedar, red** = bois *m.* de cèdre rouge.

– – –, **cherry** = bois *m.* de cerisier.

– – –, **cherry, wild** = bois *m.* de merisier.

– – –, **chesnut** = bois *m.* de châtaignier.

– – –, **closed** = bois *m.* (mis) en défens (ou défends).

– – –, **cord** = bois *m.* de corde.

– – –, **dead** = bois *m.* mort.

– – –, **drift** = bois *m.* flotté.

– – –, **dry** = bois *m.* sec.

– – –, **ebony** = bois *m.* d'ébène.

– – –, **elm** = bois *m.* d'orme.

– – –, **fir** = bois *m.* de sapin blanc.

– – –, **fir, American red spruce** = bois *m.* de sapin noir d'Amérique.

– – –, **fir, Canadian** = bois *m.* de sapin du Canada.

– – –, **fir, Norway spruce** = bois *m.* d'épinette.

– – –, **fire** = bois *m.* de chauffage.

– – –, **floated** = bois *m.* flotté.

– – –, **green** = bois *m.* vert.

– – –, **hard** = V. « hardwood ».

– – –, **heart** = duramen *m.*, bois *m.* de coeur.

– – –, **impregnated** = bois *m.* imprégné (d'un préservatif).

– – –, **kindling** = bois *m.* d'allumage, petit bois.

– – –, **knot** = bois *m.* noueux.

– – –, **laminated** = contre-plaqué *m.*

– – –, **larch** = bois *m.* de mélèze.

– – –, **mahogany** = bois *m.* d'acajou, acajou *m.*

– – –, **maple** = bois *m.* d'érable.

– – –, **maple, rock** = bois *m.* d'érable à sucre.

– – –, **oak** = bois *m.* de chêne.

– – –, **pear** = poirier *m.*

– – –, **peg** = fenton *m.*, cheville *f.* en bois.

– – –, **pine, red, Canada** = bois *m.* de pin rouge du Canada, bois *m.* de pin du Canada.

– – –, **pine, yellow** = pin *m.* de Californie, bois *m.* de pin jaune.

– – –, **pine, yellow, Canada** = bois *m.* de pin jaune du Canada.

– – –, **plastic** = bois *m.* en pâte malléable.

– – –, **ply-** = V. « plywood ».

– – –, **poplar** = bois *m.* de peuplier.

– – –, **press-** = V. « presswood ».

– – –, **pulp** = bois *m.* à pâte.

– – –, **resinous** = bois *m.* résineux.

– – –, **rose** = bois *m.* de rose.

– – –, **rotten, dry** = bois *m.* échauffé.

– – –, **sap** = aubier *m.*

– – –, **sap, internal** = aubier *m.* interne.

– – –, **satin** = bois *m.* satiné (de l'Inde).

– – –, **seasoned** = bois *m.* sec, bois *m.* séché.

– – –, **soft** = bois *m.* blanc, bois *m.* tendre.

– – –, **sound** = bois *m.* sans défauts, bois *m.* sain et net, bois *m.* sans tare.

– – –, **split** = bois *m.* de fente.

– – –, **spruce, red** = bois *m.* de pin rouge.

– – –, **spruce, white** = bois *m.* de pin blanc.

(wood)

– – –, **tamarack** = mélèze *m.* d'Amérique, épinette *f.* rouge.

– – –, **teak** = bois *m.* de teck, teck *m.*

– – –, **three-ply** = contre-plaqué *m.* à trois épaisseurs, bois *m.* plaqué triplé.

– – –, **two-ply** = contre-plaqué *m.* à deux épaisseurs.

– – –, **unbarked** = bois *m.* en grume, bois *m.* non écorcé.

– – –, **veined** = bois *m.* madré, bois *m.* veiné.

– – –, **veneering** = bois *m.* de placage.

– – –, **wainscot** = bois *m.* de lambrissage.

– – –, **walnut** = noyer *m.*, bois *m.* de noyer.

– – –, **wheelwright** = bois *m.* de charronnage.

– – – **with the bark on** = bois *m.* en grume.

woodchuck = marmotte *f.* (d'Amérique).

woodcock = bécasse *f.*

woodcut = gravure *f.* sur bois.

woodland = bois *m.*, terrain *m.* boisé ou peuplement *m.*

woodlander = habitant *m.* des bois (O.).

woodman = bûcheron *m.* (O.).

woodpecker = pic-vert *m.*

woodwork = construction *f.* en bois, menuiserie *f.*, boiserie *f.* (des murs, d'un appartement), charpenterie *f.*, ébénisterie *f.*, charpente *f.*

woodworker = menuisier *m.* (O.), charpentier *m.* (O.), ébéniste *m.* (O.).

woof = trame *f.* (d'un tissu).

woofer = haut-parleur *m.* pour fréquences basses, haut-parleur *m.* grave.

wool = laine *f.*

– – –, **cotton** = ouate *f.*

– – –, **cotton, absorbent** = ouate *f.* hydrophile.

– – –, **glass** = laine *f.* de verre.

– – –, **knitting** = laine *f.* à tricoter.

– – –, **lead** = filasse *f.* de plomb.

– – –, **mineral** = laine *f.* minérale.

– – –, **rock** = laine *f.* minérale.

– – –, **slag** = laine *f.* de laitier.

– – –, **steel** = laine *f.* d'acier, paille *f.* de fer.

woolen = en laine, de laine.

word = mot *m.*, parole *f.*, groupe *m.* de signaux (applicable à une machine électronique à calculer).

– – –, **telegraph, conventional** = mot *m.* télégraphique conventionnel (c.-à-d. cinq lettres et un espace).

work = travail *m.*, puissance *f.* utile, ouvrage *m.* (rustique, historique), travaux *m.p.* (de terrassement), opérations *f.p.* (de la nature), V. « works ».

– – –, **above-ground** = travail *m.* au jour (Mi.).

– – –, **additional** = travaux *m.p.* supplémentaires (B., C.), travaux *m.p.* non prévus (B., C.).

– – – **and back** = impression *f.* en feuille (Imp.).

– – – **and tumble** = impression *f.* en retiration (Imp.).

– – –, **art** = travail *m.* d'artiste, graphisme *m.* (Tv.).

– – –, **ashlar** = maçonnerie *f.* en moellons (B.).

– – –, **ashlar, random** = maçonnerie *f.* en moellons bruts (B.).

– – – **at the surface** = travail *m.* au jour (Mi.).

– – –, **basket** = entrelacement *m.* (B.).

– – –, **belt** = travail *m.* à la poulie (Méc.).

– – –, **block** = maçonnerie *f.* en parpaings (B.).

– – –, **body** = carrosserie *f.* (Auto.).

– – –, **book** = travaux *m.p.* d'édition (Imp.).

– – –, **brace** = contreventement *m.* (B., C.).

(work)

– – –, **brass** = cuivrerie *f.*, dinanderie *f.*

– – –, **breast** = garde-fou *m.* (B., C.).

– – –, **brick** = maçonnerie *f.* en brique (B.), briquetage *m.* (B.).

– – –, **brick, skintled** = briquetage *m.* irrégulier (B.).

– – –, **brush** = travail *m.* au pinceau.

– – –, **cabinet** = ébénisterie *f.* (Men.).

– – –, **carriage** = carrosserie *f.*

– – –, **cast** = ouvrages *m.p.* en fonte (Mét.), fer *m.* fondu (Mét.).

– – –, **casual** = bilboquets *m.p.* (Imp.).

– – –, **checker** = ouvrage *m.* de marqueterie (Men.), quadrillage *m.* (Men.).

– – –, **clerical** = travail *m.* de bureau.

– – –, **clock** = mouvement *m.* d'horlogerie.

– – –, **coach** = carrosserie *f.* (Auto.).

– – –, **cob** = construction *f.* en pisé (C.).

– – –, **coffer** = pisé *m.* (C.), construction *f.* en pisé (C.).

– – –, **colour** = tirage *m.* en couleurs (Imp.).

– – –, **concrete** = bétonnage *m.* (C.), travaux *m.p.* de béton (C.).

– – –, **contract** = travail *m.* à forfait, travail *m.* à l'entreprise.

– – –, **core** = noyautage *m.* (Mét.).

– – –, **coursed** = maçonnerie *f.* par assises (B.).

– – –, **crib** = caisson *m.* à claire-voie (servant de mur de soutènement) (C.), encoffrement *m.* en charpente (C.).

– – –, **day** = travail *m.* à la journée.

– – –, **day's** = travail *m.* d'une journée, journée *f.*

– – –, **dead** = travaux *m.p.* préparatoires, travaux *m.p.* de premier établissement.

– – –, **defective** = travail *m.* défectueux, malfaçon *f.*, vice *m.* de construction.

– – –, **donkey** = travail *m.* de routine.

– – –, **drainage** = travail *m.* de drainage (S.), travail *m.* d'assainissement (S.).

– – –, **duct** = buse *f.* multitubulaire (Tp.).

– – –, **earth** = terrassement *m.* (C.), déblai *m.* (C.), remblai *m.* (C.), travaux *m.p.* de terrassement (C.).

– – –, **effective** = puissance *f.* utile, travail *m.* utile.

– – –, **electrical** = travaux *m.p.* électriques (E.), électricité *f.* (E.).

– – –, **emergency** = travaux *m.p.* d'urgence.

– – –, **extra** = travaux *m.p.* supplémentaires, heures *f.p.* supplémentaires.

– – –, **face** = façade *f.* (B.).

– – –, **false** = ouvrages *m.p.* provisoires, échafaudages *m.p.* (B., C.).

– – –, **field** = travaux *m.p.* sur le terrain, travail *m.* sur le terrain.

– – –, **finishing** = travail *m.* de finition (B., C.).

– – –, **follow-up** = travail *m.* complémentaire.

– – –, **form** = coffrage *m.* (C.).

– – –, **foundation** = travaux *m.p.* (d'établissement) de fondation (B.).

– – –, **frame** = V. « framework ».

– – –, **fret** = V. « fretwork ».

– – –, **gear** = rouage *m.* (Méc.).

– – –, **half-sheet** = imposition *f.* en demi-feuille (Imp.).

– – –, **half-tone** = gravure *f.* en simili (Imp.), gravure *f.* en relief (Imp.).

– – –, **hammered** = ouvrage *m.* martelé (Mét.).

(work)

- – –, **hand** = V. « handwork ».
- – –, **handy** = bricolage *m*.
- – –, **heavy** = gros travaux.
- – –, **herring-bone** = appareil *m*. en épi (B.), appareil en arêtes de poisson (B.).
- – –, **inlaid** = marqueterie *f*. (Men.).
- – – **in progress** = travaux *m.p.* en cours.
- – –, **installation** = travail *m*. (ou travaux *m.p.*) d'installation (Méc., E.).
- – –, **iron** = V. « ironwork ».
- – –, **job** = travail *m*. à la tâche, entreprise *f*. à forfait, travail *m*. à forfait.
- – –, **journey** = travail *m*. à la journée.
- – –, **kettle** = chaudronnerie *f*. (Mét.).
- – –, **lath** = lattage *m*. (B.), lattis *m*. (B.).
- – –, **lathe** = tournage *m*. (Méc.).
- – –, **lattice** = treillis *m*. (B.), charpente *f*. en treillis (B.).
- – –, **light** = travaux *m.p.* légers, petits travaux.
- – –, **machine** = travail *m*. d'usinage (Méc.), travail *m*. à la machine (Méc.), mécanique *f*. (Méc.).
- – –, **masonry** = maçonnerie *f*. (B.), maçonnage *m*. (B.).
- – –, **mechanical** = travail *m*. moteur (Méc.).
- – –, **metal** = travail *m*. des métaux (Mét.).
- – –, **metal, sheet** = tôlerie *f*. (Mét.), chaudronnerie *f*. (Mét.), tôlage *m*. (B.).
- – –, **mill** = travaux *m.p.* de menuiserie, menuiserie *f*.
- – –, **milling** = fraisage *m*. (Méc.).
- – –, **mosaic** = ouvrage *m*. en mosaïque (B.).
- – –, **motor** = travail *m*. moteur (Méc.).
- – –, **negative** = travail *m*. de contre-pression (Méc., E.), travail *m*. négatif (Méc.).
- – –, **night** = travail *m*. de nuit.
- – –, **no-load** = travail *m*. à vide (Méc.).
- – – **of art** = oeuvre *f*. d'art.
- – –, **office** = travail *m*. de bureau.
- – – **of genius** = oeuvre *f*. de génie.
- – – **on a cost plus basis** = travaux *m.p.* en régie intéressée, travaux *m.p.* à prix coûtant plus pourcentage.
- – –, **open** = ouvrage *m*. à claire-voie.
- – –, **panel** = lambrissage *m*. (B.).
- – –, **parge** = crépissage *m*. (B.).
- – –, **pebble** = cailloutage *m*. (C.), cailloutis *m*. (C.).
- – –, **piece** = travail *m*. à la pièce.
- – –, **pile** = pilotage *m*. (C.), pilotis *m*. (C.), ouvrage *m*. sur pilotis (C.).
- – –, **pipe** = tuyautage *m*. (S., H.), tuyauterie *f*. (S., H.).
- – –, **plaster** = plâtrage *m*. (B.).
- – –, **pointed** = ouvrage *m*. bouchardé (B.).
- – –, **precision** = travail *m*. de précision (Méc.).
- – –, **preliminary** = avant-projet *m*.
- – –, **press** = étampage *m*. (Mét.), emboutissage *m*. (Mét.), impression *f*. (Imp.), tirage *m*. (Imp.).
- – –, **production** = travail *m*. en série.
- – –, **range** = ouvrage *m*. par assises (B.).
- – –, **repair, shop** = réparation *f*. en atelier.
- – –, **repetition** = fabrication *f*. en série.
- – –, **rescue** = opération *f.p.* de sauvetage.
- – –, **road** = travaux *m.p.* routiers.
- – –, **rough** = première couche (de peinture), pose *f*.

(work)

des tuyaux ou des fils (sans installer les appareils) (E.), charpenterie *f*. brute (d'un bâtiment) (B.).
- – –, **routine** = besogne *f*. courante, besogne *f*. de routine, service *m*. courant, affaires *f.p.* courantes.
- – –, **rubble** = moellonage *m*. (B.), maçonnerie *f*. en blocaille (B.), limo(u)sinage *m*. (B.).
- – –, **rule** = tableau *m*. (Imp.).
- – –, **rush** = travail *m*. de première urgence, travail *m*. à la hâte.
- – –, **scheduled** = travaux *m.p.* prévus.
- – –, **scroll** = ornementation *f*. en volute (B.).
- – –, **sewage** = travaux *m.p.* d'égout (S.).
- – –, **shift** = V. « shiftwork ».
- – –, **shovel** = travail *m*. à la pelle.
- – –, **social** = enquêtes *f.p.* sociales.
- – –, **special** = travail *m*. à façon.
- – –, **special-order** = travail *m*. à façon.
- – –, **stone** = V. « stonework ».
- – –, **structural** = charpente *f*. (B.), ossature *f*. (B.).
- – –, **stubborn** = travail *m*. opiniâtre.
- – –, **stucco** = ouvrage *m*. de stuc (B.), stucage *m*. (B.).
- – –, **stud** = colombage *m*. (de cloison) (B.).
- – –, **team** = travail *m*. d'équipe, travail *m*. fait avec un attelage (Agr.).
- – –, **timber** = charpente *f*. (B.), construction *f*. en bois (B.).
- – –, **time** = travail *m*. à l'heure.
- – –, **tin** = ferblantier *f*. (Mét.).
- – –, **to** = travailler (le bois, le marbre, la pâte), fonctionner (Méc.), faire fonctionner (une machine), faire travailler (un employé), pétrir (l'argile), actionner (le frein), exploiter (une carrière).
- – –, **to – – loose** = prendre du jeu (Méc.).
- – –, **to – – on contract** = travailler à l'entreprise.
- – –, **to – – the key** = manipuler (E.).
- – –, **treillis** = treillis *m*. (B.).
- – –, **trestle** = chevalets *m.p.* (d'un pont) (C.).
- – –, **turned** = pièce *f*. de tournage (Méc.), pièce *f*. tournée (Méc.).
- – –, **underwater** = travail *m*. sous l'eau.
- – –, **useful** = travail *m*. utile.
- **workability** = maniabilité *f*. ou ouvrabilité *f*. (du béton) (C.).
- **workable** = (projet *m*.) réalisable (adj.), (bois *m*.) ouvrable (adj.), (plan *m*.) pratique (adj.), (mine *f*.) exploitable (adj.), (mélange *m*.) ouvrable (adj.) ou plastique (adj.).
- **workaholism** = travaillite *f*.
- **worker** = travailleur *m*. (O.), ouvrier *m*. (O.), V. « workers ».
- – –, **cement** = cimentier *m*.
- – –, **fellow** = compagnon *m*., confrère *m*.
- – –, **field** = homme *m*. de terrain.
- – –, **glass** = verrier *m*.
- – –, **handicapped, physically** = ouvrier *m*. physiquement handicapé.
- – –, **hard** = travailleur *m*. assidu, piocheur *m*.
- – –, **iron** = V. « ironwork ».
- – –, **job** = ouvrier *m*. aux pièces, ouvrier *m*. à la tâche.
- – –, **kettle** = chaudronnier *m*.
- – –, **leather** = maroquinier *m*.

(worker)

– – –, **line** = exécutant *m.*

– – –, **metal** = ouvrier *m.* en métaux, métallurgiste *m.*

– – –, **metal, sheet** = tôlier *m.*, chaudronnier *m.*

– – –, **piece** = ouvrier *m.* aux pièces, ouvrier *m.* à la tâche.

– – –, **power** = chariot *m.* automoteur à plate-forme (M.).

– – –, **qualified** = ouvrier *m.* spécialisé, ouvrier *m.* qualifié.

– – –, **skilled** = spécialiste *m.*, ouvrier *m.* qualifié.

– – –, **structural steel** = monteur *m.* en charpente métallique, V. « ironworker ».

– – –, **stucco** = stucateur *m.*

workers = V. « worker »

– – –, **blue collar** = cols *m.p.* bleus (d'un navire de guerre), ouvriers *m.p.* (d'une usine).

– – –, **white collar** = employés *m.p.* (dans un bureau).

working = travail *m.*, marche *f.* ou fonctionnement *m.* (d'un organe de machine), exploitation *f.* (d'une forêt), mise *f.* en oeuvre (d'un nouveau procédé).

– – –, **closed-circuit** = transmission *f.* par ouverture (ou rupture) de circuit (Tg.).

– – –, **expansive** = marche *f.* à la détente (Méc.).

– – –, **leather** = maroquinerie *f.*

– – –, **open-circuit** = transmission *f.* par fermeture de courant (Tg.).

– – –, **series** = travail *m.* en série.

– – –, **tandem** = fonctionnement *m.* en tandem (Tp.).

– – – **up to 200 h.p.** = réalisant 200 Hp (Méc.).

– – –, **wood** = travail *m.* du bois.

workman = ouvrier *m.* (O.), artisan *m.* (O.).

– – –, **able** = bon ouvrier *m.*

– – –, **green** = novice *m.*

– – –, **master** = maître-ouvrier *m.*

– – –, **skilled** = ouvrier *m.* spécialiste, ouvrier *m.* expérimenté.

– – –, **specialized** = ouvrier *m.* spécialiste, spécialiste *m.*

workmanship = main-d'oeuvre *f.*, exécution *f.*, travail *m.*, façon *f.*

– – –, **defective** = vice *m.* de construction, défaut *m.* de fabrication.

– – –, **expert** = travail *m.* de spécialiste.

– – –, **faulty** = exécution *f.* défectueuse, vice *m.* de construction, malfaçon *f.*

– – –, **poor** = malfaçon *f.*

– – –, **sound** = construction *f.* soignée.

workover = travaux *m.p.* de complément (Mi.).

works = rouage *m.* ou mécanisme *m.* (d'une montre), usine *f.*, atelier *m.*, fabrique *f.*, travaux *m.p.*, V. « work ».

– – –, **acetylene gas** = usine *f.* de gaz acétylène.

– – –, **aluminium** = aluminerie *f.* (Mét.).

– – –, **boiler** = chaudronnerie *f.* (Mét.).

– – –, **electrical** = usine *f.* électrique (E.).

– – –, **engine** = usine *f.* de construction de machines (Méc.).

– – –, **false** = étaiement *m.* (C.), échafaudage *m.* (C.), ouvrages *m.p.* provisoires (C.).

– – –, **gas** = usine *f.* à gaz.

– – –, **glass** = verrerie *f.*

– – –, **head** = prise *f.* d'eau (H.).

– – –, **iron** = ferronnerie (Mét.).

(works)

– – –, **lead** = fonderie *f.* de plomb (Mét.), plomberie *f.* (Mét.).

– – –, **metal** = usine *f.* métallurgique.

– – –, **nail** = clouterie *f.*

– – –, **public** = travaux *m.p.* publics (C.).

– – –, **remedial** = ouvrages *m.p.* de protection (C.).

– – –, **sewerage** = système *m.* d'assainissement (S.).

– – –, **sheet-iron** = tôlerie *f.*

– – –, **smelting** = fonderie *f.* (Mét.).

– – –, **steel** = aciérie *f.* (Mét.).

– – –, **stud** = colombage *m.* (de cloison) (B.).

– – –, **tar** = goudronnerie *f.*

– – –, **tile** = tuilerie *f.*

– – –, **tin** = ferblanterie *f.* (Mét.).

– – –, **water** = V. « waterworks ».

– – –, **wire** = tréfilerie *f.* (Mét.).

workshop = atelier *m.*

– – –, **travelling** = voiture-atelier *f.*

worm = vis *f.* sans fin (Méc.), filet *m.* (de vis) (Méc.).

– – – **and sector** = vis *f.* sans fin et secteur.

– – –, **conveyer** = spirale *f.* transporteuse, vis *f.* sans fin, hélice *f.* transporteuse.

– – –, **disengaging** = vis *f.* sans fin débrayable.

– – – **of a screw** = filet *m.* d'une vis.

– – –, **square** = filet *m.* carré.

– – –, **steering-gear** = vis *f.* de direction, vis *f.* sans fin de direction.

– – –, **straight-type** = vis *f.* cylindrique.

– – –, **thread, multiple-** = vis *f.* à multiple.

– – –, **threaded, double-** = vis *f.* à deux filets, vis *f.* à pas double.

– – –, **threaded, one-** = vis *f.* à pas simple.

– – –, **to** = fileter.

– – –, **tooth, saw** = vis *f.* en dents-de-scie.

worn = usé (adj.), usagé (adj.).

– – – **out** = usé complètement.

worsted = (tissu *m.*) peigné (adj.).

wort = moût *m.* (de bière).

wound = enroulé, bobiné, excité (E.).

– – –, **clockwise** = enroulé à droite, enroulement *m.* dextrorsum.

– – –, **clockwise, counter-** = enroulé à gauche, enroulement *m.* sénestrorsum.

– – –, **compound** = à enroulement compound (E.), à double enroulement (E.).

– – –, **double-** = à deux enroulements (E.).

– – –, **drum** = enroulé en tambour (E.).

– – –, **flat** = bobiné à plat (E.).

– – –, **hum-balanced** = à bobinage non selfique (E.).

– – –, **lattice** = bobiné en nid d'abeille (E.).

– – –, **parallel** = bobiné en parallèle (E.).

– – –, **phase** = à enroulement phasé (E.).

– – –, **ring** = à enroulement à anneau.

– – –, **sandwich** = en sandwich (E.).

– – –, **series** = excité en série (E.), enroulement *m.* en série (E.).

– – –, **shunt** = excité en shunt (E.), excité en dérivation (E.), enroulement *m.* shunt (E.).

– – –, **shuttle** = à enroulement en double T (E.).

– – –, **spirally** = (flexible *m.*) torsadé (E.), hélicoïdal (adj.).

wow = (h)ululement *m.* (du hibou), miaulement *m.* (du chat), hurlement *m.* (du loup, du vent).

(wrench)

wrap, to = envelopper (des marchandises), guiper (l'épissure de câbles téléphoniques, un câble) (Tp.).
wrapper = emballeur *m.* (O.), feuillet *f.* de papier d'emballage, couverture *f.* (d'un livre), couvre-joint *m.* (Mét., Méc.), bande *f.* de recouvrement (Mét., Méc.), chemise *f.* (d'un dossier).
– – –, **bread** = papier *m.* de boulangerie.
– – –, **excelsior** = papier *m.* d'emballage.
– – –, **fruit** = papier *m.* pour fruits.
wrappers, will = papier *m.* d'emballage.
wrapping = guipage *m.* (d'un câble) (Tp.), enveloppe *f.* (d'un paquet).
– – –, **bogus** = papier *m.* d'emballage gris, emballage *m.* gris.
– – –, **paper** = enroulement *m.* de papier (autour d'un fil) (E.).
wraps = isolant *m.* (d'un fil électrique).
wreck, to = faire faire naufrage (à un bateau), démolir (un édifice), faire dérailler (un train).
wreckage = naufrage *m.* (d'un bateau), décombres *m.p.* (d'un bâtiment), débris *m.p.* (d'un navire), épaves *f.p.* (maritimes).
wrecker = dépanneuse *f.* (Auto.).
wrecking = dépannage *m.* (Auto.), sauvetage *m.* (d'un bateau).
wrench = clé *f.* ou clef *f.* (I.), clé *f.* anglaise (I.).
– – –, **adjustable** = clé *f.* à ouverture variable, clé *f.* à molette.
– – –, **Allen** = clé *f.* hexagonale.
– – –, **alligator** = clé *f.* à tubes, pince *f.* universelle « crocodile ».
– – – **and pliers, combination** = pince-clé *f.*
– – –, **automatic** = clé *f.* à serrage automatique.
– – –, **axle** = clé *f.* pour essieux.
– – –, **bent** = clé *f.* coudée.
– – –, **bicycle** = clé *f.* à molette pour bicyclette.
– – –, **box** = clé *f.* à douille, clé *f.* en tube, clé *f.* fermée.
– – –, **box-ended** = clé *f.* fermée.
– – –, **bull-dog** = clé *f.* à tubes.
– – –, **calk** = clé *f.* à crampons.
– – –, **chain** = clé *f.* à chaîne.
– – –, **chuck** = clé *f.* de mandrin.
– – –, **claw** = pince *f.* à panne fendue, arrache-clou *m.*
– – –, **coach** = clé *f.* anglaise, clé *f.* de voiture.
– – –, **combination** = clé *f.* combinée.
– – –, **double-ended** = clé *f.* double.
– – –, **double-headed** = clé *f.* double.
– – –, **elbow** = clé *f.* coudée.
– – –, **end** = clé *f.* plate simple.
– – –, **engineer's** = clé *f.* à mâchoires fixes.
– – –, **engineer's double-head** = clé *f.* double à mâchoires fixes.
– – –, **fitting** = clé *f.* de serrage.
– – –, **flat** = clé *f.* plate.
– – –, **flat, adjustable** = clé *f.* à crémaillère.
– – –, **flat, open-end, solid** = clé *f.* à mâchoires fixes.
– – –, **forged, drop-** = clé *f.* forgée, clé *f.* estampée.
– – –, **forging** = clé *f.* à fourche.
– – –, **fork** = clé *f.* à fourche, clé *f.* à griffes.
– – –, **hammer-head** = clé *f.* à marteau.
– – –, **heavy-duty** = grosse clé.
– – –, **jig** = clé *f.* de montage.
– – –, **locking, quick-** = clé *f.* à serrage instantané.

– – –, **machine** = clé *f.* à mâchoires fixes.
– – –, **machinist's** = clé *f.* à mâchoires fixes.
– – –, **monkey** = clé *f.* anglaise, clé *f.* à mâchoires mobiles.
– – –, **nail** = loup *m.*, pied-de-biche *m.*
– – –, **nut** = clé *f.* à écrous.
– – –, **offset** = clé *f.* à levier de manoeuvre, clé *f.* à manche déporté.
– – –, **open-ended** = clé *f.* ouverte.
– – –, **pin** = clé *f.* à ergots.
– – –, **pipe** = clé *f.* à tuyau, clé *f.* serre-tube.
– – –, **pipe, chain** = serre-tube *m.* à chaîne, serre-tube *m.*
– – –, **ratchet** = clé *f.* à rochet, clé *f.* à cliquet.
– – –, **rim, four-way** = clé *f.* étoile à quatre branches.
– – –, **S** = clé *f.* cintrée en S, clé *f.* en S.
– – –, **S, double-end** = clé *f.* double en S.
– – –, **saw** = tourne-à-gauche *m.*
– – –, **screw** = clé *f.* anglaise, clé *f.* à vis.
– – –, **screw, universal** = clé *f.* universelle.
– – –, **single-ended** = clé *f.* simple.
– – –, **skew** = clé *f.* coudée, clé *f.* en col de cygne.
– – –, **snap-on** = clé *f.* à douille.
– – –, **socket** = clé *f.* à douille, clé à tube.
– – –, **socket, double-end** = clé *f.* à douille double.
– – –, **socket, offset** = clé *f.* à douille coudée.
– – –, **socket, ratchet** = clé *f.* à douille à rochet.
– – –, **socket, snap-on** = clé *f.* à douille.
– – –, **socket, T-handle** = clé *f.* en T à douille.
– – –, **socket, universal-joint** = clé *f.* à douille articulée.
– – –, **spanner** = clé *f.* carrée pour armement (Tp.), clé *f.* anglaise, clé *f.* à fourche.
– – –, **spark-plug** = clé *f.* à bougies.
– – –, **speed** = clé *f.* à vilebrequin.
– – –, **square** = clé *f.* carrée.
– – –, **standard** = clé-type *f.*
– – –, **star** = clé *f.* en étoile.
– – –, **Stillson** = clé *f.* à tube, clé *f.* Stillson.
– – –, **straddle** = clé *f.* à ergots.
– – –, **structural** = clé *f.* de charpentier.
– – –, **swivel** = clé *f.* orientable.
– – –, **T** = clé *f.* à manche en T.
– – –, **tap** = tourne-à-gauche *m.* pour filière, tourne-à-gauche *m.*
– – –, **tap, ratchet** = tourne-à-gauche *m.* à cliquet.
– – –, **tension** = clé *f.* indiquant la force de serrage.
– – –, **to** = tordre ou arracher avec un effort de torsion, fausser (le sens d'un terme, une clé).
– – –, **tool** = tourne-à-gauche *m.* à trous.
– – –, **torque** = clé *f.* indiquant le couple de serrage, clé *f.* dynamométrique.
– – –, **track** = clé *f.* à tire-fond.
– – –, **tube** = clé *f.* à tube, serre-tube *m.*
– – –, **vise grip** = pince-étau *f.*
– – –, **wheel** = clé *f.* de roue (Auto.).
wring, to = tordre (le cou, du linge), essorer (le linge).
wringer, clothes = essoreuse *f.* (à rouleaux) (Ust.).
– – –, **mop** = essoreuse *f.* à vadrouilles (Ust.).
wrinkle = plissement *m.* (de terrain), ride *m.* (sur la surface de l'eau, du front), pli *m.* (de la peau, d'un tissu).
write-off = annulation *f.* par écrit.
– – – –, **to** = défalquer (une créance).

(wrought)

writer, script = scénariste *n*. (R., Tv.).
writing, extra fine = papeterie *f*. surfine (Imp.).
– – –, **superfine** = papeterie *f*. surfine (Imp.).
writing-off = défalcation *f*. (d'une mauvaise créance).
wrought = (un bol de bois) travaillé, (fer *m*.) forgé, (métal *m*. précieux) ouvré, (vase *m*., bois *m*.) façonné).

– – –, **rough** = mi-oeuvré.
W.S.W. (**West-south-west**) = ouest-sud-ouest, O.-S.-O.
W/T (**wireless telegraphy**) = télégraphie *f*. sans fil.
wye = montage *m*. en étoile (E.), embranchement *m*. en Y (Ch.d.f.).
wythe = V. « withe ».

X = V. « reactance » et « cross ».
X's = parasites *m.p.* (radio).
X-ray, to = radiographier.
X-rays = rayons *m.p.* X, rayons *m.p.* Roentgen.

(X-rays)

– – –, **scattered** = rayons *m.p.* X diffusés.
xylene = xylène *m.*, xylol *m.*
xylography = xylographie *f.* (Imp.).

Y = bifurcation *f.* (S., Ch.d.f.), fourche *f.* (S.), étoile *f.* (E.).

– – –, **pipe, soil** = Y *m.* de tuyau d'égout (S.).

yard = verge *f.* (= 3 pieds anglais; 0,914 m) (Canada), yard *m.* (France), *v f.*, baguette graduée de 3 pieds de longueur, cour *f.* (B.), chantier *m.* (C.), dépôt *m.* (C.), jardin *m.* (d'une maison).

– – –, **back** = arrière-cour *f.* (B.).

– – –, **brick** = briqueterie *f.*

– – –, **classification** = gare *f.* de triage (Ch.d.f.).

– – –, **coal** = dépôt de charbon, parc *m.* à charbon.

– – –, **contractor's** = dépôt *m.* de matériaux.

– – –, **cubic** = verge *f.* cube (= 27 pieds cubes; 0,76455 m³).

– – –, **dock** = V. « dockyard ».

– – –, **door** = petite cour.

– – –, **freight** = gare *f.* de triage (Ch.d.f.), gare *f.* de marchandises (Ch.d.f.).

– – –, **front** = jardin *m.* avant (B.).

– – –, **fuel** = parc *m.* aux combustibles.

– – –, **junk** = parc *m.* à ferraille.

– – –, **lumber** = chantier *m.* de bois de construction, cour *f.* à bois.

– – –, **marshalling** = gare *f.* de triage (Ch.d.f.).

– – –, **navy** = chantier *m.* de construction navale.

– – –, **pole** = dépôt *m.* de poteaux (Tp., E.).

– – –, **railway** = cour *f.* de chemin de fer.

– – –, **rear** = arrière-cour *f.* (B.).

– – –, **scrap** = parc *m.* à ferraille.

– – –, **ship** = V. « shipyard ».

– – –, **ship-building** = chantier *m.* de construction navale, chantier *m.* maritime.

– – –, **side** = cour *f.* latérale (B.), jardin *m.* latéral (B.).

– – –, **square** = verge *f.* carrée (= 9 pieds carrés; 0,8361 m²).

– – –, **stock** = parc *m.* à bestiaux, parc *m.* à matériaux.

– – –, **storage** = dépôt *m.*

– – –, **switching** = gare *f.* de triage (Ch.d.f.).

– – –, **timber** = chantier *m.* de bois (de construction).

yardage = manoeuvres *f.p.* (Ch.d.f.).

yardman = ouvrier *m.* de cour.

yarn = fil *m.* (de lin, de coton).

– – –, **asbestos** = fil *m.* en amiante.

– – –, **asbestos-plaided** = tresse *f.* de chanvre garnie d'amiante.

– – –, **cotton** = fil *m.* de coton.

– – –, **jute** = fil *m.* de jute.

– – –, **silk** = fil de soie.

– – –, **wick** = coton *m.* pour mèches.

yaw = faire un mouvement de lacet (Av.).

yawing = mouvements *m.p.* de lacets (Av.), lacets *m.p.* (Av.).

year = année *f.*, an *m.*

– – –, **budget** = année *f.* budgétaire, exercice *m.*

– – –, **calendar** = année *f.* civile.

– – –, **financial** = exercice *m.*, année *f.* budgétaire.

– – –, **fiscal** = année *f.* budgétaire, année *f.* financière.

– – –, **model** = année *f.* de fabrication (Auto.).

yeast = levure *f.* ou levain *m.* (de bière).

yellowing = jaunissement *m.*

yew = if *m.*

– – –, **Western** = if *m.* occidental.

yield = rendement *m.* (d'un moteur), fléchissement *m.* (d'une solive), affaissement *m.* (des fondements).

– – –, **coke** = rendement *m.* en coke.

– – –, **gas** = rendement *m.* en gaz.

– – –, **thermal, gaseous** = rendement *m.* en calories gaz.

– – –, **to** = céder (un privilège, un droit), fléchir (B.), s'affaisser (B.), rapporter ou produire (des fruits, un dividende).

yielding = souple (adj.), élastique (adj.).

yoke = mouton *m.* (d'une cloche), moise *f.* ou longrine *f.* ou moufle *f.* (d'une charpente), culasse *f.* (de dynamo), carcasse *f.* ou bâti *m.* (de moteur), chape *f.* (pour tuyaux), étrier *m.* ou bride *f.* (de fixation), fourche *f.* ou fourchette *f.* (d'un joint universel), palanche *f.* (Ust.), joug *m.* (pour attelage de boeufs), carcan *m.* ou tribart *m.* (pour moutons, porcs) (Agr.).

– – –, **adjustable** = chape *f.* réglable (B.).

– – –, **axle-box** = bride *f.* oscillante de boîte à graissage (Méc.).

– – –, **cardan** = fourche *f.* de cardan (Méc.).

(yoke)

– – –, **deflection** = bloc *m.* de déviation (Tv.).
– – –, **driving** = chape *f.* d'entraînement (Méc.).
– – –, **fork** = chape *f.* (Méc.).
– – –, **generator** = bâti *m.* de dynamo (E.), carcasse *f.* de dynamo (E.).
– – –, **magnet** = culasse *f.* de l'aimant (E.).
– – –, **neck, twin** = support *m.* de timon.
– – – **of oxen** = attelage *m.* (ou paire *f.*) de boeufs (Agr.).

(yoke)

– – –, **pole** = support *m.* de timon (Agr.).
– – –, **tie-rod** = chape *f.* de barre d'accouplement (Méc.).
– – –, **to** = atteler ou accoupler (des boeufs), accoupler (les pierres d'un appareil) (B.).
– – –, **transformer** = culasse *f.* de transformateur (E.).
– – –, **water** = palanche *f.* (Ust., Agr.).
yoked = accouplé (adj.).

Z

Z = V. « impedance » et « zero ».

zero = zéro *m.*

– – –, **absolute** = zéro *m.* absolu.

zigzag = zigzag *m.*, (rivetage *m.*) en quinconce.

zigzagging = marche *f.* serpentine, marche *f.* en zigzag, lacets *m.p.*

zinc = zinc *m.*

– – –, **amalgamated** = zinc *m.* amalgamé.

– – –, **granulated** = grenaille *f.* de zinc.

– – –, **sheet** = tôle *f.* de zinc, feuille *f.* de zinc.

– – –, **to** = galvaniser, zinguer.

zincing = zingage *m.*

zincograph = zincographie *f.* ou zincogravure *f.* (Imp.).

zincography = zincographie *f.* ou zincogravure *f.* (Imp.).

zipper = fermeture *f.* à glissière.

zone = zone *f.*

– – –, **business** = quartier *m.* des affaires.

– – –, **dead** = zone *f.* de silence (R.), degré *m.* d'insensibilité (E.).

– – –, **drying** = zone *f.* de séchage.

– – –, **illuminated** = zone *f.* éclairée.

– – –, **induction** = zone *f.* d'induction (d'une antenne d'émission) (R.).

– – –, **industrial** = zone *f.* industrielle.

– – –, **local rate** = zone *f.* urbaine (Tp.).

– – –, **neutral** = zone *f.* neutre (E.).

– – – **of contact** = zone *f.* de contact (E.).

– – – **of incandescence** = zone *f.* d'incandescence (E.).

– – –, **pedestrian** = passage *m.* réservé aux piétons, passage *m.* pour piétons.

– – –, **radiation** = zone *f.* de rayonnement (R.).

– – –, **residential** = zone *f.* résidentielle, quartier *m.* d'habitations.

– – –, **safety** = zone *f.* de sécurité.

– – –, **silent** = zone *f.* de silence (R.).

– – –, **skip** = zone *f.* de silence (R.).

– – –, **time** = fuseau *m.* horaire.

– – –, **wave** = zone *f.* de radiation (R.).

zoned = réparti en zones.

zoning = établissement *m.* des zones, zonage *m.*

zoo = jardin *m.* zoologique.

BIBLIOGRAPHIE

AMBASSADE DE FRANCE AUX ÉTATS-UNIS. *Industrie du bâtiment; américain-français; Glossaires bilingues de la technologie américaine.* Washington, Service d'analyse industrielle de l'Ambassade de France aux États-Unis, 1953.

BARNHART, C. Land Stein, Jess. *The American College Dictionary.* New York, Random House Inc., 1962.

BELL CANADA. *Le Fichier général.* Montréal, Centre de Terminologie des Services linguistiques, 1975.

BELISLE, LOUIS-A. *Dictionnaire général de la langue française.* Québec, Bélisle, éditeur, 1954, 1955, 1957, 1974.

BLANCHARD, A., et Croze, R. *La Téléphonie* (2e éd.). Paris, Presses Universitaires de France, 1951, 1964.

BLANCHARD, ÉTIENNE. *Dictionnaire du Bon Langage.* (7e éd.) Montréal, Valiquette, 1940.

BOITARD, A. *Dictionnaire technique anglais-français de la radio.* Paris, Étienne Chiron, 1967.

BOUCHER, RAYMOND. *Lexique technique anglais-français* (Hydraulique générale et appliquée) Montréal, École Polytechnique.

BOURRIÈRES, PAUL, ET VERNISSE, JEAN. *Lexique anglais-français des termes techniques en usage aux États-Unis.* Paris, Éditions Eyrolles, 1947.

CLIFTON, C.E., GRIMAUX, A. et MC LAUGHLIN, J. *Nouveau Dictionnaire anglais-français et français-anglais.* Paris, Garnier Frères, s.d.

COMMISSION ÉLECTROTECHNIQUE INTERNATIONALE. *Vocabulaire électrotechnique international. International electrotechnical vocabulary.* 2e édition. Genève, Bureau central de la C.E.I. 1956, 1967.

COMITÉ CONSULTATIF INTERNATIONAL TÉLÉPHONIQUE. *Vocabulaire téléphonique international* (en six langues). Paris, Éditions Eyrolles, 1968.

CONSEIL NATIONAL DES RECHERCHES. Le Comité associé sur le code national du bâtiment.

Normes résidentielles. Canada 1965, Ottawa, Conseil national des Recherches, 1965.

DARBELNET, JEAN. *Regard sur le français actuel.* Montréal, Édition Beauchemin, 1963.

DAVIAULT, PIERRE. *Langage et Traduction.* Ottawa, Bureau fédéral de la traduction, 1961, 1962, 1963.

DAVIAULT, PIERRE. *L'Expression juste en Traduction.* Montréal, Albert Lévesque, 1931, 1936.

DAVIAULT, PIERRE. *Traduction — Notes de Traduction.* Montréal, Éditions de l'A.C.F., 1941.

DREYFUS, ROBERT. *La Téléphonie.* Paris, Librairie Armand Colin.

DROUET, L. *Manuel de l'ouvrier des lignes aériennes télégraphiques et téléphoniques.* Paris, Librairie de l'Enseignement Technique.

DUBUC, ROBERT. *Objectif: 300.* Montréal, Les Éditions Ici Radio-Canada, en collaboration avec Les Éditions Leméac Inc., 1971.

DUPUIS, RENÉ. *De l'Anglais au Français en Électrotechnique.* Québec, (s.e.), 1936.

DURAND, JOHN A. *Lexique de quincaillerie anglais-français.* Montréal, Quincaillerie Durand, 1935.

FICHES DU COMITÉ D'ÉTUDE DES TERMES TECHNIQUES FRANÇAIS. 11, avenue du Général Pershing, 78 000 Versailles.

FILIATRAULT, ARISTIDE. *Glossaire des termes et locutions électroniques le plus fréquemment usités.*

GAUDILLAT, L. *Dictionnaire radiotechnique Anglais-Français.* Paris, Société des Éditions Radio, 1963.

GÉRIN, LÉON. *Vocabulaire pratique de l'Anglais au Français.* Montréal, Albert Lévesque, 1937.

GOUVERNEMENT DU CANADA. *Les arbres indigènes du Canada.* 3e édition, Ottawa, 1961.

GOUVERNEMENT DU QUÉBEC. *Les Publications de l'Office de la langue française.*

HARRAP. *Harrap's Standard French and English Dictionary.* Edited by J.E. Mansion. *Part one French — English Part Two English — French.* London, George G. Harrap, 1934, 1962, 1966, 1970.

HUDON, LUCIEN. *Lexique bilingue de la radio.* Ottawa, Association technologique de langue française.

HUDON, LUCIEN. *Lexique Technique* (Automobilisme et Radio). Ottawa, Association technologique de langue française.

INSTITUT TECHNIQUE DU BÂTIMENT ET DES TRAVAUX PUBLICS. *Lexique technique français-anglais et anglais-français.* Paris, Institut technique des bâtiments et des travaux publics.

JSEZYKACH, W. CZTERECH. *Dictionnaire technique en quatre langues.* Varsovie, Ksisegarnia Techniczna.

KETTRIDGE, G.O. *French — English and English — French Dictionary of technical terms.* Vol I, French — English, London, Routledge and Kegan Paul, 1965.

LAROUSSE. *Grand Larousse Encyclopédique* (en dix volumes). Paris, Larousse, 1962.

LONGPRÉ, MARCEL *Lexique électronique.* Montréal, Hydro-Québec.

LORRAIN, LÉON. *Les Étrangers dans la Cité.* Montréal. Les Presses du Mercure, 1936.

MALGORN, GUY-MARIE. *Lexique technique anglais-français* 5ᵉ édition revue et corrigée. Paris, Gauthier-Villars, 1969 (1920, 1926, 1950, 1956).

MINISTÈRE DU TRAVAIL. *Code Canadien de l'Électricité* (C.E.S.A.) Première partie. Québec, Ministère du Travail.

MOREAU, J. *Dictionnaire technique américain-français de construction, bâtiment et travaux publics.* Paris, Dunod, 1960.

MORGENTALER, ÉMILE. *Lexique de Menuiserie.* Montréal, Éditions de la Revue industrielle, 1935, 1941.

NORMANDEAU, LUCIEN. *Lexique de mécanique d'ajustage.* Montréal, Édition Technique, 1938.

PIRAUX, H. *Dictionnaire anglais — français des termes relatifs à l'électrotechnique, l'électronique et aux applications connexes.* Paris, Éditions Eyrolles, 1956. 7ᵉ édition, 1965.

POLLET, RAY. J. *Lexique de la photographie d'amateur.* Montréal, Leméac, 1970.

PRÉFONTAINE, GÉRARD-H. *Dictionary of terms used in the paper, printing and allied industries.* Howard Smith Paper Mills Limited.

QUILLET. *Dictionnaire Encyclopédique Quillet.* Paris, Librairie Aristide Quillet, 1962, 1968-1970.

QUILLET. *Encyclopédie de l'électricité* (en deux volumes). Paris, Librairie Aristide Quillet.

RÉGIE DE LA LANGUE FRANÇAISE. Publications Québec. L'Éditeur officiel du Québec, 1976.

REVUE TRIMESTRIELLE CANADIENNE. Montréal. Mai 1915. Mensuel.

ROBERT, Paul. *Dictionnaire alphabétique et analogique de la langue française.* Paris, Société du Nouveau Littré, Le Robert, 1966.

ROBERT, PAUL. *Le Petit Robert.* Paris, Société du Nouveau Littré, Le Robert, 1967.

SCHOLMANN, A. *Dictionnaire technique illustré* (en six langues) Paris, Dunod.

SOCIÉTÉ CENTRALE D'HYPOTHÈQUE ET DE LOGEMENT. *Règles de l'art en construction.* Ottawa, Société centrale d'hypothèque et de logement, 1963.

TARIF — ALBUM. Saint-Étienne, Manufacture Française d'Armes et Cycles.

THUILLIETTE, MARCEL. *Dictionnaire technique anglais-français.* Montréal, B.D. Simpson.

TISSOT — DUPONT. *Dictionnaire des termes techniques de télégraphie — téléphonie, français — anglais et anglais — français.* Paris, Dunod.

UNION INTERNATIONALE DES TÉLÉCOMMUNICATIONS. *Répertoire des définitions des termes essentiels utilisés dans le domaine des télécommunications.* Genève, Union Internationale des Télécommunications.

UNION INTERNATIONALE DE L'INDUSTRIE DU GAZ. *Dictionnaire de l'industrie du gaz.* Bruxelles, Elsevier Publishing Company, 1961.

WARTIME MERCHANT SHIPPING LIMITED. *Vocabulaire de construction navale.*